U0201580

Polyolefins

From Fundamentals to High Performance

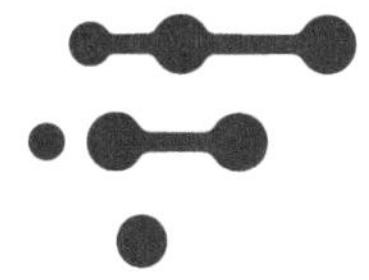

聚烯烃

从基础到高性能化

中国化工学会　组织编写

戴厚良　主编

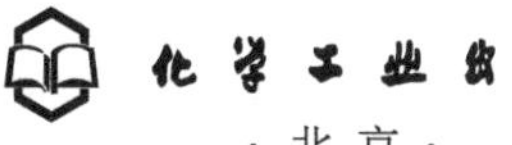

·北京·

内 容 简 介

该书主要对聚烯烃原料、烯烃聚合反应和催化剂、聚合工艺、聚合反应技术、聚合反应工程与设备、聚烯烃产品与应用、聚烯烃功能化及改性技术、聚烯烃添加剂、聚烯烃加工技术、聚烯烃结构表征、聚烯烃性能评价及产品认证、聚烯烃产业与市场展望、聚烯烃废弃物资源化利用技术等进行了详细的论述。

本书适合聚烯烃产业上下游相关科研人员、生产技术与管理人员、设计人员，以及高校相关专业的师生阅读参考。

图书在版编目（CIP）数据

聚烯烃：从基础到高性能化/中国化工学会组织编写；戴厚良主编.—北京：化学工业出版社，2023.1（2024.7 重印）

ISBN 978-7-122-43103-5

Ⅰ.①聚… Ⅱ.①中… ②戴… Ⅲ.①聚烯烃 Ⅳ.①O632.12

中国国家版本馆 CIP 数据核字（2023）第 040828 号

责任编辑：赵卫娟　仇志刚　　装帧设计：王晓宇

责任校对：王鹏飞

出版发行：化学工业出版社（北京市东城区青年湖南街 13 号　邮政编码 100011）

印　　装：北京盛通数码印刷有限公司

787mm×1092mm　1/16　印张 71¾　彩插 1　字数 1845 千字　2024 年 7 月北京第 1 版第 2 次印刷

购书咨询：010-64518888　　售后服务：010-64518899

网　　址：http://www.cip.com.cn

凡购买本书，如有缺损质量问题，本社销售中心负责调换。

定　　价：398.00 元

编 委 会

序

聚烯烃是石油化工产业特别是乙烯产业链中最重要的一类产品，在国民经济中占有重要地位，是制造业的重要原材料。聚烯烃产品在满足大众衣、食、住、行等需求的同时，也为国家的电子、建材、农业种植、航空航天、先进制造和国防军工等高端制造业提供必不可少的基础材料。聚烯烃产业的发展水平、产品性能和质量等直接影响着国民经济的发展和人民生活水平的提高。

近年来，我国乙烯产业快速发展，呈现原料多元化、装置大型化、布局园区化的发展趋势，乙烯和丙烯等烯烃产能迅速增长，为发展聚烯烃产业奠定了坚实的原料基础，提供了良好的条件。2021 年，我国聚乙烯（包括 LDPE、HDPE 和 LLDPE 等）产能达到 2653 万吨，聚丙烯产能达到 3323 万吨，除少量出口外，主要用于满足国内市场需求。尽管我国的聚烯烃产能一直呈高速增长态势，但产量、品种牌号和产品性能等仍不能完全满足国民经济特别是快速发展的国家高端制造业的需求，仍需进口大量的聚乙烯和聚丙烯产品，据统计，2021 年我国进口聚乙烯 1520 万吨，进口聚丙烯 490 万吨。我国聚烯烃产品的生产总量稳居世界前列，但人均消费量较低，产品的产量、性能和质量仍有提升空间，我国聚烯烃产业有非常广阔的发展前景。

聚烯烃技术进步和技术创新方面，近年来，在国家创新驱动战略的推动下，我国聚烯烃产业的技术发展取得了长足的进步，从催化剂制备技术、聚合技术到聚合物的品种牌号及产品加工应用技术等，都取得了巨大成就，为国民经济特别是制造业等国家相关产业的发展提供了坚实的技术基础。但总体看来，我国聚烯烃产业与发达国家相比仍有一定的差距，存在原料成本高、通用和低端产品多、高端聚烯烃产品依赖进口等问题，亟待在聚合技术、品种牌号和高端产品的开发方面加大技术创新力度。因此，广大聚烯烃研发、生产和管理等技术人员都迫切需要了解世界聚烯烃技术的发展状况，掌握聚烯烃先进技术的发展方向与趋势，以便更好地做好聚烯烃技术创新工作，因而对聚烯烃产业链从原料、催化剂、聚合技术到产品加工应用技术等方面的专业出版物有迫切需求。

由戴厚良院士领衔，组织国内聚烯烃技术研发、管理等技术专家，编写了《聚烯烃——从基础到高性能化》一书，对聚烯烃原料、烯烃聚合反应和催化剂、聚合工艺、聚合反应技术、聚合反应工程与设备、聚烯烃产品与应用、聚烯烃功能化及改性技术、聚烯烃添加剂、聚烯烃加工技术、聚烯烃结构表征、聚烯烃性能评价及产品认证、聚烯烃产业与市场展望、聚烯烃废弃物资源化利用技术等多个方面进行了详细的论述，包括技术原理、技术发展历程及发展展望等，对聚烯烃产业上下游相关科研人员、生产技术与管理人员、设计人员，以及高校相关专业的师生等具有很高的参考价值。

《聚烯烃——从基础到高性能化》一书共有 14 章，内容涵盖聚烯烃的原料、聚烯烃生产工艺技术和下游产品的加工应用等多个方面，反映了我国聚烯烃领域多年来在技术创新、技术进步、新产品开发和产业发展等方面取得的成就，内容全面，实用性和指导性强。参与编写的技术人员都是我国聚烯烃领域具有较高学术造诣和技术水平的专家，多数专家是我国聚烯烃领域技术开发和技术创新的参与者和见证者。本书的编写得到了中国石油、中国石化所属科研院所以及浙江大学等相关单位的积极参与和大力支持，组织了一支高技术水平、具有权威性和丰富实践经验的编写队伍，有力地保证了该书的技术水准、技术的权威性和实用性。相信《聚烯烃——从基础到高性能化》一书的出版将为提高聚烯烃从业人员的技术水平和业务能力，拓展技术人员的专业视野，推动我国聚烯烃产业高质量发展起到重要作用。

袁晴棠

2023 年 1 月

前言

聚烯烃作为重要的石化产品，是指由乙烯、丙烯、丁烯或其它烯烃聚合而成的热塑性高分子材料。乙烯和丙烯是石化产业链中的核心基础材料，其下游衍生产品众多，也可以说目前市场上常见的大部分有机化工产品是从烯烃发展而来的，其重要性不言而喻。聚烯烃在石化产业链中占有重要的战略地位，它既是满足人民衣食住行必不可少的通用原料，也是我国航空航天、国防军工、先进制造等高端制造业的基础材料，直接影响着国民经济的发展及人民生活水平的提高。目前，聚烯烃已成为全球聚合物市场上用量最大的产品，其中聚乙烯及聚丙烯约占总树脂用量的 2/3。

近年来，我国聚烯烃产业已经取得了长足的进步，为国民经济发展作出了积极贡献。由于我国的聚烯烃产业是从 20 世纪 70 年代引进技术和装备起步的，相当长的一段时间内，都是以消化吸收为主，总体上与发达国家相比还有差距，自主研发能力起步晚、高端聚烯烃产品对外依存度高。随着国民经济和社会的发展，国内聚烯烃需求持续增长，而聚烯烃在大棚薄膜、包装材料、医药领域方面的应用也日益广泛，国内聚烯烃产业仍将保持每年 8%～10%的增长。高端聚烯烃产品在新能源材料、航天航空、军工等产业中发挥了重要支撑作用。关键战略新型材料已成为创新和国防发展的重点，因此，聚烯烃的高性能化是我们今后研究和发展的方向。

为了总结国内聚烯烃科研进展和产业化成果，促进国内聚烯烃产品开发行稳致远、产业高质量发展，中国化工学会组织聚烯烃行业七十余名专家学者撰写了《聚烯烃——从基础到高性能化》一书。

本书共分 14 章，对聚烯烃从原材料发展到产品应用、从工艺技术创新到产品性能高端化等多角度进行了全面阐述。具体包括聚烯烃原料、聚合反应和催化剂、聚合工艺、工程与设备、产品与应用，产品功能化及改性技术、添加剂、加工技术、结构表征、性能评价及产品认证，聚烯烃产业与市场展望、聚烯烃废弃物资源化利用技术。内容涉及了从基础研究到工艺开发，到牌号开发，到加工应用、回收利用的全产业链，既注重基础研究，也注重产品研发。希望本书的出版能够为聚烯烃产业的转型升级和可持续发展，推动产品多元化、高端化、差异化发挥积极作用，为聚烯烃产业科研人员、技术与管理人员和高校师生提供参考。

本书编写过程中，得到了中国石油、中国石化科研院所、浙江大学等相关单位的大力支持，在此对所有参与本书撰写的各位专家、学者付出的辛勤劳动和智慧结晶表示诚挚感谢。限于编写人员的时间与精力，本书难免存在疏漏和不足，热忱希望广大读者提出宝贵意见和建议。

真诚期待本书能使读者从中获得启迪和裨益。

编　者

2023 年 1 月

目 录

第 4 章
聚合工艺 0131

第5章 聚合反应技术 0205

第6章 聚合反应工程与设备 0345

第7章 聚烯烃产品与应用 0397

第 9 章 聚烯烃添加剂 0553

第10章 聚烯烃加工技术 0653

第 12 章
聚烯烃性能评价及产品认证 0819

第 13 章
聚烯烃产业与市场展望 0911

附 录
聚烯烃产品应用分类、供应商、典型牌号及典型技术指标 1025

索引 1124

第1章 绪论

1.1 概述

聚烯烃（主要是聚乙烯和聚丙烯）产业已经成为我国国民经济的支柱产业之一。截至2020年底，世界聚乙烯产能为12860万吨/年，聚丙烯产能为9193万吨/年。改革开放以来，我国聚烯烃工业的发展尤为迅速，截至2021年底，我国聚乙烯产能为2653万吨/年，聚丙烯产能为3323万吨/年，年增长率在10%左右。

1953年Ziegler[1,2]发现了$TiCl_4/AlEt_3$组成的催化体系能在常温常压下合成出线型高密度聚乙烯，1954年Natta[3]用$TiCl_3/AlEt_2Cl$成功制备了全同立构聚丙烯，开启了聚烯烃工业的新纪元。自此以后，经过近70年的发展，聚乙烯和聚丙烯等成为人类工业和日常生活各方面都不可或缺的必需品。

聚烯烃的发展既是烯烃聚合催化剂、烯烃聚合反应和聚合物结构表征等基础研究不断深入的结果，也是聚合工艺、聚合反应技术和聚合反应工程与设备等工艺装备不断创新改进的结果。同时，科研技术人员在聚烯烃添加剂的开发、聚烯烃功能化及改性技术、聚烯烃加工技术等方面都做出了很好的业绩，为聚烯烃新产品的开发和应用打下了厚实的基础。

面对客户日益增高的需求和激烈的市场竞争，聚烯烃产品的高性能化是聚烯烃工业发展的必然趋势。通过催化剂的改进和共聚单体的选择，生产性能更好产品，如薄膜料、中空料、管材料、注塑料、滚塑料、医用料和车用料等，使聚烯烃工业发展得越来越好。

1.2 聚烯烃

聚烯烃，也称为烯烃聚合物，一般指只含碳、氢元素的聚合物，主要代表物包括聚乙烯、聚丙烯及聚1-丁烯等。

1.2.1 聚乙烯

以乙烯为主要单体，通过不同聚合方法所得到的聚合物统称为聚乙烯。根据密度和分子量可分为6类：低密度聚乙烯（LDPE）、中密度聚乙烯（MDPE）、高密度聚乙烯（HDPE）、线型低密度聚乙烯（LLDPE）、超高分子量聚乙烯（UHMWPE）及极低密度聚乙烯（VLDPE）。按反应压力可分为高压聚乙烯、中压聚乙烯及低压聚乙烯。

LDPE的分子结构中含有许多长支链和短支链，这些短支链的存在降低了PE分子的结晶性，而长支链的存在使其具备高熔体强度，所以LDPE非常适合于吹膜工艺。吹塑薄膜是LDPE最主要的应用领域，占到LDPE一半以上的市场份额，例如用于包装、大棚膜、隔水材料等。LDPE最高水平的应用领域主要是电力电缆，国内10kV及以上电力电缆全部采用主要以LDPE为基础树脂的交联聚乙烯绝缘料。

HDPE的分子结构以线型为主，结晶度高，中空容器是它占比最大的应用领域，例如用于医药与化学工业储存液体物质的瓶、桶、运输托盘，汽车油箱及大型工业用储存槽(IBC)等。HDPE用于承压管材制造代替金属管材，逐渐显示其优良特性。同样，HDPE用于高强包装膜料也具有明显优势。

LLDPE主链为线型结构，有短支链。一般来说，LLDPE的结晶度在50%～55%之间，略高于LDPE（40%～50%），而比HDPE（80%～90%）低得多。与LDPE类似，薄膜是LLDPE最大的市场，其次是用于生产气密性容器盖、罩、瓶塞、桶、家用器皿、工业容器、汽车零件、玩具等。

除了以上三种主要的聚乙烯产品外，乙烯与乙酸乙烯酯共聚物（EVA）是乙烯共聚物中最重要的产品之一，此外还有乙烯与丙烯酸甲酯共聚物（EMA）等。EVA 是继 LDPE、HDPE、LLDPE 之后的第四大乙烯聚合物，它具有良好的柔软性及橡胶般的弹性，在 −50℃下仍具有较好的可挠性，可用于制造薄膜、薄片及层合制品，也可用于电力电线绝缘皮、汽车配件、泡沫塑料拖鞋、黏合剂等，尤其是在太阳能光伏材料中的应用特别重要。EMA 具有优良的热稳定性，可用于医疗包装、一次性手套、电缆等，它在太阳能光伏材料中的应用也在开发中。

我国聚乙烯主要生产商有中国石化、中国石油等企业，近年来随着煤（甲醇）制聚烯烃企业和民营炼化企业的投产，市场参与主体进一步多元化。

1.2.2 聚丙烯

由单体丙烯聚合的产物为聚丙烯。在 20 世纪 50 年代以前，聚丙烯只是一种支化的低分子量的重油。随着 Ziegler-Natta（Z-N）催化剂的出现，由于立构规整的聚丙烯具有许多优良的性能，如密度小，表面硬度、耐磨性及透明性较好，耐热温度较高，绝缘性及耐化学腐蚀性好等，广泛地应用于许多工业部门。

聚丙烯分为等规聚丙烯、间规聚丙烯和无规聚丙烯。等规聚丙烯具有结晶性，而间规聚丙烯和无规聚丙烯无此特性。等规聚丙烯的立构规整度（继而结晶度）随着催化剂及生产工艺的不同会有很大变化，因此，不断改进催化剂和生产工艺已经成为促进聚丙烯工业发展的主要动力之一。

与乙烯或丁烯等进行共聚生产无规或抗冲共聚物是改善聚丙烯性能的主要方法。无规共聚物通常含有高达 6%的乙烯或其他单体，从而降低了聚合物的结晶度和熔点。无规共聚物常用于对透明性、低熔点或低模量有要求的场合。抗冲共聚物通常含约 40%的乙丙橡胶（EPR），EPR 分散于均聚物基体中。EPR 的组成、分子量、含量、形态及均聚物相态对抗冲共聚物都有重要影响。另外，可通过添加成核剂提高聚丙烯的结晶速率和结晶度，制成高 α 晶型含量或高 β 晶型含量的聚丙烯。高性能化是聚丙烯的重要发展方向，如催化合金技术、高结晶聚丙烯和高耐磨聚丙烯等，有些材料甚至可代替许多工程塑料。

在世界聚丙烯消费结构中，注塑产品一直占据首位，其次是薄膜和片材及拉丝产品。我国聚丙烯消费以拉丝和注塑为主，其次是薄膜和片材及纤维产品。

目前，我国聚丙烯生产企业已有 100 多家，除了中国石化、中国石油两大企业以外，非传统化工的甲醇制烯烃（MTO）、甲醇制丙烯（MTP）、丙烷脱氢（PDH）产能也迅速增长，市场呈现多元化竞争态势。

1.2.3 聚 1-丁烯

聚 1-丁烯是由 1-丁烯聚合而得的一种热塑性树脂，其耐化学性、耐老化性和电绝缘性与聚丙烯接近。聚 1-丁烯可与其他聚烯烃塑料混合使用得到不同特性的聚烯烃产品，如作易撕膜和热熔胶等。Z-N 催化剂的出现促进了 1-丁烯聚合的发展[4]。工业化的高全同（全同结构含量≥96%）、高结晶度（50%～60%）的聚 1-丁烯具有突出的耐热蠕变性、耐环境应力开裂性及良好的综合性能，主要用于热水管及其连接件。与无规共聚聚丙烯（PPR）管材相比，在相同条件下，聚 1-丁烯的长期使用环向应力承受能力更高、水流压力损失更小、抗蠕变强度和耐磨性能更佳，而施工性能与 PPR 相近。

以 1-丁烯作为共聚单体与丙烯的共聚物有许多独特的性能。例如，丙丁无规共聚物可以制成高透明家用制品，乙丙丁三元无规共聚物流延性能好，可以用作流延膜和镀铝膜热封层专用料等。

1.3 发展历史

1.3.1 催化剂

催化剂是烯烃聚合的核心。催化剂结构决定了聚烯烃的结构，包括分子量及分布、共聚单体含量及分布以及聚合物的规整性等。聚烯烃的微观结构又决定了其宏观性能，从而影响其加工性能和应用领域。到目前为止，Z-N 催化剂在聚烯烃工业生产中仍占主导地位，随着工业发展和社会需求的升级，茂金属催化剂和非茂金属催化剂的需求也在逐渐增大。

工业上，乙烯聚合至今仍以 Z-N 负载型催化剂为主，载体大多为 $MgCl_2$、SiO_2 等无机物，过渡金属有钛、钒、铬等，以钛为主。在聚合过程中通常还要加入助催化剂进行活化，如三乙基铝、三异丁基铝等。聚乙烯催化剂通常要求为球形或类球形，而且要求具有催化活性高、聚合反应稳定、氢调敏感性好、共聚性能优异等特点，以制备形态好、堆积密度高、密度和分子量可控的聚乙烯树脂，同时可以保证装置的连续化生产。近年来，为了提高催化剂的性能，研究者在制备聚乙烯催化剂时还经常加入给电子体化合物。

工业上，丙烯聚合用 Z-N 催化剂已经从最初低效、低规整度的 $TiCl_3$ 催化剂发展到了当代高活性和高定向性的球形大颗粒催化剂。最初的 $TiCl_3/AlEt_2Cl$ 催化体系的活性较低，产品等规度不高，形态较差，而且需要后处理工序以脱除影响产品性能的无规产物及催化剂残渣[5]。给电子体 Lewis 碱的引入使催化体系的活性和立体选择性得到了很大改进，通过选择合适的给电子体和载体，研究者得到了高效载体聚丙烯催化剂，达到了催化剂的高活性和高立体选择性，同时实现了产物的分子量及分布、颗粒形态及分布可控的目的，且生产流程大幅简化，无需后处理工序。在高效催化剂制备中，加入邻苯二甲酸二酯类化合物作为催化剂的内给电子体是聚烯烃催化剂发展的一大进步[6]。近年来，Z-N 催化剂的制备工艺改进不多，但内给电子体的研究不断创新，如二醚类[7]、二醇酯类[8]、磺酰基类[9] 和卤代丙二酸酯类[10]等化合物作为内给电子体均得到了很好的工业应用。为了提高聚丙烯的等规度，在聚合反应时往往要加入外给电子体。内、外给电子体需匹配使用，如以邻苯二甲酸二酯为内给电子体的催化剂必须与硅烷类外给电子体（如二烷基二甲氧基硅烷）配合使用，才能产生最好的效果。新型的氨基硅烷类外给电子体可以在不降低聚合物等规度的情况下提高分子量分布，生产出性能更优异的聚烯烃产品[11]。

均相茂金属催化剂产生于 20 世纪 50 年代中期，虽然它能使乙烯聚合，但活性很低，而且对丙烯聚合无活性。20 世纪 80 年代 Kaminsky 等[12]首先采用甲基铝氧烷（MAO）作为活化剂，使用二氯二茂锆进行乙烯聚合，活性很高。桥联结构的茂金属化合物还能催化丙烯聚合生成等规聚丙烯。与 Z-N 催化剂相比，茂金属催化剂的典型特征是其催化活性中心的单一性。通过控制茂金属催化剂的结构就可控制聚合物的参数，如分子量及分布、共聚单体含量、支化度、密度、熔点和结晶度等，从而实现真正意义上的分子剪裁[13]。茂金属催化剂虽然目前还不能替代工业用的 Z-N 催化剂，但可利用茂金属催化剂制备一些具有特殊性能的聚烯烃专用树脂。例如，利用茂金属催化剂制备的乙烯/高碳 α-烯烃（如乙烯/1-辛烯共聚物）弹性体已被广泛使用，在聚烯烃产品中有很好的市场份额。硅胶是负载型茂金属催化剂主要采用的载体，负载后的茂金属催化剂体系可以减少 MAO 用量，降低成本，有利于工业化应用[14]。

20 世纪 90 年代后期出现了用于烯烃聚合的非茂过渡金属催化剂，包括非茂后过渡金属催化剂[15] 和非茂前过渡金属催化剂[16]。非茂后过渡金属催化剂的特点之一是中心金属原子亲电性弱，耐杂原子能力强，从而使烯烃可能与极性单体共聚合，甚至可在水溶液（乳液）中进行聚合。同时，它还能催化环烯烃开环聚合、非环双烯烃易位聚合以及乙烯与一氧化碳共聚等。非茂前过渡金属催化剂有二齿（N）为配体的 Ti 催化剂、二齿酚（O）为配体和三齿（NON）为配体的 Ti 催化剂，对高碳 α-烯烃具有很高的活性。β-二酮配位的 Ti 催化剂对乙烯聚合及乙烯低聚都表现出良好的活性，该催化剂负载后对丙烯聚合还表现出高的全同立构定向性能。

1.3.2　工艺技术

(1) 聚乙烯生产工艺

当今聚乙烯的主要产品为 LDPE、HDPE 和 LLDPE。生产 LDPE 的工艺主要有高压釜式法和管式法。其中，管式法为 LDPE 的主要生产方法，包括 Basell 公司的 Lupotech 高压管式法工艺、DSM 公司的高压管式法工艺和 ExxonMobil 公司的管式法工艺。釜式法工艺包括意大利埃尼化学公司的釜式法工艺、ExxonMobil 公司的釜式法工艺、Equistar 公司的釜式法工艺、ICI 公司的釜式法工艺。

生产 LLDPE 的主要工艺为气相法，生产 HDPE 的主要工艺为淤浆法和气相法。气相法技术包括美国 Dow 化学公司的 Unipol 工艺、英国 Ineos 公司的 Innovene 工艺和 Basell 公司的 Spherilene 工艺。淤浆法技术包括美国 Phillips 公司的淤浆法工艺、日本三井化学公司的低压淤浆法 CX 工艺、北欧化工的 Borstar 工艺、Basell 公司的 Hostalen 淤浆工艺。

采用溶液法技术可生产一些乙烯专用树脂。该技术包括 Dow 化学公司的 Dowlex 低压溶液法工艺、加拿大诺瓦化学公司的 Sclairtech 溶液法工艺和 DSM 公司的 Compact 溶液法工艺。

(2) 聚丙烯生产工艺

丙烯聚合工艺最初只有淤浆聚合技术，而后开发出液相本体和气相聚合技术，现在聚丙烯工业中应用最多的是液相本体法和气相法。液相本体工艺在生产抗冲聚丙烯时是液相＋气相的组合工艺。液相本体法按反应器类型分为环管反应器和搅拌釜反应器；气相法的反应器分为立式搅拌床、卧式搅拌床和流化床。气相工艺的应用使生产流程进一步缩短，从而降低生产成本。气相法工艺包括 Ineos 公司的气相法工艺、Novolen 的气相法工艺、Dow 化学公司的 Unipol 气相法工艺以及 JPP 的气相法工艺。液相本体工艺包括 Basell 公司的 Spheripol 工艺、日本三井化学公司的 Hypol 和北欧化工的 Borstar 工艺。中国石化的 ST 工艺也是一种环管式液相本体工艺，SPG/ZHG 工艺则是釜式液相与卧式气相搅拌床反应器的结合。

(3) 聚 1-丁烯生产工艺

聚 1-丁烯生产工艺主要有 Mobil/Witco/Shell 工艺、德国 Huls 淤浆法工艺、日本出光石油化学工业株式会社研究所气相法工艺。

1.3.3　产品应用

聚乙烯产品中，LDPE 的透明性良好，可用于包装材料和挤出、注塑产品，其中薄膜是 LDPE 最主要的应用领域。LDPE 薄膜透明、柔软，可应用于各种包装以及农业和建筑业。HDPE 的强度高于 LDPE，可用于制造管道、容器和生活用品等，其缺点是耐环境应力开裂性能较差。LLDPE 兼具 HDPE 和 LDPE 的优点，强度高、耐环境应力开裂性能好。

UHMWPE 的强度极高，用于制造高强度缆绳、汽车油箱、人造关节及板材等制品。

聚丙烯主要应用于汽车零件、家用电器、电线电缆、薄膜、纤维、编织袋及绳索等。低分子量无规聚丙烯主要应用于涂料、黏合剂及制备填充母料的载体等，而高分子量无规聚丙烯主要用于 PPR 管材、透明料等。等规聚丙烯主要用于制备汽车部件、电器、容器、管子、编织袋和薄膜等。其中聚丙烯薄膜分为拉伸取向和非拉伸取向两种，非拉伸取向聚丙烯薄膜的耐老化性能比聚乙烯薄膜差，但耐热性及强度优于聚乙烯薄膜，主要用于织物、食品及杂货的包装。聚丙烯薄膜拉伸后可提高强度、低温性能和气体透过率等，尤其是双向拉伸聚丙烯（BOPP）薄膜应用非常广泛。

聚 1-丁烯的特点是具有良好的抗蠕变性、耐低温性和耐环境应力开裂性，以及可挠曲性、耐磨性和高填料填充性。不同等规度的聚 1-丁烯可用于制备不同的材料，突出的抗蠕变性和耐磨性使聚 1-丁烯主要用作热水管材、增压容器、密封材料、结构元件、包装膜、电线电缆以及抗磨胶带等。

1.4 展望

我国聚烯烃产业经过几十年的发展特别是近 20 年的发展，取得了巨大的进步和成绩，形成了不断增强的产业体系和规模竞争力，有力地支撑了我国国民经济发展。从当前到 2035 年，我国对先进材料数量和种类的需求将持续增加，军民两用材料成为关注的重点[17]。

聚烯烃是消费量最大的高分子材料。随着人类社会的发展，人们对聚烯烃的性能提出了越来越高的要求，例如，家电和汽车中使用的聚烯烃需要抗菌，其“塑料气味”（即挥发性有机物）要大幅度降低；使用的催化剂不得含有邻苯二甲酸酯（俗称“塑化剂”）等有害物质；用于食品和药品接触的透明聚丙烯中可溶物的含量要大幅度降低等。聚烯烃产业格局正在发生深刻变化，行业面临提升竞争力的内在挑战和满足下游需求的外延需要，这些都要求进一步强化新技术和新型催化剂的自主开发能力。因此，聚烯烃行业必须做好技术优化和管理创新工作，稳定装置运行，降低装置消耗，提升产品性能，为下游行业提供更多高性能的差异化产品，为用户提供满意的产品与服务[18]。

催化剂仍然是推动聚烯烃技术发展的主要动力。在不断改进现有的 Z-N 催化剂性能的同时，推进茂金属催化剂和非茂金属单活性中心催化剂的工业化应用是未来几年很重要的一个任务。目前，密度泛函理论（DFT）已经成为催化剂领域最先进、最高效的理论研究方法之一[19]。我们可以通过密度泛函理论对 $MgCl_2$-载体相互作用、$MgCl_2$-给电子体相互作用、$MgCl_2$-$TiCl_4$ 相互作用、助催化剂作用、链增长和链转移反应以及茂金属和非茂金属体系等进行研究，从而准确地预测催化剂性质，大大减少实验工作量，缩短新型催化剂研发周期。

随着聚烯烃产品差异化和高端化开发的加速和产品结构升级实施力度的加大，聚烯烃的高性能化要在基础研发和技术应用上双重发力，突破国外专利，形成自主知识产权，力争迅速赶上或超过世界先进水平。

高性能化聚烯烃产品的开发应重点在以下几个方面下功夫[18]。

（1）聚乙烯产品

未来聚乙烯产品开发热点集中在薄膜料、中空料、管材料、注塑料、滚塑料方面。从催化剂角度来看，未来聚乙烯产品倾向于茂金属聚乙烯、钛系聚乙烯和双峰聚乙烯树脂。从共聚单体角度来看，未来聚乙烯产品开发倾向于 1-己烯共聚和 1-辛烯共聚聚乙烯以及乙烯、丁烯、己烯三元共聚物的工业化生产。

① 茂金属聚乙烯　茂金属线型低密度聚乙烯（mLLDPE）的突出特点是窄分子量分布，组分均一，非常低的催化剂残留和可抽提物，因此具有更好的力学性能、光学性能和热封性能。mLLDPE 的主要用途是薄膜、聚合物改性、电线电缆、承压管材、医疗用品和高刚性滚塑材料等。

② 超高分子量聚乙烯　超高分子量聚乙烯（UHMWPE）分子量在 $1\times10^6\sim16\times10^6$ 之间，它既具有高密度聚乙烯的特征，还具有超强的抗冲击性、耐磨损性、耐腐蚀性、耐低温性、耐应力开裂性、抗黏附能力等性能，因此，能应用于防弹背心、高压电力线缆和人工关节等。

③ EVA 和 EMA　乙烯和乙酸乙烯酯共聚物（EVA）未来在太阳能光伏、热熔胶和涂覆胶领域的消费占比不断增长，因此，高乙酸乙烯酯含量的 EVA 将成为今后发展的主流产品。另外，新建 EVA 装置最好采用 LDPE/EVA 兼产的工艺路线，可以根据市场情况进行机动灵活的生产。乙烯-丙烯酸甲酯共聚物（EMA）今后的发展方向应是开发在太阳能光伏材料中的应用。

④ 高透明聚乙烯薄膜（医疗、食品领域）、大中空聚乙烯（IBC 桶、工业大包装等）、滚塑聚乙烯（交通路障、异形灯饰等）仍有很大的发展空间。

⑤ 大口径 PE100＋聚乙烯管材料　由于 HDPE 管材具有耐腐蚀、渗透率低、表面光滑、刚韧适度、价格低廉、施工方便及维护成本低等特点，在燃气、油气田、矿山、城市建筑、农田灌溉、电信等领域广为应用，因此 PE100＋聚乙烯管材料未来将会重点发展。

⑥ 交联聚乙烯（高等级绝缘电缆护套）和氯化聚乙烯（汽车、家电等的软质缆护套等）随着人们生活水平的不断提高，未来这些产品的需求量会逐年上升。

（2）聚丙烯产品

① 抗菌聚丙烯　抗菌材料是指自身或通过添加抗菌剂而具有杀灭或抑制微生物功能的一类新型功能材料。它是当今高科技、新材料研发的热点之一，在医疗、纺织品、建筑材料等领域得到了广泛应用。抗菌聚丙烯在抗菌塑料中占有重要地位，如抗菌家电外壳、抗菌洗衣机内桶、抗菌日用品、抗菌马桶盖等使用的都是抗菌聚丙烯材料。因此，未来的市场越来越大。

② 长玻纤增强聚丙烯　该产品主要用于汽车仪表骨架板、车门组合件、前端组件、车身门板模块、车顶面板、座椅骨架等汽车部件上，具有作为结构件所需的耐久性和可靠性。

③ 低气味散发耐刮聚丙烯　是制造高抗刮擦汽车内饰件等的主要材料。随着汽车工业的不断发展，其需求量将越来越大。

④“三高”聚丙烯　高抗冲、高流动、高模量的聚丙烯用于制造汽车的一些大型零部件，以及物流和家电行业中的大型零部件等，需求量逐年增长。

⑤ 发泡聚丙烯　注塑微发泡适用于各种汽车内外饰件，如车身门板、尾门、风道等；挤出微发泡适用于密封条、顶棚等；吹塑微发泡适用于汽车风管等。这些都将随着汽车工业的发展而发展。

⑥ 高透明聚丙烯　高透明聚丙烯用于制备家庭日用品、医疗器械、包装用品、耐热器皿（微波炉加热用）等，未来的市场需求量也在不断增加。

（3）聚烯烃热塑性弹性体（POE）

由于 POE 具有橡胶和塑料的双重性能，因此可用于胶鞋、黏合剂、汽车零部件、电线电缆、胶管、涂料、挤出制品和太阳能光伏组件胶膜等，涉及汽车、电气、电子、建筑等日常生活的各个领域。我国目前对 POE 的需求量很大（超过 60 万吨/年），全部依赖进口，市场价格为16000～22000元/吨。因此，从催化剂、聚合工艺、后处理技术等各方面迅速突破POE生产瓶颈是当务之急。

（4）聚烯烃嵌段共聚物（OBC）

OBC不仅有高的熔点，也有低的玻璃化转变温度。与POE相比，OBC的结晶速率更高、结晶形态更规则，耐热性也更强，并且在拉伸强度、断裂伸长率和弹性恢复等方面均表现出更加优越的性能。目前我国还不能生产OBC，因此在此领域仍有很大的发展空间。

（5）聚烯烃结构性能表征和标准化技术

由于聚烯烃品种和应用领域的多样性，其结构、性能、加工特性、助剂体系等各异，因此，聚烯烃结构表征等共性技术的开发，应以产品的最终应用为目标导向，进行各类别产品微观化学结构和聚集态结构的共性特征研究及其与宏观力学性能的关系研究；进行各类别产品的特定流变学表征和成型加工工艺的模拟优化研究；进行各类别产品的助剂体系优化设计及实时调控。在此基础上，最终建立从催化剂到产品开发的整体解决方案。

聚烯烃标准的制定与实施影响行业的发展方向。因此，要积极参与各级标准的制修订，以扩大我国聚烯烃行业在国内和国际上的影响力，促进产品市场的开拓和应用。

参考文献

[1] Ziegler K, Holzkamp E, Breil H, et al. Aluminum in organic chemistry. Ⅶ. Polymerization of ethylene and other olefins [J]. Angew Chem, 1955, 67: 426.

[2] Ziegler K, Holzkamp E, Breil H, et al. The mühlheim low-pressure polyethylene process [J]. Angew Chem, 1955, 67: 541-547.

[3] Natta G. A new class of polymer from α-olefins having exceptional structural regularity [J]. J Polym Sci, 1955 (16): 143-154.

[4] Union Carbide Corporation. Preparation of granular stereoregular butane-1 polymers in a fluidized bed: US4503203 [P]. 1985-03-05.

[5] Esso Research and Engineering Company. Polymerization catalyst: US3032510 [P]. 1962-05-01.

[6] Shell Oil Company. Olefin polymerization catalyst composition: US4728705 [P]. 1988-03-01.

[7] Himont Incorporated. Components and catalysts for the polymerization of olefins: US4971937 [P]. 1990-11-20.

[8] 中国石油化工股份有限公司. 用于烯烃聚合反应的催化剂组分及其催化剂: CN03109781.2 [P]. 2003-04-21.

[9] 中国石油天然气股份有限公司. 一种烯烃聚合催化剂及其制备方法和应用: 200710118854X [P]. 2007-06-13.

[10] 陶氏环球技术有限公司. 具有卤代-丙二酸酯内给电子体的催化剂组合物和由其制备的聚合物: 201180068102.1 [P]. 2011-12-02.

[11] Equistar Chemicals. LP. Methods for preparing propylene polymer having broad molecular weight distribution: US6800703B1 [P]. 2004-11-05.

[12] Kaminsky W, Miri M. Ethylene propylene diene terpolymers produced with a homogeneous and highly active zirconium catalyst [J]. Polym Sci Polym Ed, 1985, 23 (8): 2151-2164.

[13] Ressoni L, Piemontest F. Olefin polymerization at bis (pentamethy cyclo-pentadienyl) -zirconium and -hafnium centers: Chain-transfer mechanisms [J]. J Am Chem Soc, 1992, 114 (3): 1025-1032.

[14] Severn J R, Chadwick J C, Duchateau R, et al. "Bound but not gagged"—Immobilizing single-site α-olefin polymerization catalysts [J]. Chem Rev, 2005, 105 (11): 4073-4174.

[15] Rieger B等编. 后过渡金属聚合催化 [M]. 黄葆同，李悦生，译. 北京：化学工业出版社，2005：9-23.

[16] 陈商涛，胡友良. β-二酮类有机金属配合物催化烯烃配位聚合的研究进展 [J]. 石油化工，2006，35 (9)：896-902.

[17] 中国工程科技2035发展战略项目组. 中国工程科技2035发展战略·化工、冶金与材料领域报告 [M]. 北京：科学出版社，2020：250-257.

[18] 胡杰，等. 合成树脂技术 [M]. 北京：石油工业出版社，2022：282-298.

[19] Kuran W著. 配位聚合原理 [M]. 李化毅，编译. 北京：化学工业出版社，2022：326-346.

第2章 聚烯烃原料

2.1 烯烃的供需状况分析

2.1.1 乙烯市场的供需状况

2021 年世界乙烯产能 2.06 亿吨[1]，产量 1.75 亿吨，乙烯生产主要集中在亚洲、北美、中东和西欧，分别占到全球总产能的 37%、24%、17%和 11%。继续呈现亚洲为主、北美次之、中东和西欧随后的格局。未来几年，乙烯产能还将保持增长态势，新增产能主要集中在亚洲和北美，合计占到全球乙烯产能增量的 80%，中东乙烯产能增速放缓，增量在 100 万吨左右。预计到 2026 年全球乙烯产能将增至 2.39 亿吨。2021 年世界乙烯消费量为 1.75 亿吨，其中聚乙烯约占到 64%，其次是环氧乙烷/乙二醇，约占乙烯消费量的 14%。预计 2026 年世界乙烯需求将达到 2.07 亿吨。从贸易情况来看，乙烯当量贸易量呈增长态势，2021 年在 3200 万吨左右。由于乙烯单体的运输条件极为苛刻，运输费用高昂，乙烯贸易主要以乙烯衍生物的形式进行。中东和北美是聚乙烯、乙二醇等乙烯衍生物的主要净出口地区，亚洲是乙烯衍生物的主要净进口地区。特别是中国，占到世界乙烯当量进口量的 70% 以上。

2021 年我国乙烯产能 4168 万吨[2]，约占全球乙烯产能的 20.2%，首次超过美国，成为世界最大的乙烯生产国。预计到 2025 年，我国乙烯产能将超过 5000 万吨，跃居世界第一。2021 年，我国乙烯表观消费量为 3763 万吨，另外，还进口了大量的乙烯下游衍生物，其中进口聚乙烯 1520 万吨，进口乙二醇 483 万吨，进口苯乙烯 169 万吨。预计到 2025 年乙烯当量消费量将达到 7500 万吨左右，仍需进口 2000 万吨左右的乙烯下游衍生物。

2.1.2 丙烯市场的供需状况

2021 年世界丙烯产能 1.53 亿吨[3]，产量 1.21 亿吨，丙烯生产主要集中在亚洲，约占全球总产能的 52%。北美、中东和西欧合计仅占 36%。未来，丙烯产能还将保持增长态势，新增产能主要集中在亚洲，其中中国的丙烯新增产能超过了全球增量的一半，预计 2026 年全球丙烯产能将达到 1.83 亿吨。2021 年世界丙烯消费量为 1.21 亿吨，其中聚丙烯约占 53%，其次是环氧丙烷和丙烯腈。预计 2026 年世界丙烯需求量将达到 1.76 亿吨。从贸易情况来看，呈现平缓下降的趋势，2021 年在 1200 万吨左右，这主要是因为丙烯及丙烯衍生物的贸易集中在亚洲，中国以外的亚洲地区是丙烯及丙烯衍生物的净出口地区，中国是净进口国。随着中国丙烯、聚丙烯等丙烯衍生物自给率的提高，世界丙烯及丙烯衍生物的贸易量减少。

2021 年我国丙烯产能 4940 万吨[4]，产量 4109 万吨，净进口量 249 万吨，表观消费量约 4358 万吨，当量消费量约 4744 万吨，产能、产量和消费量均保持全球第一。预计到 2025 年我国丙烯产能将近 6000 万吨，表观消费量达 5300 万吨左右，基本供需平衡。

2.2 国内外乙烯生产技术现状与进展

截至 2021 年底，蒸汽裂解工艺仍是乙烯生产的主流工艺，约占全球乙烯总产能的 96%，来自煤（甲醇）制烯烃装置的乙烯产能约占 3%，来自催化裂解、乙醇脱水制取乙烯等装置的乙烯产能约占 1%。另外，还有一些技术处于探索、研究开发或工业转化阶段，如以甲烷为原料，通过氧化偶联（OCM）法或一步法无氧制取乙烯；以天然气、煤或生物质为原料经由合成气通过费-托（F-T）合成（直接法）制取乙烯等。

2021年，我国共有乙烯生产装置近60套，产能合计4168万吨。其中蒸汽裂解制乙烯和煤（包括甲醇）制乙烯（CTO、MTO）分别占乙烯总产能的83%和15%，另外，还有2%的乙烯来自DCC/CPP等生产装置。

2.2.1 蒸汽裂解技术

全球蒸汽裂解技术专利商主要有CB&I Lummus、KBR、Linde和Technip。此外，许多裂解炉使用者如Shell、ExxonMobil、中国石油、中国石化等也开发了自己的技术。尽管这些专利商的技术在裂解炉、急冷系统的设计上有些不同，但他们采用的都是蒸汽裂解技术，生产装置主要包括原料预热系统、裂解炉系统、急冷系统、压缩系统、冷分离系统、热分离系统和制冷循环系统等[5]。

裂解炉是乙烯生产的关键，由对流段、辐射段（包括辐射炉管和燃烧器）和急冷锅炉系统三部分构成。乙烷、轻烃、液化气、石脑油、加氢尾油、柴油等裂解原料与蒸汽混合后进入炉管，在高温下发生热裂解反应，生成乙烯、丙烯、C_4及以上烯烃、裂解汽油等油气产品。大型化、提高裂解深度、缩短停留时间、提高裂解原料变化的操作弹性、降低能耗已成为裂解炉技术的主要趋势。近年来，各乙烯技术专利商在炉膛设计、烧嘴技术、炉管结构、炉管材料、抑制结焦技术等方面均取得了一些进展。目前，世界最大石脑油裂解炉和乙烷裂解炉裂解能力分别达到20万吨/年和35万吨/年[6]。裂解炉结构主要有4种：①常规单辐射段单对流段结构；②常规双辐射段单对流段结构；③单辐射段双单排辐射炉管（在一个炉膛内以裂解炉的轴线为对称布置平行的两排单排炉管）单对流段结构；④单辐射段（炉管布置与炉膛轴线垂直）单对流段结构。目前采用较多的是上述②、④两种结构。虽然大型炉可以节省投资，但规模不是越大越好，需要与乙烯装置的规模和原料种类结合起来统筹考虑以减少对操作的影响。

裂解气压缩分离部分的投资和能耗在乙烯装置中均占较大比例。目前，乙烯生产全部采用深冷分离法，流程主要有顺序分离、前脱丙烷、前脱乙烷流程，流程的选择主要是根据裂解原料、能耗等情况，设计最适合的优化方案。顺序分离技术是应用最早、最广泛的一种乙烯分离技术，并随着技术进步及节能等要求不断开发完善。目前开发应用的技术有气体炉裂解气减黏技术、低压脱甲烷技术、中压脱甲烷技术、双塔双压脱丙烷技术、催化精馏加氢技术、分凝分馏塔技术、二元制冷和三元制冷技术等。前脱乙烷技术将脱乙烷塔作为裂解气精馏分离的第一顺序塔，首先将C_2及更轻组分与C_3及更重组分分离开来。在前脱乙烷技术中，可以应用碳二前加氢技术和低压乙烯热泵流程。前脱丙烷前加氢技术结合了前加氢、开式热泵、膨胀压缩机等新技术，具有独特的优点，比较适合我国以液体裂解原料为主的裂解装置。

在“双碳”目标下，新型节能技术，如风机变频技术、燃烧空气预热技术、炉管强化传热技术、裂解炉与燃气轮机联合技术等的应用可实现节能降耗。使用变频电机代替驱动风机运行的普通电机，并撤除烟道挡板，可节电40%。使用如排烟余热等废热源或者使用蒸汽、急冷水等介质预热空气，可节约燃料用量。使用扭曲片加强炉管传热，并对扭曲片安装部分进行定期检测，具有均匀分布炉管内温度、减少结焦等作用，可节约烧焦过程成本投入。在应用裂解炉与燃气轮机联合技术的过程中，可先将燃料气导入燃气轮机发电，然后把发电中产生的高温燃气送入裂解炉中，以此作为助燃空气，燃料使用率可达80%以上，并能够将裂解炉的有效能源利用率提高10%。乙烯生产过程先进控制技术（APC）通过控制不同原料和运行条件下的最佳裂解深度，提高产品收率，可将能耗降低10%左右。随着可再生能源技术的发展，多家公司针对使用可再生电能加热裂解炉进行了研究，目前尚处于研发阶段。

总体来说，经过多年开发，管式炉蒸汽裂解工艺已经成熟，无突破性进展，现有乙烯装置主要通过各种先进技术和流程的组合，不断地进行整体优化。未来蒸汽裂解生产乙烯技术的发展方向仍是向低能耗、电气化、低投资、提高裂解炉对原料的适应性和延长运转周期方向发展。

2.2.2 甲醇制烯烃技术

甲醇制烯烃技术是以天然气或煤为原料转化为合成气，合成气生成粗甲醇，再经甲醇制备乙烯、丙烯的工艺。代表性工艺有：UOP/Hydro 的甲醇制烯烃（MTO）工艺、Lurgi 的甲醇制丙烯（MTP）工艺、中国科学院大连化学物理研究所的 DMTO 工艺、中国石化上海石油化工研究院的 S-MTO 工艺和清华大学的 FMTP 工艺。截至 2021 年底，我国煤（甲醇）制烯烃装置（CTO/MTO/CTP/MTP）共 38 套，乙烯和丙烯总产能达到 1700 万吨/年。

UOP/Hydro 的 MTO 工艺采用类似于流化催化裂化流程的工艺，乙烯和丙烯选择性可达 80%，低碳烯烃选择性超过 90%，可灵活调节丙烯和乙烯的产出比在 0.7～1.3 范围内[7]。中国科学院大连化学物理研究所在 DMTO-Ⅰ技术基础上，开发了甲醇转化与烃类裂解结合的 DMTO-Ⅱ技术，工业试验表明，DMTO-Ⅱ技术的甲醇转化率达到 99.9%[8]，丙烯选择性 85.7%，1 吨乙烯+丙烯消耗甲醇 2.7 吨；专用催化剂流化性能良好，磨损率低。此外，中国石化开发的 S-MTO 工艺于 2012 年在中原石化 60 万吨/年甲醇制烯烃装置首次成功应用，该装置运行结果表明，对甲醇原料即双烯收率为 32.7%，产品总收率为 40.9%，甲醇转化率为 99.9%[9]。

有关 MTP 技术的论述请见 2.3.4 节。

2.2.3 催化裂解技术

催化裂解是结合传统蒸汽裂解和 FCC 技术优势发展起来的，从理论上讲，是降低反应温度、减少结焦、提高乙烯收率和节能降耗的有效技术，各工艺在实验室研究阶段都取得了较理想的效果，然而由于各种技术和工程上的困难，工业化进程缓慢，2018 年首套 ACO（advanced catalytic olefins）装置在神华宁煤投产，为国内煤油化联合生产带来了新的技术路线和思路。

2.2.3.1 石脑油催化裂解制乙烯

根据反应器类型，石脑油催化裂解技术主要分为两大类。一类是固定床催化裂解技术，代表性技术有日本工业科学原材料与化学研究所和日本化学协会共同开发的石脑油催化裂解新工艺，以 10% La/ZSM-5 为催化剂，反应温度 650℃，乙烯和丙烯总收率可达 61%，P/E 质量比约为 0.7。另外还有俄罗斯莫斯科有机合成研究院与莫斯科古波金石油和天然气研究所共同开发的催化裂解工艺，韩国 LG 石化公司开发的石脑油催化裂解工艺以及日本旭化成公司等开发的工艺。尽管固定床催化裂解工艺的烯烃收率较高，但反应温度降低幅度不大，难以从根本上克服蒸汽裂解工艺的局限。另一类是流化床催化裂解技术，代表性技术有韩国化工研究院和 SK 能源公司共同开发的 ACO 工艺，该工艺结合 KBR 公司的 Ortho-flow 流化催化裂化反应系统与 SK 能源公司开发的高酸性 ZSM-5 催化剂，与蒸汽裂解技术相比，乙烯和丙烯总收率可提高 20%～25%，P/E 质量比约为 1[10,11]。

我国也有多家机构从事相关研究。中国石化北京化工研究院从 2001 年开始进行石脑油催化裂解制低碳烯烃研究，在反应温度为 650℃，水/油质量比为 1∶1，空速为 $1.97h^{-1}$ 的条件下，乙烯收率为 24.18%，丙烯收率为 27.85%。另外中国石化上海石油化工研究院、中科院大连化学物理研究所等研究机构也开发了石脑油催化裂解制烯烃技术[12]。

2.2.3.2　重油催化裂解制乙烯

中国石化洛阳石油化工工程公司开发的重油接触裂解技术（HCC），在提升管出口温度为 700～750℃，停留时间小于 2s 的工艺条件下，以大庆常压渣油为原料，选用选择性好、水热稳定性和抗热冲击性能优良的 LCM-5 催化剂，乙烯收率可达 19%～27%，总烯烃的收率可达到 50%。2001 年采用该工艺在中国石油抚顺石化分公司建设了工业试验装置[13]。

中国石化石油化工科学研究院在深度催化裂化（DCC）技术基础上开发的催化热裂解（CPP）技术，采用具有正碳离子反应和自由基反应双重催化活性的专用催化剂 CEP-1，在反应温度 620～640℃，反应压力 0.08～0.15MPa（表压），停留时间 2s，剂油比 20～25 条件下，以大庆减压瓦斯油掺 56%渣油为原料，按乙烯方案操作，乙烯收率为 20.37%，丙烯收率为 18.23%。2009 年，该技术在沈阳化工集团 50 万吨/年 CPP 装置上实现工业化应用[14]。

2.2.3.3　低碳烯烃催化裂解制烯烃

详见 2.3.6 节论述。

2.2.4　原油直接裂解制乙烯技术

原油直接裂解生产乙烯路线最大的特点是省略了常减压蒸馏等炼油装置，使得工艺流程大为缩短。此外，在原料成本方面也具有较大的优势。最具代表性的技术是埃克森美孚技术和沙特阿美/沙特基础工业公司技术[15]。值得注意的是，两家技术采用的原料都不是普通的原油，埃克森美孚采用的是 API 度在 42.7 左右的轻质原油、沙特阿美采用的是 API 度在 34 左右的沙特轻油，因此该路线主要取决于轻质原油的可持续获取。

2.2.4.1　埃克森美孚技术

埃克森美孚采用原油直接制乙烯技术在新加坡裕廊岛建成了一套 100 万吨/年的装置。主要工艺改进是在裂解炉对流段和辐射段之间加了一个闪蒸罐，原油经过对流段预热后进入闪蒸罐，轻重组分分离，轻组分进入辐射段裂解，重组分被送至邻近的炼厂或直接销售。整体投资相对蒸汽裂解装置略有增加，但原油与石脑油价格走势呈正相关，且两者间差价比较平稳。在 50 美元/桶（365 美元/吨）油价下，石脑油均价在 480 美元/吨上下震荡，原料平均价差在 100 美元/吨。原料价差使原油直接制烯烃具有一定的成本优势。

2.2.4.2　沙特阿美技术

沙特阿美/沙特基础工业公司工艺过程是原油（沙特轻油）直接进入加氢裂化装置，脱硫并将高沸点组分转化为低沸点组分[16]；之后经过分离，轻组分进入蒸汽裂解装置，重组分进入沙特阿美自主研发的高苛刻度催化裂化装置，最大化生产烯烃。该工艺的化工产品收率大幅提高，相比石脑油裂解装置吨油毛利提高 100～200 美元，但投资成本要高很多，因此，总体来看烯烃生产成本与石脑油裂解成本相差不大。为了得到更高的化学品转化率并将该技术推向商业化，2018 年 1 月，沙特阿美与西比埃（CB&I）、雪佛龙鲁姆斯（CLG）签署了一项联合开发协议[17]，把 CB&I 的乙烯裂解技术、CLG 的加氢处理技术和沙特阿美的原油制化学品技术（TC2CTM）结合起来。2018 年 6 月，沙特阿美又宣布在其原油直接制化学品（COTC）项目中采用美国 Siluria 公司的甲烷氧化偶联（OCM）制烯烃技术[18]，该技术的应用将使乙烯产量提高10%以上。目前沙特阿美/沙特基础工业公司COTC项目已正式启动[19]。

2.2.5 生物乙醇脱水制乙烯技术

生物乙醇制乙烯技术以大宗生物质为原料，通过微生物发酵首先制乙醇，乙醇再催化脱水生成乙烯。目前生物乙醇技术主要有采用玉米、甜高粱等粮食作物及甘蔗、甜菜等糖料作物为原料经葡萄糖发酵成乙醇的第一代技术和纤维素乙醇（第二代）技术。与第一代技术相比，纤维素乙醇技术原料来源更加广泛，不与粮争地、不与人争粮，是公认的生物质乙醇发展方向。

国内外已有多家公司可提供由生物乙醇原料生产乙烯及其副产品的技术，2010年9月，巴西Braskem石化公司的20万吨/年绿色乙烯装置建成投产，这是世界上第一套以甘蔗乙醇（采用蔗糖发酵）为原料生产乙烯再生产聚乙烯的装置。乙醇催化脱水制乙烯过程的技术关键在于选用合适的催化剂[20,21]。已报道的乙醇脱水催化剂有多种，具有工业应用价值的主要有活性氧化铝催化剂和分子筛催化剂。

目前采用生物乙醇脱水路线制乙烯在技术上是可行的，但是尚需解决一些规模化生产的关键技术问题，主要包括研究开发低成本乙醇生产技术；研究开发过程耦合一体化工艺技术，对乙醇脱水生产技术进行过程集成化；研究开发高性能催化剂，降低催化剂成本；装置大型化，提高能源综合利用效率，进一步降低生产成本，使生物乙烯的生产路线和经济效益能够与当前石油制乙烯的价格持平或更具有经济效益[22]。

2.2.6 甲烷直接制乙烯技术

甲烷制乙烯是指将甲烷通过一步转化反应直接得到乙烯，包括有氧气参加转化反应的甲烷氧化偶联（OCM）制乙烯与无氧气参加的甲烷一步法制乙烯两种路线。

2.2.6.1 甲烷氧化偶联制乙烯

2010年，美国Siluria公司使用生物模板精确合成纳米线催化剂，可在低于传统蒸汽裂解操作温度200～300℃的情况下，在5～10atm（1atm=101325Pa）下，高效催化甲烷转化成乙烯，活性是传统催化剂的100倍以上。该公司设计的反应器分为两部分：一部分将甲烷转化成乙烯和乙烷；另一部分将副产物乙烷裂解成乙烯。这种设计使反应器的给料既可以是天然气也可以是乙烷，提高乙烯收率，同时节约能耗。2015年4月，Siluria公司投资1500万美元，与巴西Braskem公司、德国林德公司以及沙特阿美石油公司旗下的SAEV公司合作在得克萨斯州建成投运365吨/年的OCM试验装置，并正在建设乙烯产能3.4万～6.8万吨/年的示范工厂[23]。

甲烷氧化偶联制乙烯技术的核心是催化剂。近十年来，在催化剂组成（配方）及催化剂制备方面，国内外许多研究机构对甲烷氧化偶联催化剂做了大量研究工作，取得了一些新的进展，但从催化性能看，以C_2或C_2以上的单程收率为衡量指标，绝大多数催化剂都没有超过已有的$NaWMnO/SiO_2$系列催化剂所能达到的25%左右的水平。对于个别报道中C_2收率达到30%左右的反应结果，有待于进一步证实[24]。

2.2.6.2 甲烷无氧制乙烯

近年来中国科学院大连化学物理研究所等单位对催化甲烷无氧转化技术进行了深入研究。大连化学物理研究所基于“纳米限域催化”新概念，开发出硅化物（氧化硅或碳化硅）晶格限域的单中心铁催化剂，实现了甲烷在无氧条件下选择活化，一步高效生产乙烯、芳烃和氢气等高值化学品。该研究将具有高催化活性的单中心低价铁原子通过两个碳原子和一个硅原子镶嵌在氧化硅或碳化硅晶格中，形成高温稳定的催化活性中心；甲烷分子在配位不饱和的单铁中心上催化活化脱氢，获得表面吸附态的甲基物种，进一步从催化剂表面脱附形成高活性的甲基自由基，在气相中经自由基偶联反应生成乙烯和其他高碳芳烃分子，如苯和萘等。当反应温度为 1090℃，每克催化剂流过的甲烷为 21L/h 时，甲烷单程转化率高达 48.1%，生成产物乙烯、苯和萘的选择性>99%，其中生产乙烯的选择性为 48.4%。催化剂在测试的 60h 内，保持了很好的稳定性。与天然气转化的传统路线相比，该研究彻底摒弃了高耗能的合成气制备过程，大大缩短了工艺路线，反应过程本身实现了 CO_2 的零排放，碳原子利用率达到 100%[25]。

2.2.7　合成气直接制乙烯技术

合成气直接制乙烯就是通过费-托（F-T）法直接制乙烯，即以 CO 与 H_2 反应制烯烃，副产水和 CO_2。由合成气合成乙烯大多采用 H_2/CO 进料比为 1 以下，温度为 250～350℃，压力低于 2.1MPa。通常认为设计和研制催化剂体系达到调控产物选择性的目的是费托合成领域研究的重点之一。费托合成最有活性的催化剂是铁、钴、镍。但是，钴和镍易形成饱和烃，活化铁对短链烯烃具有较高的活性，鲁尔化学（Ruhrchemie）公司用这种催化剂取得了较好结果，将钛、锌和钾加到铁中（100Fe/25Ti/10ZnO/4K_2O），将 H_2/CO 比为 1 的合成气原料，在 340℃和 1.04MPa 下通过这种催化剂，转化率以 CO 和 H_2 计算为 87%，选择性是乙烯为 33.4%、丙烯为 21.3%、丁烯为 19.9%、C_2～C_4 饱和烃为 9.9%、甲烷为 10.1%，其余为 C_5 以上烃类（在试验室规模的固定床反应器中）[26]。

日本在化学实验室中成功地将合成乙醇的铑催化剂和脱水的硅铝酸盐催化剂结合使用，由合成气一步制得乙烯。这种方法是将两种催化剂分成两层装于管式反应器中，通入合成气同时进行反应，乙烯收率可达 52%，选择性为 50%。德国 BASF 公司在实验室已开发成功一种非均相催化剂，目前在进行中试，由于要高选择性地得到低碳烯烃有相当的难度，并且选择性费托合成的催化剂寿命还有待提高，近期难以实现工业化。中科院大连化学物理研究所提出的合成气直接转化制烯烃的新路线（OX-ZEO 过程），不同于传统费-托过程，创造性地采用一种新型的双功能纳米复合催化剂，可将合成气（纯化后的 CO 和 H_2 混合气体）直接转化，高选择性地一步反应获得低碳烯烃（高达 80%），且 C_2～C_4 烃类选择性超过 90%[27,28]。

2.2.8　乙烯生产路线的比较

没有哪一条乙烯生产路线不受条件影响而具有绝对优势。因此，因时因地选择烯烃生产路线是大原则。必须以效益为目标，考虑本土资源情况和获取海外相对优势资源的能力，同时以石脑油裂解路线作为基准，进行成本比较。这是因为产品的价格由成本决定，并受市场供需影响，而目前石脑油裂解路线是我国化工市场的主要供应力量，因此化工产品的价格与石脑油，进一步说是与原油价格紧密关联。另外还要考虑技术门槛和技术成熟度情况以及企业资本能力等因素。在油价中低位运行的条件下（油价低于 80 美元/桶）[29,30]，石脑油裂解制乙烯的优势较明显[31,32]；而当油价上涨，煤制烯烃盈利能力将得到改善，竞争优势将显现。以进口乙烷为原料裂解生产乙烯路线在中低位油价的背景下不具竞争优势，企业可以考虑到具有资源优势的海外建厂，当然还要考虑地缘政治是否允许。外购甲醇制烯烃路线在甲醇价格没有大幅度下跌的情况下，很难走出困境。原油直接制烯烃路线主要取决轻质原油的可持续获取。

2.3 国内外丙烯生产技术现状与进展

丙烯生产路线的多元化趋势比较明显。近十年来，来自传统路线的丙烯比重大幅下降，而来自专产丙烯装置的丙烯比例显著提高。2021 年来自蒸汽裂解装置的丙烯比例降至 46%，来自催化裂化装置的比例降至 27%，而来自丙烷脱氢装置的占比提升至 12%，煤（甲醇）制丙烯比例为 5%，高苛刻度催化裂化占比为 4%，还有 6%来自烯烃歧化等其他专产丙烯装置。

2021 年我国丙烯产能 4940 万吨，29%来自催化裂化装置，28%来自蒸汽裂解装置，22%来自 MTO（MTP)/CTO（CTP）装置，21%来自丙烷脱氢（PDH）装置。

2.3.1 蒸汽裂解技术

参考 2.2.1 节。

2.3.2 炼厂催化裂化多产丙烯技术

传统的催化裂化工艺以生产汽油为主，丙烯作为副产品收率仅为 4%～6%。近 20 年来，各大石油石化公司通过改进 FCC 工艺的设备、操作条件、催化体系等方式来达到多产丙烯的目的。目前已经实现工业应用的有 UOP 公司的 PetroFCC 工艺和 RxPro 工艺、KBR 公司的 Maxofin 工艺、JCCP 和 Saudi Aramco 公司的 HS-FCC 工艺以及 RIPP/SW 公司的 DCC 工艺。另外，还有一些技术进行了工业示范试验，包括 IOC/Lummus 公司的 INDMAX 工艺、ExxonMobil 公司的 PCC 工艺、Shell 的 MILOS 工艺、Axens/Shaw 公司的 PetroRiser 工艺和 CNPC 的 TMP 工艺。

2.3.2.1 UOP 公司的 PetroFCC 工艺和 RxPro 工艺

PetroFCC 工艺采用高择形沸石和 RxCat 技术，提升管出口温度为 538～566℃，在较低分压下以瓦斯油和减压渣油为原料，增产轻质烯烃。RxCat 技术可将仍有活性的“废催化剂”循环返回至提升管，灵活改变催化剂负载量并优化生产烯烃或汽油的反应条件。采用该工艺，可使汽油收率减少，轻质烯烃和芳烃收率增加，丙烯产量占比可达到 10%～15%。

RxPro 工艺采用多级反应器，包括第一级烃类原料反应器，第二级循环反应器，在两个反应器之间进行催化剂的循环再生，以此来打破化学平衡限制，提高丙烯产量和选择性。以减压柴油和渣油为原料的丙烯产量占比可超过 20%。

2.3.2.2 KBR 公司的 Maxofin 工艺

Maxofin 工艺采用并列的双提升管：一根提升管以蜡油为原料，出口温度为 538℃，剂油比为 8～9；另一根提升管以循环轻石脑油为原料，出口温度为 593℃，剂油比为 25。采用 ZSM-5 含量大于 25%的 Maxofin-3 助剂，催化剂微反活性可提高 4 个单位，丙烯收率达到 25%。此外，该工艺还采用了先进的 Atomax-2 原料喷嘴系统和提升管反应终止技术，减少了烃蒸气和催化剂在沉降器中的停留时间，降低了干气和焦炭收率。

2.3.2.3 JCCP 和 Saudi Aramco 公司的 HS-FCC 工艺

HS-FCC 技术采用下流式反应器，在 550～650℃、0.1MPa 和高剂油比的操作条件下，采用 ZSM-5 含量 10%的超稳 Y 型（HUSY）沸石催化剂，丙烯收率接近 20%。为减少副反应的发生，避免干气和焦炭量的增加，该工艺采用一种短停留时间（小于 0.5s）的高效产品分离器，使得催化剂和产品能够在反应器出口及时分离。

2.3.2.4 RIPP/SW 公司的 DCC 工艺

DCC 工艺以重质油为原料，包括减压蜡油、脱沥青油、焦化蜡油及常压渣油等，采用提升管加密相床层反应器，在 20～60℃、低空速及低烃分压的反应条件下，丙烯收率高达 15%～25%。此外，中国石化石油化工科学研究院（石科院）研发了 CHP、CRP/CIP、MMC 及 DMMC 等一系列 DCC 专用催化剂，具有高烯烃选择性、低氢转移活性、高基质裂化活性、增强汽油二次裂化能力及优良的热稳定性和水热稳定性。在 DCC 技术的基础上，石科院又开发了增强型催化裂化（DCC Plus）工艺。增加第二提升管反应器，使床层反应器的温度成为独立变量，降低干气和焦炭收率。目前中海油东方石化、大榭石化和泰国 IRPC 公司 3 套 DCC Plus 工业装置运行，最大加工能力为 220 万吨/年。自 1990 年建成第一套 DCC 工业化装置以来，已建成 18 套工业化装置，另有 4 套正在设计或建设中。其中中海油东方石化、大榭石化和泰国 IRPC 公司的 3 套工业装置采用 DCC Plus 工艺，另有 4 套 DCC Plus 工业装置正在设计或建设中。

2.3.2.5 IOC/Lummus 公司的 INDMAX 工艺

INDMAX 工艺可将较宽范围的裂解原料转化成轻质烯烃，其原料为直馏或加氢瓦斯油（其中也包括润滑油馏分、焦化瓦斯油以及渣油）等组分，原料转化率为 45%，产品为轻质烯烃（主产丙烯，也包括乙烯和丁烯）、高辛烷值汽油混合组分以及中间馏分。提升管反应器温度为 560～600℃，剂油比为 12～20。

2.3.2.6 ExxonMobil 公司的 PCC 工艺

PCC 工艺用于将石脑油中所含的烯烃转化为丙烯。采用 ExxonMobil 公司专有催化剂和反应器，在优化操作条件下，反应选择性较高，可使低值燃料组分的汽油量减小到最少，产物为丙烯质量分数达 95%以上的 C_2～C_3 混合烯烃，回收后处理费用大幅度减少。催化裂化石脑油含 20%～60%烯烃，是催化转化生产丙烯的理想原料。

2.3.2.7 Shell 公司的 MILOS 工艺

MILOS 工艺通过在 FCC 装置改建和新建过程中增设提升管，可使炼厂按市场需求进行有选择的生产。在反应温度为 566～621℃条件下，催化轻汽油在 MILOS 提升管中裂化得到的典型收率为丙烯 15.5%、干气 7.5%、异丁烷 5%。装置增设的提升管可输入不同原料，例如 FCC 石脑油、焦化石脑油、减黏裂化炉石脑油、植物油以及气制液工业产物。

2.3.2.8 Axens/Shaw 公司的 PetroRiser 工艺

PetroRiser 工艺在 RFCC 综合装置中安装了第二提升管，将第一提升管中产生的轻质裂化汽油输送到第二提升管，每个提升管能够独立运行，方便优化反应条件，提高烯烃收率，减少焦炭生成。采用 PetroRiser 技术可生产质量分数 12%的丙烯，而传统 FCC 装置丙烯质量分数仅为 5%。

2.3.2.9 CNPC 的 TMP 工艺

TMP 工艺采用轻重原料组合进料＋重油两段反应技术和 LCC-300 专用催化剂，在保证重油充分转化的同时，可较为精确地控制轻组分与催化剂的接触和反应，提高反应的丙烯选择性。第一提升管中是丁烯和新鲜原料，分步进料。第二提升管是轻质汽油（C_5～C_6）和回收原料以相同方式进料。工程上设计专用高密度输送床反应器，催化剂流化平稳，原料反应充分，可以有效减少干气的生成，保证原料的选择性转化。

2.3.3 丙烷脱氢生产丙烯技术

丙烷脱氢（PDH）制丙烯的工艺主要有催化脱氢和氧化脱氢两种。其中丙烷催化脱氢制丙烯技术已经实现工业化。代表性工艺主要有：UOP公司的Oleflex工艺、ABB Lummus公司的Catofin工艺、Krupp Uhde公司的Star工艺。另外Snamprogetti公司、Dow公司、Linde公司、KBR公司等也开发了PDH工艺。从世界范围来看，近年来丙烷催化脱氢技术的进步主要体现在装置的规模效应、工艺过程的改进以及新一代催化剂的开发。

2.3.3.1 UOP公司的Oleflex工艺

Oleflex工艺采用径向流移动床反应器，在600～700℃，大于0.1MPa的操作条件下，丙烷单程转化率达到35%～40%，丙烯选择性为84%～89%，并且可实现在线更换催化剂而无需中断生产。UOP公司最新一代的Oleflex技术将氢油比从0.5降至小于0.3，同时采用创新的低温分离系统，使丙烷物耗降至每1t丙烯消耗少于1.12t丙烷。其最新一代DeH-26催化剂，依然使用Pt作为活性金属，在提高水力学性能的同时将催化剂寿命延长至4年[33]。Oleflex工艺自1990年实现商业化，目前C_3 Oleflex技术已经在全球许可60多套装置[34]。

Oleflex工艺包括三个主要部分：反应器系统、产品回收系统和催化剂再生系统。其中反应器系统包括4套径向流反应器、进料加热器、级间加热器以及反应器进料-流出热交换器。其中产品回收系统可从轻烃中分离出氢气作为稀释剂，可抑制结焦和热裂解。最重要的是催化剂连续再生（CCR）装置，从反应器底部移除的催化剂被气提到CCR装置顶部，烧除积碳，再送回反应器中，实现连续再生，一个循环周期为2～7天。

2.3.3.2 ABB Lummus公司的Catofin工艺

ABB Lummus公司的Catofin工艺采用绝热固定床反应器，由科莱恩（Clariant）公司提供专有Cr_2O_3/Al_2O_3催化剂，在540～640℃，大于0.05MPa的条件下，丙烷单程转化率为45%～50%，选择性大于88%[35]。为了实现连续生产通常采用8台反应器，其中3台生产、3台催化剂再生、2台吹扫还原，反应-再生循环周期为15～30min；为提高转化率，通常采用真空操作。过去两年，全球共有11套新建丙烷脱氢装置采用Catofin工艺。Clariant公司于近期推出最新的丙烷脱氢催化剂Catofin 311[36]，相比上一代催化剂，该催化剂可提供更高的选择性。

2.3.3.3 Krupp Uhde公司的Star工艺

Star工艺采用蒸汽稀释的多室多管反应器，使用Pt/Sn-铝酸锌为催化剂。丙烷单程转化率为30%～40%，选择性为85%～93%[37]。反应热由安装在炉膛上部的燃烧室提供，生产时间为7h，再生时间为1h。位于埃及塞得港的PDH装置是世界上采用Uhde公司Star工艺的首套装置。2014年Krupp Uhde公司与台塑公司签订合约，该技术在台塑美国得克萨斯州54.5万吨/年丙烷脱氢装置上应用。

2.3.3.4 意大利Snamprogetti和俄罗斯Yarsintz公司的FBD工艺

FBD工艺采用流化床反应器，配备反应-再生系统，采用类似于Ⅳ型催化裂化双器流化床反应技术，应用微球Cr_2O_3/Al_2O_3催化剂，在580～630℃，118～147kPa的条件下，丙烷单程转化率为40%，丙烯选择性达到80%[38]。目前已应用于俄罗斯1套13万吨/年异丁烯工业装置，还有5套异丁烷和丙烷脱氢装置选择使用该技术。

2.3.3.5　陶氏公司的流化催化脱氢工艺（FCDh）

2017 年美国陶氏化学公司推出 FCDh 技术，与目前领先的固定床 PDH 技术相比，转化速度更快，不需要用氢气循环，需要的反应设备较小；催化剂稳定性好，初期催化剂的负荷较低，需要贵金属较少。据称，该工艺能达到 45%的丙烷转化率和 93%的丙烯选择性[39]。同时相比其他专产丙烯工艺投资成本减少 20%。该工艺可与现有乙烯裂解装置进行整合，配备新建或使用现有裂解炉。2019 年陶氏公司宣布将对其在美国路易斯安那州的蒸汽裂解装置进行升级，应用该工艺将新增 10 万吨/年专产丙烯产能[40]。

2.3.3.6　KBR 公司的 K-PRO 工艺

美国 KBR 公司在 2018 年推出了新型 PDH 工艺（K-PRO），该工艺是在其流化床催化工艺 K-COT 的基础上进行改进的，与传统设计相比，K-PRO 采用同轴式连续反应器，采用非 Cr/Pt 专有催化剂，并实现催化剂的连续再生，在系统内优化热平衡。丙烯选择性可达 87%～90%，丙烷转化率达到 45%[41]。与固定床或移动床反应器相比，具有可靠的操作性和高在线率，同时可减少 20%～30%的资本投入[42]。据报道，2020 年 1 月，亚洲一套 60 万吨/年 PDH 工艺获得该技术的首次授权[43]。

2.3.3.7　Linde AG/BASF 公司的 PDH 工艺

该工艺采用多管式固定床反应器，Cr_2O_3/Al_2O_3 催化剂，在温度为 590℃、压力大于 0.1MPa 的条件下，丙烯转化率大于 90%。反应段有 3 台气体喷射脱氢反应器，2 台用于脱氢反应，1 台用于催化剂再生。BASF 公司在这之后开发了 Pt/沸石催化剂，相比第一代 Cr 系催化剂，反应单程转化率由 32%提高至 50%，总转化率由 91%提高至 93%[44]。但目前未见工业化应用报道。

2.3.3.8　中国石油大学的丙烷/丁烷联合脱氢（ADHO）技术

ADHO 技术采用无毒、无腐蚀性的非贵金属氧化物催化剂，并配套开发了高效循环流化床反应器，实现了脱氢反应和催化剂结焦再生连续进行。烷烃单程转化率、烯烃的收率和选择性与 FBD 技术相当。2016 年 6 月在山东恒源石油化工集团有限公司工业化试验取得成功[45]。

2.3.4　甲醇制丙烯技术

MTO 工艺已在 2.2.2 节进行论述，在此不再重复。本小节着重论述甲醇制丙烯工艺（MTP）。

2.3.4.1　鲁奇公司的固定床 MTP 工艺

该工艺采用德国南方化学（Sud-Chemie）公司研制的 ZSM-5 专用沸石催化剂和固定床反应器，在 420～480℃，0.13～0.16MPa 的操作条件下进行反应，再经过分离与精制，制得聚合级丙烯，丙烯和丙烷的收率接近 47%[46]，同时催化剂可以在反应器内再生，甲醇消耗量约为 3.5 吨/吨（丙烯）。2011 年神华宁煤应用该技术建成首套大规模工业化装置。

2.3.4.2　清华大学的流化床 FMTP 技术

FMTP 工艺分为反应再生与分离两大系统，反应再生系统包括 MTO 反应器、乙烯/丁烯制丙烯（EBTP）反应器和催化剂再生器，实现甲醇制烯烃和乙烯、丁烯制丙烯的反应及催化剂连续反应再生循环。分离系统主要包括多个轻烃分离塔，根据产品需求选择分离工艺。MTO 与 EBTP 均采用流化床反应器，应用清华大学研发的 SAPO-18/34 交生相混晶催化剂，甲醇转化率可达99.5%以上，单产丙烯时总收率可达77%[47]。此外，乙烯与丙烯比可根据需求在0.02～0.85范围内调节，双烯收率可达88%，原料甲醇消耗小于2.62吨/吨（双烯）。

2.3.5 烯烃歧化生产丙烯技术

烯烃歧化制丙烯是通过烯烃间的歧化或反歧化作用将含 C_4 的烯烃化合物转化为丙烯的过程，丙烯收率可超过90%。目前 C_4 烯烃歧化制丙烯的技术路线有两条，即以乙烯、2-丁烯为原料的反歧化制丙烯路线和以1-丁烯、2-丁烯或其混合丁烯为原料的自歧化制丙烯路线[48]。目前已实现工业化的技术包括 ABB Lummus 公司的 OCT 工艺和旭化成公司的 Omega 工艺。中国科学院大连化学物理研究所和中国石化上海石油化工研究院等也进行了相关的研究。

2.3.5.1 ABB Lummus 公司的 OCT 工艺

OCT 工艺采用固定床反应器，使用 WO_3/MgO 负载的硅藻土催化剂，在300～400℃，3～3.5MPa的条件下乙烯选择性接近100%，丁烯选择性达到97%，丁烯总转化率为85%～92%[49]。MgO 使原料中的1-丁烯异构化为2-丁烯，再与乙烯在 WO_3 的作用下歧化生产丙烯。歧化反应器的流出物通过分馏分出高纯度的聚合级丙烯产品，分出的乙烯和丁烯用于循环，此外还有少量的 C_4 以上的副产物。通过氮气和空气吹扫清除催化剂表面少量结焦，催化剂可以连续再生。

2.3.5.2 日本旭化成的 Omega 工艺

Omega 工艺采用固定床反应器与沸石催化剂，在500℃和较低的压力下，将异丁烯通过二聚和歧化反应转化成丙烯。丙烯收率为40%～80%[50]。旭化成公司的 Omega 工艺可以与以 C_4～C_5 抽余物为原料生产 BTX 混合芳烃的 Alpha 工艺相结合，将抽余物转化成丙烯和 BTX 芳烃[51]。2006年在日本水岛采用该工艺的丙烯装置投产运行。

2.3.5.3 Axens（IFP）公司的 Meta-4 工艺

Axens 公司的 Meta-4 工艺采用液相固定床反应器，$Re\text{-}Al_2O_3$ 作为催化剂，在20～50℃的低温条件下，将2-丁烯和乙烯歧化生成丙烯，2-丁烯转化率为90%，丙烯选择性高于98%，催化剂可以连续再生[52]。该工艺曾于1988～1990年在中国台湾中油公司完成中试试验，但目前尚无工业化报道。

2.3.5.4 BASF 公司的自歧化工艺

BASF 公司的 C_4 烯烃歧化工艺最显著的特点是通过丁烯自身歧化生产低碳烯烃，采用 Re_2O_7/Al_2O_3 作为催化剂，在2～90℃的反应温度下，几乎不需要外加乙烯即可获得较高的丙烯收率。目前，BASF 公司在 C_4 烯烃歧化制丙烯的基础上又开发出了 C_4 歧化制丙烯和己烯的工艺，该工艺将丁烯和乙烯歧化生产乙烯、戊烯等副产物，经蒸馏后全部或部分循环回歧化反应器，并分离出所需的丙烯和己烯。但目前未见中试报道。

2.3.6 烯烃裂解增产丙烯技术

烯烃催化裂解技术将较高分子量的富含烯烃物料（通常是 C_4～C_8）转化成丙烯和乙烯。原料通常包括石脑油裂解装置的 C_4/C_5 馏分和炼油厂的催化裂化轻汽油、焦化轻汽油等。目前，已经开发的技术有：KBR 公司的 Superflex 工艺、Atofina 和 UOP 公司的 OCP 工艺、Lurgi 公司的 Propylur 工艺、ExxonMobil 公司的 MOI 工艺。中国石化上海石油化工研究院和北京化工研究院等研究机构也进行了相关的研究。

2.3.6.1 KBR 公司的 Superflex 工艺

Superflex 工艺采用流化床反应器和专门开发的催化剂。反应温度为 500～700℃，反应压力为 0.1～0.2MPa。烯烃含量丰富的原料具有较高的转化率，并对丙烯的选择性也最大。若采用石脑油和 C_4 为原料，丙烯收率可达到 40%以上；若采用抽余 C_4 进料，丙烯收率可达到 48%；若采用 FCC 轻石脑油为原料，丙烯收率可达到 40%[53]。

2.3.6.2 Atofina/UOP 的烯烃裂解（OCP）工艺

OCP 工艺采用固定床反应器和专有沸石催化剂，在 500～600℃，0.1～0.5MPa 的条件下，将 C_4～C_8 烯烃转化为乙烯和丙烯，相比传统石脑油裂解装置，丙烯收率可提高 30%，产物丙烯与乙烯比约为 4∶1。

该工艺与石脑油蒸汽裂解装置结合时，裂解装置产出的 C_4～C_8 副产物可送至 OCP 装置，丙烯/乙烯比值从 0.6 提高到 0.8。与炼厂 FCC 结合时，以来自 FCC 和焦化装置的富含 C_4～C_8 烯烃物流为原料，提高丙烯和乙烯的产量，同时在几乎不损失辛烷值的前提下降低汽油混合物料中的烯烃含量。与 MTO 装置结合时，乙烯和丙烯的总收率由 80%提高到 90%以上，丙烯收率由 30%～50%提高到 60%。2008 年 9 月道达尔公司在比利时费鲁建成了一套 MTO/OCP 一体化工艺的示范装置。2012 年 MTO/OCP 技术在尼日利亚拉各斯用天然气生产甲醇的 130 万吨/年（乙烯/丙烯）厂实现首次工业应用。

2.3.6.3 鲁奇（Lurgi）公司的 Propylur 工艺

Propylur 工艺是一种以不含双烯的烯烃（丁烯、戊烯、己烯）为原料生产丙烯的固定床工艺。采用固定床绝热反应器与 ZSM-5 沸石催化剂，在 500℃、0.1～0.2MPa 的反应条件下，将烯烃转化为丙烯，气体产物中 80%～85%为 C_4 以下轻烯烃[54]。丙烷与丙烯比为 0.04～0.06，丙烯纯度可达化学级。工业规模装置催化剂寿命预计超过 15 个月。

2.3.6.4 埃克森美孚公司开发的烯烃相互转化（MOI）工艺

该工艺以蒸汽裂解装置的副产物，如 C_4 馏分和轻质裂解汽油为原料，生产烯烃。采用流化床反应器和 ZSM-5 沸石催化剂，在与 FCC 装置近似的反应条件下，将裂解 C_4 馏分、轻汽油或炼油厂石脑油转化为乙烯与丙烯，丙烯收率约为 55%[7]。

2.3.7 丙烯生产路线的比较

预计 2025 年，中国丙烯产能将达到 6000 万吨/年，产能增速远超需求增速，未来竞争将更加激烈。面对残酷的市场竞争，降低生产成本成为生产企业的必经之路。企业应结合自身实际，进行资源最优化使用，并通过不断的技术创新，实现效益最大化。

随着我国炼化一体化项目的建设和投产，蒸汽裂解与 FCC 装置仍是我国丙烯的主要来源。丙烷脱氢装置的经济性主要取决于原料丙烷与丙烯的价差以及丙烷的稳定获取，地缘政治等因素导致丙烷原料供应具有不确定性。利用低碳烯烃生产丙烯可充分利用蒸汽裂解与催化裂化副产物，对于提高我国石化产业资源利用率有重要意义。

参考文献

[1] Balwant K, Carlo B, Matthew T, et al. 2021 World Analysis-Ethylene-Report [EB/OL]. https://connect.ihsmarkit.com/document/show/phoenix/3208449? connectPath = ChemicalMarketReportsandAnalysis&searchSessionId = b1981c80-34b8-4ddc-8c0f-b13f5a5bbe64.[2022-03-18].

[2] 张少峰，戴宝华，傅军，等. 2022中国能源化工产业发展报告 [M]. 北京：中国石化出版社，2022：75-76.

[3] Carlo B, Lan P, Matthew T, et al. 2021 World Analysis-Ethylene-Report [EB/OL]. https：//connect. ihsmarkit. com/document/show/phoenix/3208568? connectPath = ChemicalMarketReportsandAnalysis&searchSessionId = 4d9825b0-6c45-4237-9b32-66c2683803bd. [2022-03-18].

[4] 张少峰，戴宝华，傅军，等. 2022中国能源化工产业发展报告 [M]. 北京：中国石化出版社，2022 ：89-90.

[5] 王红秋. 世界乙烯技术发展日新月异 [J]. 中国化工信息，2015 (33)：15.

[6] Ethylene. http：//www. technip. com/en/our-business/onshore/ethylene.

[7] 李大鹏. 丙烯生产技术进展 [J]. 应用化工，2012，41 (06)：1051-1055.

[8] 刘中民，齐越. 甲醇制取低碳烯烃（DMTO）技术的研究开发及工业性试验 [J]. 中国科学院院刊，2006 (05)：406-408.

[9] 张世杰，吴秀章，刘勇，等. 甲醇制烯烃工艺及工业化最新进展 [J]. 现代化工，2017，37 (08)：1-6.

[10] 魏晓丽，毛安国，张久顺，等. 石脑油催化裂解反应特性及影响因素分析 [J]. 石油炼制与化工，2013，44 (7)：1-7.

[11] 王志喜，王亚东，张睿，等. 催化裂解制低碳烯烃技术研究进展 [J]. 化工进展，2013，32 (8)：1818-1825.

[12] 刘剑，孙淑坤，张永军，等. 石脑油催化裂解制低碳烯烃技术进展及其技术经济分析 [J]. 化学进展，2011，29 (11)：33-37.

[13] 沙颖逊，崔中强，王明党，等. 重油直接裂解制乙烯技术的开发 [J]. 炼油设计，2000，30 (1)：16-19.

[14] 王大壮，王鹤洲，谢朝钢，等. 重油催化热裂解（CPP）制烯烃成套技术的工业应用 [J]. 石油炼制与化工，2013，44 (1)：56-60.

[15] Francinia Protti-Alvarez. ExxonMobil's and Aramco's direct crude-to-ethylene production technologies cut refining costs [J]. chemical week，2016：25.

[16] Chemical Week. Report：Aramco and SABIC invite bids for crude oil-to-chemicals project 8 [EB/OL]. [2018-07-01]. https：//chemweek. com/CW/Document/89538/Report-Aramco-and-SABIC-invite-bids-for-crude-oiltochemicals-project? connectPath=Search&searchSessionId=3a7f0294-9152-43fa-9522-a45d9e48 174f.

[17] Chemical Week. Aramco，CB&I，Chevron Lummus Global to commercialize thermal crude-to-chemicals process [EB/OL]. [2018-07-01]. https：//chemweek. com/CW/Document/92945/Aramco-CBI-Chevron-Lummus-Global-to-commercialize-thermal-crude-to-chemicals-process? connectPath=Search&searchSessionId=2d33ea4f-9640-406c-b069-305498a2fb05.

[18] Chemical Week. Saudi Aramco licenses Siluria's natural gas-to-olefins technology [EB/OL]. [2018-06-13]. https：//chemweek. com/CW/Document/96363/Saudi-Aramco-licenses-Silurias-natural-gastoolefins-technology-updated? connectPath=Search&searchSessionId=c630ef3b-2949-404e-9c01-5e25e16c 6852.

[19] Chemical Week. Aramco，SABIC advance oil-to-chemicals plans with contractors [EB/OL]. [2018-08-06]. https：//chemweek. com/CW/Document/97506/Aramco-SABIC-advance-oil-to-chemicals-plans-with-contractors? connectPath = Search&searchSessionId=cf71529f-b132-43e6-821d-bcfd5b4bdac6.

[20] 胡徐腾，李振宇，黄格省. 非石油原料生产烯烃技术现状分析与前景展望 [J]. 石油化工，2012，41 (8)：869-876.

[21] 贾宝莹，杜平，杜风光，等. 生物乙醇制乙烯初探 [J]. 化工进展，2012，31 (5)：1028-1032.

[22] 王菊，钟思青，张成芳，等. 乙醇脱水制生物基乙烯工艺研究 [J]. 化学工程，2015，43 (11)：72-78.

[23] Worldwide，Refining，Business，et al. Methane to ethylene via new oxidative coupling process [J]. Worldwide Refining Business Digest Weekly，2014：37.

[24] 张明森，冯英杰，柯丽，等. 甲烷氧化偶联制乙烯催化剂的研究进展 [J]. 石油化工，2015，44 (4)：401-409.

[25] 胡徐腾. 天然气制乙烯技术进展及经济性分析 [J]. 化工进展，2016，35 (6)：1733-1739.

[26] 董丽，杨学萍. 合成气直接制低碳烯烃技术发展前景 [J]. 石油化工，2012，41 (10)：1201-1206.

[27] 刘忠范. 合成气定向转化制低碳烯烃 [J]. 物理化学学报，2016，32 (4)：803-804.

[28] 焦祖凯，朱连勋，孙锦昌，等. 合成气直接制低碳烯烃铁基催化剂研究进展 [J]. 工业催化，2013，21 (7)：10-13.

[29] Steve Lewandowski. Global ethylene with a sprinkling of NAM [C]. WPC 2019. San Antonio：IHS，2019：19-22.

[30] EIA. Annual energy outlook 2019 with projections to 2050 [C]. 2019 .

[31] 李振宇，黄格省. 推动我国能源生产革命的途径分析 [J]. 化工进展，2015，34 (10)：3523.

[32] 王子宗. 乙烯、丙烯生产技术及经济分析 [M]. 北京：中国石化出版社，2015：106-172.

[33] Honeywell-UOP. 霍尼韦尔 UOP Oleflex™ 工艺用于丙烯生产 [EB/OL]. [2020-03-09]. https：//www. honeywell-uop. cn/wp-content/uploads/2019/06/oleflex-doc-1. pdf.

[34] 焦良旭. 新一代 OleflexTM 技术报告 [R] //2019 碳三研讨会，2019.

[35] Catofin propane/butane dehydrogenation. [EB/OL]. [2022-3-18]. https://www.lummustechnology.com/Process-technologies/petrochemicals/propylene-production/propane-butane-dehydrogenation: text = CATOFIN% C2% AE% 20Propane% 2FButane% 20Dehydrogenation% 20The% 20CATOFIN% C2% AE% 20technology% 20is% 20a, has% 20exclusive%20worldwide%20licensing%20rights%20to%20this%20technology.

[36] Clariant continues the advance of propane dehydrogenation technology with new catofin 311 catylyst. [EB/OL]. [2022-3-18]. https://www.clariant.com/en/Corporate/News/2019/06/Clariant-continues-the-advance-of-propane-dehydrogenation-technology-with-new-CATOFINreg-311-catalys.

[37] The Uhde STAR process. Oxydehydrogenation of light paraffins to olefins [J]. Uhde GmbH，2009.

[38] 盖希坤，田原宇，夏道宏. 丙烷催化脱氢制丙烯工艺分析 [J]. 炼油技术与工程，2010，40 (12)：27-32.

[39] Ptetz, Matt. Dow fluidized catalytic dehydrogenation (FCDh): the future of on-purpose propylene production. [EB/OL]. https://refiningcommunity.com/presentation/dow-fluidized-catalytic-dehydrogenation-fcdh-the-future-of-on-purpose-propylene-production/. 2019.

[40] Ashley M. Dow to retrofit louisiana cracker with fluidized catalytic dehydrogenation (FCDh) technology to produce on-purpose propylene. [EB/OL]. https://www.businesswire.com/news/home/20190820005429/en/Dow-Retrofit-Louisiana-Cracker-Fluidized-Catalytic-Dehydrogenation. [2019-12-21].

[41] Caton，Jeff. 专产丙烯的丙烷脱氢技术 K-PRO [R]. 2019 国际轻烃综合利用大会，2019.

[42] KBR. KBR announces a new propane dehydrogenation technology. [EB/OL]. [2018-12-17]. https://www.kbr.com/en/insights-events/press-release/kbr-announces-new-propane-dehydrogenation-technology.

[43] KBR. KBR receives contract for its new propane dehydrogenation technology K-PRO. [EB/OL]. https://www.kbr.com/en/insights-news/press-release/kbr-receives-contract-its-new-propane-dehydrogenation-technology-k-pro. [2020-01-06].

[44] 杨英，彭蓉，肖立桢. 丙烷脱氢制丙烯工艺及其经济性分析 [J]. 石油化工技术与经济，2014，30 (03)：6-10.

[45] 杨学萍. 国内外丙烯生产技术进展及市场分析 [J]. 石油化工技术与经济，2017，33 (06)：11-15.

[46] 胡思，张卿，夏至，等. 甲醇制丙烯技术应用进展 [J]. 化工进展，2012，31 (S1)：139-144.

[47] 公磊，南海明，关丰忠. 新型丙烯生产技术综述 [J]. 云南化工，2016，43 (04)：37-42.

[48] 代跃利，赵铁凯，刘剑，等. C_4 烯烃自歧化制丙烯催化剂研究进展 [J]. 精细石油化工进展，2017，18 (01)：41-46.

[49] 李影辉，曾群英，万书宝，等. 碳四烯烃歧化制丙烯技术 [J]. 现代化工，2005 (03)：23-26.

[50] 朱明慧，王红秋. 国外丙烯生产技术最新进展及技术经济比较 [J]. 国际石油经济，2006 (01)：38-42.

[51] 饶兴鹤. 日本旭化成开发成功催化裂化法生产丙烯工艺 [J]. 精细石油化工进展，2005 (04)：50.

[52] 刘俊涛，谢在库，徐春明，等. C_4 烯烃催化裂解增产丙烯技术进展 [J]. 化工进展，2005 (12)：1347-1351.

[53] 李立新，刘长旭，徐国辉，等. 烯烃催化裂解制丙烯分离技术进展 [J]. 化工进展，2009，28 (07)：1159-1164.

[54] Jacques G，Valerie V，Walter V. Integration of the total petrochemicals-UOP olefins conversion process into a naphtha steam cracker facility [J]. Catalysis Today，2005，106 (1-4)：57-61.

第3章

烯烃聚合反应和催化剂

聚烯烃改变了世界！现在，它们是全球产量最高的聚合物。过去 10～20 年它的年均增长率高达 7%～8%，且这一增速还将持续至少 5 年。聚烯烃仅含有碳原子和氢原子，是一种可持续材料，重量轻，并且具有多种优异的性能。其生产仅需易得且无毒的单体，并且几乎没有损失或副反应。使用结束后，聚烯烃可容易地通过机械过程再循环成简单的制品，通过热解成为气体和油，或通过焚烧转化成能量。2019 年，全球聚丙烯产能达到 8500 万吨，超过 65%的丙烯用于聚丙烯的生产；同时，中国已成为全球最大的聚丙烯生产国，产能达到 2838 万吨/年，超过 80%的丙烯用于聚丙烯的生产[1]。

从全球范围看，尽管单中心催化剂（SCC）及其催化合成聚丙烯已经工业化，但 Ziegler-Natta（Z-N）催化剂生产的聚丙烯占全球 95%以上。因此，聚丙烯繁荣的市场以及其对人类生活水平的提高很大程度上得益于卡尔·齐格勒（Karl Ziegler）和朱利奥·纳塔（Giulio Natta）两位教授的伟大发明。二人也于 1963 年获得诺贝尔化学奖。

60 多年来，聚烯烃的市场需求不断推动聚烯烃工业的蓬勃发展，也推动了聚烯烃催化剂的不断进步；同时，聚烯烃催化剂技术的进步又促进了聚烯烃工业的发展。就催化剂技术而言，取得的突破性进展如下：

① 作为钛活性中心载体的 $MgCl_2$ 的发现；

② 给电子体对产品立体构型调节效应的发现；

③ 完全控制催化剂和所得聚合物颗粒的形态；

④ 不同内/外给电子体对催化剂及相应产品性能的影响；

⑤ 甲基铝氧烷（MAO）活化茂金属及其它过渡金属配合物催化剂的发现。

关于上述技术进展及催化剂发展的历史，洪定一等[2,3]的论著做过详细的讨论，也有大量的综述文章[4-11]。本章会对上述议题做一些简要的回顾，以保证内容的完整性，但重点是侧重于近 10～20 年聚烯烃催化剂科学和技术发展的一些讨论。

3.1 Z-N 聚乙烯催化剂

3.1.1 淤浆 Z-N 聚乙烯催化剂

世界首个工业化的低压淤浆 Z-N 聚乙烯催化剂（淤浆 Z-N 催化剂）于 20 世纪 60 年代中期问世，经过数十年的技术发展，此类催化剂已发展到很高的技术水平，如很高的聚合活性、适宜的氢调敏感度和较高的共聚能力等。目前在淤浆聚乙烯装置上使用的 Z-N 催化剂虽然区别很大，但其组分基本由镁、钛、氯以及任选的给电子体和铝组成，这是由于此类催化剂的活性中心全部由负载于氯化镁晶面的氯化钛经烷基铝还原形成。

3.1.1.1 现代工业淤浆装置对淤浆 Z-N 催化剂的要求

现代工业淤浆装置对淤浆 Z-N 催化剂及其聚合粉料的要求如下。

(1) 较高的聚合活性

淤浆 Z-N 催化剂在生产聚合粉料的过程中，不仅其催化剂组分被包覆于粉料内部，而且少量助催化剂（烷基铝）也会在干燥过程中附着于粉料表面。由于催化剂组分和助催化剂包含镁、钛和铝等金属元素，所以当其含量较高时会对树脂产品的介电性能产生影响，进而影响其在电池隔膜、电容器隔膜和高压电缆等领域的应用。即使对应用于常规领域的聚乙烯树脂，较高的杂质含量也会造成产品颜色异常或无法应用于食品卫生领域。因此，提高催化剂活性是降低树脂杂质含量的最佳方案。

此外，由于现代工业淤浆装置的浆液密度存在阈值，所以当催化剂活性不足时将会降低装置的生产效率。在上游乙烯供给充足的条件下，装置的高生产效率能够带给企业高收益，反之将会影响整条乙烯产业链的正常运转。因此，在生产装置的可承受范围内，企业通常会将装置生产负荷尽量提高，而这就需要使用高活性的催化剂。

不仅如此，高活性的催化剂通常具有较高的操作弹性，可以通过某些操作牺牲活性以提高催化剂的性能。例如可以通过改变烷基铝的加入量降低活性，从而获得堆积密度更高的粉料。此外，高活性的催化剂通常具有较好的抗杂质能力，这对于提高装置平稳运行的能力有利。

(2) 适宜的氢调敏感度

由于 Z-N 催化剂的活性中心易于发生向氢分子的链转移，所以可通过反应器内的氢气/乙烯浓度比（简称氢乙比）调节聚合产品的分子量。不同种类的 Z-N 催化剂对于氢气的敏感程度不同，为了使聚合产品达到预期的分子量，氢调敏感度较差的催化剂通常需要反应器维持较高氢乙比，反之亦然。当反应器生产高熔体流动速率（MFR）的树脂时（如双釜双峰 PE100 管材料的低分子量组分），反应器需要维持高氢乙比，而这通常会造成以下问题：

① 催化剂活性显著降低，进而影响装置的生产效率；

② 会生成一定浓度的乙烷，这是活性中心的 Ti—CH_2CH_3 单元向氢分子链转移的结果，当其浓度较高时会影响装置的稳定运行。

对于氢调敏感度较差的催化剂而言，问题①和②将会更为严重，因此 Z-N 催化剂的氢调敏感度需达到一定标准。

但是 Z-N 催化剂的氢调敏感度又不能过高，这是由于当反应器生产极低熔体流动速率的树脂（如双釜双峰 PE100 管材料的高分子量组分）时，反应器需要维持很低的氢乙比。如果催化剂的氢调敏感度过高，则反应器的氢乙比将降低并难以精确控制，如果此时氢气进料量发生波动，则很容易生成超高分子量组分。这些超高分子量组分在产品加工过程中能够形成亚毫米级的凸起物（俗称麻点），进而影响产品性能。

因此，Z-N 催化剂应具有适宜的氢调敏感度，既要达到一定标准，又不可过于敏感。北京化工研究院聚乙烯研究所认为，新一代的催化剂应具有独特的氢调敏感性，即在低氢乙比的聚合条件下氢调敏感度较低，而在高氢乙比的聚合条件下氢调敏感度较高。为满足上述条件，需要向催化剂中引入具有特殊结构的给电子体。

(3) 较好的共聚能力

除超高分子量聚乙烯树脂、特高分子量聚乙烯树脂和氯化聚乙烯专用料等少数产品外，绝大多数聚乙烯树脂产品都需要引入一定量的共聚单体以提高其力学性能。这是由于聚乙烯结晶速度很快，均聚分子链很难贯穿较多晶区。而共聚单元的存在，能够降低共聚分子链的结晶速率，使得该分子链能够贯穿多个晶区，进而将应力均匀分散到这些晶区。根据本领域的公知技术，高分子量且高共聚单元含量的聚乙烯链通常被称为“系带分子（tie-molecules）”，被认为是获得高性能聚乙烯材料的核心要素。

与单活性中心的茂金属催化剂不同，Z-N 催化剂含有多种活性中心，不同种类的活性中心将生成不同分子量和共聚单元含量的 PE 分子链。

如图 3.1 所示，Z-N 催化剂的活性中心 A 易于生成低分子量组分，活性中心 B/C 易于生成中等分子量组分，而活性中心 D 易于生成高分子量组分。实验证明，共聚单体更易于加成到活性中心 A，当反应器的共聚单体浓度较高时，能够生成低分子量高共聚单元含量的组分。该组分能够溶于反应母液，是母液中“低分子蜡”的主要组成部分，会造成一系列问题，具体包括：

① 反应浆液以及干燥后的粉料发黏，从而影响装置生产运行；

② 当母液温度降低时，该组分会在管路或器壁上析出，造成堵塞或传热不均；

③ 所得树脂在加工过程中，该组分可能产生异味；

④ 加工后的产品在应用过程中，该组分可能从基体中缓慢迁出。

因此，高性能的淤浆 Z-N 催化剂必须具有优异的共聚性能，应尽量降低活性中心 A 的含量。

作为对比，如果共聚单体更易于加成到活性中心 D，进而生成高分子量高共聚单元含量的组分，则对于生产装置和产品性能都非常有利。其原因在于：

① 该组分不会溶解在母液中，所以对于装置运行无影响；

② 该组分是典型的系带分子，能够赋予产品更优异的力学性能；

③ 该组分在产品的加工过程中不会产生异味，在产品的应用过程中也不会迁出。

因此，对于高性能的淤浆 Z-N 催化剂而言，共聚单元应尽量加成在高分子量组分，如图 3.2 所示。

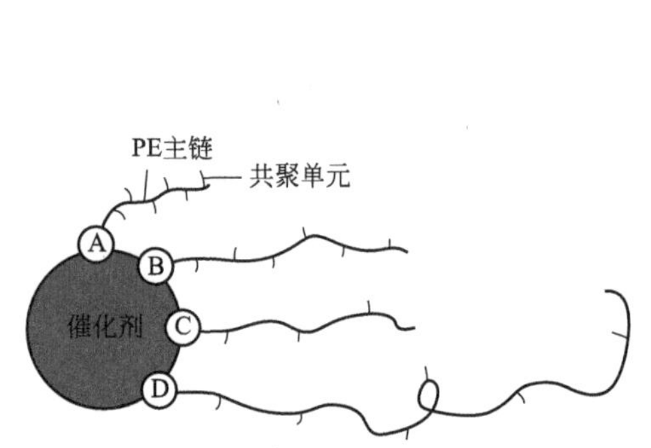

图 3.1　含有多种活性中心的 Z-N 催化剂

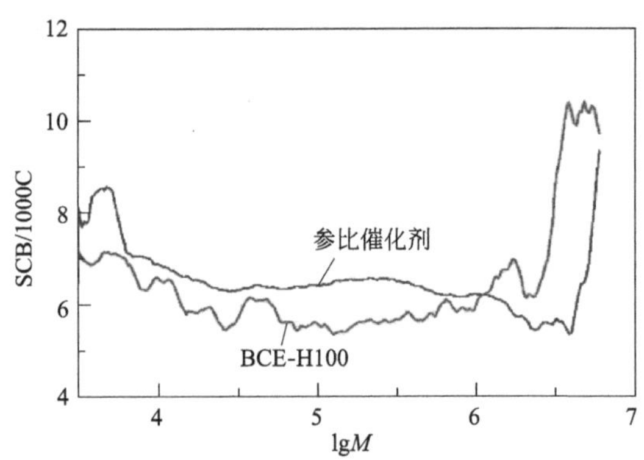

图 3.2　两种树脂的 GPC-IR 曲线

图 3.2 是 BCE-H100 以及参比催化剂在 Hostalen 装置生产的 PE100 管材料的 GPC-IR 谱图，BCE-H100 聚合产品在小分子链段中的 1-丁烯含量较低，而在大分子链段中的 1-丁烯含量较高，尤其是在分子量大于约 10^6 的超高分子量链段中，BCE-H100 聚合产品的 1-丁烯含量明显高于参比聚合产品，说明 BCE-H100 聚合产品的共聚单体更多地插入到高分子量组分中。因此 BCE-H100 聚合产品的系带分子含量相对较高，从而赋予该产品较高的力学性能。

此外，高共聚能力的 Z-N 催化剂还能够生产高附加值的 HDPE 产品，如 PE100RC 和 PERT-Ⅱ。PE100RC 是高性能的 PE100 管材，具有优异的抗慢速裂纹增长性能；而 PERT-Ⅱ是高性能的热水管材料，能够长期在 70℃ 以上使用。这两类产品的优异性能都源于它们含有较高比例的系带分子。

综上所述，对于高性能的通用型淤浆 Z-N 催化剂而言，共聚能力是其最重要的性能，这不仅关系到装置的平稳运行，更是关系产品性能和附加值的决定性要素。因此，催化剂开发人员须对此倾注足够的精力。

(4) 适宜的聚合动力学曲线

淤浆聚乙烯工业装置所生产的粉料主要由 44～750μm 的颗粒组成，粒径小于 44μm 的组分通常被称为“细粉”，而粒径大于 750μm 的组分通常被称为“大颗粒”。对于工业装置而言，细粉和大颗粒分别会造成如下问题：

① 在粉料的干燥和输送过程中，细粉可能被吹扫气带入后处理系统，或者因静电吸附至管壁或粉料仓器壁，从而影响装置的稳定运行；

② 某些装置使用离心式分离机对反应浆液进行固液分离，所有粒径高于内外转鼓距离的大颗粒都会被压成片状，这些片状物显然需要进一步分离以避免其影响装置运行。

对于淤浆聚乙烯装置而言，催化剂粒子在反应器内的停留时间为正态分布，即少量粒子在反应器内的停留时间很短，可能形成细粉；同理，少量粒子在反应器内的停留时间很长，可能形成大颗粒。如果催化剂的聚合动力学曲线为衰减型，则停留时间很短的催化剂粒子也可以达到适宜的聚合倍率，从而避免成为细粉；而停留时间很长的催化剂粒子在后期的聚合速率骤降，从而无法成为大颗粒。作为对比，如果催化剂的聚合动力学曲线为上升型，则粉料中的细粉和大颗粒比例都会增加。此外，催化剂粒子在反应器内的平均停留时间通常为1～2h，因此将聚合活性在前期释放的催化剂通常具有相对较高的活性。

由此可知，对于淤浆 Z-N 聚乙烯催化剂，衰减型聚合动力学曲线是较为适宜的。

(5) 制备方法简单环保

使用淤浆 Z-N 催化剂生产聚合粉料的过程绿色环保，仅产生极少量三废物质，且易于处理。但淤浆 Z-N 催化剂的生产流程较长，且需要使用大量有机溶剂、给电子体和过量四氯化钛，从而产生大量三废物质，对绿色环保产生了较大压力。因此，不仅需要探索新的催化剂制备方法，缩短生产流程，减少原料用量，还需要持续优化淤浆 Z-N 催化剂的反应母液后处理工艺，实现原料的高效回收利用。

(6) 较窄的粉料粒径分布

除了能够影响装置运行外，细粉和大颗粒还会影响某些特殊牌号的产品质量，如氯化聚乙烯专用料。在该专用料的氯化生产中，细粉会降低产品收率，而大颗粒会造成产品氯化不均匀。因此窄的粒径分布是该专用料的核心产品参数。而某些特种产品不仅会对细粉和大颗粒的含量进行严格控制，还会限定某粒径范围内粉料粒子的质量百分比，例如某些产品要求其 80～120 目粉料占比超过 90%。

由于聚合粉料的粒径分布取决于催化剂性质，因此控制催化剂的粒径分布，并且避免催化剂粒子在聚合过程中破碎是得到窄粒径分布粉料产品的关键。催化剂的性质取决于其制备方法，不同方法制备的催化剂粒径分布区别显著，这将在下文中介绍。

(7) 较高的粉料堆积密度

粉料堆积密度对于装置运行、粉料干燥输送和产品包装都存在影响。具体而言，在装置的生产过程中，反应浆液的粉料粒子浓度应控制在合理范围以避免粒子间发生粘连。当粉料堆积密度较高时，反应浆液的密度也较高，从而可以提高装置的生产负荷。而对于使用离心式分离机的某些装置而言，低密度的粉料会降低分离机的运行效率。此外，干燥后的低密度粉料不仅会降低其在管道中的输送效率，还会提高其在粉料仓中的填充体积。对于某些需要以粉料包装出厂的产品，如氯化聚乙烯专用料和超高分子量组分专用料等，低密度的粉料需要更大的填充体积。这不仅需要更大的包装袋，还可能降低物流运输的效率。

粉料堆积密度主要取决于催化剂性质，但通过调整装置的生产参数也可进行有限调整。

(8) 较好的粉料流动性

粉料流动性同样对于装置运行和产品包装存在重要影响。具体而言，如果粉料仓因粉料流动性差而发生下料不畅，则不仅造粒机无法稳定运行，粉料仓的料位也会持续增加，最终将导致装置生产负荷降低。此外，对于某些需要以粉料包装出厂的产品，流动性较差的粉料不仅需要较长时间填充包装袋，还可能因下料不畅而需要外操工人进行疏通。

粉料流动性主要取决于催化剂性质，但装置的运行状态也会对其产生影响。具体而言，粉料通常会复制催化剂的形貌，如球形或葡萄形催化剂粒子会分别生成球形或葡萄形粉料粒子。由于球形粉料粒子的流动性优于葡萄形粉料粒子，因此需要对催化剂粒子的形貌进行控制，尽量采用球形或类球形形貌。此外，当生产中密度产品时，一定量的低分子蜡会溶解在装置的母液中。在粉料的干燥过程中，这些低分子蜡会因母液挥发而在粉料表面析出。低分子蜡通常具有较低的熔点，且粉料在干燥和输送过程中通常具有相对较高的温度，这将导致粉料表面发黏，进而影响粉料的流动性。因此，工业淤浆 Z-N 催化剂必须具有较好的共聚能力以降低母液中的低分子蜡浓度。此外，对于三井 CX 或巴塞尔 Hostalen 工艺而言，如果母液回收或者蜡处理单元运行不正常，则可能会提高母液中的“低分子蜡”浓度，进而影响粉料流动性。

综上所述，现代工业淤浆装置对于淤浆 Z-N 催化剂的活性、氢调敏感度、共聚能力、聚合动力学曲线以及粉料的粒径分布、堆积密度、流动性都有较高要求。但截至目前，尚没有任何一种工业化催化剂及其聚合粉料能够完全达到以上要求，而这正是本领域研发人员努力的方向。

3.1.1.2 现代工业淤浆 Z-N 催化剂的生产方法及应用

工业淤浆 Z-N 催化剂的生产方法可主要分为以下 3 种，即：溶解析出法、直接析出法和载体后处理法，这 3 种方法的主要区别在于生产效率和产品性能。

(1) 溶解析出法

溶解析出法是最为简单安全的催化剂生产方法，特指将氯化镁或固体镁化合物溶解于有机组分，使之形成均匀透明的溶液，随后再加入析出剂使得催化剂析出。在催化剂析出前后，可任选助析出剂和特殊给电子体加入，从而对催化剂的粒形、粒径分布和活性、氢调敏感度等参数进行调控。

溶解析出法制备催化剂具有如下特点：生产流程短，成本相对较低；催化剂粒子是缓慢生长得到的高强度粒子，在贮运和聚合过程中不易发生破碎，因而粉料中的细粉含量较低；由于催化剂粒子的成核与生长过程较难控制，所以不易得到球形或类球形的催化剂粒子；催化剂的物理性质（粒形、粒径及其分布）和化学性质（活性、氢调敏感度和共聚性能等）很难同时兼顾，所以开发或升级此类催化剂相对困难；生产配方的细微改变会对催化剂性质产生全面影响，因而需要对生产工艺进行精细化管理以保持产品稳定性。

目前国内应用最成功的 BCE 系列催化剂即采用溶解析出法制备，它先将氯化镁溶解于含有醇、磷酸三丁酯和环氧氯丙烷的烃类溶剂中，使之形成均匀透明的溶液，随后再加入四氯化钛和助析出剂，在升温过程中使催化剂析出成型。此类催化剂具有高活性、适宜的氢调敏感度、较好的共聚能力和适宜的聚合动力学曲线，可应用于所有淤浆聚乙烯装置，在国内具有很高的市场占有率。此外，由于该催化剂具有较高的共聚能力和较窄的粒径分布，所以可以生产 PE100RC、PERT-Ⅱ和氯化聚乙烯专用料等高附加值的树脂产品。

目前在东南亚三井 CX 装置广泛应用的 RZ 催化剂同样采用溶解析出法制备，它先将氯化镁溶解于含有异辛醇的癸烷溶液，再加入四乙氧基硅烷，使之成为前体溶液。最后将前体溶液滴入过量的低温四氯化钛溶液中，在升温过程中使催化剂析出成型。此类催化剂价格较低且具有很高的聚合活性，能够降低企业的生产成本。

英力士（Ineos）公司的 MT 系列催化剂，如分别用于生产单峰和双峰树脂的 MT2110 和 MT4510 也是采用溶解析出法制备的。它是将烷氧基镁溶解于四丁氧基钛，使之成为均匀溶液，随后再加入氯化烷基铝使催化剂析出成型。MT2110 用于生产 PE100 管材时，活性较低且共聚能力略差，因此需要进行产品升级。

（2）直接析出法

直接析出法是指向烷基镁的烃类溶液中加入给电子体和氯化试剂，使之成为前体溶液，随后再向该溶液中加入四氯化钛和成核剂使得催化剂粒子成型析出。该方法需要使用昂贵且可自燃的烷基镁烃类溶液，这不仅增加了催化剂成本，还增加了生产企业的安全风险。

在现代主流淤浆Z-N聚乙烯工艺中，仅有Borstar工艺使用这种直接析出法得到的催化剂，其具体生产流程：先向烷基镁的甲苯溶液中加入异辛醇，并使之反应，随后再加入氯化烷基铝，使之成为前体溶液，最后再加入四氯化钛和硅胶使得催化剂析出成型。由于此类催化剂的市场较小且成本较高，国内催化剂企业对于此类生产方法的研究较少。

（3）载体后处理法

载体后处理法是指先生产出具有合适粒径及粒径分布的含镁载体，随后再使用四氯化钛和给电子体对载体进行处理，使其成为催化剂的方法。由于催化剂会复制含镁载体的粒形、粒径及粒径分布，所以在载体的氯化过程中通常无需同时兼顾给电子体和氯化试剂对于催化剂物理性质和化学性质的影响，进而降低了开发难度。但此类方法需要首先生产出含镁载体，所以生产流程较长且成本相对较高。

含镁载体主要包括氯化镁乙醇载体和烷氧基镁载体，它们的制备方法如下。

氯化镁乙醇载体的生产需要依次使用3个反应釜，即熔融釜、高搅釜和冷却釜。首先向熔融釜加入白油和硅油的混合物作为分散剂，再先后加入氯化镁和乙醇，并将体系升至较高温度，使得氯化镁与乙醇形成溶液并分散于白油和硅油的混合物中。随后将熔融釜内的混合物转移至高搅釜中进行高速乳化。最后再将高搅釜内的混合物快速转移至含有大量低温己烷的冷却釜使之析出，从而得到球形载体。

烷氧基镁载体的生产方法：将镁粉分散于乙醇和异辛醇的混合溶液并且使用碘加速反应，通过阶段升温控制烷氧基镁的成核与析出过程，最终得到球形载体。

以上两种方法都能够得到球形载体，此类载体的粒径高度可控，这有利于生产特定粒径的球形催化剂粒子。但在氯化过程中，球形载体的乙醇或烷氧基基团会被氯化试剂从载体中脱除，这会造成载体塌缩或多孔化。因此，此类催化剂强度较低，在聚合生产中易于发生破碎，进而产生较多细粉。为了克服这一缺点，某些催化剂生产商采用预聚合的方法增加催化剂粒子的强度，如巴塞尔公司的Avant Z501催化剂。Avant Z501催化剂广泛应用于巴塞尔Hostalen工艺，具有较高的活性和氢调敏感度，但共聚能力略低。由于采用了预聚合的制备工艺，该催化剂在生产双峰中密度膜料时会产生“晶点”，从而限制了其应用范围。

除上述方法外，三井油化PZ、北京化工研究院BCH以及营口向阳XYH催化剂的生产方法也可归属于特殊的载体后处理法。其具体方法：先将研磨后的氯化镁分散于烃类溶剂，再加入乙醇使氯化镁溶胀，随后依次加入氯化烷基铝和四氯化钛与之反应，即可得到催化剂。由于上述催化剂使用的载体是粒形很差且粒径分布很宽的研磨氯化镁，所以其聚合粉料的流动性较差且细粉和大粒子的含量较高。尽管上述催化剂的性能较差，但由于其制备方法简单且成本极低，因而仍然在某些市场广泛应用。

3.1.1.3　淤浆Z-N聚乙烯催化剂的发展现状

最初的淤浆Z-N聚乙烯催化剂是氯化钛与烷基铝的反应产物，此类催化剂活性较低且粒形较差，所得粉料还需额外脱除灰分。自1970年氯化镁成为催化剂载体以来，催化剂活性显著增加，这加速了低压淤浆聚乙烯装置的推广应用。但与Z-N聚丙烯催化剂不同，聚乙烯催化剂无需考虑聚合产品等规度的问题，所以对于给电子体研发的投入相对较少。举例而言，自1970年以来，聚丙烯催化剂生产企业通过内外给电子体的研发，已经先后开发了三代Z-N聚丙烯催化剂。而PZ催化剂作为最早期的氯化镁载体催化剂，至今仍在某些装置大量应用。即使对于市场上广泛应用的BCE和RZ系列催化剂而言，它们也并未使用具有复杂结构的特殊给电子体。

(1) 三井油化CX工艺所使用的催化剂

目前在国内CX工艺上应用的催化剂包括北京化工研究院的BCE-S催化剂、营口向阳的XYH催化剂、中国石油的PSE-200以及四川锦成的JCE-100催化剂。在上述催化剂中，BCE-S催化剂的市场占有率约为80%，XYH催化剂市场占有率约为20%，而JCE-100和PSE-200仍处于生产试验阶段。目前，三井油化的PZ和RZ催化剂在国内应用较少，但在东南亚具有很高的市场占有率。

BCE-S催化剂是北京化工研究院于2005年开发的具有高活性、适宜氢调敏感度、较好共聚能力和适宜聚合动力学曲线的高性能催化剂。此类催化剂通过溶解析出法制备，因而其粒径和粒径分布高度可控，可根据厂家要求进行调整，高度符合CX工艺的生产应用要求。RZ催化剂是三井油化于1995年开发的具有高活性和高氢调敏感度的高性能催化剂，同样采用溶解析出法制备。在三井油化PZ和营口向阳XYH催化剂的生产过程中，催化剂粒子的析出成型无法控制，只能生成粒形很差且粒径分布较宽的催化剂产品。尽管上述催化剂的性能较差，但由于其制备方法简单且成本极低，因而仍然在某些市场广泛应用。

(2) 巴塞尔Hostalen工艺所使用的催化剂

由于Hostalen工艺所使用的工业己烷对于乙烯-丁烯共聚合产品的低分子量蜡状物溶解性较好，所以催化剂共聚能力以及母液回收和蜡处理单元是影响该装置稳定运行的关键因素。当母液的蜡状物含量较高时，不仅可能造成反应釜器壁和管线结垢，还可能会影响粉料的流动性。因此，Hostalen装置对于催化剂共聚能力的要求较高。

国内Hostalen工艺应用的催化剂包括巴塞尔的Avant Z501、Avant Z509和BCE-H100催化剂。在上述催化剂中，Z501催化剂的市场占有率最高，而BCE-H100催化剂目前主要在中东应用。

Z501是巴塞尔TH系列催化剂的升级产品，具有较高的活性和氢调敏感度。该催化剂的共聚能力略低，在装置生产管材料6个月后必须使用溶剂对装置进行高温蒸煮以清除反应釜器壁和管线的蜡状物结垢。此外，为了提高催化剂粒子的机械强度以避免破碎，该催化剂采用了预聚合的制备工艺。但预聚合的聚乙烯组分会使得Z501在生产双峰中密度膜料时产生“晶点”，从而限制其应用范围。BCE-H100催化剂是北京化工研究院在BCE-S基础上开发的具有高活性、适宜氢调敏感度、较好共聚能力和适宜聚合动力学曲线的高性能催化剂。BCE-H100催化剂的共聚能力优于Z501，不仅能够实现管材料的长周期生产，且无需对装置进行高温蒸煮以消除蜡状物结垢。

(3) 英力士Innovene S工艺所使用的催化剂

国内Innovene S工艺应用的催化剂主要包括北京化工研究院的BCL-100催化剂和英力士的MT系列催化剂，且两类催化剂的市场占有率相当。

BCL-100催化剂是北京化工研究院在BCE-S基础上开发的具有高活性、适宜氢调敏感度、较好共聚能力和适宜聚合动力学曲线的高性能催化剂。该催化剂的聚合活性和共聚能力明显优于MT系列催化剂，且母液中的蜡状物含量较低，能够实现装置的长周期运行。

3.1.1.4 对淤浆聚乙烯催化剂技术的展望

根据市场调研和文献检索可知，现代工业淤浆装置对于淤浆Z-N催化剂及其聚合粉料的要求如下：

① 较高的聚合活性；

② 适宜的氢调敏感度；

③ 较好的共聚能力；

④ 适宜的聚合动力学曲线；

⑤ 制备方法简单环保；

⑥ 较窄的粉料粒径分布；

⑦ 较高的粉料堆积密度；

⑧ 较好的粉料流动性。

但截至目前，尚没有任何一种工业化催化剂及其聚合粉料能够同时达到以上要求，而这正是本领域研发人员努力的方向。

为了应对激烈的市场竞争，催化剂生产商需要不断加强研发能力以尽量满足上述要求。具体而言，可采用如下方法实现：

① 对现有催化剂进行技术升级；

② 开发新型催化剂体系；

③ 改进催化剂制备工艺；

④ 将催化剂技术与聚合产品技术相结合。

3.1.2　气相 Z-N 聚乙烯催化剂

目前生产线型低密度聚乙烯的主要工艺有 Unipol 工艺（原 UCC 公司技术）、Innovene G 工艺（原英国 BP 公司技术）、Spherilene 工艺（巴塞尔公司技术）和 Borstar 工艺（北欧化工技术）。

Unipol 工艺采用的钛系催化剂主要有 Univation 公司（前身为 UCC）开发的 Ucat-M 催化剂和 Ucat-J 催化剂。

Ucat-M 催化剂，采用 THF 溶解氯化镁和氯化钛，然后负载在球形硅胶上，通过氮气吹扫将 THF 含量降低到合适的程度，再用一氯二乙基铝和三正己基铝进行预接触处理，这样可制备出干粉催化剂。催化剂在装置上采用固体干粉形式储存，在专用的转盘式加料装置上以干粉状态加入气相流化床催化剂聚合反应。Ucat-M 催化剂的粒形和粒度主要由载体硅胶的粒度和粒形决定。其活性相对较低，主要用于早期建设的产能较小的 Unipol 流化床工艺。

Ucat-J 催化剂，制备方式为将氯化镁、氯化钛和气相法硅胶按照合适的比例溶解分散在 THF 中，然后采用喷雾成型的方法制备出催化剂，之后催化剂要按照一定比例分散在白油中配制成催化剂白油浆液。这种催化剂白油浆液具有很好的稳定性，可以耐受长达数年的储存期。而在使用时，催化剂白油浆液由专门的浆液泵输送，需先与一氯二乙基铝和三正己基铝进行预还原反应，然后再进入反应器进行催化聚合。Ucat-J 催化剂的优点之一就是不同的树脂牌号可以通过调整预还原比例来制备，这样一个基础催化剂就可以完成全密度牌号树脂的生产，简单高效。此外，Ucat-J 催化剂还具有聚合活性高的特点，非常适合流化床冷凝态操作。Ucat-J 催化剂的粒形、粒度主要由喷雾干燥的设备形式和工艺条件决定。

在国内大量引进 Unipol 工艺的过程中，也对相关气相聚乙烯催化剂的开发开展了大量的工作。最初以跟踪模仿为主，比较具有代表性的有北京化工研究院的 BCG 催化剂，其目标是替代 Ucat-M 催化剂，并于 1995 年工业试用取得成功。其后，北京化工研究院又开发了 BCS-02 型催化剂，也是采用喷雾成型，淤浆进料，用以替代 Ucat-J 催化剂，并于

2007 年在广州石化获得工业试用的成功。在经过多年工业试用的基础上，中国石化北京化工研究院针对工业产能装置越来越大、生产负荷越来越高的需求，开发了第三代气相聚乙烯催化剂 BSG。BSG 催化剂的特点主要表现在催化剂的粒度、粒形控制和共聚性能方面，其粒度分布更窄，球形度更好，更重要的是在气相聚合中破碎很少，从而可以较好地保持粉料球形度。同时催化剂的共聚性能获得提升，共聚单元的分布更加理想，小分子部分共聚单元相对较少，从而使粉料的干爽性更好，在工业应用中表现出块料少的特点。从工业装置应用的反馈看，在粉料流动性方面已经超过 Ucat-J 催化剂，可以使装置承受更高的生产负荷，从而提升了装置的生产效率。

Innovene G 工艺也是一种单反应器气相流化床工艺，其在国内保有数量很少，并且都为早期引进建造，生产能力也都较低。

其催化剂采用现场配制方式。催化剂配制原料包括异丁醇、三正辛基铝、丙醇钛、四氯化钛、金属镁、氯丁烷、二甲基甲酰胺和碘单质，以及助催化剂三乙基铝。从催化剂配制原料可以看出其催化剂配制过程复杂，带来的后果是催化剂批次稳定性较差，生产波动较大。

目前国内较老的几套 Innovene G 工艺装置均处于停产改造阶段。改造思路是换用铬系或者茂金属催化剂生产更具市场竞争力的树脂产品，发挥其装置生产负荷低、牌号切换较灵活的优势。

3.2 Z-N 聚丙烯催化剂

Z-N 催化剂可以定义为带有金属-碳键并能够实现烯烃单元重复插入的一种过渡金属化合物。通常，该催化剂包含两个组分：一个过渡金属化合物（主要是卤化物）和一个烷基化主族金属（助催化剂），后者用于产生活性金属-碳键。现在工业装置广泛使用的 Z-N 聚丙烯催化剂主要由三个部分组成：主催化剂、助催化剂和用于提高聚丙烯等规度（即等规聚合物占总聚合物的质量分数）的外给电子体。

3.2.1 Z-N 催化剂发展历程

3.2.1.1 $TiCl_3$ 型 Z-N 催化剂

早期聚丙烯工业生产采用的催化剂是 $TiCl_3/AlEt_2Cl$。包括后来发明的研磨铝还原的 $TiCl_3$ 或者 $TiCl_3$ 和 $AlCl_3$ 混合物代替纯 $TiCl_3$。前者比后者活性更高。1959 年，Staffer 化学公司将这种催化剂工业化，并将之命名为 AA-$TiCl_3$（AA 指还原的和活化的）。人们也将这种催化剂称为聚丙烯工业生产中的第一代 Z-N 催化剂。

但是，$TiCl_3/AlEt_2Cl$ 催化剂活性和立体选择性都比较差，制备的聚丙烯等规度仅有 90% 左右。因此，聚合物需要经过催化剂残渣（灰分）和无规立构聚合物的脱除处理工艺，即所谓的脱灰和脱无规工艺。另外，这类催化剂生产的聚合物形态也比较差。上述缺点使得聚丙烯的生产过程复杂，费用高昂。直到 20 世纪 70 年代，这种催化剂仍广泛应用于聚丙烯工业生产。

后来，人们认识到，在这种催化剂的 $TiCl_3$ 中，只有极少数的表面钛原子能够与烷基铝接触成为聚合反应的活性中心，并开始致力于寻找提高活性中心 Ti 原子数目的方法，主要包括以下三种：

① 减少催化剂微粒的粒径；

② 把钛化合物负载在高比表面积的载体上；

③ 使用可溶的过渡金属化合物。

20 世纪 70 年代早期，Solvay 公司获得突破。较之当时的 AA-$TiCl_3$ 催化剂，Solvay 制备的 $TiCl_3$ 催化剂比表面积更大（前者 30～40m^2/g，后者≥150m^2/g），活性提高了约 5 倍，等规度高达 95%。通常将这种催化剂称为“Solvay” $TiCl_3$ 催化剂，也被认为是首个第二代聚丙烯催化剂。

3.2.1.2　$TiCl_4$ 型 Z-N 催化剂

$TiCl_3$ 催化剂的主要缺点是其相对低的产率。即使是以高表面积为特征的 AA-$TiCl_3$ 催化剂，最高活性也只有每克催化剂 10～15kg 等规聚丙烯[3-12]。并且，由于容易水解释放 HCl 的 Ti—Cl 键的存在，活性太低，就不能避免成本高昂的聚合物脱灰过程。

将活性 Ti 物质支撑在惰性基质上，从而提高 Ti 的利用率，就可以解决该问题。最初考虑的载体材料主要是金属氧化物（SiO_2、Al_2O_3）或氢氧化物［$Mg(OH)_2$］，因为它们可以通过共价键固定 Ti 物质。然而，直到 1968 年 Montedison 和 Mitsui 几乎同时发现 $MgCl_2$ 载体，才成功地改善了催化剂活性[13,14]。

这一突破是十分偶然的：当 $TiCl_4$ 负载在 MgO 上时，获得了高活性的乙烯聚合催化剂。很快，研发人员就认识到：$TiCl_4$ 氯化 MgO 得到 $MgCl_2/TiCl_4$ 加合物；$MgCl_2$ 具有类似于紫色 $TiCl_3$ 的层状结构（即在两个八面体 Cl 之间的叠层 Cl-Mg 夹层结构）。使用 $MgCl_2$ 载体能获得高活性的聚乙烯催化剂；而对聚丙烯而言，虽然获得了高活性（>150kg/g），但催化剂立体选择性仍然很低（小于 40%高全同立构聚合物）[15,16]。

1972 年，Montedison 公司建成了一个用共研磨的 $MgCl_2/TiCl_4$ 负载高活性催化剂的聚乙烯工厂。几年之后，在催化剂合成时加入路易斯碱与 $MgCl_2$、$TiCl_4$ 共研磨，这种路易斯碱被称为“内给电子体”（inter donor，ID）；聚合时以 AlR_3 为助催化剂并加入第二种路易斯碱，第二种路易斯碱被称为“外给电子体”（external donor，ED）。得到的催化剂提高了活性（每克 Ti 高达 2～3t 聚合物）的同时，立体选择性也得到显著提高[17-19]。

随后，经过进一步的改进[20]，这种催化剂于 1978 年应用于 Montedison 公司在 Ferrara 的工厂，其中所使用的内给电子体为苯甲酸乙酯（EB），外给电子体为甲基苯甲酸甲酯（MPT），这是第三代催化剂的前身。尽管这类催化剂具有活性高、不需要清除残渣等优点，但仍要清除无规聚合物（脱无规）。根据反应条件不同，仍然有 6%～10%的无规聚合物存在。以后的研究则主要集中于高效催化剂的合成和内外给电子体的有效结合上。随着催化剂合成技术的进步，产生了一种新的高活性和立体选择性的催化剂，称为超高活性催化剂（SHAC）。这种催化剂仍使用苯甲酸酯类给电子体，但具有超高的产率和等规度，因此不需要分离无规聚合物。

20 世纪 80 年代早期，一类新的内外给电子体化合物诞生了，其中内给电子体为邻苯二甲酸酯，外给电子体为烷氧基硅烷，这种组合能得到比苯甲酸酯类给电子体更好的产率和等规度[21]。目前这种催化剂体系在现代化的聚丙烯工业生产中仍然广泛使用。这就是第四代催化剂。

20 世纪 80 年代后期，出现了一种新型给电子体——1,3-二醚类化合物[22]。如果用作内给电子体，它能表现出很高的聚合活性和等规度，且不需要外加路易斯碱[20,21]。目前，这一催化剂已得到工业规模的应用，形成了新一代丙烯聚合催化剂，称为第五代催化剂。

之后，在 20 世纪末和 21 世纪初又发现使用琥珀酸酯类化合物作为内给电子体，活性和立体选择性与第四代催化剂相当。与第四代催化剂不同的是，琥珀酸酯类催化剂合成的聚丙烯分子量分布更宽。

表 3.1 对比了不同催化剂的性能，表中数据的聚合条件是己烷淤浆聚合或者本体聚合。尽管这些数据互相对比更有效，但仍能表明 60 年来不断努力研究所带来的催化剂的巨大进步。总体而言，现在使用的催化剂都是以活性氯化镁为载体，也可以称之为钛镁催化剂[2,3]。

表 3.1 不同 Z-N 催化剂的性能对比

年份	催化剂	聚合产率 /（kgPP/g 催化剂）	等规度 /%	mmmm/%	M_w/M_n	氢调敏感性
1954	δ-$TiCl_3 \cdot 0.33AlCl_3+AlEt_2Cl$	2～4	90～94			低
1970	δ-$TiCl_3+AlEt_2Cl$	10～15	94～97			低
1968	$MgCl_2/TiCl_4+AlR_3$	15	40	50～60		
1971	$MgCl_2/TiCl_4$/苯甲酸酯+AlR_3/苯甲酸酯	15～30	95～97	90～94	8～10	低
1980	$MgCl_2/TiCl_4$/邻苯二甲酸酯+AlR_3/硅氧烷	40～70	95～99	94～99	6.5～8.0	中等
1988	$MgCl_2/TiCl_4$/二醚+AlR_3	100～130	95～98	95～97	5～5.5	很高
	$MgCl_2/TiCl_4$/二醚+AlR_3/硅氧烷	70～100	98～99	97～99	4.5～5.0	高
1999	$MgCl_2/TiCl_4$/琥珀酸酯+AlR_3/硅氧烷	40～70	95～99	95～99	10～15	中等

3.2.1.3 专利技术争议

伴随着 Z-N 催化剂的发明，诞生的是关于聚丙烯（PP）物质组成的专利争端。毋庸置疑，有关结晶 PP 物质组成专利的专利权极具经济价值。Natta 于 1954 年 3 月制备了聚丙烯，1954 年 6 月 8 日首次在意大利申请专利。Ziegler 于 1954 年 6 月制备出了 PP，1954 年 8 月 3 日提出专利申请。两人都致力于迅速对材料结构表征，提出反应机理，申请专利，发表论文。

除 Ziegler 和 Natta 之外，那些意外制备出 PP 的人虽然只对产物进行粗略的研究，但他们仍然是这场争端的主角。关于这一争端，Martin[23] 在他的著作中做过详细的描述。

1951 年 6 月，Phillips 石油公司的 J. P. Hogan 和 R. L. Banks 用负载于硅-铝催化剂上的氧化镍制备低分子量乙烯和丙烯的聚合物时，除了液态产物外，他们观察到了白色固体的存在。可他们并没有意识到 PP 的结晶特性。1953 年 1 月 27 日，Phillips 提出了对 PP 的原始专利申请。1956 年 1 月 11 日，又提出了包含 PP 和其它几种相关物质的专利申请。1954 年后，Natta 正式对 1953 年 1 月所申请的样品材料进行了研究，表明固体中含有结晶 PP。

1953 年 5 月印第安纳州 Standard Oil 公司的 E. F. Peter 用负载在铝上的钼聚合丙烯，得到一些固态聚合物；对其进行了初步分析之后，他在 1954 年 10 月 15 日提出了专利申请。

1954 年 5 月 DuPont 公司的 W. N. Baxter 用 $TiCl_4$ 格氏试剂制备了含有结晶 PP 的聚合物，并在其 1954 年 8 月 19 日申请的专利中提供了结晶 PP 的 X 射线衍射图。

Hercules 公司 1955 年 4 月 7 日申请了一个 PP 专利。Hoechst 公司和 PCL 公司以及其他 Ziegler 专利拥有人也在 1954 年末制备出了 PP，但并没有申请专利。

以上的权利要求几乎同时出现在美国专利局。1958 年公布了在 Standard of Indiana、Phillips、DuPont、Montecatini（Natta）和 Hercules 公司之间的纠纷。在事件的早期，Hercules 公司由于申请优先日期较晚而退出。在听取了超过 18000 页的证词后，确认 Phillips 公司申请的优先日期为 1956 年 1 月，而 Natta 和 Montecatini（后来称为 Montedison 公司）的申请日期为1954年6月，于是1972年，美国专利3715344授予Montedison公司。其他三个申请人提出上诉，诉状在Delaware的联邦地方法庭被受理。

此时，PP工业已经历15年的兴旺发展，也使得事件本质上技术争执变得更加清晰。Standard of Indiana公司由于被法庭发现没有给出重复丙烯单元的定义而败诉。而符合法庭要求的DuPont产物，给出的优先日期比Natta（Montedison）晚。最有争议、最困难的是Phillips的专利申请完全符合程序，其最早的申请优先日期为1953年1月27日。经过最后的上诉，1983年3月15日Phillips公司获得PP的物质组成专利（美国专利4376851）。

3.2.2 Z-N主催化剂组成

现在，工业装置使用的主要是第四代和第五代主催化剂（根据Basell公司的分类[3]）。其中，第四代主催化剂的主要组成是活性氯化镁、四氯化钛、邻苯二甲酸酯类的内给电子体；而第五代主催化剂的主要不同是不含有邻苯二甲酸酯类化合物，而是采用二醚、琥珀酸酯、二醇酯等类型化合物作为内给电子体，这就是所谓的非邻苯二甲酸酯催化剂或非“塑化剂”催化剂。

从组成上看，现在各品种或类型的商品Z-N聚丙烯主催化剂区别较小，它们的四氯化钛含量通常为4%～10%、内给电子体含量为5%～20%、氯化镁含量为55%～80%。然而，在实际工业应用中，即使组成完全相同的Z-N催化剂也可能表现出完全不同的氢调敏感性、定向能力、活性、共聚性能和抗破碎能力。这就和催化剂的形貌、孔容孔径及活性中心的分布等参数密切相关。虽然，这些因素如何影响催化剂的具体性能尚不确切，但是不同的制备工艺会带来不同的催化剂性能已为业内所共知。

3.2.3 主催化剂的制备工艺

3.2.3.1 制备技术分类

不同主催化剂的区别主要表现在以下几个方面：

① 活性$MgCl_2$前体不同；

② 合成活化$MgCl_2$的方法不同；

③ $MgCl_2$与钛化合物或内给电子体的接触方法不同；

④ 粒径和粒形不同。

研究表明，用作Z-N催化剂的活性$MgCl_2$载体是一种以γ晶型$MgCl_2$为主的混合晶体。所谓$MgCl_2$前体就是由什么化合物制备活化$MgCl_2$载体。商业化Z-N催化剂采用的$MgCl_2$前体主要包括无水$MgCl_2$（α晶型$MgCl_2$）、MgR_2、$Mg(OR)_2$、$Mg(OR)Cl$、$MgRCl$、$Mg(OCOR)_2$等。其中无水$MgCl_2$是最常见的。

同样的$MgCl_2$前体对应的活化$MgCl_2$合成方法也可能不同。由无水$MgCl_2$制备活化$MgCl_2$载体的方法分为机械研磨法、溶解析出法和氯化镁醇合物法，其它$MgCl_2$前体制备$MgCl_2$载体则是通过化学反应制备，即将$MgCl_2$前体与含氯化合物（通常为四氯化钛）反应制备$MgCl_2$载体，这就是化学合成法。

(1) 机械研磨法

机械研磨法是将$MgCl_2$前体、$TiCl_4$和内给电子体以适当的比例混合在球磨机中研磨来制备催化剂；或是将$MgCl_2$或其前体与路易斯碱共研磨后，用过量的$TiCl_4$在高于80℃的条件下处理，再洗去未反应的$TiCl_4$得到催化剂。此过程中，部分路易斯碱将被$TiCl_4$移走，同时反应后的副产物也将被移走。另一种方法是同机械研磨法路线一样一起研磨，之后再用溶剂多次洗涤而得到高活性及高立体选择性的催化剂。机械研磨法在早期 $MgCl_2$ 载体催化剂制备时应用较多。

(2) 溶解析出法

溶解析出法是将无水 $MgCl_2$ 先溶解在一定的溶剂中，再在一定条件下析出制备活性 $MgCl_2$ 载体，进而经过载钛、载酯、洗涤和干燥等步骤得到催化剂干粉。该方法易于制备形态可控的催化剂，从而得到粒子形状、大小和粒径分布可控的聚合物。目前，使用溶解析出体系制备的催化剂广泛应用于工业生产中。溶解析出法制备的催化剂为颗粒形，平均粒径（D_{50}）一般小于 30μm，典型产品的粒径范围为 15～25μm。

溶解析出法的核心是溶解析出体系，典型的溶解析出体系有两种：以北京化工研究院 N 催化剂为代表的氯化镁/甲苯/磷酸三丁酯/环氧氯丙烷溶解体系＋苯酐析出剂，工业产品包括 BRICI 系列和 LYNX 系列等；以三井公司 TK 系列催化剂为代表的氯化镁/癸烷/异辛醇溶解体系＋苯酐析出剂，工业产品包括 TK 系列（颗粒形）和 CS-1 系列等。两种催化剂制备工艺流程如图 3.3 所示。

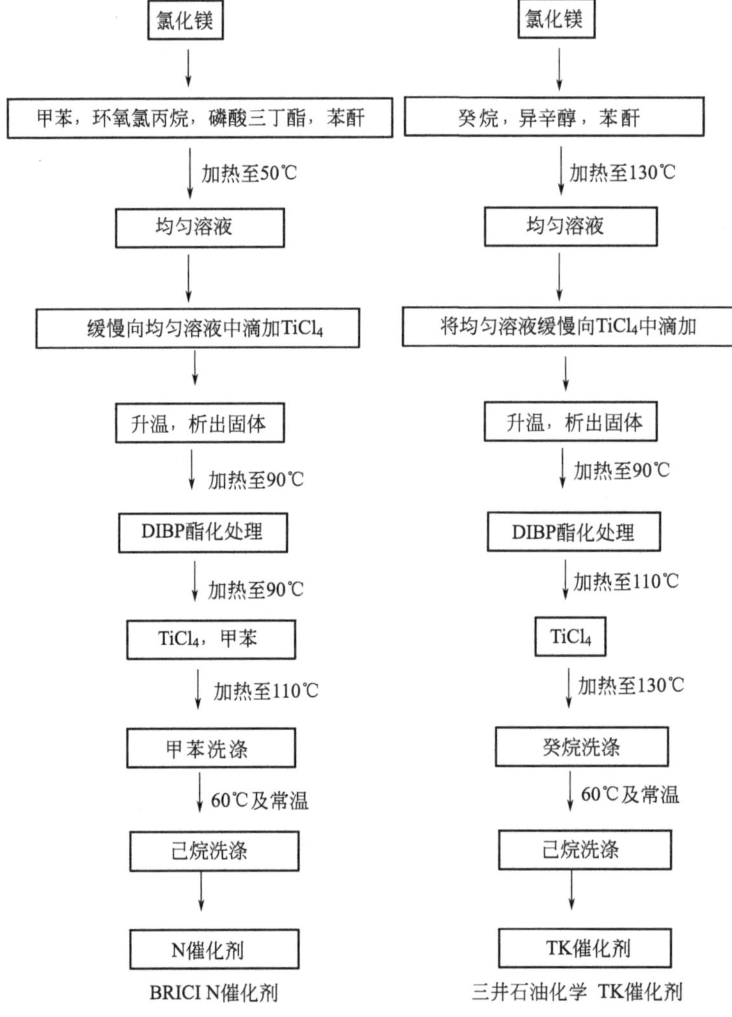

图 3.3 典型的两种溶解析出法制备 Z-N 催化剂流程示意图

近几年，北京化工研究院结合N催化剂和TK催化剂的特点，开发了两种新的溶解析出体系：氯化镁/甲苯/磷酸三丁酯/环氧氯丙烷溶解体系＋二醇酯/硅烷助析出剂；氯化镁/甲苯/异辛醇溶解体系＋二醇酯/硅烷助析出剂。在上述体系中，二醇酯既作为助析出剂帮助形成良好的催化剂颗粒形态，又在参与活性氯化镁载体形成同时，最终存在于催化剂中作为内给电子体，从而大幅提升了催化剂综合性能，包括活性、定向能力、共聚能力等。

(3) 氯化镁醇合物法

氯化镁醇合物法主要是针对基于氯化镁醇合物的球形载体及催化剂的制备。其基本原理：将氯化镁和脂肪醇的络合物（$MgCl_2 \cdot nROH$）熔融分散在特定介质中，再在一定条件下快速冷却固化成微球，再经过洗涤即可成为球形载体；良好控制条件下，球形载体在催化剂的制备过程中可以保持大小基本不变，且不破裂（图3.4）。利用氯化镁醇合物制备的典型商品催化剂有Basell公司的Z-N系列催化剂，Grace公司的Polytrak系列催化剂，中国石化催化剂公司的DQ/C系列、DQS系列、H系列和NDQ催化剂，向阳科化的CS-2系列催化剂等。如前所述，该法制备的球形催化剂主要应用于环管类工艺装置。

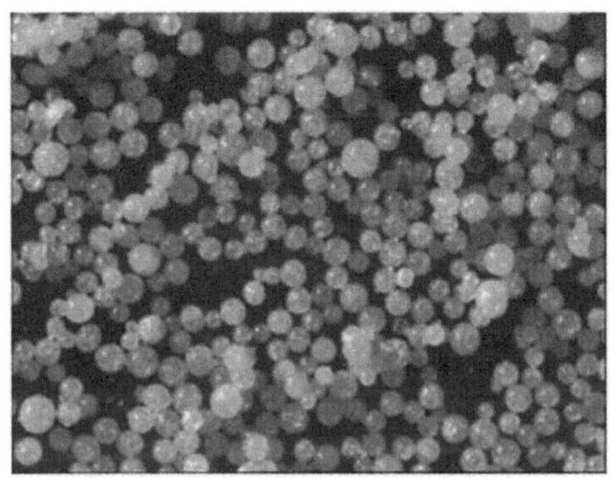

图3.4 球形催化剂的颗粒形貌照片

醇化合物的脂肪醇可以是甲醇、乙醇、正丙醇、正丁醇、异丁醇以及其它高碳脂肪醇类化合物，还可以是H_2O，其中以乙醇为最好；醇合物中的$0 \leqslant n \leqslant 6$。

球形$MgCl_2 \cdot nEtOH$载体的制备方法有多种，主要区别在于$MgCl_2 \cdot nEtOH$熔融物的分散及固化为球形颗粒的工艺。比如高速搅拌分散后急冷固化（高搅法）、高压挤出后急冷固化（高压挤出法）及喷雾冷却（喷雾法）等，球形颗粒的平均直径一般为5～100μm。

高搅法工艺过程包括醇合物的生成、熔融、高搅分散、急冷固化、洗涤干燥等步骤。首先是在搅拌条件下，计量的金属镁化合物如$MgCl_2$与相应的醇类化合物如C_2H_5OH在一种惰性溶剂中进行接触形成醇合物$MgCl_2 \cdot nC_2H_5OH$，这类溶剂包括煤油、石蜡油、凡士林油、白油等惰性烃类及一些有机硅类化合物，使用较多的是凡士林油、白油和硅油；接着把反应体系温度升至120～130℃，使生成的$MgCl_2 \cdot nC_2H_5OH$熔化并保持与惰性溶剂混合，然后提高搅拌转速。在高速搅拌下，$MgCl_2 \cdot nC_2H_5OH$熔体以球形液滴的形式分散在惰性溶剂中；之后将混合液以一定的流速泻入已预先降至低温的、搅拌着的冷却介质中冷却固化成型。冷却介质采用石油醚、抽提油、庚烷、己烷、戊烷等沸点较低的惰性烃类化合物。最后把得到的球形固体颗粒洗涤数次，再在一定温度下进行真空干燥，即制得球形$MgCl_2 \cdot nC_2H_5OH$载体。

高压挤出法（图3.5）通常以黏度较小的煤油、石蜡油、白油等为反应介质，当反应体系温度升至120～130℃并维持一段时间后，向反应釜内充入高压氮气，使反应釜内压力达到10～15atm。之后，$MgCl_2 \cdot nC_2H_5OH$熔体和反应介质的混合物通过卸料管卸入冷却介质中，冷却介质一般采用煤油、己烷或庚烷，而且需要预先冷却至－40～－30℃；卸料管的长度一般为3～10m，管内径为1～2mm，混合液在管内的流动速率约为4～7m/s。收集冷却后得到的固体颗粒，再经过洗涤、干燥后即得到球形$MgCl_2 \cdot nC_2H_5OH$载体。

喷雾法（图3.6）制备载体的过程中无需加入任何溶剂。常用的操作方法是把计量的金

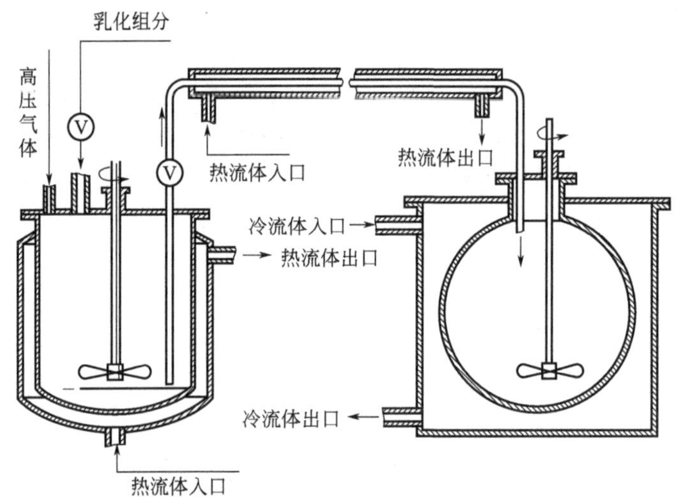

图 3.5　高压挤出法装置示意图

属镁化合物如 $MgCl_2$ 和相应的醇类化合物（一般为乙醇，C_2H_5OH）加入高压釜中，维持釜内压力为 12atm，在连续搅拌下加热至 120℃ 并维持 1～3h。然后使用喷雾设施把 $MgCl_2 \cdot nC_2H_5OH$ 熔体喷雾冷却，冷却介质一般为维持一定压力的氮气流。

北京化工研究院采用独有的超重力旋转床技术（超重力法）制备出了球形醇合物（图 3.7）。该技术的特点是将卤化镁熔体与惰性液体介质的混合物以一定流速进入到超重力旋转床，经过静态分布器均匀地喷洒在高速旋转的填料内缘上。物料流再被高速旋转的填料剪切，使得卤化镁/醇加合物以小液滴的形式均匀地分散在惰性介质中，然后物料被高速旋转的填料抛出后经出料口引出，得到一种均匀分散的卤化镁/醇加合物熔融分散体。

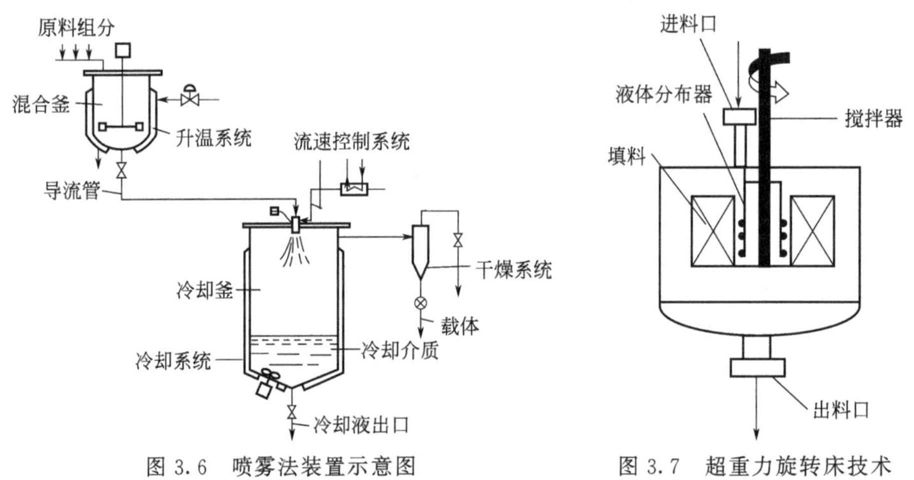

图 3.6　喷雾法装置示意图　　图 3.7　超重力旋转床技术

(4) 化学合成法

化学合成法制备活化 $MgCl_2$ 载体使用的前体并非无水 $MgCl_2$，而是 MgR_2、$Mg(OR)_2$、$Mg(OR)Cl$、$MgRCl$、$Mg(OCOR)_2$ 等化合物。通常的制备方法有两种：一种是先制备由上述化合物组成的载体，将上述载体悬浮在溶剂中与含氯化合物（如四氯化钛、四氯化硅等）混合反应，得到活性氯化镁载体，进而载钛、载酯、干燥、洗涤，从而得到催化剂，如

$Mg(OR)_2$ 载体；另一种是将上述化合物溶解在特定溶剂中，再与含氯化合物混合反应（如四氯化钛、四氯化硅等），得到活性氯化镁载体，进而载钛、载酯、干燥、洗涤，从而得到催化剂，如 RMgCl。

$Mg(OR)_2$ 是常见的商品催化剂用前体，通常为二乙氧基镁。其制备过程如下：金属镁粉先与乙醇在碘的催化作用下反应得到二乙氧基镁［$Mg(OEt)_2$］的载体，载体的尺寸可以在 10～60μm 调整，粒径分布（Span 值）约 1.0；将干燥好的上述载体悬浮在惰性溶剂（如甲苯、己烷等）中，加入含氯化合物（如四氯化钛、四氯化硅）等反应的同时，完成载四氯化钛和内给电子体的过程，再经过洗涤和干燥得到催化剂。$Mg(OEt)_2$ 载体制备的催化剂为类球形，聚合物粉料也具有良好的颗粒形态（见图 3.8）。

(a)

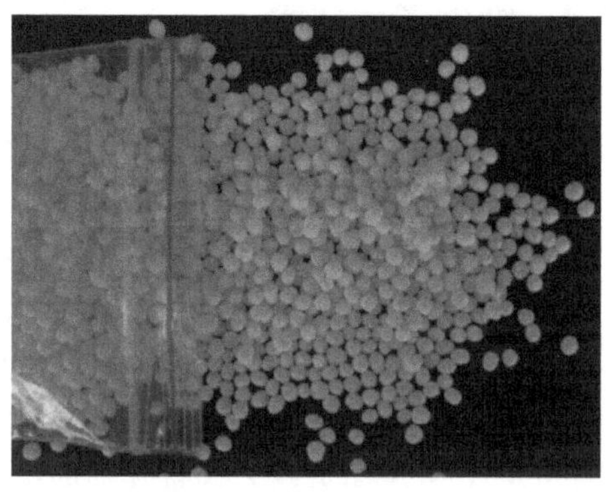

(b)

图 3.8　烷氧基镁载体催化剂（a）及相应的聚丙烯粉料（b）照片

$Mg(OR)_2$ 载体催化剂会复制载体的形貌，而聚丙烯粉料会复制催化剂的形貌。因此，载体是上述催化剂的核心。TOHO 公司的 THC 系列催化剂、盈创公司（Evonic）的 Catylen® S 系列催化剂、利和科技公司生产的 SAL 催化剂、中国石化北京化工研究院近年来开发的 BCM 系列催化剂等均为烷氧基镁载体催化剂。近期，向阳科化和印度 Reliance 公司也完成了镁醇载体催化剂的工业应用试验。

其它采用化学法制备的典型商品催化剂有 Grace 公司的 SHAC 系列催化剂、Ineos 公司的 CDi 催化剂等。

3.2.3.2　新载体工艺技术

近年，Z-N 催化剂的研究主要集中在三个方面：

① 新型内外给电子体的开发及应用；

② 新型（结构）载体的开发及制备工艺；

③ 通用邻苯二甲酸酯催化剂的性能优化，主要是改善装置运行稳定性、催化剂活性、定向能力、氢调敏感性以及共聚能力。

在新型（结构）载体的开发及制备工艺方面，Borealis 开发了一种催化剂技术，即 Sirius 技术，进一步提升了催化剂的均一性。该方法采用乳液法，基于液/液两相系统，不需要单独的外部载体材料（例如不需要二氧化硅或 $MgCl_2$）来获得固体催化剂颗粒。在催化剂制备过程中，原位制备了氯化镁载体。具体步骤如下：

①通过在惰性溶剂（例如甲苯）中，氧化镁化合物和内部电子供体反应来制备溶液-镁络合物；

② 使镁配合物与 $TiCl_4$ 反应形成第一液相；

③ 使用乳液稳定剂和/或湍流最小化剂乳化，形成催化剂液滴；

④ 改变乳液系统的反应条件（例如加热到 70～115℃），使催化剂液滴凝固。

采用乳液技术制备的催化剂颗粒呈球形，无可测量的孔体积，表面积极低，粒径分布窄。可以使用非邻苯二甲酸酯内给电子体，如琥珀酸酯、二醚等。新的催化剂改善了聚丙烯分子结构，从而增强了产品的性能，如提高了光学性能、降低了薄膜的起始热封温度、增强了纤维的可黏合性、提高了刚韧平衡性能，降低可溶物的量，降低味道和气味。

北京化工研究院近几年在新型载体技术开发上也做了大量研究工作，例如新型结构载体技术的 HQ 催化剂，以及在 N 催化剂基础上利用乳化法和高通量平台开发的 BHC 催化剂。

3.2.4 给电子体技术

氯化镁载体发现之初，$TiCl_4$ 活性中心前体、$MgCl_2$ 载体和三乙基铝（TEA）活化剂组成的催化剂表现出比之前高得多的活性，但是由于差的立体选择性，它们的应用限于乙烯聚合，直到“给电子体”出现。

Z-N 催化中的第一个供体是 Montedison 和 Mitsui 公司为改善上述 $MgCl_2$ 负载催化剂的立体选择性而合作的结果[24,25]。通过向 $TiCl_4/MgCl_2$ 催化剂中加入苯甲酸酯，所开发的称为第三代的催化剂不仅获得了高活性，而且获得了高的立体选择性。术语“给电子体”来源于这样的事实：用于改善催化剂立体选择性的添加剂是路易斯碱。

自从发现 $MgCl_2$ 负载 Z-N 催化剂的给电子体以来，给电子体已成为改善这些催化剂立构选择性和活性的关键组分。从用于第三代催化剂的苯甲酸酯开始，新结构给电子体的发现总是能更新 Z-N 催化剂的性能。自 20 世纪 70 年代初以来，在工业和学术界已经投入了许多努力，不仅用于发现新的给电子体，而且用于理解它们在 Z-N 烯烃聚合中的作用。洪定一[2] 对催化剂的给电子体的发展做了很好的回顾。

通常，根据作用将给电子体分为两类：包含在主催化剂固体组分（$TiCl_4/MgCl_2$）中的内给电子体和与烷基铝一起添加的外给电子体以防止聚合过程中催化剂立体选择性降低。应当注意，$TiCl_3$ 基催化剂已经存在添加路易斯碱的想法，其在聚合期间添加一些路易斯碱将等规度提高至大于 10%。然而，这种路易斯碱的加入对等规度的改进与 $MgCl_2$-负载型催化剂（钛镁催化剂）中给电子体在立体选择性方面的显著改进是完全不同的。毫不夸张地说，是给电子体为 $MgCl_2$-负载型催化剂提供了立体选择性。第三代催化剂通常将内给电子体苯甲酸乙酯（EB）与外给电子体（如 EB 或甲基苯甲酸甲酯）组合，实现了比第二代高 100 倍的丙烯聚合活性和高的立体选择性（等规度为 92%～94%）。然而，剩余的 6%～8%的低全同立构聚合物引发了进一步的研究，主要集中在催化剂制备方法的改进以及寻找更有效的内部和外部给电子体的组合。1977 年，使用一种采用新给电子体组合的催化剂，即邻苯二甲酸二酯作为内部给体，烷氧基硅烷作为外部给体，最终消除了对低全同立构分数的萃取过程[26,27]，从而出现了现在仍在工业装置广泛使用的第四代 Z-N 催化剂。

3.2.4.1 内给电子体技术

(1) 种类及作用

内给电子体对 Z-N 催化剂的影响非常关键，它既影响催化剂的活性、立体选择能力、氢调敏感性和催化剂的活性衰减，也影响聚合物的立构规整性、分子量分布等[28-30]。更重要的是，内给电子体可能还会影响聚合物粉料的细粉含量、堆积密度等，甚至影响催化剂在工业装置的运行稳定性。

内给电子体的作用机理比较复杂。几种主要的看法包括：内给电子体可以阻止无规活性中心的形成，能将无规活性中心转变为等规活性中心；能够调节钛活性中心周围的空位，参与等规活性中心的形成，并将低等规活性中心转变为高等规活性中心，提高催化剂的定向能力等[2,3]。

① 芳香族酯内给电子体。在芳香族二酯内给电子体中，使用最多的是邻苯二甲酸二烷基酯。对于用邻苯二甲酸二烷基酯作为内给电子体，用芳烷基硅氧烷作为外给电子体的催化剂系统的研究工作表明[31]：在没有外给电子体的情况下，邻苯二甲酸二烷基酯与苯甲酸乙酯的差别是，使用苯甲酸乙酯的催化剂比使用邻苯二甲酸二烷基酯的等规度低。其原因是用苯甲酸乙酯的催化剂生产聚丙烯，在聚合时如果增加烷基铝浓度，则会因为催化剂中的苯甲酸乙酯与烷基铝发生反应而被烷基铝萃取出去，结果使等规度大大降低。但是对于邻苯二甲酸二烷基酯来说，实验证实它也会被烷基铝萃取出去。那么为什么邻苯二甲酸二烷基酯的等规度会比苯甲酸乙酯高呢？早先的研究认为，邻苯二甲酸二烷基酯一定对钛活性中心有另外的作用，很有可能将活性钛基团从单核型变成了更多的网格状化合物，因此提高了聚丙烯的等规度。

近年来，Terano 等[32] 通过 Stopped-Flow 实验证明，EB 在聚合反应进行到 10s 时就开始从催化剂上被萃取下来。而邻苯二甲酸二正丁酯（DNBP）在聚合反应进行到 60s 时才开始从催化剂上被萃取下来，这说明 DNBP 催化剂形成的等规活性中心要比 EB 催化剂形成的稳定。

而 Matsuoka 等[33] 的研究发现，单酯和二酯在被烷基铝萃取的初始阶段都会被大量萃取出来。但是所得聚合物立构规整度随 TEA 萃取时间而变化的关系，与内给电子体含量随 TEA 萃取时间而变化的关系并不一致；随着 TEA 萃取的进行，立构规整度的降低速度比内给电子体含量的降低速度慢。这说明在被烷基铝萃取后，内给电子体残存量和催化剂立构规整能力之间并没有直接的对应关系。

Hu 等[34] 的研究还发现，二酯催化剂中氯化镁的无序化程度要比单酯中的更高，并且二酯可以稳定其无序结构。另外，二酯催化剂的比表面积和孔体积也要远远大于单酯催化剂。

Yang 等[35] 用红外光谱研究了单酯和二酯作为内给电子体的催化剂，发现单酯仅和 $MgCl_2$ 配位而不和 $TiCl_4$ 配位，但是二酯不仅和 $MgCl_2$ 配位，而且也和 $TiCl_4$ 发生配位，这样就增加了催化剂的稳定性。

丁伟等[36] 的实验也证实，芳香族二酯作为内给电子体不但可以和 $MgCl_2$ 配位，而且也可以和 $TiCl_4$ 配位，从而使催化剂更加稳定。由于上述的这些区别，因此，二酯类内给电子体化合物对催化剂定向能力的影响要大于单酯类内给电子体化合物。

Sacchi 等[37] 研究了用氯化镁/四氯化钛、氯化镁/苯甲酸乙酯/四氯化钛及氯化镁、邻苯二甲酸二烷基酯/四氯化钛等催化剂，在有或无某种外给电子体（如苯甲酸乙酯、四甲基哌啶、苯基三乙氧基硅烷）进行丙烯聚合时，其第一个插入单体与聚合物主链间的立构化学关系。他们发现，在没有任何外给电子体时，等规活性基团等规度增加的顺序是：氯化镁/苯甲酸乙酯/四氯化钛＞氯化镁/邻苯二甲酸二烷基酯/四氯化钛＞氯化镁/四氯化钛。

② 二醚类内给电子体。1988 年，Himont 公司发现 1,3-二醚化合物[38,39] 可作为 Z-N 催化剂的内给电子体，并公开了其合成方法[40-42]。其结构如图 3.9 (a) 所示。其实施例公开了一系列 1,3-二醚化合物，按美国专利 US4469448 进行催化剂制备，庚烷淤浆聚合丙烯结果如表 3.2 所示。可以看出：2,2-二异丁基-1,3-二甲氧基丙烷和 2-异戊基-2-异丙基-

1,3-二甲氧基丙烷作为内给电子体制备的催化剂具有良好的综合性能。因此，1,3-二醚化合物用作内给电子体时，要想同时达到理想的聚合活性和定向能力，对取代基的选择性有很高的要求。

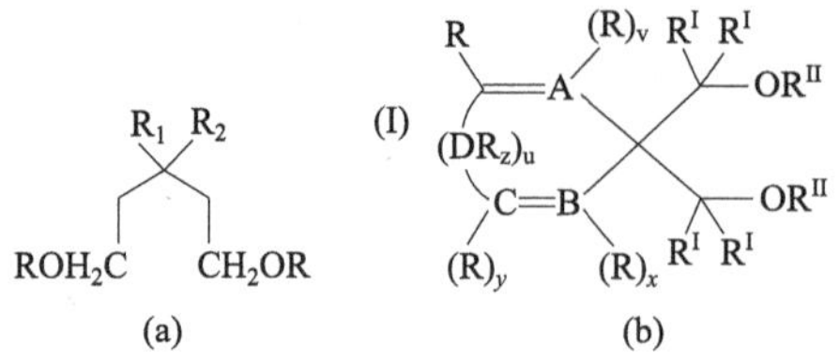

图 3.9　1,3-二醚化合物的结构示意图

表 3.2　不同二醚化合物制备的催化剂组成及聚合结果[38]

二醚化合物	固体催化剂组合物组分(质量分数)/%			聚合产率/(gPP/g 催化剂)	立体选择性/%
	Mg	Ti	醚		
2,2-二甲基-1,3-二甲氧基丙烷		2.6	10.4	3100.0	89.8
2-异丙基-2-甲基-1,3-二甲氧基丙烷	21.7	3.2	10.4	8700.0	93.3
2,2-二异丁基-1,3-二甲氧基丙烷	16.4	3.1	15.5	9300.0	95.3
2,2-二异丁基-1,3-二乙氧基丙烷		4.3	8.1	14200.0	79.7
2,2-二异丁基-1,3-二正丁氧基丙烷	16.3	5.2	2.4	13600.0	84.3
2,2-二苯基-1,3-二甲氧基丙烷	14.5	5.6	11.1	9100.0	84.8
2,2-双(环己基甲基)-1,3-二甲氧基丙烷	14.9	4.4	11.4	19000.0	88.4
1,3-二异丁氧基丙烷		4.7	0.0	20100.0	75.0
2,2-五亚甲基-1,3-二甲氧基丙烷		2.9	15.1	7100.0	89.3
1,1-双(甲氧基甲基)双环(2,2,1)-庚烷		3.3	11.7	8500.0	79.8
2-异戊基-2-异丙基-1,3-二甲氧基丙烷		2.5	14.8	11000.0	98.0
1,3-二甲氧基丙烷	18.0	1.7	10.6	1800.0	64.9
1-异丙基-2,2-二甲基-1,3-二甲氧基丙烷	17.0	4.3	0.0	2000.0	72.0
1,1-二甲氧基丙烷	20.8	3.0	4.0	4300.0	68.1

1996 年，Montell 公司[22,43] 又发现稠环类的 1,3-二醚［见图 3.9（b）］用作内给电子体时，催化剂活性更高，且可以不使用外给电子体即获得高的定向能力。其实施例公开的 9,9-双(甲氧基甲基)芴作为内给电子体制备的 Z-N 催化剂用于丙烯本体聚合（不使用外给电子体）活性达到 95000 g/g 催化剂，聚合物中二甲苯不溶物达到 97.7%；而相同条件下的脂

肪 1,3-二醚(2-异戊基-2-异丙基-1,3-二甲氧基丙烷) 作内给电子体时，活性为 70000g/g 催化剂，聚合物中二甲苯不溶物 98.0%。当使用硅烷类外给电子体时，催化剂的活性有所下降，定向能力则有一定程度提高。

Montell 公司还发现，通过改变 1,3-二醚在催化剂制备过程中的加入方法，可在一定程度上提高催化剂的定向能力[44]。

高明智等[45] 研究了以稠环 1,3-二醚化合物 9,9-双(甲氧基甲基)芴为内给电子体制备 Z-N 催化剂，并与以 DNBP 为内给电子体的工业催化剂性能进行了对比，结果表明：

a. 二醚催化剂活性高，相当于现有工业催化剂的 2～4 倍；

b. 用二醚催化剂时可不使用外给电子体，并可节省活化剂三乙基铝的用量；

c. 用不同的二醚催化剂可生产 95.2%～98.5%不同等规度的聚丙烯树脂；

d. 用二醚催化剂制得的聚丙烯粉料细粉含量很少；

e. 二醚催化剂氢调敏感性好；

f. 由二醚催化剂制得的聚丙烯的分子量分布比由 DNBP 催化剂制得的聚丙烯的分子量分布略窄，这与文献 [46] 报道一致。

对于烷基取代二醚来说，β 位取代基和氧原子上取代基的大小，对于二醚分子内两个氧原子的间距有很大影响，而这两个氧原子间的距离又决定了此二醚化合物与载体之间形成活性中心的性质。从空间效应上看，β 位取代基的体积较大时，可以起到空间位阻的作用，对二醚分子内两个氧原子间的距离起固定作用，有利于形成立体定向的活性中心。反过来，β 位取代基的体积较小时，催化剂性能较差。氧原子上的取代基一般为甲基，这样的二醚合成的催化剂性能较好，因为甲基的给电子作用可以通过氧原子传递给活性中心，另外对氧原子与载体之间形成活性中心的位阻较小。

研究表明，二醚的结构越稳定，其作为给电子体的效果越好。而二醚结构的稳定性是由中心碳原子上取代物之间的尺寸决定的。当两个氧原子间的距离处于 0.25～0.33nm[47,48] 时，可以得到最稳定的二醚结构。Scordamaglia 等[49] 采用 CSD（构象的统计分布）方法对二醚的结构进行了计算，他们发现二醚的两个氧原子间的距离为 0.3nm 时结构最稳定，催化剂的性能也最好。

研究还表明，钛镁催化剂的复杂性起源于路易斯酸（氯化镁、氯化钛、烷基铝）与碱（内、外给电子体）间的化学作用，其中主要是烷基铝对于用作内、外给电子体等路易斯碱的高反应性引发的。研究发现，β 位取代的 1,3-二醚类化合物作为内给电子体基本上不会和烷基铝发生作用，从而可以避免在聚合过程中被烷基铝抽提出来。Iiskola 等[50] 报道，在氯化镁为载体的催化剂中，2,2-二异丁基-1,3-二甲氧基丙烷几乎不被烷基铝处理过程除去。

徐德民等[51] 合成了芳基二醚 9,9-双(甲氧基甲基)芴（BMMFF），芳杂环二醚 2 -甲氧基甲基二苯并呋喃（MBF）等二醚化合物，发现含有 9,9-双(甲氧基甲基)芴结构的催化剂与氯化镁的配位作用更强，更不易被三乙基铝取代而利于形成立构活性中心。

Sacchi 等[52] 对二醚化合物的研究还发现，二醚具有内、外给电子体的双重作用，二醚无论作为内给电子体合成催化剂还是在聚合时作为外给电子体使用，都能得到等规度相近的聚合物。特别是用二醚作外给电子体、二酯作内给电子体合成的催化剂进行丙烯聚合时，二酯几乎全部被二醚取代，得到的聚合物和只用二醚作内给电子体合成的催化剂得到的聚合物基本相同。这说明它们所生成的催化剂活性中心的种类是一样的。

③ 琥珀酸酯内给电子体。1999 年，Basell 公司[53] 发现了用于 Z-N 催化剂的琥珀酸酯（丁二酸酯）内给电子体[54]，并提供了制备部分烷基取代琥珀酸酯化合物及中间体的合成方

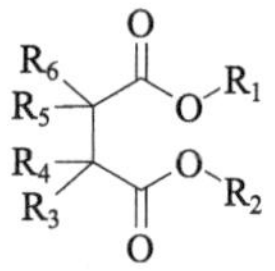

法[55,56]。所述琥珀酸酯结构如图 3.10 所示。

图 3.10 琥珀酸酯内给电子体结构示意图

Basell 公司在专利中公开实施的琥珀酸酯的类型及评价结果如表 3.3 所示。可见，表中编号 10、11 和 21 的化合物，即 2,3-二异丙基琥珀酸二乙基酯、2,3-二异丙基琥珀酸二异丁基酯及 2,3-二甲基琥珀酸二正丁基酯，具有良好的结果。其制备的催化剂既具有高的活性，也具有高的立体定向能力。尤其是以 2,3-二异丙基琥珀酸二乙基酯制备的聚丙烯多分散指数为 6（流变法测试结果），这表示该化合物制备的聚丙烯具有宽的分子量分布；同时以五单元组表示的等规单元含量为 98%，弯曲模量为 2150 MPa，显示出优异的定向能力和力学性能。

表 3.3 不同琥珀酸酯化合物制备的催化剂组成及评价结果[54]

编号	琥珀酸酯类型	催化剂组成/%		催化剂评价	
		Mg	Ti	活性/(kg/g 催化剂)	等规度/%
1	苯基琥珀酸二乙基酯	15.3	4.0	20.0	98.3
2	环己基琥珀酸二乙基酯	16.4	3.3	35.0	97.4
3	环己基琥珀酸二异丁基酯	11.9	3.1	28.0	97.3
4	苄基琥珀酸二乙基酯	12.8	2.1	22.0	96.6
5	环己基甲基琥珀酸二乙基酯	15.3	3.2	33.0	97.8
6	2,2-二甲基琥珀酸二乙基酯	13.0	2.6	37.0	97.2
7	2,2-二甲基琥珀酸二异丁基酯	12.1	3.2	44.0	97.0
8	2-乙基-2-甲基琥珀酸二乙基酯	13.3	1.9	44.0	98.6
9	2-乙基-2-甲基琥珀酸二异丁基酯	15.2	3.3	42.0	97.3
10	2,3-二异丙基琥珀酸二乙基酯	18.9	4.2	61.0	98.4
11	2,3-二异丙基琥珀酸二异丁基酯	17.2	4.2	69.0	98.8
12	2,3-二苄基琥珀酸二乙基酯	24.1	3.2	42.0	96.1
13	2,3-双(环己基甲基)琥珀酸二乙基酯	21.5	4.7	39.0	97.0
14	2,2,3-三甲基琥珀酸二异丁基酯	8.0	4.4	29.0	96.6
15	2-苄基-3-乙基-3-甲基琥珀酸二乙基酯	14.9	3.2	36.0	96.0
16	2-(环己基甲基)-3-乙基-3-甲基琥珀酸二乙基酯	17.9	2.9	42.0	96.8
17	叔丁基琥珀酸二乙基酯	14.0	2.9	25.0	97.0
18	2,3-二正丙基琥珀酸二乙基酯	13.1	3.9	41.0	96.7
19	2,3-二异丙基琥珀酸二甲基酯	17.7	4.1	37.0	98.4
20	2,3-二异丙基琥珀酸二异丙基酯	13.7	4.3	40.0	97.4
21	2,3-二异丙基琥珀酸二正丁基酯	17.4	4.6	62.0	98.5
22	内消旋 2,3-二环己基琥珀酸二乙基酯	12.5	4.3	58.0	95.0
23	2,3-二乙基-2-异丙基琥珀酸二乙基酯	17.0	4.4	43.0	96.2

续表

编号	琥珀酸酯类型	催化剂组成/%		催化剂评价	
		Mg	Ti	活性/(kg/g 催化剂)	等规度/%
24	2,3-二异丙基-2-甲基琥珀酸二乙基酯	17.2	5.1	50.0	94.9
25	2,3-二异丙基-2-乙基琥珀酸二乙基酯	12.0	5.4	40.0	95.0
26	2,3-环己基-2-甲基琥珀酸二乙基酯	20.0	5.3	50.0	96.0
27	2,2,3,3-四甲基琥珀酸二乙基酯	9.0	4.0	36.0	95.5
28	琥珀酸二正丁基酯	7.4	2.1	9.0	96.0
29	甲基琥珀酸二乙基酯	10.9	3.4	11.0	95.8
30	乙基琥珀酸二异丁基酯	7.7	3.0	12.0	96.0

该专利[54] 还公开了以下内容：

a. 琥珀酸酯化合物可以以纯的立体异构体的形式来使用，也可以以对映异构体的混合物或非对映异构体和对映异构体的混合物的形式来使用。尤其是 2,3-二异丙基琥珀酸二乙基酯、2,3-二异丙基琥珀酸二异丁基酯及 2,3-二甲基琥珀酸二正丁基酯可以以纯的外消旋或内消旋形式或其混合物的形式来使用。这是较早在内给电子体开发的过程中注意到化合物旋光异构对催化剂性能的影响；

b. 琥珀酸酯化合物用作内给电子体时，可使用非硅烷类外给电子体；

c. 琥珀酸酯化合物可以和其它内给电子体复合使用；

d. 琥珀酸酯化合物可以用作外给电子体，其内给电子体是其它类型的化合物，如二醚、二酯等；

e. 琥珀酸酯化合物制备的 Z-N 催化剂也可以用于乙烯均聚及乙烯/1-丁烯共聚。

谢伦嘉等[57-61]公开了使用氰基琥珀酸酯为内给电子体的 Z-N 催化剂专利。使用该给电子体的催化剂具有特别宽的分子量分布，催化剂的氢调性能特别不敏感。氰基琥珀酸酯内给电子体结构示意图如图 3.11。

周奇龙等[62-64] 对使用 2-氰基-2,3-二异丙基琥珀酸二乙基酯 (CDIPS) 作内给电子体的催化剂性能进行了详细研究。结果表明：

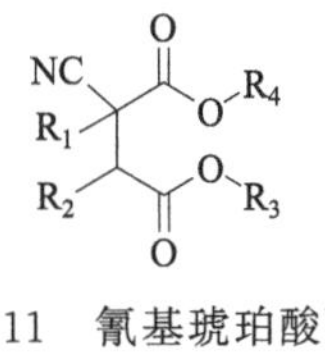

图 3.11　氰基琥珀酸酯内给电子体结构示意图

a. CDIPS 含量适宜的催化剂具有良好的综合性能，具有高活性和高定向性能，活性最高可达 68.5kg/g 催化剂，制备的聚合物粉料形态良好，堆积密度高；

b. 与参比催化剂相比，CDIPS 催化剂的氢调性能不敏感，有利于开发和生产低熔体流动速率（MFR）产品。CDIPS 催化剂对外给电子体的响应也不太敏感，即使不加外给电子体 CHMDMS（环己基甲基二甲氧基硅烷），聚丙烯的等规度仍可达到 94.5%；

c. CDIPS 催化剂可应用于气相聚丙烯工艺，制备的聚丙烯的分子量分布较宽，有利于改善聚合物的加工性能。当制备低 MFR 产品时，CDIPS 催化剂的优势更为明显，所得产品的拉伸模量、弯曲模量和常温冲击强度均优于参比催化剂。

④ 二醇酯内给电子体。2003 年，BRICI 的高明智等[65,66] 合成了一类新型 1,3-二醇酯

内给电子体，并用于聚烯烃催化剂的制备。它的化学结构如图 3.12 所示。

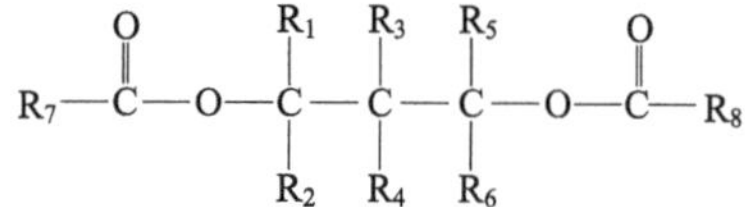

图 3.12　1,3-二醇酯结构示意图

高明智在专利中公开实施的二醇酯的类型及评价结果见表 3.4。可见，1,3-二醇酯类化合物具有以下特点：

a. 1,3-二醇酯内给电子体制备的 Z-N 催化剂具有很高的活性；

b. 该类催化剂制备的聚丙烯分子量分布较 DNBP 和 1,3-二醚内给电子体催化剂宽，较琥珀酸酯内给电子体催化剂窄；

c. 不同的取代基对催化剂的氢调敏感性有较大影响，可通过取代基的调整来获得不同氢调敏感性的催化剂；

d. 不同取代基对活性、定向能力和分子量分布有一定影响。

表 3.4　不同二醇酯化合物制备的催化剂组成及评价结果[66]

编号	二醇酯化合物	内给电子体/%	钛/%	活性/(kg/g催化剂)	等规度/%	分子量分布	MFR/(g/10min)
1	2,4-戊二醇二苯甲酸酯	18.2	2.9	51.0	99.5	5.9	0.6
2	(2*S*,4*S*)-(+)-2,4-戊二醇二苯甲酸酯			17.7	95.4	8.2	4.5
3	(2*R*,4*R*)-(+)-2,4-戊二醇二苯甲酸酯			18.4	94.6	8.1	4.2
4	2,4-戊二醇二(间氯苯甲酸)酯	17.2	2.7	42.8	97.3	6.0	0.6
5	2,4-戊二醇二(对溴苯甲酸)酯	20.1	2.8	52.5	97.8	7.2	0.6
6	2,4-戊二醇二(邻溴苯甲酸)酯	21.8	3.0	47.6	96.9	7.3	1.2
7	2,4-戊二醇二(对丁基苯甲酸)酯	22.1	3.1	64.2	98.6	9.7	0.5
8	2,4-戊二醇苯甲酸肉桂酸酯			50.1	96.8	7.0	1.3
9	2,4-戊二醇二肉桂酸酯	18.2	2.8	17.5	93.8	6.7	4.5
10	2,4-戊二醇二丙酸酯			14.9	92.0	6.9	5.4
11	2-甲基-2,4-戊二醇二苯甲酸酯			9.4	93.7	6.9	3.4
12	3,5-庚二醇二苯甲酸酯	18.7	3.2	49.5	98.5	6.3	1.5
13	2,6-二甲基-3,5-庚二醇二苯甲酸酯	18.9	3.0	44.7	97.9	7.7	1.7
14	6-甲基-2,4-庚二醇二苯甲酸酯	17.6	2.7	57.9	96.8	5.3	2.1
15	6-甲基-2,4-庚二醇二(对甲基苯甲酸)酯	19.5	2.9	59.5	98.4	6.8	1.2
16	3-甲基-2,4-戊二醇二苯甲酸酯	18.3	3.4	55.0	99.1	6.7	0.8
17	3-甲基-2,4-戊二醇二(对氯苯甲酸)酯	20.1	3.1	54.8	98.2	6.7	0.7
18	3-甲基-2,4-戊二醇二(对甲基苯甲酸)酯	18.9	2.9	42.7	98.2	6.6	0.6

续表

编号	二醇酯化合物	内给电子体/%	钛/%	活性/(kg/g催化剂)	等规度/%	分子量分布	MFR/(g/10min)
19	3-丁基-2,4-戊二醇二(对甲基苯甲酸)酯	17.8	3.1	63.2	98.8	5.7	0.4
20	3-甲基-2,4-戊二醇二(对叔丁基苯甲酸)酯	20.2	2.9	52.1	98.4	9.7	0.6
21	3-甲基-2,4-戊二醇一苯甲酸一肉桂酸酯			42.0	97.2	6.2	1.4
22	3,3-二甲基-2,4-戊二醇二苯甲酸酯	17.5	2.9	48.0	98.1	5.7	1.2
23	3,3-二甲基-2,4-戊二醇一苯甲酸一肉桂酸酯			40.5	95.7	6.6	2.8
24	3-乙基-2,4-戊二醇二苯甲酸酯	17.6	2.9	54.8	98.2	5.8	1.5
25	3-丁基-2,4-戊二醇二苯甲酸酯	16.9	2.8	59.2	97.9	8.1	1.0
26	4-甲基-3,5-庚二醇二苯甲酸酯	18.3	3.2	53.6	97.2	7.5	1.9
27	2-乙基-1,3-己二醇二苯甲酸酯	15.6	2.9	40.7	96.7	8.9	0.3
28	1,3-环己烷二醇二苯甲酸酯			13.5	94.3	7.2	2.4
29	4-甲基-3,5-辛二醇二苯甲酸酯	17.8	3.0	54.3	96.6	7.3	1.1
30	5-甲基-4,6-壬二醇二苯酸酯	19.1	3.1	53.9	97.8	6.6	2.2
31	1,3-二苯基-1,3-丙二醇二苯甲酸酯			15.7	93.6	6.3	8.1
32	1,3-二苯基-2-甲基-1,3-丙二醇二苯甲酸酯			13.3	95.1	7.0	6.7
33	1,3-二苯基-1,3-丙二醇二正丙酸酯			20.0	94.1	6.2	5.9
34	1,3-二苯基-2-甲基-1,3-丙二醇二丙酸酯	20.3	2.9	19.1	94.0	6.4	3.5
35	1,3-二苯基-2-甲基-1,3-丙二醇二乙酸酯			1.7	94.7		4.1
36	1-苯基-2-甲基-1,3-丁二醇二苯甲酸酯			14.0	94.9	6.7	6.6
37	6-庚烯-2,4-庚二醇二新戊酸酯			18.6	93.6	8.1	3.5
38	2,2,4,6,6-五甲基-3,5-庚二醇二苯甲酸酯	20.8	2.9	48.0	98.2	7.6	1.2
39	2,2,6,6-四甲基-4-乙基-3,5-己二醇二苯甲酸酯	21.6	3.2	51.6	97.9	7.8	2.3
40	1-呋喃-2-甲基-1,3-丁二醇二苯甲酸酯			17.0	97.1	4.7	3.4
41	1-三氟甲基-3-甲基-2,4-戊二醇二苯甲酸酯			36.5	97.2	8.6	1.5
42	1-三氟-4-萘基-2,4-丁二醇二呋喃甲酸酯	16.1	2.8	34.5	96.4	10.1	1.6
43	2,4-戊二醇二对氟代甲基苯甲酸酯	16.0	2.9	52.2	98.1	7.3	0.2
44	3,6-二甲基-2,4-庚二醇二苯甲酸酯			53.8	98.1	7.4	2.1
45	2,2,6,6-四甲基-3,5-庚二醇二苯甲酸酯	19.5	3.1	57.1	97.6	6.4	0.8
46	3-烯丙基-2,4-戊二醇二苯甲酸酯	18.2	3.0	30.2	95.8	8.2	1.5
47	3-甲基-3-丁基-2,4-戊二醇二苯甲酸酯	16.9	2.7	56.9	98.6		0.8
48	4-丁基-3,5-庚二醇二苯甲酸酯			47.3	98.7		1.3
49	4-乙基-3,5-庚二醇二苯甲酸酯	16.2	2.6	59.5	97.2	6.4	2.1

续表

编号	二醇酯化合物	内给电子体/%	钛/%	活性/(kg/g催化剂)	等规度/%	分子量分布	MFR/(g/10min)
50	3-乙基-2,4-己二醇二苯甲酸酯	15.4	2.8	35.5	97.8		0.7
51	2-异丙基-2-异戊基-1,3-丙二醇二苯甲酸酯	12.8	2.4	31.7	97.8	5.8	0.1
52	9,9-二(苯甲酰氧甲基)芴	15.1	2.5	33.7	98.3	6.6	0.1
53	邻苯二甲酸正丁酯	9.6	2.0	32.5	98.7	4.4	
54	9,9-二(甲基甲氧基)芴	24.6	3.1	58.4	98.5	4.0	
55	2,3-二异丙基琥珀酸二乙基酯	14.3	2.6	39.8	98.0	8.7	

表 3.5 是以 1,3-二醇酯为内给电子体的 ND-01 催化剂与以 DNBP（邻苯二甲酸二正丁酯）为给电子体的催化剂 A 的性能对比[67]。从表中数据可以看出，ND-01 系列催化剂的活性明显高于 DNBP 给电子体催化剂。70℃本体聚合 1h 的活性超过 40kg/g（以每克固体催化剂得到的聚丙烯的质量计），2h 的活性也可达到 66.1kg/g。ND-01-1 和 ND-01-2 催化剂制备时内给电子体 1,3-二醇酯的用量不同，得到的聚丙烯等规度有所不同。因此，可根据不同的生产工艺和牌号的要求，通过调整催化剂的制备条件得到不同定向性的催化剂。

表 3.5 ND-01 系列催化剂和所得聚丙烯的性能[67]

催化剂	聚合时间/h	活性/(kg/g 催化剂)	等规度/%	MFR/(g/10min)	MWD
ND-01-1	1	46.3	96.8	2.1	6.7
ND-01-1	2	66.1	97.5	2.3	—
ND-01-2	1	49.7	98.1	2.3	6.9
A	1	33.0	98.9	2.3	5.2

注：聚合条件为 70℃本体聚合，$V(H_2)=1.2L$，$n(CHMDMS):n(AlEt_3)=0.04$。

从表 3.5 还可看出，以 1,3-二醇酯为内给电子体的 ND-01 系列催化剂聚合得到的聚丙烯的分子量分布（MWD）较宽，其值高于以 DNBP 为内给电子体的催化剂 A 聚合得到的聚丙烯的分子量分布，这对于所得聚合物的力学性能和加工性能非常有利。

与不同外给电子体配合时，ND-01 催化剂的性能与催化剂 A 的性能有较大的不同。具体来讲，对四种工业常用的外给电子体 CHMDMS、DCPDMS、DIBDMS 和 DIPDMS，1,3-二醇酯的敏感性并不如 DNBP 催化剂。即同样氢气浓度时，使用不同外给电子体的 ND-01 催化剂的 MFR 差异会小于 DNBP 催化剂[67]。这可能与 1,3-二醇酯配位较 DNBP 强有关：经 $AlEt_3$ 处理后，ND-01-2 催化剂中 1,3-二醇酯的损失量只有 14%，催化剂 A 中 DNBP 的损失量为 57%。也正因为如此，在不加外给电子体 CHMDMS 的情况下，等规度仍可以达到 94.2%。

另一方面，ND-01 催化剂和 A 催化剂的氢调敏感曲线也不一样。以 CHMDMS 为外给电子体时，在氢气加入量较小时，催化剂 A 的氢调敏感性优于 ND-01-2 催化剂的氢调敏感性；但在氢气加入量较大时，ND-01-2 催化剂的氢调敏感性优于催化剂 A 的氢调敏感性。这对于工业生产是极为有利的：在生产低熔体流动速率产品时，反应器中氢气浓度低，控制困难，低的氢调敏感性有利于装置和产品质量的稳定控制；而生产高熔体流动速率产品时，反应器中氢气浓度越高，对装置换热能力的要求越高，好的氢调敏感性有利于装置高负荷生产。

对以 1,3-二元醇酯为内给电子体的丙烯聚合催化剂的研究表明，二元醇酯 β 位取代基对催化性能的影响较小，而 α 位和 γ 位取代基的影响较大，但是如果取代基太多、太大时，则会使催化剂的活性降低，氢调敏感性增加。

中国石化北京化工研究院基于 1,3-二醇酯内给电子体，开发了一系列高性能的催化剂[68]。包括类球形催化剂（如 BCND 和 BCZ 催化剂）及球形催化剂（如 NDQ 和 HA 催化剂），形成了系列化产品，并在多种丙烯聚合工艺装置上实现了规模应用。

以 BCND 催化剂为例，不仅基于不同 1,3-二醇酯化合物开发了不同氢调敏感性的系列催化剂（图 3.13），还开发了适合不同聚合工艺的 BCND 系列催化剂，在多种丙烯聚合工艺（如间歇本体聚合工艺、环管工艺、Hypol-I 工艺、Innovene 工艺、Novolen 工艺、Unipol 工艺等）生产装置上进行应用。

基于 1,3-二醇酯内给电子体，中国石化北京化工研究院还开发了高活性的 HA 催化剂，在工业装置活性达到 170kgPP/g 催化剂，高氢条件下氢调敏感性能好[69]。该催化剂可以在铝钛（Al/Ti）摩尔比较低、外给电子体加量少或不加的情况下，保持很高的催化活性和高的立体定向性能，见图 3.14。

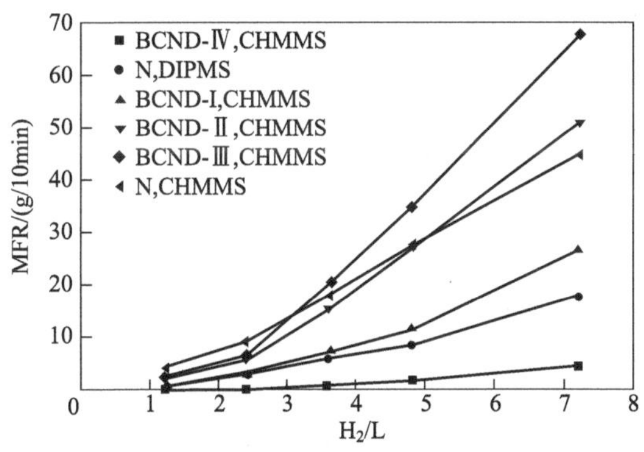

图 3.13　不同二醇酯类 BCND 催化剂的氢调性能

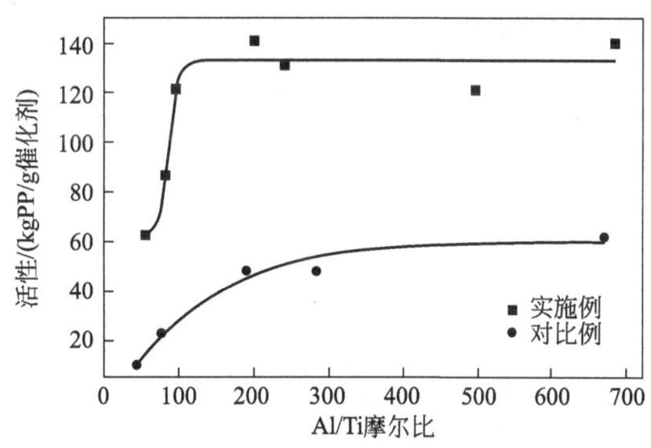

图 3.14　HA 催化剂活性随铝钛摩尔比的变化

总体来说，内给电子体的作用机理较为复杂。通过对于上述已工业化的内给电子体作用机理的研究，有了一些有趣的认识，而这些认识一定程度可以解释现有给电子体的应用结果。

a. 内给电子体的作用与其能否在助催化剂三乙基铝的存在下解络合十分相关。而这些性质可能又直接决定了内给电子体对于外给电子体的响应性能。周奇龙等[70,71]的研究表明，不同于邻苯二酸酯类内给电子体，1,3-二醚、1,3-二醇酯和琥珀酸酯内给电子体等都不易于从主催化剂上被三乙基铝萃取下来，从而导致以上所述给电子体为主的催化剂对现有工业装置通用的硅烷类外给电子体具有较差的响应能力。换言之，一方面难以通过外给电子体种类的调整来获得不同的聚合性能和聚合物产品；另一方面也难以通过调整外给电子体的用量来调整聚合物的等规度，而这是工业装置生产不同等规度聚丙烯产品的常用手段。

Zaccaria 等[72] 利用变温 ^{1}H-NMR 研究了 $AlEt_3$ 和三个典型的酯类内给电子体苯甲酸乙酯、邻苯二甲酸二丁酯（DBP）和 2,3-二异丙基丁二酸二乙酯（DiBS）的反应动力学。结果表明，反应的活性相差甚远；在低温下，EB 反应比 DBP 快，但温度高于 65℃后结果相反；DiBS 的情况比较复杂，虽然它也能缓慢反应，但更多的是被 $AlEt_3$ 从催化剂上萃取下来。这种不同行为再次说明了为什么真正的 Z-N 催化剂设计仍然无法实现。

b. 氢气在丙烯聚合中的作用机理的认同，引申出氢调敏感性和分子分布之间的关系。具体而言，Busico 等[73] 的研究表明，二醚催化剂氢调性能好的主要原因是，在制备聚丙烯时，具有对氢气链转移作用的 2,1-插入单元在高等规级分和低等规级分中分布均匀；而邻苯二甲酸催化剂制备的聚丙烯中 2,1-插入则主要分布在低等规级分。

Chadwick 等[74] 根据该结果推测正是由于高等规级分部分 2,1-插入缺陷少，所以对氢气响应不敏感（包括分子量和活性两个方面），在利用氢气降低聚合物的分子量时，需要的氢气浓度更高。在此情况下，低等规级分部分由于 2,1-插入缺陷多，产生了更多的小分子，从而获得了宽的分子量分布。Chadwick[74] 推测正是高立体定向能力活性中心的存在，导致催化剂在具有低氢调敏感性的同时，制备的聚合物具有宽分子量分布。

周奇龙等[63] 通过 CDIPS（氰基琥珀酸酯）内给电子体催化剂性能的研究证实了 Chadwick 的观点：聚合物分子量分布很宽，但对氢气响应却极不敏感；随加氢量的增加，聚合物分子量下降，聚合物的等规度下降显著，而聚合物的［mm］和［mmmm］单元组含量却下降较小（如前所述，是小分子增多所致）；随加氢量的增加，以 M_w/M_n 表征的分子量分布虽基本没有变化，而 $(M_z+1)/M_n$ 却明显增加。

（2）内给电子体技术进展

聚烯烃催化剂研发的几个主要方向如下。

a. 新的给电子体技术的开发。内给电子体决定了催化剂一级结构，即活性中心的种类和形式，从而决定了制备的聚丙烯的微观结构和性能，是钛镁 Z-N 催化剂的核心组分。

自 1,3-二醚内给电子体发现以来，各公司都致力于新型内给电子体的开发。尤其是，2015 年欧盟 REACH 法案的实施，推动了非邻苯二甲酸酯（非塑化剂）Z-N 催化剂技术的发展。目前，各大催化剂供应商均推出了自己的非邻苯二甲酸酯产品。这些产品一方面基于已经过专利保护期的给电子体技术（如 1,3-二醚），另一方面基于公司新开发的内给电子体技术。如 Basell 公司的 ZN168 催化剂、Grace 公司的 SHAC601 催化剂、Sinopec 的 H 系列、Ineos 公司的 InCat P570 和 P680 催化剂等。

虽然很难具体掌握各公司催化剂使用的内给电子体技术，但相信专利公开的一些性能优良的给电子体已有相应的工业化产品及应用。除了前述熟知的非邻苯二甲酸酯系列催化剂外，具有代表性的是陶氏公司公开的一类 1,2-邻苯二酚酯结构的内给电子体化合物（CN102325808）[75]，见图 3.15（a）。使用该类给电子体制备的催化剂活性高，所得聚合物具有高等规度及宽分子量分布的特点。特别是以 3,6-二取代-1,2-亚苯基芳族二酯为内给电子体制备的催化剂，具有非常高的氢响应，结合复配外给电子体技术，可得到熔体流动速率（MFR）几百至上千的聚丙烯，二甲苯可溶物质量分数小于 4%。该公司公开的另一类亚苯基芳香二酯给电子体化合物 BMPD，见图 3.15（b）[76]，所制备的催化剂活性在 40～50 kgPP/(g·h)。

BASF 催化剂公司[77,78] 报道了一类 1,8-萘二酚酯类内给电子体化合物的丙烯聚合反应催化剂（图 3.16），配以苯甲酸单酯类化合物为外给电子体，催化丙烯聚合反应的催化活性较高［69.3kgPP/(g·h)］，制备的聚丙烯等规度与邻苯二甲酸二酯类催化剂相当。

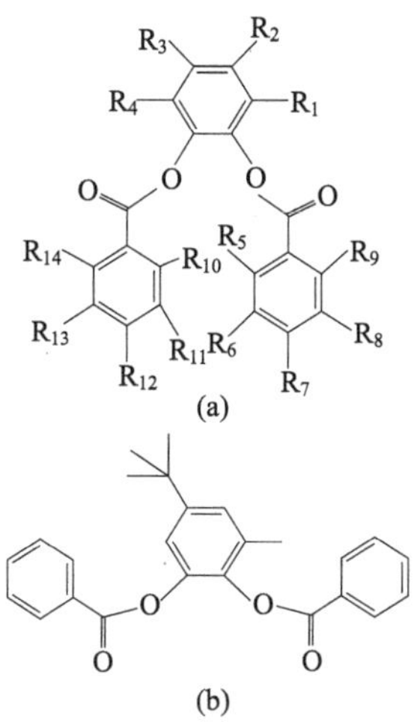

(a)

(b)

图 3.15　用于 Z-N 催化剂的 1,2-邻苯二酚酯类给电子体化合物

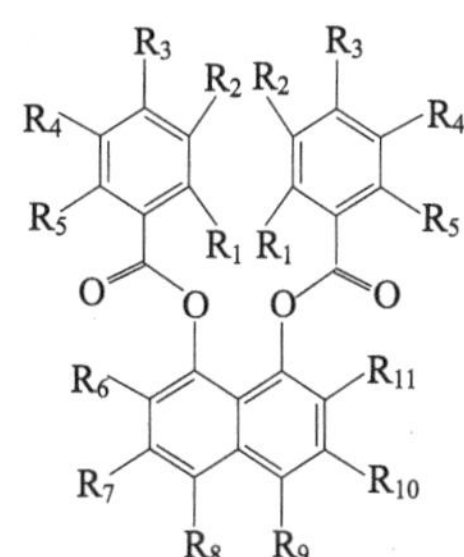

图 3.16　用于 Z-N 催化剂的 1,8 -萘二酚酯类内给电子体化合物

三井化学公司在 US7888438（CN101107276）中，公开了一种聚丙烯催化剂，该成分包括镁、钛、卤素和具有多种羧酸酯的特定环状酯化合物内给电子体。在该专利的实施例 11 中（表 3.6），使用 3,6-二甲基环己烷-1,2-二羧酸二异丁酯（反式体含有率 74%）作内给电子体，催化剂具有高的活性和定向能力，且分子量分布较琥珀酸酯（比较例 2）催化剂更宽，达到 18.2。

表 3.6　特定环状酯内给电子体化合物催化剂性能

编号	内给电子体	活性/(kgPP/g催化剂)	MFR/(g/10min)	癸烷不溶物/%	BD/(g/mL)	M_w/M_n	M_z/M_w
实施例 1	4-甲基环己烷-1,3-二羧酸二异丁酯(顺式体,反式体混合物)	17.7	11.2	92.8	0.42	11.5	4.8
实施例 2	4-甲基环己烷-1,3-二羧酸二乙酯(顺式体,反式体混合物)	18.5	10.1	93.3	0.44	9.6	4.3
实施例 3	4-甲基-4-环己烯-1,2-二羧酸二乙酯(顺式体)	12.1	14.0	92.4	0.42	6.0	5.1
实施例 4	3-甲基-4-环己烯-1,2-二羧酸二正辛酯(顺式体,反式体混合物)	20.2	7.6	93.9	0.41	9.2	6.9
实施例 5	3-甲基-4-环己烯-1,2-二羧酸二异丁酯 4-甲基-4-环己烯-1,2-二羧酸二异丁酯	7.5	12.0	92.2	0.42	7.4	7.5
实施例 6	3-甲基-4-环己烯-1,2-二羧酸二正辛酯 4-甲基-4-环己烯-1,2-二羧酸二正辛酯	16.4	12.5	91.0	0.41	9.4	4.9
实施例 7	降冰片烷-1,2-二羧酸二异丁酯	15.0	16.0	93.5	0.50	7.8	4.7
实施例 8	3,6-二苯基环己烷-1,2-二羧酸二异丁酯	19.9	13.5	91.9	0.49	7.8	4.1
实施例 9	3-甲基环己烷-1,2-二羧基二异丁酯(顺式体)	16.7	6.6	93.5	0.43	19.5	7.9
实施例 10	3-甲基环己烷-1,2-二羧酸二正辛酯(顺式体)	19.2	4.9	94.2	0.43	19.6	7.1

续表

编号	内给电子体	活性/(kgPP/g催化剂)	MFR/(g/10min)	癸烷不溶物/%	BD/(g/mL)	M_w/M_n	M_z/M_w
实施例11	3,6-二甲基环己烷-1,2-二羧酸二异丁酯(反式体含量74%)	25.8	2.9	97.6	0.48	18.2	6.9
实施例12	3,6-二甲基环己烷-1,2-二羧酸正辛酯(顺式体)	20.7	11.5	92.9	0.42	13.1	8.3
实施例13	3-甲基-6-正丙基环己烷-1,2-二羧酸二异丁酯	28.9	2.6	97.7	0.42	15.7	13.6
比较例1	邻苯二甲酸二异丁酯	22.1	5.0	98.5	0.49	4.3	3.0
比较例2	2,3-二异丙基琥珀酸酯	39.7	5.6	97.2	0.39	8.6	4.4
比较例3	环己烷-1,2-二羧酸二异丁酯(反式体)	29.8	4.6	97.0	0.42	6.9	4.9

注:BD为粉料堆积密度。

Ineos公司公开的US20140171294（2014年6月19日）专利中，描述了“环烷烃二羧酸酯作为给电子体的烯烃聚合催化剂”。通过对邻苯二甲酸加氢，成环烷烃二羧酸再进行酯化可得到相应的给电子体。与邻苯二甲酸酯给电子体相比，该系列给电子体并未显示出明显的性能优势。从实施公开的数据来看，具有一定工业应用价值。

Toho Titanium公司在US20140221583（2014年8月7日，CN20140221583）中，公开了一种含丙二酸酯内给电子体的Z-N催化剂组分。不同种类的化合物性能如表3.7所示。可见，和邻苯二甲酸二丁酯相比，该类给电子体催化剂具有高的活性、良好的氢调敏感性和稍窄的分子量分布。

表3.7　丙二酸酯内给电子体化合物催化剂性能

编号	内给电子体	外给电子体	活性/(gPP/g催化剂)	XS/%	MFR/(g/10min)	M_w/M_n
实施例1	亚苄基丙二酸二乙酯	CMDMS	61700	3.1	7.7	4.9
实施例2	亚苄基丙二酸二乙酯	DCPDMS	58800	1.5	2.0	5.3
实施例3	亚苄基丙二酸二乙酯	DIPDMS	54800	2.2	4.6	5.3
实施例4	亚苄基丙二酸二乙酯	DEATES	41900	2.9	29	4.5
实施例5	亚苄基丙二酸二乙酯	BMMF	55600	2.2	9.5	5.0
比较例1	二异丁基丙二酸二乙酯	CMDMS	47700	3.1	25	4.8
比较例2	二异丙基琥珀酸二乙酯	CMDMS	27100	1.7	6.2	7.1
比较例3	二异丙基琥珀酸二乙酯	DCPDMS	24100	1.5	4.5	6.5
比较例4	邻苯二甲酸二正丁酯	CMDMS	58900	1.8	4.5	5.1
比较例5	邻苯二甲酸二正丁酯	DCPDMS	56800	1.4	1.6	4.8
比较例6	邻苯二甲酸二正丁酯	DEATES	52000	2.5	27	4.3
比较例7	邻苯二甲酸二正丁酯	BMMF	45000	1.5	7.2	4.6

续表

编号	内给电子体	外给电子体	活性/(gPP/g 催化剂)	XS/%	MFR/(g/10min)	M_w/M_n
实施例 6	亚苄基丙二酸二甲酯	DCPDMS	45900	1.3	2.0	4.8
实施例 7	亚苄基丙二酸二正丁酯	DCPDMS	53500	2.7	2.6	5.4
实施例 8	(2-甲基苯基亚甲基)丙二酸二乙酯	DCPDMS	60500	1.9	1.7	5.0
实施例 9	(4-甲基苯基亚甲基)丙二酸二甲酯	DCPDMS	45000	1.4	3.7	5.5
实施例 10	(1-乙基亚苄基)丙二酸二乙酯	DCPDMS	49000	2.6	5.9	5.5
实施例 11	(2,2-二甲基亚丙基)丙二酸二乙酯	DCPDMS	46000	1.9	3.5	6.3
实施例 12	(环己基亚甲基)丙二酸二乙酯	DCPDMS	47100	2.3	2.7	5.6
实施例 13	BDMDE+二异丁基丙二酸二甲酯	DCPDMS	54100	1.4	4.4	5.7
实施例 14	BDMDE+二异丁基丙二酸二乙酯	DCPDMS	54700	1.3	2.7	6.0
实施例 15	BDMDE+9,9-双(甲氧基甲基)芴	DCPDMS	54500	1.0	3.2	5.0
实施例 16	EPDMDE+二异丁基丙二酸二甲酯	DCPDMS	56600	2.0	7.6	5.6
实施例 17	MPhMMDE+二异丁基丙二酸二甲酯	DCPDMS	58000	1.4	3.6	6.2
实施例 18	亚苄基丙二酸二乙酯+DBDMS+TEA+DCPDMS	无	48100	2.6	5.3	6.1
实施例 19	亚苄基丙二酸二乙酯	DCPDMS	58900	2.4	4.9	5.8

注:BDMDE 为亚苄基丙二酸二乙酯;EPDMDE 为(1-乙基亚甲基)丙二酸二乙酯;MPhMMDE 为(2-甲基苯基亚甲基)丙二酸二乙酯;DBDMS 为二乙烯基二甲基硅烷;TEA 为三乙基铝;XS 为二甲苯可溶物。

Ratanasak 等[79] 研究了丙二酸酯类化合物在 Z-N 催化剂丙烯聚合中的给电子体作用，以及丙二酸酯化合物在 $MgCl_2$ (110) 表面的吸附模式。对于丙二酸酯内给电子体，丙烯 1,2-插入到 Ti-*i*-Bu 键的过渡态能量低于 2,1-插入的过渡态能量，1,2-顺式插入的过渡态能量低于 1,2-反式的过渡态能量。没有丙二酸酯内给电子体的情况下，1,2-顺式和反式的跃迁态具有相似的能量。这表明在丙二酸酯内给电子体存在下，Z-N 催化剂表现出立体选择性和区域选择性。给电子体还通过将电子转移到 Ti 来稳定过渡态结构，从而导致活化能的降低，使催化剂活性增加。

除了以醚和酯为给电子基团的内给电子体外，还有中国石油天然气股份有限公司磺酰基内给电子体（图 3.17）[80]。使用 *N*-间氯苯基-二(三氟甲基磺酰基)亚胺作为内给电子体，而不使用外给电子体的催化剂的活性为 31371g 聚合物/gTi(50℃，1h，常压淤浆聚合）。

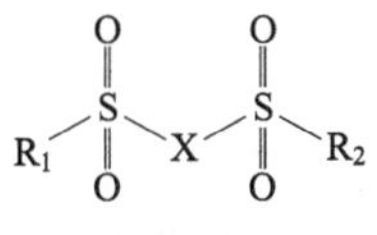

$$R_1-\overset{O}{\underset{O}{\overset{\|}{\underset{\|}{S}}}}-X-\overset{O}{\underset{O}{\overset{\|}{\underset{\|}{S}}}}-R_2$$

图 3.17 用于 Z-N 催化剂的磺酰基内给电子体化合物

除此之外，还有一类含 N 原子的内给电子，对此王军有详尽的评述[81]。

b. 复配内给电子体技术的发展。内给电子体决定催化剂的活性中心种类和分布，也一定程度决定催化剂的动力学。然而，催化剂的工业应用价值，最终取决于能否满足以下三个方面的要求。第一是能否确保装置稳定运行；第二是制备的聚烯烃产品是否具有特殊性能；第三是催化剂本身的活性、定向能力、氢调敏感性是否具有竞争力。另外，现有的聚烯烃工业生产装置，包括下游加工应用装置基本是依据第四代镁钛 Z-N 催化剂及聚合物的性能设计。因此，新的催化剂要适应现聚合装置特点，相应聚合物产品加工性能要尽量适应下游加工装置。

换言之，内给电子体开发并不一味地求新，而是更侧重于产品的性能。单一种类给电子体未必能同时满足上述三个方面的要求。这自然就引发了人们对于复配内给电子体技术的开发。通过几种内给电子体的复合应用，催化剂及聚合物产品的性能可以相互取长补短，有时甚至会出现质的飞跃，如通过二醇酯内给电子体与二醚内给电子体的复合获得超高活性催化剂[82]。

c. 不同旋光异构体内给电子体性能的研究。在琥珀酸酯类给电子体发现之初，Basell 公司就意识到不同旋光异构体对于催化剂性能的影响。

张锐等[83] 合成了 2,3-二异丙基琥珀酸二乙酯的内/外消旋体，并采用不同比例的外消旋（*rac*）、内消旋（*meso*）异构体作为内给电子体进行复配，应用于 Z-N 丙烯聚合催化剂，详细地研究了 *rac*/*meso*-2,3-二异丙基琥珀酸二乙酯（*rac*/*meso*-2,3-DISE）作为内给电子体赋予催化剂的不同性质。结果表明，与 *meso*-2,3-DISE 相比，*rac*-2,3-DISE 能赋予催化剂更高的聚合活性［58.1kg/(g · h)］，得到的聚丙烯分子量分布（11.8）更宽，等规度（96.93%）也更高，说明在 2,3-DISE 中，*rac*-2,3-DISE 是其作为内给电子体的有效成分。

中国石化北京化工研究院于 2010 年公开了 1,3-二醇酯类给电子体化合物中光学异构体的存在对催化效果有巨大差异[84]，有助于对 Z-N 催化剂机理及活性中心结构的进一步了解。结果表明，随着二醇酯类给电子体化合物中内消旋体（*meso*）含量的增加，所得催化剂的活性及聚合物的等规度有不同程度的提高，见表 3.8。

表 3.8　光学异构体的 2,4-二苯甲羧基戊烷对 BCND 催化剂性能的影响

序号	内消旋体(*meso*)/%	活性/(kgPP/g 催化剂)	等规度/%
1	20.5	26.3	97.0
2	35.0	35.1	98.1
3	51.0	39.5	98.8
4	95.1	42.3	98.9

3.2.4.2　外给电子体技术

(1) 种类及作用

外给电子体是指在聚合反应时加入的给电子体化合物。它的主要作用是在聚合过程中毒化无规活性中心，与内给电子体协调作用，影响催化剂活性中心的结构和性能。它对高等规活性中心没有影响，但可将无规活性中心转变为中等规活性中心，并将中等规活性中心转变为高等规活性中心和增加等规活性位的反应活性[85]。

常用的外给电子体化合物包括羧酸酯类、烷氧基硅烷类（第四代 Z-N 催化剂用）和胺类等化合物。

羧酸酯类外给电子体化合物主要应用于第三代 Z-N 催化剂。主要包括甲基苯甲酸乙酯、乙

基苯甲酸乙酯、乙氧基苯甲酸乙酯等。胺类化合物主要有 2,2,6,6-四甲基哌啶[86]、氨基二甲基硅氧烷[87] 以及环状氨基硅烷（如三甲代甲硅烷基哌啶、三甲代甲硅烷基吡咯烷）。

Kashiwa 和 Yoshitake 等[88] 利用四氯化钛/氯化镁/三乙基铝催化剂系统研究了外给电子体苯甲酸乙酯对于聚合活性及聚丙烯分子量的影响。根据实验结果，他们提出，加入适量的外给电子体苯甲酸乙酯，不仅能杀死非等规基团，而且能使等规聚合增长速率常数有所增加。

目前，在第四代催化剂中使用最多的是烷氧基硅烷类外给电子体化合物。其通式为 $R^1_m R^2_n Si(OR)_{4-m-n}$（见图 3.18）。目前，工业装置广泛应用的外给电子体有以下四种：二环戊基二甲氧基硅烷（DCPMS）、环己基甲基二甲氧基硅烷（CHMMS）、二异丙基二甲氧基硅烷（DIPMS）和二异丁基二甲氧基硅烷（DIBMS）。其中 DCPMS 和 DIPMS 主要用于抗冲共聚丙烯的生产；而 CHMMS 和 DIBMS 则主要用于均聚和其它通用聚丙烯产品的生产。

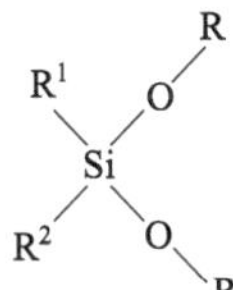

图 3.18 烷氧基硅烷类外给电子体结构示意图

杜宏斌等[89] 对上述四种外给电子催化剂体系进行了对比。结果表明，DCPMS 的聚合活性最高，等规度也最高，可达 99.8%，但是氢调敏感性有些下降；而 DIBMS 的氢调效果最好，少量加氢聚合物的分子量就迅速下降；CHMMS 的等规度较低，但是可调性最好，氢调效果则一般；DIPMS 的氢调效果和 CHMMS 相近，但是等规度可调性较差。这些结果说明虽然都是硅烷，但是取代基的大小和结构不同时，在催化剂中所起的作用是不同的。这说明电子效应和空间结构对外给电子体的性能非常重要。

Salakhov[90] 研究了一组甲氧基硅烷和乙氧基硅烷作为外给电子体对钛镁催化剂（TMC）催化丙烯在液相单体中聚合及相应聚丙烯（PP）性能的影响。与没有外给电子体的 TMC 相比，向聚合体系中加入供体显著提高了 PP 的全同立构规整度（分别高达 92%～98%和 66%）。研究发现，随着烷氧基的数目和大小的增加以及烷基取代基的大小（支化）的减小，催化体系的活性和立体选择性以及所制备的 PP 的分子量下降。烷氧基硅烷中的大体积取代基对 TMC 的活性和立体选择性有积极的影响。然而，取代基部分中的双键降低了催化剂活性。取代基中的氮原子（具有相同的烷氧基）增加了 PP 的全同立构规整度和结晶度，提高了挠曲模量和强度特性。在硅原子上具有不同数量和大小的烷氧基和不同取代基（脂族、芳族、脂环族、氨基和乙烯基）的不同电子给体可以控制催化剂活性和全同立构规整度，以及 PP 的分子量、热特性和冲击强度。

如前所述，生产不同牌号的聚丙烯产品，硅烷的选择不同。另外，对于第四代 Z-N 催化剂，还可通过硅烷用量（Al/Si 摩尔比）的调整来调整聚合物的等规度，从而满足产品性能及加工要求。

对于外给电子体的作用，Virkkunen 等[91] 的研究认为，催化剂在未与烷基铝接触前，它只有一种活性中心，而在与烷基铝反应后，内给电子体自催化剂中被萃取出。在烷基铝浓度不是很高的情况下，这种萃取只是部分的，这样就存在两类活性中心：一种是还存在内给电子体的活性中心，一种是内给电子体已被脱除的活性中心。无内给电子体的活性中心只能生成无规聚合物。在聚合时反应介质中应该既有外给电子体，也有一些内给电子体，但外给电子体的浓度要大得多，因此主要是外给电子体配位在钛原子上，此反应应该是可逆的：

$$AlR_3\text{-}D_2 + 催化剂-\square \rightleftharpoons AlR_3 + 催化剂\text{-}D_2$$

式中，D_2 为外给电子体；□为催化剂空位。

此可逆反应一直存在于整个聚合过程中，当催化剂处于空位状态时，所生成的是无规链段。当催化剂处于与外给电子体配位的状态时，所生成的是等规链段，这就是在聚合物中存在等规和无规嵌段结构的原因。而更具体的情况（表 3.9）是：

① 当 D_2/Ti 比增大时，催化剂活性也提高，可解释为更多的外给电子体与催化剂配位，从而减少了无外给电子体配位的活性位，而在无给电子体配位的活性位，常发生立构不规整和区域插入不正常的情况。

② 当 D_2/Ti 比继续增大到一定值后，催化剂活性反而出现下降，这可能是因为给电子体过多，催化剂表面已经饱和，多余的给电子体再次配位到活性位上，使该活性位失去活性。

③ D_2/Ti 比增加到 5 之前，聚合物的等规度是不断上升的，再增加则等规度变化很小，这一点与活性是一致的。对此可解释为 D_2 增加使上述的反应式偏向右，即向着等规聚合方向，这也导致等规链段长度增加（可由 TREF 测得）。

④ 分子量变化和等规度变化的情况相似，在 D_2/Ti 比小于 5 时，M_n 是随着 D_2/Ti 比增加而增大的，其后变化就小了，这可解释为无给电子体的活性位所产生的聚合物分子量低。这也解释了为什么无规物中常含有等规/无规嵌段物。

⑤ 对分子量分布来说，D_2/Ti 比增加使分子量增大的同时，分子量分布变窄。此可解释为 D_2/Ti 比增加，无规活性中心减少，活性中心向单一化方向变化，因此分子量分布变窄。

表 3.9 不同 D_2/Ti 比值时，催化剂聚合活性的对比

D_2/Ti	反应物	反应产物	活性
0	$—Cl_2TiR—$	$—Cl_2TiR—$	低
2.5～5.0	$D_2 + —Cl_2TiR—$	$D_2—Cl_2TiR—$	有活性
5.0～83	$D_2—Cl_2TiR— + D_2$	$D_2—Cl_2TiR—D_2$	无活性

（2）外给电子体技术进展

近年来，外给电子体因可用作 Z-N 催化剂体系中的主要组分被广泛关注和研究，并取得很大进展。

① 新的外给电子体的发现。新的外给电子体研究一直是行业内的热点，包括各种硅烷和环芳烃等[92,93]。其中氨基硅烷的发现，打破了人们对传统外给电子体的认知，并具有优异的性能。1996 年，宇部兴产（后来的宏大化纤）[94] 发现的氨基硅烷结构如图 3.19 所示，其典型的产品如图 3.20 如示。早期应用推广的 U-donor 结构如图 3.20（d）所示。该外给电子体用于第四代 Z-N 催化剂，具有极好的氢调敏感性，极好的立体选择性，产物具有窄的分子量分布。

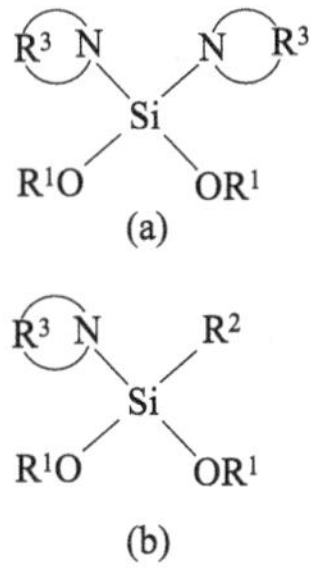

图 3.19 氨基硅烷类外给电子体结构示意图

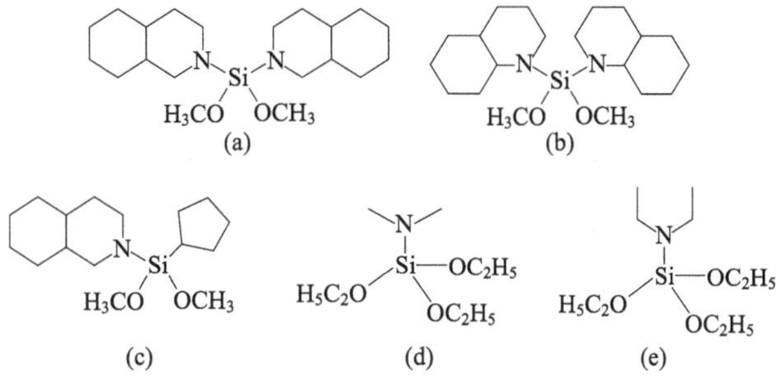

图 3.20 氨基硅烷类外给电子体典型结构

2010 年，TOHO 公司又发现了一种新的氨基硅烷类外给电子体[95]（T01)，结构如图 3.21 所示。该外给电子体用于第四代 Z-N 催化剂，具有极好的氢调敏感性，高的立体选择性和共聚活性，产物具有稍宽的分子量分布。

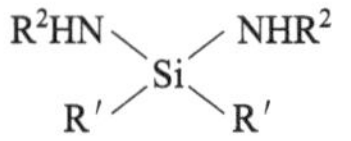

图 3.21 TOHO 公司发现的新的氨基硅烷类外给电子体结构式

Yan 等[96] 合成了四种氨基硅烷化合物，并用其作为外给电子体，在 $MgCl_2$ 负载的 Z-N 催化剂上进行了 1-丁烯聚合。四种氨基硅烷化合物为二(哌啶基)二甲氧基硅烷(DPPDMS)、二(哌啶基)-二乙氧基硅烷(DPPDES)、二(吡咯烷基)二甲氧基硅烷(DPRDMS)和二(吡咯烷基)-二乙氧基硅烷(DPRDES)。研究不同结构外给电子体对聚 1-丁烯催化效率、等规度、熔融温度和分子量分布的影响。结果表明，含二甲氧基的氨基硅烷化合物比含二乙氧基的氨基硅烷化合物具有更高的催化效率和等规度。相反，含二乙氧基的氨基硅烷化合物比含二甲氧基的氨基硅烷化合物具有更宽的分子量分布。与单一的 DPPDMS 或 TEOS（正硅酸四乙酯）相比，适当摩尔比的 DPPDMS/TEOS 复合物不仅可以提高聚合物的催化效率和等规度，而且可以拓宽聚合物的分子量分布。

② 高氢调敏感性的硅氧烷类外给电子体的应用。近年来，市场对于聚丙烯产品的熔体流动速率（MFR）要求越来越高。而同时，传统的过氧化物降解制备高 MFR 产品的方法由于气味问题应用受到越来越多的限制。这就促使人们开始开发氢调敏感性更好的催化剂技术，以便在反应器中以氢调法来获得高 MFR 的产品。高氢调敏感性的外给电子体的工业应用应运而生。

目前，最广泛应用的高氢调敏感性硅烷类外给电子体是四乙氧基硅烷及其复合给电子体。通常情况下，使用四乙氧硅烷可将第四代 Z-N 催化剂的氢调敏感性提升 3 倍以上[71]。

③ 非邻苯二甲酸酯内给电子体催化剂用的外给电子体开发。上述外给电子体主要应用于第四代 Z-N 催化剂，即以邻苯二甲酸酯为内给电子体的催化剂。对于第五代 Z-N 催化剂，如内给电子体为 1,3-二醚、琥珀酸酯或 1,3-二醇酯，催化剂对传统硅烷类外给电子体响应并不如第四代 Z-N 催化剂显著[71]。这可能与非邻苯二甲酸酯内给电子体与氯化镁络合更强，不易被三乙基铝萃取下来有关。

换言之，现有硅氧烷类外给电子体技术主要针对第四代 Z-N 催化剂，对第五代 Z-N 催化剂并没有不良的作用，甚至对于立构规整性具有一定的改善。但正如苯甲酸酯不能用作第四代 Z-N 催化剂，而硅氧烷不适于用作第三代 Z-N 催化剂一样，第五代非邻苯二甲酸酯类 Z-N 催化剂也需要匹配的外给电子体。针对第五代 Z-N 催化剂用的外给电子体还处在研发之中，并没有获得广泛的认可和应用。

④ 特殊功能的外给电子体技术。现 Grace 公司开发了一系列高温失活的外给电子体技术，据称有利于在气相反应器中减少局部过热和结块[97]。该类外给电子体主要由两部分组成：立体选择剂和活性抑制剂。

总的看来，外给电子体之所以能提高催化剂的立体选择性。其主要原因是当催化剂与烷基铝接触后，内给电子体与烷基铝发生配位或烷基化反应而从氯化镁表面被萃取下来，催化剂的立体选择性开始变差。加入外给电子体的作用是它会与烷基铝发生配位反应使游离的烷基铝量减少[98]，减轻对内给电子体的萃取作用。并且外给电子体会和烷基铝竞争 $MgCl_2$ 表面上内给电子体被萃取后留下的空位，补偿损失的内给电子体，即“毒化”有两个空位的无规活性中心，使催化剂立体选择性得到提高。

3.2.5 助催化剂

在钛镁催化剂体系中，与钛镁催化剂配合使用的助催化剂主要有活化剂和外给电子体两类。下面主要介绍活化剂。

丙烯聚合所用的活化剂一般是三烷基铝。由于三烷基铝比早期使用的 DEAC（一氯二乙基铝）催化剂有更好的还原能力，因而可能容易和路易斯碱发生反应或络合。到目前为止效果最好的三烷基铝是三乙基铝和三异丁基铝（TIBA）。氯化烷基铝因为性能较差，只能与三烷基铝配合使用。

活化剂在烯烃聚合中所起的作用是将 $TiCl_4$ 还原成 $TiCl_3$ 并生成 Ti—C 键，形成活性中心。另外，还有一个重要的作用是清除反应系统中的有害杂质，如水、氧等。

在钛镁催化剂中，烷基铝与给电子体之间的相互作用也在催化中起关键作用，影响聚合物的立体结构、动力学特征和分子量及分子量分布等指标。路易斯碱性给电子体不仅与烷基铝形成络合物，而且与高活性的 Al—R 键反应：除 1,3-二醚外的内给电子体通过 $MgCl_2$ 表面脱附与烷基铝络合并通过与 Al—R 反应而失去其官能团。例如，酯型给电子体按照图 3.22[99-102] 与烷基铝反应。1,3-二醚难以通过烷基铝从 $MgCl_2$ 表面提取，因此即使没有外部供体也可以保持高的立体选择性[103]。最广泛使用的二烷氧基硅烷与烷基铝形成一对一的络合物，并在二烷氧基硅烷的烷氧基和烷基铝的烷基之间经历缓慢的配体交换平衡[104]。

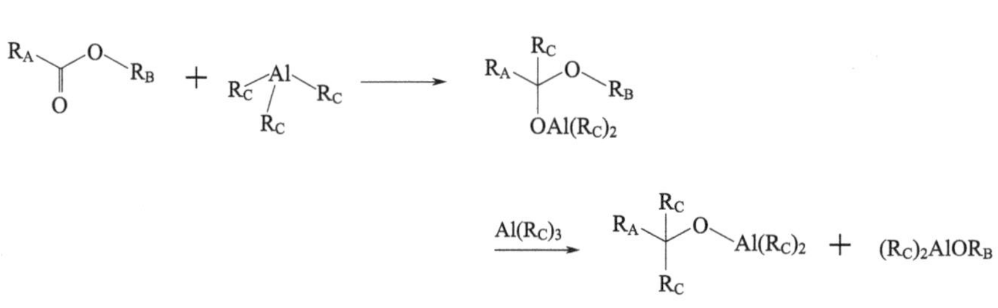

图 3.22 烷基铝与酯型给电子体之间的化学反应

TEA 或 TIBA 与芳香单酯作用时，首先通过碳氧键形成酸碱配合物，在红外光谱上显示为：C═O 的吸收峰从自由酯特征区 $1725cm^{-1}$ 红移到 AlR_3/De 混合物中羰基吸收区 $1655\sim1670cm^{-1}$。普遍认为二者以物质的量比为 1∶1 进行配位。即使在低温和稀溶液中，酸碱配合物的形成速度也是非常快的。

烷氧基硅烷能与烷基铝发生交换反应，形成烷基化硅醚和烷氧基铝化合物，烷基铝浓度较高时，含有 3～4 个烷氧基的硅烷与烷基铝的反应速率比较适中[105-107]。例如，以 PES［$PhSi(OMe)_3$］和 $AlEt_3$ 在 75℃下开始反应，最终可形成 $PhEt_2SiOMe$（图 3.23）。

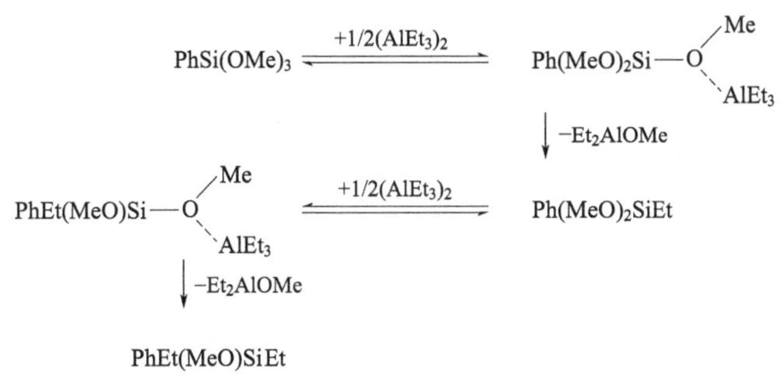

图 3.23　$AlEt_3$ 与 $PhSi(OMe)_3$ 反应示意图[105-107]

然而，在浓度较低的聚合条件下，反应较缓慢[108,109]，例如当 $AlEt_3$ =5mmol/L、PES=0.5mmol/L，70℃反应 1h 时，仅有 20%的 PES 发生反应[108]。

二烷氧基硅烷的反应更慢，有时不发生；单烷氧基硅烷实际上是不反应的[105]。另外，在与三烷氧基硅烷反应过程中，除烷氧基铝外，其主要产物是二烷氧基硅衍生物，它与芳香酯衍生物不同，是立体选择性高的试剂。

总之，所有类型的外给电子体很容易与助催化剂 AlR_3 形成配合物。对于硅烷而言，这些配合物较稳定；对于芳香酯来说，其配合物能够发生进一步的反应，破坏酯分子，形成立构规整性不好的产物。在这一过程中，真正的催化剂是一个混合物，它包括过量的 AlR_3，未转化的 AlR_3/酯配合物，以及不同种类的烷氧基铝混合物。如果 Al/De 比例很低的话，也可能会存在一些游离的 De。

3.2.6　Z-N 催化剂作用机理

关于 Z-N 催化剂作用机理的早期研究，可参阅文献［3,99,102］及其参考文献。本部分主要介绍镁钛催化剂近年来的机理研究进展。

（1）活化氯化镁的形态

高活性 $MgCl_2$ 负载的 Z-N 催化剂的制备首先要制备活化 $MgCl_2$ 载体。主要方法是将 $MgCl_2$ 与内部供体和/或 $TiCl_4$ 共研磨，用 $TiCl_4$ 处理 $MgCl_2$·给电子体络合物，或通过将 MgX_2（X=R、OR、OCOR 等）氯化成 $MgCl_2$，然后同内给电子体反应。与 α-$MgCl_2$ 和 β-$MgCl_2$ 的 X 射线衍射（XRD）图不同的是，活化的 $MgCl_2$ 通常表现出 δ-$MgCl_2$ 典型的 XRD 图案，其特征在于中心在 15°、32°和 50°的周围有非常宽的峰［分别对应于（003）、（101）和（110）面］（图 3.24）[110]。这些宽峰通常归因于沿（001）方向 Cl-Mg-Cl 三层堆积的旋转紊乱，从而减小了晶粒尺寸[111,112]。

（2）内给电子体和 $TiCl_4$ 在活性氯化镁表面的存在形式

Terano 等通过红外光谱和热分析证实了 EB 主要存在于 $MgCl_2$ 表面上，而没有形成 $TiCl_4$·EB 络合物[113]。这与量子化学计算一致，其结论是 $TiCl_4$·EB 在 $MgCl_2$ 表面上的解离吸附在能量上比非解离吸附更有利[114]。Arzoumanidis 和 Karayannis[115] 对 DBP 的研究获得了类似的 IR 结果。他们研究了在不同温度下活化的催化剂，发现 DBP 在任何活化温度下都主要与表面 Mg 位点配位。然而，仅当催化剂在过低温度下活化（称为欠活化）时检

测到残余量的 $TiCl_4$ · DBP 络合物，而在过高温度下活化形成羰基卤化物（称为过活化[115]），这两者都导致丙烯聚合活性明显降低。总之，一般认为，在镁钛催化剂中，给电子体与 $TiCl_4$ 分别负载在 $MgCl_2$ 表面上。

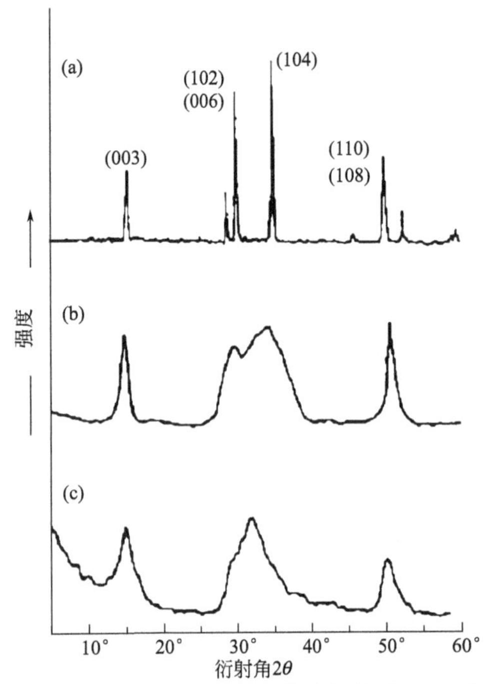

图 3.24 α-$MgCl_2$ 的 6 个 X 射线衍射图（a）、机械强度活化的 $MgCl_2$（b）和化学活化的 $MgCl_2$（c）

（b）和（c）为 δ-$MgCl_2$ 的衍射图特征

$MgCl_2$ 最稳定的表面是（001）晶面，该晶面是饱和配位的[116]，因此对 $TiCl_4$ 和给电子体无吸附活性[117,118]，也与催化性能无关。催化相关表面是暴露不饱和 Mg^{2+} 的低指数面。代表性面是侧向平面（110）和（104）[有时表示为（100）平面][111,112,116,119]。（110）和（104）表面分别暴露 4 和 5 配位的 Mg^{2+}，而在本体和（001）晶面上则暴露 6 配位的 Mg^{2+}[120]（图 3.25）。Busico 等最近使用色散校正密度泛函理论（DFT-D）计算表明 $MgCl_2$ 主要以平衡晶体学形貌暴露（001）和（104）表面（图 3.26）[116]。然而，活化的 $MgCl_2$ 也可以暴露（110）侧面，这是由于在动力学不平衡条件下形态形成和/或在诸如 $TiCl_4$ 和给电子体[116,119] 的吸附物存在下平衡迁移的结果。

Mori 和 Terano 等用高分辨透射电子显微镜（TEM）观察到：机械活化 $MgCl_2$ 的侧面主要由（110）面和（104）面组成（图 3.27）[121]。Andoni 等揭示了在 1,3-二醚存在下 $MgCl_2$ 晶体沿（110）方向的优先生长，而在 DBP 存在下 $MgCl_2$ 晶体沿（110）和（104）方向均发生生长（图 3.28）[122]。Credendino 和 Cavallo 等用 DFT-D 计算指出 $MgCl_2$ 的平衡结晶形态在给电子体存在下变得完全不同，其在醚吸附物存在下（110）终止优于（104）终止[123]。

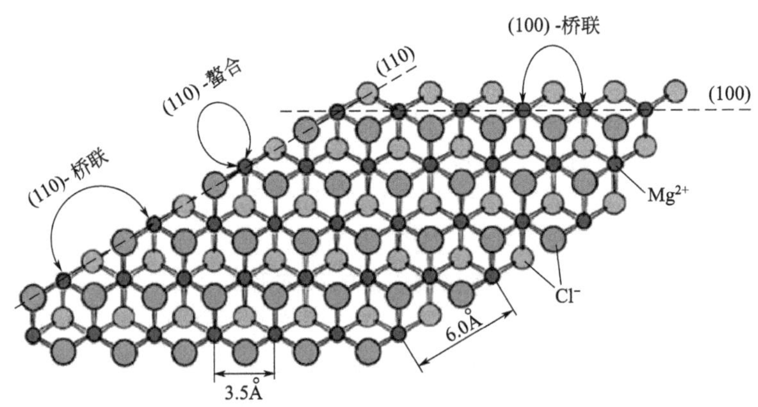

图 3.25 具有（110）和（100）末端的 $MgCl_2$ 单层的示意图[120]

顶面对应于（001）晶面，没有不饱和配位

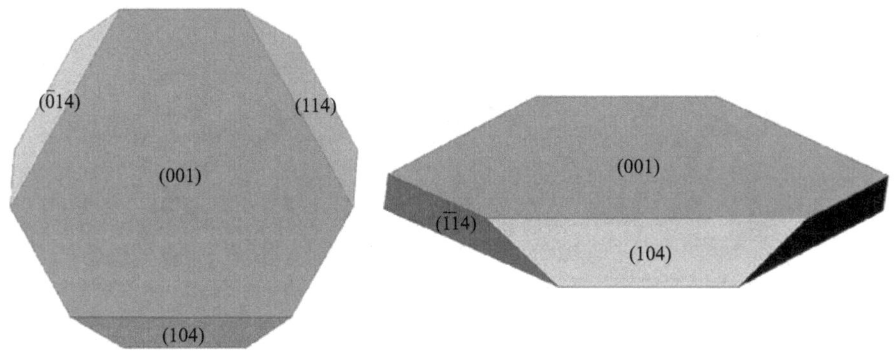

图 3.26　从 DFT-D 计算的表面能估计的 $MgCl_2$ 的平衡结晶形态[116]

图 3.27　研磨 $MgCl_2$ 的高分辨率 TEM 图像[121]

其中横向切口主要由（110）和（104）面组成

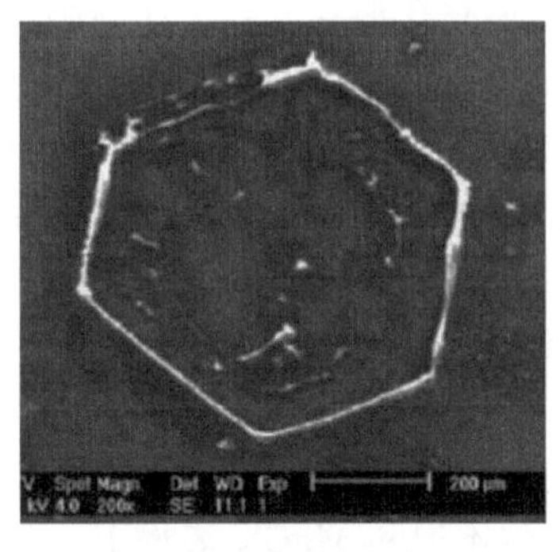

(a) 1, 3-二醚

(b) 邻苯二甲酸酯

图 3.28　在硅晶片上从乙醇溶液生长的 $MgCl_2$ 的形态[122]

在 1,3-二醚存在下形成的 $MgCl_2$ 仅显示 120°角，表明仅暴露一种类型的横向切口，即（110）。而邻苯二甲酸酯的 90°角表示（110）和（104）横向切割

研究表明，第三代的单酯型给电子体通过羰基氧以单齿方式吸附在 $MgCl_2$ 表面上。用于第四代和第五代的二酯型供体可以以双齿方式或桥接方式吸附（图 3.29）。1,3-二醚和烷氧基硅烷优先以双齿方式吸附，因为两个路易斯碱性氧之间的距离不足以桥接 $MgCl_2$ 表面上的两个相邻 Mg^{2+} [46,124]。就侧面而言，在 5 配位 Mg^{2+} 暴露的（104）面上不发生双齿吸附。即 1,3-二醚在（104）面上很难吸附。这与酯型给电子体相反，酯型给电子体可以同时

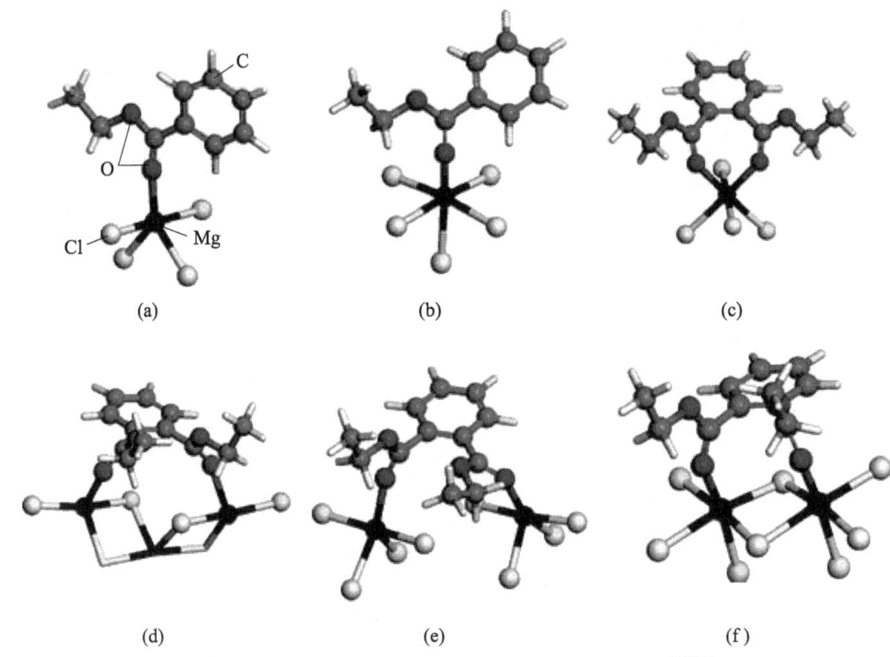

图 3.29 给电子体在 $MgCl_2$ 表面上的吸附模式[119]

(a)、(b) 苯甲酸酯以单齿方式吸附在 (110) 和 (104) 面上；(c) ～ (e) 邻苯二甲酸酯以双齿、桥内和桥间方式吸附在 (110) 面上；(f) 邻苯二甲酸酯以桥内模式吸附在 (110) 表面上

吸附在 (110) 和 (104) 面上[119,123]。这一事实与 $MgCl_2$ 晶体在 1,3-二醚[122] 存在下沿 (110) 方向的择优生长和 1,3-二醚催化剂制备的聚丙烯分子量分布宽窄一致。一个给电子体吸附模式的数目对 PP[120] 的分子量分布可能是重要的。

最近，关于给电子体，$TiCl_4$ 在 $MgCl_2$ 表面的存在形式又有了新的研究进展，虽然这些研究与 Z-N 催化剂的实际制备条件有所不同[125]。A. Piovano 等[125] 通过结合原位 FT-IR (傅里叶红外光谱)，CO 作探针测试 $MgCl_2$ 的表面吸附状况，以及基于精确量子的 DFT-D 计算等工具研究了苯甲酸乙酯 (EB)、$TiCl_4$ 在 $MgCl_2$ 表面的吸附。结果表明，由于吸附的 EB 和 $TiCl_4$ 具有较高的迁移率，形成了类均匀的 $TiCl_4$/EB 络合物，松散地结合在 $MgCl_2$ 表面。DFT-D 计算结果表明，$TiCl_4$(EB) 和 $TiCl_4(EB)_2$ 配合物可能确实存在于不同的催化相关的 $MgCl_2$ 表面上。

(3) 催化剂活性中心模型

由上所述，$TiCl_4$ 和给电子体竞争吸附在配位不饱和 $MgCl_2$ 表面上。事实上，在升高的温度下用 $TiCl_4$ 处理给电子体/$MgCl_2$ 或用给电子体处理 $TiCl_4$/$MgCl_2$ 通常分别降低给电子体或 $TiCl_4$ 的含量。这是考虑 $TiCl_4$ 作为活性位点前体的状态，建立相关机理模型的前提。

Mg^{2+} 和 Ti^{4+} 的原子半径十分相近，$TiCl_4$ 可以以外延方式吸附在不饱和 $MgCl_2$ 表面。当 $TiCl_4$ 作为单核物种吸附在 (110) 表面上或作为双核物种吸附在 (104) 表面上时，通过 Ti^{4+} 吸附在这些本该由 Mg^{2+} 占据的位置，$TiCl_4$ 可以终止这些表面 (图 3.30)[126]。通过与 $TiCl_3$ 基催化剂活性中心的结构类比，将 (110) 面上的单核物种视为非等规活性中心的前体，而将 (104) 面上的双核物种视为等规活性中心的前体。

在此基础上，Busico 等[127] 基于通过高分辨率 ^{13}C-NMR 获得的聚合物立体结构的统计分析，提出了 Z-N 丙烯聚合中的通用活性中心模型[126]。这种所谓的三位点模型，经 Liu 和

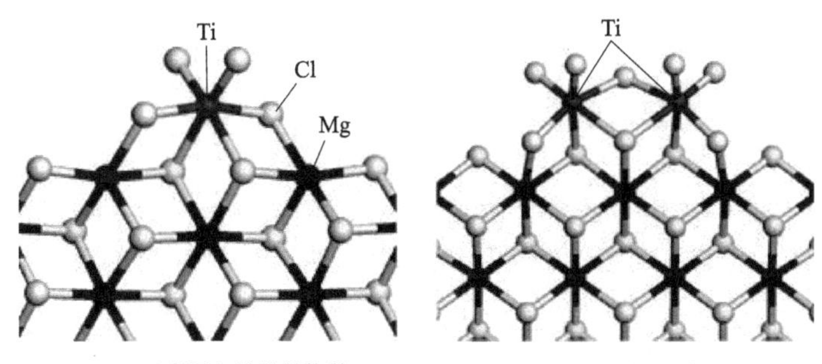

(a) (110)表面上的单核物种　　(b) (104)面上的双核物种

图 3.30　$TiCl_4$ 吸附在 $MgCl_2$ 表面[119]

Terano 等[128] 修改后，目前已被广泛接受。如图 3.31 所示，位于八面体对称的 Ti 物种的立体选择性通过在相邻金属中心处存在或不存在配体 $L_{1,2}$ 来描述，所述配体 $L_{1,2}$ 通过氯桥连接到 Ti 中心。$L_{1,2}$ 以控制生长链和丙烯的构型取向的方式将下面的 C_2 对称性空间转移到 Ti 中心[119,120,127]。该模型明确地表示在 $L_{1,2}$ 位置处包含给电子体的活性位点。很容易想象在 $L_{1,2}$ 处的庞大给电子体影响 Ti 中心的立体定向性。

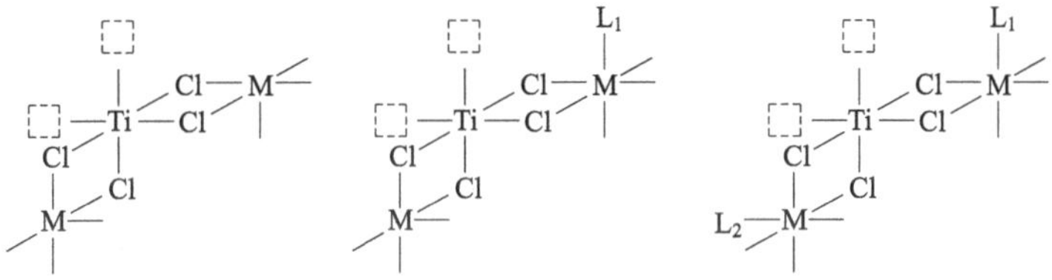

(a) 间同立构(或无规立构)　　(b) 全同立构　　(c) 高全同立构

图 3.31　Busico 等[127] 提出的三位点模型[129]

增长的链和丙烯单体占据链的正方形；M＝Ti、Mg 或 Al；L＝Cl、供体或烷基铝部分[128]

3.2.7　Z-N 催化剂聚合反应机理

(1) 作为活性中心的金属-碳键[2]

根据文献报道，虽然对活性中心性质有不同的观点，但是有一点是确定的，即 Z-N 催化剂催化丙烯聚合时，丙烯单体逐步插入到活性中心金属-碳键之间，反应式如下：

$$Mt—R + nC═C \longrightarrow Mt—(C—C)_n—R$$

普遍认为烯烃单体在 Mt—C 键间进行插入反应之前，首先烯烃单体要与活性中心金属原子进行配位。其主要实验证据有：

① 用 $TiC1_4$-$Al(C_6H_5)_3$ 催化剂进行聚合反应制备的聚丙烯分子链含有 C_6H_5 端基。

② 对采用 δ-$TiCl_3$ 催化剂或其 $MgC1_2$ 负载型催化剂和含 ^{13}C 的 $Al(CH_3)_3$ 为助催化剂制备的 i-PP 进行 ^{13}C NMR 分析，i-PP 分子链含有异丁基链端，形成的机理如下：

$$Mt—^{13}CH_3 + C_3H_6 \longrightarrow Mt—CH_2—CH(CH_3)—^{13}CH_3$$

③ 聚合反应用 ^{14}CO 猝灭后，进行放射性检测实验，发现聚合物中有放射性物质存在。由于 CO 不与 Al—C 反应，表明 Mt—C 是活化的。

④ 即使在没有烷基金属化合物的条件下，很多催化剂对烯烃聚合仍有活性。

(2) 丙烯的插入反应

在 α-烯烃的聚合反应中，无论是异相催化剂还是均相的茂金属催化剂，α-烯烃单体在活性中心的 Mt—C 键间的插入方式有两种：1,2-插入和 2,1-插入，如下所示：

$$\mathrm{Mt-P+CH_2=CH-CH_3} \begin{cases} \longrightarrow \mathrm{Mt-CH_2-CH(CH_3)-P} \ \text{(1,2-插入或伯位插入)} \\ \longrightarrow \mathrm{Mt-CH(CH_3)-CH_2-P} \ \text{(2,1-插入或仲位插入)} \end{cases}$$

在聚合物链中出现 α-烯烃单体单元的首-首相连或尾-尾相连的概率是很小的[130]，甚至在 IR 和 NMR 谱图上也很难观察到。在用含有内外给电子体的第四代氯化镁负载型催化剂催化丙烯聚合，在链转移剂氢气存在下，聚丙烯分子链中可以观察到正丁基的链端[131]。生成含有正丁基链端聚丙烯的主要原因是由 H_2 链转移产生的终止反应发生在 2,1-插入之后。其反应如下所示：

$$\mathrm{Ti-CH(CH_3)-CH_2-CH_2-CH(CH_3)-P + H_2 \longrightarrow Ti-H + CH_3(CH_2)_3-CH(CH_3)-P}$$

$$\mathrm{Ti-CH_2-CH(CH_3)-CH_2-CH(CH_3)-P + H_2 \longrightarrow Ti-H + CH_3-CH(CH_3)-CH_2-CH(CH_3)-P}$$

具有正丁基链端的等规聚丙烯的含量随使用的外给电子体（烷氧基硅烷）的不同而不同，可在 12%～28%之间变化。在二甲苯抽提可溶物中，聚丙烯链中的首-首相连的不规则单元约占 1%，与用 δ-$TiCl_3$-$AlEt_2Cl$ 催化剂合成的聚丙烯链中的含量相近[130]。最近发现，当使用二醚作内给电子体的催化剂进行丙烯聚合时，其产物中正丁基末端结构的比例很大[132,133]。2,1-插入使链增长速度变慢，并加快了向氢气的链转移反应，但 2,1-插入中心仍可以进行链增长反应。

加氢条件下进行丙烯聚合时，在丙烯链增长的初期特别容易产生区域不规则的 2,1-插入，这是因为 2,1-插入 Ti—H 键要比 2,1 插入 Ti—C 键容易得多。在加氢条件下，由茂金属催化剂得到的聚合物中发现了大量的 2,3-二甲基丁基（2,3-DMB）结构，该结构是 2,1 插入后紧接着发生 1,2 插入而产生的[134,135]。通过检测不同 $MgCl_2$ 载体催化剂得到聚合物的二甲苯可溶物含量，可以发现，2,3-DMB 起始链高达 15%[136]。

(3) 插入反应的立体化学

聚合物链增长过程中，通过对活性金属原子与链的末端碳原子同步加成到新的单体双键上的研究，可以进一步揭示立体定向聚合机理。通过对各种异相和均相催化剂催化 α-烯烃等规聚合以及 VCl_4 催化剂催化间规聚合的研究[137,138]，发现单体都以顺式插入。实际上，顺式氘代丙烯单体的等规聚合生成的是赤型双全向立构聚合物，而反式氘代丙烯单体的等规聚合生成的是苏型双全同立构聚合物。其形成结构示意见图 3.32。

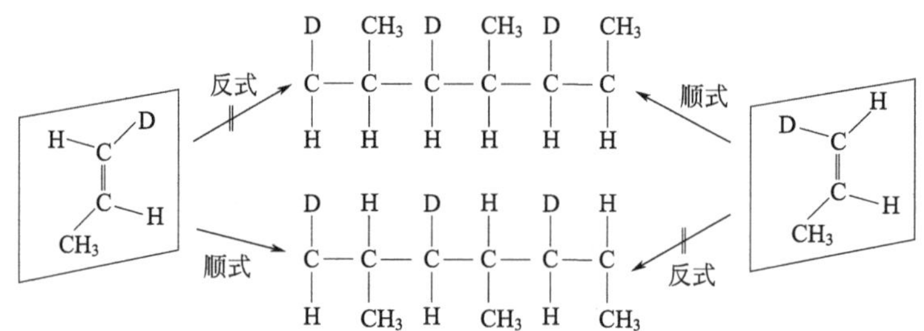

图 3.32 α-烯烃单体双键在 Mt-P 间的立体加成方式

(4) 单体插入的立体控制

由于 α-烯烃单体的两侧是不同的（*R*、*S* 对映的两个面），如图 3.33 所示，即 α-烯烃单体是具有前手性的化合物。在聚合反应后，生成聚合物的链中叔碳原子的构型（*R* 或 *S* 构型）取决于单体 R、S 两个对映面的作用方式、单体的插入方式和单体的立体加成方式（顺式或反式）[139]。如果催化剂具有很高的立体选择性，单体的插入是顺式立体加成，且单体用同一对映面进行多次插入，则聚合物链增长手性活性中心具有相同构型，生成等规聚合物；当单体用交叉的对映面进行多次插入时，则聚合物链增长手性活性中心的两种构型互相转换，生成间规聚合物；当单体以随机的对映面进行多次插入时，则聚合物链增长手性活性中心的构型没有规律性，生成无规聚合物。

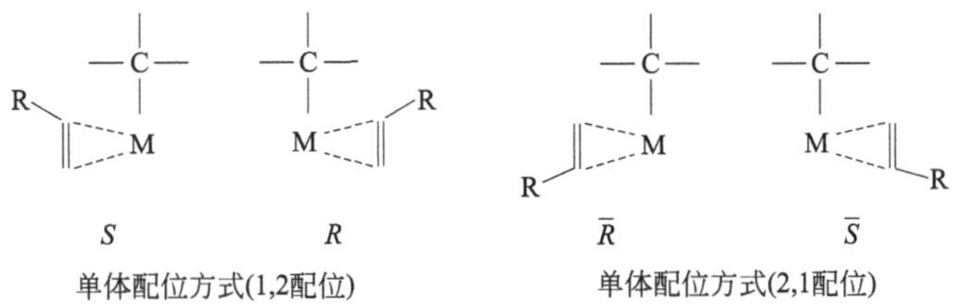

图 3.33　可能的对映面立体选择性

对于至少具有一种手性活性中心的催化体系，它对具有前手性的 α-烯烃单体的两个对映面是有选择性的。对于活性聚合链，如果 α-烯烃单体是 1,2-插入，手性碳在活性聚合链的 β 位；如果 α-烯烃单体是 2,1-插入，手性碳在活性聚合链的 α 位。当立体选择性机理受末端手性诱导效应所控制时，称为链端控制。另一种可能的情况是手性活性中心是非对称的，其立体选择性机理称为对映体活性中心控制[130,140]。在链增长过程中，由于位错造成聚合物不同的微观结构，由此可以判断单体插入是何种立体选择机理（图 3.34）。

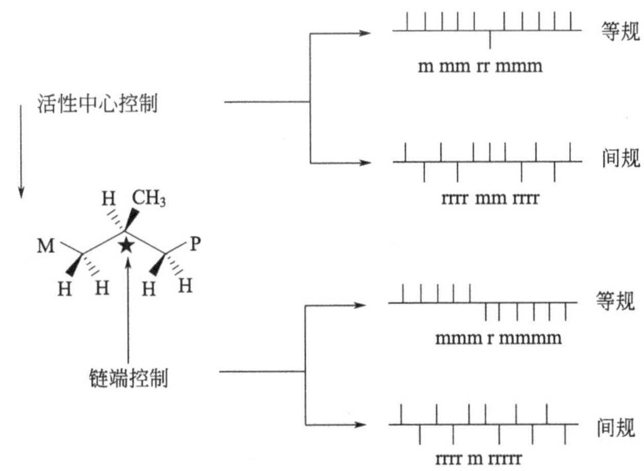

图 3.34　两种可能的立体选择机理和四种可能的微观结构

(5) 聚合动力学

Z-N 催化剂催化烯烃聚合的动力学研究为理解这些反应的机理提供了信息。掌握聚烯烃的动力学规律对聚烯烃工业生产的发展也是必要的。

烯烃聚合动力学在许多文献中被讨论[141,142]。本节简要综述催化剂和助催化剂的浓度、聚合时间等主要参数对聚合速率的影响，以及烯烃聚合过程中的主要反应，还涉及聚合速率随单体浓度变化偏离线性的规律、氢气在丙烯聚合中的作用以及共聚单体作用的问题。

为了描述非均相催化剂催化烯烃聚合的动力学，提出了基于等温吸附理论的动力学模型[143-145]。这一最为普遍接受的 Z-N 聚合的两步机理由 Cossee[145-147] 提出，包括烯烃配位和配位单体迁移插入到增长的聚合物链的金属-碳键中。

链增长：

$$\text{Mt—CH}_2\text{—CH(CH}_3\text{)}\quad \text{Polymer} + \text{CH}_2\text{═CH(CH}_3\text{)} \longrightarrow \text{Mt—CH}_2\text{—CH(CH}_3\text{)—CH}_2\text{—CH(CH}_3\text{)—Polymer}$$

聚合物链终止主要通过以下反应发生。

a. 向单体转移

$$\text{Mt—CH}_2\text{—CH(CH}_3\text{)—Polymer} + \text{CH}_2\text{═CH(CH}_3\text{)} \longrightarrow \text{Mt—CH}_2\text{—CH}_2\text{CH}_3 + \text{CH}_2\text{═C(CH}_3\text{)—Polymer}$$

b. 向助催化剂转移

$$\text{Mt—CH}_2\text{—CH(CH}_3\text{)—Polymer} + \text{AlR}_3 \longrightarrow \text{Mt—R} + \text{R}_2\text{Al—CH}_2\text{—CH(CH}_3\text{)—Polymer}$$

c. β-氢化物消除

$$\text{Mt—CH}_2\text{—CH(CH}_3\text{)—Polymer} \longrightarrow \text{Mt—H} + \text{CH}_2\text{═C(CH}_3\text{)—Polymer}$$

d. 向氢气转移

$$\text{Mt—CH}_2\text{—CH(CH}_3\text{)—Polymer} + \text{H}_2 \longrightarrow \text{Mt—H} + \text{CH}_3\text{—CH(CH}_3\text{)—Polymer}$$

聚合反应的动力学曲线取决于许多因素，包括单体、主催化剂和助催化剂（铝有机化合物）的性质、浓度和摩尔比，温度和改性剂的存在等。聚合过程可以在初始加速期[148,149]之后以恒定速率长时间进行，时间可以从几分钟持续到几小时，并且在较低温度下增加，或者聚合可以在活性随时间衰减的情况下进行。后一种类型的动力学是用高活性 $MgCl_2$ 负载催化剂进行丙烯聚合的特征[108,150]。催化剂的衰减速率取决于催化剂的类型，并且通常随温度而增加。催化剂失活的可能原因之一是活性 Ti^{3+} 还原为 Ti^{2+}（或 V^{3+} 还原为 V^{2+}）[150]。如文献［150，151］所示，速率衰减与单体向非均相催化剂活性位点的扩散限制无关。

非均相催化剂的烯烃聚合速率与催化剂浓度成正比[148,152,153]。金属有机助催化剂的浓度不影响与 $TiCl_3$ 的聚合速率，除非使用过高的 Al-烷基浓度[148,150]。根据观察，在 $MgCl_2$ 负载催化剂的情况下，增加 Al-烷基浓度导致最大聚合速率的增加和聚合速率衰减的增加[154,155]。

聚合过程最重要的特征之一是聚合速率对单体浓度的依赖性。许多研究已经显示了在宽浓度范围内乙烯、丙烯和其它烯烃相对于单体浓度的一级反应速率，并且烯烃聚合的总速率通常由下式描述：

$$R_p = k_p C_p C_M$$

式中，k_p 为链增长速率常数；C_p 为活性中心的数量；C_M 为单体浓度。

然而，现在有许多观察表明，使用非均相 Z-N 催化剂以及不同种类的均相和负载的茂金属体系，聚合速率方程相对于单体浓度呈现更高的等级（至多 2）[156-159]。

为了解释这种效应，文献［157，158］提出了类似的动力学模型，其中链增长包括两个活性中心与单体分子，只是反应速率常数不同。较慢的反应是第一单体分子的插入（活性中心的引发/活化），较快的反应是单体分子插入活化的活性中心（链增长）。为了描述聚合的稳态速率，提出了下列公式，该方程充分考虑了链引发（链终止后的再引发）、链增长和链终止反应：

$$R = \frac{k_p k_i C^* C_M^2}{k_i C_M + k_{tM} C_M + \sum_j k_{tj} C_j^{\alpha i}}$$

或：

$$R = \frac{k_p C^* C_M}{1 + k_{tM}/k_{iM} + \sum_j [k_{tj} C_{tj} / (k_{ij} C_M)]}$$

式中，C^* 是活性中心的总数，等于引发中心（C_i）和增长中心（C_p）之和；k_{ij} 是活性中心和被试剂 j 终止后重新引发的活性中心速率常数；C_M 是单体浓度；k_{tj} 是用试剂 j 终止的速率常数（金属有机助催化剂、氢、β-氢化物消除）；C_j 是合适的终止剂的浓度。

从丙烯聚合动力学结果中发现，引发速率常数较链增长的速率常数低几个数量级，而链引发的活化能（缓慢单体插入阶段）比链增长的活化能（快速单体插入阶段）高得多。

在稳态下，随着单体浓度的变化，特定聚合速率的变化是完全可逆的，如在用 $MgCl_2/TiCl_4$ 催化剂进行丙烯聚合的单个实验过程中进行的研究中所示[160]（图 3.35）。

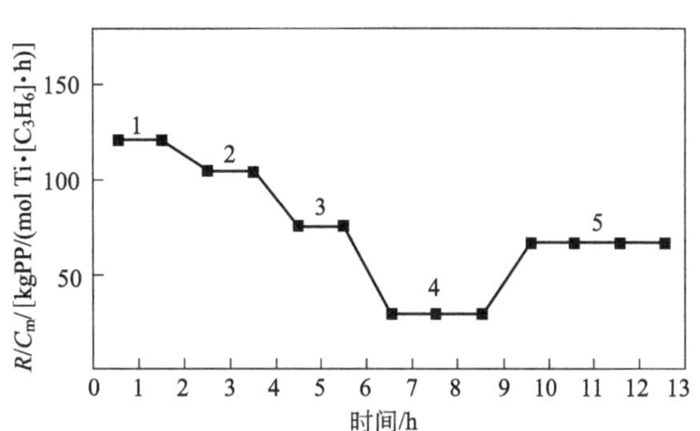

图 3.35 丙烯聚合的比速率随单体浓度的变化

$MgCl_2/D_1/TiCl_4/D_2$-Al $(C_2H_5)_3$ 在 50℃下的单次稳态实验过程[160]。单体浓度（mol/L）：1—0.12；2—0.10；3—0.073；4—0.028；5—0.065

迄今为止，除了上述动力学模型之外，文献中还提出了许多其它方法来解释烯烃聚合速率随单体浓度变化的线性规律的偏离[10,161-167]。许多最近的研究是在茂金属催化剂上进行的。

为了计算烯烃聚合的速率常数和共聚的常数，必须知道在活性中心附近的单体的实际浓度。根据对烯烃聚合的理解[168,169]，聚烯烃作为聚合物壳形成在催化剂颗粒的表面上，并且单体通过扩散穿过该聚合物壳进入活性中心。如文献［170］所示，聚乙烯中的微晶是不可渗透的，并且在宏观尺度上关于扩散和溶解过程是随机分布的；聚合物的无定形相表现为均匀液体。也就是说，无论是淤浆还是气相聚合，单体进入活性中心都是通过单体溶解在聚合物壳的无定形区域中。

这意味着为了估计活性中心附近的单体浓度，应该使用聚合物中的单体的溶解度常数。使用气相中的单体浓度来计算特定的聚合速率和气相过程中的共聚常数给出了不正确的（异常的）结果。如图 3.36[160] 所示，在相同条件下，使用单体在聚合物中的溶解度常数，使用 $MgCl_2/TiCl_4$ 催化剂，丙烯在正庚烷、本体和气相中的聚合速率是相同的。使用气相中的单体浓度来计算气相均聚比率和计算气相共聚中的竞聚率（r_1 和 r_2）给出了对于非典型的 Z-N 催化剂[160] r_1 和 r_2 值。

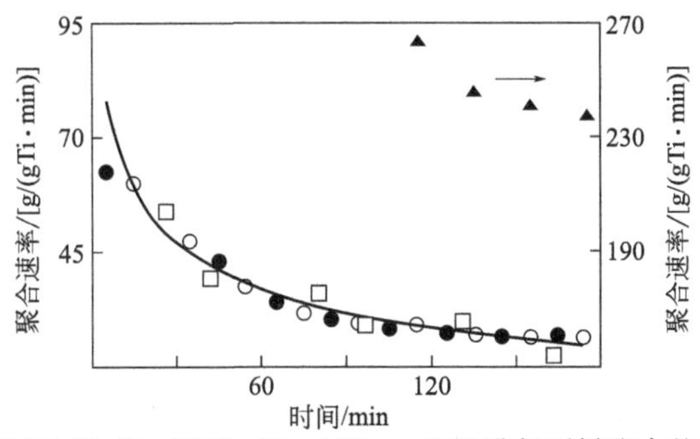

图 3.36 用 $MgCl_2/D_1/TiCl_4/D_2$-$AlEt_3$，70℃进行丙烯聚合的动力学曲线

○—丙烯在正庚烷中的聚合 $P_{C_3H_6}=2.5$ atm，$K_H=0.325$ mol/(L·atm)；

●—丙烯在液态丙烯中的聚合，$[C_3H_6]=10.5$ mol/L；□—气相丙烯聚合 $P_{C_3H_6}=2.5$atm，

$K_H^{C_3H_6/PP}=0.13$mol/(L·atm)；▲—气相丙烯聚合，$P_{C_3H_6}=2.5$ atm，$[C_3H_6]=[P_{C_3H_6}/(RT)]$ mol/L

在丙烯聚合中，观察到氢的活化作用，即初始聚合速率和总活性的增加[48,171-175]（图3.37）。这种活化是可逆的，并且在从反应区除去氢之后聚合速率降低[174,175]。与没有氢的聚合相比，活性的增加程度和聚合速率随时间的变化取决于催化剂性质和氢浓度。

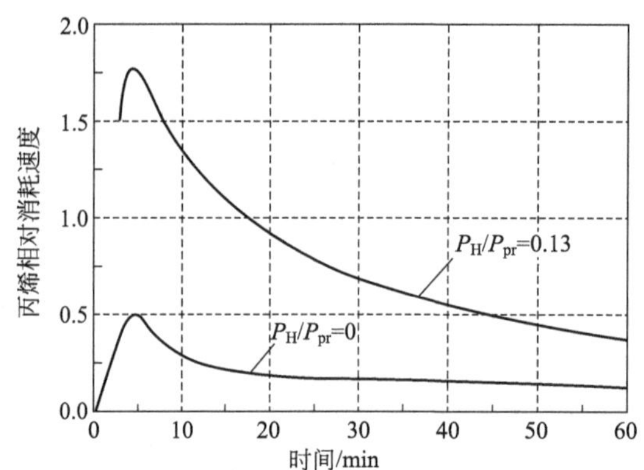

图 3.37 在 70℃、$MgCl_2$/邻苯二甲酸二丁酯/$TiCl_4$/$PhSi(OEt)_3$-$AlEt_3$ 无氢（$P_H/P_{pr}=0$）和有氢（$P_H/P_{pr}=0.13$）存在下丙烯聚合动力学[176]

已经对这种影响提出了若干解释。活化效果最可接受的假设基于 Z-N 和茂金属催化剂的活性中心对于丙烯向区域不规整的 2,1-插入导致低活性或休眠活性中心 Mt—CH(CH_3)—CH_2—Pol 的形成：

$$\text{Mt—CH}_2\text{—CH(CH}_3\text{)—Pol} + \text{CH(CH}_3\text{)═CH}_2 \longrightarrow \text{Mt—CH(CH}_3\text{)—CH}_2\text{—CH}_2\text{—CH(CH}_3\text{)—Pol}$$

氢存在下的链转移使这些休眠中心重新活化：

$$\text{Mt—CH(CH}_3\text{)—CH}_2\text{—CH}_2\text{—CH(CH}_3\text{)—Pol} + \text{H}_2 \longrightarrow$$
$$\text{Mt—H} + \text{CH}_3\text{—CH}_2\text{—CH}_2\text{—CH}_2\text{—CH(CH}_3\text{)—Pol}$$

在氢存在下丙烯聚合过程中形成的聚合物链中正丁基端基的存在支持了这一假设[131,172,177]。已经考虑了通过向单体链转移在二级 2,1-取向上的反应或通过在 Mt—H 键中的二级插入形成非活性中心 Mt—CH$(CH_3)_2$ 的可能性，所述 Mt—H 键是由于向氢的链转移而形成的[176]：

$$\text{Mt—CH}_2\text{—CH(CH}_3\text{)—Pol} + \text{CH(CH}_3\text{)═CH}_2 \longrightarrow \text{Mt—CH(CH}_3\text{)}_2 + \text{CH}_2\text{═C(CH}_3\text{)—Pol}$$
$$\text{Mt—H} + \text{CH(CH}_3\text{)═CH}_2 \longrightarrow \text{Mt—CH(CH}_3\text{)}_2$$

氢的链转移使失活中心 Mt—CH$(CH_3)_2$ 重新活化，形成 Ti—H 键，随后是一次丙烯插入。

烯烃共聚动力学的特征之一是共聚单体对乙烯/α-烯烃或丙烯/α-烯烃共聚过程中乙烯或丙烯聚合速率的影响，即所谓的共聚单体效应（CEF）。对于常规 Z-N 催化剂[178-183]、均相催化剂[184-191]、负载型茂金属催化剂[192-194] 和后茂金属催化剂[195-198]，观察到在共聚单体存在下乙烯或丙烯聚合的速率增强。

这一现象的性质在文献中被广泛讨论。已经提出了几个解释（物理和化学）：

a. 共聚物[180,182,183] 中非晶相含量越高或聚合物溶解在反应介质[185,189] 中，单体越容易通过聚合物层到达活性中心；

b. 通过非均相催化剂碎裂[183]、在与均相催化剂共聚期间生长的聚合物颗粒的解聚[185,189] 或通过活化休眠活性中心，实现了活性中心数量的增加；

c. 共聚单体对活性中心的修饰，以及传播速度常数[180,184,186,190,199] 的变化；

d. 扩散效应和活性中心附近单体浓度增加[192]。

(6) 聚合物形态及形态复制

烯烃聚合过程中，聚合物粉料会复制催化剂的颗粒形态。关于这些现象的解释，研究人员提出过很多模型。其中最流行的多粒模型可参考相关文献[200-203]。本部分提供的是一种基于显微镜观察的机理解释。

G. Fink 等[204,205] 通过 SiO_2 负载的茂金属催化剂在温和反应条件（低温、低催化剂浓度、低单体浓度）下的丙烯聚合研究整个聚合过程和聚合物生长的各个阶段变化。聚合速率-时间图［图 3.38 (a)］显示了这一聚合体系特有的动力学过程：反应开始于活性的短暂增加，即“预聚合期”。随后聚合速率下降到几乎为零，在低水平保持几分钟。在诱导期之后，活性再次升高（“聚合物生长”），直到达到最大活性的平台（“颗粒膨胀”）。其描述的聚合物颗粒形成过程如下。

在预聚合阶段，聚合物在颗粒周围形成规则的薄层，该薄层的部分继续生长到微、中孔硅胶的边缘区域［图 3.38 (b)］。高结晶（高达 75%）聚丙烯层用作随后丙烯的扩散阻挡层，并引起非常低活性的时期。在该扩散阶段之后，随着单体及聚合物从外部向内部继续扩散和生长，颗粒内部的活性中心持续暴露出来。由于来自生长的聚合物的水合张力，SiO_2 载体从表面到内部发生碎裂（可能为“逐壳”或“逐层”碎裂）。同时，新的活性中心被释放并且总聚合速率增加，直到达到可能的最高活性并且整个载体在聚合物中碎裂。

通过对单个聚合物颗粒的横截面进行电子显微镜分析来表征这种碎裂的进展［图 3.38 (c) 和 (d)］。SiO_2 载体材料最初由 30～60μm 大小的颗粒组成，经过碎裂阶段，最终对应于聚合物基体（颗粒）内的初级颗粒，大小为 10～20nm［图 3.38 (e)］。聚合颗粒随着聚合进行而膨胀，最后虽然活性中心的数目不再增加，但聚合物的量增加，并且因此聚合物颗粒的尺寸增加。

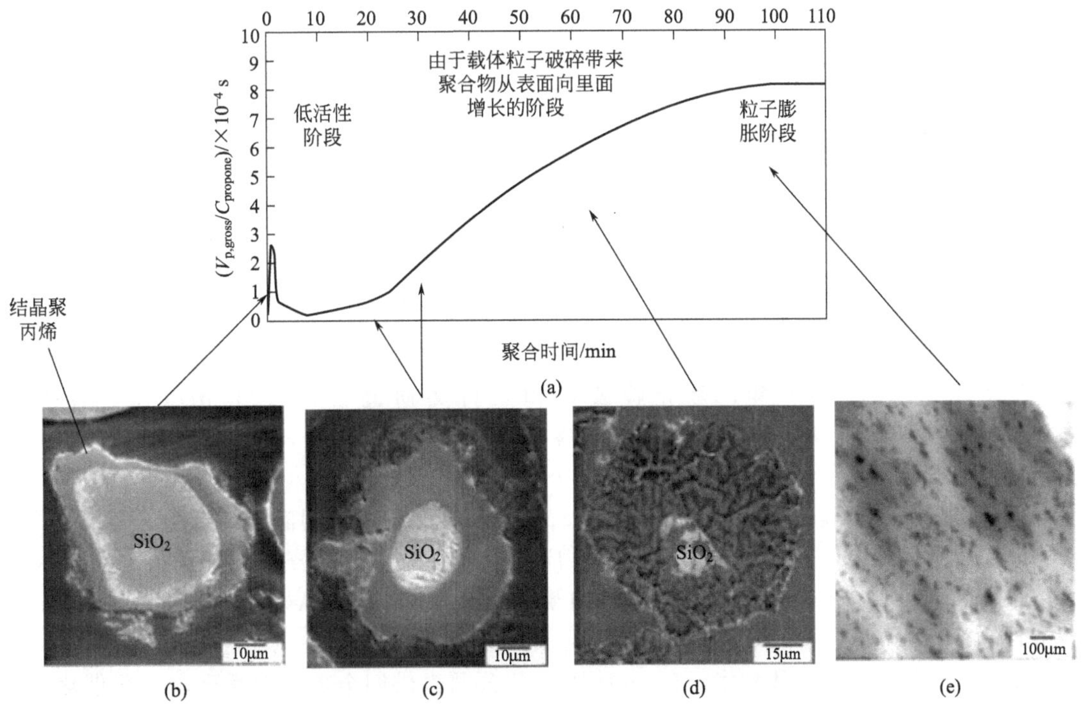

图 3.38 使用二氧化硅负载的茂金属/MAO 催化剂的丙烯聚合

(a) 聚合速率对时间的图；颗粒在各阶段的电子显微镜图像：(b) 预聚合，(c)、(d) 颗粒碎裂和 (e) 颗粒膨胀基于这些动力学和微观观察，负载 SiO_2 的茂金属催化剂的总聚合过程可以描述为逐层碎裂的聚合过程。可以想象，考虑到扩散过程，催化剂颗粒的直径将对动力学和总活性具有重要影响。粒径越小，扩散路径越短，诱导期越短，聚合速率增加越快。

$MgCl_2$ 作为载体的 Z-N 催化剂本身就由许多小晶体亚颗粒的松散堆积而成[206-208]，其聚合物复制的机制可能类似。只是其物理机械性能不同于 SiO_2，因此具有不同的碎裂行为和动力学特性。比如，聚合速率没有显示低活性的初始阶段，而是立即急剧上升，通过最大值，并以扩散控制的方式缓慢减速。

使用新的创新工具：视频显微镜[209-215] 可以详细了解颗粒生长和碎裂过程。该技术首先由 Reichert 等[216] 应用，使得能够同时检测气相聚合中大量单一催化剂颗粒的个体行为。除了通过聚合物颗粒形态可视化聚合物生长和催化剂颗粒的复制之外，还能够提供关于许多催化剂颗粒的聚合动力学的详细信息。

3.2.8 Z-N 催化剂种类及供应

Z-N 催化剂的种类及发展不能脱离聚合工艺。一方面，每个工艺是基于催化特点而开发，反过来，不同工艺对催化剂的具体需求是不同的。如同样是气相聚丙烯工艺，搅拌床工艺可能需要更高的粉料堆积密度（BD），而流化床工艺则希望 BD 保持在适中的水平。另一方面，一个聚合工艺发展得越好，相应的催化剂也会更有市场，但未必就是因为这类催化剂生产的聚丙烯树脂具有最优异的性能。

从工艺这个角度来看催化剂的发展，国外公司通常是同时拥有聚合工艺技术和催化剂技术，并在工艺技术的基础上发展催化剂技术或在催化剂技术的基础上优化工艺技术，二者相互促进，如 Basell 公司的 Speripol 工艺和 Avant 系列催化剂，Grace 公司的 Unipol 工艺和 SHAC 系列催化剂等；而在国内，由于早期缺乏独立自主的工艺技术，均是先引进聚合工艺技术，然后再实现催化剂的国产化。为了适应原始工艺的技术特点，早期催化剂也往往以跟踪模仿为主。近十年，虽然也涌现出许多的新技术，但由于工艺技术和产品开发的限制，工业化的进程也相对较慢。

3.2.8.1 国外催化剂供应商的工艺配套催化剂

（1）LyondellBasell 公司的 Spheripol & Spherizone 工艺催化剂

利安德巴塞尔（LyondellBasell）是世界上最大的塑料、化工和炼油公司之一，在聚丙烯方面有着悠久的历史。巴塞尔成立于 2000 年，由蒙特尔（Montell）、塔格（Targor）和埃莱纳（Elenac）合并而成。巴塞尔是巴斯夫（BASF）和壳牌（Shell）的 50∶50 合资企业。蒙特尔成立于 1995 年，是壳牌公司和蒙特艾迪逊公司（Montedison，1982 将 Spheripol™ 工艺商业化）的合资企业，由两家公司的聚丙烯和聚乙烯业务组成。2007 年，巴塞尔与利安德合并，建立了利安德巴塞尔公司。

利安德巴塞尔是聚丙烯 Spheripol™ 和 Spherizone™ 工艺专利商。利安德巴塞尔也是全球最早和最大的聚烯烃催化剂技术开发和供应商。至今为止，该公司共开发了五代 Z-N 聚丙烯催化剂。目前，LyondellBasell 公司的聚丙烯催化剂为其 Avant Z-N 系列催化剂和 Avant M 系列催化剂（单活性中心催化剂）。

基于不同的内给电子体技术，LyondellBasell 公司提供四个催化剂系列，这些催化剂既可用于本体的 Spheripol™ 工艺，也可用于气相的 Spherizone™ 工艺。它们包括第三代的苯甲酸酯类，如苯甲酸乙酯（EB），第四代的邻苯二甲酸酯内给电子体，以及第五代的二醚和琥珀酸酯内给电子体催化剂。外给电子体主要配合内给电子体使用。具体地，EB 催化剂使用 PEEB（对乙氧基苯甲酸乙酯）；其它系列选用二甲氧基硅烷系列外给电子体，主要是 C、P 和 D 给电子体。各给电子体的结构见图 3.39。

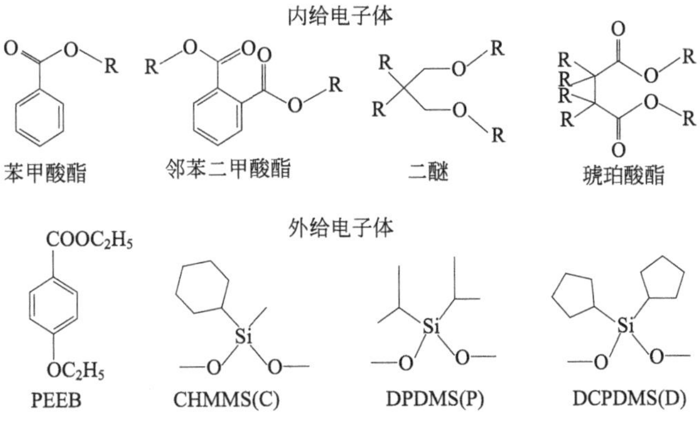

图 3.39　Basell 公司催化剂中各种不同给电子体的结构

二醚系列催化剂的特点是催化活性比邻苯二甲酸酯系列催化剂进一步提高，聚合物的分子量分布较窄，氢调性能好，不需外给电子体的配合即可达到高等规度，但如果要使全同异构化达到更高的水平，则需要硅烷作外给电子体。可用于生产高流动性、窄分子量分布的聚丙烯产品，适用于纺黏和熔喷纤维。

琥珀酸酯系列催化剂与邻苯二甲酸酯系列催化剂相比，催化活性有所提高，所得聚合物的分子量分布较宽。用该系列催化剂生产的聚丙烯树脂（如 BOPP 薄膜、管材和注塑件）的刚度和加工性能均得到改善；生产的低 MFR 多相共聚物具有较好的刚性和冲击性能，即在同样弯曲模量下，所得抗冲共聚产品的 Izod 冲击强度较高，或者在同样冲击强度下，产品的弯曲模量较高，刚性与抗冲性的平衡性较好。

在 Spheripol™ 工艺手册中，提供的主催化剂分为两大类。

① 通用主催化剂 ZN-M1、ZN-111：生产均聚物（不含高刚性牌号）、无规、三元及抗冲共聚物（乙烯含量达 13%）。ZN-118：生产均聚物（不含高刚性牌号）、无规、三元及抗冲共聚物（乙烯含量达 15%）。

② 特殊催化剂 ZN-168、ZN-101、ZN-104、ZN-126、ZN-127：生产高刚性、高抗冲（乙烯含量达 25%）、超级纤维等专用牌号。其中，通用催化剂均采用邻苯二甲酸酯内给电子体，特殊催化剂中 ZN-168 采用琥珀酸酯内给电子体，ZN-126 和 ZN-127 可能采用的是二醚内给电子体。

（2）Grace 公司的 Unipol & Borstar 工艺催化剂

联合碳化物公司的 Unipol 流化床气相法工艺于 1968 年与第一家商业聚乙烯厂一起首次为聚乙烯开发。1986 年，Unipol 技术扩展到聚丙烯。陶氏化学公司在 2001 年收购联合碳化物公司时获得了 Unipol 工艺。2011 年，Braskem SA 收购了陶氏化学公司的聚丙烯资产，包括其聚丙烯生产厂。然而，陶氏化学保留了其 Unipol 技术。2013 年 12 月，格雷斯（W. R. Grace&Co.）收购了陶氏化学公司 Unipol™ 聚丙烯许可和催化剂业务的资产。2016 年，Grace 收购 BASF 公司的聚丙烯催化剂业务；2017 年，收购雅宝公司（Albemarle）的聚烯烃催化剂业务。

Grace 是聚烯烃催化剂技术的供应商，拥有广泛的聚烯烃催化剂技术组合。它不是聚丙烯生产商。现在，Grace 公司的催化剂产品及技术包括：Magnapore® 铬系聚乙烯催化剂，该催化剂在液相环管工艺拥有 40 年的应用经验；LYNX® Z-N 聚丙烯催化剂，该系列催化剂也可用于 HDPE（高密度聚乙烯）的生产；Polytrak® Z-N 聚丙烯催化剂；Hyampp 第六代非邻苯二甲酸酯内给电子体的 Z-N 聚丙烯催化剂；特别适于在 Unipol 工艺装置使用的 SHAC® 系列和第六代非邻苯二甲酸酯的 Consista® 系列 Z-N 催化剂。Grace 公司还提供单活性中心催化剂技术和 MAO 助催化剂。

LYNX® 系列催化剂来自 BASF 催化剂公司。2006 年 Engelhard 公司被 BASF 公司收购，并被更名为 BASF 催化剂公司。BASF 催化剂公司的美国聚烯烃催化剂生产装置位于得克萨斯州 Pasadena。

LYNX 系列催化剂技术从北京化工研究院许可发展而得。第一代 LYNX 催化剂为 LYNX 1000 系列催化剂，粒径为 3～20μm，分为经典系列和高活性 HA 系列。从 LYNX 1000 到 LYNX 1030，所得聚合物产品等规度降低。LYNX 1000 系列聚丙烯催化剂的主要特性是高活性，具有良好的经济性和低残余量、高的无规共聚单体嵌入量、良好的等规度控制性；圆形可控制颗粒形态。

LYNX 2000 系列为新型 Z-N 聚丙烯催化剂。该催化剂粒径为 21～30μm，分为经典系列和高活性 HA 系列。LYNX 2000 系列催化剂延续了前一代产品高活性及和共聚单体组合范围广泛的突出特点，在此基础上，其粒度控制技术取得了一定突破，使其在共聚单体融合性和工艺适用方面表现更为优异。此外，LYNX HC 系列高结晶度聚烯烃催化剂能够有效增加聚合物全同规整度，使其硬度得以提升，其中最新一代 LYNX 2000 HC 产品的粒度控制工艺更加成熟，能生产粒度较大的聚合物粉末，适用于高结晶度 PP 抗冲共聚物及一般共聚物生产。

由于市场原因，LYNX 系列催化剂基本没有在国内市场销售。

Polytrak® 最早由 Grace 公司开发。2008 年，Grace Davison 公司宣布推出 Polytrak 8500 系列催化剂。Polytrak8500 系列催化剂可用于工业化 Borstar 和 Spheripol 聚丙烯工艺中，生产高抗冲共聚物树脂。该催化剂用 $MgCl_2$ 载体由一种新型连续雾化结晶工艺生产，这种工艺与催化剂制备工艺结合，在立构规整性方面保持高度控制级别，并使催化剂中内给电子体的分布非常均匀。Polytrak8500 系列催化剂有 3 种不同平均粒径，粒子尺寸分别为 35mm、55mm、75mm，都具有较高的收率。在 70℃、熔体流动速率为 4g/10min 的条件下，经 2h 实验室聚合，收率为 60kg/g 催化剂。催化剂具有活性高、生产效率高的特点，且催化剂粒子尺寸分布窄，对外给电子体非常敏感，并具有优良的共聚单体灵敏度。早期 Grace 还有 Taurus 催化剂，现少有报道。

Hyampp® 催化剂由 Grace 公司与 Dow 化学公司共同开发。2012 年，Grace 公司与 Dow 化学公司签署协议，拟共同研发新型聚丙烯催化剂。根据协议，双方将基于 Dow 化学公司非邻苯二甲酸酯内给电子体技术以及 Grace 公司专有的催化剂技术进行研发，产品将以 Hyampp 为品牌，由 Grace 公司负责销售。这种新型催化剂大概 2012 年开始商业化生产。新型催化剂将有助于生产商改进 PP 透明性、刚度、抗冲击强度等性能，更解决了现有催化剂生产出的 PP 性能无法满足特殊应用领域要求的难题。采用新型催化剂生产的 PP 塑料应用更为广泛，可用作薄膜、高性能管材、汽车零部件、家用电器及家用容器等。

SHAC® 系列催化剂由 Dow 化学公司开发，主要适用于 Unipol 工艺装置。该系列催化剂的品种及特点对比见表 3.10。目前，国内 Unipol 工艺装置主要使用 SHAC-201 催化剂生产均聚丙烯，包括注塑料 L5E89、膜料 L5D89 等，使用 SHAC-320 催化剂生产抗冲共聚丙烯。其它品种的 SHAC 系列催化剂则较少应用。

据称，SHAC 330 催化剂与其前一代 SHAC 320 催化剂相比，可提高聚丙烯装置的生产能力和效率，并降低生产成本，生产出高附加值的抗冲共聚聚丙烯 IMPPAX，在规模化生产 IMPPAX 等抗冲共聚聚丙烯时具有以下优势：可使昂贵的辅助原料外给电子体的消耗量降低 80%，催化剂效率提高 25%，在无需其他投资的情况下使高分子聚合物的堆积密度提高 15%以上，具有更好的氢调敏感性，因此可得到更高的熔体流动速率，并大大提高生产效率。SHAC 330 催化剂主要用于其 Unipol 聚丙烯生产工艺中。目前，Dow 化学公司正在进一步将这种新型催化剂用于丙烯均聚物的生产中，以进一步提高产品性能，降低生产成本。

表 3.10 SHAC® 系列催化剂的品种及特点对比

催化剂	活性/(kg/g 催化剂)	等规度/%	主要特性
SHAC 103	14～16	94～97	形状不规则，粒径分布很宽，初始反应速率快，分解快，主要用于中东和亚洲
SHAC 201	25～35	94～99	形状不规则，粒径分布很宽，初始反应速率中等，分解慢，催化活性较高，分子量分布窄，低聚物含量和二甲苯可溶物含量低
SHAC 205	25～35	94～99	形状规则，粒径分布很宽，初始反应速率中等，分解慢
SHAC 310			形态可控，产品范围宽，反应器处理能力提高
SHAC 320	25～35	94～99	形态形状规则，粒径分布很窄，初始反应速率中等，分解慢，薄膜透明性改进
SHAC 330			外给电子体用量减少 80%，催化剂效率提高 25%，聚合物堆积密度提高 15%，具有更好的氢调敏感性，可得到更高熔体流动速率的产品

Dow 化学公司的高级给电子体（ADT）技术可改进工艺的操作性能和产品性能。采用 ADT 技术可基于产品的二甲苯可溶物含量、分子量分布和低聚物需求定制产品的应用范围。Dow 化学公司的 Z-N 聚丙烯催化剂 ADT 技术及特点见表 3.11。

表 3.11 Dow 化学公司的 Z-N 聚丙烯催化剂 ADT 技术及特点

催化剂技术	特点
ADT A1	为活性和立体选择性大大提高的第三代催化剂，可生产选择性提高的均聚物和抗冲共聚物，可改进产品的感官性能，在 Unipol 聚丙烯工艺中已商业化
ADT A3	为高活性、高选择性第四代催化剂，提高装置通量和单体利用率，可生产具有窄分子量分布的均聚物和无规共聚物
ADT 4000 系列	专为高性能抗冲共聚物设计，具有超高选择性和超高催化剂孔隙率，聚合物中橡胶相含量达 40%
ADT 5000 系列	用于生产高性能薄膜和纤维产品，聚合物具有窄分子量分布、极低低聚物含量和良好的感官性能，已商业化

Consista® 系列催化剂是由 Dow 化学公司开发的所谓第六代非邻苯二甲酸酯内给电子体 Z-N 催化剂，配合新型外给电子体技术使用，主要适用于 Unipol 工艺装置。

2010 年，Dow 化学公司宣布开发出特别适用于生产高熔体流动性产品的催化剂体系 Consista D7000 给电子体，赋予了聚丙烯制品进入高端市场所需要的差别化性能，同时提高了生产效率和设备的可操作性，降低了生产成本。Consista D7000 专为用于汽车内饰或接触食品的高熔抗冲击共聚聚丙烯树脂而开发，可满足抗冲击性与刚性的平衡，用于接触食品时改善聚合物的气味感受，以及减少因有机物挥发所带来的"新车"味道等多方面的特殊质量需求。

2011 年，Dow 化学公司推出该公司第六代 Z-N 聚丙烯催化剂——Consista C601。该催化剂采用新型 Consista D7600、D8700、D9700 给电子体，为非邻苯二甲酸酯催化剂，具有宽范围的适应性和生产高性能聚合物的能力。Consista C601 在 Slovnaft 石化公司位于斯洛伐克 Bratislavia 的装置上进行了试生产。在试用中，Consista C601 用于生产具有良好加工优势和性能的均聚物和高熔体流动速率抗冲共聚物。与现有催化剂相比，生产成本更低，催化剂效率提高 40%，氢调敏感性更好。由于不含邻苯二甲酸酯，因此可满足未来严格的 REACH 法案要求。

(3) 科莱恩化学（Clariant Chemicals）的 Novolen 工艺催化剂

Novolen^{TM} 工艺由 BASF 于 1962 年开发。ABB Lummus Global 和 Equistar Chemicals 于 2000 年从巴斯夫的子公司 Targor 收购了 Novolen^{TM} 工艺技术。他们成立了诺沃伦科技控股有限公司（Novolen Technology Holdings C. V.），这是一家由 ABB Lummus Global 公司和 Equistar 公司组成的 80/20 合资企业。2007 年，CB&I 收购了 Lummus Global，从而收购了 Novolen^{TM} 工艺技术。目前，与 Novolen^{TM} 工艺相关的聚合物产品和催化剂研究在 Ludwigshafen 技术中心进行。

科莱恩成立于 1995 年，是化学公司 Sandoz 的子公司，Sandoz 于 1886 年在巴塞尔成立。2011 年科莱恩公司收购德国南方化学（SÜD-Chemie）。2013 年，Clariant 公司宣布其催化剂业务单元与 CBI&Lummus 公司 Novolen 技术公司签订长期合作协议，两家公司将组合业务，开发改进的聚丙烯催化剂和给电子体技术。开发成功后，将向现有和未来的 Lummus Novolen 许可者和其他聚丙烯生产商供应一条新的先进 Z-N 聚丙烯催化剂生产线上开发的新型催化剂。两家公司将联合投资 6500 万瑞士法郎用于位于 Louisville Kentucky 的科莱恩公司催化剂生产基地的新的先进聚丙烯催化剂生产装置，2015 年投产。两家公司希望借助 Lummus Novolen 公司成功的许可和工艺设计经验，加上科莱恩公司很强的催化剂开发能力，加强他们在聚丙烯催化剂方面的地位。2018 年，SABIC 成为科莱恩新的大股东。同时，两家公司都签署了一份谅解备忘录，在高性能材料领域开展战略合作。2013 年，科莱恩公司将其在上海的聚丙烯催化剂生产线扩大到 150t/a。

科莱恩公司主要提供 Polymax 系列催化剂。其中 Polymax 500 是第四代 Z-N 催化剂（邻苯二甲酸酯为内给电子体），颗粒形态为球形（见图 3.40）。其中小尺寸球形用于气相工艺，标准尺寸催化剂用于本体工艺。不同尺寸的催化剂生产的聚合物粉料照片见图 3.41。Polymax 500 活性较原有的 C-Max 高出 10%～20%，生产的聚合物产品具有良好的性能。

图 3.40　Polymax 500 催化剂的 SEM 照片

科莱恩公司还开发非邻苯二甲酸酯内给电子体的新一代催化剂 Polymax 600。相比 Polymax 500，Polymax 600 具有更高的聚合活性，生产出的聚合物性能更好。

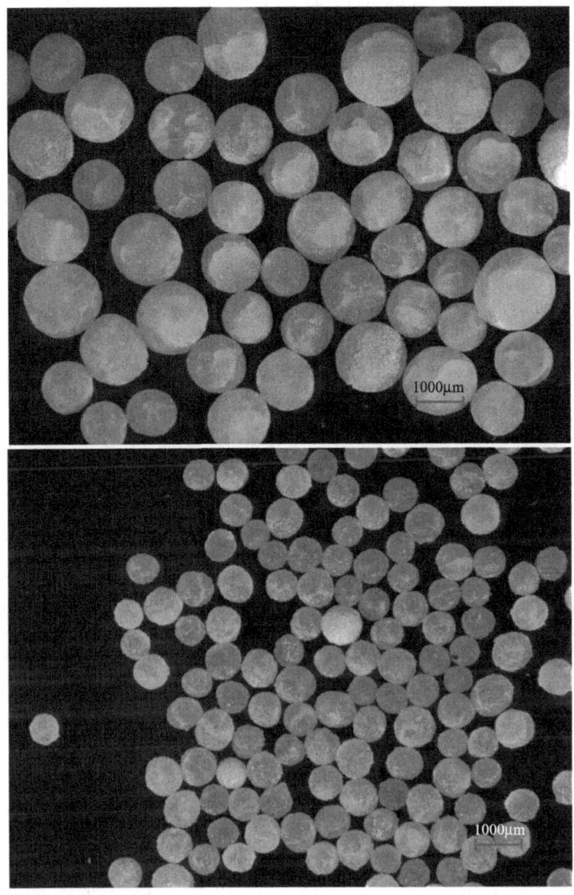

图 3.41　Polymax 500（标准尺寸）和 Polymax 500S（小尺寸）制备的粉料照片

(4) Ineos（英力士）公司的 Innovene 工艺催化剂

Ineos 是全球领先的石油化工、特种化学品和石油产品制造商。它成立于 1997 年。它由阿莫科（Amoco）、巴斯夫、拜耳、博莱利、英国石油、德固塞、陶氏、埃尼化学、埃尔德莱切米、赫斯特、ICI、Innovene、Lanxess、孟山都、Norsk Hydro、Solvay 和 Union Carbide 等多家公司的资产组成。它由 17 个企业组成，每个企业都有一个主要的化工公司遗产。其生产网络遍布全球 14 个国家的 64 个生产基地。

Ineos Technologies（伊利诺伊州里斯勒市）是 Ineos 的战略业务，成立于 2005 年，收购了 Innovene。Ineos 技术遗产源自 BP/Innovene、ICI、Amoco、EVC 和 Solvay。Ineos Technologies 是聚烯烃、聚苯乙烯、腈、乙烯基和氯碱技术的许可方。Innovene PP 工艺是由至少一个水平搅拌反应器组成的气相工艺。这一水平搅拌床气相法是由阿莫科公司在 20 世纪 70 年代中期开发用于均聚物生产的，并在 20 世纪 80 年代后期由日本窒素（Chisso）公司进行了扩展，包括抗冲共聚物生产。阿莫科公司在 1979 年首次将这一工艺商业化。Amoco/Chisso 于 1985 年开始对外授权该工艺。阿莫科与窒素的联合开发于 1995 年结束。1999 年，英国石油公司（BP 公司）和阿莫科公司合并。2005 年，该公司的化学资产被分拆成一家新公司 Innovene，随后被 Ineos 收购。

Ineos Technologies 为 Innovene™PP 工艺提供了一系列催化剂。其 INcat 催化剂系列包括高活性第五代 Z-N 催化剂。Ineos INcat CDi 催化剂及其前身 INcat CD 催化剂已在全球 Innovene™PP 反应器中使用，聚丙烯年产量超过 300 万吨。INcat P100 是一种新的催化剂，针对客户专注于最小化催化剂成本和寻求操作简单性的情况，它的目标是广泛的产品覆盖范围、通用 PP 催化剂。INcat P100 催化剂和五种不同的供体可用于覆盖全系列产品。该产品已经国内用户试用，但并无规模应用信息。

INcat P570 和 INcat P680 是非邻苯二甲酸酯基催化剂（WO2006096621、WO2006110234）。INcat P570 催化剂能够生产具有更高刚度、更高熔融强度、更好剪切减薄和改进落球冲击的宽分子量分布产品。INcat P260 催化剂用于高橡胶掺含量产品（RC＞45%）生产和开发，如反应器 TPO 和软质聚丙烯。

CD 主催化剂 Ti 的质量分数（下同）为 2%～3%；Mg 为 17.5%～19.5%；DNBP 为 10%～17%；Cl 为 50%～62%。催化剂颗粒耐破碎，耐磨损，进入工艺流程之前不用预聚合及其他处理步骤。与普通 CD 催化剂相比，高产率型 CDi 催化剂的活性可提高 30%。外给电子体硅烷为含有 OR 基的硅烷改良组分，其作用是控制无规物的含量，生产无规共聚或高抗冲共聚聚丙烯。在国内工业装置主要的两种外给电子体分别是 B-donor（二异丁基二甲氧基硅烷）和 P-donor（二异丙基二甲氧基硅烷），前者主要用于均聚和无规共聚产品的生产，后者则主要用于抗冲共聚产品的生产。

（5）TOHO TITANIUM（东邦钛）催化剂公司的 Horizone 工艺催化剂

日本聚丙烯公司（JPP）是日本 Polychem 公司（65%）和窒素（Chisso）石化公司（35%）的合资企业。Polychem 公司是三菱化学公司的全资子公司。JPP 成立于 2003 年。JPP 的业务范围是聚丙烯树脂的生产、销售和研发。

专利商 JPP 公司为国内 Horizone 工艺装置（中韩石化和广州石化）提供 JH 系列催化剂。其中，JHL 催化剂用于生产无规共聚产品（国内未采购）；JHC 催化剂用于生产通用均聚和抗冲共聚产品；JHN 催化剂用于 Newcon 系列聚丙烯产品生产。

TOHO 公司成立于 1953 年，是世界先进的钛相关化学品供应商，包括金属钛锭、高纯二氧化钛、钛合金粉以及四氯化钛等。1986 年，TOHO 完成高效 THC 催化剂的研发，在利用自给的四氯化钛作为生产 THC 催化剂的起始原料方面具有优势。1999 年，成立专门的 TOHO 催化剂公司。2014 年，TOHO 将所谓第六代非邻苯二甲酸酯内给电子体催化剂商业化。

TOHO 催化剂公司在神奈川的 Chigasaki 有 3 条催化剂生产线，总生产能力为 85t/a；另外在富山 Kurobe 也有一套装置，生产能力为 40t/a。TOHO 催化剂公司可供应用于本体法、淤浆法和气相法工艺的催化剂产品，其中以用于本体法工艺的催化剂最有名。

TOHO 催化剂公司以 THC 为商品名出售其聚丙烯催化剂。THC 是一种镁钛基高性能催化剂，主要分颗粒状催化剂和球形催化剂两大系列。其中，颗粒状催化剂（如 THC-A 系列催化剂）主要用于淤浆法、本体法和气相法工艺；球形催化剂（如 THC-C 系列催化剂）主要用于本体法和气相法工艺。TOHO 催化剂公司的 Z-N 聚丙烯催化剂产品及其特点见表 3.12。

2010 开始，TOHO 公司陆续推出 THC-FC 以及小粒径的 THC-FCS 两个非邻苯二甲酸酯内给电子体催化剂。目前，该催化剂的性能尚不清楚。

2003 年，TOHO 公司开始销售氨基硅烷类的外给电子体 U-donor，用于高熔体流动速率聚丙烯产品的生产。2011 年，TOHO 从宇部兴产（Ube）获得 U-donor（二乙氨基三乙氧基硅烷）相关技术及资产。氨基硅烷是近年来除系列非塑化剂内给电子体开发以外，Z-N

催化剂研发少有的重大进展之一。尤其是最新推出的二环己基二乙氨基硅烷（T01），具有极高的氢调响应能力和定向能力，以及共聚反应活性，所得到的树脂产品分子量分布略宽。

表 3.12　TOHO 催化剂公司的 Z-N 聚丙烯催化剂产品及其特点

催化剂	适用工艺类型	聚丙烯目标应用领域
THC-A	淤浆法/本体法/气相法	挤出，注塑
THC-C	本体法/气相法	挤出，注塑，高弹性抗冲共聚聚丙烯，汽车用品
THC-LA	淤浆法/本体法/气相法	BOPP 薄膜，透明板材
THC-LC	本体法/气相法	BOPP 薄膜，透明板材
THC-JA	淤浆法/本体法/气相法	纤维，不织布，高刚度抗冲共聚聚丙烯
THC-JC	本体法/气相法	高弹性抗冲共聚聚丙烯，纤维，无纺布，汽车用品

（6）三井化学公司的 Hypol Ⅰ ＆ Ⅱ 用催化剂

三井化学（Mitsui Chemicals，日本东京）公司于 1997 年通过三井石化工业和三井东亚（Toatsu）化工合并成立。在功能性化学品业务部门，许可其聚丙烯技术。该公司通过 Prime Polymer（日本）直接生产 PP 和 PE。Prime Polymer 是三井化学公司（65%）和出光兴产（Idemitsu Kosan，35%）的合资企业。

三井化学公司提供 HY-HS（高产量，高选择性）催化剂系列。HY-HS 1 型聚丙烯催化剂于 1975 年研制成功，活性为 30000kgPP/kg，无需去除催化剂或进行除灰步骤。三井的 HY-HS 2 催化剂系统是 1982 年开发的。HY-HS 3 于 1997 年开发。HY-HS 催化剂系列基于不同的内部供体，如苯甲酸乙酯和邻苯二甲酸酯。商品名是 TK 催化剂。最新的催化剂有 RK 催化剂和 RH 催化剂等，使用的是第五代内给电子体技术。从颗粒形态上来看，三井化学公司的催化剂既有颗粒形产品，又有球形产品。图 3.42 是三井公司催化剂技术的发展示意。

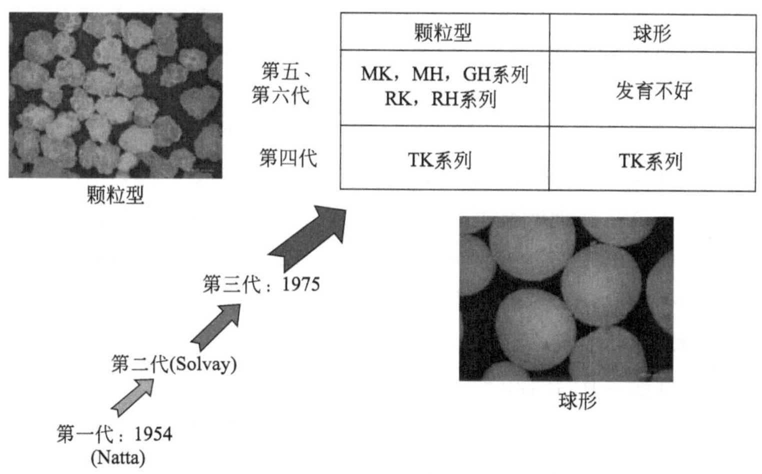

图 3.42　三井公司催化剂技术的发展

基于二醚技术的 RK 催化剂和 RH 催化剂活性是 TK 催化剂的 2～3 倍，具有高氢调敏感性，可生产熔体流动速率范围更宽的树脂。三井化学公司已开始在采用其专利技术的装置中引入该催化剂。一些 RK 催化剂和 RH 催化剂也应用于其他本体法、淤浆法和气相法聚丙烯工艺中。通过在催化剂系统中引入专有的给电子体化合物，可生产冲击强度和刚性平衡好的高结晶度产品。其中，C给电子体用于通用产品，D给电子体用于高立构选择性产品，G给电子体用于各种目的的宽分子量分布产品。

三井化学公司基于邻苯二甲酸酯和无甲苯技术开发了几种第六代催化剂。三井化学公司称这些催化剂可作为drop-in催化剂用于任何本体、淤浆或气相工艺中。一些催化剂牌号也可以提供具有更宽的分子量分布和更窄的共聚单体含量分布的抗冲共聚物。据称这些独特的技术可大大改进聚丙烯的力学性能并拓宽其应用范围。

目前三井化学公司的Z-N聚丙烯催化剂产品及其特点见表3.13。

表3.13 三井化学公司的Z-N聚丙烯催化剂产品及其特点

催化剂	适用工艺类型	聚丙烯目标产品
TK系列		
TK 200	淤浆法	HPP/RCP/ICP
TK 220	本体法/气相法	HPP/RCP/ICP
TK 240	本体法/气相法	HPP/RCP
TK 260	本体法/气相法	HPP/RCP/ICP
TK 1000	本体法/气相法	HPP/RCP/ICP
TK 2000	本体法/气相法	HPP/RCP/ICP
RK系列		
RK 100	本体法/气相法	HPP/RCP/ICP
RK 140	淤浆法	HPP/RCP/ICP
RK 160	本体法/气相法	HPP/RCP/ICP
RK 5000	本体法/气相法	HPP/RCP/ICP
RH系列	淤浆法/本体法/气相法	HPP/RCP/ICP
主要特点:活性高于30000g/g催化剂;PP等规度为98%;形状为粉末状,形态为球形		

三井化学公司和韩国乐天化学公司的合资公司乐天三井化学公司（双方各持50%权益）投用了位于韩国丽水（Yeosu）的一套聚丙烯催化剂装置，采用三井化学的聚丙烯催化剂生产技术。该装置2011年12月开始建设，2013年4月初开始正式投产。

(7) Borealis（北欧）催化剂公司的Borstar工艺用催化剂

北欧化工（Borealis）（奥地利）是一家聚烯烃、化肥、基础化学品（包括三聚氰胺、苯酚、丙酮、乙烯和丙烯）的供应商。阿布扎比国际石油投资公司（IPIC）拥有64%的股份，欧洲能源集团（OMV）拥有36%的股份。Borealis Borstar®技术用于生产聚丙烯和聚乙烯。Borstar®聚乙烯技术可获得许可。Borstar®聚丙烯工艺目前无法向第三方提供许可。Borstar®聚丙烯技术目前仅用于Borealis工厂及其合资企业Borouge，这是阿布扎比国家石油公司（ADNOC）和Borealis之间的合资企业。第一个Borstar® PP装置于2000年在奥地利施韦卡特建立了一个年产210万吨聚丙烯的工厂。2008年，Borealis推出了第二代Borstar®技术、Borstar® PE 2G和Borstar® PP 2G技术，通过生产双峰和多模聚乙烯和聚丙烯，扩大了工艺的产品范围。2010年，博鲁格3号扩建项目宣布在鲁威（阿拉伯联合酋长国）的石油化工厂开工。该项目包括两个Borstar®聚丙烯装置，年产9.6万吨，两个Borstar®聚乙烯装置，年产10.80万吨，以及一个35万吨/年的低密度聚乙烯装置。

Borealis拥有一系列专有的Z-N催化剂，利用其专有的Sirius催化剂技术。Sirius技术是基于乳状液法，在化学成分和颗粒形态方面，制备具有良好的粒间和粒内均匀性的催化剂。采用 Sirius 技术制备的 Z-N 催化剂改善了对活性中心分布的控制，从而更好地控制了聚合反应。该公司利用 Sirius 专有催化剂平台开发出的 RCEO2P 聚丙烯催化剂，具有非常均匀的粒子结构，大大改善了低、中等刚性均聚和无规聚丙烯的性能，用于生产薄膜和纤维级产品，每吨聚合物的催化剂成本可降低约 20%，而生产能力提高 10%。2013 年 6 月，位于奥地利林茨（Linz）的一家新的催化剂工厂开始生产这些催化剂。该催化剂装置将在其芬兰 Porvoo 研发中心基础研究的基础上进行新催化剂开发，可进行催化剂的半工业化批量生产。

此外，Borealis 公司开发出一种适用于其 Borstar 双峰聚丙烯工艺的专有 Z-N 聚丙烯催化剂——BC 催化剂。该专有催化剂以 Ti/Zr 为主体，是具有两种或更多种类型活性中心的载体催化剂体系，能够适应较高的聚合温度，催化活性和等规度随聚合温度的升高而增加。采用 BC 催化剂，既能生产分子量分布很窄的单峰产品，也能生产分子量分布很宽的双峰产品，包括均聚物和无规共聚物。在某些多相共聚物中，双峰性可存在于基体相和橡胶相中。这种催化剂已经获得工业应用。第二代催化剂（称为 BC-1 催化剂）也已经开发成功。

3.2.8.2　国内催化剂的发展及现状——专业催化剂公司

近二十年来，国内聚丙烯的产能和需求持续增长。前述聚合工艺专利商均加大对国内聚丙烯装置的工艺许可。由于工艺专利商提供的进口催化剂售价昂贵，且采购周期长，催化剂的国产化成为各树脂生产企业降本增效的必由之路。庞大的市场需求催生了专业的聚烯烃催化剂供应商。

这些催化剂生产企业往往不从事聚丙烯树脂的生产，会根据不同聚合工艺的需求开发相应的催化剂。由于各企业进入市场的时机条件不一样，不同工艺在国内市场的市场份额不一样。因此，不同催化剂品种和不同催化剂公司的产品特点和市场优势各不相同。

现在，这些专业的催化剂公司发展日渐成熟，并朝以下方向发展：越来越重视技术开发；从纵向上进行业务扩张，增强企业的抗风险能力和市场话语权，如营口向阳科化从事三乙基铝（助催化剂）生产和四氯化钛（原料）生产；任丘利和科技开建聚丙烯生产线等；从横向上进行业务扩展，如进行聚丙烯助剂的开发和生产等。

（1）中国石化催化剂公司

中国石化催化剂公司成立于 2004 年，其北京奥达分公司（以下称奥达公司）主要从事聚烯烃催化剂的生产和销售任务。

奥达公司的催化剂技术来自中国石化北京化工研究院，主要有 10 个大类。具体见表 3.14。

表 3.14　中国石化北京化工研究院开发的聚丙烯催化剂品种

名称	规格型号	应用工艺	典型客户
NA		Hypol	广州石化、洛阳石化、扬子石化等
BCNX	A10，A20	Slurry PP(淤浆)	Formosa、Luke 等
BCND	01，02，03	Hypol，Novolen，Unipol	Sinopec、PetroChina 等
BCZ	108，208，308	Hypol，Innovene，Novolen	广州石化、洛阳石化、赛科石化等
BCM	100，200，300，400，500	Horizone，Innovene	中韩石化、广州石化、扬子石化
BCU		Unipol	大唐、Lukoil 等
DQC	301，401，602，700	Spheripol，Spherizone	Sinopec、Titan 等

续表

名称	规格型号	应用工艺	典型客户
NDQ		Spheripol	大津石化等
DQS	Ⅰ，Ⅱ	Spheripol	茂名石化、济南炼化等
H	HA	Spheripol	中原石化等
	HA-R	Spheripol	长岭炼化等
	HR	Spheripol	洛阳石化等

① NA 催化剂主要应用于 Hypol Ⅰ工艺。该催化剂是在北京化工研究院 20 世纪 80 年代开发的 N 催化剂基础上针对 Hypol 工艺特点改进而成的。该催化剂具有良好的氢调敏感性、较高的活性和定向能力，可用于 Hypol 工艺生产各种牌号的均聚和抗冲共聚产品。曾在扬子石化、广州石化和洛阳石化的 Hypol 装置长期使用。

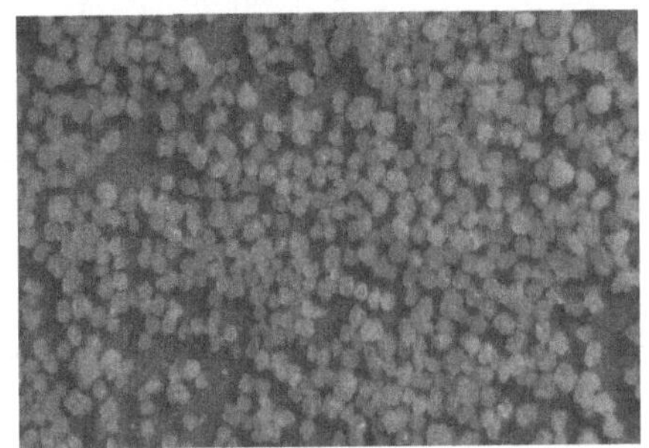

图 3.43　BCNX-A10 催化剂 SEM 照片及粉料照片

② BCNX 催化剂也是 N 系列催化剂的改进产品，主要应用于淤浆聚丙烯工艺。该催化剂具有颗粒粒度分布窄、高活性、催化剂和所得聚合物细粉少（见图 3.43）、聚合物粉料堆积密度高的特点。BCNX 催化剂有两个品种，分别是粒径较小的 A10（8～15μm）和粒径较大的 A20（15～25μm）。

③ BCND 催化剂是采用北京化工研究院开发的 1,3-二醇酯内给电子体技术开发的第五代非塑化剂聚丙烯催化剂，曾获中国石化技术发明一等奖。BCND 催化剂粒径分布窄，细粉少，活性高，聚合物分子量分布宽，共聚性能好，抗杂质能力强，聚合物性能优良。通过使用不同的 1,3-二醇酯化合物可以得到不同氢调敏感性的催化剂。目前，BCND 系列催化剂有 BCND-Ⅰ、BCND-Ⅱ、BCND-Ⅲ三个品种（性能见表 3.15），主要应用于 Novolen 装置、Hypol 装置和 Unipol 装置。

表 3.15　不同 BCND 系列催化剂的性能及其与 N 催化剂性能对比

催化剂	活性 /（kgPP/g 催化剂）	XS/%	MFR/（g/10min）	PDI
BCND-Ⅲ	约 40	2.3	3.0	约 4.5
BCND-Ⅱ	45～55	2.1	2.7	4.5～5.0
BCND-Ⅰ	45～65	1.9	1.5	4.0～5.0
N(邻苯二甲酸酯)	约 36	1.8	3.5	3.6

注：PDI 指流变法测量的分子量分布。

④ BCZ 系列催化剂采用独特的助催化体系和复配内给电子体技术开发，具有高活性、颗粒形态好、粒径分布窄（见图 3.44）、无需预聚合等特点，适用于 Hypol、Innovene 和

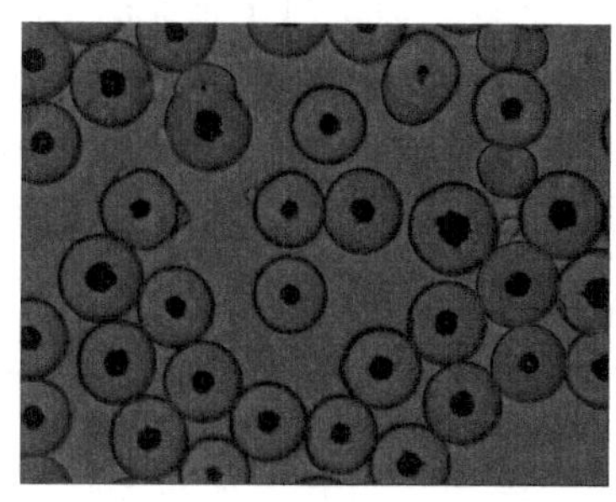
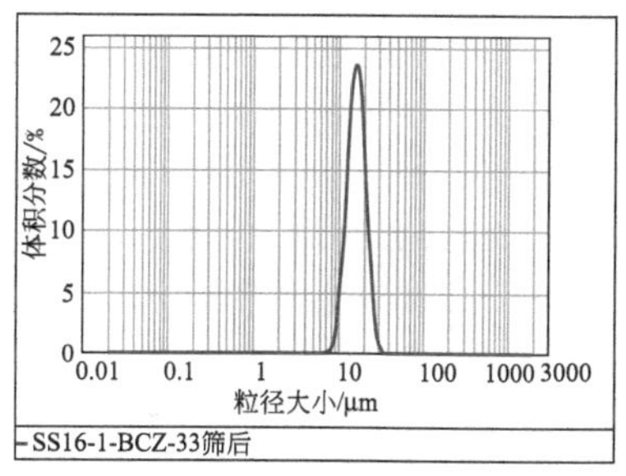

图 3.44　BCZ 系列催化剂照片及粒径分布

Novolen 工艺。

结合不同的内给电子体技术开发了 3 个不同性能的催化剂产品。

BCZ-108 是第四代 Z-N 催化剂，用于通用均聚、无规共聚以及抗冲共聚的生产；在 Hypol 工艺和 Innovene 装置中长期应用，活性较 NA 催化剂高 20%～25%。

BCZ-208 属于非邻苯二甲酸酯内给电子体 Z-N 催化剂，具有优异的氢调敏感性（在生产低熔体流动速率产品时氢调敏感性只有普通催化剂的一半，在生产高熔体流动速率产品时氢调敏感性是普通催化剂的一倍），高的定向性能，适于各种均聚、无规和抗冲产品的生产和开发，树脂产品强度高，分子量分布窄。

BCZ-308 催化剂氢调性能特别不敏感；制备的聚丙烯树脂 PDI 值达到 7.8，而普通催化剂制备的聚丙烯 PDI 值为 3.7；相应的树脂产品具有良好的加工性能和力学性能，特别适于 PPH、PPR 和 PPB 管材，高熔体强度聚丙烯的开发和生产。

⑤ BCM 系列催化剂基于烷氧基镁载体开发，粒径可以在 10～60μm 范围内调整。通过载体性能的调整，结合不同性能的给电子体技术，BCM 催化剂可以满足用户不同性能产品的生产和开发。按功能分为 BCM-100、BCM-200、BCM-300、BCM-400 和 BCM-500 五个产品（表 3.16），主要应用于 Horizone 和 Innovene 工艺装置。

表 3.16　五个 BCM 催化剂的主要特点及产品开发

BCM 系列催化剂	粒径 D_{50}/μm	含塑化剂	主要特点及适用开发产品
BCM-100	30±5	是	超高定向能力，高活性；高流动性、高刚性聚丙烯制备；通用均聚、无规及抗冲共聚丙烯生产
BCM-200	50±5	是	高孔隙率，高定向能力，高活性；高橡胶含量（>45%）抗冲共聚丙烯制备
BCM-300	30±5	否	不含塑化剂，通用聚丙烯
BCM-400	30±5	否	高氢调敏感性，高定向能力，高熔体流动速率均聚和（二元或三元）无规共聚聚丙烯
BCM-500	30±5	否	宽分子量分布（MWD=10～11），PPH、PPR、PPB 聚丙烯管材

⑥ BCU 催化剂也是基于烷氧基镁载体开发，主要适用于 Unipol 工艺装置。该催化剂具有活性高、定向能力好、聚合物细粉少、堆积密度 0.30～0.40g/cm^3 可调、流化床层分布均匀、装置高负荷运行稳定的特点。BCU 催化剂已经成功应用于 Unipol 装置生产抗冲共聚丙烯。

图 3.45 典型的 DQC-401 催化剂照片

⑦ DQC 系列催化剂在北京化工研究院早期研制的 DQ 球形载体高效聚丙烯催化剂的基础上，结合新型的超重力旋转床球形载体制备技术开发而成。适于丙烯均聚、无规共聚和嵌段共聚，广泛应用于国内外环管丙烯聚合工艺中。

DQC 催化剂颗粒形态好（见图 3.45），粒径分布窄，选择范围宽（25～80μm），活性比同类进口催化剂高（达 60kg PP/g 催化剂），立构选择性好，等规度调节性能好（95.5%～98.5%），氢调敏感性好，熔体流动速率和等规度平衡性好；聚合物粉料破碎少，超细粉少，表观密度高，产品 MFR 易控（均聚物 MFR 在 0.2～45 g/10min 之间可调）。DQC 催化剂的品种及主要应用范围见表 3.17。

表 3.17 DQC 催化剂的品种及主要应用范围

品种	粒径 D_{50}/μm	应用范围
DQC-301	25～36	Spheripol & ST, Single loop, Homo, Raco
DQC-401	36～48	Spheripol & ST, Homo, Raco, Imco
DQC-602	48～65	Spheripol & ST, Imco, Homo, Raco
DQC-700	60～75	Spherizone

另外，DQC 催化剂还是中国石化 ST 环管工艺技术的原始工艺催化剂。ST 工艺技术流程中本体淤浆聚合采用单（双）环管反应器，可选择串联一个气相反应器用于抗冲共聚产品的生产。ST 技术可对外许可，目前已发展到第三代。

⑧ NDQ 催化剂是采用 1,3-二醇酯内给电子体技术的球形催化剂，具有聚合活性高、立体选择性好等特点，特别是使用 NDQ 催化剂在单反应器中能制备宽分子量分布的聚丙烯。

⑨ DQS 催化剂基于一种新型的多组分球形氯化镁加合物载体，并通过催化剂制备技术的创新进一步开发。DQS 催化剂用于丙烯聚合时，显示出较高的聚合活性和立体定向性、良好的氢调敏感性，同时表现出良好的后期活性，获得的树脂产品具有更好的刚韧平衡性。

⑩ H 系列催化剂是一系列球形非塑化剂聚丙烯催化剂，目前主要有三个产品：HA、HA-R 和 HR，其主要特点见表 3.18。

表 3.18 H 系列催化剂的品种及性能

催化剂	活性水平	立体选择性	氢调敏感性	分子量分布
HA	超高(现有商业催化剂的 3～4 倍)	高	低氢条件下较低,高氢条件下较高	较宽
HA-R	超高(现有商业催化剂的 3～4 倍)	高	高	较宽
HR	高(比现有商业催化剂高 30%～50%)	高	高	窄

HA 催化剂是目前世界上活性最高的 Z-N 商品催化剂，其工业装置运行活性可达 14 万～16 万倍（普通催化剂为 3 万～5 万倍）。使用 HA 催化剂可以在反应器中直接制备灰分小于 3×10^{-5} 的低灰分聚丙烯。这些产品在电容器膜、高端锂电池膜上获得应用。长期的工业应用实际显示，HA 催化剂表现出装置运行稳定、操作参数易于调节、活性高、超细粉

少的特点。

HR 催化剂的主要特点是优异的氢调敏感性，制备的聚丙烯树脂分子量分布窄，在高熔体流动速率时还具有高的等规度。这一特点使得 HR 催化剂特别适于开发高性能纤维、高熔体流动速率薄壁注塑料以及高熔体流动速率抗冲聚丙烯。目前，洛阳石化基于 HR 催化剂开发的高性能医卫用无纺布专用料 PPH-Y35X，薄壁注塑料 MN60 和 MN90 都获得广泛的市场应用，产生了良好的社会效益和经济效益。

HA-R 催化剂既具有 HA 的高活性特点，又具有良好的氢调敏感性，能生产各牌号的聚丙烯产品，具有更好的产品适应性。

（2）中国石油化工科学研究院

2008 年，由中国石油兰州化工研究中心主要承担的新型内给电子体球形聚丙烯催化剂（PC-MAX-120）工业化试验科研项目通过专家评审。PC-MAX-120 催化剂在兰州石化公司 4 万吨聚丙烯装置上的工业试验表明，运行稳定，催化剂的初始活性释放平稳，氢调敏感性好。兰州化工研究中心先后开发出 8 种类型 25 个酯类内给电子体，并申请了 10 项国家专利。

2009 年，由中国石油石油化工研究院承担建设的中国石油首套聚丙烯催化剂与工艺工程中试装置开车。该中试装置以 LyondellBasell 公司的 Spheripol 工艺为基础，并兼顾其他工艺的优点。装置建在中国石油兰州石油化工公司石化厂 40kt/a 聚丙烯装置旁，规模为 75kg/h。该中试装置能够进行聚丙烯均聚物、抗冲共聚物、二元无规及三元无规共聚物（乙烯-丙烯-1-丁烯）的中试试验。该中试基地建成后，可进行聚丙烯催化剂的中试放大及评价研究、聚丙烯聚合用各种原料的评价研究、新型聚丙烯聚合工艺的中试放大及工艺优化研究、聚丙烯聚合反应器及聚合反应工程的研究。

2011 年，中国石油无规与抗冲共聚聚丙烯催化剂中试及工业应用重大试验项目落户抚顺石化公司。该项目将以自主研发的聚丙烯催化剂技术为基础，开发高附加值共聚聚丙烯差别化系列产品，建成聚丙烯催化剂中试基地，提升聚丙烯产品市场竞争力。

2011 年，由中国石油石油化工研究院研发的中国石油集团首个具有完全自主知识产权的 PSP-01 球形聚丙烯催化剂在抚顺石化公司 10 万吨/年聚丙烯装置完成工业生产试验获得成功。PSP-01 聚丙烯催化剂是采用新型给电子体技术的第四代高效载体型催化剂，具有氢调敏感性好、共聚性能优良、聚合产物颗粒均匀、细粉含量低等特性。所得聚丙烯树脂具有良好的刚韧平衡性，适合于高抗冲的汽车保险杠、家电外壳和家具等高端产品。2012 年底，PSP-01 聚丙烯催化剂在大连石化 20 万吨/年聚丙烯装置投用。催化剂在 25t/h 的生产负荷下生产运行平稳，产品物料性质及各项关键指标均达到产品质量标准。生产的目标牌号是大连石化在国内市场具有很高认可度的拳头产品 BOPP 薄膜专用料 T36F。2013 年 7 月 26 日至 28 日，PSP-01 聚丙烯催化剂进行工业应用，试产聚丙烯新产品高速 BOPP 薄膜专用料 T36FD，获得成功。试验连续平稳运行 59h，累计生产 T36FD 新产品 1555t，质量稳定。

（3）辽宁向阳科化公司

辽宁向阳科化公司（简称向阳科化）成立于 1984 年，位于辽宁省营口市。除聚烯烃催化剂外，公司还从事三乙基铝、四氯化钛、抗氧剂等聚烯烃相关产品生产和销售。同时公司还拥有 5 万吨/年的间歇小本体生产装置。

公司主要产品有 CS-1 和 CS-2 系列催化剂。其中 CS-1 是颗粒形催化剂，适用于各种气相和本体聚合工艺；CS-2 为球形催化剂，主要适用于环管的本体和气相装置。CS-1 粒径 15～25μm，CS-2 粒径 30～70μm，均具有较高的活性和定向能力。根据各装置工况和产品结构 CS-1 和 CS-2 又细分为多个产品。

CS 系列催化剂技术最早来源于中国科学院化学研究所，二者之间至今仍有密切的合作。

(4) 利和科技

利和科技（任丘市利和科技发展有限公司和北京利和知信科技有限公司）是致力于聚烯烃催化剂研发、制造、销售的高科技企业。公司 2005 年成立，拥有多个催化剂品种应用于不同的聚丙烯工艺（见表 3.19）。

表 3.19 利和科技的聚丙烯催化剂品种、性能及用途

品种	粒径/μm	粒形	钛	活性(kgPP/g催化剂)	堆积密度/(g/mL)	聚合物粒径/μm		MFR/(g/10min)	等规度/%	适用工艺
SPG	17～70	类球	1.8～3.5	≥60	≥0.42	≤15	≤0.5	3～6	≥97	Innovene,Chisso
SUG	15～30	类球	1.8～3.5	≥60	≥0.30	≤5	≤0.5	3～6	≥97	Unipol
PG	15～25	类球	1.8～3.5	≥55	≥0.42	≤5	≤0.5	3～6	≥97	Novolen
SP	25～75	球形	1.8～3.5	≥55	≥0.45	≤5	≤0.5	3～6	≥97	Spheripol
LP	15～35	类球	2.0～3.5	≥60	≥0.42	≤5	≤0.5	3～6	≥97	Hypol,SPG
Y	30～60	类球	0.5～2.0	≥35	≥0.44	≤15	≤0.5	3～6	≥97	高橡胶含量抗冲聚丙烯
LID	17～70	类球	1.8～3.5	≥60	≥0.42	≤5	≤0.5	3～6	≥97	非塑化剂,适于各种工艺

(5) 辽宁鼎际得石化股份有限公司

辽宁鼎际得石化股份有限公司始创于 2004 年，位于辽宁营口，是致力于催化剂、给电子体、抗氧剂、复合抗氧剂及其他聚烯烃用助剂的研发、生产和销售为一体的高新技术企业。公开资料显示，该公司提供 DJD-Z 系列丙烯聚合高效催化剂。DJD-Z 具有高活性、高等规度、催化剂粒径均匀等优点。

(6) 其它公司

伴随着国内聚丙烯及催化剂市场的不断增长，不断有企业和资本进入这一行业。如 2014 年成立的四川锦成化学催化剂有限公司，该公司建有 50t/a 的淤浆聚丙烯装置；营口风光新的聚丙烯催化剂装置 2019 年开始在榆林建设等。但是，聚丙烯催化剂不仅具有较高的技术门槛，也具有较高的市场门槛。要成为市场接受的合格供应商并非一日之功。

3.2.9 Z-N 催化剂发展展望

Z-N 聚丙烯催化剂未来的发展趋势如下。

(1) 技术研发方面

① 新的内、外给电子体还将带来催化剂性质以及相应的聚丙烯结构和性能的根本性改变，进一步提升聚丙烯树脂性能，并拓展其应用范围。

② 现有催化剂活性、稳定性进一步提升，不同工艺装置，尤其是气相装置运行稳定性进一步提高。

③ 新催化剂技术、结合先进的聚合工艺技术将使得均聚丙烯或其它 α-烯烃的立构规整性，无规共聚丙烯的熔点和析出物含量，抗冲共聚物的熔体流动速率及橡胶含量，以及所有产品的 VOC 含量等方面出现突破。

(2) 工程化方面

先进的干湿分离技术和湿法过滤技术的应用将大大提高 Z-N 催化剂的生产效率；同时，

还有可能将可工业制备的催化剂粒径大幅降低，从而制备出可直接应用的聚丙烯粉体材料。

(3) 产业化方面

未来Z-N聚丙烯催化剂市场将会出现两极分化。一方面，通用催化剂的应用可替代性越来越高，对产品价格以及质量的稳定性越来越关注；另一方面，生产企业渴求新的催化剂技术提升装置的盈利能力和同行竞争力。

鉴于此，Z-N催化剂未来发展方向主要有：

① 催化剂制造绿色化，控制污染。Z-N聚丙烯催化剂的制备过程中使用和消耗大量的四氯化钛，现有后处理过程中产生大量的含酸或盐的废水，是绿色生产的主要障碍。

② 催化剂高性能化，提高活性，控制氢调敏感性、共聚性能，控制聚合物的分子量分布、控制聚合物的等规度、制造高纯度的聚丙烯等。主要着眼点还是在于新型的内、外给电子体开发和新型载体技术开发两个方面。特种α-烯烃原料的聚合用催化剂的开发也是Z-N聚丙烯催化剂未来开发的方向之一。

3.3 铬系聚乙烯催化剂

3.3.1 铬系催化剂的发展历程

菲利浦催化剂与Z-N催化剂具有相似的发展历程，在20世纪50年代初期，由美国Phillips石油公司的Hogan和Bank发明。起初美国Phillips石油公司和Standard Oil（标准石油）公司这两家的研究小组都在用氧化物作催化剂以制备合成汽油。菲利浦石油公司的Hogan和Bank试图在SiO_2/Al_2O_3载体上负载NiO的条件下由乙烯制造液体燃料，但是会生成过多的1-丁烯，用CrO_3替代NiO，所有的乙烯都被消耗掉，并合成了高密度聚乙烯，公司致力于将其发展并实现工业化，于1954年将其研究成功的报告公之于世，进而在1957年实现了工业化生产，而此时标准石油公司的研究仅停留在小试阶段。因此后来人们就将此类铬系聚乙烯催化剂统称为Phillips催化剂，又称无机铬催化剂。Phillips催化剂专用于乙烯聚合为高密度聚乙烯，聚合时不需要加入助催化剂烷基铝或者甲基铝氧烷。目前，全球有相当数量的聚乙烯由Phillips催化剂生产。

随后，Unide-Carbide（Univation公司的前身）公司在Phillips催化剂的基础上开发了含有硅烷铬酸酯的UCC型催化剂，也称有机铬催化剂[2]。由于该系列催化剂生产的产品深受市场欢迎，Univation公司现在依然有四种不同牌号的S-2系列催化剂出售。这种催化剂活化后形成的表面铬化物结构与传统的Phillips催化剂有相似之处，但又不完全相同。1974年，同为Union Carbide公司的研究员F. J. Karol[3]申请一项以环戊二烯为配体的新型铬系催化剂（Cp_2Cr），该催化剂即为后来工业化的S-9催化剂。

3.3.2 铬系催化剂的制备及其结构性能

载体和催化剂的制备调节决定了催化剂的化学组成、孔结构和颗粒形态，而催化剂的组成、结构和活化条件则对聚合性能产生重要影响，尤其影响催化剂的活性、聚合物的结构和特征。

3.3.2.1 铬系催化剂的制备

(1) 无机铬催化剂制备方法

Phillips型催化剂通常是将多孔的硅胶载体浸于铬的氧化物或无机铬盐的溶液中，再通入空气或氧气高温活化干燥，冷却后通入干燥的惰性气体保存。常用的Phillips型催化剂活化步骤为：将硅胶浸渍在铬盐水溶液中，然后在120℃下，在空气中干燥一段时间后，得到催化剂前体，将催化剂前体置于流化床反应器中，在 400～1000℃下进行焙烧，流化气速一般不低于 0.03m/s，最后将制备完成的流动性很好的催化剂在干燥的惰性气氛中储存。

(2) 有机铬系催化剂制备方法

有机铬系催化剂一般分为 S-2 与 S-9 两种，其中 S-2 催化剂的活性组分为硅烷铬酸酯，在制备过程中，活性组分首先吸附在脱水后的硅胶上，活化后采用烷基铝氧烷对六价铬进行还原。根据硅胶脱水温度及还原剂用量的不同，S-2 型催化剂可分为四种型号，分别用于生产不同性能的 HDPE 产品；S-9 催化剂的活性组分为二茂铬，在制备过程中也需要先吸附在脱水后的硅胶上。S-2 和 S-9 型催化剂的制备工艺大致相同，常用的制备方法如下。

活化硅胶：称取定量的硅胶，在流化床反应器的惰性气氛中流化；将硅胶从室温加热至 200℃，恒温一段时间后，再加热至 600℃，继续恒温一段时间，活化后的硅胶在无水无氧条件下保存。

活性组分负载：取定量活化后的硅胶加入无水无氧的容器中，然后加入烷烃作为溶剂，根据负载量加入活性组分前体，负载反应结束后加大惰性气体的流速，待溶剂完全蒸干后催化剂在无水无氧条件下保存。

3.3.2.2 载体的影响

载体是铬系催化剂最重要的组分，载体的作用有三种：其一是活性中心更加分散，有利于制备高活性催化剂；其二是载体可作为聚合物生长的模板，聚合物颗粒的形状和粒径分布反映了载体相应的颗粒特征；其三是载体的结构和热处理过程对催化剂的活性有重要的影响，并通过聚合物分子量、分子量分布和支化度控制聚合物的结构。

铬系催化剂要求载体的结构高度分散、疏松，这样才有利于活性中心的暴露，有利于单体的传质扩散和催化剂的再分裂。载体的化学组成，含氧载体表面活性基团（—OH）的含量及分布，载体的表面积、孔径及形态均可影响催化剂的性能。当前工业上铬系催化剂最常用的载体有硅胶（SiO_2）、氧化铝（Al_2O_3）、磷酸铝（$AlPO_4$）及其混合物等。

(1) 孔结构对载体分裂作用的影响

硅胶可以制备成表面积在 50～1000m^2/g、孔容在 0.4～3cm^3/g 范围内的结构[11]，但并非该范围的全部结构都可以获得有活性的聚合催化剂。聚合反应的极限是聚合物生长过程中载体具有分裂成碎片的能力，这样才能保证对内部活性中心的持续接触。载体的这种易碎性与固有强度及孔容有关，例如低孔容催化剂不能有效分裂成碎片，造成聚合反应在较低收率时就发生终止。

(2) 孔结构对活性的影响

McDaniel 制备了一系列具有固定表面积而孔容完全不同的硅胶样品，研究硅胶孔容对催化剂活性的影响。结果发现，孔容越大的硅胶越易碎，在聚合反应中越易分裂。McDaniel 认为，孔径为 100～1000Å（1Å=0.1nm）的孔容可以用于对一组催化剂相互间的活性比较进行有效评估（其他参数不变），但不能作为不同组催化剂之间的绝对评判依据。催化剂活性很可能是由表面积、易碎性、碎片尺寸和碎片孔容这些与催化剂初始孔结构有关的物理性能所决定的。

(3) 孔结构对聚合物性能的影响

除了影响催化剂的活性之外，催化剂孔结构与聚合物性能之间也存在着重要关系。如图 3.46 所示，催化剂的孔容增大，聚合物的分子量降低，熔体流动速率增加，McDaniel 对此进行了验证。他制备了一系列催化剂，相同的硅胶水溶液用不同表面张力的溶剂抽提，得到比表面积相同（400～410m^2/g）、孔容不同（0.8～3.0cm^3/g）的硅胶，全部催化剂均在相同条件下进行乙烯聚合，使收率达到 5000 倍。结果与上述趋势相一致，但如果动力学受乙烯向孔内扩散作用的影响，这种关系就会按照所希望的趋势发生变化。另外，孔结构还会对羟基与分子量之间的关系产生影响，因为无论羟基与活性中心的作用发生在小孔还是大孔都会影响分子量。

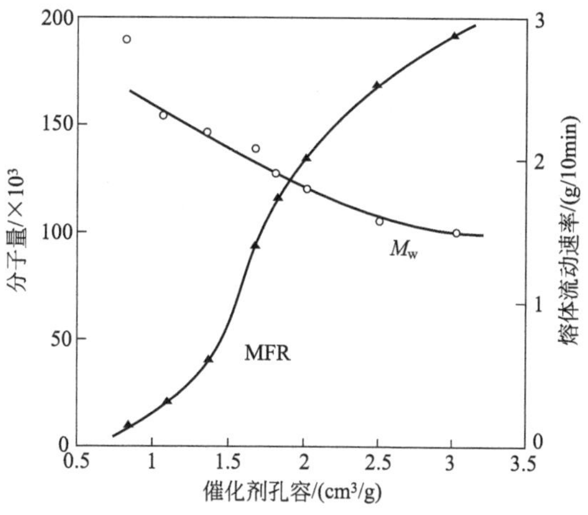

图 3.46　载体的孔结构对聚合物性能的影响

3.3.2.3　改性剂

聚乙烯结构就分子量、分子量分布和链支化度而言受到催化剂化学组成的重要影响。在初始催化剂中加入各种改性剂，可以改善和提高催化剂的活性以及聚合物的性能，这些改性剂包括钛、氟、铝、硼等中的一种或几种共同使用，它们可以用表面浸渍的方式加入，钛和铝也可以在硅胶合成过程中加入，制成共凝胶载体。改性剂的作用极其复杂，它们不仅通过直接或间接地影响活性中心来改变催化剂活性和聚合物性能，而且共凝胶载体中的改性剂能够影响载体的孔结构和热稳定性。

（1）钛化合物处理

改性剂钛的加入方法大致有三种：在硅胶凝胶合成过程加入（有时同时加入铬），使之结合在载体结构中，得到 SiO_2-TiO_2 共凝胶载体，铬再沉积在上面；在催化剂制备过程中进行表面浸渍；在活化过程中加入催化剂中。向硅胶中加入钛和铬的顺序以及中间和最终热处理方式对催化剂性能有着重要的影响。

研究发现钛酸酯通过与硅羟基（—Si—OH）反应固定在硅胶上，如图 3.47 所示。再与铬反应，生成 Ti—O—Cr。钛原子上的负电子通过 Ti—O—Cr 键提高了铬原子的电子云密度，钛直接对 Cr(Ⅵ) 进行了还原，使还原速度加快，氧化物更易去除，从而缩短了催化剂的诱导时间。通过影响 Ti—O—Cr 键的不稳定性，活性中心发生终止反应而影响分子量和分子量分布。

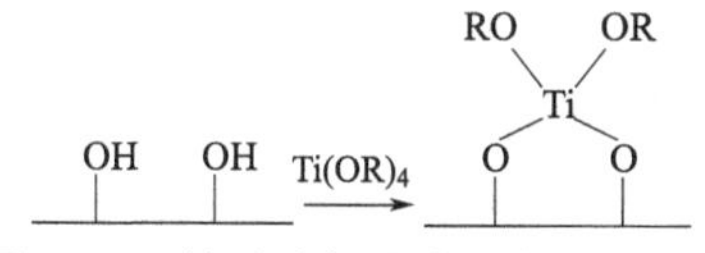

图 3.47　钛酸酯与硅胶上羟基的反应

钛作为氧化铬催化剂改性剂可以显著提高催化剂的性能。与未改性催化剂相比，钛改性催化剂呈现诱导期短和高活性，制备的 HDPE 聚合物具有高熔体流动速率和宽分子量分布，可用作管材、电缆、电线的绝缘料，但不适合注塑，也不能广泛应用于生产薄膜。

（2）氟化物处理

氟化物对铬系催化剂的促进作用是因为氟与表面硅羟基反应释放出水，形成 Si—F 键，氟原子降低了铬原子的电子云密度，从而改变了活性中心的分布，进而影响了聚合物的物性。氧化铬催化剂在活化前加入无机氟，例如六氟硅酸铵，可以得到窄分子量分布的聚乙烯产品，改善了催化剂的氢调敏感性。用氟进一步改进浸渍钛的氧化铬催化剂可以提高催化剂的共聚性能，随着氟含量的提高，共聚物的低分子量部分降低（可用正己烷分离的组分），共聚单体的加入速率可以提高，聚合物的熔体流动速率降低。

3.3.2.4　活化过程

Phillips 铬系催化剂的制备过程中通常都有一个加热步骤，温度从 300℃到 1000℃不等，该过程被称为活化过程。硅胶表面存在羟基（≡Si—OH），呈现弱酸性，可以与酸性更强的 H_2CrO_4 发生反应，从而将 Cr 固定在硅胶的表面。在这个反应中，硅胶表面的羟基被消耗，Cr 以六价态的形式通过 O 的连接固定在硅胶表面（Si—O—Cr）生成多种形式的铬酸酯固定在载体上，形成多种活性中心（如图 3.48 所示），只有经过活化的催化剂才能催化乙烯聚合。催化剂的聚合活性与活化的温度密切相关，从图 3.49 活化温度与聚合物性能之间的关系中可以看出，当活化温度大于 500℃时，聚合活性随温度的提高迅速增加；在 925℃时，活性达到最高点，继续升高活化温度，聚合活性开始降低。聚合物的熔体流动速率随活化温度变化的规律与活性类似。而聚合物的分子量随活化温度的增加迅速降低，在 925℃时，分子量达到最低点，继续升高活化温度，聚合物的分子量开始增大。

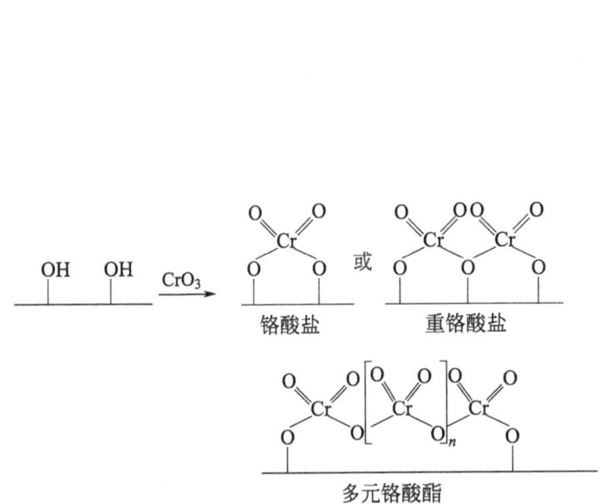

图 3.48　载体上负载多种形式的铬酸酯

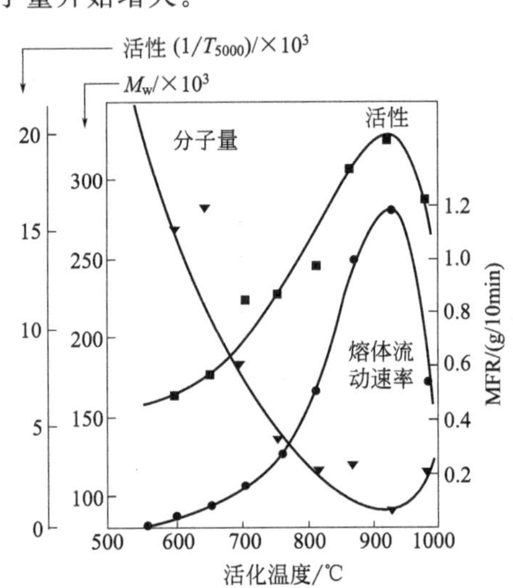

图 3.49　活化温度与聚合物性能之间的关系

3.3.2.5　还原反应

Univation 公司开发的有机铬催化剂，选用双三苯基硅烷铬酸酯（BSCP）为活性组分，正是由于其容易制备而且具有良好的稳定性。BSCP 中的铬为＋6 价，将其负载到热处理后的硅胶上，再加入烷基铝作为还原剂（如图 3.50 所示），将 BSCP 中的铬从最高价＋6 价还原到低价。不同结构的烷基铝作还原剂，均可以提高有机铬催化剂的聚合活性，三烷基铝会增加聚合物的分子量，二乙基乙氧基铝（DEALE）会减小聚合物的分子量。工业上通常使用 DEALE 作为还原剂，Al/Cr 还原比例对有机铬催化剂产生直接的影响。表 3.20 显示了 Al/Cr 还原比例对催化剂性能的影响，增大 Al/Cr 还原比，催化剂的聚合活性提高，聚合物的分子量降低，树脂的熔体流动速率增大，大分子链上 1000 个—CH_2—中丁基支化的数量减少，催化剂共聚性能下降。

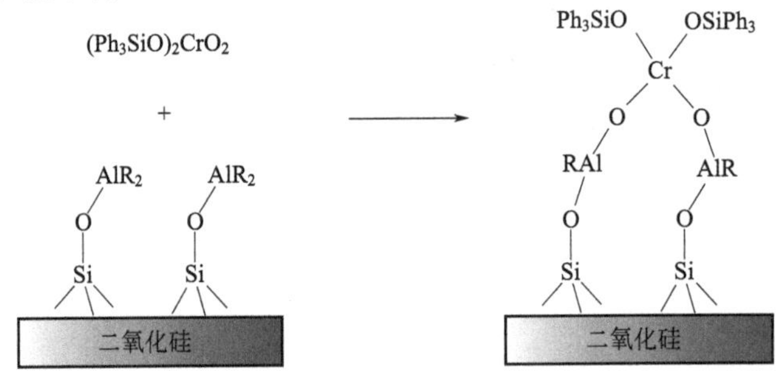

图 3.50　有机铬催化剂的还原反应

表 3.20　Al/Cr 还原比例对催化剂性能的影响

催化剂中的 DEALE/Cr	MFR/(dg/10min)	活性/[gPE/(g·h)]	BBF	密度/(g/mL)
0	13.6	133	2.0	0.9504
1.5	16.6	252	2.0	0.9501
5	67.8	388	1.0	0.9561
10	296	789	0.6	0.9633

注：1. 聚合条件为 500mL 己烷；10mL 己烯；85℃；13.8bar(1bar=0.1MPa)。
2. MFR 为熔体流动速率；BBF 指 1000 个碳链上的丁基支链数。

3.3.3 聚合机理

铬系催化剂核心问题在于活性中心的状态和聚合过程机理，尽管在文献中有许多关于铬系催化剂聚合反应的报道，但由于铬系催化剂结构的复杂性和催化反应的敏感性，至今关于真正的活性中心的结构和引发聚合的机理研究并没有达成一致的结论。人们从聚合反应的不同侧面提出不同的引发机理[8]，详情参见图 3.51。活性中心 C—$Cr^{Ⅱ}$—C 能够同时与一个、两个或三个乙烯分子形成不同的配合物，进而形成不同的引发机理，如机理Ⅰ（金属环戊烷）、机理Ⅱ（金属环丁烷）、机理Ⅲ（亚乙基）、机理Ⅳ、机理Ⅴ、机理Ⅵ（乙烯基氢化物）。

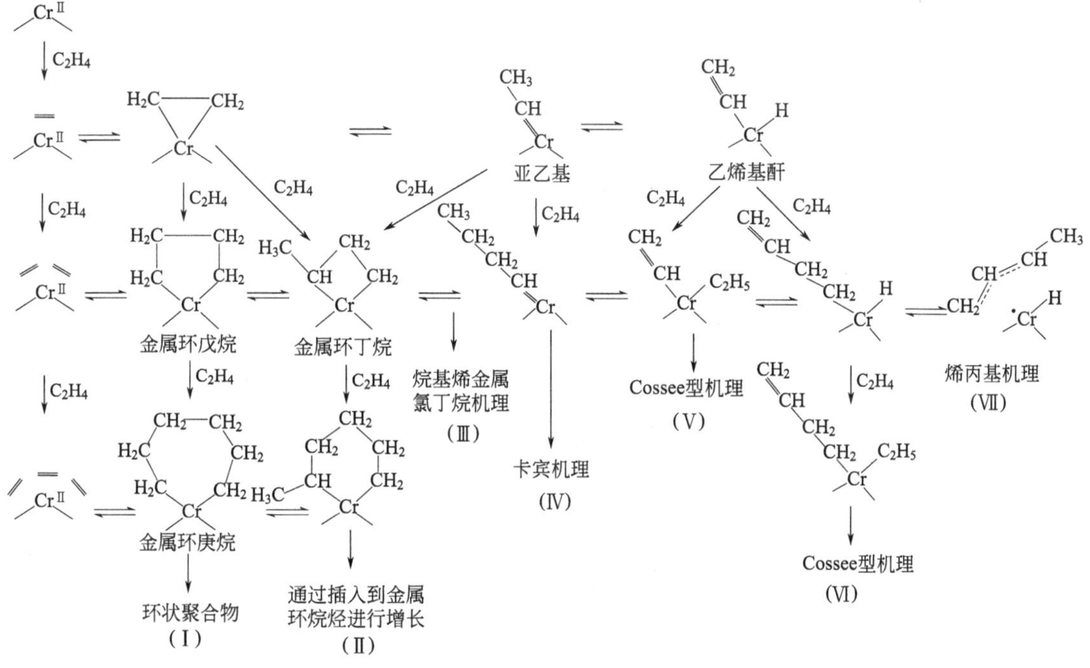

图 3.51　Cr/SiO_2 催化剂可能的引发机理

铬系负载型催化剂的一个重要特点就是它具有多种活性中心，在各种活性中心的作用下才能得到宽分子量分布的产品。铬的价态有Ⅱ、Ⅲ、Ⅳ、Ⅴ和Ⅵ五种，但是活性中心数仅占总铬量的很小一部分，不可能明确地确定是一种还是多种价态的活性中心。McDaniel 认为，随着聚合反应时间的增加而观察到聚合物分子量的增加是因为存在大量的在不同时间激活和失活的活性中心。

3.3.4 铬系催化剂生产商

3.3.4.1 国外生产商

铬催化剂是由硅胶或硅铝胶载体浸渍含铬的化合物生产的，包括 Phillips 公司的氧化铬催化剂和 Univation 公司的有机铬催化剂，最初主要用于 Phillips 公司和 Univation 公司的聚乙烯生产工艺，可用于生产线型结构的 HDPE，改进后也可用于乙烯和 α-烯烃的共聚反应。聚合物具有非常宽的分子量分布（MWD），M_w/M_n 为 12～35，可用来生产高性能的吹塑制品、管材和薄膜。

目前 Phillips 催化剂的主要供应商包括 Grace Davison 公司、PQ 公司、Univation 公司、中国石化催化剂公司、LyondellBasell 公司。到目前为止，Grace Davison 公司为该领域的领先者，供应的铬催化剂见表 3.21，包括铬-硅胶催化剂、铬-二氧化钛改性硅胶催化剂和铬-氟改性硅胶催化剂，可用于环管淤浆法工艺和气相法工艺。在环管淤浆法工艺中，这些催化剂可生产吹塑制品、管材（除 PE 80/100 外）和薄膜产品。Grace Davison 公司也可提供能生产极低熔体流动速率 HDPE 牌号产品的铬催化剂。

表 3.21 Grace Davison 公司供应的铬催化剂及其特点

催化剂	组分	适用工艺	产品
SYLOPOL HA30W	Cr/SiO_2	环管淤浆法	HDPE(耐环境应力开裂)
SYLOPOL 969MPI	Cr/SiO_2	环管淤浆法	HDPE(吹塑)
SYLOPOL 969	Cr/SiO_2	气相法	HDPE
SYLOPOL 957	Cr/SiO_2	气相法	HDPE
MAGNAPORE 963	$Cr/Ti/SiO_2$	环管淤浆法	HDPE(管材/薄膜)
SYLOPOL 9701	$Cr/Ti/SiO_2$	环管淤浆法	HDPE(薄膜)
SYLOPOL 9702	$Cr/Ti/SiO_2$	气相法	HDPE(管材/薄膜)
SYLOPOL 967	$Cr/F/SiO_2$	环管淤浆法	HLMI(极低熔体流动速率)HDPE

Univation 公司有代表性的铬催化剂是 Ucat B 和 Ucat G，用于气相法聚乙烯工艺，其产品特点见表 3.22。

表 3.22 Univation 公司的铬催化剂及其特点

催化剂	牌号	聚乙烯分子量分布	聚乙烯产品
Ucat B	B-300(Ti 改性)	中等	吹塑
	B-400(Ti、F 改性)		管材、片材
Ucat G	G-(Al/Ti)×100	宽	MDPE 薄膜、管材、土工膜、HDPE 薄膜、大部件吹塑制品

Ucat B 催化剂是基于硅胶载体上负载铬氧化物的催化剂，呈干粉状，可生产中等分子量分布 HDPE，适于生产吹塑制品和管材。生产出的聚乙烯产品的熔体流动速率为 60～90g/10min，密度可以根据催化剂的活性调整而变化。常用的 Ucat B 催化剂包括 Ucat

B-300 和 Ucat B-400 催化剂。Ucat B-300 催化剂生产的树脂密度为 0.939～0.965g/cm^3，而 Ucat B-400 催化剂生产的树脂密度为 0.915～0.922 g/cm^3，树脂的分子量分布（9～15）属中等水平。产品典型的应用是制作牛奶瓶和水瓶、家用和工业用化学容器以及板材和管材。

Ucat G 催化剂是基于硅胶载体上负载铬/烷基铝化合物的催化剂，也呈干粉状，可生产宽分子量分布 MDPE、土工膜和大部件吹塑 HDPE 牌号产品。与 Ucat B 催化剂的区别是可生产熔体流动速率更高（可达 90～120g/10min）的树脂产品，树脂密度为 0.930～0.962g/cm^3，树脂的分子量分布（12～30）较 Ucat B 催化剂产品更宽。产品典型的应用是制作高压力等级管道、薄壁软管、薄膜级产品及大型吹塑部件。Ucat G 催化剂牌号以 Al/Cr 比编号，最常用的牌号为 Ucat G-300。

LyondellBasell 公司已经工业化生产一种被称为 Avant C 的生产 HDPE 用的新型高孔体积铬催化剂。该催化剂的特点是高孔体积，可以生产乙烯均聚物和乙烯-α-烯烃共聚物。该催化剂由基于硅胶的专有载体负载，用铬化合物浸渍后在氧化条件下高温焙烧活化制得，铬以 Cr^{3+} 盐的形式存在，其含量低于 1×10^{-5}，安全可靠，而且生产成本较低。该催化剂可替代钛基催化剂用于气相法和淤浆法 HDPE 工艺，可生产要求抗冲击性和耐环境应力开裂（ESCR）性能好的大型吹塑制品用树脂。采用这些铬催化剂生产的树脂具有宽的分子量分布，可适用于吹塑、管材挤出和薄膜等。这种催化剂也可生产范围很宽的产品，用一种 Avant C 催化剂可以替代 2～3 种不同的催化剂，从而可以简化操作，减少不合格产品。目前供应的铬催化剂包括用于 Lupotech G 工艺、Phillips 环管工艺、其他淤浆法和气相法工艺的铬催化剂。

此外，PQ 公司将成为铬催化剂和硅胶载体领域里仅次于 Grace Davison 公司的第二大公司。新的合资公司可提供一系列铬催化剂和硅胶载体，而且还可以提供一种特殊的具有高孔体积的铬催化剂。

3.3.4.2　国内生产商

20 世纪 80 年代，我国才开始研究聚乙烯铬系催化剂。齐鲁石化率先建成了催化剂小试制备、小试评价到公斤级制备、200t/a 中试试验的一条龙科研开发体系，先后研制出了 QCP-01、QCP-02 催化剂，它既不同于 Phillips 公司的氧化铬催化剂，也不同于 Univation 公司的有机铬催化剂，是一种成本低、活性高、产品性能可调的铬基催化剂。

淄博新塑催化剂公司 2005 年改制后，依托中国石化、齐鲁石化及其研究院，先后推出适用于 Unipol 和 BP 气相流化床工艺聚乙烯生产装置的多种 TH 系列高效催化剂，其中包括有机铬系（TH-2 系列）催化剂和无机铬系（TH-3 系列）催化剂，产品可满足常态和冷凝态及超冷凝的聚合工艺要求，可生产 MDPE 和 HDPE 等聚乙烯产品。

上海立得催化剂有限公司依托中国石化和上海化工研究院，其产品包括 SCG-3/4 无机铬催化剂，主要应用于 Unipol 气相流化床，用于生产中等分子量分布的 HDPE 聚乙烯产品（MFR 为 50～90g/10min）；SCG-5 有机铬催化剂，主要用于生产宽分子量分布（MFR 为 75～150g/10min）、高密度聚乙烯产品。

3.4　单活性中心催化剂

如果说内、外部给电子体的发现及其在 Z-N 催化剂中的应用是聚丙烯工业快速发展的开始[217]。那么，由汉堡大学化学系 Kaminsky 发明的使用含有甲基铝氧烷（MAO）的茂金属催化剂来定制合成聚烯烃，则是聚烯烃催化剂技术发展的又一里程碑[218]。由 MAO 和茂金属或其它含过渡金属的配合物形成的催化剂拓宽了设计聚烯烃微观结构的可能性，这在以往是不可能的。这些“单中心”催化剂目前主要用于快速增长的线型低密度聚乙烯（LLDPE）和一些特殊共聚物的生产。

在此之前，Natta 和 Breslow[219,220] 在 Z-N 催化剂发展初期就提出，Ti、Zr、Hf 双环戊二烯基化合物（“茂金属”）可作为可溶且结构可控的聚烯烃催化剂模型。然而，这些化合物因催化活性很低而被忽略。甲基铝氧烷（MAO）被发现后，其活性提高 10000 倍或更多[221]。很快，二茂锆由“模型催化剂”成为高效的乙烯聚合催化剂。它不仅具有很高的催化活性，而且在乙烯共聚合反应中显示出良好的共聚单体插入能力。

3.4.1 茂金属催化剂发展及其结构

SCC（单中心催化剂）由金属、配体和活化剂三部分组成。前过渡和后过渡金属都能催化丙烯聚合，但目前只有钛和锆与合适配体结合形成的催化剂在丙烯聚合中具有应用前景[3]。

对于前过渡金属，采用的配体一般是环戊二烯基、茚基、芴基及它们的衍生物、酰胺、醇盐和亚胺。一般而言，钛与环戊二烯基/亚胺配体形成最高活性的催化剂；锆与双环戊二烯基配体形成最高活性的催化剂（图 3.52）。对于镍和铁后过渡金属，双亚胺和双亚胺吡啶分别是最好的配体[3]。

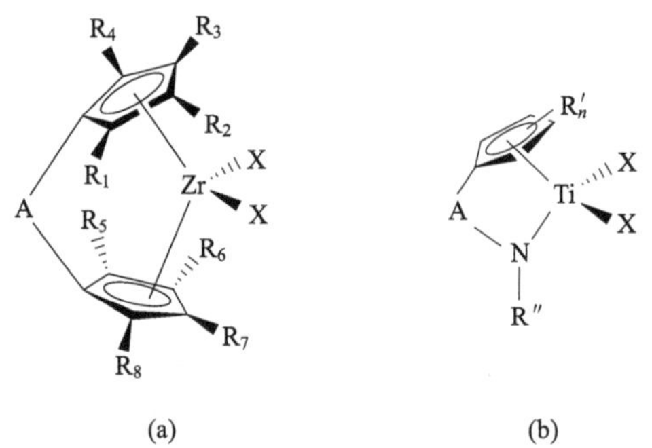

图 3.52 茂锆配合物（a）和环戊二烯基亚胺钛配合物[（b），所谓“限制几何构型催化剂 CGC”] 一般结构

$$n\mathrm{H_2O} + (n+1)\mathrm{Al(CH_3)_3} \longrightarrow \mathrm{(H_3C)_2Al}\!\left[\mathrm{O{-}\underset{}{\overset{\displaystyle CH_3}{\overset{|}{Al}}}}\right]_n\!\mathrm{CH_3} + 2n\mathrm{CH_4}$$

MAO 是三甲基铝与水的部分反应产物，可分离出白色粉末，一般在甲苯溶液中使用。通过元素分析、结晶、NMR 测试和用 HCl 分解来研究 MAO。发现 MAO 是不同低聚物的混合物，包括一些环结构。即使在今天，确切的结构也是未知的，因为在低聚物和低聚物彼此之间以及与未反应 TMA 的络合之间存在平衡。MAO 是其中铝和氧原子交替排列并且自由价被甲基取代基饱和的化合物。根据 Sinn[222] 和 Barron 等[223] 的研究，它主要由基本结构［$\mathrm{Al_4O_3Me_6}$］的单元组成，其包含四个铝、三个氧原子和六个甲基。由于结构单元中的铝原子是配位不饱和的，所以单元连接在一起形成簇和笼。它们在苯中具有 1200～1600 的分子量，并且可溶于烃，特别是芳香烃溶剂中。

有文献报道合成了 MAO 类似物乙基铝氧烷和四异丁基二铝氧烷[224]。表 3.23 比较了不同金属茂和铝氧烷的乙烯聚合结果[225]。使用乙基铝氧烷代替 MAO，活性降低了 40 倍。四异丁基二铝氧烷的活性更高，但仍比 MAO 低 6 倍。与传统的 Z-N 催化剂相比，锆茂催化剂的活性提高了 10～100 倍，并在几天内保持在几乎相同的水平。

表 3.23　不同金属茂和铝氧烷的乙烯聚合结果

茂金属催化剂	铝氧烷	温度/℃	活性/(gPE/gZr·h·bar)	分子量
$Cp_2Zr(CH_3)_2$	MAO	70	700000	190000
Cp_2ZrCl_2	MAO	20	620000	730000
Cp_2ZrCl_2	MAO	70	1000000	190000
Cp_2ZrCl_2	MAO	90	3100000	150000
Cp_2ZrCl_2	乙基铝氧烷	60	23000	n. d.
$Cp_2Zr(CH_3)_2$	异丁基铝氧烷	70	175000	400000

注：聚合条件为 330 mL 甲苯，乙烯压力 8bar，茂金属量 10^{-8}～10^{-6}mol，铝氧烷量 5×10^{-3} mol。

茂金属/MAO 催化剂的机理研究极大地增加了烯烃聚合催化的知识，也使得有可能发现新的大体积且弱配位的助催化剂[226]，例如全氟苯基硼酸根阴离子和硼烷。这些硼化合物具有很强的亲电子性和化学稳应性，能和许多路易斯碱形成各种配合物，而且易溶于非极性溶剂中，反应生成的配合物容易分离和表征。

但是，并不是任何有机硼化合物都是很好的助催化剂。一些有机硼化合物和茂金属配位以后所产生的副产物，会影响聚合反应的正常进行。如 $B(C_6F_5)_3$ 作为助催化剂所得到的聚合物分子量很低，而 $(Ph_3C)B(C_6F_5)_4$ 所得到的聚合物不但分子量高，而且活性和立体选择性也好。因此作为助催化剂的有机硼化合物，它和茂金属催化剂之间的反应结合力、立体效应和生成离子的性质等是确定其优劣的关键。

有机硼化合物与 MAO 相比，有一个明显的好处是在聚合时有机硼化合物的用量要比 MAO 少。通常用量与茂化合物等摩尔比。这可以大大降低催化剂的成本。特别是硼化合物的稳定性好，合成硼化合物的危险性要大大低于 MAO 且有利于储存和运输。但由于硼化合物不能清除聚合系统中的有毒杂质，因此还需要向反应系统中加入少量的烷基铝。

工业化方面，MAO 已获得长足发展。2010 年，在使用 MAO 作为助催化剂的商业方法中生产了超过 500 万吨聚烯烃，特别是不同种类的聚乙烯。几乎每个季度均有 MAO 活化催化剂生产 EP 或 EPDM 弹性体的新装置开车。在新的应用中，MAO 通过在二氧化硅、铝或其它载体上的吸附而被非均相化[227]。通过该方法，其用于气相聚合也是可能的。因此，工业用 MAO 的数量将会持续迅速增加，主要由 Albermale、Akzo、Chemtura 和 TOSOH 生产。

关于聚合机理方面，Z-N 催化剂的聚合机理研究很多是基于对单中心催化剂的研究，聚合机理见 3.2.6 节所述。

3.4.1.1　结构特点

对于 SCC 性能，最重要的因素是配体。只有含适当取代基的配体与最合适的过渡金属原子结合才能形成高效的催化剂。首先，不同的配体活性中心种类不同，得到的聚丙烯微观结构不同[228-231]。图 3.53 所示配体结构与聚丙烯微观结构的关系已得到实验证实。除了配体外，不同的桥联及环戊二烯、茚基或芴基上不同位置不同基团的取代又会对催化剂的活性、定向能力（生产高等规度聚丙烯，NMR 测定）、分子量以及聚合条件产生影响。

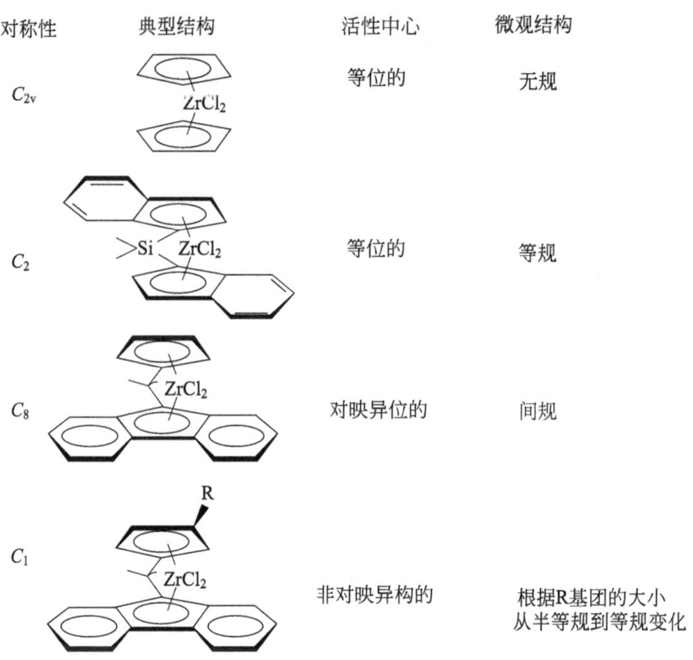

图 3.53 单活性中心催化剂的对称定则

3.4.1.2 从间规聚丙烯催化剂看配体结构对聚合物性能的影响

虽然茂金属催化剂也可用于 *i*-PP（全同立构聚丙烯）的制备，且具有分子量分布窄的特点。但 *s*-PP（间同立构聚丙烯）却只能用茂金属催化剂制备[232]。本部分将以 *s*-PP 的制备来阐述不同结构配体对聚合物微观性能的影响。

(1) 桥取代基对 *s*-PP 聚合物分子量的影响

由表 3.24 和表 3.25 可见，MAO 活化茂金属二氯化合物 C1（见图 3.54）和 C2[233] 可用于高分子量、高结晶 *s*-PP 聚合物的合成。其制备的聚丙烯样品为间同立构，其 rrrr 五单元组可达 64%～82%。

用 C2/MAO 制得的 *s*-PP 聚合物的分子量（M_w）比用 C1/MAO 制得的相应聚合物的分子量高得多，但 rrrr 值较低（链立构规整性较低）。这表明相同配体，使用不同的金属时具有明显的区别。并且，用两种催化剂体系中的任一种制备的 *s*-PP 聚合物的分子量随着聚合温度的升高而降低。

用 C1/MAO 催化剂体系生产的 *s*-PP 具有足够的链长、立构规整性和熔点，以使该聚合物具有足以用于一般用途的结晶度和力学性能。然而，为了扩大 *s*-PP 树脂的应用领域以实现更广泛的用途，需要进一步提高 *s*-PP 聚合物的熔点和分子量。为了提高半结晶 *s*-PP 的熔点，有必要提高单个聚合物链的立构规整性。这又需要抑制两种类型的立构缺陷（m 和 mm）在聚合物主链中的含量，它们的组合数决定结晶度、熔点和大多数物理性质，如结晶速率、光学性能等。

表 3.24 使用 C1/MAO 和 C2/MAO 的聚合条件和结果

金属	温度/℃	活性/(kg/g 催化剂)	M_w/×1000	rrrr/%
锆	60	180	90	82

续表

金属	温度/℃	活性/(kg/g 催化剂)	M_w/×1000	rrrr/%
锆	40	120	138	86
铪	60	2.7	778	73
铪	40	0.2	1322	64

注：1. 聚合条件：1L 液态丙烯；5mL MAO(11%甲苯溶液)；60min。

2. 催化剂：(Cp-CMe_2-Flu)MCl_2，其中 C1 中 M=Zr，C2 中 M=Hf。

表 3.25　用 C1/MAO 和 C2/MAO 在不同温度下制备的间同立构聚丙烯样品的 ^{13}C NMR 序列分布

金属	温度/℃	rrrr/%	rrmr/%	rmmr/%	mmmm/%
锆	60	82	2.70	1.65	0
锆	40	86	1.15	1.55	0
铪	60	73	7.20	3.80	0.5
铪	40	64	10.50	3.50	1.8

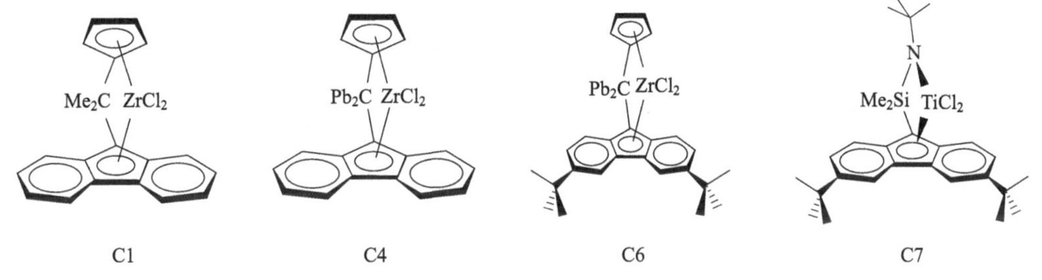

图 3.54　间规聚丙烯用单中心配合物

表 3.26　用 C3 在不同条件下制备的间同聚丙烯表征结果

温度/℃	活性/(kg/g 催化剂)	M_w/×1000	MWD	rrrr/%	熔点/℃
20	25	491	4.7	84.30	133
40	35	248	3.4	82.90	125
60	50	171	3.7	74.31	111
80	35	71	2.7	56.71	—

注：1. 聚合条件：1L 液态丙烯；10mL MAO(11%甲苯溶液)。

2. 催化剂 C3：(Cp-CH_2CH_2-Flu)$ZrCl_2$。

在开发用于烯烃聚合的手性茂金属催化剂[234-236]的早期就已经认识到桥在茂金属催化剂中的重要性。Alt 等[237-239]用大量双（芴基）二氯化锆配合物进行的实验证明，桥联单元的大小对这些配合物在乙烯聚合中的最终催化活性起重要作用。但是，在间同立体选择性茂金属催化剂体系出现之前，几乎不知道桥和桥取代基对所得聚合物分子量的催化性能的影响。

表 3.27　用 C3/MAO 在不同聚合温度下生产的间同立构聚丙烯样品的相关 ^{13}C NMR 归一化光谱立体序列分布

温度/℃	rrrr/%	rrrm/%	rrmr/%	rmmr/%
20	84.30	4.15	4.62	1.63
40	82.90	5.95	4.29	1.98

续表

温度/℃	rrrr/%	rrrm/%	rrmr/%	rmmr/%
60	74.31	8.94	6.91	2.48
80	56.71	13.54	13.49	2.91

表 3.26 和表 3.27 中所列数据与表 3.24 和表 3.25 中所列数据的比较表明，衍生自 C1/MAO 的 C3/MAO 催化剂可用于制备 *s*-PP 链，且具有更高的分子量（几乎加倍）。数据还表明，在所有测试的聚合温度下，与用 C1/MAO 制备的丙烷桥联催化剂体系相比，乙烷桥联催化剂体系活性较低，且立体选择性较低（参见 rrrr、rmmr 和 rrmr 五单元组的百分比）。更令人吃惊的是，用 C3/MAO 生产的所有聚合物，特别是在较低聚合温度下生产的展现出宽分子量分布（MWD=4～5），这对于用单中心催化剂生产的聚合物是非常不常见的。然而，用 C3/MAO 在不同聚合温度下制备的间同立构聚合物的^{13}C NMR 谱分析（参见表 3.27）表明，它们通常在结构和微观结构上非常类似于用 C1/MAO 催化剂体系制备的聚合物[240,241]。这些大分子都具有两种类型的构型缺陷：全同三单元组（mm）和全同二单元组（m）。

表 3.27 还给出了 rrrr 间同五单元组分布随聚合温度的变化。随着聚合温度升高（特别是 40～60℃和更高的温度范围），rrrr 急剧减少，同时 rrmr 五单元序列迅速增加且 rmmr 五单元组也有所增加。这与 C1/MAO 催化剂制备 *s*-PP 的情形相似。

用硅桥代替碳桥对最终催化剂的对映选择性具有类似的不利影响[242,243]。即桥的尺寸增加，增加 *s*-PP 聚合物的分子量，但同时也带来一些副作用，例如催化活性和立体定向性的降低以及 *s*-PP 聚合物立构规整性的降低。这些结果显示：以桥修饰的方式来改进最终催化剂的性能必须保持配合物 C1 的单碳骨架。

该研究的最初目的是在不破坏 C1 分子中双侧对称性的情况下对配体进行取代修饰。A. Razavi 等[240,244] 分别或同时将桥的两个甲基取代基改变为一个或两个苯基、一个或两个氢化物基团和一系列其他潜在的脂肪族或芳族基团。在上述桥取代基修饰中，C1 中用两个苯基取代桥的两个甲基取代基使得 *s*-PP 的分子量显著增加。

与用 C1/MAO 和 C2/MAO 催化剂体系生产的 *s*-PP 相比，催化剂体系 C4/MAO（和 C5/MAO）生产的 *s*-PP 聚合物具有更高的分子量（表 3.28）。另一方面，从五单元组的测试数据可以看出，两个催化剂体系制备的 *s*-PP 的立构规整性和无规缺陷非常接近。

表 3.28　用 C4/C5 在不同条件下制备的间同聚丙烯表征结果

金属	温度/℃	活性/(kg/g 催化剂)	M_w/×1000	rrrr/%	熔点/℃
Zr	20	12	1243	91.04	145.6
Zr	40	26	785	89.74	144.5
Zr	60	138	478	86.78	133.4
Hf	40	18	2863	76.60	103.8
Hf	60	28	1950	74.03	102.2

注：1. 聚合条件：1L 液态丙烯；10mL MAO[11%(质量分数)甲苯溶液]；60min。
2. 催化剂：(Cp-CPh$_2$-Flu)MCl$_2$(环戊二烯基芴基二苯基氯化物)，C4 中 M=Zr，C5 中 M=Hf。

(2) 芴基取代基和催化剂对映体选择性

研究表明，催化剂 C1 中环戊二烯基上任何的取代修饰对最终催化剂的立体选择性要么是无效的［近位］，要么甚至是完全破坏性的［远位］。就芴基取代而言，4位和5位的组合取代被证明通常会破坏对映选择性（表3.29），而对聚合物立构规整性具有一些不利影响[231,245-248]。相反，芴基的2位和7位上的取代对母体配合物C1的对映选择性无任何改善。另一方面，在配体芴基部分的3位和6位的双取代被证明会改进催化剂立体选择性和所得聚合物的立构规整性、熔点和结晶度。研究还表明，除了取代基的位置之外，取代基的大小也是重要因素，取代基越大，它们发挥的效果越显著。

表3.29 用C4/MAO和C5/MAO在不同聚合温度下生产的间同立构聚丙烯样品的相关^{13}C NMR谱序列分布

金属	温度/℃	rrrr/%	rrmr/%	rmmr/%	mmmm/%
Zr	20	91.04	1.07	0.92	0.00
Zr	40	89.74	1.21	2.08	0.00
Zr	60	86.78	1.95	2.40	0.11
Hf	40	76.60	2.71	4.55	0.58
Hf	60	74.03	1.37	3.46	0.86

配体芴基部分的3位和6位引入叔丁基所得催化剂C6/MAO[249,250]的对映选择性和立体选择性及其产生的*s*-PP聚合物的立构规整性显著改善（表3.30）。数据清楚地表明，与在相同聚合温度下用C1/MAO生产的相应聚合物相比，C6/MAO制备的*s*-PP主链中与全同立构三单元组（mm）立构缺陷相关的rmmr五单元组含量显著降低。有趣的是，用C6/MAO制备的*s*-PP中与催化剂的立体选择性成正比的rrmr五单元组含量也低于用C1（和C4）制备的*s*-PP。

表3.30 用C6/MAO在不同温度下的聚合结果及聚丙烯表征

温度/℃	M_w/×1000	rrrr/%	rmmr/%	rrmr/%	熔点/℃
40	766	91.0	0.73	0.93	150
60	590	88.5	0.85	1.65	143
80	443	79.0	1.06	3.79	128

注：催化剂C6为(Cp-CPh$_2$-Flu)MCl$_2$（环戊二烯基-3,6-二叔丁基芴基二苯基氯化锆）。

催化剂体系C6/MAO在对映选择性上的改进，很可能与叔丁基的空间体积有关，它推动反离子（阴离子）进一步远离阳离子活性中心、防止紧密离子对形成，影响阳离子/阴离子对的动态缔合/解离过程[251,252]。

用MAO活化后，配合物（3,6-二叔丁基芴基-二甲基甲硅烷基)叔丁胺氯化钛C7（所谓限制几何级CGC催化剂)[253]成功用于高分子量*s*-PP的制备，进一步验证了芴基3,6-取代的重要性。C7中甚至没有环戊二烯基。

表3.31和表3.32给出了用C7/MAO催化剂体系生产*s*-PP的聚合条件、结果和聚合物分析。其在40℃下产生的*s*-PP间规度（以间规五单元组的含量表示）高于81%。在较高聚合温度下制备的*s*-PP聚合物具有较低的立构规整性，但仍足够高（在60℃下为75.8%，在70℃下为69.4%）。所得*s*-PP聚合物的结晶度和熔点见表3.31。在80℃下制备的聚合物，结晶度低且没有观察到熔点。

表 3.31　用 C7/MAO 在不同温度下的聚合结果及聚丙烯表征

温度/℃	活性/(kg/g 催化剂)	M_w/×1000	rrrr/%	熔点/℃
40	222	703	81.6	123.0
60	371	351	75.8	105.1
80	226	226	60.1	—

注：催化剂 C7 为(3,6-二叔丁基芴基-二甲基甲硅烷基)叔丁胺氯化钛。

表 3.32　用 C7/MAO 在不同聚合温度下生产的间同立构聚丙烯样品的相关^{13}C NMR 谱序列分布

温度/℃	rrrr/%	rmmr/%	rrmr/%
40	81.6	1.6	3.6
60	75.8	1.7	6.5
80	60.1	2.2	10.6

考察类似配合物（2,7-二叔丁基芴基-二甲基甲硅烷基）叔丁胺氯化钛的聚合行为[250]，可以证明催化剂体系 C7/MAO 的高对映选择性主要是由其配体芴基部分的 3 位和 6 位叔丁基取代基的存在和空间体积所致。配合物 C8 和 C7 之间结构的唯一区别在于叔丁基取代基在芴基上位置不同。

从表 3.33 中数据可看出，使用 C8/MAO 催化制备 *s*-PP，只有在 40℃聚合时制备的 *s*-PP 等规度（rrrr）达到 75.74%，从而具有一定的结晶度和可以测定的熔点。在较高聚合温度下制备的 *s*-PP 具有较低的立构规整性，并且不显示结晶度和/或熔点。其主要原因是活性中心自身异构化（图 3.55）导致立构缺陷（rrmr 五单元组）的含量迅速增加。如表 3.34 所示，聚合温度从 40℃提高到 60℃，rrmr 含量加倍；在 80℃及以上的聚合温度下达到大于 10%的值。另外，在整个温度范围内对映异构中心控制的立构缺陷（rmmr 五单元组）含量高，但几乎保持不变。

表 3.33　用 C8/MAO 在不同温度下的聚合结果及聚丙烯表征

温度/℃	活性/(kg/g 催化剂)	M_w/×1000	MWD	rrrr/%	熔点/℃
40	127	605	2.6	75.74	111
60	160	506	3.2	63.92	—
80	75	367	3.1	55.89	—

注：催化剂 C8 为(2,7-二叔丁基芴基-二甲基甲硅烷基)叔丁胺氯化钛。

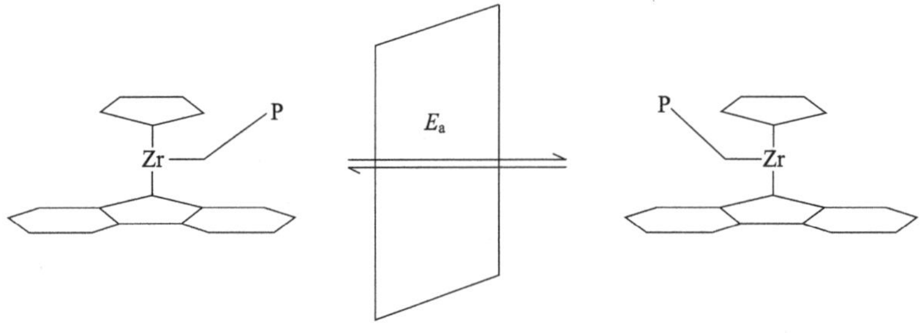

图 3.55　活性中心自身的吸热异构化（没有单体插入的链迁移）过程示意图（E_a 为活化能）

表 3.34 用 C8/MAO 在不同聚合温度下生产的间同立构聚丙烯样品的相关^{13}C NMR 谱序列分布

温度/℃	rrrr/%	rmmr/%	rrmr/%
40	75.7	3.2	4.7
60	69.1	3.0	8.6
80	55.9	3.5	11.2

3.4.2 茂金属催化剂制备产品

单中心茂金属催化剂可以实现结构可控的烯烃聚合，理论上可以制备各类聚烯烃产品。除前述的间规聚丙烯产品外，主要分为均聚和无规共聚两大类。

3.4.2.1 不同等规度的全同立构聚丙烯

L. Resconi 等[10] 评论说：就高结晶全同立构聚丙烯（*i*-PP）而言，在任何可预知的将来，茂金属催化剂不会替代最新的异相 $Ti/MgCl_2$ 催化剂（用于生产通用的聚丙烯产品）。那么，为什么还要用茂金属催化剂生产聚丙烯呢？简而言之，因为聚丙烯的性质可控。例如，制备的全同立构聚丙烯可以从完全无定形到高度结晶，或在两者之间任意程度变化。

(1) 全同立构聚丙烯

目前，茂锆催化剂的立体选择性已优于 Z-N 催化剂，催化聚合得到的聚丙烯分子量很高，需要用氢气来调节分子量的大小。一些重要的催化剂结构示意见图 3.56。然而，茂金属催化剂的单中心性质使一些立体化学或区域化学缺陷无规分布于聚丙烯链中，因此与 Z-N 催化剂比较，茂金属催化剂制备的聚丙烯熔点（150～160℃）和刚性较低[3]。

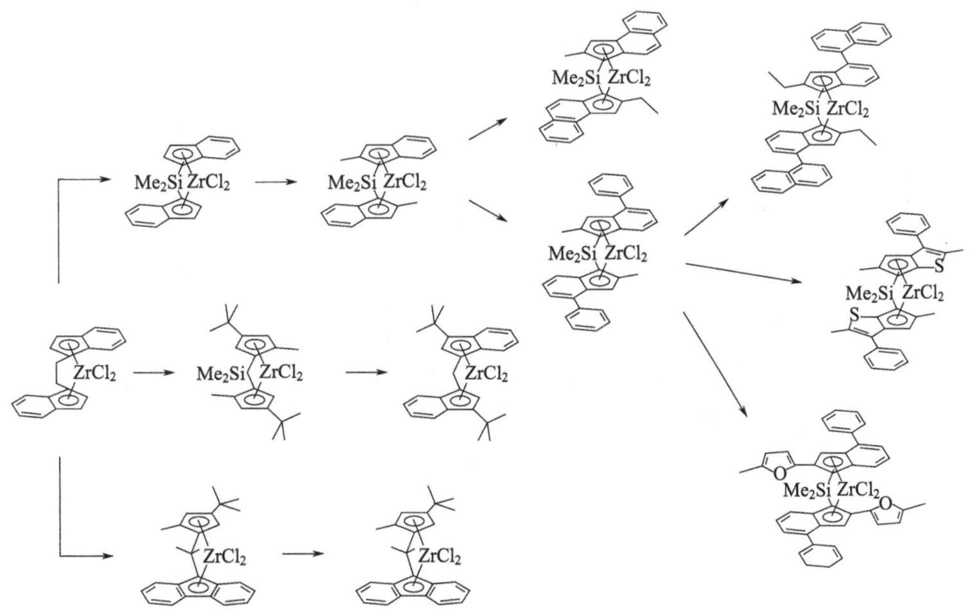

图 3.56 经选择的 C_2-对称和 C_1-对称全同定向茂锆催化剂

(2) 非晶聚丙烯

理想 *a*-PP 结构中，五单元组排列呈伯努利分布[3]。早期在 Z-N 催化剂生产过程中，无规聚丙烯作为副产物分离，主要用在沥青添加剂和热熔胶中。但是，Z-N 催化剂得到的无规共聚物并非真正符合伯努利分布，而是包含了低分子量等规物和无规聚丙烯的混合物。

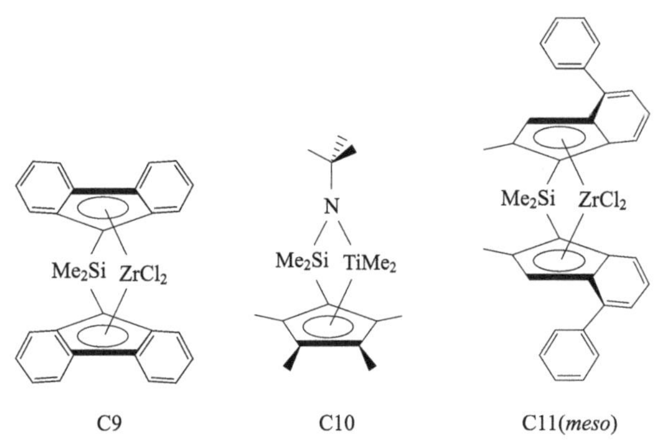

图 3.57 制备高分子量 a-PP 的茂金属催化剂实例

高分子量的无规聚丙烯更具工业应用价值。可以由三种类型的单中心催化剂得到。EP584609 第一个公开用于合成高分子量 a-PP 的茂金属催化剂 $Me_2SiFlu_2ZrCl_2$，分子量可达 10^5～10^6（催化剂 C9，图 3.57 所示)。Dow 化学公司的催化剂 C10 和催化剂 C11 的内消旋异构体也可用于高分子量 a-PP 的制备。

a-PP 与 i-PP 不相容，限制了其应用。但 a-PP 与结晶聚丙烯含量高的乙烯-丙烯共聚物相容，并能提高乙丙共聚物的弹性、软化度和透明性。另外，a-PP 在液态丙烯中不溶解，但可能被溶胀，不利于其在本体或气相工艺生产，在适当条件下采用溶液聚合制备。

(3) 低等规聚丙烯 (LMPP)

低等规聚丙烯具有良好的透明性（图 3.58)，低的模量。Mallin 等[254]、Brarakis 等[255]和 Kukral 等[256] 通过使用具有 C_1 对称性的桥联茂金属催化剂制备了不同等规度的聚丙烯(图 3.59 中 C12～C14)。当丙烯在两个基本不对称的配体中重复配位和插入时，可生产低等规的聚丙烯。Waymouth 等[257] 使用 2-(苯基取代)茚基配合物（图 3.60）制备了无规聚丙烯和等规聚丙烯组成的嵌段共聚物。

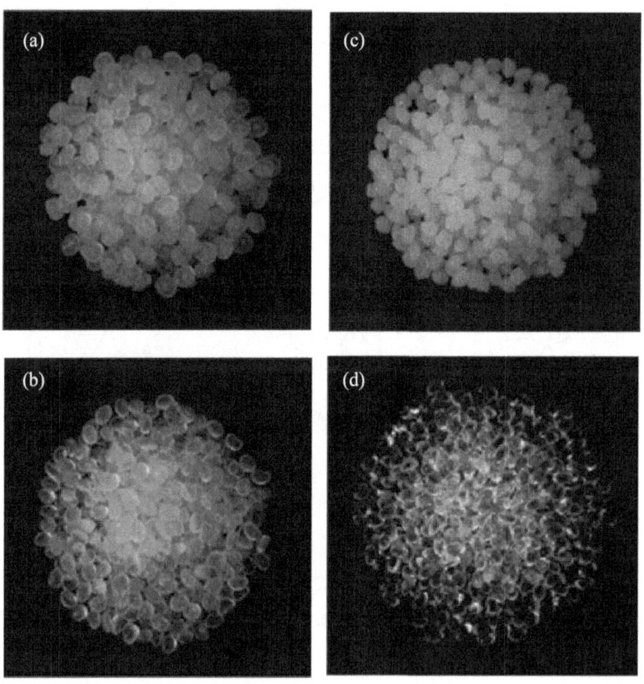

图 3.58 聚丙烯 (PP) 粒料

(a) 高全同立构、高结晶度和高刚性的 PP；(b) 丙烯-乙烯无规 PP；(c) 丙烯-乙烯抗冲共聚 PP；(d) 低全同立构、低结晶度和软质 PP

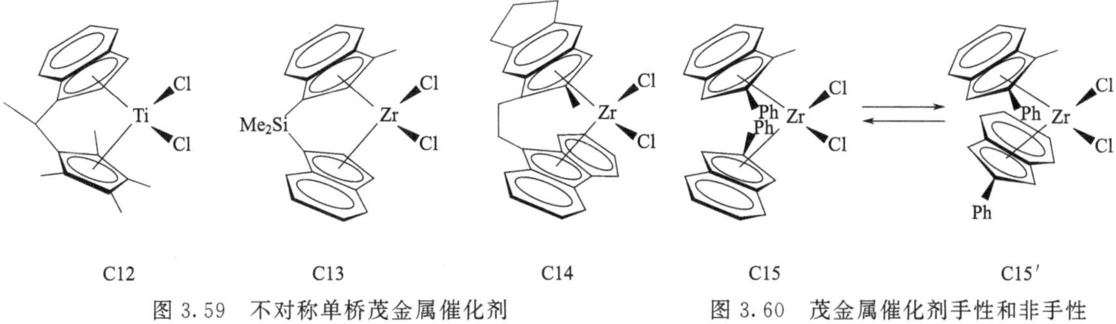

图 3.59　不对称单桥茂金属催化剂

图 3.60　茂金属催化剂手性和非手性几何构型之间的振荡变化

另一种 C_1 对称的茂锆催化剂也可用于低等规聚丙烯的制备。它的配体为桥联的二(2-甲基噻吩)并环戊二烯和茚基，代表性结构见图 3.61。这些催化剂在 50～70℃液态丙烯聚合时具有高活性，制备的聚丙烯性质是高区域有规、低模量、中等等规度、黏均分子量在 100000～350000 之间，mm 三单元组含量 78%～95%、熔点（T_m）80～145℃、熔融焓 ΔH_f=20～80 J/g。

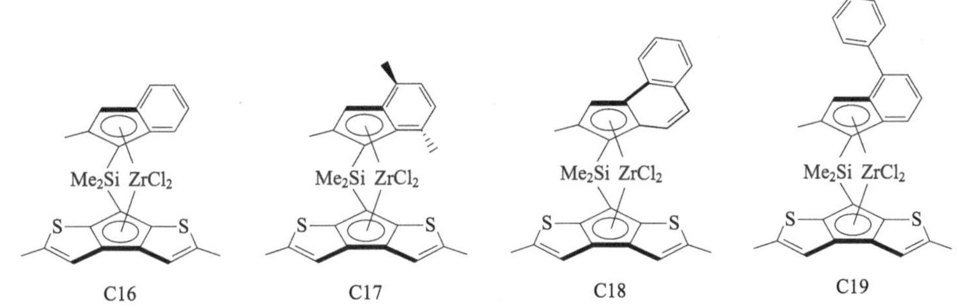

图 3.61　以桥联的二(2-甲基噻吩)并环戊二烯和茚基为配体的等规定向 C_1 对称茂锆催化剂

聚丙烯的结晶性能由其结构规整性控制。图 3.62 为聚丙烯熔点（T_m）和熔融焓（ΔH）随五单元组 mmmm 含量变化关系。可见，T_m 和 ΔH 随着 mmmm 含量降低而线性下降，当 mmmm 低于 30% 后消失。

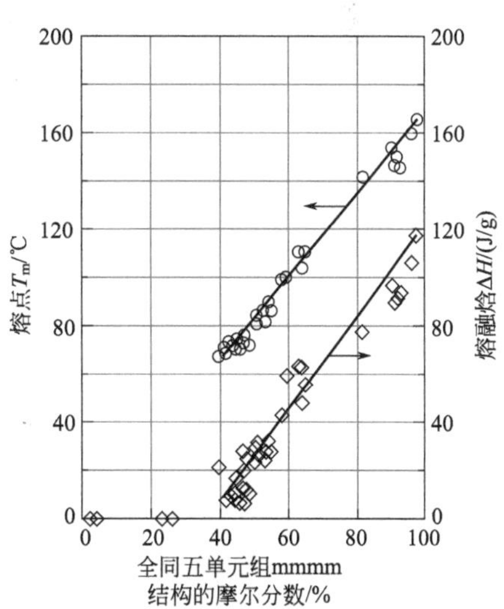

图 3.62　各种催化剂聚合的聚丙烯中的五单元组分与熔融焓和熔点之间的关系

低等规 PP 的分子量控制也至关重要。图 3.63 显示了使用凝胶渗透色谱法测得的分子量与拉伸强度和断裂伸长率的关系。尽管在低分子量下拉伸强度和伸长率都非常小，但是当超过一定临界分子量时它们显著增加。这一临界分子量 $M^*=2\times10^4$。由于 M^* 非常接近分子链之间缠结的临界分子量（约 1.5×10^4）[258]，因此认为 LMPP 的弹性模量受非晶相缠结影响。

Y. Minami 等[258] 开发了一系列双桥配体（图 3.64），成功用于高分子量低等规度聚丙烯的制备。如图 3.65 所示，在单桥联双（茚基）茂金属催化剂的情况下，当 mmmm 降低时，M_w 也降低。然而，使用双桥双（茚基）茂金属可获得具有高 M_w、低 mmmm 的聚丙烯。

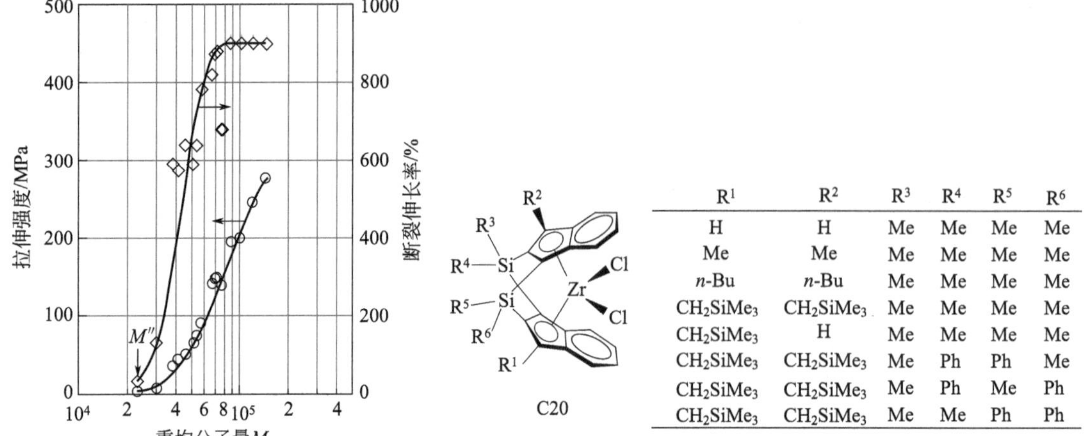

R^1	R^2	R^3	R^4	R^5	R^6
H	H	Me	Me	Me	Me
Me	Me	Me	Me	Me	Me
n-Bu	*n*-Bu	Me	Me	Me	Me
CH_2SiMe_3	CH_2SiMe_3	Me	Me	Me	Me
CH_2SiMe_3	H	Me	Me	Me	Me
CH_2SiMe_3	CH_2SiMe_3	Me	Ph	Ph	Me
CH_2SiMe_3	CH_2SiMe_3	Me	Ph	Me	Ph
CH_2SiMe_3	CH_2SiMe_3	Me	Me	Ph	Ph

图 3.63　LMPP 的拉伸强度和断裂伸长率随重均分子量的变化

图 3.64　二甲基亚甲基桥联的双（茚基）锆茂催化剂结构示意图

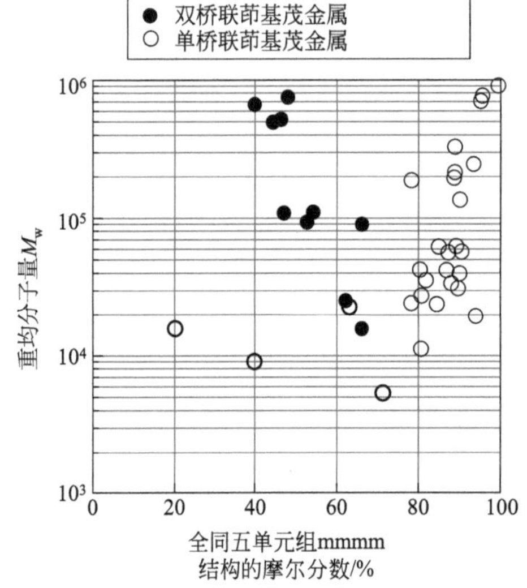

图 3.65　通过单桥连和双桥联催化剂聚合的聚丙烯五单元组含量与重均分子量之间的关系

使用甲基铝氧烷（MAO）活化并使用各种双桥连茂金属在丙烯中于 50°C 进行间歇丙烯聚合，结果显示在表 3.35 中。在茚基配位体上没有取代基的配合物 C20-1，聚丙烯的 mmmm 为 0.66。在茚基配体的 3 位上具有取代基的配合物 C20-2～C20-5 产生低 mmmm(0.4～0.5) 的聚丙烯。相反，在配合物 C20-1 中观察到 0.014 的错误插入，但是在配合物 C20-2～C20-4 中未检测到。一般认为，茚基配体 3-位上的取代基在空间上阻止丙烯的 2,1-插入。当单取代的配合物 C20-5 用于聚合时，mmmm 比双取代的茚基配合物稍大。配合物 C20-4 比配合物 C20-1 获得更高的聚丙烯分子量。通过在配体的 3 位上引入取代基，聚丙烯的 mmmm 降低。在 3-三甲基甲硅烷基甲基作为取代基（C20-4）的情况下，聚丙烯的 mmmm 最小。

表 3.35　同取代基结构双桥配体制备的低等规聚丙烯分子量及结构分析

配合物 /μmol	温度 /℃	活性/[kgPP/(gZr・h)]	重均分子量	[η]/(dL/g)	mmmm	2,1-, 1,3-键
C20-1(1)	50	110	90000	0.75	0.661	0.014
C20-1(0.5)①	60	2305	—	0.27	0.686	0.018
C20-2 (1)	50	315	753000	4.37	0.481	0
C20-3 (1)	50	214	499000	3.18	0.445	0
C20-4 (0.5)	50	1537	664000	3.39	0.398	0
C20-5 (1)	50	425	521000	2.71	0.464	0.011

注：除①中反应条件为 C3，0.77MPa，H_2，0.03MPa，[Zr]/[MAO]=1/1000，30min 外，其他反应条件为 C3，0.65MPa，[Zr]/[MAO]=1/1000，60min。重均分子量采用 GPC 测量，mmmm 为 ^{13}C NMR 测试五单元组。

由于具有良好的低温喷涂性、高黏合强度以及组分均一和中等固化速率的特点，LMPP 可以应用于热熔胶，尤其是用于尿不湿的粘接。LMPP 还可以在无纺布制造领域应用。通过将 LMPP 与常规聚丙烯共混来控制结晶度和结晶速率，可获得具有优异柔软性的纺黏非织造织物。利用稳定且优异的纺丝性和高的纺丝速度，可以得到细旦、高强度的纺黏无纺布。一定纺丝条件下还可以得到具有耐高静水压的熔喷无纺布。

3.4.2.2　乙烯-丙烯共聚物

茂金属催化剂具有更好的分子链结构控制性能，因此不仅有可能提高乙丙共聚产品以及丙烯和 α-烯烃共聚产品的性能，还有可能实现丙烯和极性单体的共聚，拓宽聚丙烯的应用[259]。

茂金属催化剂和 Z-N 催化剂在乙丙共聚反应上最明显的不同在于两个方面：共聚单体在聚合物链上的分布；分子量分布的不同而进一步影响共聚单体在聚合物链上分布的均一性。对于大部分全同立构茂金属催化剂，乙烯-丙烯共聚的反应竞聚率通常处于 0.5～2 之间，表明共聚单体（乙烯）有很均匀的分布。因此，相同乙烯含量时，茂金属催化剂制备的乙丙共聚物的熔点更低（图 3.66）。另外，由于茂金属催化剂制备的聚丙烯分子量分布窄，相应分子量较小的乙丙共聚物量小，从而减少聚合物发黏的可能性。

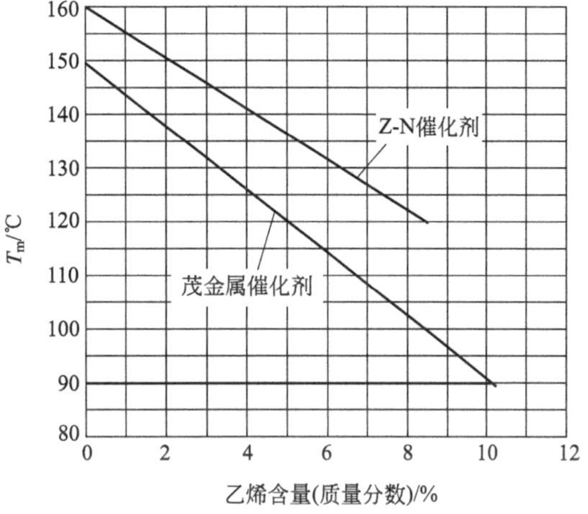

图 3.66　乙丙共聚物的熔点与共聚物中乙烯含量的典型关系

茂金属催化剂之前，烯烃和极性单体是不能进行共聚合的，原因是活性中心原子和极性基因能够以 δ 链牢固结合，使聚合单体的插入变得很困难，需要克服的能垒很高。另外 Z-N 催化体系的酸性太强，不利于极性单体进行共聚合。

茂金属催化剂可以使各种烯烃和极性单体进行共聚合。研究表明，含羟基的极性单体比含酸、酯的极性单体更容易与烯烃发生共聚合反应。极性单体杂原子周围的取代基越大，且与双键之间的距离越远就越容易进行共聚合，这说明空间位阻可以有效地阻止氧原子和催化剂活性中心的结合[260]。乙烯与极性单体共聚的研究较多[261]。Wilen 等[262] 用 $Me_2Si(Ind)_2ZrCl_2$/MAO 催化体系进行丙烯和极性单体共聚合，得到了含抗氧剂 6-叔丁基-2-(1,1-二甲基-6-庚烯)-4-甲基苯酚的丙烯共聚物。

3.4.3　非茂单活性中心催化剂

非茂单活性中心催化剂金属元素主要分为后过渡金属和前过渡金属，由于使用非茂类配体，且呈现单活性中心特征，因此称为非茂单活性中心催化剂。这类催化剂的研究目前主要集中在乙烯均聚及共聚，对丙烯及 α-烯烃的聚合研究也时有报道。

3.4.3.1　后过渡金属催化剂

后过渡金属催化剂是指中心金属原子以元素周期表第Ⅷ族金属为主的金属络合物为主催化剂，对烯烃聚合有高活性的新一代催化剂体系。由于第Ⅷ族金属原子核外 d 电子层未满，可同烯烃分子的 π 电子云作用，镍效应暗示了镍系催化剂可得到乙烯低聚物。20 世纪 50 年代，有人发现 $K_2Ni(Cn)_4$ 可作为乙烯与 CO 共聚反应的催化剂，60 年代 Gough 等又发现了高活性的钯催化剂也可用于乙烯与 CO 共聚制备聚酮。由于采用后过渡金属催化剂的聚合过程中易发生 β-H 消除反应导致链转移，所以这种类型的催化剂长期以来一直用于烯烃二聚或低聚成 α-烯烃[263]，而得不到高聚物。Klabunde 和 Ostoja-Starzewski 通过改变配体结构不断提高链增长速率成功得到高分子聚乙烯，同时 Ostoja 也确立了聚合物分子量与配体结构之间的基本关系。1995 年 Brookhart 等[264] 开发的 α-二亚胺配体保护的镍、钯型络合物常压下即可使乙烯聚合成高分子量的聚合物，聚合活性与茂金属催化剂相当，而且通过控制聚合工艺条件可得到不同支化度的聚乙烯（PE）树脂，这种后过渡金属催化剂在烯烃聚合领域内又开拓了一个新的研究热点。

后过渡金属催化剂中金属元素的种类涉及第Ⅷ族中的元素，目前研究比较多的为 Fe、Co、Ni、Pd 四种元素，络合物的配体种类有膦氧配体、二亚胺配体和亚胺吡啶配体等。催化剂的组成除了金属络合物之外，还需要加入助催化剂 MAO 或者离子型硼化合物组成均相催化剂。后过渡金属催化剂和茂金属催化剂及传统 Z-N 催化剂的不同在于：选择金属元素方面跨越了元素周期表的过渡金属区域，如 Ni、Pd、Fe、Co 等，所制备的催化剂也是单活性中心催化剂，因此可以按照预定目标极精确地控制聚合物的链结构。但后过渡金属催化剂还表现出用传统 Z-N 催化剂或茂金属催化剂都不能达到的各种性能，如茂金属催化剂和传统 Z-N 催化剂都不能接受除碳、氢以外的元素，因此很难用于含有极性官能团的单体共聚反应，但非茂金属催化剂可用于含有像酯和丙烯酸酯类官能团烯烃的聚合。过去的催化剂生产高支链的聚乙烯必须使用已烯、辛烯等共聚单体，否则只能生产分支少的线型聚合物，使用镍基催化剂则可以使乙烯聚合成具有高分支的聚乙烯，而且通过控制反应条件，生产的聚乙烯均聚物的范围包括线型、半结晶到高分支的无定形聚乙烯，控制分支还可以生产无共聚单体的弹性体。

目前后过渡金属聚合催化剂已形成两个系列：以镍（Ni）、钯（Pd）为中心金属的四配位型；以铁（Fe）、钴（Co）为中心金属的五配位型，世界上许多著名的公司都投入了大量的人力、物力进行该领域的研发工作，并申请了一系列的专利。稀土金属络合物也可作为烯烃聚合催化剂，Yasuda 发现镧系金属有机化合物对乙烯聚合十分有效，同时也能使乙烯与甲基丙烯酸甲酯共聚得到二嵌段共聚物 PE-*b*-PMMA。现在拥有的高效 Z-N 催化剂、茂金属催化剂、限制几何构型催化剂、后过渡金属催化剂以及 Grubbs 的亚胺酚氧基镍催化剂已经使我们能够更方便地制备各种性能的聚烯烃材料。

(1) 铁和钴配合物催化剂

铁是地壳中含量丰度最高的过渡金属元素，动植物对铁有良好的耐受性，铁价格低廉。自从二亚胺吡啶铁和钴配合物以高活性催化乙烯聚合的研究报道以来，很多课题组开展了三齿氮配位铁和钴配合物催化乙烯聚合性能的研究。其中，关于 2,6-二亚胺吡啶类铁和钴配合物的衍生化与催化研究颇具影响力。

① 2,6-二亚胺吡啶铁和钴配合物及其衍生物。在 Brookhart[265] 和 Gibbson[266] 课题组报道的二亚胺吡啶配位铁和钴催化乙烯低聚与聚合的研究中，取代基的位阻效应具有重要影响，影响着乙烯配位和插入以及链转移的速率。当苯环上两个邻位取代基位阻较大时，铁配合物催化乙烯聚合得到高分子量的聚乙烯，与之对应，邻位取代基位阻较小时，则得到乙烯低聚产物（α-烯烃)。然而，当苯环上的邻位变为单取代基时，形成的配合物在 MAO 作用下只能催化乙烯低聚，其中取代基 R 为甲基时活性最高，为 5.0×10^6 kg 低聚物/(molFe · h)。衍生的二亚胺吡啶铁和钴配合物如图 3.67 所示。

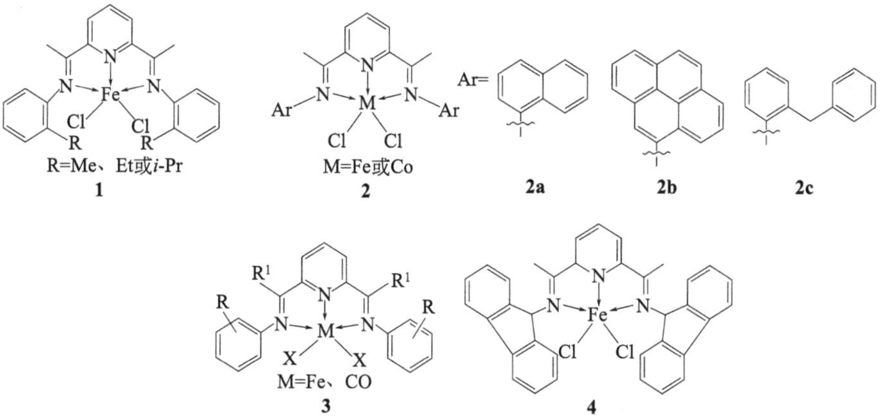

图 3.67　衍生的二亚胺吡啶铁和钴配合物

将 2,6-二亚胺吡啶配体中苯环使用其它芳香基（萘基、芘基或 2-苯基苄基）取代所形成的铁和钴配合物 **2**[267]，提高了乙烯聚合的活性，达到 4.08×10^7g（PE）/[molFe・h]；甚至优于最早报道的高活性铁配合物。不仅如此，改变芳基的位阻，可以调控聚合物分子量：空间位阻越大，聚合物分子量越高。Gibbson 组[268] 系统研究了衍生化铁配合物 **5**，发现通过改变苯环上取代基 R 可以调控铁配合物催化乙烯低聚的性能，其 α-烯烃分布符合 Schulz-Flory 规律，而且 α-烯烃的选择性超过 99%；同时还发现 R^1 = Me 形成的催化剂体系的活性普遍高于 R^1 = H 形成的催化剂体系。钴配合物表现出与铁配合物基本一致的催化规律，但是钴催化剂活性比其铁同系物低两个数量级。当使用芴基替代二亚胺吡啶配体中苯环时，形成的铁配合物 **4** 催化活性可保持在 4.21×10^6g 低聚物/(molFe・h)，获得高 α-烯烃选择性的低聚产物[269]。

为了获得乙烯反应的活性中心信息，针对铁配合物催化体系的 $LFeCl_2/AlMe_3$ 和 $LFeCl_2$/MAO（L = 二亚胺吡啶）中间体进行了谱学表征[270]，认为其中间体具有[LFe(Ⅱ)Me(-Me)$_2$AlMe$_2$]结构。如果将该类配合物用 SiO_2 负载，可提高热稳定性（70℃），得到形态良好和分子量提高的聚乙烯。

针对二亚胺吡啶金属催化剂热稳定性差的问题，采用二苯甲基取代的苯胺衍生物与 2,6-二乙酰基吡啶反应来制备铁和钴配合物[271, 272]，催化结果表明大位阻基团的引入，有效地提高了催化体系的热稳定性。不仅如此，所得聚乙烯均为高度线型且分子量分布窄，具有良好的工业应用前景。

此外，双核杂核金属配合物催化剂体系，铁和钴配合物 **5**（图 3.68）[273] 在 MAO 或 MMAO 作用下催化活性高达 4.0×10^7g/(mol・h)。与之对应，铁和钴配合物 **6**[274] 在 MAO 或 MMAO 作用下，催化乙烯聚合活性分别达 1.3×10^7gPE/(molCo・h) 及 1.2×10^7g PE/(molCo・h)，通常双核配合物比其单核类似物活性高，呈现更好的热稳定性和更长的催化寿命。

② 杂氮芳香基一亚胺吡啶配体。在研究二亚胺吡啶金属配合物催化剂的同时，研究者也在设计其它新型配体，特别是配位状态完全保持的金属配合物，例如，使用氮杂环取代一个亚氨基的单亚胺吡啶配体。2-苯并咪唑-6-亚胺吡啶金属配合物 **8**[275]、2-苯并噁唑-6-亚胺吡啶金属配合物 **9**[276,277] 和 2-苯并噻唑-6-亚胺吡啶金属配合物 **10**[278] 都展示了良好的乙烯低聚和聚合的催化活性。其中，配合物 **8** 活性更具多样性，其 R 取代基的变化极大地影响

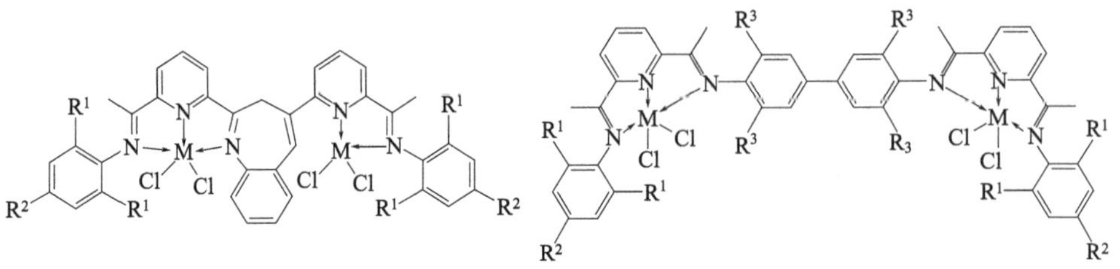

M=Fe或Co

5　　6

图 3.68　双核金属配合物

催化活性，当 R＝H 时这种含有活泼氢的活性最好[279-282]。2-杂氮芳环基-6-亚胺吡啶铁和钴配合物如图 3.69 所示。

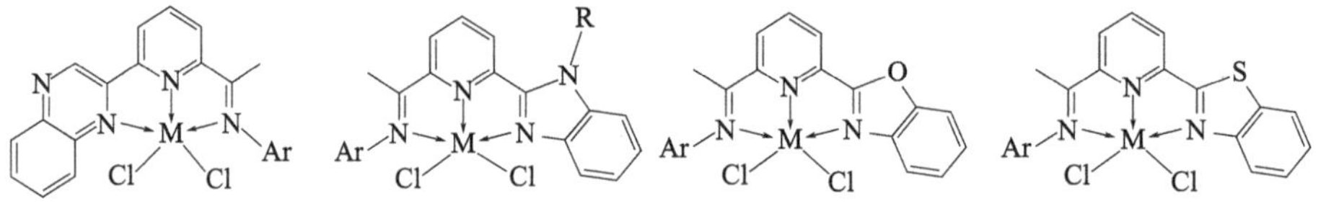

M=Fe、Co

7　　8　　9　　10

图 3.69　2-杂氮芳环基-6-亚胺吡啶铁和钴配合物

③ 吡啶并环三齿氮配体。在以上两类体系中三个配位氮原子间都有一个 C—C 单键，意味着存在配位原子旋转和与金属解离的可能。为了减少配位齿间旋转的可能性，进而考虑到吡啶并环氮杂环或者并环骨架上键联亚胺配体的结构。这种配体骨架刚性的提高，有效地提高了催化剂体系的乙烯聚合活性，不仅如此，催化体系的热稳定性也获得了提高。并七元环骨架的配体及其金属配合物[283] 具有更高的催化活性，而且没有观察到低聚物产生；值得特别指出的是，钴配合物 **13**[284]（图 3.70）在 MAO 催化下活性高达 2.09×10^{7}g PE/(molCo·h)，热稳定性强，催化剂寿命长；其聚乙烯分子量在聚乙烯蜡的范围，且分子量分布窄，可以考虑应用于具有实用价值的聚乙烯蜡生产工艺。

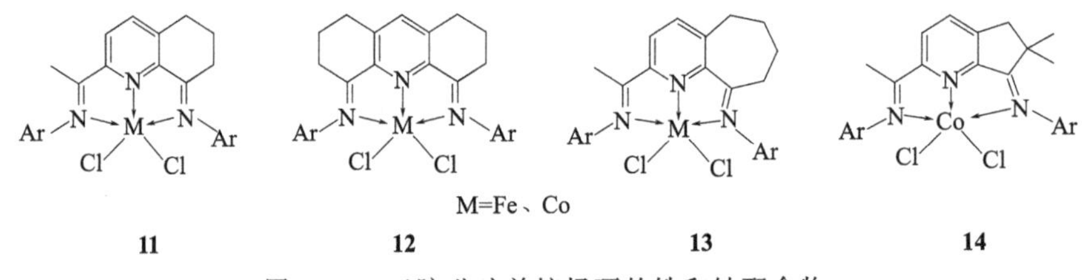

图 3.70　亚胺吡啶并烷烃环的铁和钴配合物

(2) 镍钯配合物催化剂

① α-二亚胺镍催化剂。二齿氮配位体系中镍配合物具有高的乙烯聚合活性，最引人关注的就是可以使用乙烯均聚制备具有弹性体特征的聚乙烯，催化体系的可操作性和热稳定性具有关键作用。大量的研究是从 α-二亚胺配体修饰开始的，形成了两齿氮体系向氮氧、氮膦配位体系以及三齿配位体系的延伸。

② 双齿氮配体镍催化剂。1995 年 Brookhart 等利用 α-二亚胺配体中的氮原子进行螯合配位，合成了一类新的 α-二亚胺镍催化剂[264]。

与其它阳离子和中性催化剂相比较，这些催化剂通过乙烯聚合能得到高活性、高分子量的聚乙烯。通过不同的压力条件，可以得到线型、高支化的聚合物拓扑结构。尽管有这些优点，镍催化剂通常在高温下表现出较差的热稳定性，这阻碍了 α-二亚胺镍催化剂衍生物的商品化。α-二亚胺镍催化剂超过 60℃极易失活，原因在于通过配体骨架与芳环 N 的垂直旋转，提高了配体自身的碳氢活化能和链转移速率。随着温度的升高，α-二亚胺镍催化剂催化乙烯聚合物的分子量降低，原因在于随着聚合温度的升高，β-H 消除反应速率增加，链转移速率高于链增长速率。为探究其对温度的敏感性，研究人员考察了配体骨架和 N-芳基取代基的 α-二亚胺镍催化剂的稳定性。中国科学院化学研究所孙文华教授通过调整配体控制中心金属的电子环境及合成具有大位阻配体的后过渡金属配合物或双金属催化剂提升催化剂的热稳定性中研究了双金属与单体镍二胺催化剂乙烯聚合性能的不同[285-287]。相比于单金属催化剂，双金属催化剂可在更高的温度（70℃）下聚合乙烯，其活性为 7.86×10^6 g/(molNi·h)，其分子量大约是单体催化剂的两倍。

③ 水杨醛亚胺配体 N^O。1998 年，Grubbs 等[288] 报道了含水杨醛配体的中性镍催化剂在清除剂 $Ni(COD)_2$ 或者 $B(C_6F_5)_3$ 的活化下可以催化乙烯聚合生成高分子量的聚乙烯。

两年之后，Grubbs 等[289] 报道选取合适的取代基和合适的中性配体，就可以实现水杨醛亚胺镍催化剂单组分催化乙烯聚合，其活性很好。并且，这类中性镍催化剂对 O、S、N 等杂原子有着很好的容忍性，可以在水、醇、酮等通常被认为是烯烃聚合催化剂毒化物的存在下有效催化乙烯聚合。这在前过渡金属催化体系中是难以实现的，因而水杨醛亚胺镍催化剂具有催化乙烯与极性单体共聚的巨大潜力。上述短时间内，一系列重要发现和研究成果引起了学术界和工业界对后过渡金属烯烃催化剂的研究热潮，无疑大大加速了对后过渡金属烯烃聚合催化剂的开发。

④ Drent 膦磺酸体系催化剂。诸多研究表明，对配体的合理调节可以在很大程度上优化现有催化剂的催化特性、调整聚合物的微观结构，尤其是在催化乙烯与极性单体的共聚反应中，对配体的调节能够直接导致共聚单体插入比的显著变化。

含［P，O］单阴离子配体的中性镍催化剂很早就被研究人员发现可作为催化乙烯低聚的催化剂，其中最著名的是 Shell 公司研发出来的 SHOP 催化剂（如图 3.71 所示），它本身含有 Ni－C 键，所以不需要其他助催化剂，在聚合过程中，中性配体 PPh_3 与金属离子解离，为接下来烯烃的络合提供配位空间，随后 Ni－C 键对已络合的烯烃进行插入，完成链增长过程，因此 SHOP 催化剂的催化活性种为中性化合物[290-292]。

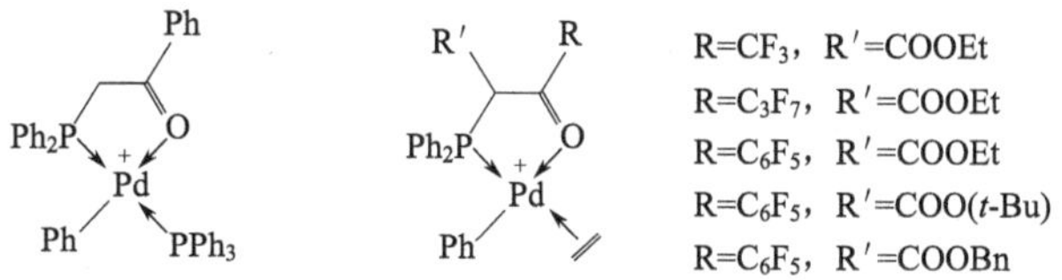

图 3.71 SHOP 催化剂结构式

1989 年，Murray 等[293,294] 首次制备了化学结构式为 $Ar_2P(C_6H_4\text{-}ortho\text{-}SO_3^-)$ 的膦磺酸配体，该配体的镍系催化剂很快就实现了工业化，用于合成线型 α-烯烃。2002 年，Brookhart 等[295]合成了一系列含大位阻的［P，O］中性镍和钯催化剂（如图 3.72 所示），在乙烯压力为 0.1MPa（1atm）下，上述镍、钯催化剂的活性都很低。但当乙烯压力升高至 2.76MPa 时，在优化的聚合条件下，其镍催化剂的活性可高达 1.9×10^7 gPE/(molNi·h)，对于该镍催化剂而言，所得聚合物的分子量也随着乙烯压力的增加而增大，但重均分子量却仍然最多只能达到 1.4 万。随后，Brookhart 等[296] 加大了磷原子上取代基的位阻，与之前的镍催化剂相比，磷原子上含大位阻取代基的催化剂引发速度要快很多，在低温低压下也具有较高的活性。

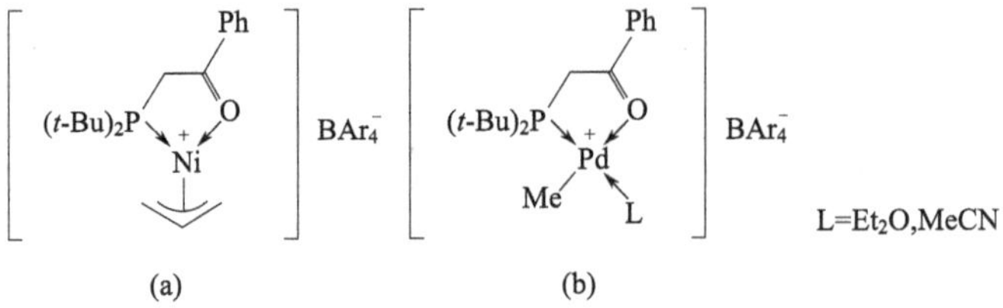

(a) (b)

图 3.72 含［P，O］单阴离子配体的阳离子镍和钯催化剂

通常情况下，聚烯烃链是饱和的，因此聚合物的印刷性、染色性等性能均较差，一旦向聚烯烃主链中引入极性单体，聚合物的双亲性、柔韧性、黏附性、防护性能、表面性能、耐溶剂性能、与其他聚合物的混溶性以及流变性等性能就会发生较为显著的变化。除此之外，极性官能团的引入还能为聚烯烃的接枝共聚提供聚合位点。然而，向非极性聚烯烃链中引入极性官能团其最大的挑战在于，极性单体的官能团与金属中心存在着强配位作用。

而上述 Drent 等[297] 发现的膦磺酸钯催化剂在化学性质上更加倾向于与极性官能团形成稳定的 σ-络合物，而非 π-络合物。Drent 型膦磺酸钯催化剂可以催化乙烯均聚得到线型高分子量聚乙烯，但是 Drent 型膦磺酸镍催化剂催化乙烯聚合却只能得到低聚物，这是因为 Drent 型膦磺酸镍催化剂在催化聚合过程中，更倾向于发生 β-H 消除生成 α-烯烃。而在 Drent 型膦磺酸钯催化聚合过程中，即使发生 β-H 消除反应，所得产物仍能迅速重新插入，尤其是在乙烯压力较低的条件下，这就是 Drent 型膦磺酸钯催化剂能够催化乙烯聚合得到线型高分子量聚合物的原因。

2012 年，Claverie 等指出在 Drent 型膦磺酸钯催化体系中，对钯中心的保护可以有效避免链转移反应的发生。具体而言，金属中心轴向的空间位阻越大，催化乙烯聚合所得聚乙烯的分子量也就越大[298-301]。

目前为止，研究人员已经通过大量实验证明[302-305]，Drent 型膦磺酸钯催化剂能够催化乙烯与多种极性单体进行共聚，上述极性单体包括但不限于：乙烯基醚（CH_2═CHOR），极性降冰片烯类化合物，丙烯酸酯类化合物（CH_2═CHCOOR），乙酸乙烯酯（CH_2═CHOAc），丙烯腈（CH_2═CHCN），N-乙烯基吡咯烷酮，甲基乙烯基酮（CH_2═CHCOMe），丙烯酸（CH_2═CHCOOH），丙烯酰胺类化合物（CH_2═CHCONR$_2$），氟乙烯（CH_2═CHF），乙烯基砜类化合物（CH_2═CHSO$_2$R），丙烯基类极性单体等。

后过渡金属催化剂体系还可以通过链行走的机理，得到高度支化的聚乙烯。链行走的概念由 Mohring 等首先提出，使用 α-二亚胺镍以及钯催化剂，MAO 作为助催化剂，由于在聚合过程中频繁发生 β-H 消除和重新插入单体加成的过程，因此活性中心可以在聚合物链中移动“行走”。通过控制乙烯压力可以实现支化度的控制，得到线型短支化、高度支化甚至树枝状的乙烯聚合物。同时由于后过渡金属催化剂可以用于极性基团共聚，还可以得到端基带有功能基团的支化聚乙烯[306]。支化结构的形成也与配体结构有关，Guan 等报道了一种配体[307,308]，通过乙烯桥联芳香基团，使配体具有很高的平面性，可得到高度支化的聚乙烯，催化活性可达 42000kg/(molNi·h) 和 84kg/(molPd·h)。而使用含吡啶基团通过邻位连接芳香环时，由于吡啶基团增大了轴向的位阻，则可得到支化程度相对较低，而分子量较高的乙烯聚合物。

3.4.3.2　非茂前过渡金属催化剂

[Me_2SiCp(N-t-Bu)]$TiCl_2$（CGC，图 3.73 中 **15**）的发现，表明设计具有各种配体的高效催化剂前景广阔。含双（酰胺）配体的钛络合物[309,310]和具有三齿二氨基配体的锆配合物[311]可催化 1-己烯活性聚合。虽然，报道中得到的聚合物为无规立构的聚（1-己烯），但仍为设计不包含环戊二烯基配体的高效催化剂带来了希望。

1992 年，Eisen 等通过带有手性 N-取代基的三(氨基)配体的锆配合物[N(R^*)-C-N]$_3$ZrCl 合成等规聚丙烯[312]。以 MAO 作助催化剂在甲苯中进行丙烯聚合，所得聚合物的全同立构规整度取决于丙烯压力；在丙烯压力为一个大气压下的聚合尝试没有成功。

此外，其还研究了聚合过程中的不同影响，例如溶剂或助催化剂的性质、温度、压力、Al/M 摩尔比（M = Ti、Zr）以及配合物的对称性与聚合物微观结构之间的关系[313]。立构规整缺陷是由最后插入的单元中生长链的分子内差向异构形成的。因此，在较低的丙烯压力下，差向异构作用比丙烯的立体有规插入更快，从而导致无规聚合物的形成[313]。

最近，Kol 证明了含有手性配体的八面体 C_1 对称钛催化剂（图 3.73 中 **15**）对等规丙烯聚合反应非常有效，制得的聚合物具有高的全同立构规整度和高的熔融转变温度（mmmm>99.6%，T_m=169.9℃）[314]。

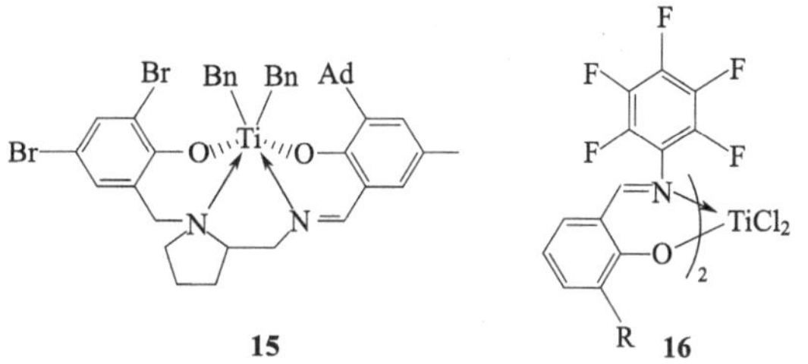

图 3.73　氨基苯酚配体结构示意图

氟化苯氧基亚胺配合物 **16** 能催化乙烯聚合反应[315]，并且通过丙烯的活性聚合可得到具有高度间同立构的聚丙烯[316,317]。这些活性聚合甚至在室温下也会发生，并且这种催化剂已经实现了各种嵌段共聚物的合成[315-317]。这些 Ti 络合物具有 C_2 对称性[316,317]，乙烯聚合中的催化活性高[315]，而丙烯聚合的活性适中，但聚合以间规的形式进行。

表 3.36　使用 16/MAO 催化剂体系进行丙烯聚合的部分结果

16 中的 R 基	温度/℃	M_n	MWD	T_m/℃	rr/%
H	25	189	1.51	nd	—
Me	25	260.2	1.22	nd	—
i-Pr	25	153.7	1.16	nd	—
t-Bu	0	23.6	1.05	136	—
t-Bu	25	28.5	1.11	137	87
t-Bu	50	16.4	1.37	130	—
$SiMe_3$	0	24.7	1.08	156	94
$SiMe_3$	25	47	1.08	152	93
$SiMe_3$	50	35.1	1.23	149	90
$SiEt_3$	0	11.9	1.08	152	93
$SiEt_3$	25	24.4	1.16	151	—
$SiEt_3$	50	20.4	1.23	148	—

资料来源：数据来自文献[144]。

注：条件为配合物 10μmol，MAO 2.5mmol，丙烯 1atm，5h。其中，M_n 和 MWD 表示 GPC 测试数均分子量和分子量分布；T_m 表示 DSC 测定熔点；rr 表示 ^{13}C NMR 测试间规三单元组；nd 表示没有测试结果。

基于^{13}C NMR研究，提出丙烯聚合的间同立构规整度受链端控制机理调控，聚合反应主要通过1,2-插入，然后是2,1-插入，并且用Ti络合物生产的聚丙烯具有区域嵌段结构。苯氧基亚胺配体的取代基影响催化活性和立体定向性，苯氧基氧邻位取代基的空间位阻对实现链末端调控的高间同选择性具有决定性作用（表3.36）[316,317]。苯氧基配体的邻位具有$SiMe_3$基团的Ti配合物制备的聚丙烯高度间同（90%～94%）且几乎单分散，具有极高的熔融温度（T_m=149～156℃）。在MAO存在下，**16**催化乙烯与α-烯烃的共聚合也以活性方式进行，可制备各种嵌段共聚物[318]。

在两种催化剂和链转移剂（Et_2Zn等）的存在下，通过所谓“链穿梭聚合”的聚合工艺，还可以在聚合物链中实现乙烯/1-辛烯嵌段共聚物的精确合成[319]。所得聚合物比物理共混两种高密度和低密度聚合物具有更高的透明度，并且具有更高的熔融温度，且玻璃化转变温度低。

经典的Ziegler型钒催化剂（例如$VOCl_3$、VCl_4、VCl_3-$AlBr_3$、$AlCl_3$-$AlPh_3$、Al-*i*-Bu_3、$SnPh_4$）在烯烃聚合中显示出独特性。通常，这些催化剂体系提供高分子量窄分子量分布的线型聚乙烯[320-322]，以及用于合成乙烯/丙烯/二烯共聚物（EPDM，合成橡胶）的高分子量无定形聚合物[323-325]，乙烯/环烯烃共聚物（COC）[326]。此外，催化剂体系[$V(acac)_3$-Et_2AlCl]（acac =乙酰丙酮基）聚合丙烯，不仅可得到间规的“活”聚合物，而且分子量分布窄（M_w/M_n=1.05～1.20），也可以合成丙烯和甲基丙烯酸甲酯（MMA）的二嵌段共聚物[327-329]。

含有双（苯氧基）吡啶配体的钒（Ⅲ）络合物在MAO［活性为803kgPP/(molV·h)，丙烯在压力5atm，甲苯中于0℃下聚合30min，Al/V=3000］下表现出显著的丙烯聚合催化活性。得到具有均匀的分子量分布的高分子量聚合物（$M_w=1.17\times10^6$，M_w/M_n=2.03）[330]。

相对于茂金属催化剂，非茂（前后过渡）金属催化剂在丙烯聚合中虽然具有一些独特的性能和优势，但其真正的工业应用还需要解决分子量和立构规整性等很多问题。

3.4.3.3 单活性中心催化剂的负载及工业化应用

工业上已成功地将茂金属催化剂负载到载体上，并在淤浆法或气相法工业装置进行应用。负载的目的是将均相茂金属的优点与负载型催化剂的优点结合起来。一方面，它要保持均相茂金属的优点，例如高活性、窄分子量分布、立体专一性和均一的共聚单体引入。另一方面，可将这些特征与负载型催化剂技术的性质结合，例如受控的颗粒生长、形成尺寸和形态均匀的聚合物颗粒，有利于装置的稳定运行。

下面以间规聚丙烯催化剂及产品的工业化为例来说明单活性中心催化剂工业化过程。其背景是，1993年，首次发现茂金属类间同催化剂体系和结晶*s*-PP（间规聚丙烯）。大约5年后，Fina Oil和Chemicals宣布了*s*-PP的大规模商业化生产。5年里，使用负载型茂金属催化剂的第一次工业运行的准备工作主要集中在以下方面。这些准备工作对于所有环管法或淤浆法的商业装置中使用的负载型茂金属催化剂是共通的。

① 预生产阶段：负载型茂金属催化剂的大规模生产、储存和安全运输至应用现场。

② 生产阶段：首次采用Phillips环管反应器技术，采用负载型茂金属催化剂大规模生产聚丙烯。

③ 生产后阶段：加工条件（添加、挤出、造粒等）和产品处理。

(1) 茂金属分子合成工艺的优化

为合成和分离纯茂金属二氯化物样品而开发的原始合成工艺包括需要低于环境温度的反应温度和氯化溶剂如二氯甲烷[233,331]。该配方虽然在较小规模下非常方便，但对于有些催化剂结构的制备不是非常实用。一种新的合成方法解决了这一问题[332]，该方法不需要应用0℃以下的温度，通过用戊烷作为溶剂而避免了使用二氯甲烷。在制备茂金属分子的新方法中，将精确化学计量的双阴离子配体和 $ZrCl_4$ 悬浮在戊烷中并一起反应。该方法是有效的，如果起始试剂以化学计量精确的摩尔比反应，则不需要任何纯化步骤。在这种新的“戊烷方法”中，产率是定量的。

(2) 二氧化硅和 MAO 的适当选择

对于负载型茂金属催化剂的工业制备，无机载体（通常是一种二氧化硅）的选择非常重要。市场上有许多种类的二氧化硅，每一种都在颗粒表面积、孔径（直径、体积）、堆积密度和力学性能方面具有不同的特性和规格[204,333,334]。二氧化硅孔径和体积的选择必须考虑到这些孔将被 MAO 部分填充。

一旦选择了具有所需性质的二氧化硅，就必须除去物理吸附和化学键合（—OH 基团）的过量水分子以减少—OH 基团的数量，并将它们的浓度调节到与所选的 MAO 类型和浓度对应，以便使 MAO 的过量使用最小化。在聚合过程中形成的细粉含量、聚合物颗粒的堆积密度，甚至最终聚合物颗粒的形态，除了取决于初始二氧化硅类型之外，在很大程度上还取决于二氧化硅热处理方案和适当的 MAO 处理[204,333,334]。二氧化硅的热处理对于确保最佳催化剂活性和如上所述减少所需 MAO 的用量也是必要的。这有助于减少所需催化剂的量并因此减少总生产成本。与二氧化硅相比，仅有少数已知来源的 MAO 可商购，其具有或多或少相似的组成但具有不同的三甲基铝含量。无论选择这些 MAO 类型中的哪一种，都必须注意确保每批交付产品的新鲜度和稳定性，以保持所得催化剂性能和装置中聚合物生产的一致性。

(3) 负载型茂金属催化剂的大规模制备

存在许多不同的方法将三种主要成分（茂金属分子、MAO 和二氧化硅）化学结合以获得最终负载的茂金属催化剂。专利文献中最推荐的方法之一是首先用 MAO 处理二氧化硅，然后将其与茂金属分子结合。无论使用哪种方法，都必须意识到所得到的非均相茂金属催化剂对湿气非常敏感，湿气易破坏其结构。另外，极性分子也是很强的毒物，并以不可逆的方式使催化剂失活。为了保持催化剂的活性和可靠性，不同批次的负载型催化剂应在惰性气氛及温和环境下储存，并避免过热且避光。

(4) 间规聚丙烯的大规模生产

使用液体丙烯作为反应介质和单体的环管反应器的 Phillips 工艺技术与任何其它连续工艺一样，都需要对聚合条件精细控制。在整个生产期间，温度、压力、液体循环速度等的任何偏差都必须保持在非常窄的范围内。该方法对细粉（非常细的聚合物颗粒）的形成非常敏感。如果催化剂组分没有很好地限定或没有遵守设定的聚合条件，聚合过程中会逐渐产生细粉，并且黏附在反应器壁上。随着时间的推移，在反应器壁温度下，这些细粉转化为聚合物薄膜层，其可充当绝缘体并干扰反应器的温度控制系统，最终导致反应器中的温度和压力波动。在严重的情况下，这种现象可导致反应器结垢和停车。通常通过选择适当的二氧化硅颗粒、调整热处理方案和二氧化硅载体与 MAO 之间的反应条件来避免细粉的积累。在适当情况下，也可以使用抗静电剂。

聚合物颗粒尺寸、形态和堆积密度对于环管工艺的效率最大化也是重要的影响因素。通常要求聚合物颗粒平均尺寸为500～1000μm，具有窄的粒度分布和接近或高于0.4g/mL的堆积密度，以及球形或半球形的外貌。这主要通过选择适当的二氧化硅颗粒形态和催化剂制备条件来实现，但也可通过在进入主反应器之前，将催化剂首先与丙烯或其它可聚合单体在低浓度和中等温度下接触的过程中加入预聚合步骤来实现。

(5) 间规聚丙烯的加工

高度立体选择性，产生链缺陷少，熔点接近或高于160℃和结晶速率快的高结晶度*s*-PP的茂金属催化剂，可用于均相丙烯制备[335]。然而，即使用的是同一催化剂，当负载在二氧化硅载体上时，产生的*s*-PP聚合物的熔点和结晶度也会低得多。因此，非均相催化剂制备的*s*-PP聚合物样品的结晶度和结晶速率降低。例如，在均相和非均相聚合反应中，相同的MAO活化的茂金属结构将产生熔点可相差5～20℃的两种*s*-PP聚合物。奇怪的是，茂金属预催化剂的立体定向性越高且均相*s*-PP聚合物的熔点越高，则相应负载催化剂制备的*s*-PP聚合物对应*s*-PP的熔点越低。例如，均相聚合中得到熔点约为132℃的*s*-PP聚合物的茂金属配合物，在相同条件下，负载型催化剂在非均相聚合中得到的*s*-PP的熔点约为127℃；而如果改进的茂金属催化剂在均相聚合中得到熔点为160℃的*s*-PP聚合物，则在相同的聚合条件下，相同结构的非均相聚合中则得到熔点仅为140℃的*s*-PP聚合物。两种聚合物的分析表明，非均相制备的聚合物样品含有更大量的与位置差向异构化相关的误差，而与内消旋体三联体相关的误差基本上保持不变，并且对于两种聚合物样品几乎相等。

因此，工业上负载型茂金属催化剂生产的*s*-PP树脂具有较低的结晶度和较低的结晶速率，这使得它们的造粒和加工具有挑战性。离开挤出机的*s*-PP聚合物熔体不能足够快地固化以有效地进行造粒过程。实践中，可以通过加入成核剂或通过冷却挤出物来缓解该问题。低结晶度的另一个副作用是市售生产的*s*-PP树脂，其熔点低于130℃，含有大量吸附的丙烯单体，其随时间释放因而需要对储存装置进行放气。这些障碍妨碍了非常大量的商业生产的*s*-PP的快速和有效的挤出和造粒，并且迄今为止与其它基于烯烃的热塑性塑料相比，阻碍了其作为商品对市场的广泛渗透。

3.4.4 单活性中心催化剂发展展望

虽然，以茂金属为代表的单中心催化剂（SCC）在聚乙烯行业得到了长足的发展，但SCC聚丙烯催化剂的工业化则进展缓慢。现有聚丙烯工业产品主要使用Z-N催化剂制备。据INS数据，2010年使用茂金属催化剂生产的聚丙烯仅仅占全部产能的2%～3%。这主要是由于以下几个原因：茂金属催化剂对于聚丙烯材料的性能是否具有足够的吸引力；高昂的生产成本；茂金属催化剂工业实施的实际困难。

但是，实际的工业进展并不能否定茂金属催化剂的工业价值和发展前景。这是因为聚烯烃本身作为材料具有质量低、生产和使用环境友好、原料易得、成本低廉等诸多优势。如果能够赋予聚烯烃更丰富的结构，更优异的性能，更广的应用空间，它就会有更旺盛的生命力。而这一点，正是茂金属催化剂的作用。

参考文献

[1] 杨桂英. 国内外合成树脂市场现状及发展趋势 [J]. 当代石油石化，2019，27 (4)：12-18.

[2] 洪定一. 聚丙烯——原理、工艺与技术 [M]. 北京：中国石化出版社，2011.

[3] Pasquini N. Polyproylene handbook [M]. 2nd ed. Carl Hanser Verlag Gmb H & co：Munich/FRG，2005.

[4] Sauter D W，Taoufik M，Boisson C. Polyolefins，a success story [J]. Polymers，2017，9 (6)：185.

[5] Chadwick J C. Ziegler-Natta catalysts [J]. Encyclopedia of Polymer Science and Technology. John Wiley & Sons, Inc. 2004, 8: 517-533.

[6] Busico V. Giulio Natta and the development of stereoselective propene polymerization [J]. Adv. Polym. Sci., 2013, 257: 37-58.

[7] De Rosa C, Auriemma F. Structure and physical properties of syndiotactic polypropylene: A highly crystalline thermoplastic elastomer [J]. Prog. Polym. Sci., 2006, 31: 145-237.

[8] Galli P, Vecellio G. Technology: driving force behindinnovation and growth of polyolefins [J]. Prog. Polym. Sci., 2001, 26: 1287-1336.

[9] Busico V, Cipullo R. Microstructure of polypropylene [J]. Prog. Polym. Sci., 2001, 26: 443-533.

[10] Resconi L, Cavallo L, Fait A, et al. Selectivityin propene polymerization with metallocene catalysts [J]. Chem. Rev., 2000, 100 (4): 1253-1345.

[11] Chen C. Designing catalystsfor olefin polymerization and copolymerization: beyond electronic and steric tuning [J]. Nat. Rev. Chem., 2018, 2 (5): 6-14.

[12] Matsunaga K. Next generation polyolefins [J]. Sankeisha, 2008, 1: 84.

[13] Kashiwa N, Kioka M. Process for producing olefin polymers or copolymers: US4742139A [P]. 1987-01-15.

[14] Mayr A, Paolo G, Susa E, et al. Polymerization of olefins: GB1286867 [P]. 1967-03-20.

[15] Turner H W, Hlatky G G, Eckman R R. Ionic metallocene catalyst compositions: US5384299 [P]. 1993-02-19.

[16] Zambelli A, Giongo M G, Natta G. Polymerization oí propylene to syndiotactic polymer [J]. Die Makromol. Chem., 1968, 112: 183-196.

[17] Albizzati E, Giannini U, Morini G, et al. Advances in propylene polymerization with $MgCl_2$ supported catalysts [M] // Fink G, Mülhaupt R, Brintzinger H H. Ziegler catalysts: recent scientific innovations and technological improvements. New York: Wiley, 1995: 413-425.

[18] Cecchin G, Morini G, Piemontesi F. Ziegler-Natta catalysts [M]. Kirk-Othmer Encyclopedia of chemical technology. New York: John Wiley & Sons, 2007 (26): 502-554.

[19] Hustad P D, Tian J, Coates G W. Mechanism of propylene insertion using bis (Phenoxyimine) -based titanium catalysts: An unusual secondary insertion of propylene in a group IV catalyst system [J]. J. Am. Chem. Soc., 2002, 124 (14): 3614-3621.

[20] Pappalardo D, Zambelli A, et al. Syndiospecific polymerization of propene promoted by bis(salicylaldiminato) titanium catalysts: Regiochemistry of monomer insertion and polymerization mechanism [J]. Macromolecules, 2002, 35 (3): 658-663.

[21] Zambelli A, Locatelli P, Zannoni G, et al. Stereoregulation energies in propene polymerization [J]. Macromolecules, 1978, 11 (5): 923-924.

[22] G・莫里尼，A・克里斯托福里. 适用在齐格勒-纳塔催化剂制备中使用的二醚：CN1141285 [P]. 1997-01-29.

[23] Martin H. Polymers, Patents, Profits: A classic case study for patent infighting [M]. New York: John Wiley & Sons, 2007: 87.

[24] Giannini U, Cassata A, Longi P, Mazzocchi R. Process for stereoregular polymerization of alpha-olefins: BE0785332 [P]. 1972-06-23.

[25] Luciani L, Barbe C, Kashiwa N, et al. Catalysts for polymerization of alpha-olefine: DE2643143A1 [P]. 1976-09-24.

[26] Luciani L, Barbe C, Kashiwa N, et al. Solid catalyst component for use in catalysts during polymerization of alpha-alkenes: DK151969B [P]. 1979-11-16.

[27] Parodi S, Nocci R, Giannini U, et al. Components and catalysts for the polymerization of olefins: EP45977B2 [P]. 1981-08-13.

[28] Salakhov I I, Bukatov G D, Batyrshin A Z, et al. Synthesis of polypropylene in the liquid monomer in the presence of a titanium—magnesium catalyst: Effect of various internal donors [J]. Russ. J. Appl. Chem., 2019, 92: 796-808.

[29] Nikolaeva M I, Matsko M A, Zakharov V A. Propylene polymerization over supported Ziegler-Natta catalysts: Effect of internal and external donors on distribution of active sites according to stereospecificity [J]. J. Appl. Polym. Sci., 2018, 135: 46291.

[30] Zhang B, Zhang L, Fu Z, et al. Effect of internal electron donor on the active center distribution in $MgCl_2$-supported Ziegler-Natta catalyst [J]. Catal. Commun., 2015, 69: 147-149.

[31] Barbè P C, Noristi L, Baruzzi G. Effect of the internal/external donor pair in high-yield catalysts for propylene polymerization, 2. Polymerization results [J]. Makromol. Chem., 1992, 193 (1): 229-241.

[32] Terano M, Kataoka T, Keii T. Stopped flow polymerization of propene with typical $MgCl_2$-supported high-yield catalysts [J]. J. Mol. Catal., 1989, 56 (1-3): 203-210.

[33] Matsuoka H, Liu B, Nakatani H, et al. Active sites deterioration of $MgCl_2$-supported catalyst induced by the electron donor extraction by alkylaluminium [J]. Polym. Int., 2002, 51 (9): 781-784.

[34] Chien J C W, Hu Y. Superactive and stereospecific catalysts. I. structures and productivity [J]. J. Polym. Sci. A, 1988, 26 (8): 2003-2018.

[35] Yang C B, Hsu C C, Park Y S, et al. Infrared characterization of $MgCl_2$ supported Ziegler-Natta catalysts with monoester and diester as a modifier [J]. Eur. Polym. J., 1994, 30 (2): 205-214.

[36] 丁伟，张微，曲广淼.丙烯聚合 Ziegler-Natta 催化剂中给电子体的作用 [J].化学工程师，2004，18 (10)：42-44.

[37] Sacchi M C, Forlini F, Tritto I, et al. Activation effect of alkoxysilanes as external donors in magnesium chloride-supported Ziegler-Natta catalysts [J]. Macromolecules, 1992, 25 (22): 5914-5918.

[38] 恩里科・阿尔比扎蒂，皮耶・卡米洛・巴比，卢恰诺・诺里斯蒂，等.烯烃聚合成分及催化剂：CN1042547A [P]. 1990-05-30.

[39] 皮耶・卡米洛・巴比，卢恰诺・诺里斯蒂，拉伊蒙多・斯科尔达马利亚，等. 烯烃聚合催化剂：CN1042157A [P]. 1990-05-16.

[40] G・博尔索蒂. 制备二醚的方法：CN1062523A [P]. 1992-07-08.

[41] 乔瓦尼・阿尼斯，詹彼得罗・波索蒂，朱利亚纳・斯基佩纳，等. 用于制备齐格勒一纳塔催化剂的二醚：CN1041752 [P]. 1990-05-02.

[42] 乔瓦尼・阿尼斯，詹彼得罗・波索蒂，朱利亚纳・斯基佩纳，等. 用于制备齐格勒-纳塔催化剂的二醚：CN1020448C [P]. 1993-05-05.

[43] G・莫里尼，E・阿尔比扎蒂，G・巴尔邦丁，等. 用于烯烃聚合的组分和催化剂：CN 1143651A [P]. 1996-02-18.

[44] G・莫里尼，E・阿尔比扎蒂，G・巴尔邦丁，等. 烯烃聚合用固体催化剂成分的制备方法：CN1141303A [P]. 1996-02-18.

[45] 高明智，刘海涛，杨菊秀，等.1,3-二醚为内给电子体的丙烯聚合催化剂的研究 [J].石油化工，2004 (08)：703-708.

[46] Barino L, Scordamaglia R. Modeling of isospecific Ti sites in $MgCl_2$ supported heterogeneous Ziegler-Natta catalysts [J]. Macromol. Theor. Simul., 1998, 7 (4): 407-419.

[47] Terano M, Kataoka T, Hosaka M, et al. Transition Metals and Organometallics as Catalysts for Olefin Polymerization [M]. Berlin: Springer, 1988: 55.

[48] Albizzati E, Giannini U, Morini G, et al. Recent advances in propylene polymerization with $MgCl_2$ supported catalysts [J]. Macromol. Symp., 1995, 89 (1): 73-89.

[49] Scordamaglia R, Barino L. Theoretical predictive evaluation of new donor classes in Ziegler-Natta heterogeneous catalysis for propene isospecific polymerization [J]. Macromol. Theor. Simulations, 1998, 7 (4): 399-405.

[50] Iiskola E, Pelkonen A, Kakkonen H J, et al. A novel $MgCl_2$ supported Ziegler Natta catalyst composition: Stereospecific polymerization of propene without external donor [J]. Makromol. Chem. Rapid Commun., 1993, 14 (2): 133-137.

[51] 徐德民，马志，宓霞，等.新型非对称二醚给电子体丙烯聚合催化剂研究 [J].高等学校化学学报，2002 (05)：982-984.

[52] Sacchi M C, Forlini F, Tritto I, et al. Polymerization stereochemistry with Ziegler-Natta catalysts containing dialkylpropane diethers: a tool for understanding internal/external donor relationships [J]. Macromolecules, 1996, 29 (10): 3341-3345.

[53] Cecchin G, Morini G, Pelliconi A. Polypropene product innovation by reactor granule technology [J]. Macromol. Symp., 2001, 173 (1): 195-210.

[54] G・莫里尼，G・巴尔邦廷，Y・V・古列维奇，等. 用于烯烃聚合的组分和催化剂：CN1313869A [P]. 2001-09-11.

[55] Y・V・古列维奇，G・莫里尼. 用于制备烷叉基取代的 1,4-二酮衍生物的方法：CN1585737A [P]. 2003-07-09.

[56] G・莫里尼，Y・古勒维奇，M・法基尼，等. 用于制备烷叉取代的琥珀酸酯的方法：CN1512979A [P]. 2002-06-04.

[57] 谢伦嘉，李志强，田宇，等. 一种 2,3-二烃基琥珀酸及其酯类化合物的制备方法：CN101397246B [P]. 2007-09-28.

[58] 谢伦嘉，李志强，田宇，等. 2,3-二异丙基-2,3-二氰基丁二酸二酯类化合物及其制备方法和应用：CN101811982A [P]. 2009-02-19.
[59] 谢伦嘉，田宇，冯再兴，等. 2,3-二异丙基-2-氰基丁二酸二酯类化合物的制备方法：CN101811983A [P]. 2009-02-19.
[60] 谢伦嘉，凌永泰，赵思源，等. 一种用于烯烃聚合的催化剂组分及其催化剂：CN101864007A [P]. 2009-04-17.
[61] 徐秀东，谢伦嘉，谭忠，等. 烯烃聚合用固体催化剂组分及催化剂：CN102603931A [P]. 2011-01-19.
[62] 张锐，谭忠，周奇龙，等. 内给电子体中基团体积对聚丙烯等规指数的影响 [J]. 合成树脂及塑料，2018，35 (02)：12-17+28.
[63] 周奇龙，谭忠，徐秀东，等. 氰基琥珀酸酯为内给电子体的丙烯聚合催化剂 [J]. 石油化工，2017，46 (10)：1266-1273.
[64] 周奇龙，谭忠，徐秀东，等. 丙烯聚合 BCZ-308 催化剂的性能与应用研究 [J]. 化工新型材料，2017，45 (05)：176-178.
[65] 高明智，刘海涛，李珠兰，等. 用于烯烃聚合的固体催化剂组分和含该催化剂组分的催化剂及其应用：CN1436796A [P]. 2002-02-07.
[66] 高明智，刘海涛，李昌秀，等. 用于烯烃聚合反应的催化剂组分及其催化剂：CN1453298A [P]. 2003-11-05.
[67] 刘海涛，马晶，丁春敏，等. 1,3-二醇酯为内给电子体的丙烯聚合催化剂 [J]. 石油化工，2006 (02)：127-131.
[68] 王军，刘海涛，刘月祥，等. 二醇酯类内给电子体丙烯聚合反应催化剂的研究进展 [J]. 化工进展，2015，34 (07)：1809-1816.
[69] 付红生，孙延举，秦金来，等. 高效 HA 型催化剂在 PP 电工薄膜开发中的应用 [J]. 合成树脂及塑料，2016，33 (03)：44-46.
[70] 谭忠，严立安，周奇龙，等. BCZ 催化剂对外给电子体的响应研究 [J]. 石油化工，2014，43 (01)：19-23.
[71] 周奇龙，谭忠，于金华，等. 高流动高等规指数宽相对分子质量分布聚丙烯的制备 [J]. 合成树脂及塑料，2017，34 (01)：25-30+35.
[72] Zaccaria F, VittoriaA, Correa A, et al. Internal Donors in Ziegler-Natta systems: is reduction by AlR_3 a requirement for donor clean-up? [J]. ChemCatChem, 2018, 10 (5): 984-988.
[73] Busico V, Chadwick J C, Cipullo R, et al. Propene/ethene- [1-13c] copolymerization as a tool for investigating catalyst regioselectivity. $MgCl_2$/internal donor/$TiCl_4$-external donor/AlR_3 systems [J]. Macromolecules, 2004, 37 (20): 7437-7443.
[74] Chadwick J C, van der Burgt F P T J, Rastogi S, et al. Influence of Ziegler-Natta catalyst regioselectivity on polypropylene molecular weight distribution and rheological and crystallization behavior [J]. Macromolecules, 2004, 37 (26): 9722-9727.
[75] Chen L, Leung T W, Tao T, et al. Process for production of high melt flow propylene-based polymer and product from same: WO2012088028 [P]. 2011-12-20.
[76] Gullo M F, Roth G R, Leung T W, et al. Production of substituted phenylene dibenzoate for use as internal electron donor and procatalyst for polymer preparation: WO2013032651 [P]. 2012-08-08.
[77] Main C. Internal and external donor compounds for olefin polymerization catalysts: US2011152481A1 [P]. 2009-12-21.
[78] Main C. High activity catalyst component for olefin polymerization and method of using the same: US20120116031A1 [P]. 2010-11-10.
[79] Ratanasak M, Parasuk V. Roles of malonate donor on activity and stereoselectivity of Ziegler-Natta catalyzed propylene polymerization [J]. J. Organomet. Chem., 2015, 775: 6-11.
[80] 王凡，崔亮，义建军，等. 磺酰基亚胺类给电子体聚丙烯催化剂的性能 [J]. 高分子通报，2010 (12)：43-47.
[81] 王军，何世雄，周俊领. 聚丙烯催化剂中含氮原子给电子体化合物的研究进展 [J]. 石油化工，2018，47 (07)：748-757.
[82] 王立娟，何书艳，王文燕，等. 丙烯聚合用复合内给电子体催化剂的制备 [J]. 合成树脂及塑料，2018，35 (03)：25-28.
[83] 张锐，谭忠，周奇龙，等. 琥珀酸酯作为内给电子体有效结构的研究 [J]. 精细石油化工，2018，35 (02)：19-23.
[84] 高明智，李昌秀，刘海涛，等. 用于烯烃聚合反应的催化剂组分及其催化剂：CN102234337A [P]. 2010-04-22.
[85] Liu B, Matsuoka H, Terano M. Stopped-flow techniques in Ziegler catalysis [J]. Macromol. Rapid Commun., 2001,

22 (1): 1-24.

[86] Ferreira M L, Damiani D E. Effect of different donors on kinetics of Zn catalysts and molecular weight of the obtained polypropylene [J]. J. Mol. Catal. A, 1999, 150 (1-2): 53-69.

[87] Ikeuchi H, Yano T, Ikai S, et al. Study on aminosilane compounds as external electron donors in isospecific propylene polymerization [J]. J. Mol. Catal. A, 2003, 193 (1-2): 207-215.

[88] Kashiwa N, Yoshitake J, Toyota A. Studies on propylene polymerization with a highly active $MgCl_2$ supported $TiCl_4$ catalyst system [J]. Polym. Bull., 1988, 19: 333-338.

[89] 杜宏斌，夏先知，王新生，等.外给电子体对DQ催化剂聚合性能的影响 [J].石油化工，2003 (03): 212-215.

[90] Salakhov I I, Bukatov G D, Batyrshin A Z, et al. Polypropylene synthesis in liquid monomer with titanium-magnesium catalyst: effect of different alkoxysilanes as external donors [J]. J. Polym. Res., 2019, 26: 1-11.

[91] Garoff T, Virkkunen V, Jääskeläinen P, et al. A qualitative model for polymerisation of propylene with a $MgCl_2$-supported $TiCl_4$ Ziegler-Natta catalyst [J]. Eur. Polym. J., 2003, 39 (8): 1679-1685.

[92] Kemp R A, Brown D S, Lattman M, et al. Calixarenes as a new class of external electron donors in Ziegler-Natta polypropylene catalysts [J]. J. Mol. Catal. A, 1999, 149 (1-2): 125-133.

[93] Zahedi R, Taromi F A, Mirjahanmardi S H, et al. Comparison of the role of new ethers and conventional alkoxysilanes as external donors in the polymerization of propylene using the industrial Ziegler-Natta catalyst [J]. Polym. Sci. B, 2016, 58: 143-151.

[94] 猪饲滋，池内博通，佐藤博，等. α-烯烃的聚合方法，由此制备的聚 α-烯烃及氨基硅烷化合物用作该方法的催化剂的组分：CN1184120 [P]. 1998-06-10.

[95] Motoki H, Takefumi Y, Maki A, et al. Aminosilane compounds, catalyst components and catalysts for olefin polymerization, and process for production of olefin polymers with the same: US2010190942 [P]. 2006-05-26.

[96] Yan Y, Ren H, Li L, et al. Effect of Aminosilane Compounds as External Donors on Isospecific Polymerizations of 1-Butene with $MgCl_2/TiCl_4$/DIBP Catalyst [J]. Catal. Lett., 2017, 147: 221-227.

[97] 陈林峰，理查德·E·坎贝尔，简·W·范艾格蒙德. 具有受控的铝和选择性控制剂之比的自限制催化剂体系和方法：CN101835812B [P]. 2008-08-21.

[98] Barbé P C, Brosse J C, Cecchin G. Catalytical and radical polymerization [M]. Berlin: Springer-Verlag, 1986: 1-81.

[99] Soga K, Shiono T. Ziegler-Natta catalysts for olefin polymerizations [J]. Prog Polym Sci.. 1997, 22: 1503-1546.

[100] Spitz R, Duranel L, Guyot A. Supported Ziegler-Natta catalysts for propene polymerization: Grinding and co-grinding effects on catalyst improvement [J]. Makromol. Chem., 1988, 189 (3): 549-558.

[101] Jeong Y, Lee D, Soga K. Propene polymerization with $Mg(OC_2H_5)_2$-supported $TiCl_4$ catalyst, 2. Effects of $TiCl_4$ treatment [J]. Makromol. Chem. Rapid Commun., 1991, 12 (1): 5-7.

[102] Barbé P C, Brosse J C, Cecchin G. Catalytical and radical polymerization [M]. Berlin: Springer-Verlag, 1986: 1.

[103] Fink G, Mülhaupt R, Brintzinger H. HZiegler catalysts: recent scientific innovations and technological improvements [M]. Berlin: Springer Science & Business Media, 1995: 413.

[104] Spitz R, Bobichon C, Guyot A. Synthesis of polypropylene with improved $MgCl_2$-supported Ziegler-Natta catalysts, including silane compounds as external bases [J]. Makromol. Chem., 1989, 190 (4): 707-716.

[105] Vähäsarja E, Pakkanen T T, Pakkanen T A, et al. Modification of olefin polymerization catalysts. I. Mechanism of the interaction between $AlEt_3$ and silyl ethers [J]. J. Polym. Sci. A, 1987, 25 (12): 3241-3253.

[106] Sormunen P, Iiskola E, Vähäsarja E, et al. Modification of olefin polymerization catalysts: II. A 29Si NMR study on the complexation of silyl ethers with triethylaluminium [J]. J. Organomet. Chem., 1987, 319 (3): 327-332.

[107] Iiskola E, Sormunen P, Garoff T, et al. Solution NMR and FT-IR studies on the reactions and the complexes of silyl ethers with triethylaluminium [M] //Kaminsky W, Sinn H. Transition metals and organometallics as catalysts for olefin polymerization. Berlin: Springer, 1988: 113.

[108] Albizzati E, Galimberti M, Giannini U, et al. The chemistry of magnesium chloride supported catalysts for polypropylene [J]. Makromol. Chem., 1991, 48-49 (1): 223-238.

[109] Spitz R, Bobichon C, Llauro-Darricades M F, et al. Mechanistic aspects in propene polymerization using $MgCl_2$-supported Ziegler-Natta catalysts: behaviour of silane as an external lewis base [J]. J. Mol. Catal., 1989, 56 (1-3): 156-169.

[110] Di Noto V, Bresadola S. New synthesis of a highly active δ-$MgCl_2$ for $MgCl_2/TiCl_4/AlEt_3$ catalytic systems [J]. Macromol. Chem. Phys., 1996, 197 (11): 3827-3835.

[111] Giannini U. Polymerization of olefins with high activity catalysts [J]. Makromol. Chem., 1981, 5 (S19811): 216-229.

[112] Zannetti R, Marega C, Marigo A, et al. Layer-lattices in Ziegler-Natta catalysts [J]. J. Polym. Sci. B, 1988, 26 (12): 2399-2412.

[113] Terano M, Kataoka T, Keii T. A study on the states of ethyl benzoate and $TiCl_4$ in $MgCl_2$-supported high-yield catalysts [J]. Makromol. Chem., 1987, 188 (6): 1477-1487.

[114] Taniike T, Terano M. Coadsorption and support-mediated interaction of Ti species with ethyl benzoate in $MgCl_2$-supported heterogeneous Ziegler-Natta catalysts studied by density functional calculations [J]. Macromol. Rapid Commun., 2007, 28 (18-19): 1918-1922.

[115] Arzoumanidis G G, Karayannis N M. Infrared spectral characterization of supported propene polymerization catalysts: a link to catalyst performance [J]. Appl. Catal., 1991, 76 (2): 221-231.

[116] Busico V, Caus à M, Cipullo R, et al. Periodic DFT and high-resolution magic-angle-spinning (HR-MAS) ^1H NMR investigation of the active surfaces of $MgCl_2$-supported Ziegler-Natta catalysts. The $MgCl_2$ matrix [J]. J. Phys. Chem. C, 2008, 112 (4): 1081-1089.

[117] Magni E, Somorjai G A. Preparation of a model Ziegler-Natta catalyst surface science studies of magnesium chloride thin film deposited on gold and its interaction with titanium chloride [J]. Appl. Surf. Sci., 1995, 89 (2): 187-195.

[118] Magni E, Somorjai G A. Electron irradiation induced reduction of magnesium chloride thin films deposited on gold: XPS and ISS study [J]. Surf. Sci., 1995, 341 (3): L1078-L1084.

[119] Taniike T, Terano M. Coadsorption model for first-principle description of roles of donors in heterogeneous Ziegler-Natta propylene polymerization [J]. J. Catal., 2012, 293: 39-50.

[120] Correa A, Piemontesi F, Morini G, et al. Key elements in the structure and function relationship of the $MgCl_2/TiCl_4$/Lewis base Ziegler-Natta catalytic system [J]. Macromolecules, 2007, 40 (25): 9181-9189.

[121] Mori H, Sawada M, Higuchi T, et al. Direct observation of $MgCl_2$-supported Ziegler catalysts by high resolution transmission electron microscopy [J]. Macromol. Rapid Commun., 1999, 20 (5): 245-250.

[122] Andoni A, Chadwick J C, Niemantsverdriet H J W, et al. The role of electron donors on lateral surfaces of $MgCl_2$-supported Ziegler-Natta catalysts: Observation by AFM and SEM [J]. J. Catal., 2008, 257 (1): 81-86.

[123] Credendino R, Pater J T M, Correa A, et al. Thermodynamics of formation of uncovered and dimethyl ether-covered $MgCl_2$ crystallites. Consequences in the structure of Ziegler-Natta heterogeneous catalysts [J]. J. Phys. Chem. C, 2011, 115 (27): 13322-13328.

[124] Toto M, Morini G, Guerra G, et al. Influence of 1,3-diethers on the stereospecificity of propene polymerization by supported Ziegler-Natta catalysts. A theoretical investigation on their adsorption on (110) and (100) lateral cuts of $MgCl_2$ Platelets [J]. Macromolecules, 2000, 33 (4): 1134-1140.

[125] Piovano A, D' Amore M, Thushara K S, et al. Spectroscopic evidences for $TiCl_4$/donor complexes on the surface of $MgCl_2$-supported Ziegler-Natta catalysts [J]. J. Phys. Chem. C, 2018, 122 (10): 5615-5626.

[126] Busico V, Corradini P, De Martino L, et al. Polymerization of propene in the presence of $MgCl_2$-supported Ziegler-Natta catalysts, 1. The role of ethyl benzoate as "internal" and "external" base [J]. Makromol. Chem., 1985, 186 (6): 1279-1288.

[127] Busico V, Cipullo R, Monaco G, et al. High-resolution ^{13}C NMR configurational analysis of polypropylene made with $MgCl_2$-supported Ziegler-Natta catalysts. 1. the "model" system $MgCl_2/TiCl_4$-2,6-dimethylpyridine/$Al(C_2H_5)_3$ [J]. Macromolecules, 1999, 32 (13): 4173-4182.

[128] Liu B, Nitta T, Nakatani H, et al. Stereospecific nature of active sites on $TiCl_4/MgCl_2$ Ziegler-Natta catalyst in the presence of an internal electron donor [J]. Macromol. Chem. Phys., 2003, 204 (3): 395-402.

[129] Taniike T, Terano M. Reductive formation of isospecific Ti dinuclear species on a $MgCl_2$ (110) surface in heterogeneous Ziegler-Natta catalysts [J]. Macromol. Rapid Commun., 2008, 29 (17): 1472-1476.

[130] Wolfsgruber C, Zannoni G, Rigamonti E, et al. Stereoregularity of polypropylene obtained with different isospecific catalyst systems [J]. Makromol. Chem., 1975, 176 (9): 2765-2769.

[131] Chadwick J C, Miedema A, Sudmeijer O. Hydrogen activation in propene polymerization with $MgCl_2$-supported Ziegler-Natta catalysts: the effect of the external donor [J]. Macromol. Chem. Phys., 1994, 195 (1): 167-172.

[132] Chadwick J C, Morini G, Balbontin G, et al. Propene polymerization with $MgCl_2$-supported catalysts: effects of using a diether as external donor [J]. Macromol. Chem. Phys., 1997, 198 (4): 1181-1188.

[133] Chadwick J C, Morini G, Albizzati E, et al. Aspects of hydrogen activation in propene polymerization using $MgCl_2$/$TiCl_4$/diether catalysts [J]. Macromol. Chem. Phys., 1996, 197 (8): 2501-2510.

[134] Moscardi G, Piemontesi F, Resconi L. Propene Polymerization with the isospecific, highly regiospecific rac-Me_2C (3-t-Bu-1-Ind)$_2ZrCl_2$/MAO catalyst. 1. Influence of hydrogen on initiation and propagation: experimental detection and theoretical investigation of 2, 1 propene insertion into the Zr-H bond [J]. Organometallics, 1999, 18 (25): 5264-5275.

[135] Kaminsky W. Metalorganic catalysts for synthesis and polymerization [M]. Berlin: Springer, 1999: 601.

[136] Chadwick J C, Heere J J R, Sudmeijer O. Factors influencing chain transfer with monomer and with hydrogen in propene polymerization using $MgCl_2$-supported Ziegler-Natta catalysts [J]. Macromol. Chem. Phys., 2000, 201 (14): 1846-1852.

[137] Zambelli A, Giongo M G, Natta G. Polymerization of propylene to syndiotaetic polymer [J]. Makromol. Chem., 1968, 112: 183-196.

[138] Ewen J. Additions and corrections-mechanisms of stereochemical control in propylene polymerizations with soluble Group 4B metallocene/methylalumoxane catalysts [J]. J. Am. Chem. Soc., 1984, 106 (26): 8330-8330.

[139] Pino P, Mülhaupt R. Stereospecific polymerization of propylene: An outlook 25 years after its discovery [J]. Angew. Chem. Int. Edit., 1980, 19 (11): 857-875.

[140] Doi Y, Asakura T. Catalytic regulation for isotactic orientation in propylene polymerization with Ziegler-Natta catalyst [J]. Makromol. Chem., 1975, 176 (2): 507-509.

[141] Kissin Y V. Isospecific polymerization of olefins: with heterogeneous Ziegler-Natta catalysts [M]. New York: Springer, 1985: 94.

[142] Novokshonova L A, Zakharov V A. Kinetics of olefin polymerization and active sites of heterogeneous Ziegler-Natta catalysts [J]. Adv. Polym. Sci., 2013, 257: 99-134.

[143] Böhm L L. Reaction model for Ziegler-Natta polymerization processes [J]. Polymer, 1978, 19 (5): 545-552.

[144] Burfield D R, McKenzie I D, Tait P J T. Ziegler-Natta catalysis: 1. a general kinetic scheme [J]. Polymer, 1972, 13 (7): 302-306.

[145] Cossee P. Ziegler-Natta catalysis I. Mechanism of polymerization of α-olefins with Ziegler-Natta catalysts [J]. J. Catal., 1964, 3 (1): 80-88.

[146] Arlman E J, Cossee P. Ziegler-Natta catalysis Ⅲ. Stereospecific polymerization of propene with the catalyst system $TiCl_3$/$AlEt_3$ [J]. J. Catal., 1964, 3 (1): 99-104.

[147] Cossee P. On the mechanism of *cis*-ligand insertion [J]. Recueil des Travaux Chimiques des Pays-Bas, 1966, 85 (11): 1151-1160.

[148] Natta G, Pasquon I. The Kinetics of the Stereospecific polymerization of α-olefins [M] //Eley D D, Selwood P W, Weisz P B. Advances in catalysis. New York: Academic Press, 1959 (11): 1.

[149] Zakharov V A, Chumaevskii N B, Bukatov G D, et al. Study of the mechanism of propagation and transfer reactions in the polymerization of olefins by Ziegler-Natta catalysts, 2. The influence of polymerization temperature on the kinetic characteristics of propagation [J]. Makromol. Chem., 1976, 177 (3): 763-775.

[150] Schnecko V H, Dost W, Kern W. Polymerisation von propylen mit Al-haltigen und Al-freien titantrichloriden verschiedener korngrößen. 8. Mitt.. Zur polymerisation mit metallorganischen mischkatalysatoren [J]. Makromol. Chem., 1969, 121 (1): 159-173.

[151] Galli P, Luciani L, Cecchin G. Advances in the polymerization of polyolefins with coordination catalysts [J]. Appl. Macromol. Chem. Phys., 1981, 94 (1): 63-89.

[152] Burfield D R. Ziegler-Natta polymerization: the nature of the propagation step [J]. Polymer, 1984, 25 (11): 1645-1654.

[153] Mejzlík J, Lesná M, Kratochvíla J. Catalytical and radical polymerization [M] // Advances in polymer science. Berlin: Springer, 1986: 83.

[154] Keii T, Suzuki E, Tamura M, et al. Propene polymerization with a magnesium chloride-supported Ziegler catalyst, 1. Principal kinetics [J]. Makromol. Chem., 1982, 183 (10): 2285-2304.

[155] Zakharov V A, Makhtarulin S I, Yermakov Y I. Kinetic behavior of ethylene polymerization in the presence of highly active titanium-magnesium catalysts [J]. React. Kinet. Catal. Lett., 1978, 9: 137-142.

[156] Kaminsky W, Werner R. New C1-Symmetric metallocenes for the polymerization of olefins [M] //Metalorganic catalysts for synthesis and polymerization: recent results by Ziegler-Natta and metallocene investigations. Berlin: Springer, 1999: 170-179.

[157] Novokshonova L A, Tsvetkova V I, Chirkov N M. The study of elementary stages in propylene polymerization catalyzed by VCl_3-Al(i-Bu)$_3$ [J]. J. Polym. Sci. C, 1967, 16 (5): 2659-2666.

[158] Herfert N, Fink G. Hemiisotactic poly (propylene) through propene polymerization with the ipr [3-mecpflu] $ZrCl_2$/MAO catalyst system: A kinetic and microstructural analysis [J]. Makromol. Chem. Macromol. Symp., 1993, 66 (1): 157-178.

[159] Pino P, Rotzinger B, von Achenbach E. The role of some bases in the stereospecific polymerization of propylene with titanium catalysts supported on magnesium chloride [J]. Makromol. Chem., 1985, 13 (S19851): 105-122.

[160] Novokshonova L A, Zakharov V A. Polyolefins: 50 years after Ziegler and Natta I: Polyethylene and polypropylene [M] // Kaminsky W. Advances in polymer science. Berlin: Springer, 2013: 99.

[161] Resconi L, Fait A, Piemontesi F, et al. Effect of monomer concentration on propene polymerization with the rac-[ethylenebis (1-indenyl)] zirconium dichloride/methylaluminoxane catalyst [J]. Macromolecules, 1995, 28 (19): 6667-6676.

[162] Ystenes M. Predictions from the trigger mechanism for Ziegler-Natta polymerization of α-olefins [J]. Makromol. Chem. Macromol. Symp., 1993, 66 (1): 71-82.

[163] Fait A, Resconi L, Guerra G, et al. A possible interpretation of the nonlinear propagation rate laws for insertion polymerizations: A kinetic model based on a single-center, two-state catalyst [J]. Macromolecules, 1999, 32 (7): 2104-2109.

[164] Moscardi G, Resconi L, Cavallo L. Propene polymerization with the isospecific, highly regioselective rac-Me_2C(3-t-Bu-1-Ind)$_2$$ZrCl_2$/MAO catalyst. 2. Combined DFT/MM analysis of chain propagation and chain release reactions [J]. Organometallics, 2001, 20 (10): 1918-1931.

[165] Busico V, Cipullo R, Corradini P. Ziegler-Natta oligomerization of 1-alkenes: A catalyst's "fingerprint", 2. Preliminary results of propene hydrooligomerization in the presence of the homogeneous isospecific catalyst system *rac-* (EBI) $ZrCl_2$/MAO [J]. Makromol. Chem. Rapid Commun., 1993, 14 (2): 97-103.

[166] Busico V, Cipullo R, Chadwick J C, et al. Effects of regiochemical and stereochemical errors on the course of isotactic propene polyinsertion promoted by homogeneous Ziegler-Natta catalysts [J]. Macromolecules, 1994, 27 (26): 7538-7543.

[167] Busico V, Cipullo R, Cutillo F, et al. Metallocene-catalyzed propene polymerization: from microstructure to kinetics. 1. C_2-Symmetric a nsa-Metallocenes and the" Trigger" hypothesis [J]. Macromolecules, 2002, 35 (2): 349-354.

[168] Wristers J. Nascent polypropylene morphology: polymer fiber [J]. J. Polym. Sci. Polym., 1973, 11 (8): 1601-1617.

[169] Hamba M, Han-Adebekun G C, Ray W H. Kinetic study of gas phase olefin polymerization with a $TiCl_4$/$MgCl_2$ catalyst. II. Kinetic parameter estimation and model building [J]. J. Polym. Sci.. A, 1997, 35 (10): 2075-2096.

[170] Michaels A S, Bixler H J. Solubility of gases in polyethylene [J]. J. Polym. Sci., 1961, 50 (154): 393-412.

[171] Guastalla G, Giannini U. The influence of hydrogen on the polymerization of propylene and ethylene with an $MgCl_2$ supported catalyst [J]. Makromol. Chem. Rapid Commun., 1983, 4 (8): 519-527.

[172] Tsutsui T, Kashiwa N, Mizuno A. Effect of hydrogen on propene polymerization with ethylenebis (1-indenyl) zirconium dichloride and methylalumoxane catalyst system [J]. Makromol. Chem. Rapid Commun., 1990, 11 (11): 565-570.

[173] Soares J B P, Hamielec A E. Kinetics of propylene polymerization with a non-supported heterogeneous Ziegler-Natta catalyst—effect of hydrogen on rate of polymerization, stereoregularity, and molecular weight distribution [J]. Polymer, 1996, 37 (20): 4607-4614.

[174] Kioka M, Kashiwa N. Study of the activity enhancement caused by the addition of hydrogen in olefin polymerization [J]. J. Macromol. Scie. Chem., 1991, 28 (9): 865-873.

[175] Chadwick J C. Advances in propene polymerization using $MgCl_2$-supported catalysts. Fundamental aspects and the role of electron donors [J]. Macromol. Symp., 2001, 173 (1): 21-36.

[176] Kissin Y V, Mink R I, Nowlin T E, et al. Kinetics and mechanism of ethylene homopolymerization and copolymerization reactions with heterogeneous Ti-based Ziegler-Natta catalysts [J]. Topics Catal., 1999, 7 (1-4): 69-88.

[177] Busico V, Cipullo R, Corradini P. Hydrooligomerization of propene: a "fingerprint" of a Ziegler-Natta catalyst, 1. Preliminary results for $MgCl_2$-supported systems [J]. Makromol. Chem., 1992, 13 (1): 15-20.

[178] Echevskaya L G, Matsko M A, Mikenas T B, et al. Supported titanium-magnesium catalysts with different titanium content: Kinetic peculiarities at ethylene homopolymerization and copolymerization and molecular weight characteristics of polyethylene [J]. J. Appl. Polym. Sci., 2006, 102 (6): 5436-5442.

[179] Vindstad B K, Solli K A, Ystenes M. Kinetic effects of addition of propene during polymerization of ethene with $MgCl_2$ supported Ziegler-Natta catalysts [J]. Makromol. Chem., 1992, 13 (10): 471-477.

[180] Jaber I A, Ray W H. Polymerization of olefins through heterogeneous catalysis. XIII. The influence of comonomer in the solution copolymerization of ethylene [J]. J. Appl. Polym. Sci., 1993, 49 (10): 1709-1724.

[181] Koivumaki J, Seppala J V. Observations on the synergistic effect of adding 1-butene to systems polymerized with $MgCl_2/TiCl_4$ and Cp_2ZrCl_2 catalysts [J]. Macromolecules, 1994, 27 (8): 2008-2012.

[182] Gul'tseva N M, Ushakova T M, Aladyshev A M, et al. Influence of the nature of monomers on the activity of supported titanium catalysts in the α-olefin polymerization [J]. Polym. Bull., 1992, 29: 639-646.

[183] Meshkova I N, Ushakova T M, Gul' tseva N M, et al. Influence of the catalyst matrix structure of the supported Ziegler-Natta catalysts on the homo-and copolymerization of olefins [J]. Polym. Bull., 1997, 38: 419-426.

[184] Kravchenko R, Waymouth R M. Ethylene-propylene copolymerization with 2-arylindene zirconocenes [J]. Macromolecules, 1998, 31 (1): 1-6.

[185] Herfert N, Montag P, Fink G. Elementary processes of the Ziegler catalysis, 7. Ethylene, α-olefin and norbornene copolymerization with the stereorigid catalyst systems iPr [FluCp] $ZrCl_2$/MAO and $Me_2Si[Ind]_2ZrCl_2$/MAO [J]. Makromol. Chem., 1993, 194 (11): 3167-3182.

[186] Koivumäki J, Seppälä J V. Observations on the rate enhancement effect with $MgCl_2/TiCl_4$ and Cp_2ZrCl_2 catalyst systems upon 1-hexene addition [J]. Macromolecules, 1993, 26 (21): 5535-5538.

[187] Kaminsky W, Külper K, Niedoba S. Olefinpolymerization with highly active soluble zirconium compounds using aluminoxane as co-catalyst [J]. Makromol. Chem., 1986, 3 (1): 377-387.

[188] Uozumi T, Soga K. Copolymerization of olefins with Kaminsky-Sinn-type catalysts [J]. Makromol. Chem., 1992, 193 (4): 823-831.

[189] Shiono T, Moriki Y, Ikeda T, et al. Copolymerization of poly (propylene) macromonomer with ethylene by (tert-butanamide) dimethyl (tetramethyl-η5-cyclopentadienyl) silanetitanium dichloride/methylaluminoxane catalyst [J]. Macromol. Chem. Phys., 1997, 198 (10): 3229-3237.

[190] Cruz V L, Muñoz-Escalona A, Martinez-Salazar J. A theoretical study of the comonomer effect in the ethylene polymerization with zirconocene catalytic systems [J]. J. Polym. Sci. A, 1998, 36 (7): 1157-1167.

[191] Meshkova I N, Ushakova T M, Gul' tseva N M, et al. Modification of polyolefins as a modern strategy to designing polyolefin materials with a new complex of properties [J]. Polym. Sci. A, 2008, 50: 1161-1174.

[192] Jüngling S, Koltzenburg S, Mülhaupt R. Propene homo-and copolymerization using homogeneous and supported metallocene catalysts based on Me_2Si(2-Me-Benz [e] lnd)$_2ZrCl_2$ [J]. J. Polym. Sci. A, 1997, 35 (1): 1-8.

[193] Awudza J A M, Tait P J T. The "comonomer effect" in ethylene/α-olefin copolymerization using homogeneous and silica-supported Cp_2ZrCl_2/MAO catalyst systems: Some insights from the kinetics of polymerization, active center studies, and polymerization temperature [J]. J. Polym. Sci. A, 2008, 46 (1): 267-277.

[194] Nedorezova P M, Chapurina A V, Koval' chuk A A, et al. Copolymerization of propylene with 1-octene initiated by highly efficient isospecific metallocene catalytic systems [J]. Polym. Sci. B, 2010, 52: 15-25.

[195] Tang L M, Li Y G, Ye W P, et al. Ethylene-propylene copolymerization with bis (β-enaminoketonato) titanium complexes activated with modified methylaluminoxane [J]. J. Polym. Sci. A, 2006, 44 (20): 5846-5854.

[196] Tang L M, Hu T, Pan L, et al. Ethylene/α-olefin copolymerization with bis(β-enaminoketonato) titanium complexes activated with modified methylaluminoxane [J]. J. Polym. Sci. A, 2005, 43 (24): 6323-6330.

[197] Gibson V C, Spitzmesser S K. Advances in non-metallocene olefin polymerization catalysis [J]. Chem. Rev., 2003, 103 (1): 283-316.

[198] Coates G W, Hustad P D, Reinartz S. Catalysts for the living insertion polymerization of alkenes: access to new polyolefin architectures using Ziegler-Natta chemistry [J]. Angew. Chem. Int. Ed., 2002, 41 (13): 2236-2257.

[199] Karol F J, Kao S C, Cann K J. Comonomer effects with high-activity titanium-and vanadium-based catalysts for ethylene polymerization [J]. J. Polym. Sci. A, 1993, 31 (10): 2541-2553.

[200] Floyd S, Heiskanen T, Taylor T W, et al. Polymerization of olefins through heterogeneous catalysis. VI. Effect of particle heat and mass transfer on polymerization behavior and polymer properties [J]. J. Appl. Polym. Sci., 1987, 33 (4): 1021-1065.

[201] Floyd S, Choi K Y, Taylor T W, et al. Polymerization of olefines through heterogeneous catalysis IV. Modeling of heat and mass transfer resistance in the polymer particle boundary layer [J]. J. Appl. Polym. Sci., 1986, 31 (7): 2231-2265.

[202] Floyd S, Choi K Y, Taylor T W, et al. Polymerization of olefins through heterogeneous catalysis. III. Polymer particle modelling with an analysis of intraparticle heat and mass transfer effects [J]. J. Appl. Polym. Sci., 1986, 32 (1): 2935-2960.

[203] Nagel E J, Kirillov V A, Ray W H. Prediction of molecular weight distributions for high-density polyolefins [J]. Ind. Eng. Chem. Prod. Res. Dev., 1980, 19 (3): 372-379.

[204] Przybyla C, Zechlin J, Steinmetz B, et al. Influence of the particle size of silica support on the kinetics and the resulting polymer properties at the polypropylene polymerization with heterogeneous metallocene catalysts; Part I: experimental studies and kinetic analysis [M] //Kaminsky W. Metalorganic catalysts for synthesis and polymerization. Berlin: Springer, 1999: 321.

[205] Korber F, Hauschild K, Fink G. Reactioncalorimetric Approach to the kinetic investigation of the propylene bulk phase polymerization [J]. Macromol. Chem. Phys., 2001, 202 (17): 3329-3333.

[206] Ferrero M A, Sommer R, Spanne P, et al. X-ray microtomography studies of nascent polyolefin particles polymerized over magnesium chloride-supported catalysts [J]. J. Polym. Sci. A, 1993, 31 (10): 2507-2512.

[207] Niegisch W D, Crisafulli S T, Nagel T S, et al. Characterization techniques for the study of silica fragmentation in the early stages of ethylene polymerization [J]. Macromolecules, 1992, 25 (15): 3910-3916.

[208] Kakugo M, Sadatoshi H, Sakai J, et al. Growth of polypropylene particles in heterogeneous Ziegler-Natta polymerization [J]. Macromolecules, 1989, 22 (7): 3172-3177.

[209] Abboud M, Denifl P, Reichert K H. Fragmentation of Ziegler-Natta catalyst particles during propylene polymerization [J]. Macromol. Mater. Eng., 2005, 290 (6): 558-564.

[210] Pater J T M, Weickert G, Swaaij W P M V. Polymerization of liquid propylene with a fourth-generation Ziegler-Natta catalyst: Influence of temperature, hydrogen, monomer concentration, and prepolymerization method on powder morphology [J]. J. Appl. Polym. Sci., 2003, 87 (9): 1421-1435.

[211] Pater J T M, Weickert G, Loos J, et al. High precision prepolymerization of propylene at extremely low reaction rates—kinetics and morphology [J]. Chem. Eng. Sci., 2001, 56 (13): 4107-4120.

[212] Abboud M, Denifl P, Reichert K H. Advantages of anemulsion-produced Ziegler-Natta catalyst over a conventional Ziegler-Natta catalyst [J]. Macromol. Mater. Eng., 2005, 290 (12): 1220-1226.

[213] Ferrari D, Fink G. Video microscopy for the investigation of gas phase copolymerization [J]. Macromol. Mater. Eng., 2005, 290 (11): 1125-1136.

[214] Ferrari D, Knoke S, Tesche B, et al. Microkinetic videomicroscopic analysis of the olefin-copolymerization with heterogeneous catalysts [J]. Macromol. Symp., 2006, 236 (1): 78-87.

[215] Zöllner K, Reichert K H. Video microscopy for the examination of the heterogeneous gas-phase polymerization [J]. Chem. Eng. Technol., 2002, 25 (7): 707-710.

[216] Abboud M, Kallio K, Reichert K H. Video microscopy for fast screening of polymerization catalysts [J]. Chem. Eng. Technol., 2004, 27 (6): 694-698.

[217] Kashiwa N, Tsutsui T. Ethylene polymerization by supported vanadium catalyst. Effect of carrier on activity and

relationship between concentration of V(Ⅲ) and activity [J]. Makromol. Chem. Rapid Commun., 1983, 4 (7): 491-495.

[218] Sinn H, Kaminsky W, Vollmer H J, et al. Process for producing polymers and copolymers of ethylene: DE3007725 [P]. 1981-09-17.

[219] Natta G, Pino P, Mazzanti G, et al. A crystallizable organometallic complex containing titanium and aluminum [J]. J. Am. Chem. Soc., 1957, 79 (11): 2975-2976.

[220] Breslow D S, Newburg N R. Bis-(cyclopentadienyl)-titanium dichloride-alkylaluminum complexes as catalysts for the polymerization of ethylene [J]. J. Am. Chem. Soc., 1957, 79 (18): 5072-5073.

[221] Sinn H, Kaminsky W. Ziegler-Nattac atalysis [J]. Adv. Organomet. Chem., 1980, 18: 99-149.

[222] Sinn H. Proposals for structure and effect of methylalumoxane based on mass balances and phase separation experiments [J]. J. Macromol. Symp., 1995, 97 (1): 27-52.

[223] Koide Y, Bott S G, Barron A R. Alumoxanes ascocatalysts in the palladium-catalyzed copolymerization of carbon monoxide and ethylene: Genesis of a structure-activity relationship [J]. Organometallics, 1996, 15 (9): 2213-2226.

[224] Faingol'd E E, Bravaya N M, Panin A N, et al. Isobutylaluminum aryloxides as metallocene activators in Homo- and copolymerization of olefins [J]. J. Appl. Polym. Sci., 2015, 133 (14): 43276.

[225] Kaminsky W, Sinn H. Homogeneous and high-activity Ziegler-Natta catalysis with alumoxane as component [C]. Proc. IUPAC, I. U. P. A. C., Macromol. Symp., 28th, 1982, 247.

[226] Faingol'd E E, Zharkov I V, Bravaya N M, et al. Sterically crowded dimeric diisobutylaluminum aryloxides: Synthesis, characteristics, and application as activators in homo- and copolymerization of olefins [J]. J. Organomet. Chem., 2018, 871: 86-95.

[227] Severn J, Jones Jr R L. Stereospecific α-olefin polymerization with heterogeneous catalysts. In handbook of transition metal polymerization catalysts (eds R. Hoff and R. T. Mathers) [M]. New Jersey, USA: Wiley, 2010, 157-230.

[228] Zambelli A, Locatelli P, Zannoni G, et al. Stereoregulation energies in propene polymerization [J]. Macromolecules, 1978, 11 (5): 923-924.

[229] Shelden R A, Fueno T, Tsunetsugu T, et al. A one-parameter model for isotactic polymerization based on enantiomorphic catalyst sites [J]. J. Polym. Sci. Part B: Poly. Lett., 1965, 3 (1): 23-26.

[230] Doi Y, Suzuki S, Soga K. Living coordination polymerization of propene with a highly active vanadium-based catalyst [J]. Macromolecules, 1986, 19 (12): 2896-2900.

[231] Ewen J A. Elder M J, Jones R L, et al. Metallocene/polypropylene structural relationships: Implications on polymerization and stereochemical control mechanisms [J]. Makromol. Chem. Macromol. Symp., 1991, 48-49 (1): 253-295.

[232] Cipullo R, Vittoria A, Busico V. Assignment of regioirregular sequences in the ^{13}C NMR spectrum of syndiotactic polypropylene [J]. Polymers, 2018, 10 (8): 863.

[233] Razavi A, Atwood J L. Preparation and crystal structures of the complexes (η^5-$C_5H_4CPh_2$-η^5-$C_{13}H_8$)MCl_2 (M = Zr, Hf) and the catalytic formation of high molecular weight high tacticity syndiotactic polypropylene [J]. Organomet. Chem. 1993, 459: 117-123.

[234] Schnutenhaus H, Brintzinger H H. 1,1'-Trimethylenebis (η^5-3-tert-butylcyclopentadienyl)-titanium (IV) Dichloride, a chiral ansa-titanocene derivative [J]. Angew. Chem. Int. Ed., 1979, 18 (10): 777-778.

[235] Wild F R W P, Zsolnai L, Huttner G, et al. ansa-Metallocene Derivatives : IV. Synthesis and molecular structures of chiral ansa-titanocene derivatives with bridged tetrahydroindenyl ligands [J]. J. Organomet. Chem., 1982, 232 (1): 233-247.

[236] Wild F R W P, Wasiucionek M, Huttner G, et al. ansa-Metallocene derivatives: VII. Synthesis and crystal structure of a chiral ansa-zirconocene derivative with ethylene-bridged tetrahydroindenyl ligands [J]. J. Organomet. Chem., 1985, 288 (1): 63-67.

[237] Peifer B, Bruce Welch M, Alt H G. Synthese und charakterisierung von C1- und C2-Verbrückten bis (fluorenyl) komplexen des zirconiums und hafniums und deren anwendung bei der katalytischen olefinpolymerisation [J]. J. Organomet. Chem., 1997, 544 (1): 115-119.

[238] Alt H G, Milius W, Palackal S J. Verbrückte bis(fluorenyl) komplexe des zirconiums und hafniums als hochreaktive

katalysatoren bei der homogenen olefinpolymerisation. Die molekülstrukturen von ($C_{13}H_9$-C_2H_4-$C_{13}H_9$) und (η5 : η5-$C_{13}H_8$-C_2H_4-$C_{13}H_8$) $ZrCl_2$ [J]. J. Organomet. Chem., 1994, 472: 113-118.

[239] Schertl P, Alt H G. Synthese und Polymerisationseigenschaften substituierter ansa-bis(fluorenyliden) komplexe des zirconiums [J]. J. Organomet. Chem., 1999, 582 (2): 328-337.

[240] Razavi A, Peters L, Nafpliotis L. Geometric flexibility, ligand and transition metal electronic effects on stereoselective polymerization of propylene in homogeneous catalysis [J]. J. Mol. Catal. A: Chem., 1997, 115 (1): 129-154.

[241] Razavi A, Vereecke D, Peters L, et al. Manipulation of theligand structure as an effective and versatile tool for modification of active site properties in homogeneous Ziegler-Natta catalyst systems. In: Fink G, Mülhaupt R, Brintzinger H H, Eds. Ziegler catalysts: Recent scientific innovations and technological improvements [M]. Berlin, Heidelberg: Springer, 1995, 111-147.

[242] Yano A, Hasegawa S, Kaneko T, et al. Ethylene/1-hexene copolymerization with $Ph_2C(Cp)(Flu)ZrCl_2$ derivatives: correlation between ligand structure and copolymerization behavior at high temperature [J]. Macromol. Chem. Phys., 1999, 200 (6): 1542-1553.

[243] Alt H G, Zenk R, Milius W. Syndiospezifische polymerisation von propylen: 3-, 4-, 3, 4- und 4, 5-substituierte zirkonocenkomplexe des typs ($C_{13}H_8$-nRnCR' $2C_5H_4$)$ZrCl_2$ (n = 1,2; R = Alkyl, Aryl; R' = Me, Ph) [J]. J. Organomet. Chem., 1996, 514, 257.

[244] Alt H G, Jung M. C1-Bridged fluorenylidene cyclopentadienylidene complexes of the type ($C_{13}H_8$-CR_1R_2-C_5H_3R) $ZrCl_2$ (R_1, R_2= alkyl, phenyl, alkenyl; R = H, alkyl, alkenyl, substituted silyl) as catalyst precursors for the polymerization of ethylene and propylene [J]. J. Organomet. Chem., 1998, 568: 87-112.

[245] Alt H G, Köppl A. Effect of thenature of metallocene complexes of group IV metals on their performance in catalytic ethylene and propylene polymerization [J]. Chem. Rev., 2000, 100 (4): 1205-1222.

[246] Miller S A, Bercaw J E. Highlystereoregular syndiotactic polypropylene formation with metallocene catalysts via influence of distal ligand substituents [J]. Organometallics, 2004, 23 (8): 1777-1789.

[247] Alt H G, Zenk R. Syndiospezifische polymerisation von propylen: synthese CH_2-und CHR-verbrückter fluorenylhaltiger Ligandvorstufen für metallocenkomplexe des Typs ($C_{13}H_8$-nR' nCHR-C_5H_4)$ZrCl_2$ (n = 0, 2; R = H, Alkyl; R' = H, Hal) [J]. J. Organomet. Chem., 1996, 526 (2): 295-301.

[248] Alt H G, Zenk R. Syndiospezifische polymerisation von propylen: 2-und 2,7-substituierte metallocenkomplex des typs ($C_{13}H_8$-nRnCR' $2C_5H_4$)MCl_2 (n = 1, 2; R = alkoxy, alkyl, aryl, hal; R' = Me, Ph; M = Zr, Hf) [J]. J. Organomet. Chem., 1996, 522 (1): 39-54.

[249] Razavi A, Thewalt U. Site selective ligand modification and tactic variation in polypropylene chains produced with metallocene catalysts [J]. Coord. Chem. Rev., 2006, 250: 155-169.

[250] Razavi A, Bellia V, De Brauwer Y, et al. Fluorenyl based syndiotactic specific metallocene catalysts structural features, origin of syndiospecificity [J]. Macromol. Symp., 2004, 213 (1): 157-171.

[251] Zuccaccia C, Stahl N G, Macchioni A, et al. NOE and PGSE NMR spectroscopic studies of solution structure and aggregation in metallocenium ion-pairs [J]. J. Am. Chem. Soc., 2004, 126 (5): 1448-1464.

[252] Chen M-C, Roberts JA S, Marks T J. Marked counteranion effects on single-site olefin polymerization processes. correlations of ion pair structure and dynamics with polymerization activity, chain transfer, and syndioselectivity [J]. J. Am. Chem. Soc., 2004, 126 (14): 4605-4625.

[253] Razavi A, Bellia V, De Brauwer Y, et al. Structural features of bridged cyclopentadienyl-fluorenyl based metallocene catalyst: origin of syndiospecificity [J]. J. Organomet. Chem., 2003, 684: 206-215.

[254] Mallin D T, Rausch M D, Lin Y G, et al. rac- [Ethylidene (1-η^5-tetramethylcyclopentadienyl) (1-η^5-indenyl)] dichlorotitanium and its homopolymerization of propylene to crystalline-amorphous block thermoplastic elastomers [J]. J. Am. Chem. Soc., 1990, 112 (5): 2030-2031.

[255] Bravakis A M, Bailey L E, Pigeon M, et al. Synthesis of elastomeric poly (propylene) using unsymmetrical zirconocene catalysts: Marked reactivity differences of "rac" -and "meso" -like diastereomers [J]. Macromolecules, 1998, 31 (4): 1000-1009.

[256] Kukral J, Lehmus P, Feifel T, et al. Dual-Side ansa-zirconocene dichlorides for high molecular weight isotactic polypropene elastomers [J]. Organometallics, 2000, 19 (19): 3767-3775.

[257] Coates G W, Waymouth R M. Oscillating stereocontrol: A strategy for the synthesis of thermoplastic elastomeric polypropylene [J]. Science, 1995, 267 (5195): 217-219.

[258] Minami Y, Takebe T, Kanamaru M, et al. Development of low isotactic polyolefin [J]. Polym. J., 2015, 47 (3): 227-234.

[259] Keyes A, Basbug Alhan H E, Ordonez E, et al. Olefins and vinyl polar monomers: bridging the gap for next generation materials [J]. Angew. Chem. Int. Ed., 2019, 58 (36): 12370-12391.

[260] Aaltonen P, Fink G, Loefgren B, et al. Synthesis of hydroxyl group containing polyolefins with metallocene/methylaluminoxane catalysts [J]. Macromolecules, 1996, 29 (16): 5255-5260.

[261] Yasuda H, Furo M, Yamamoto H, et al. New approach to block copolymerizations of ethylene with alkyl methacrylates and lactones by unique catalysis with organolanthanide complexes [J]. Macromolecules, 1992, 25 (19): 5115-5116.

[262] Wilen C-E, Nasman J H. Polar activation in copolymerization of propylene and 6-tert-Butyl- [2-(1,1-dimethylhept-6-enyl)]-4-methylphenol over a racemic [1,1′-(Dimethylsilylene)bis(η^5-4,5,6,7-tetrahydro-1-indenyl)] zirconium dichloride/methylalumoxane catalyst system [J]. Macromolecules, 1994, 27 (15): 4051-4057.

[263] Keim W, Kowaldt F H, Goddard R, et al. Novel coordination of (benzoylmethylene) triphenylphosphorane in a nickel oligomerization catalyst [J]. Angew. Chem. Int. Ed., 1978, 17 (6): 466-467.

[264] Johnson L K, Killian C M, Brookhart M. New Pd (II) - and Ni (II) -based catalysts for polymerization of ethylene and α-olefins [J]. J. Am. Chem. Soc., 1995, 117 (23): 6414-6415.

[265] Small B L, Brookhart M, Bennett A M A. Highly active iron and cobalt catalysts for the polymerization of ethylene [J]. J. Am. Chem. Soc., 1998, 120 (16): 4049-4050.

[266] Britovsek G J P, Gibbson V C, Kimberley B S, et al. Novel lefin polymerization cataysts based on iron and cobalt [J]. Chem. Commun., 1998, 7: 849-850.

[267] AbuSurrah A S, Lappalainen K, Piironen U, Lehmus P, Repo T, Leskela M. New bis (imino) pyridine-iron(II)- and cobalt (II) -based catalysts: synthesis, characterization and activity towards polymerization of ethylene [J]. J. Organomet. Chem. 2002, 648: 55-61.

[268] Britovsek G J P, Mastroianni S, Solan G A, Baugh S P D, Redshaw C, Gibson V C, White A J P, Williams D J, Elsegood M R J. Oligomerisation of ethylene by bis (imino) pyridyliron and -cobalt Complexes [J]. Chem. Eur. J., 2000, 6 (12): 2221- 2231.

[269] 孙文华，王航，阎卫东，胡友良.一种新型双亚胺吡啶铁系催化剂的乙烯低聚研究 [J].高分子学报，2002，5：703-706.

[270] Semikolenova N V, Zakharov V A, Talsi E P, Babushkin D E, Sobolev A P, Echevskaya L G, Khysniyarov M M. Study of the ethylene polymerization over homogeneous and supported catalysts based on 2,6-bis(imino) pyridyl complexes of Fe (II) and Co (II) [J]. J. Mol. Catal. A: Chem., 2002, 182-183: 283-294.

[271] Wang S, Li B, Liang T, Redshaw C, Li Y, Sun W-H. Synthesis, characterization and catalytic behavior toward ethylene of 2-[1-(4,6-dimethyl-2-benzhydrylphenylimino) ethyl] -6-[1-(arylimino) ethyl] pyridylmetal (iron or cobalt) chlorides [J]. Dalton Trans., 2013, 42: 9188-9197.

[272] Zhang W, Wang S, Du S, Guo C Y, Hao X, Sun W-H. 2-(1-(2,4-bis((di(4-fluorophenyl)methyl)-6-methylphenylimino)ethyl)-6-(1-(arylimino)ethyl)pyridylmetal(iron or cobalt)complexes: Synthesis, characterization, and ethylene polymerization behavior [J]. Macro. Chem. Phy., 2014, 215 (18): 1797-1809.

[273] Sun W-H, Xing Q, Yu J, Novikova E, Zhao W, Tang X, Liang T, Redshaws C. Probing the characteristics of mono- or bimetallic (iron or cobalt) complexes bearing 2,4-bis (6-iminopyridin-2-yl)-3H-benzazepines: synthesis, characterization, and ethylene reactivity [J]. Organometallics, 2013, 32 (8): 2309-2318.

[274] Xing Q, Zhao T, Du S, Yang W, Liang T, Redshaw C, Sun W-H. Biphenyl-bridged 6- (1-aryliminoethyl) -2-iminopyridylcobalt complexes: synthesis, characterization, and ethylene polymerization behavior [J]. Organometallics, 2014, 33 (6): 1382-1388.

[275] Chen Y, Hao P, Zuo W, Gao K, Sun W-H. 2-(1-isopropyl-2-benzimidazolyl)-6-(1-aryliminoethyl) pyridyl transition metal (Fe, Co, and Ni) dichlorides: syntheses, characterizations and their catalytic behaviors toward ethylene reactivity [J]. J. Organomet. Chem., 2008, 693 (10): 1829-1840.

[276] Gao R, Li Y, Wang F, Sun W-H, Bochmann M. 2-benzoxazolyl-6-[1-(arylimino)ethyl] pyridyliron(II) chlorides as

ethylene oligomerization catalysts [J]. Eur. J. Inorg Chem., 2009, 27: 4149-4156.

[277] Gao R, Wang K, Li Y, Wang F, Sun W-H, Redshaw C, Bochmann M. 2-benzoxazolyl-6-(1-(arylimino) ethyl) pyridyl cobalt(II) chlorides: A temperature switch catalyst in oligomerization and polymerization of ethylene [J]. J. Mol. Catal. A: Chem., 2009, 309: 166-171.

[278] Song S, Gao R, Zhang M, Li Y, Wang F, Sun W-H. 2-β-benzothiazolyl-6-iminopyridylmetal dichlorides and the catalytic behavior towards ethylene oligomerization and polymerization [J]. Inorg. Chim. Acta. 2011, 376 (1): 373-380.

[279] Xiao L, Gao R, Zhang M, Li Y, Cao X, Sun W-H. 2-(1H-2-benzimidazolyl)-6-(1-(arylimino)ethyl)pyridyl iron(II) and cobalt(II) dichlorides: syntheses, characterizations, and catalytic behaviors toward ethylene reactivity [J]. Organometallics, 2009, 28 (7): 2225-2233.

[280] Hao P, Chen Y, Xiao T, Sun W-H. Iron (III) complexes bearing 2-(benzimidazole)-6-(1-aryliminoethyl) pyridines: Synthesis, characterization and their catalytic behaviors towards ethylene oligomerization and polymerization [J]. J. Organomet. Chem., 2010, 695 (1): 90-95.

[281] Zhang L, Hou X, Yu J, Chen X, Hao X, Sun W-H. 2-(R-1H-benzoimidazol-2-yl)-6-(1-aryliminoethyl)pyridyliron (II) dichlorides: Synthesis, characterization and the ethylene oligomerization behavior [J]. Inorg. Chim. Acta., 2011, 379 (1): 70-75.

[282] Yang W, Chen Y, Sun W-H. Assessing catalytic activities through modeling net charges of iron complex precatalysts [J]. Macro. Chem. Phy., 2014, 215 (18): 1810-1817.

[283] Huang F, Xing Q, Liang T, Flisak Z, Ye B, Hu X, Yang W, Sun W-H. 2-(1-aryliminoethyl)-9-arylimino-5,6,7,8-tetrahydrocycloheptapyridyl iron (ii) dichloride: synthesis, characterization, and the highly active and tunable active species in ethylene polymerization [J]. Dalton Trans., 2014, 43: 16818-16829.

[284] Huang F, Zhang W, Yue E, Liang T, Hu X, Sun W-H. Controlling the molecular weights of polyethylene waxes using the highly active precatalysts of 2-(1-aryliminoethyl)-9-arylimino-5, 6, 7, 8-tetrahydrocycloheptapyridylcobalt chlorides: synthesis, characterization, and catalytic behavior [J]. Dalton Trans., 2016, 45: 657-666.

[285] Wang Y, Vignesh A, Qu M, Wang Z, Sun Y, Sun W-H. Access to polyethylene elastomers via ethylene homo-polymerization using N,N′-nickel (II) catalysts appended with electron withdrawing difluorobenzhydryl group [J]. Eur. Polym. J., 2019, 117: 254-271.

[286] Huang Y, Zhang R, Liang T, Hu X, Solan G A, Sun W-H. Selectivity effects on N,N,N′-cobalt catal yzed ethylene dimerization/trimerization dictated through choice of aluminoxane cocatalyst [J]. Organometallics, 2019, 38 (5): 1143-1150.

[287] Wang Z, Ma Y, Guo J, Liu Q, Solan G A, Liang T, Sun W-H. Bis (imino) pyridines fused with 6- and 7-membered carbocylic rings as N,N,N-scaffolds for cobalt ethylene polymerization catalysts [J]. Dalton Trans., 2019, 48: 2582-2591.

[288] Wang C, Friedrich S, Younkin T R, Li R T, Grubbs R H, Bansleben D A, Day M W. Neutral nickel (II) -based catalysts for ethylene polymerization [J]. Organometallics, 1998, 17 (15): 3149-3151.

[289] Younkin T R, Connor E F, Henderson J I, Friedrich S K, Grubbs R H, Bansleben D A. Neutral, Single-component nickel (II) polyolefin catalysts that tolerate heteroatoms [J]. Science, 2000, 287 (5452): 460-462.

[290] Keim W, Kowaldt F H, Goddard R, Kriiger C. Novelcoordination of (benzoylmethylene) triphenylphosphorane in a nickel oligomerization catalyst [J]. Angew. Chem. Int. Ed., 1978, 17 (6): 466-467.

[291] Keim W. Nickel: an element with wide application in industrial homogeneous catalysis [J]. Angew. Chem. Int. Ed., 1990, 29 (3): 235-244.

[292] Held A, Bauers F M, Mecking S. Coordination polymerization of ethylene in water by Pd (II) and Ni (II) catalysts [J]. Chem. Commun., 2000, 4: 301-302.

[293] Murray R E, Wenzel T T. New organophosphorus-sulfonate/nickel catalysts for ethylene oligomerization [C]. 1989, 34 (3): 599-601.

[294] Paul A S, Brian H J. Process for linear alpha-olefin production: US5962761 [P]. 1998-10-15.

[295] Liu W J, Malinoski J M, Brookhart M. Ethylene polymerization and ethylene/methyl 10-undecenoate copolymerization using nickel (II) and palladium (II) complexes derived from a bulky P, O chelating ligand [J]. Organometallics, 2002, 21 (14): 2836-2838.

[296] Malinoski J M, Brookhart M. Polymerization and oligomerization of ethylene by cationic nickel (II) and palladium (II) complexes containing bidentate phenacyldiarylphosphine ligands [J]. Organometallics, 2003, 22 (25): 5324-5335.

[297] Drent E, van Dijk R, van Ginkel R, et al. Palladium catalysed copolymerisation of ethene with alkylacrylates: polar comonomer built into the linear polymer chain [J]. Chem. Commun., 2002, 7: 744-745.

[298] Piche L, Daigle J C, Rehse G, Claverie J P. Structure-sctivity relationship of palladium phosphanesulfonates: toward highly active palladium-based polymerization catalysts [J]. Chemistry, 2012, 18 (11): 3277-3285.

[299] Piche L, Daigle J C, Poli R, Claverie J P. Investigation of steric and electronic factors of (arylsulfonyl) phosphane-palladium catalysts in ethene polymerization [J]. Eur. J. Inorg. Chem., 2010, 29: 4595-4601.

[300] Anselment T M J, Wichmann C, Anderson C E, Herdtweck E, Rieger B. Structural modification of functionalized phosphine sulfonate-based palladium (II) olefin polymerization catalysts [J]. Organometallics, 2011, 30 (24): 6602-6611.

[301] Kanazawa M, Ito S, Nozaki K. Ethylene polymerization by palladium/phosphine-sulfonate catalysts in the presence and absence of protic solvents: structural and mechanistic differences [J]. Organometallic, 2016, 30 (21): 6049-6052.

[302] Guironnet D, Roelse P, Runzi T, Göttker-Schnetmann I, Mecking S. Insertionpolymerization of scrylate [J]. J. Am. Chem. Soc., 2009, 131 (2): 422-423.

[303] Guironnet D, Caporaso L, Neuwald B, Göttker-Schnetmann Inigo, Cavallo Luigi, Mecking S. Mechanistic insights on acrylate insertion polymerization [J]. J. Am. Chem. Soc., 2010, 132 (12): 4418-4426.

[304] Kryuchkov V A, Daigle J C, Skupov K M, Claverie J P, Winnik F M. Amphiphilic polyethylenes leading to surfactant-free thermoresponsive nanoparticles [J]. J. Am. Chem. Soc., 2010, 132 (44), 15573-15579.

[305] Friedberfer T, Wucher P, Mecking S. Mechanistic insights into polar monomer insertion polymerization from acrylamides [J]. J. Am. Chem. Soc., 2012, 134 (2): 1010-1018.

[306] Zhong L, Li G, Liang G, Gao H, Wu Qing. Enhancing thermal stability and living fashion in α-diimine-nickel-catalyzed (co) polymerization of ethylene and polar monomer by increasing the steric bulk of ligand backbone [J]. Macromolecules, 2017, 50 (7): 2675-2682.

[307] Camacho D H, Salo E V, Ziller J W, Guan Z. Cyclophane-based highly active late-transition-metal catalysts for ethylene polymerization [J]. Angew. Chem. Int. Ed., 2004, 43 (14): 1821-1825.

[308] Popeney C S, Rheingold A L, Guan Z. Nickel (II) andpalladium (II) polymerization catalysts bearing a fluorinated cyclophane ligand: stabilization of the reactive intermediate [J]. Organometallics, 2009, 28 (15): 4452-4463.

[309] Scollard J D, McConville D H. Living polymerization of α-olefins by chelating diamide complexes of titanium [J]. J. Am. Chem. Soc., 1996, 118 (41): 10008-10009.

[310] Scollard J D, McConville D H, Payne N C, et al. Polymerization of α-olefins by chelating diamide complexes of titanium [J]. Macromolecules, 1996, 29 (15): 5241-5243.

[311] Baumann R, Davis W M, Schrock R R. Synthesis of titanium and zirconium complexes that contain the tridentate diamido ligand, $[((t\text{-Bu-d6})N\text{-o-}C_6H_4)_{2O}]_2$- ($[NON]_2$-) and the living polymerization of 1-hexene by activated [NON] $ZrMe_2$ [J]. J. Am. Chem. Soc., 1997, 119 (16): 3830-3831.

[312] Averbuj C, Tish E, Eisen M S. Stereoregular polymerization of α-olefins catalyzed by chiral group 4 benzamidinate complexes of C1 and C3 symmetry [J]. J. Am. Chem. Soc., 1998, 120 (34): 8640-8646.

[313] Volkis V, Nelkenbaum E, Lisovskii A, et al. Group 4 octahedral benzamidinate complexes: syntheses, structures, and catalytic activitiesinthe polymerization of propylene modulated by pressure [J]. J. Am. Chem. Soc., 2003, 125 (8): 2179-2194.

[314] Press K, Cohen A, Goldberg I, et al. Salalen titanium complexesinthe highly isospecific polymerizationof 1-hexene and propylene [J]. Angew. Chem. Int. Ed., 2011, 50 (15): 3529-3532.

[315] Mitani M, Mohri J, Yoshida Y, et al. Living polymerization of ethylene catalyzed by titanium complexes having fluorine-containing phenoxy-imine chelate ligands [J]. J. Am. Chem. Soc., 2002, 124 (13): 3327-3336.

[316] Mitani M, Furuyama R, Mohri J, et al. Fluorine-and trimethylsilyl-containing phenoxy-imine Ti complex for highly syndiotactic living polypropylenes with extremely high melting temperatures [J]. J. Am. Chem. Soc., 2002, 124 (27): 7888-7889.

[317] Mitani M, Furuyama R, Mohri J, et al. Syndiospecific living propylene polymerization catalyzed by titanium complexes having fluorine-containing phenoxy-imine chelate ligands [J]. J. Am. Chem. Soc., 2003, 125 (14): 4293-4305.

[318] Furuyama R, Mitani M, Mohri J, et al. Ethylene/higher α-olefin copolymerization behavior of fluorinated bis (phenoxy-imine) titanium complexes with methylalumoxane: synthesis of new polyethylene-based block copolymers [J]. Macromolecules, 2005, 38 (5): 1546-1552.

[319] Arriola D J, Carnahan E M, Hustad P D, et al. Catalytic production of olefin block copolymers via chain shuttling polymerization [J]. Science, 2006, 312 (5774): 714-719.

[320] Carrick W L. Mechanism of ethylene polymerization with vanadium catalysts [J]. J. Am. Chem. Soc., 1958, 80 (23): 6455-6456.

[321] Carrick W L, Kluiber R W, Bonner E F, et al. Transition metal catalysts. I. ethylene polymerization with a soluble catalyst formed from an aluminum halide, tetraphenyltin, and a vanadium halide [J]. J. Am. Chem. Soc., 1960, 82 (15): 3883-3887.

[322] Phillips G W, Carrick W L. Transition-metalcatalysts. Ⅷ. The role of oxygen in ethylene polymerizations with the $AlBr_3$-VXn-$Sn(C_6H_5)_4$ catalyst [J]. J. Polym. Sci., 1962, 59 (168): 401-412.

[323] Junghanns V E, Gumboldt A, Bier G. Polymerisation von äthylen und propylen zu amorphen copolymerisaten mit katalysatoren aus vanadiumoxychlorid und aluminiumhalogenalkylen [J]. Die Makromolekulare Chemie, 1962, 58 (1): 18-42.

[324] Natta G, Mazzanti G, Valvassori A, et al. Ethylene-propylene copolymerization in the presence of catalysts prepared from vanadium triacetylacetonate [J]. J. Polym. Sci., 1961, 51 (156): 411-427.

[325] Christman D L, Keim G I. Reactivities of nonconjugated dienes used in preparation of terpolymers in homogeneous systems [J]. Macromolecules, 1968, 1 (4): 358-363.

[326] Ochedzan-Siodlak W, Bihun A. Copolymerization of ethylene with norbornene or 1-octene using supportedionic liquid systems [J]. Polym. Bull., 2017, 74 (7): 2799-2817.

[327] Doi Y, Ueki S, Keii T. "Living" coordination polymerization of propene initiated by the soluble V $(acac)_3$-Al $(C_2H_5)_2Cl$ system [J]. Macromolecules, 1979, 12 (5): 814-819.

[328] Doi Y, Hizal G, Soga K. Syntheses and characterization of terminally functionalized polypropylenes [J]. Die Makromolekulare Chemie, 1987, 188 (6): 1273-1279.

[329] Doi Y, Koyama T, Soga K. Synthesis of a propene—methyl methacrylate diblock copolymer via "living" coordination polymerization [J]. Die Makromolekulare Chemie, 1985, 186 (1): 11-15.

[330] Golisz S R, Bercaw J E. Synthesis of early transition metal bisphenolate complexes and their use as olefin polymerization catalysts [J]. Macromolecules, 2009, 42 (22): 8751-8762.

[331] Razavi A, Ferrara J. Preparation and crystal structures of the complexes (η5-$C_5H_4CMe_2$-η5-$C_{13}H_8$) MCl_2 (M = zirconium, hafnium) and their role in the catalytic formation of syndiotactic polypropylene [J]. J. Organomet. Chem., 1992, 435 (2): 299-310.

[332] Cotton S. Synthetic methods of organometallic and inorganic chemistry: (Hermann-Brauer). edited by W. A. Herrmann [J]. Polyhedron 1997, 16 (19): 3483.

[333] Tisse V F, Prades F, Briquel R, et al. Role of silica properties in the polymerisation of ethylene using supported metallocene catalysts [J]. Macromol. Chem. Phys., 2010, 211 (1): 91-102.

[334] Bonini F, Fraaije V, Fink G. Propylene polymerization through supported metallocene/MAO catalysts: kinetic analysis and modeling [J]. J. Polym. Sci., Part A: Polym. Chem., 1995, 33 (14): 2393.

[335] Marin V, Razavi A. Syndiotactic polypropylene and methods of preparing same: US20080097052 [P]. 2008-04-24.

第4章 聚合工艺

4.1 概述

4.1.1 聚烯烃

聚烯烃（polyolefin）是由链烯烃为主经加聚反应得到的高分子材料。这里的链烯烃是指含 C=C 双键的碳氢化合物，通常是指含单个端双键的链烯烃，如乙烯、丙烯、1-丁烯、1-戊烯、1-辛烯、4-甲基-1-戊烯等，业界也将某些环烯烃包含在内。常见的聚烯烃有热塑性聚烯烃，如聚乙烯、聚丙烯、聚 1-丁烯等，以及聚烯烃弹性体（polyolefin elastomer，POE），如乙烯-α-烯烃共聚物等。

高压聚合工艺是聚烯烃工业的"鼻祖"[1]。1933 年英国帝国化学公司（ICI）的 Eric Fawcett 和 Reginald Gibson 在一次实验事故中使用乙烯在高压状态下合成了聚乙烯，1935 年该公司的 Michael Perrin 发明了可控高压聚乙烯合成方法，1939 年高压聚合工艺制备低密度聚乙烯开始工业化生产，开启了聚烯烃工业[2]。

1951 年，美国 Phillips Petroleum 公司的化学家 Robert Bankst 和 John Hogan 发明了使用三氧化铬作为催化剂的聚烯烃方法，并进一步得到聚乙烯、聚丙烯等产品[3]。1953 年德国化学家 Karl Ziegler 发现了三乙基铝与多种过渡金属化合物相互作用，并开发了用 $TiCl_4+AlEt_3$ 作为催化剂制备高密度聚乙烯的技术。1954 年，意大利的 Giulio Natta 成功地用这种过渡金属催化剂制备了结晶聚丙烯[4]。这些催化剂技术的发明，使得低压条件下制备聚烯烃成为可能。在此基础上，聚烯烃工艺技术和现代聚烯烃工业蓬勃发展，聚烯烃成为目前最为主要的合成材料。

4.1.2 聚乙烯的生产

聚乙烯树脂通常按其密度及分子链的支链结构分为低密度聚乙烯（LDPE）、线型低密度聚乙烯（LLDPE）和高密度聚乙烯（HDPE）[4]。

低密度聚乙烯采用高压聚合工艺生产。高压聚乙烯工艺是在操作压力 100～300MPa，温度 200～300℃条件下，以自由基引发乙烯聚合的过程，聚合反应时间通常不超过两分钟。此条件下，乙烯是超临界状态，聚合物溶解在乙烯中，所得聚合物为含有大量长链支化的低密度聚乙烯。高压聚合工艺可以进行乙烯与乙酸乙烯酯等极性单体的共聚合，得到有一定极性的聚烯烃，这是其它聚烯烃工艺所难以实现的。聚合过程通常包括原料的计量、升压、预换热以及聚合、聚合物减压分离、切粒等过程。根据聚合反应器的不同，可分为釜式反应器工艺和管式反应器工艺，两种工艺因聚合物在反应釜内的返混程度不同，在分子量分布、长链支化程度上有所差别，釜式工艺所得聚乙烯分子量分布更宽、长链支化程度更高。

线型低密度聚乙烯和高密度聚乙烯可以采用溶液法、淤浆法和气相法工艺生产。这三类聚合工艺均使用配位聚合型催化剂，除采用单活性中心催化剂的情况外，通常使用烷基铝作助催化剂，实现主催化剂中过渡金属的烷基化，进而形成有聚合活性的催化剂。当使用金属 Ti 为活性中心的催化剂时，聚合物的分子量可以通过链转移剂氢气的浓度来调节，反应体系中氢气浓度越高，则链转移反应越多，聚合物分子量越低。使用金属 Cr 为活性中心的催化剂时，聚合物分子量通常以聚合反应温度来调整，反应温度越高，则分子量越低。

溶液法聚乙烯工艺是将聚合单体溶于适当溶剂中，加入催化剂，在溶液状态下进行聚合反应的工艺，聚合物也是溶解于溶剂中的。溶液聚合反应的反应热可通过反应器夹套的换热介质移除，也可以通过溶剂的部分挥发撤除，有些还设计为绝热过程，靠进料的预冷控制反应温度。目前代表性的乙烯聚合溶液工艺包括加拿大 Nova Chemicals 公司的 Sclairtech 工艺、Dow Chemical 公司的 Dowlex 工艺以及 SABIC 的 Compact 工艺等。由于在反应介质分散、反应器结垢控制等方面的优势，通常适用于长链 α-烯烃共聚合，可用于制备各种密度的聚乙烯或聚烯烃弹性体。

淤浆法聚乙烯工艺是一种在溶剂中进行的沉淀聚合反应工艺，聚合所需的催化剂和所得聚合物是不溶于溶剂的，聚合体系呈浆液状态，对于乙烯聚合而言，通常是气、液、固三相体系。所用的溶剂包括丙烷、异丁烷、己烷等低碳烷烃，不同的溶剂临界条件不同，汽化条件不同，对低聚物的溶出能力不同，因而聚合工艺、聚合物性能也有所差异。依据反应器的不同，可分为环管反应器工艺、釜式反应器工艺两种。环管反应器工艺的聚合反应热通过夹套撤除，反应器中物料的高速流动也有利于介质的分散和避免反应器内壁的结垢。釜式反应器的撤热方式包括溶剂部分汽化、夹套冷却介质、外循环换热等多种方式及其组合。丙烷、异丁烷等低碳溶剂可以通过闪蒸的方法从聚合物中分离出来，己烷等溶剂则需要通过离心的方法分离，这种分离方法不同，导致生产过程的物料及能量消耗不同，对聚合物脱蜡、脱 VOC 效果也有影响。目前代表性的淤浆法聚乙烯工艺有原 Phillips、Ineos、Total、Borealis 等公司的环管工艺和 Mitsui、LyondellBasell 等公司的釜式工艺。淤浆法聚乙烯工艺通常用于制备高密度聚乙烯[6]。

气相法聚乙烯工艺是一种在气相流化床反应器进行乙烯聚合反应的工艺。聚合反应的放热靠维持聚合物颗粒呈流化状态的循环气带走。绝大部分工业装置还在循环气中配有易于冷凝、汽化的低沸点烷烃，以冷凝液的汽化带走一部分反应热，即所谓的冷凝或超冷凝技术。反应器的出料经过简单的气固分离和催化剂去活后，即得到聚乙烯粉料，是最为简单的乙烯聚合工艺。代表性气相聚乙烯工艺有 Univation 公司的 Unipol 工艺、LyondellBasell 公司的 Spherilene 工艺等。气相法聚乙烯工艺可以制备全密度系列聚乙烯树脂。

4.1.3 聚丙烯的生产

聚丙烯树脂包括丙烯均聚物、无规共聚物以及多相共聚物。均聚聚丙烯又包括等规聚丙烯、无规聚丙烯和间规聚丙烯，目前商业上生产的主要是等规聚丙烯。丙烯无规共聚物是丙烯与乙烯或其它 α-烯烃共聚合的产物，共聚单体随机分布于聚合物主链上，破坏了材料的结晶能力，进而可以用于一些在结晶度、熔点有特殊要求的场合。多相共聚聚丙烯又称为抗冲聚丙烯，其结构由聚丙烯连续相和分散的橡胶相组成，橡胶相通常为丙烯与乙烯的二聚物，橡胶相中还有复杂的包藏结构。多相共聚聚丙烯的连续相主要提供了材料的刚性，分散的橡胶相主要提供了材料的抗冲击性能。这种多相结构通常采用串联多外反应器的技术生产，以同一个活性中心在不同的聚合单体组成环境中得到不同的聚合物结构。

现代的聚丙烯工艺通常具备丙烯均聚物、无规共聚物以及多相共聚物产品生产的能力。由于抗冲共聚物中乙丙橡胶相的生产需要在气相反应器中进行，各种工艺都是一样的，因此业界通常根据均聚或无规共聚阶段聚合反应器的种类将其划为液相本体工艺或气相法工艺。实际上，液相本体工艺在生产抗冲聚丙烯时是液相＋气相的组合工艺。根据均聚或无规共聚阶段液相本体聚合反应器种类的不同，又将其分为环管工艺（即采用环管为聚合反应器）和釜式工艺（即采用连续搅拌釜为聚合反应器）。采用环管反应器的聚丙烯工艺种类很多，如 LyondellBasell 公司的 Spheripol 工艺、中国石化的 ST 工艺、ExxonMobil 的 EM 工艺等。釜式工艺以 Mitsui 公司的 Hypol-I 为代表，由于产能、装备制造等方面的不足，此类工艺近年来鲜有进步。气相法工艺中，根据聚合物在反应器中的状态，可分为流化床、微动床和移动床三类。流化床工艺以 Grace 公司的 Unipol 工艺、LyondellBasell 公司的 Catalloy 工艺等为代表，微动床反应器又分为卧式搅拌床和立式搅拌床两类，分别以 Ineos 公司的 Innovene 工艺和 NHT 公司的 Novolene 工艺为代表。LyondellBasell 公司 Spherizone 工艺所采用的多区反应器可视为移动床反应器[7]。

4.1.4 其它聚烯烃产品的生产

其它已商业化的聚烯烃产品还包括聚 1-丁烯、聚烯烃弹性体、聚 4-甲基 1-戊烯等。

受原料、制备工艺和材料结晶性能的限制，20 世纪 50 年代即制备出的聚 1-丁烯材料一直没有大规模商业化生产。但其独特的性能一直是业界致力到工业化技术开发的动力。目前商业化的聚 1-丁烯产品主要由 LyondellBasell、Mitsui Chemicals 公司采用均相本体法生产。我国在小本体聚丙烯技术的基础上开发了低温淤浆聚 1-丁烯间歇本体法生产技术，其商业化产品的应用技术开发和市场开拓仍在进行中。

聚烯烃弹性体主要是指以链端烯烃为原料共聚合得到的弹性材料。以茂金属催化剂为代表的单活性中心催化剂促进了这一产业蓬勃发展。由于其制备原料易得，结构上不含不饱和基团，与聚烯烃树脂有良好的相容性，因而在很多领域得到应用。聚烯烃弹性体通常采用溶液聚合的方法来生产，主要的生产商是 Dow Chemical 和 ExxonMobil 公司，产品涉及乙烯基弹性体、丙烯基弹性体、嵌段共聚物等。不同工艺所采用催化剂、溶剂不同，因而聚合工艺条件差别较大。从聚合釜出来的聚合物溶液需要经过复杂的闪蒸分离和脱挥处理。

诸如聚 4-甲基-1-戊烯、间规聚丙烯、环烯烃共聚物等特种聚烯烃材料制备同样也与催化剂技术密切相关。这些都将在本章给予介绍。

4.2 聚乙烯生产工艺

4.2.1 聚乙烯工艺发展历史

聚乙烯是最早工业化的聚烯烃产品。20 世纪 30 年代英国 ICI 公司开发了釜式法高压聚合工艺，在高温高压条件下，用氧气作为引发剂，通过自由基聚合的方法制备了低密度聚乙烯。该技术于 1937 年进行了中试验证，于 1939 年建成百吨规模的 LDPE 工业生产装置，产品用于电缆和雷达的绝缘材料。在第二次世界大战期间，根据同盟国相关协定，ICI 将 LDPE 的制造和应用技术交给了美国，由美国 DuPont 公司和 UCC 公司引进，并于 1943 年建成装置投产。第二次世界大战之后，反托拉斯法的实施取消了 ICI、DuPont 和 UCC 三家公司对 LDPE 的垄断权。由美国、意大利、法国、荷兰、日本等国的公司先后开始了 LDPE 的生产。

与高压聚乙烯工艺不同，低压聚乙烯技术于 20 世纪 50 年代分别由联邦德国、美国的 3 个研究小组促成。1951 年，美国 Phillips 公司的 Robert Bank 和 John Hogan 带领的研究小组采用氧化铬为催化剂，在烃溶剂中制备出了高密度聚乙烯，其聚合压力是 3.4MPa。该成果于 1954 年公告，1957 年投入工业化生产。同一时期，美国 Standard Oil（美孚公司的前身）采用载体氧化钼催化剂用类似的工艺在较温和的温度和压力下也得到了高密度聚乙烯产品。1953 年，德国马普所的 Karl Ziegler 团队发现，用锆钛络合催化剂可以在低温、低压（60～80℃，1.0MPa）下催化乙烯聚合得到高密度聚乙烯。意大利的 Montecatini 公司率先进行了该技术的工业化，此后联邦德国的 Hoechst 公司、法国的 Rhone Pooulenc S. A. 公司也相继工业化生产。

由于高密度聚乙烯较低密度聚乙烯的结晶度高，采用原 LDPE 的加工设备存在制品收缩率高的问题，20 世纪 50 年代后期，工业上就开始采用少量单体共聚的方法来降低材料结晶度。这种加进去的共聚单体在主链上以短链支化的形式存在，随着短链支化程度的提高，可以将其结晶度降至 LDPE 的水平，这就是线型低密度聚乙烯。但直到 1967 年美国 UCC 公司开发成功气相聚合工艺，LLDPE 才真正得到飞速发展。

目前的聚乙烯生产工艺包括高压法、淤浆法、气相法和溶液法四种，产品各具特点[2]。

4.2.2　气相流化床聚合工艺

气相流化床工艺是聚乙烯生产的最主要工艺，结合催化剂的选用，可以实现全密度聚乙烯产品的生产。由于其流程简单、投资低，世界上很多公司都结合催化剂或产品的技术，开发了自己的工艺。如 Univation 公司的 Unipol 工艺、原 BP 公司的 Innovene 工艺、LyondelBasell 公司的 Shperilene 工艺等[6]。

气相聚乙烯均采用"大脑袋"流化床反应器。将乙烯、共聚单体及催化剂、氢气（分子量调节剂）计量送入反应器内，控制一定的温度和压力，在催化剂的作用下，进行聚合反应，得到聚乙烯粉料。聚乙烯粉料通过脉动开启的开关阀组出料到脱活、干燥设备，用湿氮气进行处理后，得到聚乙烯粉料产品，之后再进行常规的挤压造粒等环节。

绝大部分气相聚乙烯装置采用单个反应器，为了生产宽分子量分布的产品，也有公司看好串联双反应器工艺，但相对较少。

反应放热由循环气带出，在循环气管线上设有换热器，撤出热量。通过加入惰性易挥发溶剂的冷凝及超冷凝技术也是非常有效的撤热手段。实际上冷凝液体也包括用于共聚合的高级 α-烯烃。采用冷凝操作模式时，循环冷却器从无相变换热转化为有相变换热，增加了冷却器的换热能力。冷凝液随循环气进入反应器，汽化时的相变热可以吸收大量的反应热，甚至可以成倍地提高装置生产能力。

(1) Unipol 聚乙烯工艺[8]

Unipol 聚乙烯工艺是美国 Univation 公司的低压气相流化床法生产乙烯（共）聚合物的技术。1968 年，美国联合碳化物公司（简称 UCC 公司）建立了第一套 Unipol 工艺生产 HDPE 的装置，1970 年又实现了 Unipol 工艺生产 LLDPE 的工业化生产。现在 Unipol 技术全球许可超过 165 套，约占世界 HDPE/LLDPE 产能的 1/3。

Unipol 工艺可采用钛系催化剂、铬系催化剂和茂金属催化剂，生产的 HDPE、LLDPE 和 VLDPE 等全密度系列的聚乙烯树脂产品，可以满足不同应用目标。催化剂可以采用固体或淤浆进料的方式进料，目前普遍采用的催化剂进料方式是淤浆进料。反应器操作温度 80～110℃，操作压力 2.4MPa 左右。

随着反应器出料带出单体较多，生产企业开发了膜分离和无动力深冷分离回收技术，后者被证明是一种更优的方案。该技术以气体或气体混合物为工作介质，经过绝热膨胀获得低温，通过换热器返流使气体液化。根据 PE 装置尾气各组分沸点的差异，将高沸点的组分首先冷却为液体，经过气液分离器使液态烃从混合气中分出。也有企业采用膜分离与深冷分离结合的组合技术。

聚乙烯 Unipol 工艺流程简图见图 4.1。

Unipol 工艺包括 Unipol 和 Unipol Ⅱ，Unipol Ⅱ技术是由 UCC 公司开发的第二代 Unipol 工艺，该工艺采用两个串联的气相流化床反应器生产分子量分布呈双峰（简称双峰）的聚乙烯。

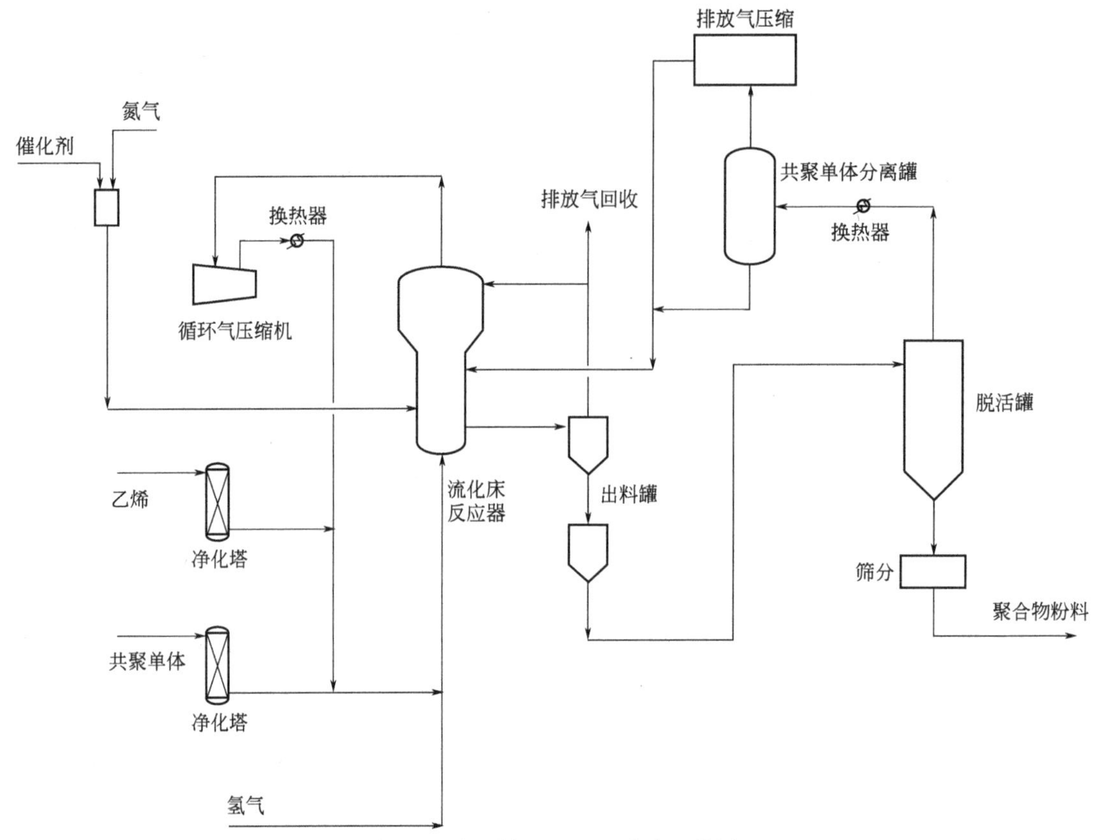

图 4.1 聚乙烯 Unipol 工艺流程简图

(2) Innovene G 工艺

Innovene G 工艺最早由 Napthachimie（石脑油化学）公司在法国 Lavera 开发。1975 年建成第一套装置。2005 年 BP 公司的烯烃和衍生物部分以 Innovene 为名出售给 Ineos 公司，目前由 Ineos 公司对外进行技术许可。

Innovene G 工艺可以生产 1-丁烯、1-己烯和 4-甲基-1-戊烯（4-MP-1）共聚物，产品密度为 0.917～0.962g/cm^3，熔体流动速率为 0.2～75g/10min。

Innovene G 工艺与 Unipol 工艺相似，但其在反应器出口设有旋风分离器，可以进一步移去反应器循环气中的细粉，减少聚合物在循环气压缩机、冷却回路上的聚合物黏结问题[4]。

Innovene G 工艺的冷凝态技术与 Unipol 的不同，它是将流化床反应器中的混合烃液体从反应气流中通过过冷被冷凝分离出来，气体以传统方式返回反应器，而混合烃液体通过反应器流化床特有的喷嘴分布系统直接注入流化床（而非通过气体夹带）。该工艺采用的冷凝剂为液态正戊烷，利用其汽化潜热，在流化床中蒸发时吸收反应热，进一步提高循环气中冷凝液组成，使气相反应器的时空收率大大提高，使生产能力提高 100%左右。

聚乙烯 Innovene G 工艺流程简图见图 4.2。

Innovene G 工艺早期采用的催化剂初期活性高，因此在工艺中采用预聚合技术，改进后催化剂可直接加入反应器，省去预聚工艺。

(3) Lupotech G 和 Spherilene 工艺

Lupotech G 工艺流程基本与 Unipol 和 Innovene G 相似，聚合反应在流化床反应器中进

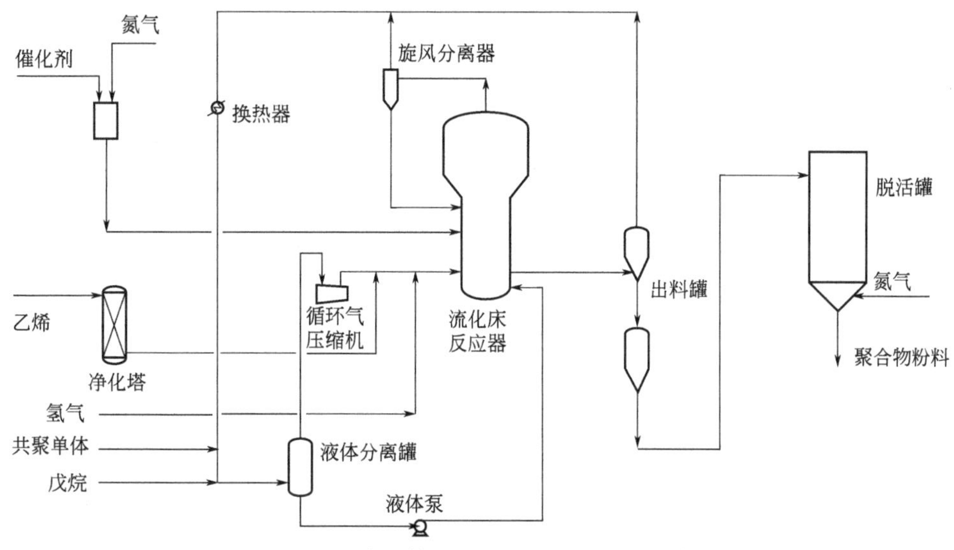

图 4.2　聚乙烯 Innovene G 工艺流程简图

行，反应温度为 95～115℃，反应压力为 2.1MPa。聚合物的分离与其它工艺也有差别，聚合物一步直接排到排放罐，产生良好的脱气效果。排出的气体循环回循环鼓风机和冷却器的入口。由于催化剂性能优越，反应器条件控制得好，树脂产品的形态好，细粉含量少，堆积密度高，不结块。

Lupotech G 工艺装置采用 Basell 公司设计的流化床活化器活化铬催化剂。所用的铬催化剂是在硅胶或硅铝胶上负载 1%的铬，并用六氟硅酸铵改性。除了用活化的铬催化剂外，Z-N 催化剂和其专有的茂金属催化剂也可直接注入反应器中。三烷基铝化合物用作助催化剂。

该工艺可生产分子量分布从窄到宽的全范围产品，共聚单体可用 1-丁烯、1-己烯、4-甲基-1-戊烯和 1-辛烯，产品的加工性和强度比一般的 LLDPE 好，聚合停留时间较短，产品中残留单体少。

Spherilene 工艺由原 Montell 公司基于其球形催化剂技术开发。现在技术归 LyondellBasell 公司所有。Spherilene 工艺于 1994 年初工业化。2005 年，LyondellBasell 公司将其 Lupotech G 工艺与 Spherilene 工艺并入统一的气相聚合技术平台，并以 Spherilene 为名进入市场。

Spherilene 工艺可分为两种：Spherilene S 工艺和 Spherilene C 工艺。其中 Spherilene S 工艺为用于单峰产品的单反应器工艺，采用 Avant Z（Ziegler 催化剂）和 Avant C（铬催化剂）催化剂。Spherilene C 工艺为双反应器工艺，采用 Avant Z 催化剂，可以生产分子量分布和共聚单体组成分布呈双峰模式的产品。

Spherilene 工艺采用可选配的催化剂预络合及淤浆法预聚合技术，与气相流化床技术相结合。预聚合反应在一台环管反应器中进行，以丙烷作溶剂，然后预聚物连续通过一台或两台气相流化床反应器；Spherilene 工艺拥有独特的催化剂技术，可以无种子床开车，气相反应器内生成球形聚合物，在不使用冷凝模式操作下可以达到其他采用冷凝态操作的气相工艺相当的时空产率。

聚乙烯 Spherilene C 工艺流程简图见图 4.3。

(4) Evolue 工艺

Evolue 工艺为 Mitsui Chemical（Mitsui，三井化学）公司开发的，以茂金属聚合物 LLDPE 为主的气相法工艺。第一套 Evolue 工艺装置为 200kt/a，于 1998 年 5 月开车。2005

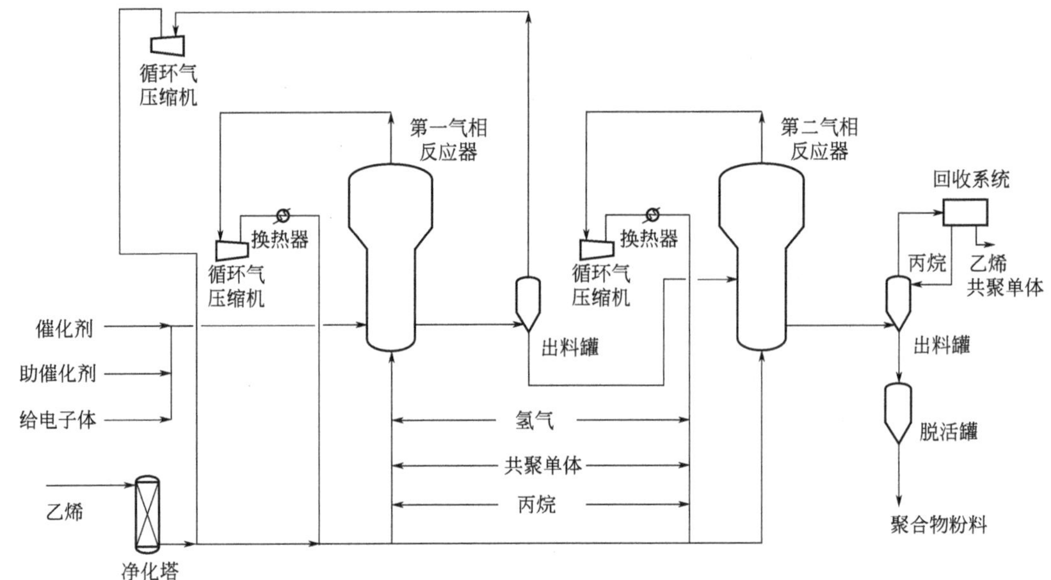

图 4.3 聚乙烯 Spherilene C 工艺流程简图

年三井化学公司与 Idemitsu Kosan 公司将其聚烯烃业务联合成立了 Prime 聚合物公司，三井化学公司拥有 65%的股份，Idemitsu Kosan 公司拥有 35%的股份。

三井化学公司开发 Evolue 工艺的目的是生产具有良好加工性能、优异力学性能（冲击性能及耐撕裂性能）以及良好光学性能的 LLDPE。

聚乙烯 Evolue 工艺流程简图见图 4.4。

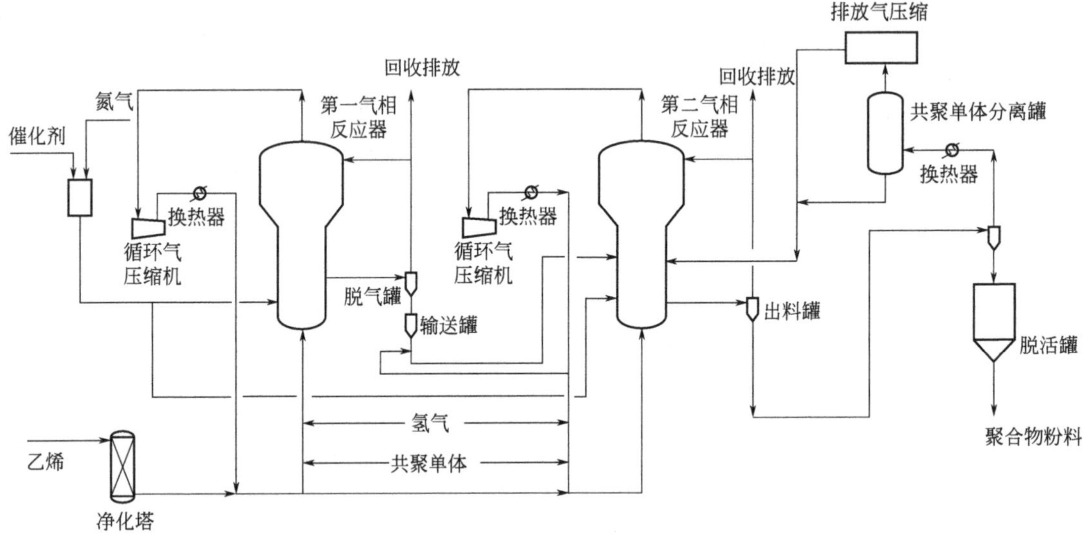

图 4.4 聚乙烯 Evolue 工艺流程简图

该技术的特点是采用两台串联的气相流化床反应器，可以生产密度低至 0.900g/cm³ 的双峰树脂和共聚单体双分布模式的树脂。该装置除了生产双峰树脂外，也可以生产宽范围熔体流动速率通用树脂。采用 1-己烯作共聚单体，生产的树脂密度为 0.900～0.935g/cm³，MFR 为 0.7～5.0g/10min。Evolue 工艺也可以生产单峰 LLDPE，非茂金属牌号产品（采用 Z-N 催化剂）。

（5）GPE 工艺

GPE 工艺是由中国石化开发的气相法全密度聚乙烯工艺，可以生产 LLDPE、MDPE 以及 HDPE，于 2009 年在中沙（天津）建成首套工业装置，现在已经投入运行的还包括中韩石化、齐鲁石化、中天合创、中安联合煤业等企业的装置。

GPE 工艺流程与 Unipol 相近，共聚单体为 1-丁烯或 1-己烯，反应压力约 2.3MPa，反应温度 80～110℃，结合其自主知识产权的 Z-N 及茂金属催化剂，可以生产密度为 0.916～0.965 g/cm^3 即全密度聚乙烯树脂。产品覆盖薄膜、中空吹塑、注塑、单丝、管材及电缆等应用范围。

近年来，GPE 工艺增加了多温区聚合技术，由中国石化天津分公司牵头开发。其技术主要是通过富含共聚单体的冷凝液在反应器床层内特定段喷入，形成不同的温区，这样在低温区通常都是高共聚单体浓度的，如此可以得到更宽分子量分布的产品，且大分子量组分的共聚单体含量更高。

4.2.3　淤浆聚合工艺

淤浆聚合工艺是指聚合过程生成的聚合物悬浮于稀释剂中的工艺，生产压力、温度比较温和，乙烯单程转化率可达 95%～98%，淤浆工艺主要用于生产 HDPE 产品。根据反应器型式可分为环管淤浆法和釜式淤浆法两种。

4.2.3.1　釜式淤浆工艺

釜式淤浆工艺主要用于生产 HDPE 树脂，其典型代表有 LyondellBasell 公司的 Hostalen 工艺、三井化学/Prime 聚合物公司的 CX 工艺和 Equistar-Maruzen 工艺等。

（1）Hostalen 工艺

Hostalen 工艺是 20 世纪 60 年代中期由德国 Hoechst 公司开发的，采用该工艺建成了世界上第一套使用 Z-N 催化剂的低压聚乙烯工业化装置，1975 年，双反应器的 Hostalen 实现商业化，2009 年，该工艺升级为三釜工艺，命名为 Hostalen Advanced Cascade Process（Hostalen ACP 工艺）。目前该工艺归 LyondellBasell 公司所有。

Hostalen 工艺采用并联或串联的两台搅拌釜式反应器进行淤浆聚合，用于生产具有双峰或宽峰分子量分布、高分子量部分具有特定共聚单体含量的 HDPE。其主要优点在于能定制生产高附加值的、满足应用需求的聚合物产品。Hostalen 工艺采用己烷为稀释剂。

Hostalen ACP 工艺增加的第三聚合釜，主要用于超高分子量组分的制备。增加的超高分子量组分对于提高树脂的部分物理性能有帮助，适合于高性能管材、重包装膜的树脂牌号的生产。

聚乙烯 Hostalen 工艺流程简图见图 4.5。

Hostalen 工艺反应压力为 1.0MPa，反应温度为 76～85℃，两个反应器后有一个后反应器以提高单体的转化率，可以生产密度范围为 0.939～0.965g/cm^3，熔体流动速率为 0.2～80g/10min 的聚合物；反应器采用外盘管及浆液外循环两种撤热方式。

（2）CX 工艺[6]

1958 年三井化学公司就推出聚乙烯间歇法工业技术，在引进技术的基础上，开发出超高活性催化剂后，三井化学公司开发了连续法工艺（即 CX 工艺）。

CX 工艺与 Hostalen 工艺的工艺流程相似，也采用串联的搅拌釜式反应器，己烷为稀释剂，1-丁烯为共聚单体，CX 工艺的撤热方式包括夹套撤热和己烷汽化冷凝两种，可生产 HDPE 和 MDPE，树脂产品密度为 0.930～0.970g/cm^3，熔体流动速率为 0.01～50g/

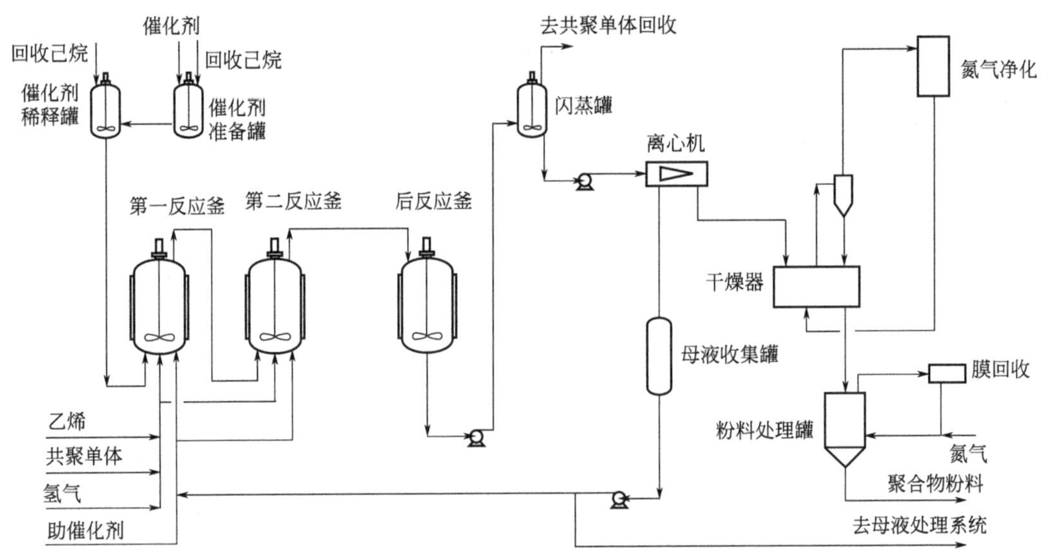

图 4.5　聚乙烯 Hostalen 工艺流程简图

10min。典型的反应条件为 70～90 ℃，压力低于 1.03 MPa。

聚乙烯 CX 工艺流程简图见图 4.6。

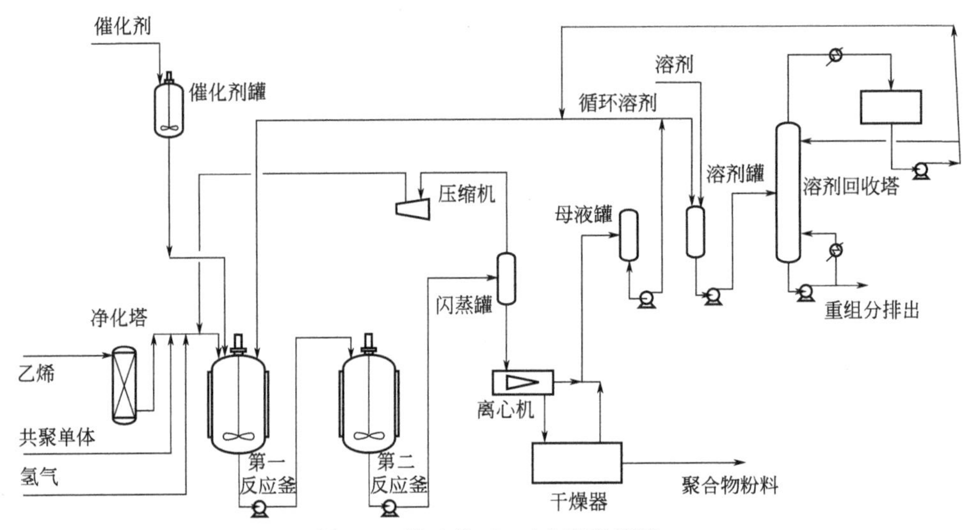

图 4.6　聚乙烯 CX 工艺流程简图

4.2.3.2　环管淤浆工艺

环管淤浆工艺主要用于生产中高密度聚乙烯。使用高共聚性能的催化剂，也可用于 LLDPE 的生产，其典型代表有 Chevron Phillips 公司 Mar TECH 工艺、Borealis 公司的 Borstar 工艺和 Ineos 公司的 Innovene S 工艺。

(1) Mar TECH 工艺

Phillips 公司在 1954 年使用无机铬催化剂制备出了 HDPE，并于 1957 年工业化。1961 年开发了基于环管反应器和无机铬催化剂的 Phillips 淤浆工艺。2000 年 7 月，Chevron 和 Phillips 合并全球石化业务，各拥有 50% 股份，成立 Chevron Phillips 公司；2014 年，Phillips 聚乙烯工艺被命名为 Mar TECH 工艺。

Chevron Phillips 公司的 Mar TECH 工艺采用环管反应器，管内物料速度快（5m/s 以上），不易形成粘壁、结块，进而可避免产生凝胶；传热系数高，环管外水冷夹套单位传热面积高，反应器停留时间短（30～60min），切换牌号容易。采用异丁烷为稀释剂，主要共聚单体为1-己烯，采用较高的闪蒸压力，回收的单体及稀释剂不需要压缩机，使用的催化剂包括铬催化剂、Z-N 催化剂和茂金属催化剂，可生产密度为 0.916～0.970g/cm^3、熔体流动速率为 0.15～100g/10min 的乙烯均聚物和共聚物。

聚乙烯 Mar TECH 工艺流程简图见图 4.7。

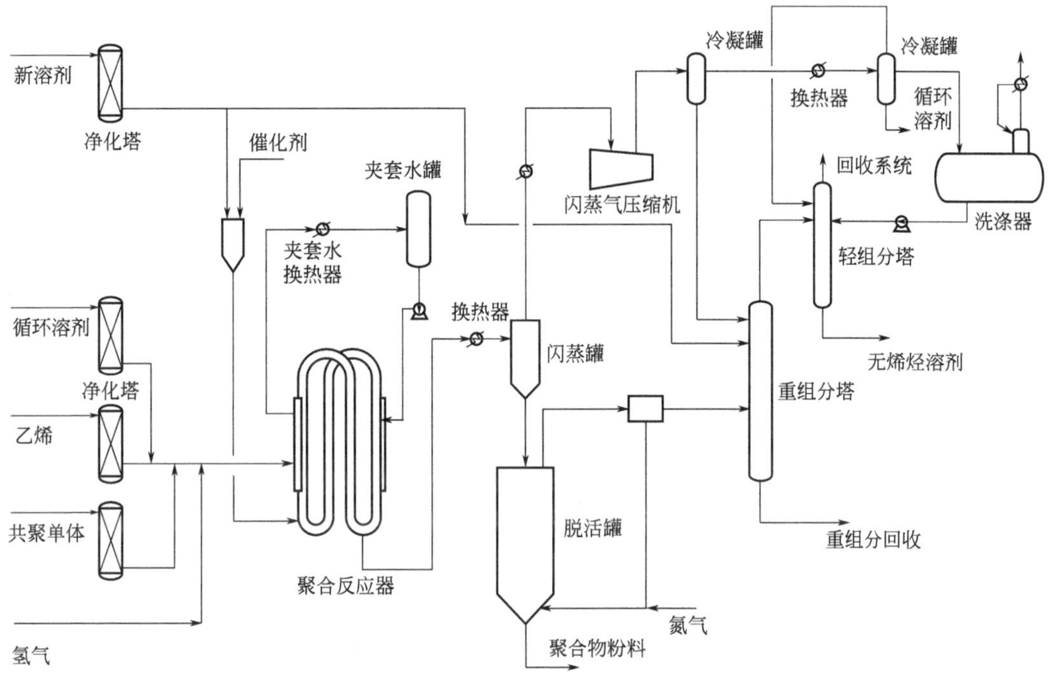

图 4.7 聚乙烯 Mar TECH 工艺流程简图

道达尔（Total）基于 Chevron Phillips 公司单环管反应器技术（MarTECH™ SL），开发了双环管工艺（MarTECH® ADL）。2010 年，道达尔与 CPC 签署协议，双方共享 MarTECH® ADL 专利所有权，CPC 授权技术以及道达尔提供专利授权的催化剂。该工艺采用 Z-N 催化剂和茂金属催化剂，可以生产从线型低密度到高密度全系列的树脂产品。

（2）Innovene S 工艺

Ineos 公司的 Innovene S 环管淤浆法聚乙烯工艺最初由 Solvay 公司在 20 世纪 60 年代开发成功。2002 年，该技术由 BP/Solvay 合资公司拥有。2004 年 BP 公司收购 Solvay 公司股份。2005 年底，Ineos 公司收购了 BP 公司的聚烯烃业务，Innovene S 工艺归 Ineos 公司所有。

该工艺采用环管淤浆反应器，采用钛系催化剂和铬系催化剂，异丁烷为稀释剂，1-己烯为共聚单体，聚合压力为 2.5～4.0MPa，聚合温度为 75～110℃，工艺停留时间为 150min。该工艺可以生产双峰聚乙烯产品，代表性产品是高性能管材专用树脂。

聚乙烯 Innovene S 工艺流程简图见图 4.8。

（3）Borstar 工艺

Borstar 工艺是 Borealis 公司成功开发的生产双峰聚乙烯的新工艺，1995 年在芬兰 Porvoo

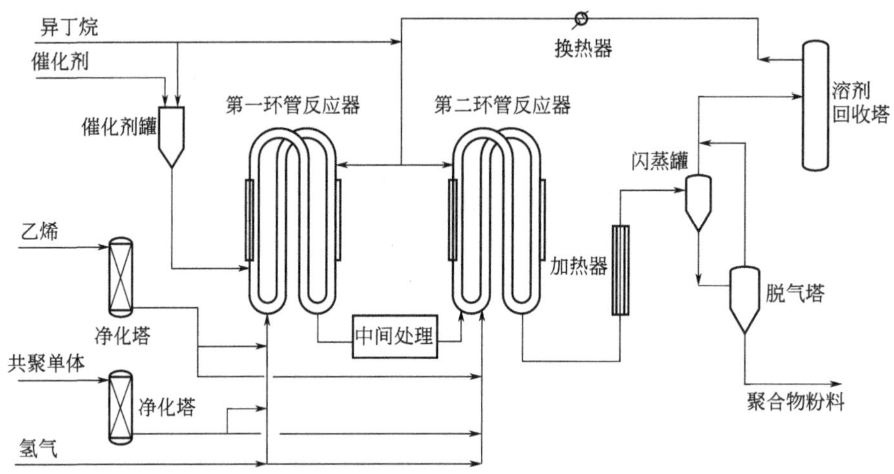

图 4.8 聚乙烯 Innovene S 工艺流程简图

建成一套 120kt/a 的生产装置，并于 1996 年投入运行，可生产全密度系列多种牌号的产品。

Borstar 工艺反应器包括串联的环管淤浆反应器和气相流化床反应器，采用丙烷作溶剂。催化剂先经过在小环管反应器中的预聚合，进入第一环管反应器在丙烷超临界条件进行乙烯聚合，得到小分子量组分。聚乙烯在超临界丙烷中的溶解度很小，可以制得极低分子量的树脂。之后，经过闪蒸分离，再进行气相共聚合，得到大分子量组分。采用 Z-N 催化剂，产品密度为 0.918～0.970g/m^3，熔体流动速率为 0.02～100g/10min，产品具有良好的力学性能和加工性能。

聚乙烯 Borstar 工艺流程简图见图 4.9。

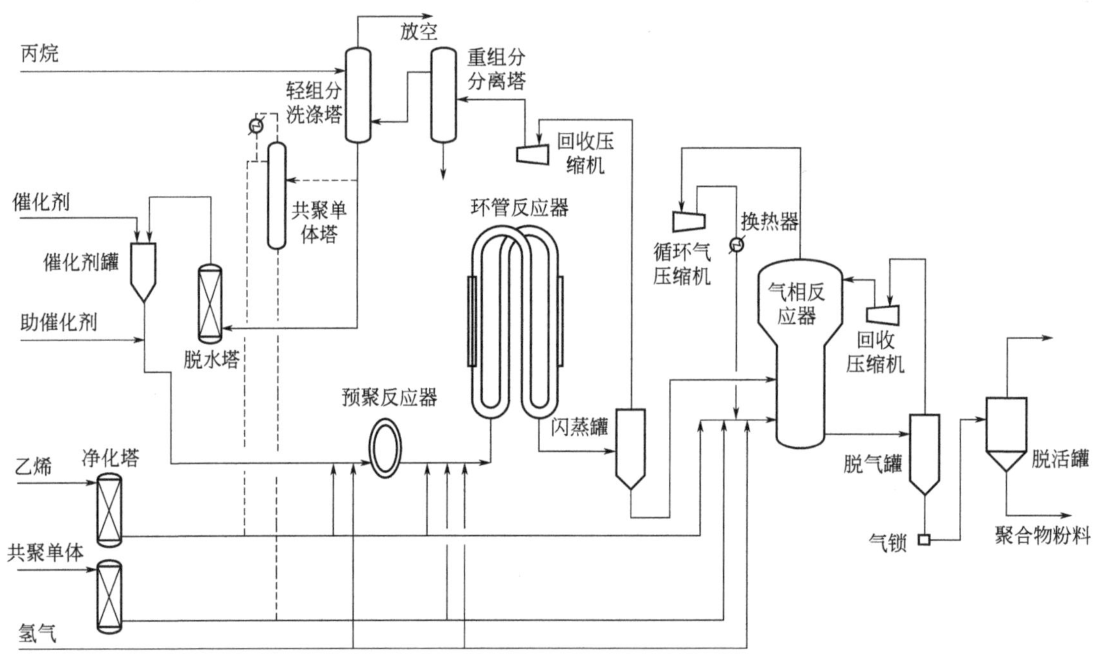

图 4.9 聚乙烯 Borstar 工艺流程简图

4.2.4 溶液聚合工艺

溶液聚合工艺是指聚合过程中所得聚合物溶解于溶剂中的工艺。代表性的溶液聚合工艺是加拿大 Nova 化学公司的 Sclairtech 工艺，采用 Z-N 催化剂，在中压条件下进行聚合反应。由于用于聚烯烃弹性体（POE）生产的一些单活性中心催化剂溶液聚合装置也常用来生产低密度聚乙烯等树脂产品，因而也包括 Dow 化学公司的 Dowlex 工艺、SABIC（原 DSM）公司的 Compact 等。这部分技术将重点在 POE 生产工艺中介绍。

溶液聚合通常可以实现高碳 α-烯烃共聚，乙烯单程转化率也较高，可生产全密度甚至极低密度聚乙烯。

加拿大 Nova 化学公司 20 世纪 70 年开发了 Sclairtech 工艺。20 世纪 90 年代末，Nova 化学公司进一步改进了该工艺——Sclairtech（AST）工艺。Sclairtech 工艺反应器的操作温度为 300℃，使用环己烷作溶剂，操作压力可达 14MPa。所采用催化剂为过渡金属氯化物与有机铝的络合物。催化剂体系有 5 种组分，即 $TiCl_4$、$VOCl_3$、$Al(C_2H_5)_3$(CT)、$Al(C_2H_5)_2Cl$(CD) 和二乙基(二甲基乙基甲硅烷基)铝（CS），其中 $TiCl_4$ 和 $VOCl_3$ 为主催化剂，可以有多种组合。该工艺产品的密度为 0.905～0.965g/cm^3，熔体流动速率 0.15～150g/10min。可生产 M_w/M_n 为 3～22 窄和宽分子量分布的树脂。该工艺还有以下一些优点：反应温度高，能最大限度地利用反应热；反应器进料体系不要求设置冷凝设备；可生产全范围的产品；由于反应器的停留时间很短（小于 2min），牌号切换非常快；乙烯单程转化率达 95%以上；树脂不易产生凝胶。工艺的主要缺点是在高温下 Z-N 催化剂的活性较低，进而需要依靠吸附的方法脱除聚合物溶液中的催化剂残余，产生较大量的固废[9]。

聚乙烯 Sclairtech 工艺流程简图见图 4.10。

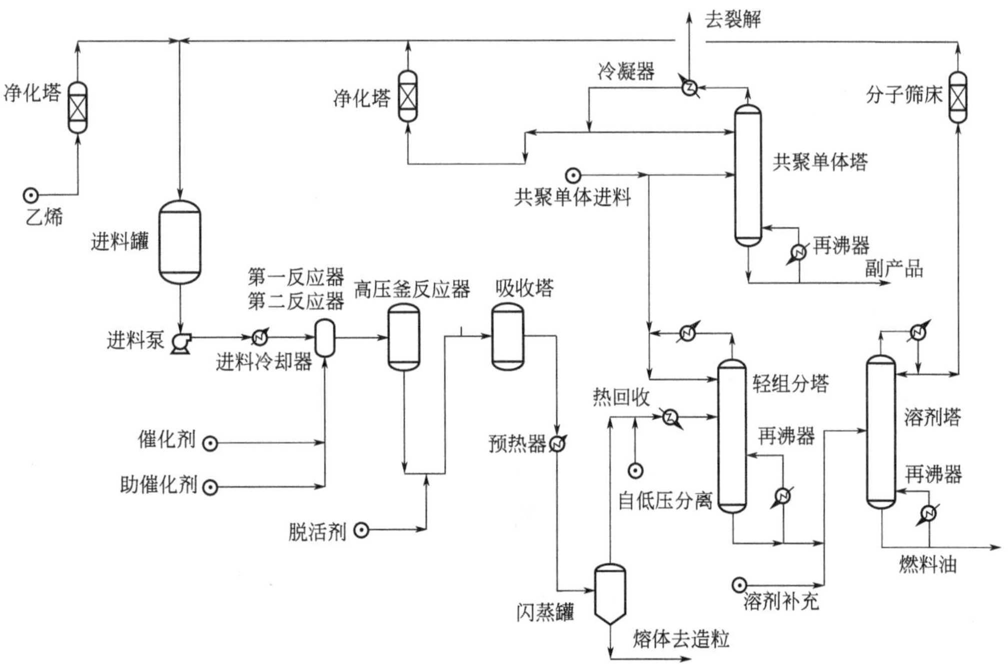

图 4.10　聚乙烯 Sclairtech 工艺流程简图

Sclairtech 工艺也在不断发展，比如新一代的技术采用 C_6 混合烃替代环己烷作为聚合溶剂，对寒冷地区的装置不再需要监视低压溶剂体系，产品中残留的挥发物很少；改善了反应器内部混合装置，拓宽了聚合物分子量分布和支化分布范围；可以使用各种茂金属催化剂或 Z-N 催化剂。

4.2.5 高压聚合工艺

高压法 LDPE 生产工艺可分成管式法和釜式法两种，高压釜式工艺最早是 20 世纪 30 年代由 ICI 公司开发；高压管式法工艺，由 BASF 公司同一时期开发成功。至今这两种工艺仍在使用，其流程基本没有变化。

管式法和釜式法两种工艺除聚合反应器外，生产流程大体相同，都是由乙烯压缩系统、引发剂系统、聚合反应器、闪蒸分离和挤出造粒等构成。管式反应器结构简单，制造和维修方便，可以承受更高的反应压力。釜式反应器结构相对复杂，反应釜涉及搅拌器，维修和安装都较困难，反应压力低于管式反应器[2]。

釜式法工艺的反应温度 150～315℃，反应压力范围 120～300MPa，常用压力为 120～200MPa，平均停留时间 20～40s，乙烯单程转化率在 20%左右；管式反应器反应压力为 150～350MPa，反应温度 150～330℃，乙烯单程转化率可达 35%。

管式法和釜式法两种工艺因为反应温度、压力以及反应器内温度分布不同，生成的聚合物产品有所差别。釜式法工艺具有更多的返混，聚乙烯分子长支链较多，分子量分布宽，产品适用于涂覆、发泡等。釜式法工艺更适宜生产高共聚单体组成的共聚物，也多用于与极性单体的共聚合。管式法反应器很少有返混，反应压力、温度沿着反应器变化，得到的聚乙烯分子长支链少，分子量分布较窄，光学性能好，更适于生产透明膜。

聚乙烯高压釜式法工艺流程简图见图 4.11，聚乙烯高压管式法工艺流程简图见图 4.12。

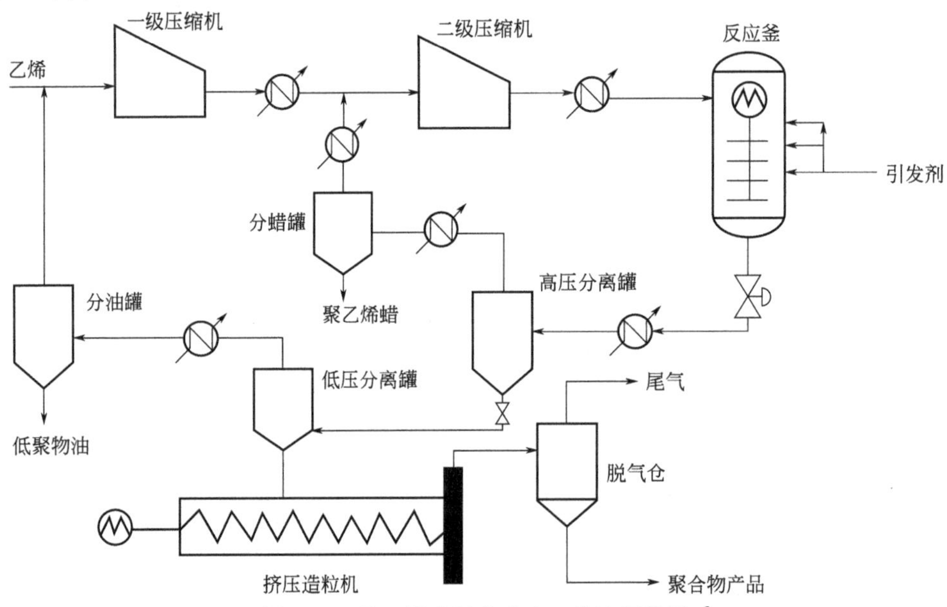

图 4.11　聚乙烯高压釜式法工艺流程简图

高压管式法工艺主要有 LyondellBasell 公司的 Lupotech T、ExxonMobil 管式法工艺、SABIC 公司的 CTR 工艺；高压釜式法工艺有 ICI 高压釜式工艺、ExxonMobil 釜式法工艺和 Basell 公司的 Luptoech A 高压釜式法工艺。

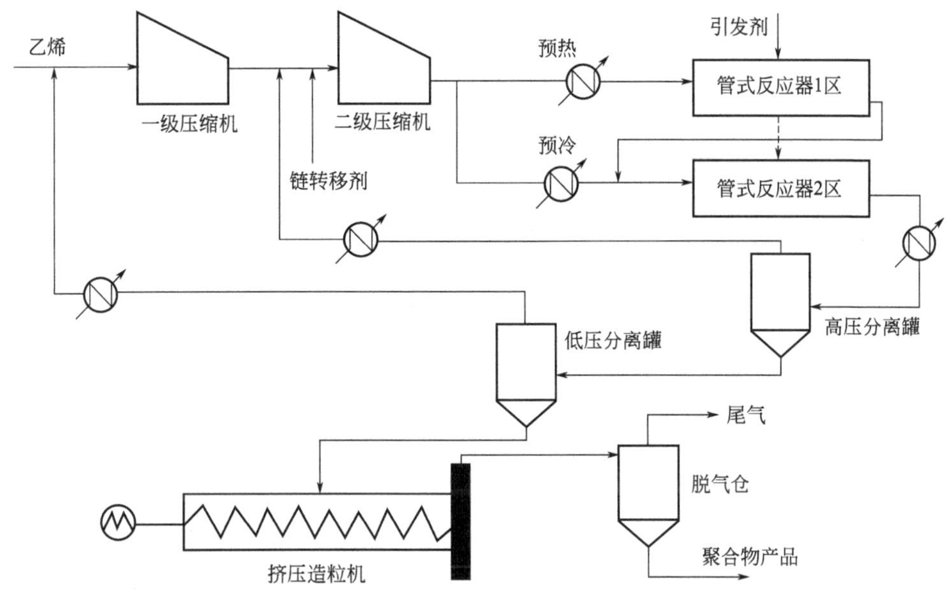

图 4.12　聚乙烯高压管式法工艺流程简图

4.2.5.1　釜式法工艺

(1) ICI/SimonCarves 高压釜式工艺

ICI/SimonCarves 公司的高压釜式法工艺是高压聚乙烯的先驱，在 1933 年以微量氧气为引发剂进行自由基聚合实现乙烯聚合，1939 年实现工业化生产。工艺为高压釜式反应，反应温度为 200～300℃，反应压力为 100～300MPa。

日本住友公司在 ICI 工艺的基础上开发了双釜串联的釜式法工艺，反应釜之间增加换热器，使乙烯的单程转化率提高到 25%左右。

(2) ExxonMobil 公司高压釜式工艺

ExxonMobil 公司高压釜式反应器容积为 1.5m^3，反应器具有较高的长径比，有利于生产质量类似于高压管式法工艺的薄膜产品；压力范围很宽，可生产低熔体流动速率的均聚物和高 VA 含量的共聚物。ExxonMobil 公司已经在高压釜式反应器中使用茂金属催化剂。

(3) LyondellBasell 公司 Luptoech A 高压釜式工艺

2008 年 LyondellBasell 公司推出制造特种 LDPE 和 EVA 共聚物的高压釜式工艺，称之为 Lupotech A 工艺。该高压釜式工艺主要优化用于对加工有要求的高级产品的生产，如乙酸乙烯酯含量达 40%的黏合剂和密封剂，或具有独特性能的 LDPE 产品，是对其 Lupotech T 高压管式工艺所涵盖的 LDPE 和 EVA 业务的补充。

该技术采用以多区为特征的反应器设计，并采用独特的单体和引发剂注入系统，同时采用先进的压力和温度分布控制系统以及独特的搅拌系统，从而获得高的转化率。

4.2.5.2　管式法工艺

(1) LyondellBasell 公司 Lupotech T 高压管式工艺

技术前身是 BASF 的高压聚乙烯技术。LyondellBasell 公司的 Lupotech T 工艺包括 Lupotech TM 和 Lupotech TS 两种。Lupotech TM 工艺的特点是有多个单体进料点，适合于生产 EVA；只有一个单体进料点是 Lupotech TS 工艺，适宜生产 LDPE。

Lupotech T 工艺以过氧化物为引发剂，在进入反应器前乙烯预热到 150～170℃，反应压力为 200～310MPa，聚合物熔体流动速率范围从 0.15g/10min 到 4g/10min，密度范围为 0.917～0.934g/cm^3，Lupotech T 工艺目前最大单套产能可达 450kt/a。

Lupotech T 工艺可在较高转化率下生产共聚物，可以生产 VA 含量高达 30%的 EVA，也可以生产丙烯酸酯含量高达 20%的共聚物。

(2) ExxonMobil 公司高压管式工艺

ExxonMobil 公司高压管式法工艺的主要特点：与 LyondellBasell 公司的技术一样，用排放阀作脉冲阀，但正常操作时可不使用；采用有机过氧化物作引发剂；设有加热反应管的脱焦系统；采用实时监控熔体性质的技术，优质牌号比例高；乙烯单程转化率可达 34%～36%；装置可靠性高，年运转时间可达 8400h。

4.2.6 聚乙烯工艺技术发展方向

聚乙烯的生产工艺很多，生产出的聚合物性能差距也很大，拓宽聚乙烯工艺产品范围、提高聚合物产品质量，以及降低装置能耗物耗等一直是聚乙烯工艺不断改进的目标。

在高密度聚乙烯生产技术方面，采用多反应器技术以及反应器分区技术是最新的进展，如 Hosealen 的 ACP 工艺，采用三个连续搅拌釜串联操作，比传统的双峰聚乙烯具有更宽的分子量分布，提高了 HDPE 的刚韧平衡性能、冲击性能、耐应力开裂性能等，该项技术已经成功进行了工业化。LyondellBasell 还提出 Hyperzone PE 技术，这项技术在两个反应器中利用了三个不同的反应区，这使得定制的聚合物结构的生产能够满足客户要求的加工和产品要求。

在线型聚乙烯生产工艺方面，主要是基于催化剂技术进步的工艺适用性开发，比如茂金属聚乙烯技术、双峰技术等。Unipol 工艺中双峰聚乙烯技术包括两台反应器串联的 UnipolⅡ技术和使用双峰 Prodigy 催化剂单反应器双峰技术。

单活性中心催化剂技术，包括茂金属和非茂金属催化剂，在淤浆聚合、气相聚合以及溶液聚合等不同工艺类型中都取得很大的进展，是今后聚乙烯工艺及产品研究中一个非常重要的发展方向。

4.3 聚丙烯生产工艺

4.3.1 聚丙烯工艺发展历程

聚丙烯的工艺技术随着催化剂技术进步而不断进步。自 Montecatini 公司于 1957 年在意大利的费拉拉（Ferrara）建成了世界上第一套 6kt/a 的间歇式聚丙烯装置以来，聚丙烯工业发展迅速。根据催化剂和生产工艺的特点，可将聚丙烯工艺的发展划分为四个阶段。

第一代聚丙烯工艺采用低活性、低立体定向性的催化剂，以己烷、庚烷等惰性烃类为溶剂，在聚合釜内间歇制备聚丙烯。由于催化剂活性和立体定向性低，需要进行聚合物的脱灰和脱无规物处理。所谓的脱灰是指脱除聚合物的催化剂残渣，脱无规是指脱除生成的无规聚丙烯。随着聚丙烯需求量的增加，间歇聚合过程难以满足规模化生产和质量稳定控制的要求，连续聚合工艺相应而生，但由于催化剂技术没有进步，工艺上仍需要脱灰和脱无规环节。聚合反应器为多个串联的连续搅拌釜反应器。这可以视为第二代聚丙烯工艺。1964 年以前，大都采用此种工艺生产聚丙烯。

溶液法工艺也是这一时期开发的聚丙烯工艺，将丙烯、溶剂和催化剂在几台串联的反应器中于 160～170℃和 3.0～7.0MPa 的高温高压下聚合，聚合物全部溶解在溶剂中，聚合物溶液闪蒸后除去未反应的单体，再加入溶剂溶解过滤，除去固体催化剂，冷却后析出等规聚合物，然后离心分离出聚合物和无规物溶液。美国伊士曼（Eastman）公司拥有长期以来世界上仅有的一套生产等规聚丙烯的溶液聚合装置。

1964年，美国达特（DART）公司的雷克萨尔（REXALL）分公司首先采用第一代催化剂及釜式反应器开始液相本体法聚丙烯生产工艺。将催化剂直接分散在液相丙烯中进行聚合反应。聚合物从液相丙烯中不断析出，以细颗粒状悬浮在液相丙烯中。随着反应时间的延长，聚合物在液相丙烯中的浓度增高。当丙烯转化率达到一定程度时，经闪蒸回收未聚合的丙烯单体，即得到聚丙烯粉料产品。这是一种比较简单和先进的聚丙烯工业生产方法，省去了惰性溶剂的回收，但仍需脱灰和脱无规。此阶段，美国 Phillips 公司首先采用环管反应器用于聚丙烯生产，最早开发了环管聚丙烯工艺。连续本体聚合，第一代催化剂，脱灰、脱无规，这是第三代聚丙烯工艺的典型特征。

1971年，Solvay 公司开发了三氯化钛-异戊醚-四氯化钛-一氯二乙基铝［$TiCl_3 \cdot R_2O \cdot Al(C_2H_5)_2Cl$］络合型催化剂，即络合Ⅰ型催化剂。该催化剂的活性和定向性能大幅提高。聚丙烯生产中不再需要脱灰和脱无规，工艺过程大为简化。同期，德国 BASF 公司和美国联合碳化物公司还开发了气相法工艺，在流化床反应器中进行聚合反应，气相丙烯外循环，经换热器换热以撤除反应热。气相法聚丙烯技术的开发使得抗冲共聚产品的生产成为可能。这些是现代聚丙烯工艺技术的开端。

现代的聚丙烯工艺通常具备丙烯均聚物、无规共聚物以及多相共聚物产品的生产能力。由于抗冲共聚物中乙丙橡胶相的生产需要在气相反应器中进行，各种工艺都是一样的，因此业界通常根据均聚或无规共聚阶段聚合反应器的种类将其划为液相本体工艺或气相法工艺。实际上，液相本体工艺在生产抗冲聚丙烯时是液相+气相的组合工艺。根据均聚或无规共聚阶段液相本体聚合反应器种类的不同，又将其分为环管工艺（即采用环管为聚合反应器）和釜式工艺（即采用连续搅拌釜为聚合反应器）。采用环管反应器的聚丙烯工艺种类很多，如 Basell 公司的 Spheripol 工艺、中国石化的 ST 工艺、Mitsui 的 Hypol-II、ExxonMobil 的 EM 工艺等。釜式工艺以 Mitsui 公司的 Hypol-I 为代表，由于产能、装备制造等方面的不足，此类工艺近年来鲜有进步。气相法工艺中，根据聚合物在反应器中的状态，可分为流化床、微动床和移动床三类。流化床工艺以 Grace 公司的 Unipol 工艺、Basell 公司的 Catalloy 工艺等为代表，微动床反应器又分为卧式搅拌床和立式搅拌床两类，分别以 Ineos 公司的 Innovene 工艺和 NHT 公司的 Novolene 工艺为代表。Basell 公司 Spherizone 工艺所采用多区反应器可视为移动床反应器[7]。

4.3.2 淤浆聚合工艺

淤浆聚合工艺又称浆液法、淤浆法或者溶剂法，是世界上最早用于生产聚丙烯的工艺技术。浆液法典型工艺有美国 Hercules 工艺、日本三井油化工艺等。

早期聚丙烯生产工艺受限于第一代催化剂的低活性和低立构定向能力，需要脱灰和脱无规以保证产品质量。因此淤浆法生产工艺是当时最好的选择。淤浆法工艺用已烷、庚烷等惰性烃类作溶剂，采用立式搅拌釜反应器，聚合反应温度为 60～90℃，压力 0.5～1.4MPa。反应得到的结晶聚合物呈泥浆状悬浮于溶剂中，而无规物则溶解于溶剂。残余的催化剂用乙醇处理失活并溶解。钛和铝的烷氧基化合物则用水处理而分离出来。结晶的聚合物通过过滤或离心沉淀的方法分离出来并干燥，而溶解在稀释剂中的非晶态聚合物则需将稀释剂蒸发后分离出来。早期淤浆法工艺由于需要净化以及循环溶剂和乙醇而能耗大和投资高。随着第二代和第三代催化剂的使用，淤浆法工艺已无需脱灰和脱无规，工艺流程大大简化，同时也带来了投资成本和操作费用的降低。反应可以在更低温度和更高压力下进行，进而有利于提高浆液中固含量和反应产率，同时降低回收溶剂需要消耗的蒸汽。正因为如此，淤浆工艺在很长一段时间可以与当时的液相本体和气相聚合工艺竞争[10]。自20世纪90年代起，传统淤浆工艺在聚丙烯生产工艺中占比开始大幅减少，目前世界淤浆法聚丙烯工艺的生产能力约占全球聚丙烯总生产能力的2.6%左右。

4.3.2.1 Hercules工艺

Hercules公司是美国最早商业化生产聚丙烯的公司。Hercules工艺通常含有3～4个连续搅拌釜，先将催化剂和稀释剂、聚合单体和氢气加入反应釜，聚合反应在温度为60～80℃、压力为0.5～1.5MPa条件下进行。反应釜一般为满釜操作，反应热通过反应釜夹套水撤出。如果采用活性较高的第二代催化剂，最后一个反应釜可以聚合完所有单体。若是第一代催化剂，则需要降压闪蒸出未反应的单体，然后压缩循环回反应釜。浆液在反应釜内的停留时间根据催化剂活性和规定的操作条件而有所不同。反应结束后得到的聚合物浆液浓度约为20%～40%（质量分数），聚合物浆液先用乙醇处理，然后用氢氧化钠中和乙醇处理过程中产生的盐酸。接着分离包含了乙醇、水和催化剂中和产物的水相与包含无规聚丙烯的有机相。由分离出来的废溶液送至蒸发器，除去无规物，得到的溶剂经提纯后，供聚合工艺循环使用。聚合物则送至离心分离器，脱除溶剂后的聚合物用氮气干燥，得到的聚合物粉末可直接使用，也可造粒。淤浆聚丙烯Hercules工艺流程简图如图4.13所示。

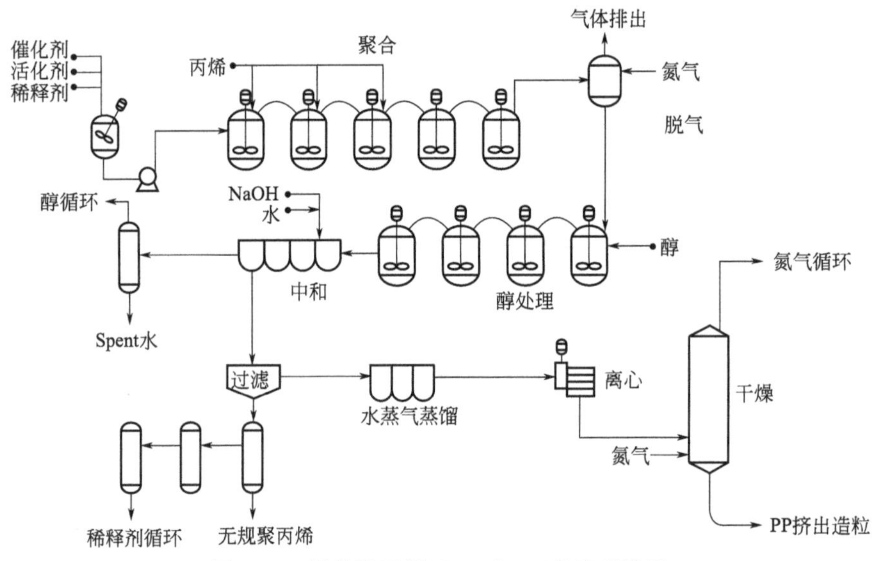

图4.13 淤浆聚丙烯Hercules工艺流程简图

4.3.2.2 三井油化工艺

20世纪70年代初，日本三井油化（MPC）公司在载体催化剂的研究开发上取得重大突破，通过将酯化过程与催化剂载体和内给电子体的研磨分开，催化剂活性大大提高[10]。因此三井油化淤浆工艺无需脱灰操作。典型的三井油化淤浆工艺流程主要包括催化剂配制、聚合、分离、干燥和造粒以及其他辅助系统。聚合部分由四台聚合釜串联组成。聚合反应在温度为60～75℃，压力为0.5～1.0MPa条件下进行。由于在第三反应釜后设置了闪蒸罐，丙烯经过闪蒸后返回到第一个反应釜，而己烷冷凝后继续进入第四反应釜。此过程可显著提高丙烯单程转化率，同时降低了己烷的使用量。反应结束得到的聚合浆液浓度约250～400kg/m^3，明显高于其它淤浆法工艺。反应釜排出的聚合物浆液进入分离单元，未反应的丙烯经闪蒸、压缩循环回反应器。聚合物浆液经离心分离出溶剂，湿的聚丙烯经过气流干燥、沸腾干燥后成为干燥的聚合物粉末，用氮气气流输送至挤压造粒系统。三井油化淤浆法工艺由于工艺过程中催化剂不需分解和洗涤，工艺相对简单，可以降低工程费用和能耗。三井油化淤浆聚丙烯工艺流程简图如图 4.14 所示。

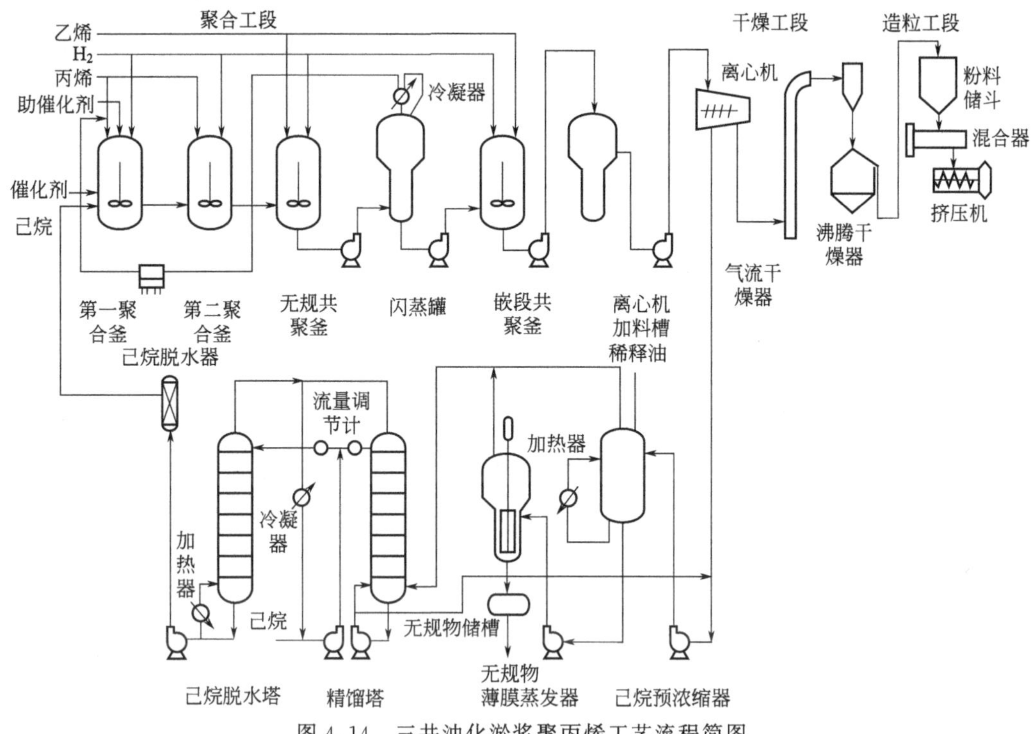

图 4.14　三井油化淤浆聚丙烯工艺流程简图

4.3.3 液相本体工艺

与采用溶剂的淤浆法工艺相比，液相本体聚合具有以下优势：

① 反应系统内单体浓度高，聚合速率快，催化剂活性高，并且聚合反应转化率高，反应器的时空生产能力更大；

② 没有溶剂的精制和循环，因而工艺流程简单，生产成本低；

③ 反应器可采用全凝冷凝器，容易除去聚合热，可以提高单位反应器的聚合量；

④ 浆液黏度低，机械搅拌简单，能耗小。

因此，自 Rexene 和 Phillips 公司开发出比浆液法更为简单的 Rexall 和 Phillips 本体法工艺后，液相本体工艺快速发展。在催化剂技术革新的推动下，液相本体工艺已成为现代主流丙烯聚合工艺。目前世界液相本体法工艺的生产能力约占全球聚丙烯总生产能力的 46.2%左右。由于液相本体工艺在生产抗冲聚丙烯时实际上是液相+气相的组合工艺，根据均聚及无规共聚阶段液相本体聚合反应器种类的不同，又将其分为釜式工艺（即采用连续搅拌釜为聚合反应器）和环管工艺（即采用环管为聚合反应器）。

4.3.3.1 釜式工艺

Rexall 公司在 20 世纪 60 年代开发的 Rexene 工艺是最早的连续本体釜式工艺。该工艺由于丙烯进料中含有 10%～30%的丙烷，因此实际上是介于淤浆法和液相本体工艺之间的生产工艺。早期使用第一代 Z-N 催化剂，需要脱灰和脱无规物。后来，该公司与美国 EI Paso 公司组成联合塑料公司，采用 Montedison-MPC 公司的高活性、高立体定向性催化剂，取消了脱灰和脱无规物步骤，并且以高纯度液相丙烯为原料，形成了现代釜式聚合工艺的雏形。日本 Sumitomo（住友）化学公司在 Rexall 本体法基础上也开发了 Sumitomo 本体法工艺。Sumitomo 本体法工艺包括了除去无规物及催化剂残渣的一些措施，因此可以制得超纯聚合物。

20 世纪 80 年代，MPC 公司陆续开发出高活性、高立体定向性、长寿命 TK-1 和 TK-2 催化剂，适用于不脱灰、不脱无规物的本体法聚合工艺。MPC 公司也因此发展了基于这种催化剂的液相本体＋气相法相结合聚丙烯工艺——Hypol 工艺，即采用两个液相聚合釜和一个气相釜串联生产均聚物，再串联一个气相流化床反应器来生产抗冲共聚物。Hypol 工艺典型的流程设计是：催化剂采用搅拌釜在溶剂己烷中间歇批量预聚合处理，预聚倍数通常在 6 倍以下。预聚后的催化剂浆液提浓后进入聚合反应器。第一聚合和第二聚合反应器均为连续搅拌釜，进行丙烯均聚或无规共聚，聚合热通过反应器夹套水和液体丙烯的蒸发冷凝带走。从液相釜出来的聚合物浆液进入第三个反应器，此反应器为带底搅拌、有扩大段的气相反应器，仍进行丙烯均聚或无规共聚。从液相釜进入气相反应器过程中，聚合物浆液经过高压闪蒸，蒸发后的丙烯气体一部分从气相反应器底部进入反应器，使聚合物在此气相反应器呈流化状态，同时控制聚合反应的温度使其保持恒定。另一部分丙烯气体经冷凝后循环回到前两个液相反应器使用。因而在前三个反应器间，丙烯的内循环量较大。串联的第四反应器也是带底搅拌气相反应器，进行多相共聚物中橡胶的生产，之后是聚合物脱活、干燥环节。聚丙烯 Hypol 工艺流程简图如图 4.15 所示。

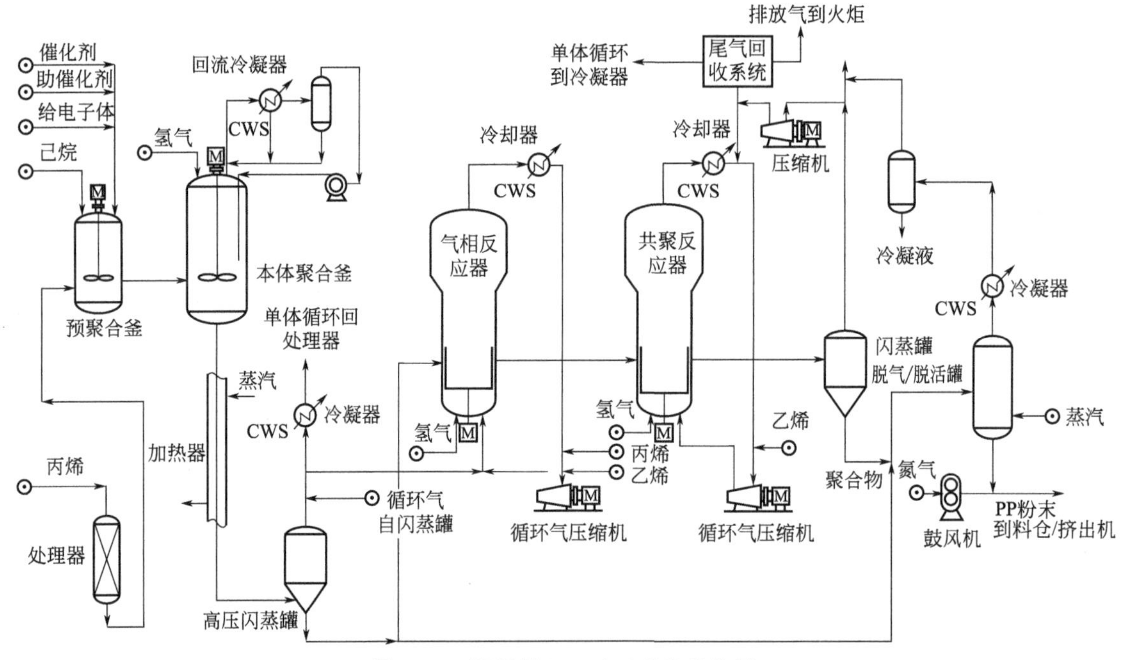

图 4.15 聚丙烯 Hypol 工艺流程简图

Hypol 工艺受反应器体积的限制，装置规模不能做得很大，单线规模通常在 10 万吨/年以下。反应器间的单体内循环以及大量动设备的使用也使得装置的能耗、物耗指标较高。因而正逐步被淘汰或转为特种聚丙烯产品的开发[11]。

具有中国特色的间歇法小本体聚丙烯工艺因对原料的要求低、投资极少等优势，在国内占有重要的地位，产能超过 130 万吨/年。

4.3.3.2 环管工艺

环管聚丙烯工艺由美国 Phillips 公司开发，后经意大利 Himont 公司发展并完善。该工艺中独特的环管反应器，实质上是一个首尾相连的带有换热夹套的环管换热器，由 4 根立管和一台轴流循环泵组成。采用环管作为丙烯聚合反应器具有以下优势。

① 单位体积传热面积大(约为 $6.5m^2/m^3$)，传热系数高[约为 3.35～4.19MJ/(m^2 · ℃ · h)]。

② 反应器时空产率高，可达 400kg/(h · m^3)。

③ 丙烯单程转化率高，为 55%～60%，反应器内固体含量可高达 70%（质量分数)。

④ 生产中块料少，这是因为环管反应器内的浆液用循环泵输送，约为 7m/s，能形成高度湍流，减少滞留层的形成，从而降低了生产中块料的形成。

⑤ 投资相对较少。反应器结构简单，管径小（通常为 DN600mm)，较高设计压力时，管壁也较薄，因而反应器投资少。此外，反应器本身可作为装置框架的支柱，简化了结构设计，因而降低了投资。

⑥ 易实现反应器扩能改造。当需要增加反应器体积时，只需增加一部分直管段即可。

目前采用一个或两个环管反应器生产丙烯均聚或无规共聚物工艺的有 Phillips 工艺，在此基础上结合气相反应器既能生产丙烯均聚、无规共聚物，又能生产抗冲共聚物的工艺有 LyondellBasell 公司的 Spheripol 工艺、Borealis 公司的 Borstar 工艺、ExxonMobil 公司的 ExxonMobil 工艺、中国石化的 ST 工艺及三井化学的 Hypol-II 工艺。

标准 Spheripol 工艺采用两个串联的环管反应器生产丙烯均聚物和无规共聚物，再串联一个气相反应器生产抗冲共聚物，其流程如图 4.16 所示。Spheripol 于 1982 年首次工业化，是迄今最成功、应用最广泛的聚丙烯工艺技术。截至目前采用 Spheripol 工艺的聚丙烯装置有 115 套，总生产能力超过 25Mt/a[12]。采用 Spheripol 工艺的聚丙烯装置总生产能力约占近 10 年来新建聚丙烯生产能力的 41%。Spheripol 工艺最适用的催化剂是球形催化剂，如 LyondellBasell 公司的 Avant 系列催化剂、中国石化的 DQ 系列催化剂等。

Spheripol 工艺典型工艺流程：催化剂、助催化剂（烷基铝）以及外给电子体（硅烷）先进行预络合，以充分活化催化剂上的活性中心点。预络合后的催化剂在丙烯携带下进入小环管反应器中进行预聚合。预聚合停留时间 6min 以上，聚合温度 12℃以上。经过预聚合处理后的催化剂浆液进入第一环管反应器，聚合物浆液连续从第一环管反应器底部排至第二环管反应器，单体丙烯、共聚单体以及作为分子量调节剂的氢气加入环管反应器，第一、二环管反应器内的淤浆浓度均保持在约 55%，聚合温度为 70～80℃，压力为 3.4～4.0MPa。反应热主要靠环管循环夹套水撤出。从环管反应器出来的聚合物浆液先进行高压闪蒸，脱除大部分未反应聚丙烯，然后进行低压闪蒸。高压闪蒸操作条件为 1.6～1.8MPa，此气态丙烯经循环水冷凝后用泵循环回丙烯储罐。闪蒸出来的聚合物颗粒进入带搅拌的密相流化床反应器进行抗冲共聚物中橡胶相的生产。气相反应器温度为 70～85℃，操作压力为 1.0～1.5MPa。从气相反应器出来的聚合物颗粒依次经过汽蒸罐脱活，干燥罐干燥后送至挤压造粒。

Spheripol 工艺最新进展包括：

① 提高环管操作压力至 4.5MPa，允许环管内更高的氢气浓度和操作温度；

② 气相反应器不带搅拌，同时容许更高的橡胶含量；

③ 开发了用于宽分子量分布、高立构规整度、“插入式”茂金属催化剂；

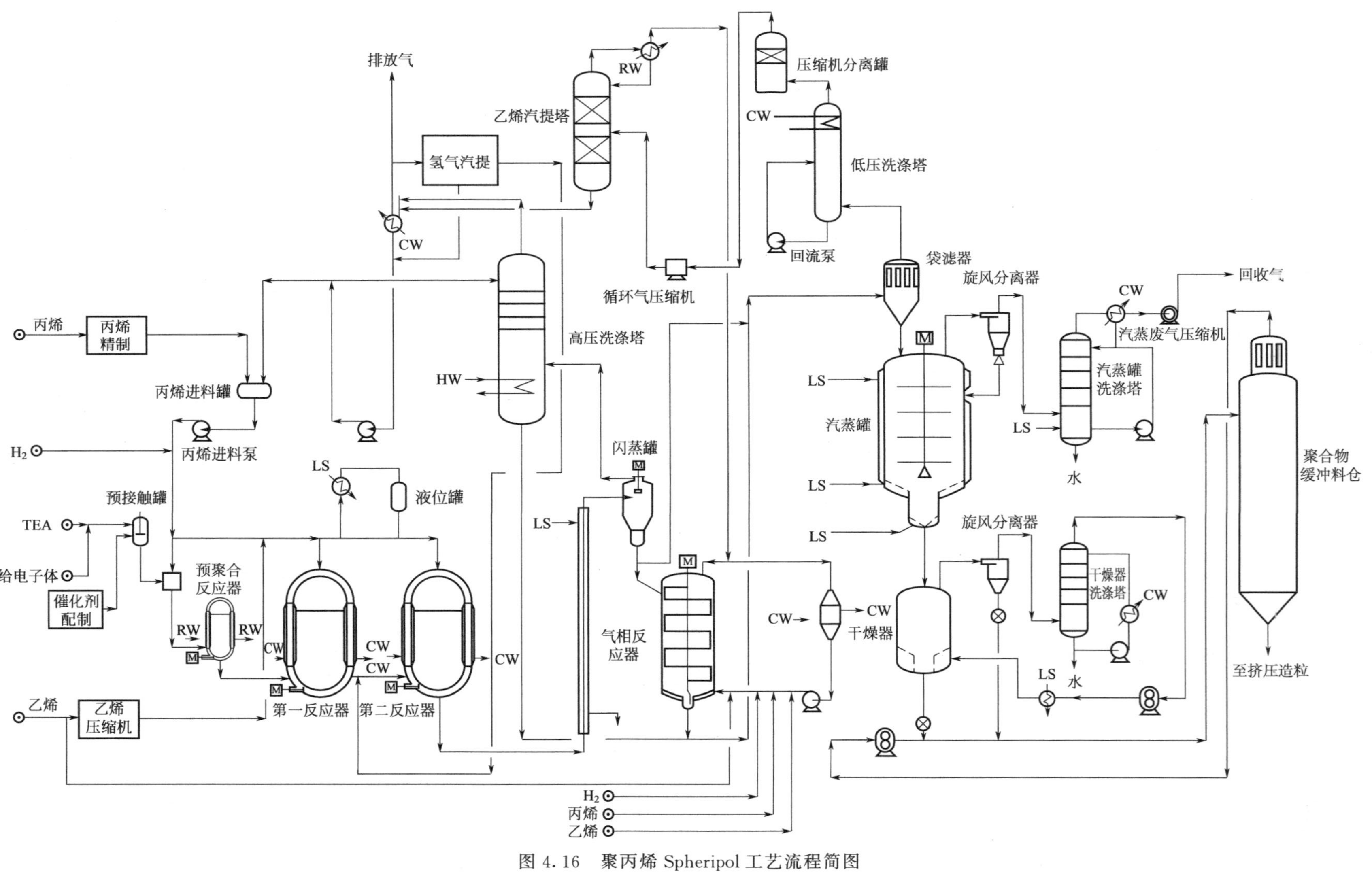

图 4.16 聚丙烯 Spheripol 工艺流程简图

④ 新增了 1-丁烯单体回收，并开发了系列基于 1-丁烯的透明无规共聚聚丙烯和抗冲共聚聚丙烯[13]。

Borealis、ExxonMobil 等公司在引进 Spheripol 工艺的同时，结合各自催化剂技术、产品技术以及工艺工程技术对工艺上一些环节做了改进，并形成自己独特的环管聚丙烯工艺类型。Borealis 公司将环管反应器的操作条件提升至丙烯临界条件附近，有利于高氢气浓度牌号的生产。同时将第二反应器改为有“大脑袋”扩大段的流化床反应器，去除高压闪蒸分离过程，利用进入流化床反应器的丙烯汽化带走部分反应热。还将用于橡胶相生产的带搅拌密相气相反应器也改为有“大脑袋”扩大段的流化床反应器。这些改动加上 Borealis 特有的高温高活性、高立体定向性 BC 系列催化剂以及双峰工艺和产品技术，形成了 Borstar 聚丙烯工艺。Borstar 工艺典型流程：在一个小型环管反应器中通入催化剂、助催化剂和丙烯进行预聚合。预聚物与丙烯和氢气一起进料到环管反应器中。当生产无规共聚物时，乙烯也被送入环管反应器。环管反应器通常在 80～100℃ 和约 5.0～6.0MPa 下运行。将来自环管反应器的浆液直接进料至第一气相反应器，继续制备另外的均聚物（或无规共聚物）。第一气相反应器操作温度为 80～90℃，操作压力为 2.0～2.5MPa。气相反应器出来的颗粒连续出料至第二气相反应器，用于生产抗冲共聚物。该反应器操作条件比第一气相反应器低一些，通常为 75～90℃ 和 1.5～2.5MPa。气相反应器出料至闪蒸分离罐，分离出的未反应单体进精馏塔分离，而单体丙烯和氢气则分别循环回反应系统。经闪蒸分离后的聚合物进入脱气仓，通入氮气和蒸汽处理，产品用闭路氮气气流输送至挤压造粒单元。目前 Borstar 工艺仅限于北欧化工和其合资公司使用，不对外许可技术。截至目前，全球共计 4 套 Borstar 聚丙烯装置。聚丙烯 Borstar 工艺过程简图如图 4.17 所示。

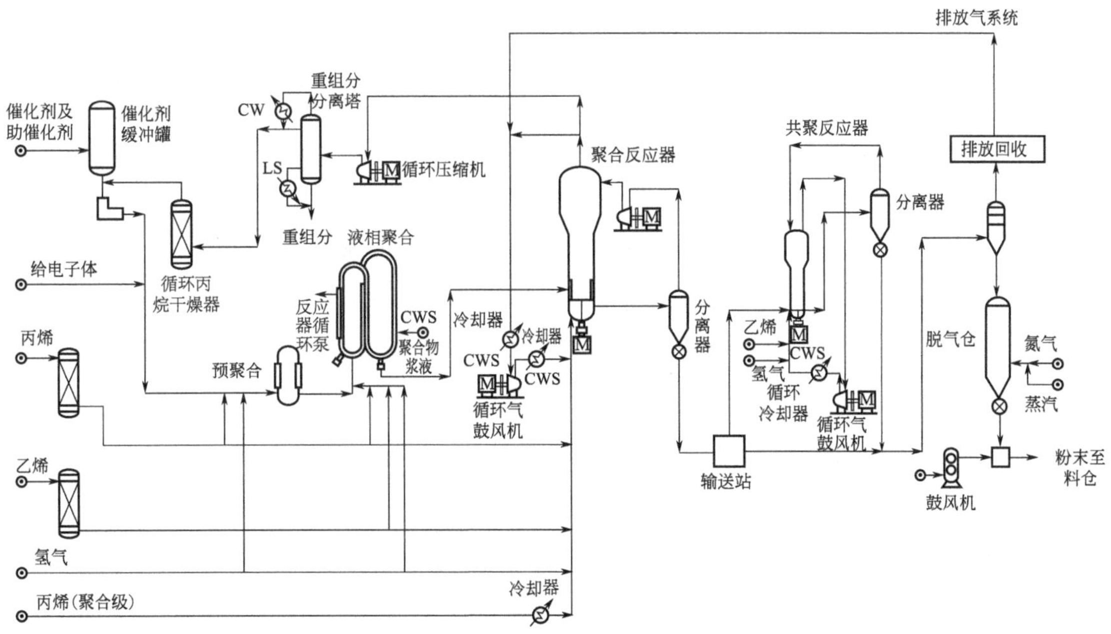

图 4.17　聚丙烯 Borstar 工艺流程简图

ExxonMobil 公司在 Spheripol 工艺基础上，将用于生产橡胶相的带搅拌气相反应器改为有“大脑袋”扩大段的流化床反应器。同时根据相应使用的催化剂对装置进行改造，结合不同产品生产所需技术，形成了 EM 聚丙烯工艺。

中国石化也在Spheripol工艺基础上进行非对称加外给电子体技术、丙烯/1-丁烯两元无规共聚技术升级，结合催化剂技术、产品技术方面的进步，开发了ST聚丙烯工艺。ST工艺聚丙烯建成装置的年产能已达700多万吨。

三井化学公司在1997年推出了Hypol-II工艺，用环管反应器替代了釜式反应器。除采用原Hypol工艺中的气相反应器设计外，其余系统与Spheripol工艺几乎完全相同。Hypol-II使用后来开发的球形TK系列催化剂，目前全球建成5套Hypol-II聚丙烯工艺装置。

4.3.4 气相聚合工艺

气相法聚丙烯工艺的研究和开发始于20世纪60年代。该工艺特点是丙烯以气相形态进行聚合反应，单体浓度远低于液相丙烯，且一般不需预聚合步骤，因此反应器泄压更简单，具有流程短、设备少、开停车方便、适宜生产抗冲共聚物等优点。

气相法的聚合反应器的出料中没有液体，因此容易将聚合物与未反应的单体分离。气相法的另一个优点是其潜在的更宽的产品范围，因为对于氢和单体在反应介质中的溶解度没有限制，可以生产具有非常高的熔体流动性和高共聚单体含量的聚丙烯。但气相工艺反应器内容易造成局部热点而使聚合物结块，致使装置停车，运行周期低于液相本体法。气相丙烯聚合工艺按照反应器可分为流化床、立式搅拌床、卧式搅拌床和多区循环反应器工艺等。目前，世界上气相法聚丙烯生产工艺主要有Grace公司的Unipol工艺、Ineos公司的Innovene工艺、CB&I公司的Novolen工艺、LyondellBasell公司的Spherizone和Catalloy工艺、住友的Sumitomo工艺以及JPP公司的Horizone工艺等。其中Unipol工艺、Sumitomo工艺、Catalloy工艺采用的是气相流化床反应器，Novolen工艺采用的是立式机械搅拌反应器，Innovene工艺和Horizone工艺采用的是卧式机械搅拌反应器，Spherizone工艺采用的是多区循环反应器。

机械搅拌反应器和流化床反应器主要区别在于：流化床反应器对于气体流动速率要求严格，必须高于流化所需的最低速率；搅拌反应器用搅拌的方式控制均匀性，而流化床本质上保证了均匀性；搅拌床反应器中可以存在液体，但流化床中不能有大量液相存在。几种气相聚丙烯生产工艺的比较见表4.1。

表4.1 世界主要气相聚丙烯生产工艺比较

工艺技术	反应器类型	混合方式	反应器主要撤热方式	流动形式
Unipol工艺	流化床	非机械	丙烯汽化潜热+循环气显热	全混
Sumitomo工艺	流化床	非机械	丙烯汽化潜热+循环气显热	全混
Catalloy工艺	流化床	非机械	循环气显热	全混
Innovene工艺	卧式搅拌釜	机械	丙烯汽化潜热	平推流
Horizone工艺	卧式搅拌釜	机械	丙烯汽化潜热	平推流
Novolen工艺	立式搅拌釜	机械	丙烯汽化潜热	全混
Spherizone工艺	多区循环反应器	非机械	丙烯汽化潜热+循环气显热	气力输送+重力流

4.3.4.1 流化床反应器工艺

Unipol聚丙烯工艺技术是气相流化床聚丙烯工艺的代表，也是仅次于Spheripol工艺的第二大聚丙烯工艺技术。迄今为止采用Unipol工艺的聚丙烯装置总生产能力超过1.3Mt/a。Unipol工艺技术在20世纪80年代由原Union Carbide公司（UCC）和壳牌公司联合开发的。1997年5月，Exxon和Union Carbide成立合资公司Univation技术公司，Univation及SHAC催化剂转为该公司负责。2000年，Dow公司收购了UCC、Univation及SHAC公司的催化剂技术。2013年，Grace公司收购了Dow公司的Unipol工艺技术、催化剂技术及给电子体技术。现在Unipol技术为Grace公司所有。

Unipol工艺采用SHAC系列催化剂，该催化剂是颗粒形催化剂，使用时无需预处理或预聚合。固体催化剂用白油配成浆液直接加入到聚合反应器内。配套不同的SHAC催化剂，Dow还开发了先进的外给电子体技术（ADT），据称可以实现共聚性能、立体定向性能、氢调性能等的灵活调整。与常见硅烷给电子体不同，使用ADT给电子体的SHAC催化剂体系容易在高温下失活，因而据称可以在反应剧烈产生局部热点时催化剂自失活，进而可有效降低结块而导致的停车风险[14]。

标准的Unipol聚丙烯工艺采用两台串联的气相流化床反应器，一方面利用各自循环器管线上的换热器带走部分反应热，另一方面在反应器进料中有一部分液体丙烯和冷凝剂（饱和烃），大约占10%～12%，利用其在反应器的汽化带走部分反应热，即所谓的“冷凝法”操作[15]。借助“冷凝法”操作，可使反应器在体积不增加的情况下提高生产力，从而节省装置投资。第一反应器生产均聚或无规共聚物产品，聚合反应温度控制在65℃，压力控制在3.0MPa。另一个较小的第二反应器生产多相共聚物中的橡胶相，压力控制在2.0MPa。两个反应器间有类似“气锁”设施以避免第一反应器中的单体大量进入到第二反应器中。当不需要多相共聚产品时，通常只建一台反应器。从聚合反应器出来的聚丙烯颗粒经过湿氮气脱活干燥处理，即得成品粉料。聚丙烯Unipol工艺流程简图如图4.18所示。

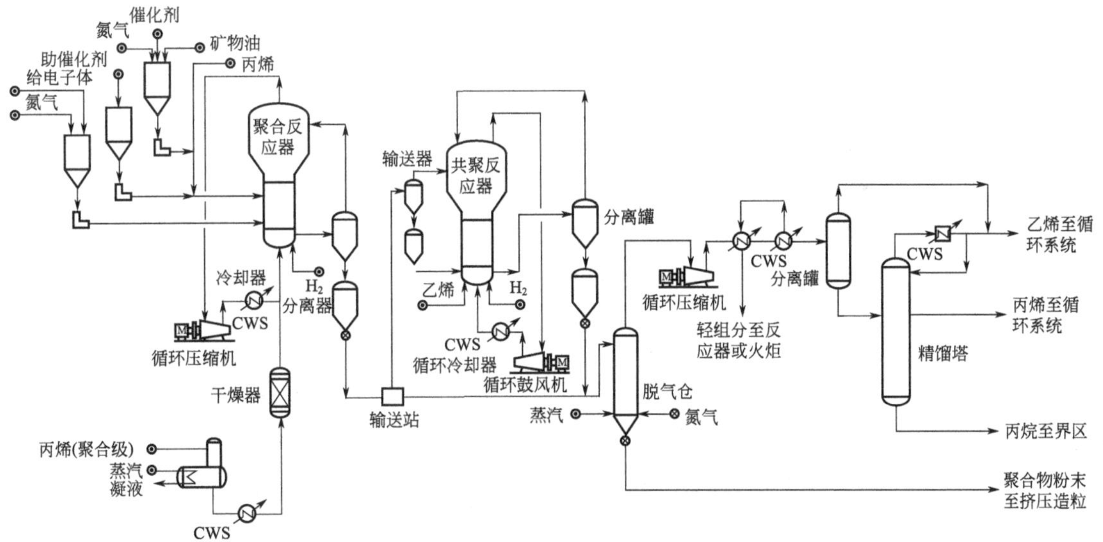

图4.18 聚丙烯Unipol工艺流程简图

由于采用了气相聚合方法，较之液相本体工艺，其无规共聚产品中的共聚单体含量可以做得更高一些，比如乙烯含量可达5.5%（质量分数）。Unipol工艺开发有配套的APC技术，可以实现产品品质的稳定控制。

Sumitomo（住友）气相法工艺是另一种重要的气相流化床聚丙烯工艺（图4.19）。1984年，住友化学开发出DX-V催化剂，活性是第一代催化剂的1200倍，生产的产品等规度达99%，催化剂的形态得到良好控制，催化剂颗粒尺寸及粒度分布也控制很高，这有利于解决共聚产品发黏的问题。根据 DX-V 催化剂的特性，住友化学决定开发气相法聚丙烯工艺。自 1985 年在日本的 Chiba 建成投产了第一套 10kt/a 的气相法聚丙烯装置以来，目前全球采用 Sumitomo 聚丙烯工艺的装置生产能力超过 200t/a。Sumitomo 工艺与 Unipol 工艺比较接近。一般采用两个串联的气相流化床反应器，第一反应器聚合反应温度为 65℃，压力为 2.1MPa，第二反应器设计与第一反应器相同，但压力较低，为 1.5MPa，第二反应器用于生产多相共聚物的橡胶相。聚合物通过气锁系统从反应器底部进入粉末分离器，经过袋滤器后将聚合物及未完全反应的单体分离，未反应单体经分离器顶部排出，净化后用循环压缩机打入循环反应器。分离后的聚合物在脱气仓中进一步脱除夹带的少量单体并失活催化剂，得到成品粉料。聚合物粉末加入添加剂用挤压机切成颗粒产品，送料仓储存。住友气相法聚丙烯工艺流程简图如图 4.19 所示。

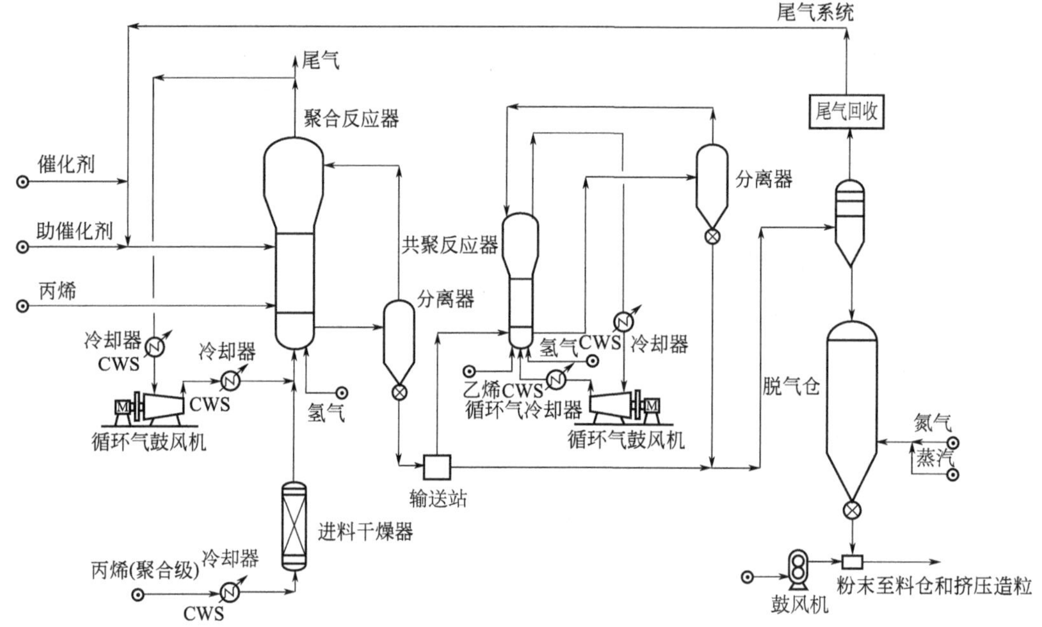

图 4.19 住友气相法聚丙烯工艺流程简图

随着反应器颗粒技术[16]（reactor granule technoloy，RGT）的发展，Montell 公司于 20 世纪 90 年代初开发了具有高附加值聚丙烯的新技术，即 Catalloy 工艺。反应器颗粒技术是指在活性 $MgCl_2$ 载体催化剂上进行烯烃单体的可控制重复聚合反应而形成一个增长的球形颗粒，成为一个多孔性反应床，可加入其他单体聚合并生成聚烯烃合金。Catalloy 是多相、多单体的聚烯烃代表工艺，由三个独立的气相反应器组成。该工艺充分利用了粒型复制和多孔的效果，尤其是球形和多孔催化剂颗粒可承载大量良好分散而无粘接的橡胶组分，可生产特殊组成和高橡胶相含量的聚合物产品，并可将可溶物对工艺的负面影响减到最小。据称 Catalloy 工艺能够在反应器内直接聚合更宽分子量分布、更高等规度、单体含量高达 15%的无规共聚物[17]。Catalloy 这种共聚技术最明显的优势是可制得极软的特殊膜类产品及特殊的抗冲共聚产品。这些从反应器内直接生产的性能宽泛的多相聚丙烯合金可以和工程塑料如聚酰胺、PET、ABS、PVC 竞争。目前 LyondellBasell 公司有 4 套 Catalloy 工艺的装置，分别位于意大利的 Ferrara（100kt/a）、荷兰的 Moerdijk（170kt/a）、美国的 Bayport（110kt/a）和 Lake Charles（181kt/a），总生产能力达到 561kt/a。聚丙烯 Catalloy 工艺流程简图如图 4.20 所示。

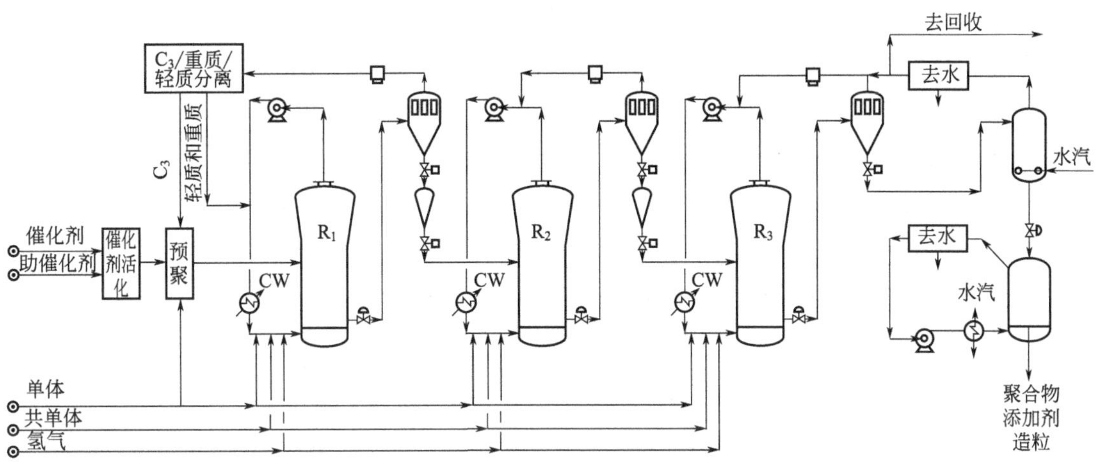

图 4.20　聚丙烯 Catalloy 工艺流程简图

4.3.4.2　微动床反应器工艺

微动床工艺至少在两个方面与流化床工艺存在不同。一是微动床反应器内固体运动速度低于最小流化速度。在搅拌的作用下，微动床反应器处于缓慢的微动状态。二是微动床主要靠喷淋进去的大量液态丙烯汽化带走反应热。微动床反应器工艺根据反应器类型分为平推流型和全混釜型。Ineos 公司的 Innovene 工艺、JPP 公司的 Horizone 工艺均采用卧式气相搅拌床反应器，催化剂从反应器一端加入，在反应器的另一端将生产的聚合物排出。反应器内的搅拌只是起到径向翻动的作用，物料在重力作用下从起始端流向排出端，几乎没有任何返混，因而属于平推流反应器。而 NTH 公司的 Novolen 工艺尽管也是气相搅拌床反应器，但由于反应器为立式的搅拌釜，催化剂加入聚合物床层上，聚合物通过一个插入管从上部排出，在搅拌和重力的双重作用下，反应器内物料被强制混匀，因而属于全混釜反应器。全混釜和平推流反应器本质上的不同决定了聚合物颗粒在反应器内的停留时间分布，进而对产品性能及产品切换时间产生较大区别。就产品切换时间而言，全混釜反应器从一个牌号切到另一个牌号需要最少 2 倍以上的停留时间，而平推流反应器仅需 1 倍停留时间。

Innovene 聚丙烯工艺即 1999 年以前的 Amoco 气相法工艺，1999—2001 年又称 BP-Amoco 气相法聚丙烯工艺，现在属于 Ineos 公司。Innovene 气相法工艺的显著特征是其非常独特的接近平推流式水平搅拌器的反应器设计。如此设计，反应器内走短路的催化剂极少，聚合物颗粒的停留时间分布也明显比其它类型气相聚合工艺要窄。借助 Ineos 开发的 INstage 技术，Innovene 工艺可以在单一反应器内聚合得到宽分子量分布的聚丙烯，从而大大拓宽产品应用范围[18]。反应器为卧式圆柱形压力容器，在轴向设有桨式搅拌器。第一反应器为保证物料的均匀混合，避免产生局部热点、结块，搅拌桨设计为密布的平板叶片桨。第二反应器为避免多相共聚物粘壁，搅拌桨设计为有刮壁效果的框式桨。聚合反应热主要从上部喷入液体丙烯汽化带走，汽化的丙烯经反应器上部外接的“穹顶”扩大段分离出固体，气体进入循环气冷却器，冷凝的大部分丙烯，作为喷淋液送回反应器。不凝气用循环气压缩机送到反应器的底部，通过喷嘴喷入聚合物床层内。从底部喷入的循环气流维持半流化状态或松动状态并将气相进料的氢气、乙烯等均匀分布于聚合物床层中。催化剂从反应器一端注入，聚丙烯粉料从另一端流出。由于聚合物堆积较密实，反应器的时空产率可达 1000kg

PP/(h·m^3)，在各种聚丙烯工艺中是最高的。

Innovene 工艺设置上采用两台平行水平布置的气相搅拌床反应器，第一反应器进行丙烯均聚或无规共聚，第二反应器用于多相共聚物中橡胶相的生产。Innovene 工艺主要使用 INcat CD 和 INcat P 系列催化剂[18]，中国石化开发的 N 催化剂在此类装置也有广泛应用。Innovene 工艺催化剂不需要预络合或预聚合，直接配制成白油的浆液加入反应器。两个反应器间设置有复杂的“气锁”，以将两个反应器的反应介质阻隔开。从第一反应器排出的粉料先进入沉降器减压至 0.5～0.7MPa，再排入气锁器，用新鲜丙烯升压至 2.0～2.3MPa 后进入第二反应器。如此设置的气锁环节对于防止两个反应器内气体的互窜至关重要，从而保证了高质量抗冲共聚产品的生产。反应器的操作温度为 65～85℃，操作压力为 2.0～2.3MPa。从反应器排出的聚合物粉料分离出未反应的单体后进入脱气仓，分离出的单体压缩后循环回反应器。从脱气仓底部加入氮气和少量蒸汽以去除残余催化剂并去除夹带的少量单体。脱气仓排出的聚合物可通过氮气气流输送送入或直接靠重力进入挤压造粒系统。聚丙烯 Innovene 工艺流程简图如图 4.21 所示。

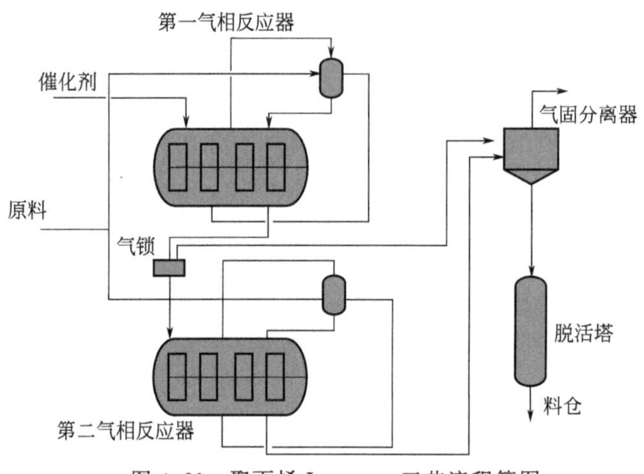

图 4.21 聚丙烯 Innovene 工艺流程简图

JPP 公司的 Horizone 工艺（即原 Chisso 气相法工艺）最早由 Amoco 公司开发成功，用于生产聚丙烯均聚物。20 世纪 80 年代，日本 Chisso 公司引进 Amoco 技术，增设了多相共聚反应器，并将该工艺命名为 Horizone 工艺。1987 年，Chisso 公司与 Amoco 公司合作进行市场开拓，1995 合作终止，2000 年，英国 BP 公司收购了 Amoco 公司股份，将气相法 PP 和聚乙烯技术统一注册为 Innovene 技术。Chisso 公司则通过筛选优异的催化剂，不断改进工艺技术，提高聚丙烯性能，推出了 Horizone 工艺。Horizone 工艺是在 Innovene 气相法工艺上发展起来的，所以两者有许多相似之处。两种工艺的主要区别在于使用催化剂、反应器布局和出料的方式不同[19]。Horizone 工艺使用的是东邦钛公司与 JPP 公司专门开发的 THC 系列催化剂（JHC 型、JHN 型、JHL 型），THC 系列催化剂具有形态好、细粉好、粒度分布窄等优点，但需要用己烷作为溶剂进行预聚合，预聚合条件与 Hypol 相似。Horizone 工艺的第一反应器布置在第二反应器的顶上，第一反应器的出料靠重力流入一个简单的气锁装置，然后用丙烯气压送入第二反应器。与 Innovene 工艺相比，气锁环节更简单，能耗更小。Horizone 工艺开发了性能更优的 Newcon 等系列高性能抗冲聚丙烯。

Novolen 工艺是由 BASF 公司开发成功的。1997 年，BASF 和 Hoechst 公司将他们各自的聚丙烯业务合并成立了 Targor 公司，1999 年 Targor 和 ABB Lummus 公司达成协议，由 ABB Lummus 公司在全球范围内推广 Novolen 工艺。2000 年，Montell、Targor、Elenac 公司合并组成 Basell 公司。Targor 公司的聚丙烯生产装置并入 Basell 公司，欧洲反托拉斯委员会（European Antitrust Commission）要求 Novolen 工艺技术、茂金属催化剂及产品技术必须从 Basell 公司分离出来。2000 年 9 月，Novolen 工艺被 ABB 公司（80％股份）和 Equistar 公司（20％股份）所组成的合资公司 Novolen Technology Holdings（简称 NTH）

收购。Novolen 现在归 CB&I 公司所有。

Novolen 工艺一般配置一个或两个反应器。采用两个反应器时可设计成“并联”或是“串联”模式。在“并联”模式下可进行均聚和无规共聚产品生产，相比单个反应器，“并联”模式能够增加 30%生产能力，同时通过调整两个反应器不同反应条件来扩展均聚或无规共聚产品的性能。在“串联”模式下可以生产均聚、无规和抗冲共聚物。该工艺中独特的多功能反应器模式（Variable Reactor Concept，VRC）允许在“并联”和“串联”反应器配置之间进行选择而无需停机，因而提供了较大操作灵活性[20]。Novolen 工艺早期采用 BASF 公司开发的 LYNX 和 PTK-催化剂，现今则主要使用定制的 NHP 系列催化剂。催化剂不需要预聚合，与烃类溶剂或单体丙烯在催化剂配制罐内混合，配制成浆液，然后用泵输送至催化剂加料罐，计量加入反应器。聚合反应器为立式，采用螺旋式搅拌器，以防止反应器床层产生大块、空洞和床层骤降。第一反应器生产均聚或无规共聚产品，反应温度为 70～90℃，压力为 2.4～3.0MPa。第二反应器生产多相共聚物中的橡胶相，共聚反应在较低的温度和压力下进行，温度为 65～80℃，压力为 1.0～2.5MPa，具体的反应条件取决于最终生产产品的性能。聚合热主要通过加入反应器的液体丙烯汽化撤出，通过冷凝器将丙烯冷凝，循环回反应器。从反应器中间歇排出的聚丙烯粉料和未反应的气相单体靠压差进入粉料排放仓，在粉料排放仓内粉料和单体分离，粉料经过旋转下料器送到粉料净化仓，在粉料净化仓内，注入氮气来进一步吹出粉料中的单体，使之降低到更低的浓度，净化后的粉料通过氮气输送系统送至粉料仓。粉料用闭路氮气气流送至挤压造粒系统。聚丙烯 Novolen 工艺流程简图如图 4.22 所示。

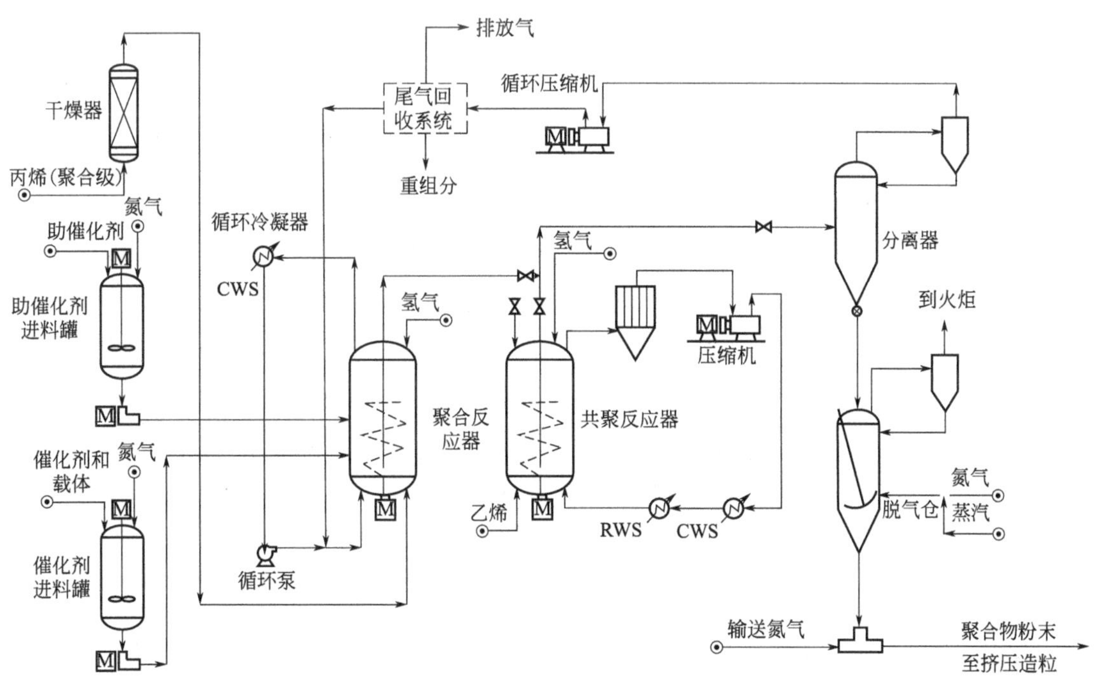

图 4.22　聚丙烯 Novolen 工艺流程简图

SPG 工艺为结合了釜式液相本体聚丙烯与卧式气相搅拌床反应器的特点开发的，现更名为 SPG/ZHG 工艺。1997 年中国石油辽河油田石化总厂采用 SPG 工艺建成一套年产 2 万吨的聚丙烯装置，并于 2000 年 10 月一次开车成功。SPG/ZHG 工艺上，催化剂需要经过预聚合，预聚合在一连续搅拌釜内液相本体条件下进行，预聚合温度为 10℃、压力为 3.0～

4.0MPa。催化剂经过预聚合后进入聚合反应器。SPG/ZHG工艺采用两级聚合反应器，第一级采用连续搅拌釜进行丙烯液相本体聚合，第二级为卧式搅拌床气相聚合反应器。此流程配置兼具液相本体聚合催化剂分散性好、不容易产生热点、生产效率高和卧式搅拌釜设备效率高、无液相丙烯单体回收等优点。聚丙烯SPG/ZHG工艺流程简图如图4.23所示。

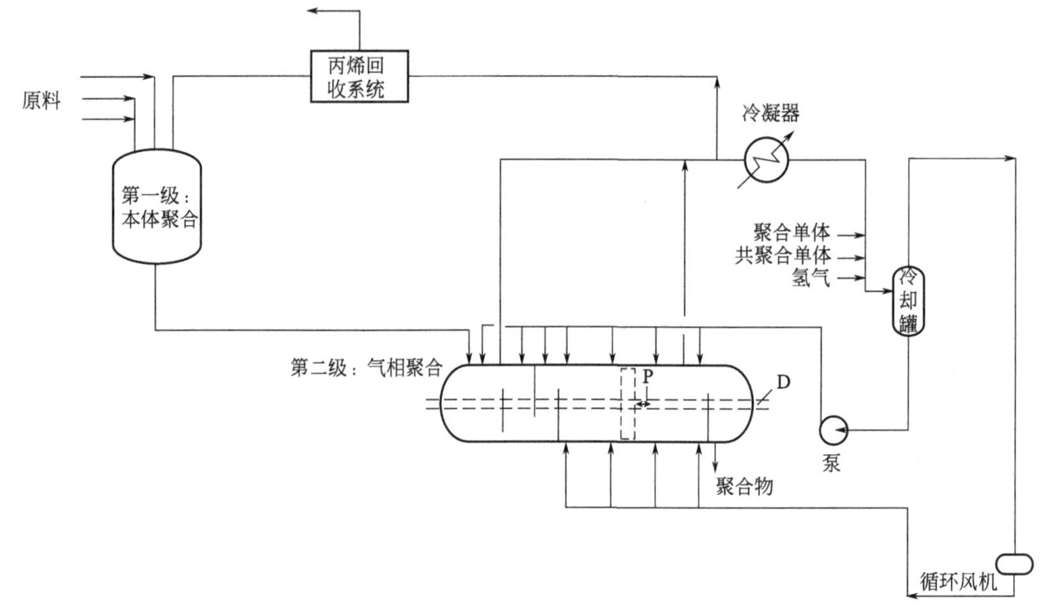

图4.23　聚丙烯SPG/ZHG工艺流程简图

4.3.4.3　多区反应器工艺

Basell公司在Spheripol工艺的基础上，采用新开发的多区循环反应器（MZCR）替代环管反应器，继而开发了先进的Spherizone聚丙烯生产工艺，其工艺流程简图如图4.24所示。1995年，前Montell公司开始MZCR技术的研究，1997获得专利[21]，1998年建立了MZCR的中试生产装置。2002年8月，Basell公司在意大利Brindisi的工厂采用Spheripol工艺160kt/a的聚丙烯装置进行改造，开始MZCR技术工业化[22]。2002年10月，Basell公司在意大利公开了MZCR工艺，注册商标为Spherizone，2003年开始对外发放许可证，目前已共有20套装置采用该技术，年生产能力为660多万吨[5]。

Spherizone工艺主要由具有特殊设计的多区循环反应器和气相流化床反应器组成。MZCR的设计理念起初来源于催化裂化技术的再循环原理[23]，技术核心是在一个反应器内提供两个具有不同反应条件（特别是温度、氢气和共聚单体浓度）的反应区。据说MCZR可以使用一个反应器来生产分子量分布窄到非常宽的均聚物和新型无规共聚物，如双无规共聚物、均聚/无规聚合物、三元无规共聚物等产品[24]。由于生长中的聚合物在两个反应区之间反复循环（超过40次），聚合物能提供比其它聚丙烯工艺更好的均匀性。

MZCR由两个相互连接的反应区组成，一个上升反应区和一个下降反应区。在上升反应区，聚合物颗粒被单体气流以流化态的形式向上带走，然后在顶部旋风分离器进行沉降，进入下降反应区。在重力作用下聚合物颗粒继续沉降至反应器底部，然后又被送到上升反应区，重复上述循环。下降反应区顶部进料入口处设有阻隔区。需要时，可从此进料隔离液，如接近或低于露点的丙烷。由于隔离液比上升反应区的气相致密，可阻止上升反应区的较轻气体，如氢气或乙烯，进入下降反应区，进而改变了下降反应区组成。据称上升反应区通常可在氢气浓度比下降反应区高 2～4 个数量级的情况下运行，意味着可以使用常规 Z-N 催化剂在单个连续反应器中生产双峰聚丙烯树脂。从 MZCR 反应器出来的聚合物颗粒可以进入气相反应器进行抗冲共聚物的生产，也可以经过汽蒸脱活和氮气干燥后送至挤压造粒。

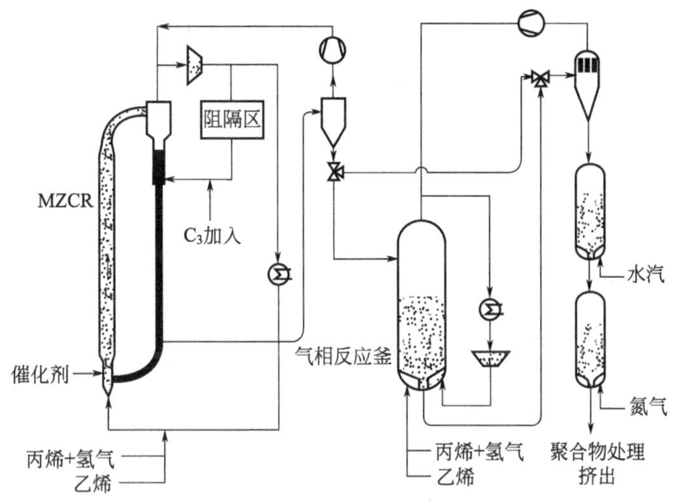

图 4.24 聚丙烯 Spherizone 工艺流程简图

4.3.5 聚丙烯工艺技术发展方向

聚丙烯生产工艺很多，生产的聚合物性能差距也很大，拓宽聚丙烯产品应用范围，提高聚丙烯装置操作稳定性，以及降低装置能耗物耗等一直是聚丙烯工艺不断改进的目标。

聚丙烯产品性能提升离不开催化剂和工艺技术的进步。幸运的是，大多数工艺许可方还提供催化剂，以确保两种技术齐头并进，相辅相成。诸如 Spherizone 工艺和 Catalloy 工艺对应的 Avant 催化剂、Borstar 工艺的 BC 催化剂、Unipol 工艺的 SHAC 催化剂、Innovene 工艺的 CD 催化剂、Novolen 工艺的 PTK 催化剂、ST 工艺的 DQ 催化剂等。这些工艺许可方近年来都推出了具有更高活性和立体选择性、更好调控分子量和共聚单体分布，以及颗粒大小、形态和孔隙率可控的催化剂。复配内或外给电子体[25, 26]和混合催化剂技术[27]也是近年来研究的热点并部分在工业应用中得到实施。如 LyondellBasell 公司使用 1,3-二醚和琥珀酸酯为混合内给电子体的催化剂来提升抗冲共聚聚丙烯的刚韧平衡[28]，Mitusi 公司使用复配硅烷外给电子体来拓宽其产品的分子量分布等[29]。

在聚合工艺上，各聚丙烯生产工艺都在朝装置规模化和模块化方向发展。目前主流聚丙烯工艺，如 Spheripol、Unipol、Novolen、Innovene、Spherizone，单线产能往往能做到 400kt/a，部分甚至达到 600kt/a。模块化允许生产企业根据需要，增设反应器，给聚丙烯分子量分布及组成分布多样化提供可能，进而有望实现产品性能的提升和应用范围的拓展[30, 31]。在装置操作稳定性方面，除了像 Grace 公司的 ADT 技术提供支持外，先进控制也是很多生产工艺所采取的措施。

4.4 聚 1-丁烯生产工艺

等规聚 1-丁烯最早由 Natta 及其同事于 1954 年合成得到[32]，早期的催化剂体系通常包括有机铝化合物以及过渡金属盐/卤化物等组分。后来的研究人员发现加入外给电子体可以有效提高该催化剂的立体定向能力。尽管如此，60 多年来聚 1-丁烯在商业化生产以及应用推广等方面都远远落后于聚丙烯和聚乙烯等合成树脂产品，其主要原因如下[33]：

① 相比于乙烯和丙烯，1-丁烯不易获得；

② 聚合工艺复杂，生产成本高；

③ 加工制品的晶型转变需要较长时间，不利于推广应用。

聚 1-丁烯实现商业化生产始于 20 世纪 60 年代初[34]，Petro-Tex 公司和 Chemische Werke Hüls 公司先后开发了淤浆聚合工艺，并各自建成一套千吨级聚 1-丁烯生产装置。这两套生产装置均由于工艺本身存在不足，投产时间未超过 10 年。1968 年，Mobil Oil 公司独自开发了均相本体法 1-丁烯聚合技术，并采用该工艺建成一套生产装置，该工艺中，聚合过程的产物完全溶解于液态 1-丁烯中形成均相溶液，从而解决了淤浆聚合工艺所存在的难题。1972 年，Witco Chemical 公司接管了该装置。1977 年底，Shell 公司获得了 Witco Chemical 公司的聚 1-丁烯业务，该工艺也是目前 LyondellBasell 公司聚 1-丁烯工艺技术的基础。2009 年，韩国 Ylem 科技公司成功开发了聚 1-丁烯技术并建成一套 8000t/a 的生产装置，成为世界上第三家能够生产聚 1-丁烯的公司。国内方面，近十年来，青岛科技大学先后与东方宏业化工有限公司以及京博石化合作成功开发了淤浆法聚 1-丁烯技术，并建成工业化聚 1-丁烯生产装置。

4.4.1 聚 1-丁烯

聚 1-丁烯是一种半结晶型聚合物，通常由 1-丁烯聚合（或与其他 α-烯烃共聚合）得到。聚 1-丁烯的耐化学性、耐老化性和电绝缘性与聚丙烯相当，同时具有优异的抗蠕变性、耐环境应力开裂和抗冲击性能（优于聚乙烯），其最适合的用途为管材，在薄膜、改性等方面的应用逐渐增多。

4.4.1.1 聚 1-丁烯的链结构及其结晶行为

聚 1-丁烯由 1-丁烯聚合而成，聚 1-丁烯链每隔一个碳原子包含一个连接着的乙基（$—C_2H_5$）。与聚丙烯相似，这些乙基的立构规整性对于确定聚合物的物理性能和工业用途非常重要。图 4.25 示意了在乙基的立构规整性上有差别的三种聚 1-丁烯产品的分子链结构（聚 1-丁烯的链结构和聚丙烯相似，是螺旋状而非图中所示的平面状）。在等规聚 1-丁烯中，乙基沿着聚合链在相同的方向上排列；在间规聚 1-丁烯中，乙基在主链的两侧交错排列；而在无规聚 1-丁烯中，乙基沿着聚合链不规则排列。等规聚 1-丁烯结构上的一致性使聚合链易于有续排布而形成结晶，这使得等规聚 1-丁烯具有较好的物理机械性能。其熔点为 125～

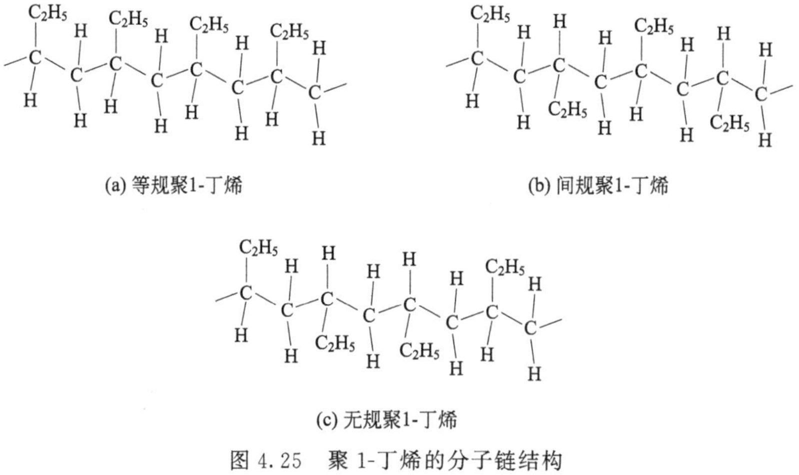

(a) 等规聚1-丁烯

(b) 间规聚1-丁烯

(c) 无规聚1-丁烯

图 4.25 聚 1-丁烯的分子链结构

130℃，密度为 0.90～0.91g/cm^3，聚 1-丁烯具有优异的耐蠕变性能和抗冲击韧性。因此，高等规聚 1-丁烯多用于管材，尤其是供暖水管。无规聚 1-丁烯属于非结晶的聚合物。

高等规聚 1-丁烯是一种多晶型的半结晶聚合物，其晶型主要有Ⅰ、Ⅱ、Ⅲ和Ⅰ等，其中晶型Ⅰ和晶型Ⅱ是最具应用价值的，晶型Ⅰ的稳定性是最好的，晶型Ⅱ在热力学上不稳定。各晶型的参数及其性能如表 4.2 所示。

表 4.2　各晶型的参数及其性能

晶型		Ⅰ	Ⅱ	Ⅲ	Ⅰ′
晶体结构		菱形	四方形	斜方形	散式菱形
单元晶格尺寸	螺旋	3/1	11/3	4/1	3/1
	a	17.7	14.6	12.5	17.7
	b	17.7	14.6	8.9	17.7
	c	6.5	21.2	7.6	6.5
熔点/℃		121～136	100～120	100～120	95～100
密度/(g/cm^3)		0.916	0.890		
红外特征峰/cm^{-1}		925,810	900	900,810	925,792
邵尔硬度(D)		65	39		
拉伸强度/MPa		32	32		
断裂伸长率/%		350	350		

熔融态聚 1-丁烯结晶过程中先形成具有 11/3 螺旋结构的晶型Ⅱ结构[35-37]，其熔点范围为 100～120℃。晶型Ⅱ的 X 射线衍射谱图［如图 4.26（b)］上主要有三个峰，分别为 11.9°、16.9°和 18.4°，对应（200)、（220）和（301）三个衍射面。在室温下经过约 168h 后，晶型Ⅱ逐渐转变成具有 3/1 螺旋结构的晶型Ⅰ，转变过程螺旋结构和晶格参数都发生变化。晶型Ⅰ的 X 射线衍射谱图［如图 4.26(a)］中主要有 9.9°、17.3°、20.2°和 20.5°四个

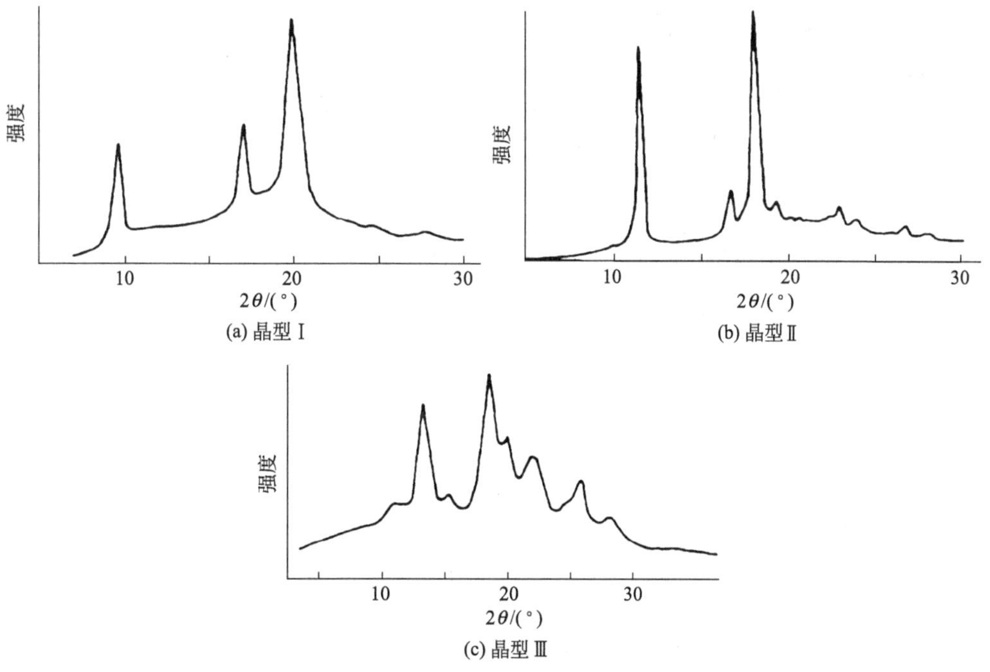

图 4.26　聚 1-丁烯不同晶型的 X 射线衍射谱图

峰，分别对应的衍射面为（110）、（300）、（220）和（211）。晶型Ⅰ在9.9°的峰与晶型Ⅱ在11.9°的峰常被用来测量聚合物样品中两种晶型的含量。

晶型Ⅲ的X射线衍射谱图见图4.26(c)，其熔点约为96℃，一般是在合适的溶剂中结晶得到[37-39]，或在接近于100℃的聚合过程中得到。晶型Ⅲ在室温下可稳定存在，但在接近其熔点温度时会转变成晶型Ⅱ，继而转变成晶型Ⅰ。

由于晶型Ⅰ的聚合物链具有更高的内能，其稳定性优于晶型Ⅱ和晶型Ⅲ[40]。

4.4.1.2 聚1-丁烯的性能

采用比容法测得的聚1-丁烯的玻璃化转变温度在−45～−25℃之间。样品的结构不同会引起测量结果的不同，通常聚合物的结晶度越高，其玻璃化转变温度也越高。在30～40℃下，聚1-丁烯在四氯化碳、甲苯、氯仿等溶剂中具有较高的溶解度。表4.3为高等规聚1-丁烯在一些有机溶剂中的溶解情况。在高温下，聚1-丁烯易溶于多种有机溶剂，如苯、甲苯、十氢化萘、四氢化萘和氯仿等。

表4.3 高等规聚1-丁烯在部分溶剂中的溶解性[14]

溶剂	不溶物含量/%	溶剂	不溶物含量/%
四氯化碳	0.5	二甲苯	>95
甲苯	57.1	环己烷	>95
氯仿	<45	四氢呋喃	>95
二氯甲烷	>86.4		

4.4.1.3 聚1-丁烯催化剂

早期的1-丁烯聚合催化剂以钛和钒的化合物为主，特别是卤化物，同时以烷基铝为助催化剂，但这类催化剂体系的产率和立体定向能力都非常低。后来，随着负载型高效钛系催化剂的发现（典型的载体为氯化镁），同时采用合适的外给电子体，其聚合产率以及立体定向能力得到极大提高[41-58]。表4.4为专利及公开文献上报道的一些用于1-丁烯聚合反应的催化剂体系。

进入21世纪后，出现了许多使用茂金属催化剂进行1-丁烯聚合过程的研究报道，其催化剂大多为锆系茂金属催化剂[59-69]。目前，工业化聚1-丁烯生产装置均采用负载型Z-N催化剂体系[7]，茂金属催化剂还处于实验研究阶段。

表4.4 用于1-丁烯聚合反应的催化剂体系

过渡金属化合物	助催化剂	添加剂	备注	文献来源
$TiCl_4$	$Al(C_2H_5)_3$	$Al(C_2H_5)_2Cl$	混合物比其中任何单一的铝化合物更为有效	Brit. 827516 2/3/1960，Esso Res. And Dev. Co.
$TiCl_3$	$Al(C_2H_5)_3$	$Al(C_2H_5)_2Cl$		Germ. 1058736 6/4/1959 Farbwerke Hoechst
$TiCl_4$	$Al(C_2H_5)_3$	邻苯二甲酸酯	高等规度	CN 88104353 5/4/1989 奈斯特公司
$TiCl_4$	$Al(C_2H_5)_3$	邻苯二甲酸酯	高等规度	CN 87105646 7/8/1991 出光石油化学株式会社
$TiCl_4$	$Al(C_2H_5)_3$	邻苯二甲酸酯	高等规度	PCT/EP99/01354 2/3/1999 蒙特尔技术有限公司

续表

过渡金属化合物	助催化剂	添加剂	备注	文献来源
$TiCl_4$ 或 $TiCl_3$	$Al(C_2H_5)_3$	邻苯二甲酸酯	高等规度	PCT/EP2003/003593(7/4/2003), PCT/EP2003/006348(17/6/2003), PCT/EP2004/013550(29/11/2004), PCT/EP2010/054356(31/3/2010), Basell Poliolefine ITALIA S. R. L.
$TiCl_4$、$TiCl_3$ 或锆系茂金属催化剂	Ti 系：烷基铝；Zr 系：MAO	Ti 系：邻苯二甲酸酯		ZL 200410042337 20/5/2004 伊伦科技股份有限公司
锆系茂金属催化剂	MAO			PCT/EP2005/052486(31/5/2005), PCT/EP2005/052690(10/6/2005), PCT/EP2005/054916(29/9/2005), Macromol. Chem. Phys., 2006, 207, 2257-2279 巴塞尔聚烯烃意大利有限公司
$TiCl_4$ 或 $TiCl_3$	$Al(C_2H_5)_3$	邻苯二甲酸酯	高等规度	CN 200710013587 11/2/2007 寿光市天健化工有限公司/青岛科技大学
$TiCl_4$	$Al(C_2H_5)_3$	邻苯二甲酸酯	颗粒形态好	CN 201010198121 3/6/2010 CN 201510081502 15/2/2015 CN 201510144372 30/3/2015 CN 201510144972 30/3/2015 CN 201510144974 30/3/2015 青岛科技大学
$TiCl_4$	$Al(C_2H_5)_3$	邻苯二甲酸酯	颗粒形态好	CN 201510953899 17/12/2015 CN 201510954491 17/12/2015 CN 201510954492 17/12/2015 中国石油天然气股份有限公司
$TiCl_4$	$Al(C_2H_5)_3$	邻苯二甲酸酯/二正丁基酞酸酯	高活性、高等规度	CN 200910236253 23/10/2009 CN 201210422461 29/10/2012 CN 201210417622 26/10/2012 中国石化北京化工研究院

4.4.1.4　1-丁烯聚合反应机理

对于 Z-N 催化剂体系，1-丁烯的聚合反应机理与丙烯聚合反应很相似，整个聚合反应过程可分为以下几个步骤[70]。

① 催化剂活化。助催化剂与负载在氯化镁上的四氯化钛反应，还原为三价钛并实现烷基化，成为可引发 1-丁烯聚合反应的活化状态。

② 链引发。一个 1-丁烯分子插入具有催化活性的过渡金属和烷基之间，形成一个具有增长活性的聚合物链。

③ 链增长。1-丁烯分子在活性中心依次插入，聚合物链从催化剂颗粒的表面向外增长（即链增长）。

④ 链转移。活性中心向反应单体或氢转移（该活性中心仍然可以引发 1-丁烯聚合反应），同时产生一个稳定的聚合物分子。

⑤ 链终止。链增长过程中，一个氢原子在自行插入，使得链的末端形成一个稳定的甲基（即“$—CH_3$”），进而使得链终止。这种方式中，氢用作聚合物分子量的调节剂，从而控制聚合物的熔体流动速率。此外，水、氧和醇类等催化剂抑制剂也可以导致链终止，这种情况下，活性中心将失活。

4.4.1.5 聚 1-丁烯产品及其用途

与聚丙烯相似，聚 1-丁烯产品也分为均聚物和无规共聚物。均聚高等规聚 1-丁烯（等规度高于 96%）的抗蠕变性、耐环境应力开裂和抗冲击性能优异，适合用作管材，如供水管、热水管、工业用管和建筑物用管等；聚 1-丁烯无规共聚物则多用于生产薄膜产品，表现出易撕/揭的性能。

与金属、陶瓷等无机管材料相比，聚烯烃管具有密度低、抗冲击性能好、耐腐蚀、热导率低、良好的加工性能以及不结垢等优点，目前已广泛应用于燃气、市政给排水、建筑供水、工农业生产等领域。在众多聚烯烃中，聚 1-丁烯具有最好的耐环境应力开裂性，且当应力低于屈服点时，在 90℃的较高温度下仍能保持很好的抗蠕变性，并能长期使用。表 4.5 为聚 1-丁烯管与其它管材料的物理性能对比。

表 4.5 聚 1-丁烯管与部分管材料的物理性能对比

管材料类别	密度 /(g/cm^3)	热导率 /[W/(m·K)]	热膨胀系数 /[mm/(m·K)]	弹性模量 /MPa
聚 1-丁烯	0.91	0.22	0.13	350
PE	0.94	0.41	0.20	600
PP	0.90	0.24	0.18	800
PVC	1.55	0.14	0.08	3500
钢	7.85	4253	0.012	210000
铜	8.89	407.10	0.018	12000

聚 1-丁烯管道用树脂主要有 LyondellBasell 公司的 4267（灰色）、4235-1（象牙色）和 4268（白色）等牌号以及 Mitsui Chemicals 公司的 M801N 和 M4121 等牌号。聚 1-丁烯用作管道材料时，需要考虑氧的渗透性。聚 1-丁烯管的透氧率稍高，当热水管道中氧含量较高时，容易对系统中金属部件等产生腐蚀，对于高温金属采暖系统更为不利。此外，水中较高的氧含量还有利于微生物的生长和繁殖。因此，须采用阻氧技术，以避免或减缓氧对供水系统中金属部件的腐蚀，同时保障管道能长时间安全使用。目前，市场上的阻氧型聚 1-丁烯管道主要采用很薄的乙烯-乙烯醇共聚物（EVOH）树脂层作为阻氧层，可将聚 1-丁烯单层管的透氧率减少 99.6%。

聚 1-丁烯的另一个主要用途是薄膜，聚 1-丁烯具有高强度和低蠕变性，即便很薄的膜仍具有很好的力学性能。聚 1-丁烯还被应用于多层结构薄膜和需要高温（高于 100℃）的应用领域。此外，由于聚 1-丁烯在结构上与聚丙烯很接近，二者具有很好的相容性。因此，聚 1-丁烯也可用于聚丙烯改性，以改善其高温下的抗冲击性能。这类聚 1-丁烯产品主要有 LyondellBasell 公司的 Koattro DP 8510M 、Koattro KT AR 05 和 Koattro KT MR 05 等牌号。

与聚丙烯相比，聚 1-丁烯与聚乙烯的相容性相对较差，但其易于分散在聚乙烯中，形成明显的两相结构，这是其用作易撕膜的原因。这类聚 1-丁烯产品主要有 LyondellBasell 公司的 Toppyl PB 系列树脂（包括 0110M、1600M、8220M、8340M 和 8640M 等牌号）和 Koattro DP 系列树脂（包括 8310M 和 0330M）。

在热熔胶应用方面，由于聚 1-丁烯具有良好的附着力和黏合强度以及适用温度范围宽等特点，可用作黏合剂和密封剂配方中的基础聚合物或助剂，也可用于无定形聚 α-烯烃、聚烯烃以及聚烯烃弹性体的改性剂。LyondellBasell 公司的 Koattro DP 8510M、Koattro DP 8911ME 和 Koattro PB 0801M 已在热熔胶领域得到应用。

4.4.2　聚 1-丁烯工艺技术

尽管聚 1-丁烯材料已有 60 余年历史，公开文献报道的生产工艺却不多，实现工业化的工艺则很少。聚 1-丁烯生产工艺可分为淤浆法、均相本体法和气相法等三类。

4.4.2.1　淤浆法[7,33]

早期的 1-丁烯聚合工艺以淤浆法为主，1963 年 Petro-Tex 公司建成了世界上首套聚 1-丁烯生产装置，该装置为一套半商业化装置，1966 年该装置停用。1964 年，Chemische Werke Hüls 公司采用淤浆法（又称 Hüls 工艺）在联邦德国建成了一套 3000t/a 的工业化聚 1-丁烯装置，至 1973 年，因装置问题而退出了聚 1-丁烯市场。基于 Hüls 工艺，Mitsui 公司也建成了聚 1-丁烯生产装置，但其产能较小。

淤浆法聚 1-丁烯工艺的流程简图如图 4.27 所示。

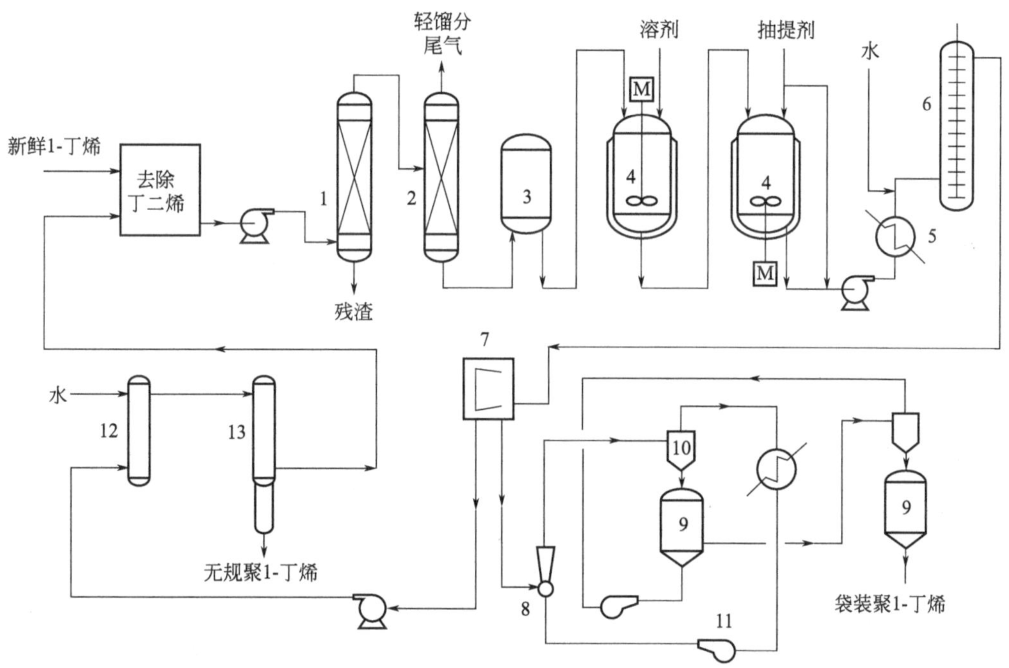

图 4.27　淤浆法聚 1-丁烯工艺流程简图

1—脱重塔；2—脱轻塔；3—缓冲罐；4—聚合反应器；5—冷却器；6—抽提器；7—离心机；8—喷射器；9—料仓；10—旋风分离器；11—鼓风机；12—C_4 洗涤塔；13—精馏塔

新鲜的 1-丁烯原料与回收的 1-丁烯进入 1-丁烯精制单元，脱除微量 1,3-丁二烯杂质，然后经过两个蒸馏塔依次脱除重组分和轻组分，所得的 1-丁烯进入第一聚合反应器，同时加入催化剂进行聚合。由于当时催化剂技术水平相对较低，且聚合温度不高于 30℃（高于 30℃时，聚 1-丁烯在液态 1-丁烯中的溶解度增大，使得聚合物颗粒容易黏结），使得催化剂的活性很低，因而从聚合单元出来的浆液需要进行水洗以脱除催化剂残渣。水洗后的浆液进行离心分离，其中液相经蒸馏以回收未反应的 1-丁烯（蒸馏过程残留物为无规聚 1-丁烯），而固相（即聚合物颗粒）则为等规度高达 99%的聚 1-丁烯。

2007 年，青岛科技大学利用自制的负载型 Z-N 催化剂进行了 1-丁烯聚合技术开发，催化剂活性低于 6.0kg/(g 催化剂·h)，所得聚合物的等规度达 94%。随后与东方宏业、京博石化合作，对其小本体聚丙烯装置进行改造（其工艺流程见图 4.28），得到商业化的聚 1-丁烯产品。这是国内目前仅有的几家能提供商业化聚 1-丁烯产品的生产企业。

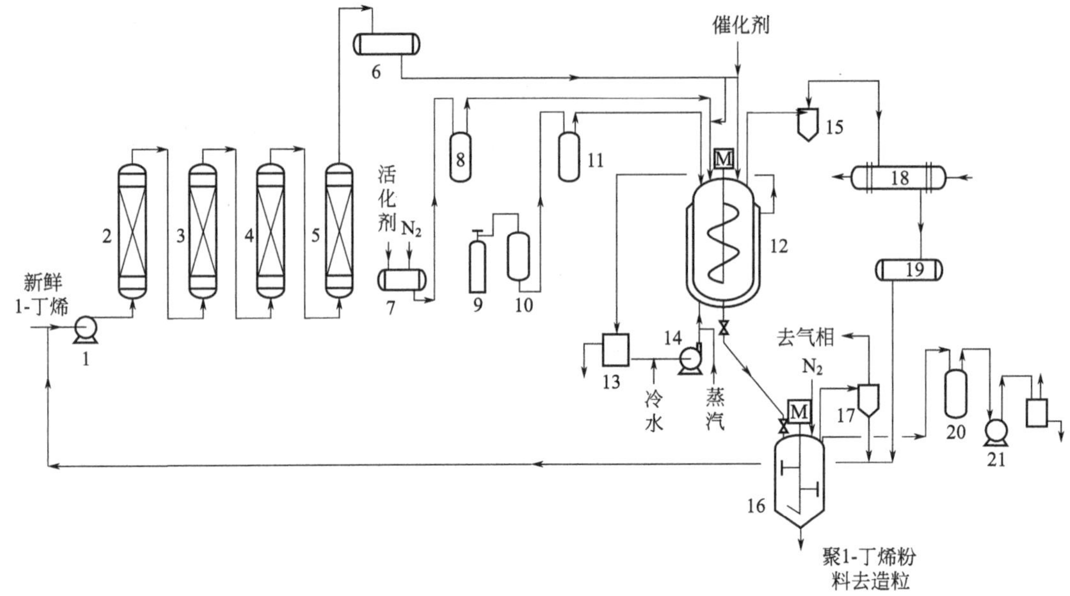

图 4.28　小本体工艺聚 1-丁烯工艺流程图

1—1-丁烯泵；2～5，10—净化塔；6—1-丁烯计量罐；7—活化剂罐；8—活化剂计量罐；9—氢气钢瓶；11—氢气计量罐；12—聚合釜；13—冷却水罐；14—冷却水泵；15，17—分离器；16—闪蒸釜；18—1-丁烯冷凝器；19—1-丁烯回收罐；20—真空缓冲罐；21—真空泵

4.4.2.2　均相本体法[7,33]

1968 年，美国的 Mobil Oil 独立开发了均相本体法 1-丁烯聚合技术，并采用该工艺在 Louisiana 州的 Taft 建成一套小规模生产装置。1972 年，Witco Chemical 公司接管了该装置。1977 年底，Shell 公司获得了 Witco Chemical 公司的聚 1-丁烯业务。因此，该工艺也被称为 Mobil/Witco/Shell 工艺，是目前 LyondellBasell 公司聚 1-丁烯工艺技术的基础。Mobil/Witco/Shell 工艺使用 $TiCl_4/MgCl_2/EB$ 催化剂，以三乙基铝为助催化剂，以氢气为链转移剂，聚合温度为 43～90℃，反应压力为 0.93MPa（确保 1-丁烯为液相），聚合过程在过量的 1-丁烯单体中进行，生成的聚合物完全溶解于液态 1-丁烯中形成均相溶液（其中聚合物的含量不超过 40%），解决了淤浆聚合过程中的结块问题。但同时，其聚合物与未反应单体的分离过程则更加复杂，增加了生产成本。Mobil/Witco/Shell 工艺聚 1-丁烯生产装置流程框图如图 4.29 所示。

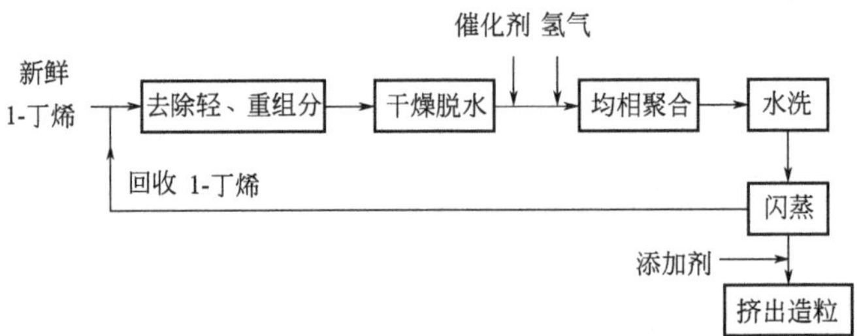

图 4.29　Mobil/Witco/Shell 工艺聚 1-丁烯生产装置流程框图

聚合过程产物的性质受多种因素影响，主要包括反应温度、氢气加入量、催化剂浓度以及反应时间等。由于使用了高立体定向能力的催化剂，所得聚合物具有很高的等规度（高达98%以上），该工艺无需进行无规聚合物脱除操作。从聚合反应器出来的聚合物溶液需要进行水洗以降低聚合物中的灰分含量，然后进行闪蒸以回收未反应 1-丁烯单体，而聚 1-丁烯熔体则送去挤出造粒。

聚合过程生成的聚合物完全溶解于液态 1-丁烯中形成均相溶液，通常采用多级闪蒸的方法来分离聚合物和未反应单体。为了便于聚合物的输送，必须保持聚合物始终为均相状态，同时随着聚合物浓度的增大，需要提高其温度以降低物料的黏度。而为了降低最终产品中 VOC 的含量，通常最后一级闪蒸为真空操作。此外，为了避免聚合物在较高温度下发生降解，闪蒸过程的最高温度不宜高于 200℃，而且物料进入闪蒸单元前必须加入一定量的抗氧剂和脱活剂。

随着催化剂技术的进步，催化剂的活性大幅提高，聚合物中灰分含量也大大降低，工艺流程中就省去了水洗过程，同时 Shell 公司对其聚 1-丁烯产品的质量进行了改进，并将其产能提升至 2.7 万吨/年。2002 年，Taft 的这套聚 1-丁烯生产装置停止使用。1998 年，Shell 公司的聚 1-丁烯业务被划分到其下属的 Montell Polyolefins。2000 年，Shell 公司的聚 1-丁烯业务移交给 Basell 聚烯烃公司，现在隶属于 LyondellBasell 公司。2004 年，Basell 聚烯烃公司在荷兰的 Moerdijk 建成一套年产能为 4.5 万吨的聚 1-丁烯生产装置，2008 年扩能至 6.7 万吨/年，这套装置也是目前全球产能最大的聚 1-丁烯生产装置。

近几年来，中国石化在高等规度聚 1-丁烯制备技术方面取得突破，经过催化剂和聚合条件优化，脱挥技术以及产品开发等方面大量试验研究，并取得了较好的结果。基于该结果开发了均相本体法聚合工艺技术，目前正在进行工业示范装置的建设，这是国内在高等规度聚 1-丁烯技术开发方面迈出的坚实一步。

4.4.2.3　气相法

在气相法烯烃聚合工艺中，聚合过程可以在较高温度下（40～80℃）进行。虽然聚合过程中没有液态 1-丁烯或其他惰性溶剂，但催化剂进料过程引入的少量惰性烷烃仍会导致聚合物颗粒间粘接，甚至导致结块等问题，影响装置的操作稳定性。同时，气相法聚合工艺中催化剂的活性仍相对较低，产品中灰分含量较高。

1987 年，Idemitsu Petrochemical 公司[41] 使用丁基乙基镁负载的 $TiCl_4$（内给电子体为邻苯二甲酸二异丁酯），以三异丁基铝为助催化剂，以 1,8-桉树脑为外给电子体，在流化床中进行气相 1-丁烯聚合，聚合温度为 60℃，得到了等规度达 98%的聚 1-丁烯，其催化剂活性为 4～5kg/g 催化剂。

奈斯特公司和爱黛米特苏石油化学有限公司[16] 合作开展了 1-丁烯气相聚合研究，采用 $MgCl_2$/$TiCl_4$/烷基铝/1,8-桉树脑的催化剂体系，先在 4-甲基-1-戊烯或苯乙烯等液态不饱和单烯烃（C_5～C_{15}）中进行预聚合反应，预聚合后的催化剂颗粒经低沸点惰性溶剂洗涤后（脱除烷基铝、1,8-桉树脑和不饱和单烯烃），被送入到聚合反应器中，聚合温度为 50～75℃，同时，根据聚合温度，调节聚合反应器内 1-丁烯的分压（合适的分压为 100～1000kPa），避免 1-丁烯发生液化。聚合过程催化剂的活性为 85～386kg/gTi（聚合时间约 3h），所得聚合物的全同等规度可达 94.6%～99.6%。该技术中，随着温度的升高，聚合物颗粒因软化而发生颗粒间黏结或粘到反应器内壁的可能性增大，因此，要求聚合温度不得高于 75℃。

Basell公司（原Montell公司）[71] 使用 $MgCl_2$/$TiCl_4$/邻苯二甲酸二异丁酯/三乙基铝/二异丙基二甲氧基硅烷的催化剂体系进行了气相聚合研究。结果发现，与均相本体法聚合工艺相比，聚合时间过长，两个气相反应器中的聚合时间总和为20h，不切合生产实际，而且催化剂活性不超过5kg/g催化剂，聚合物的等规度仅为95.1%。

因此，气相法聚1-丁烯技术尚未商业化。

4.5 聚烯烃弹性体生产工艺

4.5.1 引言

聚烯烃弹性体（polyolefin elastomer，POE）是一种由乙烯、丙烯或其它α-烯烃等单烯烃为主要单体聚合而成的主链饱和的弹性材料。该材料具有低密度、窄分子量分布等特点，通常采用单活性中心催化剂在溶液聚合工艺中制备。目前，聚烯烃弹性体可分为无规共聚物和嵌段共聚物。从单体组成上，可细分为乙烯基弹性体、丙烯基弹性体、乙丙共聚物和丁烯基弹性体。

作为一种新型高分子材料，聚烯烃弹性体的开发可分为四个阶段：第一阶段的POE是具有低密度、高共聚单体含量和窄分子量分布特点的乙烯与α-烯烃无规共聚物，主要用于汽车热塑性聚烯烃弹性体（TPO）改性，电线电缆和挤出型材；随着单活性中心催化剂技术的不断发展，从生产工艺的角度看，从第一阶段着眼于提高催化剂活性逐渐转变到第二阶段对聚合产物结构更加精细的调控和应用技术开发。在引入丙烯基弹性体产品的同时，应用领域也扩展到拉伸套管膜、缠绕膜以及柔软片材等；第三阶段建立在链穿梭聚合工艺的出现，由此能够制备乙烯/α-烯烃的嵌段共聚物，旨在使产品具有更高的耐热性、更快的加工速度、更好的抗磨损性能以及更强的高低温压缩变形性能。嵌段共聚物更是架起了不同材料之间的桥梁，作为相容剂使用。Dow化学公司推出的Intune产品即为此代表，该产品是基于丙烯的嵌段共聚物，用于解决聚丙烯与聚乙烯的相容性。

POE生产始于20世纪90年代初，生产工艺主要有Dow开发的Insite高温溶液聚合工艺[72] 和ExxonMobil开发的Exxpol高压聚合工艺[73]。Dow公司采用CGC催化剂并结合自身开发的高温溶液聚合工艺，形成了Insite技术，并于1993年实现了工业化。Insite技术不仅可有效实现在聚合物主链中引入适量的长支链结构，从而改善聚合物的加工流变性能，还可提高材料的透明度。对聚合物结构进行精确设计与控制，可以生产出一系列不同密度、熔体流动速率、门尼黏度、硬度的POE产品。

ExxonMobil公司采用了不同于Dow的技术。1989年，ExxonMobil公布了自行开发的茂金属催化剂专利技术，将其命名为Exxpol，并开发了与之配套的高压溶液聚合工艺，形成了Exxpol技术。1991年，Exxpol技术首先被应用于Mitsui化学在美国路易斯安那州的聚合装置中获得成功，生产出商品名为Exact的一系列聚烯烃类产品，其中就包括POE产品。1995年其生产能力扩大了一倍。2003年，ExxonMobil又推出了一类以丙烯为基础的新型聚烯烃弹性体，商品名为Vistamaxx，它同样采用了Exxpol技术，在路易斯安那州的新工厂生产。

发展至今，北欧化工、日本Mitsui化学、日本住友化学、韩国LG化学、韩国SK化工等公司都开发了用于聚烯烃弹性体制备的催化剂及相应溶液聚合工艺和产品[74-80]。

4.5.2 分子设计及聚合原理

聚烯烃弹性体产品主要包括四类：乙烯基无规共聚物、丙烯基无规共聚物、乙丙共聚物和嵌段共聚物。乙烯基无规共聚物通常含有65%～85%乙烯和15%～35%的共聚单体，其中共聚单体包括1-辛烯、1-己烯和1-丁烯。丙烯基无规共聚物通常含有70%～90%丙烯和10%～30%乙烯或丁烯。这些产品通常由单活性中心催化剂在溶液聚合中制备，可用于TPO的弹性体部分，或作为聚合物改性剂单独使用。乙丙共聚物在仅由乙烯和丙烯为单体制备而成时，称作二元乙丙橡胶（EPM），当包含双环戊二烯（DCPD）或5-乙烯基-2-降冰片烯（VNB）等第三单体时，称作三元乙丙橡胶（EPDM）。嵌段共聚物是一类新型的弹性体，包含聚乙烯链段的“硬段”和乙烯/α-烯烃共聚物链段的“软段”，或者包含等规聚丙烯链段的“硬段”和丙烯/乙烯共聚物链段的“软段”，由于“硬段”和“软段”的化学和物理性质不同，因此该类材料同时具有高弹性和高熔点的特征。通过改变共聚单体的类型和用量，可有效调节产品的密度、结晶性、支化程度等，进而控制材料的力学性能。

尽管大多数聚烯烃弹性体都是由单活性中心催化剂和溶液聚合制备的，但是分子设计及聚合机理却不尽相同。乙烯基弹性体在聚合方面除了共聚单体的类型和插入量外，还要关注聚合产物不饱和端基的存在量，其对于产品中的长支链以及后续功能化都至关重要。对于丙烯基弹性体，在保证有足够共聚单体掺入的同时，如何精确控制等规聚丙烯链段长度，从而控制材料的结晶性对最终材料的力学性能及加工性能都非常关键。对于采用双催化剂体系的嵌段共聚物，不仅要考虑单个催化剂的共聚单体选择性，还要考虑双催化剂的协同作用。

4.5.2.1 乙烯基弹性体

乙烯基弹性体是一类以乙烯单体为主要结构单元的无规共聚物，通常包含65%～85%乙烯和15%～35%的共聚单体，共聚单体包括1-辛烯、1-己烯和1-丁烯等。通常采用单活性中心催化剂制备，商业化最成功的是Dow开发的限制几何构型催化剂（constrained geometry catalyst，CGC）。将环戊二烯基（Cp）通过一个桥基与另一个配体相连，并同时与金属中心进行配位，限制金属中心与茂环的相对旋转，因此称为CGC。从结构上看，这种半夹心结构催化剂没有双茂金属催化剂中两个茂基同时与金属配位所导致的空间位阻效应。它只有一个环戊二烯基屏蔽着金属原子的一边，另一边大的空间为各种较大单体的插入提供了可能。

最常用的是一类单环戊二烯基钛类茂金属催化剂，以氨基与环茐二烯基通过桥联结合为基本骨架结构。该催化剂有很高的共聚单体插入率和聚合活性。CGC催化剂还能在聚合物中形成长链支化结构，其可能的原因是由于链末端β-H消除反应生成了大分子单体，并且这种大分子单体得益于催化剂结构中活性点的开放环境，能够进一步插入到聚合物链中反应。长支链形成的可能机理[81] 如图4.30所示。通过控制聚合工艺参数（尤其是温度）可控制长支链的数量[82]。

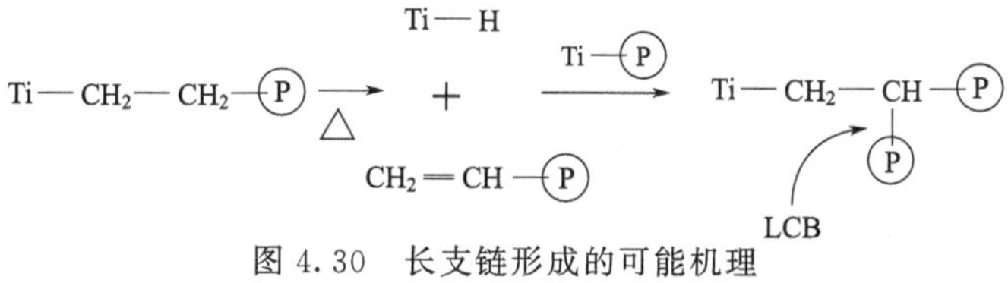

$$\mathrm{Ti{-}CH_2{-}CH_2{-}\text{Ⓟ}} \xrightarrow{\triangle} \mathrm{Ti{-}H} + \mathrm{CH_2{=}CH{-}\text{Ⓟ}} \xrightarrow{\mathrm{Ti{-}\text{Ⓟ}}} \mathrm{Ti{-}CH_2{-}CH(\text{Ⓟ}){-}\text{Ⓟ}}\ (\mathrm{LCB})$$

图4.30 长支链形成的可能机理

P为聚合链，LCB为长支链

基于该机理，Pannell等[83,84] 提出通过乙烯和乙烯端基的大分子单体的共聚合来制备长支链的聚烯烃。具有低聚合度（150～1500，可以在聚合过程中溶解）的非支链的大分子单体在高温下由非桥联茂金属催化得到。这些大单体在单茂催化剂作用下可以和乙烯单独共聚，得到约含1%大分子单体的聚烯烃材料。长支链结构的引入，可改善材料的加工性能，最终产品具有热封性和抗穿刺性能等特点，能够广泛用于各种薄膜、层压制品。

除含有长支链外，聚合物的分子量及分子量分布、共聚单体含量及其分布都对聚合物的结晶行为有重要影响，结晶行为又进一步影响聚合物的热力学性能。以乙烯/1-辛烯共聚物为例，当1-辛烯摩尔分数为8%～14%时，共聚物密度在0.86～0.89g/cm^{3}之间，结晶度小于25%。由于共聚单体的插入，分子链无法形成完整的片晶或球晶结构，只能形成缨状微束，为材料提供强度；共聚单体插入率高，形成大量无定形区，从而使材料具有弹性[85]。提高共聚物分子量有助于提高聚合物韧性。

4.5.2.2 丙烯基弹性体

丙烯基弹性体（propylene-based elastomer，PBE）是一类以丙烯单体为主要结构单元的无规共聚物，通常由70%～90%丙烯和10%～30%乙烯或丁烯组成。丙烯基弹性体的微结构如图4.31所示。PBE由富含聚丙烯链段序列的细微结晶相分散于非晶相的共聚物基体中，不同大分子链间通过某些链段形成结晶，使其在常温下具有一定强度，不易发生形变或蠕变。当温度超过熔点后，该结晶被破坏，材料易加工。

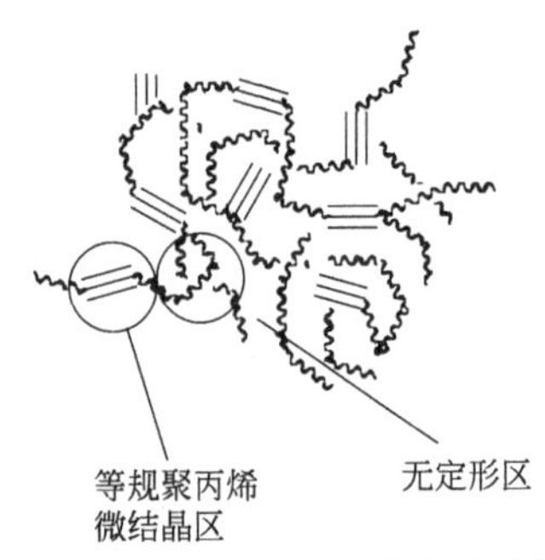

图4.31 丙烯基弹性体的微结构

乙烯含量在10%～15%时，呈现最好的弹性。其化学组成和结晶度介于乙丙弹性体和等规聚丙烯之间。此时结晶相不呈堆砌的片晶，而为缨状微束[86]。其熔融峰约在50℃左右，玻璃化转变温度在－28～－26℃左右。

由于PBE用于结晶的是全同立构的聚丙烯链段，因此必须控制好丙烯单元插入时的立构规整度，这只能通过采用茂金属催化剂来实现。通常，PBE产品的大分子链上存在区位错误，即在^{13}C NMR核磁共振谱图上，在化学位移约14.6和15.7处有强度相同的峰。

此外，分子内的组成和分布也是关键要素之一。共聚单体（如乙烯）在共聚物主链上分布的无规程度（B）可用式（4.1）计算。

$$B=\frac{x(\mathrm{EP}+\mathrm{PE})}{2x(\mathrm{E})x(\mathrm{P})} \tag{4.1}$$

式中，$x(\mathrm{EP+PE})$为共聚物中乙丙（EP）和丙乙（PE）二单元的摩尔分数；$x(\mathrm{E})$和$x(\mathrm{P})$分别为共聚物中乙烯和丙烯的摩尔分数。

一般情况下，B在0～2之间。当$B=1$时，表示共聚单体完全无规分布。B值越高，共聚单体越趋向交替分布；反之，共聚物出现嵌段或成簇链段。

PBE结晶结构控制不理想可能导致PBE在储存和运输时出现粘连和结块的问题，尤其是在乙烯含量较高时，此类问题更加严重。研究表明，具有更低黏性的PBE表现出宽的结晶度分布[87]。对于熔融焓ΔH_m大于20J/g的弹性体，可使用TREF（temperature-rising elution fractionation，升温淋洗分级）来测定结晶度分布。

通常，当需要宽结晶度分布时，优选非茂的杂芳基配体催化剂。也可通过与少量LLDPE、LDPE或高结晶度聚丙烯共混形成丙烯基弹性体组合物来实现宽结晶度分布，其中共混的形式可包括物理共混和串/并联反应器溶液共混。

除乙烯之外，1-丁烯也可用作丙烯基弹性体的共聚单体。Ikenaga等[88]利用包含一个环戊二烯配体和一个芴基配体的桥联茂金属催化剂与MAO制备了丙烯/1-丁烯无规共聚物，该产品作为丙烯基弹性体在低熔点和黏性之间具有独特的性能平衡，与丙烯/乙烯共聚物相比，具有更好的低温热封性、热黏性和热封强度。

丁烯基弹性体与丙烯基弹性体在分子设计和聚合原理方面类似，只是将主要原料换成 1-丁烯。丁烯基弹性体的特点在于：分散在 PE 中具有微米级的尺寸，能够确保组合物材料易剥离的稳定性。

4.5.2.3 立构嵌段聚丙烯

在茂金属催化剂作用下，通过对聚丙烯分子链立构及无定形结构进行控制，可以制备出分子链上同时存在结晶和无定形结构的嵌段聚丙烯。这种立构嵌段聚丙烯同时具有热塑性和弹性，因此称之为热塑性弹性聚丙烯（thermoplastic elastomeric polypropylene）。立构嵌段聚丙烯结构如图 4.32 所示。

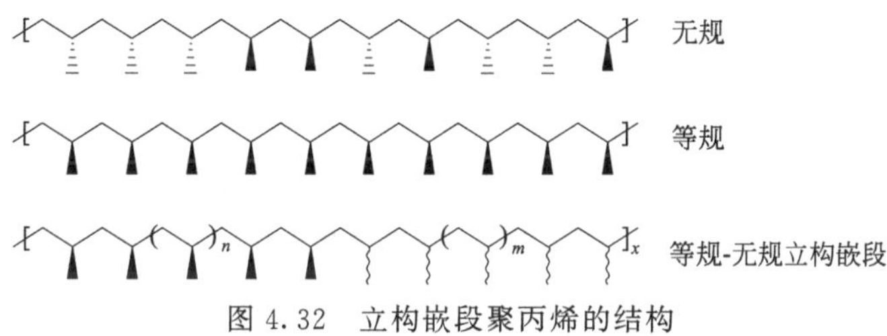

图 4.32 立构嵌段聚丙烯的结构

Chien 等利用具有立体刚性（stereorigid）的非对称桥联茂金属催化剂体系 rac-anti-Et$(Me_4Cp)(Ind)TiCl_2$/MAO 制备了等规-无规聚合物链段同时存在的立构嵌段聚丙烯[89]。研究表明，在聚合体系中存在两种活性中心不断变换，当其变换速率小于聚合链增长速率时，就生成两种立构的聚合物链段。Chien 等又进一步解释[90]，所使用的茂金属阳离子活性中心存在两个不同构象，分别控制两种立体选择性。两种构象在聚合物链增长过程中不断转变，转变速率受聚合温度影响明显。Collins 等[91] 采用 C_1 对称的茂金属催化剂也得到了嵌段结构的聚丙烯弹性体，研究发现，单体浓度及聚合温度可以控制聚合物分子链中的等规分子链长度。立构嵌段聚丙烯生成机理如图 4.33 所示。

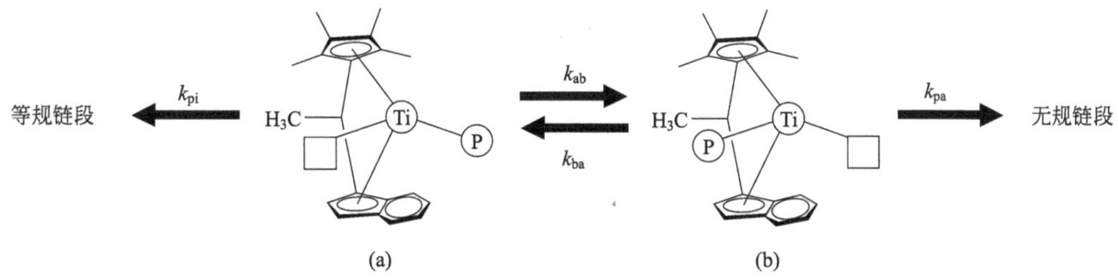

图 4.33 立构嵌段聚丙烯生成机理

在茂金属催化剂催化丙烯聚合反应中，外消旋体结构的茂金属催化剂产生等规聚丙烯（*i*-PP），而内消旋异构体生成无规聚丙烯（*a*-PP）。Waymouth 等[92] 开发了摆动式（oscillating）茂金属催化剂，如图 4.34 所示，使用该催化剂在助催化剂 MAO 作用下，进行丙烯聚合反应。由于这种催化剂的配位基不断旋转，一种活性中心生成等规序列，另一种活性中心则对丙烯无立构选择。利用聚合温度和单体浓度控制这种旋转，就可合成规整性高的链段和无规整性的链段交替重复的立构嵌段聚丙烯。嵌段聚丙烯所用的茂金属催化剂已由

Amoco 公司以 Waymouth 催化剂为中心进行实用化研究[93]。

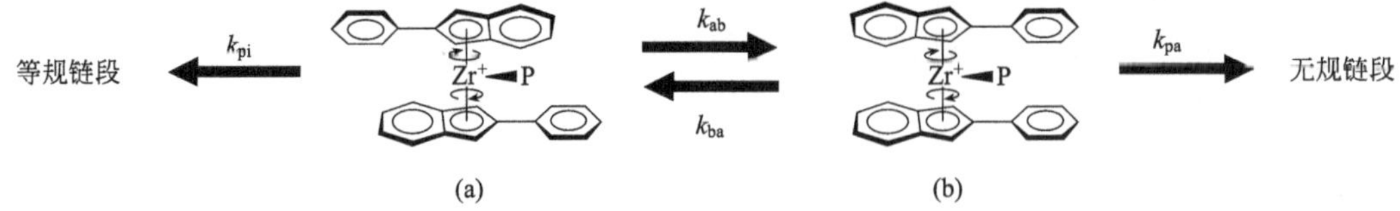

图 4.34 摆动式茂金属催化剂合成嵌段聚丙烯

4.5.2.4 乙丙共聚物弹性体（乙丙橡胶）

乙丙橡胶分子主链由化学稳定的饱和烃组成，只在少量侧链中含有不饱和双键，因此具有优异的耐臭氧、耐热、耐候等耐老化性能，被称为“无裂纹橡胶”。此外，乙丙橡胶密度小，可与其他橡胶/树脂共混使用，添加大量石脑油或炭黑等添加助剂仍保持优异性能。

乙丙橡胶的物理机械性能和加工性能取决于乙丙橡胶中乙烯、丙烯的含量和组成分布。在乙丙橡胶分子链上，乙烯、丙烯不是规则排列，而是由许多长短不一的乙烯、丙烯链段交替组成。当乙烯含量小于 50%时，乙丙橡胶几乎不结晶。乙烯含量的增加，可提高乙丙橡胶材料的物理机械性能。当乙烯含量超过 60%时，分子链中长乙烯链段增多，低温时会产生部分结晶而导致材料低温性能变差[94]。

自茂金属催化剂出现以来，不断有采用茂金属催化剂对基于乙烯、丙烯单体的共聚研究报道，其中涉及茂锆催化体系的居多。对于茂金属催化剂而言，可以更方便地通过改变催化剂配体结构，在更大范围内对共聚物的微观结构进行精确调控。茂金属催化剂催化乙丙共聚中，乙烯和丙烯竞聚率之积 $r_1 r_2$ 一般在 0.1～2.8 之间，绝大多数茂金属催化体系制备的乙丙共聚物为有交替倾向的无规共聚物[95]。乙烯丙烯单体的竞聚率受温度变化影响[96]，这可能是由于不同温度对反应单体溶解度的变化及聚合物链增长中不同单体与活性中心形成的过渡态的热稳定性不同，温度变化影响反应动力学常数，因此影响单体的竞聚率[97]。

近年来，乙丙橡胶新建装置多采用茂金属溶液聚合技术为核心的生产工艺。采用茂金属催化剂的典型溶液聚合工艺生产流程可分为催化剂配制、原料精制、聚合、分离及溶剂回收、干燥及造粒包装、单体及二烯烃回收、溶剂（已烷）处理等单元。茂金属溶液聚合工艺具有以下特点[98,99]。

① 废水量及工艺用水量少。茂金属催化剂活性为传统催化剂的 100～1000 倍，因此聚合后不需要脱残余金属步骤，这显著降低工艺水的用量并减少废水的排放量。

② 装置整体能耗低。相比于传统技术，采用茂金属催化体系时，溶液中的聚合物浓度较高，溶剂的用量较少，因此在溶剂回收、精制等单元总能耗显著降低。此外，茂金属催化剂在 50℃以上仍有较高活性，可免去低温聚合所需的制冷系统及其能耗。

③ 产品质量好，杂质少。由于催化剂中没有氯化物，产品中不含影响橡胶寿命的残留氯。合成的乙丙共聚物具有更宽的链结构调控范围，有利于优化产品性能及开发新的应用领域。

4.5.2.5 嵌段共聚物弹性体

嵌段共聚物（OBC）是一类相对新的聚烯烃弹性体，分子链由多个交替的“硬段”和“软段”组成，分子链结构如图 4.35 所示。通过调整催化剂、进料组成和工艺参数，能够调整分子链中“硬段”“软段”的长度以及“软段”的密度。

同为乙烯/1-辛烯组成的嵌段共聚物与无规共聚物的结构差别如图 4.36 所示。与无规共聚物相比，嵌段共聚物具有更高的熔点和结晶温度，结晶形态更为有序[100-102]。当共聚单体含量增加时，嵌段共聚物和无规共聚物的这种差异会变得更大。在结晶方面，嵌段共聚物结晶速率更快，即使嵌段共聚物中的“硬段”含量很低，也能快速结晶，球晶的生长速率和本体结晶均依赖于“软段”的含量。此外，OBC 具有更高的结晶温度，有利于后续加工。

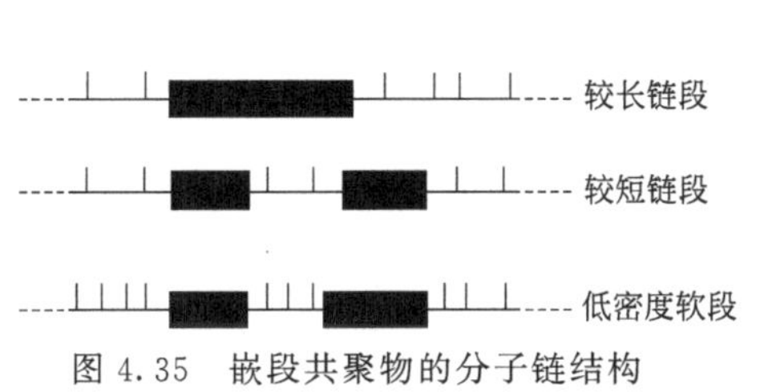

图 4.35　嵌段共聚物的分子链结构

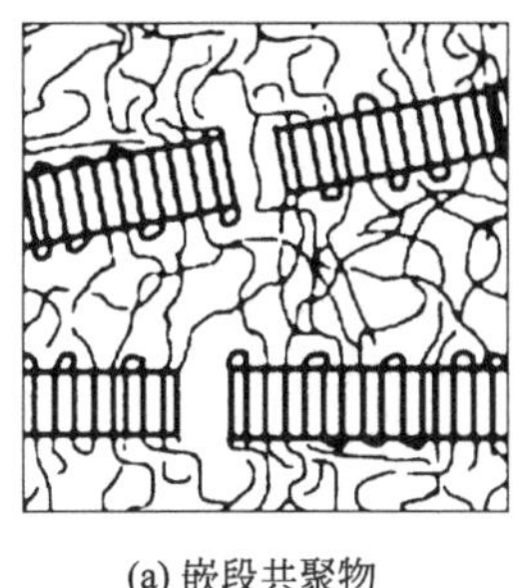

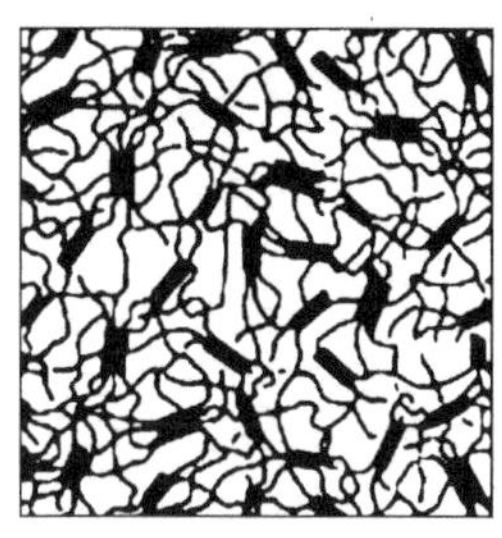

图 4.36　嵌段共聚物与无规共聚物的结构差别

嵌段共聚物和无规共聚物的密度与熔点之间的关系如图 4.37 所示。随着密度的减小，无规共聚物的熔点急剧下降，而嵌段共聚物的熔点仍可维持在 110℃以上。即柔性较大的 OBC 产品的使用温度不会受到影响。OBC 熔点不依赖于密度，这一特点为产品设计打开新大门。

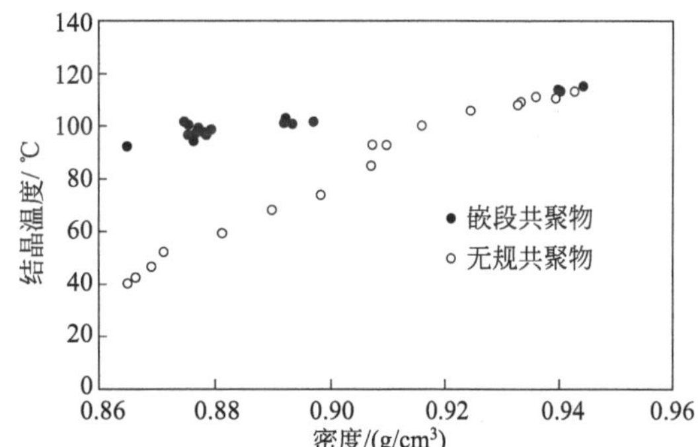

图 4.37　嵌段共聚物和无规共聚物的密度与熔点之间的关系

这种具有特殊结构的多嵌段共聚物弹性体材料是利用链穿梭聚合工艺制备的。“链穿梭聚合”[103,104] 是指一个聚合物增长链在多个催化剂的活性位点间转移，从而使一个聚合物分子至少在 2 个催化活性中心生长，其中，聚合物链在催化剂之间的传递是依靠链穿梭剂（如金属烷基化合物）完成的。当体系中的催化剂具有不同的共聚单体选择性或不同的立体构型选择性时，利用这种聚合方法就可制备出链段性能各不相同的 OBC。

以两种不同共聚单体选择性的催化剂（催化剂 A 为共聚单体选择性差的催化剂；催化剂 B 为共聚单体选择性好的催化剂）为例，链穿梭聚合的基本原理见图 4.38。从图 4.38 可看出，链穿梭聚合包括两步：

① 在催化剂 A 上进行聚合得到共聚单体含量较低的“硬段”聚合物链；随后，该“硬段”聚合物链转移到链穿梭剂上，而链穿梭剂上共聚单体含量较多的“软段”聚合物链则转移到了催化剂 A 上，从而完成一次链穿梭反应，分别得到连接在催化剂 A 上的“软段”聚合物和连接在链穿梭剂上的“硬段”聚合物；

② 在催化剂 A 上的“软段”聚合物链继续进行链增长反应，由于催化剂 A 的共聚单体选择性较差，因此继续增长的聚合物为共聚单体含量较少的“硬段”，从而形成了“软”“硬”交替的 OBC。同样，在催化剂 B 上的“软段”聚合物链也可以和链穿梭剂上的“硬段”聚合物链发生链穿梭反应，得到的催化剂 B 上的“硬段”聚合物链继续进行“软段”聚合物的链增长反应。

链穿梭聚合是在配位链转移聚合的基础上发展起来的，是由多种催化剂和链转移剂组成的一个可实现交叉链转移的聚合体系。在催化剂上生长的聚合物链在增长终止前能够与金属烷基化合物发生可逆的交换反应，形成休眠的聚合物链，然后再转移到其他催化剂的活性中心上继续增长。这种聚合反应具有活性聚合的特征，能够获得结构可控的 OBC。

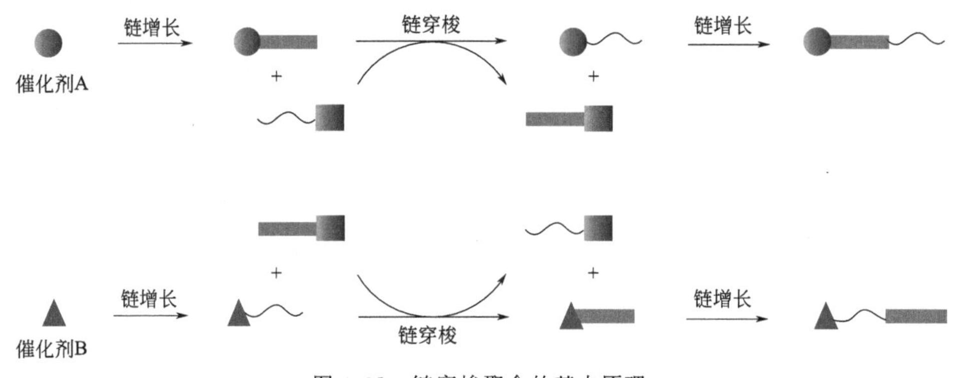

图 4.38 链穿梭聚合的基本原理

催化体系是实现链穿梭聚合反应的关键，在链穿梭聚合的催化体系中应包含两种在共聚单体选择性上差别很大的主催化剂以及一种能够有效完成链穿梭反应的穿梭剂。主催化剂和链穿梭剂之间要达到良好的匹配条件[105,106]：一个聚合物链在终止前能够和链穿梭剂至少完成一次交换；链穿梭反应应该是一种可逆反应；链穿梭剂和聚合物链之间形成的中间体足够稳定，以使链终止相对较少。通过统计学分析，这种链穿梭反应得到的嵌段共聚物的分子量分布符合 Schulz-Flory 分布，而不是活性聚合产物通常符合的 Poisson 分布，故通过链穿梭聚合反应可得到各嵌段呈多分散性分布且嵌段尺寸也呈多分散性分布的聚合产物，非常有利于产品综合性能的提高[107]。当穿梭反应速率与至少 1 种催化剂的聚合物链增长速率相比较低时，即可获得较长嵌段长度的多嵌段共聚物与聚合物的掺混物；相反，当穿梭反应速率相对于聚合物链增长非常快时，则可获得更具无规分布的链结构和更短嵌段长度的共聚物。因此通过选择适当的催化剂和链穿梭剂，可准确调节聚合物中“软”“硬”链段的比例，从而控制 OBC 的性能。由于链穿梭聚合一般在高于 120℃的均相溶液体系中进行，故链穿梭聚合的催化体系需具有较好的耐温性。

链穿梭聚合与传统制备嵌段共聚物的活性聚合相比还具有以下优势。

第一，链穿梭聚合中聚合物数目可远大于催化剂分子数目，这是链穿梭聚合可大规模应用的基础[108]。活性聚合中每个活性中心上只能产生一个聚合物分子，因此催化剂的效率较低，生产成本较高；而链穿梭聚合中，由于链穿梭剂的存在，每个活性中心能生成多个聚合物分子，从而有利于减少催化剂用量，提高催化剂效率，降低生产成本。

第二，通过链穿梭聚合得到的 OBC 产品具有更宽的分子量分布，具有通用聚乙烯产品的加工性能。在连续反应中，由于物料有一定的停留时间，因此聚合物的分子量一般符合 Schulz-Flory 分布，有利于产品的后加工。

第三，活性聚合反应通常需在较低的温度下进行以保持活性特征，而在低温下含有半结晶链段的共聚物易于从聚合体系中析出，从而影响聚合反应的进行。链穿梭聚合则是在高温溶液均相体系中进行，可有效避免结晶链段的析出，是制备半结晶和无定形链段交替的“软”“硬” OBC 的理想方法。

此外，通过链穿梭聚合还能很好地控制 OBC 的结构。聚合物中各嵌段的比例可通过调节两种催化剂用量的比例来控制，而每一链段中共聚单体的含量可通过单体用量和催化剂种类来控制，嵌段长度是链增长速率与链穿梭速率之比的函数，可通过调节穿梭剂与单体加入量的比例进行控制。

4.5.3 生产工艺

4.5.3.1 Insite 高温溶液聚合工艺

1991 年，Dow 化学公司将限制几何构型（CGC）催化剂与其用于生产 LLDPE 的 Dowlex 溶液聚合工艺相结合，形成了 Insite 高温溶液聚合工艺，用于制备聚烯烃弹性体（POE）。CGC 属于单茂金属催化剂，是用氨基取代非桥联茂金属催化剂结构中的一个环戊二烯（或茚基、芴基）或其衍生物，用烷基或硅烷基等作桥联，是一种单环戊二烯与第Ⅳ副族过渡金属以配位键形成的络合物，如图 4.39 所示。

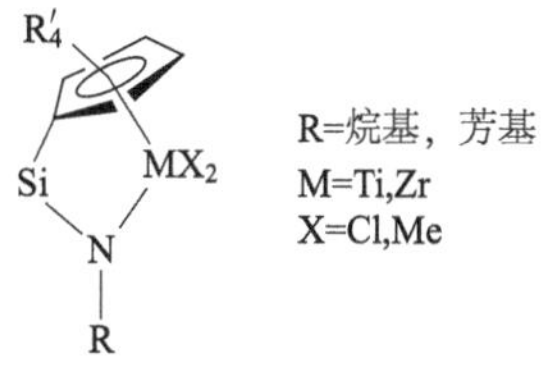

R=烷基，芳基
M=Ti,Zr
X=Cl,Me

图 4.39 限定几何构型茂金属催化剂结构示意图

从结构上看，这种半夹心结构催化剂没有双茂金属催化剂由于两个茂基同时与金属配位所导致的空间位阻效应。它只有一个环戊二烯基屏蔽着金属原子的一边，另一边大的空间为各种较大单体的插入提供了可能。

Insite 高温溶液聚合工艺的流程如图 4.40 所示。

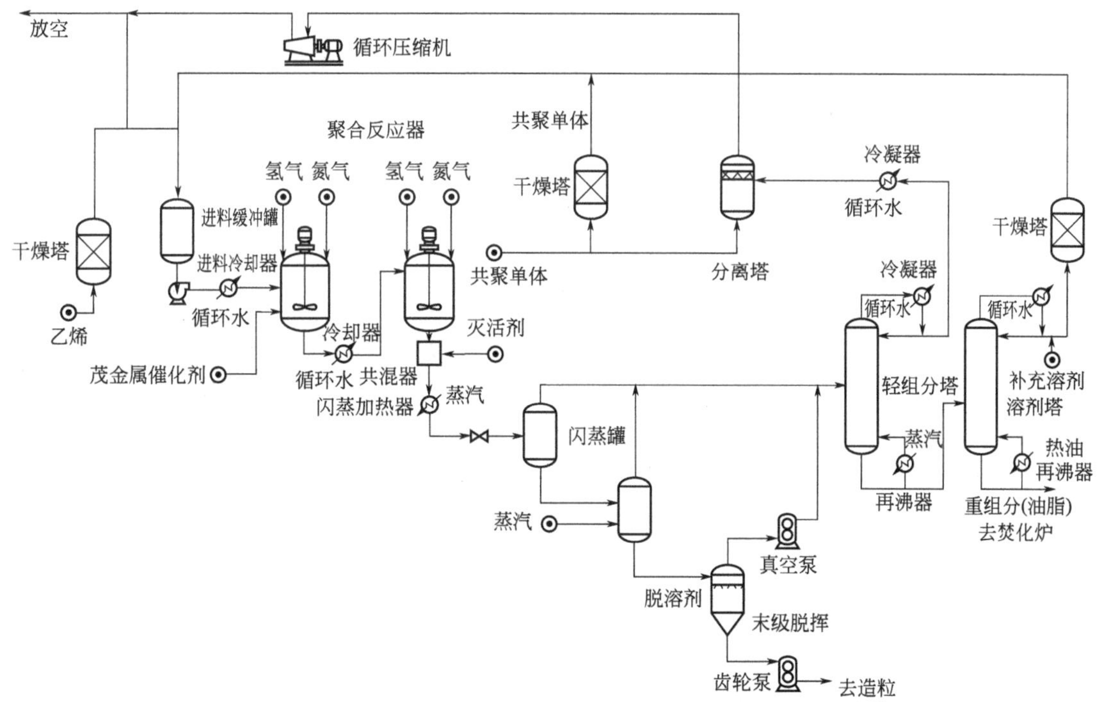

图 4.40 Insite 高温溶液聚合工艺的流程

在进料单元中，将新鲜和再循环的乙烯压缩至 4MPa 以上，并吸收进入包含共聚单体和溶剂的液体中。由于聚合反应是放热的，因此将原料混合物冷却至约 0℃，以维持反应器出口温度低于 170℃。通过进料泵将原料混合物转移至聚合反应器中。

在聚合单元中，单体在液相聚合条件下与催化剂组合物（包含 CGC 催化剂和可产生阳离子的助催化剂）接触，由于茂金属催化剂制备的聚烯烃产物的分子量对聚合温度非常敏感，在较高温度下很难制备高分子量聚合物，因此该工艺使用具有级间冷却的两个串联反应器，这可以在每一阶段更好地控制反应器温度，进而控制产物分子量分布。为防止反应器中高黏溶液局部过热，聚合物溶液浓度控制在 15%～20%。由于该工艺中使用重溶剂 Isopar™ E（饱和异链烷烃混合物），因此聚合反应在相对低的压力下进行。乙烯单程转化率达到 90%。

由于茂金属催化剂活性很高，聚合产物中催化剂残余物的量足够低，因此可省去催化剂移除步骤。离开反应器的聚合物溶液需要额外给热以达到足够脱除反应器溶液的温度。在脱挥单元中包含多步压力降，并在最后阶段使用真空下的落条式闪蒸器。通过齿轮泵将熔体转移至造粒单元。造粒挤出机上的真空排气孔提供了额外的脱挥能力。在转移热聚合物熔体至脱挥挤出机时，将添加剂作为液体混合物掺入聚合物中。液体添加剂的使用使其与熔体有效混合。

将闪蒸器顶部物料送入精馏塔，以移除重组分或蜡。这些重组分和蜡可用作热油炉中的燃料。将包含乙烯、共聚单体和溶剂的塔顶物料送入分离容器，分离出来的乙烯通过压缩机再循环。未反应的共聚单体和溶剂通过分子筛后也再循环至进料罐。

丙烯基弹性体、乙丙共聚物、嵌段共聚物弹性体等产品同样采用 Insite 高温溶液聚合技术，在 Dow 化学已有工厂进行生产。不同产品生产工艺的主要区别在于进料组成和催化剂。

4.5.3.2 Exxpol 高压聚合工艺

1989 年，ExxonMobil 公司公布了自行开发的茂金属催化剂专利技术，即 Exxpol 催化剂[73]，并且同年被应用于日本 Mitsui 石化在美国路易斯安那州 Baton Rouge 的聚合装置中，所用催化剂结构如图 4.41 所示。

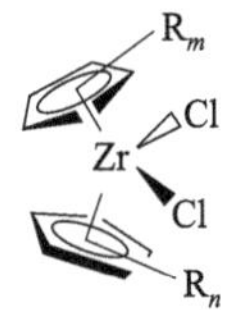

图 4.41 Exxpol 催化剂结构

随后，ExxonMobil 公司又开发了桥联茂金属催化剂，在溶液聚合条件下，得到高分子量的乙烯-α-烯烃弹性体。桥联基团的引入阻止了茂环配位基的自由旋转，使催化剂具有刚性，减小了聚合过程中活性中心的分解与异构化程度，能够提高催化剂的活性；同时，桥联基团的引入也影响着茂环间的夹角，从而能够调控活性中心的反应空间，对烯烃聚合的立体选择性和聚合活性产生有效的影响。由此，催化烯烃聚合的茂金属催化剂开始由非桥联向桥联转变，开启了利用桥联茂金属催化剂制备聚烯烃弹性体的新纪元。近 30 年来，对于桥联茂金属催化剂的研究主要集中在对桥基和取代基的修饰。在各种桥基中，以单碳桥、亚乙基桥、单硅桥为主，合成了许多性能优异的催化剂。配体对催化活性的影响主要体现在立体效应方面。通过增加金属原子到茂环中心的距离和两茂环之间的二面角，可以增大金属中心的反应空间，从而提高催化活性。

Exxpol 工艺采用的催化剂具有高活性特点（活性大于 40kg/g 催化剂），以己烷作溶剂，以氢气作分子量调节剂，可生产乙烯基弹性体、丙烯基弹性体、乙丙橡胶等产品。生产乙烯基弹性体产品时，反应温度大于 100℃，釜内压力为 10～12MPa，釜内聚合物浓度为 8%～12%。生产丙烯基弹性体产品时反应温度为 50～70℃（可能受限于催化剂的使用温度），釜内压力为 10～12 MPa，釜内聚合物浓度为 7%～8%。该工艺的聚合核心为连续搅拌釜式反应器（CSTR）。若采用双釜串联或并联，也可以生产出宽分布或双峰分布的产品。该工艺在共聚单体的回收管道上安装了多个共聚单体储罐，可以分别储存不同的共聚单体［5-亚乙基-2-降冰片烯（ENB）、1-辛烯等］，因而允许生产过程中产品在 EPR、EPDM 与 POE 之间快速方便地切换。Exxpol 高压聚合工艺流程如图 4.42 所示。

Exxpol 工艺的另一个特征是聚合物处理工艺采用低临界溶液温度（lower critical

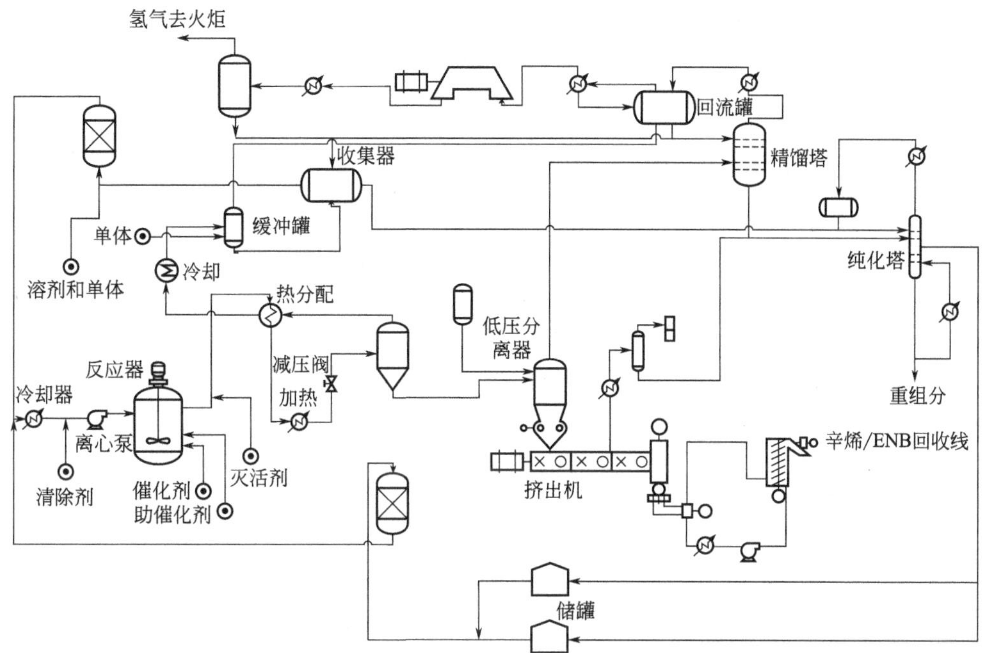

图 4.42　Exxpol 高压聚合工艺流程

solution temperature，LCST）液液相分离方法，其流程为[109]：物料溶液从反应器出口到液相分离器之间经过两段换热器，其中一台换热器用于接收从液相分离器中流出的聚合物贫相液体所带出的热量，另一换热器将物料溶液进一步加热到 220℃以上；物料进入分离器之前通过泄压阀将体系压力从 10MPa 以上瞬间降到 4MPa，使分离器内的物料处于相分离状态，分为聚合物浓相（聚合物含量介于 20%～30%）和聚合物贫相（lean phase，聚合物含量小于 0.1%），浓相继续进入低压分离器和挤出机中进行脱挥。该工艺充分利用反应釜内聚合放出的热量和溶剂带走的热量，并且不需要额外的热量进行固液分离，节约了能耗，因而也被称为绝热连续溶液聚合技术。

4.5.4　POE 工艺技术发展方向

以单中心催化剂应用为基础的现代意义的聚烯烃弹性体生产工艺出现于 20 世纪 90 年代初，至今已发展将近 30 年，聚烯烃弹性体新产品的出现与催化剂技术的发展密不可分，催化剂类型最初为茂金属催化剂，该类型催化剂的空阻效应较小，大的空间为各种较大单体的插入提供了可能。如今，催化剂已经发展为非茂过渡金属催化剂，Mitsui 公司和 Dow 公司分别发展出 N^O 类[110] 和 O^O 类[111] 催化剂，该类催化剂活性更高，耐水性和耐氧性更好，有望替代茂金属催化剂。

非茂金属催化剂还包括后过渡金属催化剂，主要为铁、钴、镍、钯等后过渡金属元素与非茂杂原子配体形成的络合物。1995 年，Brookhart 等[112]发明了 α-二亚胺类后过渡金属催化剂，分子设计可以使该类催化剂的活性中心受二亚胺配体上的体积基团屏蔽，导致 β-H 消除作用减弱。β-H 链转移速率远小于乙烯链增长速率，从而可以制备出高分子量的聚乙烯产品[113]。后过渡金属催化剂也具有单活性中心的特点，具有与茂金属催化剂相当的高活性。此外，由于后过渡金属元素的亲电性较弱，因而对水和氧的容忍能力增强。

后过渡金属镍和钯催化剂最大的特点在于，采用单一催化体系和单一的乙烯原料，通过聚合温度和压力的调节，可以制备出不同支化程度的聚乙烯产品[114]。这一特殊的催化聚合机理被称为“链行走”聚合机理[115]。尽管这类由链行走聚合制备的支化聚乙烯产品也具有弹性体特征，但其结构中只包含短支链且支链长度不均匀，使得支化聚乙烯的熔体强度远不如 POE[116]。目前，支化聚乙烯弹性体的研究仅停留在实验室阶段，尚未出现工业化报道。

聚合工艺发展相对缓慢。近期在高温烯烃溶液聚合技术的基础上，Dow 化学公司提出了近临界分散聚合的概念[117,118]。近临界分散聚合，其实质是当聚合反应体系的温度高于低临界溶液温度、压力低于浊点压力时，反应釜内聚合液体处于液液两相分离状态，其中一相为聚合物浓相，另一相为聚合物贫相，聚合物浓相液体分散于聚合物贫相液体中，形成了液液分散聚合体系。相比于烯烃溶液聚合，近临界分散聚合黏度低、固含量高，其固含量可以达到 30%～40%，而且固液分离只需提供很少热源甚至无需额外热源，通过釜外出料管道内的泄压阀泄压即可将聚合物浓相富集在固液分离器内，能耗最高可以节省 75%。

4.6 其它聚烯烃材料的制备

4.6.1 聚异丁烯

4.6.1.1 简介

聚异丁烯（polyisobutylene，PIB）是一种典型的饱和线型聚合物，由单体聚丁烯（IB）经阳离子聚合的方法制得。PIB 分子链主体不含双键，无长支链存在，无不对称碳原子，其结构单元为$\text{+}CH_2—C(CH_3)_2\text{+}$。PIB 是无色、无味、无毒的黏稠或半固体状物质。根据分子量的不同，可以将 PIB 分为低分子量 PIB（LM-PIB，分子量 350～5000）、中分子量 PIB（MM-PIB，分子量 10^4～10^5）和高分子量 PIB（HM-PIB，分子量 10^5～10^7）；根据末端乙烯基摩尔分数的高低，可以将 PIB 分为高活性聚异丁烯（HR-PIB）和低活性 PIB；根据使用场合的不同，又可以将其分为工业级 PIB 和食品级 PIB[119]。

PIB 分子结构为带甲基侧链、末端含一双键的长链高分子，这种结构，使其具有相对的惰性、化学稳定性及优良的耐臭氧、耐紫外线、耐腐蚀性及电绝缘性等独特性能[120]。PIB 的应用范围很广，其中应用最为广泛的是 LM-PIB 和 HR-PIB。LM-PIB 具有热稳定性好、裂解无残炭、耐化学性及耐气候性等特点，被广泛用于润滑油添加剂、燃料添加剂、二冲程机油、电绝缘材料、黏合剂以及其他高聚物改性等领域[121]。在 LM-PIB 中以数均分子量 M_n=1000 左右的用量最大，约占 LM-PIB 消费总量的 80% ～85%[122]。HR-PIB 通常是指分子量在 500～5000、链末端-双键含量超过 60%且分子量分布较窄的 LM-PIB[123]。HR-PIB 无毒、无味，具有良好的耐氧、耐化学品、耐酸和耐碱等性能。随着 HR-PIB 技术开发的成功和工业化装置的建成，这种分散性和低温性能佳，且不含卤素的产品一问世就备受用户的青睐，几乎渗透到 LM-PIB 所有的领域。目前 HR-PIB 已经逐步占领了中、高档润滑油以及燃料油添加剂的市场。

4.6.1.2 国内外生产概况

（1）国外生产概况

德国 BASF 公司在 1940 年首次建成 6000t/a 的 PIB 生产装置。美国 Exxon 公司 1942 年建立了第一个工业规模丁基橡胶厂，并于同年生产出聚异丁烯产品。在 BASF 公司和 BP 公司研制出了能够生产高活性 LM-PIB 的催化剂体系之后，BASF 公司投资 1 亿马克，于 1994 年底将位于比利时安特卫普的一套 LM-PIB 装置改造成 6 万吨/年的 HR-PIB 装置，产品牌号名称为“Gissopal”[124]。BASF公司的产品推向市场后对传统的低分子量HR-PIB市场产生巨大冲击。随后，BASF公司的产品迅速向全球扩张，开启了HR-PIB在油品添加剂方面替代低活性PIB的历程。为应对美国日益严格的环保法规，一些生产添加剂的公司需要使用新型高效的清净分散剂，从而对HR-PIB提出了新的市场需求。2000年，美国的Chevron Philips公司和Texas PC公司先后引进德国BASF公司的技术，建成2套HR-PIB装置。其中，Chevron Philips公司生产的HR-PIB主要用作该公司自产的润滑油和燃料油分散剂原料。

全球PIB市场在近十几年中发展迅速。2007年初全球PIB的产能突破了100万吨/年，英国Ineos公司的装置产能居行业首位，它在美国和法国的两座工厂总产能达到了20万吨/年。2016年，PIB的全球总产能达到了168.9万吨/年。表4.6中列出的是2016年PIB的主要生产厂家（或国家）的产能情况。PIB的产能主要集中在北美和西欧的几家大型生产商旗下。其中，德国BASF公司的产能最大，达到了29.5万吨/年，占全球总产能的17.5%[124]。BASF公司的PIB在欧洲有超过80%的份额，拥有多项专利技术，已经获得客户的广泛认同。美国的Infineum和Lubrizol公司生产的PIB只对特定用户供应。

表4.6　2016年全球PIB主要生产厂家（或国家）产能[124]

生产厂家	生产能力/(万吨/年)	备注
德国BASF公司	29.5	拥有Glissopal(低分子量)和Oppanol(中分子量)两个商品名
英国Ineos Group公司	20.0	拥有美国印第安纳州Whiting和法国Lavera两座工厂
美国Infineum公司	17.0	Exxon和Shell的合资公司
美国Texas PetroChemical公司	14.3	2套装置
美国Lubrizol公司	14.0	2套装置
韩国Daelim公司	18.5	丽川
美国Chevron Philips公司	6.0	路易斯安那州Belle Chasse
马来西亚	7.0	
日本	5.3	
俄罗斯	5.0	
阿根廷	4.0	
比利时	3.8	
印度	3.0	3套合计
墨西哥	1.0	
中国	16.9	
其他	3.6	
总计	168.9	

2016年，BASF和马来西亚国油化学集团（PCG）组成合资企业，并且开始在马来西亚关丹的格邦石化综合基地建设HR-PIB生产装置，建成的5万吨/年的装置于2018年1月投入运营，成为东南亚首套HR-PIB装置。2017年3月，美国Lubrizol公司在得克萨斯州鹿园新建的PIB厂区开始动工。沙特国有石油巨头Saudi Aramco公司及其合作伙伴法国Total公司与韩国Daelim公司合作建造一座8万吨/年的PIB装置，该装置可能于2024年投产。

2018年，全球PIB需求约为90.7万吨。因北美拥有强大的添加剂制造基地，同时也在向其他地区出口产品，所以北美对PIB的需求量占到全球总量的三分之一以上。2018年，全球PIB供应总量略高于100万吨，德国BASF公司的产能仍居首位，其次是韩国Daelim

公司和美国 Infineum 公司。

(2) 国内生产概况

我国 PIB 产业发展相对较晚，从 20 世纪 70 年代才开始进行 PIB 的技术研发工作。2007 年，我国 PIB 的生产厂家只有 6 家，总生产能力为 8.73 万吨/年[122]。近年来，在吸收引进海外生产技术的基础上，我国 PIB 行业产能产量增长较为明显，生产的 PIB 产品不但满足了国内市场需求，而且部分产品已经进入了国际市场。2015 年上半年我国 PIB 行业产量增长至 8.22 万吨。2016 年国内没有新建 PIB 装置的报道，PIB 总生产能力约为 16.9 万吨/年[125]，产量约 9.4 万吨，平均开工率 55.6%。国内 PIB 开工率较低，一方面因为市场和产品成本等不利因素的限制和制约；另一方面也由于国外低价货源抢占国内市场。2016 年国内 PIB 主要生产厂家及其生产能力见表 4.7[125,126]。

表 4.7 2016 年国内 PIB 主要生产厂家及其生产能力[125]

生产厂家	产能/(万吨/年)	产品种类
南京扬子-巴斯夫公司	5.0	HR-PIB
锦州精联(JinEX)润滑油添加剂有限公司	3.0	LM-PIB
吉林石化精细化学品厂	2.0	HR-PIB
	0.2	MM-PIB
山东玉皇化工有限公司	2.0	MM-PIB
山东鸿瑞石油化工公司	1.0	LM-PIB
	1.0	MM-PIB
兰州路博润兰炼添加剂有限公司	1.2	LM-PIB
杭州顺达集团高分子材料有限公司	0.6	MM-PIB(工业级、食品级)
	0.4	LM-PIB(食品级)
新疆新峰股份有限公司	0.5	LM-PIB
合计	16.9	

我国 PIB 产品共有二十几个牌号。LM-PIB 的生产厂家主要有南京扬子-巴斯夫公司和吉林石化公司。MM-PIB 的生产厂家主要有山东玉皇公司，主要生产分子量为（0.3～1.0）$\times 10^5$ 的 PIB；还有杭州顺达公司，产品有工业级和食品级，其食品级 PIB 产品为国内首创。尽管我国生产 PIB 的技术在努力与国际先进技术接轨，但仍然存在着一些技术瓶颈和不足之处。目前，食品级产品质量不稳定、PIB 产品牌号过少、新产品开发能力较弱、产品成本过高等因素制约了国内 PIB 产业的发展。

(3) 生产工艺

PIB 的生产是以混合 C_4 馏分或纯聚丁烯为原料，首先将原料进行预处理、干燥、预冷，然后在催化剂存在的条件下进行低温聚合反应，在反应一段时间后进行终止，对聚合产物进行碱洗和水洗脱除催化剂，最后进行常压和减压蒸馏，以除去未反应的原料、溶剂和低聚物，最后经过滤、漂白、干燥后得到 PIB 成品。工业上的反应为连续过程，反应器可以是釜式，也可以是管式。催化剂的主催化剂多为路易斯酸，如 BF_3、$AlCl_3$、$AlEt_2Cl$、$TiCl_4$ 等，这些酸的特点是没有质子，本身不能引发单体聚合，还需要加入微量共引发剂 H_2O、醇、卤代烷等与之反应生成络合物的同时释放出 H^+ 或碳正离子 R^+ 引发单体聚合[120]。工业上生产 PIB 最常见的催化体系是 $AlCl_3$ 和 BF_3。前者的典型技术来自 Exxon 公司，后者的典型技术来自 BASF 公司。目前，采用 $AlCl_3$ 催化体系生产的 PIB 产量最大；新兴的 BF_3

催化体系是近年来发展最快的工艺技术[122]。

Exxon 公司生产 HM-PIB 的工艺是以 $AlCl_3$ 为催化剂，以氯甲烷为稀释剂的低温淤浆聚合工艺[127]。反应在－190～－100℃下进行，聚合速率很快且伴有大量放热。该工艺使用的反应器将管壳式换热器与搅拌式反应器相结合，以沸腾乙烯为换热介质在反应器的壳体部分对反应器进行降温，以达到有效控制聚合反应温度的目的。溶于氯甲烷溶剂中的 IB 单体和催化剂分别加入反应器中，在反应器中流动混合并发生聚合反应，生成不溶于氯甲烷的 PIB，经闪蒸釜进行氯甲烷溶剂和未反应单体脱除后得到 PIB 产品。Exxon 生产中低分子量 PIB 使用的是连续聚合技术，为了控制聚合反应体系中的链转移反应，需要纯度更高的 IB 原料以及更低的聚合反应温度。将 IB 溶于己烷溶液中，溶液温度降至－40℃后进入反应器；同时将有 $AlCl_3$ 催化剂的己烷溶液也加入反应器，并在－20～－10℃进行聚合反应。反应过程中会放出大量的热，所以需要进行搅拌以保持良好的传热与传质。反应一段时间后将含有 $AlCl_3$、PIB 和己烷的混合溶液转移至热交换器中，加入 NaOH 溶液结束聚合反应，随后经沉降罐、脱气罐处理后得到 PIB 产品[128]。

BASF 公司生产 HM-PIB 使用的是链带式聚合设备。低温溶液聚合反应的催化剂为 BF_3，制冷剂为乙烯。乙烯的沸点为－103.7℃，聚合过程中通过乙烯蒸发带走大量反应热，从而保证聚合温度的稳定。反应时间比较短，反应产物经双螺杆挤出机去除气泡，并均匀混合，得到 PIB 产品。在反应过程中，部分乙烯会发生沸腾汽化，通过纯化和液化流程可以对其进行循环利用。该工艺的缺点是价格昂贵的 BF_3 对设备具有强烈的腐蚀性，这会增加设备投资和生产成本。BASF 公司生产中低分子量 PIB 的两段或多段连续聚合工艺是该类产品最具代表性的生产工艺[129,130]。该工艺以纯 IB 为原料，根据 BF_3 引发体系制备方法的不同而被分为两种：一种是先将 BF_3 配合物制备完成，然后根据所用原料的体积加入适量 BF_3 引发体系引发聚合反应，工艺中还可以加入 3～20 个碳原子的仲醇（直链或支链）或仲醇与 2～20 个碳原子的二烷基醚（至少含有一个叔烷基）作助催化剂来调节聚合活性及分子量大小；另外一种是先将相关含氧配合物与溶剂加入聚合装置中，然后通入 BF_3 气体作为共引发剂，BF_3 与含氧配合物反应得到催化剂，随后引发 IB 聚合[131,132]。上述中低分子量 PIB 的生产工艺可以使用纯 IB、C_4 馏分或二者的混合物为原料，其中 C_4 馏分的丁二烯含量应低于 2×10^{-4}。为避免最终 PIB 产品中出现含氟副产品（可多至 200μg/g），BASF 公司将以往采用的单一阶段 IB 聚合改为两段或多段聚合。整个聚合工艺制备 PIB 的选择性和转化率都很高，最终得到的 PIB 产品性能优越，这使得 BASF 公司成为全球最大的高活性低分子量 PIB 的生产供应商。

英国 BP 公司以 C_4 为原料生产 PIB。为降低 C_4 中 1-丁烯杂质对聚合过程的影响，需要先对原料进行氢化异构化处理[133]。利用该聚合工艺得到的高活性 LM-PIB 产品中卤素含量比较低。但由于 BP 公司该类 PIB 产品的市场竞争力弱于 BASF 公司的产品，目前 BP 公司以生产低活性 PIB 为主。

国内的 PIB 生产装置也基本采用上述工艺技术，多数采用硼系催化剂体系，以纯 IB 或混合 C_4 为原料，产品类型也与国外产品相似[152]。

4.6.2　间规聚丙烯

4.6.2.1　简介

1954 年，研究者们发现了烯烃聚合的立体选择性。1959 年，Natta[134] 从采用 $TiCl_3$/

$Al(C_2H_5)_2Cl$ 催化剂合成的聚丙烯（PP）中首次分离得到间规聚丙烯（*s*-PP）。1962 年，Natta 等[135] 利用钒类催化剂，在 -78℃下合成了 *s*-PP。但由于 *s*-PP 间规度较低（<50%），物理、化学性能均较差，很长一段时间内，*s*-PP 都被认为只具有科学研究的价值。20 世纪 80 年代，Kaminsky 等[136,137] 发现了茂金属/甲基铝氧烷（MAO）单活性中心高效烯烃聚合催化体系可以制备定制结构的树脂，这让 *s*-PP 获得了新生。1988 年，Ewen 等[138] 采用 $i\text{-}Pr(Cp)(Flu)ZrCl_2$/MAO 催化体系，首次合成了高纯度的 *s*-PP（间规度>80%）。从那以后，*s*-PP 的基础研究，包括催化体系[139-141]、聚合机理[142,143]、聚合物性能[144,145] 等方面都取得了很大的进展，*s*-PP 的工业化探索也得到了迅速发展。与传统的 Z-N 催化剂相比，间规选择性茂金属催化剂有新颖的微观结构、高的催化活性，制备得到的 *s*-PP 具有透明性好、透气性好、耐冲击、耐辐射、室温韧性和热密封性好等特点。*s*-PP 作为共混材料，在医疗产品、包装、纤维薄膜和汽车配件等方面都显示出了广阔的应用前景，近几年来已成为研究热点。

4.6.2.2 聚合机理

丙烯间规聚合机理虽不完全清楚，但一般认为仍属于阳离子配位聚合过程，其活性中心是烷基化的有机金属阳离子，而茂金属及其他金属有机化合物严格来说只能称为准催化剂。间规聚合机理包括链引发、链增长及链转移（链终止）等[146]。

(1) 链引发

在烷基化剂 MAO 的作用下，产生过渡金属（M）阳离子。随后丙烯插入金属碳键后形成活性中心，即：

$$RCpMX_2 + \left[\!\!-O-\underset{\displaystyle CH_3}{\underset{|}{Al}}-\!\!\right] \longrightarrow RCpM(CH_3)_2$$

$$RCpM(CH_3)_2 + \left[\!\!-O-\underset{\displaystyle CH_3}{\underset{|}{Al}}-\!\!\right] \longrightarrow RCpM^+CH_3 + \left[\!\!-O-\overset{\displaystyle X}{\overset{|}{\underset{\displaystyle CH_3}{\underset{|}{Al}}}}-\!\!\right]$$

$$RCpM^+CH_3 + CH_2{=}\underset{\displaystyle CH_3}{\underset{|}{CH}} \longrightarrow RCpM^+-CH_2-\underset{\displaystyle CH_3}{\underset{|}{CH}}-CH_3$$

(2) 链增长

活性链可认为通过单体的 1,2 顺式插入增长[142]，即

$$RCpM^+-CH_2-\underset{\displaystyle CH_3}{\underset{|}{CH}}-CH_3 + mCH_2{=}\underset{\displaystyle CH_3}{\underset{|}{CH}} \longrightarrow RCpM^+(CH_2-\underset{\displaystyle CH_3}{\underset{|}{CH}})_m-CH_2-\underset{\displaystyle CH_3}{\underset{|}{CH}}-CH_3$$

在链增长过程中，聚合过程由通常所说的“对映体立构化学控制机理”决定。这就意味着活性中心能识别前两种手性丙烯分子。在形成全同聚合物时，活性中心在整个聚合过程中构象都不改变，而在形成间规聚合物时，由于丙烯分子与配体以及增长链之间的空间位阻效应，使得活性中心的构象在每一次插入单体后都发生改变。这也就是说，在丙烯聚合过程中，茂金属活性中心与丙烯分子形成两种不同手性的阳离子聚合中心，该阳离子聚合中心根据甲基和丙烯分子位置的不同，形成 *R* 或 *S* 的对映体，如图 4.43 所示。增长链和丙烯分子在每一次插入后都会翻转交换位置，*R* 和 *S* 对映体活性中心相互转化，导致相邻的两个单体单元具有相反的立体构型，这导致了持续的异构化，使得聚合单体以相反的方式进入聚合

物链，从而形成 *s*-PP 分子链[143,147,148]。

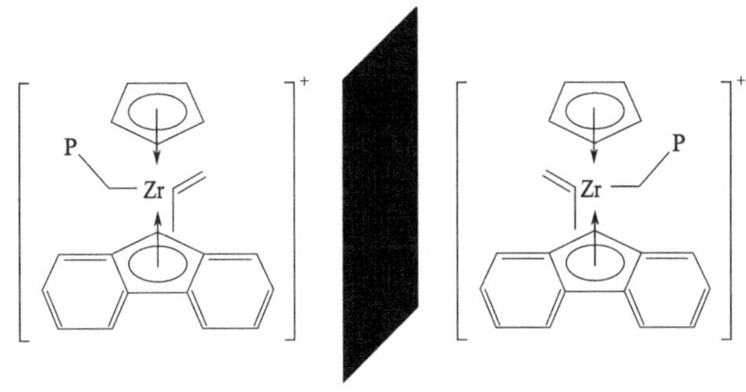

图 4.43 对映体活性中心

(3) 链转移

研究表明，聚合过程中存在 β-H 的消除[149]、β-CH_3 的消除[150] 和键的转移[151] 等多种链转移形式，但以 β-H 的消除为主[152]，即：

$$RCpM^+—CH_2—\underset{\displaystyle CH_3}{\underset{|}{CH}}—CH_3 \longrightarrow RCpM—H + CH_2{=}\underset{\displaystyle CH_3}{\underset{|}{C}}—CH_3$$

4.6.2.3 间规选择性茂金属催化剂的发展

(1) 单桥联茂金属催化剂

单桥联茂金属催化剂又名 Ewen 型催化剂，是最早用于 *s*-PP 制备的桥联化合物，其主要特点包括：具有 C_s 对称面；含有大小不同的环戊二烯基以及活性中心具有开口较大的茂金属边沿[153]。图 4.44 (a) 为 Ewen 首次合成 *s*-PP 所使用的 *i*-Pr(Cp)(Flu)$ZrCl_2$ 化合物[138]。采用该催化剂得到的 *s*-PP 分子量较低，氢调不敏感。

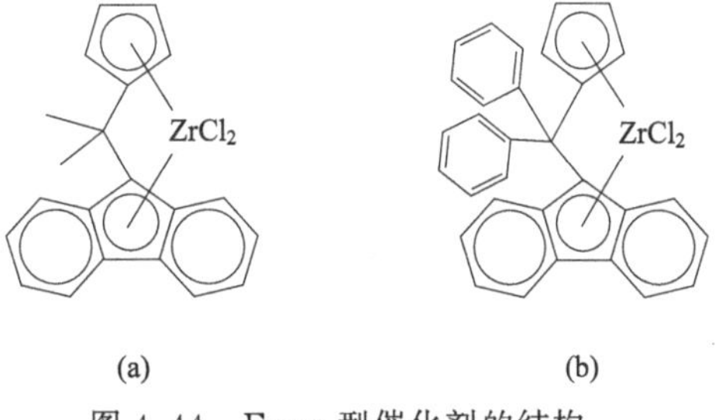

图 4.44 Ewen 型催化剂的结构

1993 年，Razavi 等[154] 对 Ewen 等设计的催化剂进行了改进。如图 4.44 (b) 所示，当催化剂中心金属为 Zr 时，将桥联碳上的修饰基团由双甲基取代改为双苯基取代，可以显著提高 *s*-PP 的分子量。虽然改进后的催化剂的间规定向性有所提高，但聚合活性却有明显下降。

(2) 双硅桥联茂金属催化剂

1996 年，Bercaw 等[155] 合成了双硅桥联茂金属催化剂 $(Me_2Si)_2$(4-R-Cp)(3,5-*i*-Pr_2-Cp)$ZrCl_2$。因此，双硅桥联茂金属催化剂又名 Bercaw 型催化剂，其结构见图 4.45。

Bercaw 型催化剂与 Ewen 型催化剂的特点基本相近，但 Bercaw 型催化剂是采用双硅桥连接，使其间规选择性更高，同时催化性能又非常容易受聚合条件的影响。Veghini 等[156] 对双硅甲基桥联茂金属催化丙烯间规聚合进行了详细的研究，发现在 MAO 的活化下，采用 Bercaw 型催化剂可以合成高间规度的 *s*-PP (间规度>99.5%)；随着聚合温度的升高，产物的间规度、分子量均降低。与 Ewen 型催化剂相比，Bercaw 型催化剂的间规选择性更高，且该间规选择性除了会受到聚合温度的影响以外，还对丙烯的浓度非常敏感。随着丙烯单体浓度的增加，由

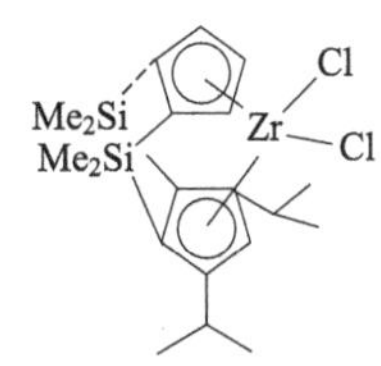

图 4.45 Bercaw 型催化剂的分子结构

Bercaw 型催化剂制得的 PP 由等规结构逐渐变为间规结构。这可能是因为双硅甲基桥联茂金属的金属夹脚开口更大，聚合物链可以更容易地从茂金属的一侧旋转到另一侧。单体的迁移插入效应越来越明显，最终导致了聚合物链立构规整度的改变[157]。

(3) 限制几何构型催化剂

限制几何构型茂金属催化剂，又名 CGC 型催化剂，是 Dow 化学公司于 1989 年合成的。随后，Dow 化学公司在 1991 年首先公布了 CGC 型催化剂的专利[158]。CGC 型催化剂含有烷基或硅烷基，特点是用氨基化合物取代非桥联茂金属催化剂结构中的一个环戊二烯基（或茚基、芴基等）或其他衍生物。它是一种单环戊二烯（Cp）与第 IV 副族过渡金属以配位键形成的络合物，Cp 基、过渡金属与杂原子（如氮）间键角小于 115°。二齿配位体稳定了金属电子云，同时短桥基团的存在又使配位体的位置发生偏移，从空间构型上限制了催化剂活性中心只能向一个方向打开，从而达到限定几何构型的目的。

采用限制几何构型茂金属 $Me_2Si(Flu)(N\text{-}t\text{-}Bu)ZrX_2$（X=Me、Cl、$Me_2N$）催化丙烯聚合时，用 MAO 或硼化物作助催化剂均可得到 *s*-PP；但使用硼化物作助催化剂得到的聚合产物的规整度和分子量分布都更为分散[159]。通过限制几何构型催化剂，只可以得到富含 *s*-PP 的无规聚丙烯（*a*-PP）[160]。21 世纪以来，研究者们对限制几何构型催化剂进行了广泛研究。2004 年，Nishii 等[161] 在丙烯聚合中使用 $[t\text{-}BuNSiMe_2Flu]TiMe_2$-MMAO 催化体系得到了 *s*-PP。Razavi 等[162,163] 利用 7 种间规聚合用茂金属催化剂研究了丙烯的插入机理和聚合过程中间规的选择性，发现通过调整配体结构，将茂基换成位阻较大的 η^5-芴基，可以得到中间规度的聚丙烯；如果采用叔丁基取代 η^5-芴基，可以提高聚合产物的间规度（60%～80%）以及聚合活性。2005 年，Bastos 等[164] 报道了 $\phi_2C(Flu)(Cp)ZrCl_2$ 和 $SiMe_2(Ind)_2ZrCl_2$ 混合催化剂负载后对 *s*-PP 聚合过程的影响。同年，Huang 等[165] 合成了 $(R^XPh)_2C(Cp)(Flu)MCl_2$（R^X = Cl，F 或 CF_3；M = Zr 或 Hf）。研究结果表明，使用该化合物进行丙烯聚合时，催化剂的聚合活性和间规选择性与苯基上取代基的种类密切相关。

4.6.2.4 生产工艺及发展态势

商业用 *s*-PP 是由美国 Fina 公司在 1989 年首次开发出来的[166]。1993 年，Fina 公司与日本三井东压化学公司合作，在位于美国得克萨斯州的拉波特采用已获得专利的茂金属催化剂成功运行了一套 2 万吨/年的 *s*-PP 环管式本体聚合装置[167]。此后，Exxon、Dow 等公司也相继开发出了自己的 *s*-PP 生产技术。1997 年，Atofina 公司在北美进行了世界首例茂金属 *s*-PP 的工业化生产，向市场推出了名为 Finaplas 的丙烯聚合物[168]。目前工业上用于 *s*-PP 生产的主要茂金属催化剂都是使用 Ewen 催化剂为基本结构模型，然后通过对该模型的细微修饰来实现对 PP 立构规整性的调节。

由于 *s*-PP 具有结晶速率慢、软化温度低、易在反应介质中溶胀溶解等特点，使用均相茂金属催化剂合成的 *s*-PP 颗粒形态差，容易粘釜、团聚。同时，MAO 的大量使用也限制了 *s*-PP 的工业化开发和商业应用。解决上述问题的关键是茂金属催化剂的载体化。硅胶的孔隙体积相对较大，又有比较高的比表面积，是聚烯烃工业中最常用的载体。Fina 公司[169] 在专利中提到硅胶应满足以下条件：形态为类球体；平均直径为 5～40μm，比表面积为 300～760m^2/g、孔体积为 0.5～1.5mL/g、孔径大于 2.0nm。

茂金属催化剂的载体方法有 4 种[170,171]，包括直接负载；负载后用 MAO 处理；先用 MAO 处理载体然后再负载；以及先用 MAO 处理载体，在负载茂金属化合物后再用 MAO 处理。目前，最佳的载体方法是先用 MAO 处理载体，再负载均相茂金属化合物。Fina 公司商业化的 s-PP 催化剂就采用了该技术，具体的工艺顺序为：将脱水后的硅胶在惰性溶剂（如甲苯）中处理后洗涤分离；将 MAO 处理的硅胶在惰性溶剂（如甲苯）中用茂金属催化剂处理，洗涤分离后将干燥的载体化催化剂分散在惰性分散介质（如矿物油）中[172]。在所有的处理步骤中使用适当的溶剂进行洗涤可以使茂金属牢固地负载到脱水硅胶的表面和孔表面，这是解决聚合过程中 s-PP 粘釜问题的关键因素之一。另一方面，该载体化工艺进行过程中，一些茂金属会与载体上的—OH 基团反应，从而导致催化剂活性的降低和 s-PP 分子量分布的增宽，可以在聚合过程中添加一些助催化剂或者活化剂来解决这些问题。

丙烯的间规聚合是一个放热反应，为避免聚合过程过于剧烈所带来的聚合物颗粒破碎、结块等问题，工业上最常见的方法是进行丙烯的预聚合。Fina 公司在环管装置上利用茂金属催化剂制备 s-PP 时就引入了预聚合过程[173,174]。丙烯的预聚合是在 60℃、$Me_2C(Cp)$(9-Flu)-$ZrCl_2$ 的甲苯溶液以及 MAO 的存在下进行的。预聚使载体化催化剂的外部形成了包裹层，有效控制了 s-PP 颗粒的成长过程。预聚合时间和催化体系的存放时间都会影响 s-PP 的颗粒形态，前者的影响更大。s-PP 颗粒大小、形态和堆积密度直接影响环管装置的生产效率。一般来说，要求 s-PP 球形或半球形颗粒的平均粒径为 50～100μm，颗粒尺寸分布窄，堆积密度接近或大于 4g/cm^3[175]。

近三十年来，s-PP 的催化剂合成和聚合工艺得到了广泛的研究，这为 s-PP 的工业化生产奠定了基础。s-PP 独特的结构与性能都为应用领域的拓展提供了更多的机会。它在柔软的高透明容器、高透明薄膜和片材、高光泽容器、热合密封材料、医用材料、绝缘材料等领域具有广阔的应用前景，有望部分取代 PP 共聚物、LLDPE 和 PVC。但是，大量使用 MAO 导致成本过高、聚合物粒子形态差、易粘釜等问题使得 s-PP 的工业化进程较为缓慢。迄今为止，国内并没有实现 s-PP 的工业化生产。在传统装置上实现 s-PP 工业化的关键在于催化剂的载体化工艺与预聚合工艺。载体化工艺的优化、载体化催化剂体系的储存与活化、丙烯间规聚合动力学、聚合物颗粒形态的变化规律以及聚合体系的流变行为都应是未来的研究重点。

4.6.3 聚 4-甲基-1-戊烯

4.6.3.1 简介

丙烯二聚产物 4-甲基-1-戊烯（4M1P）是一种重要的支链 α-烯烃，经过均聚可得到聚 4-甲基-1-戊烯（PMP）。PMP 最早由 Natta 在 1955 年通过其发明的 Z-N 催化剂合成，并在 1965 年由英国帝国化学工业公司（ICI）完成了半工业化生产[176]。1968 年，ICI 公司开始商业化量产 PMP。之后，日本三井石油公司（即现今的三井化学株式会社）取得了 ICI 的授权，于 1973 年开始生产 PMP（商品名为 TPX）并投入市场。目前，三井化学株式会社是 PMP 最大的生产与供应商。它于 2005 年通过改造其位于西日本的生产装置将 TPX 产能扩大了 5500t/a，目前总产能达到了 1.3 万吨/年。

PMP 的分子结构如图 4.46 所示。根据结晶条件的不同，PMP 具有五种不同的结晶状态。在所有的结晶形态中，PMP 的大分子链均呈螺旋状。螺旋程度不同，大分子链堆砌成的晶系也不相同。Ⅰ型结晶形态是通过熔融态直接冷却得到的，也被认为是最稳定的结晶形态[177]，其分子链形成 7/2 螺旋构象。Tanda 等[178] 发现了Ⅱ型结晶形态。Hasegawa 等[179] 报道了Ⅲ型结晶形态。Aharoni 等[180] 发现了Ⅳ型结晶形态。Charlet 等[181] 制备了Ⅴ型 PMP 晶体。结晶形态Ⅰ和Ⅲ为四方晶系，Ⅱ为单斜晶系，Ⅳ为六方晶系。结晶形态Ⅲ和Ⅴ都不稳定，极易转化成更为稳定的形态[182,183]。

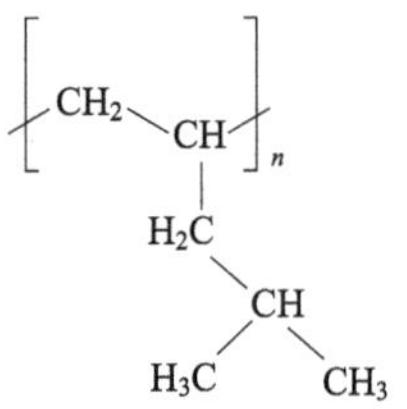

图 4.46 PMP 的分子结构

PMP 的非极性结构使其具有优良的介电性能，它的介电常数为 2.12（25℃，10^2～10^4 Hz），介电损耗为 1.5×10^{-4}（10MHz）[184]。在所有的合成树脂中，PMP 的介电常数最低，且可在较宽的温度和频率范围内保持稳定。PMP 的密度非常小（$0.83g/cm^3$），几乎接近塑料密度的理论极限[185]。它是唯一一种在室温下结晶相密度小于无定形相密度的半结晶高聚物[186]。由于它特殊的螺旋构象，PMP 分子具有较低的光学各向异性，导致其具有较高的透明性[187]。而与其他透明树脂相比，PMP 的比容更大，因此成型产品的质量更轻。结晶等规 PMP 的熔点为 245℃，玻璃化转变温度为 45℃，维卡软化温度为 173℃[188]。商业化 PMP 产品中除了 4M1P 的共聚物以外，还会添加摩尔分数 3%的线型 α-烯烃 C_{10}～C_{16}，这样不仅可以降低产品的熔点，还可以将玻璃化转变温度和脆性点降低 20～30℃[189]。PMP 的力学性能如表 4.8 所示[190]。可以看出，PMP 是一种刚性塑料，它具有较高的拉伸模量和较低的断裂伸长率。PMP 的悬臂梁缺口冲击强度比聚苯乙烯（PS）大，低于聚烯烃弹性体（POE）和聚酰胺；它的蠕变性能优于 PE 和 PP[9]。PMP 的冲击强度是其他具有同等高透光性的热塑性塑料（如聚苯乙烯和丙烯酸塑料）的两到三倍。但是 PMP 的力学性能容易受到温度的影响，例如，当温度从 20℃升高到 80℃，PMP 的拉伸强度可下降 90%[191]。

表 4.8 PMP 的力学性能

性能	ASTM 测试方法	数值
拉伸屈服强度/MPa	D638-10	20～24
拉伸断裂强度/MPa	D638-10	17～24
断裂伸长率/%	D638-10	10～25
弯曲强度/MPa	D790-10	25～36
拉伸模量/GPa	D638-10	1.3～2.0
弯曲模量/GPa	D790-10	1.3～1.8
压缩模量/MPa	D695-10	800～1200
缺口冲击强度/(J/m)	D256-10	200～500
洛氏硬度	D7852	L80～L93

由于 PMP 具有出色的透明性、耐热性、易剥离性、热稳定性和耐化学药品性，它的应用范围十分广泛。约有 40%的 PMP 被用于医疗卫生领域，包括注射器、导管连接器、血液收集和输血设备、起搏器部件和呼吸设备的制造。PMP 制品可以承受高压釜、干热处理、紫外线照射、环氧己烷处理等多种杀菌方式。PMP 另一重要应用是制造化学和生物医学的实验室设备，如实验室器皿和动物饲养笼等。PMP 在工业生产中可用于 FPC 生产工序中的剥离膜、制造合成皮革时的离型纸、高压橡胶管生产用的芯棒和护套、LED 用模杯等。此外，由于 PMP 的成型品质量较轻且不含卤素，可降低制造、运输、使用时对环境的负荷，是一种环保材料。PMP 还常被用于食品行业，如食品保鲜膜、食品保鲜袋、烤箱纸盒和微波炉用餐具等。

4.6.3.2　聚合工艺

单体 4MP1 的供应和成本是影响 PMP 生产的重要因素。目前国外制备 4MP1 用得最多的方法是丙烯二聚，即以丙烯为原料，在 150～200℃、10MPa 下，采用钾基催化剂制得。20 世纪 60 年代，英国石油公司建成世界上第一套 2000t/a 的 4MP1 工业装置；70 年代，日本三井石油化学公司得到英国石油公司的许可，在日本建成了 2500t/a 的装置；80 年代，美国菲利普公司建成了万吨级 4MP1 生产装置，其产品纯度高达 99%[192]。经过多年的发展，国外 4MP1 的生产规模不断扩大，但国内目前尚无厂家进行 4MP1 的工业化生产。

4MP1 在 Z-N 催化剂的存在下，于常压及 30～60℃下聚合，可制得 PMP 均聚物，单体转化率为 85%[193]。在上述定向聚合过程中，PMP 分子链疏松的螺旋构型以及较大的侧基会影响其结晶，因此，产品的结晶度一般为 40%～60%。日本三井化学株式会社制备 PMP 的工艺流程如图 4.47 所示。

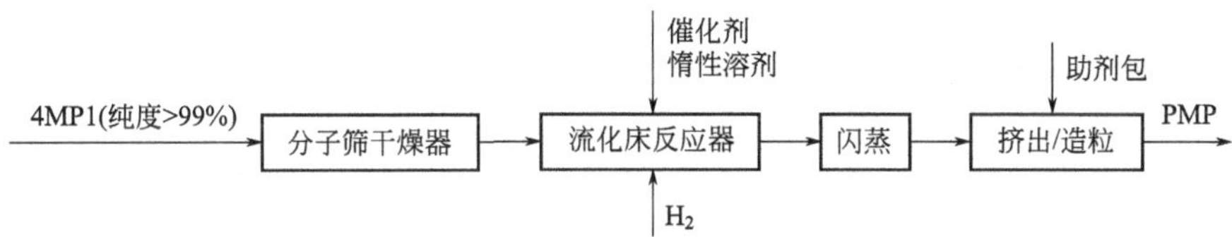

图 4.47　三井化学株式会社制备 PMP 的工艺流程图

4.6.3.3　制备工艺的发展

研究者发现 4MP1 还可以用不同的茂金属催化剂来聚合，如利用非桥联催化剂 Cp_2ZrCl_2-MAO 得到无规（非晶态）PMP；利用催化剂 $C_2H_2(Ind)_2ZrCl_2$-MAO 得到等规（半结晶）PMP；还可以使用 $Me_2C(Cp)(Flu)ZrCl_2$-MAO 催化剂体系制备间规 PMP。在 4MP1 与乙烯或丙烯的共聚反应中也可以使用茂金属催化剂。

工业生产中，使用 Z-N 催化剂得到的 PMP 产品存在分子量组成不均匀的问题，这会影响产品的力学性能（特别是韧性）。近年来，三井化学株式会社在利用茂金属催化剂制备 PMP 方面进行了深入的研究[193-195]。研究发现，虽然茂金属催化剂的使用可以得到分子量分布窄、介电和力学性能较好的 PMP，但是与以往的工业化产品相比，它的耐热性能更差一些[196]。产生这种现象的原因可能是茂金属催化剂制备的聚合物在一定程度上存在单体单元的非均相键合。而通过加入少量 1-丁烯、1-己烯或 1-癸烯进行共聚，可以有效改善 PMP 的耐热性能。利用茂金属催化剂对 PMP 和少量 α-烯烃进行共聚来获得物性平衡、优异的 PMP 新产品成了新的研究热点。

4.6.4　环烯烃聚合物

4.6.4.1　简介

环烯烃（共）聚合物（COC），是一种高附加值的热塑性工程塑料[196]。COC 的开发可以追溯到 50 多年以前，但当时使用的传统催化剂活性较低，限制了 COC 的发展。直到 1990 年之后，三井化学株式会社、日本 Zeon 公司、日本合成橡胶株式会社（后更名为 JSR）、德国赫斯特公司才陆续开发出了 COC 的工业化装置[197]。从 1998 年到 2009 年，COC 的全球产能就从 7000 吨/年增加到了 7.2 万吨/年。2018 年，全球共消耗 5.4 万吨的 COC，市场价值高达 6 亿美元，其中约有近一半的消费量在亚太地区。目前，COC 最大的生产厂家为德国 TAP（Topas Advanced Polymers）公司，商品名为 Topas®；日本 Zeon 公司，商品名为 Zeonex®、Zeonor®、ZeonorFilm®；日本三井化学株式会社，商品名为 APEL®；以及日本 JSR 株式会社，商品名为 ARTON®。近年来，COC 制造领域的顶级公司频频进行收购，同时也在研发方面加大投资来保持其市场占有率。2018 年 3 月，德国 TAP 公司宣布将收购全球工程热塑性塑料供应商 Polyplastics Group，以提高它在美洲 COC 市场的地位。同年 10 月，日本 Zeon 公司宣布，将扩大其位于高岗市的 ZeonorFilm® 光学薄膜的生产能力，该 COC 产品可用于大屏幕电视的阻燃膜。

烯烃与环状单体的共聚导致非晶态 COC 共聚物具有较高的玻璃化转变温度，从而使它表现出特殊的物理性质，如高透光性、高折射率、低双折射率、低吸湿性等。目前 COC 已经被广泛地应用于制造各种光学镜头棱柱、汽车头灯、液晶显示屏用光学薄膜、太阳能电池集光板等，还取代了聚碳酸酯成为高密度数字记录光盘（CD、DVD）的制造材料。此外，COC 还具有优良的耐热性、化学稳定性、熔体流动性、尺寸稳定性，较低的介电常数和损耗，因此它还适用于电子及电器部件的制造、医药和食品包装材料。

4.6.4.2 环烯烃加成聚合的催化剂体系及聚合原理

环烯烃聚合通常按两种方式进行，即加成聚合和开环易位聚合（ROMP）。加成聚合的主要单体是二聚环戊二烯及降冰片烯。加成聚合仅打开环上的 π 键而不会发生开环反应，因此加成聚合物的主链中不含双键且链单元保留了聚合单体的环状结构[198]。聚合物的主链由碳环连接组成，链段运动需要较高的能量，因此聚合物具有优良的耐热性能。文献中报道过的 COC 加成聚合催化剂主要有 Z-N 催化剂[199,200]、茂金属催化剂[201,202] 和具有一定亲电性的钯、镍配合物[203,204]。

铬、钒、钛系 Z-N 催化剂都可以用于 COC 的加成聚合，但得到的均聚物分子量和产率都比较低。Z-N 催化剂的催化活性及催化 COC 聚合的方式与 COC 中碳环的尺寸、烷基取代的程度以及催化剂本身的性质相关[198]。使用钒系催化剂进行小尺寸环烯烃聚合时，反应产物基本都是加成聚合物；但随着环尺寸的增大，加成聚合产物的比例逐渐下降。使用钛系催化剂进行 COC 聚合时的趋势则恰好相反，当环尺寸较小时，反应产物以开环聚合物为主，产物中加成聚合物的比例随着环尺寸的增大而变大[136]。Tsujino 等[205] 发现用钛系催化剂进行 COC 聚合时，提高 Al/Ti 比可获得加成聚合物和开环易位聚合物的混合物。大量 $TiCl_4$ 能够产生有利于引发单体以加成方式增长的烷基钛，而提高 Al/Ti 比则使部分烷基钛发生氢消除反应而变为钛的卡宾化合物，导致开环易位聚合物的生成。

与传统的 Z-N 催化剂相比，茂金属催化剂具有更高的催化活性。茂金属化合物是由过渡金属 Zr、Hf、Ti 与配体环戊二烯基、取代环戊二烯基[206]、茚基[207]、4,5,6,7-四氢茚基、取代茚基、芴基[208] 等组成的，配体之间常以 En—、Me_2Si—等桥键相连。茂金属催化剂则是由茂金属化合物与 MAO 或硼化物等 Lewis 酸结合而成的催化体系。利用具有 C_2 与 C_S 对称的茂金属催化剂制备的 COC 均聚物一般为结晶高聚物。它的熔点高于自身的分解温度且不能溶于常见的有机溶剂，增加了微观结构表征和加工应用的难度。为了解决上述问题，可以改变聚合条件（升高聚合温度、降低单体浓度、引入氢原子）来得到能够溶于有机溶剂的 COC 低聚物以及与乙烯等 α-烯烃共聚得到具有较好加工性能的 COC 共聚物。

图 4.48 以制备 COC 最常用的 NBE 为原料，给出了利用茂金属催化剂进行加成聚合反应的机理。从图中可以看出，加成聚合反应总共分为 3 步[209,210]：①助催化剂 MAO 以甲基取代茂金属的两个 C_1 原子，然后 MAO 夺走一个甲基形成活性中心；②单体与活性中心配位形成过渡态络合物；③烷基金属键断裂，双键断裂后接上了烷基和金属，原来烷基所在的

位置变成空位，等待下一个单体进行配位。在NBE的加成聚合反应中，对映体位置的控制决定了以C_2对称的茂金属催化剂可制得叠双全同立构的COC均聚物；以C_S对称的茂金属催化剂可制得双间同立构的COC均聚物。对于茂金属催化剂催化NBE与乙烯等α-烯烃共聚反应的机理也有很多报道[211-213]，主要有交替机理和保留机理[214,215]。交替机理是指插入单体时，增长的聚合物链会改变其在金属原子上的配位位点，导致催化剂中心构型的反转，进而使下一个单体单元键入原先被聚合物链占据的位置。保留机理是指聚合物链会返回到它在插入单体之前所占据的配位位点。在这种情况下，单体总是从相同的方向接近催化剂的中心，并且催化剂中心的构型始终得以保持。

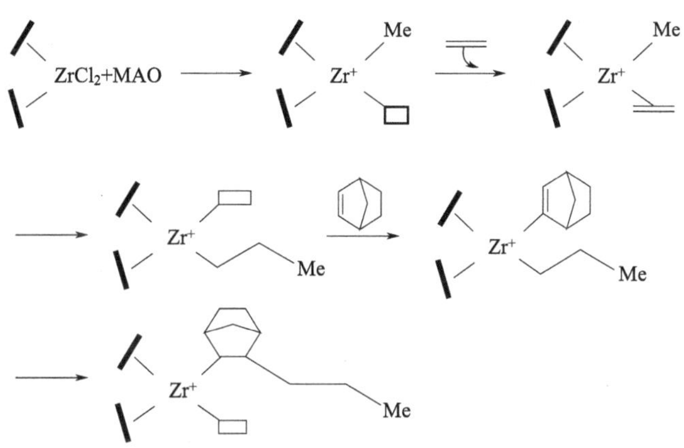

图 4.48 茂金属催化剂制备COC的加成聚合反应机理

在聚合物链中引入杂原子官能团可以提高分子内和分子间的作用力，从而改善高分子材料的玻璃化转变温度、弹性模量、动态力学性能、熔融流变性、松弛行为、电绝缘性等。但是茂金属催化剂在这方面有使用局限性，因为它们会快速与官能团反应而失活。后过渡金属钯、镍催化剂对某些极性官能团有较好的相容性，可以在COC的聚合反应中表现出较高的活性。聚合COC最早使用的钯和镍催化剂分别是$PdCl_2$[216]和$(PhCN)_2PdCl_2$[217]，可以得到COC的低聚体。在Sen等[218]发现$[Pd(CH_3CN)_4]BF_4$催化剂之后，一系列$[Pd(CH_3CN)_4]BF_4$催化剂［其中R为C_2H_5—、$(CH_3)_3C$—、Ph—、MePh—、t-Bu—、冰片基等］被广泛用于高分子量COC的加成聚合反应[203,204,218]。除了配体RCN之外，钯和镍的配体还有乙烯桥联双二氢吲哚、双1,2,3,4-四氢氰啉、α-二亚胺、η^3-烯丙基等[205]。钯、镍催化剂催化NBE进行加成聚合反应的步骤是：①引发；②引发时催化剂的配体被NBE取代；③链增长反应中单体从面外插入[219,220]。而在NBE与α-烯烃共聚时，α-烯烃并不是作为共聚单体参与反应，而是作为一种链转移剂来调节分子量。

4.6.4.3 环烯烃开环易位聚合的催化剂体系及聚合机理

在ROMP中，聚合单体通过双键断裂移位形成新的双键，所得的大分子链中带有大量残余双键。ROMP的主要单体是环戊烯和降冰片烯。最主要的ROMP催化剂可以分为3类：第一种是传统催化剂，由MX_n（过渡金属M＝W、Mo、Re）和助催化剂（如R_xAlCl_3、SnR_4等）组成[220]；第二种是水溶性体系的催化剂；第三种则是近年发展起来的卡宾或亚烷基类催化剂。

传统催化剂是最早出现的易位催化剂，是由MX_n和助催化剂组成的，比较典型的传统

催化剂有 WCl_6/Bu_4Sn、$WOCl_4/EtAlCl_2$、MoO_3/SiO_2、Re_2O_7/Al_2O_3 等[221]。该类催化剂成本较低，制备简单，目前在烯烃 ROMP 的工业应用上仍占有重要地位。传统催化剂在强 Lewis 酸环境和较为苛刻的操作条件下对多数极性基团敏感。它可用于环戊烯、环戊二烯、NBE 及其极性衍生物的聚合，且反应得到的聚合物的立构规整性与催化剂的立构规整性密切相关。但该类催化剂通常为双组分，难以判断活性中心，所以其 ROMP 反应机理尚不明确。

水溶性催化剂的主要代表是 $K_2RuCl_3 \cdot H_2O$。该催化剂可以在乙醇和水溶液条件下催化 NBE 的 ROMP 反应，可以催化带有各种官能团的 NBE 单体。水溶性催化剂可用于 2,3-双官能团取代的 NBE 的聚合，在低温和高压下可以有效控制聚合物的立体构型[222]。虽然反应的活性和产率都不高，但该催化剂的发现使得 ROMP 反应在质子性溶剂中进行得以实现。

卡宾型催化剂又被称作亚烷基类催化剂，是近年发展起来的一类高效易位催化剂。这类催化剂主要有 Ti、W、Mo、Ru 四类，其中活性最高的是 Mo 类（Schrock 催化剂）和 Ru 类（Grubbs 催化剂）[220]。Shrock 催化剂的主要优点是活性和立体选择性高，且能够与带有酯基、氨基、酰亚胺、缩酮、含卤基团等单体兼容[223]。利用该催化剂可以得到全同立构和间同立构的聚合物[224]，且副反应较少。但是 Schrock 催化剂对氧气和水敏感，对含有羰基和羟基的反应物也不适用，这极大地限制了它的应用。

1992 年，Grubbs 等研究出了金属钌卡宾配合物催化剂，并成功应用于 NBE 的 ROMP 反应中[225]。在对该催化剂进行改进后，第一代 Grubbs 催化剂［图 4.49(a)］于 1995 年被正式推出，它大大拓宽了单体在易位化学中的使用范围[226]。数年后，含有氮-杂环卡宾（NHC）配体的第二代 Grubbs 催化剂［图 4.49(b)］出现了。因为 NHC 配位的钌络合物比 PPh_3 或 PCy_3 配体配位的络合物具有更高的稳定性[227]，且 NHC 配体能够有效增强反式膦配体从 Ru 活性中心的分离而给出易位活性种[228]；第二代 Grubbs 催化剂不仅反应活性高，稳定性也非常好，对极性官能团和空气均不敏感，操作条件温和。但是该催化剂的使用也有其局限性，如最终聚合产物的分子量相对不可控以及分子量分布较宽等[229]。2002 年，第三代 Grubbs 催化剂［图 4.49(c)］被开发出来[230]。基于吡啶基的不稳定性，该催化剂含有较强的 NHC 配体且与溴吡啶基有较弱的配位作用，这导致它在 ROMP 反应中表现出高活性[231]。因为高的引发速率和桥头苯醚结构的存在，第三代 Grubbs 催化剂可以得到分子量分布较窄的 COC（PDI＜1.10）[232]，同时它还具有较高的稳定性。

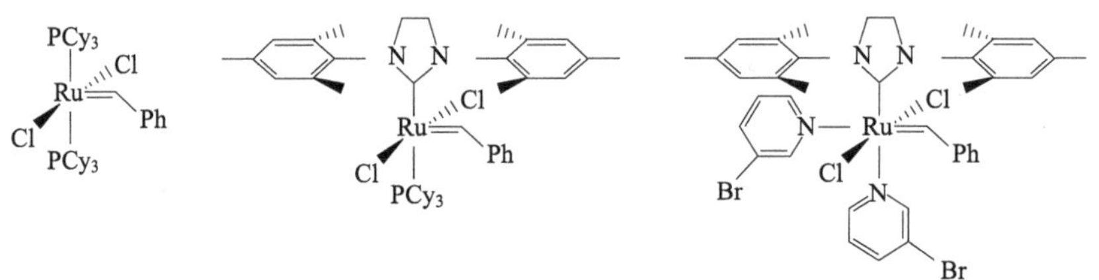

(a) Grubbs第一代催化剂　(b) Grubbs第二代催化剂　(c) Grubbs第三代催化剂

图 4.49　Grubbs 催化剂[225,226]

基于 Chauvin 提出的易位反应机理[233]，Bielawski 和 Grubbs 提出了 ROMP 反应机理[234]，如图 4.50 所示。引发始于过渡金属烷基烯化合物与环烯烃单体的配位络合，经过［2＋2］-环加成反应形成了四元环的金属环丁烷中间体。该过渡中间体经过环裂解后又形成了一个新的金属烷基烯化合物。虽然由于嵌入了单体，该化合物的尺寸增加了，但它对环烯烃的反应活性与引发剂类似。因此，链增长的过程一直重复进行，直到聚合终止（即消耗完所有单体，反应达到平和，反应被终止）。ROMP 反应一般都是由加入特定的试剂来终止的，这些试剂的作用是有选择地从增长的聚合物链的末端移除过渡金属并使其失活，或者用现有的官能团取代活性位上的金属。

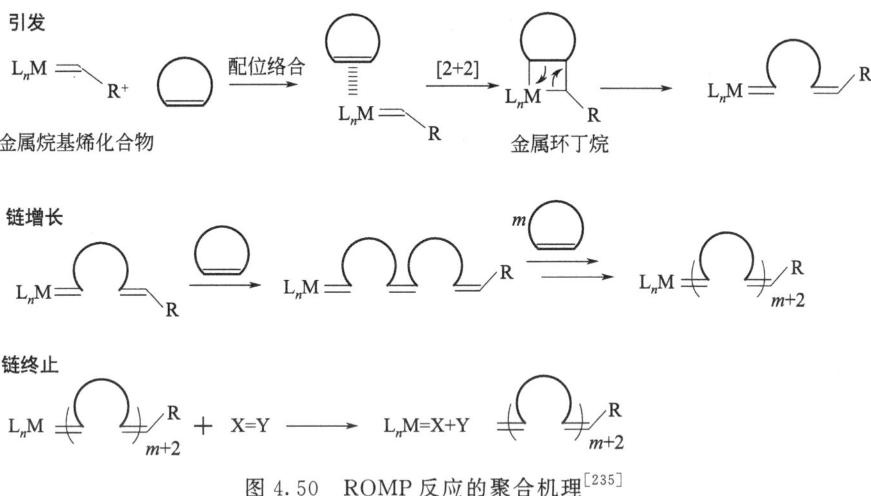

图 4.50　ROMP 反应的聚合机理[235]

4.6.4.4　环烯烃聚合物制备工艺

在 COC 的商业化生产方面，日本 Zeon 公司、日本 JSR 株式会社和美国 BF Goodrich 公司采用的是 ROMP 工艺；而德国 TAP 公司和日本三井化学株式会社使用的是茂金属加成聚合（mCOC）工艺[235]。1991 年，日本 Zeon 公司率先采用 ROMP 生产 Zeonex®，并于 1998 年推出了 Zeonor®。

ROMP 是在配位催化剂或金属盐体系的存在下进行的。配位催化剂通常由 AlR_3 类的金属烷基组分和 $TiCl_4$ 类的过渡金属组分构成。金属盐催化体系则主要是铼、锇、钨、钼或钯的过渡金属氯化物[236]。日本 Zeon 公司和美国 BF Goodrich 公司对催化剂体系进行了深入研究，并拥有多件专利。由于通过 ROMP 得到的 COC 分子链中含有大量的残余双键，因此聚合物的介电常数比较高，抗氧化性能和耐化学性能较差。只有通过后续加氢反应，除去高分子链中 98%以上的双键，才可改善聚合物的电学和光学性能。负载型镍或钯碳催化剂是常用的加氢催化剂[237,238]。单环烯烃经 ROMP 反应后得到的聚合物是不含环状结构的 COP（cyclic-olefin-polymers），加氢后的 COP 与少了一环的 COC 和乙烯的交替共聚物的分子链结构相同，因此也可以被称为 COC。

ROMP 生产 COC 的过程多为溶液聚合，常用的溶剂有甲苯、环己烷等。图 4.51 为典型的 ROMP 工艺流程图[239]。1 号反应器是三段塔式聚合反应器；A、B、C 三段的反应温度分别是 70～90℃、80～100℃以及 100～130℃。物料在该反应器的总停留时间是 10min。出口处单体转化率高于 95%。但由于溶剂的存在，出口处物料的固含率仅在 20%左右。聚合物溶液从反应器顶部出口溢流，然后进入串联的 2 号和 3 号立式加氢反应器。2 号反应器的温度为 80℃，压力为 4MPa；3 号反应器的温度为 130℃，压力为 4MPa。加氢反应器中使用的是镍金属系列加氢催化剂。聚合物在加氢后经过滤、脱挥、挤出造粒得到最终的 COC 产品。除此之外，也有研究者尝试使用多个串联的全混合厌氧反应器（CSTR）进行 ROMP

反应，加氢反应器可以使用管式反应器或固定床式反应器[236]。

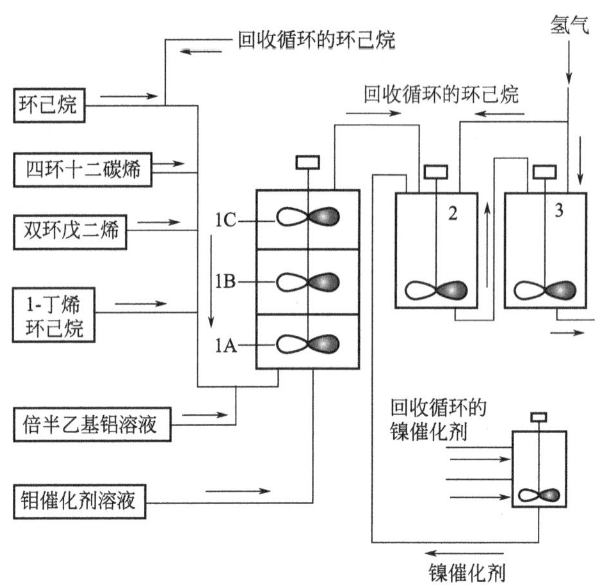

图 4.51 BF Goodrich 公司的 ROMP 流程图[239]

对比 ROMP，加成聚合的工艺开发要晚一些。该工艺多采用活性较高的桥联型催化剂[213,240]，其中以 *rac*-[En(Ind)$_2$]ZrCl$_2$ 的活性为最高 [9120kg/(mol · h)]。mCOC 反应机理为配位加成聚合。由于分子链中没有残余双键，因此不需要加氢反应。为减少反应体系中的杂质、保证产品的透明度，mCOC 工艺用到的都是均相催化剂，聚合过程为溶液聚合。在小试研究中，通常使用甲苯做溶剂，反应温度为 60～120℃。德国 Ticona 公司（Gelanese AG 的子公司，后被 TAP 公司收购）采用 mCOC 工艺，于 2000 年建成 3 万吨/年的工业装置，其工艺流程如图 4.52 所示。

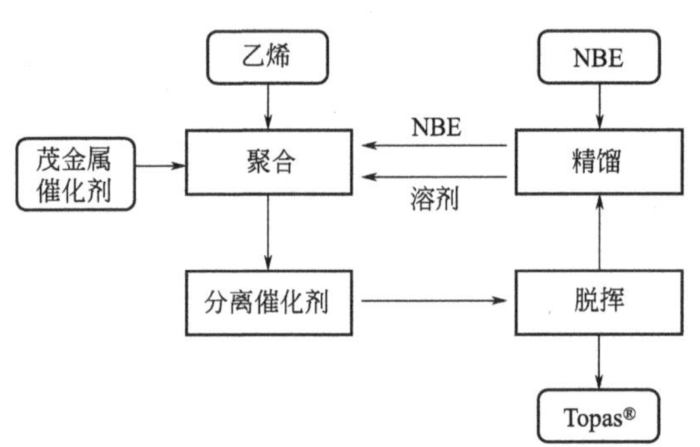

图 4.52 德国 Ticona 公司 mCOC 工艺流程图[125]

可以看出，Topas® 的工业化生产采用的是茂金属催化剂催化的溶液聚合过程，包括了精馏、聚合、催化剂分离和脱挥四个部分。多级精馏可以保证单体和溶剂的超高纯度。聚合过程为自动控制，通过调整反应器中单体的浓度比可以得到单体含量不同的聚合物，进而控制聚合物的性能。聚合反应完成后，通过使用连续过滤装置可以将 99.9% 以上的催化剂逐步分离出去，得到杂质含量低于 10μg/g 的反应产物。该反应物经沉淀、过滤、脱挥后，溶剂残量低于 100μg/g。

对比两种聚合工艺，可以发现：ROMP 工艺过程中使用的单体为环烯烃，价格远高于各类 α-烯烃，而且 ROMP 需要额外的加氢单元，工艺流程复杂，成本比较高；mCOC 工艺可以使用价格低廉的乙烯等作为共聚单体，催化剂活性比较高且无需进行加氢，成本低廉。

参考文献

[1] Vasile C. 聚烯烃手册 [M]. 2 版. 李杨，等译. 北京：中国石化出版社，2005：1.

[2] Spalding M A，Chatterjee A. Handbook of industrial polyethylene and technology：definitive guide to manufacturing，properties，processing，applications and markets set [M]. NJ，USA：Scrivener Publishing，2017：3-10.

[3] Dennis M B，Elliot B I. 工业聚丙烯导论 [M]. 李化毅，等译 . 宁夏：宁夏人民教育出版社，2015：1-2.

[4] Pasquini N，Addeo A. Polypropylene handbook，2nd edition [M]. Ohio，USA：Hanser，2005：8-10.

[5] Peacock A. Handbook of polyethylene：structures：properties and applications [M]. NY，USA：Marcel Dekker，2000：1-7.

[6] 张师军，乔金樑. 聚乙烯树脂及其应用 [M]. 北京：化学工业出版社，2011：39-42.

[7] 乔金樑，张师军. 聚丙烯和聚丁烯树脂及其应用 [M]. 北京：化学工业出版社，2011：55-68.

[8] 徐宝成. 线性低密度聚乙烯合成工艺 [M]. 北京：石油工业出版社，2010.

[9] 洪定一. 塑料工业手册 [M]. 北京：北京工业出版社，1999.

[10] Moore E P，S. P. A. M. The Rebirth of polypropylene：supported catalysts ：how the people of the montedison laboratories revolutionized the PP industry [M]. Hanser，1998.

[11] 洪定一. 聚丙烯——原理、工艺与技术 [M]. 北京：中国石化出版社，2002.

[12] Steve D. LyondellBasell technology：advancing possible；proceedings of the SPE international polyolefins conference Houston，F，2019 [C].

[13] Kanellopoulos V，Kiparissides C. Industrial multimodal processes [M] //Albunia A R，Prades F，Jeremic D. Multimodal polymers with supported catalysts：design and production. Cham；Springer International Publishing，2019：155-203.

[14] Cai P，Chen L，Van Egmond J，Tilston M. Some recent advances in fluidized-bed polymerization technology [J]. Particuology，2010，8 (6)：578-81.

[15] Maddah H A. Polypropylene as a promising plastic：a review [J]. American Journal of Polymer Science，2016，6 (1)：1-11.

[16] Galli P. The reactor granule technology：a revolutionary approach to polymer blends and alloys [J]. Macromolecular Symposia，1994，78 (1)：269-84.

[17] Galli P，Vecellio G. Technology：driving force behind innovation and growth of polyolefins [J]. Progress in Polymer Science，2001，26 (8)：1287-336.

[18] Rondelez D. A new face to the innovene PP process [R]，2010.

[19] 姜立良，李元凯. Innovene 工艺与 Horizone 工艺的比较 [J]. 合成树脂及塑料，2015，(2015 年 03)：77-81.

[20] CB&I，Retrieved from https：//www. mcdermott. com/What-We-Do/Technology/Lummus/Petrochemicals/Olefins/Polypropylene-Production [J].

[21] Govoni G，Rinaldi R，Covezzi M，Galli P. Process and apparatus for the gas-phase polymerization of α-olefins [Z]. Google Patents. 1997.

[22] Dorini M，Mei G. Basell spherizone technology [J]. Sustainable Industrial Chemistry，2009：563-78.

[23] Covezzi M，Mei G. The multizone circulating reactor technology [J]. Chemical Engineering Science，2001，56 (13)：4059-67.

[24] Mei G，Herben P，Cagnani C，Mazzucco A. The spherizone process：a new PP manufacturing platform；proceedings of the macromolecular symposia，F，2006 [C]. Wiley Online Library.

[25] 张军辉，张晓帆. 丙烯聚合催化剂外给电子体及复配的研究进展 [J]. 石油化工，2017，46 (6)：784-90.

[26] 毕福勇，杨光，宋文波. 用于丙烯聚合的外给电子体及外给电子体复配的研究进展 [J]. 橡塑资源利用，2013，(5)：5-14.

[27] StüRzel M，Mihan S，MüLhaupt R. From multisite polymerization catalysis to sustainable materials and all-polyolefin composites [J]. Chemical Reviews，2016，116 (3)：1398-433.

[28] Collina G，Ciarafoni M，Fusco O，Gaddi B，Galvan M，Morini G，Pantaleoni R，Pater J T，Piemontesi F，Verrocchio F. Process for the preparation of impact resistant propylene polymer compositions. 2015.

[29] Ishimaru N，Kioka M，Toyota A. Process for polymerizing olefins and catalyst for polymerizing olefins. 1997.

[30] Grein C. Multimodal polypropylenes：the close interplay between catalysts，processes and polymer design [M].

Multimodal Polymers with Supported Catalysts. Springer. 2019：205-41.

[31] Sato H，Ogawa H. Review on development of polypropylene manufacturing process [J]. Sumitomo Chemical Co，Ltda Process & Production Technology Center Fecha de consulta，2009，12.

[32] Natta G，Pino P，Corradini P，Danusso F，Mantica E，Mazzanti G，Moraglio G. Crystalline high polymers of α-olefins [J]. Journal of the American Chemical Society，1955，77（6）：1708-1710.

[33] Luciani L，Seppälä J，Löfgren B. Poly-1-butene：its preparation，properties and challenges [J]. Progress in Polymer Science，1988，13（1）：37-62.

[34] Alma'adeed M a A，Krupa I. Polyolefin compounds and materials：fundamentals and industrial applications [M]. Switzerland：Springer International Publishing，2016：33-34.

[35] Armeniades C D，Baer E. Effect of pressure on the polymorphism of melt crystallized polybutene-1 [J]. Journal of Macromolecular Science，Part B：Physics，1967，1（2）：309-34.

[36] Danusso F，Gianotti G. The three polymorphs of isotactic polybutene-1：dilatometric and thermodynamic fusion properties [J]. Die Makromolekulare Chemie：Macromolecular Chemistry and Physics，1963，61（1）：139-56.

[37] Danusso F，Gianotti G. Isotactic polybutene-1：Formation and transformation of modification 2 [J]. Die Makromolekulare Chemie：Macromolecular Chemistry and Physics，1965，88（1）：149-58.

[38] Danusso F，Gianotti G，Polizzotti G. Isotactic polybutene-1：modification 3 and its transformations [J]. Die Makromolekulare Chemie：Macromolecular Chemistry and Physics，1964，80（1）：13-21.

[39] Holland V，Miller R L. Isotactic polybutene-1 single crystals：morphology [J]. Journal of Applied Physics，1964，35（11）：3241-8.

[40] Aronne A，Napolitano R，Pirozzi B. Thermodynamic stabilities of the three crystalline forms of isotactic poly-1-butene as a function of temperature [J]. European polymer journal，1986，22（9）：703-6.

[41] 山脇隆，今林秀树. 1-丁烯聚合物的制备方法：CN87105646 [P]. 1987-08-20.

[42] 维塔勒 G，莫里尼 G，塞欣 G. 1-丁烯聚合物（共聚物）及其制备方法：CN03800736 [P]. 2003-04-07.

[43] 比加维 D，梅 G，阿里奇德菲内蒂 N. α-烯烃聚合的液相法：CN03814198 [P]. 2003-06-17.

[44] 洪昇杓，朴珉圭，金德经. 高有规立构聚丁烯聚合物及其制备方法：CN200410042337 [P]. 2004-05-20.

[45] Vitale G，Piemontesi F，I. Mingozzi. Process for the preparation of polymer of 1-Butene：European Patent EP 2010/054356 [P]. 2010-10-21.

[46] 高菲. 用液相本体分段聚合制备有规立构热塑性树脂的方法：CN200610170962 [P]. 2007-07-25.

[47] 黄宝琛，郑保永，姚薇，等. 高全同聚 1-丁烯的本体沉淀合成方法：CN200710013587 [P]. 2007-02-11.

[48] 贺爱华，黄宝琛，姚薇，等. 一种聚丁烯合金材料及其制备方法：CN201010198121 [P]. 2010-06-03.

[49] 王世波，周俊领，高克京. 高等规聚 1-丁烯聚合物及制备方法：CN200910236253 [P]. 2009 -10-23.

[50] 张晓萌，毕福勇，宋文波. 一种高等规度聚 1-丁烯的制备方法：CN201210422461 [P]. 2012-10-29.

[51] 张晓萌，毕福勇，宋文波. 高等规聚 1-丁烯的制备方法：CN201210422461 [P]. 2012-10-29.

[52] 贺爱华，刘晨光，邵华峰. 一种聚丁烯合金的制备方法：CN201510081502 [P]. 2015-02-15.

[53] 贺爱华，刘晨光，邵华峰. 一种聚烯烃合金的制备方法：CN201510144372 [P]. 2015-03-30.

[54] 贺爱华，姜秀波，刘晨光. 一种聚烯烃合金材料及其制备方法：CN201510144972 [P]. 2015-03-30.

[55] 任合刚，王斯晗，高宇新. 一种球形聚 1-丁烯的制备方法：CN201510953899 [P]. 2015-12-17.

[56] 任合刚，王斯晗，高宇新. 一种高等规度球形聚 1-丁烯的制备方法：CN201510954491 [P]. 2015-12-17.

[57] 任合刚，付义，宋磊. 一种高等规度聚 1-丁烯的合成方法：CN201510954492 [P]. 2015-12-17.

[58] 雷斯科尼 L，莫尔哈德 F. 金属茂化合物、它们制备中使用的配体，1-丁烯聚合物的制备和由此得到的 1-丁烯聚合物：中国专利，CN 200580030481 [P]. 2005-05-31.

[59] 彭佐 G，比吉阿维 D，科夫兹 M. 聚合烯烃的液相方法：CN200480036619 [P]. 2004-11-29.

[60] 汤蒂 M S，雷斯科尼 L. 制备可分级的 1-丁烯聚合物的方法：CN200580024462 [P]. 2005-06-10.

[61] 雷斯科尼·L，汤蒂 M S，F·莫哈德. 1-丁烯聚合物及其制备方法：CN200580036272 [P]. 2005-09-29.

[62] Huang Q G，Sheng Y P，Deng K X，Ma L F，Wu Y X，Yang W T. The effect of polymerization conditions on crystalline of polybutene-1 catalyzed by metallocene catalyst [J]. Chinese Chemical Letters，2007，18（2）：217-20.

[63] Kaminsky W，Külper K，Brintzinger H H，Wild F R. Polymerization of propene and butene with a chiral zirconocene and methylalumoxane as cocatalyst [J]. Angewandte Chemie International Edition in English，1985，24（6）：507-8.

[64] Rossi A，Odian G，Zhang J. End groups in 1-butene polymerization via methylaluminoxane and zirconocene catalyst

[J]. Macromolecules, 1995, 28 (6): 1739-49.

[65] Zhu F, Huang Q, Lin S. Syntheses of multi-stereoblock polybutene-1 using novel monocyclopentadienyltitanium and modified methylaluminoxane catalysts [J]. Journal of Polymer Science Part A: Polymer Chemistry, 1999, 37 (24): 4497-501.

[66] 黄启谷，祝方明，伍青，林尚安. 茂钛催化剂苯乙烯/1-丁烯嵌段共聚物的合成与表征 [J]. 高分子学报，2000，(5): 649-53.

[67] 黄启谷，祝方明，伍青，林尚安. 茂金属催化聚合的聚 1-丁烯的结构表征 [J]. 高分子学报，2001，(1): 48-51.

[68] Huang Q, Wu Q, Zhu F, Lin S. Synthesis and characterization of high molecular weight atactic polybutene-1 with a monotitanocene/methylaluminoxane catalyst system [J]. Journal of Polymer Science Part A: Polymer Chemistry, 2001, 39 (23): 4068-73.

[69] Resconi L, Camurati I, Malizia F. Metallocene Catalysts for 1-Butene Polymerization [J]. Macromolecular Chemistry and Physics, 2006, 207 (24): 2257-79.

[70] Zacca J J, Ray W H. Modelling of the liquid phase polymerization of olefins in loop reactors [J]. Chemical Engineering Science, 1993, 48 (22): 3743-65.

[71] G·切钦，G·科里纳，M·科维兹. 聚 1-丁烯（共）聚合物及其制备方法：CN99800235 [P]. 1999-03-02.

[72] Jc S, Fj T, Dr W. Constrained geometry addition polymerization, catalysts, processes for their preparation, precursors therefore, methods of use, and novel polymer formed therewith: EP0416815A2 [P]. 1991.

[73] Canich, Jam. Process for producing crystalline polyalphaolefins with a monocyclopentadienyl transition metal catalyst system: U. S. Patent, US 5026798 [P]. 1991.

[74] Sj B, Jw S, Dcj B. Solution polymerization process: US677509 [P]. 2004.

[75] C P, R L, H L. Process for olefin polymerization using group 4 metallocene as catalysts: EP2402354B1 [P]. 2010.

[76] Ms T, M O, V F. Olefin polymerization process: EP1648946B1 [P]. 2004.

[77] P W, Gv D. Process for the production of a polymer comprising monomeric units of ethylene, an α-oplefin and a vinyl norbornene: US7829645B2 [P]. 2004.

[78] M N, T M. Transition metal compound catalyst for addition polymerization, and process for producing addition polymer: US6548686B2 [P]. 2001.

[79] 李忠勋，林炳权，李银精. 长链支化的乙烯-α烯烃共聚物：CN101711260A [P]. 2008.

[80] 禹泰羽，玉明岸，韩政锡. 用来制备乙烯均聚物或乙烯与α-烯烃的共聚物的芳香基苯氧基催化剂体系：CN101213217A [P]. 2005.

[81] 吕春胜. 单环戊二烯基钛类茂金属催化剂催化烯烃聚合的研究 [D]；吉林大学，2006.

[82] Stevens J C. Constrained geometry and other single site metallocene polyolefin catalysts: a revolution in olefin polymerization [M]. Studies in Surface Science and Catalysis. Elsevier. 1996: 11-20.

[83] Rb A, Jam C, Gg H. PCT Int. Appl, WO94/00500 [P]. 1994.

[84] P B, Am C, Aj D. PCT Intl. Appl, WO 94/ 07930 [P]. 1994.

[85] Bensason S, Minick J, Moet A, Chum S, Hiltner A, Baer E. Classification of homogeneous ethylene-octene copolymers based on comonomer content [J]. Journal of Polymer Science Part B: Polymer Physics, 1996, 34 (7): 1301-15.

[86] 吕立新. 反应器聚合方法制备聚烯烃类热塑性弹性体技术进展 [J]. 中国塑料，2006，20 (12): 1-9.

[87] Ac C, Tg P. Propylene-based elastomeric composition: US7893161B2 [P]. 2006.

[88] S I, K O, H T. Propylene copolymer, polypropylene composition, use thereof, transition metal compounds, and catalysts for olefin polymerization: EP1614699B1 [P]. 2003.

[89] Mallin D T, Rausch M D, Lin Y G, Dong S, Chien J C. rac- [ethylidene (1-. eta. 5-tetramethylcyclopentadienyl) (1-. eta. 5-indenyl)] dichlorotitanium and its homopolymerization of propylene to crystalline-amorphous block thermoplastic elastomers [J]. Journal of the American Chemical Society, 1990, 112 (5): 2030-1.

[90] Llinas G H, Dong S, Mallin D T, Rausch M D, Lin Y, Winter H H, Chien J C. Homogeneous Ziegler-Natta catalysts. 17. Crystalline-amorphous block polypropylene and nonsymmetric ansa-metallocene catalyzed polymerization [J]. Macromolecules, 1992, 25 (4): 1242-53.

[91] Gauthier W J, Corrigan J F, Taylor N J, Collins S. Elastomeric poly (propylene): influence of catalyst structure and polymerization conditions on polymer structure and properties [J]. Macromolecules, 1995, 28 (11): 3771-8.

[92] Coates G W, Waymouth R M. Oscillating stereocontrol: a strategy for the synthesis of thermoplastic elastomeric polypropylene [J]. Science, 1995, 267 (5195): 217-9.
[93] 黄葆同，陈伟. 茂金属催化剂及其烯烃聚合物 [M]. 北京：化学工业出版社，2000.
[94] 黄耀. 茚基茂金属催化体系合成乙丙橡胶的研究 [D]；浙江大学，2013.
[95] 陈建军. 烯烃共聚用膦氮配体配合物及聚合应用研究 [D]；北京理工大学，2017.
[96] Chien J C, He D. Olefin copolymerization with metallocene catalysts. Ⅰ. Comparison of catalysts [J]. Journal of Polymer Science Part A: Polymer Chemistry, 1991, 29 (11): 1585-93.
[97] Yu Z, Marques M, Rausch M D, Chien J C. Olefin terpolymerizations. Ⅲ. Symmetry, sterics, and monomer structure in ansa-zirconocenium catalysis of EPDM synthesis [J]. Journal of Polymer Science Part A: Polymer Chemistry, 1995, 33 (16): 2795-801.
[98] 邹向阳，东升魁，李金鹰，孙聚华，李国香. 乙丙橡胶催化剂及工艺研究进展 [J]. 弹性体，2013，23 (6)：72-5.
[99] 张涛，邹云峰，车浩，孙聚华，邹向阳，王积悦，郑翔，蔡小平. 乙丙橡胶生产工艺与技术 [J]. 化工进展，2016，35 (08)：2317-22.
[100] Khariwala D, Taha A, Chum S, Hiltner A, Baer E. Crystallization kinetics of some new olefinic block copolymers [J]. Polymer, 2008, 49 (5): 1365-75.
[101] Wang H, Khariwala D, Cheung W, Chum S, Hiltner A, Baer E. Characterization of some new olefinic block copolymers [J]. Macromolecules, 2007, 40 (8): 2852-62.
[102] Shan C L P, Hazlitt L G. Block index for characterizing olefin block copolymers. Proceedings of the Macromolecular Symposia, F, 2007 [C]. Wiley Online Library.
[103] Arriola D J, Carnahan E M, Hustad P D, Kuhlman R L, Wenzel T T. Catalytic production of olefin block copolymers via chain shuttling polymerization [J]. Science, 2006, 312 (5774): 714-9.
[104] Aj D, Cm E, Hd P. Catalyst composition comprising shuttling agent for regio-irregular multiblock copolymer formation: PCT Int Appl: WO2006101595 [P]. 2006.
[105] Hustad P D, Kuhlman R L, Carnahan E M, Wenzel T T, Arriola D J. An exploration of the effects of reversibility in chain transfer to metal in olefin polymerization [J]. Macromolecules, 2008, 41 (12): 4081-9.
[106] Kuhlman R L, Wenzel T T. Investigations of chain shuttling olefin polymerization using deuterium labeling [J]. Macromolecules, 2008, 41 (12): 4090-4.
[107] Dobrynin A V. Phase coexistence in random copolymers [J]. The Journal of chemical physics, 1997, 107 (21): 9234-8.
[108] 李化毅，胡友良. 链穿梭聚合制备聚烯烃嵌段共聚物的研究进展 [J]. 合成树脂及塑料，2008，25 (6)：55-60.
[109] Rb P, Jam C, Gg H. PCT Int. Appl, WO94/00500 [P]. 1994.
[110] Mitani M, Saito J, Ishii S I, Nakayama Y, Makio H, Matsukawa N, Matsui S, Mohri J I, Furuyama R, Terao H. FI Catalysts: new olefin polymerization catalysts for the creation of value-added polymers [J]. The Chemical Record, 2004, 4 (3): 137-58.
[111] Kiesewetter E T, Waymouth R M. Octahedral group IV bis (phenolate) catalysts for 1-hexene homopolymerization and ethylene/1-hexene copolymerization [J]. Macromolecules, 2013, 46 (7): 2569-75.
[112] M Bookhart, Lk J, Cm K. Alpha-olefins and olefin polymers and processes thereof: PCT Int Appl, WO9623010 [P]. 1995.
[113] Johnson L K, Killian C M, Brookhart M. New Pd (II) -and Ni (II) -based catalysts for polymerization of ethylene and. alpha. -olefins [J]. Journal of the American Chemical Society, 1995, 117 (23): 6414-5.
[114] Guan Z, Cotts P, Mccord E, Mclain S. Chain walking: a new strategy to control polymer topology [J]. Science, 1999, 283 (5410): 2059-62.
[115] Ittel S D, Johnson L K, Brookhart M. Late-metal catalysts for ethylene homo-and copolymerization [J]. Chemical Reviews, 2000, 100 (4): 1169-204.
[116] 郭春文. α-二亚胺镍催化乙烯聚合制备高支化聚乙烯及其性能 [D]. 杭州：浙江大学，2010.
[117] K D, R D. Olefin-based polymers and dispersion polymerizations: WO088235 [P]. 2012.
[118] K D, R D. Ethylene-based polymers prepared by dispersion polymerization: WO096418 [P]. 2013.
[119] Li Y, Cokoja M, Kühn F E. Inorganic/organometallic catalysts and initiators involving weakly coordinating anions for isobutene polymerization [J]. Coordination Chemistry Reviews, 2011, 255 (13-14): 1541-57.

[120] 王宏革，崔华，董德，倪慕华，冯亚杰. 聚异丁烯研究进展及其工艺优化 [J]. 弹性体，2007，17 (1)：78-83.

[121] 陈勇. 高活性聚异丁烯 [J]. 化工科技市场，2001，24 (8)：15-7.

[122] 关颖. 聚异丁烯产业发展分析 [J]. 化学工业，2009，(8)：25-30.

[123] 张文学，贾军纪，黄安平，朱博超，周波. 高活性聚异丁烯的生产状况及最新合成方法 [J]. 石油化工，2014，43 (2)：226-32.

[124] 崔锡红，齐泮仑，顾爱萍，西晓丽. 国内外低分子聚异丁烯合成工艺发展动态 [J]. 化学工程师，1999，(3)：56-7.

[125] 任佳，朱彦春，乔楠. 聚异丁烯的应用及市场分析 [J]. 弹性体，2017，27 (4)：76-80.

[126] 李贺，孙思睿，王海蔷. 我国聚异丁烯生产及市场分析与预测 [J]. 弹性体，2012，22 (6)：74-7.

[127] 武冠英，吴一弦. 控制阳离子聚合及其应用 [M]. 北京：化学工业出版社，2005.

[128] 威尔克斯. E. 工业聚合物手册（精）[M]. 北京：化学工业出版社，2005.

[129] 低分子量高活性聚异丁烯的制备：CN1104448 C [P]. 2003-04-02.

[130] 低分子量、高反应活性聚异丁烯的制备工艺：CN1100071C [P]. 2003-01-29.

[131] 陈亮. 合成中、高分子量聚异丁烯的高效 $AlCl_3$/含氧化合物催化体系的研究 [D]. 上海：华东理工大学，2017.

[132] 董科. 硼系和硼/钛复合催化体系引发异丁烯聚合小试研究 [D]. 上海：华东理工大学，2016.

[133] 聚异丁烯的生产方法：中国专利，CN 1178967C [P]. 2004-12-08.

[134] Natta G. Progress in the stereospecific polymerization [J]. Die Makromolekulare Chemie：Macromolecular Chemistry and Physics，1960，35 (1)：94-131.

[135] Natta G，Pasquon I，Zambelli A. Stereospecific catalysts for the head-to-tail polymerization of propylene to a crystalline syndiotactic polymer [J]. Journal of the American Chemical Society，1962，84 (8)：1488-90.

[136] Sinn H，Kaminsky W. Ziegler-Natta catalysis [M]. Advances in organometallic chemistry. Elsevier. 1980：99-149.

[137] Kaminsky W，Miri M，Sinn H，Woldt R. Bis (cyclopentadienyl) zirkon-verbindungen und aluminoxan als Ziegler-Katalysatoren für die polymerisation und copolymerisation von olefinen [J]. Die Makromolekulare Chemie，Rapid Communications，1983，4 (6)：417-21.

[138] Ewen J A，Haspeslach L，Atwood J L，Zhang H. Crystal structures and stereospecific propylene polymerizations with chiral hafnium metallocene catalysts [J]. Journal of the American Chemical Society，1987，109 (21)：6544-5.

[139] Catalysts，method of preparing these catalysts and method of using said catalysts，EP 0277004 [P]. 1988-08-03.

[140] Yu Z，Chien J C. ansa-Zirconocenium catalysis of syndiospecific polymerization of propylene：Theory and experiment [J]. Journal of Polymer Science Part A：Polymer Chemistry，1995，33 (7)：1085-94.

[141] 负载型金属茂催化剂、其制备及应用：CN 1049439C [P]. 2000-02-16.

[142] Asanuma T，Nishimori Y，Ito M，Shiomura T. Syndiotactic polymerization mechanism of α-olefins using metallocene catalysts [J]. Die Makromolekulare Chemie，Rapid Communications，1993，14 (5)：315-22.

[143] Farina M，Terragni A. On the syndiotactic polymerization mechanism using metallocene catalysts [J]. Die Makromolekulare Chemie，Rapid Communications，1993，14 (12)：791-8.

[144] Nakaoki T，Hayashi H，Kitamaru R. Structural study of syndiotactic polypropylene gel by solid-state high resolution 13C nmr [J]. Polymer，1996，37 (21)：4833-9.

[145] Thomann R，Wang C，Kressler J，Jüngling S，Mülhaupt R. Morphology of syndiotactic polypropylene [J]. Polymer，1995，36 (20)：3795-801.

[146] 孙春燕，刘伟，时晓岚，陈伟，景振华. 间规聚丙烯 (sPP) 的制备与工业化研究 [J]. 石化技术，2001，8 (3)：157-61.

[147] Cavallo L，Guerra G，Vacatello M，Corradini P. A possible model for the stereospecificity in the syndiospecific polymerization of propene with group 4a metallocenes [J]. Macromolecules，1991，24 (8)：1784-90.

[148] 王静. 茂金属催化剂用于间规聚丙烯制备的研究. [D]；天津大学，2006.

[149] Ewen J A，Elder M. Syntheses and models for stereospecific metallocenes; proceedings of the Makromolekulare Chemie Macromolecular Symposia，F，1993 [C]. Wiley Online Library.

[150] Resconi L，Piemontesi F，Franciscono G，Abis L，Fiorani T. Olefin polymerization at bis (pentamethylcyclopentadienyl) zirconium and-hafnium centers：chain-transfer mechanisms [J]. Journal of the American Chemical Society，1992，114 (3)：1025-32.

[151] Siedle A，Lamanna W，Newmark R，Stevens J，Richardson D，Ryan M. The role of non-coordinating anions in homogeneous olefin polymerization. Proceedings of the Makromolekulare Chemie Macromolecular Symposia，F，1993

[C]. Wiley Online Library.

[152] Resconi L, Camurati I, Sudmeijer O. Chain transfer reactions in propylene polymerization with zirconocene catalysts [J]. Topics in Catalysis, 1999, 7 (1): 145-63.

[153] 孙春燕，陈伟，刘伟，景振华. 间规聚丙烯（sPP）的研究开发进展 [J]. 高分子通报，2001，(3)：50-6.

[154] Razavi A, Atwood J L. Preparation and crystal structures of the complexes (η^5-$C_5H_4CPh_2$-η^5-$C_{13}H_8$) MCl_2 (M Zr, Hf) and the catalytic formation of high molecular weight high tacticity syndiotactic polypropylene [J]. Journal of organometallic chemistry, 1993, 459 (1-2): 117-23.

[155] Herzog T A, Zubris D L, Bercaw J E. A new class of zirconocene catalysts for the syndiospecific polymerization of propylene and its modification for varying polypropylene from isotactic to syndiotactic [J]. Journal of the American Chemical Society, 1996, 118 (47): 11988-9.

[156] Veghini D, Henling L M, Burkhardt T J, Bercaw J E. Mechanisms of stereocontrol for doubly silylene-bridged C s- and C 1-symmetric zirconocene catalysts for propylene polymerization. Synthesis and Molecular Structure of Li_2 [(1, 2-$Me_2Si)_2$ {C_5H_2-4-(1 R, 2 S, 5 R-menthyl)}{C_5H-3, 5-($CHMe_2$)2)}] ⊙ 3THF and [(1, 2-$Me_2Si)_2$ {η^5-C_5H_2-4-(1 R, 2 S, 5 R-menthyl)}{η^5-C_5H-3, 5-$(CHMe_2)_2$}]$ZrCl_2$ [J]. Journal of the American Chemical Society, 1999, 121 (3): 564-73.

[157] 许蔷，孙天旭，袁苑，义建军. 用于合成间规聚丙烯的茂金属催化剂的研究进展 [J]. 石油化工，2017，46 (6)：828-34.

[158] Constrained geometry addition polymerization catalysts, processes for their preparation, precursors therefor, methods of use, and novel polymers formed therewith, EP 0416815 [P]. 1991-03-13.

[159] Shiomura T, Asanuma T, Sunaga T. Effect of cocatalysts on the character of a constrained geometry catalyst [J]. Macromolecular rapid communications, 1997, 18 (2): 169-73.

[160] Chen Y-X, Marks T J. "Constrained geometry" dialkyl catalysts. Efficient syntheses, C-H bond activation chemistry, monomer-dimer equilibration, and α-olefin polymerization catalysis [J]. Organometallics, 1997, 16 (16): 3649-57.

[161] Nishii K, Matsumae T, Dare E O, Shiono T, Ikeda T. Effect of solvents on living polymerization of propylene with [t-BuNSiMe_2Flu] TiMe_2-MMAO catalyst system [J]. Macromolecular Chemistry and Physics, 2004, 205 (3): 363-9.

[162] Razavi A, Bellia V, De Brauwer Y, Hortmann K, Peters L, Sirole S, Van Belle S, Thewalt U. Fluorenyl based syndiotactic. Specific metallocene catalysts structural features, origin of syndiospecificity. Proceedings of the Macromolecular Symposia, F, 2004 [C]. Wiley Online Library.

[163] Razavi A, Bellia V, De Brauwer Y, Hortmann K, Peters L, Sirole S, Van Belle S, Thewalt U. Syndiotactic-and isotactic specific bridged cyclopentadienyl-fluorenyl based metallocenes; structural features, catalytic behavior [J]. Macromolecular Chemistry and Physics, 2004, 205 (3): 347-56.

[164] Bastos Q C, Marques M D F V. Polypropylene reactor mixture obtained with homogeneous and supported catalysts [J]. Journal of Polymer Science Part A: Polymer Chemistry, 2005, 43 (2): 263-72.

[165] Huang J, Zhang Y, Yang X, Chen W, Qian Y. Propylene polymerization of ansa-complexes $(RXPh)_2C(Cp)(Flu)$ MCl_2 (M= Zr or Hf) with halogen substituents on phenyl groups [J]. Journal of Molecular Catalysis A: Chemical, 2005, 227 (1-2): 147-52.

[166] 生产间规聚烯烃的方法和催化剂：CN 1040036A [P]. 2000-12-13.

[167] 蒋琦. 1993 年石化技术重要新闻 [J]. 当代石油石化，1994，(4)：47-9.

[168] 唐伟家. 间规聚丙烯工业化产品 [J]. 上海塑料，2002，(3)：40.

[169] Process for the syndiotactic propagation of olefins: US 6166153 [P]. 2000-12-26.

[170] Supported metallocene catalysts: US 6432860 [P]. 2002-08-13.

[171] 费建奇，赵伟，景振华. 茂金属间规聚丙烯工业化的研究进展 [J]. 石油化工，2005，(z1)：556-8.

[172] 孟令柱，毛静，张宇，义建军，宋昭峥，陈商涛，王科峰. 茂金属催化丙烯间规聚合的研究进展 [J]. 高分子通报，2012，(4)：77-82.

[173] Process for activating a metallocene catalyst supported on silica: US 6239058 [P]. 2001-05-29.

[174] Process for treating silica with alumoxane: US 6239058 [P]. 2001-04-03.

[175] Razavi A. Syndiotactic polypropylene: discovery, development, and industrialization via bridged metallocene catalysts [J]. Polyolefins: 50 years after Ziegler and Natta II, 2013: 43-116.

[176] 张素霖. 展望 TPX [J]. 塑料工业, 1984, 2: 54-55.

[177] Daniel C, Vitillo J G, Fasano G, Guerra G. Aerogels and polymorphism of isotactic poly (4-methyl-pentene-1) [J]. ACS applied materials & interfaces, 2011, 3 (4): 969-77.

[178] Takayanagi M, Kawasaki N. Mechanical relaxation of poly-4-methyl-pentene-1 at cryogenic temperatures [J]. Journal of Macromolecular Science, Part B, 1967, 1 (4): 741-58.

[179] Hasegawa R, Tanabe Y, Kobayashi M, Tadokoro H, Sawaoka A, Kawai N. Structural studies of pressure-crystallized polymers. I. Heat treatment of oriented polymers under high pressure [J]. Journal of Polymer Science Part A-2: Polymer Physics, 1970, 8 (7): 1073-87.

[180] Aharoni S M, Charlet G, Delmas G. Investigation of solutions and gels of poly (4-methyl-1-pentene) in cyclohexane and decalin by viscosimetry, calorimetry, and x-ray diffraction. A new crystalline form of poly (4-methyl-1-pentane) from gels [J]. Macromolecules, 1981, 14 (5): 1390-4.

[181] Charlet G, Delmas G. “Modification V” of poly 4-methylpentene-1 from cyclopentane solutions and gels [J]. Polymer Bulletin, 1982, 6 (7): 367-73.

[182] De Rosa C, Auriemma F, Borriello A, Corradini P. Up-down disorder in the crystal structure of form III of isotactic poly (4-methyl-1-pentene) [J]. Polymer, 1995, 36 (25): 4723-7.

[183] De Rosa C. Crystal structure of form II of isotactic poly (4-methyl-1-pentene) [J]. Macromolecules, 2003, 36 (16): 6087-94.

[184] Mark H, Bikales N, Overberger C, Menges G, Kroschwitz J. Encyclopedia of polymer science and engineering, Vol. 10: Nonwoven fabrics to photopolymerization [J]. 1987.

[185] Reddy S, Desai P, Abhiraman A, Beckham H W, Kulik A S, Spiess H W. Structure and temperature-dependent properties of poly (4-methyl-1-pentene) fibers [J]. Macromolecules, 1997, 30 (11): 3293-301.

[186] Griffith J H, Rånby B. Dilatometric measurements on poly (4-methyl-1-pentene) glass and melt transition temperatures, crystallization rates, and unusual density behavior [J]. Journal of Polymer Science, 1960, 44 (144): 369-81.

[187] Kusanagi H, Takase M, Chatani Y, Tadokoro H. Crystal Structure of isotactic poly (4-methyl-1-pentene) [J]. Journal of Polymer Science: Polymer Physics Edition, 1978, 16 (1): 131-42.

[188] Lopez L C, Wilkes G L, Stricklen P M, White S A. Synthesis, structure, and properties of poly(4-methyl-1-pentene) [J]. Journal of Macromolecular Science, Part C: Polymer Reviews, 1992, 32 (3-4): 301-406.

[189] K. O. Encyclopedia of chemical technology. 5th ed [M]. Hoboken: John Wiley & Sons, Inc, 2007.

[190] Ja B. Plastic materials, 7th ed [M]. London: Butterworth-Heinemann, 1999.

[191] Kirshenbaum I, Isaacson R, Feist W. The effect of molecular motion on the birefringence-temperature curve for poly 4-methyl-1-pentene [J]. Journal of Polymer Science Part B: Polymer Letters, 1964, 2 (9): 897-901.

[192] 李建中. 4-甲基-1-戊烯的生产和应用 [J]. 辽宁化工, 1993, (4): 25-7.

[193] 4-甲基-1-戊烯·α-烯烃共聚物、含有该共聚物的组合物及 4-甲基-1-戊烯共聚物组合物, CN, 102597027B [P]. 2013-11-06.

[194] 烯烃聚合物的制造方法及烯烃聚合物: CN 104662050B [P]. 2017-03-22.

[195] 烯烃系聚合物及其用途: CN1965001B [P]. 2011-09-28.

[196] 刘少杰, 曹堃, 姚臻, 李伯耿, 朱世平. 开环移位聚合制备环烯烃聚合物的新进展 [J]. 现代化工, 2007, 27 (3): 11-4.

[197] 姚臻, 吕飞, 曹堃. 环烯烃共聚物的制备 [J]. 现代化工, 2006, 26 (3): 67-9.

[198] 罗祥, 伍青. 环烯烃加成聚合 [J]. 石油化工, 2001, 30 (7): 567-70.

[199] Natta G, Dall'asta G, Mazzanti G. Stereospecific homopolymerization of cyclopentene [J]. Angewandte Chemie International Edition in English, 1964, 3 (11): 723-9.

[200] Boor J, Youngman E, Dimbat M. Polymerization of cyclopentene, 3-methylcyclopentene, and 3-methylcyclohexene [J]. Die Makromolekulare Chemie: Macromolecular Chemistry and Physics, 1966, 90 (1): 26-37.

[201] Kaminsky W, Bark A, Arndt M. New polymers by homogenous zirconocene/aluminoxane catalysts. Proceedings of the Makromolekulare Chemie Macromolecular Symposia, F, 1991 [C]. Wiley Online Library.

[202] Kaminsky W. Polymerization and copolymerization of olefins with metallocene/aluminoxane catalysts (広がるポリマ-関連の触媒<特集>) [J]. 触媒, 1991, 33 (8): p536-44.

[203] Sen A, Lai T W. Catalytic polymerization of acetylenes and olefins by tetrakis (acetonitrile) palladium (II) ditetrafluoroborate [J]. Organometallics, 1982, 1 (2): 415-7.

[204] Seehof N, Mehler C, Breunig S, Risse W. Pd^{2+} catalyzed addition polymerizations of norbornene and norbornene derivatives [J]. Journal of molecular catalysis, 1992, 76 (1-3): 219-28.

[205] Saegusa T, Tsujino T, Furukawa J. Polymerization of norbornene by modified Ziegler catalyst [J]. Die Makromolekulare Chemie: Macromolecular Chemistry and Physics, 1964, 78 (1): 231-3.

[206] Collins S, Hong Y, Taylor N J. General synthetic routes to chiral, ethylene-bridged ansa-titanocene dichlorides [J]. Organometallics, 1990, 9 (10): 2695-703.

[207] Erker G, Temme B. Use of cholestanylindene-derived nonbridged Group 4 bent metallocene/methyl alumoxane catalysts for stereoselective propene polymerization [J]. Journal of the American Chemical Society, 1992, 114 (10): 4004-6.

[208] Ewen J A, Jones R L, Razavi A, Ferrara J D. Syndiospecific propylene polymerizations with Group IVB metallocenes [J]. Journal of the American Chemical Society, 1988, 110 (18): 6255-6.

[209] Eisch J J, Pombrik S I, Zheng G X. Organometallic compounds of Group III. 52. Active sites for ethylene polymerization with titanium (IV) catalysts in homogeneous media: multinuclear NMR study of ion-pair equilibria and their relation to catalyst activity [J]. Organometallics, 1993, 12 (10): 3856-63.

[210] Yoshida Y, Mohri J-I, Ishii S-I, Mitani M, Saito J, Matsui S, Makio H, Nakano T, Tanaka H, Onda M. Living copolymerization of ethylene with norbornene catalyzed by bis (pyrrolide-imine) titanium complexes with MAO [J]. Journal of the American Chemical Society, 2004, 126 (38): 12023-32.

[211] Tritto I, Boggioni L, Sacchi M C, Locatelli P. Cyclic olefin polymerization and relationships between addition and ring opening metathesis polymerization [J]. Journal of Molecular Catalysis A: Chemical, 1998, 133 (1-2): 139-50.

[212] Tritto I, Boggioni L, Sacchi M C, Locatelli P, Ferro D R. On the ethylene-norbornene copolymerization mechanism; proceedings of the Macromolecular Symposia, F, 2004 [C]. Wiley Online Library.

[213] Ruchatz D, Fink G. Ethene-norbornene copolymerization using homogenous metallocene and half-sandwich catalysts: kinetics and relationships between catalyst structure and polymer structure. 1. Kinetics of the ethene-norbornene copolymerization using the [(isopropylidene)(η^5-inden-1-ylidene-η^5-cyclopentadienyl)] zirconium dichloride/methylaluminoxane catalyst [J]. Macromolecules, 1998, 31 (15): 4669-73.

[214] Razavi A, Peters L, Nafpliotis L, Vereecke D, Dauw K D, Atwood J L, Thewald U. The geometry of the site and its relevance for chain migration and stereospecificity. Proceedings of the Macromolecular Symposia, F, 1995 [C]. Wiley Online Library.

[215] Wendt R A, Mynott R, Fink G. Ethene/norbornene copolymerization using the catalyst system Pri [(3-Pri-Cp) Flu] $ZrCl_2$: determination of the copolymerization parameters and mechanistic considerations [J]. Macromolecular Chemistry and Physics, 2002, 203 (18): 2531-9.

[216] Schultz R G. The chemistry of palladium complexes. III. The polymerization of norbornene systems catalyzed by palladium chloride (1) [J]. Journal of Polymer Science Part B: Polymer Letters, 1966, 4 (8): 541-6.

[217] Taniélian C, Kiennemann A, Osparpucu T. Influence de differents catalyseurs a base d'elements de transition du groupe VIII sur la polymerisation du norbornene [J]. Canadian Journal of Chemistry, 1979, 57 (15): 2022-7.

[218] Haselwander T F, Heitz W, Krügel S A, Wendorff J H. Polynorbornene: synthesis, properties and simulations [J]. Macromolecular Chemistry and Physics, 1996, 197 (10): 3435-53.

[219] 刁中文, 伍青. 环烯烃加成聚合研究开发进展 [J]. 高分子通报, 2001, (1): 53-9.

[220] 吕英莹, 胡友良, 赵健. 环烯烃聚合物的合成和应用研究进展 [J]. 化学进展, 2001, 13 (01): 48.

[221] Trnka T M, Grubbs R H. The development of L_2X_2Ru CHR olefin metathesis catalysts: an organometallic success story [J]. Accounts of Chemical Research, 2001, 34 (1): 18-29.

[222] Hamilton J, Rooney J, Desimone J, Mistele C. Stereochemistry of ring-opened metathesis polymers prepared in liquid CO_2 at high pressure using $Ru(H_2O)_6(Tos)_2$ as catalyst [J]. Macromolecules, 1998, 31 (13): 4387-9.

[223] Schrock R R, Murdzek J S, Bazan G C, Robbins J, Dimare M, O'regan M. Synthesis of molybdenum imido alkylidene complexes and some reactions involving acyclic olefins [J]. Journal of the American Chemical Society,

1990, 112 (10): 3875-86.

[224] Bazan G, Khosravi E, Schrock R R, Feast W, Gibson V, O'regan M, Thomas J, Davis W. Living ring-opening metathesis polymerization of 2, 3-difunctionalized norbornadienes by Mo (: CHBu-tert) (: NC_6H_3Pr-iso2-2, 6) $(OBu\text{-}tert)_2$ [J]. Journal of the American Chemical Society, 1990, 112 (23): 8378-87.

[225] Nguyen S T, Johnson L K, Grubbs R H, Ziller J W. Ring-opening metathesis polymerization (ROMP) of norbornene by a group VIII carbene complex in protic media [J]. Journal of the American Chemical Society, 1992, 114 (10): 3974-5.

[226] Schwab P, France M B, Ziller J W, Grubbs R H. A series of well-defined metathesis catalysts-synthesis of [$RuCl_2$ (CHR') $(PR_3)_2$] and its reactions [J]. Angewandte Chemie International Edition in English, 1995, 34 (18): 2039-41.

[227] Herrmann W A, Köcher C. N-heterocyclic carbenes [J]. Angewandte Chemie International Edition in English, 1997, 36 (20): 2162-87.

[228] Scholl M, Ding S, Lee C W, Grubbs R H. Synthesis and activity of a new generation of ruthenium-based olefin metathesis catalysts coordinated with 1,3-dimesityl-4,5-dihydroimidazol-2-ylidene ligands [J]. Organic letters, 1999, 1 (6): 953-6.

[229] Love J A, Morgan J P, Trnka T M, Grubbs R H. A practical and highly active ruthenium-based catalyst that effects the cross metathesis of acrylonitrile [J]. Angewandte Chemie, 2002, 114 (21): 4207-9.

[230] Love J A, Sanford M S, Day M W, Grubbs R H. Synthesis, structure, and activity of enhanced initiators for olefin metathesis [J]. Journal of the American Chemical Society, 2003, 125 (33): 10103-9.

[231] Garber S B, Kingsbury J S, Gray B L, Hoveyda A H. Efficient and recyclable monomeric and dendritic Ru-based metathesis catalysts [J]. Journal of the American Chemical Society, 2000, 122 (34): 8168-79.

[232] Choi T L, Grubbs R H. Controlled living ring-opening-metathesis polymerization by a fast-initiating ruthenium catalyst [J]. Angewandte Chemie International Edition, 2003, 42 (15): 1743-6.

[233] Jean-Louis Hérisson P, Chauvin Y. Catalyse de transformation des oléfines par les complexes du tungstène. II. Télomérisation des oléfines cycliques en présence d'oléfines acycliques [J]. Die Makromolekulare Chemie: Macromolecular Chemistry and Physics, 1971, 141 (1): 161-76.

[234] Bielawski C W, Grubbs R H. Living ring-opening metathesis polymerization [J]. Progress in Polymer Science, 2007, 32 (1): 1-29.

[235] Bergström C H, Seppälä J V. Effects of polymerization conditions when making norbornene-ethylene copolymers using the metallocene catalyst ethylene bis (indenyl) zirconium dichloride and MAO to obtain high glass transition temperatures [J]. Journal of applied polymer science, 1997, 63 (8): 1063-70.

[236] 谢家明，曹堃，赵全聚，姚臻，吕飞. 环烯烃共聚物的生产工艺评述 [J]. 化工进展，2006, 25 (8): 860-3.

[237] Hydrogenated products of thermoplastic norbornene polymers, their production, substrates for optical elements obtained by molding them, optical, elements and lenses: US5462995 [P]. 1995-10-31.

[238] 降冰片烯衍生物及其降冰片烯系开环聚合物：CN1568302A [P]. 2005-01-19.

[239] Continuous process for making melt-processable optical grade ring-opened polycyclic (co) polymers in a single-stage multi-zoned reactor: US5439992 [P]. 1995-08-08.

[240] Ruchatz D, Fink G. Ethene-norbornene copolymerization using homogenous metallocene and half-sandwich catalysts: Kinetics and relationships between catalyst structure and polymer structure. 2. comparative study of different metallocene-and half-sandwich/methylaluminoxane catalysts and analysis of the copolymers by 13C nuclear magnetic resonance spectroscopy [J]. Macromolecules, 1998, 31 (15): 4674-80.

第5章 聚合反应技术

聚烯烃是人类创造的重要先进新材料，不仅具有优异的加工性能和使用性能，而且符合绿色化学和可持续发展的需要。大量聚烯烃的生产应用，不仅满足了日益增长的世界人口对价廉、资源节约、低耗能、环境友好材料的需要，还可以实现对材料性质、应用和循环过程的裁剪定制。如今聚烯烃材料几乎占据了全球塑料产量的一半[1]。没有聚烯烃，这次人类抗击新冠病毒所需卫生基础材料的大规模连续快速生产是不可想象的。当然科学建立各类塑料的高效回收再生体系并使之有效运行，也是目前需要大力强化的[2]。

近年来，全球聚烯烃行业的基础研究和聚合反应新技术开发都取得了不少进步。在中国，经过几十年的持续科技攻关，聚烯烃产业更是从引进消化国外先进技术起步到关键技术改进突破，再到成套技术自主创新研发，正在大踏步追赶世界最先进的科技水平。例如，在气相法聚乙烯工艺基础上创制了气液法聚乙烯新工艺及其产品体系，根据产品环保理念提出的“全组分”聚烯烃（All-PE）合成技术生产自增强的聚烯烃，新的组合工艺技术生产高橡胶含量的聚丙烯产品等；此外，中国的高压聚乙烯、溶液聚合等成套工艺技术正在加紧工业化。本章将围绕这些成套技术工业化的重要进展，介绍有关聚合反应技术的原理和聚合过程特点等相关科学知识体系和参考范例，目的是希望为工程技术人员了解国内外研究动态、查阅有关公式与重要数据提供参考，为中国和世界的聚烯烃工业做出更大贡献。

5.1 乙烯低压气相聚合技术

在各种聚烯烃生产工艺中，气相聚合工艺占据十分重要的地位，由于其流程短、投资省以及不需要使用或仅使用少量溶剂，学术界和工业界都竞相研究开发。目前，全球有约50%的聚乙烯生产涉及气相聚合工艺，流化床反应器（FBR）为气相聚烯烃反应器的主要选型，单台流化床的聚乙烯最大年产能已经达到65万吨[3]。

中国气相法聚乙烯工艺研究和技术发展有50余年的历史[4]。改革开放后，聚乙烯生产和研发都进入了快车道，1987年中国石化引进了美国联合碳化物公司（UCC）和英国石油公司（BP）的低压气相法聚乙烯工艺技术，经历了10多年时间消化吸收国外技术，从生产工艺难平稳、反应器爆聚停车频发的初期[5]，到1998年冷凝态工艺技术在中国石化天津分公司（天津石化）开发成功，标志着中国气相法聚乙烯技术开始从认识生产规律过渡到局部创新发展阶段。冷凝态工艺技术的开发成功为当时中国石化的新一轮乙烯产能做出了重要的贡献。2009年使用国内自主研发的聚乙烯（GPE）成套工艺技术建设的 3.0×10^5 t/a 气相法聚乙烯生产装置，在天津石化一次开车成功，标志着中国气相法聚乙烯从单项技术的创新向多技术创新集成的跨越，为该国家重点工程（天津百万吨乙烯生产项目）的建设成功奠定了基础。2016年所创立的气液法聚乙烯技术工业化成功，标志着中国的气相法聚乙烯技术开发进入了世界先进水平的行列。

参考国外学者的分类[3]，并结合中国技术发展的特点，本节提出了气相乙烯聚合工艺的七种操作模式，并综述分析七个模式的技术要点及聚合反应工程原理，以展示我国在气相法乙烯聚合工艺技术和科学研究方面取得的进步，以期对气相法聚乙烯工业生产过程的优化、新工艺的开发以及科学研究有所帮助和启迪。

5.1.1 干法气相聚合

乙烯聚合一般是在Z-N型的活性组分（如Mg-Ti、Cr等）或茂金属活性组分作用下，且在助催化剂的配合作用下发生的，活性组分是负载化的，聚合温度为100℃左右，聚合压力为3.0MPa左右。在流化床反应器中随着聚合的进行，固体聚合产物包裹着催化剂，颗粒逐渐长大（见图5.1）。由于乙烯聚合反应放热量大，流化气体与颗粒之间的传热往往是聚合过程的控制步骤。显然，通入较低入口温度的流化气体使之吸热升温到聚合温度，可以撤除聚合热，增加反应器产量。因为流化气体主要含有乙烯、氢气和氮气，在操作条件下为不凝气，故这类传热模式被称之为干法气相聚合工艺。

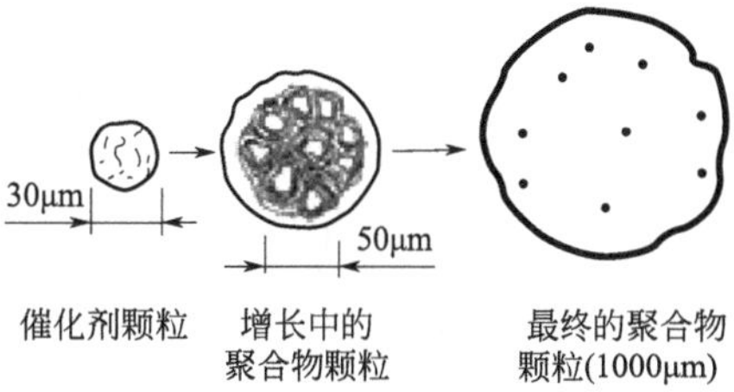

图5.1　乙烯聚合固体催化剂的破碎和聚合物颗粒生长

世界上第一个气相聚合流化床反应器专利（见图5.2）由Dye[6]（Phillips石油公司）于1957年提出。之后Chinh等[7]提出了比较现代的气相法聚乙烯反应器工艺（见图5.3），不仅发明了二级间歇出料系统，还提出了球形扩大段设计，以及通过循环气体的冷却撤出聚合热等设计理念，得到了工业界的普遍认可。

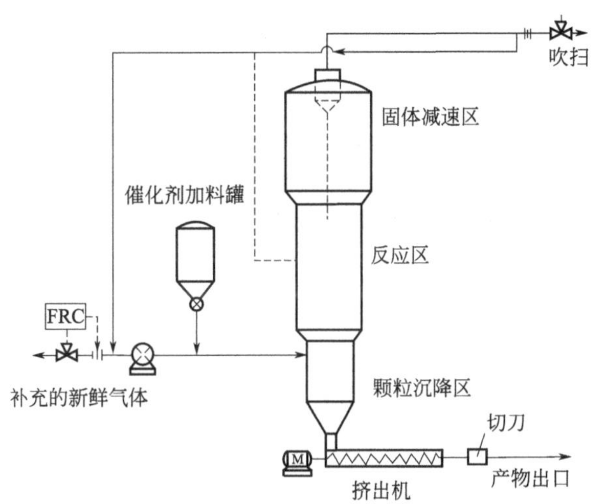

图5.2　早期的流化床乙烯聚合反应器专利示意[6]

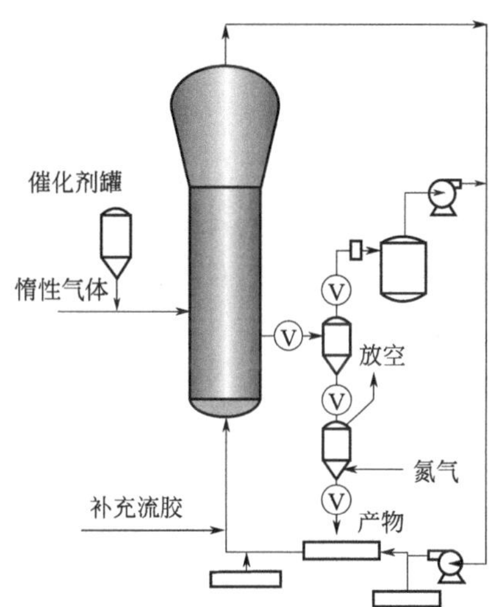

图5.3　现代气相法聚乙烯工艺示意[7]

由于干法气相聚合反应器中气固之间的传热系数较小，乙烯单程转化率控制在1%～2%，大量未反应的乙烯气体需要循环，反应器允许的时空产率（单位时间单位床层体积所生成的聚乙烯，STY）较低。为了全面分析干法气相聚合反应器STY的影响因素，阳永荣[8]假设了流化床反应器的两相模型，即平推流的气泡相和全混流的乳化相（见图5.4），含乙烯的流化气体进入流化床后，一部分以最小流化速度（u_{mf}）进入乳化相（含催化剂活性颗粒），剩余的气体（$u-u_{mf}$）进入气泡相。建立了如下的流化床聚合反应器时空产率的数学模型。

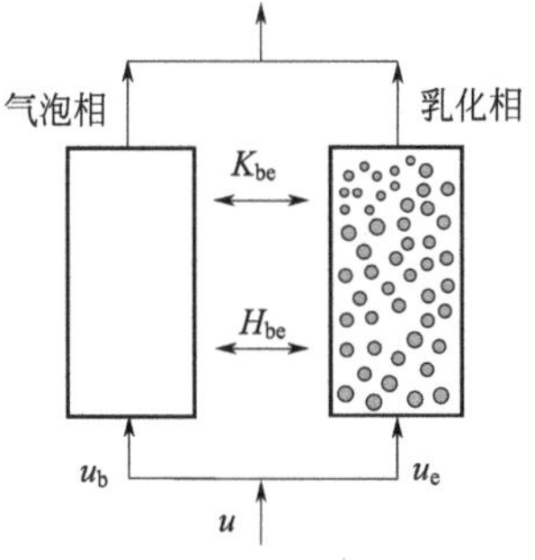

图5.4　乙烯聚合流化床两相模型

$$\frac{\mathrm{STY}}{T_e-T_f}=B_0\left[\alpha(\mu-\mu_{mf})\right] \tag{5.1}$$

其中：$B_0=\dfrac{\rho_g C_{p_g}}{H(\Delta H_r-Q')}$，$\alpha=1-e^{-KH}$，$K=\dfrac{h_{be}}{u_b\rho_g C_{p_g}}$

式中，STY为时空产率，kg/(m^3 · s)；T_e 为乳化相温度，K；T_f 为气体入口温度，K；h_{be} 为乳化相和气泡相之间的传热系数，J/(m^2 · s · K)；u_b 为气泡速度，m/s；u_{mf} 为起始流化速度，m/s；u 为操作气速，m/s；ρ_g 是气体密度，kg/m^3；C_{p_g} 是气体比热容，J/(kg · K)；H 为床层高度，m；α 为气体接触效率；ΔH_r 为聚合热，J/kg；Q'为出料热损失，J/kg。

保持气相聚合反应器时空产率相等是反应器放大设计的基本准则之一。一旦超过时空产率的极限，聚合物颗粒温度将超过树脂的熔融温度，反应器发生爆聚。由式（5.1）可知，时空产率与流化床流化质量、流化气体的热物性以及操作参数等有关。对于高密度聚乙烯（HDPE）的生产，时空产率一般在28g/(m^3 · s）左右；对于线型低密度聚乙烯（LLDPE）的生产，时空产率在24g/(m^3 · s）左右。

5.1.2 超干法气相聚合

由上述时空产率模型可知，影响干法气相聚合反应器生产能力的变量包括流化气速、流化气体组成、操作压力、颗粒粒径密度、产品牌号特性、料位高度、反应器入口温度、流化质量等。工程上装置扩产能最简单易行的方法就是将惰性的乙烷、丙烷气体注入循环气中替代氮气，直接增加流化气体的热容，强化气固传热速率，提高反应器的时空产率，所以流化床循环气体的组成及其比例成为许多专利申请的争夺目标。人们将流化气体内人为注入一定数量的链烷烃（例如 C_2～C_4）提高比热容，而不产生冷凝液的撤热操作模式被称之为超干法气相聚合工艺。

文献估算的循环气体组成见表5.1。

表5.1 干态和超干态乙烯气相聚合工艺的循环气体组成[9]

工艺	循环气体体积分数/%						
	氢气	氮气	甲烷	乙烯	乙烷	丙烷	1-丁烯
干态	5.63	31.02	0.50	45.00	3.00	0	14.85
超干态	5.63	—	0.50	45.00	27.20	6.82	14.85

若干法循环气中31.02%的氮气被乙烷和丙烷所替代，则气体比热容将从44.7J/(K · mol）提高到53.5J/(K · mol)；循环气换热器的移热能力从2.875×10^4kJ/s提高到3.833×10^4kJ/s；反应器产量从8kg/s提高到11kg/s，提高了34.8%。惰性组分由氮气变为比热容更高的乙烷和丙烷时，循环气的比热容增大，移热能力增加，最高有85%的增产能力[9]。

干法和超干法工艺均是通过降低反应器入口温度维持热量平衡，但是如果为了达到过高的反应器产量而降低入口温度，将导致爆聚的发生。根据STY模型模拟[10]，当生产牌号确定后，虽然反应器床层温度（乳化相温度与气泡相温度的加权平均）被控制在规定的温度值，但随生产负荷的提高，STY会变大，为维持热量平衡，必须降低反应器入口温度（T_f）。由表5.2所示的模拟结果可知，在某一超干态条件下，流化床HDPE反应器产能处于100%设计值时，乳化相温度（T_e）为128.3℃，如果130%超负荷生产时，T_e 为134.3℃，大于HDPE树脂的熔融温度，爆聚结块在所难免。

表 5.2 超干态操作时乳相温度与生产负荷的关系

生产负荷（设计值）/%	T_f/℃	T_e/℃
93	68.0	126.0
100	65.0	128.3
116	58.0	131.5
130	52.0	134.3
139	48.0	136.2

5.1.3 冷凝态聚合

显然，引入液体蒸发的撤热模式可以进一步提高反应器生产能力。将循环流化气体冷却至露点温度以下，使进入流化床反应器的循环气体含冷凝液，同时为了防止流化质量恶化，又规定其冷凝液质量分数小于20%，这类聚合撤热模式被称之为冷凝态聚合工艺。

由于工业上使用自然冷却水（30℃左右）撤除聚合热，为充分进入冷凝态，必须提高循环气体的露点温度。通过原有的共聚单体提高露点温度实现冷凝，称自然冷凝工艺；如果外加高碳烃提高露点温度实现冷凝，则称之为诱导冷凝工艺[11]。陈爱晖等[12,13]讨论了冷凝工艺中冷剂的选择和冷凝模式操作点的确定。冷剂首先必须是对催化剂无毒害的，廉价易得的；其次合理数量的冷剂加入循环气体，其露点温度应该在聚合温度和冷却水温度之间。通过如图5.5所示的计算筛选，发现符合条件的冷剂种类不是很多，正戊烷、异戊烷因为具有较宽的温度操作区间而得到广泛的工业应用。

在冷凝工艺操作模式下，控制冷剂加入量极为重要。以正己烷为冷剂进行诱导冷凝操作为例，浙江大学提出了确定冷凝模式操作点的简便方法。首先建立含正己烷的循环气体的冷凝平衡线，热力学计算结果见图5.6，可知正己烷含量越高，露点温度越高，反应器越容易进入冷凝态。如果要提高入口处冷凝液质量分数，则入口温度需要进一步降低。另一方面，图5.7给出了冷凝模式下生产负荷固定时，反应器入口温度随正己烷浓度变化的操作线，因为循环气体中正己烷含量越大，混合气体的比热容越大，则反应器入口温度越高。由图5.7可知，如果生产负荷增加，操作线整体下移。若产量目标确定后，平衡线与操作线的交点就是冷凝模式对应的操作点（见图5.8）。鉴于提高产量和工艺运行稳定性的考虑[14]，入口处冷凝液质量分数成了重要的决策变量[15,16]。一般将反应器入口循环气体中冷凝液质量分数小于20%的聚合工艺，称为常规冷凝态工艺；将冷凝液质量分数大于20%的称为超冷凝聚合工艺。显然，冷凝液质量分数越高，对工艺稳定性的要求也越高。

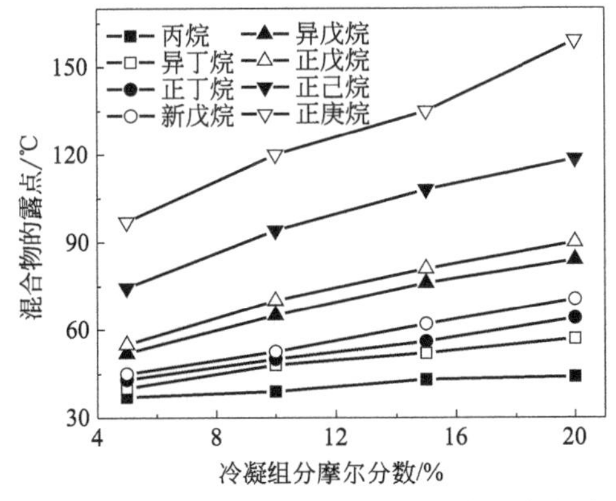

图 5.5 循环气露点温度与其冷凝组分浓度的关系

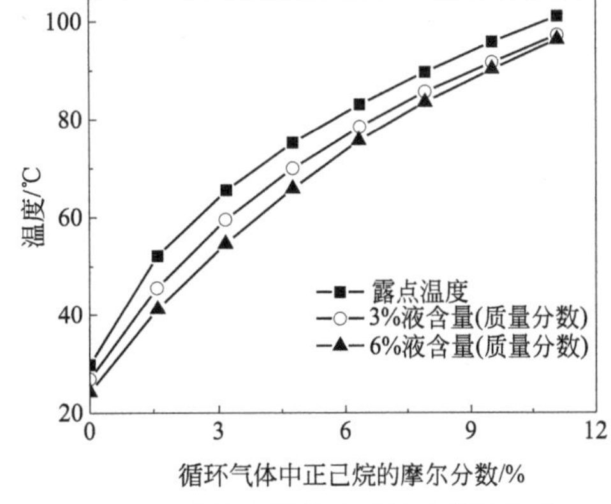

图 5.6 诱导冷凝模式的热力学平衡线

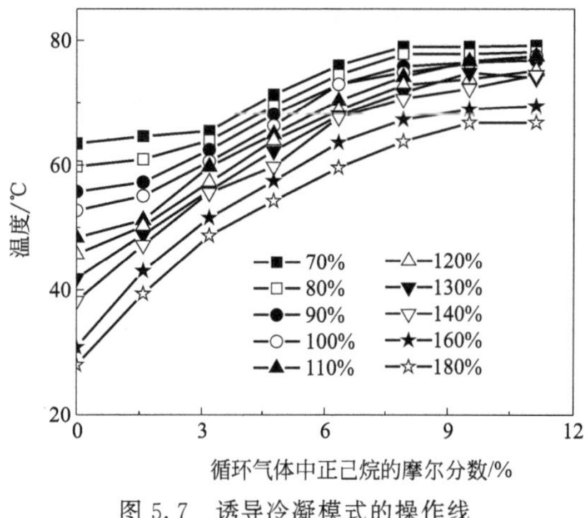

图 5.7 诱导冷凝模式的操作线

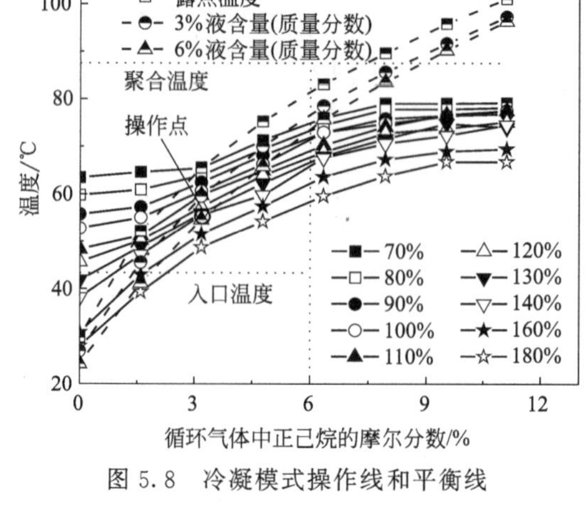

图 5.8 冷凝模式操作线和平衡线

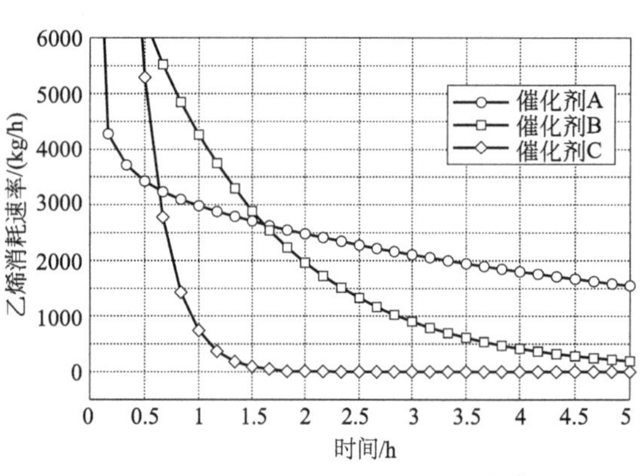

图 5.9 催化聚合动力学曲线[17]

虽然提高气相聚合装置产能的关键是传热，但是保持产品质量稳定、降低能耗，也是企业所关心的问题。Ashuralj 等[17] 采用 Aspen 软件模拟了半连续聚合釜内（0.3MPa，85℃）活性衰减速率不同的三种催化剂的动力学曲线（见图 5.9）。在此基础上模拟了工业流化床连续聚合反应器从干态操作过渡到冷凝态操作时，时空产率、冷凝液含量、产物灰分和压缩机功耗等性能参数的变化规律，结果如表 5.3 所示。由表 5.3 可知：冷凝态操作时，生产负荷提高，停留时间变短；假如催化剂动力学为活性慢速衰减型（催化剂 A），则产物的灰分增加，产品质量受损。通过模拟比较发现，冷凝态操作时单位产量的压缩机功率消耗减少约 10%。

表 5.3 聚合反应器从干态模式切换到冷凝态模式后各性能参数的变化[17]

项目	干态			冷凝态			变化率/%		
	催化剂 A	催化剂 B	催化剂 C	催化剂 A	催化剂 B	催化剂 C	催化剂 A	催化剂 B	催化剂 C
STY/(t/h)	11.18	11.0	10.8	29.6	28.0	28.0	164.8	154.5	159.3
催化剂负载量/(kg/h)	0.90	2.45	1.06	4.70	7.90	2.68	422.2	222.4	152.8
冷凝器负荷/(GJ/h)	44.2	44.1	44.0	107.8	102.3	102.3	143.9	132.0	132.5
灰分/$\times 10^{-4}$	0.805	2.227	0.981	1.588	2.821	0.957	97.2	26.7	−2.5
停留时间/h	4.95	5.00	5.00	1.63	1.72	1.72	−67.1	−65.6	−65.6
失活率/%	41.0	80.0	95.0	19.0	56.0	87.0			
入口液体质量分数/%	0	0	0	10.3	9.8	9.8			
压缩机功率/MW	1.4	1.4	1.4	1.26	1.26	1.26	−10.0	−10.0	−10.0

5.1.4　超冷凝态聚合

当进一步提高冷凝的深度，即反应器入口液体质量分数超过 20%时，气相流化床将从一般冷凝态工艺进入超冷凝工艺[16]。虽然两者原理一致，但超冷凝工艺对催化剂以及操作稳定性的要求更高。由于反应器产量增加 1 倍以上，反应器停留时间缩短一半以上，则要求反应器中催化剂的催化活性分布更加前移。固体颗粒持液流化特性以及过程稳定性变得十分重要[18,19]。

首先，影响固体持液流化质量的关键因素之一是聚合物颗粒被液体溶胀后，颗粒熔融温度降低到接近聚合温度，导致颗粒发黏团聚而失流化。文献［3，20，21］给出了干、湿聚乙烯颗粒的差示扫描量热分析（DSC）曲线（见图 5.10）。当 HDPE 颗粒所吸收正己烷的质量分数达到 20%时，其起始熔融温度（MIT_a）为 113℃，比干燥 HDPE 颗粒的起始熔融温度（MIT 为 126℃）降低了约 13℃。熔融峰温度也降低了 ΔT_m。事实上，根据高分子溶液热力学理论，可以建立如下颗粒熔融温度与溶剂吸附量关系的理论预测模型[22,23]：

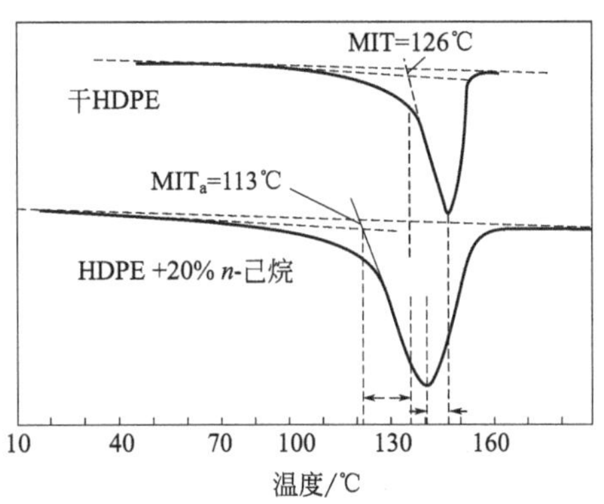

图 5.10　干的和吸收了正己烷的 HDPE 颗粒的 DSC 曲线[3]

$$\frac{1}{T_m}-\frac{1}{T_m^0}=\frac{R}{\Delta H_u}\times\frac{V_u}{V_s}(\varphi_1-\chi\varphi_1{}^2) \tag{5.2}$$

式中，R 为摩尔气体常数，8.314J/(mol·K)；T_m 为带溶剂的聚合物的熔融峰温度,℃；T_m^0 为无溶剂的聚合物熔融峰温度,℃；V_u 为聚合物重复链段的体积，m^3/mol；ΔH_u 为聚合物重复链段的熔融焓，3.56kJ/mol；V_s 为溶剂的摩尔体积，m^3/mol；φ_1 为溶剂的体积分数（单组分或多组分）；χ 为二元交互参数。

该二元交互参数与聚合物的结构、溶剂的分子结构以及浓度有关，导致聚乙烯颗粒的起始熔融温度随其密度减少而下降（见图 5.11），黏着温度随溶剂分压的升高而降低（见图 5.12）。

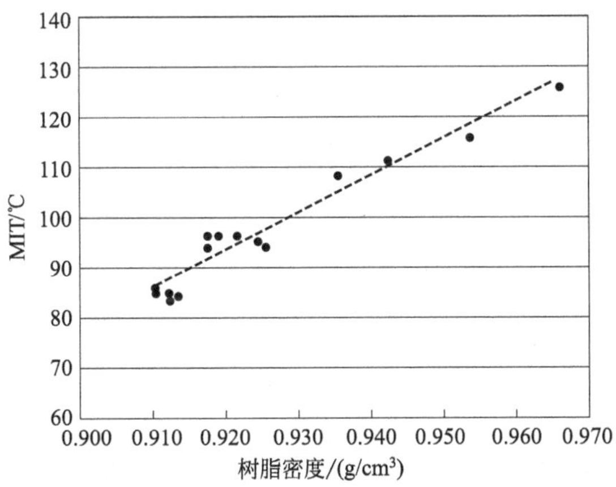

图 5.11　LLDPE 干粉的 MIT 与树脂密度的关系[24]

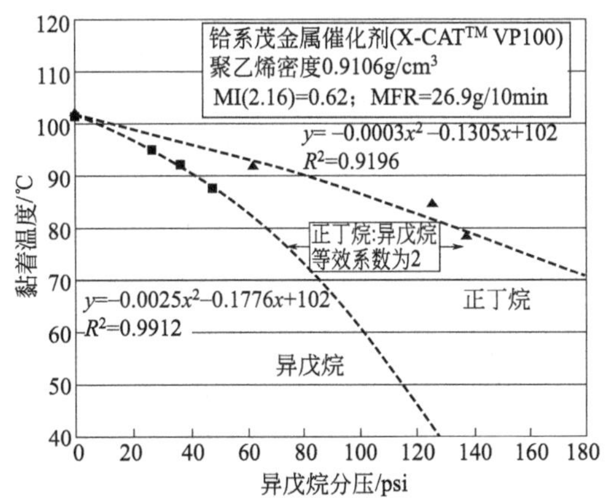

图 5.12　颗粒黏着温度与正丁烷或异戊烷分压的关系[25]

1psi=6894.76kPa

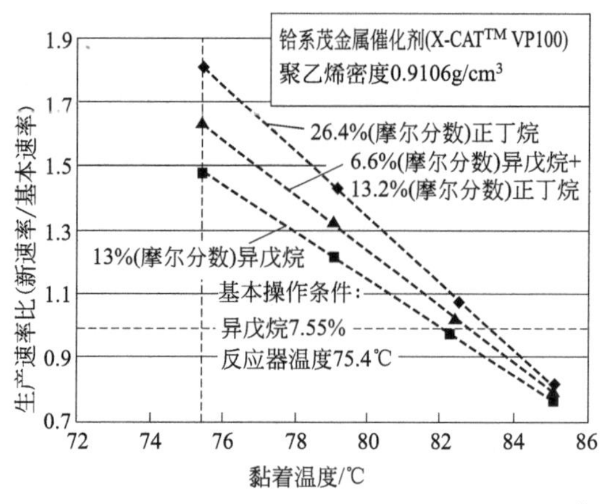

图 5.13　不同诱导冷剂时的生产速率与黏着温度关系[25]

Savatsky 等[25] 发现树脂黏着温度与循环气组分之间的非线性关系。溶剂分子结构不同，黏着温度的下降幅度也不同，例如，铪系茂金属催化剂生产的 LLDPE，异戊烷使树脂黏结温度下降得更大。所以用正丁烷替代异戊烷，可以加入更多的正丁烷，从而获得更高的反应器产率（见图 5.13）。

聚合物颗粒熔融温度的影响因素还有很多。Yao 等[26] 首次研究了乙烯在聚乙烯中的共溶剂效应，指出外加溶剂的存在可以提高乙烯、共聚单体在高分子链无定形相中的溶解度，溶解度的提高将导致熔融温度的进一步下降。Yao 等[27] 进一步指出，低分子有机物对聚合物的共溶作用使得聚合物的结晶度发生较显著的变化，一些处于聚合物结晶区的链段实际上是弹性有效链，在增加低分子有机物在聚合物中的溶解发挥了不可忽略的贡献。这些研究对后续的聚合物脱挥过程的分析也有重要意义，被 Alizadeh 等[28] 和 Andrade 等[29] 的研究进一步印证。其中，Andrade 等[29] 在干态模式或超干态模式，乙烯压力为 0.7MPa，无氢气的条件下，采用商业化的 Z-N 催化剂，对比研究了聚合温度对乙烯均聚速率的影响，结果见图 5.14。发现在戊烷的作用下，70℃的乙烯聚合活性明显增加，90℃的聚合活性有所下降，表明乙烯和戊烷的共溶剂效应在温度较低时更加明显。

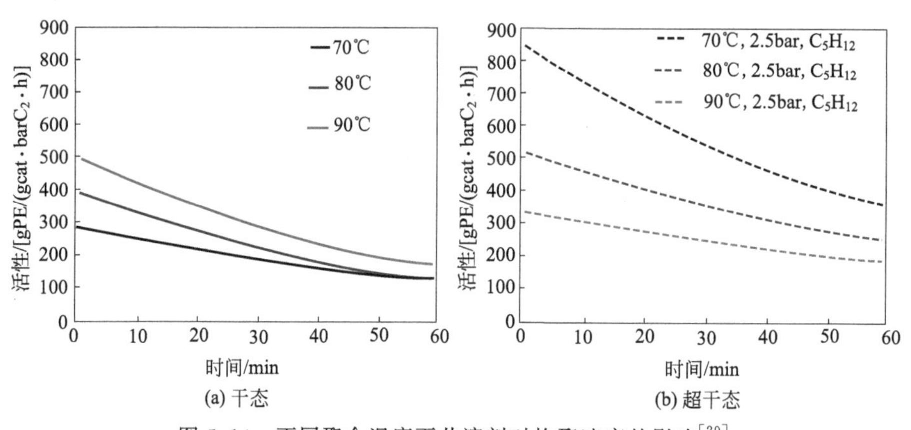

图 5.14　不同聚合温度下共溶剂对均聚速率的影响[29]

(1bar=0.1MPa)

总之，既要提高循环气体的撤热能力，又要避免因颗粒溶胀发黏诱发的流化质量下降，故优化循环气体组成是很有必要的。

另一方面，持液流化床聚合反应器热稳定性分析及过程监控极为重要。Fan 等[30,31] 通过模拟研究证明，蒸发过程对持液流化床聚合反应器稳定性有重要影响，提出了考虑多组分作用的蒸发速率计算模型。在此基础上，指出了有商业价值的聚合反应操作点是本质不稳定的，需要在调节器作用下实现稳定操作。通过建立聚合反应器模型、换热器模型以及控制回路模型，揭示了聚合温度短周期振荡、系统压力长周期振荡的规律，为安全建立聚合反应器的多温区，避免爆聚发生指明了方向。

反应器稳定运行的监控方法实际上是对各种工艺参数（压差[32-34]、压差波动[35]、温度[36,37] 等）的判定。例如，研究[33,34] 发现由压差得到的流化密度（FBD）和堆积密度（BD）之比可有效表征床层的流化质量。由图 5.15（a）可见，随异戊烷浓度的增加，流化质量下降，如果及时调整，减少异戊烷浓度，流化质量将重新恢复；假如任由流化质量恶化，一旦 FBD/BD 比低于某一临界值（0.59）后，再开始回调异戊烷浓度，流化密度仍然下降，难以将流化质量调整恢复，如图 5.15（b）所示。

实际上，均匀鼓泡使 FBD 增加，沟流使 FBD 减少；而颗粒黏结、团聚、结块使 BD 增加，所以 FBD/BD 比合理考虑了颗粒流化与颗粒结块的综合作用。只要满足 FBD/BD 比大于 0.59 的判据，冷凝态操作时循环气体的液含量（质量分数）就可以达到 20%，甚至 38%。

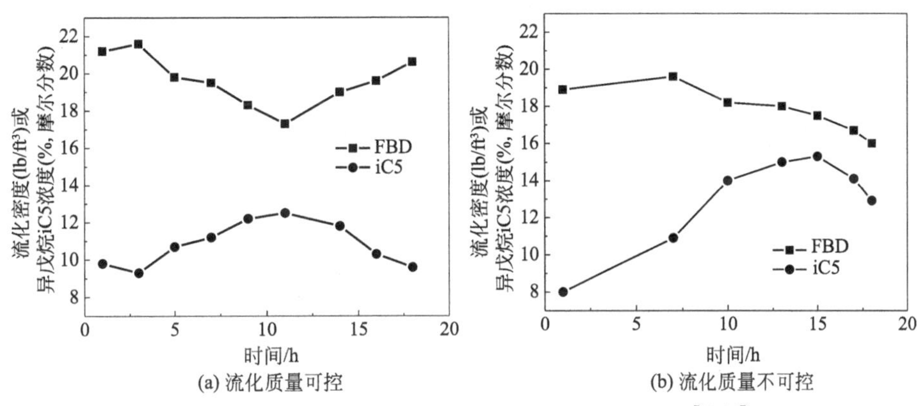

图 5.15　流化密度与冷凝剂（异戊烷）浓度的关系[33,34]

然而，在实际生产中通过常规工艺参数的监测，很难快速诊断流化质量。虽然有非常规的放射线探测结块的方法，但非环境友好。赵贵兵等[38,39] 首先利用流化颗粒撞击器壁发出的应力波信号（声发射 AE），监测气相法聚乙烯过程。Zhou 等[40] 又在中试聚合装置上比较了 AE 法与压差法、温度法的监测效果，见图 5.16。实验过程如下，某 LLDPE 中试装置开始时在正常工况下操作；在 10：00 时，催化剂加入量由 3.0g/h 提升到 5.9g/h；在 17：00 时，催化剂加入量进一步提升到 8.3g/h；从 18：00 开始催化剂加入量又降至 6.2g/h；料位高度保持恒定，整个工艺参数及 AE 信号均在线监测。同时，产物的粒径及其分布取样分析，结果见表 5.4。可以发现，AE 监测信号的 S 值比常规表皮温度以及压差等参数的预警时间提前 70～80min，展示了较强的预警能力。近年来，AE 监测法在气相法聚乙烯装置上得到了广泛使用，例如，流化床循环流型识别[41,42]、聚合物结片、结块、团聚[43-45]、流化颗粒的粒径及其分布[46,47]、流化床料位[48,49]、流化颗粒夹带及管道输送[50,51]、细粉和黏性颗粒的声发射监测[52,53]、流化床分布板堵塞监控[54]、床层塌落的声发射监测[55,56]、露点温度检测[57,58] 以及各种流化速度的测定[59]。

表 5.4　某 LLDPE 中试装置催化剂加入量与结块尺寸变化数据[40]

时间	加入前	10:00	17:00	18:30	19:30
催化剂加入量/(g/h)	3.0	5.9	8.3	6.2	6.2
结块尺寸/mm			约 2	约 8	约 25

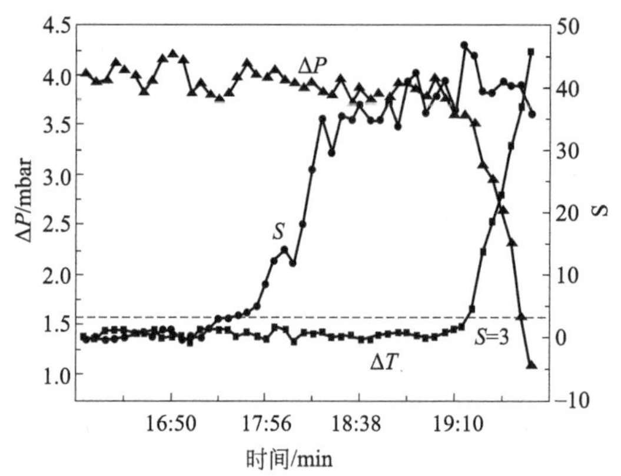

图 5.16　LLDPE 中试装置声发射信号特征值（S）、压降（ΔP）和温差（ΔT）预测结块诊断的结果对比[40]
（1bar=0.1MPa）

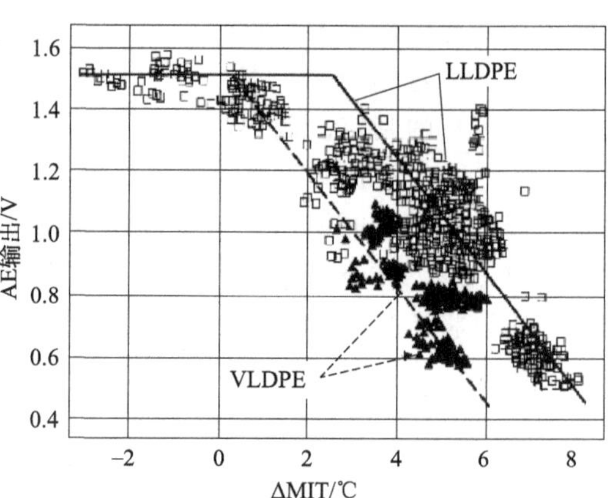

图 5.17　声发射传感器的 AE 输出与 ΔMIT 的关系[60]

国外也相继开展了这方面的研究。Muhle 等[60] 分别针对极低密度聚乙烯（VLDPE，$\rho<0.9165\text{kg/m}^3$）和 LLDPE（$\rho>0.9165\text{kg/m}^3$）进行了流态化实验（见图 5.17），发现声发射传感器的输出 AE 信号与 ΔMIT（见图 5.17）之间有较强的依赖关系，认为声发射 AE 信号的变化源自聚合物颗粒的黏结性。

5.1.5　气液固云（雾）聚合

反应器引入冷凝液除了改善传热，更重要的是可以调控聚合物分子结构，实现过程与产品的同时强化。如果将冷凝液体雾化，且在流化床合适的位置引入，微小液滴在床层内扩散，形成了低温云雾区。在蒸发之前，液滴撞击活性聚合物颗粒表面，在流化床内形成了一个相对稳定的、颗粒持液聚合以及温度较高的非持液聚合各自占有显著体积比例的流型，这种模式被称之为云雾聚合工艺[61]。浙江大学/中国石化研发团队[62] 提出，在云雾区与雾滴碰撞的持液颗粒，其活性中心将处于另一种聚合环境中，根据图 5.18 的计算结果可知，云雾区的 H_2/C_2 之比为非云雾区的 1/10 左右，而云雾区的 C_4/C_2 也为非云雾区的 10 倍左右。在单一反应器内营造两种差别如此明显的聚合环境，将导致产品性能指标分布加宽。一般认为，在云雾区，聚合温度等于或低于露点温度，氢气浓度较低，共聚单体浓度较高，易生成分子量高、支链较多的聚乙烯；在非云雾区，聚合温度高于露点温度，氢气浓度较高，共聚单体浓度较低，易生成分子量低、支链较少的聚乙烯。由于催化剂或活性聚合物颗粒在云雾区和非云雾区之间反复穿梭，最终两种聚合物混合均匀，且支链具有反向分布（见图 5.19），而传统上这种对聚合物分子结构的调控需要通过多反应器串联工艺或复合催化剂实现[63]。

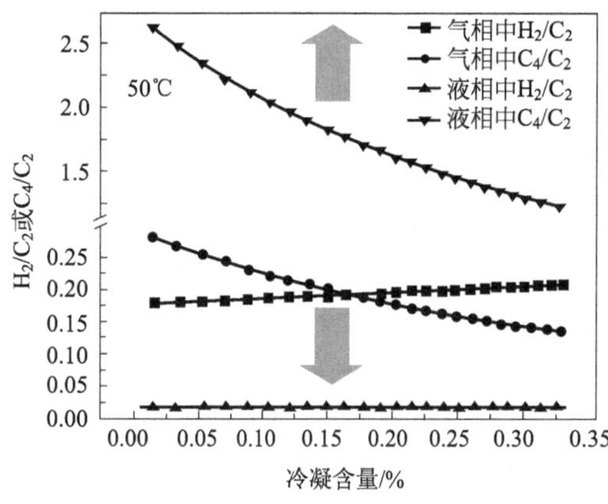

图 5.18　气相和液相中 H_2/C_2 和 C_4/C_2[62]

云雾聚合反应器的流型与已知的传统三相流态化流型有较显著的差别[64]。Ren 等[65] 利用高速摄像技术观察了液滴撞击聚乙烯颗粒时液膜的动态变化（见图 5.20），发现在颗粒覆膜与蒸发同时存在的情况下，液膜动态变化存在三个不同的阶段，其中液膜回涌现象以及更小液滴的飞溅现象，对于修正常规覆膜颗粒的传热和传质模型具有重要的指导意义。

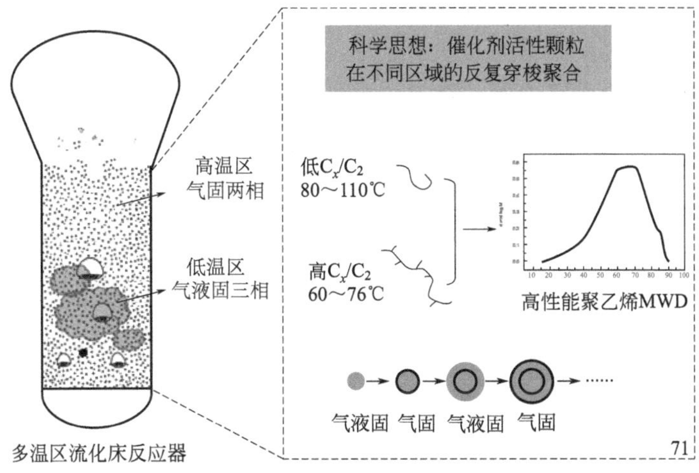

图 5.19　云雾聚合工艺的聚合物性能变宽以及支链反向分布示意

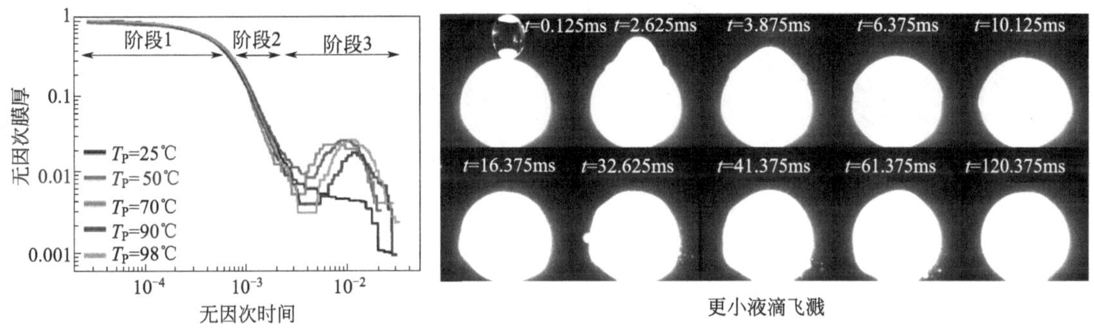

图 5.20　正己烷液滴撞击聚乙烯颗粒以及液膜蒸发时的液膜动态变化[65]

$We=49.3$，$T_p=98℃$

恒温下流化床反应器可以持有的液体量取决于液滴的分散程度和颗粒团聚。图 5.21 展示了提高流化气速对提高持液量的重要性[66]，其核心涉及颗粒的团聚和解团聚。在低流化气速下（1.5～2.5)u_{mf} 颗粒处于团聚状态，压力脉动的吸因子 S 值[66] 大于 3，对应的压力脉动连续小波分析如图 5.21（b）；图 5.21（c）则为 S 值小于 3 颗粒非团聚时压力脉动的连续小波分析图。

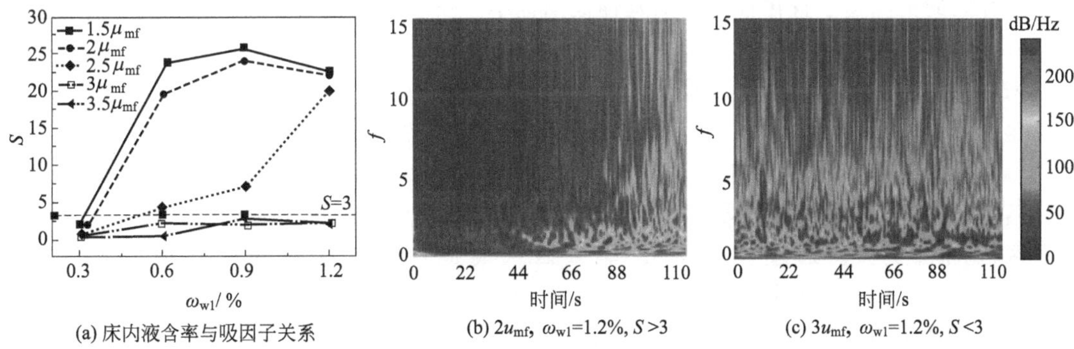

图 5.21　不同流化气速和液含量下气液固云雾流化床中颗粒团聚判别方法（S 吸因子法和频谱分析）对比[66]

Wang 等[67] 发现，流化床内湿颗粒在形成有危害的颗粒团聚之前是可逆团聚，对应最大的持液量。聚合时，持液颗粒的液体蒸发将产生新的气泡，促进颗粒解团聚，同时，持液团聚颗粒在下沉过程中的蒸发也导致解团聚。Zhou 等[68] 通过液滴蒸发、液滴-颗粒碰撞和覆液膜颗粒碰撞的时间尺度分析与力平衡分析，建立了液桥诱导团聚的稳定性分析模型，可判断覆液膜颗粒能否发生有效团聚。认为当液滴蒸发时间尺度大于碰撞时间尺度时，可能发生液桥诱导团聚。通过流体曳力与液桥力、颗粒团聚体重力的分析，判断颗粒团聚是否导致流化失稳[69]，提出了不同的液固接触状态下气-液-固三相流型谱图、各流型下颗粒团聚的表现形式和主导作用机制[70]。Wang 等[71-73] 提出了颗粒碰撞聚并判据、团聚破碎判据以及气泡-颗粒间作用频率模型。探讨了液桥力以及液桥力和固桥力协同作用下的团聚演化规律，提出了液桥力先诱导、固桥力后作用的颗粒团聚机理。Wang 等[66] 指出，持液颗粒体系由于液桥力的存在，颗粒与气泡运动均受到约束，体系中的气泡尺寸随持液量的增加而变小（见图 5.22）。

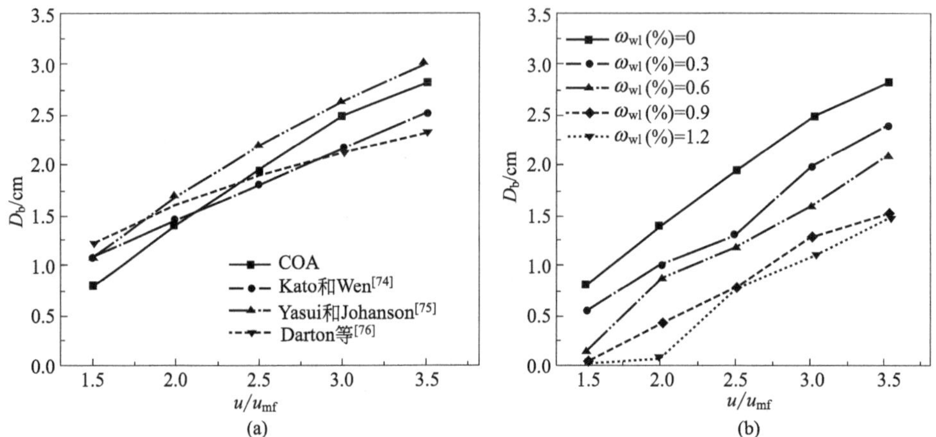

图 5.22　气泡直径测量值（COA）与文献值的比较（a）以及液相体积分数（ω_{wl}）和表观气速对气泡直径的影响（b）[66]

Wang 等[67] 还详细研究了液体雾化喷嘴附近的流动模型，认为喷嘴附近存在稠密液滴聚集区、喷液核心区以及与其相邻的液滴分散蒸发区，顶喷时喷嘴出口周围的颗粒更容易携带液体，气泡中心喷液时会产生低温颗粒聚集体。Hu 等[77] 通过测量液体喷射深度和液体喷射区截面积，研究了不同流化气速、喷液速率和喷液位置对气液固云雾区的分布规律，建立了半理论半经验的液体喷射深度预测模型。结果表明，流化气速越大，液体蒸发速率越快，云雾区的范围越小且在轴向上的延伸范围也小。喷液速率和喷液高度越大，液体蒸发速率越慢，云雾区范围越大。

采用多种可视化的测量手段重现了流化床内云区的存在，发现了床内云区的动态特性。Sun 等[78] 从介尺度科学研究方面对云聚合反应器的特性进行了探讨。在此基础上，Zhou 等[79] 模拟了云雾聚合流化床反应器内温度分布及其对产物分子量分布的影响（见图 5.23），发现随着进入流化床反应器冷凝液含量的增加，床内温度的轴向分布更加平缓，床内云区范围将变大。通过模拟 FBR 非云区（气-固两相）生成的聚合物分子量分布（MWD）、FBR 温度较低的云雾区（气-液-固三相）的 MWD 以及累积的 MWD，发现累积的 MWD 出现了明显的肩峰，见图 5.23（b）。研究结果为流化床云聚合工艺同时强化产率和产品调控提供了理论基础。

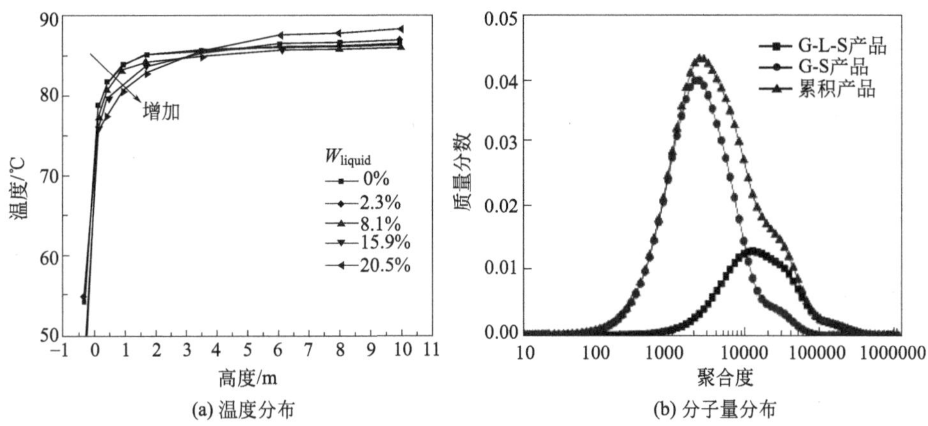

图 5.23 气-液-固云雾聚合流化床反应器中轴向温度分布和聚乙烯 MWD 的模拟结果[79]

5.1.6 最新的两种乙烯气相聚合模式

在云雾聚合概念的基础上，吴文清、王靖岱等[80-82] 首次提出了乙烯气相聚合的第六种模式——露点聚合技术，见图 5.24，即从流化床侧壁多点注入冷凝液，使整个反应器的温度控制在露点以下，床层中聚乙烯/催化剂颗粒被液膜包覆，提高了乙烯和共聚单体在聚乙烯中的溶解度，从而保证了较高的聚合反应速率和共聚单体结合率。并进一步开发了乙烯气相聚合的第七种操作模式——交变-交替聚合技术（也称为呼吸聚合）[83,84]，见图 5.25，即在单个流化床反应器中，通过冷凝操作周期性地从流化床抽出和注入（呼出和吸进）共聚单体，使乙烯均聚过程和共聚过程，或共聚 A 过程和共聚 B 过程交替进行。通过工艺条件的设计实现产品结构的灵活调控，得到力学性能和加工性能优异的聚合物产品。范小强[85] 分别建立了两阶段和四阶段的“交替聚合”模型，发现随着冷凝液波动幅度的增大，反应器温度在时间上的波动幅度和在空间上的温度梯度均显著增大，有利于支链在分子量高的聚乙烯链上生长。交变-交替聚合操作拉宽了反应器温度梯度分布，使反应器在变温状态中进行操作，生产的产品分子量分布更宽，性能更加优异。

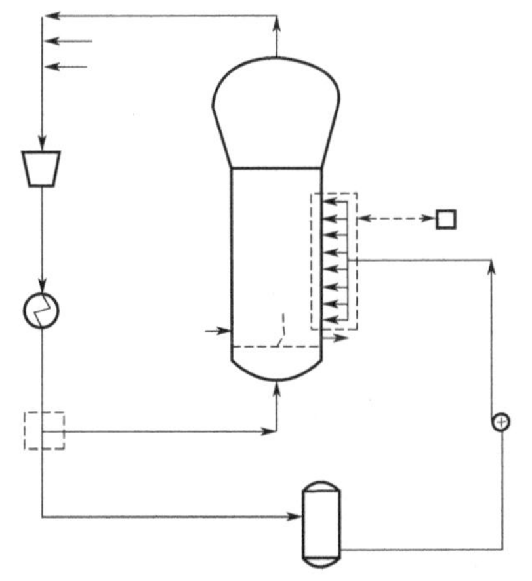

图 5.24 乙烯气相聚合的露点操作模式[80]

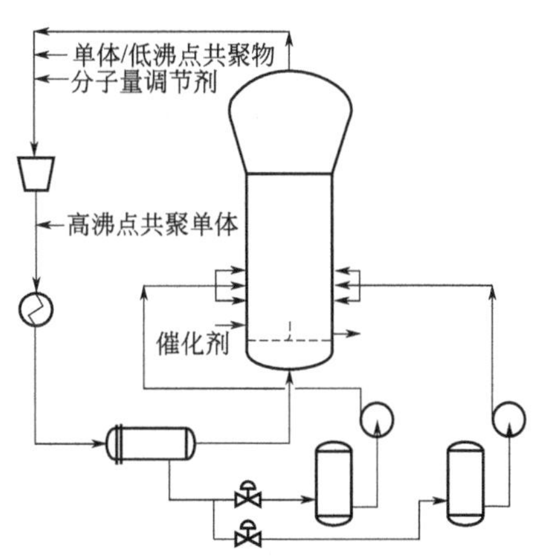

图 5.25 乙烯气相聚合的交变-交替聚合模式[83]

5.1.7 小结与展望

气相法聚乙烯工艺经过几十年的实践，已经演化出了七种操作模式，体现了聚乙烯工业生产技术在保持原有的短流程优势的基础上，向精细化、差别化发展的方向。中国的聚乙烯科研人员，通过深刻研究有关的化学工程和化学产品工程基本原理和规律，创新发展新工艺新技术，成功开发气液云雾聚合、露点聚合、交变-交替聚合等全新工艺技术，标志着中国气相法聚乙烯工艺技术正进入世界先进技术之列。

未来气相法聚合工艺仍然存在新的更加广阔的发展空间。例如，研发并建立聚合物产品及绿色制造工业大脑与智库，大幅提高工业装置对市场的快速敏捷响应能力；建立更多的聚烯烃高端产品与先进加工技术研发平台，聚烯烃制造工艺多功能、多尺度放大试验基地，攻克市场-性能-结构之间的正向和反向推理规律，包括工艺条件快速筛选、催化剂快速筛选等。推动气相法聚合工艺技术向生产热塑性弹性体（POE）、超高分子量聚乙烯（UHMWPE）等特种牌号延伸，突破通用树脂在线高性能化组合工艺技术[86,87] 等瓶颈。

5.2 丙烯多相聚合技术

利用多釜串联的组合工艺生产高橡胶含量的聚丙烯，是当前聚丙烯新工艺开发的热点之一。丙烯聚合时产量的分配以及乙丙橡胶含量的控制与催化剂活性组分负载量和颗粒形态密切相关，是新工艺开发的核心关键。因此，有必要从聚合反应工程的角度深刻理解催化剂及其颗粒形态的演变与工艺控制规律。我们知道，许多重要的聚烯烃产品（线型低密度聚乙烯、高密度聚乙烯、等规聚丙烯、抗冲聚丙烯、乙烯-丙烯共聚物等）是烯烃通过固体催化剂的作用聚合生产的。这些催化剂包括负载的 Z-N 催化剂、氧化铬以及茂金属催化体系。固体催化剂有两方面的作用。首先，生产出具有所需分子特性的聚合物，并具有足够的活性，以便残留催化剂在最终树脂中保持无害。其次，催化剂粒子必须作为聚合物颗粒生长的模板。但事实是，由于聚合物是在催化剂碎片的表面活性中心生成，聚合物颗粒形态与聚合过程中催化剂破碎，次级颗粒的变形、融合或聚结的方式等存在复杂的关系，进一步，聚合物颗粒形态取决于所生产聚合物的性质（组成、结晶度、熔点等）、催化剂活性及其分布均匀性、载体孔结构和聚合条件等。聚合过程中，催化剂颗粒将被聚合物包裹，最终得到10～50 倍于初始催化剂粒径的颗粒。

5.2.1 多相聚丙烯颗粒结构分析

随着聚合反应的进行，催化剂颗粒迅速破碎，成为由活性金属和载体组成的小微碎片。这些小微碎片的直径通常在 0.001～5.0μm 之间。单体、链转移剂和助催化剂必须在多孔聚合物颗粒内扩散，到达催化剂表面的金属活性位点上（碳-过渡金属键）依次发生配位/链插入，实现单体聚合。随着聚合物的生长，聚合物颗粒不断与周围环境进行质量和热量交换，颗粒内部涉及反应/扩散的各种细节，对聚合物产品的特性和工艺操作条件的确定将产生巨大的影响。表 5.5 和表 5.6 描述了烯烃聚合工艺对催化剂颗粒和聚合物颗粒提出的一般要求[88]。

表 5.5 烯烃催化聚合对固体催化剂性能要求[88]

序号	性能要求
1	催化剂颗粒比表面积高

续表

序号	性能要求
2	颗粒内存在大量分布均匀的裂纹，导致高孔隙率
3	催化剂载体机械强度高，制备过程不易破碎，同时，聚合时易于破碎
4	单体在催化剂颗粒内的扩散容易
5	活性位点均匀分布
6	能够得到立构规整性高的 PP，以避免无规聚合物的后处理
7	活性高，避免催化剂残留杂质的脱灰步骤
8	所产聚合物具有理想的性能，例如 MWD、组成分布等
9	颗粒形态受控
10	催化剂颗粒尺寸足够大，以避免细粉产生；同时颗粒尺寸应足够小，以防止反应器过热

表 5.6　烯烃催化聚合对聚合物颗粒的性能要求[88]

序号	性能要求
1	颗粒尺寸足够大（200～5000μm），以方便粉体处理，流态化；最理想的是颗粒足够大，不用造粒直接出厂销售
2	颗粒尺寸分布窄
3	100μm 以下的细粉含量降到最低
4	球形颗粒
5	内部孔隙率足够高，允许吸收稳定剂和添加剂；同时要求孔隙率足够低以提高颗粒堆积密度
6	颗粒发黏和团聚的趋势最小，否则影响流态化、搅拌以及产品后处理

描述催化剂/聚合物颗粒的生长过程，主要有连续介质模型（无孔颗粒）和多粒模型（有孔颗粒）等两类。其区别在于对聚合物颗粒形态和扩散路径做了不同的假设。人们首先对聚丙烯和聚乙烯等半结晶材料的初生态颗粒，采用扫描电子显微镜（SEM）和透射电子显微镜（TEM）进行物理观察分析，抽象凝练了多粒模型，假设聚合物颗粒是球形次级粒子的松散聚集体[89]，存在两个层次的单体扩散，即通过颗粒孔隙的径向扩散和通过催化剂碎片周围的聚合物薄层的扩散。由于假设多孔扩散是主要的传质方式，该模型适用于相对多孔和半结晶的聚合物颗粒（如聚乙烯或聚丙烯均聚物）。其次，发现针对低结晶度的乙烯-丙烯无规共聚物或新增二烯交联的三元共聚物体系，由于材料是软性的，次级粒子之间很容易发生融合，导致低孔隙率颗粒的出现。在这种情况下，颗粒内部孔隙体积可以忽略不计，可假定聚合物催化剂是拟连续介质[90]，于是提出了连续介质模型描述颗粒的生长，单体通过固体聚合物层径向扩散指向生长颗粒的中心。模型构建分别示意在图 5.26 和图 5.27 中。这两类模型都适用于描述在间歇反应器或连续单反应器过程中生产均聚物或无规共聚物时颗粒的生长过程，详细描述参见有关文献[91]。

实际上，多粒模型也可假设次级粒子是均匀分布（图 5.28）或团聚分布，次级粒子尺寸也可以不均匀。连续介质模型可以由多粒模型蜕变演变而来。当次级粒子为软性聚合物，颗粒内部孔隙率大幅减少，即可近似为连续介质颗粒模型（见图 5.29）。

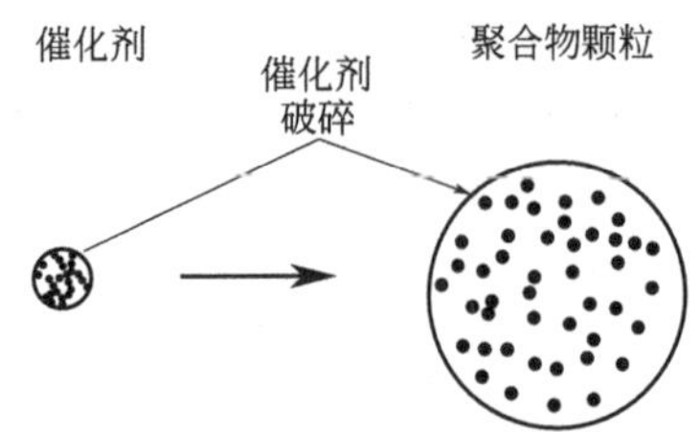

图 5.26 颗粒生长的连续介质模型

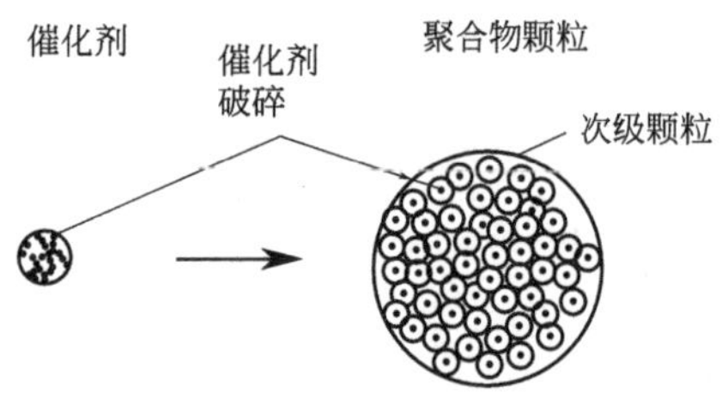

图 5.27 颗粒生长的传统多粒模型

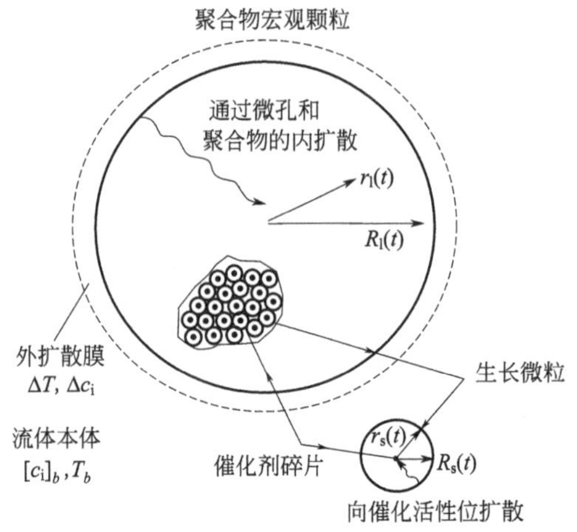

图 5.28 均匀分布的多粒模型

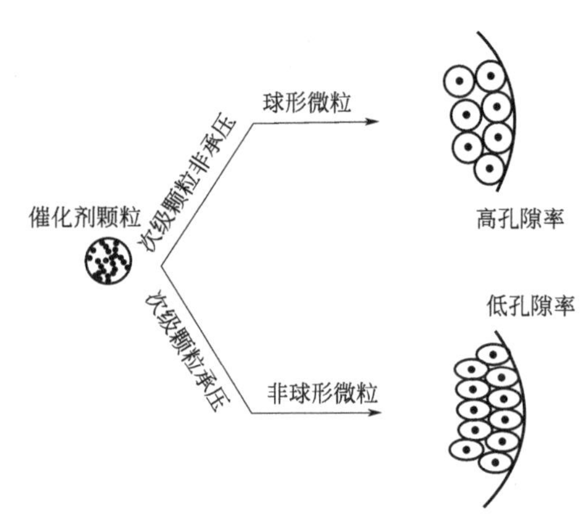

图 5.29 考虑聚合物颗粒中孔隙率变化的多粒模型

均匀多粒模型可以参见 Hutchinson 等的早期工作[89]。该模型假设聚合物大颗粒由更小的次级粒子聚集而成。传质发生在两个不同的层次。在大颗粒层面（下标“l”），扩散物种，如单体、烷基、给电子体等，向生长中的聚合物颗粒中心扩散。这种径向扩散发生在颗粒的孔隙中，也会穿过次级粒子的聚合物层。在大颗粒的每个径向位置，扩散组分首先会吸附到半结晶聚合物次级粒子中（下标“s”），然后通过聚合物层扩散到催化剂碎片表面活性位点发生反应。大颗粒外部边界层的温度和浓度梯度也包括在该模型中[91]。

许多重要的聚合物产品，实际上是在多反应器串联的组合工艺中生产的。在这些组合工艺中，每个反应器所产聚合物的物理特性可能完全不同，并且两者可能是互不相容的，从多孔到无孔，颗粒形态也变化多端。如果聚合物共混物组分之间相容、混合均匀，或各反应器产物性质之间的差别可以忽略时，则聚合物为均相。假如多反应器组合工艺生产双峰聚丙烯和抗冲击聚丙烯等产品时，不同相态的聚合物共存于颗粒中，且每个相的特性都很重要，于是提出了多相聚合物的概念。

在多反应器串联组合工艺中，通过向聚丙烯均聚物中原位添加不连续的共聚物橡胶相，将得到抗冲击聚丙烯（从低到高的抗冲击性能与弹性体含量相关）。添加“乙烯-丙烯共聚物”弹性相是为了增加丙烯均聚物在低温下的抗冲击强度[92]。以 Spheripol 工艺为例，第一阶段的环管反应器产生聚丙烯均聚物结晶相，第二阶段的气相聚合反应器生产乙烯-丙烯共聚物（EPR）无定形橡胶相，并将其均匀分散在半结晶的均聚物基体中。在第三阶段，可将聚乙烯相添加到抗冲击聚丙烯中，减少熔体破裂和产品泛红，或减少应力泛白。

以环管-流化床聚合工艺生产抗冲击聚丙烯为例，人们提出了颗粒生长的多相多粒模型[89]。首先讨论第一反应器的产物颗粒孔隙率的变化规律，等规聚丙烯和聚乙烯等半结晶均聚物的颗粒由大量结合牢固的微颗粒组成，具有多孔性。人们也注意到颗粒内部蠕虫状、蜘蛛网、球珠状物等亚结构的存在。尽管这些颗粒的孔隙率很高，但研究表明，孔隙率随着催化剂产率增加而减小。考察 $TiCl_3 \cdot AlCl_3$ 催化丙烯聚合的产物，Bukatov 等[93]用压汞法测量了聚丙烯孔隙率，发现催化剂收率达到 2000g 聚合物/g 催化剂之后，孔隙率从催化剂初始孔隙率 0.45 下降到 0.17。另一方面，Tang[94] 通过 $TiCl_4/MgCl_2$ 催化乙烯聚合，发现生产的聚乙烯颗粒体积密度随着聚合收率的增加而增加，并与孔隙率的变化相一致。Simonazzi 等[95] 在负载化的 $TiCl_4/MgCl_2$ 催化剂上进行丙烯均聚，发现随着催化剂收率的增加，颗粒空隙会逐渐被聚合物填满。

Chen[96] 在无负载的 $TiCl_3$-$AlCl_3$ 催化剂上进行了乙烯和丙烯气相无规共聚合研究，发现聚合物颗粒内有大量的融合和聚结，导致空隙的减少。Furtek[97] 指出，用茂金属催化剂生产的线型低密度聚乙烯颗粒基本上是无孔的。Hoel 等[90] 认为用单中心茂金属催化剂生产的无定形乙烯-丙烯共聚物颗粒只含有很少量的孔隙。

Kakugo 等[98] 提出了抗冲聚丙烯存在多相结构的实验证据。采用 Mg-Ti 催化剂进行液相/气相组合聚合生产抗冲共聚物，共聚物含量在 20%～81%（质量分数）的范围内，颗粒用低温切片机切片，在室温下浸入 1,7-辛二烯 2h，然后在 60℃下用 1%的 OsO_4 水溶液染色 3h，通过 TEM 展示的一系列显微照片，发现共聚物已经从催化位点迁移到颗粒内部的缝隙中；聚丙烯次级粒子的尺寸没有随共聚物产量的增加而变化，表明在次级粒子内存留的共聚物非常少；在非常高的共聚物含量条件下，橡胶将形成连续相，聚丙烯次级粒子将分散在橡胶共聚物中，聚丙烯宏观颗粒内基本没有孔隙。

多相聚合物的颗粒形态取决于每个聚合物相的性质和相对含量。由于所有聚合物都出自催化剂表面活性位，当催化剂粒子从第一个反应器转移到第二个反应器后，在第二个反应器中产生了新的聚合物。随着第二种聚合物的形成，次级粒子可能出现三种不同类型的形态，如图 5.30 所示。如果第二种聚合物相与第一反应器产的聚合物相（也可称预聚物）能充分兼容，将呈现分散均匀的形态。如果第二聚合相是高度结晶的材料，将直接膨胀预聚物形成的外壳，出现核/壳型结构形态。最后，假如在聚合力的作用下，第二聚合物相可能引发预聚物外层破裂，黏弹性聚合物冲破其束缚而沉积定位在聚合物次级粒子之间的缝隙中，即为抗冲击聚丙烯颗粒的形态特征。

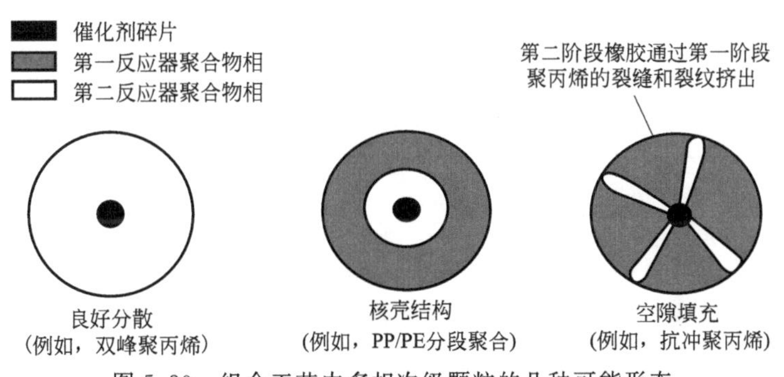

图 5.30 组合工艺中多相次级颗粒的几种可能形态

其他研究人员也获得了类似的发现。Simonazzi 等[95] 明确指出，当均聚物颗粒原位共聚生成 EPR 橡胶相时，橡胶相被均匀分散在预先存在的颗粒空隙中，并随着共聚的进行，橡胶相的含量不断增加。据报道通过串联组合聚合工艺已经可以得到 EPR 浓度接近 80%

(质量分数)的共聚物，此时所生成的 EPR 弹性聚合物被认为是自由流动介质。很明显，聚合物颗粒的形态受到颗粒内各聚合物相的性质和数量影响。共聚物含量较低时，共聚物分布在整个聚合物颗粒中，并以孤立的相态存在。共聚物含量较高时，共聚物相在整个颗粒内成为连续相，而聚丙烯微粒子分散在其中。一般当颗粒内至少有 50%的 EPR 和无定形聚丙烯时，就会发生这种相转变，如图 5.31 所示[88]。

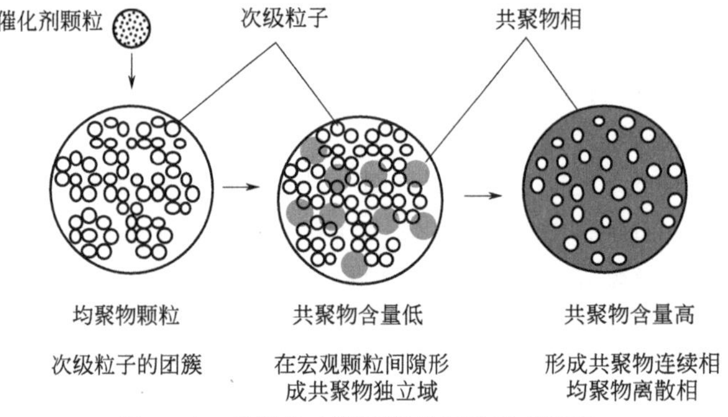

图 5.31　多相抗冲聚丙烯的颗粒形态模型

5.2.2　多相多粒模型建立与模拟

以环管-流化床串联工艺生产聚丙烯抗冲共聚物为例，该多相聚合物的多粒模型建立在均匀多粒模型基础之上，且引入了第二聚合物相。数学模型将以第一反应器的初始聚合物为起点，独立模拟追踪聚合物特性的变化，模拟参数见表 5.7。

表 5.7　模拟参数[88]

系统参数		
反应器	环管	流化床
温度/℃	70	65
停留时间/h	2	1
压力/atm	35	20
丙烯摩尔分数	0.97	0.72
乙烯摩尔分数		0.25
氢气摩尔分数	0.03	0.03
催化剂参数		
粒径/μm	50	
孔隙率/(cm^3/cm^3)	0.5	
密度/(g/cm^3)	2.33	
钛含量(质量分数)/%	2.00	
晶粒尺寸/μm	0.01	
曲折因子	6	
活性位(mol 活性 Ti/mol Ti)	0.22	

续表

聚合动力学参数			
项目	条件	丙烯	乙烯
链引发	k(在 T_{ref} 条件下)/[cm^3/(mol·s)]	1.43×10^5	1.21×10^7
	E_{act}/(kcal/mol)	12	10
链增长			
活性链端为丙烯	k(在 T_{ref} 条件下)/[cm^3/(mol·s)]	1.43×10^5	9.18×10^5
	E_{act}/(kcal/mol)	12	10
活性链端为乙烯	k(在 T_{ref} 条件下)/[cm^3/(mol·s)]	6.5×10^5	1.21×10^7
	E_{act}/(kcal/mol)	12	10
自发失活	k(在 T_{ref} 条件下)/[cm^3/(mol·s)]	8.6×10^{-5}	
	E_{act}/(kcal/mol)	1	
向 H_2 链转移			
活性链端为丙烯	k(在 T_{ref} 条件下)/[cm^3/(mol·s)]	23.4	
	E_{act}/(kcal/mol)	14	
活性链端为乙烯	k(在 T_{ref} 条件下)/[cm^3/(mol·s)]	622.4	
	E_{act}/(kcal/mol)	14	

参考温度 T_{ref}＝328.15K。在任何温度 T 下速率参数的实际值由下列公式计算

$$k=k_{T_{ref}}\times\exp\{(-E_{act}/R)[(1/T)-(1/T_{ref})]\}$$

表 5.7 的催化剂参数对应了当前负载催化剂的活性。催化剂被认为是在上游装置中被完全激活进入第一个反应器中，在液相条件下催化丙烯聚合，为了控制分子量，少量的氢气溶解在液相中。因为均聚物是液相本体生产，可假设丙烯没有扩散限制。只有在使用大量惰性稀释剂（如丙烷）的情况下，丙烯在液相本体中的扩散才需要重视。为了准确预测颗粒孔隙率与均聚物产率之间的关系，需要建立颗粒孔隙率与微粒子的可压缩性因子 z 之间的关系。Bukatov 等[93] 用压汞法对一系列不同产率的聚丙烯均聚物颗粒测量了孔隙率 ϕ，根据其数据得到了关联式 $z=1-0.00349(\phi-1)$。此外，假设所选择的催化剂具有较高的初始孔隙率，是典型的抗冲共聚物催化剂，初始孔隙率为 0.5cm^3 孔隙/cm^3 催化剂。压缩性因子 z 定义为被压缩微粒直径（垂直于径向坐标）与球粒体直径之比。

在第二反应器中，乙烯-丙烯共聚物从已存在的聚合物颗粒内产生，并被作为第二相处理。调整乙烯和丙烯在反应器中的组成，使共聚物产品中乙烯丙烯摩尔比 50∶50。假设所有涌出的共聚物都基本上沉淀在均聚物次级颗粒之间的间隙内，并且假定是共聚物结晶度的函数，而共聚物密度又是乙烯含量的函数。50%（摩尔分数）的乙烯共聚物将是完全无定形的，其密度为 0.849g/cm^3。完全无定形的共聚物将从最初的均聚物中完全相分离。

5.2.3　影响因素分析

(1) 反应器停留时间的影响

所有连续工艺都有特定的停留时间分布，因此聚合物颗粒的停留时间都不相同，这对于多相聚合物（如抗冲击聚丙烯）的生产特别重要，意味着共聚物的含量将因颗粒而异。在图 5.32 中，过渡金属催化剂的剩余活性为环管反应器中总停留时间的函数。这里只考虑了自

发失活的情况。可以看出，催化剂在第一反应器聚合数小时后失去了大量的初始活性。分别模拟了 A、B、C 三个案例，对应每种颗粒在均聚反应器中的停留时间为 1h、2h、3h。

图 5.33 显示了环管反应器中的停留时间对聚丙烯均聚物颗粒孔隙率的影响。由于微粒子的可压缩性，孔隙率随环管反应器均聚物产率的增加而减少。当粒子进入共聚物反应器时，剩余的孔隙体积将被乙烯-丙烯橡胶相占据。在均聚物反应器中停留时间较长的颗粒，催化剂产率高，催化剂剩余活性较低，其颗粒孔隙率较低。

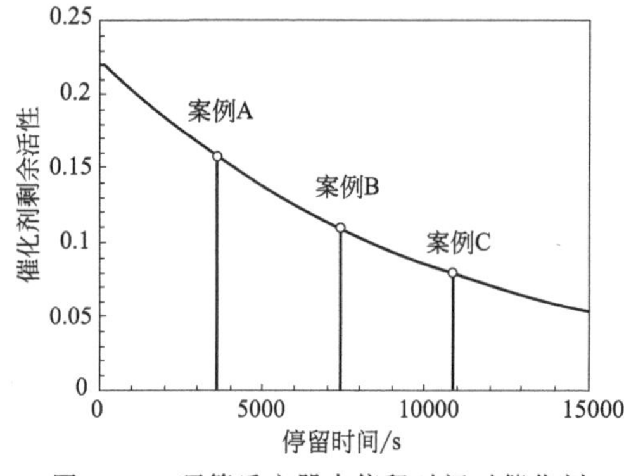

图 5.32　环管反应器中停留时间对催化剂剩余活性分数的影响（模拟条件见表 5.7）

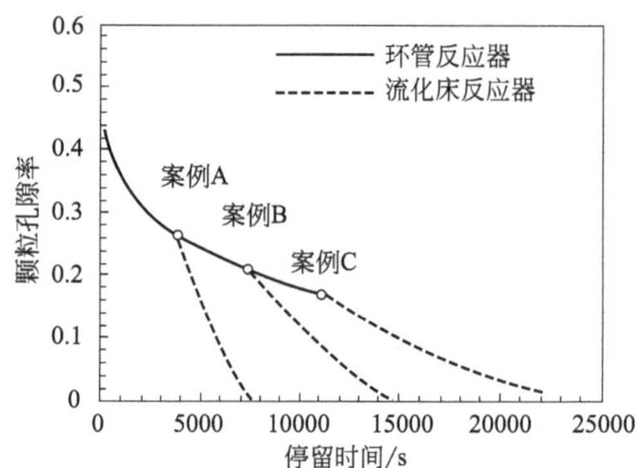

图 5.33　停留时间对聚合物颗粒孔隙率的影响（模拟条件见表 5.7）

首先考虑案例 A：颗粒在环管反应器中的停留时间相对较短（1h），进入共聚反应器后活性仍然较高，该均聚物颗粒拥有高达 27%的孔隙率可用于容纳橡胶相。但颗粒孔隙体积随着橡胶的加入迅速减少，直到在共聚物反应器停留约 1h，所有孔隙体积都被占据。此时，没有多孔扩散机制，乙烯和丙烯单体在大颗粒内的扩散阻力显著升高，单体必须以大大降低的扩散速率通过聚合物相。图 5.34 和图 5.35 显示了催化剂活性位点上的乙烯和丙烯的无量纲浓度与颗粒半径和时间的关系。这里无量纲化的基准浓度采用了没有扩散限制的理论浓度。例如，无量纲浓度 1.0，代表一个没有扩散阻力的场景。乙烯、丙烯的扩散性是类似的，但由于乙烯的本征反应活性较高，因此乙烯扩散阻力更大。如图 5.35 所示，在颗粒中心乙烯几乎完全处于饥饿状态。

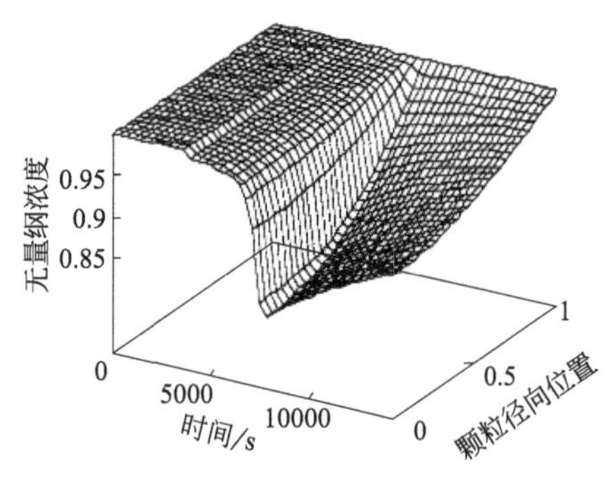

图 5.34　宏观颗粒内丙烯浓度分布

（案例 A：环管颗粒停留时间 1h）

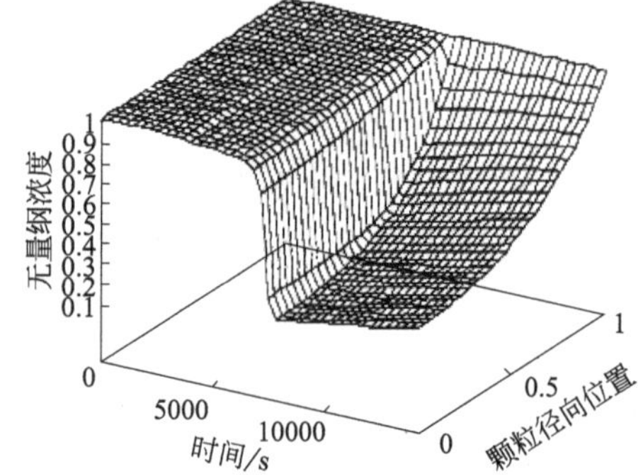

图 5.35　宏观颗粒内乙烯浓度分布

（案例 A：环管颗粒停留时间 1h）

单体扩散阻力导致了大颗粒内共聚物含量的梯度分布（参见图 5.36 和图 5.38）。更多的共聚物是在表面产生的，而在内部则较少。在颗粒内部，开始形成富含丙烯的共聚物，在颗粒的中心甚至形成纯丙烯均聚物（参见图 5.37）。在颗粒表面，还会产生一种橡胶状的共聚物。这种橡胶状的共聚物不再仅仅包含在颗粒的孔隙中，而是在颗粒的表面形成。由于乙烯扩散阻力较大，所形成的共聚物的结晶度从颗粒的表面向中心增加。当停留时间＞7500s 时，乙烯浓度有轻微的上升趋势，这是由于催化剂失活和颗粒尺寸的增加使得扩散的表面积变大。

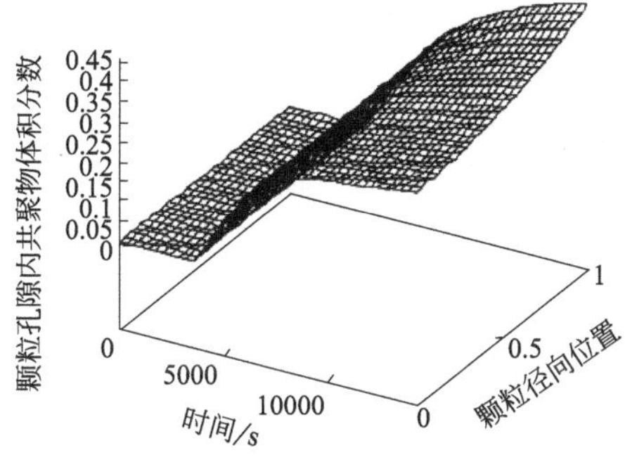

图 5.36　共聚物体积分数在颗粒内的动态分布（案例 A）

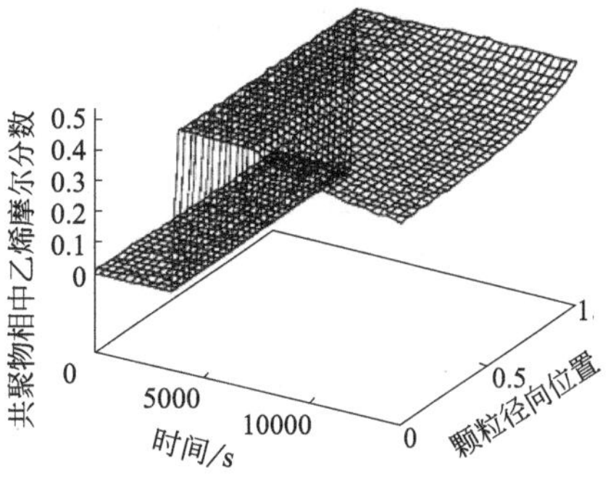

图 5.37　共聚物相中乙烯摩尔分数的动态分布（案例 A）

图 5.38 显示了 A、B、C 三种情况下共聚物体积分数在颗粒半径上的分布。案例 B 和 C 的催化剂在环管反应器中停留时间比案例 A 长，催化剂的失活程度相当高，均聚物的产率也要大得多。因此，在这两种情况下，共聚物的含量要低得多，而且在大颗粒内的分布比案例 A 要均匀得多。由于催化剂活性已经较低，没有扩散限制。对于案例 B，颗粒的孔隙体积完全被共聚物填充，需要在共聚物反应器内停留 2h 以上。然而，对于案例 C，即使在共聚反应器聚合 3h，颗粒内仍然含有一些孔隙。

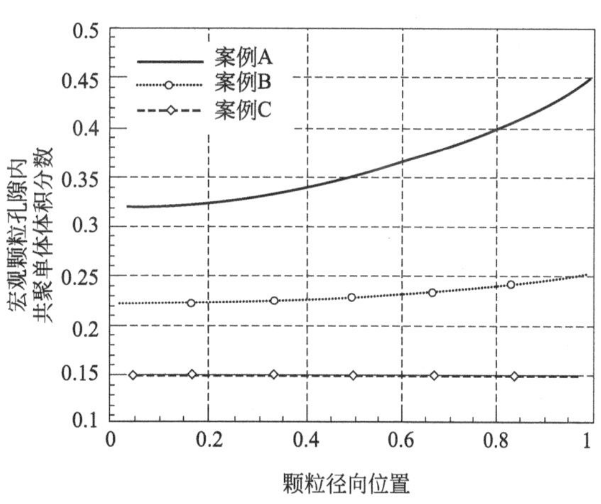

图 5.38　共聚物体积分数的分布（案例 A、B、C）

(2) 催化剂粒径的影响

为了研究催化剂粒度分布对共聚物含量的影响，对粒径范围 10～125μm 的催化剂进行了模拟，其重均直径为 50μm，方差 σ 为 0.25。这个尺寸范围足以覆盖工业上使用的各种典型负载型 $TiCl_4/MgCl_2$ 催化剂系统。假定大小粒径的催化剂具有相同的活性和动力学参数。

假设环管反应器 1h 和共聚物反应器 2h，从图 5.39 中可以看出，颗粒中的总乙烯含量（以总树脂中的摩尔分数表示）是初始催化剂粒径的函数，催化剂粒径越小，乙烯含量越

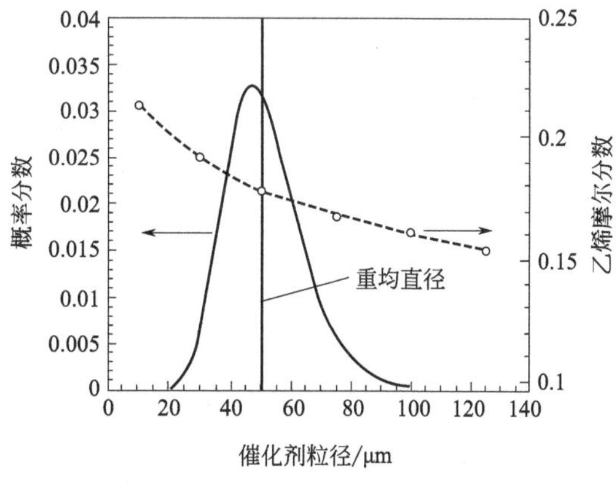

图 5.39　催化剂粒径分布和粒径对乙烯含量的影响（环管 1h；流化床 2h）

高。这是由于大小粒径的催化剂颗粒在均聚反应器停留时间相同且都以相同的产量、剩余活性和均聚物颗粒孔隙率流出均聚反应器。因此，均聚物颗粒具有相同的容纳共聚物的能力（由剩余孔隙率决定）。当均聚物颗粒的孔隙被共聚物填满时，开始出现扩散限制。由于活性相同，催化剂尺寸越大，扩散阻力越大，大颗粒内乙烯处于饥饿状态。

(3) 催化剂失活的影响

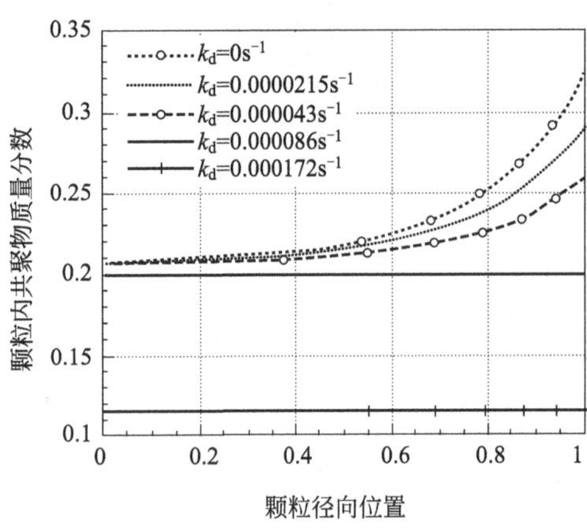

图 5.40 催化剂失活对共聚物含量的影响（环管 2h，流化床 2h，催化剂粒径 50μm）

以自发失活常数为参数，图 5.40 展示了催化剂失活对聚合物颗粒内共聚物含量的影响。模拟结果显示，粒径 50μm 的催化剂在环管反应器中聚合 2h，在流化床中聚合 2h。随着催化剂失活速率的降低，颗粒内共聚物含量分布梯度在增加。使用表 5.7 的基本条件发现，失活常数 $k_d = 8.6 \times 10^{-5} s^{-1}$，颗粒内共聚物组成分布是均匀的，约为 20%（质量分数）。然而，在没有催化剂失活的情况下，共聚物的含量从颗粒中心的约 20%增加到表面的 30% 以上。在高失活率下（$k_d = 17.2 \times 10^{-5} s^{-1}$），共聚物的含量不仅在整个颗粒内是均匀的，而且几乎是基准模拟条件下的一半。

图 5.41 显示了共聚物最大含量与均聚物产率之间的函数关系。受均聚物孔隙率限制的共聚物最大含量由实线表示，受催化剂失活限制的共聚物最大含量用虚线表示。在均聚物低产率条件下，催化剂颗粒内生成共聚物的能力受到颗粒孔隙率而不是动力学活性的限制。在均聚物高产率条件下，预测催化剂生产共聚物会受到动力学的限制。从扩散限制到动力学限制的过渡发生在这两条曲线的交点上。在大多数条件下，催化剂活性比孔隙率和扩散更有可能支配共聚物含量。这样，图 5.40 的结果就容易解释了。如果催化剂失活缓慢，颗粒内反应受扩散限制，导致共聚物含量从表面到颗粒中心出现梯度。而快速失活的催化剂不会出现扩散受限，而且观察到整个颗粒内部的共聚物含量分布曲线平滑。图 5.42 进一步说明环管反应器小于 2h 的催化剂颗粒，其生成共聚物的能力受到扩散限制，停留时间大于 2h 的颗粒受到催化剂活性的限制。

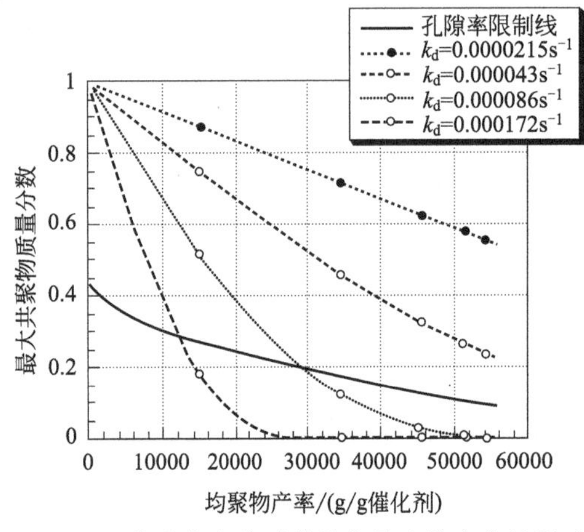

图 5.41 均聚物产率对共聚物最大结合率的影响

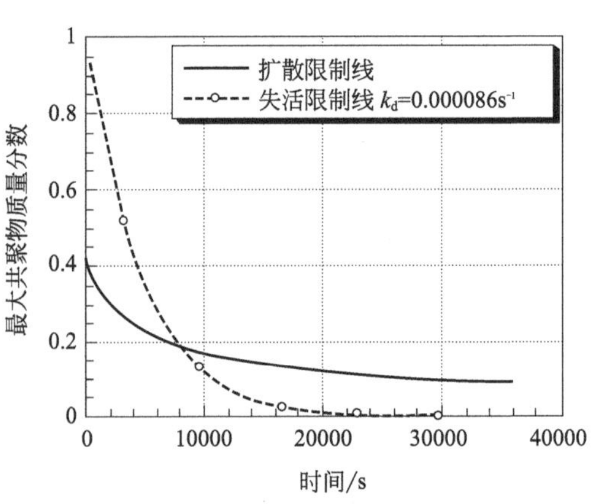

图 5.42 环管停留时间对共聚物最大含量的影响

5.3 "全组分"聚烯烃反应组合技术

随着全球人口日益增长，人们需要更多性价比高、资源节约（减量化、轻量化、低耗能）、环境友好的聚烯烃材料，因此，需要发明更多的聚合反应新技术对材料性质、应用和循环进行裁剪定制，使之更加符合绿色化学和可持续发展需要。例如，食品、医药的清洁包装和安全供应，用于汽车和建筑、纺织、橡胶、绝缘和隔热的轻量化工程塑料，抵御地震破坏的长期安全的输水管网和燃气管网塑料等。特别是为了方便聚烯烃塑料的回收，人们正在倡导用一种聚烯烃原位改性另一种聚烯烃的所谓"全组分"聚烯烃概念（国内也称"单一"聚烯烃的复合材料）[99,100]，凡此种种，对聚烯烃反应技术的发展提出了新的目标和要求。事实上通过科学家和工程技术人员近十年的不断努力，新的聚合反应技术正不断涌现（中国石化和浙江大学等单位联合开发的 All-PE 工艺即属于此系列反应技术）。

5.3.1 技术回顾

20 世纪 30 年代，ICI 发现高压条件下乙烯的自由基聚合；50 年代初，Karl Ziegler 和 Giulio Natta 以及 Phillips 的 Banks 和 Hogan 等发明低压下的烯烃配位聚合催化剂，聚烯烃（催化）反应技术不断进步，发展出了在人类社会中占据重要地位的聚烯烃行业。由表 5.8 可见，相比于高压法工艺，乙烯低压均聚和共聚工艺对聚乙烯的支链有更强的控制能力，特别是 1954 年，Giulio Natta 发现了 α-烯烃的立体定向聚合并成功制备了半结晶的等规聚丙烯。由催化聚合生产的聚乙烯材料包括了用于管材的高密度聚乙烯 HDPE、用于包装的线型短支链低密度聚乙烯（LLDPE）以及用作橡胶的乙烯/丙烯/二烯共聚物（EPDM）等。作为唯一的热变形温度大于 100℃ 的聚烯烃商品，等规聚丙烯满足了高度多样化的市场需求，从汽车工程轻量化的保险杠到纺织品、瓶、包装、管道以及电池槽。高压法工艺的地位依然不可撼动。例如，乙烯与乙酸乙烯等极性单体共聚生产高附加值的特殊产品，目前还一直需要通过高压自由基聚合技术完成。

从 20 世纪 60 年代开始，随着对聚合机理和聚烯烃颗粒生长规律的深入理解，人们开发了高活性和立体定向性的负载型催化剂，这些催化剂革新和简化了聚乙烯、聚丙烯的生产工艺。在烯烃配位聚合催化剂家族中，开发氯化镁负载的钛系催化剂，并采用 Lewis 碱修饰，已经成为聚丙烯和聚乙烯先进生产技术的基础。催化剂活性高达 10^6 g/g 催化剂，无毒性的钛系催化剂残留量只有 10^{-6} 数量级，省略了通过溶剂萃取分离聚合物中催化剂残渣的环节。现代高度定向的催化合成技术还大大降低了副产物的生成量，无需移除像无定形、无规聚丙烯等蜡状物。

20 世纪 70 年代后期，第一次石油危机之后，能效的概念成功变成了商业化的亮点，美国联合碳化物公司（UCC）第一次成功促成了 LLDPE 对 LDPE 的替代。虽然 LLDPE 在 20 世纪 50 年代就实现了工业化，但是只有在第一次石油危机之后的二十多年内，LLDPE 才迅速增长，据称世界上已经有年产百万吨级别的生产线。

表 5.8　聚烯烃催化反应技术发展[99]

年代	里程碑事件	对可持续发展的贡献
20 世纪 50 年代	低压烯烃催化聚合	对聚丙烯、聚乙烯和 EPDM 橡胶等一系列碳氢化合物材料实现了能量、资源节约的生产

续表

年代	里程碑事件	对可持续发展的贡献
20 世纪 60 年代	高活性无脱灰催化剂	催化剂组分可残留聚合物中，不需溶剂萃取，实现了高产率和高原子经济性
	负载化催化剂用于气相聚合	实现无溶剂的、环境友好的催化聚合过程
20 世纪 70 年代	发明 Lewis 碱修饰的负载型 $MgCl_2$/$TiCl_4$ 催化剂，提高活性和立体定向性	不生成蜡和无规聚丙烯等副产物，省去了溶剂萃取分离以及固体废弃物填埋
	通过乙烯和 1-辛烯的共聚得到线型低密度聚乙烯(LLDPE)	替代 LDPE，显示出高效节能和资源节约，因为 LDPE 是在温度提升(150℃)和高压条件(100MPa)下通过自由基聚合生产的
20 世纪 80 年代	聚丙烯的分子裁剪	在汽车制造工程中，取代了环境不太友好的聚合物且实现轻量化
	反应器共混工艺和串联反应器工艺	改进了聚烯烃的性能，例如 PE100 管材、PE 包装膜以及 PP 工程塑料
20 世纪 90 年代	烯烃聚合的颗粒设计以及反应器颗粒工艺	通过节省熔融挤出造粒和添加剂的熔融混合实现节能
	单中心催化剂工艺	通过对微结构和性质精细控制实现聚烯烃裁剪
	链行走聚合	生产 LLDPE 只需乙烯不需添加高级 α-烯烃作为共聚单体
21 世纪初	多区循环聚合反应器	在一个反应器内，而不是在反应器串联工艺中裁剪 PE 和 PP 反应器共混物
	通过生物乙醇和聚烯烃废弃物生产聚烯烃	可再生的聚烯烃
	先进的多活性中心聚烯烃催化作用	成本、资源、生态和能量有效率的高性能聚烯烃和全组分聚烯烃复合材料

20 世纪 80 年代，一批新的聚合物颗粒形态控制技术工业化。采用球形催化剂颗粒作为模板，聚合过程中通过催化剂颗粒破裂，控制聚烯烃颗粒生长，生产出具有造粒尺寸的聚乙烯、聚丙烯（称之为“反应器颗粒工艺”）。与常规工艺相比，新工艺取消了聚合物的熔融挤出造粒，产生了相当多的节能收益。

20 世纪 90 年代，开始发现一大批新的茂金属催化剂、限定几何构型的环戊二烯氨配合物、苯氧基亚胺钛配合物以及各种后茂金属等单中心催化剂，使我们可以对聚烯烃的分子量、分子量分布、链端基团、短支链和长支链、立体化学，以及聚集态结构进行未曾有过的控制，获得了新的聚合物性能。常规齐格勒催化剂中有催化活性的过渡金属总是位于聚烯烃分子链的链端，由二亚胺镍和钯络合物组成的 Brookhart 催化剂，其中的烷基过渡金属在聚合过程中可以在聚合物链上向前、向后行走。因此，链行走聚合过程能够仅仅通过单一乙烯进料就能生产线型的、支化的，甚至高度支化的聚乙烯，而无需另外添加 1-烯烃共聚单体[101]。

进入 2000 年，多区循环聚合技术实现工业化，并出现了一系列先进的多活性中心组合的催化反应技术。前者强化了不同聚烯烃组元的在线均匀混合，后者提高了人们裁剪聚合物分子结构的能力，这些反应技术对于提高聚合物的性能发挥了重要的作用。

5.3.2　聚合反应器共混技术

随着对聚烯烃产品工程的认识深化，反应器内不同聚合物组分的共混技术得到蓬勃发展。反应器共混技术包括多反应器串联[102]、多反应器循环[103]、多反应区随机穿梭[104]等，也包括采用多中心催化剂的烯烃聚合技术（如图 5.43 所示）。

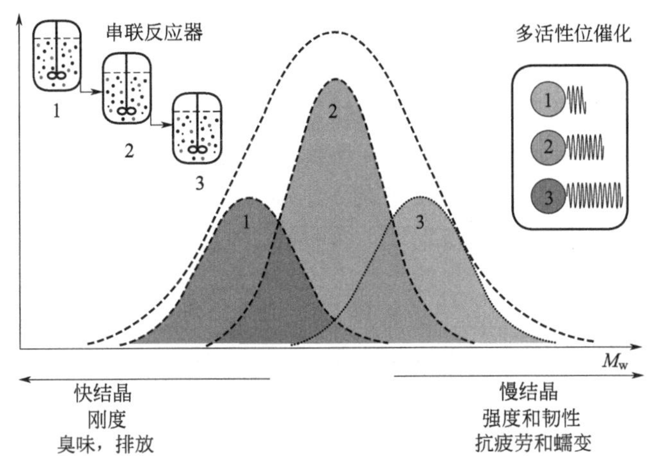

图 5.43　经过裁剪的具有宽 MWD 的聚烯烃，可以通过串联反应器进行多级聚合制备（左上），或者通过单一反应器在多活性位催化剂上进行烯烃聚合制备（右上）[99]

根据聚乙烯的结构性能关系，分子量较低的聚乙烯，其熔体黏度低、结晶速率快，材料表现出良好的刚性。而分子量较高的聚乙烯则展示出明显更高的韧性，这是由于分子量越高，分子链的缠绕点越多，熔体黏度较高，导致其结晶速率变慢，结晶度变小。此外，超高分子量聚乙烯（UHMWPE）具有较高的耐磨损性和较低的摩擦系数，是分子量较低的 HDPE 所不可比拟的。采用 UHMWPE 改性 HDPE 通用料是人们容易想到的新材料制备路线。如图 5.44 所示，对于含有一定比例 UHMWPE 的高密度聚乙烯 HDPE，当其熔体缓慢冷却时，较低分子量的聚乙烯首先开始结晶，UHMWPE 作为系带分子，可将聚乙烯片晶连接在一起，有效增强聚乙烯的熔体强度，改善材料的抗疲劳、抗应力开裂等性能；使管材抵抗损坏，使柔性包装材料轻量化。用它制备的高性能聚乙烯管材料，例如 PE100，使用时间可超过 50 年[105]。

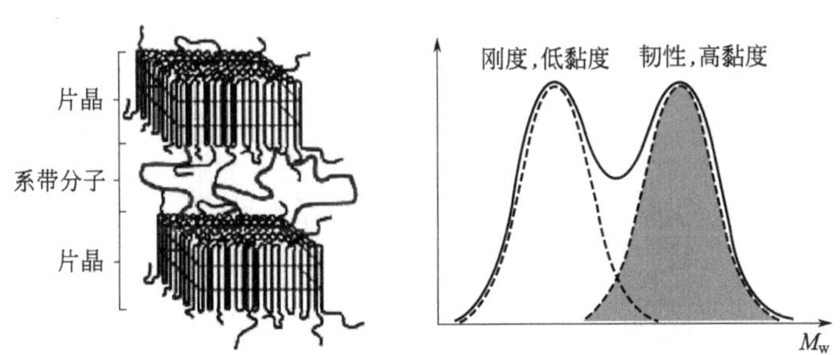

图 5.44　双峰 MWD 聚乙烯（HDPE/UHMWPE 反应器共混物）内含短支链 UHMWPE 作为系带分子将聚乙烯片晶连接在一起[99]

进一步，当 α-烯烃作为短支链定向进入 UHMWPE 组分时，UHMWPE 的结晶度下降，导致聚乙烯中产生更多的系带分子[106]。特别是，当 UHMWPE 具有较长的正构烷基侧链时，例如，丁基和己基，将有利于在聚乙烯片晶之间产生这些物理连接。但是在常规的 Z-N 催化剂作用下，乙烯和 α-烯烃共聚时，共聚单体一般都出现在短分子链上，分子量较高的聚烯烃链上很少有共聚单体，这种支链分布（即所谓正向分布）通常是不利于聚烯烃树脂性能改善的。人们希望支链含量随主链分子量的增加而增加，并将共聚单体的这种分布称为支链的反向分布或支链的正交分布。在双峰高密度聚乙烯管材料中，所包含的 UHMWPE 分子链具有较多的短支链，支链呈现出反向分布（或称正交分布），显著增强了材料抗疲劳和抗环境应力开裂的能力，延长了管道服役的时间周期。

采用多反应器技术，不仅可以实现聚合物分子结构的裁剪，还可以在比熔融加工温度低得多的聚合温度下，实现不同种类聚合物在纳微尺度上的混合，无需剪切力，节约了成本和能源。针对反应器串联工艺，人们需要在聚合过程中通过控制负载型催化剂的碎化，实现对聚合物颗粒形态的控制，进一步通过设计不同的聚合环境，生产具有支链反向分布的双峰分子量分布聚烯烃。这里需要催化剂保持长时间的高活性，使聚合物颗粒稳定生长。

以 LyondellBasell 的 Hostalen 工艺为例[102]，在第一反应器，分子链调节剂氢气的浓度较高，乙烯聚合可得到低分子量、高流动性的 HDPE。在第二和第三反应器，氢气含量控制很低，生产熔体黏度高得多的高分子量以及超高分子量聚乙烯。此外，α-烯烃作为共聚单体添加在第三反应器，专门使共聚单体结合进入 UHMWPE，产生了支链反转的共聚单体分布。具有较低分子量的 HDPE 形成了结晶相，短支链 UHMWPE 的结晶速率慢得多，变成了无定形相，即 UHMWPE 系带分子将聚乙烯晶片连接在一起（图 5.44）。

尽管所生产的 HDPE 产品中，UHMWPE 的含量仅有百分之几，但是产品刚度、抗疲劳和抗开裂等均得到改善，以此为原料加工制造的管道，不仅可以安全输送饮用水、燃气或污水等，而且可以满足管道铺设时对防刮伤、防压裂的要求。当年日本神户地震时没有一根双峰聚乙烯管道被损坏就说明了这一点[107]。

由双峰聚乙烯制得的吹塑容器和包装膜为建立安全的食品供应链提供了保证，因为熔体强度提高，包装膜可以更薄，产品轻量化，而又不损害其优异的使用性能。

多反应器串联工艺技术还广泛应用于高性能聚丙烯树脂的生产。例如，LyondellBasell 的 Catalloy[107] 和 Borealis 的 Borstar 工艺[108]，集成了淤浆环管反应器中丙烯立体选择性聚合，以及气相聚合反应器中生产冲击性能良好的乙丙橡胶的优势，不仅得到了高抗冲聚丙烯合金，甚至可以免除熔融挤出造粒之工序［图 5.45（a）］。

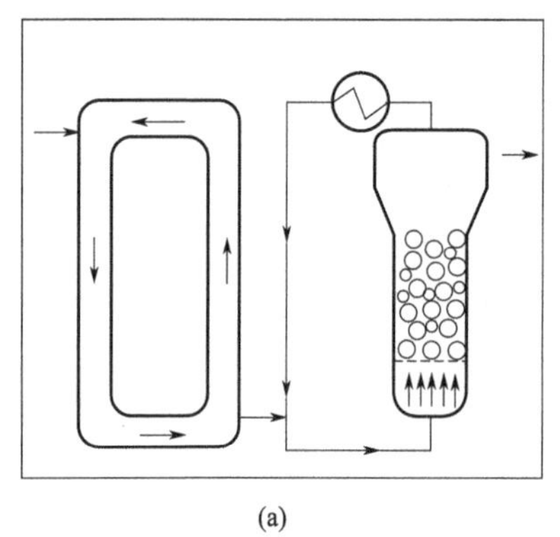

(a)

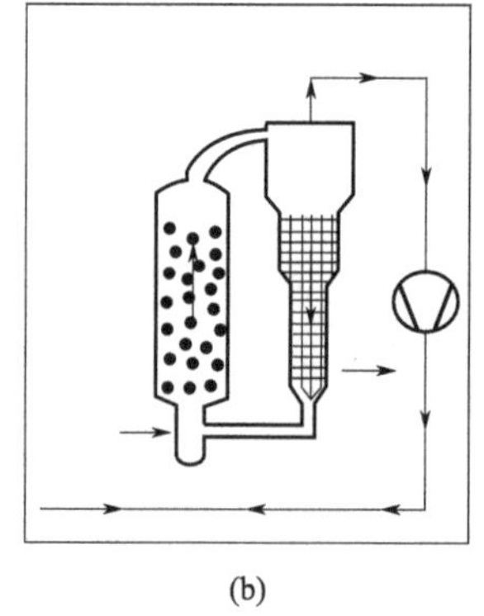

(b)

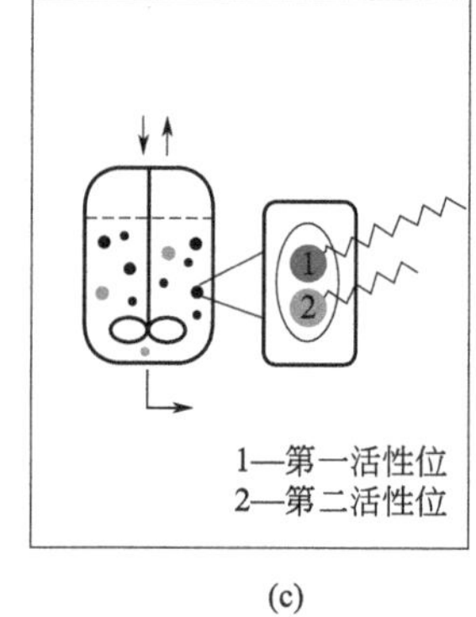

(c)

图 5.45　聚烯烃反应器内共混物生产工艺

（a）采用多活性位催化剂在单反应器进行烯烃聚合生产；（b）反应器串联工艺；（c）多区循环反应器[99]

采用常规的负载型催化剂进行烯烃聚合时，人们可以在一台多区循环反应器内完成不同性能聚烯烃的生产和原位共混［图 5.45(b)］。LyondellBasell 2004 年推出了生产球形聚丙烯颗粒的多区循环反应器，即 Spherizone 工艺[107]。分别在上行床和下行床营造两种不同的聚合环境，生长的聚烯烃颗粒在上行床和下行床之间循环，在生长颗粒内部的纳米尺度上实现不同聚合物之间的共混，裁剪了聚合物的分子量分布。该过程生产的聚丙烯具有宽 MWD 以及超高的熔体强度，可以替代常规的刚性包装材料。

聚烯烃反应器共混物制备既可以通过反应器串联/多区循环等工艺实现，还可以在单一流化床反应器内通过营造气液固三相区与传统的气固两相区稳定共存，三相区和两相区具有不同的聚合环境，例如共聚单体/乙烯比、氢气/乙烯比、聚合温度等，由于流态化的作用，催化剂/活性聚合物颗粒在两个区域内反复地、随机地穿梭聚合，拓宽了产物结构分布，改进了产品牌号。成为中国石化和浙江大学联合开发的气液法聚乙烯技术的基本科学思路[104]。

5.3.3 多活性位烯烃聚合技术

多活性位催化体系的设计目标是实现分子量的双/宽分布、支链的分布、多相结构的裁剪，在单反应器内实现串级反应的功能［图 5.45 (c)］。为此，工程技术人员需要熟悉相关单活性中心组分的分子结构及其基本特性，以方便多活性位催化体系的构建。一般，在单一聚合环境的反应器内欲实现聚烯烃产品结构的裁剪，必须将具有不同催化性能的活性中心，按特定的方式负载在催化剂颗粒上，以得到规定结构性能的产品，同时保证产品成本具有竞争优势。

5.3.3.1 多活性位组合的分类

自 20 世纪 80 年代单中心催化剂被发现后，人们可以制备多种单中心组合的催化剂（杂化催化剂）。如果与更加简洁的工艺和产品控制技术进行有机结合，将使反应器粒内共混的聚合技术进入新的发展阶段。特别是对反应机理、金属烷基的相互作用以及单中心催化剂结构与聚合物结构关系的更深入认识，将使人们能够开发稳健的、均相和非均相多中心催化剂，用于生产更加先进的新一代聚烯烃材料。

传统的 Z-N 催化剂（含 Phillips 催化剂）也是多活性中心催化剂，每种中心具有不同的动力学行为、不同的氢气响应能力、不同的立体选择性以及不同的共聚单体结合能力。由于催化剂表面化学的复杂性，每种活性中心结构不明确、所生产的聚合物的定义也是相当含糊的，很难单独调节其中的一种活性中心而不影响其它活性中心的性能。因此，大部分的 Z-N 催化剂生产的聚烯烃都具有宽泛的分子量分布。

双中心催化体系也称二元催化剂，两个活性位可能的负载方式见图 5.46。两种单中心活性组分分别负载于不同批次的载体上［图 5.46 (a)］；也可以是两种单中心活性组分混

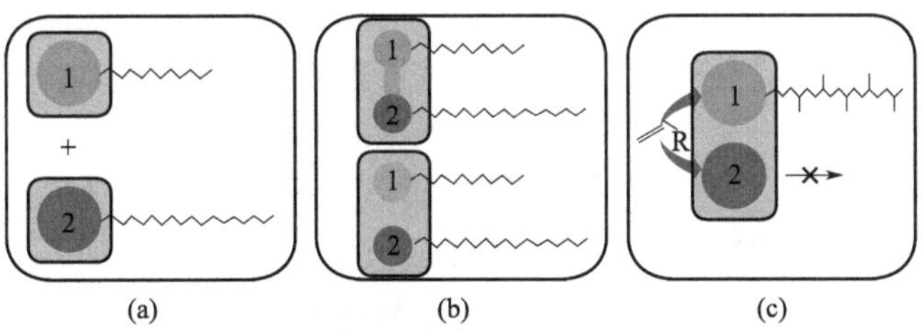

图 5.46 裁剪聚烯烃分子结构的路径

聚合物在不同的催化剂上生成 (a)；在双核催化剂上进行烯烃聚合［(b)上］或通过双活性位催化剂聚合［(b)下］，以及串级式催化剂 (c) 原位生产 α-烯烃共聚单体，通过第二个活性位作用与乙烯共聚[99]

1—第一活性位；2—第二活性位

合后负载［图 5.46（b）下］，还可以是两种单中心点合成在同一个分子上，即双核络合物，再进行负载［图 5.46（b）上］。正是由于在多中心催化剂上不同中心点间距无限接近，每种活性中心生成的聚烯烃分子链可以在纳米尺度实现共混，这是熔融剪切所得不到的共混效果。

当然，还有可能形成串级式的催化作用模式（tandem catalysis）。如图 5.46（c）所示活性位（2）催化乙烯低聚产生 α-烯烃共聚单体，活性位（1）催化乙烯与新生成的共聚单体原位共聚合。因此，串级催化系统仅依靠乙烯进料，就可以产生支链聚乙烯，省去了 α-烯烃的单独生产、运输和精制储存。

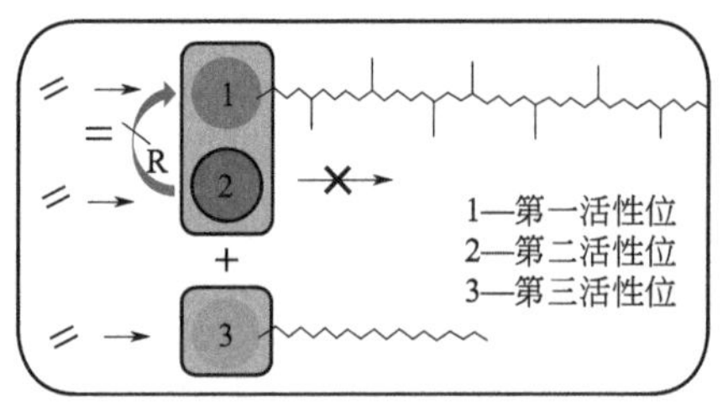

图 5.47　三活性中心复合催化体系举例

作为上述分类原则的应用，可以设计如图 5.47 所示的三活性中心复合催化体系，在单一聚合气氛，得到更加理想的聚合物分子结构。例如，在上述串级式催化体系中，活性位（1）催化乙烯共聚合制备有支链的 UHMWPE。进一步，增加活性位（3）高选择性地进行乙烯聚合生产高度线型的且分子量较低的高刚性 HDPE。

多中心催化体系的设计目标不仅是实现不同聚合物的原位混合，而且要获得期望的反应器内共混物的分子结构、MWD、支链分布、序列分布，甚至分子链的聚集态结构。设计的难点是寻找独立稳定的活性位结构、助催化剂结构，优化相关活性位组分的摩尔比，此外，还需要各活性位的聚合动力学保持稳健、彼此满足匹配关系。通过多中心催化反应技术的开发，人们能够生产新颖先进的聚烯烃材料，涵盖从自增强聚烯烃（全组分聚烯烃复合材料）到热塑性弹性体，在实现工程材料的轻量化方面发挥重要作用。

5.3.3.2　双/宽峰分子量分布

20 世纪 80 年代，Ewen[109] 和 Kaminsky 等[110] 发现将不同的均相单中心茂金属催化剂进行混合，制备均相多中心催化剂，在单一反应器内可生产具有不同链长的聚烯烃。从经济性和技术可行性分析，这种多中心催化方法是有吸引力的，因为具有宽 MWD 的聚烯烃可以在一个反应器内生产出来，且不用氢气作为链转移剂。通过调节单中心催化组分种类及其混合的比例就可控制 MWD。所用茂金属为第ⅣB、ⅤB、ⅥB 族的金属，含有单、双和三环戊二烯配体。图 5.48 列举了常用的单中心茂金属催化剂，如双(环戊二烯)二氯化锆（Cp_2ZrCl_2）(**1a**)、双(环戊二烯)二氯化铪（Cp_2HfCl_2）(**1b**)、外消旋的亚乙烯基双(茚基)二氯化锆［$Et(Ind)_2ZrCl_2$］（**2**）以及双(茚基)二氯化锆［$(Ind)_2ZrCl_2$］（**3**）。在单个催化剂组分上进行乙烯聚合所生成的分子量分布较窄，符合单中心催化剂的特性。

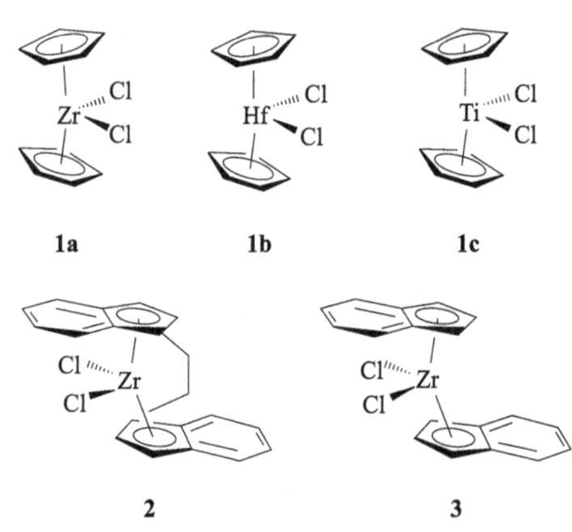

图 5.48　根据 Kaminsky 等提出的茂金属组分构建双/多活性位催化剂[110]

例如，Kaminsky 用 MAO 活化 Cp_2HfCl_2/$Et(Ind)_2ZrCl_2$ 双中心催化剂，通过调节 Hf/Zr 摩尔比，对双峰聚乙烯的 MWD 成功进行了调控。与 Zr 催化剂对比，Hf 催化剂可以生成更高分子量的聚乙烯，但是活性较低。他们发现单中心之间不存在相互作用，可独立地生产出属于对应活性中心的聚乙烯。然而，随着聚合温度的提高，各种中心的活性会产生巨大的差别。Han 等[111] 通过 MAO 活化的 Cp_2TiCl_2/Et-$(Ind)_2ZrCl_2$ 双中心催化剂进行乙烯聚合，发现 MWD 呈双峰分布且是温度的函数。Soares 等[112] 将单中心催化剂 Cp_2MCl_2（M：Zr，Hf，Ti）（**1a～1c**）和 Et$(Ind)_2ZrCl_2$（**2**）混合，得到均相的 MAO 活化的双中心催化剂。当进行乙烯淤浆聚合时发现反应器内所生成聚乙烯的 MWD，与采用各个单中心催化剂组分制备的单峰聚乙烯溶液混合得到的 MWD 非常一致。再一次证明两种活性中心之间不存在相互作用，当它们组合为多中心催化剂时能保持其单中心的特点。Paredes[113] 通过将三个同系列茂金属催化剂进行组合，实现了对等规聚丙烯 MWD 的调控。因此，根据目标聚合物性能的设计要求，选择不同的单中心催化剂进行组合，将为裁剪反应器内聚合物结构提供新的机会。而在早期，人们通过 Z-N 型催化剂的结构性能调控，是很难如此深刻改变聚烯烃结构的。

其它单中心催化剂的组合设计也可以实现双/宽峰 MWD 聚烯烃的生产。2011 年，Fukui 和 Murata[114] 采用均相的 $Cp_2ZrHCl/B(C_6F_5)_3/[t\text{-BuNSiMe}_2\text{Flu}]TiMe_2$ 双中心催化剂进行丙烯聚合。发现富含等规 PP 的较高分子量部分归功于 Zr 中心，而较低分子量部分由 Ti 中心催化生成。当然还要考虑其它各种参数的影响，例如单体种类、聚合温度、压力、共聚单体、氢气、三乙基铝的存在及其扩散问题（聚合过程中聚合物沉淀）等。

将不同的活性中心固定在一个分子内，可形成双核和多核过渡金属络合物。如果同时设计某种间隔单元，系统改变两个活性点之间的距离，以探索其协同效应，也是聚合反应新技术研究的内容之一。桥联双核茂金属催化剂[115-121] 包括柔性的（见图 5.49 和 **4a-g**、机理 1 中的 **4h-i**）和刚性的（图 5.50）间隔单元，还包括异核/双核限定几何构型催化剂（图 5.51 中的 **6a**、**6b**、**6c**、**6d**），以及双核后过渡金属茂催化剂（见图 5.52 中的 **7a**、**7b**）。这些双核催化剂一方面通过其协同效应，加宽了聚乙烯 MWD 或生成了双峰 MWD，另一方面，在串级式催化和分区负载催化剂方面有优势。

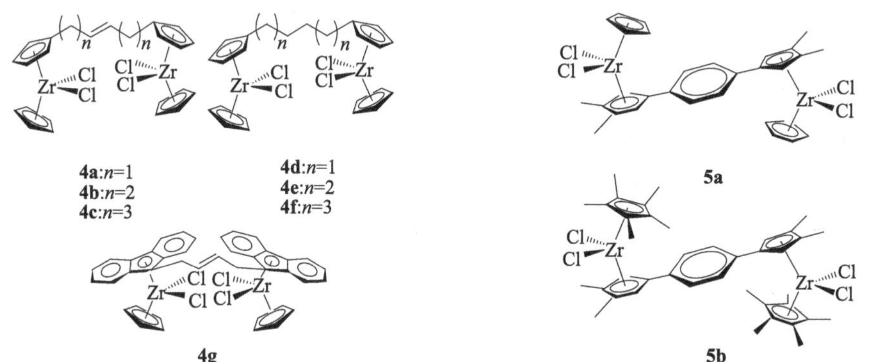

图 5.49　具有柔性间隔单元的双核茂金属[115]　　图 5.50　具有刚性间隔单元的双核茂金属[116]

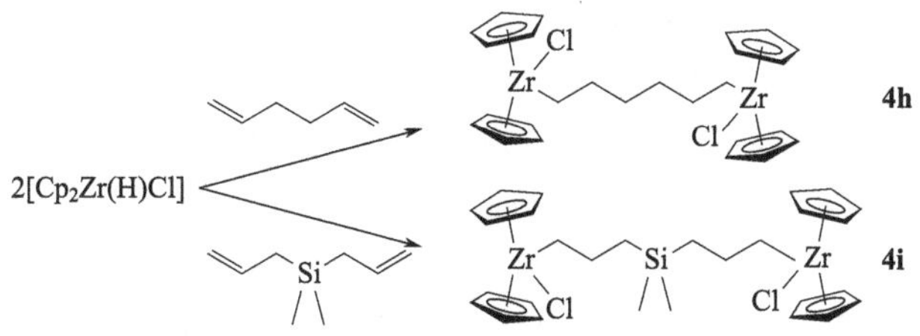

机理 1　双核锆茂催化剂的制备路径[117]

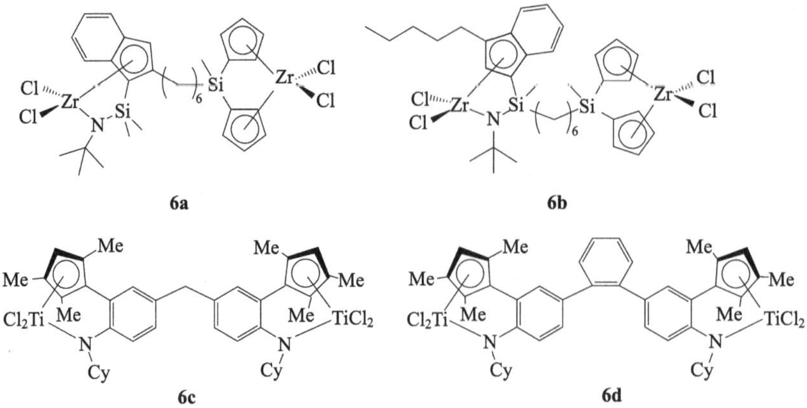

图 5.51　含限制几何构型的双核络合物[118,119]

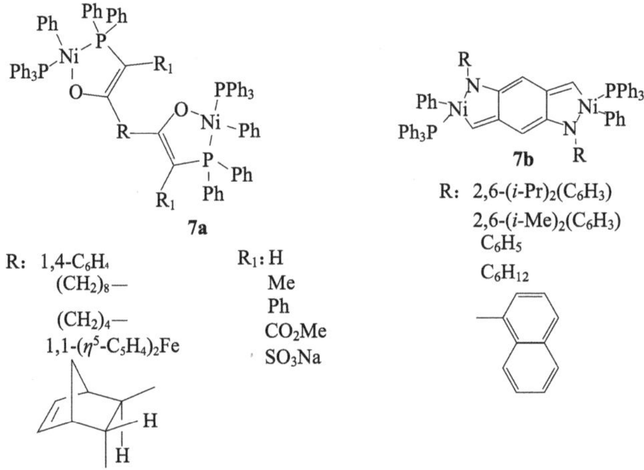

图 5.52　双核后过渡金属催化剂[120,121]

5.3.3.3　共聚、链行走与支链反向分布

支链的产生可以通过乙烯-α-烯烃共聚得到，也可以采用串级式催化剂或后过渡金属催化剂的链行走机理得到。后者不需要 α-烯烃共聚单体的单独生产、运输和注入操作，简化了聚烯烃生产过程，提高了资源、能源的利用效率。

将单中心茂金属催化剂和限定几何构型催化剂结合，得到双中心的乙烯共聚合催化剂，实现共聚单体在聚合物链上的反向分布。例如，Kaminsky 等[122] 研究了乙烯-1-丁烯在双中心催化剂上的共聚合，该双中心催化剂结合了 MAO 活化的 Et(Ind)$_2$ZrCl$_2$ 和铪的类似物，还研究了乙烯-丙烯在双中心催化剂上的共聚合，该催化剂结合了 *rac*-[Me$_2$Si(2-Me-4-(1-Naph)Ind)$_2$]-ZrCl$_2$/MAO 和[Me$_2$Si(Ind)(Flu)]ZrCl$_2$/MAO。在这类双中心催化剂内，两种活性中心组分的相互独立性也得到了证实。

Mecking[123] 将前过渡和后过渡金属单中心组分相结合，开发了双中心催化剂。MAO 活化的双亚胺镍（**8**，**9a**，**9b**），通过链行走机理（机理 2）进行乙烯的聚合，生产支化的、高分子量的 LLDPE，MAO 活化过的茂金属（**10**，**11**）或双亚胺吡啶铁络合物（**12**）生产线型的 HDPE（见图 5.53）。实现了从单一的乙烯原料出发生产 HDPE/LLDPE 反应器内共混物的目的。在所得到的 HDPE/LLDPE 共混物内，通过改变 Zr/Ni 摩尔比，可调控正构烷基支链的数

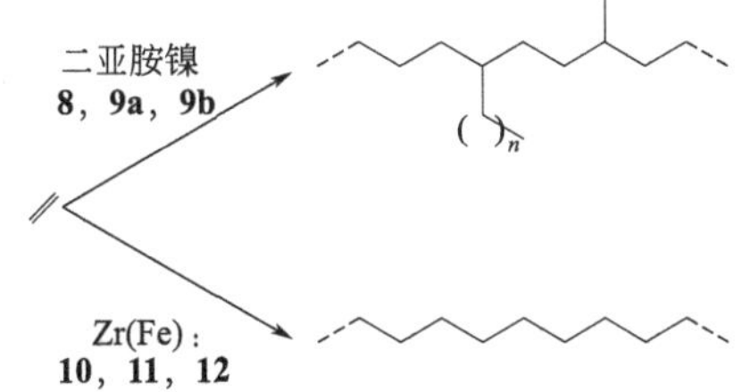

机理 2　支化的和线型的聚乙烯器内共混物。采用双活性位催化剂进行乙烯聚合，在二亚胺镍络合物（**8**，**9a**，**9b**）活性位上按链行走机理生产 LLDPE，在铁和锆络合物（**10**，**11**，**12**）活性位上按插入机理生产 HDPE[123]

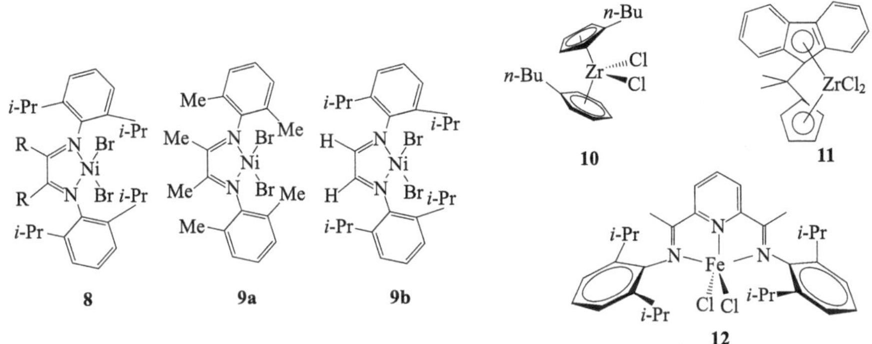

图 5.53　Mecking 的双活性位催化剂

MAO 活化的后过渡金属催化剂（**8**，**9a**，**9b**）按链行走机理进行乙烯聚合生产 LLDPE，MAO 活化的锆茂（**10**，**11**）和双（亚胺）吡啶铁催化剂（**12**），按插入机理进行乙烯聚合生产高度线型的 HDPE[123]

量，改变聚乙烯密度。但是甲基或更长的正构烷基侧链的链长分布和聚乙烯分子量是不受 Zr/Ni 摩尔比影响的。也说明了两种不同的活性中心之间是不存在强相互作用的。氢气作为分子量调节剂将选择性地与前过渡金属（**12**）相互作用，而镍中心（**8**，**9a**，**9b**）对氢气的敏感度较小。因此，氢气的加入使所产生的聚乙烯共混物具有明显反转的支链分布，虽然这里的支化共聚物的分子量没有落入 UHMWPE 的范围，仅与 LLDPE 接近。

需要注意的是，催化剂（**8**）产生了具有高可溶物含量、高支化度的 LLDPE（每 1000 个 C 有 59 个支链），而 **9a** 和 **9b** 生成低可溶物含量、少支链的 LLDPE。因此，设计前过渡/后过渡金属双中心催化体系进行乙烯淤浆聚合时，优选 **9a** 和 **9b** 二亚胺镍催化剂组分，并且优选硅胶负载，以提高聚乙烯堆积密度，防止生成细粉及反应器粘壁，避免均相聚合的缺陷。

Casagrande 等[124,125] 结合前过渡金属双-1,4-双(2,6-二异丙基-苯基)苊二亚胺二氯化镍（**13**）和后过渡金属外消旋乙烯双（四氢茚基）二氯化锆（**14**），制备均相多中心催化剂（见图 5.54），通过改变催化剂组分和聚合工艺参数，裁剪制备了一系列聚乙烯器内共混物，分别具有不同的支链分布模式和材料性质。

图 5.54　双活性位催化剂，组合了前过渡和后过渡金属络合物[124,125]

但是有时候多中心催化剂体系内，活性中心之间也会出现相互作用。Rytter 等[126] 将（1,2,4-$Me_3Cp)_2ZrCl_2$ 和 $(Me_5Cp)_2ZrCl_2$ 结合组成双中心催化剂体系，在 MAO 活化的双中心催化剂上进行乙烯/1-己烯共聚合。他们惊奇地观察到产物生成了聚乙烯嵌段共聚物，即高共聚单体含量和低共聚单体含量的链段序列，可能的解释是在两个不同的活性中心之间，发生了聚合物链的可逆传递，即烷基铝调制的金属转移。事实证明，这种相互作用可以被人们用来设计更多的结构新颖的聚合物。

5.3.4 链穿梭和活性中心的分子开关技术

穿梭聚合和活性中心分子开关技术的目标产物是聚烯烃嵌段共聚物。所谓嵌段是指含有交替连接的软、硬分子链片段的聚合物。软片段分子链聚集态一般是无定形的，而硬片段则是以结晶态或半结晶态形式存在的分子链。聚烯烃嵌段共聚物具有热塑性弹性体的性质，可以替代柔性的 PVC 和其它含有低分子量增塑剂的弹性体，应用领域从管道、软管到柔性的薄膜、纤维、发泡材料和黏结剂等。与大多数的其它热塑性弹性体相比较，聚烯烃嵌段共聚物具有材料轻量化和低成本、高性能的优势。

5.3.4.1 聚乙烯嵌段共聚物

近年来发现单活性位催化剂可以通过基团转移（也称链穿梭）或活性位的分子开关作用进行催化聚合，开拓了分子裁剪制备聚烯烃嵌段共聚物的新领域。链穿梭实际上就是一种链转移反应，即过渡金属中心和主族金属烷基化合物活化剂之间的金属化转移反应。当采用两个或多个不同过渡金属中心构成多中心催化体系，且过渡金属活性中心和无活性的（“休眠的”）主族金属中心之间进行聚烯烃分子链的可逆交换（即链穿梭），这种金属交换的链转移反应比链增长反应快很多，则将导致活性聚合反应高度受控，聚合物分子链结构非常精确。当实施连续烯烃聚合时，由于活性位可以反复使用，导致过渡金属催化剂的用量显著降低。不像在常规的烯烃活性聚合时，每条聚合物链端都含有烷基过渡金属。

具体以乙烯/1-辛烯共聚为例[127]，将两种反应活性相差很大的催化中心结合在一起，且这两种活性中心对辛烯的结合率差别很大。一个中心通过乙烯均聚产生线型聚乙烯，而另一个中心发生乙烯和 1-辛烯的共聚，由于有铝或锌的烷基化合物等链穿梭剂（CSA）存在，两个中心之间发生特别快的聚合物链交换，由此形成了聚烯烃嵌段共聚物。这种聚合物含有硬的线型聚乙烯（T_m=135℃）和柔性的支化聚乙烯（玻璃化转变温度较低，T_g<−40℃），两种结构的分子链片段交替出现。

2006 年，Dow 化学公司将聚乙烯嵌段共聚物作为热塑性弹性体，以 Infuse 的商标成功商业化（图 5.55），核心技术是采用了有分子裁剪能力的双中心催化剂进行链穿梭聚合。机理 3 展示了链穿梭的聚合原理。他们通过高通量筛选的方法得到了大量的高活性单中心催化剂，鉴别出了稳健的双中心催化剂体系，即两个互为补充的过渡金属络合物，还选出了主族金属烷基化合物作为链穿梭剂[127]。例如，第一个活性中心为双苯氧基亚胺锆催化剂（**15**），对乙烯均聚具有高度选择性，可忽略 1-烯烃共聚单体的存在，生产线型聚乙烯；第二活性中心为铪吡啶基酰胺催化剂（**16**），具有高效率进行乙烯和 1-烯烃共聚的能力，产生柔性的带支链的聚乙烯弹性体。两种催化剂组分之间聚合动力学相匹配，共聚单体选择性有显著差别。如果不存在链穿梭剂，双中心催化剂仅产生器内共混物，即具有非常宽的，直至双峰分布 MWD 的聚乙烯，包含不溶性的线型聚乙烯和聚（乙烯/1-烯烃）弹性体，M_w/M_n 的典型值为 13.6（图 5.56）。当采用 $ZnEt_2$ 作为链穿梭剂（CSA）时，由于其活性高、金属转移速度快，聚合物链在 Zr/Hf 活性点和 Zn 休眠点之间发生特别快速的可逆交换，使同一条链在两种不同的活性点上生长，并大大窄化了 MWD。因为在活性点 **15** 形成的聚合物链继续在活性点 **16** 生长，直到生成的嵌段共聚物穿梭回活性点 **15** 继续生长，由此生成多嵌段的具有软片段和硬片段交替的共聚物（M_w/M_n = 1.33），不产生任何均聚物的副产物（图 5.56）。与此对照的是，传统的多中心催化剂，生成复杂的反应器共混物，不仅 MWD 宽，且含有均聚物和共聚物，还有定义不清楚的嵌段共聚物作为副产物。

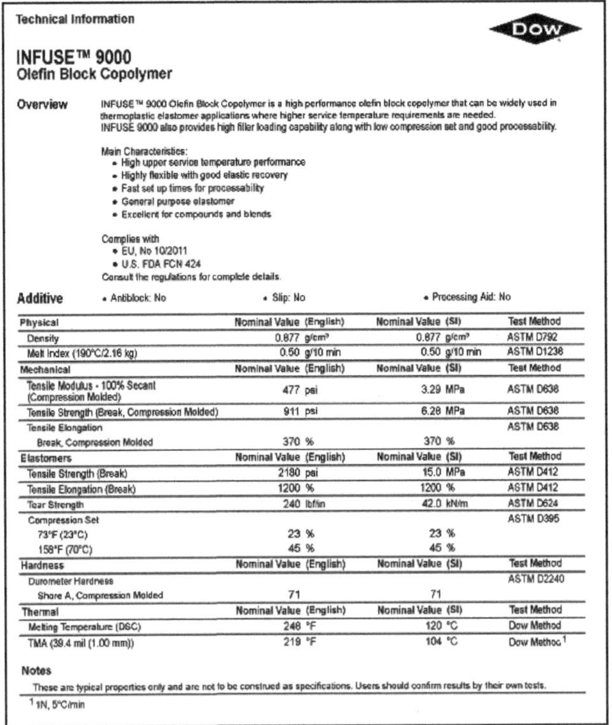

Technical Information

DOW

INFUSE™ 9000
Olefin Block Copolymer

Overview

INFUSE™ 9000 Olefin Block Copolymer is a high performance olefin block copolymer that can be widely used in thermoplastic elastomer applications where higher service temperature requirements are needed.
INFUSE 9000 also provides high filler loading capability along with low compression set and good processability.

Main Characteristics:
- High upper service temperature performance
- Highly flexible with good elastic recovery
- Fast set up times for processability
- General purpose elastomer
- Excellent for compounds and blends

Complies with
- EU, No 10/2011
- U.S. FDA FCN 424

Consult the regulations for complete details.

Additive　• Antiblock: No　• Slip: No　• Processing Aid: No

Physical	Nominal Value (English)	Nominal Value (SI)	Test Method
Density	0.877 g/cm³	0.877 g/cm³	ASTM D792
Melt Index (190°C/2.16 kg)	0.50 g/10 min	0.50 g/10 min	ASTM D1238
Mechanical	**Nominal Value (English)**	**Nominal Value (SI)**	**Test Method**
Tensile Modulus - 100% Secant (Compression Molded)	477 psi	3.29 MPa	ASTM D638
Tensile Strength (Break, Compression Molded)	911 psi	6.28 MPa	ASTM D638
Tensile Elongation			ASTM D638
Break, Compression Molded	370 %	370 %	
Elastomers	**Nominal Value (English)**	**Nominal Value (SI)**	**Test Method**
Tensile Strength (Break)	2180 psi	15.0 MPa	ASTM D412
Tensile Elongation (Break)	1200 %	1200 %	ASTM D412
Tear Strength	240 lbf/in	42.0 kN/m	ASTM D624
Compression Set			ASTM D395
73°F (23°C)	23 %	23 %	
158°F (70°C)	45 %	45 %	
Hardness	**Nominal Value (English)**	**Nominal Value (SI)**	**Test Method**
Durometer Hardness			ASTM D2240
Shore A, Compression Molded	71	71	
Thermal	**Nominal Value (English)**	**Nominal Value (SI)**	**Test Method**
Melting Temperature (DSC)	248 °F	120 °C	Dow Method
TMA (39.4 mil (1.00 mm))	219 °F	104 °C	Dow Method[1]

Notes

These are typical properties only and are not to be construed as specifications. Users should confirm results by their own tests.

[1] 1N, 5°C/min

图 5.55　Dow 化学 Infuse™9000 嵌段聚乙烯性能指标[128]

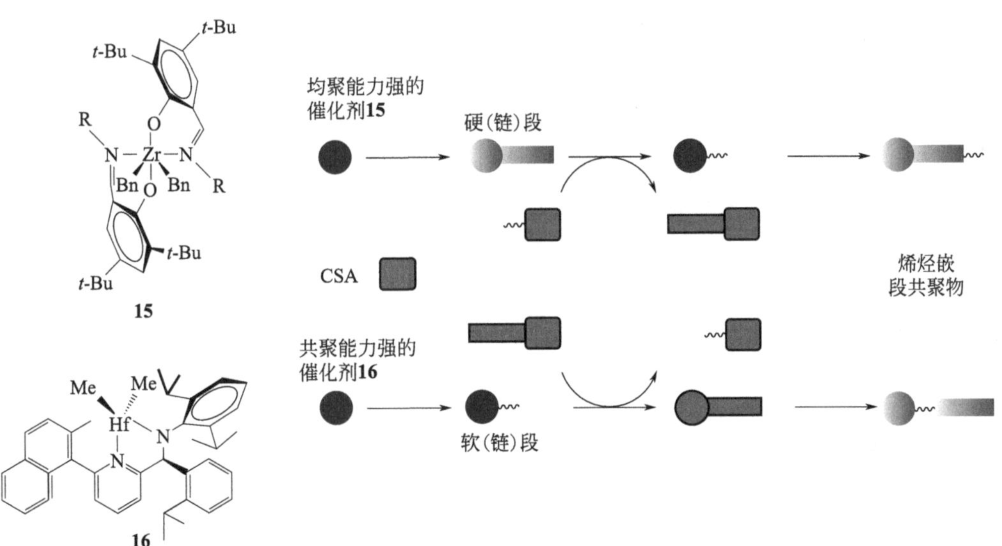

机理 3　在双活性位催化剂上通过链穿梭聚合制备烯烃嵌段共聚物，催化剂组合了两个与 α-烯烃共聚反应活性差异很大的催化组分，烷基锌或铝作为链穿梭剂（CSA）[127]

以无规共聚物的密度和熔点数据为参照，图 5.57 展示了乙烯/1-辛烯嵌段聚合物的优异特性。乙烯均聚物由于结晶度高，具有最高的熔点温度和密度。如果乙烯和 1-辛烯进行无规共聚，随着共聚单体结合率的增加，共聚物熔点和密度都将沿曲线下降。但是如果乙烯和

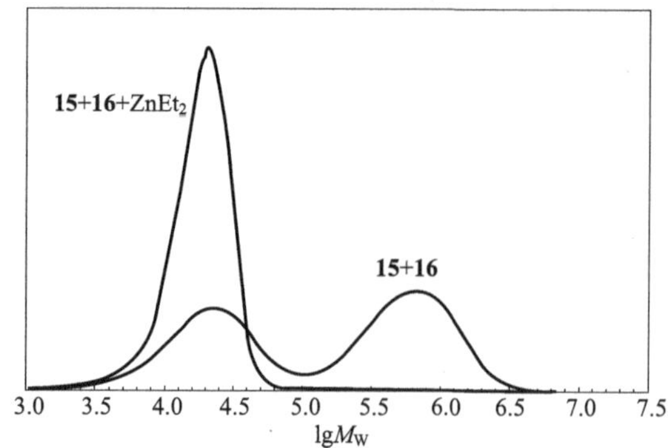

图 5.56　有无 $ZnEt_2$ 时聚乙烯 MWD（乙烯聚合所用催化剂为均相 **15/16** 双活性位催化剂）

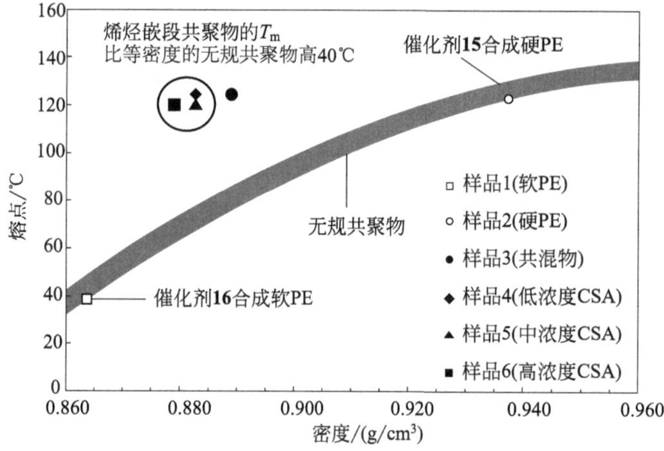

图 5.57　乙烯/1-辛烯嵌段共聚物的熔点和密度之间的关系[127]

1-烯烃进行穿梭共聚，所制备的较低密度聚合物，其熔点比对应密度的无规共聚物高得多。如果将均聚物（密度 0.940g/cm^3）和无规共聚物（密度 0.865g/cm^3）按合适比例共混，得到具有一定密度的共混物，发现虽然该共混物与对应密度的链穿梭共聚物具有相同的熔点，但是共混物的透明度远远不及链穿梭聚合物（图 5.58），表明链穿梭聚合物内部微晶结构与对应的共混物有本质差别。

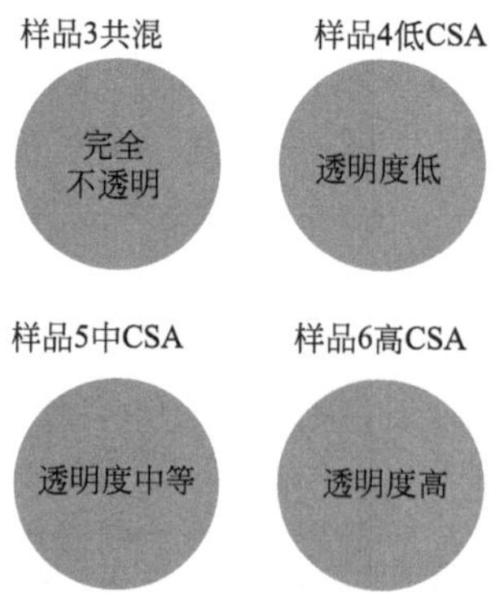

图 5.58　聚合物的透明度之间的差别

聚合物压模样片厚度为 0.35mm，演示了链穿梭剂对材料透明性的影响，聚合时增加 Et_2Zn 含量，导致嵌段共聚物链段的微观结构中硬段和软段混合更加均匀，样品 4～6 的透明度依次增加；样品 3 是高密度和低密度聚合物的共混物，无透明性[127]

因为聚合物一旦发生沉淀就会阻止聚合物分子链在活性点之间的交换，所以链穿梭聚合一般优选溶液工艺，聚合温度120℃以上。因为端基含Zn的聚烯烃分子链浓度可以稳定维持在较高水平，保证了链穿梭反应具有足够的速率。此外，类似于传统的活性聚合，在间歇反应器生产的聚合物具有Poisson型的MWD，其M_w/M_n大约为1，而连续反应器提供Schulz-Flory类型的MWD，MWD宽得多，其M_w/M_n大约为2，且没有损坏嵌段共聚物的分子结构。

5.3.4.2 分子开关技术与聚丙烯弹性体

在所有聚烯烃材料当中，聚丙烯的性能变化更多样、应用范围更广泛。例如，高等规度的聚丙烯可以作为刚性工程塑料，而低规整度的可以赋予聚丙烯柔软性，甚至弹性。从提高资源利用效率的角度出发，人们希望仅依靠单一的丙烯原料就可以衍生出应用宽广的聚丙烯产品。弹性体聚丙烯材料是新兴的一类PP功能材料，其合成技术一直在不断进步。在早期，采用Z-N催化剂生产的等规聚丙烯中，含有无定形的、低分子量的、黏性无规聚丙烯副产物，需要通过溶剂萃取分离再送填埋。如今，单活性中心聚烯烃催化剂的出现，使无规聚丙烯的分子量显著提高，等规聚丙烯的片段也变长，并可以共结晶，由此生成了高分子量无规聚丙烯弹性体。人们进一步开发了立体嵌段聚丙烯反应技术。这里，“立体嵌段”是指通过催化剂的定向调控能力改变丙烯聚合的立体化学，由单一丙烯产生具有嵌段效果的聚合物，即立构规整性低的柔性聚丙烯分子链片段和高等规的硬性聚丙烯分子链片段联系在一条聚合物分子链上。假如等规片段的长度足以结晶，通过它们的共结晶，将形成热可逆的网络交联弹性体。但是，与其它的热塑性弹性体以及烯烃嵌段共聚物相比，聚丙烯弹性体的玻璃化转变温度太高，接近室温，限制了其在橡胶工业中的应用。

聚烯烃催化剂不断进步产生了新一代的聚丙烯弹性体技术。其中一种“分子开关技术”[130] 引起了人们的广泛关注，其核心是不用引入第二种茂金属组分，即可由单中心茂金属催化组分分化为具有高立体定向和低立体定向（或全同立构定向和间规立构定向）的双活性中心催化剂，以生产立构嵌段的聚丙烯。如机理4所示，阳离子型络合物$[(2\text{-Ar-茚基})_2MP]^+$（M=Zr，Hf；Ar=芳香基；P=聚合物基）（**17**）属非桥联茂金属催化活性中心，具有“振荡”的位态。在聚合过程中，该络合物的空间结构在极其快速地“振荡”，即在*rac*-like（立体等规的）和*meso*-like（非立构规整的）构型之间不断切换，由此生产立体嵌段聚丙烯，即包含等规和无规的交替片段。这一新概念促使人们通过改变苯基取代模式，对双(2-苯基-茚基)二茂锆和二茂铪的性能进行裁剪修饰。但是必须注意溶剂和反离子的不恰当选择会显著降低配体的旋转速度（相对于链增长），而导致产生相当复杂的聚丙烯微结构，以及各种不同立构规整度的聚丙烯器内共混物。

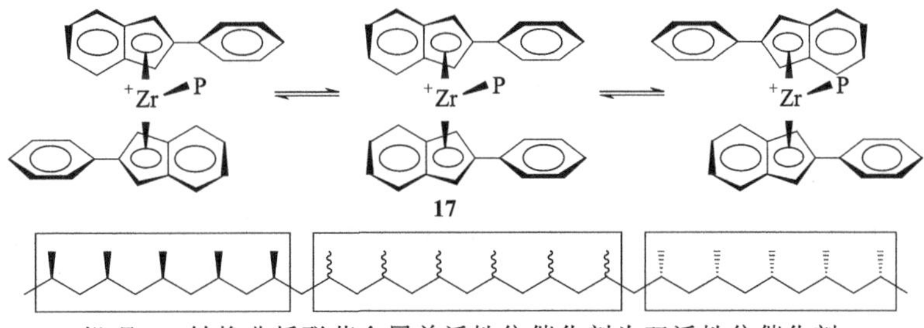

机理4 转换非桥联茂金属单活性位催化剂为双活性位催化剂。聚合期间，活性分子在两个活性位构型之间发生开关振荡[129]

早在 20 世纪 70 年代后期，DuPont 就报道了通过丙烯均聚生产聚丙烯弹性体的工作[131]。他们采用了常规的 Z-N 多中心催化剂，而不是单中心催化剂。他们经过详细分析聚丙烯的非对映异构体组成后证实，氧化铝负载的四-(新戊苯基)锆和双(芳烃基)钛催化剂具有不同的活性位，立体定向能力差别较大。这种多中心催化剂生产的器内共混物是由等规度极高的聚丙烯和高分子量的、等规度低得多的聚丙烯所组成。因此，在低等规度的聚丙烯中那些等规的聚合物链段会与其它的等规聚丙烯链段共结晶，由此形成热可逆的聚丙烯网络弹性体。然而，不像由两个单中心组合的催化剂，两个活性彼此不影响，传统 Z-N 催化剂各种活性点的相对比例受控于氧化铝载体的表面化学，可调性很差。

制备立体嵌段聚丙烯的另一种分子开关技术就是如机理 5 展示的“交替退化与基团转移聚合技术”[132]。过渡金属络合物同时存在高活性位和休眠位两个状态。经过一个双核络合物中间过渡态，发生甲基配体或氯配体的可逆交换，所以甲基基团转移就是一种单活性中心催化组分实现分子开关的方式，通过该方式将单中心催化剂转化为双中心催化剂。阳离子的过渡金属活性位具有高活性的、稳定的构型，产生立构规整的聚(α-烯烃)，而休眠的中性金属活性位的构型是不稳定的，容易发生差向异构化（epimerization）。当休眠位发生差向立体异构作用时，将生成立构规整度相当低的柔性聚(α-烯烃)。根据该聚合机理，可以开发聚(α-烯烃) 立体异构体序列的多种可编程的合成方法，见机理 6[133]，例如，用可编程方式生产含可变嵌段长度或梯度结构的聚(1-烯烃)（机理 6c)。所得到的立构嵌段聚(α-烯烃) 或梯度聚(α-烯烃)，其性质覆盖了从高刚韧到弹性体以及软物质的全范围，满足了各种应用的需要，包括工程塑料、橡胶、热塑性弹性体甚至润滑油，所有这些都是从一种烯烃原料衍生而来的。

活性态　休眠态　　　过渡态　　　休眠态　活性态

$$[M_1]^+\text{-}P_1 + [M_1](X)\text{-}P_2 \underset{}{\overset{k_{ex}}{\rightleftharpoons}} \left[P_1\text{-}M_1\text{—}X\text{—}M_1\text{-}P_2 \right]^+ \underset{}{\overset{k_{ex}}{\rightleftharpoons}} [M_1](X)\text{-}P_1 + [M_1]^+\text{-}P_2$$

单体 k_p　　　　　　　　　　k_p 单体

机理 5　通过基团转移实现的单活性中心催化剂的分子开关聚合原理。涉及 X（甲基或 Cl）的快速交换。构型稳定和活性更高的阳离子活性位生产立构规整的聚(α-烯烃)，而得到 X 基团的活性位被赋予中性和休眠的特性[132]

立构嵌段的丙烯聚合还可以通过链穿梭技术实现。1996 年 Thomann 报道[134]，利用两种均相单活性中心组分所组成的双活性中心催化剂进行丙烯聚合，制备了热塑性的聚丙烯弹性体。一种活性中心是专门合成等规定向 PP 的 C_{2v} 对称茂金属，例如，分别有 *rac*-乙烯双(1-茚)二氯化锆（**2**）或 *rac*-二甲基甲硅烷基(1-茚)-二氯化锆（**18**)，另一种活性中心是制备非立体定向 PP 的 C_2 对称的茂金属，例如，乙烯双(9-芴基)二氯化锆（**19**）(见图 5.59)。一旦用三苯基碳四(五氟苯基)硼酸盐和三异丁基铝活化，高活性的双中心催化剂将产生器内共混物，包含等规的和无规的聚丙烯，以及等规和无规分子链段交替的立构嵌段聚丙烯。立构嵌段聚丙烯对不互容的等规和无规聚丙烯起了增容作用，防止了材料的宏观相分离。立构嵌段聚丙烯的生成机理是生长的聚丙烯分子链在立体定向和立体非定向的活性点之间的传递。改变 C_2/C_{2v} 茂金属摩尔比例，可以方便裁剪材料的性质。

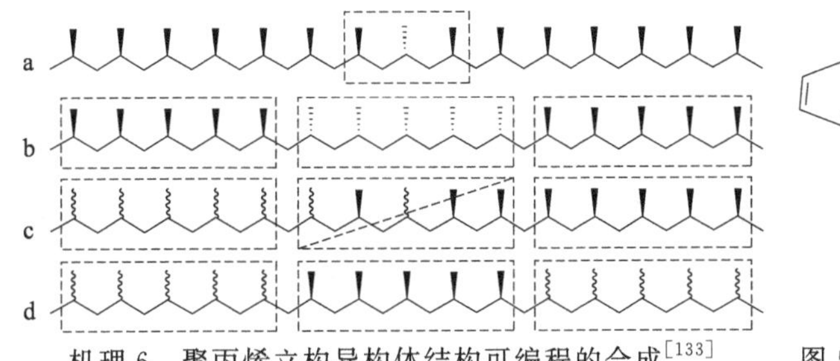

机理 6　聚丙烯立构异构体结构可编程的合成[133]

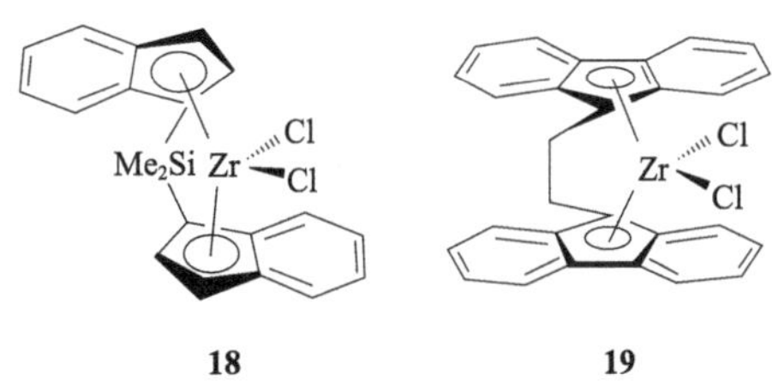

图 5.59　Chien 的双活性位催化剂前体组合通过具有等规能力的茂金属（**19**）和具有非立体定向的茂金属（**20**）相结合，催化丙烯聚合合成弹性体立构嵌段聚丙烯反应器共混物[134]

类似地，Fink 等[135] 将定向生产等规 PP 的活性组分 *rac*-$Me_2Si[Ind]_2ZrCl_2$(**18**)和定向生产间规 PP 的 *i*-Pr-(FluCp)$ZrCl_2$(**20**)共同负载在 MAO 处理的硅胶上，成功制备了 *i*-PP-b-*s*-PP 立构嵌段聚丙烯。Tynys 等[136] 将定向生产间规 PP 的 Ph_2C-(FluCp)$ZrCl_2$(**21**)和定向生产等规 PP 的 *rac*-Me_2Si(4-*t*-Bu-2-Me-Cp)$_2ZrCl_2$(**22**)进行组合得到均相双中心催化体系（见图 5.60），也制备了 *i*-PP-*b*-*s*-PP 立构嵌段聚丙烯。实验中，他们将 $AlMe_3$ 与 MAO 活化剂一起加入催化剂体系，$AlMe_3$ 提供了链转移，立构嵌段 *i*-PP-*b*-*s*-PP 产物中总是会含有一些其它的立构异构体杂质成分。因此，所得到的器内共混物不能像链穿梭聚合那样，获得很窄的 MWD。然而，由 Ph_2C(Flu)(3-Me_3SiCp)ZrX_2(X=Cl,Me)和间规定向的桥联茂金属催化剂 Ph_2C(Flu)(Cp)ZrX_2(X=Cl,Me)组合的桥联茂金属双中心催化体系，一旦被 MAO 或者$[PhNMe_2H]^+[B(C_6F_5)_4]^-$/*i*-$Bu_3Al$ 活化，产物主要为含等规聚丙烯和间规聚丙烯的器内共混物，且微结构复杂。

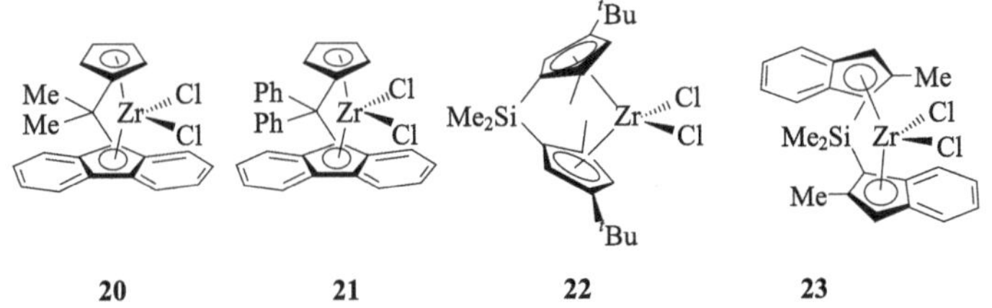

图 5.60　双活性位催化剂的活性组分（合成含 *i*-PP-b-*s*-PP 立构嵌段 PP 的器内共混物）[137]

Brintzinger 等[137] 的研究也许可以帮助人们更好理解立构嵌段聚丙烯生成的机理以及烷基铝调制的链转移剂的作用（见图 5.61）。他们发现由等规定向的 Me_2Si(2-MeInd)$_2ZrCl_2$(**23**)和非立体定向的 **19** 组成的桥联茂金属双中心催化体系，经过 MAO 活化，得到了可完全分离的等规和无规聚丙烯共混物，表明丙烯聚合时两种活性位互不干扰。进一步，由等规定向的 Me_2Si(2-Me-4-*t*-Bu-C_5H_2)$_2ZrCl_2$(**22**)和非立体定向的 **19** 组成的双中心催化体系，在 MAO 活化下进行丙烯聚合，所得釜内共混物，含有等规和间规聚丙烯以及立构嵌段聚丙烯，说明两种活性位开始产生相互作用。最后，由等规定向 **22** 和间规定向 **21** 组合的双中心催化体系，MAO 活化后，生成了立构嵌段聚丙烯，包含等规分子链和间规分子链的片段，两活性位之间的相互作用更强了。当采用烷基铝调制的、含烷基化杂原子的桥联茂金属阳离子催化组分所组成的双金属体系时，发生聚合物链转移的程度和方向取决于活性中心的空间位阻效应，特别地，取决于配体取代的程度。推测聚合物链将优先从位阻较大的中心转移到更加开放的活性中心。根据该研究发现，大部分基于常见茂金属化合物的双中心催化体系，所产生的聚丙烯釜内共混物，包含立体嵌段聚丙烯和数量可观的其它立体异构体。

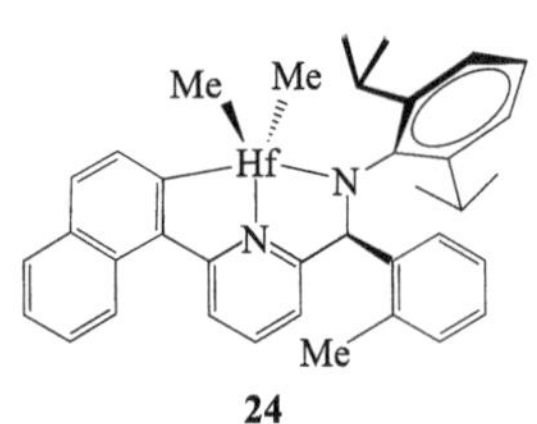

图 5.61　MAO 活化的外消旋体（吡啶-酰胺）$HfMe_2$ 在 $AlMe_3$ 存在下发生链穿梭生产等规嵌段 PP[138]

为了生产 MWD 窄的立构嵌段聚丙烯，且没有副产物，需要对有关的双中心催化剂做进一步微调或修饰，以满足丙烯链穿梭聚合的要求。Busico 等[138] 首次开发出链穿梭丙烯聚合技术，高选择性地制备了具有窄 MWD 的等规立构嵌段聚丙烯。他们发现，MAO 活化的对映异构体 **24** 催化制备了高等规度聚丙烯，其多分散指数 $M_w/M_n=2$，且避免了单体的误插入，具有单中心催化剂的典型特点。而外消旋体（吡啶-酰胺）$HfMe_2$（**24**，图 5.61），包含 50/50 的两种对映异构体，组成了双中心催化体系，产生等规的、MWD（多分散指数 M_w/M_n 大约为 1）窄的立构嵌段聚丙烯（机理 6b），具有链穿梭的特点。这里利用了 MAO 活化剂中所含有的 $AlMe_3$ 作为链穿梭剂。所优选的极性溶剂为 1,2-二氟苯。通过 $AlMe_3$ 的调制，能够在两个手性相反的活性点之间迅速实现聚合物链的交换，制备了交替出现全同立构片段的嵌段结构，重复单元分别具有（*R*）或（*S*）的构型。

5.3.5　活性中心的负载技术

5.3.5.1　$MgCl_2$ 负载技术及催化剂的杂化

20 世纪 70 年代后期，在茂金属催化剂发明之前，BASF 曾尝试在单个搅拌釜生产宽 MWD 聚乙烯，其技术路线是通过各种催化剂组分的杂化（多活性中心），使聚乙烯 MWD 达到串联反应工艺产品 MWD 的宽度。Warzelham 和 Bachl 等[139] 做了开拓性的工作。他们采用 $AlEt_2Cl$ 活化硅胶，并负载双活性组分和三活性组分杂化的催化剂，例如，将 VCl_3（生产低分子量宽 MWD 的聚乙烯）、$TiCl_3$（中分子量窄 MWD 的聚乙烯）以及 $ZrCl_4$（高分子量宽 MWD 的聚乙烯）杂化。催化剂制备典型工艺是，硅胶浸渍在过渡金属卤化物，例如，$TiCl_3/VCl_3$ 和 $TiCl_4$ 的乙醇溶液中，然后用 $AlEt_2Cl$ 的正庚烷溶液活化。PE 的分子量受控于氢分压和氟氯甲烷添加剂的用量，后者选择性地活化钒活性位。成功的商业应用包括聚乙烯吹塑和吹膜产品。然而，在继续推进生产优质膜级产品的商业计划时，由于 MWD 难于控制稳定而被迫放弃，这是许多 Z-N 多组分催化剂所特有的缺陷——稳健性差。

1968 年 Montecatini 和 Mitsui 化学[140] 发现了 $MgCl_2$ 负载材料，通过合适的路易斯碱修饰，得到了具有高活性和高立体定向能力的 $TiCl_4$ 催化剂体系之后在催化剂和工艺开发方面取得了显著的进展，包括裁剪多中心催化剂，改善聚合物颗粒形态，省去了催化剂残渣的脱除（脱灰）、溶剂回收、蜡状副产品的分离甚至挤出造粒等许多工艺步骤。

为进一步控制共混物的 MWD，人们将单活性中心催化剂组分引入常规的 Z-N 负载型催化剂，制备了各种 Z-N 杂化催化剂，希望兼备专门的颗粒形态控制技术（这是球形 $MgCl_2$ 负载型 Z-N 催化剂的典型特点）和独特的聚烯烃分子结构控制技术（茂金属的典型特点）。例如，通过含 $MgCl_2$ 的 Z-N 催化剂生产球形聚丙烯，再用于负载单活性中心茂金属催化剂，制备出 Z-N 杂化催化剂。工艺的第一步，丙烯液相均聚，催化剂由 $TiCl_4$ 和 $AlEt_3$ 活化的球形加合物 $MgCl_2\cdot(H_2O)_n$ 制备，生产出多孔性的聚丙烯球形颗粒，一旦 Ti 催化剂失活进入第二步，所得球形多孔聚丙烯作为载体负载 MAO 活化的茂金属，例如[141]，外消旋的乙烯双(4,5,6,7-二甲基茚)二氯化锆和内消旋的乙烯双(4,7-二甲基茚)二氯化锆。通过单中心催化乙烯和丙烯在颗粒内部气相共聚生成 EPM 橡胶。该反应器颗粒技术可以生产出造粒尺寸的聚丙烯反应器内共混物。

无论如何，在过去的几十年里人们发现无水氯化镁确实是一种优秀的载体，适合于负载各种单活性中心催化剂，包括 Ti、Zr、Fe、Ni、Co 和 Cr 的络合物，它们含有二亚胺、双（亚胺）吡啶、对苯二酚茚和含苯氧基亚胺等配体。载体的有效组分 $MgCl_2/AlR_x(OR')_{3-x}$ 可以经过烷基铝和固态 $MgCl_2$/乙醇加合物之间的反应制备而得，或经过烷基铝与 $MgCl_2$ 和 2-乙基己醇加合物的癸烷溶液之间的反应制备得到。因此一步法工艺即可制备先进的氯化镁负载多活性中心催化剂，使所负载的催化剂组分展示出单活性中心催化剂的特性，又能保持聚烯烃颗粒的正常生长。在双中心催化乙烯聚合过程中，除了 MWD 的控制以及常规反应器共混物的生成外，Chadwick 等[142] 还报道了双中心催化剂组分是如何通过颗粒形态发生协同作用的。他们通过烷基铝和具有球体形态的固态 $MgCl_2$/乙醇加合物之间的反应，制备颗粒球形载体 $MgCl_2/AlR_x(OR')_{3-x}$。催化剂的活化既不需要 MAO 也不需要硼烷。活性组分为 Fe-(**26**) 或 Cr-(**27**) 单中心组分，或 Ti-Ziegler 单组分，用于生产线型 HDPE，少量的二亚胺镍催化剂（**25**）生产含支链的聚乙烯（每 1000 个 C 约含 26 个支链）。发现当系统中一旦出现 Ni 中心（**25**），双中心催化剂的活性可明显增加。因为二亚胺镍催化组分的需要量非常小，双中心催化剂所得 HDPE 的性质基本不变。通过乙烯聚合获得的 HDPE 颗粒形态的 SEM 图像发现，Fe 单中心催化剂制备的 HDPE 颗粒更加密实，而 Fe/Ni 双中心催化剂生产的 HDPE 更具多孔性，增加多孔性显然减少单体透过致密聚乙烯的扩散限制，提高催化剂的活性。此外，Chadwick 等[143] 将［1-(8-对苯二酚）茚］$CrCl_2$（**27**）和铁催化剂（**26**）（见图 5.62）共同负载在 $MgCl_2/AlEt_x(OEt)_{3-x}$ 载体上，催化乙烯聚合制备了双峰聚乙烯，其中 UHMWPE 生长在 Cr 活性位。在接近这种双峰聚乙烯的熔点附近进行压模，然后拉伸产生剪切诱导的结晶，导致形成聚乙烯串晶纤维。前过渡和后过渡金属络合物共同负载化，多次插入和链行走机理相结合，合成了线型和支化的聚乙烯，而不需要外加 1-烯烃。与其它的催化剂载体相比，$MgCl_2$ 负载的催化剂容易碎化的特性使之可以更好地控制烯烃聚合过程中球形颗粒的生长。此外，当分别负载 Ti、V、Cr、Fe 和 Ni 等各种单中心组分或选择其中几种组分共负载形成多中心催化剂时，这种载体既不需要硼酸盐活化也不需要 MAO 活化，对经济和环境都是有益的。

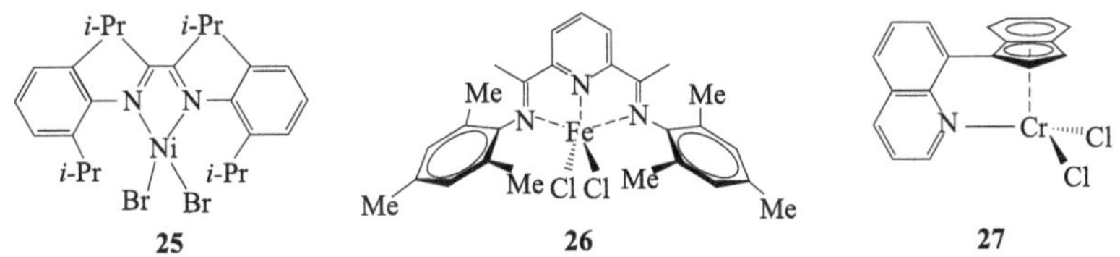

图 5.62　双活性位催化剂用于生产 LLDPE/HDPE 釜内共混物

将二亚胺镍（**25**）分别与铁的络合物（**26**）和铬的络合物（**27**）相组合[143]

5.3.5.2　硅胶负载的多中心催化剂

自从 20 世纪 80 年代发现单中心茂金属催化剂，单中心催化剂的工业开发重点一直是如何将均相单中心催化剂非均相化，以防止发生严重的反应器粘壁，而又不牺牲其单中心催化聚合的特点。此外，催化剂非均相化还提高了其活性位的稳定性，防止了聚合速率的快速衰减。催化剂在硅胶上的共价键锚定操作是相当繁琐的，取而代之的一个负载策略是在加入过渡金属络合物之前先将活化剂分子固定在载体上。Chadwick 等[144] 曾对这些负载化策略做了全面综述。多中心催化剂负载化技术的开发可以从单中心催化剂硅胶负载化技术的巨大成功经验中得到启发。

人们优选的方案是，硅胶载体用 MAO 浸渍（也可和单中心催化剂一起浸渍），MAO 通过与表面 Si—OH 基团反应而附着在硅胶表面。一方面，负载化的催化剂物理稳定性足够高，当遭遇进料以及搅拌产生的剪切力时可完全防止活性组分的脱落。另一方面，载体强度应该足够低，使得聚合时催化剂容易破碎，否则微孔被聚合物堵塞会导致催化活性的严重损失。此外，通过催化剂碎化保持聚合物颗粒球形生长，直至省去熔融挤出造粒；颗粒破碎对于改善单体向催化活性位的扩散也是重要的。虽然载体的处理工艺还需要优化，但是目前的实验显示，桥联和非桥联茂金属单中心催化剂在 MAO 修饰的硅胶上的非均相化过程不会损坏单中心催化剂的特性，聚合物的微观结构，包括 MWD 和共聚单体结合率等与均相聚合的产物一致。Soares 等[145] 进一步证实了该结论的正确性，他们通过将两种不同的茂金属组分共同固定在 MAO 修饰的硅胶而制备负载化的双中心催化剂，在一步法聚合工艺中生产了双峰 MWD 以及支链分布受控的聚乙烯。产物结构和对应的均相单中心催化剂上的烯烃聚合相一致，表明两个单中心催化剂是各自独立地进行烯烃聚合的。利用两种单活性中心位在单体共聚能力上的差异，人们可以自由地裁剪 MWD 和支链分布。Univation 技术公司[146] 宣称开发了在 Unipol 单釜气相反应器生产双峰聚乙烯的技术。主要是开发了不同的单中心茂金属活性组分共同负载于硅胶载体上的催化聚合技术。还开发了硅胶负载的 Ziegler/茂金属催化剂组合以及茂金属/后茂金属组合的催化剂，用于催化乙烯聚合，生产出具有支链反向分布的双峰聚乙烯，并给出了相应的实验数据。由于双峰聚乙烯共混物含有被轻微支链化的 UHMWPE 以及线型的 HDPE，展示了相当高的撕裂强度。LyondellBasell 公司[147] 将双(1-正丁基-3-甲基-环戊二烯基)-二氯化锆和 2,6-双[1-(2,6-二甲基苯基亚氨基)-乙基] 吡啶氯化铁（Ⅱ）共同负载于硅胶载体上，在单台气相聚合反应器中，开发了具有丁基支链的 LLDPE，作为薄膜挤出料展示了独特的力学性质和光学性质的平衡。他们还将一种甲基硅烷基桥联的茂金属和三齿的后过渡金属催化组分共同负载于硅胶上，在串联聚合工艺中生产出了 PP-HDPE-乙丙共聚物的组合物[148]。

硅胶作为多活性中心组分的载体，其表现仍然是出色的。例如，将前过渡和后过渡金属催化组分共同固定在 MAO 修饰的硅胶载体上进行催化聚合，仅通过单一的乙烯原料就可以得到具有支链分布的聚乙烯，而无需共聚单体。可以推测，非均相聚合体系所生成的支链仍然归功于链行走的聚合机理。聚合过程中，烷基镍活性点沿着聚乙烯链发生相对迁移，乙烯的插入反应位置也相应移动导致聚合物链的支化。还有其它的单中心催化组分也可以共同负载于硅胶或别的金属氧化物上催化乙烯聚合，制备具有双峰 MWD 的聚乙烯。在这些催化剂中，Fe/Cr 双中心催化剂显得异常稳健（见图 5.63）。例如，将对苯二酚甲基硅烷基环戊二烯基铬（**28**）和双(亚胺)吡啶铁（**29**）共同负载于介孔硅胶（硅胶孔道是通过乳液模板调节的），通过调节 Cr/Fe 摩尔比例可以方便地控制聚乙烯 MWD[149]。实验表明烯烃聚合是在两种相邻的活性位上独立进行的，分别在 Cr 位上生产 UHMWPE、在 Fe 位上得到 HDPE。Cr/Fe 摩尔比控制了 UHMWPE/HDPE 质量比，而 HDPE 和 UHMWPE 组分各自的平均分子量不受此影响。

Mulhaupt 研究团队[150] 在介孔硅胶载体上同时负载双(亚胺)吡啶铬（**30**），生产低分子量 PE；双亚胺吡啶铁（**29**），生产中等分子量 PE；对苯二酚甲硅烷基环戊二烯基铬（**28**），生产 UHMWPE。采用这种三活性位催化剂制备的聚乙烯，其 MWD 具有三峰分布或超宽峰分布。分散指数变化范围在 10～420，通过三种催化活性组分摩尔比的调控容易实现对 MWD 的裁剪。类似于 $MgCl_2$ 负载的 Fe/Cr 双中心催化剂，Fe/Cr 双中心位和三中心位催化剂具有相当的稳健性，可产生 HDPE/UHMWPE 器内共混物。其中，经典注塑过程中流动剪切诱导的 UHMWPE 结晶将导致形成串晶聚乙烯纤维。不像传统的反应器内共混物，UHMWPE 的含量只能有几个百分点，这里 HDPE 可以包含 10%（质量分数）以上的 UHMWPE 而不损坏注塑过程的熔体加工行为。聚合期间生成的 UHMWPE 可能发生纳米尺度的相分离，减少了 UHMWPE 分子链的缠结，因而大幅降低了 UHMWPE 黏度。Rastogi 等[151,152] 也指出通过特别的聚合过程，可以降低 UHMWPE 的链缠结，显著提高材料可加工性。此外，他的研究团队在 MAO 活化的对苯二酚茚基铬均相催化剂上进行乙烯聚合，可以控制 UHMWPE 缠结点密度。总之，UHMWPE 解缠结是多中心位负载催化剂生产先进 UHMWPE/HDPE 反应器内共混物的重要先决条件，即使 UHMWPE 含量高，也可熔融加工，采用常规的注塑和吹塑工艺即可制备新一代全组分 PE 自增强复合材料。

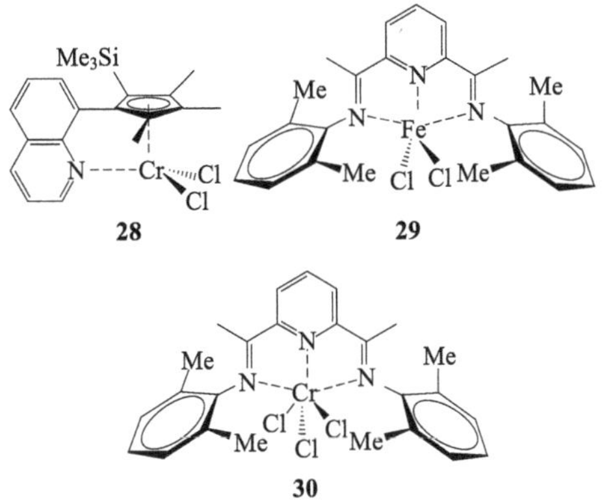

图 5.63　双中心位或三中心位的组合，用于制备釜内聚乙烯共混物

5.3.5.3　多中心催化剂载体的裁剪

除了硅胶材料和 $MgCl_2$ 材料外，人们还专门设计了其它类型的载体，用于负载多中心催化剂体系，生产具有双峰 MWD 且支链分布受控的聚乙烯器内共混物。原则上讲，制备双中心催化剂有两类策略：在同一种载体上同时负载两种不同过渡金属活性组分；在双载体区域内固定单一过渡金属活性组分。通过调节共聚单体、氢气的扩散速率，形成至少两个不同聚合环境。两种策略中，重要的目标是平衡两种活性位上的烯烃聚合动力学，控制颗粒生长且催化剂组分不脱落。当然也有例外，例如，Cho 等[153] 建立了两种载体两种活性组分的工艺，他们将 $MgCl_2$ 作为 $TiCl_4$ 的载体，SiO_2 作为 Cp_2ZrCl_2 的载体，组合构建多中心催化体系。

Schilling 团队[154] 研究了具有多级孔结构的介孔硅酸盐（例如 MCM-41）载体颗粒，针对含规则排列的柱状纳米孔，将 Ti/Zr/Fe 多中心催化剂组分分别负载于不同孔径的孔道内部。这里，铁中心位上进行乙烯低聚，生成 α-烯烃，然后在茂金属催化剂作用下与乙烯共聚合，得到 HDPE/LLDPE 反应器内共混物。此外，Jongsomjit 等[155] 也发现采用具有双峰孔径分布的 MCM-41 作为载体，单中心茂金属活性组分负载于不同的孔道内，可生产双峰聚乙烯。例如，外消旋乙烯双(茚)二氯化锆和改良的 MAO 结合使用，高活性地制备双峰乙烯/1-辛烯共聚物。按照 Soares 的研究[156]，硅胶纳米颗粒上具有 4.6～30nm 孔径分布（SBA-15），当负载（n-BuCp)$_2$ZrCl$_2$ 催化组分时，可以催化乙烯/1-己烯聚合生产双峰 MWD 且共聚单体分布可变的聚乙烯，具有双中心负载催化剂的特点。

Yamamoto 等[157] 以层状硅酸盐（例如蒙脱土）为载体，制备了 Cr/茂金属双中心催化剂。载体制作时第一步，蒙脱土的钠离子需要与水相的 Cr^{3+} 交换，第二步，干燥的含 Cr 蒙脱土用 $AlEt_3$ 活化，才可用于负载锆茂（Cp_2ZrCl_2）、铪茂（[n-BuCp]$_2$HfCl$_2$）以及双(4,5,6,7-四氢茚基)-二氯化锆等活性组分。在蒙脱土负载的 Cr/茂金属催化剂上，由于存在两种不同的活性位，乙烯聚合得到双峰聚乙烯。与 Phillips 催化剂相比，这种 Cr 双中心催化剂体系与烷基铝活化剂相容，使茂金属催化组分得以活化。

阳永荣实验室[158-162] 选用具有不同的扩散控制机制的有机-无机材料，将聚合物包覆在硅胶载体上形成核/壳结构，不同过渡金属活性组分选择性地负载于核区和壳层，实验得到的核壳复合载体 SEM 见图 5.64。表 5.9 给出了载体的扩散系数。根据核壳结构模型示意图 5.65，传统过渡金属催化组分负载在核区的硅胶上，第二种活性位植入苯乙烯和丙烯酸的共聚物（PSA）壳层或膜层。在这里，羧基基团作为锚定剂将催化组分固定化。优选对氢气比较敏感的催化组分负载于核区，而不太敏感的活性位固定在壳层。由于活化剂和共聚单体的分子体积较大，扩散速率比乙烯和氢气慢，因此需要更多的时间达到核区活性位。该结构设计的目标是制备支化的高分子量 PE（壳区）以及线型聚乙烯（核区），得到支链的反向分布。常见的双活性位催化组分的搭配有（n-BuCp)$_2$ZrCl$_2$/TiCl$_4$、TiCl$_3$/TiCl$_4$ 以及 Cp$_2$ZrCl$_2$/Fe 等，可以产生 MWD 在 18.1～44.5 之间变化的宽峰或双峰聚乙烯。2014 年该实验室[161] 还将所开发的双活性位核壳载体催化剂成功应用于解缠绕的聚乙烯的合成（见图 5.66），MWD 被按需裁剪，且具有短支链的反向分布。这里，硅胶负载的 VCl$_3$ 作为核区，Fe(acac)$_3$/2,6-双[1-(2-异丙基苯氨基乙基)] 吡啶催化剂负载于 PSA 壳上。这种核壳催化剂结构可以容易地借助于相反转工艺制备[162]。

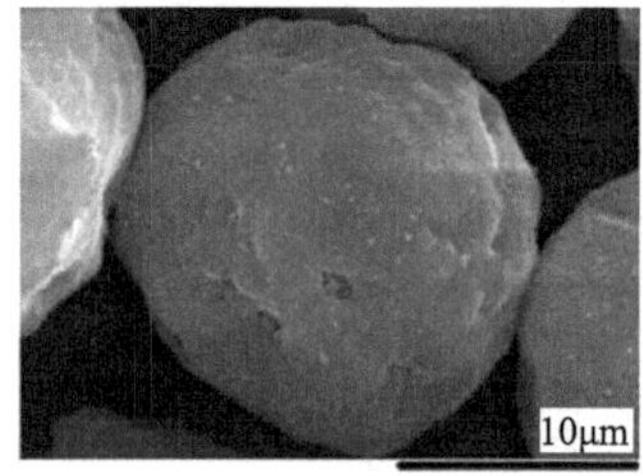

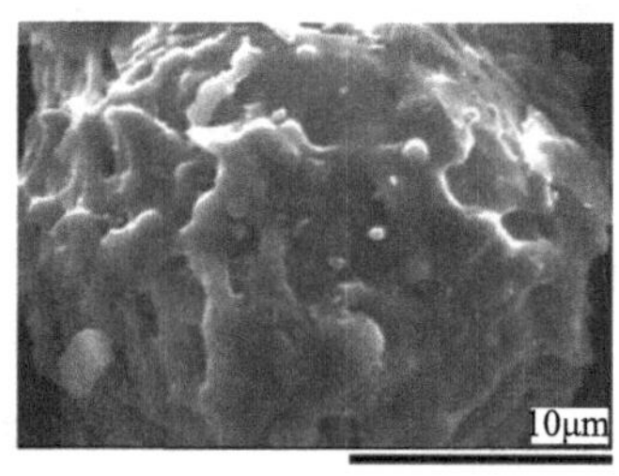

图 5.64 原始硅胶以及聚合物覆膜硅胶表面的 SEM 图[158]

表 5.9 核壳结构载体的扩散系数[158]

项目		SiO$_2$	SiO$_2$/PSA
平均直径/μm		21.02	25.24
密度/(g/cm^3)		2.20	1.59
有效扩散系数/(m^2/s)	乙烯	5.09×10^{-11}	5.02×10^{-11}
	1-己烯	8.84×10^{-14}	3.48×10^{-14}
	1-己烷	5.24×10^{-13}	2.53×10^{-13}

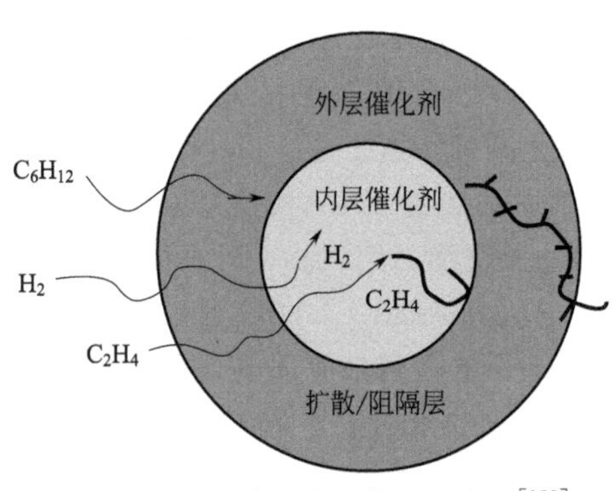

图 5.65 核壳复合载体结构模型[158]

大部分用于负载双中心催化组分的载体是球形的，但是也可以是纳米片层的，例如，二维碳纳米材料——功能化的石墨烯。它们可以通过氧化石墨的热分解或通过化学机械力使石墨官能化。石墨烯上官能团的存在有利于锚定 MAO 和其它活化剂，使各种过渡金属催化组分固定化。Mülhaupt 研究团队[163] 制备了石墨烯负载的 Cr/Cr/Fe 三中心位催化剂（见图 5.63），其中对苯二酚甲基硅烷基环戊二烯基铬（**28**，CrQCp）主要生产超高分子量 PE；双(亚胺)吡啶铁（**29**）主要生成具有中等分子

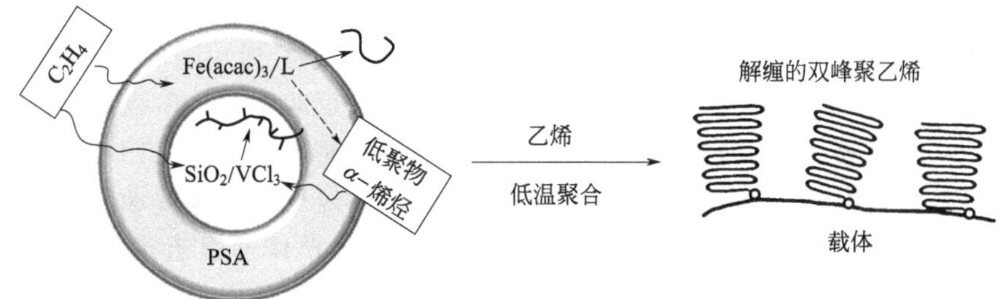

图 5.66　复合催化剂生产具有链解缠的双峰 MWD 以及支链反向分布聚乙烯示意[161]

量的 HDPE；双(亚胺)吡啶铬（**30**）主要生产聚乙烯蜡。因为在不同的活性位上生成不同的聚乙烯且相互独立，所以调节各催化组分的摩尔比即可方便地控制聚乙烯的 MWD，典型实验结果如图 5.67 所示。由于初生态的 UHMWPE 纳米片的熔点更低，加工温度甚至不必超过通常的 UHMWPE 熔融温度，经过传统的熔融注塑加工设备内，UHMWPE 被熔融剪切，诱导分子链伸直结晶，为 HDPE 的结晶提供晶核，所生成的 UHMWPE 串晶纤维的形貌如图 5.68 所示。同时，石墨烯可以均匀分散在聚乙烯基质中[164]。

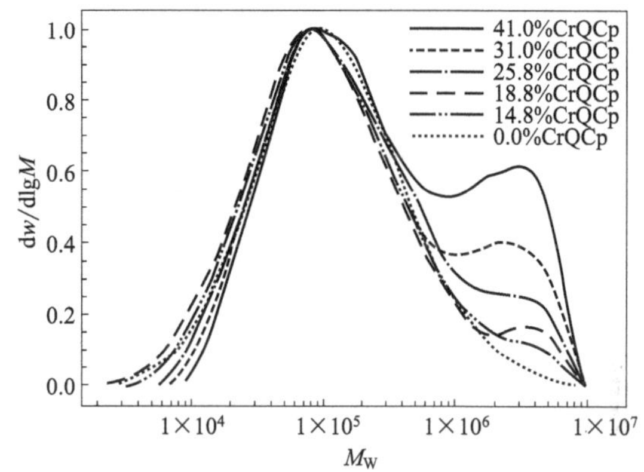

图 5.67　裁剪的 HDPE/UHMWPE 反应器内共混物，采用石墨烯负载的 Fe/Cr 双中心催化剂制备

聚乙烯 MWD 受控于 Cr/Fe（**28**/**29**）摩尔比，但后者不影响 HDPE 和 UHMWPE 组分各自的平均分子量[163]

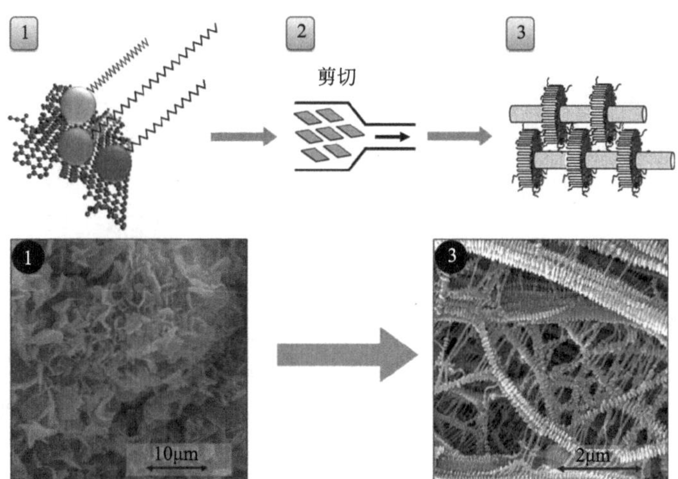

图 5.68　官能化的石墨烯负载 Cr/Cr/Fe 三活性位催化剂

通过乙烯聚合（1）生产 UHMWPE/聚乙烯反应器内共混物。注塑加工时，初生的 UHMWPE 纳米片晶（2）被熔融，通过剪切诱导伸直结晶形成增强的串晶 UHMWPE 纤维（3）[164]

5.3.6　乙烯串级催化聚合技术

除了结合乙烯多次插入和链行走机理的双活性位催化聚合技术，还有所谓双活性位乙烯串级催化聚合技术。串级催化聚合生产支化聚乙烯，不仅能裁剪支链分布，且乙烯为唯一的

原料而不需要加入 α-烯烃作为共聚单体。串级催化聚合是在一个反应器内进行，包括乙烯低聚生成 α-烯烃、乙烯与原位生成的 α-烯烃共聚及乙烯与含乙烯端基的聚乙烯大分子共聚。假如各催化活性组分是兼容的，且它们的催化动力学是高度匹配的，串级聚合催化技术将制备一系列应用广泛的聚乙烯材料，覆盖从刚韧平衡的工程塑料到柔性 LLDPE 包装材料甚至是热塑性弹性体，且仅需乙烯为原料。现已明确，乙烯串级聚合催化技术的关键之一是必须对原位形成的、含乙烯端基的低聚物单体和聚乙烯大分子单体通过乙烯共聚合实现完全转化。因为残留的低聚物共单体以及大分子共单体可能会损害材料力学性能、引起有机化合物挥发分超过规定标准。

机理 7 和机理 8 是乙烯串级聚合的几种不同表现形式。而图 5.69 代表了乙烯串级催化聚合可能获得的各种乙烯聚合物结构。假设低聚催化剂 1 能够高选择性地得到某种低碳 α-烯烃，则所得 LLDPE 含有正构烷基短支链［图 5.69（a)］；假如低聚催化剂 1 有共聚能力，乙烯与原位低聚生成的低碳 α-烯烃共聚可以获得含乙烯端基的长链，再作为共聚单体，与乙烯、低碳 α-烯烃发生三元共聚，可生产含有少量侧链支链化的 LLDPE［图 5.69（b)］；生成的第三类产物为接枝共聚物，乃弹性体聚烯烃新家族成员。该产物聚乙烯主链是高支化度的、无定形的和柔性的，聚乙烯侧链是半结晶的［图 5.69（c)］。传统的气相聚合是不允许半结晶的、含乙烯端基的聚乙烯大体积共聚单体以气体或液体相态进料并参与反应的，但利用串级聚合催化作用，在相邻的活性位点上原位合成并就地共聚消耗这些大体积单体，不仅技术上可行且具有优势。

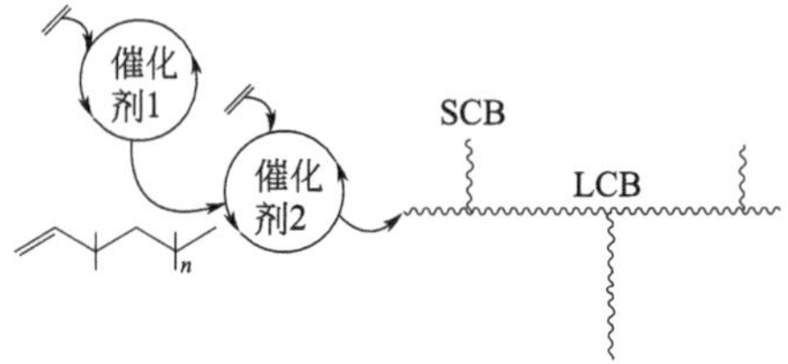

机理 7　双活性位催化剂作用的乙烯串级聚合。乙烯在催化剂 1 上低聚生产 α-烯烃或末端为双键的聚乙烯大分子单体，它们将在催化剂 2 上和乙烯共聚生产短支链（SCB）和长支链（LCB）聚乙烯[99]

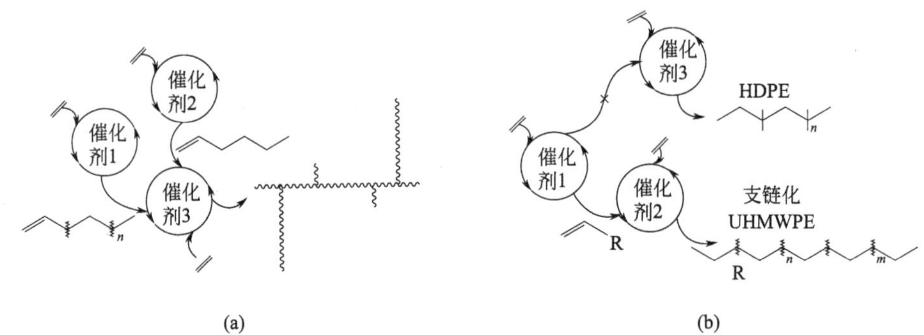

机理 8　三活性位催化剂作用的乙烯串级聚合产生 LLDPE（a)，其支链长度具有双峰分布；或产生聚乙烯釜内共混物（b)，含有轻微支链化的 UHMWPE 和高度线型且分子量较低的 HDPE[99]

为了提高材料力学性质，特别是抗应力开裂能力，优化聚乙烯的支链分布是有必要的。例如，采用丁基或己基支链（分别来自乙烯三聚或四聚活性中心)，显然优于较短的乙基支链（来自乙烯二聚活性中心)。机理 7 显示在双活性位串级聚合催化剂上生成的支链聚乙烯具有 Schulz-Flory 型的支链长度分布。而三活性位催化剂中，一个催化剂完成乙烯共聚，两个低聚催化剂生产两种不同链长的 α-烯烃，因此，产生的聚乙烯的支链长度具有双峰分布［机理 8 (a)］，即含有短支链和长支链，两种不同的烷基侧链的比例取决于两种低聚催化剂的比例不同。此外，根据机理 8 (b)，不同的催化活性组分具有不同的共聚单体选择性，可以合成包含轻微支化的 UHMWPE 和高度线型的 HDPE 器内共混物［图 5.69 (d)］。

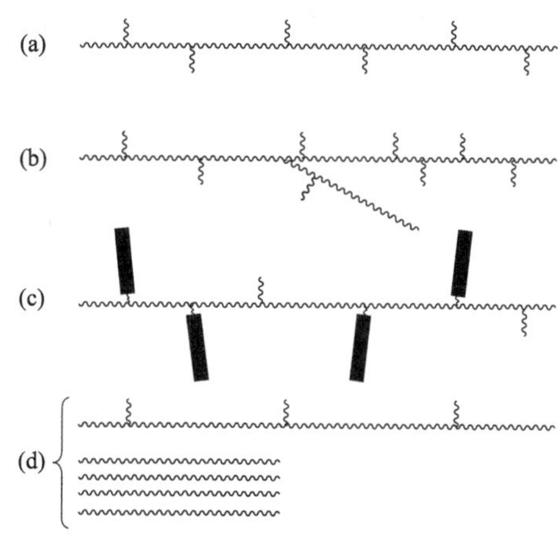

图 5.69 通过串级聚合催化作用制备的支链聚乙烯分子结构

短支链 LLDPE (a)；含长支链的 LLDPE (b)；高度支化的聚乙烯弹性体，含半结晶聚乙烯侧链 (c)；反应器内共混物，含轻微支链化的 UHMWPE 以及高度线型的 HDPE (d)[99]

串级催化聚合的概念已经有 50 多年了，但由于 Z-N 催化剂的局限性产业化进程缓慢。受 Shell 公司[165] 的高级烯烃工艺（SHOP）镍内鎓盐催化乙烯低聚产生 α-烯烃的启发，Bayer AG 的 Ostoja Starzewski 等[166] 设计了一类镍内鎓盐催化剂，不用烷基铝活化剂，生产分子量分布范围宽且端基为乙烯基的低聚物和聚乙烯作为共聚单体，其分子量受镍内鎓盐的分子结构的影响。虽然这些镍内鎓盐催化剂容易催化乙烯丙烯的共聚，但是乙烯与 α-烯烃共聚时，其结合率急剧下降。当 α-烯烃的碳链长度较高时，α-烯烃的结合率一般小于 1%（摩尔分数）。导致乙烯共聚时，未反应的聚乙烯大分子单体的大部分都作为不希望的杂质而保留在产品中。早期的 Z-N 催化剂由于共聚能力不强，也有这些缺陷。但另一方面，多相铬催化剂，也称 Phillips 催化剂，不需要主族金属烷基化合物作为活化剂，乙烯可以和乙烯基长链单体进行高效共聚，为聚乙烯提供了显著数量的长支链。因此，Ostoja Starzewski 等[166] 提出了将均相镍内鎓盐催化剂（用于乙烯低聚）与无活化剂的硅胶负载的铬催化剂（负责乙烯/α-烯烃共聚）相结合，组成 Ni/Cr 双活性位串级催化聚合工艺一步法生产长支链聚乙烯。当然也可以按二步法合成目标产物[167]，如机理 9 所示。

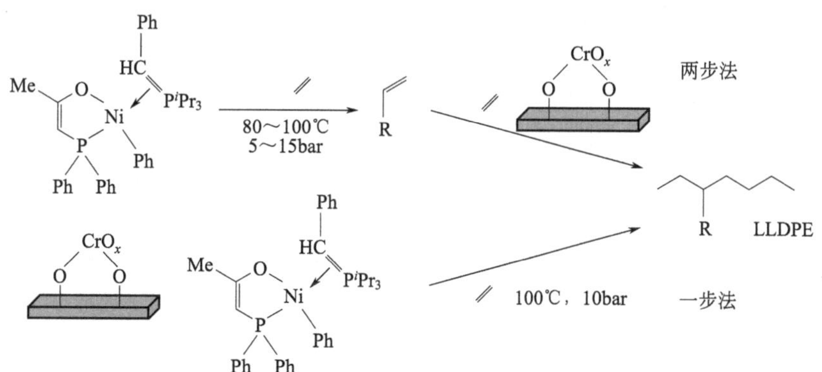

机理 9 制备长支链聚乙烯的两种工艺。传统的两步法工艺是 Ni 中心首先催化乙烯低聚，乙烯再与原位生成的 α-烯烃共聚，得到长支链聚乙烯；一步法工艺采用串级催化聚合技术，结合了镍内鎓盐催化剂催化乙烯低聚以及硅胶负载的 Cr(Ⅱ) 催化剂催化乙烯共聚（Phillips 催化剂）[167]

1984 年，Gulf 研究和开发公司的 Kissin 和 Beach[168] 为了生产每 1000 个 C 含 20～30 个乙基支链的 LLDPE，评估了各种传统的 Z-N 串级催化剂，他们优先选出的串级催化剂体系是：多相 $MgCl_2/TiCl_4/AlEt_3$ 催化剂催化乙烯/1-丁烯共聚反应，以及在均相的、$AlEt_3$ 活化的钛烷氧基催化剂催化乙烯二聚原位生成 1-丁烯。无论如何，由于第一代 Z-N 催化剂稳健性不够强，使早期的串级催化过程控制极其困难。

Fink 和 Denger 等[169] 首先将茂金属催化剂组分引入串级催化聚合过程，生产了乙基和丁基支链 LLDPE，他们的乙烯共聚合采用了非均相的、无活化剂的 $MgH_2/TiCl_3/Cp_2TiCl_2$ 催化剂或均相 MAO 活化的锆茂催化剂，例如 Cp_2ZrCl_2、$Et(H_4Ind)_2ZrCl_2$ 和 $SiMe_2(Ind)_2ZrCl_2$，共聚单体是利用镍内鎓盐催化剂，进行乙烯二聚/乙烯三聚原位生成的 1-丁烯/1-已烯。支化度受控于何时启动催化剂、Ni/Ti 摩尔比或锆茂分子结构等因素。

20 世纪 80 年代后期，由于发现了非常稳健的立构刚性的单活性位催化剂，使聚烯烃串级催化技术有了新的发展。与传统的 Z-N 催化剂相比，它们对配体交换反应的敏感度大大下降，导致催化活性显著提高，并且与低碳和高碳 α-烯烃共聚的选择性可调。特别是 1998 年以后，单活性位催化剂家族得到扩充，出现了稳健的双(亚胺)吡啶铁和钴催化体系。它们可以方便地裁剪 α-烯烃，得到含双键端基的低聚物和聚乙烯，且能精确控制分子量和支化度，而不受其它单活性催化剂存在的影响[170]。杜邦公司[171] 在开发自己的聚乙烯串级催化技术时，首次提出了含铁双活性位催化剂以及反应器共混物工艺。实际上 Union Carbide[172] 很早就掌握了先进的低聚催化技术，可以原位、高效提供乙烯三聚物和四聚物。1-已烯、1-辛烯与 1-丁烯相比价值更大，因为结合更高碳的 α-烯烃可显著改善支化聚乙烯的力学性能。进入 21 世纪，单活性位催化剂技术研究进一步成熟，使得聚烯烃串级催化技术的梦想得以变成工业现实。人们借助于三活性位催化剂及其串级催化作用，将两个以上催化循环有效率地结合起来，第一次使该技术具备工业可行性（机理 8)。

ExxonMobil 和 Dow 开发了一种新的单活性催化剂，限制几何构型环戊二烯-酰氨基钛催化剂 CGC（**31**)，CGC 的特点是能够高活性地催化乙烯与低分子量或高分子量 α-烯烃共聚。利用 CGC 的乙烯均聚和共聚能力，先均聚制备末端带双键的聚乙烯大分子，再与乙烯共聚，生成含少量长侧链的聚乙烯，改善树脂的剪切稀化性能。这里，末端双键的聚乙烯大分子以及聚乙烯接枝的聚乙烯均是在相同的催化活性位上反应生成。在过去的十年里，CGC 还与各种低聚催化剂结合在一起，产生串级催化作用以制备含短支链和半结晶长侧链（正构烷基侧链）的支化聚乙烯新家族[173]，无需任何共聚单体的加入。原位生成的高分子量 α-烯烃，不管其分子量大小，均可以实现完全转化。除了传统的用于乙烯低聚的茂金属，Bazan 等[174] 还提出了带硼酸盐苯基配体的锆络合物作为低聚催化剂，参与双活性位串级催化。这里 MAO 活化的 $[C_5H_5B\text{-}Ph]_2ZrCl_2/MAO$（**32a**）生产端基为亚乙烯基的乙烯低聚物，它不会和乙烯共聚，对应的 MAO 活化的 $[C_5H_5B\text{-}OEt]_2ZrCl_2$（**32b**）提供端基为乙烯基的乙烯低聚物大分子，它可以容易地通过 CGC 活性位与乙烯共聚（图 5.70)。一旦形成大分子单体，CGC 活性位就能将其结合进入聚乙烯，而 Zr 活性位对共聚无活性。这里，熔融温度和结晶度等聚乙烯性质可以方便地通过 CGC/Zr 摩尔比控制。

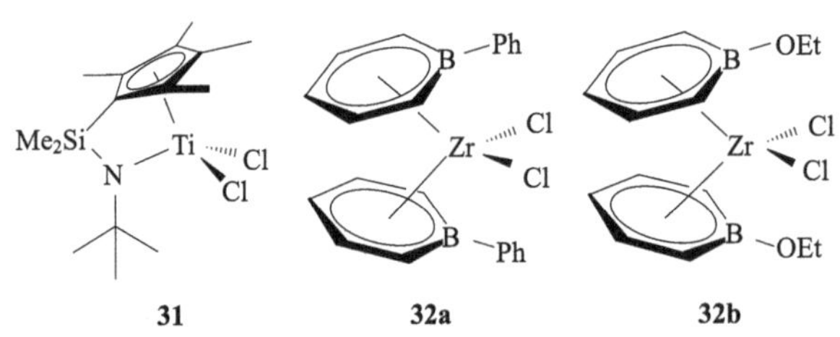

图 5.70　双活性位串级催化的活性组分

Bazan 等[174] 提出的将 CGC 和硼酸盐苯基锆茂催化剂相结合

ExxonMobil 化学公司的 Weng 等[175]采用 MAO 活化的 CGC/Cp_2ZrCl_2 双活性位催化剂进行乙烯和 1-丁烯的共聚合，生产热塑性弹性体的新家族，即柔性的聚(乙烯/1-丁烯）共聚主链，含有外挂的刚性半结晶聚乙烯侧链。其串级催化的机理是，乙烯首先在 Zr 活性位低聚生成带乙烯端基的聚乙烯大分子（Zr 活性位没有共聚能力，不与 1-丁烯共聚），然后在 CGC 活性位上进行乙烯、1-丁烯和聚乙烯大单体的三元共聚。聚合物性质取决于催化剂组分的类型以及过程条件。Kaminsky 等[176] 将 CGC 与 $[Me_2C(Cp)_2]ZrCl_2$ 组成串级催化，采用 MAO 活化，通过乙烯均聚生产高碳侧链聚乙烯，其侧链的长度达到 350 个碳。

当 CGC 与 Ni 基低聚催化剂组合时，可以获得具有短侧链的聚乙烯。例如，Bazan[177] 的双活性位催化剂将共聚合催化剂$[(\eta^5\text{-}C_5Me_4)SiMe_2(\eta^1\text{-}NCMe_3)\text{-}TiMe]^+[MeB(C_6F_5)_3]^-$（**33a**）与三聚催化剂$[(C_6H_5)_2PC_6H_4C(OB(C_6F_5)_3O\text{-}P,O]Ni(\eta^3\text{-}CH_2CMeCH_2)$（**33b**）结合，不需要 MAO 活化剂，就可制备含乙基和正丁基短链支链的 LLDPE。Bazan[177] 的三活性位催化剂将$[(\eta^5\text{-}C_5Me_4)SiMe_2(\eta^1\text{-}NCMe_3)\text{-}TiMe]^+[MeB(C_6F_5)_3]^-$（**33a**）和$[(C_6H_5)_2PC_6H_4C(OB(C_6F_5)_3)O\text{-}k^2P,O]Ni(\eta^3\text{-}CH_2C_6H_5)$（**34**）以及$\{(H_3C)_2C[N(C_6H_5)]C[O\text{-}B(C_6F_5)_3][N\text{-}(C_6H_5)]\text{-}k^2N,N\}Ni(\eta^3\text{-}CH_2C_6H_5)$（**35**）相结合（图 5.71），生产的聚烯烃具有独特的微观结构，其产品性能是双活性位催化剂生产的聚乙烯所不可比拟的[177]。1-丁烯在 **34** 上形成，具有 Schulz-Flory 分布的 α-烯烃在 **35** 上形成，这些产物再在 **33a** 上与乙烯共聚产生支化聚乙烯，通过调节三种催化剂组分的比例，产物中 α-烯烃的含量可以在 3%～46%之间变化。

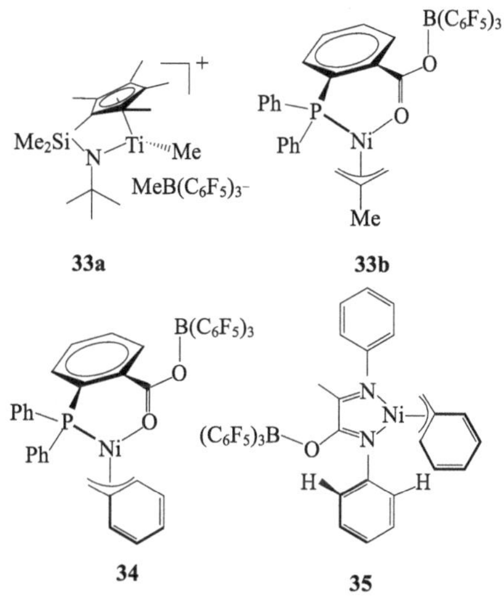

图 5.71 用于串级式聚合的三活性位催化剂活性组分[177]

还有很多学者探索了限定几何构型催化剂与低聚催化剂匹配形成的串级聚合催化技术。朱式平、叶志斌团队[178] 将 CGC 和乙烯三聚催化剂 $(\eta^5\text{-}C_5H_4CMe_2C_6H_5)\text{-}TiCl_3$ 相结合制备双活性位串级聚合催化剂，在 MMAO 活化下，原位生成 1-已烯作为共聚单体，再通过与乙烯共聚合制备了长支链的乙烯/1-已烯共聚物。Wetroos[179] 制备含正丁基支链的 LLDPE 的方法是采用 MAO 活化的双(2-癸基硫乙基)胺-铬作为乙烯三聚催化剂，分别与几种桥联茂金属催化剂组合，发现其对 1-已烯的共聚能力排序如下：$[Me_2Si(2\text{-}Me\text{-}Ind)_2]ZrCl_2 > [Me_2Si(2,3,4,5\text{-}Me\text{-}Cp)(t\text{-}BuN)]TiCl_2 > Cp_2ZrCl_2$。Bianchini 等[180] 将 CGC 与 $CoCl_2(N_2^{BT})$（N_2^{BT} ＝{1-[(6-苯并芘[*b*]噻吩-2-yl-吡啶-2-yl)乙烯]-(2,6-二异丙基苯基)胺}）（图 5.72）组合，发现在 30℃下在 MAO 作用下，制备的聚乙烯产品可从半结晶的 LLDPE 一直拓展到完全无定形、橡胶态的柔性聚合物。

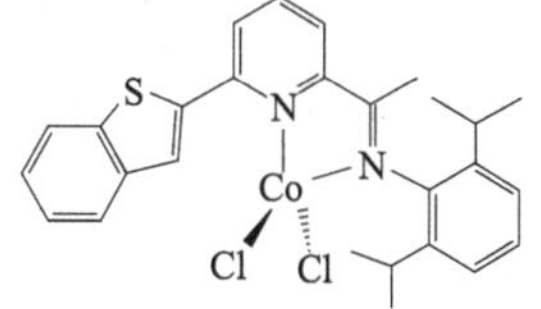

图 5.72 亚氨基吡啶钴（Ⅱ）的络合物

如果将两个串级催化组分连接在一个分子里，虽然需要复杂和富有挑战性的多步合成，但是所形成的双核络合串级催化剂可以展示出意想不到的聚合效果。根据 Marks 团队的研究[181]，含正丁基支链的 LLDPE 可以通过单一乙烯原料聚合制备，所用催化剂为双核串级催化剂（**36**）。其中，CCG 型的活性位用于乙烯共聚（**37**），而铬双(硫醚)胺活性位（**38**）用于乙烯三聚（见图 5.73），它们之间用共价键连接。发现所生产的聚乙烯具有更高的分子量和支化密度。对比 CCG 和 Cr 催化剂共混而没有共价键连接，催化得到的 LLDPE，产品

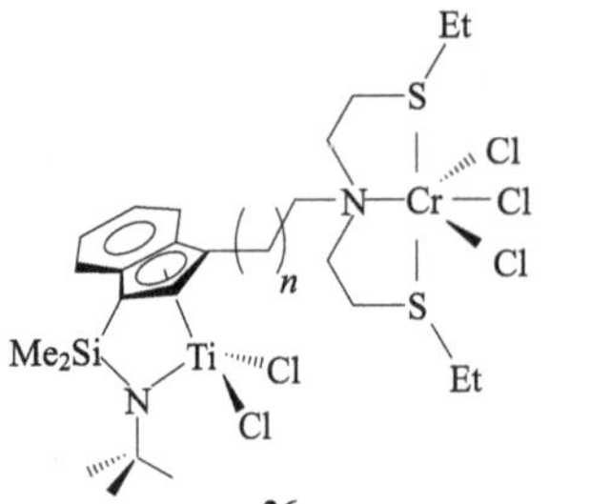

图 5.73 多核双金属串联式催化剂以及各自的金属络合物（Marks[181] 提出）

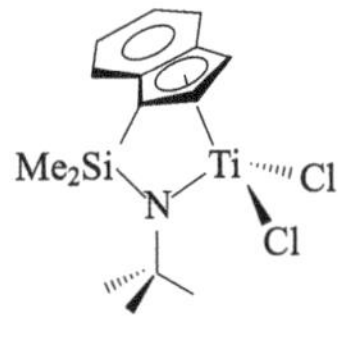

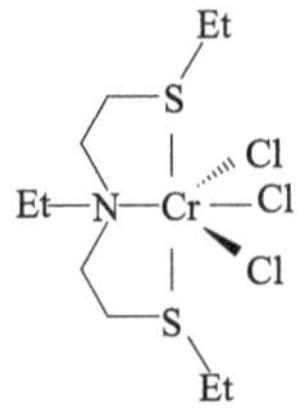

结构上的差异归功于双核催化剂中两个活性位无限程度地接近。

多活性位串级催化技术不一定总要采用 CCG 催化组分。例如，将双(1-正丁基-3-甲基-环戊二烯)二氯化锆（作为共聚合催化剂）和 2,6-双[1-(2,6-二甲基苯基亚胺)乙基]吡啶氯化铁（Ⅱ）（作为三聚催化剂）共同负载化于同一种载体上，即可制备丁基支链的 LLDPE，相当于乙烯/1-己烯共聚物，但是不需要外加 1-己烯。如果采用气相单反应器和多活性位串级催化剂，仅以乙烯为原料制备的丁基支链的 LLDPE 将展示优秀的机械和光学性质和良好的可加工性，适用于薄膜挤出[182]。

有时单个茂金属催化剂即可完成串级聚合催化的任务，不一定要像双活性位催化剂，需要两个不同的过渡金属活性位。例如，茂金属首先用来二聚乙烯到 1-丁烯，1-丁烯然后在同样的茂金属催化剂上与乙烯共聚。根据 Fina 科技公司的报道[183]，MAO 活化的 Me_2C(3-*t*-Bu-Cp)(Ind)$ZrCl_2$ 催化剂催化乙烯聚合时生成了乙基支链的聚乙烯，聚合物链内结合了 0.24%～0.49%（质量分数）的 1-丁烯，而不需外加任何 1-丁烯作为共聚单体，这归功于乙烯原位二聚。然而，这种单活性位串级催化技术仅限于某些特殊类型的茂金属催化剂。刘柏平团队[184] 对此进行了研究，发现单活性位催化剂展示出低聚/聚合的双重特点，主要受控于活化剂的类型。典型的锆茂催化剂例如 Et$(Ind)_2ZrCl_2$，或二酮锆络合物例如 $(dbm)_2ZrCl_2$，在 $AlEt_2Cl$ 的作用下，将产生 α-烯烃，当这两种络合物分别再用 MAO 活化剂活化后，就会产生线型聚乙烯。因此，一旦锆催化剂前体采用 $AlEt_2Cl$/MAO 混合物活化，将形成具有宽 MWD 和相当复杂组成的支链聚乙烯，就像乙烯与原位生成的双键端基乙烯低聚物大分子（具有宽的 MWD）共聚制备的聚乙烯一样。然而，催化剂的活性和聚乙烯熔融温度随 $AlEt_2Cl$/MAO 摩尔比例的增加而减少。

5.3.7 多活性中心催化技术在烯烃聚合的应用

5.3.7.1 聚乙烯的高性能化

在拓展聚乙烯材料的性能和应用范围方面，多活性中心催化聚合技术是有广阔前景的。理论上各种 Ziegler、Phillips、茂金属和后茂金属催化剂的结合均有可能实现多活性中心催化的乙烯聚合，但是必须寻找各活性中心组分之间的最优匹配，才能在工业上实现聚乙烯的高性能化。

传统观念上，高性能聚合物和普通聚乙烯商品之间一直存在严格的界限。前者需要高能量强度的特殊加工，例如 UHMWPE。后者只需要简单挤出、注塑和吹塑等加工过程，且成本极低。但是，由于多活性中心催化剂和反应器内共混工艺技术方面取得的明显进展，这个界限正在被逐步改变，人们在单反应器内采用先进的多活性位催化剂，通过简单地调节被固定化的单活性位催化剂组分的类型和摩尔比，即可精细准确地调节聚烯烃微结构、MWD 以及反应器内共混物组成。此外，由于同时固定化的各活性位点之间的距离无限接近，在多活性位催化剂进行烯烃聚合生产时，反应器内共混物几乎可以达到分子级的分散，是高剪切的熔体共混（需要高能量的输入）所难以达到的。采用新技术进行乙烯聚合所生产的聚乙烯商品，其性能和应用范围正在扩展。

设计聚烯烃树脂的关键点是平衡材料的可加工性和使用性能，众所周知的手段就是调节聚烯烃的MWD。降低分子量可以改善聚合物的流变性能和可流动性，以适应注塑、吹塑、吹膜、挤管等目标加工过程。另一方面，增加分子量抑制流动性，却提高了固态聚合物的机械强度，例如硬度、冲击强度以及抗环境应力开裂（ESCR）等指标均有所提高。为了进一步调节加工性能和使用性能之间的矛盾，人们提出了增加长支链（LCB）改善加工性能的思想，但是也会影响材料的力学性能。最后，引入高碳α-烯烃（C_4～C_8）作为共聚单体，且最好将共聚单体结合在高分子量的分子链上，不仅可以增强抗冲击强度和ESCR，还能保持材料的硬度。已经开发了数个多活性中心催化剂通过单反应器进行烯烃聚合，所得产品性能与目标性质相符合。然而在早期，多活性中心聚合催化技术的商业化一直是非常具有挑战性的，主要是由于狭窄的加工窗口，过程可靠性、稳定性和复现性较低，以及产品性能的可调幅度很小。在工业上，无论是单台淤浆釜，还是单台气相流化床，当生产双峰或多峰聚乙烯时，均迫切需要多活性中心催化剂。在设计一个综合性能优异的多活性中心催化剂时，必须考虑各活性中心的聚合动力学、共聚单体结合率、氢气响应能力、温度和压力等方面的差别，并做适当的调节，因此目前只报道出了几个成功实例。其中就包括铁基催化剂组分的选择和组合[185]，第一个铁基活性组分生产具有窄MWD的聚乙烯作为目标产物的低分子量部分，第二种单活性位催化剂负责乙烯共聚，生产高分子量乙烯共聚物部分。因此，将铁单活性组分和茂金属单活性组分结合所制备的双活性中心催化剂，能够使我们在单一反应器中利用一种催化剂，就可以生产性能可调、范围大、应用面广的聚乙烯产品。

聚烯烃新产品开发时，需要定义清楚的短支链（SCB）、确定的聚乙烯分子量和MWD，以及低分子量（LMW）和高分子量（HMW）聚合物组分之间有确定的分割比例，以保持产品的一致性和可复现性。专利文献里描述了各种调节SCB、MWD及分割比例的技术解决方案。例如，①采用ppm量级的H_2O、CO_2和乙醇等，使双组分中的一个组分选择性的中毒；②加入第二种催化剂（仅含一种活性位成分，很可能是生成LMW的），调节分割比例以满足质量分数的要求；③不同批次催化剂的LMW/HMW分割点有波动，聚合时催化剂批次之间混合使用，以消除催化剂批次之间偏差，并且覆盖一个宽广的产品范围；④修改反应器参数，例如温度、助催化剂浓度、H_2和/或乙烯分压，以影响一种催化剂组分的相对活性。此外，Phillips石油公司[186]已经提出独立加入两种茂金属催化剂溶液到单一反应器的聚合方法。但由方法②和方法③生产的聚合物粉末不是均匀的，因此需要在反应器之后进行良好的均质化处理。

在聚乙烯注塑加工过程中，以传统HDPE产品为参照（采用Ziegler催化剂和传统的反应器串联工艺生产），发现采用双活性位催化剂进行乙烯聚合制备的HDPE具有明显高得多的流动性，因此为材料提供了更高的抗冲强度（高达50%）和杰出的ESCR性能[187]。由于容易加工、挤出机温度、压力较低，节能是完全可能的（见图5.74）。

Mobile Univation技术公司[188]将茂金属催化剂和Ziegler催化剂相组合开发了双活性位催化剂，用于生产吹塑产品。Univation技术公司开发并许可了双峰聚乙烯催化剂用于PE100管材生产，商标名Prodigy催化剂，已经有商业生产成功报道。产品的MWD、组分的M_w以及分离点（HMW/LMW）的控制已经通过调节催化剂组分之比例以及反应器工艺变量（温度和气体组成）实现。在降低装置复杂度并减少投资成本的情况下保证了所需产品的一致性。此外，有专利报道[189]，Univation将大体积茂金属活性组分（例如PrCpCp*

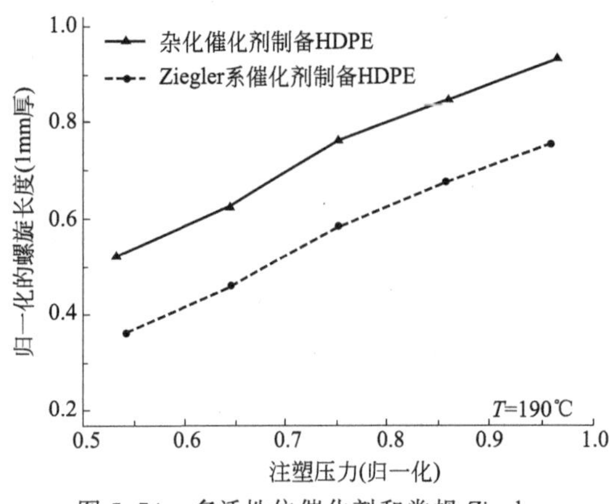

图 5.74　多活性位催化剂和常规 Ziegler 催化剂制备的 HDPE 树脂流动性指标的比较（数据来自 LyondellBasell）[187]

$ZrCl_2$）和三齿后茂金属［例如[（2,3,4,5,6-Me_5C_6）NCH_2]$_2$NH）$ZrBn_2$］相组合，用于生产具有 SCB 反向分布的双峰 PE 类别的牌号。

另一个来自工业界的技术解决方案就是加入两种不同的茂金属催化剂到淤浆环管的异丁烷悬浮液中，即未桥联的和桥联的茂金属相组合，用于生产 MWD 从窄到宽的适合于制膜的聚合物，这是 Chevron Phillips 化学公司的开拓性工作[190]。在学术界，Hong 等[191] 将 CGC（**31**）和（n-BuCp)$_2$$ZrCl_2$（**10**）共负载于硅胶上，采用丁基辛基镁作为助催化剂，进行乙烯/1-己烯共聚，制备了宽/双峰 MWD 以及共聚单体反向分布的聚乙烯。从聚合特性以及速率分布曲线可知，在这种杂化催化剂中各个催化组分的聚合行为是相互独立的。

一方面，通过双活性位催化剂在单一反应器生产具有宽 MWD 以及共聚单体反向分布的 PE，可以同时显著改进聚乙烯的力学性能和加工性能。另一方面，以双活性位催化剂体系（三齿铁催化剂结合茂金属络合物）为基础，生产 MWD 非常窄的且共聚单体反向分布非常明显的聚乙烯，用于滚塑料的信息也见诸报道。滚塑加工过程要求树脂在低剪切速率下、较宽的温度区间具有高流动性，且满足产品应用性质。三齿铁催化剂与茂金属络合物的结合允许得到一个非常窄的 MWD，且具有非常显著的共聚单体反向分布（图 5.75)。这种结构使产品具有较高的冷冲击强度和抗应力开裂能力，满足了一些应用场合的严格要求[192]。

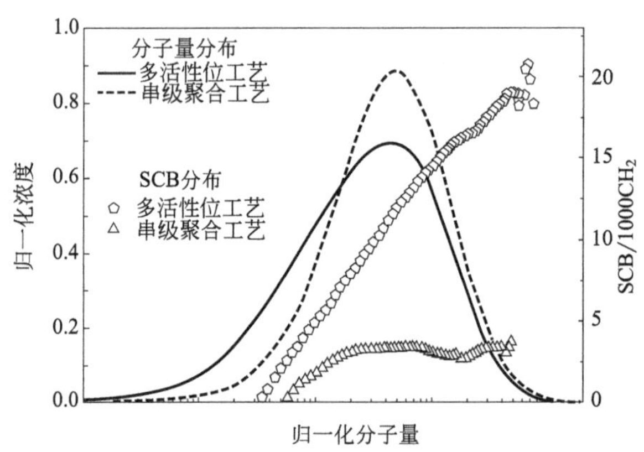

图 5.75　先进多活性位催化工艺精确控制聚乙烯 MWD 和 SCB 反向分布（数据来自 LyondellBasell）[192]

流变行为受控于高分子量部分的聚乙烯宽度和含量以及长链支化度，这些结构是通过与乙烯端基的聚乙烯大分子单体共聚而得。图 5.75 比较了由多活性位催化剂催化乙烯聚合制备的聚乙烯器内共混物，与通过反应器串联工艺等常规手段制备的聚乙烯器内共混物（PE100）的差别。PE100 定级标准是，聚乙烯管材料必须能够在 20℃ 以及最小环向应力（10MPa）的条件下，50 年保持不损坏。聚乙烯分子量呈双峰分布且高分子量部分长支链基

本上是为了改进熔融加工时的树脂流动性。短支链进入 UHMWPE 分子链，主要是产生层间系带分子，提高韧性、抗环境应力开裂以及抗疲劳能力。相对于 HDPE，UHMWPE 的结晶速率较慢，结晶度较低，故保持 HDPE/UHMWPE 平衡对于同时提高硬度、强度、抗应力开裂以及抗疲劳，减少管材重量、提高其耐候性都是十分关键的。先进的多活性位催化技术可以更好地控制聚乙烯的 MWD 以及支链的反向分布，而常规的串联反应器聚乙烯生产工艺则较难（图 5.76）。图 5.77 显示了高端聚乙烯的两个典型应用。这里，采用多活性位催化剂进行乙烯聚合，得到分子结构裁剪过的聚乙烯，分别作为管材料用于地板加热管道[194]，以及用于生物柴油的燃油箱[192]。

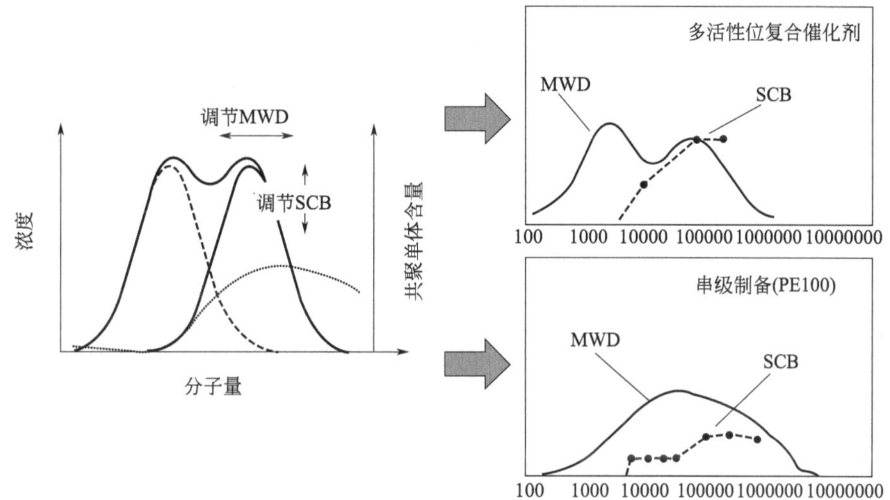

图 5.76　聚乙烯分子量分布和短支链（SCB）分布

聚乙烯的制备分别来自常规反应器串联工艺（PE100）以及多活性位催化剂单釜工艺（数据来自 LyondellBasell）[193]

图 5.77　采用多活性位催化剂的聚乙烯器内共混物制备地板加热管（a）和燃料油箱（b）

（图片来自 LyondellBasell）[192,194]

此外，由于采用多活性位催化剂进行乙烯聚合，在较低工艺温度下就可以实现精细混合以及 UHMWPE 分子链的解缠绕，在普通聚乙烯材料中可以结合较高含量的 UHMWPE 组分，而不显著损坏常规熔融加工过程的制品质量，与 HDPE 与 UHMWPE 的熔融共混形成鲜明对照。图 5.78（b）显示，采用双螺杆挤出机在 HDPE 中熔融共混 10%微米级的 UHMWPE 粉体，发现不能熔融 UHMWPE，结果大量 UHMWPE 颗粒作为一个可见的非均匀体存在，严重损坏制品的力学性能，例如抗撕裂和冲击强度下降。图 5.78（a）为采用多活性位催化剂进行乙烯聚合制备的、含有同样数量 UHMWPE（10%）的聚乙烯，可以形成完全透明的有韧性的薄膜。当 UHMWPE 含量高达 18.6%时，由聚乙烯器内共混物注塑制造的桨叶被用于砂浆的搅拌时，桨叶磨损可显著减少（见图 5.79）。这对于管道和其他需要在粗糙磨损环境工作的产品开发是十分有益的。

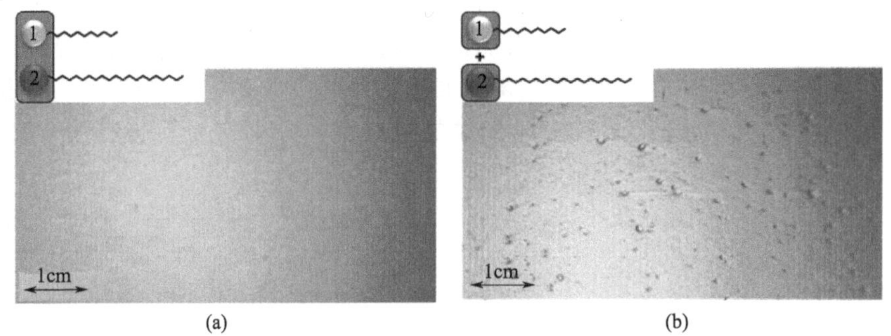

图 5.78 含有同样数量 UHMWPE（10%）的聚乙烯形貌

（a）采用多活性位催化剂乙烯聚合而得 HDPE/UHMWPE 器内共混物；（b）HDPE/UHMWPE 的熔融共混，两种聚乙烯分别采用两种不同的催化剂在两个分开的反应器制备而成[150,195]

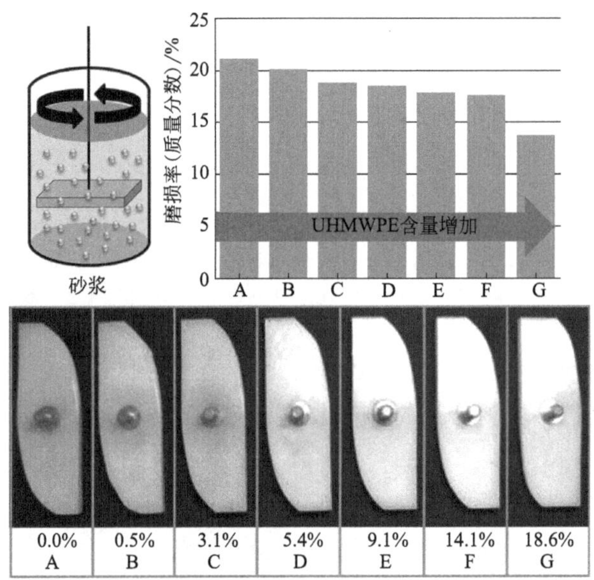

图 5.79 采用多活性位催化剂生产的聚乙烯注塑件

随着 UHMWPE 含量增加，其磨损减少[150,195]

5.3.7.2 具有纳米结构的聚烯烃热塑性弹性体

单活性中心茂金属催化剂和限制几何构型催化剂的出现使人们有能力进行无规共聚，将大量短链 α-烯烃和长链 α-烯烃引入聚乙烯链，而不损失聚合物的分子量，早期 Z-N Ti 系催化剂是不可能做到的。例如，Dow 化学用 Engage 商标做市场推广的乙烯/1-辛烯无规共聚物，其结晶度低、密度低，该产品的内部聚集态结构是链段自组装形成的纳米尺度的缨须状的晶体束，在弹性体共聚物链段之间作为热可逆交联点起作用。然而，由于共聚物熔点温度相对较低，这种热塑性弹性体的应用范围就限定在相对较低的使用温度。如今，人们可以在双活性位催化剂上通过先进的链穿梭聚合技术，进行乙烯/1-辛烯共聚合生产嵌段共聚物，Dow 化学以 Infuse 为商标名。这些聚合物交替含有无定形的、柔软的、玻璃化转变温度低的乙烯/1-辛烯共聚物以及熔点温度比半结晶乙烯/1-辛烯共聚物高得多的聚乙烯链段[195]。

除了乙烯/1-辛烯共聚链段与聚乙烯均聚链段交替嵌段的聚烯烃弹性体，侧链为半结晶聚乙烯的乙烯/1-丁烯共聚物弹性体，则是通过串级催化聚合技术制备的[196]。这些聚烯烃弹性体的性能可以通过控制纳米尺度的链段结构和聚集态结构而改变，但归根到底是由于双活性中心催化组分中含有精细的有机配体结构。由于聚乙烯分子链长的区别，纳米尺度的聚集态结构可能是球形、圆柱状、片晶以及共连续的。很清楚，链穿梭聚合的双活性位催化剂以及发现串级催化聚合的双活性位催化剂，均大大拓展了聚烯烃弹性体的范围。这些嵌段共聚物和接枝共聚物，可以替代传统的塑化 PVC 弹性体。由于聚烯烃弹性体的密度小、升温条件下的材料性能优良，循环回用方便，所以特别适合于轻量化的工程应用。此外，改变聚烯烃嵌段共聚物结构可以使聚合物在熔体状态下发生自组装，通过产生高度取向的介观相可以制备具有光子晶体的聚乙烯薄膜（图 5.80）。聚烯烃嵌段共聚物的合成技术为人们开发各种新功能聚合物提供了可能[197]。

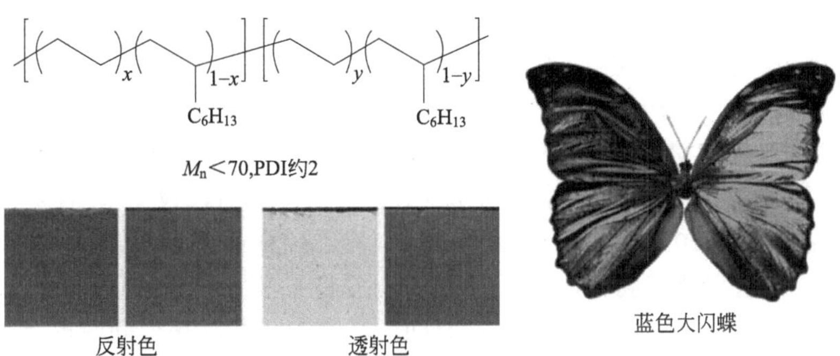

图 5.80　介观相态自组装取向形成含光子晶体的聚乙烯

在双活性位催化剂上通过链穿梭烯烃聚合制备的聚(乙烯/1-辛烯)-嵌段-聚乙烯[198]

5.3.7.3　全组分聚烯烃复合材料

众所周知，纯聚烯烃材料易于回收循环，但大部分聚烯烃为了实现工程应用，常采用外部材料，例如纤维、填料和纳米颗粒进行增强，损坏了聚烯烃材料在资源循环方面的优势。鉴于经济以及环境可持续发展的需求，迫切要求省去外加增强材料，生产自增强的聚烯烃（即“全组分聚烯烃复合材料”），在这种材料里，基体和增强相都是仅含 C、H 元素的聚烯烃材料。特别有意义的是，热塑性全组分聚烯烃复合材料通过重新熔融就可以实现循环利用。开发全组分聚烯烃复合材料的另一个重要的动因是材料的轻量化，因为聚烯烃的密度相对于玻璃纤维和其它无机填充物是相当低的。Kmetty 等[198] 已经全面评述了自增强聚合物的研究。原则上讲，自增强需要在聚烯烃基质内部存在分子链的一维或二维的排列，即高度取向的聚烯烃纤维或片状结构植入基质材料中，类似于纤维增强或多层聚烯烃复合材料，但又不像传统的复合材料，这些植入结构是整个聚烯烃多级分子结构的一个部分，既不需要纳米尺度的添加剂，也不需要特殊的安全预防和处理步骤。为了实现有效的应力传递，必须存在增强相与基质之间的键合，可采用两种不同的策略构建自增强聚合物。第一，通过挤出机对熔体进行剪切，诱导分子链伸展结晶，自组装产生 1D 结构。优选的加工温度接近聚合物基质的熔融温度。第二，预先制备 2D 取向的聚烯烃结构，例如张力带以及 2D 纤维织物，然后将两者键合在一起。Ehrenstein 采用聚流式模头进行聚乙烯的挤塑和注塑加工。在这里，拉伸流动导致聚乙烯分子链取向，使聚乙烯成核结晶，并形成圆柱状和串晶状结构[199]。虽然对结晶过程的实质存在长期争论，但是高分子量聚乙烯倾向于发展串晶结构已得到普遍认同。

按照 Ryan 的研究，剪切流导致最长的聚乙烯链被拉伸形成串晶结构中的“串(shish)”，作为低分子量聚乙烯结晶的晶核，最后生成“串”上的“晶块（kebab)”[200]。其它几个研究小组证实了剪切诱导的1D结晶与聚烯烃双峰 MWD 之间的内在关系。已经开发了“剪切取向受控的注塑”（SCORIM)[201] 和“振荡填充的注塑”（OPIM)[202] 等特殊的注塑加工过程，用于加工制造全组分聚烯烃自增强复合材料。采用模缝挤出技术加工“全组分聚丙烯复合材料”，该材料通过剪切诱导结晶形成层状结构，具有2D自增强的特点。目前还不太清楚通过多活性位催化剂裁剪聚烯烃器内共混物生产全组分聚烯烃自增强复合材料的全部机理，但形成串晶的条件一定与聚烯烃的 MWD 有关。Rastogi 和 Chadwick[203] 将 Fe(**26**)/Cr(**27**)双活性位催化组分负载在 $MgCl_2/AlEt_x(OEt)_{3-x}$，进行乙烯聚合制备双峰聚乙烯，在接近聚乙烯熔点温度下压塑再挤出，形成了串晶结构的聚乙烯。Kurek 和 Stürzel 等[204] 采用硅胶负载的双活性位和三活性位 Cr/Fe 催化剂，裁剪制备可熔融加工的、有较高 UHMWPE 含量的双峰和三峰聚乙烯。不像常规的剪切诱导的结晶过程，所得到的原生态的器内共混物，不必在某个狭窄的加工窗口，也不需要降低加工温度，通过经典的注塑和挤出过程，即可制备 UHMWPE 串晶纤维。图 5.81 显示[99] 通过串联反应器工艺生产的器内共混物，UHMWPE 含量较低，约几个质量百分数，在传统的注塑过程中聚乙烯不会形成串晶结构。然而，当通过调节 Cr/Fe 摩尔比例，设计聚合物的 MWD，使 UHMWPE 含量增加到 10%，在常规注塑过程中聚乙烯样品内即可发现大量的串晶形成，且 UHMWPE 含量越高越有利于串晶的形成。通过将 Cr-BIP、Fe-BIP 以及 Cr 同时负载于硅胶上，制得低中高分子量组分相平衡的 HDPE，使人们可以获得同时改善刚性、强度以及韧性，性能接近玻璃纤维增强的聚乙烯复合材料（图 5.82)。

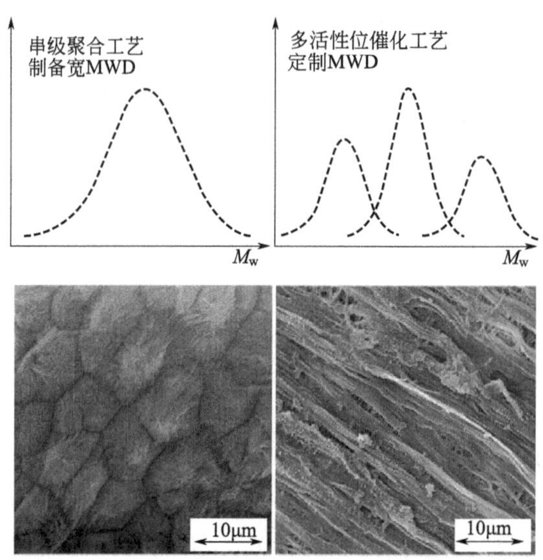

图 5.81　聚乙烯样品的 SEM 形态与对应的 MWD

左下图在串联反应器生产宽 MWD 聚乙烯器内共混物注塑产品（Lupolen 4261AG，来自 LyondellBasell)；
右下图为三活性位催化剂（**27/28/29**，30%UHMWPE）生产的聚乙烯，注塑温度 200℃得到的制品。
只有用多活性中心催化剂生产的聚乙烯器内共混物含有高含量的 UHMWPE，在传统的注塑加工时可以产生串晶纳米结构[99]

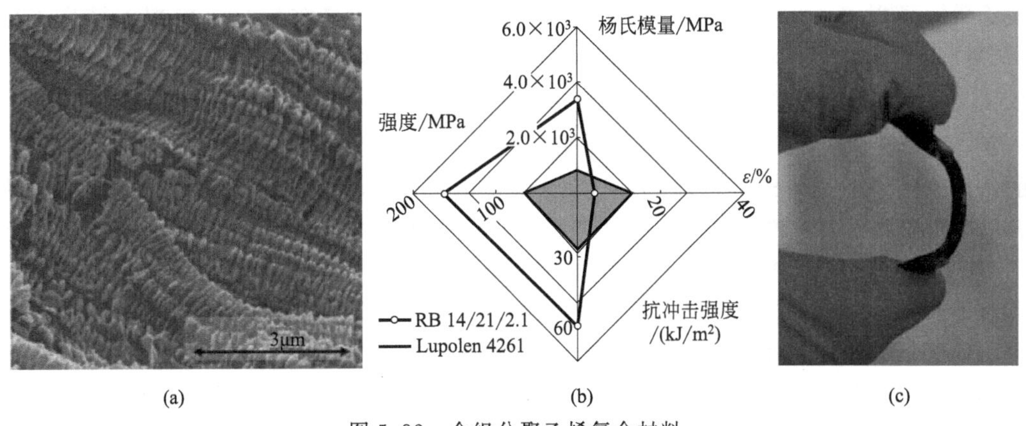

(a)　(b)　(c)

图 5.82　全组分聚乙烯复合材料

采用官能化的石墨烯负载 Cr/Fe/Cr 三活性中心催化组分（**28/29/30**）进行乙烯聚合生产聚乙烯器内共混物，含 14%UHMWPE 和 21%PE 蜡，在 200℃下注塑加工。(a) 全组分聚乙烯复合材料的 SEM 图像展示的串晶形态；(b) 材料的力学性能对比。传统商业串联反应器工艺聚乙烯共混物（Lupolen 4261，雷达图中阴影面积）和全组分聚乙烯复合材料（雷达图中的粗黑包络线）；(c) 展示刚性全组分聚乙烯复合材料对损坏的高度容忍[99]

5.3.8　多反应器与多催化活性位组合的聚合技术

多反应器串联、并联、循环，甚至单反应器内多区循环等设计都是为了将不同组分的聚合物在器内生产并实现共混，得到具有特定性能的聚合物牌号。另一方面，设计各种各样的多催化活性中心组分的催化剂系统，也是为了达到类似的目的。这些都是在聚合链层面调控分子结构。很少有人关注初生态聚合物分子链的聚集态结构的调控，事实上，聚集态结构，特别是 UHMWPE 的聚集态结构，非常影响与 HDPE 的共混，甚至发生相分离，妨碍 UHMWPE 对 HDPE 的增强。利用多反应器技术可合成各种需要的聚合物组分，利用多催化活性位技术可调控聚合分子链的聚集态结构，因此，多反应器与多催化活性位组合可以产生一大类有工业应用价值的聚合技术。

5.3.8.1　UHMWPE 分子链聚集态结构调控

在乙烯分子聚合成为固相聚合物的过程中，人们认为聚合活性点附近存在“拟液相过渡层”的结构[205]，是影响聚合物链段是否折叠结晶、缠结、无定形态的重要过渡区域。该过渡区域的大小受高分子链结晶速度和链增长速度相对大小的影响。如果高分子链结晶速度小于链增长速度，拟液相过渡区域将变大，更长的高分子链段溶解或熔化其中，形成无规线团的分子构象，分子链发生缠结的机会更大；如果高分子链的结晶速度大于链增长速度，拟液相过渡区域变小，可溶解或融化的链节数目也少，若远少于发生高分子链缠结所需要的最小数目（例如，140 个—CH_2—），则拟液相区内的分子链将处于半受限状态，不容易发生链缠结。可见，如何强化聚乙烯链结晶速度，使之远大于聚合速率，是抑制高分子链缠结之关键。

浙江大学阳永荣/王靖岱团队在活性位附近设置温度梯度构建拟液相过渡层，采用粗粒化分子动力学模拟方法计算链段的扩散系数和结晶度，发现初始成核期内，受链端固定限制和温度分布影响，不同位置扩散系数存在差异显著；在 $Z=9\sim10$nm 的高温区结晶度最大[206]。进一步，通过在拟液相过渡区域加入侧向隔板的方式改变活性位周围微环境，预测侧向隔板对附近的高分子链结晶成核过程有显著的诱导作用，且内部晶区的产生都由隔板附近晶区向内拓展形成。同时，侧向隔板的存在对聚乙烯链起到物理分隔的作用。因此，初生态聚乙烯链高温（>60℃）原位解缠结、提高结晶度是可能的。分子模拟的结果为生产UHMWPE分子链低缠结的聚集态结构提供了催化剂结构设计依据。

5.3.8.2 调控UHMWPE分子链缠结程度的催化剂设计

浙江大学阳永荣/历伟团队发现倍半硅氧烷（POSS）对负载型Z-N催化剂能够发挥很好的修饰作用[207]。POSS作为一种阻隔剂和结晶诱导剂，有效分隔活性位以及聚合物链段，对产物聚集态结构产生了很显著的调控作用。建立了工业聚合条件下，高效制备低缠结UHMWPE的方法。同时还深入研究了POSS与硅胶载体表面环境组分$MgCl_2$和$TiCl_4$的相互作用以及低缠结UHMWPE聚集态结构的取向作用。

发现POSS分子在催化剂表面倾向于形成纳米团簇体结构，并且三乙基铝（TEA）和$TiCl_4$均不能破坏之，纳米团聚体能够稳定存在于催化剂表面。密度泛函理论DFT计算表明，一个$MgCl_2$分子更加倾向于和POSS分子上的两个羟基同时发生配位，并且$TiCl_4$分子与$MgCl_2$通过Cl-Mg键发生配位形成五配位的Ti原子，此时体系展现出最低的总能量（E_T）和最高的结合能（图5.83）。研究结果显示POSS/$MgCl_2$纳米团聚体宽度约为200nm，明显大于聚乙烯链段折叠片晶尺寸（20～30nm），POSS/$MgCl_2$纳米团聚体能够有效地阻隔聚乙烯链段，其模型示意见图5.84。POSS修饰的Z-N催化剂表面的$MgCl_2$呈现两种化学微环境，一种为POSS/$MgCl_2$纳米团聚体，另一种为重新结晶的δ-$MgCl_2$晶体。相对应的，在负载$TiCl_4$活性中心之后，$TiCl_4$也呈现出两种化学微环境：一种为与POSS/$MgCl_2$纳米团聚体配位形成的POSS/$MgCl_2$/$TiCl_4$纳米结构，另一种为在δ-$MgCl_2$晶体表面缺陷处发生配位的$TiCl_4$。

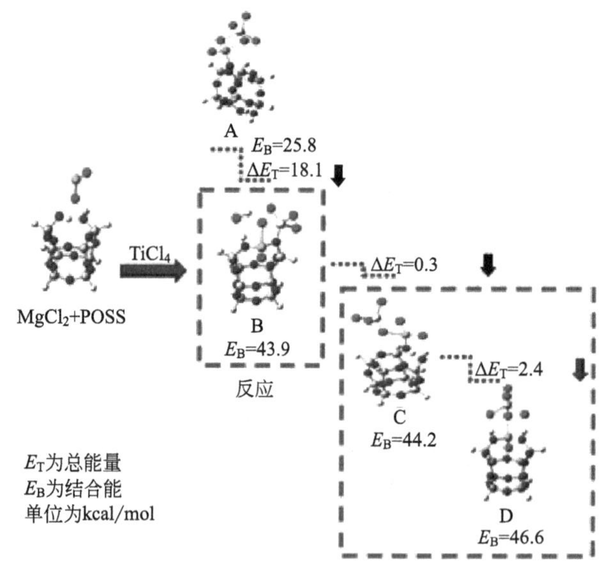

图5.83 POSS、$MgCl_2$和$TiCl_4$分子间配位结构的DFT计算结果

通过聚合实验发现，负载于POSS/$MgCl_2$纳米团聚体上的$TiCl_4$活性极低，其主要作用为分隔负载于δ-$MgCl_2$上的$TiCl_4$活性中心及聚乙烯链段（片晶），这是成功制备低缠结聚乙烯的关键因素。δ-$MgCl_2$上的$TiCl_4$活性中心以及硅胶表面羟基（—OH）络合的$TiCl_4$活性中心实现了在较高的温度下（大于60℃）以高活性［4500×10^3gPE/(molTi·h)］制备低缠结UHMWPE的目的[207]。

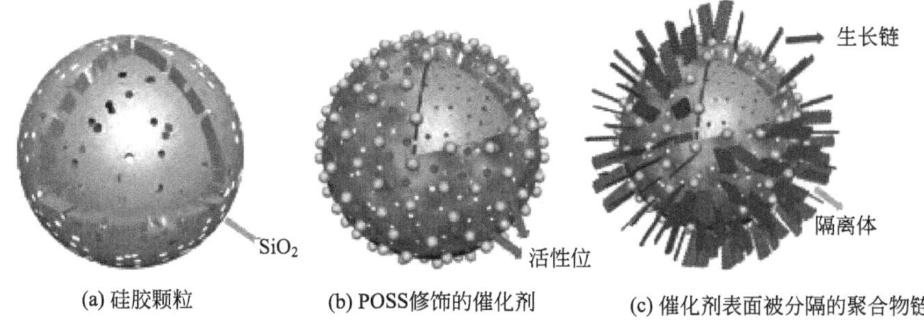

图 5.84　POSS 对 Z-N 催化剂载体表面的修饰

前人采用 G_N^t（即弹性模量和热力学平衡模量 G_N^0 的比值，G_N^0 约为 2.0MPa）以及缠结形成时间 t_m（达到 98%的热力学平衡模量 G_N^0 所需要的时间）作为衡量 UHMWPE 链缠结程度的标准[208]。但是，极高分子量的聚乙烯链段和灰分及聚乙烯基体的相互作用，导致聚乙烯链段蠕动的能力降低，UHMWPE 熔体会长期处于热力学亚稳态，影响了 UHMWPE 熔体弹性模量的表征和缠结建立过程。链段蠕动极慢，建立缠结达到热力学稳定状态需要很长时间，所需的缠结时间 t_m 与重均分子量 M_w 呈现出指数关系，$t_m \propto M_w{}^{2.4}$。根据粗略估算，这部分极高分子量的 UHMWPE 聚合链（高于 10×10^6）在流变测试过程中，需要超过一周的时间（$t>5\times10^5$s），才能达到热力学平衡状态。浙江大学阳永荣/历伟团队选择使用初始弹性模量 $G'(t=0)$ 作为衡量初生态 UHMWPE 链缠结程度高低的依据，这种表征方法与 Rastogi 等[208] 采用的 G_N^t 表征方法具有等效性（因为 UHWMPE 样品的理论热力学平衡模量 G_N^0 均为 2.0MPa 左右），见图 5.85[207]。

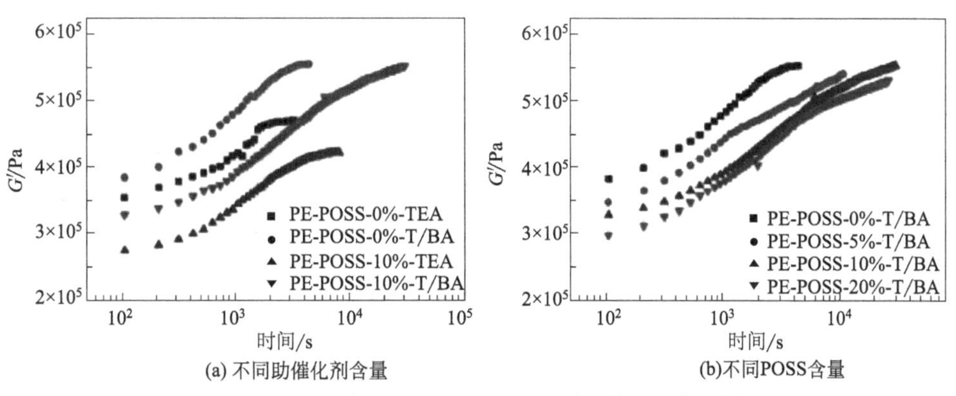

图 5.85　初生态 UHMWPE 样品的弹性模量 G'-t 曲线

提出了以聚合活性（A）和初始弹性模量为坐标系，定量表征初生态 UHMWPE 链缠结程度调控规律的方法[207]。发现如下四种情况：在聚合温度和结晶速率不变的情况下，UHMWPE 的初始弹性模量 $G'(t=0)$ 或链缠结程度与催化活性呈线性单因素关系［如图 5.86(a) 和图 5.86(b)］，此时聚合活性的提高是通过增加聚合时间或增加助催化剂用量实现的；如果聚合活性的提高是通过升高聚合温度实现的，则 UHMWPE 的初始弹性模量 $G'(t=0)$ 与催化活性为多因素幂函数关系［图 5.86（c)］，因为改变聚合温度不仅指数级地提高了链增长速率，也提高了链结晶速率；假如聚合活性的提高是随 POSS/$MgCl_2$ 纳米团聚体的提高而实现，则初始弹性模量 $G'(t=0)$ 随催化活性的升高呈现出类似指数形式的下降关系［图 5.86（d）］。这些 POSS/$MgCl_2$ 纳米团聚体分隔剂可以有效弥补聚合温度升高所引起的链缠结程度提高，进而在高温、高活性条件下实现制备低缠结 UHMWPE 的目的。随着聚合时间的延长，催化剂颗粒发生破碎，活性位附近 POSS 分割诱导结晶的微环境消失，新生的 UHMWPE 链缠结程度将加剧，聚合物初始弹性模量显著升高。所以 POSS-X%-cat 制备的初生态 UHMWPE 应该在颗粒破碎前对链缠结程度做有效调控。

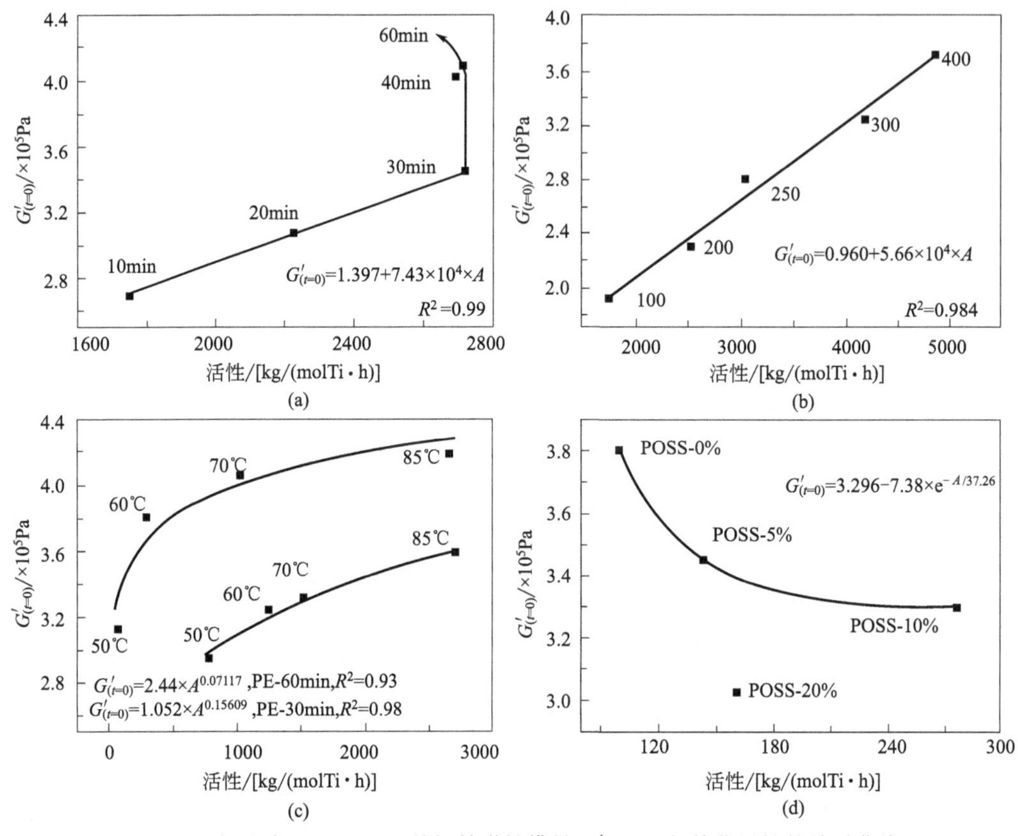

图 5.86 初生态 UHMWPE 的初始弹性模量 $G'_{(t=0)}$ 与催化活性的关系曲线

（a）不同聚合时间；（b）不同助催化剂用量（Al/Ti 比）；（c）不同聚合温度；（d）不同 POSS 含量

5.3.8.3 抗松弛串晶结构与 HDPE 原位自增强

浙江大学阳永荣/历伟团队在单台聚合反应釜通过序贯聚合方式制备了低缠结 UHMWPE 和 HDPE 的共混物。研究了 UHMWPE 含量和链缠结程度对 UHMWPE/HDPE 共混物力学性能的影响，特别是研究了共混物注塑样品的链段取向行为和多层结构对力学性能的影响机制[209-211]。

通过调节序贯聚合工艺参数，考察了低缠结 UHMWPE 含量对于共混物（简称低缠结 Dis-UH/HD）力学性能的增强规律，发现 Dis-UH/HD 共混物注塑样条的拉伸强度和杨氏模量随着 UHMWPE 组分的增加呈现先升高后降低的规律，并且 UHMWPE 含量在 30%时（简称 Dis-UH/HD-30），拉伸强度和杨氏模量达到最大值。拉伸强度、杨氏模量和冲击强度分别达到 52.4MPa（+97.7%）、604.2MPa（+43.6%）和 74.4kJ/m^2（+675%）。自增强效果来自 shish-kebab 串晶结构，这一结构是在普通注塑工艺过程中通过 UHMWPE 分子链取向成 shish 伸直链晶体和 HDPE 分子链的附生共结晶形成 kebab 片晶而共同形成的。当

UHMWPE含量大于30%，Dis-UH/HD共混物的各项力学性能均出现明显降低，这是因为UHMWPE和HDPE出现明显相分离，共混物的黏度过高，缠结点增多，不利于UHMWPE链段在剪切注塑过程中发生CST转变形成伸直链shish晶体，进而会影响shish-kebab串晶结构的形成。Dis-UH/HD共混物注塑样条的冲击强度在UHMWPE含量为5%（质量分数）就出现明显的增强效果，并在10%～30%范围内呈现平台期。当UHMWPE含量超过30%（质量分数），Dis-UH/HD共混物注塑样条的冲击强度则会缓慢下降，冲击强度性能的增强是由于UHMWPE分子链的系带分子作用和shish-kebab串晶结构的共同作用。通过对Dis-UH/HD共混物取向结构的2D-SAXS和2D-WAXD测试，发现shish-kebab串晶结构广泛存在于UHMWPE含量在5%～30%的Dis-UH/HD共混物中，然而对于Dis-UH/HD-40和Dis-UH/HD-50共混物，注塑过程中不能形成shish-kebab串晶结构，这可能是由于UHMWPE含量过高，致使共混物的熔体黏度过高，UHMWPE难以发生CST转变取向成shish晶束。根据SAXS衍射图谱和信号强度I-q分布曲线，发现随着UHMWPE含量从5%增加到30%，kebab片晶长周期长度逐渐增加，代表shish-kebab片晶结构更加紧密堆积，能够增强shish-kebab结构的互锁稳定性，进而能够提高共混物样条的拉伸强度和杨氏模量。而Dis-UH/HD-0、Dis-UH/HD-40、Dis-UH/HD-50样品中只存在着部分取向的堆叠片晶结构，不存在shish-kebab串晶结构。

考察了UHMWPE缠结程度对于共混物力学性能的影响规律。相比于缠结的Ent-UH/HD-X共混物，低缠结Dis-UH/HD-X表现出更高的拉伸强度和杨氏模量。这是因为低缠结UHMWPE在注塑取向过程中，熔体黏度更低，更容易剪切取向得到shish纤维束，使材料的强度和刚性更好。出人意料的是，低缠结Dis-UH/HD-X共混物在冲击强度方面展现出了极其优异的性能，其冲击强度是缠结Ent-UH/HD-X共混物的两倍以上。这可能是由于低缠结的UHMWPE除了作为shish纤维成束之外，部分UHMWPE还作为kebab晶区之间（或者堆叠片晶）的系带分子或者连接链，低缠结的UHMWPE因为其具有缠结点少更易结晶的特点，分子链的一部分参与了kebab片晶的共结晶，另一部分在非晶区与其他聚乙烯链段发生缠结。而缠结度较高的UHMWPE，分子链难以进入kebab片晶参与共结晶行为，UHMWPE分子链大多在非晶区参与缠结作用。这种既在晶区参与共结晶，又在非晶区发生互锁缠结的共混物材料，具有相当优异的冲击性能。此外，UH/HD共混物经过注塑剪切取向后，注塑样条从外层向内层存在逐渐升高的温度梯度，注塑样条内部分shish-kebab结构的shish伸直链由于高度线型的分子结构特点易发生松弛行为，因此shish-kebab结构将松弛成为部分取向的堆叠片晶，而松弛的shish链段会作为系带分子连接多层堆叠片晶，这种部分取向的堆叠片晶结构也会导致冲击强度的提高。

发现POSS修饰的V单金属负载型催化剂展现出较好的共聚性能，设计了POSS修饰的$TiCl_4/VOCl_3$双金属负载型Z-N催化剂，并结合序贯聚合制备出含有少量短支链的低缠结UHMWPE与HDPE的共混物。其中，支链含量为1.3～1.8/1000C（PE100的支链含量为4.5C/1000）。研究发现，少量短支链的低缠结UHMWPE/HDPE共混物相比于高度线型的UHMWPE/HDPE共混物，在拉伸强度、杨氏模量和冲击强度性能上均得到了同步增强。少量短支链会抑制初生态shish伸直链晶体的松弛行为，尽量多的保留shish伸直链及shish-kebab串晶。含有少量短支链的UHMWPE/HDPE共混物的拉伸强度、杨氏模量和冲击强度可分别提高至72.4MPa、704.9MPa和87.0kJ/m^2，相较于线型UHMWPE/HDPE共混物，性能分别提高96.7%、38.8%和13.4%。然而，随着低缠结UHMWPE/HDPE共混物中UHMWPE的短链支化度进一步增加，拉伸强度、杨氏模量和冲击强度均会出现同步下降。

POSS修饰的Z-N催化剂乙烯聚合中试试验（300L）结果表明，单一 $TiCl_4$ 负载型催化剂催化活性保持在较高水平，达到35000gPE/g催化剂。堆积密度指标显著提升，达到0.35～0.38g/cm^3，聚乙烯产物的堆积密度、密度和熔体流动速率等参数均符合PE100管材料的要求。特别是单 $TiCl_4$ 负载型催化剂保持了自身活性中心分隔及产物低缠结的特点，各项指标（强度/刚性/韧性）均优于PE100管材料和汽车油箱专用料，展现出极佳的应用前景。

5.3.8.4 工业应用

实验发现，将低缠结UHMWPE粉体直接加入普通聚烯烃，往往难以产生材料性能增强的效果，其原因是打开UHMWPE分子链不仅与其缠结状态有关，还与粉体的粒径有关，UHMWPE纳米尺寸的粉粒体在熔融高剪切状态下才可能发生取向[212]，形成伸直链结晶（shish结构），所以浙江大学研究团队认为，必须开发低缠结UHMWPE原位增强HDPE、LLDPE材料性能的连续反应技术，才能发挥其潜在的工业应用价值。以HDPE的合成为例，目前铬系催化剂生产的HDPE占据了传统的市场优势；用双峰聚乙烯生产模式合成的HDPE，由于其系带分子的作用，在PE100管材料方面取得工业应用的成功；新一代的HDPE生产工艺将采用低缠结UHMWPE纳米晶粒，原位增强HDPE，由于注塑剪切加工过程中，形成大量高强度的串晶取向结构，将大幅提高普通低压聚乙烯的使用强度，实现减量化、易循环回收的目的，将产生巨大社会和经济效应。

采用多反应器＋多活性组分催化剂技术进行前解缠＋后加氢工艺流程设计，实现低缠结UHMWPE原位增强HDPE的目的，可以通过各种具体工艺加以体现。例如，淤浆环管反应器或淤浆釜式反应器作为第一反应器，进行低缠结UHMWPE的生产，控制反应为低温、低 H_2/C_2、高 C_x/C_2 的条件。低缠结的UHMWPE颗粒在具有很高活性的条件下，进入第二反应器，在此采用中高温、高 H_2/C_2 的条件继续进行乙烯（共）聚合反应，生产HDPE或LLDPE。第二反应器可以设计成气相聚合器（例如流化床反应器），也可以是淤浆聚合器（例如环管反应器），甚至再串联第三个环管反应器，充分发挥催化剂的活性。总之，通过构建环管反应器＋流化床反应器以及三环管反应器等串联组合工艺实现工业化，得到新一代的HDPE产品[86,87,213]。

Hees等报道[214]采用多活性位催化剂在反应器内原位制备UHMWPE和低分子量HDPE蜡，得到了分子量超宽分布的共混物。其中聚合链解缠结的UHMWPE被HDPE蜡的纳米相分离，称为纳米相分离的UHMWPE/HDPE蜡共混物。将这种解缠的UHMWPE作为母粒添加剂，与普通聚乙烯熔融共混，将显著改善聚乙烯（PE）的韧性/刚度/强度平衡。在加工过程中，UHMWPE经流动诱导形成的一维纳米纤维状伸直链解释了HDPE有效增强的原因。Hees等[214]将这种解缠结UHMWPE母粒应用到其它热塑性塑料和热塑性弹性体，例如，全同立构聚丙烯（*i*-PP）、烯烃嵌段共聚物（OBC）和热塑性离聚物（Surlyn）的熔体共混和注塑成型的添加剂。显微成像和力学性能评估证实了原位形成的纤维状UHMWPE一维纳米结构有效地增强了这些热塑性塑料和热塑性弹性体，实现了前所未有的力学性能提高。

Schirmeister等[215]将含有大量纳米相分离解缠结UHMWPE的聚乙烯（PE）器内共混物成功应用于3D打印材料。通过剪切取向的注塑制造熔丝（FFF）可生成具有优异力学性能的自增强全聚乙烯复合材料。分析表明，UHMWPE流动诱导结晶原位形成长链单纤维，使高密度聚乙烯（HDPE）结晶成核得到“串晶”结构并作为增强相。通过改变 3D 打印参数（如喷嘴温度、打印路径和打印速度）来控制一维纳米结构取向和含量。与传统的 HDPE 相比，这种自增强作用提高了材料的刚度（＋100％）、拉伸强度（＋200％）和冲击强度（＋230％）。再次使传统熔融加工的应用范围得到拓展。

尽管过去的 60 年在聚烯烃的研究方面取得了很大的成就，但是仍然有许多的挑战等待解决。聚烯烃化学和工艺技术还远没有成熟。过去，催化剂研究的焦点一直放在改进催化剂活性和立构控制方面，目标在于控制分子结构。未来新的焦点是设计功能化的多级结构而又不损坏聚烯烃低成本的优势。

5.4　乙烯高压自由基聚合技术

采用高压工艺生产的聚乙烯约占整个聚乙烯总产量的 25％左右，显示出高压工艺的重要地位。虽然乙烯高压聚合反应器的构型以及工艺流程基本成熟，但是在新产品开发、工艺安全优化水平提升等方面仍有很大的创新空间。因此深刻掌握乙烯自由基聚合机理、产品结构性能关系等聚合反应技术极为重要[216]。

5.4.1　高压聚乙烯工艺

众所周知，密度（或支化度）是聚乙烯最重要的物理性质，常以密度对产品分类。低密度聚乙烯（LDPE）0.91～0.925g/cm^3，中密度聚乙烯（MDPE）0.926～0.94g/cm^3，高密度聚乙烯（HDPE）0.941～0.965g/cm^3。聚乙烯密度由其分子主链上短支链（SCB）的数量所决定。工业上，乙烯可以分别根据自由基机理和配位机理，通过加成聚合得到。按自由基机理聚合乙烯需要在高压条件下完成，聚合工艺基本上分管式和釜式两种类型。乙烯自由基聚合的压力非常高（1000～3500atm），温度也比较高（140～330℃），反应必须在含偶氮化合物、过氧化物或氧气等自由基引发剂的作用下进行。在高压工艺的反应条件下，由于短支链的形成，生成了低密度聚乙烯（LDPE）。在 LDPE 中支链频率的典型值为每 1000 个主链碳原子中分别有 10～40 个短支链（SCB）和 0.3～3 个长支链（LCB）。LDPE 产品的分子链结构如图 5.87 所示，可以看出管式法的支链数较釜式法少，长支链或短支链的类型和数量、分子量分布等参数与聚合工艺及反应器操作条件之间存在复杂的关系，但是有一定规律遵循。

高压工艺一般包括三个单元：压缩、反应、产品分离。管式 LDPE 反应器为长径比很大的金属管，管道外有撤热的夹套，管道采取盘旋或折叠布置，总管长在 500～2000m 之间，甚至更长，而内径一般不超过 60mm。反应器设计时部分聚合热通过管壁夹套的传热流体移除，夹套移热量通常只有总反应热的一半左右，因此管式反应器是非等温操作。为了管理聚合放热量，沿反应器管程设计了许多相互独立的操作区，例如，工业反应器可能含有预热区、3～5 个反应区以及几个冷却区。通过调节进入反应段和冷却段的冷却介质的流量和温度，可以控制反应器的温度分布。还可以设计若干个单体、引发剂和链转移剂的侧线进料点，原料乙烯、自由基引发剂体系以及链转移剂可以在反应器入口注入，也可以沿反应器管道注入，如图 5.88 所示为简单的两段管式反应器，目前工业上分 4～5 段的管式反应器也很常见。管式工艺所能达到的单程转化率在 20％～35％

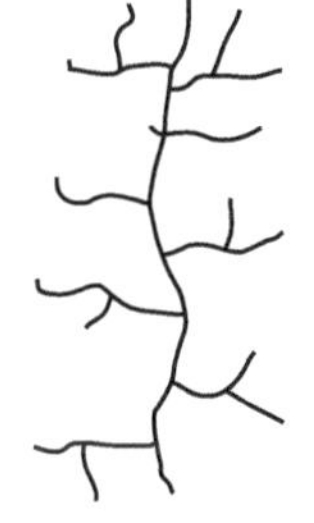
(a) 高压管式法工艺

(b) 高压釜式法工艺

图 5.87　LDPE 分子链结构示意[217]

之间。所产聚合物密度范围在 0.915～0.93g/cm^3 之间，熔体流动速率在 0.1～150g/10min 之间。

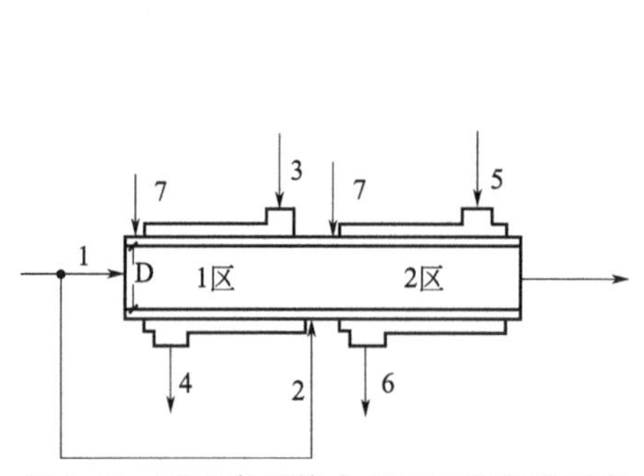

图 5.88　两区高压管式 LDPE 反应器示意

1—反应器进料；2—中间原料急冷；3,5—冷却介质入口；4,6—冷却介质出口；7—引发剂入口[216]

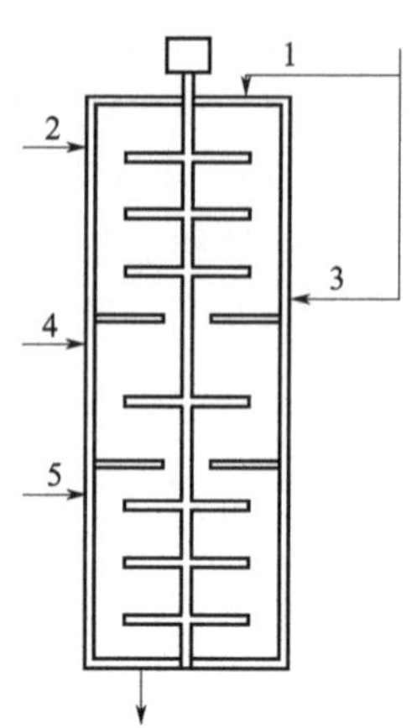

图 5.89　三区高压釜式 LDPE 反应器示意

1—反应器进料；2,4,5—引发剂进料；3—原料中间急冷[216]

釜式反应器一般都安装了搅拌桨，在受控的温度和压力条件下进行绝热操作。这类反应器容器的长径比通常高达 20/1。根据产品的需求，搅拌反应器内部可以是高度混合的均一聚合反应条件，也可以被分为多个室（常称为多区容器）。每一区的反应条件（包括温度、压力、引发剂浓度等）可以独立调节，目的是加宽聚合物产品的分子量分布。采用釜式法生产的 LDPE 树脂，其雾度值大于管式法聚乙烯产品。然而，釜式法 LDPE 树脂更适合于做挤出涂覆以及模塑制品。图 5.89 展示了一个三区高压釜式反应器简略结构，共用一根垂直搅拌轴。低温引发剂注入具有良好搅拌的第一区，温度分布均匀，第二区注入中等温度的引发剂，此时，混合程度减弱，形成温度梯度。最后，第三区注入高温引发剂，通过建立和控制反应器的出口温度，使转化率最大。

5.4.2　乙烯聚合机理与动力学

5.4.2.1　自由基聚合机理

高压乙烯自由基聚合过程在工业上占有重要的地位，导致人们对其聚合机理进行过广泛深入的研究。该机理所涉及的基元反应见表 5.10。

表 5.10　乙烯自由基均聚合机理[216]

1.引发剂分解	过氧化物、偶氮化合物	$I \xrightarrow{k_d} 2R\cdot$
	氧气	$O_2 + M_1 \xrightarrow{k_{dO_2}} 2R\cdot$
2.链引发反应		$R + M_1 \xrightarrow{k_{11}} R_1$
3.链增长反应		$R_x + M_1 \xrightarrow{k_p} R_{x+1}$
4.偶合终止		$R_x + R_y \xrightarrow{k_{tc}} D_{y+x}$
5.歧化终止		$R_x + R_y \xrightarrow{k_{td}} D_y + D_x$
6.向单体的链转移		$R_x + M_1 \xrightarrow{k_{tm}} D_x + R_1$

续表

7. 向溶剂或链转移剂的链转移	$R_x + S \xrightarrow{k_{ts}} D_x + R$
8. 向聚合物的链转移(分子间的转移)	$R_x + D_y \xrightarrow{k_{tp}} D_x + R_y$
9. 分子内的链转移(反咬机理)	$R_x \xrightarrow{k_b} R_x$
10. 自由基分子的歧化分解	$R_x \xrightarrow{k_\beta} D^{=}_{x-y} + R_y$
11. 杂质(或氧气分子)对自由基的抑制	R_x + 杂质(O_2) $\xrightarrow{k_r} D_x$
12. 乙烯的分解	$2C_2H_4 \xrightarrow{k_{dec}} 2C + 2CH_4$ + 热量 $C_2H_4 \xrightarrow{k_{dec}} 2C + 2H_2$ + 热量

注：R_x 和 D_x 分别代表链长 x 的“活性”自由基链和“死”聚合物链。

5.4.2.2　短支链的生成

根据 Roedel 的“反咬”机理[218]，长链自由基将发生分子内的链转移，并产生短支链(简称 SCB)。由于单体作为溶剂与聚合物链之间发生相互作用，碳-碳键角存在限制，自由基活性链发生卷曲，自由基有可能通过一次或多次传递，出现在活性端附近不同的碳原子上，由此产生不同长度的短支链，一般以偶数碳支链为主。主要短支链结构形成过程见图 5.90。

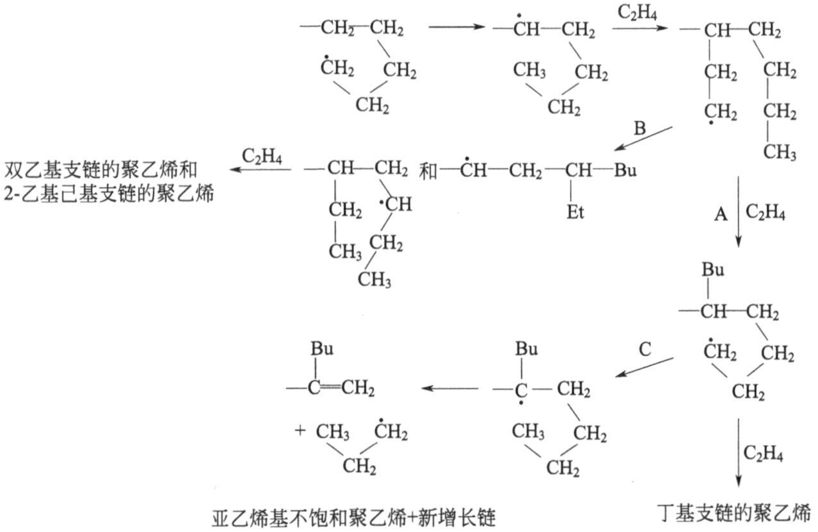

双乙基支链的聚乙烯和2-乙基己基支链的聚乙烯

亚乙烯基不饱和聚乙烯+新增长链

丁基支链的聚乙烯

图 5.90　自由基聚合的反咬机理[218]

A—生成丁基支链的聚乙烯；B—生成双乙基支链的聚乙烯和 2-乙基己基支链的聚乙烯；C—生成带亚乙烯基和丁基支链的聚乙烯和新的增长链

由于 PE 中短支链对产品性能影响很大，人们对相关的反应给予了较大的关注。Willbourn 等[219] 通过红外光谱和质谱分析发现，LDPE 含有乙基和丁基短支链的比例为 2∶1，生成乙基支链的反应优先。LDPE 短支链的主要类型是正丁基和乙基，并可能出现小比例的正戊基和正己基。第一次反咬反应生成丁基短支链碳链自由基，再发生第二次反咬反应，可能出现乙基支链以及支化的支链（图 5.90 中的 B 路径）。

SCB 分子结构影响半结晶 PE 的固态物性以及聚集态结构，例如，密度和结晶体的熔点。而聚合反应条件又控制着聚合物的 SCB 结构。一般认为，LDPE 分子中每 1000 个碳原子中包含 10～40 个 SCB。Luft 等[220] 的研究发现，SCB 的数量将随温度的增加而增加，随压力的增加而减少。另一方面，增加 SCB 数量，聚合物的密度和熔点将下降。

5.4.2.3 长链支化反应

LDPE 中的长支链（简称 LCB）结构是通过碳链之间的链转移反应生成的。长支链可能源自一个生长的碳链自由基从另一条聚合物主链上夺取一个氢原子，并在该自由基新位点上发生单体加成。

$$\sim\!\!CH_2-\dot{C}H_2 + \sim\!\!CH_2-CH_2\!\!\sim \xrightarrow{k_{tp}} \sim\!\!CH_2-CH_3 + \sim\!\!CH_2-\dot{C}H\!\!\sim \xrightarrow[M_1]{k_p} \sim\!\!CH_2-\underset{\wr}{CH}\!\!\sim$$

一般，LCB 的生成会加宽聚合物的 MWD 并影响材料的流变行为（即熔体黏度、黏弹性等）。自 1953 年以来，研究人员就一直致力于建立 LDPE 中 LCB 的测量方法，人们使用了像体积排斥法色谱（SEC）、黏度测定法以及^{13}C NMR 等方法。特别是发现 SEC 与黏度自动测定仪或小角激光散射仪（LALLS）相结合，可以获得最好的测量效果。Luft 等[220] 发现了聚合条件对 LCB 的影响规律，指出 LCB 随温度的增加而增加，随压力的增加而减少。

5.4.2.4 不饱和结构的形成

端乙烯基（ $\sim\!\!CH=CH_2$ ）的生成通常与下列反应有关：歧化终止；向单体的链转移；仲碳-自由基的 β-分裂。实验研究发现，β-分裂反应生成乙烯基的速率大于由其它两个机理所导致的乙烯基生成速率。

$$R-CH_2-\dot{C}H-C_4H_9 \xrightarrow{k_{\beta'}} R-CH_2-CH=CH_2 + CH_3CH_2\dot{C}H_2$$

注意，如果用像丙烯这样的 α-烯烃作为反应溶剂，通过发生向溶剂转移的反应，也可以导致乙烯基的生成。类似地，亚乙烯基团（ $>C=CH_2$ ）的生成主要与叔碳自由基的 β-分裂反应有关：

$$\sim\!\!CH_2-\underset{\cdot}{\overset{C_2H_5}{\overset{|}{C}}}-CH_2-C_4H_9 \xrightarrow{k_{\beta'}} \sim\!\!CH_2-\overset{C_2H_5}{\overset{|}{C}}=CH_2 + CH_3(CH_2)_2\dot{C}H_2$$

然而，反式-次乙烯基（ $-CH=CH-$ ）的生成机理还不是很清楚，Holmström 和 Sörvic[221] 认为与这 3 类反应有关：在 α-位置上分支的仲碳自由基的 β-分裂反应；乙烯基的烷基迁移；仲碳自由基的歧化反应。

对任何 LDPE 样品，可通过红外分析测得每 1000 个 CH_2 中所含（ $-CH=CH_2$ ）、（ $-CH=CH-$ ）和（ $>C=CH_2$ ）的总不饱和键的浓度。该值通常小于 0.5。并且发现 LDPE 中反式-亚乙烯基的含量低于其它两种不饱和键的含量。

目前尚不清楚，在通常的聚合条件下，自由基的 β-分裂反应对聚乙烯的 MWD 有多大的影响。LCB 生成反应和 β-分裂反应相竞争，一个是构建大分子量，另一个是窄化高分子量分布的拖尾。

5.4.2.5 其它反应

在 LDPE 的工业生产过程中，分子量需要通过调节链转移剂（CTA）浓度进行控制。一般采用烃、醇、酮和酯等做链转移剂。其次，少量阻聚剂的加入会冻结乙烯自由基，产生阻止聚合的作用。例如，乙炔含量在 1.5%～2.5%（摩尔分数）时，可以完全终止聚合反应。

另外，乙烯在高温高压下会发生强烈的热分解反应。分解反应会导致碳、氢和甲烷的生成[222]。热效应大约有 125kJ/mol。因此，一旦在反应器中出现热点，引发乙烯的分解反应，将消耗乙烯并引起温度和压力的快速增加，严重时反应器将失控。

5.4.2.6 聚合速率

速率常数与温度和压力的关系如下

$$k = k_0 \exp\left[-(\Delta E + P\Delta V)/(RT)\right]$$

这里，ΔE、ΔV、P、T 和 R 分别是反应活化能（cal/mol）、活化体积（cm^3/mol）、压力（atm）、热力学温度和理想气体常数。注意，如果活化体积为负数，意味着对应的速率常数随压力增加而增加。乙烯自由基聚合动力学常数的典型值列在表 5.11 中。可见，速率常数的差别较大，各研究者的结果也不一致。

表 5.11　乙烯自由基聚合的动力学常数

链增长		偶合链终止		歧化链终止		参考文献
k_{p0} /[L/(mol·s)]	E_p /(cal/mol)	k_{tc0} /[L/(mol·s)]	E_{tc} /(cal/mol)	k_{td0} /[L/(mol·s)]	E_{td} /(cal/mol)	
1.25×10^{8}	$7800+0.5P$	2.2×10^{10}	$1000+0.244P$		—	[223]
2.95×10^{7}	7091	1.6×10^{9}	2400		—	[224]
5.887×10^{7}	$7099.5-0.556P$	1.075×10^{9}	$298.05-0.3398P$	3.246×10^{8}	$0.121P$	[225,216]
1.56×10^{8}	$10520-0.447P$	8.33×10^{7}	$3000+0.3148P$		—	[226]
3.1×10^{4}	$6164-0.6P$	3.1×10^{4}	750		—	[227,216]
4.8×10^{7}	8880	9.7×10^{8}	720	9.7×10^{8}	720	[228]
2.95×10^{7}	7091	1.6×10^{9}	2400		—	[229]
5.8×10^{7}	$7769-0.52P$	2.8×10^{8}	$298+0.0243P$	1.3×10^{8}	0	[230]
1.0×10^{6}	5245	3.0×10^{8}	3950		—	[231]

向聚合物的链转移		向单体的链转移		向溶剂(正己烷)的链转移		参考文献
k_{tp0} /[L/(mol·s)]	E_{tp} /(cal/mol)	k_{tm0} /[L/(mol·s)]	E_{tm} /(cal/mol)	k_{ts0} /[L/(mol·s)]	E_{ts} /(cal/mol)	
	—		—		—	[223]
9×10^{5}	9000		—		—	[224]
4.116×10^{5}	$7704.11-0.484P$	5.823×10^{5}	$11050-0.484P$	3.306×10^{7}	$10032-0.484P$	[225,216]
4.86×10^{8}	$14080+0.1065P$		—	3.41×10^{7}	$12820-0.4722P$	[226]
	—		—		—	[227,216]
1.7×10^{6}	4680		—		—	[228]
9.0×10^{5}	9000		—	6.445×10^{6}	9400	[229]
7.5×10^{6}	$8492-0.038P$		—		—	[230]
4.4×10^{6}	9500		—		—	[231]

聚合物内的链转移		伯碳自由基的 β' 分裂		叔碳自由基的 β'' 分裂		参考文献
k_{b0} /s^{-1}	E_b /(cal/mol)	$k_{\beta'0}$ /s^{-1}	$E_{\beta'}$ /(cal/mol)	$k_{\beta''0}$ /s^{-1}	$E_{\beta''}$ /(cal/mol)	

续表

	—		—		—	[223]
	—	2.72×10^{11}	20000		—	[224]
	—		—		—	[225,216]
1.56×10^{9}	$13030-0.569P$	2.36×10^{7}	$14530-0.447P$	1.61×10^{8}	$15760-0.5473P$	[226]
	—		—		—	[227,216]
4.6×10^{6}	5500		—		—	[228]
2.95×10^{8}	9417		a①		b②	[229]
1.3×10^{9}	9935		—		—	[230]
	—	7.3×10^{6}	11315		—	[231]

① $ak_{\beta'}=2.315\times10^{22}\exp[-33576/(RT)]/\{8.51\times10^{10}\exp[-13576/(RT)]+5.821\times10^{11}\exp[-14665/(RT)]\}$；

② $bk_{\beta'}=1.583\times10^{23}\exp[-34665/(RT)]/\{8.51\times10^{10}\exp[-13576/(RT)]+5.821\times10^{11}\exp[-14665/(RT)]\}$。

5.4.3 乙烯共聚合动力学

在高压、高温的条件下，乙烯将会与乙酸乙烯酯、丙烯酸甲酯、丙烯酸乙酯，丙烯酸、甲基丙烯酸等共聚单体发生自由基共聚合反应[228]。较为通用的自由基共聚合动力学机理模型可以由如下的基元反应组成。

（1）过氧化物或偶氮化合物的引发剂分解

$$\mathrm{I}\xrightarrow{k_{\mathrm{d}}}2\mathrm{R}\cdot$$

（2）链引发反应

$$\mathrm{R}\cdot+\mathrm{M}_j\xrightarrow{k_{1j}}\mathrm{R}^j_{2-j,j-1}\qquad j=1,2$$

（3）链增长反应

$$\mathrm{R}^i_{p,q}+\mathrm{M}_j\xrightarrow{k_{\mathrm{p}ij}}\mathrm{R}^j_{p+2-j,q+j-1}\qquad i=1,2\text{ 和 }j=1,2$$

（4）向单体的链转移反应

$$\mathrm{R}^i_{p,q}+\mathrm{M}_j\xrightarrow{k_{\mathrm{tm}ij}}\mathrm{R}^j_{2-j,j-1}+\mathrm{D}_{p,q}\qquad i=1,2\text{ 和 }j=1,2$$

（5）向溶剂（链转移剂）的链转移反应

$$\mathrm{R}^i_{p,q}+\mathrm{S}\xrightarrow{k_{\mathrm{ts}i}}\mathrm{R}^i_{2-i,i-1}+\mathrm{D}_{p,q}\qquad i=1,2$$

（6）向聚合物的链转移反应（长支链）

$$\mathrm{R}^i_{p,q}+\mathrm{D}_{x,y}\xrightarrow{k_{\mathrm{tp}ij}}\mathrm{R}^j_{x,y}+\mathrm{D}_{p,q}\qquad i=1,2\text{ 和 }j=1,2$$

（7）歧化终止反应

$$\mathrm{R}^i_{p,q}+\mathrm{R}^j_{x,y}\xrightarrow{k_{\mathrm{td}ij}}\mathrm{D}_{p,q}+\mathrm{D}_{x,y}\qquad i=1,2\text{ 和 }j=1,2$$

（8）偶合终止反应

$$\mathrm{R}^i_{p,q}+\mathrm{R}^j_{x,y}\xrightarrow{k_{\mathrm{tc}ij}}\mathrm{D}_{p+x,q+y}\qquad i=1,2\text{ 和 }j=1,2$$

（9）聚合物链内的链转移反应（短支链）

$$\mathrm{R}^i_{p,q}\xrightarrow{k_{\mathrm{b}i}}\mathrm{R}^i_{p,q}\text{ 或 }\mathrm{R}^j_{p,q}\qquad i=1,2$$

（10）仲碳和叔碳自由基的 β 断裂

$$\mathrm{R}^i_{p,q}\xrightarrow{k_{\beta i}}\mathrm{D}^=_{p,q}+\mathrm{R}\cdot\qquad i=1,2$$

除了链引发和链增长反应外，机理模型还包括链耦合终止与链歧化终止。通过向单体和调聚剂分子的链转移反应来控制分子量，通过向聚合物的链转移反应生成长支链，通过发生聚合物长链内部的链转移生成短支链，通过发生 β-断裂形成双键。在上述机理中，没有提及解聚反应的发生，且忽略了倒数第二碳的端效应。

乙烯和各种共聚单体的竞聚率汇总在表 5.12 中。其中，乙烯和乙酸乙烯酯的共聚物简称 EVA，两个单体的竞聚率近似等于 1（$r_1 \approx r_2 \approx 1$），意味着可以在釜式或管式反应器中方便地生产具有恒定组成的 EVA 产品。

表 5.12 乙烯和各种共聚单体的竞聚率[228]

共聚单体	k_{p12}/k_{p11}	k_{p21}/k_{p22}	压力/atm	温度/℃
丙烯	3.1±0.2	0.77±0.05	1030～1720	
1-丁烯	3.4±0.3	0.86±0.02	1030～1720	
乙酸乙烯酯	1.07±0.06	1.09±0.02	1010	
丙烯酸	0.02	4	1180～2070	140～226
甲基丙烯酸	0.1	6		
丙烯酸甲酸	0.05	8	1380	130～152
丙烯酸乙酯	0.04	15	2070	180

注意，共聚单体的加入会促进长链自由基向单体的链转移反应，导致分子量的减少。此外，当引入 α-烯烃时，由于其显著的链转移活性以及极低的链增长速率将限制共聚单体进入聚合物链中。

5.4.4 引发剂及其复配

高压法乙烯聚合工艺中有各种引发体系。例如，不同的过氧化物及其混合物、过氧化物和氧气的混合体系等。如果已知过氧化物的组成和结构，人们就可以预知许多重要的过程性质，例如，

① 引发剂的动力学性质、热参数及其总效率；

② 引发剂溶解在溶剂中进入反应器，引发剂在溶剂烃中的溶解度；

③ 引发剂的使用和储存的安全性；

④ 清洁卫生和毒物学性质。

在选择、推荐引发剂时，必须考虑以上要素，但是相关的实验研究仍不可缺少。一方面是为了保险起见，另一方面也为了更准确地确定过程参数和操作条件，提高过氧化物的使用效率，当然，还要满足能耗物耗、产品质量（可萃取物含量），以及获得某些特定聚合物牌号等要求。实际上，引发剂的使用原则还需要深入探讨。例如，关于釜式法中使用过氧化物混合物的可能性，关于管式法中使用过氧化物-氧气混合物的可能性等。

关于分析引发剂使用效率的一般性原则是假如引发剂在反应区内（即反应混合物的停留时间内）刚好完全消耗，则可获得最有效的聚合。在规定的停留时间之前，引发剂过早的消耗，会导致反应区域的缩短，此时，局部点自由基浓度增加而降低其引发效率。假如消耗时间大于停留时间，相当一部分引发剂将随同反应介质移出反应区而不参加过程的引发，其引发效率显然也不高。

用于低温聚合区域的过氧化物（Laurox，Triganox 36，Triganox 141），其效率的减少

可以归因于反应器内介质的非均匀分布。此时，邻近于反应器壁面的流体层富含高黏聚合物，且自由基浓度在轴向出现梯度分布，长链自由基主要处于充满高黏聚合物相的区域。

应用在高温区的过氧化物（Triganox 21），在反应介质中所提供的链引发反应发生在相间边界上，导致自由基浓度分布更均匀，自由基浓度轴向梯度变小，因此，引发剂效率增加。

如果反应器内温度进一步提高，则采用 Triganox 42、Triganox C、Triganox D 和 Triganox B 等引发剂，可得到均匀的反应介质，浓度梯度几乎完全消失，过氧化物的引发能力增强。此时引发效率明显取决于引发剂的结构。对于双官能度引发剂 Triganox D，这个特点是非常明显的，并可以在较大的温度区间使用（与 Triganox 42 和 Triganox C 等单官能度引发剂的使用温度相比），可有效提高高分子量聚合物的生产能力，其可能原因是分步引发，逐步释放初级自由基等。

这里的案例介绍了在釜式和管式聚乙烯反应器中选用过氧化物引发剂的原则和优化方法。第一部分是关于釜式反应器的应用案例[232]。釜式反应器内假设单区或双区全混模式，装置产能 1.6 万～2.0 万吨/年。

5.4.4.1 引发剂效率

首先比较了 9 种类型的引发剂在釜式反应器中的引发活性，数据总结在表 5.13 中。

表 5.13 过氧化物引发剂结构及其消耗量（工业值和中试值）[233]

序号	引发剂	分子式	每吨聚乙烯的引发剂消耗量	
			质量/kg	物质的量/mol
1	Laurox	$CH_3-CH_2-(CH_2)_{10}-C(=O)OOC(=O)-(CH_2)_{10}-CH_2-CH_3$	5～6	1.8～2.5
2	Triganox 36 (Tr-36)	$CH_3-C(CH_3)_2-CH_2-CH(CH_3)-CH_2-C(=O)OOC(=O)-CH_2-CH(CH_3)-CH_2-C(CH_3)_2-CH_3$	2.5	1.8
3①	Triganox 141 (Tr-41)	$CH_3(CH_2)_3-CH(C_2H_5)-C(=O)OOC(CH_3)_2-CH_2-CH_2-C(CH_3)_2OOC(=O)-CH(C_2H_5)(CH_2)_3CH_3$	2.4	0.6～1.0
4	Triganox 21 (Tr-21)	$CH_3-(CH_2)_3-CH(C_2H_5)-C(=O)OOC(CH_3)_2-CH_3$	0.6	0.65～1.03
5	Triganox 42 (Tr-42)	$CH_3-C(CH_3)_2-CH_2-CH(CH_3)-CH_2-C(=O)OOC(CH_3)_2-CH_3$	0.4	1.7
6	Triganox C (Tr-C)	$CH_3-C(CH_3)_2-OO-C(=O)-C_6H_{11}$（环己基）	0.35～0.5	1.8～2.5

续表

序号	引发剂	分子式	每吨聚乙烯的引发剂消耗量	
			质量/kg	物质的量/mol
7①	Triganox 22 (Tr-22)	$CH_3-C(CH_3)_2-OO-C_6H_{10}-OO-C(CH_3)_2-CH_3$（环己烷环）	0.47	1.8
8①	Triganox D (Tr-D)	$CH_3-C(CH_3)_2-OO-C(CH_3)_2-OO-C(CH_3)_2-CH_3$	0.14～0.24	0.6～1.0
9	Triganox B (Tr-B)	$CH_3-C(CH_3)_2-OO-C(CH_3)_2-CH_3$	0.10～0.15	0.65～1.03

① 双官能度过氧化物。

由表 5.13 可见，相对于低温过氧化物引发剂（Tr-36），高温过氧化物引发剂（Tr-B）的消耗量明显下降。然而有两个过氧化物不符合该变化规律，即 Tr-D 在所应用的温度范围内效率是非常高的。在最优温度范围以上（工业上为保持过程稳定性而使用较高温度）Tr-C 的消耗量较高。

Laurox 引发剂由于溶解度小，活性也小。故目前该引发剂很少用于乙烯聚合。Tr-C 价格便宜，广泛用于釜式法工艺，生产熔体流动速率为 2g/10min 的聚乙烯，值得深入考察。

5.4.4.2　案例：引发剂 Tr-C 对聚乙烯可萃取物含量的影响

在工业化的釜式单区反应器中分别使用 Tr-C、Tr-A、Tr-42 等引发体系，考察聚乙烯产物中“可萃取物”含量（残留的低分子油和低聚物混合物）的变化情况，结果展示在表 5.14 中。

表 5.14　生产 MFR 为 2g/10min 聚乙烯时可萃取物和引发剂/溶剂消耗的实验数据[232]

序号	引发体系①	可萃取物(质量分数)/%	消耗比值/(kg/tPE)	
			溶剂	引发体系
1	Tr-C/Tr-C	1.0	4.5	0.49
2	Tr-C/(Tr-C+Tr-B)	0.78	4.1	0.32
3	(Tr-C+Tr-42)/(Tr-C+Tr-B)	0.8～0.9	6.3	0.17
4	Tr-C/Tr-B	0.82	3.2	0.36
5	Tr-C/Tr-B	0.86	5.8	0.26
6	Tr-C/Tr-B	0.9	6.0	0.27
7	(Tr-C+Tr-42)/Tr-B	0.7～0.9	6.2	0.165
8	(Tr-C+Tr-42)/Tr-B	0.58	5.8	0.125
9	(Tr-C+Tr-B)/(Tr-C+Tr-B)	0.7	3.7	0.24
10	(Tr-C+Tr-42)/Tr-C	0.8	5.8	0.32

①反应器顶部/底部的注入。

在某些试验中，为了防止作为引发剂溶剂的溶剂油残存在可萃取物中，工业上改用异构十二烷（i-DD）。根据乙烯-异构十二烷体系的相行为特点，我们假定来自低压分离罐的所有的 i-DD 都进入低压循环系统，即未包含在聚合物和可萃取物中。对于此处的情形，聚合物油中可以包含大约 30%可萃取物。

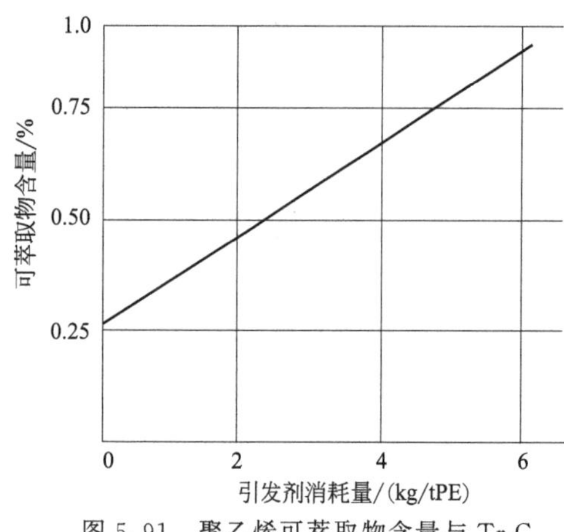

图 5.91　聚乙烯可萃取物含量与 Tr-C 引发剂消耗量之间的关系[232]

Tr-C 的相对消耗量（X）和聚乙烯可萃取物的残留含量（A）之间的关系，如图 5.91 所示。A 是总的可萃取物含量（E）和聚合物中油所含的可萃取物（0.3G）之间的差值（$A=E-0.3G$）。

产品可萃取物（低分子聚合物）含量与引发剂的消耗量几乎呈线性关系。每生产 1t 聚乙烯多消耗 0.1kg Tr-C，导致聚合物可萃取物含量提高 0.1%。假如 Tr-C 引发剂的消耗接近 0，产品可萃取物含量降到 0.25%～0.30%，这些油很可能来自其他的原因，例如来自压缩机。

表 5.14 的第 3 号和第 8 号实验数据显示，通过适当地采用复合型的引发剂，例如(Tr-C＋Tr-42)/(Tr-C＋Tr-B)和(Tr-C＋Tr-42)/Tr-B，可以同时实现增加引发剂的效率和减少可萃取物的目的。

对于乙烯高压聚合过程，引发剂的选用是一个比较复杂的过程。例如，氧气一直是传统的高压乙烯聚合的引发剂。然而，氧气引发自由基生成的机理似乎还没有完全理解清楚。通常认为氧引发涉及多个反应步骤。在低温时，速率控制步骤是氧气与乙烯反应生成过氧化物，生成的过氧化物再产生正常的自由基，并去引发单体聚合。在高温时，自由基引发反应成为速率控制步骤。

Tatsukami 等[234] 在压力高达 2200atm，聚合温度 60～250℃的实验范围内，研究了氧引发的乙烯聚合动力学。发现除了链引发、链增长、链终止等反应外，还存在氧气的阻聚作用，但是当温度大于 190℃时聚合不存在诱导期，据此可以推导氧气和单体的消耗速率方程。

Buback 等[235] 研究了纯乙烯的热引发过程，发现在聚合温度 180～250℃之间，聚合压力高达 2500atm 时，体系存在非常慢的热引发反应，且生成高分子量 PE。引发机理实际上还不太清楚，但是其总体反应速率可以表达为乙烯的 3 级反应，对应的基元反应方程为：

$$3C_2H_4 \xrightarrow{k_{th}} 3R_1\text{；}\ r_{th}=k_{th}C_m^3$$

通常，热引发速率比对应的化学引发速率慢。

5.4.5　热力学、物性和传递特性

掌握反应介质的热力学性质和传递特性（例如密度、比热容、黏度、热导率）与压力、温度、组成等操作条件的关系[235]，总传热系数和摩擦系数等传递特性及其在反应器中的分布，对乙烯高压聚合过程模拟和工艺设计极为重要。

5.4.5.1　乙烯热力学性质和传递特性参数

(1) 乙烯的比容

按照 Benzler 和 Koch 的方法[236]，气相乙烯的对比温度（$T_r=T/T_C$）、对比压力

（$P_r = P/P_C$）之间的关联式如下：

$$P_r = a + b(T_r - 1) + c(T_r - 1)^2 \tag{5.3}$$

式中，系数 a、b 和 c 是对比密度（$\rho_r = \rho/\rho_C$）的函数，计算过程如下

① 对于 $\rho_r < 1$

$$a = 1 - (1 + 0.445\rho_r)(\rho_r - 1)^4 \tag{5.4}$$

$$b = 3.555(1 + 1.448\rho_r - 0.603\rho_r^2) \tag{5.5}$$

$$c = -6.55\rho_r^2 + 2.077\rho_r^3(4.31 - \rho_r) \tag{5.6}$$

② 对于 $\rho_r > 1$

$$a = 1 + \rho_r^2(\rho_r - 1)^4[1.331 - 0.692(\rho_r - 1) + 0.126(\rho_r - 1)^2] \tag{5.7}$$

$$b = 6.55 + \rho_r^2(\rho_r - 1)[7.4 - 2.8(\rho_r - 1) + 1.282(\rho_r - 1)^2 - 0.312(\rho_r - 1)^3] \tag{5.8}$$

$$c = 16.65 + 30.22\rho_r - 15.01\rho_r^2 + 1.6\rho_r^3 \tag{5.9}$$

可以通过 Newton-Raphson 方法数值求解上述方程，计算得到给定 T_r 和 P_r 条件下的对比密度。图 5.92 显示了不同温度、压力条件下乙烯比容的变化趋势。

（2）乙烯的比焓

Benzler 和 Koch[236] 提出可采用下列方程估算乙烯的比焓：

$$H_E = H_0 + \int c_{v0}\mathrm{d}T + P_c V_c \int \frac{a}{\rho_r^2}\mathrm{d}\rho_r - \int \frac{b}{\rho_r^2}\mathrm{d}\rho_r + \frac{P_r}{\rho_r} - 2\left(1 - \frac{1}{T_r}\right)\int \frac{c}{\rho_r^2}\mathrm{d}\rho_r \tag{5.10}$$

式中，H_0 为参考焓（常数值）；P_c 和 V_c 分别代表了乙烯的临界压力和临界比容；c_{V0} 代表了理想气体的等容比热容，J/(kmol·K)，计算如下

$$c_{V0} = A + B\exp(-C/T^D) - R \tag{5.11}$$

式中，$A = 3.925\times10^4$；$B = 1.155\times10^5$；$C = 1.234\times10^3$；$D = 1.0977$；$R = 8.314\times10^3$，J/(kmol·K)。式（5.4）～式（5.9）给出了式（5.10）中 a、b、c 的表达式。图 5.93 显示了乙烯的比焓与温度、压力的关系。

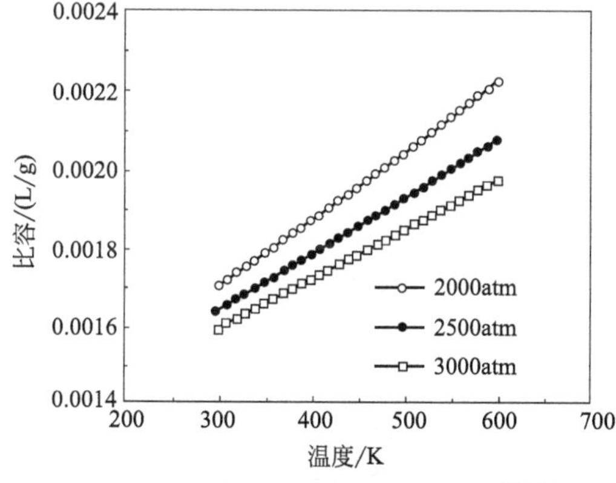

图 5.92　乙烯的比容与温度的关系[216]

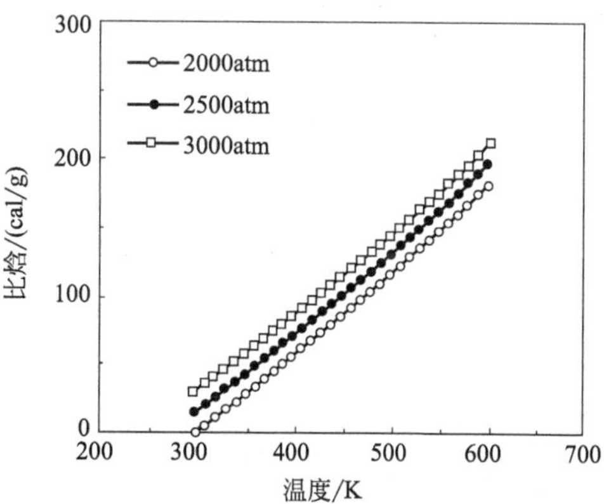

图 5.93　乙烯的比焓与温度的关系（参考条件为 2000atm 和 300K）[216]

(3) 乙烯的比热容[236]

乙烯的等压比热容和等容比热容的计算公式如下：

$$c_{p_E}=c_{V_E}+T(\partial V_E/\partial T)_P^2/(\partial V_E/\partial P)_T \tag{5.12}$$

$$c_{V_E}=c_{V_0}+P_cV_c[-(2/T_r)\int(c/\rho_r^2)\mathrm{d}\rho_r] \tag{5.13}$$

其中，V_E 对温度和压力的偏导数的计算式为

$$(\partial V_E/\partial P)_T^{-1}=(P_c/V_c)[a'+b'(T_r-1)+c'(T_r-1)^2/T_r] \tag{5.14}$$

$$(\partial V_E/\partial T)_P=-(\partial P/\partial T)_V/(\partial P/\partial V_E)_T \tag{5.15}$$

式中，a'、b'、c'代表 a、b、c 的一阶导数[式(5.4)～式(5.9)]。偏导数（$\partial P/\partial T)_V$ 计算如下

$$(\partial P/\partial T)_V=(P_c/V_c)[b+c(1-1/T_r)] \tag{5.16}$$

图 5.94 显示了乙烯比热容对温度、压力的依赖关系。

(4) 乙烯的热导率

高压下乙烯的热导率可以通过基于对应状态原理的 Stiel-Thodos 关联式计算。通过分析 20 组非极性物质的数据，Stiel-Thodos 建立了下列分析型的近似公式[237]

$$(\lambda-\lambda^0)\Gamma z_c^5=(14.0\times10^{-8})(e^{0.535\rho_r}-1) \qquad \rho_r<0.5 \tag{5.17}$$

$$(\lambda-\lambda^0)\Gamma z_c^5=(13.1\times10^{-8})(e^{0.67\rho_r}-1.069) \qquad 0.5<\rho_r<2.0 \tag{5.18}$$

$$(\lambda-\lambda^0)\Gamma z_c^5=(2.976\times10^{-8})(e^{1.55\rho_r}-2.016) \qquad 2.0<\rho_r<2.8 \tag{5.19}$$

这里，λ 为致密气体热导率；λ^0 为低压气体热导率；Γ 为 $T_c^{1/6}M^{1/2}P_c^{-2/3}$。

低压气体热导率 λ^0 [cal/(cm·s·K)] 表达如下

$$\lambda^0=10^{-6}(14.52T_r-5.14)^{2/3}(c_P/\Gamma) \tag{5.20}$$

图 5.95 显示了压力分别为 2000atm、2500atm、3000atm 时，乙烯热导率（由 Stiel-Thodos 方程计算[237]）与温度的变化关系。

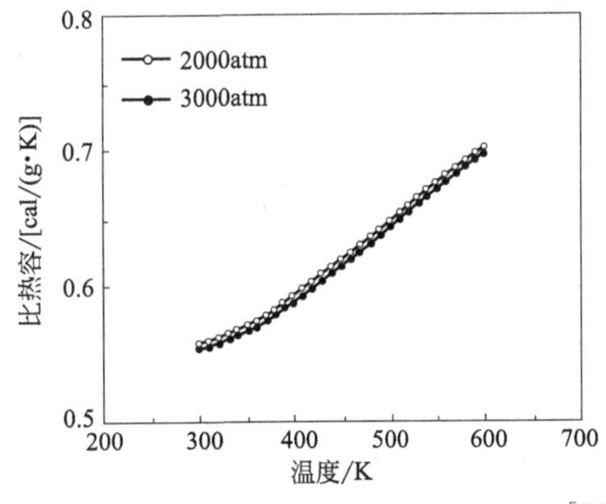

图 5.94 乙烯的比热容与温度、压力的关系[216]

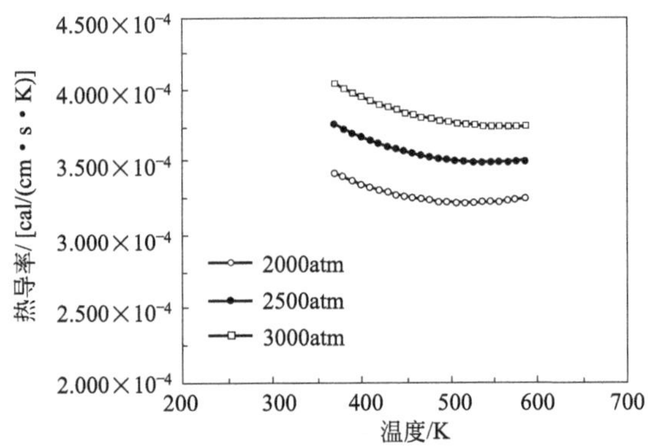

图 5.95 乙烯的热导率与温度的关系[216]

(5) 乙烯的黏度

高压下的乙烯黏度可以通过 Stiel-Thodos 关联式计算，参见《气体和液体的性质》（作者 Reid、Prausnitz 和 Sherwood[237]）。Stiel-Thodos 方程适合于非极性气体的黏度计算。

$$[(\eta-\eta^0)\xi+1]^{0.25}=1.023+0.23364\rho_r+0.58533\rho_r^2-0.40758\rho_r^3+0.09332\rho_r^4 \tag{5.21}$$

式中，η 为致密气体黏度；η^0 为低压气体黏度；$\xi=T_c^{1/6}M^{-1/2}P_c^{-2/3}$；$M$ 为分子量。

非极性气体的低压气体黏度（η^0）可以由下式计算

$$\eta^0 \xi = 4.61 T_r - 2.04 e^{-0.449 T_r} + 1.94 e^{-4.058 T_r} + 0.1 \tag{5.22}$$

注意，上述关联式适用于 $0.1 < \rho_r < 3$。图 5.96 显示不同压力条件下，乙烯黏度与温度的关系。

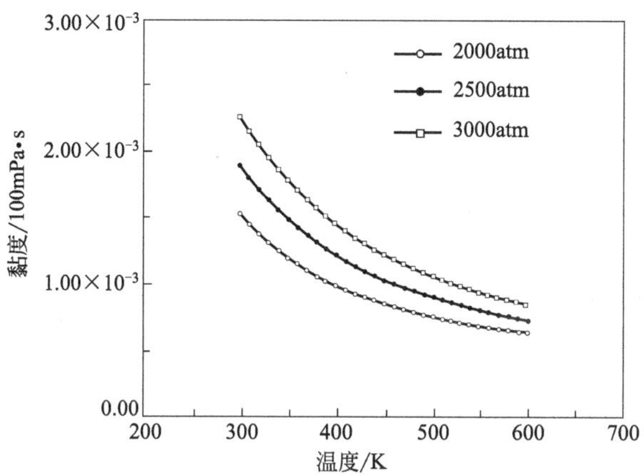

图 5.96　不同压力下乙烯黏度与温度的关系[216]

5.4.5.2　LDPE 的物性和热力学特性

聚合物的密度可以由式（5.23）计算[238]

$$\rho_P = (9.61 \times 10^{-4} + 7.0 \times 10^{-7} T - 5.3 \times 10^{-8} P)^{-1} \tag{5.23}$$

Bogdanovic 等[239] 采用 Tait 状态方程，计算聚乙烯不同牌号（即线型和支链型）的比容：

$$1 - V_P / V_{P_0} = C \ln(1 + P/B) \tag{5.24}$$

式中，V_{P_0} 和 V_P 为聚合物的比容，分别对应标准大气压和压力 P 条件；C（=0.985）为聚合物的经验常数。Bogdanovic 等发现参数 B 表达为

$$B = b_0 \exp(-b_1 T) \tag{5.25}$$

这里，常数 b_1 和 b_0 的取值见表 5.15。标准大气压下聚合物的比容（V_{P_0}）可表达为

$$V_{P_0} = C \exp(a_1 T) \tag{5.26}$$

这里，a_1 的取值也列于表 5.15。

表 5.15　式（5.24）～式（5.26）中的参数取值[239]

项目	b_0/MPa	b_1/(1/K)	a_1/(1/K)
线型 PE	179.04	4.661×10^{-3}	7.80×10^{-4}
支化 PE	179.45	4.699×10^{-3}	7.34×10^{-4}
超高分子量线型 PE	170.53	4.292×10^{-3}	8.50×10^{-4}

聚乙烯比热容定义为

$$c_P = (\partial H / \partial T)_P \tag{5.27}$$

Chen[224] 给出了聚乙烯比热容（c_P）的近似计算公式：

$$c_P = 1.041 + 8.3 \times 10^{-4} T \tag{5.28}$$

最后，按照 Eiermann 的工作[240]，LDPE 的热导率可以假定为常数[4.0×10^{-4} cal/(cm·s·K)]。

为了推导其它的热力学性质（例如内能、焓、熵），可以采用 Maloney-Prausnitz 的方法[241]。在图 5.97 中，绘制了聚乙烯比容和比焓随温度、压力的变化关系。

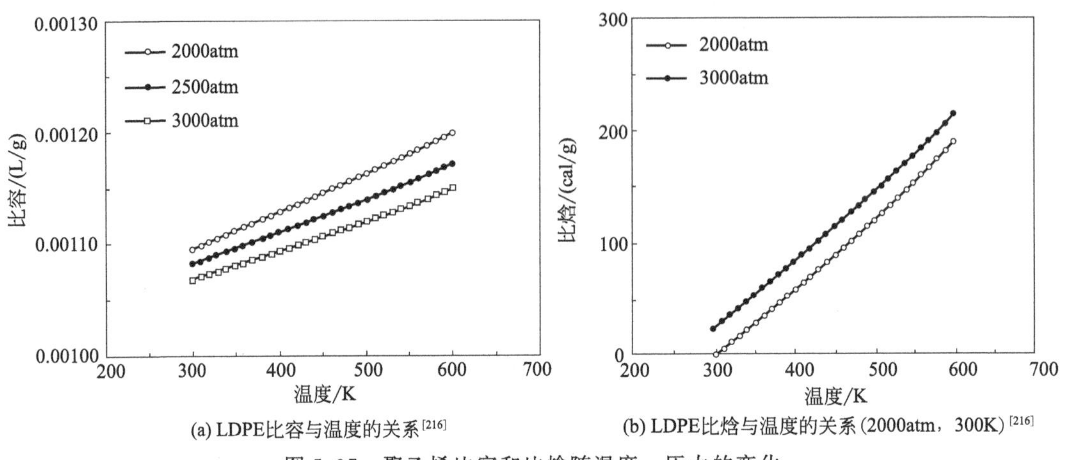

(a) LDPE比容与温度的关系[216]　(b) LDPE比焓与温度的关系(2000atm，300K)[216]

图 5.97　聚乙烯比容和比焓随温度、压力的变化

5.4.5.3　共聚单体和溶剂的热力学性质和传递特性

为预测单体和溶剂的热力学性质，采用了基于 Pitzer 的三参数对应状态原理的热力学通用关联式。Lee 和 Kesler 根据 Pitzer 的三参数对应状态原则[237]，推导了热力学性质的分析解。这些热力学性质包括密度、焓变、熵变、逸度系数、等压/等容比热容偏差函数，以及第二维利系数等。

为了方便热力学性质的分析求解，流体压缩因子可以通过简单流体的压缩因子 $z^{(0)}$ 和参考流体的压缩因子 $z^{(r)}$，表达如下，

$$z=z^{(0)}+\frac{\omega}{\omega^{(r)}}[z^{(r)}-z^{(0)}] \tag{5.29}$$

式中，ω 为流体的偏心因子。

基于改良的 Benedict-Webb-Rubin 状态方程，压缩因子［$z^{(r)}$，$z^{(0)}$］可用下列方程计算

$$z=\left(\frac{P_r V_r}{T_r}\right)=1+\frac{B}{V_r}+\frac{C}{V_r^2}+\frac{D}{V_r^5}+\frac{c_4}{T_r^3 V_r^2}\left(\beta+\frac{\gamma}{V_r^2}\right)\exp\left(-\frac{\gamma}{V_r^2}\right) \tag{5.30}$$

$$B=b_1-(b_2/T_r)-(b_3/T_r^2)-(b_4/T_r^3) \tag{5.31}$$

$$C=c_1-(c_2/T_r)+(c_3/T_r^3) \tag{5.32}$$

$$D=d_1+(d_2/T_r) \tag{5.33}$$

表 5.16 给出了 b_i、c_i、d_i、γ 和 β 等常数的取值。从式（5.30），可以推导焓、等容比热容和等压比热容的热力学偏差函数。因此，一旦知道特定组分流体的临界性质 T_c、P_c 和 ω，就可以计算给定温度、压力下的热力学性质。各种单体、链转移剂的热导率和黏度可以用类似的表达式计算。

表 5.16 Lee-Kessler 状态方程参数[237]

常数	简单流体	参比流体
b_1	0.1181193	0.20266579
b_2	0.265728	0.331511
b_3	0.154790	0.027655
b_4	0.030323	0.203488
c_1	0.0236744	0.0313385
c_2	0.0186984	0.0503618
c_3	0	0.016901
c_4	0.042724	0.041577
$d_1/\times10^{-4}$	0.155488	0.48736
$d_2/\times10^{-4}$	0.623689	0.0740336
β	0.65392	1.226
γ	0.060167	0.03754

5.4.5.4 反应混合物的热力学和传递特性的计算

反应混合物的比容、比焓、比热容以及热导率可以通过简单的加和法则计算。

$$P_{\mathrm{m}}=\sum_{i=1}^{N} w_i P_i \tag{5.34}$$

式中，P_{m} 为混合物的性质；w_i 为 i 组分的质量分数；P_i 代表 i 组分的对应性质。

(1) 乙烯-LDPE 溶液黏度

对于乙烯-LDPE 溶液黏度的计算，Ehrlich-Woodbrey 的方法[242] 应用较为普遍。Ehrlich-Woodbrey 首先实验测量了中等浓度的 LDPE-乙烷溶液的相对黏度，提出了下列的关联式：

$$\lg(\eta_{\mathrm{r},\,乙烷})=0.726+0.169[\eta][C] \tag{5.35}$$

式中，$\eta_{\mathrm{r},乙烷}$ 为溶液的相对黏度（$\eta_{\mathrm{s}}/\eta_{0,乙烷}$）；$\eta_{0,乙烷}$ 为纯乙烷的黏度；η_{s} 为乙烷-LDPE 溶液的黏度；$[\eta]$ 为 105℃下对二甲苯溶剂中 LDPE 的本征黏度；$[C]$ 代表聚合物的浓度，g/dL。

Ehrlich-Woodbrey 发现乙烯-LDPE 的相对黏度，与乙烷-LDPE 的相对黏度之间是有关的，关联式如下：

$$\eta_{\mathrm{r},\,乙烯}=1.4\eta_{\mathrm{r},\,乙烷} \tag{5.36}$$

进一步，他们发现乙烷-LDPE 的相对黏度取决于温度和 LDPE 的浓度：

$$\eta_{\mathrm{r},\,乙烷}=\eta_{\mathrm{r},\,乙烷,\,150℃}\exp\left[\frac{E_{\mathrm{v}}}{R}\left(\frac{1}{T}-\frac{1}{423}\right)\right] \tag{5.37}$$

按照 Ehrlich-Woodbrey 的研究，对二甲苯中 LDPE 的本征黏度 $[\eta]$ 可以通过黏均分子量 M_{v} 表达，即著名的 Mark-Houwink 关联式：

$$[\eta]=2.347\times10^{-3}M_{\mathrm{v}}^{0.556} \tag{5.38}$$

将式 (5.36)、式 (5.38) 代入式 (5.37)，获得了下列半经验的关于乙烯-LDPE 相对黏度的关联式。

$$\ln\eta_{\mathrm{r},\,乙烯}=2.00+0.912\times10^{-3}M_{\mathrm{v}}^{0.556}[C]+\frac{E_{\mathrm{v}}}{R}\left(\frac{1}{T}-\frac{1}{423}\right) \tag{5.39}$$

假如 M_v 可以通过聚合物的数均分子量（$28\mu_1/\mu_0$）近似，聚合物的质量浓度可以借助于 MWD 的一阶矩（μ_1）表达，则我们可以将式（5.39）写成

$$\eta_{s,\ eth}=\eta_{0,\ eth}\exp\left[2.00+0.017(\mu_1/\mu_0)^{0.556}\mu_1+\frac{E_v}{R}\left(\frac{1}{T}-\frac{1}{423}\right)\right] \tag{5.40}$$

$$E_v=-500+560\mu_1 \tag{5.41}$$

Ehrlich-Woodbrey 在接近工业操作条件下进行实验测定（温度 150～270℃；压力 1400～2000atm；LDPE 浓度 50～200g/L），这一点是很重要的。人们注意到 Chen[224] 也提出了类似于式（5.40）的表达式，用于计算乙烯-LDPE 溶液相对黏度。

$$\lg\eta_r=0.0313\mu_1^{1.5}/\mu_0^{1.5} \tag{5.42}$$

图 5.98 显示了反应混合物的溶液黏度与温度的关系，并显示了式（5.40）和式（5.42）的巨大差别，说明黏度的准确估算确实很难。

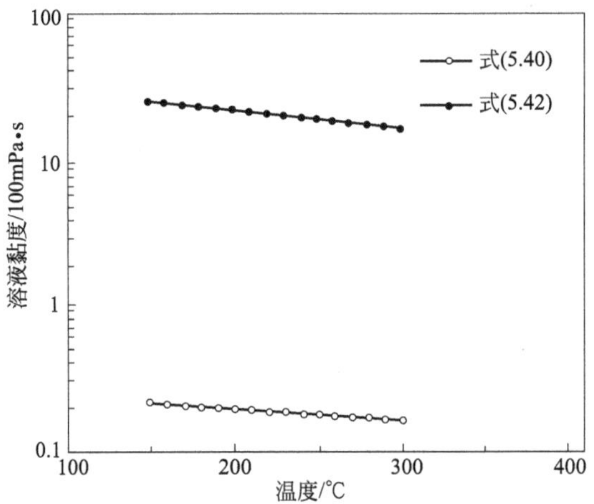

图 5.98 LDPE 溶液黏度与温度的关系[216]
（压力 2000atm，$C_{LDPE}=10g/dL$，$M_n=45000$）

(2) 总传热系数的计算

总传热系数的计算可以管道内径或外径为基准。如果按内径计算，对应的总传热系数 U_i 可以表达为：

$$\frac{1}{U_i}=\frac{1}{h_i}+\frac{1}{h_f}+\frac{D_i}{D_0h_0} \tag{5.43}$$

牛顿流体，当其处于充分发展的湍流态时，h_i（包含在 N_u 中）的经验计算式如下：

$$Nu=0.027Re^{0.8}Pr^{0.33}(\eta_s/\eta_{sw})^{0.14} \tag{5.44}$$

式中，Nu（$=h_iD_i/\lambda_s$）为 Nusselt 准数；Re（$=\rho_s uD_i/\eta_s$）为 Reynolds 准数；Pr（$=c_{Ps}\eta_s/\lambda_s$）为 Prandtl 准数。

所有物性计算时都是采用流体本体温度，但壁面流体黏度 η_{sw} 计算采用的是壁面温度。

(3) 摩擦因子的计算

反应器内的压力及其分布不仅涉及压缩机的功率消耗、相平衡，而且对于聚合反应过程的模拟也极为重要。如前所述，动力学速率常数随压力而变化。在反应器压降的计算中，必须知道 Fanning 摩擦因子，其计算方程如下：

$$f=16/Re;\quad Re<2100 \tag{5.45}$$

$$(1/f)^{1/2}=4.0\lg(Ref^{1/2})-0.4;\quad 2.1\times10^3<Re<5\times10^6 \tag{5.46}$$

5.4.6　高压 LDPE 反应器的数学模拟

5.4.6.1　管式反应器的模拟

(1) 模型假定

关于高压聚乙烯（LDPE）管式/釜式反应器数学模拟的主要经典工作，2000 年前已基本完成[216]，但国内的研究工作比较少见诸报道[243]。模型假设不同，用途和目的也不同。最常见的假设包括，反应体系为单相态；管内平推流；稳态流动且流体速度恒定；反应器压力恒定；反应器壁温恒定；对自由基浓度采用拟稳态近似；引发剂效率恒定；反应速率常数与黏度无关；忽略链引发、链终止以及链转移反应的热效应；物性参数恒定等。

如果希望模型尽可能详细地描述聚乙烯链结构，则所需要的动力学参数和物性数据量也将相应增加。然而这些参数的精确测定是困难的，所以建模时人们必须经常在模型细节、复杂度与可用信息、最终用途之间协调。因此有必要检查各种模型假设的有效性。

① 反应器流动条件。大多数研究者首先关心的是反应混合物的物理状态。在许多工业操作条件下，乙烯-聚乙烯（E-PE）是以单相存在的。图 5.99 显示了临界曲线（CC）将 E-PE 系统分为均相区域（I 区）和两相区域（II 区），但 CC 曲线的精确位置却与聚合物的含量及其分子量有关。在 1500bar 和 150℃ 以上的操作区域，E-PE 体系是均相的。从图 5.99 还显示 PE 熔融压力曲线（MPC）是该均相区的下限。

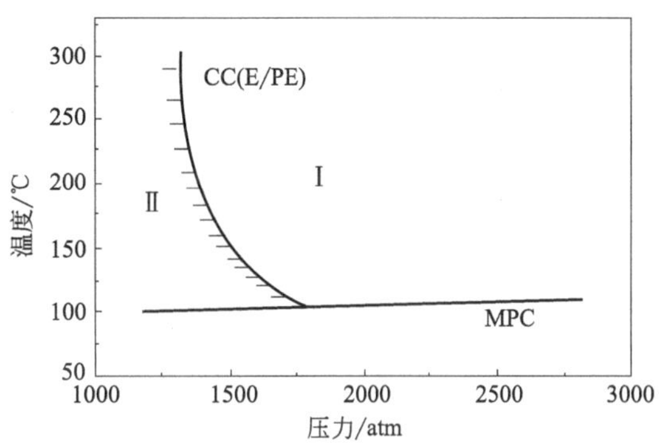

图 5.99　乙烯-聚乙烯相图[236]

假如发生聚合物相从 E-PE 均相中离析，就必须建立两相反应器模型。因此需要提前确定单相还是两相体系的工艺条件。

管式反应器常采用脉冲式操作模式。操作调节阀，使反应器压力发生周期性的降低，以使反应器内的物料流速相应增加，实现清除管壁上沉积聚合物的目的。一些研究者认为，LDPE 反应器内这种脉冲式的运动可以通过带轴向返混的平推流模型来描述。然而，最新的研究显示轴向返混对于聚合过程的影响很小且可忽略。例如，Thies[244] 研究了非稳态流动条件对聚合温度、转化率以及聚乙烯分子性质的影响，发现乙烯转化率和产品性质受工艺动态的影响不明显，因此 LDPE 管式反应器做稳态假设是合适的。此外，由于工业反应器内的流动具有非常高的雷诺数，因此，理想平推流模型足以描述反应器的流动行为。

许多研究者假设沿反应器轴向物料的流动速度为恒定。然而，流动速度应该是随反应混合物密度变化而变化的，后者取决于反应器轴向的压力、温度和组成的变化情况。因此，反应器模拟时应该考虑速度变化及其附加的影响。

② 反应器操作条件。反应器主要的操作变量包括反应压力。管式反应器内压力变化高达 200～300atm，压力沿反应器的变化是不可忽视的。压力对聚合速率以及 LDPE 的分子性质有显著影响。

聚合温度是另一个极为重要的操作变量。管式反应器内温度一方面由于引发剂的多点注入，存在多次速升缓降型的轴向分布。另一方面，由于需要向夹套撤热，聚合物料的主体和管壁面之间还存在温差。实际模拟时，假设壁面温度恒定不一定完全正确，但是为许多研究者所采用。壁面温度的变化是可以被模拟计算出来的，只要模型中增加合适的关于反应器夹套中冷却（或加热）流体的能量平衡方程即可。

关于引发剂、共聚单体、调聚剂等也是极为重要的操作条件。

③ 聚合动力学假定。通过对“活性”自由基浓度动态方程运用拟稳态假定（QSSA），可以得到大大简化的分子量矩方程。在许多操作条件下，QSSA 都是准确可用的，因为计算机模拟已经显示，由于应用 QSSA 假定所导致的转化率、M_n 和 M_w 的计算误差不明显。

在自由基聚合过程中，当单体转化率较高时，由于反应介质黏度较高，聚合物链的移动性下降，双分子终止成为扩散控制导致终止速率变慢，聚合速率大大提高。Goto 等[226] 提出链终止速率受聚合物链段扩散的控制，通过考虑排斥体积效应，可以计算受扩散控制的链终止速率常数。

大部分模型都假定引发剂效率为某个常数值，然而，引发剂效率受聚合温度的影响很大。在模拟引发剂效率变化时，除了考虑自由基的产生机理之外，还需要考虑初始自由基的失活副反应。

此外在聚合热的计算时，除了链增长反应之外，其他反应的热效应通常都假定可忽略。

④ 物性计算。通常，物性恒定的假定是不正确的，物性对聚合条件的依赖必须加以仔细考虑。

(2) 管式反应器的模拟结果

模拟高压 LDPE 管式反应器最困难的问题之一就是为各种动力学速率常数选择合适的数值。尽管已有大量的研究论文发表，但是文献中至今也没有发表过一套完整的速率常数值。许多研究者建议，通过模型拟合工业或中试装置的操作数据，可得到完整的动力学速率常数。然而，通过长链假定（LCA）和拟稳态假定（QSSA），并且忽略反应器的速度梯度，人们发现反应器模型方程不依赖动力学常数的绝对值，只与动力学常数的相对值有关，即与各个 ε_{ij} 有关，其定义为

$$\varepsilon_{\mathrm{I}} = k_{\mathrm{I1}}/k_{\mathrm{I2}} \tag{5.47}$$

$$\varepsilon_{\mathrm{t}ij} = k_{\mathrm{p}ij}/(k_{\mathrm{t}ij})^{0.5};\quad k_{\mathrm{t}ij} = k_{\mathrm{tc}ij} + k_{\mathrm{td}ij};\quad i,\ j = 1,\ 2 \tag{5.48}$$

$$\varepsilon_{gij} = k_{gij}/k_{\mathrm{p}ii};\quad g = \mathrm{p},\ \mathrm{ts},\ \mathrm{tm},\ \mathrm{tp};\quad i,\ j = 1,\ 2 \tag{5.49}$$

$$\varepsilon_{gi} = k_{gi}/k_{\mathrm{p}ii};\quad g = \mathrm{b},\ \beta',\ \beta'',\ \mathrm{r};\quad i = 1,\ 2 \tag{5.50}$$

式中，k_{I1} 和 k_{I2} 分别为引发剂分解自由基引发乙烯和共聚单体的引发速率常数；$k_{\mathrm{p}ij}$ 为自由基链增长的速率常数，例如，k_{p11}、k_{p12}、k_{p21}、k_{p22} 分别为端基为乙烯的自由基结合乙烯、结合共聚单体，端基为共聚单体的自由基结合乙烯、结合共聚单体的链增长速率常数（下同）；$k_{\mathrm{t}ij}$ 为链终止速率常数，$k_{\mathrm{tc}ij}$ 和 $k_{\mathrm{td}ij}$ 分别为偶合终止和歧化终止；下标 p、ts、tm、tp 分别表示链增长、向溶剂链转移、向单体链转移和向聚合物链转移；b，β'，β''，r 分别为自由基反咬链转移、仲碳-自由基的 β-分裂、在 α-位置上分支的仲碳自由基的 β-分裂反应、杂质对自由基的抑制等反应过程。

因此，人们从简单的工业反应器操作数据不能独立估计单个动力学速率常数的绝对值。表 5.17 列出了用于乙烯聚合模拟的动力学参数相对值。为简单起见，$k_{\mathrm{td}}/k_{\mathrm{tc}}$ 的比值为 1。

表 5.17　参数 ε_i 的取值 [$\varepsilon = k_0 \mathrm{e}^{-(\Delta E + P\Delta V)/(RT)}$]

ε_i	k_0/[L/(mol·s)或 s^{-1}]	ΔE/(cal/mol)	ΔV/(cm^3/mol)	备注与数据来源
$(k_{\mathrm{p}}/k_{\mathrm{tc}}^{0.5})$	2500	7594	−26.2	Kiparissides et al. [245]
$(k_{\mathrm{tm}}/k_{\mathrm{p}})$	10^{-4}	—	—	Odian[246]

续表

ε_i	k_0/[L/(mol·s)或 s^{-1}]	ΔE/(cal/mol)	ΔV/(cm^3/mol)	备注与数据来源
(k_{tp}/k_p)	3.11	3560	24.1	管式反应器,Goto et al.[226]
(k_{tp}/k_p)	6.45×10^{-2}	3560	24.1	釜式反应器[216]
(k_{ts}/k_p)	0.218	2300	0.2	Goto et al.[226]
$(k_{\beta'}/k_p)$	0.169	4010	0	Goto et al.[226]
$(k_{\beta''}/k_p)$	1.034	5241	2.9	Goto et al.[226]
(k_b/k_p)	8	2510	3.8	Goto et al.[226]

实例：被模拟的反应器由两个反应区组成。每个区的总长度为 150m，管道内径为 3.8cm。第一段入口和第二段入口（即中间冷却物料注入点）的乙烯质量流率分别为 11.0kg/s 和 4.1kg/s。单位质量的引发剂混合物中包含等量的过氧化辛酸叔丁酯（TBPO）、过氧化新戊酸叔丁酯（TBPP）、过氧化苯甲酸叔丁酯（TBPB）。表 5.18 列出了引发剂的动力学常数。为简化起见，假定每个反应区入口的引发剂浓度相等。在所有的模拟计算中，每个反应区入口的温度设定为 192℃。两个反应区的总括传热系数假定为 0.24cal/(cm^2·K)，该值的大小与管壁结垢厚度成反比。冷却水的流量为 50kg/s，每个区夹套冷却水的出口温度设定为 127℃。反应器入口的设计压力为 2900atm，TBPO 浓度为 4.0×10^{-5}kmol/m^3。反应器模型方程与描述反应混合物的热力学性质、物理性质以及传递性质变化的代数方程组，共同组成微分代数方程组，通过数值求解，可计算单体和引发剂的浓度、温度和压力分布以及 LDPE 分子性质（即 M_n、M_w、LCB、SCB 等）沿反应器的变化。

表 5.18 引发剂的动力学参数 [$k_d=k_0e^{-(\Delta E+P\Delta V)/(RT)}$][216]

引发剂	k_0/s^{-1}	ΔE/(cal/mol)	ΔV/(cm^3/mol)
TBPO	5.75×10^{11}	26112	6.11
TBPB	2.89×10^{17}	38440	5.02
TBPP	7.95×10^{13}	28024	3.45

图 5.100～图 5.108 展示了一些代表性的模拟结果，即在不同的 TBPO 引发剂初始浓度下，有关变量沿反应器无量纲轴向长度（x/L）的变化结果。假定复合引发剂中每个引发剂的质量分数等于 1/3，因此借助于 TBPO 浓度值可以计算其它两个引发剂浓度值。

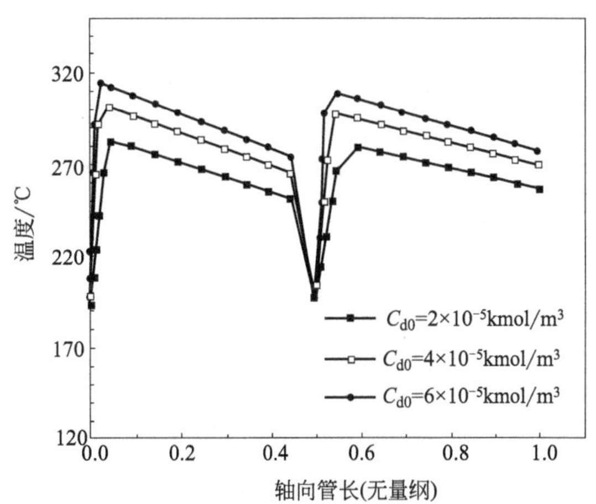

图 5.100 初始引发剂浓度对反应器温度分布的影响[267]

图 5.100 显示，随引发剂 TBPO 浓度的增加，峰温增加，且峰温位置向反应区入口方向移动。图 5.101 显示，增加引发剂初始浓度可以提高单体转化率，重均分子量 M_w 也增加（图 5.103），LCB 也增加（图 5.104），SCB 也增加（图 5.105）。值得注意的是，数均分子量随引发剂初始浓

度的增加而减少（图 5.102），因为较高的引发剂浓度导致生成数目较多的聚合物链。相应地，随引发剂 TBPO 初始浓度从 2.0×10^{-5} kmol/m^3 增加到 6.0×10^{-5}kmol/m^3，多分散指数（M_w/M_n）从 9 增加到 13。

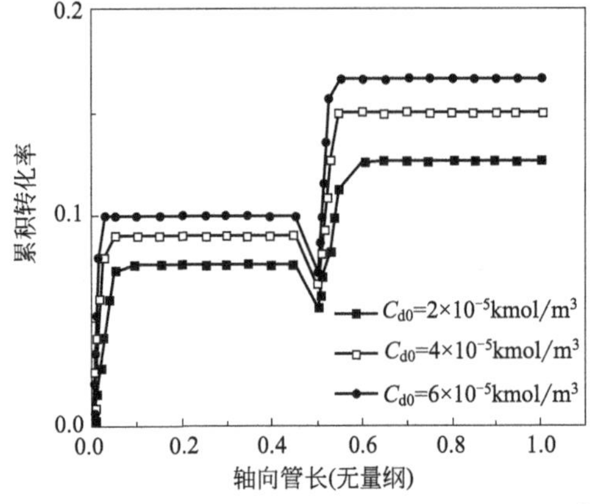

图 5.101　初始引发剂浓度对乙烯累积转化率的影响[216]

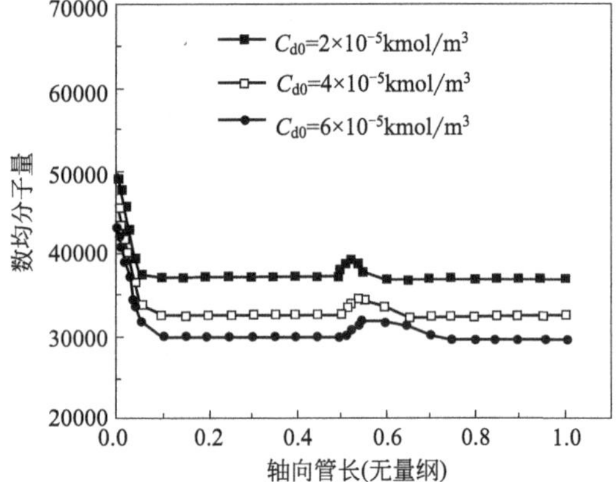

图 5.102　初始引发剂浓度对数均分子量的影响[216]

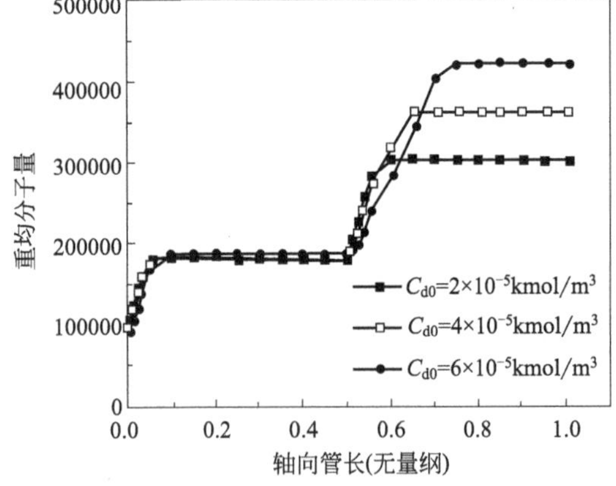

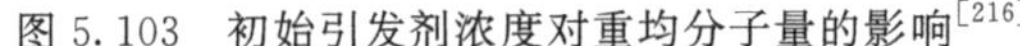

图 5.103　初始引发剂浓度对重均分子量的影响[216]

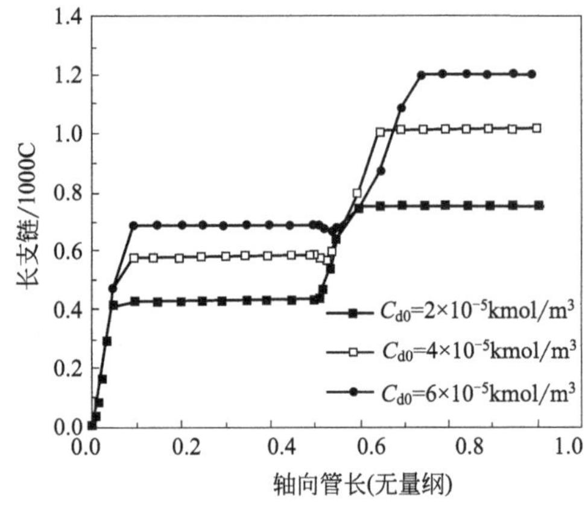

图 5.104　初始引发剂浓度对长支链的影响[216]

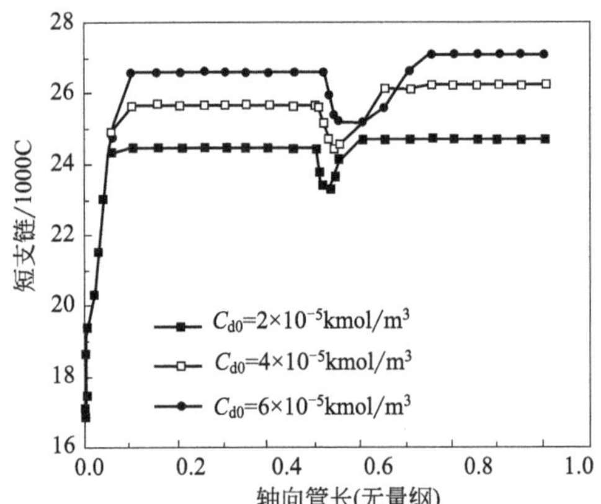

图 5.105　初始引发剂浓度对短支链的影响[216]

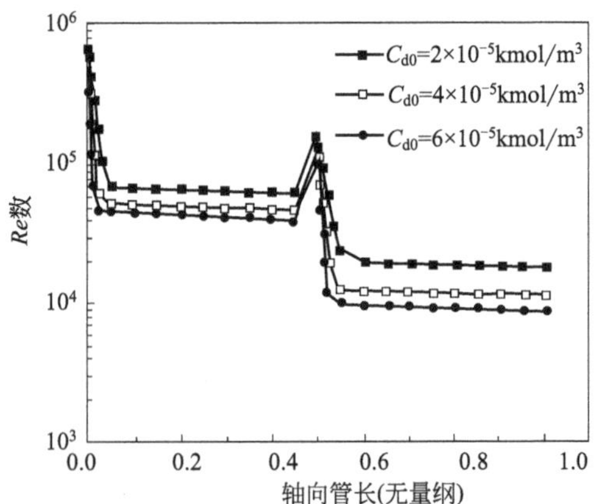

图 5.106　初始引发剂浓度对反应器内 *Re* 数的影响[216]

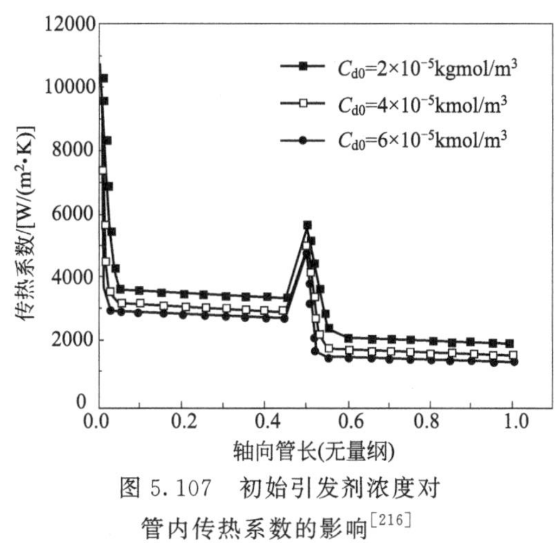

图 5.107　初始引发剂浓度对管内传热系数的影响[216]

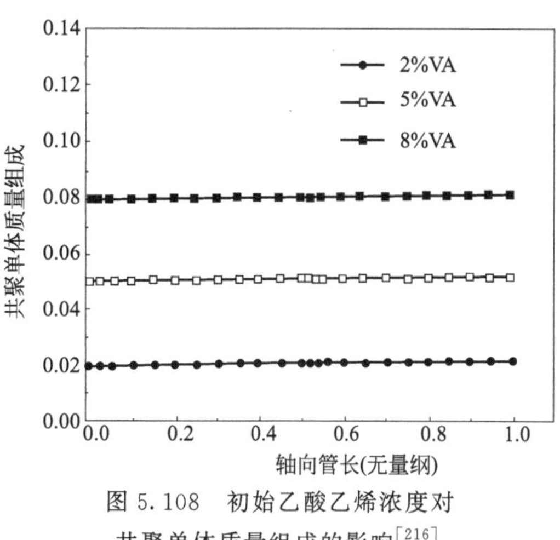

图 5.108　初始乙酸乙烯浓度对共聚单体质量组成的影响[216]

引发剂浓度对 LDPE 长支链和短支链有显著作用。两种类型的支链都随引发剂浓度的增加而增加。LCB 的计算值（约 $1.0/10^3$C）和 SCB 的计算值（约 $25/10^3$C）与工业反应器生产的 LDPE 分子结构的分析结果很符合。

图 5.106 显示在图 5.88 所示两区反应器内 Re 数从 10^6 减少到 6×10^4，变化显著。尽管如此，也不影响对反应器全程进行平推流假定的合理性。图 5.107 显示了反应器器壁内侧传热系数的变化情况，发现随引发剂浓度的增加，单体转化率增加，导致反应混合物溶液黏度增加，内侧传热膜系数减少。

模拟结果还显示，反应器内乙烯/乙酸乙烯酯共聚物组成几乎保持恒定（图 5.108），共聚单体的质量组成等于进料中乙酸乙烯酯的质量分数，与峰温的变化无关（图 5.101）。这是由于该体系中两个竞聚率（k_{p12}/k_{p11} 和 k_{p21}/k_{p22}）的值近似为 1。

5.4.6.2　釜式反应器的模拟

（1）模型假定

一般，釜式反应器的长径比高达 20∶1。物料混合是通过安装在釜中心的搅拌轴以及各种形式的桨叶实现的。由于通过反应器壁面的散热较少，故反应过程基本上处于绝热模式。工业反应器设计时，单体和引发剂在反应器的不同点加入，目的是控制反应器内的温度分布。

文献中发表了许多高压 LDPE 釜式反应器的数学模型，所采用的模型假定如下：

a. 单相或两相模型；

b. 理想或非理想混合条件；

c. 引发剂效率为常数；

d. 反应器温度、压力为常数；

e.“活性”自由基符合拟稳态近似；

f. 速率常数与黏度无关；

g. 链引发、链终止和链转移反应的热效应可以忽略；

h. 物性为常数。

在管式反应器模拟时，我们已经讨论了假定 e～h，这里重点讨论假定 a～c 的合理性。

① 两相模型。在某些操作条件下（图 5.99），聚合物可能从 E-PE 均相体系中沉淀出

来，形成两相体系。结果，聚合反应可以同时在富含单体的相态和富含聚合物的相态中发生。在富含聚合物相态中，长链自由基的反应（例如链终止、向聚合物的链转移）可能受扩散控制，因此，在多相聚合过程中所生成的 PE 将显著不同于在单相体系中得到的聚合物，建立两相模型是必须的。这时需要考虑所有物种（例如单体、引发剂、聚合物）在两相的分配，及其随反应器操作条件的变化。

② 混合对反应器行为的影响。釜式反应器有两个重要的特点：单位体积中需要输入非常高的搅拌功率，满足良好混合的条件；没有明显的热交换，故反应器可以认为是绝热操作。

研究表明，混合程度将影响高压 LDPE 釜式反应器的行为。Christl 和 Roedel 在其专利[247] 中定义了如下的循环混合数 N_C：

$$N_C = G_r / G_f$$

式中，G_r 为完整循环中的质量流率；G_f 为单体的进料质量流率。当 N_C 大于 100 时，可以认为反应器内具备足够强度的循环，物料获得了充足的混合。如果聚合条件恒定，则釜内任意两点的温度差将保持在 5℃之内，产品结构可保持均匀。

③ 引发剂的生产效率。有机过氧化物作为乙烯高压聚合的引发剂，其引发效率的控制机理已经有很多人研究过。Luft 及其同事们[248] 详细研究了 10 种不同的过氧化物引发剂效率随温度（例如 110～300℃）、压力、引发剂浓度、平均停留时间以及搅拌转速的变化规律，发现有机过氧化物的消耗随温度变化将出现一个最小值。

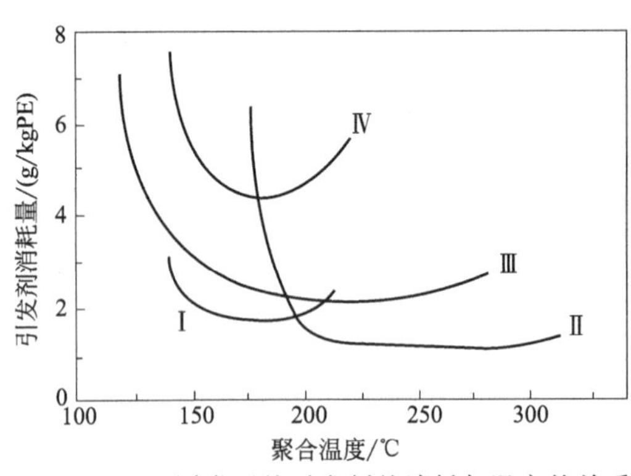

图 5.109　不同类型的引发剂的消耗与温度的关系
Ⅰ为过氧化辛酸叔丁酯；Ⅱ为二叔丁基过氧化物；
Ⅲ为过氧化新戊酸叔丁酯；Ⅳ为二异壬酰过氧化物
（停留时间，65s；压力 1700bar；$C_{d0}=40\mu mol/mol$）[248]

不同类型引发剂的消耗随聚合温度的变化关系见图 5.109。一些引发剂在某一聚合温度下具有最低消耗值。另一些引发剂则具有较平坦的消耗曲线，例如，叔丁基过氧化物，在较宽的温度范围内有基本不变的消耗。因此，这种引发剂特别适合于在管式反应器中使用，因为管式反应器内温度存在较宽的分布。

引发剂消耗的曲线形状也会影响反应器的操作行为，特别是温度行为。假如反应器的操作条件位于低于谷底温度（也称最优温度）的陡峭分支侧，反应器温度一个微小减少将使引发剂消耗快速增加，如果没有外界干预，反应器温度将进一步下降（熄火）。反之，反应器温度一个微小增加将使引发剂消耗剧烈下降，导致温度自动升到最优温度（点火）。

几个研究小组都试图解释连续 LDPE 反应器的这些重要现象产生原因。Marini 和 Georgakis 等[249,250] 考虑了一个不完全混合反应器模型，以展示引发剂消耗随聚合温度增加是由于引发剂进料处的混合强度低等限制造成的。Goto 等[226] 引入了一个可变的引发剂效率，除了主要的自由基引发机理，还假设有一个消耗引发剂、不产生任何有活性自由基的副反应与之竞争。

$$\mathrm{I} \longrightarrow (\mathrm{R}\cdots\mathrm{R}) \xrightarrow{k_d} 2\mathrm{R}\cdot$$
$$(\mathrm{R}\cdots\mathrm{R}) \xrightarrow{k_x} \mathrm{X}$$

典型的动力学速率常数 k_d 和 k_x 见 Goto 的论文[226]。为了描述工业反应器中与引发效率变化有关的各种现象，Villermaux 等[251] 建立了两种不同类型的微观混合模型，即缩核的离析体模型，以及与平均环境有交换的相互作用模型。

(2) 釜式反应器的模拟结果

这里仅讨论等温搅拌釜反应器的模拟结果。使用二叔丁基过氧化物（DTBP）为引发剂。图 5.110 展示了温度对引发剂消耗的影响作用。

模拟计算还分别展示了聚合温度对单体转化率（图 5.111）、数均分子量（图 5.112）、多分散指数（图 5.113）、短支链和长支链（图 5.114 和图 5.115）的影响。发现，开始时单体转化率、SCB 和 LCB 是随温度增加而增加的，当达到其最大值后，将随温度增加而减少。其原因是较高的温度有利于竞争性的副反应发生，该反应减少了自由基的有效数目，因此，减少了引发新聚合物链的反应发生。需要指出的是，模拟结果与 Luft 等所报道的实验数据具有良好的符合程度[220,252]。

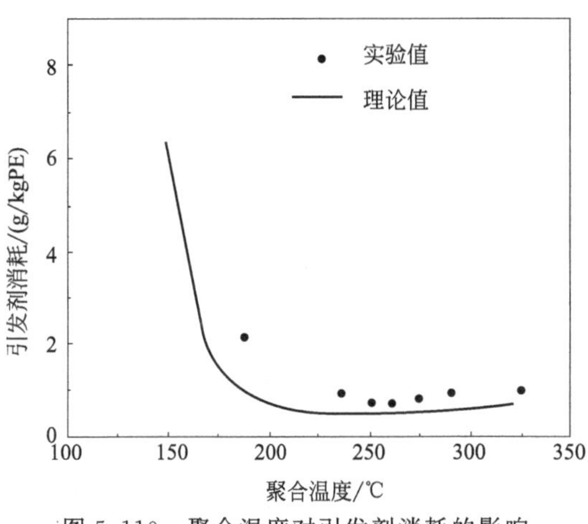

图 5.110　聚合温度对引发剂消耗的影响

（引发剂为 DTBP，实验条件如图 5.109）[216]

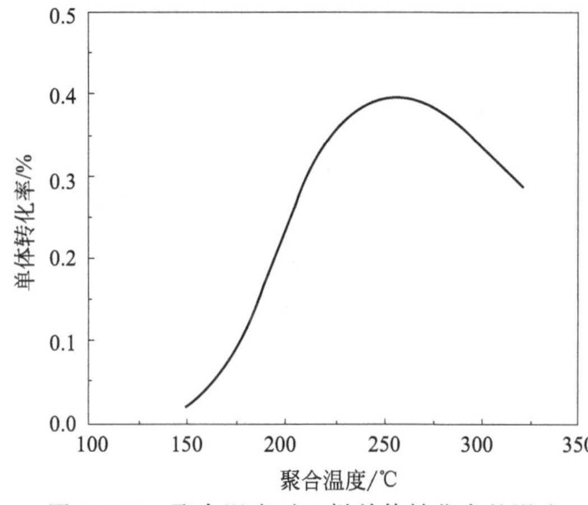

图 5.111　聚合温度对乙烯单体转化率的影响

（引发剂为 DTBP，停留时间 40s，$C_{d0}=40\mu mol/mol$，压力 1700atm）[216]

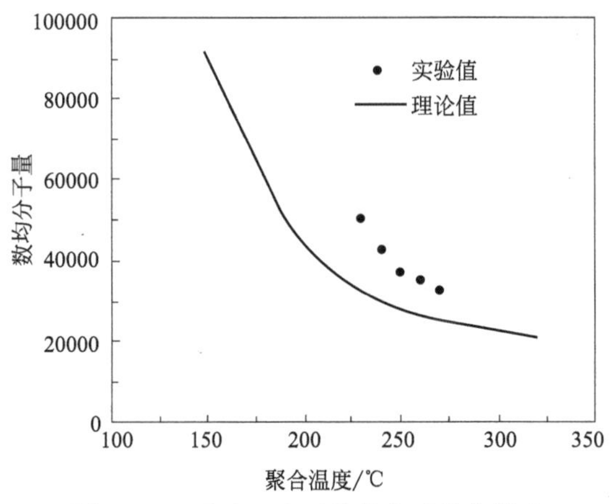

图 5.112　聚合温度对数均分子量的影响

（实验条件同图 5.111）[216]

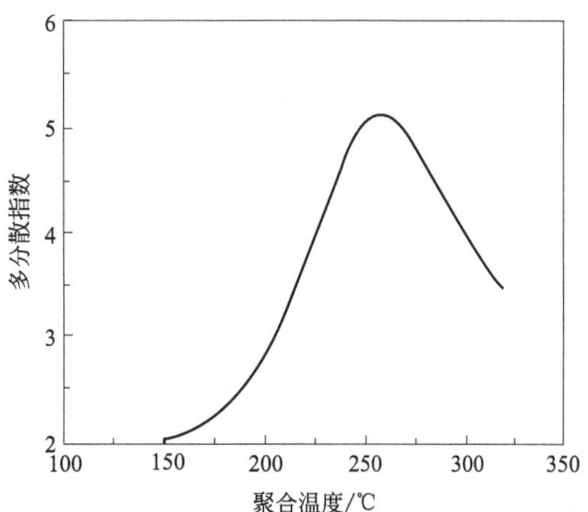

图 5.113　聚合温度对多分散指数的影响

（实验条件同图 5.111）[216]

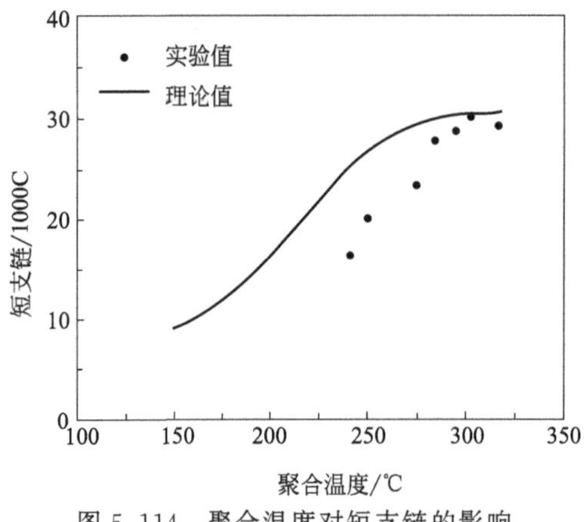

图 5.114 聚合温度对短支链的影响
(实验条件同图 5.111)[216]

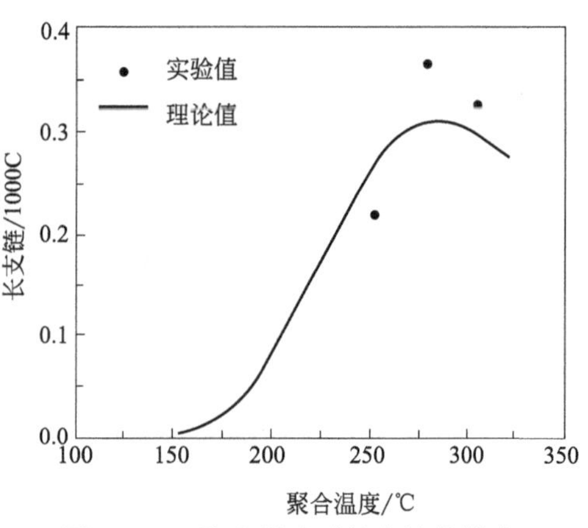

图 5.115 聚合温度对长支链的影响
(实验条件同图 5.111)[216]

5.4.6.3 高压反应器的 CFD 模拟

随着计算技术的发展，人们可以通过将聚合机理（例如引发剂的分解、链增长和链终止）和对应的反应动力学方程引入 CFD 模拟，有效模拟 LDPE 釜式/管式反应器内聚合温度、引发剂、单体、聚合物浓度、聚合物分子量分布和多分散指数等关键参数的变化规律。

借助 CFD 手段还能揭示各物理量不均匀分布与反应器内流体的混合/离析程度之间的关系。但传统的 CFD 数学模型中很难封闭 2D 或 3D 湍流反应过程的化学反应项，Tsai 和 Fox[253] 采用概率密度函数（PDF）模拟方法描述 LDPE 管式反应器中湍流混合对引发效率的影响，进而考虑了微观混合对 LDPE 聚合反应的影响。可见通过将 CFD 和 PDF 相结合，从第一性原理出发进行建模，可以较成功地解决反应器的多维模拟问题。但是如果采用 PDF 模拟方法，计算量将大增。减少计算时间的途径是假设流动混合与反应过程达到拟平衡，使流场模拟与反应模拟解耦。

文献 [254] 常通过矩方法将上千个聚合步骤进行简化，建立并求解引发剂、自由基和聚合物等物种的传递方程以便预测转化率，建立并求解矩的标度传递方程以预测分子量和多分散指数。其中，自由基活性链和聚合物死链的矩定义如下：

$$\boldsymbol{\lambda}_0=\sum_{x=1}^{\infty}\boldsymbol{R}_x,\qquad \boldsymbol{\lambda}_1=\sum_{x=1}^{\infty}x\boldsymbol{R}_x,\qquad \boldsymbol{\lambda}_2=\sum_{x=1}^{\infty}x^2\boldsymbol{R}_x \tag{5.51}$$

$$\boldsymbol{\mu}_0=\sum_{x=1}^{\infty}\boldsymbol{P}_x,\qquad \boldsymbol{\mu}_1=\sum_{x=1}^{\infty}x\boldsymbol{P}_x,\qquad \boldsymbol{\mu}_2=\sum_{x=1}^{\infty}x^2\boldsymbol{P}_x$$

式中，x 代表链自由基或聚合物链的链节数，即聚合度；$\boldsymbol{\lambda}_i$ 代表自由基活性链的 i 阶矩，而 $\boldsymbol{\mu}_i$ 代表聚合物的 i 阶矩。

式 (5.51) 也可以用于计算数均分子量和重均分子量

$$M_{\mathrm{n}}=\mathrm{MW_M}\frac{\mu_1}{\mu_0} \tag{5.52}$$

$$M_{\mathrm{w}}=\mathrm{MW_M}\frac{\mu_2}{\mu_1} \tag{5.53}$$

式中，$\mathrm{MW_M}$ 为单体的分子量。

分散指数 Z_{p}，作为分子量分布宽度的度量值，定义为

$$Z_p = \frac{\boldsymbol{\mu}_0 \boldsymbol{\mu}_2}{\boldsymbol{\mu}_1^2} \tag{5.54}$$

单体转化率的定义如下，

$$X = 1 - \frac{Y_M}{Y_{0,M}} \tag{5.55}$$

式中，Y_M 为单体的质量分数；$Y_{0,M}$ 为单体的初始质量分数。

反应和传递过程的耦合作用会引起自动加速，此时混合与传递的影响很大。大部分的聚合反应展示出高黏特性，反应黏度高会显著影响聚合过程的设计策略，有必要模拟反应器中混合物的黏度变化规律。通常，聚合物/单体混合物的黏度取决于温度、聚合物浓度和聚合度等关键变量。常见的乙烯/聚乙烯混合物的黏度计算式参见式（5.40）和式（5.41）。黏度增加弱化了微观混合。当转化率较高时，微观混合的重要性下降，甚至可以忽略。

采用 RNG κ-ε 模型，求解 κ 和 ε 的传递方程，以考虑涡旋对湍流的影响，且 Reynold 数适应范围宽。

(1) LDPE 管式反应器

典型的工业管式反应器直径非常小（约 50mm），长度很长，约有 2km，并且设计了多个乙烯、链转移剂以及引发剂注入口。典型操作条件为 2000atm 以上，温度在 150～300℃之间。这里只针对某一段平推流管道反应器进行二维模拟，长度 10m，直径 0.038m。假设引发剂与单体预混合，且均匀地注入管道中。有关操作条件和物性参数见表 5.19 和表 5.20。

表 5.19　LDPE 管式反应器操作条件[254]

项目	取值
反应器入口速度	21.85m/s
反应器入口温度	500K
入口引发剂质量分数	0.000378
入口单体质量分数	0.999622
操作压力	2150atm

表 5.20　物性数据[254]

项目	取值
密度	$444kg/m^3$
比热容	2510J/(kg·K)
乙烯黏度	0.0016kg/(m·s)
链增长反应放热	9.5×10^7J/kmol
热导率	0.1998W/(m·K)
黏度	式(5.40)

链引发、链增长、链终止和链转移反应都用基元反应速率模型表达。自由基链和聚合物链的矩通过 6 个附加的用户自定义的标度方程求解。反应速率常数表达如下

$$k = k_0 \exp\left[\frac{-(E_a + V_a p)}{R_g T}\right] \tag{5.56}$$

式中，k_0 指前因子；E_a 为活化能；V_a 为活化体积，列于表 5.21[225,252]。

此外，假设链引发反应的速率常数等于链增长反应的速率常数，歧化终止和偶合终止的速率常数相等。作为热源项的链增长反应热为 -9.5×10^7J/kmol。

表 5.21 反应速率常数

常数	$k_0$①	E_a/(J/kmol)	V_α/[J/(kmol·atm)]
k_d	6.639×10^{15}	1.56×10^{8}	253.29
k_p	5.887×10^{7}	2.97×10^{7}	−2403.20
k_t	1.075×10^{9}	1.25×10^{6}	−1468.07
k_{trm}	5.823×10^{5}	4.62×10^{7}	−2092.20

① 对于一级反应 k 的单位是 1/s,对于二级反应 k 的单位是 m^3/(kmol·s)。

模拟发现，引发剂在入口处下游 5m 处被消耗完（图 5.116）。两个研究小组的模拟结果存在一些差别，这是由于 Tsai 和 Fox 小组[253] 忽略了歧化终止步骤。

图 5.117 显示聚合的绝热温升最高温度可以达到 640K（367℃）。反应器出口的单体转化率大约为 10%，且单体转化率的分布与管内温度分布保持同步。两个研究小组模拟结果有 1%的偏差，可能是忽略歧化终止所致。实际上，假如管道内的温度最高值达到 367℃，乙烯将发生分解放出大量热量，引起热失控。

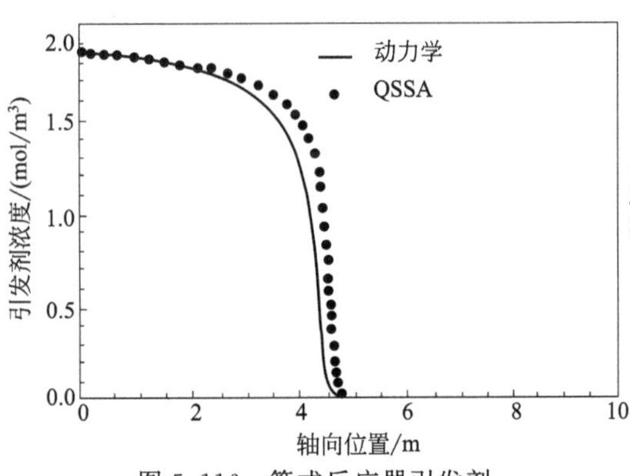

图 5.116 管式反应器引发剂浓度（mol/m^3）的轴向分布[254]

实心黑点代表 Tsai 和 Fox[253] 的结果

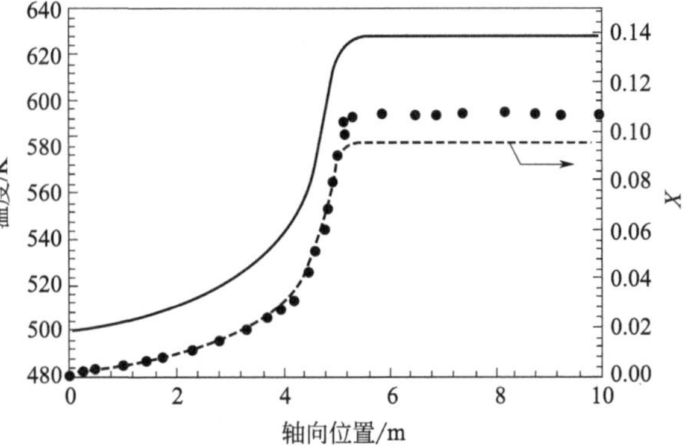

图 5.117 管式反应器温度和单体转化率的轴向分布[254]

实线代表温度分布，虚线代表单体转化率。实心黑点代表 Tsai 和 Fox[253] 的结果

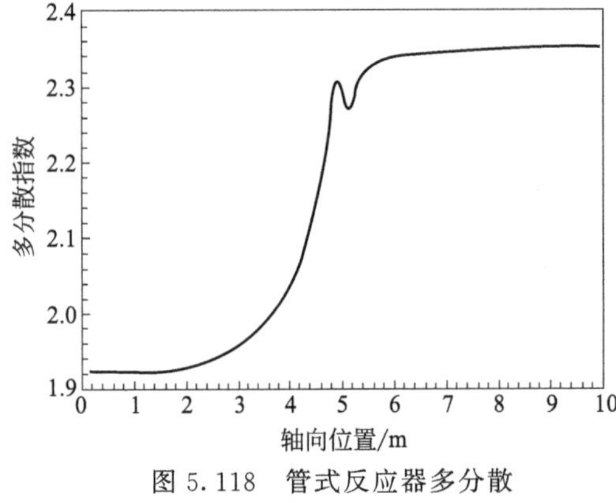

图 5.118 管式反应器多分散指数的轴向分布[254]

多分散指数，即重均分子量与数均分子量之比。对于许多聚合物，该指数在 2～5 之间。图 5.118 显示，在管式反应器中，多分散指数在 1.92～2.36 之间，且指数沿管道不是单调增加的。

向单体链转移的反应，实际上是通过将不同链长的自由基转化为聚合物，来拓宽产物分布的。图 5.119 显示了向单体链转移的反应速率分布，在管道下游约 4.5m 处观察到向单体链转移反应速率的变化，与图 5.118 中出现的一个分散指数小峰值同步。

重均分子量和聚合物黏度沿管程的分布见图 5.120。管道入口附近生成的聚合物分子量较大（约 80000）。然后，聚合物的重均分子量在反应器的前半段下降，并在后半段管道中接近大约 40000 的常数值。该计算结果与

Kiparissides 等[216] 的预测是一致的，其解释是初期非等温的条件导致反应初期平均分子量的增加。因为轴向黏度随单体转化率增加而增加，聚合反应器出口黏度最大。

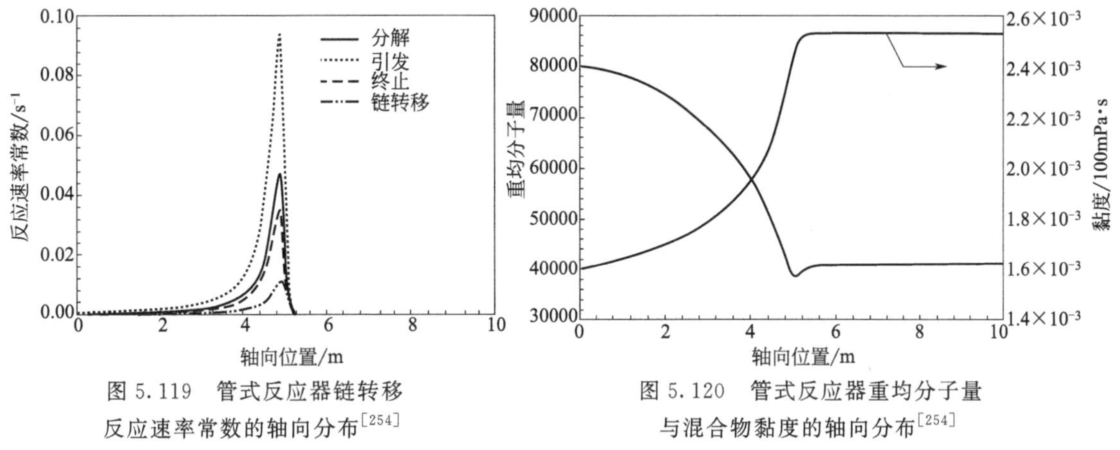

图 5.119　管式反应器链转移反应速率常数的轴向分布[254]

图 5.120　管式反应器重均分子量与混合物黏度的轴向分布[254]

反应器内反应物料黏度的径向分布见图 5.121。在三个不同的轴向位置，黏度径向分布曲线表明壁面边界层的黏度大大高于中心自由流动区。壁面边界层的高黏度是由于壁面聚合物浓度高，见图 5.122。在管式反应器中，流动停留时间分布在半径方向也是变化的，因为存在边界层。壁面的停留时间越长，聚合物产率越高，因此导致较高的混合物黏度，并最终引起粘壁。

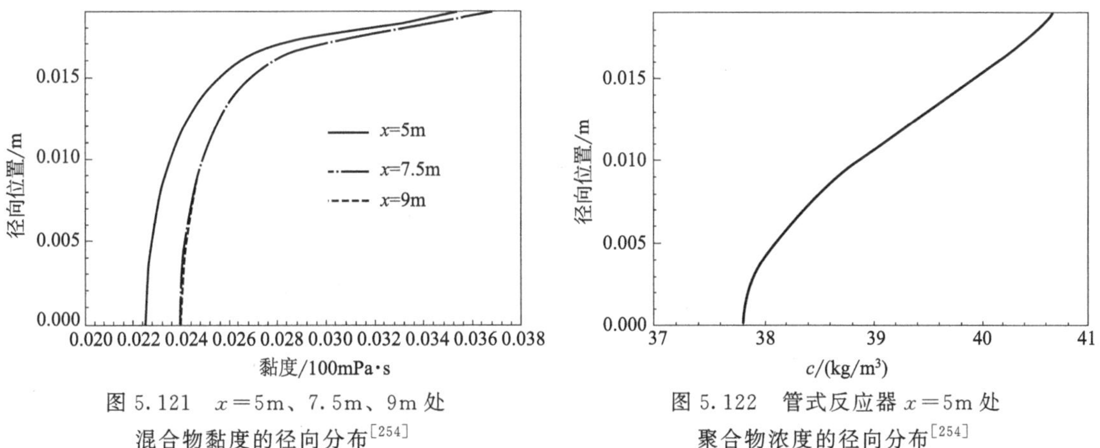

图 5.121　x=5m、7.5m、9m 处混合物黏度的径向分布[254]

图 5.122　管式反应器 x=5m 处聚合物浓度的径向分布[254]

(2) 釜式反应器

乙烯高压釜式聚合反应器是生产 LDPE/EVA 的另一类重要反应器，由于反应器内设计了强力搅拌装置，具备处理黏度较高聚合物料流动混合的能力，聚合产品有特色。例如，高 EVA 含量产品、需要在低压分相区聚合的特殊牌号产品以及分子量分布宽、支链丰富的产品等。搅拌桨的设计除了必须具有合理的机械结构之外，还要满足聚合反应工程的许多重要原则。例如，搅拌轴的机械寿命、节能、分区混合流型、停留时间、热平衡等。在操作层面，聚合温度、压力、原料混合物浓度等操作条件在每个区间都可以独立调节，以完成预期的反应转化过程和产品牌号要求。

图 5.123 和图 5.124 展示了某典型釜式反应器的构造和桨叶。反应器的设计参数列在表

5.22 中。操作条件见表 5.23（装置规模估计在 2 万～4 万吨/年）。引发剂 DTBP 与乙烯单体预混。混合物通过环形喷嘴进入反应器，产物通过釜底部的环状开口排出。

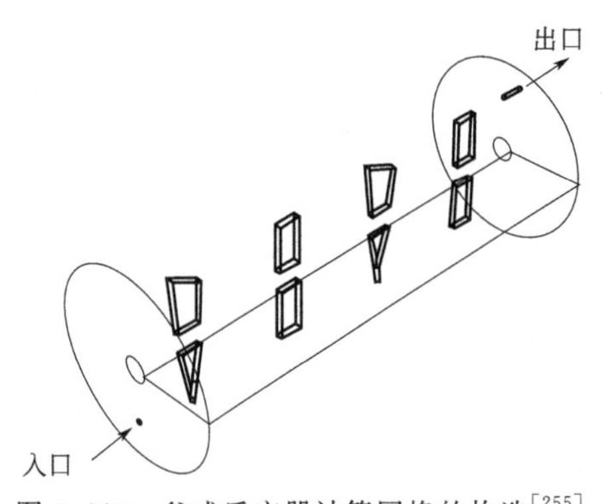

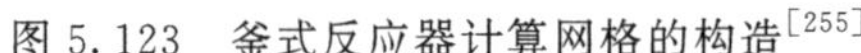

图 5.123　釜式反应器计算网格的构造[255]

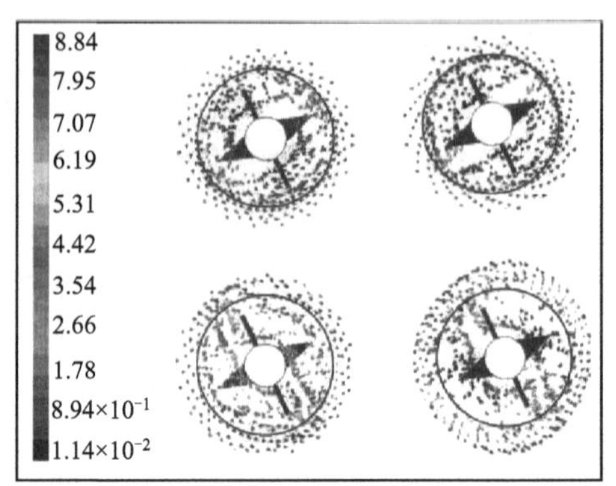

图 5.124　聚合釜 4 个截面的速度矢量图[254]

表 5.22　釜式反应器的设计参数[254,255]

设计变量	取值
反应器体积	0.498m^3
反应器高度	1.59m
反应器直径	0.64m
入口和出口管直径	0.02m
桨叶直径	0.40m
桨叶宽度	0.08m
桨叶厚度	0.02m
搅拌轴直径	0.20m
桨叶层数	4

表 5.23　釜式反应器操作参数[254,255]

操作变量	取值
搅拌速度	250r/min
入口质量流率	8kg/s
黏度	1.6×10^{-3}kg/(m・s)
混合物密度	499kg/(m・s)
入口温度	460K(187℃)
引发剂浓度	1.2×10^{-5}

表 5.24 所列的反应速率常数由 Read 等提供[255]，用于釜式聚合过程的描述，与管式聚合模拟所用的速率常数稍微有些不同（表 5.21）。这里考虑的反应热包括链增长的反应热（-8.954×10^{7}J/kmol），链引发的反应热（2.092×10^{7}J/kmol），以及链终止的反应热（-4.184×10^{6}J/kmol）。引入一个用户定义的函数（UDF）用于计算热源。UDFs 也用于计算传递方程的源项（总自由基浓度和相应的矩）。

图 5.124 展示了釜内的速度场。由于桨叶的高速旋转，釜内诱发出强烈的旋涡流，减少了微观混合的扩散长度，强烈的旋涡也改善了釜内的宏观混合。

表 5.24 反应速率常数[255]

常数	$k_0$①	E_a/(J/kmol)	V_α/[J/(kmol·atm)]
k_d	9.05×10^{15}	1.612×10^{8}	0
k_p	1.14×10^{7}	2.568×10^{7}	0
k_t	3.00×10^{9}	1.268×10^{7}	0
k_{trm}	5.823×10^{5}	4.62×10^{7}	0

① 对于一级反应 k 的单位是 1/s，对于二级反应 k 的单位是 m^3/(kmol·s)。

图 5.125 是釜内单体转化率的等值云图。转化率有 7.2%的净增加，与此类似，Read 等[255] 的结果指出转化率有一个 8%的净增加。反应器 4 个截面处的等值云图显示，与中心区相比，壁面附近有较高的转化率（图 5.125）。在釜的最后 1/4 区间，转化率接近均匀。进一步的数值研究表明，转化率与入口引发剂浓度有关，但是更强烈地取决于入口温度。

图 5.126 显示了绝热反应釜内温度分布。冷却仅仅是通过注入低温进料实现的。流体温度从入口处的 187℃增加到大约 270℃。如果到了发生乙烯热分解的温度，将引起聚合釜的热失控。

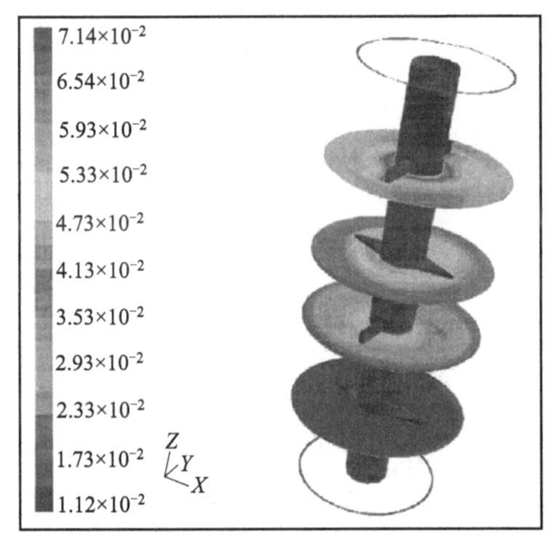

图 5.125 在搅拌釜不同轴向位置截面上的单体转化率分布[254]

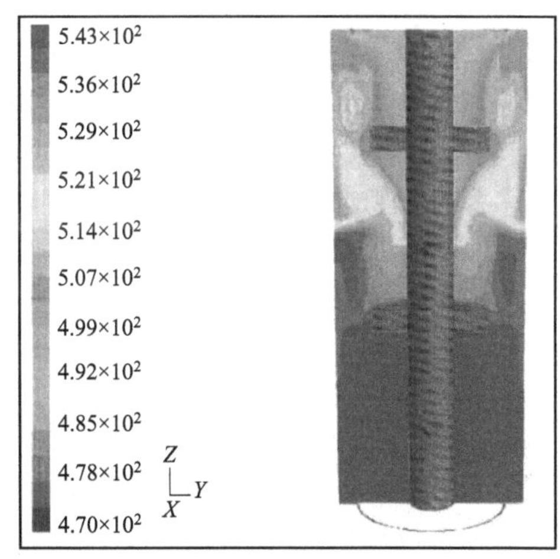

图 5.126 聚合釜中心面上的温度分布[254]

图 5.127 为釜内自由基浓度的等值云图。引发剂随乙烯混合物通过环形喷嘴进入聚合釜后，分解形成自由基。发现大量自由基汇聚在反应器中部，说明在反应器中部转轴附近发生了大量链引发反应，在反应器的后半段发现自由基消耗形成大量聚合物。与温度和转化率的径向分布相对应，近轴心环状区域内自由基浓度高于釜壁面。

模拟显示该反应器中所获得的分子量分布相当均匀（41500～41900），产物的多分散指数相对较低（2.03）。但是该结论与其它文献的研究结果矛盾。原因是该模拟研究忽略了自由基向聚合物链的转移。事实上，全混流反应器内停留时间分布（RTD）很宽，自由基发生向聚合物链转移生成长支链的机会很大，导致产物分子量分布更宽。

最后，流体黏度的等值云图见图 5.128。当物料通过反应器时，由于 LDPE 的生成，流动变得更加黏稠。接近釜壁面，混合物具有较高的黏度，与管道反应器的结论一致。壁面附近一个更加黏稠的混合物可能导致产品累积和沉积，引起冷却和釜壁清理的困难。

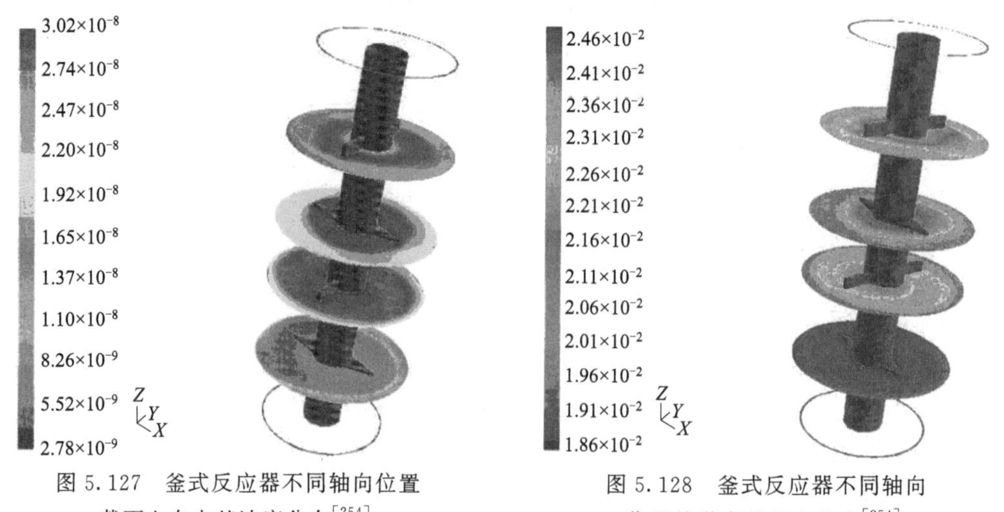

图 5.127 釜式反应器不同轴向位置截面上自由基浓度分布[254]

图 5.128 釜式反应器不同轴向位置处黏度的径向分布[254]

浙江大学阳永荣团队[256] 在用 CFD 研究釜式法乙烯高压聚合过程时，在合适的乙烯聚合反应动力学模型假定下，考察了流体的微观混合对 LDPE 分子链中长、短支链结构的影响。发现微观混合的出现对长、短支链反应的影响不可忽略。通过模拟计算比较了有限速率-涡耗散模型（FR-ED Model）和有限速率-卷吸模型（FR-E Model)，认为 FR/ED-E 模型更适合于刻画反应器微观混合特性，揭示了釜式法产品具有更高长链支化度的原因。

5.4.7 再论引发剂优选与聚乙烯牌号拓展

5.4.7.1 釜式法

文献［232］指出釜式单区反应器常用于生产 MFR 大于 1g/10min 的聚乙烯。对于 MFR 小于 1g/10min 的聚乙烯通常是采用釜式双区反应器生产，其中，顶部的低温区（温度低于 200℃）宜采用低分子量的过氧化物引发剂，如 Tr-36。

如果拟在单区反应器生产 MFR 小于 1g/10min 的 PE，则应该降低反应器顶部温度，并采用相对低温的过氧化物引发剂。然而，由于沿反应器存在明显的温升，低温引发剂的效率在顶部会受到损失，且引起聚乙烯分子量的降低（MFR 变大）。

图 5.129 显示三种不同的过氧化物引发剂的特性，发现引发剂的效率（kgPE/kg 引发剂）是操作温度的函数，而聚乙烯产物的 MFR 是温度和所用引发剂类型的函数。最优的操作模式是所采用的每一种过氧化物引发剂都是在引发剂效率（即聚乙烯产率）最大化的区域发生引发反应。然而，单官能度过氧化物引发剂的特点是对应最大 PE 产率的温度范围相对窄。这样将使过程操作复杂化，因为最优温度窗口如此窄，反应器内由于压力波动而产生的任何一个偶然的温度降低都会导致引发剂效率的降低，即导致过程热稳定性的损失。因为反应介质温度的降低会导致聚合速率和放热速率的下降，温度继续进一步降低，引起放热速率减少和聚合温度持续降低，最终可能导致停车。

按照聚合物收率和 MFR 的数据（图 5.129），双官能度过氧化物 Triganox D 具有相对宽的温度区间，生产的聚乙烯可以做到收率最大和 MFR 最低。允许将这种引发剂应用在单区反应器顶部，过程引发温度从 215～218℃到 240～245℃，在最大 PE 收率情况下获得低 MFR 的产品，因此可以在单区反应器内将 PE 的牌号类型拓展到 0.2～0.3g/10min。

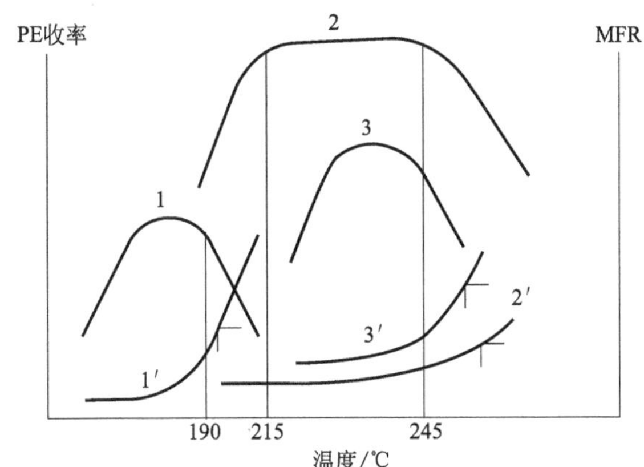

图 5.129　聚乙烯收率及其 MFR 与温度的关系

1 和 1′代表 Triganox 36；2 和 2′代表 Triganox D；3 和 3′代表 Triganox C[232]

根据上述引发剂的乙烯聚合工业试验数据，可以得到如下结论：

应用 Tr-D 作为聚合的引发剂，可以保持过程的稳定性，便于装置开工，且聚乙烯的 MFR 可在 0.3～2.0g/10min 的宽范围变化。

在生产 MFR 为 2.0g/10min 的聚乙烯牌号时，在同样的工艺条件下，用 Tr-D 替代引发剂 Tr-C 可以减少引发剂的相对质量消耗，大约 1.6 倍。

在反应器的顶部和底部，用引发剂组合物 Tr-D＋Tr-B 替代引发剂组合物"Tr-C＋Tr-B"，Tr-D 的相对质量消耗可以减少 2.1～2.6 倍（相对于 Tr-C 的消耗）。因此，Tr-B 的质量消耗也减少 1.5 倍。

联合引入 Tr-D 进入反应器顶部，Tr-D 或"Tr-D＋Tr-B"组合物进入反应器底部，可以允许反应器中的乙烯压力减少（从 144～147MPa 降到 129MPa，减少 15～18MPa）。

反应器顶部采用"Tr-D＋Tr-B"组合引发剂，结合底部使用"Tr-C＋Tr-B"，由于顶部温度下降和反应器底部的温度提高，增加了乙烯转化率，导致反应器 PE 产率相对增长 15%，MFR 为 2.0g/10min。

对比单、双官能度过氧化物引发剂的行为特性发现，Triganox D 是一种性能优异的引发剂，相对于具有类似动力学行为的单官能度过氧化物引发剂，它可以减少消耗、拓展引发剂使用的温度范围、所生产的聚合物具有较高的分子量。这已经为工业生产所证实。

浙江大学研究团队认为乙烯离压聚合引发剂的选用与复配应遵循如下原则。

① 高压聚乙烯装置中，引发剂的适用温度要求最低是 140℃左右。虽然 LDPE 的熔点基本上都小于 110℃，但是低 MFR 产品的"流动点"是 140℃，温度再低则流动性过低，无法在管道中正常流动，造成粘壁，减产。

② 通常优先考虑选择分子量较小的引发剂，因为可以在相同质量下提供相对更多的活性氧含量，在产品中的残留量也相应较少。

③ 釜式法工艺中，通常设计操作压力在 120～220MPa 之间，设计操作温度在 150～275℃之间，这么大的温度跨度，建立起一个合适的催化剂复配体系很重要。在适用的温度范围内，要求每种引发剂的半衰期都在 0.5～1.0s 之间（管式法要求 0.2～1.0s 之间）。

④ 在复配过程中，每种引发剂的温度适用范围必须有一定的重合区域，这样在更换产品牌号、切换引发剂时，就可以先把反应温度调整到重合区，切换完成后，再相应调高或调低温度。重合区域越宽，切换引发剂越容易、越安全。

举例，某釜式工艺进气温度170℃，反应温度要求顶部达到256℃，底部270℃，按温度适用范围选择引发剂DTBP（二叔丁基过氧化物）。为尽快跨越低温区建立反应，提高安全平稳性，人们设计了DTBP/TBPIN的复配引发剂体系，这里DTBP是主引发剂，TBPIN（过氧化-3,5,5-三甲基己酸叔丁酯）是辅助引发剂，仅在较低温度时起到“引火”的作用。在管式法中，因为反应温度普遍较高，复配引发剂的使用日益广泛。

⑤ 设计引发剂配方时需要非常谨慎，除了对于聚合反应的影响，引发剂和调节剂种类，对于产品的应用性能也有很大影响。这主要在于端基和短支链的不同，特别是端基。用丙烯、丁烯作为调节剂时，因为也会发生共聚反应，会在主链上引入短支链。所以引发剂的选用应该从对反应的影响和质量的影响两个方面来考虑，最好通过工业试验来反复验证。其中，低温组分通常是作为辅助引发剂，占比不宜太多，避免达到高温工况后因半衰期过短引发剧烈反应；高温组分也同样不宜过多，否则低温工况时因分解速度过慢也容易在系统累积带来潜在危险。

⑥ 对于釜式反应器，假如搅拌桨的设计较为简单，引发剂的分散效果偏差，一般不建议使用复配引发剂，要求严格在适用范围内单独使用各种引发剂。

⑦ 为了解决同时提高单体的转化率和聚合物的分子量，选用度多官能度引发剂，是未来釜式，特别是管式法工艺的发展趋势。

5.4.7.2 管式法

(1) 氧气引发剂

氧气通常作为管式反应器的引发剂，因为其原料易得、成本低，注入反应体系也简单，不需额外的介质和特殊的装置。然而，氧气引发也存在以下的缺点：

① 引发温度需要高于170℃，压力高于86MPa；

② 采用氧气作为聚合的引发剂，虽然可以校正最高温度值，但是几乎不具备对反应温度的控制能力。这是由于氧气从注入点到达反应区需要7～15min的传输时间；

③ 反应器需要足够的长度使反应物加热到相对高的温度（190～205℃），以触发氧气的引发反应。这样的长度不仅损失了反应压力，而且反应混合物在150～180℃的加热过程中，氧气的引发活性是低的，导致形成一些非常高分子量的聚合物，并沉积在反应器相对冷的内壁面上，降低了反应混合物的加热速率，且对产品质量带来负面影响；

④ 由于需要相对高的起始温度引发聚合过程，因此可能导致转化率减少，降低过程的经济性。

(2) 氧气引发时管式反应器沿程温度分布

在管式反应器中聚合反应可以在各种参数组合下进行。当改变冷却水的温度设定值时，管式反应器第一区间的温度分布显示在图5.130中，与加热水的温度有很大的关系。即217～220℃对应第1号分布模式，温升较快；205℃对应第2号分布模式；195℃对应第3号分布模式，温升较慢。

按照这些数据，反应混合物加热到190℃之前的温度几乎均遵循线性变化趋势，即反应混合物温度的变化由加热水决定。这种温度变化行为说明在190～195℃之前的区间，氧气引发速率是非常低的。假如反应器处在这些温度下，则仍然应该由加热水提供足够的热量给反应混合物（模式1）。

随着聚合速率的增加，聚合热效应的贡献将增大。假如加热水的温度接近模式2和模式3所指示的区间，由水所提供的热量将变得不明显，反应混合物的进一步加热几乎由聚合热决定。也可以这么认为，当反应混合物获得起始温度后，对所有三个操作模式，聚合速率是迅速增加的。且反应混合物温度增加的速率几乎与起始温度无关。

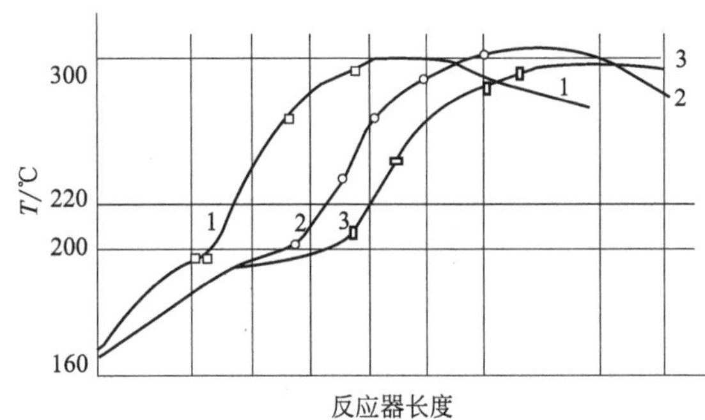

图 5.130　管式反应器第一区间的温度分布

1—217～220℃；2—205℃；3—195℃[232]

为了减少加热反应混合物到氧气引发的起始温度所需要的反应器长度，避免热水（温度从 155～160℃到 225℃）可能带来的副作用。应该提供额外的供热手段，即采用液体过氧化物作为过程的先导性引发剂。

应用过氧化物作为引发剂的主要特点之一就是引发剂在所对应的温度范围进行有效引发，即生产单位质量聚合物产品消耗引发剂量最少。

各种过氧化物引发剂，当应用于釜式和管式反应器乙烯聚合时，在有效的温度范围内，其相对消耗值见表 5.25。

表 5.25　在乙烯聚合的最优温度条件下过氧化物引发剂消耗比值[232]

序号	引发剂	最优温度/℃	每吨聚乙烯的引发剂消耗比值					
			釜式反应器			管式反应器		
			质量/kg	物质的量/mol	活性 O_2	质量/kg	物质的量/mol	活性 O_2
1	Triganox 36	168	2.2	7.0	35	2.8	9.0	45
2	Triganox 21	190	0.63	2.9	20			
3	Triganox 42	215	0.44	1.9	15			
4	Triganox C	230	0.39	2.0	15	0.7	3.0	20
5	Triganox B	255	0.15	1.0	10			

(3) 联合采用氧气和过氧化物引发的乙烯聚合

联合使用过氧化物和氧气作为引发剂，为有效改进管式法聚乙烯工艺提供了手段。在氧气活性非常低的温度范围内使用低温过氧化物引发剂，将不会显著改变氧气引发所要求的温度分布。通过将反应混合物集中加热到氧气能有效引发的起始温度，使温度分布朝反应入口平移。

一般，在氧气引发的聚合过程中，应用低温过氧化物具有如下特点：

① 朝反应器入口平移温度分布；

② 在低温引发步骤中得到额外的聚合物产率（转化率绝对值增加 1%）；

③ 在低温区间发生的聚合过程对反应混合物后来的温度分布几乎没有影响；

④ 以相对低温的热水（180～185℃）作为加热剂，在管式反应器第 1 区，提前使用过氧化物组合物，例如 Triganox 36 和 Triganox 21 作为引发剂，可以优化管式反应器控温的性能，增加聚乙烯的绝对产率 10%以上。

可见，适当地选择过氧化物引发剂，可以明显增强管式（和釜式）高压聚乙烯反应器的效率。

5.5　乙烯溶液聚合技术

聚乙烯可以通过悬浮（浆液）聚合、溶液聚合、气相聚合和本体高压聚合等四种不同的工艺路线生产。虽然工艺技术在不断向连续气相聚合的方向发展，但由于某些特殊牌号聚合物不能在气相工艺中生产，使人们认识到其他技术路线也具有重要的工业价值。

乙烯溶液聚合技术是当前聚烯烃的热点生产技术之一，但是有关的工艺与反应器研究文献不多。本节将以可溶性 Z-N 催化剂作用的乙烯/1-丁烯高温溶液聚合[257-259] 为例，介绍工艺和反应器技术特点。由于 Z-N 催化剂在高温溶液状态下的聚合反应动力学[260] 与茂金属催化剂和 CGC 催化剂相似[261,262]，催化剂活性都是快速衰减型，因此，传统 Z-N 催化剂乙烯溶液聚合与现代单中心催化乙烯溶液聚合工艺之间具有一定的互鉴意义。

与悬浮和气相等非均相催化工艺相比，溶液均相催化工艺具有不少优势。首先，由于反应环境的均匀性，最终聚合物的分子量分布（MWD）及其工艺变量更容易控制。聚合温度可以更高，反应速率更快，聚合物生产速率更大。然而，由于温度较高，在溶液工艺中不能达到高分子量和超高分子量。生产高浓度聚合物溶液所需的停留时间较短，故可使用较小的反应器，不同牌号之间的切换速度更快，过渡料大幅减少，但需要配置溶剂回收设施。

另一方面，与高压乙烯自由基聚合工艺（本体聚合）相比，在溶液中用配位聚合机理生产的聚合物分子结构要规则得多，前者的特点是支链多、密度低。高压乙烯自由基聚合实际上使用了超临界乙烯单体作为溶剂，无需外加溶剂，聚合物脱挥非常容易。基于近年来高压乙烯聚合工艺在节能降耗、工艺安全方面取得的巨大进步（参见第 6 章），高压乙烯自由基聚合与高压乙烯催化聚合相结合，不仅大大增加了对聚合物分子结构的调控，而且强化了聚合物的脱挥。作为一种新的聚合技术，本节将用少量篇幅予以介绍。

5.5.1 乙烯/1-丁烯溶液聚合动力学

尽管文献中有许多非常详细的聚合动力学机理研究，但人们对高温聚合条件下 Z-N 催化剂和茂金属催化剂的乙烯（共）聚合动力学知之甚少。Wu 等[260] 选用多孔聚合物作为 Mg/Ti 催化剂载体，TEA 为助催化剂，Isopar E 为溶剂，进行乙烯/1-己烯的溶液共聚合，发现了催化剂聚合活性的快速衰减型动力学曲线（图 5.131）。

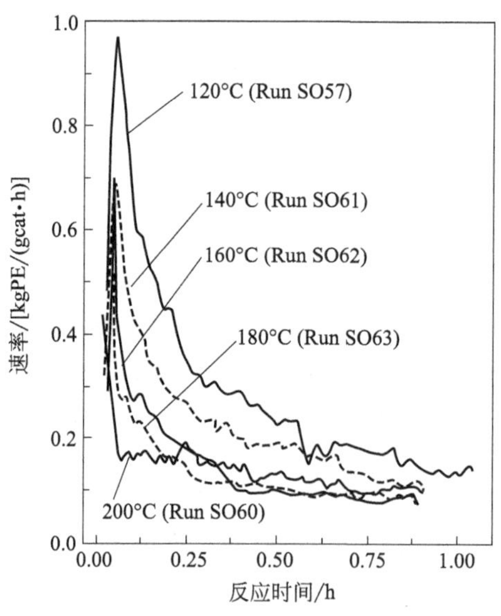

图 5.131　乙烯溶液聚合时催化活性衰减曲线（总压 1.4MPa）[260]

Embirucu 等[257,259] 为简化溶液聚合过程模拟，采用乙烯均聚机理模拟乙烯/1-丁烯的共聚。表 5.26 列出了乙烯均聚涉及的重要基元反应步骤和对应的速率方程。进一步，利用有限的公开数据和装置现场获得的工艺数据，建立了乙烯溶液聚合的动力学模型（表 5.27）。

表 5.26 乙烯溶液聚合动力学机理[257]

反应步骤	反应式	速率表达式
瞬时反应		
活性位的形成	$C+CC \longrightarrow C^*$	瞬时
催化剂中毒	$I_{CC}+CC \longrightarrow CCD$	瞬时
	$I_{C*}+C^* \longrightarrow CD$	瞬时
链引发	$C^*+M \xrightarrow{k_i} P_1$	$k_i[C^*][M]$
链增长	$P_j+M \xrightarrow{k_p} P_{j+1}$	$k_p[P_j][M]$
链转移		
向氢气转移	$P_j+H_2 \xrightarrow{k_{fH}} C^*+U_j$	$k_{fH}[P_j][H_2]^{1/2}$
向单体转移	$P_j+M \xrightarrow{k_{fM}} P_1+U_j$	$k_{fM}[P_j][M]$
自发转移	$P_j \xrightarrow{k_f} C^*+U_j$	$k_f[P_j]$
向烷基铝转移	$P_j+CC \xrightarrow{k_{fCC}} C^*+U$	$k_{fCC}[P_j][CC]^{1/2}$
终止反应		
自发失活	$C^* \xrightarrow{k_d} CD$	$k_d[C^*]$
与氢气的终止反应	$P_j+H_2 \xrightarrow{k_{tH}} CD+U_j$	$k_{tH}[P_j][H_2]^{1/2}$
与单体的终止反应	$P_j+M \xrightarrow{k_{tM}} CD+U_j$	$k_{tM}[P_j][M]$
自发终止	$P_j \xrightarrow{k_t} CD+U_j$	$k_t[P_j]$

注：C^* 为活性位；CC 为助催化剂；I_{C*} 为催化剂毒物；I_{CC} 为助催化剂毒物；CCD 为失活助催化剂；CD 为失活催化剂；H_2 为氢气；M 为单体；P_j 为链长为 j 的聚合物活性链；U_j 为链长为 j 的聚合物无活性链。

表 5.27 溶液聚合过程模拟所采用的参数[257]

性能	参数	数值	单位
SE	SE_m	0.0103	无量纲
SE	β	−0.048	无量纲
SE	SE_M	0.8728	无量纲
k_p, k_i	$A_p=A_i$	3.8896×10^2	$m^3/(mol \cdot s)$
k_d, k_t	$A_d=A_t$	13.382	1/s
k_{tH}	A_{tH}	8.7109×10^{-2}	$m^3/(mol \cdot s)$
k_{tE}	A_{tE}	6.6522×10^{-6}	$m^3/(mol \cdot s)$
k_{fH}	A_{fH}	14.503	$(m^3/mol)^{0.5}/s$
k_{fE}	A_{fE}	1.35550×10^{-2}	$m^3/(mol \cdot s)$
k_t	A_t	6.8321×10^4	1/s
k_{fCC}	A_{fCC}	2.6252×10^{-2}	$(m^3/mol)^{0.5}/s$
k_p, k_i	$E_p=E_i$	2.0531×10^4	J/mol
k_d, k_t	$E_d=E_t$	2.5111×10^4	J/mol

续表

性能	参数	数值	单位
k_{tH}	E_{tH}	2.5111×10^4	J/mol
k_{tE}	E_{tE}	2.5111×10^4	J/mol
k_{fH}	E_{fH}	1.455×10^4	J/mol
k_{fE}	E_{fE}	1.455×10^4	J/mol
k_t	E_t	4.645×10^4	J/mol
k_{fCC}	E_{fCC}	1.455×10^4	J/mol
MI	α	4.195×10^{19}	(g/10min),(g/mol)
MI	β	−3.9252	(g/10min),(g/mol)
ρ	α	0.9424	g/mL
ρ	β	4.08×10^{-3}	(g/mL),(g/10min)
ρ	γ	1.094×10^{-2}	g/mL
ρ	δ	−56.37	(g/mL),(%)
ρ	ε	0.4668	(g/mL),(%)
B	D_o	0.14762	1/s
B	D_f	4.403×10^{-3}	1/(%·s)
B	D_1	1.061×10^{-3}	1/(A·s)

首先，一些杂质（毒物）会减少反应器中催化剂和助催化剂分子的数量，影响 Z-N 催化乙烯溶液聚合。杂质一般包括水、酮类、有机酸、醇类、一氧化碳、二氧化碳、氧气、硫化合物等。因为杂质一般是未知的，并且以未知的浓度存在于反应器中，活性抑制和中毒的动力学建模是极为困难的，故假定中毒反应是瞬时完成的。此外，某些杂质还可能是链转移剂，影响最终聚合物的 MWD，在此均做了简化处理。

表 5.26 列出了几种可能的链转移反应。在装置现场氢气无疑是最重要的链转移剂，用于调控聚合物的 M_w 和 MWD。在链转移反应发生之前，氢分子必须在催化剂表面吸附和解离，所以假定相应反应速率对氢浓度依赖关系为 0.5 级是合理的[257]。另一个重要问题是催化剂的稳定性。高温溶液聚合催化剂的活性衰减非常快，催化剂活性的半衰期为几秒钟到几分钟，给反应器设计和操作带来了挑战。

上述乙烯均聚动力学机理很容易拓展为共聚合动力学机理，只要增加考虑共聚单体参与链增长等各基元反应步骤即可。由于缺乏相关实验数据，并考虑到共聚单体在进料流中的添加量很小，而且乙烯的反应活性降低至原来的 1/30，因此共聚单体的转化率总是很低的。因此，有时可以将乙烯/1-丁烯共聚合简化为拟均聚过程处理。共聚单体对聚合物最终性能的影响则通过其它经验关系模拟。

建立聚合动力学模型离不开关于催化剂活性位种类数目的假设。产生多种活性位点的原因很多，例如，催化剂配方中含有多种过渡金属化合物，催化剂制备过程中过渡金属离子还原不完全，催化剂活化过程中过渡金属络合不完全或过度络合[264]。例如，过量使用助催化剂可能导致催化剂失活。每类活性位点都有其对应的一组反应动力学常数，这对于描述最终聚合物的详细 MWD 是极为必要的。但是，针对装置现场的催化剂制备和活化过程，催化剂/助催化剂比率不允许有很大的变化，而反应器组合工艺中状态变量，如反应器温度和浓度变化较大，因此在动力学模型中考虑催化剂活性位数量的意义较小，故采用单一活性物种的假定来描述催化剂的平均行为，动力学模型大大简化。

5.5.2　乙烯/1-辛烯溶液聚合动力学

Mehdiabadi 等[261] 以外消旋-二甲基硅基双(茚基)二甲基铪和四取代（五氟苯基）硼酸盐二甲基苯胺盐 {$[B(C_6F_5)_4]^-$ $[Me_2NHPh]^+$} 为催化体系，以三辛基铝（TOA）为清除剂，在半批量溶液反应器中研究了乙烯/1-辛烯的共聚合。发现催化剂的乙烯聚合活性呈现衰减型的动力学（如图 5.132）。

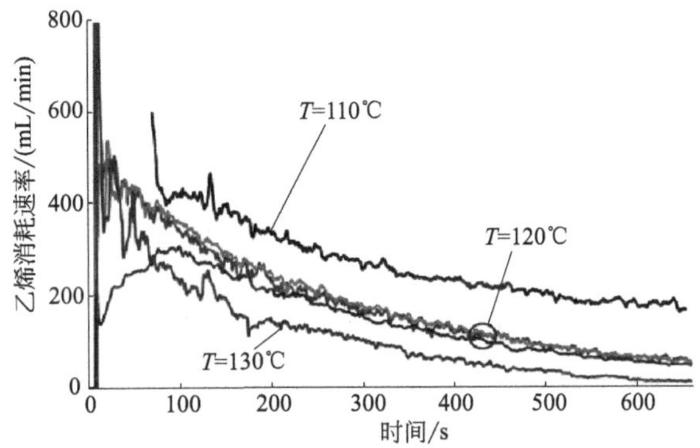

图 5.132　不同温度的聚合反应时乙烯消耗速率曲线[261]

实验条件：乙烯分压 120psi，甲苯溶剂体积 222.8mL，催化剂浓度 2.51×10^{-6}mol/L，Al/Hf=487，B/Hf=1.81，聚合时间 11min

由于没有考虑催化剂活性位点的浓度，故所测动力学常数只是表观值。实验观察到乙烯浓度的一级链增长速率和一级催化剂失活动力学。表 5.28 总结了聚合的基元反应步骤。

表 5.28　乙烯溶液聚合机理[261]

反应机理	反应过程
链引发	$C+M\xrightarrow{k_p}P_0$
链增长	$P_r+M\xrightarrow{k_p}P_{r+1}$
失活	$P_r\xrightarrow{k_d}D_r+C_d$
	$C\xrightarrow{k_d}C_d$
转移反应	
β-氢消除	$P_r\xrightarrow{k_\beta}D_r+P_0$
向单体转移	$P_r+M\xrightarrow{k_M}D_r+P_1$
向 H_2 转移	$P_r+H_2\xrightarrow{k_H}D_r+P_0$
向助催化剂转移	$P_r+Al\xrightarrow{k_{Al}}D_r+P_0$

注：C—活性位；M—单体；H_2—氢气；Al—助催化剂(不含硼酸盐)；P_r—长度 r 的活性链；D_r—长度 r 的死链；C_d—失活位点；k_p—链增长速率常数；k_d—失活速率常数；k_β—β 氢消除速率常数；k_M—向单体转移的速率常数；k_H—向 H_2 转移的速率常数；k_{Al}—向助催化剂转移的速率常数。

(1) 聚合温度

聚合温度是溶液聚合的重要控制变量。表 5.29 是实验获得的该催化体系作用下的聚合速率常数与温度的关系。根据表 5.29 的数据，k_d 的活化能（E_d）估计值为 70kJ/mol。k_p 的活化能（E_p）为 8.6kJ/mol。

表 5.29 聚合速率常数的估计值[280]

序号	T/℃	k_p[M]/s^{-1}	k_d/s^{-1}
1	120	603.4	0.00346
2	110	547.1	0.00176
3	130	542	0.0052
4	120	556.4	0.00317
5	120	515.5	0.00329

正如预期的那样，催化剂失活的活化能比链增长的活化能高，这意味着一定聚合时间内聚合物的平均收率将随着聚合温度的升高经过一个最大值。由于较高的 β 氢消除率，图 5.133 显示分子量平均值随着温度的升高而降低；PDI 接近 2.0，证实了该催化剂系统的单活性中心特征。

(2) 催化剂和助催化剂添加模式

在其它条件相同的情况下发现，当 TOA 和硼酸盐依次加入反应器，然后再加入主催化剂时（A 模式），聚合活性较低，分子量呈双峰分布。当 TOA 首先被加入反应器中，而后催化剂和硼酸盐的混合物被加入反应器时（B 模式），聚合速率大幅提高，而且分子量呈单峰分布（图 5.134）。表明 A 模式形成了两种催化剂活性位。催化体系中一部分 TOA 作为杂质清除剂，而另一部分 TOA 分子将与一部分硼酸盐反应，形成一个新的化学物种，负责在催化剂活化过程中产生一类新的催化剂位点，很可能使聚合物具有较低的分子量。另一种类型催化剂位点将通过催化剂和硼酸盐的直接络合而形成，类似于 B 模式（同时添加）的催化剂活性位点类型，负责生产高分子量聚合物链。A 模式（顺序添加）的聚合速率较低，可能与有效硼酸盐浓度的降低有关，这是由于 TOA 和硼酸盐之间的反应造成的。对于 B 模式（同时添加），当硼酸盐被添加到催化剂溶液中时，迅速观察到溶液颜色从透明变为黄色。可能是这两个物种之间的反应使催化剂稳定，但是 TOA 仍然可以攻击这个稳定的复合物，只是攻击变缓慢；因此在 B 模式（同时添加）中催化剂的活性要高得多。如果这个假设是正确的，我们期望反应器中 TOA 浓度的降低应该导致 k_d 值的降低。

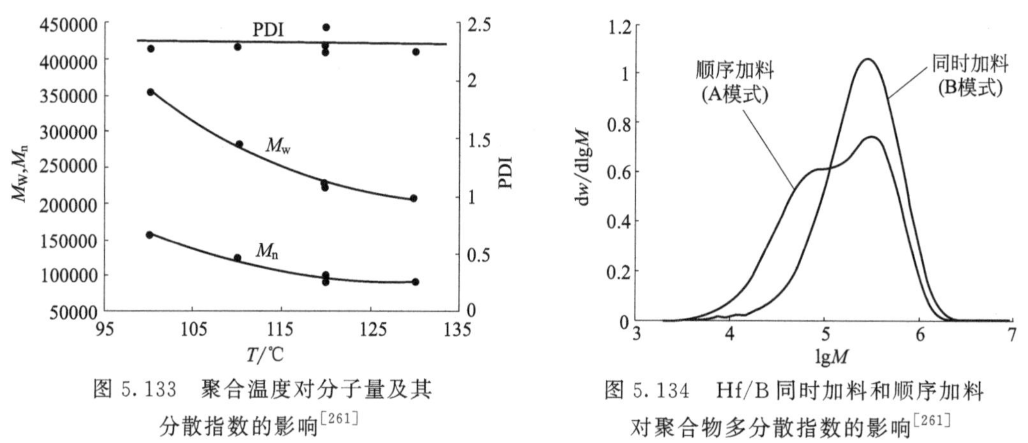

图 5.133 聚合温度对分子量及其分散指数的影响[261]

图 5.134 Hf/B 同时加料和顺序加料对聚合物多分散指数的影响[261]

表 5.30 总结了 Hf/B 的两种混合模式对聚合物收率和分子量的影响。在 B 模式（同时添加）情况下，注入催化剂后的聚合速率很高，导致流量计在几秒钟内达到饱和；而在 A 模式

（顺序加注）情况下，聚合速率要低很多。A 模式的催化总体活性比 B 模式低一个数量级。

表 5.30　Hf/B A 模式（顺序）和 B 模式（同时）对聚合物收率和分子量的影响

项目	产量/g	M_n	M_w	PDI	$M_w^{①}$	活性②
同时进料	3.55	144000	333000	2.31	350000	54133
顺序进料	0.55	66900	238000	3.56	237000	5365

① 用 15°光散射检测器检测聚合物绝对分子量。
② 活性单位为 kg PE/(mol・h)。

（3）TOA 和硼酸盐浓度的影响

研究了 TOA 和硼酸盐浓度对催化剂活性、M_n 和 M_w 的影响。实验数据分析表明，在给定的温度、压力下，硼酸盐对分子量的影响不显著，但 TOA 对 M_n 和 M_w 的影响是显著的。M_n 和 M_w 都随着加入反应器中 TOA 的增加而降低，表明 TOA 起到了链转移剂的作用。在所有的聚合反应中，分散指数几乎保持不变，接近 2.0，表明在所研究的 TOA 浓度范围内，催化剂系统保持其单活性中心特点。用以下模型方程对整个 TOA 和硼酸盐浓度范围内的 M_n 数据进行了非线性回归。

$$M_n = \frac{1}{a + b \times [\mathrm{TOA}]} \tag{5.57}$$

再使用非线性最小二乘法，模型参数估计值是 $a=(5.67\times10^{-6}\pm4.1\times10^{-7})$ mol/g 和 $b=(0.0034\pm0.0006)$ L/g。

（4）TOA 对催化剂失活的影响

实验发现，B/Hf=1 时，随着 TOA 浓度的增加，k_d 线性增加。可能是过量的 TOA 使催化剂活性点失活。由于反应器中 TOA 浓度相对较高，该失活反应导致的 TOA 浓度下降可以忽略不计，k_d 的估计值实际上是总括常数 $K_d = k_d \times [\mathrm{TOA}]$。

由于 TOA 是一种杂质清除剂，当其浓度为零时，聚合活性实际上为零。增加 TOA 浓度最初会导致更高的聚合速率，但由于 TOA 的失活作用，TOA 浓度超过最佳值会促进催化剂的失活。图 5.135 列出了 k_d 估算值与 TOA 浓度的关系。增加 B/Hf 比率会使 k_d 估算值下降，使 k_d 对反应器中 TOA 浓度的变化不那么敏感。我们可以认为，催化剂位点周围过量的硼酸盐可能使它们更稳定，不容易被 TOA 失活。

基于图 5.135 数据，提出了以下经验关系，以量化 TOA 和硼酸盐浓度在该实验范围内对 k_d 的影响[261]。

$$k_d = k_{d0} + a \times [\mathrm{TOA}] + b'\left(\frac{[\mathrm{B}]}{[\mathrm{Hf}]}\right) \times [\mathrm{TOA}] \tag{5.58}$$

式中，a，b' 和 k_{d0} 是与聚合温度有关的常数。

由于催化剂浓度 [Hf] 在实验中保持不变，因此在公式中使用硼酸盐浓度 [B] 而不用 [B]/[Hf] 作为调节变量。

$$k_d = k_{d0} + a \times [\mathrm{TOA}] + b \times [\mathrm{B}][\mathrm{TOA}] \tag{5.59}$$

式中，$a=6.78$，$b=-1.267\times10^{6}$ 和 $k_{d0}=0.00258$。

总之，降低 TOA 浓度和增加硼酸盐浓度会降低 k_d 值，使催化剂在聚合过程中更加稳定。

（5）硼酸盐浓度对聚合动力学的影响

实验表明较高的 B/Hf 比率增加了聚合速率，减少了催化剂失活速率，聚合物产量与硼酸盐浓度之间存在明显的线性关系。硼酸盐助催化剂有助于稳定活性位点，而 TOA 在较低浓度下充当杂质清除剂，但在较高浓度下会促进催化剂失活。

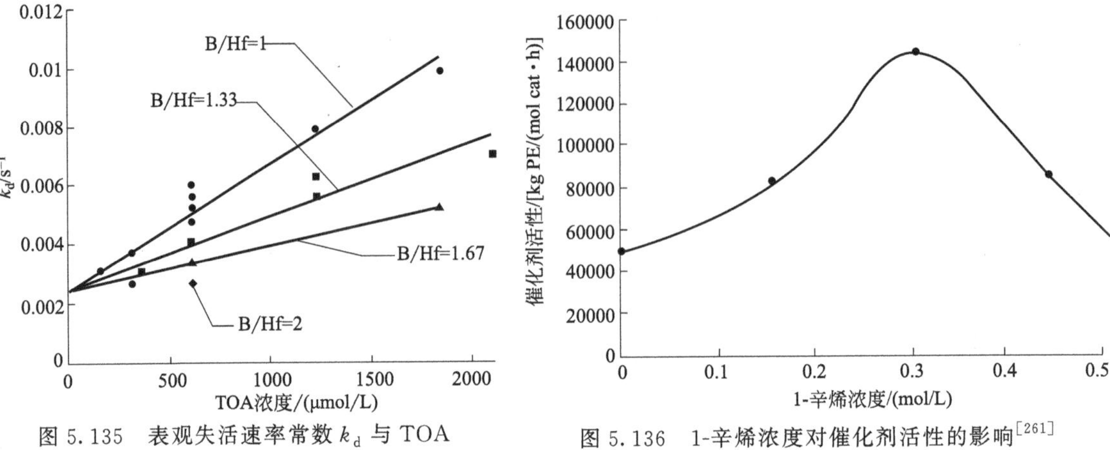

图 5.135　表观失活速率常数 k_d 与 TOA 浓度和 B/Hf 比例的关系[261]

图 5.136　1-辛烯浓度对催化剂活性的影响[261]

(6) 乙烯和 1-辛烯共聚

通过逐步增加 1-辛烯浓度，k_p[M] 表观值的变化是先通过最大值然后降低，证明了乙烯在配位催化剂作用下发生共聚时，存在众所周知的共聚单体正效应，见图 5.136。在 0.3mol/L 的 1-辛烯浓度下，催化剂活性达到最大值，几乎是均聚的三倍。除了 1-辛烯浓度为 0.156mol/L 时 k_d 值特别低之外，其它 1-辛烯浓度下 k_d 几乎相同（表 5.31）。因为这些聚合是在没有传热、传质阻力的溶液中进行的，所以这种行为可以完全归因于催化剂活性位点与 1-辛烯共聚单体的相互作用。增加 1-辛烯浓度会导致聚合物平均分子量降低，这可能是由于链转移到 1-辛烯。而多分散指数仍接近理想值 2.0。这些共聚物的 CRYSTAF 曲线窄且单峰分布，表明仅存在一种类型催化剂活性位点。增加反应器中 1-辛烯的浓度会使 CRYSTAF 曲线的峰温度降低，表明共聚物中结合了更多的共聚单体。

表 5.31　共聚合时模型参数估算值

1-辛烯浓度/(mol/L)	产量/g	活性/[kg PE/(mol cat·h)]	k_p[M]/s^{-1}	k_d/s^{-1}	M_w	M_n	PDI
0	3.50	51200	492	0.00164	338000	163000	2.1
0.156	5.78	84400	591	0.00061	318000	159000	2.0
0.305	10.0	146089	1269	0.00166	263000	125000	2.1
0.446	5.83	85112	692	0.00177	234000	114000	2.0

王金强等[262] 研究了限制几何构型催化剂二甲基硅基(*N*-叔丁氨基)(四甲基环戊二烯基)二氯化钛（图 5.137）/三异丁基铝（i-Bu_3Al）/硼酸盐[CGC-Ti/i-Bu_3Al/$Ph_3C^+B(C_6F_5)_4^-$]催化乙烯均聚及乙烯与 1-辛烯的共聚行为。该催化体系的活性在（5～6.5）$\times10^{-6}$g/(mol·h) 范围内。乙烯均聚结果表明：随着 i-Bu_3Al 用量的增加，聚合活性先升高后降低；在低乙烯浓度时，乙烯均聚速率是乙烯浓度的二级反应动力学。乙烯与 1-辛烯共聚结果表明：随着 1-辛烯初始浓度升高，聚合活性先升高后平稳；改变 1-辛烯的初始浓度可以实现对共聚单体插入率及共聚物热性能的调控；在共聚体系内加入氢气，能够提高且稳定聚合活性，降低聚合物的分子量，使分子量分布变宽。

如图5.138的实验所示，保持乙烯分压0.9MPa，加入氢气使共聚活性升高，当氢气分压为0.28MPa时，活性提高了约22.6%。类似于丙烯[264]以及1-己烯的聚合[265]。1-辛烯聚合时会产生β-甲基休眠种，加入氢气，使这类休眠种发生链转移，休眠种得到活化，提高了活性。在该实验中，1-辛烯的初始浓度较高，很可能会产生这种休眠种，氢气的加入使活性上升。

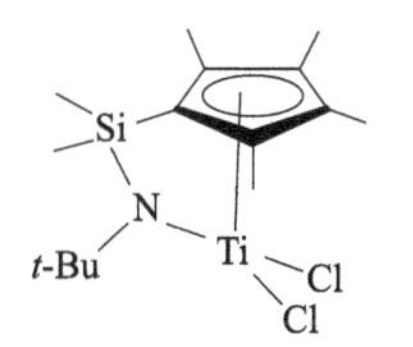

图5.137　典型CGC-Ti的分子结构（t-Bu为叔丁基）[262]

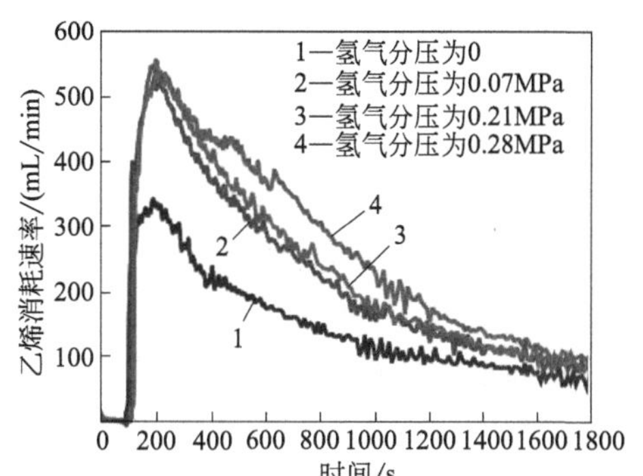

图5.138　CGC-Ti催化作用下的乙烯消耗速率曲线[262]

催化剂5.4μmol；温度90℃；甲苯150mL；

1-辛烯初始浓度0.56mol/L；n（Al）:n(Ti)＝300；n(B):n(Ti)＝1

实验发现，随着聚合体系中1-辛烯初始浓度增高，共聚物的SCB含量增大（图5.139）。当聚合体系中1-辛烯初始浓度为1.04mol/L时，SCB可达61.7个CH_3/1000C，表明该催化剂具有很强的1-辛烯插入能力。

田洲等[266]以序列分布为目标，建立了CGC催化乙烯与1-辛烯共聚过程数学模型。CGC催化体系在90℃温度条件下催化乙烯/1-辛烯共聚过程时，根据文献［267］选取四个交叉链增长速率常数，分别是$k_{pAA}=314.5$L/(mol·s)、$k_{pAB}=78.6$L/(mol·s)、$k_{pBA}=243.2$L/(mol·s)、$k_{pBB}=102.1$L/(mol·s)；二阶失活动力学常数$k_d=139.6$L/(mol·s)；竞聚率$r_A=4.02$、$r_B=0.42$。乙烯平均序列长度与1-辛烯浓度之间的关系见图5.140，可以发现模拟值与实测值符合良好。

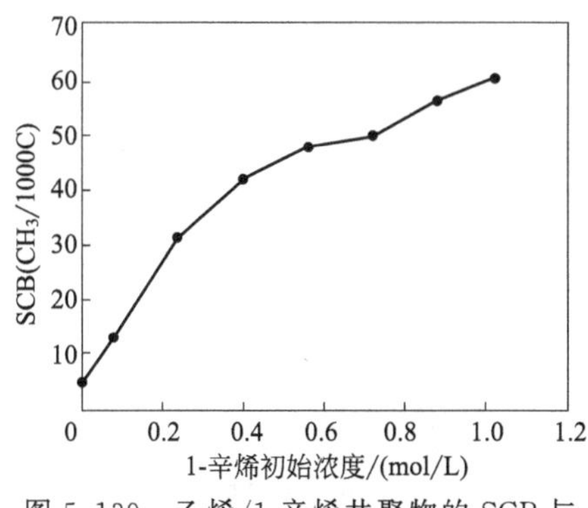

图5.139　乙烯/1-辛烯共聚物的SCB与1-辛烯浓度的关系[262]

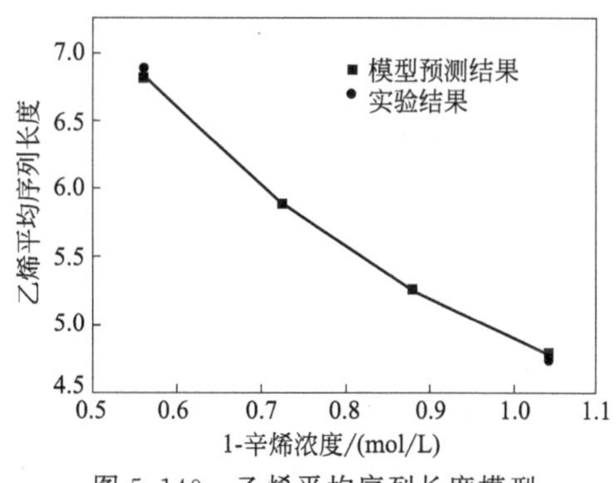

图5.140　乙烯平均序列长度模型预测与实验结果对比[266]

5.5.3　溶液聚合工艺

以商业化的可溶性Z-N催化剂[259]为基础。该催化剂是一种含有不同过渡金属活性中心的混合物，在聚合之前必须由助催化剂激活。催化剂含有不同数量的 $TiCl_4$ 和 $VOCl_3$，并作为活性物种，在聚合之前必须由三乙基铝（TEA）激活。这里使用的催化剂被称为标准催化剂或催化剂 A。催化剂活化操作是在催化剂进料罐中进行的，因此，催化剂物种是以活化态进料的。活化温度可作为工艺操作的控制变量。由于在最后聚合釜出口处催化剂仍有活性，因此需要加入一些灭活剂，以促进催化剂的失活，避免聚合物降解和低聚物产生。

溶液聚合的有趣之处在于，聚合过程通常在不同的反应器组合中完成，各反应器可以独立或串联运行，工艺操作通常是非常灵活的，并允许生产不同牌号的聚合物，而且牌号过渡时间很短。原料流包括乙烯、1-丁烯、环己烷、Z-N 催化剂和助催化剂的混合物以及氢气。不同原料组分有不同进料位置，进料策略非常灵活。

基本工艺流程见图 5.141。该工艺流程由两个管式反应器（反应器 1 和 3）和一个非理想混合的搅拌反应器（反应器 2）组成，采用绝热操作。该流程可以变化出不同的工艺组合模式，因为所有的反应器都配备了整套原料化学品的注入点。反应器 2 的搅拌器可以关闭，以便使该容器作为一台大直径的管状反应器运行。因此工艺可以由管式反应器、釜式反应器或其他类型反应器的混合模式构造而成。通过改变操作模式调控最终聚合物的分子量分布，生产出更多牌号树脂。

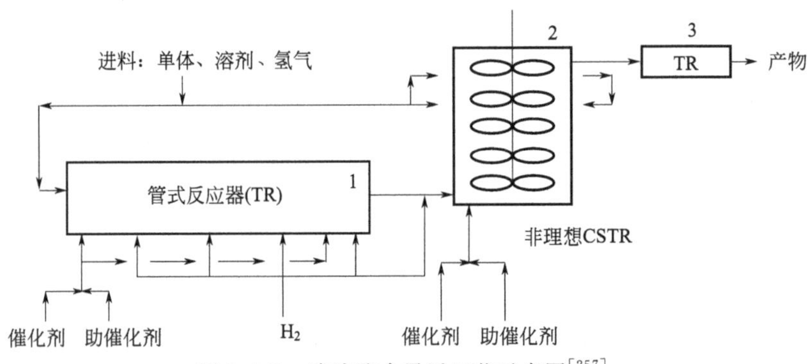

图 5.141　溶液聚合灵活工艺示意图[257]

最常使用的两种操作模式是搅拌模式和管道模式。在搅拌模式下，停用反应器 1，打开反应器 2 的搅拌器。混合程度是通过操纵搅拌器转速和侧线进料流量来控制的。该模式由一个非理想的搅拌釜和一个管式反应器串联组成，用于生产分子量分布较窄的聚合物。在管道模式下，单体和催化剂被注入反应器 1，氢气沿管道多点注入，以控制分子量分布。反应器 2 的搅拌器被关闭，因此，该模式由三个管式反应器串联组成。在该模式下，为了避免聚合物在反应器内沉淀，选择并控制合适的进料温度是至关重要的，这种模式常用来生产分子量分布更宽的聚合物。

由于溶液聚合工艺中有大量的独立变量，如何设计合理的变量控制关系是装置工程化和高效运行需要解决的重要问题之一。通过数学模拟手段，考察过程输入变量的阶跃性扰动对系统状态变量的动态响应对解决问题是十分有效的。阶跃扰动变量是根据溶液聚合工艺选择的，扰动是在该输入的变化范围内定义的，其变化范围由装置现场牌号切换的实际过程决定。由于专利和商业秘密的原因，数据做了归一化处理，其中 0 和 1 分别代表输入的最小值和最大值。文献中介绍了模拟所需的典型工艺操作条件和参数，见表 5.26 和表 5.27。

(1) 组合反应器的数学模型

由于生产牌号多样化的要求，乙烯溶液聚合反应器的设计非常灵活，反应器数学模型也相应复杂化。根据对现有工业装置[257]的分析，提出了如图5.142所示的含有平推流和全混流灵活组合的反应器数学模型，以模拟前面所述工艺的所有操作模式。多点进料模式是通过一系列由理想混合器分隔的反应器组合来模拟的。非理想的搅拌式反应器被模拟为一系列理想的CSTR，其中反向回流模拟了连续流反应器的返混程度。由于采用模块化编程，该数学模型还可以模拟其他更多流程构造。为了写出守恒方程，可以采用矩法[268]描述活的和死的聚合物链的分子量分布平均值。

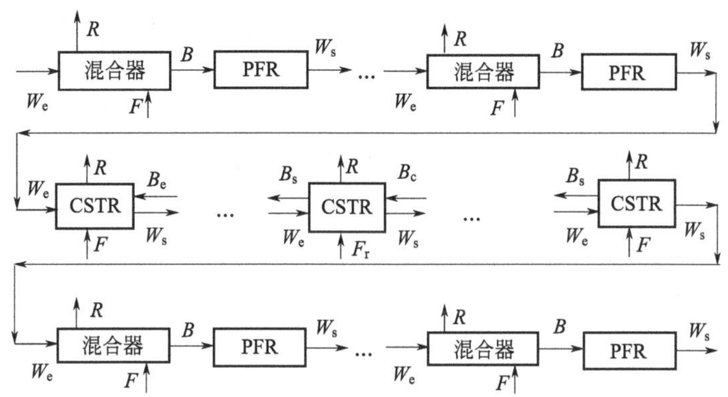

图5.142　灵活组合反应器的通用数学模型[257]

① 反应器质量守恒与能量守恒。对第 r 个CSTR列出如下总体质量守恒方程

$$\frac{\mathrm{d}M_r}{\mathrm{d}t}=W_{(r-1)}+F_r+B_{(r+1)}-R_r-B_r-W_r \tag{5.60}$$

假设反应器体积为常数，方程（5.60）改写为

$$W_r=W_{(r-1)}+F_r+B_{(r+1)}-R_r-B_r-V_r\frac{\mathrm{d}\rho_r}{\mathrm{d}t}$$
$$r=1\Rightarrow B_r=0\quad r=N_r\Rightarrow B_{(r+1)}=0 \tag{5.61}$$

式中，M 是反应器物料质量；W 是进料流量；F_r 是侧向进料流量；R 为侧向出口流量；B 为返混流量；V 为反应区体积；r 是第 r 个反应区；N_r 是反应分区数；ρ 是反应混合物的密度。

假设返混流 B 是搅拌器转速、侧线进料流率和反应器几何尺寸的函数。我们假设这些作用函数具有加和性，且随溶液黏度的增加而减少，提出了以下经验模型。

$$B_r=\frac{\rho_r V_r}{\mu_r}(D_0+D_1 I+D_\mathrm{f} f)$$
$$r=1\Rightarrow B_r=0\quad r=N_r\Rightarrow B_{(r+1)}=0 \tag{5.62}$$

式中，μ 是聚合物溶液的黏度；I 是搅拌器电流（对搅拌转速的间接测量）；f 是反应器 r 的侧线进料流量分数（占总进料流量的分数）；D_0，D_1 和 D_f 是待估计的系数。

可以基于装置现场的实际数据回归方程（5.62），如果需要对返混流量进行更详细模拟，方程（5.62）还可进一步改进。但由于现场工艺值变化范围很小，故没有必要建立更复杂的返混流量计算公式。

在反应器体积恒定的基础上，各组分的质量守恒方程如下

$$\frac{\mathrm{d}[\mathrm{C}]_r}{\mathrm{d}t}=\frac{W_{(r-1)}[\mathrm{C}]_{(r-1)}}{\rho_{(r-1)}V_r}+\frac{F_r[\mathrm{C}]_{F_r}}{\rho_{F_r}V_r}+\frac{B_{(r+1)}[\mathrm{C}]_{(r+1)}}{\rho_{(r+1)}V_r}-\frac{(R_r+B_r+W_r)[\mathrm{C}]_r}{\rho_r V_r}+r_{c_r}$$

$$r=1\Rightarrow B_r=0 \quad r=N_r\Rightarrow B_{(r+1)}=0$$
$$[\mathrm{C}]=\lambda_0,\ \lambda_1,\ \lambda_2,\ \mathrm{EA}_n =(C_n^*+\mu_{0,n}),\ \mathrm{CD}_n,\ \mathrm{M},\ \mathrm{H}_2,\ \mathrm{CC},\ \mathrm{S} \tag{5.63}$$

式中，λ_0、λ_1、λ_2 是聚合物的 0 阶、1 阶、2 阶矩；EA 是活性位和活性链之和（$C^*+\mu_0$）；S 代表溶剂。单个组分的反应速率表达式参考表 5.26。对于反应系统中的其它化学活性物种，使用了拟稳态假设，据此获得这些物种的计算关系式。

假设流体动能和势能项以及搅拌器所做的功可以被忽略，且操作是绝热的，采用标准的聚合动力学假设，可列出其能量平衡，详见文献［257］。

对于管式反应器溶液聚合过程，由于停留时间非常短，采用标准活塞流假设进行建模，总体质量平衡可写为

$$\frac{\partial\rho}{\partial t}=-\frac{\partial(\rho v)}{\partial z}\Leftrightarrow\frac{\partial\rho}{\partial t}=-\frac{\partial\left(\rho\dfrac{W}{\rho A}\right)}{\partial z}\Leftrightarrow\frac{\partial\rho}{\partial t}=-\frac{1}{A}\frac{\partial W}{\partial z} \tag{5.64}$$

式中，W 是质量流速；v 是流速；z 是轴向位置；A 是流动截面积。

单个组分的质量平衡方程可以写成

$$\frac{\partial(v[\mathrm{C}])}{\partial z}+\frac{\partial[\mathrm{C}]}{\partial t}=r_{\mathrm{c}} \tag{5.65}$$

这里，［C］的取值与方程（5.63）相同。

根据前述假定，还可以列出平推流的能量平衡方程。此外，假定可以忽略混合器动态变化，列出理想混合器的质量守恒方程式。根据表 5.26 的各基元反应速率表达，对于每个受控的组分，可列出其反应速率方程。Kim 和 Choi[268] 通过模拟表明，采用拟稳态假设能有效模拟溶液聚合过程，于是可以得到活聚合物链矩值的表达式，参考文献［258］。

② 反应器动量守恒。反应器压降的变化可以反映过程内部的异常情况，因此压降是一个重要的工艺监测变量。在压降的模拟时，可以进行严格的动量衡算，但模型复杂性太高而不合理，因为更简单的方法也可以很好地描述系统压降。提出了如下经验压降方程[276]。

$$\Delta P=K\mu WQ^2 \tag{5.66}$$

式中，K 是一个待定系数；μ 是聚合物溶液的黏度；WQ 是聚合物溶液的体积流量。由于单体转化率总是接近 100%，而聚合物浓度在一个相对较窄的区间内变化，因此公式（5.66）可以用更方便的方式来写

$$\Delta P=K\mu W_u^2 \tag{5.67}$$

式中，W_u 是聚合物生产速率。

③ 物料特性计算。在计算混合物的密度时，假设具有体积加和性；计算混合物的比热容时，假设具有质量加和性。每个组分的密度都是温度的函数，每个化学物种的 C_p 也是温度的函数。

聚合物溶液黏度基本上取决于聚合物的 MWD，因为聚合物的浓度变化不大，所以溶液黏度直接与聚合物熔融指数相关[269]。

$$\mu=a\,\mathrm{MI}^b \tag{5.68}$$

式中，a 和 b 是待定的系数。

在装置现场，通常用来描述最终聚合物树脂特性的是熔融指数（MI）。MI 本质上是对黏度和重均分子量的间接测量。MI 越大，重均分子量越低。由于 MI 测量比其他用于评估平均分子量的技术要方便和快速得多，MI 测量在装置现场的应用非常普遍。尽管人们知道，MWD

和聚合物熔体流动行为之间的关系可能相当复杂，但 MI 的典型经验模型有以下形式。

$$MI=\alpha Mw^{\beta} \tag{5.69}$$

分析工业上溶液法聚乙烯的 MI 分别与重均和数均分子量之间的关联性发现，MI 与最终聚合物的重均分子量之间有很好的关联性。必须指出的是，当考虑最终聚合物树脂中加入了 1-丁烯时，没有必要修改公式（5.69）。这进一步证明了共聚单体的加入程度很低，也表明 1-丁烯对所研究的反应体系来说不是一个重要的链转移剂。如前所述，氢气是 MI 和聚合物最终 MWD 重要的控制变量。

聚合物树脂的另一个重要指标是应力指数（SE），其定义为

$$SE=\frac{\lg(MI[3p]/MI)}{\lg 3} \tag{5.70}$$

式中，p 代表测量 MI 的载荷。

SE 是在不同载荷作用下熔体流过标准孔口时获得的 MI 值的比值。正如公式（5.70）所定义的那样，SE 是衡量聚合物熔体的非牛顿特性和加工性能的重要指标。事实上，SE 与多分散指数（PDI）密切相关，这意味着可以用如下半经验模型来描述 SE 与 PDI 之间的关系，参数取值见表 5.27。

最终聚合物的另一个重要特性是聚合物粉体真密度。该密度用于衡量聚合物的结晶度和聚合链的支化程度。共聚物牌号的密度与最终的共聚物含量有关，因为共聚单体分子在聚合物链中引入短支链，导致聚合物结晶度和密度降低。由于聚合物的结晶度也与平均分子量及其分散性有关，可以说仅仅密度大小还不能明确反映聚合物的组成，需要与 MI 和 SE 联合考虑。

$$SE=\frac{1}{\frac{1}{SE_M}+\frac{\left(\frac{1}{SE_m}-\frac{1}{SE_M}\right)}{\exp\beta}\exp(\beta PDI)} \tag{5.71}$$

按照 Schultz 的建议，乙烯/1-丁烯共聚物密度是 SE、MI 和共聚单体进料浓度的函数，如图 5.143 所示，所分析的变量之间存在相当大的关联性，因此有如下密度计算关联式（参数取值见表 5.27）。

$$\rho=\alpha+\beta\lg(MI)+\gamma SE+\delta[CM]_e^{\varepsilon} \tag{5.72}$$

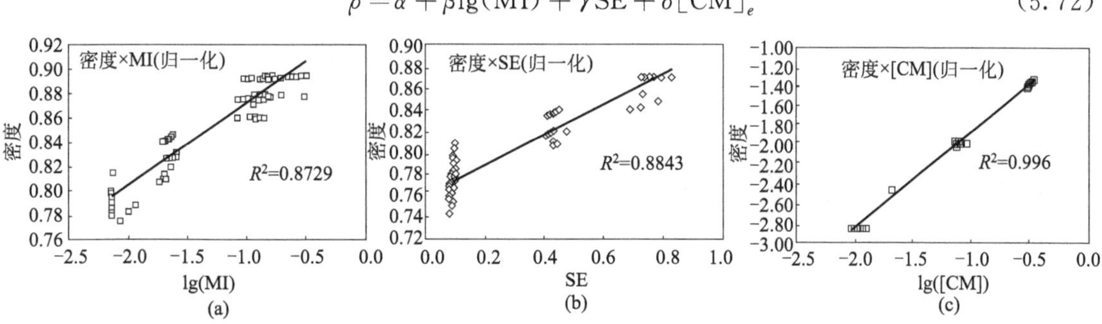

图 5.143 聚合物密度与 MI、SE 以及共聚单体浓度之间相关性[257]

（2）溶液聚合过程变量特性分析

下面的模拟分析采用了表 5.27 所示的动力学参数和其它经验参数。溶液聚合过程一般采用绝热操作模式，反应温度是溶液聚合最重要的特征参数之一。如果入口温度过低（在管式模式中）或反应器出口温度增加过多（在两种模式中），都可能会发生聚合物溶液相分离，导致严重的操作问题。此外，由于催化剂活性衰变的活化能比链增长活化能大得多[257-259]，

进料温度升高后，单体转化率通常会下降；因为与链增长反应相比，链转移反应活化能更高，所以温度升高，MI 增加（并因此导致 ρ 增加和反应器压降 ΔP 减少）。

增加总进料流量，由于停留时间缩短，单体总转化率下降。同时预测，搅拌模式下温度梯度将增加。主要原因是在反应器的第一部分区域产生了大量的高分子量（低 MI）的聚合物，导致混合程度下降，进而导致聚合物多分散指数增加（SE 增加）和聚合物密度降低。在管道模式下，进料流率的增加相当于管式反应器长度的减少，因此观察到的主要影响是单体转化率的损失。总进料流率对聚合物参数（例如 MI 和 SE）的影响要小得多。

氢气进料浓度发生阶跃变化时，MI（以及随之而来的 ρ）随着氢气浓度的增加而明显增加。在搅拌模式下，由于 MI 增加时混合条件改善，反应器内温度梯度和压降也随之降低。在管道模式下，由于沿管程温度升高导致链转移反应速率增加更快，多分散指数显著增加。这意味着对 MI 和 SE 进行独立控制很困难，除非为 MI 设计一些其它控制策略。

催化剂和助催化剂浓度发生阶跃变化，可以有两种情况。在第一种情况下，助催化剂/催化剂的比例保持不变。在第二种情况下，催化剂浓度保持不变，允许助催化剂/催化剂的比例变化。发现随着催化剂浓度的增加单体转化率最初快速增加，随后趋于稳定。这主要是由反应器温度增加和催化剂活性衰减所致。在两种操作模式下，催化剂浓度都有一个非常尖锐的最佳值，超过这个值，由于催化剂活性衰减，聚合物产量不会有明显提高。此外，催化剂浓度的增加，导致反应器内温度和单体浓度梯度较大，伴随着 MI 和 SE 的急剧增加。随着助催化剂浓度的增加，MI 和 SE 也趋于增加，因为助催化剂分子作为链转移剂，影响了最终聚合物链的分子量分布。然而，非常有趣的是，如果助催化剂浓度低于某个最低值，单体转化率可能会急剧下降（这一点被工厂经验所证实）。出现这种情况是因为反应环境中不可避免地存在催化剂和助催化剂毒物。如果没有加入过量的助催化剂清除催化剂的毒物，催化剂的活化就不会充分发生，反应速率就会非常明显地下降。

搅拌模式下可溶性 Z-N 催化剂和助催化剂进料浓度同时变化对单体转化率的影响见图 5.144。发现单体转化率要达到指定的水平，需要有最低的主催化剂和助催化剂进料浓度。图 5.144 还显示，对于每一个指定的催化剂进料浓度，都有一个最佳的助催化剂进料浓度，产生最大的聚合物产率。并且，该最佳值通常非常接近单体转化率开始急剧下降的边界。因此，即使存在最佳值，也要添加过量助催化剂，这样可防止意外造成聚合物产率的明显下降。图 5.144（b）还显示了最佳助催化剂/催化剂比例的几何位置。可以看到，由于催化剂活性衰减和杂质的类型和浓度不同，这个最佳位置是变化的。

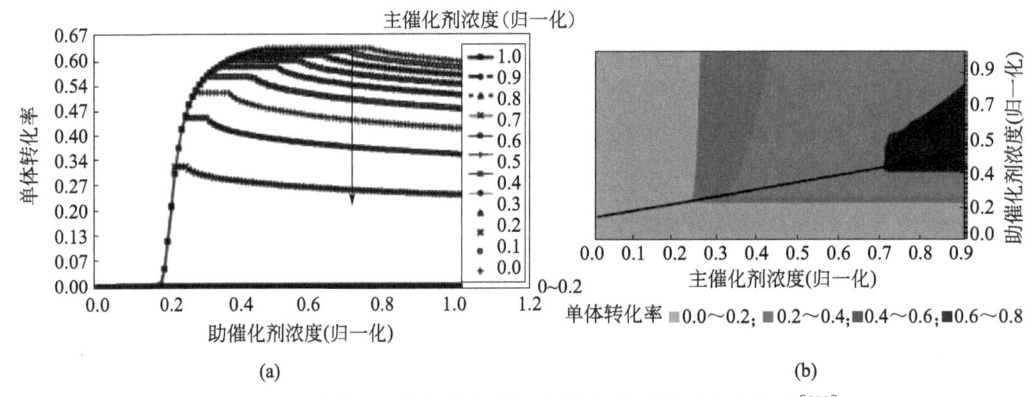

图 5.144 单体转化率与催化剂和助催化剂进料浓度的关系[259]

如果催化剂进料浓度和总进料流量（停留时间）同时变化，单体转化率的变化见图 5.145。可以看出，为了达到指定的单体转化率水平，有一组最佳的操作条件，即所需的催化剂数量最少，停留时间最短（反应器时空产量最大）。在最小停留时间水平以上，转化率的提高非常小，因此，该工艺应在接近最小点的位置操作，以最大限度地提高聚合物的产量。在最小的催化剂浓度水平以上，单体转化率的增加也非常小。请注意，在最低停留时间水平以下，单体转化率下降也是非常迅速的，正如前面对催化剂和助催化剂浓度的观察。因此，进料流速应保持在最佳值以下，以避免因工艺干扰（如催化剂和助催化剂中毒）而导致聚合物产率变化过大。

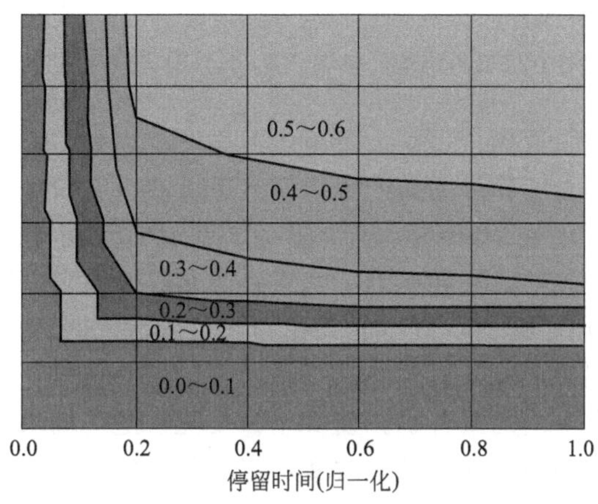

图 5.145　搅拌模式下催化剂进料浓度和停留时间同时变化时转化率（归一化）的响应[259]

重要的是，催化剂进料浓度、助催化剂进料浓度和原料流量变化的工艺响应在很大程度上受到催化剂活性衰减的影响。当催化剂和助催化剂进料浓度增加时，聚合物产量也会增加，因为该系统是绝热操作，当反应温度超过一定限度，单体转化率就会受到催化剂活性剧烈衰变的限制。当进料流量减少时（进料成分保持不变），单体转化率增加，也会观察到类似的行为。

工业上通过调节共聚单体/单体进料比控制聚合物密度。丁烯共聚单体引入短支链到聚合物主链上，得到密度较低的聚合物。共聚单体还将修正链增长和链转移反应的总体速率，影响 MI 的演变，例如，由于共聚单体成分的增加，聚合物的平均分子量下降，导致最终树脂的 MI 增加。

(3) 流程构造的影响

可溶性 Z-N 催化剂作用下的乙烯/1-丁烯连续溶液聚合工艺可以通过设计反应器侧线进料改变聚合环境，增加产品牌号调控能力。图 5.146（a）显示了搅拌模式下用于分析反应器侧线进料流率的阶梯式扰动的序列分布图。图 5.146（b）显示了在搅拌反应器不同区域采用不同的侧线进料策略时 MI 和 SE 等工艺响应情况。发现产品指标对侧线进料流率和进料位置的变化都很敏感。更重要的是，侧线进料流率的改变导致 MI 和 SE 沿相反方向变化。正如之前所观察到的，工艺参数通常会导致 MI 和 SE 同时增加或减少。然而，调控侧线进料流率可以在增加 MI 的同时减少 SE，这意味着独立调控产品 MI 和 SE 是可行的，扩大了目标牌号的生产空间。侧线进料流率变化的产品指标响应程度还取决于其进料位置，为控制问题增加了额外的灵活性。从这个意义上讲，图 5.146 展示了一个有趣的非线性效应，即根据侧线进料水平的不同，第 4 区和第 5 区可以交换其对树脂性能的影响力。

研究了溶液聚合时部分氢气侧线注入管式反应器的情况。发现氢气侧线进料流率和进料

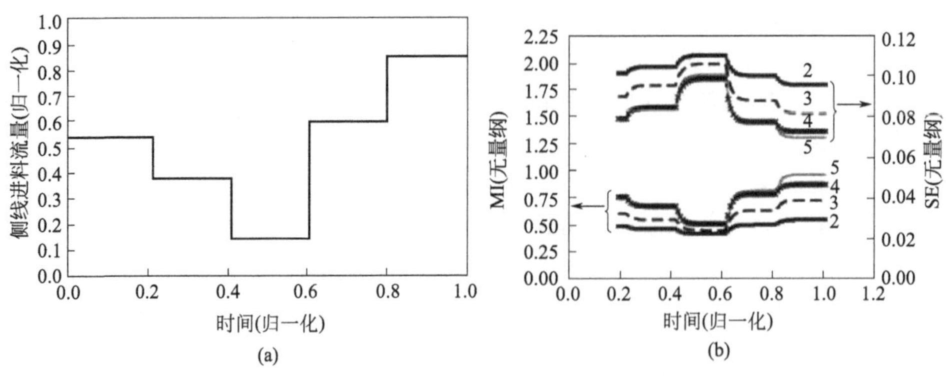

图 5.146 (a) 搅拌釜侧线进料流率的阶梯式变化；(b) 侧线进料位置对产品性能的影响

位置的变化可以对最终树脂性能产生巨大影响，且对 MI 和 SE 有不同的响应。这意味着使用氢气侧线进料可为不同树脂牌号的生产提供巨大灵活性。例如，在管式反应器的中间进料位置，氢气侧线流量的变化对 MI 有很大影响，而在搅拌式反应器进料处，类似的变化所产生的影响可以忽略不计。此外，还观察到一个重要的非线性效应，当氢气在系统起始位置注入时，SE 随着氢气的增加而减少，而当氢气在中间位置注入时，观察到相反的效果。在前一种情况下，在反应器起始点注入氢气补偿了系统端口处的高温，缩小了 MWD。在第二种情况下，产生了两种非常不同的聚合物，使 MWD 变宽。这一结果与实验观察结果一致。

搅拌模式下通过调整轴向搅拌流型来改变反应器分区数量。发现单体转化率对分区数量的变化不太敏感，而 MI 和 SE 的响应较敏感。可以再次观察到，MI 和 SE 变化方向相反。因此，调控轴向搅拌流型为设计更多的聚合物牌号增加了一个新的控制窗口。如果同时改变搅拌速度与分区数量，那么过程响应可能会进一步放大。

可见通过增加沿反应器轴向浓度分布的控制能力，获得了额外自由度，实现了独立控制和设计具有不同 MI 和 SE 的树脂牌号的目的。例如，操控侧线进料流率，操控轴向浓度分布或操控轴向混合流型，使不同尺寸的反应容器组合在一起完成规定的聚合反应。

表 5.32 搅拌模式的溶液聚合工艺参数的平均灵敏度[259]

项目	x	W_u	Cat.	ΔT_{Int}	T	MI	SE	ΔT_{Tot}	ΔP	ρ
$[CC]_e/[C]_e$①	**2.268**	2.266	3.069	23.35	2.174	*63.64*	0.086	2.518	36.95	0.174
$[M]_e$	−0.738	**4.250**	*−25.689*	8.754	4.207	5.944	−0.035	4.874	6.076	0.011
W_e	0.027	0.891	***2.322***	0.974	0.026	−1.091	0.019	0.030	2.063	−0.002
F	−0.031	−0.031	0.819	***−4.233***	−0.031	1.869	−0.059	−0.036	−0.863	0.003
$[C]_e$	0.586	0.586	0.950①	−3.471	**0.506**	9.845	0.022	0.586	−5.797	0.027
$[H_2]_e$	0.002	0.002	0.466	−2.156	0.000	***8.130***	−0.038	0.000	−3.569	0.015
$[CM]_e$	−0.542	0.551	−0.970	−0.498	0.029	0.784	−0.071	0.163	−0.985	***−1.235***
T_e	−0.026	−0.026	−0.714	−0.070	0.136	1.039	−0.005	−0.227	−0.435	0.002
A_g	0.000	0.000	0.100①	−0.231	0.000	0.064	−0.003	0.000	−0.025	0.000

①灵敏度绝对值的平均值。

注：1. 黑体字数值可选为控制与被控制关系；斜体字数值代表最重要的输入输出作用关系；下划线数值代表某些特定输出变量对输入变量的最重要的作用关系。

2. 工艺参数变量包括：x 为转化率；W_u 为聚合物质量流率；Cat. 为催化剂流量；ΔT_{Int} 为内部温差；T 为聚合温度；MI 为熔融指数；SE 为应力指数；ΔT_{Tot} 为总温差；ΔP 为压降；ρ 为密度。

3. 可输入的操作变量：$[CC]_e/[C]_e$ 为入口处助催化剂和主催化剂之比；$[M]_e$ 为入口处单体浓度；W_e 为入口质量流量；F 为侧线进料流量；$[C]_e$ 为入口催化剂浓度；$[H_2]_e$ 为入口氢气浓度；$[CM]_e$ 为入口共聚单体浓度；T_e 为入口温度；A_g 为搅拌转速。

通过过程输入变量的一系列阶梯式扰动，在两个方向增加和减少，进行动态模拟后得到的参数敏感度分析完整涵盖整个工业操作区间。表 5.32 显示，搅拌模式最重要的工艺输入变量是催化剂进料组分（可用于调节反应温度），单体进料组分（可用于确定聚合物产量）和助催化剂进料组分（可用于控制单体转化率）。在这种情况下，隐含假定停留时间（总进料流量）处于最佳值，以使催化剂消耗最低。如果流程构造保持不变，其它变量主要受这三个工艺输入所控制。因此，提高抑制活性的速率或增加催化剂和/或助催化剂毒物浓度，引起催化剂活性发生变化，都可能同时导致聚合物产量下降和失去对聚合物树脂最终性能的控制。因此，必须非常严格地控制催化剂活性（和单体转化率）。

表 5.33　管式模式的溶液聚合工艺参数平均灵敏度因子

项目	x	W_u	ΔT_{Tot}	Cat.	ΔT_{Int}	T	MI	ΔP	SE	ρ
$[CC]_e/[C]_e$	**2.010**①	2.018①	2.490①	−10.427	*64.48*①	1.627①	*−12.67*①	8.390①	6.645①	0.091①
$[M]_e$	−0.823	**5.042**	4.184	*13.57*①	12.757	2.780	−2.650	11.999	0.134①	−0.007
W_e	−0.010	0.745	−0.013	***2.568***	1.766	−0.008	0.326	1.224	−0.033	0.000
$[C]_e$	0.608	0.609	0.678	*−3.415*	−8.825	**0.443**	1.792①	1.091	1.048	0.019
$[H_2]_e$	−0.013	−0.013	−0.021	1.082	−0.787	−0.014	***10.659***	−5.494	−0.350	0.017
$[H_2]_{z,e}$	−0.001	−0.001	−0.004	−0.004	−0.077	−0.002	*1.533*	−0.412	**0.196**	0.006
$[CM]_e$	−0.240	1.045	3.571	−6.069	2.689	0.187	*11.191*	−7.140	−0.567	**−9.053**
T_e	−0.017	−0.015	−0.180	*−2.005*	−0.909	0.200	0.769	−0.318	0.028	0.002
A_g	−0.002	−0.002	−0.003	*0.228*	−0.114	−0.002	0.000	−0.004	0.000	0.000

① 灵敏度绝对值的平均值。

注：1. 符号意义同表 5.32。

2. $[H_2]_{z,e}$ 为氢气中间进料的入口浓度；其它符号意义同表 5.32。

由于通常用于控制聚合物产率的输入变量对最终的聚合物特性也有很大的影响，必须借助氢气进料浓度的调节，控制最终树脂的 MI 和 SE。此时，还可以利用侧线进料流量和轴向搅拌流型来微调 MI 和 SE 值，获得目标聚合物牌号。均聚物树脂密度基本上是由树脂 MI 和 SE 决定的，因此不能对密度做独立控制。然而，如果在进料流中加入不同数量的共聚单体，则可以使密度变小。从控制的角度来看，牌号切换通常是由进料策略和混合流型的变化决定的，而不仅仅是由氢气和单体进料浓度的变化决定的。

反应器的 ΔP 和 ΔT 对催化剂活性的变化反应很灵敏（如表 5.33 所示），是工艺监测或装置现场操作工况异常的重要指示参数，可以据此对催化剂活性和树脂性能进行快速在线修正。

图 5.147 描述了 MI 和 SE 对几个重要变量的敏感性。若需要同时调整 MI、SE 两参数，可根据各变量灵敏度数据综合确定补偿方案。但无论如何催化剂和氢气是控制树脂特性的最重要变量。

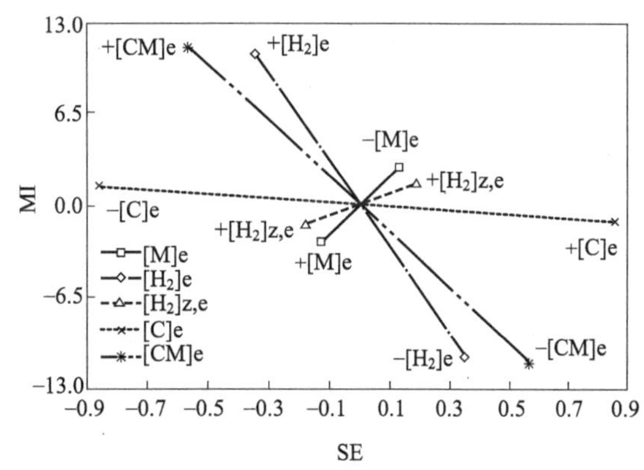

图 5.147　管道模式的溶液聚合中 MI 和 SE 对若干变量的敏感性[259]

由于存在聚合物溶液相分离问题，人们对两种反应器模式出口温度的最大值都有限制，额外地，对管道模式的进口温度的最小值也有限制。故管道模式的操作温升较低，搅拌模式允许有更高的生产速率。另外，管道模式必须在较低的单体浓度和/或较低的流速下运行，方可实现较高的转化率。

两种溶液聚合模式生产的树脂特性存在着重要的差别。由于在聚合起始阶段的低温和高单体浓度，以及在反应结束时的高温和低单体浓度的组合，管道模式下树脂MWD宽，产率较低，压降 ΔP 较高。此外，管道模式允许生产MI较低的树脂，因为大量的反应发生在温度较低的条件下，有利于生产高分子量聚合物。另外，在搅拌模式下生产的树脂SE低，但密度略高。

总之，通过分析可溶性Z-N催化剂作用的乙烯/1-丁烯连续溶液聚合过程发现，反应器重要性能参数对操作条件的干扰非常敏感，且系统响应是高度非线性的。催化剂活性衰减是正确理解工艺行为的基础，因此，装置现场需要密切控制催化剂活性和单体转化率。反应器混合条件对最终的聚合物质量有很大影响，如果同时操控其他工艺输入，例如，引入侧线进料、改变搅拌强度、搅拌流型及其反应分区数量，制定进料策略，可以同时控制最终聚合物树脂的MI（熔融指数）、SE（应力指数）和 ρ（聚合物密度）。

5.5.4 LLDPE溶液聚合工业案例分析

在我国，到目前为止，只有抚顺石化公司1989年引进加拿大杜邦公司（现NOVA化学）的Sclairtech溶液法乙烯聚合专利技术生产聚乙烯。其工艺流程如图5.148所示，比第5.5.3节介绍的溶液聚合原理图更具有参考价值。精制的乙烯和1-丁烯溶解在环己烷溶剂中，通过进料泵进入反应器，把聚合温度和压力分别控制在200～300℃、10～14MPa的条件下，在V系Z-N催化剂体系的作用下引发聚合反应生产聚乙烯。聚合物溶液经过两级减压闪蒸，溶剂环己烷和少量未反应的乙烯［约4%～7%（质量分数）］被回收后循环使用(图中未显示)，熔融状树脂直接进入挤压机进行水下造粒。工艺生产灵活、切换牌号方便、产品牌号多、产品性能覆盖面广。通过改变反应器的组合方式，可生产全密度聚乙烯产品。

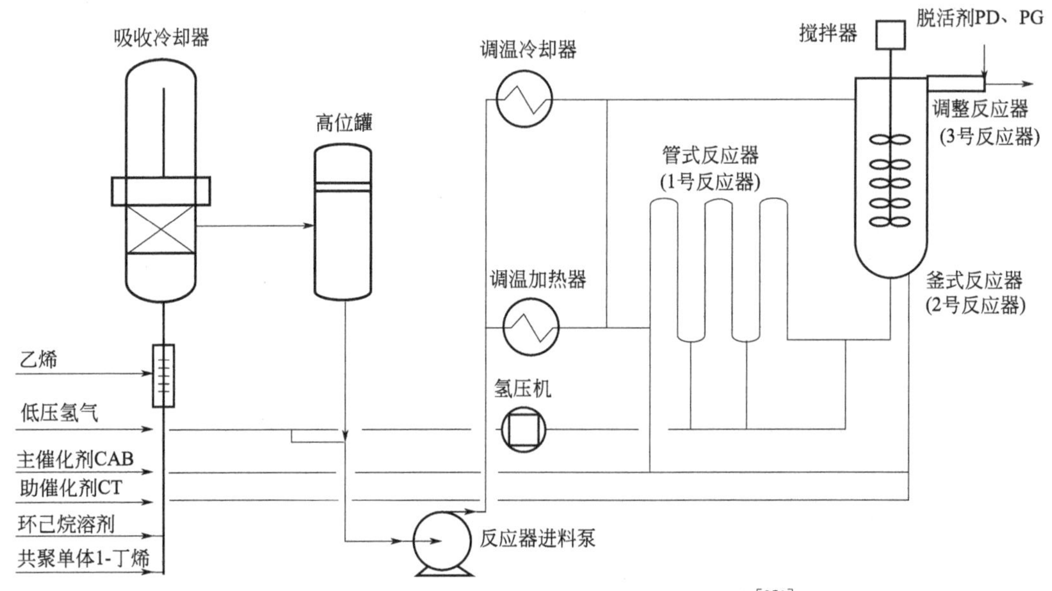

图5.148 国内某LLDPE溶液聚合工段流程示意[270]

如上所述，聚合反应温度及其分布是连续溶液聚合装置正常运行的重要控制变量。反应前移和反应后移是该装置经常出现的操作问题，控制反应器沿程的聚合物产量分布对于降低生产成本提高产品质量至关重要。

据文献［270］介绍，在如图 5.148 所示的 1 号反应器（搅拌模式）中采用 STD 催化体系生产 2911 注塑料，其主催化剂 CAB 为 80%$TiCl_4$+20%$VOCl_3$，助催化剂 CT 为三乙基铝（TEA）。少量 TEA 用于清除反应器内杂质，绝大部分 TEA 的作用是使 Ti^{4+}、V^{5+} 还原生成 Ti^{3+} 和 V^{3+}。乙烯进料负荷为 15t/h，工艺条件见表 5.34，聚合反应器在最佳反应状态下操作时，乙烯单程转化率高达 94%～95%左右。

表 5.34 溶液聚合主要控制参数[270]

项目	参数
w(乙烯)/%	20.4
低压氢气浓度/$\times10^{-6}$	25～30
高压氢气浓度/$\times10^{-6}$	28～33
CT/CAB	1.4～1.6
CAB 浓度/$\times10^{-6}$	10～15
总转化率/%	94～95
3 号反应器入口温度/℃	36
1 号反应器平均温度/℃	252
1 号反应器底部温度/℃	227～235
1 号反应器入口温度/℃	36
1 号反应器出口温度/℃	272～280
调整反应器出口温度/℃	290～295
预热器出口温度/℃	295～300
熔融指数 MI	20.0
树脂密度/(g/cm^3)	0.9620
系统压力/MPa	10.4
脱活剂 PG 与 CAB 比例	3.0
脱活剂 PD 与 CAB 比例	3.0

如文献［270］所指出，主催化剂 CAB 浓度和助催化剂配比 CT/CAB 对聚合反应控制非常重要，表 5.35 列举了三组操作数据说明。溶液聚合搅拌釜式反应器内轴向温度分布（入口温度 36℃）见图 5.149。图中 a、b、c 曲线分别代表了聚合反应正常、前移、后移模式，所对应的催化剂消耗、未反应乙烯返回量见图 5.150 和图 5.151，乙烯转化率见表 5.35。

表 5.35 溶液聚合反应器催化剂配方与聚合温度分布的关系

模式	CAB 浓度/$\times10^{-6}$	CT/CAB	乙烯转化率/%	温度分布
a	12.8	1.48	94.5	正常
b	13.8	1.59	92.7	前移
c	14.1	1.40	95.7	后移

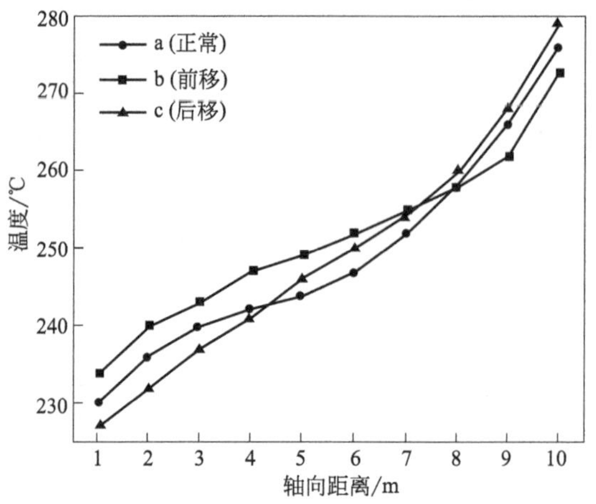

图 5.149　溶液聚合搅拌釜式反应器内轴向温度分布（入口温度 36℃）

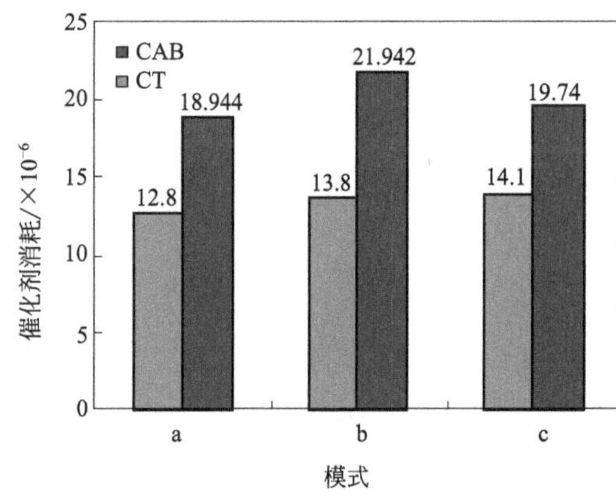

图 5.150　三种反应条件下催化剂消耗比较[270]

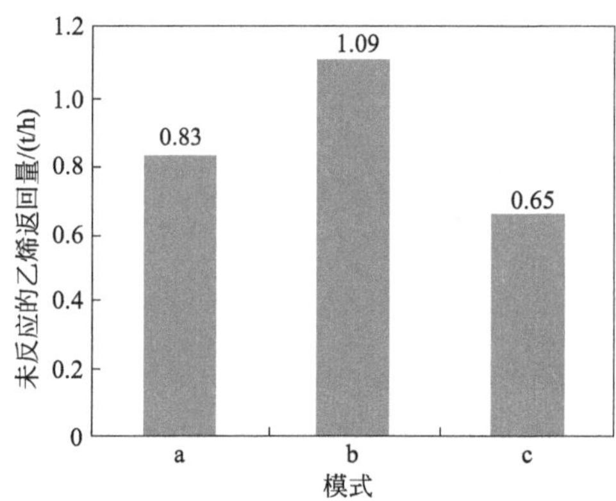

图 5.151　未反应乙烯返回量比较[270]

反应前移表现为反应器前段温度快速增高，后段温升缓慢（“b”状态）。当催化剂进料浓度较高，CT/CAB 也高时，乙烯-（1-丁烯）-环己烷溶液进入搅拌釜就发生强烈聚合反应，导致聚合温度快速增加。然而过高的温度将导致催化剂过早衰变、失去活性。大大降低“3 号调整反应器”中催化剂的活性，由于后段反应器的转化率减少，总转化率降低。一旦总转化率降低，聚合反应对反应进料中杂质或 CAB 流量敏感。若转化率再降低，会使进入溶液闪蒸分离器物料温度过低而发生相分离问题，扰乱回收工段分离塔的操作。同时未反应乙烯返回量增加，提高单位聚乙烯加工成本，并增加回收处理的费用。另外，CT/CAB 比例过高，导致 CAB 过度还原，催化剂活性中心数减少，总的催化剂耗量增加。而催化剂、脱活剂消耗增加，直接影响成品树脂的色泽。

如果反应前段温升较慢（“c”状态），后段温升较快，发生反应后移。尤其是在 1 号反应器模式中，“调整反应器”温差过大，反应后移将导致总的转化率过高，且分子量在 2000～10000 之间的乙烯低聚物油脂量急剧增加。反应后移是由于在 STD 催化系统中，CT/CAB 较低，主催化剂 CAB 烷基化变得缓慢，从而导致反应后移。若 CT/CAB 过低，将使反应困难，甚至出现反应熄火。如果反应后移时总转化率过高，油脂无法在中、低压分离器中脱除，油脂低聚物残留在产物中，冷却后将直接影响产品质量，造成下游用户加工困难，例如，薄膜吹塑过程中发生冒烟而影响吹塑薄膜的光学性能。油脂量增加还使循环使用的乙烯量减少，增加单位聚乙烯产品的成本。

乙烯溶液聚合时，需要根据反应进行的程度以及原料精制床除杂程度，密切控制好催化剂的注入量及其比例。特别是当聚合反应温度分布、单体转化率、中低压分离器循环操作以及回收区油脂塔操作等出现异常时，及时做好调整，使聚合反应器处于最佳状态，以最低成本获得最好的产品质量。

根据文献［270］介绍，如果发现反应前移，应适当小幅度降低 CT/CAB 比例，稳定 20min 后，观察反应前移的趋势，等到平均温度上升，超过该树脂牌号工艺规定的正常值 3～4℃时，再适当降低 CAB 的注入量［（0.2～0.3）$\times10^{-6}$］。继续上述操作，直至反应开始后移，再小幅增加比例，即达到反应最佳状态。如果发现反应后移，可采用类似的步骤予以调整。在调整中要注意逐步优化。尤其在降低催化剂比例时，CT/CAB 一定不能小于 1.25～1.30，否则小的波动即可导致反应器迅速熄火。

通过实际操作总结出如下经验：运行时按略大于最佳 CT/CAB 值反应，要比按最佳 CT/CAB 或小于最佳 CT/CAB 运行反应更加平稳。因为当进料原料杂质突然增加时，高的比例可以消除杂质对反应的影响。若反应器内整体温度偏高，在降低催化剂含量时应先降低主催化剂 CAB，然后再降低助催化剂 CT，这样才能使助催化剂比例保持偏高的值，防止意外降得太低，影响聚合反应的进行。在对 CT/CAB 进行最佳化调整时，应尽量少调整 CAB，并保证乙烯转化率不变。否则高的 CAB 量会严重影响树脂的色泽。

在系统开车时，由于系统杂质含量高，可适当提高 CT/CAB 比例，对 STD 催化系统，CT/CAB 比例可提高至 1.5～1.6 或更高些，因开车时系统中杂质含量高，将消耗更多 CT，导致 Ti、V 还原不到＋3 价。同时适当提高 CT/CAB，可使乙烯快速反应，避免长时间不反应导致系统超压。在调整 CT/CAB 比例的同时，需调整好注氢量来保证 MFR、SE 等指标合格。

5.5.5　溶液聚合专利技术选论

聚烯烃的生产商都在寻求建立工艺平台，生产尽可能宽范围的产品牌号，由于茂金属催化剂的出现以及传统 Z-N 催化剂的不断改进，人们已经有相当的能力实现在单一工艺平台上生产很广泛的聚合物产品了。通过不断实践，人们意识到均相以及良好混合的溶液聚合工艺具有成为该平台工艺的潜力。主要原因是产品有特色，可以为各种催化剂开发对应的聚烯烃产品提供平台。然而现有的搅拌釜式绝热溶液连续聚合工艺还存在一些缺陷必须克服。例如，有的聚合物热效应大、有的聚合物热效应小，溶液聚合反应器如何适应并有效利用聚合热等问题。为了适应催化剂的高反应速率以及聚合物高产率，溶液聚合反应器需要管理好聚合热，为了降低设备投资，如何限制反应器尺寸。

此外，绝热聚合还存在一系列问题需要解决，例如，聚合物浓度和乙烯转化率不能自由或独立调节。假如聚合热能够顺利移出聚合系统，则可以选择性调节控制聚合条件，优化生产速率、聚合物结构以及催化剂效率等。

环管反应器已较为普遍用于聚合过程。如果管式反应器内安装静态混合器或扭曲管、扭曲片，其传热能力与空管或搅拌釜相比将有阶跃性的提高，特别是当反应器体积大于 $1m^3$，效果更加明显。为了继续提高环管反应器的移热能力，人们设计出长径比很大的环管，且其物料的循环比也必须非常高，否则会降低聚合物速率。除此之外，还必须强化催化剂和单体注入环管的快速混合，防止冷区的出现，否则，聚合物内出现高分子量的分率较大，出现高密度的分率较高，影响产品质量。甚至，有固态聚合物析出，导致结垢、堵塞、反应器操作不稳定。

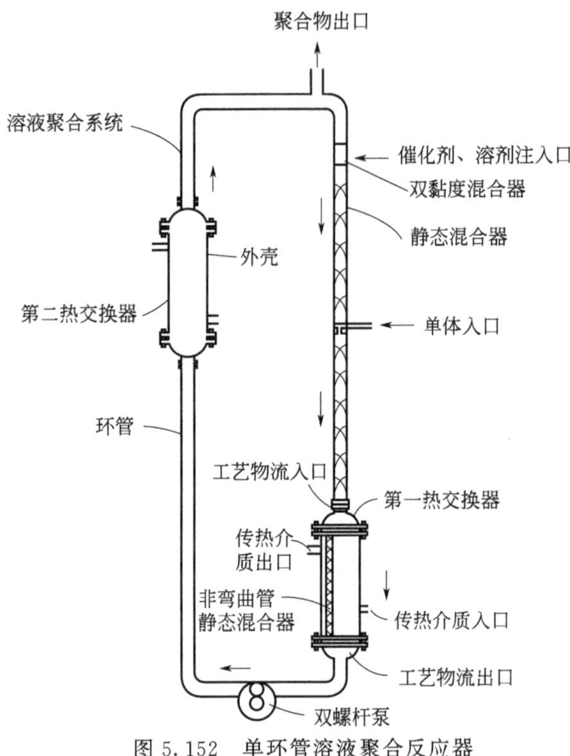

图 5.152 单环管溶液聚合反应器 [体积传热系数 14kW/(m^3·K)][271]

早在 1997 年 Dow 化学就申请了连续非绝热环管反应器用于乙烯/1-辛烯溶液聚合制备 LLDPE 的专利[271]。环管反应器内配置了列管换热器、静态混合器、催化剂喷射混合器以及原料单体的喷射混合器等。生产出的聚合物具有长支链含量高、生产速率大、催化剂效率高的特点。溶液聚合操作时，聚合物浓度和单体转化率能够独立调控。考虑到乙烯/1-辛烯/LLDPE 体系的高黏度限制了传热传质，发明了如图 5.152～图 5.156 所示的溶液聚合环管反应器，环管上不仅串联了 1～2 台热交换器，在催化剂注入口设置了双黏度流体混合器以及下游的静态混合器。热交换器的特殊之处是列管内为工艺物流通道，且换热器内用静态混合元件继续强化传热。因此，反应器的体积传热系数达到 14kW/(m^3·K)（安装 2 台列管换热器），时空产率 STY 高达 540kg/(m^3·h)。例如，一台环管反应器有效体积 0.1855m^3，聚合物产量 100kg/h，聚合物浓度 26%，停留时间

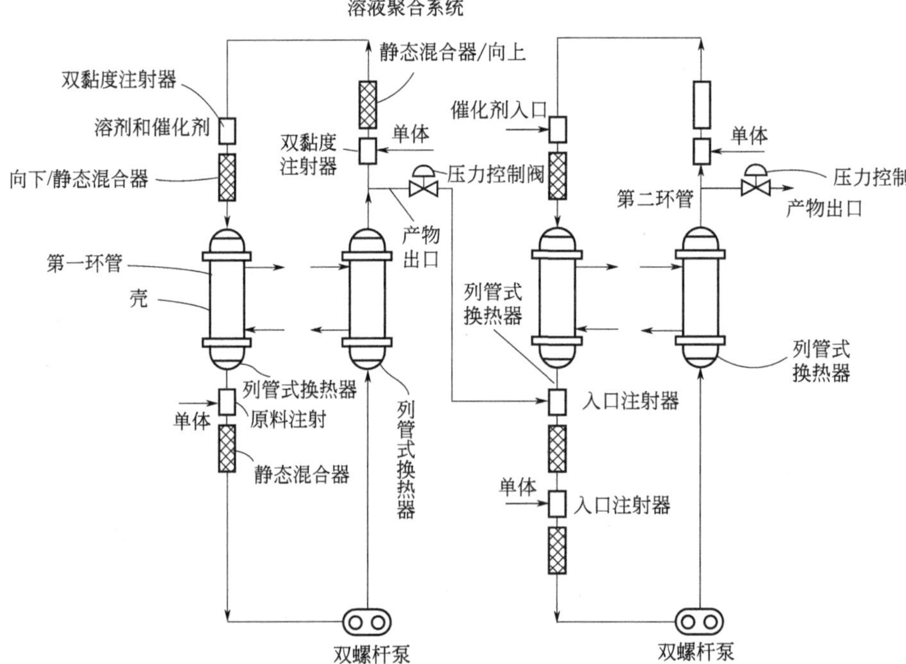

图 5.153 双环管串联溶液聚合反应器 [体积传热系数 14kW/(m^3·K)][271]

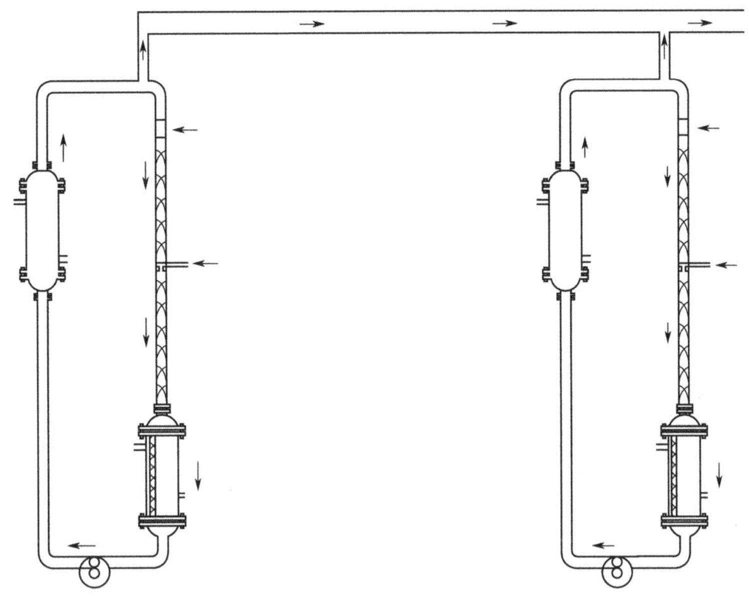

图 5.154　双环管并联溶液聚合反应器 [体积传热系数 14kW/(m^3·K)][271]

17min，螺杆泵的平均流量 4.54m^3/h，循环比 7.3，STY＝538kg/(m^3·h)。其它案例数据见表 5.36～表 5.39。如果取消所有热、质强化措施，只安装一台普通列管换热器，体积传热系数将减少到 1.9kW/(m^3·K)。从单环管工艺还可以衍生出双环管串联或并联反应器工艺，方便产品质量的调控。在该类反应器上采用合适的催化剂，Dow 生产出 ATTANE^{TM}ULDPE，Mitsui Chemical 生产出了商标为 Tafmer 的 POE 产品，Exxon Corporation 的 POE 商品名为 Exact。

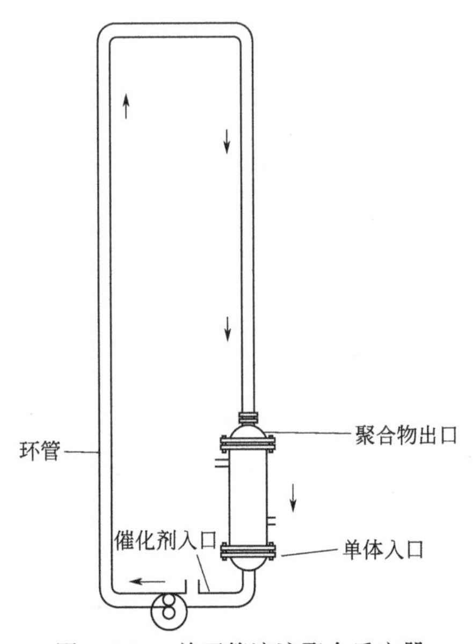

图 5.155　单环管溶液聚合反应器 [体积传热系数 1.9kW/(m^3·K)]

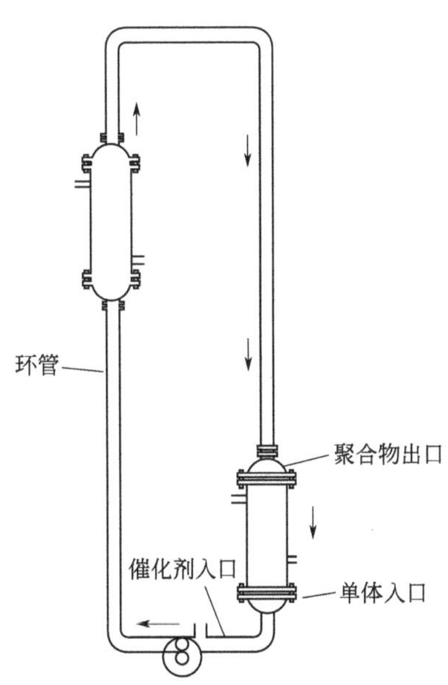

图 5.156　单环管溶液聚合反应器 [体积传热系数 6.9kW/(m^3·K)][271]

溶液聚合所用环管反应器的循环比较小，专利[271] 称小于 5～10，但温度梯度和浓度梯度仍然不高，例如，环管内温度梯度不大于5℃。一般地，*Re* 在0.05～500之间。维持较高的聚合物浓度，可以大大节省聚合物脱挥所需的能量。但是聚合物浓度的最大值受限于物料黏度、溶剂溶解度、压力、分子量大小等因素。而环管内反应物料仍属于低黏度体系，估计出口黏度最高值不大于5000cP（$1cP=10^{-3}Pa \cdot s$）。溶剂一般选用 Isopar™ E。

表5.36 非绝热连续溶液聚合环管反应器工艺参数[271]

项目	茂金属催化单环管	Z-N催化单环管	茂金属催化＋Z-N催化双环管串联	
			实施例C	
	实施例A	实施例B	流体环管101	流体环管102
反应温度/℃	156	NA	119.0	135.8
反应压力/atm①	32	NA	NA	NA
聚合物浓度(质量分数)/%	26	NA	18.1	25.0
C_2 转化率/%	93.5	NA	89.6	91.9
溶剂/C_2 原料比	3.4	NA	4.0	NA
溶剂流量/(kg/h)	301	NA	NA	NA
C_2 流量/(kg/h)	88	NA	2.4	NA
C_8 流量/(kg/h)	6.35	NA	NA	NA
氢气流量/sccm②	1151	NA	0.03	无
原料温度/℃	15	NA	NA	NA
循环比	4.8	NA	NA	NA
主反应器分率/%	100	100	40	60
停留时间/min	17.4	10.2	18.4	10.2
催化剂参数	茂金属催化剂	非均相Z-N配位催化剂体系⑥	茂金属催化剂	非均相Z-N配位催化剂体系⑥
催化剂效率/(10^6kg/kgTi)	0.61	0.8	2.4	0.49
体积传热系数/[W/($m^3 \cdot K$)]	1079	1291	1079	1291
生产速率/(kg/h)③	100	145	57	142
熔体流动速率(I_2)/(g/10min)	1.5	1.1	未测定	0.85
密度/(g/cm^3)	0.9246	0.9189	未测定	0.9267
$I_{10}/I_2$④	10.1	7.63	未测定	7.1
M_w/M_n	2.2	3.8	未测定	3.04
LCB/1000C⑤	0.31	0.0	0.03	0.0

① 1atm=101325Pa。
② sccm为标准毫升每分钟。
③ 生产速率是基于 6.5×10^6Btu/h的冷却能力计算而得。
④ I_{10}/I_2 为实测的聚合物融流比。
⑤ LCB是通过动力学模型计算而得的长支链含量。
⑥ 常规Z-N催化剂[272]。

表 5.37 单环管非绝热连续溶液聚合时体积传热系数与工艺条件的关系[271]

项目	图 5.155	图 5.156
	实施例 D	实施例 E
反应温度/℃	139	134
反应压力/atm	32	32
聚合物浓度(质量分数)/%	22.0	22.1
C_2 转化率/%	90.0	87.6
溶剂/C_2 原料比	4	4
C_2 流量/(kg/h)	3900	3810
C_8 流量/(kg/h)	612	748
氢气流量/sccm	0.01	0.01
循环泵流量/(m^3/h)	1365	900
循环比	38.2	25.9
停留时间/min	38.5	18.4
催化剂参数	茂金属催化剂络合物	茂金属催化剂络合物
催化剂效率/(10^6kg/kgTi)	1.2	1.5
体积传热系数/[W/(m^3·K)]	189	700
生产速率/(万吨/年)	3.4	3.35
熔体流动速率(I_2)/(g/10min)	1.0	1.0
密度/(g/cm^3)	0.902	0.902
I_{10}/I_2	10.0	9.0
M_w/M_n	2.2	3.8
LCB/1000C	0.130	0.061

表 5.38 乙烯/1-辛烯连续溶液共聚合时绝热与非绝热、管式和釜式的对比[271]

项目	搅拌+绝热	环管+非绝热	环管+非绝热
	比较例 H	实施例 F	实施例 G
反应温度/℃	111.4	119.0	135.8
反应压力/atm	32	32	32
聚合物浓度(质量分数)/%	9.1	18.1	25.0
C_2 转化率/%	86.0	89.6	91.9
C_2 浓度/(m/L)	0.28	0.40	0.20
溶剂/C_2 原料比	11.3	5.2	3.6
氢气(摩尔分数)/%	无	0.03	无
催化剂参数	茂金属催化剂体系	茂金属催化剂体系	茂金属催化剂体系
催化剂效率/(10^6kg/kgTi)	1.2	1.65	1.1
生产速率/(万吨/年)	1.2	2.54	3.6
体积传热系数/[W/(m^3·K)]	0	189	189

续表

项目	搅拌＋绝热	环管＋非绝热	环管＋非绝热
	比较例 H	实施例 F	实施例 G
熔体流动速率(I_2)/(g/10min)	0.83	0.80	0.90
密度/(g/cm^3)	0.905	0.905	0.905
I_{10}/I_2	9.0(最大)	9.3	11.5
M_w/M_n	2.1	2.1	2.3
乙烯基/1000C	0.026	0.024	0.058
LCB/1000C	0.084	0.085	0.21

表 5.39 另一种茂金属催化剂作用下乙烯/1-辛烯连续溶液共聚合工艺参数[271]

项目	参数	项目	参数
反应温度/℃	146	停留时间/min	7.2
反应压力/atm	36	催化剂效率/(10^6 kg/kgTi)	0.56
聚合物浓度(质量分数)/%	14.2	生产速率/(吨/年)	725
C_2 转化率/%	88	体积传热系数/[W/(m^3·K)]	681
溶剂/C_2 原料比	6.0	熔体流动速率(I_2)/(g/10min)	0.5
C_2 流量/(kg/h)	95	密度/(g/cm^3)	0.919
C_8 流量/(kg/h)	16	I_{10}/I_2	12.0
氢气(摩尔分数)/%	0.49	M_w/M_n	2.2
循环泵流量/(m^3/h)	1.8	LCB/1000C	0.115
循环比	4.8		

图 5.157 展示了乙烯/1-辛烯溶液聚合时聚合物产率-密度（共聚单体结合率）-I_{10}/I_2 之间的关系。其中，A、C、B、D 代表 I_{10}/I_2 的等值线，A、C 分别为非绝热过程（环管）I_{10}/I_2 的上限和下限，B、D 代表绝热过程（搅拌釜）I_{10}/I_2 的上限和下限。可以发现当生产相同的牌号时，非绝热聚合过程的生产量更大。

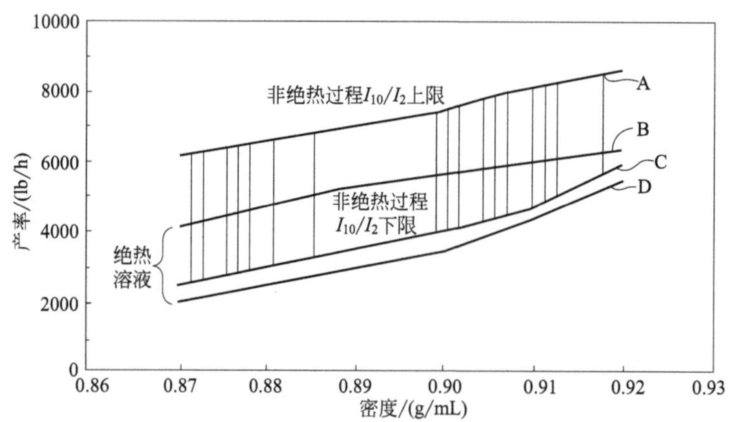

图 5.157 溶液聚合的产率-聚合物密度-I_{10}/I_2 之间的关系[271]

(1lb＝453.59237g)

乙烯/1-辛烯连续溶液聚合产物的脱挥过程设计对于提高产品质量、降低能耗及物耗非常关键。图 5.158 为某一双釜串联溶液聚合与脱挥过程集成的工艺示意。催化剂、溶剂和反应原料从第一聚合釜进入。为了增加聚合物分子的分散度，设计了第二聚合釜，该聚合釜可以补充催化剂或原料，也可以只接收第一釜的反应物料。反应混合物经过换热器升温之后，进入脱挥器，气态物料从上部流出回收循环，聚合物熔体从下部排除。为了避免聚合物降解而产生凝胶，熔体温度一般不高于 200℃。一般溶液聚合采用传统 Z-N 催化剂时，聚合物产率较高，如果为了得到高性能产品而采用茂金属催化剂或 CGC 催化剂时，聚合物的产率不高，导致从溶液聚合的反应混合物中回收聚合物产品的难度增加。为了破除该瓶颈，Dow 化学提出了在脱挥塔之前增加绝热闪蒸器，能耗基本不增加的专利流程见图 5.159。

表 5.40～表 5.43 展示了该专利思想的模拟结果，参数设置具有一定的合理性。

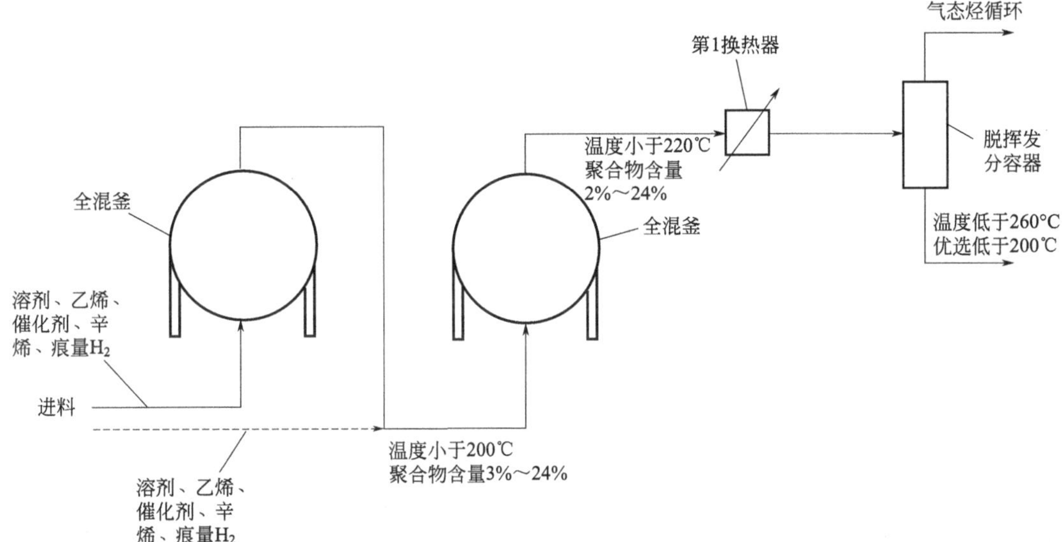

图 5.158　两釜串联的溶液聚合-脱挥工艺示意[273]

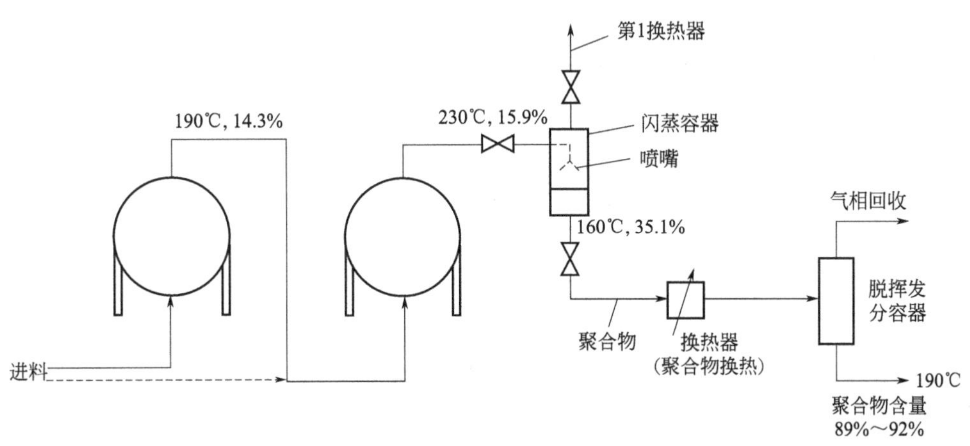

图 5.159　两釜串联的溶液聚合-闪蒸-脱挥工艺[273]

表 5.40　溶液聚合模拟（实施例 I：绝热闪蒸，乙烯/1-辛烯共聚，Isopar^{TM}E 为溶剂）[273]

项目	第一聚合	第二聚合	绝热闪蒸	脱挥
进反应器原料流量/(t/h)	218			
进料组成:溶剂/1-辛烯/乙烯/H_2(质量比)	75.6/8.9/15.4/痕量			
进口温度/℃	15			
催化剂注入流量/(g/h)	54(Mg-Ti)			
出口温度/℃	190	210	160	190
出口聚合物含量(质量分数)/%	14.3	15.9	35.1	
出口 PE/溶剂/1-辛烯/乙烯/(t/h)		15.9/75.6/7.2/1.2		
聚乙烯产量/(t/h)				34
脱挥前加热量/($\times10^6$kcal/h)				5.6

注：1kcal=4.1868kJ。

表 5.41　溶液聚合模拟操作条件（实施例 I 的参比例：无绝热闪蒸，乙烯/1-辛烯共聚，Isopar^{TM}E 为溶剂）[273]

项目	第一聚合	第二聚合	脱挥
进反应器原料流量/(t/h)	151		
进料组成:溶剂/1-辛烯/乙烯/H_2(质量比)	75.6/8.9/15.4/痕量		
进口温度/℃	15		
催化剂注入流量/(g/h)	38(Mg-Ti)		
出口温度/℃	190	210	190
出口聚合物含量(质量分数)/%	14.3	15.9	
出口 PE/溶剂/1-辛烯/乙烯(质量比)		15.9/75.6/7.2/1.2	
聚乙烯产量/(t/h)			23.8
脱挥前加热量/($\times10^6$kcal/h)			5.6

通过实施例 I 及其对比例的分析发现，添加绝热闪蒸容器可以消除聚合物回收的瓶颈，使 Mg-Ti 系 Z-N 催化剂作用下的串联聚合单元的生产能力显著提高约 43%，且两个实施例中，向聚合回收单元提供的能量不变。

表 5.42　溶液聚合模拟（实施例 J：绝热闪蒸，乙烯/1-辛烯共聚，Isopar^{TM}E 为溶剂）[273]

项目	第一聚合	第二聚合	绝热闪蒸	脱挥
进反应器原料流量/(t/h)	116	56.6①		
进料组成:溶剂/1-辛烯/乙烯/H_2(质量比)	87.3/4.5/8.2/痕量	87.5/3.74/22.49①		
进口温度/℃	25	45		
催化剂注入流量/(g/h)	14(CGC)	引进 Mg-Ti 系 Z-N 催化剂		
出口温度/℃	115	194.5	160	190
压力/MPa			0.26	
出口聚合物含量(质量分数)/%	7.0	13	29.2	
出口 PE/溶剂/1-辛烯/乙烯(质量比)		13.0/82.8/3.0/1.1		
聚乙烯产量/(t/h)				22.5
脱挥前加热量/($\times10^6$kcal/)h				5.0

① 除了来自第一釜的反应物料，再补充一股原料进入第二釜。

表 5.43　溶液聚合模拟（实施例J的参比例：无绝热闪蒸，乙烯/1-辛烯共聚，Isopar™E为溶剂）[273]

项目	第一聚合	第二聚合	脱挥
进反应器原料流量/(t/h)	71.9	35.1①	
进料组成:溶剂/1-辛烯/乙烯/H_2(质量比)	87.3/4.5/8.2/痕量	87.5/3.74/22.5①	
进口温度/℃	25	45	
催化剂注入流量/(g/h)	14(CGC)	引进Mg-Ti系Z-N催化剂	
出口温度/℃	115	194.5	190
出口聚合物含量(质量分数)/%	7.0	13.0	
出口PE/溶剂/1-辛烯/乙烯(质量比)		13.0/82.8/3.0/1.1	
聚乙烯产量/(t/h)			14.1
脱挥前加热量/($\times10^6$kcal/h)			5.0

① 除了来自第一釜的反应物料，再补充一股原料到第二釜。

实施例J及其对比例显示，第一反应釜使用CGC催化剂和第二反应釜使用Mg-Ti系Z-N催化剂。通过新蒸绝热闪蒸模块，聚合物生产能力增加了60%，同等能耗条件下可产更多聚乙烯。

5.5.6　高压催化聚合

理论上，Z-N催化剂可用于不同的烯烃聚合过程。其中之一就是高压下的乙烯催化聚合。其主要优点是聚合过程不需要溶剂，且用于生产低密度聚乙烯的高压装置只需稍做改动即可适用。例如，有人采用$MgCl_2$等负载钛系催化剂（如α-$TiCl_3$），采用烷基铝（如$AlEt_3$、$AlEt_2Cl$）为助催化剂，在高压和高温下进行乙烯催化聚合。也有人采用可溶性均相茂金属/甲基铝氧烷MAO催化剂体系在高压和高温下进行乙烯催化（共）聚合，但研究报道少。

Bergemann等[274]以甲苯为溶剂，以改性硅桥双（四氢茚基）锆茂为主催化剂，以10%（质量分数）的甲基铝氧烷（MAO）甲苯溶液为助催化剂，在装有高速搅拌的100mL高压釜中进行乙烯的催化聚合实验（图5.160）。实验压力范围为100～150MPa、温度为120～220℃。工业聚合级的乙烯经过分子筛和铜催化剂精制后与共聚单体丙烯一起被连续注入反应釜。采用两级压缩机为乙烯增压，乙烯进料量由质量流量控制器控制。纯度为99.6%的丙烯首先冷凝为液体，再由一台高压隔膜泵定量注入反应釜。聚合压力设定通过一个由工艺计算机控制的出料阀完成。控制物料在反应器中的停留时间为240s。进料中共聚单体浓度最高为100%（摩尔分数）。催化剂在进料原料中的浓度为0.006μmol/mol。为了乙烯和丙烯的转化率

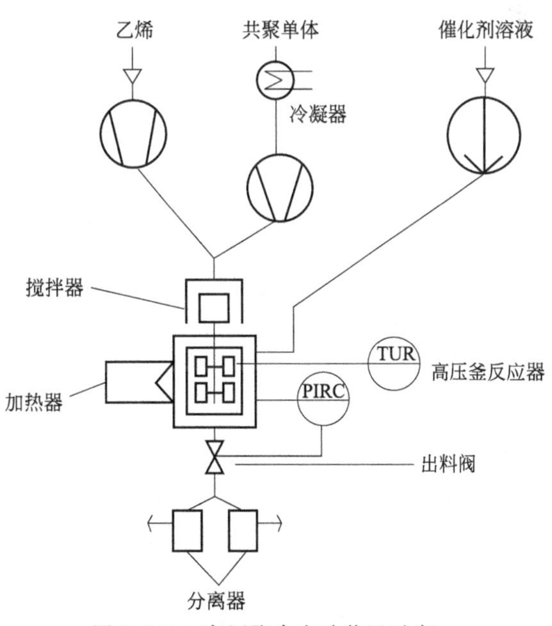

图5.160　高压聚合实验装置示意

达到 5%～15%，MAO 与茂金属催化剂的 Al/Zr 摩尔比高达 22000，与 Fink 等[275] 在低压下使用类似的催化剂进行乙烯和丙烯聚合观察的结果一致。

催化剂溶液的计量注入由一台注射泵执行。在进行任何聚合实验之前，整个装置都需要仔细抽真空-加热-用乙烯/共聚单体冲洗等步骤。当开始注入催化剂溶液时，反应釜温度升高，在 5min 内达到恒定。聚合产物出反应器之后，压力被释放到环境中，且聚合物与未反应的乙烯和共聚单体分离后，被收集在不同的分离器中。其中一台分离器接收非稳定产品，当废品处理。当操作稳定后，转用另一台分离器收集 10～20g 的聚合物作为样品，用于后续表征分析。

一般地，共聚物的成分通过红外光谱分析。图 5.161 展示了聚合物中的丙烯/乙烯比率（即 P/E 比）与反应器中 P/E 比的线性函数关系。当反应器中 P/E 摩尔比为 1 时，聚合物中 P/E 摩尔比仅为 0.08，乙烯被优先结合进入聚合物中。单体竞聚率是根据高压釜中乙烯、丙烯和聚合物的浓度以及所制备的共聚物的成分确定的。然后采用 Fineman[276]、Kissin 和 Böhm[277,278] 的方法估计单体的竞聚率。用这两种方法得到的数据都在实验误差范围内。经计算，乙烯和丙烯的竞聚率分别为 $r_1=12.43$，$r_2=0.08$。

聚合物产率是由聚合物产量和进入反应器的催化剂金属含量决定的。在高温高压下生产乙烯均聚物的产率可以达到 4400kg/g。该数值首先随着进料中丙烯浓度的增加而急剧下降（图 5.162），然后在更高的丙烯浓度下保持几乎不变。

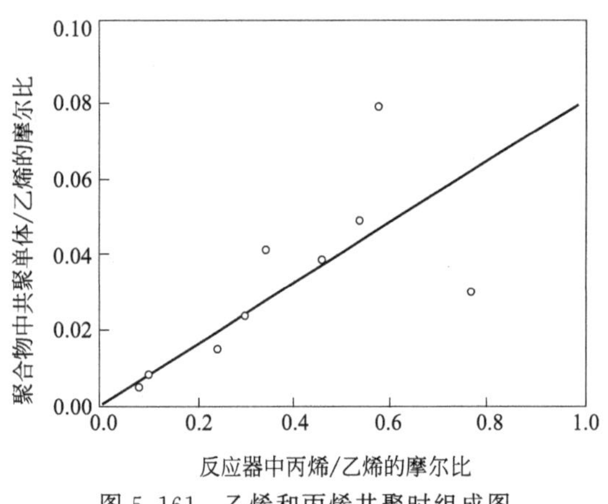

图 5.161 乙烯和丙烯共聚时组成图

（压力 150MPa，温度 180℃，停留时间 240s）

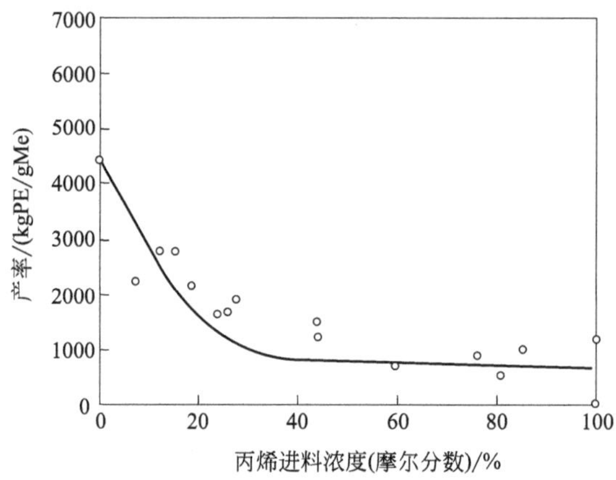

图 5.162 产率与丙烯进料浓度的关系

（压力 150MPa，温度 180℃，停留时间 240s）

可能的解释是，与乙烯相比，丙烯的空间阻碍更大，因此丙烯向活性中心的扩散比乙烯的扩散慢。因此，催化剂系统中丙烯的产率比乙烯的产率低。对于所选的茂金属催化体系，没有观察到引入的丙烯对乙烯聚合速率的增强作用（常出现在低压条件下，即所谓的共聚单体效应）（图 5.163）。相反，乙烯聚合速率随着反应器中共聚单体浓度的增加而急剧下降。

图 5.164 和图 5.165 显示了聚合物的 M_n 和 M_w 随原料中丙烯浓度增加而下降的关系，当丙烯浓度超过某一数值，M_w 和 M_n 几乎保持不变。用悬浮法在 25℃下对压制的聚合物薄膜进行密度测量，发现密度范围在 0.946～0.940g/cm^3 之间。在整个共聚单体浓度范围内，聚合物的密度随着原料中丙烯浓度的增加而降低（图 5.166），主要为丙烯进入聚合物主链产生大量短支链所致。

用 DSC 测量聚合物熔点温度和熔体热焓的结果见图 5.167。熔点随着丙烯浓度的增加而缓慢下降，从乙烯均聚物的 136℃降至丙烯均聚物的 100℃，归因于丙烯的加入和聚合物分子短支链的形成。

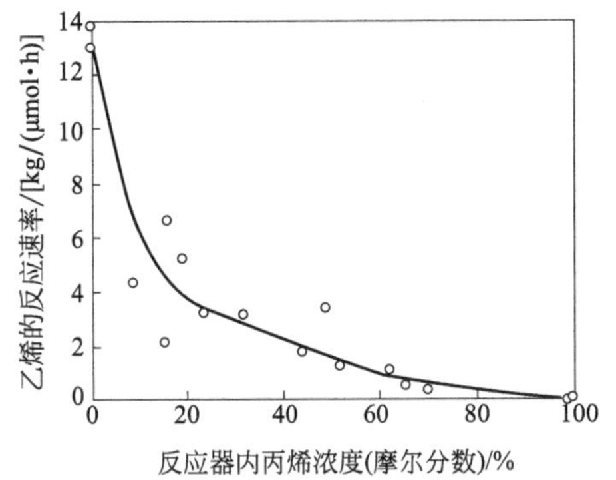

图 5.163　乙烯反应速率与反应器内丙烯浓度的关系（压力 150MPa，温度 180℃，停留时间 240s）

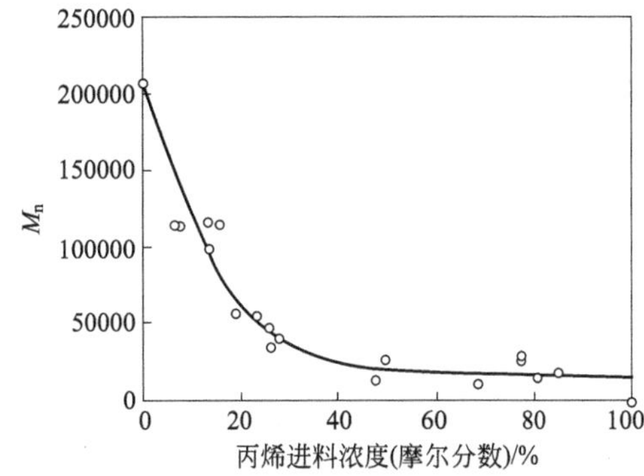

图 5.164　数均分子量与丙烯进料浓度的关系（压力 150MPa，温度 180℃，停留时间 240s）

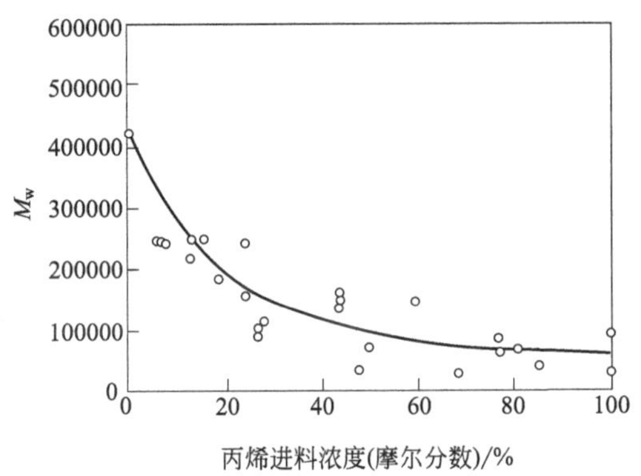

图 5.165　重均分子量与丙烯进料浓度的关系（压力 150MPa，温度 180℃，停留时间 240s）

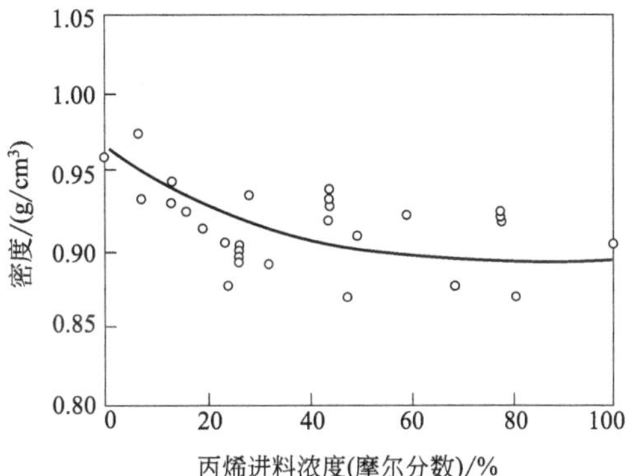

图 5.166　密度与丙烯进料浓度的关系（压力 150MPa，温度 180℃，停留时间 240s）

图 5.168 显示随着原料丙烯浓度的增加，共聚物结晶度几乎呈线性下降。与密度和熔点温度随共聚单体浓度的变化相比，丙烯进入聚合物链对结晶度的影响更大。发现乙烯均聚物具有很高的结晶度，达到 70%～80%。丙烯均聚物则显示出无定形结构，结晶度只有 5%。

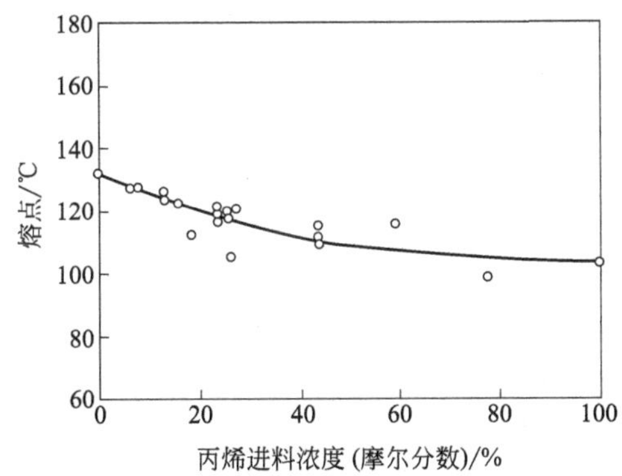

图 5.167　熔点与丙烯进料浓度的关系（压力 150MPa，温度 180℃，停留时间 240s）

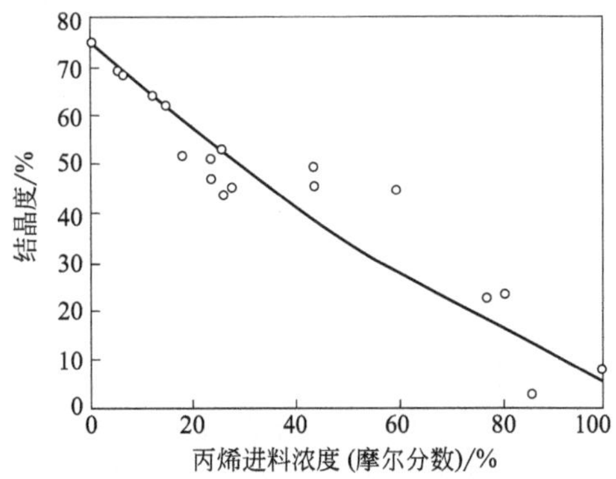

图 5.168　结晶度与丙烯进料浓度的关系（压力 150MPa，温度 180℃，停留时间 240s）

Bergemann 等[279] 在高温高压条件下通过茂金属/甲基铝氧烷催化剂系统作用，继续比较评估了不同线型 α-烯烃与乙烯共聚的行为，包括丙烯、1-丁烯、1-己烯和 1-癸烯。分析了聚合物产率和单体竞聚率的变化规律，以及共聚物树脂的物理特性，如平均分子量、密度、熔点温度对聚合条件的依赖性，特别是对原料中共聚单体浓度的依赖性。

主要聚合试验条件同上。催化剂还是硅桥双(四氢茚基)锆茂，其在进料中的浓度为 0.006μmol/mol，助催化剂为甲基铝氧烷（MAO）。助催化剂与催化剂金属的 Al/Zr 摩尔比为 22000。进料中共聚单体的浓度最高可以为 100%（摩尔分数）。

不同共聚单体浓度下共聚物组成的依赖关系见图 5.169。发现在规定的浓度范围内，进入聚合物链的共聚单体与乙烯的摩尔比随着反应器中相应组分摩尔比之间存在线性增加关系。丙烯的单体结合率最高。当反应器中 P/E=0.5 时，共聚物中的 P/E=0.04。当 1-丁烯（B）为共聚单体时，反应器 B/E=0.5，聚合物的 B/E 比下降到约 0.01。当 1-己烯或 1-癸烯作为共聚单体时，其结合率还要低。

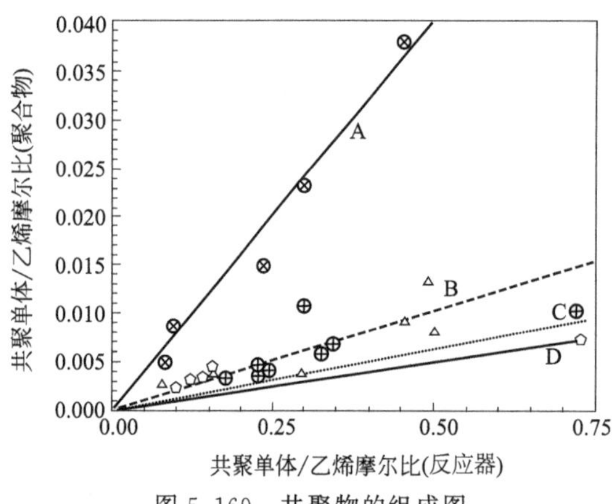

图 5.169　共聚物的组成图

（压力 150MPa，温度 180℃，停留时间=240s）

A—丙烯；B—1-丁烯；C—1-己烯；D—1-癸烯

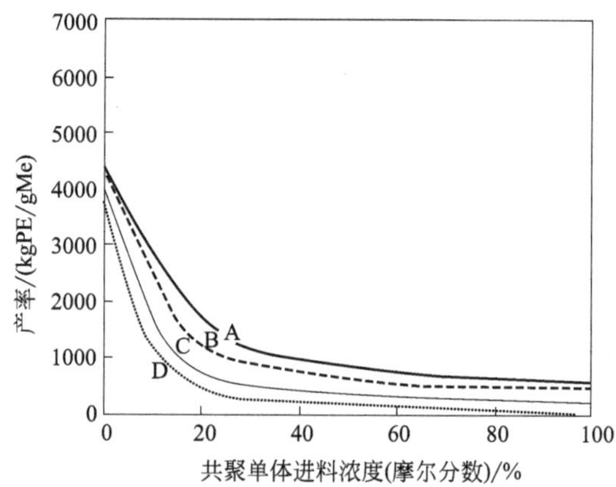

图 5.170　聚合物产率变化

（压力 150MPa，温度 180℃，停留时间 240s）

A—丙烯；B—1-丁烯；C—1-己烯；D—1-癸烯

表 5.44 列举了单体竞聚率数据，其中 1 代表乙烯，2 代表共聚单体。发现单体竞聚率 r_1 在 12.43（丙烯）到 80.02（1-癸烯）之间变化，而 r_2 从丙烯的 0.08 下降到 1-癸烯的 0.01。

表 5.44　高压催化聚合的单体竞聚率（150MPa 和 180℃）

单体	r_1	r_2
丙烯	12.43	0.08
1-丁烯	53.45	0.02
1-己烯	62.7	0.02
1-癸烯	80.02	0.01

图 5.170 显示了乙烯与其它不同单体进行共聚时聚合物的产率，发现产率随原料中共聚单体浓度的增加而下降，且下降程度按照丙烯、1-丁烯、1-己烯、1-癸烯的顺序由小到大。

原料中共聚单体浓度从 10%上升到 20%（摩尔分数）时，M_w 和 M_n 急剧下降，但在更高的共聚单体浓度下平均分子量几乎保持不变，如图 5.171 和图 5.172 所示。在含有 1-癸烯的共聚物样品上测得的 M_n 值最低。当使用 1-丁烯和丙烯时，M_n 值增加。使用 1-己烯共

聚时 M_n 最高。

不同共聚单体制备的共聚物的 M_w 变化如图 5.172 所示，M_w 随着原料中单体浓度的增加而减少。同样，用 1-癸烯时，M_w 值最低，1-己烯共聚物 M_w 最高。

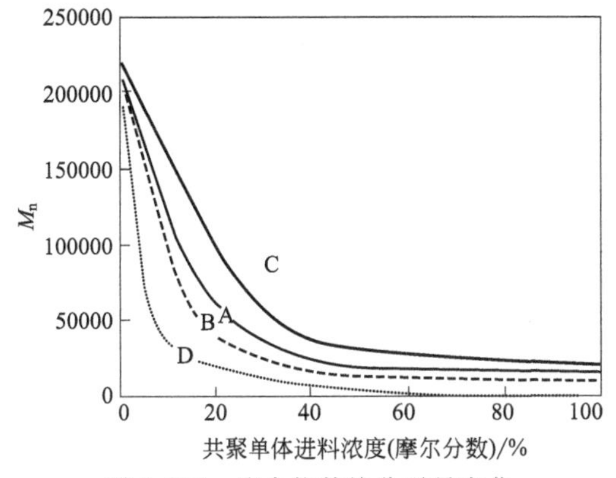

图 5.171　聚合物数均分子量变化

（压力 150MPa，温度 180℃，停留时间 240s）

A—丙烯；B—1-丁烯；C—1-己烯；D—1-癸烯

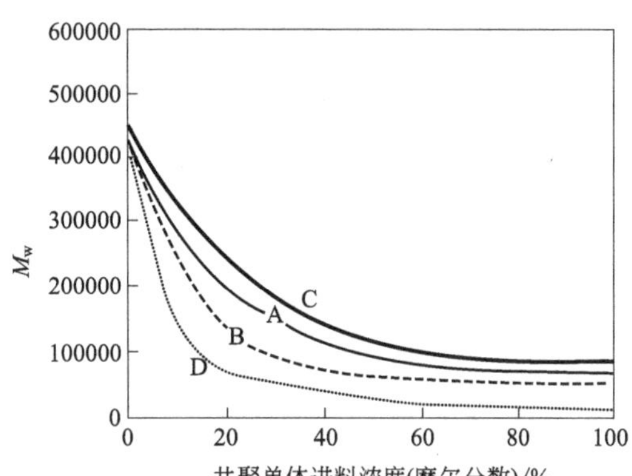

图 5.172　聚合物重均分子量变化

（压力 150MPa，温度 180℃，停留时间 240s）

A—丙烯；B—1-丁烯；C—1-己烯；D—1-癸烯

图 5.173 展示了共聚物密度随原料中单体浓度的增加而降低的关系。乙烯均聚物密度为 $0.965g/cm^3$，而丙烯均聚物密度仅为 $0.885g/cm^3$。1-癸烯的均聚物显示出最低的密度。图 5.174 展示了各种共聚物和均聚物的熔点温度与原料中共聚单体浓度之间的关系。其中，乙烯均聚物显示出最高的熔点（132℃）。当丙烯被添加到乙烯中，熔点下降。丙烯均聚物的熔点为 100℃。1-癸烯的均聚物具有最低的熔点。

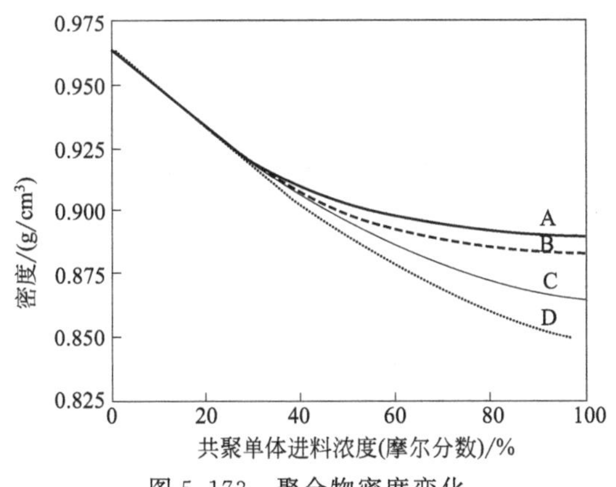

图 5.173　聚合物密度变化

（压力 150MPa，温度 180℃，停留时间 240s）

A—丙烯；B—1-丁烯；C—1-己烯；D—1-癸烯

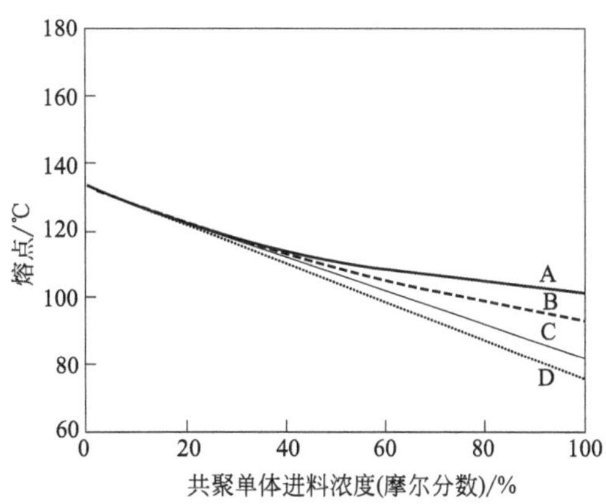

图 5.174　聚合物熔点变化

（压力 150MPa，温度 180℃，停留时间 240s）

A—丙烯；B—1-丁烯；C—1-己烯；D—1-癸烯

图 5.175 展示了共聚物结晶度随着原料中共聚单体浓度的增加而降低的关系。可以看出乙烯均聚物的结晶度最高，1-癸烯均聚物的结晶度最低。

总之，茂金属/MAO 系统不仅能催化乙烯与丙烯共聚，而且能催化乙烯与高碳数的 α-烯烃共聚。当反应器中共聚单体/乙烯摩尔比为 0.5 时，丙烯共聚物中 P/E 摩尔比最高达 0.04。其它共聚物中共聚单体与单体的比例在 0.005～0.01 左右。可以制备出密度在

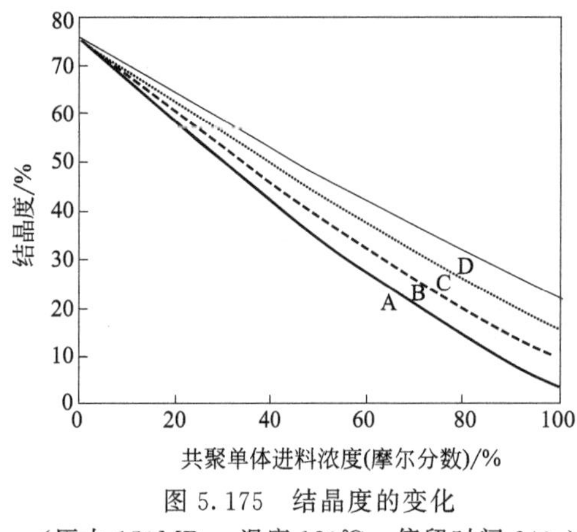

图 5.175　结晶度的变化
（压力 150MPa，温度 180℃，停留时间 240s）
A—丙烯；B—1-丁烯；C—1-己烯；D—1-癸烯

0.965～0.85g/cm³ 之间，熔点为 80～132℃的共聚物。具体取决于所使用的共聚单体及其含量。

高温高压聚合时，锆茂催化剂的产率明显提高。在乙烯的均相聚合中，该催化体系的产率为 4500kgPE/gZr，当原料中含有 20%（摩尔分数）的丙烯时，产率下降一半。在 1-癸烯含量相同时，催化剂仍然可以维持约 500kgPE/gZr 的产率。该催化体系与碳数较多的 α-烯烃共聚合时，由于位阻效应，反应活性较低。在高压/高温条件下，所使用的茂金属/MAO 催化剂系统，仍然只有一个活性位存在。

Christian[280] 创立一个全混流反应器和平推流反应器串联的高压聚合新工艺（图 5.176）。通过全混流反应器进行乙烯高压催化聚合制备 HDPE，平推流反应器内进行乙烯高压自由基聚合生成带长支链分布的 PE 组分，从而达到改善产物性能的目的。高温高压催化聚合采用了锆和铪的配位催化剂，助催化剂为 MMAO。高温高压自由基聚合采用了 TBPA 作为引发剂。

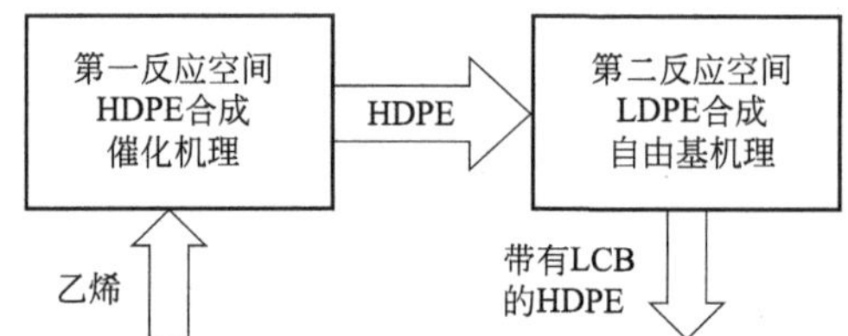

图 5.176　乙烯高压聚合制备带长支链的 HDPE

乙烯高压聚合制备 HDPE 所用催化剂和引发剂的分子结构如图 5.177 所示。

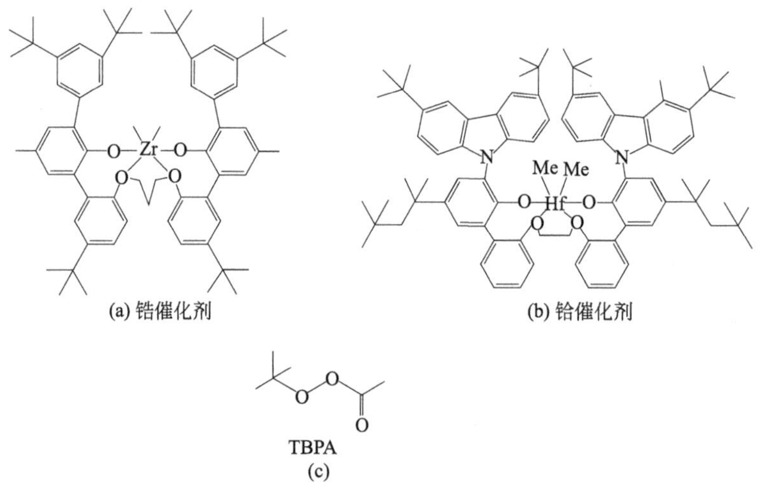

图 5.177　乙烯高压聚合所用的催化剂和引发剂分子结构

管式反应器的管长 3m，内径 2.4mm（13.5mL），全混釜与平推流的停留时间比为 7.5。乙烯进料流量变化范围为 1000～2000g/h，聚合温度为 170～228℃，聚合压力 2000bar。$[Zr]/[C_2H_4]=1.25\times10^{-8}$；$[MMAO]/[C_2H_4]=40\times10^{-6}$。高压聚合实验条

件数据见表 5.45。所得树脂的 MWD 和 DSC 数据见图 5.178 和图 5.179。

可见该工艺对分子结构和 MWD 的调节范围很大，为拓展产品牌号提供了一条新的工艺途径。

表 5.45　乙烯高压催化聚合-自由基聚合实验条件一览表

实验	T(CSTR)/℃	停留时间/s	$M_n\times10^{-4}$	$M_w\times10^{-4}$	$T_{m,1}$/℃	$T_{m,2}$/℃
TB-016-01	170	90	0.72	2.12	116.6	132.0
TB-016-02	200	90	0.49	2.12	115.0	127.3
TB-016-03	202	135	0.43	2.12	114.9	126.8
TB-016-04	205	180	0.37	2.12	114.3	125.3
TB-016-05	223	90	0.43	2.12	113.2	125.6
TB-016-06	228	135	0.48	2.12	113.7	122.0

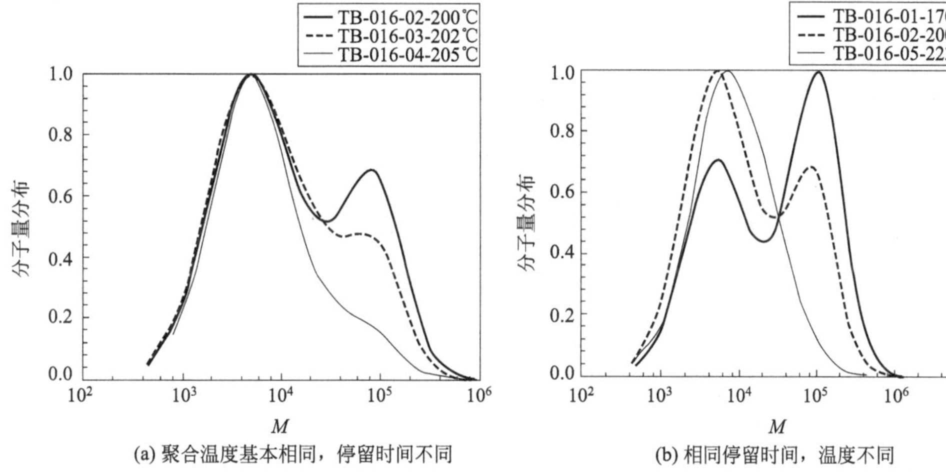

图 5.178　乙烯高压聚合组合工艺制备的聚合物分子量分布[280]

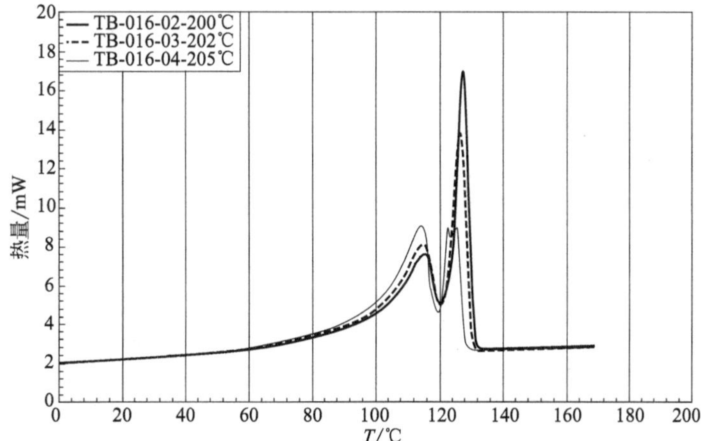

图 5.179　TB-016 实验系列 200℃的样品 DSC 图[280]

参考文献

[1] Mülhaupt R. Green polymer chemical and bio-based plastics: dreams and reality [J]. Macromolecular Chemistry and Physics, 2013, 214 (2): 159-174.

[2] 武志强. 战"疫"必胜有底气——中国石化转产扩产，保障战"疫"医用物资供应. 国有资产管理，2020，(6): 46-49.

[3] Mckenna T. Condensed mode cooling of ethylene polymerization in fluidized bed reactors [J]. Macromolecular Reaction Engineering, 2019, 13 (2): 1800026.

[4] 袁晴棠. 石化工业发展概况与展望. 当代石油石化，2019，27 (7): 1-7.

[5] 陈甘棠. 流化床聚乙烯生产技术中结块现象的分析. 齐鲁石油化工，1988，(2): 34-40.

[6] Dye R F. Polymerization process: US3023203 [P]. 1957.

[7] Chinh J C, Filippelli M, Newton D, et al. Polymerization process: US5541270 [P]. 1994.

[8] 阳永荣. 聚合反应工程与设备//洪定一. 塑料工业手册（聚烯烃）. 北京：化学工业出版社，1998：59-115.

[9] Antonio L D B, Morschbacker A L R C, Rubbo E, et al. Process for the gas phase polymerization and copolymerization of olefin monomers: EP1246853B1. 2000.

[10] 阳永荣. 聚合反应工程//洪定一. 聚丙烯—原理、工艺与技术 [M] 第 2 版. 北京：中国石化出版社，2011：342-424.

[11] Jenkins Ⅲ J M, Jones R L, Jones T M, et al. Method for fluidized bed polymerization: US4588790 [P]. 1984.

[12] 陈爱晖，阳永荣，戎顺熙. 流化床冷凝模式操作与乙烯聚合过程的研究 Ⅰ露点提高组分的选择及其对聚合体系热物性的影响 [J]. 化学反应工程与工艺，1998，14 (4): 365-372.

[13] 陈爱晖，阳永荣，戎顺熙. 流化床冷凝模式操作与乙烯聚合过程的研究 Ⅱ露点提高组分对流化床反应器运行状态的影响 [J]. 化学反应工程与工艺，1999，15 (1): 31-37.

[14] Yang Y R, Yang J Q, Chen W, et al. Instability analysis of the fluidized bed for ethylene polymerization with condensed mode operation [J]. Industrial & Engineering Chemistry Research, 2002, 41 (10): 2579-2584.

[15] Zhou Y F, Shi Q, Huang Z L, et al. Effects of liquid action mechanisms on hydrodynamics in liquid-containing gas-solid fluidized bed reactor [J]. Chemical Engineering Journal, 2016, 285: 121-127.

[16] Dechellis M L, Griffin J R. Process for polymerizing monomers in fluidized beds: US5352749 [P]. 1993.

[17] Ashuralj S, Ramanathan S. Design issues in converting to super-condensed mode operation for polyethylene [J]. New Orlean: AIChE Journal, 1998: 1-6.

[18] Zhou Y F, Shi Q, Huang Z L, et al. Realization and control of multiple temperature zones in liquid-containing gas-solid fluidized bed reactor [J]. AIChE Journal, 2016, 62 (5): 1454-1466.

[19] Dechellis M L, Griffin J R, Muhle M E. Process for polymerizing monomers in fluidized beds: US5405922 [P]. 1994.

[20] Pannell R B, Hagerty R O, Markel E J. Method for determining temperature value indicative of resin stickiness from data generated by polymerization reaction monitoring: US7683140B2 [P]. 2006.

[21] Hagerty R O, Stavens K B, Dechellis M L, et al. Polymerization process: US7122607B2 [P]. 2005.

[22] Fried J R. Polymer Science and Technology [M]. 3rd ed. New Jersey: Prentice Hall, 2014: 163-164.

[23] Stiel L I, Chang D K, Chu H H, et al. The solubility of gases and volatile liquids in polyethylene and polyisobutylene at elevated temperatures [J]. Journal of Applied Polymer Science, 1985, 30: 1145-1165.

[24] Hari A S, Savatsky B J, Glowczwski D M, et al. Controlling a polyolefin reaction: US9718896 [P]. 2013.

[25] Savatsky B J, Locklear B C, Pequeno R E, et al. Methods of changing polyolefin production rate with the composition of the induced condensing agents: US10174142B2 [P]. 2015.

[26] Yao W J, Hu X P, Yang Y R. Modeling solubility of gases in semicrystalline polyethylene [J]. Journal of Applied Polymer Science, 2007, 104 (3): 1737-1744.

[27] Yao W J, Hu X P, Yang Y R. Modeling the solubility of ternary mixtures of ethylene, iso-pentane, n-hexane in semicrystalline polyethylene [J]. Journal of Applied Polymer Science, 2007, 104 (6): 3654-3662.

[28] Alizadeh A, Namkajorn M, Somsook E, et al. Condensed mode cooling for ethylene polymerization: Part II. The effect of different condensable comonomers and hydrogen on polymerization rate [J]. Macromolecular Chemistry Physics, 2015, 216 (9): 985.

[29] Andrade F N, Mckenna T. Condensed mode cooling for ethylene polymerization: Part IV: the effect of temperature in

the presence of induced condensing agents [J]. Macromolecular Chemistry Physics, 2017, 218 (20): 1700248.

[30] Fan X Q, Sun J Y, Wang J D, et al. Stability analysis of ethylene polymerization in a liquid-containing gas-solid fluidized bed reactor [J]. Industrial & Engineering Chemistry Research, 2018, 57 (16): 5616-5629.

[31] Fan X Q, Sun J Y, Yang Y, et al. Thermal-stability analysis of ethylene-polymerization fluidized bed reactors under condensed-mode operation through a TPM-PBM integrated model [J]. Industrial & Engineering Chemistry Research, 2019, 58 (22): 9486-9499.

[32] 范小强，韩国栋，黄正梁，等. 气相法聚乙烯工艺冷凝态操作模式的稳定性和动态行为 [J]. 化工学报，2018，69 (2)：779-791.

[33] Dechellis M L, Griffin J R. Process for polymerizing monomers in fluidized beds: US5352749 [P]. 1993.

[34] Griffin J R, Dechellis M L. Process for polymerizing monomers in fluidized beds: US5436304 [P]. 1994.

[35] 郑燕萍，黄铁伦，陈伯川，等. 利用压力脉动信号特征预测流化床结块故障 [J]. 高校化学工程学报，2000，14 (2)：128-133.

[36] 吴文清. 以冷凝模式操作的气相流化床聚合反应器的稳定操作区确定方法的改进：CN 1134454C [P]. 1998.

[37] 吴文清，韩国栋，阳永荣，等. 一种制备聚合物的方法：CN 103183753B [P]. 2011.

[38] 赵贵兵，阳永荣，侯琳熙. 流化床声发射机理及其在故障诊断中的应用 [J]. 化工学报，2001，52 (11)：941-943.

[39] 阳永荣，侯琳熙，杨宝柱，等. 流化床反应器声波监测的装置和方法：CN 1544140A [P]. 2003.

[40] Zhou Y F, Dong K Z, Huang Z L, et al. Fault detection based on acoustic emission-early agglomeration recognition system in fluidized bed reactor [J]. Industrial & Engineering Chemistry Research, 2011, 50 (14): 8476-8484.

[41] Wang J D, Ren C J, Yang Y R, et al. Characterization of particle fluidization pattern in a gas solid fluidized bed based on acoustic emission (AE) measurement [J]. Industrial & Engineering Chemistry Research, 2009, 48 (18): 8508-8514.

[42] Wang J D, Ren C J, Yang Y R. Characterization of flow regime transition and particle motion using acoustic emission measurement in a gas-solid fluidized bed [J]. AIChE Journal, 2010, 56 (5): 1173-1183.

[43] Wang J D, Cao Y J, Jiang X J, et al. Agglomeration detection by acoustic emission (AE) sensors in fluidized beds [J]. Industrial & Engineering Chemistry Research, 2009, 48 (7): 3466-3473.

[44] Cao Y J, Wang J D, Liu W, et al. Wall sheeting diagnosis in fluidized beds based on chaos analysis of acoustic emission signals [J]. Journal of Zhejiang University Science A, 2009, 10 (9): 1341-1349.

[45] Cao Y J, Wang J D, He Y J, et al. Agglomeration detection based on attractor comparison in horizontal stirred bed reactors by acoustic emission sensors [J]. AIChE Journal, 2009, 55 (12): 3099-3108.

[46] Jiang X J, Wang J D, Jiang B B, et al. Study of the power spectrum of acoustic emission (AE) by accelerometers in fluidized beds [J]. Industrial & Engineering Chemistry Research, 2007, 46 (21): 6904-6909.

[47] Ren C J, Wang J D, Song D, et al. Determination of particle size distribution by multi-scale analysis of acoustic emission signals in gas-solid fluidized bed [J]. Journal of Zhejiang University-Science A (Applied Physics & Engineering), 2011, 12 (4): 260-267.

[48] 阳永荣，刘诚午，王靖岱. 一种料位检测方法：CN 200510060275. 5 [P]. 2005.

[49] 黄正梁，王靖岱，张擎，等. 一种流化床中动态料位的检测方法：CN 105973343B [P]. 2016.

[50] 杨遥，张鹏，孙婧元，等. 一种气力输送过程中颗粒质量流率的检测方法和系统：CN 111351540B [P]. 2020.

[51] 魏舸裔，周业丰，廖祖维，等. 基于声发射信号测定高速流态化中的固体颗粒质量流量 [J]. 石油学报（石油加工），2011，27 (5)：773-779.

[52] 李邦，黄正梁，王刚，等. 流化床反应器中细粉扬析的监控方法：CN 103576704B [P]. 2013.

[53] 杨遥，林王旻，黄正梁，等. 一种黏性颗粒流化床的检测方法：CN 109297864B [P]. 2018.

[54] 王靖岱，阳永荣，任聪静，等. 流化床反应器分布板的检测方法：CN 101226169B [P]. 2007.

[55] 孙婧元，杨遥，王靖岱，等. 声波检测气固流化床床层塌落曲线及颗粒的 Geldart 类型的方法：CN 103308603B [P]. 2013.

[56] 韩笑，周业丰，黄正梁，等. 基于声信号的气固流化床塌落过程研究 [J]. 浙江大学学报（工学版），2014，48 (3)：527-534.

[57] 王靖岱，阳永荣，曹翌佳，等. 气相法流化床聚乙烯冷凝工艺露点的检测方法：CN 101140264B [P]. 2007.

[58] 王靖岱，楼佳明，孙婧元，等. 一种液体雾化质量的检测方法：CN 102262040B [P]. 2011.

[59] Wang J D, Yang Y R, Ge P F, et al. Measurement of the fluidized velocity in gas-solid fluidized beds based on AE

signal analysis by wavelet packet transform [J]. Science in China Series B: Chemistry, 2007, 50 (2): 284-289.

[60] Muhle M E, Pannell R B, Markel E J, et al. Systems and methods for monitoring a polymerization reaction: US8383739B2. 2010.

[61] 王靖岱，阳永荣，吴文清，等. 一种利用多温度反应区制备烯烃聚合物的方法：CN 104628904B [P]. 2015.

[62] 陈美娟. 基于重量法和核磁共振法的聚乙烯中溶解扩散行为研究及其应用 [D]. 杭州：浙江大学，2014.

[63] Jiang, B B, Yang Y, Du L J, et al. Advanced catalyst technology for broad/bimodal polyethylene, achieved by polymer-coated particles supporting hybrid catalyst [J]. Industrial & Engineering Chemistry Research, 2013, 52 (7): 2501-2509.

[64] Fan L S. Gas-liquid-solid Fluidization Engineering [M]. New York: Butterworth, 1989: 3-30.

[65] Ren X, Sun J Y, Huang Z L, et al. Experimental characterization of liquid film behavior during droplets-polyethylene particle collision [J]. AIChE Journal, 2020, 66 (5): e16909.

[66] Wang H T, Verdugo A, Sun J Y, et al. Experimental study of bubble dynamics and flow transition recognition in a fluidized bed with wet particles [J]. Chemical Engineering Science, 2020, 211 (16): 115257-115306.

[67] Wang H T, Hernández-Jiménez F, Lungu M, et al. Critical comparison of electrostatic effects on hydrodynamics and heat transfer in a bubbling fluidized bed with a central jet [J]. Chemical Engineering Science, 2018, 191 (14): 156-168.

[68] Zhou Y F, Ren C J, Wang J D, et al. Characterization on hydrodynamic behavior in liquid-containing gas-solid fluidized bed reactor [J]. AIChE Journal, 2013, 59 (4): 1056-1065.

[69] Zhou Y F, Shi Q, Huang Z L, et al. Effects of interparticle forces on fluidization characteristics in liquid-containing and high-temperature fluidized beds [J]. Industrial & Engineering Chemistry Research, 2013, 52 (47): 16666-16674.

[70] Zhou Y F, Shi Q, Huang Z L, et al. Particle agglomeration and control of gas-solid fluidized reactor with liquid bridge and solid bridge coupling actions [J]. Chemical Engineering Journal, 2017, 330: 840-851.

[71] Wang J D, Shi Q, Huang Z L, et al. Experimental investigation of particle size effect on agglomeration behaviors in gas-solid fluidized beds [J]. Industrial & Engineering Chemistry Research, 2015, 54 (48): 12177-12186.

[72] Shi Q, Huang Z L, Lungu M, et al. Modeling agglomeration behavior in high temperature gas-solid fluidized beds via Monte Carlo method [J]. Industrial & Engineering Chemistry Research, 2017, 56 (4): 1112-1121.

[73] Shi Q, Li S S, Tian S H, et al. Investigating agglomeration behaviors in high temperature gas-solid fluidized beds with liquid injection [J]. Industrial & Engineering Chemistry Research, 2018, 57 (15): 5482-5494.

[74] Kato K, Wen C Y. Bubble assemblage model for fluidized bed catalytic reactors [J]. Chemical Engineering Science, 1969, 24 (8): 1351-1369.

[75] Yasui G, Johanson L. Characteristics of gas pockets in fluidized beds [J]. AIChE Journal, 1958, 4 (4): 445-452.

[76] Darton R C, Lanaueza R D, Davidson J F, et al. Bubble growth due to coalescence in fluidized beds [J]. Transactions of the Institution of Chemical Engineers, 1977, 55 (4): 274-280.

[77] Hu D F, Han G D, Lungu M, et al. Experimental investigation of bubble and particle motion behaviors in a gas-solid fluidized bed with side wall liquid spray [J]. Advanced Powder Technology, 2017, 28 (9): 2306-2316.

[78] Sun J Y, Wang H T, Tian S, et al. Important mesoscale phenomena in gas phase fluidized bed ethylene polymerization [J]. Particuology, 2020, 48: 116-143.

[79] Zhou Y F, Wang J D, Yang Y R, et al. Modeling of the temperature profile in an ethylene polymerization fluidized-bed reactor in condensed-mode operation [J]. Industrial & Engineering Chemistry Research, 2013, 52 (12): 4455-4464.

[80] 王靖岱，吴文清，阳永荣，等. 烯烃聚合装置及方法：CN 106928383B [P]. 2015.

[81] 王靖岱，吴文清，阳永荣，等. 一种烯烃聚合装置和烯烃聚合方法：CN 107405593B [P]. 2015.

[82] 王靖岱，阳永荣，吴文清，等. 一种烯烃聚合装置和方法：CN 105732849B [P]. 2014.

[83] 吴文清，韩国栋，阳永荣，等. 一种制备烯烃聚合物的方法：CN 103183752B [P]. 2011.

[84] 孙婧元，程佳楠，王靖岱，等. 一种生产聚烯烃的方法：CN 202010856480. 7. [P] 2020.

[85] 范小强. 持液流化床反应器热稳定性及聚乙烯质量调控机理研究 [D]. 杭州：浙江大学，2019.

[86] 吴文清，孙婧元，阳永荣，等. 一种双反应器串联的乙烯聚合工艺方法：CN 201810285659. 4 [P]. 2018.

[87] 吴文清，孙婧元，阳永荣，等. 一种烯烃聚合方法及系统：CN 201910235378. 2 [P]. 2019.

[88] Debling J A, Ray W H. Heat and mass transfer effects in multistage polymerization processes: impact polypropylene

[J]. Industrial & Engineering Chemistry Research, 1995, 34 (10): 3466-3480.

[89] Hutchinson R A, Chen C M, Ray W H. Polymerization of olefins through heterogeneous catalysis X: Modeling of particle growth and morphology [J]. Journal of Applied Polymer Science, 1992, 44 (8): 1389-1414.

[90] Hoel E L, Cozewith C, Byrne G D. Effect of diffusion on heterogeneous ethylene propylene copolymerization [J]. AIChE Journal, 1994, 40 (10): 1669-1684.

[91] Hutchinson R A. Modelling of particle growth in heterogeneous catalyzed olefin polymerization [D]. Ph. D. Dissertation, University of Wisconsin-Madison, 1990.

[92] Galli P, Simonazzi T, Duca D D. New frontiers in polymers blends: the synthesis alloys [J]. Acta polymerica, 1988, 39 (1-2): 81-90.

[93] Bukatov G D, Zaikovskii V I, Zakharov V A, et al. The morphology of polypropylene granules and its link with the titanium trichloride texture [J]. Polymer Science U. S. S. R, 1982, 24 (3): 599-606.

[94] Tang S. Studies on olefin polymerization// Keii T. Studies in Surface Science and Catalysis [M]. Tokyo: Kodansha, 1986: 165-179.

[95] Simonazzi T, Cecchin G, Mazzullo S. An outlook on progress in polypropylene-based polymer technology [J]. Progress in Polymer Science, 1991, 16 (2-3): 303-329.

[96] Chen C M. Gas phase olefin copolymerization with Ziegler-Natta catalysts [D]. Ph. D. Dissertation, University of Wisconsin- Madison, 1993.

[97] Furtek A. Ultra-strength polyethylene resins produced in a fluid-bed process utilizing metallocene catalysts [D]. Proceedings MetCon 93, Houston, 1993.

[98] Kakugo M, Sadatoshi H, Sakai J. Morphology of nascent polypropylene produced by $MgCl_2$ supported Ti Catalyst// Keii T. Studies in Surface Science and Catalysis [M]. New York: Elsevier, 1990: 345-354.

[99] Stürzel M, Mihan S, Mülhaupt R. From multisite polymerization catalysis to sustainable materials and all-polyolefin composites [J]. Chemical Reviews, 2016, 116 (3): 1398-1433.

[100] 王建，姜南南，彭炯. 聚丙烯单聚合物复合材料嵌件式注射成型过程的数值模拟 [J]. 高分子材料科学与工程, 2016, 32 (9): 108-118.

[101] Ittel S D, Johnson L K, Brookhart M. Late-metal catalysts for ethylene homo-and copolymerization [J]. Chemical Reviews, 2000, 100 (4): 1169-1204.

[102] Böhm L L. The slurry polymerization process with super-active Ziegler-type catalyst systems: from the 2 L glass autoclave to the 200 m^3 stirred tank reactor [J]. Advances in Polymer Science, 2013, 257: 59-79.

[103] Mei G, Herben P, Cagnani C, et al. The spherizone process: a new PP manufacturing platform [J]. Macromolecular Symposia, 2006, 245 (1): 677-680.

[104] 阳永荣，王靖岱. 乙烯气相聚合工艺研究与技术进展 [J]. 化学反应工程与工艺, 2021, 37 (1): 73-88.

[105] Böhm L L, Enderle H F, Fleifβner M. High-density polyethylene pipe resins [J]. Advanced Materials, 1992, 4 (3): 234-238.

[106] Janimak J J, Stevens G C. Inter-relationships between tie-molecule concentrations, molecular characteristics and mechanical properties in metallocene catalysed medium density polyethylenes [J]. Journal of materials science, 2001, 36 (8): 1879-1884.

[107] Qiao J, Guo M, Wang L, et al. Recent advances in polyolefin technology [J]. Polymer Chemistry, 2011, 2 (8): 1611-1623.

[108] Gahleitner M, Resconi L, Doshev P. Heterogeneous Ziegler-Natta, metallocene, and post-metallocene catalysis: Successes and challenges in industrial application [J]. MRS bulletin, 2013, 38 (3): 229-233.

[109] Ewen J A. Ligand effects on metallocene catalyzed Ziegler-Natta polymerizations// Keii T. Studies in Surface Science and Catalysis [D]. Tokyo: Kodansha, 1986: 271-292.

[110] Heiland K, Kaminsky W. Comparison of zirconocene and hafnocene catalysts for the polymerization of ethylene and 1-butene [J]. Die Makromolekulare Chemie: Macromolecular Chemistry and Physics, 1992, 193 (3): 601-610.

[111] Han T K, Choi H K, Jeung D W, et al. Control of molecular weight and molecular weight distribution in ethylene polymerization with metallocene catalysts [J]. Macromolecular Chemistry and Physics, 1995, 196 (8): 2637-2647.

[112] D'Agnillo L, Soares J B P, Penlidis A. Controlling molecular weight distributions of polyethylene by combining soluble metallocene/MAO catalysts [J]. Journal of Polymer Science: Part A: Polymer Chemistry, 1998, 36 (5):

831-840.

[113] Moya E L Grieken R, Carrero A, Paredes B. Biomodal poly (propylene) through binary metallocene catalytic systems as an alternative to melt blending [J]. Macromolecular symposia, 2012, 321 (1): 46-52.

[114] Fukui Y, Murata M. Living-like polymerization of propylene with mixed metallocene catalyst systems [J]. Macromolecular Chemistry and Physics, 2001, 202 (9): 1473-1477.

[115] Kuwabara J, Takeuchi D, Osakada K. Zr/Zr and Zr/Fe dinuclear complexes with flexible bridging ligands: Preparation by olefin metathesis reaction of the mononuclear precursors and properties as polymerization catalysts [J]. Organometallics, 2005, 24 (11): 2705-2712.

[116] Jüngling S, Müllhaupt R, Plenio H. Cooperative effects in binuclear zirconocenes: their synthesis and use as catalyst in propene polymerization [J]. Journal of Organometallic Chemistry, 1993, 460 (2): 191-195.

[117] Schilling M, Görl C, Alt H G. Dinuclear metallocene complexes as catalyst precursors for homogeneous ethylene polymerization [J]. Applied Catalysis A: General, 2008, 348 (1): 79-85.

[118] Alt H G, Ernst R, Böhmer I K. Dinuclear ansa zirconocene complexes containing a sandwich and a half-sandwich moiety as catalysts for the polymerization of ethylene [J]. Journal of Organometallic Chemistry, 2002, 658 (1): 259-265.

[119] Lee S H, Wu C J, Joung U G, et al. Bimetallic phenylene-bridged Cp/amide titanium complexes and their olefin polymerization [J]. Dalton Transactions, 2007, (40): 4608-4614.

[120] Tomov A, Kurtev K. Binuclear nickel-ylide complexes as effective ethylene oligomerization/polymerization catalysts [J]. Journal of Molecular Catalysis A: Chemical, 1995, 103 (2): 95-103.

[121] Zhang D, Jin G X. Novel highly active binuclear 2, 5-disubstituted amino-p-benzoquinone-nickel (II) ethylene polymerization catalysts [J]. Organometallics, 2003, 22 (14): 2851-2854.

[122] Heiland K, Kaminsky W. Comparison of zirconocene and hafnocene catalysts for the polymerization of ethylene and 1-butene [J]. Die Makromolekulare Chemie: Macromolecular Chemistry and Physics, 1992, 193 (3): 601-610.

[123] Mecking S. Reactor blending with early/late transition metal catalyst combinations in ethylene polymerization [J]. Macromolecular Rapid Communications, 1999, 20 (3): 139-143.

[124] Junges F, de Souza, R F, dos Santos J H Z, et al. Ethylene polymerization using combined Ni and Ti catalysts supported in situ on MAO-modified silica [J]. Macromolecular Materials and Engineering, 2005, 290 (1): 72-77.

[125] Furlan L G, Casagrande Jr O L. Dual catalyst system composed by nickel and vanadium complexes containing nitrogen ligands for ethylene polymerization [J]. Journal of the Brazilian Chemical Society, 2005, 16: 1248-1254.

[126] Bruaseth I, Rytter E. Dual site ethene/1-hexene copolymerization with MAO activated $(1,2,4\text{-}Me_3Cp)_2ZrCl_2$ and $(Me_5Cp)_2ZrCl_2$ catalysts [J]. Possible transfer of polymer chains between the sites. Macromolecules, 2003, 36 (9): 3026-3034.

[127] Arriola D J, Carnahan E M, Hustad P D, et al. Catalytic production of olefin block copolymers via chain shuttling polymerization [J]. Science, 2006, 312 (5774): 714-719.

[128] www. dowplastics. com.

[129] Coates G W, Waymouth R M. Oscillating stereocontrol: a strategy for the synthesis of thermoplastic elastomeric polypropylene [J]. Science, 1995, 267 (5195): 217-219.

[130] Kravchenko R, Masood A, Waymouth R M, et al. Strategies for synthesis of elastomeric polypropylene: Fluxional metallocenes with C 1-symmetry [J]. Journal of the American Chemical Society, 1998, 120 (9): 2039-2046.

[131] Collette J W, Ovenall D W, Buck W H, et al. Elastomeric polypropylenes from alumina-supported tetra-alkyl group IVB catalysts. 2. Chain microstructure, crystallinity, and morphology [J]. Macromolecules, 1989, 22 (10): 3858-3866.

[132] Sita L R. Ex uno plures: new paradigms for expanding the range of polyolefins through reversible group transfers [J]. Angewandte Chemie International Edition, 2009, 48 (14): 2464-2472.

[133] Alfano F, Boone H W, Busico V, et al. Polypropylene chain shuttling at enantiomorphous and enantiopure catalytic species: Direct and quantitative evidence from polymer microstructure [J]. Macromolecules, 2007, 40 (22): 7736-7738.

[134] Thomann R, Thomann Y, Mülhaupt R, et al. Morphology of stereoblock polypropylene [J]. Journal of Macromolecular Science Part B, 2002, 41 (4): 1079-1090.

[135] Przybyla C, Fink G. Two different, on the same silica supported metallocene catalysts, activated by various trialkylaluminums: a kinetic and morphological study as well as an experimental investigation for building stereoblock

polymers [J]. Acta Polymerica, 1999, 50 (2): 77-83.

[136] Tynys A, Eilertsen J L, Seppälä J V, et al. Propylene polymerizations with a binary metallocene system-Chain shuttling caused by trimethylaluminium between active catalyst centers [J]. Journal of Polymer Science: Part A: Polymer Chemistry, 2007, 45 (7): 1364-1376.

[137] Lieber S, Brintzinger H H. Propene polymerization with catalyst mixtures containing different ansa-zirconocenes: chain transfer to alkylaluminum cocatalysts and formation of stereoblock polymers [J]. Macromolecules, 2000, 33 (25): 9192-9199.

[138] Alfano F, Boone H W, Busico V, et al. Polypropylene chain shuttling at enantiomorphous and enantiopure catalytic species: Direct and quantitative evidence from polymer microstructure [J]. Macromolecules, 2007, 40 (22): 7736-7738.

[139] Warzelham V, Ball W, Bachl R. Verfahren zum herstellen von homo- und copolymerisaten von (alpha) - monoolefinen mittels eines ziegler-katalysatorsystems: DE3242150A1 [P]. 1984.

[140] Galli P. The breakthrough in catalysis and processes for olefin polymerization: innovative structures and a strategy in the materials area for the twenty-first century [J]. Progress in polymer science, 1994, 19 (6): 959-974.

[141] Galli P, Collina G, Sgarzi P, et al. Combining Ziegler-Natta and metalocene catalysis: New heterophasic propylene copolymers from the novel multicatalyst reactor granule technology [J]. Journal of Applied Polymer Science, 1997, 66 (9): 1831-1837.

[142] Severn J R, Chadwick J C. Immobilisation of homogeneous olefin polymerisation catalysts. Factors influencing activity and stability [J]. Dalton Transactions, 2013, 42 (25): 8979-8987.

[143] Kukalyekar N, Balzano L, Chadwick J J, et al. Characteristics of bimodal polyethylene prepared via Co-immobilization of chromium and iron catalysts on an $MgCl_2$-based support [J]. Macromolecular Reaction Engineering, 2009, 3 (8): 448-454.

[144] Severn J R, Chadwick J C, Duchateau R, et al. "Bound but not gagged" immobilizing single-site α-olefin polymerization catalysts [J]. Chemical Reviews, 2005, 105 (11): 4073-4147.

[145] Chu K J, Soares J B P, Penlidis A. Effect of hydrogen on ethylene polymerization using in-situ supported metallocene catalysts [J]. Macromolecular Chemistry and Physics, 2000, 201 (5): 552-557.

[146] McConville D H, Loveday D R. Catalyst systems and their use in a polymerization process: WO0130860A1 [P]. 2001.

[147] Mihan S, Karer R, Fantinel F, et al. Impact resistant LLDPE composition and films made thereof: WO034508A1 [P]. 2010.

[148] Fabiana F, Bodo R, Shahram M, et al. Process for the obtainment of a polyolefin composition: WO189960A1 [P]. 2013.

[149] Mihan S. Polyethylene and catalyst composition for its preparation: WO103100A1 [P]. 2005.

[150] Kurek A, Mark S, Enders M, Mulhaupt M O, et al. Mesoporous silica supported multiple single-site catalysts and polyethylene reactor blends with tailor-made trimodal and ultra-broadmolecular weight distributions [J]. Macromolecular Rapid Communications, 2010, 31 (15): 1359-1363.

[151] Balzano L, Rastogi S, Peters G. Self-nucleation of polymers with flow: the case of bimodal polyethylene [J]. Macromolecules, 2011, 44: 2926-2933.

[152] Romano D, Ronca S, Rastogi S. A hemi-metallocene chromium catalyst with trimethylaluminum-free methylaluminoxane for the synthesis of disentangled ultra-high molecular weight polyethylene [J]. Macromolecular Rapid Communications, 2015, 36 (3): 327-331.

[153] Cho H S, Chung J S, Lee W Y. Control of molecular weight distribution for polyethylene catalyzed over Ziegler-Natta/Metallocene hybrid and mixed catalysts [J]. Journal of Molecular Catalysis A: Chemical, 2000, 159 (2): 203-213.

[154] Schilling M, Bal R, Goerl C, et al. Heterogeneous catalyst mixtures for the polymerization of ethylene [J]. Polymer, 2007, 48: 7461-7475.

[155] Bunchongturakarn S, Jongsomjit B, Praserthdam P. Impact of bimodal pore MCM-41-supported zirconocene/dMMAO catalyst on copolymerization of ethylene/1-octene [J]. Catalysis Communications, 2008, 9 (5): 789-795.

[156] Paredes B, Grieken R V, Carrero A, Soares B, et al. Ethylene/1-hexene copolymers produced with mao/$(nBuCp)_2ZrCl_2$ supported on SBA-15 materials with different pore sizes [J]. Macromolecular Chemistry and Physics, 2011, 212 (15): 1590-1599.

[157] Yamamoto K, Ishihama Y, Sakata K. Preparation of bimodal HDPEs with metallocene on Cr-montmorillonite support [J]. Journal of Polymer Science: Part A: Polymer Chemistry, 2010, 48 (17): 3722-3728.

[158] Jiang B, Yang Y R, Du L, Mülhaupt R, et al. Advanced catalyst technology for broad/bimodal polyethylene, achieved by polymer-coated particles supporting hybrid catalyst [J]. Industrial & Engineering Chemistry Research, 2013, 52 (7): 2501-2509.

[159] Du L, Li W, Fan L, et al. Hybrid titanium catalyst supported on core-shell silica/poly (styrene-co-acrylic acid) carrier [J]. Journal of Applied Polymer Science, 2010, 118 (3): 1743-1751.

[160] 范丽娜，杜丽君，黄海波，等. 核壳结构 Ziegler-Natta 复合催化剂的制备及其乙烯聚合 [J]. 高分子学报，2010，8：981-986.

[161] Li W, Guan C, Xu J, et al. Bimodal/broad polyethylene prepared in a disentangled state [J]. Industrial & Engineering Chemistry Research, 2014, 53 (3): 1088-1096.

[162] Du L, Qin W, Wang J, et al. An improved phase-inversion process for the preparation of silica/ poly [styrene-co-(acrylic acid)] core-shell microspheres: synthesis and application in the field of polyolefin catalysis [J]. Polymer International, 2011, 60: 584-591.

[163] Enders M, Mark S, Kurek A, Mülhaupt R. Two-site silica supported Fe/Cr catalysts for tailoring bimodal polyethylenes with variable content of UHMWPE [J]. Journal of Molecular Catalysis A: Chemical, 2014, 383: 53-57.

[164] M Stürzel, Thomann Y, Enders M, et al. Graphene-supported dual-site catalysts for preparing self-reinforcing polyethylene reactor blends containing UHMWPE nanoplatelets and in situ UHMWPE shish-kebab nanofibers [J]. Macromolecules, 2014, 47 (15): 4979-4986.

[165] Keim W. Oligomerization of ethylene to alpha-olefins: discovery and development of the shell higher olefin process (SHOP) [J]. Angewandte Chemie International Edition, 2013, 52 (48): 12492-12496.

[166] Starzewski K, Bayer G M. Polyacetylene in polyacrylonitrile matrix: novel soluble matrix polyacetylenes by Ylide-Nickel catalysis [J]. Angewandte Chemie International Edition in English, 1991, 30 (8): 961-962.

[167] Starzewski K A, Witte J, Reichert K H, et al. Linear and branched polyethylenes by new coordination catalysts// Transition metals and organometallics as catalysts for olefin polymerization [M]. Springer, Berlin, Heidelberg, 1988: 349-360.

[168] Kissin Y V, Beach D L. A novel multifunctional catalytic route for branched polyethylene synthesis [J]. Studies in Surface Science and Catalysis, 1986, 25: 443-460.

[169] Denger C, Haase U, Fink G. Simultaneous oligomerization and polymerization of ethylene [J]. Die Makromolekulare Chemie Rapid Communications, 1991, 12 (12): 697-701.

[170] Britovsek G J P, Bruce M, Gibson V C, et al. Iron and cobalt ethylene polymerization catalysts bearing 2,6-bis (Imino) pyridyl ligands: synthesis, structures, and polymerization studies [J]. Journal of the American Chemical Society, 1999, 121 (38): 8728-8740.

[171] Wang L, Spinu M, Citron J D. Manufacture of polyethylenes, WO2001023443A1 [P]. 2001.

[172] Goode M G, Spriggs T E, Levine I J, et al. Process for the simultaneous trimerization and copolymerization of ethylene: US5137994A [P]. 1992.

[173] Yan D, Wang W J, Zhu S. Effect of long chain branching on rheological properties of metallocene polyethylene [J]. Polymer, 1999, 40 (7): 1737-1744.

[174] Barnhart R W, Bazan G C, Mourey T. Synthesis of branched polyolefins using a combination of homogeneous metallocene mimics [J]. Journal of the American Chemical Society, 1998, 120 (5): 1082-1083.

[175] Markel E J, Weng W, Peacock A J, et al. Metallocene-based branch-block thermoplastic elastomers [J]. Macromolecules, 2016, 33 (23): 8541-8548.

[176] Sperber O, Kaminsky W Bazan G C. Synthesis of long-chain branched comp-structured polyethylene from ethylene by tandem action of two single-site catalysts [J]. Macromolecules, 2004, 37 (24): 9298-9298.

[177] Komon Z, Diamond G M, Leclerc M K, et al. Triple tandem catalyst mixtures for the synthesis of polyethylenes with varying structures [J]. Journal of the American Chemical Society, 2002, 124 (51): 15280-15285.

[178] Ye Z, Alobaidi F, Zhu S, et al. Long-chain branching and rheological properties of ethylene-1-hexene copolymers synthesized from ethylene stock by concurrent tandem catalysis [J]. Macromolecular Chemistry & Physics, 2010,

206 (20): 2096-2105.

[179] Wetroos D D, Dixon J T. Homogeneous tandem catalysis of bis(2-decylthioethyl) amine chromium trimerization catalyst in combination with metallocene catalysts [J]. Macromolecules, 2004, 37 (25): 9314-9320.

[180] Bianchini C, Frediani M, Giambastiani G, et al. Amorphous polyethylene by tandem action of cobalt and titanium single-site catalysts [J]. Macromolecular Rapid Communications, 2005, 26: 1218.

[181] Bianchini C, Frediani M, Giambastiani G, et al. Amorphous polyethylene by tandem action of cobalt and titanium single-site catalysts [J]. Macromolecular Rapid Communications, 2005, 26: 1223.

[182] Fantinel F, Mannebach G, Mihan S, et al. Impact resistant lldpe composition and films made thereof: WO2010034464 [P]. 2010.

[183] Reddy B R, Shamshoum E S, Lopez M, et al. Production of E-B copolymers with a single metallocene catalyst and a single monomer: US5753785A [P]. 1998.

[184] Yang M, Yan W, Hao X, et al. Tandem catalytic systems: one catalyst combined with two different activators for preparing branched polyethylene with ethylene as single monomer [J]. Macromolecules, 2009, 6 (4): 905-907.

[185] Luinstra G, Werne G, Rief U, et al. Method for preparing olefin (co) polymers: WO2001007491 [P]. 2001.

[186] Ding E, Yang Q, Yu Y, et al. Metallocene and Half sandwich dual catalyst systems for producing broad molecular weight distribution polymers: WO2014052364A1 [P]. 2014.

[187] Kipke J, Mihan S, Karer R, et al. Polyethylene molding compositions for injection molding applications: WO2006114210A1 [P]. 2006.

[188] Liu H T, Davey C R, Shirodkar P P. Bimodal polyethylene products from UNIPOL (TM) single gas phase reactor using engineered catalysts [J]. Macromolecular Symposia, 2003, 195 (1): 309-316.

[189] Mink R I, Nowlin T E, Shirodkar P P, et al. Bimetallic catalyst for producing polyethylene resins with bimodal molecular weight distribution, its preparation and use: US2005267271, 2005.

[190] Yang Q, McDaniel M P, Crain T R, et al. Catalysts for producing broad molecular weight distribution polyolefins in the absence of added hydrogen: WO2012006272A2 [P]. 2012.

[191] Hong S C, Rief U, Delux L, et al. Immobilized $Me_2Si(C_5Me_4)(N\text{-}tBu)TiCl_2/(nBuCp)_2ZrCl_2$ hybrid metallocene catalyst system for the production of poly (ethylene-co-hexene) with pseudo-bimodal molecular weight and inverse comonomer distribution [J]. Polymer Engineering and Science, 2007, 47 (2): 131-139.

[192] Mannebach G, Vogt H, Fantinel F, et al. Polyethylene for rotomoulding: WO2011020620A1 [P]. 2011.

[193] Mihan S. Polyethylene and catalyst composition for its preparation: WO/2005/103100 [P], 2005.

[194] Hong D S, Kwon H Y, Song E K, et al. Method for producing hybrid-supported metallocene catalyst: WO2015056974 [P]. 2015.

[195] Wang H P, Khariwala D U, Cheung W, et al. Characterization of some new olefinic block copolymers [J]. Macromolecules, 2007, 40 (8): 2852-2862.

[196] Markel E J, Weng W, Peacock A J, et al. Metallocene-based branch-block thermoplastic elastomers [J]. Macromolecules, 2016, 33 (23): 8541-8548.

[197] Hustad P D, Marchand G R, Garcia-Meitin E I, et al. Photonic polyethylene from self-assembled mesophases of polydisperse olefin block copolymers [J]. Macromolecules, 2009, 42 (11): 3788-3794.

[198] Ákos Kmetty, Tamás B, József K, et al. Self-reinforced polymeric materials: A review [J]. Progress in Polymer Science, 2010, 35 (10): 1288-1310.

[199] Pornnimit B, Ehrenstein G W. Extrusion of self-reinforced polyethylene [J]. Advances in Polymer Technology, 1991, 11 (2): 91-98.

[200] Mykhaylyk O O, Chambon, P. Impradice C, et al. Control of structural morphology in shear-induced crystallization of polymers [J]. Macromolecules 2010, 43 (5), 2389-2405.

[201] Ogbonna C I, Kalay G, Allan P S, et al. The self-reinforcement of polyolefins produced by shear controlled orientation in injection molding [J]. Journal of Applied Polymer Science, 1995, 58 (11): 2131-2135.

[202] Guan Q, Zhu X, Dan C, et al. Self-reinforcement of polypropylene by oscillating packing injection molding under low pressure [J]. Journal of Applied Polymer Science, 1996, 62 (5): 755-762.

[203] Kukalyekar N, Balzano L, Peters G, Rastogi S, Chadwick J. Characteristics of bimodal polyethylene prepared via co-

immobilization of chromium and iron catalysts on an $MgCl_2$-based support [J]. Macromolecular Reaction Engineering, 2009, 3 (8): 448-454.

[204] Kurek A, Xalter R, M Stürzel, et al. Silica nanofoam (NF) supported single-and dual-site catalysts for ethylene polymerization with morphology control and tailored bimodal molar mass distributions [J]. Macromolecules, 2013, 46 (23): 9197-9201.

[205] Mckenna T, Martino A D, Weickert G, et al. Particle growth during the polymerisation of olefins on supported catalysts 1-nascent polymer structures [J]. Macromolecular Reaction Engineering, 2010, 4 (1): 40-64.

[206] Chen S Y, Chen W, Ren Y, Sun J Y. Wang J D, Yang Y R. Molecular dynamics simulation of the polyethylene crystallization in confined space: nacleation and lamella orientation [J]. Macromolecules, 2022, 55 (17): 7368-7379.

[207] Chen Y, Liang P, Yue Z, et al. Entanglement formation mechanism in the POSS modified heterogeneous Ziegler-Natta catalysts [J]. Macromolecules, 2019, 52 (20): 7593-7602.

[208] Pandey A, Champouret Y, Rastogi S. Heterogeneity in the distribution of entanglement density duringpolymerization in disentangled ultrahigh molecular weight polyethylene [J]. Macromolecules, 2011, 44 (12): 4952-4960.

[209] 陈毓明. 低缠结 UHMWPE 的制备及其与 HDPE 原位共混行为的研究 [D]. 杭州: 浙江大学, 2020.

[210] Liang P, Chen Y, Ren C, et al. Efficient synthesis of low-polydispersity UHMWPE by elevating active sites on anchored POSS molecules [J]. Industrial & Engineering Chemistry Research, 2020, 59 (45): 19964-19971.

[211] Li W, Hui L, Xue B, et al. Facile high-temperature synthesis of weakly entangled polyethylene using a highly activated Ziegler-Natta catalyst [J]. Journal of Catalysis, 2018, 360: 145-151.

[212] Wang H, Yan X, Tang X , et al. Contribution of the initially entangled state and particle size to the sintering kinetics of UHMWPE [J]. Macromolecules, 2022, 55: 1310-1320.

[213] 包崇龙，阳永荣.一种聚合物组合物、其制备方法、应用及其合成装置：CN202010213939 [P]. 2020.

[214] Hees Timo, Carl G. Schirmeister, Patrizia Pfohl, Daniel Hofmann, Rolf Mülhaupt, Self-Reinforcement via 1D nanostructure formation during melt blending of thermoplastics and thermoplastic elastomers with nanophase-separated UHMWPE/HDPE wax reactor blends [J]. ACS Appl. Polym. Mater. 2021, 3, 3455-3464.

[215] Schirmeister Carl G. , Timo Hees, Oleksandr Dolynchuk, Erik H. Licht, Thomas Thurn-Albrecht, Rolf Mülhaupt, digitally tuned multidirectional all-polyethylene composites via controlled 1D nanostructure formation during extrusion-based 3D printing [J]. ACS Appl. Polym. Mater. 2021, 3, 1675-1686.

[216] Kiparissides C, Verros G, Macgregor J F. Mathematical modeling, optimization, and quality control of high-pressure ethylene polymerization reactors [J]. Journal of Macromolecular Science: Part C, 2006, 33 (4): 437-527.

[217] Romanini D. Synthesis technology, molecular structure, and rheological behavior of polyethylene [J]. Polymer-Plastics Technology and Engineering, 1982, 19 (2): 201-226.

[218] Roedel M J. The molecular structure of polyethylene. I. chain branching in polyethylene during polymerization [J]. Journal of the American Chemical Society, 1953, 75 (24): 6110-6112.

[219] Hoff E A W, Robinson D W, Willbourn A H. Relation between the structure of polymers and their dynamic mechanical and electrical properties. Part II. Glassy state mechanical dispersions in acrylic polymers [J]. Journal of Polymer Science: Part A Polymer Chemistry, 1955, 18 (88): 161-176.

[220] Luft G, Kmpf R, Seidl H. Synthesis conditions and structure of low density polyethylene. I. Short and long chain branching [J]. Die Angewandte Makromolekulare Chemie, 1982, 108: 203-217.

[221] Holmström A, Sörvik E. Thermal degradation of polyethylene in a nitrogen atmosphere of low oxygen content. III. Structural changes occurring in low-density polyethylene at oxygen contents below 1.2% [J]. Journal of Applied Polymer Science, 1974, 18: 3153-3178.

[222] Beasley, John K. Comprehensive polymer science: the synthesis, characterization [J]. Reactions & Applications of Polymers, 1989, 3: 273-282.

[223] Agrawal, Satish, Chang D H. Analysis of the high pressure polyethylene tubular reactor with axial mixing [J]. AIChE Journal, 1975, 21 (3): 449-465.

[224] Chen C H. Computer model for tubular high-pressure polyethylene reactors [J]. AIChE Journal, 1976, 22 (3): 463-471.

[225] Lee K H, Jr J. Free-radical polymerization: sensitivity of conversion and molecular weights to reactor conditions [J].

Acs Symposium, 1979, 10: 221-251.

[226] Goto S, Yamamoto K, Furui S, et al. Computer model for commercial high pressure polyethylene reactor based on elementary reaction rates obtained experimentally [J]. Journal of Applied Polymer Science: Applied Polymer Symposium, 1981, 36: 21-40.

[227] Donati G, Marini L, Marziano G, et al. Mathematical model of low density polyethylenetubular reactor [J]. ACS Symposium Series, 1982: 579-590.

[228] Feucht P, Tilger B, Luft G. Prediction of molar mass distribution, number and weight average degree of polymerization and branching of low density polyethylene [J]. Chemical Engineering Science, 1985, 40 (10): 1935-1942.

[229] Gupta S K, Kumar A, Krishnamurthy M. Simulation of tubular low-density polyethylene [J]. Polymer Engineering & Science, 1985, 25 (1): 37-47.

[230] Shirodkar P P, Tsien G O. A mathematical model for the production of low density polyethylene in a tubular reactor [J]. Chemical Engineering Science, 1986, 41 (4): 1031-1038.

[231] Brandolin A, Capiati N J, Farber J N, et al. Mathematical model for high-pressure tubular reactor for ethylene polymerization [J]. Industrial & Engineering Chemistry Research, 1988, 27 (5): 784-790.

[232] Ju N K, Ivanchev S S. Possibilities for optimization of technological modes for ethylene polymerization in autoclave and tubular reactors [J]. Chemical Engineering Journal, 2005, 107 (1-3): 221-226.

[233] Akzo Nobel Chemicals. Initiators for Polymer Production, product catalogue. 1992.

[234] Tatsukami Y, Takahashi T, Yoshioka H. Reaction mechanism of oxygen-initiated ethylene polymerization at high pressure [J]. Die Makromolekulare Chemie: Macromolecular Chemistry and Physics, 1980, 181 (5): 1107-1114.

[235] Buback M, Lendle H. Molecular and Chemical Physics, Chemistry, Biological Effects, Geo and Planetary Sciences, New Resources, Dynamic Pressures, High Pressure Safety. //The decomposition of di-tert. butylperoxide at high pressures and temperatures [M]. 1980: 797-799.

[236] Benzler H, Koch A V. Ein Zustandsdiagramm für Äthylen bis zu 10000 ata Druck [J]. Chemie Ingenieur Technik, 1955, 27 (2): 71-75.

[237] Reid R C, Prausnitz J M, Sherwood T K. The properties of gases and liquids [M]. 3rd ed. 1977.

[238] Raff R A V, Doak K W. Crystalline olefin polymers Part 1 [M]. Interscience Publishers, Anybook Ltd. , Lincoln, United Kingdom, 1965.

[239] V. Bogdanovic, B. Djordjević, A. Tasić, et al. Influence of the structural order on thermodynamic properties for three different polyethylenes [J]. Journal of Applied PolymerScience, 1984, 29 (8): 2671-2675.

[240] Eiermann K. Modellmige deutung der wrmeleitfhigkeit von hochpolymeren [J]. Kolloid-Zeitschrift und Zeitschrift für Polymere, 1964, 198 (1-2): 5-16.

[241] Maloney D P, et al. Thermodynamic properties of liquid polyethylene [J]. Journal of Applied Polymer Science, 1974, 18 (9): 2703-2710.

[242] Ehrlich P, Woodbrey J C. Viscosities of moderately concentrated solutions of polyethylene in ethane, propane, and ethylene [J]. Journal of Applied Polymer Science, 1969, 13 (1): 117-131.

[243] 张雷鸣，王靖岱，阳永荣. 高压法聚乙烯管式反应器的数学模拟 [J]. 浙江大学学报（工学版），2011，45（3）：551-570.

[244] Thies J. Strategy for modelling high-pressure polyethylene reactors [C] //86th National AIChE Meeting, Houston, Texas. 1979.

[245] Kiparissides C, Verros G, Kalfas G, et al. A comprehensive mathematical model for a multizone tubular high pressure ldpe reactor [J]. Chemical Engineering Communications, 1993, 121 (1): 193-217.

[246] Odian G. Principles of polymerization [M]. 2rd ed. Wiley, 1981.

[247] Christl R J, Roedel M J. Constant environment process for polymerizing ethylene: US2897183A [P]. 1959.

[248] Luft G, Bitsch H, Seidl H. Effectiveness of organic peroxide initiators in the high-pressure polymerization of ethylene [J]. Journal of Macromolecular Science Chemistry, 1977, 11 (6): 1089-1112.

[249] Marini L , Georgakis C. Low-density polyethylene vessel reactors: Part I: Steady state and dynamic modelling [J]. AIChE Journal, 2010, 30 (3): 401-408.

[250] Marini L, Clement K, Georgakis C, et al. Experimental and theoretical investigation of an absorber-stripper pilot plant under nonequilibrium conditions [J]. Industrial & Engineering Chemistry Fundamentals, 1985, 24 (3):

296-301.

[251] J. Villermaux, M. Pons, L. Blavier, Comparison of partial segregation models for thedetermination of kinetic constants in a high pressure polyethylene reactor, I [J]. Chemical Engineering Symposium Series, 1984, 87: 553-560.

[252] Gerhard Luft, Rudolf Kämpf, Hans Seidl. Synthesis conditions and structure of low density polyethylene. I. Short and long chain branching [J]. Die Angewandte Makromolekulare Chemie, 1982.

[253] Kuochen Tsai, and Rodney O. Fox. PDF modeling of turbulent-mixing effects on initiator efficiency in a tubular LDPE reactor [J]. AIChE Journal, 1996, 42 (10): 2926-2940.

[254] Zhou W, Marshall E M, Oshinowo L. Modeling ldpe tubular and autoclave reactors [J]. Industrial & Engineering Chemistry Research, 2001, 40 (23): 5533-5542.

[255] Read N K, Zhang S X, Ray W H. Simulations of a LDPE reactor using computational fluid dynamics [J]. AIChE Journal, 1997, 43 (1): 104-117.

[256] Zheng H, Huang Z, Liao Z, et al. Computational fluid dynamics simulations and experimental validation of macromixing and flow characteristics in low-density polyethylene autoclave reactors [J]. Industrial & Engineering Chemistry Research, 2014, 53 (38): 14865-14875.

[257] Embirucu M, Enrique L L, Jose C P. Continuous soluble Ziegler-Natta ethylene polymerizations in reactor trains. I. mathematical modeling [J]. Journal of Applied Polymer Science, 2000, 77: 1574-1590.

[258] Embirucu M, Diego M P, Enrique L L, et al. Continuous soluble Ziegler-Natta ethylene polymerizations in reactor trains, 2-estimation of kinetic parameters from industrial data [J]. Macromolecular Reaction Engineering, 2008, 2: 142-160.

[259] Embiruçu M, Pontes K, Lima E L, et al. Continuous soluble Ziegler-Natta ethylene polymerizations in reactor trains, 3-influence of operating conditions upon process performance [J]. Macromolecular Reaction Engineering, 2010, 2 (2): 161-175.

[260] Wu L, Bu N, Wanke S E. Kinetic behavior of ethylene/1-hexene copolymerization in slurry and solution reactors [J]. Journal of Polymer Science Part A: Polymer Chemistry, 2005, 43 (11): 2248-2257.

[261] Mehdiabadi S, Soares J, Bilbao D, et al. Ethylene polymerization and ethylene/1-octene copolymerization with rac-dimethylsilylbis (indenyl) hafnium dimethyl using trioctyl aluminum and borate: a polymerization kinetics investigation [J]. Macromolecules, 2013, 46 (4): 1312-1324.

[262] 王金强，田洲，程瑞华，等. CGC/i-$Bu_3Al/Ph_3C^+B(C_6F_5)_4^-$催化乙烯均聚及乙烯与1-辛烯共聚行为 [J]. 合成树脂及塑料，2018，35 (6)：15.

[263] Ven S. Polypropylene and other polyolefins: polymerization and characterization [M]. Elsevier, Distributions for the U. S. and Canada, Elsevier Science, 1990.

[264] Fan Z, Zhang L, Xia S, et al. Effects of ethylene as comonomer on the active center distribution of 1-hexene polymerization with $MgCl_2$-supported Ziegler-Natta catalysts [J]. Journal of Molecular Catalysis A Chemical, 2011, 351: 93-99.

[265] Kissin Y V, Rishina L A, et al. Kinetics of propylene and ethylene polymerization reactions with heterogeneous Ziegler-Natta catalysts: recent results [J]. Polymer Science Series A, 2008, 50 (11): 1101-1121.

[266] 田洲，焦栋，王金强，等. 序列分布导向的CGC催化乙烯与1-辛烯共聚过程建模 [J]. 化工学报，2020，71 (2)：651-659.

[267] Mehdiabadi S, Soares J. Ethylene homopolymerization kinetics with a constrained geometry catalyst in a solution reactor [J]. Macromolecules, 2012, 45 (4): 1777-1791.

[268] Kim K J, Choi K Y. Continuous olefin copolymerization with soluble Ziegler-Natta catalysts [J]. AIChE Journal, 1991, 37 (8): 1255-1260.

[269] Carrot C, Revenu P, Guillet J. Rheological behavior of degraded polypropylene melts: From MWD to dynamic moduli [J]. Journal of Applied Polymer Science, 1996, 61 (11): 1887-1897.

[270] 任晓兵，李逸，廉秀军. 溶液法聚乙烯工艺反应前移、后移现象分析 [J]. 当代化工，2008，37 (1)：86-89.

[271] Kao C I, Camp G A, Combs R, et al. Olefin solution polymerization: WO 97/36942 [P]. 1997.

[272] Lowery Jr K, Knight G W, May Jr J A. High efficiency, high temperature catalyst for polymerizing olefins: US4314912 [P]. 1982.

[273] Tau L M, Swindoll R D, Kao C I. Finishing design to increase the polymer content in olefin solution polymerization process: CN100488988C [P]. 1998.

[274] Bergemann C, Cropp R, Luft G. Copolymerization of ethylene and linear 1-olefins with a metallocene catalyst system under high pressure. Part I. Copolymerization of ethylene and propene [J]. Journal of Molecular Catalysis A: Chemical, 1995, 102 (1): 1-5.

[275] Fink G, R Mülhaupt, Brintzinger H H. Ziegler catalysts-Recent scientific innovations and technological improvements [M]. Springer-Verlag Berlin Heidelberg, 1995.

[276] Fineman M, Ross S D. Linear method for determining monomer reactivity ratios in copolymerization [J]. Journal of Polymer Science, 1950, 5 (2): 259-262.

[277] Kissin Y V, Beach D L. Kinetics of ethylene polymerization at high temperature with Ziegler-Natta catalysts [J]. Journal of Applied Polymer Science, 1984, 29 (4): 1171-1182.

[278] L. L. Böhm. Homo- and copolymerization with a highly active Ziegler-Natta catalyst [J]. Journal of Applied Polymer Science, Vol. 29, No. 1, 1984, 279-289.

[279] Bergemann C, Cropp R, Luft G. Copolymerization of ethylene and linear 1-olefins with a metallocene catalyst system under high pressure. Part II. Comparison of propene, 1-butene, 1-hexene and 1-decenel [J]. Journal of Molecular Catalysis A Chemical, 1996, 105 (3): 87-91.

[280] Christian B. Neue Verfahrensvarianten für die Hochdruck-Polyethylene-Synthese [D]. Technischen Universität Darmstadt. Ph. D. Dissertation, 2018.

第6章 聚合反应工程与设备

聚合反应工艺类型众多，导致工程问题和设备问题也很复杂，难以系统分类介绍。聚合反应器的工程设计放大及其数学模型等已经在很多文献[1-3]中有所介绍，本章围绕聚合工程和后处理工程中的关键设备开展讨论，包括聚烯烃工艺中关键设备可靠性、关键工艺参数控制、安全、环保等典型问题的分析。事实上聚合工艺主要流程和设备日趋成熟，但是设备可靠性、工艺控制、安全环保等技术仍在不断发展，所以本章还将重点介绍近年来国内外在这方面所取得的技术与研究新进展。

6.1 聚合工程设备

6.1.1 聚合反应器

由于工艺不同、产品不同，所用反应器也不同，主要分为环管反应器、带搅拌的釜式反应器、流化床反应器、多区循环反应器、高压反应器等。

6.1.1.1 环管反应器

环管反应器同样适用于聚丙烯（PP）和聚乙烯（PE）的生产，环管反应器是由多个夹套管组成的、带有自支撑框架的反应器，是通过轴流泵推动反应物在基本等截面的管道内流动并发生聚合反应。其反应产生的热量则由夹套内的冷却水带走。一般装置中均设置相同规格的 2 台环管反应器，以达到生产不同规格产品的要求。环管的数量与规格由装置规模、轴流泵的能力、聚合物的停留时间和停留时间分布决定的。由于其介质为液相丙烯或溶剂，聚丙烯反应器的长度要小于聚乙烯反应器的长度，内管及弯头需要采用低温钢。为了减少聚合物“挂壁”现象，尽量避免由此导致的管道内截面的缩小，必须对管道表面进行抛光处理。

6.1.1.2 带搅拌的釜式反应器

带搅拌的釜式反应器分为立式搅拌反应器和卧式搅拌反应器。

(1) 立式搅拌反应器

气固相立式搅拌器主要适用于三井化学 Hypol 工艺的聚丙烯共聚反应器、中国石化环管工艺（ST）的聚丙烯共聚反应器、鲁姆斯公司 Novolen 气相工艺的聚丙烯聚合反应器、LyondellBasell 公司 Hostalen HDPE 聚合反应器。

① Hypol 工艺的共聚反应器是底部进入的锚式搅拌桨，其框架截面为板条形、弧形或三角形，其主要目的是及时清理粘接在壳壁的聚合物，减少爆聚的可能性。

② ST 工艺的共聚反应器是在环管反应器后设立的立式搅拌流化床搅拌器，操作压力 1.0～1.4MPa，操作温度 80～110℃，其主要结构为顶部进入、带有中间和底部支撑的、单侧带有刮板的框式搅拌器，其余底部锥形分布板进行配合，形成良好的流化条件，减少死角的产生，气体均匀分布，减少反应器壁结块的概率。

③ Novolen 工艺的立式气相反应器是由其液相间歇法反应器发展而来的，内设底部进入的螺带式搅拌器，操作压力 1.5～3.0MPa，操作温度 70～80℃。其出料为顶部间歇出料，温度控制依靠内置热电偶，监测反应器内不同料位高度的温度，料位靠核料位计检测控制。

④ Hostalen HDPE 聚合反应器为带搅拌釜式反应器，反应器带有内半管夹套，操作压力 0.1～1.0MPa，操作温度 65～85℃。反应器采用裙座支撑结构，材料为碳钢。

(2) 卧式搅拌反应器

20 世纪 70 年代中期，Amoco 成功开发用于丙烯气相聚合的卧式搅拌床反应器。在 90 年代因其他原因 Amoco 分成了 Innovene 和 Horizone 两个工艺，在工艺装置布置和反应器的结构上略有不同，但基本原理上是相同的。目前 Innovene 工艺归 Ineos 公司所有，

Horizone 工艺归 Japan Polypropylene Corporation 公司所有。卧式搅拌反应器原理是在 58～80℃操作温度和 1.90～2.4MPa 的操作压力下。搅拌桨推动聚合物颗粒自反应器一端向另一端移动，由于搅拌器的连续搅拌，有效地增加了丙烯气与催化剂和聚丙烯颗粒的接触，避免了温度热点的形成，减少了爆聚的产生。Horizone 工艺在第一反应器内增加堰板，增加了生产高性能乙丙共聚物的能力。

聚合反应所需催化剂和助催化剂以及冷却剂一起经催化剂喷嘴喷入第一反应区，聚合温度的控制是靠加入适量液态丙烯，液态丙烯的气化吸收大量的反应热。未反应的丙烯气和氢气一起从反应器顶部的一个或两个穹顶流出，经冷却分离设备后循环回反应器。对循环气体的流动速率及流量进行控制以确保反应器床层的流化状态。

搅拌器的桨叶根据生产产品的不同，分为两种：一种为垂直水平轴的平桨叶，材料选用碳钢，主要用于生产均聚物和无规共聚物；如果生产抗冲共聚物则需要采用不锈钢包覆的搅拌轴和不锈钢的门式桨叶。

6.1.1.3　流化床反应器

流化床反应器主要在 Unipol 聚乙烯和聚丙烯工艺上使用，在其他的工艺中主要作为共聚反应器使用。流化床气相反应器对于其它聚合反应器来说是相对简单的，反应器本身没有转动部件，气流的循环动力来自循环气体压缩机，反应热靠循环气带出并在循环气冷凝器与冷却水进行热交换后，回到反应器。其催化剂和乙烯、氢气等物料是随新鲜丙烯进入反应器并参与反应的，流化床反应器的出料多为间歇切换操作，其操作频次与反应器的料位有直接关系，一般由产量确定。流化床反应器作为聚合装置的核心设备，多由筒体、分布板、沉降段加两端封头组成，采用自立式裙座支撑。分布板是影响流化床反应器性能的核心部分，分布板的作用是对流化物料支撑，均匀分布流体、降低能耗，保证分布板附近形成良好的气固状态。防止分布板的磨蚀和堵塞，是保证流化床反应器高效、稳定、安全、长期运行的关键。

目前在聚乙烯和聚丙烯装置中均使用此类反应器。分布板每个开孔的方向均需要考虑气流的分布及碰撞，最大限度地消除分布板上的死区，并防止颗粒穿过分布板，落入底封头内，堵塞进气口。沉降段的设计是另一个关键，为了减少旋风分离器的负荷并减少细小颗粒的跑损，设计中提供了一个较大的空间并扩展了其截面积，降低气速使气固分离，颗粒返回反应器，气相从顶部出口排出。

6.1.1.4　多区循环反应器

LyondellBasell 公司 Spherizone 聚丙烯工艺技术利用提升管的多区循环反应器，在聚合反应器内实现多区循环聚合[3]。多区循环反应器为提升＋沉降多区反应，反应器分提升段和沉降段两大段，在反应器上部，提升段到沉降段由 270°大弯头斜切连接，在反应器下部，沉降段到提升段由 75°弯头斜插连接。提升段和沉降段中部采用刚性环支座与钢框架连接，为双支耳支撑的排塔结构。提升段和沉降段刚性环支座上部和下部分别用挡块与框架连接。反应器由于有聚合反应，所有与物料接触处均需要圆滑处理，反应器内壁需要抛光处理，所有连接管口需要特殊防止物料堆积的结构设计，所有内件需要特殊结构及抛光处理。材料选用低温钢。

6.1.1.5　高压反应器

高压聚乙烯装置中超高压设备多，主要包括反应器系统的设备和二次机中冷器，设计压力范围 160～340MPa，主要分为釜式和管式反应器。在设备工艺规格书中也根据不同的工艺，明确提出了针对性的要求，包括规定设备建造需遵循的标准（专利商标准、相关国际标准及国外制造厂标准）。这里，釜式高压反应器的设计制造最为复杂，对设备运行的可靠性研究也是人们关注的热点，后续将介绍有关的案例分析。

中低压部分的设备采用国内设计制造的即可，但超高压部分的设备仍需从国外整体引进。迄今为止，专利商在其提供工艺技术的同时，都指定超高压容器的供货商。

6.1.2 釜式高压聚合反应器可靠性分析

6.1.2.1 引言

聚烯烃生产装置安全与可靠运行的问题一直是人们关心的重点之一，其中乙烯高压聚合装置安全可靠运行是焦点，而乙烯高压聚合釜式反应器及其高压分离器尤甚。人们关于装置安全和可靠性的基础理论和技术研发没有停止过，乙烯高压聚合由于反应温度控制不当，很容易发生乙烯的分解反应，导致反应器内温度、压力的急剧增加，防范非常困难。导致乙烯高压聚合出现爆炸风险的主要原因是乙烯分解，但是引发乙烯分解的原因一直有争论。一方面人们不断改进安全泄放系统的设计，发展更加有效的监测技术；另一方面，不断探究引发乙烯分解的机理，指导提高装备的可靠性。由于许多工业级别安全数据的获得都付出了巨大代价，公开可信的文献较难见诸报道。下面引用欧美公司和大学的几项研究成果供读者参考。

6.1.2.2 乙烯分解机理研究

假如温度、压力超过某一临界值，乙烯将发生分解反应，造成容器内温度、压力的急剧上升。目前，乙烯分解在空间和时间上的规律实际上还是不清楚。用传统的方法几乎不可能准确预测爆破片尺寸，这就是为什么即使在今天也会发生出乎意料的强烈和快速的乙烯分解反应，导致一旦发生乙烯分解，温度、压力条件就会逼近或超过装置安全设计的极限。从热力学角度看，压缩乙烯在超过一定温度和压力极限时是不稳定的，会在爆燃中分解。特别是在低密度聚乙烯的生产中，压力高达350MPa、温度高达300℃的工艺条件已经非常接近发生自发分解的极限（图6.1）。实际工艺中，一个局部热点就能导致达到乙烯分解的临界温度。而形成热点的原因则包括：混合不良，进口流量和温度的控制不正确或调整不当，存在污垢，以及高压釜搅拌器轴承的机械摩擦等。因此，人们对全面了解分解过程及其影响因素有很大兴趣，以便通过更好的过程控制和装置设计将风险降到最低。

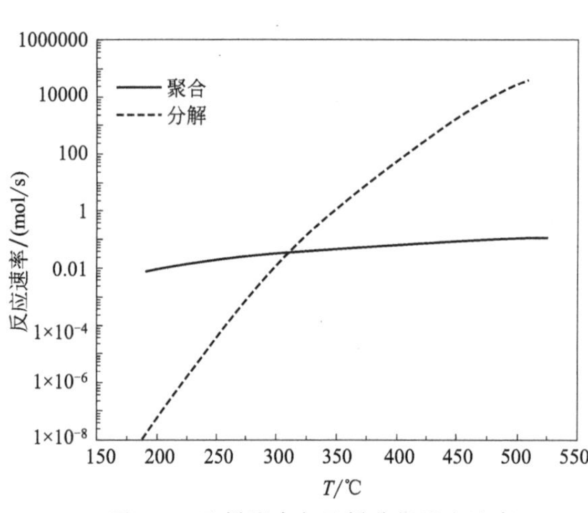

图6.1 乙烯聚合与乙烯分解反应速率与温度的关系比较[4]

(1) 乙烯分解实验

根据公式（6.1），一旦达到分解极限条件，乙烯便爆炸性地分解为碳、甲烷和氢等主要产物。

$$C_2H_4 \longrightarrow (1+z)C + (1-z)CH_4 + 2zH_2 \quad (0 \leqslant z \leqslant 1) \tag{6.1}$$

一般地，乙烯分解可分为局部和全局两类。在第一类情况下，周围的介质温度较低使乙烯分解反应熄灭，因此只能发生局部分解。在第二类情况下，反应混合物的温度很高，不可能发生淬火，因此发生了全局分解[4]。有许多涉及乙烯分解的研究，重点是讨论稳定性极限、分解行为和最佳工艺管理等[5]。例如，在 Watanabe[6] 和 Zhang[4] 的工作中，首次开发了乙烯分解反应动力学，并作为分解过程建模的重要组成部分。然而，早期研究中没有考虑流动条件和乙烯分解之间的相互作用关系。实际上，乙烯分解的行为因热点位置不同而有很大差异[5]，这只能由流体力学特性来解释，如热分解产物的浮力引起的湍流。为了能够直接观察到乙烯分解火焰前沿的传播和浮力效应，Hilfer 等[7] 通过高压釜视窗，获得了乙烯分解过程中反应前锋的行为和流场结构。

该实验目的是考察流动条件对乙烯分解过程的影响，以及层状反应前锋的传播与起始压力、温度的关系。乙烯分解是通过人工热点引爆的。实验是在一台带有一对蓝宝石视窗的小型高压装置上进行的，该装置的最大设计压力为 300MPa，最大工作温度为 300℃。扣除各种插入物所占体积，有效容积 12mL。热点源是一根直径为 0.1mm 的被绕成小线圈的钨丝，以使热点源的有效膨胀率尽可能小，符合点源的特征。该热点可以安装在反应室的上边缘或下边缘（见图 6.2)。一台经调节的直流电源装置为热点提供最大 30V 和 10A 的启动能量。一个 2000W 的加热套用于加热高压室。釜内温度由一根裸露的 NiCr-Ni 热电偶测量，以保持最快的响应时间。一个压力传感器通过短管连接到高压室测量内部压力。使用一架带有 75mm 镜头的高速摄像机进行视频记录，所有数据信号都在计算机上收集和处理。

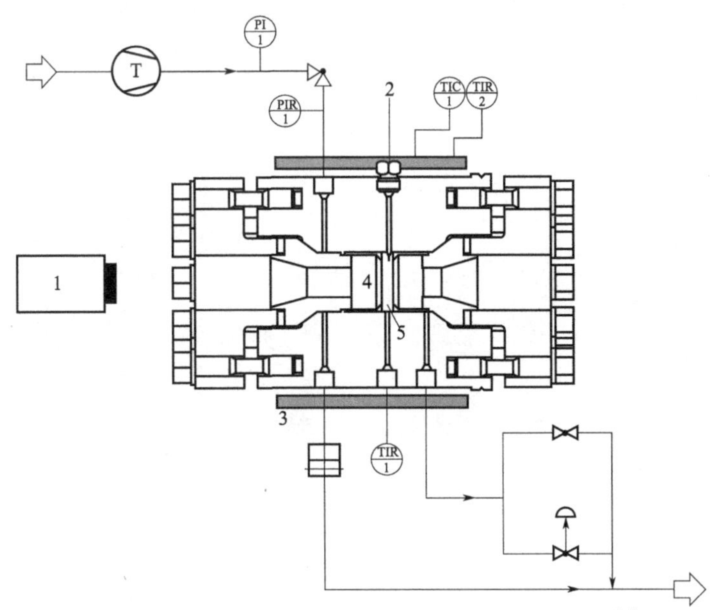

图 6.2 用于乙烯分解实验的高压微型装置的示意图[7]

1—高速摄像机；2—通过侧孔引入的钨丝热点源；3—加热套；4—蓝宝石窗口；5—反应室

(2) 乙烯分解动态行为

在点源引爆实验中，设定引爆电压和电流分别为 30V 和 3A，点源功率 120W。在规定的压力和温度条件下，通过该热点引爆乙烯分解反应[7]。乙烯分解反应的主要产物是碳以及一定比例的甲烷和氢。通常乙烯分解后，釜内充满了烟尘。整个过程的压力和温度可以实时跟踪监测，也可以通过摄像机镜头记录乙烯分解的画面（图 6.3)。特别是，发现引爆点

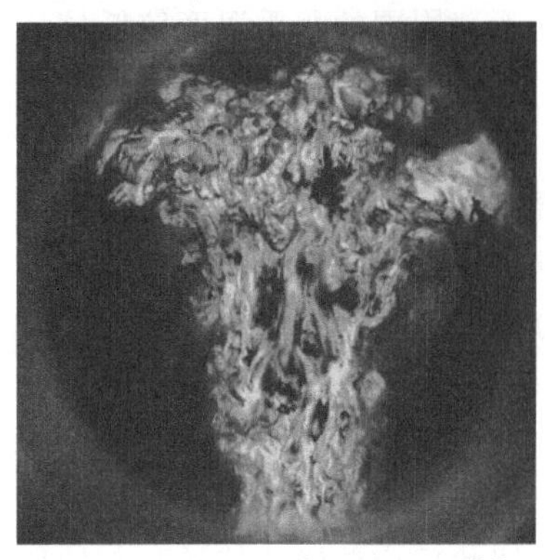

图 6.3　乙烯分解瞬间图像[7]

从反应室的上边缘移到下边缘时，反应前锋的传播行为有很大的不同。当从顶部点引爆时，可以观察到一水平薄层的反应前锋的传播，薄层厚度小于 1mm（图 6.4），且反应前锋的移动速度相对较低，为 1.0～1.8cm/s（见图 6.5 和图 6.6）。

在分解前锋扫过的区域，温度上升到 1500℃。如果将热点源移到反应室的下边缘，分解反应的整体进展会快得多（见图 6.4 和图 6.5）。在起始温度 250℃、压力 30MPa 的条件下，分别从上部和下部引爆分解反应，压力最大值相隔 2s 以上，从底部引爆的总分解反应比从顶部引爆的反应快 400%以上，对应的分解反应前锋移动速度高达 30cm/s，比顶部引爆要高得多。这可以解释为，由于密度较低，热的分解产物与引爆源分离，并向上运动。这种向上的运动诱发了强烈的自由对流，扭曲并扩大了分解反应前锋面，并使前锋推进速度增加。

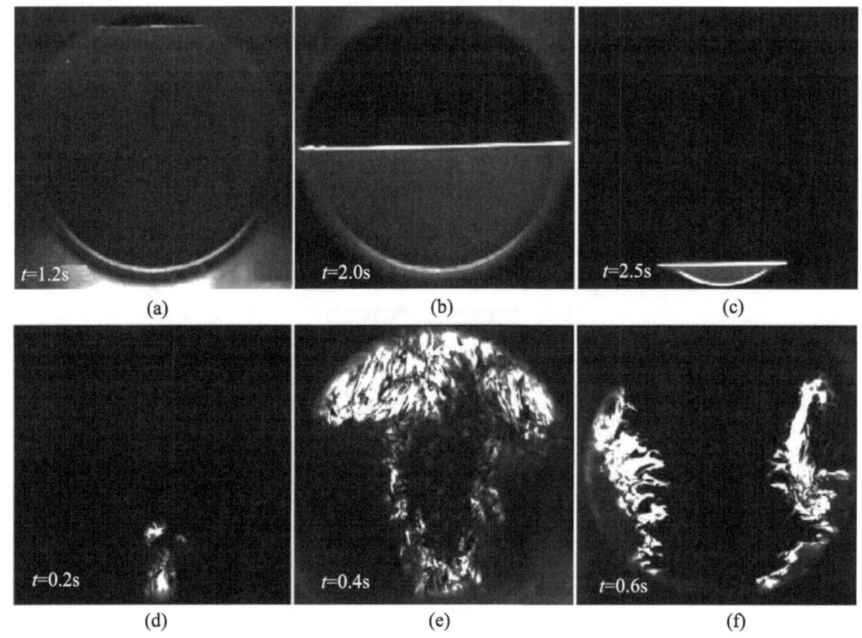

图 6.4　纯乙烯在视窗反应室中的分解图像[7]

热点源分别位于反应室的顶部（a）～（c）和底部（d）～（f）。初始条件是 $T=250$℃和 $P=30$MPa。引爆后的反应时间记录在每帧图片的左下方

除了改变引爆点位置，还可以改变起始压力进行实验。在研究分解反应对起始压力的依赖时，可以观察到两个重要的区别。从顶部引爆时，提高初始压力，反应前锋速度增加，表现为压力峰值提前来临（见图 6.4 顶部引爆，参照图 6.5）。令人惊讶的是，对于从底部引爆的乙烯分解，会观察到相反的效果。较高的引爆压力会导致反应前锋移动速度降低，从而使整体反应变慢，推迟了压力峰值的到达。该结果可能与在较高压力下烟尘的堆积密度和黏度增加、燃烧相移动困难有关，因此，对流和湍流不那么明显。这可以从在较高压力下湍流反应前锋即压力峰值的到达时间滞后得到证明（图 6.4 底部引爆，对照图 6.5）。在 $T_0=$

250℃、P_0=300bar（30MPa）底部引爆的实验条件下，可以清楚地观察到烟尘的影响，即压力曲线变平（图 6.5）。

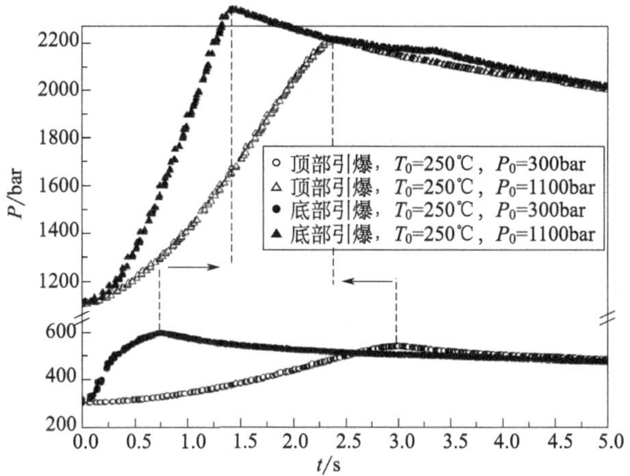

图 6.5　乙烯分解动态压力变化轨迹比较[7]

起始压力分别为 300bar 和 1100bar，点源引爆 4 组实验。其中，引爆点源分别被放置在反应室的上部（顶部引爆）和下部边缘（底部引爆）。虚线描述了压力峰值随起始压力增加而变化的情况。1bar=10^5Pa

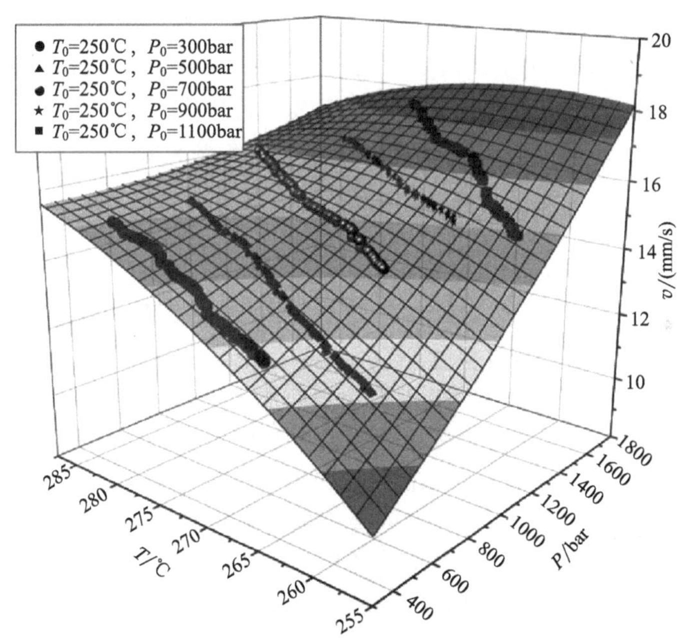

图 6.6　乙烯分解前沿推进速度图[7]

五组实验的温度为 250℃，压力为 300～1100bar，引爆点位置总是在反应室的上部。反应前锋的速度是瞬时压力和温度的函数，这里温度升高是由压缩热所致

接下来，通过高速摄像机捕捉了顶部引爆时反应锋面的传播速度，并得到了反应锋面移动速度与压力和温度的关系。发现在 250℃ 的起始温度下，起始压力从 30MPa 升高到 110MPa 的条件范围内，有如下回归公式：

$$v_{ff}=6.4172\times10^{-7}P^2-0.00262T^2+0.0405P+1.64082T-1.42416\times10^{-4}PT-239.4943 \tag{6.2}$$

式（6.2）表明，层状反应锋面移动速度随温度、压力升高而升高，压力依赖性在整个压力范围内是一致的，温度影响随着压力的增加而减少，移动速度变化范围 1～1.8cm/s。起爆后与未反应相的温度梯度是由压缩热和热辐射所决定。温度和压力的变化范围分别是 250～285℃、0～160MPa。

总之，文献［7］展示了对分解反应前锋移动速度的精确测定、对反应前锋结构的观察以及引爆点源位置对釜内流场的影响，观察到了反应移动前锋的强烈加速现象。由于烟尘的堆积密度，形成的烟尘对反应前锋的湍流传播有重大影响。展示了分解反应中复杂的化学反应-湍流相互作用关系。

6.1.2.3 放空阀的设计

停止分解反应的唯一方法是使用安全阀，迅速释放压力，使系统达到安全运行状态。所以，反应器泄爆设计极为重要。人们通过长期对工业泄爆数据的分析总结，精准防控能力不断提高。杜邦公司[8] 披露了一起聚乙烯高压分离器泄爆事件及分析改进过程，他们对乙烯分解数据进行重新分析，重新审查乙烯分解泄压装置的尺寸设计，还举一反三，讨论了相关参数以及共聚单体（乙酸乙烯酯）对于乙烯分解的影响。

1987 年 1 月，杜邦公司一家高压聚乙烯工厂发生了一起泄爆事件，高压分离器（HPS）的压力超过了 5000psi（1psi＝6894.76Pa），推算＞6000psi，因压力仪表满量程为 5000psi。通过，容器泄压口径与爆破片的尺寸应该足够大，以防止爆破片破裂后压力超过 3300psi。根据 ASME 第八节第一条的规定，假如水力试验静压力为 6750psi，取水力试验静压力的 85%，则允许承受大约 5735psi 的峰值压力。HPS 设计压力为 4500psi。然而，该容器的排放气管道压力设计值只有 2700psi，这次事故使该管道在接头处破裂了。管道的泄压保护装置的尺寸设计仅适用于工艺异常，而 HPS 防爆片的设计是为了防止乙烯分解造成的超压。该事件本身实际上是从 HPS 底部的管道开始的。事件发生时，当班的操作人员无法感知到明显堵塞。于是在很短的时间内压力增加和减少，反复脉冲三次，由于绝热压缩，管道中的混合不畅，这基本上就像一个活塞，在管道的末端压缩热气，使已经很热的管道温度（250℃）大幅上升超过了乙烯分解温度[9,10]。

1994 年，在另一个高压聚乙烯装置上发生了两起类似的事件。这些事件是由于对 HPS 底部出口（尾部）管道的蒸汽冷凝水排放口的维修采取不正规的操作步骤造成的。由于管道夹套内有蒸汽，随着 25ft（1ft＝0.3048m）长管道内压力的增加，需有一个自动阀进行保护。但冷凝水从夹套的顶部排出，不正规的操作步骤掩盖了这一危险。当冷凝水恢复从夹套底部流出，引发了二次分解事故。这些事故都是在该管道被绝热压缩时发生的，即乙烯温度最初为 250℃，压力从不到 10psi 迅速压缩到 2400psi。

（1）泄爆的原设计基础审查

乙烯分解时泄压口径尺寸大小与高压釜的结构、生产聚合物牌号的工艺条件以及开停车条件有关。杜邦反应器发生超压时，所有爆破片都破裂，确保反应器压力在可接受的范围内，说明泄压区面积足够大，可以处理分解产生的泄压流量。

① 乙烯分解原因审查。最初，HPS 爆破片设计是针对在正常运行条件下的乙烯分解，而不是针对开车或停车的低温条件。假定分解仅仅是由于反应传播或外部热输入，根据经验，该假定被证明是不对的。

在乙烯分解过程中，通常会形成炭黑、甲烷和氢气，化学反应如下式。

$$C_2H_4 \longrightarrow C + CH_4$$

$$C_2H_4 \longrightarrow 2C+2H_2$$

而实际上乙烯分解除了生成甲烷、氢气，可能还有许多不同的低聚物，甚至有聚合物生成[6,11]。因此，对于不确定的复杂反应条件和产物成分的变化，有必要通过经验计算获得可靠结果。

在乙烯高压反应器中，乙烯分解可以由过多的引发剂（氧气、过氧化物或其他催化剂）引起，也可以由设备清洗过程没有去除所有的氧气而引起。乙烯分解也可以由杂质催化，例如，金属碎屑，特别是铜屑。针对高压流程的 HPS，乙烯分解也有许多潜在的原因。推测一个原因是分解反应的传播。另一个是来自设备或夹套的热量输入。设备吹扫或清除阻塞物会产生绝热压缩加热下游管道气体的效果。例如 HPS 底部管道，可能被聚合物堵塞，其下游阀门可能被关闭，或者在其中可能存在流态问题。如果快速升压可以将气体绝热压缩到非常高的温度，在高温管道中开始的分解反应确实会回传到 HPS 中。

② 审查原始爆破片设计。通过在一些不同尺寸的静态弹仓和高压搅拌釜中引发分解反应测得一系列压力变化数据，乙烯分解可以分别由电热丝、炸药、外部热量、氧气和过氧化物引发。通过拟合压力随时间上升的数据得到式（6.3）。严格来讲，该式不代表乙烯分解的动力学，纯粹是为了确定乙烯分解爆破片的近似尺寸。

$$\frac{dP}{dt}=2.3\times K'\times P \tag{6.3}$$

式中，K'为烈度系数；P 为压力，psi；t 为时间，s。

1987 年事故中涉及的 HPS 的烈度系数 K'是根据实验室类似压力下的数据使用上式反算的。其他容器（如反应釜）的烈度系数也是以同样的方式估算的。

爆破片泄放口流率是压力、容器体积和各爆破片出口流动总面积的函数，通过拟合分解反应完成后的压力下降速率数据，得到如下压力随时间下降的关系：

$$\frac{dP}{dt}=-0.147\times P^{1.5}\times S \tag{6.4}$$

式中，$S=A/V$；A 为爆破片总面积，in^2（$1in^2=6.4516\times10^{-4}m^2$）；$V$ 为容器体积，ft^3（$1ft^3=0.0283168m^3$）。

请注意，单位体积的泄压面积计算应考虑连接在工艺管道上的任何泄压装置的有效容量，以及任何连接到其它系统的管道，例如带有泄压阀的排放气管道。工艺容器不是封闭的弹仓，它们有泄爆片，所以式（6.3）和式（6.4）可以结合起来，得到一个合并的关系，即式（6.5）。该式只有在容器压力实际打开爆破片时才能使用，在那之前只能使用式（6.3）。

$$\frac{dP}{dt}=2.3\times K'\times P-0.147\times P^{1.5}\times S \tag{6.5}$$

理想情况下，式（6.5）中 dP/dt 的值是负的。因此，当爆破片爆裂时，压力立即开始下降。根据上述三起事故以及杜邦公司已知的其它装置的一些事故，发现通常情况下不是这样的。对于 1987 年事故中涉及的 HPS 容器，设计案例中使用的 K'为 0.2。

容器体积为 $355ft^3$，爆破片面积为 $31.7in^2$，爆破压力为 3300psi，爆破时式（6.5）的数值为负值（−550psi/s）。由于实际的 dP/dt 大于 0，所以需要对爆破数据进行重新审视。

（2）泄爆设计因素分析

① 初始密度的影响。1987 年事故中容器经历的实际峰值压力数据表明，有些影响因素没有被考虑在模型内。通过审查杜邦实验室所有数据和工厂事故数据，寻找到了这些方程式中没有考虑到的变量。发现密闭弹仓最高压力（P_{max}，psi）和烈度系数（K'）是分解开始

时容器中乙烯质量的函数，用初始密度（D_{en_0}，lb/ft^3，1lb/ft^3=16.0185kg/m^3）表示。公式（6.6）显示了密闭弹仓最大压力的关系式。

$$\ln P_{max}=1.3423\times \ln D_{en_0}-0.4097 \tag{6.6}$$

经过比较1992年的ASME标准[12]，文献［12］认为式（6.7）是K'的合理计算式。

$$\ln K'=2.450\times \ln D_{en_0}-6.514 \tag{6.7}$$

为了测试峰值压力的算法，编写了一个简单的计算机代码，设定时间步长，将式（6.5）的微分改为差分，得到式（6.8）。

$$P_{t+1}=P_t+(2.3\times K'\times P_t-0.147\times P_t^{1.5}\times S)\times t_d \tag{6.8}$$

式中，t_d为时间的计算步长，s。

结果见图6.7（140℃，2600psi，容器容积355ft^3，泄压面积31.7in^2，爆裂压力3300psi），发现图6.7中的模拟值与实际值拟合度很高。该图显示压力在$t=0.0$之前是恒定的，然后根据式（6.8）的趋势上升，没有任何排放，直到$t=t_r$，即爆破片爆裂。在$t=t_{max}$时，压力上升部分从方程中消失，因为不再有任何乙烯可以分解。t_{max}对应的压力是峰值压力。t_r和t_{max}由式（6.9）和式（6.10）计算。

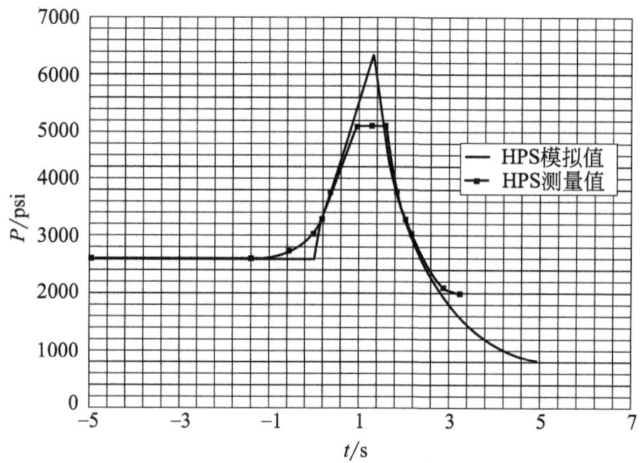

图6.7 HPS乙烯分解事故爆破压力模拟[8]

② 峰值压力的估算。如果式（6.5）的值大于0，则按式（6.8）计算非稳态过程。为了估计乙烯分解时的峰值压力，需要计算爆破片的爆裂时间和事件的持续时间。为此，对式（6.3）进行积分，得到t_{max}的计算公式：

$$t_{max}=\frac{\ln\left(\dfrac{P_{max}}{P_0}\right)}{2.3\times K'} \tag{6.9}$$

式中，P_{max}是密闭弹仓的最大压力或在没有泄压的情况下发生反应的最高压力，psi；P_0是初始压力，psi；t_{max}是峰值压力对应的时间，s。

用爆破片爆裂压力（P_r）代替封闭弹仓压力（P_{max}），则可以计算爆破片爆裂的时间（t_r）：

$$t_r=\frac{\ln\left(\dfrac{P_r}{P_0}\right)}{2.3\times K'} \tag{6.10}$$

爆破片在达到峰值压力之前的排气时间长t_v用式（6.11）计算：

$$t_v=t_{max}-t_r \tag{6.11}$$

将上述计算出的时间用于式（6.5）的积分重排，即得另一组计算式（6.12），也可用于计算放空时的压力峰值（P_v）。在爆破片爆破压力（P_r）和放空压力（P_v）之间进行积分，对应时间从 t_r 到 t_{max}（或 0 到 t_v，t_r 是参考值）。这个峰值压力是乙烯分解过程中容器内预期的最大压力。

$$P_v = \frac{X^2}{Y^2} \tag{6.12}$$

这里，

$$X = 2.3 \times P_r^{0.5} \times K' \times e^{0.5 \times K' \times 2.3 \times t_v}$$

$$Y = 2.3 \times K' - 0.147 \times P_r^{0.5} \times S + Z$$

$$Z = 0.147 \times P_r^{0.5} \times S \times e^{0.5 \times K' \times 2.3 \times t_v}$$

式（6.12）得出的峰值压力为 6497psi（$K'=0.636$），与图 6.7 所示的非稳态方法结果一致。

③ 共聚单体的影响。如表 6.1 所示，对于 80%VA 的系统，烈度系数要低 1 个数量级以上。结合乙烯的 K'数据，进行数据拟合，可以得到式（6.13）。

$$\ln K' = 2.663\ln(E_{th} - D_{en_0}) - 6.896 - 2.63066(\text{Wt. Fr. VA}) \tag{6.13}$$

这是乙烯 K'与初始密度的函数关系，并增加了一个 VA 浓度修正项。18%VA 的 K'大约是乙烯 K'的 1/2。

表 6.1　80%乙酸乙烯酯-乙烯分解的烈度系数[8]

初始压力/psi	初始温度/℃	初始密度/(lb/ft^3)	初始乙烯密度/(lb/ft^3)	烈度系数(K')	乙烯预测烈度系数(K')
3758	272	19.00	10.48	0.036	0.51
2420	330	12.49	6.02	0.0047	0.127
2880	302	15.06	7.58	0.0063	0.225
2865	329	14.22	7.11	0.0046	0.19
3085	361	14.15	7.94	0.0315	0.253

需要更多的数据来准确计算含有乙酸乙烯酯或其他单体的系统。由于 K'随着乙酸乙烯酯的增加而明显减少，VA 对密闭弹仓压力的影响还不清楚。因此，这些爆破片设计方程还只能用于乙烯的分解。

6.1.2.4　釜式高压反应器轴承故障

加速度传感器和声发射传感器等是设备故障诊断、保证设备可靠运行的重要手段。浙江大学在这方面的经验是，如果这类故障诊断和工艺过程机理相结合，将获得超出预期的有价值的信息。他们在确保气相法聚乙烯流化床装置安全稳定运行方面的应用[13,14] 可以是一个很好的例证。

但是，乙烯高压聚合所采用的搅拌反应釜及其附属动、静设备是聚烯烃生产装备中要求最高的，提高该类关键设备运行的可靠性更是迫在眉睫。这里以北欧化工 Borealis 高压釜式法低密度聚乙烯（LDPE）（两条生产线，总产量为 15 万吨/年）为例[15]，在一定的压力和温度条件下发生乙烯分解，导致形成具有高度爆炸性的氢气和甲烷混合物。如果分解导致非计划停车，需要一天时间来更换搅拌器，一天的产量损失约为 205t，经济损失则超过 31.8 万欧元（按 2013 年 1 月 LDPE 现货价格计算）。如果出现次生事故，则需要更长的停车时间，付出更多的维修费用，才能使反应釜恢复生产。一些工厂为了避免轴承故障而导致乙烯分解，需要频繁地更换搅拌器的轴承，但这造成了大量不必要的停车时间。

低密度聚乙烯有两种不同的生产工艺：高压釜和管式法。北欧化工高压釜工艺使用两台压缩机将乙烯提高到规定的反应压力，一台主压缩机，通常是活塞式往复压缩机（四级加一个增压级，25MPa），以及一台副压缩机，通常是柱塞式超级压缩机（两级，130～200MPa）。这些压缩机也从分离器中吸入未反应的回收乙烯。

向高压反应器输入加压乙烯，并注入有机过氧化物以产生自由基，启动聚合过程。这一反应促进了聚合物链的形成。搅拌器确保了反应釜内聚合参数均匀分布。通过控制反应温度（160～310℃）、压力（130～200MPa）以及添加单体和调聚剂，调控聚合物分子链的支化程度和分子量，来控制 LDPE 的密度和熔体流动速率等特性。然而，还必须仔细监测温度和压力，以避免乙烯分解成具有高度爆炸性的 H_2 和 CH_4 混合物的风险。

通常聚合在反应釜底部结束，LDPE 熔体由釜底流出进入高压（HP）分离器。在高压分离器中，LDPE 熔体被分离出来，流入低压（LP）分离器；未反应的乙烯被重新压缩并循环回到高压反应釜中。LDPE 熔体从低压分离器出来，然后被送到挤出机。在那里加入添加剂，熔体被均匀化，造粒和除气，包装和出厂。图 6.8 为流程示意。

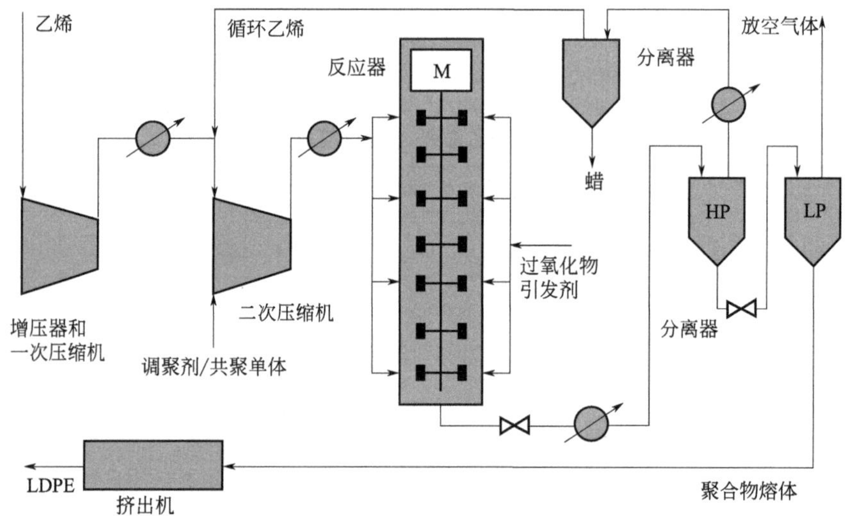

图 6.8 LDPE 工艺简图（彩图见文后）

其中蓝色表示非常高的压力（140～200MPa），绿色表示中等压力（4～25MPa），黄色表示低压[15]

(1) 高压釜搅拌器结构与故障监控

北欧化工 LDPE 生产所使用的乙烯高压聚合反应釜，长 6.5m、直径 530mm，釜内安装了一台独立的电机驱动一根搅拌长轴转动，搅拌轴上面安装了许多桨叶（见图 6.9），在高压下搅拌乙烯和过氧化物混合物，以引发和控制聚合过程。

鉴于搅拌在釜式法 LDPE 生产过程中的关键作用，搅拌器中的任何故障都会导致装置停车损失，因此有必要对其进行精心监测和控制。另一方面，调节聚合温度、压力和过氧化物注入量，以控制 LDPE 的性能指标。反应器中的任何干扰，如出料管线堵塞甚至搅拌器轴承内的一个热点，都可能引发不受控制的乙烯分解反应，使压力急速增加。因此，反应器上安装有两个防爆片，以防止发生乙烯分解时的超压。

搅拌轴承故障是生产中极为常见，同时又是十分危险的。北欧化工的 Porvoo 工厂采用

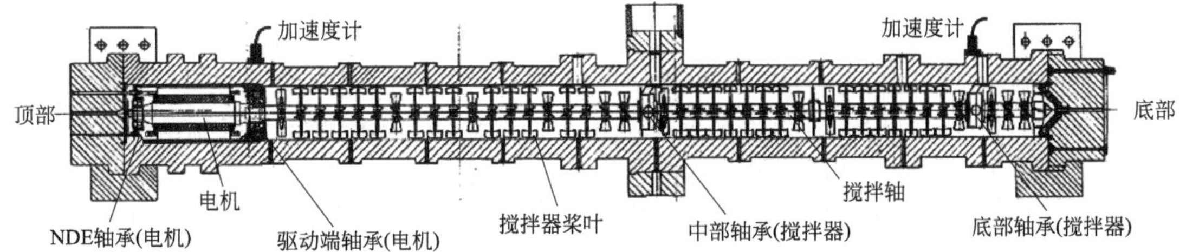

图 6.9　一种商业化的高压聚合反应釜总体结构[15]

含轴承位置及加速度传感器监测点位置。搅拌器的轴承是相同的，在这张图片中，反应器显示为平卧的，通常它是直立的

了一种状态监测策略来仔细监测轴承的状态，通过合理判断延长轴承更换的时间，同时防止轴承故障和非计划性停车，获得了较好的经验。

如图 6.9 和图 6.10 所示，反应釜中的四个滚柱轴承由两个加速度传感器监测，主要分析带通加速度测量信号，信号响应的设置与 RMS 和峰-峰测量设置几乎相同。在 1～5kHz 的频率范围内可以捕捉到滚柱轴承的共振频率，为轴承故障演化提供准确且及时的信号提示。

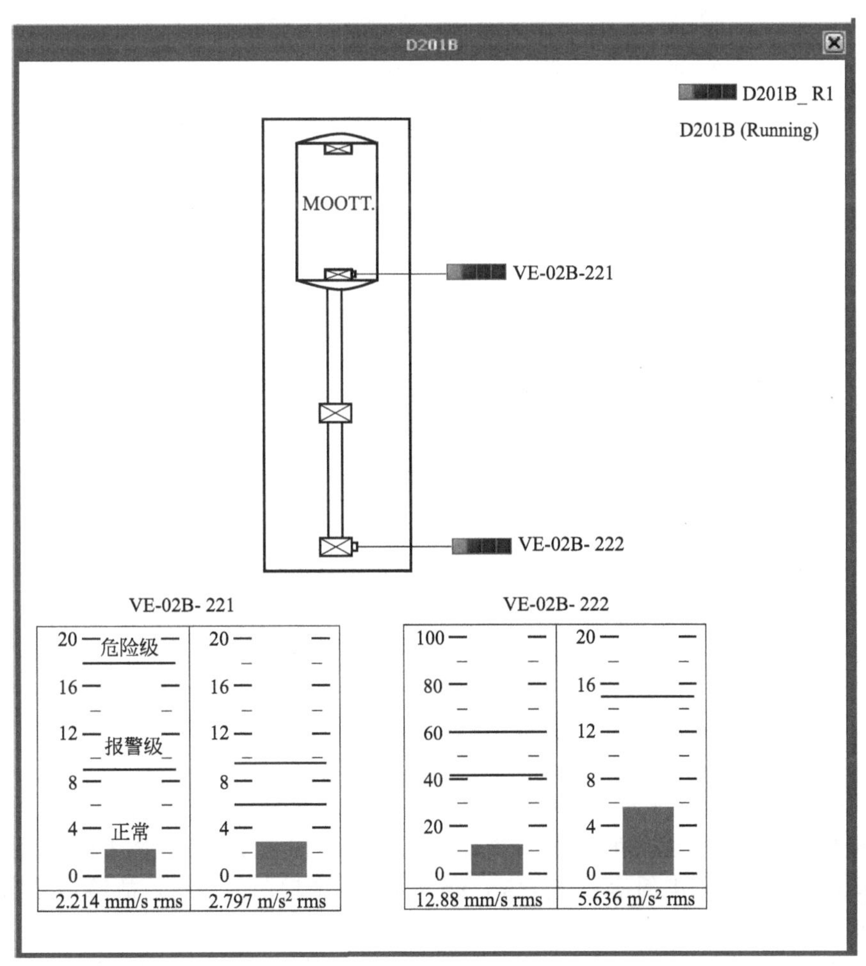

图 6.10　搅拌器监测画面（显示两个测量点的信号灯状态和加速度带通实时测量值）[15]

这种故障信号的报警值是通过经验确定的。一般来说，第一次报警指示被设定为在危险级报警前一个月左右发出，危险级报警意味着需要更换整个搅拌器（翻新设备）。

在检测到轴承故障后，包络线分析常用来识别轴承故障的位置，并确定其严重程度。假如背景噪声不是太高，FFT 速度谱分析也可用于识别轴承故障频率。如果轴承故障进一步发展，就会产生二次振动特征，这在速度趋势图和频谱图中都可以看到。有时通过速度谱图可以在搅拌转速附近识别对应的振动和它的谐波。这些通常是与工艺有关的，且在短时间内就会消失。

如果聚合物粘在叶片上，会出现转动不平衡。如果聚合过程不稳定，还会产生宽泛的低频振动（见图 6.11）。

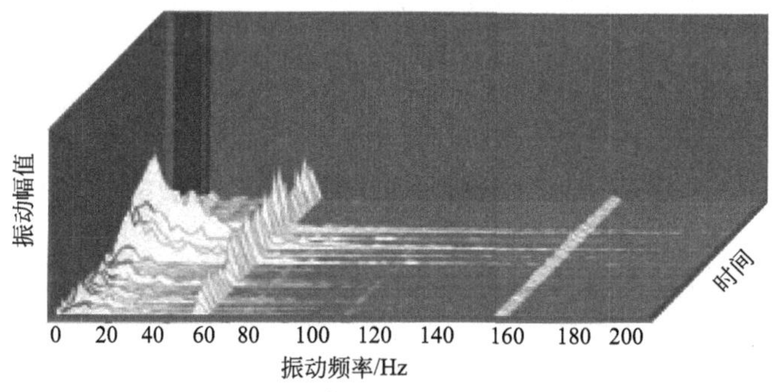

图 6.11　与工艺有关的低频振动功率谱分析

(2) 反应釜搅拌器轴承故障案例分析[16]

案例 1：电机驱动端轴承故障

电机驱动端（DE）轴承是反应器中最坚固的轴承（由两套滚柱轴承组成），也是最常发生故障的轴承。如图 6.12 所示，轴承的生命周期相对较短，5 年内有 11 次停车更换损坏/磨损的轴承。

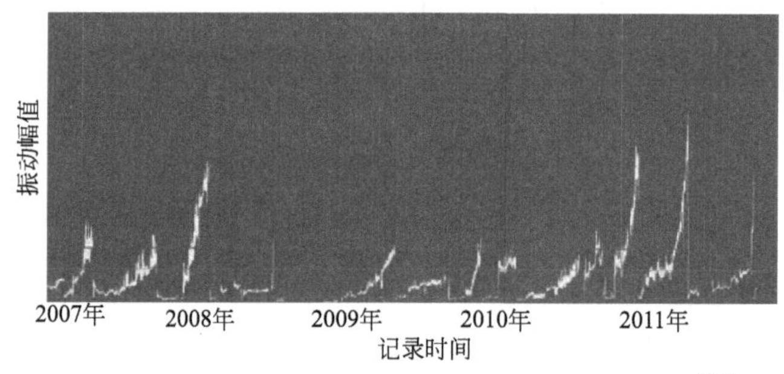

图 6.12　电机 DE 轴承振动加速度带通测量趋势记录[16]

图 6.13 为电机驱动端轴承某次的加速度测量带通信号趋势图，信号指示该处故障明显。加速度频谱包络线分析也是一种判断故障的常用方法。图 6.14 显示滚珠轴承故障监控图，发现在 49.5～54.5Hz 范围的信号有异常，经过为期五个星期的演化，故障信号达到危险状态之前，更换了搅拌器。

拆开反应釜发现（图 6.15），驱动端轴承虽然损坏看起来相当严重，但只有一组轴承被损坏，表明加速度监控具有较高的灵敏度和提前量。

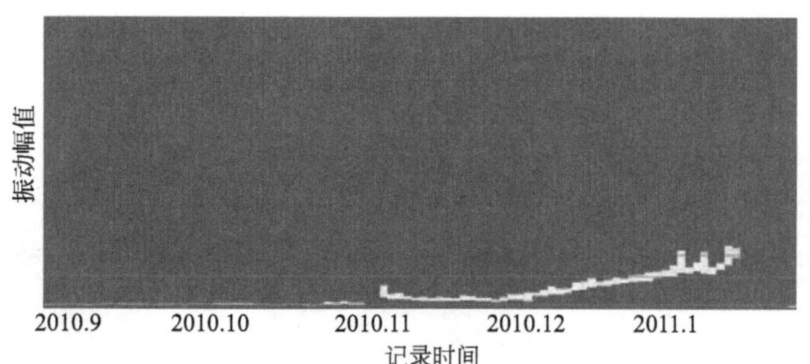

图 6.13 加速度带通测量的电机驱动端轴承故障趋势[16]

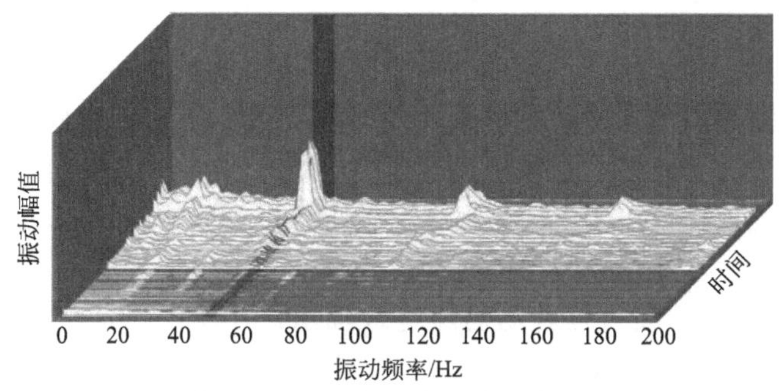

图 6.14 基于加速度频谱包络线的滚珠轴承故障监控图[16]

图 6.15 反应釜搅拌电机驱动端轴承受损状况图[16]

案例 2：电机 DE 轴承故障——延迟更换

根据生产要求，在某些情况下可能会推迟轴承的检修时间。因此需要对轴承故障状态进行仔细监测，以确保轴承故障风险可控，直到下一次计划停车。在图 6.16 中可以看到五个这样的例子，这里，轴承在超过危险报警值后仍被允许运行。图 6.17 中显示了其中一个例子。

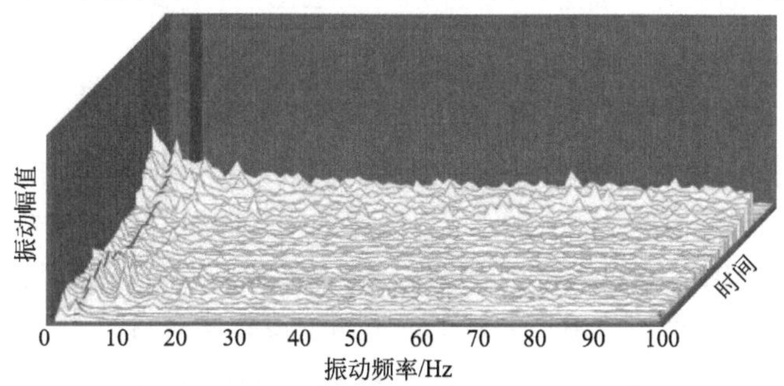

图 6.16 加速度传感器的频谱包络趋势图[16]

五个月运行时间内发现多个轴承故障，事后更换了搅拌器

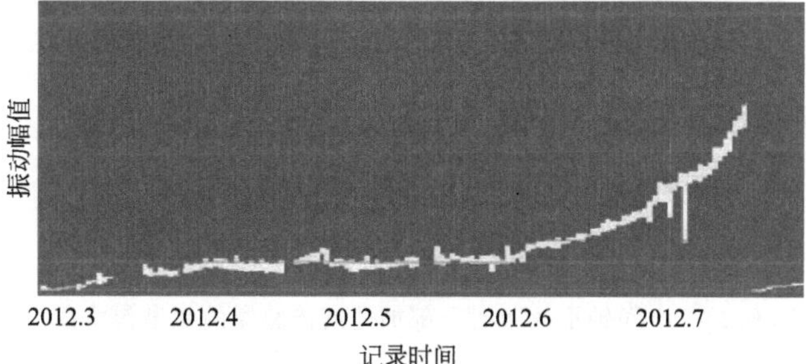

图 6.17 某次电机 DE 轴承故障加速度带通测量趋势分析（由于生产要求，维修被推迟）[16]

从图 6.18 可知，反应釜停车拆卸后，两套电机驱动端轴承的外圈、内轮和滚珠都有受损（只显示了一套）。并且比案例 1 中图 6.15 受损情况严重得多。

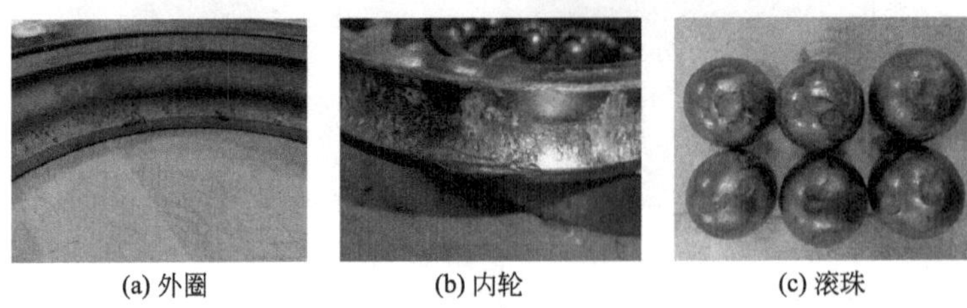

图 6.18　DE 电机轴承受损状况图[16]

案例 3：中间轴承故障

LDPE 生产装置有时会因为工艺或其他与反应釜没有直接关系的原因而出现短暂停车，但关停反应釜本身就存在一定风险。装置停车前是正常的，当再次启动时，轴承加速度传感器即检测到了高于正常值的振动。尽管损坏仅限于中间的搅拌器轴承，但其影响波及上、下部，加速度传感器出现了异常振动信号，且在短短几天的时间里，振动幅度增加了一倍，如图 6.19 所示。第二天更换了搅拌器，拆卸后发现聚合物已经进入轴承，并硬化，导致中间轴承过早失效。

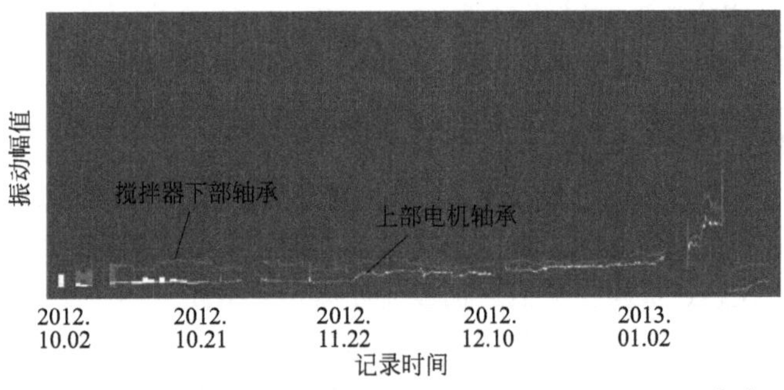

图 6.19　聚合物硬块进入轴承的加速度带通测量趋势图[16]

图 6.20 为下部加速度传感器的频谱包络线，可以发现搅拌转动所引发的谐波，以及传递到下部传感器的轴承故障频率。图 6.21 为反应釜停车拆卸后，搅拌器中间轴承损坏情况。图 6.21（a）为断裂的轴承座，图 6.21（b）为进入轴承座并硬化的聚合物（白色）以及损坏的轴承滚动元件，该轴承的故障信号被上、下两个传感器检测。

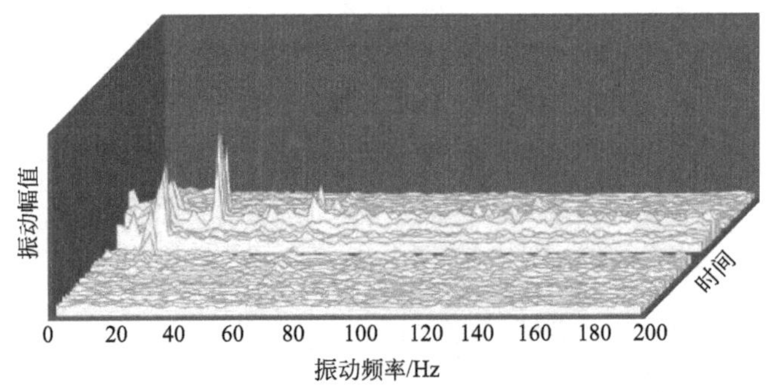

图 6.20　中间轴承故障时下部加速度传感器的频谱包络线[16]

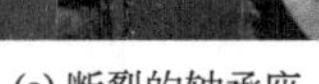
(a) 断裂的轴承座

(b) 进入轴承座并硬化的聚合物造成损坏的轴承

图 6.21　停车拆卸后反应釜搅拌器中间轴承损坏状况[16]

总之，由于反应釜搅拌器是 LDPE 装置的一个关键设备，必须加强其安全可靠性研究。多年实践发现，利用加速度传感器监测，并结合对工艺的深刻认识，对关键部位的可靠性做出正确判断，对避免因事故停车而造成的昂贵生产损失及其间接损失，具有重要意义。用有缺陷的轴承进行生产，可能会导致乙烯分解等严重事故的发生。如案例 1 所示，轴承故障可以迅速发展，甚至是以非线性的方式进展。此外，过早的轴承故障可能是由磨损以外的因素引起的。例如，由工艺条件造成，如搅拌器叶片上的沉积物，甚至是进入轴承座的聚合物（案例 3）。

6.1.3　催化剂配制设备

6.1.3.1　低压法聚乙烯催化剂注入系统

低压法聚乙烯催化剂注入系统主要包括固体粉料和淤浆催化剂注入系统。固体催化剂主要通过专用催化剂加料器加入反应器，催化剂加入量通过调节计量盘的转速来控制。从市场购买的淤浆催化剂或在装置内稀释配制好的淤浆催化剂通过催化剂加料泵连续地加入反应器，催化剂的加入量通过调节泵的转速或冲程来控制。

6.1.3.2　活塞式催化剂配制系统

膏状的催化剂浆料被氮气压入催化剂注入器中。催化剂注入器由液压油驱动、内部带活塞、外部带夹套水冷却的圆柱形缸体组成。正常操作时，一般配置两个注入器，两个注入器（可编号为 A、B）交替使用：A 向聚合单元进料时，B 可接收来自催化剂配制罐的催化剂浆料；A 的催化剂注入完毕后，自动切换至 B，此时 A 可进行催化剂充料并加压备用。

催化剂注入器及其上下游的催化剂夹套管均用冷冻水冷却，以防止催化剂沉降并保持均一的浓度。催化剂的流量由液压油计量泵控制，该泵控制着进入注入器活塞顶部的液压油的流量。

6.1.4　轴流泵

轴流泵应用于环管聚合的工艺中，其作用是给反应器内物料提供动力，使反应物料在环管反应器中循环并完成反应。由于泵需要提供大流量，小扬程，且置于环管当中，因此采用轴流泵。

轴流泵的壳体是一段 90°弯管，属于环管反应器的一部分（图 6.22）。泵的机械密封冲洗方案根据不同的尺寸采用 Plan32＋53C＋52 或 Plan32＋53C。环管反应器热膨胀时会造成位移问题，通常有两种解决办法：一是泵体本身挂在反应器上，随反应器位移，电机和泵体直接用万向联轴器连接；二是泵体和电机共用一个弹簧底座，通过弹簧的形变来抵消反应器的热膨胀量。

由于反应器里一直在进行聚合反应，为了防止颗粒在泵叶轮和泵内壁聚集，泵体的所有内件和内壁都需要抛光到 3.2μm 的粗糙度。

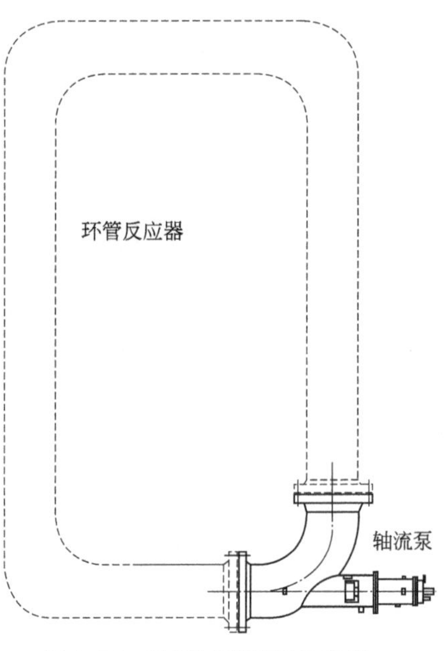

图 6.22 轴流泵和环管反应器

6.1.5 循环气压缩机

6.1.5.1 离心式压缩机

聚烯烃中离心式循环气压缩机（图 6.23）是给气相法聚烯烃反应器提供流体循环动力的。其作用就是把反应器内的气体经过循环气压缩机的增压再打回到反应器中，从而保证反应持续进行。循环气压缩机因流量大、进出口压力差小，选用悬臂、单级、恒速离心式压缩机。压缩机的流量由压缩机的进口导叶来调节。由于工艺气体中含有少量粉末，需要特别注意粉末黏附在叶轮和壳体上。在压缩机壳体和叶轮的加工和设计上都要避免粉末的聚集。如果循环气压缩机非正常停机，将造成反应器内结块。为防止这种情况的发生，部分工艺中压缩机配备了事故透平并采用 3 级连锁系统。事故透平放在电机尾端，透平和压缩机之间配备超速离合器。压缩机在正常运行时由电机驱动，透平和电机是脱离的。当遇事故时，透平开始启动，离合器咬合，透平将带动压缩机在低速和低流量下短时间运行，保证杀死剂在反应器中充分反应，防止结块。

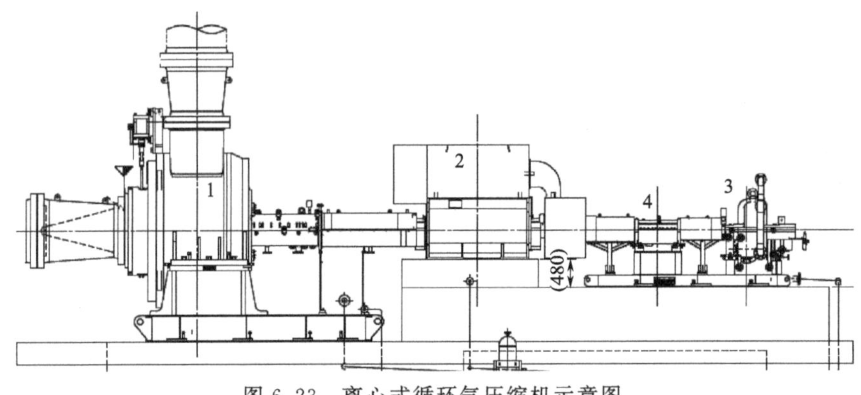

图 6.23 离心式循环气压缩机示意图

1—压缩机；2—电机；3—事故透平；4—超速离合器

6.1.5.2 一次压缩机和二次压缩机

高压聚乙烯的反应压力最高达到 310MPa。为了达到这个压力，需要采用一次压缩机和二次压缩机对工艺气进行两次增压。一次压缩机最高出口压力可以达 31MPa，二次压缩机最高出口压力达 310MPa。

(1) 一次压缩机

一次压缩机通常是一台 6 列 6 级的活塞式往复压缩机（见图 6.24）。一次压缩机本身还分为低压段和高压段，低压段 3 级气缸为 Booster Compressor，高压段 3 级气缸为 Primary Compressor。工艺气通过低压段的 3 级压缩后进入高压段；同时有另一股工艺气补充进来，和原有的工艺气一同在 Primary Compressor 中继续压缩。一次压缩机工况复杂，旁路较多，控制也比较烦琐，是这台机组的一个难点。在一次压缩机气缸材料选用方面：Booster Compressor 第一段和第二段气缸采用铸铁材料；Booster Compressor 第三段和 Primary Compressor 第一段采用铸钢；最后两段采用锻钢。活塞杆材料是带有碳化钨涂层的钢杆。

(2) 二次压缩机

二次压缩机将工艺气体从 26MPa 压缩到 310MPa，是一台 8 列两级对置式的柱塞压缩机。26～310MPa 属于超高压压力范围，因此二次压缩机不是标准的 API618 的活塞式往复压缩机，而是采用了很多特殊设计的柱塞式压缩机（图 6.25）。除了采用柱塞外，二次压缩机的气缸、机身基础结构、柱塞高压填料密封、超高压气阀和止回阀都是需要特殊设计的。世界上主要做二次压缩机的厂家，有两个在高压填料上采用了各自不同的设计。

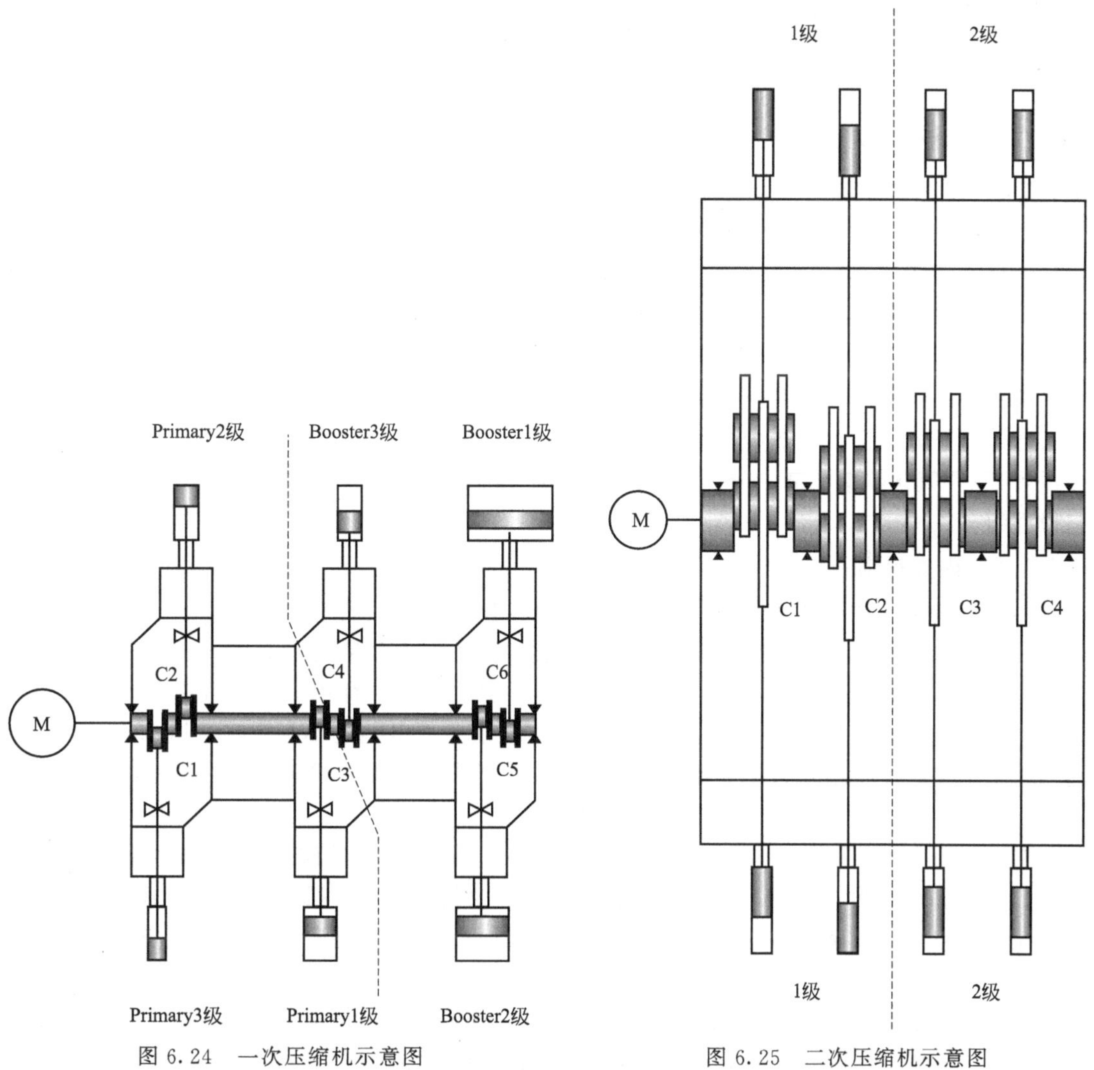

图 6.24　一次压缩机示意图

图 6.25　二次压缩机示意图

6.1.6 循环气冷却器

循环气冷却器是气相法聚烯烃装置中的关键换热器之一，根据工艺的不同分为立式和卧式、固定管板式和 U 形管式。卧式和立式固定管板均为壳程侧冷却水，管程为循环气。立式U形管冷却器则壳程为循环气，管程为冷却水。主要目的是以循环水吸收管程侧循环气中夹带的聚合反应热，从而控制循环气温度，保障反应器平稳操作。循环水水温由装置的冷冻水系统进行控制。

循环气冷却器的固定管板式结构，壳程、壳体均采用碳钢，换热管材质根据冷却水的不同可选用碳钢、不锈钢或双相不锈钢；管箱的材料则需根据专利商的要求选择碳钢或低温钢。通过设置导流筒或入口设置多层防冲杆等结构，能有效降低管束振动发生的概率；管箱采用锥形结构，通过在管箱内设置导流板，限制循环气流通区域避免粉料堆积。由于循环气中会夹带少量固体粉料，为降低换热管堵塞的概率，将循环气冷却器倾斜安装，抬高入口侧，同时出口管箱采用偏锥结构，降低出口及出口管线的高度。换热管与管板表面齐平，需要考虑换热管的振动对连接的影响。

Novolen工艺采用立式U形管循环气冷却器，其壳程和换热管均采用低温钢，管束采用纵向折流板和横向防震动拉杆结构降低管束的振动。气相入口采用多级进入以提高冷却效率，出口则需气液分流。

6.1.7 原料精制

6.1.7.1 低压聚乙烯

低压聚乙烯工艺中所用聚合催化剂对某些杂质敏感，如一氧化碳、二氧化碳、氧气、水及其它极性杂质等。当杂质浓度达到一定程度时，可能与催化剂活性中心反应甚至取代活性中心，从而导致催化剂的活性降低或树脂性能发生改变。因此必须对原料进行精制以除去反应器进料中的有害杂质。

液体原料丁烯、己烯等主要通过脱气塔脱除溶解的一氧化碳、二氧化碳、氧气等杂质，然后通过分子筛、活性铝等脱除水分和其它极性组分。气体原料乙烯、氮气、氢气等主要通过脱氧/脱一氧化碳催化剂、分子筛、活性铝等脱除微量氧气/一氧化碳、水、二氧化碳和其它极性组分。

6.1.7.2 丙烯精制

一些毒物杂质如一氧化碳、羰基硫（COS）、胂等会与钛活性中心反应，从而使催化剂中毒，为使毒物对催化剂的影响降到最低，这些微量杂质含量要控制在10^{-9}（体积分数）量级以下[17]。惰性组分如丙烷不参与聚合反应，但丙烷等惰性组分的存在，降低了单体丙烯的浓度，从而可使聚合反应速率降低，对聚合反应没有其他的不利影响。所以，丙烷含量达5%（质量分数）的化学级丙烯，如果毒物的含量在专利商要求的范围内，也可直接用于聚合反应。

对丙烯聚合而言，极性组分如水、硫（硫化氢、羰基硫、硫醇等）、一氧化碳、二氧化碳等，不饱和烃如丙炔、丙二烯、丁烯、丁二烯等及其他（如有机砷等）均为有害物质，能使催化剂中毒，活性降低，并使产品中灰分含量增加。因此，需要在进聚合反应器之前除去这些杂质。

精制的方法分物理脱除和化学脱除两种。物理脱除是通过精馏、吸附、过滤等方式除去杂质。化学脱除一般用固体催化剂床层，脱除硫、胂等杂质。

有多种工艺和催化剂技术可以脱除丙烯中的微量杂质。一般用吸附（分子筛、活性氧化铝）法脱除水分，用氧化锌、氧化铜等催化剂脱除硫化氢、羰基硫等。氧、一氧化碳、二氧化碳等轻组分，可用固体催化剂，也可用精馏方法脱除。对烃类组分，常用方法仍是精馏分离，微量氧脱除可用镍催化剂，但更多是采用汽提塔或精馏塔随CO等轻组分一起脱除。

典型的丙烯精制流程见图 6.26。

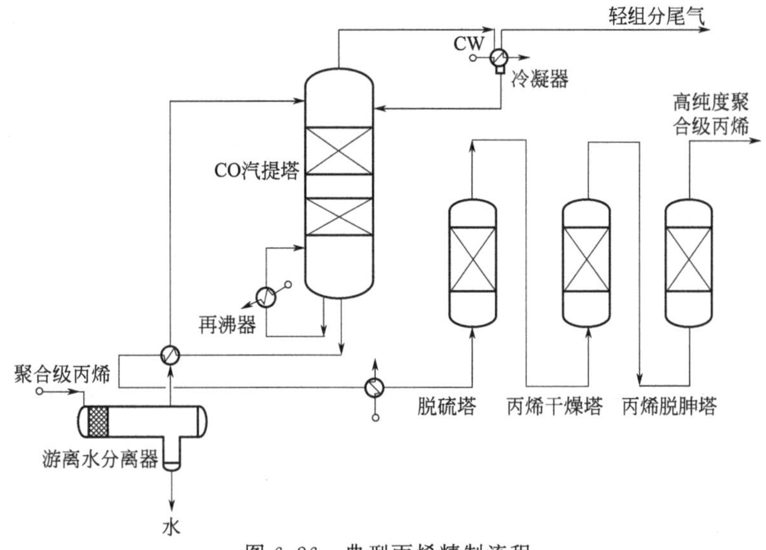

图 6.26 典型丙烯精制流程

6.2 后处理工程设备

6.2.1 聚合物脱气

低压聚合物脱气主要为粉料的脱气。来自反应出料系统的聚合物中夹带部分反应物及溶剂等烃类物质，在进入产品后处理单元之前，需要对聚合物进行脱气，除去聚合物中夹带和溶解的烃类物质。脱气的主要作用为降低单体消耗、提高下游后处理设备操作的安全性及满足环保要求。脱气主要在脱气仓中完成，通过与产品逆流流动的吹扫氮气量和一定的停留时间来确保粉料产品中的烃含量降低至所需要求。

脱气单元的主要设备就是脱气仓、袋滤器、进出口旋转阀。脱气仓在不同的工艺上有不同的外形和内件[18-22]。脱气仓的操作压力大多低于 0.1MPa，但由于存在进料和出料的间歇变化，有些操作压力是根据反应器的出料阀门切换次数的变化产生的周期性变化，使得部分脱气仓需按应力分析法进行设计。操作温度一般在 120℃以下，设备材质根据专利商的不同，有碳钢加奥氏体不锈钢复合板，有奥氏体不锈钢。脱气效果的关键在于其内部氮气分布器的设计，不同的厂家对于氮气进入仓内流动及流通时间有不同的设计，对于多数气相法工艺有内十字分布器+氮气分布环组合，有多层氮气分布器组合。对于 Novolen 工艺则采用带垂直搅拌的脱气仓，通过强制搅动增加氮气与粉料的接触，脱气效果增加，减少设备尺寸，有益于设备布置，但增加能量的消耗。

对于环管工艺，仍采用汽蒸器和干燥器的组合完成，虽然采用两台设备，但所需设备规格小，能耗小，更易于布置。汽蒸器是带搅拌的立式夹套式容器，夹套内部介质为蒸汽。干燥器是带膨胀段及轴向导流筒的立式容器，由于在汽蒸干燥过程中会分离一定量的氯离子，所以其材质为双相钢。

6.2.2 挤出造粒

6.2.2.1 挤出造粒的作用

聚合后，聚烯烃产品一般呈两种形态：固体粉末和液态浆料。一般情况下这两种形态都不能作为商品出售。需要进一步加工成颗粒（直径 3～4mm，长度 3～4mm 柱状或鼓形颗粒）。同时，聚合后的产品中含有一定量的挥发性有机物，这些有机物不除去，会在产品的包装储存运输过程中缓慢释放，造成环境污染和引发爆炸火灾。下游应用市场的开发，对聚合物产品性能提出了更加多样化的需求，聚合工艺会要求在聚合物成品中加入各种添加剂，进一步满足下游市场的需求，添加剂的加入和分散均化，也是挤出造粒设备的重要功能之一。

6.2.2.2 挤出造粒设备

(1) 聚合后形态为固体粉末类的聚烯烃产品挤出造粒设备

基于聚合物的特性和混炼的要求，高密度聚乙烯和线型低密度聚乙烯一般采用异向非啮合转子混炼机加熔融泵的模式，聚丙烯一般采用同向啮合双螺杆挤出机加熔融泵的模式。最后，混合了添加剂的熔融聚合物经螺杆末端或者熔融泵增压，进入造粒模板。造粒模板是一个多孔的高硬度合金部件，模板的另一侧浸入高速流动的水中，由高速旋转的切刀将熔融聚合物切成颗粒。水流带着颗粒进入脱水干燥系统进行脱水干燥。这种切粒模式被称为水下切粒，适合产量大、对产品形状要求高的场合。对于产量小，牌号切换频繁的生产场合可以采用干式切粒模式，经济性会更好。全套的挤出造粒机组主要由主驱动电机、主减速箱、挤出机（或者混炼机）、熔融泵及其驱动部分、造粒机、颗粒脱水干燥系统、控制系统以及辅助系统组成。

(2) 聚合后形态为熔体的聚烯烃产品挤出造粒设备

这类聚合物产品种类众多，性能差别比较大，聚合物的熔融指数变化范围宽。典型产品如低密度聚乙烯和乙烯-乙酸乙烯酯（EVA）共聚物一般采用单螺杆挤出机完成添加剂均化和产品增压，由于这时进入挤出机的物料压力比较大，含有的低分子烃类物质比较多，添加剂不可能从主加料口进入挤出机，这时就需要一台辅助挤出机将熔融的添加剂推入主挤出机。这个辅助挤出机一般也是一台单螺杆挤出机。当添加剂种类繁多，变化频繁的时候，也可以选用一台小型同向双螺杆挤出机。需要注意的是，随着环保法规的日益严格，这类聚合物中的挥发性烃类物质已经不能被忽视。单螺杆挤出机的螺杆设计，要求能把这些烃类物质以可燃气体或液体的方式从聚合物中脱出，减少后续系统的排放压力。这类挤出造粒机组的造粒部分和上文所述的固体聚烯烃产品加工设备类似。

(3) 挤出造粒设备的技术参数和选型

上述各类设备一般都是成套供货的定制设备，双螺杆（单螺杆）/双转子设备的直径、中心距、长径比和转速都是关键技术参数。其中主驱动电机功率、螺杆/转子直径和该设备的最大产量有正相关关系。长径比和螺纹形状取决于工艺对加工产品的要求，一般情况下，对于机组中加入了各种添加剂，脱除气态、液态组分要求越多，长径比就会越大，螺纹形状也会变得复杂。在聚合物合成装置中，如果聚合产物是固态粉体，挤出造粒机组的最大产量一般大于聚合能力，对于聚合产物是熔融态的情况，由于挤出机的产量直接影响了上游分离罐的液位，从而会影响聚合反应器的操作，所以挤出机需要一个特殊入口闸阀和具有无级调速功能的主驱动电机配合调节产量，配合反应器的操作。考虑到挤出机的内部结构特殊性，选型时还要考虑机组的最小运行能力，长期低负荷运行对挤出机螺杆和机筒伤害很大。

挤出造粒系统简图见图 6.27。

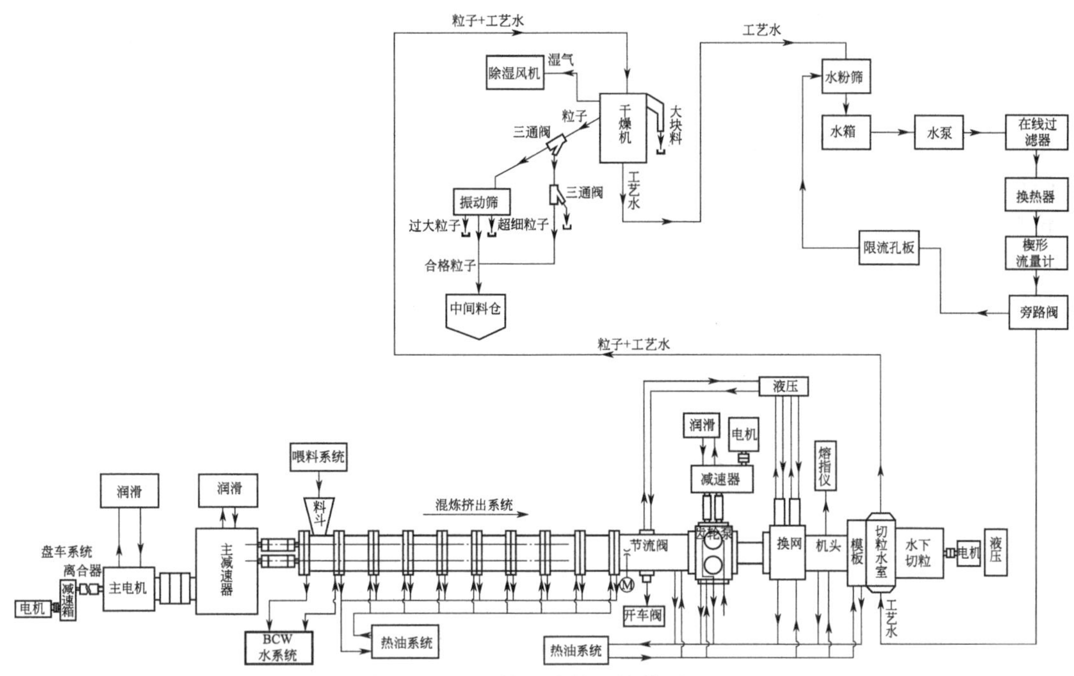

图 6.27　挤出造粒系统简图

6.2.3　气力输送和产品均化

6.2.3.1　气力输送

聚烯烃气力输送的典型流程见图 6.28。

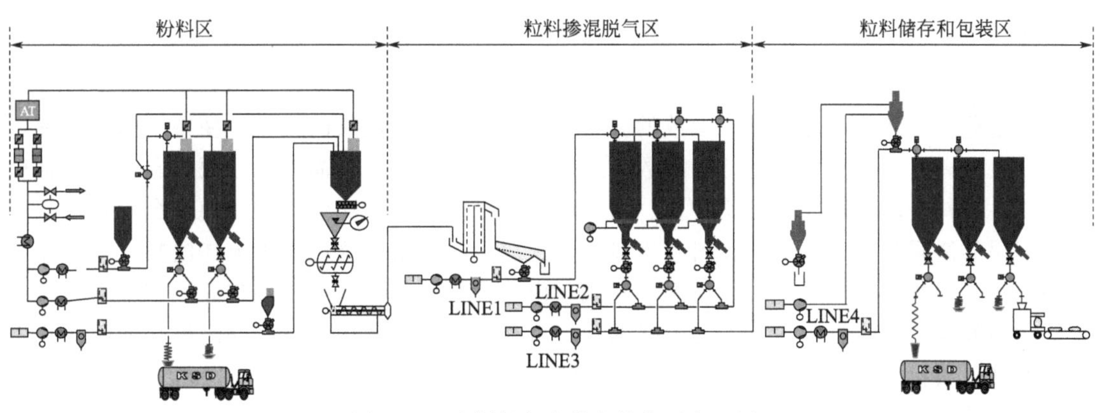

图 6.28　聚烯烃气力输送的典型流程图

(1) 粉料区

粉料输送方式为氮气闭路循环，来自干燥机的聚烯烃粉料，通过旋转给料器、给料靴将物料加入输送管线中。利用氮气压缩机（或罗茨风机）过来的压缩氮气将粉料输送至粉料料仓中，输送氮气经粉料料仓顶部的脉冲反吹袋式过滤器、在线过滤器过滤后返回压缩机（或罗茨风机）入口。为了防止空气进入输送系统，整个系统维持正压操作，在氮气返回管线上设置一套氮气补充和排放系统，由压力和氧含量测定并自动控制。氧分析仪可监测输送过程中回路中的氧含量不超过总气体含量的 4%（体积分数）。同时，压缩机（或罗茨风机）入口管线上设置一台烃分析仪，确保输送氮气中烃含量低于设定值。

(2) 粒料掺混脱气区

粒料输送由3条正压开式气力输送线（LINE 1～3）组成。LINE 1将来自振动筛下方料斗的聚烯烃粒料，经旋转阀、给料靴加入气力输送管线中，利用罗茨风机（或压缩机）提供的压缩空气将干燥的粒料输送至颗粒掺混料仓中。LINE 2将来自颗粒掺混料仓中的聚烯烃粒料，经掺混料仓旋转阀、换向阀、给料靴加入气力输送管线中，利用罗茨风机（或压缩机）提供的压缩空气将物料输送回原掺混料仓，完成粒料的掺混外循环，以达到颗粒均化的目的。LINE 3将来自颗粒掺混料仓中的聚烯烃粒料，经掺混料仓旋转阀、换向阀、给料靴加入气力输送管线中，利用罗茨风机（或压缩机）提供的压缩空气将物料输送至包装区淘析器。

颗粒掺混料仓脱气系统主要包括产品净化风机及相关阀门。净化风机向颗粒掺混料仓底部吹入适当流量的空气，将料仓中可能聚集的烃类气体带出料仓，使料仓中烃类气体保持较低的浓度，防止爆炸危险。

(3) 粒料储存和包装区

粒料输送由1条正压开式气力输送线（LINE 4）组成。来自LINE 3的聚烯烃粒料，由淘析器除去输送过程中产生的粉尘和拉丝，淘析后的干净物料经LINE 4输送至包装料仓；含尘气体经脉冲反吹过滤器进行固气分离，粉尘和拉丝经废料旋转阀进入废料收集罐收集，除尘后的气体排入大气。淘析器由一台离心风机提供气源。

(4) 集中除尘系统

掺混料仓下游设有粉尘集中除尘系统，输送的尾气中的粉尘经集中除尘过滤器过滤后排至大气，符合《合成树脂工业污染物排放标准》(GB 31572—2015)。过滤后的粉尘经废料旋转阀进入废料收集袋收集。

6.2.3.2 产品均化和包装储存

由于聚合工艺参数很难在长时间内控制在很稳定的水平，温度、压力、氢气浓度等参数会在一定范围内波动。这种工艺参数的波动导致聚合物产品性质的变化，使得不同时间聚合的产品性能有所不同，尤其是熔融指数。虽然经过挤出造粒，还需要在掺混料仓内通过物理混合使一个料仓内的颗粒产品均一化。掺混料仓多设计为重力流混合式，使聚合物颗粒从料仓的不同部位同时向下运动，在料仓出口处达到混合的效果。这种重力流掺混料仓的设计有多种形式，主要有内掺混管式和掺混料斗式。内掺混管式是在料仓内均匀固定多根垂直掺混管，在掺混管的不同位置开有不同形状的孔，料仓内的颗粒从掺混管不同高度和形状的孔进入掺混管，从料仓底部的混合室排出达到掺混的效果。这种掺混料仓有Phillips式、多管式、多流道式等几种设计形式。此外，在料仓的底部安装锥形或垂直管或其它一些特殊设计的内件，来改变料仓内的不同圆周处的颗粒下落速度，也可以达到在料仓出口混合均匀的目的。重力流内掺混料仓提高了掺混效率并节省能耗，通常只需将料仓下部的少量料（约为料仓容量的10%～15%）循环回料仓，然后直接输送至目的料仓，在产品从掺混料仓排出的过程中就实现了掺混的目的。颗粒产品经掺混后送去包装料仓。

聚烯烃产品一般采用25kg薄膜包装袋进行包装，并码成1000kg或1500kg的垛，存入仓库。来自上游的聚烯烃成品颗粒输送到包装厂房后，进入包装机的储料斗，物料在储料斗中靠重力进入电子秤额定称重，称重后的定量物料进入包装袋成型机内实现物料的全自动包装，以每袋25kg装袋，然后由全自动码垛机码成1000kg或者1500kg的垛，送入库房。

6.3 能量综合平衡优化

6.3.1 高压装置的蒸汽

聚烯烃装置通常还是需要消耗蒸汽的，如用于挤出造粒系统加热，反应系统开车或伴热等。尽管聚烯烃装置的聚合反应都是强放热反应，乙烯及丙烯的聚合反应热大，分别为95kJ/mol 和 85kJ/mol 左右，但除高压聚乙烯装置外其它聚合工艺的反应温度通常在 100℃以下，不能副产蒸汽。

通常高压聚乙烯装置的运行需要高压蒸汽、中压蒸汽和低压蒸汽，但一般界区只提供高压蒸汽（压力在 3.0～3.5MPa 左右）即可，中压蒸汽或低压蒸汽可由装置内部产生。高压蒸汽主要用于开车和停车期间，如反应器进料加热、挤出机筒体加热或模板加热以及换热器除蜡等。中压蒸汽通过高压循环系统副产生成，如在开车期间需要大量消耗时将由高压蒸汽通过有关的减压设备供给。低压蒸汽也可通过装置正常生产时由自身产生。部分多余的低压蒸汽，在正常情况下可送出界区。

高压聚乙烯装置的反应温度可达 300℃以上，因此可以在高压循环系统或管式反应器的夹套水系统中通过锅炉水闪蒸产生中、低压蒸汽。以 30 万吨/年装置规模为例，有的工艺技术在生产均聚牌号时可副产低压蒸汽约 40t/h。

6.3.2 原料及公用工程消耗

6.3.2.1 聚乙烯

聚乙烯装置的主要原料为乙烯，以及共聚单体 1-丁烯、1-己烯等，氢气一般用作分子量调节剂，有的工艺技术还用异戊烷作为诱导冷凝剂，异丁烷或己烷作溶剂。

对于不同的聚乙烯工艺技术，原料及公用工程的消耗指标有所不同，但各工艺的物耗相差不大。一般来说，高压聚乙烯工艺的能耗最高，釜式法因其转化率低于管式法，能量消耗稍高，EVA 产品比均聚物能耗要高；低压法中的气相流化床工艺因为其流程简单，没有溶剂回收流程，转动设备少等特点能耗最低，其次是淤浆环管技术，浆液搅拌釜工艺能耗更高。当然，同一工艺不同牌号产品的能耗也有所不同，低 MFR 产品的电耗要高一些，高密度产品能耗要高于低密度产品（高压低密度除外），另外装置规模越大，每吨产品的能耗也越低。各种工艺技术的消耗定额见表 6.2 和表 6.3。

表 6.2　高压聚乙烯原料及公用工程消耗

项目	消耗指标	备注
乙烯＋调节剂＋乙酸乙烯酯/(t/t)	1.003～1.012	
过氧化物/(kg/t)	0.2～1.3	
循环冷却水/(t/t)	60～120	$\Delta T=10$℃
电/(kW·h/t)	730～1100	包括造粒
蒸汽/(kg/t)	150～200	

表 6.3　低压聚乙烯原料及公用工程消耗

项目	消耗指标	备注
乙烯/(t/t)	1.003～1.020	取决于回收系统

续表

项目	消耗指标	备注
聚合催化剂/(kg/t)	0.05～0.4	取决于催化剂类型
循环冷却水/(t/t)	140～180	
电/(kW·h/t)	320～500	取决于工艺和产品牌号
蒸汽/(kg/t)	50～500	取决于工艺
氮气①/(m^3/t)	30～70	

①在标准工况(0℃、101325Pa)下测量。

6.3.2.2 聚丙烯

聚丙烯装置的主要原料为丙烯，生产共聚产品时还用到少量乙烯或者丁烯，氢气作为分子量调节剂。

对于不同的工艺技术，原料及公用工程的消耗指标有所不同。一般来说，气相法工艺由于可利用液相丙烯的汽化潜热撤除部分反应热，而且反应器出料没有液相丙烯，不需要用蒸汽加热反应器出料中的液相丙烯，因而冷却水和蒸汽的消耗量比其他技术要少一些。而改进的浆液法，由于有溶剂的循环系统，流程较长，能耗比其他工艺高。不同牌号产品的能耗也有所不同，低熔融指数产品的电耗要高一些。

扣除装置内可回收的各种排放气中的单体后，每吨产品的净丙烯消耗量，各种工艺相差不大。液相环管类工艺多采用汽蒸干燥两步法处理 PP 粉料，烃类可 100%回收利用。气相法工艺多采用在脱气仓内向聚合物粉料中通入氮气和蒸汽处理的技术，由于聚合物中夹带的少量单体约为聚合物质量的 2%，随脱气尾气排出。送火炬焚烧或采用膜分离和深冷结合的技术分离出丙烯等烃类，可回收 99%（质量分数）以上的丙烯。回收丙烯中仍含有少量氮气（质量分数约 2%）。其中 Unipol 工艺的脱气仓尾气只能送低压火炉焚烧，因而气相法工艺实际的原料消耗比采用汽蒸和干燥两步处理技术的液相环管工艺消耗要高一些。表 6.4 是目前主要 PP 生产工艺的消耗定额情况。

表 6.4　PP 颗粒产品的消耗定额

项目	消耗指标	备注
丙烯+乙烯/(t/t)	1.003～1.020	按 100%丙烯计①
氢气/(m^3/t)	0.01～5	随牌号而定
主催化剂/(kg/t)	0.03～0.06	
循环冷却水/(t/t)	90～120	以循环冷却水温升 7～10℃计
电/(kW·h/t)	320～540	包括造粒
蒸汽/(kg/t)	90～400	
氮气/(m^3/t)	40～85	

① 按每吨 PP 颗粒产品计；均聚物与共聚物的消耗值略有不同。

6.4 烯烃聚合过程的自动化

6.4.1 先进过程控制

6.4.1.1 简介

先进过程控制（advanced process control，APC）技术是对那些不同于常规 PID（比例、积分、微分）控制（例如单回路控制、串级控制、比值控制、分程控制、前馈控制、超驰控制等），并具有比常规 PID 控制效果更好的控制策略的统称。APC 技术通常用来处理复杂的过程控制问题，例如，大时滞、非线性、多变量耦合、被控变量和控制变量存在多种约束等。APC 技术是以常规单回路 PID 控制为基础的动态协调约束控制，可使控制系统能够快速适应实际工业过程动态特征和操作要求。

APC 技术的实现，需要建立工业过程模型和有足够计算能力及存储能力的设备作为支撑。由于 APC 技术受算法复杂性和计算能力两方面因素的影响，早期的 APC 策略通常在上位机上实施，例如模型预测控制（MPC）策略。20 世纪 80 年代中期，计算机技术持续发展所带来的强大计算能力和存储能力促进了分散控制系统（DCS）功能不断增强，更多的 APC 策略可以与常规控制回路一起在 DCS 上实现。

控制理论和技术的发展为 APC 技术发展提供了很多各具特点的技术和方法，例如基于软测量技术的推断控制技术、基于模糊控制的智能控制技术、基于模型的预测控制技术、自适应控制和多变量解耦控制技术等。近年来，APC 软件和产业出现了综合集成的发展趋势，基于 DCS 的 APC 系统开发日益广泛，许多国际著名控制系统制造商，如 ABB、Honeywell、Rockwell、Siemens、浙江中控等公司，纷纷推出了集硬件和软件一体化的工厂综合自动化全面解决方案。

在我国，聚烯烃工业目前正处于迅速发展之中，发展前景十分广阔。国内聚烯烃生产技术目前已达到比较先进的水平，但是大部分建于 20 世纪末、21 世纪初的老装置也存在不少缺点，如单套生产能力小、工艺技术开发能力落后、产品牌号较少、高档次品种比例较少、产品质量波动大、生产成本相对偏高等，为目前聚烯烃装置生产技术提高的重要“瓶颈”及制约因素。随着国内外聚烯烃市场竞争日趋激烈，如何使石油化工企业快速而有效地响应市场和生产环境的变化，进一步提高产品质量和单套装置产量，国内外各大聚烯烃生产商纷纷将先进过程控制（APC）与在线实时优化作为石化行业挖潜增效、消除生产“瓶颈”的重要手段之一。下面将结合液相法、气相法等不同聚烯烃生产工艺，简要介绍几种常见的聚烯烃 APC 关键技术及工程解决方案。

6.4.1.2 聚丙烯先进过程控制

(1) 液相法聚丙烯工艺 APC 技术

近几十年来，聚丙烯聚合技术发展很快，至今已有几十种技术路线，按聚合类型可分为溶液法、溶剂法、本体法和气相法四类生产工艺，或者也可简单地分为液相法和气相法两类。液相聚合反应的主要工艺专利包括中国石化环管工艺、Spheripol 环管工艺、Hypol 釜式工艺等。

① APC 总体目标。先进控制系统将从化学工程原理的角度深入分析各控制回路之间的关联，然后借助工艺机理、软仪表、工艺计算，再结合工艺工程师和操作人员长期的生产经验开发控制器，提高装置的自动化水平和关键工艺参数的平稳率，提高装置优质产品产率、降低装置能耗、减少操作人员劳动强度、提高劳动生产率，并给装置带来可观的经济效益。

国内某石化公司采用国产环管聚丙烯专利技术的装置实施了聚丙烯装置 APC 项目，APC 系统投运后，应取得良好的控制效果，实现的技术指标为：

a. 提高资源利用率。某装置在某年 1 月至 8 月的累积平均能耗（未投 APC）基础上，单位能耗降低 2%以上。

b. 稳定装置的操作。包括均聚、无规共聚、抗冲共聚牌号，关键被控变量的标准偏差降低 30%以上。

c. 减小产率波动。通过卡边优化操作，在装置长时间、正常运行在设计最大负荷（110%）的基础上提升装置处理能力 5%以上。

d. 粒料熔融指数的 CPK 提高 20%以上。

② APC 项目实施范围和内容

a. 基于某公司 APC 技术的工艺计算包。

b. 基于某公司 APC 技术的虚拟在线分析仪（VOA），包含化验样校正程序。

c. 基于某公司 APC 技术的多变量非线性预测控制技术的浓度、产量以及质量控制器。

d. 基于某公司 APC 技术的顺序功能图（sequential function charts，SFC）的牌号切换程序。

③ APC 总体技术架构。APC 项目的总体技术架构如图 6.29 所示。

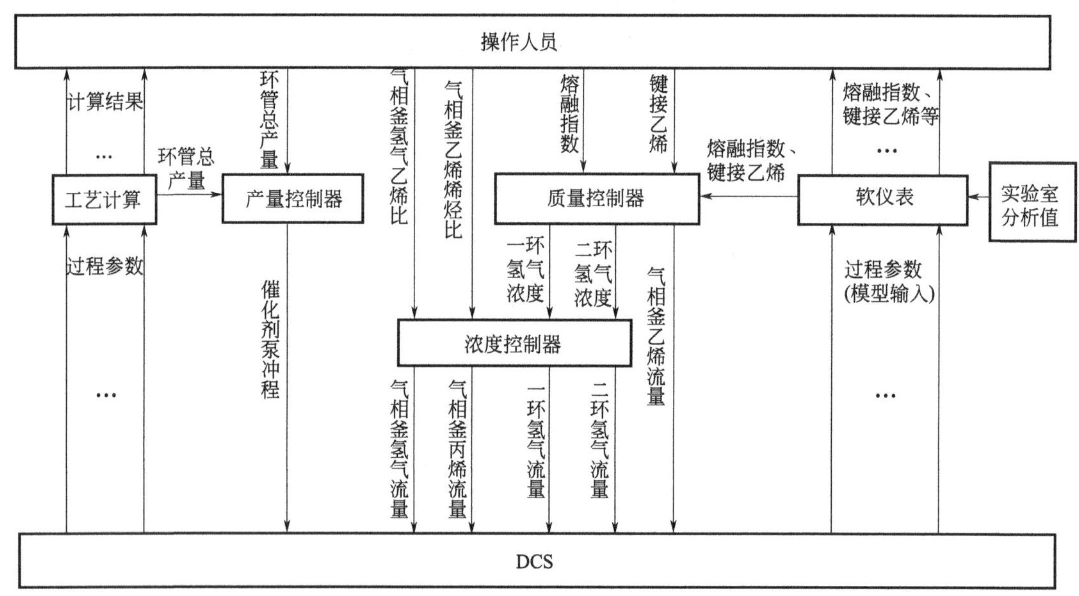

图 6.29　APC 项目总体技术架构

④ APC 控制方案设计。根据该聚丙烯装置的现状和实际生产需求，采用某公司 APC 模型预测控制器及相关软件包，建立了该装置的先进控制系统。该 APC 控制系统以多变量非线性模型预测控制技术为主要手段，分别建立浓度控制器、产量控制器、质量控制器以及自动牌号切换程序，实现了对装置的有效控制，进一步提高装置的操作平稳性，降低操作人员劳动强度。描述如下：

a. 工艺计算包。

b. 虚拟在线分析仪（VOA）。

c. APC 浓度控制。

d. 质量与产量控制。

e. 牌号切换管理与 APC 的顺控程序。

大多数牌号切换都将采用配置管理器和模型预测控制器来实现。对于复杂的牌号切换，如不同种类催化剂之间的切换，可以通过 APC 的序列程序采用顺序控制图来实现。涉及非连续手动操作的牌号切换，如催化剂或给电子体的变化，反应器的开停车等，都不在本

APC 项目范围内。

f. 关键安全技术。APC 控制器运行在 APC 服务器上，其输出值为 DCS 上相应回路的设定值，DCS 各回路的原来设定值可能是由串级主回路来设定或者由操作人员手动设定，而 APC 控制器的设定值输出给基本回路之前，须将串级主回路断开或基本回路处在自动模式，于是存在一个先控模式和常规控制模式之间的切换问题。实施两种模式之间的无扰动切换是十分必要的。首先，可以消除操作人员投运先控的顾虑；其次，可以在硬软件平台出现故障（比如先控上位机或者通信出现故障）时，从先控模式自动切换到常规控制模式，对正常生产不会造成任何影响。

⑤ APC 控制效果

a. 环管聚丙烯氢气浓度 APC 控制效果如图 6.30 所示。

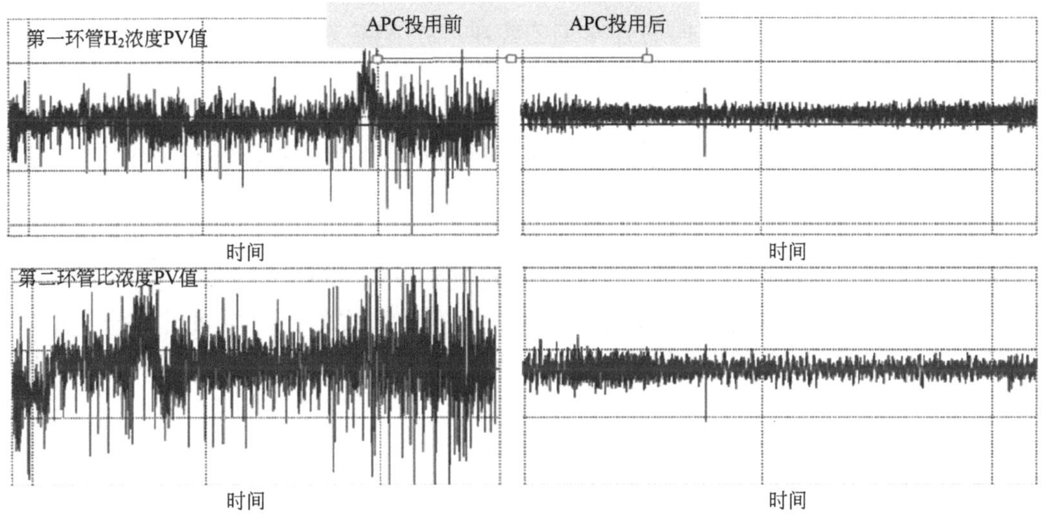

图 6.30　环管聚丙烯氢气浓度 APC 控制效果

b. 环管聚丙烯浆液密度 APC 控制效果如图 6.31 所示。

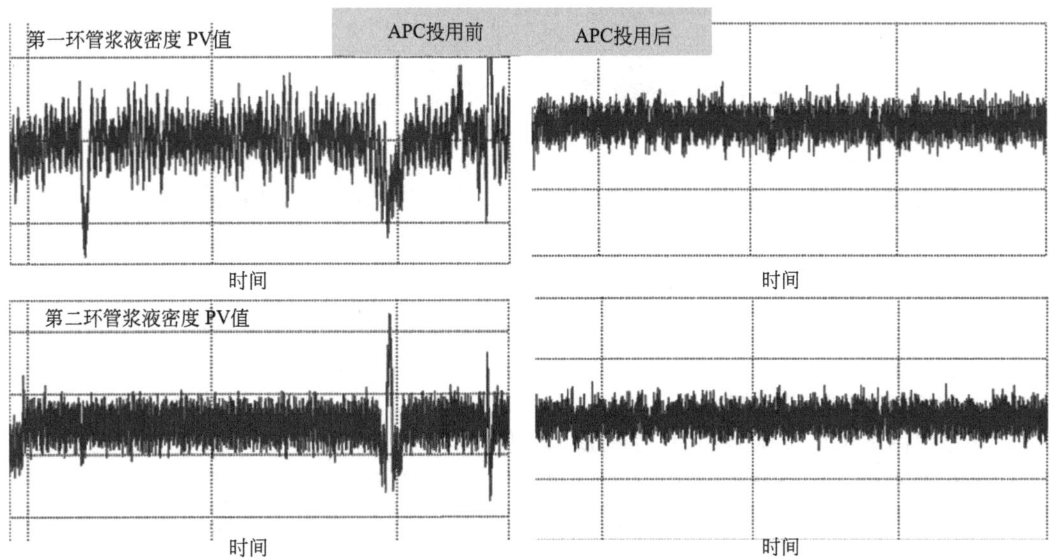

图 6.31　环管聚丙烯浆液密度 APC 控制效果

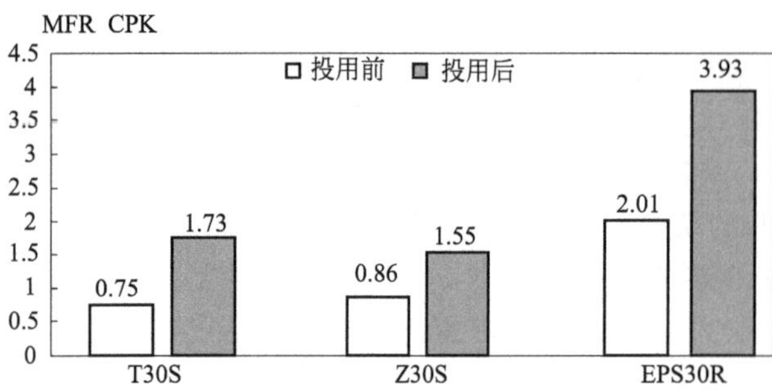

图 6.32 环管聚丙烯 MFR CPK 的 APC 控制效果

c. 环管聚丙烯产品质量改进 APC 控制效果如图 6.32 所示，粒料熔融指数的 CPK 平均提高了 50%以上。

d. APC 项目实施效果。通过先进控制系统各模块的陆续投运和 APC 系统的整体运行，APC 系统在该聚丙烯装置上取得了显著成效。主要表现在提高了操作平稳度、降低了产品质量波动、实现了卡边操作、增加了装置产量。最有价值的是操作人员开始愿意接受和习惯使用 APC 系统，一旦 APC 由于各种原因未能投用，操作人员则感到非常不适应，车间也逐步将 APC 系统纳入车间的日常工艺管理，对 APC 系统的投用和运行情况进行考核，从而可以进一步挖潜产能与节能降耗，产生更大的经济效益。

(2) 气相法聚丙烯工艺 APC 技术

近些年，气相法工艺作为第三代聚丙烯聚合技术发展迅速，气相聚合反应的主要工艺专利以 Unipol、Novolen、Innovene 气相工艺等为代表。

① 气相聚丙烯 APC 控制方案。与气相聚乙烯 APC 控制方案类似，某 APC 软件开发商利用专利的非线性模型技术开发了聚合反应温度和压力 APC 控制器，各组分气相浓度 APC 控制器以及产品质量和产能 APC 控制器，其双层结构的控制器如图 6.33 所示，由质量指标指导设定气相浓度的目标值，并在 APC 控制器驱动下，结合 APC 计算软件包实现自动牌号切换，同时开发基于机理的工艺计算，计算聚合产能、停留时间、各气相浓度等，成功应用在巴斯夫 Novolen 立式双釜工艺和 BP（英力士）Innovene 卧式双釜工艺装置上。

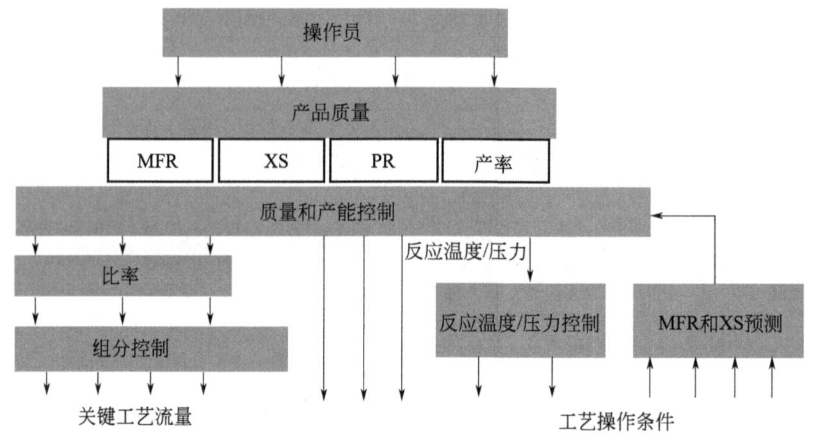

图 6.33 气相聚丙烯 APC 控制方案

② 气相聚丙烯 APC 控制效果

a. 气相聚丙烯反应釜压力 APC 控制效果如图 6.34 所示。

b. 气相聚丙烯反应釜温度 APC 控制效果如图 6.35 所示。

c. 气相聚丙烯牌号切换过渡时间 APC 控制效果如图 6.36 所示，牌号切换过渡时间从 30h 缩短为 8h。

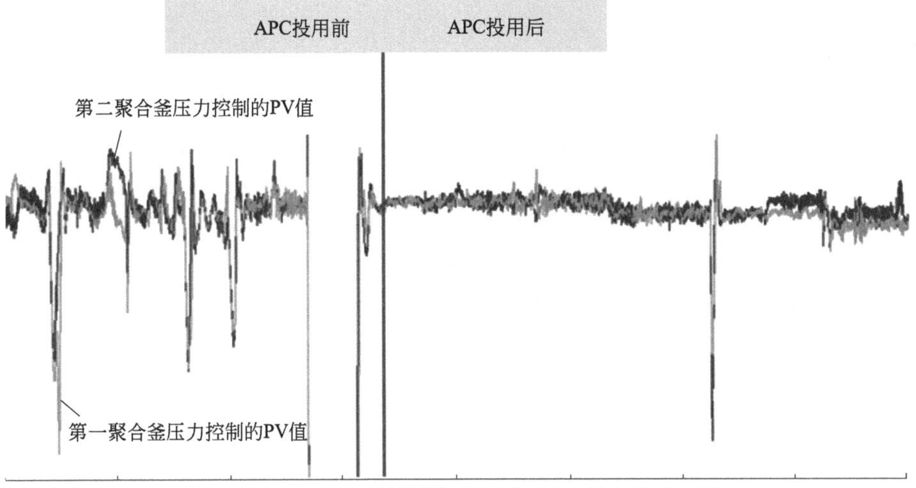

图 6.34　气相聚丙烯反应釜压力 APC 控制效果对比

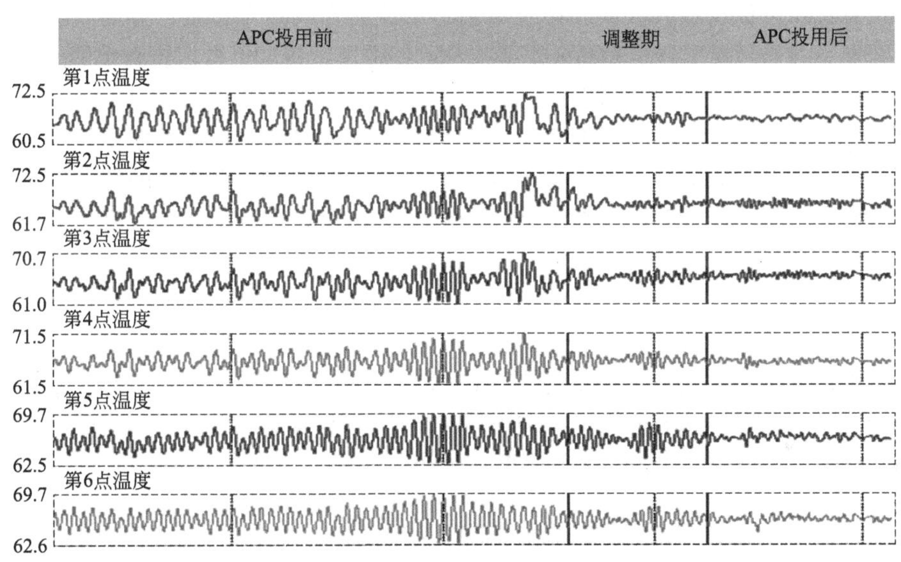

图 6.35　气相聚丙烯反应釜温度 APC 控制效果对比

（测点 1～6 对应反应器从固相进料到固相出料）

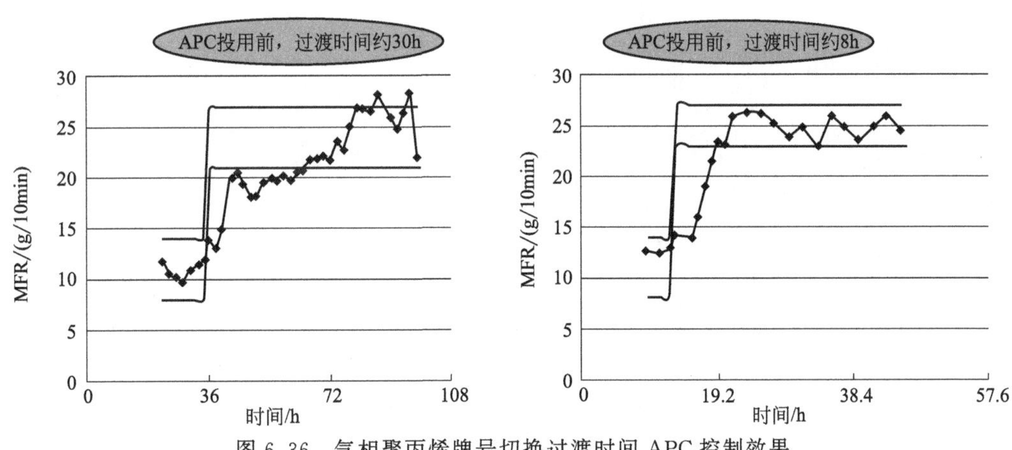

图 6.36　气相聚丙烯牌号切换过渡时间 APC 控制效果

6.4.1.3 聚乙烯先进过程控制

(1) 聚乙烯 APC 技术简介

聚乙烯是一个由多种工艺方法生产的、具有多种结构和特性的多牌号树脂产品，聚乙烯是由乙烯加聚反应而成，主要有 LLDPE、HDPE、LDPE 和 UHMWPE 等四类产品，采用气相法、淤浆法和超临界高压聚合反应工艺生产。具有高清晰度和透光性的 LDPE 产品采用超高压反应工艺生产且技术最早问世。自 20 世纪 80 年代起聚乙烯气相反应工艺步入工业化时代，在聚合物领域应用越来越广泛，它具有一次投资少、单釜产量高、生产灵活性大以及产品分布宽的特点，占据首位的是以 Innovene 和 Unipol 为代表的气相流化床聚乙烯工艺，气相聚合反应可生产 LLDPE 和 HDPE 的产品，随着催化剂技术的不断进步，90 年代气相法和淤浆法都获得了很快的发展。催化剂技术包含 Z-N 催化剂、茂金属催化剂以及高压聚合所采用的过氧化物引发剂等类型。

国际领先的聚合装置 APC 软件供应商于 1995 年就开始采用神经元网络建模技术开发适合于具有强非线性特性的聚合物 APC 控制模型和解决方案，并在气相法、淤浆法和高压法聚乙烯装置上都有成功案例及解决方案，截至目前，已成功完成数百套聚乙烯装置的 APC 控制，近几年又开发了纯机理模型技术和混合模型技术，使得模型精度更高，控制效果更好。

(2) 气相法聚乙烯装置 APC 解决方案

根据经验，气相聚合工艺虽然操作比较简单，但也存在一些特殊的控制难点影响到聚合产量的提高和产品质量的稳定。聚合物专家们充分研究了气相聚合反应的特点，在常规聚合反应 APC 控制的基础上形成了独特的气相聚合法 APC 控制方案，成功应用在多套 Innovene 和 Unipol 的气相聚乙烯工艺上。

① 聚合反应釜温度多变量控制器。聚合反应温度是气相聚合反应控制的关键变量之一，它关系到聚合反应的速率、聚合物分子量分布，同时也与装置安全生产有关。特殊设计的多变量温度控制器解决了聚合反应与撤热系统的滞后问题以及变量之间耦合的问题，稳定了聚合反应温度，为提高装置负荷及稳定产品质量打下了良好的基础。图 6.37 为国内某石化公司气相聚乙烯装置温度控制 APC 投用前后对比图，温度波动降低了 50%以上。

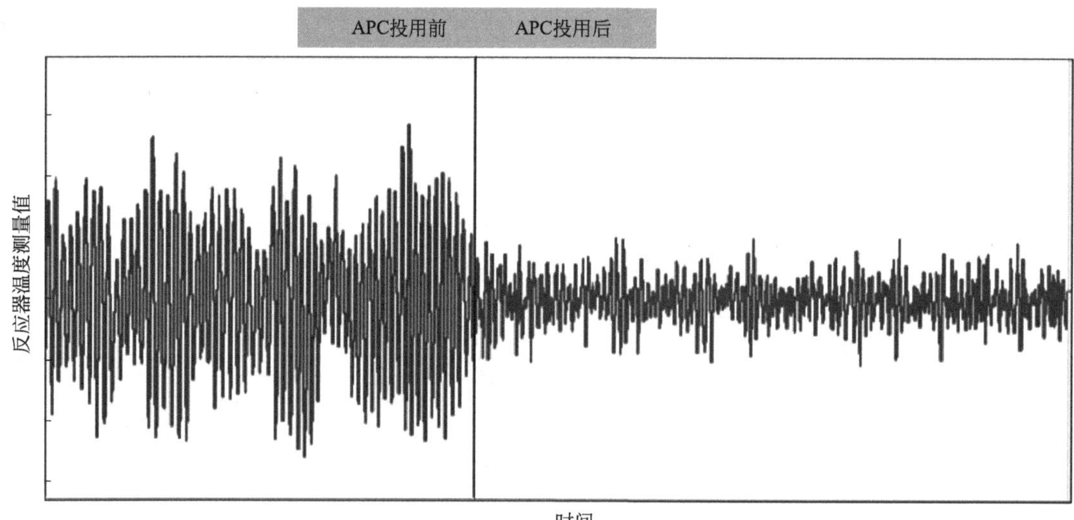

图 6.37 气相聚乙烯装置温度控制 APC 投用前后对比

② 气相浓度预测及控制。气相反应聚合系统装置通常都安装在线色谱分析仪，对其气相浓度进行在线分析以掌握聚合反应状况和控制产品质量。通常在线气相色谱仪需进行多组分分析，每个组分的分析周期为几分钟一次，而且信噪比较大，同时气相反应聚合粉末有时会堵塞采样管，因此时有信号漂移和跳变现象发生。且在线色谱分析仪需要定期校验和更换载气。这些因素都会影响聚乙烯装置的操作，从而影响到产品的质量。这些问题如果不解决将会严重影响到 APC 控制器的投用率及投用效果。因此某 APC 软件供应商利用聚合反应机理开发了气相组分的混合非线性模型——软仪表，实时预测不同牌号聚合反应的气相组成并作为 APC 控制器的被控变量，实时控制各物料进料量以稳定气相反应浓度，从而降低了产品质量的波动。平均降低了系统放空量 25％以上，从而降低了生产成本，同时为提高聚合产量奠定了基础。图 6.38 是气相 LLDPE 装置系统放空减少的效果图，可以看出这种改进不是短期的效益而是长效的，这与独特的非线性模型技术直接有关，模型的适用性和鲁棒性都非常好。

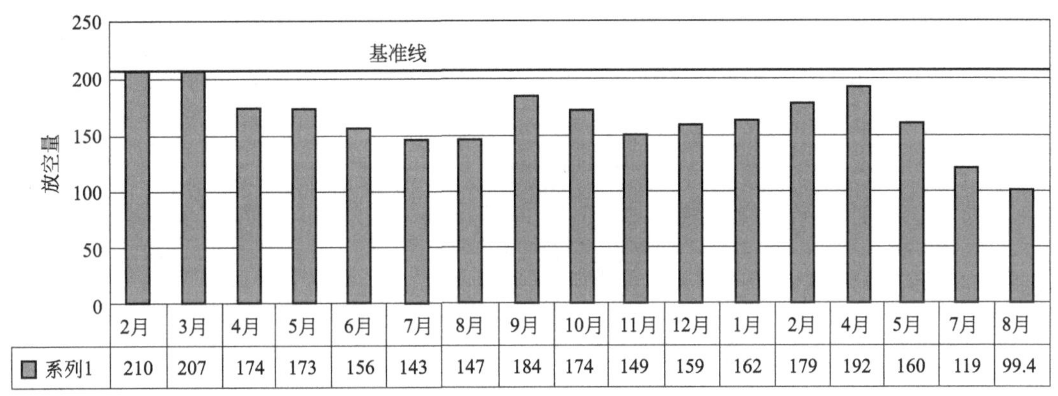

	2月	3月	4月	5月	6月	7月	8月	9月	10月	11月	12月	1月	2月	4月	5月	7月	8月
系列1	210	207	174	173	156	143	147	184	174	149	159	162	179	192	160	119	99.4

图 6.38　气相 LLDPE 装置系统放空减少的效果

③ 产品质量和产量预测及控制。聚合物装置采用 APC 控制的目标就是稳定产品质量和提高聚合物产量，而通常的产品质量指标（熔融指数、密度、橡胶含量和等规度等）采用实验室分析，很难在线检测，因此，操作工在控制产品质量时存在滞后和不确定性，造成产品质量的不稳定。各个 APC 软件供应商都会利用软测量技术开发模型实时预测产品质量指标的软仪表，但是应用的效果如何则有待探讨。目前大部分的工艺专利商都斥巨资研究其聚合反应机理并将其提供给购买者，但往往这些宝贵的资源利用率并不高。完全理论的模型不针对具体的装置修正其计算结果，与实际操作情况的偏差会比较大。尤其是国内引进装置为降低生产成本或多或少会采用国产的催化剂，则原机理模型的误差就更大。如何有效地利用其机理模型为 APC 项目服务从而获得精度更高、实用性更广的产品质量模型，是 APC 软件供应商一直努力的方向，因此，聚合物领域的专家开发了独到的非线性混合模型技术，将工艺专利商的聚合反应机理模型应用在非线性模型开发技术上，获得精度更高、适用性更广的软仪表和控制器模型。该技术的应用使得 APC 控制器的鲁棒性更强，产品质量的控制效果更好。图 6.39 为气相 LLDPE 装置熔融指数采用软仪表预测并实现闭环控制后产品质量的控制效果，可以看出控制的产品质量几乎没有次品出现，大大提高了下游客户的满意度。

关于聚合釜产量，利用物料平衡和热量平衡计算聚合反应的产率作为控制器的被控变量，调节催化剂流量以提高聚合产量，需要说明的是提高产量看似控制器很简单，但是如果不能减少装置的波动，特别是聚合反应温度的波动，产量的提高是不可能的，而且当聚合产

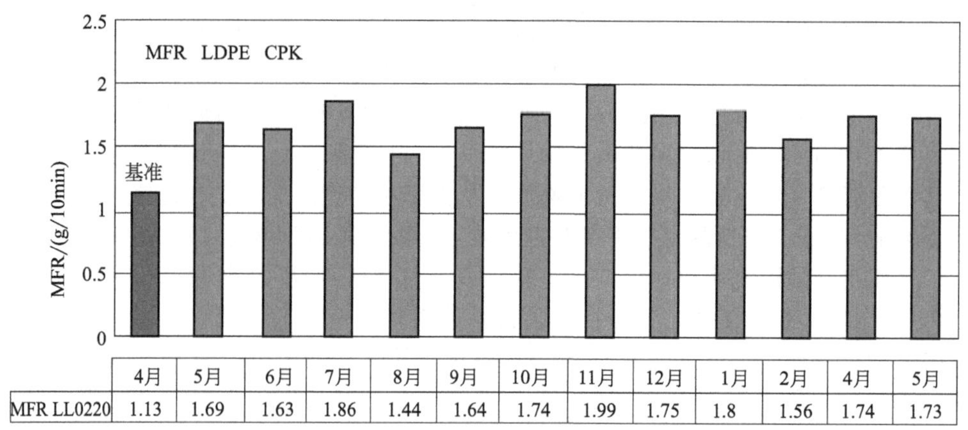

	4月	5月	6月	7月	8月	9月	10月	11月	12月	1月	2月	4月	5月
MFR LL0220	1.13	1.69	1.63	1.86	1.44	1.64	1.74	1.99	1.75	1.8	1.56	1.74	1.73

图 6.39　气相 LLDPE 装置产品质量改进控制效果

量提高后，大部分装置也表现出非线性特性，此时非线性模型就发挥了作用，如果还是采用低负荷时的模型进行控制，控制效果就会大打折扣。目前在气相反应上聚合物产量的提高平均在 2%～10%。图 6.40 为稳定该聚乙烯装置反应温度后，聚合产率平均连续提高 4.2%，为企业创造了巨大的效益。

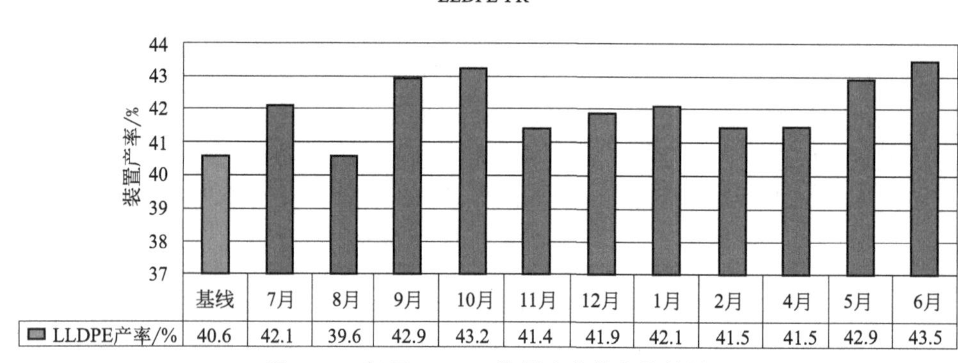

	基线	7月	8月	9月	10月	11月	12月	1月	2月	4月	5月	6月
LLDPE产率/%	40.6	42.1	39.6	42.9	43.2	41.4	41.9	42.1	41.5	41.5	42.9	43.5

图 6.40　气相 LLDPE 装置产率提高的效果

(3) 高压聚乙烯装置 APC 解决方案

① 高压聚乙烯装置 APC 控制难点。高压聚乙烯是以过氧化物、氧气或其它强氧化物作为引发剂，在 60～350MPa 压力和 350℃左右的温度下以自由基聚合方式生成的低密度聚合物，采用釜式或管式两种类型的反应器，产品主要分为两大类，乙烯均聚物和与乙酸乙烯酯共聚而生成的 EVA 共聚物。高压聚乙烯反应是强放热反应，工艺操作的关键是控制各反应区聚合反应温度分布曲线和单体、引发剂及分子量调节剂的注入方案和注入量，从而保持一定的聚合反应单程转化率和产品质量。目前，绝大部分的高压装置采用操作工手动控制各反应区的峰值温度，因此峰值温度波动比较大而且控制得比较保守，另外由于高压装置与其它聚乙烯工艺相比，单程转化率低而停留时间又非常短，因此循环系统对装置操作影响比较大，产品质量调节的动态比较复杂，需要全系统考虑分子量调节剂的平衡，同时目前操作工基本不会考虑合理提高各反应区的峰值温度，或者改变引发剂的加入比例从而提高聚合物的单程转化率，实现 APC 及优化控制。

② LDPE 装置峰值温度 APC 控制器。聚合物工艺和控制专家认真分析了高压聚乙烯装置的特点，专门设计了高压聚乙烯装置实施 APC 的方案，包括：峰值温度控制器、超高压

压缩机控制器、产品质量和产量控制器以及产品质量预测软仪表以及牌号切换策略。峰值温度控制器，调节引发剂加入量以稳定各反应区的温度，并在满足约束条件下提高峰值温度，从而提高了聚乙烯的单程转化率，同时实时计算峰值温度的位置，改变各引发剂的加入比例从而将该位置尽量靠近乙烯单体加入点，从另一个方面提高了聚乙烯的单程转化率从而提高了装置产能，使得聚乙烯产率提高了 2.2%，控制效果见图 6.41。

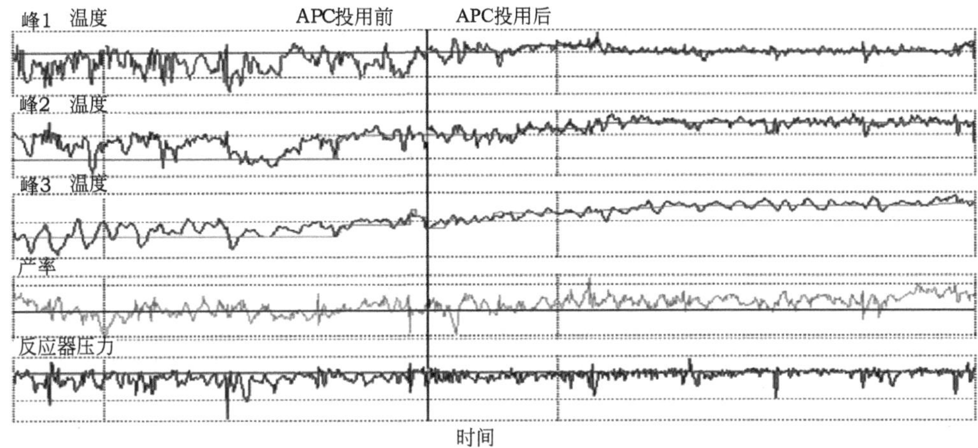

图 6.41　LDPE 装置峰值温度 APC 控制效果

③ LDPE 装置超高压压缩机（二次压缩机）APC 控制效果。超高压压缩机将乙烯单体从 20MPa 压缩至 200MPa 以上送至聚合釜进行反应，因此它的稳定是聚合反应稳定的基础。APC 软件供应商开创性地设计了超高压压缩机 APC 控制器，控制压缩机段间冷却器的冷却能力以提高压缩机的产能，图 6.42 是控制的效果图，压力控制明显稳定，压缩机平均负荷也获得了提高。

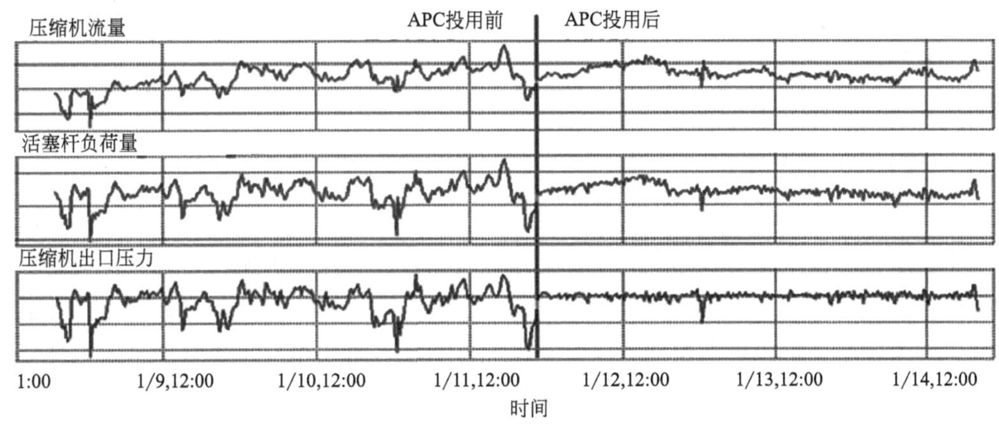

图 6.42　LDPE 装置超高压压缩机 APC 控制效果

④ LDPE 装置质量控制器 APC 控制效果。利用非线性模型实时预测和控制聚乙烯反应釜熔融聚合物和挤出机颗粒的产品质量，计算整个反应系统分子量调节剂的平衡，利用质量控制器优化调整峰值温度和分子量调节剂加入量，从而达到稳定装置生产、改进产品质量和提高装置产能的目标。由于峰值温度及产品质量的调节手段也是提高聚合产率的手段，而分子量调节剂则是产品质量调整的补充，因此 APC 控制器的优化算法是确保在产量提高的前

提下，产品质量也保持稳定。

(4) 浆液法聚乙烯装置 APC 解决方案

浆液法聚乙烯装置的 APC 解决方案包含浆液浓度和产量控制器、质量控制器、产品质量预测软仪表以及自动牌号切换的实施，取得了良好的控制效果。图 6.43 所示为环管乙烯浓度的控制效果，乙烯浓度波动的降低为产品质量的改善提供了基础，同时适当提高乙烯浓度可以提高催化剂效率，减少催化剂消耗。该 APC 技术开发了聚合反应负荷的自动控制，操作人员可以根据调度指令输入产量指标，由 APC 自动调节聚合产能，同时还能够稳定聚合反应器轴流泵的功率。图 6.44 为某反应器轴流泵功率波动降低效果，为提高负荷创造条件。

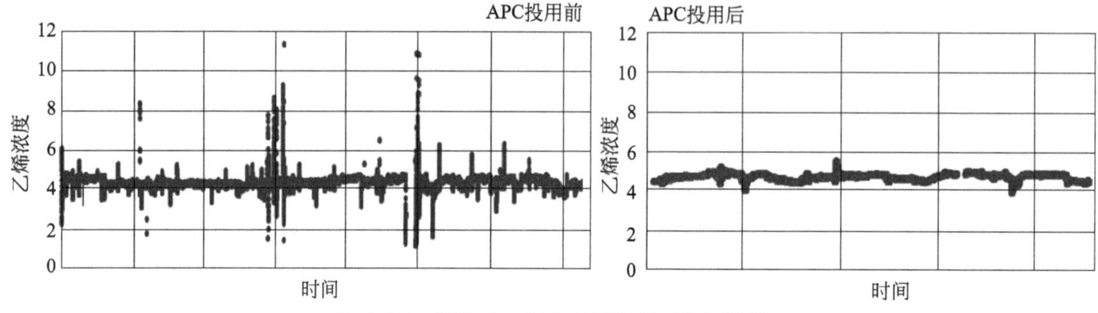

图 6.43　淤浆法 HDPE 乙烯浓度控制效果

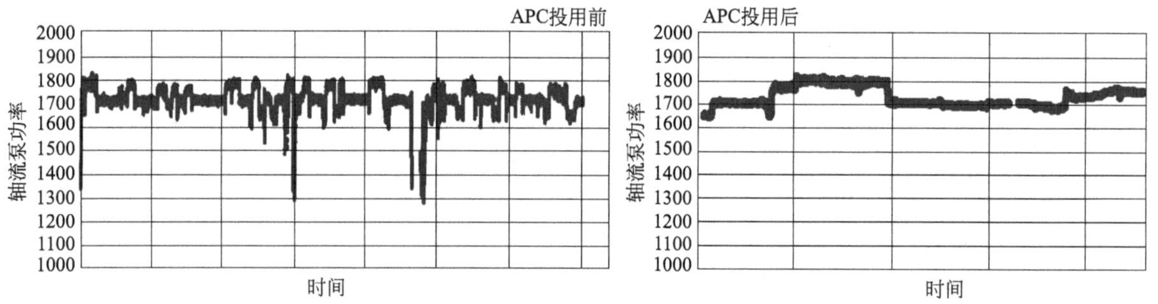

图 6.44　淤浆法 HDPE 聚合反应轴流泵功率波动降低效果

6.4.2　过程监控软件包

近年来兴起的聚烯烃生产操作监控系统（PPM&C）已成为 APC 的有效补充，确保了装置的平稳运行。其主要工作原理和功能是通过软测量的方法监控某些重要关键设备；通过非常规的声发射检测、静电检测等技术手段[13,14,23-25] 提升对工艺操作和装置运行的监控能力。科研人员协助装置工程师设计了实时数据库系统和人机界面，具备数据采集、操作员接口、系统维护等功能（图 6.45）。通过常规工艺建模、非常规信号信息挖掘及其与工艺参数之间的关系建模，实现对常规仪表不可测参数的计算及操作运行指导，包括过程故障分析、监测与报警。监控覆盖了气相法聚乙烯工艺的反应单元、催化剂或引发剂加注单元、出料单元、分离单元、脱气单元、排放气回收单元、造粒单元等工段。

该系统通过更深层次的机理分析和先进的算法，建立了基于机理-数据混合的生产过程工艺计算模型，计算结果准确、显示明了，对装置运行人员的操作有较大帮助，尤其是给新牌号的开发和运行、新催化剂的试用运行带来了方便，提高了生产装置的整体操作水平、生产效率和产品质量，并可通过控制变量的解耦计算，给出 DCS 基础控制回路的远控设定点，

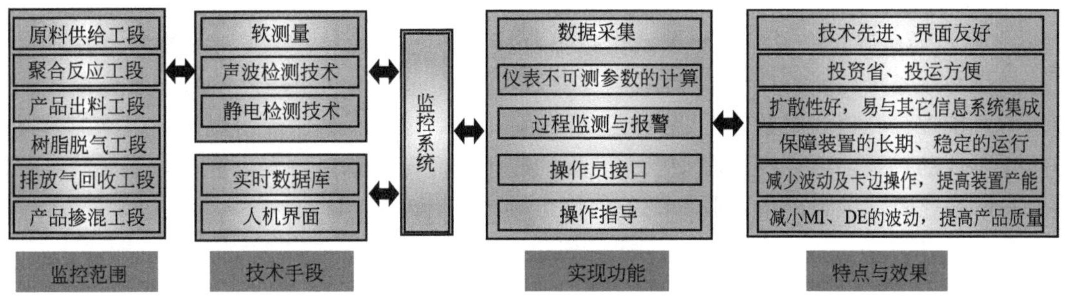

图 6.45　聚乙烯生产操作监控系统（PPM&C）

帮助实现反应器的在线控制。目前已实现的部分功能简单介绍如下。

① 气相聚合流化床内树脂粒径分布和流化质量分析模块。流化床内聚合物活性粉体的粒径及其分布（PSD）包含聚合活性和颗粒流态化的重要信息。比较正常情况和异常情况的产物 PSD，对于揭示装置的运行问题、锁定问题发生的原因具有重要的意义。按照一般的聚合反应工程原理分析，聚合物粉料的 PSD 与起始催化剂颗粒的 PSD 有直接关系，但是聚合物 PSD 还与活性衰减的聚合动力学、催化剂的破碎、颗粒在流化床的停留时间分布有关。聚合物的 PSD 可以离线取样分析，也可以通过声发射传感器在线分析测定[26,27]。一旦获得聚合物粉体的 PSD，一方面可以通过该 PSD 细粉端的数据，预测流化床内细粉含量、流化床分布板以及循环气换热器的工作状况；另一方面，可以通过该 PSD 粗粒端的数据，提前预知床内发生结片结块故障的概率。此外，粒径分布是影响产品质量的重要因素，控制粒径分布有利于控制聚乙烯产品的性能。在建立流化床树脂颗粒 PSD 模型时，需要考虑颗粒增长与扬析、颗粒磨损和颗粒团聚等影响因素，以便正确计算树脂颗粒粒径分布和停留时间分布[28]。

② 流化床内聚合物块料的声发射监控模块。浙江大学的科研人员根据流化床内聚合物粉体和块料流态化时撞击床层壁面，会产生不同的具有高频率特征的声发射信号的现象，发明了利用声发射监控流化床内聚合物块料的方法[29-31]。该方法不仅可以获得床内结块的定位、结块的大小数量，而且和传统的放射性探测仪相比，声发射检测聚合物块料更加灵敏，有更大的时间提前量。此外，利用基本相似的原理，流化床声发射探测仪还能够检测聚烯烃生产过程中的颗粒夹带、露点温度等常规技术无法测量的参数。

③ 树脂性质预测模型的参数训练和实时更新。在监控软件平台上，通过装置实时数据，对模型参数进行动态训练，这是一种根据机理和数据驱动的树脂性质动态建模方法，可自动获得贴近实际的预测模型，然后将该模型转移至 APC 的质量控制模块。另一方面，由于装置牌号切换生产时，当前产品牌号、目标产品牌号、催化剂类型、共聚单体类型和工艺操作参数都有变化，树脂性质预测模型的模型参数经常需要调整，所以设计该模块功能是十分有益的。图 6.46 为牌号切换时当前反应器内产品的瞬时树脂性质和床内平均树脂性质的动态变化，可以看出模型的动

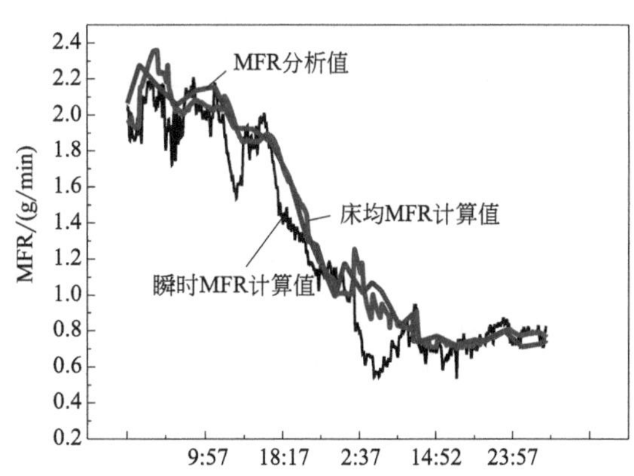

图 6.46　生产监控系统指导下的牌号切换过程

态跟随性很好。

④ 聚乙烯树脂粉料脱挥分析和操作指导模块。采用精密天平等实验手段测定并研究多组分烃类在聚乙烯树脂粉体内的溶解-扩散脱附规律[32-41]，建立脱挥设备内挥发分扩散迁移的模型，模型预测值和实验值符合良好。在此基础上，建立了聚乙烯内挥发分组分与脱挥设备操作参数的关系，可在线预测工业大装置的脱气仓内聚乙烯挥发分含量动态变化，实时判断所需的净化氮气流量，指导脱挥设备的优化操作。

6.5 安全、环保及尾气治理

6.5.1 安全与职业卫生

6.5.1.1 火灾爆炸危险性

聚乙烯、聚丙烯装置火灾危险类别均为甲类。生产中原料和产品均具有易燃易爆性质。因此从物料的输送、加工到产品的输出，火灾、爆炸危险是主要的不安全因素。根据《重点监管的危险化学品名录》(2013 年完整版)，装置中的乙烯、丙烯、氢气、一氧化碳是重点监管的危险化学品，安全措施和事故应急处置原则应按照《国家安全监管总局办公厅关于印发〈首批重点监管的危险化学品安全措施和应急处置原则〉的通知》(安监总厅管三〔2011〕142 号）和《国家安全监管总局关于公布〈第二批重点监管的危险化学品名录〉的通知》(安监总管三〔2013〕12 号）的要求执行。

结合《重点监管的危险化学品名录》可以辨别装置涉及的危险有害化学品主要有丙烯、乙烯、氢气、三乙基铝、一氧化碳、氮气、粉尘等。装置催化剂配制、聚合、闪蒸、干燥、单体回收等操作单元火灾危险性为甲类。装置中的氢气、乙烯、丙烯均为易燃气体，与空气混合能形成爆炸性混合物，遇明火、高热或接触氧化剂，有引起燃烧爆炸的危险。其中，氢气比空气密度小，乙烯与空气密度相近。下面针对主要危险物料分别分析。

(1) 乙烯

原料乙烯是甲类气体，在正常储存和处理条件下是一种稳定的物质，通常状况下无聚合危险，但在高温高压下，它会聚合生成聚乙烯。能与强氧化剂发生强烈反应，属易燃易爆物质。使用时应防火防爆，清除火源。注意防静电积聚。仓库及工作区应彻底通风。其蒸气密度略小于空气，爆炸下限低，万一装置中某点发生泄漏，不易扩散，有可能形成具有爆炸危险的混合物。

(2) 丙烯

原料丙烯的火灾危险类别为甲 A 类，其蒸气密度大于空气，爆炸下限低，一旦发生泄漏，很容易聚集在低洼处，形成具有爆炸危险的混合物。

(3) 氢气

氢气是无色、无味气体，具有很宽的燃烧范围及很低的爆炸下限。氢气-空气混合物燃烧只需很小的能量，因此对氢气需要特殊处理。氢气-空气混合物点燃，会爆炸性燃烧并产生很清洁几乎看不见的火焰。氢气发生火灾时，灭火之前首先应当切断氢气源以避免积累爆炸性混合气体。

(4) 三乙基铝 (TEA)

助催化剂三乙基铝（TEA）是一种无色透明的液体，在浓度高于 12%（质量分数）时见空气会自燃，火灾危险类别为甲 B 类。三乙基铝应保存于密闭容器中，使用氮气保护。

TEA 暴露于氧气、水或含有活泼氢的混合物（如醇和酸）中会剧烈反应。TEA 被稀释后反应会减缓。当 TEA 浓度低于 12%（质量分数）时，虽然仍可燃并有反应性，但认为其不自燃。与空气和水反应产生可燃的乙烷气或乙醇。若 TEA 与皮肤接触会导致严重烧伤。

三乙基铝宜使用 D 类干粉灭火器、干砂灭火，禁止用水和泡沫灭火。

(5) 一氧化碳 (CO)

生产过程中，使用 CO 作为阻聚剂。聚丙烯所用 CO 储存在钢瓶中。CO，火灾危险类别为乙类，与空气混合能形成爆炸性混合物且爆炸范围较宽（12.5%～74%，体积分数），遇明火、高热能引起燃烧爆炸。

一氧化碳可以使用水、干粉、二氧化碳、泡沫灭火。聚丙烯装置中气体的 CO 含量较少，大部分为氮气，所以 CO 在聚丙烯装置中的火灾爆炸危险性不突出。但聚乙烯装置如使用高浓度 CO 的时候需要注意。

(6) 聚乙烯、聚丙烯粉末与颗粒

聚乙烯和聚丙烯粉末运输和储存中发生的爆炸通常是因存在高浓度的细粉和挥发性气体，造粒或粒料输送过程中产生的聚合物细粉与同样尺寸的聚丙烯粉末一样具有爆炸性（小于 500μm）。聚合物细粉（小于 74μm）的最小爆炸浓度大约为 0.10～0.20kg/m^3。在空气中如果超过这个浓度时，遇有火花点燃，则会迅速燃烧，引起严重爆炸。另外聚合物中残存的未反应单体也增加了粉料的危险性。

(7) 1-丁烯

与空气混合能形成爆炸性混合物，遇热源和明火有燃烧爆炸的危险。若遇高热，可发生聚合反应，放出大量热量而引起容器破裂和爆炸事故。与氧化剂接触猛烈反应。1-丁烯比空气密度大，能在较低处扩散到相当远的地方，遇火源会着火回燃。1-丁烯发生火灾时，灭火之前首先应当切断气源。若不能切断气源，则不允许熄灭泄漏处的火焰。

(8) 过氧化物

聚合物装置中使用的过氧化物通常为 2,5-二甲基-2,5-二过氧化叔丁基-己烷，最大存放量一般不超过 0.5t。此物质易受热分解，分解后产生易燃易爆的气体。系统中所有设备和罐均应用循环冷却水冷却。因此在过氧化物配制间设置高/低温报警。为了防止过氧化物泄漏扩散，在过氧化物罐等周围设置围堰，同时在旁边设置蛭石等吸附剂用来清除泄漏的过氧化物。如使用更低储存温度的过氧化物，则需采取更好的保冷措施。

6.5.1.2　有毒有害物质特性分析

聚乙烯、聚丙烯装置中用到的有毒有害物质较少，一般认为有丙烯、三乙基铝、一氧化碳、钛催化剂等。根据《危险化学品目录》（2015 版），装置中无剧毒化学品。根据《高毒物品目录》（2003 年版），装置中一氧化碳为高毒物品。

根据《职业性接触毒物危害程度分级》（GBZ 230—2010）、《压力容器中化学介质毒性危害和爆炸危险程度分类标准》（HG/T 20660—2017），装置中一氧化碳的危害程度为高度危害。

根据《工作场所有害因素职业接触限值　第 1 部分：化学有害因素》(GBZ 2.1—2019)，装置内的职业接触限值见表 6.5 和表 6.6。

表 6.5　中国工作场所有害因素职业接触限值　　单位：mg/m^3

序号	物质名称	MAC	PC-TWA	PC-STEL	备注
1	一氧化碳(非高原)	—	20	30	

表 6.6　中国工作场所粉尘职业接触限值　　单位：mg/m^3

序号	物质名称	CAS 号	PC-TWA		备注
			总尘	呼尘	
1	聚丙烯粉尘	—	5	—	
2	滑石粉尘(游离 SiO_2 含量<10%)	14807-96-6	3	1	

(1) 丙烯

有麻醉作用，其特点是麻醉的产生和消失都很迅速，中毒症状主要为头昏、乏力直至意识丧失。液态丙烯与皮肤接触会冻伤皮肤。

(2) 三乙基铝

具有强烈刺激和腐蚀作用，主要损害呼吸道和眼结膜，高浓度吸入可引起肺水肿，吸入其烟雾可致烟雾热。皮肤接触会灼伤，产生充血水肿和起水泡，疼痛剧烈。

(3) 一氧化碳

根据《高毒物品目录》(2003 年版)，一氧化碳为高毒气体，属高度危害（Ⅱ级）。急性中毒是吸入较高浓度一氧化碳后引起的急性脑缺氧性疾病，中毒者可死亡或留下严重的脑部残疾；少数患者可有迟发的神经精神症状。重度中毒表现为意识障碍程度达深昏迷或去大脑皮层状态。根据《工作场所有害因素职业接触限值　第 1 部分：化学有害因素》（GBZ 2.1—2019)，非高原的一氧化碳时间加权平均容许浓度（PC-TWA）为 $20mg/m^3$，短时间接触容许浓度（PC-STEL）为 $30mg/m^3$。

(4) 钛催化剂

高浓度氯化钛蒸气对黏膜有刺激作用，对中枢神经系统有麻醉作用，对肝、肾有严重损害作用。人员中毒时甚至出现昏迷、抽搐、突然死亡的情况。皮肤接触氯化钛会脱脂而干燥、皴裂。一些人会出现眼球后视神经炎。

(5) 过氧化物

常用的过氧化物为 2,5-二甲基-2,5-二叔丁基过氧化己烷，淡黄色液体，刺激气味，能导致眼睛和呼吸道受刺激。吸入烟雾或蒸气可能刺激鼻子、咽喉和肺部。皮肤接触可导致严重刺激，会引起迅速干燥、脱色，长期接触会导致化学性烧伤。眼睛接触可导致中度刺激，可引起混浊、发红，长期接触可引起眼睛肿胀和烧伤。

6.5.1.3　重点监管的危险化工工艺

根据《首批重点监管的危险化工工艺目录》（安监总管三〔2009〕116 号）和《第二批重点监管的危险化工工艺目录》(安监总管三〔2013〕3 号)，聚烯烃装置的聚合工艺属于重点监管的危险化工工艺。根据安监总管三〔2009〕116 号文件的要求，聚合工艺的重点监控工艺参数、安全控制的基本要求和宜采用的控制方式如下。

(1) 重点监控工艺参数

聚合反应釜内温度、压力，聚合反应釜内搅拌速率；引发剂流量；冷却水流量；料仓静电、可燃气体监控等。

(2) 安全控制的基本要求

反应釜温度和压力的报警和联锁；紧急冷却系统；紧急切断系统；紧急加入反应终止剂系统；搅拌（如果是搅拌釜式的）的稳定控制和联锁系统；料仓静电消除、可燃气体置换系统，可燃和有毒气体检测报警装置等。

(3) 宜采用的控制方式

将聚合反应釜内温度、压力与釜内搅拌电流、聚合单体流量、引发剂加入量、聚合反应釜夹套冷却水进水阀形成联锁关系，在聚合反应釜处设立紧急停车系统。当反应超温、搅拌失效或冷却失效时，能及时加入聚合反应终止剂，建立安全泄放系统。

6.5.1.4 重大危险源

依据《危险化学品重大危险源辨识》（GB 18218—2018），生产单元、储存单元内存在危险化学品的数量等于或超过标准中规定的临界量，即被定为重大危险源。以 50 万吨/年聚丙烯装置为例进行各物质存量估算的重大危险源辨识结果见表 6.7。

表 6.7 重大危险源辨识结果

危险化学品名称	临界量 Q/t	实际量 q/t	β	α	重大危险源分级
乙烯①	50	3	1.5	0.5	21,三级③
丙烯	10	250	1.5		
氢气	5	0.003	1.5		
三乙基铝	1	4	1		
一氧化碳	10	0.003	2		
过氧化物②	50	3.1	1.5		

① 乙烯为生产抗冲共聚物时使用。
② 过氧化物为生产个别牌号时使用。
③ 根据 GB 18218—2018 计算的重大危险源的分级指标，其计算公式在该国标附件中。

由表 6.7 可知，50 万吨/年聚丙烯装置构成三级重大危险源，聚乙烯装置的计算结果也类似。

6.5.1.5 其他危险和有害因素

(1) 粉尘危害

聚烯烃装置的粉尘危害主要来源于添加剂粉尘和输送聚合物料时产生的粉尘。有些添加剂粉尘对人体黏膜组织有刺激作用，大量吸入粉尘也会伤害人体健康，粉尘在肺部沉积，严重者发生肺纤维化。装置使用的滑石粉尘会造成滑石尘肺。

造粒或颗粒输送过程中产生的聚合物细粉同样具有爆炸性。粉料发生的爆炸通常是因存在高浓度的聚丙烯粉末和挥发性气体，聚合物细粉（小于 74μm）的最小爆炸浓度约为 0.10～0.20kg/m^3。在空气中如果超过这个浓度，遇有火花等，则会迅速燃烧，引起严重爆炸。

聚乙烯/聚丙烯装置粉料仓存有聚乙烯/聚丙烯粉末、氮气和未脱除的单体。若残存的乙烯/丙烯和粉尘混合，混合物质的爆炸下限比单种物质形成的爆炸下限都低，危险性相当于单种爆炸性物质的叠加，混合物爆炸危险性更高。据统计，引起粉料料仓爆炸的点火源绝大部分是由静电放电引起的。静电放电形式主要有电晕放电、传播性刷形放电、粉堆沿面放电、火花放电等。除电晕放电能量较小外，其余放电能量基本都能到达 1mJ 以上。若产生静电，会发生粉尘爆炸事故，所以除了金属管道、支架、构件、部件等静电措施完好外，还应该严格控制闪蒸、干燥、脱气等粉体及挥发分处理设备的工艺条件，防止烃类超标；保持造粒系统运行的稳定性，防止碎屑带入风送系统。

(2) 放射性危害

一般情况会在聚乙烯、聚丙烯装置需要测量密度或固体料位的设备上设置放射性仪表：

密度计或料位计。放射源使用 Cs137，在放射源附近应设有警告标志及外加铅板防护区。

(3) 噪声危害

聚烯烃装置内的噪声危害源自机械传动设备（如压缩机、机泵、振动筛、挤出机、风机及风送系统等）的运行及液体、气体的运动。蒸汽放空、开车时气体放空是间断性噪声源。长期接触噪声会对听觉系统产生损害，造成暂时性听力下降甚至病理永久听力损失，还可引起头痛、头晕、耳鸣、心悸和睡眠障碍等。此外噪声还会对神经系统、心血管系统、消化系统、内分泌系统等产生非特异性损害；同时对心理产生不良影响，使工人注意力、身体灵敏性和协调能力下降，工作效率低，容易发生事故。

(4) 低温冻伤

聚丙烯装置存在大量液态丙烯，若液态丙烯泄漏，接触人体会造成低温冻伤。聚乙烯装置中如果使用到低温储藏的过氧化物，也存在冻伤可能性。

6.5.1.6 聚烯烃装置的安全防范措施

(1) 设备预防管理措施

以特种设备和实际应用要求为例。要进行压力容器的测定，根据安全附件以及安全阀和温度计等规定要求，定期进行检验；在后续监督和实施的阶段需做好设备处理工作，发现问题后及时处理，消除隐患，提升稳定性。防雷以及防静电预设应定期进行检查，保证合理性。对电气设备和线路分析后，明确检查要点和流程，保证完好性。强化消防器材的检查和维护，保证完整性。

(2) 爆炸防范措施

控制聚烯烃生产工艺爆炸危险性的过程中，应综合考虑爆炸危险的主要原因，并采取相应的措施。要尽量规避乙烯或丙烯的聚合。在生产的时候，应根据原材料投放的顺序与比例按规定开展作业，将潜在聚合危险消除。对生产过程展开全面监督，以免原料过度聚合。与此同时，要对生产温度加以控制，将冷却工艺引入到生产过程中，对放热进行重点控制。在此基础上，要对粉尘爆炸进行有效预防，对生产工艺堵塞的问题进行规范性处理，按照生产基本要求完成生产过程，以免因堵塞因素的影响而引发危险事故。

(3) 正确配制和使用催化剂

在聚合反应过程中，催化剂的含量控制非常重要，必须采取可靠的工艺措施严格进行控制，以确保聚合反应过程的安全性。在配制催化剂过程中，必须注意防止烷基铝与空气接触发生自燃和遇水受潮发生爆炸；在搬运物料时，要轻拿轻放，防止撞击发生危险；催化剂的加入量还需要根据物料的温度进行调节，当温度高时，加入量适当减少，温度低时，加入量适当增加。

6.5.2 环保标准及尾气挥发性有机物治理

6.5.2.1 环保标准

根据《国民经济行业分类》(GB/T 4754—2017)，聚烯烃装置归属于化学原料和化学制品制造业（代码 C26）中的初级形态塑料及合成树脂制造（代码 C2651)，属于合成树脂工业。其上游单体原料合成主要来自石油化学工业和煤化学工业。根据环保标准的执行要求，在有行业标准的情况下，聚合物和单体生产要执行相应的行业标准，否则执行综合排放标准。

(1) 大气污染物排放标准

聚烯烃生产装置的大气污染物排放限值、监测和监督管理要求应执行《合成树脂工业污染物排放标准》(GB 31572—2015)，主要大气污染物排放限值如表 6.8 所示。

表 6.8　主要大气污染物排放限值

序号	污染物项目	一般排放限值	特别排放限值	备注
1	非甲烷总烃/(mg/m^3)	100	60	
2	颗粒物/(mg/m^3)	30	20	
3	二氧化硫/(mg/m^3)	100	50	废水、废气焚烧设施
4	氮氧化物/(mg/m^3)	180	100	
5	二噁英类/(mg/m^3)	0.1ng-TEQ/m^3		
6	单位产品非甲烷总烃排放量/(kg/t)	0.5	0.3	
7	非甲烷总烃(厂界)/(mg/m^3)	4.0		无组织排放

(2) 水污染物排放标准

聚烯烃生产装置的水污染物排放限值、监测和监督管理要求应执行《合成树脂工业污染物排放标准》(GB 31572—2015)。其中，规定的主要水污染物排放限值如表 6.9 所示。

表 6.9　主要水污染物排放限值

序号	污染物项目	一般排放限值	特别排放限值	备注
1	pH 值	6～9	6～9	企业废水总排口
2	悬浮物/(mg/L)	30	20	
3	化学需氧量/(mg/L)	60	50	
4	五日生化需氧量/(mg/L)	20	10	
5	氨氮/(mg/L)	8	5	
6	总氮/(mg/L)	40	15	
7	总磷/(mg/L)	1.0	0.5	
8	总有机碳/(mg/L)	20	15	
9	可吸附有机卤化物(AOX)/(mg/L)	1.0	1.0	
10	总铬/(mg/L)	1.5	1.5	车间或生产设施废水排放口
11	六价铬/(mg/L)	0.5	0.5	

上表中大部分水污染物的排放限值与单体原料生产要执行的《石油化学工业污染物排放标准》(GB 31571—2015)相同，排放限值不同的是悬浮物和总氮指标，表 6.10 列出了对比值。

表 6.10　悬浮物和总氮指标排放限值对比表　　　　单位：mg/L

序号	污染物项目	类别	GB 31571	GB 31572
1	悬浮物	一般排放限值	70	30
		特别排放限值	50	20
2	总氮	一般排放限值	40	40
		特别排放限值	30	15

GB 31572 在悬浮物和总氮这两项指标上，要求均严于 GB 31571。因此，对于既生产单体，又生产聚合物的石油化工企业，其污水处理场的设计排放指标，要考虑取较严格的限值。

另外，聚乙烯装置生产的部分牌号会用到铬系催化剂，废水中的总铬和六价铬属于第一类污染物，要求在车间或生产设施废水排放口达到相应的排放限值，这点应给予特别关注。含铬废水处理一般采用化学还原法。利用 $FeSO_4$、亚硫酸盐、SO_2 等还原剂，将废水中六价铬还原成三价铬离子，加碱调整 pH 值，使三价铬形成氢氧化铬沉淀除去[41]。废水处理产生的含铬沉淀污泥应作为危险废物外委有资质的单位处置。

(3) 其它相关环保标准

在聚烯烃装置设计、施工和生产运营活动中，除污染物排放标准外，其它常用的环保标准如表 6.11 所示。

表 6.11 常用环保标准

序号	标准名称和标准号	适用活动范围	备注
1	《挥发性有机物无组织排放控制标准》(GB 37822—2019)	设计、生产运营	其中的敞开液面挥发性有机物无组织排放控制要求可视为 GB 31572 的补充
2	《工业企业厂界环境噪声排放标准》(GB 12348—2008)	设计、生产运营	
3	《石油化工环境保护设计规范》(SH/T 3024—2017)	设计	
4	《工业企业噪声控制设计规范》(GB/T 50087—2013)	设计	
5	《危险废物贮存污染控制标准》(GB 18597—2001)及 2013 年修改单	设计、生产运营	
6	《一般工业固体废物贮存和填埋污染控制标准》(GB 18599—2020)	设计、生产运营	
7	《石油化工工程防渗技术规范》(GB/T 50934—2013)	设计	
8	《固定源废气监测技术规范》(HJ/T 397—2007)	设计、生产运营	
9	《固定污染源废气非甲烷总烃连续监测系统技术要求及检测方法》(HJ 1013—2018)	设计、生产运营	部分地方标准规定对超过一定气量的含烃废气需要在线监测非甲烷总烃
10	《排污单位自行监测技术指南 石油化学工业》(HJ 947—2018)	设计、生产运营	
11	《建筑施工场界环境噪声排放标准》(GB 12523—2011)	施工	
12	蓄热燃烧法工业有机废气治理工程技术规范(HJ 1093—2020)	设计	

6.5.2.2 RTO 尾气挥发性有机物治理

我国挥发性有机物（VOC）末端治理技术众多，图 6.47 展示了各 VOC 治理技术适用范围。

聚烯烃装置需要处理的含 VOC 废气量通常在 10000～100000m^3/h 之间，如一套 30 万吨/年中国石化 ST-Ⅲ技术的聚丙烯装置，需要焚烧处理的含 VOC 废气量在 30000m^3/h 左

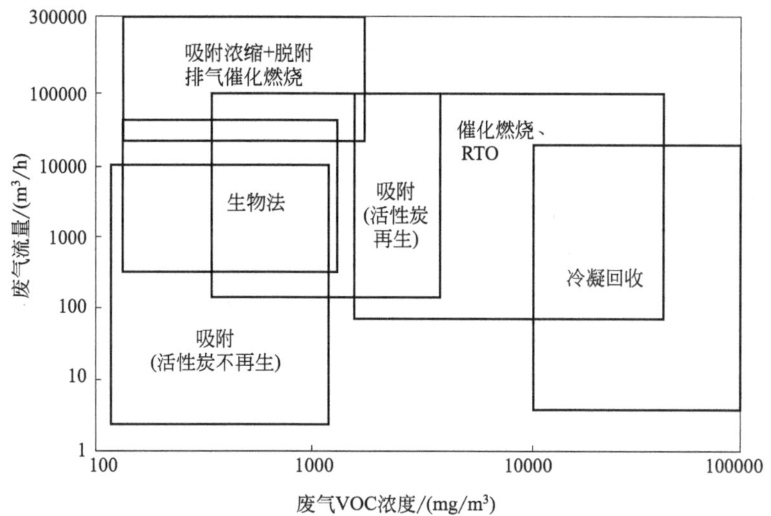

图 6.47　VOC 治理技术适用范围（浓度、风量）

右，一套 20 万吨/年釜式法工艺的 EVA 装置含 VOC 废气量在 $80000m^3/h$ 左右。废气的 VOC 浓度通常在每立方米几百到几千毫升之间，废气组成绝大部分为空气，氧含量高。

对聚烯烃这种气量大、氧含量高、VOC 浓度远低于爆炸极限的废气，最好是在保证安全的情况下，送动力锅炉、加热炉、工艺焚烧炉等，作为助燃空气的一部分协同处理，这样处理的好处是不需要另外设置废气处理设施，减少额外的氮氧化物排放。

在需要单独设置末端废气处理设施的情况下，针对聚烯烃废气的特性，最常用的处理工艺是蓄热氧化（RTO）工艺。RTO 工艺的热能回收效率在 95%以上，可以大大减少低浓度的聚烯烃含 VOC 废气的燃料消耗和处理成本。

RTO 炉通常由三个蓄热室和一个燃烧室构成（图 6.48），内腔采用陶瓷纤维棉进行保温。蓄热室内填有耐高温蓄热陶瓷，可以储存氧化后高温烟气所携带的能量，用于预热入口工艺废气。采用天然气或燃料气点燃燃烧器，以维持炉内温度高于有机物氧化温度。以位于蓄热室侧的切换阀和气室实现蓄热室作为工艺废气入口、吹扫以及出口的状态切换，此气流方向切换的模式由 PLC（可编程逻辑控制器）/DCS 控制完成。这样保证系统热交换效率，使得操作成本降至最低。

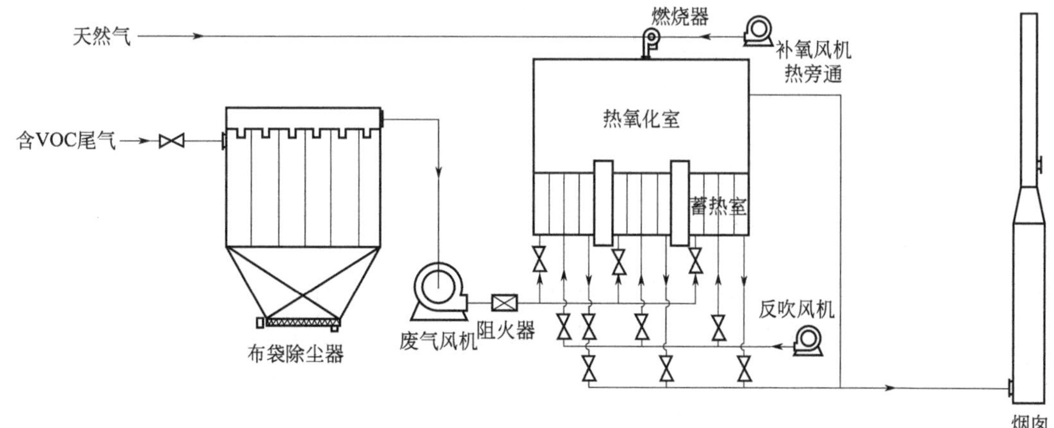

图 6.48　典型的聚烯烃 RTO 炉工艺流程示意图

在系统运转过程中，工艺废气通过上一循环为出口状态的高温蓄热床预热，工艺废气经过此高温蓄热床预热后温度快速上升。当此工艺废气进入燃烧室后，氧化反应发生，热量以及干净的气体将经过另外一床蓄热陶瓷，此时热量将被此蓄热陶瓷吸收。周期性的换向切换将使热量均匀地分布在整个焚烧炉内，一个工艺循环过程如表 6.12 所示。

表 6.12 RTO 工艺循环表

循环阶段	蓄热室Ⅰ	蓄热室Ⅱ	蓄热室Ⅲ
第一阶段	入气	出气	吹扫
第二阶段	吹扫	入气	出气
第三阶段	出气	吹扫	入气

如此循环往复，使得废气氧化所释放的热量被充分利用。三腔室的设计，完全消除了蓄热床层由废气入口变成处理后的排放出口的切换的间歇排放问题，最大限度地减少阀体切换时漏排的可能。

典型的聚烯烃 RTO 炉工艺流程如图 6.48 所示。在 RTO 炉前设置布袋除尘器的原因是，根据《蓄热燃烧法工业有机废气治理工程技术规范》（HJ 1093—2020）规定，进 RTO 炉废气中的颗粒物浓度要求低于 $5mg/m^3$。

在 RTO 设计和使用中需要关注以下几个问题：

① 若是废气中含有易自聚的有机物（如苯乙烯等），是不适合用 RTO 炉处理的。

② RTO 炉启动和冷却时间较长，按照环保设施与主装置同开同停的规定，应在生产设施启动前开机，在生产设施停车并将自身存积的气态污染物全部净化处理后才可停机。

③ 应对 RTO 炉进行定期检查和维护，长期运行下，RTO 炉容易出现的问题包括换向阀门密封失效、蓄热体堵塞压降增大、热氧化室耐火材料剥落等。

近年来，VOC 治理工作一直是生态环境部关注的重点，聚烯烃装置排放的含 VOC 废气的治理也受到重视和日益严格的监管，很多地方（如北京、天津、宁波等）标准中均规定，对超过一定气量的含 VOC 废气的排放，要求设置连续自动监测系统。因此，关注并做好聚烯烃尾气的 VOC 处理工作，保证装置的“平、稳、常、优、满”运行，是聚烯烃装置环保工作的关键。

6.5.2.3 聚烯烃尾气的余压膨胀深冷分离技术

在聚烯烃生产工艺中，来自反应系统的树脂溶解有大量烃类物质以及氢气、氮气共聚单体、溶剂和残留催化剂等。为保证造粒和风送等下游设备运行的安全及聚乙烯产品储存运输的安全，减少产品异味，并达到环境保护的标准，这些烃类物质和氢气必须在送入下一单元之前被除去。

通常在脱挥装置（脱气仓）的中下部通入氮气以吹扫树脂中的可挥发烃类物质，将聚烯烃树脂颗粒中的烃类含量由大约 5%降至 50×10^{-6} 以下，所脱除的烃类气体再随吹扫氮气一起作为排放气处理。由于排放气含有大量的氮气不能直接送回反应系统或其他工艺装置回收利用，需要增加排放气回收系统将高附加值的烃类和吹扫气体氮气分离。但是，多组分、低压力、难冷凝、低烃类浓度等特点给回收造成了很大困难。通常排放气回收系统采用压缩冷凝工艺，排放气经过多级压缩冷却和冷凝后，在闪蒸罐中实现气液分离，分离的冷凝液送回反应系统，未冷凝的气体成为排放气尾气送至火炬系统。由于尾气中烃含量不高，大量氮气被无效压缩和冷却，严重影响压缩冷凝方法的经济性，同时对难凝性烃类（$C_1\sim C_2$），回收率一般不大于 30%，达不到理想回收的要求[42]。

气体分离膜技术近年来得到了飞速的发展。主要有氢气膜分离、有机蒸气膜分离、二氧化碳膜分离以及其他气体膜分离回收技术。针对聚烯烃生产装置排放气的组分特点，应采用有机蒸气（VOC）膜。膜组件一般需要与其他气体分离技术如冷凝、油吸收等有机结合，才能达到较好的分离要求[43]。国内外许多聚烯烃装置都增加了膜组件用于排放气烃分离。在聚乙烯装置排放气回收工艺中，气体膜分离工艺通常设置在压缩冷凝工艺之后[44]。例如，压缩冷凝与膜分离工艺的组合在处理中国石化广州分公司的气相法聚乙烯工艺排放气中就取得了良好的效益[45]。又如，采用压缩冷凝与膜分离相结合的方法可以使聚丙烯装置中丙烯的回收率提高到 99%。再者，若排放气中的氢气含量较多，超过了爆炸下限，则可设置氢膜将排放气中的氢气含量降至合理的范围内。

变压吸附分离的基本原理是利用吸附剂的物理吸附解吸交变过程回收聚烯烃排放气中的单体，通常把它设置在压缩冷凝工艺之后，与之组合使用。尽管变压吸附工艺可在压缩冷凝的基础上进一步回收烃类，但其流程复杂、设备数量多、维护成本高，另一方面吸附塔反复升压和降压，额外增加能耗与公用工程，导致操作费用和投资费用较大[46]。

深冷分离工艺是一个包括多级压缩和多级换热的能量密集型技术，广泛应用于空分[47]、液化天然气[48] 以及其他气体分离[49] 等低温分离领域。该技术是通过采用如节流膨胀或透平膨胀等机械制冷的方法，把气体液化，利用各组分沸点的差异实现分离。工业上一般将深冷分离工艺设置在压缩冷凝工艺或膜分离工艺之后，以利用其余压进行膨胀致冷，大幅减少能耗。例如，杨中维[50] 提出采用深冷分离技术回收尾气的方法。

浙江大学认为，压缩冷凝、膜分离和深冷分离等技术具有互补性，将它们进行组合应用，并与聚烯烃生产工艺深度融合，将对烯烃聚合主流程产生更加重要的工业价值。近期的主要进展体现在以下三方面。

① 余压膨胀制冷与聚烯烃装置排放气高效回收灵活集成的新工艺[51]。通过化工热力学与热质传递的数值模拟，证明余压膨胀深冷技术（residual pressure expansion cryogenic technology，RePEC 技术）与聚乙烯 VOCs 脱附的排放气回收单元相结合的优势明显大于其它分离工艺[52]，可在较宽的浓度范围内高效回收乙烯、重烃和氮气，且操作费用最低。但为了同时降低投资费用，需要建立宽温度范围（−120～40℃）的热-质-功交换网络的合成理论和方法（图 6.49[53] ），重点解决流股相态不定、温-焓变量存在强非线性关系的条件下低温冷箱多流股换热器柔性换热的设计方法问题。廖祖维等提出了逆推温焓关系、求导定极值、精确定位最小传热推动力位置的方法，以及利用状态空间超结构法构造模型分辨率梯度、滚动求解全局最优的算法[53-56]。

在理论研究的基础上浙江大学提出了新的余压膨胀深冷法排放气分离回收工艺，构建了 VOC 脱除-冷箱换热之间的氮循环，将乙烯深冷回收-移动床树脂高效脱挥相耦合（图 6.50），将目前模糊的排放气回收设计边界向高标准清洁生产的方向推进了一大步。此外，利用深冷环境高效捕集微量易冷凝组分的能力，构建深冷-聚合的烃循环，管理聚烯烃生产系统微量敏感组分，营造产品牌号所需聚合环境。工业应用表明[57,58]，RePEC 技术可以灵活处理从单反应器到双反应器工艺、从单峰到双峰树脂牌号等多源排放气同时回收的任务。装置重烃回收率可达 100%、乙烯等轻烃回收率超过 80%、氮气回收率超过 75%。

② 基于深冷回收氮循环的聚乙烯产品 VOC 分级脱附新工艺。实验研究了聚乙烯粉体脱除多组分挥发烃 VOC，发现氮气作为脱附剂，当含少量乙烯时，能显著促进聚合物颗粒中

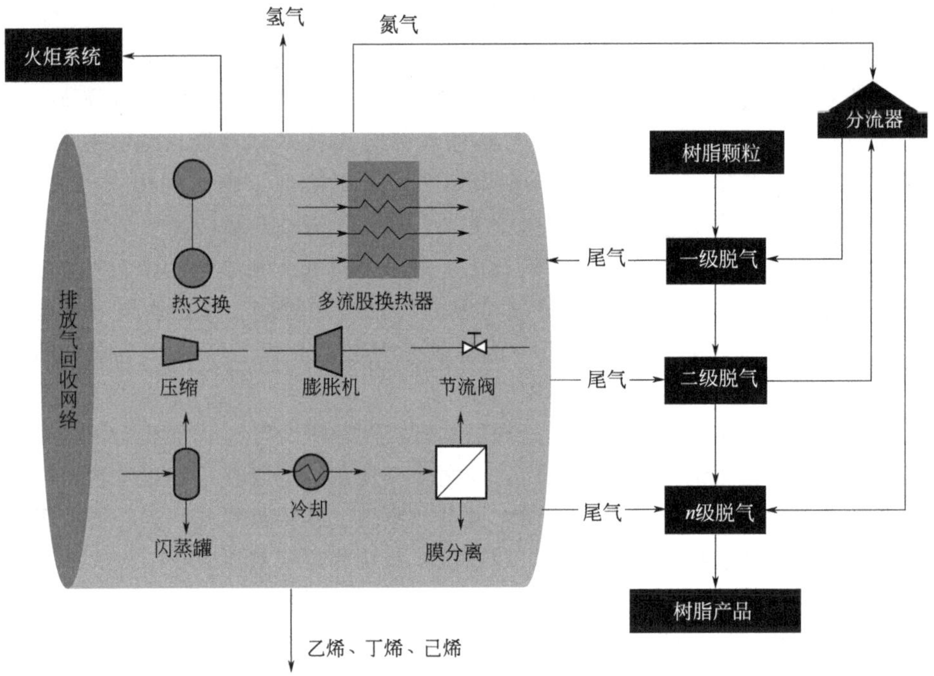

图 6.49　聚烯烃排放气回收的热-质-功交换网络

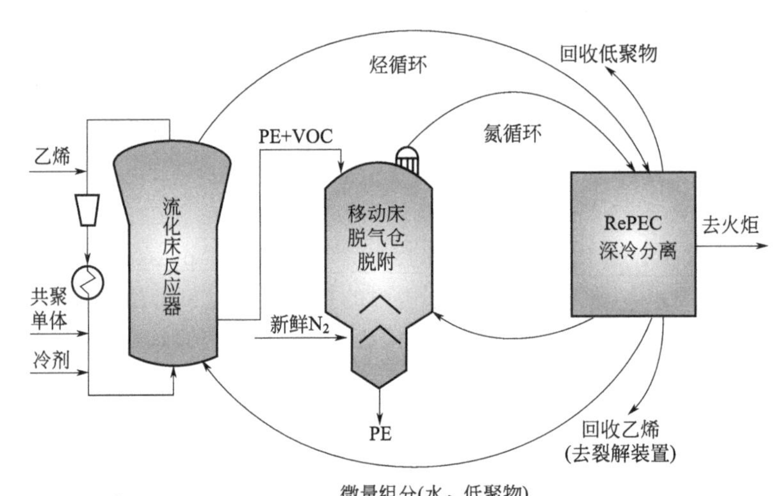

图 6.50　深冷回收与气相流化床聚合-移动床脱附的集成

高碳 VOC（包括低聚物、C_5、C_4、C_3）扩散脱附[33]。构建了树脂脱挥-冷箱冷凝之间的氮循环，以高纯氮作为第一脱附剂、深冷回收氮作为第二脱附剂的聚合物 VOC 分级脱除新工艺。深冷回收氮气（含 1%～2%乙烯，摩尔分数）与树脂逆流接触，连续置换聚合物中高碳 VOC，再用纯氮气置换和脱附聚合物中溶解的乙烯，形成接力式脱附操作。通过流体力学实验和 CFD（计算流体动力学）模拟研究移动床粉料的运动规律，开发了粉体停留时间分布更加均匀的聚乙烯颗粒移动床分级脱附设备[21]。

聚烯烃脱挥的最佳效果与循环吹扫氮气中适当的乙烯含量有关，如果将上述树脂粉体分级脱挥方案和排放气深冷回收统一考虑，优化深冷回收流程，特别是回收乙烯的深冷温度等参数是可行的。保证乙烯回收率的同时，同步强化 VOC 脱附、降低深冷分离能耗。在铬系高密度聚乙烯生产装置的工业应用表明，产品中最难脱除的低聚物含量降低 20%以上，产品气味明显减弱。

③ 排放气回收过程微量敏感组分的智能管理系统[59-62]。利用深冷回收技术的特点，发明了深冷-聚合的子循环（烃循环）回路，管理来自聚乙烯生产主流程的微量敏感组分，不仅可确保深冷系统自身的平稳运行，还可对主流程发挥智能监控作用，工业应用取得了明显效果。主要反映在如下几方面：

a. 根据铬系催化剂引发聚合反应之前的先导反应——低聚物微量生成反应的特点，通过深冷快速捕集流化床循环气的微量低聚物雾滴，监测铬系催化剂的诱导反应，指导装置开车。一般是通过提前预知铬系催化剂出现聚合活性的时间点，指导催化剂和/或微量调节剂的加注时间和加注量，使装置开车更加安全稳健[59-61]。

b. 根据微量水在聚合单元、脱气单元、冷箱换热器通道中的分布和迁移规律研究，发明了深冷作用的微量水自动捕集监测和反应器爆聚预警技术。与传统的反应器静电波动预警方法相比，所开发的预警技术可以更早预知系统中微量水含量的异常，为故障溯源和工艺调整争得宝贵时间[62]，工业应用成效显著。

该项目已于 2018 年获得中国石化联合会科技进步一等奖。事实上，尾气回收的技术还有继续改进的空间，推荐阅读有关资料[63-65]。

参考文献

[1] Ray W H，Soares J，Hutchinson R A. Polymerization reaction engineering：past，present and future [J]. Macromolecular Symposia，2010，206：1-14.

[2] Ray W H. Polymer reaction engineering -historical development，current vitality and some future challenges [C] // 2008 AIChE Annual Meeting. 2008.

[3] 阳永荣. 聚合反应工程//洪定一. 聚丙烯—原理、工艺与技术 [M]. 第 2 版. 北京：中国石化出版社，2011：342-424.

[4] Zhang S X，Read N K，Ray W H. Runaway phenomena in low-density polyethylene autoclave reactors [J]. AIChE Journal，1996，42 (10)：2911-2925.

[5] Zimmermann T，Luft G. Studies of the explosive decomposition of compressed ethylene [J]. Chem. Ing. Tech，1994，66 (10)：1386-1389.

[6] Watanabe H，Takehisa M. Studies on the explosive decomposition of ethylene-Mechanism of ethylene decomposition under high pressure [J]. Koatsu Gasu，1982，19：605-612.

[7] Hilfer A ，Degenkolb J ，Busch M. Experimental investigation of ethene decomposition by video-determination of physical Data for Simulation Model [J]. Chemie Ingenieur Technik，2019，91 (5)：657-662.

[8] Shannon D I. Relief device sizing for ethylene decompositions—high pressure polyethylene industry [J]. Process Safety Progress，2008，27 (1)：35-40.

[9] Albert J，Luft G. Runaway phenomena in the ethylene/vinylacetate copolymerization under high pressure [J]. Chemical Engineering & Processing Process Intensification，1998，37 (1)：55-59.

[10] Albert J，Luft G. Thermal decomposition of ethylene-comonomer mixtures under high pressure [J]. Aiche Journal，2010，45 (10)：2214-2222.

[11] Bonsel H，Luft G. Safety studies on the explosive degradation of compressed ethene [J]. Chem Eng Technol，1995 (67)：862-864.

[12] Sullivan J F ，Shannon D I. Decomposition venting in a polyethylene product separator [J]. American Society of Mechanical Engineers，Pressure Vessels and Piping Division (Publication) PVP，1992，238：191-195.

[13] 赵贵兵，阳永荣，侯琳熙. 流化床声发射机理及其在故障诊断中的应用 [J]. 化工学报，2001，52 (11)：941-943.

[14] 阳永荣，侯琳熙，杨宝柱，等. 流化床反应器声波监测的装置和方法：CN 1287890C [P]. 2003-11-12.

[15] Heinonen，Marko. LDPE Reactor mixer bearing faults-Part 1 [J]. Uptime magazine，03/13：3-6.

[16] Heinonen, Marko. LDPE Reactor mixer bearing faults-Part 2 [J]. Uptime magazine, 01/14, 3-7.

[17] 洪定一. 聚丙烯-原理、工艺与技术 [M]. 2版. 北京：中国石化出版社，2011.

[18] 武锦涛，陈纪忠，阳永荣. 移动床中固体颗粒“运动模型”的修正 [J]. 高校化学工程学报，2005，19 (6)：739-744.

[19] 武锦涛，陈纪忠，阳永荣. 移动床中颗粒运动的微观分析 [J]. 浙江大学学报，2006，40 (5)：868-868.

[20] 武锦涛，陈纪忠，阳永荣. 移动床中颗粒接触传热的数学模型 [J]. 化工学报，2006，57 (4)：719-725.

[21] Wu J T, Jiang B B, Chen J Z, et al. Multi-scale study of particle flow in silos [J]. Advanced Powder Technology, 2009, 20 (1): 62-73.

[22] Wu J T, Chen J Z, Yang Y R. A modified kinematic model for particle flow in moving beds [J]. Powder Technology, 2008, 181 (1): 74-82.

[23] Yang Y, Ge S, Zhou Y, et al. Effects of DC electric fields on meso-scale structures in electrostatic gas-solid fluidized beds [J]. Chemical Engineering Journal, 2017, 332: 293-302.

[24] Yang Y, Zhang Q, Zi C, et al. Monitoring of particle motions in gas-solid fluidized beds by electrostatic sensors [J]. Powder Technology, 2016, 308: 461-471.

[25] Yang Y, Zi C, Huang Z, et al. CFD-DEM investigation of particle elutriation with electrostatic effects in gas-solid fluidized beds [J]. Powder Technology, 2016, 308: 422-433.

[26] Jiang X J, Wang J D, Jiang B B, et al. Study of the power spectrum of acoustic emission (AE) by accelerometers in fluidized beds [J]. Industrial & Engineering Chemistry Research, 2007, 46 (21): 6904-6909.

[27] Ren C J, Wang J D, Song D, et al. Determination of particle size distribution by multi-scale analysis of acoustic emission signals in gas-solid fluidized bed [J]. Journal of Zhejiang University-SCIENCE A (Applied Physics & Engineering), 2011, 12 (4): 260-267.

[28] 杨宝柱，江炜，王靖岱，阳永荣. 气相流化床聚乙烯颗粒粒径分布模型的研究 [J]. 高校化学工程学报，2005，19 (4)：461-467.

[29] Wang J D, Cao Y J, Jiang X J, et al. Agglomeration detection by acoustic emission (AE) sensors in fluidized beds [J]. Industrial & Engineering Chemistry Research, 2009, 48 (7): 3466-3473.

[30] Cao Y J, Wang J D, Liu W, et al. Wall sheeting diagnosis in fluidized beds based on chaos analysis of acoustic emission signals [J]. Journal of Zhejiang University Science A, 2009, 10 (9): 1341-1349.

[31] Cao Y J, Wang J D, He Y J, et al. Agglomeration detection based on attractor comparison in horizontal stirred bed reactors by acoustic emission sensors [J]. AIChE Journal, 2009, 55 (12): 3099-3108.

[32] Sun J Y, Wang H T, Chen M J, et al. Solubility measurement of hydrogen, ethylene, and 1-hexene in polyethylene films through an intelligent gravimetric analyzer [J]. Journal of Applied Polymer Science, 2017.

[33] Sun J Y, Chen M J, Wang H T, et al. PFG-NMR measurement of self-diffusion coefficients of long-chain α-olefins and their mixtures in semi-crystalline polyethylene [J]. Journal of Applied Polymer Science, 2016.

[34] Chen M J, Wang J D, Jiang B B, et al. Diffusion measurements of isopentane, 1-hexene, cyclohexane in polyethylene particles by the intelligent gravimetric analyzer [J]. Journal of Applied Polymer Science, 2013.

[35] 姚文娟，胡晓萍，阳永荣. 有机小分子在半晶体聚乙烯中的溶解度 [J]. 高分子材料科学与工程，2006，22 (4)：99-102.

[36] 姚文娟，胡晓萍，阳永荣. 二元有机小分子混合物在聚乙烯中的共溶 [J]. 化工学报，2006，57 (5)：1247-1250.

[37] 姚文娟，胡晓萍，阳永荣. 低分子在聚烯烃中溶解度模型应用的研究进展 [J]. 高分子材料科学与工程，2005，21 (1)：20-23.

[38] 严小伟，单奕彬，王靖岱，等. 反相气相色谱法测定小分子溶剂在聚乙烯粒子中的无限稀释扩散系数 [J]. 化工学报，2007，58 (8)：1917-1925.

[39] Yao W J, Hu X P, Yang Y R. Modeling solubility of gases in semicrystalline polyethylene [J]. Journal of Applied Polymer Science, 2007, 104 (3): 1737-1744.

[40] Yao W J, Hu X P, Yang Y R. Modeling the solubility of ternary mixtures of ethylene, iso-pentane, n-hexane in semicrystalline polyethylene [J]. Journal of Applied Polymer Science, 2007, 104 (6): 3654-3662.

[41] 张自杰. 环境工程手册. 水污染防治卷 [M]. 北京：高等教育出版社，1996.

[42] 刘秀兰，王树芳. 气相流化床聚乙烯装置排放气回收工艺的改进 [J]. 石油化工设计，2003，20 (3)：5-7.

[43] Baker R W, Wijmans J G, Kaschemekat J H. The design of membrane vapor-gas separation systems [J]. Journal of

Membrane Science，1998，151 (1)：55-62.

[44] Baker R，Jacobs M. Improve monomer recovery from polyolefin resin degassing [J]. Hydrocarbon Processing，1996，75 (3).

[45] 袁旭.有机蒸气膜分离技术在聚乙烯装置的应用 [J].广州化工，2008，36 (3)：84-86.

[46] Mehra Y R，Stodghill R H. Unreacted monomers from olefin polymerization recovered：WO9627634-A1 [P]. 1996.

[47] Burdyny T，Struchtrup H. Hybrid membrane/cryogenic separation of oxygen from air for use in the oxy-fuel process [J]. Energy，2010，35 (5)：1884-1897.

[48] Shimin，Deng，et al. Novel cogeneration power system with liquefied natural gas (LNG) cryogenic exergy utilization [J]. Energy，2004，29 (4)：497-512.

[49] Chiesa P，Campanari S，Manzolini G. CO_2 cryogenic separation from combined cycles integrated with molten carbonate fuel cells [J]. International journal of hydrogen energy，2011，36 (16)：10355-10365.

[50] 杨中维.深冷分离技术在聚乙烯装置中的应用 [J].石化技术，2013，20 (2)：32-33.

[51] 阳永荣，杨中维，王靖岱，等.用于在烯烃聚合物生产中回收排放气的系统和方法：CN201310444283.4 [P].2014-1-22.

[52] Tu G，Liao Z，Huang Z，et al. Strategy of effluent recovery technology selection in polyolefin plants [J]. Process Safety & Environmental Protection，2016：405-412.

[53] Liao Z，Hu Y，Tu G，et al. Optimal design of hybrid cryogenic flash and membrane system [J]. Chemical Engineering Science，2018，179：13-31.

[54] Hong X，Liao Z，Jiang B，et al. New transshipment type MINLP model for heat exchanger network synthesis [J]. Chemical Engineering Science，2017，173：537-559.

[55] Dong X，Liao Z，Sun J，et al. Simultaneous optimization for organic rankine cycle design and heat integration [J]. Industrial & Engineering Chemistry Research，2020，59 (46)：20455-20471.

[56] Dong X，Liao Z，Sun J，et al. Simultaneous optimization of a heat exchanger network and operating conditions of organic rankine cycle [J]. Industrial & Engineering Chemistry Research，2020，59 (25)：11596-11609.

[57] 蒋斌波，楼佳明，王靖岱，等.一种固体聚合物脱气及排放气回收的方法和装置：CN 201110033710.0 [P].2011-08-24.

[58] 黄正梁，屠高女，廖祖维，等.一种烯烃聚合物生产中排放气回收的装置及方法：CN104792117B [P]. 2017-02-01.

[59] 石建东，王者民，阳永荣.一种判断聚乙烯工艺开车初期聚合反应状况的方法：CN102453153A [P]. 2012-05-16.

[60] 石志俭，王者民，王洪科，等.气相法聚乙烯循环气冷却器防堵塞工艺及其装置：CN102863562A [P].2011-07-04.

[61] 阳永荣，董轩，廖祖维，等.一种快速判断气相法聚烯烃生产装置开车状态的方法：ZL202110157376.3 [P].2022-3-17.

[62] 廖祖维，董轩，阳永荣，等.一种聚烯烃反应器微量水间接监测与调控的方法：CN202010730699.2 [P].2020-7-27.

[63] 廖祖维，李慧茹，周小波，等.一种聚烯烃装置尾气组分分离与回收的装置及方法：CN202010681396.6 [P]. 2020-7-15.

[64] 阳永荣，林渠成，廖祖维，等.一种烯烃聚合物生产中兼顾树脂输送、脱气和排放气回收的装置和方法：CN202011408976.4 [P].2020-12-4.

[65] 廖祖维，董轩，黄正梁，等.耦合余热制冷技术和膨胀深冷分离技术的聚烯烃装置排放气回收系统：ZL 201811184870.3 [P]. 2018-10-11.

第7章

聚烯烃产品与应用

7.1 聚乙烯[1]

聚乙烯（PE）的分类方法很多。

按分子量的大小，PE 可以分为：低分子量聚乙烯（1 万～2 万）、普通分子量聚乙烯（2 万～30 万）、特高分子量聚乙烯（30 万～100 万）和超高分子量聚乙烯（大于 100 万）。

按密度大小，PE 可以分为：①低密度聚乙烯（LDPE），密度范围为 0.910～0.925g/cm^3，因为其最初是采用高压法聚合所得，所以也称为高压聚乙烯；②高密度聚乙烯（HDPE），密度范围为 0.941～0.965g/cm^3，因其为低压聚合所得的聚乙烯，也称为低压聚乙烯，也可以采用中压法（菲利浦法）制备；③中密度聚乙烯（MDPE），密度范围 0.926～0.940g/cm^3，在很多情况下以 HDPE 或 LLDPE（取决于树脂的密度大小）的名义被使用；④线型低密度聚乙烯（LLDPE），密度范围 0.910～0.940g/cm^3；⑤茂金属线型低密度聚乙烯（mLLDPE），是采用茂金属催化剂制备的 LLDPE；⑥极低密度聚乙烯（VLDPE），密度范围 0.900～0.915g/cm^3；⑦超低密度聚乙烯（ULDPE），密度范围 0.870～0.900g/cm^3。VLDPE 和 ULDPE 属乙烯基线型共聚物，由于采用了高于常规用量的高级 α-烯烃共聚单体（包括丙烯、丁烯、己烯、辛烯等），PE 的密度降低很多。

按分子链结构，PE 可以分为：①支化结构聚乙烯，如 LDPE 及其衍生物；②线型结构聚乙烯，如 HDPE、MDPE、LLDPE、mLLDPE、VLDPE 及 VHDPE。

按生产方法，PE 可以分为：①高压法，采用氧或过氧化物等作为引发剂，使乙烯聚合为低密度聚乙烯，反应压力在 100～300MPa 范围，所用聚合反应器有管式反应器和釜式反应器两种；②低压法，聚合压力一般在 2MPa 以下，常用的工艺有淤浆法、溶液法两种；③中压法，常用于环管反应器和气相反应器，用负载于硅胶上的铬系催化剂，使乙烯在中压下聚合，生产高密度聚乙烯。

进行各种 PE 树脂牌号开发与生产的目的在于优化产品的性能，将其加工成不同用途的制品。从应用角度来看，选用 PE 树脂的关键在于它的性能和加工条件。与其他聚合物材料相比，PE 树脂以其优良的性能价格比而具有强劲的市场竞争力，经过半个多世纪的开发，已发展成为产量大、用途广的一类最重要的通用合成树脂。下面就一些大宗、常用的聚乙烯种类进行简要介绍。

7.1.1 低密度聚乙烯

LDPE 为乳白色、无味、无臭、无毒、表面无光泽的颗粒，其分子结构中含有许多长支链和短支链，其中 1000 个主链碳原子含有约 15～35 个短支链，这些短支链的存在，有效地抑制了 PE 分子的结晶，使其结晶度远低于 HDPE。LDPE 质地柔软，长支链的存在使其具有高熔体强度，非常适于吹膜工艺，具有挤出时耗能少、产率高和工艺稳定等特点。

吹塑薄膜是 LDPE 的最主要应用，占到耗用量的一半以上。食品包装、货物包装、农膜主要采用吹塑薄膜。一般常见的应用有制造商品袋、零售包装袋、干洗店袋、报纸杂志袋，也用于尿不湿背衬、收缩包装等。所制备的薄膜需要清晰度高，手感柔软，并有适度韧性，但是易于变形，容易产生高度蠕变。货物包装，例如合成树脂或其他固体聚合物粒料包装需要高强度，高压聚乙烯需要与其他材料进行复合才能满足在高负荷、高堆码条件下使用。在食品包装用途上，LDPE 尤其适用于有透明清晰要求的场合，如包装面包、烘烤食品、新鲜蔬菜、家禽、肉类和水产等，使顾客易于了解包装内含物的质量，令人一目了然。建筑业常用其作为墙壁、地板、基础等的隔水材料。农业上广泛用作大棚膜，辅以各种功能型助剂的添加实现高透、耐候和抗流滴等功能。

挤出涂覆是 LDPE 另一个主要用途，典型应用包括包装牛奶、果汁等液体的纸盒涂层、铝箔涂层、多层膜结构的热封层、提供阻湿作用的纸式无纺布的涂层等。用于金属部件的粉末涂层也是其一大用途，可以起到防腐的作用。随着涂覆加工技术的发展，对材料的要求越来越高，涂覆速度从 600m/min 提高到 1000m/min。

超纤仿真革加工是新开发的 LDPE 应用领域。将 LDPE 与 PA（聚酰胺）共混生产海岛型超细纤维得到了迅速发展。海岛型超细纤维是利用不相容的高聚物共混纺丝制得，由于两组分组成比与熔体黏度比有一定关系，可使 PA 以微纤状分散在连续相 LDPE 中，因而在共混纤维截面上形成众多小岛，即所谓不定式海岛型共混纤维[2]，最后将 LDPE 用甲苯/二甲苯溶除即可得到超细纤维。超纤革产量每年呈 20%以上的增长。按照我国超纤革行业保持快速发展的态势，特别是在各主要下游行业快速发展的拉动下，预测符合环保要求的超纤革市场需求总量仍会持续高速增加，其聚乙烯专用料市场前景看好。

LDPE 在电力电缆的应用代表了其最高应用水平。国内 10kV 及以上电力电缆已全部采用交联聚乙烯绝缘料，交联聚乙烯绝缘料所用的基础树脂主要是 LDPE。目前，中国石化已经可以实现纯净基料和 35～110kV 交联绝缘料的生产，但是 220kV 交联材料仍在攻关中。

LDPE 用于注塑加工可以得到很广泛的产品类型，比较典型的应用包括塑料花、仿真绿植、玩具、家具用品及容器盖等。

此外，LDPE 还可以用于改进其他树脂的性能，如与聚酰胺共混，可以改善聚酰胺的吸湿性能，并降低其生产成本；与聚碳酸酯共混，可改善其耐环境应力开裂性能；与 PP 共混改性，可改善其耐环境应力开裂和耐寒性；与 HDPE 共混，可用于纺丝制作编织袋和覆盖布，也可用于注射成型和中空成型制品。

高压低密度聚乙烯典型牌号、指标、供应商详见附表 1。

7.1.2　高密度聚乙烯

HDPE 为无味、无臭、无毒的白色粉末或颗粒状固体，熔点约为 131℃，分子结构以线型结构为主，平均每 1000 个碳原子中含有不多于 5 个支链，结晶度高达 80%～90%。由于在 HDPE 生产过程中使用的不同共聚单体，具有可以在不同环境下应用的适应性。

制造中空容器是 HDPE 最典型的应用，也是占比最大的部分。在所有种类的 PE 中，HDPE 的模量最高，渗透性最小，有利于制成各种型号的中空容器（约占其总消费量的 40%～65%），这些中空制品包括用于医药与化学工业储存液体物质的瓶、桶、运输托盘、汽车油箱及大型工业用储槽（IBC）等；食品工业中的酱油、牛奶、黄油和果汁等用途的瓶和包装桶；生活日用品和中空玩具等。一些品种 HDPE 的玻璃化转变温度低于－60℃，适于低温使用，如做冰淇淋盒、冷藏器皿等。为了克服高结晶度带来的不透明，可对 HDPE 中空或模塑制品进行着色以使其美观。

HDPE 用于承压管材制造代替金属管材，逐渐突显优良特性。HDPE 管材具有耐腐蚀、渗透率低、表面光滑、刚韧适度、价格低廉、施工方便及维护成本低等特点，深受用户喜爱，在燃气、油气田、矿山、城市、建筑、农业灌溉、电信等领域得到了广泛的应用，已成为 HDPE 的主要用途之一，其中承压管道在燃气输送、自来水输送、热水管网应用成为需求增长最快的领域。

HDPE 由于具有良好的拉伸强度使其适于制作各种需要高强度的包装膜袋，包括购物袋、垃圾袋衬里、重包装袋等。近几年，低熔融流动性能、高密度的 HDPE 在用于制备食品、农副产品和纺织品等高强度超薄包装材料方面的应用发展很快，通过复合制膜，可以将膜厚度从 65μm 降到 45μm，随着材料性能和加工技术的提高，很多用户提出降到 30μm 更薄的要求，也对 HDPE 产品的开发提出更高的要求。

HDPE 的玻璃化转变温度低，热挠曲温度高，刚性适度且韧性好，具有优异耐环境应力开裂性能，可以制成非结构性的户外用品，如草坪、运动场的设施、家具与废物桶等，一些大件制品，如游艇、垃圾桶、大储罐盖等常选用强度高的 HDPE 树脂，这些制品在受力较大时仍能保持制品的形状，且有很好的耐磨性。

HDPE 用于氯化聚乙烯（CPE）的生产，作为塑料和橡胶改性剂应用在近几年得到快速发展。根据用途 CPE 可分为塑改型和橡胶型两种类型，相应的树脂原料也分为塑改型和橡胶型[3]，塑改型树脂有较高的分子量、较小的熔体流动速率、较大的机械强度和熔点，主要用于生产 A 型和 C 型 CPE；而橡胶型树脂具有相对适中的分子量、机械强度和韧性，较大的熔体流动速率，主要用于生产 B 型 CPE。中国石化和中国石油已成为国内主要供应商，基础树脂材料开发水平日益提高，年产量超过 10 万吨。

HDPE 可用于发泡挤出法和发泡注射法制得的低发泡制品，可用于制作合成木材和合成纸。合成木材的质地轻、强度好、不透湿气、耐化学药品性好、不受霉菌和细菌作用、电性能好、隔热和加工方便、尺寸稳定性好且耐冲击，可广泛用于火车、汽车的座板、挡板，船舶的床板、盖舱板、建筑材料和家具等。合成纸具有高强度、耐水、耐油和化学稳定性高等特点，它既可以用于书写，也可用于印刷，用作地图、重要文件、彩色纸、商品包装纸、广告纸等特殊用纸。

石头纸不同于合成纸，是目前国内正在开发的新应用，是以 HDPE 为基础材料添加超细石头粉吹膜制成。石头纸是以储量大、分布广的石灰石矿产资源为主要原材料（碳酸钙的质量分数为 70%～80%），以高分子聚合物为基材原料（质量分数为 20%～30%），利用高分子界面化学原理和高分子改性等特点，经特殊工艺处理后，采用聚合物挤出、吹制成型工艺制成，吹膜过程不用水，所以是一种环保纸。石头纸产品具有普通纸所不具备的诸多新特性，如强度大、防雾、防油、防虫、伸长率大、耐潮湿、耐腐蚀、耐撕、耐折等，因此比普通纸张具有更广的用途。

MDPE 在土工膜领域的应用具有特殊的优势。用 HDPE 制成的土工膜具有良好的拉伸强度，耐冲击、抗撕裂和抗刺穿性优异，适宜大面积的垃圾填埋场、化学工厂的衬里等需要优异的抗化学性的应用场合[4]。

此外，HDPE 在设备衬里、电线电缆包覆和金属制件涂层等方面亦有广泛用途。

低压高密度聚乙烯典型牌号、指标、供应商详见附表 2。

7.1.3 线型低密度聚乙烯

LLDPE 的外观与普通 LDPE 相似，分子结构接近于 HDPE，主链为线型结构，并有短的支链，但支链数量远高于 HDPE。取决于共聚单体的种类和含量，不同品种的 LLDPE 具有不同的结晶度、密度和模量。一般来说，其结晶度在 50%～55%之间，略高于 LDPE（40%～50%），而比 HDPE（80%～90%）低得多。线型结构的 LLDPE 能够形成较大晶体，使得它的熔点比 LDPE 高 10～15℃，且熔点范围窄。此外，LLDPE 的分子量分布比 LDPE 和 HDPE 窄，导致加工较为困难。在力学性能方面，由于其主链骨架类似于 HDPE，所以刚性较大，撕裂强度、拉伸强度、耐冲击性、耐刺穿性、耐环境应力开裂性和耐蠕变性能均优于普通 LDPE。

LLDPE 与 LDPE 具有类似的市场，薄膜是其最大的市场，约占到总消费量的 70%。由于 LLDPE 具有优良的韧性、很好的抗撕裂强度、抗冲击强度及抗刺穿性，有利于减薄厚度，相同强度的薄膜厚度可以减少 20%～25%，显示出良好的经济性。LLDPE 除了用作日常包装、冷冻包装、重包装外，还可以用作地膜、棚膜等。中国石化创新开发的 BOPE 新材料也是以自主开发的功能性基础 LLDPE 为主原料，在环保可回收单一材料食品包装领域应用取得领先进展，同时与其他材料复合开发出更高阻隔性能材料。

与 LDPE 相比，LLDPE 注塑制品具有刚性高、韧性好、耐环境应力开裂好、拉伸强度和冲击强度优异、纵横向收缩均匀、耐热性好、着色性好及表面规则性高等特点，可广泛用于生产气密性容器盖、罩、瓶塞、各种桶、家用器皿、工业容器、汽车零件、玩具等，是 LLDPE 中应用仅次于薄膜产品的第二大市场。采用中空成型的 LLDPE 具有优异的韧性、耐环境应力开裂性和低的气体渗透性，非常适用于油类、洗涤剂类物品的包装。采用 LLDPE 制备的管材被大量应用于农业灌溉领域。其生产的强度高、韧性好的扁丝，特别适用于编织大孔的网眼编织袋。由于 LLDPE 的抗紫外线老化性好（比 PP 要好），故更适于在户外使用。

LLDPE 在用于滚塑制品，包括各种大、中、小型异型容器制造方面具有一定优势，如各种化学品容器、农药容器、贮槽、垃圾箱、邮箱、邮筒、深海浮子、海水养殖用塑料船及玩具等。滚塑制品的 85%是由 PE 树脂制备的，而 LLDPE 可占到 PE 滚塑制品的 80%，从中可以看出 LLDPE 在滚塑制品中的重要地位。

LLDPE 还适合用作通信电缆的绝缘料和护套料，特别适合于高中压防水、环境苛刻的电缆护套。此外，高熔融流动性能的 LLDPE 是制造色母粒基料的最佳选择，极低或超低密度聚乙烯适用于聚烯烃产品改性等。

低压线型低密度聚乙烯典型牌号、指标、供应商详见附表 3。

7.1.4　茂金属线型低密度聚乙烯[1,5]

采用茂金属催化剂制备出的 LLDPE 树脂（mLLDPE）最初是由埃克森美孚化工公司（ExxonMobil Chemical Company）于 1991 年开始商业化的，目前该公司有 Exceed 和 Enable 系列产品，Dow 化学公司随后也推出 Dowlex 系列产品。目前，除了这两家公司提供商业化的茂金属 LLDPE 树脂之外，其他的树脂生产厂家，如三井也有自己的 Evolue 系列产品，中国石化和中国石油也相继推出各自的茂金属聚乙烯产品。

mLLDPE 的突出特点：窄分子量分布（MWD），组分的均一性和非常低的催化剂残留和可抽提物。上述特性使这类材料比常规 LLDPE 具有更好的力学和光学性能。与同密度的常规 LLDPE 树脂相比，这些具有窄 MWD 的 mLLDPE 的一些力学性能，如韧性、拉伸强度、冲击强度和耐刺穿性等都得到了很大提升。与共聚单体之间的完美结合，同窄的分子量分布一起赋予聚乙烯更好的光学特性及热封性能。与普通聚乙烯相比，茂金属聚乙烯具有很好的透明性，很高的光泽度，而且雾度会降低。

mLLDPE 的主要用途：薄膜；聚合物改性；电线电缆；承压管材，如 PERT 管材料、浸塑带基料等；医疗用品及其他；高刚滚塑材料。薄膜是全球市场中用量最大的品种，占到 90%的市场份额，中国市场每年的进口量超过 40 万吨，而且还在快速增长。由 mLLDPE 制备的薄膜大致可以分为食品包装膜、非食品包装膜、拉伸缠绕膜、收缩膜、重包装膜。第二大用途为管材，这也是近几年由中国石化率先开发应用的领域，将茂金属催化剂用于 PERT 管材料生产，取得了重大突破并且正逐渐成为主流应用，每年商业化产量近 10 万吨规模，已经商业化的单釜双峰催化剂将更进一步支撑在单反应器中生产双峰管材的开发。第三大类别应用为聚合物改性，其市场规模相对较小，只有 1.3 万吨，占总需求的 5%。这些茂金属塑料被用来制造热塑性弹性体（TPE）（包括保险杠绷带，外部或内部饰件）、其他汽车部件、休闲娱乐用品、各种器具、家用器皿、彩色或特种薄膜，其他一些更少用量的产品，如电线电缆、医疗用品和吹塑制品。茂金属聚乙烯在高端防水卷材领域的应用正悄然兴起。

茂金属聚乙烯典型牌号、指标、供应商详见附表 4。

7.1.5 超高分子量聚乙烯[6,7]

超高分子量聚乙烯（UHMWPE）是一种无臭、无味、无毒的聚乙烯，它具有高密度聚乙烯的特性，另外还具有超强的抗冲击性、耐磨损性、耐腐蚀性、耐低温性、耐环境应力开裂性、抗黏附能力、优良绝缘性、安全卫生及自身润滑（低摩擦系数）等性能，因此，UHMWPE 被广泛应用于许多重要领域，如防弹背心、高压电力线缆和人工关节等[8]。由于 UHMWPE 极高的力学性能和不断扩大的应用市场，年产量已超过 18 万吨，UHMWPE 全球市场正以 5%的增长速率发展。

按应用领域看，50%用于棒材、板材和异型材；20%用于工业管材；10%用于滤材；15%用于纤维；其他为设备耐磨部件、医用关节、充电电池膜等。

超高分子量聚乙烯在棒材、板材制造应用中占比最高。所制成的各种磨损件，具有很好的耐冲击力。产品广泛用于做各种装载车铲斗内衬、水泥车厢内衬、清洁车厢内衬、铲斗轮挖掘机内衬、隧道铅床衬板，可制作汽车工业的传送装置、滑块座、固定板、导轨，船舶工业船舱衬里、码头用防护板，陶瓷工业中的滚压头、滤泥板、车轮、拖板等。在制作机械和配件时，超高分子量聚乙烯经常取代金属或其他材料。另外，在船舱制作过程中，使用超高分子量聚乙烯做成的内衬板，可以保证自卸系统正常运转，加快卸船速度[8]。

超高分子量聚乙烯管作为油管衬管在大庆油田应用中取得了成功。超高分子量聚乙烯油管衬管就是利用了聚合物管材料在变形后可以自动复原的特性。衬里的外径略大于油管的内径，撤回拉力并将衬里恢复到其原始直径，确保衬管与管体紧密结合。

超高分子量聚乙烯纤维又称高强高模聚乙烯纤维，是目前世界上比强度和比模量最高的纤维，比强度是同等截面钢丝的十多倍，比模量仅次于特级碳纤维；用凝胶法纺制的超高分子量聚乙烯纤维，强度系数可达碳纤维的四倍，广泛应用于防弹防爆、工业防护、航空航天、海洋工程、深海渔业、生命健康等高端纺织品领域。

超高分子量聚乙烯用于人工关节、矫形和心血管植入部件取得了新突破。在心血管设备中，由于超高分子量聚乙烯纤维体积小、灵活程度高已经逐渐取代对苯二甲酸乙二醇酯纤维。医疗技术的不断进步、在医疗方面的投资不断加强、人口老龄化日益严重以及可支配的收入不断提高，正在推动超高分子量聚乙烯在医学领域的应用。

超高分子量聚乙烯典型牌号、指标、供应商详见附表 5。

7.1.6 乙烯与乙酸乙烯酯共聚物

乙烯-乙酸乙烯酯共聚物由乙烯（E）和乙酸乙烯酯（VA）共聚而制得，是乙烯共聚物中最重要的产品，一般将其统称为 EVA。由于 EVA 的生产工艺是采取高压聚合工艺，在高压聚乙烯生产工艺中可实现切换生产，因此将 EVA 产品划归到聚乙烯产品类别中。

人们根据乙酸乙烯酯含量的不同，将乙烯与乙酸乙烯酯共聚物分为 EVA 树脂、EVA 橡胶和 VAE 乳液。乙酸乙烯酯含量小于 40%的产品为 EVA 树脂；乙酸乙烯酯含量 40%～70%的产品很柔韧，富有弹性特征，有时人们将这一含量范围的 EVA 树脂称为 EVA 橡胶，通常用 EVM 表示[9]；乙酸乙烯酯含量在 70%～95%范围内通常呈乳液状态，称为 VAE 乳液，VAE 乳液外观呈乳白色或微黄色。

乙烯-乙酸乙烯酯共聚物是继高密度聚乙烯、低密度聚乙烯、线型低密度聚乙烯之后的第四大乙烯系列聚合物。EVA 树脂的特点是具有良好的柔软性，橡胶般的弹性，在－50℃下仍能够具有较好的可挠性，透明性和表面光泽性好，化学稳定性良好，抗老化和耐臭氧强度好，无毒性，与填料的掺混性好，着色和成型加工性好。VAE 乳液是一种水分散体系，外观呈乳白色或微黄色，无毒无味，避免了溶剂对环境的影响和安全隐患，价格适中，并具有许多优良的性能。

EVA 树脂用途很广，主要有以下几方面。

薄膜、薄片及层合制品：具有密封性、黏合性、柔软性、强韧性、紧缩性，适合弹性包装薄膜、热收缩薄膜、农用薄膜、食品包装薄膜、层合薄膜，可以用于做聚烯烃层压薄膜的中间层。

一般用品：具有柔韧性、抗环境应力开裂性、耐气候性好的优点，适合于工业用材料、电力电线绝缘皮、家用电器配件、窗密封材料等。

日用杂货类：运动用品、玩具、坐垫、束带、密封容器盖、EVA 橡胶足球等。

汽车配件：减震器、挡泥板、车内外装饰配件等。

发泡制品：拖鞋、凉鞋、建筑材料、各种工业零部件。

涂料、热熔胶类：黏合剂等。VA 含量与应用领域见表 7.1。

表 7.1 VA 含量与应用领域

VA 含量	应用领域
1%～6%	常用膜、烘烤食品袋、冷冻食品袋、冰袋、尿布包装袋等
6%～15%	农膜、吹塑挤出、层压、模塑成型、注塑、拉伸包装、电线电缆
15%～20%	黏合剂、涂层、挤出、发泡鞋材
20%～35%	热熔胶、地毯背衬、蜡基涂料、光伏
35%～40%	聚合物掺混/接枝、涂料、热熔胶、油墨

乙烯-乙酸乙烯酯共聚物（EVA）典型牌号、指标、供应商详见附表 6。

7.1.7 乙烯与其他单体共聚物

乙烯与酸类共聚物，主要是指与丙烯酸共聚物（EAA）和甲基丙烯酸共聚物（EMAA）。乙烯与酸类共聚物（如丙烯酸）在强度、韧性、热黏着性以及黏合作用上优于 LDPE。聚乙烯-丙烯酸（EAA）是一种具有良好粘接性的高分子材料，主要应用于黏合剂、热熔胶、包装材料及密封材料等方面。由于 EAA 同时具有极性和非极性成分，因而在增容剂方面也有较广泛的应用。此外，EAA 良好的抗蚀性、抗老化性和防渗透性，使其成为热喷涂的理想材料。随着绿色环保概念的兴起，EAA 在可降解塑料方面的应用也受到越来越多的关注[10]。

目前，可以提供 EAA 共聚物产品的主要供应商包括杜邦（DuPont）、陶氏（Dow）、埃克森美孚（ExxonMobil）和英力士（Ineos）。其中，杜邦公司可以生产 EMAA 树脂和 EAA 树脂，其他公司只能生产 EAA 树脂。

EAA 产品应用分类、供应商及典型牌号详见附表 7。

EMAA 产品应用分类、供应商及典型牌号详见附表 8。

乙烯-甲基丙烯酸甲酯共聚物（EMA），具有优良的热稳定性，处于高温环境下挤出加工时具有更高的热稳定性，能制造出更软的薄膜。EMA 共聚物用于医疗包装、一次性手套、电缆等，近年来，在太阳能光伏材料的应用中替代 EVA 有初步的进展。

具备 EMA 生产能力的供应商有西湖化学（Westlake）、阿科玛（Arkema）、杜邦和埃克森美孚（ExxonMobil）公司。

EMA 产品应用分类、供应商及典型牌号详见附表 9。

乙烯-丙烯酸乙酯共聚物（EEA）结构类似于 EMA。它具有优异的耐热性、抗挠曲性、低温柔韧性，是电缆材料的理想选择。EEA 与 EVA 相比，其低温韧性好；施工时，长期处于高温下黏度仍很稳定；它与蜡类等有较好的相容性。

具备 EEA 生产能力的供应商只有 Dow 化学公司和杜邦公司。

EEA 产品应用分类、供应商及典型牌号详见附表 10。

乙烯-丙烯酸丁酯共聚物（EBA）商业生产主要用于特种薄膜加工。EBA 能生产出非常坚韧的薄膜（特别是在低温下），主要用于冷冻食品的包装，在高等级电缆料加工中用作屏蔽材料。

具备 EBA 生产能力的供应商有西湖化学（Westlake）、阿科玛（Arkema）、雷普索尔（REPSOL）、杜邦（DuPont）、Generic、Ineos 和德国路可比公司（Lucobit AG）公司。

EBA 产品应用分类、供应商及典型牌号详见附表 11。

7.1.8 乙烯与乙酸乙烯酯共聚物弹性体（EVM）[8,9]

30 多年前由拜耳公司（Bayer AG）独家研发了中压溶液工艺，聚合过程是在 20～100MPa 的压力下、50～120℃的温度范围内进行乙烯-乙酸乙烯酯共聚反应，乙酸乙烯酯含量控制在 40%～80%，得到的产品很柔韧、富有弹性，称为 EVM 弹性体。

EVM 主链是饱和结构，化学稳定性好，具有优异的耐高温、耐老化和耐臭氧/紫外线性能。同时主链中非极性亚甲基结构赋予 EVM 良好的低温耐屈挠和耐极性溶剂性能。VA 侧链的引入破坏了主链的规整性，使 EVM 具有良好的低温柔顺性和一定的耐油性能。另外，EVM 具有优异阻燃性、较低烟雾散发性的特点，腐蚀性轻微，燃烧气体无毒。经过适当混炼的 EVM 硫化胶，因其优良的耐老化性（最高使用温度 175℃）、卓越的耐天候老化/臭氧/紫外线性能、高温下的低压缩永久变形和良好的加工性能而著称。

EVM 如今出现在许多橡胶制品（包括电缆、黏结料）中，以及用于热塑性弹性体的改性。EVM 在电缆、汽车配件、公共交通领域应用前景广阔。由于更为严苛的高温要求，它在汽车工业中作为密封件、衬垫的应用日益增多。EVM 添加到丁腈橡胶内可改善抗臭氧性能。在需要高热和良好耐油性的特殊汽车应用中，EVM 和丙烯腈-丁二烯橡胶并用体的用途非常之广。EVM 还可与其他橡胶并用，改进橡胶制品的物理性能和加工性能。

目前的供应商主要是阿朗新科。2020 年，中国石化研究取得了突破，小试研究合成高 VA 含量 EVM 弹性体取得成功，正在进行中试放大攻关研究。

乙烯与乙酸乙烯酯共聚物（EVM）典型牌号、指标、供应商详见附表 12。

7.2 聚丙烯[11]

7.2.1 常规聚丙烯

聚丙烯可以有多种分类方法。通常分为均聚物和共聚物，均聚物又可分为等规聚丙烯、无规聚丙烯和间规聚丙烯三类，通常我们所说的聚丙烯树脂是指等规聚丙烯，无规聚丙烯和间规聚丙烯消费量很低。共聚物又可分为无规共聚物和多相共聚物，无规共聚物是指含有少量乙烯、丁烯的二元或三元无规共聚物；多相共聚物又称抗冲共聚物，是指在聚丙烯均聚或无规共聚物的连续相中存在橡胶分散相的聚合物材料，其制备方法是先在第一反应器制备聚丙烯均聚或无规共聚物，然后物料转移至第二反应器制备含有乙烯的橡胶（通常为有一定结晶性的乙丙橡胶）。这种多相共聚物过去被误认为聚丙烯均聚或无规共聚物与含有丙烯的橡胶之间存在化学键合，是一种嵌段共聚物，因此被错误地称为聚丙烯嵌段共聚物。后来实验证明在这类聚丙烯中嵌段共聚物基本不存在，所以，这种共聚物目前被称为聚丙烯多相共聚物或聚丙烯抗冲共聚物。

如果从高分子物理或分子结构角度对聚丙烯树脂进行分类，目前商业上被大量应用的聚丙烯树脂可简单地被分为两类，既无规共聚物和多相共聚物。所谓纯粹的均聚聚丙烯实际上是不存在的，因为均聚聚丙烯是等规立构的丙烯链中无规共聚了少量反式结构的丙烯，其对聚丙烯性能的影响规律与无规共聚物相同。因此，在研究聚丙烯树脂结构与性能关系等高分子物理问题时只需要研究聚丙烯无规共聚物和多相共聚物。

聚丙烯具有优异的可加工性能，可采用常规的热塑性塑料的加工方法进行成型加工，例如，挤出加工、注塑加工、热成型加工和珠粒发泡等方法进行成型加工。

常规聚丙烯产品应用分类、供应商及典型牌号详见附表 13。

7.2.2　茂金属聚丙烯

将茂金属催化剂应用于丙烯聚合得到不同立体等规度的聚丙烯产品（mPP）。茂金属催化剂与传统 Z-N 催化剂的主要区别在于茂金属催化剂为单活性中心催化剂，可以精确地定制聚丙烯树脂的分子结构，包括分子量及其分布、晶体结构、共聚单体含量及其在分子链上的分布等[12]。采用茂金属催化剂生产的 mPP 的分子量分布窄、微晶较小、冲击强度和韧性极佳、透明性好、光泽度高、抗辐射性能好、绝缘性能优异，并且能够与其他多种树脂良好兼容。

另外，通过茂金属催化剂可聚合许多 Z-N 催化剂难以聚合的新型丙烯共聚物[13,14]，如丙烯-苯乙烯无规共聚物、丙烯-苯乙烯嵌段共聚物[15]、丙烯-长链烯烃共聚物[16]、丙烯-环烯烃共聚物及丙烯-二烯烃共聚物等。

目前，产品开发与应用开发相对比较成熟的就是在熔喷无纺布领域应用的超高熔体流动速率纤维料，熔体流动速率在 800～1500g/10min，中国石化燕山石化公司在利用茂金属催化剂生产熔喷无纺布专用料方面取得突破进展，可稳定生产熔体流动速率在 1500～2000g/10min 的产品，加工性能和过滤性能完全满足要求。

茂金属聚丙烯产品应用分类、供应商及典型牌号详见附表 14。

7.2.3　极性聚丙烯[17-21]

常规聚丙烯由于其对称、非极性的分子链结构决定了在低温环境下其冲击强度下降，制品受光、热和氧的作用时容易发生老化，不易上色，印刷性和黏合性差。要想使聚丙烯改变极性，增强其综合性能，通常使用极性单体对 PP 链进行接枝共聚，能明显改善 PP 的染色性、粘接性及与其他材料的兼容性，可以明显增强 PP 的热稳定性、光化学稳定性、印刷性等。

目前，研究比较多且成熟的应用有三方面：界面增容、大分子偶联和胶黏涂覆。

(1) 界面增容

接枝改性后的聚丙烯作为相容剂应用于塑料合金。接枝聚合物的活性基团与聚酰亚胺、聚碳酸酯等工程塑料分子链端的官能团发生化学反应并形成化学键，同时由于两相界面张力减小，使得分散相在合金中分散更为均匀，粒径更小，合金兼容性明显改善。例如，PP与聚酰亚胺在不添加兼容剂的条件下兼容性较差，在加入PP-*g*-GMA（甲基丙烯酸缩水甘油酯）后，分散相区域和连续相区域的尺寸下降，PP/聚酰亚胺共混物的模量和强度都提高了90%以上。

(2) 大分子偶联

改性接枝聚丙烯用作复合材料的大分子偶联剂有利于材料共混改性。PP与马来酸酐（MAH）的接枝物和PP与丙烯酸的接枝物由于含有强极性基团，与无机材料如碳酸钙、滑石粉等有很强的作用力。接枝物不但与无机填料、玻璃纤维表面极性官能团相互作用形成化学键，还与基体树脂产生长链缠结和共结晶的物理交联作用。界面相互作用极大地影响了填充改性聚合物的性能。

(3) 胶黏涂覆

聚合物涂覆的应用日益广泛，它可以保护基体对抗外部环境和局部腐蚀的影响，降低由于摩擦和腐蚀给基体带来的磨损。有研究结果表明，在模压条件下用于铁基体的不同种类的接枝PP涂覆物，当MAH接枝率达到最高时，金属与PP之间的黏结性最好，这是由于主链上酸酐的水解程度对提高粘接强度有明显效果。采用甲基丙烯酸甲酯等多单体熔融接枝改性PP材料作为保险杠专用料，这种专用料极性较高，可以同时与涂料中的各种化学成分形成物理吸附或化学键合，可喷涂性好，加工流动性和韧性也符合使用要求。

此外，科学家们研究显示，接枝改性聚丙烯几乎可以使用所有染料着色，其中PP接枝乙烯吡咯酮后染色效果最好；接枝聚丙烯可以实现改善层压材料黏结性不良、不耐高温蒸煮的缺点；PP接枝共聚物在生物医学中也有广泛应用，通过熔融法将PP与聚乙二醇甲基丙烯酸酯接枝，以*N*-乙烯基吡咯烷酮作为共接枝单体，当聚乙二醇甲基丙烯酸酯接枝率达到最大值（3.22%），*N*-乙烯基吡咯烷酮接枝率适中时，PP接枝物能够有效地阻止蛋白质吸收和抑制血小板的黏附；PP接枝物可为挤出成型的聚合物制品提供更光滑的表面外观，由清理口模引起的螺杆堵塞问题也可得到改善。

中国石化正在研究通过水相悬浮接枝法制备新型功能化PP，作为特种PP材料直接使用。将制备得到的极性PP用于PP薄膜等应用时，可使产品具有较高的表面张力，提高产品的稳定性能，使产品具有可涂刷性、亲水性等优点，可应用于产品包装、印刷领域；用于工程塑料领域时，可充当高分子合金或聚合物共混物的良好相容剂，提高工程塑料的综合性能；用于制备木塑材料时，利用其高接枝率的官能团含量与木纤维素反应，可以有效地改善相容性，同时可以用于高填充的填料或相容剂，改善复合材料的综合性能。

7.3 聚1-丁烯[11,22-34]

聚1-丁烯（1-PB）[10] 作为一种半结晶性的热塑性树脂，由1-丁烯单体和催化剂于反应釜中聚合而成。聚1-丁烯作为一种等规立构高分子均聚物，有全同、间同、无规三种不同结构。聚1-丁烯各项力学性能都非常优良，如耐热蠕变性、耐磨性、可加工性、可挠曲性等，此外，该树脂对环境安全无污染，被人们誉为“塑料黄金”。

1954年，Natta合成出了1-丁烯均聚物聚1-丁烯；十年后，德国的Hüls化学公司投产了世界上第一条聚1-丁烯生产线，聚1-丁烯开始进入世界市场。据报道，目前世界上只有荷兰Basell、壳牌、韩国爱康等公司拥有较大规模的聚1-丁烯生产线。

聚1-丁烯作为一种等规立构高分子均聚物，其中全同聚1-丁烯具有更好的开发价值，为半结晶型高聚物，其玻璃化转变温度为－24℃，结晶熔融温度 T_m 为 96～136℃。通过改变聚合物的立构规整性可实现橡塑转变，制得具有高等规度、较低结晶度的热塑性弹性体。等规结构是聚 1-丁烯全材料谱中最具有经济价值和实用价值的，工业生产的聚 1-丁烯等规度一般在 98%以上，主要用于生产管材及其配件，用聚 1-丁烯制成的管材具有突出的耐环境应力开裂性和耐热性，良好的抗蠕变性、抗化学腐蚀性和耐磨性；还具有无味、无臭、无毒的特点，是一种新型的环境友好型产品。

随着时代的发展和科技的进步，使用性能优异的聚 1-丁烯作为采暖供热管道系统的主要材料已经是大势所趋。因此，开发聚 1-丁烯合成技术已经成为时代进步的需求。

国内聚 1-丁烯技术与产能发展较快，打破技术垄断国产化替代的步伐日益加快。2013 年，山东东方宏业化工有限公司采用国产技术建成一条 5 万吨级生产线；2017 年，山东滕州瑞达化工有限公司引进美国 IP 公司技术建成 6 万吨/年生产装置；2018 年，山东京博石化采用国产技术建成 1 万吨/年生产装置，但目前能稳定投入生产运营且提供市场化产品的只有东方宏业。

2022 年 2 月，中国石化以自主开发的高等规聚 1-丁烯技术建设的 3000 吨/年工业示范装置在镇海炼化开车成功，使国内聚 1-丁烯市场格局产生了新的变化。

聚 1-丁烯的应用主要集中在管材和薄膜领域，具有明显优势，在电缆、纤维、复合材料改性等方面的应用正在拓展。聚 1-丁烯材料特性及应用推荐见表 7.2。

表 7.2　聚 1-丁烯材料特性及应用推荐

PB-1 材料	塑料(*i*-PB)		热塑性弹性体(PB-TPE)	黏弹性或弹性体(*a*-PB)
	高强塑料	韧性塑料		
等规度/%	≥96	85～95	50～85	<50
结晶度/%	>55	40～55	10～40	<10
密度/(g/cm³)	>0.915	0.90～0.915	0.90	0.89
主要用途	冷热水管及配件	一般塑料制品，增韧材料及薄膜等	防水卷材、增韧材料、绝缘材料	结构分饱和和不饱和两种，类似 *a*-PP 和 EPDM 橡胶制品
供应商	Basell、三井、爱康	Basell	无见工业化	无见工业化

7.3.1　管材

聚 1-丁烯管道的主要应用领域：

① 生活用水的冷热水管，直饮水工程用管。

② 采暖用管材，可用于连接暖气片等高温辐射采暖系统，亦适用于地板、墙壁辐射采暖等低温采暖系统及空调用管道系统。

③ 太阳能住宅温水管，用于太阳能住宅的温水和取暖配管。

④ 融雪用管，适用于公路、停车场下面作为除冰雪用加热配管。

⑤ 工业用管，因材料耐化学腐蚀性强，无毒、无味，可用于化学工程、食品加工、工业用水等领域。

⑥ 需要很好耐磨性的淤浆传输管道，如输送磷石膏料浆，聚 1-丁烯同样可以作为金属管材的内层材料起到抗磨损的作用。

聚 1-丁烯管道具有以下特点：

① 久耐压、寿命长。聚 1-丁烯管材耐老化，在无紫外线照射的条件下使用寿命可长达

50年以上；在−20℃环境下聚1-丁烯管材的抗冲击性能仍然良好；高温（82℃）条件下耐压性能优秀，这样的耐压性是聚乙烯和聚丙烯等管材所不能及的。

② 壁光滑不易结垢、输送量大。聚1-丁烯管材管壁光滑，介质在管内流动时受到的阻力和黏附性较小，不易产生“水锤现象”。另外，聚1-丁烯管管壁光滑的特点使它长期使用也不易结垢且流体流动噪声小。外径相同时，聚1-丁烯管材的壁厚是最薄的，因此，单位输送量也是最大的。

③ 连接方式先进。聚1-丁烯管采用一体化热熔连接方式，其良好的抗热伸缩性可以使管材避免因温度变化和水锤现象引起排管移动及连接处的渗漏；聚1-丁烯树脂本身具有突出的耐应力开裂性，因此在连接过程中，连接部位的管材的拉伸强度和密封压力不会随时间而减弱。

④ 运输、安装及维修简便。在相同耐压条件下，聚1-丁烯管材的壁厚薄、质量轻，不仅减少了材料的消耗，而且减小了搬运的难度和支出。与其他塑料冷热水管材相比，聚1-丁烯管材能够自然弯曲，可进行360°旋转，管道铺设及连接方便。埋设时，聚1-丁烯管材不与混凝土粘接；当管道损坏时，可进行快速维修。

⑤ 节能环保。无论是聚1-丁烯管材的生产过程还是废物处理过程，都充分实现了节能环保的理念。生产单位体积的聚1-丁烯管材的能耗较低，分别为钢材和铝材的12%和25%。聚1-丁烯管材可100%回收利用。

目前聚1-丁烯树脂主要用作热水管道，用其制得的管材综合性能非常优异且环保卫生，符合如今建设资源节约型、环境友好型社会的需求，可在90～100℃环境下长期使用，使用寿命不低于50年，在美国、日本、加拿大等地已经被广泛采用。

与市场上流通的其他塑料热水管相比，聚1-丁烯管材的物理机械性能受温度的影响最小，耐热性也是最好的。聚1-丁烯管材的耐腐蚀性更是铝管、铁管和铜管无法媲美的。

聚1-丁烯管的热导率比无规共聚聚丙烯（PPR）小，所以聚1-丁烯管对保温材料的要求比PPR低；聚1-丁烯管的热膨胀系数小于PPR，而且PPR管在50℃温差的热膨胀力是聚1-丁烯管的3倍以上，故在热水中使用时，PPR管膨胀量应比聚1-丁烯管大；此外，PPR管的噪声接近聚1-丁烯管的2倍。说明聚1-丁烯管材是一种高耐热且绿色环保的材料。

与目前国内作为管材料的PPR相比，在相同条件下，聚1-丁烯的长期使用环向应力承受能力更高、水流压力损失更小、抗蠕变强度和耐磨性能更佳，而施工性能与PPR相近。

聚1-丁烯管的缺点是透氧率较高，会引起水中微生物的大量繁殖，长时间使用后堆积的生物黏泥附着在管道内壁上，造成管壁内径缩小，水流阻力加大。

聚1-丁烯管与其他材料的物理性能比较见表7.3。不同材质管道优缺点对比见表7.4。

表7.3 聚1-丁烯管与其他材料的物理性能比较

类别	密度/(g/cm^3)	热导率/[W/(m·K)]	热膨胀系数/[mm/(m·K)]	弹性模量/MPa
聚1-丁烯	0.94	0.22	0.13	350
PE	0.94	0.41	0.20	600
PP	0.90	0.24	0.18	800
PVC	1.55	0.14	0.08	3500
水	1.00	0.58	—	—
钢	7.85	4253.00	0.012	210000
铜	8.89	407.10	0.018	12000

表 7.4　不同材质管道优缺点对比

管材种类	使用温度/℃	工作压力/MPa	软化温度/℃	热导率/[W/(m·℃)]	优点	缺点
PE-X	≥90 长期	1.6(常温)	133	0.41	耐高温、耐蠕变性能好	属于热固性塑料、不可修复,不可回收,需耐热、耐老化黏结剂
	≤95 短期	1.0(95℃)				
PE-RT	≤60 长期	0.8	140	0.43	耐压性好	同压力同介质,管壁较厚,需耐热、耐老化黏结剂
	≤90 短期					
铝塑复合管	≤60 长期	1.0	133	0.45	易弯曲变形、热膨胀系数小	管壁厚度不均匀,不可回收
	≤90 短期					
1-PB	≤95 长期	1.6～2.5(冷水)	124	0.22	耐温、耐冲击、耐蠕变性好	价格、成本高昂
	≤110 短期	1.0(热水)				
PPR	≤60 长期	2.0(冷水)	140	0.24	抗氧化能力高、抗蠕变性好	低温质脆、高温耐压性能差
	≤90 短期	0.6(热水)				

目前，可以提供聚 1-丁烯管道料的生产商主要有 Basell 公司、日本三井公司和中国的山东宏业公司。生产商、产品牌号及主要性能指标见附表 15。

7.3.2　薄膜

聚 1-丁烯具有突出的强度，低蠕变性及耐刺穿性，因此它的另一个用途是薄膜。由于 LLDPE 在薄膜价格方面优势明显，人们很少采用聚 1-丁烯生产薄膜，只有在少数场合才被考虑使用。由于聚 1-丁烯具有高强度和低蠕变性，可以做成很薄的薄膜而仍然具有很强的物理机械性能，因此，若考虑单位面积的薄膜成本，聚 1-丁烯可能更具有竞争力。

另外，聚 1-丁烯也被应用于多层结构薄膜和需要高温（高于 100℃）的应用领域，如用于多层结构薄膜及高密度聚乙烯的热封包装等。

聚 1-丁烯的介电常数与 PP 相近，由聚 1-丁烯制备的薄膜可用作电容器隔膜，在电容器使用方面具有前景。

商业级薄膜通常利用 *i*-PB 和 PE 分子结构的不相容性制成薄膜，使其兼具易剥开性能和强密封性能，即只需热处理密封，无需黏合剂，可以广泛应用于食品包装领域，但考虑到熔点和模量会有所降低，聚 1-丁烯含量通常不高于 10%，Montell 公司利用聚 1-丁烯成功开发并商业化易剥开的咖啡真空包装。以聚 1-丁烯为基础的易剥开膜体系也可用于化学药品和肥料的包装，阿莫科柔性透明材料公司在 PE 中掺入聚 1-丁烯开发出低剥离力的密封薄膜。聚 1-丁烯薄膜的透明性好、耐紫外线性强、风蚀性较好，已有公司开发出农业应用薄膜产品。利用聚 1-丁烯的高填料填充性可加入纤维填料制得聚 1-丁烯薄片，添加填料如碳酸钙可以得到多孔结构的聚 1-丁烯基薄膜。聚 1-丁烯与乙酸乙烯酯共混得到的复合材料可用来制备高抗撕裂、抗拉伸薄膜。

目前聚 1-丁烯薄膜的制备工艺是吹塑法和流延法，尚未有像 PP、PE 相同的双向拉伸技术工业化报道。

目前，可以提供聚 1-丁烯薄膜类牌号的生产商主要有巴塞尔（Basell）公司、日本三井公司、中国石化。生产商、产品牌号及主要性能指标见附表 15。

7.3.3　电缆与纤维

聚丁烯热塑性弹性体的电绝缘性能优秀，防水渗透性能和耐撕裂、耐磨性好，而且可像塑料一样加工，可作为海底或地下电缆、光缆的绝缘包覆层（不需要高于100℃以上的耐热温度）的较为理想材料。

1-丁烯的均聚物或共聚物，可以通过很多方法生产成纤维。如 Mobil Oil 公司将聚 1-丁烯或丁-乙、丁-丙共聚物制备成具有高弹性、高韧性纤维的熔融纺丝技术，生产用于无纺布的低伸长率熔融可黏附纤维。

在这两个领域里，仅见专利和公开文献报道，尚未见有工业应用。

7.3.4 复合共混

为改善管材的抗压力开裂性能，提高材料的刚性，通常采取聚 1-丁烯与炭黑共混，使得管材长期的装卸运输性能及爆裂强度都得到改善。

表 7.5 为炭黑对聚 1-丁烯（晶型Ⅰ）力学性能的影响。

表 7.5　炭黑对聚 1-丁烯（晶型Ⅰ）力学性能的影响

炭黑/%	0	3	23
密度/(g/cm^3)	0.912	0.915	1.02
拉伸强度/MPa	27	27	18
屈服强度/MPa	15.5	15.5	17
挠曲模量/MPa	180	180	530
断裂伸长率/%	350	350	350
硬度(邵尔 D)	65	65	69
抗冲击强度(带缺口)	没断裂	没断裂	—
熔体流动速率/(g/10min)	0.5	0.5	0.1
线膨胀系数/(1/℃)	15×10^{-5}	15×10^{-5}	15×10^{-5}

近年来，聚 1-丁烯还被应用于生产木材-树脂复合材料：把聚 1-丁烯-木材粉料混合注塑成型，制品比 HDPE、PP 及 PVC 等具有更好的性能。聚 1-丁烯与乙酸乙烯酯共聚物共混后，可用于制备具有良好抗撕裂性能、拉伸强度的挤出膜；聚 1-丁烯（60%～90%）与聚丙烯共混，适用于制备空间稳定、抗冲击的模塑制品。聚 1-丁烯与低压聚乙烯共混可得到热可焊接材料；聚 1-丁烯与高、中、低密度聚乙烯共混，可以改善材料的抗压力断裂、韧性等性能。

利用聚 1-丁烯树脂在高剪切率下具有低黏度的性质，可以用来提高 PP 和 PE 膜的加工性能。加入极少量的聚 1-丁烯，可提高 PE 膜力学性能和光学性能，减少表面的粗糙度，增加表面的光泽。在 LLDPE 和 HDPE 膜中加入少量的聚 1-丁烯能提高膜的强度、拉伸模量、断裂强度和断裂伸长率。利用聚 1-丁烯和 PE 分子结构不兼容的特点，可以用于制造各种密封材料（如饮料密封、建筑密封、垫圈等）。当聚 1-丁烯和 PE 两种聚合物混合时，两者很容易出现不兼容性，使聚 1-丁烯均匀分散嵌入 PE 的基体中，形成内部的弱键。只需要较小外力作用，膜就沿着内部的弱键分开，易于控制；而传统的包装密封需要用很强的力分开，并且不易控制。在聚乙烯中加入较大量聚 1-丁烯（25%）制成的薄膜很容易热封，可以用于医疗设备和食品的易剥开包装袋。

目前，可以提供聚 1-丁烯改性牌号的生产商主要有巴塞尔（Basell）公司。生产商、产品牌号及主要性能指标见附表 15。

7.3.5 其他用途

聚1-丁烯晶型的不稳定给它在注塑方面的应用带来了一些问题，加快向稳定的晶型Ⅰ转变是解决问题的关键，在此方面已有一些进展。将聚1-丁烯用于制备模塑的可膨胀的珠粒，烧结后可以得到用于绝缘的泡沫橡胶。

在热熔胶应用方面，由于聚1-丁烯具有高的附着力和黏合强度、宽的使用温度、可与增塑树脂配合使用等优点，可作为黏合剂和密封剂配方中的基础聚合物或助剂，也可用于无定形聚α-烯烃、烯烃聚合物和共聚物以及弹性体的改性剂。例如Montell的聚1-丁烯热熔胶技术等。低分子量的聚1-丁烯类似无规聚丙烯，可作为沥青材料，同时还可用于包装材料、薄膜、防火材料、油品添加剂、胶黏剂、密封材料等领域。

利用聚1-丁烯的耐磨性，可用于螺旋分类机、罐和滑道的衬里，制造拉链机、高档塑料表带、表壳及潜水表、礼品表等；利用耐高温特性可采用吹塑和滚塑工艺制造水加热器的衬里。

7.4 聚烯烃弹性体和塑性体[35-57]

聚烯烃弹性体（POE）和聚烯烃塑性体（POP）是由乙烯与丙烯或其他α-烯烃（如1-丁烯、1-己烯、1-辛烯等）共聚而成的一类聚烯烃材料。随着分子链段内共聚单体含量的不断增加，产品密度不断下降，产品的性能从塑料向塑性体和弹性体逐渐转化，最终形成聚烯烃类弹性体材料。聚烯烃弹性体的密度在0.885g/cm^3以下，聚烯烃塑性体的密度在0.885～0.910g/cm^3之间。

聚烯烃类弹性体的发展可以追溯到20世纪50年代，Natta等用齐格勒催化剂首次合成了乙烯-丙烯二元共聚弹性体即乙丙橡胶，在这之后Exxon公司首次将乙丙橡胶工业化。1981年茂金属催化剂的出现，使得聚烯烃类弹性体有了新的突破和发展，1993年Dow公司使用了“限定几何构型”茂金属催化剂合成了乙烯-辛烯共聚物弹性体和塑性体，商品名为Engage。2004年Exxon公司使用茂金属催化剂合成了丙烯-乙烯弹性体，并将其命名为Vistamaxx，该弹性体中丙烯的摩尔分数在70%以上。2006年，Dow公司使用新一代“链穿梭催化技术”合成了一种乙烯-辛烯嵌段共聚物（OBC），为聚烯烃类弹性体开辟了新的发展方向。

聚烯烃类弹性体的原料主要为乙烯、丙烯和高级α-烯烃等。聚烯烃类弹性体按其主要原料可分为乙烯基弹性体和塑性体、丙烯基弹性体和塑性体，以及1-丁烯塑性体；按照结构特点可以将其分为无规共聚物和嵌段共聚物等。

聚烯烃弹性体产品应用分类、供应商及典型牌号详见附表16。

7.4.1 乙烯基弹性体和塑性体

聚乙烯弹性体是Dow化学公司于1994年采用限定几何构型催化技术（CGCT，也称为Insite技术）推出的乙烯-辛烯共聚物。作为弹性体，POE中辛烯单体的质量分数通常大于20%，密度在0.885g/cm^3以下，属ULDPE的范围。与传统聚合方法制备的聚合物相比，POE具有很窄的分子量分布和短支链分布，因而具有优异的物理机械性能（高弹性、高强度和高伸长率）和良好的低温性能，又由于其分子链是饱和的，所含叔碳原子相对较少，因而具有优异的耐热老化和抗紫外性能。窄的分子量分布使材料在注塑和挤出加工过程中不易发生翘曲。另一方面CGCT技术还有控制地在聚合物线型短支链支化结构中引入长支链，从而改善了聚合物的加工流变性能，并使材料的透明度提高。

POE 常用作 PP 的耐冲击改性剂，替代传统使用的三元乙丙橡胶。POE 改性 PP 的主要应用领域是汽车部件，如保险杠、门内板和仪表板等。POE 共混物可用来制造鞋子、靴子和凉鞋等休闲鞋，由于具有耐磨和质轻的特性，POE 大量用于制鞋业。POE 的另一个用途是作为热塑性弹性体，由于 POE 有较高的强度和伸长率，而且具有很好的耐老化性能，对于某些耐热等级、永久变形要求不严的产品直接用 POE 即可加工成制品，可大大地提高效率，材料还可以重复使用。为了降低原材料成本，提高材料某些性能（如撕裂强度、硬度等)，也可以在 POE 树脂中添加一定量的增强剂和加工助剂等。POE 还可以用于电线电缆的护套料，由于未经交联的 POE 材料耐热等级较低（不高于 80℃），而且永久变形大，难以满足受力状态下工程上的应用要求。POE 可通过过氧化物、辐照加工或硅烷等实现交联改性，提高材料的耐热性。与 EPDM 相比，交联时没有二烯烃存在，使得聚合物的热稳定性、热老化性和柔韧性提高。加工时可以加入一定量的填充增强剂及加工助剂，以利于综合性能的提高。此外，由于 POE 制品具有透明性好、可消毒性、抗扭结性、柔和性、耐刺穿性和耐磨性好的特点，可用于很多医疗用品：医疗包装，如静脉注射液袋、无菌袋、育儿袋和外科手术器具袋等；非包装方面，如外科绷带等。用于医疗器械方面的 POE 大多是采用挤出、共挤出或注塑来加工成型的。

近年来，将 POE 替代 EVA 用于晶体硅太阳电池组件封装置绝缘胶膜方面正在逐渐显现优势。POE 胶膜具有优异的水汽阻隔能力和离子阻隔能力，水汽透过率仅为 EVA 胶膜的 1/8 左右，在湿度较大的环境中表现突出，且其分子链结构稳定，老化过程不会分解产生酸性物质，具有优异的抗老化性能，目前光伏行业开始采用 POE 胶膜进行双玻组件封装并出台了相关标准。

目前，乙烯基弹性体和塑性体产品主要有美国 Dow 公司的 Engage 和 Affinity、ExxonMobil 公司的 Exact 产品，日本 Mitsui（三井）公司的 Tafmer 产品，韩国 SK 公司的 Solumer、LG 公司的 Lucene，欧洲 Borealis 公司的 Queo 和中东 SABIC 公司的 Fortify、Cohere 产品。

7.4.1.1 Dow 的 Engage 和 Affinity 产品

Dow 公司乙烯基弹性体和塑性体有两个商品名，分别为 Engage 和 Affinity。

Engage 产品系列中包括各种不同密度和熔体流动速率的乙烯-辛烯和乙烯-丁烯共聚物牌号，熔体流动速率在 0～0.5g/10min 之间，密度在 0.857～0.910g/cm^3 之间。Engage 产品系列拥有多种不同的牌号，以满足最严格的加工及配方需求。Engage 产品可与大多数烯烃材料相互兼容，带来能帮助改善产品性能的独特属性，可以单独使用，或者混合在复合配方中使用，此类产品均能带来卓越的性能与均衡属性。Engage 产品推荐适用于汽车用热塑性聚烯烃（TPO）零件、塑料改性剂、热塑性弹性体（TPE)、电线和电缆涂料、消费品、泡沫、鞋类等应用领域。

Dow 近几年又开发了 HM 和 EXLT 系列的 Engage 产品，Engage HM POE 产品系列专注于增强熔体强度和韧度，带来挤出、热成型和吹塑应用领域所需的熔体强度和剪切变稀特性；Engage EXLT POE 则通过改善流动性和加快定型来缩短产品的加工周期，有助于打造更轻、更薄，且强度更高的热塑性聚烯烃部件，同时确保抗冲击强度不受影响，带来更为理想的装配与装饰效果。

Affinity 是乙烯-辛烯共聚弹性体和塑性体，Affinity 产品系列具有高流动和低结晶度等特点，能有效改善软性包装、热熔胶（HMA）及其他产品配方的性能。

Affinity GA POE 用于热熔胶，有更强的黏合力和热封性能，更宽的加工温度、不变色、气味低，有助于缩短停工时间，减少维护成本。

Affinity POPs 的分子量分布和共聚单体的分布更窄，这两种特性都可以显著地提高韧性、透明度、透气性、密封性能、气味性能以及其他软性包装所必需的性能。其优异的热封强度和热粘强度及其较低的热封温度对于高速的成型-灌装-密封加工线来说都是至关重要的性能。这些性能不仅能够减少渗漏，还可以提高加工线速度、减少外层包装的破损，最大限度地减少产品的变质。在运输和使用过程中遇到掉落、戳刺或倒塌时，Affinity POPs 有助于使包装产品具有更好的强度。Affinity POPs 的光学性能还有助于满足对包装外观和透明性要求较高的使用场景。

Affinity POP 用于薄膜生产，有优异的热封性、密封性能和光学性能，透气性能好。

7.4.1.2　三井的 Tafmer 产品

日本三井公司 Tafmer 产品是聚烯烃弹性体和塑性体产品，广泛应用于汽车配件、包装材料、体育用品、电线、土木工程材料、建筑装修材料、文具、日用品等诸多领域。Tafmer 有不同系列产品，Tafmer DF & A 系列是乙烯-1-丁烯无规共聚产品；Tafmer XM 是丙烯-1-丁烯无规共聚产品；Tafmer PN 是可控流变的丙烯基产品；Tafmer BL 是丁烯基产品；Tafmer M 系列是马来酸酐改性的产品。

7.4.2　丙烯基弹性体和塑性体

丙烯基弹性体和塑性体主要是由丙烯与乙烯或其他 α-烯烃无规共聚而得到的产品，其丙烯的摩尔含量大于乙烯等其他 α-烯烃。

Vistamaxx 是埃克森美孚化学公司开发的丙烯基弹性体，Versify 是 Dow 公司开发的丙烯基弹性体和塑性体。

丙烯基弹性体和塑性体与聚丙烯有出色的兼容性，可以在增韧 PP 的同时不影响材料的透明性，应用在储物盒、食品容器等，另外也可以提高材料的抗应力发白，解决大制件在脱模顶出过程中的应力发白问题。

丙烯基塑性体与聚乙烯和聚丙烯的兼容性都很好，可以改进聚丙烯薄膜的柔韧性、热封和收缩性能。改善透明聚丙烯的抗冲性能，用于防水卷材、吹塑薄膜、流延薄膜、热封材料。

7.4.3　烯烃嵌段共聚物

2005 年，Dow 公司应用新型“烯烃链穿梭催化”技术，开发生产了新型乙烯-辛烯嵌段共聚物（OBC），商品名为 Infuse。OBC 是由高结晶度的乙烯“硬段”和乙烯-辛烯无规共聚的“软段”两段交替组成。相比乙烯-辛烯无规共聚物而言，其嵌段结构使其具有更高的结晶速率，在具有高熔点的同时能够保持较低的玻璃化转变温度，还有更规则的结晶形态，这种结构差异导致两者具有不同的物理性质和力学性能，决定了 OBC 在某些领域有着更好的表现。

OBC 熔点远高于无规共聚产品，无规共聚产品随着密度的下降其熔点急速下降，而 OBC 产品熔点因为硬段的存在能维持在 115～120℃ 左右；OBC 熔点高、玻璃化转变温度低，因此使用温度范围更广；OBC 加工流动性相对更佳，弹性更优，抗压缩变形性能较强。

OBC 可用于注塑和挤出柔性产品、弹性薄膜和纤维、交联发泡制品的生产。

7.4.4　应用与典型牌号

7.4.4.1　聚烯烃改性

聚烯烃弹性体和塑性体与其他聚烯烃的兼容性好，广泛用于聚烯烃产品的改性，主要用于聚丙烯的抗冲改性。

聚烯烃弹性体常用作 PP 的耐冲击改性剂，替代传统使用的三元乙丙橡胶，在这方面 POE 具有明显的优势。首先，粒状的 POE 易于与同是粒状的 PP 混合，省去了块状乙丙橡胶繁杂的造粒或预混工序；其次是 POE 和 PP 有更好的混合效果，与 EPDM 相比共混物的相态更加细微化，因而抗冲击性能得以提高；最后是 POE 改性的 PP 在韧性提高的同时，还可以保持较高的屈服强度和良好的加工性能。POE 改性 PP 可用于注塑、吹塑、挤出和热成型等，生产汽车部件，如保险杠、门内板和仪表板等。

7.4.4.2 薄膜

聚烯烃弹性体和塑性体可单独或与其他聚烯烃混合使用，用于薄膜生产，提高薄膜的性能。

聚烯烃弹性体可替代 EVA，用于太阳能封装膜的生产。与 EVA 相比，用 POE 制成的封装膜，具有很高的体积电阻率，漏电低；水汽透过率低，耐天候和紫外线性能好，不产生乙酸，使用寿命长。用 POE 封装膜的太阳能电池长期性能好，可靠性高，电池生命周期的总成本较低，光电转换效率和输出率高。

Engage 聚烯烃弹性体用于生产双玻电池正面和背面薄膜，对光伏电池能起到极好的保护作用，同时能提升性能，降低系统生命周期成本。用 Engage 聚烯烃弹性体制成的光伏封装薄膜能够显著地提高组件的发电量、发电效率、可靠性及使用寿命；提高电位诱发衰减（PID）耐受性，实现“零 PID”性能（组件几乎无电位诱发衰减）；降低用电成本（LCOE）及总系统成本。

Affinity 产品系列具有高流动和低结晶度等特点，可增加配方的流动性，提升配方的弹性、黏度和透气性等，改善软性包装。Affinify 塑性体结晶度低，用于生产 CPP，可提高热封性能，提高包装速度、降低漏包率、提高抗撕裂强度。

Versify POP 和 POE 作为改性剂，可以提高薄膜的光学性能、柔韧性、弹性等。

7.4.4.3 热熔胶

聚烯烃弹性体具有很好的加工性能，与 EVA 相比，在很宽的温度范围内具有良好的粘接性能，良好的色度稳定性，气味低，在生产热熔胶方面很有价值，可以替代传统材料生产热熔胶。

Affinity GA POE 流动性好、结晶度低、分子量低，是热熔胶的理想材料。与 EVA 等传统材料相比，用 Affinity GA POE 生产的热熔胶可以与更多的材料进行黏结，且黏结温度更宽。由于在分子链中不含氧，Affinity GA POE 生产的热熔胶热稳定性好，使用温度范围宽、气味低、烟雾少、凝胶少。

7.4.4.4 电线电缆

聚烯烃弹性体还可以用于电线电缆的护套料，由于未经交联的 POE 材料耐热等级较低（不高于 80℃），而且永久变形大，难以满足受力状态下工程上的应用要求。POE 可通过过氧化物、辐照加工或硅烷等实现交联改性，提高材料的耐热性。与 EPDM 相比，交联时没有二烯烃存在，使得聚合物的热稳定性、热老化性和柔韧性提高。加工时可以加入一定量的填充增强剂及加工助剂，以利于综合性能的提高。

Engage 系列与 LLDPE 共混，可用于硅烷交联电缆的生产，可以生产更柔韧的电缆产品。Engage 系列与 LLDPE 共混，也可进行过氧化物交联电缆生产。

7.4.4.5 纤维

丙烯基塑性体柔软可延展，用于生产柔软无纺布和弹性无纺布。

Vistamaxx 7020BF 通过与聚丙烯共混，进行纺粘无纺布的生产，可改进无纺布的柔软度、悬垂性和延展性。Vistamaxx 7050FL 通过与聚丙烯共混，进行纺粘或熔喷无纺布的生产。

7.4.4.6 发泡及鞋材

聚烯烃弹性体和塑性体单独使用或共混进行发泡，具有更好的耐磨性和质轻的特点，可用来制造鞋子、靴子和凉鞋等休闲鞋。POE/POP/OBC 生产的泡沫，回弹性好，同等硬度下泡沫更轻，更抗磨损，低收缩率更低，可以单独或与 EVA 混合使用，改进 EVA 泡沫的低温弹性，减少高温下的收缩，提高弹性恢复性能。

参考文献

[1] 张师军，乔金樑. 聚乙烯树脂及应用 [M]. 北京：化学工业出版社，2011：8-10.

[2] 张广传. 超细纤维的生产技术及发展现状 [J]. 山东纺织经济，2007，139 (3)：82-83.

[3] 赵妍，胡跃鑫，宋龄新，等. 氯化聚乙烯专用 HDPE 树脂的生产现状及市场分析 [J]. 当代化工，2014，43 (5)：845-848.

[4] 钟向宏. 国内聚乙烯土工膜专用料生产现状及开发建议 [J]. 石油化工技术与经济，2013，29 (3)：20-23.

[5] 胡杰，朱博超，义建军，等. 金属有机烯烃聚合催化剂及其烯烃聚合物 [M]. 北京：化学工业出版社，2020. 6.

[6] Kurtz S M. The UHMWPE handbook：ultra-high molecular weight polyethylene in total joint replacement [M]. New York：Academic Press，2004：1-2.

[7] 杨岭. 超高分子量聚乙烯催化聚合研究进展 [J]. 石油化工，2019，48 (7)：741-745.

[8] 张庆虎，陈小元. 朗盛 EVM 橡胶的低烟无卤阻燃技术及应用 [J]. 特种橡胶制品，2009，30 (5)：23-27.

[9] 朱永康. EVM 共聚合物：被遗忘的橡胶 [J]. 橡塑技术与装备，2007，33 (9)：20-27.

[10] 连萌，徐翔民，张予东，等. 聚乙烯-丙烯酸的应用研究 [J]. 山西化工，2010，30 (2)：39-43.

[11] 乔金樑，张师军. 聚丙烯和聚丁烯树脂及应用 [M]. 北京：化学工业出版社，2011：4-5.

[12] Scott N D，骆为林. 茂金属与聚丙烯——解决纺织用途老问题的新办法 [J]. 国外纺织技术：纺织针织服装化纤染整，1998，25 (1)：20-22.

[13] Milani M A，González D，Quijada R，et al. Synthesis，characterization and properties of poly(propylene-1-octene) / graphite nanosheet nanocomposites obtained by in situ polymerization [J]. Polymer，2015，65：134 -142.

[14] García-Peñas A，Cerrada M L，Gómez-Elvira J M，et al. Microstructure and thermal stability in metallocene *i*PP-materials：1-Pentene and 1-hexene copolymers [J]. Polym Degrad Stab，2016，124：77 -86.

[15] 马利福，黄启谷，宋怀河，等. 茂金属化合物/Zn/BDGE/MAO 催化体系合成 aPS-b-P(S-*co*-E)-b-PE 嵌段共聚物的研究 [J]. 高分子学报，2009 (7)：689 -694.

[16] Rishina L A，Lalayan S S，Gagieva S C，et al. Polymers of propylene and higher 1-alkenes produced with post-metallocene complexes containing a saligenin-type ligand [J]. Polymer，2013，54 (24)：6526 -6535.

[17] 董穆，张翼清，张琦，等. 极性聚丙烯的研究进展及应用 [J]. 工程塑料应用，2017，45 (1)：128-132.

[18] 罗忠富，杨波，王灿耀，等. 高极性聚丙烯材料的制备及其在汽车保险杠的应用 [J]. 塑料工业，2013，41 (3)：113-115.

[19] 王文燕，李波，安彦杰，等. 固相接枝双单体制备极性聚丙烯的研究 [J]. 塑料工业，2009，37 (7)：17-19.

[20] 赵洪坤. 极性聚丙烯制备技术研究 [D]. 黑龙江：东北石油大学，2011.

[21] 李青. 极性聚丙烯的制备及应用 [D]. 黑龙江：东北石油大学，2014.

[22] 董小芳，崔晓鹏，王秀绘，等. 聚 1-丁烯生产技术研究进展 [J]. 石油化工，2017，46 (6)：810-816.

[23] 王玉如，任鹤，闫义彬，等. 高等规聚丁烯-1 及其复合树脂结晶行为研究进展 [J]. 精细石油化工，2020，37 (4)：73-78.

[24] 彭嘉冠，孙研. 全材料聚 1-丁烯的性能及应用 [J]. 河南化工，2010 (2)：17-19.

[25] 张文学，贾军纪，黄安平，等. 聚 1-丁烯生产状况及应用 [J]. 化工新型材料，2014，42 (3)：191-193.

[26] 白子强，姜然，刘力. 聚丁烯（PB-1）管道在供热系统室外直埋中的应用分析 [J]. 区域供热，2014（1）：75-79.

[27] 王军. 聚 1-丁烯膜用材料的探索研究 [D]. 青岛：青岛科技大学，2009.

[28] 阿莫科柔性透明材料公司. 可剥离的密封薄膜：CN1278851C [P]. 2006.

[29] 刘奇祥，肖华明，王扬利，等. 一种聚 1-丁烯改性 TPO 热塑性弹性体及其制备方法和应用：CN103739961A [P]. 2014.

[30] 合肥杰事杰新材料股份有限公司. 一种防浮纤、综合性能优异的玻璃纤维增强聚丙烯复合材料及其制备方法：CN109233084A [P]. 2019.

[31] 王彩霞，邵华锋，贺爱华. 聚丙烯与聚 1-丁烯共混体系的力学性能 [J]. 塑料，2015，44（1）：40-42.

[32] 肖玮佳，刘晨光. 不同相对分子质量 PP 对 *i*PB-1/PP 共混物性能的影响 [J]. 中国塑料，2017（9）：56-61.

[33] 马亚萍. 聚 1-丁烯高压静电纺丝及其结晶特性研究 [D]. 青岛：青岛科技大学，2016.

[34] 刘维松. 聚 1-丁烯导电屏蔽材料的制备及力学性能调控 [D]. 北京：北京化工大学，2015.

[35] 罗传勇，于龙英，赵婕. NB/T 10199—2019《晶体硅太阳电池组件用聚烯烃弹性体（POE）封装绝缘胶膜》标准解读与评析. 中国标准化，2021：135-141.

[36] 魏浩，伊帆. 聚烯烃弹性体（POE）的市场分析及国内外技术现状 [J]. 山西化工，2019，179（1）：66-67.

[37] 程嘉猷，高念，李洪泊. 聚烯烃弹性体的现状及研究进展 [J]. 合成树脂及塑料，2020，37（4）：77-83.

[38] 刘振国，杨博，奚延斌，等. 聚烯烃弹性体的研究现状及应用进展 [J]. 弹性体，2017，27（4）：65-69.

[39] 张腾，沈安，曹育才. 聚烯烃弹性体和塑性体产品及应用现状 [J]. 上海塑料，2021，49（2）：14-19.

[40] 赵燕，徐典宏，李楠，等. 聚烯烃弹性体技术研究与应用进展 [J]. 合成橡胶工业，2020，43（6）：514-520.

[41] 杨飞. 新型聚烯烃弹性体的合成及性能研究 [D]. 天津：天津大学，2020.

[42] 王宇韬，张师军，初立秋，等. 聚烯烃及其弹性体阻燃及研究进展 [J]. 塑料工业，2020，48（9）：1-5.

[43] 龚莉雯，郑晓平，吴志昂，等. 微孔发泡聚碳酸酯-聚烯烃弹性体共混物 [J]. 材料导报，2020，34（5）：10197-10200.

[44] 陈伟，丁小磊，翟松涛，等. 紫外光辐照交联聚烯烃弹性体的研究 [J]. 合成树脂及塑料，2014，31（4）：59-61.

[45] 杨国兴，王立娟，王炎鹏，等. 聚烯烃弹性体增韧共聚聚丙烯的研究 [J]. 现代塑料加工应用，2020，32（2）：9-11.

[46] 王立娟，王焱鹏，王文燕. 聚烯烃弹性体性能及结构对比分析 [J]. 现代塑料加工应用，2021，33（2）：34-36.

[47] 任晓兵，阚成友. 聚烯烃弹性体及其在树脂改性中的应用 [J]. 弹性体，2017，27（4）：59-64.

[48] 李良杰. 聚烯烃弹性体及其催化体系研究进展 [J]. 弹性体，2015，25（5）：88-94.

[49] 李云岩，瞿海德. 聚烯烃弹性体管道涂料防腐及热性能研究 [J]. 机械化工，2018，160.

[50] 明明. 聚烯烃弹性体分子结构设计与高分子防水卷材性能关系的研究 [J]. 中国建筑防水，2017，4：6-9.

[51] 白玮，李秀洁，彭占录，等. 聚烯烃弹性体的结构表征 [J]. 合成树脂及塑料，2021，38（2）：51-53.

[52] 王静，史永森，李亚玲，等. 聚烯烃弹性体催化剂研究进展 [J]. 分子催化，2020，34（6）：579-591.

[53] 赵洪，栗松，郑昌佶，等. 聚丙烯/聚烯烃弹性体复合材料物理机械性能及交流电性能 [J]. 电机与控制学报，2020，24（3）：28-37.

[54] 陈品松，张鸣. 丙烯基聚烯烃弹性体在 SBC 类热熔压敏胶中的应用研究 [J]. 中国胶粘剂，2020，29（2）：31-34.

[55] 陆波，李庆宇，金铎，等. LDPE 改性热塑性聚烯烃弹性体的研究 [J]. 橡塑技术与装备（塑料），2018，18（8）：18-21.

[56] 韩叔亮，徐林. 聚烯烃弹性体（POE）催化剂研究进展 [J]. 塑料，2016，45（5）：114-117.

[57] 殷杰. 国内外聚烯烃弹性体系列产品的研发现状 [J]. 弹性体，2014，24（6）：81-86.

第8章

聚烯烃功能化及改性技术

8.1 概述

聚烯烃材料具有质轻、性价比高、力学性能好、结晶性能可调、加工性能优良、安全稳定性好、可循环再利用等特点[1]。聚烯烃的加工方法多种多样，如挤出、注射、吹塑、滚塑、吸塑和模压成型等。由于加工方法和工艺的灵活多变，聚烯烃可被加工成各种形状尺寸的制品，如薄膜、纤维、片材、板材、管材和异型材等。其应用也涵盖了工农业、医疗卫生、日常生活、运输交通、科学研究和军事等各个方面。

早在20世纪50年代，Natta等就意识到功能化改性聚烯烃非常重要[2]。因为大部分聚烯烃材料为非极性材料，在应用过程中和很多材料的相容性较差，黏结力不足。因此通常需要对聚烯烃进行功能化改性来提高与金属、陶瓷及其他极性材料的相容性。此外，功能化还可以赋予聚烯烃抗菌性、导电性、电磁屏蔽等特殊性能，得到支化或交联聚合物。通过改性还能提高聚烯烃的韧性、刚性、强度、阻燃性，制备多种复合材料。

聚烯烃功能化改性通常可以分为前功能化和后功能化两大类[3]。前功能化改性一般是将烯烃单体和其他单体直接共聚；或者先将烯烃单体与反应性单体共聚，再通过后续过程将反应性基团转变为功能基团。本章中涉及的前功能化改性产品不仅包括带有极性基团的聚烯烃，还包括EVA、EVOH和聚烯烃弹性体等具有特殊性质的共聚产物。后功能化改性主要是通过化学或物理的方法，对已得到的聚烯烃产品进行进一步的改性，主要包括反应性接枝、化学交联及复杂的共混等。

聚烯烃改性技术主要涉及一般的共混、增韧、填充和增强等技术。相对于功能化技术来说，改性过程较为简单实用，主要在于设备和改性配方的选择。在本章中对功能化改性和普通改性技术都会有较为详尽的描述。

8.2 聚烯烃前功能化

8.2.1 聚烯烃前功能化原理

聚烯烃主要由碳和氢两种原子组成，分子链呈非极性，故其表面能很低，黏结性、印染性以及与其他材料（如极性聚合物、颜料、填料、玻璃纤维和金属等）的相容性和黏合力都比较差，严重限制了它的应用范围。对聚烯烃进行功能化改性，不仅可有效地弥补聚烯烃固有的缺陷，还可赋予其特殊的功能（如导电性、抗静电性、磁性、阻燃性和可降解性等），从而进一步拓宽聚烯烃的应用领域。

聚烯烃前功能化一般包括直接共聚合、反应性基团功能化和聚烯烃嵌段共聚物三种方法。

8.2.1.1 直接共聚合

直接共聚合是指将烯烃与极性单体（被保护或不保护）在Z-N催化剂或茂金属催化剂存在下发生共聚，生成含有极性基团的共聚烯烃。烯烃与极性单体的共聚通常只能通过高压自由基反应来实现，可以共聚的单体有卤化烯烃、乙烯基醚、乙烯基酚、甲基丙烯酸（MAA）、甲基丙烯酸甲酯（MMA）、顺丁烯二酸酐和已经工业化的自由基共聚物（乙烯-乙酸乙烯酯等）。

因为对氧的高度亲和性，VIB族金属催化剂无法催化烯烃与极性单体的共聚，即极性基团易使此类催化剂中毒而失活，但随着茂金属催化剂的不断发展，该类催化剂在催化烯烃与极性单体的共聚方面也有进展。后过渡金属催化剂具有较弱的亲氧性，使烯烃与极性单体的共聚成为可能，如 α,α'-二亚胺配体同 Pd（Ⅱ）形成的配合物催化乙烯或丙烯与丙烯酸酯的直接共聚，得到的是高度支化的聚合物，功能化基团连接在支化链末端。近期新开发的新型镍络合物催化剂，使乙烯与具有 $CH_2{=}CH(CH_2)_nX$［$n\geqslant 2$，X 为极性基团，例如—$COOCH_3$、—$Si(OCH_3)_3$ 等］结构的各种单体共聚，生成长支链的直链共聚物，Pd 催化体系的效果优于 Ni 催化体系。稀土催化剂在催化烯烃、极性单体及烯烃与极性单体的共聚方面也有进展。用镧系催化剂已制备出乙烯与 MMA、丙烯酸甲酯、丙烯酸乙酯和丙酯等的嵌段共聚物，共聚物表现出优良的可染性。但加料顺序必须为先加入乙烯，后加入丙烯酸酯类。

理论上，如果烯烃与功能单体之间的共聚合反应可以像相应的均聚反应一样高效的话，直接聚合法的结果就会与理想结果更接近，但直接聚合法实现起来有一定困难，这种方法的问题是在催化剂中的 Lewis 酸组分（Ti、Zr、Hf、V 和 Al）更倾向于与功能单体中 N、O 和卤族元素上的非键接电子对结合，而不是与单体双键上的电子进行配位，在催化剂与功能基团之间形成具有稳定性质的化合物，使得聚合活性中心中毒而出现失活的情况，不能进行聚合反应；而且，极性功能单体在非极性聚合溶液体系中的溶解性也比较差，不溶的功能单体之间会出现自身的聚集，从而使得相分离体系得以形成，或者是使得溶液的黏度逐渐增加，二者都会对单体的扩散造成限制，使得催化效率大大降低。目前的解决方法包括使用含有酸性或者中性的杂原子的功能单体；对比较活泼的功能基团进行保护，以免出现催化剂中毒的情况；在进行催化剂的选择时，可以选择亲氧性比较弱、对杂原子比较稳定的催化剂。除此以外，这种方法需要消耗大量的能源和昂贵的设备费用。

8.2.1.2 反应性基团功能化

反应性基团功能化又叫中介物功能化法，指在聚合过程中将含反应性基团的单体引入聚烯烃分子链中或分子链末端，利用被引入单体带有的反应性基团的化学性质，制备多种功能化聚烯烃，是一种比较有前途的方法。该方法制备的聚烯烃是接枝共聚物或嵌段共聚物，可以在不损伤聚烯烃性能，比如结晶性、熔融温度、弹性等情况下，插入高浓度的功能基团，可以作为高效界面改性剂，改善聚烯烃和其他材料的相容性。由于是在引入的“反应性基团”上进行反应，因此，产品在结构上比较均一，而直接共聚法的极性单体直接插入到聚烯烃主链会破坏聚烯烃规整性，会使得聚烯烃性能有一定的损失。

“反应性基团”功能化法分为两种。一是利用含有“反应性基团”的乙烯基单体中的双键能与烯烃共聚的原理，将其引入聚烯烃分子链中，然后利用该单元带有的“反应性基团”的化学性质，进行相应的聚合反应，如配位聚合、自由基聚合和阴离子聚合等，制备出多种功能化聚烯烃接枝共聚物，也称为接枝共聚法。二是在聚合过程中加入反应性基团，制备出由这种链转移剂封端的聚烯烃，然后通过链转移剂上的反应性基团的进一步反应，生成不同结构的共聚物，称为“反应性基团”，引入聚烯烃分子链终端。这种方法关键的步骤是在聚合物分子链末端引入反应性单元。反应性单元在催化烯烃聚合过程中起链转移剂作用。目前，报道的该类链转移剂有硼烷（如 9-BBN、HBR_2 等）、p-MS 加 H_2、硅烷（如 $RSiH_2$、R_2SiH_2 等）、烷基锌等。终端硼烷可以很方便地转变成多种极性基团，可以被转化成活性自由基引发剂引发功能化单体链增长反应。以 p-MS 为链转移剂可制得 p-MS 为终端的聚丙烯（PP）。终端基团金属化后可转化成聚合物阴离子，进而引发阴离子聚合反应。但在此过程中，需要有 H_2 来完成催化循环终端，p-MS 基团能选择性地被金属化，转化成稳定的聚合物阴离子，引发苯乙烯的活性阴离子聚合，丙烯与苯乙烯嵌段共聚物中检测不到PP均聚物，进一步证明每个PP链末端都接有 *p*-MS。伯硅烷和仲硅烷都可以作为烯烃聚合反应的链转移剂，通过硅烷链转移剂可以将其他乙烯基单体引入已制得的聚烯烃分子链中得到嵌段共聚物，可通过该方法制备无规聚苯乙烯（*a*-PS）与间规聚苯乙烯（*s*-PS）的嵌段共聚物等。此外，增加—SiH_3 的数目，可制得多臂聚烯烃。

8.2.1.3 聚烯烃嵌段共聚物

嵌段型聚烯烃-极性聚合物的合成方法包括活性配位聚合法、从烯烃配位聚合向其他聚合的转化和大分子偶联反应法。活性配位聚合法是通过顺序加入烯烃单体和极性单体进行活性配位聚合，是构造聚烯烃-极性聚合物嵌段结构最直接的方法。目前仅有少数以活性配位聚合法合成嵌段共聚物的文献报道。

活性配位聚合法采用茂金属催化体系 $Me_2C(Cp)(Ind)ZrMe_2/B(C_6F_5)_3$，通过顺序加入乙烯、甲基丙烯酸甲酯单体，可以得到聚乙烯-*b*-聚甲基丙烯酸甲酯两嵌段共聚物。通过改变乙烯聚合时间，可有效调控共聚物的分子量及组成（共聚物分子量为 15.5～17.2，聚乙烯链段的质量分数为 13%～56%），此方法中锆茂金属起催化作用，而在甲基丙烯酸甲酯聚合中锆茂金属既是引发剂又是催化剂，而且单体加入的顺序不可改变，一旦甲基丙烯酸甲酯聚合活性中心形成，便不能再返回到烯烃聚合[4]。乙烯、丙烯与极性单体（包括甲基丙烯酸甲酯、甲基或乙基丙烯酸、δ-戊内酯和 ε-己内酯）采用稀土催化剂 $S_mMe(C_5Me_5)_2$(THF) 或 $[S_mH(C_5Me_5)_2]_2$，可以实现嵌段共聚，得到相应的两嵌段共聚物。这种嵌段共聚物的分子量和组成可依据聚合时间自由调控。该材料具有良好的染色性能、气体渗透性和耐候性。该催化剂为均相催化剂，反应体系先是呈均相，随着聚合过程的进行，因所生成的聚烯烃链段不易在甲苯溶剂中溶解，所产生的聚合物必然被析出，反应体系成为淤浆状，生成的聚合物呈黏稠状，黏附在反应器壁和搅拌桨上，会阻滞活性中心与新鲜单体的混合接触，使聚合反应难以进行[5]。

从烯烃配位聚合向其他聚合的转化。从烯烃配位聚合向其他聚合的转化原理是先通过配位链转移聚合法或活性聚合法，或对端基不饱和的聚烯烃进行化学修饰，制得末端含活性基团的聚烯烃链，并将其转化为另一种类型聚合反应的活性中心，即作为大分子引发剂来引发极性单体进行阴离子聚合，或可控“活性”自由基聚合，或开环聚合，或开环易位聚合，或基团转移聚合等，也称为跨机理聚合法。跨机理聚合法可充分发挥不同机理聚合反应的各自优势，分别有效地控制各段聚合物的链结构，因而备受研究者的青睐，是目前聚烯烃嵌段极性聚合物制备的研究热点。

发展较早、技术成熟的制备功能化聚烯烃嵌段共聚物的方法是开环聚合，利用端羟基聚烯烃作为大分子引发剂引发己内酯、环氧乙烷以及丙交酯等单体进行聚合。近年来，可控“活性”自由基聚合快速发展，较为成熟的有原子转移自由基聚合（ATRP）、可逆加成-裂解链转移聚合（RAFT）和氮氧自由基调控聚合（NMP）。这些聚合方法为聚烯烃-极性聚合物嵌段结构的构造提供了新手段。此外，含超支化聚合嵌段的树状嵌段共聚物在聚合物加工、生物医药以及催化等领域有潜在的应用前景。

还有一种合成方法是大分子偶联反应法。利用端基功能化的聚乙烯与末端含反应基团的极性聚合物进行偶联反应，也可制得聚烯烃嵌段共聚物。例如，采用叶立德聚合制备了两端分别为蒽和羟基的聚乙烯，以此为大分子引发剂引发丙交酯进行开环聚合，制得功能化聚乙烯-*b*-聚丙交酯两嵌段共聚物，再将其与末端带有马来酰亚胺的聚己内酯进行 Diels-Alder 反应，进一步制备了聚己内酯-b-聚乙烯-b-聚丙交酯三嵌段共聚物。此外，利用巯基-烯点击化学反应将单端双键聚乙烯与3-巯基丙酸或巯基乙醇反应，分别得到单端羧基聚乙烯和单端羟基聚乙烯，随后分别与单端羟基聚二甲基硅氧烷和异氰酸酯基团双封端的聚氨酯预聚体进行偶联，得到聚乙烯-b-聚二甲硅氧烷两嵌段共聚物和聚乙烯-b-聚氨酯-b-聚乙烯三嵌段共聚物，分别可用作高密度聚乙烯/硅油和高密度聚乙烯/热塑性聚氨酯弹性体共混体系的增容剂。大分子偶联反应法可以通过不同机理的聚合反应，有效控制嵌段共聚物中各链段的链结构。由于双活性端基的聚烯烃较难制备，且由其他机理的聚合反应再转回到配位聚合反应又几乎不可能，所以由跨机理聚合法制备两端为聚烯烃、中间为极性聚合物的三嵌段共聚物几乎不可能。由大分子偶联反应法制备这种三嵌段共聚物则比较容易，但也可能存在偶联反应不完全的问题[6]。

8.2.2 乙烯-乙酸乙烯酯共聚物

8.2.2.1 简介

乙烯-乙酸乙烯酯共聚物（EVA）树脂是由乙烯和乙酸乙烯酯采用本体管式法或者本体釜式法生产的一种合成树脂。其乙酸乙烯酯（VA）含量一般在5%～40%，平均分子量在10000～30000，是一种透明、无味、无毒的热塑性塑料，与高密度聚乙烯（HDPE）、低密度聚乙烯（LDPE）、线型低密度聚乙烯（LLDPE）并称为四大乙烯系列树脂。与聚乙烯树脂相比，EVA树脂中引入了VA单体，提高了聚合物分子的支化度，柔韧性、抗冲击性、填料的相容性和热封性增加，但结晶度下降。EVA树脂在较宽的温度范围内具有良好的柔软性、耐冲击性、抗老化性和耐环境应力开裂，耐变色和良好的光学性能。EVA树脂的性能和应用与VA含量有关，如薄膜级的VA质量分数为5%～15%，发泡级EVA的VA质量分数为15%～20%，热熔胶级EVA的VA质量分数为20%～45%，EVA弹性体的VA质量分数为45%～70%，EVA乳液的VA质量分数大于70%。

不同VA含量与EVA树脂的用途见表8.1。

表8.1 不同VA含量与EVA树脂的用途[7]

VA含量	应用	性能特点
1%～6%	膜，如烘烤食物袋、冷冻食品袋、冰袋、尿布包装袋等	韧性、透明性好
6%～15%	农膜，吹塑膜，挤出层压膜，泡沫模塑成型，注塑，拉伸包装，电线电缆	冲击强度、低温性能和拉伸性能好
15%～20%	黏合剂，涂层，挤出，发泡鞋材	耐应力开裂性较好，低温性能好，机械强度差
20%～35%	热熔胶，地毯背衬，蜡基涂胶，太阳能电池胶膜	快速黏结性好
35%～45%	聚合物掺混，接枝，涂料，热熔胶，油墨	

8.2.2.2 应用和消费现状

世界EVA树脂消费结构中，薄膜领域约占65%，热熔胶和黏合剂占20%，其他占15%。受下游产业结构特点的影响，我国的EVA树脂消费结构与国外存在较大差异。2017年我国EVA树脂的第一大应用领域是鞋材和玩具等发泡制品，占EVA树脂总量的40%；其次是太阳能电池封装胶膜，占EVA树脂总量的21%；第三大应用领域是电线电缆，占EVA树脂总量的15%，另一个领域是热熔胶领域，占EVA树脂总量的8%，还有农膜，占EVA树脂总量的5%，其他占3%。2019年我国对EVA树脂的需求量将达到约140万吨，消费结构也发生一定的变化，其中发泡制品虽然仍是EVA树脂最大的消费领域，但由于鞋材有很大部分为来料加工，因而所占需求比例会有所下降，而薄膜方面的消费量将稳步增长，热熔胶、电线电缆和其他领域的消费也将保持较为稳定的增长速度。

(1) 发泡制品

发泡制品是我国EVA树脂最主要的应用领域，制备过程是以EVA树脂为主要原料，添加适量改性剂、交联剂、发泡剂等助剂，采用模压方法制成泡沫塑料，具有隔热、保温、防震、不吸水等优点，比高发泡PE更加柔软，富有弹性、压缩变形率小，因其耐候性好和易于二次加工性等特点，可应用于工业、建筑业以及水产业等方面。泡沫塑料制品使用的EVA树脂，其VA质量分数为15%～16%。这种EVA树脂常用于制作高倍率、独立气泡型泡沫材料。这种材料是国际上广泛使用的新型保温材料，主要用于船舶救生浮具、机车车厢和建筑领域。另外，VA质量分数在15%～22%的制品具有柔软、弹性好、减振、耐化学药品等性能，广泛应用于中高档旅游鞋、登山鞋、拖鞋和凉鞋等的鞋底中，以及隔音板、体操垫、密封器材和玩具等方面。目前，这一领域使用的国产产品主要有扬子巴斯夫公司的V5110J，燕山石化公司的18J3以及北京东方有机厂的18/3和14/2等。使用的进口产品主要有日本东洋公司的630、630F、631；日本三井公司的K706N、P1450；日本住友公司的H1011、H2020；美国杜邦公司的460、560、565；尤西埃公司的630、631；韩国现代公司的440、450、550；韩国三星公司的180F；新加坡TPC公司的H2020、H2071、H2182；台塑公司的7350M；中国台湾聚合的UE629以及泰国TPI公司的8038等。但近年随着制鞋业发展放缓，发泡制品在EVA树脂消费结构中所占比例呈显著降低趋势。鞋材是国内最大的EVA消费领域。此外，玩具生产领域，如童车车轮、坐垫、彩色拼图、积木等也大量使用EVA发泡材料。

(2) 太阳能电池封装胶膜

太阳能电池封装胶膜是近年来发展最快，最具潜力的EVA应用领域。我国光伏组件产量居世界第一位，但目前高性能EVA封装胶膜还严重依赖国外产品，而且常常受制于价格高、交付日期长、供应量不能确保，严重制约着我国光伏产业的发展。目前，国内市场上进口的太阳能电池EVA胶膜专用料主要有：美国杜邦的Elvax150；日本三井公司的150；韩国韩华公司的1533；韩国湖南石化的VE810；中国台湾聚合的UE654-04；泰国TPI公司的TV2060以及新加坡TPC公司的MA-10、MH-20等。太阳能电池封装胶膜使用的EVA树脂的VA含量为30%～33%，EVA树脂为基料，辅以树脂改性剂，经成膜设备热轧成膜。该产品在太阳能电池封装过程中受热，产生交联反应，固化后的胶膜具有很高的透光率、黏结强度、热稳定性、耐老化性和气密性，随着光伏产业的发展，EVA封装胶膜有良好的盈利预期。

(3) 薄膜

EVA薄膜具有高透明性、高冲击性和抗撕裂性，较高的保温和耐候性能，防雾滴性能，生物无害性等，主要用于生产功能性棚膜、包装膜、医用膜、层压膜、铸造膜等。EVA薄膜的耐低温性好，−20℃仍柔韧，不易破损，不收缩，适合户外长期暴露使用。EVA树脂还有良好的着色性能。不同的VA含量适合不同类型薄膜材料。如VA含量1%～5%时适合制造重包装膜和单层膜；VA含量5%～8%时适合制造冰袋膜；VA含量10%～20%时，适合制造包装膜、拉伸膜、多层复合膜、农膜和医用膜等。目前这一领域主要以北京东方石油化工公司有机厂的产品居多，主要牌号有5/0.3、5/2、14/0.7和14/2以及扬子巴斯夫公司的4110F等。进口产品主要有美国陶氏化学公司的630、631；日本住友公司的H2020、

H2021B；韩国 LG 化学的 EF443、EF321；韩国韩华公司的 2050 等。在 EVA 基料中加入光稳定剂可以制备抗紫外线膜，用于温室、大棚等的被覆材料，提高作物产量。加入防滴剂的 EVA 薄膜可以改善膜的流滴性和热黏抑制性，与传统的 PE 薄膜相比，不仅透光率高，而且防雾滴性大大提高。使用 EVA 树脂与聚乙烯共混料来制备的薄膜可以降低成本，改善性能。随着节约型经济政策的要求逐渐提高，对 EVA 树脂的需求量将稳步增加，2019 年国内对 EVA 薄膜的需求量达到 32 万吨[8]，尤其随着功能性农膜逐步取代普通棚膜，农膜需求量的增长将成为拉动 EVA 树脂需求量快速增长的一个主要动力。

(4) 电线电缆

当 VA 质量分数在 12%～24%时，EVA 可用于制作电线电缆料。EVA 树脂作为电线电缆材料主要有两个优点：一是可以容纳大量填料而不易脆裂，综合性能损失小；二是容易交联。电线电缆的护套、内外屏蔽材料、半导体材料和热收缩材料等是 EVA 复合材料的主要用途。一般要添加抗静电剂、阻燃剂以及其他填充剂和助剂。如 EVA 与 PE 共混挤出涂覆在导线上可制得柔软、抗撕裂、耐切割的交联电缆，适合水下、矿山、石油开采等特殊条件下的使用。

(5) 热熔胶

以 EVA 为主要组分的热熔胶的 VA 质量分数在 25%～40%。特点是力学性能好，稳定性高，黏度高，粒度可控，耐蠕变和热封性好，固化速度快，湿黏性好，对难以黏结的薄膜基质有特殊的黏结性。由于不用溶剂，无环境污染，不易燃，适用于高速自动化生产流水线作业。因此，广泛用于书籍无线装订包装、汽车和家电的装配、家具封边、耐腐蚀涂层、制鞋、地毯涂层和金属制品上的耐腐蚀涂层组装等领域。我国热熔胶领域主要使用国内产品，由北京东方有机厂的 28/400、18/150 等。进口产品主要有日本三井的 250、260、410、420；日本住友的 KA10、KA31、KC10；韩国 LG 公司的 900、910、920、930；美国杜邦的 210、220、250；韩国湖南石化的 900、810、910 以及韩国韩华公司的 1528、1529、1519 等。

(6) 其它方面

EVA 树脂可用作石油产品的添加剂、原油防蜡剂和流动改良剂、柴油低温流动性改进剂、油墨、箱包、酒瓶垫盖以及导电材料的基材树脂等，此外，还可以通过制备 EVA 树脂/蒙脱土、EVA 树脂/层状硅酸钠、EVA 树脂/纳米 TiO_2 等复合材料，进一步拓展其应用领域。

8.2.2.3　生产情况

世界 EVA 树脂的生产主要集中在西欧、北美和亚洲，主要生产商有 Dow、杜邦、USI、Chevron、Equistar、ExxonMobil、Huntsman、WestLake、Total、LyondellBasell、Polimeri Europa、BP、Borealis、Repsol、三井、现代、台塑、亚聚、台聚等，未来北美、欧洲、中东、日本、韩国的 EVA 产能将基本保持稳定，而亚洲及中南美等地区将有大幅增长。我国主要的 EVA 生产企业见表 8.2。

表 8.2　我国主要的 EVA 生产企业

企业名称	产能 /(万吨/年)	工艺	投产时间	装置所在地
东方石化	4	埃尼釜式法	1995 年	北京

续表

企业名称	产能 /(万吨/年)	工艺	投产时间	装置所在地
扬子-巴斯夫	20	巴塞尔高压管式法	2005 年	南京
华美聚合物	6	杜邦釜式法	2010 年	北京(停产)
斯尔邦	30	巴塞尔高压釜式法＋高压管式法	2017 年	连云港
燕山石化	20	埃克森高压管式法	2011 年	北京
宁波台塑	7.2	埃尼釜式法	2015 年	宁波
联泓新材料(山东昊达)	15	埃克森美孚釜式法＋埃克森管式法	2015 年,2022 年	滕州
延长榆能化公司	30	巴塞尔管式法	2021 年	榆林
扬子石化	10	巴塞尔釜式法	2021 年	南京
中化泉州	10	埃克森美孚釜式法	2021 年	泉州
浙石化	30	巴塞尔管式法	2021 年	舟山
中科炼化	10	巴塞尔釜式法	2022 年 3 月	湛江

在产能分布方面，目前华东地区是 EVA 产能集中区，约占 55.8%，且占比仍在增加。中化泉州石化与湛江中科装置位于华南大区，延长中煤榆林装置位于西北大区，这两大区 EVA 装置从无到有开创新的起点。西北市场占比超过华南，达到 15.6%。

从这几年的新建项目来看，我国在建 EVA 项目包括：古雷石化 30 万吨/年 EVA 项目、天利高新 20 万吨/年 EVA 项目这些项目预计全部在 2022 年投产，预计 2022 年底全国 EVA 产能将达到 242.2 万吨/年。此外，浙石化，联泓新科、江苏新海、广西石化、吉林石化、齐鲁石化。宁煤等也在筹备新建 EVA 项目，拟建 EVA 产能将达到 200 万吨/年，预计到 2025 年全国 EVA 产能将突破 300 万吨/年。

2021 年我国 EVA 表观消费量约为 205.2 万吨，约占全球 EVA 总消费量的 36.6%，是全球最大的 EVA 消费国。光伏 EVA 消费量约 78 万吨，占全国 EVA 树脂总消费量的 38%，是增长最快的品种。

1960 年，美国杜邦公司首先实现了低 VA 含量的 EVA 工业化生产，采用的是高压法连续本体聚合工艺，随后，陶氏化学、拜耳、台湾聚合物公司、埃克森美孚、三井、德山曹达、住友化学、尤尼卡等 30 多家公司相继工业化投产。目前，国内外 EVA 树脂的生产工艺主要有四种：高压连续本体聚合、中压悬浮聚合、中压溶液聚合、低压乳液聚合。其中溶液聚合和乳液聚合工艺应用较少，市场上多数采用高压法连续本体聚合，VA 质量分数一般为 5%～40%。EVA 的高压聚合工艺主要采用两种反应器工艺，即管式法和釜式法。两者之间最大的区别是反应混合物在反应器中的返混程度。反应混合物在环管反应器中很少返混，而在釜式反应器中高速返混，因此两种工艺生产的 EVA 树脂有不同的结构，釜式法工艺可以达到较高的平均反应温度，因而生产的 EVA 树脂的 VA 含量较高、分子量分布宽、长支链度高、长支链结构复杂。环管反应器工艺存在温度梯度，所以反应温度不能太高，得到的 EVA 树脂 VA 含量相对较低。一般，釜式法工艺得到的 EVA 树脂的 VA 含量可以达到 40%，而管式法工艺得到的 EVA 树脂的 VA 含量通常小于 30%。从显微结构看，管式法的分子呈现星状，而釜式法的分子呈现梳状。支链分布上，管式法的支链分布少而不规则，长支链少；釜式法的支链分布多而均匀，长支链多。管式法工艺单程转化率在 25%～35%，釜式法工艺的单程转化率为 10%～20%。从产品性能上看，管式法工艺得到的 EVA 树脂的机械强度好，主要用于挤出涂覆和薄膜，釜式法工艺的 EVA 产品弹性好，主要用于发泡、涂覆、热熔胶和电缆等；管式法工艺的设备投资较低，而釜式法工艺的设备投资相对较高。

釜式法工艺生产的 EVA 树脂在产品性能和品种上相对灵活，对于市场的变化和企业差异化发展更加有利。釜式高压本体聚合的工艺专利商主要有：杜邦、埃克森美孚、LyondellBasell、Polimeri Europa 等。国内方面，中国石化燕山石化的 EVA 装置是采用杜邦的工艺，其他的国内装置都基本选用埃克森美孚和 Lyondell Basell 的工艺技术，这两种工艺技术可得性强，在产品牌号及质量上能满足高端产品的需求。

8.2.2.4　前景与展望

与国外相比，目前我国 EVA 树脂行业还存在装置开工率低、产量少、品种牌号较少、应用开发力度不够以及生产成本较高等不足。为此，在有条件的地方，尤其是有原料乙酸乙烯酯供应的企业，应该考虑采用先进的技术建设生产规模在 20.0 万吨/年以上的装置，或者将现有装置产能进行扩能改造，实现装置的规模化，以便更好地赢得 EVA 价格利润空间。新建装置最好采用 LDPE/EVA 兼产的工艺路线。这样，可以根据市场情况，进行机动灵活的生产。此外，国家应该在政策上支持鼓励相关企业开发和生产 EVA 树脂产品，以增加产量，满足国内需求。各企业应该加快各类膜用 EVA 树脂、涂覆用树脂以及太阳能板的光伏膜树脂等产品的应用开发，实现产品系列化，以提高企业的产品市场占有率和竞争力，促进相关行业健康稳步发展。

从新增产能的生产工艺来看，其中釜式工艺产能高于管式工艺产能。从原料来源看，来自煤化工或者甲醇制乙烯项目的产能将不断增加。后续新增产能以及新产品的不断开发，将大大增强我国光伏、涂覆、热熔胶等下游行业所需高乙酸乙烯酯含量 EVA 树脂的自供能力。此外，EVA 树脂生产企业将呈现多足鼎立的局面。

未来 EVA 树脂的消费结构将发生变化，发泡制品对 EVA 树脂的需求量将继续下降，太阳能光伏、热熔胶和涂覆等领域的消费所占比例将有不同程度的增长。高乙酸乙烯酯含量产品将是今后发展的主流产品。我国 EVA 树脂装置多数为联产 LDPE 装置，其产量受 LDPE 的制约较大，产量的增加具有很大的不确定性。另外还存在开工率低、品种牌号宽度不足的问题。为此，在原料供应充足的企业，可以考虑采用先进的技术建设一定规模的生产装置，或进行技术升级，以实现装置的规模化，赢得 EVA 树脂价格空间。新建装置最好采用 LDPE/EVA 兼产的工艺路线，这样可以根据市场情况，灵活进行生产。我国国产 EVA 树脂大部分是低乙酸乙烯酯含量的通用牌号，同质化现象较为严重，高端、特种牌号的 EVA 树脂主要依赖进口，因此应该加快各类膜用 EVA 树脂、涂覆用树脂以及太阳能板的光伏膜树脂等产品的应用开发，实现产品系列化，以满足国内相关行业的实际生产需求。

8.2.3　乙烯-乙烯醇共聚物

8.2.3.1　简介

乙烯-乙烯醇共聚物是由乙烯-乙酸乙烯酯共聚物通过醇解反应得到的一种结晶型聚合物，集乙烯聚合物的可加工性和乙烯醇聚合物的气体阻隔性于一体，比例通常为 20%～40%乙烯、60%～80%乙烯醇，与聚偏二氯乙烯（PVDC）和聚酰胺（PA）并称三大高阻隔树脂[9]。

EVOH 共聚物的性能和用途介于通用树脂和特种树脂之间，除了具有透明性、黏结性、耐热性、耐油性和耐溶剂性外，最突出的特点是具有非常好的气体阻隔性[10]。这是因为EVOH分子链上含有羟基，而分子链上的羟基之间易生成氢键，使分子间作用力加强，分子链堆积更紧密，使EVOH的结晶度较高，从而具有优异的阻隔性能。此外，EVOH分子链中的羟基具有极性，使得空气中非极性的氧气很难透过EVOH。另外，EVOH中的乙烯醇链段也为极性，所以EVOH对非极性溶剂也具有良好的阻隔性能，而分子链中非极性的乙烯部分又可以提高EVOH对水等极性溶剂的阻隔性能。但是，EVOH结构中含有大量具有亲水性的羟基，使得EVOH易吸湿，从而使阻隔性能大大降低；另外，分子内与分子间具有较大的内聚力及高结晶度，导致其热封性能较差[11]。

① 高阻隔性。EVOH的阻隔性比PE、PP等高10000倍，比PA高100倍左右，比PVDC高数十倍。可有效地阻隔氧气、氮气、氦气以及二氧化碳等气体的渗透，在包装材料领域具有显著优势，如可避免食品由于空气的侵蚀而变质，也可以向包装材料内部充入氮气或二氧化碳以预防食品变质，还可以使食品的香味得以保持。此外，EVOH对油类和有机溶剂也有良好的阻隔功能，可作为油性食品、食用油、矿物油以及农药等的包装材料。

② 安全环保。EVOH只含有C、H、O三种元素，并且在制备过程中无需外加增塑剂，没有任何有毒物质污染，加工和燃烧过程不会释放二噁英和氯化氢等有毒物质。

③ 良好的透明性、光泽和耐候性。EVOH的光泽和透明性用于包装材料外层时，具有高光泽度和低雾度，增加了包装的美观性和可视性，并且印刷性能良好，具有优良的耐候性，长期在户外使用仍可以保持良好的光泽和力学性能。

④ 可加工性。EVOH可以采用传统的聚烯烃加工设备进行热成型加工。

⑤ 力学性能。EVOH的强度和弹性模量较好。但在低温时比较硬，脆性大，耐冲击性较差，在应用时，将其它物质与EVOH共混改性可解决其低温冲击性能差的缺点。

8.2.3.2 EVOH应用领域和消费现状

EVOH广泛应用在包装材料、汽车材料、纺织材料、医用材料、结构材料等领域。EVOH在应用过程中也存在一些问题，主要是由于其高度结晶的分子结构造成的热封性能差。此外，EVOH具有较强的吸湿性，在高温和高湿度环境中的阻隔性能会显著降低，应用上受到一定限制，许多研究机构及生产厂家研发出多层包装结构，在EVOH层两侧复合阻湿性材料，在奶制品、饮料、酒类等水性物质包装领域广泛应用[12]。另外，还有受湿度影响较小的EVOH新品种不断出现。EVOH的主要应用领域表现在以下几方面。

① 包装材料。利用EVOH的高阻隔性，含EVOH层的多层复合膜是EVOH树脂最主要的应用领域，占EVOH树脂总量的50%以上，在食品、药物、香料、化妆品、溶剂以及电子类产品等包装领域广泛使用。青岛出口海鲜使用PE/EVOH/PA/EVOH/PE五层共挤出膜真空包装。还可以利用EVOH对气体的高阻隔作用，采用充气技术，将氮气或二氧化碳充入包装材料内部来保护产品。EVOH膜还可以实现酒类和饮料等水性物品的保鲜，例如，新一代的PE/EVOH/PA/EVOH“负压啤酒保鲜桶”内胆就是采用EVOH作为阻隔层。对于会对环境产生严重污染的化学品，如二甲苯、苯和农药的包装也经常使用EVOH树脂来防止对环境的危害。此外，纸质和EVOH树脂的组合包装作为高阻气材料越来越多地应用在食品保鲜领域。

② 纺织材料。EVOH树脂具有优良的黏结性能和耐水洗性，可作为服装加工制造领域中的各种纤维织物的热熔黏合和涂层。日本可乐丽公司的一种含有聚酯和EVOH双组分的纤维具有高柔软、蓬松、吸湿、易染和高光泽性，该公司在EVOH纤维的制备过程中，将

SiO_2、ZrO_2、ZrC、MnO_2、CuO 等晶粒加入 EVAc 中，得到远红外的 EVOH 纤维，可用于保健服装生产。

③ 医用材料。EVOH 共聚物优异的生物相容性和阻隔性使其在生物医学方面有良好的前景。如 EVOH 树脂可制成医用选择性渗透膜，将 EVOH 树脂空心纤维封在聚乙烯膜中，用钴 60 辐照，可用于尿的渗析。EVOH 空心纤维膜可用于血液透析、血浆分级以及人造肾脏。EVOH 与玉米淀粉或乙酸纤维共混可制成骨科的临时代用品和组织修复剂。EVOH 涂料用作聚合物材料上可制成药物缓释材料。

④ 汽车材料。EVOH 树脂和高密度聚乙烯 HDPE 共混可制造汽车油箱或内衬、空调设备构件，可以降低汽油或氟利昂的渗漏，并且相比于传统的金属油箱，这种油箱的重量更轻，更经济。

8.2.3.3　EVOH 的生产现状

EVOH 的合成通常包括聚合过程和醇解过程。聚合过程是在 4～5MPa 压力下，甲醇或叔丁醇作溶剂，VA 与乙烯发生自由基共聚反应，生成乙烯-乙酸乙烯酯共聚物 EVA，然后甲醇为溶剂，强碱作催化剂，醇解得到 EVOH。VA 和乙烯的共聚可以分为高压连续本体聚合、溶液聚合、乳液聚合或中压悬浮聚合。乳液聚合制备的 EVA 共聚物中杂质含量高，后处理工艺繁琐，对下一步醇解过程影响较大。中压悬浮聚合得到的 EVA 纯度也较低，并且该方法只能间隔生产，操作繁琐且生产能力不足。高压本体聚合和溶液聚合是较常采用的方法。高压本体聚合多采用高压法连续聚合工艺，而溶液聚合的关键是除去共聚过程中的大量反应热。溶液聚合法具有易于控制 EVA 共聚物的组成、聚合度、支化度及分子量分布的特点，比较适合生产高阻隔性 EVOH 共聚物。

经过几十年的发展，溶液聚合法合成 EVA 共聚物的技术已经成熟，近年来的研究主要集中于合成条件对聚合物结构的影响，溶液聚合法的聚合压力一般控制在 6MPa 左右，以保证一定的转化率和产物的分子量。可乐丽公司的生产工艺采用了将 VA 溶液与排放的乙烯同时通过带有冷却介质的换热器，这样 VA 溶液就在返回聚合反应釜前吸收并溶解乙烯。孙瑞朋等[13] 研究了聚合压力对 EVA 共聚物的分子结构、树脂固含量、玻璃化转变温度和特性黏数的影响，结果表明，随聚合压力的增大，乙烯浓度增大，实际参与反应的乙烯量增大，因此 EVA 共聚物的收率增大；但反应体系中 VA 的相对浓度下降，使 EVA 分子中 VA 链节的含量降低。柯明等[14] 研究了聚合温度的影响，研究结果表明，随聚合温度的升高，EVA 共聚物的收率下降、VA 链节含量增大、平均分子量下降且支链增多。但由于每种引发剂所需的聚合温度不同，因此，具体的聚合温度要综合考虑引发剂、EVA 共聚物的平均分子量及 EVA 共聚物中 VA 链节的含量而定。

在醇解技术方面，主要有均相法和非均相法。均相法是将 EVA 共聚物溶于甲醇等低级直链脂肪醇溶液中，然后加入碱溶液发生醇解反应，最后将乙酸钠和乙酸甲酯等杂质洗涤出去得到 EVOH。均相法工艺设备简单、反应易控，反应速度快，生成周期短，但需要大量的醇类溶剂，且产物杂质的含量高，需要用大量的水来洗涤。非均相法是将 EVA 共聚物以粒子或粉末形式在溶剂中形成悬浮液，一般在高温高压条件下进行，可以直接控制 EVOH 的粒径，从而省去了后续造粒过程。非均相工艺得到的 EVOH 共聚物中几乎不含乙酸钠等杂质，工艺过程简便[15]。

20 世纪 50 年代，美国杜邦通过 VAc 与乙烯共聚、醇解制得 EVOH 树脂，1972 年日本可乐丽公司实现了 EVOH 的工业化，1984 年日本合成化学工业公司建成 EVOH 生产线，中国台湾长春石油化工公司（台湾长春）从20世纪90年代开始进行EVOH树脂自主研发，2007年建成1000t的生产装置。全球目前仅有可乐丽公司、日本合成化学工业公司和台湾长春石油化工公司三家公司生产EVOH树脂，生产装置分布在美国、英国、日本、德国以及中国台湾。2014年可乐丽公司和日本合成化学工业公司分别对其在美国的EVOH装置进行了扩能，使得EVOH的世界产能明显增长。2015年可乐丽公司将其在欧洲的产能扩大至3.5万吨/年。2015年底的世界EVOH总产能为15.7万吨/年，其中可乐丽公司占世界总产能的51.6%，日本合成化学工业公司约占42.0%，长春石油化工公司约占6.4%。2016年EVOH世界年生产能力为15.9万吨/年（表8.3），其中可乐丽产能8.3万吨/年，是全球最大的EVOH生产商，其市场份额占65%；合成化学产能为6.6万吨/年；台湾长春产能为1万吨/年[16]。

表8.3　2016年EVOH树脂的主要生产厂家

生产厂家	工厂地址	产能/(万吨/年)	商品牌号
可乐丽美国公司	Pasdena,TX	4.9	EVAL
可乐丽比利时公司	Antwerp	2.4	EVAL
可乐丽日本公司	Okayama	1.0	EVAL
合成化学工业英国公司	Hull,Uni	1.8	Soarnol
合成化学工业日本公司	Mizushima	1.0	Soarnol
合成化学工业美国公司	La porte,TX	3.8	Soarnol
中国台湾长春石油化工公司	Mailiao	1.0	

可乐丽和合成化学公司都能提供多种不同乙烯含量的EVOH（24%～48%，摩尔分数），台湾长春公司主要有三种规格的EVOH树脂产品，乙烯含量（32%～44%，摩尔分数）。可乐丽的EVOH牌号众多，适合不同用途，主要有M型、L型、J型、T型、F型、C型、H型、E型和G型。可乐丽EVOH树脂70%用于食品包装材料，包括茶叶、水果/蔬菜汁、水果、新鲜肉类、加工肉类、蛋黄酱和番茄酱等；30%用于非食品包装材料，包括汽车油箱、地板加热系统管道、冰箱真空绝缘层等。除上述用途外，可乐丽还在努力开拓阻气性材料市场，该气密材料可实现家用、建筑、农业和结构材料的节能和环保。此外，可乐丽正积极开拓潜在的冷冻机隔热材料和农用地膜，以及预防土壤熏蒸剂分散的包装材料和输血袋等。合成化学的EVOH按乙烯含量的不同分为不同的牌号，如BD型、DT型、DC型、E型、ET型、A型、AT型和H型，可以按照用途、成型方法选用最合适的牌号。合成化学的产品主要用于汽车油箱、易挥发物质包装、化妆品包装、农业、药品和建筑材料等。台湾长春的EVOH产品型号主要是EV系列，如EV3201F、EV3801F、EV3251F、EV3851F、EV4405F等。台湾长春的EVOH产品具有良好的气体阻隔性和优异的加工成型性、耐油性、耐溶剂性和耐候性等，广泛应用在食品、溶剂、医药产品和化学制品等领域。

8.2.3.4　EVOH树脂的技术研发情况

EVOH相关的前沿技术研究主要在日本的可乐丽和合成化学。可乐丽公司的EVOH产能全球第一，品种系列丰富，其技术研发的方向，一是通过改性、复配的方法，开发多种EVOH树脂；二是进行双向拉伸EVOH膜的研发；三是农业EVOH膜，如土壤熏蒸膜、牧草缠绕膜和农作物仓储膜；四是阻隔管材。随着阻氧管材的发展，EVOH共聚物在高档管材方面的应用也越来越广泛。按EVOH共聚物在管材中的位置，有3种不同的EVOH

管：①内层是 EVOH 阻氧层，外层是聚乙烯或交联聚乙烯，两层间是热熔胶层的 EVOH 共聚物；②内层是聚乙烯或交联聚乙烯，外层是 EVOH，两层间是热熔胶层的 EVOH 共聚物；③内层是聚乙烯或交联聚乙烯，中间层是 EVOH，外层再覆盖一层聚乙烯或交联聚乙烯，内外两层间各有一层热熔胶层的 EVOH 共聚物。前两种 EVOH 管都是三层结构，后一种是五层结构，其生产设备相应复杂些。EVOH 阻氧地暖管是今后水暖管的一个主要发展方向，它不仅技术成熟，性能稳定，而且与铝塑管相比有一定成本优势。在国外已基本普及的大环境带动下，我国也将建立相应国标，这些也都将大力促使 EVOH 阻氧管的发展。实际上，近年来已经有很多企业开始 EVOH 阻氧管的研制和市场开发，这也充分说明了其市场可谓方兴未艾，潜力巨大，而且趋势越来越明显。

可乐丽公司通过改性开发出 SP 系列产品，该产品在保持了高阻隔的基础上，通过控制在二次加工成型过程中的结晶速度，使其二次加工性能得到大幅度改善。SP 系列可以用于不适用于原有的产品加工方法的领域，如收缩薄膜、PET 系列瓶及设计复杂的杯子等材料。可乐丽公司于 1999 年推出一种乙烯含量为 30%～70%（摩尔分数）的 EVOH 树脂与其他热熔性聚合物新产品 SOPHISTA，该种复合纤维以 EVOH 为主要原料，由于良好的热传导性，用于运动服、内衣、袜子等的生产。2001 年推出 SOPHISTA-MC 等纤维产品，有良好的保温性能。合成化学的研发方向与可乐丽类似，但更侧重食品包装膜。为不断提高 EVOH 的加工稳定性，日本合成化学进行不断研究，如减少晶点生成、降低分解性、稳定黏度以及改善着色性能等。合成化学用 99% 的 EVOH 和 1% 季戊四醇三烷基酯混合后，230℃做成小颗粒，用螺杆挤出机制成单层膜，随后经过电子束辐射下交联，可以明显提高耐蒸煮性，并且仍具有优异的阻隔性。合成化学还将 EVOH 与 PS 共混，可以改善 EVOH 树脂的耐弯曲疲劳性、耐冲击性、拉伸性，开发出牌号为 Soarnol STS 的树脂型号，用于运输业和制瓶业等领域。另外，纳米复合改性 EVOH 也是一个研发方向，如 Cabedo L 等用十八烷基胺对高岭土进行有机改性，熔融制备了 EVOH/高岭土纳米复合材料，该材料的玻璃化转变温度和结晶温度提高，隔热性能和阻氧性能改善[17]。EVOH 技术发展方向是树脂改性，即克服 EVOH 缺点，发挥阻隔性能优势，改善后加工性能和扩大应用领域等。例如，高湿度情况下，EVOH 的阻隔性会降低，日本合成化学推出等 STS 新牌号，改善了湿度对阻隔性的影响，且产品的耐疲劳性明显改善。日本可乐丽公司制造出 XEP-400，并同时开发出 RT 膜和 HS 膜；美国 EVAL 公司开发出新型 EVOH 系列产品 F100 和 F151，具有较大黏度，且与聚烯烃有更好的相容性，近年又推出第三代 EVOH 树脂 XEP-567，比第二代产品的氧透率低 50%左右，二氧化碳渗透率低 50%左右。

国内自 20 世纪 80 年代开始，西安交大、浙江大学、中国林业科学研究院以及南京林化所等科研机构开始对 EVOH 树脂的合成进行研究。南京林化所在 1989～1993 年开展了乙烯-乙烯醇共聚物高阻隔性树脂的研制及其应用技术研究，采用溶液聚合方法制备 EVOH 树脂。小试结果表明 EVOH 各项性能数据与可乐丽公司产品十分接近，该成果于 1993 年通过中国包装总公司组织的鉴定，当时国内的 EVOH 树脂还没有市场，该成果未进行放大和工业化。2011 年中国石化集团四川维尼纶厂与中国林业科学院合作开展 EVOH 小试研究，得到了三种乙烯含量的产品，并进行了应用性能测试。四川维尼纶厂在中国石化集团公司的支持下完成了 EVOH 小试研究，并在此基础上开展 EVOH 中试技术开发和工艺包编制，于 2016 年建成 500 吨/年中试装置，开展中试研究。青岛浩大实业有限公司、洛阳巨尔乳业有限公司、天津奶业集团等公司均已建成超高温 UHT 消毒鲜乳软包装材料生产线[18]。生产出新型 EVOH 五层共挤复合膜液态奶包装，将成为利乐包装的换代产品，目前荷兰和丹麦等国市场流行的这种软包装，保鲜可达90天，且成本更低。江西阿特斯化工有限公司也能提供同类的EVOH膜产品，用于奶类和肉类包装。2010年陕西林桦包装科技有限公司投资6亿元的EVOH包装生产基地项目在广西桂林市荔浦县。2012年，青岛彩信包装有限公司EVOH食品包装项目顺利投产，产品销往日本。这些项目增加了我国对EVOH共聚物的需求，有力地拉动我国EVOH共聚物的消费[19]。

由于EVOH树脂的生产工艺与PVA生产工艺类似，目前世界上EVOH生产商均为领先的PVA生产商，对于国内PVA生产企业而言，在传统产品产能过剩严重、市场竞争激烈的新形势下，积极探索发展EVOH树脂的可行性和技术实现途径，是一个值得关注的方向。

8.2.4 乙烯-丙烯酸共聚物

8.2.4.1 简介

乙烯-丙烯酸共聚物，简称EAA，是一种具有热塑性和高黏结性的聚合物，由于羧基的存在和氢键的作用，聚合物的结晶被抑制，主链的线型被破坏，EAA的透明性高，韧性好，但熔点和软化点较低。

EAA性能的特点包括：①对不同材料的黏附性好，其中对金属、玻璃、纸张和聚乙烯的黏附性更好；②优良的热稳定性；③优良的耐环境应力开裂性。

EAA最常应用在显示其良好的黏附性和韧性的用途上。如在涂层、黏结剂和复合材料方面，在复合薄膜中作为黏结中间层，在这个领域内将替代EVA，虽然价格稍高，但有更好的黏结强度。EAA单层薄膜和多层薄膜适用于制作包装材料，由于EAA与金属、玻璃的黏结力强，用于作铝箔与其他橡胶、塑料和金属的黏合，涂于玻璃上可以作为汽车的安全玻璃。EAA还用于制作铝线和电缆屏蔽层，也用在身份证和信用卡上，EAA涂在身份证的底层聚酯薄膜上，然后热合。

美国Dow化学公司于1963年开始生产EAA树脂，并不断研究开发EAA生产新技术和新产品牌号，70年代生产的丙烯酸单体含量为3.5%～15%、熔体流动速率为2.5～41g/10min的7种牌号的EAA。在80年代Dow公司开始开发EAA生产新技术，开拓新用途，目前该装置可以生产丙烯酸含量从低到高（20%或更高）的各种EAA牌号，它可以改善薄膜级EAA的光学性能，提高产品韧性和稳定性，减少凝胶，改善加工性能。

通常，乙烯与丙烯酸或丙烯酸酯的共聚物是采用自由基聚合法在高温高压下制得，可在高压搅拌釜或超高压管道式反应器中进行。另一种合成方法是采用插入聚合法与低温低压聚合反应得到。国内对该类物质的聚合反应鲜有研究，共聚产品长期以来全依赖进口解决。

8.2.4.2 EAA生产工艺

乙烯-丙烯酸共聚物的合成工艺主要包括高压搅拌釜合成工艺、连续管道反应器合成工艺和插入聚合法合成工艺三种。

(1) 高压搅拌釜合成工艺

以搅拌反应釜作为共聚反应器，在溶剂介质中进行乙烯和丙烯酸（酯）的聚合反应，通常可以大幅度地降低反应压力。搅拌釜工艺一般是在带有搅拌桨的高压反应釜中，加入物料后，对反应釜进行脱气，再用乙烯置换，充入乙烯至一定压力，再加热升温，用泵打入一定浓度的硫酸钾溶液，调节压力，再次泵入过硫酸钾溶液进行聚合反应。在反应过程中，不断补充乙烯气体，并定时取样分析反应釜的固含量，当总的固含量达到20%时，反应结束，可以降温，排出产物。产物为白色聚合物乳液，再继续加入水和氢氧化钠、氯化钠，强力搅拌，加入盐酸搅拌，冷却降温，过滤可得到凝结物 EAA，干燥得到 EAA 产品。

(2) 连续管道反应器合成工艺

乙烯-丙烯酸共聚物或是乙烯-丙烯酸酯共聚物系乙烯类共聚物，它们是在加压和高温，比如 150～300MPa、120～320℃下合成得到的。该类共聚物含有 0.5%～25%，通常是 2.0%～20%的共聚单体。产物的熔体流动速率在 190℃下为 0.1～30g/10min（按照 ASTM-D1238-65 标准测定的），共聚物的密度为 0.9240～0.9360g/cm^3（按照 DIN 53479 标准测定的），该反应可在传统的连续操作的环管反应器中进行，反应器的承压管道的长径比为（10000∶1）～（60000∶1）。典型的反应器分两个区域和两股进料：第一股进料为气相反应混合物于反应器的入口进入第一个反应区域；第二股物料与离开第一个反应区域的反应产物混合后一同大致在反应器的中部进入第二反应区域，继续进行聚合反应。

(3) 插入聚合法合成工艺

现已发现中性钯（Ⅱ）膦砜聚合催化剂对羧酸基团是稳定的，可使乙烯与丙烯酸直接进行线型聚合反应，得到乙烯-丙烯酸共聚物。该反应的机理为：乙烯和丙烯酸基于不饱和端基通过 β-H 的消去链转移反应聚合。对于 9.6%（摩尔分数）插入丙烯酸的共聚物，发现丙烯酸与乙烯的端封基的比例约为 1∶1；丙烯酸及其衍生物重复单元不会嵌入端封基，而是嵌入高聚物的骨干链中。聚合物本质上是线型的，大概具有 3 个甲基支链（每 1000 个碳原子），这说明了羧酸化功能线型聚乙烯类和相应的离子交联聚合物可直接从乙烯单体于低温低压下合成得到，而不需要如前所述的高温高压下自由基聚合反应。

8.2.4.3　EAA 的加工

乙烯-丙烯酸类共聚物的加工与 LDPE 相似，可用挤塑、涂塑、吹塑与注塑等方法，但 EAA 产品在加工时对金属略有腐蚀性，特别是对软质钢。因此，加工设备和模具内表面应镀镍，以避免在高温脱羧反应造成腐蚀。EAA 树脂和 LDPE 物性比较如表 8.4 所示。

表 8.4　EAA 树脂和 LDPE 物性数据比较

物性	LDPE	EAA	离子聚合物
熔体流动速率/(g/10min)	4.0	9.0	5.0
共聚单体含量/%	—	6.5	7.0
密度/(g/cm^3)	0.923	0.932	0.940
断裂拉伸强度/MPa	12.26	17.85	20.99
屈服拉伸强度/MPa	8.93	8.44	11.0
断裂伸长率/%	650	615	530
维卡软化点/℃	98	83	80

8.2.4.4　EAA 共混物

有许多研究对 EAA 与其他树脂和聚合物的混合物进行了研究。EAA 与聚烯烃在结构上相似，具有良好相容性，利用 EAA 中的丙烯酸链段与填料发生化学反应，使其能很好地与填料结合，有效地降低复合材料的界面张力，增强界面作用。杨红艳等[20] 利用 EAA 分子中的功能基团，研究了 PP/EAA 共混物的结晶行为及相容性，并考察了不同共混比下共混物的物理机械性能和动态力学性能。研究结果显示，不同配比下 PP/EAA 共混物均出现两个明显的结晶熔融峰，说明两者不能相容，但两者可相互提高各自的结晶速率，且不会改变它们的晶型；共混物的结晶度随着 EAA 用量的增加而逐渐降低；随着 EAA 含量的增加，

PP/EAA共混物的拉伸强度、拉伸模量和弯曲模量均逐渐降低，冲击强度先降低后升高；随着EAA含量的增加，PP/EAA共混物的E'和E''均降低，tanδ增大，且明显高于纯PP，T_g向高温方向偏移。于晓璐等[21]研究了乙烯-丙烯酸共聚物对聚丙烯/碳酸钙复合材料和PP/碱式硫酸镁晶须（MOS）复合材料性能的影响。结果表明，EAA的加入有效改善了聚丙烯复合材料的界面黏合，使聚丙烯/碳酸钙和聚丙烯/MOS复合材料的拉伸强度、断裂伸长率、简支梁缺口冲击强度及熔体质量流动速率有所增加，维卡软化点温度逐渐下降。文力等[22]研究了乙烯-丙烯酸共聚物（EAA）作为增容剂对聚丙烯（PP）/乙烯-辛烯共聚物（POE）/伊利石三元共混体系力学性能的影响，并通过SEM及DSC对其形态和结构进行了分析。结果表明，EAA的加入有效地改善了填料与基体之间的界面黏合，促进了填料在基体中的有效分散，体系的力学性能明显提高；对共混体系结晶行为的研究表明，增容剂EAA包覆在伊利石表面，抑制了伊利石对聚丙烯的成核作用，阻碍了聚丙烯基体的结晶；同时，还比较了两种制备三元共混体系的方法，结果表明，填充母料法制备的三元共混体系的力学性能优于直接加料法制备的三元共混体系的力学性能；增容剂EAA的加入有效地改善了填料与基体之间的相容性，提高了界面黏合；三元共混体系中EAA的质量分数在1%左右时，共混体系的综合性能最好。中国科学院长春应用化学研究所的徐胜清等研究了EAA对LLDPE/PEO、LLDPE/苯乙烯-丙烯腈共聚物（SAN）共混物性能的影响。通过DMA、DSC、偏光显微镜（PLM）、WAXD及力学性能测试等方法，对线型低密度聚乙烯（LLDPE）/乙烯-丙烯酸共聚物（EAA）共混体系进行了研究，结果表明，LLDPE与EAA的非晶相可部分相容，结晶相不能形成共晶；共混物结晶时，两组分相互影响，LLDPE的结晶速度高于EAA，两者结晶没有进入对方晶胞中，还发现LLDPE与EAA力学性能上相容，低含量EAA共混体系显示出较佳的力学性能。此外，他们的研究发现，少量的EAA可使共混物中SAN相的相尺寸减小，共混物模量、拉伸强度及断裂伸长率提高，当EAA的含量增加至11.7%时，它在共混物中两相界面的分布达到饱和，即增容剂饱和浓度为11.7%；此时，共混物形态及性能的变化趋势出现明显转折，明显过量的EAA主要起增韧作用，它的增容机理为EAA与LLDPE组分的非晶区可部分相容，同时又与SAN相存在着分子间特殊作用。

8.2.4.5 EAA相容剂

除了可以作聚烯烃复合材料的相容剂外，EAA也常用于其他高聚物，如聚酰胺、聚酯、聚碳酸酯等聚合物的相容剂。陈弦等[23]研究了聚酰胺和EAA共混物分子间的相互作用，在一定温度和剪切力作用下，以机械共混制备PA6与EAA的共混物，通过溶剂溶解证明在共混过程中形成了部分共聚物，用FTIR研究了PA6与EAA分子间的相互作用，结合DSC探讨了共混中分子间的作用力及对PA6结晶性的影响。发现PA6与EAA共混过程中，有部分接枝物形成，且随着共混物中EAA含量的增加，PA6分子间的相互作用力有所改变，PA6与EAA共混过程中形成了部分接枝共聚物，溶于溶剂后呈正向Molau现象，PA6分子间的相互作用随共混物中EAA含量增加而改变，共混物中EAA含量少时，N—H键减弱，振动峰向低波数移动；C—O键基本不变。当EAA含量高时，N—H键的振动峰向高波数移动；C—O键增强，振动峰向高波数漂移。EAA含量少时，共混物的结晶度下降，熔点上升；EAA含量多时，与上述情况相反。甘晓平等[24]以乙烯-丙烯酸共聚物（EAA）为相容剂，制备了*r*-PET/POE/EAA共混材料。用DSC、SEM分析了POE及EAA对*r*-PET结晶性能、断面结构的影响，并测试了共混材料的力学性能，结果表明：加入12%

POE后，r-PET/POE共混材料的熔融温度降低了1.76℃，结晶度降低了16.49%，断裂伸长率及缺口冲击强度明显提高，弯曲强度和拉伸强度略有下降；在r-PET/POE共混材料中加入1.5% EAA后，POE球状粒子嵌入r-PET基体中，二者相容性提高，结晶速率加快；与纯r-PET相比，r-PET/POE/EAA共混材料的断裂伸长率和缺口冲击强度分别提高了698.01%和227.45%，柔韧性也大幅度提高。张欢等[25] 利用熔融共混法制备了乙烯-丙烯酸共聚物（EAA）/水滑石（LDH）母粒和高密度聚乙烯（HDPE）/LDH复合材料；研究了EAA与LDH之间的相互作用以及EAA在复合材料中的增容作用。结果表明，EAA能使LDH层间可交换的阴离子碳酸根脱出，且与LDH产生化学键作用形成羧酸金属离子键，减小LDH片层之间的相互作用；EAA能有效减小LDH的晶体衍射峰，使LDH层状堆砌、长程有序的晶体结构被打破；EAA对复合材料有很好的增容作用，能明显增强LDH与HDPE之间的界面黏合，促进LDH在基体中的有效分散；力学性能测试表明，添加EAA的复合材料比没有添加EAA的复合材料的力学性能有明显提高，且能使强度和韧性同时提高。四川大学的赵印、廖永霞等[26] 研究了EAA在聚碳酸酯以及聚碳酸酯/LDPE共混体系中的作用，乙烯-丙烯酸共聚物（EAA）侧基上的官能团与PC组分主链上的酯基在催化剂氧化二丁基锡（DBTO）的作用下发生酯交换或酸-酯交换反应，在共混体系界面原位生成接枝或共交联的PC-EAA共聚物，作为HDPE/PC共混体系的增容剂，从而达到原位增加HDPE/PC共混体系相容性的目的。

EAA还可以改善PE和淀粉的相容性以制备具有商用价值的高分子可降解材料。在聚丙烯和小麦秸秆纤维等木塑复合材料中[27]，EAA的加入可以增加复合材料的储能模量，EAA可以改善复合材料的力学性能、热稳定性、流变性能以及疏水性能。

还有一些研究是关于EAA共聚物接枝技术，将EAA作为增容剂，如EAA原位接枝木粉，EAA分子中羧基基团的存在，可以与木粉表面的羟基发生反应，以提高木粉和基体的相容性。江李贝等[28] 用EAA原位接枝木粉来改善HDPE和木粉的相容性，研究结果显示，在HDPE/木粉/EAA熔融挤出过程当中，木粉与EAA发生了原位接枝反应，表面引入了非极性长链，提高了木粉与HDPE塑料基体之间的相容性，进而改善了复合材料的力学性能。当EAA的添加量为10%时，复合材料的拉伸和弯曲强度最高。当EAA的添加量相同时，EAA中AA的含量越低，其对复合材料的增容效果越好。同时，当木粉的添加量为50%，木粉/HDPE复合材料的拉伸强度高达32.8MPa，当木粉的添加量为60%，弯曲强度高达40.8MPa。

8.2.4.6 EAA示温材料

示温材料是利用颜色变化来指示物体表面温度变化及分布的特种功能性材料，它是一种重要的非干涉式表面温度测量方法，广泛用于航空、汽车、管道等领域的表面温度测试。乙烯-丙烯酸共聚物型不可逆示温材料的变色机理是利用结晶高聚物熔融实现示温变色，同时利用高分子结构多分散性，通过控制高分子链的规整度、聚合度和分子量分布、共聚物组成、结晶度、晶粒尺寸等来调节变色温度及区间，制备出一系列不可逆示温材料。季锦卫等[29] 以乙烯-丙烯酸共聚物为原料，以低毒性溶剂正庚烷为溶剂，在低温下通过加热和搅拌，制备了环保型低温不可逆示温材料。由EAA制备的示温贴片具有起始变色温度低、变色温度窄、灵敏度高的特点。

8.2.4.7 EAA可降解膜

将淀粉与EAA复合，可以采用干混或者水溶液混合，制造出抗水性能和力学性能优良的薄膜。在EAA中加入50%淀粉和2%多聚甲醛得到的薄膜能在自然环境使用2个月以上，通过改变多聚甲醛的含量，可以调节薄膜的降解速度。薄膜性能见表8.5[30]。

表8.5 淀粉/EAA薄膜的特性

组成/%			拉伸强度/psi	伸长率/%	耐折叠性(双折叠次数)	破裂因数	霉菌敏感性
淀粉	EAA	硬脂酸					
淀粉和PCX-100							
0	100	0	3288	295	无破裂	21.8	0
20	76	4	2483	166	2972	20.7	2
40	56	4	2528	44	531	21.7	4
60	37	3	3185	21	349	20.6	4
80	19	1	5315	10	61	15.0	4
淀粉和PCX-140							
0	100	0	3336	349	—	—	0
20	80	0	3898	226	—	—	4
40	60	0	4077	87	—	—	4
60	40	0	4893	44	—	—	4
淀粉和PCX-300的干混合物							
0	100	0	6699	48	—	—	0
20	80	0	4519	48	—	—	0～1
40	60	0	1897	53	—	—	4
60	40	0	2685	21	—	—	4

注：145psi=1MPa。

然而，用EAA制造薄膜的成本太高，降低制造成本，常在其中加入一定量的低密度聚乙烯代替EAA，同时采用了挤出吹塑制膜这一最经济的加工方法。实验结果表明，低密度聚乙烯的加入不仅降低了成本，而且增加了光稳定性和微生物的可降解率。此外，淀粉/EAA薄膜中增加淀粉含量或水溶解物都会明显地提高薄膜的渗透率。然而，在淀粉/EAA薄膜的制造过程中，需要加入大量的水进行混合，因此高效混合机是必不可少的，混合的主要目的是使淀粉α化，并与EAA均匀一致，这种制造工艺显然会使成本增加。Oety改用尿素使淀粉在低水分下α化，从而减少了干燥过程而直接挤吹出薄膜。含有尿素的薄膜强度在开始低于无尿素的薄膜，而在尿素吸水之后，两者的强度则相近。Oety同时还发现甘油和淀粉衍生物的多元醇物质可加入淀粉/EAA薄膜中，以增加可降解物的百分比，而不会明显地影响薄膜的特性。

8.2.4.8 EAA离子聚合物

离子聚合物是以EAA共聚体为母体，在其主链上引入金属离子（如钠、锌等）进行交联而制得的产品，国外称之为Ionomer。经过近半个世纪的发展，离聚体的种类越来越多，离聚体根据酸基的不同，可以分为羧酸型离聚体、磺酸型离聚体、磷酸型离聚体等，其中羧酸型离聚体的研究最为活跃，该类离聚体具有许多独特的物理化学性能，可以用作热塑性弹性体、黏合剂、包装材料和增黏剂等。这样在离子聚合物中不但有离子键存在，而且有分子间的氢键存在，这就使它具有特殊的性质。1964年美国杜邦公司首先生产了离子聚合物。离子聚合物虽有离子交联，但与一般用硫、过氧化物和电子辐射交联的聚合物不同，将离子聚合物加热到一般的塑料加工温度时，由于离子结合减弱，离子间力减小了，这就使离子聚合物能在通常的模塑和挤塑设备中加工。离子聚合物最主要的用途是包装薄膜，特别是外层包装。它具有良好韧性、抗针孔性和透明性，和 LDPE 比较，它的耐油性好，适合作为油类食品的包装材料。它与 LDPE 共挤出薄膜可作重包装使用。其次用于挤出涂层，这是由于它对各种金属箔具有良好的黏结力，这种复合材料可以代替金属软管用来灌装牙膏、化妆品等，可节约大量金属材料。其它用途包括制各种板材、电线涂覆、汽车和电机部件、冷藏库的浅盘、家庭用品和运动鞋。吹塑瓶用于装各种油、洗涤剂、化妆品和药物的容器。离子聚合物的特性：①非常好的透明度，其透光率为 80%～92%；②韧性、弹性及柔软性极为良好；③拉伸强度、耐磨性、耐环境应力开裂性、耐低温性优越。脆化温度可达－100℃；④耐油性比 LDPE 好，渗透性和耐药品性优越；⑤对各种材料有高的黏合强度，特别是对金属、纤维、玻璃等材料的热黏合性优异。

四川大学吴波等[31] 用动态中和法合成了乙烯-丙烯酸共聚物（EAA）的钙离聚体，研究了不同含量的钙离子在哈克密炼机中熔融共混的中和效果，并用双螺杆挤出机挤出造粒制备了离聚体薄膜。通过红外图谱、DSC 分析了挤出产物中羧酸盐离子的存在，分析了离聚体的形成，在熔融挤出的过程中，EAA 中的羧酸基被钙离子中和，形成了类似交联结构，使钙离聚体的 DSC 图谱出现两个吸热峰；并通过红外吸光度计算了中和度。李彩利等[32] 研究了乙烯-丙烯酸共聚物（EAA）在熔融中和反应下形成离子聚合物，首先测试了不同中和度的钾离聚体的流变性能和抗静电性能，另外测试了 K、Na、Mg、Zn 四种离子中和两种 EAA 而得的离聚体抗静电的效果，并讨论了两种羧酸含量的 EAA 按不同比例复配、中和后对抗静电性能的影响。结果发现，钾离聚体的抗静电性能最为优异，中和度为 80% 的 EAA5200 钾离聚体，其表面电阻可达 $2.53\times10^{9}\Omega$，但是由于原料中羧酸含量较低，复配效果不明显。在表征了不同离子的离聚体吸水能力后，发现钾离聚体的吸水能力和稳定性最高，其平衡吸水率可达 20.19%。

8.2.5　反应器聚合热塑性聚烯烃弹性体

8.2.5.1　简介

聚烯烃类的热塑性弹性体，原料成本低廉，在常温具有良好的弹性，而加工时又能和热塑性塑料一样，可以用注塑、挤塑等方法加工成各种制品，还可以重复回收使用，是近年高分子材料中发展迅速的一个领域。

在 20 世纪 90 年代茂金属催化剂还未工业应用之前，这种材料只能采用聚丙烯和各种弹性体机械共混或动态硫化技术来生产，反应器聚合法生产热塑性聚烯烃弹性体的研究可追溯到 20 世纪 50 年代，Natta 等采用 Z-N 催化剂制备丙烯聚合物时，通过分级得到弹性的级分。20 世纪 90 年代 Chien 报道了用茂金属催化剂合成出等规-无规嵌段结构的弹性聚丙烯。其后 Collins、Waymouth 等均在立构嵌段聚丙烯上做了大量创新性的研究。反应器聚合热塑性聚烯烃弹性体的原理就是以催化剂和合成工艺来实现一些起弹簧作用的柔软的分子链段与一些起结节作用的化学或无力交联点相互连接在一些所形成的网络结构。

8.2.5.2　聚烯烃弹性体

聚烯烃弹性体（POE）是由茂金属催化剂催化的乙烯与 α-烯烃共聚物聚合得到，它具有优异的力学性能、流变性能和耐紫外线性能，与聚烯烃亲和性好、低温韧性高、性能价格比高，在聚丙烯、聚乙烯和聚酰胺等领域具有广泛的应用。POE 的优点包括：①辛烯的柔软链卷曲结构和结晶的乙烯链作为物理交联点，使它既具有优异的韧性又具有良好的加工性；②分子量分布窄，与聚烯烃相容性好，具有较佳的流动性；③没有不饱和双键，耐候性优于其它弹性体；④较强的剪切敏感性和熔体强度，可实现高挤出，提高产量；⑤良好的流动性可改善填料的分散效果，同时亦可提高制品的熔接强度。

世界上第一个POE生产商是Dow化学，其在20世纪90年代开发出用其“限定几何”型茂金属催化剂和专有溶液聚合工艺生产的乙烯和辛烯的共聚物系列产品，在乙丙橡胶生产装置上由烯烃直接聚合生产而成，得到的POE分子量分布较窄，共聚单体分布均匀。该工艺的聚合温度一般在80～150℃，聚合压力一般在1.0～4.9MPa，可有效地在聚合物线型短链支化结构中引入长支链，从而改善了聚合物的加工流变性能（门尼黏度变化范围为5～35），还可以使材料的透明度提高。通过对聚合物结构进行精确设计与控制，可以合成出一系列密度、门尼黏度、熔体流动速率、拉伸强度、硬度不同的POE材料。

目前，POE生产商主要有美国Dow公司、ExxonMobil公司和日本三井公司，代表性产品是美国Dow公司生产的Engage系列POE和ExxonMobil公司Exact系列产品。Engage系列产品最早由美国Dow公司采用自有钛催化剂技术在弗利波特的5.5万吨/年装置上生产成功，于1993年实现工业化。2003年Dow公司的Engage聚烯烃弹性体又增添了用于模制和挤出的新牌号，并在路易斯安那州其新的13.6万吨/年装置上生产了8种新牌号，主要用来改性非汽车应用中的较宽范围的聚烯烃。2004年Dow公司在其得克萨斯州的装置上采用本公司的单中心催化剂技术Insite工艺成功地工业化生产出2个聚烯烃改性专用Affinity牌号，市场商品命名为Affinity GA，主要用于热熔胶市场。2005年美国ExxonMobil公司采用茂金属催化剂和高压离子生产工艺也开发了POE共聚物，是2种低密度的乙烯-辛烯共聚塑性体（也包括乙烯-丁烯共聚物、乙烯-己烯共聚物），商品名称Exact，密度在0.860～0.910g/cm^{3}之间，如牌号PX5061（熔体流动速率0.5g/10min，密度0.86g/cm^3）和PX5261（熔体流动速率3.0g/10min，密度0.86g/cm^3）。该塑性体主要用作汽车热塑性聚烯烃（TPO）配方中的抗冲击改性剂。2008年Dow化学公司与泰国暹罗水泥公司在位于泰国马塔府的生产基地建设特种弹性体装置，该装置主要生产世界上最新型的塑性体和弹性体，包括Affinity聚烯烃塑性体和Engage聚烯烃弹性体，供应需求快速增长的亚太地区。

中国目前没有POE生产厂家，近年来中国市场上的POE产品牌号种类齐全，且均来自国外进口。主要包括美国Dow公司生产的Engage系列牌号（包括正、副牌胶）、ExxonMobil公司的Exact系列牌号以及日本三井的DF系列等20多个牌号。主要有Dow公司的Engage POE 8100、8110、8150、8200、8480、8999等牌号；ExxonMobil的Exact 5061、5062、5371、5171、5101、0210、0201；日本（新加坡）三井TA710、TA640、TA610、DF610、DF710、DF810、DF640、DF740、DF840等牌号，这些牌号主要适用于PE和PP改性、橡胶共混等，经交联后可提高耐温等级。目前中国用户已经充分认识到POE的优异性能，国内对POE的需求也逐渐增长。

POE应用包括四个方面。一是直接用作增韧改性剂，与传统催化剂制得的聚合物相比，POE具有均匀的短支链分布和相对窄的分子量分布，因此具有优异的力学性能。高弹性、高强度、高伸长率和良好的低温性能，同时较窄的分子量分布使材料在注塑和挤出加工过程中不易产生挠曲，是聚丙烯、聚乙烯、聚酰胺等高分子材料的首选增韧剂。二是POE的接枝改性物用作塑料改性剂。由于POE是非极性的，若将其与极性高分子材料直接共混，两者间的相容性很差，这种非极性限制了其进一步应用。为了提高极性和非极性聚合物的相容性，拓宽其应用领域，通常对POE进行官能化接枝改性。可用于接枝的单体较多，一般为带有极性官能团如酸酐、羟基、酰氨基、环氧基的化合物，主要有马来酸酐（MAH）、丙烯酸（AA）、甲基丙烯酸甲酯（MMA）、甲基丙烯酸缩水甘油酯（GMA）、丙烯酰胺

(AM) 等含有高度活性基团的化合物，将这些单体接枝到POE上，然后再与聚合物共混来达到改善韧性的目的。利用该技术制备的合金的优点是聚合物和增韧剂在共混过程中可“原位”反应生成共聚物，相容性较好，可以很大程度地简化工艺条件。三是用于液体增塑剂。美国Teknor Apex公司用POE取代液体增塑剂，将POE应用于制备高性能弹性PVC。对于含有质量分数为20%～30%POE和0～60份液体增塑剂的产品系列测试结果表明，添加液体增塑剂的产品性能下降，而添加POE的产品性能却有上升。数据显示，随着液体增塑剂含量的降低和POE含量的提高，材料的性能不断地得到了改进。虽然由聚氯乙烯(PVC)/POE混配材料构成的弹性PVC，无论是添加增塑剂的还是不添加增塑剂的，都会比传统的PVC材料贵10%～15%，但是所有的POE/PVC的混配材料都会比传统的PVC材料的密度要低，这样也就提高了它们的经济性。Teknor公司的PVC/POE混配材料可以应用于那些在滤除液体增塑剂方面有困难的应用场合，比如医疗胶片以及汽车内部的应用，这种新材料也提高了绝缘性，使其可以用来加工电线电缆的外皮。四是发泡材料。上海交通大学开发了一种乙烯-辛烯共聚物发泡材料的制备方法。在双螺杆挤出机中，加入在高速搅拌机上混合均匀的乙烯-辛烯共聚物、抗氧剂、填料、发泡助剂、软化油、脱模剂和发泡成核剂的混合物，在一定温度和转速下挤出造粒，得到的初混物再与发泡剂和架桥剂在开炼机上混合均匀出片，最后将样片置入模具中，在硫化机上进行模压发泡，制得POE泡沫材料。该方法制备的乙烯-辛烯热塑性弹性体发泡材料具有密度可控、柔软性好、力学均衡性好、耐化学腐蚀、易加工、制品可回收利用等优异性能，可用作救生衣浮力材料、仪表板衬垫、车门护板衬垫、保温材料、密封垫、包装材料和汽车顶棚材料等。

8.2.5.3 丙烯基弹性体

丙烯基弹性体是一种具有独特的半结晶态丙烯与乙烯的共聚物，其与聚烯烃材料共混后可提高弹性、柔性和冲击韧性，同时保持透明度，因此在聚烯烃材料中有着广泛的应用前景。

丙烯基弹性体的弹性来源于其特殊的分子结构。Rosa等[33]的研究发现，这种弹性主要是由于丙烯聚合物的微观结构中存在区域缺陷和立构缺陷，也称为区域错误和立构错误。因为单活性中心催化剂的出现，使在进行丙烯聚合时，不仅分子量分布可以调节，而且，在丙烯插入到金属M与大分子链P的M—P键的插错的数量也可以调控，插错的类型分为区域插错和立构插错。用茂金属催化剂所制得的聚丙烯，根据其立构规整性的不同和结晶条件不同，其晶型都介于α型和γ型间。结晶温度越高，γ晶型含量越多，rr缺陷值越大，γ晶型含量也越多。rr缺陷也必然影响聚合物的物理性能。rr缺陷在3%～4%以下时，聚合物熔点在130～160℃，为刚性塑性材料。rr缺陷在5%～6%范围时，聚合物的熔点约在115～120℃，为柔韧的塑性材料，断裂时形变很大。在7%～11%范围内时，聚合物熔点为80～110℃，是热塑性弹性体。当rr缺陷量在13%时，其拉伸弹性模量为19MPa，断裂时的拉伸强度高达32MPa。室温下的应力应变滞后性能研究表明，其拉伸时的永久变形几乎为零，表现为优良的弹性回复。微观结构表现为，在拉伸时，存在于弹性体中的γ晶型先转变为介晶，当去除次拉伸应力后，又转变为α晶型。所以这种弹性体的弹性行为不仅源于晶相与非晶相所构成的网络，而且还与介晶与α晶型间的转换有关。

反应器聚合方法得到丙烯基弹性体的要点有两个：一是改变茂金属催化剂的分子结构，从而调节分子链上的结构缺陷，使结晶相和非晶相的比例得到调节；二是保证足够大的分子量，让结晶相起到结节的作用，防止物料发生流动，非晶相的柔软分子高度缠结在一起，在拉伸时可以通过构象的变化提供高弹性，一些特别长的分子能多次被组合在晶相的片晶中，成为联系晶相和非晶相的纽带，构成网络结构。

早期茂金属催化剂所制备的聚丙烯弹性体，分子量比较低。德国 Ulm 大学的 B. Rieger 等[34] 报道了一种 Rieger 型催化剂可以得到高分子量的聚丙烯弹性体，产品 M_w 可控制在 28000～6000000，MWD 为 1.48～14.9，玻璃化转变温度为-5℃，熔点为 170℃。

1995 年 Waymouth 等提出了一种等规-无规的立构嵌段结构，用一种单体合成出弹性体。1995 年 Waymouth 等就曾与当时美国 Amoco 公司合作，开始工业化开发。1999 年前后曾有中间试验的简单报道，其后 Amoco 并入 BP Chemicals 公司，传闻工业化过程有问题，此后未见这方面的报道。

间规聚丙烯型热塑性弹性体是一种间规度较低的聚丙烯，分子量足够大，具有弹性。Rosa 等曾用芴基桑再结合杂环并有硅桥桥联的芴基叔丁基氨基二甲基钛，以甲基铝氧烷为活化剂，得到间规度在 40%～55%范围的弹性聚丙烯，它的结晶度高，玻璃化转变温度相对也较高，但却有很好的弹性。Rosa 等的研究认为，晶型的转变属于热焓的变化，不同于非晶相大分子链构象做有序-无序的变化，属于熵的变化。在这类聚丙烯中，弹性是熵和热焓共同作用的结果，这就解释了这种高结晶度的聚合物仍具有良好的弹性。与一般弹性体相比，间规聚丙烯弹性体的明显特点是高结晶度、高弹性模量和高的熔融温度，此外，这类材料的另一个特点是刚成型的样品只有中等的弹性，但经过取向后，其弹性会有极大的提高。

2003 年埃克森美孚化学公司推出了商品名为 Vistamaxx 的新型丙烯系热塑性弹性体 PE 聚合物，该弹性体采用茂金属催化剂和溶液聚合技术，是一种丙烯与乙烯的无规共聚物，至少含有 70%（摩尔分数）的丙烯，而且含有少量等规丙烯链段结晶，通过控制乙烯和丙烯的比例，以及通过丙烯插入立构规整性来调节聚合物的性能。采用茂金属催化剂来调整分子结构，表 8.6 为 Vistamaxx 弹性体与其他聚烯烃弹性体的性能对比[35]。

表 8.6　Vistamaxx 弹性体与其他聚烯烃弹性体的性能比较

性能	Vistamaxx	乙丙橡胶	等规聚丙烯	聚烯烃塑性体(POP)
密度/(g/cm^3)	0.86～0.89	0.86	0.90	0.86～0.91
熔体流动速率/(g/10min)	1～20	1	1～100	1～30
T_g/℃	-30～-20	-50	-5	-60～-30
T_m/℃	40～160		165	35～105
拉伸强度/MPa	15.2～27.6	5.52～8.28	62.1	2.1～27.6
断裂伸长率/%	100～1500	600～1300	50	600～1000
弹性回复/%	80～97	20～30(估计)		80～90(估计)

Vistamaxx 主要用于改性聚丙烯等聚合物，根据添加量的不同，可使聚合物具有高弹性、高透明度、高抗穿刺和高低温性能。Vistamaxx 呈透明粒状，可以直接添加无需二次造粒，使用方便。应用领域包括建材、食品包装、体育用品、玩具、家电配件、机械配件、医药和薄膜产品等。Vistamaxx 透明 PP 可以保持透明度和增韧，并提高低温冲击性，不易破裂；还可以提高透明 PP 的盖子挠曲性，便于使用。目前，Vistamaxx 弹性体已有多种牌号上市，如 VM1100、VM1120、VM3000、VM2100、VM2125、VM2210、VM2120、VM2320、VM2330、VM6100、VM6200、VMX6202、VMX3020 和 VMX3980。其中，VM1100、VM1120、VM3000 和 VM6100 用于薄膜领域，VM2100、VM2125、VM2210、VM2120、VM2320、VM2330 用于无纺布和纤维，VM6200 用于热固性橡胶改性方面，

VMX6202、VMX3020 和 VMX3980 用于复合和弹性膜方面[36]。

这类弹性体的制备方法一直被该公司保密，但从已公开的一些专利看，可能是一类特殊共混物。除了通过改变丙烯和乙烯共聚物的比例以及改变茂金属催化剂的化学结构来实现不同牌号的 Vistamaxx 弹性体外，该公司也开发通过共混的方法调节产品性能，先用茂金属催化剂合成出低结晶度的丙烯和乙烯共聚物，然后用这种共聚物和通常工业上结晶度较高的聚丙烯共混，开发新牌号。

埃克森美孚开发了用于提高食品保鲜盒低温抗冲击性和柔韧性的丙烯基弹性体，经测试表明，在食品保鲜盒中加入 10%丙烯基弹性体威达美直接干混，抗冲击强度在－20℃至常温的范围内得到增强，柔韧性提高，原材料的透明度、透光率和雾度几乎没有变化。在食品保鲜盒盒体和盒盖中分别加入 5%和 10%的威达美 6202PBE，进行－20℃冷冻测试及实验室弯曲疲劳测试，结果表明，加入 5%威达美 6202PBE 的保鲜盒即使在－20～0℃的温度区间，容器盖的抗冲击强度都得到增强，同时保鲜盒的透明度得到保持，加入 10%威达美 6202PBE 的保鲜盒改善了铰链的柔韧性，容器的耐用性提高。在铰链的耐疲劳测试中，加入威达美 6202PBE 减少了铰链的应力发白现象，而且，当加入 30%及以上的威达美 6202PBE 时，容器铰链的应力发白现象可完全消除[37]。

2008 年，华夏海湾塑胶股份有限公司与埃克森美孚公司合作开发出一款丙烯基弹性体——Verdor 热塑性聚烯烃人造革，可以替代聚氯乙烯 PVC 和聚氨酯 PU。Verdor 人造革比聚氯乙烯材料制成的革具有更好的天然质感，同时比聚氨酯材料制成的革拥有更佳的耐候性和耐水解性，此外，Verdor 人造革比聚氨酯革轻 20%，比 PVC 革轻 40%，而且长时间使用不易产生污点。Verdor 人造革采用威达美丙烯基弹性体，可以回收利用，制造工艺环保，并符合美国 FDA 和欧盟 2002/72/EC 指令对于与食品接触应用中使用的要求。

2004 年 Dow 化学研究出一种丙烯弹性体 Versify，它是丙烯和乙烯的共聚物，包括塑性体和弹性体两大类。该公司宣称，Versify 产品的分子量分布较窄，结晶度分布较宽，从而使它的熔融范围较宽，即使聚合物总结晶度降低，仍保留高熔点级分。它具有低模量和良好的耐热性能，优异的光学性能，手感和弹性好，在高填充量下仍保持良好的加工性能。十分适合制造薄膜和医药卫生制品。可用吹塑或者流延法制备薄膜，膜的透明度高，柔软、有光泽，并可以和聚丙烯和聚乙烯等材料良好地黏附，在做成瓶子等硬质材料时，密封性好，手感柔软，易封焊，弹性好，弹性可以和 SEBS 相媲美。Versify 的主要性能见表 8.7[35]。

表 8.7　Versify 的主要性能

项目	数值
分子量分配系数	2～3
熔体流动速率/(g/10min)	2～25
密度/(g/cm^3)	0.858～0.888
共聚单体含量(摩尔分数)/%	5～15
玻璃化转变温度/℃	－35～－15
熔融温度/℃	50～135
弯曲模量/MPa	10～282
邵尔硬度(A)	50～75

据报道，Versify 的工艺为双反应器串联的溶液聚合工艺，催化剂除了使用 Dow 公司自行开发的几何限定结构催化剂外，还使用了 Dow 与 Symyx Technologies 公司合作研制的含

吡啶环和氨基的铪系配位化合物。两个反应器可采用不同催化剂和工艺条件、不同的原料比、不同反应温度和停留时间、不同的调节分子量方法，得到的产品为各种级分的共混物。

Versify 牌号：Versify2000、Versify2200、Versify3000、Versify3200 主要应用于软包装，注重热封性、收缩性和光学性能，Versify4000、Versify4200 主要用于注塑和挤出涂覆工艺，注重热封性和加工性能，模量高，并结合了传统聚丙烯树脂的优点；Versify2400 适用于挤出工艺和压延工艺，以及热塑性弹性体方面；Versify3401 适用于聚丙烯抗冲改性，适合注塑和热塑工艺生产透明产品[38]。

此外，还有一部分研究关注丙烯弹性体的极性改性开发，例如添加极性小分子化合物，如马来酸酐、丙烯酸、甲基丙烯酸缩水甘油酯等，对其进行接枝改性，将其应用扩展到聚烯烃复合无机填料体系或者增韧某些特定结构的工程塑料。

8.2.5.4 乙丙橡胶

乙丙橡胶主链由化学稳定的饱和烃组成，只在侧链中含有不饱和双键，故其耐臭氧、耐热、耐候等耐老化性能优异，具有良好的耐化学品、电绝缘性能、冲击弹性、低温性能、低密度和高填充性及耐热水性和耐水蒸气性等。可广泛用于汽车部件、建材用防水材料、电线电缆护套、耐热胶管、胶带、汽车密封件及其它制品等。国内乙丙橡胶主要用在屋面防水材料、电线电缆、汽车密封条、耐热胶管、润滑油添加剂及聚烯烃改性等方面。

(1) 乙丙橡胶的合成工艺

主要包括溶液聚合工艺、悬浮聚合工艺和气相聚合工艺三类。

溶液聚合工艺是目前乙丙橡胶生产的主要方法，占世界乙丙橡胶生产的 80%～90%，以美国 Exxon、DuPont、Uniroyal、荷兰 DSM 等公司为代表。该法传统上是以 Z-N 系催化剂三氯氧钒及倍半卤化烷基铝为催化剂，以正己烷为溶剂，以氢气或其他化合物作分子量调节剂，在一定温度和压力下进行乙烯、丙烯共聚反应。近年来，溶液聚合法已更趋完善。首先，催化剂的改进使溶液聚合法制备的 EPDM 性能更理想。在 Exxon 公司 V-Al 催化制 EPDM 技术中，使用了一种烷氧基硅烷 $Si(OR)_xL_y$ 来抑制其支化作用，而不降低催化剂效率及单体转化率，且产品性能理想。另一种溶液聚合物工艺是日本 JSR 的 EPDM 连续生产工艺，使用过渡金属及铝化物为催化剂，在一层流区将阻聚剂加入产物液流中，减少凝胶的产生。此外，日本 Sumitomo 的 EPDM 溶液技术是通过控制原料进料速度使乙烯/丙烯的摩尔比达到（72∶22）～（93∶3），丙烯与 5-亚乙基-2-降冰片烯（ENB）总摩尔分数为 6%～30%，并使用一种助催化剂使橡胶产品具有极好的抗拉强度，耐热、耐油性能及耐压永久变形，溶液聚合路线的优点是技术成熟，工艺灵活性大，可生产的品种多，产品硫化速度快，综合性能好，用途广泛，缺点是后处理存在脱催工序，设备投资及生产成本高。

悬浮聚合工艺，使用 Z-N 钒系化合物为催化剂，在一定温度和压力条件下在过量液态丙烯中进行乙烯-丙烯的聚合反应。代表公司是意大利 Enichem 公司和德国 Bayer 公司。美国 Uniroyal 公司和日本 Ube 公司近年开发了低钒含量的悬浮技术，含钒量极低，在 $6\times10^{-6}\sim7\times10^{-6}$。

气相聚合工艺，以美国 Union Carbide 公司的气相 Unipol 工艺为代表，产品的牌号为 ElastoFlo，在此工艺中，乙烯、丙烯和 ENB 在气相流化床反应器中，在预聚合的 Z-N 催化剂存在下聚合，生成三元乙丙橡胶。气相聚合路线的成功工业化应用是乙丙橡胶生产技术的重要进展之一。通过向催化体系中加入倾向于产生过量负电荷的醇磷酸盐和季铵盐的混合物惰性颗粒作抗静电剂，可防止因静电荷聚集而造成的聚合物挂在反应器壁上的情况发生，减少了反应器的堵塞现象，他们还通过改进高活性钒催化剂的制备工艺，把副产物生成量降至最低限度。针对 Unipol 技术中无机改性钒催化剂母体在催化聚合过程中聚合速率有一个较高的初始波动而引起树脂附聚使反应床堵塞问题，该公司开发了气体或气-固聚合技术，这种切向流减少了精细料夹带进入气体循环系统，并减少或再脱除聚集在反应器内侧表面的固体颗粒。气相法投资低，但产品的通用性差，而且 Unipol 产品还存在不宜气味问题，也限制了其市场应用。

（2）EPDM 在汽车领域的应用

随着中国汽车制造工业的迅猛发展，作为汽车弹性元件的 EPDM 必不可少。改性 EPDM 聚丙烯是汽车用塑料中用量最多，使用量增长最快的品种。EPDM 的茂金属聚合改性技术、可控长链支化等分子改性技术、生物基技术、热塑性弹性体技术等使三元乙丙橡胶原胶的性能不断提升，可选择的品种也逐渐增多。同时，EPDM 橡胶与其他弹性体并用技术、高性能配方技术、环保配方技术、高性能硫化技术等配方工艺技术的发展，也使得 EPDM 原胶及制品的各项性能稳步提升。

经机械共混所形成的热塑性弹性体其冲击强度可提高 7 倍，同时具有优良的耐热、耐低温及耐老化性能，加工成型性好。三元乙丙橡胶改性 PP 最主要应用是制作保险杠（表 8.8），还可制作防碎护板和反光镜外壳等汽车外装件缓冲器和内装材料。美国 Himont 公司已开发出多种 EPDM 改性 PP，可用于制造前后防撞板下的护栅前后导流板、硬式仪表板、杂物箱、杂物架方向盘柱座、支柱装饰件、后视镜、行李箱衬里等汽车零部件。

表 8.8　保险杠用 EPDM 改性 PP 技术指标[39]

物理性能	长春应化所	日本三菱油化	辽化	美国凯曼公司
熔体流动速率/(g/10min)	4～6	1.7～22	5	4
拉伸强度/MPa	18～28	15～33	—	—
断裂伸长率/%	500～800	200～760	—	—
缺口冲击强度/(J/m)	490～784	490	500	495
弯曲强度/MPa	17～21	19～24	23	22.7
热变形温度/℃	108	106	90	82.6
密度/(g/cm^3)	0.90～0.92	0.90	—	—

EPDM 橡胶属于非极性、饱和分子结构，耐极性介质性能较好，耐热水、水蒸气、乙二醇基制动液、防冻液、洗涤剂、酸、极性溶剂（如乙醇、丙酮等）等性能优异，特别适合制造汽车用胶管，如冷却液胶管、制动胶管、空调胶管、输气管等。

此外，汽车用密封条一般与整车同寿命，必须长期耐光和耐热老化，并且保持压缩变形性能长期稳定可靠，而且，随着用户对汽车舒适性、美观性和环保性的要求不断提高，密封条还要具有长期使用不发霉、不返霜、不变色、不失去光泽、不污染金属和低 VOC 挥发等一系列的要求。因此，在工艺上对 EPDM 材料的要求更加严格，需要改进配方，并要求无亚硝胺硫化促进体系的 EPDM 材料，胶条硫化程度应控制在 60%～80%，可在一定程度上有效提高植绒与基材之间的黏结力。EPDM 橡胶因具有优良的耐候、耐臭氧性和力学性能等特点，同时，具有最低的相对密度，能吸收大量的填料和油以降低成本，所以在汽车密封条行业得到了广泛的应用。目前动态硫化 EPDM/PP 热塑性弹性体（EPDM/PP-TPV）仍是一种新型的汽车密封条用材料，EPDM/PP-TPV 正在逐步取代热固性的不可回收的 EPDM，它既具有弹性体的优良物理机械性能，又具有塑料的优良加工特性，易于成型加工，可回收重复利用，使之节约资源且清洁环保。

由于发动机周边使用温度升高，天然橡胶减振件使用寿命缩短，很多以前采用天然橡胶的减振件都改为采用耐热性更好的三元乙丙橡胶，如散热器悬置、中冷器悬置、底盘减振衬套等。排气管吊环等高温环境使用的减振件传统上就采用三元乙丙橡胶。

EPDM 比天然橡胶耐老化性能好，高温下压缩回弹性能好，但阻尼性能略有差距，因此配方调整应注意提高材料的阻尼性能。另外，很多橡胶减振件中有金属骨架，而 EPDM 的黏结性能比较差，配方时也应考虑黏结问题，使黏结强度达到 3MPa，满足汽车减振要求。橡胶材料并用也是减振件用橡胶的一个发展趋势。采用 EPDM 与 NR 橡胶并用可以同时发挥 EPDM 橡胶的耐热性和 NR 橡胶的良好减振性能，还可以提高 EPDM 的耐油性。

EPDM 具有优良的耐老化性能、耐泥水性能和良好的低温挠性，适合用于汽车轮胎侧壁橡胶。胎侧是轮胎运动时侧向变形最大的部位，又与大气直接接触，采用 EPDM 或丁苯橡胶并用 EPDM 橡胶，都能够提高胎侧橡胶的耐热老化性能、耐臭氧性、耐天候性和抗撕裂性能，避免在动态条件下胎侧出现龟裂现象。采用 EPDM 橡胶制造轮胎侧壁，胎侧橡胶与胎体帘布层的黏合性能是技术难点，因此一般采用橡胶并用技术。EPDM 可以采用白炭黑填充增强，如果制造浅色轮胎，那么 EPDM 是胎侧橡胶的最佳选择。由于耐渗透性比较好，也作为内胎橡胶使用，或与丁基橡胶并用，提升汽车内胎的耐热疲劳性能。

（3）EPDM 与其他橡胶的并用改性

EPDM 存在自粘/互粘性能较差、硫化速率较慢以及耐油性能、阻燃性能、气密性能不理想等缺点。EPDM 与其他橡胶并用，可以改善胶料的加工性能和物理性能，并降低成本，增强实用性[40]。

与天然橡胶（NR）并用改性。NR 具有优异的弹性、抗撕裂和拉伸应力应变等力学性能。在 NR 主链上有大量的二烯类双键存在，使 NR 的耐臭氧及耐天候老化性极差。在 NR 中掺入一定量的 EPDM 后，可显著改善 NR 的耐热性和耐老化性，但是，NR/EPDM 并用胶中两组分的硫化活性和不饱和度的差异，使得并用胶的共硫化性较差。硫化剂在不饱和度高的 NR 相中溶解度高，在硫化过程中，NR 又以较快的速度消耗硫化剂，从而引起硫化剂从 EPDM 相向 NR 相迁移，使得硫化剂的分配更加不均匀，最终造成并用胶力学性能不佳。国内外许多学者对这一体系做了大量的研究工作。归纳起来，改进 NR/EPDM 体系性能的途径主要有：优化设计 EPDM 第三单体的含量。有研究表明，高 ENB 含量的 EPDM 与 NR 具有较好的硫化相容性，并用胶硫化程度随 ENB 含量的增大而提高；选择合适的硫化体系，Singna D. Tobing 等利用促进剂 MBTS（硫代二苯并噻唑）和促进剂 DPG（二苯胍）并用促进剂体系，用硫黄与过氧化物组成硫化体系，改善了 EPDM/NR 并用胶的共硫化性，并申请了专利；EPDM 化学改性或 EPDM 与促进剂进行预处理；加入增容剂或改性剂。

与丁腈橡胶（NBR）并用改性。NBR 具有优异的耐油性能，但是耐热、耐臭氧老化性能较差。EPDM 与 NBR 并用，可大大提高 NBR 的耐热性和耐臭氧老化性，得到一种耐热、耐油、耐臭氧老化的材料。由于 NBR 和 EPDM 分别是强极性不饱和橡胶和非极性饱和橡胶，改善两者共硫化性的研究吸引了国内外许多学者。近年来改善 EPDM/NBR 并用胶性能的方法主要有：采用高硫化活性 EPDM 或在 EPDM 分子链上引入具有硫化活性的促进剂侧挂基团，如 EPDM 与促进剂 H 在 160℃条件下预处理改性。选用 EPDM 和 NBR 中溶解度差别小的促进剂或硫化活性相近的硫化剂，如美国 Uniroyal 公司开发的复合促进剂 BODI TD 和 CXOU、过氧化物、树脂、多卤素芳香族化合物等；采用合适的增容剂，与前面两个方法相比，这种方法更简单、有效，因为引入侧挂基团一般需要在高温下进行，而且工艺烦琐；复合促进剂由于种种原因至今仍未批量生产，且成本较高，采用合适的增容剂，特别是采用乙烯-乙酸乙烯酯共聚物等大分子聚合物增容效果良好；改变混合工艺方法，例如采用母炼胶方法；利用两者的难相容性制备导电橡胶，有研究表明，由于不同极性的橡胶共混时存在明显的界面，易于得到良好的导电性橡胶，并且在共混胶中加入炭黑时更有利于得到高导电性橡胶。

与丁基橡胶（IIR）并用改性。IIR 具有优良的气密性、耐候性和耐臭氧性，而 EPDM 具有较高的弹性、耐寒性和较小的压缩永久变形。EPDM 与 IIR 并用，可提高 IIR 的定伸应力、抗撕裂性以及耐臭氧能力，并用胶具有良好的耐热性、耐寒性、耐天候老化性和耐化学腐蚀性。IIR 与 EPDM 在饱和度、分子极性及硫化体系等方面都很接近，两者有良好的工艺相容性和相近的硫化速率，采用硫黄、醌类及树脂硫化并用胶均可得到综合性能较好的共硫化胶料。

与甲基乙烯基硅橡胶（VMQ）的并用改性。VMQ 具有突出的耐高低温性能、电性能以及特殊的表面性能和生理惰性，但 VMQ 在机械强度、耐介质等方面存在一定的不足。将 VMQ 和 EPDM 并用，可获得性能互补的新型胶料：以 EPDM 为主的并用胶，可改善 EPDM 的耐高低温性和压缩永久变形性能；以 VMQ 为主的并用胶，可提高 VMQ 的混炼加工性及硫化胶耐水蒸气性、机械强度、耐介质及电气性能。VMQ/EPDM 并用体系，可采用 3 种并用方法，即合成共混法、直接共混法和增容共混法。合成共混法是将 EPDM 的第三单体与氯硅烷等作用，生成含有降冰片烯等单体的硅油，进而在催化剂作用下，与丙烯、乙烯共聚，制得复合胶，这种方法得到的并用胶强度好，耐撕裂性优异，但工艺、设备复杂，技术难度高，投资较大，目前还没有广泛应用；直接共混法最简单，但并用胶质量差；增容共混法是在并用体系中加入已产品化的高聚物，如 EVA、乙烯-甲基丙烯酸共聚物（EMA）等大分子增容剂，也可采用并用过程中生成的增容剂，如硅烷与 EPDM 熔融接枝产物。

（4）EPDM 与通用树脂共混改性

EPDM 与聚丙烯共混改性。EPDM 由于含有丙烯链段，具有优异的热稳定性，与聚丙烯相容性较好，常被用于增韧聚丙烯，其具有优异的冲击性能及较理想的综合性能，但若过多地加入 EPDM 会损失体系的刚性和强度，所以为了保证体系的刚性和强度不降低，往往采用 EPDM 和碳酸钙、二氧化硅等无机刚性粒子协同改性。此时，其增韧机理普遍认为是形成了以无机粒子为核，EPDM 为壳的“核-壳”分散相结构。无机粒子进入 EPDM 相，起增韧作用的不再是 EPDM，而是模量较高、带有弹性界面相的无机粒子，这样就避免了橡胶相增韧导致共混体系拉伸强度下降，而且在橡胶用量较少的情况下可起到很好的增韧效果。Manchado 等[41] 研究了 PP 在 EPDM 中的结晶行为，并利用等温和非等温下的动力学曲线揭示了 PP 结晶中 EPDM 的成核过程。结果表明，艾弗拉姆模型可以有效地解析 EPDM/PP 共混体系的结晶动力学行为，EPDM 起到成核剂的作用，Yang 等[42] 采用将纳米二氧化硅、EPDM 与 PP 一起熔融共混的一步法以及先将纳米二氧化硅与 EPDM 共混制成母料，再与 PP 熔融共混的两步法，分别制备了 SiO_2/PP/EPDM 三元复合体系，研究了三元复合体系的相结构与力学性能。结果表明，在经两步法处理所制得三元复合体系中，EPDM 附近包围着大量的亲水性的纳米二氧化硅颗粒，形成了独特的相结构。采用一步法或两步法对三元复合体系的相结构影响不大。随着 EPDM 含量的增加，PP/EPDM 二元体系的缺口冲击强度同时增加，在含量为 30%时达到最大值，约为 65kJ/m^2，而体系的拉伸强度、弯曲强度以及弯曲模量都在降低。在采用两步法所制得的三元复合体系中，当 PP/

EPDM为80/20时，体系的缺口冲击强度几乎呈线性增加，随着亲水性的纳米二氧化硅含量的增加，当纳米二氧化硅含量在0%～5%（质量分数，下同）时，三元复合体系的缺口冲击强度从41.2kJ/m^2增至66.2kJ/m^2。这一结果可能与复合体系中存在的独特相结构有关。

EPDM与PE共混改性。EPDM根据其丙烯链段含量的不同，可分为无定形和部分结晶两种。无定形EPDM与PE内聚能密度接近，且都为非极性，所以这种微观结构不均一的EPDM/PE共混物具有良好的相容性和力学性能。同时由于EPDM中乙烯链段与PE组分具有较好的相容性，EPDM分子链分布在PE组分中，使PE分子链的运动受到了阻碍，致使结晶缺陷增加，结晶度显著降低。Daniela等[43]通过熔融共混制备了部分结晶EPDM/HDPE复合材料，考察了复合材料的力学、结晶等性能。结果表明：当EPDM/PE比例为20/80时，复合材料的邵尔硬度达98.0，拉伸强度为24.2N/mm^2，断裂伸长率为60.0%；此外，他们还采用PE-*g*-MA以及用酚醛树脂进行动态硫化来改善复合材料的相容性，发现增容后的复合材料的断裂伸长率显著增加，可达678%；当EPDM从20%增至60%时，复合材料的结晶度从55.48%降低至27.63%，但EPDM的存在和动态硫化并未改变HDPE的晶体结构。

EPDM与PVC共混改性。EPDM由于不含极性基团，与极性聚合物PVC的相容性较差，为了改善其与PVC的相容性，一般通过在EPDM分子链上接枝极性支链，以增加EPDM的极性，如甲基丙烯酸甲酯（MMA）、苯乙烯-丙烯腈共聚物（SAN）以及马来酸酐（MAH）等。徐建平等[44]采用适量的无水$AlCl_3$引发PS与EPDM间的Fiedel-Crafts烷基化反应，再利用生成的EPDM-*g*-PS接枝物就地增容PS/EPDM共混物，考察了复合材料的力学性能。结果发现：随着$AlCl_3$用量增加，其力学性能值出现先增加后下降现象。当加入0.4%的$AlCl_3$时，复合材料的拉伸强度达到最大，为18.3MPa，断裂伸长率增至最大值13.5%，冲击强度较未添加$AlCl_3$的增幅达89%；若继续增加$AlCl_3$的用量反而会导致PP/PS的断链反应，使EPDM、PS降解，复合材料的性能下降。

8.2.6 离聚体（离子聚合物）

8.2.6.1 简介

离聚体（ionomer）又称为离子聚合物或离聚物，是指碳氢分子链中含有少量离子基团的聚合物，通常认为离子基团的摩尔分数不超过15%。离聚体中的离子基团具有完全不同于聚合物基质的特性，从而赋予离聚体许多独特的结构和性能[45,46]。离聚体的主体部分通常是一个非极性的主链，次要部分是一种可离子化的或离子性的共聚单体[47]。它的概念首先由Rees提出，随后Eisenberg[48]和Macknight等[49]提出了各种聚集体理论模型，并分别开发出了苯乙烯-甲基丙烯酸离聚体和三元乙丙橡胶离聚体。

离子基团能在低极性基体中聚集而使离聚体具有二相形态。其中，离子聚集体可起到物理交联点的作用，从而对离聚体本体的黏弹性和力学性质产生很大的影响，使离聚体具有某些独特的性能，如优异的力学性能、较高的玻璃化转变温度、较好的透明性和耐油性等。由于离聚体中的离子基团与其他高分子中某些基团之间具有各种相互作用，所以，离聚体可被用来制备各种性能良好的共混材料。当离聚体处于溶液状态时，其链段间的相互作用会大大减少，离子基团之间的相互作用也会受到溶剂的影响[50-52]。在非极性溶剂中，离聚体由于离子对的偶极吸引作用将产生分子内和分子间的聚集行为。这种聚集行为又受到多种因素的影响，如溶液中聚合物浓度、离聚体的离子含量、离聚体的母体聚合物分子量、中和度、小分子盐的存在等[53]。

目前离聚体可用作热塑性弹性体、黏合剂、包装材料和溶液增黏剂等，正日益受到人们的重视，近二十年来已成为世界各国热衷研究的课题。离聚体既可通过将可离子化或离子性单体与一般单体共聚制备，也可用化学改性的方法将聚合物的非离子性部分进行部分离子化。根据来源的不同，离聚体可分为合成离聚体和天然离体；根据离聚体中离子部分不同，可分为阴离子型和阳离子型离聚体。离聚体按其离子化基团的不同可分为羧酸型离聚体、磺酸型离聚体、巯基乙型离聚体和磷酸型离聚体[54]。

8.2.6.2　离聚体的制备

通常可以用两种方法来制备离聚体，一种是共聚合，另一种是离子化改性。共聚合是把含有可离子化官能团（如羧基）的单体与烯烃单体共聚合，再用抗衡离子中和共聚体形成离聚体，抗衡离子通常存在于氢氧化物、乙酸盐或其它类似的盐中。含羧基的离聚体一般都用此法制得，如先将丙烯酸或甲基丙烯酸与乙烯、丁二烯、苯乙烯等单体进行自由基共聚合，得到自由基形式的共聚产物，再按所需程度中和共聚物，最后得到含有羧基的离子聚合物。离子化改性是将聚合物分子直接官能团化，此方法只能制备出低官能团化的离聚体，如用来制备含磺酸基团的离聚体。

羧酸型离聚体是研究较多的一种离聚体材料，包括单羧酸型离聚体（如甲基丙烯酸型和丙烯酸型）和双羧酸型离聚体（如马来酸型）。通常羧酸型离聚体的制备方法有 4 种。

① 先将乙烯、丁二烯、苯乙烯和甲基丙烯酸甲酯等单体与含羧酸基的单体进行自由基共聚，生成的共聚物再在金属的氧化物、氢氧化物或乙酸盐等溶液中中和，或在熔融状态下反应生成离聚体[55]。

② 先将烯类单体与丙烯酸酯或甲基丙烯酸酯共聚，再将生成的共聚物水解或皂化，使部分酯基变成酸基或盐基[56]。

③ 用双端羧基遥爪聚合物同金属化合物反应，制得遥爪离聚体[57]。

④ 对含双键的高聚物进行改性，在双键部位生成羧酸基团，再用金属氧化物等进行中和。如马来酸酐可接枝共聚改性其他聚合物，再用金属离子中和接枝聚合物，生成双羧酸型离聚体[58]。

离聚体弹性体的制备方面，多数羧基橡胶离聚体采用乳液聚合或溶液共聚方法制得。首先将双烯烃或丙烯酸酯与含羧酸基的单体进行自由基聚合生成共聚物，再在溶液中或熔融状态下用金属氧化物、氢氧化物或乙酸盐等对其进行中和，最终得到离聚体。丁二烯-丙烯腈-丙烯酸、丁二烯-甲基丙烯酸、丁二烯-苯乙烯-丙烯酸及丙烯酸酯-丙烯酸等离聚体都可用这种方法制备[59]。磺化乙丙橡胶离聚体由 Makowski 等最早制备，在庚烷溶液中将三元乙丙橡胶用乙酰基硫酸磺化，再用金属乙酸盐中和磺酸基得到离聚体[60]。磺化丁基橡胶离聚体由 Canter 首先在专利中提出[61]，用 SO_3 和磷酸酯络合物磺化丁基橡胶，再用碱中和得到离聚体。谢洪泉等开发出一种离聚体制备方法，该方法是先将含聚二烯烃链节的橡胶环氧化，然后用含 H^+ 的盐对其进行开环，采用的盐不同就可以得到不同类型的离聚体，这种方法可以制备羧基离聚体[62]、磺化离聚体[63]、硫酸盐基离聚体[64]、磷酸盐基离聚体[65] 及季铵盐基离聚体[66] 等。

8.2.6.3　离聚体的结构

离聚体中含离子基的链节只占整体的小部分比例，离子基链节的分布大致有三种情况：无规分布；遥爪分布，这种情况下离子基团处于分子链末端，分子主链可以是直链也可以是星型结构；嵌段分布，即分子链由非离子基团组成的较长链和较短的离子链共同组成。羧酸型离聚体的骨架链多为乙烯、丁二烯、苯乙烯、甲基丙烯酸甲酯和嵌段共聚物等，用于中和羧基酸的正离子有锂离子、钠离子、钾离子、锌离子、镁离子、铝离子等。

基于对离聚体小角 X 射线散射（SAXS）数据的分析，许多研究者提出过各种模型。离聚体结构模型中常见的有：多重离子对-离子簇模型、配位结构模型等。多重离子对-离子簇模型由 Eisenberg 提出，可以较好地解释 SAXS 数据以及其二相分离性能[67]。多重离子对是由少量离子对紧密聚集形成的，里面不包含非离子基体，球形半径小于 0.6nm。紧接在球形外围的是运动受阻的碳氢链层（HCs），层厚约 1.0nm。当离子浓度增大，多重离子对个数增多，互相靠近，HCs 受阻层重叠形成离子簇，成为富离子区。层中 HCs 链活动性比基体的 HCs 链差，具有较高的玻璃化转变温度，从而形成了微相分离。由此可见，多重离子对实质上起了交联作用。如果是分子内交联会使分子链卷曲，如果是分子间交联则会使分子量增大。基于傅里叶变换红外光谱（FTIR）的研究，有一些研究者提出了配位结构模型。关于离聚体中羧酸根与金属阳离子的结合方式，起初简单认为是几价金属就与几个酸根离子结合，以后逐渐认识到金属阳离子主要是通过配位作用与酸根离子结合。Han 等采用 FTIR 对乙烯-丙烯酸共聚物的离聚体进行了研究[68]，认为配位结构模型更适合于过渡金属形成的离聚体，认为配位化合物由于路易斯碱（配位体）和路易斯酸（金属离子）间的反应，形成了配位体与金属间的配位共价键。随中和度（即离子含量）增加，过渡金属离聚体在 1698cm^{-1} 处的峰也像碱金属及碱土金属离聚体一样会减小，但不会出现峰移和谱带增宽现象。Cooper 等研究了乙烯-丙烯酸系锌离聚体、羧基化聚苯乙烯系锌离聚体及全氟羧酸共聚物系锌离聚体[69,70]，证明这些离聚体中锌原子的配位数均为 4，并且每个锌原子与四个氧原子形成了四面体的配合物。

8.2.6.4 离聚体的应用

(1) 共混改性

离聚体本身可与聚合物共混，也可作为共混体系的相容剂使用。由于含有金属离子，离聚体具有一定的极性，可以与聚合物之间产生多种相互作用，如离子-离子、离子对-离子对、酸碱作用、热塑性互穿聚合物网络（IPN）、氢键作用、络合作用等，从而改善共混物间的相容性。

孙东成[71] 研究了极性-非极性聚合物和极性-极性聚合物共混体系，发现不同体系离聚体和聚合物之间的作用机理不同。Winter 等[72] 研究了聚（亚芳-乙炔）增强聚苯乙烯离聚体，该共混物的刚性和柔性组分可进行调节。X. D. Wang 等[73] 研究了离聚体对聚甲醛/甲基丙烯酸甲酯-苯乙烯-丁二烯共聚物体系的影响。

离聚体增容剂也会对共混体系的结构、流变性能、力学性能和结晶行为造成很大影响。不同共混体系中离聚体起到的作用也不同，如果共混体系由极性聚合物与非极性聚合物形成，离聚体基体与非极性聚合物之间有较高的相容性，而离子基团与极性聚合物之间相容性好，从而起到增容作用[74]。如果共混体系中只包含极性聚合物，离聚体中的离子基团能够提高基体的极性，离聚体与聚合物基体之间会产生特殊的相互作用，起到增容作用[75]。共混体系中只含有非极性聚合物时，增容作用主要来自离聚体中多重离子对的物理交联[76]。Kim 等[77] 研究了正离子离聚体增容聚丙烯/三元乙丙橡胶体系，发现增容剂会使共混物的拉伸强度和弹性模量降低，锌盐体系增容后共混物性能更好。Atchara Lahor[78] 等用钠离子中和的羧酸盐离聚体作为聚酰胺/低密度聚乙烯共混体系的增容剂。

(2) 橡胶离聚体

国内学者在橡胶离聚体方面做了很多研究工作，特别是离聚体型热塑性弹性体。这种离聚体主链采取柔性链结构，在常温下离聚体中的离子基团能够相互缔合或发生离子交联，形成物理交联点，因此离聚体具有橡胶弹性，在高温下交联点解缠结，离聚体可以进行熔融加工[79]。

谢洪泉等在浓溶液中，对苯乙烯-丁二烯嵌段共聚橡胶、丁基橡胶[80]、三元乙丙橡胶、SBS[81] 等进行磺化制备了多种离聚体。用聚氧乙烯-丙烯酸丁酯及丙烯酸、聚环氧乙烷/丙烯酸丁酯-丙烯酸/甲基丙烯酸甲酯等共聚物制成的离聚体均可热塑加工，可作为热塑性弹性体使用。李晓东等[82] 使用 $N_2H_4/H_2O_2/Fe^{2+}$ 体系中和氢化羧基丁苯橡胶，得到了力学性能优良的离聚体，该离聚体与工程塑料共混后，可得到 IPN 聚合物。李虹等[83] 主要研究了嵌段共聚离聚体的合成方法及其应用。

(3) 导电高分子复合材料

一些离聚体具有较高的电导率，可以作为导电材料应用于锂电池和燃料电池方面，如可用于制备锂电池固态电解质。Lee 等[84] 发现用苯胺-马来酸锂离聚体和高氯酸锂制备的电解质，在 25℃时电导率可达 1.9×10^{-3}S/cm。Kim 等[85] 用聚甲基丙烯酸甲酯-马来酸锂离聚体作为电极，有较好的导电效果。

(4) 纳米复合材料

离聚物的离子基团部分交联形成的微区结构尺寸通常在纳米级，因此其不仅能作为共混体系的增容剂，其本身就能成为纳米结构共混物的一个重要组分。S. H. Oh[86] 对聚苯乙烯磺酸锌离聚体与聚酯热致液晶材料的纳米共混物进行了研究。J. A. Lee 等[87] 合成和表征了聚乙烯基体的离聚体纳米复合材料。H. S. Lee[88,89] 等制备了热致性液晶和磺化聚苯乙烯离聚体纳米复合材料，研究了复合材料的形成机理和形态结构。

(5) 静电纺丝

离聚体还可采用静电纺丝的方法来制备纤维。静电纺丝技术可用于制备纳米纤维，制得的纤维直径为 50～2000nm，具有极大的比表面积和表面积体积比，有着优异的力学性能。近年来，聚合物纳米纤维的制备研究引起了人们很大的关注[90]。代丽君[91]研究了聚乙烯-乙烯醇离子聚合物的合成，采用高压静电纺丝工艺制备了 EVOH 磺酸钾无纺布，具有很强的吸附能力和过滤性。X. Wang 等[92] 制备的电纺纤维膜可以应用在生物骨架材料和传感器材料等领域。

(6) 包装材料

羧酸型离聚体有耐腐蚀、耐油以及熔融强度高等特点，因此可以做特殊用途的包装和绝缘层使用。Zhu 等[93] 用聚(苯乙烯-丙烯酸)和聚(苯乙烯-丙烯酸丁酯)锌离聚体制成的膜包裹锌电极，延长了电极的使用寿命。

8.2.7 氯化功能化

8.2.7.1 简介

(1) 氯化聚丙烯

氯化聚丙烯（CPP）是向聚丙烯分子链中引入含氯取代基后得到的极性热塑性树脂，是白色或淡黄色的固体，无毒无味。根据氯化度的不同，氯化聚丙烯通常分为高氯化聚丙烯和低氯化聚丙烯两大类，二者的氯化度分别为 63％～67％和 20％～40％。根据聚丙烯基体的不同，氯化聚丙烯还可分为氯化等规聚丙烯和氯化无规聚丙烯。CPP 熔点为 100～120℃，分解温度为 180～190℃，由于含有氯取代基，CPP 有着很高的极性，不溶于醇和脂肪烃，溶于芳烃、酯类和酮类，具有优良的耐磨性、耐老化性、耐油以及耐酸碱等性能。高氯化聚丙烯主要用在氯化橡胶代用品、黏合剂及阻燃剂等用途；低氯化聚丙烯主要用在黏合剂、涂料附着力促进剂、油墨的载色剂等方面。

CPP的研发最早开始于20世纪60年代初，首先由美国Hercides Powder公司在1961年工业化，随后日本的东洋合成、旭电化公司相继实现工业化生产，最早CPP主要被用于印刷油墨和涂料。目前，世界上能够工业化生产CPP的公司已有美国杜邦公司、Amtech公司、M&K公司和日本东洋化成、东洋纺织、山阳国策、日本制纸等公司，CPP生产工艺也已发展为先进的水相悬浮法。氯化聚丙烯最大的用途在涂料、黏合剂和油墨载色剂方面，共同占CPP总产量的80%[94]。20世纪80年代起，我国也开始进行CPP的开发，1984年上海轻工研究所和中华化工厂合作开发出了溶剂法工艺，之后西北油漆厂与兰州涂料研究所、广州金珠江化学有限公司和北京化工学院也分别合作研发出CPP生产技术。目前，国内约有十余家CPP生产企业，主要分布在珠三角和长三角区域，其中广州金珠江化学有限公司是国内CPP行业最大的生产厂家。与国外相比，在CPP制备方法上我国还存在很大差距，大部分生产厂家生产装置规模较小，溶剂法还占据主流地位[95]。但目前我国已经签署了《关于消耗臭氧层物质的蒙特利尔议定书》，该议定书中禁止使用四氯化碳溶剂法生产CPP，因此我国CPP的主要研发方向也是转向水相悬浮法和无四氯化碳溶剂法。

(2) 氯化聚乙烯

氯化聚乙烯（CPE）是通过取代反应将聚乙烯分子链中的氢离子取代为氯离子后得到的改性产品。氯化聚乙烯可以看作是乙烯、氯乙烯、1,2-二氯乙烯的三元无规共聚物。因其分子链的特殊结构，氯化聚乙烯具有耐热、耐候、耐化学腐蚀性、阻燃、导电性好以及机械强度高等优点，被广泛应用在塑料、建材、化工、冶金、电器、纺织、造船、涂料等领域[96]。我国CPE的研究始于20世纪60年代，在20世纪90年代我国开始大量引进国外先进工艺和生产设备，国内CPE开始大规模发展。水相悬浮法是目前国内主流的CPE生产工艺，是将PE树脂悬浮于水中进行氯化反应，这种方法过程稳定、生产成本较低、前期投入低，可以获得高氯含量的CPE。缺点是水消耗量大，且产物中含有盐酸，容易造成污染[97]。目前，我国有CPE生产厂家近60家，其中生产规模在万吨级以上的超过10家，总生产能力达60万吨/年，已成为世界上最主要的CPE生产和消费大国。自从Dow化学从2016年起停止生产CPE，目前CPE仅有中国企业生产[98]。

根据CPE的氯含量和残余结晶度等，可将CPE分为树脂型和橡胶型。树脂型CPE中含有一定量的残留结晶，而橡胶型CPE不含残留结晶。不同氯含量和结晶结构的CPE树脂的性能和用途也有很大区别，根据用途CPE主要分为A、B、C三种类型，A型和C型为树脂型CPE，B型为橡胶型CPE。A型CPE是最早被开发使用的CPE，多用作硬质聚氯乙烯（PVC）的增塑剂[99]，常被用于塑钢门窗。随着技术的发展CPE渐渐向橡胶用途发展[100]，出现了耐老化、耐臭氧、耐腐蚀、阻燃性能更好的B型CPE[101]，这是一种具有广泛应用前景的弹性体，主要用于制造电线电缆、汽车胶管、特种轮胎、电梯扶手等。C型CPE主要用于改性丙烯腈-丁二烯-苯乙烯共聚物（ABS），能够大大提高ABS的阻燃性、冲击性和加工性能[102]。目前国内CPE大多是A型产品，约占总量的80%，其他两种型号的产品在国内生产较少，而在国外B型产品的应用占总量的60%以上[103]。

CPE需要用HDPE专用树脂进行生产，根据CPE的用途，相应树脂原料分为塑改型和橡胶型两种。塑改型树脂分子量较大，力学性能和熔点都相对较高；橡胶型树脂分子量适中，熔体流动速率比较大。进口的CPE专用树脂主要来自韩国LG化学、湖南（Honam）化学和三星化学等厂家，目前占据我国约50%的市场份额。其中LG化学的CPE专用树脂每年进口量超过 14 万吨，占全部进口量的近 50%，树脂牌号囊括 A、B、C 三大类型。产量最大的通用型牌号是 CE6040，其他 A 型牌号还有 CE6040Y、CE6040X 和 CE6040K，B 型牌号有 CE2030K、CE2030 及低门尼黏度的 CE0235 等，C 型牌号为 CE1020。国内专用树脂主要由大型化工企业生产，如中国石化和中国石油等。辽阳石化公司是我国最早开发 CPE 专用树脂的公司，能够生产全系列专用树脂，主打牌号为 A 型 CPE 专用树脂 L0555P，还能够生产 B 型的 L2053P 及 C 型牌号 L5060P 等产品。中国石化、扬子石化能够生产 A、B、C 全系列专用树脂，主要牌号有 A 型的 YEC-5505T 和 YEC-5008T，B 型的 YEC-5515TL、YEC-5410T 和 YEC-5407T，以及 C 型牌号 YEC-5706。中国石化燕山分公司生产的 CPE 专用树脂主要有 A 型的 6800CP 和 B 型的 6600CP。中国石油大庆分公司也开发出了 A 型 CPE 专用树脂 QL505P。

8.2.7.2　制备方法

(1) 氯化聚丙烯的制备方法

氯化聚丙烯制备方法主要有溶剂法、水相悬浮法、半水相法和固相法，是聚丙烯经氯化反应制得，主要反应式为：

$$C_nH_{2n} + xCl_2 \longrightarrow C_nH_{2n-x}Cl_x + xHCl$$

溶剂法是将聚丙烯树脂与四氯化碳等溶剂按一定配比加入反应釜中，在 100℃以上将聚丙烯溶解后，加入引发剂 BPO 或 AIBN，然后在常压和 100～130℃的条件下通入氯气进行氯化反应，待产物氯化度达到要求后，脱除残留的氯气、氯化氢以及溶剂，经干燥、粉碎、包装，得到最终氯化聚丙烯产品。溶剂法生产 CPP 工艺流程见图 8.1。溶剂法特点是氯化过程容易控制，氯化基团分布均匀，可生产氯化度为 53%～63%的 CPP 产品，可用于涂料和胶黏剂等。但该方法产品中容易有残余溶剂，环境污染比较严重，在国际上已被日渐淘汰，但还是我国生产 CPP 最为常用的方法。

水相悬浮法先将聚丙烯进行粉碎，或是用有机溶剂进行溶胀，之后将得到的聚丙烯投入反应釜中，反应釜中含有乳化剂、分散剂、引发剂和水，通过搅拌使聚丙烯处于悬浮状态，再向反应釜中通入氯气进行反应，最后经水洗脱酸、中和、脱水、造粒、干燥等步骤后得到 CPP 产品。水相悬浮法生产 CPP 工艺流程见图 8.2。该方法有操作方便，成本低，产品溶解度、色泽好，杂质含量少，环保性好等优点，也是发达国家广泛采用的工业化生产方法。

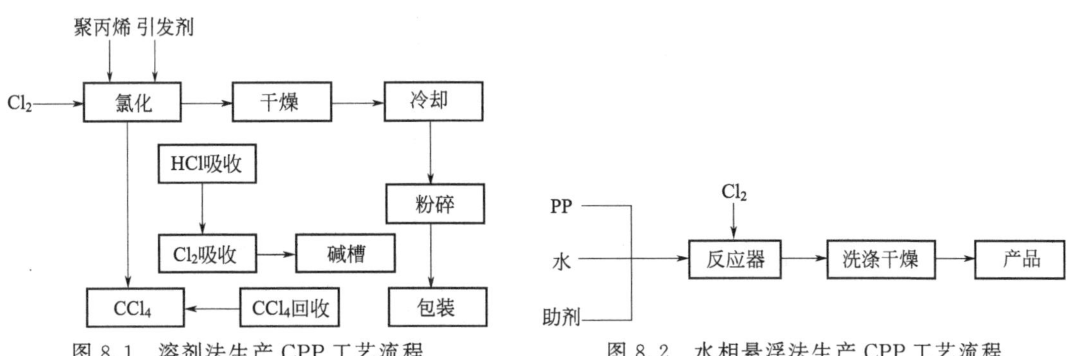

图 8.1　溶剂法生产 CPP 工艺流程　　图 8.2　水相悬浮法生产 CPP 工艺流程

半水相法准确说来只是对溶剂法的改良，是将聚丙烯粉碎后与四氯化碳或氯苯等溶剂按一定比例加入反应釜，再加入一定量水搅拌，使聚丙烯粉末呈悬浮状态。之后在常压下向釜内通入氯气，通过紫外光催化进行氯化反应，达到所需的氯含量后，脱除残留的氯，水析、洗涤、干燥后得到 CPP 成品[104]。这种方法比起溶剂法来，减少了四氯化碳等的使用量，但比起水相法还有一定差距。

固相法是先将聚丙烯干粉置于带有粉末捕集器的固定床或流化床内，通入氯气进行氯化反应得到 CPP 产物，此方法采用紫外线或氟单质进行引发。固相法工艺操作简单，腐蚀性小，生产成本低，且无废物排放，较为环保。但反应过程难以控制，氯化基团分布不均，且由于反应热不易导出，易导致 CPP 结焦变色，因此工业生产很少采用。

(2) 氯化聚乙烯的制备方法

氯化聚乙烯制备方法主要有溶液法、悬浮法和气固相法。CPE 由聚乙烯经氯化反应制得，主要反应机理包括链引发、链传递和链终止三部分，引发方式主要有引发剂、紫外线和等离子体引发等。制备过程反应机理[105] 如图 8.3 所示。

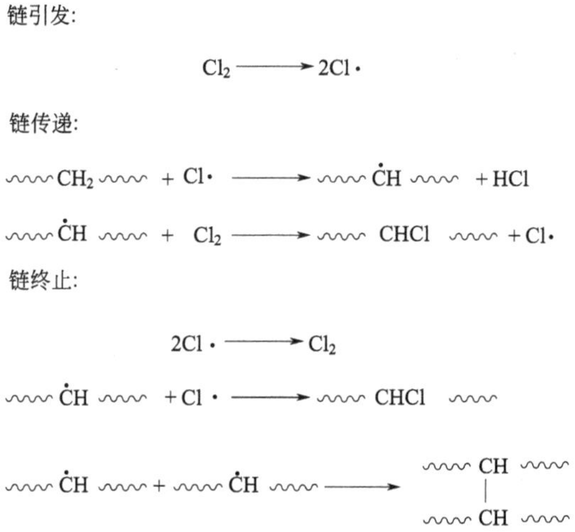

链引发:

$$Cl_2 \longrightarrow 2Cl\cdot$$

链传递:

$$\sim\sim CH_2 \sim\sim + Cl\cdot \longrightarrow \sim\sim \dot{C}H \sim\sim + HCl$$

$$\sim\sim \dot{C}H \sim\sim + Cl_2 \longrightarrow \sim\sim CHCl \sim\sim + Cl\cdot$$

链终止:

$$2Cl\cdot \longrightarrow Cl_2$$

$$\sim\sim \dot{C}H \sim\sim + Cl\cdot \longrightarrow \sim\sim CHCl \sim\sim$$

$$\sim\sim \dot{C}H \sim\sim + \sim\sim \dot{C}H \sim\sim \longrightarrow \begin{array}{c} \sim\sim CH \sim\sim \\ | \\ \sim\sim CH \sim\sim \end{array}$$

图 8.3　氯化聚乙烯的反应机理

溶液法是 CPE 最早采用的工业制备方法，由英国 ICI 化学公司于 1938 年研究开发成功，现在已基本被淘汰。该方法是将聚乙烯树脂溶解在四氯化碳或三氯乙烷等溶剂中，再向反应釜内加入引发剂（如过氧化苯甲酸等），然后向釜内通入氯气，在 100～115℃下进行氯化反应，再经过水析、离心、干燥除去溶剂，最终得到 CPE 产品。CPE 溶液法生产工艺如图 8.4 所示。

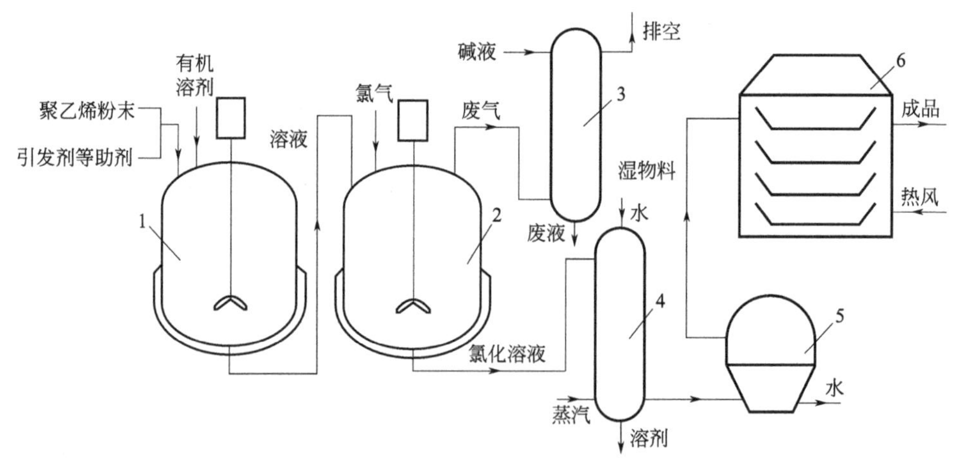

图 8.4　CPE 溶液法生产工艺

1—溶解釜；2—反应釜；3—吸收塔；4—水析塔；5—离心机；6—干燥器

悬浮法是目前主要的生产方法，其生产工艺也最为成熟。悬浮法根据悬浮所用介质不同分为水相悬浮法和酸相悬浮法，是将聚乙烯粉末悬浮在介质（如水或稀盐酸）中，加入引发剂，在常压下通入氯气进行氯化反应，再经过脱酸、中和、水洗分离、干燥等步骤后，得到 CPE 产品，CPE 的悬浮法生产工艺如图 8.5 所示。该法生产的 CPE 氯化均匀度高，产品质量稳定，但会产生大量酸性废液，设备腐蚀严重，且环境污染较严重。

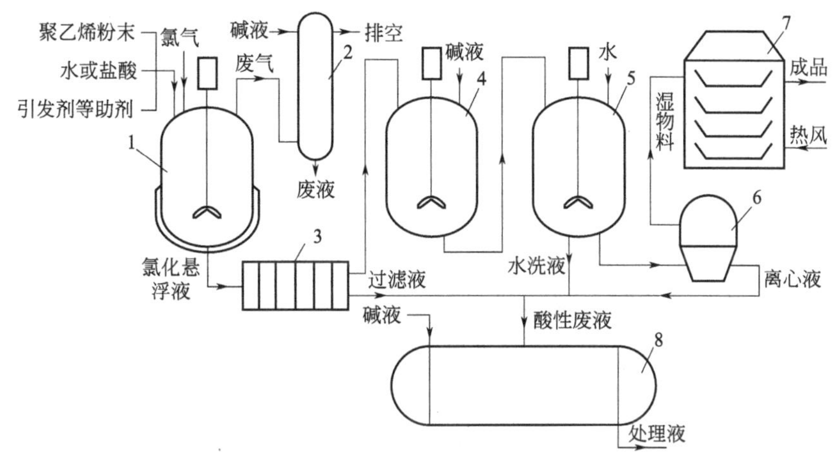

图 8.5　CPE 的悬浮法生产工艺

1—反应釜；2—吸收塔；3—过滤机；4—中和釜；5—洗涤釜；6—离心机；7—干燥器；8—废液处理槽

水相悬浮氯化法由德国赫斯特公司于 1960 年首先开发成功。赫斯特公司[106] 将高压氯气连续通入低压高密度聚乙烯粉料悬浮液中进行氯化反应，所制得的 CPE 既有一定的结晶度又具有无定形弹性部分。美国杜邦公司[107] 采用水相悬浮法制备 CPE，采用紫外光作为引发剂。王波[108] 提出了一步法生产氯化聚乙烯的制备方法。邵显清等[109] 开发了一种用水相悬浮法制备硬质氯化聚乙烯的方法，可制得氯含量为 33%～36%的硬质氯化聚乙烯产品。刘旭思等[110] 开发出一种双组分复合引发剂，用其生产 CPE 工艺简单，成本较低。酸相悬浮氯化法是水相悬浮法的一种改进工艺，也由德国赫斯特公司开发。酸相悬浮液中含 20%左右的盐酸，通入液氯进行氯化反应，之后用平面转盘真空过滤机连续脱酸、洗涤，脱酸得到的 25%盐酸一部分循环，另一部分可作为商品出售。汪立波等[111] 采用酸相聚合法制备了含氯量为 65%的 CPE 产品。刘旭思等[112] 开发出了一种 CPE 橡胶酸相法生产工艺，该方法工艺简单、生产效率高，得到的产品质量稳定。

气固相法是将聚乙烯粉末和引发剂等各种助剂放置在流化床或固定床中，常压下与氯气或混合气体在一定温度下进行氯化反应，达到所需氯化度后，产物经碱液洗涤、干燥后获得成品。该方法工艺流程简单，投资小，设备腐蚀较小，产品纯净，对环境污染小，是一种环保、经济的工艺。但固相法产品不够稳定，容易黏结发泡，还没有大规模工业化。CPE 的气固相法生产工艺如图 8.6 所示。

德国赫斯特公司[113] 先在高密度聚乙烯（HDPE）的熔点附近对其进行热处理，再将液氯或 1,1,2,2-四氟二氯乙烷代替氯气加入流化床中对 PE 进行氯化反应，该法可制备氯含量为 35%～70%的 CPE 产品。美国百路驰公司[114] 用流化床反应器制备了 CPE，将 HDPE 粉末和无机化合物（如二氧化钛、钛酸钡等）加入流化床内，在室温下通入氯气和氮气的混合气，用紫外光进行自由基引发，最终得到氯含量为 25%～45%的 CPE 产品。隋建春

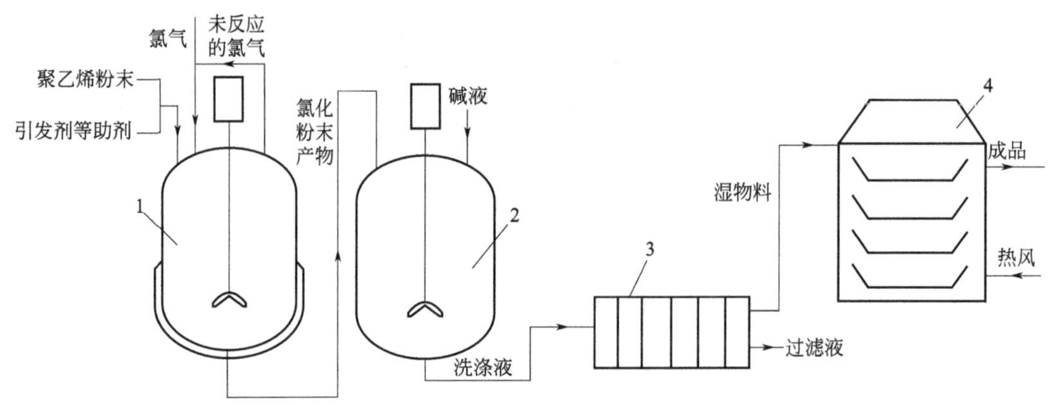

图 8.6 CPE 的气固相法生产工艺

1—反应釜；2—洗涤釜；3—过滤机；4—干燥器

等[115] 发明了一种高氯化度聚乙烯的制备方法，通过在三段温度下通入过量氯气反应，最终制备了氯含量为 65%～75%的高氯化度聚乙烯。

8.2.7.3 氯化功能化产品的应用

(1) 氯化聚丙烯的应用

根据氯含量和 PP 基体的不同，CPP 的应用范围也有所不同，但大部分应用在黏合剂、油墨和涂料等方面，尤其是用于与聚丙烯薄膜或制品相关的用途。不同氯含量 CPP 的用途见表 8.9。

表 8.9 不同氯含量 CPP 的用途

原料聚丙烯	氯含量/%	树脂含量/%	黏度(25℃)/Pa·s	溶剂	用途
等规	21	15	0.3～0.7	甲苯	内涂层涂料
等规	26	31	3.0～6.0	甲苯	内涂层涂料
等规	28	30	6.0～10.0	甲苯	黏合剂
等规	27	30	0.1～0.5	甲苯	涂料、黏合剂
等规	30	30	1.5～4.0	甲苯	涂料、黏合剂
等规	35	50	1.5～3.0	甲苯	黏合剂、层合剂
等规	30	30	0.2～0.5	甲苯	油墨、黏合剂
等规	35	30	2.0～5.0	甲苯	油墨、黏合剂
无规	35	50	1.4～2.0	甲苯	层合剂
无规	35	43	10.0～14.0	水	黏合剂
丙烯酸改性	15	45	4.0～6.0	甲苯、二甲苯	涂料

CPP 主要的应用有：双向拉伸聚丙烯（BOPP）薄膜和纸张间的黏合剂[116]。纸张和 BOPP 层压后，可以大大提高其耐用性、防水性和光泽度。配方为 CPP（17-LP）、石油树脂、甲苯和乙酸丙酯等；用于 BOPP 压敏胶带内涂层[117]。配方为 CPP（12LP 或 13LP）、乙烯-乙酸乙烯酯共聚物、烷基酚树脂、甲苯-环乙烷；用于 PP 注塑产品的涂料[118]。配方为 CPP（163-LR 等）、颜料铝粉糊、甲苯；用于 BOPP 密封包装膜的涂料[119]。涂覆后

BOPP 薄膜的防潮性和尺寸稳定性可得到提高，可用于香烟、磁带、糖果盒等的包装材料。配方为 CPP、石蜡、脂肪酸、防静电剂、防结块滑石等；用于 BOPP 薄膜的印刷油墨[120]。配方为 CPP、二氧化钛、溶剂甲乙酮、甲苯等。CPP 还可用于聚丙烯纤维增柔剂、聚丙烯薄膜和铝箔的黏结、复合薄膜黏合剂、聚丙烯包装膜爽滑剂，高氯聚丙烯还可作为橡胶代替品、阻燃剂和增塑剂等。

(2) 氯化聚乙烯的应用

从 20 世纪 30 年代至今，CPE 经过了近百年的发展，现在已是非常成熟的产品，有着非常广泛的应用。随着氯化度的不同，CPE 的性质不同，因此也有很多不同用途。氯含量为 16%～24%的 CPE 可以作为热塑性弹性体材料使用，常用于压塑、冲压以及制造食品包装用薄膜；氯含量在 30%～40%的 CPE 较为常见，可以作为弹性体材料使用，一大用途是作为塑料的增韧剂，如与 PP 或 PE 进行共混，改善其阻燃性和柔韧性，另一大用途是增塑剂，如与硬质 PVC 共混，提高 PVC 的加工性能，同时使其冲击强度大大提高，还可与半硬质和软质 PVC 共混，提高其耐湿性和电气性，还可以用作 ABS、AS、PS 的永久增塑剂。CPE 还可作为橡胶改性剂使用，用于改善橡胶的力学性能和加工性能，制成电线、电缆、软管、机器配件等各种橡胶制品；氯含量为 46%～55%的 CPE 性质类似于皮革，是一种有弹性的硬质材料，可用作仿皮制品。氯含量大于 55%的高氯化聚乙烯为刚性材料，可以做各种金属构件的防腐涂料、阻燃涂层以及各种材料的黏合剂[121]。

CPE 弹性体很重要的一种应用是防水卷材，有以玻璃布增强的 603 防水卷材、氯化聚乙烯无胎体卷材、氯化聚乙烯橡胶共混防水卷材等[122]。CPE 防水卷材是向 CPE 树脂中添加增塑剂、稳定剂、硫化剂、促进剂、补强填充剂等助剂后，采用压延法或者挤出法制备得到。CPE 橡胶作为比较高端的 CPE 材料，目前只有极少量能够实现国产化，在电线电缆行业应用非常广泛，如用于生产辐射交联电线电缆[123]。另外，还可以用于制备 CPE 硫化胶、CPE 吸水膨胀橡胶等功能化高端产品。

8.2.7.4　氯化聚丙烯接枝改性

对 CPP 进行接枝改性是目前常用的改进 CPP 性能的一种方法。这是由于虽然 CPP 的极性比起 PP 有了很大程度的提高，但往往在应用中还是有极性不足的问题，如低含氯 CPP 在极性溶剂中溶解度较低；CPP 黏结剂在极性材料上的附着力不够；CPP 用于底漆时与常用极性树脂相容性不佳[124]。因此，广大研究者通过接枝的方法进一步提高 CPP 的极性，以扩大其应用范围。接枝改性方法通常包括自由基中间体、阳离子中间体和阴离子中间体三种接枝改性方法[125]。

CPP 自由基接枝改性反应中，活性中心通常为有机自由基，引发剂多为偶氮类或过氧类化合物，接枝单体一般为丙烯酸和丙烯酸酯类、马来酸酐等。CPP 自由基接枝反应如图 8.7 所示。

与丙烯酸酯类单体接枝能够提高 CPP 在酯类溶剂中的溶解度，提高胶黏剂、涂料和油墨的黏结能力。此类单体接枝 CPP 一般发生的是自由基聚合反应。谭建权等[126] 采用丙烯酸丁酯（BA）和丙烯酸（AA）接枝改性 CPP，并和水性丙烯酸酯共聚物复合制备了涂层材料。他们还用甲基丙烯酸羟乙酯（HEMA）接枝改性 CPP，再进一步使 HEMA 的羟基与光固化基团反应，从而得到了光固化丙烯酸酯改性 CPP[127]。Bai 等[128] 将 BA、MMA、AA 和丙烯酰胺（AM）接枝到 CPP 上，提高了 CPP 的黏结性能。通常用自由基取代反应将马来酸酐（MAH）接枝到 CPP 上，反应机理如图 8.7 所示。接枝后马来酸酐以短链形式挂在

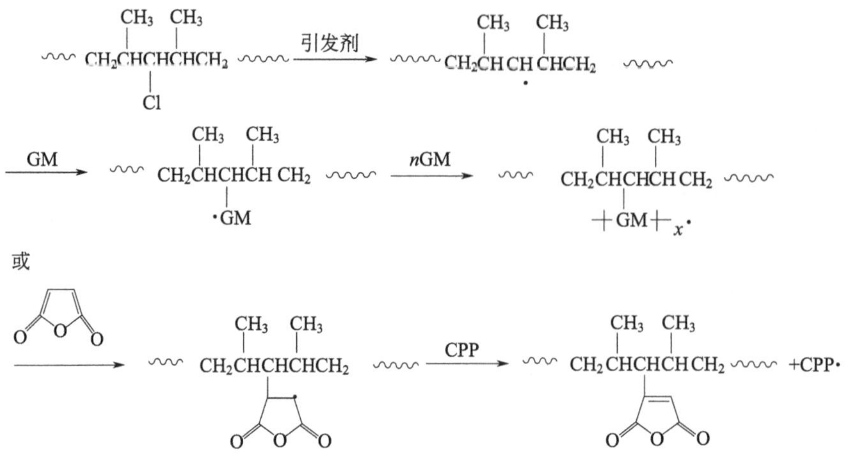

$$\sim CH_2CH(CH_3)CH(CH_3)CH(Cl)CH_2 \sim \xrightarrow{\text{引发剂}} \sim CH_2CH(CH_3)\dot{C}HCH(CH_3)CH_2 \sim$$

$$\xrightarrow{GM} \sim CH_2CH(CH_3)CH(CH_3)CH(\cdot GM)CH_2 \sim \xrightarrow{nGM} \sim CH_2CH(CH_3)CH(CH_3)CH(+GM+_x\cdot)CH_2 \sim$$

或

$$\xrightarrow{\text{马来酸酐}} \sim CH_2CH(CH_3)CH(CH_3)CH(\text{琥珀酸酐自由基})CH_2 \sim \xrightarrow{CPP} \sim CH_2CH(CH_3)CH(CH_3)CH(\text{马来酸酐基})CH_2 \sim + CPP\cdot$$

图 8.7 CPP 自由基接枝反应

CPP 分子侧链上，既能保证 CPP 原有的性质，又提高了 CPP 与其他极性树脂的相容性。Teiichi[129] 将 MAH 接枝到 CPP 上，提高了 CPP 的脂溶性。Takashi[130] 制备了马来酸酐接枝 CPP，提高了油墨的印刷黏附性，还可以利用马来酸酐基团的活性进行二次反应接枝。Wang 等[131] 用马来酸酐接枝 CPP 继续同异氰酸酯基聚氨酯预聚物进行反应，制备了接枝率高达 80%的聚氨酯接枝 CPP 产品。

阳离子中间体接枝反应的活性中间物是大分子阳离子，催化剂通常是路易斯酸。目前的阳离子中间体接枝改性 CPP 主要是利用催化剂使甲苯与 CPP 发生烷基化反应，取代 CPP 上的氯。刘敏等[132] 用三氯化铝和离子液体为催化剂制备了甲苯接枝到 CPP。高振[133] 用三氯化铁作催化剂，解决了三氯化铝催化剂活性太强导致 CPP 分子链断裂的问题，提高了 CPP 与醇酸树脂的相容性。

阴离子中间体接枝反应的活性中间物是大分子阴离子过渡态，需要在强碱条件下进行反应，催化剂通常是烷基金属化合物、碱金属和格氏试剂等。这种方法可以用于制备两亲性高聚物，也可用于 CPP 的磺化改性。万敏等[134] 以 CPP 与聚乙二醇为原料，采用金属钠作为催化剂，制备出以 PEG 为支链的梳形两亲性高聚物，大大提高了改性 CPP 的亲水性。项东升等[135] 以氨基磺酸为磺化剂来改性 CPP，再将磺化 CPP 与丙烯酸酯类共聚接枝制得水性磺化 CPP-丙烯酸酯乳液，达到了金属材料装饰的要求。

8.3 聚烯烃后功能化

8.3.1 聚烯烃后功能化原理

聚烯烃后功能化方法[136,137] 是指 α-烯烃单体在已经聚合形成聚合物的情况下对聚合物进行功能化改性，即已经生成了聚烯烃树脂，再通过化学或物理的方法，实现聚烯烃改性的目的。相对于前功能化改性而言，后功能化无需催化剂所要求的严格环境，工艺条件要求不高，设备简单，技术成熟，容易实现工业化。

聚烯烃的后功能化可分为化学改性方法和物理改性方法，前者包括反应接枝、交联、氧化等，后者包括辐照、共混、加入改性助剂等。

反应性挤出改性一般是通过 C—H 键断裂来激活聚合物，并在聚合物链上形成初级自由基，然后通过化学反应（加成、自由基偶合等）来实现聚烯烃树脂的功能化改性。反应的进行需要一个高能源（分子自由基、射线、等离子体等）来吸收聚合物的氢原子。

聚烯烃的交联是分子主链间发生化学键合，是原来的线型结构转变为三维网状结构[138]。交联反应通常由有机过氧化物或辐射作用引发，因此聚烯烃的交联方式可分为化学交联和辐射交联。聚烯烃交联后分子量增大，分子结构由线型转变为网状，从而导致了聚烯烃物理力学性能有明显变化，如耐热性显著提高、高温尺寸稳定性好等。

聚烯烃中加入改性助剂可对聚烯烃起到稳定作用、改善加工性能、物理性能、制品表面及光学性能，以及改善制品其他性能或赋予制品新的性能等作用[136]。例如抗菌剂的加入可赋予聚烯烃抗微生物性能，抑制微生物生长。抗菌塑料在家电、建材、日用品等各领域都得到广泛应用[139-144]。

聚烯烃中加入抗静电剂可以有效防止电荷积累，从而避免静电荷造成的各种问题（如吸附灰尘、影响加工、引起爆炸、火灾等）[145-148]。大部分抗静电剂都是通过降低表面电阻率、提高导电性来防止静电积累的，其分子结构一般由两部分组成：亲油部分和亲水部分。

聚烯烃中加入导电填料可使其电阻率大幅降低，导电填料在聚烯烃基体中相互搭接形成导电网络，从而绝缘的聚烯烃转变成为可导电材料[149-151]和电磁屏蔽材料[152,153]。

8.3.2　聚烯烃反应接枝

通过反应加工技术对聚烯烃进行接枝改性，使其带有极性基团，利用极性基团的极性和反应活性，改善其性能上的不足，同时又增加新的性能，以制备功能化、高性能化的新型聚烯烃材料，这是扩展聚烯烃这类通用高分子材料用途的一种简单而又行之有效的方法[154,155]。

聚烯烃接枝改性的原理是通过过氧化物或芳酮等引发剂在热、光、射线等引发源的作用下分解形成初级自由基，初级自由基通过链转移在聚烯烃主链上引入带有极性基团的支链。由于聚烯烃大分子链本身没有活性基团，所以需要添加引发剂分解出来的自由基链转移到大分子链上引发接枝聚合，这个过程自由基不可避免要引发未接枝的单体聚合或者大分子链的 β-剪切断链[136,156-158]。

聚烯烃反应接枝改性可分为表面接枝改性和本体接枝改性。表面接枝改性仅对高分子材料表面进行改性，使其表面呈现特殊性能，而材料的本体结构不发生变化，常用于制备多层膜、复合膜、荧光材料、防雾流滴膜及黏结膜等功能材料。表面接枝改性的引发方式分为光引发、高能射线辐射引发、等离子体引发、电晕放电引发等。接枝单体可分为气态和液态。

聚烯烃的本体接枝改性有溶液法、熔融法、固相法和悬浮法等。溶液法[159,160]是将聚烯烃及各反应组分溶于溶剂中，形成均相体系，在此条件下引发接枝反应。但其反应时间长、溶剂回收成本高，存在环境污染等问题，限制了此方法在工业上的广泛应用。

熔融法[161-163]是将聚烯烃与接枝单体和各种助剂在一定条件下加入挤出机或密炼机中进行熔融接枝反应。具有反应时间短、接枝率高及设备操作简单、易于工业化连续生产等优点，是国内外近几十年的热点研究课题。

固相法[164,165]要求聚烯烃采用粉状料，粒径越小，表面积越大，越有利于提高单体和聚烯烃的接触，接枝率也越高。其接枝反应多发生在聚烯烃的结晶缺陷和无定形区，在外力作用下，反应界面逐渐更新。近年来，采用固相法对聚烯烃进行接枝反应的研究报道逐渐增多。

聚烯烃接枝改性方法的比较如表 8.10 所示。

表 8.10 聚烯烃接枝改性方法的比较[166]

项目	溶液法接枝	熔融法接枝	固相法接枝	悬浮法接枝	紫外引发接枝
原料状态	颗粒或粉末	颗粒或粉末	颗粒或粉末	颗粒或粉末	薄膜或薄片
接枝单体	AA、MAH 等	St、GMA、AA、MAH 等	St、GMA、AA、MAH 等	AA、MAH 等	St、GMA、AA、MAH 等
引发剂类型	过氧化物	过氧化物	过氧化物	过氧化物	芳基酮
反应温度/℃	100～140	190～220	100～120	80～100	室温
溶剂用量	多	无	少	少	少
反应时间	长	短	较长	较长	较短
生产方式	间歇	连续	间歇	间歇	连续、间歇
副反应	很少	较多	少	少	少
后处理脱单	容易	很难	较困难	较容易	较困难
接枝率	较高	低	较高	较高	较高
生产成本	很高	低	低	很低	很低

8.3.2.1 聚烯烃溶液接枝

溶液接枝法始于 20 世纪 60 年代初，用自由基聚合方法引发单体进行接枝。将聚烯烃、单体、引发剂全部溶解于反应介质（如甲苯、二甲苯、氯苯等）中进行接枝反应，体系为均相，产物经丙酮萃取形成最终产品。介质的极性和对单体的链转移常数对接枝反应的影响很大。溶液接枝法具有操作简单、反应温度低、改性均匀、降解程度低、副反应少、接枝率高等优点，但是其产物后处理复杂、溶剂用量大且需回收、生产成本高、环境污染较大[157,167-169]。

（1）引发剂

聚烯烃的接枝改性反应属于自由基引发反应，所选用的引发剂大多属于含有易分解成自由基特点的化合物，其分子结构上具有弱键，离解能较小。常用的自由基引发剂包括偶氮类、过氧化物类和氧化-还原类。

偶氮二异丁腈（AIBN）是偶氮类引发剂的代表，只产生一种自由基，且比较稳定，存储较安全，但多在较低温度下使用（45～80℃），而且偶氮二异丁腈分解成的 2-氰基丙基自由基中氰基有共轭效应，使得自由基的活性和脱氢能力较低，因此很少用作接枝聚合的引发剂。

有机过氧化物引发剂中过氧化二苯甲酰（BPO）、叔丁基过氧化氢（TBHP）、过氧化二异丙苯（DCP）等都是良好的接枝引发剂，可作为聚烯烃接枝反应的首选引发剂[170]。

氧化-还原引发体系是过氧化物和胺组成的引发体系，其中过氧化物包括 BPO、DCP、叔丁基过氧化物（TBCP）[171]。芳叔胺主要包括 *N*,*N*-二甲基对甲苯胺（DMT）和 *N*,*N*-二甲苯胺（DMA）。

在自由基聚合的三步主要基元反应中，链引发是最慢的一步，决定着总的聚合速率，因此引发剂的分解速率和用量是整个反应过程的关键因素，需综合考虑引发剂的半衰期、活化能、使用温度、引发剂效率以及分解速率等因素。

（2）接枝改性单体

接枝单体一般是含有“C═C”不饱和双键且含有极性基团的化合物，如丙烯酸及其衍生物、马来酸酐或酯、马来酸盐、烯基双酚 A 醚（DBAE）、丙烯腈、苯乙烯及其同系物、甲基丙烯酸缩水甘油酯，其他聚合物（聚苯乙烯、马来酰亚胺、乙烯基硅烷）等。其中，接枝马来酸酐及其类似物的研究最多[172-180]。这是由于马来酸酐分子中的氧带有孤对电子，反应活性高，容易与带有空轨道基团的其他材料共混或黏结；马来酸酐分子经水解可得到含羧基的活性聚合物，容易与含有羟基、氨基、环氧基等物质进行反应，生成一系列新型的功能化聚合物。此外，马来酸酐分子结构上的 1,2-双取代，具有强烈的吸电子性和相互阻碍作用，使其难以均聚，因此马来酸酐大多以单环形式接枝到聚烯烃上。

(3) 接枝反应的溶液

溶液法接枝聚烯烃的反应过程中，溶剂的选择非常重要。溶液接枝聚合中体系的黏度对反应热传递、反应温度的控制都有一定的影响，且溶液聚合有可能消除凝胶效应。聚烯烃在低温或常温下很难溶于一般的溶剂，但在较高温度下可溶于卤代烃、脂肪烃以及芳香烃，如苯、甲苯、二甲苯、氯苯、乙酸戊酯、三氯乙烯、松节油、四氢萘、矿物油及四氢化萘等。

(4) 聚烯烃的溶液接枝反应研究

赵建青等[161] 选用二甲苯作为溶剂对高密度聚乙烯进行了溶液接枝反应，得到了接枝率较高的共聚物。

胡海东等[181] 在非隔氧条件下，以二甲苯为溶剂，偶氮二异丁腈和过氧化二异丙苯的混合组分为引发剂，丙烯腈作为接枝单体，对聚丙烯进行接枝改性，得到了最佳接枝率的反应条件。

王雅珍等[182] 以二甲苯为溶剂，过氧化二异丙苯为引发剂，以丙烯腈单体采用高压溶液法对聚丙烯进行接枝反应，发现接枝物与聚丙烯相比，结晶度有较大提高，且由纯聚丙烯的球状晶片转变为层状晶片。

Mehta 等[160] 考察了丙烯腈在不同溶剂下接枝聚丙烯的接枝率，发现接枝率由大到小依次为正戊醇＞正丁醇＞叔丁醇＞正丙醇＞乙醇＞异丙醇。

使用复合接枝单体，可提高产物的接枝率。于逢源等[183] 以 St/GMA 为共接枝单体对 LDPE 进行了接枝改性，获得了较高的接枝率。

传统的溶液接枝是将聚烯烃溶解在苯类溶剂中进行接枝，溶剂用量大，环境污染严重，所以溶液接枝很少被采用。近来有报道对溶液接枝进行改进，在溶液进行界面接枝。Tan 等[184] 报道了一种界面聚合制备 LDPE-*g*-VAc 的方法，PE 薄膜先在 BPO 的氯仿溶液中浸泡进行活化，将活化 PE 依次加入水、VAc 和异丁醇（TBA）进行反应。在水溶液中，TBA 为界面相容剂，活化 PE 薄膜浸到水中，VAc 单体溶液浮在水面上，随着反应进行，单体不断地从悬浮的 VAc 相转移到 LDPE 的界面上，补充消耗的 VAc，从而接枝反应在薄膜表面均匀地进行，该方法有利于接枝反应的稳定进行。

8.3.2.2　聚烯烃熔融接枝

熔融接枝法即反应挤出接枝，是在 20 世纪 70 年代发展起来的，是当今一种较成熟的工业化方法。熔融接枝法是研究者使用最多的化学接枝方法，反应在螺杆挤出机或密炼机中进行，具有时间短、接枝率高、设备操作简单、易于工业化连续生产等优点。用反应挤出接枝的方法将含有羧基、羟基、环氧、酸酐、异氰酸酯等功能性基团的单体接枝到聚烯烃分子主链上，赋予聚烯烃反应活性、功能性和极性，是国内外近几十年的热点研究课题。

(1) 反应机理[136]

聚合物反应挤出接枝为自由基反应机理时，接枝反应体系通常包括三种反应物[155]：聚合物、不饱和单体、自由基引发剂。典型的自由基接枝机理可以用以下反应式表达：

引发剂分解：

$$I \xrightarrow{k_d} 2R\cdot$$

链引发：

$$R\cdot + M \xrightarrow{k_i} RM\cdot$$

$$R\cdot + P-H \xrightarrow{k_H} P\cdot + RH$$

链增长：

$$\sum RM\cdot + iM \xrightarrow{k_p} \sum RM_{i+1}\cdot$$

$$\sum P\cdot + iM \xrightarrow{k_g} \sum P-M_{i+1}\cdot$$

副反应：

$$P\cdot + P\cdot \xrightarrow{k_c} P-P$$

$$P\cdot \xrightarrow{k_s} P_{un} + P'\cdot$$

链转移：

$$\sum RM_{i+1}\cdot + P \xrightarrow{k_{tr,\ p}} P''\cdot + RM_i$$

$$\sum PM_i\cdot + P \xrightarrow{k_{tr,\ p}} P''\cdot + PM_i$$

$$\sum RM_{i+1}\cdot + M \xrightarrow{k_{tr,\ m}} M\cdot + RM_i$$

$$\sum RM_i\cdot + M \xrightarrow{k_{tr,\ m}} M\cdot + PM_i$$

再引发：

$$P\cdot + M \xrightarrow{k_{gi}} P''-M\cdot$$

链终止：

$$\sum RM_i + \sum RM_j\cdot \xrightarrow{k_t} RM_i + RM_j \text{ 或 } RM_{i+j}$$

$$\sum RM_i + \sum PM_i\cdot \xrightarrow{k_t} PM_i + RM_i \text{ 或 } PM_{i+j}$$

$$\sum PM_i\cdot + \sum PM_j\cdot \longrightarrow PM_i + PM_j + PM_{i+j}P$$

在单体和聚合物存在的情况下，引发剂分解成一级自由基（R·）。一级自由基可能经历两种完全不同的反应路线：一条路线是引发单体（k_i），生成单体自由基（RM·），单体自由基与单体继续反应（k_p）生成低聚物或高聚物，若单体自由基的反应活性低，则这种低聚物或高聚物很难接枝到聚合物上；另一条路线是夺取大分子碳骨架上的氢（k_H），形成大分子自由基（P·）。根据聚合物的结构，大分子自由基可能相互偶合引发交联（k_c），也可能使分子链断裂（k_s），发生降解反应，生成不饱和大分子链（P_{un}）和新的大分子自由基（P′·）。只有当单体分子进入大分子自由基的反应半径时，接枝反应才能发生，同时生成大分子碳骨架上支链自由基。这种支链自由基可与更多的单体发生反应生成长接枝链（k_g），也可能夺取聚合物或单体分子的氢发生链转移反应。由于一般用于接枝反应的单体浓度较低，向单体的链转移反应可以忽略，但向聚合物的链转移反应则显得十分重要，因为新产生的大分子自由基很可能引发新的接枝-链转移反应（k'_g），从而提高接枝率。

接枝反应和均聚反应是一对竞争反应，接枝反应程度主要依赖于两个速率常数之比：$(k_H+k_{gi})/k_i$ 和 k_g/k_p。$(k_H+k_{gi})/k_i$ 表示参与从高分子主链上抽氢反应和与单体发生反应的一级自由基同大分子自由基的比率。$(k_H+k_{gi})/k_i$ 值越大，参与接枝反应的一级自由基和大分子自由基越多，则接枝反应所占的比重越大。k_g/k_p 表示大分子自由基引发接枝与单体链增长自由基引发均聚相对能力的比较，k_g/k_p 值越大，用于接枝的单体越多。

k_H/k_g 也是一个很重要的参数，因为它反映了大分子自由基分子内和分子间链转移能力和与单体生成大分子自由基能力的相对大小。比值越高，接枝分子链越短。或者说，k_H/k_g 表征了接枝分子链的长短。

(2) 催化体系和引发剂

熔融体系中自由基反应包括三个方面的特点[185]：相对高的温度（>150℃），一般来说，自由基反应的专一性将随温度增加而降低，较高的温度有利于一级自由基向二级自由基转化；相对高的压力，高压不利于键的断裂；相对高黏度的介质，在高黏度介质中扩散过程是影响反应的关键步骤。因此，选择引发剂时不但要考虑引发剂的半衰期、引发剂分解产生的自由基反应性，还要考虑引发剂的溶解性、引发剂在多相熔体中各相间的分离系数和引发剂笼蔽效应的程度等因素。理想的引发剂半衰期要短于物料在挤出机的停留时间。

适合聚烯烃反应挤出接枝改性的引发剂包括小分子有机过氧化物和用不同方法产生的大分子自由基。此外，某些 Lewis 酸也可以作为聚烯烃反应挤出接枝的催化剂，但其反应是离子反应机理。

① 有机过氧化物。有机过氧化物引发剂包含过酸酯类、过氧化酰类、二烷基过氧化物、烷基过氧化物等，最常用的是二烷基过氧化物。

二烷基过氧化物受热，O—O 键均裂产生相应的烷氧自由基。如果不和聚烯烃反应，引发剂分解生成的烷氧自由基中最弱的 C—C 键会发生 β-断裂（如图 8.8 所示）。一般情况下，sp^3 杂化键最先断裂，烷烃链越长，C—C 杂化键越容易发生 β-断裂。

双过氧化物的两个过氧基团分解分别产生各种各样的烷氧自由基和烷基自由基。烷氧自由基进一步劈裂，倾向形成分子链较长的烷基自由基[186]。

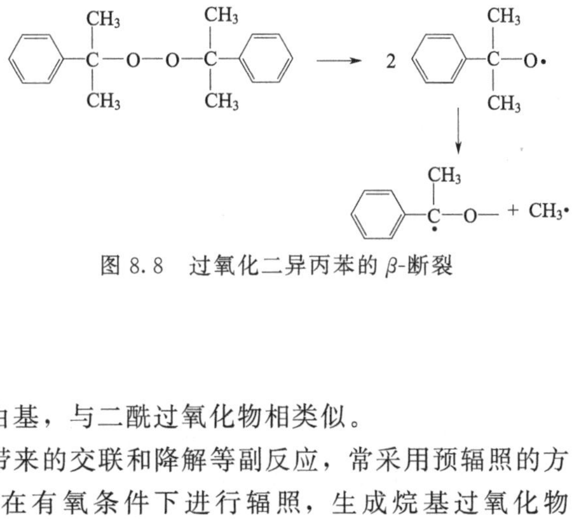

二酰过氧化物分解生成酰氧自由基，发生 β-断裂后，生成相应的烷基（或芳基）自由基和二氧化碳。α-酰氧自由基极易分解，其引发接枝反应的自由基主要为烷基自由基，而二酰过氧化物易引起聚烯烃的降解反应。

图 8.8 过氧化二异丙苯的 β-断裂

过酸的酯类分解成酰氧自由基和烷氧自由基，与二酰过氧化物相类似。

② 大分子自由基。为避免外加型引发剂带来的交联和降解等副反应，常采用预辐照的方法引发接枝反应[138]。预辐照方法是聚合物在有氧条件下进行辐照，生成烷基过氧化物（POOR）或烷基过氧化氢（POOH）。这些大分子过氧化物室温下比较稳定，便于较长时间保存。接枝反应在辐射场外进行。当聚合物受热分解后，与有机过氧化物类似，产生含氧大分子自由基（RO·），可以有效地引发接枝反应。适当控制辐射剂量，能够抑制均聚等副反应。

③ Lewis 酸。Lewis 酸（$AlCl_3$、BF_3、$SnCl_4$、$ZnCl_2$、$TiBr_4$ 等）常用于聚烯烃原位接枝反应，生成的接枝聚合物直接用于原位增容[187-189]。

绝大部分 Lewis 酸都需要共引发剂作为质子或碳阳离子的供给体，才能催化接枝反应。聚烯烃（主要是聚苯乙烯）原位接枝反应的机理是 Friedel-Crafts 烷基化反应。

引发剂和共引发剂的不同组合，将得到不同的引发活性，主要取决于向聚烯烃大分子提供质子或R^+的能力。主引发剂的活性与其接受电子的能力、酸性强弱有关。实验结果表明，PE与PS在Haake密炼机上进行接枝反应时采用的Lewis酸催化剂有$AlCl_3$、$AlCl_3 \cdot 6H_2O$、$C_2H_5AlCl_2$、$SnCl_4$和$FeCl_3$等，其中只有$AlCl_3$具有最高的催化活性。采用的共催化剂有苯乙烯单体、1-氯戊烷、聚氯乙烯、硅烷和水，只有苯乙烯单体和1-氯戊烷对共混物具有共催化作用，其余的化合物使$AlCl_3$的催化活性降低或者完全消失[190]。

Lewis催化剂具有高毒性、腐蚀性，正逐步被安全高效、环境友好、可回收利用的固相酸催化剂体系所取代。

(3) 熔融接枝单体

反应挤出接枝由于反应温度高，因此接枝单体的沸点应该适宜，较常用的单体为马来酸酐及其酯类、丙烯酸及其酯类等。

① 乙烯基硅烷。乙烯基硅烷的化学结构式可表示为：

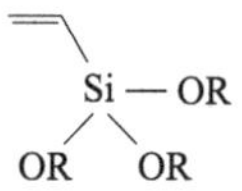

Si — OR

OR　OR

结构式中双键用于接枝反应，与硅相连的烷氧基或其他类型的官能团可以水解形成羟基，进而缩合脱水形成交联结构[191,192]。

在反应挤出的条件下，乙烯基硅烷不易发生均聚，其原因是体系中乙烯基硅烷的浓度比较低（通常在2%左右）、反应时间比较短（通常为几分钟），并且因为空间位阻效应，乙烯基硅烷单体的增长反应活性低。乙烯基硅烷与聚合物的接枝反应按照反应过程的不同可分为两步法[193]、一步法[194]、酯交换法[195] 三类。

② 马来酸酐及其类似物。马来酸酐及其类似物（例如富马酸、衣康酸、柠康酸、柠康酸酐和乙烯基丁二酸酐）是反应挤出接枝中常用的单体。由于聚烯烃的反应挤出接枝温度一般高于马来酸酐均聚的上限温度，因此很少形成马来酸酐的均聚物或在聚烯烃分子链上形成较长的马来酸酐支链。马来酸酐中酸酐官能团的存在使其双键的反应活性降低，为了增加接枝率，就必须增加过氧化物引发剂的用量，但同时会带来严重的交联或降解等副反应。为了克服上述矛盾，加入一些可以与马来酸酐形成电荷转移配合物的添加剂，将不饱和的酸酐与富余电子的分子或活化剂进行配合，形成给予体/接收体对，使马来酸酐的双键富余电子，增加其反应活性[196-198]。常用的添加剂包括各种胺类（二甲基乙酰胺、二甲基甲酰胺、己内酰胺、硬脂酰胺）、亚砜（二甲基亚砜）和亚磷酸盐（六甲基亚磷酸盐、三乙基亚磷酸盐）[199]。也可以采用能与马来酸酐缔合并具有电子给予体功能的共聚单元作为活化剂，如链烯烃、丙烯酸酯、苯乙烯或α-甲基苯乙烯等。由马来酸酐/苯乙烯/二甲基甲酰胺（或酮类化合物）组成的复合体系的接枝率较高[200-202]。

③ 丙烯酸及其酯类衍生物。丙烯酸及其酯类也是聚烯烃反应挤出接枝常用的单体。该类单体反应活性高，因此接枝率也较高。在挤出机中存在自由基引发剂时，在反应挤出接枝过程中存在单体的均聚反应和单体与聚烯烃接枝反应两种不同反应类型的竞争，丙烯酸与聚合物的接枝共聚反应生成了含有聚丙烯酸支链的接枝共聚物，同时也伴随着产生了丙烯酸均聚物。

接枝反应的单体一般为丙烯酸、甲基丙烯酸、丙烯酸甲酯、丙烯酸乙酯、甲基丙烯酸甲酯、甲基丙烯酸环氧丙酯（GMA）等。其中由于GMA的热稳定性好、沸点高，而且无刺激性气味，含有的环氧基团官能团比较活泼，可与羟基、羧基、氨基和酰氨基等多种官能团发生反应，形成偶联结构，因此将GMA作为接枝单体引起了人们的普遍兴趣。

与马来酸酐类似，GMA 单体单独进行自由基接枝反应的反应活性也是很低的，因此熔融接枝 GMA 得到的接枝率较低（<20%）[203-206]。苯乙烯作为助剂可显著提高聚丙烯接枝 GMA 的接枝率，减轻降解程度[207,208]，但与接枝马来酸酐不同，苯乙烯促进 GMA 的接枝不是形成了"电荷转移配合物"，而是作为中介物首先接枝到聚丙烯分子链上，进而在苯乙烯单元上接枝 GMA[209]。

Pesetskii 等[210] 成功将 MMA 和衣康酸用于聚烯烃接枝。Al-Malaika 等[211,212] 把如下图所示的 **1**、**2** 两种丙烯酸衍生物接枝到 PP 分子链上。化合物 **1** 的接枝率不高（10%～40%），并有均聚反应；而化合物 **2** 接枝率接近 100%；化合物 **3** 在三丙烯酸酯单体作助剂的情况下也可得到近 100%的接枝率[213]。

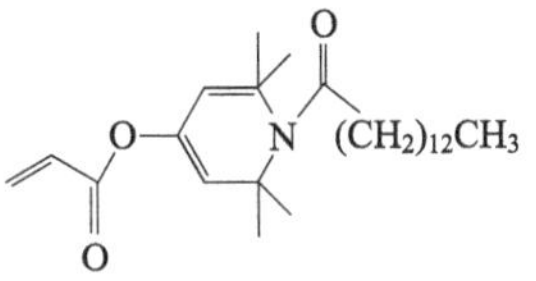

O　(CH2)12CH3　O　OH　O　O　O

1 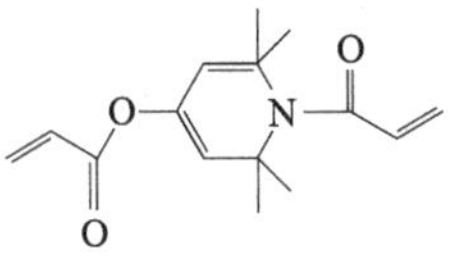　　**2** 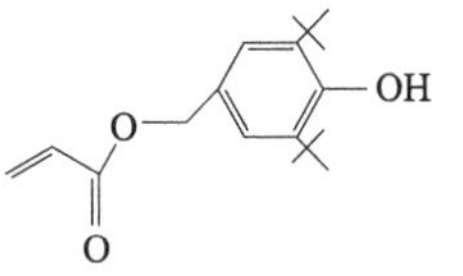　　**3**

Baker 等研究了含二级氨和三级氨基团的甲基丙烯酸酯 TBAEMA[214,215]、DEAEMA[216] 与 LLDPE 的接枝反应，并用角鲨烷和二十烷作为模型化合物研究了相近的接枝反应机理[217]。

④ 苯乙烯及其类似物。苯乙烯一般是作为助剂用来提高其他单体与聚烯烃的接枝率，但也有用苯乙烯和甲基苯乙烯作为单体接枝聚烯烃的报道。

⑤ 其他单体。Liu 和 Baker[218] 报道了自由基引发的 2-异丙烯基-2-噁唑啉（IPO）与聚烯烃的接枝反应。文献中也有将 IPO 熔融接枝到乙烯-丙烯共聚物[219] 和聚苯乙烯[220] 分子链上的专利报道。

Vaninio 等[221] 用噁唑啉衍生物在双螺杆挤出机中熔融接枝 PP（引发剂 DIPB），当加入苯乙烯作为助剂时，降解和接枝率同时降低。Vainio 等还将接枝产物用作 PP/PBT 共混体系的增容剂。

（4）反应挤出接枝设备

目前进行聚烯烃熔融反应接枝的设备主要有密炼机、单螺杆挤出机和双螺杆挤出机。

① 密炼机。在密炼机中可以进行间断的、停留时间较长的接枝反应。反应型密炼机为了增大混合能力，其转子多为多棱转子，有的在突棱上开有周向沟槽，或在转子工作表面装有销钉，这种转子在减少能耗、提高混炼效果、降低物料温度等方面有突出的优点。

反应温度和时间、转子速度和速比、密炼机填充率等因素对接枝反应有重要影响。转子转速高时有利于反应物料的剪切分散，并可缩短反应时间，但过高的转速又会导致反应物料的温度迅速升高，黏度降低，使剪切应力下降，还可能使反应物料产生降解或交联等副反应。填充率低时混炼室内反应物料松散，单体与物料之间不能很好地挤压接触，不利于接枝反应的进行，当填充率太高时，反应物料流动的余地很小，也不利于接枝反应的进行，还可能引起机械系统发生故障。聚烯烃在反应接枝时填充率一般取 0.75～0.9。加料次序对接枝反应也有重要影响，对于活性较强的单体，反应接枝时在工艺上一般采取两次加料法，这样可以有效避免活性单体的高温自聚反应，使单体能均匀地分散在熔融的基体树脂中，同时也避免了基体树脂与助剂一起加入时，聚烯烃基础树脂产生的交联或降解等副反应。

② 螺杆挤出机。反应挤出接枝采用的螺杆挤出机除具有常规挤出机的功能外，还可以

将物料在反应挤出接枝过程中引入反应介质和化学反应，具有合成反应器的功能。与常规挤出机相比，结构上的差别在于以下几个方面：反应型挤出机处理的物料的黏度、温度和熔体压力随反应程度的增加而增大，挤出机必须具备可靠的传热、传质和相应的温度、油路等控制系统；反应挤出接枝过程中所用的单体多为液体，具有很强的挥发性和一定的腐蚀性，挤出机必须有液体加料口和精确控制液体加料量的计量系统，加料口及其与物料直接接触的部位必须采用耐腐蚀的材料制作；在设计反应型挤出机螺杆时必须在单体注入区域产生负压，以利于单体的注入并在瞬间分散到熔融物料中，同时在反应区域两端形成熔体以防止单体的溢出；为保证单体在反应型挤出机中有足够的反应时间，螺杆的长径比尽可能大些，螺杆及其相应螺纹块的组合方式能对物料输送速度进行调控；在靠近挤出机机头位置安装真空排气口及未反应单体的回收装置，提高单体利用率，降低成本，减少由排放引起的环境污染。

(5) 影响反应挤出过程的因素

对于熔融反应挤出接枝，重要的特征就是自由基接枝反应是在高温、高黏度及非均相条件下实现的。

① 单体。单体浓度是影响聚烯烃接枝率的重要因素之一。

在反应开始阶段，接枝率随着单体用量的增大而增大，但随着单体用量的进一步增大，接枝率反而下降。原因是当引发剂的浓度一定时，引发剂分解产生的初级自由基进攻大分子链，进攻所产生的接枝点数相对固定，随着单体浓度的增加，它与大分子自由基碰撞概率增大，所以接枝率增大；当单体浓度达到一定值后，再增大其用量，它与初级自由基的碰撞频率增大，产生了屏蔽效应及其他副反应，使引发效率下降，从而导致了接枝率的降低。因此，在进行接枝改性时要注意控制单体的用量。在多组分共聚接枝改性中，添加少量的第二单体即可大幅提高共聚物的接枝率。选择的第二单体为给电子体，如苯乙烯、丙烯酰胺、丙烯酸酯类、乙酸乙烯酯和马来酸酯类等。

② 引发剂。一般而言，引发剂的浓度较小时，接枝率随着引发剂浓度的增大而增大。

这是因为随着引发剂浓度的增大，热分解产生的自由基增多，产生的接枝点会增多，接枝概率增加，从而提高了反应单体的接枝率。但是当引发剂的浓度超过一定值后，接枝率反而减小。这是因为当引发剂的浓度过大时，会产生严重的交联，因而接枝率减小。在接枝率受到交联影响的同时，接枝产物的熔体流动速率也会发生变化。

此外，引发剂在接枝改性聚合介质中的溶解性也是一个重要的影响因素。引发剂在介质中的充分溶解可以极大地增加单体与活性点的接触机会，有利于接枝反应的发生。

③ 其他助剂。在接枝聚合过程中，有时根据需要会添加一些辅助剂，例如催化剂和其他助剂（如酸、无机盐、一些金属阳离子等），也会对接枝反应的进行和接枝率产生影响。

催化剂一般起到促进自由基的形成、稳定自由基和降低接枝反应活化能的作用。当酸、无机盐、金属阳离子等助剂加入接枝反应体系中时，单体同主链之间的反应将会同单体与这些助剂之间的反应产生竞争。在单体与主链之间的反应占优势时，助剂的加入会提高接枝率；而如果单体与助剂之间的反应占优势，则助剂的加入反而会降低接枝率。

④ 温度。在熔融接枝反应过程中，没有溶剂，反应温度可以比溶液接枝高 50～150℃，可达 300℃。由于有机过氧化物具有高的活化能（100～150kJ/mol），温度对过氧化物的分解速率有非常重要的影响。

反应温度升高，引发剂分解速率加快，初级自由基浓度增大，链转移常数增大，生成大分子自由基的数量增多；并且随着温度的升高，单体扩散迁移到主链附近的速率增加，极大地增加了接枝聚合的概率。通常，聚烯烃的接枝率随反应温度的升高而增加，但是，当反应温度增加到一定程度后，接枝率又明显下降。这是由于温度低时引发剂分解速率低，产生的初级自由基浓度较低，不利于接枝反应的进行，导致接枝率较低；随着温度的升高，引发剂分解速度加快，自由基浓度增大，因而接枝率增大；当温度过高时，虽然初始自由基浓度较高，但引发剂在较短的时间内就分解完毕，此外，温度过高副反应增加，消耗了大量的自由基，因此过高的温度反而使接枝率下降。Sanli 等[222] 发现：当反应温度接近玻璃化转变温度时，通常可以得到最大的接枝率。

⑤ 物料黏度。与溶液自由基接枝体系相比，熔融反应挤出接枝体系的黏度（10^2～10^5Pa・s）要高几个数量级。

在反应挤出接枝过程中，当物料的黏度高时，单体和过氧化物引发剂的扩散缓慢，因此黏度将对接枝反应产生影响。将少部分低黏度的单体和过氧化物分散到高黏度聚合物熔体中将是非常困难的，这将使接枝改性聚合物在接枝率和分子量等方面产生不均一性。

⑥ 反应体系非均匀性。在聚烯烃熔融反应挤出接枝体系中，对于接枝反应的单体来说，多数在室温或接枝温度下是液体，并能溶解有机过氧化物引发剂，因此当它们在熔体时存在三种不同混合状态的可能性：a. 整个体系是均相的；b. 单体和有机过氧化物引发剂与聚合物部分相容；c. 单体和有机过氧化物引发剂与聚合物不相容。

熔融反应挤出接枝依赖于体系的混合状态。在 a 中接枝和聚合在分子水平出现在整个体系，接枝产物的分子量和接枝率都是非常均一的。在 b 中接枝仅出现在聚合物相，聚合将在聚合物相和聚集体中发生。接枝同聚合相比，它将被单体和过氧化物引发剂在熔融聚合物中的溶解性所控制，因此聚合物的接枝改性可能很不一致。在 c 中接枝只出现在界面，聚合发生在聚集体中。

⑦ 物料停留时间。为使接枝反应完全，物料在挤出机中应有足够的反应空间、适宜的停留时间及停留时间分布。物料在挤出机中的停留时间与螺杆的转速、螺杆自身的组合结构及物料在螺杆原件上的充满程度有关。停留时间与温度、反应物浓度共同控制着反应时间。对于反应型螺杆挤出机来说，物料的停留时间要适当，太短，反应不完全；太长，会使物料在挤出机中产生副反应，影响反应物性能。

(6) 聚乙烯的反应挤出接枝研究

在非极性的聚乙烯分子链上接枝带有酸酐、羧基、环氧、羟基、异氰酸酯等基团的功能性单体，赋予聚乙烯反应活性、功能性和极性。可扩大其应用范围，在美国、日本和欧洲都有大量专利报道，在我国也有很多相关研究工作在开展。

用反应挤出方法在聚乙烯主链上接枝乙烯基硅烷已在工业生产中得到广泛应用。这种材料作为线材、电缆的涂覆层及管道的绝缘层具有很大的市场，由于其可以先成型，然后进行水交联，便于加工。最常用的乙烯基硅烷为乙烯基三甲氧基硅烷，一般加入二月桂酸二丁基烯作为交联促进剂，采用有机过氧化物作为引发剂[223-225]。

聚乙烯接枝马来酸酐主要用于聚乙烯与聚酰胺、聚酯等极性聚合物共混的增容剂[226]，也可用于聚乙烯与金属、玻璃、陶瓷等极性材料复合的黏结剂。聚乙烯接枝马来酸酐过程比较复杂，影响因素很多，其中过氧化物的极性对接枝率影响很大，过氧化物的极性越强，接枝率越低，这是因为强极性的过氧化物主要富集在极性的马来酸酐单体中，引发聚乙烯大分子自由基的概率小。如果过氧化物的极性较低，则引发剂主要富集在非极性的聚乙烯熔体中，使聚乙烯产生交联。Zhang 等[227] 采用超声波技术将马来酸酐接枝到 HDPE 分子链上，超声波能降低接枝产物的分子量，有利于提高接枝率，并且有效地抑制了交联副反应。

利用反应挤出将 GMA 接枝到聚乙烯上[228,229]，接枝产物主要用于聚乙烯与聚酰胺或聚酯等极性聚合物共混的增容剂。Galluci 和 Going[230] 用 BPO 作为引发剂在密炼机中制备了聚乙烯接枝 GMA 共聚物，得到高达 70%的接枝率，同时没有观察到交联现象。他们认为，这是由于 GMA 在聚烯烃中的溶解度较好。而 Huang 等[231] 认为引发剂的选择很重要。

有研究表明[232]，在反应接枝体系中加入苯乙烯辅助单体后，能提高聚乙烯接枝 GMA 的接枝率。而在聚乙烯、聚丙烯上接枝少量的苯乙烯可以显著改善该类材料的耐磨耗性，增加自润滑性[233,234]。Kim[235] 用过氧化二异丙苯作为引发剂，将苯乙烯接枝到聚乙烯分子链上，发现反应温度对接枝率影响不大，引发剂浓度增加，聚乙烯将交联，接枝率下降。增加苯乙烯单体浓度，苯乙烯将均聚，接枝率也下降。

20 世纪 60 年代和 70 年代，Dow 公司和 Exxon 公司在聚烯烃熔融接枝丙烯酸方面做了较多的研究工作。Steinkamp 等[236,237] 将丙烯酸接枝到 HDPE、PP 和乙丙橡胶分子链上，制备了相应的系列接枝聚合物。Yang 等[238,239] 用丙烯酸作为接枝单体，采用预辐照引发，用反应挤出接枝的方法制备了线型低密度聚乙烯接枝共聚物。LLDPE 在有氧的条件下经高能射线预辐照，在 LLDPE 分子链上将产生氢过氧化物或烷基过氧化物，然后用反应型双螺杆挤出机进行熔融反应挤出接枝。该制备方法解决了聚乙烯在反应挤出过程中的交联副反应，接枝物既可作为与金属复合的黏结剂，又可作为聚乙烯与聚酰胺或聚酯共混的增容剂[240]。

Kim 等[241] 将酚类抗氧剂接枝到聚乙烯分子链上，从而提高了聚乙烯材料的抗氧化能力和使用寿命。老化实验表明，接枝产物在空气中 130℃条件下，360h 无任何变化。

Chen 等[242] 将炭黑接枝到聚乙烯分子链上，接枝物在非极性溶剂四氯化碳气相中电阻增加 10^4～10^6 倍，移到空气中立刻回到初始电阻值，在水和乙醇气相中电阻只增加几倍，可用作气体传感器。Hou 等[243,244] 将丙烯酸和炭黑接枝到聚乙烯上，由于接枝反应改变了炭黑在体系中的分布，用这种方法制备 PTC（positive temperature coefficient）材料具有简便、费用低、易于控制等优点。

Liu 等[245] 将油酸接枝到 LDPE 上，当单体浓度为 10%时，接枝率高达 6%，油酸以单个或二聚体形式接枝到聚乙烯分子链上。

(7) 聚丙烯的反应挤出接枝改性

通过反应挤出方法对聚丙烯的改性始于 20 世纪 60 年代，最初是以降低聚丙烯的熔体黏度为目的的可控降解，随后又发展了聚丙烯的功能化反应。首先将马来酸酐接枝到聚丙烯分子链上，以改善聚丙烯的黏结性能，然后又出现了其他的接枝单体，甚至将聚合物接枝到聚丙烯上[246]。

马来酸酐是聚丙烯反应接枝最常用的单体。由于聚丙烯的熔融温度一般高于马来酸酐均聚的上限温度，因此很少形成马来酸酐的均聚物或在聚丙烯分子链上形成较长的马来酸酐支链，通常以单个或两个马来酸酐分子的短支链形式存在。马来酸酐分子中酸酐官能团的存在使其双键的反应活性降低，为了提高接枝率，就必须增加过氧化物引发剂的用量，但又会给聚丙烯带来严重的降解反应。为了克服上述矛盾，许多有机化合物均被用来作为活化剂，促进马来酸酐接枝聚丙烯的反应[247,248]。

1968 年，Ide 等[249] 最早发表了聚丙烯熔融接枝马来酸酐的工作，他们在 Brabender 密炼机中，用过氧化甲基苯和过氧化二异丙苯作引发剂，研究了引发剂、反应温度对接枝率、纯聚丙烯的降解等影响。1988 年，Hogt[250] 采用双螺杆挤出机研究了聚丙烯熔融接枝马来酸酐的过程，研究发现，尽管增加过氧化物的浓度提高了马来酸酐的接枝率，但引起了聚丙烯的进一步降解。以上两个实例表明，对于 PP/MA 接枝反应体系，存在着接枝反应和引起

聚丙烯降解的 β-断裂反应间的激烈竞争。

MAH 接枝 PP 反应的接枝机理是自由基接枝 PP 研究中较为典型的一个例子。MAH 接枝 PP 的反应机理如图 8.9 所示。首先，引发剂分解产生自由基，自由基再攻击聚丙烯链，聚丙烯主链上的氢被自由基消除形成 PP 大分子自由基；然后按 B 路线与 MAH 单体（图中以 M 表示）反应生成聚丙烯马来酸酐接枝共聚物（PP-*g*-MAH），在一定条件下，PP-*g*-MAH 还可按路线 C 发生降解反应。另外，没有与 MAH 发生反应的 PP 大分子自由基按反应路线 A 发生断链降解。发生降解的 PP 大分子自由基还可按反应 E、F、G、H 分别进行解聚、链转移、链终止、接枝等一系列基元反应。

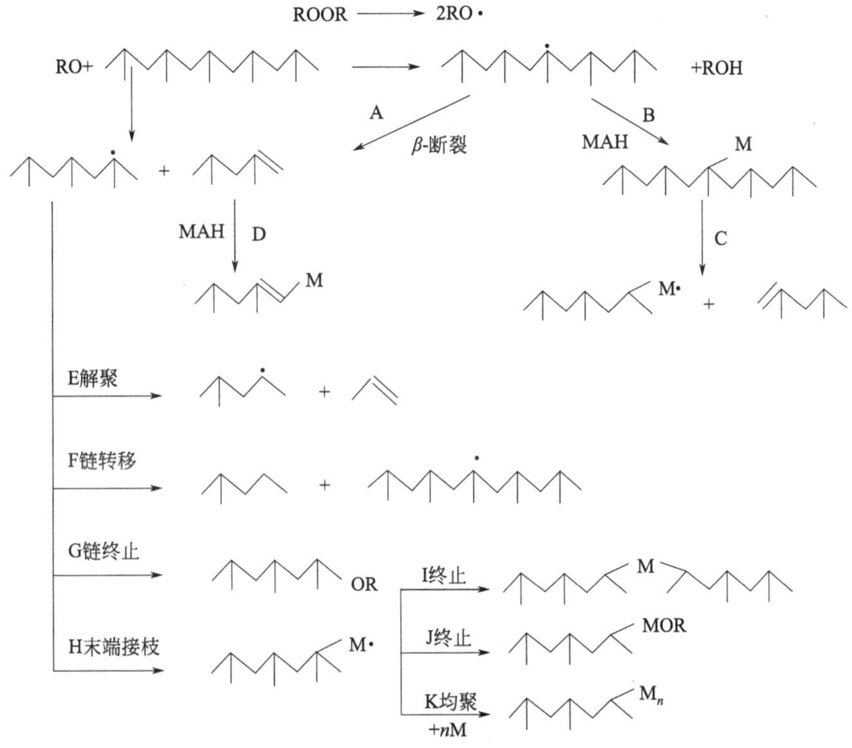

图 8.9 MAH 接枝 PP 的反应机理

Minoura 等[251] 提出，在溶液法进行接枝改性中，PP 叔碳大分子自由基上接枝了大部分单体，已经降解的 PP 末端接枝了少部分单体，即反应是按照 B＋C 的路线进行的。Roover 等[252] 对马来酸酐熔融接枝聚丙烯进行研究，表明接枝反应是在 β-断裂反应之后发生的，同时 MAH 均聚物的接枝反应也相应有所发生。Gaylord 等[253] 考察了熔融法进行 PP 接枝聚合 MAH 体系，认为基元反应 D 仅在高温高压、反应时间较长且 MAH 浓度很高的条件下才能进行，接枝过程中的 MAH 主要以独立单元接枝到 PP 叔碳大分子自由基上，沿 A 断裂、H 末端接枝、J 终止或 K 均聚路线进行接枝聚合。

Jiang 等[254] 采用 Monte Carlo 模拟法以 DCP 为引发剂研究了聚丙烯与马来酸酐在高温下的熔融接枝反应。结果表明，当马来酸酐浓度低时，马来酸酐单体接枝到由 β-断裂产生的活性链末端；当马来酸酐浓度高时，马来酸酐接枝到叔碳原子上的数量比接枝到活性链末端的多。接枝率快速增加到一个峰值，然后随马来酸酐浓度的增加而下降。对于不同的 DCP 和马来酸酐浓度，在每个聚丙烯分子链上平均接枝马来酸酐的数量与聚丙烯分子链的长度保持一种线性关系。聚丙烯的分子量随马来酸酐浓度的减小而降低，分子量分布随马来酸酐浓度的增加而变宽。

对丙烯酸接枝聚丙烯的研究也有很多[255-257]。PP-*g*-AA 可作为增容剂用于聚烯烃和聚苯乙烯、聚酰胺等的共混体系。

张才亮等[258] 对 St 存在下 MAH 熔融接枝 PP 进行了研究，St 的反应活性较高，比 MAH 更容易与 PP 发生接枝反应，从而起到提高 MAH 接枝率的作用。

PP 在熔融接枝的过程中易发生降解，导致力学性能下降。加入多官能团单体（如二乙烯基苯、二甲基丙烯酸乙二醇酯、三羟甲基丙烷三甲基丙烯酸酯和异氰脲酸三烯丙酯）可在一定程度上抑制降解。Nam 等[259] 采用过氧化物和多官能团单体与 PP 进行反应挤出制备了含有长支链的改性 PP，长支链的引入提高了 PP 的熔体强度和弹性，且熔体的拉伸性能和抗熔垂性得到明显改善。

8.3.2.3 聚烯烃固相接枝

固相接枝方法[157,164,165,260,261] 的研究比较早，是 20 世纪 60 年代兴起的一种接枝技术，其过程是将固体聚烯烃粉末或者颗粒直接与单体、引发剂、界面剂混合搅拌均匀后接枝反应。自 Lee 等[262] 借助于界面助剂和催化剂在远低于 PP 熔点的温度下，采用固相接枝将 MAH 接枝到 PP 上以来，此种方法得到了广泛关注。

固相接枝法为非均相化学接枝方法，与传统的溶液法和熔融法相比，固相接枝聚合具有反应温度较低（100～140℃）、操作压力低（常压）、无需回收溶剂、后处理方便、高效节能、设备及生产工艺简单等优点。聚合物要求采用粉状料，粒径越小，越有利于提高接枝率。接枝反应在聚合物熔点之下进行。在反应过程中，聚合物保持良好的流动性。不同于熔融接枝法和溶液接枝法，固相接枝法是一种局部改性的方法，接枝反应一般发生在聚烯烃的结晶缺陷、结晶面以及无定形区域。

由于反应温度不高，常用单体为甲基丙烯酸缩水甘油酯、马来酸酐、丙烯酸及其酯类，常用引发剂为低温引发剂偶氮二异丁腈、过氧化苯甲酰，很少使用过氧化二异丙苯作为引发剂。在使用固相法时可加入少于聚合物含量 20% 的溶剂作为界面剂，一方面对聚烯烃进行溶胀有利于接枝反应的进行，另一方面溶剂的存在有利于反应散热，使体系温度稳定。界面剂多采用苯、甲苯及二甲苯等。

(1) 固相接枝机理

① 单一单体接枝机理。聚烯烃固相接枝实质上是通过自由基反应来实现的，与溶液接枝机理有相似之处，但也不尽相同。不同之处在于固相接枝是在引发剂的作用下于固液界面处发生反应[263]。

引发剂和单体主要在非晶区进行扩散和吸附，而在晶区内可以忽略不计，因此，聚烯烃固相接枝主要发生在非晶区[264]。赵兴顺等[265] 认为引发剂分解产生的初级自由基将夺取聚丙烯主链上叔碳原子上的氢，从而形成大分子自由基，但叔碳自由基很不稳定，随着单体浓度的增加，容易发生 β-断裂，形成一个长链自由基和带有不饱和双键的聚合物链，长链自由基部分还可以进行解聚、链转移、链终止、接枝等基元反应。

Ratzsch 等[266] 总结出聚丙烯固相接枝的具体过程：a. 单体和引发剂的吸附和扩散：单体和引发剂扩散到聚丙烯颗粒的表面和微孔内；被聚丙烯颗粒的非晶相区所吸附；单体在非晶相区的孔隙内扩散达到平衡和引发剂在加热的条件下分解产生初级自由基；b. 单体在初级自由基的作用下接枝到聚丙烯上；c. 链终止和对产物进行纯化。

② 多单体接枝机理。为了提高官能化聚烯烃的接枝率和控制聚烯烃在接枝过程中的降解或交联反应，采用非常广泛的方法是引入共接枝单体[267]。

加入共接枝单体提高第一单体的接枝率必须满足两个条件：首先，共接枝单体比第一单体能更快地与聚烯烃链上的自由基发生反应；其次，接枝在聚烯烃链上的共接枝单体自由基能很容易地与第一单体发生共聚反应。这样，第一单体不仅可以直接接枝在聚烯烃链上，也可以通过与共单体大分子自由基的反应，间接地接枝到聚烯烃链上，从而提高了第一单体的接枝率。

Zhang 等[268] 在研究接枝马来酸酐时，加入共接枝单体乙酸乙烯酯（VA），研究结果表明，加入第二单体后不仅 MAH 的接枝率提高了，而且 PP 的降解程度也有所缓解。MAH 和 VAc 在 PP 接枝过程中形成过渡态的机理如图 8.10 所示。

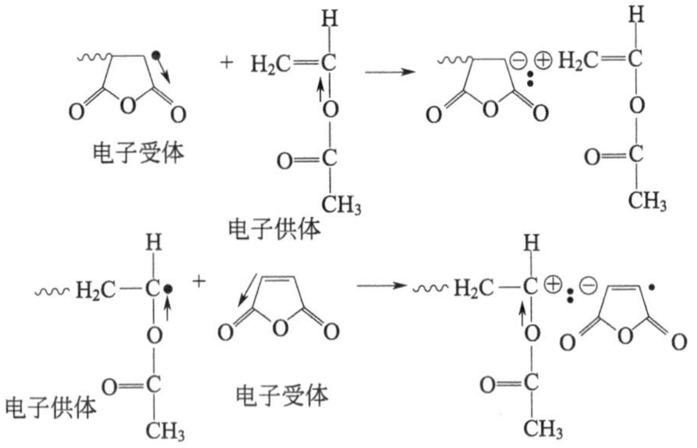

图 8.10　MAH 和 VA 在 PP 接枝过程中形成过渡态的机理

在多单体接枝改性的反应体系中，Cartier[267] 等和 Sun 等[269] 分别研究了将共单体 St 加入 PP/GMA/过氧化物接枝体系的机理，认为它们也遵循自由基共聚的机理，如图 8.11 所示。

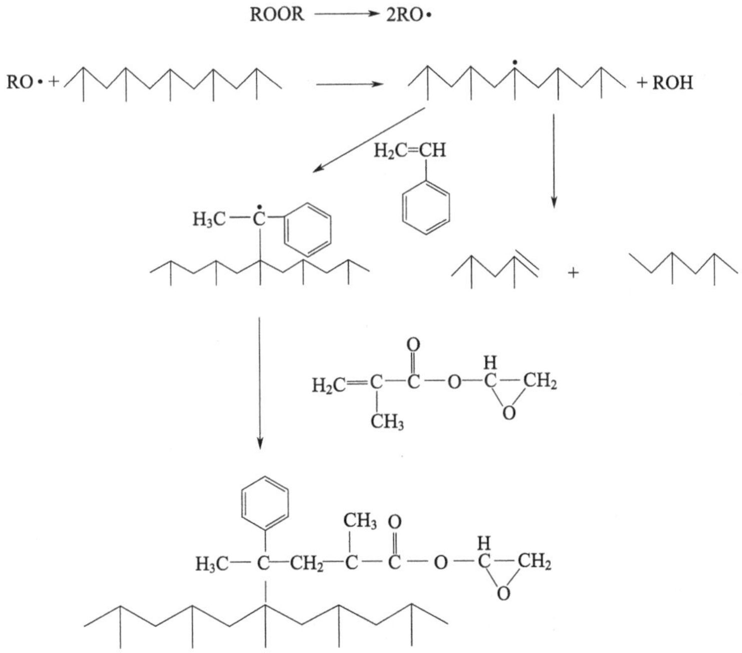

图 8.11　PP/GMA/过氧化物接枝体系反应机理

Sun 等[269] 提出，自由基接枝反应速率非常快，在 2～3min 内就能完成，由于 St 的存在，St 比其它接枝单体先被接枝到 PP 上，再与甲基丙烯酸缩水甘油酯反应，形成接枝共聚物。因此共单体 St 的加入不仅能有效地抑制 PP 的降解，而且接枝率也得到明显的提高。

姚瑜等[165] 以丙烯酸为接枝单体，苯乙烯为共聚单体，对聚丙烯固相接枝双单体，结果表明丙烯酸和苯乙烯确实接枝到聚丙烯链上。相同实验条件下，加入 St 的 PP 固相接枝体系与未加入 St 的 PP 固相接枝体系相比，水接触角减小了 4.9°，在很大程度上改善了聚丙烯的亲水性能。

张立峰等[270] 发现在马来酸酐固相接枝改性聚丙烯的过程中加入合适比例的异氰脲酸三烯丙酯作为共聚单体，可以大大提高马来酸酐在聚丙烯上的接枝率，得到了性能较好的高极性聚丙烯。通过比较熔体流动速率值可以证实异氰脲酸三烯丙酯的加入，可以有效抑制在普通固相接枝过程中 PP 的严重降解。

(2) 固相接枝单体

固相接枝所需的单体一般是一端带有可与其他聚合物或无机填料、纤维表面形成较强化学键或氢键的极性基团，另一端带有可接枝在聚烯烃上的乙烯基或不饱和键的低分子有机化合物。聚烯烃固相接枝改性的接枝单体主要有含酸性官能团单体与碱性官能团单体，如甲基丙烯酸、甲基丙烯酸甲酯、丙烯腈、丙烯酰胺、马来酸酐、甲基丙烯酸羟乙酯和甲基丙烯酸缩水甘油酯等。

① 酸酐类单体。酸酐类的接枝单体是指带有双键和酸酐基的一类化合物，其代表有马来酸酐及其类似物，如顺丁烯二酸、反丁烯二酸、衣康酸以及它们的氨化物、酰亚胺、酯类等。

早在 1983 年，Borsig 首次应用固相接枝法来改性聚丙烯，但是由 Rengarajan 等[271] 第一次正式公开发表，他们首先研究了引发剂对马来酸酐固相接枝聚丙烯的影响，并且详尽地阐述了固相接枝的具体过程。

马来酸酐是最早用来改性聚丙烯的极性单体之一，研究发现，把马来酸酐接枝到聚丙烯链上，可以大大提高聚丙烯的表面能和亲水性能，但是由于马来酸酐的自聚能力差，活性低，只能以单体或很短的支链形式接枝到聚丙烯上，导致接枝率很低（小于 5%）[272]。Jia 等[273] 尝试着在接枝的过程中加入第二单体苯乙烯，由于苯乙烯的活性比马来酸酐高，它可以迅速捕获聚丙烯链上的自由基，而且苯乙烯链自由基很容易和马来酸酐单体共聚，从而有利于主单体接枝率的提高。同时，通过对比发现，单一单体接枝产物的熔体流动速率明显高于双单体接枝产物，表明第二单体苯乙烯的加入还可以减少聚丙烯在接枝过程中发生的降解和交联等副反应。Zhang 等[274] 则引入了另一种共接枝单体乙酸乙烯酯，同样满足引入共接枝单体提高第一单体接枝率的条件，而且乙酸乙烯酯上的酯基是电子给予体，而马来酸酐上的酸酐基是电子接受体，彼此之间会形成一种反应活性高且稳定的中间过渡态，不仅可以有效提高马来酸酐的接枝率，而且还有利于减少聚丙烯链的 β-断裂。

② 苯乙烯。苯乙烯是不饱和乙烯基化合物，与传统的接枝单体马来酸酐相比，苯乙烯具有毒性小、活性高且与聚丙烯互溶、能够在很短的时间内吸附到 PP 表面并扩散、反应速度快等优点。

苯乙烯在引发剂的作用下不仅可以在聚丙烯微孔内聚合，而且还会在颗粒表面以及颗粒之间或空隙之间聚合；此外，接枝后的产物比较复杂，有未反应的 PP、PS 和 PP-g-PS，这三种物质的相对含量决定着接枝产物的形态和最终性能，通过选择不同的溶剂对接枝后的产物进行提纯，确定聚苯乙烯主要分布在 PP 的表面、微孔以及 PP 颗粒的非晶相区[275,276]。

在早期聚丙烯接枝苯乙烯的研究中[277]，先将聚丙烯用臭氧进行处理，在PP骨架上产生相当多的活性位点，然后把PP浸没在含有单体、$FeSO_4$-三乙烯四胺螯合物以及乳化剂的混合溶液中，进行接枝共聚反应。Lee等[278]在接枝苯乙烯的过程中加入了氰脲酸酯或异氰脲酸酯作为催化剂，分析结果表明催化剂能有效提高PP接枝率。Patel等[279]用氢过氧化物处理过的聚丙烯接枝各种单体，获得了高接枝率的改性聚丙烯。大多数情况下，单体的接枝率可以达到90%以上，而且接枝率随着单体极性的减小而增大，其中苯乙烯的最大接枝率可达24.5%。

对于苯乙烯/聚丙烯接枝反应体系，一个不容忽视的问题是在接枝过程中会产生凝胶。Zhang等[280]研究了在聚丙烯接枝苯乙烯过程中凝胶形成的影响因素以及形成机理，研究结果表明，引发剂的种类和用量、单体苯乙烯用量以及聚丙烯的化学组成均影响苯乙烯对聚苯乙烯的接枝率和凝胶的形成。大量的引发剂和高含量的苯乙烯可以获得高的接枝率，但也会导致凝胶的生成。若聚丙烯分子链上含有少量乙烯结构单元，其接枝率和凝胶的含量均比用等规聚丙烯高；同时，用过氧化苯甲酸叔丁酯（TBPB）作引发剂时，其接枝率和凝胶含量均比用过氧化二苯甲酰（BPO）高。若将聚丙烯进行退火处理并在低的引发剂用量下进行苯乙烯接枝，则凝胶的生成量很少[281]。Sun等[282]在接枝过程中加入了2,2,6,6-四甲基哌啶酮（TEMPO），虽然接枝率有所下降，但凝胶生成和聚丙烯的降解也得到了控制。

③ 软乙烯基单体。软乙烯基单体作为聚丙烯改性的单体，其目的是获得优异性能的聚丙烯接枝产物。

软乙烯基单体是指可聚合的单体如果可以均聚，将形成玻璃化转变温度小于25℃的均聚物，包括由不饱和脂肪酸和饱和醇形成的含有3～15个碳原子的酯类，如丙烯酸正丁酯（BA）、丙烯酸-2-乙基己酯（HEA）、丙烯酸乙酯（EA）、丙烯酸甲酯（MA）、甲基丙烯酸丁酯（BMA）等。软乙烯基单体可以在聚丙烯分子链上形成柔性的长支链，从而调控聚丙烯的柔韧性，减小聚丙烯的降解和交联。

Wang等[283]研究了聚丙烯接枝BMA，讨论了溶胀时间、引发剂浓度、BMA浓度、反应时间和温度等对接枝率的影响，并进一步探讨了BMA的接枝机理。与传统的马来酸酐改性聚丙烯相比，接枝共聚物的接枝率熔体流动速率和热力学性质均得到很好的改善。

Fu等[284]在PE/PP合金上接枝甲基丙烯酸甲酯（MMA），在反应过程中没有加入溶剂和界面剂，影响接枝率的主要因素包括反应温度、引发剂用量、MMA用量和合金化学组成等，在最佳反应条件下，接枝率可达到29.6%。

Borsig等[285]研究了引发剂类型对于MMA接枝PP的影响，在过氧化-2-乙基己酸叔丁酯（TBPEH）、过氧化双月桂酰（DLP）和1,1-二过氧化叔丁基-3,3,5-三甲基环己烷（BTBMC）三种引发剂中，DLP作为引发剂时接枝率最低，而TBPEH和BTBMC作为引发剂时均表现出较高的接枝率，但BTBMC作为引发剂时聚丙烯存在非常严重的降解现象。

Chmela等[286]在聚丙烯固相接枝甲基丙烯酸酯类单体的体系中引入水作为反应介质，先将聚丙烯、单体、引发剂充分混溶，然后加入氯化钠溶液，在94℃下进行接枝反应。结果表明，水作为介质的情况下，接枝率几乎达到了原来的（没有加入水）一倍，其中甲基丙烯酸丁酯和甲基丙烯酸异辛酯接枝改性的聚丙烯极性最高，改性聚丙烯的表面能也随着接枝率的增大而增大。

Pan等[287]采用固相接枝法制备了GMA改性PP，以BPO作引发剂时，最佳反应温度在100～140℃，接枝产物的接枝率、活化能和初始分解温度均较熔融接枝（以过氧化二异丙苯作为引发剂）高，其结晶速率和结晶过程也都发生了相应的变化。

④ 其他单体类。Brahmbhatt 等[288] 采用固相接枝法制备 4-乙烯基吡啶官能化聚丙烯，在最佳反应条件下，接枝率达到 12.7%，反应过程中界面剂起到了控制产物接枝率的重要作用。另外，Liu 等[289] 和 Patel 等[290] 分别在聚丙烯链上接枝了羟甲基丙烯酰胺（HMA）和丙烯腈（AN），研究了反应条件对产物接枝率和性能的影响。

(3) 固相接枝改性的影响因素

① 接枝单体的选择。在固相接枝反应中，选择合适的接枝单体是有必要的。

由于 MAH 在接枝条件下不会形成长的接枝链，这样既能避免聚烯烃整体性能的下降，也能防止因单体均聚引起的接枝率降低，因此 MAH 作为接枝单体的研究较为普遍。近年来，对甲基丙烯酸缩水甘油酯和甲基丙烯酸羟乙酯的研究最为活跃。甲基丙烯酸缩水甘油酯的毒性较低，较容易制备，并且分子内含有碳碳双键和环氧基的反应性双官能团的单体，因此可作为一种优异的接枝单体；甲基丙烯酸羟乙酯分子中既含有双键，又含有羟基和酯基官能团，也可作为一种优异的接枝单体。

② 引发剂的影响。固相接枝反应的温度范围是 100～120℃，由热引发产生的聚烯烃自由基浓度太低，因此，在固相接枝反应体系中，引发剂的使用是必不可少的。

原则上，可以发生热分解反应生成自由基的物质均可作为固相接枝体系中使用的引发剂，如过氧化物和偶氮化合物，常用的过氧类化合物是过氧化苯甲酰，偶氮类化合物是偶氮二异丁腈。在一定的接枝条件下，引发剂的半衰期应与实验相匹配，引发剂半衰期太长或分解活化能太高，使分解速率过低，这将延长聚合反应的时间。但是若半衰期太短或活化能太低，使引发过快，难以控制反应温度，将可能引发暴聚；或者引发剂分解结束过早，在转化率较低的阶段就停止了聚合。引发剂的用量也是接枝反应过程中的一个重要因素。

张立峰等[291] 认为随着引发剂过氧化苯甲酰用量的增加，接枝率先加速增长，再减缓增长的趋势，当达到一定值后接枝率趋于平缓。其原因是随着过氧化苯甲酰用量的增加，体系中的自由基浓度增大，且在大分子链上形成的活性点增多，单体与自由基碰撞的概率增大，从而接枝率逐渐增加；但是当引发剂浓度继续上升时，导致其双基终止，单体均聚等反应而不利于接枝。栾涛等[292] 在聚丙烯固相接枝马来酸酐的接枝率影响因素的研究时发现类似现象。

顾辉等[293] 以 DCP、BPO 作为引发剂，MAH 为接枝单体，固相接枝 PP 时，研究发现在复合引发剂（BPO-DCP）体系中的接枝率要低于由 BPO 引发接枝体系中的接枝率。张广平等[294] 以马来酸酐为接枝单体，BPO 为引发剂，制备聚丙烯马来酸酐共聚物。保持反应条件不变，在不同温度下，考察去除 BPO 中的水与含 30%水的 BPO 分别对接枝率的影响。结果发现，前者的接枝率要远高于后者。

③ 接枝反应温度的影响。在固相接枝体系中最大的特点就是反应温度不高，一般是控制在聚丙烯软化点以下（100～135℃），在此温度范围内 PP 呈颗粒状接枝改性。

通常情况下，反应温度升高，接枝率上升。然而反应温度不能太高，若反应温度过高，引发剂分解速率加快，接枝反应速度太快，不好控制，另一方面，引发剂的分解速率太快且超过接枝反应速率，产生的自由基来不及进攻聚合物骨架即自行消亡，同时，单体的均聚反应加剧，接枝支链也可能发生降解。但是，如果接枝反应温度过低，引发剂的分解速率较慢，在聚合物骨架上形成的活性点数量较少，则接枝率不高。因此，固相接枝中合适的反应温度在接枝反应中也是关键。

刘生鹏等[295] 在螺带搅拌反应器中，以过氧化苯甲酰为引发剂，苯乙烯、乙酸乙烯酯和马来酸酐为接枝单体，制备了聚丙烯接枝共聚物。实验选取的四个温度来确定最佳的反应温度。结果表明，反应温度在90～100℃范围内，接枝率最大。

④ 反应时间的影响。在固相接枝体系中，反应时间占主导地位，通常取决于一定温度下的引发剂的半衰期。通常情况下随着反应时间的延长，接枝率先增大，到达最高值后继续延长反应时间，接枝率略微下降。但是时间太长，PP的降解会严重，影响接枝产物的性能。

杨爱华等[296]在研究马来酸二丁酯固相接枝聚丙烯时发现，随着接枝时间的延长，接枝率先快速增加后又缓慢增加，3h后趋于稳定。这是由于在开始阶段，引发剂分解的自由基的浓度较高，聚丙烯粉末在界面剂的作用下溶胀能力增大，况且马来酸二丁酯单体与聚丙烯粉末接触的概率也增加，从而增加了接枝反应速率；随着接枝的进行，引发剂耗尽，自由基浓度降低，反应速率减慢。

⑤ 界面剂的影响。由于聚烯烃为非极性聚合物，所以固相接枝时需要加入一定量的界面剂。选用界面剂是为了能溶胀聚烯烃基体，协助单体在基体中扩散；而且还可以吸收反应放出的热量，避免局部过热。选择的界面剂应具备以下几点：界面剂与反应物不能发生反应；界面剂的分解温度与沸点需要相对较高；界面剂的溶解度参数和极性参数与聚烯烃要保持一致。常用界面剂有二甲苯、甲苯和苯。二甲苯比较适合作为界面剂，并且二甲苯的毒性较小，接枝率相对较高，其次是甲苯和苯。但是界面剂的用量不宜过多，过多的界面剂会在聚烯烃表层形成覆盖膜，隔绝单体与聚丙烯表面接触，导致接枝率降低。

林志勇等[297]对丙烯酸固相接枝PP的反应中不同界面剂的影响进行了考察，研究发现当用PP的良溶剂作为界面剂时，有较高的接枝率；当使用PP的不良溶剂作为界面剂时，得到的接枝率比较低。使用二甲苯作界面剂时，得到的接枝率最高。

⑥ 其他因素的影响。影响聚烯烃固相接枝反应的因素还有很多。

如单体的加入方式，窦强等[298]研究发现低速滴加单体有利于接枝反应的进行；催化剂的加入，Rengarajan等[262]研究发现，在MAH固相接枝PP的反应体系中加入少量的催化剂（TAIC），接枝率明显提高；搅拌转速，搅拌可以避免反应过程中发生粘壁、结块黏结等现象，但是过高或过低对接枝反应都不利；PP粉料的结晶度越低，单体在基体中的吸收扩散能力越强，相应的接枝率也较高；另外采用超临界CO_2、溶液浸渍法、超声波协助固相接枝都较好地提高接枝率。

近年来，超临界二氧化碳协助固相接枝聚丙烯技术得到了广泛的应用，因为它不仅可以克服传统固相接枝法的不足（即单体和引发剂在聚丙烯颗粒的表面及其微孔内分布不均匀，扩散和吸附速度较慢），还可以保留固相接枝法的优点。其优势为：第一，二氧化碳具有无毒、不易燃烧、廉价、低黏度、高扩散性、零表面张力，且很容易达到超临界状态等优点（临界温度为31.1℃，压力为7.38MPa）；第二，超临界二氧化碳能够溶胀增塑绝大多数聚合物和极性化合物，并促进溶解于其中的单体和引发剂向聚丙烯扩散，推动反应的进行；第三，可以通过改变压力和温度来调控二氧化碳的密度，进而增强和调控对体系中聚合物和极性化合物的溶剂化能力；第四，二氧化碳在常温下是气体状态，易于除去[299]。

Dong等[300]研究了超临界二氧化碳协助苯乙烯和马来酸酐双单体接枝聚丙烯，结果表明，单体和自由基向聚丙烯的扩散速率会随着温度的升高而增大，但当温度超过80℃时，接枝率会下降。Tong等[299]在聚丙烯上接枝MMA发现，超临界二氧化碳可使MMA和DCP迅速扩散到聚丙烯上，从而提高反应速率。

在超临界二氧化碳协助下接枝改性聚丙烯膜的过程中，发现接枝不同的单体，得到的接枝产物性能也有所差异，如接枝胆固醇和苯乙烯[301]、甲基丙烯酸缩水甘油酯[302]、丙烯酸甲酯[303] 的产物熔点与纯 PP 相比，没有明显的变化，而接枝甲基丙烯酸甲酯[304] 时，熔点会比纯 PP 低，但结晶度都随着接枝率的增大而减小。

许群等[305] 进行了超临界 CO_2 协助多单体接枝改性聚丙烯的研究，其主要是利用超临界 CO_2 作为溶胀剂和携带剂，携带马来酸酐单体、苯乙烯单体及引发剂（过氧化苯甲酰）进入溶胀后的聚丙烯中。探讨了不同超临界 CO_2 条件及引发剂浓度对接枝率的影响，结果表明，固定超临界流体压力，42℃为最佳插嵌温度，接枝率达到 2.2%；固定温度 42℃，10MPa 为最佳插嵌压力，接枝率为 2.3%。随着接枝率的提高，材料的熔点及表观结晶度下降。

四川大学王琪教授等[306,307] 发明了用磨盘形力化学反应器在聚丙烯上接枝羟甲基丙烯酰胺（HMA）的方法，该反应器具有独特的三维剪结构，可提供强大的剪切挤压及环向应力作用，使 PP 降解产生大分子自由基，从而实现在固态体系中引发单体接枝共聚。与其它的 PP 固相接枝法相比，该种方法具有反应温度低（0～40℃），无需引发剂、催化剂和溶剂，以空气为介质，简便节能，接枝率容易控制，易于实现工业化等优点，为官能化改性聚丙烯提供了新的途径。研究表明，HMA 的最大接枝率可达 2.43%，经碾压的聚丙烯结晶度有所下降，但是熔点和结晶热基本未变。

8.3.2.4 聚烯烃的其他接枝改性方法

(1) 聚烯烃悬浮接枝改性[308]

悬浮接枝法是 20 世纪 90 年代发展起来的一种新型接枝共聚方法[309,310]。采用水作为介质，反应体系传热快，避免了局部温度或单体浓度过高等问题，有效解决了传统固相接枝法易结块、后处理困难等问题。这种结合了固相接枝和表面接枝技术特点的方法被称为悬浮接枝法。

悬浮接枝遵循自由基反应原理，利用引发剂或高能射线夺取分子主链上的氢，产生活性点。接枝单体在活性点上增长，最终与单体或残留引发剂链终止，形成含有官能团的侧链结构，如下所示。

$$\sim\mathrm{A-A-A}\sim \xrightarrow[-\mathrm{RH}]{\mathrm{R}^\bullet} \sim\mathrm{A-A^\bullet-A}\sim \xrightarrow{n\mathrm{M}} \sim\mathrm{A-\underset{\displaystyle \mathrm{M}_{n-1}\mathrm{M}^\bullet}{\underset{|}{\mathrm{A}}}-A}\sim$$

A：主链单元； M：接枝单元；R：自由基

聚烯烃悬浮接枝示意图见图 8.12。悬浮反应体系中，由于聚烯烃和接枝单体的极性相近，接枝单体和引发剂优先吸附在悬浮的聚烯烃颗粒内部和表面，在水相中此乃过程分散的微型固相接枝体系，加热到反应温度后，单体在聚烯烃骨架上形成支链。悬浮接技法具有以下几个优点：工艺及设备简单，易于操作；反应温度低，易于控制，聚烯烃降解程度低；生产成本较低，无溶剂回收问题，产物后处理简单。但该方法对接枝单体有一定限制，且接枝率相对较低。

根据反应原理，悬浮接枝适用于几乎所有聚烯烃材料，已报道的有聚丙烯、乙丙橡胶、线型聚乙烯、聚氯乙烯和聚烯烃弹性体等[311-313]。由于接枝反应发生在聚烯烃的非晶区和晶体缺陷处，聚烯烃的晶体结构直接影响接枝率。研究发现，同种反应条件下，在乙丙共聚物上的接枝率大于在均聚聚丙烯上的接枝率。同种单体在不同聚烯烃骨架上的接枝位置不同。以马来酸酐接枝为例，在乙丙共聚物上，马来酸酐优先接枝在主链的叔碳位置；在高密度聚乙烯和低密度聚乙烯上，马来酸酐以单体或低聚物形式存在；而在等规聚丙烯上，马来酸酐

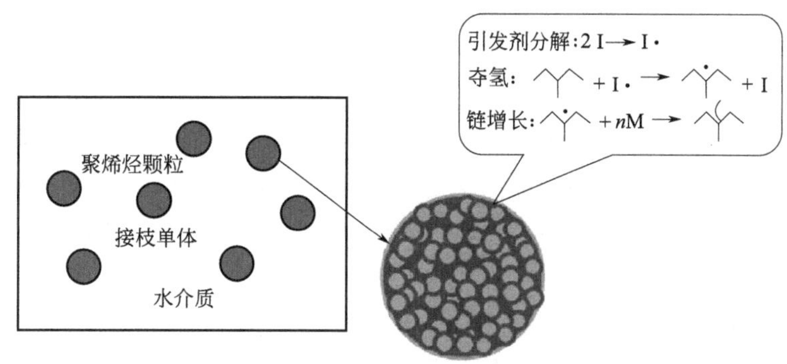

图 8.12　聚烯烃悬浮接枝示意图

既可能以单体形式接枝在叔碳位置，也可能在主链发生 β-剪切后，接在断链的链端。

悬浮接枝适用于大部分接枝单体，如马来酸酐、丙烯酸酯类、苯乙烯等。其中，相较水溶性单体，非水溶性单体由于极性相似原则，与聚烯烃的吸附更好，接枝率更高。通过添加溶胀剂[314]、分散剂或水相阻聚剂[315]，可以提高水溶性单体与聚烯烃的相容性，从而得到较高的接枝率[316]。单体的结构[317]和浓度[318]也可能对接枝率产生影响。

悬浮接枝以水作分散剂，其反应条件和影响因素与固相接枝类似，但也有一些特性：以水为分散剂限制了悬浮接枝的反应温度范围，通常最佳的反应温度范围为 80～95℃；为保证引发剂与聚烯烃能够充分吸附，避免引发剂溶解在水相中引发接枝单体自聚，悬浮接枝反应多采用非水溶性引发剂，如过氧化苯甲酰、过氧化(2-乙基己酸)叔丁酯等。

与熔融接枝、溶液接枝、固相接枝等传统接枝方法相比，悬浮接枝的反应条件更温和，以水为分散相更加经济环保。悬浮接枝已广泛用于聚烯烃的接枝改性，赋予了聚烯烃材料不同的功能：

① 改善聚烯烃亲水性。向聚烯烃骨架上引入羟基、羧基等功能性基团或强极性基团可以改善聚烯烃材料的亲水性，从而改善聚烯烃产品的印刷性、染色性和抗污染性。酸酐类单体的亲水改性效果和操作性均优于酯类基团，更适于聚烯烃材料的亲水改性。

② 增容剂。近年来利用悬浮接枝法在相容剂方面的研究逐渐增多，用于改善聚烯烃和极性材料共混体系中的两相界面的性能，增加黏合力。

③ 离子交换树脂。由于酸酐基团中的氧原子能与金属离子形成配位键，在聚丙烯上接枝马来酸酐可用于制备离子交换树脂。实验证明，利用悬浮接枝法制备的聚丙烯-g-马来酸酐离子交换树脂对废水中低浓度 Cu^{2+}（低于 5mg/L）的吸附效率可达 80%以上[319]。另外，悬浮接枝极性单体在提高聚烯烃材料的酶吸附性、吸湿性和离子交换当量等方面也具有明显效果。

邬润德等[320]采用水相悬浮法，以丙烯酸为接枝单体，过氧化二苯甲酰为引发剂制备丙烯酸-聚丙烯接枝共聚物。考察了引发剂用量、反应时间、反应温度、溶胀时间、单体用量等因素对聚丙烯接枝率的影响，最佳的接枝反应工艺为：$m(H_2O)/m(PP)=3:1$，AA 用量为 7%，过氧化二苯甲酰用量 3.3%，二甲苯用量 25%，溶胀时间 80min，反应温度 90℃，反应时间 90min。

祝宝东等[321]以过氧化二苯甲酰为引发剂，在水悬浮自搅拌体系中制备双单体丙烯酸和苯乙烯聚丙烯接枝共聚物。最佳的接枝条件为：反应物料一次加入，投料质量比为二甲苯/水/聚丙烯/单体/过氧化苯甲酰＝2.6/15/10/2/0.015，室温溶胀 4h，反应温度 102℃、反应时间 6h，此条件下，双单体接枝率达 11.95%，接枝率高达 59.75%。FTIR 结果表明：AA 和 St 接枝到 PP 大分子链上，接枝主要发生在 PP 链节的无序区。

徐春等[322] 采用水相悬浮法，以甲基丙烯酸-β-羟乙酯为接枝单体，制备聚丙烯接枝共聚物，对聚丙烯的接枝产物的结晶性能进行表征。发现接枝反应大部分发生在聚丙烯的无定形区域，且反应还发生在晶区表面或晶体缺陷上；在接枝过程中，甲基丙烯酸-β-羟乙酯可能以长支链的形式接枝到聚丙烯上；由于单体对接枝主链的溶胀作用会产生巨大的膨胀力，从而使接枝产物的晶粒尺寸减小，结晶度也减小。

(2) 聚烯烃辐射接枝改性

辐射接枝法[323] 是制备聚合物改性材料的有效方法之一。其过程是将聚烯烃置于高能射线（主要是 γ 射线、X 射线和电子束等）下，在聚烯烃中加入多官能团单体，并借助光敏剂作为辐照敏化剂进行增感辐照，使主干聚烯烃在侧链上引发一系列的化学反应，使其生成长支链结构，改变聚烯烃分子量和结晶性能。

辐射接枝法具有以下优点：操作简单易行，可在常温下反应，不需要引发剂、催化剂，方法简单，接枝率和接枝深度易于控制，并且所得到的接枝共聚物清洁、安全。但由于采用辐射方法，成本较高，多数停留在实验室研究阶段，目前主要用于聚丙烯薄膜或纤维，以期获得可印刷性能。

Karmakar[324] 为了改善聚丙烯纤维的可染色性能，采用高能电子射线辐照聚丙烯纤维，以两种丙烯酸为接枝单体，在含有过氧化物引发剂的水溶液中发生接枝共聚反应。考察了聚丙烯纤维的溶胀和辐射之间的关系，辐射对接枝聚丙烯纤维结构和性能的影响。实验结果发现，接枝单体在特定的摩尔比下，对接枝率的影响最大；当聚丙烯纤维的结晶度下降时，溶胀的聚丙烯纤维的接枝率会有一定的提高，这大概是因为聚丙烯纤维的无定形区域吸收了大量的接枝单体。随着接枝单体用量的增加，辐射剂量的增大，聚丙烯纤维的拉伸强度减少，而离子交换能力显著增强，拉伸强度和离子交换能力很大程度取决于接枝率的高低。通过高能辐射和纤维溶胀，均可以有效地生成 PP 大分子自由基来进行接枝反应，进而来改善聚丙烯纤维的可染色性能。

董缘等[325] 采用预辐照过的 PP 无纺布为基材，4-乙烯基吡啶为接枝单体，二乙烯基苯为交联剂制备接枝共聚物。考察了接枝反应温度、接枝反应时间、4-乙烯基吡啶的浓度和二乙烯基苯等因素对接枝率的影响，最佳的接枝条件为：温度 50℃，时间 3h，单体浓度 10%，交联剂 5%，阻聚剂 0.08%，该条件下的接枝率为 7.5%。

李明愉等[326] 在氮气保护下，甲醇介质中，采用^{60}Co-γ 射线为辐射源，引发聚丙烯纤维共辐射接枝苯乙烯-二乙烯苯。研究结果表明，辐射总剂量为 25～50kGy（1Gy＝1J/kg），苯乙烯质量分数为 20%～30%，聚丙烯纤维的接枝率较高，在二乙烯苯与苯乙烯质量比为 2%的条件下，聚丙烯纤维的接枝率最大，玻璃化转变温度也最高；将适量的无机酸加入接枝溶液中，可以较好地提高纤维的接枝率。在其他条件不变的情况下，用乙醇替代甲醇作为溶剂，均能达到相近的接枝率。

(3) 聚烯烃光引发接枝改性

光引发接枝聚合[327,328] 是将聚烯烃以薄膜、薄片等成型产品形式置于紫外（UV）光下，并在光敏剂的作用下，与接枝单体反应生成接枝共聚物。通常接枝过程中使用的光敏剂有酮类（如二苯甲酮）、金属有机化合物。除此以外，某些染料和一些能够发生热分解的引发剂均被用作光敏物质。该方法反应温度较低，反应时间也较短，且适应大部分单体进行接枝聚合，是一种经济、高效的接枝方法。但光引发接枝法的接枝深度不可控，难以实现连续化作业。

Heung 等[329] 采用紫外光辐照 AA 和丙烯酰胺两种混合物水溶液接枝改性聚丙烯，其中采用二苯甲酮作为光敏剂，氢氧化钡作为 pH 调节剂。最佳反应条件为：单体投料量 25%，反应时间 30min，二苯甲酮浓度 1%，该条件下的接枝率最大，且通过调节 pH 值可以改变两种单体在共聚物中的组成。

张志谦等[330] 研究了聚丙烯粉紫外光接枝马来酸酐工艺参数对接枝率的影响，以高压反应釜为接枝反应发生器，丙酮为界面剂。最佳的接枝条件为：MAH 含量为 2.5%，光照时间 3min，反应温度 30°C，反应压力 0.2MPa，搅拌速率 10r/min。

(4) 聚烯烃等离子体接枝改性

等离子体接枝法[331] 的过程是在聚烯烃膜表面通过等离子体激发条件下，将功能化的官能团引入膜表面，进行接枝改性，从而达到改性的目的。该方法对膜本体改变不大，仅在膜表面几个微米厚度上变化。等离子体接枝改性法具有高效、环保、操作方便等优点，可以有效地改变材料表面的整体性能。

杨庆等[332] 采用等离子体接枝法，将丙烯酸和丙烯酰胺接枝聚合到使用低温等离子体表面处理的聚丙烯中空纤维膜上，成功进行膜表面改性，以达到降低膜污染、提高分离效率的目的。通过红外光谱分析表明，丙烯酸和丙烯酰胺分别接枝到膜表面。

赵春田等[333] 采用氩气氛等离子体处理聚丙烯微孔膜，然后直接与接枝单体聚丙烯酸接触进行接枝反应，来改善膜表面的亲水性。结果表明，等离子体的放电功率愈大，接枝率愈大；在特定的功率下，随放电时间的延长，接枝率增大，但是一定时间后，接枝率减小；接枝率在微孔膜内外表面及不同位置都有差别；接枝后微孔膜的表观孔径减小。

马骏等[334] 采用低温等离子体聚合的方法，以马来酸酐为接枝单体，对 PP 多孔膜进行表面改性。结果表明，马来酸酐以双键聚合，同时伴随着酸酐的开环。低处理功率时，延长聚合时间可以提高膜表面马来酸酐的聚合量，酸酐结构破坏较轻；高处理功率时以气相聚合为主，易导致马来酸酐单体或其聚合物的酸酐结构开环，酸酐结构的破坏加剧，易产生交联结构。马来酸酐等离子体聚合物经过水解，可以产生羧基，然而由于马来酸酐等离子体聚合物具有交联结构，因此并不能完全水解，聚丙烯的膜表面的亲水性主要取决于等离子体聚合条件和聚合物的结构。

8.3.3　聚烯烃支化与交联

8.3.3.1　聚烯烃的支化

聚烯烃大分子上的支链可分为短支链和长支链，支链的存在对聚合物性能的影响取决于支链的数量和长度[136]。通常短支链指碳原子数少于 40 的链段，短支链的引入干扰了结晶的形成，使大分子链的规整度和分子间堆砌度降低，聚合物玻璃化转变温度下降，结晶度和密度降低，但对熔体流动性能影响不大。长支链可以超过数百个碳原子。从流变学的观点看，当支链长度大于聚烯烃熔体的平均临界缠结链长时就认为是长支链。对聚乙烯而言，链长约等于 272 个碳原子。

根据支链连接方法的不同，可分为梳型和树型两类。梳型结构中的支链基本沿着主链排列，支链上不再有长或短的分支，如用茂金属催化剂制备的聚乙烯，和在低或中等辐照剂量下用辐射法得到的支化聚丙烯都具有这种分子结构。树型结构中支链上还有短或长的分支，已经分不出主链和支链，高压聚乙烯和高剂量辐照得到的支化聚丙烯属于这类结构。

用传统 Z-N 催化剂所制得的高密度聚乙烯只含极少数量的短支链，乙烯与丁烯或己烯共聚的线型低密度聚乙烯含一定量的短支链。用铬系催化剂所合成的聚乙烯常含有少量的长支链。高压法自由基聚合所生成的低密度聚乙烯，常含有不少的长支链，特别用釜式法所生产的聚乙烯，其长支链还呈树枝状结构。

长支链的存在影响熔体黏度、黏度对温度的敏感性、熔体弹性、剪切变稀性能和拉伸黏度、拉伸强度等。长支链使熔体在剪切作用下黏度变稀，并使熔体弹性增加。支链数量和长度的增加，会增加黏流活化能，线型的高密度聚乙烯的黏流活化能为 26kJ/mol，而含长支链的低密度聚乙烯为 55kJ/mol，某些含少量长支链的茂金属聚乙烯在 40～60kJ/mol 范围内。一般聚乙烯的黏流活化能与剪切速率无关，而带长支链的聚乙烯的活化能却能随剪切速率的增加而降低，这是由于支链间存在高剪切速率下松弛和解缠结的结果。长支链增多均使在低剪切速率下储能模量和损耗模量增加。长支链的存在使熔体在拉伸应力作用下发生应变硬化现象，并使熔体拉伸强度增大。

短支链的引入主要靠共聚方法，而且已经成为生产聚烯烃中经常采用的一种手段。因此目前在聚烯烃后功能化改性技术中所谓“支化”，就是指如何在大分子中引入长支链。

常规聚丙烯采用齐格勒-纳塔催化剂体系生产，立构规整度很高，产品分子结构为线型，支链很短，因此熔体强度较低。要提高聚丙烯的熔体强度，最好使其形成长支链的支化结构。

通过支化来提高聚丙烯熔体强度的工作始于 20 世纪 80 年代，Montell 公司和窒素公司处于领先水平。20 世纪 80 年代末 Montell 公司开发的具有高熔体强度的支化聚丙烯已经商业化，到 20 世纪 90 年代中期，国际上许多大的石油化工公司都已拥有自己的支化聚丙烯品牌。

支化聚丙烯已经在很多新领域得到了广泛应用，如家电工业中的冰箱门衬、洗衣机内筒、洗碗机内衬、大长径比大尺寸容器等；由于耐热性得到很大提高，高温尺寸稳定性好，还大量用于微波炉器皿、需要高温消毒的医用器具和器皿。由交联或支化 PP 制备的发泡 PP 广泛用于保温隔热材料，如热水管、暖房的保温材料、热载体循环蓄电池的隔热材料等。发泡 PP 在汽车工业的应用日趋扩大，如汽车顶棚材料、发动机室的隔热材料、衬材、阻尼材料、绝缘材料等。

支化聚丙烯的制备方法主要是对聚丙烯进行改性，使分子结构发生变化，得到支化聚丙烯。聚丙烯改性法虽然步骤多，但产物稳定，易于操作，当前采用较多，包括过氧化物法和辐照法。

① 过氧化物法：有关过氧化物法制备支化聚丙烯的文献报道很多，尽管采用的过氧化物种类不同，工艺路线各异，但其原理都是通过过氧化物的作用使聚丙烯生成大分子自由基，然后再发生支化，如图 8.13 所示。

由于支化聚丙烯不能有凝胶，而聚丙烯本身又容易降解，因此对反应过程的控制是制备的关键。既要保证反应过程中形成足够的 PP 大分子自由基，又要避免 β-断裂；既要让 PP 大分子自由基之间有一定程度的结合生成长支链，又不能形成网状的交联结构。因此，要严格控制过氧化物浓度、反应温度、反应时间等工艺参数。

Nicola[335] 将聚丙烯粉料和过氧化二碳酸酯在无氧气的环境下于搅拌釜中混匀，经过不同温度的搅拌后造粒，得到支化聚丙烯。

在过氧化物法中，更多的是采用反应挤出工艺，为了抑制 β-断裂，促进 PP 大分子自由基间的结合，反应体系中往往还加入多官能团单体。Graebling[336] 将 2,5-二甲基-2,5-二叔

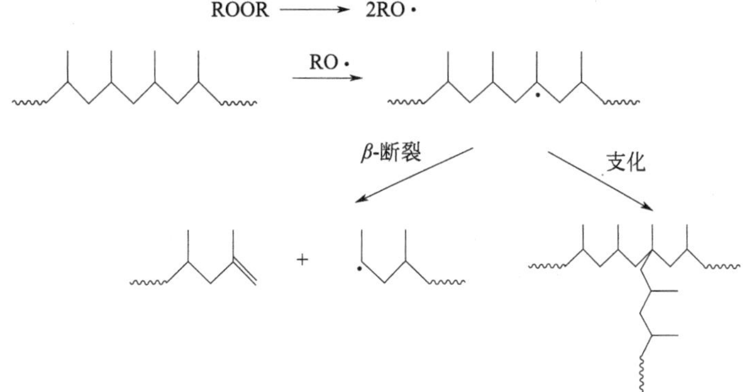

图 8.13　过氧化物反应体系中 PP 的降解与支化

丁基过氧化己烷、促进剂二硫化烷基秋兰姆、三羟甲基丙烷三丙烯酸酯通过双螺杆挤出机进行反应挤出，得到支化聚丙烯，其低频下的储能模量比普通聚丙烯提高很多。在这一反应体系中，过氧化物分解产生的自由基引发聚丙烯链形成大分子自由基，它可同时发生如下两种反应：β-断裂和与多官能团单体反应形成支化型大分子。由于叔碳大分子自由基不稳定，在高温没有秋兰姆类促进剂的情况下，β-断裂起主导作用，聚丙烯降解严重。而在有秋兰姆类促进剂的情况下，秋兰姆类促进剂分解产生的二硫代氨基甲酰自由基能与聚丙烯大分子自由基结合成一种亚稳态产物，并且该反应是可逆的。这就降低了聚丙烯大分子自由基的浓度，抑制了 β-断裂，而有利于与多官能团单体反应形成支化型大分子。

② 辐照法：聚丙烯经过高能射线辐照后主要形成如下自由基[138]：

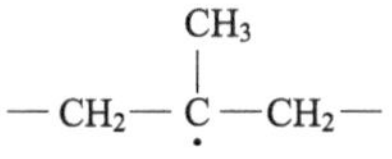

$$-CH_2-\overset{\displaystyle CH_3}{\underset{\displaystyle\cdot}{\overset{|}{C}}}-CH_2-$$

该自由基可以继续发生缔合、断裂等一系列反应，如图 8.14 所示，如果条件合适，反应以重新结合为主，则得到支化 PP[337]。

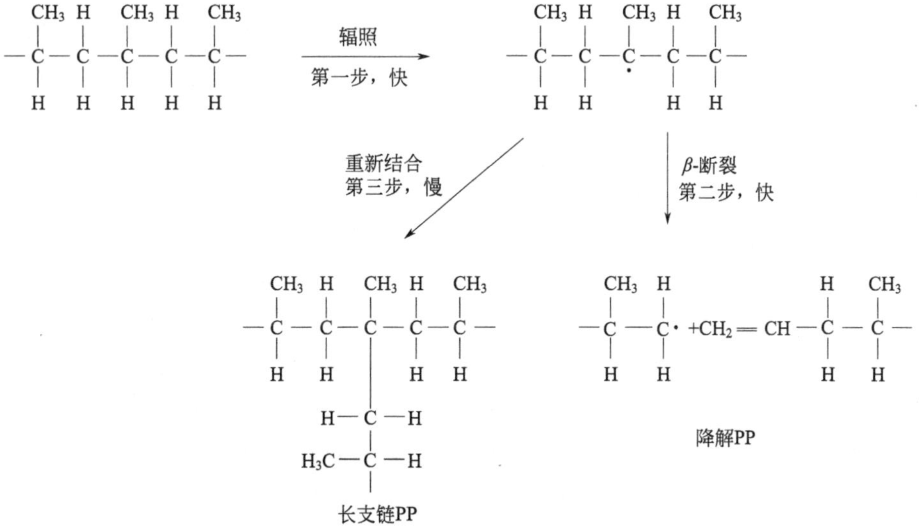

辐照 第一步，快

重新结合 第三步，慢

β-断裂 第二步，快

长支链PP

降解PP

图 8.14　聚丙烯辐照体系反应原理

辐照时氧会急剧加速聚丙烯的降解，因此辐照需在无氧环境下进行。聚烯烃辐照后分子内残存大量自由基，它们的寿命可长达数百小时，这些自由基一旦接触到氧气，便会引起分子的降解。因此辐照后的聚烯烃要加入甲基硫醇或加热到 100℃以上保持一定时间，以便消除分子中残存的自由基[338]。

Scheve 等[339] 在氮气气氛下用电子射线辐照聚丙烯，辐照后的产物在氮气气氛下进入挤出机造粒，得到支化聚丙烯，其拉伸黏度比普通 PP 提高很多。

在多官能团单体中，以双官能团单体最为有效，使用得也最多。单官能团单体与 PP 大分子自由基结合后便基本失去活性，支化能力弱；三官能团及三官能团以上单体容易形成网状结构，产生凝胶。F. Yoshii 等[340] 引入了多官能团单体，使辐照剂量由原来的 $3\times10^4\sim8\times10^4$Gy 降低到 $0.1\times10^4\sim0.8\times10^4$Gy。他们研究了丙烯酸酯类的多官能团单体的支化效果，发现，分子量较小的丙烯酸酯支化效果好（除了 DEGDA），得到的支化 PP 熔体强度高，原因是分子量较小的丙烯酸酯分子活动能力强，容易渗透到聚丙烯中。

北京化工研究院在 2001 年底[341] 首次用射线辐照的方法研制出了支化型 HMSPP，改性的 PP 样品除熔体强度提高 50%以上，其他性能也得到了改善。通过热成型的方法，这种改性的 PP 可以制备具有一定深度的产品，采用挤出和注射的方法可制备出发泡的聚丙烯；此外，他们还在国内首次采用辐射交联的方法，在较低的吸收剂量下，研制出了具有高发泡率的发泡聚丙烯。HMSPP 和辐射交联发泡用聚丙烯的研制填补了我国的空白。

他们还研究了不同类型的多官能团单体的效果，发现双官能团单体 1,6-己二醇二丙烯酸酯（HDDA）和二乙烯基苯所得产物的储能模量高、凝胶含量低，适合制备支化聚丙烯。三官能团单体三羟甲基丙烷三丙烯酸酯所得产物的储能模量虽然高，但凝胶含量也高，不适合制备支化聚丙烯。他们还以 HDDA 为多官能团单体，通过辐射法制备出支化 PP，并研究了单体浓度、辐射剂量、热处理条件等因素的影响。在 0.5～4.5kGy 的剂量范围内，支化 PP 的储能模量比空白样都有较大提高，提高幅度在 1～2 倍。但各辐射剂量支化 PP 之间的储能模量差别不大。随着 HDDA 的浓度提高，储能模量也逐渐提高，但当 HDDA 用量超过 0.45 份时，凝胶含量急剧增加。采用辐照支化方法提高聚丙烯的熔体强度时，多官能团单体的浓度对提高聚丙烯熔体强度是一个重要因素。当浓度较低时，不能使被辐照的聚丙烯有效地从 A 型自由基转化为 F 型自由基，不利于形成支化结构，达不到提高聚丙烯熔体强度的目的；浓度过高时，又易使聚丙烯交联，从而降低聚丙烯的加工性能。

8.3.3.2 聚烯烃的交联

聚烯烃的交联是使分子主链间发生化学键合，使原来的线型结构转变成三维网状结构。

交联反应通常通过有机过氧化物或辐射作用引发。多数聚烯烃被辐照或与过氧化物作用时，交联与降解反应同时发生，若交联占主导地位，则为交联型聚烯烃；若降解占主导地位，则为降解型聚烯烃。一种聚烯烃属于交联型还是降解型，主要取决于它的分子结构。聚烯烃主链的结构单元中如果只有仲碳原子，则该聚烯烃为交联型，如聚乙烯；若主链的结构单元中含有季碳原子，则为降解型，如聚异丁烯；而主链的结构单元中含叔碳原子，这种结构介于交联型和降解型之间，其聚合类型也介于交联和降解之间，如聚丙烯。另外，聚合热也可以用来判断聚烯烃的交联与降解倾向，聚合热较低的聚烯烃以降解为主，聚合热较高的以交联为主。

聚烯烃的交联方式可以分为化学交联和辐射交联，两者引起交联反应的初级自由基来源不同，但交联过程类似。聚烯烃在有机过氧化物或辐射作用下生成自由基，该自由基可进一步发生交联或降解。化学交联是在化学助剂的作用下，使聚烯烃发生化学反应产生大分子自由基，进而交联。化学交联中最常用的方法是过氧化物交联法和硅烷接枝交联法。辐射交联是聚烯烃接受电离辐射能量，主链型分子之间发生化学反应而交联。电离辐射包括电子射线、γ 射线、α 射线、X 射线、紫外线等。最常用的是高能电子射线和 γ 射线。

(1) 过氧化物交联法

过氧化物交联法具有适应性强、交联制品性能好等优点，因而获得了广泛的工业应用。过氧化物交联与辐射交联的不同之处在于：其交联过程必须有交联剂，即过氧化物的存在；交联反应必须在一定温度下进行。

① 交联机理。对于聚乙烯来说，过氧化物交联法是通过过氧化物高温分解而引发一系列自由基反应，从而使聚乙烯发生交联。所用的交联剂为有机过氧化物，常用的品种主要有过氧化二异丙苯（DCP）、过氧化二苯甲酰（BPO）、过氧化二碳酸酯、2,5-二甲基-2,5-双(叔丁基过氧)己烷等。

当交联剂是单纯过氧化物时，其反应过程如下：过氧化物受热分解生成自由基；自由基进攻聚乙烯大分子链，夺取分子链上的氢原子，生成聚乙烯大分子链自由基，使聚乙烯主链上的某些碳原子变成活性的自由基；聚乙烯大分子链自由基具有高度反应活性，当两个聚乙烯分子链自由基相遇时，便相互结合，形成高分子链间的化学键而交联，最后形成网状结构，以过氧化二异丙苯为例，反应式如下：

$$C_6H_5-C(CH_3)_2-O-O-C(CH_3)_2-C_6H_5 \xrightarrow{\text{加热}} 2\,C_6H_5-C(CH_3)_2-O\cdot$$

$$C_6H_5-C(CH_3)_2-O\cdot + -CH_2-CH_2-CH_2- \longrightarrow -CH_2-\dot{C}H-CH_2- + C_6H_5-C(CH_3)_2-OH$$

$$\begin{array}{c} -CH_2-\dot{C}H-CH_2- \\ + \\ -CH_2-\dot{C}H-CH_2- \end{array} \longrightarrow \begin{array}{c} -CH_2-CH-CH_2- \\ | \\ -CH_2-CH-CH_2- \end{array}$$

在交联反应中，还可能产生下列的歧化反应和链转移反应。

$$-CH_2-\dot{C}H(CH_2-) + C_6H_5-C(CH_3)_2-O-O-C(CH_3)_2-C_6H_5 \longrightarrow C_6H_5-C(CH_3)_2-O\cdot + C_6H_5-C(CH_3)_2-O-CH(CH_2-)-CH_2-$$

$$\begin{array}{c} -CH_2-\dot{C}H-CH_2- \\ + \\ -CH_2-\dot{C}H-CH_2- \end{array} \longrightarrow -CH{=}CH-CH_2- + -CH_2-CH_2-CH_2-$$

$$\begin{array}{c} -CH_2-\dot{C}H-CH_2- \\ + \\ R-CH_2-CH_2- \end{array} \longrightarrow -CH_2-CH_2-CH_2- + R-\dot{C}H-CH_2-$$

对聚丙烯来说，在过氧化物作用下交联和降解同时发生，要想使 PP 交联，必须添加合适的交联助剂，通常情况下交联助剂为多官能团单体。在多官能团单体 M 存在下，聚丙烯过氧化物交联体系主要以交联为主，反应历程如下：

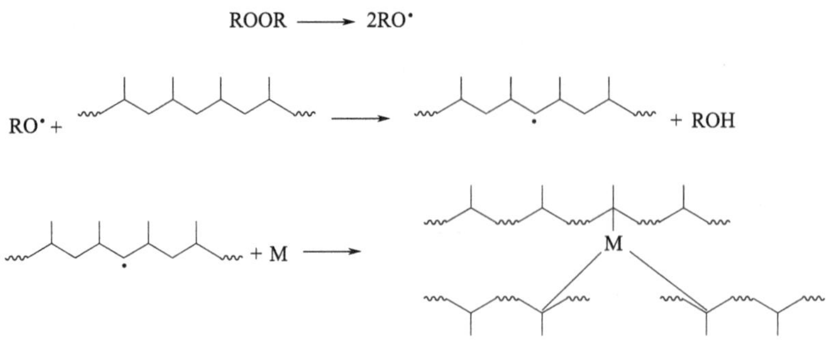

$$ROOR \longrightarrow 2RO^{\cdot}$$

$RO^{\cdot}$ + ⟶ + ROH

+ M ⟶ M

过氧化物种类对聚丙烯的交联效率有较大影响。一般来说，烯烃类过氧化物分解产生的自由基活性较小，交联效率低；而带有苯环的过氧化物分解产生的自由基活性较大，交联效率高。多官能团单体的作用是与PP大分子自由基迅速反应，从而使大分子自由基消失。接枝在聚丙烯链上的多官能团单体再与另外的PP大分子自由基反应，形成交联结构。常用的多官能团单体有马来酸二烯丙酯（DAM）、1,6-己二醇二丙烯酸酯（HDDA）、二乙烯基苯、四甲基丙烯酸季戊四醇酯（PETM）、三羟甲基丙烷三丙烯酸酯（TMPTA）、季戊四醇三丙烯酸酯（PETA）、季戊四醇四丙烯酸酯、二季戊四醇六丙烯酸酯等。一般三官能团或四官能团单体的交联效率比双官能团的高。

② 影响因素。过氧化物交联聚烯烃的影响因素主要有过氧化物浓度、反应温度和时间。

随着过氧化物浓度增加，凝胶含量也增加；反应温度过高或过低都会降低凝胶含量，原因是温度过低，过氧化物分解不完全，交联不充分；温度过高，过氧化物分解太快，其产生的初级自由基浓度过高，相互间容易偶合终止，降低了过氧化物的效率，从而降低交联效率。若用反应挤出法交联，挤出温度必须保持很低，一旦挤出温度高于过氧化物的分解温度，早期的交联可能导致出现焦化，影响制品的质量甚至损坏设备。该温度极限严格限制着可交联聚乙烯的挤出速率，而且在挤出制品时，要有专用的挤出机和高压连续交联装置。这就限制了该技术的应用，导致人们对它的研究不如辐射交联和硅烷交联多。近年来，人们在用过氧化物交联聚乙烯时发现，采用交联与助交联剂并用效果会更好。助交联剂可提高交联度、降低降解概率，并可适当降低交联剂的用量。助交联剂为分子中含硫、肟及C═C类结构的单体或聚合物，常用的品种有肟类、甲基丙烯酸甲酯类。

较早开展聚丙烯过氧化物交联研究的是Chodak[342]。他们采用过氧化苯甲酰和过氧化二异丙苯；交联剂为马来酸二烯丙酯、四甲基丙烯酸季戊四醇酯。结果表明，过氧化苯甲酰的交联效果优于过氧化二异丙苯。在2.5%多官能团单体存在时，聚丙烯的凝胶含量随过氧化苯甲酰浓度的增加开始显著增大，当过氧化苯甲酰浓度超过5%时趋于平缓。2.5%过氧化苯甲酰存在时，低浓度下PETM比DAM凝胶含量高，而高浓度下DAM比PETM浓度高。原因是PETM活性大，分子中官能团数多，少量的PETM就可以大幅度提高凝胶含量，但当PETM含量超过3%后，活性较大的PETM自身容易发生加成反应，降低了交联效率。

Čapla等[343] 研究了不同种类多官能团单体在聚丙烯交联中的作用，结果表明交联PP的凝胶含量与多官能团单体中的官能团数及过氧化物的活性成正比。但也有例外，有时多官能团单体会优先与过氧化物分解产生初级自由基起反应而失去活性。

由于多官能团单体浓度高时自身容易发生加成反应，降低了交联效率，人们开始寻找新的交联助剂，其中秋兰姆类物质、苯醌、二苯酚等效果很好。Chodak等[344] 用叔丁基过氧化苯甲酰和对苯醌交联聚丙烯，凝胶含量远远高于以往的多官能团单体。

(2) 硅烷接枝交联法

硅烷接枝交联法是 20 世纪 70 年代初开发出的交联技术，开始是用于聚乙烯。后来日本三菱油化公司将这一技术成功用于聚丙烯的交联，所用的过氧化物、硅烷、催化剂等与聚乙烯中的相同或相近。

同辐射交联和过氧化物交联相比，硅烷交联的特点如下：设备投资少、生产成本低、生产效率高、制造工艺具有多功能性；适用于厚、薄各种形状的制品；可用于所有密度聚乙烯及其共聚物，也适用于大部分有填充料的聚乙烯；过氧化物用量少（仅为单独使用过氧化物交联时的 10%），因此在聚乙烯中生成微孔较少，有利于保持聚乙烯的高绝缘性；耐老化性能好、使用时间长。

硅烷交联所用的材料种类很多，主要有聚合物、接枝剂（硅烷）、引发剂（过氧化物）、催化剂及抗氧剂等。

① 硅烷交联机理。聚乙烯的硅烷交联主要包括接枝和交联两个过程。接枝过程中，聚乙烯在引发剂热解生成的自由基作用下失去氢原子而在主链上产生自由基，该自由基与乙烯基硅烷的—CH═CH_2 基反应同时发生链转移，反应式如下：

$$RO—RO \longrightarrow 2RO\cdot$$

$$—CH_2—CH_2—CH_2— + RO\cdot \longrightarrow —CH_2—\dot{C}H—CH_2— + ROH$$

$$—CH_2—\dot{C}H—CH_2— + H_2C═CHSi(OR)_3 \longrightarrow —CH_2—\underset{\underset{\underset{\dot{C}H—Si(OR)_3}{|}}{\underset{CH_2}{|}}}{CH}—CH_2— \xrightarrow{R—H} —CH_2—\underset{\underset{CH_2—CH_2—Si(OR)_3}{|}}{CH}—CH_2— + R\cdot$$

产品成型后再进行交联，已接枝的聚合物在水和交联催化剂作用下形成硅醇，—OH 与邻近的 Si—O—H 基团缩合形成 Si—O—Si 键而使聚合物交联，如下式所示。

$$—CH_2—\underset{\underset{CH_2—CH_2—Si(OR)_3}{|}}{CH}—CH_2— \xrightarrow[—ROH]{催化剂，H_2O} —CH_2—\underset{\underset{\underset{CH_2—\underset{\underset{OR}{|}}{\overset{\overset{OR}{|}}{Si}}—OH}{|}}{CH_2}}{|}{CH}—CH_2—$$

$$—CH_2—\underset{\underset{\underset{CH_2—\underset{\underset{OR}{|}}{\overset{\overset{OR}{|}}{Si}}—OH}{|}}{CH_2}}{|}{CH}—CH_2— \xrightarrow[—H_2O]{催化剂} \underset{\underset{|}{CH_2}}{\overset{\overset{|}{CH_2}}{CH}}—CH_2—CH_2—\underset{\underset{OR}{|}}{\overset{\overset{OR}{|}}{Si}}—O—\underset{\underset{OR}{|}}{\overset{\overset{OR}{|}}{Si}}—CH_2—CH_2—\underset{\underset{|}{CH_2}}{\overset{\overset{|}{CH_2}}{CH}}$$

硅烷交联工艺主要有两步法硅烷水交联工艺、一步法交联工艺、密闭式混合机工艺和乙烯基硅烷共聚工艺。两步法交联工艺是由 Dow 公司开发成功的，也称 Sioplas E 工艺。该工艺第一步为接枝，用过氧化物作引发剂将乙烯基硅烷接枝到聚烯烃上，需要在高剪切混炼挤出机或布氏混炼挤出机中进行，除作电缆外通常不加抗氧剂。第二步为成型，将催化剂母料和接枝化合物进行无水混合挤压成最终成型产品。交联可在水浴或蒸汽室进行，温度通常为 60～90℃，已成型产品经交联后即为最终成品。

Kabel-Metal公司开发了一条改进的两步法交联工艺[345]。第一步于高速混合器中高速搅拌下使聚烯烃粒料温度上升至80℃，加入溶有引发剂、抗氧剂和交联催化剂的硅烷溶液。体系保持在聚合物软化点温度以下继续搅拌，使添加剂进入粒料。第二步接枝和成型为一步操作，在同一挤出机里进行，此时只需 $L/D=25:1$ 的单螺杆挤出机即可。

一步法交联工艺由 BICC 公司开发成功，也称 Monosil 工艺，该工艺中，聚乙烯、硅烷、过氧化物和交联催化剂被直接加到特制的高剪切挤出机中。在挤出机前半部分发生接枝反应，后一部分已接枝聚合物进行啮合和挤压。在生产高价值产品时，该法很有益。与两步法相比，一步法中由于接枝聚合物不用储存因而避免了水的氛围下交联的危险，同时投资和成本也比两步法低。

乙烯基硅烷共聚工艺是将乙烯基硅烷加到高压反应器中，使其与其他烯烃进行共聚反应，便可获得可交联的共聚物而不需要任何接枝操作，所得聚合物储存期长。由于共聚法的合成工艺先进独特，所制备的温水硅烷交联聚乙烯具有以下优点：储存稳定性大大提高（抗湿度稳定性的能力增强），杂质极少，因此可改善交联料的电气性能，并且其耐热性能、化学性能和力学性能也有相应提高，成型加工稳定性提高以及加工时产生的气体较少等。英国BP公司、美国联合碳化公司（UCC）等都先后推出了乙烯-硅烷共聚物电缆料。

② 影响因素。硅烷熔融接枝反应中的影响因素主要有：引发剂浓度、硅烷浓度、反应温度、抗氧剂浓度、螺杆转速等[346-348]。引发剂浓度存在一极限值，当引发剂浓度超过这一极限值时，就不再对接枝反应产生更大的影响，因此引发剂的用量要适当，过多的引发剂会使接枝阶段发生交联，给操作带来困难。在过氧化物引发聚烯烃接枝有机硅过程中，常会发生聚烯烃的裂解反应和交联反应，由于接枝和交联反应活化能的差异，在引发剂浓度较低时，交联反应受到接枝的抑制，接枝反应占主导地位，但引发剂浓度超过一定值后，交联反应占主要地位。

硅烷浓度也存在一临界值，低于此值，接枝密度和接枝程度随硅烷浓度增大而增大；超过此临界浓度，接枝反应达到饱和极限，接枝程度（接枝率）变化很小。

硅烷接枝率和接枝速率随温度的提高而上升，在引发剂浓度不超过其临界值时，提高温度有利于接枝反应，但温度过高会引起接枝单体的挥发。

抗氧剂若在接枝步骤之前加入，则会对硅烷接枝反应产生明显影响，随着抗氧剂浓度增加，接枝程度和交联程度降低，但达到一定程度后，这种影响变得很小。

沈静姝等[348] 采用过氧化二异丙苯、乙烯基三甲氧基硅烷、二月桂酸二丁基锡进行聚丙烯硅烷两步法交联，得到引发剂浓度、硅烷浓度、反应温度和时间对交联的影响。发现过氧化物浓度太低时没有或极少产生凝胶，DCP 浓度从0.5%提高到1.5%，凝胶含量提高较快，随后趋于平缓。因此，要想使聚丙烯交联，反应体系必须维持一定的自由基浓度。硅烷浓度小于3%时，凝胶含量增加较慢；硅烷浓度从3%提高到6%时，凝胶含量提高很快；当硅烷浓度超过6%以后，凝胶含量几乎不再增加。

(3) 辐射交联

辐射交联是一种物理方法，聚烯烃接受电离辐射能量，主链型分子之间发生化学反应而交联。电离辐射包括电子射线、γ射线、α射线、X射线、紫外线等，最常用的是高能电子射线和γ射线。高聚物对于辐射作用很敏感，在化学变化很小时，其物理机械性能会发生很大变化。高分子材料在高能射线辐射下，同时会产生两种效应——交联和裂解。究竟以哪种为主，除了环境气氛的影响外，还取决于高分子链的结构。对于聚乙烯而言，结晶度较低的低密度聚乙烯易进行交联反应，而结晶度较高的高密度聚乙烯交联性相对小一些。

① 辐射交联机理。在聚乙烯的辐射反应过程中，一般认为聚乙烯经辐射后有如下自由基产生[136,349]：

$$—CH_2—CH_2—CH_2— \xrightarrow{辐照} \begin{cases} —CH_2—\dot{C}H—CH_2— \\ —CH_2—\dot{C}H_2+\dot{C}H_2 \end{cases}$$

交联反应如下：

H 型交联由二级自由基相互结合形成。

$$\begin{matrix} —CH_2—\underset{\bullet}{C}H—CH_2— \\ + \\ —CH_2—\dot{C}H—CH_2— \end{matrix} \longrightarrow \begin{matrix} —CH_2—CH—CH_2— \\ | \\ —CH_2—CH—CH_2— \end{matrix}$$

而 Y 型交联由二级自由基和末端自由基反应形成。

$$\begin{matrix} —CH_2—\underset{\bullet}{C}H—CH_2— \\ + \\ —CH_2—\dot{C}H_2 \end{matrix} \longrightarrow \begin{matrix} —CH_2—CH—CH_2— \\ | \\ —CH_2—CH_2 \end{matrix}$$

或由 Randall 提出的末端双键和二级自由基反应形成。

由于在主链碳碳键上发生的断裂，容易导致聚乙烯降解反应的发生，它有下列歧化反应存在：

$$\begin{matrix} —CH_2—\underset{\bullet}{C}H—CH_2— \\ + \\ —CH_2—CH{=}CH_2 \end{matrix} \longrightarrow \begin{matrix} —CH_2—CH—CH_2— \\ | \\ —CH_2—\dot{C}H—CH_2— \end{matrix}$$

$$\begin{matrix} —CH_2—CH_2—\underset{\bullet}{C}H_2 \\ + \\ —CH_2—CH_2—\dot{C}H_2 \end{matrix} \longrightarrow \begin{matrix} —CH_2—CH_2—CH_3 \\ + \\ —CH_2—CH{=}CH_2 \end{matrix}$$

或

$$\begin{matrix} —CH_2—CH_2—\underset{\bullet}{C}H_2 \\ + \\ —CH_2—\dot{C}H—CH_2— \end{matrix} \longrightarrow \begin{matrix} —CH_2—CH_2—CH_3 \\ + \\ —CH_2—CH{=}CH— \end{matrix}$$

当然，二级自由基之间也有副反应存在：

$$\begin{matrix} —CH_2—\dot{C}H—CH_2— \\ + \\ —CH_2—\dot{C}H—CH_2— \end{matrix} \longrightarrow \begin{matrix} —CH_2—CH_2—CH_2— \\ + \\ —CH_2—CH{=}CH— \end{matrix}$$

消耗两个自由基，并生成一个双键，但不形成分子链的交联和降解。

在氧气存在时进行辐射交联，聚乙烯材料可以产生下列交联过程[349]：

$$RH \longrightarrow R\cdot + H\cdot$$
$$R\cdot + O_2 \longrightarrow R—O—O\cdot$$
$$ROO\cdot \longrightarrow RO\cdot + O:$$
$$RO\cdot + RH \longrightarrow ROH + R\cdot$$
$$O: + RH \longrightarrow R\cdot + \cdot OH$$
$$2R\cdot \longrightarrow R—R\ (分子间产生交联)$$

聚乙烯在辐照过程中，除了可产生交联外，还可放出氢气和低级烷烃气体，主链上产生微量的双键。

聚乙烯在辐照下容易交联，初始凝胶时辐射剂量较低，但要达到较高的凝胶含量仍需要较高的辐射剂量，以至于成本偏高，限制了其推广使用，而且大剂量的辐照还可能产生氧化降解，破坏材料中的添加剂等副反应，影响材料的使用性能。因此如何加速辐射交联，抑制副反应，降低达到所需凝胶含量时的辐射剂量，已成为研究的重点。一般采用的方法是在聚乙烯中加入多官能团单体或者改变辐射气氛（如在乙炔、四氟乙烯气氛中）[350]。

多官能团单体一般为含有C═C 双键的多官能团单体，对高能辐射敏感，在其存在下可使交联反应的动力学链长增加，通过多官能团单体把聚合物上的活性点连接在一起，增加交联网络的形成，以增大交联反应的比较，提高交联反应 G 值。常用的多官能团单体有二甲基丙烯酸四甘醇酯（TEGDM）、三羟甲基丙烷三甲基丙烯酸酯（TMPTM）等。敏化剂一般为活泼小分子，常用的敏化剂有 $SiCl_4$、CCl_4、NaF 以及炭黑等。

聚丙烯在辐照下的行为介于交联和降解之间，要想使聚丙烯辐射交联，必须加入多官能团单体。常用的多官能团单体有三羟甲基丙烷三丙烯酸酯（TMPTA）、三烯丙基-三嗪-三酮、季戊四醇三丙烯酸酯、季戊四醇四丙烯酸酯、氰尿酸三烯丙酯等。

Odian 等[351] 根据实验结果假定了多官能团单体存在下的无规交联机理：辐射迅速引起多官能单体发生聚合反应；聚合的多官能团单体和聚乙烯大分子链反应形成交联网状的聚乙烯-多官能团单体结构。聚合的多官能团单体由于链转移反应，是一些具有侧烯丙基结构的均聚物和接枝物，这对形成交联的网状结构具有促进作用。可能的反应历程如下：侧烯丙基和相邻链上的自由基反应形成交联键；大多数侧烯丙基在高能辐射下转化为烯丙自由基，这些自由基与聚乙烯分子链上的自由基偶合形成交联键；侧烯丙基夺取聚乙烯链上的 H 原子生成大分子自由基，提高了反应的 G 值。

Novakovic 和 Gal 在研究多官能团单体的作用时发现[352]，在 LDPE 中混入 3 份的三羟甲基丙烷三甲基丙烯酸酯和氰尿酸三烯丙酯（TAC）对辐射交联有明显的促进作用，可使初始凝胶剂量从纯 PE 的 33.0kGy 分别降到 21.5kGy 和 25.4kGy；同时交联反应的 $G(x)$ 的最大值从纯 PE 的 3 左右提高到 30～80。张丽等[353] 用美国 Startomer 公司生产的 SR350 作为多官能团单体，研究发现在一定范围内，相同辐射剂量下，含多官能团单体体系的聚乙烯的拉伸性能、冲击性能、耐温性能和耐环境应力开裂性能更为优异；对于 LDPE，当添加少量的多官能团单体后，辐射剂量为 30kGy 时，凝胶含量可达 60%左右，相当于无单体时剂量为 60kGy 的凝胶含量。北京化工研究院的乔金樑、张晓红等研究了不同类型的多官能团单体对聚乙烯辐射交联的影响，多官能团单体的交联能力并不依赖于官能团数，如表 8.11 所示。

表 8.11　多官能团单体对聚乙烯辐射交联的影响（剂量 17×10^4 Gy）

多官能团单体种类	凝胶含量/%		多官能团单体种类	凝胶含量/%	
	辐照前	辐照后		辐照前	辐照后
三羟甲基丙烷三丙烯酸酯	2.5	77.3	二乙二醇二丙烯酸酯	0.8	76.4
季戊四醇三丙烯酸酯	1.6	58.3	三乙二醇二丙烯酸酯(TEGDA)	1.0	58.3
新戊二醇二丙烯酸酯(NPGDA)	2.0	77.6	三烯丙基-三嗪-三酮	1.7	74.4

使用乙炔气氛也可起到多官能团单体的作用，尤其适用于聚乙烯纤维和带的辐射交联。Jones 等[354] 认为渗入聚乙烯的乙炔在辐照作用下首先在聚乙烯内部形成双烯、三烯、四烯等多烯结构，然后，这些多烯与烷基自由基对作用形成多烯桥从而完成交联。所形成的多烯

桥以双烯为主，这主要是由于辐照在聚乙烯中产生的两个成对的烷基自由基间的距离恰好与双烯桥所形成的两个交联点之间的长度相近。但是用三十六碳烷作为一种模型化合物进行^{13}C NMR观察发现并没有大量共轭双键的存在，他们认为乙炔首先与链烷基自由基形成乙烯侧基或乙烯基自由基，然后再与邻近链形成交联[355]。而侧乙烯基（即“悬挂”双键）是公认的辐敏基团。Appleby等把具有很高拉伸比的线型聚乙烯安置在乙炔气氛中辐射，制得了性能卓越的超高模量聚乙烯，同时发现由于乙炔的存在，只需要使用10kGy的辐射剂量，即可产生与在真空条件下100kGy剂量相当的凝胶含量。

② 影响因素。辐射交联的影响因素主要有：辐射剂量和剂量率、氧、辐射温度、多官能团单体等。吸收剂量是单位质量介质吸收的辐射能，剂量率是单位时间内的吸收剂量。聚烯烃辐射交联时，在一定的剂量范围内交联度与剂量成正比，而与剂量率无关[138]。凝胶含量一般刚开始随剂量的增加，增加较快，然后逐渐变缓，剂量率对凝胶没有影响。

氧是自由基俘获体，它优先与大分子自由基发生反应，生成含氧自由基进一步降解，最终导致聚烯烃链的降解。因此氧对聚烯烃辐射起抑制交联、促进降解的作用，它的存在会减少凝胶含量。如以10kGy的剂量分别在空气和真空中辐照厚度为50μm的聚乙烯薄膜，在空气中凝胶含量只有31%，而在真空中高达64%。对于辐照时倾向较大的聚丙烯，氧的存在会引起严重降解，凝胶含量减少得更多。

辐照温度低于聚烯烃的T_g，对交联无影响；辐照温度在聚烯烃T_g以上时，对聚烯烃交联和降解的G值有一定影响，但对凝胶含量影响不大。因为辐射交联产额$G(x)$和辐射降解产额$G(s)$都随温度的增加而上升，但由于两者变化方向相同，它们的作用被相互抵消，凝胶含量变化不大。聚烯烃辐照一般在常温下进行。

一般聚烯烃的辐射交联产额比较低，$G(x)$在1～3之间。为了提高交联效率、降低辐射剂量，常常加入交联助剂。交联助剂一般为带有烯类双键的双官能团或多官能团单体，如1,6-乙二醇二丙烯酸酯、新戊二醇二丙烯酸酯、二乙烯基苯、双马来酸二丙烯酸酯、三羟甲基丙烷三丙烯酸酯、季戊四醇三丙烯酸酯、季戊四醇四丙烯酸酯、二季戊四醇六丙烯酸酯等。当交联剂含有3～4个官能团时，聚烯烃辐射后凝胶含量较高，且与交联剂的种类无关。交联剂少于2个官能团时，用量小，凝胶水平低，但大量加入也可以产生较高的凝胶含量。聚烯烃加入交联剂后，凝胶含量大幅度提高或者凝胶点剂量大幅度降低。

(4) 紫外线交联

聚乙烯本身并不带有可吸收紫外线的生色基团，在无外加光引发剂的情况下无法产生光交联。Oster等于1956年首次提出了光敏化交联方法[356]，发现在光敏剂的存在下，近紫外光也能使聚乙烯发生交联。紫外线交联是通过光引发剂吸收紫外线能量后转变为激发态，然后在聚乙烯链上夺氢产生自由基而引发聚乙烯交联的。

聚乙烯的紫外线交联虽然始于20世纪50年代，但由于紫外线穿透能力差，研究仅限于涂层和表面改性，且聚乙烯光引发交联反应速率慢，在20世纪80年代以前一直未能在工业化应用上取得突破进展。20世纪80年代以后，Ranby教授及其合作者在聚乙烯的紫外线交联方面取得突破性进展[357,358]，他们对光交联方法进行了以下改进：选用高功率高压汞灯代替低压汞灯；采用熔融态进行交联；采用多官能团交联剂与光引发剂配合的高效引发体系。在光引发剂和交联剂存在的条件下，光照10s左右即可使2mm厚聚乙烯的凝胶含量达70%以上。瞿保钧等[359] 将光交联技术应用于制造电线电缆产品，创立了第一条光交联聚乙烯电线电缆试生产线，目前正逐步应用于各种电线电缆产品。

与上述交联方法相比较，紫外线交联技术有其独特的优点。光交联在技术原理上类似于高能电子束辐射法，但它采用低能的紫外线作为辐射源，设备易得，投资费用低，操作简单，防护容易。因此聚乙烯的紫外线交联技术越来越受到人们的重视，特别在发展交联电线以及各种低压交联电缆方面具有较大的市场竞争力。

除了以上几种，近年来出现了许多新的交联改性方法，主要有盐交联、叠氮交联等。盐交联又称离子交联，类似于硅烷交联，即现在大分子链上接枝可反应官能团，如—COOH或—SO_3H，经 $Zn(OH)_2$ 中和处理后，在大分子链之间形成离子盐桥，如—$COOZn^{2+}OOC$—或—SO_3Zn^{2+}—O_3S—，将大分子链连接起来形成交联结构。盐交联与其他交联方法不同的是盐交联产物在高温下具有可塑性，而其他交联产物只具有热固性。

（5）交联对聚烯烃性能的影响

聚烯烃交联后分子量增大，分子结构由线型转变为网状，这种分子量和分子结构的变化导致聚烯烃物理机械性能发生明显变化。

交联聚乙烯为体型大分子，故为不熔物，耐热性能明显提高，高温尺寸稳定性好。当交联聚乙烯凝胶含量超过70%后，维卡耐热温度可提高30～40℃；高密度交联聚乙烯长期使用温度95～100℃。

由于分子链间架起化学链桥，力学性能提高，特别是强度、刚性、耐磨性、耐蠕变性和耐尺寸稳定性；交联部分的分子链虽受限，但还可在原位置附近做轻微振动以消耗冲击能，故冲击强度也提高。随着凝胶含量即交联程度增加，拉伸强度明显提高，断裂伸长率下降。

交联聚烯烃由于分子结构为网状，失去了溶解性，因此比线型聚烯烃有更好的耐化学介质性。另外，由于长链不能进入紧密堆砌的片晶格子中，因而增加了晶体间的连接分子数目，又因结构上的长支链缠结强化了片晶间的无定形区，耐环境应力开裂性提高，特别是100℃附近的较高温度范围内。

交联聚烯烃结晶区减少，密度均匀，使其电绝缘性基本无变化，所以仍属好的绝缘材料，并且绝缘性在较高温度和苛刻的化学介质中仍能保持高值，常用于电缆保护层。

对聚乙烯进行交联改性可明显提高聚乙烯的拉伸强度、冲击强度、抗蠕变和耐热性能等，而又几乎不损坏原有的其他性能，因此对聚乙烯交联技术的研究具有特别重要的意义。聚乙烯交联后性能得到极大改善，应用范围十分广泛，其中最重要的用途有以下几个方面。

① 管材。交联聚乙烯制备的管材具有以下特点：耐热性好，可以在90～100℃下长期使用；强度大，耐压高，20℃耐内压4MPa，95℃耐内压2MPa；耐化学药品腐蚀性好，耐环境压力开裂性极佳，适合输送高温液体化学药品，此外还有质量轻、不生锈、保温好、液体输送阻力小等优点。由于交联聚乙烯管材的出色性能，它被广泛用于建筑物冷热水供应系统、饮用水系统、中央空调冷热水管线及地面采暖管线、化工和石油工业液体输送、住宅集中供暖系统等。

② 电线电缆绝缘材料。以PE为基材的电线电缆，经过辐射交联后，其绝缘性、耐热性、耐寒性、抗化学腐蚀、抗大气老化及机械强度等都有很大提高，是架空绝缘电缆理想的绝缘材料，被广泛用于10kV及以下的电缆绝缘中。另外，辐射交联聚乙烯电线电缆还广泛用于飞机、汽车、宇宙飞船、计算机以及电视机等产品中。例如，美国通信电线90%选用辐射交联聚乙烯绝缘电线，美国还明确规定，飞机用电缆必须100%采用辐射交联产品。

③ 热收缩材料。聚乙烯等结晶性高分子材料经过辐射交联后，还具备一种特殊的“记忆效应”，即将辐射交联聚乙烯加热到熔点以上时，晶粒虽然熔化，但并不是呈现流动状态，而且具有与橡胶一样的弹性。若此时让它扩张，则冷却定型后仍能保持此扩张状态，如果将

这种扩张过的辐射交联聚乙烯再加热到结晶熔化温度，这种材料会扩张到原来的状态，并重新收缩，径向收缩率可达 50%。借助于这一优异性能，聚乙烯可被用来制造热收缩套和热收缩膜材料。热收缩套具有加热收缩、使用方便、包覆紧密等优点，给配电工业带来革命性的变化，它大量用作电线电缆接头处的绝缘保护、电器仪表接头处的绝缘保护和管道的接头防护、防腐。热收缩材料不仅需求量大，而且生产效率和经济效益都很高。美国的 Raychem 公司、日本的日东电木等公司在这方面处于领先地位[360]。

④ 发泡材料。交联聚乙烯泡沫塑料具有均匀闭孔结构，表面光滑，易于成型，又兼有隔热、绝缘、防潮、防水、坚韧、耐磨、强度高、弹性好等特点，是一种理想的保温、隔热、隔声、防震和包装材料，可用于汽车坐垫、异型地板、体育运动用的安全垫子、救生圈和复合材料等产品的制造。

交联聚丙烯的一个主要用途是制备发泡聚丙烯。由于聚丙烯分子为线型结构，达到熔融温度后熔体黏度急剧下降，发泡过程中气体容易逃逸，造成泡孔塌陷。要得到均匀细密的泡孔结构和较高的发泡倍率，必须对聚丙烯进行改性。聚丙烯交联后凝胶含量大幅度提高，适用于发泡，但并非凝胶含量越高越好。当凝胶含量低于 30% 时，聚丙烯尚未达到足够的熔体强度，聚丙烯发泡倍率不高；而当凝胶含量高于 50% 时，其交联度过高，阻止了泡沫的生成，因此聚丙烯的发泡倍率也不高；当聚丙烯具有 30%～40% 凝胶含量时，聚丙烯的发泡倍率达到最高。与交联聚丙烯的制备相对应，交联聚丙烯制备的发泡聚丙烯也分为过氧化物法、硅烷法和辐射法。

8.3.4　聚烯烃抗菌功能化

抗菌材料是指自身或通过添加抗菌剂而具有杀灭或抑制微生物功能的一类新型功能材料。近年来，人们越来越关注威胁自身生命安全健康的各种外在因素，特别是自然界中分布广泛的各种有害细菌和病毒，不仅带来了很大的人身伤害，甚至危及了社会的安定和经济的发展，因而具有抑菌、抗菌功能的各种抗菌材料成为当今高科技、新材料研究和开发的热点，并在医疗、纺织品、建筑材料等领域得到了广泛应用[144,361,362]。

8.3.4.1　抗菌剂的分类

抗菌剂按其抑制微生物生长的程度，分为灭菌剂、消毒剂、防菌剂[136]。其中，灭菌剂是指杀掉生物体中的所有微生物（包括病原菌和非病原菌）的繁殖体和芽孢；消毒剂用来灭杀病原菌，一般消毒剂在常用浓度下只对细菌的繁殖有效，对于芽孢则无灭杀作用；防菌剂又称抑菌剂或防腐剂，能够防止或抑制微生物生长。一般来说，抗菌剂或抗菌材料都具有杀菌作用或抑菌作用。抗菌剂是使细菌、真菌等微生物不能发育，或抑制它们生长的物质。根据抗菌剂的结构、化学组成的不同，可以将抗菌剂分为无机抗菌剂[363,364]、有机抗菌剂[140]、天然抗菌剂、高分子抗菌剂[365,366] 和光催化型抗菌剂等[367]。

(1) 无机抗菌剂

① 银系抗菌剂。包括以沸石为载体的无机抗菌剂[363]、以黏土为载体的无机抗菌剂、以活性炭为载体的无机抗菌剂、以不溶性磷酸盐为载体的无机抗菌剂、以硅胶为载体的抗菌剂以及陶瓷基抗菌剂和可溶性玻璃基抗菌剂。由于抗菌的有效成分银（铜）离子主要是通过离子交换加入载体中的，属于整体型的有效抗菌材料，灭菌效果明显，使用寿命较长。沸石载体的抗菌剂热稳定性可达到 500℃。

银系抗菌剂的作用机理主要有缓释机理和催化作用机理。

a. 缓释机理。在使用过程中，抗菌剂中缓释出的金属离子（Ag^{+}、Cu^{2+}、Zn^{2+}等）接触到微生物的细胞膜时，由于细胞膜呈负电性而与金属阳离子发生库仑吸引，金属离子穿透细胞膜进入微生物内，与其中的巯基（—SH）、氨基（$—NH_2$）等含硫、氨的官能团发生反应，使微生物的能量代谢不能进行，从而导致细菌死亡。

$$\text{酶}\begin{matrix}\diagup SH\\ \diagdown SH\end{matrix} + 2Ag^{+} \longrightarrow \text{酶}\begin{matrix}\diagup SAg\\ \diagdown SAg\end{matrix} + 2H^{+}$$

$$\text{酶（蛋白质）—NH} + Ag^{+} \longrightarrow \text{酶（蛋白质）—NAg} + H^{+}$$

金属离子杀灭和抑制细菌活性按以下顺序递减：

$$Ag^{+} > Hg^{2+} > Cu^{2+} > Cd^{2+} > Cr^{3+} > Ni^{2+} > Pb^{2+} > Co^{4+} > Zn^{2+} > Fe^{3+}$$

另外，金属离子抗菌性能还与自身的价态有关，例如，银离子的抗菌性能按以下顺序递减：$Ag^{3+} > Ag^{2+} > Ag^{+}$。

b. 催化作用机理[368]。由于银等重金属具有较高的催化能力，特别是在载体中处于稳定的活化状态，与水和空气中的氧作用产生 H_2O^{-}、H_2O^{+}、O_2^{-} 等活性氧物质，它们具有很强的氧化还原能力，能破坏细菌的增殖能力，杀灭或抑制细菌，产生抗菌性能。

② 钛系抗菌剂（光催化型无机抗菌剂）。可用作光催化型抗菌剂的材料主要为 n 型半导体材料，如 TiO_2、ZnO、CdS、WO_3、SnO_2、ZrO_2 等。其中 TiO_2 是最常见的光催化型抗菌剂，尤其是锐钛型 TiO_2。TiO_2 具有光催化能力，在光或能量作用下可分解微生物及微生物产生的霉素。TiO_2 光催化抗菌剂较多地应用于陶瓷釉料中，TiO_2 抗菌剂毒性低，对人体安全，且抗菌能力强，抗菌谱广，由于抗菌作用是通过催化作用进行的，其效果不会随着抗菌剂的使用而逐渐下降，具有持久的抗菌性能，目前已广泛用于水处理、食品包装、化妆品、日用品、高分子材料及建材中。

钛矿型的 TiO_2 的禁带宽度为 3.2eV，相当于波长为 387.5nm 的光子能量，当 TiO_2 吸收波长≤387.5nm 的光线时，价带中的电子就会被激发到导带，形成带浮点的高活性电子 e_{cb}^{-}，同时在价带上产生带正电的空穴 h_{vb}^{+}。热力学理论表明，h_{vb}^{+} 可以将吸附在 TiO_2 表面的 OH^{-} 和 H_2O 分子氧化成·OH。·OH 的氧化能力是水中存在的氧化剂中最强的，它能氧化大多数的有机污染物及部分无机污染物，最终使之降解为无害的 CO_2 或 H_2O 物质。由于自由基和微生物内有机物质反应没有选择性，所以光催化型抗菌剂具有光谱抗菌性。

（2）有机抗菌剂

① 胺类、季铵盐类有机抗菌剂，如 *N*-三氯甲基硫代-4-环已烯-1,2-二甲基酰亚胺，俗称克菌丹，又称为开普敦，是一种高效、抗菌防霉剂，尤其对霉菌的抑制效果很好，主要用于塑料、橡胶、皮革、木材等领域。

② 酚类有机抗菌剂，如五氯苯酚（PCP），抑制微生物能力高，在基材中不显色，制品的抗菌防霉效果好，由于分解温度高（310℃），广泛用于聚氯乙烯等塑料、橡胶、涂料、纤维、木材等领域。

③ 吡啶类有机抗菌剂，其代表产品是 2,3,5,6-四氯-4-甲磺酰基吡啶，挥发性低，广泛用于塑料、涂料、建材等的抗菌防霉。

④ 腈类有机抗菌剂，其代表产品是 2,4,5,6-四氯-1,3-间苯二腈（TBN），俗称百菌清，广泛用于涂料、皮革、木材、塑料等领域。

⑤ 有机金属抗菌剂，如 8-羟基喹啉铜，对葡萄糖酸、磷酸脱氢酶、淀粉酶等有明显抑制作用，可用作皮革、塑料、涂料等的防霉剂，但由于自身为黄绿色，影响了其应用。

⑥ 含卤素类有机抗菌剂，如 2,4,4′-三氯-2′-羟基二苯醚，Ciba 公司称其为 Irgasan-300、DP-300 等，中文名为玉洁新，对大肠埃希菌、金黄色葡萄球菌、沙门菌等各种革兰氏细菌有明显的抑制作用，而且对流感病毒、疫苗病毒及乙肝病毒表面抗原等病毒有很好的抑制作用。DP-300 可用作 LDPE、HDPE、PP、EVA、PMMA、PS、PVC 及 PU 等塑料制品的抗菌剂。

⑦ 含砷有机抗菌剂，如 10,10′-氧二酚噁砒（OBPA）是美国 Ventrow 公司开发的，热分解温度在 300℃以上，对细菌、霉菌、真菌及藻类微生物有明显的抑制作用。

⑧ 咪唑类有机抗菌剂，如苯并咪唑氨基甲酸甲酯（BCM），通过抑制微生物的 DNA 的合成达到抑制微生物生长和繁殖的作用，抗菌效率高，尤其对青霉属微生物的抑制效果优异，广泛用于塑料、橡胶、胶黏剂、纤维、皮革、木材、涂料、纸张等领域。

有机抗菌剂通过和微生物细胞膜表面阴离子结合逐渐进入细胞，或与细胞表面的巯基等基团反应，破坏蛋白质和细胞膜的合成系统，抑制微生物的繁殖。微生物细胞的外膜是半透明的，内外两层是蛋白质，中间夹着脂肪层，因此要透过微生物细胞膜，有机抗菌剂需具有亲水性和亲油性。有机抗菌剂的品种很多，与微生物的作用机理不尽相同，一般可通过如下途径达到抗菌效果。

① 降低和抑制微生物细胞内各种代谢所需要的酶的活性，阻碍微生物的呼吸作用。微生物的新陈代谢都直接依赖于酶类物质的作用。抗菌剂进入菌体后与其内的酶类物质结合并产生反应，影响了酶的活性，阻碍了菌体的生存和繁殖。如硫氢酸酯类化合物进入菌体内能与酶分子中的巯基、氨基反应：

$$R—NH—\overset{\overset{\displaystyle O}{\|}}{C}—S—+HS\text{-酶}\longrightarrow R—NH—\overset{\overset{\displaystyle O}{\|}}{C}—S—\text{酶}+HS^-$$

铜、汞、砷制剂和有机硫等抗菌剂属于这种机理。

② 抑制孢子发芽时孢子的膨润，阻碍核糖核酸的合成，破坏孢子的发芽，如有机锡抗菌剂。

③ 加速磷酸氧化体系，破坏微生物的正常生理机能。如醌类抗菌剂。

④ 阻碍微生物生长和维持生命所需物质的产生过程。有些有机抗菌剂能破坏核酸的正常生成，从而破坏了酶等蛋白质的产生，使微生物无法生长和繁殖。

⑤ 破坏细胞壁的合成。真菌的细胞壁是真菌与外界进行物质交换的屏蔽层。有些有机抗菌剂对合成细胞壁物质所需的酶起到抑制作用，影响了细胞壁的形成，导致细胞内物质外泄，使微生物死亡。

⑥ 阻碍类脂的合成。抗菌剂通过抑制微生物的类脂类化合物的合成系统而达到抑菌或杀菌的作用。

(3) 天然抗菌剂

天然抗菌剂是从动植物中提炼精制而成的，如山萮、孟宗竹、薄荷、柠檬叶提取液、芥末提取液、扁柏素、脱乙酰壳多糖、香辣料、酸性物质、蓖麻油、椿树油、油脂等。比较常见的是从蟹和虾的壳中提炼精制的壳聚糖。

壳聚糖分子内含有活性基团—NH_2，可对多种菌类表现出抗菌性。一般认为壳聚糖的抗菌机理是由两步反应完成的。首先，在酸性条件下，壳聚糖分子中的 NH_3 与细胞壁所含的硅酸、磷酸酯等解离出的阴离子结合，使得细菌自由活动受阻，从而阻止细菌的大量繁殖。然后，壳聚糖进一步低分子化，通过细胞壁进入微生物的细胞内，使遗传因子从 DNA 到 RNA 的转变过程受阻，造成微生物彻底无法繁殖。天然抗菌剂由于其耐热性差，药效持续时间短，同时受到安全性和加工条件的限制，目前商品化程度较低。

(4) 高分子抗菌剂

由于无机抗菌剂多数含银，在材料中会改变材料的颜色；有机抗菌剂短期杀菌效果明显，但稳定性差，有一定的毒性和挥发性，容易对皮肤和眼睛造成刺激。而在聚合物中直接引入抗菌基团是一种新的制备抗菌材料的途径。根据抗菌官能团的不同，可将抗菌高分子分为季铵盐型、季磷盐型、胍盐型、吡啶型及有机金属共聚物等。官能团可以通过带官能团单体均聚或共聚引入，也可通过接枝的方式引入。

Kanazawa 等[366] 通过光照将季磷盐基团接枝到聚丙烯薄膜表面，这种带有季磷盐的薄膜对于金黄色葡萄球菌特别是大肠埃希菌有很好的抗菌性。

8.3.4.2 抗菌剂在聚烯烃中的应用

抗菌塑料出现在 20 世纪 80 年代初，欧美国家早期主要在日用品中应用，近年来在玩具产品上应用较多。欧美抗菌塑料的应用主要是软质聚氯乙烯，而且主要使用有机抗菌剂。日本在抗菌塑料的应用方面发展最快，日本是世界上人均抗菌塑料消耗量最大的国家，日本的抗菌塑料几乎覆盖 PP、ABS 等所有主要塑料品种[143]。日本的无机抗菌剂研发和生产处于世界领先水平，主要有石塚硝子、品川燃料、东亚合成、富士和松下等公司。

中国抗菌塑料和塑料用抗菌剂的研究在 20 世纪 90 年代也得到较快发展并取得很大的进展。目前，中国对抗菌剂的研究主要集中于防霉需要，例如乳液、软质 PVC 制品、木塑制品等。而对抗菌剂的研究也集中于无机抗菌剂。虽然抗菌塑料发展多年，但国内外并没有抗菌树脂专用料，企业只能通过加入抗菌母粒的方法制备抗菌产品，需要二次造粒，增加了成本，且抗菌剂在加工过程中容易团聚、变色、热降解。在此背景下，北京化工研究院、齐鲁石化、扬子石化进行联合科技攻关，在国际上率先推出了抗菌聚丙烯树脂，填补了国内外市场空白。

(1) 聚乙烯的抗菌功能化

抗菌 PE 薄膜在包装领域有着广泛的应用，抗菌 PE 能对食品表面滋生的细菌起到主动抑制作用，在延长食品货架期的同时也保障了食品安全。在薄膜中添加抗菌剂是目前抗菌薄膜的主要制备方法，具体工艺包括熔融共混法、涂布法、流延法等[144,369]。

项素云等[370] 采用干法改性工艺制备活性 nano-ZnO 粉体并采用熔融共混法加工成 nano-ZnO/PE 抗菌母粒和材料。得到的抗菌材料对金黄色葡萄球菌、大肠埃希菌等均具有显著抗菌性。在确保显著抗菌性的条件下，nano-ZnO 的含量最低可至 0.5%，工业应用前景可观。

Li 等[371] 将改性纳米 ZnO 加入 HDPE 基体中，采用熔融共混和热压缩成型法，制备纳米 ZnO/HDPE 复合膜。结果表明，掺有改性 ZnO 纳米颗粒的 HDPE 膜显示出良好的抗菌活性，特别是对金黄色葡萄球菌。

刘西文等[372] 在 LDPE 中加入经表面处理的纳米 TiO_2，使用双螺杆挤出机制备抗菌母料，再将 LDPE 与抗菌母粒混合挤出吹塑获得抗菌 LDPE 薄膜。结果表明，抗菌母料质量分数为 5%时，抗菌率达 99.5%以上。

钟明强等[373] 制备得到具有负离子释放功能的 LDPE/稀土复合矿粉（Eli）、LDPE/Eli/吡啶硫铜锌（ZPT）两种 LDPE 抗菌材料。抗菌性能及抗菌持久性实验研究表明，LDPE/Eli 复合材料对大肠埃希菌的抗菌率为 47.36%，对金黄色葡萄球菌的抗菌率为 41.17%。将 ZPT 加入 LDPE/Eli（配比为 99∶1）复合材料中，其抗菌率超过 96%；经抗菌持久性实验表明，LDPE/Eli/ZPT复合材料不仅具备显著的抗菌性能，还具有抗菌持久性。

Zhang等[374]采用等离子体注入法用铜对PE薄膜表面进行改性，制备抗菌塑料。铜的抗菌机理类似于银，但抗菌能力要弱于银，实验表明铜对大肠埃希菌和金黄色葡萄球菌都表现出卓越的抗菌效果，抗菌率分别为96.2%、86.1%。

刘俊龙等[375]通过水相悬浮聚合法获得了壳聚糖接枝甲基丙烯酸甲酯共聚物（CTS-*g*-MMA），并把它加入LDPE里，采用机械共混法制备了LDPE抗菌塑料。对抗菌塑料抗菌性能检测采用薄膜密着法，大肠埃希菌、枯草菌被选为实验菌种。抗菌实验表明抗菌材料对大肠埃希菌和枯草杆菌24h、48h后的抗菌率都超过90%。

（2）聚丙烯的抗菌功能化

抗菌PP在抗菌塑料中占有重要的地位。如抗菌家电外壳、抗菌洗衣机内桶、抗菌日用品、抗菌马桶盖等使用的都是抗菌PP材料。具体工艺包括熔融共混法、吹塑成型法等。

北京化工研究院开发了适用于聚丙烯的系列复合抗菌剂[140-142]，采用熔融共混法，分别使用三种不同的抗菌剂制备抗菌PP材料。用聚六亚甲基胍盐酸盐（PHMG）/无机蒙脱土（MMT）作为复合抗菌剂制得改性的PP对大肠埃希菌和金黄色葡萄球菌的杀菌率均可达99.9%，说明PHMG/MMT复合抗菌剂具有良好的抗菌作用。当使用吡啶硫酮锌和壳聚糖AK分别作为抗菌剂时，在PP中质量分数分别为1%、3%，对大肠埃希菌和金黄色葡萄球菌的抗菌率都可以达到99%。北京化工研究院与齐鲁石化、扬子石化等聚丙烯生产企业合作，在聚丙烯聚合完成后造粒时在线加入抗菌剂，先后开发了多种用途的系列抗菌聚丙烯专用料，具有抗菌效率高、抗菌持久、耐水性好、不易变色等优点，对大肠埃希菌和金黄色葡萄球菌的抗菌率达到99%，防霉可达0～1级，可分别用于家电（洗衣机内筒、冰箱内衬等）、纺织（地毯等）、卫浴（马桶盖等）、婴儿用品及玩具（餐盘、各类玩具）、汽车等各个领域。目前，已与国内包括海尔、美的、科勒等在内的多家生产企业合作，开发出中国的抗菌系列产品。

Altan等[376]是以马来酸酐接枝的苯乙烯-丁二烯-乙烯-苯乙烯共聚物（SEBS-*g*-MA）和硅烷作为改性剂，通过熔融共混法制备PP/TiO_2纳米复合材料。抗菌实验结果表明：PP/TiO_2/SEBS-*g*-MA/硅烷复合材料在分散性良好，并且低含量TiO_2的条件下，对大肠埃希菌具有较高的抗菌效果。

林峰[377]以载银二氧化钛为抗菌剂，聚丙烯为基体，制备抗菌PP复合材料，其对大肠埃希菌、金黄色葡萄球菌的抗菌率都超过96%。

张华集等[378,379]以PP为基体，采用吹塑成型法，分别使用两种不同的抗菌剂制备抗菌PP材料。选取抗菌剂为载银玻璃，改性剂为硼酸酯、稀土/铝酸酯、硬脂酸单甘油酯，制得改性的PP对大肠埃希菌和金黄色葡萄球菌的抗菌率为99.12%和92.30%。当使用油酸酰胺改性载银磷酸锆为抗菌剂，以氧化稀土为成核剂，抗菌性能实验表明：氧化稀土和改性载银磷酸锆的含量分别为0.3%、0.8%的PP薄膜，对大肠埃希菌抗菌率为99.87%，对金黄色葡萄球菌为99.24%，抗菌性能良好。

杜娟[380]以氧化稀土为成核剂，OPE为分散剂，载银磷酸锆为抗菌剂，油酸酰胺为改性剂，粉状PP为基体，制备氧化稀土成核改性抗菌PP复合薄膜。氧化稀土母粒和改性载银磷酸锆母粒的含量分别为3%、4%的抗菌PP薄膜，对大肠埃希菌抗菌率为99.87%，对金黄色葡萄球菌为99.24%，抗菌性能优异。

8.3.5 导电/抗静电/电磁屏蔽聚烯烃材料

8.3.5.1 抗静电聚烯烃材料

根据材料的表面电阻率或电导率可将材料分为三大类。导电材料：表面电阻率低于 $10^5\Omega/sq$，或电导率高于 $10^{-5}S/cm$；静电耗散材料：表面电阻率在 $10^6\sim10^{12}\Omega/sq$ 之间，或电导率介于 10^{-12} 至 $10^{-6}S/cm$ 之间；绝缘材料：表面电阻大于 $10^{12}\Omega/sq$，或电导率低于 $10^{-12}S/cm$。聚合物基导电材料的体积电阻率、分类及应用如表 8.12 所示。

表 8.12 聚合物基导电材料的体积电阻率、分类及应用

体积电阻率/Ω·cm	功能分类	用途
$<10^7\sim10^{10}$	半导体材料	家用电器、矿用电子设备仪器外壳
$<10^4\sim10^7$	抗静电材料	静电消除器、集成电路、产品包装、防静电传输带、防静电地板地毯
$<10^2\sim10^4$	导电材料	电路元件、电缆半导层
$<10\sim10^2$	电阻体、电极材料	传感器电极、弹性电极、光盘
$10^{-2}\sim10$	高导电材料	电磁屏蔽材料、导电涂料、导电胶黏剂

一般的高分子材料的体积电阻率非常高，在 $10^{10}\sim10^{20}\Omega\cdot cm$ 范围内，具有很好的绝缘性，使得高分子材料容易积累大量来自其他介质的静电荷。这种静电荷会造成很多问题：对于大多数日用品，在储存和使用过程中会吸附灰尘；在加工面积较大的塑料薄膜、纤维或粉料时，静电荷会影响加工过程的进行；放电会造成产品性能劣化；更严重的是静电放电会引起爆炸、火灾等，造成人身伤害和财务损失。

工业中消除和防止静电的方法有多种，如在塑料加工过程中使用导电装置消除静电，增加加工和使用塑料制品环境的空气湿度，或者改变聚合物表面性能增加导电性，或者提高材料自身的电导率（使用抗静电剂或导电填料）等。采用抗静电剂的方法简单有效，应用最为普遍。抗静电剂是添加于塑料或纤维等高分子制品材料中或者涂覆在其表面，降低表面电阻率和体积电阻率增加导电性，防止电荷积累的物质。

(1) 抗静电剂的作用机理[136,381-384]

一般情况下，抗静电剂的分子结构由两部分组成：一个是溶于油而难溶于水的亲油组分；另一个是溶于水而难溶于油的亲水部分。亲油基如烷基链烃、苯基、环己基、萘基等。亲水基有很多，弱亲水基如醚基、苯醚基、酯基、醛基、硝基等；亲水基如羟基、羧基、氰基、酰氨基、烷基酯基、硫酸酯基、氨基等；强亲水基如苯磺酸基、磺酸基、磺酸钠基、羧酸钠基、羧酸铵盐基、卤基等。

抗静电剂亲水基团中有的可以电离，成为离子型抗静电剂；有的抗静电剂亲水基团不能电离，称为非离子型抗静电剂。离子型抗静电剂可以直接利用电离后离子的导电性导流走多余电荷，应用较多。

抗静电剂有外用和内用两种。外用抗静电剂一般用水、醇或者其他有机溶剂作为溶剂或分散剂来使用。抗静电剂加入水中时，其分子的亲油基会伸向空气-水界面的空气一面，亲水基则溶到水中。内用抗静电剂主要是在聚合物加工过程中添加到树脂当中，它在树脂中分布是不均匀的，表面分布的浓度高，内部的浓度低。内用抗静电对树脂内部实际导电性没有什么改善，其抗静电作用也是靠其在树脂表面分布的单分子层。

当聚合物树脂处于熔融状态时，且抗静电剂添加的量足够，离子型抗静电剂就会在

树脂-空气或者树脂-金属（加工机械、模具等）的界面形成稠密的排列。树脂冷却固化后，抗静电剂的极性基团（亲水基）都向着空气一侧排列，并形成一个单分子层，即导电层。抗静电剂表面活性越强，越容易在聚合物表面迅速形成强有力的单分子导电层。

在加工、运输、使用等过程中，由于拉伸、摩擦、洗涤等原因，树脂表面抗静电剂单分子导电层会缺损，使得抗静电作用降低。但树脂内部的抗静电剂分子会不断地从内部迁移到表面，使表面缺损的导电单分子层得到补充，所以经过一段时间后，抗静电作用又得到恢复。恢复的时间与诸多因素有关，如抗静电剂分子在树脂中的迁移速率、抗静电剂的添加量等；迁移速率与树脂玻璃化转变温度、抗静电剂与树脂的相容性、抗静电剂分子量大小等。聚乙烯、聚丙烯类的树脂其玻璃化转变温度较低，抗静电剂在其基体内部迁移比较容易，所以其表面缺损的导电单分子层能够得到较快的补充。抗静电剂如果与树脂相容性大，抗静电剂分子的迁移速率会较慢，不利于缺损导电层分子的补充；而如果抗静电剂与树脂的相容性很差，抗静电剂的迁移速率很大，并且会无限制地向表面喷出，则会导致抗静电剂会很快消耗完，同时也会严重损坏制品表面的性质，故选择抗静电剂时其与树脂的相容性要适中。

(2) 抗静电剂的分类

抗静电剂主要可分为以下几种类型：阴离子型抗静电剂、阳离子型抗静电剂、两性离子型抗静电剂、非离子型抗静电剂、炭黑等非活性剂类抗静电剂、高分子永久性抗静电剂[385-389]。

① 阴离子型抗静电剂。这类抗静电剂中，分子的活性部分是阴离子。

a. 脂肪酸盐类，主要是脂肪酸钠盐等，化学分子式为 RCOONa。

b. 硫酸衍生物，包括硫酸酯盐（$-OSO_3M$）和磺酸盐（$-SO_3M$），分子结构上硫酸酯盐和磺酸盐相差一个氧原子，二者的性质有很大差异。高级醇硫酸酯盐类（$ROSO_3M$），主要用作纤维的抗静电剂；液体脂肪油硫酸酯盐［$R(OSO_3Na)COOR'$］；脂肪胺、酰胺的硫酸盐类，如酰氨基醇硫酸酯钠盐 $RCONHR'CH_2CH_2OSO_3Na$；二碱式脂肪酸的磺酸盐类，如 $ROCOCH_2$—$ROCOCHSO_3Na$；脂肪酸酰胺磺酸盐类，如 $TCONR'CH_2CH_2SO_3Na$；烷基芳基磺酸盐类，如 R—C_6H_4—SO_3Na，$C_{10}H_7$—SO_3Na；甲醛缩合的萘磺酸盐。以上所述的抗静电剂中，除了一些烷基硫酸酯及其胺盐用作外用抗静电剂外，一般较少作为内用抗静电剂。

c. 磷酸衍生物类抗静电剂，作为抗静电剂使用的磷酸酯主要是阴离子型的单烷基磷酸酯盐和二烷基磷酸酯盐。如下分子式，前者为酸性磷酸酯盐，后两者为中性磷酸酯盐。

$$RO-P(=O)(OH)(ONa) \qquad RO-P(=O)(ONa)(ONa) \qquad (RO)_2P(=O)-ONa$$

磷酸酯盐的抗静电效果一般要比硫酸酯盐效果好得多，可以作为塑料的内用抗静电剂和外用抗静电剂使用。该类抗静电剂的代表性品种有二月桂基磷酸酯钠盐或三乙醇胺盐、月桂醇环氧乙烷加合物的磷酸酯钠盐、高级醇环氧乙烷加合物的酸性磷酸酯钠盐等。

d. 高分子量阴离子型抗静电剂。其主要品种有聚丙烯酸盐、马来酸酐与其他不饱和单体的共聚物盐、聚苯乙烯磺酸等，不过此类在工业上应用较少。

② 阳离子型抗静电剂。阳离子型抗静电剂主要包括胺盐、季铵盐、烷基氨基酸盐、烷基咪唑啉盐、环胺盐等。其中最重要的是季铵盐，其抗静电性能优良，对高分子材料有较强

的附着力，广泛用作纤维和塑料的抗静电剂。

a. 季铵盐，季铵盐抗静电剂具有优良的抗静电性能，但耐热性差，容易分解，一些季铵盐具有一定毒性和刺激性，且与某些着色剂和荧光增白剂反应，因此在应用上受到一些限制。季铵盐是叔胺与烷基化剂反应合成的，根据所使用的叔胺和烷基化剂的不同，比较重要的有：氯化烷基叔胺，代表性品种有硬脂酰三甲基氯化铵、硬脂酰二甲基戊基氯化铵，广泛用作纤维、织物的抗静电剂、柔顺剂；烷基叔胺硝酸盐，代表性品种有抗静电剂 SN，它是带有酰胺结构的阳离子季铵盐抗静电剂，广泛用作塑料的内用、外用抗静电剂，可以用于聚乙烯、聚丙烯，也可用于聚氯乙烯、聚苯乙烯、聚丙烯酸树脂、ABS 树脂及热塑性聚酯等；烷基叔胺硫酸酯盐，代表性品种有月桂酰胺丙基三甲基铵硫酸甲酯盐（美国氰胺公司生产，牌号 Cyastat LS）、N,N-双(2-羟乙基)-N-(3′-十二烷氧基-2′-羟基丙基)甲胺硫酸甲酯盐（美国氰胺公司生产，牌号 Cyastat 609）、三羟乙基甲基季铵硫酸甲酯盐（英国 Temas 公司生产，抗静电剂 TM）、N,N-十六烷基乙基吗啉硫酸乙酯盐（美国 Baird 公司生产，牌号 Barquat CME）等，这类抗静电剂主要用作合成纤维抗静电剂；烷基叔胺磷酸盐，代表性品种有硬脂酰胺丙基二甲基-β-羟乙基铵二氢磷酸盐（美国氰胺公司生产，牌号 Cyastat SP），是一种效果不错的塑料用内用、外用抗静电剂。

b. 胺盐，一般指烷基胺和环烷基胺用酸直接中和而得到的盐。该类盐有烷基胺的烟酸盐、磷酸盐；烷基胺环氧乙烷加合物的盐；高级脂肪酸与乙醇胺（或三乙醇胺）的酯盐；硬脂酰胺基铵的盐以及环已胺的磷酸盐等。该类盐一般用作纤维的抗静电剂。

c. 烷基咪唑啉，1-β-羟乙基-2-烷基-2-咪唑啉及其盐可以作为聚乙烯、聚丙烯的内用抗静电剂，同时也是纤维、唱片类的外用抗静电剂。

③ 两性离子型抗静电剂。一般情况下，两性离子型抗静电剂是指在分子结构中同时具有阴离子和阳离子亲水基的一类离子型抗静电剂，在一个介质中表现为阴离子型抗静电剂特征，而在另一些介质中则表现为阳离子型抗静电剂特征。此类抗静电剂与高分子材料有良好的相容性，耐热性好，既可以与阳离子型抗静电剂配合使用，也可以与阴离子型抗静电剂配合使用，是优良的内用抗静电剂。两性离子型抗静电剂主要有季铵羧酸钠盐、两性烷基咪唑啉、烷基氨基酸类等。

季铵羧酸钠盐抗静电剂分子中同时含有季铵型的氮结构和羧酸结构（如十二烷基二甲基季铵乙酸盐），所以在很大范围的 pH 值下水溶性良好。含有醚结构（如聚氧乙烯结构）的两性季铵盐耐热性良好，能够作为塑料的内用抗静电剂，同时还是合成纤维内用抗静电剂的主要品种之一。

两性咪唑啉型抗静电剂的代表品种是 1-羧甲基-1-β-羟乙基-2-烷基-咪唑啉盐氢氧化物。两性咪唑啉抗静电性优良，与多种树脂的相容性好，是聚乙烯、聚丙烯等聚烯烃优良的内用抗静电剂。

作为抗静电剂使用的烷基氨基酸类主要有三种：烷基氨基乙酸型、烷基氨基丙酸型和烷基氨基二羧酸型。烷基氨基丙酸的金属盐或二乙醇胺盐可作为塑料的外用或内用抗静电剂使用。作为外用抗静电剂时，为了增加其水溶性，大多使用碱性介质。烷基氨基二羧酸的金属盐或二乙醇胺盐主要作为塑料的内用抗静电剂使用。

④ 非离子型抗静电剂。这类抗静电剂分子本身不带电荷而且极性很小，通常非离子型抗静电剂具有一个较长的亲油基，与树脂有很好的相容性。同时，非离子型抗静电剂毒性低，具有很好的加工性和热稳定性，是合成材料理想的内用抗静电剂。但一般非离子型抗静电剂的抗静电效果比离子型的差，因此，要达到同样抗静电效果，非离子型抗静电剂的添加

量要高于离子型的抗静电剂，主要用作内用抗静电剂。

非离子型抗静电剂主要有多元醇、多元醇酯、醇或烷基酚的环氧乙烷加合物、脂肪酸烷醇酰胺、脂肪胺、脂肪胺乙氧基醚、胺类衍生物等化合物。此类化合物分子中，烷基链的长度及极性基团的数量对其抗静电效果具有关键影响。

多元醇（甘油、山梨醇、聚乙二醇等）具有吸湿性，但附着力差，只能用作内用抗静电剂，其中聚乙二醇很早就作为聚烯烃的内用抗静电剂，但现在很少使用。月桂酸、油酸等高级脂肪酸的聚乙二醇酯在纤维工业上广泛用作抗静电剂，能够作为聚烯烃的内用抗静电剂。高级醇的环氧乙烷加合物耐热性好，可作为聚烯烃的内用抗静电剂，具有良好效果，也可用作纤维的外用抗静电剂。伯胺、仲胺与缩水甘油醚的反应产物，可以作为塑料的内用抗静电剂，代表性品种如 *N*-(3-十二烷氧基-2-羟基丙基)乙醇胺，具有良好的热稳定性，是 HDPE 和聚苯乙烯的高效抗静电剂。

⑤ 炭黑等非活性剂类抗静电剂。炭黑是一种能够导电的物质，在对颜色没有要求的场合下，可以作为塑料和橡胶内用抗静电剂使用，同时也起到补强剂的作用。还有其他一些不属于表面活性剂类的抗静电剂，如金属粉末、金属氧化物、羧酸盐、硅酸盐、卤化物、聚乙烯基型阳离子树脂、聚丙烯型阳离子树脂及某些经过表面处理的玻璃纤维填料可以作为助抗静电剂或导电填料使用。

⑥ 高分子永久性抗静电剂。用各种亲水性聚合物作为抗静电剂，加入基体树脂中可得到高分子聚合型永久性抗静电剂树脂。如果该抗静电剂在基体树脂中分散性较好，则可以形成一种芯壳结构，并以此为通路泄漏电荷。根据电荷状态，永久性抗静电剂可分为阳离子型、阴离子型和非离子型。环氧乙烷及其衍生物的共聚物较早有研究，目前聚环氧乙烷、聚醚酰胺、聚醚酰亚胺等已得到广泛应用。

(3) 抗静电剂在聚烯烃中的应用[381,386,387,389,390]

中国抗静电剂市场需求不断扩大，目前抗静电剂主要用于电子电器产品与食品包装材料上。从品种上看，乙胺类多使用在聚烯烃上，作为电子电器元件的包装；季铵盐类常用于 PVC 等；脂肪酸酯类多用于聚烯烃的内用抗静电剂。

外用抗静电剂以阳离子型和两性离子型活性剂为主，调配溶液时加入一些能适度浸渍塑料的溶剂，则抗静电剂分子会渗入塑料制品表面，抗静电效果会持久一些。

对聚合物表面进行磺化处理也是一种外用抗静电方法。将聚合物浸入到浓硫酸或发烟硫酸中，磺化后的聚合物表面带有磺酸根离子，可以起到抗静电的作用。

内用抗静电剂在使用时要对其进行充分干燥，以免加工过程中混入少量水分而影响加工过程和制品质量。聚烯烃类树脂使用内抗静电剂容易分散和加工，聚乙烯树脂常用的抗静电剂主要有聚乙二醇、烷基磷酸酯盐、烷基胺环氧乙烷结合物、两性咪唑啉及其他两性化合物的金属盐等。抗静电剂及含量对聚乙烯抗静电性能起主导作用，但抗静电剂的添加量以不超过 3%为宜。制品的厚度和停放时间对聚乙烯的抗静电性能有一定影响，随着停放时间的增加，电阻率先是降低到一个最低值，然后随着抗静电剂的不断消耗，抗静电效果逐渐降低。环境湿度对聚乙烯抗静电性能的影响也很大，随着相对湿度的增加，制品的表面电阻率降低。

聚丙烯内用抗静电剂与聚乙烯内用抗静电剂基本相同，通常用的是烷基胺环氧乙烷加合物，以两性咪唑啉和其他两性离子型活性剂的金属盐为主。先用螺杆挤出制备抗静电母粒，然后再与聚丙烯树脂复合，能够得到较好效果的抗静电材料。

李宝芳等[391] 将阴离子型脂肪酸盐以及非离子型羟乙基脂肪胺进行复配，研究发现当阴离子型脂肪酸盐的用量达到复合型抗静电剂总量的10%后，两种抗静电剂在抗静电效果上表现出显著的协同效应。

Ding等[392] 通过简单熔融共混的方法制备了一种聚丙烯/1-n-十四烷基-3-甲基咪唑溴复合物，并对材料的抗静电性、结构、热稳定性进行了研究，发现当 [C_{14}mim]Br在PP中的添加量为3%时，不仅材料的抗静电性能得到了大幅增加，材料的热稳定性也得到了改善。

国内华东理工大学郭群等[393] 系统研究了用抗静电剂硬脂酸甘油单酯（GMS）与添加剂A复配后，加入聚丙烯进行共混纺丝。熔体的流变性能良好，能以2200～2800m/min的速度纺制1.11g/10000m的细旦抗静电聚丙烯纤维，纺丝温度为230～240℃，添加量仅为0.50%～0.75%时，纤维的体积电阻率为10^9～10^{10}Ω·cm，经20多次洗涤后仍保持在10^{10}～10^{11}Ω·cm。红外光谱分析表明添加剂A对GMS在聚丙烯纤维中向纤维表面的迁移有促进作用，提高了聚丙烯纤维抗静电性。

(4) 抗静电聚烯烃材料的应用[394-398]

抗静电聚烯烃材料应用广泛，与生产生活相关的各个领域都能有聚烯烃抗静电材料在发挥作用。

在采矿用品领域，使用的运输带、导风筒、塑料网、塑料管、电话机、报警器等一些电子设备的外壳都必须使用抗静电材料，其中大多数是聚烯烃抗静电材料。例如在煤矿井下工作的人员都必须穿戴防静电工作服，金属网都被阻燃防静电的聚丙烯网所取代。

在家用电器领域中，塑料制品以色泽鲜艳、可小型轻量化、生产效率高等优点获得了广泛的应用。但是容易吸附污渍和灰尘是这类材料的缺点，添加抗静电剂可以解决这个问题。各种抗静电聚烯烃被广泛用于制造电话机、挂钟、风扇、电视机、空调的外壳。

在纺织业中，筒管、梭子等高速旋转的塑料零件，运输集成电路板等异性材料的包装箱，易燃易爆环境中使用的一些塑料零部件等，都是抗静电材料的应用领域。

在计算机房、程控交换机房和其他需要防静电的场所，若采用抗静电的塑料地板，就可防止因静电积聚产生的干扰、电击和因静电放电引起的燃烧爆炸事故。此外抗静电材料还应用在飞机机身、汽车和机器设备上的一些绝缘部件，以消除由于摩擦产生的静电荷。

8.3.5.2 导电聚烯烃材料

导电聚烯烃的开发与应用是目前国际上一个十分活跃的研究领域[149,150,399,400]，它已从初期的纯实验室研究发展到应用研究阶段，广泛应用于半导体、防静电材料、导电材料等领域。导电塑料可分为结构型和填充型两类。结构型导电聚合物是指高分子聚合物本身或经少量掺杂后具有导电性的高分子物质，一般用电子高度离域的共轭聚合物经过适当电子给体或受体进行掺杂后制得。而填充型导电聚烯烃是通过加入导电性填充剂（导电填料）成为导电性的材料。

从根本上讲，这类导电高分子材料本身就可以作为抗静电材料，但由于这类高分子一般分子刚性大、难溶难熔、成型困难、易氧化和稳定性差，无法直接单独应用，因而一般只是作为导电性能改性剂，与其它高分子基体进行共混，制成抗静电复合材料。较之采用无机导电填料来说，这类方法制备的抗静电高分子复合材料具有较好的相容性，抗静电效果更好，性能更持久。

对于填充型导电聚烯烃来说，导电填料的种类较多，有碳系（如炭黑、碳纤维、石墨）、金属系（金属粉及金属碎屑、金属氧化物、金属片、金属纤维）及其它（如镀金属玻璃纤维和微珠、镀金属云母、镀金属碳纤维等）。

导电填充料种类不仅仅是指填料的化学成分，也包括导电填料颗粒的形状、尺寸、比表面、表面状态、吸附能力、堆积密度、粗糙度以及在混合料中形成聚集体的尺寸、形状等。导电混合料的导电性主要取决于导电填料的种类、骨架构造、分散性、表面状态、添加浓度，以及高聚物的种类、结构和填充料加入高聚物的方法等。

(1) 导电填料种类

导电填料的种类很多，目前使用较为广泛的主要有碳系、金属系等。

① 碳系填料。主要有石墨、炭黑和碳纤维三类，具有来源广、价格低廉的优点。近些年来，低维碳材料（碳纳米管、石墨烯等）由于其各方面卓越的性能，国内外都备受关注。

石墨最早应用于聚合物中，但因其性能不稳定，很快就被其他填料所取代；炭黑作为一种天然的半导体材料，导电性能稳定且对材料具有一定的补强作用，因此其应用较为广泛；碳纤维是一种综合性能优良的导电材料，其在聚合物中主要用于提高电导率和改善力学性能。碳纤维具有较大的比表面积，若能较好地分散在聚合物基体中，其可发挥良好的导电效果；并且，用碳纤维增强复合材料制成的部件重量轻，且具有较高的力学性能以及耐磨性能[151]。

碳纳米管上碳原子的P电子形成大范围的离域 π 键，由于共轭效应显著，所以具有很好的电学性能，CNTs可以被看成具有良好导电性能的一维量子导线，电导率通常可达铜的1万倍。而自2004年英国曼彻斯特大学的物理学教授Geim等[401]用微机械剥离法制备并观测到单层石墨烯（graphene）以来，石墨烯以其独特的结构和优异的性质迅速获得科学界的青睐。石墨烯具有优良的导电性能，是能隙为零的半导体，是目前已知的导电性能最出色的材料，其载流子迁移率达 $15000cm^2/(V \cdot s)$。碳纳米管和石墨烯均可作为聚烯烃材料的导电填料，制备聚烯烃导电材料[402-406]。

然而，碳系填料最大的缺点是仅加入少量填料就会加深材料的颜色，从而影响后期染色[407]。

② 金属系填料。金属系列主要有金属氧化物、金属粉末、金属片、金属纤维等。金属氧化物具有密度较小、化学稳定性好的优点，且可以用来制备透明聚合物导电复合材料。人们最早在聚合物中掺入导电性良好的银粉、铜粉和镍粉等金属粉末作为导电填料，用它们作填料与高分子基体共混时，可以实现较好的混合均匀性。金属粉末不仅具有很好的导电性能，在材料中加入还可以获得电磁屏蔽的效果[408-410]。但是，当加入的金属含量达到45%左右才能达到较好的导电效果，而如此高的填充量容易导致材料发生热氧化以及力学性能下降。

金属纤维具有较大的比表面积，相比于金属粉末具有较小的导电逾渗阈值，且对聚合物本身力学性能的影响较小，将会有更好的应用前景[411]。如借助微振动切割技术制得的黄铜纤维，少量填充就可达到较佳的屏蔽效果；铁纤维填充塑料是新开发出来的一个品种，其综合性能优良，成型加工性好；用铁纤维填充聚酰胺，产品韧性好；与PP复合的屏蔽材料，重量轻。不锈钢纤维具有耐磨、耐腐蚀、抗氧化性好、导电性能高等特点，虽然价格较高，但用量少，对塑料制品和设备的影响也小，如用6%直径为 $7\mu m$ 的不锈钢纤维填充塑料可与填充40%铝片的SE值相当；填充1%（体积分数）直径为 $8\mu m$ 的不锈钢纤维于热塑性树脂中可达到40dB的屏蔽效果。

另外，以增强树脂与填料相容性，提高导电性为目的，也开展了金属合金作为导电填料的开发应用工作，尤其是一些可与树脂熔融共混的低熔点合金得到迅速发展。如Zn/Sn合金适用于PC、PBT/ABS和PP，Zn/Al合金适用于PEEK，Bi、Sb、Sn等与聚合物注射成型可制成EMI导电塑料。美国普林斯顿聚合物实验室的科学家用低熔点合金（如60%锡与40%锌）与树脂相混，可制得低电阻（如0.3Ω）、高屏蔽效果（1000MHz时40dB）和良好综合性能的材料。

金属氧化物导电填料主要有氧化锡、氧化锌、氧化钛等。应该说明的是，纯的氧化物是绝缘体，只有当它们的组成偏离了化学比以及产生晶格缺陷和进行掺杂时才能成为半导体。由于金属氧化物导电填料的密度较小，在空气中稳定性好并可制备透明塑料等优点，已被广泛应用于防静电领域。国外在20世纪90年代就已研制出以金属氧化物为导电填料的浅色、白色抗静电导电高分子材料。

镀金属纤维也是今年发展较快的一类导电填料。镀金属纤维的优点有优良的导电性能、纤维分散性能及成型时的流动性好、制品表面光滑、重量轻、耐热性好、没有剥离现象、不易折断、较低的加入量和可进行大规模生产等。缺点为导电性不及纯金属纤维类，但可比碳系材料提高50～100倍。镀金属纤维的具体组成为：金属镀层为银、镍、铜、钢等；基础材料为碳纤维、玻璃纤维、石墨纤维等。

导电填料的作用机理主要有两种：一种为“欧姆接触”，即导电填料在聚合物中相互接触形成导电通路，而填料在基体中一般无法均匀分布，只有部分导电粒子能够相互接触而形成导电通道；另一种为“隧道效应”，即导电填料在基体中孤立分布，不相互接触，当两个粒子之间的基体层厚度小于1nm时，导电填料中的电子吸收外界能量所造成的可以加剧热振动，从而穿越导电填料间的位垒区实现导电[412]。

(2) 导电填料在聚烯烃中的应用

国内外对导电聚烯烃进行了广泛深入的研究[406,413]。PP由于结晶度高，临界阈值较低，因此其导电性较高，这是因为导电填料（添加剂）优先分散在非结晶区域内，结晶度越高的树脂，其非晶区域越小；导电填料的分散浓度越高，导电性越好，在不同基体树脂中，添加等量同一导电添加剂，其导电性大小顺序为：聚丙烯＞高密度聚乙烯＞线型低密度聚乙烯＞低密度聚乙烯[414,415]。

由炭黑与单一聚合物共混制备的抗静电或导电材料，通常需要填充15%～20%的炭黑。国外导电炭黑的品种在不断地增加，美国Cabot公司和Philips公司都有“超导”功能的炭黑品种推出，该产品的电导率是普通炭黑的2～3倍，只需用较少的量就能达到与一般炭黑相同的电导率，使得炭黑系抗静电或导电塑料的使用效率进一步提高，同时复合材料的力学性能等进一步得到改善。

不同大小、种类、纵横比的石墨均可影响石墨在聚丙烯中的分散程度、微结构，进而影响复合材料的各种性能。膨胀石墨是一种优良的导电填料，可以以纳米级石墨片层形式分散复合到聚合物基体中，形成立体的纳米导电网络，获得较低逾渗值的复合材料[416-418]。

碳纳米管/聚烯烃复合材料的研究很多[419-422]，CNTs/PE复合材料的逾渗值大概分布在0.05%～15%之间，而对于CNTs/PP体系，所报道的逾渗值基本在0.07%～3%范围内[423-428]。除了导电填料的种类、处理方法和复合材料的制备方法，CNTs在基体中的有序分布、温度、压力等因素也都会对复合材料的导电性产生重要影响。

对于导电复合材料，当温度在基体材料熔点附近时，材料的电阻率会在很小的温度范围内迅速增大10^3～10^9数量级，这就是材料的非线性PTC效应[429]。而当导电复合材料发生PTC效应之后，随着温度的升高，材料的电导率会急剧下降，产生NTC效应[430]。影响复合材料PTC效应的因素有很多，如基体的结晶度、填料的粒度大小、填料在基体中的分散度以及测试条件等[431]。结晶型 PE 基导电复合材料在其结晶相熔融时，PTC 现象尤为显著[432]。

采用不相容的两相聚合物作为基体，能有效地降低复合型导电或抗静电聚合物中导电填料的填充量。这类复合型导电渗滤阈值与导电填料在两相聚合物基体中的非均相分布有关。这有两种情况：导电填料优先分布于其中一相，在该相形成较为均匀的分布，此时渗滤阈取决于导电填料在富集相的浓度及该相的连续性，当导电填料富集相形成连续相时，即实现双重逾渗（double percolation），可以得到比单一组成导电填料/聚合物复合材料低的逾渗阈值；聚合物基体形成双连续相，导电填料分布于双连续相的界面处，这样复合体系的逾渗阈值将显著降低。

郑裕堃等[433] 研究了炭黑/PE 复合导电材料的性能、加工工艺、炭黑结构、基体树脂等对材料性能的影响。结果表明材料具有明显的渗滤效应、正温度系数效应和非线性伏安特性。

叶林忠等[434] 研究了导电炭黑的品种、含量对高密度聚乙烯（HDPE）性能的影响，以及动态硫化对改善 HDPE/导电炭黑复合材料物性的影响，结果表明不同炭黑并用能有效降低生产成本，而且保持了材料的性能，HG-4 型导电炭黑填充 HDPE 具有很好的导电性，动态硫化法可以克服复合材料物性差的弱点，并能保持改性材料的高导电性；在 HG-4 型炭黑含量为 7 份时，材料的拉伸强度为 13MPa，断裂伸长率为 350%，体积电阻率为 2.1Ω·m。

Sumita 等[435,436] 研究了在 3 种不同的两相聚合物基体 HDPE/PP、PP/PMMA、HDPE/PMMA 中填充炭黑而得到的复合体系。发现在 HDPE/PP 基体中，炭黑主要分布在 HDPE 相中，而且在其中形成接近均相的分布，类似于在单一 HDPE 相中的分布。而在 PP/PMMA 基体中，炭黑主要分布在 PMMA 相，特别是在两相聚合物的界面处集中分布。

Tchoudakov 等[437] 对 PP/PA/CB 的研究表明，炭黑分布在 PA 相中或 PP/PA 界面处，当共混基体形成双连续相时，由于双重渗滤效应，可以得到很低的电阻率。

Kalaitzidou 等[438] 重点研究了两种不同大小的膨胀石墨 xGnP-15 和 xGnP-1 对复合材料的晶体结构和电导率的影响。发现聚丙烯在膨胀石墨的单层表面成核，在低浓度时石墨对 β-聚丙烯是一种有效的成核剂，可以引诱 β-聚丙烯晶体的形成。增加了聚丙烯的结晶温度和结晶速度。成核的晶体数目随着石墨填充量的增加而增加，分别在 xGnP-1 和 xGnP-15 的体积分数为 1%和 10%时达到饱和。被石墨核化的聚丙烯晶体会破坏导电网络，导致逾渗值增加。因此越多越小的晶体出现，逾渗值越高。xGnP-1（10^{-6}S/cm）相对于 xGnP-15（10^{-3}S/cm，0.5%）拥有更低的逾渗值。可以通过控制石墨的填充量和纵横比、聚丙烯的结晶条件来改变复合材料的电导率。

(3) 导电聚烯烃材料的应用

① 电磁屏蔽。导电聚烯烃可用于制造汽车和家庭门窗，通过这种门窗，可控制吸收太阳的热量。在电子、电器领域中可广泛用作集成电路、晶片、传感器护套等精密电子元件生产过程使用的防静电周转箱、托盘、晶片载体、薄膜袋、导电钳、电焊把、抗静电滑轮等。导电聚烯烃可用于电磁屏蔽[439-442]，它不仅能吸收电磁辐射，还能起抗腐蚀作用，能排除引起腐蚀的电荷。

② 塑料芯片。在微芯片的开发上，塑料芯片有可能取代硅芯片，成为未来极有发展潜力的新一代芯片。目前，已有多家 IT 业巨头宣布成立塑料芯片的专门研究机构，例如 IBM、三菱、日立、朗讯、施乐、飞利浦等公司，他们已经研制出集成了几百只电子元器件的聚烯烃芯片样品。与硅芯片相比，塑料芯片价格非常低廉，仅为硅芯片的 1%～10%，极具市场竞争力。

③ 塑料电池。随着电子工业的迅速发展，电子仪器、通信设备等对作为能源的电池的

要求越来越高。用导电聚烯烃制成的塑料电池就是以导电聚烯烃作为电极材料制成的一类新型电池。这类电池质轻体小、储能容量大、能量密度高、安全可靠、自放电速度慢，可多次反复充电。

④ 电气工程。导电聚烯烃大量用作高压电缆的内外部半导层，用在汽车电缆的电缆芯，用来制作超高温电流的装置。例如保险丝元件并联开关装置；用于电子元件、电池、电机等的过载保护。辐射交联导电聚合物，还可以应用于中压电缆元件、电缆终端的电应力控制，电缆接头接地屏蔽。

⑤ 其他。导电聚烯烃可用于制造汽车和家庭门窗，通过这种门窗，能控制吸收太阳的热量；还可用这种材料来消除计算机和精密仪器的静电及制作机器人的肌肉。

8.3.5.3 电磁屏蔽聚烯烃材料

随着电子信息产业的迅速发展，电磁干扰已成为一种新的社会公害，同时，电磁战也已经成为现代战争的特征之一，而且现代电子设备的精密度和数字化程度越来越高，很容易受到电磁波的干扰。但与此同时，电子设备的运转往往带来电磁辐射，电磁的污染与干扰制约着人们的生产生活，同时还对人类健康造成危害。电磁波在生产生活中的广泛应用不仅带来了一系列的社会问题，还成了继水、土壤、空气、噪声后新的污染源。电磁波具有较大的危害性，很难被察觉并及时实施有效的防护措施。电磁屏蔽聚合物材料在军品和民品中的应用成为世界各国研究的热点。

电磁屏蔽材料按原材料性质可分为电性屏蔽材料、磁性屏蔽材料和复合屏蔽材料。电性屏蔽材料是以反射损耗为主的屏蔽材料，主要是一些良导体，如铜、铝、银等。磁性屏蔽材料是以吸收损耗为主的屏蔽材料，主要是一些铁磁性材料，如 Ni-Fe 合金、纯铁、铁硅合金等。复合屏蔽材料是吸收损耗和反射损耗相结合的屏蔽材料，又可以分为涂覆型屏蔽材料、结构型屏蔽材料、填充型聚合物屏蔽材料。

填充型屏蔽材料是由高分子基体、填料和其它添加剂组成。高分子基体可以分为介电材料和透波材料。从功能上划分，介电材料又可以分为无耗或低耗介电材料和有耗介电材料。绝大部分的高聚物对微波反射都很少，是优良的透波材料。而无耗或低耗介电材料主要有聚苯乙烯、聚乙烯、聚丙烯、氟塑料等，有耗介电材料主要有环氧树脂、硅树脂、不饱和聚酯等。近年来聚合物基电磁屏蔽复合材料得到人们的广泛关注，复合材料密度小、耐腐蚀，对电磁波可以进行有效吸收，降低电磁污染。复合型聚合物电磁屏蔽复合材料的填料主要分为两大类：金属填料和碳系填料。其中添加碳系填料制备获得的聚合物复合材料是现有报道中研究最多、应用前景最好且发展最快的电磁屏蔽材料。碳系填料主要有炭黑、石墨、碳纤维、碳纳米管、石墨烯、富勒烯等。

(1) 聚烯烃电磁屏蔽性能的影响因素[443]

根据 Schelkunoff 电磁屏蔽理论，材料的电磁屏蔽性能主要与其反射和吸收电磁波的能力有关，与导电填料的电导率和磁导率等因素有关。在复合材料的构成上来说，样品厚度、复合材料结构、填料含量及分散状态、填料种类及形状、复合材料的制备工艺等都对复合材料电磁屏蔽性能影响巨大[444]。

① 电性能部分。影响典型的因素主要有以下几个方面：导电填料的性质（含量浓度、分散性和自身电导率）；导电填料的宏观特征（比表面积和取向特征）；聚合物基体的性质（聚合物的导电性）；导电填料与聚合物基体的相互作用（分散性、相容性等）。

复合材料中导电填料含量达到逾渗值后，再提高导电填料含量，材料的电导率基本变化不大，但电磁屏蔽效能还会进一步增加；填料分散得越均匀，越有利于导电网络的形成，也有利于屏蔽效能的提高；导电填料自身的电导率也是影响复合材料导电性，进而影响电磁屏蔽效能的重要因素[445]；导电填料的长径比、径厚比越大，尺寸越小，复合材料的电磁屏蔽效果越好，导电填料以片状的电磁屏蔽效果最好，球形的最差；当导电填料尺寸达到纳米级时，由于存在两字效应，复合材料会展示吸波效应，对电磁屏蔽有利；当导电填料的比表面积达到一定的临界值时，填料粒子表面官能团的多少和性质，都能引起电磁波衰减的新变化；此外，聚合物基体的导电性、表面张力和结晶度也会影响电磁屏蔽效果。

② 磁性能部分。电磁屏蔽效能中对吸波做贡献的主要包括两个部分：介电损耗和磁损耗。导电填料主要提供介电损耗来增强屏蔽效果，而磁损耗可以由磁性填料提供。磁性材料主要依靠自身的磁导率和介电参数来影响和衰减入射电磁波。磁材料需要同时兼顾减少入射波在进入材料表面的反射和加强进入波在材料内部的消耗两个方面。

③ 样品厚度。样品厚度是电磁屏蔽的重要影响之一，增加样品厚度可以有效地提高屏蔽材料的电磁屏蔽效能[446,447]。足够的样品厚度一方面满足提高样品的吸波作用，另一方面去除电磁波的多级反射。一旦电磁波进入到屏蔽材料，它的振幅将呈指数减小，当进入的深度达到磁降降低到 1/e 或者 37％的入射波强度被屏蔽掉时，此时的深度被定义为表皮深度。表皮深度随着频率、磁导率、电导率的升高而减小。

对于存在多级反射的电磁屏蔽材料，多级反射常常发生在内部有界面的地方。适当增大样品的厚度能够使多级反射在样品内部被消耗，而不会从材料中透过。

④ 复合材料屏蔽体的结构设计。屏蔽材料的结构设计影响着材料的屏蔽效果，目前主要的屏蔽材料按结构可分为：多孔结构、核壳结构和多层结构。多孔结构目前多用于 3D 多孔泡沫结构，多孔结构中微米尺度的空气气泡可以通过它所构成的填料和基体的界面产生反射和散射，衰减入射电磁波。核壳结构主要用于以磁性材料为核，以导电填料为壳的结构。多层结构是将复合材料堆叠多层来达到良好的电磁屏蔽效果，是基于电磁波在多层材料内部和界面的多级反射。

(2) 聚烯烃的电磁屏蔽功能化

目前国内对于导电聚合物复合材料电磁屏蔽性能方面的研究还处在起步阶段，屏蔽机理方面的研究尚不完善。

日本三菱化成公司采用新型炭黑与聚丙烯混配，制备出牌号为 ECXZ-111 的 EMI 屏蔽材料，相对密度仅为 1.18。日本钟纺公司开发出一种铁纤维与聚酰胺、聚丙烯和聚碳酸酯共混而制得的导电塑料，其中 FE-125MC、FE-125HP、FE-125 三个型号的产品，铁纤维体积分数为 20％～27％，屏蔽效能可达 60～80dB[448]。

刘帅和解娜等[408,440] 研究了不锈钢纤维填充 LDPE 复合材料的电磁屏蔽性能，其电磁屏蔽效能与不锈钢纤维的长径比成正比，材料具有较强的吸波功能。

华南理工大学何和智课题组[449-453] 研究了剑麻和碳系粒子复合填充聚丙烯体系的电磁屏蔽性能，剑麻起到增加碳系粒子的浓度和吸附碳系粒子形成导电骨架的作用，材料的屏蔽性能随碳系粒子含量的增加而增加。

彭浩[454] 以导电炭黑和碳纤维作为填料，HDPE、PP 作为基体，分别制备了炭黑填充单组分和双组分聚烯烃复合材料，对炭黑填充聚烯烃复合材料的屏蔽性能及其与导电性能的关系，并对炭黑填充型复合材料的屏蔽机理做了一定的阐述。发现复合材料的屏蔽效能与炭黑含量呈正比例关系，且只有在炭黑的含量大于一定值时，复合材料的屏蔽性能与其导电性能才具有一定的正相关性。另外，研究表明，在相同的炭黑（CB）含量下，PP/HDPE/CB

体系的屏蔽效能低于 PP/CB 体系。

王喜顺和黄江平[455] 制备了碳纤维/镍粉/聚丙烯电磁屏蔽材料，发现复合材料的屏蔽效能随碳纤维质量分数的增加而增加，随镍粉质量分数的增加而波动变化；碳纤维质量分数的变化对复合材料电磁屏蔽性能的影响较镍粉大；屏蔽效能最好的组合为 15%CF/15%Ni/PP，平均屏蔽效能达 40.07dB，最高屏蔽效能达到 49.49dB。

Sundararaj 等[456] 对 MWCNT/PP 复合材料进行了研究，发现随着 MWCNT 含量的增加，复合材料的屏蔽效能也提高，含有 7.5%（体积分数）MWCNT 的 1mm 厚样品的屏蔽效能约为 35dB。

8.4 聚烯烃改性技术

8.4.1 聚烯烃常用改性技术及原理

聚烯烃材料存在强度不够、耐热性差、成型收缩率大等缺陷，严重限制了聚烯烃的应用拓展。目前，聚烯烃树脂市场应用偏向产品附加值较低产品，需调整聚烯烃产品结构，大力研究开发聚烯烃改性技术，促使聚烯烃向工程塑料及功能材料方向发展。

聚烯烃的改性方法可分为物理改性和化学改性两种。物理改性主要有填充（增强）和共混合金；化学改性主要有共聚、交联和接枝。

8.4.1.1 物理改性

填充改性具有效果明显、工艺简单、成本低等优点，是工业上最常用的塑料改性方法。能当作填充改性填料的物质必须满足一些基本条件：耐热性好，加工过程不分解而损害材料使用性能；分散性好，加入后不过多损害加工性能；不与基体材料发生不良化学反应；在成型后的制品中不会发生表面析出；价格便宜，来源丰富等。填充改性按填充物种类可分为无机填充和有机填充两类。

无机填充改性指在材料中添加无机填料。常被用作无机填料改性聚烯烃材料的主要有：氧化物类、氢氧化物类、碳酸盐类、硫酸盐类、碳素、硅酸盐。

有机填充改性是在材料中添加有机填料物质。常被用作有机填料填充聚烯烃的主要有：天然纤维素纤维类、有机合成纤维类以及有机阻燃剂类等。其中用天然有机木粉填充聚烯烃材料制备的木塑复合材料是目前许多国家致力于工业化的一个热点，这类复合材料综合了植物纤维和聚烯烃塑料二者的优点，能有效地缓解过度开发而引发的资源贫乏、木材短缺等问题，是一种资源节约型、环境友好型的复合材料。

除此之外，目前一些国内外学者也致力于开发一些有机-无机杂化填充的聚烯烃复合材料，以在成本和性能等方面求得平衡。如 Michael 等[457] 通过熔融挤出制备了一种剑麻纤维和玻璃纤维杂化增强的 PP 复合材料，最终得到一种成本低廉、综合性能很好的有机-无机纤维杂化增强 PP 材料。

8.4.1.2 共混合金

共混改性是在树脂基体中混入一种或多种其他高分子物质，因此共混物也被称为聚合物合金。共混合金指两种或两种以上聚合物以及助剂进行机械掺混，形成相容性良好且力学、热学及其他性能改善的新材料，该法不仅可使聚合物间性能互补，还可根据实际需要设计共混物的组成和凝聚态结构，与弹性体共混可改善聚烯烃的韧性，与刚性塑料共混可提高聚烯烃的刚性，并提高聚烯烃热性能和尺寸稳定性。与聚烯烃共混形成合金的常见高聚物有 PA、ABS、EPDM、SBS、PS 等，其中 EPDM 常与聚烯烃形成增韧体系。

共混改性是开发新型高分子材料的一种最有效途径，它主要应用于以下几个方面。

① 综合各组分材料的性能。当单一材料难满足应用要求时，可通过共混改性引入其他材料来取长补短。如聚酰胺（PA）具有很好的机械强度和刚度，但其制品往往因为强吸湿性而引发强度下降、尺寸稳定性变差等缺陷。聚丙烯材料价格便宜、加工性能好，并且几乎完全不会吸水。将二者共混制备 PP/PA 合金，既可以改善 PA 的耐水性，又能提高 PP 的力学性能[4]。

② 赋予材料一些特殊性能。PP 是一种易燃材料，极限氧指数（LOI）只有 17%，在 PP 中加入本身具有阻燃性的 PVC 树脂，可赋予材料阻燃性能。

③ 改善材料的韧性。共混是对聚烯烃材料进行增韧改性的最常见、最有效的方法。按照共混物的组成，可分为塑-塑共混增韧和橡-塑共混增韧。塑-塑共混增韧是指往基体材料中添加其他塑料。比如，将 PET 树脂加入 PP 中大幅度地增加 PP 的韧性。橡-塑增韧是将塑料基体与橡胶类弹性体共混。常用于增韧聚烯烃的橡胶弹性体有 SEBS、POE、EPDM 等。

④ 改善加工性能。为了改善某些难以加工的高分子材料的加工性能，可以往其中添加一些容易加工的材料使加工方便。例如 LLDPE 树脂具有较好的力学性能、热性能和耐候性，但由于熔融温度较高，加工成型困难。而 LDPE 有较低的熔融温度，成型方便。将 LLDPE 与 LDPE 共混，可以获得性能优异、加工性良好的 LLDPE 材料。

⑤ 降低成本。满足性能要求的前提下，在价高的功能型树脂材料中混入廉价的通用性树脂，是常被用来降低材料成本的方法。

8.4.1.3　化学改性

共聚改性是烯烃在聚合时加入其他单体进行共聚，生成无规、交替、嵌段或接枝型共聚物，以提高聚烯烃的透明性、冲击性能、强度和加工性。

接枝改性指在聚烯烃分子中引入其他基团（如与极性不饱和单体接枝反应），在保持聚烯烃综合性能均衡和易加工等固有优点的同时，还可赋予聚烯烃某些特殊性能如染色性、吸湿性、反应活性等。接枝的单体主要有丙烯酸、马来酸酐、甲基丙烯酸、甲基丙烯酸缩水甘油酯、苯乙烯等。接枝改性的方法主要有溶液接枝、悬浮接枝、熔融接枝、固相接枝等。

溶液接枝法是聚丙烯接枝方法中应用最早的一种，在 20 世纪 60 年代开始应用。大多在溶液接枝法中使用的溶剂为甲苯、二甲苯或苯等有机溶剂。溶液法反应的温度较低（90～140℃），副反应少，接枝共聚物纯度高，可以抑制 PP 链的降解，产品接枝率相对较高。但是，此方法需要使用大量的溶剂，反应后还要对反应产物进行分离，脱除溶剂和副反应产物。过程比较复杂且溶剂毒性较大，给实验操作带来很大的不便，并且对环境也会造成污染，目前使用该方法的研究不是很多。

悬浮接枝法是 20 世纪 90 年代才发展起来的一种接枝改性方法，它是将 PP 颗粒、单体和引发剂一起放在水相中反应，反应前一般在低温下将 PP 和单体混合一定时间，然后进行升温反应。悬浮接枝法不仅具有反应温度低、工艺及设备简单、操作容易进行、产物降解少等优点，而且产物后处理不复杂。悬浮溶胀接枝法可以避免熔融接枝过程中较高的反应温度和 PP 降解、接枝物变色、反应粘连等问题。Tan 等[458] 以 TBA 为相容剂，BPO 为引发剂，在水相溶液中将乙酸乙烯酯接枝到塑料粒子上，过量单体在水相中悬浮，乙酸乙烯酯可以较容易地接枝在低密度聚乙烯膜基底上，接枝率提高到 7.3%。

熔融接枝法是指将聚丙烯、接枝单体、引发剂等在熔融状态下（160～230℃）一同加入挤出机中在特定条件下进行熔融接枝反应。该方法具有反应时间少、接枝产物性能好、用于接枝的实验设备简单、可进行连续化生产等特点。但由于熔融法是在高温下进行的反应，所以导致副反应（交联或降解）严重，材料的性能在一定程度上受到影响，且对于挥发性的单体适用性不良。因此，有效限制这些副反应、促进主反应，以提高接枝率、改善加工性能已成为迫切需要解决的问题。A. Oromiehie 等[459] 研究了单体浓度和引发剂浓度对接枝率的影响，发现聚丙烯极性化程度依赖于反应中单体和引发剂的起始浓度。谢续明等[460] 用多组分熔融接枝的方法将甲基丙烯酸缩水甘油酯（GMA）和苯乙烯（St）共同接枝于聚丙烯上，制得多单体接枝聚丙烯 PP-*g*-(GMA-*co*-St)，PP-*g*-(GMA-*co*-St) 中的环氧基团与聚酰胺 6 末端的氨基发生化学反应，原位形成的 PP-PA6 共聚物能有效地改善聚酰胺与聚丙烯的相容性，可以使聚丙烯均匀地分散在聚酰胺基体中，相区尺寸明显减小，提高了拉伸强度。王鉴等[461] 以甲基丙烯酸丁酯（BMA）为共聚单体，采用熔融挤出法制备了马来酸酐接枝聚丙烯共聚物 PP-*g*-(MAH-BMA)。以 BMA 为共聚单体提高了接枝产物的接枝率，同时能有效抑制聚丙烯分子断链降解，产品凝胶率为零。

自 20 世纪 90 年代以来很多学者采用固相接枝法对聚丙烯进行接枝改性。该方法是将 PP 粉末和适量的单体、引发剂以及其它的助剂放在同一个容器中直接接触，进行接枝反应。固相法的反应温度较低，在聚烯烃软化点以下（100～130℃），反应压力不高。相对于其它接枝方法，固相接枝法的优点显而易见：生产成本低，PP 断链降解少，反应时间短，接枝效果好，实验过程只使用很少量溶剂作为界面剂，后处理不复杂，既具有熔融法的特点又有溶液法的优点，是这两种方法优点的综合体现，发展前景十分广阔[462]。

姚瑜[463] 以 AA 作为接枝单体与聚丙烯进行固相接枝反应研究，加入 St 作为第二单体，提高 AA 接枝率，将接枝物应用于 PP/EAA 共混体系。最后采用浸渍法对聚丙烯中空纤维膜进行亲水改性。在制备马来酸酐接枝聚丙烯和丙烯酸接枝聚苯乙烯的固相反应中，反应参数、引发剂数量、催化剂、表面剂，单体、反应温度和反应时间的影响程度，与其他接枝反应相比，聚苯乙烯接枝丙烯酸的接枝率高达 4%，聚丙烯接枝马来酸酐的接枝率达到 9.6%。

交联常被用于聚合物的改性，指线型或支型高分子链间以共价键连接成网状或体型高分子的过程，分为化学交联和物理交联。化学交联一般通过缩聚反应和加聚反应来实现，如橡胶的硫化、不饱和聚酯树脂的固化等；物理交联利用光、热等辐射使线型聚合物交联。线型聚合物经适度交联后，其力学性能、弹性、尺寸稳定性、耐溶剂性等均有改善。

8.4.2 聚烯烃常用改性设备

聚烯烃的物理改性常用设备主要为单/双螺杆挤出机。

单螺杆挤出机（图 8.15）主要用于挤出软、硬聚氯乙烯、聚乙烯等热塑性塑料，可加工多种塑料制品，如吹膜、挤管、压板、拔丝带等，亦可用于熔融造粒。塑料挤出机设计先进，质量高，塑化好，能耗低，采用渐开线齿轮传动，具有噪声低、运转平稳、承载力大、寿命长等特点。

图 8.15 单螺杆挤出机

单螺杆挤出机一般在有效长度上分为三段，按螺杆直径大小、螺距、螺深确定三段有效长度，一般按各占三分之一划分。

高效单螺杆挤出机采用双阶式整体设计，强化塑化功能，保证了高速高性能稳定挤出，特种屏障综合混炼设计，保证了物料的混炼效果，高剪切低融塑化温度保证了物料的高性能低温低压计量挤出。设计理念和特点：在高平直基础上的高速、高产挤出。

双螺杆挤出机是改性塑料行业里面最常见的机械，广泛应用于聚合物加工业和其他生产加工领域；双螺杆挤出机种类繁多，可分为啮合型和非啮合型两大类，啮合型双螺杆挤出机又可分为同向旋转和异向旋转两大类。

双螺杆挤出机主要由两大部分构成：传动部分和挤出部分。传动部分为螺杆提供扭矩，强劲的扭矩输出是双螺杆挤出机高效工作的保证；挤出部分主要由机筒、螺纹元件和芯轴构成，物料在这个区域内完成塑化、混合并挤出。双螺杆挤出机的所有技术进步也都集中体现在这两个部分，并构成了双螺杆挤出机更新换代的标志。

双螺杆挤出机与其他机型相比，一个显著的特点就是传动系统的不同。双螺杆挤出机要求在一个受限的空间内把动力平均地分配到两根螺杆上，这就是扭矩分配技术。不同的扭矩分配技术，决定了齿轮箱的承载能力，甚至于直接影响整机的寿命和性能。在众多的扭矩分配技术中，以德国亨舍尔（HENSCHEL）公司的平行三轴式和德国弗兰德（FLENDER）公司的双侧对称驱动式为代表的两种高扭矩分配技术应用最为广泛，而普通扭矩的传统平行三轴式齿轮箱目前在国内依然是绝对主力。

挤出部分主要由机筒、螺纹元件和芯轴构成，是双螺杆挤出机完成塑化与混合的功能区。螺杆间隙、容积率、转速、芯轴的强度和螺纹元件的寿命是评价双螺杆挤出机挤出部分性能的关键性指标。国际先进双螺杆挤出机的发展趋势是：小螺杆间隙、大容积率、高转速、高强度芯轴、高耐磨蚀螺纹元件。高效、大产量的同时，整机的使用寿命依然能得到进一步提高，产品品质稳定。

对于聚烯烃接枝改性反应，人们还开发了具有特殊功能的改性设备。

接枝反应设备：熔融接枝是指反应在基体熔融状态下进行，由于聚烯烃处于熔融状态，接枝反应遍及聚烯烃的各个部分均匀地进行，所以熔融接枝属于均相接枝。熔融接枝可以在螺杆挤出机、Brabender 密炼机等加工设备上进行。当在密炼机上进行时，由于合成是间歇式的，效率不高，不能满足生产的需要。人们尝试用螺杆挤出机进行接枝，从一开始用单螺杆挤出机到现在所用的双螺杆挤出机，效率得到有效提高。当接枝在螺杆挤出机上进行时，聚烯烃的改性和聚烯烃的加工同步进行，通常被称为反应性挤出[464]。

图 8.16 是 Sun 等报道的一种熔融接枝挤出机的装置简图，挤出机不同区的温度不同，从 200℃、230℃到 240℃逐步变化，挤出机在不同的机段设置取样口，为了测试接枝进行程度，研究者在挤出机上合成聚丙烯与甲基丙烯酸缩水甘油酯（GMA）和苯乙烯（St）的接枝物［PP-*g*-(GMA＋St)］，研究单体比例、过氧化二异丙苯（DCP）、单体用量以及喂料速度、螺杆转速等对接枝率影响，并在密炼机中进行同样的研究，得到一致的规律性。研究表

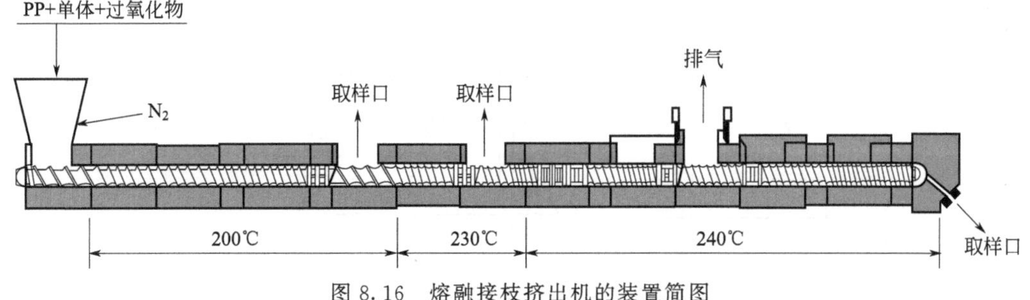

图 8.16　熔融接枝挤出机的装置简图

明，无论是接枝 GMA 还是接枝 GMA-St，接枝反应在螺杆靠近机头处已经完成。喂料速度和螺杆转速加快，物料在料筒中的停留时间就短，导致部分引发剂未充分分解就被挤出，降低引发效率和接枝率[465]。

固相接枝设备一般是釜式反应器。聚丙烯釜内合金是一种在聚合釜内直接合成的多相、多组分聚合物体系，其初始产品常以粉末或球形颗粒的状态存在，具有非常复杂的相形态，并且在加工成型过程中，由于相形态的演变会形成更加丰富的微结构，从而对聚丙烯釜内合金最终的力学性能产生决定性的影响[466]。固相接枝反应设备一般是釜式反应器。图 8.17 是一种固相反应接枝反应釜装置示意图[467]。常用的固相接枝反应釜和该装置类似。釜体通常为圆柱体，釜上面的盖子主要设有进料口、通气口、控温装置口、搅拌桨通口等；出料口一般设在釜体下部，方便出料。但值得一提的是反应釜的搅拌桨，常用的反应釜搅拌桨不是图 8.17 所示的倒“8”字形，而是像“山”字形，这是由于固相接枝过程极性单体生成的聚合物和溶剂容易粘釜或结团，所以固相接枝的搅拌桨必须设计成能够贴近釜壁及釜底的“山”字形刮刀，保证反应过程能够搅到所有粉料，使粉料受热均匀和分散良好，避免粉料在釜内局部受热过度，导致粉料烧焦或结团。因此固相接枝反应釜需要特别设计才能符合这种要求，这也是固相接枝工业化过程的一个难点。

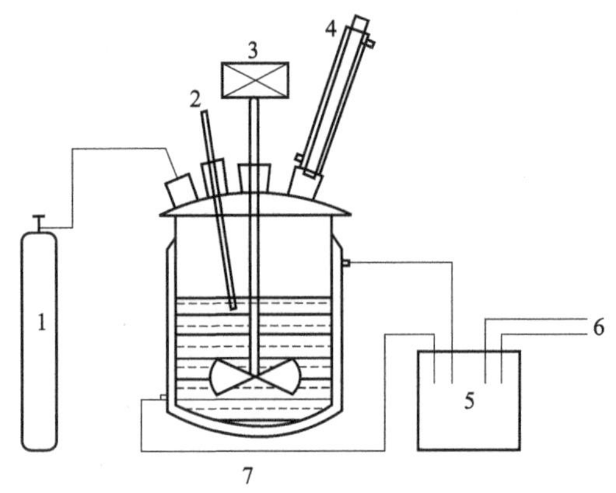

图 8.17　固相接枝反应釜装置示意图

1—高纯氮气钢瓶；2—温度计；3—搅拌桨；4—回流冷凝管；5—超级恒温油浴；6—电源；7—反应釜

图 8.18 是 Subramanian 设计的另外一种卧式固相接枝反应装置图[468]。与上面所示反应釜不同的是，该设备是把圆柱形釜体平放，由前后两面挡板支撑和围住；搅拌桨的轴由一对不锈钢滚珠轴承在前后挡板支撑，轴和轴承之间有橡胶密封圈防止物料的渗漏。搅拌桨由功率 1.5 匹（1 匹＝735.5W）、输出电压 120V 的可变速发动机带动，搅拌桨的四面刮刀也是经过特殊设计的，保证刀刃和釜壁之间的间隙尽可能地小，避免釜内存在搅拌死角。釜体

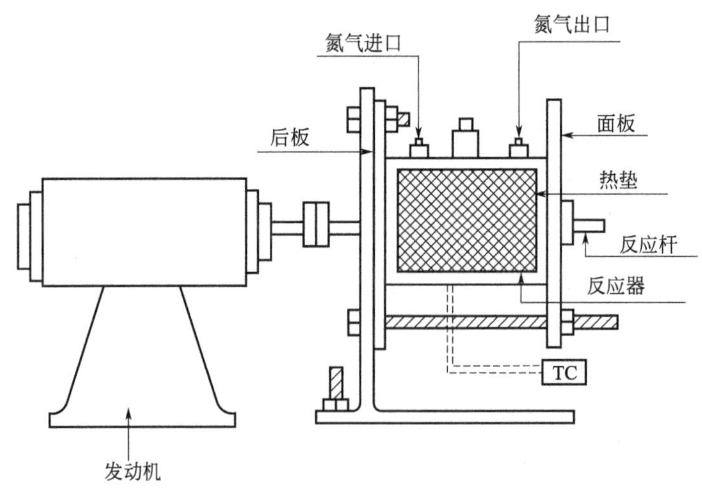

图 8.18　卧式固相接枝反应装置图

外围围绕有柔性硅树脂，通过电加热。控温仪由两块可拆卸 K 形铜镍合金热电偶和 Omega 比例-积分-微分固态继电器组成。氮气由质量流量计控制进气，通过盛丙酮的废气吸收装置排出。引发剂通过一个独立的漏斗加料，单体溶液由密封套匀速注入。

固相接枝通常是在反应釜里进行，一个反应结束后才能进行另外一个反应，只能进行间歇式生产，而熔融接枝可以在挤出机中连续进行，生产效率明显高于固相接枝，这是固相接枝一个弱点，因此，有研究者尝试对固相接枝进行改进，期待能进行固相接枝的连续生产，提高固相接枝的生产效率。

张翼[469] 对立式螺带反应器进行改造，设计出如图 8.19 所示的另外一种卧式内外双螺带搅拌反应器，可以进行固相接枝的连续生产。螺带搅拌桨由电机驱动，转速无级调节，由数字转速仪测量转速。外螺带与器壁的间隙为 3mm，以尽可能消除物料在器壁上的黏附。螺带搅拌反应器的油浴夹套间隙为 25mm，有效容积约为 25L。为了减少热量损失，夹套外面包有平均厚度为 50mm 的玻璃棉保温层。反应器采用油浴夹套装置作为加热源。导热油电加热，热电偶控温。以流量为 $36m^3/h$ 的高温齿轮油泵输送热油，造成热油强制循环，平均循环时间约 25s。因此导热油的温度可以近似看作恒温。物料的温度由热电偶指示，热电偶的插入位置在反应器的出口端，能灵敏反映物料的温度。PP 粉料与单体、引发剂初步混匀后从加料贮斗加入，由螺带加料器向反应器匀速供料。界面活性剂与催化剂加入高位槽经计量后也加入反应器。反应器上还设有氮气进出口，反应过程中通氮气保护，出口废气经水洗后放空。导热油在贮槽内由电热棒加热，通过高温油泵连续输送至反应器夹套加热物料后返回油槽。导热油和反应物料的温度由热电偶调控。反应产物经出料管连续排入水洗搅拌釜，洗涤至中性后，真空抽滤脱水。湿产物在 105℃左右干燥 4h 得到产品。

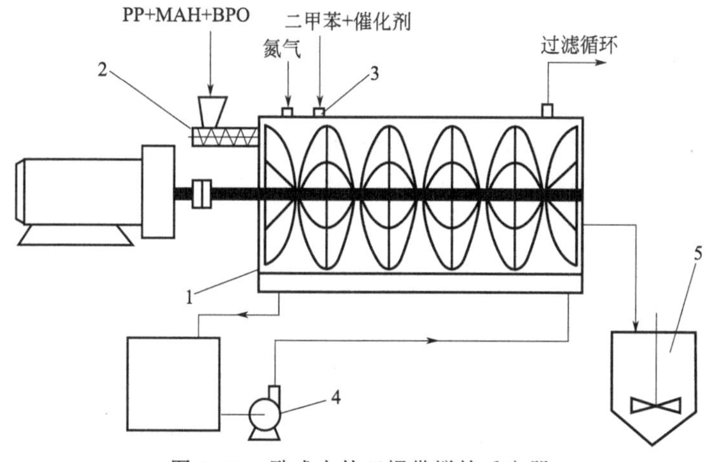

图 8.19　卧式内外双螺带搅拌反应器

1—反应器；2—螺带加料器；3—高位槽；4—高温油泵；5—水洗搅拌釜

8.4.3 聚烯烃可控降解

聚合物的降解是指因化学和物理因素引起的聚合的大分子链断裂的过程。聚合物暴露于氧、水、射线、化学品、污染物质、机械力、昆虫等动物以及微生物等环境条件下的大分子链断裂的降解过程被称为环境降解。降解使聚合物分子量下降，聚合物材料物性降低，直到聚合物材料丧失可使用性，这种现象也被称为聚合物材料的老化降解。聚烯烃塑料，特别是聚乙烯（PE）和聚丙烯（PP），在日常生活中的应用非常广泛，如购物袋、温室塑料膜、地膜等。然而，聚烯烃塑料的表面是疏水性的，抑制了微生物的生长，再加上聚烯烃本身结构十分稳定，因此短时间内很难降解。PE 在 100 年内降解不到 0.5%，如果在生物降解之前暴露于日光（UV）下 2 年，降解率仅可达 1%[470]，塑料垃圾的逐年积累给环境带来了极大的困难与挑战，跟可持续发展的理念背道而驰。中国开展降解聚乙烯地膜研究二十余年，先后经历了光降解、光-生物降解等技术阶段。主要技术措施是添加光敏剂或光敏剂与淀粉填充改性共用。焦点集中在地膜使用寿命是否可控、降解能否彻底。

为了破解严重的白色污染问题，科学家们一直致力于聚烯烃塑料的降解或可降解聚烯烃塑料的研究。聚烯烃塑料的降解涉及 2 个过程，分别是非生物氧化降解和生物降解[471]。开始发生的是非生物氧化过程，主要有光氧化、热氧化和机械化学氧化等[472]，空气中的氧在光、热、机械及化学等作用下与聚烯烃反应。这个阶段聚烯烃形成较小的分子片段（与原始聚合物相比），具有较高反应活性的官能团，如羧基、羟基、酯、醛和醇等，从疏水性变为亲水性，从而使碎裂的聚烯烃吸收水，为下一阶段的生物降解提供条件；随后是微生物降解过程[473]，微生物如细菌、真菌、少数藻类将聚合物链的氧化产物用作碳源，从而形成二氧化碳、水、生物质。非生物氧化降解过程主要涉及光降解，光降解是关键环节，光降解的研究是可降解聚烯烃塑料研究的一个基本方向。

降解可以通过提高环境因素来加速并且可以由很多方法实现，制成以下材料[474,475]：

① 光降解聚合物是指可由自然光引发降解的聚合物，如：含有光活性的功能基团的共聚物——E/CO 共聚物、乙烯基酮等。

② 通过外加光敏剂或光降解剂以提高光氧化能力，它可以提高环境降解［有机可溶金属离子羧化物、硫与过渡金属的复合物、二硫代氨基甲酸铁（Ⅲ）］。

③ 生物降解聚合物是指至少部分的降解是由生物体系引发的聚合物（如淀粉或淀粉+Fe^{3+} 或 Mn^{2+}）；有些塑料可以以预计的速率在生物体内降解。生物降解材料在生物酶或微生物的作用下发生化学转变，生成的产物可以进一步发生生物降解。

④ 可生物吸收的聚合物是指可被生物体系吸收的聚合物。

⑤ 聚合物裂解：聚合物分子被打碎或分解成低分子量单元如自氧化聚合物，它可以生物降解。

⑥ 聚合物腐蚀是指聚合物表面发生的溶解或磨损。

⑦ 可水解降解的塑料：在 PO 材料中比较少见。

⑧ 天然聚合物的一些新衍生物和水溶性聚合物。

最方便的合成路线是在廉价的人工合成聚合物中添加可生物降解或可光氧化的成分；另外一个方法成本较高，就是在合成聚合物的主链中引入水溶的或可氧化的基团。

中国已成为全球无与伦比的农用塑料使用大国。农用地膜的年均耗用量达到 45 万吨，覆盖面积超过 2 亿亩（1 亩=666.67 平方米）。曾有农业技术部门统计研究，土地中的塑料碎片残留量小于 7 千克/亩，尚不影响后续种植。但实际情况是，土地中的塑料碎片残留量已大大超过这一极限值。因此，中国需要寿命可控的全降解地膜。

加拿大 EPI 公司开发的氧化-生物降解塑料添加剂技术应用于传统聚烯烃塑料制品，不改变或影响塑料传统加工制造过程；制品寿命可根据用途在生产中“编程”制造；制品强度和其他特征与传统塑料一样；制品同样可以再生和循环加工使用；制品无论是堆肥、掩埋还是随意抛弃，最终都可变为 CO_2、水和生物量。并且，氧化-生物降解塑料添加剂符合美国 FDA 和欧盟针对食品应用的 EFSA[476]。

随着大型精密注塑技术的发展，对材料的流动性要求越来越高。如注塑洗衣机滚筒，基本上要求 PP 的熔体流动速率在 30～50g/10min 以上，而大型石化企业生产这类高流动 PP 相对较难，因此在很多情况下，需要对聚丙烯 PP 塑胶原料进行可控降解，如果能控制聚丙烯降解，则达到大型精密部件的注塑工艺对 PP 塑胶流动性的要求。

在反应挤出反应器中，聚合物的可控降解通常涉及分子量的降低，以满足某些特殊的产品性能。PP 和其它的 PO 类聚合物均可以实现可控降解，如用反应挤出方法在过氧化物存在下使 PP 在双螺杆挤出机中在 230℃、转速 10r/min、物料停留时间约为 1min 的操作条件下发生降解，最终产物的分子量大大下降。将 PP 在空气存在下进行挤出得到了流变性可控的 PP 产物，并用特制的单螺杆挤出机，升高或降低挤出机温度，分别制得黏度较低或较高的材料。熔体黏度较低、分子量分布窄、分子量小的 PP 可用于满足高速纺丝、薄膜挤出、薄壁制品注射的要求。

王益龙等[477] 利用反应挤出技术，研究了聚丙烯、聚丙烯改性剂和无规共聚聚丙烯（PPR）在过氧化物作用下在反应挤出机中进行可控降解的规律。实验发现，产物的熔体流动速率随过氧化二异丙苯（DCP）引发剂用量的增加而呈成倍增长趋势；封闭反应挤出机排气口更利于可控降解反应；可控降解产物在满足材料力学性能需要的前提下其外观质感得到了显著提高；加入改性剂 EVA（乙烯-乙酸乙烯酯共聚物）或 POE（乙烯-辛烯共聚物）后有利于提高产物的韧性和表观质量；PPR 在反应挤出机中表现出与纯 PP 相同的降解规律，但产物的性能在降解后得到了提高。

在常规反应釜中生产的聚丙烯（PP）通常具有较高的分子量（M_w）和宽的分子量分布（MWD），因此而产生的高熔体黏度和弹性限制了它在一些实际应用中的加工效率。早期有人使用熔体流动速率为 0.5g/10min 的 PP，在一台 50.8mm 的挤出机内，与含有 3.8%的叔丁基氢过氧化物的苯溶液（其用量相对于聚合物的浓度为 800mL/L）在温度为 230～266°C（机头温度）的条件下发生反应。反应产物的熔体流动速率为 10g/10min，表明通过氧引发的自由基反应可以使高分子量聚丙烯断链。后来该加工方法已经改成使用过氧化物引发剂提供自由基促进高分子量聚丙烯断链，从而使温度大为降低。这种方法就是聚丙烯的控制降解。

含有过氧化物 ROO 的聚丙烯在熔融状态下，会通过一系列包括链引发、链断裂、链转移和链终止的自由基反应而发生降解。聚合物主链首先在过氧化物自由基作用下，其叔碳原子上的氢脱出，形成了大分子自由基，这一大分子自由基又发生了链断裂（A 断裂），从而降低了聚合物的分子量。这一反应过程能通过大分子自由基的重组和歧化反应而终止。氧、加工稳定剂以及抗氧剂的存在都会通过自由基的竞争反应而影响聚合物的降解过程。具有低熔体流动速率（在 230°C、212kPa 下，小于 0.1g/10min）的聚丙烯均聚物通常以直接从反应器中获取的粉料或粒料的形式使用。有机过氧化物的用量在 0.001～1 份之间，可根据最终所要求的熔体流动速率而定。这些过氧化物能够以液体（纯的或用惰性载体稀释的）、结晶固体或散粒状粉剂（或附着在惰性基质上的液体）以及聚烯烃母料等形式参与反应。PP 的可控降解，通常认为反应的总速率是受过氧化物的分解速率控制的。因此，从一级分解的动力学来看，为确保 98%的分解率，理想的加工时间应为过氧化物半衰期的 6～7 倍。引发剂的浓度和效率是影响产物的 M_w、MWD 和流变性能的最重要的变量。熔融指数是过氧化物浓度（这一浓度至少在约 0.1%的范围内）的线性函数。稳定剂的存在和副反应，以及混合不充分，都会降低引发剂的反应效率。

中国科学院上海有机化学研究所黄正课题组和加州大学尔湾分校管治斌课题组合作，在聚乙烯废塑料降解研究中获得突破，相关成果于 2016 年 6 月 18 日发表在《科学进展》

（*Science Advances*）杂志上。利用交叉烷烃复分解催化策略，使用价廉量大的低碳烷烃作为反应试剂和溶剂（此类低碳烷烃在石油炼制中大量生成，不能作为燃油或天然气，使用价值非常有限），与聚乙烯发生重组反应，有效降低聚乙烯的分子量和长度。在反应体系中低碳烷烃过量存在，所以可多次参与聚乙烯的重组反应，直至把分子量上万甚至上百万的聚乙烯降解为清洁柴油。

8.4.4 聚烯烃增韧改性

聚烯烃增韧改性大概分以下情况。

① 合成树脂本身韧性不足，需要提高韧性以满足使用需求，如 GPPS、均聚 PP 等；

② 大幅度提高塑料的韧性，实现超韧化、低温环境长期使用的要求，如超韧聚酰胺；

③ 对树脂进行了填充、阻燃等改性后引起了材料的性能下降，此时必须进行有效的增韧。

通用塑料一般都是通过自由基加成聚合而得，分子主链及侧链不含极性基团，增韧时添加橡胶粒子及弹性体粒子即可获得较好的增韧效果；而工程塑料一般是由缩合聚合而得，分子链的侧链或端基含有极性基团，增韧时可通过加入官能团化的橡胶或弹性体粒子提高韧性。

塑料常用的增韧剂种类如下。

① 橡胶弹性体增韧：EPR（二元乙丙橡胶）、EPDM（三元乙丙橡胶）、顺丁橡胶（BR）、天然橡胶（NR）、异丁烯橡胶（IBR）、丁腈橡胶（NBR）等；适用于所用树脂的增韧改性；

② 热塑性弹性体增韧：SBS、SEBS、POE、TPO、TPV 等；多用于聚烯烃或非极性树脂增韧，用于聚酯类、聚酰胺类等含有极性官能团的聚合物增韧时需加入相容剂；

③ 核-壳共聚物及反应型三元共聚物增韧：ACR（丙烯酸酯类）、MBS（丙烯酸甲酯-丁二烯-苯乙烯共聚物）、PTW（乙烯-丙烯酸丁酯-甲基丙烯酸缩水甘油酯共聚物）、E-MA-GMA（乙烯-丙烯酸甲酯-甲基丙烯酸缩水甘油酯共聚物）等；多用于工程塑料以及耐高温高分子合金增韧；

④ 高韧性塑料共混增韧：PP/PA、PP/ABS、PA/ABS、HIPS/PPO、PPS/PA、PC/ABS、PC/PBT 等；高分子合金技术是制备高韧性工程塑料的重要途径；

⑤ 其它方式增韧：纳米粒子增韧（如纳米 $CaCO_3$）、沙林树脂（杜邦金属离聚物）增韧等。

8.4.4.1 聚烯烃合金

聚合物合金（macromolecule alloy）是由两种或两种以上高分子材料构成的复合体系，是由两种或两种以上不同种类的树脂，或者树脂与少量橡胶，或者树脂与少量热塑性弹性体，在熔融状态下共混，由于机械剪切力作用，使部分高聚物断链，再接枝或嵌段，抑或基团与链段交换，从而形成聚合物与聚合物之间的复合新材料[478]。

聚烯烃合金是通过釜内聚合制备的多组成的聚烯烃材料[479]。早在 20 世纪，Natta 等就已经开始了聚烯烃的改性研究，力求降低生产成本，拓宽应用范围。50 年代首次合成出聚烯烃，之后经历了共聚（60 年代）、共混（70 年代）、复合（80 年代）等一系列改性，直到 1982 年，Montell 公司开发了反应器颗粒技术（reactor granule technology，RGT）[480]，从而合成了聚烯烃合金，该技术是 Z-N 催化剂发展史上的一次伟大突破，为之后新型聚烯烃材料的发展开辟了道路。烯烃聚合物“反应器颗粒技术”是指烯烃单体在以 $MgCl_2$ 为载体的催化剂上进行可控复合聚合，逐渐生成一个多孔的球形颗粒，其后可以引入其它单体进行聚合形成聚合物合金[481]。

反应器内合金的分散相尺寸可以通过负载型催化剂的优化设计及聚合工艺予以调控，甚至可以做到 1μm 以下，使合金不仅具有良好的韧性，同时还能保持较高的刚性。此外，由于生产过程不涉及两个宏观固体聚合物相的混合，这使得能耗较熔融共混大大降低。

用于生成反应器聚烯烃合金的催化剂必须具备以下条件：比表面积大；孔隙率高，孔径分布均匀；催化剂活性中心分布均匀；催化剂的机械强度足以承受机械变化过程，但又能够让聚合物增长时生产的压力将内部结构破碎成较小颗粒，并均匀分布在膨胀着的聚合物内部；单体可以自由扩散到催化剂内部而发生聚合反应。

反应器聚烯烃合金的催化剂具有高孔隙率是区别于以往催化剂最主要的特点之一。高孔隙率的催化剂可以使反应生成高孔隙度的均聚物颗粒具有高孔隙度的均聚物颗粒在共聚反应中才能容纳更多烯烃共聚物。这种催化剂在聚合反应时在表面先生成一层聚合物，在这层聚合物内部聚合反应继续发生，形成洋葱头结构的聚合物粒子，以这种多孔性球形 P 粒子为一种微反应器，用多段聚合工艺继续引入其它烯烃单体进行均聚和共聚，即可得到两种或两种以上聚烯烃的多相合金。这就是 Catalloy 技术。

目前商业化的以 $MgCl_2$ 为载体的高孔隙率的 Z-N“第四代”球形聚丙烯催化剂能在保持高活性、高定向性的同时保持良好的复形能力，传统的催化剂只能达到 7～10 倍的复制比，而该催化剂可达到 40～50 倍，可以用来生产聚烯烃合金。据文献报道[482]，北京化工研究院的 DQ 系列催化剂生成的聚丙烯合金中乙烯质量分数高达 27%时，聚合物颗粒仍具有很好的流动性能。

均相茂金属催化剂虽具有很好的均聚和共聚性能，但由于很难控制生成聚合物的颗粒形态，所以限制了其应用范围。将茂金属催化剂负载到多孔的聚合物颗粒上后，可以得到等规、间规、无规、EPR 等所有茂金属催化剂能够得到的聚合物，并且可以控制聚合物颗粒的形态。具体方法是：用高孔隙率 Z-N 催化剂进行丙烯均聚后，使残余的催化剂失活，然后在聚合物上负载茂金属催化剂进行二段共聚反应[483,484]。与传统的 Z-N 催化剂相比，茂金属共聚物结构均匀，尤其是通过改变茂金属的结构，可以在很大范围内调控聚合物的微观结构，合成出具有新型链结构的共聚物。“反应器颗粒技术”的另一个引人瞩目的应用是引入非烯烃聚合物，即不同种类的聚合催化剂负载到多孔的聚丙烯颗粒上，引入液相或气相的非烯烃单体进行聚合反应，生成新的聚合物或接枝共聚物。Basell 公司于 1989 年最早开始此方面的研究，并称之为 Hivalloy 技术。

在组成相同的情况下，反应器聚烯烃合金的常温（20℃）和低温（−30℃）抗冲击性能比机械共混合金要好得多，主要有两个原因：一是反应器合金橡胶相与基相界面的结合更强；二是橡胶相在基相中分散的粒子直径小，橡胶粒子分散更均匀。

通过用 TREF 技术对反应器聚烯烃合金进行分离，再对分离的组分进行 DSC、^{13}C NMR、FTIR、WAXD 表征分析[485,486]，发现反应器聚烯烃合金由 3 部分组成：乙烯-丙烯无规共聚物；具有不同长度聚乙烯和聚丙烯链段的乙烯-丙烯嵌段共聚物；丙烯均聚物。研究发现，提高反应器合金中的 EPR 和乙丙嵌段共聚物含量，均能提高材料的抗冲击性能；但提高 EPR 含量，材料的弯曲模量明显降低。

8.4.4.2　热塑性硫化橡胶（TPV）

TPV（thermoplastic vulcanizate）即热塑性三元乙丙动态硫化弹性体或热塑性三元乙丙动态硫化橡胶，是高度硫化的三元乙丙橡胶微粒分散在连续聚丙烯相中组成的高分子弹性体材料。TPV 常温下的物理性能和功能类似于热固性橡胶，在高温下表现为热塑性塑料的特性，可以快速经济和方便地加工成型。TPV 热塑性三元乙丙动态硫化弹性体/橡胶将硫化橡胶材料通过动态硫化使三元乙丙橡胶 EPDM 以低于 2μm 尺寸的微粒分散在聚丙烯塑料基体中，把橡胶与塑料的特性很好地结合在一起，得到综合性能优异的高性能弹性体材料。被硫化了的橡胶是作为分散相分布在热塑性塑料连续相中，简而言之，TPV 可由 TPO 动态硫化后得到。与之相对应的热塑性静态硫化橡胶，就是指橡胶按传统方法先硫化好，然后通过磨粉设备把硫化好的橡胶磨成粉，最后与熔融的热塑性塑料共混，理论上这种方法也能制得性能优良的 TPV，但到目前为止，只是处于实验室阶段。

TPV 的主要特点为：优异的抗老化性能和良好的耐候、耐热性能；优异的抗永久变形性能；优异的拉伸强度、高韧性和高回弹性；优异的环保性能和可重复使用性能；优异的电绝缘性能；硬度范围广泛；使用温度范围广泛；颜色多样化，有全透明、半透明、浅色系列，着色容易，容易加工成型；可与 PP、PA、PC、ABS、PS、PBT、PET 等多种材料共注射或挤出成型。

TPV 主要由两部分组成，一是塑料，作为连续相，二是橡胶作为分散相。通常橡胶需要软化油或增塑剂与之配合。硫化剂和一些辅助助剂也是必不可少的。另外为了降低成本或者提高某方面的性能，一些无机填料会被添加。

许多塑料和橡胶之间可形成 TPV，但仅有个别共混物经过动态硫化后具有实用价值，目前商业化的有 PP/PE/EPDM、PP/NBR、PA6/ACM、PP/SEBS、TPEE/AEM。在化学工业出版社《热塑性弹性体》一书中对 11 种橡胶和 9 种塑料制备的 99 种橡胶/塑料共混物进行了评论，研究发现，要得到最佳性能的橡胶/热塑性塑料动态硫化共混物，必须满足以下条件：塑料和橡胶两种聚合物的表面能匹配；橡胶缠结分子链长度较低；塑料的结晶度大于 15%。当塑料与橡胶之间的极性或表面能差别比较大的情况下，添加合适的相容剂，再进行动态硫化，也可以得到性能优良的共混物。

TPV 的制备方法通常有三种，即熔融共混法、溶液共混法、胶乳共混法。其中熔融共混法是最常见的，所采用的设备主要有两种，混炼机或者双螺杆挤出机。根据工艺的不同，可以单独使用一种设备，或者两种都使用。在工业上，因双螺杆挤出机可以连续化生产，所以考虑到质量稳定，双螺杆挤出机成为最为通用的动态硫化设备。

动态硫化的具体步骤：首先在密炼机内将橡胶和塑料熔融共混，当达到充分混合后，加入硫化剂，此时一边混合一边硫化，如果硫化速度越快，那么混合程度也必须越激烈，以保证共混物具有良好的加工性能。目前因为有颗粒状的橡胶出售，所以可以不用密炼机混合塑料与橡胶，可以直接采用双螺杆挤出机混合。在具体的工艺上，动态硫化可以分 2 步走，塑料可以分两次加入，与橡胶混合，以保护塑料在动态硫化时不受硫化剂的氧化作用。

TPV 的性能和特点主要由它的组成所决定，并且动态硫化的工艺对它的影响也非常大。

从组成及工艺上来说，TPV 是经过硫化的橡胶粉末分散在塑料相中，因此在性能上更接近传统的橡胶，具有耐高温、压缩变形低、耐溶剂、耐油等。其它的热塑性弹性体在常温下尽管可以维持不错的力学性能甚至超过 TPV，但是温度一旦升高、力学性能很快降低。

在加工方面，TPV 可以在常规的塑料注塑机、挤出机、吹塑机上加工，体现了热塑性塑料的加工优势，能够以最快的速度大批量的生产产品，减少厂家在设备、人力的过度投入，在很大程度上起到了节省能源、保护环境的作用。

TPV 性能突出，替代传统橡胶有优势。TPV 是一种石油节约型、能源节约型的可持续发展的绿色高分子材料，它兼具传统橡胶的高弹性能和塑料材料的热塑性加工性能，具有密度低、可回收、易加工、能耗低、长效耐老化性等优良的特点（表 8.13）。经过综合测算，相比于传统的热固性橡胶，热塑性弹性体的加工成型能耗降低约 75%，加工生产效率提高

10倍，因此发展TPV材料被认为是橡胶工业发展的重要方向，是解决传统橡胶加工问题和橡胶回收及再利用的良好途径。世界各国也高度重视发展TPV材料替代传统橡胶，将其作为解决橡胶工业“黑色污染”和“难回收”问题的重要举措。目前TPV的主要应用领域构成为：汽车行业占30%～40%、电子电器行业占10%～15%、土木建筑行业占约10%、其他领域占30%～40%。

表8.13 TPV产品的特点和优势

TPV材料特点	相比传统橡胶的产品优势
密度低	相比传统橡胶,制成的零部件可以减轻25%～45%的重量
可回收	成型加工过程中的所有废料都可以回收,材料利用率高
易加工	采取相对简单的热塑性材料成型工艺,加工周期短、易严格控制设计公差,更易于产品设计
能耗低	无需热硫化,降低生产能耗50%～75%,可一体化生产,生产线面积是传统橡胶生产线的1/3,投资成本低
长效耐老化性	保持长久密封性和力学性能,同时在恶劣环境和高应力环境下表现出优异性能

TPV在汽车零配件领域应用广泛。由于TPV材料的优异性能，符合未来汽车轻量化的发展趋势，当前在汽车部件特别是汽车密封系统、发动机系统等领域用TPV材料的呼声越来越高，以取代传统的热固性硫化橡胶。另外TPV材料在汽车防尘套通风管系统、安全件系统（安全气囊盖、高压点火线）、汽车内外饰件、结构件等方面也有着广泛应用。在国内已经完成TPV材料替换的汽车车型中，每辆汽车大约使用量为2～3kg，国际较为领先的汽车生产企业可以做到每辆汽车使用6kg左右。

技术门槛高，国际巨头占据全球90%产能。TPV作为一种新型材料，对生产设备的要求比较特殊，需要专门定制设备。生产TPV的过程也相对复杂，一般工艺技术人员和技术工人在具备专业技术支持的情况下，也需要经过2～3年时间的摸索、调试才能掌握相关工艺技术关键环节。由于生产TPV需要的技术门槛高，目前全球仅有大约62万吨的产能，其中美国AES公司具有50万吨产能，领先优势非常明显，再加上美国Teknor Apex公司的6万吨/年产能和日本三井公司的3万吨/年产能，国外巨头企业占据全球90%以上的产能。国内仅有公司具备万吨以上的TPV生产能力，南京奥普特和张家港美特公司的产能规模紧追其后，其他公司的生产规模则基本都在1000吨/年以下。国内外TPV产能情况见表8.14。

表8.14 国内外TPV产能情况

项目	公司	目前产能/(万吨/年)	备注说明
国外	美国AES公司(埃克森美孚子公司)	50	
	Teknor Apex	6	未来继续投放10万吨/年产能
	日本三井	3	
国内	道恩	1.4	
	南京金陵奥普特高分子材料公司	0.3	2016年IPO募集资金扩建2.1万吨/年产能
	张家港美特高分子材料有限公司	0.5	热塑性弹性体(包括TPE、TPV、TPO、TPR等产品)总产能在1.2万吨/年
	大连科盟高分子材料有限公司	<0.1	
	四川晨光科信新塑胶公司	<0.1	产品质量与国际先进水平还有一定差距,主要应用于建筑、生活用品、电子电器等领域
	鄂州鄂丰橡塑材料公司	<0.1	
	三博高分子合金宁波公司	<0.1	

目前医用橡胶塞的主流材料是热固性溴化丁基橡胶（TSIIR），相比于天然橡胶已经在

安全性能和密封性能上有所改进，但仍然存在易落屑、能耗大、生产效率低、产生环境污染等问题。而热塑性医用溴化丁基橡胶（TPIIR）材料则较好地解决了以上问题，特别是能耗低、无边角废料浪费、生产效率高、无污染、可回收利用等优点，使得 TPIIR 成为下一代医用橡胶材料。热塑性溴化丁基橡胶产品的优势见表 8.15。

表 8.15　热塑性溴化丁基橡胶产品的优势

项目	天然橡胶塞	热固性溴化丁基橡胶	热塑性医用溴化丁基橡胶
安全性	含有可能生成的来硝铵（致癌物质）、易落屑	易落屑，同时生产过程复杂，达到医用洁净要求难度大	无毒性，使用安全性能高
密封性能	密封性较差，易老化	密封性能好	密封性能好
生产能耗	能耗大	采用模压硫化成型，存在 15%边角余料浪费	能耗仅为传统热固性橡胶能耗的 25%左右，无 15%的边角废料浪费
生产效率	生产工艺问题多，效率较低	生产流程长，设备昂贵，加工时间通常 6～8min	工艺相对简单，设备投资小，加工时间 30～40s
环境污染	存在污染	产生粉尘、硫化烟气，存在环境污染问题	不产生余料和废料，过程安全，产品可回收利用

TPV 较简单共混 TPO 开发较晚，但发展速度很快，目前全球范围 TPV 的市场容量大约 60 万吨，年均增速在 10%左右，具体见图 8.20。

汽车领域应用是 TPV 市场快速增长的主要驱动力，TPV 60%应用于汽车领域，主要应用范围包括耐候性密封件（包括动态和静态密封件，TPV 用量在 1～5kg/辆）、车厢内外饰、防尘套通风管系统、安全件系统（安全气囊盖、高压点火线）等。一方面汽车产业将持续发展，另一方面 TPV 在汽车中的应用比例越来越高，预计未来汽车行业将成为 TPV 市场增长的主要驱动力。汽车消费增长预期乐观，车用 TPV 空间巨大。国内汽车工业近年来经历了快速增长，随着我国城镇化进程不断加快，三四线城市的购车需求不断增加，未来汽车的增长空间仍然可观[487]。中国车用 TPV 市场规模预测见图 8.21。

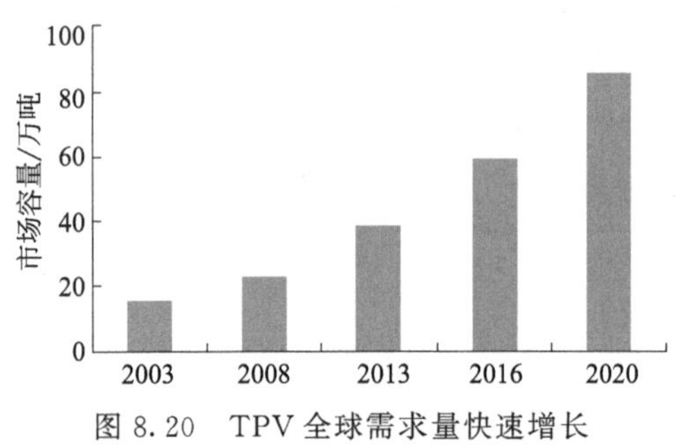

图 8.20　TPV 全球需求量快速增长

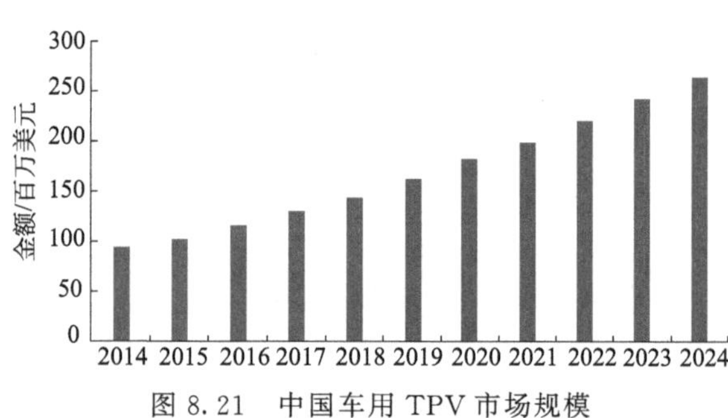

图 8.21　中国车用 TPV 市场规模

8.4.5　聚烯烃增强改性

聚烯烃复合材料是聚烯烃与其他物质以不同方式组合而成的材料，能够发挥不同材料的优点，克服单一材料的缺陷，扩大材料的应用范围。

随着全球变暖、雾霾、大气层破坏等日益严重的环境问题，环保越来越受到人们的重视，根据中国《国家应对气候变化规则（2014—2020）》，我国 2020 年二氧化碳排放总量比 2005 年降低 40%～45%[488]，通过汽车、飞机的轻量化实现节能减排和废弃材料的回收利用大大降低了对环境的污染。同热固性树脂基复合材料相比，热塑性复合材料具有以下优点[489-491]：韧性、高疲劳强度和抗冲击损伤容限；纤维增强预浸料存储周期较长，存储条件要求简单；成型工艺性好、成型快、大大提高了生产效率；下脚料、废料可以再次加工成型或回收利用，对环境污染小；可设计性强、材料损伤后易修复。由于这些优点弥补了热固性树脂基复合材料的不足，得到更多学者的关注和重视，成为研究的热点。

20 世纪 50 年代起，增强纤维的长度和热塑性复合材料的发展历程可以划分为三个阶段：短纤维增强的热塑性复合材料（SFT）、长纤维增强的热塑性复合材料（LFT）、连续纤维增强热塑性复合材料（CFRTP）。CFRTP 同 SFT、LFT 相比具有更高的强度、模量、耐疲劳性能，在包装、机电设备、交通和航空航天等工业应用中越来越重要[492]。

8.4.5.1　聚烯烃/玻璃纤维增强复合材料

玻璃纤维增强改性 PP 材料尤其是长玻纤增强聚丙烯（LGFPP）材料在汽车部件上的研究与应用（如在前端模块、仪表板骨架、车门模块等典型部件的应用）是多年来的研究热点之一。

LGFPP 制品指含有长度为 10～25mm 的玻璃纤维改性的 PP 复合材料经过注塑等工艺形成的三维结构。10～25mm 的长玻璃纤维增强聚合物相比普通 4～7mm 的短玻璃纤维增强聚合物具有更高的强度、刚度、韧性，以及尺寸稳定性好、翘曲度低等优势。此外，LGFPP 材料比短玻璃纤维增强 PP（GFPP）有着更好的抗蠕变性能，即使经受 100℃的高温也不会产生明显的蠕变。

在注塑成品上，长玻纤交错成立体网络结构，即使聚丙烯基材灼烧后，长玻纤网络仍形成一定强度的玻纤骨架，而短玻纤灼烧后一般则形成无强度的纤维骨架。造成这种情况，主要因为增强纤维的长径比值决定增强效果，临界长径比小于 100 的填料和短玻璃纤维没有增强作用，而临界长径比小于 100 的长玻璃纤维则起到增强作用。

与金属材料和热固性复合材料相比，LGFPP 的密度低，相同部件的重量可减轻 20%～50%；LGFPP 能为设计人员提供更大的设计灵活性，可成型形状复杂的部件、提高集成汽车零部件的能力、节约模具成本（一般长玻璃纤维增强聚合物注塑模具的成本约为金属冲压模具成本的 20%）、减少能耗（长玻璃纤维增强聚合物的生产能耗仅为钢制品的 60%～80%，铝制品的 35%～50%）、简化装配工序。

汽车部件用矿物纤维增强 PP 的新产品，具有强度高、热膨胀系数低、耐高温、阻燃性能好、低浮纤、低翘曲、低收缩等特点。长纤维增强聚丙烯被用于轿车的仪表板本体骨架、电池托架、前端模块、控电盒、座椅支撑架、备胎盘、挡泥板、底盘盖板、噪声隔板、后车门框架等。对于汽车前端模块，采用聚赛龙 PP-LGF30 材料，可将散热器、喇叭、冷凝器、托架等超过 10 个传统金属件集成于一个整体；相比金属件更耐腐蚀，密度小、重量减轻约 30%，具有更高的设计自由度，可直接回收无需分类处理；降低了制造成本，有明显的降本优势。对于软质仪表板骨架材料，采用聚赛龙 LGFPP 材料弯曲模量更改，比填充 PP 材料强度更高、流动性更好，在相同强度下，仪表板设计厚度可减薄从而减重，一般减重效果约 20%。同时，可将传统的多个部件仪表盘托架发展为单个模块。此外，仪表板前除霜风道本体、仪表板中间骨架选材，一般与仪表板本体骨架采用同一种材料，可进一步提升减重效果。在

图 8.22　车内饰材料

座椅靠背应用方面（图 8.22），替代传统钢材骨架可实现减重 20%、优异的设计自由度和力学性能、扩大的乘坐空间等特点。

用玻璃纤维毡增强热塑性塑料（GMT）制造支架、托架和多功能制件等；应用塑料制造进气歧管可减轻重量 40%～60%，且表面光滑，流动阻力小，可提高发动机性能，并在提高燃烧效率、降低油耗及减振降噪方面有一定作用。开发在基体聚合物中掺入电导性填料的复合型电导性塑料和本身具有电导性的电导性高分子化合物，材料的多功能附加值可供汽车生产选用。

8.4.5.2 聚烯烃/碳纤维增强复合材料

从 20 世纪 60 年代起，为适应军工、宇航等尖端技术对工程塑料的需要，又开发了碳纤增强热塑性塑料（CFRTP），克服了玻纤增强热塑性塑料（GFRTP）的不足，使材料性能更加优异，应用更加广泛。自 70 年代中期以来，碳纤维一直作为提高塑料基材性能的增强纤维被大规模工业生产。它们由超过 90%的纯碳组成。由于具有高弹性模量，碳纤维极其适用于对刚性要求很高的应用。玻璃纤维和芳纶纤维具有较高的电绝缘性能，而碳纤维是导电的。虽然碳纤维具有导电性，但并不说明碳纤维填充材料也应具备导电性，专门针对电活性应用而设计的材料除外。与玻璃纤维相比，碳纤维非常适用于滑动磨损和低摩擦应用。它们可以提高材料的滑动性能并显著提高耐磨性能。除了防止疲劳，抗腐蚀也成为碳纤维复合材料与铝材相比较的一个重要优点。复合材料另外一个优点是它也减少了非常规性的保养维护。比如地板结构就完全由复合材料建成，在极端条件下，复合材料可以忍受比铝材更多的疲劳开裂和腐蚀问题，比如底部的复合材料大梁。另外，复合材料的机身也支持螺栓修理，很好地提升了空气动力学和美学的外观，而且比起黏结维修，螺栓维修比较省时，也没有在高温下被损坏的风险[493]。

由于碳纤维材料成本的下降，碳纤维增强高分子材料（CFRP）的应用领域已经从之前的国防、运动用品慢慢渗透到航空航天、风能与汽车应用。航空与风能对 CFRP 做了最主要的贡献，但由于成本问题，它在汽车配件上目前还不能唱主角，比如我们看到的也仅仅是诸如兰博基尼等高端汽车上的应用。

目前大约 21.2 美元/千克的量产成本仍需要降低，才能大规模渗透到汽车市场，途径就是通过改进碳纤维的合成技术，比如前面提到的聚烯烃为前驱体的碳纤维、等离子体氧化、微波辅助的碳化等技术，可能帮助量产成本下降到 10.5 美元/千克。用碳纤维增强塑料制造的板簧为 14kg，减轻重量 76%。在美国、日本、欧洲都已使板簧、圆柱形螺旋弹簧实现了纤维增强塑料化，除具有明显的防振和降噪效果外，还达到轻量化的目的。

玻纤增强聚丙烯是当前 FRTP 的重要品种。实践证明，当玻纤含量在 30%～40%时，强度可达峰值（100MPa），大大高于未增强的各类工程塑料。在高温条件下，其弯曲模量等于 ABS，疲劳强度优于聚甲醛。就冲击而言，纯 PP 是低温脆性材料，增强后性能显著改善，耐老化、耐水、绝缘性能也有不同程度的提高。

由于 PP 是非极性的，与玻纤连接需要采取特殊手段，如对玻纤做表面特殊处理，引进新的偶联剂，或在聚丙烯中接入极性基团，改善界面黏结性。但使用碳纤增强无此障碍，碳纤表面无需特殊处理，二者以范德华力黏结成整体，使性能大大改善，因此，特别受到重视。

碳纤维对聚丙烯有一定的异相成核作用，提升了聚丙烯基体的非等温结晶峰温度与结晶度，并且促进 PP 基体中形成了 β 晶型。等温结晶过程中聚丙烯易于在碳纤维断面端部成核结晶。EPDM-g-MAH 与 SEBS-g-MAH 在 PP 基体中的分散性较好，使 PP 的冲击强度与断裂伸长率有明显的提升，加入 EPDM-g-MAH 与 SEBS-g-MAH 的 PP/CF 复合材料具有较高的冲击强度与弹性模量。PP/CF 复合材料中增韧剂的加入导致了基体聚丙烯的成核能力的降低与结晶生长速率减慢。增韧剂并未改变 PP/CF 复合材料的结晶晶型，加入增韧剂的 PP/CF 复合材料中碳纤维的成核作用变得明显，使复合材料中的球晶主要生长在碳纤维附近。

我国应加快对碳纤维的研发，力争在设备、技术上得到实质性的突破，并提高性能，降低成本，以使我国碳纤维工业得到跨越式的发展；同时，也能推动汽车及其相关行业的快速发展。

8.4.5.3　聚烯烃/石墨烯复合材料

石墨烯是由 sp^2 杂化碳原子组成的具有蜂窝结构的二维材料，单层石墨烯仅有 0.335nm，目前发现的最薄的片层无机材料，是目前已知材料中力学性能最好的，如极限拉伸强度高达 130GPa，杨氏模量高达 1TPa。另外，石墨烯还具有非常高的热导率［5000W/(m·K)］、电导率（6000S/cm）和突出的比表面积（2600m^2/g），这些优异的综合性能为制备高性能石墨烯/聚合物基复合材料奠定了良好的基础。

石墨烯的发现及聚烯烃在工业上的广泛应用，为制备高性能石墨烯/聚烯烃复合材料奠定了良好的基础。早期的聚烯烃基复合材料主要选用碳酸钙、滑石粉、硫酸钡等作为功能性填料，存在粒径较大、难以分散、增强效果不明显的缺点，且由于填料用量较大导致界面作用力弱；碳纳米管、碳纳米纤维在聚烯烃中复合材料中的应用解决了上述问题，但同时也存在制备成本过高、工业化困难的门槛问题。与其他碳材料相比，石墨烯具有成本低廉、力学性能卓越、分散容易的优点，为聚烯烃的改性提供了新的机会。近年来，石墨烯/聚合物复合材料的研究引起了研究者们极大的兴趣，国内外有了大量的研究论文和评述。

8.4.6　聚烯烃阻燃改性

高分子材料用途广泛，但高分子材料大多数易燃烧，有些高分子材料燃烧时会产生大量的有害气体和烟雾，由此产生的火灾隐患成为全球关注的问题。添加有效的阻燃剂，使高分子材料具有难燃性、自熄性和消烟性，是目前阻燃技术中较普遍的方法。阻燃剂可分为含卤阻燃剂、无卤阻燃剂。目前，含卤阻燃剂仍占主导地位，但其发烟量大，燃烧时放出卤化氢气体，造成二次公害，所以高分子材料阻燃已趋向于无卤化。无卤阻燃剂有阻燃效果好、低烟、无毒等优点，因此，越来越受到重视。随着环保的高标准以及用户对阻燃等级的高要求，高效的无卤 V-0 体系是阻燃必然的发展趋势。在保证高效阻燃的同时，保持材料其他性能的稳定其实并不容易。

聚烯烃阻燃剂常用的体系有以下几种。

(1) 溴系

传统的含卤阻燃剂中，PP 一般用八溴醚＋三氧化二锑，比例一般为 3∶1，缺点是溴会析出，而且做不到真正的 V-0。PE 一般用十溴二苯乙烷＋氧化二锑，比例一般也为 3∶1，这是一个很成熟的配方，但是成本太高、受价格影响比较大。

(2) 磷系

磷系阻燃剂是阻燃剂中最重要的一种，磷系阻燃剂的阻燃机理为：一方面阻燃剂受热分解产生磷酸、偏磷酸、聚偏磷酸，这些含磷酸具有强烈的脱水性，可使聚合物表面脱水炭化，而单质碳不能发生产生火焰的蒸发燃烧和分解燃烧，所以具有阻燃作用；另一方面阻燃剂受热产生PO·自由基，可大量吸收H、HO自由基，从而中断燃烧反应。用于聚烯烃的磷系阻燃剂主要有磷酸酯、膦酸酯、氧化膦等。

含磷化合物存在许多氧化态，它们的受热分解产物具有强烈的脱水作用，使所覆盖的聚合物表面炭化，形成炭膜，起到阻燃作用。磷系阻燃剂还有增塑功能，它可使阻燃剂实现无卤化。一般磷系包括无机磷系和有机磷系。无机磷系阻燃剂包括红磷、磷酸铵盐和聚磷酸铵；有机磷系阻燃剂包括磷酸酯、氧化磷、膦酸酯和膦盐等系列。

磷酸酯阻燃剂属于添加型阻燃剂。由于其资源丰富，价格便宜，应用十分广泛。磷酸酯是由相应的醇或酚与三氯化磷反应，然后水解制得。市场上已开发成功并大量使用的磷酸酯阻燃剂有磷酸三甲苯酯、磷酸三苯酯、磷酸三异丙苯酯、磷酸三丁酯、磷酸三辛酯、甲苯基二苯基磷酸酯等。磷酸酯的品种多，用途广，但大多数磷酸酯产品为液态，耐热性较差，且挥发性很大，与聚合物的相容性不太理想。为此，国内外开发出了一批新型磷酸酯阻燃剂，如美国的Great Lake公司开发的三(1-氧代-1-磷杂-2,6,7-三氧杂双环［2,2,2］辛烷-4-亚甲基)磷酸酯（Trimer）及1-氧代-4-羟甲基-2,6,7-三氧杂-1-磷杂双环［2,2,2］辛烷(PEPA)[494]。Trimer的特点是结构对称，磷的含量达21.2%，PEPA的含磷量为17.2%。这两种磷酸酯阻燃剂为白色粉末，热稳定性非常好，且与聚合物有很好的相容性。

氧化膦是一种特别稳定的有机磷化合物，所得的阻燃材料色泽好，力学性能强。其产品有Robertson在1990年合成的环状氧化二膦阻燃剂[495]，是一种反应型阻燃剂，但Cyanamid Canada公司将这种阻燃剂用在聚丙烯中作为添加型阻燃剂，这种阻燃剂的特点是含有多个羟基。

(3) 无卤膨胀体系（IFR)

IFR是一种新型的阻燃体系，以磷和氮为有效阻燃组分，不含卤素，也不必采用氧化锑为协效剂。IFR的阻燃机理是在受热时，成炭剂在酸源作用下脱水成炭，并在发泡剂分解的气体作用下，形成蓬松有孔封闭结构的炭层，炭层可减弱聚合物与热源间的热量传递，并阻止气体扩散。聚合物由于没有足够的燃料和氧气，因而终止燃烧。此层能隔热、隔氧、抑烟等，并能防止熔滴，因而具有良好的阻燃性能。IFR体系一般是由酸源、碳源及气源组成，通常有混合型和单体型（三源同存于单一分子内）两种。从总体上来看，IFR体系还处于开发阶段，现有IFR体系普遍存在着添加量大、吸湿率高的缺点，还有待于进一步完善。为此人们做了大量的工作，有效地弥补了IFR使高分子材料使用性能下降的不足，所以有很大的发展前景。世界上已经商品化的膨胀型阻燃剂有美国Great Lake公司开发的CN-329[496]，Borg-Warner化学品公司开发的Melabis。CN-329适用于PP，在PP的加工温度下比较稳定，且具有良好的电性能。在添加量为30%时，材料氧指数可达34%[497]，可见CN-329是一种良好的PP阻燃剂。从分子中可看出，Melabis具有丰富的酸源和碳源，改善了酸源、碳源、气源的比例，使得Melabis的吸潮性比CN-329低得多，是一种优秀的阻燃剂。

目前，膨胀型阻燃剂在PP中应用时出现以下问题：

① 与聚合物基体相容性较差，膨胀型阻燃剂与聚合物的极性相差很大，导致其相容性差，使聚合物的电性能和绝缘性能有所下降，尤其是力学性能如拉伸强度和抗冲击强度大幅度下降；

② 易吸潮，如APP/PER/MA膨胀阻燃体系，不但多羟基容易吸湿，黏度高、耐温性能低，而且各成分之间易发生醇解，导致阻燃聚合物耐水性差；

③ 一般的膨胀型阻燃剂的分子量小，易迁移到聚合物表面，从而导致阻燃产品的物理

机械性能差，尤其外观性差；

④ 焦磷酸哌嗪体系是最近几年刚开始流行的产品，价格太高，目前国内有几家企业正在开发，质量很好，比 APP 成本产一吨 PP 增加 2000～3000 元，有一个优势是可以加 20%～30%的短玻纤。

（4）氮系阻燃剂

氮系阻燃剂有挥发性极小、无毒、与聚合物相容性好、分解温度高、适合加工等优点，成为很受欢迎的一类阻燃剂。其阻燃机理为：

① 受热放出 CO_2、NH_3、N_2 气体和 H_2O，降低了空气中氧和高聚物受热分解时产生的可燃气体浓度；

② 生成的不燃性气体，带走了一部分热量，降低了聚合物表面的温度；

③ 生成的 N_2 能捕获自由基，抑制高聚物的连锁反应，从而阻止燃烧。

最常用的氮系有机阻燃剂是三聚氰胺，单独使用效果并不太好，需和其它阻燃剂复合使用，最常见的是和聚磷酸胺、季戊四醇复配使用。另外，国内外先后合成了一些新型的氮系阻燃剂，如美国和日本在 20 世纪 70 年代开发出的 MCA[498]，是用三聚氰胺和氰尿酸反应制得的。国内刘军等[499] 人以三聚氯氰为原料，分别选取不同的有机胺、醇胺作取代试剂，合成出三嗪衍生物。

目前，含卤阻燃剂仍占主导地位，但其发烟量大，燃烧时放出卤化氢气体，造成二次公害，所以高分子材料阻燃已趋向于无卤化。无卤阻燃剂有阻燃效果好、低烟、无毒等优点，因此，越来越受到重视。无卤阻燃剂分为无机类和有机类。无机类阻燃剂有 $Al(OH)_3$、$Mg(OH)_2$、红磷、可膨胀石墨、聚磷酸铵等。

由大量添加无机氢氧化物（氢氧化铝、氢氧化镁）而得到的无卤阻燃聚烯烃材料通常是通过损失其力学性能来达到满足阻燃、低毒、低烟等性能的要求。由于其断裂伸长率很低（$<200\%$），材料的柔韧性差，在用作阻燃电缆护套时，不能满足对护套材料柔软性的要求。所以必须经过预处理，对无机阻燃填料进行表面处理，才能使无机填料均匀分散到聚合物中，在有机硅功能改性母料的作用下，与基体树脂分子结合良好，从而解决了材料在阻燃性能、电气性能、力学性能及加工性能间的矛盾。

随着高聚物材料阻燃化处理技术的不断发展，对阻燃剂的综合性能的要求也越来越高，既要达到规定的阻燃级别，还要有良好的物理机械强度、非腐蚀性、低烟性、无毒性及热稳定性等。未来无卤阻燃剂的发展方向主要有以下几个方面。

① 表面化处理。目前开发的阻燃剂因与聚合物的相容性不好而损坏其力学性能。为了减小阻燃剂的加入对材料力学性能的影响，保持材料原有的加工性能，用表面活性剂处理阻燃剂，增加阻燃剂与材料的相容性是一条很重要的途径。常用的表面处理剂有硅烷偶联剂、钛酸酯偶联剂、硬脂酸钠等。

② 微细化处理。较大的阻燃剂颗粒会损害材料的物理机械性能，有文献报道氢氧化铝的阻燃性与其颗粒大小成反比关系。对阻燃剂微细化，甚至纳米化，既可增大阻燃剂与材料的接触面积以提高相容性，又可降低阻燃剂的用量。

③ 协同效应。将几种不同的阻燃剂进行复配，混合使用，不但可以提高阻燃效果，还可使材料的物理机械性能的损坏减小到最小。例如在膨胀阻燃聚丙烯中加入少量的 $Mg(OH)_2$，整个体系的阻燃性能大大增加。

④ 提高阻燃剂的热稳定性。聚合物成型加工通常需要较高的温度，因此，合成热稳定性高的阻燃剂是提高聚合物阻燃性的重要方面。

⑤ 简化阻燃剂复配。通常阻燃剂的复配组分有一最佳配比，而这一配比一般需通过做许多实验才能得到。合成集酸源、碳源和气源于一身的“三位一体”的膨胀型阻燃剂可以大大地简化阻燃剂复配的过程。

8.4.7 其他聚烯烃复合材料

无机-有机纳米复合材料是指无机填料以纳米尺寸分散在有机基体中形成的复合材料。其分散相至少在一维方向上小于 100nm。由于分散相的纳米尺寸效应、表面界面效应、量子尺寸效应和宏观量子隧道效应，导致该种新材料在力学、光学、磁学、电子、催化等方面具有特殊的性能和功能，展现出广阔的应用前景。

聚烯烃是目前产量最大的树脂品种，用途极为广泛。为了进一步提高材料的性能，对其进行改性，这不仅具有学术价值，而且为传统产品的提档更新换代带来跨时代的意义。新近发展起来的聚合物基纳米复合材料将为聚烯烃的高性能化和高功能化提供新的途径。

8.4.7.1 聚烯烃/木塑复合材料

木塑材料，国外统称为 wood-plastic composites，简称 WPC，国内又称为塑木。木塑材料是以再生聚烯烃塑料（PE、PP、PVC 等）和生物纤维（如木粉、木屑、农作物秸秆、稻谷壳等）作为纤维增强材料或填充料，经过预混除湿、造粒、挤出成型工艺复合而成的一种新材料。木塑材料拥有着塑料和木材的双重优势，不仅防水、防潮、防霉变、防白蚁，更具有超长寿命，零甲醛，无污染，无公害，可循环利用的优异特性。同时，木塑材料有着很好的可塑性；木塑材料的不开裂、不膨胀、不变形的品质又节省了后期维修与养护成本，于是，木塑材料便理所当然成了理想的木材替代品。

木塑复合材料内含塑料，因而具有较高的弹性模量。抗压、抗弯曲等性能与硬木相当，并且其耐用性明显优于普通木质材料。聚乙烯复合木塑板具有优异的防水性和防腐性，硬度高，并且易于加工。但是木塑产品在实际应用中还存在明显的不足：由于天然植物纤维木粉中含有大量羟基官能团，具有较强的化学极性和亲水性，导致其与非极性基体（如 PE、PP 等）的相容性差；植物纤维表面的大量羟基，在进行混炼时，较易在分子之间形成氢键，导致植物纤维团聚，引起应力集中，最终造成复合材料的力学性能下降；塑料是木塑复合材料的主要成分之一，而塑料在长期的载荷下往往会发生蠕变现象，因此木塑复合材料在加工过程中也会发生蠕变现象。因此，如果能够克服或改善木塑复合材料自身的一些缺点，那么在某些领域的应用限制便可以得到突破，能在更多的领域发挥更重要的作用[500]。

8.4.7.2 聚烯烃/黏土复合材料

聚合物基纳米复合材料主要包括两类：聚合物/无机纳米粒子复合材料及聚合物/层状无机物纳米复合材料[501-503]。此外，还有原位聚合法和溶胶-凝胶法制备的纳米复合材料。第一类材料表现出优异特性，其中，聚烯烃/无机纳米粒子复合材料同样具有特殊的性能和功能。但由于纳米粒子具有极高的表面能，在基体中很容易团聚，且其价格一般较高，故其应用受到了限制。解决纳米粒子在聚烯烃基体中的分散问题，已成为当今的研究热点。第二类材料中，鉴于聚烯烃主链上不含有极性基团和可反应性官能团，而层状硅酸盐等无机材料却具有高极性表面，要实现二者纳米尺度上的分散涉及物理、化学、材料加工等许多方面的理论问题。为此，该类纳米复合材料的制备又被认为是聚合物纳米复合材料制备中的一个难点，这方面的研究工作近些年来才刚刚兴起。

聚合物/黏土纳米复合材料的兴起始于 20 世纪 80 年代末、90 年代初丰田研发中心的研究人员在聚酰胺 6/黏土杂化材料方面的开拓性工作[504,505]。A. Okada 和 A. Usuki 在发表的文献中回顾了这一发现的详细过程[506]，聚合中引入的少量有机化处理的黏土使得材料的强度、刚性和耐热性显著提高，这类轻质高强的材料引起科研和工业界的极大关注。

将黏土（主要为层状硅酸盐）以纳米尺度分散于聚烯烃基体中，可以充分发挥黏土纳米粒子与聚烯烃树脂各自的特性，制备性能优异的黏土/聚烯烃纳米复合材料。聚烯烃作为最广泛使用的树脂，由于其分子链上不含有极性基团，而黏土作为一种亲水性物质，必然导致了两者之间的相容性差，通过直接的熔融复合难以将黏土均匀地分散在聚烯烃基材中。美国 Cornell 大学、Pennsylvania 大学、Dow Chemical Company、日本丰田研究发展中心和中国科学院化学研究所等在实验室制备出 PE、PP 以及 PS 与黏土的纳米复合材料[507-511]，并进行了动力学研究[512]。

在聚烯烃黏土纳米复合材料的制备中最常用的黏土是具有层状结构的蒙脱土，它是一类 2∶1 型的层状硅酸盐物质，即每个单位晶胞由 2 个硅氧四面体中间夹杂着一层铝氧八面体构成，二者之间靠共用氧原子连接。这种四面体和八面体的紧密堆积结构使其具有高度有序的晶格排列，每层厚度约为 1nm，具有很高的刚度，层间不滑移。蒙脱土的铝氧八面体上部分三价铝被二价镁同晶置换，层内表面具有负电荷。过剩的负电荷通过层间吸附的阳离子来补偿，通常有 Ca^{2+}、Mg^{2+}、K^{+}、Na^{+} 等，它们很容易同有机或无机阳离子进行交换得到离子交换型黏土[513]。

根据硅酸盐片层在聚合物基体中的分散状态，聚合物/黏土纳米复合材料主要可分为两大类[514]：插层型纳米复合物；剥离型纳米复合物。在插层型复合物中，聚合物进入硅酸盐片层，使片层间距增加，相互作用面积显著增加。硅酸盐片层在近程保持有序，远程则为无序。剥离型复合物中，层状硅酸盐全部被解离为片层结构，均匀地分散于聚合物基体中，达到纳米尺度上的均匀混合。此时，片层与基体间作用面积大大增加。

对于聚烯烃/黏土纳米复合材料，实验结果表明，其结构有的为剥离型[515]，有的大部分为插层型[516]。上述模型和理论对该类材料的结构形态的深入研究同样具有指导意义。

以黏土填充聚烯烃，有如下优点。

① 黏土的含量一般仅为 3%～5%，却能使材料的物理机械性能有很大提高，而传统的增强填料如 SiO_2、炭黑等的填充量高达 20%～60%。

② 黏土粒子具有各向异性的片状形态及高度一致的结构，从而提高了塑料制品的溶剂和气体分子阻隔性。

③ 低应力条件下能提高塑料制品的尺寸稳定性。

④ 较高的热变形温度。

⑤ 纳米蒙脱土/热塑性聚烯烃复合物容易再生利用，其力学性能能够在再生中得到提高。

⑥ 具有胶体性质的黏土微粒表面易化学修饰，能成功地应用于染色、印刷和黏合等。

⑦ 具有抗静电性和阻燃性。

⑧ 填料颗粒小，塑料制品的表面更加光洁[517]。

低密度、高强度（强度是钢的 10 倍）的塑化钢材料离人们的生活越来越近。聚烯烃复合材料，尤其是层状结构的黏土/聚烯烃纳米复合材料，由于其优异的综合性能，具有广阔的应用前景。产量最大的各种型号聚乙烯及聚丙烯一旦融入复合材料家族，必将成为一类新型高性能工程塑料。层状硅酸盐，尤其是蒙脱土/聚乙烯及聚丙烯纳米复合材料的研制势在必行。当前需要解决的问题是：进一步提高原土的改性技术，在降低蒙脱土使用量与提高材料的热性能、力学性能之间做文章。以温和的反应条件，原位插层聚合制备性能优异的蒙脱土/聚乙烯、蒙脱土/聚丙烯纳米复合材料。各类聚烯烃基纳米复合材料的制备方法可相互借鉴。采用非 MAO 活化的多组分后过渡金属配合物催化剂体系，将催化剂设计成一端极性强，另一端极性很小的结构，直接负载于原土层间，原位聚合形成复合材料。选择合适的聚合方法，使聚烯烃链不仅能嵌入所有的硅酸盐片层之间，形成完全插层的复合材料；而且使黏土片层完全无规分散于聚烯烃基体中，形成近乎分子水平分散的纳米混杂材料。

8.4.7.3 $CaCO_3$/聚烯烃复合材料

随着技术与理论的不断发展，碳酸钙已由原来的单纯填充剂变为一种新型的功能性填充材料。填充大量的 $CaCO_3$ 不会明显降低制品的性能，有些性能还会大幅度增强。同时，在无机刚性粒子增韧理论和界面诱导理论指导下，采用新的表面活化技术和共混技术，$CaCO_3$/聚烯烃复合材料在保证使用性能的条件下，填充量最高可达 60%～70%（按质量计），可以大量减少树脂的用量，节约石油资源、降低制品成本。常见的 $CaCO_3$/聚烯烃复合材料塑料制品，基体树脂主要是聚丙烯，在高的 $CaCO_3$ 填充量下是非常容易降解的，个别产品主体是聚乙烯，可通过加入少量光降解母粒使其成为可降解塑料，所以这些产品都是环保型产品。某些易回收产品如一次性替代木筷和合成铜版纸等，短期内可回收利用。对于不易回收再利用的产品，则可以采取国外焚烧回收热能的方法。$CaCO_3$ 填充量大于 30%（按质量计）的塑料制品，是容易充分燃烧的，而且不会因粘壁引起爆炸。所以，$CaCO_3$/聚烯烃复合材料塑料制品作为一种理想的环保产品，已越来越受到人们的认可，在治理“白色污染”方面必将发挥更大的作用。

苏新清等[518]采用熔融共混法制备了一种新型 PP/丁苯橡胶/纳米碳酸钙三元纳米复合材料。研究结果显示，复合材料中的大多数纳米碳酸钙粒子被包藏在丁苯橡胶中，并与之共同形成分散于 PP 树脂中的分散相，这种 PP 纳米复合材料具有高刚性、高韧性、高耐热性和高的结晶速率。同时，还研究了纳米碳酸钙的用量对该类纳米复合材料相态结构的影响，结果表明，纳米碳酸钙用量的提高可使体系中分散相粒径减小。

佟妍等[519]对比研究了纳米碳酸钙对 PP 的填充改性以及利用钛酸酯偶联剂对纳米碳酸钙进行表面处理后，对于纳米碳酸钙/PP 复合材料体系的力学性能的影响。结果表明，纳米碳酸钙/PP 复合材料的力学性能，随纳米碳酸钙质量分数的增加，呈现出先增大后减小的趋势。钛酸酯偶联剂改性处理纳米碳酸钙粒子后，其复合体系的冲击强度和断裂伸长率有明显的提高，力学性能得到显著的改善。随钛酸酯偶联剂用量的增加，力学性能也呈现出先增大后减小的变化趋势。

PE 具有良好的物理性能、化学性能和加工性能，广泛应用于工业生产和生活中[520]。PE 主要包括高密度聚乙烯、低密度聚乙烯和线型低密度聚乙烯等几种。目前，纳米碳酸钙填充改性 PE 的研究主要集中在力学性能[521]、界面特性[522]和热降解[523]等方面。

8.5 聚烯烃功能化及改性最新进展

8.5.1 聚烯烃前功能化技术最新进展

8.5.1.1 热塑性弹性体研究进展

茂金属催化剂的开发和发展推动了热塑性弹性体合成技术的进步。目前 Dow 化学、ExxonMobil 公司、三井化学等公司都有成熟的催化剂和生产技术，而我国 POE 的开发还处于初期状态[524]，迄今还未能实现 POE 的工业生产。乙丙橡胶方面，最新趋势是在前期三种聚合单体的基础上再增加烯烃单体种类，聚合生产四元或多元乙丙橡胶。Kaminsky

等[525] 以 [Me_2C(3-MeCp)(Flu)]$ZrCl_2$/MAO 催化体系，分别进行了乙烯/丙烯/1-己烯/ENB 和乙烯/丙烯/1-辛烯/ENB 的四元共聚，大幅降低两种乙丙橡胶的玻璃化转变温度，提高了橡胶的低温性能。Exxon 公司[526] 进行了乙烯/丙烯/ENB/VNB 的四元共聚，得到了既有较好韧性又有良好硫化性能的四元乙丙橡胶。

POE 的研究方面，2005 年，Dow 化学利用自己开发的吡啶氨基铪催化剂和溶液聚合工艺，结合三井化学公司的 FI-Zr 催化剂，开发了新型“链穿梭”聚合（chain shuttling polymerization）技术[527,528]，得到了一种新型烯烃嵌段共聚物（olefin block copolymer，OBC），商标为 Infuse™。该产品以乙烯与 1-辛烯为原料，不是 POE 的无规结构，而是软硬段交替的多嵌段结构。比起 POE，OBC 的结晶速率更快，结晶形态更规则，具有更高的熔点和更低的玻璃化转变温度。因此 OBC 的耐热性能强于 POE，力学性能和弹性回复等方面也表现出更优越的性能，实现了刚韧性平衡[529]。弹性体聚合工艺及催化剂研究方面，各大公司均进行了高温溶液聚合工艺的开发。除了 Dow 化学的 CGC 催化剂外，ExxonMobil[530]、LG 化学[531]、住友化学[532,533] 等公司也开发出了耐高温茂金属催化剂。2012 年，Dow 公司开发了一种近临界分散聚合工艺[534,535]，使聚合反应温度高于聚合物的低临界溶解温度（LCST），反应压力低于浊点时的压力，从而使反应器内物料处于液液两相分离状态。中国石化北京化工研究院进行了烯烃的高温溶液聚合工艺和耐高温催化剂的研究，开发了一种桥联双茂茂金属催化剂[536]。浙江大学开发了[537,538] 一种在超临界条件下制备乙烯/α-烯烃共聚物的方法，反应体系处于超临界状态时，聚合物的溶解度可大大提升，反应体系的黏度则大幅度下降，因此可提高反应体系的固含率，降低溶剂回收的能耗。

8.5.1.2　离聚体进展

离聚体增容剂方面，增容二元体系技术已比较成熟，而三元体系的增容由于受到离聚体来源限制，对增容剂、增容作用和增容机理的研究都比较有限。Wilis 等[539] 对 Surlyn9020 增容 PA/PO 共混体系进行了研究，发现离聚体可以起到稳定分散相尺寸和避免分散相聚集的作用。Kim 等[540] 研究了阳离子离聚体增容 PP/EPDM 共混体系，发现比起锌盐离聚体来，钠盐离聚体的离子交联程度更高，因此，共混体系呈现更为精细的形态。Lee 等[541] 改变了苯乙烯-甲基丙烯酸钠离聚物中的离子含量，并对其对 PA/PS 共混体系的增容作用进行研究，发现低离子含量的离聚体减小分散相尺寸的作用更大。李海鹏等[542] 用不同的阳离子中和磺化聚苯乙烯，对 PA/HIPS 共混体系进行增容，发现离聚体含有的阳离子不同，对分散相的分散作用强弱也不同。

近年来，离聚体的研究集中在离聚体的合成和自组装方面。E. B. Barmatov 等[543] 制备了含金属离子手性向列型新型离聚体；E. A. Lysenko 等[544] 用嵌段离聚体胶束作为成核颗粒，制备了多层聚电解质复合体材料；A. N. Galatanu 等[545] 研究了磺化聚酰亚胺离聚体膜的浇铸工艺对其结构乃至交换性能的影响；M. Goswami 等[546] 用计算机进行了离聚体的自组装和动力学过程模拟；P. Z. Clark 等[547] 研究了两性（亚苯基-乙炔基）离聚体的自组装和合成；N. M. Benetatos 等[548] 制备了聚(苯乙烯-*ran*-甲基丙烯酸甲酯）离聚体，研究了热处理工艺对离聚体结构的影响；J. Saito 等[549]研究了含 1*H*-1,2,4-三唑基团的聚酰亚胺离聚体的合成方法和性能。采用自组装方法制备的离聚体膜具有低的氢和氧通过性，也有很高的质子导电性。

8.5.1.3　氯化聚丙烯最新研究进展

氯化聚丙烯（CPP）的研究方面，目前国外的水相悬浮法制备工艺已非常成熟，研究已偏向 CPP 的改性方面。改性方法主要有两种：一种方法是对 CPP 产品进行改性，如先用二元氨对 CPP 进行改性，再与戊二醛反应，在后引入的醛基连上生化酶，制备含固定生化酶的 CPP 薄膜[550]；另一种方法是先改性聚丙烯基体，再对改性的聚丙烯进行氯化，如先在聚丙烯分子链上接枝甲基丙烯酸 2-羟乙酯，在聚丙烯分子链上引入羟基，再原位进行氯化，得到带有羟基的氯化聚丙烯[551]。而国内由于环保法规的要求越来越高，致力于开发更加环保高效的 CPP 制备方法，固相法、水相悬浮法和半水相悬浮法得到了一些发展。宁波昊鑫裕隆新材料有限公司研究了一种水相悬浮法制造氯化聚丙烯的工业化生产方法[552]，可制得氯含量为 15%～70%的 CPP 制品。浙江大学王立等[553] 对 CPP 的水相悬浮法工艺进行了研究。北京化工大学[554] 开发了氯仿/水体系半水相悬浮法工艺，可制得氯含量为 25%～50%的氯化聚丙烯。中国石油天然气股份有限公司开发了一种新型的用于生产高氯化聚丙烯的聚丙烯制备方法[555]，将低氯化聚丙烯经二次水相氯化可制得氯化度大于 60%的 CPP。华东理工大学也对水相悬浮法合成 CPP 的工艺进行了研究，开发了新型光引发制备方法[556]。

8.5.1.4 氯化聚乙烯最新研究进展

用于塑料改性的 CPE 研究已经比较完善，生产工艺很成熟，制备难度也较低。而氯化聚乙烯橡胶属于特种橡胶，因其在汽车配件、耐酸胶管、防水卷材、电线电缆、海绵制品、密封件、热塑性弹性体、阻燃输送带等方面的广泛应用，已成为当前研究的热点[557]。为了使防水卷材的性能和幅宽满足目前的生产要求，王新星等[558] 研究了增塑剂对 CPE 防水卷材增塑效果的影响，制备了 3.5m 宽度的 CPE 防水卷材。邹本飞等[559] 研究了不同添加剂对防水卷材的热老化性能的影响，评估了 CPE 防水卷材的使用寿命。在辐射交联电线电缆方面，尚德义等[560] 开发出了 CPE/EPDM（三元乙丙橡胶）护套材料，该材料有着良好的耐低温性，可以用于风力发电领域。张新等[561] 优化了 CPE 护套橡胶的配方体系，从而满足了电缆护套所需性能。CPE 还可用于制备吸水膨胀橡胶，能够被水溶胀，可以用于水库大坝、隧道、地铁、填缝、密封的间隙和施工工程、海上采油等方面[562]。吸水膨胀橡胶是将吸水树脂分散在 CPE 橡胶基体内，可用化学接枝[563] 和物理共混[564] 的方法制备。郎丰正等[565] 以 PVC/CPE 热塑性硫化胶为基体，通过动态硫化法制备了 PVC/PAAS（交联聚丙烯酸钠）/CPE 吸水橡胶。Li 等[566] 采用动态硫化法制备了 EVA/CPE/CPNaAA（聚丙烯酸钠）/NBR 吸水膨胀橡胶。张兴宁等[567] 采用机械共混的方法对丙烯酸-聚氧乙烯二元共聚吸水树脂（PAAs-PEO）与 CPE 进行共混，制备了吸水膨胀弹性体，并研究了弹性体的性能。

采用小分子无机物对 CPE 进行改性能够提高 CPE 的性能，如加工性能、力学性能、气体阻隔性等，还可以用碳纳米管和石墨烯等材料来赋予 CPE 一些特殊性能[568]。吴凡等[569] 采用二氧化硅杂化改性了 CPE 橡胶，发现二氧化硅和 CPE 表面间能够形成均匀的杂化网络，改性后 CPE 的耐热性和力学性能均得到很大提高。曹江勇等[570] 用白炭黑对 CPE/丁腈橡胶体系进行了改性，发现白炭黑中的硅烷醇基可以与 CPE 形成物理交联，提高了体系的断裂伸长率、耐油性和耐老化性能。孙艳妮等[571] 对碳纳米管进行了化学修饰，再用改性处理后的碳纳米管对 CPE 进行增强，发现改性后碳纳米管在 CPE 基体中分散得更加均匀，CPE 的力学性能有了明显提升。张保生等[572] 对碳纳米管进行羧酸化处理后，制备了 CNTs-*g*-PEG 接枝产物，将接枝产物与 CPE 发泡材料共混，大大降低了复合材料的电阻率，制备出了半导体材料。胡文梅等[573] 制备了乙二胺接枝氧化石墨烯纳米填料，CPE 上的氯原子可与纳米填料上的氨基产生氢键作用，提高了纳米填料的分散性。

8.5.2　聚烯烃后功能化技术最新进展

8.5.2.1　聚烯烃接枝技术最新进展

目前聚烯烃接枝改性的相关研究工作可以分为以下几个方面：原有聚烯烃接枝改性体系的优化和改进、新的改性单体、引发剂等的应用、聚烯烃接枝改性新方法、聚烯烃接枝改性的应用研究等。

娄金分等[574] 通过工艺优化制备 PF-*g*-MAH，分别加入环氧和苯乙烯。发现加入环氧的接枝体系 MAH 基团反应生成了酯，部分环氧接枝到了大分子链上，环氧树脂的加入大大增加了聚乙烯的交联，苯乙烯加入马来酸酐接枝聚乙烯体系后能得到很好的接枝率和熔体流动性。

郭亚光等[575] 以 2,5-二甲基-2,5-双-(叔丁基过氧)己烷（DHBP）为引发剂，采用多官能团单体三羟甲基丙烷三丙烯酸酯（TMPTA）对聚丙烯进行接枝，同时加入支化促进剂二硫化四丁基秋兰姆（TBTD）以提高接枝率，成功制备了具有高熔体强度的聚丙烯，并进行了配方优化。接枝产物的熔融温度没有显著变化，耐热温度有所上升，拉伸强度、弯曲强度、冲击强度等力学性能测试表明接枝产物的力学性能有显著提高。

董银春等[576,577] 加入共单体邻苯二甲酸二烯丙酯（DAP），通过熔融接枝法制备了 PP-*g*-(DAP-*co*-MAH）和 PP-*g*-(DAP-*co*-GMA)，并将其作为 PP/PET 共混体系的增容剂，发现在 MAH 和 GMA 接枝 PP 过程中加入 DAP 作为共单体，可以明显地抑制接枝过程中 PP 的降解，提高 GMA 和 MAH 的接枝率；与 PP-*g*-(DAP-*co*-MAH）增容体系相比，PP-*g*-(DAP-*co*-GMA）增容体系的共混扭矩、拉伸强度明显提高，PET 熔点及玻璃化转变温度降低，PET 分散更加均匀细小，两相相容性提高。

张炜鹏等[578] 通过熔体共混制备了玻璃纤维增强的高密度聚乙烯/竹粉复合材料。为了增强 GF 与基体之间的相互作用，先用 γ-甲基丙烯酰氧基丙基三甲氧基硅烷对 GF 进行处理，在其表面引入双键，然后在熔体共混过程中加入少量过氧化二异丙苯，引发双键与基体之间的接枝反应，使 GF 与 HDPE 产生化学键合。结果表明，通过偶联/接枝的协同改性，GF 与基体之间的界面相互作用增强，使 HDPE/CF 复合材料的力学性能和热性能得到大幅提高。

游一兰等[579] 通过 MAH、St 和丙烯酸丁酯（BA）多单体固相接枝法对 HDPE 进行接枝改性，得到增容剂 HDPE-*g*-(MAH/StBA)，发现接枝 HDPE 对 PA6/UHMWPE 共混物有很好的增容作用，复合材料的力学性能和摩擦磨损性能得到改善。

郭世平等[580] 在水性体系中经紫外光辐射，引发丙烯酸（AAC）在聚乙烯（PE）薄膜表面接枝，并经过胺化反应，在已改性的丙烯酸-聚乙烯（AAC-*g*-PE）薄膜上继续引入官能团，生成的聚 *N*-异丙基丙烯酰胺聚合聚乙烯（PNIPAM-*g*-PE）薄膜和聚 *N*-正丙基丙烯酰胺聚乙烯（PNNPA-*g*-PE）薄膜均具有温敏性。

周厚博等[581] 利用 *N*-羟基邻苯二甲酰亚胺（NHPI）的催化作用，将偶氮二甲酸二(三氯乙基)酯（BTCEAD）成功引入接枝到等规聚丙烯的三级碳上，从而得到 *i*-PP-*g*-BTCEAD。进一步地，以 *i*-PP-*g*-BTCEAD 作为大分子引发剂，St、MMA、丙烯酸叔丁酯（*t*-BA）为单体，通过原子转移自由基聚合（ATRP）合成一系列聚丙烯接枝共聚物。

汪杰等[582] 以 GMA 为接枝单体，苯乙烯 St 为接枝共单体，DCP 为引发剂，采用熔融共混法制备了接枝率高达 3.63％的 HDPE-*g*-GMA，并用于 HDPE/PA 共混物体系。结果表明：HDPE-*g*-GMA 显著改善了 HDPE 和 PA6 之间的相容性，增强了两相间的界面黏结性，使得 PA6 分散相颗粒尺寸减小，均匀地分散在 HDPE 基体中；适量 HDPE-*g*-GMA 改变了 PA6 相在 HDPE 基体中的结晶行为，有效提高了共混物的拉伸强度和断裂伸长率。

马聪聪等[583] 采用熔融共混的方式制备 PLA/HDPE-*g*-MAH 合金，在熔融过程中，聚乳酸的端羟基同马来酸酐基团发生酯化反应，对聚乳酸分子链支化增长作用，并且可以增强共混界面的结合力，改善 PLA 与 HDPE-*g*-MAH 相容性，随着 HDPE-*g*-MAH 含量的增加，共混体系的结晶温度不断提高，结晶度有所下降，流变性能得到改善。

罗志等[584] 以过氧化二苯甲酰为引发剂，二甲苯为界面剂，制备了 PP-*g*-MAH，并用于 PP/PA66 共混体系的相容剂，结果表明，可制备出 G_{MAH} 高达 2.91%的 PP-*g*-MAH；PP-*g*-MAH 的 G_{MAH} 越高，越有利于 PP 和 PA66 相容性的提高，且共混体系表现出较好的力学性能。

魏发云等[585] 为了提高 PP 熔喷非织造材料表面的亲水性，通过氩气等离子处理材料表面，然后进行丙烯酸接枝改性，得到了亲水性良好的 PP 熔喷材料，结果表明，在氩气等离子体处理电压为 150V，处理时间为 180s 的条件下处理后，当接枝时间为 90min、接枝温度为 60℃、丙烯酸单体质量分数为 60%时，样品接触角从 140°下降至 32°，材料表面亲水性最好。

夏艳平等[586] 以聚甲基丙烯酸乙二醇酯（PEGMA）为接枝单体，DCP 为聚合引发剂，采用熔融接枝法制备了两亲性改性剂 PP-*g*-PEGMA，当接枝率为 33.21%时，接触角可降低至 70°。

陈波等[587] 采用反应挤出的方法，制备了 GMA 和 St 接枝改性 LLDPE 产品，研究了 St 用量和反应时间对接枝率和溶体流动速率的影响，并将该接枝产品作为相容剂用于聚乙烯无卤阻燃电缆料，发现材料具有较高的断裂伸长率和较高的耐水煮老化性能，水煮 10h 后的保留率为 85.7%，满足电缆行业标准要求。

张文龙等[588,589] 通过熔融法制备了乙烯咔唑（VK）接枝低密度聚乙烯，研究了引发剂和 VK 含量对接枝率及 VK-*g*-LDPE 复合材料的电性能的影响。随着 VK 含量的增加，VK-*g*-LDPE 对内部空间电荷的抑制作用先增强后减弱，复合材料的击穿场强和体积电阻率呈先升高后降低的趋势。当 VK 含量为 13.0%时，复合材料的击穿场强比纯 LDPE 提高了 67.73%，空间电荷量比纯 LDPE 降低了 95.9%，体积电阻率为纯 LDPE 的 2.59 倍，为高介电性能聚烯烃电缆料的研制打下了良好的基础。

邓正等[590] 采用 Breath Figure 制备了具有蜂窝状结构的超支化聚乙烯接枝聚甲基丙烯酸叔丁酯/MWCNTs 复合膜，结果表明复合膜具有蜂窝状的多孔结构，孔的骨架为 HBPE-*g*-PtBMA 包裹的 MWCNTs，孔径为 1～20μm。分散液的浓度对复合膜的电阻率和透光率有较大的影响。当 C_{CNTs}＝0.088mg/mL 且 $C_{HBPE\text{-}g\text{-}PtBMA}$＝0.2mg/mL 时，所得复合膜同时兼有较好的透光性和导电性，可用于透明导电产品等领域。

李荣等[591] 采用电子束预辐射接枝法将丙烯腈和丙烯酸接枝于聚丙烯（PP）纤维上，随后通过偕胺肟化反应制备出含偕胺肟基和羧基的 PP 纤维吸附剂，偕胺肟化反应将氰基转化为偕胺肟基。厦门海域真实海水吸附性能测试结果表明，所制备的 PP 纤维吸附剂铀吸附容量最高可达到 0.81mg/g（吸附时间为 68d），PP 纤维吸附剂的铀吸附容量与其接枝率和偕胺肟基密度不呈正相关。

许淑义等[592] 以聚丙烯接枝聚乙二醇（PP-*g*-PEG）对聚丙烯共混改性，通过单向拉伸工艺制备亲水性聚丙烯微孔膜结果表明，对于接枝率为 0.78%的 PP-*g*-PEG，随着 PP-*g*-PEG 含量增加，微孔膜孔隙率和微孔尺寸下降，反映孔道结构的挠曲度及喉孔比上升；微孔膜孔结构与亲水性的综合作用导致水蒸气透过率在 PP-*g*-PEG 含量为 2.5%时达到最大值。PP-*g*-PEG 含量为 2.5%和 5.0%的微孔膜组装的锂电池具有较低的电荷转移电阻和较高的充放电比容量，电池性能优于未改性微孔膜组装的电池。提高 PEG 接枝率使得改性微孔膜孔结构变差，但是水蒸气透过率提高，组装电池的性能也更好；长 PEG 侧链 PP-*g*-PEG 对微孔膜孔结构的破坏程度大于短 PEG 侧链 PP-*g*-PEG，导致组装电池的性能变差。

8.5.2.2 聚烯烃支化与交联最新进展

聚烯烃的支化相关研究主要集中在支化聚烯烃的制备、机理和性能研究。而对于聚烯烃交联改性的研究、交联聚烯烃的制备及应用的研究比较多。

王亨缇[593] 系统研究了 LDPE 和 PP 在模拟辐照加工条件下的化学结构、凝胶含量、结晶性能等，发现当吸收剂量为 10～200kGy 时，LDPE 以辐射交联为主，随着吸收剂量提高，交联密度逐渐增加；当吸收剂量大于 200kGy 时，由于氧化降解程度提高，交联密度有所下降。PP 以辐射降解为主，当吸收剂量达到 400kGy 时支化反应逐渐占主导。对 PP 和 LDPE 辐射机理的研究发现环境气氛对聚烯烃辐射效应影响最大，射线种类与剂量率次之，温度影响最小。

罗筑课题组[594-596] 通过熔融支化法制备了长支链聚乙烯和长支链聚丙烯。引发剂过氧化二异丙苯、二官能度单体新戊二醇二丙烯酸酯和自由基活性调控剂二甲基二硫代氨基甲酸锌（ZDMC）的存在，使高密度聚乙烯进行熔融支化反应。研究表明，转矩曲线上的反应峰顶对应最佳反应时间，由此获得了凝胶量低的长链支化高密度聚乙烯。熔融支化反应使聚乙烯的分子量分布变宽，其支化程度随单体含量的增加而增大，呈现出更加明显的剪切变稀行为；长链支化结构的引入使改性聚乙烯的结晶度降低，长支链的成核作用使起始结晶温度增加，球晶尺寸明显减小。改性聚乙烯的支化程度和大分子拓扑结构的变化对耐环境应力开裂性能的影响显著，当单体含量超过 0.6 份时，长链支化分子形态从类似不对称星形转变为梳形，使得高密度聚乙烯的耐环境应力开裂时间产生突变，达 1000h 以上，同时强度、模量和冲击韧性均得到明显提高。他们还利用转矩流变仪为反应器，通过聚丙烯的熔融自由基支化反应制备了具有长链支化结构的高熔体强度聚丙烯，研究了反应温度、引发剂、自由基调控剂和接枝单体等对改性聚丙烯结构和性能的影响；考察了反应时间对 PP 支链结构的影响；并对制备的长链支化聚丙烯进行了挤出发泡和性能测试。

季显丰[597] 合成了两种具有不同双键活性的接枝单体丙烯酸烯丁酯（BAC）和 1-(3-烯丁氧基甲基)-4-苯乙烯（BMVB），采用含有“非等活性双键”的多官能团化合物作为支化单体制备长链支化聚丙烯，解决了长链支化聚丙烯制备过程中存在的降解和交联产生凝胶的问题，并把这种不同双键活性的单体应用于过氧化物引发熔融接枝体系。利用 RAFT 技术，在添加 ZDMC 后使改性 PP 熔体流动性降低，接枝率增大，有效地降低凝胶率。在相同条件下，加入 ZDMC 试剂后，形成的休眠自由基可以抑制或减少支化单体的自聚，可以调控支化单体的聚合行为，减慢支化单体的聚合速度，提高支化单体的支化效率，同时抑制体系中 PP 的降解反应，促进了 PP 的主链上形成更多的长支链。

吴双[598] 采用溶剂浸渍协助 PP 固相交联接枝法制备高熔体强度聚丙烯，通过在聚丙烯大分子主链上引入适当的交联结构和长支链结构以提高熔体强度以及对降解反应的控制。

于芳等[599] 将长链支化聚丙烯与线型聚丙烯熔融共混，对线型聚丙烯进行了改性，研究了共混改性体系的熔体强度与结晶行为。结果表明，长链支化聚丙烯显著提高了线型聚丙烯的熔体强度。异相成核作用的存在使得共混体系的结晶温度较线型聚丙烯显著提高，结晶速度快，所形成的球晶数量多且尺寸小。

杜斌等[600] 研究了长链支化聚丙烯的等温结晶行为和剪切流变诱导结晶行为，发现长链支化结构起到成核作用，加速了结晶过程，且支化度越高，加速效应越明显，结晶行为对流场的响应越敏感，即使在很低的剪切速率下，结晶诱导时间也会明显缩短。

彭辉[601] 以 PP、EPDM 和 POE 为基体，通过一步法挤出工艺分别制备了硅烷交联 PP/EPDM 和硅烷交联 PP/POE 共混材料。研究了“凝胶点”与共混材料配比之间的关联和交联机理。

郭丹等[602] 以多官能团单体三羟甲基丙烷三甲基丙烯酸酯（TMPTMA）为辐射敏化剂，研究电子束敏化辐射对 PP/CSF 复合材料力学性能、吸水性能、热性能和断面微结构的影响。结果表明：电子束敏化辐射能够改善 PP/CSF 复合材料的力学性能、吸水性能、热稳定性能和界面相容性。当 TMPTMA 用量为 8%、辐射剂量为 100kGy 时，PP/CSF 复合材料界面相容性良好，热稳定性提高，拉伸强度、弯曲强度和冲击强度分别提高了 79%、93%和 15%，吸水率降低了 45%。电子束敏化辐射诱导 PP/CSF 复合材料发生的接枝支化和交联反应成功解决了亲水性 CSF 与疏水性 PP 之间不相容的问题，制备出综合性能优异的 PP/CSF 复合材料，具有广阔的应用前景。

夏碧华等[603] 综述了交联聚乙烯发泡材料的制备工艺和应用进展，分别分析了其在制备工艺、成本及推广应用方面的优势和劣势，对交联聚乙烯发泡材料在填充材料、隔热材料、建筑材料和轻量化材料领域的应用进行总结，并对交联聚乙烯发泡材料的未来发展进行了展望。

邹立秋[604] 以 DCP 为交联剂、偶氮二甲酰胺（AC）为发泡剂，采用两部模压发泡法制备了低密度聚乙烯发泡材料。结果表明低密度聚乙烯发泡材料的凝胶率最大可达 95%，最小可达 3.6%。

段凯歌等[605] 将 HDPE 和耐热聚乙烯（PERT）共混体系进行交联改性，得到了一种新的热塑性交联聚乙烯（TPEX）材料，使其保留了 PERT 的热塑性，又因为部分交联提高了其耐热性和抗蠕变性能。

8.5.2.3 聚烯烃抗菌功能化最新进展

抗菌聚烯烃材料的研究工作集中在抗菌剂的制备与机理、抗菌聚烯烃的制备与性能、抗菌聚烯烃的应用研究等方面。

刘慧玲等[606] 采用溶胶-凝胶法制备 TiO_2 粉体，用硅烷偶联剂（KH-550、KH-570 和 A-171）对纳米粉体进行表面改性。结果表明，KH-570 改性粉体在甲苯中的分散性最好，再将改性粉体与 LDPE 混合，经流延法得到抗菌 PE 复合薄膜。当抗菌粉体的添加量为 3.0%时，制得复合薄膜的抗菌性能最好，抗菌率达到 99.99%。

穆婷婷[607] 通过制备 PVA 纳米 ZnO 和纳米 TiO_2 溶胶，利用 PE 薄膜作为基材，制成 PVA 纳米 PE 复合薄膜。在不同光照条件下，含纳米 ZnO 的复合薄膜抗菌率基本超过 90%，在紫外光照下抗菌效果最为显著。含纳米 TiO_2 的复合薄膜在避光条件下抗菌率 50% 左右，然而在自然光和紫外光下的抗菌率均超过 97%，这可以看出纳米 TiO_2 的抗菌效果来自光催化反应，且在不同的光源条件下均显现出较高反应活性。

Ratova 等[608] 采用挤出法生产光催化抗菌 LDPE-TiO_2 膜，并通过亚甲基蓝（MB）的降解，测试光催化氧化活性。通过大肠埃希菌的破坏，测试光催化抗菌活性。结果显示 TiO_2 负载量为 30%的挤出 LDPE 膜具有最佳抗菌活性。

唐曾民[609] 以碱式次氯酸镁（BMHs）为抗菌剂，利用表面活性剂硬脂酸钠对 BMHs 表面进行改性，以三氯乙烯为溶剂，制备抗菌 PE 薄膜。BMHs 经过表面改性后，可以在抗菌 PE 薄膜中均匀分布，没有大颗粒团聚现象，与 PE 树脂具有优良的相容性；在加入 1% 的改性 BMHs 时，抗菌 PE 薄膜获得最佳力学性能；抗菌 PE 薄膜对大肠埃希菌和金黄色葡萄球菌的抗菌性都超过 60%，抗菌时效性表明该抗菌 PE 薄膜具有长效的抗菌性能。

Boschetto 等[610] 采用湿法浇铸和热压成型法制备具有银离子交换的 Y 型沸石抗菌聚乙烯膜，通过最小抑制浓度法，用大肠埃希菌作为菌种检测抗菌活性，结果显示含有 5%Ag 的沸石具有有效的抗菌活性。

户帅峰等[369] 将山梨酸粉末添加到低密度聚乙烯树脂中，通过共混、挤出、吹塑等工艺制备出山梨酸-LDPE 抗菌薄膜，并研究山梨酸含量对 LDPE 薄膜的拉伸强度、光学性能、水蒸气透过率、微观结构及抗菌性的影响。结果随着山梨酸含量的增加，薄膜的拉伸强度先增加再减小，透光率逐渐下降，雾度逐渐上升，薄膜的水蒸气透过系数先下降后上升，山梨酸质量分数在 1.5%以上时对大肠埃希菌具有抑制作用，在 2%以上时对单增李斯特菌和金黄色葡萄球菌具有抑制作用。表明山梨酸-LDPE 薄膜具有优良的包装性能和抑菌效果，是一种良好的食品包装材料。

郭韵恬等[611] 以 ZnO/TiO_2 为抗菌剂，配制聚乙烯醇（PVA）纳米溶胶，采用涂布法制备 PVA 纳米 ZnO/PE 和 PVA 纳米 TiO_2/PE 复合薄膜。抗菌测试结果表明：在避光、紫外光和自然光下，PVA 纳米 ZnO/PE 薄膜抗菌率均超过 90%，PVA 纳米 TiO_2/PE 薄膜在自然光和紫外光下抗菌率达 97%以上。不仅如此，在纳米粉体添加量为 1%左右时可获得良好的力学性能和阻隔性能。

陈涛[612] 将银离子负载在贝壳粉体上，用糠醛对贝壳粉体的表面进行改性，制备成 PP 复合材料。用大肠埃希菌和金黄色葡萄球菌作为菌种，研究银离子和贝壳粉体的复合抗菌性能。结果表明，负载了银离子的贝壳粉体 PP 抗菌性能优异，尤其是对金黄色葡萄球菌抗菌效果良好。

李玉芳等[613] 将纳米载银沸石抗菌剂表面有机化修饰后将其添加到 PP 中，制备纳米载银沸石抗菌剂/PP 复合材料。抗菌实验结果表明，在抗菌剂加入量为 5%时，大肠埃希菌、金黄色葡萄球菌和白色念珠菌杀菌率达到 100%。

Torlak 等[614] 以壳聚糖作为抗菌剂，聚丙烯作为基体，采用涂布法制备了 PP 薄膜。该 PP 薄膜具有广谱的膜形式的抗菌活性。

Paisoonsin 等[615] 借助介电阻挡放电（DBD）等离子体处理法，制备了 ZnO 沉积 PP 膜。抗菌结果表明，PP 膜对革兰氏阳性葡萄球菌和革兰氏阴性大肠埃希菌都具有显著的抗菌性。

Wu 等[616] 使用过硫酸铵/硝酸铁混合物对 PP 进行改性，采用原位合成法优化 Ag/PP 复合材料。此外，采用热软化方法进行比较。引入热软化合成后，发现银原子可以更好地锚定在 PP 基材的表面上，并且选择大肠埃希菌和金黄色葡萄球菌作为靶细菌，通过抑制环分析证明，反复消毒后的 Ag/PP 复合材料抗菌效果也没有改变，抗菌效果良好。

曹微[617] 将镀银碳纳米管与有机复合抗菌剂制备成抗菌导电母粒，然后与聚丙烯进行复合纺丝，得到有机复合抗菌导电纤维。纤维截面呈三叶形，皮芯结构，纤维结构良好；加入镀银碳纳米管之后，聚丙烯纤维导电性能得到了很大的提高，电阻值下降了将近 10 个数量级，效果显著，可以有效地解决其易产生静电的问题；有机复合抗菌导电纤维对大肠埃希菌、金黄色葡萄球菌、白色念珠菌、红色毛癣菌、须癣毛癣菌以及犬小孢子菌的抗菌效果均可达到 90%以上，抗菌效果持久、稳定，具有广谱抗菌性。

刘嘉玲[365] 在聚丙烯纤维表面通过紫外光引发分别制备了表面接枝高分子季铵盐和接枝壳聚糖季铵盐的抗菌 PP 纤维，季铵盐基团赋予 PP 纤维良好的抗菌性能，12.65%接枝量的高分子季铵盐-PP 纤维对大肠埃希菌和金黄色葡萄球菌的抗菌率均达到了 99%以上，3.51%接枝改性的壳聚糖季铵盐-PP 纤维对大肠埃希菌和金黄色葡萄球菌的抗菌率均达到了98%以上。

8.5.2.4 聚烯烃抗静电/导电/电磁屏蔽最新进展

对于抗静电/导电/电磁屏蔽聚烯烃材料，研究主要集中于添加剂的种类、功能化复合材料的制备及性能研究、应用研究等几方面。目前，为了提高抗静电/导电/电磁屏蔽效果，对于添加剂的选择非常重要，新型抗静电剂的研究主要有以下几个方面[146]：

① 复合型抗静电剂/导电填料；

② 抗静电/导电母料，此方法通常可以获得性能稳定、分散均匀的材料，且还可以保证基体材料原有的性能；

③ 高分子永久型抗静电剂；

④ 纳米导电填料，纳米填料具有特别的宏观量子隧道效应、量子尺寸效应以及表面效应。例如将纳米尺度的石墨微片用作聚烯烃中的导电填料，其逾渗阈值要远低于一般的导电填料体系[618]。

许祥[619] 合成了多种具有亲疏水结构的两亲性分子，包括可交联性表面活性剂、抗菌表面活性剂等，通过与聚丙烯进行熔融共混，制备了永久型抗静电聚丙烯。

顾森林[146] 研究了有机盐对聚丙烯抗静电性能的研究，发现玻璃纤维与有机盐对复合材料的抗静电性能以及力学性能的提高具有协同作用。一方面，玻纤网络为有机盐提供了导电轨道，使有机盐能在其表面传递电荷，提高体系的抗静电性能，抗静电阈值降至 0.25%。另一方面，有机盐提高了玻纤与 PP 基体的界面黏结性，因而复合材料的拉伸强度有显著提高。此外，两种有机盐的复配可以进一步提高有机盐的抗静电效果，当 Li-TFSI∶TBOP-TFSI 为 1∶5 时，有机盐的抗静电阈值可降至 0.06%。

吴逊等[620] 将单甘酯、硼酸酯、液态乙氧基胺和固态乙氧基胺 4 种非离子型抗静电剂与聚丙烯熔融混合制得抗静电薄膜。结果表明，在湿度为 70%时，单甘酯与乙氧基胺抗静电剂相比迁移速度快但持续效果差，而液态乙氧基胺比固态乙氧基胺迁移速度快且能保持很好的抗静电性能；在湿度为 30%时非离子型抗静电剂不具有抗静电效果；非离子型抗静电剂的迁移、抗静电薄膜的接触角和摩擦因数不受环境湿度的影响。

秦小梅等[621] 将 TMDAB、甜菜碱和导电炭黑复配，得到高效持久的复合抗静电剂，并对聚乙烯进行改性，制备出抗静电聚乙烯复合材料。

成亮等[622] 以自制淀粉基抗静电剂与聚丙烯熔融共混制得抗静电聚丙烯材料，结果表明与离子型抗静电剂和无机盐复配后具有协同效应，抗静电效果及耐久性能均较好。

Lan 等[623] 在研究导电塑性聚氨酯/PP 纳米复合材料中发现，复合材料中添加 5%的石墨烯，其电导率与未添加石墨烯的复合材料相比，提高了 6 个数量级左右，这表明石墨烯的添加促使复合材料形成了良好的渗透导电网络。

邢菊香等[624] 以氧化石墨烯为原料，将油酸分子连接在石墨烯的表面，得到油酸功能化石墨烯，并通过溶液法将其与聚乙烯基体共混获得聚乙烯/功能化石墨烯复合材料，结果表明，在低石墨烯含量下可大幅提高聚乙烯的导电性能。当油酸功能化石墨烯质量分数为 8%时，复合材料的电导率达 1S/m；当油酸功能化石墨烯质量分数为 10%时，复合材料的电导率达 3S/m。聚乙烯/功能化石墨烯复合材料在电缆屏蔽、电磁屏蔽和抗静电领域具有应用价值。

陈宇强等[625] 熔融共混制备了聚丙烯/纳米微片复合材料，其导电逾渗阈值为 7%，GNP 在基体中相互接触，形成三维导电网络，电导率为 7.3×10^{-5}S/m，导热性能也呈现较为明显的上升趋势。

武红元等[626] 通过固态成型制备了具有隔离结构的碳纳米管/聚丙烯电磁屏蔽复合材料，碳纳米管选择性地分布在聚合物微区表面，可以在低填料含量下实现优良电磁屏蔽性能。复合材料在 CNT 质量分数仅为 5%时电磁屏蔽效能高达 48.3dB。

郭少云课题组[627,628] 利用微层共挤出设备，分别制备了导电层（炭黑填充聚丙烯 PPCB 和石墨填充聚丙烯 PPGr）和绝缘层 PP 叠合的层状复合物，发现层状材料的导电性和电磁屏蔽性能均优于普通共混样，屏蔽峰值最高可达 56dB。

傅强课题组制备了磁性聚丙烯/四氧化三铁纳米复合材料，复合材料的饱和磁化强度（M_s）随 Fe_3O_4 含量的增加而增加，并呈线性的依赖关系，该研究为磁性高分子纳米复合材料的制备提供了一种简单易行，并且可以大批量生产磁性纳米复合材料的方法，并可能促进 PP/Fe_3O_4 纳米复合材料在电磁屏蔽和微波吸收等领域的应用[629]。

8.5.3　聚烯烃改性技术最新进展

在众多的聚烯烃功能改性方法中，中间体法是一种可以高效制备功能化聚烯烃的方法。所谓的中间体法即是利用配位聚合制备出结构可控且支链带有“高化学活性基团”的聚合物中间体，然后通过进一步的化学转化来获得功能化的聚烯烃材料[630-633]。这些高化学活性基团通常对催化剂的毒化作用较低，而且还可以通过进一步的化学反应进行高效转化。乙烯基、联烯基团或炔基是较为常见的不饱和烃基，也是较为常用的“高化学活性基团”，能够与硫醇、磺酰卤基、叠氮等基团发生“点击化学”反应，从而高效地转化为功能基团，实现聚烯烃的功能化。这是一种高效且操作程序较为简单的功能化方法。较常用制备功能化中间体的单体包括线性非共轭二烯烃、线性共轭二烯烃、苯乙烯类二烯烃和环状二烯烃。另外，这一方法与传统的接枝有着本质的区别，该方法是利用配位聚合制备聚合物中间体，所制备的中间体的结构组成、序列分布、拓扑结构都具有高度的可控性。

邱瑜[634] 采用两步表面光接枝法，将 PNIPAAm 接枝到聚烯烃以及其纳米复合材料表面，同时实现改善 PNIPAAm 力学性能和赋予聚烯烃温敏特性的双重目的，进而拓宽聚烯烃在医用领域的应用。

参考文献

[1] Vasile C, Seymour R B. Handbook of Polyolef ins [M]. Marcel Dekker, 1993. 1.

[2] Natta G, Mazzant i G, Longi P, et al. Isotactic polymers of silicon-containing vinylmonomers [J]. J Polym Sci, 1958, 31: 181.

[3] 胡友良，乔金樑，吕立新. 聚烯烃功能化及改性 [M]. 北京：化学工业出版社，2006. 2.

[4] Frauenrath H, Balk S, Keul H, et al. First synthesis of an AB block copolymer with polyethylene and poly (methyl methacrylate) blocks using a zirconocene catalyst [J]. Macromolecular Rapid Communications, 2001, 22 (14): 1147-1151.

[5] Yasuda H, Furo M, Yamamoto H, et al. New approach to block copolymerizations of ethylene with alkyl methacrylates and lactones by unique catalysis with organolanthanide complexes [J]. Macromolecules, 1992, 25 (19): 5115-5116.

[6] 徐志贤，介素云，李伯耿. 聚烯烃与极性聚合物的嵌段与接枝 [J]. 化学反应工程与工艺，2015，31 (6): 522-530.

[7] 中国石油和化学工业联合会化工新材料专委会. 2016 年中国化工新材料产业发展报告［C］. 北京：化学工业出版社，2016，11.

[8] 伍小明，李明. 乙烯-醋酸乙烯（EVA）树脂的生产及市场分析［J］. 乙醛醋酸化工，2015（11）：8-14.

[9] 樊岩，胡少华. EVOH 树脂［J］. 化工新型材料，1999，28（2）：23-26.

[10] 马沛岚，苑会林. 乙烯-乙烯醇共聚物的应用及研究进展［J］. 塑料科技，2005（3）：54 -58.

[11] 胡敏，向贤伟，谭井华，等. 高阻隔高分子包装材料的发展现状［J］. 广州化工，2015，43（9）：10-12.

[12] 晓铭. EVOH 树脂的性能、应用及市场前景［J］. 乙醛醋酸化工，2013（01）：18-22.

[13] 孙瑞朋，金铁玲，林明涛，等. EVAC 树脂的醇解制备及研究［J］. 工程塑料应用，2012，40（2）：22 -24.

[14] 柯明，宋昭峥，葛际江，等. 用溶液聚合法合成高相对分子质量的原油降凝剂［J］. 石油大学学报：自然科学版，2005，29（1）：105 -110.

[15] 李家鸣. 乙烯-乙烯醇共聚物（EVOH）性能及发展现状［J］. 安徽科技，2018（4）：54-56.

[16] 赵文明. 高端聚烯烃树脂产业发展现状及市场预测［J］. 化学工业，2017，35（5）：46-57.

[17] Cabedo L，Giménez E，Lagaron J M，et al. Development of EVOH-kaolinite nanocomposites［J］. Polymer，2004，45（15）：5233-5238.

[18] 宋旭艳，彭少贤，应继儒. EVOH 树脂性能改进的研究［J］. 塑料，2000（02）：36-38.

[19] 李京子，王俊涛，杨充，等. 乙烯-乙烯醇共聚物的生产技术及市场［J］. 合成树脂及塑料，2015，32（5）：77.

[20] 杨红艳，顾雪梅，周兰，等. 聚丙烯/乙烯-丙烯酸共聚物共混物的相容性及性能［J］. 合成橡胶工业，2016，39（3）：220 -224.

[21] 于晓璐，徐慧，刘树骏，等. 乙烯-丙烯酸共聚物对聚丙烯复合材料性能的影响［J］. 上海塑料，2016，（3）：32-36.

[22] 文力，李震，郭少云. EAA 对 PP/POE/伊利石体系的反应增容作用［J］. 塑料工业，2003，31（6）：9-13.

[23] 陈弦，宣平. PA6 与 EAA 共混物分子间相互作用的研究［J］. 塑料工业，2001，29（4）：29-31.

[24] 甘晓平，张华集，张雯，等. r-PET/POE/EAA 共混材料性能的研究［J］. 塑料科技，2011，39（10）：37-41.

[25] 张欢，秦军，田瑶珠，等. EAA 对 PE-HD/水滑石复合材料的反应增容作用［J］. 中国塑料，2011，25（5）：30-35.

[26] 赵印，尹波，廖永霞，等. 反应挤出 HDPE/PC/EAA 共混体系的形态与性能研究［C］//2015 年全国高分子学术论文报告会. 2015.

[27] 刘芹. 小麦秸秆纤维/聚丙烯塑木复合材料的研究［D］. 南京：南京林业大学，2015.

[28] 江李贝，马猛，施燕琴，等. 乙烯-丙烯酸共聚物原位接枝木粉及其对 HDPE/木粉复合材料性能影响研究［J］. 塑料工业. 2018，46（5）：102-107.

[29] 季锦卫，邓新华，岳海生，等. 乙烯丙烯酸共聚物型不可逆示温材料的研究［J］. 中国塑料，2016，30（5）：23-28.

[30] 封俊. 可降解农用地膜的研究进展［J］. 现代化工，1990（2）：8-16.

[31] 吴波，陈弦，何波兵. 乙烯-丙烯酸钙离聚体的制备及研究［J］. 塑料工业，2011，39（4）：14-17.

[32] 李彩利，李浩，张犽珂，等. 离聚体的制备及抗静电研究［J］. 塑料工业，2018，46（3）：74-78.

[33] De Rosa C，Auriemma F，Di Capua A，et al. Structure property correlations in polypropylene from metallocene catalysts：stereodefective，regioregular isotatic polypropylene［J］. J Am Chem Soc，2004，126：17040-17049.

[34] Rieger B，Jany G，Fawzi R，et al. Unsymmetric ansa-zirconocene complexes with chiral ethylene bridges：influence of bridge conformation and monomer concentration on the stereoselectivity of the propene polymerization reaction［J］. Organometallics，1994，13：647-653.

[35] 吕立新. 反应器聚合方法制备聚烯烃类热塑性弹性体技术进展［J］. 中国塑料. 2006，20（12）.

[36] 方优，张志龙. Vistamaxx 特种弹性体［J］. 化工新型材料，2009，37（3）：111-112.

[37] 王晓东. 威达美丙烯基弹性体提高 RCP 食品保鲜盒品质［J］. 化工新型材料，2013，41（3）：166-167.

[38] 殷杰. 国外聚烯烃弹性体系列产品的研发现状［J］. 弹性体，2014，24（6）：81-86.

[39] 牛继舜，马振文，荆晓红. 汽车用 EPDM 改性聚丙烯研究进展［J］. 化工新型材料，1996（9）：15-20.

[40] 殷俊，陈朝霞，艾书伦，等. 三元乙丙橡胶并用改性的研究进展［J］. 合成橡胶工业，2015，38（3）：244-248.

[41] López Manchado M A，Biagiotti J，Torreand L，et al. Polypropylene crystallization in an ethylene-propylene-diene rubber matrix［J］. Journal of thermal analysis and calorimetry，2000，61：437-450.

[42] Yang H，Zhang Q，Guo M，et al. Study on the phase structures and toughening mechanism in PP/EPDM/SiO_2 ternary composites［J］. Polymer，2006，47：2106-2115.

[43] Daniela M S，Anton A，Mihaela H，et al. Structural characteristics of some high density polyethylene/EPDM blends

[J]. Polymer Testing, 2013, 32: 187-196.

[44] 徐建平，焦淑瑞，陈建定. PS/EPDM 就地相容化 [J]. 高分子材料科学与工程，2011，27 (8)：95-98.

[45] Smith P, Eisenberg A. Ionomeric blends. I. Compatibilization of the polystyrene-poly (ethyl acrylate) system via ionic interactions [J]. J Polym Sci, Lett Ed, 1983, 21: 223.

[46] Hara M, Eisenberg A. Miscibility enhancement via ion-dipole interactions. 1. Polystyrene ionomer/poly (alkylene oxide) systems [J]. Macromolecules, 1984, 17: 1335.

[47] 潘勇军. 近代离聚体的研究进展 [C] // 第 11 届中日联合复合材料研讨会议论文集. 2014.

[48] Eisenberg A, Nayratil M. Ion clustering viscoelastic relaxation in styrene-based ionomers [J]. Macromolecules, 1974, 7 (1): 90-95.

[49] Macknight W J, Lundberg R D. Elastomeric ionomers [J]. Rubber Chem Technol, 1984, 57 (3): 652-660.

[50] Lundberg R D, Phillips R, Peiffer D G. Halato-telechelic polymers. XV. Ionic cross-interactions of immiscible telechelic polymers: A reversible pathway to block copolymer-type materials [J]. J Polym Sci, Polym Chem Ed, 1990, 28: 153.

[51] Lu X Y, Weiss R A. Solution behavior of lightly sulfonated polystyrene and poly (styrene-co-4-vinylpyridine) complexes in dimethylformamide [J]. Macromolecules, 1991, 24: 5763.

[52] 潘雁，黄玉惠，丛广民，等. 聚苯醚离子聚体/聚(苯乙烯-co-4-乙烯吡啶) 共混体系的溶液行为 [J]. 高分子学报，1997，(4)：410.

[53] 胡显奎，刘振兴，陈竹药，等. 离聚体结构的研究现状和进展 [J]. 合成树脂及塑料，2000，17 (2)：49.

[54] 刘大刚，谢洪泉. 羧酸型离聚体的研究进展 [J]. 合成橡胶工业，2004，27 (1)：56-59.

[55] 汪雨明，谢洪泉. P (MMA-BA-AA-Na+) /Pan 导电复合物的制备及其性能研究 [J]. 高分子材料科学与工程，1996，12 (1)：125.

[56] Deporter C D, Venkateschanaran L N. Synthesis and characterization of well defined acrylic ion-containing di-and triblock copolymer [J]. Polymer Preprints, 1989, 30 (1): 201-206.

[57] 谢洪泉. 离子交联遥爪聚合物 [J]. 弹性体，1994，4 (3)：37-41.

[58] Datta S, De S K. Ionic thermoplastic elastomer based on maleated EPDM rubber [J]. J Appl Polym Sci, 1996, 61 (1): 177-182.

[59] Antony P, Desk. Ionic thermoplastic elastomers [J]. J Maciomal Sci: Polym Rev, 2001, C41 (1/2): 41-77.

[60] Makowski H S, Lundbery R D, Westeman J L, et al. Sulfonated EPDM elastomeric ionomer [J]. Polym Prepre, 1978, 19 (2): 292-293.

[61] Canter N H. Sulfonated butylrubber ionomer: US 3642728 [P]. 1972-02-15.

[62] Xie H Q, Chen Y, Yang W, et al. Synthesis and characterization of maleated ionomers via ring-opening reaction of epoxidized styrene-butadiene rubber with potassium hydrogen maleate and study of their behavior as compatibilizer [J]. J Appl Polym Sci, 2006, 101 (1): 792-798.

[63] 喻武钢，谢洪泉. 环氧化 SBS 开环制磺化离聚体及其部分性能研究 [J]. 弹性体，2006，16 (4)：25-29.

[64] 赵巍，谢洪泉. 两亲性硫酸钾基(苯乙烯-丁二烯-苯乙烯) 嵌段共聚物离聚体的合成、表征及其性能 [J]. 合成橡胶工业，2008，31 (3)：179-182.

[65] 赵巍，谢洪泉，刘良炎. 带聚氧乙烯支链的 SBS 两亲接枝共聚物的合成、表征及性能 [J]. 合成橡胶工业，2008 (4)：268-272.

[66] Xie H Q, Chen Y, Guan J G, et al. Novel method for preparation of quaternary ammonium ionomer from epoxidized styrene-butadiene-styrene triblock copolymer and its use as compatibilizer for blending of styrene-butadiene-styrene and chlorosulfonated polyethylene [J]. J Appl Polym Sci, 2006, 99 (4): 1975-1980.

[67] Eisenberg A, Hird B, Moore R B. Proton NMR relaxation study of molecular motion in poly (γ-n-octadecyl L-glutamate) and poly(γ-oleyl L-glutamate) [J]. Macromolecules, 1990, 23 (23): 4098-4911.

[68] Han K, Williams H L. Ionomers: two formation mechanisms and models [J]. J Appli Polym Sci, 1991, 42 (7): 1845-1859.

[69] Yarusso D J, Ding Y S, Pan H K, et al. EXAFS analysis of the structure of ionomer microdomains [J]. J Polym Sci Polym Phys Ed, 1984, 22 (12): 2073-2093.

[70] Pan H K, Knapp G S, Cooper S L, et al. EXAFS and XANES studies of zinc (2+) ion and rubidium (1+) ion neutralized perfluorinated ionomers [J]. Colloid Polym Sci, 1984, 262 (9): 734-746.

[71] 孙东成. 离聚体增容剂的研究进展 [J]. 高分子材料科学与工程，2002，18 (3)：26.

[72] Winter D，Eisenbach C D. Poly (arylene-ethynylene) with tuned rigidity/flexibility as reinforcing component in polystyrene-based ionomer blends，Polymer，2004，45 (8)：2507-2515.

[73] Wang X D，Cui X G. Effect of ionomers on mechanical properties，morphology，and rheology of polyoxymethylene and its blends with methyl methacrylate-styrene-butadiene copolymer [J]. European Polymer Journal，2005，41 (4)：871-880.

[74] Wilis J M，Favis B D. Processing-morphology relationships of compatibilized polyolefin/polyamide blends. Part Ⅰ. The effect of an ionomer compatibilizer on blend morphology [J]. Polym Eng Sci，1998，28 (21)：1416-1426.

[75] Dutta D，Weiss R A. Compatibilization of blends containing thermotropic liquid crystalline polymers with sulfonate ionomers [J]. Polymer，1996，37 (3)：429-435.

[76] 孙东成，王志，沈家瑞. 离聚体增容剂研究进展 [J]. 高分子材料科学与工程，2002，18 (3)：26-29.

[77] Kim Y K，Ha C S. Rheological properties，tensile properties and morphology of PP/EPDM/ionomer ternary blends [J]. J Appl Polym Sci，1994，51 (8)：1453-1458.

[78] Atchara L，Manit N，Brian P G. Blends of low-density poly-ethylene with nylon compatibilized with a sodium-neutralized carboxylate ionomer [J]. European Polymer Journal，2004，40 (11)：2409-2420.

[79] Macknight W J，Eainest T R. Structure and properties of ionomers [J]. J Polym Sci：Macromol Rev，1981，61 (1)：41-57.

[80] 徐际庚，谢洪泉. 不同金属离子及胺中和的磺化丁基橡胶离聚体的性能 [J]. 合成橡胶工业，2004，27 (4)：217-220.

[81] 喻武钢，谢洪泉，余万能，等. 磺酸钠苯乙烯-丁二烯-苯乙烯嵌段共聚物离聚体的力学性能及其应用 [J]，合成橡胶工业，2007，30 (2)：151-154.

[82] 潘勇军，李晓东，谢洪泉. 氢化羧基丁苯橡胶离聚体的表征及其与聚乙烯共混 [J]. 合成橡胶工业，2003，26 (3)：148-151.

[83] 李虹，张兆斌，胡春圃，等. 含氟嵌段共聚物离聚体的合成表征及其性能研究 [J]. 高分子学报，2003 (5)：738-741.

[84] Lee K H，Park J K，Kim W J，et al. Electrochemical characteristics of pan ionomer based polymer electrolytes [J]. Electrochemical Acta，2000，45 (8)：1301-1306.

[85] Kim C H，Lee K H，Kim W S，et al. Ion conductivities and interfacial of the plasticized polymer electrolytes based on poly (methyl methacrylate-*co*-Li maleate) [J]. Journal of Power Sources，2001，94 (2)：163-168.

[86] Oh S H，Kim J S，Shin K. Dynamic mechanical properties of three different combinations taken from styrene-co-itaconate，styrene-co-methacrylate，and styrene-co-sulfonate ionomers [J]，Polymer，2004，45 (10)：3313-3319.

[87] Lee J A，Kontopoulou M，Parent J S. Synthesis and characterization of polyethylene-based ionomer nanocomposites [J]. Polymer，2005，46 (14)，5040-5049.

[88] Lee H S，Zhu L，Weiss R A. Formation of nanoparticles during melt mixing a thermotropic liquid crystalline polyester and sulfonated polystyrene ionomers：Morphology and origin of formation [J]. Polymer，2005，46 (24)：10841-10853.

[89] Lee H S，Fishman D，Kim B，et al. Nano-composites derived from melt mixing a thermotropic liquid crystalline polyester and zinc sulfonated polystyrene ionomers [J]，Polymer，2004，45 (23)：7807-7811.

[90] 张玉军，黄玉东，陆春，等. EVOH 超细无纺布电纺丝工艺及无纺布显微结构的表征 [J]. 材料科学与工艺，2004，12 (3)：287-290.

[91] 代丽君. 离子聚合物的合成及其高压静电纺丝 [J]. 材料科学与工艺，2007，15 (1)：64-67.

[92] Wang X，Kim Y，Drew C，et al. Electrostatic as sembly of conjugated polymer thin layers on electrospun nanofibrous membranes for bio-sensors [J]. Nano Lett，2004，4 (2)：331-334.

[93] Zhu J L，Zhou Y H. Effects of ionomer films on secondary alkaline zinc electrodes [J]. Journal of Power Sources，1998，73 (2)：266-270.

[94] 樊小军，刘晓暄. 氯化聚丙烯的生产及改性技术研究进展 [J]. 广州化工，2011，39 (20)：9.

[95] 耿建铭. 氯化聚丙烯的生产及合成技术研究进展 [J]. 化学工业，2009，27 (8)：38.

[96] 林珩，张军. 氯化聚乙烯的制备与表征 [J]. 特种橡胶制品，2002，23 (4)：7-8.

[97] 任鹤，王文燕，张瑞，等. 氯化聚乙烯生产现状及 HDPE 专用树脂开发进展 [J]. 现代塑料加工应用，2017，29

(1)：60.

[98] 佚名. 陶氏决定退出氯化聚乙烯业务 [J]. 江苏氯碱，2015，4：46.

[99] 李敏. 塑改型 CPE 专用 HDPE 粉料的研发 [J]. 石化技术，2015，7：445-46.

[100] 左胜武，王冰，徐振明，等. HDPE 结构和形态对氯化聚乙烯的影响 [J]. 现代塑料加工应用，2012，24 (6)：5-9.

[101] 郭翠翠，于丽，宫小曼，等. 氯化聚乙烯橡胶的研究进展及其应用 [J]. 弹性体，2013，23 (2)：84-88.

[102] 邱敦瑞，胡翔，徐振明，等. C 型氯化聚乙烯用 HDPE 粉末树脂的开发 [J]. 现代塑料加工应用，2015，27 (2)：43-45.

[103] 牟军平. 氯化聚乙烯的应用分析及发展建议 [J]. 科技风，2012，10：30.

[104] 马运兰，刘玉明. 氯化聚丙烯的生产技术进展、市场前景及发展建议 [J]. 塑料制造，2008，7：70.

[105] 宋志强. 固相法低黏度 HCPE 的制备、表征及接枝改性研究 [D]. 青岛：青岛科技大学，2012：32-33.

[106] Farbwerke Hoechst Company. Manufacture of chlorinated polyethylene：GB882524 [P]. 1958.

[107] Taylor R S，Arlington N J. Chlorinated uncompacted polyethylene：US 2592763 [P]. 1952.

[108] 王波. 一步法生产氯化聚乙烯及其制备方法：CN104987437A [P]. 2015.

[109] 邵显清，邵思远，张洪其. 一种硬质氯化聚乙烯水相悬浮制备方法：CN104829755A [P]. 2015.

[110] 刘旭思，刘轲. 一种双组分复合引发剂以及利用其生产氯化聚乙烯橡胶材料的工艺：CN102924632A [P]. 2013-02-13.

[111] 汪立波，王立，余豪杰，等. 一种在酸性介质中制备氯化聚乙烯的方法：CN，105175585A [P]. 2015.

[112] 刘旭思，周洋，纪成亮. 氯化聚乙烯橡胶酸相法生产工艺：CN102532360B [P]. 2014-03-19.

[113] 朱建一，赵斌. 固相法 CPE 国内外概况 CPE 资料汇编 [J]. 安徽化工（专辑），1991.

[114] Benedikt G M，Kurtz D M. Vapor Phase Chlorination of Polyolefins：US4473451 [P]. 1982.

[115] 隋建春，于立容，张毓红. 高氯化聚乙烯的制备方法：CN1125734A [P]. 1996.

[116] Eagan，Robert Lee，et al. Modified chlorinated carboxylated polyolefins and their use as adhesion promoters [P]. US，20060074181. 2006-04-06.

[117] Herberts & CO GMB. Plastic primer coating of eva，chlorinated polyolefin and epoxy resin：US5412000 (A) [P]. 1995-05-02.

[118] Kashihar K，Nishioka T，Tatsuo T，et al. Binder resin solution composition，coatings，inks，adhesives and primers：US7262247B2 [P]. 2007-08-28.

[119] Urata K，Mitsu H，Hirose T. Package of solid chlorinated polyolefin modified with carboxylic acid anhydride and method of storing the solid：US20030134064A1 [P]. 2003-07-17.

[120] Kim J H，Lee S J. Modified chlorinated polypropylene，its preparation method and its blend for polyolefin：US0119614A1 [P]. 2008-05-22.

[121] 杨丹，贾德民. 氯化聚乙烯的生产与应用 [J]. 合成树脂及塑料，2005，22 (3)：81-82.

[122] 江皴. 有关建筑防水材料的探讨 [J]. 建材与装饰，2011，247-248.

[123] 田小艳，王波，杨金明. 橡胶型氯化聚乙烯在电缆料行业的开发及应用 [J]. 广州化工，2012，40 (17)：11-14.

[124] 吴子晔，胡铭杰，孙晓泉，等. 氯化聚丙烯的接枝改性研究进展 [J]. 胶体与聚合物，2016，34 (3)：129.

[125] Tao G L，Gong A J，Lu J J，et al. Surfacefunctionalized polypropylene：synthesis，characterization，and adhesion properties [J]. Macro-molecules，2001，34 (22)：7672-7679.

[126] 谭建权，刘伟区，王红蕾，等. 水性丙烯酸酯 / 改性氯化聚丙烯复合涂层材料的制备及性能研究 [J]. 中国塑料，2015，29 (2)：73-78.

[127] 谭建权，刘伟区，王红蕾，等. 光固化丙烯酸酯改性氯化聚丙烯的制备及性能研究 [J]. 涂料工业，2015，45 (1)：27-32.

[128] Bai Y P，Zhang C，Li M R，et al. Graft modification of chlorinated polypropylene and coating performance promotion for polypropylene [J]. Int J Adhes，2014，48 (2014)：231-237.

[129] Teiichi S. Modified polyolefins and their uses：JP61108608A [P]. 1984-9-19.

[130] Takashi M. Printing Ink Composition：JP2006111690 [P]. 2006-4-27.

[131] Wang X M，Dong X R，Liu D Z. Synthesis，characterisation and properties of polyurethane grafted chlorinated polypropylene and its composites [J]. Polym Polym Compos，2010，3 (18)：153-159.

[132] 刘敏，刘大壮，孙培勤，等. 甲苯改性氯化聚丙烯接枝物的合成及应用 [J]. 上海涂料，2006，44 (5)：4-6.

[133] 高振. 甲苯对氯化聚丙烯的改性研究 [D]. 郑州：郑州大学，2008.
[134] 万敏，张良均，童身毅. 氯化聚丙烯接枝聚乙二醇的合成与性能 [J]. 武汉化工学院学报，1998，20 (3)：1-4.
[135] 项东升，王懿华，秦恒飞，等. 氯化聚丙烯的磺化改性研究与应用 [J]. 电镀与涂饰，2013，32 (7)：66-69.
[136] 胡友良，乔金樑，吕立新. 聚烯烃功能化及改性——科学与技术 [M]. 北京：化学工业出版社，2006.
[137] 洪浩群，何慧，贾德民，等. 聚烯烃功能化的研究进展 [J]，高分子材料科学与工程，2006，22 (6)：23-27.
[138] 哈鸿飞. 高分子辐射化学-原理与应用 [M]. 北京：科学出版社，1996.
[139] 乔金樑，夏先知，宋文波，等. 聚烯烃技术进展 [J]. 高分子材料科学与工程，2014，30 (2)：125-132.
[140] 李杰，张师军，初立秋，等. PHMG/MMT 复合抗菌剂改性聚丙烯 [J]. 合成树脂及塑料，2012，29 (6)：9-12.
[141] 李杰，张师军，初立秋，等. 抗菌聚丙烯的制备及性能 [J]. 塑料，2015，44 (1)：43-46.
[142] 李杰，张师军，初立秋，等. 壳聚糖在抗菌 PP 中的应用 [J]. 合成树脂及塑料，2014，31 (6)：27-30.
[143] 季君晖，史维明. 抗菌材料 [M]. 北京：化学工业出版社，2003.
[144] 郭洋洋，唐晓宁，张彬，等. 抗菌塑料研究进展 [J]. 塑料工业。2018，46 (8)：8.
[145] 尹朝露，葛欣国，李平立. 阻燃抗静电聚丙烯复合材料研究 [J]. 功能材料，2017，48 (9)：09089.
[146] 顾森林. 聚丙烯及其复合材料的抗静电研究 [D]. 杭州：杭州师范大学，2018.
[147] 李晟，雷亮，李振华，等. 聚丙烯材料抗静电性能研究 [J]. 工程塑料应用，2018，46 (7)：31.
[148] 刘罡. 阻燃抗静电聚乙烯塑料的研究 [J]. 塑料工业，2011，39：116.
[149] 戚亚光. 世界导电塑料工业化进展 [J]. 工程塑料应用，2008，36 (3)：73-77.
[150] 杜新胜，张春梅，刘志勤，等. 导电聚烯烃的研究与进展 [J]. 塑料助剂，2009，2：1-5.
[151] Gulrez S K H，Mohsin M E A，Shaikh H，et al. A review on electrically conductive polypropylene and polyethylene [J]. Polymer Composites，2014，35 (5)：900-914.
[152] 王光华，董发勤，司琼. 电磁屏蔽导电复合塑料的研究现状 [J]. 材料导报，2007，21 (2)：22-25.
[153] Kuila T，Bhadra S，Yao D，et al. Recent advances in graphene based polymer composites [J]. Progress in Polymer Science. 2010，35 (11)：1350-1375.
[154] Sherrington D C. Reactions of polymers [J]. Encyclopedia of Polymer Science and Engineering. John Wiley，1988，14：101-169.
[155] Lambla M. Reactive processing of thermoplastic polymers [J]. Comprehensive Polymer Sciences 1st supplement. New York：Pergamon，1993，21.
[156] 刘述梅，赵建青，叶华. 聚烯烃塑料改性的研究进展 [J]. 石油化工，2007，6 (7)：645-652.
[157] 曾尤东，贾润礼，闫赫. 聚乙烯接枝技术研究进展 [J]. 塑料科技，2012，40 (4)：123-126.
[158] 陶四平，李忠明，冯建民，等. 聚烯烃接枝改性功能化的研究进展 [J]. 中国塑料，2002，16 (5)：1-5.
[159] 王浩. 聚合物溶液接枝反应研究进展 [J]. 石油化工技术与经济，2019，35 (1)：51-55.
[160] Mehta I K，Sood D S，Misra B N. Grafting onto polypropylene Ⅱ. Solvent effect on graft copolymerization of acrylonitrile by perirrasiation method [J]. J Polym Sci A：Polym Chem. 1989，27 (1)：53-62.
[161] 赵建青，樊晓红. 高密度聚乙烯溶液接枝共聚反应 [J]. 塑料工业，1994，(5)：29-33.
[162] 王鉴，段宝颜，沈玉江，等. 反应挤出法制备高熔体强度聚丙烯 [J]. 中国塑料，2014，28 (2)：35-40.
[163] 温亦兴. 马来酸酐接枝聚丙烯的改性方法及其应用 [J]. 广州化学，2013，38 (2)：77-82.
[164] Borsig E，Lazar M，Fiedlerova A，et al. Solid-stat polypropylene grafting as an effective chemical metchod of modification [J]. Macromolecular Symposia. 2001，176 (1)：245-264.
[165] 姚瑜，张军，王晓琳，等. 双单体固相接枝制备亲水性 PP [J]. 现代塑料加工应用，2005，17 (3)：1-4.
[166] 李昕. (甲基) 丙烯酰胺衍生物接枝改性聚丙烯的制备与性能研究 [D]. 哈尔滨：哈尔滨工程大学，2016.
[167] 武芹. 聚丙烯固相接枝改性及其接枝聚合动力学的研究 [D]. 黑龙江：东北石油大学，2012.
[168] 龚春锁，揣成智. (甲基) 丙烯酰胺衍生物接枝改性聚丙烯的制备与性能研究聚烯烃接枝改性的研究进展 [J]. 塑料科技，2007，35 (4)：84-88.
[169] 郑世容. 低密度聚乙烯的接枝改性及性能研究 [D]. 成都：西南石油大学，2012.
[170] 王玉东，赵清香，刘民英，等. 马来酸酐接枝改性高密度聚乙烯引发剂的选择 [J]. 郑州大学学报，1995，27 (2)：53-56.
[171] 潘祖仁. 高分子化学 [M]. 北京：化学工业出版社，1996.
[172] 马衍青. HDPE 氯化原位接枝顺丁烯二酸酐共聚物的合成、性能和应用 [D]. 青岛：青岛科技大学，2009.
[173] Zhou Z F，Zhai H B. Preparation and characterization of polyethylene-g-maleic anhydride-styrene/montmorillonite

nanocomposites [J]. Appl Polym Sci, 2006, 101: 805-809.

[174] 张军. 马来酸酐接枝聚乙烯 [J]. 现代塑料加工应用, 1993, 20: 49-51.

[175] 钱军民, 李旭祥. 国内聚乙烯接枝和交联改性的研究进展 [J]. 合成树脂及塑料, 2001, 18 (3): 41.

[176] 敖明, 薛永强. 丙烯酸-马来酸酐共聚物的合成研究 [J]. 应用化工, 2011, 40 (1): 78-81.

[177] Shi D, Yang J H. Functionalization of isotactic polypropylene with maleic anhydride by reactive extrusion: mechanism of melt grafting [J]. Polymer. 2001, 42: 5549-5557.

[178] 余坚, 何嘉松. 聚烯烃的化学接枝改性 [J]. 高分子通报, 2000, 1: 66-72.

[179] Clark D C, Baker W E. Peroxide-initiated comonomer grafting of styrene and maleic anhydride onto polyethylene: effect of polyethylene microstructure [J]. Appl Polymer Sci, 2001, 79: 96-107.

[180] 车庆豪, 揣成智, 田世雄. 马来酸酐接枝 HDPE 的性能特征 [J]. 塑料工业, 2009, 37: 10-13.

[181] 胡海东, 王雅珍, 马立群, 等. 丙烯腈溶液接枝聚丙烯的研究 [J]. 齐齐哈尔大学学报 (自然科学版), 2004, 20 (3): 10-12.

[182] 王雅珍, 宋武, 杨国兴. 丙烯腈接枝聚丙烯的微相结构 [J]. 高分子材料科学与工程, 2007, 23 (5): 80-83.

[183] 于逢源, 肖汉文. 低密度聚乙烯的接枝改性 [J]. 应用化学, 2005, 22 (7): 797-800.

[184] Tan L, Deng J P, Yang W T. A facile approach to surface graft vinyl acetate onto polyolefin articles [J]. Polym Adv Technol, 2004, 15: 523-527.

[185] Moad G. The synthesis of polyolefin graft copolymers by reactive extrusion [J]. Prog Polym Sci, 1999, 24 (1): 81-142.

[186] Hu G H, Sun Y J, Lambla M. Devolatilization: A critical sequential operation forin situ compatibilization of immiscible polymer blends by one-step reactive extrusion [J]. Polym Eng Sci, 1996, 36: 676-684.

[187] Sun Y J, Baker W E. Polyolefin/polystyrene in situ compatibilization using Friedel-Crafts alkylation [J]. J Appl Polym Sci, 1997, 65: 1385-1393.

[188] Sun Y J, Willemse R J G, Liu T M, et al. In situ compatibilization of polyolefin and polystyrene using Friedel—Crafts alkylation through reactive extrusion [J]. Polymer, 1998, 39 (11): 2201-2208.

[189] Monica F D, Silvia E B, Numa J C. Polyethylene-polystyrene grafting reaction: effects of polyethylene molecular weight [J]. Polymer, 2002, 43 (18): 4851-4858.

[190] Carrick W L. Reactions of polyolefins with strong lewis acids [J]. J Polym Sci, Polym Chem Rd, 1970, 8: 215-223.

[191] Brown S B. Reactive Extrusion: Principles and practice [M]. New York: Barcelona Hanser Publishers, 1992, 75-199.

[192] 马里诺·赞索斯. 反应挤出——原理与实践 [M]. 瞿金平, 译. 北京: 化学工业出版社, 1999.

[193] Scott H G. Cross-linking of a polyolefin with a silane [P]. US3646155. 1972.

[194] Swarbrick P, Green W J, Maillefer C. Manufacture of extruded products: US 4117195 [P]. 1974.

[195] Keogh M J. Water-curable silane modified alkylene alkylacrylate copolymer and a process for its production: US 4291136 [P]. 1981.

[196] Gaylord NG, Mehta R. Peroxide-catalyzed grafting of maleic anhydride onto molten polyethylene in the presence of polar organic compounds [J]. J Polym Sci, Polym Chem Ed, 1988, (26) : 1189.

[197] Vroomans H J. Gepfropfte lineare polyethylene mit geringer dichte, verfahren zu ihrer herstellung und ihre Verwendungen: EP286734 [P]. 1988.

[198] Starit C A, Lancaster G M, Tabor R L. Method of grafting maleic anhydride to polymers: US4762890 [P]. 1988.

[199] Gaylord N G. In Reactive Extrusion [M]. Xanthos M ed. Munich: Hanser. 1992.

[200] Banzi V, Fabbri R. Process for grafting maleic anhydride on olefinic polymers: EP187660 [P]. 1986.

[201] Kelar K, Jurkowski B. Preparation of functionalised low-density polyethylene by reactive extrusion and its blend with polyamide 6 [J]. Polymer, 2000, 41 (3): 1055-1062.

[202] Clark S C, Baker W E, Whitney R A. Peroxide-initiated comonomer grafting of styrene and maleic anhydride onto polyethylene: Effect of polyethylene microstructure [J]. J Appl Polym Sci, 2001, 79 (1): 96.

[203] Wong B, Baker W E. Melt rheology of graft modified polypropylene [J]. Polymer, 1997, 38 (11): 2781-2789.

[204] Sun Y J, Hu G H, Lambla M. Melt free-radical grafting of glycidyl methacrylate onto polypropylene [J]. Angewandte Makromolekulare Chemie, 1995, 229: 1-13.

[205] Liu N C, Xie H Q, Baker W E. Comparison of the effectiveness of different basic functional groups for the reactive compatibilization of polymer blends [J]. Polymer, 1993, 34 (22): 4680-4687.

[206] Chen L F, Wong B, Baker W E. Melt grafting of glycidyl methacrylate onto polypropylene and reactive compatibilization of rubber toughened polypropylene [J]. Polym Eng Sci, 1996, 36: 1594.

[207] Hu G H, Cartier H. Styrene-assisted melt free radical grafting of glycidyl methacrylate onto an ethylene and propylene rubber [J]. J Appl Polym Sci, 1999, 71 (1): 125-133.

[208] Cartier H, Hu G H. Styrene-assisted free radical grafting of glycidyl methacrylate onto polyethylene in the melt [J]. J Polym Sci, Polym Chem Ed, 1998, 36 (15): 2763-2774.

[209] Hu G H, Flat J J, Lambla M. Free-radical grafting of monomers onto polymers by reactive extrusion: principles and applications [M]. London: Chapman & Hall. 1996.

[210] Pesetskii S S, Jurkowski B, Krivofuz Y M, et al . Itaconic acid grafting on LDPE blended in molten state [J]. J Appl Polym Sci, 1997, 65: 1493-1502.

[211] Al-Malaika S, Scott G, Wirjosentono B. Mechanisms of antioxidant action: polymer-bound hindered amines by reactive processing, Part Ⅲ Effect of reactive antioxidant structure [J]. Polym Drgrad Stab, 1993, 40 (2): 233-238.

[212] Al-Malaika S, Ibrahim A, Rao J, et al. Mechanisms of antioxidant action: Photoantioxidant activity of polymer-bound hindered amines. Ⅱ. Bis acrylates [J]. J Appl Polym Sci, 1992, 44 (7): 1287-1296.

[213] Al-Malaika S, Subarty N. Reactive processing of polymers: mechanisms of grafting reactions of functional antioxidants on polyolefins in the presence of a coagent [J]. Polym Degrad Stab, 1995, 49: 77-89.

[214] Xie H Q, Baker W E. New Advances in Polyolefins [M]. New York: Plenum, 1993.

[215] Song Z, Baker W E. Melt grafting of t-butylaminoethyl methacrylate onto polyethylene [J]. Polymer, 1992, 33 (15): 3266-3273.

[216] Oliphant K E, Russell K E, Baker W E. Melt grafting of a basic monomer on to polyethylene in a twin-screw extruder: reaction kinetics [J]. Polymer, 1995, 36 (8): 1597-1600.

[217] Wong S J B, Baker W E, Russell K E. Kinetics and mechanism of the grafting of 2-(dimethylamino) ethyl methacrylate onto hydrocarbon substrates [J]. J Polym Sci, Polym Chem Ed. 1995, 33 (4): 633-642.

[218] Liu N C, Baker W E, Al-Malaika S, et al. Reactive modifiers for polymers [M]. London: Chapman & Hall. 1996.

[219] Liu N C, Baker W E. Basic functionalization of polypropylene and the role of interfacial chemical bonding in its toughening [J]. Polymer, 1994, 35 (5): 988-994.

[220] 吴水珠，王晓茹. 基于异丙烯基唑啉聚合物的耐热两亲材料的制备方法: CN101130581 [P]. 2007.

[221] Vaninio T, Hu G H, Lambla M, et al. Functionalized polypropylene prepared by melt free radical grafting of low volatile oxazoline and its potential in compatibilization of PP/PBT blends [J]. J Appl Polym Sci, 1996, 61: 843-852.

[222] Sanli O, Pulet E. Solvent assisted graft copolymerization of acrylamide on poly (ethylene terephthalate) films using benzoyl peroxide initiator [J]. J Appl Polym Sci, 1993, 47: 1-6.

[223] Shieh Y T, Tsai T H. Silane grafting reactions of low-density polyethylene [J]. J Appl Polym Sci, 1998, 69 (2): 255-261.

[224] Felioe W F, Fernanda C S, Raquel S M, et al. Free radical modification of LDPE with vinyltriethoxysilane [J]. Eur Polym J, 2004, 40 (6): 1119-1126.

[225] Yeong T, Liu C M. Silane grafting reactions of LDPE, HDPE, and LLDPE [J]. J Appl Polym Sci, 1999, 74 (14): 3404-3411.

[226] Yao Z H, Yin Z H, Sun G, et al. Morphology, thermal behavior, and mechanical properties of PA6/UHMWPE blends with HDPE-g-MAH as a compatibilizing agent [J]. J Appl Polym Sci, 2000, 75 (2): 232-238.

[227] Zhang Y C, Li H L. Functionalization of high density polyethylene with maleic anhydride in the melt state through ultrasonic initiation [J]. Polym Eng Sci, 2003, 43 (4): 774-782.

[228] Torres N, Robin J J, Bouterin B. Study of compatibilization of HDPE-PET blends by adding grafted or statistical copolymers [J]. J Appl Polym Sci, 2001, 81 (10): 2377-2386.

[229] Isablle P, Michel F C, Michel A. Glycidyl methacrylate-grafted linear low-density polyethylene fabrication and application for polyester/polyethylene bonding [J]. J Appl Polym Sci, 2004, 91 (5): 3180-3191.

[230] Galluci R R, Going R C. Preparation and reactions of epoxy-modified polyethylene [J]. J Appl Polym Sci, 1982, 27 (2): 425-427.

[231] Huang H, Liu N C. Nondegradative melt functionalization of polypropylene with glycidyl methacrylate [J]. J Appl Polym Sci, 1998, 67 (12): 1957-1963.

[232] Cartier H, Hu G H. Styrene-assisted free radical grafting of glycidyl methacrylate onto polyethylene in the melt [J]. J Polym Sci, Polym Chem Ed, 1998, 36 (15): 2763-2774.

[233] 张平平. 双单体固相接枝改性聚乙烯的研究 [D]. 黑龙江: 东北石油大学, 2012.

[234] 刘坤鹏. 聚丙烯与苯乙烯马来酸酐共聚物共混及分子动力学研究 [D]. 江苏: 江苏科技大学, 2011.

[235] Kim B S, Kim S C. Free radical grafting of styrene onto polyethylene in intensive mixer [J]. J Appl Polym Sci, 1998, 69: 1307-1317.

[236] Steinkamp R A, Grail T J. Polymers with improved properties and process therefor: US 3862265 [P]. 1972.

[237] Steinkamp R A, Grail T J. Polymers with improved properties and process therefor: US 3953655 [P]. 1974.

[238] Yao Z H, Yang J H, Yin J H. Characterization of LLDPE/LLDPE-g-AA Blends by Contact Angle and FT-IR Methods [J]. Intern J Polymeric Mater, 2000, 47: 343-350.

[239] Huang H L, Yao Z H, Yang J H, et al. Morphology, structure, and rheological property of linear low-density polyethylene grafted with acrylic acid [J]. J Appl Polym Sci, 2001, 80 (13): 2538-2544.

[240] Yang J H, Shi D A, Yao Z H, et al. Effect of the compatibilization of linear low-density polyethylene-g-acrylic acid on the morphology and mechanical properties of poly (butylene terephthalate) /linear low-density polyethylene blends [J]. J Appl Polym Sci, 2002, 84 (5): 1059-1066.

[241] Kim T H, Kin H K, Oh D R. Melt free-radical grafting of hindered phenol antioxidant onto polyethylene [J]. J Appl Polym Sci, 2000, 77 (13): 2968-2973.

[242] Chen J H, Norio T. A novel gas sensor from polymer-grafted carbon black: responsiveness of electric resistance of conducting composite from LDPE and PE-b-PEO-grafted carbon black in various vapors [J]. Polym Adv Technol, 2000, 11 (3): 101-107.

[243] Hou Y H, Zhang M Q, Rong M Z. Carbon black-filled polyolefins as positive temperature coefficient materials: The effect of in situ grafting during melt compounding [J]. J Polym Sci, Polym Phys Ed, 2003, 41 (1): 127-134.

[244] Hou Y H, Zhang M Q, Rong M Z. Improvement of conductive network quality in carbon black-filled polymer blends [J]. J Appl Polym Sci, 2002, 90 (14): 2768-2775.

[245] Liu M Z, Liu Z M, Ding S L, et al. Graft copolymerization of oleic acid onto low-density polyethylene in the molten state [J]. J Appl Polym Sci, 2003, 90 (12): 3299-3304.

[246] Bash T F, Karian H G. Functionalization and compounding of polypropylene using twin-screw extruders. Handbook of polypropylene and polypropylene composites [M]. New York: Marcel Dekker, 1999.

[247] Gaylord N G, Mehta R. Radical-catalyzed homopolymerization of maleic anhydride in presence of polar organic compounds [J]. J Polym Sci, Polym Chem ED, 1988, 26 (7): 1903-1909.

[248] Hu G H, Flat J J, Lambla M. Exchange and free radical grafting reactions in reactive extrusion [J]. Macromol Chem, Macromol Symp, 1993, 75 (1): 137-157.

[249] Ide F, Kamada K, Hasegawa A. The reaction of isotactic polypropylene with maleic anhydride, and ionic crosslinking of the obtained products [J]. Kobunshi Kagaku, 1968, 25: 107-115.

[250] Hogt A H. Modification of polypropylene with maleic anhydride [C]. Atlana: GA. 1988, 1478-1481.

[251] Minoura Y, Ueda M, Mizunuma S, et al. The reaction of polypropylene with maleic anhydride [J]. J Appl Polym Sci, 1969, 13 (8): 1625-1640.

[252] Roover B D, Sclavons M, Carlier V, et al. Molecular characterization of maleic anhydride functionalized polypropylene [J]. J Polym Sci, Polym Chem, 1995, 33 (5): 829-842.

[253] Gaylord N G, Mishra M K. Nondegradative reaction of maleic anhydride and molten polypropylene in the presence of peroxides [J]. J Polym Sci: Polym Lett Ed, 1983, 21 (1): 23-30.

[254] Zhu Y T, An L J, Jiang W. Monte carlo simulation of the grafting of maleic anhydride onto polypropylene at higher temperature [J]. Macromolecules, 2003, 36 (10): 3714-3720.

[255] Kim J K, Yi D K, Jeon H K, et al. Effect of the functional group inhomogeneity of an in situ reactive compatibilizer on the morphology and rheological properties of immiscible polymer blends [J]. Polymer, 1999, 40 (10):

2737-2743.

[256] Mai K C，Li Z J，Qiu Y X，et al. Thermal properties and flame retardance of Al(OH)$_3$/polypropylene composites modified by polypropylene grafting with acrylic acid [J]. J Appl Polym Sci，2001，81 (11)：2679-2686.

[257] Zhang X M，Yin J H. Interaction characterization of PA1010/PP blends using PP-g-AA as compatibilizer [J]. Polym Eng Sci，1997，37 (1)：197-204.

[258] 张才亮，冯连芳，许忠斌，等. St 存在下 MAH 熔融接枝 PP 机理的探讨 [J]. 功能高分子学报，2006，18 (3)：373-377.

[259] Nam G J，Yoo J H，Lee J W. Effect of long-chain branches of polypropylene on rheological properties and foam-extrusion performances [J]. J Appl Polym Sci，2005，96 (5)：1793-1800.

[260] 邱蕾蕾，徐晓冬，常秀娟，等. PP 固相接枝改性研究进展 [J]. 高分子通报，2012 (8)：58-63.

[261] 武芹. 聚丙烯固相接枝改性及其接枝聚合动力学的研究 [D]. 黑龙江：东北石油大学. 2012.

[262] Rengarajan R，Parameswaran V R，Lee S，et al. NMR analysis of polypropylene-malei anhydride copolymer [J]. Polymer，1990，31 (9)：1703-1706.

[263] Wang J，Wang D F，Du W，et al. Synthesis of functional polypropylene via solid-phase grafting soft vinyl monomer and its mechanism [J]. J Appl Polym Sci，2009，113 (3)：1803-1810.

[264] Lazar M，Hrckova L，Fiedlerova A，et al. Functionalization of isotactic poly (propylene) with maleic anhydride in the solid phase [J]. Die Angewandte Makromolekulare Chemie，1996：57-67.

[265] 赵兴顺，张军华，郑朝晖，等. 溶液法马来酸酐接枝氯化聚丙烯的研究 [J]. 功能高分子学报，2003，16 (1)：77-80.

[266] Ratzsch M，Arnold M，Borsig E，et al. Radical reactions on polypropylene in the solid state [J]. Prof Polym Sci，2002，27 (7)：1195-1282.

[267] Cartier H，Hu G H. Styrene-assisted melt free radical grafting of glycidyl methacrylate onto polypropylene [J]. J Polym Sci：Polym Chem，1998，36 (7)：1053-1063.

[268] Zhang R H，Zhu Y T，Zhang J G，et al. Effect of the initial maleic anhydride content on the grafting of maleic anhydride onto isotactic polypropylene [J]. J Polym Sci，Part A：Polym Chem，2005，43 (22)：5529-5534.

[269] Sun Y J，Hu G H，Lambla M. Melt free-radical grafting of glycidyl mechacrylate onto polypropylene [J]. Die Angewandte Makromolekulare Chemie，1995，229 (1)：1-13.

[270] 张立峰，张军，王晓琳，等. 双单体固相接枝制备亲水性 PP [J]. 现代塑料加工应用，2005，17 (3)：1-4.

[271] Rengarajan R，Vicic M，Lee S. Solid phase graft copolymerization. I. Effect on initiator and catalyst [J]. J Appl Polym Sci，1990，39 (8)：1783-1791.

[272] 姚瑜，张军，王晓琳. 聚丙烯固相接枝改性研究进展 [J]. 弹性体，2004，14 (3)：64-71.

[273] Jia D M，Luo Y F，Li Y M，et al. Synthesis and characterization of solid-phase graft copolymer of polypropylene with styrene and maleic anhydride [J]. J Appl Polym Sci，2000，78 (44)：2482-2487.

[274] Zhang L F，Guo B H，Zhang Z M. Synthesis of multifunctional polypropylene via solid phase cografting and its grafting mechanism [J]. J Polym Sci，2002，84 (5)：929-935.

[275] Picchioni P，Goossens J G P，Van D M. Solid-state modification of polypropylene (PP)：grafting of styrene on atactic PP [J]. Macromol Symp，2001，176 (1)：245-263.

[276] Picchioni P，Goossens J G P，Van D M. Solid-state modification of isotactic polypropylene (iPP) via grafting of styrene. II. Morphology and melt processing [J]. J Appl Polym Sci，2005，97 (2)：575-583.

[277] Citovicki P，Mikulasova D，Chrastova V. Peroxide of powdered isotactic polypropylene as the initiator of modification—II. Decomposition in an emulsion polymerization system in the presence of FeSO$_4$-triethylenetetramine [J]. Eur Polym J，1977，13 (8)：661-664.

[278] Lee S，Rengarajan R. Polymerization process and the polymers thereof：US05079302A [P]. 1990.

[279] Patel A C，Brahmbhatt R B，Rao P V C，et al. Solid phase grafting of various monomers on hydroperoxidized polypropylene [J]. Eur Polym J，2000，36 (11)：2477-2484.

[280] Zhang L T，Fan Z Q，Deng Q T，et al. Gel formed during the solid-state graft copolymerization of styrene and spherical polypropylene granules. I. Influence of reaction conditions on the gelation and its mechanism [J]. J Appl Polym Sci，2007，104 (6)：3682-3687.

[281] Deng Q T，Du Z S，Sun F L，et al. Influence of an annealing treatment on the solid-state grafting of styrene onto

spherical isotactic polypropylene granules [J]. J Appl Polym Sci，2008，110 (4)：1990-1996.
[282] Sun F L，Fu Z S，Deng Q T，et al. Solid-state graft polymerization of styrene in spherical polypropylene granules in the presence of TEMPO [J]. J Appl Polym Sci，2009，112 (10)：275-282.
[283] Wang J，Wang D F，Du W，et al. Synthesis of functional polypropylene via solid-phase grafting soft vinyl monomer and its mechanism [J]. J Appl Polym Sci，2009，113 (3)：1803-1810.
[284] Fu Z S，Xu J T，Jiang G X，et al. Influence of the reaction conditions on the solid-state graft copolymerization of methyl methacrylate and polyethylene/polypropylenein situ alloys [J]. J Appl Polym Sci，2005，98 (1)：195-202.
[285] Borsig E，Lazar M，Fiedlerova A，et al. Solid-state polypropylene grafting as an effective chemical method of modification [J]. Macromol Symp，2001，176：289-298.
[286] Chmela S，Fiedlerova A，Janigova I，et al. Solid phase grafting of iPP powder [J]. J Appl Polym Sci，2011，119 (5)：2750-2758.
[287] Pan Y K. Ruan J M，Zhou D F. Solid-phase grafting of glycidyl methacrylate onto polypropylene [J]. J Appl Polym Sci，1997，65 (10)：1905-1912.
[288] Brahmbhatt R B，Patel AC，Jain R C，et al. Solid phase grafting of 4-vinylpyridine onto isotactic polypropylene [J]. Eur Polym J，1999，35 (9)：1695-1701.
[289] Liu C S，Wang Q. Solid-phase grafting of hydroxymethyl acrylamide onto polypropylene through pan milling [J]. J Appl Polym Sci，2000，78 (12)：2191-2197.
[290] Patel A C，Brahmbhatt R B，Rao P V C，et al. Solid phase grafting of various monomers on hydroperoxidized polypropylene [J]. Eur Polym，2000，36 (11)：2477-2484.
[291] 张立峰，郭宝华，张增民. 双单体固相共聚改性聚丙烯技术及其机理研究 [J]. 高等学校化学学报，2001，22 (8)：1406-1409.
[292] 栾涛，申红望，谢邦互，等. 聚丙烯固相接枝马来酸酐的接枝率影响因素研究 [J]. 塑料工业，2009，37 (1)：14-17.
[293] 顾辉，柴超，张志谦，等. PP 粉表面固相接枝及其表征 [J]. 材料工程，1999 (1)：10-13.
[294] 张广平，孙斌，张翼，等. 螺带反应器聚丙烯固相接枝马来酸酐 [J]. 中国塑料，2002，16 (2)：69-71.
[295] 刘生鹏，张良均，童身毅，等. 双单体固相接枝聚丙烯 [J]. 合成树脂及塑料，2005，22 (4)：10-13.
[296] 杨爱华，淡小钟，童身毅，等. 马来酸二丁酯固相接枝聚丙烯 [J]. 合成树脂及塑料，2006，23 (1)：18-21.
[297] 林志勇，颜文礼，胡槐皓，等. 甲基丙烯酸固相接枝聚丙烯及其增容研究 [J]. 塑料工业，1996 (6)：67-69.
[298] 窦强，李春成，任巨光. 聚丙烯固相法接枝改性 [J]. 弹性体，1995，5 (1)：49-55.
[299] Tong G S，Liu T，Hu G H，et al. Supercritical carbon dioxide-assisted solid-state free radical grafting of methyl methacrylate onto polypropylene [J]. Supercrit Fluid. 2007，43 (1)：64-73.
[300] Dong Q Z，Liu Y. Styrene-assisted free-radical graft copolymerization of maleic anhydride onto polypropylene in supercritical carbon dioxide [J]. J Appl Polym Sci，2003，90 (3)：853-860.
[301] Sun D H，Wang B，He J，et al. Grafting of polypropylene with *N*-cyclohexylmaleimide and styrene simultaneously using supercritical CO_2 [J]. Polymer，2004，45 (11)：3805-3810.
[302] Kunita M H，Rinaldi A W，Girotto E M，et al. Grafting of glycidyl methacrylate onto polypropylene using supercritical carbon dioxide [J]. Eur Polym J，2005，41 (9)：2176-2182.
[303] Dong Z X，Liu Z M，Han B X，et al. Modification of isotactic polypropylene films by grafting methyl acrylate using supercritical CO_2 as a swelling agent [J]. Supercrit Fluid，2004，31 (1)：67-74.
[304] Liu Z M，Song L P，Dai X H，et al. Grafting of methyl methylacrylate onto isotactic polypropylene film using supercritical CO_2 as a swelling agent [J]. Polymer，2002，43 (4)：1183-1188.
[305] 许群，后振中，张延超，等. 超临界 CO_2 协助多单体接枝改性聚丙烯 [J]. 应用化学，2007，24 (4)：416-419.
[306] 刘长生，王琪. 聚丙烯固相力化学接枝 *N*-羟甲基丙烯酰胺（I）微观结构的研究 [J]. 武汉化工学院学报，2001 (2)：40-43.
[307] 王琪，刘才林，刘长生，等. 力化学方法制备聚烯烃-极性单体接枝（嵌段）共聚物 [P]. CN，CN1261607. 2000.
[308] 邵清，宋文波. 聚烯烃的悬浮接枝改性及其应用 [J]. 石油化工，2017，46 (11)：1428-1433.
[309] 梁逢春，宋文波，袁浩，等. 水相悬浮接枝改性 PP 的新进展 [J]. 合成树脂及塑料，2018，35 (1)：81-85.
[310] 杨明莉，任建敏，龙英. 水悬浮自搅拌体系中马来酸酐接枝聚丙烯的合成 [J]. 化工学报，2002，53 (5)：513-516.
[311] 杜慷慨，许庆清. 丙烯酸悬浮接枝聚丙烯纤维及性能的研究 [J]. 中国塑料，2005，19 (7)：45-48.

[312] Galli P, Haylock J C. Advances in Ziegler-Natta polymerization-unique polyolefin copolymers, alloys and blends made directly in the reactor [J]. Macromol Symp, 1992, 63 (1): 19 -54.

[313] Li Z, Ma Y H, Yang W T. A facile, green, versatileprotocol to prepare polypropylene-*g*-poly (methyl methacrylate) copolymer by water-solid phase suspension grafting polymerization using the surface of reactor granule technology polypropylene granules as reaction loci [J]. J Appl Polym Sci, 2013, 129 (6): 3170 -3177.

[314] 杨明莉，任建敏，龙英. 水悬浮自搅拌体系中马来酸酐接枝聚丙烯的合成 [J]. 化工学报，2002，53 (5)：513 -516.

[315] 祝宝东，王鉴，冉玉霞. 聚丙烯水相悬浮接枝双单体苯乙烯和马来酸酐 [J]. 现代塑料加工应用，2009，21 (5)：9-11.

[316] 孔维峰，魏无际，刘卫东. 悬浮法聚乙烯接枝马来酸酐反应的影响因素 [J]. 现代塑料加工应用，2008，20 (2)：24 -27.

[317] Chmela S, Fiedlerova A, Janigova I, et al. Grafting of iPP powder with methacrylate monomers in water medium [J]. J Appl Polym Sci, 2011 (119): 2750-2758.

[318] 徐春，吴靖，周达飞. 聚丙烯悬浮法接枝 HEMA 的研究 [J]. 高分子材料科学与工程，1999，15 (2)：62 -64.

[319] 周清，杨浦东，魏无际，等. 悬浮接枝法制备 PP-g-MAH 纤维及其对水中铜离子的吸附性能 [J]. 化工新型材料，2015，43 (8)：240 -243.

[320] 邬润德，童筱莉，杨正龙，等. 悬浮法合成聚丙烯接枝丙烯酸 [J]. 功能高分子学报，2001，4 (1) 85-89.

[321] 祝宝东，王鉴，秦占占，等. 水悬浮自搅拌体系中聚丙烯接枝双单体丙烯酸和苯乙烯 [J]. 塑料工业，2009，37 (1)：6-9.

[322] 徐春，吴靖，周达飞. 悬浮法制得 PP-g-HEMA 结晶性能的研究 [J]. 高分子材料科学与工程，1999，15 (1)：121-125.

[323] 陈涛，曾庆轩，冯长根. 共辐射引发聚丙烯纤维接枝苯乙烯-二乙烯苯的中试研究 [J]. 化工进展，2007，25 (8)：1116-1119.

[324] Karmakar S R. Improvement in dyeability of polypropylene fibres through high energy radiation grafting techniques [J]. Colourage Annual, 1997, 12 (1): 97-103.

[325] 董缘，兰新哲. PP 无纺布预辐照法固相接枝 4-VP 的研究 [J]. 应用化工，2006，35 (9)：653-655.

[326] 李明愉，曾庆轩，冯长根，等. 聚丙烯纤维共辐射接枝苯乙烯的研究 [J]. 合成纤维工业，2004，27 (6)：4-6.

[327] Li Y H, Desimone J M, Poon C D, et al. Photoinduced graft polymerization of styrene onto polypropylene substrates [J]. J Appl Polym Sci, 1997, 64 (5): 883-889.

[328] Yang W T, Ranby B. Bulk surface photografting process and its applications, (Ⅱ) principal factors affecting surface photografting [J]. J Appl polym Sci, 1996, 62 (3): 545-557.

[329] Heung J C, Sung M C, Young M L, et al. Graft copolymerization of mixtures of acrylic acid and acrylamide onto polypropylene [J]. J Appl polym Sci, 1999, 72 (2): 251-256.

[330] 张志谦，王卓，金政，等. 聚丙烯粉紫外光接枝马来酸酐工艺参数对接枝率的影响 [J]. 材料科学与工艺，2002，10 (4)：379-381.

[331] Steen M L, Hymas L, Havey E D, et al. Low temperature plasma treatment of asymmetric polysulfone membranes for permanent hydrophilic surface modification [J]. J Menbrane Sci, 2001, 188 (1): 97-114.

[332] 杨庆，陈莉，长青，等. 低温等离子体接枝改性聚丙烯中空纤维膜及其动电现象 [J]. 高分子材料科学与工程，2009，25 (10)：64-70.

[333] 赵春田，祝巍，张贤，等. 聚丙烯微孔膜表面的等离子体接枝 [J]. 功能高分子学报，1996，9 (4)：537-543.

[334] 马骏，王伟，黄健，等. 马来酸酐等离子体聚合改性聚丙烯多孔膜的表面结构与亲水性 [J]. 高分子材料科学与工程，2009，25 (01)：16-18.

[335] De Nicola Jr. Process for making a propylene polymer with free-end long chain branching and use thereof [P]. US5047485. 1991.

[336] Graebling D. Synthesis of branched polypropylene by a reactive extrusion process [J]. Macromolecules, 2002, 35 (12): 4602-4610.

[337] 邓毅，陈伟，景振华. 限制几何构型的金属茂催化剂及其聚合产物 [J]. 石油炼制与化工，1996，27 (11)：40-42.

[338] 安东尼杰德尼古拉（西蒙特有限公司). 辐照聚丙烯的热处理：CN1039817 [P]. 1990.

[339] Scheve B J, Mayfield J W, Denicola A J. High melt strength, propylene polymer, process for making it, and use thereof: US 4916198 [P]. 1990.

[340] Fumio Yoshii, Keizo Makuuchi, Shingo Kikukawa, et al. High-melt-strength polypropylene with electron beam irradiation in the presence of polyfunctional monomers [J]. J Appl Polym Sci, 1996, 60 (4): 617.

[341] 高建明，张晓红，刘轶群，等. 高熔体强度 PP 的制备研究 [J]. 合成树脂及塑料，2002，19 (5)：27-31.

[342] Chodak I. Crosslinking of polypropylene in the presence of polyfunctional monomers [J]. Die Angewandte Macromolecular Chem, 1978, 69 (1): 107-115.

[343] Čapla M, Lazár M, Pajchortová A. Influence of polyfunctional monomers on crosslinking of polypropylene [J]. Chem Zvesti, 1983, 37 (4): 561-566.

[344] Chodak I, Lazar M. Peroxide-initiated crosslinking of polypropylene in the presence of p-benzoquinone [J]. J Appl Polym Sci, 1986, 32 (6): 5431-5437.

[345] Keuper D, Sack D, Schmid W, et al. Graft copolymers for sheaths e. g. for cables -by diffusing liq. silane into moving polymer particles and grafting: DE 2439513 [P]. 1976.

[346] 王剑，刘春阳，黄玉强. 交联聚乙烯滚塑技术 [J]. 中国塑料，2000，14 (1)：52-55.

[347] Ultsch S, Frita H G. Crosslinking of LLDPE and VLDPE via graft-polymerized vinylteimethoxysi-lane [J]. Plastics, Rub Proc, Applic, 1990, 13 (6): 81-91.

[348] 沈静姝，刘松林. 聚丙烯的交联 [J]. 高分子通报，1992 (3)：170-176，137.

[349] Charlesby A. Past and future trends in polymer irradiation [J]. Radiat Phys Chem, 1991, 37 (1): 5-10.

[350] 胡发亭，郭亦崇. 聚乙烯交联改性研究进展 [J]. 现代塑料加工应用，2002，14 (2)：61-64.

[351] Odian G, Berstein B S. Radiation crosslinking of polyethylene-polyfunctional monomer mixtures [J]. J Polym Sci, Part A, 1964, 2 (6): 2835-2848.

[352] Novakovic L J, Gal O. Irradiation effect on polyethylene in the presence of an antioxidant and trifunctional monomers [J]. Polym Degrad Stab, 1995, 50 (1): 53-58.

[353] 张丽，刘飞跃，杨波，等. 聚乙烯的增感辐射交联 [J]. 中国塑料，2000，14 (12)：49-57.

[354] Jones R A, Salmon G A, Ward I M. An infrared spectroscopic study of changes in unsaturation resulting from irradiation of isotropic and uniaxially oriented polyethylene films in the presence of acetylene [J]. J Polym Sci, Part B. 1994, 32 (3): 469-479.

[355] Jones R A, Salmon G A, Ward I M. Radiation-induced crosslinking of polyethylene in the presence of acetylene: A gel fraction, UV-visible, and ESR spectroscopy study [J]. J Polym Sci, Part B, 1993, 31 (7): 807-819.

[356] Oster G, Mizutani Y. Copolymers of allyl alcohol and acrylonitrile produced by dye-sensitized photopolymerization [J]. J Polym Sci, 1956, 22 (100): 185.

[357] Yan Q, Qu B J, Ranby B. Photoinitiated crosslinking of low density polyethylene: Ⅱ. morphology and properties [J]. Polymer Engineering & Science, 1991, 31 (22): 1567-1571.

[358] Qu B J, Shi W F, Bengt R. Photocrosslinking of LDPE and its application for wires and cables [J]. J Photopolym Sci Technol, 1989, 2 (2): 269-276.

[359] 瞿保钧，吴强华，梁任又，等. 紫外光交联聚烯烃绝缘电线电缆的生产方法及其紫外光辐照交联设备：CN100546797C [P]. 2006.

[360] 吴大鸣. 特种塑料管材 [M]. 北京：中国轻工业出版社，2000.

[361] 亢真真，焦玉超，张冰，等. 卤胺抗菌材料的研究和应用 [J]. 上海师范大学学报，2012，14 (5)：540-550.

[362] 徐汝珍，师岩，安萍，等. 纳米抗菌聚乙烯复合膜的制备技术研究进展 [J]. 塑料科技，2018，46 (7)：127-129.

[363] 马威，拓婷婷，张淑芬. 抗菌剂研究进展 [J]. 精细化工，2012，29 (6)：511-525，536.

[364] 李亚娜，孙彦铮，张岩松，等. 含 Ag_2O 型高密度聚乙烯基正空蒸镀复合膜的抗菌性研究 [J]. 真空科学与技术学报，2011，31 (2)：129-133.

[365] 刘嘉玲. 基于原位接枝季铵盐抗菌材料的制备及其抗菌性能研究 [D]. 成都：西南交通大学，2017.

[366] Akihiko Kanazawa, Tomiki Ikeda, Takeshi Endo. Polymeric phosphonium salts as a novel class of cationic biocides. Ⅲ. Immobilization of phosphonium salts by surface photografting and antibacterial activity of the surface-treated polymer films [J]. J Appl Polym Sci, Polym Chem, 1993, 31 (6): 1441-1447.

[367] Ratova M, Mills A. Antibacterial titania-based photocatalyticextruded plastic films [J]. J Photochem Photobiol A Chem, 2015, 299: 159-165.

[368] 冯乃谦，严建华. 银型无机抗菌剂的发展及其应用 [J]. 材料导报，1998，(5)：8-11.

[369] 户帅峰，杨福馨，张勇，等. 山梨酸-LDPE 抗菌薄膜的制备与性能 [J]. 包装工程，2016，37 (5)：15-19.

[370] 项素云，孙江波，郭可锐，等. Nano-ZnO/PE 纳米抗菌材料的制备和表征 [C] //中国塑协改性塑料专委会 2010 年年会暨第 24 届塑料改性技术及应用学术交流会论文集. 南京：中国塑料加工工业协会，2010：85-94.

[371] Li S C，Li Y N. Mechanical and antibacterial properties of modified nano-ZnO/high-density polyethylene composite films with a low doped content of nano-ZnO [J]. J Appl Polym Sci，2010，116 (5)：2965-2969.

[372] 刘西文，杨中文. 纳米抗菌 LDPE 包装膜的研究 [J]. 合成树脂及塑料，2010，27 (6)：46-48.

[373] 钟明强，王慧丽，王永忠. 新型抗菌聚乙烯塑料制备及性能研究 [C] //中国橡塑助剂与干燥、防腐杀菌剂技术及市场年会论文集. 杭州：中国化工学会，2010：62-68.

[374] Zhang W，Zhang Y H，Ji J H，et al. Antimicrobial properties of copper plasma-modified polyethylene [J]. Polymer，2006，47 (21)：7441-7445.

[375] 刘俊龙，孙振玲. 壳聚糖接枝甲基丙烯酸甲酯在抗菌塑料中的应用 [J]. 塑料科技，2008，36 (4)：64-68.

[376] Altan M，Yildirim H. Mechanical and antibacterial properties of injection molded polypropylene /TiO_2 nano-composites：Effects of surface modification [J]. J Mater Sci Technol，2012，28 (8)：686-692.

[377] 林峰. 载银二氧化钛纳米粒子的制备及其在抗菌塑料中的应用 [D]. 株洲：湖南工业大学，2010.

[378] 张华集，杜娟，陈晓，等. 含改性载银玻璃的抗菌聚丙烯薄膜的研究 [J]. 塑料科技，2010，38 (4)：69-72.

[379] 张华集，杜娟，陈晓，等. 氧化稀土成核改性抗菌 PP 薄膜的研究 [J]. 化工新型材料，2010，38 (3)：106-108.

[380] 杜娟. 氧化稀土、山梨醇衍生物成核改性抗菌 PP 薄膜的制备与性能研究 [D]. 福州：福建师范大学，2010.

[381] 山西省化工研究所. 塑料橡胶加工助剂 [M]. 北京：化学工业出版社，1987.

[382] CMD 编辑部 (日). 塑料橡胶用新型添加剂 [M]. 吕世光，译. 北京：化学工业出版社，1989.

[383] 段予中，徐凌秀. 常用塑料原料与加工助剂 [M]. 北京：科学技术文献出版社，1991.

[384] 贺天禄. 聚醚型抗静电剂的研究 [D]. 浙江：浙江大学，2003.

[385] 姜如愿，李丽英，刘举慧，等. 阻燃抗静电聚丙烯复合材料性能研究 [J]. 中国塑料，2021，35 (7)：49-52.

[386] 曹玉廷，姜波. 高分子材料用有机抗静电剂的发展 [J]. 化工新型材料，2001，29 (3)：13.

[387] 李燕云，尹振晏，朱严谨. 抗静电剂综述 [J]. 北京石油化工学院学报，2003，11 (1)：28.

[388] 吕咏梅. 抗静电剂开发与生产现状 [J]. 中国石油和化工。2003，(11)：37.

[389] 徐战，韦坚红，王坚毅，等. 国内外抗静电剂研究进展 [J]. 合成树脂及塑料，2003，20 (6)：50.

[390] 包建成，丁常楷. 炭黑填充抗静电聚丙烯的研究进展 [J]. 国外塑料，2009，27 (11)：35-39.

[391] 贺天禄，李宝芳，罗英武，等. 复合抗静电剂在 PP 上的应用研究 [J]. 塑料工业，2003，31 (5)：43-45.

[392] Ding Y，Tang H，Zhang X，et al. Antistatic ability of 1-*n* -tetradecyl-3-methylimidazolium bromide and its effects on the structure and properties of polypropylene [J]. European Polymer Journal，2008，44 (4)：1247-1251.

[393] 郭群，施英德. 高速纺抗静电聚丙烯细旦长丝的研制 [J]. 合成纤维工业，2000，23. 1：51-53.

[394] 梁琦. 聚乙烯抗静电改性研究 [D]. 太原：中北大学，2007.

[395] 赵择卿，陈小立. 高分子材料导电和抗静电技术及应用 [M]. 北京：中国纺织出版社，2006.

[396] 王苏娜. 矿用阻燃、抗静电超高分子量聚乙烯复合材料的研究 [D]. 北京：北京化工大学，2003.

[397] 王德禧. 塑料新材料新技术实用化进展 [C] //2006 塑料加工技术高峰论坛. 山西太原：中国塑料机械工业协会，2006：7-31.

[398] 陈立新，焦剑，蓝立文. 功能塑料 [M]. 北京：化学工业出版社，92-158.

[399] 陈立军，方宏锋，张欣宇，等. 碳系填充型导电塑料的研究进展 [J]. 合成树脂及塑料，2007，24 (2)：78-81.

[400] 沈重远，王庚超，李星伟. 可熔融苯胺共聚物/聚乙烯导电复合材料的形态与性能 [C] //全国高分子材料科学与工程研讨会. 2004：457-458.

[401] Novoselov K S，Geim A K，Morozov S V，et al. Electric field effect in atomically thin carbon films [J]. Science，2004，306 (5696)：666-669.

[402] Kim H，Abdala A A，Macosko C W. Graphene/polymer nanocomposites [J]. Macromolecules，2010，43 (16)：6515-6530.

[403] Chung D D L. Electrical applications of carbon materials [J]. J Mater Sci，2004，39 (8)：2645-2661.

[404] Kalaitzidou K，Fukushima H，Drzal L T. Multifunctional polypropylene composites produced by incorporation of exfoliated graphite nanoplatelets [J]. Carbon，2007，45 (7)：1446-1452.

[405] Ramanathan T，Abdala A A，Stankovich S，et al. Functionalized graphene sheets for polymer nanocomposites [J]. Nat Nanotechnol. 2008，3 (6)：327-331.

[406] 林祥凤，张跃飞. 石墨烯在聚丙烯中的应用 [J]. 塑料，2019，48 (1)：118-122.

[407] 宋武，王雅珍，高悦. 高分子材料抗静电技术的研究进展 [J]. 化工时刊，2005，19 (12)：63-66.

[408] 刘帅，焦清介，臧充光，等. 金属填充 LDPE 薄膜电磁屏蔽性能研究 [J]. 北京理工大学学报，2007，27 (5)：467-470.

[409] 阮士朋，朱国辉，毛卫民. 不同金属填料对电磁屏蔽涂料屏蔽效能的影响 [J]. 材料导报，2008，22 (11)：136-138.

[410] 张宁，邵忠财，李晓伟. 电磁屏蔽填料的制备及研究进展 [J]. 电镀与精饰，2012，34 (3)：28-33.

[411] 王建忠，奚正平，汤慧萍，等. 金属纤维电磁屏蔽材料的研究进展 [J]. 稀有金属材料与工程，2011，40 (9)：1688-1692.

[412] 颜杰，唐楷. 炭黑复合导电材料的导电机理 [J]. 化工新型材料，2005，33 (12)：76-78，22.

[413] 杜彦，季铁正，唐婷. 聚乙烯基导电复合材料的研究 [J]. 中国塑料，2012，26 (4)：22-26.

[414] 杜新胜，张春梅，刘志琴，等. 导电聚烯烃的研究与进展 [J]. 塑料助剂，2009，2：1-4.

[415] 包建成，丁常楷. 炭黑填充抗静电聚丙烯的研究进展 [J]. 国外塑料，2009，27 (11)：35-39.

[416] 何小芳，贺超峰，刘玉飞. 聚丙烯基石墨导电复合材料研究进展 [J]. 中国塑料，2012，26 (5)：17-21.

[417] Chen G H，Wu D J，Weng W G，et al. Preparation of polymer/graphite conducting nanocomposites by intercalation polymerization [J]. J Appl Polym Sci，2001，82 (10)：2506-2513.

[418] Kalaitzaidou K. Exfoliated graphite nanoplatelets as reinforcement for multifunctional polypropylene nanocomposites [D]. Michigan：Michigan State University，2006.

[419] 籍军，刘伟，周涵. 碳纳米管在聚烯烃改性中的应用 [J]. 合成树脂及塑料，2005. 22 (3)：67-70.

[420] 邱桂花，夏和生，王琪. 聚合物/碳纳米管复合材料研究进展 [J]. 高分子材料科学与工程，2002，18 (6)：20-23.

[421] 程瑞玲，王依民. 聚合物/碳纳米管复合材料的研究现状及在纤维中的应用 [J]. 合成技术及应用，2002，18 (6)：20-23.

[422] 王彪，王贤保，胡平安，等. 碳纳米管/聚合物纳米复合材料研究进展 [J]. 高分子通报，2002，(6)：8-14.

[423] Gorrasi G，Sarno M，Bartolomeo A D，et al. Incorporation of carbon nanotubes into polyethylene by high energy ball milling：Morphology and physical properties [J]. J Polym Sci-B：Polym Phys，2007，45 (5)：597-606.

[424] Zhao D，Lei Q，Qin C，et al. Melt process and performance of multi-walled carbon nanotubes reinforced LDPE composites [J]. Pigment Resin Technol，2006，35 (6)：341-345.

[425] Zhang Q H，Rastogi S，Chen D J，et al. Low percolation threshold in single-walled carbon nanotube/high density polyethylene composites prepared by melt processing technique [J]. Carbon，2006，44 (4)：778-785.

[426] McNallya T，Pötschke P，Halley P，et al. Polyethylene multiwalled carbon nanotube composites [J]. Polymer，2005，46 (19)：8222-8232.

[427] Tjong S C，Liang G D，Bao S P. Electrical behavior of polypropylene/multiwalled carbon nanotube nanocomposites with low percolation threshold [J]. Scripta Materialia，2007，57 (6)：461-464.

[428] Seo S K，Park S J. Electrical resistivity and rheilogical behaviors of carbon naotubes-filled polypropylene composites [J]. Chem Phys Lett，2004，395 (1-3)：44-4.

[429] Bao S P，Liang G D. Effect of mechanical stretching on electrical conductivity and positive temperature coefficient characteristics of poly (vinylidene fluoride) /carbon nanofiber composites prepared by non-solvent precipitation [J]. Carbon，2011，49 (5)：1758-1768.

[430] Le H H，Zulfiqar A. Effect of the cross-linking process on the electrical resistivity and shape-memory behavior of cross-linked carbon black filled ethylene-octene copolymer [J]. J Appl Polym Sci，2011，120：2138-2145.

[431] Boiteux G，Fournier J，Issotier D，et al. Conductive thermoset composites：PTC effect [J]. Synthetic Metals，1999，102：1234-135.

[432] Chen Q Y，Xi Y. Electrical and dielectric properties in carbon fiber-filled LMWPE/UHMWPE composites with different blend ratios [J]. J Polym Sci，Polym Phys，2008，46：359-369.

[433] 郑裕堃，董晓武. 炭黑/聚乙烯复合导电材料的性能研究 [J]. 中国塑料，2000，14：22-27.

[434] 叶林忠，李玮，潘炯玺. 高密度聚乙烯导电塑料的性能研究 [J]. 合成树脂及塑料，1997，14 (1)：40-42.

[435] Sumita M，Sakata K，Asai S，et al. Dispersion of filler and the electrical conductivity of polymer blends filled with carbon black [J]. Polymer Bulletin，1991，25：265-271.

[436] Sumita M，Sakata K，Hayakawa Y，et al. Double percolation effect on the electrical conductivity of conductive particles filled polymer blends [J]. Colloid & Polymer Science，1992，270：134-139.

[437] Tchoudakov R, Breuer O, Narkis M. Conductive polymer blends with low carbon black loading: polypropylene/polyamide [J]. Polymer Engineering and Science, 1996, 36 (10): 1336-1346.

[438] Kalaitzidou K, Fukushima H, Lawremce T D. A new compounding method for exfoliated graphite-polypropylene nanocomposites with enhanced flexural properties and lower percolation threshold [J]. Compos Sci Technol, 2007, 67 (10): 2045-2051.

[439] 王光华，董发勤，司琼. 电磁屏蔽导电复合塑料的研究现状 [J]. 材料导报，2007，21 (2)：22-25.

[440] 解娜，焦清介，臧充光，等. LDPE/不锈钢纤维电磁屏蔽材料的性能研究 [J]. 塑料科技，2006，34 (2)：32-35.

[441] 高强. 聚丙烯充填黄铜纤维导电复合材料屏蔽效能的研究 [J]. 塑料工业，1999，27 (1)：30.

[442] 薛茹君. 电磁屏蔽材料及导电填料的研究进展 [J]. 涂料技术与文摘，2004，25 (3)：6.

[443] 李星华. 聚合物基功能纳米复合材料的制备及导热导电与电磁屏蔽性能的研究 [D]. 北京：北京化工大学，2017.

[444] Cao M S, Wang X X, Cao W Q, et al. Ultrathin grapheme: Electrical properties and high efficient electromagnetic interference shielding [J]. J Mater Chem C, 2015, 3 (6): 6589-6599.

[445] Kuila T, Bhadra S, Yao D, et al. Recent advances in grapheme based polymer composites [J]. Progress in Polymer Science, 2010, 35 (11): 1350-1375.

[446] Chen D, Wang G S, He S, et al. Controllable fabrication of mono-dispersed rGO-hematite nanocomposites and their enhanced wave absorption properties [J]. J Mater Chem A, 2013, 1 (19): 5996-6003.

[447] Gupta T, Singh B, Singh V, et al. MnO_2 decorated graphene nanoribbons with superior permittivity and excellent microwave shielding proeprties [J]. J Mater Chem A, 2013, 2 (12): 4256-4263.

[448] 徐勤涛，孙建生，侯俊峰，等. 电磁屏蔽塑料的研究进展 [J]. 工程塑料应用，2010，38 (9)：82-85.

[449] 何和智. 炭黑/聚乙烯复合材料的电磁屏蔽性能 [J]. 塑料，2010，39 (3)：43-47.

[450] 何熹. PP/PA6/碳系粒子/剑麻电磁屏蔽材料性能研究 [D]. 广州：华南理工大学，2013.

[451] 周卉青. 石墨/剑麻填充聚丙烯电磁屏蔽材料加工性能研究 [D]. 广州：华南理工大学，2013.

[452] 杨彪. 填充复合型电磁屏蔽材料的研究 [D]. 广州：华南理工大学，2012.

[453] 姚衍东. 碳系粒子/剑麻填充聚丙烯电磁屏蔽性能研究 [D]. 广州：华南理工大学，2012.

[454] 彭浩. 兼具导电及电磁屏蔽功能的聚烯烃复合材料的制备 [D]. 广州：华南理工大学，2012.

[455] 王喜顺，黄江平. 碳纤维/镍粉/聚丙烯复合材料的电磁屏蔽性能 [J]. 塑料，2015，44 (2)：22-25.

[456] Al-Saleh M. H, Sundararaj U. Electromagnetic interference shielding mechanisms of CNT/polymer composites [J]. Carbon, 2009, 47: 1738-1746.

[457] Michael R S, Amar K M, OrcidManjusri M. Miscibility and performance evaluation of biocomposites made from polypropylene/poly (lactic acid) /poly (hydroxybutyrate-co-hydroxyvalerate) with a sustainable biocarbon filler [J]. ACS Omega, 2017, 2 (10): 6446-6454.

[458] Tan L, Deng J P, Yang W T. A facile approach to surface graft vinyl acetate onto polyolefin articles [J]. Polymer Advance Technology, 2004, 15: 523-527.

[459] Oromiehie A, Ebadi-Dehaghani H, Mirbagheri S. Chemical modification of polypropylene by maleic anhydride: Melt grafting, characterization and mechanism [J]. International Journal of Chemical Engineering and applications, 2014, 5 (2): 117-122.

[460] 谢续明，陈年欢，李松. 尼龙 6/多单体接枝聚丙烯共混物的形态结构及力学性能的研究 [J]. 高分子学报，1999 (5)：527-533.

[461] 王鉴，李杨，祝宝东，等. BMA 协助 MAH 熔融接枝改性聚丙烯塑料工业 [J]. 塑料工业，2015，43 (4)：5-9.

[462] Rätzsch M, Bucka H, Hesse A, et al. Basis of solid-phase grafting of polypropylene [J]. Journal of Macromolecular Science, Part A: Pure and Applied Chemistry, 1996, 33 (7): 913-926.

[463] 姚瑜. 聚丙烯的亲水性改性研究 [D]. 南京：南京工业大学，2005.

[464] 洪浩群，贾志欣，何慧，等. 聚烯烃接枝改性设备的开发 [J]. 高分子通报，2006 (2)，65-72.

[465] Guldogan Y, Egri S, Rzaev Z M O, et al. Comparison of maleic anhydride grafting onto powder and granular polypropylene in the melt by reactive extrusion [J]. J Appl Polym Sci, 2004, 92 (6): 3675-3684.

[466] 郭艳，彭波，张春雨，等. 聚丙烯釜内合金的相态研究 [J]. 化学进展，2015，27 (12)：1815-1821.

[467] 杨小波. 丙烯酸固相接枝聚丙烯聚合规律及其相容性能的研究 [D]. 杭州：浙江大学，2003.

[468] Subramanian S , Lee S G. Graft copolymerization of acrylic onto polystyrene using the solid phase grafting technique [J]. J Appl Polym Sci, 1998, 70: 1001-1007.

[469] 张翼. 聚丙烯固相接枝连续化工艺的开发 [D]. 上海：华东理工大学，2002.

[470] Khabbaz F, Albertsson A C. Rapid test methods for analyzing degradable polyolefins with a pro-oxidant system [J]. J Appl Polym Sci, 2015, 79 (12): 2309-2316.

[471] Ammala A, Bateman S, Dean K, et al. an overview of degradable and biodegradable polyolefins [J]. Progress in Polymer Science, 2011, 36 (8): 1015-1049.

[472] Arráez F J, Arnal M L, Müllera J. Thermal and UV degradable of polypropylene with pro-oxidant, abiotic characterization [J]. J Appl Polym Sci, 2018, 135 (14): 46088.

[473] Wiles D M, Scott G. Polyolefins with controlled environmental degradability [J]. Polymer degradation & stability, 2006, 91 (7): 1581-1592.

[474] Albertsson A C, Karlsson S. Macromolecular architecture-nature as a model for degradable polymers [J]. Journal of Macromolecular Science, Part A, 1996, 33: 1565-1570.

[475] Hocking P J. The Classification, preparation, and utility of degradable polymers [J]. Journal of Macromolecular Science, Part C Polymer Reviews, 1992, 32 (1): 35-54.

[476] 陈宇. 聚烯烃塑料降解真的无路可走 [J]. 中国塑料橡胶，2007.

[477] 王益龙，吴长伟，范思远，等. 改性聚丙烯反应挤出可控降解研究 [J]. 现代塑料加工应用，20016，18 (6)，11-14.

[478] 鲁承彬. 一种聚烯烃合金“革命性”技术——Catalloy 工艺的成因及应用 [J]；国外塑料；2001 (3).

[479] 姜柏宇，刘振学，贺爱华. 聚烯烃合金的研究进展 (II) ——分级方法、结构调控与性能 [J]. 高分子通报，2016 (1)：9-16.

[480] Galli P. The breakthrough in catalysis and processes for olefin polymerization: innovative structures and a strategy in the materials area for the twenty-first century [J]. Prog Polym Sci, 1994, 19 (6): 959-974.

[481] 付义，赵增辉，张铭辉，等. 反应器聚烯烃合金技术的发展 [J]. 石油化工，2005，34：584-587.

[482] 张玉清，范志强，封麟先. 聚丙烯反应器合金化研究 [J]. 塑料工业，2001，29 (1)：5-7.

[483] Collina G, Dall Occo T, Galimberti M. et al. Process for the (co) polymerization of olefins: US 5648422 [P]. 1997.

[484] Collina G, Dall Occo T, Galimberti M. et al. Process for the (co) polymerization of olefins: US 6028140 [P]. 2000.

[485] Fan Z Q, Zhang Y Q, Xu J T, et al. Structure and properties of polypropylene/poly (ethylene-co-propylene) in-situ blends synthesized by spherical Ziegler-Natta catalyst [J]. Polymer, 2001, 42 (5): 5559-5566.

[486] 张玉清，范志强，封麟先. 聚丙烯催化合金的 DSC 分析 [J]. 高分子材料科学与工程，2001，17 (4)：62-65.

[487] 沈晓源. 立足 TPV，技术领先的热塑性弹性体龙头 [R]. 道恩股份深度报告，2017.

[488] 王利，陆匠心. 汽车轻量化及其材料的经济选用 [J]. 汽车工艺与材料，2013 (1)：1-6.

[489] 田振生，刘大伟，李刚，等. 连续纤维增强热塑性树脂预浸料的研究进展 [J]. 玻璃钢/复合材料，2013 (6)：119-124.

[490] 孙银宝，李宏福，张博明. 连续纤维增强热塑性复合材料研发与应用进展 [J]. 航空科学技术，2016，27 (5)：1-7.

[491] 见雪珍，杨洋，袁协尧，等. 商用客机连续纤维增强热塑性复合材料的现状及其发展趋势 [J]. 上海塑料，2015 (2)：17-22.

[492] Yang C, Tian X, Liu T, et al. 3D printing for continuous fiber reinforced thermoplastic composites: mechanism and performance [J]. Rapid Prototyping Journal, 2017, 23 (1): 209-215.

[493] Alshammari B A, Alsuhybani M S, Almushaikeh A M. Comprehensive review of the properties and modifications of carbon fiber-reinforced thermoplastic composites [J]. Polymers, 2021, 13 (15): 2474.

[494] 李昕，欧育湘，张蕴宏. 三 (1-氧代-1-磷杂-2，6，7-三氧杂双环 [2.2.2] 辛烷-4-亚甲基) 磷酸酯的合成、晶体结构及热性能 [J]. 高等学校化学学报，2002，23 (4)：695-699.

[495] Robertson A J, Gallivan J B. Production of hexamethylenediamine muconate salt: US4929396 [P]. 1990-05-29.

[496] 欧育湘. 阻燃剂制造、性能及应用 [M]. 北京：兵器工业出版社，1997.

[497] 欧育湘，陈宇，罗锐斌，等. 塑料用膨胀型阻燃剂 [J]. 塑料科技，1995，(5)：20-25.

[498] 冯美平，何翼云，郑文颖. 氮系阻燃剂的现状与展望 [J]. 精细石油化工，1998，(1)：24-28.

[499] 刘军，廖凯荣，卢泽俭. 三嗪衍生物的分子结构及其对聚丙烯阻燃性能的关系 [J]. 高分子科学材料与工程，1999，

15 (1): 73-79.

[500] 唐禹，梁嘉鸣，梁兵. 聚烯烃基木塑复合材料增强改性的研究进展 [J]. 化工新型材料，2016，44 (8): 20-22.

[501] 王旭，黄锐，濮阳楠. 聚合物基纳米复合材料的研究进展 [J]. 塑料，2000，29 (4) : 25.

[502] 章永化，龚克成. 聚合物/层状无机物纳米复合材料的研究进展 [J]. 材料导报，1998 (2): 61-65.

[503] 陈光明，李强，漆宗能，等. 聚合物/层状硅酸盐纳米复合材料研究进展 [J]. 高分子通报，1999 (4): 1-10.

[504] Usuki A, Kojima Y, Kawasumi M, et al. Swelling behavior of montmorillonite cation exchanged for ω-amino acids by ε-caprolactam [J]. J Mater Res, 1993, 8: 1174.

[505] Usuki A, Kojima Y, Kawasumi M, et al. Synthesis of nylon 6-clay hybrid [J]. J Mater Res, 1993, 8: 1179.

[506] Okada A, Usuki A. Twenty years of polymer-clay nanocomposites [J]. Macromol Mater Eng, 2006, 291: 1449.

[507] Jeon H G, Jung H T, Lee S W, et al. Morphology of polymer/silicate nanocomposites high density polyethylene and a nitrile copolymer [J]. Polym Bull, 1998, 41 (1): 107.

[508] Kawa sumi M, Hasegawa N, Ka to M, et al. Preparation and mechanical properties of polypropylene-clay hybrids [J]. Macromolecules, 1997, 30: 6333.

[509] Chen G G, Liu S H, Zhang S F, et al. Self-assembly in a polystyrene/montmorillonite nanocomposite [J]. Macromol Rapid Commun, 2000, 21: 746.

[510] Bergman J S, Chen H, Gia nnelis E P, et al. Synthesis and characterization of polyolefin-silicate nanocomposites: a catalyst intercalation and in situ polymerization approach [J]. Chem Commun, 1999: 2179.

[511] Tudor J, Willington L, Royan B. Intercalation of catalytically active metal complexes in phyllosilicates and their application as propene polymerisation catalysts [J]. Chem Commun, 1996: 2031.

[512] Vaia R A, Jandt K D, Kramer E J, et al . Kinetics of polymer melt intercalation [J]. Macromolecules, 1995, 28: 8080.

[513] 郭汉洋，翟红波，沈时骏，等. 聚烯烃黏土纳米复合材料的制备现状及进展 [J]. 现代塑料加工应用，2004，16 (5): 50-53.

[514] Lan T, Kaviratna P D, Pinnavaia T J. Mechanism of clay tactoid exfoliation in epoxy-clay nanocomposites [J]. Chem Mater, 1995, 7 (11): 2144.

[515] Bergman J S, Coats G W, Chen H, et al. Synthesis and characterization of polyolefin-silicate nanocomposites: a catalyst intercalation and in situ polymerization approach [J]. Chem Commun , 1999: 2179.

[516] 刘晓辉，范家起，李强，等. 聚丙烯/蒙脱土纳米复合材料 I . 制备、表征及动态力学性能 [J]. 高分子学报 (Acta Polymerica Sini ca) , 2000 (5): 563.

[517] 郭存悦，柳忠阳，徐德民，等. 粘土/聚烯烃纳米复合材料研究进展 [J]. 应用化学，2001，18 (5)，351-356.

[518] 苏新清，乔金，华幼卿，等. 具有包藏结构的三元聚丙烯纳米复合材料结构与性能关系的研究 [J]. 高分子学报，2005 (1): 142-148.

[519] 佟妍，桑红源. 碳酸钙/聚丙烯复合材料的力学性能对比研究 [J]. 无机盐工业，2008，40 (9): 48-50.

[520] David R, Tambe S P, Singh S K, et al. Thermally sprayable grafted LDPE/nanoclay composite coating for corrosion protection [J]. Surface & Coatings Technology, 2011, 205: 5470-5477 .

[521] 何智慧，马万珍，高志生，等. HDPE/$CaCO_3$ 纳米复合材料的制备及性能 [J]. 塑料，2009，38 (4): 95-97.

[522] 张明，方鹏飞，刘黎明，等. HDPE/$CaCO_3$ 纳米复合材料的自由体积及其界面特性 [J]. 武汉大学学报 (理学版)，2003，49 (5): 601-604.

[523] Cao X X, Gao J G, Dai X, et al. Kinetics of thermal degradation of nanometer calcium carbonate/linear low-density Polyethylene nanocomposites [J]. Journal of Applied Polymer Science, 2012, 126 (3).

[524] 李伯耿，张明轩，刘伟峰，等. 聚烯烃类弹性体——现状与进展 [J]. 化工进展，2017，36 (9): 3135.

[525] Kaminsky W, Weingarten U. Quarter polymerization of ethene/propene/hexene/ethylidenenorbornene and ethylene/propylene/octene/ethylidenenorbornene with [Me_2C(3-MeCp)(Flu)]$ZrCl_2$/MAO [J]. Polym Bull, 2001, 45 (6): 451-456.

[526] Ravishankar P S. Ethylene, higher alpha-olefin comonomor and diene, especially vinyl norbornene and polymers made using such process: US7135533 [P]. 2006-11-14.

[527] Arriola D J, Carnahan E M, Cheung Y W, et al. Catalyst composition comprising shuttling agent for ethylene multi-block copolymer formation: US8198374 [P]. 2012-06-12.

[528] Arriola D J, Carnahan E M, Hustad P D, et al. Catalytic production of olefin block copolymers *via* chain shuttling

polymerization [J]. Science, 2006, 312 (5774): 714-719.

[529] Chum P S, Swogger K W. Olefin polymer technologies—history and recent progress at The Dow Chemical Company [J]. Prog Polym Sci, 2008, 33 (8): 797-819.

[530] Rix F C. Bridged metallocenes for olefin copolymerization : WO0024793 [P]. 2000-05-04.

[531] Lee C H, Lee E J, Jung S, et al. Transition metal complexes, catalyst compositions containing the same, and olefin polymerization using the catalyst compositions: US7538239 [P]. 2009-05-26.

[532] Nabika M, Miyatake T. Transition metal compound, catalyst for addition polymerization, and process for producing addition polymer: US6548686 [P]. 2003-04-15.

[533] Senda T, Hanaoka H, Nakahara S. et al. Rational design of silicon-bridged fluorenyl-phenoxy group 4 metal complexes as catalysts for producing high molecular weight copolymers of ethylene and 1-hexene at elevated temperature [J]. Macromolecules, 2010, 43 (5): 2299-2306.

[534] Deshpande K, Dixit R S. Olefin-based polymers and dispersion polymerizations: WO088235 [P]. 2012-06-28.

[535] Deshpande K, Stephenson S K, Dixi R S. Polymerization process and raman analysis for olefin-based polymers : WO2012088217 [P]. 2012-06-28.

[536] 王红英，郑刚，刘长城，等. 一种烯烃共聚物及其制备方法：CN102464751 [P]. 2012-05-23.

[537] 王文俊，刘伟峰，李伯耿，等. 一种乙烯和 α-烯烃共聚物的溶液聚合制备方法：CN103880999A [P]. 2014-06-25.

[538] 李伯耿，王文俊，刘伟峰，等. 一种乙烯和α-烯烃共聚物的制备方法：CN103936909A [P]. 2014-07-23.

[539] Wilis J M, Caldas V, Favis B D. Processing-morphology relationships of compatibilized polyolefin/polyamide blends [J]. J Mater Sci, 1991, 26: 4742-4750.

[540] Kim Y K, Ha C S, Kang T K, et al. Rheological properties, tensile properties, and morphology of PP/EPDM/ Ionomer ternary blends [J]. J Appl Polym Sci, 1994, 51: 1453-1461.

[541] Lee B H, Park J K, Song H Y. Compatibilizing effect of styrene-sodium methacrylate ionomers on nylon 6-polystyrene blends [J]. Adv Polym Tech, 1994, 13 (1): 75-84.

[542] 李海鹏，李卓美. 磺化聚苯乙烯离聚体增容 PA1010/HIPS 体系的结构与性能 [J]. 中国塑料，1998，12 (6)：48-53.

[543] Barmatov E B, Barmatova M V, Bong-Seok M, et al. New chiral nematic ionomers containing metal ions [J]. Macromolecules, 2004, 37 (15), 5490-5494.

[544] Lysenko E A, Chelushkin P S, Bronich T K, et al. Formation of multilayer polyelectrolyte complexes by using block ionomer micelles as nucleating particles [J]. J Phys Chem B, 2004, 108 (33), 12352-12359.

[545] Galatanu A N, Rollet A L, Porion P, et al. Study of the casting of sulfonated polyimide ionomer membranes: structural evolution and influence on transport properties [J]. J Phys Chem B, 2005, 109 (22), 11332-11339.

[546] Goswami M, Kumar S K, Bhattacharya A, et al. Computer simulations of ionomer self-assembly and dynamics [J]. Macromolecules, 2007, 40 (12), 4113-4118.

[547] Clark P Z, Cadby A J, Shen K F, et al. Synthesis and self-assembly of an amphiphilic poly (phenylene ethynylene) ionomer [J]. J Phys Chem B, 2006, 110 (44), 22088-22096.

[548] Benetatos N M, Winey K I. Nanoscale morphology of poly (styrene-ran-methacrylic acid) ionomers: the role of preparation method, thermal treatment, and acid copolymer structure [J]. Macromolecules, 2007, 40 (9), 3223-3228.

[549] Saito J, Miyatake K, Watanabe M. Synthesis and properties of polyimide ionomers containing 1H-1, 2, 4-triazole groups [J]. Macromolecules, 2008, 41 (7), 2415-2420.

[550] Gülay B, Baki H, Begum A, et al. Covalent immobilization of lipase onto amine functionalized polypropylene membrane and its application in green apple flavor (ethyl valerate) synthesis [J]. Process Biochemistry, 2011 (46): 372-378.

[551] 马向东，刘大壮，孙培勤. 氯化聚丙烯接枝改性的研究进展 [J]. 上海涂料，2007，45 (4)：25-27.

[552] 吴党生，童身毅，潘汉译，等. 氯化改性聚丙烯树脂及其生产方法：CN1594375A [P]. 2005-03-16.

[553] 王立，王苇，俞豪杰，等. 水相悬浮法生产氯化聚丙烯的方法：CN1786037 [P]. 2006-06-14.

[554] 李春喜，陆颖舟，孙爱军，等. 半水相法制备氯化聚丙烯的方法：CN1995074A [P]. 2007-07-11.

[555] 张利仁，史君，张元礼，等. 一种用于制备高氯化率氯化聚丙烯的聚丙烯制备方法：CN101747458A [P]. 2010-06-23.

[556] 袁向前，杨峰，宋宏宇．氯化聚丙烯的光引发制备方法：CN101759823A [P]. 2010-06-30.

[557] 王丽，罗时忠，茆庆文．氯化聚乙烯材料研究进展 [J]. 河南化工，2013，30（11）：17.

[558] 王新星，苑会林，李明昆．增塑剂对氯化聚乙烯防水卷材增塑效果的研究 [J]. 塑料工业，2012，40（6）：113-118.

[559] 邹本飞，苑会林，杨晋娜，等．非硫化型氯化聚乙烯（CPE）防水卷材耐热老化性能研究及寿命估算 [J]. 合成材料老化与应用，2011，40（2）：10-14.

[560] 尚德义，王启丰，王强，等．耐低温 CPE/EPDM 护套配方研究 [J]. 电线电缆，2012，4（2）：26-28.

[561] 张新，林磊，张勇，等．电缆用氯化聚乙烯橡胶护套配方研究 [J]. 电线电缆，2012，4（2）：22-25.

[562] Sung S C，Sung H H. Water swelling behaviors of silica-reinforced NBR composites in deionized water and salt solution [J]. J Ind Eng Chem，2010，16（2）：238-242.

[563] 李叶柳，丁国荣，林承跃，等．吸水膨胀橡胶制备技术及应用研究进展 [J]. 弹性体，2009，19（3）：65-69.

[564] 邵水源，邓光荣，彭龙贵，等．共混型吸水膨胀橡胶的制备与表征 [J]. 化工新型材料，2010，38（7）：120-122.

[565] 郎丰正，王利杰，王兆波．PAAS 含量对吸水膨胀型 PVC/CM TPV 性能的影响 [J]. 弹性体，2013，23（1）：70-74.

[566] Li S，Lang F Z，Du F L，et al. Water-swellable thermoplastic vulcanizates based on ethylene-vinyl acetate copolymer /chlorinated polyethylene / cross-linked sodium polyacrylate /nitrile butadiene rubber blends [J]. Journal of Thermoplastic Composite Materials，2013，31（1）：1-14.

[567] 张兴宁，扈蓉，张玉红，等．CPE/PAAS-PEO 吸水膨胀弹性体力学性能的研究 [J]. 胶体与聚合物，2013，31（1）：26-28.

[568] 厉枝，宗成中．不同维度纳米填料改性氯化聚乙烯橡胶的研究进展 [J]. 橡胶工业，2018，6（9）：1070.

[569] 吴凡，吴新民，宋永海，等．二氧化硅杂化改性氯化聚乙烯橡胶的制备与性能 [J]. 合成橡胶工业，2017，40（4）：267-270.

[570] 曹江勇，张振秀，辛振样．白炭黑填充氯化聚乙烯/丁腈橡胶并用胶性能的研究 [J]. 特种橡胶制品，2011，32（2）：31-35.

[571] 孙艳妮，张润鑫，冯莺，等．氯化聚乙烯/碳纳米管复合材料的制备及其性能研究 [J]. 材料工程，2006（s1）：124-127.

[572] 张保生，吕秀凤，晏红卫，等．碳纳米管在氯化聚乙烯橡胶发泡中的应用 [J]. 合成橡胶工业，2013，36（2）：119-122.

[573] 胡文梅，周强，孙坤程，等．EDA-GO/CPE/PS 纳米复合材料的制备及性能研究 [J]. 弹性体，2015，25（2）：21-26.

[574] 娄金分，李杨，罗筑，等．环氧树脂与苯乙烯对马来酸酐接枝聚乙烯性能的影响 [J]. 广州化工，2019，47（1）：25-28.

[575] 郭亚光，李彦涛，杨丽庭，等．高熔体强度聚丙烯的制备及其性能 [J]. 华南师范大学学报（自然科学版），2017，49（4）：23-27.

[576] 董银春，郭秋月，林永男，等．DAP 存在下 GMA 熔融接枝聚丙烯的研究 [J]. 现代塑料加工应用，2017，29（3）：25-28.

[577] 董银春，沈帆，郭秋月，等．PP-g-(DAP-*co*-GMA) 和 PP-g-(DAP-*co*-MAH) 的制备及其增容 PP/PET [J]. 合成树脂及塑料，2017，34（2）：7-11.

[578] 张炜鹏，Khanal S，徐世爱．玻璃纤维的偶联/接枝改性及其对 HDPE/竹粉复合材料性能的影响 [J]. 功能高分子学报，2019，32（3）：329-335.

[579] 游一兰，刘世军，李笃信，等．HDPE 三单体固相接枝物的制备及其对 PA6/UHMWPE 的改性研究 [J]. 塑料工业，2016，44（6）：38-41.

[580] 郭世平，陈显辉，王涛．紫外光辐射接枝及胺化法制备温敏聚乙烯薄膜 [J]. 当代化工，2016，45（9）：2067-2069.

[581] 周厚博，黄华华，陈永明．等规聚丙烯的后功能化及其 ATRP 法合成接枝共聚物 [C] //2017 全国高分子学术论文报告会. 2017.

[582] 汪杰，万杰，文胜，等．HDPE-g-GMA 的制备及增容 HDPE/PA6 共混物的研究 [J]. 现代塑料加工应用，2018，20（4）：38-41.

[583] 马聪聪，宛延，陈子豪，等．聚乳酸/马来酸酐接枝高密度聚乙烯共混体系性能研究 [J]. 塑料工业，2018，46（1）：133-137.

[584] 罗志，李化毅，张辽云.超细聚丙烯固相接枝马来酸酐用作相容剂的研究［J］.石油化工，2017，46（6）：731-738.
[585] 魏发云，张伟，邹学书，等.等离子体诱导丙烯酸接枝改性聚丙烯非织造材料［J］.纺织学报，2017，38（9）：109-114.
[586] 夏艳平，纪波印，陈慧蓉，等.两亲性改性剂 PP-g-PEGMA 的制备及其表征［J］.现代塑料加工应用，2017，29（2）：15-18.
[587] 陈波，赵平，方征平，等.PE-LLD-g-（GMA-Co-St）的反应挤出及应用［J］.工程塑料应用，2017，45（1）：113-117.
[588] 张文龙，高丽平，戴亚杰，等.乙烯咔唑接枝低密度聚乙烯的电性能研究［J］.绝缘材料，2018，51（3）：5.
[589] 张文龙，马振青，戴亚杰，等.乙烯咔唑接枝聚乙烯的制备及其介电性能［J］.高压电技术，2017（9）.
[590] 邓正，王立，俞豪杰，等.蜂窝状超支化聚乙烯接枝聚甲基丙烯酸叔丁酯/MWCNTs 复合膜的制备及其在透明导电材料中的应用研究［C］//2017 全国高分子学术论文报告会.2017.
[591] 李荣，庞丽娟，张明星，等.辐射接枝制备聚丙烯纤维海水提铀吸附剂［J］.核技术，2017，40（5）：050301.
[592] 许淑义，徐祥，朱菊芳，等.聚丙烯接枝聚乙二醇改性聚丙烯微孔膜［J］.高分子材料科学与工程，2017，33（8）：102-107.
[593] 王亨缇.聚烯烃的辐射效应及其流变行为研究［J］.中国科学院上海应用物理研究所，2018.
[594] 杨乐，魏江涛，罗筑，等.高密度聚乙烯的熔融支化及其对性能的影响［J］.高分子学报，2017（8）：1339-1349.
[595] 杨乐.长链支化聚丙烯的制备及性能研究［D］.贵阳：贵州大学，2015.
[596] 梁晓坤.长支链高密度聚乙烯的制备及结构表征［D］.贵阳：贵州大学，2017.
[597] 季显丰.长链支化聚丙烯的制备及其反应选择性调控［D］.哈尔滨：哈尔滨工程大学，2016.
[598] 吴双.固相法制备高熔体强度聚丙烯［D］.黑龙江：东北石油大学，2017.
[599] 于芳，马伊，梁文斌，等.改性聚丙烯的结晶行为和熔体强度研究［J］.塑料科技，2018，46（6）：37-41.
[600] 杜斌，陈泱，姜凯，等.长链支化聚丙烯结晶行为的流变学研究［J］.塑料科技，2019，47（5）：1-5.
[601] 彭辉.硅烷交联 PP/EPDM（POE）共混材料的制备与性能［D］.郑州：郑州大学，2018.
[602] 郭丹，陈屿恒，廖增强，等.聚丙烯/秸秆粉木塑复合材料的辐射改性及其结构与性能研究［J］.塑料科技.2019，47（5）：50-55.
[603] 夏碧华，许文强，王珂，等.交联聚乙烯发泡材料的研究进展［J］.中国塑料，2019，33（3）：128-135.
[604] 邹立秋.低密度聚乙烯发泡材料的制备［D］.长春：长春工业大学，2013.
[605] 段凯歌，程志，胡明远，等.TPEX 材料的制备及性能研究［J］.中国塑料，2019，33（1）：29-32.
[606] 刘慧玲，李国明，石光，等.改性纳米 TiO_2/LDPE 复合膜的制备及其抗菌性能［J］.华南师范大学学报（自然科学版），2014，46（3）：70-74.
[607] 穆婷婷.浅谈 PVA 纳米涂布 PE 抗菌薄膜制备及其包装性能［J］.中国科技投资，2016（21）：289.
[608] Ratova M，Mills A. Antibacterial titania-based photocatalyticextruded plastic films［J］. J Photochem Photobiol A Chem，2015，299：159-165.
[609] 唐曾民.碱式次氯酸镁纳米抗菌材料的制备及其在抗菌 PE 薄膜中的应用［D］.株洲：湖南工业大学，2014.
[610] Boschetto D L，Lerin L，Cansian R，et al. Preparation and antimicrobial activity of polyethylene composite films with silver exchanged zeolite-Y［J］. Chem Eng J，2012，204-206（18）：210-216.
[611] 郭韵恬，霍李江.PVA 纳米涂布 PE 抗菌薄膜制备及其包装性能研究［J］.功能材料，2015，46（s1）：34-37.
[612] 陈涛.贝壳粉体的改性及其在抗菌和聚丙烯中的应用［D］.杭州：浙江大学，2014.
[613] 李玉芳，王建荣，张悦，等.纳米载银沸石抗菌剂/聚丙烯复合材料研究［J］.塑料工业，2012，40（9）：71-73.
[614] Torlak E，Sert D. Antibacterial effectiveness of chitosan-propolis coated polypropylene films against foodborne pathogens［J］. Int J Biological Macromol，2013，60（9）：52-55.
[615] Paisoonsin S，Pornsunthorntawee O，Rujiravanitr. Preparation and characterization of ZnO deposited DBD plasma-treated PP packaging film with antibacterial activities［J］. Appl Surf Sci，2013，273（2）：824-835.
[616] Wu J J，Lee G J，Chen Y S，et al. The synthesis of nano-silver /polypropylene plastics for antibacterial application［J］. Curr Appl Phys，2012，12（S2）：S89-S95.
[617] 曹微.镀银碳纳米管及其烯烃复合材料的性能研究［D］.西安：西安工程大学，2013.
[618] 张洪艳，王海泉，陈国华.新型导电填料——纳米石墨微片［J］.塑料，2006，35（4）：42-45.
[619] 许祥.两亲分子设计在抗静电聚烯烃材料与防水抗菌纸中的应用［D］.上海：华东理工大学，2012.
[620] 吴逊，丁永红，俞强.几种非离子型抗静电剂在聚丙烯薄膜中的应用研究［J］.中国塑料，2014，28（4）：92-96.

[621] 秦小梅，彭晓翊，李白千，等. 燃气管用抗静电聚乙烯复合材料的制备及性能研究 [J]. 合成材料老化与应用，2015，44 (6)：42-45.

[622] 成亮，姜定，支景鹏，等. 淀粉基复合抗静电剂在聚丙烯中的抗静电性能研究 [J]. 中国塑料，2017，31 (1)：25-28.

[623] Lan Y，Liu H，Cao X，et al. Electrically conductive thermoplastic polyurethane/polypropylene nanocomposites with selectively distributed grapheme [J]. Polymer. 2016，97 (5)：11-19.

[624] 邢菊香，张勇健，汪根林. 油酸功能化石墨烯的制备及其在聚乙烯中的应用 [J]. 工程塑料应用，2013，41 (5)：78-81.

[625] 陈宇强，肖小亭，张婧婧，等. 聚丙烯/石墨微片纳米复合材料的导电导热性能 [J]. 塑料，2016，45 (5)：57-60.

[626] 武红元，贾利川，鄢定祥，等. 固态成型制备具有隔离结构的高性能碳纳米管/聚丙烯电磁屏蔽复合材料 [C] // 2017 全国高分子学术报告会. 2017.

[627] 梁琨，李姜，郭少云. (聚丙烯-炭黑) /聚丙烯层状复合材料的结构和电磁屏蔽性能 [J]. 高分子材料科学与工程，2014. 30 (9)：34-37.

[628] 喻琴，万芬，高万里，等. 层状 PPGr/PP 复合材料的结构和电磁屏蔽性能 [J]. 高分子材料科学与工程，2012，28 (8)：30-38.

[629] 丁瑜，赵琴娜，张琴，等. 聚丙烯/四氧化三铁纳米复合材料的制备、表征及磁性能研究 [J]. 塑料工业，2013，41 (6)：21-25.

[630] 张勇杰，李化毅，曲敏杰，等. 结构明确聚烯烃接枝共聚物：合成、结构与性能 [J]. 化学进展，2016，28 (11)：1 634-1 647.

[631] Zhang D G，Pan L，Li Y G，et al. Synthesis and reaction of anthracene-containing polypropylene：a promising strategy for facile，efficient functionalization of isotactic polypropylene [J]. Macromolecules，2017，50 (6)：2276-2283.

[632] 孟晴晴，王彬，潘莉，等. 含铵根离子等规聚丙烯离聚体的合成及性能研究 [J]. 高分子学报，2017 (11)：1762-1772.

[633] Williamson J B，Czaplyski W L，Alexanian E J，et al. Regioselective C-H xanthylation as a platform for polyolefin functionalization [J]. Angewandte Chemie International Edition，2018，57 (21)：6261-6265.

[634] 邱瑜. 聚烯烃的温敏改性研究 [D]. 贵州：贵州大学，2014.

第9章

聚烯烃添加剂

9.1　概述

9.2　抗氧剂

9.3　光稳定剂

9.4　成核剂

9.5　抗菌防霉剂

9.6　发泡剂

9.7　抗静电剂

9.8　阻燃剂

9.9　填料

9.10　其它类型添加剂

9.1 概述

塑料制品已经成为人们日常生活中不可或缺的重要产品，从电子电器产品部件，到汽车、火车、飞机等交通运输工具，从农用地膜、棚膜，到建筑用门窗、管道，从人们生活必需品，到医疗、卫生用品，可以说塑料制品已经深入人们日常生活的方方面面，无处不在。聚烯烃是最重要也是用量最大的合成材料之一，在塑料制品领域占据着举足轻重的地位。

目前，聚烯烃销量已成为聚合物市场上交易量最大的业务，其中 PP 及 PE 使用量占总塑料树脂用量的 50%以上。为了保证聚烯烃材料在生产、储存、销售和使用过程中具有稳定的性能，或者提高聚烯烃材料的某方面性能来拓展其应用领域，常常需要在其生产配方中加入必要的添加剂。由于聚烯烃的市场需求量很大，因此也使得聚烯烃的添加剂在所有聚合物添加剂中占据着重要的地位。同时，也由于聚烯烃材料结构的特殊性，导致其需要的添加剂种类特别繁多，如抗氧剂、光稳定剂、成核剂、抗菌剂、发泡剂、抗静电剂、阻燃剂、填料以及其它助剂等。在本章中将分节详细地介绍各种助剂的定义、作用机理、主要类型及其在聚烯烃中的应用现状和未来发展趋势。

9.2 抗氧剂

由于空气中氧气分子的存在，无论是天然高分子，还是合成高分子，在其加工成型和使用过程中，在催化剂残留杂质、机械剪切、光、热等外界条件作用下，通过与氧气分子发生化学反应，即氧化反应或称为老化现象，从而导致高分子材料或制品的分子结构、外观形态和力学性能等发生变化，严重的还会使终端制品的力学性能失效，带来不良后果。一般地，高分子发生氧化反应时会使其分子结构发生变化，分子量会降低，力学性能会在一定程度上降低或者失效，表面会变得更加粗糙并失去光泽，甚至会导致一些制品出现变色、褪色等问题。然而，不同高分子材料对氧化反应的敏感程度不同，例如，聚烯烃材料即使是在室温条件下也对氧气很敏感，而聚苯乙烯和聚甲基丙烯酸甲酯等材料即使在加工温度下也表现得极为稳定，这与聚烯烃材料的分子结构对氧气的敏感性有着密切关系，也是聚烯烃材料的固有属性。

实际上，高分子材料在其生存周期的各个阶段，如生产、储存、加工、使用等，都会发生或多或少的氧化反应。聚烯烃材料发生氧化反应后一般表现在外观上会发黄、变色，而性能上则表现为断裂伸长率下降、冲击强度降低等物理特性的丧失。因此，抑制或者减慢聚烯烃材料的氧化反应就是通过控制聚烯烃分子量的变化，防止聚烯烃分子结构、物理性能以及外观形态方面发生变化。目前，最有效也是最常用的方法就是选择和添加抗氧剂或者复配抗氧剂体系，并在挤出造粒或者改性过程中添加到树脂中，以解决在加工成型和使用过程中出现的氧化降解问题。

9.2.1 聚烯烃的自氧化过程

随着人们对高分子材料氧化机理研究的深入，人们发现高分子材料的氧化反应是自动进行的，即无论高分子材料是否暴露于空气之中，只要有氧分子存在，高分子材料就能够发生氧化反应，因此也将该反应称为高分子材料的自氧化过程。由于聚烯烃中存在大量的 C—C 键和 C—H 键，无论是在加工过程中，还是在使用过程中，在催化剂残留杂质、机械剪切作用、光、热等外界条件作用下，聚烯烃分子链很容易发生断裂并形成大分子自由基，并通过链引发、链增长、链支化、链终止等不同反应阶段的链式反应，使得聚烯烃大分子链发生断裂，分子量减小，力学性能明显下降，同时伴随着塑料制品颜色变化，表面光泽度下降，甚至有令人不愉快的气味产生。

自氧化过程实际上就是在不同条件下大分子自由基的形成，以及在氧分子参与下的自由基的快速传递，并不断延续发展的过程。一般认为自氧化过程包括以下几个步骤：

(1) 链引发

$$\mathrm{R{-}H \longrightarrow R\cdot}$$
$$\mathrm{R{-}R \longrightarrow R\cdot}$$

(2) 链传递

$$\mathrm{R\cdot + O_2 \longrightarrow ROO\cdot}$$
$$\mathrm{ROO\cdot + RH \longrightarrow ROOH + R\cdot}$$
$$\mathrm{ROOH \longrightarrow RO\cdot + \cdot OH}$$
$$\mathrm{RO\cdot + RH \longrightarrow ROH + R\cdot}$$
$$\mathrm{\cdot OH + RH \longrightarrow H_2O + R\cdot}$$

(3) 链终止

$$\mathrm{R\cdot + R\cdot \longrightarrow R{-}R}$$
$$\mathrm{R\cdot + ROO\cdot \longrightarrow ROOR}$$
$$\mathrm{R\cdot + RO\cdot \longrightarrow R{-}O{-}R}$$
$$\mathrm{2ROO\cdot \longrightarrow R(C{=}O) + R(OH) + O_2}$$

通常情况下，我们认为烷基自由基 R· 是聚合物自氧化过程中的引发剂，其形成的原因可能是聚合物中所存在的杂质与微量的氧发生化学反应，所形成的产物为过氧化烷基自由基 ROO·，当其与聚合物中的氢作用后，就可以形成烷基自由基 R·。而过氧化烷基自由基由于夺取了聚合物中的氢而转化为氢过氧化物，其进一步降解形成烷氧自由基和羟基自由基，并且继续夺取聚合物中的氢而形成烷基自由基 R·。烷基自由基 R· 与分子氧的反应可以在任何温度下进行，不需要活化能就可以形成过氧化烷基自由基 ROO·，而 ROO· 的夺氢过程则是需要活化能的，并且不同结构的夺氢反应速率是不同的。链终止在不同条件下所采取的方式也有所不同，在氧气充足的情况下，链终止主要由过氧化烷基自由基的重排来完成；在氧气不充足的情况下，链终止主要通过与其他有效自由基的重排来实现；同时，链终止也可以通过烷基自由基的歧化反应来实现。聚合物的自氧化过程如图 9.1 所示。

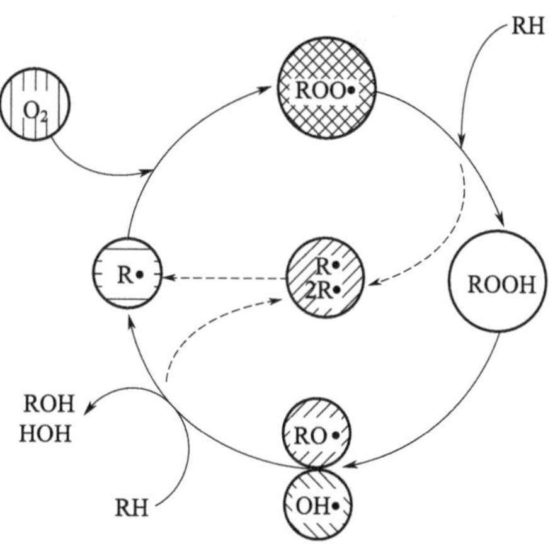

图 9.1　聚合物的自氧化过程

由于自氧化过程的存在，在初期表现为氧气的缓慢消耗、ROOH 的少量增加以及稳定剂的消耗，随着时间的不断增加，聚烯烃的主链结构会得到破坏，使得聚烯烃的分子量、分子量分布等发生改变，进而导致聚烯烃的使用性能降低，甚至失效。

聚烯烃的分子结构与其发生自氧化的过程密切相关，不同的分子结构将会以不同方式发生分子链断裂过程，同时也会在自氧化过程中产生不同的影响，例如聚乙烯和聚丙烯就在自氧化过程中表现得非常不同。由于聚乙烯的分子结构中主要以亚甲基形式存在，在自氧化过程中形成的仲烷氧基自由基的“笼弊”反应代替β-断裂反应，而聚丙烯中则存在大量的叔烷氧基自由基，由于β-断裂反应则会导致聚丙烯大分子链直接断裂，这也就是聚丙烯比聚乙烯更容易发生氧化降解的原因。在加工过程中，由于存在较高的机械剪切力，也是烷基自由基 R・产生的原因。聚丙烯在加工过程中通常会由于β-断裂反应引发的分子链断裂而导致聚丙烯分子量的降低，而聚乙烯则在降低分子量的同时，会发生支化反应，甚至产生交联而形成凝胶，这也是为什么聚丙烯更容易通过添加过氧化物来调节分子量生产不同牌号产品，而聚乙烯则可以通过添加过氧化物来生产交联型的树脂产品。由于聚烯烃为半结晶聚合物，其力学性能取决于大分子链的缠结情况，而聚烯烃的无定形区更容易受到自氧化过程的影响，更容易导致材料的氧化降解甚至性能的失效。

9.2.2 抗氧剂的作用机理

为了防止聚烯烃产品发生自氧化过程，通常会在聚烯烃的挤出造粒过程中添加一定量的助剂，用来抑制或者延缓挤出造粒、后加工过程以及终端制品使用过程中的自氧化反应，维持树脂以及制品的稳定性和使用性，而这种助剂我们称之为抗氧剂。抗氧剂主要是针对聚合物的自氧化过程中所发生的不同反应进行有目的的控制，从而也分为很多种不同类型的抗氧剂，有时也复配进行使用，达到协同效果。自氧化过程的控制手段如图 9.2 所示。

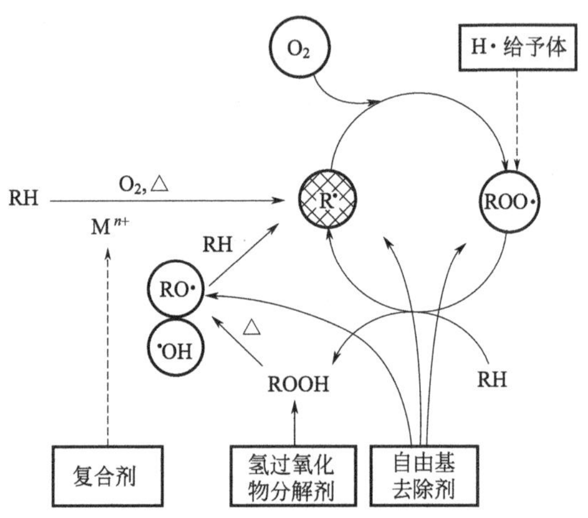

图 9.2　自氧化过程的控制手段

根据在抑制或延缓自氧化过程中作用方式的不同，抗氧剂可分为氢供体、氢过氧化物分解剂、烷基自由基去除剂和金属钝化剂等不同类型。不同类型的抗氧剂通过不同的作用方式来阻断聚烯烃的降解过程，从而来保持聚烯烃材料的使用寿命。

9.2.2.1 氢供体及其作用机理

通过前面对聚烯烃自氧化过程的研究可以知道，过氧化烷基自由基通过夺取聚烯烃主链上氢而形成相对稳定的氢过氧化物，当在聚烯烃挤出造粒过程中添加一种更容易失去氢的添加剂，就可以避免聚烯烃因为失去氢而发生氧化降解，这种易失去氢的添加剂就是一种氢供体类型抗氧剂。目前，常用于作为氢供体使用的抗氧剂主要有两种：一种是芳香胺类抗氧剂；一种是酚类抗氧剂。

芳香胺类抗氧剂是一种价格低廉、效果良好、使用最早、产量最多的氢供体类型抗氧剂，但由于其容易使终端制品污染变色，在聚烯烃中很少使用，常用于那些对颜色要求不高的领域。

目前，在聚烯烃中应用最为广泛的氢供体类型抗氧剂实际上为酚类抗氧剂，也被称为主抗氧剂。从天然的酚类物质（如生育酚——维生素 E）到人工合成的受阻酚类化合物（如 BHT）等，均具有较强的抗氧化性能。其中，受阻酚类抗氧剂是应用最广泛的酚类抗氧剂之一。与芳香胺一样，受阻酚也是一种性能优异的氢供体类抗氧剂，通过破坏聚烯烃自氧化过程中的链式反应而生成相对稳定的芳氧自由基，并能够进一步捕获活性自由基，从而终止第二个动力学链。氢供体类型抗氧剂的作用机理如图 9.3 所示。

(a) 芳香胺

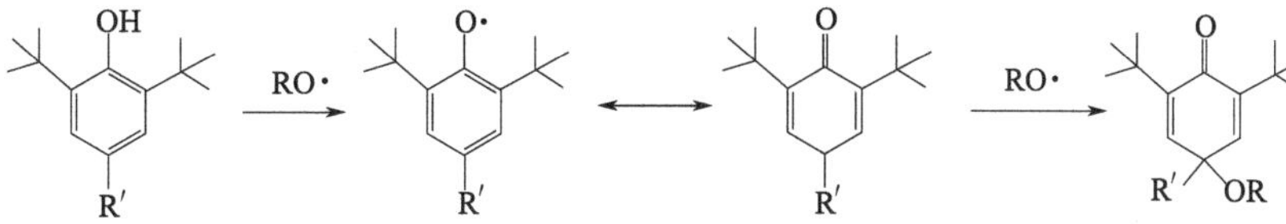

(b) 受阻酚

图 9.3 氢供体类型抗氧剂的作用机理

9.2.2.2 氢过氧化物分解剂

由于烷基过氧化物自由基可从聚合物分子链上夺氢后形成氢过氧化物，而氢过氧化物在一定条件下，如在热的作用下可继续分解产生烷氧自由基和羟基自由基，从而会加快聚合物的自氧化作用，因此就需要一种能够使已经形成的氢过氧化物发生分解而不形成新自由基的加工助剂，即氢过氧化物分解剂。目前，氢过氧化物分解剂主要包括三价磷的有机化合物（如亚磷酸酯或者亚膦酸酯）以及含硫的有机化合物（如二硫代磷酸酯等）。一般地，氢过氧化物分解剂通常和氢供体类型抗氧剂复配使用。亚膦酸酯类和硫代酯类抗氧剂的作用机理如图 9.4 所示。

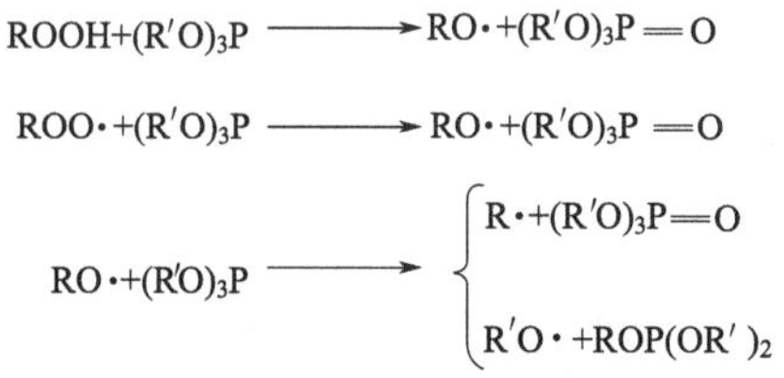

$$ROOH+(R'O)_3P \longrightarrow RO\cdot+(R'O)_3P=O$$

$$ROO\cdot+(R'O)_3P \longrightarrow RO\cdot+(R'O)_3P=O$$

$$RO\cdot+(R'O)_3P \longrightarrow \begin{cases} R\cdot+(R'O)_3P=O \\ R'O\cdot+ROP(OR')_2 \end{cases}$$

(a) 亚磷酸酯类抗氧剂

$$[H_3C-(CH_2)_n-O-\overset{O}{\overset{\|}{C}}-CH_2CH_2]_2-S \xrightarrow{ROOH} [H_3C-(CH_2)_n-O-\overset{O}{\overset{\|}{C}}-CH_2CH_2]_2-S=O \quad (\text{I})$$

$$[H_3C-(CH_2)_n-O-\overset{O}{\overset{\|}{C}}-CH_2CH_2]_2-S=O \xrightarrow{ROOH} [H_3C-(CH_2)_n-O-\overset{O}{\overset{\|}{C}}-CH_2CH_2]_2-\overset{O}{\overset{\|}{S}}=O \quad (\text{II})$$

$$\downarrow$$

$$H_3C-(CH_2)_n-O-\overset{O}{\overset{\|}{C}}-CH_2\overset{SOH}{\overset{|}{C}H_2} + H_3C-(CH_2)_n-O-\overset{O}{\overset{\|}{C}}-CH=CH_2 \quad (\text{III})$$

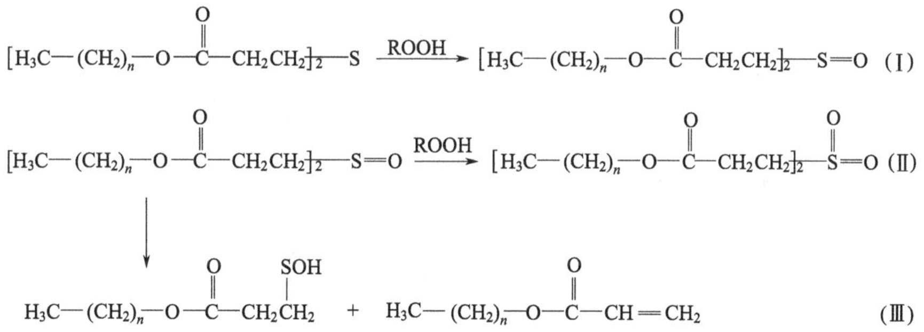

(b) 硫代酯类抗氧剂

图 9.4 氢过氧化物分解剂的作用机理

9.2.2.3 烷基自由基去除剂

烷基自由基 R· 是聚合物发生自氧化作用的根本源头，如果能够直接将烷基自由基 R·

去除，也就可以将自氧化过程消灭于萌芽之中，但实际上由于烷基自由基R·能够和氧快速发生化学反应，想要直接将烷基自由基R·直接去除是很难办到的。然而，通过使用烷基自由基去除剂却可以在很大程度上提高聚烯烃的稳定性。目前，烷基自由基去除剂主要包括受阻胺、羟胺以及苯并呋喃酮衍生物，其作用机理如图9.5所示。

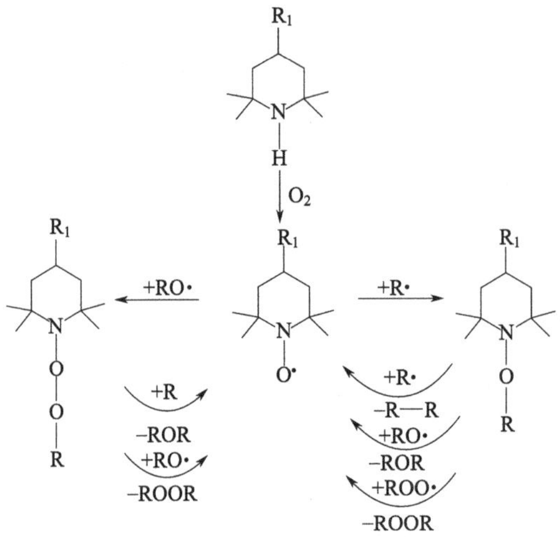

(a) 受阻胺

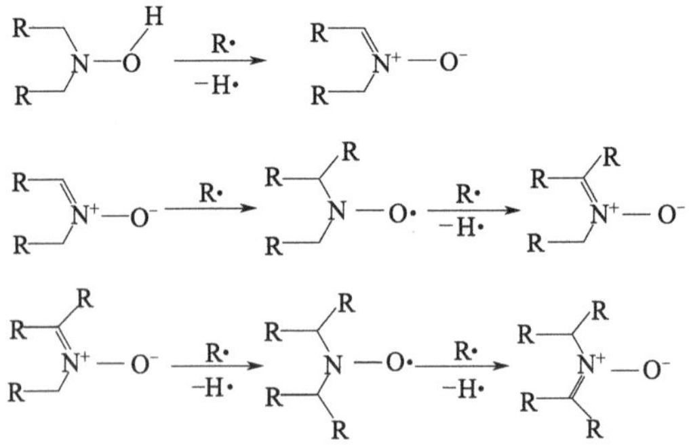

(b) 羟胺

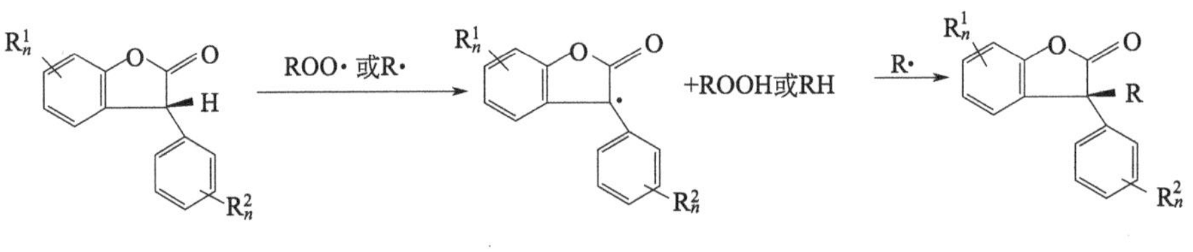

(c) 苯并呋喃酮衍生物

图9.5 烷基自由基去除剂的作用机理

9.2.2.4 金属钝化剂

在聚烯烃合成、加工和使用过程中，都不可避免地要和金属或者金属离子直接接触，例如合成中的催化剂含有金属离子，加工时用到的设备由金属制成，制品使用时特别是铜芯电缆也要和金属直接接触，而这些金属或者金属离子可通过单电子氧化还原反应加速氢过氧化物以形成自由基的方式进行分解，从而加速聚烯烃的自氧化反应。目前，通过使用金属钝化剂与金属离子形成稳定化合物就可以使聚烯烃材料得到有效防护。金属钝化剂的作用机理如图 9.6 所示。

$$ROOH + M^{m+} \longrightarrow RO\cdot + M^{(m+1)+} + OH^-$$

$$ROOH + M^{(m+1)+} \longrightarrow ROO\cdot + M^{m+} + H^+$$

图 9.6　金属钝化剂作用机理

9.2.3　抗氧剂的测试

通常我们按照如下的测试方法进行抗氧剂性能的评估。

9.2.3.1　氧化诱导期测试

氧化诱导期（OIT）是测定试样在高温（200℃或 220℃）氧气气氛下开始发生自动催化氧化反应的时间，是评价材料在成型加工、储存、焊接和使用中耐热氧降解能力的指标。常用的是恒温诱导期法，氧化诱导期越长，抗氧剂的抗氧化性能越好。

9.2.3.2　长期热氧老化试验

烘箱法热氧老化试验是将样品置于特定条件（通入循环空气或氧气）的热烘箱中，周期性地检查和测定试样外观和性能的变化，是评定试样的长期热氧稳定性的一种试验方法。此法常用于塑料和橡胶的评定，现已经有相关的国家标准和行业标准（标准号）国外标准 DIN 53383 第一部分，ISO 77—1983。

9.2.3.3　加工稳定性试验

加工稳定性试验主要是通过挤出机对样品进行反复多次挤出，可连续挤出后对样品进行检测，也可以每隔一次挤出后对样品的熔体流动速率、熔体黏度、转矩的变化等性能进行检测，主要评估抗氧剂在加工过程中对塑料材料热氧老化的作用。

9.2.3.4　化学发光法试验

化学发光法（CL）是一种检测激发态的物质反应生成基态物质过程中产生的光辐射的方法，国外科学家 Schard 和 Ressel 首先使用此法测定了不同抗氧剂的抗氧化效率。此后 Dubler 和 Lacey 进一步证实了稳定化处理的 PP 的 CL 与其长期热氧老化性能之间的相关性极高，且测试时间可缩短 4～12 倍。

9.2.4　抗氧剂的类型及物理化学性质

从前面的作用机理我们知道，根据在抑制或延缓自氧化过程中作用方式的不同，抗氧剂可分为氢供体、氢过氧化物分解剂、烷基自由基去除剂和金属钝化剂等不同类型；而根据抗氧剂分子结构的不同，又可分为胺类抗氧剂、酚类抗氧剂、亚磷酸酯类抗氧剂、硫代酯类抗氧剂、羟胺类抗氧剂、苯并呋喃酮类抗氧剂、金属钝化剂以及复合抗氧剂。在聚烯烃的实际应用中主要使用以酚类抗氧剂为主，亚磷酸酯或硫代酯类为辅的复合抗氧剂，涉及铜芯电缆等产品可能还要用到金属钝化剂。通过选择适合的抗氧剂品种以及它们的组合可以最大限度抑制聚烯烃的自氧化过程，从而达到保证聚烯烃加工性能稳定，延长聚烯烃使用寿命的目的。

目前受阻酚类抗氧剂多以 2,6-二叔丁基苯酚为原料合成。按照取代结构不同，受阻酚类抗氧剂可分为对称受阻酚类和半受阻酚类；按照分子中含有酚羟基个数不同，可分为单酚型受阻酚抗氧剂、双酚型受阻酚抗氧剂和多酚型受阻酚抗氧剂。此外，酚羟基对位取代基的不同直接影响抗氧剂与基材的相容性。

亚磷酸酯类抗氧剂是当量型氢过氧化物分解剂，一分子亚磷酸酯分解一分子氢过氧化物，并兼具终止自由基链的功能。亚磷酸酯类抗氧剂与受阻酚类抗氧剂配合使用是目前抗氧剂复配使用的经典搭配。相关研究表明，亚磷酸酯类抗氧剂在复配体系中的作用主要有以下几个方面。一方面，可以与氢过氧化物及过氧化物自由基反应使其失活，减少因过氧化物分解产生的自由基的数量；另一方面，某些酚氧化物可能会导致聚合物变色，亚磷酸酯类抗氧剂可以将这部分酚氧化物还原为无色稳定的酚氧自由基，本身氧化后生成无色或者白色的磷酸酯类化合物，以减少基体材料的颜色变化。亚磷酸酯类抗氧剂含有磷原子，导致其有较强的水解倾向，研究发现含有烷基化芳香基的亚磷酸酯的耐水解性优于含有脂肪烷基的亚磷酸酯，因此含芳香基的亚磷酸酯更适宜作为抗氧剂使用。

含硫类抗氧剂与亚磷酸酯类抗氧剂作用类似，均为过氧化物分解剂，目前应用最广泛的是 3,3-硫代二丙酸酯类。硫代酯类抗氧剂可以以超化学计量的方式分解 ROOH，因此其长期热氧老化性能优于亚磷酸酯类抗氧剂。硫代酯类抗氧剂具有环保、无毒等特点。

在选用抗氧剂时，主要根据聚烯烃材料的种类及型号、加工设备及工艺条件、其它添加剂的品种及加入量、制品的使用环境及期限等因素综合确定。通常，抗氧剂的选择应参考以下原则。

（1）相容性

塑料聚合物与抗氧剂的相容性往往较差，通常是在高温下将抗氧剂与聚合物熔体结合，聚合物固化时将抗氧剂分子相容在聚合物分子中间。在配方用量范围内，抗氧剂在加工温度下要熔融。要特别注意，设计配方时，选用固体抗氧剂、光稳定剂的熔点或熔程上限，不应低于聚合物的加工温度。

（2）迁移性

塑料制品，尤其是表面积与体积比（或质量比）数值较小的制品，氧化主要发生在制品的表面，这就需要抗氧剂连续不断地从塑料制品内部迁移到制品表面而发挥作用。但如果向制品表面的迁移速度过快，迁移量过大，抗氧剂就要挥发到制品表面的环境中或扩散剂与制品表面接触的其它介质中而损失，这种损失事实上是不可避免的，设计配方时要加以考虑。当抗氧剂品种有选择余地时，应选择分子量相对较大，熔点相对较高的品种，并且要以最严酷使用环境为前提确定抗氧剂的使用量。

（3）稳定性

抗氧剂在塑料材料中应保持稳定，在使用环境下及高温加工过程中挥发损失少，不变色或不显色，不分解（除用于加工热稳定作用的抗氧剂外），不与其它添加剂发生不利的化学反应，不腐蚀机械设备，不易被制品表面的其它物质所抽提。

（4）加工性

塑料制品加工时，加入抗氧剂可能使树脂黏度和螺杆转矩发生改变。抗氧剂熔点与树脂熔融范围相差较大时，会产生抗氧剂偏流现象。抗氧剂的熔点低于加工温度 100℃以上时，应先将抗氧剂制成一定的母粒，再与树脂混合加工制品，以避免因偏流造成制品中抗氧剂分布不均及加工产量下降。

（5）环境和卫生性

抗氧剂应无毒或低毒，无粉尘或低粉尘，在塑料制品的加工制造和使用中对人体无有害作用，对动物、植物无危害，对空气、土壤、水系等无污染。对农用薄膜、食品包装盒、儿童玩具、一次性输液等间接或直接接触食品、药品、医疗器具及人体的塑料制品，不仅应选用已通过美国食品和药物管理局（FDA）检验并许可或欧共体委员会法令允许的抗氧剂品种，而且加入量应严格控制在最大允许限度之内。

目前，市场上主要应用的抗氧剂产品及其基本性质如下。

(1) 抗氧剂 1010

白色流动性粉末，熔点 120～125℃，毒性较低，是一种较好的抗氧剂。在 PP 中应用较多，是一种热稳定性高、非常适合于高温条件下使用的助剂。

(2) 抗氧剂 1076

白色或微黄结晶粉末，熔点为 50～55℃，无毒，不溶于水，可溶于苯、丙酮、乙烷和酯类等溶剂。具有抗氧性好、挥发性小、耐洗涤等特性。

(3) 抗氧剂 168

白色结晶粉末，熔点 183～187℃，不着色、不污染、耐挥发性好。作为辅助抗氧剂，与主抗氧剂 1010 或 1076 复配有很好的协同效应。

(4) 抗氧剂 DLTP

白色结晶粉末，熔点在 40℃左右，毒性低，不溶于水，能溶于苯、四氯化碳、丙酮。可改变制品的耐热性和抗氧性。

9.2.5　抗氧剂在聚烯烃中的应用[1]

9.2.5.1　抗氧剂在聚乙烯中的应用

王华等[2] 通过长时间热氧老化和氧化诱导期实验，研究了受阻酚类抗氧剂 1010 和抗氧剂 1330 对 PE100 管材专用树脂中的抗氧化性能影响，发现抗氧剂 1010 抗氧化性能优于抗氧剂 1330。刘晶如等[3] 在研究高密度聚乙烯热氧老化时，加入复合 1010 与 168 的抗氧剂，能够有效抑制高密度聚乙烯热氧交联反应的发生。周瑜[4] 将 WM-1 复配型抗氧剂应用于 LDPE 时，在其经过多次反复加工，依然表现出较好的稳定效果。李翠勤等[5] 合成了一种新型超支化桥联受阻酚抗氧剂（一端具有长链烷基，另一端带有两个受阻酚单元），并和单酚抗氧剂 1076 在两种聚乙烯中进行了比较应用，发现在两种聚乙烯中均有良好的抗氧化性能和加工稳定性，效果优于抗氧剂 1076。杨长龙等[6] 在研究过氧化物交联聚乙烯绝缘材料时发现炭黑和某些含硫酚类抗氧剂复配使用时，对其耐高温热老化性能有明显促进作用。曾光新等[7] 在制备辐照交联聚烯烃电缆料时发现抗氧剂对交联不利，但对材料的耐热氧老化性能有很大提高。翁起阳等[8] 利用三种方法对抗氧剂 736 在聚乙烯电缆料中抗氧性能影响对比时发现，抗氧剂 736 抗热氧老化性能均优于常用的抗氧剂 264、抗氧剂 1076、抗氧剂 TCA 和抗氧剂 1010 等。

9.2.5.2　抗氧剂在聚丙烯中的应用

宋程鹏等[9] 比较了新型抗氧剂 FS042 和传统抗氧剂 1010 在聚丙烯产品挤出中的应用，两者产品颜色都出现较为明显变化，其中使用抗氧剂 1010 时首次挤出与末次挤出黄色指数差值为 9.90，而 FS042 首次挤出黄色指数为 5.72，末次挤出黄色指数为 14.25，差值为 8.53，较抗氧剂 1010 抗氧效果明显；同时还发现，多次挤出后，FS042 样品的抗流动性变化能力优于抗氧剂 1010 配方样品。热依扎・别坎等[10] 分别研究了抗氧剂与光稳定剂单独使用和复配使用对聚丙烯老化性能的影响，结果发现：单独使用抗氧剂与聚丙烯共混，对其加工时抗氧化能力的增加先后顺序为抗氧剂 1076＞抗氧剂 311＞抗氧剂 1330＞抗氧剂 1010；抗氧剂 1076 与抗氧剂 944 复配使用时，PP 的长效抗氧化性能最好。姜兴亮[11] 认为在中国聚丙烯用抗氧剂主要品种是以多酚抗氧剂 1010 和抗氧剂 1076 为主，亚磷酸酯抗氧剂 168 为辅，同时大规模涌现了复配抗氧剂，耐变色性能、耐热性能和高效、环保是当今世界聚丙烯用抗氧剂的开发方向，MarkAO-80、Irganox 1425、HPM-12 和 Irganox245 是新型抗氧剂的典型代表。雷祖碧等[12] 采用流变试验和长期热氧老化试验的方法对聚丙烯管材专用料抗氧化加工稳定性和热氧化效能进行评价，结果发现抗氧剂 1790 使聚丙烯加工性能和热稳定性能明显改善，其用量为 0.5 份时，经 150℃、2000 h 空气老化后，使用抗氧剂 1790 的聚丙烯拉伸强度保持率达到 125%，断裂拉伸应变保持率为 80%。罗海[13] 研究发现，新型复配体系 ALBLENDS2225 添加量少，能较好抑制黄变和提高抗氧性能，并能显著降低 VOC 以及乙醛含量；使用 0.5% 抗氧剂 AT-215 的 PP 耐烘箱老化寿命达到 500h，而添加 0.3% 抗氧剂 AT-215 、0.2% 抗氧剂 DSTP 和 0.5%抗氧剂 S2225 体系的 PP 寿命可达到 600h。Chen 等[14] 用 AO-SiO_2 与聚丙烯共混后，发现聚丙烯的抗老化性能和耐热性能均有很大程度提高。程相峰等[15] 利用不同抗氧体系对聚丙烯进行耐热氧老化性能试验时发现了一种较好的体系。冯相赛等[16] 研究发现聚丙烯中加入某些抗氧剂后能够引起其分子量和特征松弛时间增加，另一方面，即使微量抗氧剂的加入，也能使聚丙烯的熔融熵变和结晶度明显下降。

9.3 光稳定剂

聚合物在其使用过程中，不可避免地会受到自然界中光线的辐照，并由于光和氧的共同作用发生聚合物的光氧化现象。通常情况下，光氧化作用并不是单独存在，而是和热氧化同时发生，聚合物的外观变化是其最主要、最直接的影响，同时也会使聚合物的力学性能发生显著的变化，严重时将会使得聚合物的使用性能丧失而导致结构失效。

光稳定剂（light stabilizer）就是一种能够很好地屏蔽或吸收紫外线的能量，猝灭单线态氧以及将氢过氧化物分解成非活性物质，从而起到阻止、抑制或延缓聚合物发生光氧化的重要添加剂。因此，当添加了光稳定剂的聚合物时，即使暴露于太阳光的辐照下，也能够排除或减缓发生光化学反应的可能性，阻止或延迟聚合物的光氧化过程，从而达到延长聚合物原材料及其制品使用寿命的目的。

美国、欧洲、中国、日本为主要消费国，其中美国消费量占全球总消费量 20%，欧洲占 25%，中国占 15%，日本占 8%，其他国家光稳定剂消费量占全球 32%。近年来世界各区域光稳定剂的消费结构见表 9.1。美国、欧洲、日本光稳定剂消费年均增长率在 0.5%～3%左右，我国光稳定剂消费年均增长超过 8%。[17] 目前，北美光稳定剂主要生产企业有 3 家，为巴斯夫、氰特和菲柔公司；西欧光稳定剂主要生产企业有 8 家；日本光稳定剂主要生产企业有 6 家；中国光稳定剂主要生产企业有 12 家。[18]

表 9.1　世界各区域光稳定剂的消费结构　　单位：%

光稳定剂	北美	西欧	中国
受阻胺(HALS)	＞50	70	55
苯并三唑类	＞20	＜20	17
二苯甲酮类	＜20	＜10	23
其他	—	—	5

我国 20 世纪 60 年代开始苯并三氮唑系列紫外线吸收剂的研发，天津合成材料研究所是国内从事该行业研究的研发单位，根据其研发成果，曾在天津力生化工厂建立 UV-327 中试装置，并开始中试生产。而后天津合成材料研究所对系列产品进行了较为系统的研究开发，

90 年代以后，紫外线吸收剂行业在我国获得了快速的发展，形成了一批具有较强竞争力的生产企业。我国受阻胺光稳定剂的研究始于 70 年代，后在第一代光稳定剂 GW540 基础上，推出了第二代光稳定剂 770 和光稳定剂 622，并已经研究出了第三代光稳定剂 944 和光稳定剂 783。光稳定剂 770、622、944 和 783 在国内已经工业化生产。目前，国内生产和应用的二苯甲酮类光稳定剂主要有 UV-531 和 UV-9；苯并三唑类光稳定剂主要有 UV-326 和 UV-327。虽然我国已经形成了较为齐全的产品系列，但普遍存在装备水平低下、三废处理技术欠缺的问题，亟待解决。

9.3.1　聚烯烃的光降解

太阳光是一种具有连续能量光谱的电磁波，在其通过空间和臭氧层时，由于在此范围内存在氧气、臭氧、水蒸气和二氧化碳，波长在 290nm 以下和 3000nm 以上范围内的电磁波几乎都被过滤掉了，导致只有波长在 290～3000nm 范围内的电磁波实际上能够到达地面，到达地面的太阳光的组成见表 9.2。其中，波长范围为 400～800nm（约占 40%）的是可见光，波长为 800～3000nm（约占 55%）的是红外线，而波长为 290～400nm（仅占 5%）的是紫外线。当然，除了那些能够被直接吸收的电磁波以外，被大气中的水分子、液滴以及尘埃等粒子散射的电磁波也是可以到达地面的，而这些电磁波的强度则会随着每天的时刻、季节、天气、地理位置、温度、湿度等多种条件的不同而发生变化，所以到达地面的太阳光的辐射强度并不是一成不变的，而是时时刻刻都在变化的。同时，由于散射光的强度与入射光波长的四次方成反比，所以会导致具有较短波长的紫外光更容易到达地面，而使总辐射中的紫外光的相对含量明显增加。

表 9.2　到达地面的太阳光的组成

波长/nm	所占比例/%	波长/nm	所占比例/%
<290	0.0	480～600	21.9
290～320	2.0	600～1200	38.9
320～360	2.8	1200～2400	21.4
360～480	12.0	2400～4300	0.4

如表 9.3 所示，由于紫外光的波长较短，其具有较高的能量和穿透性，虽然紫外光仅占到太阳光的 5%左右，但是却使聚合物发生光氧化作用，是导致聚合物的性能劣化的主要原因。

表 9.3　太阳光中紫外光的能量与聚合物中典型化学键的键能

波长/nm	光能量/kJ	化学键	键能/(kJ/mol)
290	419	C—H	380～420
300	398	C—C	340～350
320	375	C—O	320～380
350	339	C—Cl	300～340
400	297	C—N	320～330

当聚合物制品吸收太阳光中的紫外光后，就会导致聚合物发生氧化、降解，通过聚合物中的化学键的断裂、交联以及分子结构的破坏，最终导致聚合物制品出现颜色变化、表面龟裂，甚至粉化，力学性能显著下降，使用寿命明显缩短。但是，到达聚合物表面的紫外光并不会全部被吸收，而有些则会被反射或者散射出去，而这部分紫外光是不会给聚合物造成任

何影响的，只有那些被聚合物有效吸收的紫外光才能使聚合物的分子结构受到真正的破坏而使其降解。由于紫外光的吸收与聚合物的分子结构密切相关，即不同分子结构对电磁波的吸收的波长范围是不同的，通常具有生色基团的结构会导致聚合物吸收的波长红移。

聚合物的光降解主要是聚合物在光、热的催化作用下发生的一系列基于自由基的光氧化反应，其原理与聚合物的热氧化过程相似，也要经历链引发、链增长以及链终止等过程。其中，最主要的就是光氧化反应的引发过程，针对不同聚合物其引发过程有所不同，其具体类型见表 9.4。

表 9.4 聚合物光氧化反应的引发类型

杂质发色团引发	本体发色团引发
金属离子引发 氢过氧化物引发 羰基引发 单线态氧引发 聚合物-氧电荷转移配合物引发	主体结构含有发色团

而对于聚烯烃来说，其分子结构主要为饱和烃类，对波长超过 250nm 的光并不吸收，所以理论上太阳光并不应该造成聚烯烃发生光氧化而降解。但实际上，由于聚烯烃中在合成、加工过程中会有微量杂质（如催化剂残留、添加剂以及氧化产物等）存在，从而导致聚烯烃也会在光催化条件下出现光化学转换过程而引起降解。同时，一旦发生降解，所产生的降解产物则会含有生色团，进一步加速整个光氧化进程，因此需要添加光稳定剂来抑制或者延缓聚烯烃的光氧化过程，延长聚烯烃材料及其制品的使用寿命。

9.3.2 光稳定机理

从前述聚合物的光降解过程可以知道，引发聚合物发生光氧化反应的除了自身分子结构的影响外，聚合物中存在的微量杂质含有生色团也是引发聚合物光降解的主要原因。然而，由于在聚合物的合成、加工、储存和使用的过程中很难避免各种杂质引入到聚合物材料当中，因此需要我们在聚合物中添加必要的助剂，也就是光稳定剂以达到抑制或者减缓聚合物的光氧化过程，延长聚合物的使用寿命。根据聚合物光降解机理，光稳定剂应该具有以下基本特征：

① 能够阻止或者减少聚合物对紫外线的吸收作用；

② 能够以非自由基方式分解聚合物中的氢过氧化物；

③ 能够猝灭处于激发态的聚合物分子或者单线态氧；

④ 能够使重金属离子发生钝化；

⑤ 能够捕获聚合物中的活性自由基。

9.3.2.1 光稳定剂的作用机理

目前，光稳定剂按照其作用机理的不同可以分为光屏蔽剂、紫外线吸收剂、猝灭剂、氢过氧化物分解剂和自由基捕获剂五大类。

光屏蔽剂是一类能够遮蔽或反射紫外线的物质，也可以称作遮光剂，其作用主要是使太阳光中的紫外线不能深入聚合物材料的内部，从而起到保护聚合物分子的作用。光屏蔽剂有炭黑、氧化钛等无机颜料和酞菁蓝、酞菁绿等有机颜料，其中，炭黑的屏蔽效果最好，主要是因为其具有独特的多核共轭芳烃结构，同时还含有邻羟基芳酮、酚、醌等基团以及稳定的自由基，因此相当于同时具有紫外线屏蔽、激发态猝灭以及自由基捕获等作用。

紫外线吸收剂主要能够有选择性地、有效地吸收太阳光中290～410nm波长范围内的紫外线，并且很少吸收可见光，同时其自身还应该对热和光具有良好的稳定性，常作为辅助光稳定剂和受阻胺类光稳定剂共同使用。

猝灭剂主要是一些过渡金属的有机配合物，能够转移聚合物中发色团所吸收的能量，并以热量、荧光或磷光的形式发散出去，从而保护聚合物免受紫外线的破坏，如二价的有机镍螯合物。有机镍光稳定剂具有良好的性能，但因重金属离子的毒性问题，可能被其他无毒或低毒猝灭剂取代。

氢过氧化物分解剂就是能够以非自由基方式破坏聚合物中氢过氧化物的一类助剂，最早在聚烯烃中当作辅助抗氧剂使用，但是由于其不耐光而不能当作光稳定剂使用。目前，用于光稳定剂的氢过氧化物分解剂同样是含硫或磷的配体的镍配合物，主要通过化学计量还原或者催化氢过氧化物分解两种方式实现光稳定剂的作用。

自由基捕获剂能够捕获聚合物在热氧化或光氧化过程中所形成的活性自由基，从而有效地清除聚合物中存在的自由基来切断自动氧化链反应，达到光稳定目的，目前这类光稳定剂主要是受阻胺光稳定剂（HALS），也是最有前途、新型高效的光稳定剂。

受阻胺光稳定作用机理是十分复杂的[19]，目前关于受阻胺的作用机理仍然没有形成统一的认识，受阻胺光稳定剂自问世以来就因其优异的光稳定性能而引起人们的广泛关注，也激发了各国学者探讨其光稳定机理的兴趣。目前，此方面的研究日趋具体、深入，从共性的HALS机理研究到各种特定环境下的作用机理都有大量的文献报道[20-22]。

但是，大多数研究都是在模拟系统和特定条件下开展的，结果与大气老化的实际情况相差较远，迄今仍没有完全清楚HALS是如何抑制聚合物光氧化的。一般认为，受阻胺稳定过程按以下几种机理进行。

（1）猝灭激发态

受阻胺能高效地猝灭包括单线态氧在内的高能激发态，而且不因制品的厚度而改变效率，所以比传统的猝灭剂效率更高。研究表明，受阻胺在胺态时，其猝灭效率很低，但当被氧化成稳定氮氧自由基时，其猝灭效率则大大提高，其猝灭机理至今仍不明确。

（2）分解氢过氧化物

高分子材料中过氧化氢的存在与积聚是光氧化降解的根源。因此，如能有效地减少或消除过氧化物的存在，就能抑制高分子材料的光老化。

（3）捕获自由基

受阻胺分子中哌啶环上的仲氨基在热、光等氧化条件下可以转化为相应的氮氧自由基，这种氮氧自由基非常稳定，但是它们能够有效地捕获高分子聚合物中的烷基自由基及烷氧自由基，使之失去活性，生成相应的酯及过氧化酯。这些生成的酯及过氧化酯又会继续与聚合物中的烷基自由基和过氧自由基作用，在生成相应的化合物的同时，又重新生成了氮氧自由基。生成的氮氧自由基又可以重新捕获高分子聚合物中光诱导产生的自由基，从而保持了高分子材料的优良性能。受阻胺光稳定剂这种自我再生的能力使受阻胺的一个分子能够捕获多个聚合物中的高分子自由基，从而具有较高的抗光老化性能。氮氧自由基的再生是受阻胺类光稳定剂具有高效性的根本原因。

9.3.2.2 光稳定剂的不足之处

现有的光稳定剂存在以下不足。

① 光屏蔽剂防护效果好、价格低，但具有遮光性和着色性，仅适用于不透明材料。

② 紫外线吸收剂具有广泛的适用性，但其防护效果不能有效地保护制品表面和薄制品，与此同时，因属于纯有机化合物，还存在易挥发、喷霜、迁移、被溶剂抽出等缺点，这不但影响了其效能发挥的持久性，同时也导致环境污染。

③ 激发态猝灭剂和氢过氧化物分解剂光稳定性能高、挥发性低、喷霜和迁移少并耐抽出，能有效地保护制品表面和薄制品。但色深、毒性和环境污染大、高温时会分解变色，与含硫添加剂存在对抗作用。

④ 自由基捕获剂色浅、光稳定效能突出，也能有效地保护制品表面和薄制品，但由于具有碱性，与酸性基质、添加剂存在对抗作用，酸性环境会使其性能受到影响，与此同时，与紫外线吸收剂一样，因属纯有机化合物，也存在易挥发、喷霜、迁移、抽出等缺点。

9.3.2.3 光稳定剂的选用条件

在实际应用中，光稳定剂的选用往往并不容易，一般可以关注以下几点。

① 根据聚合物的最大敏感波长，选用在此波长范围内尽可能提高吸收系数的品种。

② 必须考虑其他添加剂，如抗氧剂、热稳定剂、润滑剂、着色剂等对光稳定剂效能的影响，不应使其降低光稳定剂的效果。

③ 有些光稳定剂有一定毒性，选用时要慎重，不应加入接触食品的塑料产品。

9.3.3 光稳定性测试

光稳定性测试主要用于评价添加了光稳定剂的聚合物中光稳定剂效率以及聚合物的光老化性能或者耐候性能。一般地，通过实验室模拟或者在自然光条件下对样品进行测试，重点考察表面光泽、裂纹、粉化和颜色变化等外观情况，以及材料的基本性质（如分子量及其分布、熔体流动速率等）和力学性能（如拉伸强度、断裂伸长率、冲击强度等）等的变化情况。

自然老化就是指直接采用室外自然光对样品进行自然老化试验，具体试验条件可以参考国际标准 ISO 4582—2017。自然老化可以最真实地反映样品在太阳光下的实际老化情况，但也存在一些问题，比如试验结果会随着曝光的地域、季节和时段等条件的不同而不同，并且开展试验所需要的时间也相对较长，因此对于材料开发者而言，对样品进行快速比较和评价，并不是很合适。因此，就需要通过实验室来人为模拟自然老化条件，也就是人工老化。

人工老化通常会选用不同的光源来模拟日光，常用的光源主要包括氙弧灯、荧光紫外灯和开放式碳弧灯，不同光源的发射光谱与日光的比较如图 9.7 所示。其中，碳弧灯在波长 290～400nm 范围内的强度过高，而氙弧灯能够很好地模拟日光。有关人工老化相关光源问题可以参考国际标准 ISO 4892。除此之外，标准中还详述了人工加速老化的方法，通过这些方法不仅能够快速、准确地得到样品的老化结果，还能够与室外老化结果进行合理关联，从而对材料的选择以及试验配方的调整都起到积极作用。

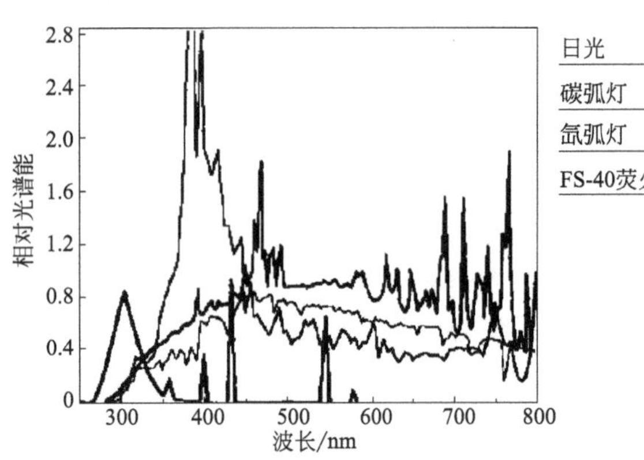

图 9.7 不同光源的发射光谱与日光的比较

9.3.4 光稳定剂结构及性质[23,24]

HALS 出现初期，虽然光稳定性能优良，但大多数产品耐迁移性差，碱性偏高，在酸性条件下效果不好，且不能与其他酸性助剂混用，同时还存在结构简单、功能单一等缺点。另外，在光稳定过程中多种副反应也降低了 HALS 的光稳定效率。所以有必要在提高或不损失其光稳定性能的情况下，针对一般 HALS 的结构进行优化，开发出性能更好的 HALS 新品种。近几十年来，受阻胺类光稳定剂一直是非常活跃的研究领域，不断有新产品出现。从近年来发表的有关受阻胺的研究成果看，目前受阻胺光稳定剂的发展方向呈现以下几个显著特征。

(1) 高分子量化 [25,26]

高分子量 HALS 无论耐抽提方面，还是耐萃取方面，都远远超过小分子 HALS，更能有效地减小物理损失。高分子量化作为提高 HALS 稳定效能的基本思路，成为受阻胺开发的一大趋势。高分子量 HALS 不仅挥发性小，耐溶剂抽提性高，而且无毒性污染，能直接用于食品包装材料。但是高分子量化可能导致 HALS 在聚合物中的扩散速度降低，影响其光稳定活性的充分发挥。高分子 HALS 产品的分子量一般控制在 2000～3000 范围内。从结构看，高分子量受阻胺包括聚合型和单体型。聚合型高分子量受阻胺开发较早，品种繁多，典型的代表品种如 Tinuvin-622、Chimassorb-944、Cyasorb UV-3346、GW-944 及国内开发的 GFW-100、GW-622 等。

(2) 反应型[27,28]

在分子中引入可与聚合物材料反应的活性基团，使之在应用时可以把稳定剂分子键合到聚合物链上，或者模仿高分子链结构，不仅达到增强相容性的效果，而且克服了以往添加型受阻胺由于迁移或挥发而造成的光稳定剂的损失。近年来，国外反应型受阻胺光稳定剂的品种开发和应用研究进展十分迅速，主要集中在合成、结构和光稳定化效果关系方面。日本旭电化公司上市了丙烯酸哌啶醇酯、甲基丙烯酸哌啶醇酯品种 ADK Stab LA-82、ADK Stab LA-87。Atochem 公司成功地开发了带草酰肼反应型基团的系列化产品 LuchemHAR100 及 LupersolHA505。此类反应型受阻胺光稳定剂，在显示良好的光稳定作用同时，还赋予产品优异的重金属离子钝化作用。

(3) 低碱性化

传统 HALS 碱性较高，不能与酸性的添加剂共用，大大限制了使用范围，当氮烷基化和氮烷氧基化后，可使产品碱性大大降低，扩大了其相应的应用范围。20 世纪 80 年代后期，受阻胺的低碱性化研究引起了国内外的普遍关注。常用的降低受阻胺碱性的方法是利用取代基或空间位阻保护碱性氮，如 *N*-烷基化、*N*-烷氧基化、*N*-酰基化基团。实验证实，N—H 受阻哌啶化合物的碱性最大，*N*-取代烷基次之，*N*-取代烷氧基最小。

汽巴-嘉基公司最早开展了 *N*-烷氧化受阻胺的研究，并推出了世界上第一个 *N*-烷氧基产品，牌号为 Tinuvin-123（$pK_a=4.2$），作为 Tinuvin-770（$pK_a=9.0$）的改性品种，其碱性只有 Tinuvin-770 的万分之一。目前，汽巴-嘉基公司有多种 *N*-烷氧基型产品，如 Tinuvin-152、CGL074、CGL371、CGL116 等。

(4) 功能化[29]

在同一分子中引入不同种类的活性基团，可使同一分子具有多种功能，增加了 HALS 的使用范围。从目前应用来看，以苯并三唑类紫外线吸收剂和受阻胺类光稳定剂的复合品种居多，已见应用的有受阻胺-苯并三唑型和受阻胺-三嗪型等光稳定剂，这也是目前研究开发的热点之一。常用的受阻胺类光稳定剂及其性质见表 9.5。

表 9.5 常用的受阻胺类光稳定剂及其性质

产品名称	分子结构	分子量	有效含氮量/%	热稳定性/℃	pK_a	取代基团
TMP	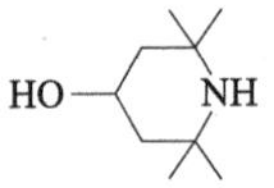	157.2	17.8	120		
PMP	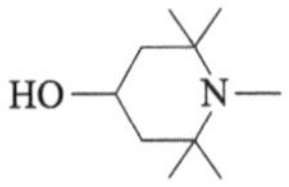	171.3	16.3	118		
744	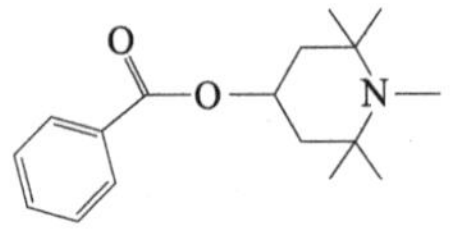	261.37	5.35	180		
GW-540	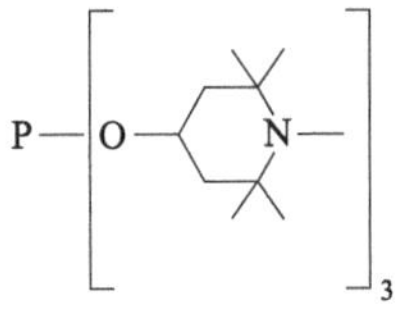	541.8	7.8	220		
770	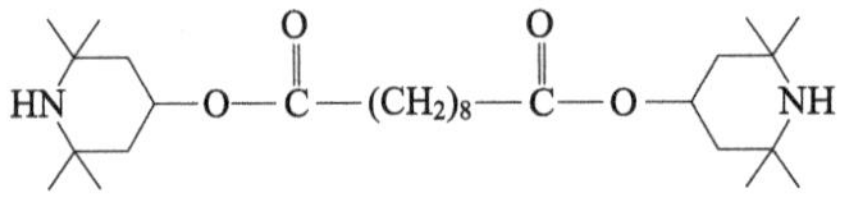	480.74	5.83	270	9.0	—H
GW-508	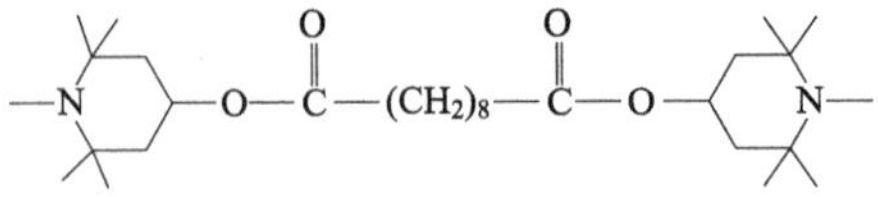	508.72	5.5	270		
GW-608	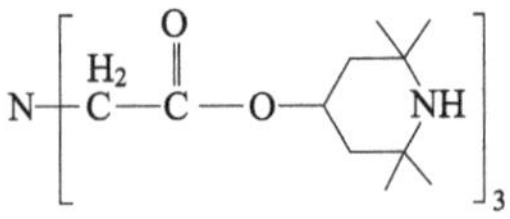	608.48	6.9	271		
GW-650	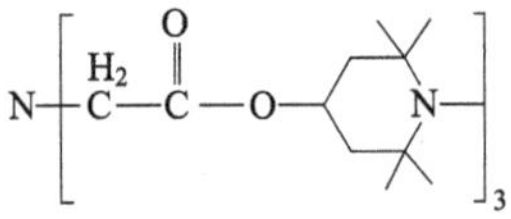	650.51	6.45	290		
Tinuvin-622	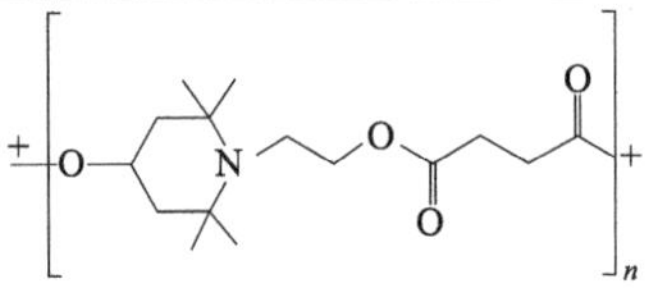	3000	4.9		6.5	—R
PDS	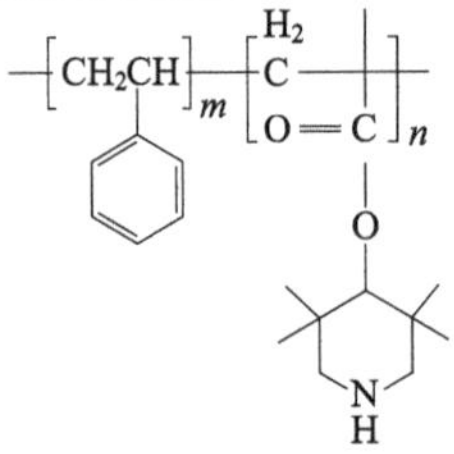	10000～12000	2.2			

续表

产品名称	分子结构	分子量	有效含氮量/%	热稳定性/℃	pK_a	取代基团
Chimassorb-944	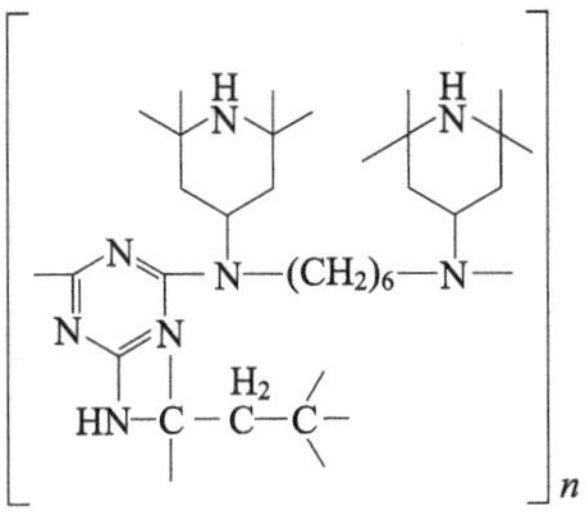 N—$(CH_2)_6$—N; HN—C—$C(H_2)$—C; $[\ ]_n$	3000	4.6		9.7	—H
3346	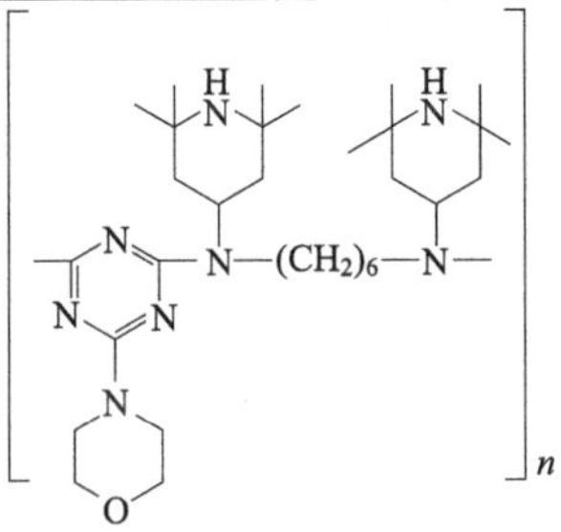 N—$(CH_2)_6$—N; $[\ ]_n$	≥2000	5.0			
LuchemH	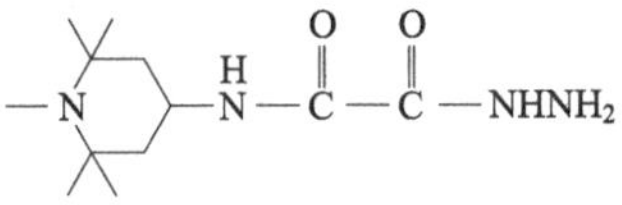 —N—H—C(=O)—C(=O)—NHNH$_2$	256.34	5.46			
ADK Stab LA-82	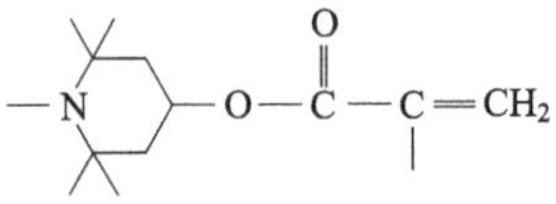 —N—O—C(=O)—C=CH_2	239.35	5.8			
ADK Stab LA-87	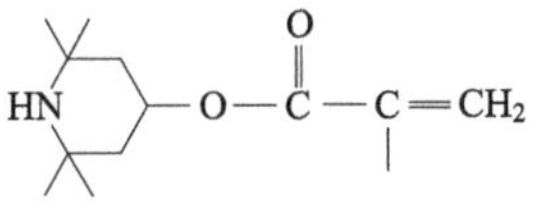 HN—O—C(=O)—C=CH_2	225.33	6.2			
UV3853	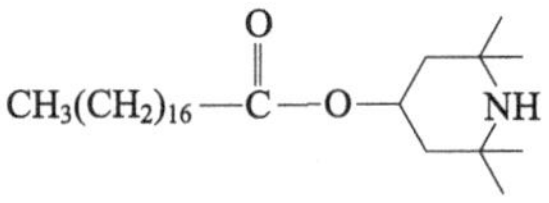 $CH_3(CH_2)_{16}$—C(=O)—O—NH				8.5	—H
Tinuvin-144	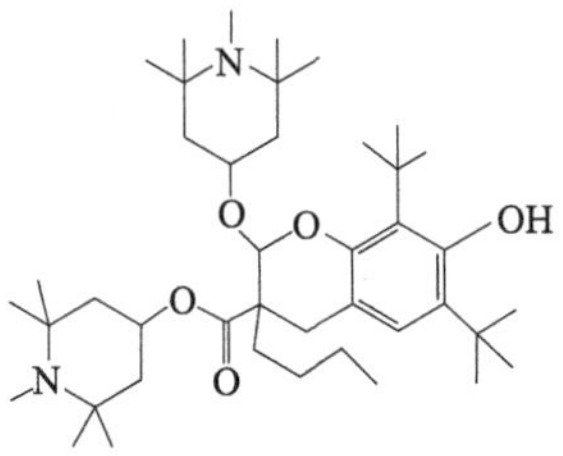 OH				8.5	—CH_3
Tinuvin-440	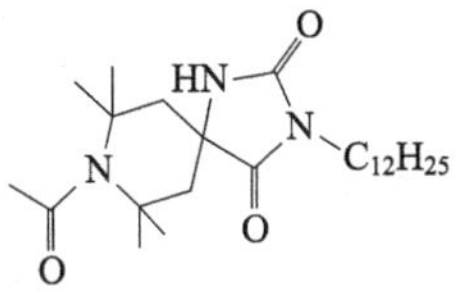 HN; N—$C_{12}H_{25}$				低碱性	—COR

续表

产品名称	分子结构	分子量	有效含氮量/%	热稳定性/℃	pK_a	取代基团
Tinuvin-123	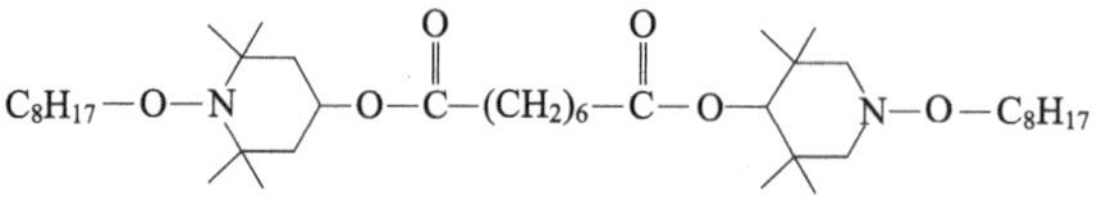 C_8H_{17}—O—N(四甲基哌啶)—O—C(=O)—$(CH_2)_6$—C(=O)—O—(四甲基哌啶)N—O—C_8H_{17}				4.2	—OR

9.3.5 聚烯烃的光稳定技术[30]

聚烯烃是聚乙烯（PE）、聚丙烯（PP）及其他烯烃类聚合物的总称。聚烯烃是目前产量最大的通用型塑料。PE和PP以高性价比及优良的力学性能、热性能、加工性能等成为最主要的聚烯烃塑料品种。但是由于聚烯烃材料对光、热、重金属离子及微生物等物质很敏感，会产生自动氧化过程，从而发生脆裂、变黄及强度下降等现象，导致影响其制品的寿命，为减缓塑料的老化过程，延长产品的寿命，在加工过程中需要加入添加剂以达到稳定的作用。

9.3.5.1 受阻胺在聚乙烯中的应用[31-35]

聚乙烯是目前重要的通用塑料之一，因加工工艺简单、性能优良和低廉的价格而有广阔的应用前景。我国有着丰富的石油资源，为聚乙烯塑料的发展创造了极其有利的条件。但是PE本身光稳定性差，因此，必须在其加工过程中加入适量的光稳定剂，以阻止或延缓其降解。

钱梁华等将国产低摩尔质量受阻胺光稳定剂GW2110应用于PE农膜，通过与Chimassorb944的自然老化试验结果对比发现，GW2110可以对PE制品起到优异的防老化效果。汪辉亮等人研究了受阻胺类光稳定剂（HALS）对聚乙烯（PE）辐射致色的影响。发现各种HALS均能减少PE的辐射致色。在辐照剂量低于100kGy时，添加五甲基HALS的PE的黄度比添加相应的四甲基HALS的PE的黄度略高；而在辐照剂量高于100kGy时，结果相反；并且发现，在相同的辐照剂量下，添加聚合物型HALS的PE的黄度比添加相应的单体型HALS的PE的黄度低一些。A. A. Basfar、K. M. Idriss Ali研究了户外自然条件下HALS对低密度聚乙烯和线型低密度聚乙烯薄膜紫外稳定作用，结果发现：只加入HALS的薄膜比纯薄膜的紫外稳定效果高出2～12倍；HALS和UVA联合使用的效果比单独的HALS效果好很多，只加入HALS的薄膜拉伸强度损失一半时间是205天，而加入HALS和UVA的薄膜拉伸强度损失一半时间长达590天。A. A. Basfar等将线型低密度聚乙烯和低密度聚乙烯薄膜进行一系列辐射，并进行了1146h的加速老化和165天的户外环境的老化试验，研究了HALS、抗氧剂和紫外吸收剂对线型低密度聚乙烯和低密度聚乙烯的紫外稳定性和辐射交联情况的影响。研究发现，加有添加剂，特别是加有HALS的聚乙烯薄膜比纯的交联聚乙烯薄膜的紫外稳定性提高了四倍。

9.3.5.2 受阻胺在聚丙烯中的应用[36-39]

聚丙烯作为重要的聚烯烃材料，是五大类通用塑料之一，也是目前热塑性塑料发展最快的一种。自从实现工业化以来，聚丙烯一直都是当今发展最快的通用树脂品种之一。但是由于聚丙烯叔碳原子上的α-氢对氧化反应较为敏感，分子链容易发生β开裂而导致制品老化，使其应用受到限制，因此聚丙烯制品的防老化问题一直是人们研究和关注的课题之一。聚丙烯的老化由光和热的协同作用引起。阳光中紫外线足以破坏聚合物的化学键或引发自动氧化降解反应，使聚丙烯分子链断裂，产生自由基或激发态分子，生成氢过氧化物或羰基化合物或发生交联。羰基含量的提高又使聚丙烯更易发生光降解反应。光和氧所引起的降解反应，不仅改变聚丙烯制品的外观，而且还会恶化其力学性能，直至丧失使用功能。为抑制光降解，通常在聚丙烯树脂中添加光稳定剂，如光屏蔽剂、紫外光吸收剂、自由基捕获剂等。在众多光稳定剂品种中，对聚烯烃稳定效率最高的当属受阻胺类光稳定剂。

受阻胺类光稳定剂的开发和应用一直是聚合物稳定化助剂中引人注目的研究课题，因其具有独特的自由基捕获能力，在聚烯烃体系被广泛应用。冯亚青等制备了对叔丁基杯芳烃、高分子受阻胺类化合物和 PP 共混体系，通过老化性能实验评价了共混体系的抗光氧性能。结果表明，杯芳烃、受阻胺类复合稳定剂能明显提高 PP 的耐光氧性能，且杯芳烃和受阻胺分子间具有明显的协同效应。戚志浩研究了受阻胺光稳定剂对聚丙烯（PP）织物抗热老化性能的影响。受阻胺光稳定剂不仅具有优异的光稳定作用，还具有良好的热稳定作用，对 PP 织物的长期抗热老化作用显著；当酚类抗氧剂与受阻胺光稳定剂以 1∶3 的比例组合使用时，达到最佳的配合效果。周大纲等研究了重质碳酸钙与受阻胺光稳定剂 HALS 相互作用对聚丙烯编织袋防老化性能的影响。结果表明，含有重质碳酸钙≤1.2% 且受阻胺光稳定剂 Tinuvin-770≥0.16%的聚丙烯编织袋，可以符合欧洲 EN 277—95 中抗紫外线试验的规定要求。F. Gugumus 研究了一系列不同分子量的 HALS 对聚丙烯性能的影响，结果发现，分子量对 HALS 的性能影响非常大，随着 HALS 分子量的增加挥发性和耐抽提性能都得到很好的改善，但是，当 HALS 分子量过大时又会阻止分子向材料表面迁移，影响其稳定效果。当 HALS 分子量由 500 增加到 800 时，HALS 对聚丙烯厚质材料的作用明显下降。

9.4　成核剂

成核剂是适用于聚乙烯、聚丙烯等不完全结晶塑料，通过改变树脂的结晶行为，加快结晶速率、增加结晶密度和促使晶粒尺寸微细化，达到缩短成型周期、提高制品透明性、表面光泽度、拉伸强度、刚性、热变形温度、抗冲击性、抗蠕变性等物理机械性能的功能助剂。经成核剂改性后的聚合物，不仅能保留聚合物原有的特点，而且性价比也优于许多材料，加工性能好，使用范围广。

聚合物按其结晶性能可以分为两大类：结晶型聚合物和非结晶型聚合物。后者是在任何条件下都不能结晶的聚合物，而前者是在一定条件下能结晶的聚合物，即结晶型聚合物可处于晶态，也可以处于非晶态。聚合物结晶能力和结晶速度的差别的根本原因是不同的高分子具有不同的结构特征，而这些结构特征中能不能和容易不容易规整排列形成高度有序的晶格是关键。

聚合物结晶的必要条件是分子结构的对称性和规整性，这也是影响其结晶能力、结晶速度的主要结构因素。此外，结晶还需要提供充分条件，即温度和时间。首先讨论分子结构的影响。高聚物结晶行为的一个明显特点就是各种高分子链的结晶能力和结晶速度差别很大。大量实验事实说明，链的结构愈简单，对称性愈高，取代基的空间位阻愈小，链的立构规整性愈好，则结晶速度愈大。例如，聚乙烯链相对简单、对称而又规整，因此结晶速度很快，即使在液氮中淬火，也得不到完全非晶态的样品。

一般在相同的结晶条件下，分子量大，熔体黏度增大，链段的运动能力降低，限制了链段向晶核的扩散和排列，聚合物的结晶速度慢。最后，共聚物的结晶能力与共聚单体的结构、共聚物组成、共聚物分子链的对称性、规整性有关。无规共聚通常会破坏链的对称性和规整性，从而使共聚物的结晶能力降低。如果两种共聚单元的均聚物结晶结构不同，当一种组分占优势时，该共聚物是可以结晶的。这时，含量少的组分作为结晶缺陷存在。但当两组分配比相近时，结晶能力大大减弱，如乙丙共聚物当丙烯含量达25%左右时，产物便不能结晶而成为乙丙橡胶。如果两种共聚单元的均聚物结晶结构相同，这种共聚物也是可以结晶的。通常，晶胞参数随共聚物组成而变化。嵌段共聚物的各个嵌段基本上保持着相对的独立性，其中能结晶的嵌段将形成自己的晶区。如聚酯-聚丁二烯-聚酯嵌段共聚物，聚酯段可较好地结晶，形成微晶区，起到物理交联的作用，而聚丁二烯段在室温下可以有高弹性，使共聚物成为一种良好的热塑性弹性体。

聚烯烃（包括聚乙烯、聚丙烯等）属于半结晶树脂，其结晶行为、结晶形态、球晶尺寸直接影响制品的加工和应用性能。而结晶行为和性能与树脂的规整程度、分子量的大小、异相晶核的存在与否以及加工条件密切相关。

9.4.1 结晶过程

聚合物的熔融和结晶过程相当复杂，尤其是当与低摩尔质量的材料的结晶过程相比时。在缺少固相的条件下，聚合物熔体在过冷和过饱和浓度附近的波动将会导致新结晶相的生成。这种相变通常是由于温度的降低而引起的成核过程，成核的最终结果是导致新相的生成。

对于结晶聚合物，一般需满足以下条件。

① 聚合物的分子结构必须相当规则，足以使晶体有序排列。

② 结晶温度必须低于熔融温度，但不能和聚合物的玻璃化转变温度太接近。

③ 成核必须在结晶之前发生。

④ 结晶速率必须足够高[40]。

由于聚合物链具有连通性，因此只有在获得有限结晶度时，聚合物才能以一定的方式形成结晶。因此，结晶聚合物通常指半结晶聚合物（如聚乙烯、聚丙烯、聚酰胺）。这种链的连通性，也是聚合物在明显低于熔融温度下发生结晶的根本原因。

聚合物链在结晶时是以一种自发的方式在垂直于聚合物晶体平面的方向上来回折叠，这些折叠的晶体链定向排列成片，称之为晶片，其特征厚度为晶片厚度。直链的晶体，其中聚合物链在晶体中成直线排列，因为链完全伸展，并且比折叠链的晶体在能量上更有力（热力学更稳定）。但是，形成直链晶体的活化能比形成折叠链晶体要高得多。因此，如果半结晶聚合物是通过熔融结晶，将会形成折叠链晶体，当然有时也会出现例外，尤其是对那些在结晶过程中或正好在结晶前剪切力较高的体系[41]。折叠链晶体的厚度和其熔点之间的关系如式（9.1）所示[42]，过冷度（$\Delta T = T_m^0 - T$）会对晶层厚度（L）产生影响：

$$L = 2\gamma_e T_m^0 / (\Delta H \rho_c \Delta T) \tag{9.1}$$

式中，γ_e 是聚合物晶层的终端表面自由能；ΔH 是熔化焓；ρ_c 是晶体密度；T_m^0 是平衡熔融温度，即热动力学上更稳定的直链晶体的熔点。

在聚合物熔体的冷却过程中，通常将初级晶核中的聚合物晶体有序排列形成的复杂球状微晶结构称为球晶。球晶包含晶层和晶层间的无定形相。球晶会继续在聚合物熔体中生长，直至相邻球晶的生长边界相互接触。

在半结晶聚合物的熔融加工过程中，熔体经常会被暴露在高压下，并且在固化前或固化过程中受到剪切力的作用。通常认为，这两种现象对半结晶聚合物的结晶性能会产生强烈的影响。高压可造成聚合物在结晶过程中密集在一个晶体中[41]。并且，压力升高也会造成聚合物熔点的升高。对于聚丙烯，聚合物的熔点可以从 0bar（1bar＝10^5Pa）的 170℃增加到 500bar 的 190℃[43]。在结晶过程中，压力升高还会导致形成的晶层较厚，最终在极高压力下，会得到直链晶体。

成核和晶体生长是聚合物结晶过程的两个阶段。在成核阶段，高分子链段规则排列生成一个热力学稳定的晶核。新相中细小粒子的出现标志着相转移的开始。因为新晶相的尺寸很小，界面能（ΔG_s）所引起的总自由能（ΔG）的增加大于相转移（ΔG_c）对 ΔG 的降低：

$$\Delta G = \Delta G_c + \Delta G_s \tag{9.2}$$

式（9.2）中的第二项总为正值，而当温度低于聚合物的熔点时，第一项则为负值。要形成热力学稳定的晶体，必须通过正 ΔG 的路径生成晶核。ΔG 的最大值和临界晶核有关，一旦晶核的尺寸大于临界尺寸，且 ΔG 为负值，那么形成的晶核则是稳定的。在临界点，初级晶核已经形成，接下来则是晶体的生长。

根据 Hoffman 的研究，成核速率（N）可表示为迁移因数和成核因数的乘积：

$$N/N_0 = \exp[-E_D/(RT)]\exp[\Delta G^*/(kT)] \tag{9.3}$$

式中，N_0 是在 $E_D=0$ 和 $\Delta G^*=0$ 时的一个常数；R 是摩尔气体常数；k 是 Boltzman 常数；E_D 是自由扩散活化能，与聚合物的玻璃化转变温度有关；ΔG^* 是形成临界晶核的自由能，是界面自由能、过冷和熔化热的函数。

Wunderlich 和 Binsbergen 对聚合物结晶过程中的不同成核机理进行了综述。对于初级晶核的形成，可以观察到三种不同的类型：第一，在自发成核中，没有外界影响的情况下，处于无定形态的聚合物熔体由于温度的变化自发形成晶核，这种均相成核方式往往获得的晶核数量少，结晶速度慢，球晶尺寸大，结晶度低；第二，定向诱导成核是由分子在一定程度上的定向排列造成的，这种类型的成核在半结晶聚合物的加工过程中非常重要，因为对于大多数加工技术，聚合物熔体在结晶后不久甚至在加工过程中就会受到剪切作用；第三，异相成核发生在外来介质（如成核剂）的界面上，通过在其表面吸附聚合物分子形成晶核。异相成核能够提供更多的晶核，在球晶生长速度不变的情况下加快结晶速率，减小球晶尺寸，提高制品的结晶度和结晶温度。这些结晶参数的变化将赋予聚烯烃材料更多新的性能。

在新晶相形成后，即开始晶核生长阶段。在结晶生长期，聚合物链相互吸引，进一步排列、沉积，在尺寸上长大为球晶。一般认为，半结晶聚合物的晶体生长是在已有聚合物晶体表面上的二次成核。线性晶体生长速率（G）可用式（9.4）来表示：

$$G/G_0 = \exp[-E_D/(RT)]\exp[\Delta G^*/(kT)] \tag{9.4}$$

式中，G_0 是 $E_D=0$ 和 $\Delta G^*=0$ 时的一个常数。和成核速率一样，在低于熔点的温度下，晶体生长速率随着温度的下降而增加。在 $T_k[T_k \approx 0.5(T_m^0+T_g)]$ 处，晶体生长速率达到最大值，随后，当温度继续下降时，晶体生长速率则又开始下降。晶体生长速率也会受到聚合物分子量和分子量分布的影响。在对聚丙烯的研究中发现，晶体生长速率随着分子量的增加急剧降低，而成核速率在相当低的分子量和分子量分布较宽的情况下则相对较高。

一般认为，聚丙烯树脂的结晶形态包括 α、β 和 γ 等晶型。其中 α 晶型聚丙烯为单斜晶系，最为稳定；β 晶型属六方晶系，稳定性次之，只有在特定的结晶条件下或在 β 晶型成核剂诱发下才能获得；γ 晶型最不稳定，目前尚无有效的获得方法和明确的实用价值。在不同晶型结构中，聚丙烯的分子链构象基本上都成三重螺旋结构，但球晶形态及其晶片结构之间的相互排列却有很大差异，所以不同晶型的聚丙烯将具有不同的结晶参数和加工与应用性能。图 9.8 显示了不同晶型聚丙烯之间的相互转化过程。

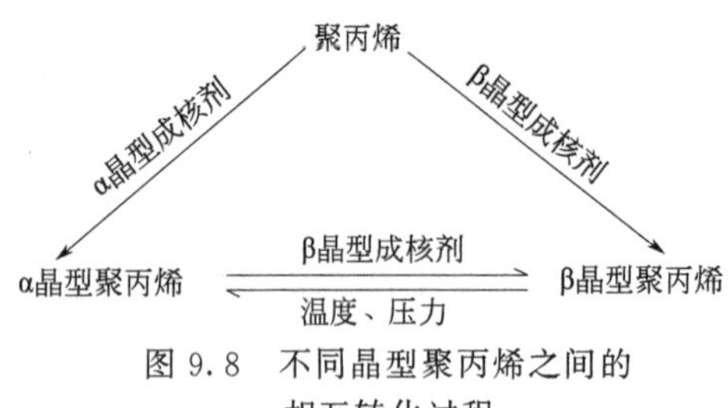

图 9.8　不同晶型聚丙烯之间的相互转化过程

聚丙烯形态的改变是决定其性能的内在原因之一，因此通过人为的手段改变和调控聚丙烯的结晶结构，可以有效地改善聚丙烯性能。结晶过程的条件，如结晶温度、结晶速率等外部条件直接影响聚丙烯的晶型、结晶度、球晶尺寸及均匀程度，进而导致聚丙烯宏观性能的差异。

聚丙烯结晶形态主要受其本身微观形态和温度的控制，当加入成核剂后，聚丙烯的结晶行为和结晶形态将发生很大改变，且外界条件对其结晶的影响钝化。研究发现添加成核剂对聚丙烯结晶过程的影响如下：

① 加快结晶速度，提高结晶度；

② 形成较为均一的球晶结构；

③ 球晶尺寸细化；

④ 表面与内部的结晶差距减小；

⑤ 外界条件对结晶影响的钝化。

通过成核剂调控结晶行为和形态，从而改善聚丙烯性能，是非常有效并切实可行的调控手段。

9.4.2　成核剂的作用机理

成核剂在聚合物结晶中是以异相成核的方式改善其结晶性的。关于聚丙烯成核剂的成核机理，目前虽无定论，但国内外已做了大量的研究工作，其中较为成熟的理论是 Binsbergen 的异相成核理论和 Wittmann 的附生结晶机理。而对于聚乙烯成核剂，由于其商用成核剂面市不久，目前尚缺乏机理性的研究。

Binsbergen[44,45] 发现聚烯烃成核剂具有共同的特征，有相互交替的极性和非极性部分组成夹层状结构。异相成核理论提出成核剂在聚丙烯的结晶过程中充当异相晶核的作用，成核剂的非极性部分在表面形成凹痕，容纳聚丙烯的分子链并使其排列整齐，促进成核。成核剂分子和聚丙烯分子的机构相似性有助于结晶成核作用。在加入 $Al(OH)_3$ 等成核剂的聚丙烯结晶过程中，晶核几乎是瞬时形成的。晶核密度随结晶温度的变化很大，结晶温度每升高 4℃，晶核密度增加一个量级。同时，熔融温度对成核密度没有影响。这种结晶行为说明晶核很可能是在成核剂表面有限长度的台阶上形成的。Binsbergen 发现聚烯烃成核剂有非特异性，同一系列羧酸盐对某一种聚烯烃都有成核作用，某一特定成核剂对几种化学结构不同的聚合物都有成核作用[46,47]。在空白聚丙烯中由于结晶的晶核是靠聚丙烯熔体的分子运动形成的，因而成核速率慢，且形成的晶核数量少，导致最后形成的球晶尺寸较大，聚丙烯性能较差。而在添加成核剂后，由于大量异相晶核的存在，聚丙烯的球晶来不及长大就接触到其他的球晶，使得聚丙烯的球晶尺寸大大减小，从而可以改善聚丙烯的性能。

附生结晶指的是一种结晶物质在另一种结晶物质基底上的取向结晶，实际上是一种表面诱导的取向结晶现象。Wittmann 等[48,49] 的研究结果表明有效的成核剂与聚烯烃之间存在严格晶格匹配，只允许±(10%～15%) 的匹配误差，Wittmann 提出附生机理用以解释聚合物在成核剂单晶表面的结晶，认为某一晶体（客相）在另一晶体（主相）上沿着一个或多个严格控制的结晶学反向生长。一般认为附生结晶是以两种物质间的某种几何匹配为基础的。

9.4.3 成核剂的分类

9.4.3.1 聚丙烯成核剂

聚丙烯的全同立构等规结构有同质多晶现象，聚丙烯可形成 α、β、γ、δ 和拟六方态 5 种晶型，通常条件下以最稳定的 α 晶型为主，其他晶型在一定条件下会向 α 晶型转变；β 晶型属六方晶系，其内部排列比 α 晶型疏散得多，对冲击能有较好的吸收作用；γ 晶型属三斜晶系，可在降解的低分子量等规聚丙烯中形成，也可在高压下结晶生成。目前商品化的聚丙烯中主要含 α 晶型，通过加入成核剂和改进加工条件可得到 α 晶型为主的聚丙烯，而后面两种晶型则是聚合物熔体快速冷却的结果，在实际生产中几乎很难产生。目前，商品化的聚丙烯成核剂根据诱导聚丙烯生成结晶形态的不同，主要分为 α 晶型成核剂和 β 晶型成核剂。按照成核剂的结构可分为三大类：有机成核剂、无机成核剂和高分子成核剂。

(1) α 晶型成核剂

① 有机成核剂。芳香族羧酸盐类成核剂主要包括苯甲酸碱金属盐（如苯甲酸钠）、取代苯甲酸金属盐［如双(对叔丁基苯甲酸)羟基铝］、六氢化邻苯二甲酸金属盐和双环芳香族羧酸盐等种类，其中应用较广泛的有苯甲酸钠[50] 和对叔丁基苯甲酸羟基铝（Al-PTBBA）[51]。

芳香族羧酸盐类成核剂主要能增强聚烯烃的刚性和表面硬度，加快聚丙烯的结晶速率，但由于它们在树脂中的分散性较差，聚烯烃的许多性能不能得到充分发挥，应用效果受到限制，因此一度被认为是一种低效成核剂。近年来该类成核剂得到了快速发展，研究发现，该类成核剂中的一些类型（如日本 DIC 公司的 MTK-122 系列羧酸铝盐成核剂和中国石油兰州化工研究中心的 LH001 羧酸盐类增刚型成核剂）对聚烯烃的增刚改性效果非常显著[52]。此外，美国 Milliken 公司还相继推出了高性能成核剂二环[2.2.1] 庚烷二羧酸盐（HPN-68）和二环[2.2.1]庚烷-2,3-二羧酸钠盐（HPN-68L），后者将其强成核性与各向同性收缩性结合，可大幅减少成型聚丙烯部件的翘曲[53]。目前市场上的主流产品为 Al-PTBBA 和 HPN-68。

二亚苄基山梨醇类成核剂是以山梨醇与苯甲醛或取代苯甲醛在酸催化剂作用下发生醇醛缩合反应得到的产物，主要改善聚烯烃树脂的透明性，因而又被称为增透剂（结构通式见图 9.9）。山梨醇类成核剂成核效果较好，但该类成核剂存在耐高温性差、受热易分解和有异味等缺点。以美国 Milliken 公司 Millad 3988 为代表的第三代山梨醇衍生物类成核剂克服了以前第二代产品的缺点，能广泛用于注塑、吹塑和挤出等加工过程，赋予制品高透光性、高力学性能和优美的外观。在此基础上，Milliken 公司又推出了新一代产品 NX8000，其增透效果比 Millad 3988 更好[54]。山西省化工研究院开发出了 TM 系列山梨醇类成核剂，湖北省松滋市树脂所开发出了第三代山梨醇类成核剂 SKC-5988，都已形成规模生产[55]。二亚苄基山梨醇类成核剂的代表产品主要有二亚苄基山梨醇（DBS）、二(对乙基二亚苄基)山梨醇、二(对甲基二亚苄基)山梨醇（MDBS）和二亚(3,4-二甲基二苄基)山梨醇。

与二亚苄基山梨醇类成核剂和羧酸盐类成核剂相比，有机磷酸盐类成核剂可使聚丙烯的刚性、表面硬度和热变形温度都有较大幅度的提高；并且此类成核剂的热稳定性好（熔点在 400℃以上），成核剂中烷基部分与聚烯烃有很好的相容性，可使聚丙烯树脂的光学性能和物理机械性能都有所提高，尤其增刚改性效果显著，因此也被称作增刚剂。该类成核剂的代表产品是日本旭电化公司开发的 NA 系列芳基磷酸酯类成核剂，包括 NA-10、NA-11、NA-21 三代产品。NA-11 为白色粉末，能提高聚合物的强度、弯曲模量和热变形温度；在低浓度下有增透性；与聚丙烯有良好的相容性及良好的耐迁移性；符合美国食品和药物管理局规

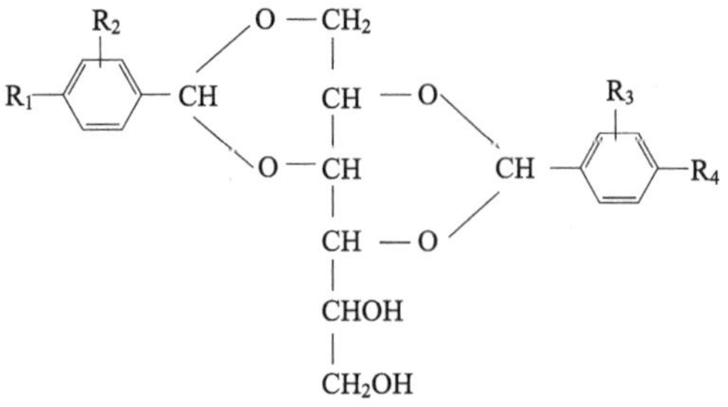

图 9.9　二亚苄基山梨醇类成核剂的结构通式
式中 R_1、R_2、R_3、R_4 代表氢原子、碳原子数为 1～4 的烷基或烷氧基、含羟基或卤素的烷基

定，可用于食品包装材料。此外，还有山西化工研究所开发的 TMP 系列芳基磷酸盐类成核剂[56]和上海晟霖公司开发的 NA-9945 和 NA-40 牌号系列成核剂[57]。

脱氢枞酸及其盐类成核剂是以天然产物松香为原料制备的一种新型成核剂。日本首先报道了以松香为基础的聚丙烯成核剂。其分子中含有羟基、羧基，并且带有不饱和的双键，可以引入新的官能团，改善其性能。该类成核剂成本低，不存在气味问题，在添加后成型效率高，可广泛应用于食品、饮料、医药和化妆品的包装等领域。此类成核剂添加后可缩短聚丙烯的半结晶时间，减小聚丙烯的晶体尺寸，增加结晶度和制品的表面光洁度，弯曲模量、拉伸强度都有大幅度提高，但该类成核剂在加工中可能会使聚丙烯制品带色。该类成核剂的典型代表产品有日本荒川化学公司开发的 KM-1300、KM-1500 和 KM-1600。

支化酰胺类成核剂是近年来新开发的一种聚丙烯用新型透明成核剂，该类成核剂的最大特点是中心为一种对称星形取代苯基酰胺，而支链可以根据需要来调整。支化酰胺类成核剂可以明显改善聚丙烯的透明性能和力学性能，提高结晶速率。当其他基团相同时，酰胺基团的连接方式对成核效果有很大影响，酰胺中的氮原子直接连接在苯环上时透明改性效果最佳，连接在苯环上的氮原子越多，其透明改性效果越好，其中以 1,3,5-三叔丁酰氨基苯的透明改性效果最好。该类成核剂的透明改性效果优于 DMDBS，在成核剂的用量为 0.15%（质量分数）时，聚丙烯的雾度降低了 50%～70%，结晶峰温度提高了 6～14℃。而且，这类成核剂解决了目前常用的二亚苄基山梨醇和芳基杂环磷酸盐类成核剂在基体树脂中的分散差、引起制品黄变以及制品产生异味等问题，因而得到广泛关注。

② 无机成核剂。无机成核剂主要为金属的氧化物及氢氧化物等，主要包括滑石粉[58]、碳酸钙、二氧化硅[59]、云母、二氧化钛、炭黑和无机颜料等。

无机成核剂粒径一般在 0.01～1μm，用量约为 1%。这类成核剂开发应用较早，价格低廉且可赋予制品一定的刚性，低添加量下可提高制品的透明度，但与树脂的相容性和分散性较差，成核效率较低，并且对光线有屏蔽作用，目前作为成核剂应用的趋势远不如有机成核剂。

③ 高分子成核剂。高分子成核剂是指在聚丙烯加工中起成核作用的某些高熔点大分子化合物，通常在聚丙烯树脂聚合前加入，在聚合过程中均匀分散在树脂基体中，在树脂熔融冷却过程中首先结晶。

其特点是成核剂的添加与聚丙烯树脂的合成同时进行，能均匀分散在树脂中。这类高熔点聚合物用作聚丙烯成核剂早在 1970 年 ICI 公司就有专利报道。高分子成核剂是根据相似相溶原理，解决无机和有机成核剂存在的分散性和相容性的问题，常用的聚合物单体包括乙烯基环己烷和乙烯基环戊烷等，还可使用乙烯/丙烯酸共聚物、乙烯/不饱和羧酸酯共聚物、乙烯/不饱和羧酸盐的离子型共聚物以及苯乙烯衍生物/偶合二烯烃共聚物等[60]，也可加入高熔点聚合物聚酰胺和聚甲醛等作为聚烯烃的成核剂。尽管目前关于高分子成核剂的技术并不成熟，亦没有关于该类成核剂的工业化产品问世的报道，但是具有良好的应用前景，具有研究价值。

(2) β晶型成核剂

β晶型聚丙烯是热力学处于亚稳态、动力学上不利于生成的晶型，其形成条件相对苛刻。商用聚丙烯中β晶型的含量很低，只能通过特定的方法得到。β晶型成核剂诱导聚丙烯树脂以β晶型成核结晶，具有同时提高制品的冲击强度和热变形温度，缩短制品成型周期的作用。一般认为具有六方晶型或准六方晶型结构的成核剂有助于形成β晶型聚丙烯，但成核剂晶体结构参数必须达到一定数值，其晶胞要足够大，如ZnO虽有六方结构，但其晶胞参数为$a=3.24Å(1Å=0.1nm)$，$c=5.20Å$，比β晶型的晶胞$a=19.08Å$，$c=6.49Å$要小，因此不能作为β晶型成核剂。β晶型成核剂工业化产品比较少，目前，文献报道的聚丙烯用β晶型成核剂的大致有无机物、稠环芳烃、第ⅡA族金属元素的某些盐类及二元羧酸的复合物、芳香族二酰胺、稀土化合物和环状二羧酸盐等几类[61]。

a. 无机物类。无机化合物类β晶型成核剂主要包括低熔点金属粉末（锡粉、锡铅合金粉）、金属氧化物（超微氧化钇）、无机盐类（碳酸钙）[62] 等。其主要缺点是在聚丙烯中的相容性较差，导致成核效率较低，且会影响聚丙烯的透明性，加之许多常见无机化合物易潮解、吸湿或加热时易升华、分解，这使它们不适宜作为成核剂。目前无机物中作为β成核剂进行研究较多的是碳酸钙。碳酸钙最初主要是用作填料使用，后来研究人员发现碳酸钙对聚丙烯大的β晶结晶过程有明显的诱导作用，诱导聚丙烯产生较高含量的β晶型。并且经过适当表面处理的纳米碳酸钙通过熔融共混能均匀分散在聚丙烯中，粒子与基体界面结合良好。

b. 稠环芳烃类。具有准平面结构的稠环类化合物是发现最早、研究最为透彻的一类β晶型成核剂，代表品种有γ-喹吖啶酮（商品名为E3B）、三苯二噻嗪（TPDT）、吩噻嗪、蒽（ANTR）、菲（PNTR）和硫化二苯胺（MBIM）。加入0.01×10^{-6}的E3B时β晶型聚丙烯的相对含量K_x值可达到0.78。后又有人研究了有机染料的成核效果，发现溶靛素金黄IGK、溶靛素灰IBL、溶靛素棕IRRD、溶靛素红紫IRH、汽巴红F2B、汽巴蓝2B等都对聚丙烯β晶型的成核有促进作用。这类物质中含有一个或几个苯环所组成的化合物，结构较复杂。但这一类物质的成核效率低、成本高、合成困难，并会使产品染成暗玫瑰红颜色，因此目前已较少使用。

c. 第ⅡA族金属元素的某些盐类及二元羧酸的复合物。20世纪80年代，首次报道发现某些二元酸与周期表中第ⅡA族中的某些金属氧化物、氢氧化物或盐组成的双组分复合物在正常加工条件下可诱导聚丙烯生成含量高达85%以上的β晶型。

辛二酸、辛二酸钙、硬脂酸钙、庚二酸等长链烷烃酸及其盐均可用作聚丙烯β晶型成核剂，在聚丙烯中加入0.5%（质量分数）的辛二酸钙可得到结晶度达80%以上的β晶型聚丙烯，同时制品的弹性、韧性、抗冲击性能都有不同程度的提高。其中效果最好的为庚二酸和硬脂酸钙的复合物。这些成核剂可广泛应用于聚丙烯抗冲击制品、微孔膜、纤维等领域。

虽然使用二元羧酸与ⅡA族金属元素的盐（特别是庚二酸和硬脂酸钙）所组成的β晶型成核剂，可获得较高含量的β晶型，但由于二元羧酸的部分分解，在挤出和吹塑等成型过程中容易形成析出物而影响使用效率及制品质量。此外，由于庚二酸的生产成本较高，工业化生产问题未能很好解决，因此，目前在工业上没有得到广泛应用。

d. 芳香族二酰胺类。芳香族二酰胺类β晶型成核剂是最早实现商业化生产的一类高效聚丙烯β晶型成核剂，其本身是结晶性物质，其结晶温度高于聚丙烯的结晶温度，并具有很好的结晶结构。

1992年日本新理化公司申请了成核剂DCTH的专利[63]，并于1998年实现商品化，推出芳酰胺类成核剂NJ Star NU-100（N,N'-二环己基-2,6-萘二甲酰胺）的商品（结构式见

图 9.10)。据相关资料报道，当在聚丙烯中添加该成核剂时，成型后制品中β晶型的含量可达到 90%以上，可使聚丙烯的热变形温度提高 20℃左右，抗冲击性能提高 6~7 倍。该类成核剂的成核性能较好，成本较低，并且解决了染料、颜料型成核剂产生颜色的问题，且与聚丙烯的相容性较其它类成核剂好。山西化工研究院开发的商品牌号为 TMB-4 和 TMB-5 的β晶型成核剂也属于此类，其产品性能与日本新理化公司的产品相当。

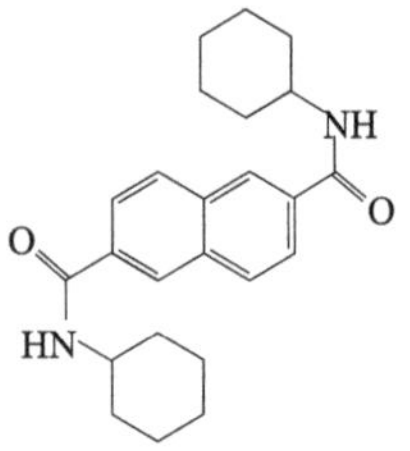

图 9.10 NJ Star NU-100 的结构式

e. 稀土化合物类。稀土化合物类β晶型成核剂主要是稀土金属氧化物、稀土金属硬脂酸盐等的复配物。该类成核剂的代表产品为 WBG 系列成核剂，它是完全具有我国自主知识产权的β晶型成核剂，其特点是β晶型转化率可达 90%以上。无论从β晶型成核效率还是性价比上，都有一定的优势。WBG 成核剂具有以下特点：由轻稀土元素构成，具有安全、无毒、无放射性等特点；β晶型转化率高，在均聚聚丙烯中添加 0.15%时，β晶型相对含量可达 90%以上；β晶型稳定性好，经历多次热历程仍能保持高β晶型含量；改性效果明显，对聚丙烯综合性能的改善超过了现有β晶型成核剂。作为一种新型、高效的聚丙烯β晶型成核剂，稀土成核剂 WBG 系列产品能很好地改善聚丙烯性能。我国稀土资源丰富，占世界稀土资源 60%以上，稀土成核剂的成功开发将有助于轻稀土资源的充分利用。

f. 环状二羧酸盐类。近年来，研究人员不断在开发新型结构的β晶型成核剂。

在以前的研究中，基本上都是把环状二羧酸盐作为聚丙烯α晶型成核剂，如美国 Milliken 公司开发的二环[2.2.1]庚烷二羧酸钠盐（HPN-68)，就是一种成核效果很好的α晶型成核剂。但华东理工大学的辛忠教授课题组发现环状二羧酸锌盐、镉盐如二环[2.2.1]-5-庚烯-2,3-二羧酸锌盐和二环 [2.2.1]-5-庚烯-2,3-二羧酸镉盐可以诱导聚丙烯产生高含量的β晶型，使聚丙烯的冲击强度可以提高 3 倍以上。目前，该类成核剂已实现工业化生产，商品牌号为 PA-01 和 PA-03。

9.4.3.2 聚乙烯成核剂

目前为止，市场上只有一种商用聚乙烯成核剂 HPN-20E，其他成核剂在聚乙烯中尚不具有显著的商用价值。许多研究只是将用于聚丙烯的成核剂用于聚乙烯的成核，但毕竟聚乙烯与聚丙烯的结晶行为有很大不同，因此结果往往不太理想。其他研究也多是将一些常用的塑料助剂（如硬脂酸盐）用于聚乙烯的成核改性，其改性效果也非常有限。

(1) 有机成核剂

Hyperform HPN-20E 是美国 Milliken 公司开发的商业化聚乙烯成核剂（一种环状有机酸盐)，添加 Hyperform HPN-20E 的聚乙烯树脂生产的薄膜，外观更透明，材料物理性能更突出。许多文献[64-66] 报道了 HPN-20E 成核剂在聚乙烯领域尤其是线型低密度聚乙烯（LLDPE）领域的优异应用效果。J. S. Borke 等发明了以 Hyperform HPN-20E 为成核剂的线型 HDPE 膜。该成品膜水蒸气透过率（WVTR）为 0.15g. mil/100si/d（ASTMF1249 的 100%湿度）和氧气透过率 67cm^3. mil/100si/d（ASTMD3985 中的干燥条件)。该产品可用于食品包装膜和缠绕膜及农用薄膜[67]。

二亚苄基山梨醇类成核剂主要用于聚丙烯制品，对改善聚乙烯的透明度也有效。李占眷等[68] 研究了 DBS 成核剂对不同 LLDPE 片材雾度的影响。实验结果表明，DBS 成核剂能提高 LLDPE 的结晶速率，改善制品的雾度，提高制品的透明度。刘南安等[69] 采用山西省化工研究院研制的 TM3 成核剂，研究了该成核剂对 LLDPE 的光学性能和力学性能的影响。实验结果表明，TM3 成核剂可改变 LLDPE 的晶体结构，使其结晶度提高，晶粒分布均匀细密，光学性能和力学性能提高。他们还比较了 5 种不同的二亚苄基山梨醇类成核剂对 LLDPE 成核改性的效果[70]（见表 9.6）。实验结果表明，美国 Milliken 公司生产的 Millad 3988 和湖北省松滋市南海化工有限公司生产的 Y5988 型成核剂（两者均为 MDBS 成核剂）对 LLDPE 雾度的降低最为明显。

表 9.6　成核剂性能及其对 LLDPE 的改性结果[70]

牌号	产地	形态	气味	纯度/%	熔点/℃		添加量/%（质量分数）	透光率/%	雾度/%
					企标	实测			
3988	美国	洁白粉末	无	≥98	245	260	0.2	88.7	9.3
MD	日本	白色粉末	淡	≥98	240	250	0.2	87.8	16.2
DX	日本	白色粉末	淡	≥98	240	250	0.2	87.6	16.5
TM-3	中国	暗白粉末	有	≥98	245	220	0.2	87.6	16.4
Y5988	中国	洁白粉末	淡	≥98	245	260	0.2	88.8	9.2

中国石化齐鲁分公司树脂研究所以自制的 LLDPE 7042 为原料，选用山西省化工研究院研制的 DBS 成核剂，制备出一种具有高透明性的 LLDPE 专用料，并对 LLDPE /DBS 体系的性能及制备工艺条件进行研究，从结构及结晶行为方面对其透明性进行了探讨，当在 LLDPE 中加入 DBS 成核剂后其透明性提高，加入量大于 0.5%时效果明显；同时，加入成核剂也使材料的力学性能得到提高[71]（见表 9.7）。

表 9.7　DBS 对 LLDPE 7042 雾度及其他性能的影响[71]

DBS 质量分数	0	0.1	0.2	0.3	0.4	0.5	1.0
雾度/%	75.5	75.0	73.4	69.6	67.6	48.9	24.7
透光率/%	69.1	70.2	71.3	72.5	72.8	74.5	75.6
拉伸强度/MPa	22.29	22.75	24.47	23.63	24.35	24.22	24.30
断裂伸长率/%	902.1	850.6	897.8	917.6	910.8	915.8	916.0
(110)晶面间距/nm	—	18	—	18	17.9	17.9	16.1
(200)晶面间距/nm	—	12.8	—	12.2	12.2	12.0	11.6

杨伟等[72] 研究了山西省化工研究院生产的山梨糖醇系列成核剂 TM1、TM3、TM6 对 LLDPE 吹塑薄膜晶体结构、透明性和力学性能的影响。实验结果表明，加入该系列成核剂使薄膜的晶核数量增加、结晶速率加快、晶粒细化、晶粒尺寸变小，但晶体的完善程度降低、结晶度有所下降，而结晶结构没有显著变化；同时成核剂的种类和用量对晶面衍射强度和垂直于晶面的微晶尺寸影响较大。加入成核剂，基本上都能在不降低力学性能的前提下，使薄膜的雾度降低，即透明性得到改善。党智敏等[73] 研究发现，在聚乙烯中加入山梨糖醇成核剂使其球晶规整性发生了改变。与纯聚乙烯的结晶形态相比，含有山梨糖醇的聚乙烯的球晶数量多且尺寸小，即加入山梨糖醇改变了聚乙烯分子的堆砌结构。他们认为，聚乙烯中山梨糖醇含量较多或较少都容易形成较多的空间电荷和水树，只有当其质量分数为 0.2%时，晶核才有可能形成简单密堆积结构，使纯聚乙烯的正常晶体形态相对较少，均匀分布缺

陷充当了电荷复合过程的跳跃点，抑制了空间电荷的形成，从而使其短路后空间电荷几乎消失。

王加龙等[74] 研究了硬脂酸钙成核剂对高密度聚乙烯（HDPE）薄膜透明性的影响。实验结果表明，加入硬脂酸钙成核剂时薄膜的透明性好。在一定范围内，成核剂用量增加时薄膜的透光率有所下降；在成核剂用量相同时，直接加入成核剂的薄膜的透光率比加入成核剂母料的要高。尹德荟等[75] 研究了硬脂酸钙成核剂对 UHMWPE/HDPE 共混体系力学性能的影响。研究结果发现，加入硬脂酸钙成核剂使 UHMWPE/HDPE 共混体系的力学性能有所提高，拉伸强度和冲击强度曲线均出现峰值，且峰值对应的强度大小与纯 UHMWPE 相差无几。李刚等[76] 以 HDPE 和炭黑为原料，加入硬脂酸钾成核剂，密炼混合、粉碎成粒后，用双螺杆挤出机将粒料挤出包覆在 2 根平行的多股电极上，考察硬脂酸钾成核剂对 HDPE/炭黑共混体系热敏电阻电学性能的影响。实验结果表明，加入硬脂酸钾成核剂的试样，其熔点及热结晶峰温度都较未加入硬脂酸钾成核剂的试样高。这是因为加入硬脂酸钾成核剂使 HDPE 的结晶度更高、结晶更完善，且使生成球晶的尺寸减小，并伴有大量微晶生成，这都有利于热敏电阻综合电性能的提高。HDPE 是渔用绳索网具材料的重要来源。为进一步提高 HDPE 绳网材料的力学性能，从而降低成本、节约能源，史航等[77] 对 UHMWPE/HDPE 复合材料的渔用适应性进行了研究。研究结果表明，加入硬脂酸锌成核剂有利于两种聚合物共晶的形成，并使晶胞变小，从而提高复合材料的力学性能。

乔文强等[78,79] 研究了聚合物液晶成核剂聚 4-甲氧基-4′-丙烯酰氧苯甲酸苯酯（PMAPAB）对 HDPE 结晶和熔融行为及其晶体形态的影响。实验结果表明，结晶过程的 Avrami 指数都在 3 以上，这说明各聚乙烯体系的成核及生长过程均按三维球状生长。另外，添加了 PMAPAB 的试样的 Avrami 指数较纯试样低，表明晶体的生长维数降低。这是由于异相成核形成的晶核数量较多，球晶尺寸减小，在生长过程中出现球晶相碰的概率增大，造成晶粒生长维数降低。添加了 PMAPAB 的试样结晶速率加快，这是因为适量 PMAPAB 的存在可起到异相成核的作用，促进聚乙烯的结晶。添加了 PMAPAB 的试样，其结晶度较未添加 PMAPAB 的试样有较大幅度的提高，这进一步证实，PMAPAB 可起到成核剂的作用，促进 HDPE 的结晶，从而使添加了 PMAPAB 的试样结晶度提高。对加入 PMAPAB 前后的试样进行偏光显微镜表征发现，PMAPAB 可促进 HDPE 结晶，使其晶粒尺寸变小且分布更均匀。

在非极性 PE 或 PP 分子链中，接入部分极性基团是改变聚合物性能的有效方法。李文斐[80] 等利用差示扫描量热仪，研究了丙烯酸接枝线型低密度聚乙烯（LLDPE-*g*-AA）的热学行为，结果表明，与纯线型低密度聚乙烯（LLDPE）相比，LLDPE-*g*-AA 的熔融温度（T_m）略有增加，结晶温度（T_c）增加约 4℃，熔融焓随 AA 含量增加而降低。随接枝率的增加，LLDPE 的球晶半径减小，接枝到 LLDPE 分子链上的 AA 分子起到了成核剂的作用。不同接枝率的 LLDPE-*g*-AA 的等温结晶形态如图 9.11 所示。

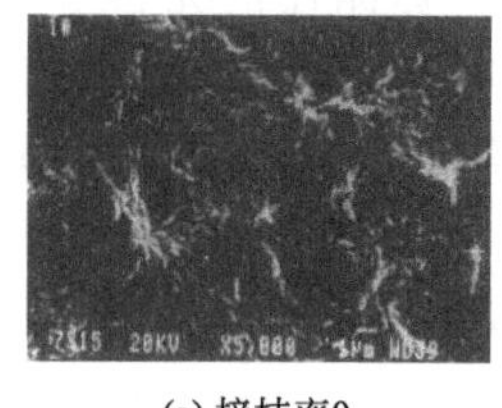

(a) 接枝率0

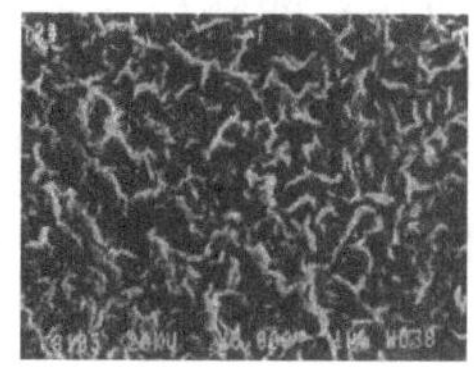

(b) 接枝率1.99%

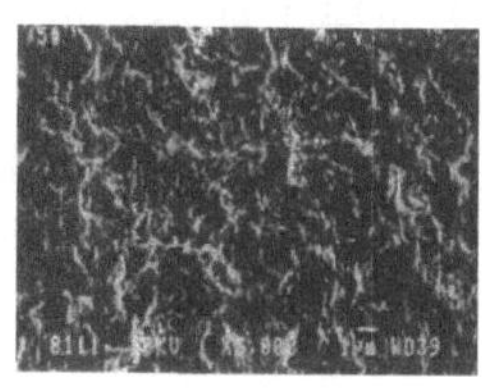

(c) 接枝率5.78%

(d) 接枝率6.44%

图 9.11 不同接枝率的 LLDPE-*g*-AA 的等温结晶形态

(2) 无机成核剂

博里利斯技术公司[81] 将滑石粉作为 LLDPE 的成核剂，其所用的聚乙烯是由乙烯与至少一种 $C_4 \sim C_{11}$ 的 α-烯烃共聚单体形成，其密度低于 940g/cm^3。该发明发现，通过传统方式向 LLDPE 中加入滑石粉，相对于 LLDPE 而言，其用量应低于 3000μg/g，最优加入量约为 500μg/g；并且，滑石粉粒径越小，成核效果越好，其粒径范围为 0.5～5μm。表 9.8 比较了 LLDPE（型号 FB2230）中加入滑石粉前后的性能。加入滑石粉后，可使 LLDPE 的结晶温度升高、半结晶时间缩短。

表 9.8 滑石粉对 LLDPE 膜性能的影响

性能指标	密度/(kg/m^3)	MFR/(g/10min)	T_c/℃	114℃时的半结晶时间 ($t_{1/2}$)/min
添加滑石粉(150μg)的 FB2230	923.0	0.85	111.6	0.27/0.27
无滑石粉的 FB2230	922.6	0.88	109.3	0.90/0.83

Free-Flow Packaging International 公司[82,83] 提出碳酸氢钠、氧化锌及氧化锑等也可用作发泡聚乙烯的成核剂。李亚娜等[84] 通过熔融共混法制备出不同硅烷偶联剂（KH550、KH560）改性的纳米 ZnO/HDPE 复合材料，并考察了偶联剂及 ZnO 含量对复合材料性能的影响。结果表明，改性纳米 ZnO 在 HDPE 中起到异相成核作用，对 HDPE 基体起到了明显的增强增韧效果，使体系的熔融温度、结晶温度和结晶度升高。

有相关资料报道，稀土化合物、碳纳米管以及镁盐晶须等无机物对聚乙烯也具有成核效果。叶春民[85] 等研究了氧化钇和碳酸钙超微粉对 LLDPE 的成核作用。其研究结果表明，加入 1%（质量分数）氧化钇后，PE 的球晶尺寸减小 3～5 倍，比碳酸钙的成核效果更加明显。王新鹏等[86] 分别用 DSC、X 衍射、偏光等分析方法，对超高分子量聚乙烯（UHMWPE）和 UHMWPE/CNTs（碳纳米管）复合纤维的结晶行为进行研究。结果表明，碳纳米管的加入使晶体堆积更加紧密，UHMWPE 和 UHMWPE/CNTs 的结晶速度都很快，UHMWPE/CNTs 比 UHMWPE 的结晶速率更大，UHMWPE 和 UHMWPE/CNTs 初生纤维的结晶峰都随冷却速率的提高而向低温方向移动，碳纳米管在体系中起到了成核剂的作用。廖明义等[87] 以 HDPE 为基体，探讨了镁盐晶须的表面处理技术、填充量及其与 HDPE 复合工艺对镁盐晶须增强 HDPE 力学性能的影响，并与滑石粉填充 HDPE 的性能进行比较。其研究发现，制备镁盐晶须增强 HDPE 时，晶须的表面处理以及在表面处理和与 HDPE 的混合过程中，减少晶须损伤是获得性能优良晶须增强 HDPE 的关键问题；采用湿法处理晶须，其增强 HDPE 的性能优于干法处理；镁盐晶须增强 HDPE 的性能明显优于滑石粉填充 HDPE 的性能。

9.4.4 成核剂对聚烯烃的影响

利用成核剂对聚烯烃树脂进行改性是实现其高性能化、多功能化的重要途径，尽管许多制品改性的目的在于追求综合性能的统一，但事实上任何一种成核剂都不可能兼顾提高所有的性能。

(1) 影响结晶速率

纯聚丙烯在开始结晶时由于晶核较少，无法立刻开始结晶过程，通常要达到一定的过冷度才能开始结晶化过程，从而导致结晶温度较低。添加适量成核剂后，成核剂作为聚丙烯的异相晶核，起到促进成核的作用，使得结晶温度上升。因此，添加成核剂导致的结晶温度上升程度可代表成核剂促进结晶能力的大小。纯均聚聚丙烯结晶温度一般在115℃左右，添加成核剂后结晶温度明显提高，一方面在加工成型过程中不到过冷却的状态，聚丙烯树脂就开始结晶过程；另一方面有可能在较高的温度下进行加工，缩短了制品的成型周期，提高了加工效率。Al-Ghazawi等[88] 对大量的硬脂酸盐和苯甲酸盐进行了研究，他们发现，苯甲酸铝是同类物质中性能最好的成核剂，它可以使PP的结晶温度提高25℃，其结果与Binsbergen的研究一致。

(2) 改善聚烯烃的光学性能

聚丙烯的透明性和它的晶体结构密切相关。在聚丙烯熔体的冷却过程中，通常形成一些球晶，且这些球晶之间很容易形成某种界面。当可见光遇到这些界面时就会发生光散射和光折射，从而降低聚丙烯的透光性。球晶的尺寸越小，结晶形成的球晶间的界面越会随球晶尺寸的变小而变小，从而使得聚丙烯的透光性变好。加入成核剂后，聚丙烯熔体冷却过程中的结晶温度升高，结晶速度加快，成核剂作为异相晶核，提高了聚丙烯的成核密度并促进成核，从而使生成的聚丙烯球晶细化。当球晶的尺寸小于可见光波长时，对光的散射和折射就会减小，光的透过率就会提高，从而改善聚丙烯制品的光学性能。

聚烯烃的增透改性是当前成核剂最大的应用市场，通过增透改性，聚丙烯的透明性得到显著提高，使之成为传统透明聚合物材料的有力竞争者。聚丙烯价格低廉且密度小，单位制品的成本远远低于聚酯、聚氯乙烯等材料，在家电和日用品等领域显示出巨大的市场潜力。成核剂的选择在聚烯烃的增透改性中十分关键，根据相关资料报道，各种α晶型成核剂对聚丙烯的透明性均有不同程度的提高。就目前工业化成核剂产品来说，取代二亚苄基山梨醇类成核剂（MDBS、EDBS和DMDBS）、芳基磷酸酯盐类成核剂（如NTBP）是改善聚丙烯透明性能的主要成核剂品种。除透明改性外，不同品种的成核透明剂在其他性能方面也表现出一定的差别，实际应用中常常根据制品透明性、力学性能、成本和卫生性等要求综合评价和选择相应的成核透明剂品种与用量。

α晶型成核剂的另一个重要功能是增加制品的表面光泽，这一点在聚丙烯注塑件加工中特别重要。α晶型成核改性，能够使聚丙烯注塑制品的表面光泽与ABS相媲美，这为聚丙烯在家电、汽车等工业中替代工程塑料提供了一定的技术保证。从性能价格比角度考虑，一般推荐DBS、NTBP、PTBBA等低成本成核剂作为增光剂使用。

(3) 提高聚烯烃的力学性能

成核剂的加入可以明显改善聚丙烯的力学性能，其拉伸强度、拉伸模量、弯曲强度、弯曲模量、热变形温度以及断裂伸长率均随成核剂的用量增加而上升，但当成核剂的用量增加到一定程度时，力学性能就趋于稳定，这是由成核剂在聚丙烯中存在一个饱和浓度所导致的。不同类型的成核剂对聚丙烯力学性能的影响幅度不同，其在聚丙烯中的饱和浓度也不一样。

Fujiyama等[89] 对不同成核剂及其对均聚聚丙烯的结构和特性的影响进行比较。他们所选成核剂包括改性$CaCO_3$、滑石粉、双(4-叔丁基苯甲酸)羟基铝和对甲基亚苄基叉山梨醇。研究结果表明，最有效的成核剂为双(4-叔丁基苯甲酸)羟基铝和对甲基亚苄基叉山梨醇，材料的弯曲强度、弯曲模量、热变形温度以及成型收缩率都得到了改善。王克智等采用自主研发的β晶型成核剂TMB-4和TMB-5对聚丙烯进行改性，结果发现改性后聚丙烯的结晶形态和力学性能均发生显著变化。

(4) 影响聚烯烃耐老化性能

聚丙烯分子链上存在大量不稳定的叔碳原子，在有氧的环境下容易脱氧成为非常活跃的叔碳自由基，引起分子链发生各种反应，包括链增长、链降解，从而影响聚丙烯原有性能，导致材料发生老化。对于典型成核剂的研究结果表明，成核剂的加入对聚丙烯耐老化性能的影响不大。但是，由于加入成核剂后，聚丙烯的结晶度有所提高，结晶更加完善，晶体结构更加规整，不易被氧化或紫外线老化，因此成核剂的加入总体趋势是有利于提高材料的耐老化性能。

(5) 影响聚丙烯加工性能

在注塑成型过程中，处于熔融态的聚丙烯熔体冷却固化速度大于结晶速度，聚丙烯分子链来不及结晶就开始冷却固化，因此造成制品的后收缩。加入成核剂改性后，可加速聚丙烯的结晶速度，形成细小致密的球晶形态，减少自由体积，即使注射成型时冷却速度较快，聚丙烯仍然可以很好地结晶，减少制品后收缩的程度，降低制品的成型收缩率，提高聚丙烯的注射加工性能。此外，成核剂的加入可减少在聚丙烯注塑制品中的分层趋势、过多毛边及凹陷和空腔的形成。成核剂的加入还会显著提高聚丙烯的结晶温度，加快结晶速率，明显缩短注射模具的冷却时间，从而减少整个注射周期，有利于提高生产效率。

9.4.5 成核剂品种及生产商

国内外聚烯烃成核剂的主要生产商及主要产品牌号见表9.9和表9.10。

表9.9 国外聚烯烃成核剂主要生产商及主要产品牌号

生产商	主要产品牌号
美国美利肯(Milliken)化学品公司	Millad 3905、3940、3988,NX8000,Hyperform HPN-20E
美国美泽(Mayzo)化学公司	BNXBetaPP-N、BNXBetaPP-LN
日本EC化学公司	EC-1-70,EC-1-55,EC-4
日本 Adeka Palmarole SAS	ADK STAB NA-71
新日本化学公司	Gel ALL D,Gel ALL MD,Gel ALL DH,NJSTAR TF-1
日本旭电化公司	NA-11,NA-21*
荷兰壳牌公司	AL-PTBBA,AL-DTBBA

表9.10 国内聚烯烃成核剂主要生产商及主要产品牌号

生产商	主要产品牌号
山西省化工研究院	TM-1,TM-2,TM-3,TM-6,TMP-210,TMP-211,TMP-221,TMB-4,TMB-5
中国石油兰化公司研究院	DBS、DTS系列
中国石化扬子石化研究院	SZ-1、SZ-2型透明聚丙烯母粒
北京燕化高新股份有限公司	YS-609,YS-688
中国石化广州石化总厂	GPC-818
北京兴龙化工有限公司	XL-NA2001,XL-NA2002,XL-TA2003
湖北松滋南海化工有限公司	SKC-Y5988
烟台只楚合成化学有限公司	ZC-2,ZC-3
上海科塑高分子新材料有限公司	NA-S20,NA-S25
成都合丰塑料透明剂公司	HF-01,HF-03
常州扬子新型塑料研究所	YZC-8859及聚烯烃透明母粒

续表

生产商	主要产品牌号
天津天大天海科技发展有限公司	TH-3,TH-3940,TH-3988
上虞佳华高分子材料有限公司	9208 系列
中科院化学所	NU-Na,NU-K
华东理工大学	NA-9930T
广东省东莞仁豪塑胶有限公司	900A,900B,900C
洛阳中达化工有限公司	NP-508,NA-21

9.5 抗菌防霉剂

细菌在自然界中广泛存在，我们日常生活中接触的几乎所有物体表面均被各种细菌附着。其中部分是致病菌或者条件致病菌，在人身体免疫力低的情况下，特别是老人、儿童或者病人等特殊人群容易受到致病菌的侵袭，感染疾病，对健康带来危害[90,91]。

根据细菌的外形不同，可将细菌分为球形、杆形和螺旋形三种基本形态，球菌的直径为 0.5～2μm，杆菌为（0.5～1）μm×(1～5)μm，螺旋菌为（0.3～1）μm×(1～50)μm。根据细胞壁的结构可分成革兰氏阳性菌、革兰氏阴性菌等。真菌形态较细菌复杂，根据形态真菌可分为单细胞和多细胞类，前者多为酵母菌和类酵母菌，后者多呈丝状，分枝交织成团，一般为霉菌。此外，还有支原体、病毒等致病微生物，都是大家所熟知的[92,93]。表 9.11 简单列举了一些常见致病微生物危害。除此之外，人们所食用的粮食、蔬菜、水果等也容易被霉菌所破坏，造成巨大的浪费；皮革、墙纸、乳液、软质 PVC 制品等建筑材料、日用品和工业品也容易被霉菌作为营养源，破坏其高分子链段结构，造成材料性能下降，进而造成经济损失和质量事故[94-99]。

表 9.11　常见致病微生物的危害

类别		危害
细菌	葡萄球菌	最常见的化脓性球菌,医院交叉感染的重要来源,引起 80%以上的化脓性疾病
	链球菌(化脓性链球菌、草绿色链球菌、肺炎链球菌等)	化脓性炎症、猩红热、丹毒、产褥热、急性扁桃腺炎、肺炎等
	大肠埃希菌	肠道感染和非肠道感染
	流感杆菌	呼吸道感染罪魁祸首之一
霉菌 真菌	白色念珠菌	鹅口疮,口角炎,学龄前儿童易发癣,皮肤病,妇科病
	黄曲霉、黑曲霉、赤曲霉等霉菌	产生的黄曲霉素可引起肝脏变性、肝硬化等
	赭曲霉	产生黄褐毒素,诱发肾、肝肿瘤
	拟丝孢镰刀菌	产生镰刀毒素,引起消化道中毒性白血病等
	常见墙面混合霉菌	上呼吸道炎性疾病,过敏性喉炎,支气管炎,扁桃体炎,风湿热,哮喘病,霉菌性肺炎,风湿性关节炎等过敏性疾病
支原体	肺炎支原体	非典型性肺炎

抗菌塑料是一类在使用环境中对沾污其本身的细菌、霉菌、酵母菌、藻类甚至病毒等起到抑制或杀灭作用的塑料，是公知的宜于健康、卫生的新型材料[100-107]。随着社会进步，生活水平提高，节能、健康、卫生、环保意识已深入人心。今天，抗菌塑料已经深入到人们日常生活的各个领域：家用电器、纺织品、洁具、儿童玩具、医疗器械等[107-118]。抗菌塑料的发展与国家的科技水平、社会的进步程度、法律法规及标准是否健全等因素紧密相关，欧美、日本等发达国家抗菌塑料的推广和普及要远高于发展中国家[119-121]。

9.5.1 抗菌防霉机理

(1) 抗菌材料的概念

抗菌材料一般通过添加抗菌剂来实现抗菌功能，首先要正确理解“抗菌”材料的概念，“抗菌”并非将材料表面的细菌全部杀死，而是有效抑制材料表面细菌的繁殖。

“抑菌”是指抑制微生物生长繁殖和生物活性，使繁殖能力降低或者抵制繁殖的过程；“杀菌”是指杀死微生物营养体或繁殖体的过程；“灭菌”则是指使所有微生物包括微生物的孢子等完全除去或使之丧失活性的过程。

抗菌材料起到的作用，实际上是指上述的“抑菌”过程，而不同于直接杀灭细菌的“杀菌”和去除细菌的“灭菌”。根据国际标准 ISO 22196 中的定义，抗菌制品具有抗菌性是指制品表面细菌的增长被抑制或者能够抑制细菌增长的药剂效果。根据日本 JIS 2801 规定，与未经抗菌处理的制品相比，细菌的增殖比例在 1%以下（即抗菌活性值在 2.0 以上），则该制品就具有抗菌功能，如图 9.12 所示。

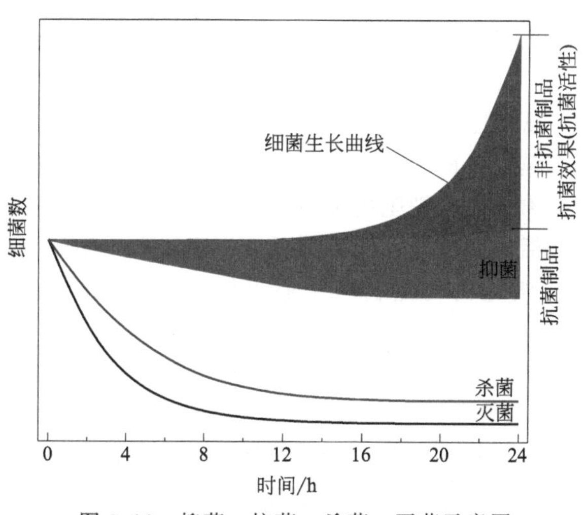

图 9.12 抑菌、抗菌、杀菌、灭菌示意图

(2) 细菌繁殖的规律

细菌对水分、环境的酸碱性、氧气和二氧化碳、矿物质、营养、温度和压力等条件都有一定的要求。在适宜的条件下，细菌生长会经历延迟期、对数生长期、稳定期和衰亡期四个阶段。延迟期，又叫调整期，在细菌对新环境有一个短暂适应过程后，进入对数生长期，该阶段生长曲线上活菌数直线上升，细菌以稳定的几何级数快速增长，可持续几小时至几天不等（培养条件及细菌代时而异）。此期细菌形态、染色、生物活性都很典型，对外界环境因素的作用敏感，因此研究细菌性状以此期细菌最好。抗生素对该时期的细菌效果最佳。

稳定期：该期的生长菌群总数处于平坦阶段，但细菌群体活力变化较大，细菌浓度达到最大即环境最大容纳量。由于培养基中营养物质消耗、毒性产物（有机酸、过氧化物等）积累、pH 下降等不利因素的影响，细菌繁殖速度渐趋下降，相对细菌死亡数开始逐渐增加，此期细菌增殖数与死亡数渐趋平衡。细菌形态、染色、生物活性可出现改变，并产生相应的代谢产物如外毒素、内毒素、抗生素以及芽孢等。

衰亡期：随着稳定期发展，细菌繁殖越来越慢，死亡菌数明显增多。活菌数与培养时间呈反比关系，此期细菌变长肿胀或畸形衰变，甚至菌体自溶，难以辨认其形，生理代谢活动趋于停滞。

研究和了解微生物的生长规律，有助于选择适宜的抗菌剂和适当的添加量，以达到抗菌制品的抑菌、杀菌的作用。

(3) 最小抑菌浓度

抗菌效率是抗菌剂最特征的参数之一，一般用抑制微生物发育繁殖的抗菌剂最小抑菌浓度（minimum inhibitory concentration，MIC）来体现。MIC 的数值越小，抗菌剂的抗菌效果越好。日本抗菌协会《银等无机抗菌剂的自主规格及其抗菌试验法》提出银系抗菌剂对大肠埃希菌和金黄色葡萄球菌的 MIC 小于 800ppm（$1ppm=10^{-6}$），我们在研究中发现一些高效的抗菌剂的 MIC 可以低于几个 10^{-6} 数量级，甚至更低。

抗菌剂对不同菌种的 MIC 往往不同，单一的抗菌剂往往只对某些细菌有效，例如，一些银系抗菌剂对大肠埃希菌和金黄色葡萄球菌的 MIC 值较低，但对白色念珠菌的 MIC 值较高，因此，往往需要针对抗菌的具体要求、细菌的种类，来优选抗菌剂的类型，将几种抗菌剂复配，来提高抗菌的广谱性。

银系、锌系和铜系等无机抗菌剂往往是通过缓释金属离子（Ag^{+}、Cu^{2+}、Zn^{2+} 等）以其离子形式起到抗菌作用，其作用机理主要是高浓度的金属离子改变了细胞膜内外的极化状态，形成了离子浓度差，从而阻碍或破坏离子或分子物质的运输；高浓度的金属离子还可能破坏细菌等微生物的细胞膜，从而导致细胞质等内容物的溢出，进而使细菌的增殖得到抑制或直接将细菌杀灭；金属离子进入细胞内部后，还能够强烈结合蛋白酶的巯基，从而导致蛋白质的结构发生变化而失活，影响相关的生化反应，阻碍微生物的能量代谢和物质代谢以达到抗菌目的；此外，进入细胞内的金属离子还可以与核酸相结合，破坏细胞的分裂繁殖能力。

通过研究抗菌剂的 MIC，调整抗菌剂有效成分的溶出速度，进行抗菌剂配方的优化。图 9.13 为不同配方的抑菌剂的典型 MIC 测试，(a) 图中 MIC 为 10000ppm，而高效抗菌剂的 MIC 值仅为 300ppm，这与抗菌剂的成分以及溶出速度有很大关系。

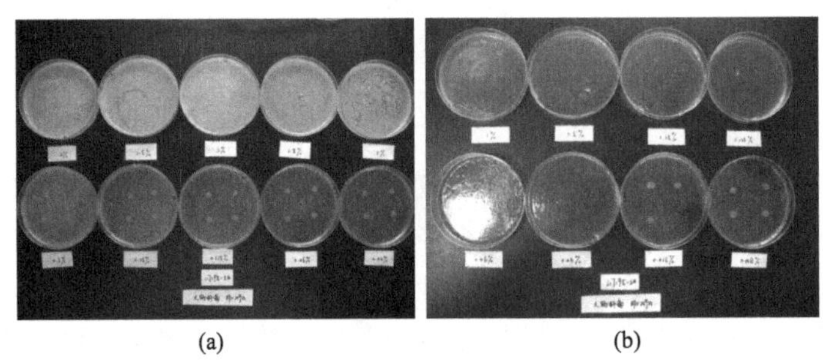

(a) (b)

图 9.13 不同配方的抗菌剂的典型 MIC 测试

研究抗菌剂的抑菌圈（图 9.14）也可以定性判断抗菌剂对细菌的抗菌性能，通常而言，抑菌圈越大，抗菌效果越好。但是也可能是抗菌剂有效成分溶出速度过快导致的，这可能对安全性带来一定的问题。因此，要注意考察抗菌剂的安全性、毒理性，针对抗菌材料的具体应用领域，进行配方的优选。

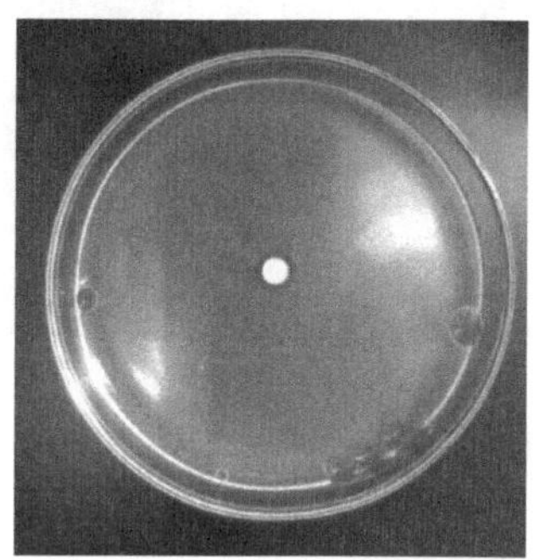
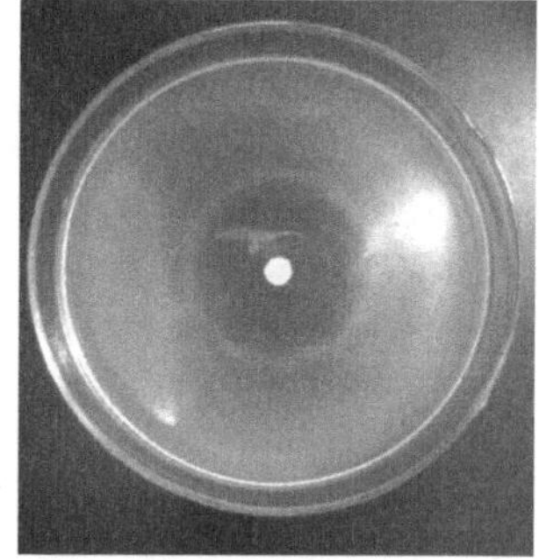

图 9.14　不同抗菌剂的抑菌圈测试

抗菌剂对霉菌的作用，也可以通过测试防霉圈的方法来初步判定，测试用霉菌通常为几种混合霉菌，包括黑曲霉、黄曲霉、球毛壳、绿色木霉等。例如，图 9.15（a）图中的抗菌剂对某些霉菌的抑制作用较弱，（b）图中抗菌剂对霉菌作用较强，在很大的范围内霉菌不繁殖。

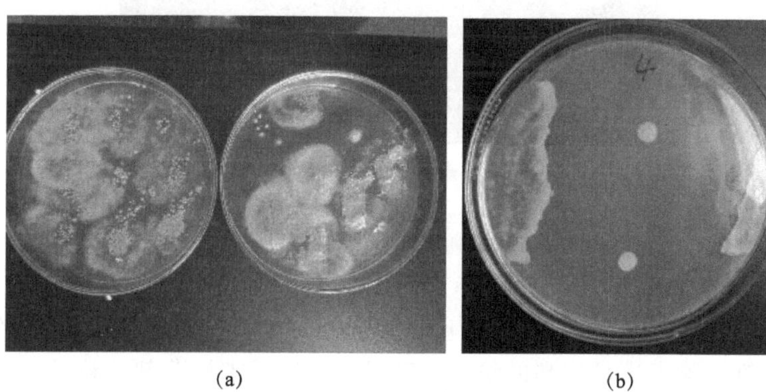

(a)　(b)

图 9.15　抗菌剂的防霉圈测试

9.5.2　抗菌防霉剂的要求

对于抗菌塑料的制备，要通过判定抗菌剂是否适合最终的制品要求，满足熔融共混的高温和剪切加工，抗菌效果是否达到而最终判定抗菌效果；还要将抗菌剂与聚丙烯等树脂熔融共混后，加工成最终的抗菌制品，再测试其抗菌性能来评价抗菌性能的好坏，经过配方优选后，开发安全高效的复合抗菌剂。

抗菌塑料的抗菌评价一般用贴膜法测试，例如，常见的 GB/T 31402—2015《塑料 塑料表面抗菌性能试验方法》，图 9.16 为在抗菌聚丙烯样片表面进行细菌（金黄色葡萄球菌）培养，在 24 小时后，未发现有细菌菌落图 9.16(a)，而不抗菌的对比样片，菌落数很多。

抗菌塑料的防霉测试，通常是在一定的温度和湿度下，在样片表面培养混合霉菌，例如，利用 ASTM G21《合成聚合材料防霉性的测定》标准，培养时间一般为 28 天，图 9.17 为具有抗菌防霉性能聚丙烯的表面霉菌生长情况，表面未见到明显霉菌的繁殖。

塑料用抗菌防霉剂，要从安全性、抗菌广谱性、耐热性、长效性、耐变色等多个方面去

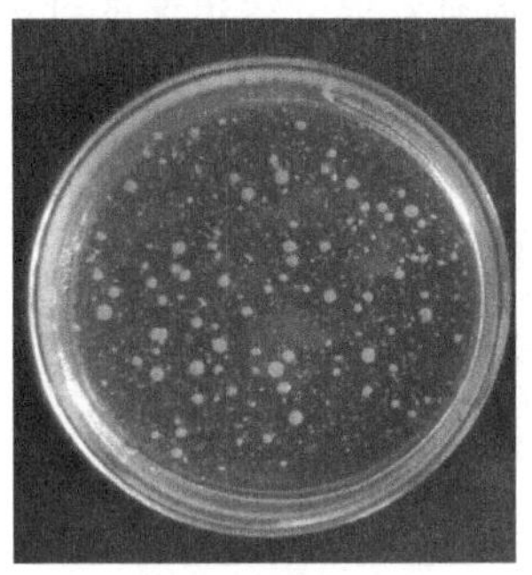

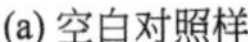

(a) 空白对照样

(b) 抗菌聚丙烯

图 9.16　细菌培养

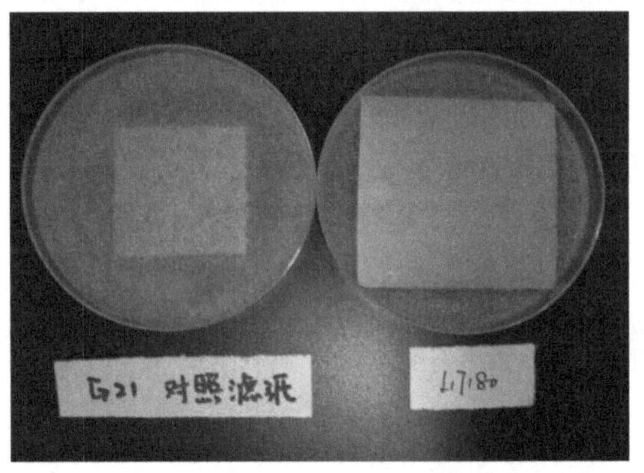

图 9.17　抗菌防霉聚丙烯的表面霉菌生长情况

考虑。与涂料、乳液、造纸等抗菌防霉领域不同，塑料用抗菌防霉剂，必须满足塑料高温加工的要求，聚烯烃（聚丙烯、聚乙烯等）通用塑料的加工温度相对较低，一般为 160～230℃；聚酯、聚酰胺等工程塑料加工温度较高，可以达到 230～280℃。此外，对于聚酯、聚酰胺等抗菌纤维，除了满足较高的纺丝加工温度，还要求抗菌剂的粒径小、分散均匀，对纺丝性能不易造成影响，导致飘丝、断丝等问题，特别是对于一些细旦纤维或者异形丝，单丝可能小于 1 个旦尼尔（D）❶，并且长时间纺丝后，过滤网不会发生堵塞，造成频繁换网、停机等问题。此外，抗菌织物往往还有耐洗涤的要求，例如，FZ/T 73023—2006《抗菌针织品》中规定的 AAA 产品，洗涤 30 次后，对三种菌仍保持一定的抗菌率，很多抗菌织物在洗涤后，抗菌效果消失了；有的抗菌织物后续还有染色工序，而染色温度往往高达到 120～130℃，在染料的作用下，对纤维表面的抗菌剂结构造成了破坏，或者加快了抗菌剂的溶出，使抗菌失效。

表 9.12 列出了一些常见塑料用抗菌剂存在的常见问题，包括添加量高、成本高、分散性差、影响外观和透明性等。无机抗菌剂，经常会存在粒径大，添加量大、分散性差等问题，一些银系抗菌剂和有机抗菌剂存在加工和老化后易产生变色的问题。

---

❶ 旦尼尔在我国是非法定计量单位，是指 9000m 长的纤维在公定回潮率时的质量，即 9000m 纱线质量为 10g 时，该纱线的细度就为 10 旦尼尔。

表 9.12　塑料用抗菌剂存在的问题

技术难点	产品问题
抗菌剂与聚丙烯相容性差，易团聚，难分散	抗菌剂添加量大，成本高
	影响外观、光泽度低
	影响透明性、薄膜有晶点、纤维可纺性差
	超出 PP 装置助剂加入量上限
抗菌不持久，耐洗涤性差	水管、洗衣机等涉水部件抗菌功能达不到使用年限
	纺织品洗涤后、染色后不抗菌
加工、老化变色	抗菌制品外观黄变、劣化
抗菌剂的安全性	对人、动物、环境等造成伤害

表 9.13 列出了国内外几种典型抗菌剂在聚丙烯中的抗菌效果，要达到＞99％的抗菌率，很多抗菌剂需要添加 0.6％以上；在 50℃水煮后抗菌率要达到＞99％，添加量需要 0.8％以上，因此，抗菌聚丙烯等抗菌塑料的制备需要增加较高的成本。

表 9.13　日本及国内抗菌剂评价

公司	牌号	添加量/％	
		抗菌率＞99％	50℃，16h，抗菌率＞99％
日本公司 1	牌号 1	0.8	1.0
日本公司 2	牌号 2	0.6	0.8
国内公司 1	牌号 3	0.8	1.0
国内公司 2	牌号 4	1.0	1.2

注：1. 按照 QB/T 2591—2003《抗菌塑料——抗菌性能试验方法和抗菌效果》测试大肠埃希菌。
2. JC/T 939—2004《建筑用抗细菌塑料管抗细菌性能》中“5.2 抗细菌耐久性能试验”50℃水煮 16h。

一些抗菌剂会对材料的颜色造成影响，例如，在聚丙烯中添加了两种异噻唑啉酮类抗菌剂：2-正辛基-4-异噻唑啉-3-酮（OIT）、4,5-二氯-2-正辛基-4-异噻唑啉-3-酮（DCOIT），对添加该抗菌剂塑料的变色情况进行了研究，结果如图 9.18 所示。从图中可以看出，两者对紫外线的敏感性有着明显的差别，与 OIT 相比，DCOIT 的初始黄色指数较小，但是随着光照时间的延长，两者的黄色指数都明显提高了。因此，如果在聚丙烯中使用这两种抗菌剂，就需要进行耐变色的研究。或者对于高白度制品，就不能选择该配方。

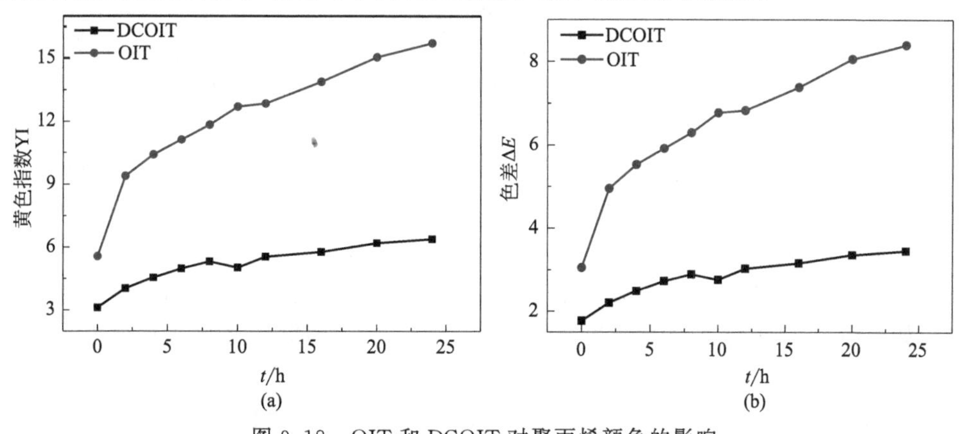

图 9.18　OIT 和 DCOIT 对聚丙烯颜色的影响

抗菌无纺布、抗菌长丝、抗菌地毯丝等抗菌纤维，要求抗菌剂要在聚丙烯、聚酯等纤维中具有优良的分散性和抗菌性能，满足工业快速纺丝的要求。图 9.19 为抗菌丙纶中抗菌剂的 SEM 图，可以看到抗菌粒子均匀分散在纤维的表面。

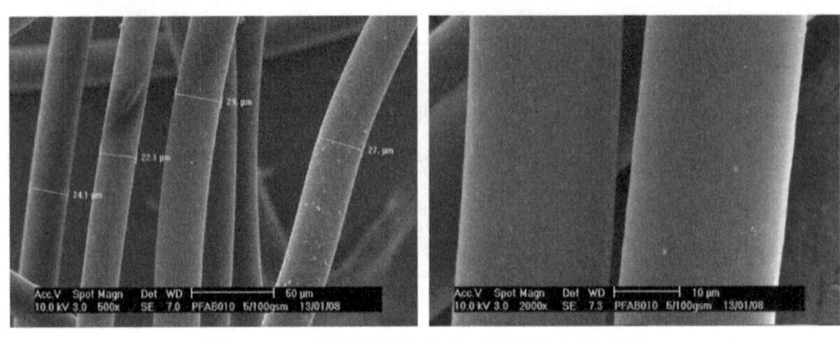

图 9.19　抗菌丙纶中抗菌剂的 SEM 图

9.5.3　抗菌防霉剂的分类

抗菌剂根据其材料的不同，可分为无机抗菌剂、有机抗菌剂、天然抗菌剂和高分子抗菌剂等类型[122-131]，见表 9.14。

表 9.14　塑料用抗菌剂的主要种类

类型	主要成分
无机抗菌剂	银、铜、锌离子＋无机化合物沸石系、磷酸盐系、玻璃系、氧化钛 TiO_2 系
有机抗菌剂	咪唑系、噻唑系、苯酚系、环烷系、嘧啶系、三嗪系、季铵盐系
天然抗菌剂	壳聚糖、柏树提取物、山葵提取物等
高分子抗菌剂	高分子有机锡、高分子卤代胺、聚六亚甲基胍类等

9.5.3.1　有机抗菌剂

有机抗菌剂种类繁多，很多是有机酸类、酚类、季铵盐类、苯并咪唑类等有机物。有机抗菌剂能有效抑制有害细菌、霉菌的产生与繁殖，见效快。但是这类抗菌剂热稳定性较差(一般只能在 300℃以下使用)、易分解、持久性差，而且通常毒性较大，长时间使用对人体有害。下面简要概述一下市面上常见的有机抗菌防霉剂。

① OBPA（10,10′-氧代二酚噁嗪）是目前在塑料行业中使用最为广泛的防霉防藻剂，它最大的优点是在高温下稳定、不分解、杀菌谱广，对真菌、细菌和藻类均有效。但 OBPA 重金属含量高，影响其使用范围，同时投加 OBPA 的生产过程，为防止对操作工人的身体造成不良影响，要求在全封闭的系统内进行，操作难度较大。

② OIT（2-正辛基-4-异噻唑啉-3 酮）和 DCOIT（4,5-二氯-2-正辛基-3-异噻唑啉酮）均为异噻唑啉酮类化合物，对细菌、真菌和藻类均有效，是近年来发展较快的一种塑料用防霉剂，但加工温度不宜过高。

③ IPBC（3-碘-2-丙炔基丁基氨基甲酸酯），对霉菌有特效，已被应用于温度较低的塑料生产中，如 PVC、聚乙烯、聚丙烯和橡胶等，一般规格为粉状或液剂。由于其在高温下不稳定，分解后易变色，因此适用范围窄。

④ 三氯生（2,4,4′-三氯-2′-羟基二苯醚）是含有氯的酚类化合物，已被广泛地运用在塑料行业，例如汽巴公司的 B1000 使用的就是三氯生。但是，近年来，国外对三氯生的安全

性提出了质疑，美国食品和药品管理局与美国环境保护署正在评估三氯生的安全性。

⑤ 噻菌灵［2-(噻唑-4-基）苯并咪唑］属于低毒性杀菌剂。耐热温度较高，可以用于塑料的防霉用途，汽巴公司的 F3000 公司属于该类产品。原药大鼠急性经口 LD_{50} 为 6100mg/kg，对兔眼睛有轻度刺激作用，对皮肤无刺激作用。在试验剂量下无致癌、致畸、致突变作用，对鱼类有一定毒效，蓝鳃鱼 LC_{50} 为 18.5mg/L（48h）。

⑥ BBIT（正-丁基-1,2-异噻唑啉-3-酮）是一种广谱杀菌剂，耐温可达 280℃，是美国奥麒（Arch）的专利产品，可用于保护 PVC、聚氨酯、硅树脂、聚烯烃、聚酯等聚合体免受细菌、霉菌、藻类的侵蚀。

⑦ 多菌灵是白色固体，对人畜低毒，对鱼类毒性也低。不溶于水和有机溶剂。化学性质稳定，300℃以下不分解。一般规格为分散性液体或粉末状。缺点是高温易变色，对细菌无效。

⑧ 吡啶硫酮锌（ZnPT）杀菌广谱，对细菌、真菌和藻类均有效，对热十分稳定，但本身带颜色，比较适用于不透明的塑料制品中。

9.5.3.2　无机抗菌剂

无机抗菌剂主要是利用银、铜、锌等金属本身所具有的抗菌能力，通过物理吸附或离子交换等方法，将银、铜、锌等金属（或其离子）固定于沸石、硅胶等多孔材料的表面或孔道内，然后将其加入制品中获得具有抗菌性的材料[132-148]。无机系抗菌剂的优点是低毒性、耐热性、耐久性、持续性、抗菌谱广等，是纤维、塑料、建材等生活制品最适宜的抗菌剂品种。不足之处是价格较高和抗菌的迟效性，不能像有机系抗菌剂那样能迅速杀死细菌。无机抗菌材料又可进一步细分为光催化材料、含金属离子的材料、天然矿石等（见图 9.20）。由于无机抗菌剂自身有着种种优点，也具有良好的商业前景，成了抗菌剂领域的研究热点，受到各国科学界的关注。

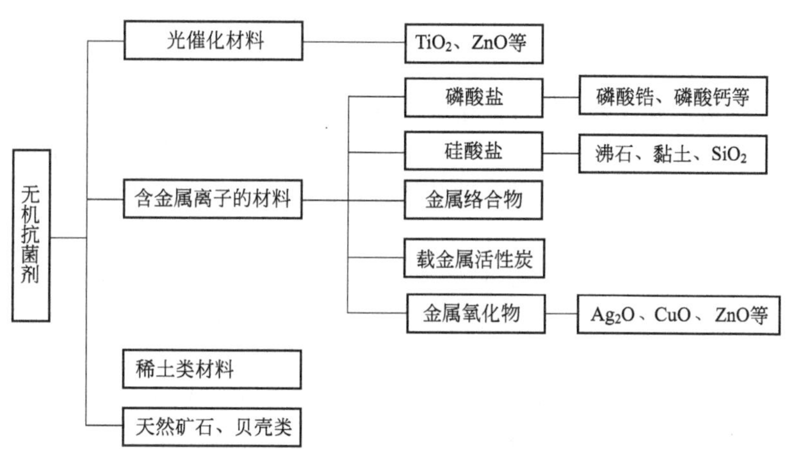

图 9.20　无机抗菌剂的分类

金属离子杀灭、抑制细菌的活性由大到小的顺序为：Hg、Ag、Cu、Cd、Cr、Ni、Pd、Co、Zn、Fe。而其中的 Hg、Cd、Pb 和 Cr 等毒性较大，实际上用作金属杀菌剂的金属只有 Ag、Cu 和 Zn。其中银的抗菌能力最强，其抗菌能力是锌的上千倍，因而目前研究最多的是含银离子的抗菌剂，以及银锌复合抗菌剂。

(1) 沸石载银锌抗菌剂

沸石为一种碱金属或碱土金属的结晶型硅铝酸盐，又名分子筛，其结构为硅氧四面体和铝氧四面体共用氧原子而构成的三维骨架结构，具有较大的比表面积。由于骨架中的铝-氧四面体电价不平衡，故为达到静电平衡，结构中必须结合钠、钙等金属阳离子。此类阳离子可以被其它阳离子所交换，因而使得沸石具有很强的阳离子交换能力。

制备沸石抗菌剂时，将沸石浸渍于含银（锌、铜等）离子的水溶液中，使得银（锌、铜等）离子置换沸石结构内的碱金属或碱土金属离子。有文献表明：载银-沸石抗菌剂的抗菌能力是随着离子交换量的增加，即随载银量的增加而提高的。但离子交换过程有瞬时性，如果溶液中交换离子的浓度过大，则会在表面沉积银颗粒堵塞沸石的孔道，影响沸石的抗菌性能和表观性能。严建华等人对天然沸石的后处理研究表明：当 Ag^+ 的浓度超过 0.1mol/L 时，其交换效率降低，而且，只有在适当的温度下进行后处理，天然沸石抗菌剂才能有良好的缓释性能。目前比较成熟的沸石抗菌剂是日本洁而美客（Sinanen Zeomic）公司的专利产品 Zeomic XAW10D，即载银或载银和锌 A 型沸石。载银沸石含银为 2.1%～2.5%。据研究报道，载银沸石对常见细菌的 MIC 为 62.5～500ppm，对真菌类的 MIC 为 500～1000ppm。

(2) 溶解性玻璃系抗菌剂

作为抗菌材料载体的玻璃通常是选用化学稳定性不高，并能溶解于水的磷酸盐或硼酸盐系玻璃。但是以硼酸盐玻璃为载体的灭菌材料由于在溶出具有灭菌能力的金属离子的同时，也可溶出目前毒性尚无定论的硼离子，因而限制了其应用范围，相应的研究也不多。磷酸盐玻璃的主要成分是磷，它是对人体和环境危害较小的富营养物质。在磷酸盐玻璃中引入一些灭菌性能很强的银、铜等金属离子可以制备长期、高效、缓释的新型抗菌材料。近几年，欧美及日本等国已成功地将这类抗菌材料商品化，并取得了较好的经济效益。比较知名的抗菌玻璃生产商有日本石塚肖子、兴雅硝子、瑞士山宁泰公司等，其市场占有率较高。

(3) 磷酸盐载银系列抗菌剂

作为抗菌材料载体的磷酸盐材料主要是指一些具有降解性的磷酸钙类物质，包括磷酸三钙（α-TCP，β-TCP）、羟基磷灰石（HA）、磷酸四钙（TeCP）及它们的混合物，其中降解性能显著的是 β-TCP 陶瓷材料。目前，有关以磷酸钙为载体的抗菌材料的研究工作很活跃。磷酸钙是一种与生物具有良好亲和性的生物陶瓷材料，其作为人工齿根、人工骨、生物骨水泥等生物材料已得到了广泛的应用，此外在食品添加剂、钙剂和催化剂等领域中它也有广泛的应用。因此它是一种安全性很高的抗菌载体材料。制备时通常是将磷酸钙与银离子化合物混合后于 1000℃以上进行高温烧结，再经粉碎、研磨后便可得到抗菌剂。有关研究表明抗菌成分的析出量与磷酸钙载体的形态（颗粒、粉末或致密块等）、结晶度、晶格缺陷、比表面积等有关。此外，抗菌介质的物理化学性质、载体的宏观结构，尤其是气孔尺寸、连通程度、空隙度，也会影响载体的降解和有效抗菌成分的析出。

磷酸锆抗菌剂目前相关比较成熟的商品有 Novaron 以及 APACIAER 等。Novaron 是日本东亚合成公司专利产品，常见的组分为 $Ag_{0.17}Na_{0.29}H_{0.54}Zr_2(PO_4)_3$，含银量为 3%，白色粉末，粒度 0.72～2$\mu$m，对各类细菌的 MIC 为 125～1000$\mu$g/L。

载银羟基磷灰石是一种无机广谱高效无毒型抗菌剂。美国 Sangegroup 公司研发了一款商品名 APACIAER 的抗菌剂，据报道已用于船体的抗菌防霉，含银量也为 3.6%，粒度在 1μm 左右。

9.5.3.3 天然抗菌剂

天然抗菌剂是人类使用最早的抗菌剂，埃及金字塔中木乃伊包裹布使用的树胶便是天然的抗菌剂[149-161]。天然抗菌剂有壳聚糖、天然萃取物等。目前最常用的天然抗菌剂是壳聚糖，壳聚糖是一种抗菌性能较强的天然抗菌剂，体系中具有效果明显的抗菌作用。其他天然抗菌剂有山梨酸、黄姜根醇、日柏醇等。天然抗菌剂的缺点是耐热性差，大部分不能用于塑料加工。

9.5.3.4　高分子抗菌剂

(1) 高分子有机锡类抗菌剂

人们很早就发现带烷基链的有机锡基团具有抗菌活性，并且利用 O—Sn 和 N—Sn 键将其键合到单体和聚合物上，Al-Muaikel 等合成了两种含有机锡的单体，并将它们和苯乙烯进行共聚。合成路线如图 9.21 所示。

对单体和共聚产物的抗菌性研究表明，含有机锡基团的抗菌剂对于革兰氏阳性细菌，尤其是对金黄色葡萄球菌有着很好的杀灭率。对革兰氏阴性细菌的杀灭率相对较低。单体共聚后，由于抗菌基团浓度下降，抗菌活性也随之下降。

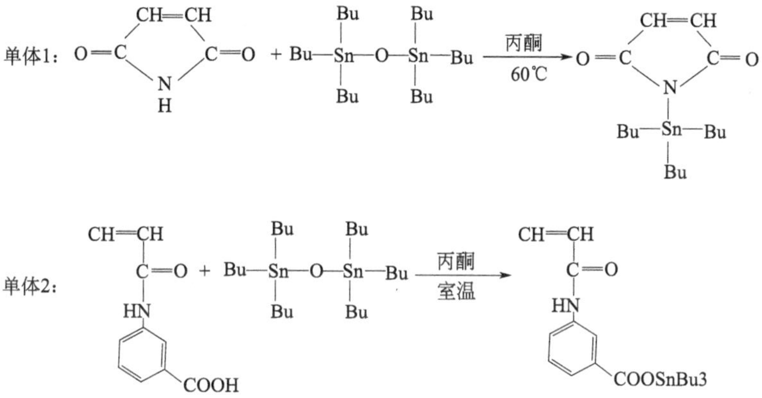

单体1：马来酰亚胺 + $Bu_3Sn—O—SnBu_3$ $\xrightarrow[60℃]{丙酮}$ N-三丁基锡马来酰亚胺

单体2：N-(3-羧基苯基)丙烯酰胺 + $Bu_3Sn—O—SnBu_3$ $\xrightarrow[室温]{丙酮}$ 3-丙烯酰胺基苯甲酸三丁基锡酯（COOSnBu3）

图 9.21　两种含有烷基锡单体的合成路线

(2) 高分子卤代胺类抗菌剂

Y. Y. Sun 等通过高分子化学反应合成了聚[1,3,5-三氯-6-甲基-(4′-乙烯基苯基)1,3,5-三嗪-2,4-二酮]。合成路线如图 9.22 所示。由于这种抗菌剂不溶于水，而且在水中氯溶解量小于 1mg/L，所以可以用于净化饮用水。

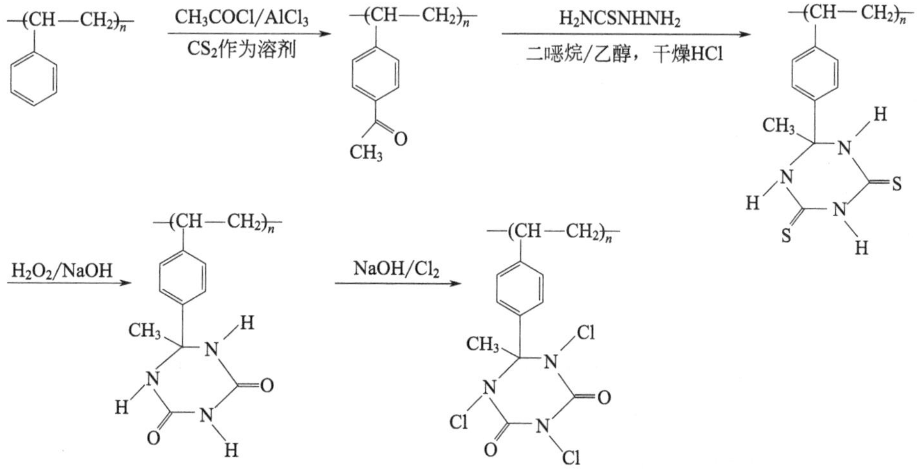

聚苯乙烯 $\xrightarrow[CS_2作为溶剂]{CH_3COCl/AlCl_3}$ 聚(4-乙酰基苯乙烯) $\xrightarrow[二噁烷/乙醇，干燥HCl]{H_2NCSNHNH_2}$ 二硫代三嗪衍生物 $\xrightarrow{H_2O_2/NaOH}$ 三嗪二酮衍生物 $\xrightarrow{NaOH/Cl_2}$ N-氯代三嗪二酮聚合物

图 9.22　聚[1,3,5-三氯-6-甲基-(4′-乙烯基苯基)1,3,5-三嗪-2,4-二酮] 的合成

另有报道利用5,5-二甲基乙内酰脲（DMH）和7,8-苯并-1,3-二氮杂螺环[4,5]2,4-癸二酮（BDDD）分别与3-溴丙烯制备了3-丙烯基-5,5-二甲基乙内酰脲（ADMH）和7,8-苯并-3-丙烯基-1,3-二氮杂螺环[4,5]2,4-癸二酮（BADDD），再把ADMH和BADDD以一定的比例分别与丙烯腈、乙酸乙烯酯、甲基丙烯酸甲酯单体共聚，产物经卤化处理后形成了带N-卤化胺结构的抗菌剂。反应如图9.23所示。这种抗菌剂最大的优点就是安全性好，并且在使用后，可以通过卤化处理重新活化。

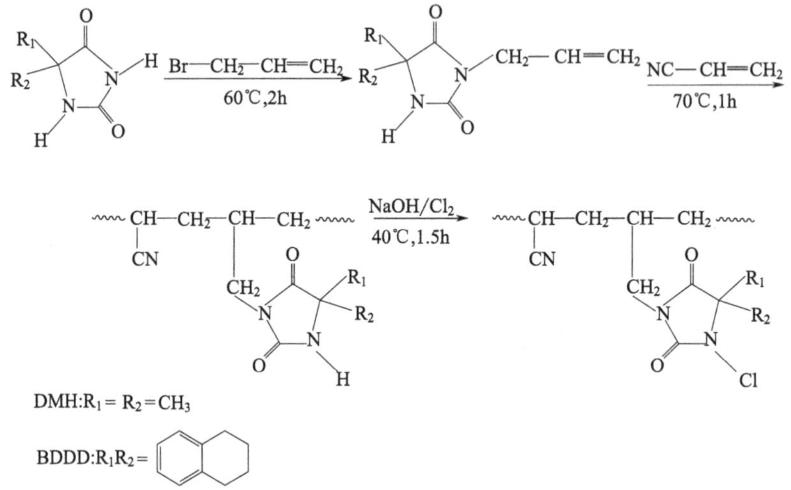

DMH: $R_1=R_2=CH_3$

BDDD: $R_1R_2=$

图9.23 ADMH和BADDD及其共聚物的制备

(3) 高分子胍盐类抗菌剂

人们发现胍及其衍生物具有很好的抗菌性能，并探索了其在医疗、农产品防护、食品和日用品等方面的使用。M. Zhang等通过缩聚合成了聚六甲基胍硬脂酸盐和聚六甲基二胍硬脂酸盐，并用沉淀法制备亲脂性的聚六甲基胍硬脂酸盐、聚六甲基二胍硬脂酸盐。合成路线如图9.24所示。目前，国内外比较知名的生产聚六亚甲基胍盐杀菌剂的公司有美国龙沙公司、韩国SK公司、上海高聚实业有限公司等。中国石化北京化工研究院利用聚六亚甲基胍盐酸盐等发明了聚胍聚硅酸盐类复合抗菌剂，在塑料上应用，提供了抗菌率和耐水性，并开发了抗菌母粒产品。

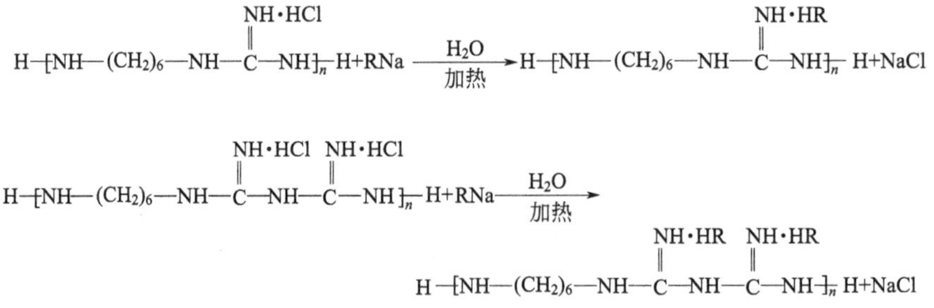

$$H{-}[NH{-}(CH_2)_6{-}NH{-}C(=NH\cdot HCl){-}NH]_n{-}H + RNa \xrightarrow[\text{加热}]{H_2O} H{-}[NH{-}(CH_2)_6{-}NH{-}C(=NH\cdot HR){-}NH]_n{-}H + NaCl$$

$$H{-}[NH{-}(CH_2)_6{-}NH{-}C(=NH\cdot HCl){-}NH{-}C(=NH\cdot HCl){-}NH]_n{-}H + RNa \xrightarrow[\text{加热}]{H_2O} H{-}[NH{-}(CH_2)_6{-}NH{-}C(=NH\cdot HR){-}NH{-}C(=NH\cdot HR){-}NH]_n{-}H + NaCl$$

图9.24 沉淀法制备聚六甲基胍硬脂酸盐和聚六甲基二胍硬脂酸盐

9.5.4 抗菌防霉测试方法

对于抗菌塑料制品，最常用的抗菌测试方法是贴膜法，通常要求提供平整的片状样品，尺寸 5mm×5mm 左右，最常用的检测细菌种类为：大肠埃希菌（ATCC 25922）、金黄色葡萄球菌（ATCC 6538），分别是革兰氏阴性菌和革兰氏阳性菌的代表。对于鞋材等抗菌制品，可根据客户要求，增加白色念珠菌的测试。

常规操作是将待检测的样品用 75%乙醇消毒（也有紫外消毒、高压消毒灯等方式）处理并晾干，将菌种用生理盐水稀释成适当浓度的菌悬液备用。取 0.2mL 的菌悬液滴在样品表面，用 0.1mm 厚的聚乙烯薄膜（4.0cm×4.0cm）覆于其上，使菌悬液在样品与薄膜间形成均匀的液膜。在 37℃，保持相对湿度 90%培养 18～24h。用生理盐水将菌液洗下，稀释成适当的浓度梯度，取 0.1mL 均匀涂布在已制备好的无菌琼脂培养基上。于 37℃培养 18～24h，观察结果。阴性对照用无菌平皿代替，其它操作相同。

常见的塑料抗菌检测标准可见表 9.15，国内标准最常用的是 GB/T 31402—2015，日本最常用的是 JIS Z 2801—2012 标准，针对抗菌家电产品，常用 GB 21551.2—2010 标准。针对添加了光催化型抗菌剂的抗菌制品，有专门的检测方法，检测时提供特殊的光照条件，使抗菌剂发挥光催化作用。

针对涉水的抗菌制品，例如抗菌水管，根据 JC/T 939—2004，通常将抗菌样片在 50℃热水中浸泡 16h 后，再进行抗菌测试。现在有部分企业和机构，根据抗菌制品的具体需要，借鉴该标准将抗菌样片浸泡不同的温度和时间，来考察抗菌制品的抗菌耐水性和耐久性，以此来抗菌制品的长效性。

表 9.15　常用的塑料抗菌检测标准

样品	标准名称	备注
抗菌塑料（片状样品）	ISO 22196—2016《塑料及其他非多孔材料表面抗菌活性检测方法》	—
	GB/T 31402—2015《塑料 塑料表面抗菌性能试验方法》	—
	JIS Z 2801—2012《抗菌制品抗菌性能的检测与评价》	—
	JC/T 939—2004《建筑用抗细菌塑料管抗细菌性能》	水管
	GB 21551.2—2010《家用和类似用途电器的抗菌、除菌、净化功能 抗菌材料的特殊要求》	家电制品
	QB/T 2881—2013《鞋类和鞋类部件 抗菌性能技术条件》	鞋材
	GB/T 23763—2009《光催化抗菌材料及制品 抗菌性能的评价》	光催化抗菌剂
	GB/T 30706—2014《可见光照射下光催化抗菌材料及制品抗菌性能测试方法及评价》	光催化抗菌剂
抗菌塑料（不规则样品）	ASTM E 2149—2013《振荡接触条件下非溶出型抗菌产品的抗菌性能测试》	—

针对抗菌织物常用纺织品抗菌检测标准见表 9.16，有 AATCC 147 和 GB/T 20944.1 等定性的抑菌圈测试，也有 JIS L 1902 和 GB/T 20944.2 等定量测试。定量测试方法主要分成吸收法和振荡法两大类。纺织品检测菌种，除了大肠埃希菌和金黄色葡萄球菌织物，白色念珠菌也是经常检测的菌种之一。纺织品经常有洗涤 30 次或 50 次的洗涤次数要求，例如 FZ/T 73023 抗菌针织品 AAA 级的抗菌织物，要求洗涤 30 次后，对大肠埃希菌的抗菌率≥70%，金黄色葡萄球菌≥80%，白色念珠菌≥60%，洗涤 1 次后，抑菌圈≤5mm。

表 9.16 常用纺织品抗菌检测标准

检测对象	执行标准	参数	样品准备	备注
织物	AATCC 147《织物的抗菌性评价——平行划线法》	抑菌环	提供不小于 40cm×40cm 的抗菌布和空白对照布各一块	定性
	AATCC 100《纺织品的抗菌性评价》	细菌减少率	提供不小于 40cm×40cm 的抗菌布和空白对照布各一块	常用
	JIS L 1902《纺织品抗菌性能的检测与评价》	抗菌率 抗菌活性值	提供不小于 30cm×30cm 的抗菌布(可不提供空白)	常用
	GB/T 20944.1—2007《纺织品 抗菌性能的评价 第 1 部分:琼脂平皿扩散法》	抑菌环	提供不小于 30cm×30cm 的抗菌布(3 种菌)	定性
	GB/T 20944.2—2007《纺织品 抗菌性能的评价 第 2 部分:吸收法》	抗菌率	提供不小于 30cm×30cm 的抗菌布(3 种菌)	定量
	GB/T 20944.3—2008《纺织品 抗菌性能的评价 第 3 部分:振荡法》	抗菌率	提供不小于 30cm×30cm 的抗菌布(3 种菌)	定量
	FZ/T 62015—2009《抗菌毛巾》	抑菌圈	不少于 200g 样品,提供不小于 30cm×30cm 的抗菌布	定性
		抗菌率		定量
	FZ/T 73023—2006《抗菌针织品》	抑菌环	提供不小于 30cm×30cm 的抗菌布(3 种菌、AAA 级)	定性
		抗菌率		定量

塑料及织物的防霉检测常用标准见表 9.17,通常是将待检测的样品用 75%乙醇消毒(或其他方法)处理并晾干,并置于装有营养盐培养基的表面皿中,制备一定浓度的五种或六种霉菌孢子悬液(黑曲霉、土曲霉、宛氏拟青霉、绳状青霉、出芽短梗霉、球毛壳等),并均匀地将其喷在培养基及样品表面,在温度 24～28℃、相对湿度 85%～90%(具体标准温度和湿度有一定差异)的条件下培养 28d,观察长霉情况并记录。样品长霉等级评定 0 级最好,一般要求显微镜(放大 50 倍)下观察未见霉菌生产,其次为 1 级,要求生长覆盖面积小于 10%,2 级以上一般说明样品没有防霉效果或防霉较差。

一般而言,应该针对抗菌防霉制品具体用途和应用环境要求,选择恰当的标准进行测试,特别是对于抗菌材料上游供应商,应该与下游客户就产品的抗菌防霉要求进行沟通,确定好检测的条件和标准,来恰当设计抗菌防霉配方,同时考虑到抗菌制品的安全性、洗涤次数要求等等。如果抗菌防霉制品要出口,还需要考虑到出口国家对抗菌剂的法规要求。

表 9.17 塑料及织物的防霉检测常用标准

样品	标准名称	备注	样品要求
塑料制品	ASTM G21—1996《合成高分子材料耐真菌性的测定》	长霉等级	提供约 5cm×5cm 防霉片 6 片,空白对照 6 片
	GB/T 24128—2018《塑料防霉剂的防霉效果评估》	长霉等级	提供约 5cm×5cm 防霉片 6 片,空白对照 6 片
	QB/T 4341—2012《抗菌聚氨酯合成革——抗菌性能试验方法和抗菌效果》	长霉等级	提供约 5cm×5cm 防霉片 6 片,空白对照 6 片
	ISO 846《塑料 微生物性能评价 》	长霉等级	3～6cm 见方防霉片 6 片,厚度不超过 2mm
	GJB 150.10A—2009《军用装备实验室环境试验方法 第 10 部分:霉菌试验》	长霉等级	防霉片 6 片,空白对照 6 片

续表

样品	标准名称	备注	样品要求
织物	AATCC 30《织物抗真菌性的评价——抑制织物的霉变》	霉菌是否生长	提供不小于 30cm×30cm 的抗菌布
	GB/T 24346—2009《纺织品 防霉性能的评价》	长霉等级	提供不小于 30cm×30cm 的抗菌布
	FZ/T 60030—2009《家用纺织品防霉性能测试方法》	长霉等级	提供不小于 30cm×30cm 的抗菌布

9.5.5 抗菌防霉剂相关法规

抗菌防霉材料出口国外时，首先要遵循当地的准入法规，出口到欧洲时要遵循欧洲化学品管理局（European Chemicals Agency，ECHA）公布的欧盟生物杀灭剂法规［Biocidal Prouducts Regulation，BPR，Regulation（EU）］的规定。出口美国则需要遵循美国环境保护署（EPA）和《联邦杀虫剂、杀真菌、灭鼠剂法案》（Federal Insecticide，Fungicide，and Rodenticide Act，FIFRA）的法规，FIFRA 是美国最重要的联邦农药管理法，提供了在美国进行农药调控的法规基础，规定农药在美国的管理、售卖、供销和使用。出口日本则要遵循《化学物质审查管理法》（简称化审法）和《劳动安全卫生法》（简称安卫法）等法规要求。

图 9.25 显示了抗菌防霉材料出口欧盟国家，考察是否符合 BPR 的规定的流程，按照抗菌活性物质是否被批准，出口产品本身是生物杀灭性物质还是被生物杀灭性物质处理物质，遵循不同的流程履行手续。

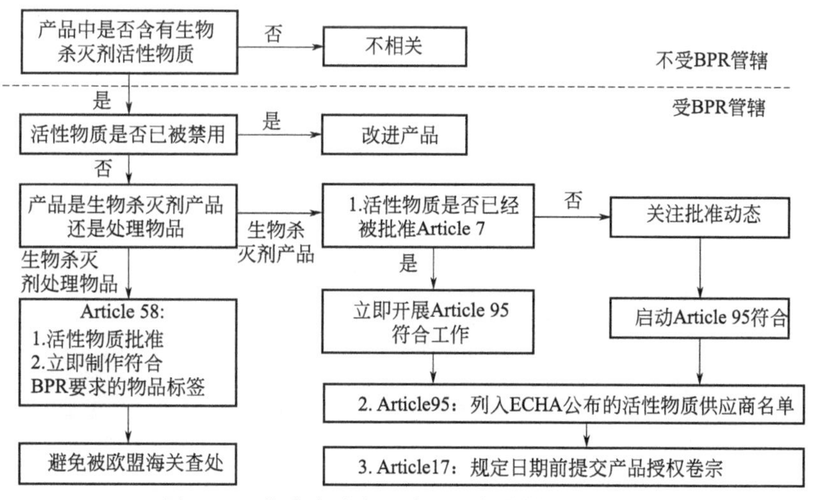

图 9.25　抗菌产品出口欧盟国家遵循 BPR 流程

国内外都有一些对抗菌防霉制品常见的要求，例如，满足 RoHS 有害物质的要求，对有害重金属和多溴联苯等物质的限定。国内 GB 21551.1—2008《家用和类似用途电器的抗菌、除菌、净化功能通则》有专门针对家电抗菌材料的安全性标准的要求，包括重金属、有害单体、抑菌圈和毒理学等要求。

针对食品接触用途的抗菌材料，除了抗菌剂本身满足相关的食品安全标准之外，还需要满足相关食品包装法规的要求，抗菌剂添加到材料中后，在水、乙醇等食品模拟液中浸泡后的有害物质迁移率需要符合标准要求。食品接触材料相关法规和标准见表 9.18。

表 9.18 食品接触材料相关法规和标准

国家/地区	常见食品接触材料的相关法规/标准
中国	GB 4806.1—2016《食品安全国家标准 食品接触材料及制品通用安全要求》 GB 4806.6—2016《食品安全国家标准 食品接触用塑料树脂》
欧盟	食品接触的塑料制品法规(EU)10/2011 及修订法规(EU)2017/752
美国	FDA CFR 21 Part 175～189
日本	日本食品卫生法[Japan Food Sanitation Law(Law No. 233)] 日本厚生省公告(Ministry of Health and Welfare Ordinance No. 370 and its amendments)
韩国	韩国食品卫生法(Food Sanitation Law) 食品器具、容器、包装标准和规范(Standards and Specifications for Food Utensils,Containers and Packages)

9.5.6 聚烯烃抗菌防霉产品开发与应用

据统计，全球抗菌塑料工业应用市场规模已达到 21.7 亿美元，年增长率约为 3.5%～4%。随着生活水平的提高，人们对抗菌塑料的需求日益增加，抗菌塑料正广泛应用于日常生活的各个领域。"绿色抗菌材料"的普及和推广已经被提上日程，亟须有实力的科研机构和企业联合进行绿色抗菌树脂的关键技术开发，解决抗菌树脂在安全性、抗菌率、长效性等方面的关键性技术，并尽快实现抗菌树脂工业化，填补国内市场空白。

在中国石化开发抗菌聚丙烯树脂之前，国内家电、卫浴等下游企业只能通过加入抗菌母粒的方法制备抗菌产品。抗菌母粒的制备需要将抗菌剂和塑料进行二次造粒，增加了加工成本，而且抗菌剂在加工过程中容易发生团聚、变色、热分解。中国石化在聚合装置的造粒过程中直接生产抗菌 PP，可稳定产品质量，易大批量生产，仅增加了抗菌助剂的成本，并且抗菌剂在聚丙烯中分散性更好，抗菌效率高，稳定性更好。抗菌母粒方法和抗菌树脂路线见图 9.26。

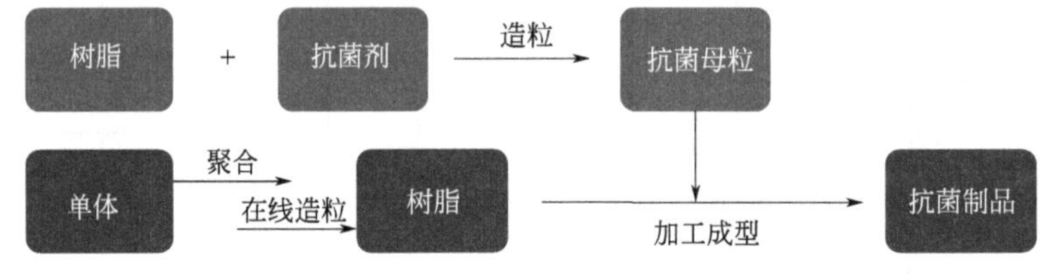

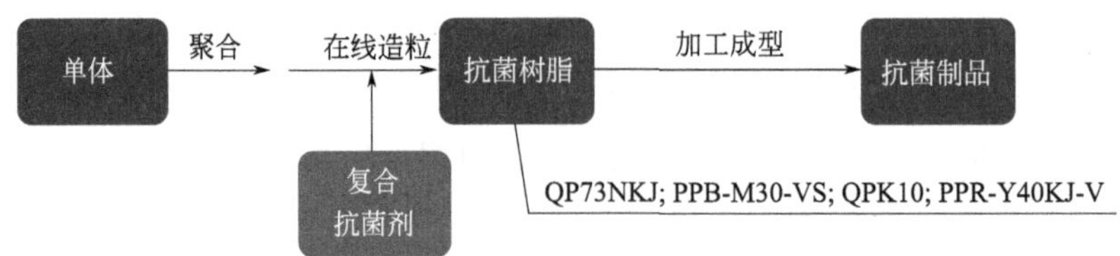

图 9.26 抗菌母粒方法和抗菌树脂路线

中国石化北京化工研究院在 20 世纪 90 年代就开始了对抗菌材料的研究，通过对国内外抗菌剂的研究发现，抗菌聚丙烯等抗菌材料的制备仍然需要解决多方面问题，包括抗菌剂在聚丙烯等树脂中分散的问题、控制抗菌剂释放速率的问题等。研究发现普通的抗菌剂由于在聚丙烯等树脂中分散不好，添加量很大才能达到较好的抗菌效果，通常需要 0.8%～1.2%以上，成本高，并且超过了中国石化聚合装置在线造粒螺杆对助剂添加量的上限。此外，普通抗菌剂添加到聚丙烯中后，析出速度过快，抗菌效果很快就消失了，特别是在涉水环境下，抗菌效率损失得更快。

针对市场上普通抗菌剂添加量大，在聚丙烯等树脂中易团聚、抗菌效率低、易变色、抗菌持久性差等问题进行了科研攻关。发明了新型的粉末橡胶复合抗菌剂，在聚丙烯、苯乙烯等树脂中添加 0.1%～0.3%，可使材料抗菌率>99%，防霉等级达到 0～1 级。

在 2012 年至 2014 年，中国石化北京化工研究院联合齐鲁石化、扬子石化等石化企业，在 10 万～20 万吨/年的聚丙烯聚合装置上（气相 Innovene、环管、Hypol 等工艺），开展了抗菌树脂的工业化工作。在国际上首次利用聚合装置工业开发出抗菌聚丙烯树脂（PPB-M30-VS、QPK10、QP73NKJ 等牌号），安全性符合 GB 21551.2—2010《家用和类似用途电器的抗菌、除菌、净化功能通则 抗菌材料的特殊要求》标准，通过急性经口毒性、鼠伤寒沙门氏菌/回复突变试验（Ames 试验）、体外哺乳动物细胞染色体畸变试验、斑马鱼急性毒性试验等测试（见表 9.19），对大肠埃希菌、金黄色葡萄球菌的抗菌率>99%，对黑曲霉等混合霉菌防霉等级达到 0～1 级，纤维级抗菌聚丙烯 PPR-Y40KJ-V 通过了 FDA21 CFR177.1570 相关认证，抗菌织物根据 AATCC 100《纺织品的抗菌性评价》，抗菌率>99%。抗菌聚丙烯树脂的抗菌防霉性能见表 9.20。

表 9.19　抗菌聚丙烯树脂的安全性测试

测试要求	测试项目		测试方法
有害物质释放测试	综合指标(水浸泡液)	蒸发残渣/称量法测定浸泡液中总溶解性固体的质量	GB/T 5750.4—2006
		高锰酸钾消耗量	GB/T 5750.7—2006
	重金属(酸浸泡液)	铅	GB/T 5750.6—2006
		镉	
		砷	
		汞	
	单体(水浸泡液)	氯乙烯	GB/T 5750.8—2006
		丙烯腈	
毒理学试验	急性经口毒性试验		化妆品卫生规范 2007
	鼠伤寒沙门氏菌/回复突变试验(Ames 试验)		
	体外哺乳动物细胞染色体畸变试验		
	斑马鱼急性毒性试验		GB/T 13267—1991
安全性评价	抑菌环试验	金黄色葡萄球菌	GB 21551.1—2008 附录 A
		大肠埃希菌	

表 9.20 抗菌聚丙烯树脂的抗菌防霉性能

抗菌牌号	抗菌标准	检测细菌	抗菌防霉
注塑级 PPB-M30-VS QPK10 QP73NKJ S700KJ	QB/T 2591—2003《抗菌塑料-抗菌性能试验方法抗菌效果》中“附录 A:抗菌塑料-抗细菌性能试验方法”	大肠埃希菌，金黄色葡萄球菌	>99%
	JC/T 939—2004《建筑用抗细菌塑料管抗细菌性能》中“5.2 抗细菌耐久性能试验”	大肠埃希菌，金黄色葡萄球菌	>99%
	GB 21551.2—2010《家用和类似用途电器的抗菌、除菌、净化功能 抗菌材料的特殊要求》中“附录 A 抗细菌性能试验方法 1(贴膜法)效果评价”	大肠埃希菌，金黄色葡萄球菌	>99%
	JIS Z 2801:2010《抗菌加工产品-抗菌性能试验方法和抗菌效果的测定》	大肠埃希菌，金黄色葡萄球菌	>99%
	ASTM G21—09《合成高分子材料防霉性的测定》	黑曲霉，嗜松青霉，出芽短梗霉，球毛壳，绿色胶霉	0～1 级
	GB 21551.2—2010《家用和类似用途电器的抗菌、除菌、净化功能 抗菌材料的特殊要求》中“附录 C 抗霉菌性能试验方法 3 及效果评价”	黑曲霉，土曲霉，宛氏拟青霉，绳状青霉，出芽短梗霉，球毛壳	0～1 级
纤维级 PPR-Y40KJ-V	AATCC 100《纺织品的抗菌性评价》	大肠埃希菌，金黄色葡萄球菌	>99%
	GB/T 20944.2—2007《纺织品 抗菌性能的评价》中“第 2 部分:吸收法”	大肠埃希菌，金黄色葡萄球菌	>99%

2016 年至今，经过“十三五”科技攻关，中国石化北京化工研究院在齐鲁石化、扬子石化、镇海炼化、石家庄炼化等石化企业又陆续开发了注塑、挤出、纤维、滚塑共计 4 大类抗菌树脂，十余个抗菌防霉树脂牌号产品（见表 9.21），累计产量过万吨，引领了国内抗菌高分子材料的发展趋势。

表 9.21 抗菌防霉树脂的牌号、产能及用途

生产企业	用途	牌号
齐鲁石化	抗菌洗衣机波轮	QP73NKJ,SP179KJ
	抗菌冰箱抽屉	PPB-M11
	抗菌 PPR 管材	QPR01
扬子石化	抗菌玩具	PPH-MJ11-S(S700KJ)
		PPH-M30-VS
石家庄炼化	抗菌卫浴	PPH-M12-C
	抗菌地毯	Y24C
中沙石化	抗菌洗衣机波轮	EP548RQKJ
镇海炼化	抗菌无纺布	N40Q
	抗菌游乐设施	R646UQJ

抗菌聚丙烯树脂的开发，填补了国内外市场空白，开发的抗菌产品已在海尔、美的、科勒、东升地毯、禧天龙等家电、卫浴、日用品、纺织品、包装、电子电器等企业进行了推广应用（见图 9.27），应用效果良好。

图 9.27　抗菌树脂的应用

9.5.7　抗菌防霉剂品种及生产商

抗菌剂在塑料中应用日益广泛，年增长率约为 3.5%～4%。北美是使用抗菌剂（包括生物抑制剂）最多的地区，占全球总用量的 40%。目前北美抗菌剂市场的增长已经慢下来，但是主要企业之间的市场份额竞争结果却在加剧。对于 Arch、巴斯夫、科莱恩、Dow、ISP、朗盛、Lonza、罗门哈斯、德国舒美、Syngenta、Thor 和 Troy 等公司来说，行业的联合实际上增加了风险，他们正在关注发展中地区的国家。其次是日本，占 20%。日本的人均抗菌剂使用量最大，远超北美和欧洲。

目前，日本抗菌剂开发与应用居国际领先地位。日本抗菌塑料几乎覆盖通用和工程塑料所有品种。抗菌塑料制品主要采用无机抗菌剂，主要生产公司有石塚硝子、品川燃料、东亚合成、松下电子等公司；日本已将发展目光投向欧美国际抗菌产品市场，他们也极大关注中国抗菌塑料近年来的迅猛发展，纷纷进军中国市场。

国内较早投入无机抗菌剂研究工作的单位，主要有从事贵金属研究的西北有色金属研究院、昆明贵金属研究所以及从事无机化学和有机高分子化学研究的国家建材局、中国科学院化学研究所、中科院理化所等单位。20 世纪 90 年代中后期，抗菌塑料在我国进入了一个快速发展的时期。国家工程研究中心与海尔集团的“产、学、研”联合，经过五年多在抗菌塑料和抗菌家电的系列研究后终于在海尔集团得到了成功应用，率先推出中国抗菌家电制品。

2011 年，《家用和类似用途电器的抗菌、除菌、净化功能》等系列国家标准的实施，对抗菌产业的发展起到了积极的作用，目前，我国抗菌产业已发展成为年产值超过 800 亿元的新兴产业。受抗菌市场前景的影响，日本（石塚硝子、品川燃料、东亚合成等）、欧美（Microban、Dow、龙沙、山宁泰等）等国际领先抗菌公司纷纷抢滩中国市场。国内抗菌材料生产企业（海尔科化、北京崇高纳米、上海润河、厦门晋大等）经过十余年的技术积累，发展了具有自身特色的抗菌产品，在性能及价格方面具有自己的特点和优势。但是，总体而言，国内的抗菌剂生产企业和产品与国外水平仍有较大差距，存在企业规模小、产品添加量大、容易变色、粒径分布宽、安全性评价不足等问题。

主要抗菌剂公司和产品类型见表 9.22。

表 9.22 抗菌剂公司和产品类型

国家	公司名称	主要抗菌剂类型
日本	品川燃料	沸石载银(锌)、玻璃载银(锌)
	石塚硝子	玻璃载银(锌)
	兴雅硝子	玻璃载银(锌)
	富士化学	玻璃载银(锌)、沸石载银(锌)
	东亚合成	磷酸锆载银(锌)
欧洲	巴斯夫(BASF)	沸石抗菌剂银(锌)、玻璃载银(锌)、有机抗菌剂
	山宁泰(Santized)	玻璃载银(锌)、有机抗菌剂
美国	龙沙(Lonza)	有机抗菌剂
	美利肯	无机银(锌)抗菌剂、有机抗菌剂
	妙抗保(MICROBAN)	有机抗菌剂
韩国	MST 股份	天然抗菌剂、有机抗菌剂
	NBIO Co. Ltd	天然抗菌剂
	纳米未来生活公司	纳米氧化锌
中国	上海润河	磷酸锆载银(锌)
	厦门晋大	磷酸锆载银(锌)
	海尔科化	无机锌系抗菌剂、有机抗菌剂
	北京崇高纳米	无机锌系抗菌剂、有机抗菌剂
	上海万厚	有机抗菌剂
	广州迪美	有机抗菌剂
	中国石化北京化工研究院	粉末橡胶复合抗菌剂、抗菌聚丙烯树脂
	佛山科普菌	有机抗菌剂、气相防霉剂
	成都交大晶宇	氧化锌晶须
	汇千纳米科技	纳米氧化锌
	隆达纳米科技	纳米氧化锌
	合肥量子源纳米	纳米铜、纳米氧化铜

我国在塑料用抗菌剂研究和开发方面，将在以下几个方面开展关键技术攻关并取得进展。

① 抗菌剂技术进步，抗菌率、耐变色性、粒径控制等关键技术达到国外同类水平，拥有自主知识产权，产品通过 EPA、FDA 等认证，并出口到国外市场。

② 抗菌剂的抗菌、防霉机理研究，抗菌耐久性、耐水性和耐变色性以及毒理性研究，抗菌检测方法、抗菌标准等研究，与国际抗菌行业接轨，制定的行业或国家标准得到国际同行认可。

③ 满足抗菌树脂专用料开发要求，涵盖注塑、挤出、纺丝、薄膜等市场需求较大的领域。

9.6 发泡剂

9.6.1 发泡基本过程及原理

9.6.1.1 聚烯烃发泡的基本工艺过程

聚烯烃发泡材料，是以基体树脂包裹气体而形成的一种多孔复合材料[162]。制造聚烯烃发泡材料的工艺方法简单，在基体树脂中产生泡孔，并使泡孔的大小、形状保持稳定。发泡的基本过程是一个不稳定到稳定的状态过程，具体来说，就是在一个混合器内将发泡剂混入聚烯烃材料中，然后通过温度和压力的变化使已经充分分散的物理发泡剂或化学发泡剂受热分解释放出的气体充分地从基体树脂中逸出。目前来看，聚烯烃的发泡有两种方式：溶解气体发泡或产生气体发泡，也可以分别称为物理发泡和化学发泡。

对于聚烯烃材料发泡来说，如螺杆挤出机和注塑螺杆这种塑化单元，在物理发泡制备工艺中应用是非常普遍的。因为它们能够通过升高温度将聚烯烃基体树脂由固态转化为熔体，再通过螺杆转动将发泡剂和聚烯烃熔体充分混合形成均相聚烯烃溶液，最后通过降低压力使发泡剂气体逸出而在聚烯烃树脂中形成均匀分布的泡孔，并可以通过调整工艺温度和压力来控制发泡倍率、泡孔密度、泡孔直径、泡孔形态和泡孔开闭孔率等参数。而在化学发泡中，塑化单元在化学发泡中也起到同样重要的作用。化学发泡剂在它们中和聚烯烃树脂时充分共混，并在一定的工艺温度下分解成气体，进而在热塑单元之外的模头或模具中完成发泡。也可以不使用热塑单元进行聚烯烃发泡，例如在密封空间中（压力容器）在一定温度压力下将基体树脂浸渍在发泡剂气体中直至饱和，通过快速降压得到发泡制品。

9.6.1.2 聚烯烃发泡机理

聚烯烃的熔体是黏弹性材料，具有各种弹性性能和黏性物性，正是它们为聚烯烃带来了熔体状态下包裹气体，以及气泡生长结束后应变回复的发泡能力。熔体强度是一个表征聚烯烃黏弹性，或者说发泡性能的一个重要参数，受测试设备、参数、外部条件甚至操作人员测试习惯的影响很大。

从宏观来说，熔体强度是表示聚合物熔体在某个温度下能支撑其自身重量的程度，可以采用德国 Geottfert Werkstoff Pruefmaschinen 公司生产的 Rheoten 71.97 熔体强度仪来测试。该仪器包括一对旋转方向相反的辊子，聚合物经单螺杆挤出机熔融塑化后，再经 90°转向的圆孔模头挤出，夹持在两个辊子之间采用等加速方式被单轴拉伸，拉伸力可通过测量力元件测定，从拉伸开始至熔体断裂时测得的最大力值即为熔体强度。从微观来说，在聚烯烃的熔体中，分子链沿着相邻分子链组成的管状空间进行蠕动，蠕动是一个末端松弛机理，通过蠕动，分子取向或者应变记忆随着时间而衰减，导致宏观上熔体的黏弹性大幅下降。而分子链之间容易互相缠结形成固定点，这些固定点可以起到类似化学交联的加强作用，阻止分子链的蠕动松弛。但由于缠结只是临时的，聚合物分子链依然会随着蠕动时间增长打开松弛。而分子链越长或者长支链越多，分子链之间的固定点也就越多，彼此之间缠绕的也就更紧密。对蠕动的抵抗上，时间越长，相应熔体强度越高。

由前述可知，聚烯烃的分子链之间存在着空隙，在熔体状态下，大小在 10^{-6} ～ 10^{-5} mm 左右，而气体分子的大小大概是埃数量级（10^{-7} mm），因此在一定的工艺条件下，气体分子可以驻留在聚烯烃熔体中。直到由于外界温度压力变化，足够的分子集中成束破坏了热力学稳定状态，即开始产生泡孔，在产生新泡孔的同时，已经产生的泡孔长大甚至互相合并，重新达到一个稳定状态。

因此，聚烯烃发泡可分为三个阶段：气体产生、气泡产生和基体稳定。这三者并非一个严格的顺序过程，有时也会发生重叠。发泡工艺条件会对三阶段有着重要和复杂的影响。以挤出发泡为例，温度的升高在气体产生阶段可以提高气体的扩散和溶解度，但会降低聚烯烃的黏度，此时发泡气体容易逸出，难以保持在树脂中，导致发泡过程难以控制；在气泡产生阶段会使泡孔长大速度变快但会降低聚烯烃的熔体强度，发泡后气泡易破坏；在稳定阶段会加快气体的挥发，但降低基体树脂的固化速度。压力的升高，在气体产生阶段会提高气体的扩散性和分布均匀程度；在气泡产生阶段会加快诱导熔体内的气体产生异相成核，形成气泡，但同时却会增加螺杆的剪切热而降低聚烯烃的熔体强度。螺杆剪切的加强，有助于气体产生阶段气体的溶解扩散和气泡产生阶段的泡孔成核、生长与分布均匀；但却会生成大量的剪切热，一方面导致聚烯烃树脂的熔体强度显著下降，另一方面导致塑化单元内压过高，无法保持稳定加工生产。由此可见，工艺条件在发生变化时，发泡三阶段之间甚至某个阶段内部都会发生竞争效应，使发泡动态过程更加复杂。

物理发泡剂挥发或者化学发泡剂分解产生的气体在聚烯烃树脂里的极限溶解度，是气体产生阶段的关键参数，由工艺压力、工艺温度和气体/聚合物相容能力所决定。可以通过物理发泡剂的注入量和化学发泡剂的添加量来调控，从而影响熔体的均化、发泡动力学和体系稳定。而当气体达到溶解度极限的时候，稳定的熔体溶液体系会发生气相和聚烯烃相的分离。

气泡的产生，就是随着宏观上工艺压力的降低或者工艺温度的升高，气体挥发相的能量太高，无法和周边聚烯烃共存，从而以表面积最低的球状外形从周边聚烯烃中分离出来。聚烯烃发泡是由气体成核和泡孔重排这两个相分离过程同时进行的，两者都是由气体扩散诱导的，然而扩散方向正好相反。高扩散系数的气体会快速从基体树脂中析出，有助于气体成核，但过快的逃逸又会导致气体无法留在基体树脂中形成气泡或者使已经形成的气泡被撕裂。因此低扩散系数的气体如烷烃等，更适合在以通用聚烯烃牌号为基体树脂发泡工艺中使用；而高扩散系数的气体如二氧化碳和氮气，只能应用在高熔体强度聚烯烃的发泡制备中。

当发泡过程由气体成核占主导时，趋向于形成更多的异相成核点，从而在基体树脂中形成更多更细腻的完整泡孔；当发泡过程由泡孔重排占主导时，趋向于泡孔长大和合并，当能量过大时，甚至会导致泡孔孔壁发生扭曲变形甚至破损。由于对气体/聚烯烃混合溶液体系施加一定的外力会诱导气体异相成核，故如果加快螺杆的剪切或者加大工艺压力，都可以得到泡孔更细腻的发泡聚烯烃材料。

当基体聚烯烃内的气体在工艺条件变化的诱导下完成泡孔的成核和生长之后，可以被保留在基体树脂形成的泡孔中或者快速离开。这取决于气体的扩散系数。当使用烃类物理发泡剂的时候，其较慢的扩散系数在气泡中离开的速度很慢，这样不仅会延长基体稳定的时间，同时长时间的在储存空间内释放可燃气体，也是一个重大的消防安全隐患。

9.6.2 发泡剂种类及发泡机理

目前在聚烯烃发泡材料的生产中，多使用 PBA（物理发泡剂）和 CBA（化学发泡剂）。

9.6.2.1 物理发泡剂的发泡机理

物理发泡剂，通常指的是能在发泡工艺条件下汽化使用的低沸点液体或者气体，它们可以通过压缩或者直接注入聚合物熔体中，使其膨胀发泡。理想中适用于聚烯烃发泡的物理发泡剂应该具备以下特点：足够的溶解度、适中的扩散系数、稳定的化学性质、安全环保以及合理的成本。

发泡剂在基体树脂中的浓度对于发泡材料的膨胀倍率有着非常紧密的联系，在发泡温度和压力下，发泡剂溶解度越高，在基体树脂里面分布的数量越多，在共混阶段，可以对基体树脂起到一个塑化的作用，提高基体树脂的加工性能；在发泡阶段，发泡剂因为冷却或压力降汽化而快速膨胀并逸出之后，最终发泡制品的膨胀倍率就会越大。但如果发泡剂的溶解度过高的话，一方面会让基体树脂“过塑化”，使其熔体强度大大下降，无法包住气体进行发泡；另一方面发泡结束后，发泡剂依然溶解在孔壁内，对后面二次加工和最终制品的性能会带来不利影响。

气体的扩散系数对发泡材料泡孔的生长与形态起着至关重要的作用。物理发泡剂的扩散系数太大，泡孔在生长的过程中，由于气体从内部逸出过快，孔壁容易被撕裂，导致开孔率过高，甚至气泡来不及成核生长，无法在基体树脂内留下泡孔。但在聚烯烃树脂发泡中，发泡剂的扩散系数并非越高越好，因为泡孔内残留的发泡剂在和外界空气置换的过程中，会在泡孔内产生低压区域。由于聚烯烃树脂的刚性不及 PS 等材料，当孔壁的强度无法支撑外界的压强，泡孔甚至发泡产品就会发生缓慢而连续的收缩形变。只有等泡孔内气体置换完毕，形变才会停止，发泡材料的外部尺寸才会稳定，这个过程称为“熟化”。如果物理发泡剂的扩散系数太低，虽然有利于泡孔的成核生长、结构稳定和孔壁完整，但“熟化时间”会大大加长，如使用戊烷做发泡剂的聚乙烯挤出发泡材料（俗称珍珠棉），要在库房中熟化一个月以上才可以二次加工或运出销售。这除了会对厂家的库房周转和资金回笼带来一定的压力，长时间的易燃易爆气体缓慢释放，也是一个安全隐患。

物理发泡剂的化学稳定性也非常重要，在高温高压的发泡工艺条件下，它既不会分解带来副产物，也不会腐蚀发泡设备，更不会和聚烯烃发生反应降低基体树脂的物理性能。发泡剂还应该是安全环保的，这也是国内外发泡厂家都在致力于研究超临界气体发泡的最大动力[163]。最后，发泡剂的成本是能否推广应用的决定性因素，由于发泡工艺设备的复杂，固定资产投资较高，如果再使用价格昂贵的发泡剂，发泡制品无法在市场上体现出竞争力。

9.6.2.2　物理发泡剂的种类

氢氟烃（HFC）发泡剂是替代会对大气臭氧层造成严重不可逆破坏的氯氟烃（CFC）发泡剂的新型化合物。目前主要应用在聚氨酯发泡和 PS 发泡中，在聚烯烃发泡的研究生产中应用较少，故这里不做详细介绍。

烷烃发泡剂被大量用来制备生产成本较低的日用发泡材料[164]，表 9.23 列出了常用的烷烃发泡剂。

表 9.23　常用的烷烃发泡剂

名称	饱和蒸气压(25℃)/kPa	沸点/℃	气体热导率(25℃)/[mW/(m·K)]
正丁烷	243.6	−0.45	15.9
异丁烷	351.1	−11.7	16.3
正戊烷	68.4	36	13.7
异戊烷	91.8	27.8	13.3
环戊烷	42.4	49.3	11.2

在 CFC 类发泡剂被禁用前，大部分聚烯烃发泡材料使用 CFC-114 作为发泡剂，这是因

为 CFC-114 的渗透率与空气接近，故不容易造成发泡材料的收缩变形。然而烷烃的渗透率远大于空气，非常容易造成发泡材料收缩变形。为了得到形状结构稳定的制品，必须使用扩散剂来制止烷烃的向外扩散，通常在聚烯烃挤出发泡体系中，会添加 2%以内的硬脂酸铵来作为防扩散抑制剂。目前聚烯烃发泡中更多选用异丁烷来作为挤出发泡剂，这是由于戊烷类发泡剂的气体渗透率较丁烷类高，更容易造成聚烯烃发泡材料发生收缩变形。但戊烷类发泡剂对于聚烯烃来说，增塑效果更好，可以降低熔体体系黏度，更有利于发泡加工，因此在珍珠棉（挤出发泡聚乙烯）等包装用低价发泡材料的生产中也有广泛的使用。

由于烷烃本身易燃，所以在发泡工艺过程中需要增设专门的安全防火设备，例如安装气体探测器来监控空气中烷烃的含量。生产车间和产品仓库也都需要安装通风设备。

气体发泡剂指的是自然界大气中存在的气体，可以通过分离空气得到，不需要合成制备，故成本最低，且对自然环境和人体几乎没有不良影响。表 9.24 列出了可以作为发泡剂使用的气体。

表 9.24 常用的气体发泡剂

名称	饱和蒸气压(25℃)/kPa	沸点/℃	气体热导率(25℃)/[mW/(m·K)]
空气	—	−195	26
氮气	—	−195	26.1
二氧化碳	6448	−78.5	16.6

最初空气发泡剂是和其它物理发泡剂混合使用的，可以在复合发泡剂体系中起到塑化剂的作用，将聚合物熔体快速塑化。随着发泡工艺和发泡设备的快速发展，对气体在聚烯烃熔体中溶解分散的控制更为精确，空气发泡剂目前已经因为其价廉而环保，成了聚烯烃发泡工艺中最常用的物理发泡剂。釜压、挤出、模压发泡更多使用二氧化碳发泡剂，注塑发泡则更多使用氮气发泡剂。空气本来有潜力成为一种非常安全且廉价的发泡剂，但由于里面含有的氧气，会使聚烯烃发生降解，故一概不适用于聚烯烃发泡。

虽然气体发泡剂有诸多优点，但是由于小分子气体在聚烯烃树脂中的低溶解度和高扩散系数的特点，气体发泡剂在发泡工艺设计和设备参数控制上要求还是很高，给他们的普及推广带来了障碍。

9.6.2.3 化学发泡剂的发泡机理

化学发泡剂（CBA）是指一种或者几种在发泡加工条件下，可以分解出气体的化学物质（组成）。适用于聚烯烃发泡的绝大多数化学发泡剂都是固体，并可均匀地分散在基体树脂中，它们的分解温度略高于聚烯烃树脂的加工温度，在一个较窄的温度窗口内可以释放出无毒、不腐蚀设备且不可燃的气体，分解时放热量小不会导致聚烯烃发生降解。使用化学发泡剂的一大优点就是无需对现有的设备进行改造，在料斗中就可以直接添加化学发泡剂与聚烯烃树脂混合，但也要调整热塑单元的温度在一个适合的区间，以免化学发泡剂过早分解。在挤出发泡成型时，螺杆段的温度必须保证化学发泡剂在塑化共混段再开始分解，以免气体从料斗逸出。在注塑发泡成型时，必须保证化学发泡剂在螺杆段不分解，要等混合均匀的熔体进入高温模头后，发泡剂再产生气体。

9.6.2.4 化学发泡剂的种类

化学发泡剂总体上可以分为两个大类：吸热型和放热型。顾名思义，吸热型化学发泡剂在分解过程中吸收热量，可以用于自动冷却的发泡工艺过程。有时候，还需要提供适当的温度条件来保证其充分地完成分解放出气体的反应。最常用的吸热型化学发泡剂是柠檬酸钠和碳酸氢钠的混合物，反应生成水蒸气、二氧化碳和脱水柠檬酸钠。而与之相反，放热型化学发泡剂在加工过程中释放热量的同时能够更快更有效地释放气体，但是也需要额外的冷却装置来保证发泡制品的定型。在实际的聚烯烃发泡生产应用中，化学发泡剂的选择取决于发泡剂分解时的温度，必须高于聚烯烃树脂的加工温度；还取决于发泡剂分解时释放气体的种类，例如在想得到高倍率发泡产品时，就应该选用可以释放大量二氧化碳的发泡剂，在想得到表面光滑皮层致密的产品时，就应该选用可以释放大量氮气的发泡剂，这是因为二氧化碳在聚烯烃的溶解度远远大于氮气，这样有利于形成更多更大的气泡，二氧化碳的扩散系数也远远大于氮气，过快的扩散速度会导致材料的表面和结皮不是那么光滑完整。

聚烯烃化学发泡中，AC 发泡剂是最常用的发泡剂[165]，其中 ADC 在国外占化学发泡剂消费量的 90%，在我国占 95%以上。其化学名称为偶氮二甲酰胺，分解时发气量为 200～300mL/g，分解组分主要是氮气（65%）、一氧化碳（24%）和少量二氧化碳（5%）和氨气（5%），特别适用于气体流失少的闭孔结构产品中[166]。AC 发泡剂不助燃且有自熄性，无毒、不污染、不变色，不溶于一般增塑剂。其为黄色粉末，但分解残留物为白色，因此可以用于白色或浅色制品之中。发泡剂 AC 本身无臭，分解产物也无臭味。AC 发泡剂的分解温度较高，故适用于聚烯烃发泡之中。在聚乙烯挤出发泡中常用的牌号为 AC-2300 和 AC-2003。制品表面光滑，收缩小，白度好，泡孔细腻均匀。

AC 发泡剂主要用作 PVC、PE、PP、橡胶等材料的发泡[167]，广泛应用于鞋底、人造革、绝热、隔声材料等生产。近年来随着轻量化高分子材料要求的快速增长，AC 发泡剂的价格波动也比较剧烈，大概在 21000～24500 元/吨之间。

目前在化学发泡剂的实际生产应用中，已经不再是单纯使用吸热型或者放热型发泡剂，而是通过复配得到吸放热型发泡剂。德国 B. L. Chemical 公司开发的吸放热发泡剂 EXOCEROL 232 具有热分解过程平缓，分解时吸放热基本平衡的特点，使发泡过程、泡沫结构与尺寸容易控制，其分解温度在 180℃左右，其分解发气量为 167.3cm^3/g，低于 AC 发泡剂，但是分解反应比 AC 发泡剂稳定。目前吸放热型发泡剂一般都是以改性吸热性发泡剂 $NaHCO_3$、AC 加上成核剂混合而成。

9.6.3 发泡剂的环境影响

在发泡剂发展的早期，由于 CFC（氯氟脂肪烃）具有低沸点、不易燃、对人体无毒等优点，被广泛而持久应用在橡胶、聚苯乙烯、聚乙烯等高分子材料发泡的领域中，其主导地位直到 1974 年才有所动摇。经 Molina 和 Rowland 论证，存在大气层中的 CFC 可对地球臭氧层形成不可逆转的破坏。CFC 的化学性能非常稳定并且可以迁移到大气层的同温层中，这时在太阳辐射的作用下，CFC 会与同温层的臭氧反应，从而生成游离的氯原子，而这些氯离子会以连锁反应的方式对臭氧层进行破坏。一个氯离子在完全消失前可以进行十万次这样的反应。为此，联合国制定了《蒙特利尔议定书》，并由 100 多个国家签署，努力推进减少并最终停止使用 CFC 产品。

后来出现了氢氯氟烃（HCFCs）发泡剂作为替代品。HCFC-141b（CH_3CFCl_2）是在商品上可以替代 CFC-11 最成熟的发泡剂。HCFC-141b 没有闪点，自燃温度高，发泡效果与 CFC-11 能力相当，但其依然对臭氧层有一定的破坏作用，故 HCFC-141b 只能说是 CFC-11 的替代品。2003 年，欧美日已经停止生产，而我国也将于 2030 年之前停止生产 HCFC-141b。

目前在聚烯烃的中低端发泡制品中，多使用烷烃发泡剂，但由于烷烃本身易燃，所以在发泡工艺过程中需要增设专门的安全防火设备，例如安装气体探测器来监控空气中烷烃的含量。生产车间和产品仓库也都需要安装通风设备。在聚烯烃高端发泡制品中，多使用二氧化碳和氮气作为发泡剂，从空气中经过物理分离就可以得到，无论是生产还是使用，都绿色环保，对自然环境和人体健康友好。

9.6.4 发泡产品的加工与应用

9.6.4.1 釜压发泡

釜压发泡是将聚烯烃颗粒与助剂混合造粒后放入反应釜中，升高温度并通入物理发泡剂使釜内压力升高，在一定的发泡温度下保压一段时间后打开泄压阀门快速卸压即得到发泡珠粒，也是目前应用最广泛的聚烯烃发泡珠粒的工业化生产工艺。目前市场上的主流产品为EPP珠粒，其除了具有发泡聚丙烯传统的质轻、抗冲缓震、耐腐蚀等优良的特性之外，与传统的直接成型工艺相比，EPP珠粒发泡最大的优势在于它的自由成型性，发泡珠粒均匀的尺寸与稳定的发泡倍率使其非常适合模塑成型，可以生产具有复杂几何结构以及高维尺寸精度的制品[168,169]。虽然是间歇式生产工艺，珠粒还需要洗涤干燥等后处理，生产效率偏低。但由于其生产工艺成熟，故是目前国内外发泡聚丙烯产品中价格最低廉、应用最普及的一种。

9.6.4.2 模压发泡

模压发泡是我国特有的一项工艺技术，尚未有国际厂商的信息和产品出现。目前这种工艺主要用来制备发泡聚丙烯材料，也有制备 ETPU 和 EPET 的尝试。这种发泡工艺的优点是可以在挤出成型母板后，在模具中充分浸渍超临界流体发泡剂，快速卸压开模一次成型制造出大表面积的发泡板材，且其不同于 EPP 珠粒的泡孔结构，可以为之带来更出色的保温性能和抗压性能。目前这种材料已经广泛应用在保温芯材、航模和无人机、高级绝热保温箱、通信基站、医疗器械等领域。

目前模压发泡聚丙烯板/片材多用于高端领域，空白模压发泡板材市场售价在 5 万元/吨以上，阻燃改性模压发泡片材（2mm 厚）售价可达 10 万元/吨以上。虽然利润高附加值高，但是由于其市场小产量低，故生产成本影响了产品价格，大大高于 EPP 珠粒成型产品。故厂家有扩大模压发泡聚丙烯板/片材应用市场的强烈需要，从而可以大幅降低其生产成本和产品价格。

中国石化北京化工研究院和镇海炼化共同开发生产了直接聚合型的无规共聚高熔体强度聚丙烯 E02ES。与国内外其它牌号高熔体强度聚丙烯相比，较宽的分子量分布带来的卓越加工性能，使其尤为适合模压发泡生产要求。目前国内的模压发泡生产厂家都是以该牌号为原料。

9.6.4.3 挤出发泡

聚烯烃的挤出发泡是一种连续化发泡技术[170]。连续挤出过程中，聚烯烃粒料由料斗加入机筒中，通过螺杆的机械塑化和加热器的加热塑化作用使粒料熔融成为聚合物熔体。物理发泡剂由计量阀控制，以一定的流率注入机筒内的聚合物熔体中。然后通过螺杆头部装置的混合元件将注入的发泡剂搅拌、分散均化，随后进入静态混合器或者螺杆冷却段进行进一步混合，形成聚合物/发泡剂均相体系；然后经过快速释压元件，使熔体压力快速下降，熔体中溶解的气体产生极大的热力学不稳定性，瞬间形成大量的气泡核[171]；最后，发泡体膨胀并流入定型装置成型、冷却得到发泡聚丙烯材料。连续挤出过程包括了聚烯烃的熔融塑化、聚合物/发泡剂均相体系的形成、气泡成核和长大定型等阶段[172-174]。

目前国内市场上，烷烃做发泡剂挤出聚乙烯是一种很常见的聚烯烃挤出发泡产品。但一方面烷烃做发泡剂有易燃易爆和熟化时间长的缺点，另一方面聚乙烯作为基体树脂物理性能差，只能应用于低端包装用品业。为了满足越来越多高精尖行业对高性能环保安全轻量化材料的需求，以超临界“惰性气体”为发泡剂[175,176]，以聚丙烯为基体树脂的挤出发泡材料正在一步步在市场上推广应用。

由于分子结构的影响，聚丙烯的挤出发泡远比聚乙烯困难[177]。在加工温度附近，聚丙烯的熔体强度（熔体耐拉伸的性能）和弹性非常差，当温度升至其熔融温度后，聚丙烯的熔体强度急剧下降，较低的熔体强度无法保证气泡增长过程中泡孔壁所承受的拉伸应力的作用[178]，导致气泡发生塌陷和破裂，无法满足使用要求。而且聚丙烯的结晶热较大，冷却时放出大量的热，使得熔体冷却时间较长，不能及时达到包覆气体所需的熔体强度。故要解决聚丙烯挤出发泡的推广应用问题，一方面需要开发出高熔体强度聚丙烯[179,180]，一方面需要有在聚丙烯/发泡剂黏度动态变化体系中传质强化、均匀分散的工艺技术。

9.6.4.4　注塑发泡

21 世纪初，注塑发泡就已经开始了研究进程[181]。目前注塑发泡成型工艺中应用最广的就是以 Trexel 公司的“Mucell®”为代表的超临界气体微发泡成型工艺，许多世界知名的注塑设备和原料厂商都购买了这种技术的专利使用权。其工作原理是氮气或二氧化碳经过超临界流体控制系统产生超临界流体，再通过注气通道打入注塑机螺杆的均化区，通过螺杆塑化剪切，高分子熔体和超临界流体在均化区内充分溶解形成单相熔体并保持在一定的恒定压力下，当注塑机的注射指令发出时，自锁喷嘴将会打开将单相熔体射入模具的型腔中，形成微发泡产品。

Mucell 微发泡模塑制品的平均成本可降低 16%～20%。而这主要通过以下 4 个方面来实现。

① 微发泡成型工艺主要是依靠气泡的成长来填充产品，因此其成型过程是在较低而平均的压力下进行的。不像传统注塑成型那样需要机器的不断保压，所以微发泡注塑周期可减少 50%，从而降低了加工成本。同时注塑制品的下脚料比例降低，设备的能耗也更低。

② 对于相同类型的制品，微发泡注塑工艺可以使用更小和更少的机器，而且模具成本更低，从而降低了投资成本。

③ 由于微发泡注塑制品的密度降低，因此可以设计具有更薄壁结构的制品，以降低制品的材料成本。

④ 由于减小或消除了常规模塑在合模和保压过程中产生的模内应力，因此微发泡注塑可以制备更平、更直和尺寸精度更高的制品，从而为制品的品质和价格提升提供了更大空间。

除了超临界气体微发泡注塑成型工艺之外，化学发泡注塑成型也因为其注塑装置升级简单，只需要改造机头模口处的保压装置，可免去增加物理发泡剂注气装置的成本而受到国内外企业的欢迎。化学发泡剂在特定的温度下分解而产生气体发泡剂。不同类型的发泡剂适用于不同温度下的分解发泡。其通常用于厚壁制品成型以消除收缩痕，同时也可以降低制品密度，通常也可以做到产品减重 5%～10%左右。

9.7 抗静电剂

静电（electrostatic）就是物体表面过剩或不足的静止电荷。它是一种电能，留存于物体表面，是正电荷和负电荷在局部范围内失去平衡的结果，是通过电子或离子的转移而形成的[182]。

从防静电危害的角度考虑，当材料的体积电阻率超过 $10^{10}\Omega\cdot m$ 时，材料耗散静电的能力明显减弱。从消除静电角度考虑，材料的体积电阻率不应高于 $10^{10}\Omega\cdot m$。在一般工业生产中，静电具有高电位、低电量、小电流和作用时间短的特点，设备数万伏以至数十万伏；在正常操作条件下也常达数百伏至数千伏；这要比市用低电压 220V、380V 高得多，但积累的静电量却很低，通常为纳库仑（nC，10^{-9}C）级；静电电流多为微安（μA，10^{-6}A）级，作用时间多为微秒（μs，10^{-6}s）级。与直流电相比，静电受环境条件特别是湿度的影响比较大，静电测量时复现性差，瞬态现象多。静电同世上任何事物一样具有双重性，即既能为人类造福，如静电复印、静电喷漆、静电除尘等应用技术；也会给石化、电子及电工等领域带来许多危害。就电子元器件的生产及电子设备的装联、调试作业而言，因接触、摩擦起电、人体电荷与接地问题就能造成很大损失。摩擦起电和人体静电仍是电子、微电子工业中的两大危害源。随着电子工业的迅速发展，静电危害正在日益表露出来并逐渐受到人们的重视[183,184]。

聚烯烃制品被应用在日常生产生活中的诸多领域，都具有很高的体积电阻率和表面电阻率。这种高电阻性能，使其在生产和使用过程中容易产生静电积累。制品上的静电吸引力会吸附空气和周围环境中的灰尘和细小物质，影响制品的外部美观和卫生。聚烯烃薄膜则是因为静电的存在会在生产过程中发生黏附。除此之外，精密仪器失真、电子元件损坏、IC 卡误读等都会是静电存在造成的后果，更有甚者。静电可能会引起火灾、爆炸和触电等危害人身安全的事故，这大大影响了聚烯烃在高附加值领域的应用推广。因此聚烯烃材料在某些场合使用之前必须经过抗静电处理，在诸多抗静电方法中，以添加抗静电剂最为有效，成本相对低廉，操作方便。

9.7.1 抗静电剂作用机理[185-187]

（1）表面活性剂型

表面活性剂型抗静电剂经过外部喷涂或内部添加与聚烯烃制品相互结合。

喷涂类抗静电剂与水混合后，抗静电剂分子中的亲水基就插入水里，而亲油基就伸向空气。当用此溶液浸渍聚烯烃材料时，抗静电剂分子中的亲油基就会吸附于材料表面。浸渍完后干燥，脱出水分后的聚烯烃材料表面上，抗静电剂分子中的亲水基都向着空气一侧排列，易吸收环境水分，或通过氢键与空气中的水分相结合，形成一个单分子导电层，使产生的静电荷迅速泄漏而达到抗静电目的。

添加型抗静电剂在聚烯烃材料处于熔融状态时，抗静电剂分子就在树脂与空气或树脂与金属（机械或模具）的界面形成最稠密的取向排列，其中亲油基伸向树脂内部，亲水基伸向树脂外部。待树脂冷却成型后，抗静电剂分子上的亲水基都朝向空气一侧排列，形成一个单分子导电层。在加工和使用中，经过拉伸、摩擦和洗涤等会导致材料表面抗静电剂分子层的缺损，抗静电性能也随之下降。但是不同于喷涂型抗静电剂，经过一段时间之后，材料内部的抗静电剂分子又会不断向表面迁移，使缺损部位得以恢复，重新显示出抗静电效果。

由于以上两种使用类型的表面活性剂型抗静电剂是通过吸收环境水分，降低材料表面电阻率达到抗静电目的的，所以对环境湿度的依赖性较大。显然，环境湿度越高，抗静电剂分子的吸水性就越强，抗静电性能就越显著。

表面活性剂型抗静电剂作用机理主要有两方面：一是分子结构中的亲油基团与树脂结合，亲水基团则在塑料表面形成导电层或者通过氧键与空气中的水分相结合，从而降低表面电阻，加速表面电荷的泄漏；二是赋予制品表面一定的润滑性，降低摩擦系数，从而减少和抑制电荷产生。因此表面活性剂型抗静电剂与聚烯烃基体树脂要有适中的相容性，相容性太低会导致聚烯烃制品表面喷霜，析电严重，影响制品的外观和使用；相容性太高则不易从树脂内部迁到表面，若表面外皮层的抗静电剂发生缺损，而内部迁移到表面不及时，则影响抗静电性能。

(2) 高分子永久型

高分子永久型抗静电剂属于亲水聚合物，当其和聚烯烃基体树脂共混后，一方面由于高分子链的运动能力较强，分子间便于质子移动，通过离子导电来传导和释放产生的静电荷；另一方面，抗静电能力是通过其特殊的分散形态体现的，研究表明，高分子永久型抗静电剂主要在制品表面呈微细的层状或筋状分布，构筑导电型表层，而在中心部分几乎呈球状分布，形成所谓的“芯壳结构”，并以此为通路来泄漏静电荷。因为高分子永久型抗静电剂是以降低材料体积电阻率来达到抗静电效果的，不完全依赖表面吸水，所以受环境的温度影响比较小。

9.7.2　抗静电剂结构与分类

(1) 按使用方法分类

抗静电剂按使用方法可分为喷涂型和添加型。喷涂型抗静电剂是指涂在聚烯烃材料表面所用的一类抗静电剂。一般用前先用水或乙醇等将其调配成质量分数为 0.5%～2%的溶液，然后通过涂布、喷涂或浸渍等方法使之附着在聚烯烃材料表面，再经过室温或热空气干燥蒸发出溶剂，得到表面被抗静电剂分子包覆的高分子制品。涂覆型抗静电剂多选用离子型表面活性剂。抗静电效果是：阳离子型＞两性＞阴离子型＞非离子型。表面涂覆型抗静电剂优点是操作简便，用量较少，速效且适用面广，不影响高分子材料制品的成型加工性能和力学性能。缺点是容易因摩擦、洗涤而从材料表面脱离，从而失去抗静电效果，因此只能提供暂时的或短期的抗静电效果。为了改善抗静电效果的持久性，要提高抗静电和聚合物制品表面的黏附力。近年来国外采用高分子型表面活性剂作为抗静电涂层，即所谓的分子涂覆技术体系。

添加型抗静电剂是指在制品的加工过程中添加到树脂内的一类抗静电剂。常将树脂和添加其质量的 0.3%～10%的抗静电剂先机械混合，再加工成型，使抗静电剂均匀分布在整个聚烯烃制品本体。此种以非离子型和高分子永久型抗静电剂为主，阴、阳离子型在某些品种中也可以添加使用。这种添加型抗静电剂的作用有赖于喷霜。喷霜的意思是指加入树脂中的内用抗静电剂部分地向聚合物表面迁移的过程，能够补充因外部刮擦而被削弱的抗静电功能。因此，添加型抗静电剂具有相对长期的抗静电保护作用。

(2) 按分子结构分类

抗静电剂按分子结构可分为表面活性剂型和高分子型。表面活性剂是一类能够吸附在相界面上，从而能大大降低两相界面之间表面能（表面张力或界面张力）的分子。表面活性剂分子一般是一端带有一个或者多个极性基团的碳氢化合物。表面活性剂抗静电剂的效果首先取决于它作为表面活性剂的基本特性——表面活性。表面活性与分子中亲水基种类、憎水基种类、分子的形状、分子量大小等有关。当抗静电剂分子在相界面上做定向吸附时，就会降低相界面的自由能及水和塑料之间的临界接触角。这种吸附作用，不仅与基体的性质有关，而且还与表面活性剂的性质有关。根据极性相似规则，表面活性剂分子的碳氢链部分倾向于与高分子链段接触，极性基团部分倾向于与空气中的水接触。聚烯烃材料作为疏水材料，抗静电剂在其表面的主要作用就是形成规则的面向空气中的水的亲水吸附层。在空气湿度相同的情况下，亲水性好的抗静电剂会结合更多的水，使得聚合物表面吸附更多的水，离子电离的条件更充分，从而改善抗静电效果。通过质子置换，也能发生电荷转移。含有羟基或氨基的低湿度抗静电剂，可以通过氢键连成链状，在较低的湿度下也能起作用。

根据分子中亲水基团能否电离，表面活性剂型抗静电剂又可以分为离子型和非离子型。若亲水基团电离后带正电荷为阳离子型，电离后带负电荷为阴离子型；若表面活性剂中携带两个或两个以上的亲水基团，电离后分别带不同种类的电荷时，则称为两性型抗静电剂。

由于表面活性剂与高分子链的相容性较差，加工后经过一段时间，表面活性剂分子会由高分子材料本体向表面迁移，沿着垂直于制品表面的方向形成一定浓度的梯度，在表面形成稳定的具有一定浓度的、均匀的、具有取向特征的且浓度大于聚合物本体的抗静电剂分子层。由于空气中的水分子和表面活性剂亲水基之间具有较大的亲和性，使得表面活性剂层分子的亲水基伸向空气一侧，亲油基植于树脂内部。此类抗静电剂以非离子表面活性剂为主，同时阴阳离子表面活性剂也有一定的使用。

阳离子抗静电剂主要是胺盐和季铵盐，就其结构而言，它至少含有一个长链疏水基，通常是由脂肪酸或石油化学品衍生而来的。大多数商品的表面活性剂都是由复杂的混合物组成。阴离子型抗静电剂主要有烷基磺酸盐、烷基苯磺酸盐和磷酸盐等，其中磺酸盐型产量最大，应用最广，其次是硫酸盐型。非离子型抗静电剂是良好的内添加型抗静电剂，因为它们低毒或无毒，与聚烯烃基体树脂相容性好，热稳定性好，可用于食品包装材料和与人体接触的场合，主要类型有羟乙基烷基胺、脂肪酸胺类、聚氧乙烯类和多元醇酯类等。两性型抗静电剂主要有两性咪唑啉和甜菜碱型。

在水中不解离成离子状态，表面活性由中性分子体现的表面活性剂叫非离子表面活性剂。非离子表面活性剂按其亲水基的结构不同，可分为聚氧乙烯型非离子表面活性剂、多元醇型非离子表面活性剂、烷基醇胺型非离子表面活性剂、聚醚型及氧化胺型非离子表面活性剂。随着石油工业的发展，环氧乙烷供应量增加，聚氧乙烯型非离子表面活性剂得到迅速发展，成为非离子表面活性剂中产量最大、品种最多、应用最广的一族。

高分子型抗静电剂一般具有永久抗静电性能，是一类含有亲水或导电单元的聚合物。主要类别有：季铵盐型（季铵盐与甲基丙烯酸酯缩聚物的共聚物、季铵盐与马来酰亚胺缩聚物的共聚物），聚醚型（聚环氧乙烷、聚醚酰胺、聚醚胺亚胺、聚环氧乙烷-环氧氯丙烷共聚物），内铵盐型（羧基内铵盐接枝共聚体），磺酸型（聚苯乙烯磺酸钠），其它类型（高分子电荷移动结合体）。高分子型抗静电剂具有优异的抗静电性、耐热性和抗冲击性，不受刮擦和洗涤等条件影响，对环境湿度依赖性小，且不影响制品力学和耐热性能，但添加量较大（一般为 5%～20%），价格偏高，而且只能通过混炼的方法加入树脂中。

高分子型抗静电剂的主要生产厂家有日本的三洋化成、住友精化、住友科学工业、第一工业制药，瑞士的汽巴精化、科莱恩，美国的威科、大湖等。高分子型抗静电剂的添加量是低分子型抗静电剂的 5～15 倍，此外，永久型抗静电剂的相容剂和加工条件的选择等关键技术，还需不断改进和完善，也制约着它的应用。

为了提高抗静电剂的耐久性，国外还开发了反应型抗静电剂，在树脂中加入具有抗静电性能的单体，例如带不饱和双键的化合物，使之与树脂形成共聚物而具有抗静电性能。在聚酯和聚酰胺上已经开始有所应用，而聚烯烃树脂由于分子内缺少活性官能团，无法采用该技术。

9.7.3　抗静电性能测试

众所周知，不同的材料其导电性也不相同，聚烯烃材料的表面电阻在 $10^{14}\Omega$ 以上属于绝缘材料，一般认为，表面电阻在 $10^{8}\sim10^{13}\Omega$ 的材料为抗静电材料。评定抗静电剂在聚烯烃中改性性能的最重要的技术，是测量表面电阻率或体积电阻率。

表面电阻测试仪是依据 EOS/ESD、CECC、ASTM 和 UL 测试规程设计的，用于测量所有导电型、抗静电型及静电泄放型表面的阻抗或电阻。分简易型亮灯式和商业型重锤式两种。

简易表面电阻测试仪，测试量程为 $10^{3}\sim10^{14}\Omega$，适用于测试平面材料，通过测试结果可以分辨被测材料为导电类、抗静电类还是绝缘类。简易表面电阻测试仪的两测试极间距依据标准固定不变，测试时把被测材料放置在绝缘的平面上，表面电阻测试仪平置在材料表面，手指施加适当压力压触测试按钮，使测试电极和材料表面接触良好，指示灯发亮档即为测试读数。测试时要保持被测试表面和探头与被测体的接触面清洁、测试电极和被测表面接触良好。每个样本在内、外表面随机选择三个测试点，每个测试点测试五次取平均值。只有每个测试点都符合防静电性能指标才为合格，否则为不合格。

商业用表面/体积电阻测试仪，配有两根连线和 2kg 重的测试电极两个，适用于测试平面材料，通过测试结果可以分辨被测材料为导电类、抗静电类还是绝缘类，可以测试材料表面电阻和体积电阻（或系统电阻），把两根连线把测试仪和两个测试电极连接起来，两个电极放置在材料的同一表面即可测试表面电阻，两个电极放置在材料的两个表面的相对位置可以测试体积电阻。

9.7.4　抗静电剂在聚烯烃中的应用

抗静电剂中应用得最多的是羟乙基脂肪胺（47.6%），其次是磺化脂肪烃（25.4%）和脂肪酸多元醇酯（15.9%）。聚烯烃制品消耗的抗静电剂最多[188-193]，尤其是聚烯烃包装材料。LDPE 和 LLDPE 占 20%、HDPE 占 13%、PP 占 11%。

聚烯烃加工过程中，抗静电剂必须承受 180～220℃的加工温度。在此热历程中，抗静电剂挥发性不能过大，不能和聚合物或其降解产物或其他的添加剂发生副反应。通常在塑料加工过程中，抗静电剂和其他添加剂、色母/色粉一起在混合设备中进行共混。采用预混（如在转鼓式混合器中）的方法可以先将添加剂均匀地分散在塑料颗粒中。由于它们部分不相容，具有一定的滑脱效应，给挤出造粒带来困难。少量的增强摩擦填料（如 SiO_2）的加入对解决这个问题有所帮助。液体抗静电剂也可以通过进料泵直接加入挤出机的熔融段。

抗静电剂的添加量要根据抗静电剂本身的品质、树脂种类、加工条件、制品形态以及对制品抗静电效果要求的程度来确定。添加量一般为 0.3%～3%就可以得到较好的抗静电效果，抗静电功能母料可以将抗静电剂和其他助剂的添加量增大到 10～100 倍左右，即为 3%～30%左右。

除表面活性剂的结构和性能外，抗静电性还与高聚物的分子结构、玻璃化转变温度、结晶性能、介电常数及表面性能等有关。表面性能中除表面形状、多孔性等以外，最主要的是表面能或表面张力。在选择涂覆型抗静电剂时，抗静电剂的表面张力应等于或小于被涂覆高聚物固体的临界表面张力，才能得到良好的铺展润湿和黏附效果。

抗静电剂只能存在于高聚物的非晶区域，并在其中活动。聚合物分子链的规整性越好，越容易结晶；结晶度越大，密度越大，则非结晶区越小，抗静电剂可活动的区域越小，致使其向外迁出困难。聚烯烃的玻璃化转变温度也会直接影响抗静电剂分子向表面迁移。玻璃化转变温度低的基体树脂，在室温下其链段能“自由”运动。这种运动能促进链段周围的抗静电剂分子迁移至表面。玻璃化转变温度高的基体树脂，在室温下链段处于“冻结”状态，不利于抗静电剂分子迁移。

根据以上理论分析，聚乙烯由于没有侧链所以结晶度比聚丙烯高；聚乙烯的玻璃化转变温度为－78℃，聚丙烯的玻璃化转变温度为－10℃，故抗静电剂在聚乙烯中的迁出更困难，聚丙烯的抗静电改性难度要大于聚乙烯。

9.7.5 抗静电剂品种及生产商

9.7.5.1 国外抗静电剂品种及生产商

抗静电剂在国外发展的速度很快，尤其是美国、日本和欧盟等发达国家地区。表 9.25 是一些国外常用于聚烯烃抗静电改性的产品牌号[194,195]。

表 9.25 国外常用于聚烯烃抗静电改性的产品牌号

厂家	商品名称	种类
英国禾大(CRODA)	Atmer 129、Atmer 191	添加型,阴离子型
美国 Drew	Drewplast017、Drewplast032	添加型,非离子型
花王化成	Elec PC、Elec EA	添加型,阴离子型
美国威科	Kemester GMS	添加型,非离子型
汽巴精化	Iragastat P	永久型,聚醚酯酰胺,等等
日本艾迪科	AS-301E	永久型,聚乙二醇系聚酰胺
美国杜邦	Entira AS	永久型,离聚物系列
法国阿科玛	Pebax MH2030、Pebax MV2080	永久型,嵌段聚醚酰胺

9.7.5.2 国内抗静电剂品种及生产商

我国聚烯烃抗静电剂研究起步较晚，但近年来随着聚烯烃加工产业的快速发展，也带动了抗静电剂的研发生产[196]。目前我国抗静电剂生产厂家还是以低分子量的表面活性剂型抗静电剂为主，主要品种及种类见表 9.26。

表 9.26 我国抗静电剂生产厂家、主要品种及种类

厂家	品种名称	种类
北京市化工研究院	ASA-156	阳离子型
	ASA-40	非离子型
上海华熠化工	抗静电剂 P	阴离子型
	抗静电剂 SN	阳离子型
山东寿光助剂厂	SGD-03A	非离子型
济南市化工研究所	JH 系列	表面活性剂型

续表

厂家	品种名称	种类
山西省化工研究所	KJ 系列	表面活性剂型
杭州市化工研究所	HKD109	永久高分子型

9.8　阻燃剂

聚烯烃材料都是容易燃烧的，其原因是在其分子结构中，仅含有共价键相连接的碳、氢、氧元素。这些共价键的能量都不高，一旦外界提供足够的能量，就会发生断裂，导致聚烯烃分子链分解，剧烈燃烧。同时与其他易燃可燃物质相比，聚烯烃还存在着以下特点。

① 聚烯烃的氧指数低。氧指数是指试样在氮氧混合测试气氛下，维持样品平衡燃烧所需要的最低氧气体积浓度。一般来说，以氧指数的大小可以区分材料的可燃性，在 22%以下的称为易燃材料，在 22%～27%之间称为难燃材料，在 27%以上称为高难燃或者不燃材料。常见的聚烯烃牌号的氧指数都在 17%～18%之间，说明在正常的空气气氛下（氧气浓度 23%左右）即可燃烧，都属于易燃材料。

② 聚烯烃燃烧放热高。其燃烧热甚至远远高于木材和煤炭这种传统燃料的数值。木材燃烧热为 14.64kJ/g，煤为 23.01kJ/g，聚氯乙烯为 18.05～28.03kJ/g，而聚乙烯可达到 45.88～46.61kJ/g。

③ 聚烯烃燃烧时的耗氧量大。聚乙烯燃烧的理论耗氧量为 $11.4m^3/kg$，聚氯乙烯理论耗氧量仅为 $4.3m^3/kg$，而在实际燃烧中，耗氧量可达理论值的 2～3 倍。这就导致聚烯烃材料在密闭空间中燃烧时，会快速消耗空气中的氧气，一方面容易对火场中的被困者带来窒息伤害，一方面由于缺少氧气燃烧不充分，聚烯烃会释放出大量的烟尘和有害气体。聚乙烯的明火燃烧最大烟雾浓度为 150，闷火燃烧最大烟雾浓度为 470，与之相比，聚四氟乙烯的明火燃烧最大烟雾浓度为 55，闷火燃烧最大烟雾浓度为 0。

④ 聚烯烃燃烧速度较快。聚乙烯的水平表面燃烧速度可达 30.5mm/min，而聚四氟乙烯是不燃的，聚氯乙烯、聚碳酸酯和氯化聚乙烯等聚合物是自熄的。此外聚烯烃在燃烧时会产生熔融滴落等诸多现象，容易在火灾中带来人员伤亡和火势蔓延，给火灾扑灭工作增加困难和危险。

在聚烯烃加工生产中，阻燃剂可将易燃的基体树脂改性成为在着火条件下不易点燃，点燃后易于熄灭或不易蔓延的材料。

9.8.1　阻燃机理

在外来火源接触或者极高温度下，聚烯烃分子中的大多数键发生断裂，聚烯烃材料本身发生分解，大量的碳氢小分子可燃气体被释放出，和空气中的氧气充分混合之后，当外部温度足够高的时候会发生非常剧烈的氧化反应，引发火焰，从而点燃聚烯烃材料开始燃烧。在燃烧过程中聚烯烃材料会更加剧烈地发生分解反应，除了继续释放出大量的可燃碳氢小分子气体外，还释放出大量的羟基自由基，与空气中的氧气混合，进行剧烈的自由基链式反应。自由基反应释放出大量的火焰和热量，它们又通过传导和辐射等方式反馈回基材，使其继续释放出更多的可燃气体和自由基，最终成为一个燃烧循环。由上可知，燃烧过程的发生，需要火（热）、可燃物、氧气和活性自由基四个要素。这四个要素一旦缺少任何一个，燃烧都会停止。

了解了燃烧的发生机理，那么阻燃的原理也就清楚了[197]。只要设法消除阻断燃烧四个要素中的任意一个，就能起到阻燃作用。隔绝火焰与热量只是防患于未然的预防工作，比如公共场合和加油站禁止吸烟、暴晒天气下汽车内不要放打火机、易燃易爆物品要避光阴凉保存等。

聚烯烃材料添加阻燃剂改性常见的手段如下[198,199]。

① 隔绝可燃物与火焰和热量的接触。可从两个方面进行，一方面阻燃改性材料在遇热后，迅速在基体树脂表面形成一层固体外壳，既可以阻挡火焰，又可以隔绝热量传递，这层外壳可能是阻燃剂催化基体树脂成的残炭，可能是阻燃剂受热熔融后在基体树脂表面形成的玻璃状或者黏稠状物质，也可能是阻燃剂受热分解后残留下来的致密无机组分，这种阻燃机会还可以称为隔离膜阻燃。另一方面阻燃剂在基体树脂燃烧时放出大量的水分子，从而大量吸收热量，降低基体树脂表面的温度，从而消灭火焰，这种阻燃机会还可以称为冷却阻燃。

② 终止自由基反应。燃烧的实质就是自由基链式反应，火焰和热量是燃烧发生的物理现象。很多阻燃剂的机理就是在受热时将大量的惰性自由基释放出来，迅速与燃烧环境中产生的大量活性羟基自由基相结合，形成稳定分子，从而阻断自由基链式反应。这种阻燃方式还可称作自由基捕捉阻燃。

③ 隔绝稀释可燃气体。在聚烯烃燃烧过程中，可燃气体起到了很关键的作用，除了空气中的氧气之外，基体树脂分解时还会放出大量的小分子可燃气体，如乙烯、丙烯、丁烯和分子链更长的烯烃碎片等。这个问题同样也是可以通过两种手段来解决。一个是隔绝，通过阻燃剂在较高温度下在基体树脂表面快速形成内里蓬松多孔表面致密封闭的覆盖层，使氧气无法接触树脂表面，同时分解产生的可燃气体也被约束在覆盖层中无法逸出接触火焰热量，这种阻燃机会还可以称为凝聚相阻燃。另一个是稀释，基体树脂里的阻燃剂受热分解，释放出大量二氧化碳、卤化氢、氨气和水蒸气等密度较大的不可燃气体，容易沉降在燃烧材料表面，从而使材料表面的可燃气体浓度降低，以致无法满足燃烧要素，这种阻燃机理还可以称为气相阻燃。

9.8.2 阻燃剂分类

阻燃剂的品种很多，大多是元素周期表中的第Ⅴ族（氮、磷）、Ⅶ族（卤素）和Ⅲ族（硼、铝）元素化合物[200]。根据阻燃剂的加工和使用方法，一般会分为添加型和反应型两种。

添加型阻燃剂在使用时，通过共混、浸渍或涂覆等物理方式将其与聚烯烃材料相结合。因此添加型阻燃剂在聚烯烃材料内部或表面的分散性能越好，和基体树脂的相容性越好，阻燃性能也就越好。因此为了提高添加型阻燃剂的分散性和相容性，一方面要通过各种工艺手段来细化阻燃剂的粒径，另一方面则要对阻燃剂进行表面改性，这样既可以提高其和基体树脂的结合力，也可以避免过细的阻燃剂粉体在混合与加工成型过程中在基体树脂内部发生团聚。绝大多数的有机阻燃剂和所有无机阻燃剂都是添加型阻燃剂。添加型阻燃剂的优点是加工方便，改性成本较低、应用的聚合物种类非常广，尤其适用于聚烯烃。缺点是添加后会给基体树脂的物理性能和加工性能带来一定的负面影响，再有就是阻燃剂和基体树脂的相容性较差，随着时间的推移会发生阻燃剂的迁移析出，从而降低聚烯烃制品的表面质量和阻燃性能。

反应型阻燃剂，是指其可以与基体树脂或其它添加组分发生化学反应，从而形成新的结构，将阻燃官能团键连到材料之中，使其成为聚合物分子链中的一部分。常见的反应型阻燃剂为卤代酸酐和含磷多元醇等。某些阻燃剂在一种树脂里是反应型，而在另一种树脂里可以作为添加型，如四溴双酚 A，作为反应型阻燃剂，可用于环氧树脂、聚氨酯、聚碳酸酯等，作为添加型阻燃剂可用于聚苯乙烯、SAN 树脂及 ABS 树脂等。反应型阻燃剂的优点是对基体树脂的性能影响小，阻燃剂不会析出，材料阻燃持久性好。缺点则是改性成本高，可应用聚合物的种类少，由于在加工过程中需要发生化学反应，因此产品性能的稳定性和加工制作的便利性都会受到较大影响。

由于聚烯烃的分子链上没有活性官能团，故反应型阻燃剂无法作用于聚烯烃阻燃改性，因此本书后面不再对反应型阻燃剂进行详细介绍。

9.8.3　有机阻燃剂的结构、性质及用途

9.8.3.1　卤系阻燃剂

卤系阻燃剂的作用机理主要是通过终止自由基反应来实现的，同时还有一定气相阻燃和冷却阻燃的作用。根据前面的介绍，我们知道聚烯烃燃烧时会不断地产生活性自由基（H·和 OH·），并释放出大量的热，导致火焰燃烧蔓延。而卤系阻燃剂在受热分解的过程中，会大量释放出自由基 X·，可以捕捉到聚烯烃燃烧时释放出来的 H·，生成卤化氢，而卤化氢又可以和羟基自由基 OH·相反应，生成 X·和 H_2O。在这个过程中，产生的卤化氢可以稀释燃烧环境中的氧气和挥发性气体等助燃可燃气体，并且由于其比空气重，还可附着在聚烯烃材料表面起到一个隔离层阻绝空气的作用。产生的水汽化吸热，可以有效降低聚烯烃材料的温度和燃烧环境的温度。最重要的是，卤素和活性自由基的反应不仅可以降低燃烧体系中的 H·和 OH·的浓度，而且产生的卤化氢和 X·还可以继续循环作用进一步消耗活性自由基，使燃烧的强度逐渐减弱，这样可以以一个相对其它种类阻燃剂很低的添加量，起到抑制聚烯烃基体树脂燃烧的作用。

卤系阻燃剂的阻燃性能，是按照碘溴氯氟的顺序来排列的。因为分子的体积和摩尔质量越大，和碳原子之间的化学键作用越弱，受热越容易分解，更快放出 X·自由基，其生成的卤化氢反应活性也更强，可以更有效地抑制燃烧的速度和烈度。但是由于碘化物非常不稳定，在聚烯烃的加工温度下早已经降解，没有实际应用的可能。溴系阻燃剂是在聚烯烃阻燃改性中目前效率最高、使用最广泛的卤系阻燃剂。下面将重点对溴系阻燃剂进行介绍。

由于绝大多数溴系阻燃剂都是有机阻燃剂，故和基体树脂相容性好；因为其终止自由基反应的阻燃机理，添加量相对较少就能达到满意的阻燃效果，故采用溴系阻燃的聚烯烃改性有机材料，其物理性能和力学性能等下降幅度会小很多。而且有机溴系阻燃剂不含有金属离子、容易水解或者容易吸潮的成分，所以对聚烯烃材料的电气性能，也不会有明显的削弱。

根据溴和碳结合的分子骨架不同，溴系阻燃剂可以分为脂肪族、脂环族和芳香族。通常分子量从几百到几万都有，其溴元素的含量可达 50%～85%。脂肪碳溴键的起始分解温度在 200℃以上，而常用的芳香溴系阻燃剂里，碳溴键的起始分解温度在 280～320℃。这个温度范围正好在聚烯烃加工温度和开始分解温度之间。既保证了在共混改性和加工生产的过程中，阻燃剂不易分解失效，又可以在燃烧环境下聚烯烃开始剧烈分解之前，就开始分解而发挥阻燃作用，遏制或者减缓火灾的扩大蔓延。

由于国内外溴素原料价格的飞涨，溴系阻燃剂的价格始终居高不下。但是溴系阻燃剂阻燃效率高，因此在达到相同阻燃能力的情况下，添加量可以比无卤阻燃剂低一个数量级，因此在使用性价比上，尤其是在聚烯烃材料的阻燃改性生产中，溴系阻燃剂依然有着相当的竞争力。

除此之外，由于溴系阻燃剂和聚烯烃相容性较好，其改性的阻燃料更容易进行薄壁、挤

吹、注吹和发泡等形状有特殊要求、产品附加值高的复杂制件的加工生产。另外，溴系阻燃聚烯烃制品也更容易进行回收和重复利用。

虽然在高分子聚合物，尤其是聚烯烃的改性加工中有着显著的优点，但由于溴系阻燃剂，尤其是芳香族溴系阻燃剂热分解后会产生有剧毒的溴化二苯并二噁英和溴化二苯并呋喃，且这些物质具有生物累积性，会在人类生存的环境中长期存在，故世界卫生组织从 20 世纪 90 年代就开始关注这一问题，并组织了一系列关注溴系阻燃剂和燃烧产物对人类健康和自然环境影响的试验评估。最后世卫组织下属的国际化学品安全计划委员会认为溴系阻燃剂对人类和环境的影响有限，无需全面禁止，但仍然需要加强有限管理。

尽管溴系阻燃剂受到了全球性的监管和控制，但因为溴系阻燃剂的性能优异，性价比适中，故寻找能完全替代它们的无卤阻燃剂非常困难，没有任何一个国家明文禁止使用溴系阻燃剂。迄今为止，溴系阻燃剂依然是全球阻燃剂市场中的一个重要组成。它的总产量仅次于金属氢氧化物类阻燃剂，是总销售额最高的阻燃剂品种。但四溴双酚 A、六溴环十二烷、多溴二苯醚等这些被重点监控使用的品种占了一半以上，故开发挥发性低、毒性低和协同性好的溴系阻燃剂，对于行业发展来说是当务之急。

9.8.3.2 有机磷系阻燃剂

磷系阻燃可以分为无机磷系阻燃剂和有机磷系阻燃剂。无机磷系阻燃剂将在后面的章节介绍。有机磷系阻燃剂品种多、用途广、开发时间长。主要品种有脂肪磷酸酯、芳香磷酸酯、环状磷酸酯、笼状磷酸酯、有机膦化合物、磷杂菲类阻燃剂和磷腈阻燃剂等。有机磷系阻燃剂的阻燃机理主要是受热分解后，释放出磷酸、偏磷酸、聚磷酸和焦磷酸等强酸性物质，促进机体树脂脱水成炭；同时酸性物质会形成不燃的玻璃态物质附着于基体树脂表面，从而隔绝可燃物和氧气与火焰的接触，降低热量的传播；这些酸性物质在受热被蒸发后，还可以形成密度较大的蒸汽，沉积在基体树脂的表面，稀释燃烧相中的氧气与可燃气体，吸收燃烧环境的热量。

磷酸酯类阻燃剂通常为小分子液体形态或者熔点低、热稳定性差的固体，虽然有着黏度低，相容性好的优势，但也存在着在粉末颗粒状的聚烯烃材料中分散不好，难以经历热塑单元加工的缺陷。而且由于磷酸酯类的水溶性，部分品种对水生生物有危害，已经被欧盟标识 R51 和 R54 标签，为了解决上述问题，通常要在磷酸酯中插入卤系基团或无机铵盐类基团。磷杂菲类阻燃剂通常作为反应型阻燃剂被引入聚合物分子结构中，这使得它的应用被限制在环氧树脂之中，难以在热塑性树脂的改性中推广。有机膦化合物有些品种也具有明显的毒性，而有些品种吸潮性强，同样不适合热塑性树脂的加工。磷腈类阻燃剂目前价格昂贵，虽然由于其优异的相容性和热稳定性，在热固性树脂之外，还在 PC 和 PC/ABS 合金中可以发挥阻燃作用，水平燃烧测试可达 V-0 级，但是当试图将它应用在聚烯烃树脂中时，依然存在着阻燃效率偏低的问题。

因此，虽然有机磷系阻燃剂已经在高分子聚合物用阻燃剂市场中占据了相当的份额，但是在聚烯烃中的应用还是受到诸多限制。故本章节不对有机磷系阻燃剂进行更加深入的介绍。

9.8.4 无机阻燃剂的结构、性质及用途

9.8.4.1 铵盐类阻燃剂

铵盐类阻燃剂的优点是制备简单、生产和加工使用时污染小、制品可自然降解、对人类和环境影响小、燃烧时烟雾密度和毒性小等。目前市场上最常见的铵盐类阻燃剂为三聚氰胺

及其衍生物，除了广泛应用在含氮高分子材料如聚氨酯和聚酰胺之外，也可应用在聚烯烃体系中。其主要品种包括三聚氰胺氰尿酸盐（MCA）、三聚氰胺磷酸盐（MP）和三聚氰胺聚磷酸盐（MPP）等[201]。聚磷酸铵（APP）也可以归于铵盐类阻燃剂中，但由于它的阻燃机理更偏重于磷系阻燃剂特点，故将其放到后面的无机磷系阻燃剂中介绍。

铵盐类阻燃剂在单独使用时，主要发挥气相阻燃的作用，即在燃烧中释放大量的较高密度不可燃气体或蒸汽（氨气、三聚氰胺等），一方面稀释燃烧环境中的氧气和可燃气体，一方面沉积在基体树脂的表面阻隔可燃物、氧气和热量传播。因此铵盐类阻燃剂在聚烯烃基体中单独使用时，其阻燃效率并不高，或者通过合成得到磷酸盐，引入磷元素，从而具有凝聚阻燃和隔离阻燃的性能。或者与其它阻燃剂复配使用，这时候铵盐阻燃剂能发挥出优异的协效性能。

目前三聚氰胺氰尿酸盐是使用量最大、增长最快的三聚氰胺衍生物类阻燃剂。MCA 的一个特点是可以根据制备工艺的不同，得到纳米级层片状粒子、微米级球状粒子或长 10μm 的长棒形粒子，满足不同基体树脂和不同加工工艺下对阻燃剂分散形态的要求。MCA 主要应用还是在聚酰胺阻燃领域，但是在聚烯烃阻燃上也得到了一定的推广应用，多和聚磷酸铵等无机磷系阻燃剂复合使用。

为了发挥氮磷系阻燃剂协效阻燃的作用，阻燃剂厂商通过三聚氰胺和磷酸的反应制备得到了 MP，并通过 MP 的脱水得到 MPP。MP 的分解温度低，只有 240℃左右，从而限制它的加工性能和阻燃效率，更多应用在聚氨酯和环氧树脂当中，在 PP 中单独使用的话，即便添加量达到 40 份也依然无法得到具有阻燃等级的材料。MPP 的分解温度与之相比则高出很多，达到 320℃，具有更理想的加工性能和阻燃能力。但 MPP 单独在聚烯烃中使用时依然有阻燃效率偏低的问题。

9.8.4.2 无机磷系阻燃剂

无机磷系阻燃剂主要包括红磷、无机次磷酸盐和聚磷酸铵。无机磷系阻燃剂的阻燃机理基本与有机磷系阻燃剂一致，不再赘述。它们同样具有无机阻燃剂所共有的对环境友好、生产加工污染小、燃烧时放出烟气的密度和毒性小等优点，但也具有无机阻燃剂共有的单独使用阻燃效率差、与基体树脂相容性不理想等缺点[202]。

红磷是一种历史非常悠久的阻燃剂，但由于其不稳定的化学性质，在日常使用中除了容易吸潮氧化之外，甚至极易爆炸和释放有毒气体（磷化氢），在和聚烯烃共混加工的时候会带来非常大的安全隐患，且和聚烯烃基体树脂相容性差，不易分散均匀。既降低了基材的物理性能，又削弱了改性后的阻燃效果。为了解决这个问题，阻燃剂厂家对红磷进行了各种各样的表面改性处理，目前微胶囊化技术是最为理想有效的手段。其制备手段是在液固混合体系中，以红磷为囊芯物质（芯材），再以可溶解分散于液相中的无机金属盐（硼酸盐、硫酸盐等）或者聚合物（密胺、脲醛等）作为成膜材料（壁材），使壁材均匀沉积涂覆在芯材的表面，最终将芯材完全包裹。微胶囊化红磷低烟、低毒、与树脂相容性好，在我国、日本和欧洲一些国家都得到了广泛推广应用。

无机次磷酸盐类成核剂是近些年来新兴的一种无机磷系阻燃剂[203]，以铝盐居多，也有钙盐等品种。较其它无机磷系阻燃剂，其优点是热稳定性好，水溶性小，阻燃效率更高。无机次磷酸铝盐磷含量可达 42%，虽然在聚烯烃中单独使用依然不够理想，但是在复合阻燃剂中，可以作为非常优秀的酸源使用，大大降低其它组分的添加量。目前无机次磷酸铝的胶囊包裹也是一个主要的改性研究方向，壁材目前多使用环氧树脂或者三聚氰胺衍生物等。

聚磷酸铵（APP）是一种最为重要的无卤磷系阻燃剂，其含磷量30%左右，含氮量15%左右。在燃烧分解时，其分子结构中的氮元素和磷元素具有协效阻燃效应。不仅可以分解出大量的较高密度不燃气体/蒸汽（氨气、磷酸）来稀释燃烧体系中的氧气和可燃气体，沉积在基材表面隔绝可燃物和热源，而且分解出的磷酸类物质还可以催化基体聚烯烃树脂成炭。因此 APP 目前可以说是阻燃性能最为优秀的无机阻燃剂。因为其阻燃效率高，故在聚烯烃中添加量较少，又可以将因为阻燃改性而带来的物理性能损失降低到最小。目前在阻燃聚烯烃中应用研究非常活跃的膨胀型阻燃剂中，APP 就发挥了非常重要的作用，将在后续章节中详细介绍。APP 阻燃剂的缺点是无机阻燃剂常见的相容性差和吸湿性，通过表面原位聚合、微胶囊包裹和憎水基团接枝等改性手段可有效改善上述问题。

9.8.4.3 金属化合物类阻燃剂

由于金属化合物或者极易制备，或者在环境中天然存在，故也是一种常见且使用历史非常悠久的阻燃剂。由于金属化合物普遍分子量低、结构简单，所以阻燃效率都不是很高。常见的金属化合物类阻燃剂可以分为两种：作为“阻燃协效剂”的金属氧化物[204] 和作为“阻燃填充剂”的金属氢氧化物[205]。

顾名思义，阻燃协效剂是指化合物本身添加到聚烯烃中后阻燃效率非常低甚至没有阻燃效果，只有和其它阻燃剂协同使用时，才能构成一种非常高效的阻燃体系，并可以显著降低阻燃主剂的添加量。三氧化二锑，就是一种最为常见的金属氧化物阻燃协效剂。它本身没有阻燃效果，却是几乎所有卤系阻燃体系不可缺少的阻燃协效剂。由它们改性的聚烯烃在燃烧中，卤化物受热分解氢卤酸，三氧化二锑可以与之反应生成三卤化锑或卤氧化锑，通过消耗缚结卤素，来推进卤素阻燃剂的分解速度，从而加快阻燃效率。单独使用八溴 S 醚改性无规共聚聚丙烯树脂，要添加 15 份才可以达到 V0 级别，但如果添加 2 份三氧化二锑的话，仅需 6 份八溴 S 醚就可达到相同效果。除了锑系之外，硼酸锌、氧化钼和钼酸钙等也是常见的金属氧化物协效阻燃剂。

与之对应，阻燃填充剂是指化合物要在聚烯烃基体树脂中添加相当大的份数，才能起到阻燃的效果。金属氢氧化物包括氢氧化铝和氢氧化镁，在低端聚烯烃阻燃改性产品中有着范围极广、数量极大的应用。它们的阻燃机理都是在受热后分解失水，在燃烧环境中受热成为水蒸气散逸，从而吸收大量的热来降低基体材料的表面温度，起到一个冷却阻燃的作用，同时水蒸气还可以稀释燃烧环境中的氧气和可燃气体，最终燃烧得到的氧化铝或氧化镁都是非常稳定的物质，可以有效隔断基体聚烯烃和外界环境的交换与接触。其实从阻燃机理看，金属氢氧化物的阻燃效率相当低，所以在实际改性应用中必须添加非常大的量才有效果，通常添加量在40%～65%的范围，这也就使金属氢氧化物阻燃剂成为世界上产销量最大的阻燃剂。氢氧化镁的分解温度（350℃）高于氢氧化铝（240℃），因此其阻燃效率相对较高。但由于氢氧化铝的价格更低廉，制备更简单，所以氢氧化铝的使用量远远大于氢氧化镁。实际上，在全世界阻燃剂的生产销售中，无机阻燃剂占 60%以上，而氢氧化铝占据了无机阻燃剂的 80%以上。但由于氢氧化铝价格相当低廉，故全球总销售额尚不及溴系阻燃剂高。

9.8.4.4 膨胀阻燃剂

膨胀阻燃剂，顾名思义，就是通过添加阻燃剂，使聚烯烃基体树脂在被点燃的初期，就迅速放出大量的不燃“惰性”气体，快速生成表面致密，内部疏松的厚厚炭层，从而破坏“燃烧四要素”来阻断火焰的燃烧扩散[206-210]。膨胀阻燃剂可以分为物理型和化学型两组。

物理膨胀阻燃剂是膨胀石墨，通过加热来激发石墨片层蜷曲而发生快速膨胀。由于其激发温度低于或者在聚烯烃的加工温度附近，膨胀石墨无法在聚烯烃阻燃改性中应用。

化学膨胀阻燃剂通常由酸源、气源和炭源组成，非常适合聚烯烃阻燃改性使用。化学膨胀阻燃剂的酸源，是可以受热分解产生酸性物质的化合物，释放出的酸可以与基体树脂和炭源发生酯化反应，促使它们快速形成大量的炭。炭源一般选用含碳量较高的多羟基化合物或者碳水化合物，在基体树脂燃烧时，炭源可以被酸源释放出的无机强酸快速脱水形成炭层，隔绝基体树脂与外界的接触与交换。气源是指能在受热分解时放出大量无毒、不燃且密度较大气体的化合物。这些气体可以在燃烧过程中快速分散到炭层中去，使尚处熔融状的炭层膨胀发泡，并快速冷却固化，形成可以隔绝热量、火焰与可燃助燃气体的泡沫状多孔炭层，有效保护其下的聚烯烃材料不继续燃烧。

炭源不要求具有阻燃性能，通常在实际生产工作中，会选择价格便宜、含碳量高的季戊四醇甚至淀粉。而根据之前的介绍，受热分解会产生磷酸系强酸的无机磷系阻燃剂是优秀的酸源，受热分解会放出大量氨气和三聚氰胺蒸气的无机铵盐类阻燃剂是优秀的气源。此时，同时具备铵盐类和无机磷类官能团，可以同时在膨胀阻燃体系中扮演酸源和气源角色的聚磷酸铵便进入了科研人员的视野。目前它和季戊四醇的复配体系，已经是应用最广泛的膨胀阻燃剂体系。但它依然存在着在聚烯烃挤出温度下，季戊四醇的四个高活性的羟基容易与 APP 发生酯化反应生成水和氧气，在树脂中发泡影响成型加工的问题。改进膨胀阻燃剂加工性能的手段，除了对不同组分进行微胶囊包裹外，还可以使用热稳定、更出色的化合物来置换 APP 和季戊四醇。比如使用三聚氰胺聚磷酸盐来置换 APP，用季戊四醇磷酸盐来置换季戊四醇等。

9.8.5　阻燃性能测试

材料的阻燃性能主要是从易燃性、火焰传播性和放热性这三个方面来评价。通常来说，针对不同材质的阻燃材料，对阻燃性能的评价测试标准基本是一致的。而在聚烯烃材料的燃烧过程中，因为其容易产生熔融滴落，则其火焰的传播性能是最为关键的。火焰传播性通常是通过水平燃烧和垂直燃烧两种方法来测试，但对于聚烯烃材料来说，垂直燃烧会比水平燃烧更为剧烈，产生更多的火焰熔滴。因此在聚烯烃产品的生产和应用当中，最终用户也更关心阻燃聚烯烃材料的垂直燃烧性能[211]。

人们制定了多种阻燃材料性能测试的国际和国家标准，本章在这里将介绍几种对于评价聚烯烃材料阻燃性能简单方便，且最常用的实验室测试方法。

9.8.5.1　UL-94 测试

美国保险业实验室制定了 UL-94 测试法来评估设备及电气用具塑料零件的燃烧性能。UL-94 是一个重点考察塑料可燃性和火焰传播性的测试标准，已经被多个国家作为标准测试法。该测试法包括五种测试方法及等级评价：

塑料水平燃烧测试：HB 级；

塑料垂直燃烧测试：V-0、V-1 或 V-2 级；

500W（125mm）垂直燃烧测试：5VA 或 5VB 级；

辐射板火焰蔓延燃烧测试：薄材料垂直燃烧测试 VTM-0、VTM-1 或 VTM-2 级；

泡沫塑料样品水平燃烧测试：HBF、HF-1 或 HF-2。

下面重点介绍最常用的塑料垂直燃烧测试。

UL-94 垂直燃烧实验是国际上广泛采用的美国保险业实验室塑料燃烧性能实验方法之一。可以给出试样在测试条件下点燃、熔滴及自熄的性能。标准试样尺寸：3.2mm（或2.4mm，或 1.6mm，或 0.8mm）×12.7mm×127mm。每组试样 5 个，每个试样被分别点燃两次，每次点火 10s。撤去点火源后，记录有焰、无焰燃烧时间及是否有焰熔滴产生。每个试样每次离火后有焰燃烧时间不大于 10s 可达到 V-0，不大于 30s 可达到 V-1 或 V-2。每个试样第二次点火离火后有焰燃烧时间不大于 30s 可达到 V-0，不大于 60s 可达到 V-1 或 V-2。5 个试样 10 次点火离火后总的有焰燃烧时间不大于 50s 可达到 V-0，不大于 250s 可达到 V-1 或 V-2。每个试样都不能有有焰燃烧或无焰燃烧蔓延到夹具的现象，只有不发生滴落物引燃医用脱脂棉现象，才可达到 V-0 级或 V-1 级，否则为 V-2。只有全部满足五个要求的最低标准，才可评为相应级别。

9.8.5.2 极限氧指数测试

极限氧指数（LOI）法是一种常用的考察聚烯烃材料可燃性的测试方法。将试样垂直固定在燃烧筒中，使氧、氮混合气流由下向上流过，点燃试样顶端，如果 30s 后仍未点燃样品，则增加氧气浓度。稳定燃烧后移去火源，同时计时和观察试样燃烧长度，如果燃烧时间长于 3min 或者燃烧长度超过 5cm，就更换样品，在更低的氧气浓度下进行测试。最终测定塑料刚好维持平稳燃烧，离开火源后样品燃烧时间短于 3min 或者燃烧长度不高于 5cm 时的氧气浓度，用混合气中氧含量的体积百分数表示，即为该材料的氧指数值。虽然氧指数的测试环境并非完全模拟真实火灾下的条件，但试验可以提供具体的数值，这样更有利于评估相同基体树脂使用不同阻燃配方改性后，样品阻燃能力的差异。极限氧指数法是一种筛选阻燃样品或配方非常理想的方法。

9.8.5.3 锥形量热仪测试法

锥形量热仪（CONE）测试法是通过对材料样品的小型燃烧，来得到诸多燃烧性能参数，对于改性阻燃聚烯烃材料的阻燃机理研究有着很大的参考作用。其机理基于耗氧原理，即材料燃烧释放热量总是和燃烧过程耗氧量成正比。仪器被称为锥形量热仪，名称来源于锥形加热器的形状。它是以燃烧体系测试前后氧消耗变化原理为基础的新一代聚合物材料燃烧性能测定仪，由 CONE 获得的可燃材料在火灾中的燃烧参数有多种，包括热释放速率（HRR）、总放热量（THR）、有效燃烧热（EHC）、烟及毒性参数和质量损失速率（MLR）等。通过这些参数的变化，可以模拟得到不同材料在真实火灾中对周围环境和被困人员的影响程度。

热释放速率是指单位面积样品释放热量的速率，以 kW/m^2 为单位。CONE 可给出聚合物材料燃烧过程的 HRR 随时间的动态变化。HRR 的最大值为热释放速率峰值（PHRR ）。HRR 是最重要的燃烧行为参数之一，它的大小可以体现这种材料的燃烧强度。HRR 或 PHRR 越大，表示着火场向周围辐射热的能力越强，一方面对周围被困人员可能造成更大的灼烧伤害，另一方面剧烈快速的放热反馈给聚烯烃材料的表面，又加快了基体树脂的热裂解速度，从而产生更多的挥发性小分子气体。这些气体一方面会导致被困人员的中毒窒息，一方面它们的可燃性又加速了火焰的传播蔓延。因此降低聚烯烃材料的 HRR 和 PHRR 将是降低材料在真实火灾中危害性的最有效方法。

总放热量是单位面积的材料从开始燃烧到结束所释放的热量，以 MJ/m^2 为单位。对可挥发部分的有效燃烧热来说，THR 越大，说明聚烯烃材料在总的燃烧过程中所释放的热量就越大，聚烯烃材料在火灾中的危险性就越大。如果说 HRR 是反映了测试样品的爆燃性和传播性，那THR就是反映了测试样品燃烧时的持久性。

有效燃烧热是指在某一时刻所测得的热释放量与质量损失之比，也就是说受热分解时产生的小分子可挥发气体在燃烧时放出的单位热量，单位为MJ/kg。在燃烧过程中，当测试样品的EHC的数值稳定，说明该改性材料应该采取的是凝聚态阻燃，阻止了小分子可燃气体的释放逸出，降低了它们在火焰中的燃烧程度。

锥形量热仪一般都会配置烟雾测定设备，可以测试样品燃烧中的比消光面积（SEA，m^3/kg，单位质量样品在燃烧中释放出烟的消光面积）、烟雾生产总量（TSP，m^3/m^2，单位面积物质释放出烟的体积）、烟雾产生速度（SPR，m^2/s，燃烧中单位时间产生烟雾的消光面积）以及一氧化碳、二氧化碳等有毒有害气体的浓度等。烟及毒性参数与HRR值没有必然联系，但真实火灾中烟雾的大量释放是影响人员逃生和消防人员救援的一个重要因素，因此它们也是评价材料在真实火灾中危险性的另一个重要方面。

质量损失速率是聚合物材料在燃烧时质量损失变化的速率，单位为g/s。它反映了聚合物在一定燃烧强度下的热裂解速度、挥发及燃烧程度。其数值越小，表明在火灾中因燃烧和辐射热而分解生成的小分子可挥发气体也就越少，材料在火灾中可能造成的危害也就越低。

聚烯烃树脂的锥形热量按照GB/T 16172—2007进行测试，所用的试样尺寸是100mm×100mm×10mm。

9.8.6 阻燃聚烯烃产品开发与应用

9.8.6.1 无卤阻燃聚乙烯电缆产品

聚乙烯电缆料具有优越的介电性能，抗腐蚀、无毒无害，价格低廉。其制备的电缆可以应用于汽车、船舶、海上采油平台等诸多现代工业设备设施[212]。

基体树脂通常选用低密度聚乙烯（LDPE），为了满足无卤、介电性能好、成本低廉的要求，主阻燃剂选用氢氧化铝，添加量45%以上，协效阻燃剂选用硼酸锌和聚磷酸铵的组合，添加量在5%以下，还要添加2%左右的硅烷偶联剂，增加无机阻燃剂与基体LDPE的相容性。

制备时，先将阻燃剂和LDPE在双辊开炼机上混合，辊混温度为90～100℃，反复辊压至物料均匀。最终产品的氧指数最高可达28%，较LDPE（17%）有很大提高，可达到难燃材料的级别。满足对电缆外皮阻燃性能的要求。

9.8.6.2 阻燃电器外壳产品

以无卤膨胀阻燃剂改性聚丙烯或者聚乙烯，可以得到同时具有优异力学性能和阻燃性能的阻燃改性料，应用于广泛的生产生活领域之中。尤其适于电器外壳产品，可生产节能灯电子镇流器外罩、日光灯电子镇流器外壳、遥控调光器壳体、节日装饰彩灯灯头、多功能配线器和接插连接件等。

为了提高无卤膨胀阻燃剂在聚烯烃中的相容性和分散性，需要先对膨胀阻燃剂进行预处理。每40份阻燃剂添加4份矿物油，在80℃下高速搅拌6～8min。然后再加入100份基体树脂混合5min即可放料。得到的混合物用双螺杆挤出机造粒，其产品的阻燃性能最高可以达到V-0级，氧指数可达40%以上。

9.8.6.3 阻燃聚丙烯注塑产品

注塑加工对聚丙烯的熔融流动性能要求比较高，而无机阻燃剂通常添加量大，会大大降低基体树脂的熔体流动速率，从而影响其注塑产品质量。故如果想得到高质量的阻燃聚丙烯注塑产品，通常需要使用添加量低，与聚丙烯相容性好，对熔体流动速率等物理性能影响更小的溴系阻燃剂。

在 100 份聚丙烯树脂中，加入 7 份八溴醚，3 份三氧化二锑，共混后经双螺杆挤出造粒，可得到氧指数＞30％，垂直燃烧达到 V-0 级的阻燃注塑料。且熔体流动速率几乎没有明显的变化，依然保有优异的注塑成型性能。

9.8.6.4 阻燃聚烯烃发泡材料

聚烯烃发泡材料质轻、省料、可吸收冲击载荷，隔热和隔声性能优异，比强度高。但其燃烧时发热量大，并伴有熔滴，极易传播火焰，导致在很多对材料阻燃性要求较高的领域，如电子材料、建筑材料、保温隔热、汽车内饰材料等的应用受到限制。目前。对于 OA 机器、电气电子机器和部件、汽车部件等，除了要求维持或改进强度、刚性、抗冲击性等以外，还强烈地要求轻量化和阻燃化[213]。

而由于阻燃聚烯烃发泡材料的应用多在电子电器和汽车内饰等和人密切接触且对外观有高要求的领域。除高阻燃性能之外，一方面对环保标准要求非常高，往往要求无卤或者卤素含量低于 1000ppm；另一方面对材料的发泡性能要求也非常高，常见的无卤阻燃剂由于阻燃效率低，如果想达到产品阻燃要求就必须大量添加，从而严重影响发泡材料内部泡孔的产生和成长，导致发泡倍率低，形状不均匀以及尺寸不稳定等问题。

因此在阻燃聚烯烃发泡材料的生产中，单纯的溴系阻燃剂和无机阻燃剂都没法满足需要，必须设计采用一种复合阻燃剂，发挥协效阻燃作用。以无机阻燃剂为主，添加少量的溴系阻燃剂，保证最终产品中的溴含量不高于 1000ppm。溴系阻燃剂在材料燃烧时可以起到阻断自由基链式反应的作用，还能和无机阻燃剂分解时释放的物质反应而加快一系列有助于阻燃的化学反应的反应速度，从而提高无机阻燃剂的阻燃效率，降低无机阻燃剂的使用量。在实际阻燃聚烯烃发泡材料的生产中，添加 2 份“低溴环保”复合阻燃剂，就可以让改性发泡专用料达到 V-2 级，发泡制品达到 HF-1。

9.8.7 阻燃剂品种及生产商

阻燃剂国内外的主要公司有以色列死海溴化物（现为以色列化学集团子公司）、美国雅宝、美国大湖（与康普顿公司重组为科聚亚公司）、美国 Ferro 公司、美国阿克苏·诺贝尔、美国 FMC 公司、德国科莱恩、荷兰皇家帝斯曼、瑞士汽巴精化（现已被德国巴斯夫收购）、日本艾迪科、日本曼纳科和日本大塚化学等。国内主要公司有山东润科化工、山东海王化工、山东潍坊海化集团、山东兄弟科技、济南泰星精细化工、江苏雅克科技、浙江万盛、杭州捷尔思和闪星锑业等。

常见的聚烯烃阻燃剂见表 9.27。

表 9.27 常见的聚烯烃阻燃剂

产品	特点	厂家
十溴二苯醚	溴含量 83.3％	雅宝、大湖、死海、济南泰星等
六溴环十二烷	溴含量 74.7％	雅宝、大湖、死海、济南泰星等
四溴双酚 A	溴含量 59％	雅宝、大湖、死海、济南泰星等
八溴二苯醚	溴含量 79.8％	大湖、死海、济南泰星等
八溴醚	溴含量 67％	海王化工、济南泰星、齐博化工等

续表

产品	特点	厂家
八溴S醚	溴含量 65%	曼纳科、齐博化工等
聚磷酸铵	含磷 30%～32%，含氮 14%～16%	科莱恩、艾迪科、捷尔思等
六苯氧基环三磷腈	P、N 杂化结构	大塚化学等
三聚氰胺氰尿酸盐	可制成纳米级片状或微米级球状	汽巴精化、帝斯曼、阿克苏·诺贝尔、捷尔思、泰星等
氢氧化铝	粒径 10000 目	济南泰星等
氢氧化镁	粒径 5000 目	济南泰星等
三氧化二锑	协效、增白	闪星锑业等

9.9　填料

9.9.1　填料的分类及基本性质

聚烯烃填充改性是将填料和聚烯烃基体树脂混合得到满足加工生产要求的复合材料[214-217]。填料是塑料加工的一种重要改进剂。全球塑料加工行业每年填料的消耗量是塑料消耗量的 10%左右，是塑料，尤其是聚烯烃改性的一种重要组分。

聚烯烃树脂改性用的填料通常具有以下几个特点：具有一定几何形状的固态物质，可以是无机物，也可以是有机物；具有“化学惰性”，即不与基体聚烯烃树脂发生化学反应；在填充塑料中的质量分数通常不小于 5%，多的时候可以达到几百份（以树脂 100 份计算）。

9.9.1.1　填料的分类

填料的分类方式是多种多样的。以化学组成进行分类，可以分成有机填料和无机填料两大类。在聚烯烃的加工生产中，主要以无机填料为主，故本章节也主要以无机填料为介绍对象。而无机填料又可以分为氧化物、金属氢氧化物、无机盐和单质四大类。按填料的功能可以分为降低聚烯烃产品成本为目的的普通填料和改善各种性能的功能化填料。按填料的几何形状可以分为球形、片状、块状、粉末、纤维等。按照填料的来源，可分为人工制备的，如金属单质粉末、炭黑、白炭黑、玻璃纤维和玻璃微球等；工业废渣利用的如冶炼铝产生的红泥，制备硼砂的副产物硼泥、造纸厂的副产物白泥和发电厂的副产物粉煤灰等；以及矿业开采的高岭土、水滑石、硅藻土、碳酸钙、无机氧化物、石膏、石墨和云母等。

9.9.1.2　填料的基本性质

决定填料基本性质的要素，主要有下述三个：填料的几何形态特征、填料的粒径大小分布和填料的物理性质。

填料中，固体颗粒的几何形态，会影响在聚烯烃基体树脂中分散的方式和物理性能。通常片状填料由于在热塑性加工时流动性好，容易按物料流动的方向以最小阻力原则排成大片，故在特定方向上可以显著提高基体树脂的刚性和热变形温度。颗粒状填料经过特殊的制备与破碎工艺容易制得纳米级的粉末，经过表面处理减少团聚作用后与基体树脂相容性好，结合力强，非常容易均匀分散在聚烯烃树脂中，从而在改性聚烯烃中充当大量的应力集中点，在受力时产生大量小裂纹而非少量大裂纹。一方面众多小裂纹比少数大裂纹可以消耗更多的能量，另一方面小裂纹的应力场之间互相干扰，减弱了裂纹变大扩散的应力，从而延缓甚至阻止材料的断裂破坏。纤维状填料的直径越细，表面的裂纹就相对越少，所以其强度越高，扭曲性越好，改性后聚烯烃材料的刚性也就越强；纤维状填料的长度越长，高温下可以在改性聚烯烃中起到支撑骨架的作用，提高热变形温度，而在常温下还有助于降低制品的翘曲和收缩。

填料的粒径对聚烯烃树脂改性的效果影响非常大。不论填料是片状、粒状还是纤维状，粒径越小，填充材料的性能通常就越好。首先，相同质量的填料，粒径越小，比表面积越大，则在基体树脂中均匀分散的前提下，与聚合物的接触面积也就越大；其次，随着粒径减小，填料堆砌分数减小，粒子之间的缝隙也就越小，在相同填充量时，弯曲模量就会提高；最后，填充改性聚烯烃通过热塑加工制得产品时，多数情况下制品都会具有富含树脂的“皮层”，皮层的存在会降低产品的力学性能，它的厚度与填料粒径有关系，粒径越小，皮层越薄，力学性能的损失也就越小。但当填料颗粒的粒径过小时，要实现在聚烯烃树脂内的均匀分散就更困难，需要使用更多的表面处理工序和助剂，从而提高填充改性聚烯烃树脂的生产成本，因此也要根据实际使用需要来选择适当粒径范围的填料。通常填料的粒径用平均直径来表示，也可以用过筛目数来表示。

填料的物理化学性质对加工应用影响非常大。当填料均匀分散到基体树脂中时，对复合材料密度带来影响的是填料本身的真密度，故使用真密度低的填料可以起到聚烯烃制品减重的作用，同时填料的颗粒之间会有缝隙存在，故填料颗粒的外形、粒径大小和粒径分布，在相同添加量时，也会带来差别非常大的影响。填料表面存在的官能团可以形成共价键，与聚烯烃树脂表面通过分子间作用力发生极性吸附，从而可以使填料与树脂基体更好地结合在一起，也可以通过对填料表面改性，来引进官能团。高硬度的填料可以大大提高其填充的聚烯烃材料的耐磨、耐刮擦性能，但是高硬度的填料同时也会对热塑性加工单元中的螺杆等部件造成严重的磨损，缩短设备的使用周期和寿命，导致使用填料带来的收益被设备折旧报废抵消。如果填料的比表面积大，表面活性强，虽然有利于和基体树脂相容，但是也会带来吸油值大的负面影响，吸油值大的填料在和增塑剂一同添加到聚合物树脂中之后，会大量的吸附增塑剂，导致增塑剂对基体树脂的增塑效果大大下降。填料的物理化学性质还会给加工制品带来功能性，如分解温度在聚烯烃加工温度和燃烧分解温度之间的金属氢氧化物填充进聚烯烃树脂后，可以得到电性能优异的无卤阻燃材料；将导电性优异的金属粉末填充进聚烯烃树脂，则可以使产品的体积电阻率大大下降，得到导电聚烯烃材料。

9.9.2 填料的选用原则

9.9.2.1 避免对性能的负面影响

在聚烯烃加工改性中，使用填料的时候，应该在达到产品技术指标性能时，把对聚烯烃树脂其它性能的负面影响控制到最小。

如在填充大量碳酸钙填料时，虽然可以降低产品的物料成本并有效增韧，但会造成其加工流动性、冲击强度和拉伸强度大幅度下降。如果产品对材料的力学性能有要求的话，可以对碳酸钙进行微细化改性或者表面化处理，提高碳酸钙颗粒在聚烯烃树脂中的相容性和分散性，或者在配方中做具体补偿，加入弹性体材料或片状滑石粉填料来弥补冲击性能，加入润滑剂改善加工性能等。

如在聚烯烃增刚改性体系中，往往会使用滑石粉填料来提高基体树脂的弯曲模量。但滑石粉的片状结构会对改性后树脂的折射率造成影响，这时就要选择折射率与聚烯烃基体树脂尽量相近的滑石粉，虽然不能完全消除影响，但可以将影响程度尽量降低。

9.9.2.2 可加工性

填料配方要保证适当的可加工性，以保证制品的成型，并对加工设备和生产环境尽量不造成不良影响。改性聚烯烃的流动性很大程度反映可加工性。大部分无机填料都会影响基体树脂的流动性，加入量越大，流动性越差，这就需要控制好填料的添加量，并引入润滑剂等措施来提高复合体系的流动性。

填料的耐热性要好，在聚烯烃的加工温度范围不发生分解、蒸发或升华；填料对设备的腐蚀性要小，不能释放出有毒或有刺激性的气体影响操作环境；填料的均匀性和分散性要好，不能掺杂有大块或者严重团聚的颗粒，从而在挤出时堵塞模头，在牵条时频繁发生断裂，增加劳动强度。

9.9.2.3　环保性

之前在聚烯烃加工改性中，只需考虑选用的填料是否释放有毒易燃气体，是否在聚烯烃制品中残留有害物质。现在随着世界卫生组织等机构要求的提高，对填料选用的要求除填料本身以及其分解产物对食品药品人体直接接触间接接触无害外，还要考虑对水体、环境的影响以及自然可降解等一系列问题。

9.9.2.4　经济性

在满足聚烯烃制品性能的前提下，填料配方的成本要控制得越低越好。目前国内厂家在填料的开发和选用中，基本做到尽可能选择低价格、改性少、国产甚至本地产的通用填料。

9.9.3　偶联剂的使用

通常在聚烯烃加工改性中使用的无机填料基本都属于不溶于水的极性物质。当它们分散于极性极小的聚烯烃基体树脂中时，因极性相差很大，势必出现相容性不好的现象，从而影响填充改性树脂的加工性能和力学性能。这就需要对填料进行一定的表面处理，通过物理吸附或者化学反应，使其极性与基体聚烯烃树脂的极性大大接近，改善它们的相容性。

采用偶联剂对填料进行表面改性是目前应用最广的一项技术[217-219]。与其它处理手段如表面活性剂处理、有机低聚物处理相比，偶联剂的种类多，适用范围广、改性效果好，尤其适合于在聚烯烃/无机填料体系中使用。

9.9.3.1　偶联剂的种类

偶联剂是一类在填充和增强塑料中能提高树脂和填料界面结合力的化学物质。它们的分子中具有两性结构，一部分基团可与无机物表面的化学基团反应，形成牢固的化学键合；另一部分基团则具有亲有机物的性质，可与聚烯烃分子反应或进行分子链物理缠绕，从而把两种性质大不相同的材料牢固地结合起来。目前市场上主要的偶联剂有三种：硅烷偶联剂、钛酸酯偶联剂和铝酸酯偶联剂。

(1) 硅烷偶联剂

硅烷偶联剂是目前品种最多、用量最大的偶联剂，硅烷偶联剂的分子结构式一般为：$Y—R—Si(OR)_3$（式中Y为有机官能团，例如乙烯基、环氧基、甲基丙烯酸酯基、巯基等；$Si(OR)_3$ 为硅烷氧基，OR是能够水解的烷氧基，例如甲氧基、乙氧基等）。硅烷氧基对无机物具有反应性，有机官能团对有机物具有反应性或相容性。因此，当硅烷偶联剂介于无机和有机界面之间时，可形成有机基体-硅烷偶联剂-无机基体的结合层。在使用硅烷偶联剂改性无机填料之前，要先对它进行水解，生成硅醇，硅醇与无机填料表面的羟基等活性基团反应，使无机填料表面活化。大多数硅烷偶联剂适合处理二氧化硅或者硅酸盐含量高的无机填料，如玻璃纤维、石英粉和白炭黑等。在使用时，将硅烷偶联剂分散在水/醇/丙酮或其它有机溶剂的混合溶液（浓度为0.5%～2%）里，如果处理粉末填料可喷雾加入后高速搅拌混合，如果处理纤维填料，可将纤维牵引通过硅烷偶联剂溶液后再加以烘干。

在硅烷偶联剂的两类性能互异的基团中，以Y基团为有机官能团最重要，它直接决定硅烷偶联剂的应用效果。只有当Y基团能和对应的基体树脂起反应时，才能提高有机胶黏剂的粘接强度。一般要求Y基团能与树脂相容并能起偶联反应，所以对于不同的树脂，必须选择含适当Y基团的硅烷偶联剂。当Y为无反应性的烷基或芳基时，对极性树脂是不起作用的，更适用于聚烯烃和填料的加工复合。因此，根据Y基团中反应基的种类，硅烷偶联剂也分为乙烯基硅烷、氨基硅烷、环氧基硅烷、巯基硅烷和甲基丙烯酰氧基硅烷等，这几种有机官能团硅烷是最常用的硅烷偶联剂。典型的硅烷偶联剂有A-151（乙烯基三乙氧基硅烷）、A-171（乙烯基三甲氧基硅烷）、A-172［乙烯基三(β-甲氧乙氧基)硅烷］等。

（2）钛酸酯偶联剂

钛酸酯偶联剂具有独特的结构，对于热塑性塑料与干燥填料具有良好的偶联效果。按其结构的不同，大致可分为四类：单烷氧基型、单烷氧基焦磷酸酯基型、螯合型和配位体型。

① 单烷氧基型。钛酸酯分子中只保存一个短链烷氧基，因此适用于表面不含游离水或者表面有羟基、羧基的无机填料，如碳酸钙、氢氧化铝、三氧化二锑等。目前此类型最多见的品种为三异硬脂酸钛酸异丙酯（TTS）。

② 单烷氧基焦磷酸酯基型。该类钛酸酯适合于含水量较高的填充剂体系，如高岭土、蒙脱石、滑石粉等，在这些体系中，除单烷氧基与填充剂表面的羟基反应形成偶联外，焦磷酸酯基还可以分解形成磷酸酯基，结合一部分水。常见的牌号如TTOPP-38S。

③ 螯合型。一般的单烷氧基型钛酸酯由于水解稳定性较差，偶联效果不高，螯合型偶联剂的分子中短链单烷氧基改为对水有一定稳定性的螯合基团，从而具有极好的水解稳定性，适用于高湿填充剂和含水聚合物体系，如湿法二氧化硅、陶土、滑石粉、硅酸铝、水处理玻璃纤维等。主要代表品种为螯合100型（螯合基团为氧化乙酰氧基）和螯合200型（螯合基团为亚乙基二氧基）。

④ 配位体型。该类偶联剂分子中心原子钛为六配位和含有烷氧基，可以避免四价钛酸酯在某些体系中的副反应。该类偶联剂在许多填充剂体系中都适用，有良好的偶联效果，其偶联机理和单烷氧基型类似。主要品种为四辛氧基钛［二(二月桂基亚磷酸酯)］(KR-46)。

（3）铝酸酯偶联剂

铝酸酯偶联剂结构类似于钛酸酯偶联剂。与其它偶联剂（如钛酸酯、硼酸酯等）相比，经铝酸酯偶联剂活化改性处理后的无机粉体，除质量稳定外，还具有色浅、无毒、味小、热分解温度高、适用范围广、无需稀释剂、使用方便、价格低廉等优点。铝酸酯偶联剂含有可与活泼氢反应的基团，因而能与含羟基、羧基或表面吸附水的无机填料发生键合作用，改善无机填料与有机聚合物的亲和性和结合力，从而产生防沉效果，还可提高粘接强度。经铝酸酯偶联剂活化改性处理的各种无机粉体，因其表面发生化学或物理化学作用生成一有机分子层，由亲水性变成亲有机性。实践证明，无机粉体表面经铝酸酯偶联剂改性后用于聚烯烃复合材料制品中，偶联剂的亲无机端与亲有机端能分别与无机填料表面和聚烯烃树脂发生化学反应或形成分子链缠结结构，增强了无机粉体与有机聚烯烃基体树脂的界面相容性，所以用铝酸酯偶联剂改性，不仅可以改善填充无机粉体填料聚烯烃复合材料制品的加工性能，而且也可以明显改善制品的物理机械性能，使产品吸水率降低，吸油量减少，填料分散均匀。对于一些低填充的塑料制品，一般可大幅度增加填料用量（比原填充量增加一倍或一倍以上），改善加工性能（熔体黏度下降，对模具磨损减少），提高产品质量，降低生产成本，因而具有明显的经济效益。

常见的铝酸酯偶联剂牌号有 SG-Al821（二硬脂酰氧异丙基铝酸酯）、DL-411、DL-411AF、DL-411D、DL-411DF、防沉降性铝酸酯 ASA 等。

9.9.3.2　偶联剂的处理工艺

如果直接把聚烯烃、填料及其它助剂和偶联剂直接混合，此法虽然非常简单方便，无需增加设备和改变工艺。但因其它助剂与偶联剂有竞争反应，且填料比表面积大，活性基团多容易在基体树脂里面发生团聚，影响偶联剂对填料的表面改性，降低分散效果。所以通常需要先把无机填料用偶联剂进行预处理，然后再和聚烯烃树脂及其它助剂进行加工混合。

偶联处理工艺分干、湿两种。干法是将无机填料充分脱水后借助高速搅拌混合，在一定温度下使雾化的偶联剂均匀地作用于无机填料粉体颗粒表面。以钛酸酯偶联剂的干法处理为例。为了使少量钛酸酯均匀地包覆在颜、填料表面，一般加入少量稀释剂，和偶联剂的用量比在 1∶1 的情况下，就能够使少量的钛酸酯均匀分布在填料表面，不用稀释剂就不能均匀地包覆好填料，此稀释剂可采用原工艺配方中的溶剂、润滑剂。如在塑料工业可选用白油(液体石蜡)，在橡胶工业选用机油，在涂料工业选用 200# 溶剂油或异丙醇等，其处理设备，一般选用高速捏合机，即填料在高速搅拌下，雾状喷入经稀释后的偶联剂，持续搅拌 5～15min（视搅拌器效果），然后按原工艺进行或出料备用（注意冷却，否则容易引起局部过热使填料变色而且填充性能下降）。

湿法也称为溶液法，是将表面处理剂与偶联剂与水或低沸点溶剂配制成一定浓度的溶液，然后在一定温度下与无机填料在搅拌机中反应，从而实现无机填料的表面改性。仍以钛酸酯偶联剂为例，单烷氧基型、配位型等偶联剂可以用溶剂油、石油醚、苯醇等溶剂进行稀释使颜料浸泡其中，然后用加热或减压等方法除去溶剂，对于可溶于水的螯合型则用水稀释浸泡，然后去水分。此法偶联比较完全，但在工业生产中耗费太大，导致生产成本增加。

9.9.4　填充聚烯烃的加工方法及性能

填充聚烯烃的加工应用情况及产品性能见表 9.28。

表 9.28　填充聚烯烃的加工应用情况及产品性能

制品种类	填料种类	添加量(100 份树脂)/份	性能
聚丙烯扁丝	碳酸钙	10～20	降低成本，增白、增加印刷性
聚丙烯打包带		50～100	降低成本，提高摩擦系数
聚乙烯塑料袋		40～50	降低成本，促进降解，燃烧充分
聚丙烯快餐盘		200	减低成本，提高韧性和尺寸稳定性
汽车保险杠	滑石粉	20～30	增刚，增加高温下耐弯曲变形
汽车家电零件		30～50	提高耐热性
聚乙烯波纹管		20～40	增刚
无卤低烟电缆料	氢氧化铝	80～120	阻燃、消烟、提高电性能
聚乙烯大棚膜	高岭土	10	提高红外光阻隔，加强保温能力
高光泽聚丙烯	硫酸钡	40～50	保持制品表面高光泽度
聚丙烯注塑零件	滑石粉/碳酸钙	40～50	降低成本，防止翘曲，保持尺寸稳定

9.9.5 填料品种

9.9.5.1 碳酸钙

碳酸钙是目前最常用的无机粉末状填料[220-224]，白色固体、无味、无臭。有无定形和结晶型两种形态。结晶型中又可分为斜方晶系和六方晶系，呈柱状或菱形。相对密度 2.71，825～896.6℃分解，在约 825℃时分解为氧化钙和二氧化碳，熔点 1339℃，几乎不溶于水。

根据碳酸钙生产方法的不同，可分为重质碳酸钙、轻质碳酸钙、胶体碳酸钙和晶体碳酸钙。重质碳酸钙（简称重钙）是用机械方法直接粉碎天然的方解石、石灰石、白垩、贝壳等就可以制得。采用不同粉碎加工设备，可生产出粒径 400 目、500 目、600 目、800 目、1000 目、1250 目、2500 目、5000 目的重质碳酸钙。轻质碳酸钙又称沉淀碳酸钙，简称轻钙，是将石灰石等原料煅烧生成石灰（主要成分为氧化钙）和二氧化碳，再加水消化石灰生成石灰乳（主要成分为氢氧化钙），然后再通入二氧化碳碳化石灰乳生成碳酸钙沉淀，最后经脱水、干燥和粉碎而制得。或者先用碳酸钠和氯化钙进行复分解反应生成碳酸钙沉淀，然后经脱水、干燥和粉碎而制得。轻质碳酸钙的沉降体积（2.4～2.8mL/g）比重质碳酸钙的沉降体积（1.1～1.9mL/g）大，这是二者定义划分的区别。胶体碳酸钙（又称改性碳酸钙、表面处理碳酸钙或胶质碳酸钙，简称活钙），是用表面改性剂对轻质碳酸钙或重钙碳酸钙进行表面改性而制得。由于经表面改性剂改性后的碳酸钙一般都具有补强作用，即所谓的“活性”，所以习惯上把改性碳酸钙都称为活性碳酸钙。

碳酸钙是目前价格最低廉的填料之一。其折射率与聚烯烃相差小，对填充材料的着色干扰极小。白度在 90 以上的碳酸钙，在塑料制品中有明显的增白作用，可达到散光和消光的作用，使之适宜书写、印刷。其不含结晶水，热性能稳定，在 800℃以上才开始分解，在聚烯烃加工时不会释放出水和气体。硬度较低，大量填充也不会对加工设备造成磨损。用碳酸钙填充聚烯烃时，可以提高材料的抗冲击性能，但对弯曲模量和热变形温度影响不大。还能降低塑料制品的收缩率和改善蠕变性能。

9.9.5.2 滑石粉

滑石粉是硅酸镁盐类矿物石经粉碎后，用盐酸处理、水洗、干燥而成，外观可为纯白、银白、淡黄、淡灰等颜色，密度为 2.7～2.8g/cm^3，莫氏硬度为 1，是常用的无机矿物填料中最软的一种。规格有 200 目、325 目、500 目、600 目、800 目、1250～8000 目等。主要成分为含水硅酸镁（即 $3MgO \cdot 4SiO_2 \cdot H_2O$），通常一部分 MgO 为 FeO 所替换。此外还含氧化铝等杂质。滑石具有润滑性、抗黏、助流、耐火、抗酸、绝缘、熔点高、化学性不活泼、遮盖力良好、柔软、光泽好、吸附力强等优良的物理化学特性。由于滑石的结构是由一层水镁石夹于两层二氧化碳之间的层状，这些层彼此叠加，在剪切力作用下非常容易发生层间滑动，所以具有易分裂成鳞片的趋向和特殊的润滑性。

滑石粉是一种典型的片状填料[225-228]。滑石粉的片状结构使得以其为填料填充改性聚烯烃的某些性能可以得到较显著的改善。当滑石粉的片层状颗粒加工时沿聚烯烃熔体流动方向排列，按最小阻力的原理，其排列基本是从小片互相连接成大片，因而在特定方向上材料刚性的增强是明显的。由于衡量材料耐热性能的热变形温度是指样条在负荷下弯曲到一定程度的温度，片状的滑石粉在特定方向上可以提高样品的热变形温度。

9.9.5.3 二氧化硅

二氧化硅（白炭黑）是地壳中分布最多的物质，占地壳中氧化物的 60%左右。天然开采出来的硅酸盐和石英硅石等矿物与人工化学合成出来的二氧化硅都可以作为填料在聚烯烃树脂中添加使用。下面主要介绍后者，俗称白炭黑，价格较高，粒径小，是一种超微粒子填料。主要指沉淀二氧化硅、气相二氧化硅和超细二氧化硅凝胶。

白炭黑是多孔性物质，其组成可用 $SiO_2 \cdot nH_2O$ 表示，其中 nH_2O 是以表面羟基的形式存在，不溶于水、溶剂和大多数酸，耐高温、不燃、无味、无臭，具有很好的电绝缘性。超细二氧化硅凝胶和气凝胶主要在聚烯烃内用作涂料消光剂、增稠剂、塑料薄膜开口剂等。聚烯烃薄膜中添加气相白炭黑后，不但提高其透明度、强度、韧性，而且防水性能和抗老化性能也明显提高。利用气相白炭黑对聚丙烯进行改性，主要技术指标（吸水率、绝缘电阻、压缩残余变形、挠曲强度等）均达到或超过工程塑料聚酰胺 6，实现了聚丙烯铁道配件替代聚酰胺 6 使用，产品成本大幅下降，其经济效益和社会效益十分显著。白炭黑的缺点之一是硬度较高，会对加工设备造成一定的磨损。

9.9.5.4 金属氢氧化物

金属氢氧化物包括氢氧化铝和氢氧化镁，是一种阻燃填料。它们的阻燃机理都是在受热后分解失水，在燃烧环境中受热成为水蒸气散逸，从而吸收大量的热来降低基体材料的表面温度，起到冷却阻燃的作用，同时水蒸气还可以稀释燃烧环境中的氧气和可燃气体，最终燃烧得到的氧化铝或氧化镁都是非常稳定的物质，可以有效隔断基体聚烯烃和外界环境的交换与接触。从阻燃机理看，金属氢氧化物的阻燃效率其实相当低，所以在实际改性应用中必须添加非常多的量才有效果，通常添加量在 40%～65%的范围，这也就使金属氢氧化物阻燃剂成为世界上产销量最大的阻燃剂。氢氧化镁的分解温度（350℃）高于氢氧化铝（240℃），因此其阻燃效率相对较高。但由于氢氧化铝的价格更低廉，制备更简单，所以氢氧化铝的使用量远远大于氢氧化镁。实际上，在全世界阻燃剂的生产销售中，无机阻燃剂占 60%以上，而氢氧化铝占据了无机阻燃剂的 80%以上。

9.9.5.5 玻璃纤维

玻璃纤维是一种性能优异的无机非金属材料[229]，种类繁多，优点是绝缘性好、耐热性强、抗腐蚀性好、机械强度高，但缺点是性脆、耐磨性较差。它是以叶蜡石、石英砂、石灰石、白云石、硼钙石、硼镁石等矿石为原料经高温熔制、拉丝、络纱、织布等工艺制造而成的，其主要成分为二氧化硅、氧化铝、氧化钙、氧化硼、氧化镁、氧化钠等。根据玻璃中碱含量的多少，可分为无碱玻璃纤维（氧化钠 0%～2%，属铝硼硅酸盐玻璃）、中碱玻璃纤维（氧化钠 8%～12%，属含硼或不含硼的钠钙硅酸盐玻璃）和高碱玻璃纤维（氧化钠 13%以上，属钠钙硅酸盐玻璃）。它没有固定的熔点，一般认为它的软化点为 500～750℃。每束玻璃纤维原丝都由数百根甚至上千根单丝组成，其单丝的直径为几个微米到二十几个微米，相当于一根头发丝的 1/20～1/5。

玻璃纤维主要用于聚烯烃改性中的增强填料领域。玻璃纤维作为强化塑料的补强材料应用时，最大的特征是拉伸强度大。拉伸强度在标准状态下是 6.3～6.9g/D（D 是指旦尼尔），湿润状态 5.4～5.8g/D，密度 $2.54g/cm^3$。耐热性好，温度高达 300℃时对强度没影响。化学性能非常稳定，一般只被浓碱、氢氟酸和浓磷酸腐蚀。

9.9.5.6 玻璃微球

玻璃微球是一种中空密闭的正球形、粉末状超轻质填充材料，化学组成为二氧化硅 72%、氧化钠/钾 14%、氧化钙 8%、氧化镁 4%、氧化铝 1%等。视不同规格的产品粒径、壁厚其真密度在 $0.12\sim0.60g/cm^3$，粒径在 $15\sim135\mu m$。具有重量轻、体积大、热导率低，分散性、流动性、稳定性好、自润滑、隔声隔热、不吸水吸油、无毒等优异性能。玻璃微球填充改性后可使材料的硬度和弹性模量大大增加，刚度和应力阻尼也有所提高。有试验表明，中空或低硬度的填料在受到冲击时会吸收、消化冲击强度，使材料的抗冲击性能提高，可有效提高产品尺寸稳定。由于玻璃微球是微小圆球，在液体中，动作像微型滚珠轴承，要比片状、针状或不规则形状的填料更具有较好的流动性，由此产生的微球效应，使混合料黏度下降，充模性能自然优异。由于圆球状的物体是各向同性的，所以填充微球不会产生因取向造成不同部位收缩率不一致的弊病，保证了产品的尺寸稳定，不会翘曲，解决了异型材、大型注塑产品成型加工长期存在的变形问题。并且吸油率低，与常规填充材料碳酸钙相比，中空玻璃微球的吸油率要低得多，不同型号产品每 100 克的吸油率在 7～40mg 之间，而每 100 克轻质碳酸钙的吸油率高达 120～130mg，重质碳酸钙也高达 50～60mg。这种低吸油率的填充材料在生产过程中不仅降低增塑剂的用量，还变相地增加了填充量，降低了综合成本。

9.10 其它类型添加剂

9.10.1 金属钝化剂

(1) 作用机理

聚烯烃的热降解反应是按典型的自由基连锁反应进行，反应中生成的氢过氧化物引发新的自由基反应。此反应一般是在 120℃下进行，如果存在有催化作用的金属离子，在室温下即可进行，反应可用下式表示：

$$M^{n+} + ROOH \longrightarrow M^{n+1} + RO\cdot + OH^-$$
$$M^{n+1} + ROOH \longrightarrow M^{n+} + ROO\cdot + H^+$$

研究发现，催化效果与金属、价态、种类有关，同时还与金属离子可移动的电子数目有关。为了克服这个问题，可在聚合物体系中添加金属钝化剂。由于该类添加剂主要用于铜芯聚烯烃电线电缆中，故又称为抗铜剂。聚烯烃材料中含有金属离子时，即使添加大量受阻酚或芳香胺抗氧剂，抗氧化作用也不佳，但将抗氧剂与金属离子钝化剂并用，则能得到满意的效果[230]。

由于电缆制品要求较高的防水性，材料中还需添加增强剂（滑石粉、石棉等）和矿物油脂，要求金属离子钝化剂有较高的耐抽出性。金属钝化剂的分子中含有氮、氧、硫等原子或同时存在羟基、羧基、酰氨基等功能团，具有多功能的特点，这类化合物能与金属形成热稳定性高的络合物，从而使金属失去活性。金属钝化剂的钝化效率与其结构（见图 9.28）有一定的关系，一般来说，取代基为吸电子基团时，钝化效率低，取代基为供电子基团时，增大了络合物的稳定性，钝化效率高。另外，金属钝化剂分子中金属离子的排列状态、络合物环的数目及大小、两个螯合基之间桥式连接的长度、烷基取代基的空间位阻等因素也影响其钝化效率。

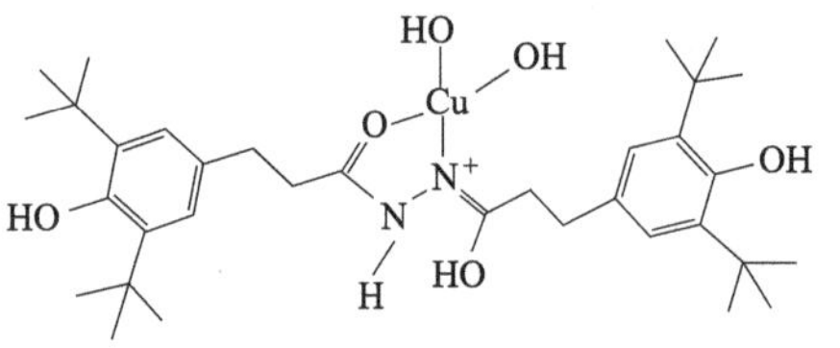

图 9.28　金属钝化剂的分子结构

(2) 金属钝化剂的种类和品种

工业上已开发的金属钝化剂主要是酰肼类化合物，包括芳香族酰肼与受阻酚双取代脂肪酸的酰氯衍生物 N,N'-二取代肼类化合物，芳香醛与芳香酰肼反应生成的腙类化合物，脂肪族二羧酸的酰肼与脂肪酰氯反应生成的酰肼化合物。此外，还有三聚氰胺、苯并三唑、8-羟基喹啉、腙和肼基三嗪的酰氯化衍生物、氨基三唑及酰基化衍生物、苄基膦酸的镍盐、吡啶硫酸锡化合物、硫联双酚的亚磷酸酯等，但实际上应用的并不多。目前实际应用的主要是酰肼类化合物，其代表性品种为 Irganox 1024，特点是在较低的温度下对高密度聚乙烯有良好的钝化效果。

尹振晏[231] 用 3,5-二叔丁基-4-羟基-丙酸甲酯（以下简称 3,5-二甲酯）与水合肼反应制成丙酰肼，再与乙酰乙酸乙酯反应制成 MD-1024。殷伟芬等[232] 对 MD-1024 进行了研究，使酰氯与酰肼反应制取目的物。天津合成材料研究所[233] 将酰肼直接与酸反应合成 MD-1024，副产物是水，对环境无污染。草酰肼类化学物是一类重要的金属钝化剂，Naugard XL-1 是该类化合物的代表性产品。Eastmn Chemical 公司的专利[234] 采用酰氯与对羟基苯甲醛反应合成此类化合物。陶再山[235] 研究了以 2,6-二叔丁基苯酚、丙烯酸甲酯、草酸二乙酯及乙醇胺为原料合成 Nangarz X L-1 的工艺。酰胺亚胺型化合物[236] 是另一类金属钝化剂，由酰肼与酸酐反应生成，据称有较高的金属钝化作用，代表化合物有 N-[3-(3,5-二叔丁基-4-羟基苯基)丙酰]-2-十八烷基丁二酰亚胺。

(3) 金属钝化剂的应用

金属钝化剂主要用于电缆、电线和镶有金属件的塑料制品中，除了按一般方法测定氧化诱导期外，还必须模拟实际使用情况进行试验，通常采用的是铜箔接触法和铜粉混炼法，用量一般为 0.05%～0.5%。如果金属钝化剂分子中不含消除自由基的功能团，使用时还要添加抗氧剂 1010、CA、300、RD 等。高密度聚乙烯和交联乙烯/丙烯共聚物是用作动力和通信电缆的主要绝缘材料，使用形式是泡沫体或实体。将金属钝化剂与酚类抗氧剂配合使用，可增强与铜导体直接接触的聚乙烯的热氧稳定性[237-240]。表 9.29 所示为添加了金属钝化剂的中密度聚乙烯电线绝缘材料的热稳定性参数。由表可知，单独使用抗氧剂效果不好，而加入金属钝化剂 MD-Ⅰ(1024)，其分子中含有酚类抗氧剂所具有的清除自由基的功能团，同时具有金属钝化剂所特有的络合金属的能力，不与抗氧剂并用也可得到好的抗氧化效果，老化寿命长达 275 d。

表 9.29 含金属钝化剂、抗氧剂的中密度聚乙烯电线绝缘材料的热稳定性

添加剂用量				老化寿命/天	
抗氧剂		金属钝化剂		90℃	110 ℃
AO-I	0.05%	—		32	5
—		MD-Ⅰ	0.05%	119	29
AO-I	0.05%	MD-Ⅰ	0.1%	410	136
—		MD-Ⅰ	0.2%	527	275
AO-I	0.05%	MD-Ⅱ	0.1%	293	96

注：1. 铜导体直径为 0.5mm，绝缘料为中密度聚乙烯（$\rho=0.927g/cm^3$，厚为 0.2mm，填充金红石型钛白粉 1%），猪尾型（10 束）。

2. 老化温度为 90℃或 110℃，老化箱中空气循环流通。

3. AO-I 为四[β-(3′,5′-二叔丁基-4′-羟基苯基)丙酸]季戊四醇酯；MD-Ⅰ为 N,N'-双[β-(3′,5′-二叔丁基-4′-羟基苯基)丙酰基]肼；MD-Ⅱ为 N,N'-二苯亚甲基乙二酰基二肼。

苏一凡等[241] 研究了不同金属钝化剂的氧化诱导期（OIT），发现单独使用金属钝化剂效果不好，当与一种抗氧剂配合使用时，OIT 大大提高。对添加抗铜母粒制成的 PE 电缆料的性能进行测试，并与日本 UBEC180PE 电缆料对比，结果发明，不加抗铜剂的 LDPE D1.3（兰州石化公司生产），PE 料的 OIT 仅为 2min，加入后大于 30min，达到了日本 UBEC 180PE 电缆料的指标。美国 Uniroval Chemical 公司[242] 将二丁基二硫代氨基甲酸锌与 MD-1024 并用于 LLDPE 时（0.15%/0.15%），氧化诱导期为 392min，而不用 MD-1024 时，相应值为 74min。

聚丙烯及其共聚物热氧化稳定性较差，稳定剂用量高于聚乙烯，在用矿物油脂处理聚丙烯绝缘料时，热稳定性下降十分明显，一般可达 20%～50%，即使如此，当受阻酚与金属钝化剂配合使用时仍能满足要求。天津合成材料研究所研制的金属钝化剂 MDA-5（*N*-水杨酰氨基邻苯二酰亚胺）与抗氧剂 CA 和 DLTP 复配用于聚丙烯树脂，取得了明显效果。研究表明，聚丙烯中加入 0.1%～0.3%MDA-5 与 0.1 份 CA 和 0.2 份 DLTP 复配助剂后，在 150℃进行 4 天的老化试验，样品仍保持完好；当只用抗氧剂，不添加金属钝化剂 MDA-5 时，实验效果不好。由此可见，MDA-5 与抗氧剂同时使用可提高材料的热氧老化性能。当使抗氧剂 AO-Ⅰ(抗氧剂 1010）和金属钝化剂 MD-Ⅰ(MD-1024）以及 MD-Ⅱ配合用于 PP 时，未经矿物油脂处理和经矿物油脂处理，材料的老化寿命不同，相关数据见表 9.30。由表 9.30 可知，当金属钝化剂 MD-1024 与抗氧剂 1010 配合时，无论是否经过矿物油脂处理，老化寿命均最长，而抗氧剂 1010 与 MD-Ⅱ 配合时效果较差，可能与 MD-Ⅱ分子中没有抗氧化基团有关。

表 9.30　含抗氧剂与金属钝化剂 PP 的老化寿命　　单位：天

稳定体系：AO-I(0.2%)＋MD(0.2%)	未经矿物油脂处理			经矿物油脂浸渍处理		
	100℃	120℃	140℃	100℃	120℃	140℃
MD-Ⅰ	589	213	52	416	176	35
MD-Ⅱ	360	152	44	248	112	31

注：1. 铜线直径 0.65mm，绝缘层厚度 0.4mm。
2. 在空气循环的老化箱中，温度分别为 100℃、120℃、140℃(5 束)。
3. 电线试样在以 0.5%AO-I 稳定过的矿物油脂中，于 115℃下浸渍 1s 后，在 70℃下预老化 10d，此后，小心擦净试样油脂束成猪尾型，在设定的温度下进行老化试验，直至出现龟裂为止。

韩怀芬等[243] 研究了金属钝化剂对矿物填充聚丙烯热氧稳定性的影响，结果表明，热氧稳定性均有较大程度的提高。碳酸钙和滑石粉是常用的填充剂，其填充量对制品的热氧稳定性也有影响。据相关资料，无论滑石粉或碳酸钙，当添加量为 30 份时氧化诱导期最长，高于或低于此值时，氧化诱导期都有所降低。这可能是由于添加 30 份填料时最有利于金属钝化剂与金属离子螯合，降低其催化活性。填充或增强聚烯烃热稳定性下降的原因是天然矿物质中含有的金属杂质而产生的催化效应，还有可能是具有极性的填充剂表面吸附了带有极性的稳定剂，因而导致聚合物基质失去保护而受到氧的攻击，至少部分稳定剂因被填充剂牢固吸附而不能发挥稳定剂应有的功能，这种理论尚待证实。日本 Chisso 公司[244] 将草酰胺与受阻酚并用于氢氧化镁填充的 PP 中，镶有铜片的模塑试样在 150℃耐腐蚀时间可达 30d。该公司还使 MD-1024 和亚磷酸酯并用于结晶聚丙烯，在样品上涂以光固化涂料，在波长 300nm 的光辐照 3s，样品仍不泛黄[245]。日本 Asahi Denka Kogyo 公司[246] 采用酰肼类化合物配合 1010、DLTP、紫外线吸收剂 UV-326 等稳定聚丙烯，制成阻燃、抗铜的塑料制品。

9.10.2　除酸剂

除了抗氧剂和加工稳定剂之外，除酸剂是聚烯烃常用的基础稳定剂组合中第三重要的添加剂。除酸剂也可以称为抗酸剂或共稳定剂，他对聚合物总体性能的提高贡献很大。因为催化剂残留物在聚合物中以含氯物质的形式存在，这些含氯化合物通常会导致金属加工设备（例如干燥器、模塑设备、模具表面）发生腐蚀。而且，由这些聚合物制得的模塑成型产品在使用过程中还会发生变色和损坏。因此，添加除酸剂很有必要。在使用除酸剂时，除了要中和聚合残余物以及加工或使用中形成的酸性物质，还应该特别注意由其他添加剂（主要是含溴或含氯的阻燃剂）带来的酸性成分。

（1）作用基本原理

金属皂类通常作为除酸剂用于聚烯烃中，用于中和齐格勒-纳塔催化剂残留的酸性物质。例如，硬脂酸钙（CaSt）可以中和盐酸，并生成氯化钙和硬脂酸。但是，即使所添加的 CaSt 浓度低于 1500mg/kg，由于它所生成的氯化钙具有吸湿性和水溶性，故也会使制品在某些应用环境中产生问题和缺陷。

除硬脂酸衍生物之外，其他羧酸类衍生物（例如乳酸盐类）也具有中和性能。当乳酸钙用作除酸剂时，可与盐酸中和生成氯化钙。此外，乳酸钙还可以和聚合物中的痕量金属（例如 Ti 和 Al）形成配位螯合物。在清除金属催化剂的残余物时，当有酚类抗氧剂存在的情况下，材料的变色程度将会减小。乳酸钙的热稳定性不如金属硬脂酸盐和无机中和剂，这一点限制了其在一些特殊领域中的应用。

对于水滑石类除酸剂，氯离子被插入两层类水镁石片层中间，可以进行层间阴离子交换，并可将所交换的阴离子固定于稳定的晶体结构中。这种阴离子交换特性是由阴离子的大小、阴离子所带的电荷和镁铝的摩尔比决定的：

$$Mg_{4.5}Al_2(OH)_{13}CO_3 \cdot 3.5H_2O \xrightarrow{+2HCl} Mg_{4.5}Al_2(OH)_{13}Cl_2 \cdot 3.5H_2O + H_2O + CO_2$$

当采用氧化锌作为除酸剂时，在有盐酸参与的情况下，其性能和所生成的碱式羟基氯化物有关。

$$5ZnO \xrightarrow{+2HCl/H_2O} ZnCl_2 \cdot 4Zn(OH)_2$$

用于不同聚合物中的除酸剂，以及不同生产商的除酸剂，其性能一般各不相同，这是因为各个厂家在生产时所用催化剂配方、加工条件、添加量和添加的化合物类型都各不相同。除酸剂的选择取决于树脂中所生成的有色产物，因为除酸剂可以改变聚合物的酸度，从而使体系中的许多有机组分间的化学反应产生影响，因此，加入可以使聚合物中的酸性杂质失活或者中和并使聚合物保持稳定的除酸剂十分必要。

（2）常用除酸剂

在聚乙烯中，最常用的金属硬脂酸盐是硬脂酸钙和硬脂酸锌，而在聚丙烯中，只有硬脂酸钙最常用。只有在某些级别的含有有机澄清剂的聚丙烯中，才使用硬脂酸钠作为除酸剂，但它对改善产品透明度的作用不明显。

从分子角度来讲，金属硬脂酸盐具有一个电荷强烈分离的无机中心，两条线型烃链。当将硬脂酸盐用作中和剂时，金属取代基和酸或酸性催化剂残余物发生反应。同时，硬脂酸盐还具有硬脂酸的脂肪特性，即具有润滑性和疏水性。因此，硬脂酸盐还可对树脂具有一定的润滑性。此外，硬脂酸盐还可以从聚合物内部向表面迁移，使材料易于脱模，从而具有爽滑性。

金属硬脂酸盐的金属部分对其性能的影响比其他参数的影响都要大，而且决定着其他化学参数。从金属元素在元素周期表中的相对位置可以推测出所得化合物的相关特性，如熔点、毒性、溶解度和熔融黏度。不同金属硬脂酸盐中的酸碱比率不同。为了确保硬脂酸的完全中和，大多数硬脂酸盐在制备过程中都加入微过量的有机碱，例如氧化锌。碱式金属反应物的相对过量确保了硬脂酸盐中游离脂肪酸的浓度较低，从而使硬脂酸盐在水溶性生产过程中更容易过滤。

水滑石属于层状的 Al-Mg 碱式碳酸盐，是天然形成的一种阴离子黏土矿。合成的水滑石，通常在聚烯烃和其他聚合物的稳定剂组合中用作酸中和剂，其结构通式如下：

$$[M_{1-x}^{2+}M_x^{3+}(OH)_2]^{x+}[A_{x/n}^{n-}\cdot mH_2O]^{x-}$$

其中，M^{2+} 为二价金属阳离子（如 Mg、Zn、Ni）；M^{3+} 为三价金属阳离子（如 Al、Fe）；A^{n-} 是阴离子，如 NO_3^-、CO_3^{2-}、SO_4^{2-}；$x=0.2\sim0.33$。二价和三价阳离子分散在八面体层中形成正电荷的类水镁石层。片层间的负电荷夹层含有层间阴离子和水分子。这些可交换的阴离子可以使齐格勒-纳塔催化剂、Friedel-Crafts 催化剂和其他酸性聚合催化剂的酸性残留物失活。该过程通过碳酸根离子和氯离子发生离子交换，并将后者固定于稳定的晶体结构中。水滑石的结构示意图见图 9.29。

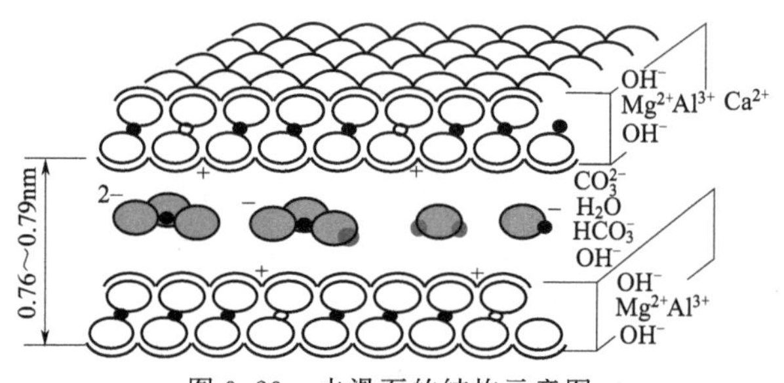

图 9.29　水滑石的结构示意图

在聚烯烃中，氧化锌不但可以用作除酸剂，还会增加材料的光稳定性。氧化锌对破坏性紫外线的吸收能力比其他白色颜料要强得多，可对聚烯烃树脂起到保护作用。与硬脂酸钙相比，当添加量相同时，氧化锌可以中和更多量的酸，因为其分子量较低，且分子结构也不同。但是因为氧化锌可溶于聚合物基体中，所以没有硬脂酸钙所具有的色泽保持性。但与硬脂酸钙相比，氧化锌具有更好的着色性。此外，氧化锌的遮盖力比硬脂酸钙高 10%，这对聚合物着色性的改善贡献很大。氧化锌作为除酸剂时，可用于像流延薄膜等高温加工领域。在较高加工温度下，有机金属硬脂酸盐会在空气中发生变色，水滑石会失去结晶水，但氧化锌属于无机类除酸剂，因此不会给材料带来任何润滑性。

目前，除为了满足特殊过滤要求而采用微粉化添加剂的产品，市场上一般要求采用无尘级别的金属硬脂酸盐。采用微粉化的有机和无机添加剂组合可以解决添加剂在喂料方面存在的问题。此外，热稳定级别的金属硬脂酸盐已逐渐替代了普通级别的产品。为了检测以茂金属催化合成的聚丙烯的加工过程中的除酸剂效率，人们做了大量相关的研究工作。根据相关资料，腐蚀测试和颜色测试的结果表明，对于茂金属催化合成的间规聚丙烯，使用 CaSt 作为除酸剂比较有利。总之，虽然除酸剂会对聚烯烃的熔融流动特性产生影响，但在聚烯烃生产中，它们仍是不可缺少的。

9.10.3 润滑剂

润滑剂并不是一种标准的说法，对于聚烯烃来说，润滑剂指的是在使用温度下，可减小成品表面之间摩擦力的添加剂。对于PE薄膜，这种作用尤其重要。减小成品摩擦力的这个作用称为“爽滑效应”。相应的，对聚烯烃产生这种效应的物质成为“爽滑剂”。润滑剂是塑料成型加工过程中能够降低树脂熔体流动性的物质。按照应用可分为内润滑剂和外润滑剂。外润滑剂的作用主要是改善聚合物熔体与加工设备的热金属表面的摩擦。它与聚合物相容性较差，容易从熔体内往外迁移，所以能在塑料熔体与金属的交界面形成润滑的薄层。在混炼、压延、搪塑等成型加工中，外润滑剂有重要作用。内润滑剂与聚合物有良好的相容性，它在聚合物内部起到降低聚合物分子间内聚力的作用，从而改善塑料熔体的内摩擦生热和熔体的流动性。在挤出、注射成型中，内润滑剂则更有效果。

(1) 常见润滑剂

塑料用润滑剂的种类比较繁多，从褐煤蜡、石蜡、矿物油、动植物油类等天然物质到各种低分子量聚合物如低分子氟树脂、有机硅油、低密度聚乙烯等，使用较为普遍的是一些脂肪族化合物，例如硬脂酸、硬脂酸皂类、硬脂酸酯类。

① 脂肪酸及其皂类。脂肪酸及其皂类是用途很广的润滑剂，亦可用作脱模剂。

它们的来源丰富、价格低廉，与许多塑料相容性好，并有热稳定作用，一般都在加工前先与树脂预混，使用方便。硬脂酸迄今仍是最主要的润滑剂之一，因为它的价格低廉、性能全面，且易加工成各种金属皂类，如硬脂酸锌、硬脂酸钙、硬脂酸铅、硬脂酸镁、硬脂酸钡、硬脂酸镉、硬脂酸铝、硬脂酸钠和硬脂酸锂都是常使用的润滑剂。

硬脂酸（又称“十八烷酸”）的纯品是带有光泽的白色柔软小片。20℃时的相对密度为0.918，熔点70～71℃，沸点383℃，折射率1.4299。在90～100℃下缓慢挥发，易溶于苯、氯仿、乙醚、四氯化碳、二硫化碳、乙酸戊酯、甲苯，能溶于乙醇、丙醇，但几乎不溶于水。工业品纯度40%～97%，为白色或微黄色块状物，是硬脂酸和软脂酸（十六烷酸）的混合物，并含少量油酸，微带脂肪味，无毒。

塑料加工中最常用的硬脂酸皂类是硬脂酸锌、硬脂酸钙、硬脂酸铅、硬脂酸钡，它们都兼有稳定剂作用。硬脂酸钙可用作聚烯烃、酚醛、氨基树脂、不饱和聚酯的润滑剂。

② 酯类。较理想的酚类润滑剂是那些在分子链上有长链脂肪族基的化合物。

天然蜡属酯类，也是一类优良润滑剂。

硬脂酸正丁酯是一种浅黄色液体，溶于大多数有机溶剂，难溶或微溶于甘油、乙二醇、甲醇和某些胺类。

硬脂酸单甘油酯（GMB)，是一种呈白色或象牙色的蜡状固体，熔点为60℃，相对密度0.9。工业产品中的纯度为25%～90%，其余组成是硬脂酸双甘油酯、三甘油酯及甘油等。它适用于聚甲醛、加玻纤的聚碳酸酯、聚苯乙烯、聚酰胺、聚丙烯、醇酸及密胺树脂等。

三硬脂酸甘油酯（HTG)，是一种白色脆性的蜡状固体，以片状供应，相对密度0.96，熔点60～64℃。

③ 酰胺类。酰胺化合物具有较好的外润滑作用，所以既是润滑剂，又是很好的抗黏剂。此外，还能提高塑料制品的抗静电性。酰胺类润滑剂的消耗量比酯类多。最常用的是油酸酰胺和双硬脂酰胺。

油酸酰胺是一种白色结晶，熔点为75～76℃，闪点210℃，着火点235℃。不溶于水，溶于乙醇和乙醚。

硬脂酸酰胺的纯品为无色叶状结晶，不溶于水，难溶于冷乙醇，溶于热乙醇、乙醚、氯仿。

亚乙基双硬脂酸酰胺（EBS）是一种白色细小颗粒，常温下不溶于大多数溶剂，但溶于热的氯化烃类和芳香烃类溶剂。对酸、碱和水介质稳定。虽不溶于水，但粉状物在80℃以上具有润湿性。以珠状或块状料供应，工业品纯度96%，它适用ABS、聚甲醛、聚酰胺、聚丙烯、聚苯乙烯、聚氯乙烯、加玻纤的聚碳酸酯等。

亚乙基双油酸酰胺（EBO）比EBS软，暗黑色，熔点114℃，以珠状料供应。

④ 石蜡及烃类。用作润滑剂的烃类是一些分子量在350以上的脂肪烃，包括石蜡、合成石蜡、低分子量聚乙烯蜡以及矿物油。实用的烃类润滑剂是有特定分子量、黏度或熔程的烃类混合物。烃类润滑剂是优良的外润滑剂，但不是理想的内润滑剂，因它们与聚合物的相容性较差。

石蜡的主要成分为直链烷烃，并含有少量的支链烷烃。直链烷烃含量从75%到接近100%不等。石蜡是一种白色固体，溶于苯、氯仿、四氯化碳、石脑油等一类非极性溶剂，不溶于如水和甲醇等极性溶剂。

微晶石蜡主要成分为正构烷烃，也有少量带个别支链的烷烃和带长侧链的环烷烃。分子量范围为500～1000，是一种比较细小的晶体，溶于非极性溶剂，不溶于极性溶剂。

液体石蜡的种类很多，其润滑效果也各不相同。在挤出加工中初期润滑效果良好，热稳定性也较好。但因相容性差，用量过多时制品易发黏。

聚乙烯蜡指分子量为1500～25000的低分子量聚乙烯或部分氧化的低分子量聚乙烯，呈颗粒状、白色粉末、块状以及乳白色蜡状。具有优良的流动性、电性能、脱模性。

(2) 聚烯烃用润滑剂

聚烯烃类常用的润滑剂有CaSt、ZnSt、HSt、油酰胺、芥酸酰胺、硬脂酰胺、亚乙基双硬脂酰胺、高沸点石蜡、微晶石蜡、氟油、PE蜡、PP蜡及氧化聚乙烯蜡等。加工聚烯烃相对容易，一般不需要润滑剂。然而，在HDPE和PP中作为酸受体的硬脂酸钙或者硬脂酸锌，以及它们与Ziegler催化剂中的氯离子中和反应所产生的游离硬脂酸，会影响流动性和脱模性。低分子量的PE蜡或者PP蜡（分子量约2000）有时用作PE或PP的内润滑剂，以提高流动性。润滑剂在聚烯烃中另一个主要的应用是使再生材料的性能符合标准，使用浓度一般为5%。研究表明，PE蜡添加量2%～3%不会降低聚烯烃耐环境应力开裂性（ESCR），实际上反而会改善大型注塑件的ESCR。这个优点可以用于减少应力“冻结”，使树脂具有更好的流动性。

PE蜡与聚丙烯并不完全相容，作为强外润滑剂，会产生过度润滑。在这种情况下，必须采用PP蜡。酰胺蜡在HDPE胶带中可作外润滑剂。在以后的加工中用来改善挤出性和减少胶带的摩擦阻力。应用时浓度一般为0.3%～0.5%。

链长为12～18个碳原子的甘油单硬脂酸酯和乙氧化脂肪族酰胺不仅用作抗静电剂，而且在压塑和注塑中起到外润滑作用，其浓度为0.1%～0.5%。链长为16～18个碳原子的烷基磺酸钠，当其浓度很低（0.05%～0.15%）时，就表现出明显的润滑作用。

高速挤出LLDPE时除了会在聚合物薄膜产生“鲨鱼皮”表面缺陷外，由于螺杆前部熔体压力非常高，还会造成与黏附有关的磨损。因此需要在加工设备表面，用含氟聚合物形成一层不断再生的表面涂层来解决问题。

在聚丙烯中，外润滑剂有时用作脱模剂，这时常常采用芥酸酰胺。对滑石粉增强聚丙烯，采用部分皂化的褐煤蜡，有时也采用酰胺蜡和脂肪酸蜡的复配物，复配物的浓度为

0.1%～0.5%。如采用液态蜡对填料进行预处理，可收到很好的效果。

爽滑剂主要用于薄膜，其浓度为 0.1%。油酸酰胺和芥酸酰胺可产生同样的效果。可在挤出加工时加入添加剂，也可以在母粒中加入添加剂。在后一种方法中，以任意所需比例的爽滑剂与防粘连剂混合，可专门调节制品所需的滑移性。芥酸酰胺润滑的聚丙烯主要用于一次性注射器。

9.10.4 防粘连剂

聚丙烯、聚乙烯及其他塑料薄膜都有粘连在一起的倾向，这使得膜层之间的分离很困难。这种薄膜层之间的粘连现象是诸如 PP、LLDPE、LDPE 之类聚合物的固有属性。这种自行粘连的本质一般认为是低分子量或蜡质添加剂在薄膜表面形成黏附层。分开膜层所需的力称为粘接力。加入薄膜中的防粘连剂主要是降低表面黏附，从而减小膜层之间的粘连。

(1) 作用机理

粘接力定义为分开薄膜层所需的力，主要是两层膜之间黏附力的函数。在聚烯烃薄膜的表层加入一定量的防粘连剂会产生微粗糙的表面，减小膜层之间的黏附力，粘接力也随之降低，从而解决薄膜的粘连问题。一般来说，防粘连剂和聚丙烯原料不相容，并且比聚丙烯熔点要高（这样保证在薄膜生产中不会被融化）。成膜以后，这些防粘连剂在薄膜的表面形成许多细而坚硬的突起，或形成微小的裂纹，或出现不同松弛状的凹凸，相当于在膜层之间形成间隔条，使薄膜与薄膜之间保存一定量的空气。由此可知，防粘连剂粒子在膜层表面的分布以及防粘连剂粒子的尺寸大小是决定防粘连剂效果的两大因素。

空气层的存在使母卷收卷顺畅，减少褶皱；在大分切和小分切机的收卷和退卷以及下游加工更容易：降低了摩擦系数，令爽滑剂和抗静电剂的迁移更容易，因为他们在膜层之间提供了空间。然而，由于防粘连剂通常会对薄膜的光学性能产生负面影响，尤其是薄膜的雾度，所以，在用量上，应根据薄膜的具体要求，在薄膜的抗粘连性和光学特性之间寻求合适的用量。

(2) 无机防粘连剂

早期应用在薄膜表面的抗粘连剂主要是松散的粉末，如松散的稻麦秆的粉末。这些粉末的加入降低了薄膜表面之间的摩擦系数，提高了抗粘连力。然而，在薄膜的生产和使用过程中，粉末的加入会影响它的质量，并且在薄膜的运输过程中，粉末会从薄膜中振动出来。而且这些和树脂不相混的粉末不具有良好的抗粘连性，添加这种抗粘连物质的薄膜也不能满足现在的薄膜需求行业对它的性能要求。因而必须发展能够显著降低薄膜粘连力的助剂。

现在已经应用在聚烯烃薄膜的无机防粘连剂主要有硅藻土、滑石、碳酸钙、合成二氧化硅以及玻璃微珠等。并非所有的无机填充剂都可用作防粘连剂。一些防粘连剂因有其它方面的问题（如成本高、对机械高磨损性、对光学性能不利影响以及卫生问题），而使其工业应用受到限制。硅藻土这种天然产品是最常用的防粘连剂，由硅质化硅藻所构成。硅藻土在世界范围内的广泛应用历史悠久，是一种功能良好的防粘连剂。不过，硅藻土也有一些局限性，如价格较为昂贵，由于含有二氧化硅而具有一定程度的磨蚀作用，以及在聚烯烃薄膜中产生雾浊而降低薄膜透明度。其结果是，将其在多年开发的现成配方中使用时，硅藻土面临来自新配方中其它防粘连剂的激烈竞争。过多接触硅藻土会影响人的健康，这一问题应在选用防粘连剂时多加考虑。

滑石也是一种效能良好、用途广泛的防粘连剂。滑石已经占据相当可观的市场份额，尤其是在线型低密度聚乙烯薄膜中。滑石也广泛应用在 BOPP 薄膜中作为防粘连剂。相对于硅藻土来说，滑石价格低廉，具有良好的光泽度和低的机械磨损性，适合于低成本直接添加等，但是它的雾度较高，使其在高透明应用领域受到限制，所以不能用作高透明度的 BOPP 薄膜的防粘连剂。

碳酸钙是一种较差的防粘连剂，其价格较低，可在非透明薄膜中以高填充量加入。此时，它还兼具填充剂和防粘连剂双重功效。

为了在薄膜的抗粘连力、雾度、光泽度、对机械磨损性和费用之间找到一个平衡点。Donald 等提出以下配方：一种组分从滑石中选出，另一种组分从霞石正长岩或长石（具有聚烯烃相近的折射率，能用在高光泽度的薄膜上）中选出。实验证明：当分别从这两种物质中选出来的物质组合的配方用作防粘连剂时的抗粘连力比两者之一的单独任一种成分作防粘连剂时都要好，并且光泽度没有降低，对机械的磨损性可大大降低，最多可降低 80%。Solomon 提出在薄膜的表层添加有一定量的薄层粒子气相二氧化硅、硅酸钠、硅酸钙。针对高岭土可以提高薄膜的抗粘连性却降低光泽度，二氧化硅微球容易划花表面，或者防粘连剂的白色粉末会脱落附在印刷机导辊表面和制袋膜折叠部分等问题，上田直纪和青木明良提出用具有以下特性的防粘连剂：

① 含有至少一个平坦面的无机微粒；

② 在每平方毫米膜外表面上，存在至少 20 个源于该无机微粒的 0.3μm 以上高度的突起；

③ 至少 50%的上述突起由具有至少一个平坦面的突起形成，而且这种突起的至少一个平坦面与膜表面成 20°以下的角度，无机微粒材料可以使用碳酸钙等金属碳酸盐，以及沸石、滑石粉、二氧化硅、磷酸钙等。这种膜卷偏量极小，而且透明性、抗粘连性、抗擦伤性和抗脱落性优良。

为了尽可能地解决这个问题，Junichi 提出在薄膜的表层加入粉末状的二氧化硅，二氧化硅用表面活性剂或偶联剂进行表面处理。为了得到良好的抗粘连性和爽滑性而加入过量的无机物会影响薄膜的光泽度，因为无机粒子成核后留下空隙。合成二氧化硅是一种非常有效的防粘连剂，其在欧洲的应用已经普及。其优点是化学纯度极高，适用于食品工业的塑料包装；无定形结构，不会导致硅肺；折射率 1.46。

防粘连剂的粒径大小要适当，粒径太小则防粘效果不明显，粒径太大则影响薄膜的表面光泽和透明性。因此，其微粒的尺寸必须与薄膜的厚度相匹配，一般粒径为 0.5～5μm。防粘连剂与爽滑剂的作用应该达到一个粘-滑的平衡。防粘连剂主要加入聚烯烃薄膜的表层，添加量一般为 0.1%～0.5%，并常与爽滑剂复配供母料使用。二氧化硅的粒径一般为 2～4μm，BET 比表面积为 200～400m^2/g。如果粒径小于 2μm，BET 比表面积小于 200m^2/g，占表层重量小于 0.1%，抗粘连性能难以达到；如果粒径大于 2μm，BET 比表面积大于 400m^2/g，占表层重量大于 0.5%会影响雾度。

(3) 有机防粘连剂

为了改善薄膜的抗粘连性，添加一些无机物能够改进和提高抗粘连性，然而，无机材料易于凝结。此外聚丙烯树脂与无机物质之间亲和力较弱，在膜拉伸过程中会在膜内形成空隙，空隙核心部分为无机物质，其结果导致膜的透明性变差。江原健等发现可以使用具有特定结构的交联聚合物颗粒与聚丙烯树脂混合物在不太影响薄膜透明性的前提下可改进 BOPP 薄膜的抗粘连性。这种防粘连剂的主要成分是 0.05 份以上但少于 1 份、粒径为 0.5～5μm 的交联聚合物颗粒，含一定量的苯乙烯单体链节、可自由聚合的单体链节（可自由基聚合的单体聚合物的折射率为1.50或更低）和可交联单体单元，在通过将交联聚合物颗粒与晶体聚丙烯树脂捏合在一起，随后拉伸所得的定向膜的表面上，平均突出物高度为60～600nm。B·安布罗斯等人提供一种组合物，它包括：一种液态烃基取代的聚硅氧烷；一种固态颗粒状交联的烃基取代的聚硅氧烷（最好平均粒径为0.5～20.0μm，具有三维硅氧烷键结构的难熔聚单烷硅氧烷）。加入这种防粘连剂之后，薄膜的屈服强度、伸长率、拉伸强度和抗粘连性能得到改善，并且具有低水气透过率和低氧气透过率等特性。A.J.Crighton等用微球状的平均粒径为2～6μm的交联聚甲基丙烯酸甲酯作为防粘连剂，它是以甲基丙烯酸甲酯、苯乙烯及其共聚物为基材，通过交联官能团与无机材料共混复合等技术，使该类真球微粒呈现多种多样的功能。由于它是真球微粒，触感舒适，不易划伤薄膜表面；其次它与聚丙烯的折射率相近，不会降低薄膜的透明度，粒子拥有官能团，它与聚丙烯的亲和度提高，可以防止粒子从薄膜表面脱落。当这种组分在表层的含量为1000～5000ppm时（根据薄膜的厚度），能起到较好的抗粘连效果，又不太影响薄膜的其它性能。据报道还可以用其它同树脂不相容的有机物作抗粘连剂，包括聚酯和聚酰胺。

BOPP薄膜的专用防粘连剂发展到目前还没有完全意义上的可以达到理想效果的产品，无机防粘连剂对薄膜的光泽度总有不同程度的影响，并且会对高速生产线上的设备和包装过程中的机械有磨损，日积月累，会影响到机械设备的尺寸，产品的质量会下降，仪器修理的费用会升高，同时，设备的磨损会带来产品的金属污染，导致产品的不稳定性和带上色彩。有机防粘连剂有相对低的软化温度或熔点，有较低的热爽滑性能。有机防粘连剂在高温模头上会发生降解，累积在模头。并且有机防粘连剂抗粘连性较低，通常要和少量的无机防粘连剂共用才能产生明显的抗粘连效果。所以，应尽可能地开发出克服以上缺点和满足以上要求的防粘连剂。例如寻找一个更好的材料或合成材料来代替现在流行的助剂，因为防粘连剂是加在薄膜的表层的，也可以和加入芯层的、迁移到表层的其它助剂产生协同效果。在防粘连剂的造粒过程中选用配方、助剂的质量等，都要异常谨慎，加工过程中也要使防粘连剂分散均匀而达到最佳效果。

9.10.5 爽滑剂

聚烯烃薄膜由于具有很高的摩擦系数，使得它们在加工过程中具有自行黏附和附着在金属表面上的倾向。为了能够比较容易地将薄膜加工成其他制品，必须将聚烯烃薄膜的摩擦系数（COF）保持在0.2左右。爽滑剂可以改善聚烯烃薄膜的表面性能，减少薄膜层与层之间以及膜层和与其接触的其他表面之间的摩擦力。而在各种包装领域，摩擦力的降低将会使薄膜的处理更加容易。对于爽滑剂来说，要求其和聚合物之间的相容性比较低，因为较高的相容性会导致爽滑剂向薄膜表面的迁移和析出。

(1) 作用原理

脂肪酸酰胺类添加剂在聚烯烃薄膜生产中的主要作用就是提高爽滑特性。爽滑剂（如芥酸酰胺和油酸酰胺）的加入，类似于为聚合物基体提供了内在的润滑剂，在脱离模具后，爽滑剂即刻会迁移至聚合物薄膜的表面。在加工过程中，脂肪酸酰胺可溶于无定形熔体中，但当聚合物冷却并开始结晶时，爽滑剂则会被挤出基体，一旦到达表面，爽滑剂就会形成润滑层，从而有效地隔离临近的薄膜层。

经验表明，具有高摩擦系数的聚烯烃薄膜，在没有添加爽滑剂的情况下进行挤出时，将会表现出黏性，并黏附在轧辊上，损伤模板框，从而导致产品起皱无法使用。这些问题会降低生产效率，并使产品的废料率增加。

(2) 常用爽滑剂

最常用的爽滑剂是芥酸酰胺和油酸酰胺。芥酸酰胺是由单不饱和 C_{22} 芥酸制得，油酸酰胺来自 C_{18} 单不饱和油酸。芥酸酰胺和油酸酰胺的典型结构如图 9.30 所示。

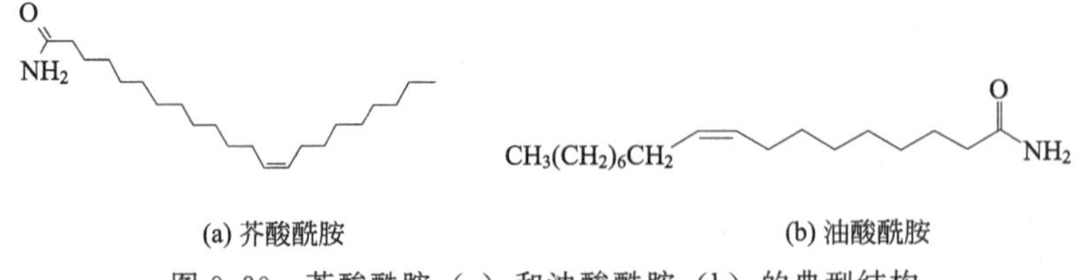

图 9.30 芥酸酰胺（a）和油酸酰胺（b）的典型结构

一般认为油酸酰胺属于快速析出型爽滑剂，因为它向薄膜表面的迁移速率比芥酸酰胺更快。尽管芥酸酰胺比油酸酰胺迁移得慢，但在一定时间后，用芥酸酰胺处理的薄膜其表面摩擦系数比用油酸酰胺处理过的薄膜更低。

当脂肪酸酰胺还必须提供抗粘效果时，通常采用硬脂酰胺。硬脂酰胺属于另一类爽滑剂，主要是和油酸酰胺或芥酸酰胺结合使用。一般来说，最常用的是无机防粘连剂，如二氧化硅，但有些时候，在对薄膜透明性要求较高的场合，则需要采用脂肪酸酰胺来赋予材料抗粘连效果。在脂肪酸酰胺中，使用硬脂酰胺可以得到最好的抗粘连特性，但它在降低摩擦系数方面不如芥酸酰胺和油酸酰胺有效。

芥酸酰胺因为具有较低的蒸气压，且不如油酸酰胺易挥发，因而最常用于加工条件较高的场合。低挥发性则表明爽滑剂在材料表明的停留时间更长，且不会散发到空气中。联机生产塑料制品要求在短时间内保持较低的摩擦系数，常采用油酸酰胺作为爽滑剂，油酸酰胺迁移速率较慢，不仅有利于长胶片的连续生产，还会提高在线电晕处理的效率。

爽滑剂的结构和浓度也会影响其性能。由研究可知，随着爽滑剂的浓度增加，摩擦系数急剧下降。起初，摩擦系数对浓度的增加十分敏感，当爽滑剂浓度达到临界值之后，摩擦系数的变化趋于平缓。在此期间，爽滑剂在薄膜表面形成连续层，使得摩擦系数保持稳定。如果继续增加爽滑剂的浓度，将会导致摩擦系数的降低。

9.10.6 防雾剂

常规的聚烯烃材料表面是疏水的，其表面张力通常约为 30mN/m。聚乙烯和聚丙烯的表面张力均在此水平范围（PP 为 28mN/m，PE 为 31mN/m）。聚丙烯或聚乙烯薄膜与表面张力为 50～70mN/m 的液体接触时，膜表面的液体不能将薄膜表面润湿，也不能在薄膜表面分布均匀，而是在薄膜表面形成分散的液滴。当防雾剂迁移至聚烯烃薄膜表面时，薄膜表面张力会有所提高，使得薄膜的表面与水的亲和性增加，水在薄膜的表面张力下降，阻止薄膜表面凝结细微水珠。不管是在塑料包装袋还是在农用薄膜上，防雾剂均可以使冷凝水滴在薄膜上分布为一薄层，但在农用膜上，水通常由膜表面流下并收集于沟渠中，这会使薄膜中的防雾剂持续随液体而流失。因此，为获得持久的防雾效果，则应仔细选择迁移速度适当的防雾剂，以保证在农用薄膜使用。

防雾剂可分为外防雾剂和内防雾剂两类。外防雾剂以喷涂或浸渍的方式应用，其优点是用量较低时也可以立即生效，缺点是很快从塑料膜表面流失，因而通常只有短期效果。外防雾剂在工业上的应用比较有限。内防雾剂具有长期效应，当内防雾剂加入聚烯烃中后，它可以迁移至膜表面，表面的防雾剂在经过水洗及磨蚀损失后，基体内部的防雾剂又重新迁移至膜表面进行补充，直至材料所含防雾剂全部耗尽。

工业上使用的防雾剂主要是非离子型表面活性剂，如丙三醇酯、聚丙三醇酯、脱水山梨糖醇酯及其乙氧化衍生物、乙氧化壬基酚、乙氧化醇。防雾剂可以单一地作为添加剂加入或将其制成母粒加入塑料中。高浓度的母粒一般含有质量分数达 50%的防雾剂，用于生产塑料膜时性价比高。防雾剂的具体用量与聚烯烃类别、所需防雾效能时间、塑料膜厚度以及产品助剂全配方等因素有关。通常防雾剂的用量为 1%～3%。

研究表明，防雾剂在聚烯烃薄膜内的分布情况是随时间而改变的。为了延长薄膜的防雾性能，最初主要采取增加膜厚度的方法。薄膜越厚，防雾剂在薄膜内存储空间越大。经研究后，人们逐渐使用三层共挤出薄膜来延长防雾剂的有效时间。在一个典型的三层共挤出聚烯烃薄膜中，中层厚度约为整个膜厚的 1/2，内外层各占约 1/4。在三层共挤膜中，中层中含高浓度的防雾剂，以提供长期的防雾功能。外层为载体层，一般为 PE 膜，不含或仅含少量的防雾剂。

9.10.7　荧光增白剂

荧光增白剂是一种无色的有机化合物，它能吸收人眼看不见的近紫外光，再发射人眼可见的蓝紫色荧光。在聚烯烃和其他聚合物加工过程中作为一种荧光染料，或称为白色染料加以使用。它的特性是能激发入射光线产生荧光，使所染物质获得类似萤石的闪闪发光的效应，使肉眼看的物质很白，达到增白的效果。荧光增白剂要具备以下条件：能吸收紫外光而发出紫蓝色荧光；有较高的荧光量子产率；化合物本身接近无色或浅色；对底物有较好的亲和性，但无化学作用；溶解性或分散性要好，具有较好的耐洗、耐晒、耐熨烫的牢度。

(1) 作用机理

一般来说，荧光增白剂是分子结构含有共轭双键，且具有良好平面性的有机化合物。在日光照射下，它能够吸收紫外线，使分子激发，再回复到基态，此时，紫外线能量便消失一部分，进而转化为能量较低的蓝紫光发射出来。这样，被作用物上的蓝紫光的反射量便得以增加，从而抵消了原物体上因黄光反射量多而造成的黄色感，在视觉上产生洁白、耀目的效果。

(2) 荧光增白剂的分类

根据结构，可将常用荧光增白剂分为以下几类：碳环类、1,3-二苯基吡唑啉类、三嗪基氨基二苯乙烯类、香豆素、二苯乙烯-三氮唑类、萘酰亚胺类、苯并噁唑类、呋喃、苯并呋喃类和苯并咪唑类。

碳环类荧光增白剂是指构成分子的母体结构中不含杂环，同时母体上的取代基也不含杂环的一类荧光增白剂。组成碳环类荧光增白剂的母体结构主要有 1,4-二苯乙烯苯、4,4′-二苯乙烯联苯和 4,4′-二乙烯基二苯乙烯三类。1,4-二苯乙烯苯是氰基取代的二苯乙烯苯，具有相当高的荧光量子产率，对底物的增白效果很好，典型的品种有 C. I. 荧光增白剂 199（结构见图 9.31），在我国的商品名称为荧光增白剂 ER；4,4′-二苯乙烯联苯类的荧光增白剂应用性能好，典型的品种有 Tinopal CBS-X(C. I. 荧光增白剂 351)，在我国的商品名称为荧光增白剂 CBS-X；4,4′-二乙烯基二苯乙烯具有极高的量子产率，我国未有生产，国外的典型品种有 Leukophor EHB。

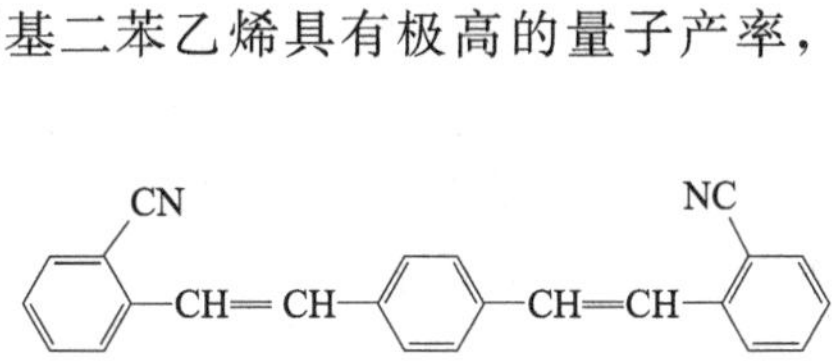

CN　　NC

—CH═CH—　—CH═CH—

图 9.31　1,4-二苯乙烯苯的典型结构

三嗪基氨基二苯乙烯是4,4′-二氨基二苯乙烯-2,2′-二磺酸（4,4′-diaminostilbene-2,2′-disulfonic acid，DSD酸）与三聚氯氰的缩合物。具有该结构类型的荧光增白剂是现有荧光增白剂商品中品种最多的，约80%以上的荧光增白剂都属于此类。典型的品种有荧光增白剂DMS（C.I.荧光增白剂71）。该品种在我国还被称为荧光增白剂挺进33#，常用于固体洗涤剂。

二苯乙烯-三氮唑类荧光增白剂是二苯乙烯类化合物与三氮唑类化合物的缩合物，该类荧光增白剂问世较早。缺点是荧光色调偏绿，对纤维增白的白度不够高，现在逐步退出市场。仍在使用的此类荧光增白剂有结构对称的和结构不对称的两种类型。典型的不对称结构的品种是Tinopal PBS，主要用于棉纤维增白；典型的对称结构的品种是Blankophor BHC，主要用于棉纤维增白和洗涤。

苯并噁唑类荧光增白剂在产量上仅次于三嗪基氨基二苯乙烯类的荧光增白剂，品种大多数是高性能的荧光增白剂，价格较高。苯并噁唑基团非常容易引进分子中，它们在分子中参与电子的共轭延长了分子的共轭链。C.I.荧光增白剂393在我国的商品名称为荧光增白剂OB-1，被广泛用于聚酯纤维树脂的原液增白。另有一类结构不对称的品种，一般不以单一组分使用，而是常与其他相似结构的荧光增白剂一起使用，构成混合型荧光增白剂。

呋喃、苯并呋喃和苯并咪唑类增白剂本身不是荧光增白剂的母体，但它们都是构成荧光增白剂的结构单元。它们可与其他结构单元（如联苯）一起组成性能良好的荧光增白剂。呋喃与联苯的组合在结构上类似于苯乙烯与联苯的组合。含磺酸基团的此类组合具有很好的水溶性。苯并咪唑基团与呋喃组合就是一类水不溶性的荧光增白剂，但它们极易生成盐，所以通常被制成阳离子形式，第一个这种类型的阳离子型荧光增白剂是Uvitex AT。

1,3-二苯基-吡唑啉类化合物具有强烈的蓝色荧光。其典型的荧光增白剂品种是Blankophor DCB（C.I.荧光增白剂121），它在我国的商品名称为荧光增白剂DCB，被大量用于聚丙烯腈纤维的增白。

香豆素本身就具有非常强烈的荧光，在它的4、7位上引入各种取代基团就可使其成为具有实用价值的荧光增白剂。但早期研制的各项牢度性能都不好，代替它们的是在4、7位上引入一些较复杂的取代基团，特别是引入杂环类型的基团，生成的品种具有白度更高、耐日晒牢度更高的特点。香豆素类荧光增白剂的典型品种有Uvitex WGS（C.I.荧光增白剂52）。

萘二甲酰亚胺类荧光增白剂中，1,8-萘二甲酰亚胺以及它们的*N*-衍生物具有较强烈的绿黄色荧光，一直被用作荧光染料，例如C.I.溶剂黄44，将氨基酰化，则这类化合物的最大荧光波长蓝移，适合作为荧光增白剂使用。目前使用的萘二甲酰亚胺类荧光增白剂主要是4、5位上有一个或两个烷氧基取代的衍生物，典型的品种有Mikawhite AT（C.I.荧光增白剂162），国内未见有生产。

（3）应用

在我国，荧光增白剂最先是被划分为印染助剂类产品，然后又被划分为染料类产品。由于其特有性质和大量的用量需求，其已与上述两个行业分开，成为单独的一类精细化工产品。目前国内，荧光增白剂的第一大用户是洗涤剂，第二大用户是纸张，纺织品为第三大用户。聚烯烃产品有时需要本体增白，特别是PE薄膜和用于纸的涂料。选择用于聚烯烃的荧光增白剂，最重要的标准是荧光增白剂与基体的相容性。荧光增白剂与几类聚烯烃的相容性通常按下述次序递减：PP＞HDPE＞LDPE。

参考文献

[1] 黄兆阁，张昊. 高分子材料用抗氧剂的应用现状与展望 [J]. 上海塑料，2018 (1)：1-6.
[2] 王华，王丹，杨勇. 受阻酚类抗氧剂在 PE 100 管材专用树脂中的性能研究 [J]. 塑料科技，2017，45 (5)：107-112.
[3] 刘晶如，沈鹏，俞强. HDPE 热氧老化过程中结构转变的动态流变行为 [J]. 现代塑料加工应用，2017，29 (5)：1-5.
[4] 周瑜. 不同抗氧剂体系在低密度聚乙烯中的抗氧化效果分析 [J]. 化工管理，2017 (2)：216.
[5] 李翠勤，孙鹏，康伟伟，等. 超支化桥联受阻酚在聚乙烯中的抗氧化性能研究 [J]. 中国塑料，2016，30 (8)：43-49.
[6] 杨长龙，郑薇，卞俭俭. 炭黑对过氧化物交联聚乙烯性能影响的研究 [J]. 玻璃钢/复合材料，2016 (6)：44-47.
[7] 曾光新，高晓慧，单永东. 抗氧剂对聚烯烃电缆料辐照交联和耐老化性能的影响 [J]. 绝缘材料，2017，49 (3)：38-42.
[8] 翁起阳，温晓葵，刘旭升，等. 抗氧剂 736 在聚乙烯电缆料中抗氧效能评价 [J]. 合成材料老化与应用，2015，44 (5)：40-44.
[9] 宋程鹏，田广华，宋美丽，等. 2 种抗氧体系对聚丙烯产品性能的影响 [J]. 现代塑料加工应用，2016，28 (2)：48-50.
[10] 热依扎・别坎，马俊红，倪玲贵，等. 不同抗氧剂体系对聚丙烯热氧光老化的稳定作用 [J]. 塑料工业，2017，31 (5)：78-83.
[11] 姜兴亮. 聚丙烯老化及抗氧剂的应用和发展 [J]. 化学工程与装备，2016 (4)：207-210.
[12] 雷祖碧，王飞，王浩江，等. 抗氧剂 1790 对 PP 管材专用料的加工稳定性及高温热氧老化效能的评价 [J]. 塑料助剂，2015 (5)：48-50.
[13] 罗海. 新型高效助剂包提升聚丙烯热稳定性及降低 VOC 的研究 [J]. 塑料助剂，2017 (4)：29-32.
[14] Chen J，Yang M S，Zhang S M. Immobilization of antioxidant on nanosilica and the aging resistance behavior in polypropylene [J]. Composites Part A：Appl Sci Manu，2011，42 (5)：471-477.
[15] 程相峰，何苗，曲敏杰，等. 抗氧剂对聚丙烯热氧老化性能的影响 [J]. 大连工业大学学报，2017，36 (4)：276-278.
[16] 冯相赛，陈奇，余若冰. 抗氧剂改性聚丙烯结构和性能的研究 [J]. 现代化工，2017，37 (7)：124-128.
[17] 俞胜华. 光稳定剂行业分析 [J]. 科技与企业，2016 (4)：224.
[18] 关颖. 国内外橡塑类助剂发展概述 [J]. 化学工业，2016，34 (5)：29-39.
[19] 莽佑，李雷，陈立功. 受阻胺类光稳定剂的研究进展 [J]. 精细化工，2013，30 (4)：385-391.
[20] Yoshihiko T，Yasuyuki I，Shin T，et al. Structural change of a polymeric hindered amine light stabilizer in polypropylene during UV-irradiation studied by reactive thermal desorption-gas chromatography [J]. Polym Degrad Stab，2004，83：221-227.
[21] Cogen J M. Semiempirical prediction of the thermochemistry of intermediates involved in the cyclic mechanism of hindered amine stabilizers [J]. Polym Degrad Stab，1994，44 (1)：49-53.
[22] Gugumus F. Current trends in mode of action of hindered amine light stabilizers [J]. Polym Degrad Stab，1993，40 (2)：167-215.
[23] 莽佑，李雷，陈立功. 受阻胺类光稳定剂的研究进展 [J]. 精细化工，2013，30 (4)：385-391.
[24] 曹凌峰，钱献刚，付罗平，等. 受阻胺光稳定剂构效关系浅析 [J]. 浙江化工，2018，49 (8)：28-31.
[25] 齐邦峰，班红艳，曹祖宾，等. 有机大分子中的光稳定剂 [J]. 抚顺石油学院学报，2002，22 (1)：19-22.
[26] 吕咏梅. 我国光稳定剂生产现状与发展趋势 [J]. 化工新型材料，2002，30 (5)：8-10.
[27] Konstantinova T，Lazarova R，Venkova A L，et al. On the synthesis and photostability of some new naphthalimide dyes [J]. Polymer Degradation and Stability，2004，84：405-409.
[28] 胡应喜，刘霞. 受阻胺光稳定剂的开发研究进展 [J]. 北京石油化工学院学报，2004 (2)：15-22.
[29] Pospisil J，Nespurek S. Photostabilization of coatings mechanisms and performance [J]. Progress in Polymer Science，2000，25 (9)：1261-1335.
[30] 吴珲，王峰. 受阻胺在聚烯烃材料中的应用研究进展 [J]. 材料开发与应用，2011：97-102.
[31] 唐军，董鹏. 聚烯烃复合光稳定剂的应用研究 [J]. 塑料，2007，36 (4)：13-17.
[32] 钱梁华，马洪玺，顾超然，等. 国产光稳定剂在 PE 农膜中的应用 [J]. 塑料工业，2004，32 (12)：46- 57.
[33] 汪辉亮，王春，陈文. HALS 对 PE 辐射致色的影响 [J]. 辐射研究与辐射工艺学报，2001，19 (02)：105-110.
[34] Basfar A A，IdrissAli K M. Natural weathering test for films of various formulations of low density polyethylene

(LDPE) and linear low density polyethylene (LLDPE)[J]. Polymer Degradation and Stability, 2006 (91): 437-443.

[35] Basfar A A, Idriss Ali K M, Mofti S M. UV stability and radiation-crosslinking of linear low density polyethylene and low density polyethylene for greenhouse applications [J]. Polymer Degradation and Stability, 2003 (82): 229-234.

[36] Seiffarth K, Schulz M, Görmara G, et al. Calix [n] arenes-New light stabilizers for polyolefins [J]. Polymer Degradation and Stability, 1989, 24 : 73-80.

[37] 冯亚青，周立山，董宁，等. 杯芳烃、受阻胺及其复合稳定剂对 PP 的抗光氧稳定作用 [J]. 中国塑料，2003，17 (1): 87-90.

[38] 戚志浩. 受阻胺光稳定剂对 PP 织物抗热老化性能的影响 [J]. 工程塑料应用，2007，35 (7): 58-60.

[39] Gugumus F. Performance of low and high molecular mass HALS in PP [J]. Polymer Degradation and Stability, 1999 (66): 133- 147.

[40] Jansen J. Plastics Additives Handbook [M]. New York (USA), 1990.

[41] Van Krevelen D W. Properties of Polymers (Third Edition) [M]. Amsterdam, Oxford, New York, Elsevier, 1990.

[42] Wunderlich B. Macromolecular physics, vol. 2 crystal nucleation, growth, annealing [M]. New York: Academic Press, 1976.

[43] Hieber C A. Correlations for the quiescent crystallization kinetics of isotactic polypropylene and poly (ethylene terephthalate) [J]. Polymer, 1995, 36 (7): 1455-1467.

[44] Binsbergen F L. Heterogeneous nucleation in the crystallization of polyolefins III. Theory and mechanism [J]. Journal of Polymer Science: Polymer Physics Edition, 1973, 11: 117-135.

[45] Binsbergen F L. Natural and artificial heterogeneous nucleation in polymer crystallization [J]. Journal of Polymer Science: Polymer Symposia, 2010, 59 (1): 11-29.

[46] Beck H N. Heterogeneous nucleating agents for polypropylene crystallization [J]. Journal of Applied Polymer Science, 1967, 11 (5): 673-685.

[47] Binsbergen F L. Heterogeneous nucleation in the crystallization of polyolefins: Part Ⅰ Chemical and physical nature of nucleating agents [J]. Polymer, 1970, 11 (5): 253-267.

[48] Wittmann J C , Lotz B. Epitaxial crystallization of polyethylene on organic substrates: A reappraisal of the mode of action of selected nucleating agents [J]. Journal of Polymer Science Part B: Polymer Physics, 1981, 19 (12): 1837-1851.

[49] Wittmann J C, Lotz B. Epitaxial crystallization of polymers on organic and polymeric substrates [J]. Progress in Polymer Science, 1990, 15: 909-948.

[50] 徐涛，雷华. 成核剂对聚丙烯结晶形态及冲击断裂行为的影响 [J]. 高分子材料科学与工程，2003，19 (1): 160-163.

[51] 罗志兴，徐日炜，余鼎声. Al-PTBBA 在等规聚丙烯中的成核活性研究 [J]. 石油化工，2001，30 (8): 612-614.

[52] 李东，刘金玉，李吉春. 聚烯烃用有机成核剂的合成研发进展 [J]. 塑料助剂，2006，58 (4): 1-6.

[53] Milliken Chemical. Hyperform HPN-68L [EB/OL]. [2011-04-10]. http: //www. Clearp. com /SiteCollectionDocuments/ Hyperform68L _ Flyer. pdf.

[54] Milliken Chemical. Millad NX TM 8000 [EB/OL]. [2011-04-10]. http: //www. Clearp. com /SiteCollectionDocuments/ MilladNx8000 _ Flyer. pdf.

[55] 陈祖敏，张彦芝，张增冬，等. 聚烯烃透明改性剂研制及应用 [J]. 塑料科技，2000，135 (1): 10-11.

[56] 王克智. 山西省化工研究院推出 TMP 系列成核剂 [J]. 塑料科技，2004，6: 34.

[57] 张跃飞，辛忠. 聚丙烯透明成核剂的开发与进展 [J]. 中国塑料，2002，16 (10): 11-15.

[58] Medeiro E S, Tocchetto R, Carvalho L H, et al. Nucleating effect and dynamic crystallization of a poly (propylene) /talc system [J]. J Therm Anal Calorim, 2001, 66 (2): 523-531.

[59] 吴唯，钱琦，浦伟光，等. 纳米 SiO_2 改性 PP 的结晶结构与特性研究 [J]. 中国塑料，2002，16 (1): 23-27.

[60] Lee D H, Yoon K B. Effect of polycyclopenteneon crystallization of isotactic polypropylene [J]. Journal of Applied Polymer Science, 1994, 54 (10): 1507-1511.

[61] 彭文理，宗鹏，张文学，等. 聚丙烯 β 成核剂的研究进展 [J]. 工程塑料应用，2017，45 (11): 131-135.

[62] Chan C M, Wu J S, Li J X, et al. Polypropylene/calcium carbonate nanocomposites [J]. Polymer, 2002, 43 (5): 2981- 2992.

[63] New Japan Chemical Co. Ltd. Manufacture of aromatic eyclicImide with high purity. JP, 03014835 [P]. 1991-01-23.

[64] Milliken Company. Organic nucleating agents that impart very high impact resistance and other beneficial physical properties within polypropylene articles at very low effective amounts：US 20040132884 A1 [P]. 2004-07-08.

[65] Milliken Company. Compositions comprising metal salts of hexahydrophthalic acid and methods of employing such compositions in polyolefin resins：US 20080004384 A1 [P]. 2008-01-03.

[66] Reyntens W，Horrocks M，Goyvaerts D，et al. Polymer additive compositions and methods：US 0139718 A1 [P]. 2008-06-12.

[67] Borke J S ，Mcfaddin D C ，Imfeld S M. Barrier properties of substantially linear HDPE film with nucleating agents：US 20080227900 A1 [P]. 2008-9-18.

[68] 李占眷，任琦. 聚烯烃塑料成核剂 DBS 的应用效果 [J]. 兰化科技，1998，16 (4)：191-193.

[69] 刘南安，黄燕，姜诚德，等. 高透光增强线型聚乙烯的研究应用 [J]. 塑料科技，2002，(6)：8-10，13.

[70] 刘南安，黄燕，姜成德，等. 玉米高产薄型专用地膜的开发应用研究 [J]. 塑料工业，2003，31 (3)：38-42.

[71] 滕谋勇，张广明，段景宽，等. 高透明 LLDPE 专用料的研制及性能研究 [J]. 中国塑料，2001，15 (12)：33-35.

[72] 杨伟，单桂芳，唐雪刚，等. LLDPE 吹塑薄膜的结构与性能 [J]. 高分子材料科学与工程，2006，22 (4)：114-117.

[73] 党智敏，亢婕，屠德民，等. 三梨糖醇 PE 空间电荷和耐水树脂性能的影响 [J]. 高电压技术，2001，27 (1)：16-18.

[74] 王加龙，樊建清. 硬脂酸钙成核剂对 HDPE 薄膜透明性的研究 [J]. 广东塑料，1991 (3)：22-25.

[75] 尹德荟，高建国，李炳海，等. HDPE 改进 UHMWPE 加工性能的研究 [J]. 塑料，2000，29 (3)：27-32.

[76] 李刚，李从武. 成核剂对 HDPE /CB 体系热敏电阻电学性能的影响 [J]. 电子元件与材料，2002 (3)：11-15.

[77] 史航，石建高，王鲁民. UHMWPE /HDPE 复合材料的流动性和力学性能研究 [J]. 化工新型材料，2007，35 (12)：52-53.

[78] 乔文强，范晓东，孔杰，等. 液晶型成核剂的合成及对聚乙烯结晶行为的影响：Ⅱ. 液晶型成核剂对 HDPE 结晶行为及晶体形态的影响 [J]. 高分子材料科学与工程，2004，20 (6)：98-101.

[79] 乔文强，范晓东，孔杰，等. 聚合物型成核剂对 HDPE 结晶行为的影响 [J]. 中国塑料，2005，33 (2)：58-61.

[80] 李文斐，姚占海. 丙烯酸接枝线性低密度聚乙烯的热力学行为及结晶形态 [J]. 中国塑料，2006，20 (8)：17-21.

[81] 博里利斯技术公司. 用途：CN1946785 A[P]. 2007- 04-11.

[82] Free-Flow Packaging International，Inc. Method and composition for making foramed polyethylene material：US 6299809B1 [P]. 2001-10-09.

[83] Free-Flow Packaging International，Inc. Composition and blowing agent for making formed polyethylene material：US 6245823B1 [P]. 2001-06-09.

[84] 李亚娜，李树材. 偶联剂 nano-ZnO/HDPE 复合材料性能的影响 [J]. 塑料科技，2009，37 (6)：31-34.

[85] 叶春民. 稀土化合物填充高聚物的研究进展 [J]. 高分子通报，1997，3：173-178，189.

[86] 王新鹏，梁琳俐，赵辉鹏，等. UHMWPE/CNTs 复合纤维的结晶行为研究 [J]. 合成技术及应用，2005，20 (3)：16-19，25.

[87] 廖明义，隗学礼. 镁盐晶须增强聚乙烯力学性能的研究 [J]. 塑料科技，1999，27 (6)：41-43.

[88] Al-Ghazawi M，Sheldon R P. Heterogeneous nucleation studies on polypropylene [J]. Journal of Polymer Science：Polymer Letters Edition，1983，21 (5)，347-351.

[89] Fujiyama M，Wakina T. Structures and properties of injection moldings of crystallization nucleator-added polypropylenes. 1. structure-property relationships [J]. Journal of Applied Polymer Science，1991，42 (10)：2739-2747.

[90] 金宗哲. 无机抗菌材料及应用 [M]. 北京：化学工业出版社，2004.

[91] 丁浩，童忠良，杜高翔. 纳米抗菌技术 [M]. 北京：化学工业出版社，2007.

[92] 季君晖，史维明. 抗菌材料 [M]. 北京：化学工业出版社，2003.

[93] 顾学斌，王磊，马振瀛，等. 抗菌防霉手册 [M]. 北京：化学工业出版社，2011.

[94] 孙成伦，王海鹰，武文，等. 抗菌塑料的研发及应用进展 [J]. 塑料科技，2013，03：96-98.

[95] 马楠，季君晖，崔德健，等. 纳米抗菌塑料的抗菌性能测定 [J]. 中国消毒学杂志，2006，04：319-321.

[96] 孙振玲，刘俊龙. 抗菌塑料的制备及应用研究进展 [J]. 塑料科技，2007，10：102-107.

[97] Ferrocino I，La Storia A，Torrieri E，et al. Antimicrobialpackaging to retard the growth of spoilage bacteria and to reduce the release of volatile metabolites in meat stored under vacuum at 1 degrees C [J]. Journal of Food Protection，2013，76 (1)：52-58.

[98] Kim Y M，Paik H D，Lee D S. Shelf-life characteristics of fresh oysters and ground beef as affected by bacteriocin-

coated plastic packaging film [J]. Journal of the Science of Food and Agriculture, 2002, 82 (9): 998-1002.

[99] Antonio, Martínez-Abad, María, et al. Morphology, physical properties, silver release, and antimicrobial capacity of ionic silver-loaded poly (l-lactide) films of interest in food-coating applications [J]. Journal of Applied Polymer Science, 2014.

[100] 黄灵阁,曹宏深,陈金周,等.聚丙烯基抗菌塑料的制备与性能研究 [J].化学推进剂与高分子材料,2008,6:38-40.

[101] 高向华,魏丽乔.聚丙烯抗菌塑料的研制 [J].山西化工,2007,27 (6):9-11.

[102] 张丽英,张浩.抗菌聚丙烯的性能及影响因素 [J].合成树脂,2007,24 (5):12-16.

[103] 李红梅,季君晖,崔德健,等.抗菌塑料对其表面菌膜形成的抑制作用研究 [J].中华医院感染学杂志,2006,06:615-618.

[104] 谭绍早.聚丙烯抗菌塑料的制备及性能研究 [J].中国塑料,2005,02:41-44.

[105] 张环.抗菌塑料与抗菌母料的制备及性能研究 [D].天津:天津科技大学,2001.

[106] 赵虹,王为黎,马景宏,等.抗菌塑料的抑菌效果评价 [J].中国微生态学杂志,2006,03:254.

[107] 李毕忠,季君晖,董晓旭,等.抗菌塑料的研制及其在家电中的应用 [J].工程塑料应用,1999,02:19-21.

[108] 唐海北,王东宁,王兆波.抗菌塑料及抗菌冰箱的开发 [J].电机电器技术,2000,01:17-21.

[109] 郑巧东,谢萍华.抗菌塑料抗菌性能的检测与评价 [J].杭州化工,2003,02:27-28.

[110] 李毕忠.抗菌塑料的研究应用和市场现状 [J].化工商品科技,1999,02:10-12.

[111] 刘伟时.抗菌纤维的发展及抗菌纺织品的应用 [J].化纤与纺织技术,2011,03:22-27.

[112] 陈健,冯孝中.抗菌塑料在家电领域的应用 [J].家电科技,2012,02:84-86.

[113] 刘斌,张东,张普亮,等.LZB-GC抗菌剂在医用聚丙烯中的应用研究 [J].塑料工业,2009,37 (5):53-55.

[114] Martinez-Abad A, Ocio M J, Lagaron J M. Morphology, Physical Properties, Silver Release, and Antimicrobial Capacity of Ionic Silver-Loaded Poly (L-lactide) Films of Interest in Food-Coating Applications [J]. Journal of Applied Polymer Science, 2014, 131 (21): fn/.

[115] D'Antonio N N, Rihs J D, Stout J E, et al. Computer keyboard covers impregnated with a novel antimicrobial polymer significantly reduce microbial contamination [J]. American Journal of Infection Control, 2013, 41 (4): 337-339.

[116] 王广莉.抗菌纤维制备及其抗菌活性研究 [D].贵州:贵州大学,2008.

[117] 李毕忠.抗菌纤维及抗菌织物的研制与开发 [J].纺织科学研究,2003,01:13-16.

[118] Pilati F, Degli Esposti M, Bondi M, et al. Designing of antibacterial plastics: thymol release from photocured thymol-doped acrylic resins [J]. Journal of Materials Science, 2013, 48 (12): 4378-4386.

[119] 刘方,唐旭东,张家鹤.抗菌塑料研究进展 [J].塑料制造,2009,04:84-87.

[120] Chen X, Mai K C. Crystalline morphology and dynamical crystallization of antibacterial , β- polypropylene composite [J]. Journal of Applied Polymer Science, 2008, 110 (6): 3401-3405.

[121] Kneale C. Problems and pitfalls in the evaluation and design of new biocides for plastics applications [J]. Polymers & Polymer Composites, 2003, 11 (3): 219-228.

[122] 李涛.国内外抗菌剂的发展及其在PP中的应用 [J].塑料工业,2003,10:5-8.

[123] 孙振玲.复合抗菌剂的制备及其抗菌塑料研究 [D].大连:大连工业大学,2008.

[124] 冯德才,刘小林,杨其,等.抗菌剂与抗菌纤维的研究进展 [J].合成纤维工业,2005,04:40-42.

[125] 吴远根,邱树毅,张难,等.高分子季铵盐型抗菌塑料的制备和抗菌性能 [J].材料研究学报,2007,04:421-426.

[126] 吴远根,王广莉,张难,等.表面接枝高分子季铵盐的纳米 SiO_2 应用于抗菌塑料的制备 [J].塑料工业,2007,02:50-53.

[127] Aalto-Korte K, Alanko K, Henriks-Eckerman M L, et al. Antimicrobial allergy from polyvinyl chloride gloves[J]. Archives of Dermatology, 2006, 142 (10): 1326-1330.

[128] Xing C M, Deng J P. Synthesis of antibacterial polypropylene film with surface immobilized polyvinylpyrrolidone-iodine complex [J]. Journal of Applied Polymer Science, 2005, 97 (5): 2026-2031.

[129] Park J S, Kim J H. Antibacterial activities of acrylic acid-grafted polypropylene fabric and its metallic salt [J]. Journal of Applied Polymer Science, 1998, 69 (11): 2213-2220.

[130] Huang J, Murata H R, Koepsel R. Antibacterial polypropylene via surface-initiated atom transfer radical polymerization [J]. Biomacromolecules, 2007, 8 (5): 1396-1399.

[131] Nho Y, Park J. Antibacterial activity of sulfonated styrene-grafted polypropylene fabric and its metallic salt [J]. Journal of Macromolecular Science, Part A: Pure and Applied Chemistry, 1999, 36: 731-740.

[132] 王维清，冯启明，张宝述，等. 聚丙烯/斜发沸石基抗菌剂抗菌塑料的制备及其性能研究 [J]. 中国塑料，2006，04：47-50.

[133] 王永忠，钟明强，杨晋涛，等. 纳米 Ag@TiO_2/聚氯乙烯抗菌塑料制备及其性能 [J]. 材料科学与工程学报，2009，06：862-864.

[134] 管迎梅，陈兆文，范海明，等. 银系抗菌纤维的制备工艺 [J]. 舰船防化，2009，04：1-5.

[135] 潘晓勇，杜岩岩，陈伟，等. 载银纳米二氧化钛在抗菌塑料中的应用研究进展 [J]. 工程塑料应用，2012，11：101-105.

[136] 刘云超. 载银纳米二氧化钛有机改性及在抗菌塑料涂漆中的应用 [D]. 湖南：中南大学，2009.

[137] 蒋雷. 聚酰胺载银纳米二氧化钛抗菌纤维制备 [D]. 湖南：中南大学，2012.

[138] Nafchi A M, Nassiri R, Sheibani S, et al. Preparation and characterization of bionanocomposite films filled with nanorod-rich zinc oxide [J]. Carbohydrate Polymers, 2013, 96 (1): 233-239.

[139] 涂惠芳，吴政. 含银离子抗菌纤维的抗菌性能研究 [J]. 针织工业，2008，04：20-22.

[140] 马肃，刘峥，袁帅，等. 载银剑麻抗菌纤维的制备及其抗菌性能的研究 [J]. 化工新型材料，2012，12：143-146.

[141] 李智慧，余凤斌. 纳米银抗菌纤维在纺织行业中的应用 [J]. 针织工业，2013，07：65-66.

[142] Abe Y, Ishii M, Takeuchi M, et al. Effect of saliva on an antimicrobial tissue conditioner containing silver-zeolite [J]. Journal of Oral Rehabilitation, 2004, 31 (6): 568-573.

[143] Delgado K, Quijada R, Palma R, et al. Polypropylene with embedded copper metal or copper oxide nanoparticles as a novel plastic antimicrobial agent [J]. Letters in Applied Microbiology, 2011, 53 (1): 50-54.

[144] Martinez-Gutierrez F, Guajardo-Pacheco J M, Noriega-Trevino M E, et al. Antimicrobial activity, cytotoxicity and inflammatory response of novel plastics embedded with silver nanoparticles [J]. Future Microbiology, 2013, 8 (3): 403-411.

[145] Dubas S T, Kumlangdudsana P, Potiyaraj P. Layer-by-layer deposition of antimicrobial silver nanoparticles on textile fibers [J]. Colloids and Surfaces a-Physicochemical and Engineering Aspects, 2006, 289 (1-3): 105-109.

[146] Son W K, Youk J H, Lee T S, et al. Preparation of antimicrobial ultrafine cellulose acetate fibers with silver nanoparticles [J]. Macromolecular Rapid Communications, 2004, 25 (18): 1632-1637.

[147] Gao Y, Cranston R. Recent advances in antimicrobial treatments of textiles [J]. Textile Research Journal, 2008, 78 (1): 60-72.

[148] Sharma V K, Yngard R A, Lin Y. Silver nanoparticles: Green synthesis and their antimicrobial activities [J]. Advances in Colloid and Interface Science, 2009, 145 (1-2): 83-96.

[149] 张惠珍. 不同种类壳聚糖/LDPE 抗菌塑料性能初探 [J]. 塑料工业，2008，11：39-41.

[150] 刘俊龙，孙振玲. 壳聚糖接枝甲基丙烯酸甲酯在抗菌塑料中的应用 [J]. 塑料科技，2008，04：64-68.

[151] Kuorwel K K, Cran M J, Sonneveld K, et al. Antimicrobialactivity of biodegradable polysaccharide and protein-Based films containing active agents [J]. Journal of Food Science, 2011, 76 (3): R90-R102.

[152] Rodriguez F, Sepulveda H M, Bruna J, et al. Development of cellulose eco-nanocomposites with antimicrobial properties oriented for food packaging [J]. Packaging Technology and Science, 2013, 26 (3): 149-160.

[153] Lim S H, Hudson S M. Application of a fiber-reactive chitosan derivative to cotton fabric as an antimicrobial textile finish [J]. Carbohydrate Polymers, 2004, 56 (2): 227-234.

[154] Pillai C K S, Paul W, Sharma C P. Chitin and chitosan polymers: Chemistry, solubility and fiber formation [J]. Progress in Polymer Science, 2009, 34 (7): 641-678.

[155] Sebti I, Chollet E, Degraeve P, et al. Water sensitivity, antimicrobial, and physicochemical analyses of edible films based on HPMC and/or chitosan [J]. Journal of Agricultural and Food Chemistry, 2007, 55 (3): 693-699.

[156] Torlak E, Nizamlioglu M. Antimicrobial effectiveness of chitosan-essential oil coated plastic films against foodborne pathogens [J]. Journal of Plastic Film & Sheeting, 2011, 27 (3): 235-248.

[157] Barud H S, Regiani T, Marques R F C, et al. Antimicrobialbacterial cellulose-silver nanoparticles composite membranes [J]. Journal of Nanomaterials, 2011.

[158] Otoni C G, de Moura M R, Aouada F A, et al. Antimicrobial and physical-mechanical properties of pectin/papaya puree/cinnamaldehyde nanoemulsion edible composite films [J]. Food Hydrocolloids, 2014, 41: 188-194.

[159] Becerril R，Gomez-Lus R，Goni P，et al. Combination of analytical and microbiological techniques to study the antimicrobial activity of a new active food packaging containing cinnamon or oregano against E-coli and S-aureus [J]. Analytical and Bioanalytical Chemistry，2007，388 (5-6)：1003-1011.

[160] Yan Q Q，Zhang J L，Dong H Z，et al. Properties and antimicrobial activities of starch-sodium alginate composite films incorporated with sodium dehydroacetate or rosemary extract [J]. Journal of Applied Polymer Science，2013，127 (3)：1951-1958.

[161] Murillo-Martinez M M，Tello-Solis S R，Garcia-Sanchez M A，et al. Antimicrobialactivity and hydrophobicity of edible whey protein isolate films formulated with nisin and/or glucose oxidase [J]. Journal of Food Science，2013，78 (4)：M560-M566.

[162] Gibson L J，Ashby M F. Cellular solids：structure and properties [J]. Cambridge University Press；2014.

[163] Bao J B，Nyantakyi J A，Weng G S，et al. Tensile and impactproperties of microcellular isotactic polypropylene (PP) foams obtained by supercritical carbon dioxide. Supercrit Fluid 2016；111：63-73.

[164] Sato Y.，Wang M.，Takishima S.，et al.，Solubility of butane and isobutane in molten polypropylene and polystyrene. Polymer Engineering and Science，2004，44 (11)：2083-2089.

[165] 陈立军. AC发泡剂的制备工艺及其微细化途径 [J]. 化工新型材料，2005，33 (1;)：52-54.

[166] 周琼. 发泡剂在熔体中的分解行为及其研究方法 [J]. 塑料，1999，28 (3)：26-31.

[167] 陈浩. 泡沫塑料发泡剂的现状及展望 [J]. 塑料科技，2009，37 (2)：68-71.

[168] Zhai W，Kim Y W，Park C B. Steam-chest molding of expanded polypropylene foams，1：DSC simulation of bead foam processing [J]. Industrial & Engineering Chemistry Research，2010，49 (20)：9822-9829.

[169] Zhai W，Kim Y W，Jung DW，et al. Steam-chest molding of expanded polypropylene foams，2：Mechanism of interbead bonding [J]. Industrial & Engineering Chemistry Research，2011，50 (9)：5523-5531.

[170] Park C B，Suh N P. Filamentary extrusion of microcellular polymers using a rapid decompressive element [J]. Polymer Engineering and Science，1996，36 (1)：34-36.

[171] Park C B，Cheung L K. A study of cell nucleation in the extrusion of polypropylene foams [J]. Polymer Engineering and Science，1997，37 (1)：1-10.

[172] Sato Y，Fujiwara K，Takikawa T，et al. Solubilities and diffusion coefficients of carbon dioxide and nitrogen in polypropylene，high-density polyethylene，and polystyrene under high pressures and temperatures [J]. Fluid Phase Equilibria，1999，182 (1-2)：261-276.

[173] Naguib H E，Park C B，Panzer U，et al. Strategies for achieving ultra low-density PP foams [J]. Polymer Engineering and Science，2002，42 (7)：1481-1492.

[174] Doroudiani S，Park C B，Kortschot M T. Processing and characterization of microcellular foamed high density polyethylene/isotactic polypropylene blends [J]. Polymer Engineering and Science，1998，38 (7)：1205-1215.

[175] Hani E N，Seung W S，Byon Y J. Effect of supercritical CO_2 and N_2 on the crystallization of linear and branched propylene resins filled with foaming additives [J]. Industrial and Engineering Chemistry Research，2005，17 (44)：6 685-6691.

[176] Klempner D，Frisch K C. Handbook of polymeric foams and foam technology [J]. Munich：Hanser Publishers，1991：182.

[177] Gendron R，Champagne M F. Foaming polystyrene with a mixture of CO_2 and ethanol [J]. Journal of Cellular Plastics，2006，42 (2)：127-138.

[178] Park C B，Behravesh A H，Venter R D. Low density microcellular foam processing inextrusion using CO_2 [J]. Polymer Engineering and Science，1998，38 (11)：1812-1823.

[179] 郭鹏，吕明福，张师军，等. 高熔体强度聚丙烯的研究现状与评述 [J]. 化工进展，2012，31 (2)：158-162.

[180] 郭鹏，吕明福，张师军，等. 高熔体强度聚丙烯的研究进展 [J]. 石油化工，2012，41 (8)：958-964.

[181] 张纯，罗筑，于杰，等. 二次开模注射成型微孔发泡PP工艺及其性能研究. 中国塑料 [J]. 2005，19 (8)：67-70.

[182] 赵择卿. 高分子材料抗静电技术 [M]. 北京：纺织工业出版社，2006.

[183] 张林，许越峥. 塑料抗静电剂国内外研究进展 [J]. 国外塑料，2005，23 (8)：44-47.

[184] 刘素芳. 塑料用抗静电剂的研究进展 [J]. 聚合物与助剂，2008 (6)：16-20.

[185] Omastová M. Electrical and mechanical properties of conducting polymer composites [J]. Synthetic Metals，1999，102：1251-1252.

[186] Xie J D. A discussion of the contact behaviour of a carbon-fibrecomposite for electric contact applications [J]. Composites Science and Technology，1999，59：1189-1194.

[187] Li C S. Improving the antistatic ability of polypropylene fibers by inner antistatic agent filled with carbon nanotubes [J]. Composites Science and Technology，2004，64：2089-2096.

[188] 李涛. 抗静电剂在PP与PE中的应用. 现代塑料加工应用 [J]. 2003，15 (1)：35-37.

[189] 刘冠云. 抗静电剂在BOPP中的应用效能 [J]. 合成材料老化与应用，2002 (2)：10-12.

[190] 陈宇，庄严，吴瑞征. 聚烯烃包装材料抗静电剂的研究进展 [J]. 精细与专用化学品，2001，9 (9).：32-34.

[191] 张念泰，高晓明. 抗静电PE膜的研制 [J]. 江苏石油化工学院学报，2000，12 (2)：15-17.

[192] 丁运生，王僧山，汪涛. 抗静电聚丙烯的制备研究 [J]. 塑料工业，2004，32 (005)：37-38.

[193] 田瑶珠，于杰，罗筑，等. 不同类型4种抗静电剂在PE-HD中的应用效果及机理分析 [J]. 中国塑料，2004，18 (1).：63-66.

[194] 谢鸽成. 抗静电剂与Atmer系列抗静电剂 [J]. 塑料助剂，2000，6 (24)：28-29.

[195] 田江波，钟健，牛晓蕾，等. 国内外抗静电剂的市场分析 [J]. 精细与专用化学品，2005，13 (11)：23-27.

[196] 黄良仙，安秋凤，李临生. 抗静电剂及其在工业领域的应用 [J]. 日用化学工业，2004，34 (5)：308-311.

[197] 彭治汉. 聚合物阻燃新技术 [M]. 北京，化学工业出版社，2015.

[198] 钱立军. 新型阻燃剂制造与应用 [M]. 北京，化学工业出版社，2013.

[199] 张玉龙. 阻燃高分子材料配方设计与加工 [M]. 北京，中国石化出版社，2010.

[200] Chen H B，Wang Y Z，Sánchez-Soto M，et al. Low flammability，foam-like materials based on ammonium alginate and sodium montmorillonite clay [J]. Polymer 2012；53 (25)：5825-5831.

[201] Xia Y，Jin F F，Mao Z W，et al. Effects of ammonium polyphosphate to pentaerythritol ratio on composition and properties of carbonaceous foam deriving from intumescent flame-retardant polypropylene [J]. Polym Degrad Stabil 2014；107：64-73.

[202] 代培刚，刘志鹏，陈英杰，等. 无机阻燃剂发展现状 [J]. 广东化工，2008，35 (7)：62-64.

[203] 邝淼，梁贤浩，刘建军，等. 次磷酸铝协同硼酸锌阻燃聚乙烯 [J]. 应用化学，2016，33 (10)：1147-1153.

[204] 林晓丹，贾德民，陈广强，等. 硼酸锌在膨胀型阻燃聚丙烯中的协同阻燃机理研究 [J]. 塑料工业，2002，30 (2).：41-42.

[205] 姚佳良，彭红瑞，张志. 聚丙烯/纳米氢氧化镁阻燃复合材料的性能研究 [J]. 青岛科技大学学报：自然科学版，2003，24 (2)：142-144.

[206] Khanal S，Zhang W，Ahmed S，et al. Effects of intumescent flame retardant system consisting of tris (2-hydroxyethyl) isocyanurate and ammonium polyphosphate on the flame retardant properties of high-density polyethylene composites [J]. Compos Part A-Appl Sci Manuf，2018；112：444-451.

[207] Gu J W，Zhang G C，Dong S L，et al. Study on preparation and fireretardant mechanism analysis of intumescent flame-retardant coatings [J]. Surf Coat Tech，2007，201 (18)：7835-7841.

[208] 樊真，赵小平. 膨胀型阻燃剂MPP在塑料中的应用 [J]. 塑料工业，1996，024 (005)：92-93.

[209] Lai X，Tang S，Li H，et al. Flame-retardant mechanism of a novel polymeric intumescent flame retardant containing caged bicyclic phosphate for polypropylene [J]. Polym Degrad Stabil，2015，113：22-31.

[210] Wang W，Wen P Y，Zhan J，et al. Synthesis of a novel charring agent containing pentaerythritol and triazine structure and its intumescent flame retardant performance for polypropylene [J]. Polym Degrad Stabil，2017，144：454-463.

[211] 夏英，杨大伟. 阻燃聚乙烯塑料的阻燃性能实验 [J]. 大连轻工业学院学报，1998：45-48.

[212] 徐一兵，王丽丽，梁汉东. HDPE电缆料的低烟低卤阻燃研究 [J]. 塑料科技，2008，36 (4)：37-41.

[213] Xu L，Xiao L，Jia P，et al. Lightweight and ultrastrong polymer foams with unusually superior flame retardancy [J]. ACS Appl Mater Interfaces，2017，9 (31)：26392-26399.

[214] 王兴为. 塑料助剂与配方设计技术 [M]. 北京：化学工业出版社，2016.

[215] 豆高雅. 无机填料改性聚丙烯的力学性能研究 [J]. 橡塑技术与装备，2018，10：15-19.

[216] 徐世传. 我国无机填料的生产和应用概况 [J]. 橡胶科技市场，2009，23：5-10.

[217] 何丽红. 硅烷偶联剂表面改性二氧化钛粒子超疏水性能 [J]. 精细化工，2014，31 (9)：1061-1064.

[218] 袁庆丰，杨郑，徐琼楠，等. 偶联剂改性填料对SEBS/PP复合材料性能的影响 [J]. 武汉工程大学学报，2017，39 (1)：45-53.

[219] 罗士平，周国平，曹佳杰，等. 钛酸酯偶联剂对无机填料表面改性的研究 [J]. 合成材料老化与应用，2001，30 (1)：9-14.

[220] 马进. 纳米碳酸钙的表面改性研究进展 [J]. 橡胶工业，2006，6：377-381.

[221] Domka I. Surface modified precipitated calcium carbonated at a high degree of dispersion [J]. Colloid Polymer Sci，1993，271 (11)：1091-1099.

[222] 章正熙，华幼卿，陈建峰，等. 纳米碳酸钙湿法表面改性的研究及其机理探讨 [J]. 北京化工大学学报：自然科学版，2002，29 (3)：49-55.

[223] Qazviniha M R，Abdouss M，Musavi M，et al. Physical and mechanical properties of SEBS/polypropylene nanocomposites reinforced by nano $CaCO_3$ [J]. Materialwissenschaft Und Werkstofftechnik，2016，47 (1)：323-329.

[224] 郭涛，王炼石. 碳酸钙填充改性聚丙烯复合材料合成材料 [J]. 老化与应用，2003，32 (4)：46-48.

[225] Min Y，Fang Y，Huang X，et al. Surface modification of basalt with silane coupling agent on asphalt mixture moisture damage [J]. Applied Surface Science，2015，34 (6)：497-502.

[226] Chen N. Investigation of nano-talc as a filling material and a reinforcing agenting high density polyethylene (HDPE) [J]. RareMetals，2006，25 (5)：422-425.

[227] 王鉴，李红伶. 聚丙烯高岭土复合材料的结构与性能. 塑料工业，2015，43 (1)：71-74.

[228] 曹宏，张小莉，刘冰洋，等. 微硅粉/聚丙烯复合材料制备与表征 [J]. 武汉工程大学学报，2014，36 (4)：50-54.

[229] 胡明霞. 玻璃纤维的应用及发展 [J]. 中国粉体工业，2019，2：4-7.

[230] 汉斯·茨魏费尔后. 塑料添加剂手册 [M]. 第 5 版. 欧育湘，李建军，李锦，等译. 北京：化学工业出版社，2005.

[231] 尹振晏. *N*,*N*′-双(3,5-二叔丁基-4-羟基苯基)丙酰肼的合成 [J]. 化学试剂，2003 (5)：313.

[232] 殷伟芬，寿慧钰. 抗氧抗铜剂 1024 的合成研究 [J]. 应用化工，2003 (6)：38-40.

[233] 吴煜升，惠守文，梁英，等. 双酰肼衍生物的制备方法：CN，1094394 [P]. 1994-11-02.

[234] Wang R，Shang P P，Jervis D A. Phenolic-hydrazide compounds and polyolefin compositions stabilized therewith：US5302744 A [P]. 1994.

[235] 陶再山. 金属钝化剂 Nangarz XL-1 合成的研究 [J]. 塑料助剂，2007 (3)：17-19.

[236] Jerome Wicher. Hindered phenolic *N*-(amido) imides：US 5068356 [P]. 1991-11-26.

[237] 桂祖桐. 聚烯烃金属钝化剂的原理及应用技术 [J]. 合成树脂及塑料，1991 (3)：71-74.

[238] 马宗立. 聚烯烃抗氧剂的发展建议 [J]. 兰化科技，1995 (3)：189-194.

[239] 山西化工研究所. 塑料橡胶助剂手册 [M]. 北京：化学工业出版社，2002：79-85.

[240] 严一丰，李杰，胡行俊. 塑料稳定剂及其应用 [M]. 北京：化学工业出版社，2008：283-289.

[241] 苏一凡，郑梅梅，王征月. PE、PP 抗铜母粒的研制 [J]. 合成树脂及塑料，1988 (2)：15-21.

[242] Archibald Robfort. Thermoplastic resins stabilized of by blend of dithiocarbamates and amines or phenols：WO 99/23154 [P]. 1999-05-14.

[243] 韩怀芬，王旭. 金属钝化剂对矿物填充聚丙烯热氧稳定性的影响 [J]. 高分子材料科学与工程，1999 (3)：109-112.

[244] Nakajima Yoichi. Fire-retardant polyolefin composition：JP 1997-020841 [P]. 1997-01-21.

[245] Nakajima Yoichi. Flame-retardant polyolefin composition：JP 1997-003251 [P]. 1997-01-07.

[246] Nakahara Yutaka. Heat and light stabilizer for use in flame-retardant polyolefin composition：JP 96/325412 [P]. 1996-12-10.

第10章 聚烯烃加工技术

10.1 概述

聚烯烃的成型加工方法主要有注塑、挤出、吹塑、热成型、发泡、固相拉伸、纺丝、增材制造等。其中挤出成型占聚丙烯成型加工的一半，产品包括薄膜、片材、板材、管材、纤维等，另有近 1/3 聚丙烯用于注塑，其他成型工艺约占 5%。

10.1.1 基本特性

10.1.1.1 聚丙烯

(1) 简介

聚丙烯（PP）具有无毒无味、良好耐热、耐腐蚀、电绝缘、密度低及强度高的特点，年产能及消费量居于通用塑料前列。聚丙烯主要应用于包装、建筑、装饰、公用工程、汽车、电子电器等领域。随着催化剂、聚合技术水平的不断提高，聚丙烯深加工产品日益增多，拓展了聚丙烯的应用空间，其消费量具有较大增长空间。但是，聚丙烯也具有如下缺点：低温抗冲击强度低、韧性较差、不耐磨、抗老化性能差。

(2) 均聚聚丙烯

均聚聚丙烯，简称 PPH，是由丙烯单体聚合而成的均聚物，其具有良好的流动性能以及宽范围的流速，易加工成型可制成薄膜。适用于塑编行业、双向拉伸薄膜、BOPP 膜、吸管及饮用水管等。但均聚聚丙烯的结构较为规整，其冲击性能较差，因此均聚聚丙烯容易脆化，极少应用于重工业包装及家电类制品。

(3) 无规共聚聚丙烯

无规共聚聚丙烯，简称 PPR，是丙烯单体与 1%～4%左右的乙烯单体在高温、高压及催化剂作用下聚合而成的共聚物，其抗冲击性能优异，并且其透明度并未受丝毫影响，常用于塑料管材及透明包装制品。现阶段，聚丙烯在医疗领域的应用正在逐步扩大，后期，无规高透明聚丙烯材料的应用范围还将继续拓展。

(4) 嵌段共聚聚丙烯

嵌段共聚聚丙烯，简称 PPB，乙烯含量一般在 7%～15%左右，由于乙烯含量较高，其刚性与抗冲击性能较佳，常用于家用电器、重工业包装箱、汽车保险杠等。

10.1.1.2 聚乙烯

(1) 简介

聚乙烯（PE）主要包括高密度聚乙烯、低密度聚乙烯、线型低密度聚乙烯、茂金属线型低密度聚乙烯、聚乙烯弹性体。这些聚乙烯由于各自的密度及分子结构不尽相同，具有各自特殊的性能特点。

(2) 高密度聚乙烯

高密度聚乙烯（HDPE）是无味、无臭、无毒的白色粉末或颗粒状固体。分子结构以线型结构为主，平均每 1000 个 C 中含有不多于 5 个支链，结晶度高达 80%～90%。其模量较高，渗透性最小，适合制备中空容器。通过吹塑、流延等方式制备的薄膜，可作为购物袋、垃圾袋或重包装袋。HDPE 制备的管材具有良好的耐腐蚀及耐老化性能。

(3) 低密度聚乙烯

低密度聚乙烯（LDPE）分子结构中含有长支链和短支链结构，其中 1000 个 C 中含有约 15～35 个短支链，有效抑制结晶，其结晶度低于高密度聚乙烯。LDPE 质地柔软、长支链的存在赋予其较高的熔体强度。主要用于吹塑薄膜领域，用其制备的薄膜透光率良好，使用其作为包装便于消费者了解包装内容物。农业上广泛用作地膜和大棚膜。利用挤出工艺可以制备电缆电线外套，具有良好的绝缘性能。

(4) 线型低密度聚乙烯

线型低密度聚乙烯（LLDPE）具有类似于 LDPE 的外观，分子结构近似于 HDPE，主链为线型结构，含有短支链，数量远高于 HDPE。不同品种的 LLDPE 具有不同的结晶度、密度和模量。由于较窄的分子量分布特点，其加工流动性弱于其他聚乙烯树脂。适合的加工工艺有挤出、注塑、滚塑等。利用交联 LLDPE 制备的电缆护套的耐水性能优于 LDPE。通过与高级 α-烯烃共聚得到的 LLDPE 具有更佳的抗冲击性能和耐穿刺性能。

(5) 茂金属线型低密度聚乙烯（m LLDPE）

具有窄分子量分布、组分均一性、非常低的催化剂残留和低抽提物等优异性能。上述特性赋予 m LLDPE 更佳的力学及光学性能。与普通聚乙烯相比具有透明性好、光泽度高、雾度低等特点。其主要应用领域包括薄膜、聚合物改性、电缆电线护套、医疗用品等。

(6) 聚乙烯弹性体

具有限定几何构型催化剂技术下开发出的乙烯-辛烯共聚物。共聚单体含量大于 20%，密度常在 $0.885g/cm^3$ 以下。其具有很窄的分子量分布和短支链分布，具有高弹性、高强度及高伸长率等特点，而且低温性能优异。分子链饱和，叔碳原子较少，所以还具有良好的耐老化和抗紫外性能。通常情况下，使用乙烯弹性体作为挤出加工中的增韧剂使用，其通过与聚乙烯形成共晶还能改善多种树脂间的相容性。

10.1.2　流变特性

10.1.2.1　流变性能与加工技术的关系

高分子材料流变学的研究对象及内容非常丰富，针对各种不同的研究需要分为结构流变学与加工流变学。结构流变学又被称为微观流变学或者说是分子流变学，主要研究的对象是聚合物材料的微观结构（主要是分子链结构）、聚集态结构等和其流变性质的关系，目的是通过设计合理的聚合物流动模型，结合实际测量的流变试验数据，通过数据统计和分析，在理论上得到能够描述该聚合物材料流变行为的本构方程，联系聚合物材料宏观流变性质和微观结构参数之间的关系，从而深刻理解聚合物材料流动的微观物理本质。流变学发展到现在，针对稀溶液黏弹理论，已经可以做到通过分析分子结构参数，定量预测其流变性质。另外，通过对高分子流变体系的研究发现，将多链系简化为一条运动受限制的单链系体系，他们把熔体中分子链的运动看作是一种在管形空间内受限制的蛇形蠕动，合理地简化了计算，得到了较为符合实际的本构方程。

加工流变学则属于宏观流变学或者唯象形流变学，主要针对高分子材料加工工程相关的理论与技术问题。绝大多数聚合物材料的加工成型都是在熔融或者是溶液的状态下完成的，但成型的方法不同，这就要求加工流变学要相对于不同的加工方法研究其加工条件变化与材料流动性质（黏度和弹性）以及产品力学性能之间的关系；分子结构和组分结构与材料流动性质的关系；异常的流变加工现象如挤出胀大现象、熔体破裂现象发生的原因、规律以及解决的方法；聚合物材料比较常用的加工成型方法如挤出、注塑、纺丝和吹塑等过程的流变学分析；多相聚合物体系的流变规律以及加工模具和加工机械的设计中要考虑的材料流动性和传热性相关的问题。在聚合物材料加工成型过程中，温度场和加工力场的设置不仅对制品的质量和形状外观有很大的影响，而且对材料的链结构、超分子结构和织态结构的形成和变化有着极其重要的影响，这是影响聚合物制品最终结构和性能的重要因素。因此，高分子流变学是研究聚合物材料结构与性能关系的重要部分。

研究结构流变学得到的经验流变模型将为材料的性质、模具和设备的设计和设置最佳的加工条件提供理论基础，而加工流变学又为结构流变学的长足发展提供了大量的素材和内容。流变测量不仅包括材料流动过程中的动量、质量和能量传递等的问题，而且聚合物材料流动行为的复杂性，使得测量比较复杂，不仅在实验技术上，而且测量理论的本身就有许多值得研究的地方。测量理论上，研究可直接测量的流变量和不可直接测量的流变量之间的数学关系，通过校正得到比较可靠的测量数据，得到的信息可以正确地解释材料在流动过程中各种性质的变化。在测量技术上，要能够在比较宽的测量范围内得到其有效的流动数据，正确地分析测量误差并对其进行校正。

10.1.2.2 结构参数与流变性质

聚合物的流变性能对聚合物链结构的变化十分敏感，通过对聚合物流变性能的研究，即可探索聚合物的结构特征；反之，在理想情况下，通过本构模型可以对已知结构的聚合物流变性能进行预测。由高分子材料的流动机理“链段位移的蠕动模型”可知，凡影响分子链柔顺性和其凝聚态结构的因素均会影响聚合物熔体的流动性。其中最重要的影响因素为：平均分子量、分子量分布、长支链结构和相互作用力。

(1) 平均分子量

研究发现，线型聚合物熔体的零剪切黏度（η_0）与重均分子量（M_w）之间的关系符合下述公式：

$$\eta_0 \propto M \qquad M < M_c$$
$$\eta_0 = KM_w^{\alpha} \qquad M_w \geqslant M_c$$

式中，常数 K 和临界分子量（M_c）对于不同聚合物和测试温度的数值不同。而指数 α 几乎不随聚合物不同而变化。对于线型柔性链分子而言，$\alpha=3.5\pm0.2$。公式表明，聚合物分子量小于临界缠结分子量时，材料的零剪切黏度与分子量成正比；而在 M_c 附近，指数增加，表明缠结对聚合物流动行为产生明显影响。

(2) 分子量分布

分子量分布较窄的聚合物，重均分子量对其流变起决定作用；而对宽分布的聚合物，高分子量部分会增加聚合物体系的弹性，低分子量部分则会起到增塑剂的作用，提高聚合物的流动性能。

(3) 长支链结构

在流变学中，长支链特指分子量大于其临界分子量（M_c）的支链。M_c 约为链缠结分子量（M_e）的两倍。此时支链分子会显著地影响聚合物流变性质。长支链结构大致可分为三类：星型结构、梳状结构和无规结构。

长支链结构变化非常多，其对流变性能的影响十分复杂，故而对其结构的表征，仅通过单一的流变手段是远不够的。成功地表征长支链结构，离不开有关长支链制备方面的信息。而且对长支链接枝率的定量分析，也需在大致的支链结构框架下讨论才有意义。长支链接枝率即使仅为 0.1/1000 碳原子时，也会对聚合物的流变性能产生显著影响，而其他非流变手段则很难检测出如此低含量的长支链结构。聚合物熔体的零剪切黏度对长支链结构非常敏感，可以通过考察长支链聚合物的零剪切黏度，定量地表征长支链接枝率。

(4) 相互作用力

在原子尺度以上，物质由电磁力所控制。对于聚合物体系，在通常关注的温度范围

（200～500K）内，由于通过共价键连接的原子可看作不可分割的单元，故我们所需关注的电磁力可大致分为五类：位阻作用、范德华力作用、静电力、氢键和相容作用。位阻作用主要影响聚合物的液-固转变；范德华力作用本质为偶极-偶极相互作用，影响液-气和液-液相转变，键能大概为 1kJ/mol；含有离子的聚合物体系，尽管在总体上保持电荷平衡，但在局部电荷并不平衡，链间存在静电力；含有活泼氢和电负性原子的聚合物体系，可以产生氢键，氢键的键能为 10～40kJ/mol。

(5) 熔体强度

熔体强度是工程上对聚合物熔体抗延伸性的大约量度。一般来说，熔体强度与零剪切黏度成正比关系，零剪切黏度越大、熔体强度越高。所以，影响熔体强度的因素与影响零剪切黏度的因素基本相同（分子量、分子量分布、长支链结构、相互作用力）。

(6) 熔体流动速率

熔体流动速率（MFR），也指熔融指数（MI），是在标准化熔融指数仪中于一定的温度和压力下，树脂熔料通过标准毛细管在一定时间内（一般 10min）流出的熔料质量，单位为 g/10min。熔体流动速率是一个选择塑料加工材料和牌号的重要参考依据，能使选用的原材料更好地适应加工工艺的要求，使制品在成型的可靠性和质量方面有所提高。

(7) 剪切流变

聚合物的加工过程一般都是在黏流态进行的，当温度超过聚合物黏流温度（T_f）时，线型聚合物就可在外力作用下发生流动，这种流动不仅表现为黏性流动（不可逆形变），而且表现为弹性形变（可逆形变）[1]。聚合物由高弹态转变为黏流态，其流动行为是聚合物分子运动的表现，反映了聚合物组成、结构、分子量及其分布等结构特点，线型聚合物在一定温度下具有流动性，正是聚合物成型加工的依据。所以，了解聚合物熔体的流变参数，对确定加工工艺条件，改善产品的质量非常重要。

① 熔体的非牛顿指数（n）。n 可以用来表示熔体偏离牛顿流体的程度，n 值越小则随着剪切速率的增加，表观黏度下降越剧烈。表观黏度的计算见公式（10.1）。

$$\eta_a = K\gamma_a^{n-1} \tag{10.1}$$

式中，η_a 为熔体表观黏度；K 为稠度系数；γ_a 为剪切速率。

② 熔体的黏流活化能（ΔE_η）。ΔE_η 是高聚物黏度对温度敏感性的一种标志，ΔE_η 越大，黏度对温度的变化越敏感。在温度远高于玻璃化转变温度（T_g）时，高聚物熔体内自由体积相当大，流动黏度的大小主要取决于高分子链本身的结构，即链段流动的能力。此时高聚物表观黏度与温度的关系即符合 Arrhenius 方程，见公式（10.2）。

$$\eta_a = A\exp\ (\Delta E_\eta / RT) \tag{10.2}$$

式中，A 为与结构有关的常数；R 为气体常数，8.31J/(mol·K)；ΔE_η 为黏流活化能，kJ/mol；T 为热力学温度，K。

对公式（10.2）两边取对数可得公式（10.3）。

$$\ln\eta_a = \ln A + \Delta E_\eta / RT \tag{10.3}$$

以 $\ln\eta_a$ 对 $1/T$ 作图，即可得到 ΔE_η，熔体 $\ln\eta_a$ 与 $1/T$ 线性关系良好，根据直线的斜率可以求出 ΔE_η。在较宽剪切速率范围内熔体的 ΔE_η 随着剪切速率的提高而减小，表明剪切速率大小对熔体黏度的温度敏感性有一定的影响。

10.1.3 热性能

(1) 玻璃化转变温度

玻璃化转变温度是指由高弹态转变为玻璃态或玻璃态转变为高弹态所对应的温度。玻璃化转变是非晶态高分子材料固有的性质，是高分子运动形式转变的宏观体现，它直接影响材料的使用性能和工艺性能，因此长期以来它都是高分子物理研究的主要内容。由于高分子结构要比低分子结构复杂，其分子运动也就更为复杂和多样化。根据高分子的运动形式不同，绝大多数聚合物材料通常可处于以下四种物理状态（或称力学状态）：玻璃态、黏弹态、高弹态（橡胶态）和黏流态。而玻璃化转变则是高弹态和玻璃态之间的转变，从分子结构上讲，玻璃化转变是高聚物非晶态部分从冻结状态到解冻状态的一种松弛现象，而不像相转变那样有相变热，所以它既不是一级相变也不是二级相变（高分子动态力学中称主转变）。在玻璃化转变温度以下，高聚物处于玻璃态，分子链和链段都不能运动，只是构成分子的原子（或基团）在其平衡位置作振动；而在玻璃化转变温度时分子链虽不能移动，但是链段开始运动，表现出高弹性质；温度再升高，就使整个分子链运动而表现出黏流性质。玻璃化转变温度（T_g）是非晶态聚合物的一个重要的物理性质，也是凝聚态物理基础理论中的一个重要问题和难题，涉及动力学和热力学的众多前沿问题。

(2) 熔融温度

熔融温度通常采用差示扫描量热仪（即 DSC）进行测量。发生熔融的温度叫熔点或熔融温度。小分子晶体的熔点温度范围很窄（一般小于 1℃），而聚合物由于结晶不完全，其熔融温度往往是一个较宽的范围（一般为 10～20℃）。常温下是固体的物质在达到一定温度后熔化，成为液态，称为熔融状态。熔融状态是化学中使用的名词，对应物理中即为熔化过程中的固液共存状态。由于分子结构等特性的区别，相同密度的聚丙烯或聚乙烯的熔融温度和熔程也不尽相同。

(3) 热分解温度

在受热情况下，大分子开始裂解的温度称为热分解温度，这是聚合物重要的热性能之一。有些高聚物的黏流温度与热分解温度很接近，例如聚三氟氯乙烯及聚氯乙烯等，在成型时必须注意。用纯聚氯乙烯树脂成型时，难免发生部分分解或降解，导致树脂变色、解聚或降解。因此，常在聚氯乙烯树脂中加入增塑剂以降低塑化温度，并加入稳定剂以阻止分解，使加工成型得以顺利进行。热分解温度的测定，可采用差热分析、热失重、热-机械曲线等方法。

10.1.4 加工前的预处理

聚乙烯及聚丙烯等聚烯烃树脂加工前需要进行干燥、配色等预处理过程。

通常，两种树脂的吸湿性很低，加工前一般不需要进行预处理干燥。但如果空气中湿度较大，树脂颗粒表面也会吸附水汽；或者当聚丙烯从低温仓库运到温暖潮湿车间时，水汽往往也会附着在树脂颗粒表面。采用一般的烘箱等干燥装置可以轻易脱出聚烯烃树脂表面的水汽。但有些加入炭黑或阻燃剂导致比表面积增大的聚烯烃组合物更容易吸潮，使用前需要在 80℃烘干 4h。

聚烯烃树脂本身无色，但根据制品要求需要与颜料或者色粉共混来实现着色。着色效果的关键在于颜料在聚丙烯熔体中的均匀分散程度。通常制作色母粒来改善聚烯烃树脂的着色效率。

10.2 注塑成型技术

10.2.1 注塑设备

10.2.1.1 简介

作为聚合物注塑成型技术的先驱，J. W. Hyatt 发明了具有蒸汽加热腔和液压驱动的活塞充模机器[2]。从 1946 年开始，随着螺杆式注射机的推广，其逐渐取代了传统的活塞式，直接引发了塑料加工技术革命。螺杆式挤出机最主要的优点是能耗低，螺杆剪切作用可提供塑料熔融所需热量。注塑广泛应用于各种形状和尺寸塑料制品的成型，是聚烯烃材料的最主要的成型方式之一。随着技术的发展，气体辅助注射、水辅助注射、微注射成型等工艺逐渐被开发出来，显著提高了注塑效率。此外，利用计算机和先进传感器及仪器设备对注塑过程进行模拟，可实现注塑加工过程和制品的优化。

10.2.1.2 注塑机

(1) 类型

① 卧式注塑机。合模装置和注射装置均水平放置，其中合模装置在注射装置左侧。其主要特征包括：适合制品取出，成型制品可以自动落下；容易安装和调整模具；加热机筒和喷嘴容易维护；开、合模动作迅速，生产效率高；机器高度低、易于操作和维护。

② 立式注塑机。合模装置和注射装置均为立式布置，通常，合模装置位于底部。其主要特征包括：稳定、精确地插入如电缆、玻璃、木材、线圈、集成电路等非金属材料和元件；设备占地面积小；易于安装较大的模具；易于在垂直方向安装大模具；得益于无重力影响，容易在模腔实现流道平衡；易于与辅助设备联合使用。在固定模板上安装上半模，在滑动模板上安装下半模，以便放置嵌件和更换模具。

③ 角式注塑机。一种立式合模装置和卧式注射装置的组合机型，或者是立式注射装置和卧式合模装置的组合机型，其目的是利用各自优点，常常一个注射装置和一个合模装置组合，然而对于多色或多组分注射成型，常使用多个装置的组合，如一个合模装置和两个注射装置的形式。

④ 往复螺杆式注塑机。往复螺杆式注塑机可以实现一根注射螺杆既用于塑化物料，同时又能将物料熔体射入模腔。其特点包括：机器结构简单；一个装置完成塑化和注射过程，故在这两个阶段没有滞料和泄漏；通过螺杆设计和背压控制可以提高混合效果，防止气体及挥发物包封。

(2) 主要机构

注塑机结构由塑化注射、合模成型、液压传动系统、电控、加热冷却系统、润滑和安全保护及监控测试等部分组成，如图 10.1 所示。

往复螺杆式注射装置中的主要零部件有螺杆、机筒、螺杆头部、喷嘴和加热器，见图 10.2。

① 螺杆。作为物料熔融塑化起主导作用的部件，螺杆在注射机中的地位非常重要。塑化能力强、混合均匀性好、排气及抗磨损和抗溶蚀能力强是对螺杆的基本要求。

螺杆由加料段、压缩段、计量段组成，加料段预热物料，并输送至压缩段，压缩段的强剪切以及机筒传热使得物料颗粒熔融。计量段实现熔融物料的均匀混合。注射机的压缩比通常为 1.8～2.2，螺杆长径比为 18～22，长径比的增加有利于熔融和混合。注射机使用中克服螺杆性能下降是需要关注的重要问题。

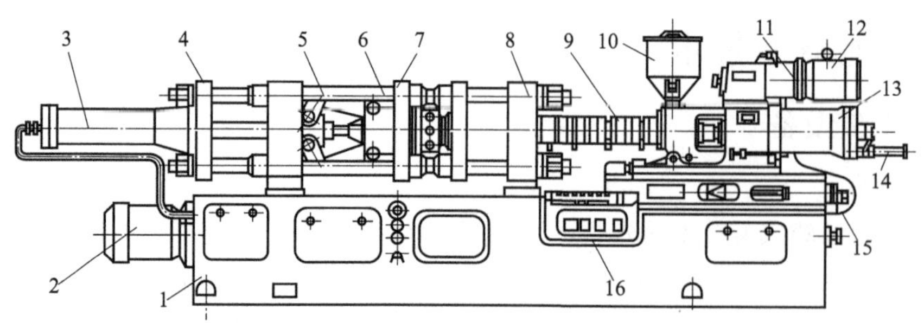

图 10.1 注塑机的外观正面侧视图

1—机身；2—油泵用电机；3—合模油缸；4，8—固定板；5—合模机构；6—拉杆；7—活动模板；9—塑化机筒；10—料斗；11—减速箱；12—电动机；13—注射油缸；14—计量装置；15—移动油缸；16—操作台

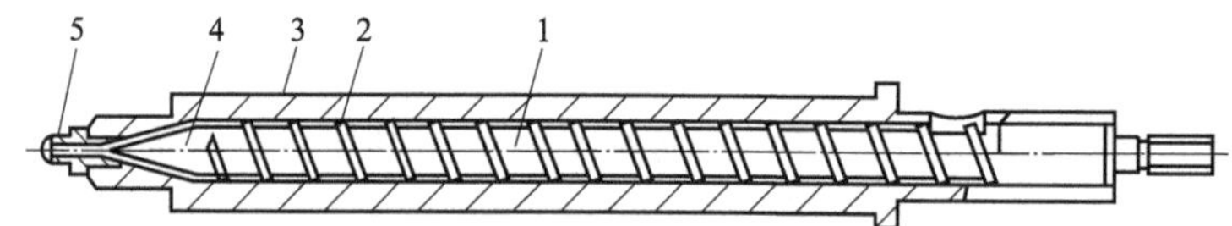

图 10.2 往复螺杆式注射装置中的主要零部件位置

1—螺杆；2—机筒；3—电加热部位；4—螺杆头部；5—喷嘴

② 机筒。机筒主要是使用经热处理的低应力、高硬度的碳化钢材料。具有更强抗腐蚀、磨损能力的双金属机筒被用于玻纤及阻燃复合材料的制备。双金属机筒含有钴、镍、氮及高硬度化合物碳化钨及硼化物。双金属机筒主要使用离心浇铸和 HIP（热等静压）方法制备。

(3) 驱动

注塑机的驱动方式主要包括液压驱动及电驱动两种方式。前者，电机通过液压系统进行驱动；后者，电机直接为螺杆、齿轮和各个连接单元提供动力。

① 液压驱动。液压驱动是注射机最常用的驱动方法。液压油通常作为能量传输介质，由电机提供动力的液压泵驱动液压油循环工作，并通过阀门进行控制，根据液压压力完成合模、注射和其他动作。根据注塑机用途不同，液压回路也不相同。

② 电驱动。伺服电机完成注射、塑化、合模、顶出等动作，因此，具有高可控性和响应特性。电动注射成型机特点：

a. 不使用液压油，减少了控制油温的冷却水的使用，并避免了油料泄漏造成的污染；

b. 注射、塑化、合模及顶出全过程均由伺服电机驱动，能耗明显降低；

c. 无液压系统明显降低了设备噪声；

d. 高精度伺服电机的使用可以减小位置及注射速度波动。

电动机工作机理：伺服电机的旋转运动通过滚珠丝杠和同步齿带转换成直线运动，完成注射、保压和背压。根据成型设定值，通过控制伺服电机旋转速度控制注射速度，通过位于移动板和滚珠丝杠螺母之间的测压元件监测注射压力。塑化阶段，伺服电机的旋转运动通过同步齿带用于螺杆旋转；螺杆旋转时，累积在螺杆头部的塑料熔体形成背压推动螺杆向后运动，通过伺服电机载荷调节背压。

与传统液压式注塑机相比，主要缺点是：当出现过高注射压力或保压压力等满负荷操作时，伺服电机由于过载易于出现中断；与带有高精度伺服阀的液压驱动注塑机相比，响应速度较慢。

(4) 控制系统

由控制电路组成，进行电力和控制器的分配及处理，以完成装置移动和注射动作。液压注射成型机控制系统由液压驱动回路和液压过程控制器组成。电动注射成型机由伺服驱动回路和伺服过程控制器组成。

通用控制器由温度控制、人机交互界面、辅助设备组成，辅助设备包括取样机器人、模温控制器及集中控制系统。

(5) 喷嘴接触装置

较高的喷嘴接触力十分必要，这有助于防止聚合物熔体高压导致喷嘴和模具脱开，以及塑料熔体从模具和喷嘴间泄漏。

对于电动注塑机，齿轮传动电机被用作驱动源，齿轮传动电机产生的旋转运动通过同步齿带和滚珠丝杠转换成直线运动，以实现注射单元的前后运动。

弹簧压缩以提供制动，当弹簧被压缩到制动提供的设定值时，喷嘴接触力即达到要求。

(6) 合模装置

合模伺服电机的旋转运动通过同步齿带和滚珠丝杠转换成直线运动，其轴杆装置与液压式合模装置类似。通过在轴杆系统中间的滚珠丝杠进行模具的开合。

(7) 顶出装置

在完成注射、保压和冷却后，当模具打开并分离制品和模具时需要顶出装置。顶出伺服电机产生的旋转运动通过滚珠丝杠转换成线性移动，与连接着滚珠丝杠的顶出板相连的顶出杆，从移动板上顶出制品。

10.2.2 注塑工艺

10.2.2.1 注塑步骤

注塑步骤包括塑化、充模、补缩、保压、冷却定型等过程。预塑计量过程是聚烯烃物料通过料斗进入塑化螺杆，在加热机筒与螺杆流道之间的通道向前移动。该过程中树脂被加热、混合、压缩并熔融。所谓“均化”是指聚合物熔体温度均化、黏度均化、密度均化和组分均化。在塑化过程中同时完成了计量程序。

(1) 塑化过程

塑化过程包括固体输送、熔融和计量三个阶段。

① 固体输送阶段。聚烯烃物料由螺杆向前输送，随着螺槽的变浅而被压实，并连续向前输送。聚烯烃在固体输送阶段的热机械历程对其加工性能和制品质量有直接影响。

② 熔融阶段。聚烯烃物料在机筒中利用加热和螺杆剪切生热完成塑化及熔融，温度控制需要考虑物料自身特点及机筒结构。

③ 计量阶段。塑化过程的热历程直接影响塑料熔体的温度分布、流变特性及注入模腔的熔体质量。计量过程中，螺杆转速、回退、背压等参数对于得到均匀和稳定的聚合物熔体至关重要。恒定螺杆转速下，螺杆回退时螺杆有效长度减小。

(2) 填充过程

塑料熔体顺序填充模腔时，注射速度和压力的控制对制品质量有重要影响。当塑料熔体充满模腔时，聚合物压力陡然上升，故在填充结束前，应转换为保压阶段。

(3) 补缩保压

注射阶段完成后，必须继续保持注射压力，避免熔体的外缩流动，一直持续到浇口“冻封”为止。保压阶段的注射压力称保压压力。在保压压力作用下，模腔中的熔体得到冷却补缩以及进一步的压缩和增密。从填充过程到保压过程切换，速度控制被压力控制所取代。如果两者切换较慢，压力陡增，制品易于成型但有飞边出现。若切换太快，模腔压力低，成型制品表面不平整。

(4) 冷却定型

冷却定型过程是从浇口“冻封”开始至制品脱模为止。保压压力撤除后，模腔中的熔体继续冷却定型，使制品能够承受脱模顶出时所允许的变形。冷却定型过程中熔体温度逐渐降低，一直降到脱模温度为止，这一过程没有熔体流动。熔体在温度影响下比体积和模腔压力在不断发生变化。随着温度的降低，比体积和模腔压力减小。

10.2.2.2 模内注塑工艺

根据市场产品差异化需求，新开发了模内注塑成型工艺，新工艺主要是“DSI”（模具滑动注塑）成型过程，成型中空制品。该过程将多物料组分集成到一个单一模具内，达到省力、高附加值、高性能等目的，并减少制造成本，主要开发领域如下。

① 以塑代钢，轻量化。

② 多组装技术制备空心产品。

③ 使用通用注塑机或处理技术得到复杂塑料制件。

(1) 主要原理

DSI 成型特点是在第一步成型完成后模具滑动，以保证后续注射过程与第一步成型制品相匹配。围绕第一步成型制品完成第二步注射过程。第一步成型制品表面由于注入高温熔体二次熔融，在二次熔融形成的树脂层间获得良好的界面结合。

(2) 优点

得益于在同一个模具内完成模塑和结合，减少了模塑预处理和模塑后处理。该工艺无需模芯插入及移出，生产工艺简化，大大提高了生产效率，降低了成本。

DSI 模塑工艺可以用于多物料、多色及密闭中空产品中。具有优良的表面复制性和尺寸精度、低翘曲和低残余应力。因为二次焊接仅围绕产品表面进行，且不使用黏结剂，可以用于食品领域。

(3) 应用实例

① 小客车进气管。以塑代钢的典范案例，降低了成本，实现了轻量化。以前，进气管模塑采用失芯工艺，但该工艺需要热处理。现在 DSI 工艺广泛用于谐振器和导气管，利用该技术生产的进气管，与传统铸铝产品相比，减重 35%、降低成本 30%，性能提高 3%～5%。

② 车灯。传统工艺制备的车灯，塑料灯玻璃与灯罩分别注塑成型，嵌入灯泡后，塑料灯玻璃和灯罩通过超声波焊接在一起。但超声波焊接容易产生不均匀接缝及强度缺陷，且在这种传统工艺中，还必须实现灯罩防水功能及使用橡胶垫圈。DSI 工艺中，双头注塑机用于多色和不同物料，另外添加机器人将灯泡嵌入；可以获得优良的密封性能，不需要使用橡胶垫圈；可以使得灯泡精确定位，有助于解决光散射问题。

10.2.2.3 多物料注塑工艺

多物料注塑采用模芯旋转法。两台平行放置的注塑机组成模塑系统，包含通用及旋转模具。

多物料注射步骤主要包括：

① 将模塑初级产品放入模具中。

② 旋转模具，将该模具与第二个型腔进行交换。

③ 将第二组分物料注射入模具，得到最终产品。

由于每套模塑装置不位于模板中心，负载不平衡，通常使用一台合模装置与两台在中心位置顺序分布的注射机来解决该问题，但这需要较大的安放空间。

“推芯”法是一种经济的多物料注塑技术。在该工艺中，模芯前进，初级注塑完成后模芯在模具内后退，通过二次注塑得到最终产品。产品设计受限是该方法主要问题。增加锁模力并扩大安装面积是消除该方法载荷不平衡并处理复杂产品设计的主要途径。

多层滑动注射成型（M-DSI）可以克服上述传统工艺的缺点。M-DSI 技术采用两个注射装置，可以生产双色、硬质/软质塑料复合等高附加值产品。该技术可有效提高生产效率和产品设计的灵活性。该成型工艺的模具包括定模里的三个型腔和动模里的两个通用模芯。首先，单独模塑初级产品，随后在位于模具中心的型腔中完成初级注塑的同时，模芯滑动，初级产品完成二次注塑成型。该工艺对于高玻纤填充双物料复合注塑制品生产具有重要意义，如电动模具等。

M-DSI 工艺具有以下优点。

① 减少流程，降低成本，提高生产效率。

② 移动模芯缩短成型周期。

③ 可应用于一般注射成型过程。

10.2.2.4 超高速注塑

为了提高生产效率，生产超薄、超轻产品，工业界开发了注射速度达 1000～1500mm/s 的超高速注塑机。由于注射速度高，塑料熔体会在流动过程中产生剪切摩擦热。

(1) 工艺及应用

可以获得更薄的表层以及更大的流长比（塑料流动的距离和产品壁厚的比值称为“流长比”），非常适合制备薄壁注塑制品；高流动性减小填充压力；获得高尺寸精度及表面平整度的同时，可以实现较小的产品应力、小的翘曲和扭曲变形。

(2) 设备特点

① 反应能力。通过安装快速响应液压伺服器和控制放大器，可以实现高的注射速度。虽然高速伺服阀响应速度高，但是保压转换装置波动大，稳定成型很难实现。通过工艺调整，可以实现 10ms 内的快速响应。

② 高注射压力。通常在高速注射中，二次压力迅速提升，当二次压力接近设定值时，注射速度自动低于目标值。所以超高速注射机通过将注射压力提高到 300MPa，可实现平稳注射。

③ 双偏移气缸。高速成型需要固定板倾斜力矩小，保证产品尺寸精度。通过使用支撑机械装置可以防止连接模具的细长中心销的损坏。具体措施是固定板两侧各安装一个双偏移气缸，以平衡喷嘴的接触力。

10.2.2.5 模内涂层注塑

模内涂层技术主要应用于大型制品、三维曲面制品和表面图案化制品。

(1) 涂层装饰技术

涂层装饰技术汇总见表 10.1。

表 10.1 涂层装饰技术汇总

种类	制品装饰方法	摘要
直接印刷	移动印刷	印刷油墨转移到硅胶垫，再转移到制品
	丝网印刷	通过由聚酯纤维和不锈钢制成的丝纱将油墨印刷于产品上
转移印刷	热传递法	铝箔上的油墨层通过使用转送机产生的热量和压力转移到制品
	同时传递法	在注射成型过程中将转印箔上的油墨通过热转移印刷到制品上
	静压传递法	水溶性胶片熔化后油墨层印刷到制品上
	压力敏感传递法	油墨层通过压敏剂印刷
	滑动转移法	油墨从印箔上脱离后印刷到制品上
贴标签法	不干胶标签法	通过不干胶粘到制品上
	收缩贴标签法	热收缩贴到制品上
干复合法	插入法	将薄膜插入模具中熔接到制品上
	薄膜重叠法	将多层薄膜熔接到制品上

（2）同步传输模塑

将印箔插入到注塑机模具的两个分离面间，通过热和压力印刷到制品上。印箔供料设备（辅助设备）安装在注塑机的一块移动板上，上半部分输送印刷的印箔，下半部分为卷线机，通过伺服电机接收印箔，光学传感器保证印箔在水平和垂直方向上位移达标。流程图见图 10.3。

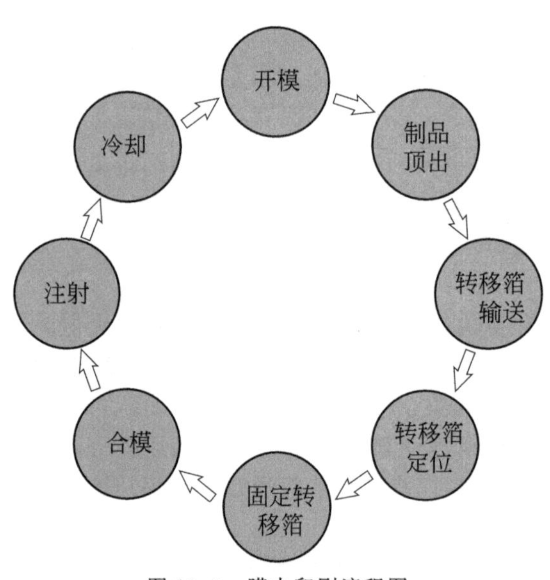

图 10.3 膜内印刷流程图

同步传输模塑优点如下：节省空间，制造成本低，高质量。

10.2.2.6 嵌入模塑成型

嵌入模塑成型主要优点如下：高刚性、高强度金属与易加工高韧性塑料结合为力学性能优异的复合材料；导电金属与绝缘塑料结合生产电子材料；利于多部件制品的直接组装成型；嵌入式材料选择广泛；具有滑动模芯的模具可以生产完全密封的嵌入产品。

(1) 嵌入式成型机

由滑台式或旋转式立式注塑机、模具、伺服器及嵌入式给料设备组成。模具由两个用于注射成型的下半模具和一个用于嵌入的上半模具组成。

(2) 夹心注射成型

可以实现一次注射成型具有不同硬度的表层和芯层构成的产品，且具有收缩率低、气体屏蔽性好的特点，还可以解决制品表面缺陷，包括熔接线等问题。

① 概述。两种不同熔融树脂通过一个浇口注入型腔形成分层结构，先注入树脂分布于型腔表面，后注入树脂进入制品芯部。要求表面及芯材具有类似的熔体流动速率等流变特性。表层厚度取决于产品壁厚、熔体流动速率及成型工艺。两种材料的化学亲和力及收缩率必须满足夹心模具的要求。合理设计浇口以满足芯材均匀填充，实现复合非对称产品的生产。

② 夹心喷嘴。为了满足两种塑料流体在喷嘴前段有效汇聚，缩短流道长度防止颜色掺混，消除热应力，夹心喷嘴的设计就显得极其重要。

③ 实施案例。

a. 高气体阻隔产品：表层为普通塑料，芯部为阻隔性能良好的塑料，应用于食品领域。

b. 降低成本：高成本材料位于表层，再生材料用于芯层。

c. 收缩率较小的厚壁产品：芯部用尺寸稳定性较高的发泡材料。

d. 柔软触感的轻量化制品：芯部材料要求吸声、缓冲，表层具有良好触感。

e. 电磁屏蔽：导电材料用于表层。

f. 光滑表面的结构材料：玻纤增强材料用于芯层，普通高流动材料用于表层。

10.2.3　注塑中常见问题

10.2.3.1　聚丙烯注塑常见问题

(1) 气痕、气泡及表面气孔

① 水分。由于聚丙烯（PP）在空气中具有一定的吸水率（约 0.04%），如果在进行注射成型加工前没有进行足够的干燥，使得 PP 材料含有过量的水分，那么在 PP 高温（约 200℃）熔融塑化时，这些水分将转化成水蒸气，在高速注射过程中这些气体伴随着高温熔体射进模具之中，如这些气体过量且无法及时排出模具型腔，则必将在制品表面产生困气，造成气泡。一般 PP 材料干燥温度为 80～90℃ ，干燥时间为 2～4h，干燥之后要尽快安排生产。

② 注塑工艺。螺杆转速过快，则在强剪切作用下局部材料发生过热分解产生气体，这些气体可能在注射成型中无法及时排完而使制品发生气痕、气泡缺陷。另外，如熔体在料筒中的停留时间过长，也可能使得熔体过热而分解，可能导致制品气痕、气泡缺陷。锁模力的选择要考虑制品投影面积，取一个适合的数值。如果压力过大不但造成模具排气困难，而且引起制品气痕、气泡等缺陷。浇口及流道尺寸太小，注射压力太低，塑件的壁厚变化太大也会造成气泡。

(2) 溢料飞边

① 模具设计及制造误差的影响。模间相互不平行；型腔中各零件的配合间隙太大；模具型腔板因受力或因加热不均而产生较大的变形；分型面上有异物；模具中开设的排气槽距离型腔太近；闭模时模具不能完全闭合。

② 工艺条件设置不当的影响。塑料熔体的温度越高，流动性越好，越容易产生飞边。压力越大，熔料受到的剪切作用也越大，熔料温度随之也越高，就容易产生飞边。过大的注射压力还会引起其它的问题：锁模力相对不足，模具不能很好地闭合，从而产生飞边；模具刚度相对降低，产生变形或错位，从而引起飞边。

③ 注塑机结构的影响。排气槽过深容易产生飞边；注塑机模板调整不正确、模具安装不正确、锁模力波动、注塑机拉杆变形不均等与注塑机有关的因素也会不同程度促进飞边形成。

(3) 流痕

① 宏观上流痕的严重程度与材料的熔体流动速率直接相关，熔体流动速率越高，产生的流痕越少。微观上，流痕的严重程度与材料的焓变大小有关，与材料的结晶能力有关。

② 流痕的产生与材料内部填料的分散情况和分布情况有关，填料、增韧剂的尺寸及分布直接影响流痕的大小。

③ 塑料熔体及模具温度太低，注射速度太慢，喷嘴孔径太小，模具内未设置冷料穴等都会产生流痕。

(4) 欠注

① 注塑机的注射能力小于塑件重量，流道和浇口截面太小，模腔内熔料的流动距离太长或有薄壁部分，模具排气不良。

② 原料的流动性能太差，料筒温度太低，注射压力不足或补料的注射时间太短等。

(5) 熔接痕

① 熔料及模具温度太低，浇口位置设置不合理，原料中易挥发物含量太高或模具排气不良，注射速度太慢；模具内未设置冷料穴，模腔表面有异物杂质，浇注系统设计不合理等都会产生熔接痕。

② 提高熔接痕冲击强度应该采用高熔融温度、高充填速度、低注塑压力，而这些条件都可有效避免两股分支的熔体的前锋温度下降过快，提高结合能力。但是过高的熔融温度对注塑制件产生高的内应力，反而削弱制品的抗冲击性。

(6) 黑条及烧焦

① 产生原因是熔体流动方向的结合线不在结合面，模腔内产生高压气体，同时注射速度又过快，或是产品的柱位、槽位在充填时气体不能排出。

② 解决方法是工艺上尽可能使塑胶流在结合面结合，气体从结合面的排气线排出。降低塑胶流结合前的注射速度，也有利于排气。

(7) 龟裂及白化

① 熔料及模具温度太低，模具的浇注系统结构设计不合理。

② 冷却时间太短，脱模的顶出装置设计不合理，注射速度和压力太高。

(8) 弯曲变形

① 模具温度过高产生内应力，或冷却不足、冷却不均匀，内应力无法释放。

② 浇口选型不合理，模具偏芯。

(9) 脱模不良

① 注射速度和压力太高，模具型腔表面光洁度太差。

② 模具温度及冷却条件控制不当，脱模机构的顶出面积太小。

(10) 收缩变形

① 保压不足，注射压力不足，模具温度太高。

② 浇口截面积太小，加工温度太低。

10.2.3.2　聚乙烯注塑常见问题

(1) 注射温度

虽然聚乙烯的熔点不高，料筒温度对熔体流动性的影响不如注射压力，但在成型过程中，由于结晶晶核的熔融需吸收大量的热量，故料筒温度点远比熔点高（通常要高出数十摄氏度），这样对改善熔体流动性也是有利的。当然，在提高温度时，还须注意防止熔体的氧化变色，以及对制品的性能、成型收缩率等的影响和溢边的可能性。图 10.4、图 10.5 分别为料筒温度与制品的拉伸强度关系，以及对成型收缩率的影响。图 10.6 为温度与相对伸长率的关系。从图中可以看出，不同的料筒温度对聚乙烯性能的影响将有所不同，因此应根据制品的要求和成型情况选择合适的料筒温度。

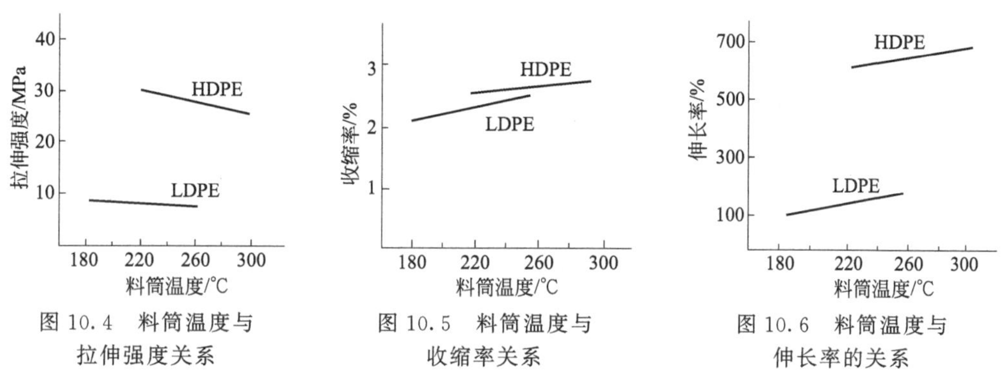

图 10.4　料筒温度与拉伸强度关系

图 10.5　料筒温度与收缩率关系

图 10.6　料筒温度与伸长率的关系

在一般情况下，聚乙烯料筒温度选择范围根据其密度而定，低密度聚乙烯在 160～220℃之间，高密度聚乙烯在 108～240℃之间。温度在料筒上的分布情况则要求加料段宜低些，以免出现物料黏附于螺杆上，进而造成加料不畅。

(2) 注射压力与注射速度

注射压力的选择是根据制品的壁厚情况和熔体的流动性以及模具情况综合考虑的。由于聚乙烯在熔融状态下的流动性能较好，因此选取较低压力成型可以满足大多数制品的要求，除了薄壁、长流程、窄浇口的制品和模具要求注射压力较大外（120MPa 左右），对于易流动的厚壁制品，其注射压力可在 60～80MPa 间选取，一般制品的注射压力均在 100MPa 以下。

图 10.7 和图 10.8 分别为注射压力和保压压力对成型收缩率的影响。可以看出，无论是注射压力的增加还是保压压力的增加，对制品收缩率的降低都是有利的，但压力过大有可能导致制品内应力增加，这是压力选择时需加以注意的问题。从生产效率而言，人们总是希望熔体能快速充满模腔，制品得以及时脱模，以便缩短整个成型周期，但由于聚乙烯熔体在高速运动过程中，存在着熔体破裂的倾向，因此在成型过程中，不宜选用高速注射，而应选用中速或慢速注射。对于流动性较好的聚乙烯熔体，在一定的注射压力作用下，选用中等注射速度足以满足大部分制品的成型要求。

(3) 模具温度

模具温度的高低对聚乙烯制品有较大的影响，即模具温度高，熔体冷却速度慢，制品的结晶度便高，硬度、刚性均有所提高，但模具温度的提高对制品收缩率显然是不利的。模具温度低，熔体的冷却速度快，所得制品的结晶度低，透明性增加，呈现柔韧性，但内应力也随着增加，收缩的各向异性明显增加，易出现翘曲、扭曲等问题。模具温度与收缩率的关系见图 10.9。

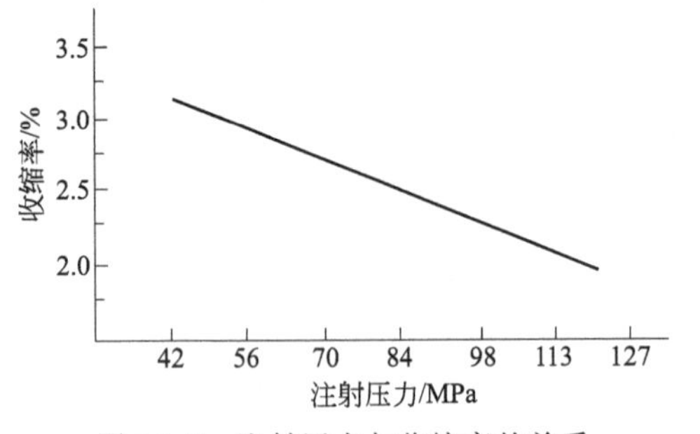

图 10.7 注射压力与收缩率的关系

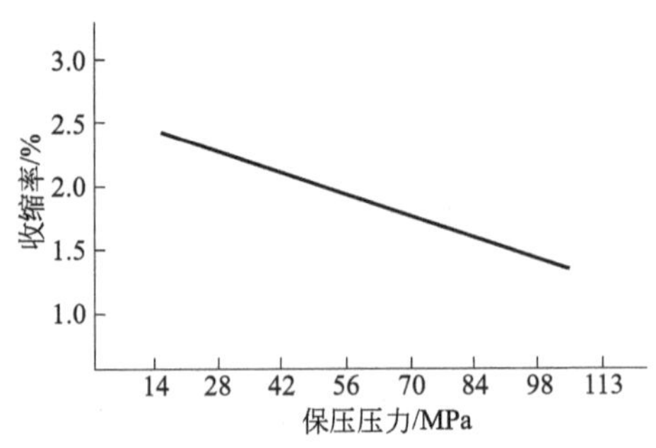

图 10.8 保压压力与成型收缩率的关系

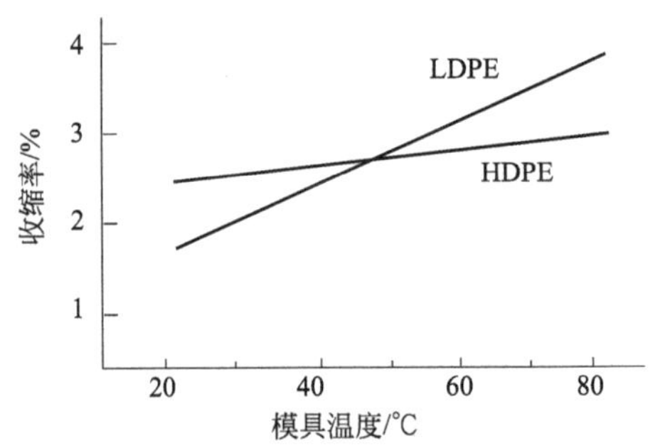

图 10.9 模具温度与收缩率的关系

模具温度选择的范围应根据密度的不同而有所不同，通常低密度聚乙烯的模具温度为 35～55℃，高密度聚乙烯为 60～70℃。在选取时，还应注意制品的形状与温度选择间的关系，如箱形、框形制品常以模腔温度高于模芯温度的办法来解决其侧壁易变形的问题。

(4) 成型周期

在聚乙烯注塑过程中，除了注意要有适当的注射时间和冷却时间外，还应注意要有足够的保压时间，以弥补因熔体收缩时所产生的缺料问题，否则在制品中易出现气泡、凹痕等缺陷。

保压时间的长短应根据流道及浇口的大小、制品的壁厚而定，一般在 10～30s 之间选取。

10.3 挤出成型技术

挤出成型，在聚合物加工领域占有很重要的地位。它是在一定压力下，聚合物流体经过特定形状的口模，能够连续地流过而得到横截面类似口模形状的制品的一种加工方法。一般情况下，提供聚合物熔融和流动动力的基本为螺杆挤出设备，当然也有其他如活塞式挤出装置。挤出成型的制品有管、片、膜、丝、带、电线电缆等简单规则横截面制品，也有复杂横截面制品，如异型材。制品成型的形状取决于口模的形状，因此，挤出成型也可称为“口模成型”[3]。也有挤压成型、挤塑等叫法。挤出流延膜及双向拉伸膜、挤出发泡等也属于挤出范畴，这里将流延膜和双向拉伸膜归类到薄膜中叙述，挤出发泡归到发泡材料中叙述。

挤出成型可使用多种塑料，适应性很广，可连续化生产，效率高，设备不甚复杂，操作也很简单。

挤出的工艺流程：待成型物料经加料器进入挤出设备进行熔融塑化，在设备提供的压力下，经过流道，并通过目标截面的口模，最后经过牵引并冷却定型，成为截面与口模截面相同或相似的制品。

挤出成型设备：生产不同产品，所采用的设备大同小异，基本设备是挤出机，加上一些辅助设备。

(1) 主机部分

主要为挤出机，一般为单螺杆或双螺杆挤出机。可根据生产制品的不同配备一台或多台。挤出机用来将物料进行熔融塑化，并通过机筒内螺杆的挤压和推动，将物料连续不断地挤入流道，挤出口模，形成目标界面状料坯。

(2) 控制系统

控制系统用来检测和控制挤出成型过程中各项工艺参数及运行动作，如检测及控制主机及其他辅机的温度、压力、流量、转速、牵引速度，控制主机、辅机的电机、液压、驱动泵、阀等的动作开合，可根据人工设定的程序控制设备动作，以精确完成挤出成型过程。

(3) 辅助装置

辅助装置也是成型的重要组成部分。其中有确定制品横截面形状的口模（俗称“机头”）、冷却定型装置、牵引装置、切割装置或收卷装置。有时还配备喷涂装置；有的还配置一些高度自动化装置。

① 口模。控制产品横截面形状，挤出的物料经过口模后获得了与其横截面几何形状相似的制品。

② 冷却定型装置。物料从口模中挤出后，虽然获得与横截面相似的几何形状，但此时物料还处于流动状态，很容易变形。将挤出的料坯形状加以整饬，使截面几何形状更加精确，表观更优良，通过冷却定型装置将其冷却固化下来，才能成为理想的制品。

③ 切割装置。挤出成型可连续生产，但最终产品不可能一直连续下去，需要用切割装置将其分割成一定长度，以便包装运输。分割的长度可以通过人工来控制。

④ 收卷装置。挤出产品为柔软连续的制品时，可通过收卷装置卷绕成一定大小的卷，并根据需要确定何时进行切割。对于质硬难于卷取的制品不适用。

10.3.1　管材挤出

塑料管材，相比于金属管材具有加工简易快捷、质量轻便、耐腐蚀、抗酸碱，安装方便等特点。管材应用广泛，其用途主要是输送功能，可以输送液体、固体、气体，当然也可用作保护材料，作为线缆等的护套，可谓用途广泛，市场广阔[3,4]。

10.3.1.1　聚烯烃管材原料

(1) PE 管材

聚乙烯常用于管材的挤出成型，根据不同的制品要求采用不同的聚乙烯。如常用的电缆护套及普通的给水管通常采用 LDPE 生产；生产用给水管采用 LLDPE 生产。一些大型的管道，如燃气管道、大型管道水管、城市污水排水管道、供水灌溉管道、输送化学/化工液体等管道、波纹管等，一般采用高密度聚乙烯，即 HDPE。因为聚乙烯的耐热性相对来说稍低，所以在居民供暖如地暖时将聚乙烯（主要是 HDPE）进行交联处理，这样生产的管材基体里具有交联结构，可以大大提高其耐热性和耐压性。交联聚乙烯管材被称为 PEX 管，根据交联剂和交联工艺的不同分为 PE-Xa、PE-Xb、PE-Xc 及 PE-Xd 管材。

PE-Xa 管是在生产过程中采用过氧化物进行交联而制得。在高温的条件下，材料中的过氧化物分解形成自由基，引发聚乙烯的长分子链之间形成化学键，即产生交联（cross-linking），此方法叫作 PE-Xa，也称为恩格尔法。

PE-Xb 管则是在管材用 PE 中混入硅烷，挤出管材时聚乙烯链与硅分子结合产生交联，该方法称为 PE-Xb，也叫硅烷交联法。

PE-Xc 管则是采用辐照的方法，让聚乙烯分子链之间产生交联，也称为辐射交联法。常用的辐射源为 γ 射线（通常是钴 60）或 β 射线（高速电子流）。

PE-Xd 管则是通过偶氮类的物质让聚乙烯分子产生交联。

目前常用的为前三种方法。由于生产 PEX 管材过程中都要对聚乙烯分子进行交联，在工艺上来说比较复杂，因此后来人们又开发出了一种管材料，无需进行交联即可以达到较好的耐热性能，这种材料就是耐热聚乙烯，即 PERT 管材。PERT 管材生产原料是一种中密度聚乙烯（MDPE，密度在 LDPE 与 HDPE 之间），是通过乙烯与辛烯共聚的方法，控制树脂侧链数目及分布，以此提高其耐热性能。该种材料中由于短支链的存在，PE 大分子结晶难以在同一片晶体中存在，而是贯穿于多个晶体之中，这样就形成了晶体之间相互联结；这样的分子结构令材料既有良好的韧性、导热性，又具有较高的耐压性、耐应力开裂性和低温抗冲性。其还有一个优点是 PEX 所无法比拟的，就是施工过程中可以进行热熔接，安装与维修都很方便，而 PEX 管则不能。因此 PERT 管越来越受到欢迎。

（2）PP 管材

聚丙烯管材以聚丙烯为原料。聚丙烯按照其聚合工艺可分为均聚聚丙烯（PPH）、嵌段共聚聚丙烯（PPB）和无规共聚聚丙烯（PPR）。PPH 材料无共聚单体，其耐热温度较高，可用于热水管道。但由于其冲击性能较低，尤其在低温下脆性大，应用逐渐减少，被 PPB 和 PPR 管材取代。PPB 材料抗冲击性能优良，生产的管材主要用于冷水系统及地面采暖管道；PPR 管材应用更为广泛。PPB 与 PPR 都具有良好的卫生性能，安装方便，原料可回收利用，生产及安装设备简单，相比于聚乙烯管材来说具有天然的耐热优势，耐环境应力开裂性能优良；相比于传统的铁管、镀锌钢管、水泥管来说，节能、环保、耐腐蚀，内壁光滑，不易结垢，安全卫生，且安装方便，易于生产和回收利用。

10.3.1.2 管材挤出工艺

塑料管材是塑料通过一个环形口模挤出而连续成型。管材挤出成型设备主要是挤出机，附属装置有口模、定径装置、冷却系统、牵引装置、切割装置等，在商业化生产过程中有的还附加有在线喷码印刷装置及其他辅助装置。管材挤出系统示意图见图 10.10。

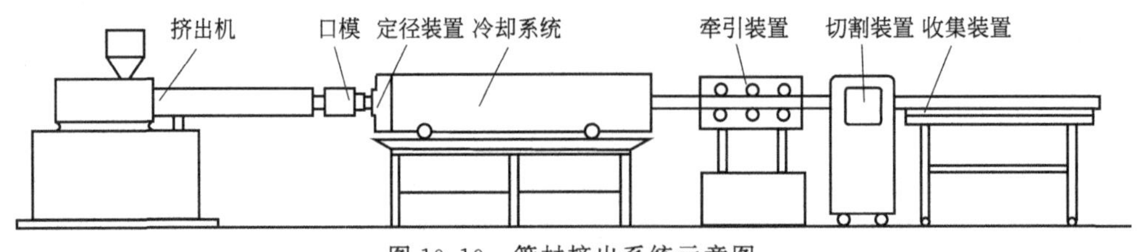

图 10.10 管材挤出系统示意图

（1）挤出管材口模

管材挤出成型中，口模决定着管材的内径、外径。起初所用的管材口模为直通式口模，如图 10.11，使用非常普遍，特点是结构不复杂，容易设计和制造，物料流过时所受阻力小。其芯棒（也称分流器）采用多脚支架支撑到外口模体，熔融物料呈现轴对称流动。使用直通式口模，挤出产品在设备横向上不均匀，因为芯棒的多脚支架产生分流作用，引起制品熔接线和条纹等。多脚支架远离口模出口处时，在正常的挤出速度下，熔融物料也难以完全熔合到一起，即熔体大分子被多脚支架分割开以后，这两层内的大分子不能在挤出时的剪切和温度作用下重新形成缠结，因为从分割开到重新结合这段时间远小于大分子的松弛时间，聚合物无法做出完全响应。故挤出管材的熔接线处机械强度较低，甚至可以用肉眼明显看出熔接处与其他地方的区别。

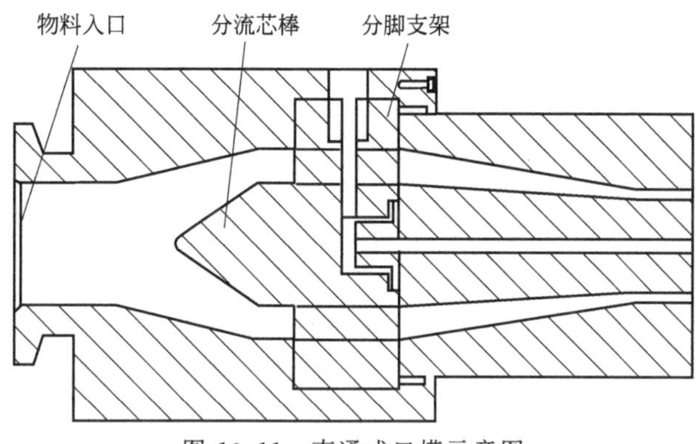

图 10.11 直通式口模示意图

直角式口模是另一种类型口模（如图 10.12)，可以克服直通式口模熔接线的问题。这种口模采用机械法把芯棒固定在机头上以使环形区的流动中不出现支架等障碍物，熔融物料从机头一端流入芯棒对面汇集，只产生一条熔接线。熔体在入口处分股流向集流腔，绕过 180°后重新结合在一起，形成环状管坯后通过口模出口。此过程中，流体非轴对称流动，绕芯棒流动的熔体质点比不绕芯棒流动的质点移动距离长，如此，如果口模间隙均匀，移动距离长的部分流体流量相对较小，容易造成管坯厚薄不一。可以通过将芯棒偏置，离远端更远一点，使该处的间隙较宽一些，但挤出过程中的剪切和温度场分布是不均匀的。此外，还可以设计一个导流槽，将熔体引导到口模出口以减少围绕芯棒流动的距离且消除滞流区域。直角口模结构比较复杂，芯棒设计困难，物料流动阻力大。

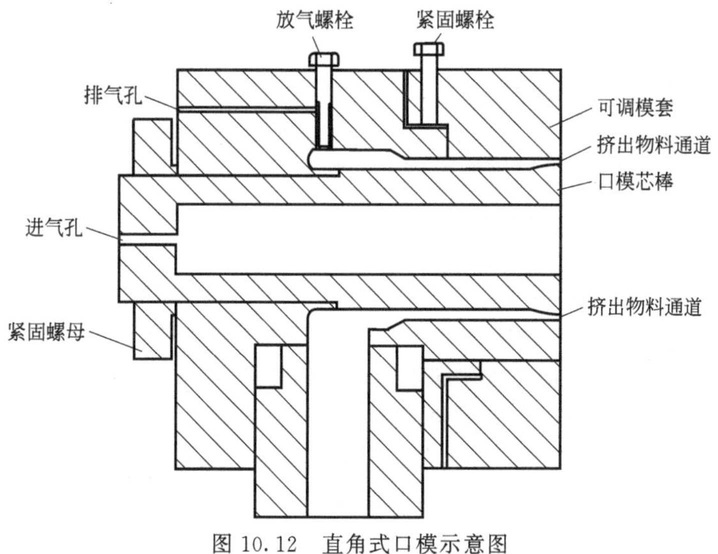

图 10.12 直角式口模示意图

还有一种口模为侧向式口模，如图 10.13 所示。其工作原理是：物料经挤出机后先流经一个弯曲流道进入到口模一侧，再包裹住芯棒，沿轴向方向流出口模。这种口模在与弯曲流道连接的地方，可以旋转任何角度，因此管材出口方向可以朝向任何方向。

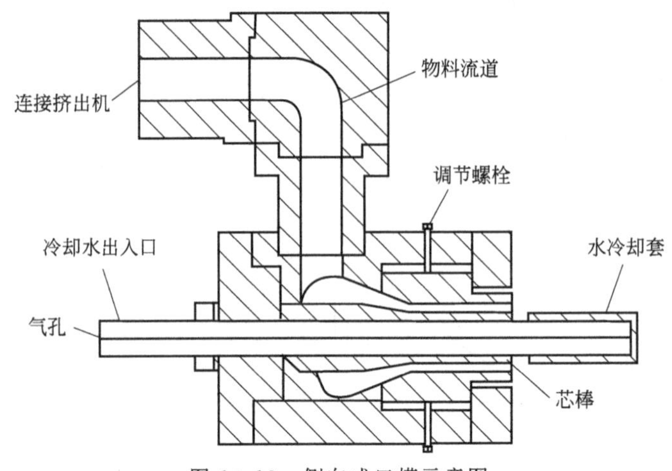

图 10.13 侧向式口模示意图

管材挤出时，物料从冷却芯轴上经过，通过定径套，进入水槽进行冷却。管材经过远低于其熔融温度的冷水冷却后，被牵引出水槽，收卷或者切成需要的长度。通过估算管坯口模内压力降，大致推导口模设计遵循的一般规律。

管材口模横截面由一系列近似于环形的流动区域组成，其横截面基本是均匀的、直的、带有锥度的流道，或者是带有障碍物（如分流器支架脚）的流道。口模的工艺参数设计应遵循如下原则。

① 物料通道应光滑，呈流线型，不要存在物料易积存的死角。特别是物料黏度较大的树脂，流道变化角度要更小。口模内流道扩张角和收缩角要小于 90°，收缩角比扩张角更小一些。

② 口模定型部分的横截面积，应当保证物料有足够压力以使制品密实。物料压缩比要恰当，不能过小或过大，低黏度物料压缩比取值 4～10，高黏度物料压缩比取值 2.5～6.0。压缩比过小，制品不密实，熔接缝痕迹也不易消除，产生轴向条纹；若压缩比过大，物料流动阻力增加，降低生产效率。

③ 口模应在保持足够强度的情况下，结构紧凑，机构之间衔接紧密，容易装卸。口模与挤出机料筒间一般设有过滤装置，因此口模设计应便于装卸过滤网，以便及时清理。

④ 口模中物料流道因与物料接触易磨损，故该部位通常由高硬度耐磨材料制成。口模外部一般应附有电加热装置、矫正制品外形装置及冷却装置等。

（2）聚烯烃管材挤出工艺

聚烯烃管材原料主要包括 PE 与 PP。其中 PE 材料包括 LDPE（低密度聚乙烯）、LLDPE（线型低密度聚乙烯）、MDPE（中密度聚乙烯）等不同密度与结构的树脂。PE 与 PP 的原料单体不同，决定了其性能和加工工艺上的差别。

① PE 管材挤出工艺。PE 原料品种多样，且具有无毒、耐腐蚀、电绝缘性好、低温冲击性能高、柔韧性好等优点，用挤出的方法可加工成各种规格的管材，用于农业、工业以及人们日常生活中。如 LDPE，挤出制备的管材可轻易进行盘绕，能用于水管、农业排灌管、绝缘管、排水管等；HDPE 力学性能相对较高，硬度相对较大，可承受一定的压力，绝缘

性好，耐化学腐蚀，在输水、输油、燃气以及一些化学液体的管线、电缆护套中得到广泛应用；LLDPE为α烯烃与乙烯共聚而制得，其耐环境应力开裂好、刚度高、耐热性好，可直接挤出成型液体输送管及电缆护套，也可混入LDPE或者HDPE中挤出成型管材，以提高其耐环境应力开裂性能。MDPE性能良好，使用寿命长，可用于生产压力较低（不高于0.1MPa）的燃气管。

a. PE管材原料选择。PE树脂，不论高压或者低压PE，都可直接进行管材挤出生产。通常都是根据制品的用途和要求，以及加工设备的参数，确定选用的PE种类和需要添加的助剂。管材生产商家还会根据原料的价格来选取符合使用要求但综合成本低的PE树脂。目前，市场上PE树脂的牌号众多，生产厂家不一，采用的设备、工艺、单体原料均有差别。选择材料时，首先考虑生产何种产品，如是用于水管还是燃气管道，然后看使用时的要求。如果使用时压力高，选择分子量大、熔体流动速率小的PE；若压力不大，要求不高，如输水管、排水管等则可以选用熔体流动速率较大的树脂。一般情况下，通用型的PE树脂流动速率为0.2～7g/10min（190℃，2.16kg）。

b. PE管材挤出工艺。PE管材的工艺流程相对比较简单。如图10.14所示。

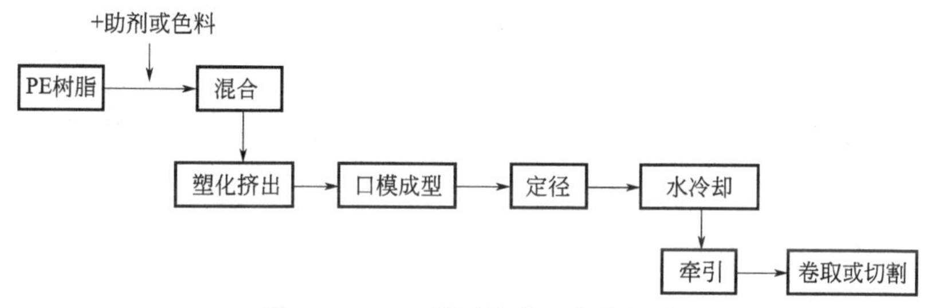

图10.14 PE管材挤出工艺流程图

在图10.14所示的流程中，生产的直径较小的LDPE管材可以进行卷取储存，也可根据需求切割成段，因为其质地较软或半硬；而HDPE则一般采用切割方法，截成一定的长度储存，因为其较硬，不适于收卷。除此以外，二者工艺流程基本相同。

工艺流程：将PE树脂粒料或粉料与需要的助剂或颜料（如果需要）进行充分共混均匀，加入挤出机料斗，经过喂料器将混合物料送入设定温度的螺杆挤出机内，经过熔融塑化后，在螺杆的推动下直接进入与机头连接的口模，通过环形流道形成管坯。管坯挤出口模后形成横截面为圆环的直管，但因为此时其本身温度仍然较高，管体柔软，极容易变形。而此时也是修整外形最好的时候，故需要用定径装置对管坯进行定径，使其达到所需的外径和内径并固定下来。定径的方法有真空定径和内压定径，两者的区别就是前者管内是负压，后者管内是正压。定径装置的长度并不长，定径后管体温度仍然较高，存在变形的可能。为避免管体变形，定径后要经过一个距离相对比较长的冷却系统继续冷却。冷却系统一般由数个2～4m长的水箱组成。管体通过冷却水箱后被牵引装置夹持向前，或在卷取装置上进行缠绕，或通过切割机进行切割。挤出过程中，挤出系统、定径系统、冷却系统、牵引系统、卷取或切割系统等要保持良好的同步工作，各工艺参数严格控制，才能确保管材的质量。挤出的管材经过检测合格，工艺参数确定，生产正常进行后，得到的产品即可进行包装、储运等后续的环节。

挤出工艺条件：在既定的设备和原料下，挤出过程的工艺条件选择和控制是关键。可根据设备的参数和原料的性能参数，参考各种经验，制定出符合规格要求且具有较高效率的挤出工艺条件。

温度参数：即挤出过程中挤出机不同流道段及口模处的温度设置值。不同牌号的 PE 晶体熔融温度略有差别，但熔体流动速率相差较大。熔体流动速率大的 PE 具熔体黏度小，反之则大，为了能达到产品质量好同时生产效率高的要求，则根据如上的性质来设置温度。一般情况下，HDPE 结晶度高，晶体熔融消耗热量大，成型设置的温度要高于 LDPE。通常，HDPE 和 LDPE 的管材挤出温度设置范围如下：

LDPE 原料：加料口附近 90～100℃；机筒中部 100～140℃；机筒前部 140～160℃；口模与挤出机相连部分 140～160℃；口模部位 130～150℃。

HDPE 原料：加料口附近 100～120℃；机筒中部 120～140℃；机筒前部 160～180℃；口模与机筒相连部分 160～180℃；口模部位 150～170℃。

可见，PE 管材挤出时口模温度一般设置得比机筒最高温度稍低，是为了如下目的：PE 熔体黏度较低，对温度变化敏感度低，成型的温度范围宽，口模温度低一些有利于挤出成型，且制品更容易密实；口模温度低利于管材的定型温度，因而提高生产效率；温度低有利于节约能源。

冷却控制：挤出管材过程中，设备需要冷却的部位有料斗加料口、定径装置、管材冷却系统。料斗加料口部位需冷却，是因为 PE 的软化温度低，此处设置冷却系统是为了防止 PE 颗粒受热发生粘连而堵塞加料口，影响下料；定径装置冷却的原因是，不管采用哪种方法定径，其内部都须通入冷水以保证管材能尽快凝固定径。管材挤出口模后温度仍然较高，为让其能够慢慢冷却，水温一般控制在 30～50℃，或采取空气冷却后再进行定径操作。管材冷却系统是一个让挤出的管材进一步降低温度以减少内应力的系统，距离较长，管材移动方向与冷却水流动相反；为防止管材在冷却过程中发生弯曲，每节冷却水箱中设置 2～4 个定位环。PE 管材冷却过程不宜过快，否则温度变化剧烈容易导致表面光泽度差，内部产生内应力等问题。

定径过程：定径是管材挤出的一道重要工序，大口径管材一般采用内压法，定径装置连接在口模出口处，管内的压缩空气压力为 0.02～0.04MPa。在满足圆度的情况下，内压尽量控制得小一些。大口径管材宜采用内压法定径，原因是管外抽真空法不容易保证管材圆度。内压法能够让管的外壁紧紧贴在定径套内壁，实现比较精确的定径。而小口径管材采用真空定径的方法，定径套与口模间有 20～50mm 的间隙，原因是口模的直径一般大于定径套内径，二者相距一段距离，使口模出来的管径有一个过渡，同时也防止空气被带入管外壁与定径套内壁间而影响定径的效果。定径套内部分冷却段、真空段和继续冷却段。

挤出过程中异常现象、原因及解决方法如下。

管径大小不均匀：可能是因为牵引打滑，或者压缩空气不稳定，或者压缩空气孔堵塞而压力不足。通过检查和调整牵引装置，或者调节压缩空气使之稳定，或疏通堵塞的压缩空气孔。

管材圆度不好，弯曲：原因可能是口模与芯模间隙调节不当，或者口模周围温度不均，或者冷水离口模过近，或者冷却水流量过大而冷却过快。解决方法是根据相应的原因调整口模与芯模间隙，调整温度，调整冷却水与口模位置，冷却水流量调低等。

管身有孔洞或被拉断：原因可能是冷却水量过大，或者压缩空气流量过高，或者牵引速度过快。解决方法为调小冷却水、调节压缩空气流量、减小牵引速度。

管表有凹坑：可能的原因是原料含杂质。可更换原料。

管表有鱼眼：原因可能是物料塑化不充分，机头压力过低等。可适当升温或者提高机头压力。

管表毛糙有斑点：原因可能是口模温度过低，或者冷却水流量过大。可适当提高口模温度，减少冷却水流量。

管内壁有凹坑：可能是原料含水量偏高。可通过干燥原料来解决。

内壁有螺纹：原因可能是机头局部温度偏高，或者压缩空气压力偏小。可适当调整机头温度，提高压缩空气压力等。

② PP 管材挤出工艺。PP 管材是以 PP 为原料挤出成型制得。相比较 PE 来说，外观虽然差别不大，但 PP 密度更小、硬度更大、耐热性也更高、表面光泽度优良；其同样也无毒、耐酸碱、耐化学腐蚀。PP 的耐环境开裂性能优于 PE，在低负荷下可在 110℃下连续使用，间歇使用温度可达到 120℃。PP 管材可用于农田排灌、城市排水、热交换管、太阳能热水管、自来水管等。

目前挤出管材可用的聚丙烯原料，根据聚合工艺分有三种：均聚 PP 树脂（PPH）、嵌段共聚 PP 树脂（PPB）以及无规共聚 PP 树脂（PPR）。

PPH 为均聚聚丙烯，用于管材的 PPH 熔体流动速率一般在 1～3g/10min，拉伸强度为 30MPa 左右，模量在 1350～1400MPa 之间，硬度在 90 左右，热变形温度 105～110℃。

PPB 为嵌段共聚聚丙烯，主要是以丙烯和乙烯为单体的嵌段共聚物，其抗冲击性能比 PPH 要高，韧性好。管材用 PPB 熔体流动速率一般为 2～2.5g/10min，拉伸强度 23～30MPa，模量在 850～1050MPa，硬度为 60～70，热变形温度为 80～110℃。

PPR 为无规共聚 PP，一般由 1%～7%的乙烯分子及 99%～93%的丙烯共聚而成。在 PPR 大分子主链上，乙烯链段无规则地插在丙烯链段中间。在这种无规共聚物中，大多数（通常 75%）乙烯是以单链段形式插入丙烯链段中，叫作 X3 基团（即三个连续的乙烯链段—CH_2—依次排列在主链上），这还可看成是一个单乙烯链段插在两个丙烯分子中间。另有 25%的乙烯链段是以多个连续乙烯链段插入的方式结合，如主链的 X5 基团，因为有 5 个连续的亚甲基团（—CH_2—）。很难把 X5 和更高基团如 X7、X9 区别开来，因此，把 X5 和更高基团的乙烯含量一起统计为“＞X3”。

PP 挤出管材的工艺流程与普通 PE 管基本相同，挤出设备基本可以通用。PP 也属于结晶性聚合物，且 PP 的晶体熔点相对比较高，因此在挤出管材时相对温度设置要高一些。不同类型的 PP 晶体熔点稍有差别：一般均聚的熔点最高，168～170℃；PPB 熔点一般在 165～168℃；PPR 的相对低一些，大约在 143～150℃之间。PP 对温度的敏感度要高于 PE，挤出机各段的温度设置比 PE 相对高 10～20℃，一般为 165～220℃，其他工艺操作与 PE 相似。

10.3.2　板材与片材挤出

板材与片材，一般厚度在 0.25～20mm 之间，小于 0.25mm 称为薄膜，大于 0.25mm 称为片材，厚度大于 1mm 时则称为板材，但相互之间界限并未泾渭分明。板材与片材生产方法有挤出法、压延法和层压法等，此处介绍的挤出成型板材与片材的方法最简单[5]。PP 和 PE 是聚烯烃中最常用的挤出板材和片材的两种树脂，生产的板材和片材有单层的和多层的，有发泡的和不发泡的，有单种材料的和复合材料的，产品的宽度是根据设备和需要来设定。

10.3.2.1　板材与片材挤出设备

板材与片材的生产设备主要是挤出机、板材和片材口模、压光装置、牵引装置、切割或卷取装置。基本工艺流程为：物料与助剂、颜料等共混后加入挤出机进行塑化，并以挤出机螺杆为驱动力，将物料挤出口模，经过压光装置（三辊压光机），并进行冷却输送，最后进行切割或卷取。

(1) 挤出机

有单螺杆挤出机和双螺杆挤出机。单螺杆挤出机，长径比一般大于20，机头部位应设置过滤装置。用于挤出片材的双螺杆挤出机有平行双螺杆挤出机和锥形双螺杆挤出机。

(2) 机头连接装置

挤出机和口模之间采用连接装置连接，目的是将流道由圆锥形过渡到横截面为矩形的流道，以将物料均匀输送到机头口模之中。

(3) 板材、片材挤出口模

① 管状口模。此类口模横截面为薄壁圆环，就像薄壁管材挤出口模一样。生产过程中，将挤出的“薄壁管材”用刀沿轴向切开并压平即得到板材或片材。这种口模结构简单，生产出的板材厚度均匀、加工方便，适于生产较薄的板材；但因口模内有分流器支架，造成制品上有熔接痕。

② 扁平口模。目前生产板材、片材主要采用扁平口模机头，其可以生产各种厚度和宽度的片材。根据物料流道的不同，有支管式、鱼尾式、衣架式、螺杆分配式等形式的口模。

a. 支管式口模。最大特点是口模内部有和模唇平行的圆桶槽，可以存储一定量物料，使物料流动稳定。结构简单、体积小、操作容易。但物料停留时间容易过长而导致物料变色、分解。

b. 鱼尾式口模。口模内部流道形状如同鱼尾，故称鱼尾式口模。物料进入后，按鱼尾流道向两侧流动，在出口处达到设计幅宽。优点是结构简单、制造方便、流道平滑，无长时存料。但产品幅宽不宜过大，厚度较小。

c. 衣架式机头。流道内部形状如衣架。采用支管式圆桶槽，具有稳定料流的作用。圆桶槽截面积相比支管式要小，可减少物料停留时间；鱼尾扇形流道可弥补板材厚度不均的缺点，同时扩张角增大，可以生产幅度较宽的板材、片材。

d. 螺杆分配式口模。口模内装有一个分配螺杆，由单独电机驱动，将物料均匀分配在口模出口的宽度范围内。板材厚度可通过调节螺杆速度来调整，挤出均匀度可通过模唇来调整。分配螺杆有一端供料和中心供料两种方式。螺杆分配时口模减少物料停留时间，便于流动性差、易分解的物料挤出。缺点是制品上容易出现波痕，且结构复杂，制造不易。

③ 共挤板材口模机头。由两台或多台挤出机挤出相同或不同物料，在口模机头内或者挤出口模后黏结，称为多层复合片材。

(4) 压光装置

一般采用三辊压光机。三辊压光机是由直径为200～400mm的三个圆辊分上中下排列组成。中间辊轴固定，上下辊可以调节与中间辊的间距以适应生产不同厚度的产品。三个辊内部都可通入温控介质进行控温。

(5) 冷却输送装置

由多个直径约为50mm的圆辊组成，置于压光装置和牵引装置之间，用来支撑并继续冷却挤出的板材，使其固化，并输送到牵引装置。

(6) 牵引、切割或卷取装置

牵引装置由一对或以上牵引辊组成，一个主动辊配置一个被动辊，被动辊上包覆橡胶材料。主动辊与被动辊靠弹簧压紧，可将片材牵引至切割或卷取装置处。切割装置将板材切割成需要的长度；卷取装置则可直接将片材卷取成卷，按一定规格截断后包装。

10.3.2.2　板材与片材挤出工艺

（1）挤出工艺温度

挤出机各段温度是以聚烯烃树脂的通常加工温度为参考而设定的，见表 10.2。口模机头处的温度一般比挤出机温度高出 5～10℃。温度过低，则制品表观质量差，光泽度低，易开裂；温度过高则会引起物料降解。为使物料均匀流动，口模横向温度设置一般为两边高中间低，因为中间流体阻力小，两边阻力大。

表 10.2　挤出机各段温度范围

树脂类型		HDPE	LDPE	PP
机筒温度	1	150～160℃	140～150℃	150～160℃
	2	160～170℃	150～160℃	170～180℃
	3	170～180℃	160～170℃	190～200℃
	4	180～190℃	170～180℃	210～220℃
连接装置		170～180℃	170～180℃	190～210℃
机头口模温度	1	190～200℃	175～185℃	200～210℃
	2	180～190℃	170～180℃	190～200℃
	3	170～180℃	160～170℃	180～190℃
	4	180～190℃	170～180℃	190～200℃
	5	190～200℃	175～185℃	200～210℃
压光辊温度	1	90～100℃	75～85℃	70～80℃
	2	80～90℃	60～80℃	70～90℃
	3	70～80℃	50～65℃	55～60℃

（2）螺杆冷却问题

通常直径小的螺杆，加料时只需要采用最简单的重力方式即可提供足够的进料能力。对于直径较大的生产型螺杆，重力加料方式则不足以提供足够的进料量，故需要采取强制喂料方式为塑料挤出机提供足够料量。但强制喂料只能提高一定的喂料速度，因为随着螺杆直径的增加，主机功率相应提升，整个螺杆内的原材料快速摩擦后温度迅速升高，物料很快失去了固体摩擦性质。为解决此问题，大直径螺杆可采用冷却的方法，加强物料的输送，同时冷却也可防止局部温度过高物料分解，且使物料塑化效果提高。

（3）板材厚度与设备参数间关系

① 板材、片材厚度与模唇间隙关系。板材、片材成型口模的模唇间隙一般设计为小于板材、片材的厚度。塑料熔体挤出口模后会发生胀大，可以通过调节牵引装置来得到要求的厚度。除了通过牵引外，如果板材厚度只需微调，则可调节模唇间隙来达到，如果厚度调节幅度大，应调节物料阻力调节块以达到要求的厚度。鉴于熔体流动的特点，要得到横向厚度均匀的板材、片材，模唇间隙应调节为中间窄两边宽的形式。口模设计时，应考虑流道长度与板材厚度的关系，一般情况下流道长度与板材厚度的比值在 20～30 之间。

② 三辊间距对厚度的影响。成型的板材在完全冷却时有一定的收缩，故三辊之间间距一般要调节到微大于板材的厚度。辊间距在板材横向方向上要一致，才能保证板材的厚度均

匀。三辊之间宜保持一定存料，但不宜过多。板材厚度也可通过调节三辊的转速来达到，但不可拉伸过大，以免造成板材单向取向，横向强度降低，影响产品质量。一般三辊速率与挤出速率略相适应，比片材挤出的速率略高10%～25%。

(4) 牵引速率参数设定

一般设定牵引速率与物料挤出速率大致相等，比压光辊线速率快5%～10%即可。牵引除了使板材从冷却辊出来后继续冷却外，还有如下作用：保持板材的张力，以免板材变形以及切割时刀口不整齐。牵引过程中保持张力适度，过大易使板材产生内应力，影响使用性能；过小会导致尚未充分冷却的板材变形。

10.3.2.3 板材挤出过程异常、原因及解决方法

板材、片材挤出过程中会产生一些异常情况，原因有多方面，应根据具体现象进行深入分析，首先调整一个因素，并视情况再逐个调整其他条件。

对于板材出现厚度不均的情况，可能是物料塑化不均，或者口模温度设置不均，或者阻力调节块调节问题，或者三辊间距调节不均，也有可能是模口张开度不均，或者牵引速率不均匀导致。

如果板材表面光泽度不好，可能是机头口模温度低，或者压光辊表面不光滑或温度偏低，或者模唇流道过短或表面不光滑，或者是原料的问题，如有水分等。

板材表面出现破洞或者断裂情况，可能的原因有机头温度低，或者阻力块调节不当，或者物料塑化不良，或者牵引速率过快，或者模唇间隙过小等。

挤出方向出现线纹或者变色条纹，表面褐色或有变色线条、斑纹或斑点，表面有凹坑、丝纹且内部有气泡，表面翘曲不平，表面粗糙有橘皮纹，表面有凹陷坑，表面有疙瘩或者料块等，这些现象均可围绕设备机头温度、辊或口模模唇间距调节、挤出或者牵引速率、三辊转速、原料本身问题等多方面查找，并根据实际情况进行调节。

10.3.3 异型材挤出

异型材，一般指除了管材、板材、棒材等以外，横截面奇特的一种连续产品。从广义上说，管材、板材、棒材也应该算是异型材的特例，但由于其形状规则，口模设计上与异型材有很大区别，故把此节单列出来。

异型材有软质异型材和硬质异型材。硬质异型材轻便、装饰性强、安装便捷，广泛用于建筑、电器、家具、土木、水利等诸多领域。软质异型材可用于衬垫、密封等。PE和PP都可进行异型材挤出，目前市场上应用较多的是PE或者PP的木塑异型材。异型材按照横截面形状可分为异型管、中空异型材、开放异型材、隔空异型材以及实心异型材。

10.3.3.1 异型材模具设计原则

异型材的界面形状多种多样，五花八门，不像管材、片材等形状单一，故在进行计算时无固定的规律，设计过程较复杂。但总体来说，异型材的设计可以遵循一些原则：根据用途和要求来设计横截面形状，使其满足设计的实际需要；异型材能充分发挥材料特性，使材料性能得到充分利用；模具结构尽量简单，制作容易；挤出成型过程及工艺条件易于实施。

异型材尺寸和精度无法做到很精确。产品表面的粗糙程度与模具流道及定型模的粗糙度有关，还与塑料种类有关。设计异型材界面形状应尽量简单对称，壁厚应尽量保持一致。加强筋应避免或减少，确实需要加强筋时，筋肋厚度尽可能小一些。拐角尽量避免使用直角，应设计成圆角。

10.3.3.2　异型材挤出工艺

(1) 设备

异型材挤出[5] 设备主要包括挤出机、异型材口模机头定型装置、牵引装置、切割装置。

异型材口模机头按结构可分为板式结构和流线型机头。板式结构口模机头结构简单、成本低、制造和安装都很容易，但不适于热敏性材料，此结构口模多适用于聚烯烃的生产。流线型口模机头比较复杂，制造烦琐，成本高，适合热敏性材料。

定型装置主要有密闭式外侧定型、开放式滑动定型和内定型。密闭式外侧定型有内压定型和真空定型两种。开放式滑动定型主要用于开放式型材，如线槽、踢脚板、楼梯扶手等。真空定型在型材外侧周围产生负压，使外壁与定型内壁紧贴，保证型材冷却定型。

牵引装置有滚轮式牵引机、履带式牵引机和橡胶带式牵引机等几种。

切割装置将连续挤出的异型材切割成需要的长度，以满足储存、运输和装配的需要。

(2) 异型材挤出成型工艺

① 挤出物料准备。挤出生产异型材，一般情况下都会有颜色或花色等的要求，有的还要添加一些特色填料增加产品的美观度，如添加木粉或者褐色颜料等。按照事先计算好的比例，将聚烯烃树脂、相关助剂以及颜填料或者母料分别称量，并经过充分混合，备用。

② 成型工艺。PP 和 PE 可根据片材等挤出的温度范围进行设置。如果物料中含有木粉等一类容易热降解的原料，应尽量控制温度，防止降解。

物料经过口模机头时，应保持一定压力，以使制品密实，有利于产品质量。压力控制适中，过大则熔体挤出模口后胀大严重，表观质量下降，且容易损坏设备，造成事故。

冷却定型可以采用不同的定型方式。真空冷却定型可使挤出的异型材紧贴于定型模内壁上，冷却后可获得较好的形状和尺寸。真空度的设置值一般在 0.04～0.08MPa。真空度过大易增加牵引装置的荷载，产量降低；真空度过小会使吸力不足，导致异型材变形严重或无法成型，外观质量和尺寸精度难以保证。经过定型模后异型材并没有被充分冷却，需要进一步的冷却。随后的冷却水箱内设置喷淋装置对异型材冷却并进行校直，控制水量来调节冷却效果，并通过若干校直块防止异型材产生变形。

牵引速率与挤出速率应相匹配。牵引速率过高容易将异型材拉断，过慢则会引起口模与定型模之间堆料。

③ 切割。最常用的切割工具是行走式圆锯。其工作方式是在切割时除了横向运动外，在型材挤出方向一同运动，切割完后复位。

10.3.3.3　异型材挤吹过程异常、原因及解决方法

异型材生产过程中不可避免会出现一些异常现象，产生的原因多种多样，须根据实际情况分析，并进行调整加以解决。

物料进料过程中有波动，可能的原因有：原料流动性差；原料在下料过程中不顺畅，产生架桥；加料部位温度过高，物料发黏而阻滞下料。相应解决的方法：采用流动性较好的物料；安装机械送料器以防止物料架桥；加料部位进行冷却等。

挤出的异型材制品有弯曲现象，可能的原因有：生产线本身有弯曲度；冷却方面的原因；口模机头流道不合理或模口间距不均匀；挤出速度过快等。相应的解决方法：调整设备生产线令其呈水平直线；加强异型材较厚部位的冷却；修正或者调整流道或口模间距，直至均匀出料；将挤出速率调整到适当值等。

加强筋部位收缩率大，可能的原因有：口模筋处树脂流动较慢，受到拉伸；定型时真空度控制不当；冷却不良等。相应解决方法：提高口模筋处物料流动速率；调节真空度，或者把封闭的异型材中气体放出，如在型材上刺穿出一些小洞，加强定型模对型材的真空吸附作用；加强冷却等。

还有一些不正常现象：产品后收缩率大；尺寸不稳定或厚度不均匀；熔接痕明显；产品表面出现鱼眼、斑点或凸起；表面出现条纹；异型材中有气泡；强度低等。相应的原因可能是：牵引速度过高、冷却不良、部分温度设置过高或过低；物料流动性不佳；口模本身缺陷或者调节不准等。在生产过程中可根据实际产生的异常，深入分析，适当调整。

10.3.4 棒材挤出

棒材挤出，类似管材挤出，只是棒材的内部是实心的。这里的棒材主要是指横截面为圆形的圆棒，不包括其他形状。生产的棒材可经过二次加工，用于制造机器设备的塑料零部件，如齿轮、螺栓螺母、轴承或者其他产品。

挤出棒材工艺过程并不复杂，即物料经过挤出机熔融塑化后，通过口模形成棒状，再经冷却定型后成为棒材。由于棒材是实心的，相对于其他制品来说棒材属于厚度较大的制品，因此棒材的冷却是一个值得重视的问题，尤其是棒材芯部冷却问题。塑料材料冷却时会收缩，控制不好会导致棒材空心。棒材冷却的方法主要有两种：一是让挤出的棒材冷却速度尽量缓慢，以防止空心；二是使用定型模快速冷却，同时不断地挤压熔料到定型模内以补充棒材固化收缩而产生的空缺。从便捷性及经济上考虑，后一种方法应用较多。

10.3.4.1 棒材挤出设备

棒材挤出设备包括挤出机、口模机头、冷却定型装置、隔热圈、牵引设备（制动装置）、切割机等。

(1) 挤出机

生产棒材的挤出机螺杆直径一般小于 90mm，长径比在 20～25 之间。挤出机加热系统需要能够耐 350～400℃的高温，且机筒冷却系统能够迅速冷却，以避免筒内物料温度过高。

(2) 口模机头

口模机头有多种结构，如直通式、分流梭式、补偿式、叠板式等。

① 直通式口模机头无芯棒和分流器，物料流动阻力小，故使用时需要保证机头压力，使物料流入定型模的时候可达到 12MPa 左右的压力。

② 分流梭式口模机头。流动中心有分流梭，目的是减少流道内部的容积，增大熔体受热面积，停车后重新开车时迅速加热物料，避免长时间加热导致物料热降解。故一般热敏性树脂可采用此种口模机头。

③ 补偿式口模机头。适用于挤出大直径棒材。该结构利用高分子材料的出模膨胀，将流道的平直部分缩短，塑料挤出后胀大显著，所以小直径的流道可以成型较大直径的棒材。口模流道入口处由外及里为直径由大到小的锥形过渡，然后是较短的一段等径流道，在接近口模出口处流道直径又是由小到大的锥形过渡，即呈喇叭口形状，以使物料发生膨胀，达到要求的直径。

④ 叠板式口模机头主要用于挤出非圆形截面的棒材。

(3) 冷却定型模

与管材的定径装置相类似。但与管材定径装置相比，棒材定型模与口模机头之间相连比较紧密，中间加装隔热圈；无需抽真空，只通冷却水；定型模内套直径应略大于棒材直径，目的是要考虑棒材收缩；定型模长度要小一些；定型模入口与出口直径误差应严格控制，进口处直径绝不能大于出口处直径；应采用传热好的金属（如铜等）制作冷却定型模，其内壁要光滑。定型模内径尺寸与棒材直径关系的确定应根据树脂材料的收缩率来确定。

（4）隔热圈

是口模机头与定型模之间的隔热板，称为隔热垫圈，作用是使两者之间形成明显的冷热界面，使紧密相连的机头与定型套减小相互影响。

（5）牵引设备

也是制动装置。因为棒材挤出时牵引的速率要小于挤出的速率，不但不是牵引拉伸，而是起阻止作用，故称为制动装置或者阻尼装置。

（6）切割机

用于切割棒材，结构与管材切割装置基本相同。

10.3.4.2 棒材挤出工艺

（1）温度设置

① 挤出温度。应控制在高于树脂熔融温度 20～30℃，温度过低则塑化不好，不仅外观不好，强度也会受影响；温度也不宜过高，否则会增加冷却和挤出控制难度。机头温度要低于料筒温度 10～20℃。

② 冷却定型模温度。定型模冷却温度应低一些，不仅可以提高生产效率，棒材的表观质量也可得到提高。在冷却定型时，棒材表面物料首先固化，在内部形成一个类似锥形的软物料区，熔融物料不断地向圆锥方向输送，补充因固化而收缩的空缺，这样棒材不至于空心化或者产生孔洞。由固化物料产生的硬料圆锥角在 12°～16°比较好，此时的棒材质量较高。

（2）制动装置的调节

制动装置在棒材通过时加以一定的阻力，让熔融的物料能够紧贴在冷却定型模的内壁表面，增加冷却效果。冷却过程中，棒材的芯部有熔料不断地补充进来，防止产品中心产生孔洞。制动装置阻力大小影响着棒材的质量，故挤出过程中要调整适度。阻力过大挤出困难或者根本就挤不出来；阻力过小则熔融物料补充不足，棒材内部容易产生孔洞。

（3）后处理

主要指的是热处理。棒材冷却过程中，外部和内部冷却的时间和速度都不一样，很容易产生内应力。这种内应力随棒材直径的增大而增加，尤其是直径超过 60mm 时，必须经过热处理，以消除内应力，防止在放置或者加工时变形或者开裂。热处理方法主要是通过在一定介质中加热，如水浴、油浴或者空气，升高到一定温度后进行退火，以此消除内应力。

10.3.4.3 成型中异常现象、原因及解决方法

挤出生产棒材可能会产生如下的异常现象：棒材中心有孔洞；截面非圆形；发生“胀死”或者有规律地重复出现凹痕；表面粗糙或出现斑纹熔接痕或裂纹；表面脱皮或者有杂质。产生的相应原因可能有挤出温度低或者定型模温度设定不合适；原料含水或者小分子；制动装置阻力过小；原料有杂质或者分解等。相应解决方法主要是根据现象调整挤出温度、转速；调节定型模冷却温度；调整制动装置阻力大小；物料保持干燥，温度设置不要过高等。

10.3.5 丝、网、带等挤出

塑料丝、网、带等各种制品主要采用挤出成型的方法制造[4]，产品可连续、大批量生产，操作简单。聚丙烯、聚乙烯均可采用挤出的方法生产丝、网、带等制品。塑料单丝可用

于生产编织物和绳索，如编织渔网、坐垫、草帽、凉席等，还可以编织成包装袋。PP还可以制作撕裂膜、捆扎绳、打包带等。PE和PP基础网还可以支撑各种网袋、安全网等。

10.3.5.1 塑料丝的挤出

(1) 聚乙烯丝

① 挤出设备。主要是挤出机、拉丝辅机和口模机头。

挤出机可以使用单螺杆或双螺杆挤出机。拉丝辅机一般有三台，控制和驱动方式有多种：可以分别由三台电机控制；可以一台电机控制一台辅机，另一台电机控制另外两台辅机；可以三台辅机用一根轴连起来，用一台电机来控制。每台辅机有一组牵伸辊，包括2～5个空心辊筒，上面的辊为主动辊，下面的辊为从动辊，且上下辊之间互成一定角度，为6°～10°。为减少断头率，可采用二次拉伸法，拉伸后再经过热处理。口模机头是单丝的出口，有水平式和直角式两种，直角机头用得较多。直角机头内部流道从入料口到出料口收缩角大都采用30°。喷丝板即喷丝的口模，是喷丝的关键部分，喷丝孔分布在喷丝板上，数目为12～60个，孔的直径为0.12～1.27mm，孔的长径比为(3～10)∶1。在喷丝板的前面应安置过滤网，滤除杂质。

② 挤出工艺。

a. 挤出工艺过程。将PE树脂投入挤出机料斗，经过熔融塑化后PE树脂被螺杆挤进机头，并通过喷丝板喷出成丝，经冷却水槽冷却后，再进行热拉伸、定型处理后卷取，称为单丝制品。

b. 挤出机温度设置。挤出单丝时需要物料充分熔融，故挤出机的各加热段温度设置相对较高，最高温度超过300℃。

c. 冷却水槽温度控制。熔体物料经过喷丝板形成坯丝，进入冷却水槽淬冷，这样可使物料内大部分分子链尚未结晶便被冻结，保持非晶态状态或者结晶度较低，有利于提高拉伸度及拉伸均匀性。同时，在较低温度下，结晶成核速度快，晶核多，整体来说晶球数目多、尺寸小，可在拉伸中形成稳定细颈，使单丝性能更好。冷却水的温度控制在25～35℃为宜，喷丝板离冷却水的距离在15～30mm最佳。

d. 拉伸速度和温度。坯丝从冷水槽出来后便进入热水槽进行拉伸。此时的拉伸温度应该设置在PE树脂的玻璃化转变温度与熔点之间。一般热拉伸是在沸腾水中进行，因为温度高，分子链松弛较快，在拉力作用下会产生细颈，分子链沿拉伸方向排列成许多纤状微晶，细颈中纤状微晶顺着拉伸方向排列，并沿拉伸方向取向，得到的单丝具有很高的强度。

e. 热定型处理。单丝拉伸过程中会发生再结晶而产生内应力，外力消除后逐渐松弛而产生收缩。故需要热处理以消除这种现象。单丝经过沸水浴槽，第三牵引辊设置速度比第二牵引辊速度低1%～1.5%，让分子有足够时间松弛，以便消除内应力。

(2) 聚丙烯丝

聚丙烯丝的生产与聚乙烯丝有稍许区别。聚丙烯主要是生产扁丝，其做法是物料熔融塑化后首先挤出成平膜，然后将膜切成窄条，再经过拉伸和定型处理后得到成品丝。聚丙烯扁丝广泛用来制造编织袋，用以包装各种物品。

① 生产设备。主要有挤出机、冷却系统、切割装置、拉伸系统和卷取装置。

a. 挤出机：可采用单螺杆或双螺杆挤出机，挤出机机头部分需要安置过滤网，过滤物料中的杂质。机头口模为T型口模或者衣架型口模，模唇间隙一般为0.6～0.8mm；管膜法模口缝隙亦为0.6～0.8mm。

b. 冷却系统：T型机头口模采用冷却水箱进行冷却，而管膜法生产采用冷风环冷却。

c. 切割装置：切割刀安装在刀架上，可调节，刀片要锋利，刀架要牢固，禁止晃动。

d. 拉伸系统：每个拉伸辅机应采用无级变速电机控制转速，辅机之间保持一定的速度比。

e. 卷取装置：卷绕辅机，卷轴为单锭力矩电机卷绕，卷绕速度与扁丝线速度吻合，各锭张力相同，保证排丝整齐。

② 生产工艺。

a. 挤出机温度控制：聚丙烯熔点一般为160～170℃，临近熔点时黏度较大，故控制温度比熔点高出50℃以上。

b. 冷却水温控制：均聚聚丙烯，尤其是等规度高的PP，很容易结晶且自然冷却过程会形成尺寸较大的α球晶，该种晶体拉伸取向比较困难，不利于拉丝，应避免形成较大球晶。在急速冷却的情况下容易生成结构松散的晶体，易于拉伸取向。坯模挤出口模后应迅速冷却，令其形成疏松的晶型结构，便于拉伸成为高质量的扁丝。薄膜挤出口模后应立即进入水槽冷却，口模与水的距离以15～50mm为宜，水温控制在30～50℃。

c. 切条：切割装置将膜切割成1.5～4mm宽的窄带，进入拉伸过程。

d. 拉伸：即把冷却定型后的扁丝加热到玻璃化转变温度以上软化点以下，进行轴向拉伸，分子取向，提高扁丝的强度。通常情况下，扁丝的拉伸在低于晶体熔点20～40℃温度下进行，拉伸倍数7～8倍即可。

e. 热处理：即热定型或者退火。拉伸后的扁丝聚集态有很大变化，此时形成的结构不稳定，为消除拉伸产生的内应力，需要经过热定型处理。一般退火温度比热拉伸温度高5～10℃。

10.3.5.2 塑料带挤出

塑料带主要用于打包，生产原料有PP、PE及PVC等，其中以PP打包带为主。PP与PE打包带生产工艺基本相同。基本过程就是树脂在挤出机中经过熔融塑化后，通过机头口模挤出成带坯，再经过拉伸、压花等工序而成为打包带。

(1) 生产设备

主要由挤出机、冷却水箱、牵引机、拉伸槽、卷取装置等组成。

(2) 生产工艺

① 挤出机温度控制：挤出机温度设置一般在160～220℃。机头口模处温度设置稍高一些，为250～280℃。

② 冷却：带坯挤出之后温度较高，应立即进入水中冷却。水温控制在30～40℃，模口距水面15～45mm。

③ 拉伸：拉伸过程在沸水中进行，经过一次拉伸，拉伸倍率为8～10倍。

④ 压花：拉伸后的塑料带经过带有花纹的压辊，表面压上花纹。花纹作用是可在使用时增加摩擦力，不打滑，同时看上去也美观。

10.3.5.3 塑料网挤出

塑料网挤出主要是将PE或PP材料熔融塑化后，经过挤出机螺杆的推动进入一个能够旋转且设有若干小孔的口模机头，形成料丝，在口模机头旋转时料丝不断汇合于一个结合点，形成网格，冷却定型后即成为塑料网。挤出的塑料网可以是牵伸网，也可以是非牵伸网。根据口模小孔的形状、数量、机头旋转速度及方向，并配以各种颜色，即可得到各种颜色、各种形状的塑料网。

(1) 生产设备

塑料网挤出设备主要包括挤出机、旋转机头、冷却水箱、牵引机、冷却水槽等。挤出机用于将物料熔融并输送到旋转口模机头；旋转口模机头分内口模和外口模，两者做相对旋转运动。内口模与外口模相对的面上各设有若干凹槽，凹槽尺寸及相互之间距离要均匀一致，以免粗细不均。同时，内外口模之间滑动配合要精密，不能过紧或过松，间隙为0.018～0.02mm。冷却水箱中有切刀、夹辊和定径套。牵引机有横向和纵向牵引辊。水槽用于后续的冷却。

(2) 挤出工艺

a. 挤出塑料网的基本流程：物料加入挤出机后，经熔融塑化，被螺杆推向机头口模，经过旋转机头后形成网坯，网坯再经过定型和冷却水箱的冷却，由牵引机牵引至切刀处剖切为网片（或者不经剖切），得到单向拉伸网。单向拉伸网再经一个导辊进入热水槽预热后进入横向拉伸辊，并经过一定倍数的拉伸，最终形成双向拉伸的塑料网。

b. 挤出塑料网影响因素：塑料网的成型主要依靠旋转机头内外口模的相对旋转，使熔料不断从内外口模中的小孔流出成丝，内外口模上小孔重合时形成网结，小孔错位时形成网条。内外口模不断重合、错位，就形成了连续的网状结构。通过控制口模旋转速度与牵引速度，可以得到菱形、方形、斜菱形或者斜格形等形状的网格结构。另外，通过控制挤出速度，可以控制网丝粗细以及网结大小；改变口模小孔的形状和数量，可以得到不同形状和网格大小的塑料网；定型套直径大小影响网格径向间距，直径大则网格径向间距增大，反之减小；牵伸倍数对单向拉伸网来说，主要影响网格大小和网丝的粗细。

还有一种塑料网是挤出发泡网，是在PE挤出网的基础上发展而来的。主要是在PE中添加交联剂和发泡剂后，经挤出机发泡后再形成网格。因为发泡后材料质量轻，有一定弹性，有防震、减震功能，故大量用于包装水果、陶瓷和玻璃等易碎品、精密仪器等，用途十分广泛。这种发泡网的挤出工艺除了普通挤网工艺控制外，主要就是控制发泡材料的发泡工艺，如配方、发泡剂、泡孔大小、挤出压力、发泡温度等。

10.3.6 电线、电缆挤出

塑料电线、电缆是用塑料作为绝缘层或保护套的电线电缆，广泛用于电力传输、照明用电、机械动力、通信及信号控制等诸多领域。塑料电线、电缆种类繁多，所用的绝缘层和保护套主要材料有PE（包括交联PE和发泡PE）、PVC等，现今随着技术的发展，一些特殊工艺制备的PP也可作为电线、电缆的绝缘外皮。但在聚烯烃方面，用量比较大的还是聚乙烯或者交联聚乙烯[4]。

10.3.6.1 PE、PP电缆料

(1) PE电缆料

聚乙烯电缆料体积电阻率高，化学稳定性好，可经受很高的电压，且经过抗老化配方的调整，使用寿命更长。生产工艺流程：PE树脂、助剂充分混合后，经过塑炼后造粒，得到专用电缆料，再经电线电缆挤出设备挤出，将线缆、线芯包覆，经冷却、卷取后得到制品。聚乙烯电缆料主要有交联聚乙烯、发泡聚乙烯、耐高压聚乙烯、阻燃聚乙烯、耐热聚乙烯、耐光聚乙烯、半导电聚乙烯等。

(2) PP电缆料

PP相比较PE来说，硬度大、耐磨、不易压扁、耐高温、耐环境应力开裂性能好，绝缘性高等，适于生产耐高温线缆、高频线缆及特种电缆等。聚丙烯物理性能优良，但耐老化

性能差，且具有金属催化降解的特性，与金属接触老化更快。所以在聚丙烯电缆料的配方中必须添加抗氧剂、抗紫外吸收剂等，还要添加一些减小金属铜催化的配合剂，铜导线采取镀锡等措施。

10.3.6.2　电线、电缆生产设备

电线、电缆的生产设备主要有挤出机、包覆口模机头、冷却装置、卷取装置等。挤出机设备的要求不甚严格，长径比可根据需要配置，螺杆直径多为中小规格。

包覆口模机头是生产电线、电缆的专用设备，一般为直角结构或者呈一定角度，生产出的线缆牵引方向与物料流动方向呈直角。包覆口模机头有两种类型，分别是压力机头和管状口模机头。压力机头在生产时缆心穿过口模时被熔体包围并均匀包覆，可令熔体对缆心有密切接触和黏附，主要生产绝缘为主的产品，如电线。管状口模生产时挤出物与缆心同轴，但物料形成的是一个内径较大的管，管内表面与缆心不接触，之后在管与缆心之间抽真空，使管收缩于缆心上。该机头主要用于生产有护套的电线、电缆。

冷却装置根据线缆的牵引方向设置，没有特殊要求。

10.3.6.3　电线、电缆生产工艺

线缆的芯线从绕线桶上展卷，一般装有至少两台展卷机，目的是一台上的芯线用完后，另一台展卷机上的芯线能够及时供线。芯线在进行包覆之前要通过一系列导辊拉直，然后进入包覆口模机头进行包覆。

挤出包覆后的缆线立刻进入长长的冷却水槽，若挤出包覆速度高，冷却水槽相应加长，采用常温冷却水即可。

10.3.6.4　交联聚乙烯线缆

聚乙烯本身相对较软，而且耐热温度相对较低，交联聚乙烯包覆线缆主要是为了提高耐热性及硬度。生产工艺上也是通过包覆口模挤出包覆，但有自己的特点。生产原料是聚乙烯，要添加一些交联剂等保证挤出后能够交联。挤出包覆过程中，挤出机温度控制要注意一些，一般分三段控制，从加料口到挤出口方向温度逐渐升高，大致范围 150～180℃。挤出包覆后的线缆立即进行冷却定型，然后进入封闭式热处理烘道，长度大约 40～50m，用高压（大约 1.5MPa）的蒸汽直接加热，目的是促进聚乙烯的交联。交联后的线缆进行卷取，成为线缆制品。

10.4　纺丝成型技术

10.4.1　应用领域

聚丙烯纤维（丙纶）在 20 世纪 60 年代实现工业化生产，是合成纤维的重要品种之一，它具有高强度、高韧度、密度低、吸水率低、良好的耐化学性以及价格低廉等特点，应用广泛，表 10.3 中为聚丙烯纤维的应用举例。

表 10.3　聚丙烯纤维的应用举例

应用领域	具体实例	优势
装饰与产业用途	装饰织物、床单、地毯、地毯底布、非织造布、纸增强物、造纸用毡增强纤维、帆布、过滤布、绳带、土工布等	密度小、强度高、耐磨性好、抗微生物、抗虫蛀、易清洗
服装用途	内衣、滑雪衫、袜子、游泳衣、童装、仿丝绸织物、混纺服装	质轻、保暖性好、透气、导湿性好

续表

应用领域	具体实例	优势
医疗卫生	一次性手术服、被单、口罩、盖布、液体吸收垫、卫生巾	纺黏法和熔喷法加工工艺简单、成本低
其他用途	香烟滤嘴、渔网、涂层织物、人造草坪等	

10.4.2 纺丝成型加工技术

聚丙烯纤维纺丝工艺大致可以分为常规熔体纺丝、膜裂纺丝、短程纺丝、膨体变形长丝的纺制、纺黏法。

10.4.2.1 常规熔体纺丝

聚丙烯可以用常规熔纺工艺纺制长丝和短纤维，由于纤维级聚丙烯具有较高的分子量和较高的熔体黏度，挤出温度（熔体温度）一般高于聚丙烯熔点 100～130℃。

纺制长丝时，卷绕丝收集在筒管上，在 90～130℃下经热板或热辊拉伸 4～8 倍。生产高强度纤维，应适当提高拉伸比，以提高纤维的取向度，并在拉伸之后进行热定型以完善纤维结构。

纺制短纤维一般采用 500 或上千孔的喷丝板。初生纤维集束成 60～110ktex(1tex=1g/km) 的丝束，在水浴或蒸汽箱中于 100～140℃下进行二级拉伸，拉伸倍数为 3～5 倍，然后进行卷取和松弛热定型，最后切断成短纤维。纺丝步骤如下。

(1) 混料

聚丙烯的含水率极低，可不必干燥直接进行纺丝。由于聚丙烯染色困难，所以常在纺丝时加入色母粒以制得色丝。

(2) 纺丝

聚丙烯纤维的纺丝设备和聚酯纤维相似，但也有其特点，通常使用大长径比的单螺杆挤出机，纺低线密度纤维时，螺杆的计量段应长而浅，以减少前一段产生的流速变化，有利于更好地混合，高速剪切有利于聚丙烯降解，改善高分子量聚丙烯熔体的流动性能。

由于聚丙烯熔化温度较低，骤冷比较困难，挤出胀大比较大，因此其所用喷丝板具有以下特征：喷丝孔分布密度应较小，以确保冷却质量；喷丝孔孔径较大，一般为 1.0mm；喷孔长径比为 2～4，以避免熔体在高速率剪切时过分膨化导致熔体破裂。原料及纺丝条件都可以影响纤维的强度，一般而言，要得到高强度纤维，应选择分子量分布较窄的高分子量聚丙烯，同时进行高倍拉伸以提高纤维的结晶度和取向度。影响纺丝的因素如下。

① 纺丝温度。纺丝温度直接影响聚丙烯的流变性能、聚丙烯的降解程度和初生纤维的预取向度，因此纺丝温度是熔体成型中的主要工艺参数。纺丝温度主要是指纺丝箱体（即纺丝区）温度，是熔体成型中的主要工艺参数，直接影响聚丙烯的流变性能、聚丙烯的降解程度和初生纤维的预取向度。

聚丙烯有较高的分子量和熔体黏度，在较低温度下纺丝时，初生纤维可能同时产生取向和结晶，并形成高度有序的单斜晶体结构。若在较高温度下纺丝，初生纤维的预取向度低，并形成不稳定的碟形结晶结构。根据生产实践，聚丙烯纺丝区温度要高于熔点 100～130℃左右。聚丙烯的分子量增大，纺丝温度要相应提高。

② 冷却成型条件。成型过程中的冷却条件不同，初生纤维内的晶区大小、结晶度及预取向度也不同。当丝室温度较低时，成核速度快，晶核数目多，晶区尺寸小，结晶度低，有

利于后拉伸。冷却条件不同，初生纤维的预取向度也不同。增加吹风速度会导致初生纤维预取向度增加，较高取向度还会导致结晶速度加快，结晶度增大，不利于后拉伸，因此，合理选择冷却条件至关重要。实际生产中，丝室温度以偏低为好。采用侧吹风时，丝室温度可为35～40℃，环吹风时可为30～40℃，送风温度为15～25℃，风速为0.3～0.8m/s。

③ 喷丝头拉伸。喷丝头拉伸不仅使纤维变细，且对纤维的后拉伸及纤维结构有很大影响。冷却条件不变的情况下，增大喷丝头拉伸比，纤维在凝固区的加速度增大，初生纤维的预取向度增加，结晶变为稳定的单斜晶体，纤维的可拉伸性能下降。聚丙烯纺丝时，喷丝头拉伸比一般控制在60倍以内，纺丝速度一般为500～1000m/min，这样得到的卷绕丝具有较稳定的结构，易进行后拉伸。

④ 挤出胀大比。聚丙烯熔体黏度大，非牛顿性强，其纺丝的挤出胀大比比聚酯大。当挤出胀大比增大时，熔体细流拉伸性能逐渐变差，且往往会产生熔体破裂，使初生纤维表面发生破坏。有时呈锯齿形和波纹形，甚至生成螺旋丝。若纺丝速度过高或纺丝温度偏低，其切变应力超过临界切变应力时就会出现熔体破裂，影响纺丝和纤维质量。表10.4为聚丙烯特性黏数和熔体温度对挤出胀大比的影响。可见随着熔体温度的降低或聚丙烯分子量增大，挤出胀大比增大。

表 10.4　特性黏数和熔体温度对挤出胀大比的影响

温度/℃	B_0	
	$[\eta]$=1.27dL/g	$[\eta]$=1.90dL/g
190	2.8	4.2
230	1.5	2.8
280	1.3	2.1

(3) 拉伸

熔纺制得的聚丙烯初生纤维虽有较高的结晶度（30%～40%）和取向度，但仍需经热拉伸及热定型处理，以赋予纤维强力及其它性能。其它条件相同时，纤维的强度取决于大分子的取向程度，提高拉伸倍数可提高纤维的强度，降低纤维的延伸度，降低纤维结晶度；但过大的拉伸倍数会导致大分子滑移和断裂。工业生产中拉伸倍数的选择应根据聚丙烯的分子量及其分布和初生纤维的结构来决定。一般分子量较高或分子量分布较宽时，选择的拉伸比应较低，初生纤维的预取向度较低或形成结晶结构较不稳定时，可选择较大的喷丝头拉伸比。

拉伸温度影响拉伸过程的稳定及纤维结构。拉伸温度过低，拉伸应力大，允许的最大拉伸倍数小，纤维强力低且会使纤维泛白，出现结构上的分层。拉伸温度高，纤维的结晶度增大。温度过高，分子过度热运动会导致纤维在取向时强力的增加幅度减小，且会破坏原有的结晶结构。聚丙烯纤维的拉伸温度一般控制在120～130℃左右。拉伸速度不宜过高，聚丙烯短纤维拉伸速度为180～200m/min；生产长丝时拉伸速度一般为300～400m/min。

聚丙烯纤维的拉伸速度不宜过高，因为过高的拉伸速度会使拉伸应力大大提高，纤维空洞率增加，增加拉伸断头率。短纤维拉伸速度为180～200m/min；生产长丝时拉伸速度一般为300～400m/min。

聚丙烯短纤维拉伸为二级拉伸，第一级拉伸温度为60～65℃，拉伸倍数为3.9～4.4倍；第二级拉伸温度为135～145℃，拉伸倍数为1.1～1.2倍。总拉伸倍数：棉型纤维为4.6～4.8倍；毛型纤维为5～5.5倍。聚丙烯长丝的拉伸为双区热拉伸，热盘温度为70～80℃，热板温度为110～120℃。总拉伸倍数为5倍左右。

(4) 热定型

聚丙烯纤维经热处理，能改善纤维的尺寸稳定性，改善纤维的卷曲度和加捻的稳定性，并使纤维的结晶度由51%提高到61%左右。一定温度范围内，结晶度随定型温度提高和时间延长而增大。结晶度增加的原因是热处理使某些内部的结晶缺陷得到愈合，并使一些缚结分子和低分子进入晶格。张力会妨碍这个过程的进行，因此松弛条件下结晶变化要比张力条件下的变化更显著。定型温度一般为120～130℃。

10.4.2.2 膜裂纺丝

膜裂纺丝是制备聚丙烯纤维的另一种方法，与常规熔体纺丝法相比，该法具有工序简单、消耗低、产量高、对原料分子量无特殊要求等特点。该法制得的膜裂纤维包括割裂纤维和撕裂纤维。

割裂纤维是将挤出或吹塑得到的聚丙烯薄膜引入切割刀架，将其切割成2.6～6mm宽的扁带，再经单轴拉伸得到线密度为555～1670dtex的扁丝。它可用来代替黄麻制作包装袋、地毯衬底织物、编织带及绳索等。割裂纤维的成膜工艺有两种：平膜挤出法和吹塑薄膜法。前者生产的割裂纤维线密度较均匀，但手感及耐冲击性稍差；后者生产的纤维手感好，但产品的线密度不均匀，编织难度较大。

割裂纤维的拉伸有窄条拉伸法和辊筒拉伸法。辊筒拉伸法是在薄膜未切割时进行拉伸，然后切割成纤，这种纤维的边缘不收缩，有利于生产厚包装带（袋），但其力学性能比拉伸扁丝稍低，热收缩率较大，因而其产品耐热性能差，不能做地毯底布，特别适用于生产包装织物。当要求产品具有较低的热收缩率时，需对其进行热定型，定型温度应比拉伸温度高5～10℃，定型收缩率一般控制在5%～8%左右。

撕裂纤维也称原纤化纤维。它是将挤出或吹塑得到的薄膜经单轴拉伸，使其大分子沿着拉伸方向取向，提高断裂强度，降低断裂伸长，然后经破纤装置将薄膜开纤，再经物理-化学或机械作用使开纤薄膜进一步离散成纤维网状物或连续长丝。撕裂纤维生产的关键是薄膜的原纤化，有三种原纤化方法。

(1) 无规机械原纤化

它是通过机械作用使薄膜或由薄膜制成的扁条发生原纤化，形成长度和宽度均不相等的无规则网状结构。例如，将拉伸的聚丙烯薄膜或扁条穿过一对涂胶辊，而其中至少有一个辊能够在垂直于薄膜的运动方向摆动，使这些扁条同时受到两个方向的力的作用，最终这些扁条被搓裂成形状不规则、线密度不均匀的网状纤维。

(2) 可调机械原纤化

它是通过机械作用使薄膜或由薄膜制成的扁条发生原纤化，形成具有均匀网格的网状结构或者均匀尺寸的纤维，有三种方法用于生产。

① 针辊切割法。这是一种受到关注并已得到普及的方法。它是将数万根钢针安装在针辊上，针辊与薄膜同方向运行，同时刺透薄膜，使之裂纤成具有一定规则的网状结构的纤维。网格的几何结构和纤维粗细由针辊与薄膜的接触长度、针辊与薄膜的相对运动速度及针的配置所决定。如采用小直径针辊并使针辊与薄膜的接触长度缩短，会得到极不规则的具有杂乱小孔的网状物，这种网状物由彼此相连的较粗的纤维构成；如采用大直径针辊和长的接触长度，会得到不规则的具有长孔的网状物，这种网状物由彼此相连的较细的纤维构成。

针辊法生产的纤维的线密度一般为5.5～33dtex，适合于做低级地毯、包装材料以及股线、绳索等，也用做薄膜增强材料。该纤维经梳理、加捻或与其它纤维混纺，可得到普通纺织纱线，用于编织和针织加工。

② 异形模口挤出法。挤压热塑性熔体，使其通过一个异形的模口（模口的截面形状为沟槽形），得到具有刻痕的宽幅异形薄膜，其中的条筋（隆脊）之间由强度很弱的薄膜相互连接。拉伸取向时，弱的薄膜被破坏，条筋分裂成多根连续长丝。其外观和截面形状与普通长丝相似，没有机械原纤化丝的那种网状结构。异形模口挤出法生产的纤维的线密度一般为7.7～77dtex，主要用于优质绳索、包装和保护材料、地毯以及工业用织物。

③ 辊筒压纹法。用一个带有条痕的压力辊对挤出薄膜进行压纹。压纹可以在薄膜仍为流体时进行，也可在其固化后进行。例如，将宽度和厚度适当的熔体薄膜或经预热的薄膜送入一个由一个光面辊和一个压纹辊组成的压力间隙，经过该间隙后薄膜被压成一系列完全或部分分开的或由极薄的薄膜连接着的连续薄膜条，该薄膜条经过热箱拉伸和热定型可得到类似于异形长丝的连续丝条。

辊筒压纹法生产的纤维种类与异形模口挤出法相似，但该法有更多的优点：用不同槽距和外形的压纹辊，可在很宽的范围内改变纤维横截面形状，因此该纤维用途更广；变更丝条的分丝棒，可改变丝条根数；生产过程容易控制、稳定，纤维均匀度较高。

(3) 化学-机械原纤化

它是在成膜前在聚合物中加入一些其它成分，引入的成分在成型后的薄膜中呈现非连续相，在冷却拉伸中，薄膜中这些非连续相便成为应力集中点，并随之引起机械原纤化。在薄膜中引入泡沫，使之成为薄膜中的间断点，当泡沫薄膜拉伸取向时，薄膜中的气泡被拉长导致薄膜原纤化。

不论用哪种方法引入间断点，都需进一步机械处理，以扩展裂纤作用，并形成一种真正的纤维状的产品。这种方法特别适用那些用机械方法难以裂纤或不能裂纤的薄膜。化学-机械原纤化法得到的膜裂纤维也是无规则的，但是由于这种裂纤过程比较缓和，故纤维的均匀性较好。

10.4.2.3　短程纺丝

短程纺丝是指有冷却丝仓而无纺丝甬道的熔体纺丝方法。这种方法的特点是冷却效果好，纺丝细流的冷却长度较短（为 0.6～1.7m），没有纺丝甬道，纺丝丝仓、上油盘以及卷绕机构在一个操作平面上，设备总高度大大降低，并相应降低了空调量和厂房的投资。

(1) 低速短程纺丝

以意大利 MODERNE 公司为代表，将纺丝速度降低到常规纺集束的速度，以增加喷丝板的喷丝孔数来补偿由于纺速下降而减少的产量。主要特点是：纺速低，一般为 6～40m/min；喷丝板孔数多，达 70000～90000 孔；冷却吹风速度高。由于纺丝速度低，缩短了丝束的冷却距离，无纺丝甬道，为了保证冷却效果，必须提高冷却吹风速度，使丝束在很短的距离内冷却成型。常规纺丝吹风速度小于 1m/s，短程纺丝吹风速度为 5～10m/s，有时可达 100m/s。

低速短程纺丝的工艺流程如下：

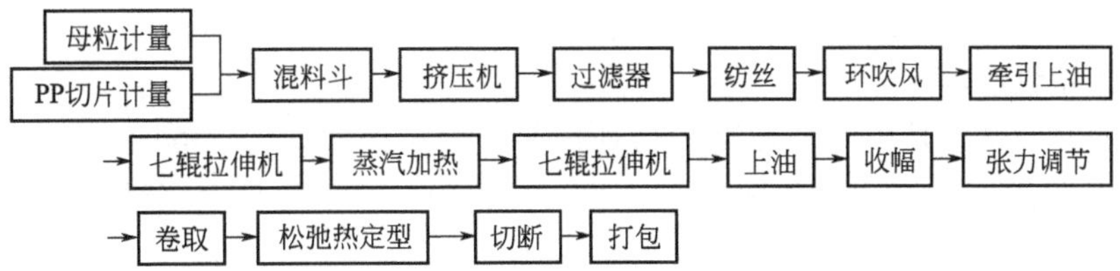

① 纺丝设备与工艺。该技术采用 ϕ200mm、$L/D=35$ 的螺杆挤出机，多孔环形喷丝

板，中心放射形冷却环吹风结构。例如，纺 1.7～2.8dtex 的纤维时喷丝板孔数为 73800 孔，纺 2.8～6.7dtex 纤维时为 37200 孔，纺 6.7～25dtex 纤维时为 18144 孔。

由于所用挤出机的螺杆长径比较大，螺杆各区温度应较低，一般为 210～240℃。风口宽度和风口与板面距离可调节，纺 2.8dtex 纤维时，风口上端与板面距离为 5～6.5mm，纺 6.7～17dtex 时为 9～12mm。

② 拉伸。经上油的丝束直接送去拉伸，拉伸热辊温度为 90℃，拉伸热箱温度为 120～160℃，拉伸比为 3～4 倍，拉伸速度为 70～180m/min。

③ 卷取。拉伸后经再上油的丝束在进入卷取机前经过张力调节装置和卷取热箱，由卷取上下辊挟持输送至填塞箱内。由于经过拉伸的纤维具有较高的结晶度，所以机械卷取要在纤维的 T_g 以上进行，卷取温度在 120℃左右，卷取速度要略高于引出速度。

(2) 中速短程纺丝

中速短程纺丝工艺流程与低速短程纺丝基本相同，但其拉伸设备为三对拉伸辊，因此其占地（长×宽×高＝18m×6.2m×5.4m）更小。

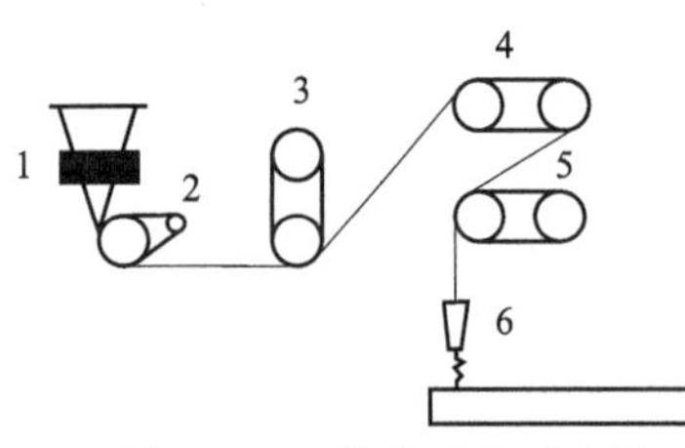

图 10.15　拉伸过程示意图
1—油轮；2—卷绕罗拉；3～5—拉伸对辊；6—空气变形器

① 中速短程纺丝设备与工艺。中速短程纺丝设备与工艺和低速短程纺丝大体相同，但也有所区别：喷丝板为矩形，喷丝板孔数相对较少，例如，纺 1.65dtex 时为 1300 孔，纺 2.75～3.3dtex 时为 700 孔；丝束冷却用侧吹风，风速为 0.6m/s；纺速较高，一般为 400～600m/min；熔体挤出速度增大，因此应适当调高纺丝温度或增大喷丝板孔径，以防熔体破裂。

② 拉伸设备与工艺。拉伸设备为三对拉伸辊，如图 10.15 所示。拉伸工艺参数如表 10.5 所示。

表 10.5　卷绕罗拉和拉伸工艺参数

项目	温度/℃	直径/mm	长度/mm	线速度/(m/min)
卷绕罗拉	常温			400～600
第一对拉伸辊	90±2.5	265	250	400～600
第二对拉伸辊	150±2.5	265	435	1270
第三对拉伸辊	180±2.5	265	435	1400
拉伸倍数	一道:2.8～3.2;二道:1.1			

③ 卷取变形。经拉伸的丝束垂直进入空气变形器。压缩空气进入气杯，然后由三个不同角度、不同形状的小孔与进丝孔连通，利用空气向下的速度，使丝束进口产生负压然后进入填塞箱，丝束在填塞箱内进行不规则的填塞，形成三维卷曲。压缩空气压力为 1.2～1.5MPa，温度为 190～220℃ 。在变形器下部通入压缩冷空气，强制冷却高温卷曲状的丝束，同时使丝束定型。卷曲后的丝束落到骤冷辊上进行冷却定型。经切断得卷曲度高达 20%～30%的三维卷曲纤维。卷取机变形能力为 2.75ktex。

(3) 高速短程纺丝

高速短程纺的特点是生产速度高，后处理的最大拉伸速度为 3000m/min，是常规纺丝的 10～20 倍，但后处理丝束总线密度低，约为 2.22ktex。产品具有三维卷曲，可用来生产无纺布及仿毛产品。

① 纺丝设备与工艺。纺丝设备介于低速短程纺丝和常规纺丝之间。螺杆挤出机采用大

直径（ϕ160mm）、大长径比（$L/D=33$）螺杆。喷丝板为圆形，喷丝板孔数依纤维纤度而异。丝束冷却采用密闭式环吹风冷却，冷却条件与常规纺丝一致。

② 拉伸设备与工艺。由纺丝设备来的丝束分为两组分别进入后拉伸设备。丝束先在冷导辊上进行集束，再进入第一、第二、第三对热辊，在第一、第二对热辊之间进行第一级拉伸，在第二、第三对热辊之间进行第二级拉伸并定型，两级拉伸的拉伸比分配为 9∶1。

③ 空气变形。丝束由最后一对拉伸辊出来，以 3000m/min 的速度进入空气变形器，经过强烈的中压（1.2MPa）、过热（200～260℃ ）空气的冲击，使纤维错乱充填在下面的填塞室。由于上边来的纤维不断增多，纤维将在填塞室中发生强烈曲折打皱，最后被挤出变形器并造成纤维的卷曲。因为纤维在填塞室内无固定方向，所以纤维卷曲呈三维立体形态，卷曲度可通过调整进入空气的温度和压力控制。卷曲后的丝束以 33m/min 的速度向下排出并落到冷却辊上冷却成型，最后送去切断及打包。

10.4.2.4　膨体变形长丝的纺制

膨体变形长丝（代号 BCF）是将经过拉伸后的丝束通过热空气变形装置加工而成的变形丝。这种变形装置由气体加热、膨化变形、冷却定型、温度压力控制系统等组成。BCF 蓬松性好，三维卷曲成型稳定，手感优良，广泛用于纺织工业，如粗特 BCF 可用做簇绒地毯的绒头材料、中特 BCF 可用于机织做装饰材料、细特 BCF 可用做内衣等。

BCF 生产有一步法、两步法及点步法，但应用最广泛的是纺丝-拉伸-变形一步法，如图 10.16 所示。

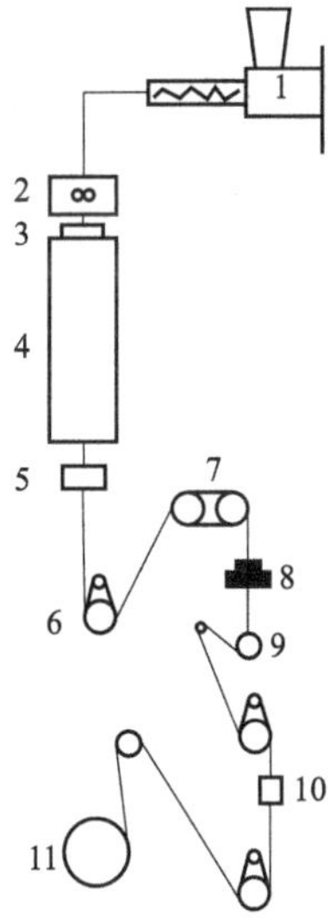

图 10.16　BCF 生产流程
1—挤出机；2—计量泵；3—纺丝组件；4—丝仓；5—油盘；6，7—牵伸辊；8—变形箱；9—冷却吸鼓；10—冷却器；11—高速卷绕机

由喷丝孔下行的丝束上油后，经拉伸进入热空气变形装置的主要部件——膨化变形器（简称为膨化器）时，受到具有一定压力、速度和温度的气体喷射作用，而发生三维弯曲变形。然后经变形箱和冷却吸鼓定型而获得卷曲。

丝束膨化变形效果主要反映在卷曲收缩率上，它是衡量 BCF 质量的重要指标。当加工 BCF 的膨化器一定时，变形效果与丝束喂入速度、压缩空气温度、压力以及丝束自身特性等有关。

(1) 喂入速度对丝束膨化变形的影响

BCF 的膨化变形可在较大的丝速（喷嘴的丝束喂入速度）范围内进行。丝速太低，丝束不易开松而影响变形。一般速度应控制在 800m/min 以上。

(2) 压缩空气温度对丝束膨化变形的影响

聚丙烯具有热塑性，当加热到一定温度时容易变形。BCF 的变形加工正是利用了这一点。通常气体温度要高于纤维的玻璃化转变温度，低于软化点及熔点。实际生产中，应根据气体压力和膨化器型式等设定温度，应尽量取下限值，以保证丝束柔软。对于闭式膨化变形器，气体温度一般控制在 120～180℃，而开式膨化器，气体温度一般控制在 120～180℃。

(3) 压缩空气压力对丝束膨化变形的影响

压缩空气压力决定着气流喷射作用的强弱。气体压力越高，丝束受到的弯曲作用力就越大，膨化变形效果也就越好。不同的膨化器所需气体压力不同。封闭式膨化器大多控制在 0.5～0.8MPa，而开式膨化器压力则控制在 0.8～1.0MPa。

(4) 丝束特性对膨化变形的影响

丝束特性包括单丝的截面形状、单丝线密度及含油率。若丝的横截面为非圆形，则各单丝间的附着力小，易开松、分离和卷曲变形。单丝线密度越小，弯曲变形就越容易，蓬松性越好。含油率过大越不易开松，所以应对 BGF 的含油率加以控制。

10.4.2.5 纺黏法

纺黏法是 20 世纪 60 年代末在国外开始工业化生产的非织造布生产技术，其产品广泛用于公路施工、医疗卫生、建筑、矿业、农业等领域。

纺黏法非织造布可以采用不同的工艺过程进行加工。最具有代表性且被广泛应用的是德国的 Reicofil 工艺和 Docan 工艺，其工艺流程如下：

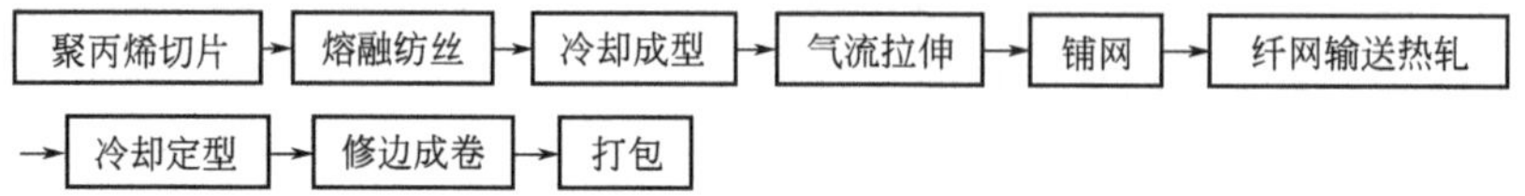

聚丙烯切片进入螺杆挤出机后，被加热熔融并送入熔体过滤器过滤，然后熔体由计量泵定量输送到纺丝箱，熔体经纺丝箱的管道分配后，均匀地到达喷丝头，并在一定压力作用下从喷丝孔中挤出成熔体细流，接着由侧吹风冷却成丝并落下至拉伸系统。

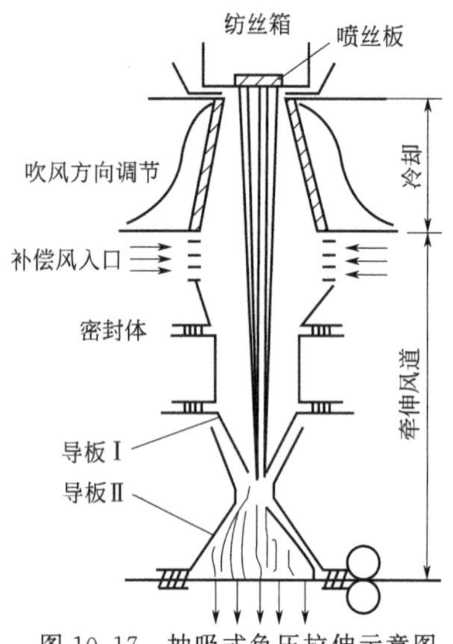

图 10.17 抽吸式负压拉伸示意图

Reicofil 工艺采用的是抽吸式负压拉伸（见图 10.17）。即在拉伸道底部通过一台大功率抽风机吸气，使拉伸道呈负压，空气从拉伸道上部进入并在拉伸的喉部形成了自上而下流动的高速气流。因高速气流速度远高于丝条挤出速度，丝条对气流运动的摩擦阻力就成为施加在丝条上使其加速运动的主要动力。丝条在气流的摩擦力作用下加速运动并受到拉伸。在风道底部导板使风道逐渐扩大，气流在该区域内速度减缓，并形成一个紊流场，使拉伸后的丝条产生扰动并不断铺落至不断运行的输送网帘上形成杂乱分布的纤维网，该纤维网经热辊热轧及冷辊定型后进入卷取机成卷。

Docan 工艺采用的是高压压缩空气喷嘴拉伸。喷嘴内部呈锥形，外部是圆管形。具有较高压力的压缩空气在喷嘴处夹持丝条，并对丝条进行拉伸，拉伸后丝条由分纤器进行分纤，再由摆丝机构进行往复摆动铺网，经热轧及冷却定型得成品。

(1) 纺丝

纺丝工艺包括切片熔融挤压、熔体过滤和纺丝成型。熔融挤压和熔体过滤与常规聚丙烯纤维生产设备一样。组件及喷丝板一般为矩形，组件及喷丝板数取决于喷丝板自身的宽度及非织造布的幅宽。

① 纺丝温度。螺杆各区温度取决于原料及螺杆结构。对熔体流动速率为 25～35g/10min 的聚丙烯切片，螺杆各区温度为 225～230℃，箱体温度为 240～245℃。

② 熔体压力。滤前压力为 13～15MPa，滤后压力为 10MPa，泵前压力为 3MPa。

③ 计量泵转速及泵供量。非织造布规格以单位面积的质量计，因此其对泵转速及泵供量的控制不及通常的聚丙烯长丝及短纤维精确，但过大的泵供量会导致挤出速度过高，丝条

有效拉伸减少，非织造布强度下降，手感僵硬。因此应对泵转数及泵供量加以控制。

④ 侧吹风。吹风速度为 0.2m/s，风温为 15～17℃；风的相对湿度为 70%～90%。

(2) 气流拉伸

这是纺黏法的技术关键，影响气流拉伸效果的因素除熔体挤出速度及冷却条件外，还有气流拉伸形式、气流速度及丝条断面形状。

① 气流拉伸形式。气流拉伸张力的来源主要是丝束对气流的摩擦阻力，而摩擦阻力与气流密度成正比，正压牵伸时，气流密度大，摩擦阻力亦大，拉伸线上的张力大，有利于拉伸，而负压拉伸则相反，若欲改善拉伸效果必须加大进气口开度。

② 气流速度。丝束与空气的摩擦阻力与气流速度的二次方成正比，因此提高气流速度可有效提高丝束在拉伸线上的张力，提高丝条的取向。在 Reicofil 工艺上，可通过减小狭缝宽度提高风速，改善拉伸性能；也可以保持狭缝宽度不变，通过增加抽吸风量提高气流速度。实践表明，将风量由原来的 $18000m^3/h$ 增加到 $27000m^3/h$，拉伸效果明显改善。在 Docan 工艺上主要通过提高压缩空气压力提高风速。

③ 铺网。Reicofil 铺网是借牵伸气流惯性自然形成。Docan 工艺铺网是借助摆丝器的作用使丝条落到运动的网帘上形成纤维网。摆丝器及网帘的运动轨迹和速度决定丝网的厚薄及质量。网帘下方有抽吸装置，它能吸走管中冲下的气流，防止纤维网被吹散。

④ 纤维网后加工。纤维网后加工是指将纤维网固结成非织造布的过程。常用的方法有热黏合法及针刺法，薄型产品多用热黏合法，厚型用针刺法。热黏合法主要是利用热轧机使纤维网在受热和受压的情况下发生黏合作用。黏合温度与产品规格有关。为改善黏结效果，热轧表面一般刻有花纹，使纤维网上产生很多黏合点，这样不仅可以产生花型，美化产品外观，改善非织造布手感。也可以在纺丝时混入低熔点纤维以改善黏结效果。

10.4.2.6 熔喷法

熔喷法非织造布和纺黏法非织造布一样都是利用化纤纺丝得到的纤维直接铺网而成，但是它和纺黏法有本质的区别，纺黏法是在聚合物熔体喷丝后才和拉伸的空气相接触，而熔喷法则是在聚合物熔体喷丝的同时利用热空气以超声速和熔体细流接触，使熔体喷出并被拉成极细的无规则短纤维，是制取超细纤维非织造布的主要方法之一。

熔喷法成网工艺是将粒状或粉状聚丙烯切片直接纺丝成网的一步法生产工艺。即粉状或粒状聚丙烯经挤压熔融后定量送入熔喷模头，熔体从模头喷板的小孔喷出时与高速热空气流接触，被拉伸成很细的细流，然后在周围的冷空气的作用下冷却固化成纤维，其后被捕集装置捕集，经压辊进入铺网机成网，切边后卷装为成品。影响熔喷非织造布产品质量的因素有以下几个方面。

(1) 纺丝温度

纺丝温度是影响熔体流动性能的重要因素，熔体挤出温度高，流变性能好，形变能力强，有利于得到均质产品，但温度过高会导致大分子严重降解而使熔体黏度大幅度下降，并导致熔喷产品中产生“结块”(未拉伸成纤的一种颗粒状物)；熔体温度过低，细流出喷丝板后熔体黏度较高，流动性能差，其在拉伸气流中难以达到理想的拉伸倍数，单纤维线密度大，手感差。

熔体温度应根据高聚物的分子量加以确定，对低熔体流动速率的聚丙烯必须对其进行预降解以保证其熔体黏度达到熔喷要求，即模头喷孔处熔体表观黏度要降至 10～20Pa·s。降解的途径主要有两条：一是热降解；二是氧化降解。在无自由基化合物存在的条件下，发生的主要是热降解，但热降解与氧化降解并非截然分开，热降解过程中也伴随着氧化降解。聚丙烯在 288℃时氧化降解作用占 90%，343℃时氧化降解作用占 55%，高于 343℃时则热降解作用占优势。

为了加速聚丙烯的降解，使其特性黏数下降至 0.9～1.0dL/g。熔喷过程中一般要求添加分解温度高于 80℃、半衰期为 10h 的自由基化合物，如有机过氧化物、含硫化合物等。这些自由基化合物在聚丙烯中的添加比例最好在 0.1%～0.3%之间。

(2) 热气流速度

熔喷纤维直径及产品的柔软性与热气流速度有关。在计量泵转数不变的情况下熔喷纤维的直径随气流速度的增加而减小。尽管较高的热气流速度能有效降低纤维的直径（达 0.5～5μm)，但会导致“结块”产生，并造成纤维断头率的增加或飞花现象。而热气流速度过低，会使部分熔体拉伸不彻底，未来得及拉伸的熔体落到捕集网上会导致“结块”。日本专利介绍的热气流的质量流速为 24～26g/s。

(3) 热气流温度

热气流温度对熔喷纤维的质量也有影响。当气流温度过低时，会造成纤维的“结块”现象，当气流温度过高时，虽然制备的产品特别柔软蓬松，但会引起纤维的断裂，产生“rope”聚合物熔融结块现象。一般情况下要求气流温度高于模头温度 10℃左右。

熔喷纤维不是以传统的方式进行拉伸的。纤维的取向度较差，因而拉伸强力较低。且熔喷非织造布中的纤维是由熔喷剩余热及拉伸热空气使相互交叉的纤维热黏合而固结在一起，黏结强度低，因而其产品应用受到限制。可以通过三种方法提高其强度：一是提高熔喷单纤强度；二是对熔喷网进行后处理；三是将熔喷网与其它材料复合。如 SMS 复合无纺布，即用两层纺黏非织造布将熔喷非织造布夹在中间。

10.5 薄膜加工技术

10.5.1 薄膜成型设备及工艺

目前，塑料薄膜的成型加工主要有拉伸取向、挤出吹塑以及挤出流延等工艺方法，不同的成型方法对应着不同的加工设备和工艺条件。在实际生产过程中，薄膜加工设备的选取应按逻辑顺序进行[6]，即在选定具体设备之前，应该先确定要生产的薄膜的种类、尺寸及用途，从而根据产品的产量、规格、性能要求等，选取相应的薄膜成型设备及收集和后处理装置。

10.5.1.1 取向薄膜加工设备及工艺

取向薄膜主要是指双向拉伸薄膜，其基本原理是：通过对薄膜在纵向和横向两个方向上进行拉伸，使得 PE 大分子链及其结晶结构与薄膜表面平行取向，并经热处理定型，从而制备的一类取向薄膜。取向薄膜的产品目前主要有 BOPP、BOPE、BOPA、BOPET、BOPS、BOPVA、BOPLA、BOPVC、BOPI 等。图 10.18 为薄膜双向拉伸生产线示意图，其主要设备包括挤出装置、铸片装置、纵向（MD）拉伸装置、横向（TD）拉伸装置、后处理及卷取装置等。

(1) 挤出装置

首先，各种薄膜的成型方法都是在熔体或半熔体的条件下进行的，通常还要添加各种添加剂，这些都需要将 PE 原料进行熔融共混挤出成熔体，因此挤出机往往是薄膜加工中的核心设备之一，直接关乎薄膜的加工稳定性和产品质量。挤出机规格的选取需要根据产品产量

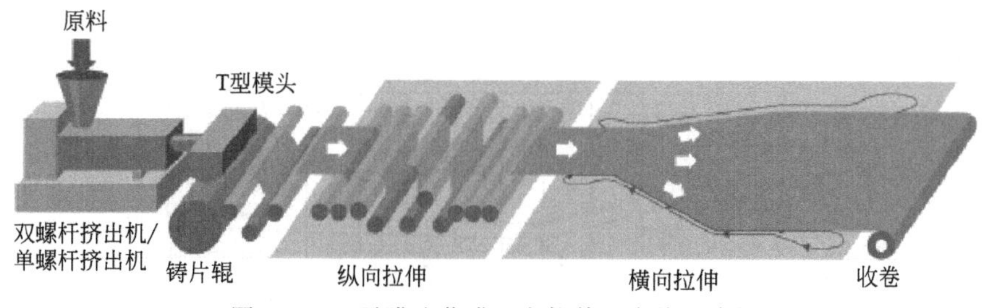

图 10.18　平膜法薄膜双向拉伸生产线示意图

和挤出速率来确定。现有的单/双螺杆挤出机的规格从实验室用 ϕ18mm 小型挤出机到工业用 ϕ500mm 大型挤出机均有，而双向拉伸聚乙烯薄膜生产设备上的主挤出机多是采用双螺杆挤出机。薄膜加工时常用的挤出机螺杆长径比（L/D）为（15∶1）～（33∶1），采用的合理压缩比建议为 4∶1 左右。

(2) 铸片装置

铸片装置主要由片材机头、冷却转鼓、附片装置、冷却水槽等组成。挤出铸片过程中，经熔融的 PE 原料由片材机头挤出成熔体片材。熔体片材经圆柱状冷却转鼓及冷却水槽进行快速冷却。冷鼓内部通有冷却水，冷鼓和机头间安装有高压风刀、压边气枪和真空箱等附片装置，在附片装置气流压力的作用下，使得铸片贴紧冷鼓快速冷却。由于铸片往往较厚，导热性不佳，为了提高冷却效果，工业生产中的冷鼓温度和水浴温度通常低于 35℃。此外，挤出铸片过程中，最重要的是要保证铸片的厚度均匀和表面平整，因此往往需要采用带有厚度反馈和自动调节功能的机头口模。

(3) 纵向（MD）拉伸装置

薄膜纵向（MD）拉伸装置主要由纵拉预热辊、纵向拉伸辊和定型辊组成。纵拉预热辊是由若干组可加热/冷却的高精度金属辊筒构成，各辊间成平行或交错排列，为了保证薄膜制品具有良好的表面性能，要求预热辊的表面粗糙度 $R_t \leqslant 1\mu m$。经冷却定型的铸片直接引入到 MD 拉伸装置中，逐个穿绕过预热辊筒，使铸片紧贴各辊，并保持一定的张力。全部预热辊是由 2～3 个循环加热系统组成的，每个加热系统包含 2～3 个辊筒。铸片通过预热辊后，被逐步加热到接近拉伸的温度。

纵向拉伸辊包括拉伸起始辊和拉伸终止辊，起始辊和终止辊的排列方式有平行排列和纵向排列，拉伸辊的表面粗糙度 $R_t \leqslant 0.5\mu m$。拉伸起始辊和终止辊上都配有耐高温硅橡胶夹辊，拉伸时能够压住薄膜，防止薄膜打滑，保证薄膜拉伸比。拉伸起始辊为慢速辊，终止辊为快速辊，铸片的拉伸是在两个拉伸辊之间的间隙处进行，拉伸间隙较小。之后，薄膜还需经过一组具有退火和冷却功能的辊筒进行冷却定型，完成纵向拉伸。

(4) 横向（TD）拉伸装置

薄膜横向（TD）拉伸装置是由若干组加热空气炉，以及可变幅宽的导轨、夹具和回转链条构成，其结构如图 10.19 所示。经 MD 拉伸后的薄膜直接引入到 TD 拉伸装置中，通过链条上的夹具连续夹持。薄膜在链条的运行和夹具的夹持下被输送到空气炉中进行加热软化，并通过链条和夹具运行轨迹的扩张，铸片被横向拉伸，并由夹具固定定型，得到拉伸薄膜。TD 拉伸装置中，链条和夹具是最主要的部件之一，它们的对称性、运行平稳性、夹持力大小以及夹具开闭的顺畅等，都与薄膜生产密切相关。链条和夹具包括左右对称的两组，均支靠在固定的导轨上，被拉伸机出口的链轮驱动。在拉伸区导轨间距呈衣架形扩张，带动两组相对的链条和夹具分开，从而对薄膜进行TD拉伸。

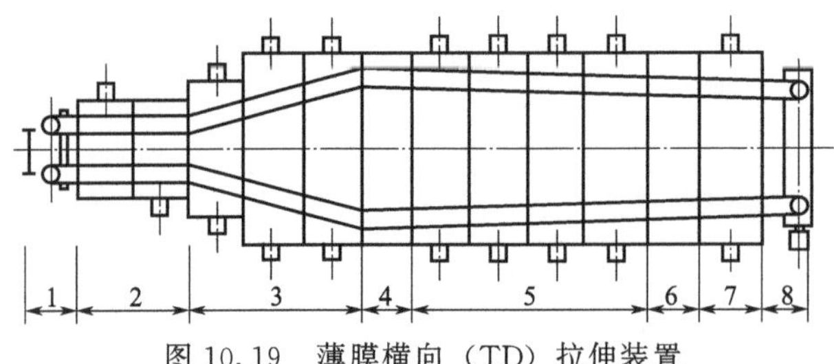

图10.19 薄膜横向（TD）拉伸装置

1—进口区；2—预热区；3—拉伸区；4，6—缓冲区；5—定型区；7—冷却区；8—出口区

最后，薄膜的后处理及卷取装置主要包括对薄膜表面的处理装置，如电晕处理辊、火焰处理设备，以及薄膜的张力收卷辊、切边装置和边料回收装置等。

10.5.1.2 吹塑薄膜加工设备及工艺

挤出吹塑是目前应用最为广泛的聚乙烯薄膜成型方法之一，其基本原理是将PE原料熔融后挤出成具有稳定形状的熔体管膜，之后通过管膜内注入的高压空气使其吹胀成一定倍率的膜泡，膜泡经冷却定型和收集后即得到吹塑薄膜产品。与其它加工方法相比，吹膜工艺具有以下优点：薄膜经吹胀拉伸后，力学性能有较大提高；加工过程无边料，废料少；薄膜成圆筒状，可直接接袋；可生产大幅宽薄膜，相对口模尺寸小；生产设备简单，投资少，见效快。但吹膜工艺成型的薄膜厚度均匀性差，且受冷却效率的限制而生产线速度不高，产量低。

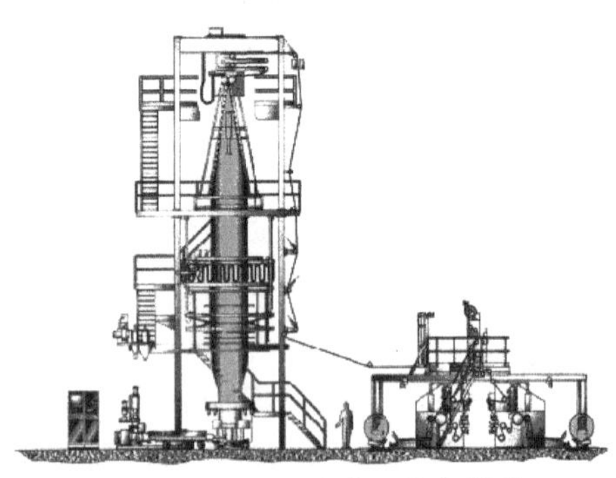

图10.20 上吹膜工艺的薄膜吹塑生产线示意图

根据生产设备的排布形式，目前吹塑薄膜的加工成型工艺主要有平挤上吹工艺、平挤下吹工艺和平挤平吹工艺。由于聚乙烯树脂的熔体强度较高，因而适合上吹膜工艺，而聚丙烯树脂的熔体强度较低，则通常采用平挤下吹工艺。上吹膜工艺中挤出机的环形口模垂直向上挤出管膜，进行吹胀，同时采用风环气冷的方式对管膜进行冷却定型。上吹膜工艺的生产设备占地面积小，操作方便，膜泡运行平稳，可生产大折径薄膜。图10.20为上吹膜工艺的薄膜吹塑生产线示意图，其主要设备包括：挤出系统、吹膜装置、收集及卷取装置等。

(1) 挤出系统

PE吹膜生产线的挤出系统主要由单螺杆挤出机组成，挤出机的规格则根据薄膜产品的折径和厚度选取。吹塑薄膜规格与挤出机螺杆规格间的关系如表10.6所示。

此外，对于多层共挤复合吹塑薄膜来说，每层原料均需对应独立的挤出机进行供料，因此一套吹膜生产装置中往往安装有多台挤出机。现有技术已可实现高达7～9层的复杂结构复合薄膜的加工成型，共挤层数过多的话就会给挤出机的排布带来困难，而挤出机的排布往往是围绕管膜机头成扇形排布，甚至也可以是立体叠层排布的。

表10.6 吹塑薄膜规格与螺杆规格的关系[7]

螺杆直径(mm)×长径比	吹膜折径/mm	厚度/mm
30×20	30～300	0.01～0.06

续表

螺杆直径(mm)×长径比	吹膜折径/mm	厚度/mm
45×25	100～500	0.015～0.08
65×25	400～800	0.01～0.12
90×28	700～1500	0.01～0.15
120×28	1000～2500	0.04～0.18
150×30	1500～4000	0.06～0.2
200×30	2000～8000	0.08～0.24

(2) 吹膜装置

薄膜的吹膜装置主要由机头口模和冷却风环组成。机头口模用于成型管状膜坯，口模为环形狭缝口模。机头口模的形式主要有螺旋式机头、芯棒式机头、十字形机头，以及多层共挤复合机头等。以螺旋式管膜机头为例，其结构如图 10.21 所示。螺旋式管膜机头的芯棒可以转动，转动的芯棒使得流道中熔体的压力和流速的位置不断变化，从而起到均匀薄膜厚度的作用，使得薄膜收卷平整。螺旋式机头设计和使用时需要考虑的结构参数包括：口模间隙、定型段长度和调节螺钉个数等。其中，口模间隙是指机头中的口模与芯棒装配后，两零件内径和外径的表面间距。口模间隙过小，则料流阻力大，影响挤出产量，若口模间隙过大，则生产较薄的薄膜时，薄膜厚度难以控制。通常，适合 LDPE 树脂的口模间隙为 0.5～1.0mm，适合 HDPE 树脂的口模间隙为 1.2～1.5mm；定型段长度为口模和芯棒定型部分的长度。为了消除熔接痕，使物料压力稳定，挤出均匀，定型段长度通常要达到口模间隙的 15 倍以上；调节螺钉为设置在口模四周用于调节口模与芯棒对中和管膜壁厚均匀性的调节装置。为了适应口模加工、安装等方面的误差，防止芯棒出现“偏中”现象，无论何种形式的机头，其数目不应少于 6 个。

冷却风环安装在口模的外圈，其主要作用是向膜泡的外侧吹冷风，从而使吹胀的膜泡能够迅速冷却并固化定型。风环的冷却速率直接影响吹膜生产线的生产速度，以及薄膜厚度的均匀性。对于吹膜工艺来说，由于风冷的冷却速率有限，因此已经成为整个挤出吹膜生产的限制因素[8-10]，并且导致吹膜产品的雾度略高。图 10.22 为 PE 吹膜生产进行时的口模、风环和膜泡。其中，膜泡应对称于机头与夹辊的轴线，如果薄膜厚度不均或固化不均匀就会使得膜泡的对称性很难控制，薄膜厚的地方强度大，抗吹胀，而薄的地方容易膨胀，会迅速变薄，导致破膜。风环的冷却风一般经过制冷，其温度、速度和吹入角度均可调，冷却风的风量决定膜泡霜白线的高度，快速冷却时薄膜中的晶体尺寸更小，薄膜更透明，雾度更低。

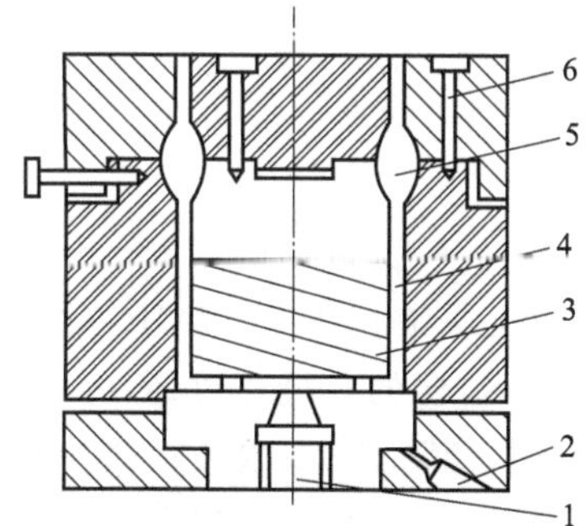

图 10.21　螺旋式管膜机头结构

1—熔体入口；2—进气孔；3—旋转芯棒；4—流道；5—缓冲槽；6—调节螺钉

图 10.22　PE 吹膜生产装置的口模、风环和膜泡

(3) 收集及卷取装置

薄膜的收集及卷取装置主要由人字板、牵引夹辊和收卷辊等组成，如图 10.23 所示。人字板为两个成人字形结构排布，带有多组空转辊的栅架，人字板能够提高膜泡稳定性，并将冷却固化的管膜折叠后进行收集。牵引夹辊位于人字板的上端，其作用是对管膜进行夹持，封闭管膜，并进行牵引拉伸。夹辊能够封闭住膜泡内的空气，使膜泡内保持足够高的气压将膜泡吹胀。挤出机产量和吹胀比一定时，薄膜的厚度是由夹辊的牵引速度来控制的。牵引夹辊的高度最好可调，夹辊高度降低，对膜泡的支撑和稳定作用加强，膜泡褶皱和厚度不均等情况可以得到改善；而夹辊高度过低，则管膜未完全冷却固化，薄膜容易出现粘连。牵引夹辊的转速控制着薄膜的纵向牵伸比。牵伸比是指经吹胀和冷却定型的管膜的牵引速度，与熔融态膜坯从模口被挤出速度之比。牵伸比增大，薄膜产品的纵向拉伸强度提高，但薄膜雾度有所上升，而牵伸比太大时，薄膜的薄厚均匀性控制困难。一般 PE 薄膜的牵伸比为（4～6）∶1。

图 10.23　PE 吹膜生产装置的人字板和牵引夹辊

10.5.1.3　流延薄膜加工设备及工艺

流延薄膜是一种非取向薄膜产品，具有雾度低、热封性好、生产效率高的优点。挤出流延工艺是又一种聚乙烯薄膜的主要成型方法，其基本原理是将 PE 原料经挤出机熔融塑化后，通过 T 型结构的薄膜机头挤出，并呈薄片状流延至平稳旋转的流延辊和冷却辊上，熔体膜片经辊筒的冷却定型，并经牵引、切边后成型薄膜产品。

图 10.24 为薄膜挤出流延生产线示意图，其主要设备包括挤出系统、薄膜机头、流延及定型收卷装置等。

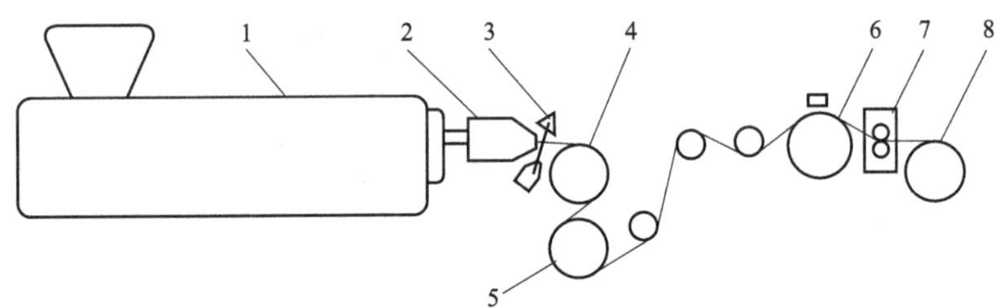

图 10.24　CPP 生产线结构示意图

1—螺杆挤出机；2—T 型机头；3—风刀及真空室；4—流延辊；5—冷却辊；6—电晕处理辊；7—切边装置；8—收卷辊

(1) 挤出系统

PE 挤出流延薄膜的工业生产中，挤出机螺杆直径一般为 90～150mm，产量可达 600kg/h，熔体温度一般在 210～255℃之间，挤出机背压通常在 10～17MPa 之间，薄膜机头的口模狭缝宽度通常为 0.4～0.65mm，薄膜厚度越小适合的狭缝宽度越窄。以机头宽度为 1.3m，螺杆直径 120mm 的挤出流延薄膜生产线为例，其工艺参数为：挤出机加料段温度 160～180℃，塑化段温度 190～220℃，均化段温度 220～240℃；机头口模温度 180～240℃；连接器温度 180～240℃；过滤器温度 190～240℃。

(2) 薄膜机头

与挤出吹膜形成的管状膜坯不同，流延成膜方法的膜坯为薄片状，因此熔体挤出用 T

型薄膜机头是其关键设备。机头的设计应能使物料沿整个口模宽度均匀地流出，机头内部流道无滞流死角，且具有均匀的温度分布等。通常，机头有很多加热段，为了保证温度变化和薄膜质量波动最小，机头宽度方向上的温差应该严格控制在 1℃以内。口模间隙和薄膜厚度之间尚没有精确的关系，往往厚度增大，口模间隙也要相应增大。为避免薄膜产生缺陷和瑕疵，机头内表面和上/下模唇表面都必须精密抛光，轻微的表面凹凸不平都会使薄膜厚度发生变化，产生口模条纹（纵向的平行纹）。由于大幅宽薄膜有利于提高生产效率，而生产中从机头间隙中挤出的薄膜宽度减去“颈缩”宽度和切边宽度后才为产品宽度，因此宽幅薄膜需要用相应宽度的机头来生产。图 10.25 为聚乙烯流延膜生产中广泛采用的渐减歧管衣架式薄膜机头，该种机头一般采用节流块和弹性模唇共用的方式，以调节挤出薄膜的厚度均匀性。

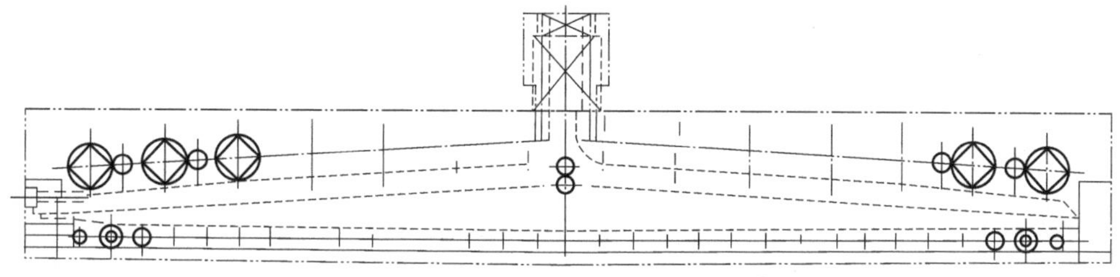

图 10.25　渐减歧管衣架式薄膜机头[11]

(3) 流延及定型收卷装置

薄膜流延及定型收卷装置主要由流延辊、冷却辊、风刀及收卷辊等组成。由薄膜机头挤出的熔体膜片被立即牵引到流延辊上进行流延成膜。流延辊直径通常在 450～900mm 之间，表面一般经精密抛光，辊内部通有冷却水，并设有挡板式双层壳体结构，以实现螺旋式冷却水流，保持辊温均匀，提高冷却效率。流延辊冷却水温通常控制在 10～30℃之间，温度波动限制在 3℃以内。

冷却辊的作用是对薄膜进行进一步冷却，使薄膜获得良好的光学性能和平整度。冷却辊筒的直径在 600～800mm，要求辊筒转速要与膜的流延速度相匹配，在其工作转速范围内可无级升降速度，运转平稳。辊面应该平整光洁，粗糙度应不大于 0.02μm。辊内有循环冷却水为辊体降温。

风刀位于机头口模和流延辊之间，主要与压边气枪和真空箱等组成贴片装置。风刀通过均匀吹出连续的高压气流将熔体膜片推到流延辊的工作面上，使膜片与流延辊贴合紧密，成型薄膜；同时，风刀还能够有效减少膜片和流延辊间的空气间隙，且在薄膜外表面形成一层薄薄的空气层，使薄膜迅速冷却，并保证冷却均匀，从而提高流延生产线速度。风刀的另一个作用是能够将爽滑剂等低分子挥发物抽出，防止其堆积在冷却辊上，更好地保障薄膜的外观质量。风刀与流延辊的距离一般为 0.5～3mm，距离增加，膜片的贴辊效果变差、冷却效率降低，导致薄膜的雾度升高、光泽度下降。此外，要求风刀的风压和风量沿整个口模宽度保持一致，且吹出的气流应处于与风刀平行的直线上，气流方向应与薄膜成直角或大于 105°的钝角，风压通常为 98～980kPa。

10.5.2　取向薄膜的加工

取向薄膜，通常采用双向拉伸的方法加工成型。薄膜经拉伸取向后，其性能得到了显著改善，特别是薄膜的拉伸强度、拉伸模量等力学性能有较大提高，薄膜的冲击韧性和抗穿刺强度大幅改善，而薄膜的断裂伸长率降低，雾度减小，表面光泽度提高，阻隔性加强等。

10.5.2.1 平膜法取向薄膜的加工

薄膜的双向拉伸工艺流程如图 10.26 所示，其主要步骤包括挤出铸片、薄膜纵向（MD）拉伸、薄膜横向（TD）拉伸及薄膜表面处理等步骤。薄膜双向拉伸过程中，挤出温度、铸片温度、薄膜预热温度、薄膜拉伸温度、薄膜拉伸倍率、薄膜拉伸速率、薄膜退火温度等工艺条件对最终薄膜产品的性能都有重要影响。

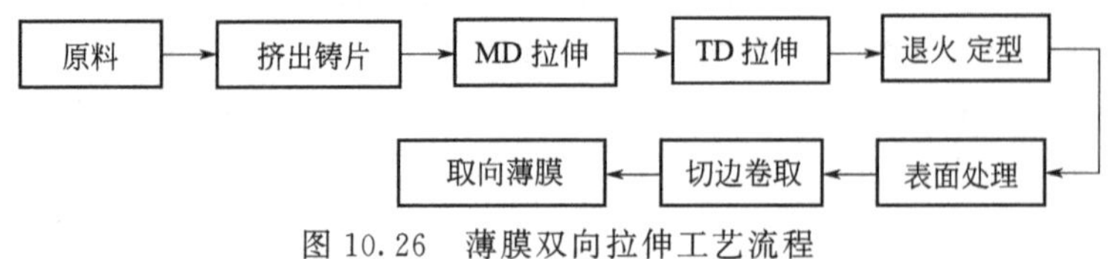

图 10.26 薄膜双向拉伸工艺流程

(1) 挤出铸片

挤出铸片工序的目的：一方面是制备具有一定厚度的 PE 铸片作为膜坯，用于后续的双向拉伸；另一方面是要对铸片进行快速冷却，以降低铸片结晶度，细化晶体尺寸，从而防止薄膜拉伸时拉伸应力过大，薄膜厚度均匀性下降，以及晶体尺寸变大，影响薄膜光学性能。挤出铸片过程中，冷鼓温度及其传热速度不仅影响铸片的结晶性，也影响熔体膜坯在冷鼓上的附片效果。冷鼓温度过低，铸片易发生翘曲，从而降低铸片后续的预热效果，影响薄膜拉伸。适当提高冷鼓温度有利于膜坯贴附鼓面，排出铸片和鼓面之间的气体，防止铸片产生气泡、波纹等表面质量缺陷。但冷鼓温度过高，铸片的结晶度升高，晶体尺寸变大，影响薄膜制品的雾度、透光率和光泽度等光学性能。

(2) 薄膜纵向（MD）拉伸

经冷却定型后的铸片直接引入到 MD 拉伸装置中，铸片通过辊筒的加热软化，并在辊筒间速度梯度的作用下被迅速拉伸。MD 拉伸过程中，主要控制的工艺条件包括纵向拉伸比、拉伸温度、拉伸速率等。其中，纵向拉伸比为拉伸终止辊与起始辊线速度的比值，纵向拉伸比的大小主要影响薄膜的力学性能。通常拉伸比越大，相应薄膜的机械强度提高，模量增大，断裂伸长率减小，冲击强度、耐折性增大，透气、光泽性变好。但是，纵拉比过高，也会增加薄膜横向拉伸时破膜的概率；拉伸温度是影响薄膜取向和结晶的关键因素。研究表明，采用比较低的拉伸温度及拉伸后立即进行冷却处理可以提高薄膜取向度、减小薄膜结晶度。而拉伸温度过高，大分子链易于解取向，导致薄膜的纵向力学性能降低。此外，薄膜拉伸往往是放热过程，因此拉伸辊温度设置要比预热辊温度略低；拉伸速率的大小直接影响薄膜厚度均匀性、薄膜的产量、产品规格，以及生产线运行的稳定性等。拉伸速率提高，薄膜的强度也会随之增大。

(3) 薄膜横向（TD）拉伸

薄膜的 TD 拉伸可以分为三个区，即预热区、拉伸区和定型区。预热区为 TD 拉伸装置中导轨入口端较窄的一段。预热区的主要作用是对 MD 拉伸后的薄膜进行预热软化，同时通过高温预热对已纵向取向的大分子链和链段给予一定的松弛，并改善结晶结构，使得 TD 拉伸时，分子链能够顺利取向，避免破膜；拉伸区为 TD 拉伸装置中导轨成衣架形扩张开的一段。进行 TD 拉伸时，回转链条上的夹具紧紧夹住膜片的两个边缘，在链条的带动下，夹具沿扩张的导轨运行，每组相对夹具的夹面距离不断变大，从而将薄膜在横向上拉伸开；定型区为拉伸区后导轨间距略有收窄的一段。定型区的主要作用是对横向拉伸后的薄膜进行热定型。对于非热收缩薄膜，热定型可以使薄膜在拉伸过程中产生的应力适当松弛，加速薄膜的二次结晶，完善晶体结构，使分子链取向转变为结晶取向，提高薄膜结晶度，从而降低薄膜内应力、减小后收缩，提高薄膜的尺寸稳定性。

薄膜横向拉伸过程中，主要控制的工艺条件包括横向拉伸温度和拉伸倍率等。拉伸温度直接影响薄膜的力学性能、成膜性、厚度均匀性等。通常，低温拉伸有利于提高薄膜的力学性能，增大薄膜的热收缩率。但是，温度过低则容易出现脱夹、破膜等情况。拉伸温度过高，则会导致薄膜厚度均匀性变差，薄膜雾度增大，严重时也会出现拉伸破膜的现象。厚度较薄的薄膜的拉伸温度要略低些，而拉伸速度越快，拉伸温度也要相应升高。此外，薄膜在横向拉伸之前已经经历了纵向拉伸，分子链结构在纵向得到取向，因此在横向拉伸时，横向拉伸的温度应比纵向拉伸温度略高。拉伸倍率主要影响薄膜的力学性能和生产稳定性。拉伸倍率越大薄膜的取向度越高，薄膜的拉伸强度和拉伸模量越高，断裂伸长率越低，但拉伸倍率过大，则会导致拉伸破膜的概率显著升高。

10.5.2.2 管膜法取向薄膜的加工

管状双轴取向工艺是另一种重要的 BOPP 薄膜生产加工方法，早期的双轴取向 PP 薄膜多为管状双轴取向法制备。与拉幅双轴取向工艺相比，管状双轴取向（或二次吹膜）法工艺简单，加工投资少，但需要更多的工作量。该工艺生产的 BOPP 薄膜的膜厚在 8～40μm 范围内，生产线产量通常在 100～550kg/h 范围内。

BOPP 薄膜加工管状双轴取向法与拉幅双轴取向法的比较见表 10.7。

表 10.7 BOPP 薄膜加工管状双轴取向法与拉幅双轴取向法的比较

方法	管状双轴取向法	拉幅双轴取向法
特点	设备费用低，投资小	设备昂贵，投资较大
	设备占地面积小，投产迅速	设备占地面积大，安装复杂
	适宜多品种、小批量生产，生产灵活	适宜大批量连续生产，产品切换复杂
	薄膜生产稳定性高	薄膜生产稳定性低，易破膜
	可生产高收缩薄膜	不适合生产高收缩薄膜
	没有废边，节省原料	废边较多，需切割、收集设备
	薄膜制品性能各向均衡	薄膜制品性能各向差异较大
	对原料选择性小	需专用 BOPP 原料
	无法高速拉伸，生产效率低，生产成本高	可高速拉伸，生产效率高，生产成本低
	薄膜平整度和光学性能略差	薄膜平整度和光学性能好
	生产中管膜内表面易粘连	生产中无薄膜粘连问题
	拉伸倍率可变范围窄	拉伸倍率变化灵活
	薄膜厚度均匀性差	薄膜厚度均匀性好
	薄膜制品厚度 8～40μm，不适于生产厚膜和超薄膜	薄膜制品厚度 4～60μm，制品厚度范围宽

管状双轴取向拉伸工艺的基本工序：先在口模中挤出，经一次吹胀，以较低的气压吹出厚壁管膜，为了利于后续吹胀拉伸，挤出厚壁管膜要在冷水池中急冷，以防结晶；厚壁管膜由牵引辊引入到加热箱中，在若干加热辊和加热箱的作用下，PP 厚壁管膜被加热软化，在慢速辊的夹持和牵引下，进行二次吹胀，二次吹胀采用较高的气压，对管膜进行高倍率吹胀，从而进行横向拉伸；经二次吹胀拉伸后的管膜，经人字板收集后，进入到快速辊夹持和

牵引；通过快速辊与慢速辊的速度差实现对管膜的纵向拉伸。

管状双轴拉伸薄膜工艺的原理是在吹膜加工中，先采用环形模口挤出厚壁的管，接着通过水冷的定径心轴，然后在水槽中进一步冷却，这个过程称为第一次“吹膜”。厚壁管膜的壁厚在 0.3～1.5mm 范围内，这是终产品厚度的 30～40 倍，小心不要让拉平的管壁起皱，然后重新加热到 140～160℃，接着进行第二次“吹膜”取向，管径膨大 6～7 倍。同时，管在纵向被拉伸，结晶的显著增加会导致薄膜发生应变硬化现象，这会提高薄膜厚度的均一性，在拉伸过程中，吹膜冷却也有助于膜厚的均一和加工的稳定。然而，尽管能很好地控制膜的厚度，一定厚度的条带（也称作辊带）仍将会出现，多层辊带缠绕会导致在辊的轮廓上增加团块，同时，辊会变紧，导致团块变硬，使膜产生永久的变形，这对膜的进一步加工是不利的。因此，常采用缓慢旋转或振动模口、吹膜、缩架或缠绕机来分散稍微厚些的辊带。由于应变硬化效应，这种加工能制备厚度均一的高质量膜。

如果薄膜没有热定型，在后续的处理中会发生收缩，常采用下面两种方法控制收缩，第一种方法是将拉平的吹膜通过烘箱进行热定型；第二种方法是将单层膜通过一系列的加热辊，要求每个辊的转速要稍微小于前面的，这样可以控制纵向的收缩，这时横向的收缩也会发生。膜的电晕处理可以在热定型过程中进行，也可以在吹膜结束时进行，或者作为一个单独的工序进行。在处理时，膜和支撑辊间不能有气泡，因为这会导致膜的背面也被无意地处理。电晕处理可以改善膜的印刷或层压黏结性，将要进行热封的表面不需要进行电晕，因为这会导致低的密封强度。均聚 PP 会显示处理效果的衰减，以后几个月里衰减还会继续，但会变慢，膜可以重新处理来恢复浸润性，共聚薄膜更容易处理，且处理效果也更持久。也可以用火焰处理来代替电晕处理，但由于控制困难和明焰的危险性，这种方法很少使用。正确处理方法要求处理后不影响膜的力学性能。

生产中也常采用变动的设备排布方法。一种设备排布方法是将挤出机放在地板上并朝上挤出，这种排布方法也要使用内部加热设备；另一种是将挤出机升高，让管竖直进入取向吹膜机中。在这种情况下，管在二次吹膜前使用红外加热仪重新加热到取向温度，为了将一次吹膜中的管挤出和冷却操作与二次吹膜中的重新加热及取向操作隔开，生产中常使用各种方法，其中之一是使用伸展的心轴，它能改善温度和厚度的控制，并且通过控制流过他的气体流量来控制吹膜直径。在现代的吹膜生产线中，自动化程度是影响质量和成本的一个关键因素，因此，薄膜生产商面临的是生产线自动化程度的问题。如今，设备制造上寻求提供膜参数可调的标准件，即标准化的机械设计，对于喂料速率的控制称重系统已实现自动化，这些系统能够称六种原料，并能在 0.5%的偏差内恒速喂料。在现在的吹膜生产线中，控制膜性能的部件也是标准化的。现在已经能提供各种自动控制系统，实践表明，这些系统能将膜厚度的波动减少 60%。

由于薄膜管状双轴取向工艺中（图 10.27），PP 挤出膜管是通过吹胀进行拉伸的，因此受到气体压力和生产设备的限制，薄膜大分子的取向程度较低，该工艺的拉伸效果和拉伸速率均无法达到双轴取向工艺的水平。其制法是将聚丙烯膜预热到熔点以下、玻璃转变温度以上，即 130～170℃，沿管状膜的纵横向（或平膜的两个轴向）拉伸 3～10 倍。从性能和成品率方面考虑，以纵向拉伸 5～8 倍，横向拉伸 6～8 倍为好。拉伸后在保持拉紧的条件下，于 120～160℃进行热处理，使横向收缩 10%～30%。

管膜法中，拉伸是管膜处在悬浮状态下进行的，容易破膜，因此要及时关注膜泡内压、牵引力、温度和壁厚的变化。管膜法能够生产大型的宽幅拉伸膜，但由于冷却速度的限制，该方法不能进行高速拉伸生产。

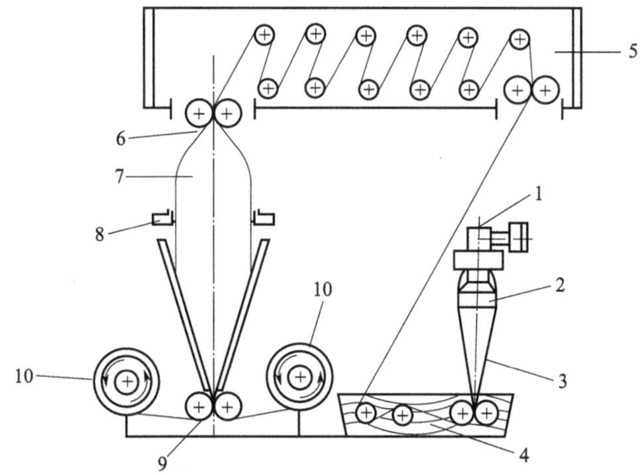

图 10.27　管状双轴取向 PP 薄膜的加工工艺

1—环形口模；2—定径心轴；3—未取向的厚壁管；4—水冷槽；5—加热箱；6—慢速夹辊；7—取向吹膜；8—空气冷却环；9—快速夹辊；10—缠绕机

10.5.3　吹塑薄膜的加工

挤出吹塑薄膜的主要加工工艺流程如图 10.28 所示。首先，将 PE 原料加入挤出机中塑化熔融，熔体由挤出机头的环带状狭缝口模挤出，成型管状膜坯；之后，将膜坯喂入牵引设备的夹辊中，通过夹辊将膜坯上端面封闭，形成密闭的膜泡；膜坯进入夹辊并成功牵引后，由口模芯棒中的气孔连续吹入一定压力的压缩空气，使膜泡拉伸、膨胀成型薄壁管膜；对管膜周围喷冷却风使管膜冷却定型，并通过调节口模间隙、冷风风量和牵引速度来调整管膜的厚度及厚度均匀性；最后，通过人字板对管膜进行折叠收集，并经卷取得到 PE 吹塑薄膜[12]。

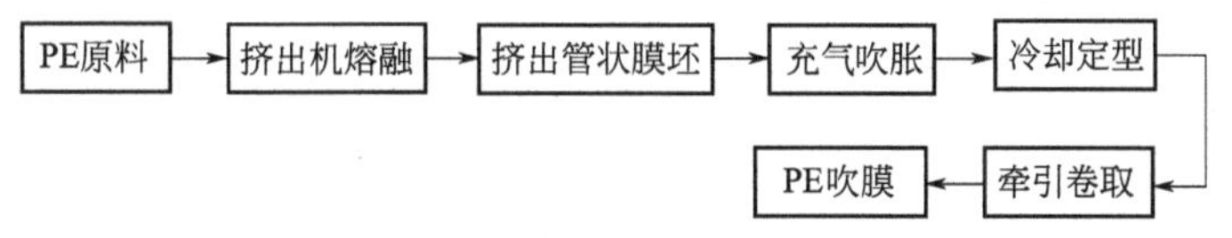

图 10.28　挤出吹塑薄膜工艺流程

PE 挤出吹膜过程中，以下工艺参数对薄膜性能有较大影响。

(1) 挤出温度

挤出温度决定了 PE 原料的熔体温度和熔体流动性。随着挤出温度提高，原料的熔体温度升高，流动性变好，使得薄膜的厚度均匀性改善，且薄膜的雾度持续降低[13]。然而，熔体温度过高则导致膜坯下垂严重，壁厚不均，并且膜泡冷却不充分，膜泡抖动，稳定性下降，难以控制；而熔体温度过低时，原料熔融塑化不充分，薄膜表面发花，呈云团状斑块，并产生大量“鱼眼”等缺陷。表 10.8 列出了不同挤出温度对 LDPE 吹膜性能的影响。

表 10.8　挤出温度对 LDPE 吹膜性能的影响[14]

薄膜性能	挤出温度 /℃		
	240	250	260
雾度 /%	7.8	7.7	7.4
透光率 /%	90.0	89.9	89.7

续表

薄膜性能		挤出温度/℃		
		240	250	260
屈服强度/MPa	纵向	17.2	16.8	16.2
	横向	11.2	11.5	11.6
断裂伸长率/%	纵向	231	392	422
	横向	563	585	442
撕裂力/N	纵向	1.6	2.1	1.8
	横向	2.4	2.5	2.7
剥离力/N		17.7	17.3	16.1

(2) 吹胀比

薄膜的吹胀比是指经吹胀后膜泡的直径 D_p 与机头环形口模的直径 D 之比，实际上是薄膜的横向拉伸倍数，它是吹塑薄膜加工中一个重要的工艺参数。几种 PE 原料的典型吹胀比如表 10.9 所列。吹胀比主要对薄膜的力学性能、光学性能、产品质量和生产稳定性有直接的影响。随吹胀比的增大，薄膜的横向取向度变大，使其横向拉伸强度、模量、耐穿刺强度和冲击韧性等均得到提高，且厚度减薄。同时，吹胀比增大，膜泡尺寸随之胀大，有利于原料中高分子量部分的塑化，从而改善薄膜拉伸，降低薄膜雾度。然而，吹胀比过大，往往会引起膜泡摆动，造成膜泡稳定性降低，薄膜厚度均匀性变差，薄膜易出现褶皱等情况。此外，吹胀比过高，会使薄膜在横向取向过高，从而降低薄膜的纵向性能；另一方面，吹胀比过小，不仅会使薄膜的雾度升高，还会因分子的取向度不足造成薄膜横向力学性能偏低。

表 10.9 几种 PE 原料的典型吹胀比[7]

聚乙烯	LDPE	HDPE	LLDPE
吹胀比	2.0～3.0	3.0～5.0	1.5～2.0

(3) 牵伸比

薄膜的牵伸比是指牵引夹辊的牵引速度 V_D 与挤出速度 V_q 之比，而挤出速度 V_q 则是指熔体膜坯离开口模的线速度。随牵伸比的增大，薄膜的纵向取向度变大，从而使其纵向拉伸强度提高。一般薄膜的牵伸比为 4～6，而 HDPE 薄膜的牵伸比要大些。图 10.29 为牵伸比对 PE 吹塑薄膜雾度的影响，从图中可见薄膜雾度随牵伸比增大而呈上升趋势。这是因为提高牵伸比，即加快了牵伸速度，相对缩短了原料大分子链的松弛时间，使熔体在冷却固化前不能充分松弛，造成薄膜表面平整度不佳，从而导致薄膜雾度上升。

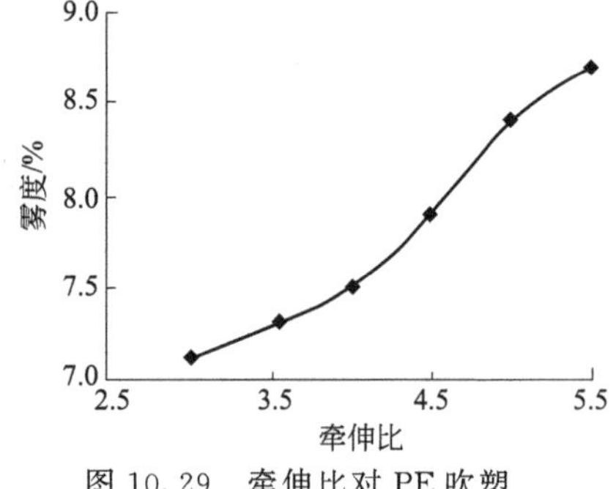

图 10.29 牵伸比对 PE 吹塑薄膜雾度的影响[13]

(4) 冷凝线高度

冷凝线，即霜白线，是膜泡由熔体到冷却固化的分界线。随冷凝线高度的增加，薄膜雾度呈下降趋势，主要是由于提高冷凝线高度会使薄膜的冷却时间增加，原料大分子链松弛充分，从而使得薄膜纵向和横向性能进一步均衡，薄膜表面更为平整，雾度降低。但同时，冷凝线高度过高，则延长了膜泡处于熔融状态的时间，会导致膜泡的稳定性变差，薄膜出现褶皱；而冷凝线高度过低，实际上缩短了分子链的松弛时间，造成薄膜雾度上升，纵、横向拉伸强度下降。

目前，吹塑薄膜的加工成型主要采用平挤下吹膜工艺和平挤上吹膜工艺。

其中，平挤下吹膜工艺采用冷却水环喷淋水冷的方式对管膜进行冷却定型，又称为水冷吹膜（WQBF）工艺；平挤上吹膜工艺采用风环吹风气冷的方式对管膜进行冷却定型，又称为气冷吹膜（AQBF）工艺。对于 PP 树脂，由于其属于结晶型聚合物，熔体强度较低无法采用上吹膜工艺，并且结晶度大，结晶速度快，为了保证薄膜的透明性需采用水冷的方式进行急冷，因而只能采用平挤下吹膜工艺。

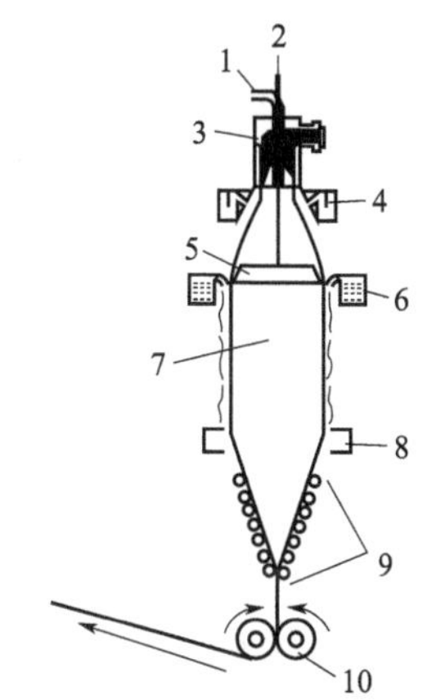

图 10.30　平挤下吹膜工艺的生产线设置
1—空气入口；2—冷却心轴入水口；3—环形口模；4—空气冷却环；5—内部冷却心轴；6—水冷却环；7—吹出管；8—除水装置；9—折叠架；10—夹辊

平挤下吹膜工艺的生产线设置如图 10.30 所示，螺杆挤出机需要安置在高位，采用直角吹塑管膜机头，但口模方向向下。挤出的管状膜坯经垂直向下牵引，穿过水环式冷却定型装置，由牵引装置的夹辊夹持并牵引。平挤下吹膜工艺依靠重力引膜，引膜方便，生产线速度较高；并且，管膜的牵引方向与机头产生的热气流方向相反，因而有利于管膜的冷却，同可以采用水环喷淋水冷的方式对管膜进行冷却，大大提高了冷却效率。因而，下吹膜工艺适用于熔体黏度较低的 PP 树脂，并且采用冷却水环急冷，可以生产出透明度较高的 PP 吹膜制品。

吹膜生产过程中，为提高吹膜制品的透明性，降低雾度，吹膜成型的管膜需采用急冷冷却，为解决吹膜冷却问题必须采用水冷方式，如冷却水环喷淋水冷、冷却水套间接水冷、直接挤出入水槽（仅限于特殊领域）等。其中，水环冷却装置最为普遍。平挤下吹膜工艺生产 PP 吹塑薄膜时，能够得到透明性较好、强度较高的 PP 非取向薄膜，但生产过程中需要控制的工艺因素较多。

吹胀管膜离开机头口模时，先经风环冷却稳定管泡，之后立即进入到水环中进行冷却定径。水环冷却定径的原理是在管膜外层形成水膜喷淋水冷。冷却水环结构如图 10.31 所示，冷却水环是内径带有定径套的夹套结构，夹套内通过冷却水，冷却水从夹套上部的环形孔中溢出，沿管膜外壁喷淋而下，起到迅速冷却管膜的作用，而管膜表面的水珠通过包布导辊的吸附除去。

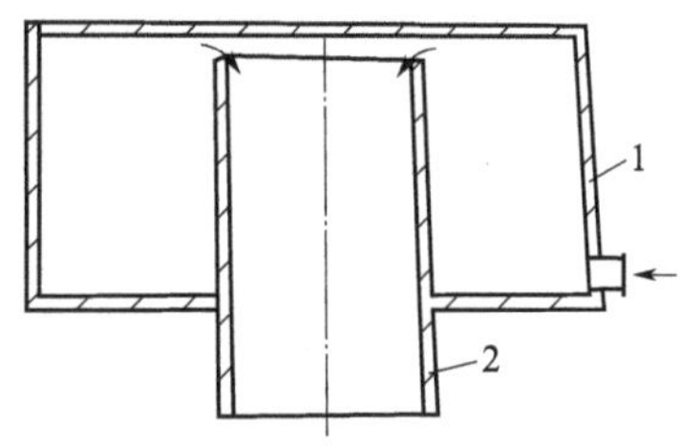

图 10.31　冷却水环结构
1—冷却水槽；2—定型管

采用水环冷却，冷却速度快，冷却效果好，可以降低 PP 薄膜的球晶尺寸，从而提高吹膜制品的透明性。但薄膜上冷却水的去除困难，并且水冷定型设备结构固定，薄膜制品的宽度改变困难。

平挤下吹膜工艺生产 PP 吹塑薄膜时，能够得到透明性较好，强度较高的 PP 非取向薄膜，但生产过程中需要控制的工艺因素较多。

10.5.4　流延薄膜的加工

流延（casting）薄膜是通过挤出流延工艺生产的塑料薄膜。该类薄膜与 BOPP（双轴取向聚丙烯）薄膜不同，属于非取向薄膜。CPP、CPE 薄膜具有透明性好、光泽度高、挺度好、阻湿性好、耐热性能优良、易于热封合等特点，大量用于服装和针织品包装袋、文件和相册薄膜、食品包装及用于阻隔包装和装饰的金属化薄膜等。

薄膜的挤出流延加工中，熔体膜坯是在冷却辊筒上冷却定型，冷却速率高，因此与挤出吹膜相比，流延膜的厚度均匀较好，透明性更高，雾度更低，热封性更好，薄膜厚度可以达到 0.005～1mm 范围内；但同时，流延膜在挤出流延和冷却定型过程中，既无纵向拉伸，又无横向拉伸，因此其力学性能略低。表 10.10 列出了薄膜吹塑工艺和流延工艺的对比。

表 10.10　薄膜吹塑工艺和流延工艺的对比[15]

项目	吹塑	流延
设备成本	低	高
生产速度	低	高
薄膜强度	高	低
透明度、光泽性	差	好
薄厚公差	大	小
物料损耗	换机头时有损耗	边料损耗，分切损耗
发展趋势	高速化，大折径，多层吹塑	高速化，流水线分切

流延薄膜的主要加工工艺流程和生产线如图 10.32 和图 10.33 所示。流延薄膜的生产中，首先将配好的物料经螺杆挤出机熔融、塑化，之后由 T 型机头的口模挤出成熔体膜坯，从而进行流延成型；熔体膜坯由口模挤出后迅速牵引到低温的流延辊上进行骤冷定型。为了保证冷却效果，避免薄膜在冷却过程中，由于较大的收缩率而发生翘曲和褶皱，需要安装风刀和压边气枪，靠风刀和气枪喷出的高压空气把流延膜紧紧吹贴到流延辊表面，使其平整地延展在辊面上形成薄膜；再经后续的冷却辊的进一步冷却，然后进行电晕处理，分切边料，由收卷辊展平卷取，产品经验收包装入库。冷却辊流延膜的表面处理可以使它具有对印刷、涂覆或者层压的浸润性。

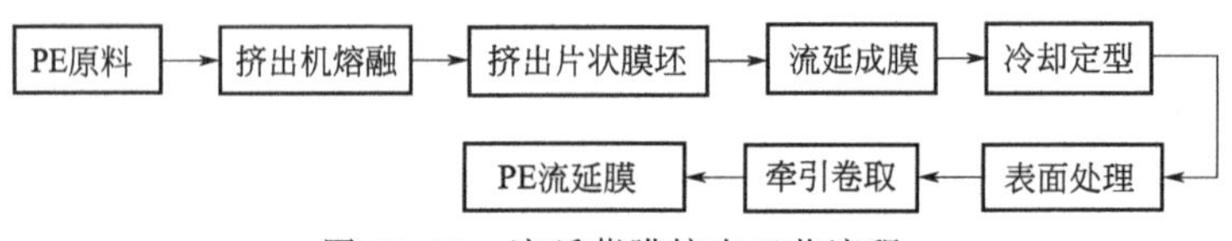

图 10.32　流延薄膜挤出工艺流程

图 10.33　PP 流延薄膜生产线

10.6　中空成型技术

中空成型，就是采用特殊的方法，制备型体内部为空心的制品的加工成型技术，通过压缩空气或者其他方法让制品中间形成空腔，可作为容纳物或者减轻制品重量。中空广义上讲可分为两类：一类是不需采用高压空气作为辅助介质的加工方法，如滚塑，也称为回转成型；另一类就是中空吹塑，是采用高压气体（或液体）对闭合模具中的物料进行吹胀使之成为中空制品的一种加工方法。近年来，中空成型技术发展迅速，不仅制品的体积上有巨大的跨度，从几毫升一直到数千升的制品均可以采用中空成型方法，而且制品覆盖的范围也更加广泛，不仅用于包装领域，还大量用于汽车、渔业、光伏发电、娱乐设施、交通、运输、能源、环境等方面等。其中吹塑中空成型可以生产 1000L 以下的容器或制品；超过 1000L 的或者形状复杂的容器或制品，可采用滚塑的方法生产，如大型储罐、油箱、水箱、壳体、交通设施、城市排水相关系统、大型娱乐设施等。

中空成型所选用的材料，有 PE、PP、PC、PET 等。PE 树脂可采用挤吹、注吹、注拉吹以及滚塑成型；PP 树脂可采用挤吹、注吹和注拉吹，但由于其不易磨粉，故在滚塑工艺中较少使用；PC、PET 基本都采用注拉吹的方法成型生产制品。在大型中空制品材料中，聚乙烯所占比例最大，涵盖的领域最广，其中空制品容积（或体积）范围跨度最大。聚丙烯相对聚乙烯来说，由于结构上的原因决定了其熔体强度相对比较小，低温性能稍差，以前较少用于大型的中空制品，多用于一些小型的食品、饮料、药品等的包装容器。现已经开发出高熔体强度的聚丙烯，可用于制备较大的中空制品。

10.6.1　挤出吹塑成型

挤出吹塑属于广义挤出成型的一种加工方法，但型坯挤出口模以后，最终的制品横截面与口模横截面不同，且中间是空腔，故将其归为中空成型。挤出吹塑基本工艺就是用挤出机将塑料在一定温度下熔融，通过机头口模挤出型坯，将型坯置于吹塑模具内，通过模具上的吹气口吹入高压空气而吹胀成型。基本过程为：物料加入一定温度的挤出机，在螺杆剪切输送下，熔融物料进入到机头，通过机头的口模挤出型坯；型坯达到需要的长度后，置于吹塑模具内，控制系统控制合模；在模具的型腔内，模具上的高压空气出口（吹针）吹出一定压强的压缩空气，使型坯在型腔壁上贴实；继续保持型腔内的压力到一定时间，待制品完全定型后，开模取出制品。

挤出吹塑设备都有机头口模，有的机头可以储存一定量的物料；有些机头则无储料功能，而是一直连续地挤出型坯（见图 10.34、图 10.35)。无储料功能的机头口模不间断地从机头模口中挤出型坯，达到一定长度后合模、切割、吹胀。一般情况下连续挤出机头口模都配有双工位吹胀模具，这样可大大提高生产效率，较小制品多采用这种方式。有储料功能的间歇式挤吹法使挤出机间歇地挤出型坯或者使熔融物料挤压到一个储料机头中，当物料储存到满足型坯需要的量时（通过控制界面工艺参数设置储料量)，物料被挤出口模形成型坯，再经过合模、吹塑、冷却定型后得到制品。

通常挤吹普通用品时供料挤出机只有一条，为单层挤出型坯；当制品需要时，可以由多个挤出机向口模机头供料，制品横截面具有复合多层，每层的物料可以是同一种，也可以是不同种类物料，称为多层挤出吹塑。多层挤出吹塑工艺中，一台设备含有 2 台以上的挤出机，理论上可以有很多台，一般最多可达 6 台。采用多层复合挤吹技术，能够弥补单层制品材料固有缺陷，如单层有沙眼，阻隔性差等。多层复合挤出可以将阻隔性好的材料作为其中一层与其他物料复合，达到提高制品阻隔性能目的。如汽车燃油箱，中间某层为 EVOH 材料，可以起到很好的阻隔作用，防止燃油的泄漏。

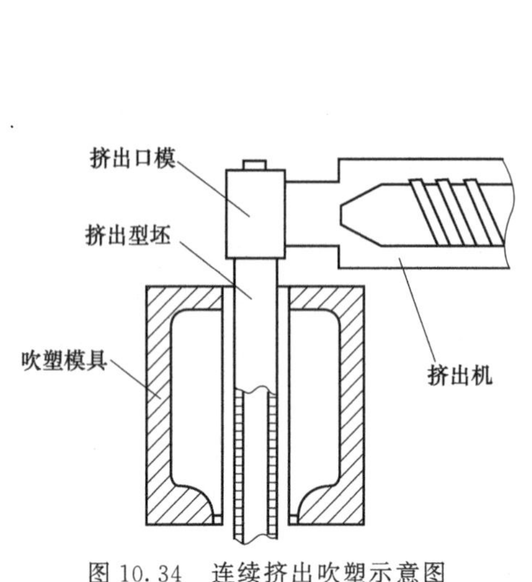

图 10.34 连续挤出吹塑示意图

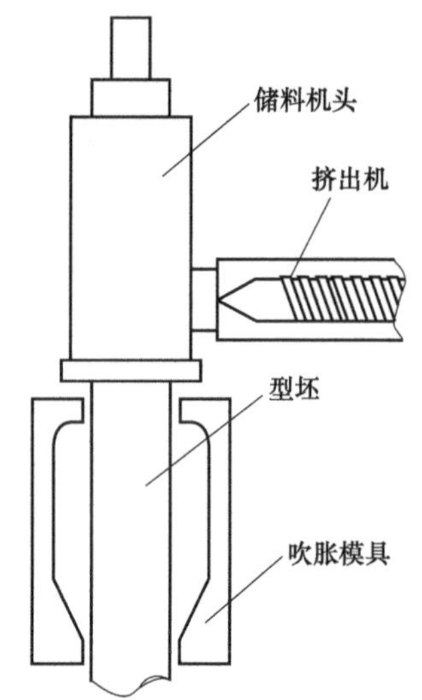

图 10.35 间歇式挤出吹塑示意图

10.6.1.1 挤出吹塑设备

挤出吹塑可归为挤出成型的一种，因为都有挤出机，且物料都是从口模中挤出。挤出机是挤出吹塑装置中重要设备之一，一般情况下为通用型单螺杆挤出机，但在生产过程中应该可以无级调速，且能够稳定挤出。挤出机螺杆多采用等距不等深的渐变螺杆，有利于物料的塑化和输送，聚烯烃可采用突变型螺杆。挤出机的大小可根据制品的大小来确定，生产小型制品可采用直径 45～90mm 的挤出机；生产大型的中空容器，可选用直径 120～150mm 的螺杆挤出机。如果制品比较大，大直径螺杆无法满足供料，可选用两台中型挤出机并联供料。挤出机螺杆长径比一般为 20～25，以保证供料稳定。

口模机头，是物料暂时储存或直接挤出形成型坯的机构。物料从挤出机进入机头的通道一般呈直角状，故挤出机出料口与机头入口应该水平对准，流道光滑，尽量减少物料在拐弯时的阻力。口模机头结构有转角机头、直通机头及储料机头。用于聚烯烃的主要是转角机头和储料机头。

① 转角机头。由连接器和与之垂直的管状口模组成。特点是流道压缩比大，口模部分较长，比较适合 PE、PP 挤出。但该结构缺点是由于流道呈直角，熔体易产生滞留，机头内部压力易扰动。为克服上述缺点，多采用螺旋流动导向装置和侧向进料机头，这样的结构流道为流线型，物料流动不宜滞留。

② 储料机头。生产大型制品时，壁厚相对较厚，挤出的型坯重量大，重力因素使型坯过度拉伸并产生缩径，不利于成型。为了减小自重导致的拉伸和缩径，同时也保持挤出机可连续供料，机头将料储存至设定量后快速挤出口模形成型坯并进行吹塑，而机头继续为下一个型坯储料，这样相当于型坯是间歇挤出。

从口模挤出的型坯经吹胀后得到的制品的最大直径要大于型坯直径，二者之比即为吹胀比。吹胀比不宜过大，通常为（2～3）∶1。型坯较小而吹胀比过大，可能造成壁厚不均。现在的挤吹设备，尤其是储料式口模机头，都带有径向壁厚调节控制功能，有的还带有轴向壁厚调节功能，以弥补因型坯被自身重力拉伸造成的壁厚减小，或者为达到制品某个部位壁厚的设计要求等。

大多数的制品模具是由两半阴模构成，但也有一些特殊的制品，如有凹陷的制品由阴模和阳模组成。通常情况下，挤吹制品容易脱模，因此模具无需滑动嵌块帮助脱模。吹塑模具导热性要好，或者在模具内部有冷却水道，以使制品吹胀后能够较快地冷却定型，缩短成型周期，提高效率。

10.6.1.2　挤出吹塑工艺

(1) 挤出吹塑过程中型坯吹胀的形式

挤出吹塑过程中一个重要的步骤是压缩空气将型坯吹胀。吹胀的方式可根据制品的需要采取针吹法、顶吹法和底吹法。

① 针吹法。吹胀的工具是吹针，吹针连接着高压气体，被安装在某半模具上。吹针可以前后运动，也有做成固定式的。型坯挤出后模具闭合，吹针在液压或气动的作用下向前刺入型坯内，或者型坯在合模过程中固定吹针在模具的带动下刺入型坯，然后接通高压空气对型坯进行吹胀。根据需要，吹针可以采用多个，使吹胀效果更佳。

② 顶吹法。吹胀装置在型坯的顶部，模具的开口在顶部，型坯被切割后，开口正好配合吹针吹胀。

③ 底吹法。底吹法的吹胀装置在模具的底部，型坯进入模具后，正好套在吹胀杆上，合模后接通高压空气进行吹胀。

(2) 成型工艺的影响因素

挤出吹塑工艺中除了物料本身性能外，影响因素比较大的参数有挤出速度、型坯温度、模具温度、吹胀压力、吹胀比、挤吹过程中时间参数、壁厚参数等。一般设备在人机交互界面可以设定相关参数，如温度、挤出速度、挤出量、吹胀压力、工艺动作时间、壁厚等。无论使用哪种型号的设备，制品挤吹成型过程中依靠的都是这些参数的调控。

① 温度控制。温度控制包括挤出机加热温度、型坯口模温度以及模具温度。挤出机为分段加热，设置温度时，从加料段到挤出口模段温度由低到高，加料口处的温度设定最低(有时需通冷却水冷却，防止物料发黏堵塞)，后面各段呈阶梯状上升，间隔一般为 0～5℃。这样设置是为了防止熔融的物料在压力下发生倒流，或者有利于物料混炼塑化和稳定地向机头供料。成型温度需根据材料的性能和牌号的不同合理设置。总体说来，挤出型坯的温度在保证塑化质量的情况下，设置稍低，这样不仅可减少冷却时间，也可避免型坯下垂。

一般情况下，模具温度无需精确控制，只要避免模具过热而降低冷却效率，且冷却均匀。一般模温控制在 20～50℃。对于小制品，模温可以低一些；对于大型制品，模温适当高些，防止制品发生变形。

② 吹胀压力。吹胀型坯时，应设置高压空气缓冲罐，目的是能够提供足够流量的高压气，保证在一定时间内吹胀的型坯能够紧贴模具，并得到充分冷却。高压气线速度不宜过高，否则容易将型坯吹破，或者高压气入口处产生塌陷。吹胀后，要能够保持足够的压力，让型坯成型后能够保持制品所需的形状，直至冷却结束。通常高压吹胀的空气压力为 0.2～1.0MPa，尺寸大及壁厚的制品可适当提高压力。冷却结束后，慢速排气，等制品内外压力相同，即与外界大气压相同后，即可进行脱模。

③ 壁厚控制和调节。挤出吹塑中，挤出的型坯一般为圆环状。挤出过程中型坯会受到两个方面的作用：一是挤出口模间隙；另一个是物料自身重力。首先，由于口模之间间隙的

不均匀，挤出的型坯在纵向和径向会造成壁厚的不均匀。其次，在挤出过程中，型坯因重力作用被向下拉伸，从而造成纵向壁厚不均；有时制品要求在不同部位厚度大或小，故在成型过程中都要对壁厚进行调节。

实际生产中，型坯由于各种原因壁厚不均，或者制品本身有些地方壁厚需要加厚，可以通过动态调整口模间隙来实现。在人机交互界面利用控制系统编程，实现自动控制型坯壁厚。

轴向壁厚控制：由于挤出吹塑型坯受拉伸作用导致轴向壁厚不均，轴向壁厚控制是将程序控制的输出信号传递给液压伺服阀，驱动液压油缸使口模的芯棒上下移动以此调节口模间隙，从而达到挤出型坯壁厚的要求。目前壁厚的轴向控制采用多点控制的方法，型坯从下而上分为多个点，如 10 个点、20 个点，最多可达 256 个点。可以在控制面板上根据要求逐点设置相对应点的口模的开口量，从而使型坯达到相应壁厚。

④ 工艺时间参数。时间参数包括挤吹制品过程的多个环节，包括型坯挤出时间、预夹（具有此功能的设备）开始时间、低压吹胀时间、高压吹胀时间、冷却时间等。这些时间对制品的性能影响很大。

型坯挤出时间是型坯从口模挤出开始到结束的时间。调节此时间（或者调节粗料量）可以控制型坯的长度。

预夹开始时间指型坯挤出开始到预夹开始的这段时间。型坯须挤出一定长度后，才能预夹封口，故设定预夹开始时间。预夹时间指的是开始预夹到预夹完成时间，这个时间通常比较短，只有零点几秒。

低压吹胀时间包括型坯挤出开始至低压吹胀时间以及低压吹胀延时时间。型坯挤出开始至低压吹胀时间，是指型坯挤出开始一直到低压吹胀开始之前的时间。这段时间控制低压吹胀的起始时间，这段时间过短，低压吹胀过早，容易引起型坯爆裂（有预夹时）；这段时间过长，低压吹胀过晚，容易造成型坯过瘪，吹针不易扎入，故根据不同情况设置不同的时间。低压吹胀延时时间，是指低压吹胀开始到结束的这段时间，这段时间主要是为了让型坯鼓起，因此一旦合模完成后就可以结束，并开始高压吹胀。

高压吹胀时间指合模以后，吹针刺入型坯并开始高压吹气，一直到型坯内达到设定的压力值并继续延长到高压吹胀结束的这段时间。合模至高压吹胀时间，是指模具合模到高压吹胀开始之前的时间。这段时间不宜太短，如果太短，吹针还没有完全刺入型坯，若此时开始高压吹胀，会把型坯吹瘪而无法成型。一般根据需要设置 2s 以上 10s 以下的时间。高压吹胀延时时间，指的是高压吹气开始到高压吹胀结束时的时间。这个时间相对来说较长，目的是让吹胀好的制品能够在高压下冷却定型，因此较长的时间有利于制品稳定。但考虑到制品大小和生产效率，高压吹胀时间也不宜过长，够用就好。

冷却时间一般指模具合实高压吹胀开始后，这时冷却实际已经开始。但这里说的冷却时间是高压吹胀停止后，保持一定压力直到开模的这一段时间。由于前面高压吹胀过程已有一定时间冷却，所以后面的冷却过程不需过长时间，可根据需要设置十几秒到几十秒不等。

(3) 挤吹成型过程中异常现象、原因及解决方法

在挤吹成型过程中，有可能产生如下异常现象：产品中有气泡；制品表面有烧焦现象；型坯下垂严重；型坯卷边、弯曲、吹胀时破裂；成品在圆周方向壁厚不均；成品壁厚过薄；成品在模具内变形；开模时制品爆裂、成品切边部分有凹痕；切边部分熔合不佳；切边取下困难；脱模困难；熔接线外有纵向条纹；制品表面有熔接痕；制品表面有流动环纹；表面有污点；制品壁厚不均匀等。

产生异常现象的原因及解决办法：原料潮湿、混入空气或者树脂过热会产生气泡、烧焦现象，可以通过充分干燥原料，提高料筒内压，检查并调整挤出机及机头温度来解决；物料温度过高、型坯挤出过慢、合模速度过慢等会使挤出型坯下垂严重，可通过降低温度如机头与口模温度等，或者提高挤出速率及合模速度等，让型坯减少被拉伸时间；口模温度高、芯模温度高容易使型坯卷边，可通过降低口模和芯模温度来解决；机头流道不合适、口模间隙不均、机头中心不正、机头加热不匀、挤出速率快等都可能造成型坯弯曲，可通过调整机头流道、对正机头中心，调整口模间隙或者机头温度分布等解决；机头中心未对正，内部树脂压力不均，机头温度不匀，机头中心未与模具中心对正，会导致成品圆周方向壁厚不均，可通过调正机头，让机头中心与模具中心对正等来解决；型坯下垂严重，树脂温度高以及吹胀比过大，都会导致成品壁厚太薄，可通过降低温度，减小吹胀比（如更换大口径口模等）等方法解决；高压吹气时间过短或者进气时间设置过慢，易导致制品在模具内变形，可通过增加高压吹胀时间及进气的速度来解决；开模时未充分泄压等会导致开模时制品爆裂，可通过充分泄压，让制品内气压与外界一致时再开模解决；切边刃口溢料角不合适、闭模速度太快、型坯温度过低、切边刃口太钝等，可能会导致成品切边有凹痕、切边部分不熔合、切边取下困难等问题，可通过修正切边刃口溢料角、适当放慢闭模速度、调整树脂温度、提高锁模力等来解决；筋模无斜度、底部凹槽太深等可能会造成脱模不顺利，可通过增加筋模斜度，凹槽尽可能浅些等来解决；机头流道不合理、流道内残留树脂、模芯未达到合适温度等会令制品上有熔接痕，可通过修正机头结构、清洗机头残留物，或者提高芯模温度等来解决。

10.6.2　注射吹塑

注射吹塑，属于二次成型，生产的制品容积一般不大。工作原理是将塑料熔融塑化，在螺杆驱动下，经过挤出机喷嘴注入闭合模具中形成管坯，然后再转到吹塑模具中进行吹胀。其基本过程分为两步：第一步是型坯制备，即注射成型坯；第二步是对型坯进行吹胀，冷却后脱模。

10.6.2.1　注射吹塑设备

注射吹塑成型方法根据成型的步骤可分为一步法和两步法。两步法注吹设备主要有注塑机和吹塑机等，特点是设备简单、投资少，缺点是效率低；一步法成型主要设备是集成注塑成型和吹塑成型的一体式装置，从注射成型坯到吹塑都在一个设备上进行，注射完型坯之后，不用脱模直接进行吹胀。注射吹塑设备根据需要采用不同的设计，主要区别在于生产制品的工位。最常见注射吹塑生产过程有二工位注射吹塑、三工位注射吹塑及四工位注射吹塑。

(1) 二工位注射吹塑机

二工位注射吹塑设备有往复式和旋转式等。往复式注射吹塑中，注塑机将物料注入模具形成管坯，模具开模后，管坯留在芯棒上；然后吹塑模具移动到型坯处，管坯进入吹塑模具后进行吹胀；吹胀成型后，吹塑模具带着成型后的制品移动到原来的位置准备脱模；注塑模具合模进行下一个管坯的制备。整个过程中，吹塑模具往复运动，见图 10.36。

旋转式注射吹塑中，吹塑模具与注塑模具在一条直线上或形成一定夹角，管坯是依靠转位装置的旋转，从注塑模具转送到吹塑模具进行吹胀成型，成型后脱模，芯棒旋转回注塑模具内，这样周而复始，见图 10.37。

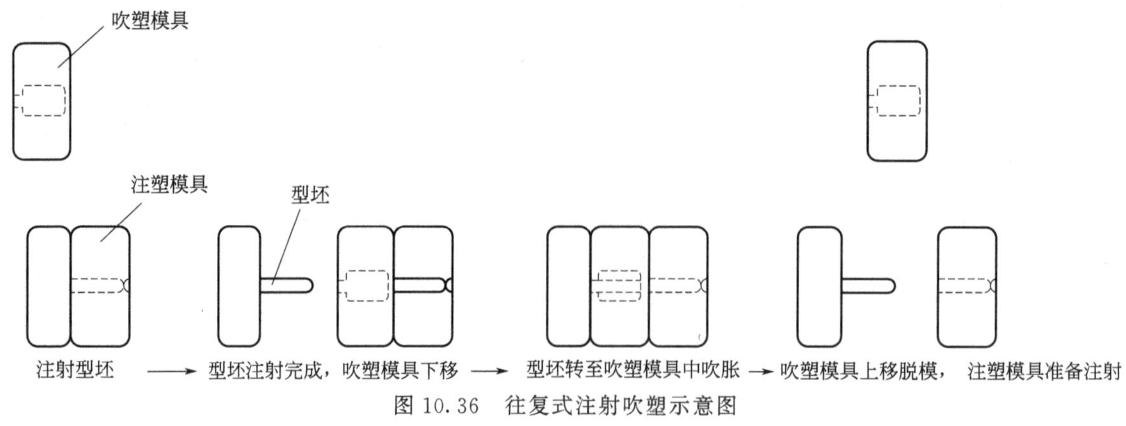

图 10.36 往复式注射吹塑示意图

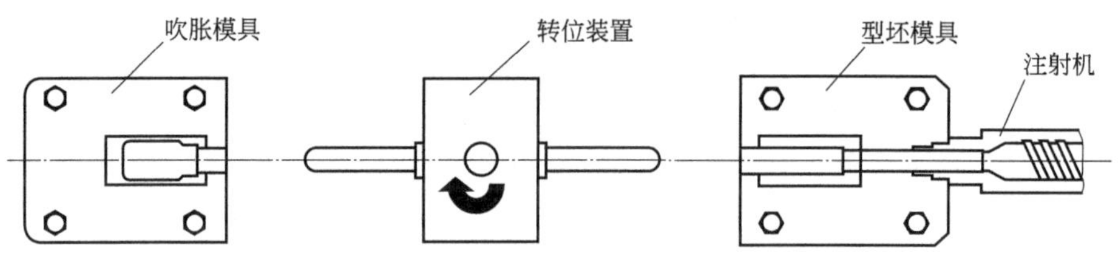

图 10.37 旋转式二工位注射吹塑过程示意图

(2) 三工位注射吹塑机

三工位注射吹塑机构中，三个工位以120°角的间隔均匀排列，分别是注射工位、吹胀工位和脱模工位。转位机构负责将注射完成的管坯转送至吹胀工位，将吹胀工位吹胀完成的成品转送至脱模工位。生产过程中三个工位同时动作，即注射工位制备管坯的同时，吹塑工位正在吹胀一个型坯，脱模工位正在脱掉成品。转位机构每旋转120°角，三个工位各完成一次动作；转位结构旋转一周将吹塑成型3个制品。这种方式最常见，生产效率高，见图10.38。

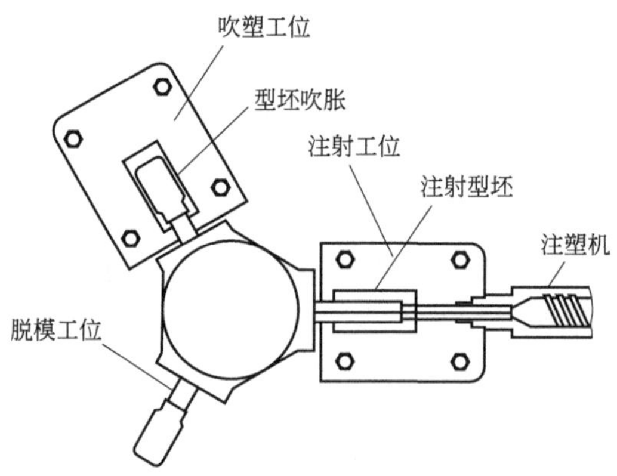

图 10.38 三工位注射吹塑成型示意图

(3) 四工位注射吹塑机

四工位注射吹塑机构有四个工位，通常也是采用旋转方式工作。原理与三工位基本相同，但四工位注射吹塑机构中多出来的一个工位还有另外的作用。第四工位可灵活安排在不同位置上，可安排在注射吹胀工位之间，用来在吹胀之前对管坯进行温度调节或者表面处理；也可安排于脱模和注射工位之间，用于对制品表面进行处理、印刷、贴标等，或者对型芯处理和温度调节，见图 10.39。

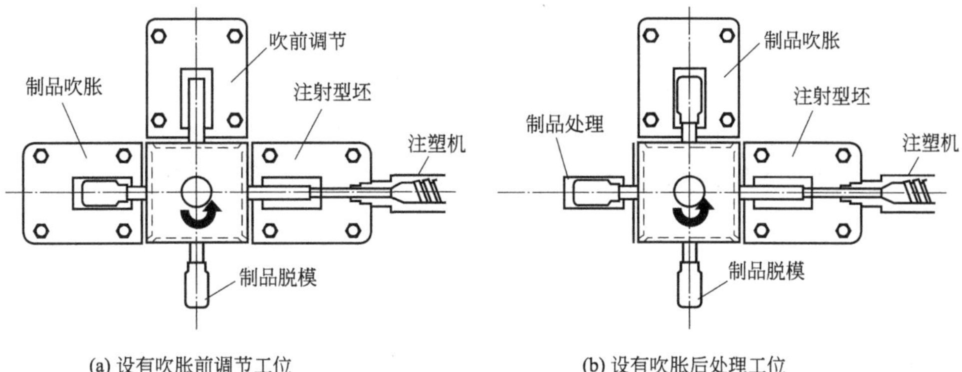

(a) 设有吹胀前调节工位　　(b) 设有吹胀后处理工位

图 10.39 四工位注射吹塑机构示意图

10.6.2.2 注射吹塑工艺影响因素

注射吹塑过程中，影响工艺的因素很多，操作人员可以调整的主要参数有温度、压力、动作时间等。

(1) 温度

管坯注射过程可设置的温度主要是注塑挤出温度（设备温度）、模具温度等。

挤出温度就是注塑机挤出料筒里的温度，物料温度是通过设置料筒的温度来控制的。注塑机挤出料筒温度从加料器一直到喷嘴前的温度梯度逐渐升高，喷嘴处温度稍低一些，以减少流延料的产生。

注吹设备具有两种模具，一种是管坯注塑模具，一种是管坯吹塑模具。对于管坯注塑模具，其温度（内表温度）直接影响型腔内管坯温度。温度过高，管坯不易定型；温度过低，管坯冷却过快，转送到吹胀模具后会因温度过低而吹胀不佳。可根据不同的物料及吹胀要求来设置温度。

(2) 动作时间

动作时间主要包括注射吹塑过程中各个环节动作所需时间。有注塑过程中塑化时间、保压时间、冷却时间，还有吹胀过程中的吹胀延时时间、冷却时间等。这些时间同样根据物料性能、制品大小、形状等因素进行调整。

(3) 压力

注射吹塑过程中，压力主要指的是在吹胀阶段的压缩空气的压强。根据型坯的材料、厚度、温度以及制品的容积、形状等因素，调整吹胀气压。一般的吹胀气压为 0.2～1.0MPa，个别的有达到 2.0MPa，但比较少。

10.6.3 注射拉伸吹塑（注拉吹）

拉伸吹塑，是将挤出型坯或者注射型坯进行双向拉伸吹塑，因此从型坯的制备方法上可分为挤出拉伸吹塑和注射拉伸吹塑（简称注拉吹）。基本工作原理是：将型坯温度调整到所需温度，先经过内部（芯棒）或外部（夹具）工具的机械力作用，进行轴向拉伸，再经过高压空气吹胀而径向拉伸。

挤出拉伸吹塑与挤出吹塑类似，但一般生产制品较小，这里不再详述，只介绍注拉吹。注拉吹成型设备可分为两步法和一步法。两步法注拉吹，是将注塑型坯过程和拉伸吹胀过程分别在两台设备上进行，如注塑机和吹胀拉伸机。注塑好的型坯，可以暂时储存，需要进行拉伸吹塑时，先将型坯预热，达到所需温度后再放进模具中完成拉伸吹胀。

10.6.3.1 注拉吹设备

一步法和两步法工艺相比较，前者生产连续进行，设备自动化程度高，人力成本低，占地较少；工艺上历时过程短，耗能低。但设备价格较高，技术要求也高，无法将注射型坯和拉伸吹胀过程分开。两步法工艺中注塑和拉伸吹胀设备是分开的，注塑机注射型坯后可储存，注塑机也可用于其它用途，两部分可以分开来购买，相对来说设备投资不大，见效快，操作维修方便，可分别优化注塑和拉伸吹胀工艺。但两步法工艺中多出一些环节，需人工完成，人工成本高，自动化程度低，属劳动密集型。

10.6.3.2 注拉吹工艺

(1) 一步法注拉吹工艺

一步法工艺中注射型坯与拉伸吹胀机构都在一台设备上，注射型坯完成后直接转送到拉伸吹胀模具上拉伸吹胀，过程连续。一步法工艺注拉吹设备有三工位和四工位之分。三工位方式中，一个工位注射型坯，一个工位拉伸吹胀型坯，一个工位制品脱模，来回往复。四工位方式中，多出的一个工位用于进行型坯温度调节。型坯注射出来后，转入加热调温工位，再进入拉伸吹胀工位，最后转入脱模工位。

(2) 两步法注拉吹工艺

两步法注拉吹是把型坯的注射成型和型坯的拉伸吹胀明显分为两个单独步骤进行。型坯注射成型，可在任何一个普通注塑机上进行，也可以从其他厂家购买。型坯备好以后，经过热烘道中加热，达到一定要求即置于模具中进行拉伸吹胀，成型完毕后脱模。过程前后没有直接的关联，分别独立。

(3) 注拉吹工艺参数控制

① 型坯注塑成型。注塑机相关工艺参数主要包括温度、压力等。温度控制包括螺杆挤出机温度、型坯模具温度。注塑机挤出料筒的温度设置从加料器到喷嘴温度梯度是逐渐升高，喷嘴温度稍低一些，以减少流延物料产生。模具温度直接影响型腔内型坯温度。可根据制品以及树脂物料等因素调整模具温度。一般模具上都接有模温机来控制温度，调整模温机上的温度，让模具基本保持在一个恒定的温度。

压力包括塑化压力、注射压力、锁模压力、保压压力等，这些参数与注射吹塑参数控制方法基本一致。

② 拉伸吹胀成型。拉伸吹胀成型工艺参数主要包括拉伸吹胀的温度、吹胀压力、拉伸比和拉伸速率等。注拉吹制品相对较小，压力调整范围也不大。拉伸比是在设计产品和模具时设定的参数，拉伸比分为轴向拉伸比和径向拉伸比，二者乘积称为总拉伸比。总拉伸比在实际生产中具有实际意义：可根据拉伸比和制品的高度、直径，近似确定型坯的尺寸；根据拉伸比大致确定成型周期，拉伸比较大时，型坯要求壁厚较大，成型周期要延长；拉伸比增大，可以提高制品的强度。拉伸速率是指型坯置入拉伸吹胀模具后被芯棒机械拉伸的速率。拉伸过程要保持一定速率，但不能过大，否则型坯容易产生破裂[16-20]。

10.6.4 滚塑成型

滚塑成型[21-23]，也属于中空成型，只是与挤吹、注吹、注拉吹等手段不同，制品也有一些区别。滚塑过程不需要压缩空气，但制品也是中空的。滚塑成型又称旋塑、旋转成型、旋转模塑、旋转铸塑、回转成型等。其工作原理为：将定量粉状树脂装入冷态模具中，合模后置于可以旋转的支架上，进入加热箱，在一定温度的烘烤下，由滚塑机带动模具绕两个互相垂直的转轴进行缓慢的公转和自转，从而使型腔内树脂熔融并借助重力和离心力作用，均匀地涂布于整个模具内腔表面，最后经冷却脱模后得到中空制品。滚塑设备和模具价格低廉，使用寿命长；生产中不需要很高压力、剪切速率或精确计量；复杂的部件的成型不需要后组装；多种产品和多种颜色可以同时成型；颜色和材料容易改变；产生的边角废料损失少。

10.6.4.1　滚塑设备

滚塑工艺的设备相对来说比较简单，主要包括加热箱、旋转机、冷却设备等。根据滚塑机运动的方式，可分为如下几种。

① 摇摆式滚塑机。这种设备生产的制品体积很大、形状简单，制造容易。缺点是自动化程度较低，生产效率也不高，需人工操作，工作繁重。

② 穿梭式滚塑机。该设备可生产大型中空制品，如储存罐、容器及其他制品，同时在支架上也可以同时完成滚塑一些小型制品。操作相对简单，维护费用低。

③ 蛤壳式滚塑机。该设备不大，占地面积小，操作简单，制品质量好。设备通过双轴旋转，是由主、副轴变速齿轮电机提供动力。旋转转臂根据需要可直也可弯，能使用小型或大型模具。

④ 垂直式滚塑机。垂直式滚塑机分为三臂式和六臂式，设备转臂在同一平面内，有分开的加热、冷却或装/卸工位，最大模具摆幅有限制，通常为 900～1200mm，因此制品的大小受到限制。设备主要用于制作玩具娃娃部件、玩具、球类和汽车部件等。

⑤ 固定转臂式滚塑机。该设备模具摆幅较大，范围为 1000～3800mm，有三个工位，分别是加热、冷却和装卸，设备效率高、维护简单，是滚塑工艺中的主流设备。

⑥ 独立转臂式滚塑机。该设备具有空气循环加热室和空气/水冷却室，可以提供五个工位，其中一台为自动车架，用来控制每台转臂绕中心台转动，每台转臂和车架之间是独立的，自动化程度更高。

⑦ 蚌式滚塑机。该设备的加热箱也可作冷却箱，结构分上下两部分，上部可开启和关闭，形状及开启方式像河蚌而得名。模具回转直径范围为 1200～3600mm。

对于滚塑成型来说，加热是整个周期的关键因素，故加热控制是设备运转的控制因素。加热方式分为直火式和热箱式，对于生产巨大产品大多采用直火式加热，生产小型产品多采用热箱式加热。

10.6.4.2　滚塑成型工艺

滚塑成型过程：将一定粒度的粉末材料放在模具里，合模封闭后安置在旋转的支架上。由旋转车将支架送入加热箱，并在加热的同时，模具围绕两个相互垂直的轴旋转。加热一定时间后，旋转车将模具退出加热箱，在不断旋转的同时逐步冷却，直到模具内部的树脂固化不流动后，可停止转动，脱模。模具内的粉料在加热的时候，逐渐融化，由于模具的旋转，在自身重力和旋转产生的离心力作用下，融化的物料涂满整个模具型腔，并与模具紧密黏合在一起；一定时间以后模具转入冷却工区，继续旋转并经过强制通风或喷水冷却，使型腔内制品定型；然后停止旋转并放置于工作区，将模具打开，取出制件完成一个循环，见图 10.40。

为了模具内的树脂能够均匀融化，在旋转作用下均匀贴满模具内壁，一般情况下采用的

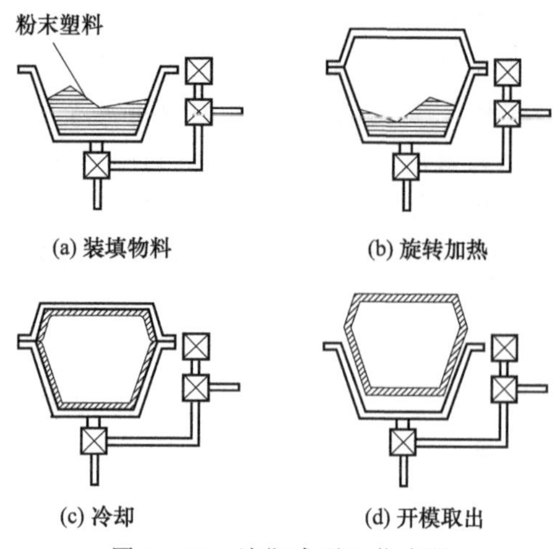

图 10.40　滚塑成型工艺流程

原料都是一定目数的粉末。一些聚乙烯材料相对较软，可以用磨粉机磨成细粉，滚塑成型能得到内外表面光滑的制品；而聚丙烯材料硬度相对较大，不易磨粉，故不易进行滚塑成型。聚乙烯滚塑成型制品如果有颜色要求，需要将颜料与颜料共混后先造粒，然后再磨粉，这样才能保证制品颜色均匀和持久，否则制品外观颜色不均，质量欠佳。

滚塑制品内部易产生气泡，表面易出现空洞；制品易出现弯曲、收缩、变色等，这些现象影响制品外观和制品力学性能。因此，在滚塑生产中要根据材料、设备和制品的特点，调控加热和冷却。

10.7　发泡加工技术

10.7.1　简介

10.7.1.1　聚烯烃发泡材料的优点

聚丙烯及聚乙烯发泡材料是主要的聚烯烃发泡材料，相比于其他发泡材料，以聚丙烯为发泡基体具有很多优点[24]：

① 良好的力学性能。PP 刚性佳，模量相对较高，抗冲击性能优于 PS。PP 发泡材料的力学性能属于聚合物泡沫材料的最高等级，具有适中的压缩强度，回弹性较佳。

② 优良的耐热性。PP 有较高的热变形温度，PP 发泡材料通常能耐 130℃的高温，高于发泡 PS 的最高使用温度。

③ 环保材料。相比于 PS 泡沫加工过程中使用氟氯烃化合物或丁烷作为发泡剂，以及 PU 发泡材料中残存的异氰酸酯类物质，PP 发泡材料由于使用二氧化碳等物理发泡剂，是一种无毒无害的环境友好材料。PP 具有侧甲基，易于发生 β 降解，利于回收利用。

④ 良好的耐化学腐蚀性、耐油性等。

以聚乙烯为基础树脂的发泡材料同样具有很多优点[25]：

① 优良的力学性能。拉伸强度和抗撕裂强度处于塑料发泡材料的最高等级，回弹性优良，多次撞击后可恢复原状，不易产生永久形变。

② 优良的耐热性和耐低温性。PE 具有相对较高的热变形温度，PE 发泡制品通常能耐 65～75℃的高温，高于发泡 PS 的最高使用温度；玻璃化转变温度低，PE 发泡材料在

－30℃时也能表现出良好的性能，具有良好的低温抗冲击性能。

③ 热绝缘特性。封闭式的泡孔结构，使其热导率不会因潮湿而受影响。

④ 杰出的环保特性。与 PP 发泡材料类似，相比于 PS 泡沫加工过程中使用氟氯烃化合物或丁烷发泡剂，非交联 PE 发泡材料是一种无毒无害的环境友好材料。

⑤ 其他性能。优异的能量吸收特性，可用于缓冲材料；良好的表面保护性，可以很好地保护所接触的物体；良好的隔声性，可以作为隔声材料；优异的耐化学腐蚀性，优于其他所有的发泡材料；良好的可加工性，聚乙烯发泡珠粒具有均匀的尺寸和稳定的发泡倍率，经成型加工后可以制备结构复杂的异型材制品。

10.7.1.2　聚烯烃发泡材料的应用

(1) 聚丙烯

目前许多国家正大力开发利用 PP 发泡材料，并将其作为 PS 发泡材料等非绿色材料的替代品。其在包装材料、车用发泡制品、热绝缘制品、建筑材料等领域已得到市场化应用，开发及生产也成为世界各国的研究热点[26,27]。

① 包装材料。PP 发泡材料具有高抗冲击性能，承受较高载荷及良好的形变回复特性，因而适用于电子通信设备、精密电子元器件、精密仪器仪表、家用电器、艺术品等需要较高缓冲抗震性能的包装材料。同时 PP 发泡材料具有无毒无臭、耐腐蚀、耐热和可降解性，因此其在食品包装领域也有广泛应用。据报道，美国 CSI 公司已拥有采用 EPP 生产 PP 发泡制品的生产线，用于生产食品包装盒、微波炉用托盘和容器[28]。

② 车用发泡制品。为了减少车身自重，以减轻行驶时的能耗，用尽可能多的塑料件代替其他密度较高的材料已经成为目前乃至今后一个时期内的一种趋势。PP 发泡材料因质轻、耐腐蚀、抗冲击等特点不断应用于汽车部件的制造，主要包括保险杠内芯、地毯支撑材料、行李架、遮光板、隔声板、车内饰件、箱体等。现代汽车保险杠通常是用合成树脂作为表皮，用 PU 发泡材料作为芯材而制得的。但是采用 PU 发泡材料作为芯材，质量不能太轻，且耐油性和抗冲击性也不能完全满足要求。而采用 PP 发泡材料作为芯材，可使重量减轻 40%～50%，能够吸收较高能量，使用寿命也相对较长。因此很多汽车企业已采用 EPP 来生产保险杠的芯材，如丰田公司采用的保险杠内芯材料就是用日本 JSP 公司生产的非交联 EPP 制备的[29]。

③ 热绝缘制品。PP 发泡材料的热导率远远低于 PE 泡沫和 PS 泡沫，且具有突出的耐高温特性，所以可替代 PS、PE 发泡制品耐热性达不到要求的场合，作为隔热材料应用于多个领域，如太阳能加热系统中的保温管材料，石油化工管道的保温材料，自来水管防冻保温套，热水管、暖房、贮槽的热绝缘材料，蒸汽管和空调管的保温材料[30]，热载体循环蓄电池的隔热材料，汽车顶棚材料，发动机和车间的隔热材料等[31]。

④ 建筑材料。PP 的隔热保温性能、低透湿性、高能量吸收性及压缩性，使其适于填充不平坦表面的空隙，如作为屋顶、墙壁、混凝土板、公路的伸缩缝中的填料、密封剂保持物、密封条等。PP 发泡板通过减小热和湿气的损失可以促进混凝土的凝固。利用其低热传导性，PP 发泡材料可用于普通建筑的屋面衬垫材料，通过 PP 发泡衬垫可以减小多层建筑的声音传播。中心发泡、表面光滑的 PP 发泡板表面无需刨削加工，可用加工木材的工具和加工方法来加工。其表面可以复合织物、金属片、薄膜、木纹片，并可用回收料来加工制造。用 PP 发泡板作建筑模板，不吸水、不粘水泥、透气性好。

(2) 聚乙烯

① 珍珠棉。PE 发泡棉（又称 EPE 珍珠棉）是非交联闭孔结构的一种新型环保包装材

料，一般由 LDPE 经非交联物理挤出发泡产生微孔结构构成。它克服了普通 PU 和聚氯乙烯发泡材料易粉化、易形变及回弹性差的缺点。具有抗冲击防震能力强、非交联环保可循环利用、保温隔声、耐水耐化学品腐蚀、防潮性、可塑性能佳及韧性强等优良性能。由于具有良好的性价比，它可作为传统包装材料的理想替代品。PE 发泡棉可广泛应用于汽车内饰、电子电器、仪器仪表、医疗器械、工控机箱、五金灯饰、工艺品、玻璃、家具家私、酒类及树脂等高档易碎礼品包装，玩具、瓜果、皮鞋的内包装。加入防静电剂及阻燃剂得到的阻燃抗静电级别的 PE 发泡棉的应用更广泛。PE 发泡棉与铝箔或镀铝薄膜的复合制品具有优异的反红外紫外线能力，是野营器材、化工设备、冷藏库或汽车遮阳的用品，其管材大量用于空调、童车、儿童玩具、家私和水暖通气等行业。

② PE 发泡珠粒。PE 发泡珠粒的主要优点是可根据需要设计模压成型模，从而得到各种异形产品。PE 发泡珠粒为非交联结构，可循环利用，主要用于对低温有要求的特殊应用领域，如海鲜冷藏及包装、低温设备内线路隔温层、航天航空器精密仪器保温等。

10.7.2 传统发泡技术

对于聚烯烃类结晶型聚合物，一般需要基础树脂在发泡前进行交联处理，由线型结构转为体型网状结构，从而改善其黏弹性等流变性能，以满足发泡工艺要求。另外，基础树脂发生交联以后，泡沫制品的耐热性、耐候性及力学性能还有一定程度的提高。主要缺点是交联发泡制品不能通过热熔方式进行二次回收使用，只能通过粉碎等方式用作其他树脂填料，或者通过燃烧方式处理。

10.7.2.1 交联发泡

(1) 交联发泡聚丙烯[32]

交联过程影响着聚丙烯的分子结构与制品应用。交联可以限制加工制品分子链的移动，同时改善制品耐候性、力学性能、耐热性，耐溶剂性。聚丙烯在加工成型过程中产生交联，可以得到耐磨性好、强度佳、尺寸稳定性良好的产品。交联发泡聚丙烯具有轻量化、高刚性、良好的冲击强度等特点，特别是与非交联聚丙烯相比，具有优良的耐热性、耐寒性、耐化学性能。

按机理分，聚丙烯交联有离子型与自由基型两类。为了形成离子型交联，在等规聚丙烯中导入顺丁烯二酸酐，乙酸锌与乙酸钠等金属盐，通过熔融混炼完成。聚合物的自由基型交联，一般采用有机过氧化物、反应性单体等化学法，此外还有电子辐射法，这些方法的共同点都是由外界能量使部分聚合物分子产生自由基，以这种自由基作为起点进行分子间交联。

对于聚丙烯，不能像聚乙烯那样单纯地采用化学法与电子辐射法交联，因有不稳定自由基存在时，很容易发生裂解。例如，当采用有机过氧化物时，能发生交联作用，是由于分裂出的自由基，有能力夺取聚丙烯上的活泼氢原子（如叔碳氢原子），生成聚合物大分子自由基，但由于它很不稳定，易发生裂解，致使聚丙烯的主链断裂率高，降解剧烈。因此仅由聚丙烯分子生成自由基，不能产生有效的交联，为了使聚丙烯优先进行有效的交联反应，可采用助交联剂（一般为多官能团单体）与有机过氧化物的并用体系作交联剂，以及在多官能团单体作为交联促进剂的情况下经电子辐射交联。

(2) 交联发泡聚乙烯

交联发泡 PE 主要通过化学交联或辐照交联方法获得[33]。交联发泡 PE 具有以下优良性能：良好的轻质性、吸收冲击性、回弹性及缓冲储能性；热导率低，耐低温，隔热保温性能优异，尺寸稳定性好；闭孔结构，表面光滑，易于着色；吸水率低、化学稳定性、耐候性、耐老化性佳。与非交联物理发泡 PE 相比，具有更好的耐化学品、耐水及耐候性。由于具有良好的缓冲性，能防震动，多用于包装精密仪器和光学仪器，如中小型仪器、照相机、玻璃器皿、陶瓷、美术品、电视机、计算机、手机及钟表，还可热成型包装，用作包角及保护胶合板，四周密封填衬及黏合剂。当使用筒形口模时可以生产管道隔热保温材料，如空调制冷剂输送管保温、分户供暖上下水管保温、石油输送管保温等；在建筑工程领域，可用作住宅，写字楼及冷库外墙保温，还可用于覆盖天花板；在体育用品领域，可用于运动衣内衬、航模、舰模、头盔衬里、泳衣蒙皮、内衣衬垫等；农业领域可以用作大棚保温被，坑道栽培和贮藏室隔热层；交通运输领域，飞机、汽车、火车及轮船的装饰保温材料，冷藏车的车门及汽车线束管。

10.7.2.2　化学发泡

(1) 聚丙烯

化学发泡可以分为无机化学发泡和有机化学发泡。无机化学发泡主要以碳酸氢盐分解为代表，如使用碳酸氢钠，分解温度高，易于存放，分解产生 CO_2，无毒环保，是应用最广的一种。有机化学发泡法主要以偶氮化合物为代表，如使用偶氮二甲酰胺（AC 发泡剂）作为发泡剂，是应用较多的一种[34]。

采用高速搅拌器将高熔体强度聚丙烯、发泡剂、各种加工助剂按配方的重量比进行混料，得到聚丙烯发泡板材的预混料，将预混料投入挤塑机的料斗内，挤出机的温度升到150～280℃，使聚丙烯发泡料熔炼，优选温度范围为 160～180℃，使粒子熔炼，螺杆转速为 15～180r/min，优选 160～180℃的 T 型头口模挤出，流向挤板机组两辊筒缝楔中去，经辊压成片状材，自然冷却到室温后，按需要切成一定规格板材，即为聚丙烯发泡板材成品。制备方法中所采用的挤出机可以是单螺杆挤出机、两台串联形式的单螺杆挤出机、同向双螺杆挤出机、同向双螺杆挤出机串联单螺杆挤出机、异向双螺杆挤出机、锥形双螺杆挤出机、三螺杆挤出机中的一种。口模根据实际需要可以是扁平口模、T 型口模、圆孔口模或圆环形口模等多种形状。熔融的聚丙烯树脂组合物从扁平口模排出后膨胀，并通过可以调节辊间距的三辊压光机，通过控制口模大小，得到所希望厚度的聚丙烯发泡板材。此外，熔融的聚丙烯组合物从圆环形口模排出后膨胀，通过吹胀并内外冷却后，沿轴向剖切后收卷，得到所希望厚度的聚丙烯发泡板材。聚丙烯物料挤出发泡过程中，物料熔融共混温度即为通常均聚聚丙烯加工中所用的共混温度，应该在既保证均聚聚丙烯基体完全熔融又不会使其分解的范围内选择，通常为 160～250℃。但是，工业 AC 发泡剂的分解温度在 150～205℃，因此，综合考虑加工性以及 AC 发泡剂的分解温度，加工温度优选聚丙烯较低的加工温度，即160～180℃。

(2) 聚乙烯

聚乙烯的化学发泡分为一步法和两步法。

一步法：在室温下进行混合。混炼温度在树脂的熔点以上，在交联剂和发泡剂的分解温度以下（110～120℃）。混炼好后，按模具大小出片，厚度 1mm 左右，按质量称量、裁切后，放入模压模具，加热（160℃左右）、加压（7.12～10.78MPa）6～8min，交联剂交联，发泡剂分解，待发泡剂完全分解后，解除压机的压力开模，使热的物料膨胀弹出，在 2～3s 内完成发泡。在发泡过程中特别要注意物料的黏弹性，如果黏弹性太低，如遇微小的机械阻力，就会导致泡沫塑料的龟裂。在生产中，有用开模前适当降低物料的温度，使其黏弹性提高，再开模的办法。所以一步法所得泡沫塑料的发泡倍率不高，一般在 3～15 倍。而两步法可得发泡倍率为30倍的PE泡沫塑料。

二步法：首先将塑炼好的片材在压机上模压，温度150℃，时间根据片材的厚度通常为30min左右，去压，开模，完成第一步发泡，密度0.098g/cm^3，此时70%的发泡剂没有分解，然后趁热置于165℃的油浴中加热20min，这一步材料的密度进一步降低，但是尚有7%发泡剂没有分解，从油浴中取出，室温下冷却，余下的发泡剂继续分解10min后，发泡完毕。所制得的制品泡孔细小均匀，密度0.027g/cm^3。

10.7.3 新型发泡技术

聚烯烃发泡工艺按照发泡设备的不同，主要分为模压发泡、注射发泡、连续挤出发泡和间歇发泡四种。间歇发泡和连续挤出发泡可用来制备发泡珠粒，生产出的珠粒还要经过二次成型得到最终的制品。连续挤出发泡还可以生产发泡板材和发泡片材，并直接应用。而模压发泡和注射成型发泡工艺一般由树脂直接得到发泡制品。

10.7.3.1 间歇发泡

使用无介质辅助的间歇发泡多应用于发泡理论的研究，其最大优点是过程参数容易控制，过程稳定，所得制品泡孔均匀。另外由于间歇发泡时聚合物可在固态下结晶，发泡温度比较低，从而可以观测聚合物的聚集态结构对发泡过程的影响。由于过程的不连续性，其生产效率相较挤出发泡及微孔注射发泡要低得多。间歇发泡可分为两种：分步升温法和快速释压法。

分步升温法是将样品置于较低温度和较高压力下，温度一般低于聚合物被CO_2增塑后的T_g，待CO_2吸附达到饱和，卸压，取出样品置于高温油浴中发泡。聚合物基体温度的升高致使溶解于其中的气体因过饱和而析出，引发气泡成核和增长。该方法的优点是在低温下CO_2的溶解度较高，而且聚合物/气体均相体系的形成和发泡过程分离，可分别调节两个阶段的温度、压力和时间等工艺参数。缺点是对于半结晶聚合物如PP来说，需要先通过熔融后淬冷等手段降低结晶度，否则气体无法进入晶区，CO_2溶解量不会提高；而且低温时气体在聚合物内的扩散速率很小，达到平衡的时间较长，采用这种发泡方法一般要将样品置于高压釜内饱和数小时甚至数天后才能开始发泡，生产效率低。

Doroudiani等[35]利用分步升温法对微孔发泡HDPE/*i*-PP共混物的发泡过程进行了研究。研究结果表明，半结晶聚合物的结构和结晶度对发泡剂的溶解和扩散具有很大的影响，同时对间歇式发泡所得的微孔泡沫的孔结构也有影响。他们发现，用共混物比单独使用HDPE或*i*-PP可以获得孔尺寸更均匀、更致密的泡沫。此外，通过发泡，共混物的某些力学性能，尤其是抗冲击强度显著增加了。Goel和Beckman[36]首先提出快速释压法，与分步升温法不同，快速释压法通常是用高温（聚合物的T_g以上）和高压CO_2在聚合物中达到饱和，然后突然降低压力，促使聚合物基体内的气体进入过饱和状态，诱导泡孔成核和促进泡孔长大。由于在高温高压下CO_2在聚合物熔体内的扩散速率大幅度提高，因此该方法的聚合物/气体均相体系形成的时间大大缩短。快速释压法可用于考察聚合物本身的发泡特性和工艺参数，如温度、饱和压力、压降速率等对泡孔形貌的影响，为开发连续加工工艺提供理论依据。

工业化的釜压间歇发泡起步也较早。20世纪80年代初，日本JSP株式会社发明了釜内气体渗透饱和法制备高倍率聚丙烯发泡珠粒（EPP）的方法，并开发了相应的间歇式EPP制造工艺[37]。日本的Kaneka等公司也采用该工艺生产聚丙烯发泡珠粒，并利用珠粒通过模塑热成型生产发泡制品。该方法第一步是聚丙烯微颗粒的制备，通常将聚丙烯基体树脂与泡孔成核剂、抗静电剂、抗氧剂等助剂等按照一定比例混合，用挤出机挤出，经过水下切粒或者丝束切割，得到直径约 1～3mm 的微颗粒。第二步是发泡步骤，按照配方将微颗粒、发泡剂、溶剂、表面活性剂、分散剂等加入带搅拌的高压釜中，控制发泡过程参数（温度、压力、时间等)，形成气体/聚合物饱和体系，然后通过高速卸压使该体系进入热力学不稳定状态，树脂粒子迅速膨胀，得到发泡珠粒，并进行后处理，包括清洗表面残留物、烘干定型等。第三步即加工成型，将珠粒模塑热成型，珠粒发生二次膨胀并相互黏结，成为最终的产品。全部工艺流程见图 10.41。

与聚苯乙烯系列树脂发泡粒子成型体相比，聚丙烯发泡粒子经模塑成型而获得的聚丙烯发泡成型体具有耐化学品性、高韧性、高耐热性和良好的压缩回弹性等优异性能，可用于生产汽车保险杠芯体以及液晶面板用周转箱。但另一方面，聚丙烯发泡粒子模内成型时，为了让发泡粒子在二次发泡的同时使该发泡粒子相互熔黏，必须使用具有更高饱和蒸气压的水蒸气加热使模具内具有更高的压力。因此，必须使用高耐压的金属模具和高冲压的专用成型机，这将导致能源成本上升。

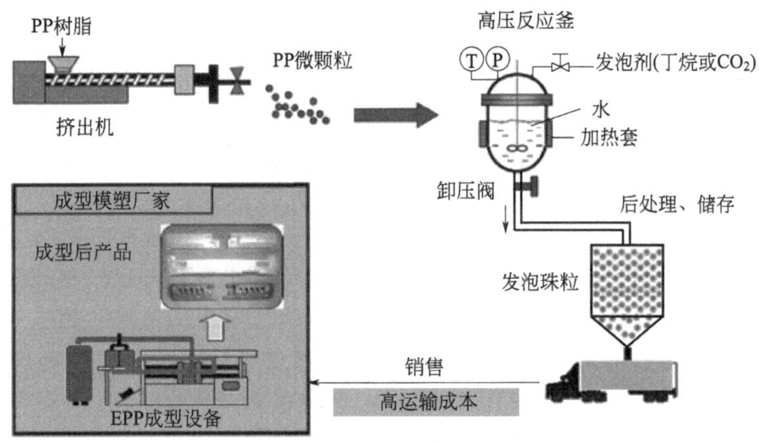

图 10.41　釜压间歇发泡流程图

因 EPP 发泡珠粒的加工工艺复杂，设备成本高，目前只有日本 JSP 株式会社、Kaneka、德国 BASF 等少数几家公司掌握该技术。自 20 世纪 90 年代，JSP 公司和 Kaneka 公司已申请了多项关于聚丙烯间歇式发泡技术工艺、EPP 珠粒模塑成型工艺的专利，在工艺上已经发展得相当成熟。

由于间歇式发泡工序较多，气体在聚合物中达到饱和需要较长时间，因此间歇式发泡在工业应用中受到制约，但用间歇式发泡制得的 EPP 更容易实现高闭孔率。在用间歇式发泡制备 EPP 过程中，聚丙烯熔体不会受到挤出发泡中的高剪切作用，聚合物链的缠结是引起熔体高黏度的主因，这样有了足够的熔体强度，在泡孔膨胀过程中，孔壁的双向拉伸便不会发生破裂。同时，在间歇式发泡中 PP 结晶没有完全熔融，这些残留的晶体起到了物理交联作用，它们显著地增加了微颗粒的熔体强度，使高发泡倍率、高闭孔率的 EPP 可以更容易得到。

10.7.3.2　模压发泡

(1) 一步法模压发泡

具体操作步骤可分为混炼、压制成型和发泡，工艺流程如图 10.42 所示。混炼前先将发泡剂、交联剂、助交联剂、防老剂等放在稀释剂（如丙酮）中搅拌均匀，除去溶剂后得到分散物，再用双辊混炼机使分散物与 PP 充分混合。加入交联剂的目的是使 PP 树脂交联，以减小成型收缩率。混好之后将其放入压机的模腔，先预热几分钟，再加压加热，使其预成型；然后把预成型片材放入已预热的柱塞式模具内，同时把模具放入压机中，加压加热，引起发泡剂分解及其它助剂发生反应，保持几分钟，最终得到发泡片材[38]。模压发泡成型工艺简单，操作方便，但是成型周期长。

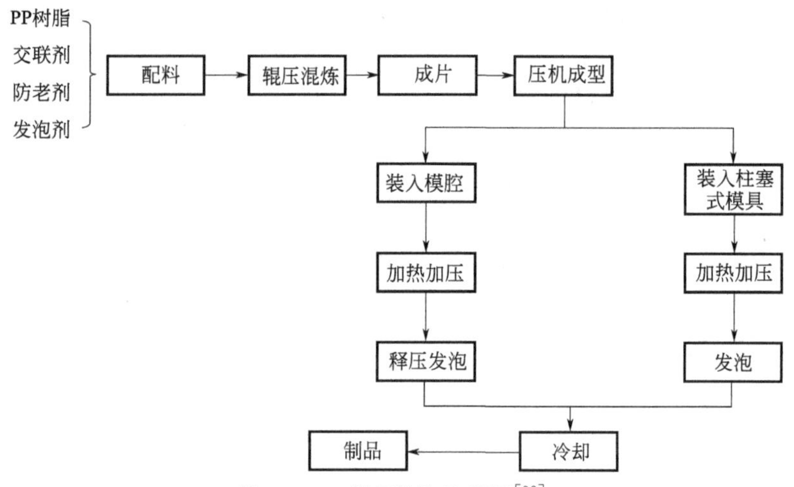

图 10.42　模压发泡流程图[38]

(2) 两步法模压发泡

两步法的基本步骤与一步法类似。第一步是通过压延机得到一定尺寸的板材，并按照模压发泡机尺寸切割得到板材。第二步是将板材放入模压发泡机中，通入超临界二氧化碳，浸渍饱和后发泡，最后得到高发泡制品。模压发泡法通过加压不仅可以控制发泡剂的分解速度，还可以增加熔融树脂中的气体溶解度，从而能得到高发泡且泡孔均匀的 PP 发泡材料[38]。模压发泡机的基本组成见图 10.43。

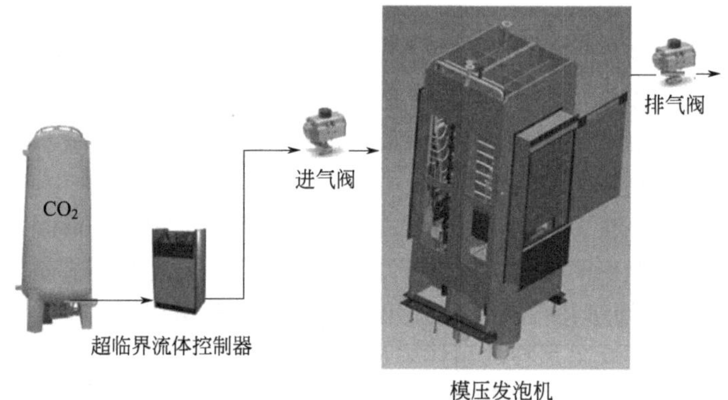

图 10.43　模压发泡机示意图

10.7.3.3　挤出发泡

20 世纪 90 年代，麻省理工学院开发了聚合物微孔连续挤出工艺和相应加工装置，见图 10.44。在整个挤出发泡过程中，聚合物颗粒通过喂料器进入第一段双螺杆挤出机的机筒中，通过螺杆的剪切塑化和加热器的热辐射塑化作用使得聚合物熔融塑化。由高压气瓶提供物理发泡剂（二氧化碳、氮气等），由计量阀控制，以一定的流量注入机筒内的聚合物熔体中。然后通过第一段双螺杆头部混合段螺纹将注入的发泡剂与熔体搅拌，保证分散均化，随后进入静态混合器进行进一步混合，形成聚合物/气体均相体系。随后通过连接段进入第二段单螺杆挤出机，经过温度梯度缓慢冷却熔体，然后经过快速释压元件（成核喷嘴），保证快速下降熔体压力，溶解于熔体中的过饱和状态气体产生极大的热力学不稳定性，微细气泡核瞬间产生；最后，气体膨胀并流入模具成型和冷却定型，得到微孔发泡高分子材料。连续法挤出发泡包括了聚合物的熔融塑化、气体/聚合物均相体系的形成、气泡成核和长大定型等阶段。因为成核后膨胀过程是在聚合物处于熔融状态下进行的，所以膨胀阻力小，速度快。为了对膨胀过程进行有效控制以得到要求的泡孔尺寸，目前在成核膨胀阶段大多采用分级释压技术。连续挤出发泡比间歇发泡具有更好的经济性，如产量高、易于控制及产品形状多样等。

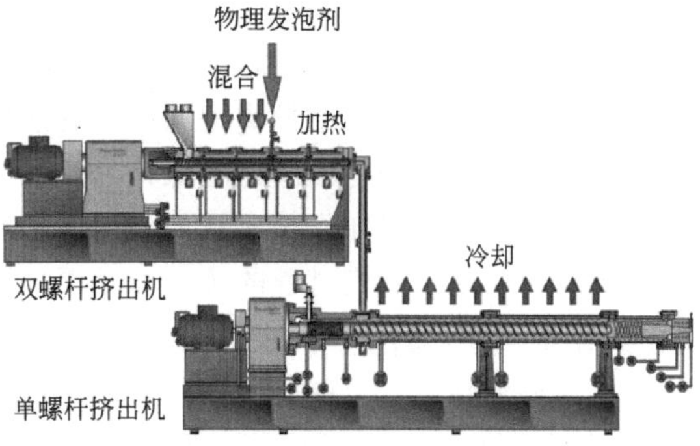

图 10.44 连续化挤出发泡设备[39]

1994 年，Basell（巴塞尔）公司推出高熔体强度聚丙烯（HMSPP）并成功用于连续化的聚丙烯发泡工艺，这使得连续化聚丙烯发泡工艺取得重大突破[40]。随后 Borealis（北欧化工）推出挤出发泡专用的 HMSPP，并与德国 Berstorff 公司联合成功开发连续化 HMSPP 的挤出发泡技术[41]，利用有机发泡剂（丁烷或戊烷）与 HMSPP 混合后同步挤出，制备了泡沫密度小于 $100\mathrm{kg/m^3}$ 的聚丙烯泡沫塑料。与间歇式的 EPP 制造工艺相比，连续化聚丙烯发泡工艺不仅可制备 EPP 发泡粒子，而且还可通过热成型制备具有良好性能的发泡片材和管材。但由于 HMSPP 的价格较高且工艺过程中使用易燃的有机发泡剂，设备须经特殊的防爆处理，且最终发泡材料内的有机发泡剂需要进一步处理，因此 HMSPP 发泡材料的成本也居高不下，影响其工业化应用。

以通用聚丙烯为原料进行连续化的挤出发泡研究是近年来学术界与产业界的难点问题，Park 等系统地研究了以超临界二氧化碳或戊烷为发泡剂连续化挤出发泡线型聚丙烯及 HMSPP，并开发出相应连续化发泡设备[16]，对加工过程中泡孔的成核、生长、并合及稳定化过程进行了充分的研究。研究结果表明，尽管与 HMSPP 相比，普通线型聚丙烯仍具有较高的泡孔成核效率，但由于熔体强度较低，泡孔密度、闭孔率及回弹性等性能大大低于 HMSPP 发泡的泡孔密度及性能。中国科学院宁波材料技术与工程研究所的郑文革等使用二氧化碳作为超临界气体，采用类似的连续挤出发泡技术得到聚丙烯发泡材料，泡孔密度高且分布均匀，而且质量稳定。

以物理发泡剂为例，聚丙烯的挤出发泡过程分为四个阶段，第一阶段是形成聚丙烯/发泡剂的稳定均相体系，同时要保证足够高的机头压力以避免体系在未到达口模时提前产生发泡行为；第二阶段是均相体系在机头快速地成核，在泡孔的成核过程中要保证足够的压力和压力降速率，以达到在聚丙烯熔体中同时形成均匀分布的气泡核的目的；第三阶段是泡孔的增长，在此过程中要选择合适的口模温度，这直接影响泡孔增长的稳定性，并最终影响泡孔的分布和发泡倍率的大小；第四阶段是泡孔的固化定型阶段，选择适当的冷却介质和冷却速率对产品的性能和稳定性同样至关重要。若使用的发泡剂为超临界流体，还应当考虑超临界流体的发生装置以及静态混合装置，这些因素的选择对于最终产品的稳定性和性能都起到很大的作用。聚丙烯的挤出发泡具有效率高、能连续生产等优点，是聚丙烯发泡工业化生产的首选。Naguib 等[42] 利用支化聚丙烯树脂通过连续挤出法成功制备了低密度聚丙烯泡沫，发泡倍率高达 90 倍。实验结果指出聚丙烯的支化结构可以有效地阻止挤出发泡后的泡孔合并和破裂，同时存在一个最优化温度使发泡倍率达到最大，当发泡剂丁烷含量增加时，该温度会由于发泡剂的塑化效应而降低。

通过以上分析得知，挤出机的类型（单螺杆和双螺杆）、发泡机头、发泡剂的注入、工艺参数等对于整个发泡过程的统一以及得到泡孔均匀、泡孔密度适中的产品至关重要。

10.7.3.4 注射发泡

注射发泡技术是一种经常使用的发泡工艺，它可以一次成型外形复杂、尺寸精确的发泡样品[43]。特点是生产效率高、成型周期短，容易实现生产自动化。基本原理：将熔融聚合物/气体混合物快速射入模具中，此时由于压力突然降低，致使气泡膨胀，而模具温度降低使得泡孔固化定型。微孔注塑使注塑件密度降低，可以采用壁厚更薄的设计；能够注塑更扁更直、尺寸稳定性更高的热塑性注塑件，消除了传统注射压实和保压阶段产生的注塑件内应力。影响制品发泡性能的主要因素有加工温度、注射压力、注射速度、模具温度等。

微孔发泡塑料注射成型法的加工过程见图 10.45。聚合物粒料由料斗加入机筒，通过螺杆的机械摩擦和加热器的加热使粒料熔融为聚合物熔体。高压气瓶中的气体通过计量阀的控制以一定的流速注入机筒内的聚合物熔体中，然后通过螺杆头部的混合元件及静态混合器将气体-聚合物两相体系混合为气体-聚合物均相体系。随后，气体-聚合物均相体系进入扩散室，通过分子扩散使体系进一步均化。随后，通过加热器快速加热，从而使气体在聚合物熔体中的溶解度急剧下降，诱导出极大的热力学不稳定性，气体从聚合物熔体中析出形成大量的微细气泡核。为了防止机筒内已形成的气泡核长大，机筒内必须保持高压。在进行注射操作之前，由高压气瓶通过气阀向模具型腔中通入压缩空气。当型腔中充满压缩空气后，螺杆前移，使含有大量微细气泡核的聚合物熔体注入型腔内。由压缩空气所提供的背压可以尽量减少气泡在充模过程中的膨胀。当充模过程结束后，型腔内压力的下降使气泡膨胀，同时，模具的冷却作用使泡体固化定型。由上述过程可知，尽管注射成型本身是间歇的，但其发泡成型过程却是连续的（即气体-聚合物均相体系的形成、气泡的成核和长大这几个过程是连续的），这与微孔发泡塑料的间歇成型是有根本区别的。该方法通过快速升温来成核，与快速降压相比，比较容易控制。但由于聚合物的热导率很小，该方法只适用于薄壁零件；另外，快速升温的幅度有限，限制了其应用范围，这些都是注射成型法存在的缺陷。

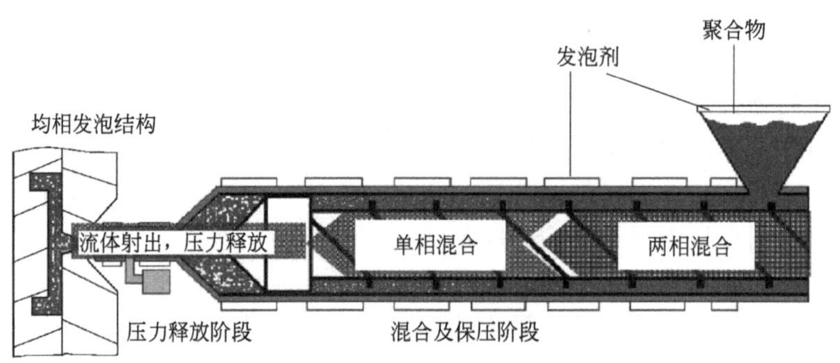

图 10.45 注射发泡示意图

10.8　增材制造技术

10.8.1　简介

增材制造技术，俗称 3D 打印，是通过三维数字建模，采用数字控制的外延引擎对特定工作材料（多为 100μm 和毫米级系统）进行连续的层堆积（必要时牺牲部分支撑材料）进而形成目标对象的，属于快速成型技术范畴。与传统加工技术相比，3D 打印技术在优化新产品的设计开发方面更具优势，它可由计算机辅助设计文件直接制造出产品制件，而无需昂贵的辅助工具（如模具等），可有效缩短新产品研发周期，提升研制的成功率。在设计制造具有复杂几何构造的产品方面，3D 打印技术则更是凸显其高设计自由度的优势。此外，作为制造业领域的革命性技术，3D 打印技术的应用改变了现有的生产模式和商业模式，并逐渐向“3D 智造”方向发展。

目前，常见的并且发展较为成熟的以聚合物为耗材的 3D 打印快速成型技术主要是选择性激光烧结工艺（SLS）和熔融沉积成型工艺（FDM），它们各自有着不同的基础原理。选择性激光烧结工艺（SLS）属于粉末床熔融技术，采用激光有选择地分层烧结聚合物固体粉末，并使烧结成型的固化层（典型层厚为 0.1mm 左右）层层叠加生成所需形状的零件。其整个工艺过程包括 CAD 模型的建立及数据处理、铺粉、烧结以及后处理等。熔融沉积成型工艺（FDM）是一种基于热塑性聚合物固体丝材原料，经模头喷嘴塑化挤出至平台而逐层建造二维横截面模型的快速成型过程，该工艺主要是通过控制喷嘴的 X-Y 平面的运动轨迹来实现建造成型的。

10.8.2　工艺技术

10.8.2.1　选择性激光烧结工艺（SLS）

SLS 整个工艺装置由粉末缸和成型缸组成，工作时粉末缸活塞（送粉活塞）上升，由铺粉辊将粉末在成型缸活塞（工作活塞）上均匀铺上一层，计算机根据原型的切片模型控制激光束的二维扫描轨迹，有选择地烧结固体粉末材料以形成零件的一个层面。粉末完成一层后，工作活塞下降一个层厚，铺粉系统铺上新粉，控制激光束再扫描烧结新层。如此循环往复，层层叠加，直到三维零件成型。最后，将未烧结的粉末回收到粉末缸中，并取出成型件。

SLS 制造过程是以聚合物粉末为原料，聚合物粉末首先需要预热到特定温度（T_{pr}），随后以一定功率的激光束按照 3D 数字文件逐层进行制件轮廓扫描。由于激光选择性区域的引入能量，聚合物粉末受到激光作用后会发生熔融，但并不会使周围邻近的粉末温度升高，烧结过程中始终为固液两相共存，当激光撤出后熔融态的聚合物在 T_{pr} 下逐渐固化。当该层建造完成后，工作平台下降固定高度，新粉末经刮刀或推辊铺就而再次形成新的建造平面（通常粉末层厚约为 100μm 或 150μm），由此进行逐层的多步烧结直至完成整个产品。由于未烧结的粉末原料可提供支撑作用，因此过程中无需支撑材料。

SLS 过程主要采用半结晶的热塑性聚合物，因此其热力学性质对激光烧结过程具有重要的影响。由于受激光照射的粉末发生熔融时，不能影响周围的粉末，因此要求聚合物材料具有较高的熔融焓和较低的热导性。通常 T_{pr} 温度数值是选择在聚合物材料 DSC 曲线上熔融起始温度（$T_{m,onset}$）和结晶起始温度（$T_{c,onset}$）之间的数值，因此材料的这个温度范围需尽量宽。对于无定形的聚合物来说，由于其软化温度范围较宽，T_{pr} 通常设置在材料的玻璃化转变温度（T_g）之上。在烧结过程中，激光撤出会导致烧结的聚合物材料温度下降，但由于工作环境的预热温度 T_{pr} 仅略低于聚合物材料的熔点，因此有利于控制烧结制件产生的过度形变，这种3D打印工艺保证了制件的尺寸稳定性和准确性，但同时也对聚合物材料的耐热性能提出了很高的要求。

SLS过程对材料表面能和分子量也有要求，材料表面能主要受制于两个方面，即较低的材料表面能有利于形成具有较高的边缘锐度的烧结产品，而较高的材料表面能则有利于不同熔融层间的黏合。材料的分子量对熔体的流动性和最终产品的力学性能都有至关重要的影响。聚合物分子量过低，会造成冷却时收缩严重而使制件变形，力学性能下降；聚合物分子量较高，虽然减少收缩，但熔体黏度高，流动困难，不利于层间黏合。

SLS过程对聚合物粉末形貌的要求在于：粉末颗粒为球形或近似于球形，并且粉末颗粒具有一定的粒径分布。激光烧结典型层厚为100μm或150μm，为保证近似的单层制造过程，聚合物的粒径需满足45～90μm。低于45μm由于静电力作用导致粉末扩散困难，并且存在非指定区域黏结的风险。高于100μm将破坏粉末的流动性，不利于铺展。添加适当的助剂，例如水合SiO_2、氧化玻璃、氟塑料、硬脂酸金属盐等，可改善聚合物粉末的流动性和铺展过程，同时并不影响熔体黏度和烧结。

聚酰胺12是最为成熟的市售聚合物烧结粉末，除了满足上述对材料的要求之外，聚酰胺12也是十分易于制成球形粉末的材料。目前，制约更多品种的聚合物在SLS过程上应用的最主要的原因在于生产相应球形粉末颗粒十分困难。在研发上，能够有效制备聚合物球形粉末颗粒的方法主要包括：溶液-再结晶、悬浮液或乳液聚合、喷雾干燥、超临界流体辅助等方法，但大多涉及有机溶剂，且生产效率并不高。因此，市场上SLS工艺所需的聚合物耗材种类单一，大量的研究致力于开发新的聚合物材料，以拓宽SLS的应用范围。其中具体包括聚酰胺12的纳米复合物、石墨烯填充的PC、PP、PEEK（聚醚醚酮）等耐高温材料，以及多材料系统。而像聚甲醛（POM）和聚乙烯（PE）等材料需要做进一步适当的改性以满足SLS过程的要求。目前聚合物烧结粉末的新品种的开发问题亟待解决，尤其是对以PP和PE为主的通用塑料和高性能的工程塑料的需求更为迫切。

SLS工艺所用的聚合物材料价格昂贵，因此大多需要对粉末进行回收和再利用。聚酰胺12粉末在工作腔内长时间处于 T_{pr} 温度下，会发生化学反应以致聚酰胺12材料分子量增大，重复利用最多5次后，激光烧结制件就极易出现橘皮现象，因此，聚酰胺12的回收率并不是很高，目前仅为40%，而PEEK则根本无法回收再利用。如何改善聚合物材料的热稳定性，延长使用寿命也是SLS工艺耗材需要攻克的另一重要问题。

新粉末耗材方面，华曙高科宣布，其与材料供应商巴斯夫公司及增材制造设备支持及现场服务商Laser-Sinter-Service（LSS）正在联合开发可根据客户需求定制的3D打印一体化解决方案，涵盖材料、打印机、技术和服务。巴斯夫为激光烧结工艺开发了新型聚酰胺6和聚酰胺66粉末，合作伙伴和客户可针对具体应用对该产品的配方进行调整。与之前使用的聚酰胺12相比，采用这种材料生产的产品具有更出色的强度和热稳定性。

10.8.2.2 熔融沉积成型工艺（FDM）

熔融沉积成型是一种基于热塑性固体半成品丝材原料，经模头喷嘴塑化挤出至平台而逐层建造二维横截面模型的快速成型过程，该工艺主要是通过控制喷嘴的 X-Y 平面的运动轨迹来实现建造成型的。

开发新的FDM聚合物耗材是一个系统的过程，需要明确聚合物材料对FDM过程的影响以及 FDM 过程中各种工艺参数的作用，以此来改善 FDM 过程中层与层之间的黏合性。FDM 过程中存在较大的温度场梯度，因此聚合物材料会因温度不均匀而发生收缩和翘曲变形，半结晶聚合物尤为严重，因此如何改善这一突出问题是目前研发相应 FDM 聚合物材料的核心，主要的解决方案包括改进设备以减少温度梯度和降低聚合物材料的收缩性两个方面。其中为建造平台提供一定的温度或设计具有一定环境温度的完整工作腔是有效减小工作区域中沉积材料的温度梯度，以减少收缩的主要手段，但要确保无机粒子不会堵塞喷嘴。此外，在一些特定的应用案例中，复合材料中填充粒子在熔融的热塑性聚合物中的取向是非常重要的，它有利于实现较高的热导率，这在电子电气行业中尤为重要。另一方面，由于目前 FDM 之间较差的力学性能主要源于其各层中熔融材料不同的沉积方向，因此人们普遍认为优化 FDM 工艺参数，是能够缩小 FDM 与注塑制件力学性能之间的差异的，这也是未来一个重要的研究发展方向。

FDM 工艺中所用的聚合物丝材的制备也是成功实现建造的一个重要方面。相应聚合物丝材必须具有稳定的外径，而对于复合材料的丝材来说，则还要求其填料在聚合物基体中分散均匀，以避免团聚的部分堵塞喷嘴并保证建造制件具有均一的力学性质。影响聚合物丝材制备过程中外径稳定性的因素主要在于聚合物材料被挤出口模之后的黏弹性流变行为和结晶行为，这需要对材料的分子量及其分布、填料含量等进行系统的筛选。

相比 SLS 来说，FDM 过程无须对聚合物材料进行更难的形状加工，其最大的优势就是仅通过丝材挤出就可实现逐层沉积，因此其消耗成本较低；同时也存在较大的弊端，具有加大的粗糙度。

10.8.2.3　多射流熔融技术（MJF）

多射流熔融技术由美国惠普公司开发，借鉴了其擅长的热喷墨阵列技术。多射流熔融技术主要涉及两大模块（类似于惠普喷墨打印机的两个单独的热喷墨阵列），即铺粉模块和热喷头模块。铺粉模块是在工作台上分配粉末材料用的，这个模块包括三个部分，中间是铺粉末的喷头阵列，两边是能量源。热喷头模块用来喷射化学试剂熔化剂（fusing agent）和细节处理剂（detailing agent），此模块也具有能量源，热喷头模块是 MJF 技术的亮点，以每秒钟每英寸 3000 万滴的速度喷洒化学试剂。铺粉模块前后往复滑动，在工作台上铺一层均匀的粉末。热喷头模块从左到右喷洒化学试剂，并通过上面的加热源熔化指定区域的材料。然后铺粉模块再次铺粉，热喷头模块接着再次喷洒试剂和加热，循环往复直至成型。两个阵列模块会反复改变方向从而达到最大覆盖面和生产力。

多射流熔融技术的具体工作方式：铺粉模块先铺一层粉末，然后热喷头模块喷射熔化剂以提高材料熔化的质量和速度，同时还会喷射细节处理剂，这种用于细节处理的特殊材料能够保证成型边缘表面光滑以及成型的精确度，最后还需要在上面施加一次热源，来对已经和正在沉积的部分加热，从而完成这一层的成型。之后，循环往复直至整个物体以层层堆积的方式打印完成。

熔化剂会喷射到打印的部分（即打印对象的横截面），作用是让粉末材料充分熔化；细节处理剂则会喷射在打印区外边缘，起到隔热作用，不仅能保证没有打印的粉末保持松散的状态，提高粉末的再利用率（80%，而普通 SLS 的利用率大约是 50%），还能保证打印层表面光滑，提高打印件的精细度。

多射流熔融技术采用的耗材，目前是聚酰胺 12 等聚合物材料的粉末颗粒，与 SLS 所用耗材相近；颗粒的尺寸要求为 50μm 左右，对颗粒球形度要求不是十分严格，但要具有很好的粉末流动性，以便于铺粉操作。对于聚合物的种类，根据技术原理，其实并没有任何限制，只要能够满足温度窗口和外形、流动性等要求即可，因此开发新型材料相比 SLS 更为开放。实际上，惠普的 MJF 技术更加依赖于其自行开发的熔化剂和细节处理剂，这两种化学剂的多品种和多功能的开发，能够更加拓宽 MJF 技术的应用。

多射流熔融技术具备以下优势：简化工作流程并降低成本，实现快速成型；以突破性的经济效益实现零部件制造；降低了使用门槛并支持各行业新应用的开放式材料与软件创新平台。目前来看，MJF 的 3D 打印解决方案使业内的创新方式实现了高速度、高质量和低成本的有效结合，这令企业和制造商可以重新思考为客户设计和交付解决方案的方式。

多射流熔融技术的缺陷：喷射了细节处理剂的粉末如果被后续用在成型区域，则材料可能不会被熔融，粉末也就没有被烧结，因此有可能造成粉末的污染。MJF 所用的熔融辅助剂包含了可以吸收光波的物质（可能为炭黑等深色材料），因而所展示的样品为深色；而打印白色等浅色可能会降低能量吸收，从而会增加成型时间，有可能导致无法成型；对于全彩器件的打印，同时需要考虑色素的耐高温能力。

三种不同增材的制造工艺如表 10.11 所示。

表 10.11　三种不同增材制造工艺对比

项目	SLS	FDM	MJF
耗材	PA12、PA11、PC、PS、PEEK 等热塑性半结晶聚合物的粉末	ABS、PLA、PC、PC/ABS、ASA 等热塑性无定形聚合物的丝材	PA12、PP 等聚合物粉末
分辨率	0.05～0.1mm	约 0.1mm	0.05mm
成型速度	1 倍	0.5 倍	10 倍
表面和细节	粗糙，中	光滑，低	光滑，高
冷却时间/固化时间	取决于几何尺寸	无	短
首次商业化时间	1991 年	1991 年	2015 年
相对样品成本	中等-高等	低等-中等	中等-高等

目前，我国 3D 打印行业整体上发展不错，设备、材料、软件等核心领域都能够不同程度实现自给，并在文化创意、工业、生物医学等领域得到应用。但是，缺乏龙头企业、核心技术、成熟的商业模式，以及市场广泛应用和政策资金扶持，而且激光器、软件、材料等核心技术还依赖进口。随着智能制造、控制技术、材料技术、信息技术等不断发展和提升，这些技术也被广泛地综合应用于制造工业，3D 打印技术也将会被推向一个更加广阔的发展平台。未来，3D 打印技术主要以智能化、便捷化和通用化为发展趋势。目前，3D 打印设备在软件功能、后处理、设计软件与生产控制软件的无缝对接等方面还有许多问题需要优化。例如，成型过程中需要加支撑，成型过程中需要不同材料转换使用，加工后的粉末或支撑材料的去除方面，都需要软件智能化和自动化程度进一步提高。同时，随着 3D 打印技术越来越普遍地运用到服装、设计、生活生产当中，只有用户在使用过程中觉得简易上手，技术门槛低，复杂程度低，才能使用户有更好的使用体验，才能更普遍地推广这一技术。而这一系列问题都直接影响到设备的普及和推广，设备智能化、便捷化是走向普及的保证。

由于技术原理上的差异，SLS 工艺多适用于半结晶型聚合物耗材，可提供适当的力学性能，保证烧结产品作为力学制件和功能的使用，在航天航空、汽车、家电、工业设备零件制造等领域有较好的应用。在技术工艺创新领域中，SLS 粉末在研究方向上应该是根据零件的具体功能及经济要求来烧结形成具有功能梯度和结构梯度的零件。随着人们对 SLS 激光快速成型技术的激光烧结金属粉末成型机理的掌握，通过 SLS 粉末专用的快速成型材料的出现，SLS 技术的研究和引用也将朝着精密化、低成本、标准化方向发展。FDM 过程则仍然主要是大量应用于概念模型和工程模型。MJF 技术则可以更有效率地制造出各种器件，包括模型和功能件，打印成品的致密性要比 SLS 更高些，并且 80%的粉末是能够循环利用的。MJF 技术的 3D 打印解决方案实现了高速度、高质量和低成本的有效结合，这令企业和制造商可以重新思考为客户设计和交付解决方案的方式。

对于聚合物 3D 打印成型技术来说，技术难题主要集中在温度场的控制、制件形变的控制以及材料组分的控制三个方面。此外，更为迫切的任务是开发更多品种的聚合物 3D 打印耗材。新材料的开发是进一步激发增材制造潜力的基础。开发通用聚合物 3D 打印材料，如聚烯烃等，能够极大地降低 3D 打印材料的成本，并使 SLS、FDM 和 MJF 等技术更广泛地用于家电、汽车、医疗等民用生活的各个领域。开发更多新品种的聚合物 3D 打印材料，则更有利于在同一增材制造过程中对多种材料进行整合并形成多材料系统，从而提高制件尺寸稳定性和准确性以及制件的力学性能。另一方面，要让更多材料满足 3D 打印需求进而在整个行业产业内推广，难度更大。如果要应用于玩具和鞋类生产，还可能面临更多种类材料的叠加使用问题。此外将 3D 打印快速成型技术与传统制造技术相结合，形成产品快速开发-制造系统也是一个重要趋势。

10.9 取向加工技术

10.9.1 简介

取向加工技术是指在合成树脂材料半熔融或固相条件下，通过拉伸、压缩、剪切等应力场作用使其大分子链及结晶结构沿特定方向高度取向排列的特定成型加工技术，是一种先进且有效的合成树脂材料，特别是聚烯烃材料的高性能化加工方法。经取向加工后的材料具有自增强效应，制品的拉伸强度、模量，甚至是透明性等性能均有较大幅度的提升，与现有的塑料加工成型方法相比，取向加工技术更能发挥原材料的固有性能。目前，常见的可进行取向加工的合成树脂品种主要有 PP、PE、PA、PS、PLA、PC、PET 等，取向加工制品主要有薄膜、纤维、扁丝、条带、棒材、片材、管材等。

表 10.12[44] 为部分材料的理论性能和实际性能的比较，可见，在现有材料加工技术下，制品性能远未达到其理论预计值，只有采用先进的加工技术、优化的原材料结构，才能深挖材料潜能，充分发挥材料的性能，实现合成树脂材料的高性能化，而聚烯烃材料属于半结晶性材料，具有开展取向加工研究的先天优势。

表 10.12 材料理论性能和实际性能的比较[44]

材料	弹性模量/GPa			拉伸强度/MPa		
	理论值	实际值		理论值	实际值	
		纤维	常规加工		纤维	常规加工
PE	300	70(23%)	1(0.33%)	27000	1500(5.5%)	30(0.1%)
PP	50	20(40%)	1.6(3.2%)	16000	1300(8.1%)	38(0.24%)
PA66	160	5(3%)	2(1.3%)	27000	1700(6.3%)	50(0.18%)

续表

材料	弹性模量/GPa			拉伸强度/MPa		
	理论值	实际值		理论值	实际值	
		纤维	常规加工		纤维	常规加工
玻璃	80	80(100%)	70(87.5%)	11000	4000(36%)	55(0.5%)
钢	210	210(100%)	210(100%)	21000	4000(19%)	1400(6.7%)
铝	76	76(100%)	76(100%)	7600	800(10.5%)	600(7.9%)

已有报道的取向加工技术包括：固相拉伸、双向拉伸、辊筒拉伸、旋转挤出、固相挤出、动态保压注射成型等。

其中，仅有少数技术具有工业化可行性及市场应用前景，取向加工技术使得材料加工工程师能够在制造过程中优化聚合物性能，可以采用单一聚合物材料制造轻质、高强度制品，代替工程塑料、复合材料，甚至是金属材料。使用该技术生产的制品具有优越的力学性能和使用性能，且材料可循环利用。

10.9.2 固相挤出技术

聚合物固态挤出是由金属压力加工演变而来，是在聚合物熔融温度以下进行的一种获取高强度高模量制品的新型加工方法。其挤出原理是聚合物在通过口模时，产生大的形变，使其分子链发生取向，晶粒细化、畸变、重结晶与微纤化而赋予其优异的力学性能。固态挤出主要分为两大类，即静压挤出和柱塞式挤出，如图 10.46[45] 所示。静压挤出通常用于 PE、PP、POM、PMMA 取向棒的制备，柱塞式挤出同样适用于 PE、PP、PA6 取向棒的生产。20 世纪 60 年代，Pugh 等[46] 研究塑料的室温挤出时发现，PE 在压力为 178MPa 这一低压下即可挤出。这一发现引起了人们对固态挤出这一特殊成型方法的极大兴趣。70～90 年代，国外关于固态挤出成型具有较多的报道[47-49]。

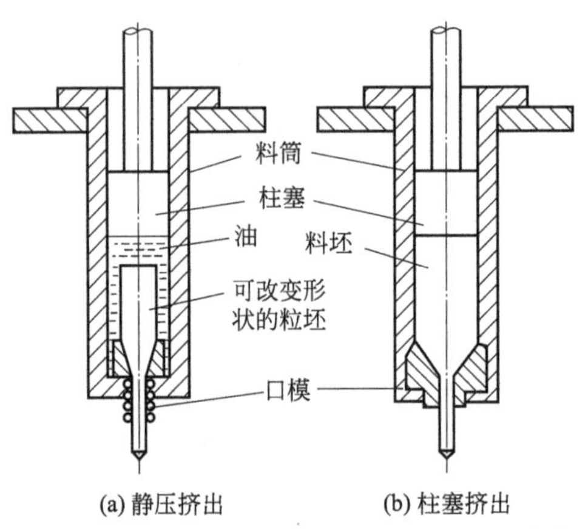

图 10.46 静压挤出（a）和柱塞挤出（b）[45]

Curtis AC 等[47] 研究了通过填充短切玻璃纤维增强取向 POM，他们采用了静压挤出的方式加工，结果表明通过静压挤出的材料整体的强度和模量均获得了提高；Nakayama[48] 等在原料的熔相-固相转变温度附近采用固相挤出成型了 HDPE 制品，制品在挤出方向的拉伸强度提高到了原材料的 6～10 倍。

Odell 等[49] 采用了一种在分子量分布曲线上包含高分子量分子的 PE 原料，通过控制挤出拉伸时熔体的温度，使熔体在口模出口处的拉伸流动场的作用下，其内部高分子量分子形成微纤，在拉伸下卷绕细丝使微纤不至于收缩和熔融，剩下的熔体分子在微纤上结晶生成片状附晶。运用这种连续挤出工艺得到的 PE 细丝的模量为 10～20GPa，强度高达 1.2GPa，挤出 PE 条带的模量为 60～80GPa，强度为 1.5GPa。

20 世纪 90 年代末，四川大学的李鹏等[50-53] 比较系统地研究了固态挤出过程中可挤物料与加工工艺的选择[50,51]，总结了聚合物的变形及形态演变[50]、挤出产物的性能表征等[51]。结果表明，挤出力大小主要受材料种类、挤出温度、挤出速率、口模直径及入口角等因素决定。影响挤出物稳定性的因素主要有滑移-胶结以及挤出破碎，而施加背压、较小入口角可以避免滑移-胶结现象，用橡胶包覆手段则可以避免挤出物的破碎等。在固态挤出过程中，结晶性聚合物的晶体与晶型通常会发生演变，产物多具有扁平或细长的晶粒以及较多分子链位于晶区间，非晶性聚合物的立体规则性得到提高，二元共混体系的结晶性主要受共混物相形态的影响等。固态挤出产物由于其高取向、高模量以及微纤化而具有相比于普通制品更优异的力学性能。

华南理工大学的黄汉雄[54] 在普通 20 单螺杆挤出机上，利用圆形与楔形两种收敛流道机头，在机头压力为 40MPa 时，固相取向得到的 HDPE 片材拉伸强度的最高值达 229.2MPa（为普通试样的 8.2 倍），并用 PP 试样得到了相似的结果。制得的固相取向试样还具有较高的透明性，普通试样 HDPE 片材的透光率为 9.07％ 。在机头压力为 40MPa 时制得的 HDPE 试样的透光率达 51.15％，比普通片材提高 4.6 倍。

四川大学的袁毅等[55] 开展了复合应力场双向增强塑料管材的研究，他们利用自行设计制造的剪切拉伸双向复合应力场挤管装置，在常规生产工艺条件下高效地生产出了高密度聚乙烯管材，并对管材的双向增强问题及剪切转速对增强效果的影响进行了研究探讨。他们自制的管材挤出装置如图 10.47 所示，具有可周向旋转的剪切套，剪切套的转速在 0～50r/min 之间变化，因而可同时实现管材的轴向和周向性能的双向取向及增强，且挤出效率较高。管材性能测试结果表明，通过剪切拉伸双向复合应力场以后，HDPE1158 管材的强度和模量都同时增大，强度增强可达 54％以上，模量增强更可高达 140％以上，强度与模量均在周向上的增强效果更好，都超过了其轴向上的强度与模量，更好地配置了材料的性能，满足了受内压管材对材料性能的需求。

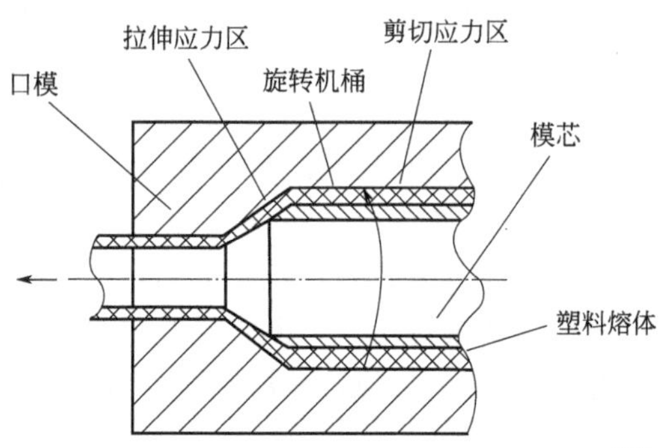

图 10.47　剪切拉伸双向复合应力场挤管装置[55]

固态挤出与传统熔融挤出相比，具有挤出产物拉伸强度高、产物多为透明或半透明状、并且由于其较低的加工温度而不需要冷却装置等优点。但是其仍然具有挤出压力大、生产效率低等缺点，因此限制了固态挤出成型的广泛应用。

10.9.3 辊筒拉伸技术

辊筒拉伸技术的本质也是固相变形，其主要特点是采用多级辊设备，依据旋转速度的不同，将其分为两个部分，即工作辊和牵引辊。预热坯料通过加热的工作辊时（温度略低于样品的熔点），样品获得与辊距相当的厚度；当进入牵引辊时，由于辊的旋转速度突然变大，使得样品被拉伸，较低的辊温能阻止材料形变的松弛，从而得到非常大的形变，使分子链高度取向。图 10.48[56] 为辊筒拉伸简图。Woodhams 等[57] 应用辊筒拉伸技术制备了 PP 自增强高分子复合材料，并研究了拉伸过程中分子链的取向结构，发现制品的拉伸强度达到了理论值的 20%～40%，从 30MPa 提高至 500MPa，模量也从 1.6GPa 提高至 20GPa。Ajji 等[58-60] 应用辊筒拉伸技术制备了 HDPE、聚醚醚酮（PEEK）、PET、PA 等自增强复合材料。研究表明，旋转辊间的张力，即牵引辊与工作辊间的速度差对材料的性能有着重要的影响，其能弥补当材料离开旋转辊后形变松弛所带来的不良影响。拉伸比对材料的性能也有着较大的影响，一般而言，拉伸比越大，材料的强度与模量相应提高，但研究表明其横向强度却随着拉伸比的增大呈下降趋势[61]。与口模拉伸技术相似，辊筒拉伸也只能单轴增强。

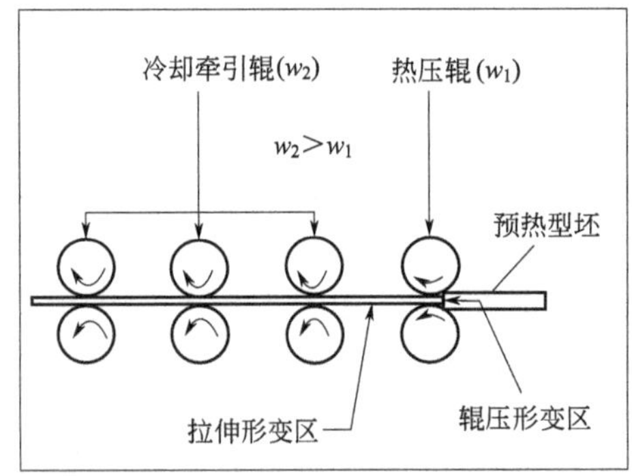

图 10.48 辊筒拉伸装置简略图[56]

10.9.4 双向拉伸薄膜成型技术

取向加工技术中应用最为广泛的典型例子就是双向拉伸薄膜，如 BOPP、BOPE、BOPA、BOPET、BOPS 薄膜等。图 10.49 是双向拉伸薄膜成型加工生产线示意图。双向拉伸薄膜的生产工艺及步骤包括：根据薄膜生产工艺要求，将挤出机及机头的各节筒体分别加热到不同的工作点，按配方通过料斗不断地注入料粒；熔融状的物料由机头挤出后，经过冷却辊冷却，形成窄而厚的薄膜厚片；薄膜厚片经过储片架整理后，被送入纵向拉伸区，根据工艺要求由慢速辊和快速辊进行 2.5～5.0 倍的纵向拉伸处理；横向拉伸区用于实现薄膜的第二次拉伸，即横向拉伸，该区域涉及薄膜的横拉分区加热控制、同步传动控制、破膜检测及其处理等问题，是实现有效成膜的关键之一；薄膜经过双向拉伸（即纵拉和横拉）后，被送入后处理区域进行后续工艺的处理，再经过上卷辊整理，由两台收卷辊轮换进行恒张力收卷，最终制成薄膜产品。

薄膜的双向拉伸过程中，往往使得树脂原料的大分子链和结晶结构发生高度取向，并且拉伸过程中的拉伸结晶作用降低了薄膜中的晶粒尺寸，因而使得薄膜的拉伸强度和挺度明显提高，断裂伸长率降低，透明度改善，雾度降低，耐寒、耐热性提高，且薄膜的厚度减薄，薄膜厚度均匀性得到提升。同时，由于大分子链及晶体结构排列更加整齐有序，降低了气体的透过率，使得薄膜的阻隔性能也有所改善。例如，与原料树脂相比，BOPP 薄膜的模量可提高 4 倍以上，拉伸强度可提高 3～5 倍；BOPE 薄膜的模量可提高 3～7 倍，拉伸强度可提高 3～10 倍。双向拉伸工艺的生产速度快、产能大、效率高，是取向薄膜材料的主要加工方式之一。但同时，双向拉伸也是一种极其复杂的加工工艺，拉伸过程中除无定形区首先取向外，往往还存在复杂的晶区取向，包括结晶破坏、大分子链段重排、重结晶及微晶取向等。此外，为了得到性能优良的双向拉伸薄膜制品，不仅要求原料树脂具有较好的拉伸成膜性，对于高端应用还要求原料具有特殊的功能性，这就使得双向拉伸薄膜对其原料树脂的聚合工艺、分子结构、分子量分布、原料性能等方面均有着严格的要求。因此，双向拉伸薄膜一直以来都是一种重要的高性能、高技术、高附加值的高端化学品制品。而在双向拉伸薄膜的专用料开发和拉伸工艺方面，目前仍存在对树脂的微结构演变认识不清，缺乏能够准确用于分子结构设计和原料开发的基础理论和数理模型等问题。

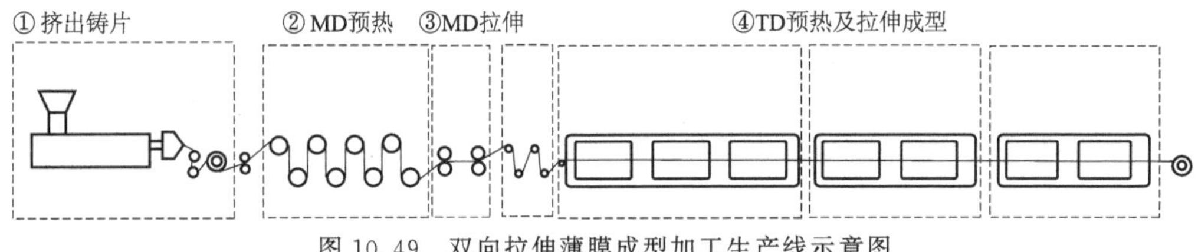

图 10.49 双向拉伸薄膜成型加工生产线示意图

10.10 聚烯烃加工技术最新进展

10.10.1 激光加工技术

激光技术在聚合物成型应用上主要有激光烧结技术、激光焊接技术和激光塑性成型技术。其中激光塑性成型技术是一种新型加工技术。由于制品需要具有一定强度且不发生不必要的变形，故对于聚丙烯这类半结晶聚合物，其加工时需要保证加工温度在其熔点之下。该技术具有无模具成型特点，生产周期短，产品线广，适于小批量大型工件的生产。此外，该成型加工方式精度高。设计不同的激光扫描路径和位置，可以制造形状多样的塑料零件。

近年来，飞秒激光直写加工技术在聚合物中的应用受到了科学界和工业界的广泛关注[62]。与注射挤出等传统加工工艺相比，该技术在加工精度及复杂度上具有较大优势。得益于聚合物的双光子吸收特性，飞秒激光直写加工技术精度已经超过光学衍射极限，并且可以在聚合物材料中制作出任意的三维复杂结构。

激光加工技术对聚合物的材料特性提出了要求。最主要的是材料的热扩散性和材料的分解机理。由于准分子激光掩模投影加工和 CO_2 激光烧蚀加工的形成机理不同，材料选择也不同。考虑激光加工的稳定性和精准性，聚甲基丙烯酸甲酯类聚合物具有良好的激光加工应用前景。

激光加工参数选择也至关重要[63]。激光的功率、激光的聚焦、激光的移动速度和激光加工的重复次数是影响加工精度的重要参数。激光加工的精度控制需要由控制系统来实现，传统的由步进电机驱动的开环控制噪声大、速度慢、加工精度低，并且容易失步。采用可编程多轴控制器（PMAC）的开放式数控系统，通过伺服滤波器参数的调节和优化，可有效减少伴随误差，使工作台运行平稳，定位精度可以精确到微米级。

激光二维加工系统（硬件）确定。能否高效、快捷的加工，关键是加工软件系统。所有的加工都是在数控指令（程序）的控制下进行的，没有软件的硬件无异于一堆废铁。一般激光加工系统均配有编程系统，数控编程是激光加工的重要环节，它直接影响加工质量和生产效率。数控编程的方法有两种：手动编程和自动编程。手动编程对平面几何形状简单的零件，如直线、圆弧的加工，由于计算量小，较容易编制；但对复杂的形状，由于计算烦琐、工作量大，采用手工编制出错率高，编制周期长。自动编程是利用计算机和 CAD 技术，完成数控程序的编制工作。首先通过图形输入设备或 CAD 造型方法，将零件图形信息输入计算机并在屏幕上显示出来，然后由 CAM 系统，对加工轨迹进行数据提取、轨迹规划、模拟仿真、干涉检查等，最后自动生成加工程序。激光加工的智能性就体现在加工程序的智能性之中。

激光加工在聚烯烃增材制造技术领域的应用详见 10.8 节。

10.10.2 计算机模拟加工技术

10.10.2.1 简介

为了优化加工工艺及设备使用效率，达到提高制品质量、缩短产品开发周期、降低成本的目的，计算机辅助工程即 CAE 技术在聚合物加工领域中得到日益广泛的应用。该领域中，CAE 的技术核心是通过数学模拟方式完成挤出、注射、压延等成型过程。聚合物加工过程的复杂性、不确定性易导致 CAE 模拟结果与实际情况之间较大的误差，故重点关注 CAE 模拟技术与实际加工情况的符合度。模拟结果准确度与所选用的分析软件的匹配度及模拟过程中的假设和简化密切相关。工程界就模拟软件的开发进行了大量工作，目前可用于或专用于聚合物加工过程的模拟包括 Moldflow、ANSYS、POLYFLOW 等多种软件。

10.10.2.2 主要模拟软件

（1）Moldflow

Moldflow 主要用于聚合物注塑加工中，可实现对注射过程中的流动、冷却、翘曲、应力进行模拟，对热固性、热塑性树脂的流动行为分析模拟，另外可进行气体辅助注射、纤维取向、制品收缩以及制品优化等更加复杂的模拟分析[3]。Autodesk Moldflow 仿真软件有注塑成型仿真工具，能够帮助验证和优化塑料零件、注塑模具和注塑成型流程。该软件能够为设计人员、模具制作人员、工程师提供指导，通过仿真设置和结果阐明来展示壁厚、浇口位置、材料、几何形状变化如何影响可制造性。从薄壁零件到厚壁、坚固的零件，Autodesk Moldflow 的几何图形支持可以帮助用户在最终设计决策前试验假定方案。

在产品的设计及制造环节，Moldflow 提供了两大模拟分析软件：AMA（Moldflow 塑件顾问）和 AMI（Moldflow 高级成型分析专家）。AMA 简便易用，能快速响应设计者的分析变更，因此主要针对注塑产品设计工程师，项目工程师和模具设计工程师，用于产品开发早期快速验证产品的制造可行性；AMA 主要关注外观质量（熔接线、气穴等）、材料选择、结构优化（壁厚等）、浇口位置和流道（冷流道和热流道）优化等问题。AMI 用于注塑成型的深入分析和优化，是全球应用最广泛的模流分析软件。企业通过 Moldflow 这一有效的优化设计制造的工具，可将优化设计贯穿于设计制造的全过程，彻底改变传统的依靠经验的“试错”的设计模式，使产品的设计和制造尽在掌握之中。Autodesk Moldflow Adviser 透过简化注塑成型的模拟帮助设计者优化模具设计的诸多特征，如浇口、流道、模穴的排位。引导设计者从分析的开始建立直到结果的解析，并帮助他们认识到通过壁厚、浇口位置、材料、产品几何的变更是如何影响产品的制造可行性的。通过对成型工艺的模拟能够帮助设计者找出并解决潜在的问题，Autodesk Moldflow Adviser 使得每一位设计工程师都能自信地完成注塑件的设计。

（2）ANSYS

ANSYS 软件是一个典型的基于有限元方法进行分析和设计的软件平台，适合许多工程领域。ANSYS 软件可进行机械结构分析、热分析、流体分析、电磁分析和耦合场分析。结构分析主要包括静力分析和动力分析[64]，静力分析针对静态载荷，包括结构的线性和非线性行为，如大变形、大应变、应力刚化、接触、塑性、超弹及蠕变等，动力分析涉及质量和阻尼效应，包括模态分析、谐响应分析和瞬态动力学分析；热分析用于确定 3 种不同传热方式下结构物中的温度分布[65]；流体分析用于确定流场的流动状态和温度；电磁分析用于计算电磁装置中的磁场；耦合场分析要同时考虑两个或多个物理量之间的相互作用，如热-应力分析、热-电分析、静电-结构分析等。

（3）POLYFLOW

POLYFLOW 对非牛顿流体及聚合物的非线性等具有较好的模拟性能，可用于模拟聚合物挤出、吹塑、压延成型，还可用于模拟电加热和其他较为复杂的计算模拟，如多区域模拟、逆向设计、共挤出、带自由边界的 3D 挤出、具有时间依赖性的过程等问题[66]。该软件的最大优点在于它有大量的流体材料数据库及反映广义牛顿流体和黏弹性流体流变特性的本构方程的支持，适于对聚合物流体分析。

10.10.3 模内装饰技术

模内装饰技术（简称 IMD）就是通过机械将印刷成型好的装饰片材或型材放入注塑或吹塑模具内，然后将树脂注射在片材或型材的背面，使树脂与片材接合成一体固化成型的技术[67]。该技术融印刷、制模、注塑工艺为一体，结合塑料薄膜、印刷油墨、树脂的综合运用。IMD 又分为 IML、IMR 两种工艺[68]。最大区别就是产品表面是否有一层透明的保护薄膜。

IML 工艺非常显著的特点：表面是一层硬化的透明薄膜，中间是印刷图案层，背面是塑胶层，由于油墨夹在中间，可防止产品表面被刮花和使产品耐摩擦，并可长期保持颜色的鲜明不易褪色。

IMR 工艺是将图案印刷在薄膜上，通过送膜机将膜片与塑模型腔贴合进行注塑，注塑后有图案的油墨层与薄膜分离，油墨层留在注塑件上而得到表面有装饰图案的注塑件，在最终的产品表面没有透明的保护膜，膜片只是生产过程中的一个载体。IMR 的优势是大规模生产成本低，自动化生产程度高。IMR 也有不足之处，它的印刷图案层在产品的表面上，厚度只有几微米，产品使用一段时间后印刷图案层很容易磨损掉，或者褪色，造成表面很不美观。另外，图案颜色无法实现小规模灵活生产，开发成本高，新品开发耗时久也是 IMR 工艺很明显的弱点。

IMD 成型的关键技术之一是薄膜预热，该过程使得薄膜能够成功地应用于复杂形状产品的模内装饰。Chen Shia-Chung 等研究了不同工艺条件对 PC 薄膜的拉伸成型的影响，这些工艺条件包括拉伸模具温度、薄膜预热温度、插入速度、保持时间等，并发现模具温度最大限度地影响片材的拉伸比和薄膜厚度的变异率。模内装饰注塑成型中材料在非平衡流动中的流变特性十分重要。

模内装饰技术在欧洲、美国、日本发展多年，应用非常广泛。近年来，国内模内装饰技术迅速发展，由于该技术的研究和应用在我国起步较晚，到目前为止，国内仅有少数企业具有一定的生产规模。国内学者对模内装饰技术的研究，集中在薄膜的制备工艺、印刷油墨的选择以及工艺设备上。王崇高等通过实验方法，考虑PET薄膜装饰的透明ABS树脂注塑成型工艺中影响到成型质量的各种因素，并提出了解决问题的工艺改进思路。岑明等对企业进行模内装饰生产工艺线提出了技术改造方案，针对不同的产品进行设备、原料、工艺分析并进行性能比较[69]。华南理工大学的边彬辉等通过实验方法，研究开发了适用于IMD薄膜热成型的薄膜拉伸工艺，并设计出可以用来薄膜拉深热成型的模具，并通过实验确定了PET薄膜拉深热成型的关键影响因素，其认为IMD薄膜拉深热成型工艺能够达到控制边角起皱、保证图案不变形以及保持产品厚度的目的[70]。SimpaTec公司对IML技术下的平板制件进行了填充到产品变形整个过程的模拟，其结果表明部件的几何尺寸和由薄膜引起的不对称结构使制件产生显著的变形，部件会凸向薄膜可见的一侧。

10.10.4 超声波加工技术

超声波振动定义为频率在10^5～10^8 Hz内的弹性机械振动。自19世纪末Galton通过气哨激发超声波以来，超声波应用技术得到了广泛的拓展和发展[71]。通常情况下，超声波在高分子材料领域的应用分为以下两个方面：低频高能超声（功率超声）和高频低能超声（检测超声）。第一方面应用主要是利用能量对材料进行加工处理；第二方面应用是通过超声的传播和信息载体的特性，用于材料缺陷的探查，物体几何尺寸、物理化学性能及其它非声学特性的测定。

(1) 超声辅助加工

超声辅助加工能有效提高熔体的流动性、降低螺杆扭矩口模挤出压力、改善聚合物基体与填料及助剂的混合效果、提升产量，制品性能也可得到很大程度提高[72]。与低频机械振动相比，超声波无噪声，可以在细微水平上调整熔体的流变性和黏弹性，有效提高制品性能。在聚丙烯挤出发泡过程中使用超声波处理，在降温螺杆段使用超声波后挤出压力降低，且泡体密度随着超声振幅的增大而增加，同时气泡细密，泡孔尺寸与分布均匀性改善，表明超声波产生的能量场有利于泡孔成核和生长[73]。推测原因是超声波导致的负压降低了气泡成核所需自由能能垒。

(2) 超声检测

高分子材料通常在密闭的环境中完成挤出及注射加工，熔体的加工参数和熔体性质的在线监测十分重要，但难以实现。由于超声波所具有的无损和敏感性，适合对高分子熔体进行在线检测，达到在线控制和优化加工过程的目的[74]。通过检测注射机及挤出机中超声波的衰减系数，可以推算出高分子熔体在挤出机中的停留时间的分布。根据超声接收器所显示的信号，在线检测共挤出吹塑成型过程中各层的厚度、界面的位置以及加工的稳定性；将获得的信号与双螺杆的形状和高分子熔体的组成联系起来，从而优化加工条件和跟踪发生的化学变化。对于单一高分子材料的加工，超声速度会随着熔体温度的增加而线性下降，利用这一性质可以通过检测超声速度来表征高分子熔体在加工过程中温度的变化[75]。

(3) 超声焊接

高功率的超声波可以用于塑料焊接，从简单的带有手动杠杆加压的超声设备到带有多个超声波探头和发生器的特种设备，超声塑料焊接已取得了迅猛的发展，应用涉及包装、汽车等多个领域。由于具有清洁、高效、快速和自动化程度高等多种优点，高功率超声波在塑料焊接领域应用极为广泛。

超声波焊接通过以下手段得以实现：通过超声波发生器激发产生20～40kHz的高频电能，由压电传感器转换为振动机械能，经变幅杆传送到焊头。焊头上的高频机械振动被传递到与焊头直接接触的焊件的焊面。两个高分子焊面在这种振动幅度约为 0.02mm 的高频机械振动的作用下，发生剧烈摩擦，由此产生的瞬间高温便在焊面形成熔化层，并在焊接机可控压力的作用下熔合，随后冷却凝固。利用超声波焊接技术，还可以实现多种聚合物薄膜之间的复合工艺[76]。

10.10.5　超临界流体辅助加工技术

超临界二氧化碳是世界公认的绿色介质，超临界流体辅助加工技术是利用高压流体在超临界状态具有液体的密度、气体的扩散速率的特点，进行材料加工、处理、改性的新技术。在聚合物加工过程中引入可控量的超临界流体，由于超临界流体的超强塑化作用可显著降低聚合物熔体的黏度，一方面可通过改变超临界流体的温度和压力及聚合物共混物的组成来控制聚合物共混物中各组分的黏度变化来达到优化聚合物共混物中分散相的形态，另一方面由于黏度的降低可用来降低聚合物的加工温度，可减少由于高加工温度引起的聚合物的降解以及聚合物材料在反应性加工过程中的副反应。因此，超临界流体在聚合物加工和改性中发挥越来越重要的作用。

在连续挤出过程中利用超临界二氧化碳改善聚合物共混物的分散形态，调控体系的力学性能；辅助制备长链支化聚丙烯，用于改善线型聚丙烯的发泡行为[77]；用于制备高开孔率、可反复利用的聚丙烯复合物吸油泡沫等。研究发现，超临界二氧化碳的通入改善了分散相的分散形态从而提高了材料的力学性能[78]；超临界二氧化碳作为反应介质大大降低了反应温度，减小了聚合物降解并提高了支化度，增大了熔体强度，从而改善了聚丙烯的发泡行为和泡孔结构[79]；通过在连续挤出过程中通入大量的超临界二氧化碳，获得了高开孔率的聚丙烯复合泡沫，该泡沫具有较好的压缩回复性，从而获得了一种可反复利用的吸油材料。

10.10.6　新型聚烯烃复合材料加工技术

10.10.6.1　石墨烯/聚丙烯纳米复合材料

为提高复合材料性能，从填料结构出发，发现聚合物基导电复合材料的非线性传导理论中最重要的是导电通道理论，还有电子隧穿理论[80]。为了在低填料含量时实现高电导率，许多研究人员不断寻找合适的填料结构来形成导电网络。在 GNPs 纳米复合体系中发现 GNPs 的平均片径和径厚比不同的情况下，具有较大径厚比和平均片径的 GNPs 会降低渗流阈值[81]。而更多的研究人员倾向于研究不同加工方式对剥离和分散石墨烯的影响[82]。对石墨烯进行化学改性，再利用熔融共混方式加工是剥离和分散石墨烯的常用方法。许多研究人员研究了石墨烯的氧化，然后进行了化学官能化和熔融共混[82]。由于石墨烯表面上的含氧官能团与聚合物的极性基团之间存在较强相互作用，使石墨烯能在聚合物中良好分散，然而，氧官能团的存在也降低了石墨烯的电导率。Villmow 和 Tschke 讨论了螺杆转速和螺杆构造等挤出参数对碳纳米管/PCL 复合材料性能的影响[83]。他们发现，较低的渗流阈值可以通过改变挤出参数来实现。以上研究证明，机械预处理和化学预处理都可以用于在聚合物基体中剥离和分散碳基纳米填料，确保高度分散和均匀分布，并能形成完整导电的网络和显著降低渗流阈值。在熔融共混中，熔融的聚合物和石墨烯在强剪切条件下混合。然而，剪切力场对石墨烯剥离和分散的影响仍不清楚。需要对机械预处理进行更深入的研究来确定石墨烯在聚合物基体中的分散机理。

主要制备方法如下。

(1) 溶液法

溶液法是将两种或多种原料分散或溶解在一种或多种溶剂中以达到将两种或多种物质混

合在一起的方法。利用溶液法制备石墨烯/PP纳米复合材料，目前主要需要解决的问题是能在外力或其它力的辅助作用下使石墨烯分散；或者是找到一种既可以溶解PP，而石墨烯又可以在其中获得稳定分散的溶剂。Li等[84] 在持续搅拌的情况下将石墨烯加入溶解有PP的二甲苯溶剂中，混合24 h后将溶剂挥发，制备纳米复合材料。研究发现石墨烯的加入提高了PP的热稳定性和结晶度。从石墨烯/PP熔体的流变性能发现，随着石墨烯含量的增加，石墨烯/PP纳米复合材料的储能模量呈先下降后上升的趋势。Hsiao等[85] 利用己二胺对石墨烯进行表面改性后，再经溶液法将其与PP接枝马来酸酐，利用氢键或发生化学反应得到均匀分散的体系，最后制备的石墨烯/PP复合材料热稳定性较纯PP有明显提高。

(2) 原位聚合法

原位聚合是一种将单体、引发剂、催化剂等全部加入分散相中，在一定条件下生成大分子的制备方法。Huang等[86] 利用原位聚合法制备石墨烯/PP纳米复合材料，先利用镁/锌催化剂除去氧化石墨烯表面的羧基和羟基，然后再将丙烯气体通到氧化石墨烯的表面，进行原位聚合反应生成石墨烯/PP复合材料，经研究发现，复合材料的导电性能大幅度提高。Xu等[87] 在剪切力作用下，将石墨烯片和PP通过原位复合技术制备了纳米复合材料，研究发现低剪切作用时，复合材料的结晶度有所提高；而在高剪切作用下结晶度的提高更加明显。Polschikov等[88] 使用原位聚合法，在高效催化剂茂金属的催化作用下，制得了石墨烯/PP纳米复合材料，研究发现纳米复合材料的刚性、热稳定性和结晶度都得到提高，但热导率有所降低。

(3) 熔融共混法

熔融共混法是一种使聚合物在熔体状态下借助外力将两种或多种物质混合均匀的方法。Achaby等[89] 通过熔融共混法制备了石墨烯/PP纳米复合材料。首先将氧化石墨烯通过水合肼还原得到石墨烯纳米增强体（GNS），然后分散在PP基体上生成石墨烯/PP纳米复合材料。研究发现，随着GNS含量的增加，纳米复合材料的热性能和力学性能都得到提高。Qiu等[90] 也利用熔融共混法，将氧化石墨烯与MDI、硬脂酸（HSt）反应制备了功能化氧化石墨烯，并将氧化石墨烯和功能化石墨烯分别与PP进行熔融共混。结果表明，随着石墨烯含量的增加，复合材料的热稳定性能得到了提高，而功能化石墨烯提高得更显著。Yoon等[91] 用十八胺（ODA）接枝氧化石墨烯（GO-*g*-ODA）为纳米填料，以PP接枝马来酸酐（PP-*g*-MAH）为增容剂，与PP基体进行熔融共混，制得了PP/GO-*g*-ODA纳米复合材料。结果表明，当GO-*g*-ODA的质量分数从0%变化到1.2%时，复合材料的拉伸强度从32MPa提高到50MPa；断裂伸长率也从510%增加到535%。

10.10.6.2 富勒烯/聚丙烯复合材料

在聚丙烯中加入富勒烯有利于提高复合材料的阻燃性能。采用熔融共混法制备了聚丙烯/C_{60}纳米复合材料，研究表明[92-94]，C_{60}能够在PP基体中均匀分散，很低的含量即可极大提高复合材料的热稳定性，其效率明显高于等含量的CNTs（碳纳米管）及纳米黏土；C_{60}对材料阻燃性能影响显著，质量分数为1%的添加量可使PHRR（热释放速率峰）降低42%。此外，C_{60}用于膨胀型阻燃剂（PDBPP）的接枝修饰，相对于C_{60}，该阻燃体系在获得良好分散性的基础上进一步提高了PP的抗热氧化降解能力；等含量添加时，其阻燃效果比C_{60}更为优异，不仅使引燃时间进一步延长，PHRR值也极大降低。另一方面，C_{60}与CNTs也经化学处理实现了二者间的相互作用，形成C_{60}-*d*-CNTs纳米材料。研究表明，相对于CNTs在PP基体中更易于均匀分散；相同含量时，C_{60}-*d*-CNTs比CNTs具有更优异的阻燃性能。

C_{60} 能够赋予 PP 优异的阻燃性能被归因于 C_{60} 对自由基的高活性，亦即超强的自由基捕捉能力。简言之，C_{60} 对 PP 分子链热降解产生的各种自由基类物质有捕捉作用，因此，抑制甚至中断 PP 分子链降解过程中的链反应，从而燃烧得以延缓。此外，单个 C_{60} 分子可与几十个自由基类物质反应，形成以 C_{60} 为中心的交联网状结构，这使得熔体黏度急剧升高，PP 降解产生的挥发性可燃分子需要更多的能量和时间才能扩散到火焰区，材料的阻燃性能得以提高。

10.10.7　辅助注射成型技术

10.10.7.1　气体辅助注射成型（GAIM）

聚烯烃熔体部分（短射成型）或全部（足量注射成型）充满模腔，之后在聚烯烃熔体中心注入惰性气体[95]。气体沿着阻力最小路径运动，并穿过制件壁厚最大处。聚合物熔体在前进气体推动下填充并充满模腔。为了保证制件压紧模具壁面，减少表面收缩，内部气压在冷却周期内保持在 25～300bar。制件冷却至一定刚度以后，释放气体，顶出制件。成型制品表面的从聚合物到气体转换的痕迹就是欠料 GAIM 的一个重要缺陷。足量注射 GAIM 具有消除表面转换痕迹的优点。在足量注射的成型过程中，从一开始聚合物外熔体全部充满模腔，随后高压气体注入聚烯烃熔体中，从而减少聚合物收缩。

10.10.7.2　流体辅助注射成型（FIT）

(1) 简介

流体辅助注射与夹芯注射成型相似，主要以流体作为夹芯层。流体辅助注射技术使得在较短的成型周期内高质量注射成型轻量化制品[96]。

主要优点如下：

① 降低生产成本，冷却成型周期缩短 70%以上，原材料减少实现轻量化，过程高度集成化，锁模力减小。

② 质量提升，凹痕减少，收缩均匀性提高，弯曲变形减小，力学性能提高，残余壁厚度减小。

③ 可使制品模具结构简化，中空截面重定向同轴性改善。

(2) 工艺

第一步，熔体短射或足量注入封闭型腔。在短时间延迟后，流体推动熔体向模具内填充区域和型腔内开放区域运动，或回流入塑化单元。全过程使用注射流体背压。与传统注射成型相反，在流动路径上不会产生压力降，保压时间不受浇口密封位置限制。

① 短射法。填充型腔的 50%～95%部分，延时后用流体将型腔全部填满。注射流体直接注入预注射的熔体芯部，推动熔体到达流动路径的末端。为确保流体不穿透熔体前沿，在注射开始时就必须注入足量的塑料熔体。优点是模具成型技术简单，成型空心体所需熔体量减少。

② 足量注射法。熔体充满型腔，使得型腔表面可以重复成型，不会产生滞留痕、光泽度差异、凹痕。

③ 熔体回流法。在熔体流动路径末端将流体注入，多余熔体回流进入塑化单元。

④ 抽芯法。将熔体注入不同体积的含有一个或多个可伸缩型芯的型腔中。在注射熔融聚合物前，将型芯移动至其前进位置，减少初始型腔体积。随后，聚合物将型腔完全充满，在任意熔体背压下经历设定的延迟时间后，拉回型芯，以增加型腔体积，同时注入流体，使聚合物始终与型腔壁面接触。

参考文献

[1] 刘方祥，孙树峰，王德祥，等.飞秒激光直写 PMMA 制备微流道的工艺技术研究 [J]. 应用光学，2018，227 (3)：152-156.

[2] Hyatt L S，Hyatt J W . US00133229 [P]. 1972.

[3] Z. 塔德莫尔，C. G. 戈戈斯. 聚合物加工原理 [M]. 耿孝正，闫琦，许澍华，译. 北京：化学工业出版社，1990.

[4] 吴培熙，王祖玉. 塑料制品生产工艺手册 [M]. 北京：化学工业出版社，1994.

[5] 李建钢，吴清鹤. 塑料挤出成型 [M]. 北京：化学工业出版社，2015.

[6] FraserW A，ScarolaL S，Concha M. Tappi Journal，1982，1，4.

[7] 周殿明，张丽珍. 聚乙烯成型技术问答 [M]. 北京：化学工业出版社，2007.

[8] Maddock B H. Processings of pressure development in extruder screws international congress [C]. Amsterdam，The Netherlands，1960，139.

[9] 何叶尔，李力. 聚丙烯树脂的加工与应用 [M]. 第 2 版. 北京：中国石化出版社，1998.

[10] 张玉霞，王向东. 塑料薄膜手册 [M]. 北京：化学工业出版社，2006.

[11] 王涛，宋磊，郝振军，等. 加工工艺对 LDPE 薄膜雾度的影响 [J]. 合成树脂及塑料，2007，24 (1)：51-55.

[12] 王艳芳，耿存，谷汉进，等. PP 吹塑薄膜专用树脂的结构与性能 [J]. 合成树脂及塑料，2008，25 (5)：35-38.

[13] 秦立洁，陈宇，高继志. 农用塑料制品生产与应用 [M]. 北京：化学工业出版社，2002.

[14] 裴自学. 聚乙烯土工膜专用料的研制 [D]. 天津：天津大学，2007.

[15] 刘家伟. 土工膜工业与新疆经济发展 [J]. 国外塑料，2005，23 (5)：35-38.

[16] 于丽霞，张海河. 塑料中空吹塑成型 [M]. 北京：化学工业出版社，2006，5：24-29.

[17] 王丽新. 吹塑用聚丙烯的开发及应用 [J]. 当代石油石化，2008，16 (8)：8.

[18] 于丽霞，张海河. 塑料中空吹塑成型 [M]. 北京：化学工业出版社，2006，5：148-170.

[19] 赖家美，柳和生，黄汉雄，等. 影响挤出吹塑制品质量的成型工艺分析 [J]. 中国塑料，2004，18 (5)：5.

[20] 于丽霞，张海河. 塑料中空吹塑成型 [M]. 北京：化学工业出版社，2006，5：313-348.

[21] 赵素和，张丽叶，毛立新. 聚合物加工工程 [M]. 北京：中国轻工业出版社，2001.

[22] 孙筱. 滚塑成型的关键技术 [J]. 模具技术，2012，6 ：13.

[23] 孔繁兴，王爱阳. 滚塑成型技术及发展趋势 [J]. 塑料科技，2005，2：57.

[24] 郭鹏，吕明福，吕芸，等. 聚丙烯发泡材料的研究进展 [J]. 石油化工，2011，40 (6)：679-684.

[25] 郭鹏，徐耀辉，张师军，等. 聚乙烯发泡材料的研究进展 [J]. 石油化工，2015，44 (2)：261-266.

[26] 何继敏. 聚丙烯发泡塑料应用发展现状及展望 [J]. 中国科技成果，2003 (10)：28-31.

[27] 刘本刚，张玉霞，王向东，等. 聚丙烯发泡材料的应用及研究进展 [J]. 塑料制造，2006 (8)：83-85.

[28] 谷正，杨淑静，宋国君，等. 聚丙烯发泡材料的生产现状及应用 [J]. 现代化工，2007，27 (1)：24-28.

[29] 王跃. 聚丙烯汽车保险杠的应用与开发进展 [J]. 塑料，2001，30 (3)：11-12.

[30] 袁再钦. 发泡塑料板的生产及应用 [J]. 现代塑料加工应用，1999，11 (2)：42-43.

[31] 缪长礼. 聚丙烯超临界 CO_2 发泡工艺及性能研究 [D]. 哈尔滨：哈尔滨工业大学，2010.

[32] 李小虎，程勇，周路路，等. 辐射交联聚丙烯的超临界二氧化碳发泡 [J]. 高分子材料科学与工程，2018 (3)：127-131.

[33] 郭喆，揣成智. 交联发泡聚丙烯的研究 [J]. 塑料，2009，38 (2)：67-69.

[34] 杨娟. 化学交联发泡聚乙烯的发泡过程研究及其泡孔调控 [D]. 上海：华东理工大学，2013.

[35] Doroudiani S，Park C B，Kortschot M T. Processing and characterization of microcellular foamed high-density polythylene/isotactic polypropylene blends [J]. Polym. Eng. Sci.，1998，38 (7)：1205-1215.

[36] Goel S K，Beckman E J. Generation of microcellular polymeric foams using supercritical carbon dioxide. I：Effect of pressure and temperature on nucleation [J]. Polymer Engineering & Science，2010，34 (14)：1137-1147.

[37] Kuwabara H. Low expanded polypropylene molded foam [J]. Jap Plast，1999，50 (6)：103-106.

[38] 何继敏. 聚丙烯挤出发泡过程的理论及实验研究 [D]. 北京：北京化工大学，2002.

[39] Lee J S W，Wang K，Park C B. Challenge to extrusion of low-density microcellular polycarbonate foams using supercritical carbon dioxide [J]. Ind. Eng. Chem. Res. 2005，44 (1)，92-99.

[40] Sameer P N，Francesco P，JanssenL P B M. Supercritical carbon dioxide as a green solvent for processing polymer melts：Processing aspects and applications [J]. Progress in Polymer Science，2006，31 (1)：19-43.

[41] 胡萍.泡沫胶料挤出用双螺杆挤出机 [J].橡塑技术与装备，2002 (8)：8.

[42] Naguib H E, Park C B, Reichelt N. Fundamental foaming mechanisms governing the volume expansion of extruded polypropylene foams [J]. J. Appl. Polym. Sci.，2004，91 (4)：2661-2668.

[43] 张倩.聚丙烯 (PP) 结构发泡注射成型的研究 [D].北京：北京化工大学，2009.

[44] 王静，吴大鸣，张博，等.塑料管材双向拉伸技术的研究进展 [J].中国塑料，2009，23 (06)：8-14.

[45] Ariyama T, Takenaga M. Thermal properties and morphology of hydrostatically extruded polypropylene [J]. Polym Eng Sci，1991，31：1101-1107.

[46] Pugh J, LI. D, Low A. H. Sheet Metal Industries . 1965.

[47] Curtis A C, Hope P S, Ward I M. Modulus development in oriented short-glass-fiber-reinforced polymer composites [J]. Polym Compos，1982，3 (3)：138-145.

[48] Nakayama, Toshio, Fujita, et al. Sosei to Kako，1991，32 (371)：1 503.

[49] Keller A, Odell J A. The extensibility of macromolecules in solution; a new focus for macromolecular science [J]. Colloid and Polymer Science，1985，263 (3)：181-201.

[50] 李鹏，黄锐.固态挤出 1.聚合物固态可挤性 [J].中国塑料，1999 (10)：66-71.

[51] 李鹏，黄锐.固态挤出 2.固态挤出工艺 [J].中国塑料，1999 (11)：54-59.

[52] 李鹏，黄锐.固态挤出 3.固态挤出过程中聚合物的变形与形态演化 [J].中国塑料，1999 (12)：43-49.

[53] 李鹏，黄锐.固态挤出 4.固态挤出产物的性能与表征 [J].中国塑料，2000 (01)：60-69.

[54] 黄汉雄.高性能自增强聚烯烃材料挤出及流场的研究 [J].材料导报，1996 (06)：82.

[55] 袁毅，李安定，申开智.复合应力场双向增强塑料管材的研究 [J].高分子材料科学与工程，2005 (03)：216-218.

[56] Yao D, Li R, Nagarajan P. Single-polymer composites based on slowly crystallizing polymers [J]. Polym Eng Sci，2006，46：1223-1230.

[57] Tate K R, Perrin A R, Woodhams R T. Molecular orientation of polypropylene by rolling-drawing [J]. Polym Eng Sci，1988，28：1264-1269.

[58] Ajji A, Dufour J, Legros N, et al. High performance materials obtained by solid state forming of polymers [J]. Journal of Reinforced Plastics & Composites，1996，15 (7)：652-662.

[59] Chapleau N, Mohanraj J, Ajji A, et al. Roll-drawing and die-drawing of toughened poly (ethylene terephthalate). Part 1. Structure and mechanical characterization [J]. Polymer，2005，46 (6)：1956-1966.

[60] Mohanraj J, Chapleau N, Ajji A, et al. Roll-drawing and die-drawing of toughened poly (ethylene terephthalate). Part 2. Fracture behaviour [J]. Polymer，2005，46 (6)：1967-1981.

[61] Ajji A, Cole K C, Dumoulin M M, et al. Orientation of amorphous poly (ethylene terephthalate) by tensile drawing, roll-drawing, and die-drawing [J]. Polymer Engineering & Science，1997，37：1801-1808.

[62] 朱迅.聚合物微流控芯片的激光加工技术研究 [D].杭州：浙江大学，2004.

[63] 黄伟欢，王艳芳，娄立娟，等.利用 Moldflow 软件分析不同聚丙烯树脂在注射成型中的性能差异 [J].中国塑料，2015，29 (11)：83-86.

[64] 孙明明.聚丙烯蜂窝板传热性能的研究 [D].青岛：青岛理工大学，2018.

[65] 宋吉威.微发泡聚丙烯材料力学性能研究及其模拟 [D].贵阳：贵州师范大学，2015.

[66] 杨晓青，丁武学，王栓虎.基于 Polyflow 的聚合物流延过程仿真 [J].轻工机械，2011，29 (1)：16-19.

[67] 马红，王雷刚，黄瑶.模内装饰技术应用进展 [J].模具技术，2010 (6)：56-60.

[68] 吴松琪，刘斌.塑件表面模内装饰技术应用现状分析 [J].塑料工业，2015，43 (1)：10-14.

[69] 岑明.模内贴标工艺生产线技术改造及性能分析 [J].塑料包装，2005，15 (1)：30-32.

[70] 边彬辉，阮锋，陈松茂，等.IMD 薄膜拉深热成型工艺的开发 [J].塑料工业，2009，37 (1)：26-29.

[71] Mason T J. Chemistry with ultrasound [M]. London and New York：Elsevier Applied Science，1991.

[72] 刘迎.超声作用对聚丙烯及其复合材料结构与性能影响的研究 [D].上海：华东理工大学，2016.

[73] 罗佳.超声波/超临界二氧化碳辅助挤出超高分子量聚乙烯/聚丙烯的研究 [D].太原：中北大学，2009.

[74] 王克俭，郭冰.聚丙烯凝固过程的超声波扫描热学分析 [J].高分子材料科学与工程，2012，28 (11)：113-116.

[75] 郭冰，王克俭.聚丙烯和聚乙烯熔融过程的超声波扫描热学分析 [J].高分子材料科学与工程，2012，28 (11)：117-120.

[76] 高阳，赵云峰.塑料复合薄膜超声波焊接工艺研究 [J].宇航材料工艺，2009，39 (2)：67-70.

[77] 王建康，黄汉雄，林登辉.聚丙烯/聚乙烯共混物超临界流体微孔发泡中黏弹性对泡孔结构的影响 [J].塑料，2007，

36 (3)：61-65.

[78] 丛林. 超临界流体 PP 发泡双阶挤出工艺与设备的研究 [D]. 北京：北京化工大学，2008.

[79] 许志美，姜修磊，刘涛，等. 应用超临界 CO_2 制备微孔聚丙烯的微孔形貌 [J]. 功能高分子学报，2007，19 (1)：21-26.

[80] 陈宇强，肖小亭，张婧婧，等. 聚丙烯/石墨烯微片纳米复合材料的导电导热性能 [J]. 塑料，2016 (5)：57-59，121.

[81] 余浩斌，张婧婧，何穗华，等. 石墨烯微片的尺寸和形态对聚丙烯基纳米复合材料导电导热性能的影响 [J]. 中国塑料，2018，32 (3)：51-58.

[82] 宋柳芳，张旭敏，汤颖颖，等. 石墨烯/聚丙烯纳米复合材料性能的研究 [J]. 现代塑料加工应用，2017，29 (1)：19-22.

[83] Villmow T，Kretzschmar B P，Tschke P. Influence of screw configuration，residence time，and specific mechanical energy in twin-screw extrusion of polycaprolactone/multi-walled carbon nanotube composites [J]. Composites Science & Technology，2010，70 (14)：2045-2055.

[84] Li Y，Zhu J，Wei S，et al. Polypropylene/graphene nano-platelet nancrcomposites：melt rheological behavior and thermal，electrical，and electronic properties [J]. Macro-molecular Chemistry and Physics，2011，212 (18)：1951-1959.

[85] Hsiao M C，Liao S H，Lin Y F，et al. Preparation and characterization of polypropylene-graft-thermally reduced graphite oxide with an improved compatibility with polypropylene-based nanocomposite [J]. Nanoscale，2011，3 (4)：1516-1522.

[86] Huang Y J，Qin Y W. Polypropylene/graphene oxide nancrcomposites prepared by In situ Ziegler-Natta polymerization [J]. Chemistry of Materials，2010，22 (13)：4096-4102.

[87] Xu J Z，Chen C. Graphene nancrsheets and shear flow induced crystallization in isotactic polypropylene nancrcomposites [J]. Macromolecules，2011，44 (8)；2808-2818.

[88] Polschikov S V，Nedorezova P M，Klyamkina A N，et al. Composite materials of graphene nanoplatelets and polypropylene，prepared by in situ polymerization [J]. Journal of Applied Polymer Science，2013，127 (2)：904-911.

[89] Achaby M E I，Arrakhiz F E. Mechanical，thermal，and rheological properties of graphene-based polypropylene nanocomposites prepared by melt mixing [J]. Polym Comp，2012. 33 (5)：733-744.

[90] Qiu F，Hao Y B，Li X Y，et al. Functionalized graphene sheets filled isotactic polypropylene nanocomposites [J]. Composites Part B：Engineering，2015，71：175-183.

[91] Yoon J H，Shanmugharaj A M，Choi W S，et al. Preparation and characterization polypropylene/functionalized graphene nano-composites [J]. Polymer，2013，8 (3) 110-115.

[92] Song P A，Zhu Y，Tong L F，Fang Z P. C_{60} reduces the flam inability of polypropylene nanocomposites by in situ forming gelled-ball network [J]. Nanotechnology，2008，19：1.

[93] Song P，Hui L，Yu S，et al. Fabrication of dendrimer-like fullerene (C_{60})-decorated oligomeric intumescent flame retardant for reducing the thermal oxidation and flammability of polypropylene nanocomposites [J]. Journal of Materials Chemistry，2009，19：1305-1313.

[94] Fang Z P，Song P A，Tong L F. Thermal degradation and flame retardancy of polypropylene/C_{60} nanocomposites [J]. Thermo-chimica Acta，2008，473：106-108.

[95] 郑国强，杨伟，杨鸣波，等. 气体辅助注射成型聚丙烯的多层次结构 [J]. 高分子材料科学与工程，2009，25 (3)：92-95.

[96] 周润恒，黄汉雄，刘旭辉，等. 水辅助注塑制品残留壁厚和穿透长度影响因素的研究 [J]. 中国塑料，2008 (3)：52-56.

第11章 聚烯烃结构表征

11.1 概述

尽管聚烯烃仅含有碳和氢两个元素，但却具有多样化的性能及非常广泛的用途，其中最重要的原因之一是它多样化的分子结构和形态。聚烯烃分子量及其分布可在极宽的范围变化，其化学结构的变化更具有多样性。就单个聚烯烃分子链而言，即使是化学结构相对简单的均聚聚乙烯树脂的分子链也不完全是乙烯单元的简单重复连接，其分子链端可能含有双键，分子链上还可能有长支链，原料含其他烯烃杂质或催化剂的低聚功能造成分子链含有少量短支链等。以采用高立体定向齐格勒-纳塔（Z-N）催化剂均聚制备的等规聚丙烯为例，分子链上的甲基主要位于分子链同侧，丙烯单元排列以全同序列为主，但还有少量丙烯的甲基会随机出现在分子链另一侧，结果阻断了连续的全同序列，破坏了聚丙烯分子链的立构规整性，常被称为“立构缺陷”。此外大部分丙烯单体聚合时通常以“头-尾”连接，但也有少数单体以“头-头”或“尾-尾”方式连接，这种单体连接方式的变化会阻断丙烯单体以“头-尾”方式连接的长序列，同样会破坏分子链结构的规整性，常称为区域“缺陷”或“位置缺陷”；当某种烯烃单体与少量的其他烯烃单体共聚时，如乙烯分别与 1-丁烯、1-己烯及 1-辛烯的共聚，少量的共聚单体给聚乙烯分子链带来了短支链，这些短支链破坏了聚乙烯分子链—CH_2—单元的连续序列，因此常把少量的共聚单元和短序列也看成是分子链的“缺陷结构”，实际上，分子链上结构缺陷的多样性还不足以说明聚烯烃分子链结构复杂，更为复杂的是这些“缺陷结构”在分子链间的不均匀分布，通常将其描述为分子链间组成的多分散性。分子量及其分布（多分散性）、分子链组成及其在分子间的分布是常见聚烯烃材料的两大结构特征，构成了聚烯烃材料性能多样化的基础，本章将着重叙述针对这两大结构特征的表征方法。

均聚或含少量共聚单体的聚烯烃树脂多为半结晶的固态材料。在材料内部有晶区和无定形区，在晶区和无定形区之间常常存在过渡区，也称为过渡层，过渡层的结构对材料性能的影响也不可忽略，因此本章将介绍聚烯烃的晶型、片晶、球晶、过渡层厚度等凝聚态结构及相关表征方法。聚烯烃材料的形态还涉及多相结构，其中“连续相”多为半结晶的聚烯烃，“分散相”则是起增韧作用的弹性体，习惯上也将连续相称为“基体相”，将分散相称为“橡胶相”，在“分散相”和“连续相”之间有界面，“分散相”通常具有“包藏结构”或“芯壳结构”等，聚烯烃多相结构的调控对开发高刚韧聚烯烃材料非常重要，本章关于形态的表征也包括了多相结构的内容。

11.2 分子链结构及表征

11.2.1 分子量及其分布

分子量是物质的一个基本物理量，聚烯烃是通过聚合反应合成的高分子材料，聚合产物是一系列不同分子量组分的混合物，其分子量是统计平均值，但仅使用一种平均值无法全面表征烯烃分子量，需要使用不同的平均值，包括数均分子量、重均分子量、黏均分子量、Z 均分子量以及 Z+1 均分子量等[1]，这些平均值的比率常用于表征分子量分布的宽度。各种平均值及其比率可基本表征聚烯烃样品的分子量大小及分布特征，也大大方便了聚烯烃材料有关分子量的信息交流。但对于呈现多峰或更特殊形式的分子量分布（图 11.1）[2]，仅使用统计平均得到的参数还是无法全面表征其分布特征，需要观察完整的分子量分布曲线。在对相同应用场合但性能表现有差异的产品进行结构比对时，有必要将完整的分子量分布曲线叠放在一起比较。

调控分子量和分子量分布是实现聚烯烃性能多样化的一个重要途径。图 11.1 中由低到高将聚乙烯管材树脂分子量分布曲线简单分成 5 个级分，标示了各级分对材料基本性能的影响，其中不同分子量级分和材料性能的相关性也适用于其他聚烯烃材料。通过向聚合反应器内加入链转移剂（例如氢气），可以调节聚烯烃分子量的大小，也可以在聚合结束后使用过氧化物降解，降低产物的分子量，因此常见聚烯烃产品的平均分子量变化范围很宽，从几万到百万以上不等；通过选择不同催化剂、改变聚合工艺、采用多反应器调整不同反应器链转移剂的用量以及造粒条件等因素可以调控聚烯烃树脂产品的分子量分布，因此聚烯烃分子量分布的可调范围也很宽。有很多调控聚烯烃分子量分布的专利技术，也有不少研究分子量及其分布与材料性能关系的文献，而完成这些研究工作的前提之一是能够准确或有效表征聚烯烃的分子量及其分布。

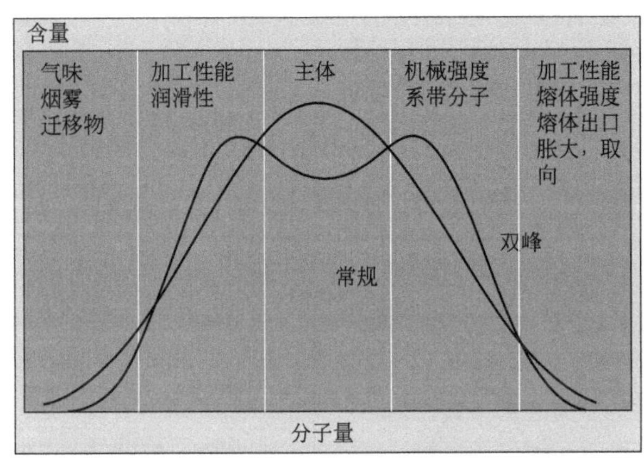

图 11.1　单峰和多峰分子量分布的聚乙烯管材树脂中各级分的相关性能

聚合物分子量分布的测量首先需要一个分离过程将不同分子量的分子分离，然后用适合的浓度检测器测量不同分子量级分的含量，因此测量分子量分布需要开发依据分子量分离分子的技术。凝胶渗透色谱技术已发展成为测量聚烯烃分子量及其分布的主要技术；场流分级技术已用于测量聚烯烃树脂的分子量分布，在测量聚烯烃高分子量方面已显示出优势。聚合物熔体流变性质与分子量及其分布密切相关，因此熔体流变性能也可以间接地表征聚合物分子量及其分布，通过测量聚烯烃熔体流变性能还可以交叉检验 GPC 的测量结果。本节将主要介绍这三种测量聚烯烃分子量的方法。

11.2.1.1　凝胶渗透色谱

凝胶渗透色谱（GPC）是现阶段最有效和最广泛应用的测量聚烯烃分子量及其分布的技术。用于分离的核心材料（色谱柱中的填料）是刚性结构的多孔粒子。将待测量的聚合物样品的溶液注入色谱柱后，再连续注入溶剂作为流动相，聚合物分子经过在流动相和填料孔中停滞液相之间的反复交换后，实现按照分子大小的分离[3]，填料的孔径范围决定了可分离的分子量范围。

采用 GPC 测量聚合物分子量，首先要将聚合物配成稀溶液，常见的聚烯烃树脂是半结晶的材料，需要在接近其熔点的高温（通常高于 140℃）下进行溶解，有必要加入抗氧剂防止分子链高温氧化。为了缩短溶解时间，溶解过程中常常需要摇动容器促进聚合物分子在溶剂中的扩散，与静止溶解相比，摇动容器时的剪切会造成聚烯烃大分子链的降解（图

11.2)[4]，因此需要尽量缩短高温下的溶解时间并避免溶液承受剧烈的摇动。在样品溶解过程中充氮、双温区自动进样以及精密控制每个样品的溶解时间和柱前等待期间的温度等都可有效避免聚烯烃样品的降解（图 11.3)[5]。对于重要的样品尤其是分子量较大的样品，可通过比较不同溶解条件下测试的分子量分布曲线，确定既能将样品溶解完全，又不致引起明显降解的溶解条件。

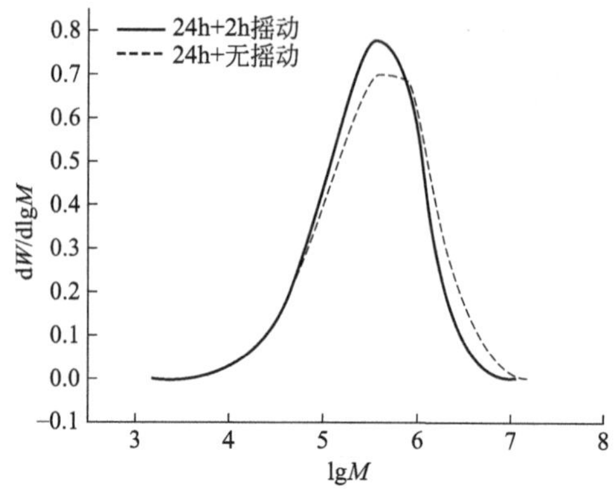

图 11.2　GPC 制样过程摇动对聚丙烯分子量的影响[4]

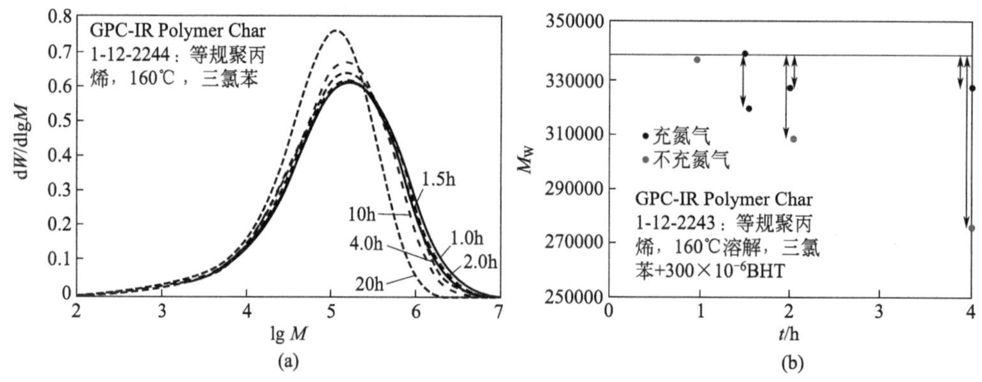

图 11.3　GPC 制样过程中充氮对聚丙烯分子量的影响[5]

在配制 GPC 溶液时，取样量在毫克级，对粉料或者采用不同工艺条件串联生产的多峰分布的树脂产品，需要适当增加样品取样量或采用大容量样品瓶提升样品的代表性。

聚烯烃溶液进入色谱柱后，溶液中的大分子在柱子中保留时间短，对应的淋洗体积小，先随流动相从柱子中流出，而小分子则相反。仪器记录的流出时间，常记为保留时间，也常将保留时间转换为保留体积（淋洗体积）进行记录，如何得知每个保留时间对应的分子量，则需要对色谱柱进行校正，目前最常用的校正方法是普适校正法[6]，采用一系列已知分子量的窄分布聚苯乙烯标准样品，并已知标准样品和被测聚烯烃材料在实际测试条件下的马克-豪温克（Mark-Houwink）参数（K，α），才可以进行普适校正，得到被测样品的分子量数据。可以参考文献中相同温度和溶剂体系下聚乙烯、聚丙烯等聚烯烃的 K 和 α 值，也可采用光散射及特性黏数测试仪测定 K 和 α 值。[7-9]

可用于 GPC 测量聚烯烃溶液浓度的检测器非常有限，早期常用的聚烯烃溶液浓度检测器为示差折射率检测器，但由于折射率对温度过于敏感，而聚烯烃分子量测试常在 140℃以上的温度进行，若实验室环境温度波动较大，则会影响恒温箱温度的波动，造成基线漂移，影响样品分子量分布数据的重现性。另外，溶剂中的杂质常常影响折射率检测器对低分子量级分浓度的检测，也常出现负峰，导致数均分子量以及低分子量端的测试信号重现性较差。使用红外浓度检测器可显著改善 GPC 测试中浓度基线的波动，见图 11.4。[10]

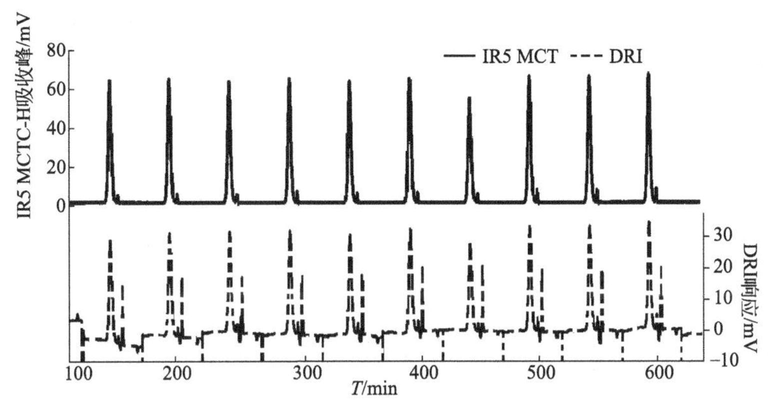

图 11.4　采用线型聚乙烯标样 GPC 重复进样得到的红外和示差折射率检测信号

注射体积 200μL，浓度 2mg/mL[10]

红外浓度检测器是通过 3.5μm 波段附近的 C—H 键的红外吸收强度测量聚烯烃溶液的浓度，前提是所使用的溶剂在所测的红外波段是透明的（无吸收）。因为大多数聚烯烃材料只能在高温下溶解，适用红外浓度检测又能溶解聚烯的溶剂很有限，常用 1,2,4-三氯苯，也可用邻二氯苯和四氯乙烯。由于红外浓度检测器测量结果重现性好，在 GPC 测量聚烯烃分子量时，红外浓度检测器较示差折射率检测器有明显的优势，近年来已获得了越来越多的应用。

采用 GPC 测量聚烯烃分子量及其分布时，不同实验室之间的测试条件差异较大，制备样品溶液的温度及采用的柱温从 135℃到 160℃不等，溶样时间及采用的校正方法也不相同，因此，需要谨慎比较不同实验室的测试结果[11-13]。样品溶解过程和操作者个人处理数据时对基线的选择也会显著影响到测试结果，因此如果不同实验室之间同一个样品的 GPC 测试结果差异较大，则需要详细沟通从样品溶液制备到数据处理的每一个操作细节。

近年来，聚烯烃行业越来越多地使用三检测器 GPC 测量分子量及其分布。三检测器 GPC 除了使用浓度检测器（常用示差折射率检测器或红外浓度检测器），还串联使用黏度检测器和光散射检测器（多角度或两角度），后两种检测器分别用于测量特性黏数和绝对分子量，不需要进行柱校正；黏度检测器和光散射检测器的测量信号对大分子量组分的响应更为敏感，常使用这部分信号比较同类产品中大分子量组分的含量[14]。

通过光散射和黏度检测器测量的分子量和黏数的关系可表征聚烯烃树脂中长支链的支化程度。在相同的分子量下，支化聚合物比线型聚合物能在溶液中更紧密地收缩成无规线团，具有较小的流体力学体积、较小的回转半径和较低的特性黏数。因此可以由支化样品的特性黏数或回转半径与同分子量的线型参比样品的差异来表征长支链支化度[15-17]，如式（11.1）和式（11.2）所示：

$$g' = \left[\frac{(\eta)_b}{(\eta)_l}\right]_M \tag{11.1}$$

式中，g'为黏度支化因子；下标 b 代表支化样品；l 代表线型参比样品；M 代表分子量。根据式（11.1），采用测得的黏度数据，可以计算 g'。

$$g=\left[\frac{(R_g^2)_b}{(R_g^2)_l}\right]_M \tag{11.2}$$

式中，g 为支化因子；R_g 为光散射检测器测量的回转半径，下标的含义同上。

虽然目前为止，聚烯烃分子链上长支链的定量对技术人员依然是个难题，但通过详细描述测量过程并保证测量方法的可操作和可重复性，还是可用各种平均支化因子在一定程度上表征聚烯烃的长支链支化结构，帮助研发人员研发聚烯烃新产品[18,19]。

三氯苯沸点高，具有相对较大的 dn/dc 值，另外在 3.5μm 红外波段附近透明（无吸收），因此适用于示差折射率检测器和红外浓度检测器，至今仍是 GPC 测量聚烯烃分子量的常用溶剂。长期以来，研究人员一直在努力寻找更低毒性的溶剂，Boborodea 的研究表明二丁氧基甲烷可用于 GPC 示差折射率检测器，测量聚烯烃的分子量及其分布[20]。

组合化学和高通量实验技术以及聚烯烃交叉分级技术的需求促进了快速 GPC 在聚烯烃行业的应用。一个聚烯烃试样在常规 GPC 柱子的保留时间在 40min 左右，而快速 GPC 可将保留时间缩短至 10min 以内。快速 GPC 主要通过缩短柱长或提高流动相流速实现快速测量，不可避免会造成分辨率的下降，因此，使用快速 GPC 需要权衡提高测试速度和降低分辨率的利弊[21,22]。

11.2.1.2 场流分级技术

场流分级（field-flow fractionation，FFF）是非柱型的分离技术，是将待测聚合物溶液流经一个没有固定相的扁平（宽高比大于 100）通道，实现基于分子量的分离[23,24]。可采用非对称（asymmetrical flow field-flow fractionation，AFFFF）模式测量聚烯烃分子量分布，需要增加一个垂直于流动相流动方向的交叉流动，交叉流动的流体通过通道下方的半透膜从通道排出（图 11.5），当聚合物样品溶液进入 AFFFF 通道后，垂直于层流方向的场力驱使聚合物试样向流道下壁的半透膜运动和聚集，聚合物分子依据扩散能力，在通道中处于半透膜上方不同的高度，分子越小，扩散得越快，越早到达通道的中心由流动相带出，由此实现聚合物按照分子量的分离[25,26]。

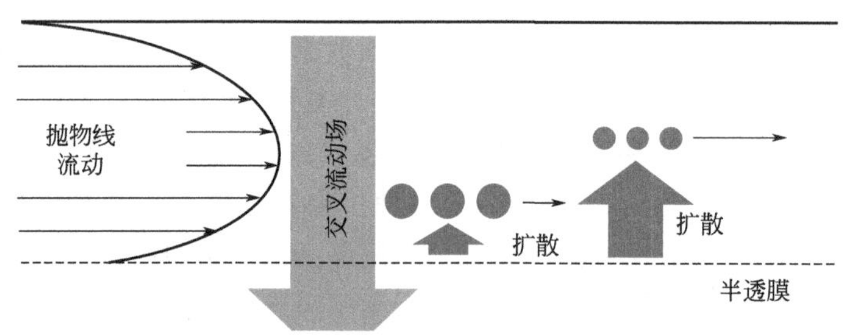

图 11.5　非对称场流技术测量聚合物分子量分布的示意图[25]

由于没有适合的 GPC 分离柱以及高分子量分子链在柱中不可避免地剪切降解，超高分子量聚乙烯分子量分布的测量对于 GPC 技术仍然是个挑战，而场流分级由于分离通道中没有填充物，则可以突破上述 GPC 柱子在分离超高分子量聚乙烯方面的局限。Otte 的研究已表明 AF4 对分子量非常高的 LDPE 和 HDPE 的测量效果要好于 GPC[27]。因为很难制备足够小孔的半透膜，场流分级技术目前还难以分离小分子量的聚合物，例如流场分级就无法分离分子量小于 50000 的样品。

11.2.1.3　流变学方法

聚烯烃熔体通常为假塑性流体。分子量越大，熔体的黏度越高；分子量分布越宽，随剪切速率的提高熔体黏度下降越快，即熔体剪切敏感性越强。聚烯烃熔体的这一流变现象已成为表征聚烯烃分子量及其分布的流变学方法。其中 Zeichner 和 Patel 提出的交点模量法(Zeichner-Patel 法)[28] 和 Yoo 提出的模量分割法［modulus separation(modsep)］[29] 是两种常用的方法。

(1) 交点模量法

采用旋转流变仪的小幅振荡剪切模式测量聚烯烃熔体的储能模量（G'）和损耗模量（G''）随剪切频率的变化，储能模量（G'）与损耗模量（G''）曲线相交的点对应的模量称为交点模量（crossover modulus)，记为 G_c，流变法表征分子量分布的多分散指数 PDI＝$10^6/G_C$［G_C 单位为 dyn/cm^2（1dyn＝10^{-5}N)］。GPC 测量的聚丙烯树脂的分子量分布 M_w/M_n 与熔体流变学测量的多分散指数 PDI 具有较好的相关性，如图 11.6 所示。

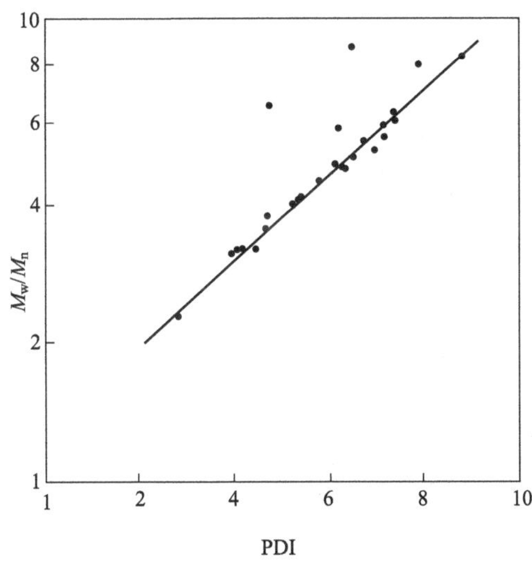

图 11.6　GPC 测量的聚丙烯树脂的分子量分布系数 M_w/M_n 与熔体流变学测量的多分散指数 PDI 的关系[28]

(2) 模量分割法

在有限的剪切频率范围，较高流动性的聚烯烃熔体的储能模量（G'）和损耗模量（G''）随频率的变化曲线相互没有交点，无法获得交点模量，H. J. Yoo 发现，熔体在较低频率范围内测量的 G'和 G''为同一特定数值时所对应的频率之比（Modsep）可以用来表征样品的分子量分布，且可以选取不同的模量数值。图 11.7 为 GPC 测量的一组聚丙烯树脂的 M_w/M_n 与模量分割法测量的 Modsep 有较好的相关性[29]。

流变学方法测量的聚烯烃分子量多分散指数（PDI）常用来与 GPC 测量的分子量分布数据相互验证，需要注意的是，上述两种流变方法均基于线型聚烯烃树脂的流变性能测量，没有证据表明其适用于具有长支链支化结构的聚烯烃树脂。

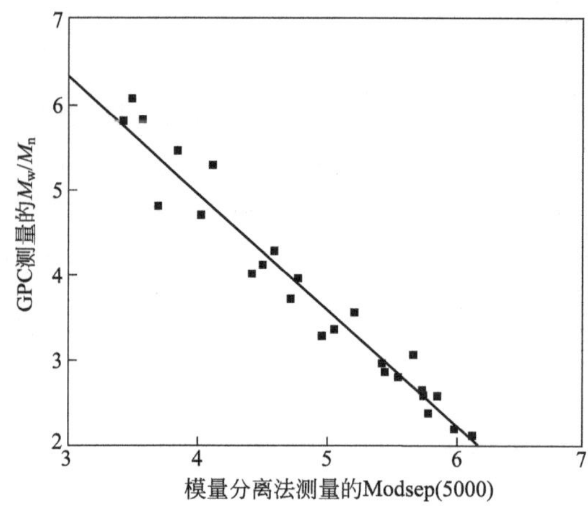

图 11.7　GPC 测量的聚丙烯树脂的 M_w/M_n 与模量分割法测量的 Modsep 的关系[29]

11.2.2　分子链组成及其分布

11.2.2.1　分子链组成及其定量

(1) 共聚单体和短支链

共聚单体及其含量是聚烯烃材料重要的结构参数。共聚作为一个有效的技术手段，在聚烯烃材料性能改进和多样化应用方面发挥了重要的作用，例如，通过乙烯与少量的 α-烯烃的共聚，提升了聚乙烯的耐裂纹扩展、耐撕裂等性能，制备的聚乙烯树脂在管道输送、农业大棚及包装等领域获得了广泛的应用；通过丙烯与乙烯或丁烯等单体的共聚，大大改善了聚丙烯透明性、热封性等，生产的聚丙烯树脂广泛用于家居用品、食品包装等领域；通过提高共聚单体的含量，制备的丙烯基或乙烯基的弹性体是高韧性聚烯烃材料中的重要组分；应用链穿梭剂通过共聚制备了烯烃的嵌段聚合物。共聚 α-烯烃给聚乙烯分子链带来短支链，例如，乙烯与 1-己烯共聚，聚乙烯分子链上就有了含 4 个碳的短支链，不仅是短支链含量，短支链长度也显著影响聚乙烯性能，常见同样短支链含量下，含 4 个碳短支链的 LLDPE 的撕裂性能好于含两个碳短支链的 LLDPE。因此，在聚乙烯分子链结构的表征中常常也将短支链看作重要的结构单元。

(2) 空间异构

在丙烯、1-丁烯、1-己烯及 1-辛烯等 α-烯烃聚合的分子链中含有不对称的碳原子 C^* ($—CH_2—C^*HR—$)，造成分子链可能具有空间异构。其中，不对称碳原子上的取代基 R 在空间的排列方式有全同立构、间同立构、无规立构三种：

① 全同立构，取代基排布于主链的同侧；

② 间同立构，取代基交替排布于主链的两侧；

③ 无规立构，取代基无规则排布于主链的两侧。

目前市场上聚丙烯树脂主要是等规聚丙烯，其分子链的结构主要为全同立构，在以全同立构为主的分子链中，有少量甲基会随机位于分子链的另一侧，习惯上将这种少量的空间异构称为“立体缺陷”或“立构缺陷”。

(3) 区域异构

在 α-烯烃聚合过程中，如果定义双键碳原子带烷基的一侧为“头”，另一个碳原子的一侧定义为“尾”，α-烯烃通常以“头-尾”相接的方式聚合，但是也会出现少量“头-头”或

“尾-尾”相连的形式。这种“头-头”或“尾-尾”连接方式形成的结构称为“区域缺陷”或“位置缺陷”[30]。

(4) 红外光谱定量

红外光谱是表征聚合物结构常用的一种方法。红外吸收光谱能快速提供各种官能团的信息，通过透射光能量采集信号时，要求样品很薄，如果样品不易制成薄片或为不透明的试样，可采用反射模式测量。

红外光谱可用于定量聚丙烯等规或间规度[31]。全同和间同结构的聚丙烯均是立构规整性聚丙烯，分子链结构主要为全同结构的聚丙烯称为等规聚丙烯。等规聚丙烯在 800～1200cm^{-1} 范围的一些红外吸收谱带可归因于等规聚丙烯中 3_1 螺旋结构[32]，由于聚丙烯形成较长螺旋结构的能力与分子链的等规度有关，因此可以通过螺旋结构谱带测量聚丙烯的等规度。常用 998cm^{-1} 和 973cm^{-1} 两个谱带的吸光度比值 A(998cm^{-1})/A(973cm^{-1}) 表征聚丙烯分子链的等规度。红外光谱测量聚丙烯等规度常通过熔融压片制样，因为熔融压片温度及冷却条件等影响聚丙烯分子链的凝聚态结构，继而影响其中较长螺旋结构的测量，有必要在相同制样条件下比对红外光谱对不同样品的等规度测试结果。间规聚丙烯分子链有三种以上的构象，这些构象与等规聚丙烯的构象不同，因此从红外吸收光谱可以区分等规和间规聚丙烯，间规聚丙烯中常见的两个构象是 2_1 螺旋构象和平面 zig-zag 构象，分别对应谱带 977cm^{-1} 和 962cm^{-1}，两个构象结构都会出现 867cm^{-1} 谱带，因此可用该谱带测量间规度。

聚丙烯“头-头”和“尾-尾”结构的红外特征谱带分别出现在 1030cm^{-1}[—$CH(CH_3)$—$CH(CH_3)$—] 和 755cm^{-1}[—$(CH_2)_2$—]。

红外光谱法可快速测量聚丙烯共聚物中的乙烯含量[33]，孤立的乙烯共聚单元序列[—$(CH_2)_3$—]，即使含量很低，在低频区域 733cm^{-1} 左右也会出现特征谱带，若出现两个以上的乙烯连排序列，在 721cm^{-1} 附近会多出一个特征谱带。需要注意的是聚乙烯/聚丙烯树脂共混体系也会出现这两个谱带，其中两个谱带各为一个尖锐的吸收峰，能较好地分辨[34]，而丙烯-乙烯无规共聚物的两个谱带会有一定重叠，不能完全分辨。因此，一般情况下可以通过红外光谱鉴别丙烯-乙烯无规共聚物与聚乙烯-聚丙烯共混物。

在用红外光谱 730cm^{-1} 附近谱带的吸光强度测量聚丙烯中共聚的乙烯单体含量时，一般选用 4323cm^{-1} 谱带吸收峰作为内标峰，消除样品厚度带来的误差。在建立工作曲线时，要先用 NMR 方法测定标样的乙烯共聚单体含量。此外，红外光谱也可以测量丙烯-乙烯-丁烯三元共聚物的化学组成，其中丁烯单元的特征谱带在 760cm^{-1} 附近。

乙烯与不同的 α-烯烃共聚时，分子链上会产生不同的短支链，包括甲基、乙基、丙基、丁基、戊基和己基等。这些短支链中—CH_3 的摇摆振动在 700～900cm^{-1} 范围内有弱吸收峰，如 770cm^{-1}、899cm^{-1} 以及 784cm^{-1} 的谱带分别对应乙基（1-丁烯-乙烯共聚）、丁基（1-己烯-乙烯共聚）和己基（1-辛烯-乙烯共聚）侧基上的甲基摇摆振动吸收[35]。

1-丁烯-乙烯共聚物，会在 720cm^{-1} 附近出现弱吸收峰，对应于乙烯单元联排结构中—CH_2—的摇摆振动吸收。但由于受丁烯中聚合单元的乙基在 770cm^{-1} 附近吸收峰（强）的影响，720cm^{-1} 的吸收峰基线在高波数一侧向上偏移，无法准确定量，因此红外光谱方法还不能用于聚丁烯共聚物中乙烯共聚单体含量的快速测量。

(5) 核磁共振波谱定量

核磁共振（NMR）已经广泛用于测量聚烯烃分子链中空间异构、短支链（SCB）或共聚单体、单体序列、位置异构和链末端双键等结构单元的含量。聚烯烃组成定量常用碳谱（^{13}C NMR）。

常用^{13}C NMR谱中化学位移在19.5～22.5范围的甲基碳的信号测量聚丙烯的立构规整性[36]。聚丙烯分子链上相邻甲基位于分子链同侧的结构用m表示，相邻甲基位于分子链不同侧的结构用r表示，连续的m序列mmmmm…称为等规序列，连续的r序列rrrrr…称为间规序列，虽然已能归属一部分九单元序列的谱峰[30]，但人们还是常用二单元序列（m或r），三单元序列（mm或rr）或五单元序列（mmmm或rrrr）的含量表征分子链的立构规整性，等规聚丙烯分子链中少量的r结构被看作立构缺陷，习惯上也将等规序列m、mm或mmmm的百分含量称为等规度。等规和间规序列平均长度n_m和n_r是表征聚丙烯分子链结构的常用参数，可通过三单元序列的测试结果计算：

$$n_m=([mm]+\frac{1}{2}[mr])/\frac{1}{2}[mr]$$

$$n_r=([rr]+\frac{1}{2}[mr])/\frac{1}{2}[mr]$$

因为^{13}C核磁谱相对^{1}H核磁谱具有更大的化学位移分散度，对聚烯烃化学结构的分辨能力远高于^{1}H核磁谱[30]，常使用^{13}C NMR定量聚烯烃立构规整度，因为测量立构规整度时涉及的甲基碳具有相同的质子取代并具有相似的活动自由度，还可以利用NOE来提高信噪比（S/N）。

常用^{13}C NMR定量聚烯烃共聚单体或短支链含量。首先需要进行NMR谱峰的结构归属[37-45]，在完成NMR谱峰结构归属或认定后，就可以进行单体及单体序列含量的计算。由于许多精细结构的峰重叠，常用的计量方法是将重叠的峰认定为集合峰，计量时直接采用集合峰的积分值，通过解联立方程得到单体序列的含量，计算过程需要引用不同长度的单体序列之间的必要关系式[38,42]，以乙烯-己烯共聚物为例，表11.1列出了不同长度单体序列之间的必要关系式。

常用“单体分散度”（monomer dispersity或MD）来表征无规共聚过程中共聚单体单元形成连续序列或“簇”的趋势，目前通过大多数二元共聚聚烯烃的^{13}C NMR谱可以计算得到其中共聚单体或短支链、二单元单体序列以及三单元单体序列的含量，其中单体序列的数据可用来表征共聚单体的分散度，以乙烯-己烯无规共聚物为例，己烯分散度MD_H的计算公式见式（11.3）[46]：

$$MD_H=100\times 1/2([HE]/[H]) \tag{11.3}$$

表11.1 乙烯-己烯无规共聚物中单体序列之间必要关系式[42]

不同单元序列的相互关系	必要关系式
一单元序列-一单元序列	[E]+[H]=1
二单元序列-二单元序列	[EE]+[EH]+[HH]=1
一单元序列-三单元序列	[E]=[EE]+1/2[EH] [H]=[HH]+1/2[EH]
三单元序列-三单元序列	[EEE]+[EEH]+[HEH]+[EHE]+[EHH]+[HHH]=1 [EEH]+2[HEH] = [EHH] +2[EHE]
一单元序列-三单元序列	[E]=[EEE]+[EEH]+[HEH] [H]=[EHE]+[EHH]+[HHH]

续表

不同单元序列的相互关系	必要关系式
二单元序列-三单元序列	[EE]= [EEE]+1/2[EEH] [EH]= [EEH]+2 [HEH]= [EHH]+2 [EHE] [HH]= [HHH]+1/2[EHH]
四单元序列-四单元序列	[EEEE]+[EEEH]+[HEEH]+[EEHE]+[EEHH]+[HEHH]+[EHEH]+[EHHE]+[EHHH]+[HHHH]=1 2[HEEH]+[EEEH]=[EEHE]+[EEHH] 2[EHHE]+[EHHH]= [HEHH]+[EEHH]
二单元序列-四单元序列	[EE]= [EEEE]+[EEEH]+[HEEH] [EH]= [EEHE]+[EEHH]+[HEHH]+[EHEH] [HH]= [EHHE]+[EHHH]+[HHHH]
三单元序列-四单元序列	[EEE]= [EEEE]+1/2[EEEH] [EEH]= 2[HEEH]+[EEEH]=[EEHE]+[EEHH] [HEH]=1/2[EHEH]+1/2[HEHH] [EHE]=1/2[EHEH]+1/2[EEHE] [EHH]=2[EHHE]+[EHHH] =[HEHH]+[EEHH] [HHH]=[HHHH]+1/2[EHHH]

聚烯烃分子链中少量的“位置异构”会成为“结构缺陷”破坏分子链结构的规整性，进而影响材料的性能。在聚丙烯的^{13}C NMR 谱图中，可以很容易分辨出“位置异构”（图11.8）[30,47]。

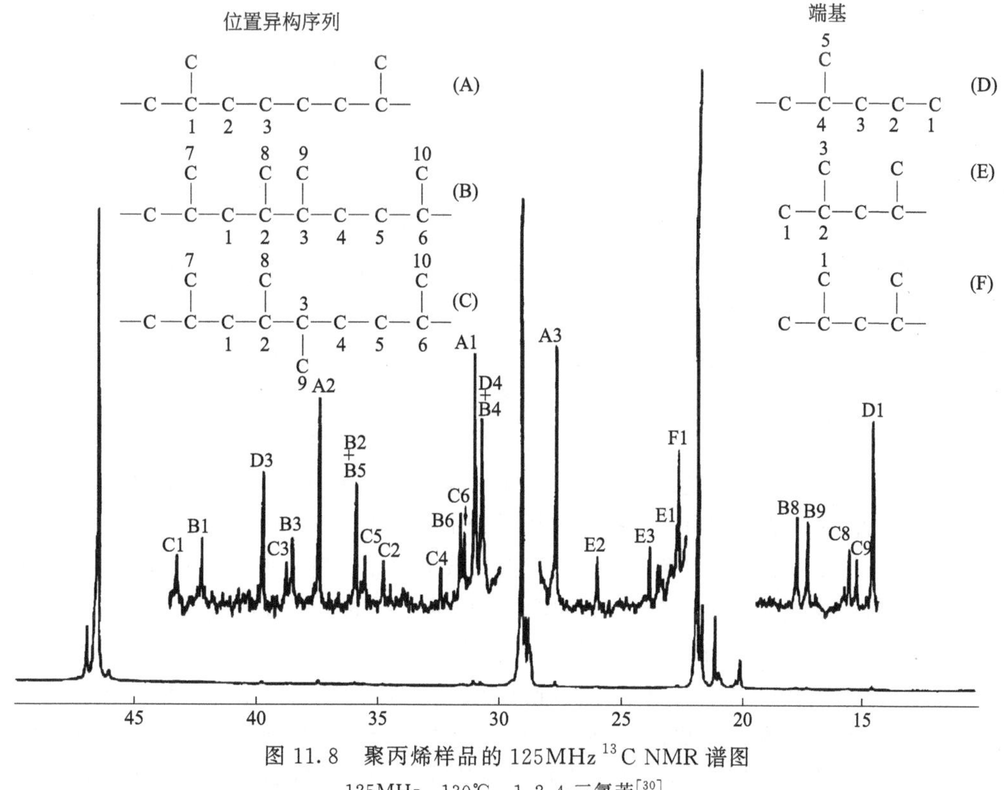

图 11.8　聚丙烯样品的 125MHz ^{13}C NMR 谱图

125MHz，130℃，1,2,4-三氯苯[30]

聚烯烃分子链上的不饱和双键使得材料在后期加工过程中容易发生氧化和降解，另外在分子链端的不饱和双键也有可能进一步反应形成长支链结构或用来对材料进行功能化改性，采用核磁共振技术可以鉴别或定量聚烯烃材料中的某些不饱和双键，从^{1}H NMR 谱图可以较好地分辨乙烯-辛烯无规共聚物分子链上不同化学环境的双键上的氢[48]。

^{13}C NMR 可以分辨聚乙烯分子链上碳数小于 20 的短支链[49]（图 11.9）。尽管如此，如果聚乙烯分子链同时含有多个碳数超过 6 的支链，由于峰相互叠加程度大，^{13}C NMR 还是很难同时定量各支链的含量。因此，对于分子链既含有长支链[50]，又含有碳数超过 6 的短支链聚乙烯，^{13}C NMR 通常难以准确测量聚乙烯长支链的含量。

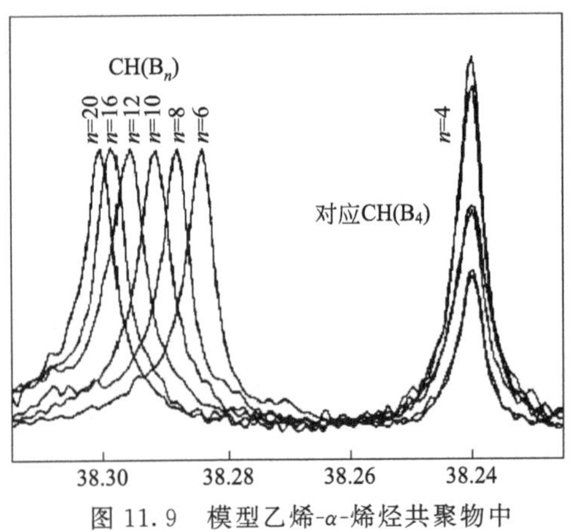

图 11.9 模型乙烯-α-烯烃共聚物中叔碳的^{13}C NMR 谱峰[49]

针对常见的聚烯烃，使用 400MHz 场以及常规 10mm 探头，一般需要花费约半天采样时间才可获得能用于定量分析的^{13}C NMR 光谱，如果要获得更准确的定量结果，采样时间常常超过 20 个小时。而使用低温探头，能显著降低信号的噪声，提高测量的灵敏度，从而可大大缩短^{13}C NMR 的采样时间；此外，低温探头对测量灵敏度的提升还使人们能应用 NMR 研究少至几十毫克的聚烯烃级分样品以及分子链内和链端的精细结构；大多数聚烯烃树脂在超过 120℃ 的条件下才能溶解，近年来，低温探头尤其是可以在超过 120℃ 条件下使用的 10mm 低温探头在聚烯烃 NMR 测试中获得了越来越多的应用[51]。

11.2.2.2 分子链组成分布表征

聚烯烃分子链组成的多分散性通常是指聚烯烃材料的分子链之间的立构缺陷和/或共聚单体含量不同，即分子间组成不均一。目前市场上大多数聚烯烃材料的分子链组成的分布都很宽，原因主要是制备过程使用了多活性中心的催化剂和/或多反应器的生产工艺。催化剂中不同的活性中心在立体定向能力、链转移剂敏感度以及共聚能力等方面的差异造成了聚烯烃分子链组成的不同。另外人们为了提升聚烯烃材料的某种性能，有意识地调整串联或并联反应器中的原料组成和/或催化剂的定向能力，造成最终产品分子链组成分布更宽。

对聚烯烃材料分子链组成多分散性的有效调控给材料带来更高的性能和更广泛的应用，例如，高密度聚乙烯管材树脂 PE100 优异的综合性能就受益于多反应器技术调控了分子间共聚单体的分布[52]，“非对称加外给电子体技术”通过调控多反应器的催化剂的性能，实现了通过调控聚丙烯分子量分布以及分子链间的等规度分布制备高性能聚丙烯树脂产品[53]。单活性中心催化剂如茂金属催化剂的应用可显著提升聚烯烃分子间组成的均一性，单活性中心催化剂结合多反应器技术，使得人们可以更精准控制聚烯烃组成的分布，进一步提升聚烯烃材料的性能。

表征聚烯烃分子链组成分布的关键步骤是按照分子链的组成分离聚烯烃。目前广泛应用的有结晶分离和色谱分离两种技术，其结果是把聚烯烃分成了不同组成的级分，因此也称之为分级技术。结晶分级技术主要有升温淋洗分级、结晶淋洗分级、结晶分析分级；色谱分级技术主要有溶剂梯度相互作用色谱、热梯度相互作用色谱。结晶分级的温度（结晶温度或淋洗温度）和色谱分级的保留时间或淋洗体积与聚烯烃分子链组成有很好的相关性，因此，横坐标为温度（淋洗温度或结晶温度）或保留时间（淋洗体积），纵坐标为级分含量的分级曲线即可表征聚烯烃分子间组成的分布。如果采用标准样品对分离过程进行校正，可将分级曲线横坐标的温度或保留时间转换为共聚单体含量或等规度，呈现的分布曲线为化学组成的分布曲线或等规度的分布曲线。前述的凝胶渗透色谱仪联用组成检测器也可以测量分子链组成基于分子量的分布数据。下面将逐一介绍这些分级技术。

(1) 升温淋洗分级 (TREF)

升温淋洗分级是依据结晶性能对聚烯烃进行分离的技术。早在 20 世纪 50 年代，Desreux 和 Spiegels 使用溶剂对聚乙烯进行了升温淋洗的实验，意识到在不同温度的淋洗可以对聚乙烯按照结晶度进行分离，60 年代，S. W. Hawkins、H. Smith 和 Shirayama 成功应用了这一技术，Shirayama 提出了技术术语“升温淋洗分级”（temperature rising elution fractionation，TREF）[54]。70 年代至 80 年代初，测量聚烯烃分子量分布的凝胶渗透色谱技术得到快速发展，当能够比较容易地获得分子量分布数据后，人们发现分子量分布的数据并不能够完全解释固态半结晶聚烯烃材料的全部性能，需要重新聚焦控制聚合物性能的其他结构因素[55]。此时 Wild 等发展了分析型的 TREF，对 LLDPE 的分级结果帮助人们理解了 LLDPE 化学组成的多分散性以及和 Ziegler 催化剂多活性中心的相关性，促使 TREF 成为测量 LLDPE 化学组成分布不可或缺的工具，结晶分离技术成为聚烯烃结构表征的一个重要手段。在 TREF 开发的早期阶段，TREF 多是用户自行搭建并自行设计实验方法，20 世纪 90 年代 TREF 仪器逐渐商业化，至今，TREF 从样品溶解、溶液进柱、冷却结晶、升温淋洗、级分浓度检测到数据处理的过程已全部能够自动化[54]。

升温淋洗分级可分为“分析型 TREF”（A-TREF）和“制备型 TREF”（P-TREF）两种。这两种技术依据相同的分离原理，主要差异在三个方面：

① 一次可分离的样品量不同，P-TREF 分离的样品量通常在 2～20g，A-TREF 分离的样品通常小于 100mg。

② 级分的后处理及分析过程不同。P-TREF 通过沉淀、过滤及干燥，回收分离的级分，经过后期离线的分析得到级分的结构信息；而 A-TREF 在分离柱后面可直接连接浓度及其他检测器，在线提供级分的结构信息。

③ 分离一个样品的耗时有显著的差异。两者都是通过慢速降温将聚烯烃结晶沉积在柱子内惰性填料的表面，然后对柱子注入溶剂并逐渐升高柱温淋洗级分，但 P-TREF 由于分离的样品量大，填充柱几何尺寸大，为了保证柱内温度的均匀性以及相应级分结晶趋于完善，采用更慢的降温速率结晶，P-TREF 淋洗阶段一般都采用梯度升温的控制程序，为保证级分充分溶解，在每个阶梯温度，停留较长时间（通常大于 16h）才开始淋洗。常规操作条件下，P-TREF 的分离效果优于 A-TREF，级分样品量大，离线分析能提供比 A-TREF 更丰富的级分结构信息，但由于 P-TREF 耗费太多人力，常用于需要全面深入了解样品分子链结构的场合。多年来，人们不断改进 A-TREF 技术和实验方法，发表了很多研究论文，A-TREF 技术不断得到完善，本节有关升温淋洗的内容都是 A-TREF 的研究结果，P-TREF 的相关内容将特别注明。

升温淋洗分级装置主要包括可精确控温的填充柱（填有玻璃珠、硅藻土或不锈钢珠等惰性填料）、淋洗溶剂注入装置和浓度检测器。虽然称为升温淋洗分级，但在升温淋洗之前，试样需要经过一个降温结晶过程。具体过程如下：将聚烯烃样品于高温（通常在 140℃以上）溶解在适当的溶剂中，将溶液注入填充柱，随后以缓慢的冷却速度将装有试样溶液的填充柱降温至室温或更低温度，溶液中的聚烯烃试样在降温过程中逐渐地结晶沉积在柱填料表面。降温过程结束后，向柱中连续注入溶剂，同时缓慢升高柱温，试样将逐步溶解在溶剂中并从柱中淋洗出来，不同温度淋洗出来的样品称为级分，采用浓度检测器测量淋洗液中样品的浓度并换算成级分的质量，绘制淋洗温度对应级分质量分数的淋洗曲线，即升温淋洗曲线。降温过程结束后试样溶液中所有未结晶沉淀的分子将在升温淋洗开始时最先淋出，通常称之为“室温可溶级分”。

前文提到，聚烯烃分子链组成的不同主要是指分子链上的“共聚单体”和/或“空间异构”的含量不同，对于大多数可结晶的聚烯烃树脂，分子链上少量共聚单体或空间异构可看成是“结构缺陷”，这些“结构缺陷”能有效阻断分子链中主要单体聚合单元的规整排列，破坏分子链的对称性或规整性，使可结晶的序列长度变短，从而影响分子链的结晶温度、熔融温度及结晶度，分子链上结构缺陷越多，结晶温度和熔融温度越低，结晶度也越低，熔融和溶解的温度也越低。由此，“缺陷结构”含量不同的分子链在降温或升温过程中将分别在不同的温度从溶液中结晶沉淀或溶解，实现相互之间的分离，这是结晶分离技术可用来表征聚烯烃分子链组成分布的技术依据。

升温淋洗分级采用的是结晶分离技术，只能分离可结晶的聚烯烃。以聚乙烯共聚树脂为例，通常的共聚单体为α-烯烃，分子链上由共聚引入的短支链会破坏分子链的对称性，如果共聚单体的含量在分子链之间变化很大，含最少α-烯烃的分子链的对称性被破坏的程度最低，降温过程中将最先结晶在惰性填料表面，升温淋洗过程中这部分晶粒的熔融温度最高，则在最高的淋洗温度最后被淋出，因此升温淋洗温度就对应了聚乙烯分子链的共聚单体含量，淋洗温度越高，淋洗级分的共聚单体含量越低。同理，聚丙烯样品的淋洗温度则对应其分子链上的立构缺陷和/或共聚单体的总含量。

分子量影响级分的淋洗温度。Wild 对一系列聚乙烯样品的升温淋洗实验表明，分子量小于 10000 时，淋洗温度随分子量增大快速升高，分子量大于 20000 以后，随分子量增大，淋洗温度基本不再变化（图 11.10）[56]。由于分子量会影响聚合物的溶解速度，有必要关注由于级分分子量大造成溶解滞后对淋洗过程的影响。

与聚烯烃相互作用强的淋洗溶剂可降低淋洗温度，反之则提升淋洗温度[54]，因此可用偏极性的淋洗溶剂分离结晶性能较差的聚烯烃，以便在基温以上能得到更多的级分。另外，使用熔点较低的溶剂，例如邻二氯苯（熔点为－17℃），结合冷却装置，可以在低于室温的条件下进行淋洗分级，可分离结晶性能较差的聚烯烃样品或进一步细分室温可溶物。不改变 TREF 降温速度和升温速度，仅降低溶剂流动速度可提高浓度检测信噪比，但会延迟同一级分到达检测器的时间（对应较高的温度），造成升温淋洗曲线向高温偏移（图 11.11）[57]，保持降温速度/升温速度/溶剂流速为相同比率，可基本避免这一现象。

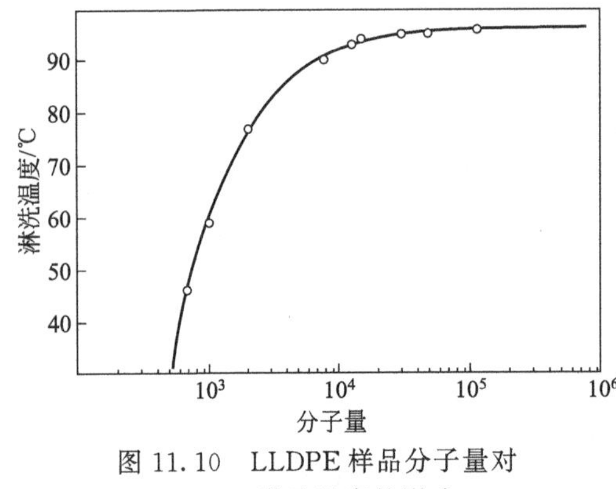

图 11.10 LLDPE 样品分子量对 TREF 淋洗温度的影响

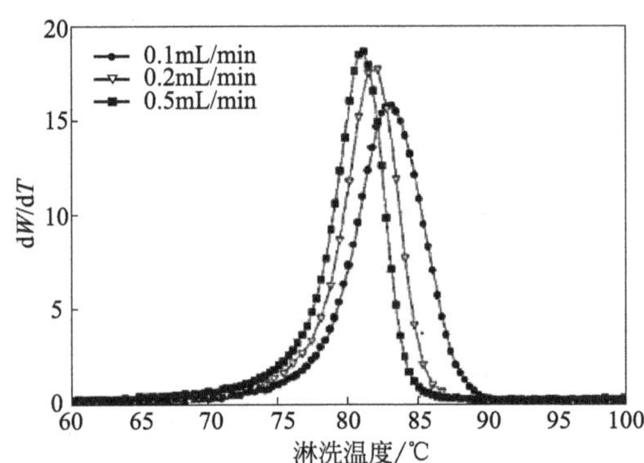

图 11.11 不同溶剂流动速度下的升温淋洗曲线（样品：乙烯-1-辛烯共聚物，辛烯含量 2.19%；相同的降温速度和升温速度）

TREF 实验中，控制较慢的降温速率对样品的分离至关重要。较慢的降温速率可以尽可能减少共晶现象，也能够使分子链形成更稳定的结晶避免在升温过程中重结晶，影响分离效果。Wild 早期的实验推荐 1.5℃/h 的冷却速率并指出较慢的降温速率还可以避免分子量对结晶分级的影响[56]。目前 TREF 常用的降温速率在 0.1～0.5℃/min，图 11.12 表明[54]，当降温速率提升至 0.4℃/min，接下来的升温淋洗过程中在较高温度出现了重结晶的淋洗峰，采用较慢的升温速率，重结晶峰进一步增强，说明 TREF 实验中的快速降温确实使分子链形成了不稳定的晶体，从而导致后续升温淋洗曲线失真。因此 TREF 实验应尽可能应用较慢的降温速率。

TREF 通常使用 0.5～5℃/min 的升温速率。升温速率的设置需要同时考虑淋洗溶剂的流动速率，较快的溶剂流速、缓慢的升温速率将需要用较多的溶剂淋洗聚合物的一个级分，会降低级分的浓度，降低浓度检测的信噪比，而溶剂低流速和快速加热将导致某些时刻淋洗柱中的溶液浓度过高，降低分级的分辨率，严重时还会导致柱子堵塞。通常溶剂流速为 0.5～2mL/min，需要依据采用的升温速率并针对柱子尺寸和样品量进行优化。初始样品溶液的浓度一般为 0.5%，如果浓度检测器灵敏度较高，应降低试样浓度，尽量避免共结晶。对于分子链组成分布较窄的样品，还有分子量偏高的样品，试样量过大，容易造成柱子堵塞，有必要用更低的浓度配制样品溶液[54]。

典型 LLDPE 样品的升温淋洗曲线见图 11.13[54]，横坐标是淋洗温度，纵坐标是在每个温度淋洗的级分含量。实际操作中，常用溶剂的结晶温度较高，做不到将聚烯烃溶液冷却到非常低的温度使柱子中的样品全部结晶，因此，TREF 曲线在温度起始端的小峰对应的是所选择的最低结晶温度下未结晶的级分，这一级分的含量图中用小矩形面积标示。

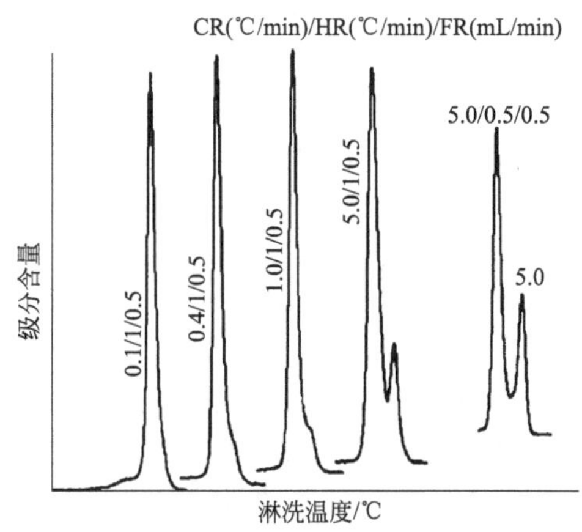

图 11.12 TREF 的降温速率和升温速率对分离效果的影响

CR—降温速率；HR—升温速率；FR—溶剂流速

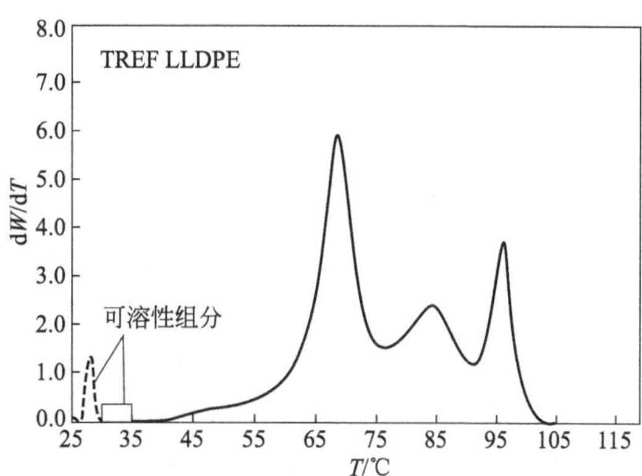

图 11.13 一种 LLDPE 的升温淋洗曲线

Wild 早期的实验已表明，聚乙烯树脂的共聚单体含量和 TREF 的淋洗温度存在线性关系[56]。Cossoul 等发表了一系列聚乙烯共聚物的 TREF 校准曲线（图 11.14）[58]，结果表明在相同的共聚单体摩尔分数下，TREF 淋洗温度随短支链长度的增加而降低，乙烯与丙烯共聚形成的短支链（甲基）长度最短，淋洗温度最高，辛烯和己烯两种共聚单体对聚乙烯共聚物淋洗温度的影响差异不大，校正曲线基本重合。

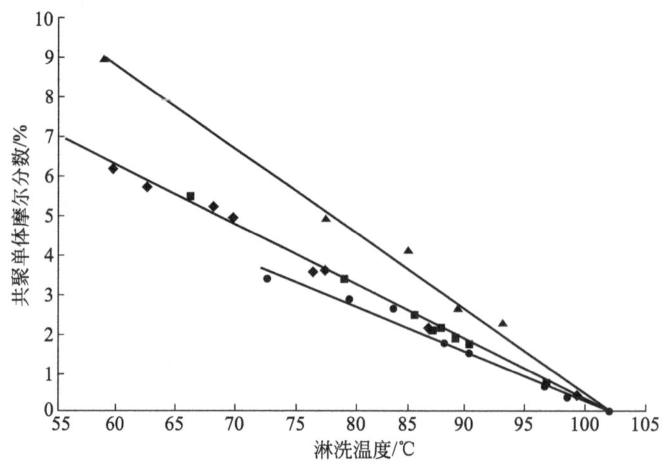

图 11.14 聚乙烯共聚物 TREF 淋洗温度（峰温）校正曲线

▲—丙烯；◆—1-己烯；■—1-辛烯；●—1-十八烯

由于 TREF 淋洗温度和聚乙烯共聚单体含量的相关性，可以将聚乙烯升温淋洗曲线横坐标的温度采用相关校正曲线转化为共聚单体含量，将聚乙烯的升温淋洗曲线转化为化学组成分布曲线（chemical composition distribution，CCD）。但由于很难制备理想的窄组分分布的标样，TREF 温度的校正较为困难，人们常常通过在同一坐标系叠放采用相同 TREF 操作条件得到的淋洗曲线，分析聚乙烯样品之间化学组成分布的异同。除了 CCD 曲线外，根据需要，也可以用一些参数表征聚烃烯组成的分布，这些参数有可溶物的含量，还有采用类似计算平均分子量的方法计算的数均淋洗温度和重均淋洗温度[59]。专利文献为了定义聚烯烃专利产品的结构，常提出一些表征组成分布的参数，例如组成分布宽度指数（CDBI）、溶解分布宽度指数（SDBI）[54] 等。

在 TREF 仪器上连接测量组成的红外检测器，可同时得到聚乙烯共聚物的级分浓度及支化度（CH_3/1000C）的数据。由于聚丙烯共聚物的分子链上不仅有共聚单体还有空间异构等其他结构单元，不同类型的“缺陷结构”对聚丙烯 TREF 淋洗温度的影响程度不同，很难采用标准样品校准淋洗温度，更有必要在 TREF 系统装配红外组成检测器以便检测聚丙烯级分中共聚单体的含量。除此之外，在 TREF 装置上还可以连接黏度计和/或光散射检测器［图 11.15(a)］测量级分的特性黏数和/或分子量[54]，由此了解分子链组成与分子量的相关性，这种检测器的组合可用于分析多反应器生产的复杂结构的聚烯烃树脂。图 11.15(b)[54] 为使用多检测器 TREF 分析某一聚烯烃产品的结果，从 M_W 或特性黏数随淋洗温度的变化曲线，可非常便捷地看出结晶度较低（淋洗峰温在大约 70℃）的级分具有较高的分子量，而结晶度较高级分（淋洗温度 90～100℃）的分子量较低。

相对于 A-TREF 多用于分级聚乙烯，P-TREF 则更多地用于分析聚丙烯，这是因为聚丙烯分子链含“立构缺陷”、共聚单体以及“位置异构”等更多结构单元，常常需要回收级分后做更多的分析，比如采用^{13}C NMR 分析级分组成。Liu 等采用制备型 TREF 分级了一种无规共聚聚丙烯（图 11.16）[60]，回收级分后，测量了淋洗级分的共聚单体乙烯含量和等规三单元序列的含量，发现随着淋洗温度升高，级分的乙烯含量下降，等规度（等规三单元序列含量）升高。Kakugo 等采用 P-TREF 分级聚丙烯[61]，在 130℃将配制的聚丙烯溶液与 35～48 目的海沙充分混合后，将其温度降至 20℃保持 3h，然后装入直径 74mm、高度 455mm 的柱中，采取梯度升温方法，在 20～125℃之间淋洗取得 30 个级分，对聚丙烯样品

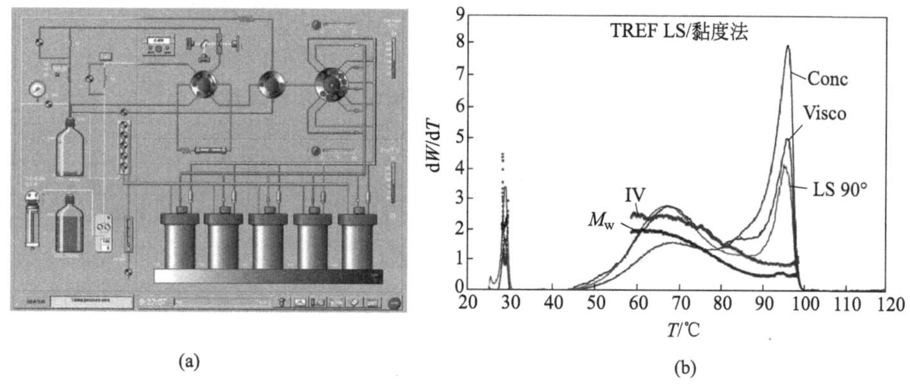

(a)　　(b)

图 11.15　TREF 连接光散射仪和黏度仪测量级分分子量和特性黏数[54]

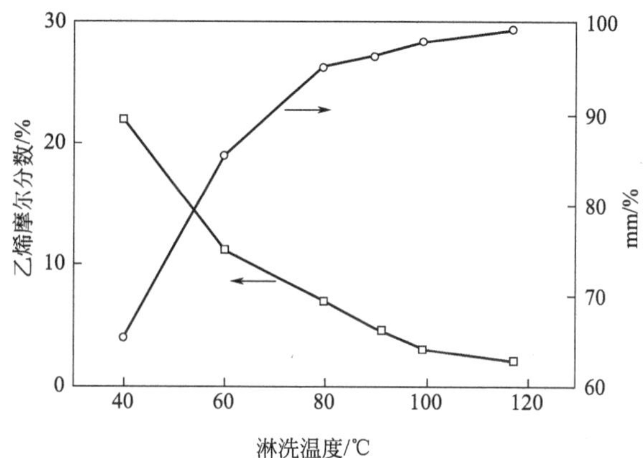

图 11.16　一种无规共聚聚丙烯 TREF 淋洗温度与级分乙烯含量和等规三单元序列含量关系

进行了分级。Kakugo 的结果表明淋洗温度与等规五单元序列含量有单调的对应关系，100℃以上相邻级分之间的等规五单元序列含量之差达到 0.005，说明 P-TREF 方法可以按照分子链等规度分级聚丙烯。Kakugo 还对丙烯分别与乙烯和 1-丁烯的共聚物进行了分级，发现随着 TREF 淋洗温度升高，聚合物中乙烯和丁烯的含量单调下降，分级结果还表明不同的催化剂活性中心对共聚单体的选择性存在显著的差异。

20 世纪 90 年代后，P-TREF 已经广泛地用于分级聚烯烃。P-TREF 结合其他技术对级分的分析，帮助人们认识聚烯烃分子链结构的多分散性、研究聚烯烃聚合机理以及催化剂性能，高分子物理研究人员可以用 P-TREF 得到的结构更均一的级分研究聚烯烃复杂的结构对材料性能的影响，鉴于此，TREF 在聚烯烃工业界被认为是聚烯烃分子链结构表征仪器中的“老黄牛”[62]。

P-TREF 多为实验室自行搭建，装柱的方式主要有两种，一种是将热溶液和惰性填料在高温混合，在混合容器中降温结晶后，一起装入柱子；另一种方法是先将填料装柱，根据柱子的自由体积确定配制溶液的体积，借助气压将高温配制的聚烯烃溶液经保温的管路注入填充柱。后一种方法半自动化，较容易操作。表 11.2 列出了部分 P-TREF 分级聚丙烯的主要实验参数，虽然人们采用的实验条件不尽相同，但无一例外，都采用了极慢的降温速率（小于 2℃/h），这也说明了慢速降温是实现 TREF 分离效果的关键。目前，西班牙 POLYMER CHAR 公司已经将 P-TREF 仪器商业化，能自动化完成样品溶解、溶液进柱、降温结晶、升温淋洗及级分溶液收集的工作，可显著降低溶剂对实验环境的影响。但是级分的沉淀、过滤及干燥依然需要人工完成。

表 11.2　部分 P-TREF 分级聚丙烯的实验参数

柱子尺寸、填料	聚合物溶液，样品量;溶剂量	降温操作	升温操作	样品	参考文献
海沙(白色石英)	约 3g;300mL	1℃/h	30～130℃，梯度升温，每个梯度温度的恒温时间 20min	抗冲聚丙烯	[63]
海沙(白色石英)	约 3g;300mL	1℃/h	30～130℃，30℃，60℃，80℃，90℃，100℃，110℃，120℃和 130℃	抗冲聚丙烯	[64]
60～80 目玻璃珠	12g;600mL	2℃/h	25℃，50℃，80℃，90℃，100℃，110℃，120℃和 140℃，梯度，恒温过夜	抗冲聚丙烯	[65]
60～80 目玻璃珠	约 8g;600mL	80h，140℃降至室温	40℃，60℃，80℃，90℃，95℃，100℃，118℃，121℃和 140℃，梯度，恒温过夜	无规共聚聚丙烯	[60]
直径 5cm，高 150cm，60～80 目玻璃珠	10g;700mL	140℃降至 89℃/15h；89℃保温 5h，107℃保温 5h，107℃降至 25℃/55h	25℃，60℃，80℃，90℃，95℃，108℃，115℃和 140℃，梯度，恒温 16h	无规共聚聚丙烯	[66]
高 1.0m；直径 40mm；海沙(粒径 0.3～0.6mm)	2g；浓度 0.005g/mL	1.5℃/h	8℃，59℃，75℃，89℃，96℃，102℃，106℃，109℃，111℃，114℃，117℃，120℃，126℃，130℃，梯度升温	抗冲聚丙烯	[67]
海沙	1g;250mL	1.5℃/h	12～118℃，17 个级分，梯度升温	无规共聚聚丙烯	[68]
硅类的细沙	1g;400mL	130℃降至室温，过夜降温	16 个级分，室温～125℃，每个梯度温度恒温 45min	无规共聚聚丙烯	[69]
玻璃珠	1g	135℃降至 25℃，20h	25℃(1 个级分)；26～99℃(1 个级分)；95～120℃，3℃/min 连续升温，每 1℃收集一个级分	均聚聚丙烯	[70]

(2) 结晶分析分级 (CRYSTAF)

如前所述，TREF 对聚烯烃的分级要经过慢速降温和升温淋洗两个过程，慢速降温的结晶过程是 TREF 实现良好分级的前提，还要通过升温淋洗过程才能完成级分的物理分离以及级分含量的检测，实验流程较长。1991 年 Monrabal 为了缩短聚合物组成分布的分析时间发明了结晶分析分级 (crystallization analysis fractionization，CRYSTAF)[71]。CRYSTAF 与 TREF 一样，也是基于相同的结晶分离原理，但仅通过聚合物溶液的降温结晶过程即可完成聚合物的分级分析。在 CRYSTAF 分级过程中，样品不是在填充柱中结晶，而是在带搅拌的不锈钢容器中结晶，同时通过陶瓷过滤器从容器中抽取等份的少量溶液送到红外检测器中测量滤液的浓度 (X) 并记录取样时的温度，经过软件处理，最终得到对应温度的级分质量分数累积分布曲线，质量分数累积分布的一阶导数 (dW/dT) 曲线就是样品的结晶分级曲线。图 11.17 是典型 LLDPE 样品的结晶分级曲线[72]，高温一侧的第一个取样点对应聚合物溶液的初始浓度，随着温度的下降，高结晶度的级分首先结晶沉淀，溶液浓度开始下降，随着温度持续降低，短支链含量较高 (结晶度较低) 的级分逐渐结晶沉淀，溶液的浓度也随之持续下降，最后一个数据点对应降温结晶过程的最低温度下依然未结晶还溶解在溶剂中的级分 (短支链支化程度最高的级分)，通过降温结晶过程中溶液浓度的变化可以计算

LLDPE 不同支化度级分的相对含量，因此 CRYSTAF 得到的结晶分布曲线就可用来表征 LLDPE 共聚单体含量或化学组成的分布。CRYSTAF 在级分不经过物理分离的情况下，用降温结晶过程实现聚烯烃分子链组成分布的分析，只需要降温（结晶）过程即可完成全部分级分析，缩短了分级流程，相对于 TREF 也简化了硬件配置。商业化的 CRYSTAF 仪器配置了 5 个容器，可以同时分析 5 个样品，在结晶过程中，所有容器按顺序多次“取样”测量浓度，每个样品通常收集 40～50 个数据点，在分析结束时有足够的温度-浓度数据点绘制级分质量累积分数变化曲线。以 LLDPE 分析为例，能在大约 7 小时内以完全自动化的方式完成 5 个样品的溶解和结晶分级分析。

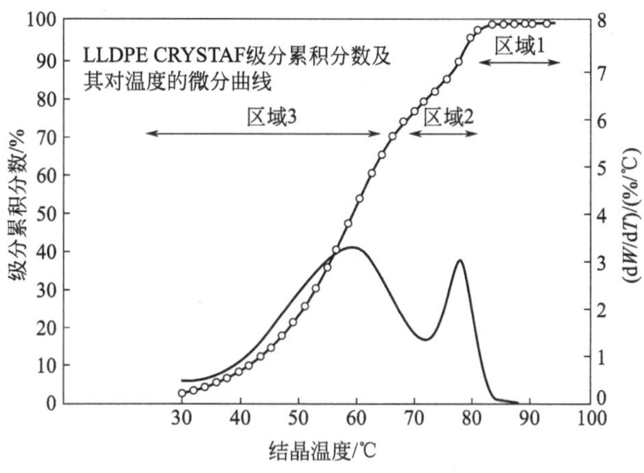

图 11.17　LLDPE 的结晶分级曲线

与 TREF 类似，CRYSTAF 可通过使用已知共聚单体含量的窄组成分布标样（TREF 制备的窄组成分布级分或单活性催化剂制备的聚烯烃）进行结晶温度对共聚单体含量的校准，将结晶分级曲线转化为组成（共聚单体含量）的分布曲线。值得注意的是，需要依据共聚单体的类型、溶剂类型及冷却速度等实验条件分别建立校正曲线[57]。

CRYSTAF 实验参数影响聚烯烃的结晶分级结果。随着 CRYSTAF 降温速率由 2℃/min 降至 0.003℃/min，级分的结晶温度逐渐增高[57]，使用较慢的降温速率能改善 CRYSTAF 的分辨率，但由于分析时间过长，在 CRYSTAF 常规分析中用极低的降温速率是不切实际的，对于常规结晶分级实验，需要平衡分析时间和分辨率，文献中采用的 CRYSTAF 降温速率通常在 0.2～0.5℃/min 之间。通过选择较窄的降温范围、较小的温度间隔和/或缓慢的降温速率能够改善某一温度段的分辨率或改进某个级分的分离效果，但受反应器体积的限制，CRYSTAF 数据点的数量是有限的，不可避免会影响其他温度段的分辨率。

由 CRYSTAF 和 TREF 获得的分级曲线都可表征半结晶聚烯烃的共聚单体单元在聚合物链之间的分布，CRYSTAF 通过结晶过程得到结晶分级曲线，TREF 通过升温溶解过程得到升温淋洗曲线，同一组成的级分在 CRYSTAF 和 TREF 曲线中对应的分级温度不同，聚合物结晶的过冷现象是造成二者温度不同的主要原因，但这两种技术的分级温度都可以用标样校准，因此都可以转化为组成的分布曲线。TREF 的优势是能取得级分，尤其是可以很容易连接分子量检测器将分子链组成和分子量关联；CRYSTAF 利用不连续采样可以同时分析多个样品，但最终只能分离出室温可溶物这一个级分，也很难连接其他检测器获得更多的分析数据。

与 TREF 情况类似，样品的分子量也影响聚烯烃 CRYSTAF 的分级结果。J. Nieto 等研究了不同分子量均聚聚乙烯的 CRYSTAF，发现小分子量聚乙烯会显著加宽低温一侧的 CRYSTAF 曲线，指出低分子量分子链的端基体为链缺陷对结晶的影响具有与短支链类似的效应，当数均分子量小于 5000 时，必须考虑分子量对 CRYSTAF 结晶温度的影响。对茂金属催化剂制备的长支链（LCB）均聚聚乙烯的实验表明，LCB 对 CRYSTAF 结果的影响较小[73]。

(3) 结晶淋洗分级 (CEF)

2007 年，Monrabal 发明了结晶淋洗分级（CEF）[74]。针对在 TREF 的降温过程中，不同级分形成的晶粒会沉积在柱子内的同一位置，可能会影响分级结果，CEF 在降温阶段采用了“动态结晶”过程，即当聚合物溶液在柱中通过降温结晶时，向柱子里再推送少量流动的溶剂使未结晶的样品溶液尽量在填料的新表面上结晶，结果不同级分的晶粒在柱子内实现了一定空间距离的物理分离，从而改善了淋洗分级的分辨率。除“动态结晶”之外，CEF 其他的实验过程与 TREF 类似。图 11.18[54] 中聚乙烯模型混合物的实验解释了 CEF 和 TREF 之间的相似和差异，模型混合物由不含共聚单体的级分 A、具有中等共聚单体含量的级分 B 和具有高共聚单体含量的级分 C 组成。TREF 没有“动态结晶”过程，A、B 和 C 混合样品的溶液在加载和降温过程中在柱内一直处于相同的空间位置，只有在升温淋洗过程中，A、B、C 根据共聚单体含量才分离并以 C、B、A 的顺序淋洗出；CEF 实施了“动态结晶”过程，将共混物溶液仅加载在 CEF 柱的前端，降温过程中，向柱子推送一定量的流动溶剂，降温结束时，A 位于柱的前端，B 位于柱的中间，C 位于柱的末端，三个组分在柱子中实现了物理分离，升温淋洗过程中，虽然 A、B、C 以与 TREF 相同的顺序淋洗出，但是 B 要经过比 C 更长的空间距离，A 要通过比 B 更长的空间距离到达检测器，“动态结晶”期间的溶剂流速越大（相应加长柱子），A、B、C 之间淋出时间间隔越长。“动态结晶”过程中溶剂的流速可以通过柱子自由体积、降温范围以及降温速度简单计算以确保“动态结晶”步骤结束时，所有级分保留在柱子中。通过加长柱子并采用多个降温步骤可以进一步提升 CEF 的分辨率。在分析共聚单体含量非常接近的混合样品时，CEF 的分辨率比 TREF 高(图 11.19)[75]。

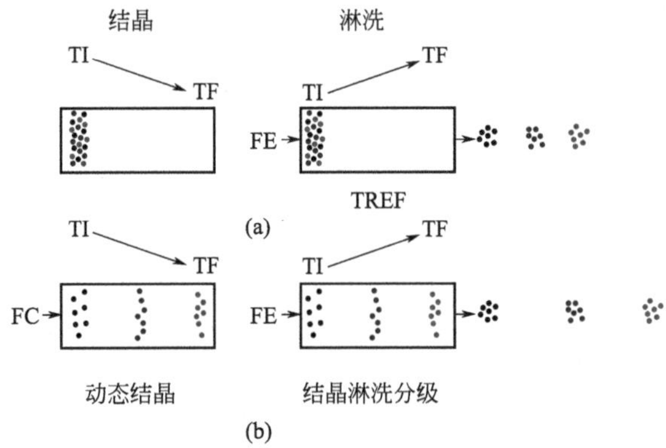

图 11.18 TREF (a) 和 CEF (b) 的分级过程示意图

TI—初始结晶温度；TF—最终的结晶温度；FE—淋洗流速；FC—冷却结晶期间的溶剂流速

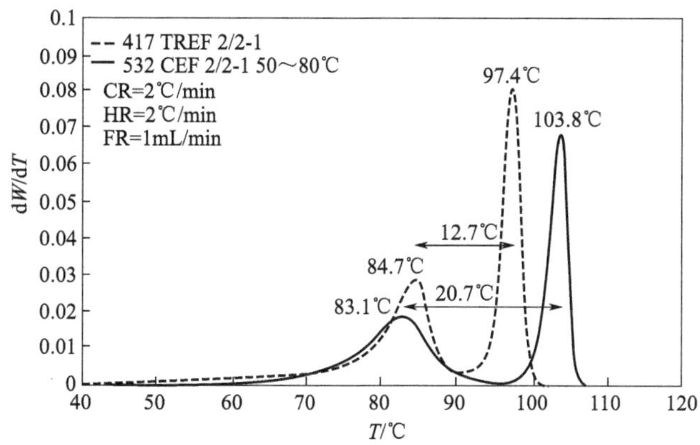

图 11.19　两个密度相近的茂金属聚乙烯混合物的 CEF 和 TREF 曲线比较

冷却速度 2℃/min；CEF 结晶过程中溶剂流速 0.4mL/min；升温淋洗的溶剂流速为 1mL/min[75]

相同的测试条件下，CEF 比 TREF 表现出更好的数据重现性[76]，特别是快速测量时 CEF 良好的数据重现性使 CEF 可用于高通量研究。

与 TREF 类似，CEF 的降温结晶过程也不是在热力学平衡或接近热力学平衡条件下进行的，影响 TREF 的实验参数对 CEF 具有相似的作用。通过使用已知共聚单体含量的一系列窄共聚单体含量分布标样也可以为 CEF 建立聚乙烯共聚单体含量与淋洗温度的校准曲线，将淋洗温度转换为共聚单体含量，需要注意保持校准条件与测试条件一致。

(4) 溶剂梯度相互作用色谱 (SGIC)

溶剂梯度相互作用色谱是采用混合溶剂作为流动相，通过改变其中良溶剂与不良溶剂的比例，经柱分离实现聚烯烃按照组成的分级。在应用碳材料填充柱后，溶剂梯度相互作用色谱（SGIC）分级聚烯烃取得了突破。Macko 和 Pasch[77] 采用癸醇-三氯苯梯度洗脱，分离了等规、间规和无规聚丙烯与线型聚乙烯的混合物（图 11.20），实验使用多孔碳材料作为固定相，1-癸醇和 1,2,4-三氯苯组成流动相，先用 1-癸醇溶解样品，溶液浓度大约为 1mg/mL，在 160℃的操作温度下，线型聚乙烯、间规和无规聚丙烯在 1-癸醇中完全吸附在固定相上，等规聚丙烯依然保持在 1-癸醇溶液中，先采用 1-癸醇洗脱等规聚丙烯，然后采用 1-癸醇和 1,2,4-三氯苯的线性梯度混合溶剂从柱中依次洗脱吸附在固定相上的其他三种组分。

使用相同的碳材料填充柱和溶剂体系，Macko 等用 SGIC 依据共聚单体含量分离了聚乙烯共聚物[78,79]。发现这些聚乙烯共聚物（图 11.21）的共聚单体摩尔含量与 SGIC 的保留体积均有较好的对应关系。指出 SGIC 对聚乙烯共聚物的分离是基于石墨分子平面与聚乙烯链段之间、流动相与聚乙烯链段之间以及流动相和石墨固定相之间相互作用的平衡，分离机理可能是分子链上体积较大的短支链在空间阻碍聚乙烯链段和石墨表面的相互作用，从而减小了相互的范德华作用力[80]。SGIC 可以分离共聚单体含量范围很宽的聚乙烯。Miller 等采用相同的碳填充柱，用 1-癸醇溶解样品，乙二醇单丁醚（EGMBE）和 1,2,4-三氯苯混合溶液做流动相，对 0%～100% 辛烯含量和 0%～100% 丙烯含量的聚乙烯共聚物实现了 CRYSTAF、TREF 等结晶分级技术不可能做到的分级[81]。Macko 等使用相同的碳材料填充柱和溶剂体系尝试分离聚丙烯共聚物，发现碳材料未吸附丙烯分别与 1-丁烯、1-己烯和 1-辛烯的共聚物，但丙烯-1-十四烯和丙烯-1-十八烯的共聚物与碳材料有强烈吸附，洗脱时间随共聚单体含量的提高而增加（图 11.22）[82]，说明 SGIC 很难分离低碳数 α-烯烃共聚的等规聚丙烯，但高碳数 α-烯烃形成的较长支链却能够增强等规聚丙烯在石墨材料上的吸附，

随着增加高碳数 α-烯烃共聚单体的含量，聚丙烯分子链脱附难度增加，淋洗体积增加，洗脱时间变长，因此可以用 SGIC 分离高碳数 α-烯烃共聚的等规聚丙烯。

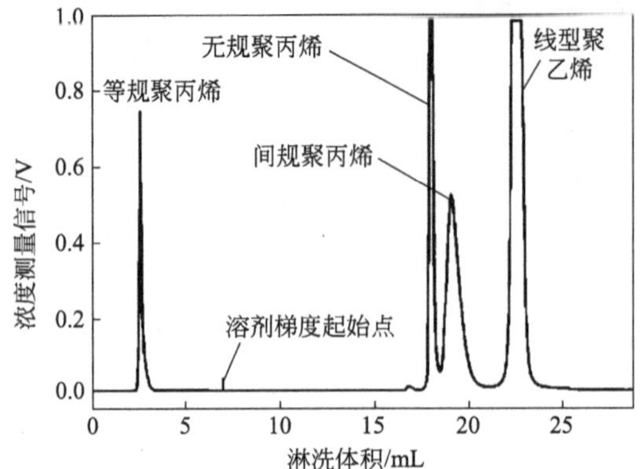

图 11.20 几种聚丙烯和聚乙烯的溶剂梯度 HPLC 色谱图

色谱图中的峰对应于全同立构 PP（M_w=200kg/mol）、无规立构 PP（315kg/mol）、间同立构 PP（196kg/mol）和 5 个线型 PE 样品（14～260kg/mol）

柱：Hypercarb，100mm×4.6mm

在流动相为 1-癸醇中进行等度洗脱，梯度洗脱在 10min 内从 100%1-癸醇到 100%1,2,4-三氯苯

温度：160℃；流速：0.5mL/min

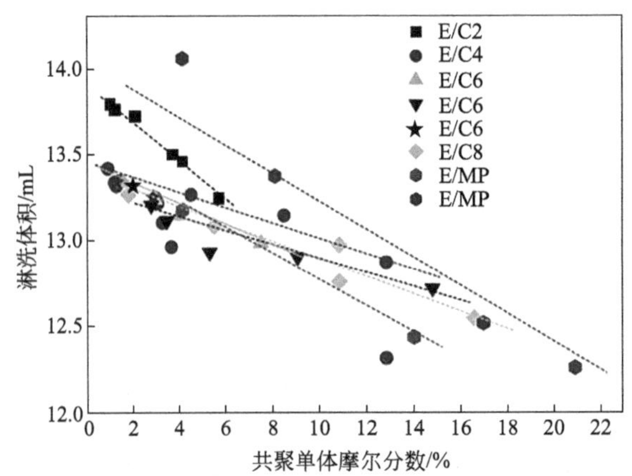

图 11.21 聚乙烯共聚物 SGIC 淋洗体积与共聚单体含量关系[79]

E 代表乙烯；C2～C8 代表短支链碳数；MP 代表 4-甲基异戊烯

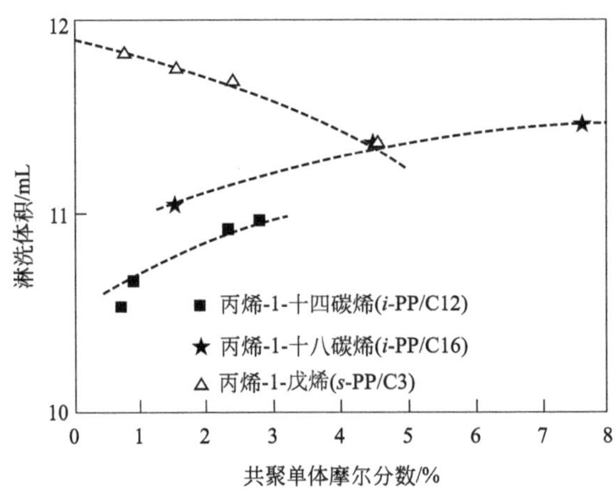

图 11.22 几种聚丙烯共聚物的 SGIC 淋洗体积与共聚单体含量的关系[82]

Mekap 等采用同样的碳材料作为固定相，正癸烷→1,2-二氯苯（ODCB）作为流动相，分离了聚乙烯中的 C_{40}～C_{160} 正构烷烃，说明 SGIC 可以用于分离和鉴别聚乙烯材料中的低分子量烷烃，无需预先萃取，碳数检测上限优于传统的气相色谱（图 11.23）[83]。

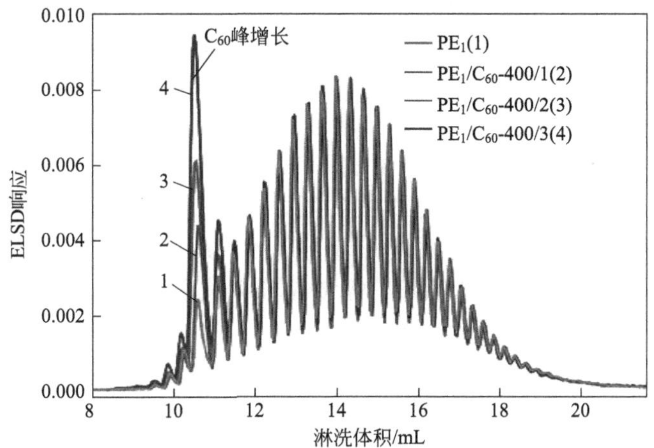

图 11.23　掺杂不同含量 n-C_{60} 的 HDPE 的 HT-LC（SGIC）色谱图（叠加）

柱：Hypercarb，4.6mm×100mm

系统温度：130℃；流速：1mL/min；样品浓度：2mg/mL

洗脱液：正癸烷→ODCB，33min

与结晶分级方法相比，SGIC 对一个样品的分级时间明显缩短，前述 Macko 和 Pasch 对一个样品的 SGIC 实验从等度癸醇洗脱到两种溶剂的梯度洗脱及后期柱子的恢复用了不到 50min 时间，SGIC 已经成为在短分析时间内表征共聚物组成分布的新手段，并将聚烯烃分级的范围扩大到了不能用结晶技术分级的弹性体材料。

SGIC 洗脱过程中溶剂组成的变化限制了常用的示差折射率仪和红外浓度检测器的使用，也限制了黏度计和光散射检测器在线测定特性黏数和分子量。SGIC 常用的浓度检测器是蒸发光散射检测器（ELSD），ELSD 可检测雾化去除溶剂后的任何非挥发性组分。二苯醚和 TCB 的组合溶剂允许使用聚烯烃的红外浓度检测器，但是检测器的信噪比远低于单独使用 TCB[84]。在 SGIC 后面连接凝胶渗透色谱柱可以将聚合物与不良溶剂分离，从而可以使用常用的检测器测量聚烯烃级分的浓度、组成及其分子量等参数，图 11.24 为 SGIC-GPC 对一种乙烯-丙烯共聚物的分析结果，光散射检测器（LSD）测得级分分子量，红外组成检测器（IR5）测得同一级分中丙烯的含量，由于分子量在一定程度也影响聚烯烃在固定相上的吸附强度，洗脱后同时测量级分组成和分子量将有助于了解不同结构因素对 SGIC 分级结果的影响并得出更准确的共聚单体分布[85]。

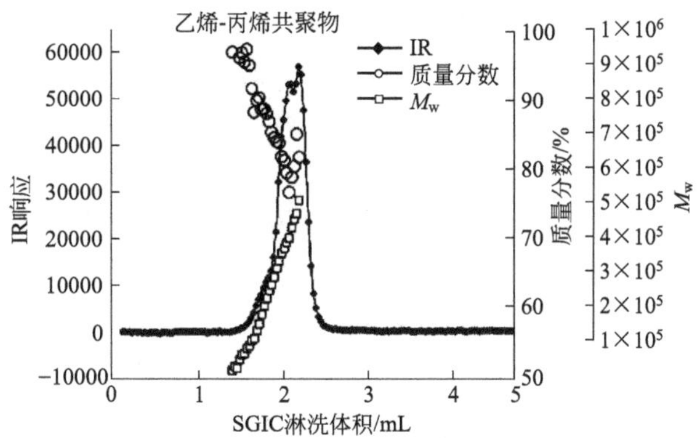

图 11.24　一种乙烯-丙烯共聚物 SGIC-SEC-IR5-LSD 联用的分析结果

(5) 热梯度相互作用色谱 (TGIC)

热梯度相互作用色谱（TGIC）采用与 SGIC 相同的多孔石墨填充柱，但不采用混合溶剂梯度洗脱而是采用一种良溶剂等度洗脱，依赖温度变化来分离组成不同的聚烯烃。具体过程是在高温时将聚烯烃溶液引入柱中，然后降低柱温，降温过程中聚烯烃分子链吸附或锚定在固定相石墨的表面，从而保留在柱子中，当降温结束后，使用一定流速的洗脱溶剂，通过升高温度分离目标样品[86]。TGIC 同 SGIC 一样，通过吸附和脱附过程分离聚烯烃，能够避免结晶分离过程中的“共晶”问题，同时不要求样品具有一定结晶能力，可分级的聚烯烃材料的共聚单体含量范围比结晶分级方法更宽。TGIC 分离聚烯烃常采用一种良溶剂等度洗脱，因此 TGIC 可以使用许多商业化的检测器，例如红外检测器（IR），光散射检测器（LS）和黏度检测器。图 11.25 是一系列乙烯-1-辛烯共聚物的 TGIC 色谱图，其中辛烯含量范围是 0%～50%（摩尔分数）。与 TREF 等结晶分级技术类似，洗脱温度和共聚单体辛烯的含量呈线性关系。

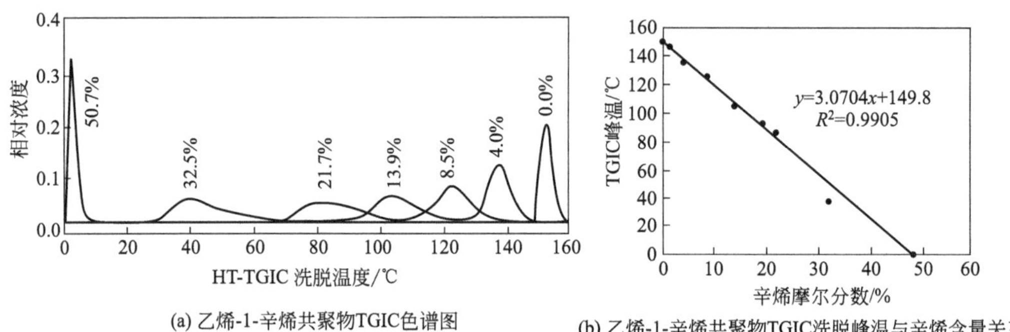

(a) 乙烯-1-辛烯共聚物TGIC色谱图

(b) 乙烯-1-辛烯共聚物TGIC洗脱峰温与辛烯含量关系

图 11.25 一系列乙烯-1-辛烯共聚物的 TGIC 色谱图

Hypercarb column（100mm×4.6mm，粒径 7μm），稳定温度 _ 冷却终温 _ 洗脱终温 _ 降温速度 _ 洗脱升温速度 _ 降温中溶剂流速 _ 洗脱溶剂流速＝140℃ _ 0℃ _ 175℃ _ 6℃/min _ 3℃/min _ 0.03mL/min _ 0.5mL/min

冷却速率基本不影响脱附温度和 TGIC 色谱峰的宽度，但升温速率和流动相的流速会影响峰温和峰宽[87]。TGIC 的冷却过程可采用同 CEF 类似的方式，在降温吸附过程中，向柱中连续注入小流量的溶剂，避免多层吸附，提高分辨率。与结晶分级技术相比，溶剂对 TGIC 洗脱温度的影响程度更大，Mekap 使用蒸发光散射检测器评估了含有烷烃和脂肪醇的二元溶剂混合物作为 TGIC 流动相分级聚乙烯共聚物，优选的二元混合溶剂在一定程度改进了 TGIC 的分辨率[88]。

TGIC 分级聚烯烃是在高于其结晶和熔融温度的条件下进行的。Mekap 采用变温 NMR 确认了稀溶液中的聚乙烯分子链在石墨固定相的吸附温度显著高于其在非石墨填料中的正常结晶温度，例如聚乙烯均聚物在 140℃就开始保留在 TGIC 柱子中，而在非石墨填料中的结晶温度通常在 80～90℃[89]。Monrabal 对乙烯-1-辛烯共聚物的实验表明，TGIC 的洗脱温度远高于 TREF 的淋洗温度（图 11.26）[90]。TGIC 可以避免结晶分级过程中的共晶现象，但对聚乙烯共聚组成的分辨率较结晶分级技术低，常规条件下，同一组级分之间 TGIC 洗脱峰温的差值大约为 TREF 淋洗峰温差值的一半。

其他吸附填料，如 MoS_2、WS_2、氮化硼和碳化硅用于聚烯烃 TGIC 中显示出与石墨相似的分辨率（图 11.27）[54,91]，Monrabal 指出采用 TGIC 分离聚烯烃时，吸附填料具有的原子级平面可能比其化学成分更重要。

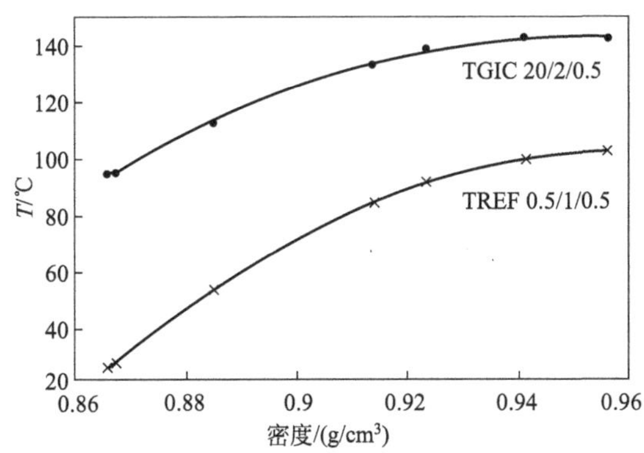

图 11.26 乙烯-1-辛烯共聚物 TGIC 洗脱温度与 TREF 淋洗温度比较[90]

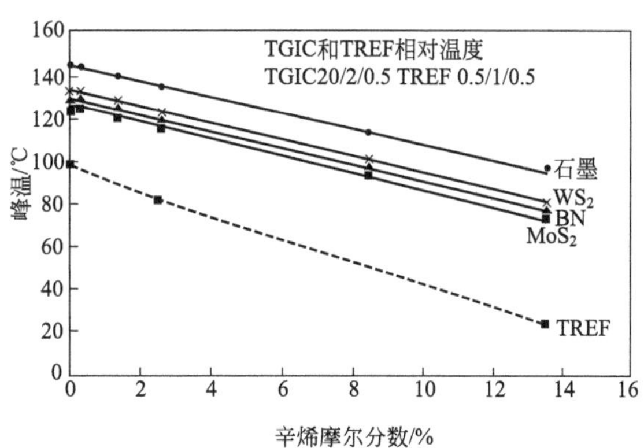

图 11.27 TREF 淋洗温度和采用不同吸附剂的 TGIC 洗脱温度与乙烯-1-辛烯共聚物中辛烯摩尔分数的关系[54]

TGIC 使用单一溶剂，可以使用常用的聚烯烃溶液浓度检测器，已成功用于基于共聚单体含量分级聚乙烯共聚物，仪器已商业化。然而，TGIC 对很多聚烯烃材料的洗脱峰温还无法像结晶分级技术那样容易预测，对聚乙烯和聚丙烯混合物的分级效果不如 SGIC 和结晶分级技术[90]，还未见采用 TGIC 基于等规度及共聚组成有效地分级等规聚丙烯。

(6) GPC-红外光谱分析联用

了解聚烯烃分子链组成与分子量的相互关系，对催化剂性能的评价、聚合机理以及材料结构与性能关系的研究有重要意义。如果在 GPC 测量聚烯烃分子量及其分布的同时，在其色谱柱后面连接分子链组成的检测器，就能很方便地了解聚烯烃分子链组成沿分子量的分布，GPC 和红外光谱的联用可以满足这一需要，主要有三种连接方式：

① 在线连接傅里叶红外光谱仪，GPC 的洗脱液进入傅里叶红外光谱仪的液体样品池，在线采集相关波数范围的红外光谱；

② 在线连接滤波式红外检测器，GPC 的洗脱液进入红外检测器的液体样品池，在线采集特定波数红外光的吸光强度数据；

③ 在线连接转动的样品盘，收集 GPC 的洗脱液，待其溶剂挥发后，离线采用傅里叶红外光谱仪全谱分析转盘中的固体沉积物。

DesLauriers 将配有窄带 MCT（mercury-cadmium-telluride）检测器（需要液氮冷却）的傅里叶红外光谱仪与 GPC 联用，以 $8cm^{-1}$ 的分辨率（16 次扫描）测量 3000～$2700cm^{-1}$ 范围的红外吸收光谱，应用化学计量学方法处理采集的光谱数据，分析了聚乙烯共聚物中较低含量短支链（小于 10SCB/1000C）沿分子量的分布，对乙基和丁基支链的定量误差在 ±0.5/1000C 之内（图 11.28）[92]。此后，Piel 和 Albrecht 对这一方法又进一步做了优化[93,94]。

现代的滤波式红外检测器具有较小的样品池体积、简化的硬件、可连续获得特定波数红外光的吸光度数据，数据收集和处理方法更简单，其中 IR5 已用于测量较低共聚单体含量的双峰高密度聚乙烯样品中短支链的分布（图 11.29）[95]。Ortín 等的实验表明，若要将聚乙烯短支链测量误差保持在 1SCB/1000C 以下，需要红外检测器样品池内溶液的最小浓度为 0.009mg/mL，这表明在常规的 GPC 测试条件下，可以使用 IR5 组成检测器，不必提高样品溶液的浓度而影响 GPC 分子量分布测量的准确度和分辨率[96]。目前已经有测量羰基（波数在 1740cm^{-1}）含量的商业化红外检测器，与 GPC 联用可分析乙烯-乙酸乙烯酯共聚物（EVA）及功能化聚烯烃共聚物中羰基含量和分子量的相关性[54]。

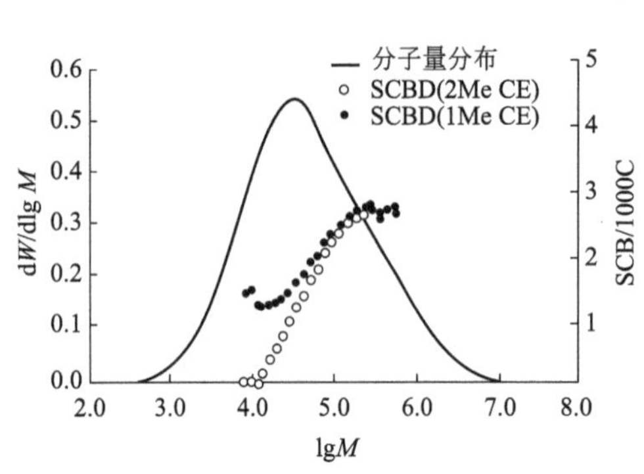

图 11.28 GPC-FTIR 测量小分子量均聚 PE/高分子量乙烯-1-辛烯共聚物（1∶1）混合物中短支链沿分子量的分布

CE 为链端甲基，假设有 1 个链端甲基或 2 个链端甲基[92]

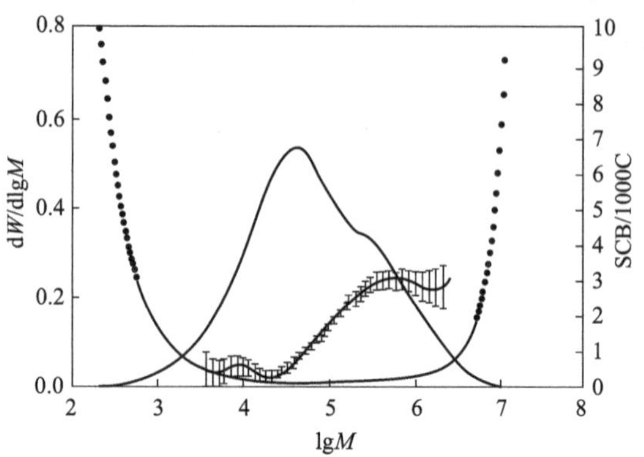

图 11.29 一种商业化双峰高密度聚乙烯样品的 GPC-IR5 测试结果（校正链端甲基后）[95]

滤波式红外检测器与 GPC 联用，已广泛用于表征乙烯-α-烯烃无规共聚物以及丙烯-乙烯无规共聚物中共聚单体和分子量的相关性。Huang 等发现常规操作条件下，滤波式红外检测器与 GPC 联用很难检测丙烯-1-丁烯无规共聚物中丁烯含量随分子量的变化，红外检测器呈现的 CH_3/CH_2 对其中丁烯含量的变化非常不敏感，由此创建了一种在线校准方法并对红外检测器进行了优化设置，应用 GPC 联用红外检测器实现了测量丙烯-1-丁烯无规共聚物中丁烯的分布（图 11.30）[97]。

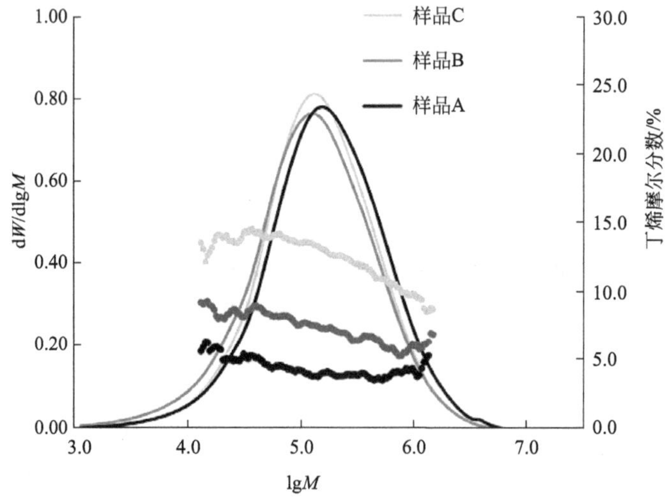

图 11.30 GPC-IR5 分析丙烯-1-丁烯无规共聚物组成分布

GPC 与红外光谱联用的第三种方式是将 GPC 的洗脱液沉积在旋转的锗皿上，锗皿的旋转角度对应 GPC 级分的保留时间，然后用傅里叶红外光谱仪测量在锗皿上沉积级分的化学组成。通过应用显微红外技术可提升红外光谱测量的灵敏度。采用这种方式可以获得不含溶剂信息的红外谱图，可以很容易鉴别未知物及添加剂的化学组成，但分析时间长，较难进行定量分析。

11.2.2.3　双变量分布表征

分子量和分子链组成是调控聚烯烃分子链结构的两个重要变量，GPC 已广泛用于测量聚烯烃的分子量及其分布，结晶分级技术（TREF、CEF、CRYSTAF）和相互作用色谱（SGIC、TGIC）已发展为测量聚烯烃组成分布的主要技术，但单独应用这些技术只能了解聚烯烃结构在一个维度（分子量或分子链组成）的多分散性，GPC 联用红外组成检测器在测量聚烯烃分子量分布的同时可以测量大多数聚烯烃样品中共聚单体的含量，但测量的是某一分子量级分中共聚单体的平均含量。由于实际聚烯烃产品的生产过程中，生产商常常应用特别的催化剂体系或多反应器工艺同时调控分子量和分子链组成的分布，使得许多聚烯烃产品分子链结构很复杂，某一分子量级分中各分子链的组成并不相同或相同组成级分的分子量也可能存在多分散性，因此仅测量分子量或组成的分布无法全面表征部分高性能聚烯烃产品的分子链结构，有必要发展聚烯烃结构的二维分级（交叉分级）技术测量双变量（分子量和组成）分布。

有两种途径进行聚烯烃双变量分布表征。首先进行分子量分级［用混合溶剂分级方法或制备型 GPC］，然后测量级分的组成分布（用 TREF 等分级方法），也可以首先进行组成分级测量（用 TREF 等分级方法），然后测量级分的分子量分布（用 GPC），由于第二维分级时样品的浓度通常会降低 2 个数量级，因此第一维分级的样品量较大，需要选择分离能力更强和分离效率更高的技术，随着近年来结晶分级及相互作用色谱技术的快速发展，基于聚烯烃分子链组成的分离能力越来越强，人们更倾向将其作为第一维分级技术。

表征聚烯烃双变量分布可以先完成制备型分级，去除级分溶液中的溶剂，回收级分后，再进行级分结构的分析。例如，先采用制备型 TREF 得到不同组成的级分，然后离线用 GPC 测量每个级分的分子量分布，采用计算机处理数据，呈现双变量分布的平面等高线图或三维的曲面图[65,98]，分析结果完整地表征了样品分子链组成和分子量的多分散性，但第一维分级实验工作量大，费时费力，常用于材料结构特别复杂，需要更多级分样品进行后续分析的场合。

TREF-GPC 组合一直是聚烯烃二维分级首选的操作模式，Nakano 和 Goto 早在 20 世纪 80 年代初，就尝试把 TREF 和 GPC 结合，并初步实现了二维分级的自动化分析[99]。21 世纪初，实现了 TREF-GPC 分析的全面自动化及仪器的商业化[100]，样品自动溶解后注入 TREF 的柱子，完成降温结晶后以梯度升温模式淋洗 TREF 柱子并将级分溶液注入 GPC 中测量分子量分布。图 11.31 是用 TREF-GPC 二维分级技术得到的多反应器聚乙烯共聚物的双变量分布图，两个变量分别为分子量和淋洗温度，聚乙烯共聚物的 TREF 淋洗温度与共聚单体含量呈线性相关，淋洗温度越高，聚乙烯分子链中共聚单体含量越少。由图可见 TREF 淋洗温度呈现出多峰的分布，说明聚乙烯的共聚单体为多峰分布，但 GPC 分析发现分子量几乎为单峰分布，仅在高分子量区域有一个小肩峰。假设仅采用 GPC 测量分子量分布，或者联用红外组成检测器测量不同分子量级分的共聚单体含量，测得的共聚单体含量也是三个反应器共聚的平均值，不可能看到共聚单体分布的多峰特征。Faldi 等详细比较了不同产品的 TREF-GPC 二维分级与 GPC-多检测器的分析结果，呈现了多检测器 GPC 技术表征聚乙烯产品分子链结构的适用范围以及有可能丢失的结构信息[101]。

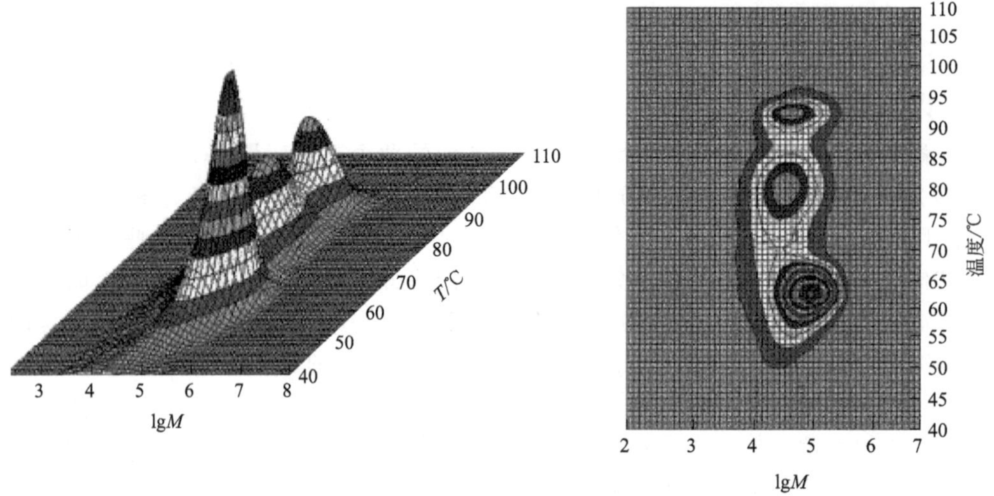

图 11.31 一种多反应器聚乙烯共聚物分子量和淋洗温度双变量分布曲线[100]

SGIC-GPC 二维技术更适用分析不同种类聚烯烃材料的混合物或分离含有更多非结晶成分的聚烯烃。在 SGIC 依据组成分离样品后，GPC 对弱溶剂的分离还可以解决 SGIC 混合溶剂对检测器的限制问题，因此第二维分级采用 GPC 还促进了 SGIC 的应用，只是 SGIC 级分的弱溶剂峰可能会部分覆盖聚烯烃级分的浓度峰，Abhishek 等的研究指出可以通过选择不同规格的 GPC 柱，提高 GPC 流动相的速度以避免一维分级中的弱溶剂峰对聚烯烃浓度峰的掩盖[102]。Ginzburg 等采用 SGIC-GPC 分级了多个聚乙烯和聚丙烯样品[103]，发现 SGIC 的弱溶剂不影响聚乙烯在后面 GPC 柱中的保留时间，但 SGIC 使用不同的弱溶剂会改变聚丙烯级分在 GPC 柱中的保留时间，必要时可针对 SGIC 的弱溶剂进行 GPC 的柱校正。Lee 等指出在 SGIC-GPC 二维分级中采用组成检测器，可避免一定要在同梯度溶剂条件比较不同样品的组成分布，并建议了表征组成分布宽度的参数[85]。第一维分级也可以使用 TGIC，TGIC-GPC 的实验比 SGIC-GPC 更简单易行，TGIC 使用单一溶剂，仅用 TGIC 石墨柱替换 TREF 的无机填料柱，就可以在 TREF-GPC 二维分级仪器上进行 TGIC 和 GPC 的交叉分级。

常见的抗冲聚丙烯产品由多反应器串联工艺制备，先进行丙烯均聚，再进行乙烯-丙烯的共聚，产品是结构复杂的混合物[104]。图 11.32(a) 是用 P-TREF 对某个抗冲聚丙烯样品（图中编号 3V）的分级结果[64]，30℃的级分主要为乙烯-丙烯共聚的弹性体，100～130℃的级分主要为等规度较高的聚丙烯，但在 60～90℃还有相当量较低结晶度的级分；采用 GPC 进一步分析级分，80℃级分的分子量分布曲线与原样不同，呈现双峰分布［图 11.32(b)］[102]。进一步采用 SGIC 和 GPC 二维分级方法分析了 80℃级分，发现虽然 80℃级分分子量分布为双峰，但经 SGIC 分级发现，80℃级分组成呈现了多峰分布，结合 GPC 分别与傅里叶红外光谱仪和高性能 DSC 联用分析，认为这一级分含有小分子量的等规聚丙烯、较大分子量的等规聚丙烯、含丙烯聚合链段的乙烯-丙烯共聚物（SGIC 保留体积接近等规聚丙烯）以及少量共聚或均聚的聚乙烯［图 11.32(c)］[102]。上述分析表明某些聚烯烃经 TREF 分级后的级分的分子量分布和化学组成依然较为复杂，也说明了二维分级的必要性。

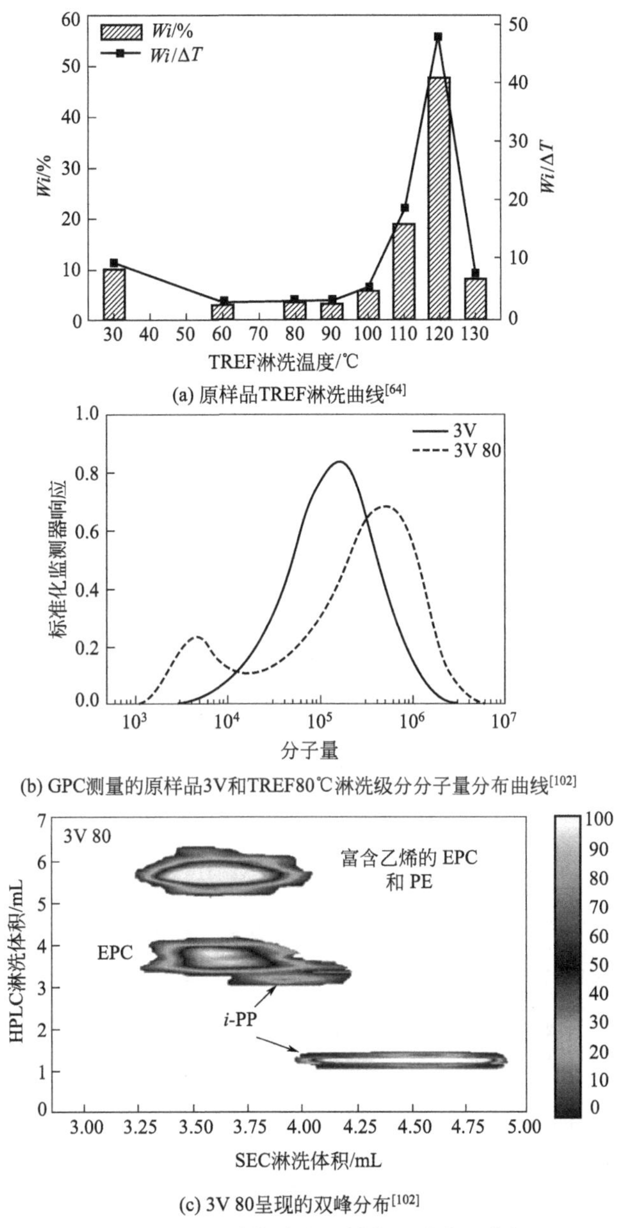

(a) 原样品TREF淋洗曲线[64]

(b) GPC测量的原样品3V和TREF80℃淋洗级分分子量分布曲线[102]

(c) 3V 80呈现的双峰分布[102]

图 11.32　一种抗冲聚丙烯的二维分级分析

11.2.2.4　烯烃嵌段共聚物

嵌段共聚物（block copolymer）分子链上具有性能悬殊的不同链段，使得嵌段共聚物表现出与平均组成近似的无规共聚物或混合物迥然不同的性质。典型的烯烃嵌段共聚物（olefinic block copolymers）由 Dow 化学公司采用“链穿梭聚合”法制备[105-107]，通过链穿梭技术合成的烯烃嵌段共聚物分子链由低共聚单体含量（高熔融温度）的可结晶乙烯-辛烯嵌段（硬嵌段）与高共聚单体含量（低玻璃化转变温度）的无定形乙烯-辛烯嵌段（软嵌段）组成。同样的辛烯含量，乙烯-辛烯嵌段共聚物比常见无规共聚聚乙烯具有更高的熔点和更低的玻璃化转变温度（图 11.33）[108]，这使得嵌段烯烃共聚物在较高使用温度下仍具有高弹性，是一种性能特殊的热塑性弹性体材料。

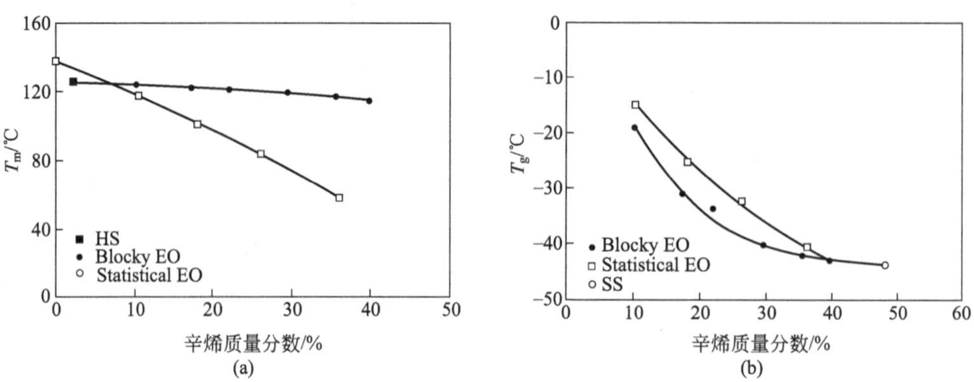

图 11.33　烯烃嵌段共聚物与无规共聚聚合物熔点和玻璃化转变温度比较[108]

HS—与硬段组成相同的共聚物；SS—与软段组成相同的共聚物；

Blocky EO—乙烯-1-辛烯嵌段共聚物；Statistical EO—乙烯-1-辛烯无规共聚物

烯烃嵌段共聚物中分子链上高结晶度的链段主导了 A-TREF 的淋洗温度。但由于在较高温度淋洗的级分分子链还带有高共聚单体含量的无定形共聚链段，它的共聚单体含量会显著高于相同的淋洗温度下无规共聚聚乙烯的级分（图 11.34）[109]，Colin Li Pi Shan 和 Lonnie G. Hazlitt 利用这一现象，基于聚合物熔点与结晶单元含量的 Flory 关系式，提出了“嵌段指数”，嵌段指数反映了 OBC 的 TREF 淋洗温度与共聚单体关系偏离常见的无规共聚物的程度，可以用来表征 OBC 分子链中共聚单体嵌段分布的程度。

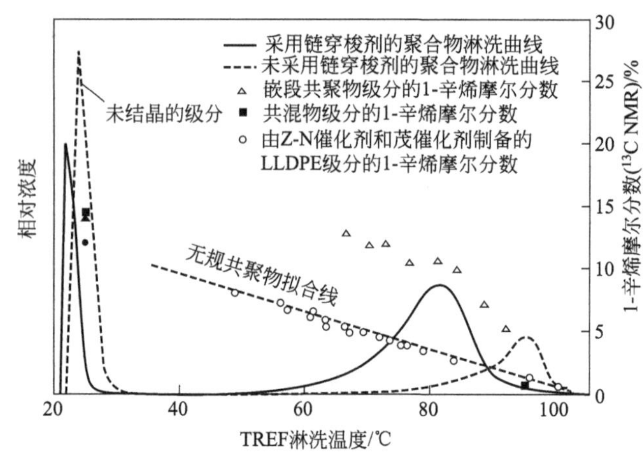

图 11.34　OBC 与无规共聚物的共聚单体含量分别与 TREF 淋洗温度的关系[109]

11.3　形态结构及表征

大多数聚烯烃为半结晶的材料，半结晶聚烯烃具有多级（不同尺度）的形态结构，一般在纳米到微米的尺度范围。以注射模塑的聚丙烯制品为例，一般具有皮芯结构［图 11.35(a)］，皮层厚度可在几微米至几百微米之间变化，与试样分子量、模具温度以及模具设计有无熔接线等因素相关[110]。芯层的球晶尺寸大约在 1～50μm，而构成球晶的片晶的尺寸一般在 10～30nm，片晶之间是无定形区，对大多数半结晶聚烯烃而言，无定形区的尺寸和片晶尺寸在一个数量级，无定形区的分子链段的排列基本是无序的。片晶中的分子链段排列具有晶体学的有序性，其基本结构单元为晶胞，晶胞参数包括轴的夹角和轴长，尺寸在数个 Å（1Å＝10^{-10}m），图 11.35（b）[111] 所示的晶胞为等规聚丙烯的单斜晶胞。聚烯烃材料如抗冲聚丙烯还具有“连续相”和“分散相”的多相结构，因此本章内容除了上述有关半结晶的多级结构外，也包括抗冲聚丙烯涉及的“分散相”的形态结构。

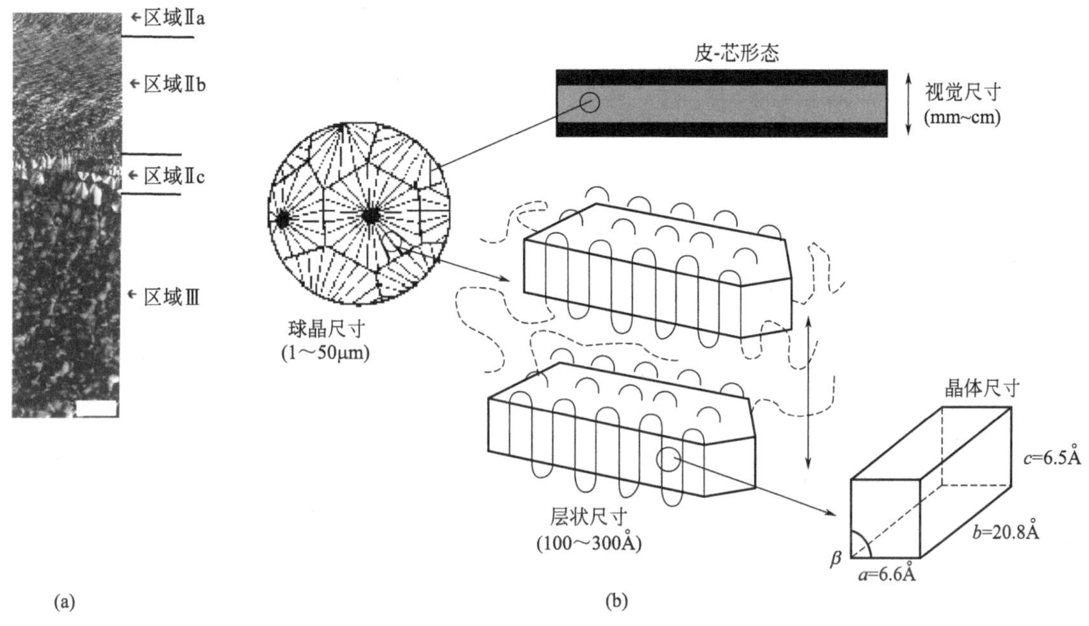

图 11.35　聚丙烯形态的多级结构

（a）一种聚丙烯注射制件由皮层（包括表层和区域Ⅱ）至芯层（区域Ⅲ）剖面的偏光显微镜照片，偏光显微镜未观察到结晶[110]；（b）聚丙烯形态的多级结构示意图[111]

聚烯烃材料的使用性能不仅取决于分子链结构，还与材料内部的形态结构密切相关。形态结构包括了前述各级结构的形状、尺寸、择优取向等，还包括结晶区与非结晶区的相对比例、“连续相”与“分散相”的相对比例以及不同相区之间的界面等。这些结构特征与材料性能具有复杂的关系，有时某个尺度的形态结构可能是影响材料某一使用性能的关键因素，例如，将球晶尺寸和分散相尺寸调控到可见光的波长尺度，可显著降低抗冲聚丙烯的雾度，使其成为透明材料；片晶厚度和晶型影响材料的熔融温度，进而影响材料的成型加工温度和最终制品的耐热性能。聚烯烃形态结构不仅受控于分子链结构，也可通过温度、剪切及添加加工助剂等后加工条件直接调控，因此表征聚烯烃材料的形态并研究其与分子链结构以及材料使用性能的关系对材料的聚合制备以及制品的加工和应用都有重要的意义。

11.3.1　聚乙烯

11.3.1.1　晶型

聚乙烯主要有三种不同的晶型，分别为正交、单斜和六方晶型，正交晶型最为常见[112]。不同晶型的聚乙烯晶体中，分子链段的排列方式不同，每种晶型有其特定的晶胞结构。

聚乙烯正交晶型的晶胞结构见图 11.36，与小分子晶体的晶胞常包含数个完整分子不同，聚合物晶胞的结构单元来自一个或多个分子链的链段。习惯上指定聚合物晶胞的 c 轴与分子链的链轴平行。聚乙烯分子链在晶体中的构象为平面锯齿形，并沿着 c 轴方向，分别经过晶胞的棱角及中心平行排列。室温下测定的高密度聚乙烯正交晶胞的 a、b、c 轴尺寸分别是 7.417Å、4.945Å、2.547Å，每两个轴之间的夹角为 90°，据此计算出的聚乙烯晶体的密度为 $1g/cm^3$。样品中可能有少量短支链进入晶胞，或者界面附近短支链拥挤造成了附近晶胞的膨胀等都可能造成所测量的聚乙烯晶胞尺寸有差异。

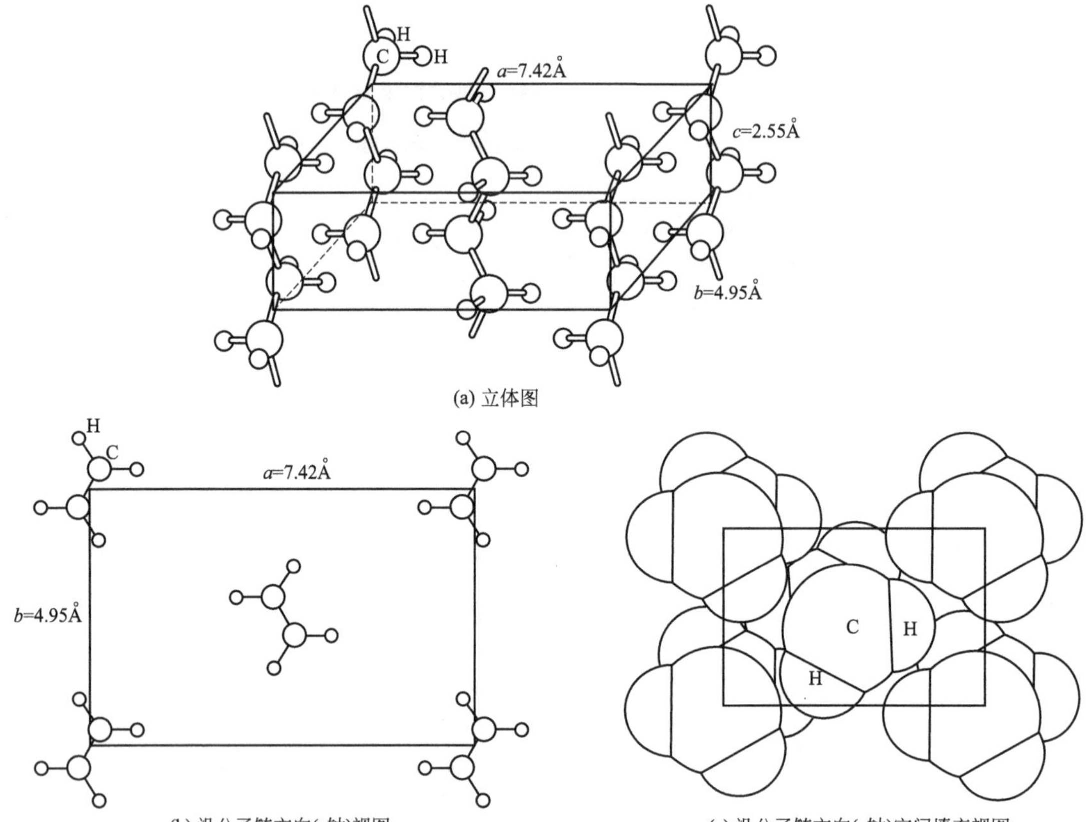

(a) 立体图

(b) 沿分子链方向(c轴)视图

(c) 沿分子链方向(c轴)空间填充视图

图 11.36 聚乙烯正交晶胞结构[112]

聚乙烯单斜晶型的晶胞结构见图 11.37。它通常在拉伸条件下生成，经淬火处理的聚乙烯模塑制品中也有少量单斜晶型，在直接聚合生成的超高分子量聚乙烯颗粒中有时也会出现单斜晶型。聚乙烯单斜晶型是亚稳定的，当温度超过 60～70℃后，可转化为正交晶型。

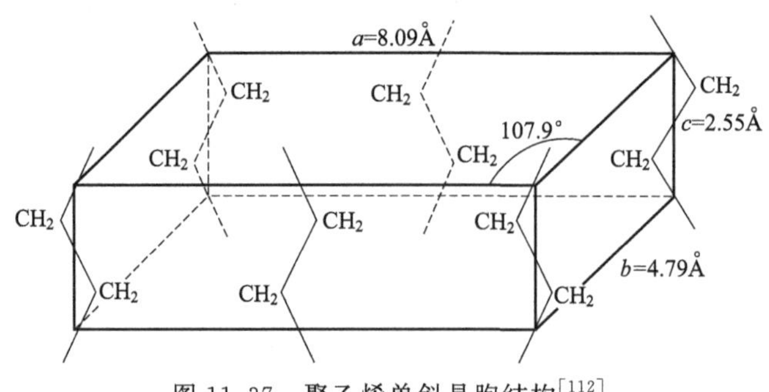

图 11.37 聚乙烯单斜晶胞结构[112]

聚乙烯六方晶型的晶胞结构见图 11.38。它在高压下形成，在常见的商品化聚乙烯制品中，不会出现该晶型。

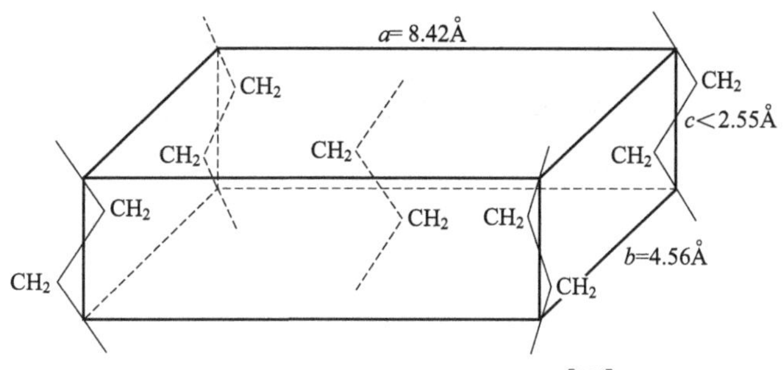

图 11.38　聚乙烯六方晶胞结构[112]

11.3.1.2　片晶、无定形区和过渡层

片晶是半结晶聚乙烯形态结构中典型的结构单元，片晶厚度通常在 10nm 左右，但在某一横向则可达微米尺度。图 11.39 是目前广泛接受的描述半结晶聚乙烯形态结构的三相模型，包括了片晶、无定形区和界面，图中伸展的分子链段有序排列构成了片晶，分子链横贯片晶的厚度方向（实际片晶中的分子链相对于厚度方向常有一定程度的链倾斜，因此片晶中的分子链段的长度略大于其所在片晶的厚度）；相邻片晶之间是无定形区，其中分子链无规排列且有相互的缠结，分子链的末端以及与其他烯烃单体共聚形成的短支链一般在无定形区，难以进入聚乙烯片晶；在无定形区和片晶之间，存在着界面层。聚乙烯片晶中伸展的分子链采取全反式构象，一般来说，典型聚乙烯的一根分子链采取全反式构象伸展的长度可达到 1000nm 或更长，是常见片晶厚度的许多倍[112]，显然，分子链有可能由片晶穿过界面层进入无定形区，也可能会多次穿过一个或多个片晶和无定形区域，由于晶区和无定形区的密度有差异，为了减少分子链在界面的通量，分子链在界面也可能发生近邻折叠[113]。

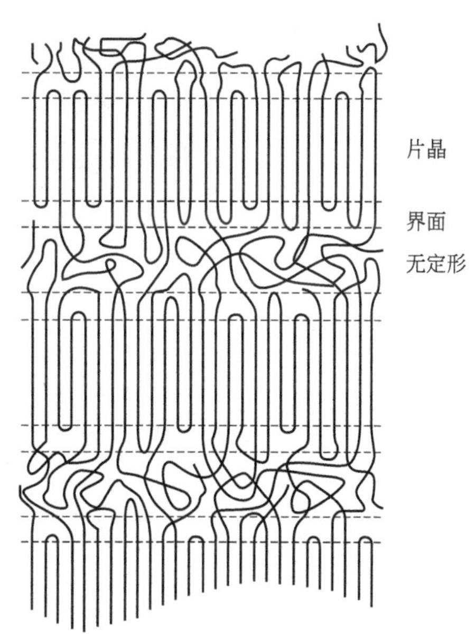

图 11.39　半结晶聚乙烯形态结构的三相模型[112]

影响聚乙烯片晶尺寸的因素很多，包括分子量、与 α-烯烃共聚生成的短支链、长支链的支化点以及温度、剪切等外场条件等，因此在实际使用的聚烯烃制品中，片晶厚度通常都有一定的分布。随着聚乙烯中短支链含量的增加，片晶厚度变薄，横向长度变短（图 11.40）[114]。提高冷却速度也有类似效果，随冷却速度增加，片晶横向尺寸变小，厚度变薄（图 11.41）[114]。随着聚乙烯中短支链含量的增加或结晶过程降温速度的提高，片晶内部还会出现类似珠状形式的微晶块［图 11.40(c) 和图 11.41(c)］，原因可能是短支链和较快的冷却速度提高了片晶内缺陷层的含量。

较厚的片晶热稳定性更高，在更高的温度熔融（图 11.42）。即使等温结晶过程生成均

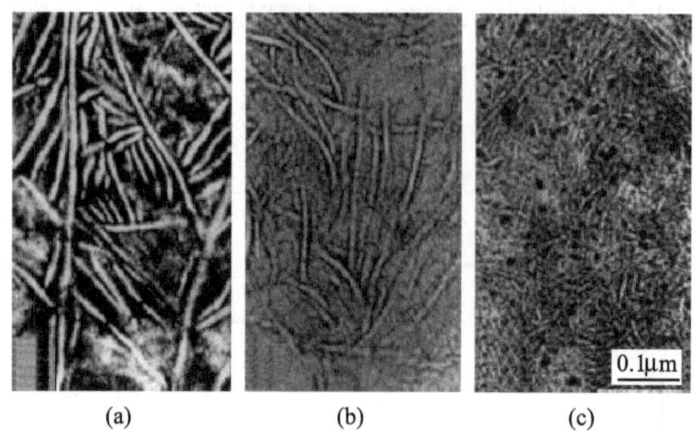

(a) (b) (c)

图 11.40 聚乙烯短支链含量（V）对片晶尺寸的影响

（a）HDPE，$V=0.3CH_3/100C$；（b）LDPE，$V=2.5CH_3/100C$；（c）EVA，$V=7CH_3/100C$

样品为经染色的超薄切片，图中亮色为片晶[114]

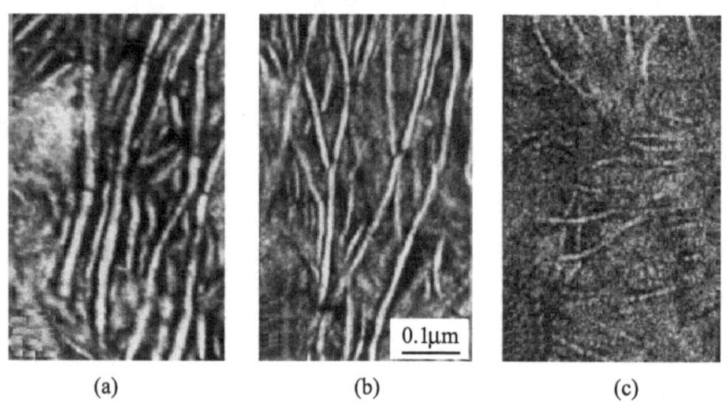

(a) (b) (c)

图 11.41 降温速率对高密度聚乙烯片晶尺寸的影响

（a）低降温速率；（b）中降温速率；（c）非常高的降温速率

样品为经染色的超薄切片，透射电镜照片，图中亮色为片晶[114]

一厚度的片晶，但后期生成的片晶若在先期生成的片晶之间形成，其稳定性还是会降低，在较低的温度熔融[113]。

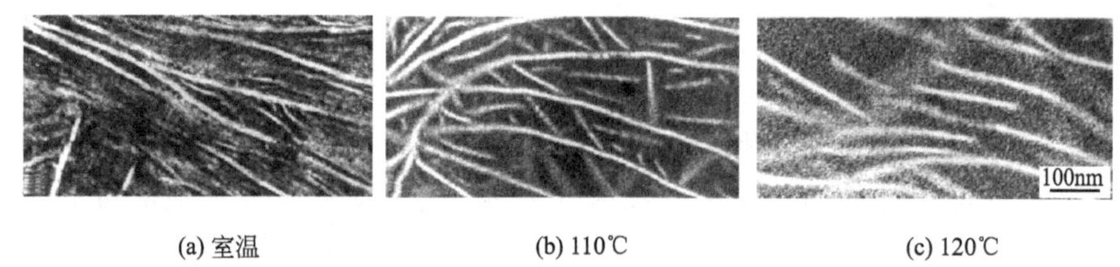

(a) 室温 (b) 110℃ (c) 120℃

图 11.42 聚乙烯不同厚度片晶的熔融过程

熔融过程中用γ射线辐照样品固定当时的片晶结构，超薄切片经染色后采用透射电镜观察，图中亮色为片晶[115]

聚乙烯结晶过程中，一部分分子链段有序排列形成片晶，未结晶的分子链段则留在了非晶区。由熔体结晶的聚乙烯在无定形区与片晶之间有一个过渡层，也称之为界面，研究表明过渡层的聚乙烯分子链段大多采用反式构象，链段运动在一定程度上受限，但与晶区链段的运动相比，有较大的自由度。界面层厚度可通过小角 X 射线散射方法测定[116]。也可以通过固体 ^{13}C 魔角旋转（MAS）核磁共振（NMR）测量界面含量[117,118]。

结晶过程中，分子链的缠结难以进入晶区，常留在非晶区，另外，足够长的分子链，则可能跨越非晶区进入不同的片晶，形成片晶之间的“系带分子”（图 11.43），研究表明在非晶区的分子链的缠结或相邻片晶间的系带分子和聚乙烯抗裂纹扩展能力密切相关，提高分子量或共聚少量 α-烯烃是提高半结晶聚乙烯中系带分子含量和分子链缠结的有效手段[119,120]。

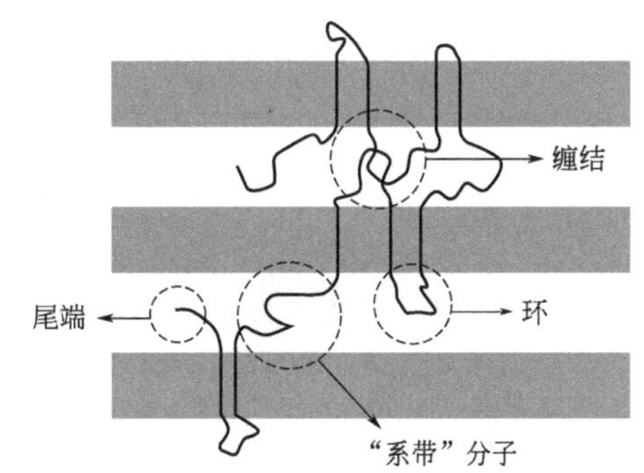

图 11.43　片晶之间系带分子和链缠结示意图

11.3.1.3　球晶

聚合物球晶是片晶的聚集体。它是由起始于球心的晶核并沿径向发射生长的长条状片晶构成（图 11.44），片晶之间存在无定形区，片晶生长期间，沿小角度分叉不断生成新的片晶，导致片晶布满球形空间。在结晶过程中，相邻的球晶会碰撞，若两个球晶同时成核并以相同速率生长，他们的接触面则是平面，如果两个球晶的成核时间或生长速率不同，它们相互碰撞时尺寸不同，接触面则是弯曲的，当结晶一直进行到球晶充满整个空间时，最终形成的球晶其实是多面体。

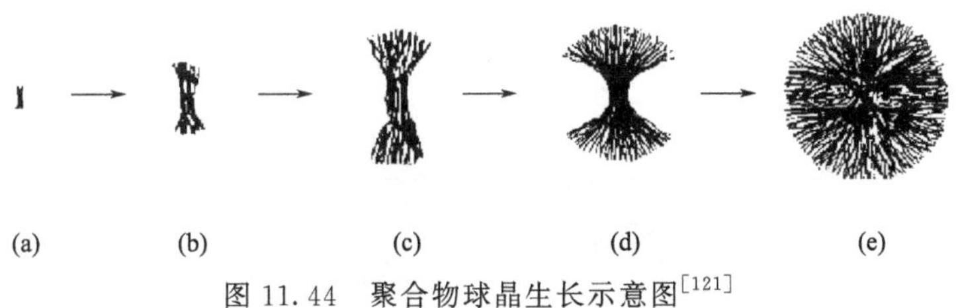

图 11.44　聚合物球晶生长示意图[121]

聚合物熔体经加工过程最终形成的球晶尺寸与结晶成核密度有关。晶核可以是同质核或异质核，分别称为均相成核或异相成核，聚合物分子链由于热涨落形成的超过临界尺寸的晶胚可成为同质晶核，在聚合物成型加工过程中加入的成核剂和有些填料颗粒以及聚合物本体中的有些杂质都可促成异相成核[122]。

在聚乙烯球晶的生长过程中，片晶通过可结晶的分子链段在（110）晶面上沉积，沿径向生长（图 11.45）[123]。聚乙烯也可生成一种环带球晶（图 11.46）[124]，在聚乙烯的环带球晶中，晶胞的 b 轴始终与径向方向一致，而 a 轴和 c 轴围绕 b 轴周期性变化。

球晶形态结构可通过光散射方法结合显微镜的观察来表征。图 11.47 是聚乙烯级分样品形成的球晶测得的典型光散射图（H_V），其中入射光垂直偏振，散射光水平偏振，散射图像表明球晶的完善程度从图（a）到（c）越来越差，图像（d）表明片晶形成了棒状的聚集体，图像（e）的光散射已无角度依赖性，表明片晶可能形成了宽度和长度基本相当的棒状聚集体或片晶发生了随机取向[125]。

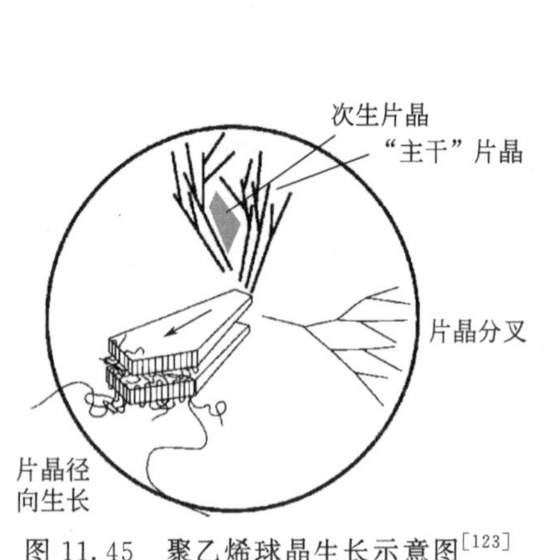

图 11.45 聚乙烯球晶生长示意图[123]

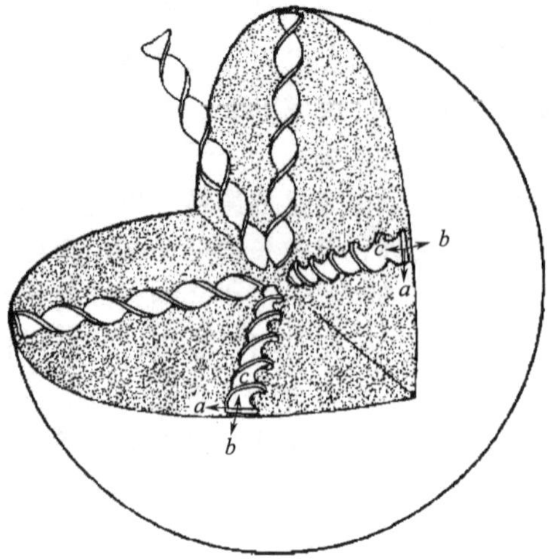

图 11.46 聚乙烯环带球晶结构示意图[124]

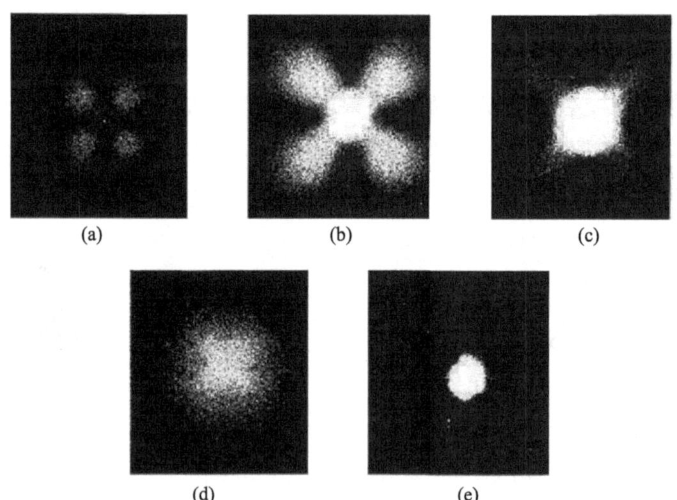

图 11.47 一种线型聚乙烯窄分子量分布的级分所生成球晶的光散射图案（H_V）

聚乙烯的分子量和结晶温度影响所形成的球晶形态[126]。将一系列线型聚乙烯样品及其级分熔融后在不同温度的冷媒中淬火（不同的降温速度）或在较高的温度下等温结晶，最终生成样品的光散射结果表明，只有一定分子量范围的样品可形成球晶，球晶的完善程度随分子量的增大和冷却速率的提高而降低，其中最小分子量的样品只形成了棒状结构，而高分子量（大于 1.6×10^5）的样品则形成了随机取向的片晶。对于可形成球晶的样品，当改变淬火温度或等温结晶温度后发现存在一个临界温度，在临界温度以上球晶消失，仅能观察到棒状结构的光散射。片晶的聚集形态与片晶形态有一定相关性（图 11.48），低分子量和中等分子量样品，形成了较长的且边界呈直线的片晶，对应有序堆积的棒状结构，随着分子量的增加，片晶边界变得弯曲，长度变短，对应的球晶结构逐渐不完善，而高分子量样品所形成的片晶尺寸更短且在空间采取随机的排列。

聚乙烯熔体在有剪切或拉伸的外界条件下也可能形成球晶[128,129]。Johnson 等发现在部分聚乙烯吹塑和流延膜表面形成的球晶结构提高了薄膜的表面粗糙度，成为影响薄膜雾度的

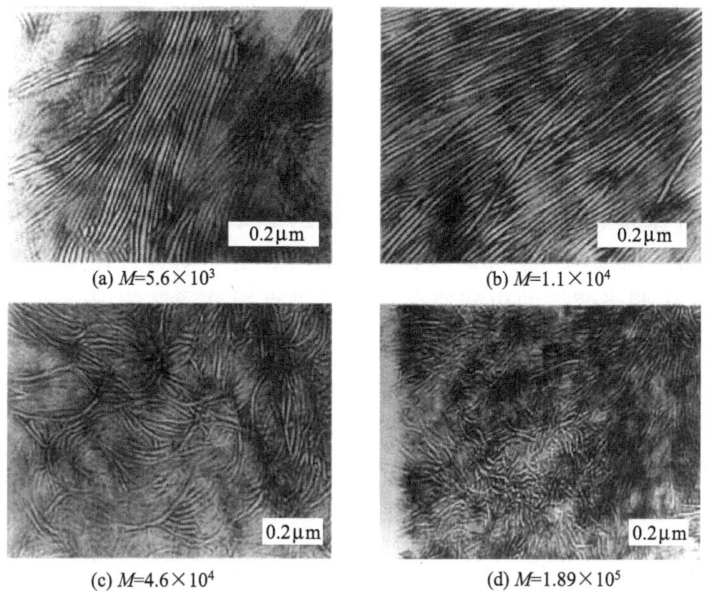

图 11.48 不同分子量线型聚乙烯样品片晶的透射电镜照片

图中 M 为样品分子量，样品在 $-100℃$ 超薄切片，经氯磺酸/乙酸双氧铀染色，亮色为片晶[127]

主要因素，进一步对不同聚乙烯样品的比较研究确认，具有快速松弛和低熔体弹性流变特性的聚乙烯熔体在薄膜吹塑和流延过程中更容易形成球晶结构[129]（图 11.49），提高表面粗糙度，导致雾度升高；而过高的熔体弹性会造成熔体一出模口表面即出现粗糙的结构，最终也导致薄膜雾度升高，因此非常低和非常高的熔体弹性都不利于薄膜获得高透明性。

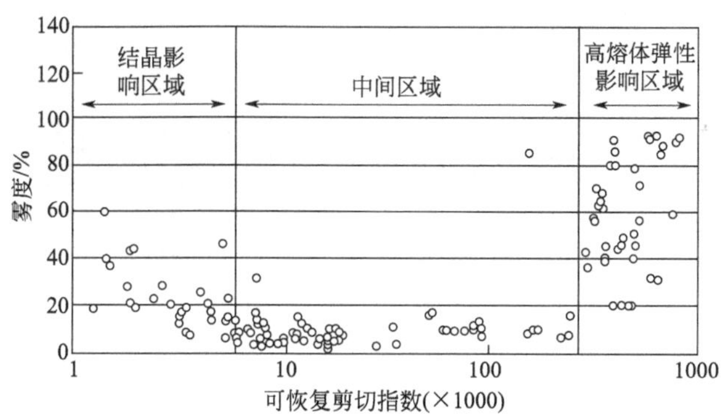

图 11.49 聚乙烯熔体弹性（采用可恢复剪切应变表征）对吹塑膜（厚约 25μm）雾度的影响[129]

11.3.1.4 串晶

“串晶”是高聚物的一种典型的取向态结构，其中心部分为纤维状的晶体，在纤维晶的侧面附着了许多折叠链片晶，因形状类似于串珠式的结构，被称为“串晶”[130]（图 11.50）。由稀溶液生成的串晶的中心纤维晶由完全伸展的分子链构成[131]，而由熔体生成串晶时，由于大分子链间的缠结，中心纤维晶则可能由沿纤维晶长度方向取伸展构象的分子链段构成[132]，中心纤维晶的分子链轴的取向与纤维晶的长度方向一致。通常，周围片晶的分子链轴取向与中心纤维晶的分子链轴取向是一致的，但在低应力下生成的聚乙烯串晶的折叠链片晶会采取与环带球晶中相似的扭曲方式生长，片晶中分子链轴的方向沿片晶增长方向呈周期性变化[131]。

经流动诱导或应变诱导可生成串晶。当沿分子链轴方向的速度梯度增大到高于一定的临界值时，不论是拉伸流动还是剪切或混合流动条件下，都有可能促成串晶的形成。进一步了解高聚物熔体受流动诱导生成串晶的研究工作，可参见 Rajesh H. Somani 等的综述[132]。Y. Ogino 等研究了少量高分子量聚乙烯与大量低分子量聚乙烯的共混体系在剪切条件下的结晶行为，发现当高分子量组分高于某一临界浓度时（达到其重叠浓度的 2.5～3 倍），可显著地促进串晶中纤维晶的生成，表明高分子链的缠结对串晶的形成起着至关重要的作用[133]。T. Yan 等将流变学方法和同步辐射 SAXS 结合，研究了由高密度聚乙烯熔体生成串晶的过程，结果表明当熔体的应变速率大到足以克服分子链的 Rouse 松弛时，在不同的应变速率下，诱导纤维晶形成的临界应变是一个常数，由此说明完全伸展的分子链可能不是形成纤维晶的必要条件，由缠结分子链组成的取向网络对纤维晶形成具有重要作用[134]。

串晶也可以包含多重纤维晶。Benjamin S. Hsiao 等将 2% 可结晶超高分子量聚乙烯（UHMWPE，$M_w=5\times10^6\sim6\times10^6$，MWD=9）和 98% 的非结晶聚乙烯基体（$M_w=50000$，MWD=2）共混，对熔体施加剪切后结晶，得到了一种含多重纤维晶的聚乙烯串晶（图 11.51），同步辐射 X 射线散射数据表明在扩散控制的结晶过程中，多重纤维晶起源于取伸展构象的分子链段，而周围的片晶则由卷曲构象的分子链段形成[135]。

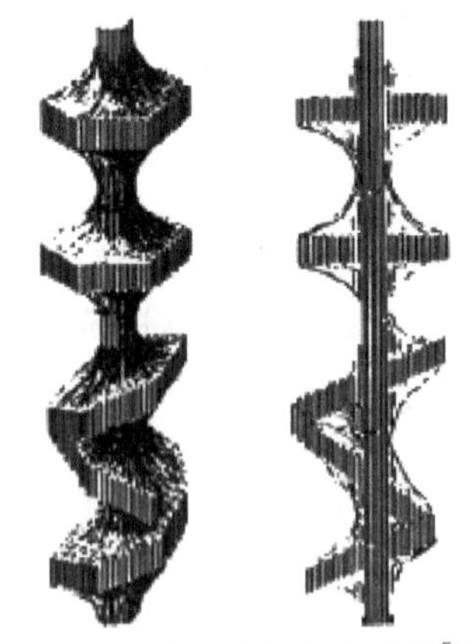

图 11.50　串晶的结构示意图[130]

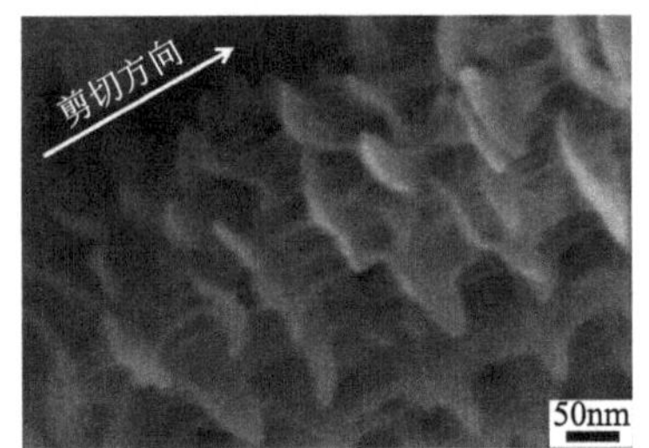

图 11.51　一种典型的具有多重纤维晶的聚乙烯串晶结构（扫描电镜照片）[135]

11.3.2　等规聚丙烯

11.3.2.1　晶型

等规聚丙烯结晶时可以形成几种不同的晶型：α 晶型、β 晶型、γ 晶型和介晶型[136]，其中最常见的是 α 晶型。

① α 晶。等规聚丙烯的 α 晶型属于单斜晶系，晶胞参数为 $a=6.65\text{Å}$，$b=20.96\text{Å}$，$c=6.5\text{Å}$，$\beta=99.33°$，$\alpha=\gamma=90°$，晶体密度为 0.936g/cm^3[137]。等规聚丙烯 α 晶的分子链取 3_1 螺旋构象（图 11.52），绕中心轴有右旋和左旋两种构象，其中主链与侧链甲基碳的碳-碳键矢量相对于晶胞的 c 轴有两种取向，分别为“向上”和“向下”（图 11.53）[138]。等规聚丙烯 α 晶型有 α_1 和 α_2 两种结晶形式。在较高的过冷度下容易生成 α_1 晶，其中分子链的侧甲基“向上”和“向下”的取向呈随机分布；当过冷度较低或在较高的退火温度下，则容易形成 α_2 晶，其中的“向上”和“向下”的取向存在有序性[137]。α_1 晶的熔点比 α_2 晶低，经

高温退火 α_1 晶可转为 α_2 晶，聚丙烯较高的等规度有利于这种转变[139]。

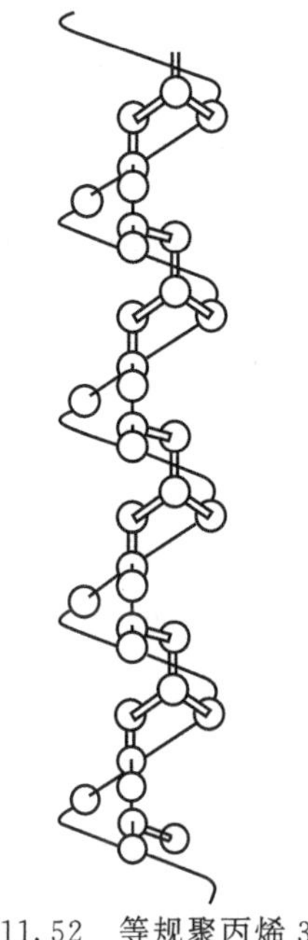

图 11.52 等规聚丙烯 3_1 螺旋构象示意图

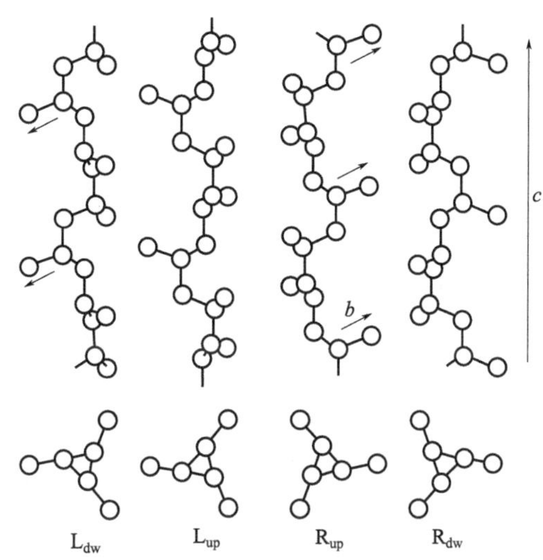

图 11.53 等规聚丙烯分子链“右旋”和“左旋”3_1 螺旋构象及侧甲基与主链碳-碳键矢量“向上”和“向下”的取向[138]

L、R 分别指分子链的左螺旋和右螺旋，up 和 dw 分别指侧甲基“向上”和“向下”的取向

② β 晶。关于等规聚丙烯 β 晶的晶胞结构和晶体学参数，一直未获得完全清晰的认识。早期推测等规聚丙烯的 β 晶属六方晶系，Keith 等提出晶胞参数为：$a=12.74$Å，$c=6.35$Å[140]；Addink 和 Beintema 提出的晶胞参数为：$a=6.38$Å，$c=6.35$Å[141]；而 Turner-Jones 等提出，a 轴尺寸为 11.01～25.43Å，$c=6.35$Å[142]；1994 年，Lotz[143] 和 Meille 等[144] 提出等规聚丙烯的 β 晶属三方晶系，晶胞参数 $a=11.03$Å，$c=6.5$Å，每个晶胞中有三个相同手性的 3_1 螺旋构象的分子链，其中一条分子链的螺旋方位与其他两条不同（图 11.54）[145]，如果为右旋螺旋链，则按照空间群 $P3_1$ 排列，如果是左旋螺旋链，则按照空间群 $P3_2$ 排列。

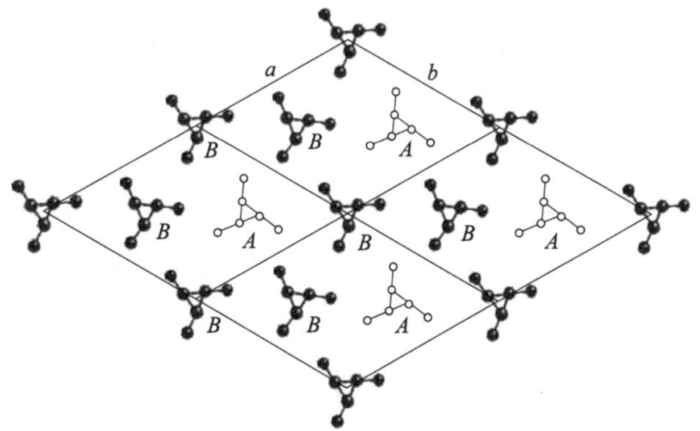

图 11.54 等规聚丙烯 β 晶的分子链排列示意图

从分子链轴方向俯视，深色和浅色代表不同螺旋方位的分子链[145]

等规聚丙烯的β晶热力学稳定性较差，多数情况下与其他晶型同时存在。等规聚丙烯的β晶与α晶相比具有较低的密度和熔融温度，常见β晶的熔点范围为145～155℃，有时会更低[146]。等规聚丙烯的α晶比β晶容易自发成核，因此生成β晶更为困难，生成β晶最有效的方法是加入β成核剂[147]，即使存在成核剂，也只能在有限的结晶温度范围内才可获得高含量的β晶，在100～141℃的区间，β晶的生长速率高于α晶的生长速率[148]（图11.55）。分子链的取向程度影响β晶成核，S. K. Yan等指出熔体中大分子链段的局部有序对于等规聚丙烯β晶成核最重要，β晶核的形成可能受限于i-PP熔体分子链的某一取向窗口，熔体中取向较差的分子链形成α晶，而超出该取向窗口的高度取向的分子链一开始会生成取向的α晶，然后生成β晶[149]。β晶的熔融行为较特殊，在加热时，β晶一般先熔融，然后再结晶生成α晶，但如果β晶在100～141℃之间生成后未冷却至100℃以下，生成的β晶熔融后则看不到有明显的α晶生成[145]。

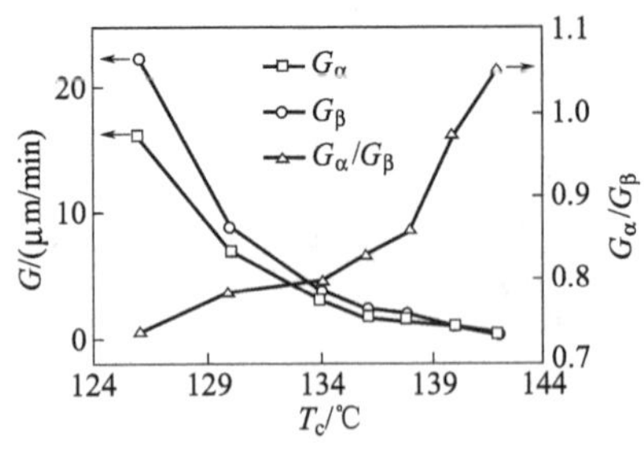

图11.55 等规聚丙烯α晶和β晶生长速率之比随结晶温度的变化（G_α/G_β）[148]

③ γ晶。等规聚丙烯γ晶的晶胞结构为面心正交，晶体由双层分子链段有规律地堆砌形成［图11.56(a)］，每两层分子链的链轴相互成81.4°的夹角，晶胞参数为$a=8.54$Å，$b=9.93$Å，$c=42.41$Å。等规聚丙烯的γ晶中螺旋构象的分子链的排列方式与α晶有一些相似之处［图11.56(b)］[150]，两种晶体中的分子链均取3_1螺旋构象，且以双层交替形式，在α晶内沿b轴方向堆砌，在γ晶内沿c轴方向（$c_\gamma \approx 2b_\alpha$）堆砌，在α晶中的分子链全部平行于$c$轴，在γ晶中的每两层分子链轴相互倾斜81.4°或91.6°，γ晶中这种非平行链的堆砌方式在高聚物晶体中非常少见。

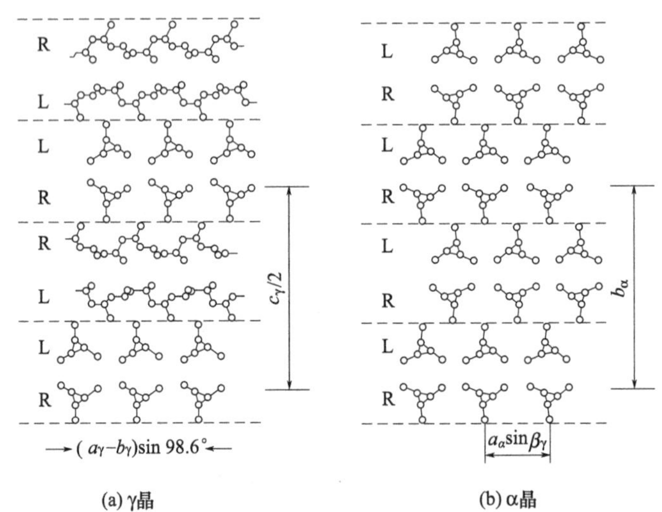

图11.56 等规聚丙烯γ晶（a）和α晶（b）中3_1螺旋分子链堆砌模型

图中用虚线分隔每两层分子链，L指分子链为左手螺旋构象，R指分子链为右手螺旋构象[150]

等规聚丙烯γ晶的生成需要特殊的条件。在采用Z-N催化剂生产的等规聚丙烯均聚物中一般观察不到γ晶，常压下一些通过热降解或特殊方法得到的低分子量级分[151,152]以及含有5%～20%（摩尔分数）的乙烯或α-烯烃（如1-丁烯、1-辛烯等）的聚丙烯共聚物[153]

可以形成 γ 晶，高分子量等规聚丙烯在高压下可生成纯 γ 晶[154,155]。用茂金属催化剂制备的高分子量等规聚丙烯在常压下很容易生成 γ 晶，通常生成 α 晶和 γ 晶的混合物，γ 晶的含量随着分子链中立构缺陷和位置缺陷含量的增加而增加[156-158]。一般来说，聚丙烯短等规序列有利于生成 γ 晶，而长等规序列倾向于生成 α 晶，对于用茂金属催化剂得到的等规聚丙烯，缺陷结构在分子链间的分布较均匀，因此，即使是很低含量的缺陷结构也会有效降低聚丙烯等规序列的长度，有利于生成 γ 晶。而对于用多活性中心的 Z-N 催化剂制备的等规聚丙烯，缺陷结构在分子间分布不均匀，大部分结构缺陷位于小部分不易结晶的分子链上，因此，即使在缺陷结构含量相对较高的样品中，还是有较多的聚丙烯长等规序列，样品主要形成 α 晶[159]。尽管计算表明等规聚丙烯 γ 晶与 α 晶的内聚能相近[160]，但等规聚丙烯 γ 晶熔融温度却总是低于 α 晶，原因可能是 γ 晶结晶过程中，形成了一种介于 γ 晶和 α 晶之间的 α/γ 无序结构[161]。γ 晶在拉伸等外场作用下可转变为 α 晶[162,163]。在与 α 晶的混合结晶中，γ 晶的相对含量随着结晶温度的提高先增加，但由于更高的结晶温度不利于含缺陷结构较多的分子链的结晶，进一步提高结晶温度，γ 晶的含量又降低[159]。较高的分子量不利于 γ 晶的生成，但 De Rosa 等发现对于位置缺陷含量相同的聚丙烯样品，重均分子量（分子量分布小于 3）低于 10 万时，γ 晶的含量为 25%～30%，而分子量高于 20 万时，生成的 γ 晶含量高达 50%，由此推测较低分子量样品具有较快的结晶速率，在 γ 晶和 α 晶混合结晶中，快速结晶更有利于 α 晶生成[159]。

④ 介晶。等规聚丙烯介晶是亚稳态的中间相，介于无定形相和晶相之间，通过高温退火可转变为稳定的 α 晶，转变程度取决于退火温度，在 140～150℃，几乎完全转变为 α 晶，转变的时间随着退火温度的升高而缩短[145]。将等规聚丙烯的熔体快速降温到大约 27℃至玻璃化转变温度 −23℃ 之间，冷却速度为 100～1000℃/s，可以形成介晶[164-166]，以超过 1000℃/s 的冷却速度冷却到低于玻璃化转变的温度，会抑制介晶的形成，生成非晶的玻璃态，然而随后以不高于 10000℃/s 的加热速率经过冷结晶又能够生成介晶；以超过 1000℃/s 的速率将熔体冷却至低于玻璃化转变的温度，或者从低于 T_g 的温度以高于 10000℃/s 的速率加热至非晶玻璃态，可阻止所有的有序化转变[167,168]。

11.3.2.2　片晶

等规聚丙烯 α 晶的片晶具有独特的“交叉支化”结构[150]（图 11.57），这种“交叉支化”的结构导致在等规聚丙烯 α 晶的球晶中，既有径向发散生长的片晶，也有切向生长的片晶，径向生长的片晶称为“母片晶”，切向生长的片晶称为“子片晶”，母片晶与子片晶的夹角为 80°[169]。等规聚丙烯子片晶 a 轴和 c 轴分别与母片晶的 c 轴和 a 轴方向一致，且由于 a 轴和 c 轴尺寸相差不大，等规聚丙烯的 α 晶容易产生“交叉支化”的附生结晶[141,170]。

聚丙烯的等规度和结晶温度影响“交叉支化”结构，但关于影响参数的范围和影响程度未取得完全一致的结果。James J. Janimak 等研究了不同等规度［等规五单元含量（mmmm%）范围：78.7%～98.8%］的级分样品（等规度分布窄）的结晶行为，发现随着等温结晶温度升高，片晶“交叉支化”程度降低，且子母片晶的厚度差逐渐变大；另外发现随样品的等规度提高，“交叉支化”的程度降低；低等规度样品出现了例外，在较低的结晶温度未生成子片晶，随结晶温度提高，却有子片晶生成[171]。Koji Yamada 研究了 mmmm%在 98.9%～99.8%范围的级分样品的结晶行为，发现随结晶温度的升高，子片晶的数量减少，mmmm%高达 99.8%的样品在结晶温度升至 150℃时仅生成了母片晶，由此说明高等规度更有利于母片晶的生长[172,173]，这一结果与 Alamo 等的发现有部分不一致，

Alamo 等采用 mmmm%高达 99.5%的等规度窄分布的聚丙烯样品，发现在 135～167℃温度范围均生成了“交叉支化”结构，只是在其中较低温度范围，子母片晶厚度差异不明显，在 160℃以上结晶温度，子片晶变薄且子母片晶厚度有明显的差异[174]。

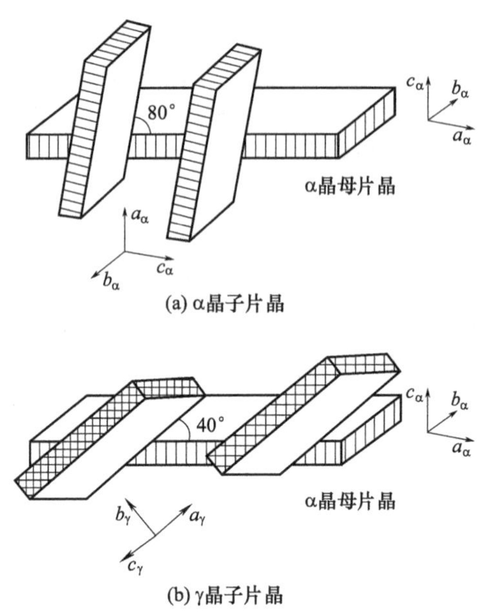

图 11.57　等规聚丙烯 α 晶的片晶在 α 晶上附生（a）和 γ 片晶在 α 晶上的附生（b）所形成的片晶“交叉支化”结构[150]

等规聚丙烯 β 晶的球晶中，片晶都是径向生长的，未见前述的“交叉支化”结构[175]。

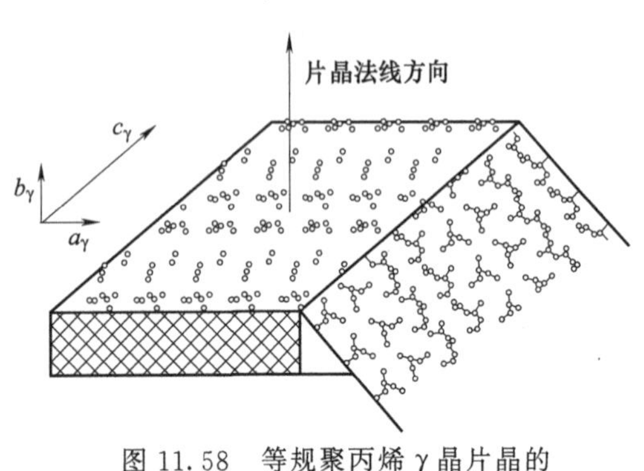

图 11.58　等规聚丙烯 γ 晶片晶的结构示意图[150]

等规聚丙烯 β 晶球晶中，球晶的生长方向为晶体学的 a 轴方向。原位小角 X 射线散射实验表明，结晶温度相同时，与 α 晶和 γ 晶相比，β 晶的长周期较大[176]。

在等规聚丙烯 γ 晶的片晶中，分子链轴不垂直于片晶表面，片晶表面法向为 b 轴方向，分子链轴与 b 轴成约 40°夹角[150]（图 11.58)。等规聚丙烯 γ 晶多与 α 晶共生，γ 晶可在 α 晶的 (010) 晶面上成核，与 α 晶片晶形成分叉结构，片晶之间的夹角为 40°（图 11.57)，在 α 晶和附生的 γ 晶的界面，γ 晶分子链轴与母片晶的分子链轴几乎是平行的[143,177]。

11.3.2.3　球晶

Padden 和 Keith 依据光学双折射现象对不同温度下生长的等规聚丙烯 α 晶的球晶进行了分类[178]，在 134℃以下生长的 α 晶的球晶具有轻微的正双折射（α_{I} 型)，而在 138℃以上生长的球晶具有负双折射（α_{II} 型)。结晶温度在 134～138℃之间的球晶通常表现出混合双折射，被称为“混合”型（α_m)，研究表明正是由于等规聚丙烯片晶“交叉支化”结构的形成，导致 α 晶的球晶出现正的或混合型的双折射，提高结晶温度或高温退火可减少“交叉支化”现象，造成 α 晶球晶由 α_{I} 型或 α_{m} 向 α_{II} 型转变[171]。文献中有关 α 晶正负球晶的结晶温度范围有所不同，可能是采用了不同的等规聚丙烯样品所致[149]。等规聚丙烯 β 晶的球晶中未发现有片晶的“交叉支化”，β 晶球晶表现出极强的负双折射[178]，用正交偏振光显微镜观察，β 晶球晶相对 α 晶球晶更亮一些。在聚丙烯树脂中添加成核剂可显著减小球晶的尺寸[179-181]。

11.3.2.4 串晶

与聚乙烯串晶结构类似，等规聚丙烯串晶也是由中心的纤维晶和周围的片晶构成（图 11.59）[182]，纤维晶和周围片晶中的分子链轴相互平行，且沿外场施加的流动或拉伸方向取向。

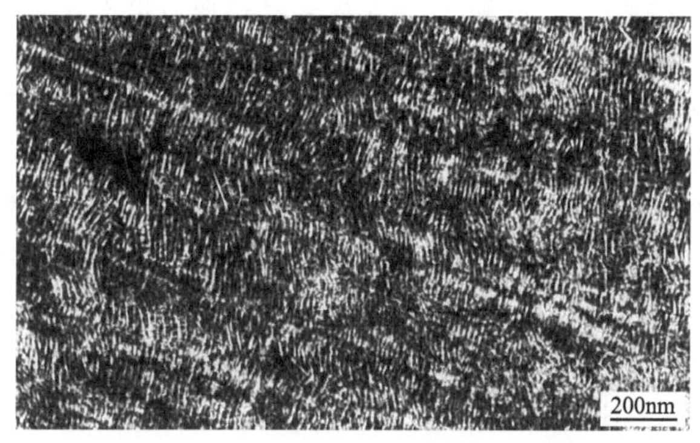

图 11.59 等规聚丙烯串晶的透射电镜照片

样品经化学染色，亮色部分为结晶部分，暗色部分为非晶部分[182]

高分子量组分可显著促进等规聚丙烯的取向态结晶。Motohiro Seki 等通过原位流变光学测量和离线显微观察研究了高分子量组分对聚丙烯取向态结晶的影响，发现在基础树脂中添加浓度不到 1% 的高分子量组分（分子量比基础树脂大 5 倍）会显著影响体系在剪切外场下的结晶过程[183]，当剪切应力超过某一临界值时，在样品的表面形成了串晶结构，其中纤维晶的数密度和厚度受高分子量组分浓度影响，在高分子量组分“重叠”浓度附近，发生了显著变化，由此认为高分子量组分在剪切诱导取向结晶中的作用是协同的（不是单链效应）。Shuichi Kimata 等采用中子散射等手段研究了不同分子量的氘代聚丙烯的取向结晶，发现高分子量组分并没有过多地出现在串晶的纤维晶中，指出在纤维晶的形成中，最大分子量的组分可能仅起到催生的作用，诱导周围的分子链一起形成了纤维晶[184]。

C. Zhang 等采用原位光学显微镜、时间分辨 SALS（小角光散射）和 AFM（原子力显微镜）研究了在较低温度及低剪切速率下等规聚丙烯的剪切诱导结晶行为，SALS 结果证实了等规聚丙烯在低剪切速率下形成了类似串晶的柱状晶体，并通过对刻蚀后样品的 AFM 图像分析，发现类纤维晶结构，通过比对所用样品分子链的回转半径，指出在低剪切速率和低温条件下，剪切诱导纤维晶晶体的形成过程可能涉及大量的缠结分子[185]（图 11.60）。

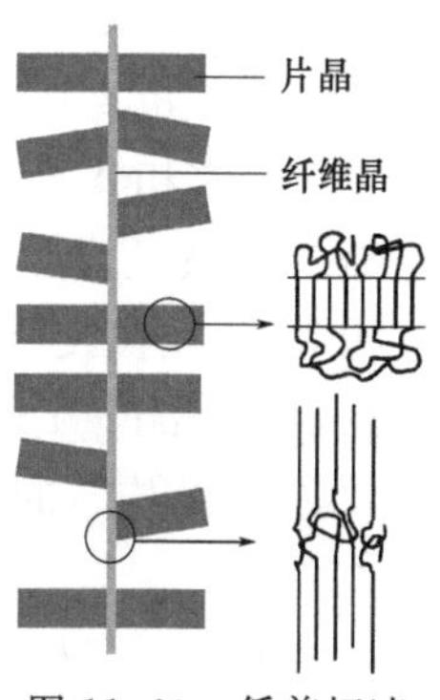

图 11.60 低剪切速率下等规聚丙烯串晶形成的示意图

11.3.2.5 无规共聚聚丙烯

无规共聚聚丙烯通常是丙烯单体共聚少量乙烯或其他 α-烯烃的等规聚丙烯。少量共聚单元作为缺陷结构，阻断了分子链上丙烯单体的连续规整排列，使可结晶的丙烯聚合链段变短，所生成的片晶变薄，结晶温度、熔融温度以及结晶度降低[186]。共聚单体形成的缺陷结构还可改变等规聚丙烯中不同晶型的比例，因此在丙烯与乙烯、1-丁烯、1-己烯及 1-辛烯等单体的共聚物中除了 α 晶，常存在不同含量的 γ 晶[187]，De Rosa 等研究表明丙烯-乙烯和丙烯-1-丁烯的共聚物经熔融后结晶，通常生成 α 晶和 γ 晶的混合物，随乙烯或丁烯含量以及立构缺陷结构 rr 的增多，不同结晶条件下生成 γ 晶的最大含量（与 α 晶之比）增大，说明分子链上含有更多的共聚单体或缺陷结构有利于生成 γ 晶。但当丁烯含量高于 10%～14%（摩尔分数）时，γ 晶的最大含量则开始随丁烯含量增加而减小，当丁烯含量达到 30%（摩尔分数）时，样品全部生成 α 晶；在丁烯含量达到 10%～14%时，α 晶胞的 a 轴尺寸开始明显增大，与 c 轴尺寸不再匹配，由此认为这影响了 γ 晶在 α 晶母片晶上的成核或附生，从而造成随丁烯含量进一步增加，γ 晶含量不增反降[188]。丙烯-己烯无规共聚物通常也生成 α 晶和 γ 晶的混合物，生成的 γ 晶最大含量随己烯含量的增加先增大，当己烯含量高于 4%～5%（摩尔分数）时，γ 晶最大含量开始降低，己烯含量高达 15%～16%（摩尔分数）的样品熔融后冷却不再生成结晶，生成的无定形物经室温长时间放置，可形成具有三方晶胞结构的晶体[189]。

共聚单体影响聚丙烯球晶的生长速度和结构，随共聚单体乙烯含量的增加，聚丙烯球晶的生长速度变慢，所形成的球晶更粗糙，原因是在球晶内部包含了更多的无定形结构[190,191]。有些共聚单体单元可以部分地进入等规聚丙烯的晶区，进入晶区的共聚单体单元一方面可造成晶胞的变形或膨胀，另一方面相当于延长了可结晶的分子链段，从而影响聚丙烯的结晶性能[189,192]。不同的共聚单体单元进入聚丙烯晶区的程度不同，在乙烯、1-丁烯、1-己烯及 1-辛烯共聚单体中，目前比较普遍接受的是 1-丁烯单元在晶区的含量最高，乙烯单元较少进入晶区，辛烯单元完全排除在晶区之外，而 1-己烯单元可以进入 1-己烯含量高的聚丙烯共聚物形成的 δ 晶中。针对低含量己烯聚丙烯共聚物中是否有己烯进入晶区，有不同的看法，Jeon 等基于 WAXS、量热法和固态 NMR 的测试结果发现在己烯含量小于 13%（摩尔分数）的范围，1-己烯单元完全排除在聚丙烯的结晶之外，共聚单体单元参与聚丙烯结晶的程度为 $C_4>C_2>C_6=C_8$[193]；De Rosa 等基于晶胞的膨胀和 α 晶及 γ 晶结晶行为的研究认为在低含量 1-己烯的聚丙烯共聚物结晶中有少量 1-己烯单元[189]。

11.3.2.6 聚丙烯多相共聚物

均聚聚丙烯和无规共聚聚丙烯的玻璃化转变温度较高，在零下温度环境呈现低温脆性，应用受到限制。可采用机械共混的方式加入弹性体成分提升聚丙烯材料的韧性，随着多反应器聚合工艺的开发和催化剂技术的进步，通过直接聚合方法，实现了聚丙烯的增韧改性[194]，这类树脂产品常被称为聚丙烯“反应器合金”[195]，也称之为聚丙烯抗冲共聚物或抗冲聚丙烯，也有从相结构的角度，称之为聚丙烯多相共聚物。

聚丙烯多相共聚物包括连续相（通常为聚丙烯均聚物，也称为基体相）和分散相（通常为乙烯-丙烯无规共聚的弹性体，习惯上常称为橡胶相），分散相多为“包藏结构”或“芯-壳结构”，即在橡胶分散相粒子的内部常包含模量较高的可结晶的乙烯共聚物甚至为高密度聚乙烯，Fuguang Tang 等采用原子力红外显微镜微区组成的定量分析方法，发现在抗冲聚丙烯“芯-壳结构”的分散相中，包藏的“硬芯”的主要成分可以是聚乙烯，也可以是聚丙烯[196]。

影响聚丙烯多相共聚物中分散相形态的主要因素包括连续相和分散相组分的化学组成、黏度比以及造粒和成型加工条件（剪切程度、温度和时间等）。Doshev 等的研究表明降低抗冲聚丙烯分散相的乙烯含量可减小分散相颗粒粒径（图 11.61）[197]，实验样品采用 Z-N 催化剂及多反应器工艺制备，扫描电镜观察的结果表明随着乙烯含量的降低，分散相颗粒粒径逐步减小，中等乙烯含量的组分形成单包藏或多包藏结构［图 11.61(b) 和 (c)］；乙烯含量最低的分散相的粒径最小，也最均匀［图 11.61(e)］；样品经超薄切片染色后采用透射电镜观察，可看到乙烯含量最高的分散相中有大量的聚乙烯结晶以及部分无定形组分［图 11.62(b)］，在最低乙烯含量的分散相粒子中有少量的片晶［图 11.62(a)］，Doshev 推测为聚丙烯长结晶链段的结晶[197]。

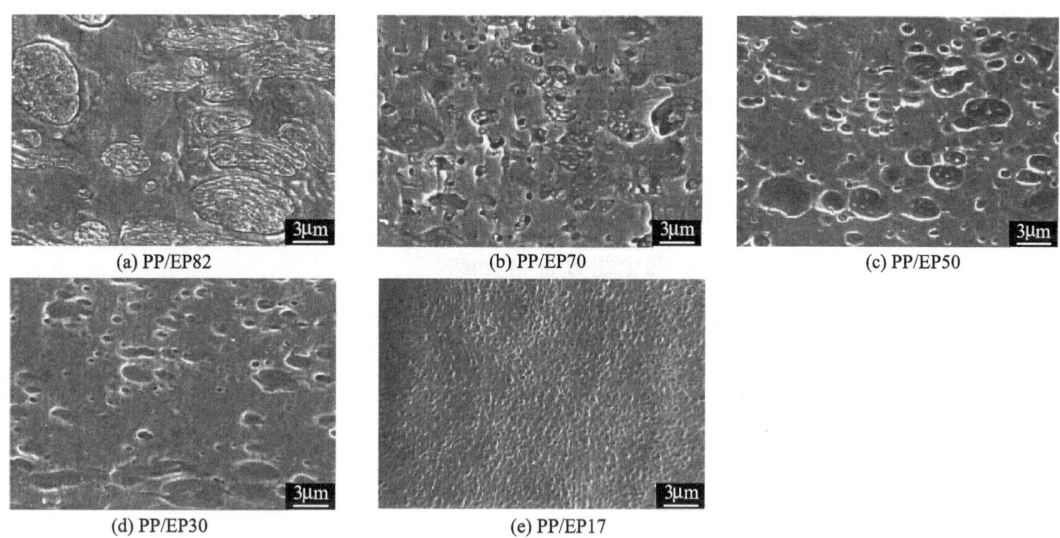

(a) PP/EP82　(b) PP/EP70　(c) PP/EP50　(d) PP/EP30　(e) PP/EP17

图 11.61　抗冲聚丙烯分散相的乙烯含量对形态的影响（数字分别表示不同的乙烯含量）[197]

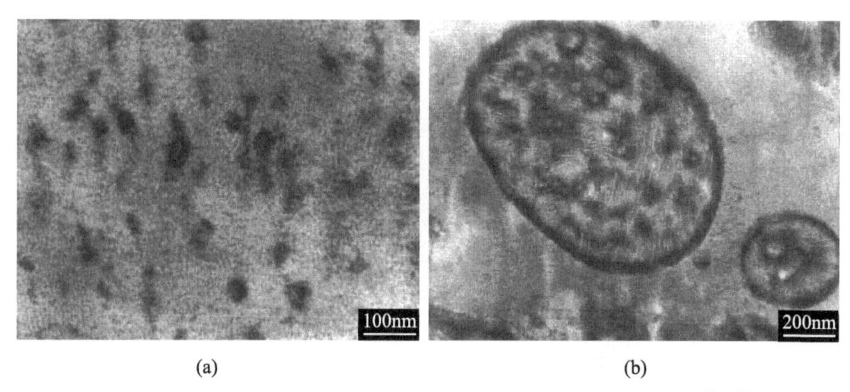

(a)　(b)

图 11.62　PP/EP17 (a) 和 PP/EP82 (b) 的透射电镜照片[197]

分散相组分乙烯含量的变化可改变两相的相容性及两相界面张力，从而影响分散相的粒径，Lohse 采用中子散射发现当乙烯含量高于 8%时，丙烯-乙烯无规共聚物与聚丙烯连续相不相容[198]。Nitta 等采用透射电镜观察多相聚丙烯的形态，发现聚丙烯与丙烯-乙烯无规共聚物不相容的临界乙烯含量处于 16%～23%（摩尔分数）之间（11.3%～16.6%，质量分数）[199]。Kamdar 等采用原子力显微镜观察分散相形态并结合相互使用参数计算，提出聚丙烯与丙烯-乙烯无规共聚物两相的相容性与两相中乙烯含量的差值相关（表 11.3），当两相的乙烯含量差值小于约 18%（摩尔分数）（质量分数为 12.8%）时，两相是相容的，大于约 20%（摩尔分数）（质量分数为 14.3%）时，两相不相容，乙烯含量差值介于二者之间则部分相容；在多分散的聚合物共混物中，一种组分的低分子量部分总是比高分子量部分更容易与另一种组分相容，对于部分相容体系，平衡相由主组分的高分子量部分和次组分的低分子量部分组成[200]。就抗冲聚丙烯的韧性而言，乙烯-丙烯共聚物的最佳化学组成应该是使橡胶相与基体相有足够的不混溶以保持相分离，但又需要有适当混溶以确保基体相/分散相有一定结合作用，常见的采用Z-N催化剂制备的抗冲聚丙烯树脂产品中，丙烯-乙烯无规共聚物的乙烯含量在分子间的分布很宽，一部分作为分散相中的无定形的橡胶组分，还有一部分可结晶的组分处于分散相和连续相的界面或包藏在分散相颗粒的内部，分散相可形成多层次的芯-壳结构[201-203]，处于相界面的可结晶共聚物影响分散相与基体的界面结合，从而影响材料的韧性[204,205]。包藏在分散相内部的可结晶聚乙烯可提高分散相的模量，并显著改善抗冲聚丙烯的耐应力发白性能（图11.63）[206-208]。采用多个共聚反应器可加宽共聚单体在丙烯-乙烯共聚物分子间的分布，调控聚丙烯多相共聚物的相形态，分散相若由不同化学组成的两个组分构成，最终分散相至少可呈现三种形态结构（图11.64）：两个组分相互渗透混合；一个组分包藏另一个组分；两个组分各自分散[194]。

表11.3　丙烯-乙烯无规共聚物乙烯含量差异与相容性[200]

组分1	组分2	乙烯含量差值(摩尔分数)/%	共混组成(质量比)	熔体温度/℃	相分离情形
mPE 11.0	mPE 18.8	7.8	70/30;30/70	200	相容
mPE 0.0	mPE 13.6	13.6	70/30	200	相容
mPE 11.0	mPE 25.2	14.2	70/30;60/40	120,160,200	相容
mPE 3.1	mPE 18.8	15.7	70/30;30/70	160,200	相容
mPE 13.6	mPE 30.8	17.2	70/30;60/40	120,160,200	相容
mPE 0.0	mPE 18.8	18.8	70/30;60/40;40/60;30/70	160,180,200,220,240	部分相容
mPE 11.0	mPE 30.8	19.8	70/30;60/40;40/60;30/70	160,180,200,220,240	部分相容
mPE 4.9	mPE 25.2	20.3	70/30;60/40;40/60;30/70	160,180,200,220,240	部分相容
mPE 3.1	mPE 25.2	22.1	70/30;30/70	160,200,240	不相容
mPE 3.1	mPE 30.8	27.7	70/30;30/70	200	不相容
mPE 0.0	mPE 30.8	30.8	70/30;30/70	200	不相容

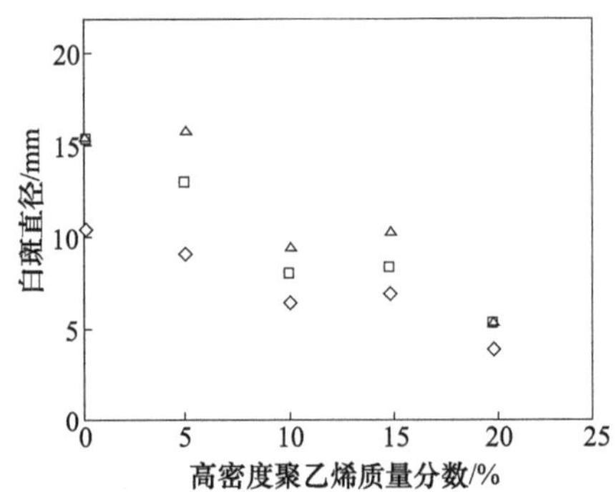

图11.63　聚乙烯添加量对抗冲聚丙烯/高密度聚乙烯共混物应力发白性能（施加不同冲击能）的影响[208]

◇—0.05J；□—0.3J；△—0.45J

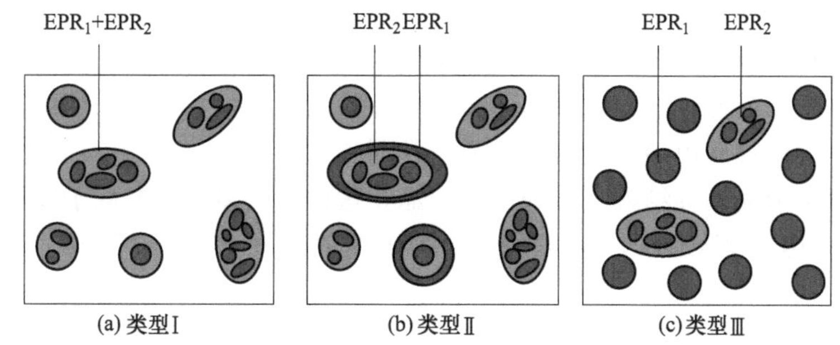

图 11.64 含有两种乙丙共聚物橡胶组分（EPR）的抗冲聚丙烯形态模型[194]

(a) 两种组分相互渗透混合；(b) 一个组分包藏了另一个组分；(c) 两个组分各自分散

抗冲聚丙烯的两相组分熔体的黏度比对分散相粒径有很大的影响，直接聚合得到的抗冲聚丙烯粉料中的乙烯-丙烯共聚物分散相尺寸可以达到 1μm 以下，在之后造粒以及熔融加工过程中，如果两相的黏度比较高，分散相颗粒容易发生团聚，导致颗粒尺寸变大[36]，实际生产过程中，往往通过测定两相组分的特性黏数控制两相的熔体黏度比，值得注意的是同样的特性黏数比，丙烯-乙烯无规共聚物分散相的丙烯含量不同会造成不同的熔体黏度比[209]（图 11.65），从而影响分散相形态。

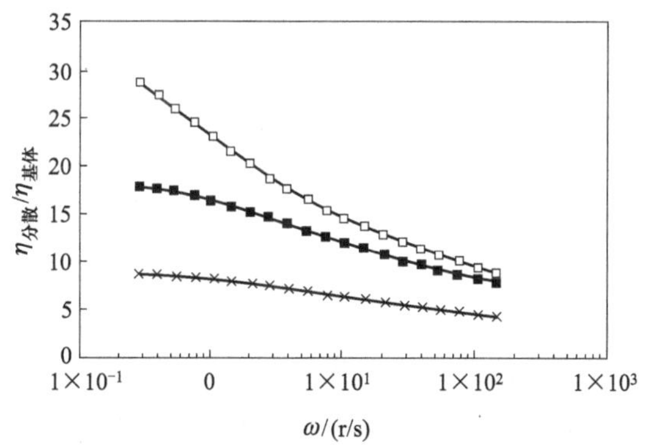

图 11.65 分散相和基体的熔体黏度比随剪切速率和化学组成的变化

分散相（冷二甲苯可溶物）和连续相的特性黏数均为 2.1dL/g[209]

□—冷二甲苯可溶物 C_3 含量=38%（质量分数）；■—冷二甲苯可溶物 C_3 含量=48%（质量分数）；

×—冷二甲苯可溶物 C_3 含量=69%（质量分数）

聚烯烃共混物的相图一般具有高临界共容温度（UCST）[186]，两相相容性随着温度的升高而增加，Kamdar 等测量了聚丙烯连续相和乙烯-丙烯无规共聚物分散相的体积分数，发现随着温度的升高，分散相的体积分数有一定程度的降低，说明随温度的升高，两相相容性得到改善[200]。

11.3.3 间规聚丙烯

早期的间规聚丙烯（*s*-PP）是采用 Z-N 催化剂合成等规聚丙烯时的副产物，分子链的立构和区域规整性差、结晶度和熔融温度低，物理和力学性能较差。自 20 世纪 80 年代茂金属催化剂被发现后，制备的间规聚丙烯具备了高立构和区域规整性，结晶度和熔融温度提高。间规聚丙烯玻璃化转变温度低于等规聚丙烯，在室温和 0℃的冲击强度高于等规聚丙烯，加工的薄膜比等规聚丙烯具有更高的撕裂强度，此外，它还能够抵抗 γ 射线和紫外线辐射，尤其具有独特的弹性行为，其中的晶粒不仅可作为弹性网络的物理节点，而且晶相中发生应力诱导的可逆的晶型转变与材料的一部分弹性回复有关，使得间规聚丙烯可能成为热塑性弹性体材料，但间规聚丙烯较慢的结晶速度限制了它的应用[210,211]。

间规聚丙烯可形成四种结晶晶型和两种介晶，这种同质多晶现象源于间规聚丙烯分子链在晶体中不同的排列方式以及不同的构象，详细的阐述可参见 Finizia Auriemma 等的著述[212]。

间规聚丙烯的晶型Ⅰ可由熔体或在溶液中生成，是间规聚丙烯在常规结晶条件下生成的稳定的晶型，晶体中的分子链为双重螺旋构象。Lotz 等提出间规聚丙烯晶型Ⅰ属正交晶系，晶胞尺寸 a=14.5Å，b=11.2Å，c=7.4Å，晶体中分子链取右旋螺旋或左旋螺旋构象沿 a 轴和 b 轴交替排列，空间群为 $Ibca$[213-216]，De Rosa 等提出间规聚丙烯晶型Ⅰ属单斜晶系，晶胞尺寸为 a=14.31Å，b=11.15Å，c=7.5Å，γ=90.3°，晶体中的分子链也是以左右手螺旋沿 a 轴和 b 轴交替排列，空间群为 $P2_1/a$[217]。随着分子链规整性以及结晶温度的变化，间规聚丙烯晶型Ⅰ的 X 射线衍射图样中，峰的相对强度会发生显著变化，例如 $2\theta\approx19°$ 处的衍射峰强度就会变弱或消失，造成这种变化的原因是晶体中分子链的排列偏离了上述严格的左右手螺旋交替形式，极限情形为左右手螺旋构象无规排列，对应的正交晶胞尺寸为 a=14.5Å，b=5.60Å，c=7.4Å，空间群为 $Bmcm$[218]。间规聚丙烯晶型Ⅱ属正交晶系，晶胞尺寸为 a=14.5Å，b=5.60Å，c=7.4Å，晶体中分子链采取二重螺旋构象且等手性排列，空间群为 $C222^1$[212]。间规聚丙烯晶型Ⅱ比晶型Ⅰ稳定性差，在常规结晶条件下不易生成。低间规度有利于晶型Ⅱ的形成，将低间规聚丙烯拉伸取向可得到晶型Ⅱ，高间规聚丙烯需要经拉伸取向得到晶型Ⅲ后去除应力才能转变成晶型Ⅱ[219]，在高压下，间规聚丙烯通过熔体结晶能够生成晶型Ⅱ[220]，常压条件下，一般生成晶型Ⅰ与少量晶型Ⅱ的混合物，但将乙烯摩尔分数约为 14%的间规聚丙烯共聚物在 80℃结晶，也可以生成晶型Ⅱ与晶型Ⅰ的混合物，其中晶型Ⅱ含量高达 70%[221]，说明共聚有利于晶型Ⅱ的形成。实际形成的间规聚丙烯晶型Ⅱ（取向纤维或溶液骤冷沉淀的粉末样品）中，分子链可能采取左右手性螺旋构象无规排列或分子链内连续的螺旋构象穿插一段“扭结键”（反式平面构象），这种结构的无序会造成晶型Ⅱ的 X 射线衍射峰强度的变化[222,223]。间规聚丙烯的晶型Ⅲ属正交晶系，晶胞尺寸为 a=5.22Å，b=11.17Å，c=5.06Å，分子链在结晶中的构象为反式平面构象，空间群为 $P2_1cn$[224]。晶型Ⅲ在间规聚丙烯处于拉伸状态或在某一临界应力之上是稳定的，应力释放后，会转变成晶型Ⅱ，在室温下拉伸分子链为螺旋构象的晶型Ⅰ薄膜，可得到分子链为反式平面构象的晶型Ⅲ，所需要的拉伸形变量与样品的间规度有关，低间规度样品需要的形变量大于高间规度样品，当拉伸应力释放后，晶型Ⅲ则转变成晶型Ⅱ[219]。Yozo、Chatani 等[225] 提出间规聚丙烯晶型Ⅳ属三斜晶系，晶胞尺寸为 a=5.72Å，b=7.64Å，c=11.60Å，α=73.1°，β=88.8°，γ=112.0°，分子链取 $(T_6G_2T_2G_2)_n$ 螺旋构象，空间群为 $P1$；Auriemma 等[226] 提出了对称性更高的单斜模型，晶胞尺寸为 a=14.17Å，b=5.72Å，c=11.60Å，β=108.8°，空间群 $C2$。间规聚丙烯的晶型Ⅳ是一种亚稳晶型，仅在取向样品中出现。

将间规聚丙烯熔体骤冷至 0℃并保持较长时间（至少 20h），可生成分子链构象为反式平面的介晶，如果立即升温至室温，则形成稳定的晶型Ⅰ[227]。介晶稳定性较差，升温至 90℃退火，介晶可转变成晶型Ⅰ[228,229]。介晶的纤维经高倍拉伸可转变成晶型Ⅲ，这种转变是可逆的，应力释放后，又恢复至介晶状态[230]。间规度越高，在 0℃生成稳定介晶需要的时间越短，间规度较低的样品无法生成 100%的介晶[231]。骤冷达到的温度也影响间规聚丙烯介晶的生成，在骤冷至−5～6℃范围内，随温度升高介晶结晶速度增大，但在 0℃介晶的含量可达到 100%[228]。由丙烯与长链 α-烯烃（1-己烯、1-辛烯、1-十八烯）共聚的间规聚丙烯无规共聚物的取向纤维可形成分子链为螺旋构象的介晶，原因可能是较大的侧基阻碍了分子链取反式平面构象[232]。

间规聚丙烯片晶沿 b 轴优先生长，但在高间规聚丙烯的片晶中，垂直于生长方向常见有裂纹或波纹，裂纹和波纹的形成可能源于间规聚丙烯结晶的热膨胀系数的各向异性（沿 b 轴的热膨胀率比 a 轴大约高 1 个数量级）导致晶体冷却过程中产生了热应力，另外一个与此相关的因素是分子链左右手螺旋构象交替排列过程中局部插入了等手性排列所造成的结构缺陷[233,234]。Thomann 和 Zhang 等发现在高含量 1-丁烯或 1-辛烯的间规聚丙烯共聚物中，单晶中的横向裂纹现象消失，原因可能是共聚单体进入晶区能够降低热膨胀系数的各向异性或帮助降低热应力至临界应力之下，低间规聚丙烯均聚物分子链中的结构缺陷也有类似作用[235-237]。与等规聚丙烯从熔体结晶很容易形成球晶的特性不同，间规聚丙烯由熔体结晶，在较高的结晶温度下常形成矩形单晶，随着结晶温度从高到低，形态依次为单晶-轴晶-球晶，其中球晶主要由径向片晶构成，有小角度分叉[215,238]，Loos 等发现若降温至更低的温度，间规聚丙烯的结晶又不再有典型的球晶特征，观察到晶体没有了明显的中心生长点[239]。尽管也有少量有关间规聚丙烯附生结晶的报道[236,239,240]，但目前尚没有足够证据支持间规聚丙烯结晶具有类似于等规聚丙烯的“交叉支化”形态。

11.3.4　聚 1-丁烯

聚 1-丁烯具有突出的耐高温蠕变性和耐环境应力开裂性，模量低，柔韧性好，易弯曲，用于热水管有独特的优势，因此作为高档热水输送管已得到广泛的应用。聚 1-丁烯熔点与聚乙烯相近，利用其与聚乙烯的不相容性，共混料可用于容器的易开封盖膜。聚 1-丁烯还可用于聚丙烯薄膜和纤维的性能改进。聚 1-丁烯所具备的独特性能可望进一步扩展聚烯烃材料的应用范围[241]。有关聚 1-丁烯的详细论述，读者可参阅 Chatterjee、Xin、乔永娜、乔金樑和张师军等的著述[242-245]。

聚 1-丁烯也是一种典型的多晶型聚合物，已发现聚 1-丁烯具有Ⅰ、Ⅰ′、Ⅱ和Ⅲ等四种不同的晶型。

聚 1-丁烯的晶型Ⅰ是其最稳定的晶型，为六方结构，晶体中分子链构象为 3/1 螺旋结构，左旋和右旋的分子链成对出现（图 11.66），晶胞参数为 $a=b=17.53\text{Å}$，$c=6.477\text{Å}$，$\gamma=120°$，空间群 $P\overline{3}$[246]。从熔体结晶很难直接得到晶型Ⅰ。聚 1-丁烯的晶型Ⅰ′具有与晶型Ⅰ几乎相同的晶体结构，为六方结构，晶体中分子链构象为 3/1 螺旋结构，与晶型Ⅰ相比，晶体中存在较多的缺陷，晶型Ⅰ′可直接从溶液或从熔体结晶得到[247-249]。聚 1-丁烯的晶型Ⅱ属四方晶系（图 11.67）[246,250]，晶体中分子链为 11/3 螺旋构象，左旋和右旋分子链交替排列，侧基无序性地沿链轴取向上或向下的方位，空间群为 $P\overline{4}b2$，晶胞尺寸为 $a=14.6\text{Å}$，$c=21.2\text{Å}$。聚 1-丁烯从熔体结晶，常得到亚稳态的晶型Ⅱ，晶型Ⅱ在室温下会自发地向结构稳定的晶型Ⅰ转变。聚 1-丁烯晶型Ⅲ主要从溶液中结晶生成，属正交晶系，晶体中分子链具有 4/1 螺旋结构，空间群为 $P2_12_12_1$，晶胞参数为 $a=12.38\text{Å}\pm0.08\text{Å}$，$b=8.88\text{Å}\pm0.06\text{Å}$，$c=7.56\text{Å}\pm0.05\text{Å}$[250,251]。

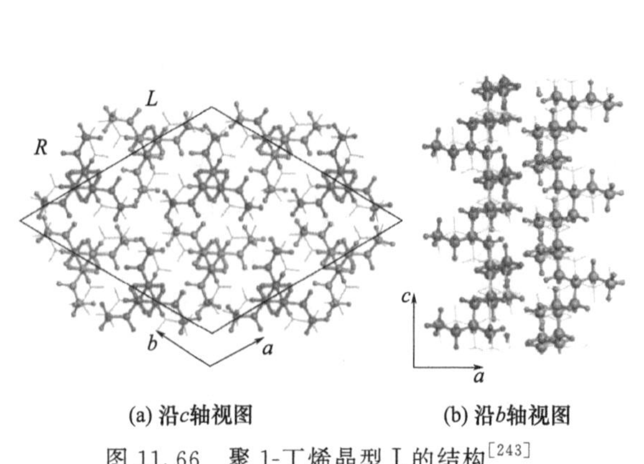

(a) 沿c轴视图　　(b) 沿b轴视图

图 11.66　聚 1-丁烯晶型Ⅰ的结构[243]

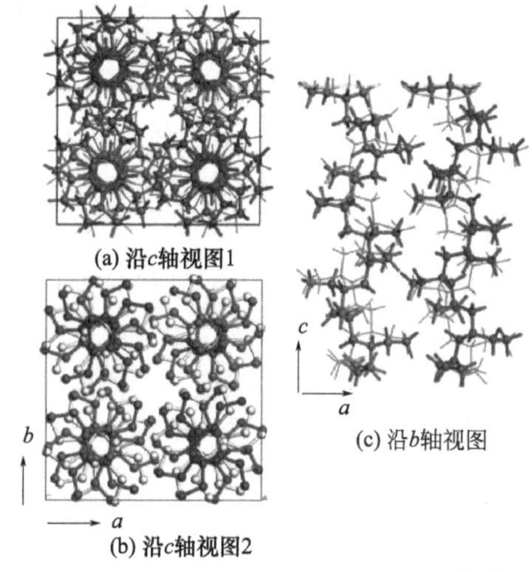

(a) 沿c轴视图1　　(b) 沿c轴视图2　　(c) 沿b轴视图

图 11.67　聚 1-丁烯晶型Ⅱ的结构[243]

聚 1-丁烯晶型Ⅱ向晶型Ⅰ的转变为固-固相转变，已发现影响转变速度的因素有温度、压力、机械应力和取向、分子量、等规度、共聚单体、添加剂和杂质、样品厚度以及 γ 射线辐照等[242,252]。常压下，在 22℃聚 1-丁烯晶型Ⅱ向晶型Ⅰ的转变速度最快，但分步退火可加快晶型转变速度，YongnaQiao 等将聚 1-丁烯晶型转变分解为成核和生长的两步过程进行研究，发现相比之前的单温度退火，先后在低温和较高温下的分步退火可大大加速晶型的转变，成核与生长速度对温度的依赖性均呈现高斯分布，其中最佳温度分别为－10℃和 40℃（图 11.68）[253]。聚 1-丁烯分子量影响晶型转变速率，低分子量样品的晶型转变速率更快，这是由于低分子量聚合物有更多的链末端和较大的链运动能力使其具备了较快的结晶生长速度，因此在相同的成核条件下通过晶型Ⅱ转化可得到更多的晶型Ⅰ，但分子量大小影响聚 1-丁烯晶型转变速度对结晶温度的依赖关系，高分子量样品随结晶温度的升高，晶型转变速度加快，而低分子量样品随结晶温度的升高，晶型转变速度降低，YongnaQiao 等认为这是由于从结晶温度降至转变温度的较大温差会引入较大的内应力，高分子量样品中有足够的片晶间联系分子可将内应力有效传递到Ⅱ型晶体中，从而促进了晶型转变的进行，但对低分子量样品而言，结晶温度提高后片晶和非晶区的厚度均增大，片晶间会形成更少的联系分子，传递内应力的位点减少成为转化速率降低的主要因素，因此随结晶温度的提高，低分子量样品晶型转变速率反而降低（图 11.69）[254]。共聚单体影响聚 1-丁烯晶型转化速率，1-丁烯与乙烯、丙烯和 1-戊烯共聚可加速聚 1-丁烯晶型的转化，与 1-己烯、1-辛烯、1-戊烯、1-癸烯、1-十二烯、3-甲基-1-丁烯和 4-甲基-1-戊烯的共聚则降低晶型转化速率[242,255-257]。提高压力可加速聚 1-丁烯晶型Ⅱ到晶型Ⅰ的转变，Xiangyang Li 等研究了重均分子量为 77kg/mol 的聚 1-丁烯样品的晶型转变，发现在室温下，在压力为 0.7MPa 时，相转变出现加速效应，在 2MPa 或更高的压力下，相转变可以在 5min 内完成[258]。常温下经过固相拉伸，可以将晶型Ⅱ或晶型Ⅲ全部转化为晶型Ⅰ[259]。受限于孔径为 400nm 的多孔氧化铝模板中可显著加快聚 1-丁烯的晶型Ⅱ到晶型Ⅰ的转化[260]。分子链结构和结晶温度影响聚 1-丁烯晶型Ⅱ到晶型Ⅰ的后期转变程度，低分子量样品和高结晶温度条件呈现较高的转变程度[261]。

分子链的结构以及结晶条件均影响聚 1-丁烯熔体结晶的晶型选择，虽然聚 1-丁烯的晶型Ⅰ很难由熔体直接生成，但合适的条件下，聚 1-丁烯常温常压下由熔体可直接生成晶型Ⅰ′。

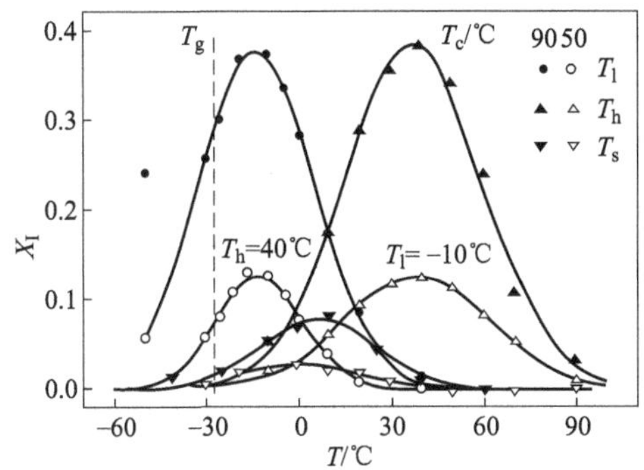

图 11.68　聚 1-丁烯晶型Ⅱ转变为晶型Ⅰ成核和生长速率与温度的关系[253]

T_g—玻璃化转变温度；T_c—结晶温度；T_l—低温退火温度；
T_h—高温退火温度；T_s—单一退火温度

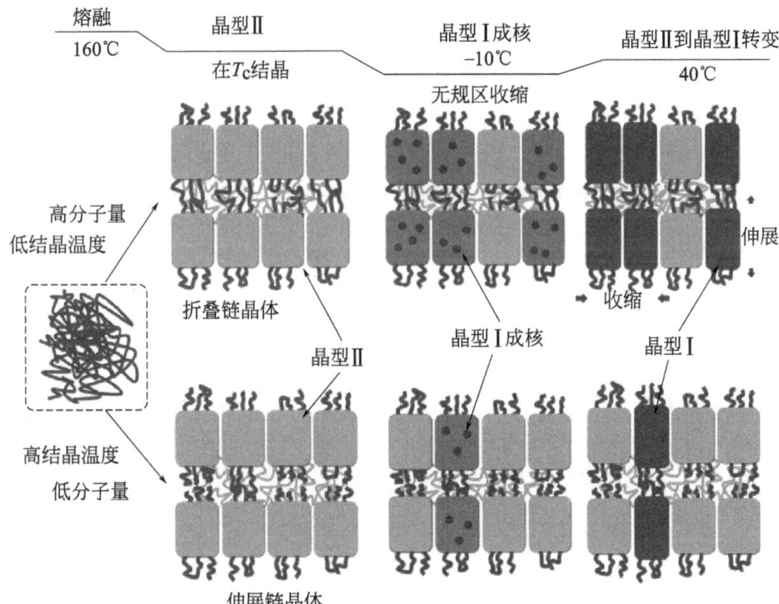

图 11.69　不同分子量和不同结晶温度下聚丁烯样品在熔化、结晶和多晶型转变过程中的相行为示意图

样品在 160℃下熔融，在结晶温度（T_c）结晶，在−10℃下形成晶型Ⅰ的晶核且无定形区体积收缩，40℃晶型Ⅱ向晶型Ⅰ转变[254]

Rosa 等[262]的研究表明，增加 rr 缺陷浓度和区域缺陷、降低熔体冷却速率以及降低分子量均有利于聚 1-丁烯由熔体直接生成晶型Ⅰ′，当 rr 含量低于 2%时（茂金属催化剂制备），降温速率和分子量对晶型选择的影响较小，聚 1-丁烯从熔体中基本以晶型Ⅱ结晶；当 rr 含量大于 2%时，晶型选择对降温速率和分子量更敏感，聚 1-丁烯以晶型Ⅱ和Ⅰ′的混合形式结晶，rr 含量为 3%～4%的聚 1-丁烯在较低的降温速率下（2.5℃/min）从熔体可完全生成晶型Ⅰ′[262]；在 5bar 的模压条件下若以较快速度降温，低等规的聚 1-丁烯（缺陷大于 2%）由熔体还可部分生成晶型Ⅲ[259]。共聚单体含量也影响聚 1-丁烯由熔体直接结晶时的晶型选

择，将样品在熔点之上 30～40℃熔融，模压并通过循环水冷却至室温，当乙烯摩尔分数在 1.2%～5.7%范围（茂金属催化剂制备），聚 1-丁烯共聚物由熔体可直接生成晶型Ⅱ和Ⅰ′的混合物，当乙烯摩尔分数接近 6%时，聚 1-丁烯-乙烯无规共聚物则由熔体全部生成晶型Ⅰ′[255]。熔体温度、结晶温度和原晶型的结晶温度均影响聚 1-丁烯共聚物由熔体直接生成晶型Ⅰ′和晶型Ⅱ的比例[263,264]。

11.3.5 聚烯烃形态表征的常用方法

11.3.5.1 X 射线散射

X 射线散射（X-ray scattering）技术常用来揭示物质的晶体结构，是非破坏性分析技术，基于 X 射线穿过样品后的散射强度、散射角度、极化度和入射 X 射线波长等数据来分析聚合物的晶体结构、更大尺度的有序结构如长周期以及结晶的择优取向等。X 射线散射技术容易实现在不同的外场条件下，例如不同的温度或压力下，对材料进行分析。X 射线光源可分为实验室光源和同步辐射光源，通过 X 射线散射数据可以解析聚烯烃的晶胞结构，确认聚烯烃的晶型，测量片晶厚度、长周期、结晶度以及片晶的取向等。常用于聚烯烃形态表征的 X 射线散射技术有广角 X 射线衍射（WAXD）和小角 X 射线散射（SAXS）。

用 WAXD 可以确定多晶型聚烯烃的晶型。等规聚丙烯三种晶型以及介晶的 X 射线衍射峰位置有明显区别（图 11.70），不同晶型的结构参数见表 11.4[265]。α 和 γ 晶型的衍射图案相似，主要区别在 α 晶型的（130)$_\alpha$ 和 γ 晶型的（117)$_\gamma$，常用这两个峰的相对强度计算 γ 晶型的含量[266]。β 晶型有两个强衍射峰，最强的一个峰对应（110)$_\beta$，常用这个峰的峰高相对于 α 晶的 3 个主要衍射峰（110)、(040)、(130）的高度之和计算 β 晶型的含量[142,267]。

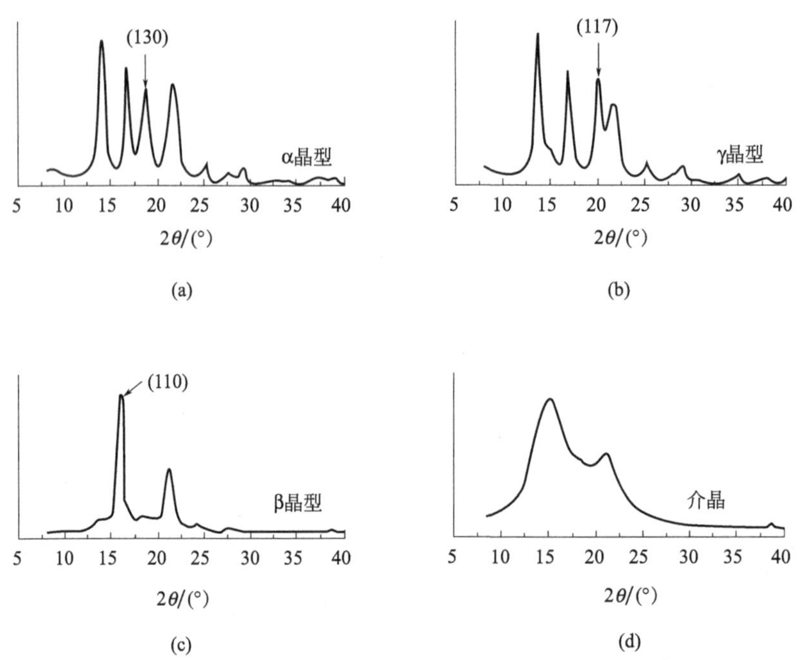

图 11.70 等规聚丙烯 α 晶型、β 晶型、γ 晶型和介晶的广角 X 射线衍射曲线

Ni 过滤 Cu K_α 射线，λ＝1.5418Å[265]

表 11.4　等规聚丙烯 α 晶型、β 晶型、γ 晶型的主要布拉格反射的衍射角（2θ）、晶面间距离（d）和米勒指数（hkl）[265]

等规聚丙烯 α 晶型			等规聚丙烯 γ 晶型			等规聚丙烯 β 晶型		
$(hkl)_\alpha$	$2\theta/(°)$	$d/\text{Å}$	$(hkl)_\gamma$	$2\theta/(°)$	$d/\text{Å}$	$(hkl)_\beta$	$2\theta/(°)$	$d/\text{Å}$
110	14.2	6.25	111	13.8	6.40	110	16.1	5.51
040	17.1	5.18	113	15.0	5.89	101	16.5	5.37
130	18.6	4.76	008	16.7	5.30	111	21.1	4.21
111	21.1	4.21	115	17.2	5.15	201	23.1	3.85
131,041	21.9	4.06	022	18.3	4.83	210	24.7	3.61
150,060	25.7	3.46	117	20.0	4.42	300	28.0	3.18
141,200,210	27.2	3.28	202	21.2	4.19	211	28.3	3.16
151	27.9	3.20	026	21.9	4.06			
220	28.5	3.13	119	23.3	3.81			
			206	24.3	3.66			
			00 12	25.2	3.53			
			11 11	26.9	3.31			
			220	27.5	3.23			
			02 10	27.7	3.23			
			222	27.9	3.20			
			224	28.8	3.10			

注：Ni 过滤 Cu K_α 射线，$\lambda=1.5418\text{Å}$。

间规聚丙烯不同晶型的结构参数见表 11.5[212]。间规聚丙烯晶型Ⅰ和晶型Ⅱ的 X 射线衍射图案类似，常通过晶型Ⅰ(020) 晶面在 $2\theta\approx16°$的强衍射峰和晶型Ⅱ(110) 晶面在 $2\theta\approx17°$的强衍射峰鉴别（图 11.71）；降低结晶温度或者快速降温，间规聚丙烯晶型Ⅰ中的分子链排列会偏离左右手螺旋构象的交替排列，(211) 晶面在 $2\theta\approx18.8°$和 (020) 晶面在 $2\theta\approx15.8°$的衍射峰强度会产生变化，可以用这两个峰衍射强度之比表征间规聚丙烯晶型Ⅰ中分子链排列的有序度[218]。

表 11.5　间规聚丙烯晶型Ⅰ、Ⅱ、Ⅲ主要的布拉格反射的衍射角（2θ）、晶面间距离（d）和米勒指数（hkl）[212]

间规聚丙烯晶型Ⅰ			间规聚丙烯晶型Ⅱ			间规聚丙烯晶型Ⅲ		
$(hkl)_{\text{I}}$	$2\theta/(°)$	$d/\text{Å}$	$(hkl)_{\text{II}}$	$2\theta/(°)$	$d/\text{Å}$	$(hkl)_{\text{III}}$	$2\theta/(°)$	$d/\text{Å}$
200	12.2	7.25	200	12.3	7.20	020	16.3	5.45
020	15.9	5.57	110	16.9	5.26	110	18.2	4.88
211	18.9	4.70	201	17.1	5.18	021	23.7	3.75
220,121	20.6	4.31	111	20.7	4.29	111	25.8	3.45
221	23.5	3.79	002	24.0	3.70			
002,400	24.5	3.63	400	24.8	3.59			

注：Ni 过滤 Cu K_α 辐射，$\lambda=1.5418\text{Å}$。

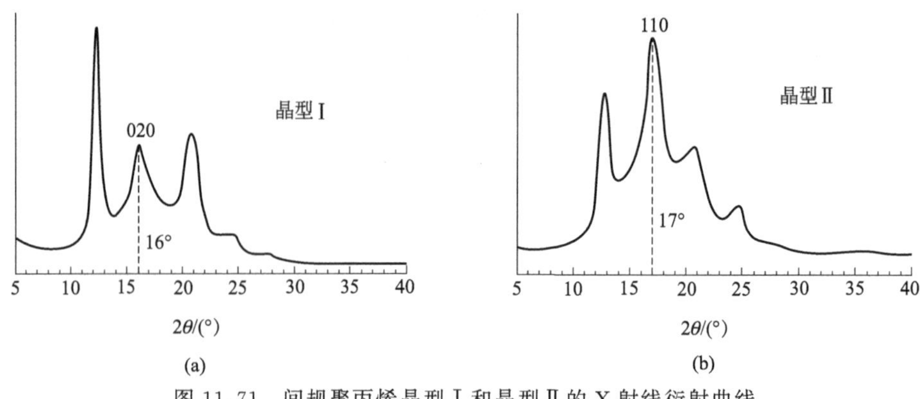

图 11.71 间规聚丙烯晶型Ⅰ和晶型Ⅱ的X射线衍射曲线

Ni过滤 Cu K_α 射线，$\lambda=1.5418Å$[210]

聚1-丁烯的晶型Ⅰ相对晶型Ⅱ的含量可以通过广角X射线衍射方法测定，采用下式计算：

$$f_{\mathrm{I}}=\frac{I(110)_{\mathrm{I}}}{I(110)_{\mathrm{I}}+RI(200)_{\mathrm{II}}}\times 100$$

式中，$I(110)_{\mathrm{I}}$ 是晶型Ⅰ(110) 晶面在 $2\theta\approx 9.9°$处的衍射峰强度（面积）；$I(200)_{\mathrm{II}}$ 是晶型Ⅱ在 $2\theta\approx 11.9°$的衍射峰强度；R 取 0.36[261]。

小角X射线散射常用来测定半结晶聚烯烃的片晶厚度、界面层厚度、长周期等，长周期为沿片晶法线方向相邻片晶之间的非晶区（包括无定形区和界面）厚度和片晶厚度之和，半结晶聚烯烃的晶区和非晶区的电子密度有差异，造成X射线在小角度散射，如果片晶厚度和长周期均匀分布，则有散射干涉现象，散射强度曲线会呈现较锐利的峰，如果片晶厚度和长周期分布较宽，散射曲线仅出现肩峰[268]。计算长周期有三种方法：Bragg 方法、Lorentz 修正法以及相关函数法。Bragg 方法和 Lorentz 修正法可直接计算长周期，可结合结晶度数据计算片晶的厚度，相关函数法是将半结晶聚合物看作紧密堆积的各向同性分布的平行片晶的堆砌，建立严格周期性的两相体系的模型，并依据实际体系中片晶和无定形区厚度有一定的分散性以及弥散的相界面等偏离理想模型的结构，对模型给予适当修正，由一维电子密度相关函数（沿片晶表面法线方向）计算得到半结晶聚烯烃形态结构的片晶厚度、界面层厚度和长周期等结构参数[268,269]。

11.3.5.2 小角激光光散射

聚烯烃熔体在注射、挤出、吹膜和纺丝等加工过程中常常经过较快的冷却实现高速固化成型，高速冷却条件下形成的球晶较小，用偏光显微镜很难定量这类球晶的尺寸，小角激光光散射法检测速度快，能够有效地测量光学显微镜难以辨认的小球晶尺寸，另外通过光散射形成的图案还可推测球晶的完善程度和取向等[125,270-272]。

小角激光光散射仪结构简单，经过起偏镜的平行光束照射到样品上，经样品散射的光经过检偏振片后被检测器记录，若样品中有完善的球晶结构，检偏片和起偏片以 H_{V} 模式，在检测器底片将呈现特征的“四叶瓣”图案（图 11.72)[271]，图中右上的“四叶瓣”结构并不是互成 90°的夹角，而是成约 65°的夹角，说明该薄膜的球晶存在一定的择优取向，薄膜表面的凹凸结构会对入射光产生较强的散射［图 11.72(a)］，实际操作中需要将白油充分浸润薄膜的两个表面后再进行光散射观测。

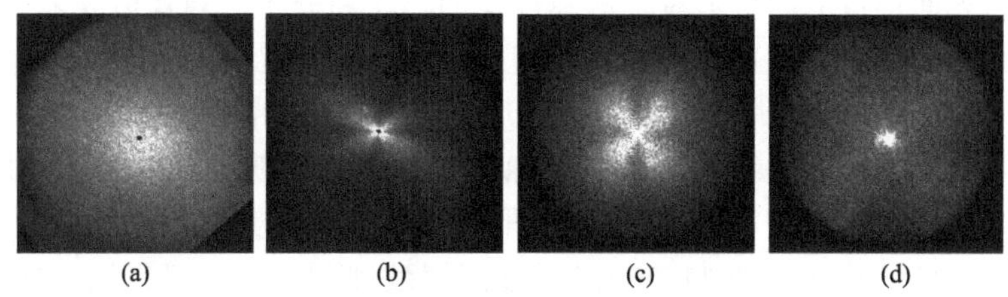

图 11.72 三种聚乙烯薄膜的光散射图案（H_V）

（a）为未消除薄膜表面结构干扰[271]

球晶尺寸可通过下式计算得到：

$$R=\frac{4.09\lambda}{4\pi\sin\frac{\theta_m}{2}}$$

式中，R 是球晶的平均半径；λ 是入射激光的波长；θ_m 是入射光与最强散射光之间的夹角（其正切为散射图案正中心到四叶瓣的最亮处的距离除以试样到检测器底片的垂直距离）。

11.3.5.3 电子显微镜

扫描电子显微镜和透射电子显微镜常用来观察半结晶聚烯烃材料的形态结构[273]。有关电子显微镜用于高聚物形态的观察，读者可参阅 G. H. Michler 的著作[274]。

扫描电子显微镜（SEM）是一种对材料表面成像的技术，采用聚焦的高能量电子束对样品表面进行线扫描，样品表层经电子束轰击后会产生二次电子、背散射电子以及 X 射线等，由相应的探测器收集加工后可以用来探测材料的表面结构。最常用的是二次电子的成像，由于扫描电子束会穿过样品一定深度，二次电子在一个类似梨状的区域产生，又由于二次电子能量较低，只有接近表面的二次电子可以逸出而被探测器接收，因此表面起伏处逸出的二次电子数会显著多于表面平坦的地方（图 11.73）[274]，从而形成反差，可以用于对材料表面形貌成像。原子序数高的元素会产生较多的二次电子，因此处于材料表层的用于聚烯烃改性的无机填料以及部分助剂常表现出较强的反差。扫描电镜常用的另一个成像模式是背散射电子的成像，由于原子序数高的元素可以产生更多的背散射电子，因此背散射电子可用来对原子序数相差较大的不同化学成分成像。另外样品表层受电子束轰击后可释放出与组成元素相关的特征 X 射线，收集并分析这些特征 X 射线，可确认材料表面的元素以及元素的分布。

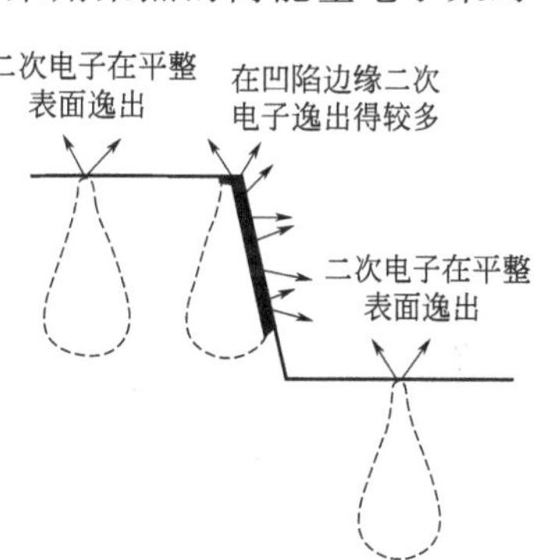

图 11.73 样品表面起伏对二次电子成像反差影响[274]

可以直接用环境扫描电镜或对样品表面溅射薄薄一层导电金属后用常规扫描电镜观察聚烯烃粉粒、纤维以及块状制品的尺寸、形状和表面的形貌等，不易分散的粉粒可以配成悬浮液借助超声波帮助分散。也可以采用低温超薄切片机切削出光滑的表面，用刻蚀的方法消除一部分组分，形成扫描电镜可以成像的表面形貌，借以推测内部的结构，例如常用高锰酸钾溶液刻蚀掉半结晶聚烯烃的无定形部分，然后可以用扫描电镜的二次电子成像模式观察片晶的厚度和长度以及生长的方向等，对抗冲聚丙烯等用弹性体增韧的多相聚烯烃材料，还可以通过观察刻蚀后表面形成的凹坑形貌推测弹性体的形状和分布。刘宣伯等采用高锰酸钾溶液刻蚀制样，用扫描电镜观察抗冲聚丙烯橡胶相形态，研究了混配高密度聚乙烯对抗冲聚丙烯性能的影响[275]。通过冷冻切片得到平整表面后，经高锰酸钾溶液刻蚀消除了橡胶相中的无定形组分，从表面形成的凹坑结构可以清楚地看到分散相为明显的芯-壳结构，且随着高密度聚乙烯的加入，分散相沿流动方向取向（图 11.74），观察分散相内部，可以清晰地看到分散相中所含聚乙烯的片晶（图 11.75）。通过高锰酸钾刻蚀，也可以同步观察到抗冲聚丙烯基体相的片晶[276]。

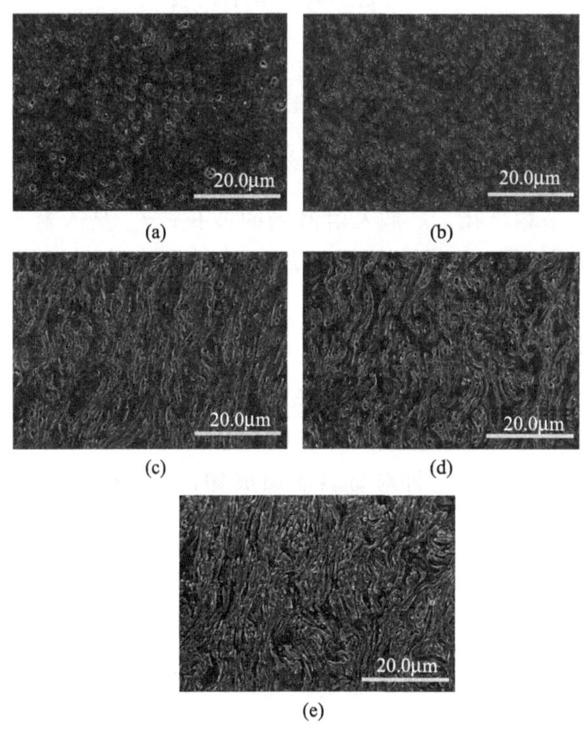

图 11.74 抗冲聚丙烯橡胶相形貌的扫描电镜照片

水平方向为样品厚度方向，垂直方向为熔体流动方向，(a)～(e) HDPE 含量（质量分数）分别为 5.0%、11.5%、20.6%、30.0%、40.0%，高锰酸钾溶液刻蚀[275]

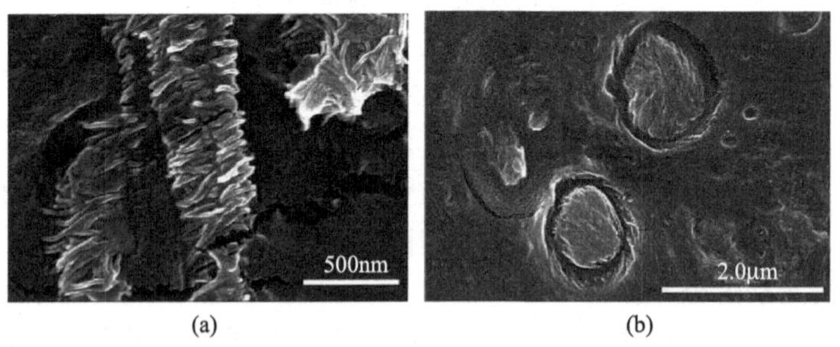

图 11.75 抗冲聚丙烯橡胶相形貌的扫描电镜照片（芯-壳结构）（高锰酸钾刻蚀）[275]

透射电子显微镜（TEM）是用有一定孔径角和强度的高能量电子束（常规透射电镜加速电压为 80～200kV）平行地投影到样品上，由于试样各微区的厚度、原子序数、晶体结构或晶体取向不同，通过试样用于成像的电子束强度产生差异，因而在接收荧光屏上显现出暗亮的差别，借以反映试样的特征结构。TEM 的分辨率主要受电子束波长以及光学成像系统所限制，如果采用极短波长的电子束，加速电压在 100～200kV，所达到的极限分辨率为 0.2～0.3nm[274]。电子束穿透样品的能力很弱，因此 TEM 观察的样品必须制备成很薄的薄片。

透射电镜常通过质厚衬度（质量厚度衬度）成像，质量厚度定义为薄片试样的下表面单位面积以上的柱体的质量，质量厚度数值较大的，对电子的吸收散射作用强，电子散射到光阑以外的要多，对应图像的暗区；质量厚度数值小的，对应图像的亮区。对于半结晶的聚烯烃材料，晶区和非晶区的质厚差异很小，需要通过染色方法增加质厚衬度，能够更清晰地观察到晶区和非晶区的形态结构，常用的染色方法有氯磺酸/四氧化锇、氯磺酸/乙酸双氧铀和四氧化钌染色。四氧化锇或乙酸双氧铀染色需要用氯磺酸对样品进行预处理，非晶区的材料首先与氯磺酸作用，然后与四氧化锇发生反应，最终提高非晶区的质量厚度，使非晶区与晶区成像时可产生较大的反差，图 11.76 为采用氯磺酸/四氧化锇对高密度聚乙烯的超薄样品染色后，用透射电镜得到的质厚衬度像，图中亮色的条纹是侧立片晶的像，可以看到这个高密度聚乙烯样品生成了大量较长的片晶，需要注意的是图像中模糊的区域来自平躺（flat-on）的片晶。四氧化钌染色是利用四氧化钌在晶区和非晶区的扩散渗透能力不同，将四氧化钌渗透到非晶区，从而增加非晶区的质量厚度，图 11.77 为聚丙烯样品在较高温度下等温结晶和之后降温过程所生成的不同厚度的片晶经四氧化钌染色后的透射电镜照片，样品采用钌化合物染色提高了图像衬度[277]；常用的染色剂毒性较大，必须采用规范的实验装置和操作以避免染色剂毒性影响研究人员的健康（图 11.78）[274]。

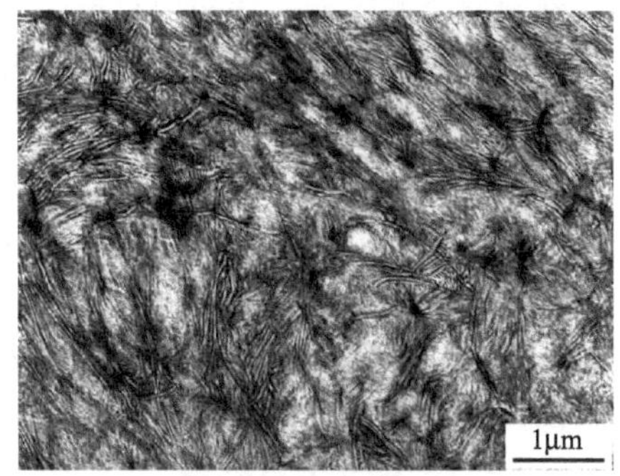

图 11.76　透射电镜观察到的高密度聚乙烯相结构

超薄切片，氯磺酸/四氧化锇染色；亮区为片晶；暗区为非晶区（无定形区）[274]

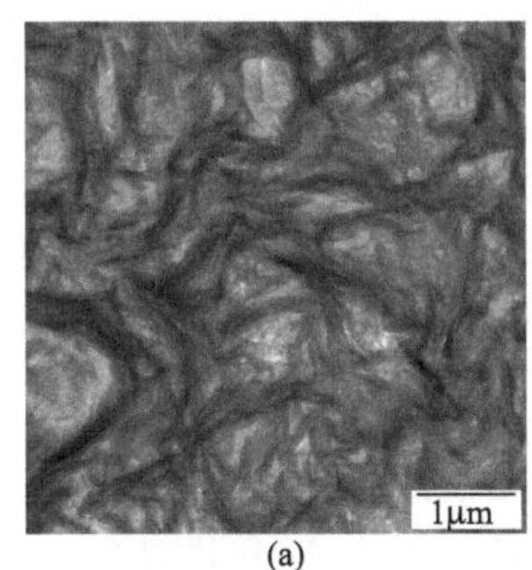

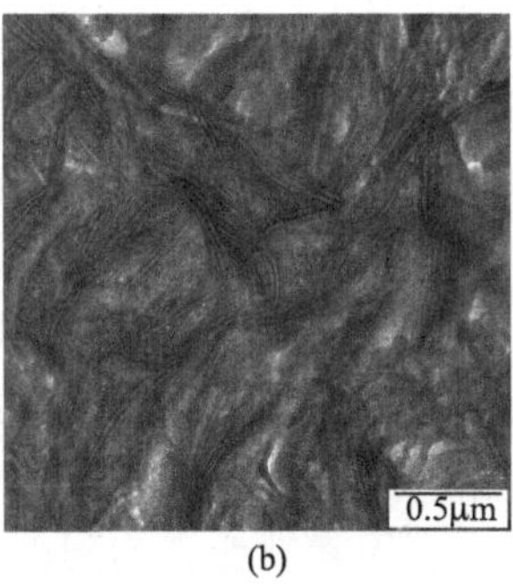

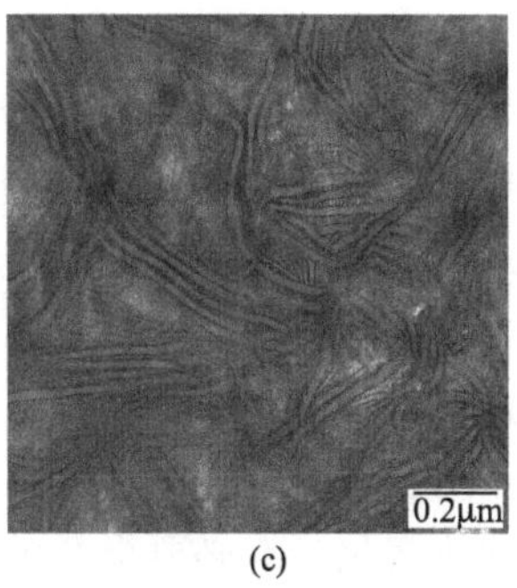

图 11.77　聚丙烯样品片晶的透射电镜照片

将 PP 样品修整为梯形块，浸入 $RuCl_3$ 的次氯酸钠水溶液中数小时，然后在低温下超薄切片，侧立的片晶为条形亮色[277]

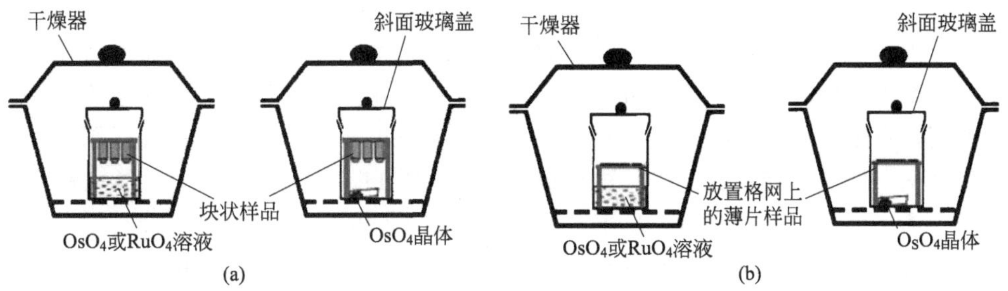

图 11.78　用于块状样品（a）和放置格网上的薄片样品（b）的染色装置示意图[274]

用 γ 射线辐照聚乙烯样品，可以造成非晶区的分子链段发生交联，利用这一特性对聚乙烯样品在不同的温度辐照，可以观察片晶结构随温度的变化，图 11.42 就是将已经结晶的聚乙烯样品在不同的熔融温度辐照，此时部分较薄的片晶已经熔融且经辐照发生了交联，降温过程中便不再结晶，样品中只留下了还未熔融的较厚的片晶，再通过染色可以观察到样品中不同厚度片晶，直观地显示了样品中片晶厚度的分布以及较厚的片晶在较高温度下熔融的现象。

对于半结晶的聚烯烃材料，透射电镜另一个常用的成像方法是衍衬成像。衍衬成像是利用衍射电子束成像，因为晶区的有序结构对电子束有较强的衍射，从而在成像时与无定形区（非晶区）可形成明暗反差，样品不用染色，超薄切片可直接用于电镜观察。衍衬成像可以避免超薄切片制样时形成的刀痕等人为缺陷的干扰，另外还可得到电子衍射图案，分析晶胞结构以及片晶的择优取向。

11.3.5.4 原子力显微镜

原子力显微镜属于扫描探针显微镜系列，也称为扫描力显微镜，是采用机械探针扫描样品表面，利用探针与样品的相互作用表征样品的形态结构。不同于电子显微镜对测试环境要求苛刻，原子力显微镜可以在不同的温度以及真空、液体等环境条件下探测样品的结构，且能够提供纳米级的分辨率，因此一经推出便在聚烯烃形态结构研究中获得了广泛的应用。原子力显微镜利用针尖和样品表面非常小的作用力的反馈回路控制针尖到样品表面的距离，在几纳米到几百微米的范围对样品进行扫描，可测量样品表面高度的分布，得到样品表面的三维形貌。在针尖扫描过程中可以采集悬臂梁的挠度、振动频率或相位等参数的变化，即原子力显微镜不仅可以探测样品表面的形貌特征，还可以利用更多的采集信号探测样品局部的特性，如摩擦力、附着力、刚度、热性能、电性能和磁性能等，可以说原子力显微镜同步结合了材料表面成像和微区性质的探测功能。

原子力显微镜的成像模式主要包括接触模式、非接触模式和敲击模式。接触模式中，针尖与样品表面始终接触，横向分辨率高，可用来做高分辨甚至原子级成像，但由于扫描过程中针尖与样品表面的相互作用力较大，容易划伤样品，因此较少用于聚烯烃的形态表征。非接触模式中针尖始终不与样品表面接触，不损伤样品表面，适用于软物质样品，但往往需要在真空或溶液环境中操作，限制了常规条件下的应用。在聚烯烃形态表征中，最常用到的是敲击模式，敲击模式结合了接触模式分辨率高和非接触模式对样品损害小的优点，针尖周期性敲击样品表面，通过采集微悬臂振动的驱动相位角和实际相位角之差，可探测样品表面的材料组成的变化，有必要提及的是许多因素都会影响到敲击模式中针尖和样品的相互作用，包括探针悬臂梁的振幅、悬臂梁的刚度、样品的刚度和附着力、针尖的形状、针尖对样品的穿透力以及样品的黏弹性等，有关原子力显微镜各种成像模式及其应用，读者可参阅王冰花、Dimitri A. Ivanov、Sergei N. Magonov 等的文章和著作[278-280]。

采用原子力显微镜在敲击模式下能够观察聚烯烃片晶的形态，通常样品不需要经过染色或刻蚀，仅要求表面尽可能平整，可通过溶液旋涂或采用云母等平整的模片经热压获得平整的样品表面，且不需要样品前处理以及可在一定的温湿度条件下操作，这使得用原子力显微镜在高分辨率下原位研究片晶的生长过程成为可能。图 11.79 是采用原子力显微镜敲击模式得到的聚乙烯的串晶结晶的图像，J. K. Hobbs 等在不同的温度原位观察聚乙烯串晶结晶的增长过程，得到了携带大量信息的串晶结晶的图像[281]。B. Poon 等采用云母模板将聚丙烯-1-己烯共聚物样品热压成片，再熔融并降温至结晶温度结晶，采用原子力显微镜在敲击模式下直接扫描样品表面，呈现了聚丙烯-1-己烯共聚物生成长纤维状片层并形成束状排列再发展成小球晶的全过程（图 11.80）[282]。Bin Zhang 等借助原子力显微镜的观察，研究了等规聚丙烯的结晶行为[148,283]，图 11.81 为采用原子力显微镜观察的流动诱导条件下等规聚丙烯结晶的图像，呈现了侧立的 α 晶、平躺的 α 晶和平躺的 β 晶形态结构的细节。

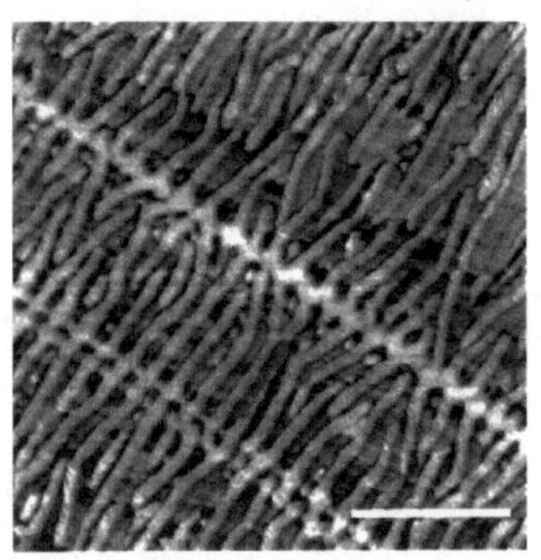

图 11.79　聚乙烯串晶结晶的原子力显微镜照片[281]

相位差图像，比例尺 300nm

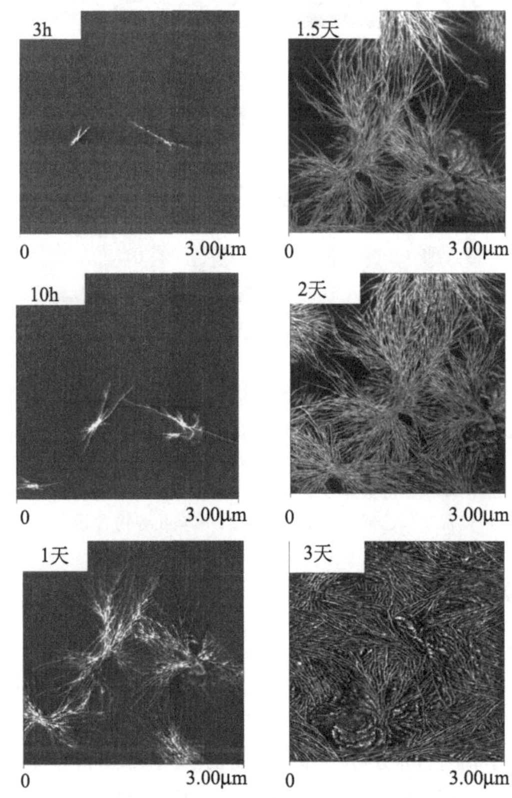

图 11.80　丙烯-1-己烯共聚物结晶的原子力显微镜相位差图像

己烯摩尔分数 25.1%，采用茂催化剂制备[282]

可通过冷冻切片暴露聚烯烃内部结构，得到平整的切面后，直接在原子力显微镜下观察。图 11.82 是 Liu 等采用原子力显微镜在敲击模式下观察到的聚丙烯釜内合金中分散相的形态，结果表明即使抗冲聚丙烯的乙烯含量和橡胶相含量（以二甲苯可溶物含量计）接近，橡胶分散相的形态也可能有明显的差异[207]。

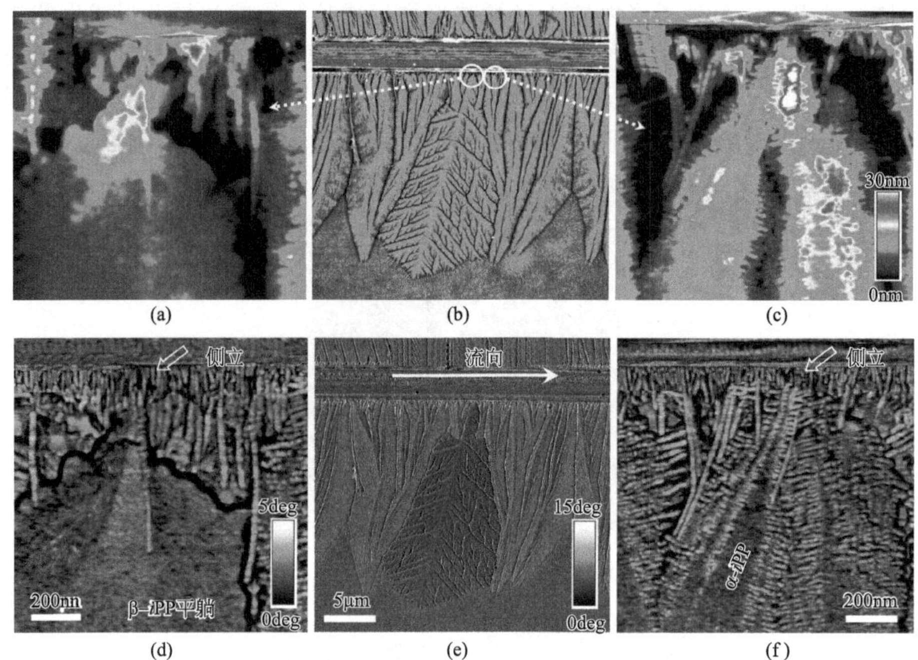

图 11.81 等规聚丙烯流动诱导结晶的原子力显微镜高度[(a)～(c)] 以及相位[(d)～(f)] 图像

样品为厚度 26nm 的薄膜，熔融后在 T_s=130℃施加剪切，然后在 T_c=130℃结晶约 2min[148]

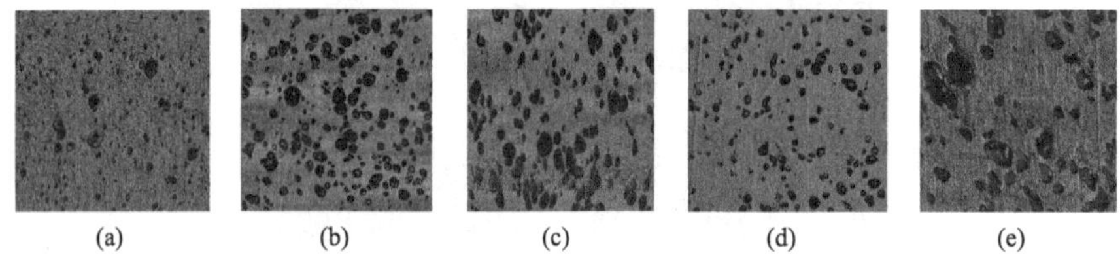

图 11.82 抗冲聚丙烯多相结构的原子力显微镜照片

采用 DI NanoScope IIIa. 敲击模式，图像扫描范围 20μm×20μm。注射模塑制样，－50℃经超薄切片暴露本体结构[207]
(a) 样品 1：乙烯含量 5.1%，二甲苯可溶物含量 15.0%；(b) 样品 2：乙烯含量 11.6%，二甲苯可溶物含量 26.6%；
(c) 样品 3：乙烯含量 11.9%，二甲苯可溶物含量 26.2%；(d) 样品 4：乙烯含量 5.6%，二甲苯可溶物含量 16.6%；
(e) 样品 5：乙烯含量 9.0%，二甲苯可溶物含量 20.8%

11.3.5.5 同步辐射光源

同步辐射光的波长覆盖范围从远红外到 X 射线，配以单色仪可以从中选取所需波长的单色光用于科学实验。同步辐射光亮度高，20 世纪 90 年代初运行的第三代同步辐射光源，从其波荡器引出的同步光亮度比同期最强 X 射线管特征线亮度高出上亿倍，高亮度的同步辐射光源给科学研究带来了高空间分辨、高能量分辨和高时间分辨[284,285]。随着聚烯烃加工技术的发展，聚烯烃树脂经数秒即可由熔体经冷却成型为制品，由于实验室所用的光源(X 射线、红外激光等）强度太弱，常用的光学仪器无法在极短时间内获得有效的信号来跟踪材料形态的快速演变，需要利用高亮度的同步辐射光才能原位观察在接近实际加工条件的环境中聚烯烃形态的演化。有关同步辐射光源在聚合物尤其是聚烯烃形态表征方面更多的应用，读者可参阅 Liangbin Li，Yimin Mao 等的论述[286-289]。

利用同步辐射光源研究聚烯烃结构演变，需要在光源地点搭建合适的实验装置，组建实验站，例如可将同步辐射光源与 X 射线散射装置组合，以高时间分辨和高空间分辨研究聚烯烃在剪切、拉伸以及变温等外场中形态的演变[290-293]。Ma 等[294] 将狭缝毛细管流变仪与同步辐射 X 射线散射装置组合［图 11.83(a)］，在瞬态剪切条件下（剪切持续时间 0.2～0.25s）测量了等规聚丙烯在 145℃下的黏度和形态结构的变化，以确认在如此短时间内聚丙烯熔体黏度是否发生变化以及造成黏度变化的结构因素。通过同步辐射光源下高时间分辨的 SAXS 测量发现纤维晶的生成时间与剪切速率相关；当（表观）剪切速率 ≥400s^{-1} 时，在剪切期间就生成了纤维晶；当 240 s^{-1}≤ 剪切速率< 400s^{-1} 条件下，剪切停止后生成纤维晶，在更低剪切速率（160s^{-1}和 80s^{-1}），样品的黏度在剪切期间未发生显著变化，但有排核（row nuclei）生成。图 11.83(b) 为剪切速率为 400s^{-1}（剪切持续时间 0.25s）时聚丙烯形态在 0.4s 期间的演变图像，可以看到纤维晶在剪切开始后 0.23s 开始生长，实验在法国格勒诺布尔的欧洲同步辐射装置（ESRF）进行，SAXS 和 WAXD 分别采用 Pilatus 1M 探测器和 Pilatus 300K 探测器。Zhang 等[295] 将吹膜装置和同步辐射光源的小角和广角 X 射线散射（SAXS 和 WAXD）相结合［图 11.84(a)］研究了聚乙烯吹膜过程中形态的演变，通过 SAXS 和 WAXS 观察到从挤出模口至霜线的上部有四个不同结构特征的区域［图 11.84(b)］。在区域Ⅰ聚合物缠结网络经冷却和拉伸生成了前体和晶体结构，之后在Ⅰ区和Ⅱ区交界处形成了可变形的晶体交联网络，在Ⅱ区的流动进一步使晶体交联网络变形，从而生成高取向的晶体，随着区域Ⅱ结晶度的增加，可变形的晶体交联网络在霜线（区域Ⅱ和Ⅲ交界）处转变为不可变形的结晶骨架，从而稳定了气泡并阻止了膜泡的进一步变形，在Ⅲ区和Ⅳ区，结晶速度变慢，结晶逐渐填满结晶骨架以及样品的全部。实验还发现增加牵引比不影响可变形晶体交联网络形成时的临界结晶度（大约 2.5%），但牵引比的变化影响霜线处的结晶度，由此认为临界结晶度主要由分子参数控制，而霜线处的结晶度则由加工参数和分子参数共同决定，微调Ⅱ区的结构有可能提高吹塑薄膜的力学和光学性能。高亮度的同步辐射光还可以使 X 射线束聚焦为直径低至 100nm 的光斑（微区同步辐射 X 射线衍射），使得在相对较短的时间内可检测到材料小区域内的 X 射线散射信号，从而实现高空间分辨的测量[296]。

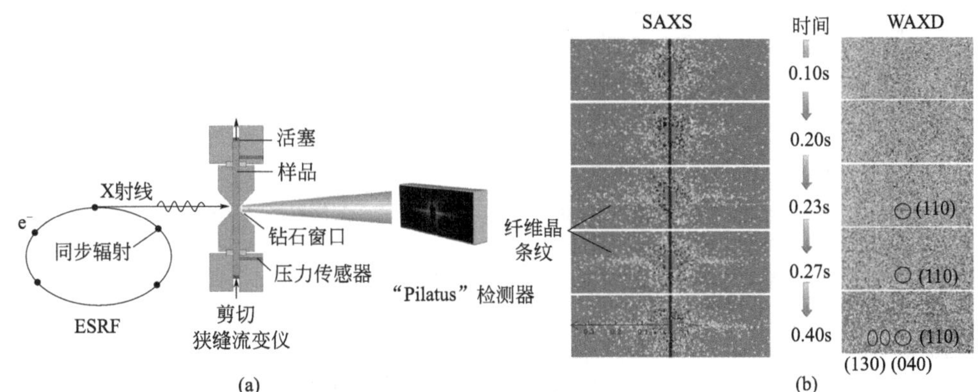

图 11.83　原位同步辐射 X 射线散射装置与狭缝毛细管流变仪组合示意图（a）与等规聚丙烯在剪切期间和剪切后的 SAXS 和 WAXD 图（b）

145℃，剪切速率为 400s^{-1}，剪切持续时间 0.25s，纵向为流动方向[294]

同步辐射红外显微技术可用于研究聚烯烃化学组成的空间分布（图 11.85）[297]，同步辐射红外显微分析可实现较高空间分辨率[298]，并用于测量信号较弱的场合（如较薄的样品）的分析[299]。

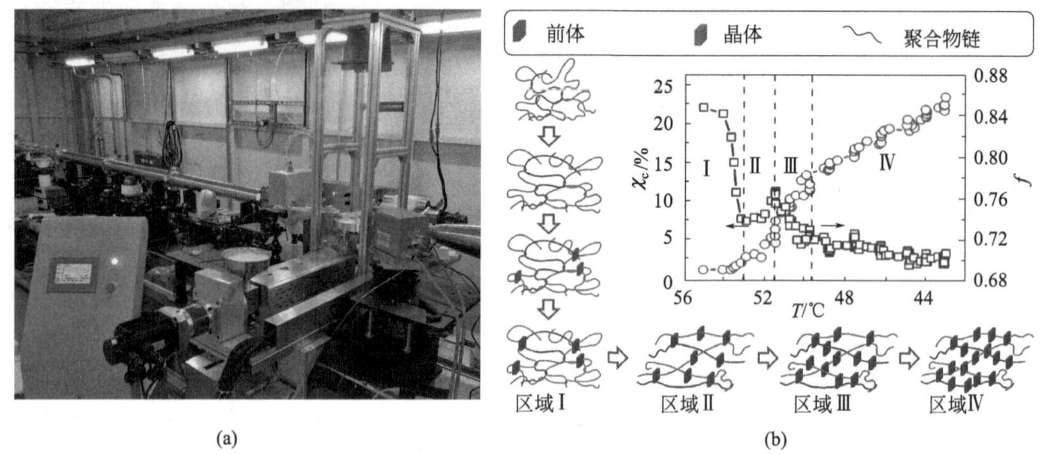

图 11.84 原位同步辐射 X 射线散射装置与吹膜仪组合

(a) 与聚乙烯吹膜过程中结构的演变 (b) 示意图[295]

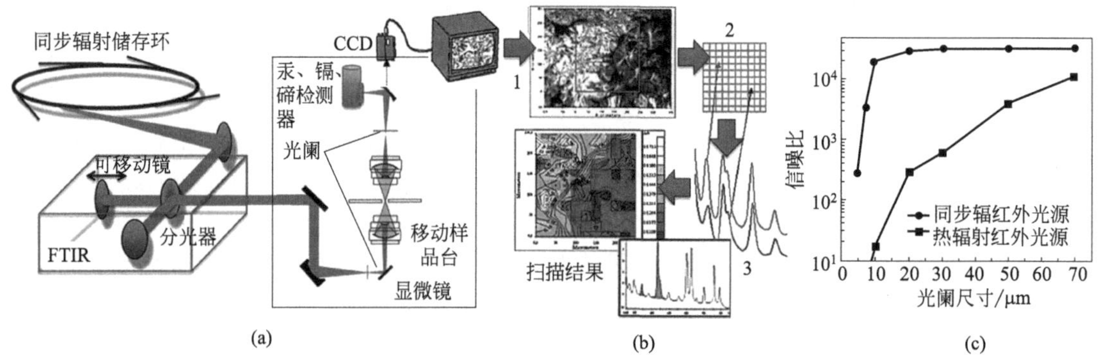

图 11.85 同步辐射红外显微技术的示意图 (a)、红外显微光谱面扫描

示意图 (b) 与信噪比与光阑大小关系（同步辐射光源与热辐射红外光源）(c)[297]

1—定位样品的显微图像（等规聚丙烯的多晶型薄膜）；2—感兴趣区域的选择；3—示差光谱及生成的图像

参考文献

[1] 何平笙，新编高聚物的结构与性能 [M]. 北京：科学出版社，2009：538-542.

[2] Kanellopoulos V，Kiparissides C. Industrial multimodal processes：in multimodal polymers with supported catalysts [M]. Alexandra Romina Albunia，Floran Prades，Dusan Jeremic：Springer，2019：172.

[3] Striegel A M，Yau W W，Kirkland J J，Bly D D. Modern size-exclusion liquid chromatography：practice of gel permeation and gel filtration chromatography [M]. 2nd edition. Hoboken，New Jersey：John Wiley & Sons，Inc，2009.

[4] 郭梅芳，董宇平，黄红红，等. 热水管材用乙烯-丙烯无规共聚树脂的结构表征 [J]. 高分子学报，2006，01 (1)：177-177.

[5] Monrabal B，del Hierro P，Roig A. Improvements in the sample preparation of polyolefins to prevent polymer degradation prior to GPC/SEC and CEF analysis [C] //Proceedings 4th international conference on polyolefin characterization. Houston：October，2012.

[6] 何平笙. 新编高聚物的结构与性能 [M]. 北京：科学出版社，2009：576-579.

[7] Rudin A，Grinshpun V，ODriscoll K F. Long chain branching in polyethylene [J]. J. Liquid Chromat，1984，7：1809-1821.

[8] Brandrup J，Immergut E. Polymer handbook [J]. 2nd edition. New York：John Wiley，1975：IV-18.

[9] Scholte T G，Meijerink N，Schoffeleers H M，et al. Mark-Houwink equation and GPC calibration for linear shorthain branched polyolefines，including polypropylene and ethylene-propylene copolymers [J]. Journal of Applied Polymer Science，1984，29 (12)：3763-3782.

[10] Honghong H，Meifang G，Dong W，et al. Direct comparison of ir and dri detector for ht-gpc of polyolefins [J]. Macromolecular Symposia，2015，356 (1)：95-109.

[11] Luruli N. PHASE 1：IUPAC SEC/GPC round robin project report：repeatability and reproducibility of sample preparation and analysis in high-temperature sec [R]. 19 May 2010.

[12] Bruessau R J. Experiences with interlaboratory GPC experiments [J]. Macromolecular Symposia，1996，110 (1)：15-32.

[13] D'Agnillo L，Soares J，Penlidis A. Round-robin experiment in high-temperature gel permeation chromatography [J]. Journal of Polymer Science Part B Polymer Physics，2002，40 (10)：905-921.

[14] Yau W W. Examples of Using 3D-GPC-TREF for Polyolefin Characterization [J]. Macromolecular Symposia，2010，257 (1)：29-45.

[15] Suárez I，Coto B. Determination of long chain branching in PE samples by GPC-MALS and GPC-VIS：Comparison and uncertainties [J]. European Polymer Journal，2013，49 ：492-498.

[16] Pathaweeisariyakul T，Narkchamnan K，Thitisuk B，et al. Methods of long chain branching detection in PE by triple-detector gel permeation chromatography [J]. Journal of Applied Polymer Science，2015，132 (28)：42222.

[17] CangussúM E，De Azeredo A P，Simanke A G，et al. Characterizing long chain branching in polypropylene [J]. Macromolecular Symposia，2018，377 (1)：1700021.

[18] Teresa K，Sean E，Christopher E，et al. Process to make long chain branched (lcb)，block，or interconnected copolymers of ethylene：EP2438093B1 [P]. 2013.

[19] Zhao M H，Garcia-Franco C A，Brant P. Use of temperature and ethylene partial pressure to introduce long chain branching in high density polyethylene：US8796409 B2 [P]. 2013.

[20] Boborodea A，Mirabella F M，O'Donohue S. Characterization of low-density polyethylene in dibutoxymethane by high-temperature gel permeation chromatography with triple detection [J]. Chromatographia，2016，79 (15)：971-976.

[21] Park S，Cho H，Kim Y，et al. Fast size-exclusion chromatography at high temperature [J]. Journal of Chromatography A，2007，1157 (1-2)：96-100.

[22] Popovici S T，Schoenmakers P J. Fast Size-exclusion chromatography——theoretical and practical considerations [J]. Journal of Chromatography A，2005，1099：92-102.

[23] Malik M I，Pasch H. Field-flow fractionation：New and exciting perspectives in polymer analysis [J]. Progress in Polymer Science，2016：S007967001630003X.

[24] Mes E，Jonge H D，Klein T，et al. Characterization of high molecular weight polyethylenes using high temperature asymmetrical flow field-flow fractionation with on-line infrared，light scattering，and viscometry detection [J]. Journal of Chromatography A，2007，1154 (1-2)：319-330.

[25] Otte T，Brüll R，Macko T，et al. Optimisation of ambient and high temperature asymmetric flow field-flow fractionation with dual/multi-angle light scattering and infrared/refractive index detection [J]. Journal of Chromatography A，2010，1217 (5)：722-730.

[26] 罗春霞，侯家祥，张龙贵，等. 流场流分离技术在聚合物相对分子质量分布及微粒分布测定中的应用. 石油化工，2012，41 (1)：9-17.

[27] Otte T，Pasch H，Macko T，et al. Characterization of branched ultrahigh molar mass polymers by asymmetrical flow field-flow fractionation and size exclusion chromatography [J]. Journal of Chromatography A，2011，1218 (27)：4257-4267.

[28] Zeichner G R，Patel P D. A comprehens evaluation of polypropylene melt rheology [C]. Montreal：Second World Congress of Chemical Engineering，1981.

[29] Yoo H J. MWD determination of ultra high MFR polypropylene by melt rheology [J]. Advances in Polymer Technology，1994，13 (3)：201-205.

[30] Busico V，Cipullo R. Microstructure of polypropylene [J]. Progress in Polymer Science，2001，26：443-533.

[31] Andreassen E. Infrared and Raman spectroscopy of polypropylene [M] //Karger-Kocsis J. Polypropylene：An A-Z

reference. Germany: Kluwer Academic Publishers, 1999.

[32] Báez M, Hendra P J, Judkins M. The Raman spectra of oriented isotactic polypropylene [J]. Spectrochimica Acta Part A Molecular & Biomolecular Spectroscopy, 1995, 51 (12): 2117-2124.

[33] Ven S. Polypropylene and other polyolefins : polymerization and characterization [M]. Elsevier, Distributions for the U. S. and Canada: Elsevier Science, 1990.

[34] Hagemann H, Snyder R G, Peacock A J, et al. Quantitative infrared methods for the measurement of crystallinity and its temperature dependence: polyethylene [J]. Macromolecules, 1989, 22 (9): 3600-3606.

[35] Blitz J P, Mcfaddin D C. Characterization of short chain branching in polyethylene using Fourier transform infrared spectroscopy [J]. Journal of Applied Polymer Science, 1994, 51 (1): 13-20.

[36] 洪定一. 聚丙烯——原理，工艺与技术 [M]. 北京：中国石化出版社，2011.

[37] 侯莉萍，聚乙烯支链结构的表征研究 [D]. 北京：北京化工大学，2012.

[38] Randall J C. A review of high resolution liquid 13carbon nuclear magnetic resonance characterizations of ethylene-based polymers [J]. Journal of Macromolecular Science-Rev. , Macromol. Chem. Phys. , 1989, C29 (2&3): 201-317.

[39] Grant D M, Paul E G. Carbon-13 magnetic resonance. II. chemical shift data for the alkanes [J]. Journal of the American Chemical Society, 1964, 86 (15): 2984-2990.

[40] Cheng H N. ^{13}C NMR analysis of ethylene-propylene rubbers [J]. Macromolecules, 1984, 17 (10): 1950-1955.

[41] Sahoo S K, Tong Z, Reddy D V, et al. Multidimensional NMR studies of poly (ethylene-co-1-butene) microstructures [J]. Macromolecules, 2003, 36 (11): 4017-4028.

[42] Seger M R, Maciel G E. Quantitative 13C NMR analysis of sequence distributions in poly (ethylene-co-1-hexene) [J]. Analytical Chemistry, 2004, 76 (19): 5734-5747.

[43] Liu W, Rinaldi P L. Poly (ethylene-co-1-octene) Characterization by High-Temperature Multidimensional NMR at 750 MHz [J]. Macromolecules, 2001, 34 (14): 4757-4767.

[44] Qiu X, Redwine D, Gobbi G, et al. Improved peak assignments for the13C NMR spectra of poly (ethylene-co-1-octene)s [J]. Macromolecules, 2007, 40 (19): 6879-6884.

[45] Pooter M D, Smith P B, Dohrer K K, et al. Determination of the composition of common linear low density polyethylene copolymers by ^{13}C-NMR spectroscopy [J]. Journal of Applied Polymer Science, 2010, 42 (2): 399-408.

[46] Hsieh E T, Randall J C. Monomer sequence distributions in ethylene-1-hexene copolymers [J]. Macromolecules, 1982, 15 (5): 1402-1406.

[47] Zhou Z, Stevens J C, Klosin J, et al. NMR study of isolated 2, 1-inverse insertion in isotactic polypropylene [J]. Macromolecules, 2009, 42 (6): 2291-2294.

[48] Busico V, Cipullo R, Friederichs N, et al. ^{1}H NMR analysis of chain unsaturations in ethene/1-octene copolymers prepared with metallocene catalysts at high temperature [J]. Macromolecules, 2005, 38 (16): 6988-6996.

[49] Hou L, Fan G, Guo M, et al. An improved method for distinguishing branches longer than six carbons (B6+) inpolyethylene by solution 13C NMR [J]. Polymer, 2012, 53 (20): 4329-4332.

[50] Litvinov V M, Ries M E, Baughman T W, et al. Chain entanglements in polyethylene melts. why is it studied again? [J]. Macromolecules, 2013, 46 (2): 541-547.

[51] Zhou Z, Kümmerle R, Stevens J C, et al. ^{13}C NMR of polyolefins with a new high temperature 10mm cryoprobe [J]. Journal of Magnetic Resonance, 2009, 200 (2): 328-333.

[52] Krishnaswamy R K, Yang Q, Fernandez-Ballester L, et al. Effect of the distribution of short-chain branches on crystallization kinetics and mechanical properties of high-density polyethylene [J]. Macromolecules, 2008, 41 (5): 1693-1704.

[53] 宋文波. 非对称加外给电子体调控聚丙烯分子链结构 [J]. 中国科学：化学，2014，44 (11)：1749-1754.

[54] Monrabal, B. Polyolefins: 50 Years After Ziegler and Natta I [M] //Kamininsky W. Polyolefin Characterization: Recent Advances in Separation Techniques. Berlin Heidelberg: Springer-Verlag, 2013: 203-251.

[55] Wild L, Glöckner G. Temperature rising elution fractionation [J]. Springer Berlin Heidelberg, 1990, 98: 1-48.

[56] Wild L. , Ryle T R, Knobeloch D C, et al. Determination of branching distributions in polyethylene and ethylene copolymers [J]. Journal of Polymer Science Polymer Physics Edition, 1982, 20: 441-455.

[57] Anantawaraskul S, Soares J B P, Wood-Adams P M. Effect of operation parameters on temperature rising elution

fractionation and crystallization analysis fractionation, Journal of Polymer Science, Part B: Polymer Physics, 2003, 41: 1762-1778.

[58] Cossoul E, Baverel L, Martigny E, et al. Homogeneous copolymers of ethylene with-olefins synthesized with metallocene catalysts and their use as standards for TREF calibration [J]. Macromolecular Symposia, 2013, 330: 42-52.

[59] Monrabal B. Temperature rising elution fractionation and crystallization analysis fractionation [M] //Meyers R A. Encyclopedia of analytical chemistry. Chichester: Wiley, 2000: 8074-8094.

[60] Liu Y G, Bo S Q, Zhu Y J, et al. Studies on the intermolecular structural heterogeneity of a propylene-ethylene random copolymer using preparative temperature rising elution fractionation [J]. Journal of Applied Polymer Science, 2005, 97: 232-239.

[61] Kakugo M, Miyatake T, Mizunuma K, et al. Characteristics of ethylene-propylene and propylene-1-butene copolymerization over $TiCl_3$. cntdot. $1/3AlCl_3$-$Al(C_2H_5)_2Cl$ [J]. Macromolecules, 1988, 21 (8): 2309-2313.

[62] Xu J T, Feng L X. Application of temperature rising elution fractionation in polyolefins [J]. European Polymer Journal, 2000, 36 (5): 867-878.

[63] Cheruthazhekatt S, Pijpers T, Harding G W, et al. Multidimensional analysis of the complex composition of impact polypropylene copolymers: combination of TREF, SEC-FTIR-HPer DSC, and high temperature 2D-LC [J]. Macromolecules, 2012, 45 (4): 2025-2034.

[64] Goede E D, Mallon P, Pasch H. Fractionation and analysis of an impact poly (propylene) copolymer by TREF and SEC-FTIR [J]. Macromolecular Materials & Engineering, 2010, 295 (4): 366-373.

[65] Xue Y, Fan Y, Bo S, et al. Characterization of the microstructure of impact polypropylene alloys by preparative temperature rising elution fractionation [J]. European Polymer Journal, 2011, 47 (8): 1646-1653.

[66] 郭梅芳，董宇平，黄红红，等. 热水管材用乙烯-丙烯无规共聚树脂的结构表征 [J]. 高分子学报，2006 (1): 177-179.

[67] Xu J T, Jin W, Fu Z S, et al. Composition distributions of different particles of a polypropylene/poly (ethylene-co-propylene) in situ alloy analyzed by temperature-rising elution fractionation [J]. Journal of Applied Polymer Science, 2005, 98: 243-246.

[68] Xu J, Feng L, Yang S, et al. Influence of electron donors on the tacticity and the composition distribution of propylene-butene copolymers produced by supported ziegler-natta catalysts [J]. Macromolecules, 1997, 30 (25): 7655-7660.

[69] Feng Y, Hay J N. The characterisation of random propylene-ethylene copolymer [J]. 1998, 39 (25): 6589-6596.

[70] Morini G, Albizzati E, Balbontin G, et al. Microstructure distribution of polypropylenes obtained in the presence of traditional phthalate/silane and novel diether donors: a tool for understanding the role of electron donors in $mgcl_2$-supported ziegler-natta catalysts [J]. Macromolecules, 1996, 29 (18): 5770-5776.

[71] Monrabal B. Crystallization analysis fractionation: US5222390 [P]. 1993-6-29.

[72] Monrabal B. Crystallization analysis fractionation: A new technique for the analysis of branching distribution in polyolefins [J]. Journal of Applied Polymer Science, 2010, 52 (4): 491-499.

[73] Nieto J, Oswald T, Blanco F, et al. Crystallizability of ethylene homopolymers by crystallization analysis fractionation [J]. Journal of Polymer Science: Part B: Polymer Physics, 2001, 39: 1616-1628.

[74] Monrabal, B. Method for separating and purifying crystallisable organic compounds: US8071714B2 [P]. 2011-12-6.

[75] Monrabal B, Romero L, Mayo N, et al. Advances in crystallization elution fractionation [J] Macromol Symp, 2009, 282: 14-24.

[76] Monrabal B, Sancho-Tello J, Mayo N, et al. Crystallization elution fractionation. a new separation process for polyolefin resins [M]. Macromol. Symp. , 2007, 257: 71-79.

[77] Macko T, Pasch H. Separation of linear polyethylene from isotactic, atactic, and syndiotactic polypropylene by high-temperature adsorption liquid chromatography [J]. Macromolecules, 2009, 42 (16): 6063-6067.

[78] Macko T, Brüll R, Wang Y, et al. Characterization of ethylene-propylene copolymers with high-temperature gradient adsorption liquid chromatography and CRYSTAF [J]. Journal of Applied Polymer Science, 2011, 122 (5): 3211-3217.

[79] Macko T, Brüll R, Alamo R G, et al. Analysis of different ethylene copolymers by interaction chromatography on a

Hypercarb column [J]. Anal. Bioanal. Chem.，2011，399：1547-1556.

[80] Macko T，Brüll R，Zhu Y，et al. A review on the development of liquid chromatography systems for polyolefins [J]. Journal of Separation ence，2015，33 (22)：3446-3454.

[81] Miller M D，Degroot A W，Lyons J W，et al. Separation of polyolefins based on comonomer content using high-temperature gradient adsorption liquid chromatography with a graphitic carbon column [J]. Journal of Applied Polymer Science，2011，123：1238-1244.

[82] Macko T，Brüll R，Alamo R G，et al. Separation of propene/1-alkene and ethylene/1-alkene copolymers by high-temperature adsorption liquid chromatography [J]. Polymer，2009，50 (23)：5443-5448.

[83] Mekap D，Macko T，R Brüll，et al. One-step method for separation and identification of n-alkanes/oligomers in HDPE using high-temperature high-performance liquid chromatography [J]. Macromolecules，2013，46，6257-6262.

[84] Spalding M A，Chatterjee A M. Handbook of industrial polyethylene and technology [M]. John Wiley & Sons，Inc.，USA：Scrivener Publishing，2017：158.

[85] Lee D，Shan C P，Meunier D M，et al. Toward absolute chemical composition distribution measurement of polyolefins by high-temperature liquid chromatography hyphenated with infrared absorbance and light scattering detectors [J]. Analytical Chemistry，2014，86 (17)：8649-8656.

[86] Cong R，De Groot W，Parrott A，et al. A new technique for characterizing comonomer distribution in polyolefins：high-temperature thermal gradient interaction chromatography (HT-TGIC) [J]. Macromolecules，2011，44 (8)：3062-3072.

[87] Al-Khazaal A Z，Soares J B P. Characterization of ethylene/α-olefin copolymers using high-temperature thermal gradient interaction chromatography [J]. Macromolecular Chemistry & Physics，2014，215 (5)：465-475.

[88] Mekap D，Macko T，Brüll R，et al. Studying binary solvent mixtures as mobile phase for thermal gradient interactive chromatography (TGIC) of poly (ethylene-stat-1-octene) [J]. Industrial & Engineering Chemistry Research，2014，53 (39)：15183-15191.

[89] Mekap D，Malz F，Brüll R，et al. Studying the interactions of polyethylene with graphite in the presence of solvent by high temperature thermal gradient interactive chromatography，thermal gradient nuclear magnetic resonance spectroscopy，and solution differential scanning calorimetry [J]. Macromolecules，2014，47 (22)：7939-7946.

[90] Monrabal B，Mayo N，Cong R. Crystallization Elution fractionation and thermal gradient interaction chromatography. techniques comparison [J]. Macromolecular Symposia，2012，312 (1)：115-129.

[91] Monrabal B，E López，Romero L. Advances in thermal gradient interaction chromatography and crystallization techniques for composition analysis in polyolefins [J]. Macromolecular Symposia，2013，330 (1)：9-21.

[92] Deslauriers P J，Rohlfing D C，Hsieh E T. Quantifying short chain branching microstructures in ethylene 1-olefin copolymers using size exclusion chromatography and Fourier transform infrared spectroscopy (SEC-FTIR) [J]. Polymer，2002，43 (1)：159-170.

[93] Piel C，Albrecht A，Neubauer C，et al. Improved SEC-FTIR method for the characterization of multimodal high-density polyethylenes [J]. Analytical and Bioanalytical Chemistry，2011，400 (8)：2607-2613.

[94] Albrecht A. Multidimensional fractionation techniques for the characterisation of HDPE pipe grades [C] // Proceedings 4th international conference on polyolefin characterization. Houston，October 2012.

[95] Ortín A，Montesinos J，López E，et al. Characterization of chemical composition along the molar mass distribution in polyolefin copolymers by GPC using a modern filter-based IR detector [J]. Macromolecular Symposia，2013，330 (1)：63-80.

[96] Ortín A，López E，Monrabal B，et al. Filter-based infrared detectors for high temperature size exclusion chromatography analysis of polyolefins：calibration with a small number of standards and error analysis [J]. Journal of Chromatography A，2012，1257 (Complete)：66-73.

[97] Huang H，Guo M，Li J，et al. Analysis of propylene-1-butene copolymer composition by GPC with online detectors [J]. Macromolecular Symposia，2015，356 (1)：110-121.

[98] Wild L，Ryle T R，Knobeloch D C. Branching distributions in linear low-density polyethylenes [M]. polymer preprint. Washington，D. C.：Am. Chem. Soc.，Div. Polym. Chem. 1982，23：133-134.

[99] Nakano S，Goto Y. Development of automatic cross fractionation：Combination of crystallizability fractionation and molecular weight fractionation [J]. Journal of Applied Polymer Science，2010，26：4217-4231.

[100] Ortin A，Monrabal B，Sancho-Tello J. Development of an automated cross-fractionation apparatus (TREF-GPC) for a full characterization of the bivariate distribution of polyolefins [J]. Macromolecular Symposia，2010，257 (1)：13-28.

[101] Faldi A，Soares J B P. Characterization of the combined molecular weight and composition distribution of industrial ethylene/α-olefin copolymers [J]. Polymer，2001，42：3057-3066.

[102] Abhishek R，Matthew D M，David M M，et al. Development of comprehensive two-dimensional high temperature liquid chromatography × gel permeation chromatography for characterization of polyolefins [J]. Macromolecules，2010，43 (8)：3710-3720.

[103] Ginzburg A，Macko T，Dolle V，et al. Characterization of polyolefins by comprehensive high-temperature two-dimensional liquid chromatography (HT 2D-LC) [J]. European Polymer Journal，2011，47 (3)：319-329.

[104] Remerie K，Groenewold J. Morphology formation in polypropylene impact copolymers under static melt conditions：asimulation study [J]. Journal of Applied Polymer Science，2012 (125)：212-223.

[105] Hustad P D，Kuhlman R L，Arriola D J，et al. Continuous production of ethylene-based diblock copolymers using coordinative chain transfer polymerization [J]. Macromolecules，2007，40 (20)：7061-7064.

[106] Auriemma F，De Rosa C，Scoti M，et al. Structure and mechanical properties of ethylene/1-octene multiblock copolymers from chain shuttling technology [J]. Macromolecules 2019，52：2669-2680.

[107] Arriola D J. Catalytic Production of olefin block copolymers via chain shuttling polymerization [J]. Science，2006，312 (5774)：714-719.

[108] Wang H P，Khariwala D U，Cheung W，et al. Characterization of some new olefinic block copolymers [J]. Macromolecules，2007，40 (8)：2852-2862.

[109] Shan C L P，Lonnie G H. Block index for characterizing olefin block copolymers [J]. Macromolecular Symposia，2007，257 (1)：80-93.

[110] Wenig W，Stolzenberger C. The influence of molecular weight and mould temperature on the skin-core morphology in injection-moulded polypropylene parts containing weld lines [J]. Journal of Materials Science，1996，31 (9)：2487-2493.

[111] 内罗・帕斯奎尼，Pasquini，等. 聚丙烯手册 [M]. 胡友良，等译. 北京：化学工业出版社，2008：122.

[112] Peacock A. Handbook of polyethylene：structures，properties，and applications [M]. Kluwer Academic Publishers：Plenum Publishers，2000.

[113] Barbara Heck. 高分子物理学：理解其结构和性质的基本概念 [M]. 胡文兵，蒋世春，门永锋，等译. 北京：科学出版社，2009：131.

[114] Michler G H. Atlas of polymer structures. morphology，deformation and fracture structures，carl hanser verlag [J]. Munich，2016：131-132.

[115] Michler G H. Atlas of polymer structures. morphology，deformation and fracture structures，carl hanser verlag [J]. Munich，2016：126.

[116] 朱育平. 小角 X 射线散射：理论，测试，计算及应用 [M]. 北京：化学工业出版社，2008：122-127.

[117] Kitamaru R，Horii F，Murayama K. Phase structure of lamellar crystalline polyethylene by solid-state high-resolution ^{13}C NMR：detection of the crystalline-amorphous interphase [J]. Macromolecules，1986，19 (3)：636-643.

[118] Cheng J L，Fone M，Reddy V N，et al. Identification and quantitative analysis of the intermediate phase in a linear high-density polyethylene [J]. Journal of Polymer Science Part B：Polymer Physics，1994，32 (16)：2683-2693.

[119] Lu X，And N I，Brown N. The critical molecular weight for resisting slow crack growth in a polyethylene [J]. Journal of Polymer Science Part B：Polymer Physics，1996，34：1809-1813.

[120] Seguela R. Critical review of the molecular topology of semicrystalline polymers：The origin and assessment of intercrystalline tie molecules and chain entanglements [J]. Journal of Polymer Science B Polymer Physics，2005，43 (14)：1729-1748.

[121] 何曼君，张红东，陈维孝，等. 高分子物理 [M]. 第 3 版. 上海：复旦大学出版社，2007：156.

[122] Barbara Heck. 高分子物理学-理解其结构和性质的基本概念 [M]. 胡文兵，蒋世春，门永锋，等译. 北京：科学出版社，2009：127.

[123] Gedde U W，Mattozzi A. Polyethylene morphology [J]. advances in polymer science，2004，169：29-73.

[124] Barham P J, Keller A. The problem of thermal expansion in polyethylene spherulites [J]. Journal of Materials Science, 1977, 12 : 2141-2148.

[125] Society F. Organization of macromolecules in the condensed phase [M]. Faraday Division: Chemical Society, 1979, 68: 310-319.

[126] lamo R G. Phase Structure and Morphology [J] //Charlmers J M, Meier R J. Molecular Characterization and Analysis of Polymers. B. V. : Elsevier, 2008: 255-293.

[127] Voigt-Martin I G, Mandelkern L. A quantitative electron microscopic study of the crystallite structure of molecular weight fractions of linear polyethylene [J]. Journal of Polymer Science Polymer Physics Edition, 1984, 22 (11): 1901-1917.

[128] Johnson M B, Wilkes G L, Sukhadia A M, et al. Optical properties of blown and cast polyethylene films: Surface versus bulk structural considerations [J]. Journal of Applied Polymer Science, 2000, 77 (13): 2845-2864.

[129] Sukhadia A M, Rohlfing D C, Johnson M B, et al. A Comprehensive investigation of the origins of surface roughness and haze in polyethylene blown films [J]. Journal of Applied Polymer Science, 2002, 85: 2396-2411.

[130] 何曼君，陈维孝，董西侠. 高分子物理（修订版）[M]. 上海：复旦大学出版社，2000：51-130.

[131] Keller A, Kolnaar H W H. Flow-induced orientation and structure formation [M] //Meijer HEH. New York, VCH: Processing of polymers, 1997, 18: 189-268.

[132] Somani R H, Yang L, Lei Z, et al. Flow-induced shish-kebab precursor structures in entangled polymer melts [J]. Polymer, 2005, 46 (20): 8587-8623.

[133] Ogino Y, Fukushima H, Matsuba G, et al. Effects of high molecular weight component on crystallization of polyethylene under shear flow [J]. Polymer, 2006, 47 (15): 5669-5677.

[134] Yan T, Zhao B, Cong Y, et al. Critical strain for shish-kebab formation [J]. Macromolecules, 2010, 43 (2): 602-605.

[135] Hsiao B S, Ling Y, Somani R H, et al. Unexpected shish-kebab structure in a sheared polyethylene melt. [J]. Physical Review Letters, 2005, 94 (11): 117802.

[136] Bruckner S, Meille S V, Vittoriopetraccone I, et al. Polymorphism in isotactic polypropylene [J]. Progress in Polymer Science, 1991, 16 (2-3): 361-404.

[137] Cheng S, Janimak J J, Rodriguez J. Crystalline structures of polypropylene homo- and copolymers [M]. London, Chapman & Hall: J. Karger-Kocsis, 1995 : 31-55.

[138] Girolamo D. Solid State Polymorphism of Isotactic and Syndiotactic Polypropylene//Karger-Kocsis J, Bárány T. Polypropylene Handbook. Springer Nature Switzerland AG: Morphology, Blends and Composites, 2019: 43.

[139] 内罗・帕斯奎尼，Pasquini，等. 聚丙烯手册 [M]. 胡友良，等译. 北京：化学工业出版社，2008：127.

[140] Keith H D, Pad De N F J, Walter N M, et al. Evidence for a Second Crystal Form of Polypropylene [J]. Journal of Applied Physics, 1959, 30 (10): 1485-1488.

[141] Miss E, Beintema J. Polymorphism of crystalline polypropylene [J]. Polymer, 1961, 2: 185-193.

[142] Jones A T, Aizlewood J M, Beckett D R. Crystalline forms of isotactic polypropylene [J]. Macromolecular Chemistry & Physics, 1964, 75 (1): 134-158.

[143] Lotz B, Wittmann J C, Lovinger A J. Structure and morphology of poly (propylenes): a molecular analysis [J]. Polymer, 1996, 37 (22): 4979-4992.

[144] Meille S V, Ferro D R, Brueckner S, et al. Structure of beta-isotactic polypropylene: a long-standing structural puzzle [J]. Macromolecules, 1994, 27 (9): 2615-2622.

[145] Auriemma F, Rosa C D, Malafronte A, et al. Solid state polymorphism of isotactic and syndiotactic polypropylene [M] //Karger-Kocsis J, Bárány T. Polypropylene Handbook, Morphology, Blends and Composites. Switzerland AG: Springer Nature , 2019: 60-62.

[146] 向明，蔡燎原，曹亚，等. 干法双拉锂离子电池隔膜的制造与表征 [J]. 高分子学报，2015 (11)：1235-1245.

[147] 陈刚，张晓红，乔金樑. 复合 β 成核剂对 PP 结晶行为的影响 [J]. 合成树脂及塑料，2010，27 (5)：53-57.

[148] Zhang B, Wang B H, Chen J J, et al. Flow-induced dendritic β-form isotactic polypropylene crystals in thin films [J]. Macromolecules, 2016, 49: 5145-5151.

[149] Qi Liu, Sun X, Li H, et al. Orientation-induced crystallization of isotactic polypropylene [J]. Polymer, 2013, 54: 4404-4421.

[150] Auriemma F, Rosa C D, Malafronte A, et al. Solid state polymorphism of isotactic and syndiotactic polypropylene [M] //Karger-Kocsis J, Bárány T. Polypropylene handbook, morphology, blends and composites. Switzerland AG: Springer Nature, 2019: 54-56.

[151] Kojima M. Morphology of polypropylene crystals. Ⅲ. Lamellar crystals of thermally decomposed polypropylene [J]. Journal of Polymer Science Part B Polymer Physics, 2010, 6 (7): 1255-1271.

[152] Morrow D R, Newman B A. Crystallization of low-molecular-weight polypropylene fractions [J]. Journal of Applied Physics, 1968, 39 (11): 4944-4950.

[153] Mezghani K, Phillips P. J. γ-Phase in propylene copolymers at atmospheric pressure [J]. Polymer, 1995, 36: 2407-2411.

[154] Mezghani K, Phillips P J. The γ-phase of high molecular weight isotactic polypropylene. Ⅲ. The equilibrium melting point and the phase diagram [J]. Polymer, 39 (16): 3735-3744.

[155] S Brückner, Phillips P J, Mezghani K, et al. On the crystallization of γ-isotactic polypropylene: A high pressure study [J]. Macromolecular Rapid Communications, 1997, 18 (1): 1-7.

[156] Alamo R G, Kim M H, Galante M J, et al. Structural and kinetic factors governing the formation of the γ polymorph of isotactic polypropylene [J]. Macromolecules, 1999, 32 (12): 4050-4064.

[157] Waymouth R. Crystallization of the α and γ forms of isotactic polypropylene as a tool to test the degree of segregation of defects in the polymer chains [J]. Macromolecules, 2009, 35 (9): 3622-3629.

[158] Rosa C D, Auriemma F, Paolillo M, et al. Crystallization behavior and mechanical properties of regiodefective, highly stereoregular isotactic polypropylene: effect of regiodefects versus stereodefects and influence of the molecular mass [J]. Macromolecules, 2005, 38 (22): 656-657.

[159] Rosa C D, F Auriemma, Spera C, et al. Comparison between polymorphic behaviors of zieglernatta and metallocene-made isotactic polypropylene: the role of the distribution of defects in the polymer chains [J]. Macromolecules, 2004, 37 (4): 1441-1454.

[160] Ferro D R, Bruckner S, Meille S V, et al. Energy calculations for isotactic polypropylene: a comparison between models of the α and γ crystalline structures [J]. Macromolecules, 1992, 25 (20): 5231-5235.

[161] Auriemma F, Rosa C D. Crystallization of metallocene-made isotactic polypropylene: disordered modifications intermediate between the α and γ forms [J]. Macromolecules, 2002, 35 (24): 3-12.

[162] Lezak E, Bartczak Z. Plastic deformation behavior of β phase isotactic polypropylene in plane-strain compression at elevated temperatures [J]. Macromolecules, 2007, 40 (14): 4933-4941.

[163] Rosa C D, Auriemma F, Lucia G D, et al. From stiff plastic to elastic polypropylene: Polymorphic transformations during plastic deformation of metallocene-made isotactic polypropylene [J]. Polymer, 2005, 46 (22): 9461-9475.

[164] Caldas V, Brown G R, Nohr R S, et al. The structure of the mesomorphic phase of quenched isotactic polypropylene [J]. Polymer, 1994, 35 (5): 899-907.

[165] Piccarolo S. Morphological changes in isotactic polypropylene as a function of cooling rate [J]. Journal of Macromolecular Science Part B, 1992, 31 (4): 501-511.

[166] Miyamoto Y, Fukao K, Yoshida T, et al. Structure formation of isotactic polypropylene from the glass [J]. Journal of the Physical Society of Japan, 2000, 69: 1735-1740.

[167] Rosa C D, Auriemma F, Girolamo R D, et al. Crystallization of the mesomorphic form and control of the molecular structure for tailoring the mechanical properties of isotactic polypropylene [J]. Journal of Polymer Science Part B Polymer Physics, 2014, 52 (10): 677-699.

[168] Zia Q, Mileva D, Androsch R. Rigid amorphous fraction in isotactic polypropylene [J]. Macromolecules, 2008, 41 (21): 8095-8102.

[169] Lotz B, Wittmann J C. The molecular origin of lamellar branching in the α (monoclinic) form of isotactic polypropylene [J]. Journal of Polymer Science Part B Polymer Physics, 1986, 24 (7): 1541-1558.

[170] Norton D R, Keller A. The spherulitic and lamellar morphology of melt-crystallized isotactic polypropylene [J]. Polymer, 1985, 26: 704-716.

[171] Janimak J J, Cheng S, Giusti P A, et al. Isotacticity effect on crystallization and melting in polypropylene fractions. II. Linear crystal growth rate and morphology study [J]. Macromolecules, 1991, 24 (9): 2253-2260.

[172] Yamada K, Matsumoto S, Tagashira K, et al. Isotacticity dependence of spherulitic morphology of isotactic

polypropylene [J]. Polymer, 1998, 39 (22): 5327-5333.

[173] Maiti P, Hikosaka M, Yamada K, et al. Lamellar thickening in isotactic polypropylene with high tacticity crystallized at high temperature [J]. Macromolecules, 2000, 33 (24); 9069-9075.

[174] Alamo R G, Brown G M, Mandelkern L, et al. A morphological study of a highly structurally regular isotactic poly (propylene) fraction [J]. Polymer, 1999, 40 (14): 3933-3944.

[175] Varga J. β-Modification of Isotactic Polypropylene: preparation, structure, processing, properties, and application [J]. J. Macromol. Sci., Part B: Phys., 2002, 41 (4): 1121-1171.

[176] Busse K, Kressler J, Maier R D, et al. Tailoring of the α-, β-, and γ-modification in isotactic polypropene and propene/ethene random copolymers [J]. Macromolecules, 2000, 33 (23): 8775-8780.

[177] Mezghani K, Phillips P J. The γ-phase of high molecular weight isotactic polypropylene: Ⅱ. The morphology of the γ-form crystallized at 200MPa. Polymer, 1997, 38, (23): 5725-5733.

[178] Pawlak J, Galeski A. Crystallization of polypropylene [M] //Karger-Kocsis J, T Bárány. Polypropylene handbook, morphology, blends and composites, Switzerland AG: Springer Nature, 2019: 206-207.

[179] Gahleitner M, Grein C, Kheirandish S, et al. Nucleation of polypropylene homo- and copolymers [J]. International Polymer Processing Journal of the Polymer Processing Society, 2011, 26 (1): 2-20.

[180] Menyhárd A, Gahleitner M, Varga J, et al. The influence of nucleus density on optical properties in nucleated isotactic polypropylene [J]. European Polymer Journal, 2009, 45 (11): 3138-3148.

[181] 施红伟，唐毓婧. 聚丙烯断裂标称应变问题研究 [J]. 合成树脂及塑料，2017，034 (004)：56-59.

[182] Michler G H. Atlas of polymer structures morphology, deformation and fracture structures [J]. Munich: Carl Hanser Verlag, 2016: 194.

[183] Seki M, Thurman D W, Oberhauser J P, et al. Shear-mediated crystallization of isotactic polypropylene: the role of long chainlong chain overlap [J]. Macromolecules, 2002, 35 (7): 2583-2594.

[184] Kimata S, Sakurai T, Nozue Y, et al. Molecular basis of the shish-kebab morphology in polymer crystallization [J]. Science, 2007, 316 (5827): 1014-1017.

[185] Zhang C, Hu H, Wang X, et al. Formation of cylindrite structures in shear-induced crystallization of isotactic polypropylene at low shear rate [J]. Polymer, 2007, 48 (4): 1105-1115.

[186] 乔金樑，张师军. 聚丙烯和聚丁烯树脂及其应用 [M]. 北京：化学工业出版社，2011：109-181.

[187] Hosier I L, Alamo R G, Esteso P, et al. Formation of the α and γ polymorphs in random metallocenepropylene copolymers effect of concentration and type of comonomer [J]. Macromolecules, 2003, 36 (15): 5623-5636.

[188] Rosa C D, Auriemma F, Ballesteros O D, et al. Crystallization behavior of isotactic propylene-ethylene and propylene-butene copolymers: effect of comonomersversusstereodefects on crystallization properties of isotactic polypropylene [J]. Macromolecules, 2007, 40 (40): 6600-6616.

[189] Rosa C D, Auriemma F, Ballesteros O, et al. The double role of comonomers on the crystallization behavior of isotactic polypropylene: propylene-hexene copolymers [J]. Macromolecules, 2008, 41 (6): 2172-2177.

[190] Gahleitner M, Jääskeläinen, P, Ratajski E, et al. Propylene-ethylene random copolymers: comonomer effects on crystallinity and application properties [J]. Journal of Applied Polymer Science, 2010, 95 (5): 1073-1081.

[191] Laihonen S, Gedde W U. Crystallization kinetics and morphology of poly (propylenen-stat-ethylene) fractions [J]. Polymer, 1997, 38: 361-369.

[192] Tang Y, Ren M, Hou L, et al. Effect of microstructure on soluble properties of transparent polypropylene copolymers [J]. Polymer, 2019, 183: 121869.

[193] Jeon K, Palza H, Quijada R, et al. Effect of comonomer type on the crystallization kinetics and crystalline structure of random isotactic propylene 1-alkene copolymers [J]. Polymer London, 2009, 50: 832-844.

[194] Gahleitner M, Tranninger C, Doshev C. Heterophasic copolymers of polypropylene: development, design, principles, and future challenges [J]. Journal of Macromolecular Science. 2013: 3028-3037.

[195] Galli P, Simonazzi T, Duca D D. New frontiers in polymers blends: The synthesis alloys [J]. Acta Polymerica, 1988, 39 (1-2): 81-90.

[196] Tang F, Bao P, Roy A, et al. In-situ spectroscopic and thermal analyses of phase domains in high-impact polypropylene [J]. Polymer, 2018, 142: 155-163.

[197] Doshev P, Lohse G, Henning S, et al. Phase interactions and structure evolution of heterophasic ethylene-propylene

copolymers as a function of system composition [J]. Journal of Applied Polymer Science，2006，101：2825-2837.

[198] Lohse D J. The melt compatibility of blends of polypropylene and ethylene-propylene copolymers [J]. Polymer Engineering & Science，2010，26 (21)：1500-1509.

[199] Nitta K H，Shin Y W，Hashiguchi H，et al. Morphology and mechanical properties in the binary blends of isotactic polypropylene and novel propylene-co-olefin random copolymers with isotactic propylene sequence 1. Ethylene-propylene copolymers [J]. Polymer，2005，46 (3)：965-975.

[200] Kamdar A R，Hu Y S，Ansems P，et al. Miscibility of propylene-ethylene copolymer blends [J]. Macromolecules，2006，39：1496-1506.

[201] Zhang C，Shangguan Y，Chen R，et al. Morphology，microstructure and compatibility of impact polypropylene copolymer [J]. Polymer，2010，51 (21)：4969-4977.

[202] Yong C，Ye C，Wei C，et al. Multilayered core-shell structure of the dispersed phase in high-impact polypropylene [J]. Journal of Applied Polymer Science，2010，108 (4)：2379-2385.

[203] Tong C，Yang L，Ye C，et al. The functions of crystallizable ethylene-propylene copolymers in the formation of multiple phase morphology of high impact polypropylene [J]. Journal of Applied Polymer Science，2011，123 (3)：1302-1309.

[204] Tan H，Li L，Chen Z，et al. Phase morphology and impact toughness of impact polypropylene copolymer [J]. Polymer，2005，46 (10)：3522-3527.

[205] Qiu B，Chen F，Lin Y，et al. Control of multilayered core-shell dispersed particles in HPP/EPR/EbP blends and its influences on crystallization and dynamic mechanical behavior [J]. Polymer，2014，55 (23)：6176-6185.

[206] Galli P，Simonazzi T，Duca D D. New frontiers in polymers blends：The synthesis alloys [J]. Acta Polymerica，1988，39：81-90.

[207] Liu X，Guo M，Wei W. Stress-whitening of high-impact poly (propylene)：characterization and analysis [J]. Macromolecular Symposia，2012，312 (1)：130-138.

[208] Jang H J，Kim S D，Choi W，et al. Morphology and stress whitening of heterophasic poly (propylene) copolymer/high density polyethylene blends [J]. Macromolecular Symposia，2012，312 (1)：34-42.

[209] Grein C，Gahleitner M，Knogler B，et al. Melt viscosity effects in ethylene-propylene copolymers [J]. Rheologica Acta，2007，46 (8)：1083-1089.

[210] Auriemma R F. Structure and physical properties of syndiotactic polypropylene：A highly crystalline thermoplastic elastomer [J]. Progress in Polymer Science，2006.，31：145-237.

[211] 内罗・帕斯奎尼，Pasquini，等. 聚丙烯手册 [M]. 胡友良，等译. 北京：化学工业出版社，2008：171-182.

[212] Auriemma F，Rosa C D，Malafronte A. Crystallization of polypropylene [M] //Karger-Kocsis J，T Bárány. Polypropylene handbook，morphology，blends and composites. Switzerland AG：Springer Nature，2019：44，72-106.

[213] Lotz B，Lovinger A J，Cais R E. Crystal structure and morphology of syndiotactic polypropylene single crystals [J]. Macromolecules，1996，21 (8)：2375-2382.

[214] Lovinger A J，Lotz B，Davis D D. Interchain packing and unit cell of syndiotactic polypropylene [J]. Polymer，1990，31 (12)：2253-2259.

[215] Lovinger A G，Davis D D，Lotz B. Temperature dependence of structure and morphology of syndiotactic polypropylene and epitaxial relationships with isotactic polypropylene [J]. Macromolecules，1991，24 (2)：552-560.

[216] Lovinger A J，Lotz B，Davis D D，et al. Structure and defects in fully syndiotactic polypropylene [J]. Macromolecules，1993，26 (14)：3494-3503.

[217] Rosa C D，Auriemma F，Corradini P. Crystal structure of form I of syndiotactic polypropylene [J]. Macromolecules，1996，29 (23)：7452-7459.

[218] Rosa C D，Auriemma F，Vinti V. Disordered polymorphic modifications of form I of syndiotactic polypropylene [J]. Macromolecules，1997，30 (14)：4137-4146.

[219] Rosa C D，Auriemma F，Vinti V. On the form II of syndiotactic polypropylene [J]. Macromolecules，1998，31 (21)：7430-7435.

[220] Rastogi S，Camera D L，Burgt F，et al. Polymorphism in syndiotactic polypropylene：thermodynamic stable regions for form I and form II in pressure-temperature phase diagram [J]. Macromolecules，2001，34 (22)：7730-7736.

[221] Rosa C D, Auriemma F, Fanelli E, et al. Structure of copolymers of syndiotactic polypropylene with ethylene [J]. Macromolecules, 2003, 36 (6): 1850-1864.
[222] Rosa C D, Corradini P. Crystal structure of syndiotactic polypropylene [J]. Macromolecules, 1993, 26: 5711-5718.
[223] Auriemma F, Rosa C D, allesterosv O. Kink bands in form II of syndiotactic polypropylene [J]. Macromolecules, 1997, 30: 6586-6591.
[224] Chatani Y, Maruyama H, Noguchi K, et al. Crystal structure of the planar zigzag form of syndiotactic polypropylene [J]. Journal of Polymer Science Part C Polymer Letters, 1990, 28 (13): 393-398.
[225] Yozo, Chatani, Hiroyoshi, et al. Structure of a new crystalline phase of syndiotactic polypropylene [J]. Journal of Polymer Science Part B Polymer Physics, 1991, 29: 1649-1652.
[226] Auriemma F, Rosa C D, Ballesteros O, et al. On the form IV of syndiotactic polypropylene [J]. Journal of Polymer Science Part B: Polymer Physics, 1998, 36: 395-402.
[227] Nakaoki T, Ohira Y, Hayashi H, et al. Spontaneous crystallization of the planar zigzag form of syndiotactic polypropylene at 0 ℃ [J]. Macromolecules, 1998, 31 (8): 2705-2706.
[228] Rosa C D, Ballesteros O, Santoro M, et al. Influence of the quenching temperature on the crystallization of the trans-planar mesomorphic form of syndiotactic polypropylene [J]. Polymer, 2003, 44 (20): 6267-6272.
[229] Vittoria, Guadagno L, Comotti A, et al. Mesomorphic form of syndiotactic polypropylene [J]. Macromolecules, 2000, 33 (16): 6200-6204.
[230] Rosa C D, Odda R, Santoro M, et al. Structural transitions of the trans-planar mesomorphic form and crystalline form III of syndiotactic polypropylene in stretched and stress-relaxed fibers: a memory effect [J]. Macromolecules, 2004, 37 (5): 1816-1824.
[231] Rosa C D, Auriemma F, Ballesteros O. Influence of the stereoregularity on the crystallization of the trans planar mesomorphic form of syndiotactic polypropylene [J]. Polymer, 2001, 42 (24): 9729-9734.
[232] Rosa C D, Auriemma F, Girolamo R D, et al. Helical Mesophase of syndiotactic polypropylene in copolymers with 1-hexene and 1-octene [J]. Macromolecules, 2010, 43 (23): 9802-9809.
[233] Lovinger A J, Lotz B, Davis D D, et al. Morphology and thermal properties of fully syndiotactic polypropylene [J]. Macromolecules, 1994, 27 (22): 6603-6611.
[234] Bu Z, Yoon Y, Ho R M, et al. Crystallization, melting, and morphology of syndiotactic polypropylene fractions. 3. lamellar single crystals and chain folding [J]. Macromolecules, 1996, 29 (20): 6575-6581.
[235] Thomann R, Kressler J, Mülhaupt R. Single crystals of syndiotactic poly[propene-co-(1-octene)] and syndiotactic polypropene crystallized in bulk [J]. Macromolecular Chemistry & Physics, 2010, 198 (4): 1271-1279.
[236] Thomann R, Kressler J, Mülhaupt R. Crystallisation of syndiotactic poly (propene-co-octene) [J]. Polymer, 1998, 39 (10): 1907-1915.
[237] Zhang B, Yang D, Rosa C D, et al. TEM studies on single crystal structure of syndiotactic poly (propene-co-butene-1) s [J]. Macromolecules, 2002, 35 (12): 4646-4652.
[238] Wang Z G, Wang X H, Hsiao B, et al. Structure and morphology development in syndiotactic polypropylene during isothermal crystallization and subsequent melting. Journal of Polymer Science, Part B: Polymer Physics, 2001, 39: 2982-2995.
[239] Loos J, Petermann J. A comparison of the lamellar morphology of melt-crystallized isotactic and syndiotactic polypropylene [J]. Polymer, 1996, 37 (19): 4417-4420.
[240] Schumacher M, Lovinger A J, Agarwal P, et al. Heteroepitaxy of syndiotactic polypropylene with polyethylene and homoepitaxy [J]. Macromolecules, 1994, 27 (23): 6956-6962.
[241] Galli P, Vecellio G. Polyolefins: The most promising large-volume materials for the 21st century [J]. Journal of Polymer Science Part A Polymer Chemistry, 2010, 42 (3): 396-415.
[242] Chatterjee A M. Butene Polymers [M] //Encyclopedia of polymer science and engineering. 2nd edition, volume 2. John Wiley & Sons, Inc. , 1985.
[243] Xin R, Zhang J, Sun X L, et al. Polymorphic behavior and phase transition of poly (1-butene) and its copolymers [J]. Polymers, 2018, 10: 556.
[244] 乔永娜. 聚丁烯-1 晶型Ⅱ到Ⅰ转变的动力学与结构变化机理 [D]. 合肥：中国科学技术大学，2019.
[245] 乔金樑，张师军. 聚丙烯和聚丁烯树脂及其应用 [M]. 北京：化学工业出版社，2011：350-376.

[246] Tashiro K, Hu J, Wang H, et al. Refinement of the crystal structures of forms Ⅰ and Ⅱ of isotactic polybutene-1 and a proposal of phase transition mechanism between them [J]. Macromolecules, 2016, 49: 1392-1404.

[247] Holland V F, Miller R L. Isotactic polybutene-1 single crystals- morphology [J]. Journal of Applied Physics, 1964, 35 (11): 3241-3248.

[248] Nakafuku C, Miyaki T. Effect of pressure on the melting and crystallization behaviour of isotactic polybutene-1 [J]. Polymer, 1983, 24 (2): 141-148.

[249] Armeniades C, Baer E. Effect of pressure on the polymorphism of melt crystallized polybutene-1 [J]. Journal of Macromolecular ence Part B, 1967, Part B: Physics (2): 309-334.

[250] Cojazzi G, Malta V, Celotti G, et al. Crystal structure of form III of isotactic poly-1-butene [J]. Macromolecular Chemistry & Physics, 1976, 177 (3): 915-926.

[251] Dorset D L, McCourt M P, Kopp S, et al. Direct determination of polymer crystal structures by electron crystallography—Isotactic poly (1-butene), Form (III) [J]. Acta Crystallographica Section B, 1994, 50: 201-208.

[252] Xue Y, Shi L, Liu W, et al. Solvent gradient fractionation of polybutene-1 resin and its molecular weight dependency of form Ⅱ to Ⅰ transformation [J]. Polymer, 2020, 198: 122536.

[253] Qiao Y, Wang Q, Men Y. Kinetics of nucleation and growth of form Ⅱ to Ⅰ polymorphic transition in polybutene-1 as revealed by stepwise annealing [J]. Macromolecules, 2016, 49: 5126-5136.

[254] Qiao Y, Men Y. Intercrystalline links determined kinetics of form Ⅱ to Ⅰ polymorphic transition in polybutene-1 [J]. Macromolecules, 2017, 50 (14): 5490-5497.

[255] Rosa C D, Odda R, Auriemma F, et al. Polymorphic behavior and mechanical properties of isotactic 1-butene-ethylene copolymers from metallocene catalysts [J]. Macromolecules, 2014, 47 (13): 4317-4329.

[256] Tarallo O, Odda R, Bellissimo A, et al. Crystallization and mechanical properties of metallocene made 1-butene-Pentene and 1-butene-Hexene isotactic copolymers [J]. Polymer, 2018, 158: 231-242.

[257] Rosa C D, Tarallo O, Auriemma F, et al. Crystallization behavior and mechanical properties of copolymers of isotactic poly (1-butene) with 1-octene from metallocene catalysts- ScienceDirect [J]. Polymer, 2015, 73: 156-169.

[258] Li X, Chen P, J Ding, et al. Rapid phase transition of polybutene-1 from form II to form I induced by pressure-ScienceDirect [J]. Polymer, 189: 122169.

[259] Rosa C D, Auriemma F, Villani M, et al. Mechanical Properties and stress-induced phase transformations of metallocene isotactic poly (1-butene): the influence of stereodefects [J]. Macromolecules, 2014, 47 (3): 1053-1064.

[260] Shi G Y, Wang Z F, Wang M, et al. Crystallization, orientation, and solid-solid crystal transition of polybutene-1 confined within nanoporous alumina [J]. Macromolecules, 2020, 53: 6510-6518.

[261] Qiao Y, Wang H, Men Y. Retardance of form II to form I transition in polybutene-1 at late stage: a proposal of a new mechanism [J]. Macromolecules, 2018, 51: 2232-2239.

[262] Rosa C D, Auriemma F, Ballesteros O R, et al. Crystallization properties and polymorphic behavior of isotactic poly (1-butene) from metallocene catalysts: the crystallization of form I from the melt [J]. Macromolecules, 2009, 42 (21): 8286-8297.

[263] Wang Y T, Liu P R, Lu Y, et al. Mechanism of polymorph selection during crystallization of random butene-1/ethylene copolymer [J]. Chinese Journal of Polymer Science, 2016, 34 (8): 1014-1020.

[264] Wang Y T, Lu Y, Zhao J Y, et al. Direct formation of different crystalline forms in butene-1 /ethylene copolymer via manipulating melt temperature [J]. Macromolecules, 2014, 47: 8653-8662.

[265] Auriemma F, Rosa C D, Malafronte A, et al. Solid state polymorphism of isotactic and syndiotactic polypropylene [M] //Karger-Kocsis J, Bárány T. Polypropylene handbook, morphology, blends and composites. Switzerland AG: Springer Nature, 2019: 46-47.

[266] Turner-Jones A. Development of the γ-crystal form in random copolymers of propylene and their analysis by dsc and x-ray methods [J]. Polymer, 1971, 12 (8): 487-508.

[267] Luo H. Jiang S, An L. Influence of shear on crystalization behavior of the β-Phase in isotactic polypropylene with β—nucleating agent [J]. Macromoleculars, 2004, 37: 2478-2483.

[268] 朱育平. 小角 X 射线散射：理论，测试，计算及应用 [M]. 北京：化学工业出版社，2008：165-166.

[269] Barbara Heck. 高分子物理学：理解其结构和性质的基本概念 [M]. 胡文兵，蒋世春，门永峰，等译. 北京：科学出版社，2009：371.

[270] 张晓萌，唐毓婧，宋文波，等. 聚乙烯流延膜雾度研究 [J]. 合成树脂及塑料，2018，35 (1)：33-37.

[271] 郑萃，姚雪容，施红伟，等. 典型工艺聚烯烃薄膜的雾度与其结构的关系 [J]. 石油化工，2019，48 (8)：811-818.

[272] 郑萃，姚雪容，史颖，等. 结晶高分子薄膜的内部和表面结构及光学性能 [J]. 高分子材料科学与工程，2018，34 (11)：56-62.

[273] 郑鑫，由吉春，朱雨田，等. 扫描电镜技术在高分子表征研究中的应用 [J]. 高分子学报，2022，53 (5)：22.

[274] Michler G H，Lebek W. Electron microscopy of polymers [M]. Berlin Heidelberg：Springer-Verlag，2008：7-171.

[275] Liu X B，Miao X P，Guo M F，et al. Influence of the HDPE molecular weight and content on the morphology and properties of the impact polypropylene copolymer/HDPE blends [J]. RSC Advances，2015，5 (98)：80297-80306.

[276] Liu X，Miao X，Cai X，et al. The orientation of the dispersed phase and crystals in an injection-molded impact polypropylene copolymer [J]. Polymer Testing，2020，90：106658.

[277] Jiang Z Y，Tang Y J，Rieger J，et al. Transitions in the tensile deformation of high-density polyethylene [J]. Macromolecules，2010，43 (10)：4727-4732.

[278] 王冰花，陈金龙，张彬. 原子力显微镜在高分子表征中的应用 [J]. 高分子学报，2021，52 (10)：15.

[279] IvanovD A，Magonov S N. 7 Atomic force microscopy studies of semicrystalline polymers at variable temperature [M] //Reiter G，Sommer G V. Polymer Crystallization. Berlin：Springer，2003：98-130.

[280] Magonov S N. Atomic force microscopy in analysis of polymers [M] //Meyers R A. Encyclopedia of Analytical Chemistry. Chichester：John Willey & Sons Ltd，2006.

[281] Hobbs J K，Humphris A，Miles M J. In-Situ atomic force microscopy of polyethylene crystallization. 1. crystallization from an oriented backbone [J]. Macromolecules，2001，34 (16)：5508-5519.

[282] Poon B，Rogunova M，Hiltner A，et al. Structure and properties of homogeneous copolymers of propylene and 1-hexene [J]. Macromolecules，2005，38 (4)：1232-1243.

[283] Zhang B，Chen J J，Liu B C，et al. Morphological changes of isotactic polypropylene crystals grown in thin film [J] Macromolecules，2017，50，6210-6217.

[284] 马礼敦. 同步辐射装置-上海光源及其应用 [J]. 理化检验（物理分册），2009，45：717-723.

[285] 赵小风，徐洪杰. 同步辐射光源的发展和现状 [J]. 核技术，1996，19 (9)：9：568-576.

[286] Li L B. In situ synchrotron radiation techniques：watching deformation-induced structural evolutions of polymers [J]. Chinese Journal of Polymer Science，2018，36：1093-1102.

[287] Mao Y M，Su Y，Hsiao B S，et al. Probing structure and orientation in polymers using synchrotron small- and wide-angle X-ray scattering techniques. [J]. European Polymer Journal，2016，81：433-446.

[288] Wei C，Dong L，Li L. Multiscale characterization of semicrystalline polymeric materials by synchrotron radiation X-ray and neutron scattering [J]. Polymer Crystallization，2018，2 (2).

[289] Lin Y，Chen W，Meng L，et al. Recent advance in post-stretching processing of polymer films with in-situ synchrotron radiation X-ray scattering [J]. Soft Matter，2020，16 (15).

[290] Liu Y，Zhou W，Cui K，et al. Extensional rheometer for in situ X-ray scattering study on flow-induced crystallization of polymer [J]. The Review of scientific instruments，2011，82 (4)：045104.

[291] Ju J Z，Wang Z，Su Z M，et al. Extensional flow-induced dynamic phase transitions in isotactic polypropylene [J]. Macromolecular rapid communications：Publishing the newsletters of the European Polymer Federation，2016，37 (17)：1441-1445.

[292] Chang J，Wang Z，Tang X，et al. A portable extruder for in situ wide angle x-ray scattering study on multi-dimensional flow field induced crystallization of polymer [J]. Review of Scientific Instruments，2018，89 (2)：025101.

[293] Heeley E L，Gough T，Hughes D J，et al. Effect of processing parameters on the morphology development during extrusion of polyethylene tape：An in-line small-angle X-ray scattering (SAXS) study [J]. Polymer，2013，54 (24)：6580-6588.

[294] Ma Z，Balzano L，Erp T V，et al. Short-term flow induced crystallization in isotactic polypropylene：how short is short? [J]. Macromolecules，2013，46 (23)：9249-9258.

[295] Zhang Q, Li L, Su F, et al. From molecular entanglement network to crystal-cross-linked network and crystal scaffold during film blowing of polyethylene: an in situ synchrotron radiation small- and wide-angle X-ray scattering study [J]. Macromolecules, 2018, 51: 4350-4362.

[296] Su F, Zhou W, Li X, et al. Flow-induced precursors of isotactic polypropylene: an in situ time and space resolved study with synchrotron radiation scanning X-ray microdiffraction [J]. Macromolecules, 2014, 47 (13): 4408-4416.

[297] Ellis G J, Martin M C. Opportunities and challenges for polymer science using synchrotron-based infrared spectroscopy [J]. European Polymer Journal, 2016, 81: 505-531.

[298] Ellis G, Santoro G, Gómez M A, et al. Synchrotron IR microspectroscopy: Opportunities in polymer science [J]. IOP Conf. Series: Materials Science and Engineering, 2010, 14: 012019.

[299] Katayama K, Tanase S, Ishihara N. Considerations on detailed analysis and particle growth in high impact polypropylene particles [J]. Journal of Applied Polymer Science, 2011, 122 (1): 632-638.

第12章 聚烯烃性能评价及产品认证

12.1 概述

12.2 聚烯烃通用性能测试与评价

12.3 聚烯烃专用料的性能评价

12.4 聚烯烃产品标准化

12.5 聚烯烃产品认证

12.1 概述

性能测试与评价方法、标准化工作及产品认证是聚烯烃材料研发、生产和推广应用的重要技术支持，本章主要围绕上述几方面进行阐述，包括通用性能测试与评价、专用料的性能评价、标准化、产品认证等。

在讨论聚烯烃测试方法之前，需要对其测试的特点进行讨论。相比金属、无机非金属等材料的测试，塑料测试具有一定的特殊性，而聚烯烃材料的测试在这些特殊性中又表现出与其他塑料测试的差异，下面我们就这些方面进行简单的论述[1]。

(1) 应变高，塑性区大

聚烯烃材料在室温下一般具有较高的断裂标称应变，也就是具有非常宽的塑性区域，如聚乙烯类树脂，断裂标称应变一般大于 500%，有些可达 1000%。针对如此高的应变，测试其性能的仪器应具有较大的行程区间以满足测试的需求。

(2) 温度和湿度效应明显

由于塑料分子链段运动的活跃性对温度的依赖性极其明显，因此温度的变化往往对测试结果有较大的影响。属于温敏材料的聚烯烃材料也不例外，在测试过程中，不仅显著的温度差异（如十几摄氏度或几十摄氏度的温差）对测试结果影响极大，甚至是标准允许的温度波动（如 21～25℃）也可能给测试结果带来 10%左右的偏差。因此严格控制温度对于聚烯烃材料的测试与评价是十分重要的，绝大多数的聚烯烃产品标准都对测试温度提出了明确的要求。

部分具有极性基团的塑料材料，不仅具有明显的温敏性，还具有明显的湿敏性。这是由于极性基团容易与空气中的水分子发生相互作用，从而改变了材料的特性导致测试结果的差异。这类材料包括聚酰胺、聚碳酸酯、聚酯、纤维素等。对于绝大多数聚烯烃树脂来说，其分子结构中没有易与水分子发生物理作用的极性基团，因此空气湿度对测试结果的影响不显著，很多聚烯烃产品标准中都去除了测试湿度的控制要求，但对于部分聚烯烃专用料来说，由于其中含有易吸湿的添加剂，如炭黑等，其性能也会受到湿度的影响。

(3) 时间效应明显

由于塑料具有特殊的黏弹性，其受力后的蠕变行为和松弛现象都较金属和无机非金属材料有较大差异，这主要是由于塑料分子链在外力作用下主链发生了构象和位移变化。这种特性造成了塑料材料测试的时间效应明显，而很多金属的破坏理论无法简单地运用到塑料或聚烯烃材料中。本章针对聚烯烃材料这些蠕变与松弛性能将有所论述。

此外，在光、热、化学试剂、外界应力等因素的影响下，无论是塑料还是本书重点论述的聚烯烃材料都会发生老化，导致其性能的变化，而变化的显著与否与聚烯烃材料的分子结构、添加剂和使用条件等密切相关。聚烯烃材料老化性能的测试与评价将在本章中予以论述。

(4) 形变速率影响明显

塑料在不同的测试形变速率下的性能有明显差异。室温下韧性较好的聚烯烃材料在高速形变下也可能变为脆性材料，而在通用的形变速率下表现出脆性的聚烯烃材料，采用极低的形变速率进行测试时也可能表现出良好的韧性。因此在比较不同聚烯烃材料的性能时，需要关注形变速率的差异，形变速率不同的测试结果不具有可比性。

(5) 测试数据明显分散

由于塑料微观结构特有的分散性，如分子量及其分布的差异、链结构的差异等，导致测试结果存在明显的差异。此外，样品制备条件的不同、试样尺寸的不同、测试条件的不同又可能使这些差异更加明显，从而使测试结果的分散性更加显著。通常情况下，聚烯烃材料性能测试结果存在 5%～10%的差异，部分性能，如断裂标称应变、冲击强度、负荷下的变形温度等存在 15%甚至更高的差异。因此在进行聚烯烃材料的测试与评价时，应详细记录所有的试验条件（包括制备方法、样品尺寸、测试条件和一切可能对试验结果有显著影响的因素）。

本章旨在帮助读者正确地选择和使用测试与评价方法，以利于聚烯烃新产品的开发与推广应用，因此本章重点论述各方法的原理、所需仪器设备、方法概述、常用标准、主要影响因素、应用等方面的内容，而不会对测试与评价的方法细节进行详尽描述。

此外多数的聚烯烃测试与评价方法涉及样品的制备方法。较为常用的样品制备方法包括压塑成型、注塑成型、吹塑成型、冲裁制样、机加工制样等，其中一些样品制备方法需要结合，如压塑成型与机加工制样的结合使用、吹塑成型与冲裁制样的结合使用等。本章对这些制样方法不做具体论述。

12.2　聚烯烃通用性能测试与评价

12.2.1　力学性能

聚烯烃树脂涉及的力学性能众多：拉伸性能、弯曲性能、冲击性能、压缩性能、硬度、撕裂性能、摩擦性能、剪切性能、穿刺性能、疲劳性能、蠕变性能等。各种性能还包含不同的性能测试与评价方法，如硬度包含邵尔硬度、洛氏硬度、球压痕硬度、巴氏硬度等，其他性能也存在类似情况。本节无法将所有力学性能一一进行论述，重点讨论应用较为广泛的拉伸性能、弯曲性能、冲击性能和压缩性能。部分疲劳和蠕变性能将在后续章节论述。

12.2.1.1　拉伸性能

拉伸性能是聚烯烃树脂力学性能中最为重要、最为基本的性能之一，因此是进行产品质量控制的重要参数之一。与此同时拉伸性能也是新产品开发过程中进行产品性能对比的基本参数之一，是工程设计计算中的重要参数。几乎所有的聚烯烃树脂都要对其拉伸性能进行测试与评价。评价拉伸性能的参数众多，常见的参数包括拉伸屈服应力、拉伸屈服应变、拉伸断裂应力、拉伸断裂应变、断裂标称应变、拉伸强度、断裂伸长率。这些参数测试值的高低，可以一定程度上反映聚烯烃树脂性能的优劣。

(1) 原理

试样沿其纵向主轴方向以恒速拉伸直到断裂或直到应力（负荷）或应变（伸长）达到某一预定值，测量在这一过程中试样所受的负荷和伸长。

各种典型的拉伸应力-应变曲线如图 12.1 所示。不同树脂的典型拉伸曲线不同，其中聚苯乙烯树脂的拉伸曲线以曲线 a 为主，聚乙烯树脂的拉伸曲线以曲线 b 为主，聚丙烯、聚丁烯等树脂的拉伸曲线以曲线 c 为主，聚烯烃类热塑性弹性体拉伸曲线以曲线 d 为主。

(2) 定义[2]

① 拉伸应力（tensile stress）。在给定任何时刻，试样在标距长度内，每单位截面积上所受的拉伸负荷，以兆帕（MPa）为单位，通常以 σ 表示。

② 拉伸强度（tensile strength）。拉伸试验过程中，试样所承受的首个峰值应力，以兆帕（MPa）为单位，通常以 σ_M 表示，图 12.1 的 A 点、B 点、D 点和 F 点所对应的应力即为拉伸强度。

需要特别提醒读者注意的是 2019 版标准对拉伸强度的定义做了修改，从而使曲线 b 中

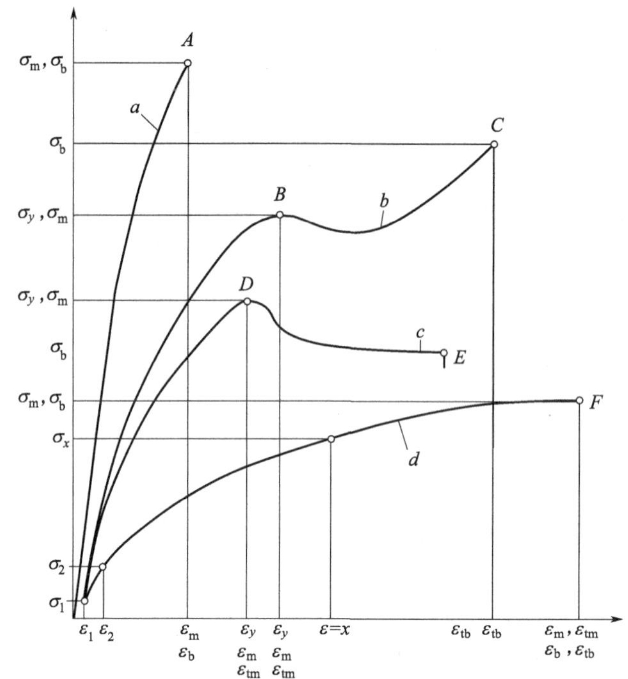

图 12.1 典型拉伸应力-应变曲线

的拉伸强度由原来的断裂应力变成了屈服应力。

③ 拉伸屈服应力（tensile stress at yield）。出现应力不增加而应变增加时的最初应力，以兆帕（MPa）为单位，通常以 σ_y 表示，图 12.1 的 B 点和 D 点即为屈服点，其对应的应力即为拉伸屈服应力。

④ 拉伸断裂应力（tensile stress at break）。试样断裂时的拉伸应力，以兆帕（MPa）为单位，通常以 σ_B 表示，图 12.1 的 A 点、C 点、E 点和 F 点的应力即为拉伸断裂应力。

⑤ 标距（gauge length）。试样中间平行部分两标线之间的距离（L_0）。设定初始标距和测定标距变化的目的主要是计算各类应变和/或伸长率。

⑥ 拉伸应变（tensile strain）。初始标距单位长度的增量，以无量纲比值或百分数（%）表示，并用 ε 表示。拉伸应变仅适用于屈服点以前的应变，超过屈服点的应变应以拉伸标称应变表示。

⑦ 屈服拉伸应变（tensile strain at yield）。在屈服应力时的拉伸应变，通常以 ε_y 表示，图 12.1 的 B 点和 D 点的拉伸应变即为屈服拉伸应变。

⑧ 断裂拉伸应变（tensile strain at break）。试样未发生屈服而断裂时，与断裂应力相对应的拉伸应变，通常以 ε_B 表示，图 12.1 的 A 点和 F 点的拉伸应变即为断裂拉伸应变。

⑨ 拉伸标称应变（nominal tensile strain at break）。两夹具之间距离（夹具间距）单位原始长度的增量，用无量纲的比值或百分数表示，并用 ε_t 表示。此方法用于屈服点以后的应变，它表示试样自由长度上的总相对伸长率。

⑩ 断裂标称应变（nominal tensile strain at break）。试样在屈服后断裂时，与拉伸断裂应力对应的拉伸标称应变，通常以 ε_{tB} 表示。图 12.1 曲线 b 的 C 点和曲线 c 的 E 点的应变应以断裂拉伸应变表示。

⑪ 拉伸弹性模量（modules of elasticity in tension）。应力 σ_2 和 σ_1 的差值与对应的应变

ε_2 和 ε_1 的差值的比值，以 E_t 表示，单位为 MPa。拉伸弹性模量通常分为三种，正切模量、正割模量和弦模量，聚烯烃树脂通常采用正割模量，但部分企业采用弦模量。

⑫ 泊松比（Poisson's ratio）。在纵向应变对法向应变关系曲线的起始线性部分内，垂直于拉伸方向的两坐标轴之一的拉伸形变量 $\Delta\varepsilon_1$ 之比的负值，以 μ 表示。

（3）方法概述

将试样夹持于试验机的夹具之间，沿其纵向主轴方向以某一恒定速度进行拉伸直到试样断裂或应力（负荷）或应变（伸长）达到某一预定值，测量在这一过程中试样所受的负荷和伸长，按照计算公式计算所需参数。

（4）测试仪器

能够以多种恒定速率在垂直方向运动的材料试验机，配以适当的负荷指示器、形变测量装置及拉伸夹具，俗称万能材料试验机或拉力机。拉伸弹性模量测定还应配以测量微小形变的引伸计。

（5）常用标准

目前聚烯烃树脂拉伸性能常用测试标准如表 12.1 所示。

表 12.1　聚烯烃树脂拉伸性能常用测试标准

序号	标准号	标准名称
1	GB/T 1040.1—2018	塑料 拉伸性能的测定 第 1 部分:总则
2	GB/T 1040.2—2022	塑料 拉伸性能的测定 第 2 部分:模塑和挤塑塑料的试验条件
3	GB/T 1040.3—2006	塑料 拉伸性能的测定 第 3 部分:薄膜和薄片的试验条件
4	ISO 527-1:2019	Plastics-Determination of Tensile Properties-Part 1: General Principles
5	ISO 527-2:2012	Plastics-Determination of Tensile Properties-Part 2: Test Conditions for Moulding and Extrusion Plastics
6	ISO 527-3:2018	Plastics-Determination of Tensile Properties-Part 3: Test Conditions for Films and Sheets
7	EN ISO 527-1:2019	Plastics-Determination of Tensile Properties-Part 1: General Principles
8	EN ISO 527-2:2012	Plastics-Determination of Tensile Properties-Part 2: Test Conditions for Moulding and Extrusion Plastics
9	EN ISO 527-3:2018	Plastics-Determination of Tensile Properties-Part 3: Test Conditions for Films and Sheets
10	ASTM D638-14	Standard Test Method for Tensile Properties of Plastics

（6）主要影响因素

① 温度和湿度。正如本章概述中所述，温度和湿度对于塑料材料的拉伸性能有明显影响。但对于聚烯烃树脂来说，温度的影响较为显著，而湿度的影响不显著。一般情况下，温度升高，伸长率增加，拉伸屈服强度及模量降低；反之，温度降低，伸长率降低，拉伸屈服强度及模量升高。为此实验室应对温度予以监控。即使实验室按照要求将环境温度控制在(23±2)℃，在 21℃和 25℃条件下的拉伸性能依然存在一定差异，因此进行拉伸性能测试时，应如实记录当时的温度，并妥善保存记录。如需要研究温度对聚烯烃拉伸性能的影响，可采用带有温度试验箱的材料试验机。

为了使聚烯烃试样内部的温度与试验环境保持一致，聚烯烃材料需要进行状态调节。状态调节的时间和温度需要参考相关产品标准和规范，在标准规范没有相关规定时，一般温度为（23±2)℃，时间为至少 24h。此外状态调节还可以起到消除试样在制备过程中产生的残余应力的作用，对于聚丙烯树脂还可以起到完善次级结晶的作用。本书对于试样的状态调节不做详细论述。

② 拉伸速度。拉伸速度是影响高分子材料拉伸性能的主要因素之一。一般情况下，拉伸速度低，高分子各运动单元来得及位移、重排，趋于韧性破坏，即拉伸强度低而伸长较高；拉伸速度高，则各运动单元来不及运动，呈脆性破坏趋势，即拉伸强度高而伸长度低。通常脆性材料对拉伸速度更敏感，可采用低速拉伸，韧性材料对拉伸速度敏感性较差，可采用较高速度。当然这种说法是基于采用普通试验机的基础上，当采用高速试验机时，速度的影响将异常显著。出于测试时间和工作效率的考虑，尽量选择使材料在 0.5～5min 时间范围内破坏的拉伸速度。

需要注意的是，对于具有如图 12.1 中所示拉伸曲线 b 和 d 的材料，其屈服强度和断裂强度的变化趋势与其它材料的变化趋势可能不一致，即可能存在屈服强度和断裂强度变化趋势相反的情况。

③ 试样规格尺寸。不同标准使用的试样形状及尺寸不同，从大量的测试数据来看，不同标准规定的试样的拉伸性能没有显著的差别，但依旧存在 5%左右的差异。因此不同试样的测试结果之间不具备可比性。

④ 测试仪器。夹具的垂直度、拉伸速度的稳定程度及传感器精度等设备状况都对测试结果有不同程度的影响。需要特别注意的是拉伸弹性模量和泊松比等参数对于负荷传感器和引伸计的精度更为敏感。

12.2.1.2 弯曲性能

常见的塑料的弯曲性能测试方法包括三点弯曲试验和四点弯曲试验，聚烯烃树脂主要采用三点弯曲试验。四点弯曲试验则多用于增强材料。

(1) 原理[3]

把试样支撑成横梁，使其在跨度中心以恒定速度弯曲，直到试样断裂或变形到达预定值，测量该过程中对试样施加的压力。

(2) 定义

① 弯曲强度（flexural strength）。试样在弯曲过程中承受的最大弯曲应力，以 σ_{fM} 表示，单位为兆帕（MPa）。

② 在规定挠度时的弯曲应力（flexural stress at conventional deflection）。达到规定挠度时的弯曲应力，以 σ_{fc} 表示，单位为兆帕（MPa）。

③ 弯曲弹性模量或弯曲模量（modulus of elasticity in flexural; flexural modulus）。应力差与对应的应变差之比，以 E_t 表示，单位为兆帕（MPa）。

(3) 方法概述

将具有矩形横截面的试样以平放的方式放置于两个具有规定曲率半径的支座上，并使其位于上方压头的正中。跨距和试样厚度之比为固定值（一般为 16∶1）。压头以恒定的试验速度对试样中心施加应力直至试样断裂或外表面最大应力达到某一应变值。

一般情况下，聚烯烃树脂弯曲过程中的预定值以挠度表示，国家标准和 ISO 标准中为 1.5 倍试样的厚度，ASTM 标准则采用公式进行计算。

(4) 测试仪器

一般情况下，弯曲性能采用与 12.2.1.1 节相同的试验机并配有弯曲夹具和测量弯曲变形的挠度仪。

(5) 常用标准

目前聚烯烃树脂弯曲性能常用测试标准如表 12.2 所示。

表 12.2　聚烯烃树脂弯曲性能常用测试标准

序号	标准号	标准名称
1	GB/T 9341—2008	塑料 弯曲性能的测定
2	ISO 178:2019	Plastics-Determination of Flexural Properties
3	ASTM D790-17	Standard Test Methods for Flexural Properties of Unreinforced and Reinforced Plastics and Electrical Insulating Materials
4	EN ISO 178:2019	Plastics-Determination of Flexural Properties

(6) 主要影响因素

与拉伸性能相比，弯曲性能对很多影响因素的敏感性更强，并且弯曲试验中各种因素会相互制约，导致对结果的影响更加复杂，因此测定人员和结果使用人员应更加谨慎地进行试验条件的选择和试验结果的分析。

① 温度和湿度。正如本章概述及 12.2.1.1 中所述，温度和湿度对于塑料弯曲性能有类似的影响。对于聚烯烃树脂，温度的影响较为显著，而湿度的影响不显著。一般情况下，温度升高，弯曲强度和模量降低，反之，温度降低，弯曲强度及模量升高。

② 试验速度。试验速度对于弯曲性能的影响与对拉伸性能的影响类似。一般情况下，试验速度降低，弯曲强度和模量随之降低，试验速度提高则弯曲强度和模量随之提高。多数聚烯烃树脂的弯曲试验选用较低的试验速度，如 0.01mm/min 的外层纤维应变速率对应的试验速度，国家标准和 ISO 标准一般选用 2mm/min 的试验速度，其他标准一般不超过 5mm/min。当需要采用较高试验速度时，一般选用 0.10mm/min 的应变速率对应的试验速度。

③ 挠度。正如方法概述中所述，不同标准采用的挠度不同。挠度对于弯曲弹性模量没有任何影响，但对于在规定挠度时的弯曲应力有明显影响，一般情况下，挠度增加，该挠度对应的负荷值增大，相应的弯曲应力提高；反之则该挠度对应的负荷减小，相应的弯曲应力值降低。但由于不同标准挠度值不同时，速度、跨距等试验条件也有所变化，影响变得更加复杂。

④ 跨距。跨距对弯曲强度和弯曲弹性模量均有显著影响。一般情况下，跨距加大，弯曲强度和模量值降低，反之弯曲强度和模量值提高。

⑤ 试样规格尺寸。与拉伸性能相比，弯曲强度对于规格尺寸的影响更为敏感。不同的规格尺寸、尺寸的偏差、试样的不规则性（如试样表面存在凸或凹或飞边等现象）都会给测试结果带来不确定的影响。与此同时由于不同规格尺寸的试样所对应的试验条件的不同，包括跨距、规定挠度、试验速度等，也会给试验结果带来一定的影响。因此采用不同规格尺寸的测试结果完全没有可比性。

⑥ 测试仪器。夹具的垂直度、试验速度的稳定程度、挠度仪及传感器精度等设备状况同样对弯曲性能测试结果有不同程度的影响，特别是弯曲弹性模量的影响更为显著。

12.2.1.3　简支梁冲击性能

冲击性能是评价聚烯烃树脂韧性的方法之一。冲击试验方法有很多，包括简支梁冲击试验、悬臂梁冲击试验、拉伸冲击试验、落锤（球、镖）冲击试验，在每种冲击试验中，按照温度还可分为高温冲击、常温冲击和低温冲击试验，按照锤头的设计可分为非仪器化冲击试验和仪器化冲击试验。本书主要介绍非仪器化的简支梁冲击试验和悬臂梁冲击试验。

(1) 原理[4]

摆锤升至固定高度，以恒定的速度单次冲击支撑成水平梁的试样，冲击线位于两支座间的中点。缺口试样侧向冲击时，冲击线正对单缺口。

(2) 定义

① 简支梁无缺口冲击强度（chary unnotched impact strength）。无缺口试样破坏时所吸收的冲击能量与试样原始横截面积或厚度之比，以千焦耳每平方米（kJ/m^2）或焦耳每米（J/m）为单位，以 σ_{cU} 表示。

② 简支梁缺口冲击强度（chary notched impact strength）。缺口试样破坏时所吸收的冲击能量与试样缺口处的原始横截面积或厚度之比，以千焦耳每平方米（kJ/m^2）或焦耳每米（J/m）为单位，以 σ_{cN} 表示。

(3) 方法概述

测量试样的厚度和宽度或缺口试样的剩余宽度，将其放置在冲击试验机两支座上、对中形成水平梁，对于缺口冲击试样，试样的缺口应背对摆锤。选择最佳能量的摆锤并将其提升至规定的高度，以恒定的速度对试样进行一次性冲击，记录冲击能量及试样的破坏形式。对于低温冲击试验，应保证冲击试验在试样离开低温环境后 15s 内完成。

简支梁冲击试验试样的破坏形式主要包括：完全破坏、部分破坏、铰链破坏和不破坏。对于不同标准，破坏形式的定义有所不同，读者在使用这些标准结果时应予以注意。

由于简支梁冲击试验适用于硬质塑料，而多数聚烯烃树脂属于半硬质塑料范畴，因此在常温冲击试验后试样一般不会产生完全破坏。对于出现不破坏、部分破坏或铰链破坏的冲击试验，其冲击强度不具有可比性，这是由于存在于未破坏试样中的能量未知。非完全破坏的冲击强度数值的高低并不能表征材料的冲击韧性。但需要进行绝对值比较时，建议适当降低温度进行冲击试验以使样片发生完全破坏。需要特别注意的是，低温条件的选择应依靠充分的试验或经验，采用过低的试验温度也无法获得具有良好可比性的结果。

(4) 测试仪器

简支梁冲击试验一般采用摆锤冲击试验机。商品化的摆锤冲击试验机可通过更换支座和摆锤完成简支梁冲击试验和悬臂梁冲击试验。

(5) 常用标准

目前聚烯烃树脂行业常用的简支梁冲击试验标准如表 12.3 所示。

表 12.3　简支梁冲击试验常用试验标准

序号	标准号	标准名称
1	GB/T 1043.1—2008	塑料 简支梁冲击性能的测定 第 1 部分：非仪器化冲击试验
2	GB/T 1043.2—2018	塑料 简支梁冲击性能的测定 第 2 部分：仪器化冲击试验
3	ISO 179-1:2010	Plastics-Determination of Charpy Impact Properties-Part 1:Non-Instrumented Impact Test
4	ISO 179-2:1997	Plastics-Determination of Charpy Impact Properties-Part 2:Instrumented Impact Test
5	ASTM D6110-18	Standard Test Method for Determining the Charpy Impact Resistance of Notched Specimens of Plastics
6	EN ISO 179-1:2010	Plastics-Determination of Charpy Impact Properties-Part 1: Non-Instrumented Impact Test (ISO 179-1:2010)
7	EN ISO 179-2:1999	Plastics-Determination of Charpy Impact Properties-Part 2: Instrumented Impact Test (ISO 179-2:1997)

(6) 主要影响因素

① 温度和湿度。与拉伸性能和弯曲性能类似，聚烯烃树脂冲击性能受温度的影响较为显著，而受湿度的影响不显著。一般情况下，温度升高，材料的韧性提高，抗冲击强度性能提高，反之，温度降低，材料的韧性降低，抗冲击强度性能降低。但温度提高后，由于材料可能趋于不破坏，存在于试样非破坏部分的能量增加，冲击强度不一定会提高。

② 冲击速度。冲击速度会对冲击强度有明显的影响，特别是诸如 PVC 类对冲击速度较敏感的材料，会出现冲击速度提高冲击强度下降的情况，但由于商业化的摆锤冲击试验机的设计均按照标准进行，如塑料行业 GB 和 ISO 的简支梁冲击试验速度均为 2.9m/s，因此在实际操作过程中，冲击速度的影响可以忽略。

③ 试样规格尺寸。试样规格尺寸中对于冲击强度影响最为显著的因素是缺口的尺寸和类型。每个标准中都有多种缺口类型和尺寸，采用不同缺口类型获得的冲击试验强度不具有可比性，聚烯烃树脂通常采用图 12.2 所示的缺口。

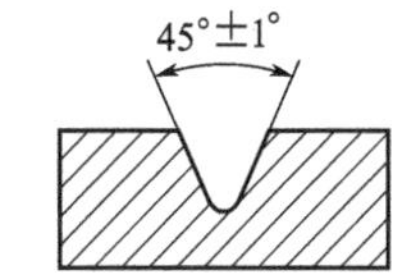

图 12.2　聚烯烃树脂常用缺口

缺口一般采用缺口制样机进行制备。缺口的质量对缺口冲击试验结果有极为显著的影响，且影响方向不确定。因此当对缺口冲击强度存在异议时，应及时对试样缺口的制备质量进行检查，可采用适宜的光学显微镜对试样的缺口或制样刀具进行检查。

12.2.1.4　悬臂梁冲击性能

(1) 原理[5]

由已知能量的摆锤一次冲击支撑成垂直悬臂梁的试样，测量试样破坏时所吸收的能量。冲击线到试样夹具为固定距离，对于缺口试样，冲击线到缺口中心线为固定距离。

(2) 定义

① 悬臂梁无缺口冲击强度（izod unnotched impact strength）。无缺口试样在悬臂梁冲击强度破坏过程中所吸收的能量与试样原始横截面积或厚度之比，以千焦耳每平方米（kJ/m^2）或焦耳每米（J/m）为单位，以 σ_{iU} 表示。

② 悬臂梁缺口冲击强度（izod notched impact strength）。缺口试样在悬臂梁冲击强度破坏过程中所吸收的能量与试样原始横截面积或厚度之比，以千焦耳每平方米（kJ/m^2）或焦耳每米（J/m）为单位，以 σ_{iN} 表示。

(3) 方法概述

测量试样的厚度和宽度或缺口试样的剩余宽度，将其试样安装在悬臂梁夹具上使之形成垂直悬臂梁，对于缺口冲击试样，试样的缺口应面向摆锤。选择最佳能量的摆锤并将其提升至规定的高度，以恒定的速度对试样进行一次性冲击，记录冲击能量及试样的破坏形式。对于低温冲击试验，应保证冲击试验在试样离开低温环境后 15s 内完成。

悬臂梁冲击试验试样的破坏形式和适用范围与简支梁类似，本节不做赘述。

(4) 测试仪器

与简支梁冲击试验相同。

(5) 常用标准

目前聚烯烃树脂行业常用的悬臂梁冲击试验标准如表 12.4 所示。

表 12.4　悬臂梁冲击试验常用试验标准

序号	标准号	标准名称
1	GB/T 1843—2008	塑料 悬臂梁冲击强度的测定
2	ISO 180:2019	Plastics-Determination of Izod Impact Strength
3	ASTM D256-10(2018)	Standard Test Methods for Determining the Izod Pendulum Impact Resistance of Plastics
4	EN ISO 180:2019	Plastics-Determination of Izod Impact Strength (ISO 180:2019)

(6) 主要影响因素

一般情况下，悬臂梁冲击试验的影响因素与简支梁冲击试验的影响因素是相同的，本节不再赘述。除此之外，悬臂梁冲击试验还与试样的夹持力相关。不同的夹持力，可能获得不同的冲击强度。本文建议采用扭矩扳手进行夹持并选择适宜的扭矩，扭矩的大小应根据材料而定。

12.2.1.5 压缩性能

压缩性能也是聚烯烃材料的基本力学性能之一，可以用于材料的研究和开发、质量控制、验收以及特殊用途。压缩性能反映了材料在受压或类似条件下的行为，但在聚烯烃材料领域其应用不如拉伸、弯曲和冲击性能广泛。严格意义上讲，压缩试验应称为单向压缩试验，而压缩模量、压缩屈服应力、屈服点后的形变和压缩强度是材料研发和质量控制较为关注的参数。压缩试验提供了一种获取材料压缩性能数据的方法，但标准试验中的负荷时间尺度与实际工程应用多有差异，在这种情况下，不能认为这些数据对工程设计有重要意义，需要参考其他性能测试数据，如冲击、蠕变和疲劳等。

(1) 原理

沿试样主轴方向，以恒定的速度压缩试样，直至试样发生破坏或达到某一负荷，或变形达到预定值，测定试样在此过程中的负荷或变形。

典型的压缩应力-应变曲线如图 12.3 所示。韧性较差的脆性材料在压缩试验过程中可能不会表现出屈服现象，如图 12.3 的曲线 b。

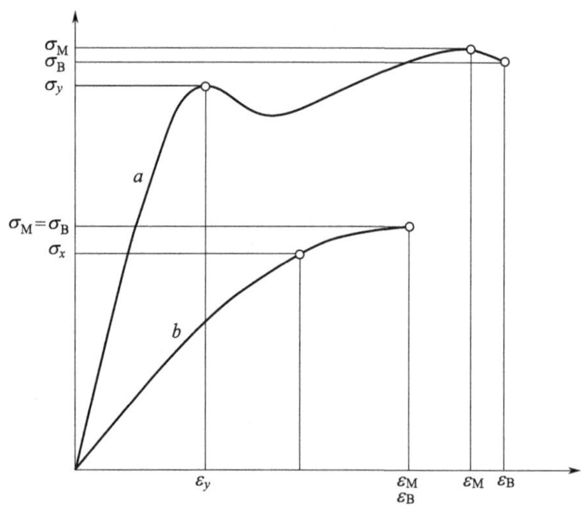

图 12.3　典型压缩应力-应变曲线

(2) 定义

压缩应力、压缩应变的定义实质上和拉伸应力、拉伸应变的定义是完全一致的，只是施力方向不同，压缩应力和压缩应变理论上应为负值，但为了实际应用方便，压缩试验中依然取正值。本节只给出了与拉伸试验不同的定义。

压缩强度是指在压缩试验中，试样所承受的最大应力，以兆帕（MPa）为单位，通常以 σ_M 表示[6]。

无论是曲线 a 还是曲线 b 的压缩行为，如果材料在压缩过程中破碎断裂，则压缩强度具有非常明确的数值。如果材料未发生破碎断裂而导致压缩试验失效，则压缩强度是一个取决于变形的任意强度数值，而这个变形通常是材料被视为完全失效所对应的变形。许多聚烯烃材料在压缩过程中持续变形，直到被压缩成扁平形状，在此过程中压缩应力稳步上升，而不出现任何明确的破碎断裂，在这种情况下，抗压强度可能没有实际意义[7]。

(3) 测试仪器

一般情况下，压缩性能采用与 12.1.1.1 节相同的试验机并配有上下压板和测量压缩变形的应变仪。

(4) 常用标准

目前聚烯烃树脂行业常用的压缩性能测试标准如表 12.5 所示。

表 12.5　压缩试验常用测试标准

序号	标准号	标准名称
1	GB/T 1041—2008	塑料 压缩性能的测定
2	ISO 604:2002	Plastics-Determination of Compressive Properties
3	ASTM D695-15	Standard Test Method for Compressive Properties of Rigid Plastics
4	EN ISO 604:2003	Plastics-Determination of Compressive Properties

(5) 主要影响因素

压缩性能的多数影响因素与拉伸性能类似，影响趋势也基本相同，如温度和湿度、试验速度和测试仪器等。此外，压缩性能还受其他因素的影响。

① 摩擦力。压缩试验过程中，试样两端面与上下压板间存在一定的摩擦力，这会阻碍试样两端面的横向变形。在试样两端面涂抹润滑油或其他起润滑作用的物质对试验结果有一定的影响，但一般情况下对结果的影响不超过 10%。

② 试样的长细比。多数标准规定了优选试样的尺寸，即长细比是固定的，但用于强度测试和模量测试的试样的长细比不同，不同标准优选试样的长细比也不尽相同。长细比过小则摩擦力的影响显著，过高则可能导致试样在试验过程中失稳出现扭曲。一般情况下随着长细比的增加，压缩强度和压缩模量的测定结果下降，反之则升高。较为适宜的试样长细比为：强度试验 2～2.5，模量测试 11～16。

③ 试样的平行度。压缩试验对试样上下两端面的平行度要求较高。当平行度略差时，在试验初期可能由于试样两端面没有完全与上下压板贴合，导致初始负荷偏度，从而使模量的测定结果偏低，但对强度的影响不显著。当试样的上下端面存在显著不平行问题时，试验过程中试样容易失稳而扭曲甚至提前破坏，压缩强度测定结果将降低。

12.2.2 热学性能

聚烯烃树脂涉及的热学性能主要包括：负荷变形温度、维卡软化温度、马丁耐热温度、热稳定性、熔体流动速率、熔融性能、结晶性能、玻璃化转化温度、低温脆化温度、线膨胀系数、模塑收缩率等。聚烯烃制品可能还涉及加热尺寸稳定性或加热尺寸变化率。本节无法将所有热学性能进行详述，重点讨论应用较为广泛的熔体流动速率、负荷变形温度和维卡软化温度。

12.2.2.1 熔体流动速率

熔体流动速率是树脂的重要物理性能之一，其有两种表达方式：熔体质量流动速率（MFR）和熔体体积流动速率（MVR）。尽管国际标准化组织 ISO/TC61 一直致力于推行 MVR 替代 MFR，但由于 MFR 已应用了几十年且被塑料行业从业者广泛接受，熔体流动速率依然主要采用 MFR。

（1）原理

在规定的温度和负荷下，由通过规定长度和直径的口模挤出的熔融物质，计算 MFR。

（2）定义[8]

① 熔体质量流动速率。在一定时间、温度、负荷及活塞在料筒中的位置等条件下，熔融树脂通过特定长度和直径的口模的质量，以 MFR 表示，单位为 g/10min。

MFR 不是聚烯烃树脂的基本性能，而是根据经验定义的参数，其受树脂的物理性质、分子结构以及测量条件的影响显著。聚合物熔体的流变特性取决于许多变量。这些测试中出现的这些变量的值可能会与大规模过程中的值大不相同。

② 流动速率比。一种材料在相同温度不同负荷下获得的 MFR 值的比，以 FRR 表示，如式（12.1）所示。

$$\mathrm{FRR}=\frac{\mathrm{MFR}(190℃,10.0\mathrm{kg})}{\mathrm{MFR}(190℃,2.16\mathrm{kg})} \tag{12.1}$$

FRR 在一定程度上反映了聚烯烃树脂的分子量分布，可以作为树脂生产企业质量控制的手段之一。

（3）方法概述

将 3～8g 的试样装入仪器料筒，压实并预热一定的时间，加载至规定的负荷，根据规定时间切取通过口模后的样条并称重，计算每 10min 通过口模的物料的质量。

MFR 的测定值与测试条件密切相关，常见的测试条件如表 12.6 所示。

表 12.6 常见聚烯烃树脂 MFR 测试条件

序号	树脂	条件代号	试验温度/℃	标称负荷/kgf
1	PE	E	190	0.325
		D		2.16
		T		5
		G		21.6
2	PP	M	230	2.16
		P		5
		T	190	5
3	PB	D	190	2.16
		T		5
		F		10

注：1kgf=9.80665N。

此外，试样质量和挤出料条切断时间间隔应根据材料的 MFR 进行选择。

(4) 测试仪器

MFR 采用熔体流动速率仪进行测定，该仪器主要包括：料筒、活塞、温度控制系统、口模、负荷及必要的附件。

(5) 常用标准

MFR 测定常用的标准如表 12.7 所示。

表 12.7　MFR 测定常用标准

序号	标准号	标准名称
1	GB/T 3682.1—2018	塑料 热塑性塑料熔体质量流动速率(MFR)和熔体体积流动速率(MVR)的测定 第 1 部分:标准方法
2	GB/T 3682.2—2018	塑料 热塑性塑料熔体质量流动速率(MFR)和熔体体积流动速率(MVR)的测定 第 2 部分:对时间-温度历史和(或)湿度敏感的材料的试验方法温度控制
2	ISO 1133-1:2011	Plastics-Determination of the Melt Mass-Flow Rate (MFR) and Melt Volume-Flow Rate (MVR) of Thermoplastics-Part 1: Standard Method
4	ISO 1133-2:2011	Plastics-Determination of the Melt Mass-Flow Rate (MFR) and Melt Volume-Flow Rate (MVR) of Thermoplastics-Part 2:Method for Materials Sensitive to Time-Temperature History and/or Moisture
5	ASTM D1238-13	Standard Test Method for Melt Flow Rates of Thermoplastics by Extrusion Plastometer
6	EN ISO 1133-1:2011	Plastics-Determination of the Melt Mass-Flow Rate (MFR) and Melt Volume-Flow Rate (MVR) of Thermoplastics-Part 1: Standard Method
7	EN ISO 1133-2:2011	Plastics-Determination of the Melt Mass-Flow Rate (MFR) and Melt Volume-Flow Rate (MVR) of Thermoplastics-Part 2: Method for Materials Sensitive to Time-Temperature History and/or Moisture

(6) 主要影响因素

聚烯烃树脂 MFR 的很多影响因素都不显著，主要是因为正常测试条件下，聚烯烃树脂不会发生明显的热解、水解、交联等现象。与此同时由于相关标准较为完善，仪器设备商品化程度极高，因此实际操作过程中的影响因素并不多，主要为温度的波动。

FMR 受温度影响较为明显，一般情况下温度升高，MFR 测定值升高，反之则下降。因此多数标准要求测试温度精度优于±0.1℃。

需要特别指出的是，对于粉状聚烯烃树脂，测定 MFR 之前应添加抗氧剂以避免测试过程中树脂降解；对于特别疏松的粉状样品，可能由于挤出熔条存在气泡从而导致测定结果产生明显偏差，建议将粉状材料压塑成型后剪碎再行测试。此外，料筒和活塞的清洁程度也会对结果有显著的影响，因此应采用合理有效的方法对料筒和活塞进行清洁。

12.2.2.2　负荷变形温度

对于可能长期或短期在较高温度使用的聚烯烃材料，测定其负荷变形温度是十分必要的。除负荷变形温度外，类似的性能还包括维卡软化温度、马丁耐热温度等。负荷变形温度可用于聚烯烃树脂的开发和质量控制，但所获得数据并不能用于预测该产品使用温度或是在某一较高温度下材料的表现，也不能用于产品设计。

(1) 原理[9]

试样以平放方式承受三点弯曲恒定负荷，使其产生某一规定弯曲应力。在匀速升温条件下，测量达到与规定的弯曲应变增量相对应的挠度时的温度。

(2) 定义

负荷变形温度（temperature of deflection under load）是指随着温度的增加，试样挠度达到标准挠度时的温度，也称为热变形温度，以摄氏度（℃）为单位，以 T_f 表示，也有些文献以 HDT 表示。

(3) 方法概述

将具有矩形横截面的试样以平放或侧立的方式放置于两个具有规定曲率半径的支座上，并使其位于上方施加负荷的压头的正中。根据规定的负荷（也称试样外表面最大纤维应力或弯曲应力）计算所需施加的负荷（通常为砝码），并将负荷施加于试样。将试样及负荷浸没于恒温浴（一般为油浴），以规定的升温速率升温，测定试样中心部位达到规定挠度时的温度，即为负荷变形温度。

较为常用的升温速率为（120±10)℃/h 或（2±0.2)℃/min。GB 和 ISO 标准规定的负荷包括：1.80MPa、0.45MPa 和 8.00MPa，其中聚烯烃树脂较为常用的是 0.45MPa，少数情况采用 1.80MPa，基本不采用 8.00MPa。采用英制单位的 ASTM 标准对应的负荷为 1.82MPa 和 0.455MPa。

(4) 测试仪器

一般采用商品化的负荷变形温度测定仪进行试验，该仪器由负荷加载装置、加热装置、砝码、温度测量仪、挠度测量仪等部分组成。

(5) 常用标准

负荷变形温度测定常用的标准如表 12.8 所示。

表 12.8 负荷变形温度测定常用标准

序号	标准号	标准名称
1	GB/T 1634.1—2019	塑料 负荷变形温度的测定 第 1 部分:通用试验方法
2	GB/T 1634.2—2019	塑料 负荷变形温度的测定 第 2 部分:塑料和硬橡胶
3	ISO 75-1:2013	Plastics-Determination of Temperature of Deflection Under Load-Part 1: General Test Method
4	ISO 75-2:2013	Plastics-Determination of Temperature of Deflection Under Load-Part 2: Plastics and Ebonite
5	ISO 75-3:2004	Plastics-Determination of Temperature of Deflection Under Load-Part 3: High-Strength Thermosetting Laminates and Long-Fibre-Reinforced Plastics
6	ASTM D648-18	Standard Test Method for Deflection Temperature of Plastics Under Flexural Load in the Edgewise Position
7	EN ISO 75-1:2013	Plastics-Determination of Temperature of Deflection Under Load-Part 1: General Test Method (ISO 75-1:2013)
8	EN ISO 75-2:2013	Plastics-Determination of Temperature of Deflection Under Load-Part 2: Plastics and Ebonite (ISO 75-2:2013)
9	EN ISO 75-3:2004	Plastics-Determination of Temperature of Deflection Under Load-Part 3: High-Strength Thermosetting Laminates (ISO 75-3:2004)

(6) 主要影响因素

负荷变形温度的影响因素较多，通常情况下试验结果的偏差较大。例如 ASTM D648 所述[10]，某种本色 PP 材料的负荷变形温度的重复性限 r 为 8.70℃，而再现性限高达 13.20℃。其他标准中也有类似结果[10]。

① 负荷。负荷对变形温度的影响显著。负荷增大，试样更容易发生变形，测量到的负

荷变形温度降低；反之负荷变形温度提高。

② 升温速率。升温速率也对负荷变形温度有显著影响。升温速率提高，则试样还没有来得及达到液体浴温度，即试样温度低于温度测量仪测定的温度，这将导致试样变形滞后，因此获得的负荷变形温度偏高；反之负荷变形温度偏低。一般标准规定的升温速率偏差为±10℃/h 或±0.2℃/min，提高仪器设备的控制精度，有利于获得重复性良好的测试结果。

③ 放置方式。GB 和 ISO 规定了两种试样放置方式，平放和侧立，聚烯烃树脂多采用平放方式；而 ASTM 标准则只有侧立一种放置方式。不同测试方式获得的负荷变形温度不同。一般情况下，侧立方式获得的结果较高，且平行性更佳。

④ 试样尺寸。试样尺寸的影响主要是试样厚度对应的规定挠度不同造成的。一方面，部分标准在规定的尺寸偏差内，如±0.5mm，采用同样的规定挠度会对试验结果带来偏差；另一方面，部分标准中尺寸相近的试样对应不同的规定挠度，如 4.04mm 和 4.06mm 试样分别对应 0.34mm 和 0.33mm 的挠度，也会给试验结果带来偏差。

⑤ 退火处理。退火处理可以消除在样品制样过程中形成的应力集中，可以使试验结果具有更好的重现性。特别是对于聚丙烯材料，未经退火的 n 个试样的测定结果的偏差较大，个别试样的试验结果偏差可能大于 10℃，退火处理可以大幅度地改善这一问题。退火的条件需要各方协商。

12.2.2.3　维卡软化温度

维卡软化温度是热塑性塑料的材料特性，可用于高温软化性能的对比、产品质量控制和开发。

(1) 原理[11]

在匀速升温条件下，采用平头的标准压针以垂直热塑性塑料试样表面方向刺入试样表面 1mm，测定刺入该深度时的温度。

(2) 定义

维卡软化温度（Vicat softening temperature）为匀速升温条件下，平头压针以某一规定负荷刺入热塑性塑料试样表面 1mm 深度时的温度，以摄氏度（℃）为单位，以 VST 表示。

(3) 方法概述

以规定的负荷对应的砝码施加在面积为 $1mm^2$ 的平头压针上，压针以垂直试样表面方向对试样施力，试样和压针浸没于恒温浴（一般为油浴）中，以规定的升温速率升温，测定压针刺入试样表面 1mm 深度时的温度，即为维卡软化温度。

规定的负荷有两种，条件 A：(10±0.2)N 和条件 B：(50±1.0)N；升温速率有两种：条件 1：(50±5)℃/h 和条件 2：(120±10)℃/h。负荷与升温速率的变化可组成 4 种试验条件，分别表示为 A_{50}、B_{50}、A_{120}、B_{120}。聚烯烃树脂多采用 A_{50} 条件。

(4) 测试仪器

与负荷变形温度的仪器相同，负荷加载装置有所不同。

(5) 常用标准

负荷变形温度测定常用的标准如表 12.9 所示。

表 12.9　负荷变形温度测定常用标准

序号	标准号	标准名称
1	GB/T 1633—2000	热塑性塑料维卡软化温度(VST)的测定

续表

序号	标准号	标准名称
2	ISO 306:2013	Plastics-Thermoplastic materials-Determination of Vicat Softening Temperature (VST)
3	ASTM D1525-17e1	Standard Test Method for Vicat Softening Temperature of Plastics
4	EN ISO 306:2013	Plastics-Thermoplastic Materials-Determination of Vicat Softening Temperature (VST) (ISO 306:2013)

(6) 主要影响因素

相比负荷变形温度，维卡软化温度影响因素较少，显著影响因素的影响趋势相同，包括负荷、升温速率、退火处理，本节不再赘述。

通常情况下维卡软化试验结果的平行性较好。

影响聚烯烃树脂维卡软化温度的尺寸因素主要是试样厚度。多数标准规定的试样厚度在3～6.5mm之间。厚度过小的试样应采用叠加的方式进行试验，但应特别关注试样表面的平整性，表面平整性不好的试样叠加后维卡软化温度结果平行性较差。聚烯烃树脂一般采用压塑成型或注塑成型试样进行维卡软化温度的测定，建议直接制备规定厚度的试样，不采用叠加的方法。

此外多数标准要求试样的横向尺寸大于10mm×10mm，因此横向尺寸的影响不显著。当无法获得较大试样时，应至少保证压针距试样边缘大于2mm。

12.2.3 光学性能

材料的光学性能主要指材料对电磁波辐射，特别是对可见光的反应，主要用材料对电磁波的吸收、反射和透射等特性来衡量。光学性能对于材料十分重要。因为在实际应用过程中，人们不必通过特殊的评价手段，就可通过眼睛直接体会到材料的多种光学性能。针对聚烯烃材料，透光率、雾度和黄色指数是经常受关注的光学性能。

12.2.3.1 透光率和雾度

透光率是表征树脂透明程度的一个重要指标。一种树脂的透光率越高，其透光性就越好。雾度用来衡量透明或半透明材料不清晰或浑浊的程度。雾度的产生是由材料内部或外部表面光散射的云雾状或浑浊的外观。可以说雾度是衡量材料光散射程度的指标。因此透光率与雾度并不是简单成正比或反比的关系，两者是相互独立又相互联系的两个光学指标。

(1) 原理

通常以标准C光源或A光源的一束平行光垂直照射透明或半透明膜材、片材或板材上，透光率是测定透过材料的光通量与射到材料上的光通量之比，雾度测量的则是平行光偏离入射方向大于2.5°的散射光通量与透过材料的光通量之比。

(2) 定义[12]

① 透光率（luminous transmittance)。透过试样的光通量与射到试样上的光通量之比，用百分数表示。

② 雾度（haze)。透过试样而偏离入射光方向的散射光通量与透射光通量之比，用百分数表示（一般把偏离入射光2.5°以上的散射光通量用于计算雾度)。

(3) 方法概述

确认试样表面清洁后，测量试样的厚度。测量仪器经过校准后，将试样平整地紧贴在测试仪器的感光孔，并能完全遮盖。按照相关仪器操作说明进行测量并记录结果。

(4) 测试仪器

测试仪器可以选用雾度计或分光光度计，示意图分别如图 12.4 和图 12.5 所示。

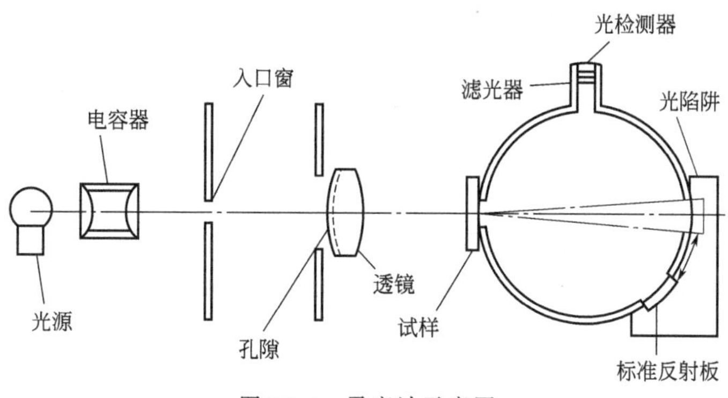

图 12.4　雾度计示意图

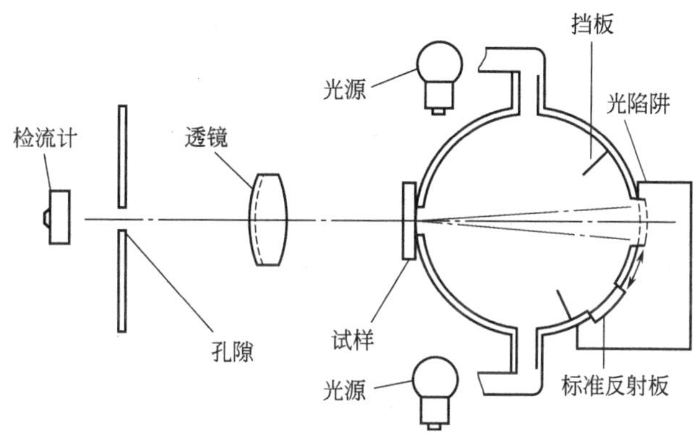

图 12.5　分光光度计散射示意图

(5) 常用标准

透光率和雾度测试常用的标准如表 12.10 所示。

表 12.10　透光率和雾度常用测试标准

序号	标准号	标准名称
1	GB/T 2410—2008	透明塑料透光率和雾度的测定
2	ASTM D1003-13	Standard Test Method for Haze and Luminous Transmittance of Transparent Plastics

(6) 主要影响因素

试样的厚度、表面平整度以及试样内部结构的均匀性会影响材料透光率、雾度的测试结果。测试时应详细记录试样的相关信息。

12.2.3.2　黄色指数

黄色指数通常用来表明无色透明、半透明或接近白色的高分子材料发黄的程度。测量树脂原料的黄色指数可以用于调整聚合工艺或加工工艺的控制参数。此外，可以通过测量老化前后材料黄色指数的变化来反映材料老化的程度，从而评价材料的耐老化性能。

(1) 原理及定义[13]

黄色指数（yellow index）：在标准光源下以氧化镁标准白板作基准，从试样对红、绿、蓝三色光的反射率（或透射率）计算所得的表示黄色深浅的一种量度。

不同标准规定了不同的计算公式，计算公式中的 X、Y、Z 为在国际照明委员会（CIE）标准 C 光源下用测色计或色差计、分光光度计测量的表示材料颜色的三刺激值。

（2）方法概述

测量仪器经过校准后，将试样平整地紧贴在测试仪器的感光孔，并能完全遮盖。按照相关仪器操作说明进行测量并记录结果。

（3）测试仪器

根据性能参数、精度范围和使用要求，测色仪可分为 3 种：

第一种是手持式测色仪，能直接读取数据，不用连接电脑，不配带软件，使用方便，但精度较低；

第二种是便携式测色仪，除可以直接读取数据外，还能连接电脑，配带软件，体积较小，便于携带，精度较高；

第三种是台式色差仪，又称台式分光测色配色仪，连接电脑时需要使用测色、配色软件，具有高精度的测色和配色功能，体积较大，性能稳定。

（4）常用标准

黄色指数测试常用的标准如表 12.11 所示。

表 12.11　黄色指数常用测试标准

序号	标准号	标准名称
1	GB/T 39822—2021	塑料黄色指数及其变化值的测定
2	HG/T 3862—2006	塑料黄色指数试验方法
3	ASTM E313-15e1	Standard Practice for Calculating Yellowness and Whiteness Indices from Instrumentally Measured Color Coordinates

（5）主要影响因素

① 测量模式。对于透明或半透明的试样，测量模式的不同会导致测试结果偏差很大。透明度较高的试样建议使用透射模式进行测量，半透明的试样建议使用反射模式测量，同时试样需加装仪器自带的白色背板。

② 试样规格尺寸。对于透明和半透明试样，只有厚度一致时才具有可比性。如需测量树脂颗粒的黄色指数，需装入仪器自带的玻璃器皿中，并选择最大尺寸的测量孔径减少树脂颗粒的不均匀性对结果带来的影响。

③ 测试条件。在进行数据对比时，应保证测量光源、几何结构、测量模式、有无背板、计算公式等相关测试条件一致。这样结果才具有可比性。

12.2.3.3　镜面光泽

所谓“光泽”就是指一个近似理想镜面物体表面的反光能力。最初光泽度只凭借目测定性判断，随着科技发展研究人员开始根据物体表面的特性及其反射光在空间的分布来定量描述其表面光泽度。

表征塑料表面光泽的物理量是镜面光泽，其不仅可以用于塑料材料也可用于其他固体表面的光泽测定。只有当测量方式和材料类型相同时，镜面光泽数值的大小才具有可比性。例如，不应把透明薄膜的镜面光泽值与不透明薄膜的镜面光泽值相比较。另外，镜面光泽是材料表面的一个复杂属性，因此也不能仅仅使用一个数字来表征。

(1) 原理[14]

光源发射的光束经过聚光透镜聚光后通过光源场光阑滤光，然后到达入射透镜，之后形成平行光束。平行光束以一定角度照射在试样表面，经反射后进入接收透镜汇聚，再进入接收器场光阑，最后到达接收器，转换成电信号，进而得到试样的镜面光泽。镜面光泽测试原理光路如图 12.6 所示。

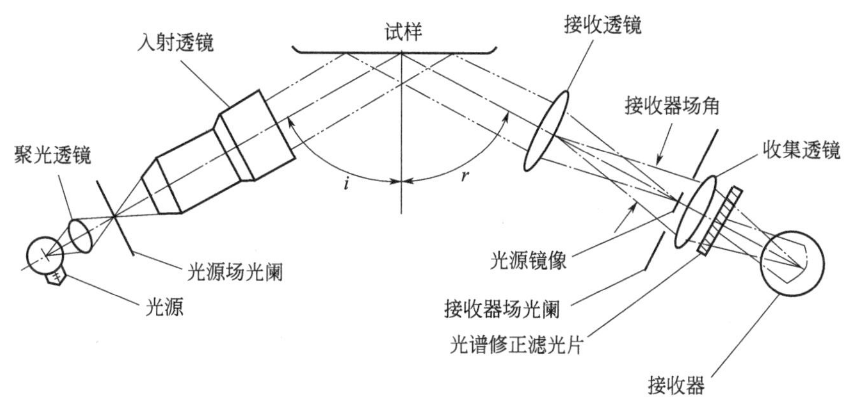

图 12.6　镜面光泽测试原理光路示意图

(2) 定义[15]

镜面光泽是指在规定的入射角下，试样的镜面反射率与同一条件下基准面的镜面反射率之比。通常省略百分号，用光泽单位表示。

镜面光泽是一个相对值，是试样的镜面反射率与一级工作标准板基准面的镜面反射率的比值。一级工作标准板选用的是高度抛光的平整黑色玻璃板，当入射角为 20°和 60°时，其光泽值规定为 100；当入射角为 45°时，光泽值规定为 55.9。

(3) 方法概述[16]

用一级工作标准板和二级工作标准板（常选用坚硬、平整、表面均匀的陶瓷）对镜面光泽仪进行定标，然后把镜面光泽仪放置在已清洁的试样表面，即可在显示器读出特定入射角度的表面光泽值。

(4) 测试仪器

镜面光泽测试使用镜面光泽仪，主要由光学器件组成，包括一个内置的白炽光源，入射透镜和接收透镜、光源场光阑和接收器场光阑、接收器等。镜面光泽仪可分为平行光束光泽仪和会聚光束光泽仪，图 12.6 所示的即为平行光束光泽仪的光路示意图[17]。

(5) 常用标准

镜面光泽测定常用的标准如表 12.12 所示。

表 12.12　镜面光泽测定常用的标准

序号	标准号	标准名称
1	GB/T 8807—1988	塑料镜面光泽试验方法
2	ASTM D2457-21	Standard Test Method for Specular Gloss of Plastic Films and Solid Plastics

(6) 主要影响因素[14,18-21]

① 入射角度。对于同种塑料试样，采用不同入射角，镜面光泽的结果也不同。这是因为入射角不同，光路系统中的参数（如场光阑尺寸）不同，导致镜面反射率不同。常用的入

射角度有 20°、45°、60°和 85°，分别对应不同的适用范围。20°角主要用于高光泽塑料，45°角主要用于低光泽塑料，60°角主要用于中光泽塑料，85°主要用于中低光泽塑料。

② 试样厚度。同种材料制成的试样厚度不同时，其透光率不同，如将本色聚烯烃树脂分别制备成半透明的薄膜和不透明的板材，这种情况下由于折射率不同，即使采用同一入射角，其镜面光泽也不同。Fresnel 曾提出，当样品折射率差异不大时，镜面光泽与折射率有一定的线性关系。

③ 试样表面状态。测试的入射角度相同时，表面粗糙、不平整、有划伤、杂质、气泡等缺陷的薄膜或塑料试样，其镜面光泽小于表面光滑平整、无缺陷的试样。这是因为照射到粗糙表面的入射光会发生更多的漫反射，使接收器接收到的镜面反射光束减少。

12.2.4 电学性能

塑料的电学性能包括电阻特性和介电特性，本节主要对体积电阻率和表面电阻率、电气强度、介电常数和介质损耗因数等常见的电学性能进行论述。由于绝缘材料的电学性能与样品和电极的尺寸形状、电压的大小、频率和施加时间、温度、湿度等条件关系很大，对于聚烯烃材料更是如此，因此在测试时应明确标准中规定的各项测量参数，只有在相同参数下测量的数据才有可比性。

12.2.4.1 电阻率

聚烯烃材料的体积电阻率和表面电阻率是反映其电性能的基本参数之一，可作为选用合适的树脂绝缘材料的参考。体积电阻和表面电阻都是材料绝缘电阻的一部分，聚烯烃作为绝缘材料时，一般期望其具有较高的绝缘电阻，以及较好的力学性能和热学性能。

(1) 原理

在规定的电压等条件下，测量两电极间样品的体积电阻或绝缘电阻，根据样品和电极的尺寸计算出体积电阻率或表面电阻率。

(2) 定义[22]

① 绝缘电阻（insulation resistance）。由绝缘材料隔开的两导体之间的电阻，包括试样的体积电阻和表面电阻。

② 体积电阻（volume resistance）。施加在绝缘介质表面的直流电压与流过介质的电流之比，不包含沿表面的电流。

③ 体积电阻率（volume resistivity）。直流电场强度与绝缘介质内部电流密度之比，常被视为单位体积内的体积电阻。

④ 表面电阻（surface resistance）。绝缘电阻中沿表面导电的那部分电阻。

⑤ 表面电阻率（surface resistivity）。单位面积上的表面电阻。

(3) 方法概述

将树脂制备成平板试样，在标准条件下预处理至少 4 天。测量试样的厚度，装配电极，连接测试设备施加电压，在 1min 后读取电阻值，按公式计算体积电阻率或表面电阻率。

当施加直流电压到试样上后，通过试样的电流会逐渐减小，最后趋于一个稳定值，这是由于在电场作用下介质出现极化和载流子迁移到电极所致。塑料的极化效应明显，电阻值可能随时间大幅变化，因此在施加电压后应立即计时。不允许重复测试试样，除非在测试前使试样在试验环境下放置至少 24h，以再次进入稳定状态。

(4) 测试仪器

使用高阻计测量电阻值，对于平板试样，可以使用如图 12.7 所示的三电极测量系统，通过切换电极接线能够在一个设备上测试体积电阻率和表面电阻率，并且带有的保护电极能够减小杂散电流对测试结果的影响。

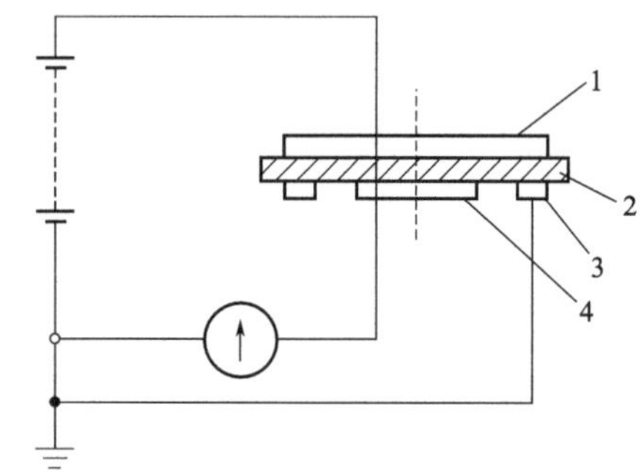

图 12.7　带有保护电极的三电极测量系统

1—测量电极；2—试样；3—保护电极；4—被保护电极

(5) 常用标准

电阻率测定常用的标准如表 12.13 所示。

表 12.13　电阻率测定常用标准

序号	标准号	标准名称
1	GB/T 31838.2—2019	固体绝缘材料 介电和电阻特性 第 2 部分：电阻特性(DC 方法) 体积电阻和体积电阻率
2	GB/T 31838.3—2019	固体绝缘材料 介电和电阻特性 第 3 部分：电阻特性(DC 方法) 表面电阻和表面电阻率
3	IEC 62631-3-1:2016	Dielectric and Resistive Properties of Solid Insulating Materials-Part 3-1: Determination of Resistive Properties(DC methods)-Volume Resistance and Volume Resistivity-General Method
4	IEC 62631-3-2:2015	Dielectric and Resistive Properties of Solid Insulating Materials-Part 3-2: Determination of Resistive Properties (DC Methods)-Surface Resistance and Surface Resistivity
5	ASTM D257-14(2021)e1	Standard Test Methods for DC Resistance or Conductance of Insulating Materials

(6) 主要影响因素

① 时间。受极化效应影响，体积电阻和表面电阻都会随时间而变化。由于材料极化松弛时间差异很大，有些材料达到稳定状态的时间可能很长，因此测量时通常忽略极化效应，在施加电压 1min 后直接进行读数。如果要观察加压时间对测量结果的影响，可选取一系列时间点进行读数。

② 温度和湿度。温度和湿度会影响材料的极化和载流子的运动，因此体积和表面电阻率可能随温度和湿度的变化而显著变化。当以电阻率作为参考来选用材料时，应注意实际使用时材料所处的环境条件。

③ 电压。当电压或电场强度改变时，可能发生多种非线性的现象。因此不同电压下的测量结果不能直接对比。

④ 试样。试样的形状尺寸会影响测量结果，应尽可能满足标准规定的最佳尺寸。另外表面电阻不仅受材料本身影响，还取决于工艺参数、环境条件、表面老化和污染等因素。

12.2.4.2　电气强度

电气强度反映了材料耐电气击穿的能力，是材料绝缘性能最重要的指标之一。与电阻率类似，材料的电气强度受试样状态和试验条件等很多因素的影响，不同方法测量出的结果是不能直接比较的，一般不推荐在实际应用中直接用来确定材料的绝缘性能。另外，在实际应用中还应该考虑老化、电化学腐蚀等因素对材料耐电气击穿的影响。

(1) 原理

在规定的环境条件下，按一定的升压方式施加电压到试样上，直至发生击穿。

(2) 定义[23]

① 击穿电压（breakdown voltage）。试样在连续升压试验中发生击穿时的电压，或者在逐级升压试验中承受住的最高电压。

② 电气强度（electric strength）。击穿电压与施加电压的两电极间距离之比。

(3) 方法概述

测量试样的厚度，将试样浸入变压器油中并加装在电极之间，施加电压，按指定程序升压，直至试样发生击穿，记录击穿时的电压或能承受住的最高电压，计算电气强度值。

升压方式有很多种，包括短时（快速）升压、20s 逐级升压、慢速升压（120～240s)、60s 逐级升压和非常慢速升压（300～600s)。一般来说，电气强度随电压施加时间的增加而减小。

(4) 测试仪器

一般采用商品化的仪器进行试验，仪器包括电压源、电压测量和电极等部分。

(5) 常用标准

电气强度测定常用的标准如表 12.14 所示。

表 12.14　电气强度测定常用标准

序号	标准号	标准名称
1	GB/T 1408.1—2016	绝缘材料电气强度试验方法 第 1 部分:工频下试验
2	GB/T 1408.2—2016	绝缘材料电气强度试验方法 第 2 部分:对应用直流电压试验的附加要求
3	GB/T 1408.3—2016	绝缘材料电气强度试验方法 第 3 部分:1.2/50 μs 冲击试验补充要求
4	IEC 60243-1:2013	Electric Strength of Insulating Materials-Test Methods-Part 1: Tests at Power Frequencies
5	IEC 60243-2:2013	Electric Strength of Insulating Materials-Test Methods-Part 2: Additional Requirements for Tests Using Direct Voltage
6	IEC 60243-3:2013	Electric Strength of Insulating Materials-Test Methods-Part 3: Additional Requirements for 1.2/50 μs Impulse Tests
7	ASTM D149-20	Standard Test Method for Dielectric Breakdown Voltage and Dielectric Strength of Solid Electrical Insulating Materials at Commercial Power Frequencies

(6) 主要影响因素

① 电压。电压的频率、波形、升压速度或加压时间等对测试结果都有很大的影响，大多数材料的电气强度随着加压时间的增加而减小，报告应详细记录所选用的电压类型和升压方式。

② 温度和湿度。材料电气强度对温度和湿度敏感，试验前试样应在标准环境中处理不少于 24h。

③ 电极。电极的形状、尺寸及其热导率会影响测量的结果，电极应保持光滑和清洁，试验时垂直于试样表面，不应倾斜、移动、使试样上压力发生变化或使试样周围的电场分布

发生变化。

④ 试样。试样本身的影响因素包括厚度、均匀性、内应力、孔隙和杂质等。试样两面应平行，并尽可能平整光滑。一般电气强度随着试样厚度的增加而减小，因此不同厚度的试样的电气强度不能直接对比。

12.2.4.3　介电常数和介质损耗因数

聚烯烃材料作为电介质时，比如用来使元器件对地绝缘，或者用作电容器介质时，需要考虑其在给定频率交流电下的特性，即介电性能。介电性能主要包括介电常数和介质损耗因数。

(1) 原理

将电极加载到试样上作为电容器，用仪器测出其电容和介质损耗因数，用公式计算出相对介电常数。

(2) 定义[24]

① 绝对介电常数（absolute permittivity）。电通密度除以电场强度。真空中的介电常数 ε_0 的值为 8.854×10^{-12}F/m。

② 相对介电常数，也称作相对电容率（relative permittivity）。绝对介电常数与真空介电常数 ε_0 的比值。在实际工程中常直接使用术语“介电常数”来指代“相对介电常数”。绝缘材料的相对介电常数 ε_r 是以其完全填充的电容器的电容 C_x 与相同构造的真空电容 C_0 的比值，如式（12.2）所示，即：

$$\varepsilon_r=\frac{C_x}{C_0} \tag{12.2}$$

③ 相对复合介电常数（relative complex permittivity）。稳定正弦场条件下用复数表示介电常数，如式（12.3）所示：

$$\varepsilon_r=\varepsilon_r'-j\varepsilon_r''=\varepsilon_r\times e^{-j\delta} \tag{12.3}$$

式中，ε_r'和 ε_r''为正值。

④ 介质损耗因数 $\tan\delta$（dielectric dissipation factor $\tan\delta$）。复合介电常数的实部与虚部的比值，如式（12.4）所示：

$$\tan\delta=\frac{\varepsilon_r'}{\varepsilon_r''} \tag{12.4}$$

式中，损耗角 δ 是以材料作为介质的电容器上施加电压与产生电流的相位差的余角。有损耗的电容器可用一个理想电容器与一个电阻串联或并联的等价电路图来表示。

⑤ 电容（capacitance）。导体间存在电势差时，导体和介电材料能够储存电荷，其电容 C 是电荷数量 q 与电势差 U 的比值，如式（12.5）所示：

$$C=\frac{q}{U} \tag{12.5}$$

(3) 方法概述

将树脂制备成平板试样，按照相关规范规定进行预处理。测量试样的厚度，装配电极，连接测试设备施加电压，读取电容和介质损耗因数的读数，用公式计算出相对介电常数。

(4) 测试仪器

采用商品化的仪器进行试验，仪器包括电极和测量设备。

(5) 常用标准

介电常数和介质损耗因数测定常用的标准如表 12.15 所示。

表 12.15　介电常数和介质损耗因数测定常用标准

序号	标准号	标准名称
1	GB/T 1409—2006	测量电气绝缘材料在工频、音频、高频(包括米波波长在内)下电容率和介质损耗因数的推荐方法
2	IEC 62631-2-1:2018	Dielectric and Resistive Properties of Solid Insulating Materials-Part 2-1: Relative Permittivity and Dissipation Factor-Technical Frequencies (0.1Hz to 10MHz)-AC Methods
3	ASTM D150-18	Standard Test Methods for AC Loss Characteristics and Permittivity (Dielectric Constant) of Solid Electrical Insulation

(6) 主要影响因素

① 频率。聚烯烃的介电常数和介质损耗因数会随着频率发生变化，这是由于分子链或其他介质的极化和电导对时间依赖造成的，与介质松弛过程的时间相关。因此应在材料所使用的频率下测量介电性能。

② 温度。温度同样会影响材料的极化和松弛过程的时间，温度变化导致的电导率的变化也会对材料的介电性能产生影响。随着温度的升高，介质损耗因数可能出现一个或多个最大值。

③ 湿度。聚烯烃内部或表面的水分会使得材料的极化和电导率增大，影响介电常数和介质损耗因数。在试验前对材料进行预处理，以及试验时控制环境的湿度，都是必不可少的。

④ 电场强度。电场强度会影响界面极化的程度，从而影响介质损耗因数的大小和位置。在较高的频率下，只要没有电离效应，介电常数和介质损耗因数与电场强度关系不大。

⑤ 试样。试样的形状和尺寸都会影响测量值，应尽可能满足标准规定的最佳尺寸。在需要较高精度时，试样尺寸的误差，特别是厚度的误差，是最大的误差来源，因此试样厚度应尽可能平整和均匀。

12.2.5 其它物理性能

常见的聚烯烃的物理性能包含很多：颗粒外观、粒度、密度、相对密度、表观密度、灰分、炭黑（颜料）含量、炭黑（颜料）分散度、吸水性、含水率、透湿性、透气性、黏度、表面特性等。根据各种性能在目前聚烯烃开发和推广中的应用情况，本节重点讨论密度、炭黑含量、炭黑分散度和灰分。

12.2.5.1 密度

密度是聚烯烃树脂质量控制的重要参数之一，其测试方法包括浸渍法、液体比重瓶法、滴定法、密度梯度柱法、气体比重瓶法等。本节重点介绍聚烯烃树脂较为常用的密度梯度柱法。

(1) 原理

如果对物体施加一个与其重力大小相等、方向相反的力，则该物体处于类似失重的状态，从而能够自由漂浮，即产生了悬浮现象。悬浮原理应用很广泛，包括声悬浮、静电悬浮、磁悬浮、光悬浮、流体悬浮等，密度梯度柱法应用悬浮原理来测定固体的密度。

密度梯度柱法是将两种密度不同而又能相互混合的液体在梯度柱中适当地混合，由于扩散作用，混合后的液体从上部到下部的密度逐渐增大，且连续分布形成梯度，密度梯度柱法也由此得名。将试样投入密度梯度柱中，随着试样不断下降，其所对应的密度梯度柱中液体的密度逐渐增大，根据阿基米德定律可知试样所受到的浮力从上部到下部逐渐增大，当达到某一高度时，其受到的重力作用和浮力作用大小相等、方向相反，根据悬浮原理，试样将悬浮在该高度。由式（12.6）～式（12.8）可以推导出式（12.9），即该平衡位置的液体密度为该试样的密度。

$$F_{重} = m_{样} \times g_{样} = \rho_{样} \times V_{样} \times g \tag{12.6}$$

$$F_{浮} = \rho_{液} \times g \times V_{样} \tag{12.7}$$

$$F_{浮} = F_{重} \tag{12.8}$$

$$\rho_{液} = \rho_{样} \tag{12.9}$$

（2）定义[25]

密度是试样的质量与其在该温度下的体积之比，以符号 ρ 表示，以 kg/m^3、kg/dm^3（g/cm^3）或 kg/L 为单位。

各单位之间的换算关系如下：$1kg/m^3 = 10^{-3}kg/dm^3 = 10^{-3}g/cm^3 = 10^{-3}kg/L$。

（3）方法概述

用轻液将试样浸润后将试样轻轻放入已经配制好的密度梯度柱中，待试样稳定在某一高度后，读取高度值，采用曲线法或内插计算法获得该高度所对应的密度。

密度梯度柱法的方法精度为 0.05%[26]。

（4）测试仪器

密度梯度柱法采用密度梯度测定仪进行密度的测试，该仪器主要包括密度梯度柱、液体浴和玻璃浮子三部分。此外还需要分析天平、虹吸管或吸液管组合或者其它适宜的装置用以配制密度梯度柱中混合液体。

（5）常用标准

密度梯度柱法测定常用的标准如表 12.16 所示。

表 12.16 密度梯度柱法测定常用标准

序号	标准号	标准名称
1	GB/T 1033.2—2010	塑料非泡沫塑料密度的测定第 2 部分：密度梯度柱法
2	ISO 1183-1：2019	Plastics-Methods for Determining the Density of Non-Cellular Plastics-Part 2：Density Gradient Column Method
3	ASTM D1505-18	Standard Test Method for Density of Plastics by the Density Gradient Technique
4	EN ISO 1183-2：2019	Plastics-Methods for Determining the Density of Non-Cellular Plastics-Part 1：Immersion Method，Liquid Pyknometer Method and Titration Method

（6）主要影响因素

① 温度。密度测量值与温度密切相关，一般情况下，液体浴温度偏差为±0.5℃，若测试精度需求为 $0.0001g/cm^3$，则温度应控制在±0.1℃以内。

② 密度梯度柱中的高度精度。密度梯度柱的高度精度越高，测试结果的精度越高。当高度精度优于 1mm 时，测试结果的精度才可能达到 $0.0001g/cm^3$。

③ 读数时间。聚烯烃样品在梯度柱中达到稳定至少需要 30min。读数时间过短而运动尚未达到平衡则密度偏小，读数时间过长，则工作效率大幅度降低。

④ 密度-高度曲线。密度-高度曲线的理想状态是直线关系，若曲线稍微弯曲也可以接受。但如果曲线出现明显的拐点，则建议废弃混合液并重新制备密度梯度柱。

⑤ 试样。聚乙烯树脂进行密度测定时，一般采用熔体流动速率的料条作为试样，若试样含有气泡则会使密度明显偏低。此外试样的规整性，如是否光滑、有无毛边等，都会对结

果有一定影响。

12.2.5.2 炭黑含量

对于长期在户外使用，特别是暴露在太阳光下使用的聚烯烃材料，其寿命备受关注，为此很多专用料都添加了炭黑，如管材专用料、土工膜专用料等，这主要是由于炭黑几乎可以吸收全部可见光，强烈反射紫外光，因此被当作光屏蔽剂加入聚烯烃树脂中，以提高产品的光稳定性，延长寿命[27,28]。通常炭黑的添加量在2.0%～3.0%，炭黑含量过低则起不到防护作用，过高则不易分散，不利于材料的力学性能。为此准确测定产品中炭黑含量及其分散情况极其重要。

(1) 原理

在高温氮气保护条件下，使聚烯烃试样裂解为烷烃、烯烃、炔烃等小分子可挥发物质，在此过程中样品中的炭黑在氮气保护下不发生氧化；在氧气存在、更高的温度条件下煅烧试样，使炭黑生成二氧化碳并挥发。热裂解后与煅烧后试样的质量差占试样原始质量的比例即为炭黑含量。

(2) 定义

炭黑含量（content of carbon black）：炭黑在聚烯烃树脂中的含量，通常以质量百分比（%）为单位。

(3) 方法概述

准确称取1g左右的试样放入已煅烧至恒重的石英样品舟，再放入已预热至规定温度的管式炉中，在氮气保护条件下，煅烧聚烯烃材料使其裂解并确保残余试样全部为黑色，将样品舟转移至干燥器冷却后称重。将放有残余试样的样品舟放入已经达到规定温度的马弗炉中继续煅烧，直至恒重，将样品舟转移至干燥器冷却称重。计算两次处理后试样的质量差占试样原始质量的比例即为炭黑含量。

(4) 测试仪器

炭黑含量所需仪器一般包括：管式炉、马弗炉、分析天平等。其中管式炉可采用商业化的仪器，也可根据标准自行搭建，如图12.8所示。

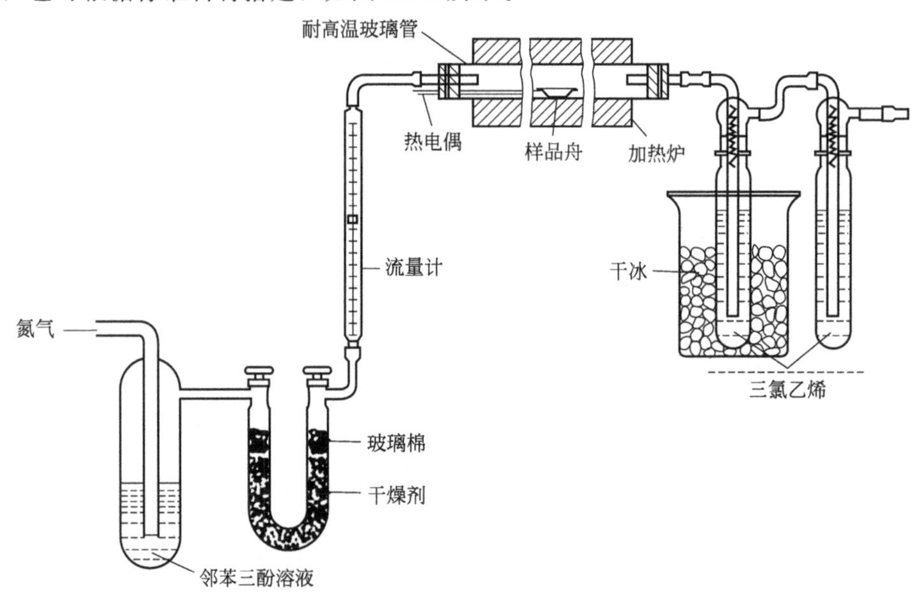

图12.8 管式炉示意图

(5) 常用标准

炭黑含量测定常用的标准如表 12.17 所示。

表 12.17　炭黑含量测定常用标准

序号	标准号	标准名称
1	GB/T 13021—1991	聚乙烯管材和管件炭黑含量的测定(热失重法)
2	ASTM D1603-14	Standard Test Method for Carbon Black Content in Olefin Plastics
3	ASTM D4218-15	Standard Test Method for Determination of Carbon Black Content in Polyethylene Compounds By the Muffle-Furnace Technique
4	ISO 6964:2019	Polyolefin Pipes and Fittings-Determination of Carbon Black Content by Calcination and Pyrolysis--Test Method
5	CNS 7049-1981	烯烃类塑胶中碳黑含量检验法
6	JIS K6813—2002	Polyolefin Pipes and Fittings. Determination of Carbon Black Content by Calcination and Pyrolysis. Test Method and Basic Specification

(6) 主要影响因素

炭黑含量测定的主要影响因素为热裂解时间、热裂解温度、理论误差、无机填料的干扰等[28]。

① 热裂解时间和温度。热解时间对聚烯烃材料炭黑含量的测定结果有明显影响，热解时间过低，聚烯烃树脂无法完全裂解成小分子物质从而热裂解后残余试样质量偏高，最终导致测定结果偏高。热裂解时间过长，虽然试样裂解充分，对试验结果无明显影响，但浪费能源。热解温度的影响与时间的影响类似，温度过低，结果偏高，温度过高亦浪费能源。建议热解温度为 500℃、550℃、600℃的最低热解时间分别为 15min、5min 和 5min。建议最低热解温度应不低于 500℃。

② 理论误差。炭黑测定方法存在明显的理论误差，这主要是由于聚烯烃材料的热裂解在没有定向催化剂的作用下会产生残余碳，也就是说即便是未添加炭黑的本色聚烯烃树脂经过热裂解也会产生黑色的残余试样，这导致获得的炭黑含量结果偏高，但一般不会超过 0.1%。

③ 无机填料的干扰。严格意义上，本节所介绍方法不适用于含有无机填料（如碳酸钙、滑石粉等）的聚烯烃材料炭黑含量的测定，这可能导致炭黑含量测定结果显著偏高。为此对于这类材料应同时报出灰分数值，详见 12.2.5.4。

12.2.5.3　炭黑分散度

炭黑一般以三种形态和结构存在[29]：炭黑微粒、聚结态粒子（也称永久结构或一次结构)、聚集态粒子（也称暂时结构或二次结构)，其中聚结态粒子是炭黑微粒以化学键熔聚连接而成，聚集态粒子是由炭黑微粒和聚结态粒子以范德华力相互吸引形成的，一般情况下聚集态粒子的尺寸最大。聚烯烃材料中的炭黑主要以聚结态粒子和聚集态粒子形式存在，当聚集态粒子尺寸过大时，会形成应力集中影响聚烯烃材料的力学性能，因此应对材料中炭黑分散度进行检测和控制。

(1) 原理

采用低温超薄切片法或高温压片法将试样制备成可以透光的薄片，利用透射光在显微镜下测量炭黑各种粒子的尺寸并根据尺寸大小计算或确定分散级别；或根据标准炭黑分散图谱确定分散等级。

很多聚烯烃材料均需要对炭黑分散度进行测定，这类材料包括管材专用料、土工膜专用料、电缆专用料等，不同产品炭黑分散度的测定方法有所不同，本节无法一一详述，仅针对共性问题进行论述。

(2) 定义

采用定性或定量方法测定的炭黑各种粒子在聚烯烃材料中的分散程度，一般以级为单位。

(3) 方法概述

采用低温超薄切片法或高温压片法将试样制备成厚度为不超过 30μm 的薄片，在放大倍数 70～100 的可读数显微镜下利用透射光进行观察，一般情况下在试样上任意选取 n 个观察区域并测定最大炭黑粒子的尺寸，根据测定的粒子尺寸确定单个试样的分散等级，以单个试样结果或 n 个结果的算数平均值表示样品的分散等级；或根据不同标准提供的炭黑分散图谱确定分散等级。

(4) 测试仪器

炭黑分散度主要采用可读数的显微镜（放大倍数大于 70）、切片机、高温试验箱、载玻片、盖玻片等。

(5) 常用标准

炭黑分散度测定常用的标准如表 12.18 所示。

表 12.18 炭黑分散度测定常用标准

序号	标准号	标准名称
1	GB/T 18251—2019	聚烯烃管材、管件和混配料中颜料或炭黑分散度的测定
2	GB/T 17643—2011 附录 E	碳黑分散度的测定
3	CJ/T 234—2006 附录 D	用显微镜判定聚烯烃土工合成材料中碳黑分散度的标准试验方法
4	铁道部科技基[88 号文]—2009 附录 D	碳黑分散度的测试方法
5	GB/T 2951.41—2008	电缆和光缆绝缘和护套材料通用试验方法 第 41 部分：聚乙烯和聚丙烯混合料专用试验方法 耐环境应力开裂试验 熔体指数测量方法 直接燃烧法测量聚乙烯中碳黑和(或)矿物质填料含量 热重分析法(TGA)测量碳黑含量 显微镜法评估聚乙烯中碳黑分散度
6	ISO 18553:2002	Method for the Assessment of the Degree of Pigment or Carbon Black Dispersion in Polyolefin Pipes, Fittings and Compounds
7	ASTM D5596-03(21)	Standard Test Method for Microscopic Evaluation of the Dispersion of Carbon Black in Polyolefin Geosynthetics
8	D35(ASTM 图谱)	Carbon Dispersion Reference Chart

(6) 主要影响因素

炭黑分散度测定的主要影响因素为试样厚度、制样方法和粒子形态。

① 试样厚度。试样过厚，光线无法通过试样，则视野黑暗、观察不到炭黑粒子，也无从测量粒子的大小，在实际操作中经常发生将视野中灰尘当作炭黑粒子进行测量的情况；当然试样也不宜过薄，否则在试样制备过程中容易使炭黑粒子流失，从而不能得到准确的试验结果。

对于不同的聚烯烃材料，标准要求的试样厚度并不相同，但厚度的原则应以能够清晰分别粒子尺寸为宜。较为适宜的厚度为 10～20μm。

② 试样制备方法。炭黑分散度的试样制备方法主要有两种：常温或低温切片法和热压法。一般情况下热压法制备的试样表面比较光滑，冷切法制备的试样表面有皱褶但试验结果更真实[30]。

③ 炭黑各种粒子的形态。炭黑各种粒子并非圆形，会呈椭圆甚至是边缘不光滑的形状。在这种情况下，测定该粒子的直径和面积会存在一定困难。理想的解决办法是采用计算机软件处理，当没有计算机辅助的情况下，可能存在一定的偏差。

12.2.5.4　灰分

聚烯烃材料的灰分主要来源于添加的无机填料（如碳酸钙，玻璃纤维）、无机颜料、助剂残余、催化剂及助催化剂残余。灰分是聚烯烃材料控制产品质量的重要手段，特别是电器领域应用的材料，灰分增高会导致电气性能显著下降。对于添加了无机填料和无机颜料的聚烯烃材料来说，测定产品灰分也是控制产品稳定性的重要手段。

塑料灰分的通用测试方法有三种[31]：直接煅烧法、燃烧后酸化再煅烧法和燃烧前酸化再煅烧法。本书介绍聚烯烃材料常用的直接煅烧法。

(1) 原理

采用燃烧的方法使材料中的绝大多数树脂及有机物生成二氧化碳、水等可挥发的小分子物质，再采用煅烧的方法去除试样中残余的有机物。

(2) 定义

灰分（ashcontent）：试样经充分燃烧和煅烧后残余的无机残渣质量与试样质量之比，以质量百分比（%）为单位。

(3) 方法概述

按照能够产生 5～50mg 灰分的原则，将准确称量的试样放入已知质量且干燥至恒重的足够大的坩埚中，再将坩埚直接在本生灯上加热，使试样缓慢地燃烧；试样充分燃烧后，将坩埚放入已预热至规定温度的马弗炉，煅烧至恒重。计算恒重后试样残渣质量与试样原始质量之比即为试样的灰分。

(4) 测试仪器

灰分测定采用的仪器一般包括：马弗炉、本生灯、分析天平、坩埚、称量瓶（坩埚不够大时使用）等。

(5) 常用标准

灰分测定常用的标准如表 12.19 所示。

表 12.19　灰分测定常用标准

序号	标准号	标准名称
1	GB/T 9345.1—2008	塑料灰分的测定第 1 部分：通用方法
2	ISO 3451-1：2019	Plastics-Determination of Ash-Part 1：General Methods
3	ASTM D5630-13	Standard Test Method for Determination of Carbon Black Content in Polyethylene Compounds By the Muffle-Furnace Technique
4	EN ISO 3451-1：2019	Plastics-Determination of Ash-Part 1：General Methods(ISO 3451-1：2019)

(6) 主要影响因素

灰分测定的主要影响因素包括燃烧操作、煅烧温度和时间、坩埚的预处理、试样质量、试样的预处理等。

① 燃烧操作。试样的燃烧过程应尽量缓慢，剧烈的燃烧可能产生迸溅造成灰分粒子甚

至是试样颗粒的损失，从而导致测量结果偏低。

② 煅烧温度和时间。煅烧温度过低或时间过短，可能导致试样中依然残存有机物，从而灰分测定结果偏高。

③ 坩埚的预处理。坩埚及称量瓶在试验前应煅烧至恒重，否则可能由于其不洁净导致结果出现偏差。

④ 试样质量。试样质量应根据产生的灰分质量确定，若称取的试样质量过低，特别是对于聚烯烃树脂这些灰分较低的材料，会导致产生灰分过少，从而产生较大的称量误差，造成最终的结果偏差。

⑤ 试样的预处理。对于粉状或颗粒状试样，可直接进行测定，但对于聚烯烃制品等尺寸较大的试样，应采用适当的方法将其制备成尺寸较小的试样粒，否则容易因尺寸过大不易充分燃烧而产生试验偏差。

12.2.6 燃烧性能评价

12.2.6.1 50W 小火焰燃烧性能评价

50W 小火焰燃烧性能评价是指采用标称功率为 50W 的火焰来评价塑料及非金属材料的燃烧性能的方法。按照试样的夹持方式可分为水平法和垂直法。

(1) 水平燃烧试验原理[32]

该实验的原理是将长方形条状试样的一端固定在水平夹具上，其另一端暴露于规定的 50W 试验火焰中（如图 12.9 所示）。通过测量单位时间内试样的损毁长度计算线性燃烧速率，评价试样的水平燃烧行为。根据 GB/T 2408—2021，水平燃烧可分为 HB、HB40 以及 HB75 三个级别，其中 HB 级别材料的阻燃性能更好。

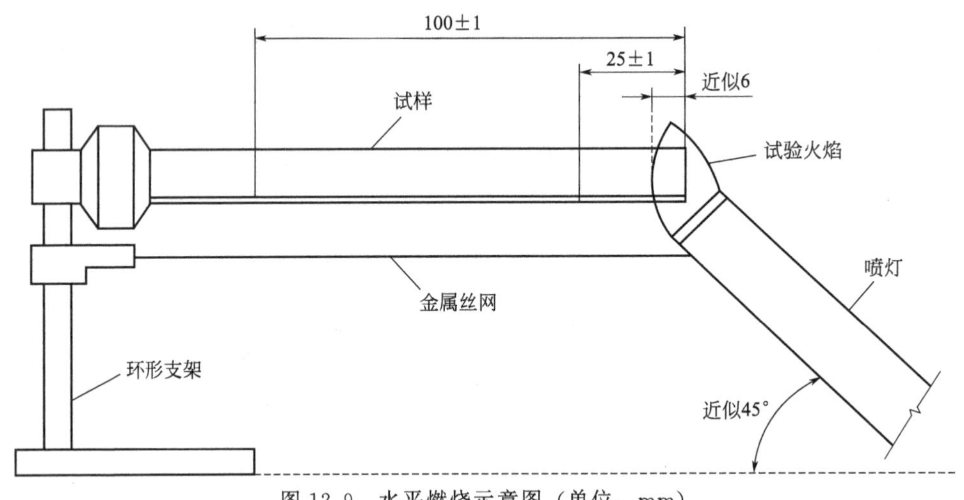

图 12.9 水平燃烧示意图（单位：mm）

(2) 垂直燃烧试验原理

该实验的原理是将长方形条状试样的一端固定在垂直夹具上，其另一端暴露于规定的 50W 试验火焰中（如图 12.10 所示）。通过测量其余焰和余辉时间、燃烧的范围和燃烧颗粒滴落情况，评价试样的垂直燃烧行为。根据 GB/T 2408—2021，垂直燃烧可分为 V-0、V-1 以及 V-2 三个级别，根据材料阻燃性能的高低，三个级别的关系为 V-0＞V-1＞V-2。

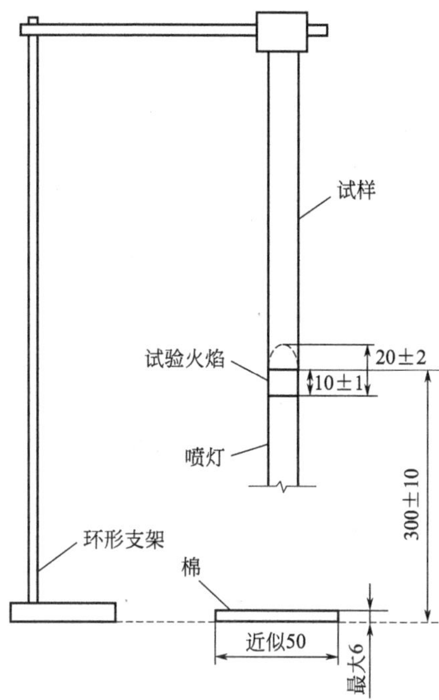

图 12.10　垂直燃烧示意图（单位：mm）

(3) 常用标准

目前聚烯烃树脂行业常用的水平垂直燃烧测试标准如表 12.20 所示。

表 12.20　水平垂直燃烧常用测试标准

序号	标准号	标准名称
1	GB/T 2408—2021	塑料 燃烧性能的测定 水平法和垂直法
2	ASTMD 635-18	Standard Test Method for Rate of Burning and/or Extent and Time of Burning of Plastics in a Horizontal Position
3	ASTM D3801-19	Standard Test Method for Measuring the Comparative Burning Characteristics of Solid Plastics in a Vertical Position
4	IEC 60695-11-10-2013	Fire hazard testing. Part 11-10: Test Flames. 50W Horizontal and Vertical Flame Test Methods
5	UL 94	Ul Standard For Safety Tests For Flammability of Plastic Materials For Parts In Devices And Appliances

(4) 主要影响因素

① 试样的厚度。厚度越小，单位质量具有的表面积越大，燃烧速度越快。

② 试样的密度。一般试样密度小，则平均燃烧速度增加。

③ 各向异性。如果是各向异性材料，由于各向异性材料在成型过程中受力及取向不同，对试样的水平燃烧性能有影响。

④ 放置形式。在水平法中，试样的长轴是呈水平方向放置的，横截面轴线和水平方向夹角不同时也会影响同样尺寸的试验结果。

⑤ 外界环境、温度、湿度的影响。

⑥ 燃气种类。不同燃气的热值不同，对试验结果有较大的影响。

⑦ 熔融或燃烧的滴落物。实践证明，材料燃烧时的熔融滴物会滴落到下面的金属网，使试样再次受热点燃。

(5) 评价方法应用

该方法一般用于高分子材料阻燃性能评价以及阻燃材料配方的筛选。该评价方法适用于表观密度不低于 250kg/m^3 的固体以及泡沫材料，不适用于施加火焰后未点燃而产生卷缩的材料。该方法需要试样的尺寸为：长 125mm±5mm，宽 13.0mm±0.5mm，厚度不应超过 13mm。聚烯烃颗粒料应通过适当的加工方法（如注塑等）加工为尺寸合适的样条。试样厚度不同的燃烧试验结果不具有对比性。

12.2.6.2 氧指数评价

氧指数（OI）是指通 23℃±2℃的氧、氮混合气体时，刚好维持材料燃烧所需要的最低氧浓度，以氧气所占的体积百分数来表示。氧指数是用来评价塑料及其他高分子材料相对燃烧性的一种表示方法，可判断材料在空气中与火焰接触时燃烧的难易程度。氧指数高表示材料不易燃烧，氧指数低则表示材料容易燃烧。

(1) 试验原理[33]

物质燃烧时，需要消耗大量的氧气，不同的可燃物，燃烧时需要消耗的氧气量不同，通过对物质燃烧过程中消耗最低氧气量的测定，计算出材料的氧指数值，可以评价材料的燃烧性能（如图 12.11 所示）。所谓氧指数（oxygen index）是指在规定的试验条件下，试样在氧、氮混合气流中维持平稳燃烧，即进行有焰燃烧所需的最低氧气浓度，以氧所占的体积百分数表示，即在该物质引燃后，能保持燃烧 50mm 长或燃烧时间 3min 时所需要的氧、氮混合气体中最低氧的体积百分比，图 12.11 是氧指数试验的示意图。作为判断材料在空气中与火焰接触时燃烧难易程度的依据非常有效。一般认为 OI＜27％的属易燃材料，27％≤OI＜32％的属可燃材料，OI≥32％的属难燃材料。

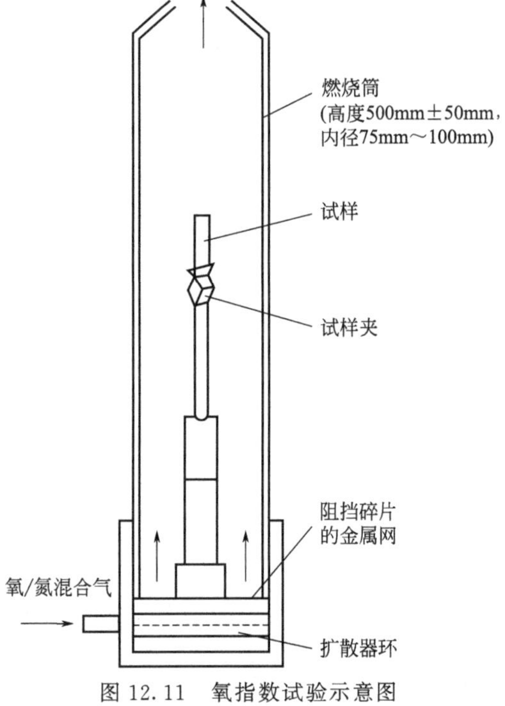

图 12.11 氧指数试验示意图

氧指数的测试方法是基于“少量样品升-降法”，一般分为三个步骤，首先是确定初始氧浓度，然后利用初始氧浓度，通过改变氧浓度进行重复试验，即把规定尺寸的试样用试样夹垂直夹持于规定的透明燃烧筒内，其中有按一定比例混合的向上流动的氧、氮气流。采用顶面点燃或扩散点燃的方法点燃试样，观察燃烧现象，当试样的燃烧时间超过 180s 记“×”并降低氧浓度，试样的燃烧时间不足 180s 或火焰前沿不到标线记“O”并增加氧浓度，如此反复操作，直至氧浓度（体积分数）之差小于等于 1.0％，且一次是“×”反应，另一次是“O”反应为止。将这组氧浓度中的“O”反应记作初始氧浓度，再以 0.2％ 步长反复燃烧试样最终查表并按式（12.10）计算出样品的氧指数。

$$\mathrm{OI}=c_{\mathrm{f}}+kd \tag{12.10}$$

氧指数法是在实验室条件下评价材料燃烧性能的一种方法，它可以对高分子材料的燃烧性能作出准确、快捷的检测评价。需要说明的是氧指数法并不是唯一的判定条件和检测方法，但它的应用非常广泛，已成为评价燃烧性能的一种有效方法。

(2) 常用标准

目前聚烯烃树脂行业常用的氧指数评价标准如表12.21所示。

表12.21　氧指数评价常用标准

序号	标准号	标准名称
1	GB/T 2406.1—2008	塑料 用氧指数法测定燃烧行为 第1部分：导则
2	GB/T 2406.2—2009	塑料 用氧指数法测定燃烧行为 第2部分：室温试验
3	ISO 4589-1：2017	Plastics-Determination of Burning Behaviour by Oxygen Index-Part 1：General Requirements
4	ISO 4589-2：2017	Plastics-Determination of Burning Behaviour by Oxygen Index-Part 2：Ambient-Temperature Test
5	ISO 4589-3：2017	Plastics-Determination of Burning Behaviour by Oxygen Index-Part 3：Elevated-Temperature Test
6	ASTM D2863-19	Standard Test Method for Measuring the Minimum Oxygen Concentration to Support Candle-Like Combustion of Plastics (Oxygen Index)

(3) 主要影响因素

① 仪器的校准。在进行氧指数试验之前，要对氧指数测试设备进行校准，包括氧浓度零点以及高点的校准。调整氧气和氮气的出口压力，使得混合气在玻璃筒内的流速达到标准要求。如果仪器没有校准就进行试验，试验结果会产生较大的偏差。

② 状态调节。通过对试验样品进行状态调节，可减少环境偶然因素对试验结果的影响。根据GB/T 2406.2—2009，状态调节的时间最少为88h。状态调节时间越长，样品尽可能达到平衡状态，试验结果越稳定。

③ 试样长度。国家标准要求的试样长度为70～150mm，试样越长，氧指数越高。因为氧、氮混合气仪器从底部流入气体，氧浓度在玻璃筒内部沿高度方向会有一个浓度降。试样较长时，离玻璃筒上方越近，氧浓度较低，因此需要调高氧浓度以维持样品燃烧，因此得到的氧指数结果偏高。因此当进行对比试验时，试样应采用相同的长度。

④ 温度。氧指数试验一般应在环境温度为23℃时进行。一般来说，环境温度越高，高分子材料越容易点燃，也就意味着试验得到的氧指数结果偏低。氧指数试验需要点燃多根样条，为避免前一根样条燃烧时产生的热量影响环境温度而影响后一根样条的结果，建议点燃每根样条的时间间隔要长一些，同时有条件的可以准备两个玻璃筒，交替使用，以保证玻璃筒内温度保持在23℃左右。

⑤ 点燃气体。点燃气体因燃烧热值不同，会影响氧指数的结果。燃烧热值越高的气体，越容易点燃试样，导致氧指数结果偏低。氧指数试验一般要求点燃气体为丙烷气。

(4) 评价方法应用

对于包括聚烯烃等高分子材料而言，氧指数法可作为评价燃烧性能的一种测试手段。它具有准确性高、重复性好、测试方便等优点。氧指数法可广泛应用于塑料阻燃技术研究上，如测定聚烯烃材料的阻燃性、筛选阻燃剂以及进行阻燃剂用量的研究等。

12.2.6.3　锥形量热仪法评价

目前，表征材料燃烧性能的试验方法较多，如之前所述的氧指数（OI）法、水平燃烧、垂直燃烧法等。它们多是传统的小型试验方法，试验操作环境与真实火灾相差较大，试验获得的数据也只能用于一定试验条件下材料间燃烧性能的相对比较，不能作为评价材料在真实火灾中行为的依据。为客观地评价真实火灾中材料的燃烧性能，1982 年 Babrauskas 等开发设计了锥形量热仪（CONE）这一先进的试验仪器。CONE 的燃烧环境极相似于真实的燃烧环境，其试验结果与大型燃烧试验结果之间存在很好的相关性，能够表征出材料的燃烧性能，在评价材料、材料设计和火灾预防等方面具有重要的参考价值。

(1) 试验原理

锥形量热仪的主要工作原理是耗氧原理，所谓耗氧原理是指，物质完全燃烧时每消耗单位质量的氧会产生基本上相同的热量，即耗氧燃烧热（E）基本相同。这一原理由 Thornton 在 1918 年发现，1980 年 Huggett 应用耗氧原理对常用易燃聚合物及天然材料进行了系统计算，得到了耗氧燃烧热（E）的平均值为 13.1 kJ/g，材料间的 E 值偏差为 5%。所以，在实际测试中，测定出燃烧体系中氧气的变化，就可换算出材料的燃烧放热。当样品件在锥形电加热器的热辐射下燃烧时，火焰就会消耗掉空气中一定浓度的氧气，并释放出一定的燃烧热值。锥形量热仪利用耗氧原理进行工作，可以测量 HRR（热释放速率）、THR（总释放热）、TSP（总生烟量）等主要参数。

(2) 常用标准

目前聚烯烃树脂行业常用的锥形量热仪评价标准如表 12.22 所示。

表 12.22　锥形量热仪常用评价标准

序号	标准号	标准名称
1	GB/T 16172—2007	建筑材料热释放速率试验方法
2	ISO 5660-1-2015/Amd 1:2019	Reaction-to-Fire Tests. Heat Release, Smoke Production and Mass Loss Rate. Part 1: Heat Release Rate (Cone Calorimeter Method) and Smoke Production Rat
3	ASTM E1354-17	Standard Test Method for Heat and Visible Smoke Release Rates for Materials and Products Using an Oxygen Consumption Calorimeter

(3) 主要影响因素

① 设备校准。锥形量热仪实验前需要对设备进行校准，包括加热锥的辐射照度、氧分析仪、称重系统以及标定系数 C_0，这些参数的精度将直接影响实验最终结果。

② 样品的状态调节。样品试验前需要在恒温恒湿环境中养护至恒重。高分子材料根据本身性质不同，需要的养护时间也不同。如聚烯烃材料，对湿度不是很敏感，状态调节 48h 就可达到恒重要求，而对于聚酰胺类材料，因为吸湿性较强，可能需要一周左右才能达到恒重要求。而样品中水分的变化也将对燃烧的结果产生影响，因此为了便于比较，尽可能需要样品达到恒重再进行试验。

(4) 评价方法应用

CONE 虽然属于小型尺寸的火灾试验设备，但它的一些试验结果可以用来预测材料在大尺寸试验和真实火灾情况下的着火性能。目前 CONE 已被多个国家、地区及国际标准组织应用于建筑材料、高分子材料、复合材料、木材制品以及电缆等领域的燃烧性能评价。

① 评价材料的燃烧性能。根据 HRR（热释放速率），HRR 峰值和 TTI（点燃时间），我们可以定量地判断出材料的燃烧危害性。HRR、HRR 峰值越大，TTI 越小，材料潜在的火灾危害性就越大；反之，材料的危害性就越小。

② 评价阻燃机理。由 EHC（有效燃烧热）、HRR 和 SEA 等性能参数可讨论材料在裂解过程中的气相阻燃、凝聚相阻燃情况。若 HRR 下降，表明阻燃性提高，这也可由 EHC 降低和 SEA 增加得到；若气相燃烧不完全，说明阻燃剂在气相中起作用，属于气相阻燃机理。若 EHC 无大的变化，而平均 HRR 下降，说明 MLR 亦下降，这属于凝聚相阻燃。

③ 进行火灾模型化研究。发明 CONE 的初衷就是为了进行火灾模型设计，通过 CONE 可测定出火灾中最能表征危害性的性能参数 HRR ，从而进行火灾模型设计。值得注意的是，在测试过程中，火灾模型设计需要的其他性能，如毒性、烟等也和 HRR 一并测出。

虽然 CONE 试验方法在定量测试热释放能量方面比传统仪器有较大提高，但 CONE 试验法本身也具有一定的缺点。首先，采用耗氧原理进行 HRR 计算时，耗氧燃烧热 E 的值随燃烧材料本身性质而改变；特别是对于含杂原子材料而言，E 值的选择要做相应改变。其次，在燃烧过程中，凡是没有氧气参与的反应，其反应热效应不能由 CONE 测出，所以对阻燃材料进行释热测量时，必须考虑材料非氧化反应的热效应。

综上所述，对于一般性的试验材料，应用 CONE 试验方法进行性能测定具有较为理想的效果，特别是在聚合物材料燃烧性和阻燃性的研究以及火灾预防方面具有广阔的应用前景。

12.2.6.4　烟气密度评价

材料燃烧过程中会产生烟雾，对材料烟气性能的评价也是材料燃烧性能的重要指标。目前主要有两种常用的方法评价材料的烟气密度，一种是静态产烟量的试验方法，通过试验箱中光通量的损失来进行烟密度评价；另一种是测试材料在试验箱中燃烧所产生的烟雾光密度，以最大光密度为试验结果。第一种方法比较简单，但测试的结果不够精确，一般作为建筑材料的烟密度测试方法。第二种方法是相对比较精确的测试方法，可通过四种模式进行测试。

(1) 原理

烟气密度主要测试原理是通过测量材料燃烧产生的烟气中固体尘埃对光的反射而造成光通量的损失来评价烟密度大小。

(2) 常用标准

目前聚烯烃树脂行业常用的烟气密度评价标准如表 12.23 所示。

表 12.23　烟气密度常用评价标准

序号	标准号	标准名称
1	GB/T 8627—2007	建筑材料燃烧或分解的烟密度试验方法
2	GB/T 8323.1—2008	塑料 烟生成 第 1 部分：烟密度试验方法导则
3	GB/T 8323.2—2008	塑料 烟生成 第 2 部分：单室法测定烟密度试验方法
4	ISO 5659-2:2017	Plastics. Smoke Generation. Part 2: Determination of Optical Density by a Single-Chamber Test
5	ASTM E662-19	Standard Test Method for Specific Optical Density of Smoke Generated by Solid Materials

(3) 主要影响因素

① 设备校准。烟密度的测量主要通过设备的光学系统来实现，因此光学系统的精确度及校准至关重要。

② 环境温湿度。一些对环境温湿度比较敏感的材料如橡塑海绵、聚乙烯泡沫保温材料等，在测试时如果温度低、湿度大会造成燃烧不充分，产烟量增大，从而使烟密度测试结果

偏高。因此，为了减少试验环境对测试结果的影响，应在严格按照国家标准允许的试验环境中进行试验。

③ 样品状态调节。样品应在试验前进行状态调节，以尽量减少环境偶然因素对实验结果的影响。只有进行充分的状态调节，才能使样品的温湿度调节保持平衡，从而减少试验时样品的温湿度带来的影响，保持测试结果的一致性。

④ 样品尺寸。样品的发烟量与样品尺寸密切相关，样品尺寸越大，产烟量越大，因此，一般应按照国家标准要求的样品尺寸进行试验，特殊尺寸的样品应在测试结果中说明。

(4) 评价方法应用

烟密度评价主要应用于两个方面，一种是进行低烟密度材料开发时，可利用烟密度指标进行配方的筛选。根据 GB/T 8323 对材料的有焰燃烧和无焰燃烧两种情况下的产烟密度进行评价，可以得到相对比较精确的烟密度数据。另一种是在一些应用领域，如建筑、汽车、轨道交通等，对一些应用于该领域的材料的产烟密度有相应的控制指标，这个指标一般需要按照相应的标准进行烟密度评价。

12.2.6.5 烟气毒性的评价

火灾烟气对人的毒害不同于食物中毒，也不同于皮肤接触染毒，它主要是通过呼吸道引起的中毒，是一种吸入染毒。但它又不同于大气污染长期接触和慢性积累引起的伤害，它是在火灾异常情况下，短期接触引起的急剧性伤害。所以，烟气中毒是一种急剧吸入染毒。火灾烟气组成远比单一性气体复杂，毒性成分多，比例复杂。燃烧毒理学认为，烟气对人的毒害作用性质主要是麻醉毒害和刺激毒害，其它毒害即使有也很少。所谓麻醉指的是造成丧失意识和中枢神经抑制。而刺激有两种：一种是刺激神经，主要是毒物在眼和上呼吸道引起的反应；另一种是刺激肺，主要是毒物在下呼吸道引起的反应。

烟气毒性评价目前主要有两种方式，一种是根据我国国家标准，通过动物暴露染毒方法对材料的产烟毒性进行危险分级，一种是根据欧盟一些国家的标准，通过烟气成分分析进行定量评价。但应该指出，不同的实验方法往往有不同的结果，即使用同样的实验条件，对同一组物质进行实验，产物的毒性结果也可能大为不同。因此，对材料燃烧烟气毒性评价必须在相同的物理火灾模型中使材料处于相同的燃烧状态下进行比较评价。

(1) 试验原理

动物暴露染毒方法原理为采用等速载气流以及稳定供热的环形炉对质量均匀的样条进行等速移动扫描加热，实现材料的稳定热分解和燃烧，获得组成物浓度稳定的烟气流。以材料达到充分产烟率的烟气并按照规定对小白鼠进行 30min 染毒试验，最终以麻醉性和刺激性皆合格的最高浓度级别定为该材料的产烟毒性危险级别。

烟气成分分析方法原理为通过采集材料燃烧产生的烟气，采用傅里叶变换红外光谱法对烟气进行成分定性及定量分析，确定烟气毒性。

(2) 常用标准

目前聚烯烃树脂行业常用的烟气密度评价标准如表 12.24 所示。

表 12.24 烟气密度常用评价标准

序号	标准号	标准名称
1	GB/T 20285—2006	材料产烟毒性危险分级
2	ISO 19702:2015	Guidance for Sampling and Analysis of Toxic Gases and Vapors in Fire Effluents Using Fourier Transform Infrared(FTIR) Spectroscopy

续表

序号	标准号	标准名称
3	ASTM E1678-15	Standard Test Method for Measuring Smoke Toxicity for Use in Fire Hazard Analysis

(3) 主要影响因素

采用动物暴露染毒方法测试烟气毒性时，其影响因素主要是设备的校准，包括加热炉的温度稳定性以及载气流速，另一个是采用的小白鼠的个体差异也会导致试验结果的不同。采用傅里叶变换红外光谱法测试时，测试结果主要受气体分析系统精度的影响。

(4) 评价方法应用

烟气毒性评价主要用于两个方面：一是对材料燃烧产烟毒性危险进行评价；二是在建筑安全的性能化评估中对建筑发生火灾时火灾烟气可能产生的毒性进行预测评估。

12.2.7 安全性与环保性评价

12.2.7.1 重金属含量评价技术

近年来，随着人民群众对健康、安全、环保要求的逐渐提高，聚烯烃产品中所含有的重金属，或其制品在使用过程中释放或溶出的重金属，受到了越来越多的关注。

聚烯烃产品中的重金属来源较为复杂，一方面可能源于聚烯烃材料或制品与其生产过程中反应器、管路、催化剂、模具的接触引入，另一方面在加工过程中加入的增塑剂、抗氧剂、稳定剂、着色剂、填充剂等助剂中，也可能携带有重金属元素。

聚烯烃材料及制品中常见的重金属元素包括铁、锰、铜、锌、铅、镉、铬、砷、汞等。摄入超标的金属离子，短期来讲可能造成各种急性中毒，长期来讲可能累及肝、肾、骨等器官。因此，对聚烯烃材料及制品中重金属含量或溶出量的评价，应予以重点关注[34-40]。

(1) 前处理方法

在现有的重金属测试方法中，绝大多数方法需要先将禁锢于固体材料中的重金属转化为溶液状态下的金属离子。因此，在进行重金属测试前，一般需要对待测聚烯烃材料或制品进行前处理，使其中的重金属从样品中转移到溶液中。前处理方法有两种：一种是破坏样品原有结构，释放出包含的重金属；另一种是使用水或特定溶液处理样品，使重金属溶出。

常用的前处理方法包括干法消解、湿法消解、微波消解、溶剂溶出和提取等。

① 干法消解。干法消解（干灰化法）是将聚烯烃样品在空气中直接加热，使其中的有机物充分氧化，再使用强酸溶解残余灰分中金属元素，从而制得待测溶液的方法。

干法消解的基本操作是将充分破碎后的样品置于坩埚中，在马弗炉中加热灰化，再加酸溶解灰分。一般来说，样品需要在加热板上预先碳化后再放入马弗炉进行灰化，以避免其直接接触高温发生燃烧造成金属元素挥发。马弗炉的灰化温度一般在 500℃到 600℃之间，过低会导致氧化不充分或加热时间过长，过高则可能使得金属元素挥发，或者使得样品中的无机盐形成包络性熔盐颗粒，影响消解效果。加热时，升温速率不应过快。

该消解方法简单，适于大量处理，空白背景较低，但所用时间较长，加热温度较高，不适用于易挥发金属元素，废气产生量较大[39,41]。

② 湿法消解。湿法消解是将聚烯烃样品与强酸和强氧化剂共同加热，将其中的有机物氧化分解，将待测重金属组分转化为溶液形态的消解方法。

湿法消解的基本操作是将充分破碎后的样品置于圆底烧瓶或其他加热容器中，加入酸和氧化剂，也可直接使用氧化性酸如硝酸，加热回流至消解完全。常用的消解试剂包括硝酸体系、硝酸-双氧水体系、硝酸-高氯酸体系等。消解体系和回流温度应根据所消解聚烯烃样品的具体组成和形貌决定。

该消解方法简单，加热温度较低，废气产生量较小，适用的金属元素范围比较广，但不适用于大量处理，空白背景较高[35,42]。

③ 微波消解。微波消解与湿法消解相似，都是通过加入强酸和强氧化剂，在加热条件下氧化分解聚烯烃样品中的有机物，不同的是，在微波消解中，样品密封于微波消解罐中，使用微波对罐中的物质加热。

相比湿法消解，微波可以直接穿入试样的内部，使得加热更迅速且更均匀，通过极化作用增加分子反应活性；微波消解反应罐密闭且可承受一定压力，消解可在水热条件下进行，使得各组分之间的反应加快，消解效果更好；反应罐一般由耐氟化物腐蚀的聚四氟乙烯等材料制成，因此实际操作中如遇到难消解样品可通过加入氢氟酸或氟硼酸等试剂，以使得样品消解完全。

该消解方法简单，加热温度较低，适用的金属元素范围很广，一般仪器可同时处理多个甚至数十个样品，罐体密闭几乎不产生废气。

使用微波消解时，应注意罐体的清洗方式，避免渗入聚四氟罐体的离子污染下一个样品；此外，在使用密封压力容器时应注意遵循安全操作规程[35-39,41,43-45]。

④ 溶剂溶出和提取。在一些评价方法中，所关注的并非样品本体中的重金属含量，而是其在使用过程中的迁移量。这时一般会使用模拟实际使用条件的溶剂浸泡或萃取，并以浸泡液或萃取液中的金属离子浓度来评价聚烯烃样品的重金属迁移水平。

根据样品和测试要求的不同，浸泡液或萃取液可能是水、水溶液或油性、有机相物质；浸泡方法包括常温浸泡、高温浸泡等；萃取方法则有加速溶剂萃取技术等[46]。

(2) 测试技术

① 比色法。比色法是依靠重金属离子与显色剂分子发生显色反应来进行检测的方法。传统的比色法包括试纸法、比色管法等，如砷斑法测定砷和硫化物法测定铅等重金属，这些方法可进行快速检测，缺点则在于准确度和灵敏度较低。

分光光度法是一类特殊的比色法，它利用重金属离子可以与一些特定有机配体显色剂生成有色络合物的特性，对形成络合物后的溶液使用单色光进行照射，通过测定其吸光度，结合朗伯比尔定律进行定量分析。该方法的检出限低，灵敏度高，是目前化工领域常用的重金属分析方法之一[38,47]。

② X射线荧光光谱法（XRF）。X射线荧光光谱分析使用初级X射线光子激发待测样品中的原子，使其产生次级的特征X射线，即X荧光，通过分析X荧光可对样品中含有的重金属元素进行定性和定量分析。XRF的仪器形式包括手持式和固定式。

XRF法不仅可以对消解或溶出处理后的溶液样品进行分析，还可以直接激发固态样品中的原子并对其种类和含量进行实时检测。故相比于其他重金属分析方法而言，XRF法可以实现对样品的无损分析、元素初筛和痕量分析。该方法在对于样品涂层和薄膜的检测、样品动态分析中也有着广泛的应用，具有操作简便、灵敏度高，不受金属元素化学环境干扰等优点。

在使用XRF方法时应注意，该方法是一种相对分析技术，其结果准确度很大程度上取决于校准质量；XRF不能区分元素价态，仅测定某种元素的总含量；由于XRF光斑范围有限，因此样品的均质性、基体效应、采样点分布的科学性等，均有可能对其测定结果产生影响[48,49]。

③ 原子荧光光谱法（AFS）。原子荧光光谱分析是通过待测样品中的原子蒸气在辐射能激发下所产生的荧光发射强度来确定待测重金属种类和含量的分析方法。AFS 法的常见仪器包括色散型和非色散型两种，其仪器包括光源、原子化器、检测器等部分。

本法的检出限较低，灵敏度高，线性范围较宽，测量中的干扰较少，谱线简单。相比于其他元素分析方法而言，AFS 的原子化器对氩气载气的消耗量较低。

AFS 方法能够测量的重金属元素范围相对较窄，包括冷蒸气原子荧光法在内，该法可测定砷、汞、锑、铋、铅、镉、锡、锌等元素[40,45]。

④ 原子吸收光谱法（AAS）。原子吸收光谱法是通过测定样品原子蒸气对特定波长谱线的吸收程度来对其中重金属含量进行测定的方法。与 AFS 仪器相似，AAS 仪器也包括光源、原子化器、检测器等部分。

AAS 的常见原子化器有三种：火焰原子化器的操作简便，数据重现性好；石墨炉原子化器的原子化效率高，检出限低，灵敏度高，试样用量少；石英炉原子化器则用于冷原子吸收法，一般与氢化物法或汞蒸气法联用，专用于测定汞等少量特殊元素。

本法具有检出限低、灵敏度高、精密度高、单个样品分析速度快、可测定元素范围广、仪器结构简单等优点，其缺点在于难以进行多元素的同时测量。在实际使用中，一些元素由于存在难熔等问题，测定灵敏度和精密度不理想，需要通过外加基底改进剂或调节原子化条件等方法来获得准确可信的测量数据[47,50]。

⑤ 电感耦合等离子体发射光谱法（ICP-OES）。电感耦合等离子体发射光谱法是一种发射光谱法，其基本原理是利用受激发气态原子或离子所发射的特征光谱来测定待测样品中各元素含量。在 ICP-OES 中，使用高频电感耦合产生的等离子体作为光源，进行发射光谱分析。电感耦合等离子体（ICP）光源是 ICP-OES 仪器的重要组成部分，一般包括炬管、高频线圈、雾化器等。此外，ICP-OES 仪器还包括分光器、检测器等部分。

ICP 光源具有温度高，曝光时间短的特点，有轴向和径向两种观测方式，各具优势。ICP-OES 法的检出限较低，样品分析速度非常快，可测定绝大部分的金属元素和绝大部分的非金属元素。目前主流的多通道全谱直读仪器，一次进样可同时测定样品中多种元素的含量，非常方便，样品消耗量也很小。本法的线性范围非常宽，可达 4 到 6 个数量级。

ICP-OES 对一些元素的检出限不够理想，在要求进行 10^{-9} 级别的含量测量时有一定的难度。此外，ICP 光源对氩气的消耗量较大，在进行大量样品持续分析时应予以注意[35-39,41,47]。

⑥ 电感耦合等离子质谱法（ICP-MS）。电感耦合等离子质谱法是以电感耦合等离子体（ICP）作为离子源，以质谱进行检测的无机多元素分析技术。电感耦合等离子体可以在 ICP-OES 中作为光源，也可在 ICP-OES 中作为离子源，这两种仪器的 ICP 部分原理相同。ICP 产生的离子经引出接口和离子聚焦系统，在质量分析器中根据质荷比分离，在检测器上转化为电信号，从而实现对样品所含元素的定性定量分析。

ICP-MS 是一种功能强大的分析手段，可以分析元素周期表上几乎所有元素，检出限非常低，灵敏度极高，配有无尘室时灵敏度更高。与 ICP-OES 相同，ICP-MS 检测速度快，可以一次进样测定全部待测元素，线性范围比 ICP-OES 更宽，可达 7～9 个数量级。由于采用质谱法，其测量所受干扰较光谱法更低，可用于分析同位素。ICP-MS 还可与高效液相色谱、离子色谱等联用，从而实现一些特定元素（如铬、砷等）的元素形态分析。

本法同样存在 ICP 光源的氩气消耗量比较大的问题，运行费用比较高。仪器开机后，需要进行ICP炬管调节、质量分析器调谐等操作，需要操作人员具有一定的经验[35-39,44,51]。

(3) 常用标准

聚烯烃领域重金属常用的测试标准如表12.25所示。

表12.25 重金属常用测试标准

序号	标准号	标准名称
1	GB/T 26125—2011	电子电气产品 六种限用物质(铅、汞、镉、六价铬、多溴联苯和多溴二苯醚)的测定
2	GB/T 17219—1998	生活饮用水输配水设备及防护材料的安全性评价标准
3	GB/T 38291—2019	塑料材料中铅含量的测定
4	GB/T 38290—2019	塑料材料中镉含量的测定
5	GB/T 38292—2019	塑料材料中汞含量的测定
6	GB/T 38287—2019	塑料材料中六价铬含量的测定
7	GB/T 33284—2016	室内装饰装修材料 门、窗用未增塑聚氯乙烯(PVC-U)型材有害物质限量
8	GB/T 9735—2008	化学试剂 重金属测定通用方法
9	GB/T 33422—2016	热塑性弹性体 重金属含量的测定 电感耦合等离子体原子发射光谱法

12.2.7.2 添加剂评价技术

聚烯烃在生产过程中会添加多种助剂以提升聚烯烃的加工或使用性能。在生产过程中，添加抗氧剂可有效延长聚烯烃产品使用寿命，也可提升加工耐受条件；添加光稳定剂可增强聚烯烃制品抗光老化的能力；添加增塑剂可提升聚烯烃的柔韧性和加工性能；添加阻燃剂可用于生产特种阻燃产品，减少火灾损失。另外，有些聚烯烃生产过程中还会添加热稳定剂、成核剂、抗菌剂、抗静电剂、润滑剂、填料等，这些添加剂同样是为了改善不同产品的加工或使用性能。

添加剂多为有机物小分子，且常与聚烯烃物理混合，在接触良溶剂等介质时会发生迁移，若被人体接触或食用，则存在一定的安全隐患。本部分着重介绍抗氧剂、光稳定剂、增塑剂和阻燃剂这四种聚烯烃常用添加剂，其他添加剂由于与安全和环保关系不大或相关研究较少，在此不做介绍。

(1) 抗氧剂评价技术

聚烯烃因其结构中存在活泼的α-氢，在光、热等条件下，与空气中的氧气作用易形成自由基，从而引发链式自由基反应，发生氧化降解，造成聚烯烃制品发黄、龟裂、变脆、变硬等老化现象，缩短聚烯烃制品的使用寿命。

抗氧剂可通过捕获链反应阶段生成的活性降解自由基，或分解链式反应中生成的氢过氧化物，从而终止聚合物链式反应，以达到抑制聚烯烃老化降解的目的[52]。因此按原理可将抗氧剂分为链终止剂（包括氢给予体、自由基捕获剂、电子给予体）和过氧化物分解剂。常用于聚烯烃中的抗氧剂按分子结构可分为：受阻酚类抗氧剂、胺类抗氧剂、亚磷酸酯类抗氧剂、硫类抗氧剂等。受阻酚类抗氧剂是塑料中用量最大的抗氧剂，常见的受阻酚类抗氧剂有BHT、抗氧剂1010、抗氧剂1076、抗氧剂1330。亚磷酸酯类抗氧剂的代表有抗氧剂168，常作为辅助抗氧剂与受阻酚类抗氧剂（主抗氧剂）复配，达到更佳的抗氧化效果。另外，抗氧剂还需要具有低毒性、良好的化学稳定性、不影响制品原有性能等特点。

研究表明，目前大部分常用抗氧剂的毒性低，按要求的添加量正确使用的情况下，对人类是安全的，但抗氧剂 BHT 被一些研究人员质疑存在安全隐患。另外，抗氧剂的安全问题主要来源于抗氧剂中可能混杂的重金属杂质以及未去除完全的有毒原料前体。我国关于抗氧剂的行业标准 HG/T 3713—2019《抗氧剂四[β-(3,5-二叔丁基-4-羟基苯基)丙酸]季戊四醇酯（1010)》中规定了主含量≥94.0%，B 型抗氧剂中锡含量≤2×10^{-6}%；HG/T 3712—2010《抗氧剂 168》中规定了主含量≥99.0%，高毒原料 2,4-二叔丁基苯酚含量≤0.20%；HG/T 3974—2019《抗氧剂双(2,4′-二叔丁基苯基)季戊四醇二亚磷酸酯（626)》中规定了主成分含量≥95.0%，游离 2,4-二叔丁基苯酚含量≤1.0%。另外，关于抗氧剂的行业标准还有 HG/T 3795—2005《抗氧剂 1076》，HG/T 3975—2007《抗氧剂 3114》。聚烯烃应用在食品包装材料等领域有一定要求，国家标准 GB 9685—2016《食品安全国家标准 食品接触材料及制品用添加剂使用标准》中规定了多种抗氧剂的限量及迁移量。欧洲经济共同体颁布的 2002/72/EC 和 2004/19/EC 两个指令中明确规定了塑料中 BHT 和抗氧剂 1076 的特定迁移量限值。

目前，有关抗氧剂安全环保问题的研究主要集中在食品和药品的塑料包装中的抗氧剂 BHT，以及抗氧剂中的高毒原料 2,4-二叔丁基苯酚。抗氧剂中 2,4-二叔丁基苯酚主要采用高效液相色谱法（C18 色谱柱，配有紫外检测器）进行检测。下面简单介绍抗氧剂的提取和检测方法，以下方法不只可用于抗氧剂 BHT 的检测，也适用于其他抗氧剂的提取和检测[53]。

塑料包装材料中抗氧剂的提取方法主要有回流萃取法、微波辅助萃取法、加速溶剂萃取法、超临界流体萃取法、超声提取法、索氏提取法、固相微萃取法等。其中以回流萃取法和微波辅助萃取法最常用，传统回流萃取将聚合物样品粉碎后，加入甲苯等溶胀剂，高温加热回流萃取，萃取后再加甲醇等沉淀剂使聚合物沉淀出来，再通过离心过滤等方法将抗氧剂分离出来；微波辅助萃取是利用材料中不同组分对微波的吸收差异，使体系中某些组分被选择性加热，从而使被萃取物从基体或体系中分离，进入合适的萃取溶剂中，萃取溶剂一般要极性溶剂和非极性溶剂两种混合使用。抗氧剂的检测方法主要有气相色谱法、高效液相色谱法、气相色谱-质谱联用法、高效液相色谱-质谱联用法等。气相色谱（GC）法是以惰性气体作为流动相，利用样品各组分在流动相和固定相中的分配差异，使各组分在色谱柱中运行速度有所区分，达到分离各个组分的目的，各组分出峰的保留时间作为定性的重要依据，通过热导检测器（TCD)、火焰离子化检测器（FID)、电子捕获检测器（ECD）等对各组分进行定量分析。高效液相色谱（HPLC）法与气相色谱法原理类似，不过流动相为液体，通过高压泵将不同极性不同配比的流动相压入色谱柱，HPLC 配备的检测器多为紫外检测器（或二极管阵列检测器)、荧光检测器、示差折光检测器等。另外，GC 或 HPLC 与质谱仪联用时，质谱仪作为检测器，各组分根据其碎片离子质荷比所得的质谱图，可对其进行定性定量分析。高效液相色谱法是最常用的抗氧剂检测方法。

(2) 光稳定剂评价技术

聚烯烃在自然光照射下，受其中紫外光影响，会发生分子链断裂，造成制品性能下降，光稳定剂可抑制聚合物的光降解。部分光稳定剂与抗氧剂在作用原理上有相似之处，在使用过程中也常与抗氧剂按不同比例复配使用，以达到耐受严苛加工条件、延长材料稳定性等目的。光稳定剂可分为受阻胺类光稳定剂（HALS)、紫外光吸收剂、猝灭剂、光屏蔽剂等，其中受阻胺类是应用最广的光稳定剂[54]。常见光稳定剂有光稳定剂 622、受阻胺 GW-540、受阻胺 Tinuvin 系列、紫外光吸收剂 UV531、紫外光吸收剂 UV326、二价镍猝灭剂、炭黑光屏蔽剂等。

大多数光稳定剂毒性很低，国内外也未见相关限制标准。二价镍猝灭剂因其分子中含有重金属镍，在国际上已停止使用，国内也在逐渐减少使用。二价镍离子的检测方法在前文重金属检测一节中有叙述，在此不赘述。

(3) 增塑剂评价技术[55]

聚烯烃在生产过程中添加增塑剂可使材料更易加工，同时增强材料的柔韧性等。增塑剂的增塑机理源于增塑剂小分子可插入到聚烯烃分子链之间，增大分子链间距，增加聚烯烃分子链的活动能力，从而降低玻璃化转变温度和熔体黏度等，在宏观上表现为增加聚烯烃材料的柔性和可塑性。

增塑剂是高分子材料领域用量最大的助剂。目前工业应用的增塑剂按分子结构分为邻苯二甲酸酯类、柠檬酸酯类、环氧酯类、环己烷二羧酸酯类、磷酸酯类、聚酯类等，其中邻苯二甲酸酯类增塑剂为用量最大、应用最广的增塑剂，占全部增塑剂市场份额的85%以上。常用邻苯类增塑剂有DBP、BBP、DEHP、DNOP、DINP、DIDP等，邻苯类增塑剂通过动物实验已被证实有生殖毒性和致癌性，邻苯类增塑剂对人类的毒性影响还存在一定争议。多个国家及组织已出台法规和标准限制邻苯类增塑剂的用量，尤其是在食品包装领域及婴幼儿用品领域。例如：美国的《消费品安全改进法案》规定所有玩具和儿童用品中DEHP、DBP或BBP含量均不得超过0.1%，可入口的玩具或儿童用品中DNOP、DINP、DIDP含量均不得超过0.1%；欧盟《食品接触塑料材料和制品法规》中规定了BBP、DEHP、DINP、DIDP含量≤0.1%，DBP含量≤0.05%。欧盟在2015年颁布的指令（EU）2015/863对《关于在电子电气设备中限制使用某些有害物质指令的限用物质清单》（2011/65/EU）进行修订，四种邻苯类增塑剂（DEHP、BBP、DBP和DIBP）被列入限用物质清单，限量值均为0.1%。

增塑剂的安全和环保问题主要集中在了邻苯二甲酸酯类增塑剂上。随着技术的发展，越来越多的增塑剂提取和检测方法被开发出来。邻苯二甲酸酯类增塑剂提取方法主要有索氏提取法、微波辅助萃取法、超声提取法、液液萃取法、固相萃取法、固相微萃取法等，其中索氏提取和超声提取是人们最常用的前处理方法。常用提取溶剂有乙酸乙酯、二氯甲烷、正己烷等。邻苯类增塑剂的检测方法主要有气相色谱法、高效液相色谱法、色谱-质谱联用法、近红外光谱法等，目前最常用的检测方法为气相色谱-质谱联用法。

(4) 阻燃剂评价技术

聚烯烃属于易燃物，可通过加入阻燃剂来改性，赋予聚烯烃耐燃性。阻燃剂的使用在降低火灾引起的生命和财产损失方面发挥重要作用。阻燃剂的应用使得美国由电视机引发的火灾减少了约73%（1991年数据与1983年数据比较）。阻燃剂是高分子材料领域用量仅次于增塑剂的助剂。

按阻燃机理可将阻燃途径分为以下三类：气相阻燃、固相阻燃、中断热交换阻燃。按成分阻燃剂可分为卤系阻燃剂、金属氢氧化物阻燃剂、硅系阻燃剂、磷系阻燃剂、膨胀型阻燃剂、纳米阻燃剂等[56]。常见的阻燃剂有十溴二苯醚、氢氧化铝、氢氧化镁、红磷、聚磷酸铵、可膨胀石墨、硅油等。卤系阻燃剂因其优良的阻燃效果且对高分子材料的力学性能几乎无影响，在阻燃剂行业占据很大份额，尤其是在与三氧化二锑共用时，可起到更优异的阻燃效果，常用卤系阻燃剂有十溴二苯醚、十溴二苯乙烷、四溴双酚A、氯化石蜡等。但因卤系阻燃剂在燃烧过程中会产生大量烟雾和二噁英等有毒气体，威胁人类健康和污染环境，无卤阻燃剂是未来的发展趋势。部分磷系阻燃剂具有生物积累性、潜在致癌性，也被各国法规限制使用。

WEEE、RoHS、EuP、REACH在十余年前出台多个相关指令限制卤系阻燃剂及一些其他类型阻燃剂的使用。REACH 法规中规定阻燃剂 TCEP 和 HBCD 最后使用日期为 2015 年 8 月 21 日。RoHS 指令 2002/95/EC 限制多溴联苯和多溴二苯醚在电子电器设备中的含量，不能超过 0.1%。欧盟 2014/79/EU 指令修订了《玩具安全指令》，针对磷系阻燃剂 TCEP、TCPP，规定其限量为 5mg/kg。在我国，阻燃剂在塑料家具、电子电器产品、汽车、纺织品等领域也制定了相关标准，以限制阻燃剂的使用[57]。

阻燃剂尤其是卤系阻燃剂和部分磷系阻燃剂，对环境很不友好，针对它们的限制条款颇多，同时针对它们的检测方法也被开发出来。从塑料样品中提取阻燃剂的前处理方式主要有微波辅助萃取法、加速溶剂萃取法、超声萃取法、索氏提取法、固相萃取法等，其中以微波辅助萃取法和超声萃取法最为常用[58]。常用检测方法有气相色谱法、气相色谱-质谱联用法、高效液相色谱-质谱联用法、气相色谱-串联质谱法等[59]。另外 X 射线荧光光谱仪可对塑料基体中的总溴进行检测，可作为含溴阻燃剂的初筛检测方法。

(5) 常用标准

目前聚烯烃树脂行业常用的添加剂测试标准如表 12.26 所示。

表 12.26　添加剂常用测试标准

序号	标准号	标准名称
1	GB/T 25277—2010	塑料 均聚聚丙烯(PP-H)中酚类抗氧剂和芥酸酰胺爽滑剂的测定 液相色谱法
2	SN/T 1504.1—2014	食品容器、包装用塑料原料 第 1 部分：聚丙烯均聚物中酚类抗氧剂和芥酰胺爽滑剂的测定方法 液相色谱法
3	SN/T 1504.2—2017	食品容器、包装用塑料原料 第 2 部分：聚乙烯中抗氧剂和芥酸酰胺爽滑剂的测定 液相色谱法
4	GB/T 36793—2018	橡塑材料中增塑剂含量的测定 气相色谱质谱联用法
5	GB/T 22048—2015	玩具及儿童用品中特定邻苯二甲酸酯增塑剂的测定
6	EN 177—2017	Plastics. Determination of Migration of Plasticizers
7	GB/T 29786—2013	电子电气产品中邻苯二甲酸酯的测定 气相色谱-质谱联用法
8	GB/T 36922—2018	玩具中有机磷阻燃剂含量的测定 气相色谱-质谱联用法
9	GB/T 26125—2011	电子电气产品 六种限用物质(铅、汞、镉、六价铬、多溴联苯和多溴二苯醚)的测定
10	IEC 62321-6—2015	电子电气产品中某些物质的测定 第 6 部分：多溴联苯和多溴联苯醚的聚合物气相色谱-质谱法(GC-MS)

12.2.7.3 挥发性有机化合物（VOCs）评价技术

挥发性有机化合物（volatile organic compounds）简称 VOCs。VOCs 的定义在大气环境和职业健康法规中被广泛采用，但在不同的法规之间，VOCs 的定义各不相同。世界卫生组织（WHO）将熔点低于室温而沸点在 50～260℃之间的挥发性有机化合物的总和称为 VOCs[60]。欧盟规定了 20℃下蒸气压大于 10Pa 的所有有机化合物都称为 VOCs。由于测定蒸气压比较困难，德国涂料行业赞成将 1 个标准大气压下初沸点低于 250℃的所有有机化合物称为 VOCs[61]。还有从环保意义上为 VOCs 下的定义：指的是比较活泼的挥发性有机化合物，即会产生危害的挥发性有机化合物，通常这类化合物除了易挥发，同时还会参与大气光化学反应。如美国联邦环保署（EPA）认为 VOCs 是除 CO、CO_2、H_2CO_3、金属碳化物、金属碳酸盐以外，任何参加大气光化学反应的碳化合物。

挥发性有机化合物（VOCs）对人体健康有巨大影响。当居室中的 VOCs 达到一定浓度时，会对人的鼻黏膜、眼黏膜、呼吸道和皮肤等产生刺激作用，损害人的中枢神经系统，短时间内人们会感到头痛、恶心、呕吐、乏力等，严重时会出现抽搐、昏迷，并会伤害到人的肝脏、肾脏、大脑和神经系统，造成记忆力减退、致癌等严重后果[62]。

聚烯烃产生 VOCs 的影响因素较复杂，涉及聚合工艺、加工、运输、储藏及应用等各阶段[63]。聚合得到的聚烯烃中会残留许多不可避免的未反应物，如丙烯、丙烷、CS_2 等小分子有机物及己烷、乙醇、庚烷等溶剂都是 VOCs 的来源；同时聚烯烃分子链的叔碳原子和添加的一些助剂（如抗氧剂）在受到光、氧、热或机械作用时会发生降解，降解过程会产生大量 VOCs。

随着人们对环保、健康的不断重视，大家对材料中挥发性有机化合物的定性、定量分析技术也越来越关注。目前色谱、光谱、质谱等技术在 VOCs 分析领域广泛应用，与之配套的分析仪器也取得了快速发展，如气相色谱仪、液相色谱仪、分光光度计、气质联用仪、液质联用仪等。这些分析仪器从精度、稳定性、分析效率到自动化程度都越来越高，不断推动 VOCs 评价技术的进步。

目前国内外针对高分子材料 VOCs 的检测方法越来越多，如德国汽车工业协会推荐的 VDA275（甲醛）[64]、VDA277（顶空法）[65]、VDA278（热解析法）[66]、VDA276（气候箱法）[67] 等 VOCs 检测方法。我国先后出台的 HJ/T 400[68] 和 GB/T 27630[69] 标准也都规定了汽车车内高分子材料的 VOCs 检测方法。由于高分子材料多为固体，无法直接进样进行分析，所以要对材料进行前处理，前处理技术的优劣对 VOCs 分析有着重要影响。

这里所介绍的评价技术的异同主要体现在前处理方法上。

（1）顶空测试分析法（HeadSpace-GC/MS）

顶空测试分析法是一种比较通用的测量固体材料苯烃类挥发性有机物含量的方法。主要是通过顶空进样器将样品加热，然后将样品基质上方的气相部分进行色谱分析，也称之为液上或固上色谱分析。顶空测试分析通常包括三个过程：取样、进样和色谱分析。根据取样和进样方式不同，顶空测试分析法可分为静态顶空分析和动态顶空分析。

① 静态顶空分析法。静态顶空分析法是将样品密封在一个容器中，在一定温度下放置一段时间，达到气固两相平衡或气液两相平衡（可加入适合的溶剂对样品中的目标物加速溶解），然后将样品上部气相部分通过载气输送至气相色谱或气质联用仪中进行色谱分析，并利用标准物质建立内标曲线或外标曲线对样品中的目标物进行定性定量分析。

静态顶空分析法检测流程简单，预处理步骤较少，不会引入有机溶剂，减少了溶剂以及基质本身对分析的干扰，且顶空进样瓶可以重复使用，样品测试成本较低。但顶空测试法的样品测试量小，数据代表性较低；对于半挥发性物质、浓度较低物质的检测重复性较差，因此其应用受到一定阻碍。

② 动态顶空分析法。动态顶空分析法不是分析平衡状态的顶空样品，而是用流动的气体将样品中的挥发性成分吹扫出来，并用一个捕集器将吹扫出来的物质吸附下来，然后经热解吸将样品送入气相色谱或气质联用仪中进行色谱分析。因此我们通常称之为吹扫-捕集（purge-trap）分析法。欧美汽车行业测试车用材料 VOCs 的热解析法（TDS-GC/MS）原理上其实也属于动态顶空分析法的范畴。

吹扫-捕集分析法使气体连续通过样品，样品顶部的任何组分的分压均为零，可以使更多的挥发性组分逸出，可以测得更低痕量的组分。但吹扫过程中易形成泡沫使仪器超载，同时会吹出水蒸气，为下一步的测试分析带来困难。

（2）固相微萃取分析法（SPME-GC/MS）

固相微萃取分析法是以熔融石英光导纤维或其它材料作为基体支持物，采用相似相溶的特点，在其表面涂覆不同性质的高分子固定相薄层，通过直接或顶空方式，对待测物进行提取、富集，然后将富集了待测物的纤维通过解吸附将待测物注入气相色谱或气质联用仪中进行色谱分析。

SPME 萃取分析法，集采样、萃取、浓缩和进样于一体，操作简便，测定快速高效，该方法无需使用任何有机溶剂，是真正意义上的固相萃取。但 SPME 萃取过程依赖于分析物在涂层和样品两相中的分配系数，因此萃取的选择性取决于涂层材料的特性，一般来说不同种类的分析物要选择不同性质的涂层材料，由于对涂层技术的依赖性，此方法在实际应用中有很大局限性；此外，该方法还存在定量检测精度、可重复性不高的缺点。

(3) 超临界流体萃取分析法 (SFE- GC/MS)

超临界流体指物质处在临界温度和临界压力以上时形成的一种特殊状态的流体，超临界流体具有气体和液体的双重特性，它既有与气体相当的高渗透能力和低黏度，又具有与液体相近的密度和对许多物质优良的溶解能力，而且扩散系数是液体的 100 倍，这些特性使得超临界流体成为一种良好的萃取剂。常用的超临界流体有二氧化碳、氨、乙烷、乙烯、丙烯等。

利用相似相溶原理，选择合适的超临界流体以及合适的温度，可对目标物进行快速、高效萃取及分离，萃取过程无溶剂残留，能耗少。但缺点是萃取装置价格昂贵，前期投入较大。

(4) VOCs 采样袋分析法

采样袋分析法是将样品放入采样袋中，并通入适量的氮气，在一定温度下放置一定时间，然后将袋中气体进行定性定量分析。

与顶空分析法相比，采样袋法可对 VOCs 中醛酮类物质进行提取并检测，检测范围更广。但受外界空气质量的影响，测试结果重现性较差。

(5) 气候箱分析法

气候箱分析法是采用专门的气候试验箱对样品的使用环境进行模拟，定期对气候箱中的气体进行定性定量分析。主要装置是约 $1m^3$ 的密闭气候试验箱，此气候箱具备内部空气均匀度调节功能，且内部设有样品支架，箱体上有进气装置和排气装置，以调节空气交换率。气候箱供气单元提供压缩空气，压缩空气经湿度调节装置加湿后，进入箱内加热和循环，箱内保持正压，通过排气装置进行空气交换。箱内预留采样和监测气路，便于测试。气候箱材质通常要求内壁镜面不锈钢占暴露面积 95%以上，温度偏差小于±0.5℃，湿度调节偏差小于±5%RH，气密性要求 1000Pa 正压下，泄漏小于 $0.001m^3/min$。

测试时，将样品放入气候箱内，根据实际需要设置气候箱的温度、湿度和空气交换率，对样品进行处理。在规定的时间采集试验箱内的空气进行定性、定量分析。该法可对箱内 VOCs 含量进行实时监测，能够研究样品 VOCs 释放量随时间的变化规律，可测醛酮类 VOCs，以及材料雾化性能。缺点是设备投资成本较高、操作及维护较复杂，同时气候箱对外界空气条件要求较高。

(6) 常用标准

目前聚烯烃树脂行业常用的 VOCs 测试标准如表 12.27 所示。

表 12.27　VOCs 常用测试标准

序号	标准号	标准名称
1	HJ/T 400—2007	车内挥发性有机物和醛酮类物质采样测定方法

续表

序号	标准号	标准名称
2	GB/T 27630—2011	乘用车内空气质量评价指南
3	VDA 275	Determination of Formaldehyde From Vehicle Interior with Modified Flask Method
4	VDA 276	Determination of Organic Substances as Emitted from Automotive Interior Produces Using a $1m^3$ Test Chamber
5	VDA 277	Determination of Emissions of Volatile Organic Compounds of Non-Metallic Materials from Vehicle Interior
6	VDA 278	Thermodesorption Analysis of Volatile Organic Compounds Emissions for the Characterization of Non-metallic Automobile Interior Materials

12.2.7.4 气味评价技术

聚烯烃材料在较高温度下使用会释放出不同程度的 VOCs，由此产生的气味等感官问题得到了人们越来越多的关注，特别是在车内饰件、包装材料和饮用水管道等应用领域，气味大小是消费者选择产品的重要因素之一。虽然气味是由材料释放的 VOCs 引起的，但是由于人的嗅觉对 VOCs 中不同化学物质的敏感性差异很大，气味和 VOCs 大小的关系十分复杂，二者并不相等。

气味是一种心理物理学的现象，气味测试是用人体感知来对气味物质进行定量的方法。在呼吸过程中，空气中的化学物质经过鼻腔上部的嗅觉受体使其受刺激，嗅细胞处理这些信息并向大脑发出信号，从而产生气味响应。气味响应与其他感官过程类似，刺激物的浓度与相对应的感知强度的关系一般呈现为 S 形曲线，在饱和前，气味感知强度 I 和气味物质浓度 C 的关系可以用 Stevens 公式（12.11）来表示[70]：

$$I = K_s (C - C_0)^n, C > C_0 \tag{12.11}$$

式中，K_s 是 Stevens 常数；C_0 是气味阈值浓度；n 是指数，取值在 0.2～0.8 之间。这些参数的数值取决于具体的气味物质的性质。对于混合气体，气味强度与各个组分的浓度的关系更加复杂。另一方面，不同人对同一气味物质的敏感度也有较大差别，气味感知的分散性大。因此，除了部分研究工作使用仪器分析方法外，气味评价使用的方法主要是感官分析，并且通常要选取有代表性的一些评价员组成评价小组以便对结果进行统计分析。

(1) 感官分析法

目前国家已经有一系列标准对感官分析、感官分析实验室的建立、评价员的培训和管理作了详细的规定[71-73]。国内和国际上也制定了一些方法标准来测定化学刺激物的气味数据，如 GB/T 22366[74] 和 ASTM E679[75] 规定了采用三点选配法（3-AFC）测定气味阈值的方法；ASTM E544[76] 规定了通过与不同浓度的正丁醇的气味相比较，测定材料气味强度的方法；EN 13725[77] 规定了测定空气中气味浓度（达到检测阈值所需的稀释倍数）的标准化方法。

在实践中，对于聚烯烃树脂和产品的气味评价，通常由经过气味培训的评价小组对材料气味进行评级，其原理是：制取一定尺寸的试样，放入规定容量的容器中密封，然后置于要求的温度环境中保存，一定时间后取出由评价员按照标准方法吸入容器内的气体，评价气味强度并打分。例如，表 12.28 是 GB/T 24149.2 规定的评价汽车仪表板聚丙烯专用料气味性的等级划分[78]。不同的聚烯烃产品的标准对气味评价过程中材料的取样方式、保存温度和时间以及气味等级的规定有所差别，表 12.29 列出了部分相关的国家标准和行业标准，在汽车行业里，较常使用的方法是 VDA 270[79] 和 PV 3900[80]。

表 12.28　气味的等级示例

等级	描述
1	无气味
2	有气味，但无干扰性气味
3	有明显气味，但无干扰性气味
4	有干扰性气味
5	有强烈干扰性气味
6	有不能忍受的气味

表 12.29　部分气味评价方法标准

序号	标准号	标准名称
1	GB/T 24149.2—2017	塑料 汽车用聚丙烯(PP)专用料 第 2 部分：仪表板
2	GB/T 24149.3—2017	塑料 汽车用聚丙烯(PP)专用料 第 3 部分：门内板
3	GB/T 28797—2012	室内塑料垃圾桶
4	GB/T 28798—2012	塑料收纳箱
5	GB/T 35773—2017	包装材料及制品气味的评价
6	VDA 270	Determination of the Odour Characteristics
7	PV 3900	Components in Passenger Compartment-Odor Test

（2）仪器分析法

感官分析方法对气味的评价比较直接，但也存在一些缺陷和不足，如对评价人员和测试环境的要求较高，评价结果主观差异性大等，因此很多研究者开始探索使用仪器分析方法来评价材料的气味。由于引起材料产生气味的分子都是易挥发性的，气相色谱、质谱和嗅辨仪等联用是最常使用的方法[81]，但是这些方法通常只能用于分析单一 VOCs 组分的气味。随着传感器和信息处理技术的提高，电子鼻作为一种新型的气味分析概念和技术开始得到越来越多的关注[82]。相比传统的分析方法，电子鼻技术关注的不是个别化学物质的定性或定量分析，而是通过模拟人嗅觉感官系统，直接提取混合挥发性气体的信息特征进行处理，从而对气味进行识别，或者基于感官评价的数据对材料的气味强度等级进行预测。

电子鼻进行气味评价的过程包括实验部分和信息处理部分。实验部分的方法与 VOCs 分析类似，通常是将样品预处理后，采集顶空气体，这些气体再进行浓缩、过滤处理或不经处理直接输送到电子鼻传感器中进行分析。电子鼻传感器的作用是尽可能多地采集挥发气体中的各类信息，因此要求具有较高灵敏度，并能对各类物质产生不同的响应特征，以提高电子鼻区分不同种类气味的概率，其类型可以是气敏传感器阵列，如金属氧化物半导体(MOS)、压电传感器和光学传感器等，也可以是快速气相色谱或质谱等。电子鼻信息处理部分则是借助各类模式识别方法，对传感器采集的信息进行分类判别，并将仪器数据和感官分析数据相关联。信息处理算法种类较多，如主成分分析（PCA）、线性判别分析（LDA）、偏最小二乘回归分析（PLS）、支持向量机（SVM）和人工神经网络（ANN）等，这些方法各有优缺点，应根据不同的场景和目标选用合适的方法。目前电子鼻分析方法还没有统一和标准化，但是已开始应用于农业、食品、医药和环境检测等行业，高分子材料气味分析的研究也正在逐步开展。

12.2.7.5 残留单体评价技术

树脂中未聚合的游离单体（如氯乙烯）、裂解物（如丁腈、甲醛、酚类）、降解物（如苯乙烯）等，对产品的安全和环保均有影响。目前，较为常见的有害残留单体包括聚氯乙烯树脂中未聚合或降解产生的氯乙烯分子、聚苯乙烯树脂中降解产生的苯乙烯分子、环氧酚醛树脂、聚碳酸酯树脂中裂解产生的双酚 A、聚亚胺酯树脂中裂解产生的异氰酸酯、氟树脂中降解产生的全氟辛酸等[83-87]。

这些物质都属于小分子有机物，其分析检测方法和添加剂、VOCs 的检测方法一致。通常需要先对待检测物质进行萃取，常用的提取方法有超声波萃取[88-92]、微波辅助萃取[93]、快速溶剂萃取[94,95]、固相萃取[96,97]、超临界萃取[98]、固相微萃取[99,100] 等。之后再经过富集、纯化，通过气相色谱、液相色谱、气质联用技术、液质联用技术、原子吸收光谱等检测技术等，进行最终的定性定量分析。

而聚烯烃树脂主要包含聚乙烯、聚丙烯、聚 1-丁烯、聚 4-甲基-1-戊烯、环烯烃聚合物，以及以乙烯、丙烯为基础的一些共聚物。树脂中可能残留的单体为合成树脂所使用的烯烃单体分子，无臭无毒，因而对聚烯烃树脂中残留单体的研究以及相关测试评价很少。

12.2.8 断裂韧性评价

聚烯烃材料都不可避免地存在着裂纹、空洞等缺陷，这些缺陷的存在和扩展，降低了材料的使用性能，甚至有可能使之失效。评价缺陷对聚合物性能的影响一直是聚合物应用领域的研究热点，其中最为有效的一种方式是使用断裂力学进行评价。

断裂韧性是表征高分子材料的重要力学性能参数之一，通常采用一系列不依赖于试样几何尺寸及测试条件的材料常数来评价其断裂韧性。

一般来讲，对于脆性材料或确认发生线弹性断裂的情况，通常使用临界应力强度因子 K_c 或者临界应变能量释放率 G_c 来表征；对于半脆性或半韧性材料，或发生弹塑性断裂的情况，其断裂过程中裂纹扩展前端存在较大塑性区，常采用裂纹张开位移（COD）或裂纹尖端张开位移（CTOD）、J 积分或基本断裂功来表征断裂韧性。

12.2.8.1 线弹性破坏与表征[101-103]

线弹性断裂力学最早由 Griffith 提出，后来由 Orowan 和 Irwin 将其补充完善，并提出两个断裂力学参量：应力强度因子 K 与能量释放率 G。K 参量利用应力应变分析法来研究裂纹尖端附近的应力应变场，而 G 利用能量分析法来研究裂纹扩展时系统能量的变化；使用裂纹起裂时的临界应力强度因子 K_{IC} 和临界能量释放速率 G_{IC} 作为材料抵抗裂纹扩展能力也即材料断裂韧性的基本物理参数。

(1) 应力强度因子与能量释放率

断裂可以看作是材料在外力作用下产生新表面的过程。Griffith 理论就是用能量平衡的方法，测量材料的断裂韧性。

当外力使某一材料发生断裂时，产生了两个新表面，则从能量关系应有：

$$\frac{\partial(F-U)}{\partial a} \geqslant \gamma \frac{\partial A}{\partial a} \tag{12.12}$$

式中，F 是外力做的总功；U 是样品的应变能；γ 为表面自由能；∂A 是裂纹增加长度 ∂a 时增加的表面积，当试样厚度为 b 时，由于 $\partial A=2b\partial a$，则有：

$$\frac{1}{b}\frac{\partial(F-U)}{\partial a} \geqslant 2\gamma \tag{12.13}$$

定义 G_0 为仅发生价键断裂时需要的固有断裂能，因此若 $G_0=2\gamma$，则表示断裂过程中仅有次价键的断裂，如范德华力，在断裂过程中消耗的能量完全转化为新的表面自由能，无其他损耗，这种情况常见于玻璃、陶瓷等脆性材料；若 $G_0>2\gamma$，则表示断裂过程中有更强的价键，如共价键发生了断裂。

定义 G_c 包括断裂时裂纹尖端所有的能量损失，即使裂纹增加单位长度的能量，即 G_c 是一个断裂可以发生的临界能量，若发生断裂，则有：

$$\frac{1}{b}\frac{\partial(F-U)}{\partial a}\geqslant G_c \tag{12.14}$$

同时我们也知道，由于聚合物的断裂过程除了价键的破坏外，还有黏弹性和塑性形变发生，也要吸收部分能量，因此有 $G_c>G_0$。

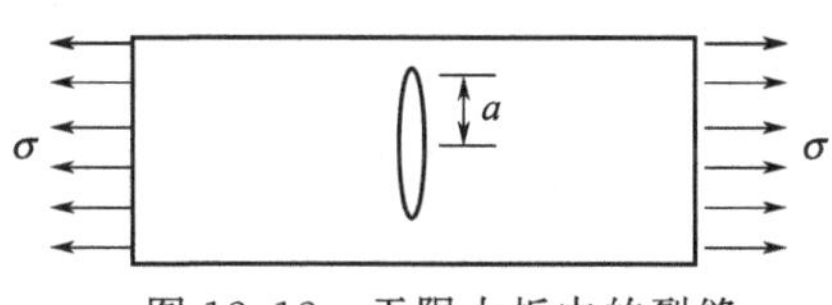

图 12.12 无限大板中的裂缝

Griffith 通过计算无限大板中产生尖端裂缝所释放的能量，并将此能量与生成新表面所需能量相联系。如图 12.12 所示，设有一无限大的线弹性材料板，单位厚度，受到平均拉伸应力 σ 的作用，形成一个长度为 $2a$ 的裂缝。

圆形区域内的释放应变能为：

$$U=-\frac{\pi\sigma^2a^2}{2E} \tag{12.15}$$

式中，E 为材料的拉伸弹性模量，负号表示体系能量降低。

当裂缝长度增加 ∂a 时，体系能量变化为：

$$\frac{\partial}{\partial a}\left(-\frac{\pi\sigma^2a^2}{2E}+4a\gamma\right)=-\frac{\pi\sigma^2a}{E}+4\gamma \tag{12.16}$$

式中，γ 为裂缝的表面张力，新表面长度为 $4a$，则表面能为 $4a\gamma$。

裂缝不发生扩展的条件是能量变化率$\geqslant 0$，即 $-\dfrac{\pi\sigma^2a}{E}+4\gamma\geqslant 0$，常写作：

$$\sigma_0\sqrt{\pi a}\leqslant\sqrt{4\gamma E} \tag{12.17}$$

式中，$\sigma_0\sqrt{\pi a}$ 是裂缝增长的驱动力，Irwin 将其定义为强度因子 K，当断裂为拉伸形式的破坏时，属于 I 型破坏，因此常写作 K_{I}。

$$K_{\mathrm{I}}=\sigma\sqrt{\pi a} \tag{12.18}$$

强度因子与应力 σ 成正比，当应力增加到临界断裂应力σ_f，裂缝就开始增长，此时的强度因子称为临界应力强度因子（critical stress intensity factor）K_{IC}。

$$K_{\mathrm{IC}}=\sigma_f\sqrt{\pi a}=\sqrt{4\gamma E} \tag{12.19}$$

式中，断裂韧性也用 K_{IC} 表示。将 K_{IC} 称为临界应力强度因子，仅是出于习惯，其量纲为 $\mathrm{MPa}\cdot\mathrm{m}^{1/2}$。

当用 Griffith-Irwin 理论对非线弹性材料进行断裂韧性计算时，由于黏弹性或塑性形变的存在，不能仅局限于新表面的产生，可以将所有能量吸收过程作为一个整体考虑，定义产生单位面积裂缝表面所需的能量为应变能释放率（strain energy release rate）G，则：

$$G=\frac{\mathrm{d}W}{\mathrm{d}A}-\frac{\mathrm{d}U}{\mathrm{d}A}=\frac{1}{b}\left(\frac{\mathrm{d}W}{\mathrm{d}a}-\frac{\mathrm{d}U}{\mathrm{d}a}\right) \tag{12.20}$$

式中，W 为外力对试样做的功；U 为试样的应变能；A 为裂缝面积；b 为试样厚度；a

为裂缝长度。当 G 超过临界值 G_{IC} 时，裂纹即开始扩展，与式$\sigma_0\sqrt{\pi a}\leqslant\sqrt{4\gamma E}$ 和式 $K_{IC}=\sigma_f\sqrt{\pi a}=\sqrt{4\gamma E}$ 相关联，对于非线弹性材料则有：

$$G=\frac{\pi\sigma^2 a}{E} \tag{12.21}$$

$$G_{IC}=\frac{\pi\sigma_f^2 a}{E} \tag{12.22}$$

$$K_{IC}=\sqrt{E'G_{IC}} \tag{12.23}$$

式中，当处于平面应力状态下时，E' 等于材料的拉伸弹性模量 E，当处于平面应变状态下时，$E'=\dfrac{E}{1-\mu^2}$，μ 为泊松比。

(2) 线弹性断裂韧性的测试方法

① 试验方法概述。将试验材料制成一定形状和尺寸的试样，在试样上制备出相当于缺陷的裂纹，然后对试样进行加载。由于试样及其裂纹的形状、尺寸和加载方式以及断裂部位都是预先确定的，所以其应力场强度因子 K_I、G_I 的表达式也是确定的。

在加载过程中，用测试仪器连续地记录载荷增加及裂纹扩展情况的 F-S 曲线。将曲线上表明裂纹失稳扩展的临界状态的载荷 F_Q 及试样断裂后测出的预制的裂纹深度 a 代入应力场强度因子的表达式，求出裂纹失稳扩展的临界 K_I 值并记为 K_Q。

然后再依据一些规定判断 K_Q 是不是平面应变状态下的 K_{IC}，如果 K_Q 不符合判定的要求，则仍不是 K_{IC}，需要增大试样尺寸重新试验，直到测出材料的 K_{IC} 值。

② 主要影响因素。

a. 试样类型。常用的试样类型有：单边缺口弯曲试样 SENB（single edged notched bend specimen）、紧凑拉伸试样 CT（compact tension specimen）、单边缺口拉伸试样 SENT（single edged notched tension specimen）等类型。在 ISO 13586 中，推荐的为前两种试样类型，详见图 12.13 和图 12.14。

图 12.13　单边缺口弯曲试样 SENB

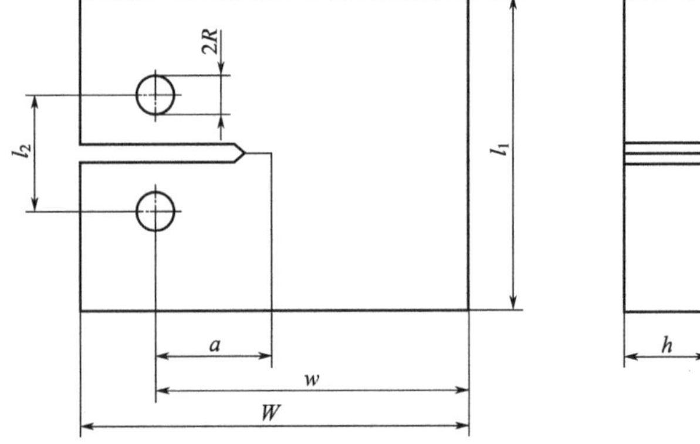

图 12.14　紧凑拉伸试样 CT

b. 裂纹制备。可用下列方法来制备裂纹。

在试样上加工一个锋利的缺口，然后通过敲击缺口中放置的新刀片产生自然裂纹（这是必要的，因为在脆性试样中，此过程可以产生自然裂纹，但需要一些技巧来避免裂纹太长或局部损伤）。由此产生的裂纹长度应大于原始缺口尖端半径的 4 倍。

如果不能产生自然裂纹（如在坚硬的试样中），则通过拖动刀片使切口锋利。每个试样使用一个新的刀片。由此产生的裂纹长度应大于原始缺口尖端半径的 4 倍。

冷却韧性试样，然后用剃刀敲击有时是可行的。由于可能会产生诱导残余应力，不建议将刀片压入缺口。

测试系统校正。因需要加载压痕、压缩试样和提高设备适应性，需对测量的位移进行校正，以便准确确定试样的刚度系数 s 和裂纹扩展开始时的功 W_B，具体流程详见 ISO 13586—2018。

③ 有效性检验。线弹性断裂力学（LEFM）的应用需要材料裂纹尖端的极小区域处于塑性变形阶段，其他区域的应力和应变处于线弹性阶段。

测试结果仅仅在试样尺寸远远大于裂纹尖端塑性区尺寸的时候才有效，按照标准，尺寸需满足下列条件才算有效。

厚度 $h>2.5r$；

裂纹长度 $a>2.5r$；

剩余宽度 $(w-a)>2.5r$。

r 按照式（12.24）和式（12.25）计算。

$$r=\frac{2f^2\phi sG_Q}{h\sigma_y^2} \tag{12.24}$$

$$且\quad K_{IC}=\sqrt{E'G_{IC}}$$

$$或者\quad r=\frac{K_Q^2}{\sigma_y^2} \tag{12.25}$$

$$且\quad K_{IC}=\sqrt{E'G_{IC}}$$

式中，h 为试样厚度；f 为集合校正因子；ϕ 为能量校正因子；s 为试样的刚度系数；σ_y 为拉伸屈服应力或者弯曲屈服应力乘以 0.7。

④ 单边缺口试样（SENT）断裂韧性参数。为了便于参考，将一些聚合物的单边缺口试样（SENT）断裂韧性参数列于表 12.30。

表 12.30　聚合物的单边缺口试样（SENT）断裂韧性参数（20℃）

材料名称	K_{IC}/(MPa·m$^{1/2}$)	材料名称	K_{IC}/(MPa·m$^{1/2}$)
PP	3.0～4.5	PMMA	0.7～1.6
PE	1.0～6.0	PS	0.7～1.1
POM	约 4.0	PC	2.2
PA	2.5～3.0	HIPS	1.0～2.0
环氧树脂	0.6	ABS	2.0
聚酯	0.6	PVC	2.0～4.0

12.2.8.2 弹塑性破坏及表征[101-103]

弹塑性断裂力学（EPFM）或称非线性断裂力学，或称屈服后断裂力学，于 20 世纪 60 年代提出，即应用塑性力学理论研究裂纹扩展的规律及脆断问题。对于某些材料断裂前在裂纹顶端附近已产生大范围的屈服，用线弹性理论已无法描述，即 LEFM 已不适用，故发展了 EPFM。

由于线弹性断裂力学是把材料作为理想线弹性体，运用线弹性理论研究裂纹失稳和扩展规律，从而提出裂纹失稳的准则和扩展规律。但事实上由于裂纹尖端应力高度集中，在裂纹尖端附近必然首先屈服形成塑性区域。若塑性区与裂纹尺寸相比很小，则可以认为塑性区对绝大部分的弹性应力分布影响不大，应力强度因子可近似地表示弹性变形区的应力场。适当修正应力强度因子，线弹性断裂力学的分析方法和结论仍能应用。但中、低强度钢的中小型构件，薄壁结构，焊接结构的拐角和压力容器的接管处，在裂纹尖端附近，发生大范围屈服或全面屈服，即塑性区尺寸与裂纹长度相比，不可忽略断裂发生在接近屈服应力的时刻，这时线弹性断裂力学的结论不再适用。

弹塑性断裂与脆性断裂不同，在裂纹开裂以后出现明显的亚临界裂纹扩展（稳态扩展），达到一定的长度后才发生失稳扩展而破坏。而脆性断裂无明显的临界裂纹扩展，裂纹开裂与扩展几乎同时发生。弹塑性断裂准则分为两类，第一类准则以裂纹开裂为根据，如 COD 准则，J 积分准则；第二类准则以裂纹失效为根据，如 R 阻力曲线法，非线性断裂韧度 G 法。

(1) J 积分原理及测试方法

J 积分 1968 年由赖斯（J. R. Rice）提出，它反映裂纹顶端由于大范围屈服而产生的应力、应变集中程度。J 积分具有与积分路线无关的特性，表征了向裂纹区域的能量输入。考虑单位厚度的二维裂纹，其数学定义为：

$$J=\int_{\Gamma}\left(W\mathrm{d}y-T\times\frac{\partial V}{\partial x}\mathrm{d}s\right) \tag{12.26}$$

式中，W 为应变能密度；T 和 V 为张力和位移的矢量分量；$\mathrm{d}s$ 为回路上的单位长度弧度。

J 积分有以下各性质：

J 积分与路径无关。

J 积分能决定裂纹顶端弹塑性应力应变场。

J 积分与形变功功率有如下关系：

$$J=-\frac{1}{B}\left(\frac{\partial U}{\partial a}\right)\nabla \tag{12.27}$$

式中，B 为试件厚度；U 为试件的形变功；∇ 为给定位置。上式是 J 积分得以实验测定的基础。

材料在裂纹开始扩展（临界状态）时的能量吸收称为 J_{IC}，与 K_{IC}、G_{IC} 一样，是材料的本征参数。故裂纹开始扩展的判据为：

$$J_{\mathrm{I}}\geqslant J_{\mathrm{IC}} \tag{12.28}$$

聚合物的 J_{IC} 的测试标准有 ASTM D 6068-10。所用实验样条还是单边缺口弯曲或紧凑拉伸，为了得到有效的数据点，测试试样的几何尺寸应满足以下约束条件。

$$a=(0.5\sim0.75)w \tag{12.29}$$

$$B\geqslant 25\left(\frac{J_{\mathrm{IC}}}{\sigma_{\mathrm{y}}}\right) \tag{12.30}$$

$$w-a \geqslant 25\left(\frac{J_{\mathrm{IC}}}{\sigma_{\mathrm{y}}}\right) \tag{12.31}$$

J 积分的测定是对一组试样（至少 5 个）进行，它们具有基本相同的几何尺寸及预制裂纹（尽量使 a/w 一致）。使用电子拉力机缓慢加载，记录荷载-位移（F-S）曲线，用控制不同的位移量或荷载量的方法，使各试样产生不同的裂纹扩展量 Δa ［在 0.6%～6%（$w-a$）之间］，立即停机，采用着色法使裂纹前端留下痕迹，然后打（压）断试样，用读数显微镜测量预制裂纹长度 a_0 和裂纹扩展量 Δa，按照下式计算响应的 J 值：

$$J=\frac{\eta U}{B\left(w-a_0\right)} \tag{12.32}$$

式中，SENB 试样 $\eta=2$，CT 试样 $\eta=2+0.522b_0/w$；U 为试件的形变功；B 为平面试样的厚度；w 为试样宽度；a_0 为预制裂纹长度。

在对试验进行有效性判定后，作线性回归，在 J-Δa 图上得到 J_{R} 阻力曲线。理论上在 J-Δa 关系曲线上外推可以得到 J_{IC} 值，但是由于裂纹端部存在塑性屈服区，裂纹不会立即扩展，出现一个钝化过程，此时 J 积分与 Δa 有以下关系：

$$J=2\sigma_{\mathrm{y}}\Delta a \tag{12.33}$$

这种直线关系称为钝化直线，因此 J_{IC} 值实质上是 J_{R} 曲线与钝化直线的交点所对应的 J 值，就是从这点裂纹开始扩展。J_{IC} 测试原理如图 12.15 所示。

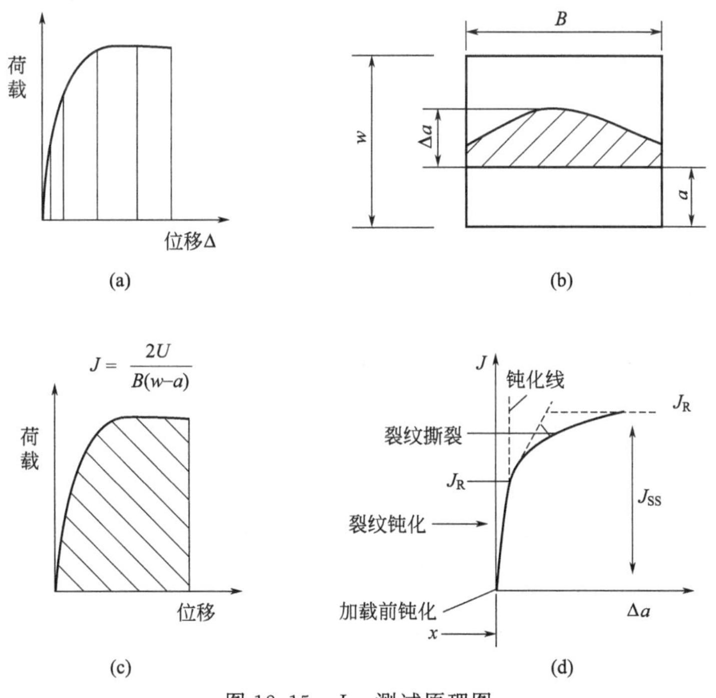

图 12.15 J_{IC} 测试原理图

J_{R} 阻力曲线表示了韧性材料在裂纹扩展过程中所具有的抗裂能力。对一般的韧性材料，J_{R} 阻力曲线随 Δa 增加而较快上升，并具有平台，曲线水平渐进值 J_{SS} 便是裂纹稳定扩展中的 J 积分（饱和 J 值）。对不同材料，J_{SS} 是 J_{IC} 的几倍至几十倍。为了便于参考，将一些聚合物的 J_{IC} 的值列于表 12.31。

表 12.31　一些聚合物的 J_{IC} 的值（室温）

材料名称	$J_{IC}/(kJ/m^2)$	材料名称	$J_{IC}/(kJ/m^2)$
PE	20	PBT/PC 合金	4.0
HIPS	15.5	PA	5.3
ABS	3.3	乙烯、丙烯嵌段共聚物	11.0
PVC 合金	3.0		

(2) CTOD 理论

1965 年 Wells（威尔斯）在大量实验的基础上，提出裂纹尖端张开位移（CTOD）理论。实验与分析表明，裂纹体受载后，裂纹尖端附近存在的塑性区将导致裂纹尖端的表面张开，这个张开量就称为裂纹尖端的张开位移，通常用 δ 来表示。Wells 认为：当裂纹尖端的张开位移 δ 达到材料的临界值 δ_c 时，裂纹即发生失稳扩展。裂纹尖端张开位移是弹塑性断裂力学中的一个重要参量。

裂纹尖端张开位移是指一个理想裂纹受荷载时，由于裂纹尖端出现较大范围的屈服，使裂尖两表面产生的距离，即裂纹尖端张开位移 CTOD（crack tip opening displacement）。严格地讲，裂纹尖端张开位移并不是一个直接度量裂纹尖端应力、变形强度的力学量，但对裂端区域的大范围屈服情况，可以认为裂纹尖端张开位移是裂纹尖端塑性变形的一种较好度量方式，并且，裂纹张开位移可以非常方便地通过实验测量获得。基于上述认识，英国人 Wells 首先提出了 CTOD 判据，即当裂纹尖端张开位移 CTOD（简写为 δ）达到材料的某一临界值时，裂纹会发生失稳扩展，表示为：$\delta=\delta_c$。

① Irwin 小范围屈服条件下的 CTOD。在讨论小范围屈服的塑性区修正时，Irwin 曾引入了有效裂纹长度，这意味着为考虑塑性区的影响，可以设想把原裂尖 O 移至 O'，如图 12.16 所示，于是，当以有效裂尖 O' 作为裂尖时，原裂尖 O 发生了张开位移，它就是 Irwin 小范围屈服条件下的 CTOD。

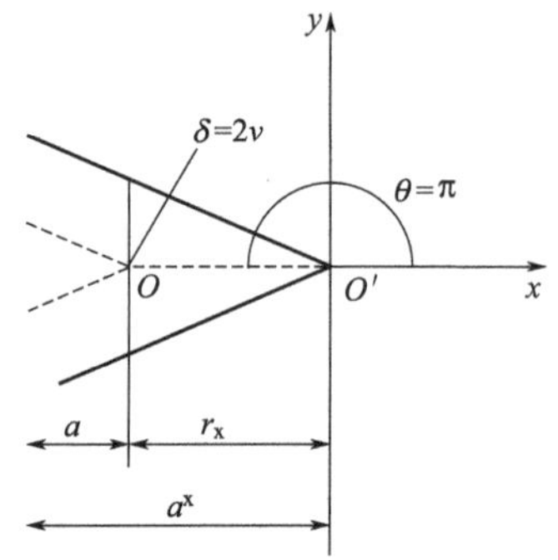

图 12.16　裂纹尖端张开位移

② D-B 带状塑性区模型的 CTOD。Dugdale 和 Barenblatt 分别通过对中心裂纹薄板拉伸的实验研究，提出了裂纹尖端塑性区呈现尖劈带状特征的假设（简称 D-B 模型），如图 12.17(a) 所示。

D-B 模型假设：裂纹尖端区域的塑性区沿裂纹线两边延伸呈尖劈带状，塑性区的材料为理想塑性状态。整个裂纹和塑性区周围仍为广大的弹性区所包围，如果取消塑性区，塑性区与弹性区交界面上作用有均匀分布的屈服应力 σ_s。σ_s 指向是使塑性区裂纹闭合，如图 12.17(b) 所示。

该模型认为，在远场均匀拉应力作用下裂纹长度从 $2a$ 延伸到 $2c$，屈服尺寸 $R=c-a$，当以带状屈服区尖端 C 为裂尖时，原裂纹的端点的张开量就是 D-B 带状模型下的裂纹尖端张开位移。

必须注意 D-B 带状模型分析的适用条件：

针对平面应力情况下的无限大平板中心有贯穿裂纹的问题进行研究；

引入了弹性假设，使计算分析比较简单，一般适用于 $\sigma/\sigma_s\leqslant0.6$ 的情况；

假设塑性区材料为理想塑形（无硬化），区域为带状（条状）（非鱼尾状）。

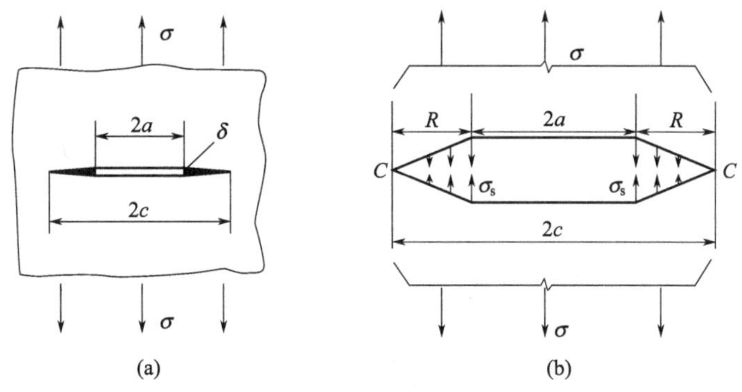

图 12.17　带状屈服模型

目前为止，高分子材料的 CTOD 测试还没有形成相关的行业、国家或国际标准。测试方法与流程可以参照 ASTM E1290，但是要注意这个标准是针对金属材料，应用在高分子材料领域需要慎重。

（3）EWF 理论及测试方法[104,105]

对于一些 σ_y 小，而 J_{IC} 大的材料来说，需要较大的试样尺寸才能满足 J 积分评价的条件：B、a、$(W-a)>25(J_{IC}/\sigma_y)$。此外，薄膜材料也因尺寸问题难以用 J 积分进行断裂韧性评价，这就限制了它的一些应用。为此，有人提出能解决平面应力状态下薄片韧性破坏评价的基本断裂功理论（EWF）。对韧性较大的聚烯烃材料，用基本断裂功可以很简便地表征其断裂韧性。当有裂纹的韧性材料受荷载时，断裂过程和塑性变形发生在两个不同的区域，即内部过程区和外部塑料区。因此，总断裂功（W_f）应分为两部分，即在断裂过程区（W_e）中耗散的功和在塑性区（W_p）中耗散的功，如图 12.18 所示。

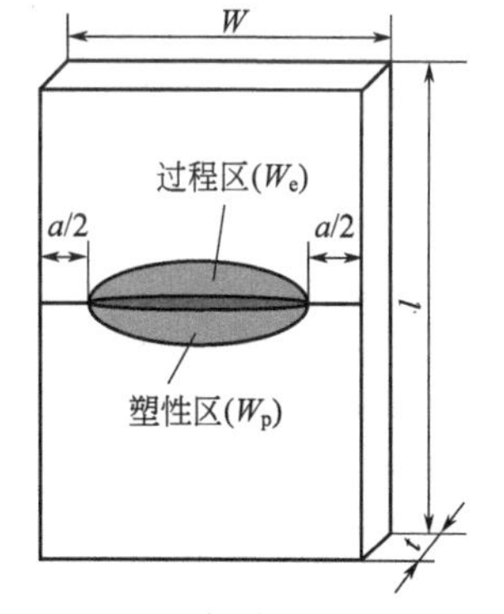

图 12.18　有裂纹韧性材料的断裂过程

$$W_f = W_e + W_p \tag{12.34}$$

式中，W_e 为基本断裂功，为仅仅导致材料断裂需要消耗的能量；W_p 为非基本断裂功或断裂塑性功，是材料在断裂过程中同时发生塑性流动消耗的能量。

从物理意义上来看，W_e 是创建两个新断裂面所需的功，并在断裂过程中被消耗。如图 12.19(a) 和 (b) 所示，在玻璃态聚合物的脆性断裂中，W_e 消耗于拉伸过程中形成银纹以及破坏裂纹尖端的银纹纤维；对于韧性聚合物，W_e 则用于形成裂纹和破坏裂纹尖端的颈缩区。

W_e 实际上是一种表面功，对于确定厚度的试样，其与图中的系带长度 $L(L=W-a)$ 成正比；W_p 则是一种体积功，与 L^2 成正比。

于是总断裂功为：

$$W_f = W_e + W_p = W_e tL + \beta \tag{12.35}$$

式中，W_e 是比基本断裂功；W_p 是比非基本断裂功；β 是塑性区的形状因子；t 是试样厚度；W 是试样宽度；L 是裂纹初始长度。

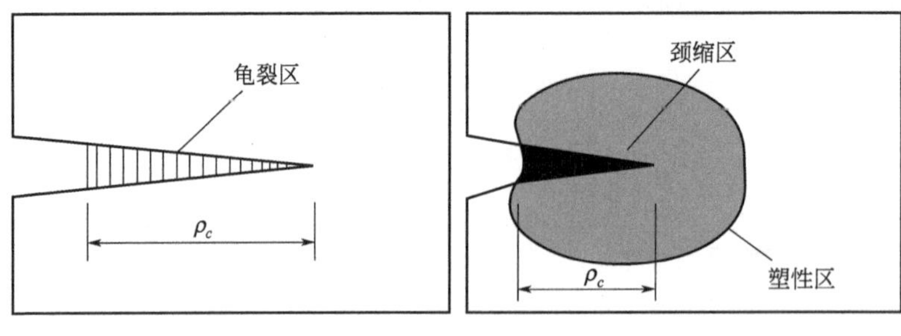

图 12.19　聚合物的断裂类型

于是总比断裂功：

$$W_f = W_f/tL = W_e + \beta W_p L \tag{12.36}$$

形状因子 β 由塑性区的形状决定，分为以下三种情况，如图 12.20 所示。

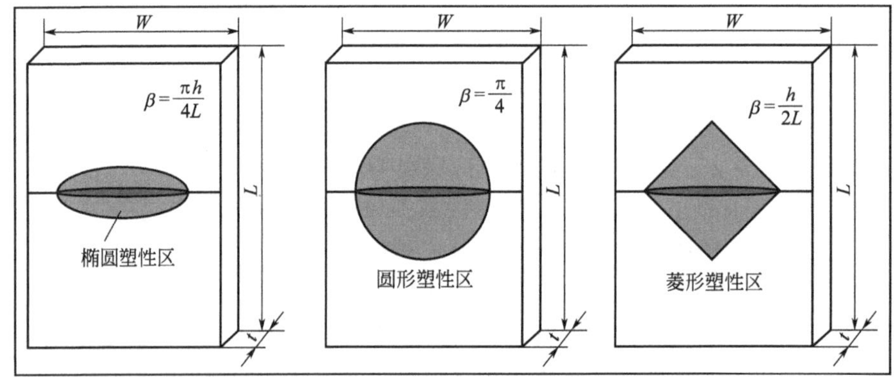

图 12.20　三种形状塑性区的形状因子 β

从公式 $W_f = W_e + \beta W_p L$ 可以看出，W_e 与试样几何尺寸无关，为材料常数，β 和 W_p 与试样的系带长度 L 无关，W_f 和 L 之间存在线性关系。如图 12.21 所示，以 W_f 和 L 作图，其斜率为 βW_p，当外推至系带长度为零时，Y 轴的截距即为比基本断裂功 W_e。

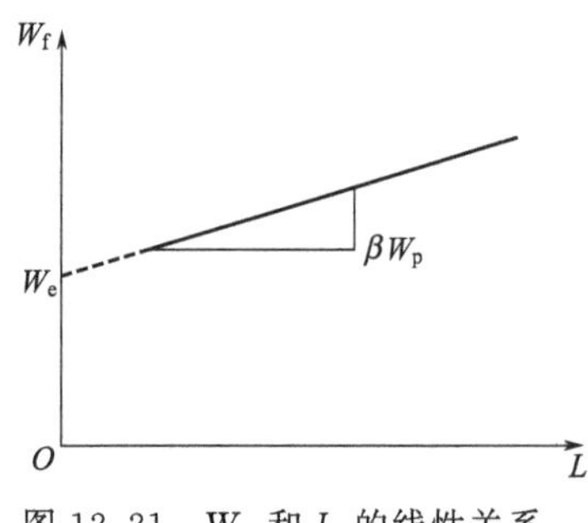

图 12.21　W_f 和 L 的线性关系

因此可以通过测定一系列不同系带长度 L 下的 W_f，作图来确定韧性材料的比基本断裂功 W_e。通常采用双边缺口拉伸试样（DENT）来测定。需要注意的是，基本断裂功理论的前提是材料产生了充分的塑性变化后才开始发生断裂，因此需要严格控制系带长度 L 的大小：L 既不能太小，以免使断裂发生在平面应变状态下，也不能太大，以免导致试样受边缘效应影响。一般说来，L 应满足以下条件：

$$(3 \sim 5)t \leqslant L \leqslant \min(W/3,\ 2\gamma_p) \tag{12.37}$$

式中，$2\gamma_p$ 是裂纹尖端引起的塑性变形区大小。

12.2.8.3　断裂力学测试的主要标准[104,105]

目前，金属领域的断裂力学参数相关测试标准相对比较完善，而在高分子材料领域，比较缺乏，将主要的标准列在表 12.32。

表 12.32　断裂力学测试的主要标准

序号	标准号	标准名称
1	ISO 13586:2018	Plastics-Determination of Fracture Toughness (G_{IC} and K_{IC})-Linear Elastic Fracture Mechanics(LEFM) Approach
2	ISO 17281:2018	Plastics-Determination of Fracture Toughness (G_{IC} and K_{IC}) at Moderately High Loading Rates (1m/s)
3	ISO 15024:2001	Fibre-Reinforced Plastic Composites-Determination of Mode I Interlaminar Fracture Toughness, G_{IC}, for Unidirectionally Reinforced Materials
4	ISO 15850:2014	Plastics-Determination of Tension-Tension Fatigue Crack Propagation-Linear Elastic Fracture Mechanics (LEFM) Approach
5	ASTM D5045-14	Standard Test Methods for Plane-Strain Fracture Toughness and Strain Energy Release Rate of Plastic Materials
6	ASTM D6068-10(2018)	Standard Test Method for Determining J-R Curves of Plastic Materials
7	ISO 29221:2014	Plastics-Determination of Mode I Plane-Strain Crack-Arrest Toughness

12.2.9　耐老化性能评价

聚烯烃材料在储存、加工、运输和使用过程中会受到很多因素的影响，如自身结构组成、光照、热、降雨、氧、应力、化学物质、微生物等。这些因素的影响通常会使得聚烯烃材料的各项性能发生衰减，这一现象被称为材料的降解。表 12.33 列出了不同降解种类及对应的影响因素。通常材料的降解并非为单一种类的降解，而是多种类型的降解同时发生。降解会导致聚烯烃材料无法长时间满足使用要求，在特定应用场合下还会给生产、生活带来严重的安全隐患。由此可见，聚烯烃材料的长期性能评价是一项全面综合的评价，且具有十分重要的实际意义。

表 12.33　降解种类及对应的影响因素[106]

降解种类	影响因素
光降解	日光(UV、可见光)
热降解	热
氧化降解	氧气、臭氧
力学降解	应力、疲劳
生物降解	微生物、酶
化学降解	酸、碱、盐、活性气体、溶剂、水
高能辐射降解	X 射线、α 射线、β 射线、γ 射线
超声降解	超声波
电力老化	电场、充/放电
刻蚀与腐蚀降解	等离子体
磨损降解	摩擦力、物理磨损

12.2.9.1　耐候性能评价方法

耐候性能的评价方法主要分为户外暴晒和人工加速老化。基本原理为通过对比材料在不同环境处理前后的特定性能的变化，综合评价材料的耐候性能。

户外暴晒是将样品放置于真实的户外环境下进行暴晒。户外暴晒的优势为可以真实地反映出材料在户外实际环境下的耐候性能。但户外暴晒通常需要较长的时间，而且气候变化和不同地区之间气候的差异导致不同地区、不同时间下的户外暴晒的试验结果差异较大，重复性不高。尽管如此，户外暴晒仍是评价材料耐候性能必不可少的方法，所积累的相关数据具有重要的参考和研究价值。

另一类方法为人工加速老化，通过把样品放置在人工模拟的环境中，加速材料的降解，进而评价材料的耐候性能。相比于户外暴晒，人工加速老化可以通过强化光照、温度、水等环境因素的影响，在较短时间内评价材料的耐候性能。此外，由于人工模拟环境的可控性，人工加速老化后得到的试验结果再现性好。因此，人工加速老化十分适用于产品研发过程中配方的筛选以及生产过程中的质量监控。

(1) 户外暴晒

国外对材料耐候性能的研究起步较早。户外暴晒作为研究材料耐候性能最可靠的方法一直沿用至今，并且各方面逐步规范，形成一系列的标准方法。国外在 20 世纪 20 年代开始建立户外暴晒场。到目前为止，全球建成的户外暴晒场约有 400 多个，涵盖了多种典型的气候类型。分别用于评价材料在不同气候类型下的耐候性能。世界范围内公认的户外暴晒试验基准环境为美国迈阿密地区的湿热环境和美国凤凰城地区的干热环境。这两个地区的户外暴晒试验场为美国材料与试验协会（ASTM）、美国汽车工程师协会（SAE）等组织制定相关材料耐候性能的评价标准时提供基准数据，并且为人工加速老化试验提供基础数据使其进行参考和对比。

我国对于材料长期耐候性能的研究开展较晚，在 20 世纪 50 年代开始了材料户外暴晒试验的研究工作。我国幅员辽阔，疆土跨越寒温带、中温带、暖温带、亚热带、热带等多个气候带。从 80 年代起逐步在各个典型的气候带建立了户外暴晒试验场，形成了一张材料户外耐候性能评价的实验网。其中，海南琼海具有与美国迈阿密较为相当的湿热气候环境，新疆吐鲁番和甘肃敦煌具有美国凤凰城较为接近的干热气候环境。这两个地区可以为我国耐候性能标准的制定和人工加速老化试验的设计提供基准数据。

户外暴晒可分为整体暴晒和试样架暴晒。目前采用整体暴晒方法较多的为汽车主机厂。新推车型在上市之前，都会进行特定时间的整机户外暴晒，对其耐候性能进行综合全面的评估。

采用试样架暴晒时，应充分考虑试样架的安装方式对暴晒试验结果的影响。试样架在安装时应该面向赤道，试样架可分为固定式和可旋转式两种。带有自动跟踪太阳方位功能的可旋转式试样架，可以使得试样接收到更多的太阳辐射能量，加快材料的降解。

暴晒时，试样架的倾斜角度会对户外暴晒的结果产生显著的影响。不同的倾斜角度决定了试样暴晒时接收到太阳辐射能量的多少和试样升温、降温的速率。此外，倾斜角度还会改变凝露、降雨、干燥空气对样品湿润状态的影响。

针对汽车内饰材料的户外暴晒，特别采用安装玻璃的暴晒箱。采用这种装置可以使得材料暴露于经过玻璃过滤的太阳光，最大限度地模拟材料在真实使用情况下的环境。

除常规的户外暴晒外，利用菲涅尔反射聚光器可以实现户外加速暴晒。相应装置可以将照射在其表面的太阳光（紫外光部分）聚焦在样品表面，使得样品接受到的太阳辐射大大提高，加速了材料的降解。

户外暴晒的相关测试标准对很多方面都做了明确的规定，包括试样架的材质、安装方式、倾斜角度、背板、试样固定方式、试样清洁等等。这样可以最大限度地规范和统一材料的户外暴晒试验，更准确有效地评价材料的耐候性能。

(2) 人工加速老化

与户外暴晒相对应的是使用加速老化试验箱进行人工加速老化。通过特殊的老化试验箱大大地加快材料降解的过程，为不同产品配方的筛选和生产质量监控提供了很好的帮助和支持。不过需要注意的是加速老化获得的测试结果并不总是代表真实环境下的老化结果。人工加速老化按照老化试验箱所用的光源种类可以分为氙灯老化、荧光紫外灯老化和碳弧灯老化。由于碳弧灯光源与日光的光谱分布相差大，在人工加速老化的实际应用中逐渐减少，主要在相关的日本标准里有所涉及，所以这里不再进行详细的介绍。下面主要介绍应用更为普遍的氙灯老化和荧光紫外灯老化。

目前应用的人工加速老化方法中，氙灯老化所模拟的环境与自然环境最为接近。氙灯老化使用的光源为氙弧灯。氙弧灯的辐射光谱能量分布与日光相接近，连续光谱部分的光谱分布几乎与灯输入功率变化无关，在寿命期内光谱能量分布也几乎不变。经过特制的滤光器过滤后，可以较好地模拟日光光谱中的长波紫外区和可见光区。根据滤光器的种类，可以分别模拟日光、透过窗玻璃的日光以及其他特殊种类光源。除光源以外，氙灯老化箱通过综合控制箱体温度、样品表面温度、相对湿度和水喷淋时间实现人工环境的模拟。这样材料在人工模拟的环境中加速降解，以便相对快速地评价材料的耐候性能。

荧光紫外灯老化与氙灯老化最大的不同之处在于光源。荧光紫外灯管只能模拟日光中的紫外光区这一部分的光，在可见光和红外光区基本没有光的发出。荧光紫外灯老化常用的灯管类型有三种，分别为 UVA-340、UVA-351 和 UVB-313。UVA-340 型灯主要模拟日光中的紫外光，大多数的荧光紫外灯老化推荐采用此种类型的灯管。UVA-351 型灯主要模拟透过窗玻璃日光中的紫外光。这种类型的光源主要应用于汽车内饰材料的人工加速老化。UVB-313 灯管相比于 UVA 灯管会发射出更多波长较短，能量更高的紫外光，这会导致材料更快地发生降解。然而日光中几乎不含有这一部分的短波紫外光。所以采用 UVB-313 灯管的荧光紫外灯老化获得的测试结果与户外暴晒测试结果相关性较差，会出现失真的现象。除特殊要求外，一般不采用 UVB-313 型灯管。除光源以外，荧光紫外灯老化箱通过综合控制样品表面温度、水喷淋时间和冷凝时间实现人工环境的模拟。这样材料在人工模拟的环境中加速降解，以便相对快速地评价材料的耐候性能。

表 12.34 从光源、水、温度和运行成本四个方面对氙灯老化和荧光紫外灯老化进行了对比。

表 12.34　氙灯老化和荧光紫外灯老化特点对比

老化类型	氙灯老化	荧光紫外灯老化
光源	可模拟全光谱的太阳光 与日光光谱相关性好 需要定期更换滤光器	较好地模拟了短波紫外线 适用于评价对短波紫外线敏感的材料；仅导致有限的颜色变化
水	可模拟户外降水 可控制相对湿度	可模拟户外降水和露水 不能控制相对湿度
温度	可体现样品颜色对温度的影响	无法体现样品颜色对温度的影响
运行成本	能耗高，维护复杂 配套设施多，运行成本高	能耗低，维护简单 配套设施少，运行成本低

从以上对比可以看出氙灯老化和荧光紫外灯老化具有各自的优势与不足。氙灯老化所模拟的人工环境与户外环境更为接近，因此得到的测试结果与户外暴晒测试结果相关性更高，在进行长期性能评价及寿命预测时可靠性更好。紫外老化同样可以实现材料的快速降解，但

由于光源本身与日光相差较远，测试结果的相关性不如氙灯老化。但是在设备投入和运行成本方面紫外老化具有很大的优势。

(3) 户外暴晒与人工加速老化的相关性

为了更快地评价材料的耐候性能，加速新技术和新产品的开发，人们逐渐更多地采用人工加速老化。这时就必须考虑户外暴晒与人工加速老化的相关性的问题。人工加速老化为了加速材料的降解，模拟的环境会比户外环境更加苛刻，这包括更强的辐照强度、更长的光照时间、更高的温度等。这些因素在加速材料降解的同时，也加大了模拟环境与户外环境的差异性，导致了人工加速老化测试结果与户外暴晒测试结果出现差异。因此在进行人工加速老化时，要掌握好试验加速效果与测试结果准确性之间的平衡。

提高户外暴晒与人工加速老化的相关性，可以从以下几个方面入手：

① 选用合适的光源。光源是光降解过程中最重要的影响因素。光源的辐射光谱能力分布与日光辐射光谱能量分布越接近，测试结果的相关性越好。

② 设定合理的环境参数强度。不能一味地追究加速降解，而设定过高的辐照强度、过高的温度。这都有可能改变材料的降解机理，导致出现户外环境中不会发生的降解现象，带来失真的测试结果。

③ 设定合理的循环条件。目前针对不同材料和产品，都有相应的测试标准规定了具体的循环条件。但是随着行业的发展，标准规定循环条件并不能满足现在的要求。相关方应该根据自己产品的特性、实际使用环境，有针对性地设计循环条件，以满足不断提高的要求。当然这个过程需要消耗大量时间和精力，并通过很多数据的积累和分析才能逐渐实现。

总之为了更好地评价材料的耐候性能，要将户外暴晒和人工加速老化相结合，发挥各自的优势，弥补各自的短板。此外还要充分地利用好所积累的数据，及时分析与总结，不断积累经验，才能提高耐候性能的综合评价水平。

12.2.9.2 耐热氧老化性能评价方法

耐热氧老化性能也是保证聚烯烃材料长期使用必须具备的关键性能。在使用过程中，环境中存在的氧会导致聚烯烃材料发生氧化降解，温度越高，氧化降解速率越快。即便在较低的温度下使用，氧化降解也会一直缓慢地进行。因此，评价聚烯烃材料的耐热氧老化性能十分重要。本章主要介绍两种评价聚烯烃材料耐热氧老化性能的方法：氧化诱导时间法和热空气老化法。

(1) 氧化诱导时间法

通常采用在聚烯烃产品中添加一定比例的抗氧剂的方法来提高聚烯烃材料的耐热氧老化性能。因此抗氧剂的含量和实际效果直接决定了聚烯烃材料是否具备良好的耐热氧老化性能。

氧化诱导时间是采用差示扫描量热仪测定材料在高温和氧气条件下开始发生自动催化氧化反应的时间。时间的长短可以用来判断材料内所添加的抗氧剂的含量多少和效果如何。因此，测定氧化诱导时间除了可以作为质检手段判断聚烯烃产品中是否加入足够量的抗氧剂以外，还可以简便、快速地评定聚合物的耐热氧老化性能。

不过需要注意的是不能简单草率地依据氧化诱导时间的长短来推断聚烯烃材料耐热氧老化性能。

首先，测定聚烯烃的氧化诱导时间时，常规的测试温度一般在200℃左右，此时聚烯烃材料处于熔融状态。氧气在材料处于熔融状态下的扩散速率与材料在实际使用环境下的扩散速率差异极大，热氧化反应的速率也有很大差异。

其次，聚烯烃材料内通常会添加不同种类、不同含量的抗氧剂，形成一个复配的抗氧剂体系。其中一些种类的抗氧剂只能在较低的温度下发挥作用，而在长时间的高温下会失效。这就导致常规高温下测定的氧化诱导时间因为无法体现出这部分抗氧剂的抗氧化效果而有所缩短。为了避免此类问题，可以采用高压法测定氧化诱导时间。在特制差示扫描量热仪的密闭的炉体中，通入氧气并维持在 3.4MPa，温度一般设定在 150℃，在此设定条件下进行氧化诱导时间的测定。高压法测定氧化诱导时间因为温度设定较低，氧化反应速率变慢，所以一般测试结果较长，有可能达到 900min 甚至更长的时间。可根据实际情况决定是否采用高压的方法测定氧化诱导时间。

还需注意的是即便聚烯烃材料的初始氧化诱导时间很长，也不一定代表其具有长期的耐热氧老化性能。这是因为聚烯烃材料在其使用过程中，体系内的部分抗氧剂会通过向表面迁移、挥发等原因逐渐消耗。所以为了确保聚烯烃材料具备合格、长效的抗氧剂体系以保证其长期的耐热氧老化性能，需要分别测试人工加速老化前后的氧化诱导时间。通过老化前后的氧化诱导时间保留率来判断聚烯烃材料是否具备长期的耐热氧老化性能。

(2) 热空气老化法

热空气老化一般是指在常压和规定温度的热空气作用下，促使材料发生氧化降解。通过研究特定性能在一定时间的热空气老化前后的变化，来评价材料的耐热氧老化性能。

热空气老化法所需的热空气老化箱，可以为重力对流式或强制通风式。重力对流式热空气老化箱不带强制空气循环。强制通风式热空气老化箱可以实现箱体内的强制空气循环，并且保证一定的换气率。因此，采用两种设备的热空气老化试验结果不具有可比性。

尽管非金属材料比较容易发生老化，但老化周期比较长，一般可以达到几年或者十几年。因此在自然储存条件下获得相应材料的老化数据并不容易实现。热空气老化因其设备成本低、操作简便、原理易掌握而被广泛应用于材料长期使用寿命的评价。通过时温等效原理、Arrhenius 方程等，根据相同或不同温度条件下各周期性能变化的情况，预测聚烯烃材料在特定温度下的使用寿命或能达到一定使用寿命时可采取的最高使用温度。在设计实验时，应当选取合适的温度以及温度梯度，准备数量充足的试样，以保证获得足够具有代表性的数据进行后续分析与处理。设定温度时应注意不能一味追求加速降解而把温度设定得过高。虽然温度升高会加快氧化反应速率，但是过高的温度会导致氧化降解反应的机理发生变化，发生正常使用环境下不会出现的化学反应。在这种情况下得到的测试结果会出现很大偏差，不能有效可靠地用于储存期限或使用寿命的预测。

12.2.9.3　常用标准

目前聚烯烃材料长期性能评价常用测试标准如表 12.35 所示。

表 12.35　长期性能评价常用测试标准

序号	标准号	标准名称
1	GB/T 2573—2008	玻璃纤维增强塑料老化性能试验方法
2	GB/T 7141—2008	塑料热老化试验方法
3	GB/T 16422.1—2019	塑料 实验室光源暴露试验方法 第 1 部分:总则
4	GB/T 16422.2—2022	塑料 实验室光源暴露试验方法 第 2 部分:氙弧灯
5	GB/T 16422.3—2022	塑料 实验室光源暴露试验方法 第 3 部分:荧光紫外灯

续表

序号	标准号	标准名称
6	GB/T 19466.6—2009	塑料 差示扫描量热法(DSC) 第6部分:氧化诱导时间(等温OIT)和氧化诱导温度(动态OIT)的测定
7	ISO 4892-1:2016	Plastics-Methods of Exposure to Laboratory Light Sources-Part 1: General Guidance
8	ISO 4892-2:2013	Plastics-Methods of Exposure to Laboratory Light Sources-Part 2: Xenon-Arc Lamps
9	ISO 4892-3:2016	Plastics-Methods of Exposure to Laboratory Light Sources-Part 3: Fluorescent UV Lamps
10	ASTM E1858-08(2015)e1	Standard Test Methods For Determining Oxidation Induction Time Of Hydrocarbons By Differential Scanning Calorimetry
11	ASTM D3045-18	Standard Practice for Heat Aging of Plastics Without Load
12	ASTM D5885/D5885M-17	Standard Test Method for Oxidative Induction Time of Polyolefin Geosynthetics by High-Pressure Differential Scanning Calorimetry

12.3 聚烯烃专用料的性能评价

12.3.1 管材专用料

塑料管道具有质轻、耐腐蚀、内壁光滑、安装便捷、寿命长和综合造价低等优点。近几十年来，塑料管道在全球已被广泛应用于市政燃气、给水、排水排污以及建筑冷热水输送等领域，获得高速发展。按其所使用的原材料种类来分类，聚烯烃（聚乙烯PE、聚丙烯PP和聚丁烯PB）管材占所有塑料管道的近一半，并且有进一步增加的趋势。

聚乙烯PE管道早在20世纪50年代的国外已经应用于输水领域，60年代后期开始应用于燃气领域，至今已有接近70年的历史。PE管具有卫生性好、利于环境保护、柔韧可熔接、铺设时方便经济和使用中安全可靠等优点，已成为当前塑料管道领域的主选品种。一些新的应用技术如非开挖铺设技术、水底沉管铺设技术、衬管修复技术等都推动了聚乙烯材料在大口径塑料管道的应用。国内管道企业生产PE给水管材外径最大已达到2000mm。PE管材料的技术更新，生产技术和设备的改进，施工工艺的进步和从原料、产品、设计到施工一系列标准和规范的完善，都大大促进了PE管道市场的繁荣和发展。聚乙烯管道产品的性能取决于原材料的分子结构，其发展经历了以下四个阶段：其中第一代PE管材专用料始于20世纪50年代，以不含支链的聚乙烯大分子为主，没有共聚单体或含量很低。第二阶段始于20世纪70年代中期，从PE63发展到中密度PE80管材专用料，采用了共聚单体，有一定的耐慢速裂纹增长性能。第三阶段，20世纪80年代末至90年代，即高密度双峰PE100管材料。PE100管材料要求在20℃条件下，管材在使用50年后仍能保持10MPa的最小要求强度，而且具有优异的耐慢速裂纹增长和抗快速裂纹扩展性能。第四阶段，第四代聚乙烯管道专用料通过分子结构设计、新型催化剂和聚合工艺技术，在保持加工、耐压和焊接性能的同时，进一步提高管道的耐慢速裂纹增长性能，来满足新的施工方式（如无沙回填、非开挖施工等）及对PE管材料的更高要求。管材料在有外部划伤和点荷载的作用下，仍能够达到100年的设计使用寿命，即耐开裂聚乙烯PE100-RC材料，代表产品是已烯共聚的双峰分子量分布的HDPE。自20世纪90年代初，双峰PE100逐步替代PE80。目前部分石化企业还保留一部分PE80管材料的生产，从全球范围来看，新增的聚乙烯管材料的产能大都以

PE100 管材料为主。作为以乙烯单体为主要原料生产的 PE 管材料，PE80 和 PE100/PE100-RC 的原料生产成本是相当的。因此第四代 PE100-RC 管材料必将是未来的一个重要发展方向[107]。

聚丙烯管材专用料主要有均聚聚丙烯（PP-H）、嵌段共聚聚丙烯（PP-B）和无规共聚聚丙烯（PP-R）三种。以 PP-R、PP-B 和 PP-H 材料生产的聚丙烯管道具有密度小、抗腐蚀性好、使用寿命长、加工方便以及良好的卫生性、环境友好性等优点，主要用于建筑物内冷热水输送系统、采暖系统、化工流体输送系统、埋地电力电缆套管系统、排污废水系统及农田输送灌水系统等领域。不同类型的聚丙烯因各自特性不同而适用于不同类型的应用。

聚丁烯 PB 具有优异的耐温性、持久性、化学稳定性和可塑性，无味无毒。聚丁烯管材作为高档冷热水管道和高档地板采暖管道被大量应用于酒店宾馆，高级楼盘等领域。

随着生产技术的进步及应用领域的不断扩大，对聚烯烃压力管材料提出了更高的性能要求：较高的力学性能、优异的韧性、抗熔垂、耐环境应力开裂、耐慢速裂纹增长（slow crack growth，以下简称 SCG）和抗快速裂纹扩展（rapid crack propagation，以下简称 RCP）性能，同时还要求具有良好的加工性能。聚烯烃压力管材专用料的三个最重要的性能包括：①以最小要求强度（MRS）表示的长期耐静液压性能；②SCG 性能；③RCP 性能。近十几年期间，商业化聚烯烃压力管道专用料的长期静液压强度基本没有变化，基本都处于 PE100 级别，仅有少量牌号向 PE112 或 PE125 级别发展。新修订的聚乙烯给水和燃气管材国家标准均将 20℃下的静液压试验环应力从 12.4MPa 降低到 12.0MPa。但管道的 SCG 和 RCP 性能要求却逐渐增加，例如现在新修订的 GB/T 13663.1 给水管原材料国家标准，对于 SCG 和 RCP 性能都有了相应的技术要求。

12.3.1.1　长期耐静液压性能

(1) 试验原理及意义

聚烯烃压力管道最重要的性能是耐静液压性能，该性能决定了管道在承受耐压时的预期寿命，而管道的预期寿命与其工作温度、内外部荷载和外界环境等息息相关。自 1956 年以来，人们就采用长期静液压试验来研究这一性能。将管材注满水，放置于温度可控的水或空气中并施加内压。将试验应力或压力与破坏时间进行双对数作图。如果时间足够长，聚烯烃管材在承受静液压试验条件下可能出现三种破坏模式：韧性破坏、脆性破坏和热氧老化破坏，如图 12.22 所示。图中的第Ⅰ阶段为韧性破坏，主要是由于压力过大引起的宏观应变破坏。随着形变增加，局部应力不断增加，直到应力达到材料的屈服强度从而破坏。该曲线部分体现了材料的短期力学性能，主要决定于材料的密度。第Ⅱ阶段为脆性破坏，其特征是在较低的压力作用下经历较长的时间而发生破坏，破坏应变很小。该曲变主要体现了材料的耐慢速裂纹增长性能。在实际使用过程中，管材的工作压力较低，脆性破坏难以发现。因此在材料的开发和应用过程中，必须尽量延长脆性破坏的出现时间。最早期的 PE80、PE100 牌号管材料在 80℃的蠕变破坏曲线一般都存在脆性破坏的拐点，随着分子设计水平的提高和树脂合

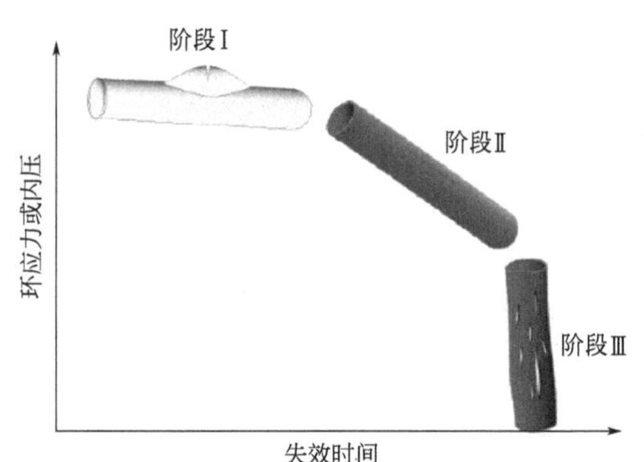

图 12.22　聚烯烃管道的三种破坏模式

成生产工艺的改进，目前市场中不少牌号管材料的高温蠕变破坏曲线在5000h以内已不存在拐点。第Ⅲ阶段为热氧老化破坏，聚烯烃材料的耐氧化性能来源于助剂中的抗氧体系，一旦抗氧体系耗尽，材料在氧化剂的作用下发生老化并迅速发生脆性破坏。由于热氧老化破坏与应力关系不大，因此在曲线中会出现近似的垂直直线。在通常的试验过程中，材料的长期静液压强度曲线中一般只能观察到第Ⅰ和第Ⅱ阶段的破坏形式，这是由试验条件和外界环境因素所导致的。因为分级试验一般在纯水介质下，试验时间也只是超过1万小时。理论上所有的聚烯烃材料在高温下测试足够长时间或浸泡在含氧化介质（如氯）的情况下都会出现第Ⅲ阶段的氧化破坏形式[108]。

(2) 试验方法概述

聚烯烃压力管材专用料的应用和发展依赖于其基础性能，即管材专用料的长期静液压强度。确定聚烯烃压力管材专用料在不同应用条件（温度、压力）下的服役寿命是最关键的问题，长期静液压强度试验也称为分级试验，是对材料进行认证评价分级的基础，其常用的试验标准如表12.36所示。分级的基础是按照ISO 9080或GB/T 18252标准进行长期静液压试验，以获得在不同温度下材料在长时间下的蠕变破坏曲线，如图12.23所示，再进行外推计算从而得到材料在20℃、50年与使用应力相关的数据，包括长期静液压强度（LTHS）、长期静液压强度的置信下限（LPL）和最小要求强度（MRS）。考虑到不同类型管材料的静液压性能差异，ISO 12162创建了材料分级系统和命名方式，国标GB/T 18475也等同采用此方式。ASTM D2837方法标准与ISO 9080标准相比，其测试原理相同，在测试数据的分布和处理方式方面有所不同，且其分级命名方式也有所差异。

表12.36 长期静液压测试标准

序号	标准号	标准名称
1	GB/T 18252—2020	塑料管道系统 用外推法确定热塑性塑料材料以管材形式的长期静液压强度
2	ISO 9080:2012	Plastics Piping and Ducting Systems-Determination of the Long-Term Hydrostatic Strength of Thermoplastics Materials in Pipe Form by Extrapolation
3	ASTM D2837-22	Standard Test Methods for Obtaining Hydrostatic Design Basis for Thermoplastic Pipe Materials or Pressure Design Basis for Thermoplastic Pipe Products

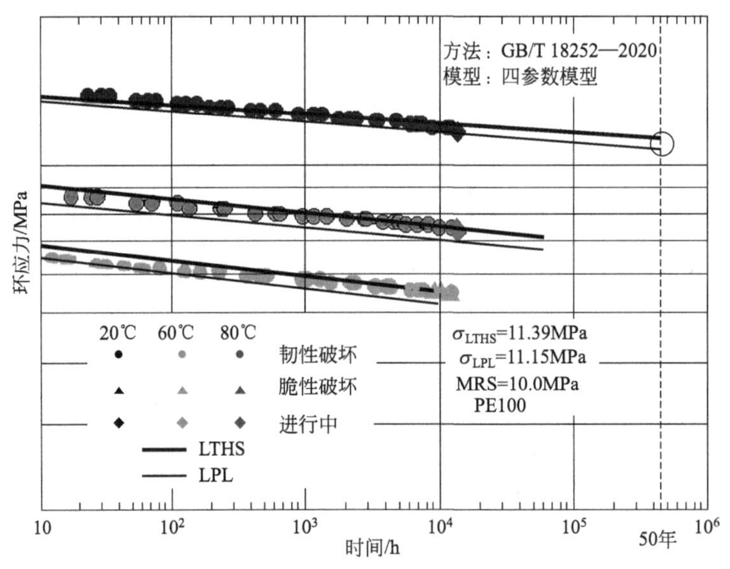

图12.23 聚乙烯管材料的长期静液压曲线

为了获取管道在长达 50 年，甚至 100 年寿命时的长期强度，分级试验除了在常温下进行静液压试验外，还需要在高温下进行试验，从而可通过外推方法进行寿命预测。因此分级试验一般在三个或者四个温度下进行，持续时间一年以上。ISO 9080 标准中试验数据要求如下：每个试验温度下至少 30 个观察值，每个试验温度下进行至少 5 个内压水平试验，规则分布，每个内压水平上有重复观察值。每个试验温度下破坏时间大于 7000h 的至少有 4 个观察值，至少有 1 个观察值在 9000h 以上。任何温度下破坏时间小于 10h 的观察值都应舍弃。因材料降解、受到污染、缺陷等因素引起的破坏应舍弃。最终通过所有数据点的拐点检测和拟合外推，得到蠕变破坏分级曲线和拟合参数。外推试验方法是建立在时温等效原理的基础之上，因此在较高的温度下的试验相当于较低温度下长时间下的行为。对于聚烯烃材料来说，不同温度差的外推因子 k 值，如表 12.37 所示。从中可以看到对于聚烯烃材料，温度差达 40℃相对应的外推时间因子为 50，温度差达 50℃相对应的外推时间因子为 100，因此在长达 1 年多的试验，外推寿命极限可以达到 50 年以及 100 年。对于聚乙烯燃气、给水管道专用料来说，重点是管材在常温应用环境下的强度和寿命，因此一般分级试验在至少三个温度下进行，除了两个温度固定为 80℃和 20℃，第三个温度可以在 30～70℃间自由选择。通过三个温度的试验，可以进行多元线性回归分析，以确定 20℃、50 年条件下的 97.5％置信下限值 LPL。

表 12.37　聚烯烃材料在不同温度差值 ΔT 下的外推时间因子值

ΔT/℃	k
$10 \leqslant \Delta T < 15$	2.5
$15 \leqslant \Delta T < 20$	4
$20 \leqslant \Delta T < 25$	6
$25 \leqslant \Delta T < 30$	12
$30 \leqslant \Delta T < 35$	18
$35 \leqslant \Delta T < 40$	30
$40 \leqslant \Delta T < 50$	50
$\Delta T \geqslant 50$	100

12.3.1.2　耐慢速裂纹增长性能

管材表面在生产、运输、安装等过程中不可避免存在裂缝和缺陷，裂缝的尖端处应力集中，达到和超过某一临界条件时，裂缝失去稳定性而发生扩展。若裂缝的增长速度非常慢，如数年或数十年，则称之为慢速裂纹增长（SCG）。材料抗 SCG 能力的强弱实际上是材料分子结构抗银纹生长能力的大小，与系带分子（tie）链的解缠、系带分子链的密度高度相关。聚乙烯高分子链端的支链分布越多，重均分子量越高，系带分子链的密度越大，解缠速度越慢，抗 SCG 能力越强。

为了研究材料的 SCG 性能，研究者设计了各种边界条件，模拟实际应用中可能的缺陷，对试样预制缺陷，然后在一定环境条件下进行相应的宏观性能测试，从而表征慢速裂纹增长性能的好坏。

下面介绍几种常用的耐 SCG 性能评价方法。

(1) 切口管试验方法（notched pipes test，NPT）

① 试验原理。这种方法通过将原料挤出成管材进行评价。以机械加工的方式在管材外表面加工四个纵向切口，然后按 GB/T 6111—2018 的要求将试样浸没到 80℃的水浴中进行

静液压试验，记录破坏时间，以破坏时间表示管材的耐慢速裂纹增长性能[109]。对于壁厚大于 5mm 的管材，通常用 NPT 来评价表征管材的慢速裂纹增长性能。

② 测试仪器。符合 GB/T 6111—2018 要求的管材静液压试验设备；切口加工设备，如带有固定装置的铣床，可使试样水平固定。

③ 常用标准。目前聚烯烃原料及管材常用的切口管测试标准如表 12.38 所示。

表 12.38　切口管常用测试标准

序号	标准号	标准名称
1	GB/T 18476—2019	流体输送用聚烯烃管材 耐裂纹扩展的测定 慢速裂纹增长的试验方法(切口试验)
2	ISO 13479:2009	Polyolefin Pipes for the Conveyance to Fluids—Determination of Resistance to Crack Propagation—Test Method for Slow Crack Growth on Notched Pipes

④ 影响因素。

a. 缺口底部形状。试验前应确认样品的缺口底部形状是尖锐缺口还是带有一定曲率半径的圆润缺口，缺口形状直接关系到试验样品的破坏时间长短。

b. 开口深度。试验时，先根据壁厚计算和设定切槽深度，由于管材释放残余应力使管壁变化，导致切口加深，所以一般试验时按照上限试切。缺口深度的深浅也决定了破坏时间长短。

(2) 锥体试验 (cone test)

① 试验原理。从管材上切取规定长度的管材环，在管材环内插入一个锥体以保持恒定应变，在管材环的一端开一个缺口，将其浸入温度为 80℃ 的带表面活性剂的溶液中。测量裂纹从缺口处开始的扩展速率[110]。对于壁厚不大于 5mm 的管材，通常用锥体试验来评价表征管材的慢速裂纹增长性能。

② 测试仪器。装有表面活性剂溶液的恒温控制槽，其尺寸应保证试样能够全部浸入溶液中；一端为锥形的锥体，插入管材环内以保持恒定应变；将锥体压入管材环的压力机；将剃刀刀片插入管材的端部以制造缺口的缺口加工装置。

③ 常用标准。目前聚烯烃原料及管材常用的锥体试验标准如表 12.39 所示。

表 12.39　锥体试验常用测试标准

序号	标准号	标准名称
1	GB/T 19279—2003	聚乙烯管材 耐慢速裂纹增长锥体试验方法
2	ISO 13480:1997	Polyethylene Pipes—Resistance to Slow Crack Growth—Cone Test Method

④ 影响因素。这个试验中要注意的是活性剂问题。慢速裂纹扩展的试验方法中为了加速试验，都会使用活性剂，一般使用的是 $n=10$ 的，本试验选用 $n=11$ 的对壬基苯基聚氧乙烯醚中性溶剂，不同的活性剂对试验结果有显著影响。

(3) 全缺口蠕变试验 (full-notch creep test, FNCT)

① 试验原理。在空气、水或表面活性剂等介质的温控环境中，对一方形截面的长条试样施加静态拉伸荷载，试样中部四面刻有共平面的缺口。试样尺寸应使试样在合适的拉伸荷载和温度条件下得到平面应变状态，并发生脆性破坏。记录加载后脆性破坏时间[111]。

② 测试仪器。臂长比为 (4∶1) ～ (10∶1) 的杠杆加载装置；恒温控制箱，其材料应与环境试剂无相互影响；温度测量装置；计时器；缺口加工设备；精度为 100μm 的显微镜。

③ 常用标准。目前聚烯烃原料及管材常用的全缺口蠕变试验标准如表 12.40 所示。

表 12.40 全缺口蠕变试验常用测试标准

序号	标准号	标准名称
1	GB/T 32682—2016	塑料 聚乙烯环境应力开裂(ESC)的测定 全缺口蠕变试验(FNCT)
2	ISO 16770:2019	Plastic—Determination of Environmental Stress Cracking (ESC) of Polyethylene—Full-Notch Creep Test (FNCT)

④ 影响因素。

a. 活性剂。由于该试验是在活性剂环境下进行的，所以活性剂浓度对试验结果有显著影响。试验中选用壬基酚聚氧乙烯醚作为活性剂，$n=10$ 或 $n=11$ 都可以。标准中规定的浓度为 2%（质量）。由于活性剂的分解，标准规定试验前溶液需要两个星期的预处理时间。试验周期不宜过长，一般不超过 2000h，否则活性剂将失去活性。

b. 缺口制备。在给样品开缺口时要求刀片锋利，缺口顶部的半径小于 10μm。四个面的缺口必须共面，缺口平面要垂直于拉伸方向。

(4) 缺口拉伸试验（polyethylene notch tensile test，PENT）

① 试验原理。试样采用压塑制备，使用矩形试样，试样包含一个中心缺口和两个侧面缺口，三个缺口共面，在规定温度的空气中，恒定应力下进行拉伸试验，记录试样发生破坏的时间[112]。

② 测试仪器。能持续加载恒载荷、配有夹具的试验装置；能提供恒温 80℃ 的热烘箱；温度测量装置；计时器；缺口加工设备和显微镜。

③ 常用标准。目前聚烯烃原料常用的缺口拉伸试验标准如表 12.41 所示。

表 12.41 缺口拉伸试验常用测试标准

序号	标准号	标准名称
1	ASTM F1473-18	Standard Test Method for Notch Tensile Test to Measure the Resistance to Slow Crack Growth of Polyethylene Pipes and Resins
2	ISO 16241:2005	Notch Tensile Test to Measure the Resistance to Slow Crack Growth of Polyethylene Materials for Pipe and Fitting Products (PENT)

(5) 缺口圆柱样品试验（cracked round bar test，CRB）

① 试验原理。圆柱形试样在能够得到 SCG 的恒定荷载范围内进行循环拉伸试验，试样圆周方向预制缺口，使试样由缺口引发进而裂纹慢速增长到试样最终发生破坏。记录破坏时的循环数量，这个循环数是应力范围、起始开口长度的函数。由于沿裂纹尖端的高约束力和低塑性变形，试样的几何形状确保了快速的裂纹引发和较短的测试时间[113]。

② 测试仪器。能够施加循环载荷的试验装置，循环载荷符合规定波形和力值范围；精度为 0.01mm 的显微镜；缺口制备装置。

③ 常用标准。目前聚烯烃原料常用的缺口圆柱样品试验标准如表 12.42 所示。

表 12.42 缺口圆柱样品试验常用标准

序号	标准号	标准名称
1	ISO 18489:2015	Polyethylene(PE) Materials for Piping Systems—Determination of Resistance to Slow Crack Growth Under Cyclic Loading—Cracked Round Bar Test Method

12.3.1.3 耐快速裂纹扩展（RCP）性能

(1) 试验原理及意义

对于聚烯烃压力管道而言，影响管道破坏的形式有两种：长期蠕变破坏和快速开裂破坏。快速开裂是一种管材的脆性破坏形式，在低温情况下容易发生，产生的后果也更加严重。抗快速开裂的能力主要由材料本身的性能决定。对于 PE 管道，在足够低的温度下存在临界压力，高于该压力时 RCP 破坏会持续发生，低于该压力不会发生 RCP 破坏。随着温度的提高，材料出现脆性到韧性行为的转变，RCP 开裂阻力大约提高 1 个数量级。聚烯烃天然气管道的最低使用温度是由各国的气候环境所决定，我国住建部工程技术标准 CJJ 63—2018《聚乙烯燃气管道工程技术标准》规定的聚乙烯燃气管道的最低工作温度为－20℃。因此材料在低温下的耐 RCP 性能至关重要。

快速开裂过程可以分为两个阶段：引发裂纹阶段和裂纹增长阶段。压力管道在实际运行中，可能因为偶发性事故引发裂纹，如地层下陷、第三方施工、蠕变开裂裂纹演化到一定程度后转入快速开裂等。引发裂纹后，管壁应变能的释放和气体从裂纹喷出所产生的撕裂作用提供了裂纹继续增长的驱动力。裂纹增长时，形成单位面积的开裂所需要消耗的能力是裂纹增长的阻力。当驱动力大于止裂阻力时，裂纹将以一个稳定的高速度向外扩展。管材发生开裂的速度与材料有关，一般在 100～600m/s 之间。管道行业可以容忍因慢速裂纹增长所产生的小范围事故，但不能容忍因快速开裂扩展所产生的大范围事故。

（2）试验方法概述

RCP 测试方法标准如表 12.43 所示，主要有两种：一种是全尺寸试验方法（FST），可以测试临界压力的“真实”值，另一种是小尺寸稳态试验方法（S4），是目前实验室采用的主要评价方法。两种试验方法得到的临界压力存在一定的换算关系，如下式所示。在安全系数取值 1.5 时，计算得到管道的最大操作压力（MOP）。

$$P_{C(FS)} = 3.6 \times P_{C(S4)} + 2.6 \tag{12.38}$$

$$MOP = P_{C(FS)} / 1.5 \tag{12.39}$$

表 12.43　RCP 测试方法标准

序号	标准号	标准名称
1	ISO 13478:2007	Thermoplastics Pipes for the Conveyance of Fluids-Determination of Resistance to Rapid Crack Propagation(RCP)-Full-Scale Test(FST)
2	ISO 13477:2008	Thermoplastics Pipes for the Conveyance of Fluids-Determination of Resistance to Rapid Crack Propagation (RCP)-Small-Scale Steady-State Test(S4 test)
3	GB/T 19280—2003	流体输送用热塑性塑料管材 耐快速裂纹扩展(RCP)的测定 小尺寸稳态试验(S4试验)

① 全尺寸试验（FST）。FST 方法模拟测试实际使用时埋地燃气管道的快速开裂状况，按照 ISO 13478 进行，也是一种成本高昂的测试方法，目前只有少数欧美实验室可进行 FST 试验评价。英国从 20 世纪 70 年代采用 FST 方法作为监控快速开裂风险的主要手段，但是实验周期长，成本很高，并且原料和加工的影响因素不易区分。因此从经济上的可行性看，目前世界各国难以采用 FST 实验作为监控快速开裂的唯一实验方法。

全尺寸试验装置如图 12.24 所示，其中管材测试试样的长度至少为 14m，对应的有一个能容纳最小长度为 14m 的管材试样的温度控制水槽，该水槽能够通过管材试样周围的水循环系统将整个试样的温度保持在参考标准规定温度±1.5℃。测试管材试样的一端连接到一段钢管上，钢管的内径应等于或大于管材试样的内径。钢管容器的最小长度应为管材试样的 2 倍，最小容积为管材试样的 3 倍。管材试样的内部有一紧密配合的木塞，它支撑在槽的正下方，可防止引发开裂时管材严重变形。木塞的顶部有一凹槽，装有可压缩的泡沫材料。在低温下，用一把锋利的刀在样品的裂纹诱发带引发快速开裂，开裂会传播进入主样品管发生快速扩张或停止。如果最终裂纹长度超过管材长度的 90%，可以判定在此压力和温度下裂纹快速扩展，否则认为裂纹终止。在某个特定温度下，通过不同压力下的一系列实验可以获得快速扩展和裂纹终止之间转变的临界压力。采用此临界压力，可作为评价材料耐 RCP 性能的依据。

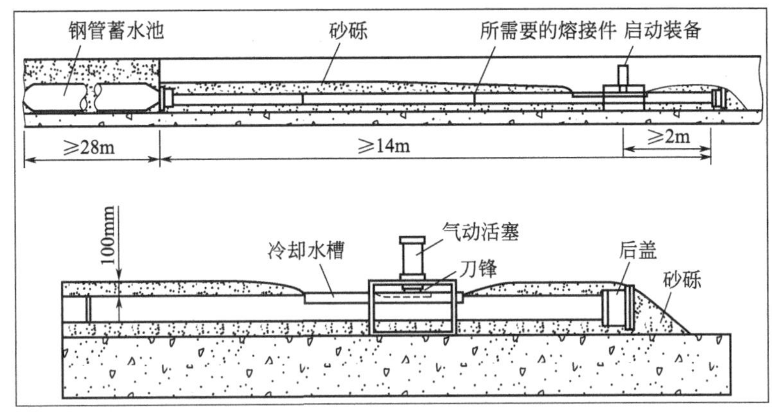

图 12.24　全尺寸试验装置示意图

② 小尺寸稳态试验（S4）。小尺寸稳态 S4 试验由于成本相对较低，管材样品尺寸较小，周期短，易于操作优点，目前被大部分实验室采用。S4 试验方法由英国帝国理工学院研制开发，如图 12.25 所示，裂纹的引发段和增长段分开，在引发段用尖锐的冲击头在无内压条件下引发裂纹，在裂纹快速增长段管道承受内压，实现了裂纹的快速稳定增长过程。按照 ISO 19477 或 GB/T 19280 测定，截取规定长度（7 倍管径）的管材试样，在规定的试验温度下，管内施加规定的试验压力，在接近管材一端实施一次尖锐的、高速的、有一定能量的冲头冲击，以引发一个快速扩展的纵向裂纹。通过内部减压挡板和外部限制环阻止扩展之前的快速减压，外部限制环限制试样在裂纹边缘处大大张开，以保证裂端压力与管线压力基本不变。因此这种方法能够在较低压力下以一段短的管材试样实现稳态快速裂纹扩展（RCP），这个压力低于在同样的试样上实现扩展的全尺寸试验压力。当管材最终裂纹长度大于 4.7 倍管材外径时，判定裂纹扩展，否则判定管材裂纹终止。在某个特定温度下，通过不同压力下的一系列实验可以获得 RCP 临界压力或环应力，如图 12.26 所示。同样在恒定压力下改变一系列温度进行 S4 试验，也可以确定管材的 RCP 临界温度。

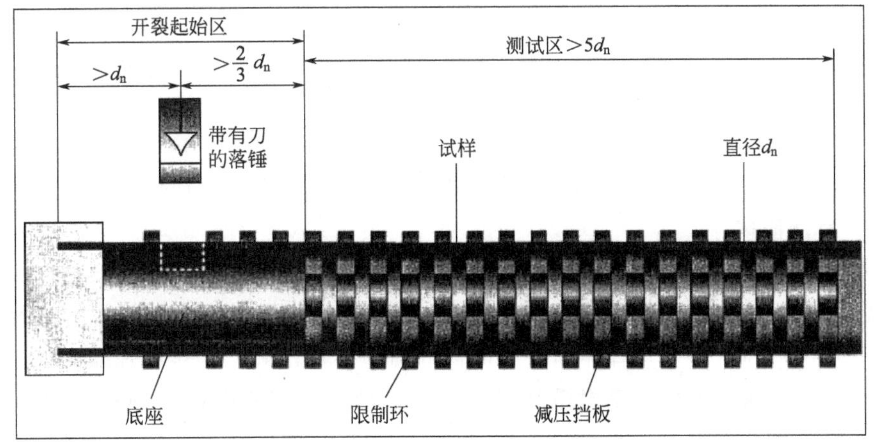

图 12.25　小尺寸 S4 试验装置示意图

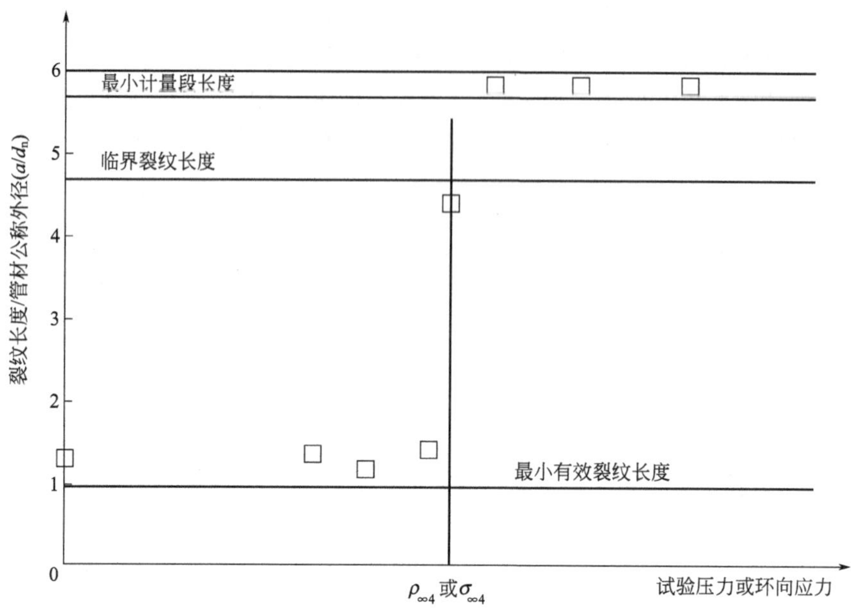

图 12.26　确定临界压力或环应力的典型数据图

12.3.2　中空制品专用料

目前聚烯烃中空制品专用料性能的评价方法主要包括熔体质量流动速率、密度、熔点、维卡软化温度、中空制品耐环境应力开裂试验、拉伸性能、简支梁缺口冲击强度、耐环境应力开裂时间（F_{50}）、洛氏硬度等。中空制品耐环境应力开裂试验是聚烯烃中空制品专用料性能评价的一种特有试验，其他试验方法已在其他章节做了介绍，这里将对中空制品耐环境应力开裂试验进行介绍。

12.3.2.1　试验原理

中空容器耐环境应力试验是根据时温等效原理，并模拟中空容器的实际使用条件，对中空料的长期综合性能进行评价。

试验过程中，除了采用高温以加速样品破坏外，还引入了表面活性剂作为环境因素，表面活性剂的润滑作用使高分子材料的分子链间更容易产生滑移，可以进一步引发和加速样品的破坏。此外，为了模拟中空容器实际使用情况，在试验中还采用向样品中通入空气压缩气来模拟正常使用下中空容器中的压力。记录每一个样品瓶的不同破坏时间，并计算各个样品瓶的破损概率，以样品瓶破坏概率对破坏时间的对数作图，最终得到样品瓶的破损概率为50%的时间，即 F_{50} 值。

一般情况下，聚乙烯中空容器专用料采用 F_{50} 来评价其耐环境应力开裂性能，当然也可以实际情况或客户需求计算 F_{20} 或 F_0 值来评价材料的耐环境应力开裂性能。

12.3.2.2　方法概述

本方法采用瓶状样品进行试验。试验至少需要 15 个瓶状样品，样品中加入一定量的试剂（CO-630 的水溶液），瓶口与装配件采用可靠的密封方式连接，并与压力装置连接，使样品瓶内承受一定的压力，且样品瓶处于高温环境中进行试验。记录破坏时间并计算该样品瓶的破损概率，以样品破坏概率对破坏时间作图，最终得到样品瓶的破损概率为 50%的时间，即 F_{50} 值。

12.3.2.3 测试仪器

能维持 60℃的热烘箱，空气流动速率为 8.5～17m^3/min；精度为 0.1g 的天平；能提供 34.5kPa 压力的压力源；计时器[114]。

12.3.2.4 常用方法

目前聚烯烃中空制品专用料常用的耐环境应力试验标准如表 12.44 所示。

表 12.44 耐环境应力试验常用测试标准

序号	标准号	标准名称
1	ASTM D2561-17	Standard Test Method for Environmental Stress-crack Resistance of Blow-Molded Polyethylene Containers

12.3.2.5 影响因素

(1) 样品质量和壁厚

该试验规定样品质量为 (20±0.1)g，样品的最小壁厚不得小于 0.305mm，所以得到一批样品时，不仅要称重确保质量符合要求，而且还要量取样品各点壁厚，如果出现小于 0.305mm 的情况，应重新制取样品。

(2) 样品装卸

由于本试验是在高温试验箱中进行，在装卸试验样品时会影响试验温度，而试验压力是通过压缩空气控制的，对温度十分敏感，一旦温度发生变化，试验压力就会改变，使试验设备报警，影响试验结果。所以在试验设备里有正在进行试验的样品时，应尽量减少装卸次数。

(3) 输气管路的检修和清理

由于样品里的试剂含有表面活性剂，容易产生气泡。当试验温度发生微小变化时，样品内压力降低，会引起设备补压。补压过程对试剂表面产生气体冲击，试剂会产生气泡。少量气泡进入瓶口夹具内部和输气管道，经过一段时间的累积，活性剂会堵塞瓶口夹具和输气管路。所以每次试验完毕，应对瓶口夹具和输气管路进行检查和清理。

(4) 密封垫

试验设备上的密封圈和瓶口夹具的密封垫应定期更换，以保证设备良好的密封性能，减少设备补压次数。

12.3.3 土工膜专用料

土工膜是在工程中用于起防水作用、具有极低渗透性的一类薄膜材料。其导水系数通常在 10^{-14}～10^{-13}m/s 之间，实际上已经不透水，是一种极理想的防渗材料。现在的土工膜材料按材质主要包括：低密度聚乙烯土工膜、线型低密度聚乙烯土工膜、高密度聚乙烯土工膜、氯化聚乙烯土工膜、聚氯乙烯土工膜、乙烯-丙烯共聚物土工膜、柔性乙烯-乙酸乙烯酯共聚物土工膜、氯丁橡胶土工膜和丁基橡胶土工膜等。其中，高密度聚乙烯土工膜由于其渗透系数低、柔性好、变形适应性强、强度高、耐老化性能优异、具有易整体连接施工等优点，成为当今发展最为迅速，使用范围最为广泛的高档防渗材料。

高密度聚乙烯土工膜之所以被称为“高密度”，并非由于采用高密度聚乙烯树脂进行生产，而是因为该土工膜产品的密度一般在 0.95g/cm^3 左右。实际其主要原材料是中密度聚乙烯树脂，标准 SH/T 1801—2016《土工膜用中密度聚乙烯树脂》规定了其型式检验项目包括颗粒外观、密度、熔体质量流动速率，拉伸断裂应力、拉伸屈服应力、断裂拉伸应变、屈服拉伸应变、氧化诱导时间、拉伸负荷应力开裂（切口恒载拉伸法）和直角撕裂强度[115]。

其中，拉伸负荷应力开裂（切口恒载拉伸法）性能是高密度聚乙烯土工膜专用料的关键性能，本节重点对该性能的试验方法作具体介绍。

12.3.3.1 试验原理

拉伸负荷应力开裂（切口恒载拉伸法）属于应力开裂性能评价方法的一种，满足环境应力开裂性能评价的基本特征，即环境因素和应力因素同时存在；应力远低于材料短时机械强度；环境与材料不发生明显的化学反应，属于单纯的物理变化[116]。

其基本原理是将聚乙烯树脂制成哑铃型试样，并在试样中部做一切口。对带切口的试样施加恒定拉力并置于高温的表面活性剂中，记录试样断裂的时间[117]。

12.3.3.2 测试仪器[118]

(1) 应力开裂设备

能给试样施加 13.8MPa 拉伸应力的设备。试样应完全浸入（50±1)℃的恒温表面活性剂中，并搅拌溶液使其浓度保持均匀一致。图 12.27 中的设备是常用设备中的一种，能同时测试 20 个试样。该设备应用杠杆原理将荷载加到每个试样上，杠杆系数为 3。浸泡试样的表面活性剂放在开口的不锈钢槽中。内置的加热器和控制器用来保持试验温度，水泵用来保持液体的恒速搅拌。每个试样带有一个计时器用来自动记录试样断裂时间，精度为 0.1h。

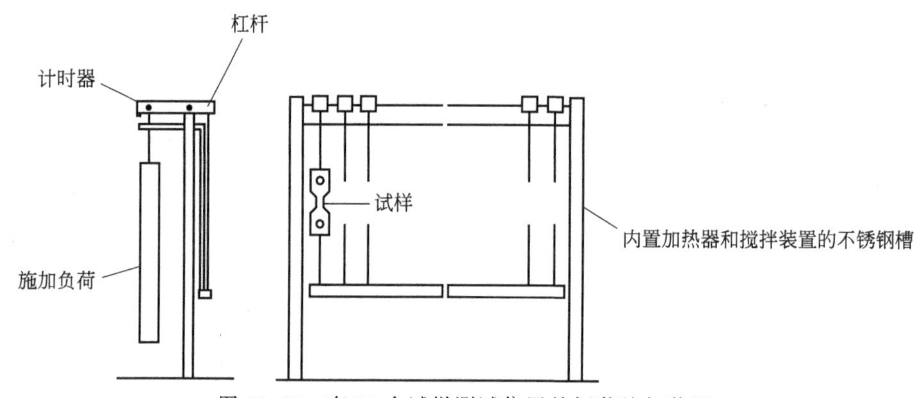

图 12.27 有 20 个试样测试位置的恒载施加装置

(2) 试剂

采用 10%的壬基酚聚氧乙烯醚（TX-10）和 90%的水（蒸馏水或去离子水）混合而成。试验槽中的试剂每两个星期应更换一次以保证其浓度。

12.3.3.3 方法概述[118]

首先需要将专用料树脂制成如图 12.28 所示的哑铃型试样并在试样中部制备一定深度的切口，然后将试样悬挂在试验设备上，并浸入 50℃的表面活性剂中。试样两端需要施加一定的荷载，荷载大小为测得的专用料树脂拉伸屈服应力的 30%。连续观察，记录直至达到规定时间或试样断裂的时间。

12.3.3.4 主要影响因素

① 高密度聚乙烯土工膜专用料的拉伸负荷应力开裂性能与其结构关系密切，包括分子

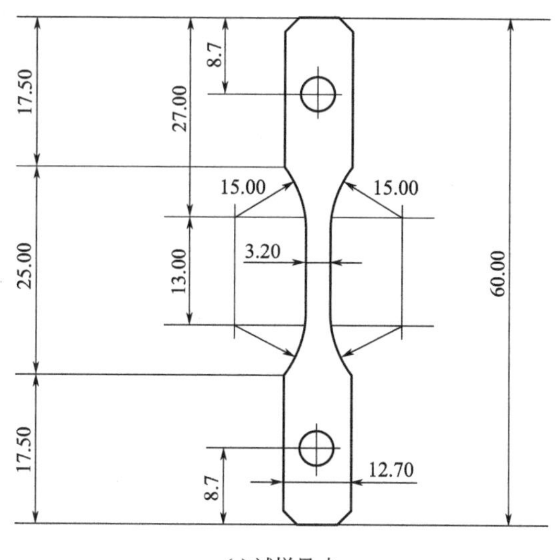

(a) 试样尺寸

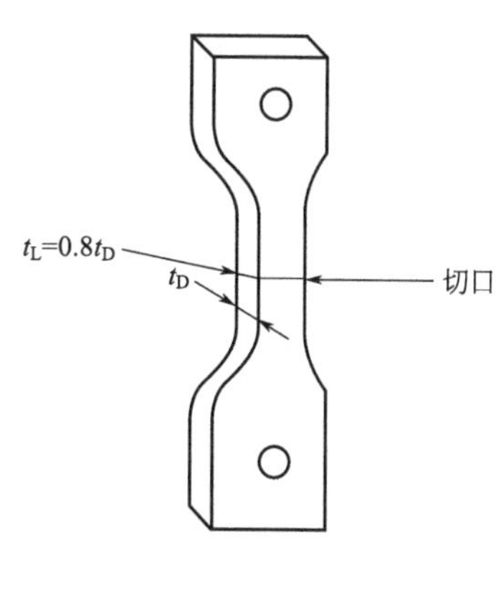

(b) 切口位置及深度

图 12.28　拉伸负荷应力开裂（切口恒载拉伸法）哑铃型试样（单位：mm）

t_L＝未切部分的厚度；t_D＝试样厚度

量及分子量分布、分子链支化程度及结晶度等影响。

一般说来，分子量越大，分子链越长，分子量分布越窄，形成的系带分子越多，耐环境应力开裂性能越好。当专用料中小分子含量较多时，其耐环境应力开裂性能将变差。

高密度聚乙烯土工膜专用料作为一种中密度聚乙烯树脂，主链上存在一定数量的支链。支化程度越大，则大分子越复杂，越容易形成系带分子，耐环境应力开裂性能越好。具体说来，就是取决于共聚单体的种类和共聚单体的含量，采用丁烯共聚的树脂耐环境应力开裂性能通常较采用己烯共聚的更佳。

结晶度越大，树脂的密度越大，造成系带分子减少，会导致耐环境应力开裂性能变差，但同时结晶度的提高会使晶粒间结合密度大，试剂不易渗透进入，系带分子又不易发生滑移和解缠，因此为保证耐环境应力开裂性能，应保证结晶度在一个合理的范围内[119]。

② 试验条件对高密度聚乙烯土工膜专用料的拉伸负荷应力开裂性能也有很大影响，包括试验的温度、环境介质的种类、施加负荷的大小、缺口深度等。准确评价高密度聚乙烯土工膜专用料的拉伸负荷应力开裂性能需要严格控制这些条件。

12.3.4　土工格栅专用料

英国 Netlon 公司在 20 世纪 80 年代初期最先开发出塑料土工格栅，将它应用于岩土工程中。此后，土工格栅的应用很快被推广到欧洲、美国、加拿大及日本等国家。我国从 90 年代初期开始将土工格栅用于道路路基和建筑物地基的加固。目前格栅主要用于：加固软弱地基、道路路基与路面；修筑高路堤；用于边坡防护；修建加筋土挡墙等。

塑料土工格栅具有质量轻、强度高、韧性好及耐久性好等优点，因而被广泛应用于铁路、公路、水利和各种建筑物的地基处理工程中。它的原材料一般为高密度聚乙烯、聚丙烯或者两者的共混物。聚烯烃土工格栅专用料性能的评价主要为拉伸性能和蠕变性能。以下将分别进行介绍。

12.3.4.1　拉伸性能

拉伸性能是评价塑料土工格栅产品质量的重要指标之一。土工格栅作为一种土工合成材料，被广泛应用到土木工程中起到增强的作用。土工格栅埋入土中后，土体嵌入格栅的空洞中。土体与格栅表面的摩擦及其受拉时节点的被动阻抗作用，限制了土体颗粒的侧向位移，这样格栅与土体共同构成了一个复合体系，增加了土体的稳定性，从而起到加固岩土的作用。因此，要求土工格栅具有较高的拉伸强度，否则无法起到固定土体、加筋增强的作用。同时，土工格栅的拉伸强度和最大负荷下伸长率也是各项工程设计中考虑的重要技术指标。

(1) 原理

拉力测试机的夹具稳固夹持住整个格栅试样，在沿其纵向主轴以恒速拉伸直到格栅试样的肋条与节点的结合点发生断裂。测量在这一过程中试样发生断裂时受到的最大的力值和伸长率或特定伸长率下试样受到的力值。由于土工格栅在生产加工时受到一定程度的牵伸，高分子链发生被迫取向，形成较高的取向度，使得土工格栅具有很高的拉伸强度，但伸长率有一定程度的降低。格栅样品承受最大力值后不久便会发生断裂。

(2) 定义[120]

① 拉伸强度（tensile strength）。在规定的试验方法和条件下，塑料土工格栅试样在外力作用下出现第一个峰值时的拉力，折算成单位宽度上的拉力，以 kN/m 表示。

② 标称拉伸强度（norminal tensile strength）。相应规格产品要求的最小强度值。

③ 标称伸长率（norminal elongation）。拉伸应力达到标称强度时的应变。

(3) 测试仪器

用于测试土工格栅的拉力试验机，要求具备等速拉伸，实时记录力值和形变的功能。拉力试验机的测量精度要求为 1%，量程的使用范围为 10%～90%。为了避免夹持不当影响测试结果，测试土工格栅应选用特制的夹具。图 12.29 列出了三种适用于土工格栅拉伸测试的夹具示意图。夹具要求具有足够的宽度，保证可以将试样整体夹持于夹具之内。钳口表面采用适当措施以避免试样出现滑移或损伤。如果使用压缩式夹具出现过多夹持断裂或滑移的情况，可采用绞盘式夹具。

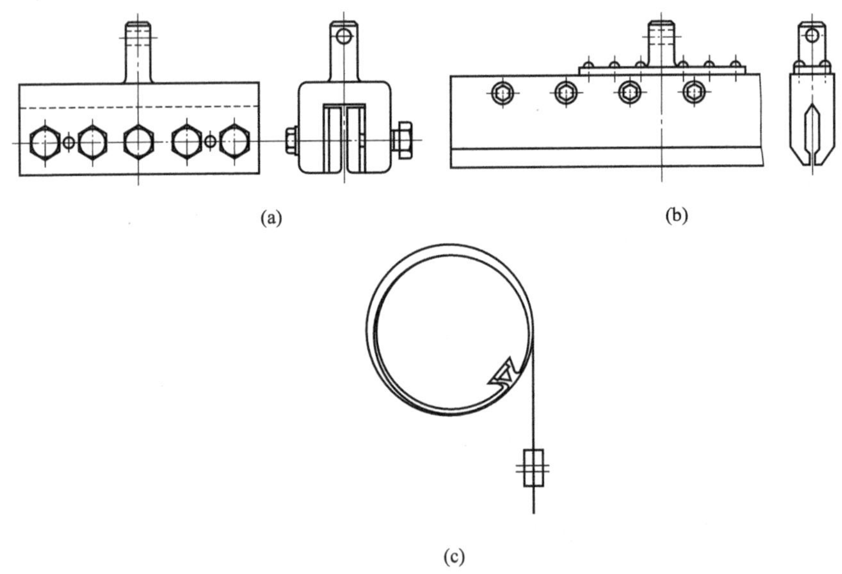

图 12.29　土工格栅拉伸测试夹具示意图

(4) 影响因素

除去环境因素对拉伸性能的影响外，土工格栅拉伸性能测试时还需注意以下影响因素。

① 夹具。拉伸试验应选择专用夹具，稳固地夹持住格栅试样。防止因夹持度不够出现试样滑脱，或者夹持过度导致试样在夹持处发生断裂的情况，导致试验无效。此外还需配备万向接头，以保证格栅试样在拉伸过程中均匀受力。

② 试样规格与尺寸。与传统聚烯烃材料拉伸性能测试不同，土工格栅测试拉伸性能时拉伸速率并不是定值，而是由试样的规格与尺寸决定。因此，不同规格的土工格栅试样在进行拉伸测试时，应准确测量相关尺寸，按照标准的规定确定实际的拉伸速率。

③ 测试肋条数量。土工格栅拉伸性能的测试方法分为单肋法和多肋法。受加工工艺的影响，土工格栅在同一横向上不同肋条间的性能有所差异。采用单肋法测得的拉伸强度和伸长率不一定能真实反映样品的实际情况。因此建议在设备允许的情况下，尽量采用多肋法进行拉伸性能的测试。

(5) 常用标准

表 12.45 列出了与测试土工格栅专用料拉伸性能相关的标准。每个标准对拉伸性能测试有着各自的要求。相关方在测试前应协商一致，统一测试标准，并严格按照标准的规定进行测试。这样也可以保证结果具有真实性和可比性。

表 12.45　土工格栅专用料拉伸性能常用标准

序号	标准号	标准名称
1	GB/T 17689—2008	土工合成材料 塑料土工格栅
2	JT/T 1432.1—2022	公路工程土工合成材料 第 1 部分:土工格栅
3	GB/T 17637—1998	土工布及其有关产品拉伸蠕变和拉伸蠕变断裂性能的测定
4	GB/T 15788—2017	土工合成材料 宽条拉伸试验方法
5	ASTM D6637/D6637M-15	Standard Test Method for Determining Tensile Properties of Geogrids by the Single or Multi-Rib Tensile Method
6	ISO 10319:2015	Geosynthetics--Wide-Width Tensile Test

12.3.4.2　蠕变性能

蠕变，就是指在一定的温度和恒定的外力（拉力、压力或扭力）作用下，材料的形变随时间的增加而逐渐增大的现象。土工格栅作为增强材料广泛应用于水坝、防洪堤、挡墙、公路这些土木工程中，起到加筋、固定土体的作用。因此，土工格栅在其使用过程中会长期受到稳定拉伸力的作用，这决定了其使用过程为一个长期蠕变的过程。

在使用过程中，如果土工格栅的蠕变性能不佳，会出现以下两种情况：

① 土工格栅产生的形变过大，超过规定值而不能发挥其应有的固定土体的作用，使土工结构变形过大。

② 随着蠕变过程的发展，土工格栅出现拉伸屈服的现象，导致自身强度下降并最终断裂，不能发挥其加筋增强作用，引起土工结构的破坏。

这两种情况的出现都会严重影响工程质量，带来很大安全隐患。因此，蠕变性能是一个评价土工格栅专用料质量优劣非常重要的指标，对土木工程的安全性具有重要的意义。

(1) 原理

图 12.30 为材料在蠕变过程中形变随时间变化的典型曲线图。由图可以看出材料在发生

蠕变的过程中，随着时间的增加，应变的速度会发生变化，整条曲线可以依此分为三个区域。第Ⅰ区为材料发生蠕变的初始阶段。在这一区域内形变随时间变化很快，但整体的时间较短。随后材料进入第Ⅱ区。这一区域内材料的形变继续保持增长，但是增长速度十分缓慢，而且整个区域的时间很长。因此，可以把第Ⅱ区看作一个平台区，材料长时间处于相对稳定的状态。最后材料进入第Ⅲ区。材料形变的速度开始明显加快，且随着时间的增加，形变速率呈加速上升趋势，直至材料发生断裂。

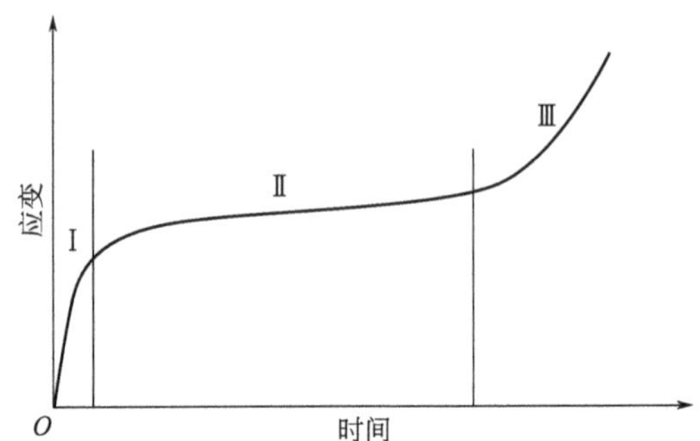

图 12.30 蠕变过程中形变随时间变化典型曲线示意图

材料在蠕变过程中受到的应力越大，蠕变的总时间越短；应力越小，蠕变的总时间越长。但是通常材料都有一个最小应力值，当材料所受应力低于该值时不论经历多长时间也不破裂，或者说蠕变时间无限长（相当于图中第Ⅱ区无限长），这个应力值称为该材料的长期强度。

土工格栅专用料蠕变性能的测试就是依据这个原理，找到接近这样的一个应力最小值，使得土工格栅产品在很长时间内能够保持稳定，不发生断裂或较大的形变。在具体进行土工格栅的蠕变性能测试时，还应用到了时温等效原理。通常的做法是在不同温度和不同荷载下测定土工格栅达到相应蠕变变形量的时间，再利用时温等效转换关系，将高温下的数据转换至设计温度下的数据，然后外推得到土工格栅的长期蠕变性能。

(2) 方法概述

在蠕变试样上选取两点作为初始标距，标距的长度应至少包含两个完整的单元格。初始标距标记好后，将蠕变试样在各自蠕变试验的温度下进行状态调节。状态调节完成后，将蠕变试样的两端夹持于设备的上下夹具之间。试样夹持过程必须确保试样夹持牢固，所有肋条受力均匀，保证试样的纵轴和上下夹具中心线重合。施加预荷载，使蠕变试样绷直，以便测量初始标距的长度。根据所选的荷载比对蠕变试样施加全部荷载。施加荷载过程应确保平稳、迅速。全部荷载施加完成后，试验计时开始。按照标准规定的时间间隔记录蠕变样品的形变，直到试样达到失效应变或发生断裂为止。根据标准要求对土工格栅蠕变性能的数据进行处理，包括蠕变样品形变-时间曲线的绘制、不同温度下数据之间的转换、对转换后的数据进行线性拟合并外推等过程。

(3) 测试仪器

土工格栅蠕变性能测试虽然原理简单，但对测试仪器和相关硬件条件要求很高。测试仪器的总体要求应包括以下 5 个方面：试样夹具、加载系统、形变测量系统、计时系统和温湿度控制系统。

① 试样夹具。对于试样夹具的要求参见拉伸性能相关章节叙述的内容。除此之外，在夹持过程中还需确保试样的每根肋条受力均匀，以免导致试样发生不均匀形变，影响试验的

精准性。

这里需要强调的是蠕变性能测试时间较长，这就对夹具提出了更高的要求。试样在长时间的夹持过程中，不能产生滑移，也不能因夹持过度而断裂。因此夹具能否满足要求是蠕变性能试验成败的关键因素之一。

② 加载系统。加载系统可直接使用重锤或通过杠杆系统、机械液压或气压系统施加拉伸蠕变荷载。每次试验前应校验加载系统以确认所需的荷载精确施加到试样上。在使用除恒载外的加载系统时，应保证拉伸蠕变荷载是恒定的，精度保持在±1%内。杠杆系统的角度应保持基本恒定。

加载系统应具有对试样施加预张力的能力。同时加载系统应使加载方便、迅速。整个加载过程应能稳定、流畅地进行，荷载不能出现波动。

加载框架应有足够的刚性以支撑负荷，且不受该框架上或相邻框架上其他试样断裂的影响。

此外加载框架还需具备减震系统保证与外部振动隔离。这是因为蠕变性能测试对振动有相当高的敏感性。如不具备良好的减震系统，形变曲线极易受振动影响发生抖动或突变，从而影响测试结果的准确性。

③ 形变测量系统。形变测量系统可使用任何仪器测量包括机械式、电子式或光学引伸计测量仪器。测量仪器可连接到一个连续读数的系统或是一个记录仪上，可以按规定的时间间隔测量长度的变化。

形变测量系统直接关系到蠕变性能测试结果的获取。因此测量系统必须保证读数的精准度、重现性和仪器的长期稳定性。

④ 计时系统。计时系统应具有一定精度和长期的稳定性以及设定时间零点的能力，并能在发生蠕变断裂时记录即时的时间。

⑤ 温湿度控制系统。温湿度控制系统应确保土工格栅样品在进行蠕变测试时，处于精准、稳定、均一的测试环境中，并且系统应具有在固定时间间隔内记录温度、湿度数据的功能。

⑥ 其他硬件设施。蠕变性能测试周期较长，对周围环境的波动比较敏感。同时出于安全因素考虑，建议建立相对隔离、独立的检测室，只允许检测人员进入。

(4) 常用标准

表 12.46 列出了与测试塑料土工格栅专用料蠕变性能相关的标准。

表 12.46　土工格栅专用料蠕变性能常用标准

序号	标准号	标准名称
1	GB/T 17637—1998	土工布及其有关产品拉伸蠕变和拉伸蠕变断裂性能的测定
2	QB/T 2854—2007	塑料土工格栅蠕变实验和评价方法
3	ISO 13431:1999	Geotextiles and Geotextile-Related Products--Determination of Tensile Creep and Creep Rupture Behavior
4	ASTM D5262-21	Standard Test Method for Determining the Unconfined Tension Creep and Creep Rupture Behavior of Planar Geosynthetics Used for Reinforcement Purposes
5	ASTM D6992-16	Standard Test Method for Accelerated Tensile Creep and Creep-Rupture of Geosynthetic Materials Based on Time-Temperature Superposition Using the Stepped Isothermal Method

(5) 影响因素

① 温度。土工格栅的蠕变速率会明显受到温度的影响。温度的提高会导致蠕变速率明

显加快。因此在进行蠕变试验时，必须保证温度的控制精度，这样才能得到准确的试验结果。建议蠕变试验在密闭、隔热的环境中进行，排除外界环境对温度控制的影响。

② 夹具。蠕变试验应选择专用夹具，稳固地夹持住蠕变试样。防止因夹持度不够出现试样滑脱，或者夹持过度导致试样在夹持处发生断裂的情况，导致试验无效。

③ 试样制备。制备蠕变样品的要求大体和制备拉伸样品的要求一致，应避开整卷格栅边缘的区域。需要特别注意的是由于土工格栅不同肋条之间可能存在的差异性，蠕变样品和相应测试拉伸强度的样品应在相同的肋条上进行截取，以保证蠕变试验的准确性。

④ 荷载比。荷载比的选取范围和大小应根据不同格栅样品的实际情况调整。建议在有条件的情况下，尽可能增加荷载比的数量，每个荷载比下进行多个样品的蠕变测试。这样不仅可以提高数据处理时线性拟合的精度，还可以弥补试验出现无效情况的损失。

12.4 聚烯烃产品标准化

标准是国家的质量基础设施，在推动供给侧结构性改革和质量的提升，促进社会经济高质量发展中发挥着引领性、支撑性的作用。当前聚烯烃材料占塑料的 60%以上，生产及消费基数大，应用领域不断拓宽，耐高温、低温、耐腐蚀、抗老化及强度高、耐摩擦等优异性能的新牌号、新产品不断被研发和试用。在聚烯烃行业，标准的研制为产品质量和性能评价提供基本依据，为产品的推广和应用打开了大门，已成为促进技术进步、促进创新成果转化的桥梁和纽带。随着国家对标准化的重视，标准化技术组织的机构建设日益完善，为聚烯烃标准化工作打下了良好基础，标准体系不断优化，有力地指导并促进了聚烯烃行业的发展。

12.4.1 国际标准化

标准是世界的通用语言，也是国际贸易的通行证，国际标准体系是全球治理体系和经贸合作发展的重要技术基础，世界需要标准协同发展，标准促进世界互联互通。标准化在便利国际经贸往来、技术交流、产能合作等各个方面的作用越来越凸显。

有关聚烯烃的国际标准是由国际标准化组织（ISO）制定和管理的，ISO 是一个独立的非政府国际组织，它由 164 个成员的国家标准化组织组成，下设 782 个技术委员会和分技术委员会，已经出版了超过 23000 个国际标准和技术文件。ISO 汇集了全世界专家共享知识，并基于共识自愿参与开发与全球市场相关的国际标准，以支持创新并提供应对全球挑战的解决方案。ISO 体系下的聚烯烃国际标准主要集中在两个技术委员会：ISO/TC61 塑料技术委员会和 ISO/TC138 液体输送用塑料管材、管件和阀门技术委员会。

12.4.1.1 ISO/TC61 塑料技术委员会

ISO/TC61 塑料技术委员会负责塑料领域中材料和产品的命名、测试方法和规格国际标准的制修订和管理工作，并且涵盖了塑料产品的密封、连接、焊接等加工过程。该技术委员会目前共有 687 项现行有效标准，包含 11 个分技术委员会和 1 个直属工作组，其中 6 个分技术委员会及直属工作组与聚烯烃直接相关，如表 12.47 所示。

表 12.47 ISO/TC61 塑料技术委员会与聚烯烃相关分委会及工作组

分委会	标准数	成员数	工作组
SC1 术语	10	19	WG1 术语和定义
			WG2 符号

续表

分委会	标准数	成员数	工作组
SC2 力学行为	48	23	WG1 静态性能
			WG2 硬度和表面性能
			WG3 冲击和高速性能
			WG5 温度依赖行为
			WG6 试样尺寸
			WG7 破坏和疲劳行为
			WG8 数据表述形式
SC4 燃烧行为	24	24	WG2 烟不透明度和腐蚀性
			WG8 可点燃性和火焰增长
			WG9 复合材料和半成品
			WG10 点火器
SC5 物理-化学性能	83	24	WG5 密度
			WG8 热分析
			WG9 流变
			WG11 分析方法
SC6 老化、耐化学和环境性能	35	19	WG2 光照
			WG3 各类型暴露
			WG7 基础标准
SC9 热塑性材料	118	21	WG6 聚烯烃
			WG14 聚合物分散
			WG18 试样制备
			WG26 热塑性弹性体
直属工作组	1	—	WG4 塑料焊接

12.4.1.2　ISO/TC138 液体输送用塑料管材、管件和阀门技术委员会

ISO/TC138 液体输送用塑料管材、管件和阀门技术委员会负责用于输送流体的塑料材质管道、配件、阀门和辅助设备的国际标准化工作，内容涉及管材、管件、法兰、阀门和辅助设备的尺寸及其公差、化学、机械和物理性能要求以及相应的测试方法；与特定应用有关的其他性能的要求和测试方法；温度和压力等级。该技术委员会目前共有 319 项现行有效标准，包含 8 个分技术委员会，与聚烯烃直接相关的各分委会的工作情况列于表 12.48。

表 12.48　ISO/TC138 液体输送用塑料管材、管件和阀门技术委员会各分委会

分委会	标准数	成员数	工作组
SC1 用于土壤、废物和排水(包括陆地排水)的塑料管材和配件	36	37	WG1 建筑内排放系统
			WG2 地下排水和下水道的塑料管道系统
			WG6 土壤,废物和排水塑料管道系统的特定测试方法

续表

分委会	标准数	成员数	工作组
SC2 供水用塑料管材、管件	68	34	WG1 冷热水用塑料管道系统
			WG2 灌溉用塑料管道系统
			WG4 供水用聚乙烯管道系统
SC4 工业用塑料管材、管件	11	25	AHG1 更新 ISO/TR 10358
			WG7 复审工业用标准
			WG8 短玻纤增强聚乙烯工业用管道系统
SC5 供气用塑料管材、管件	36	33	WG1 机械管件
			WG2 聚乙烯管道系统熔接
			WG3 聚乙烯管道系统
			WG6 对接焊程序
			WG10 天然化合物及着色母粒-规程
SC6 塑料管材、管件和阀门及其组件通用性能的试验方法和基本规程	97	34	WG5 聚烯烃管道
			WG12 聚烯烃管件组件
			WG17 可选方法
			WG20 慢速裂纹增长(SCG)
			WG22 输水用热塑性管道
SC7 塑料阀门和辅助设备	18	19	—
SC8 管道系统修复	19	23	WG1 用于管道修复的塑料管道系统的设计、应用的分类和信息
			WG2 用于修复地下排水和下水道网络的塑料管道系统
			WG3 用于修复地供水网络的塑料管道系统
			WG4 用于修复地供气网络的塑料管道系统
			WG6 修复用塑料管道系统合格性评估

12.4.1.3 中国聚烯烃行业参与国际标准化工作进展

中国是 ISO 的创始成员国之一，一直积极参与到 ISO 的各项工作中。在聚烯烃领域，我国初期的工作主要以跟随和参与 ISO 标准项目、会议为主，进入 21 世纪后，随着国家实力和行业技术的不断进步，我国开始更深入地参与到 ISO 的技术和管理工作中。

2004 年，中国石化主导修订了 ISO 1628-3《使用毛细管黏度计测定聚合物稀溶液黏度 第 3 部分 聚乙烯和聚丙烯》，这是我国在塑料领域首次主导 ISO 标准的制修订工作，是我国塑料行业实质性参与国际标准化工作的突破。2010 年，ISO/TC61 塑料技术委员会秘书处首次落户我国，由中蓝晨光化工研究院有限公司具体承担，这是我国塑料领域首次承担 ISO 技术委员会秘书处，对于提高我国塑料行业的标准化水平，提高我国在塑料领域国际标准化工作中的话语权，促进我国塑料行业整体技术水平的提高具有极为重要的意义。2015 年，中国石化北京化工研究院承担了 ISO/TC61/SC2 塑料-力学行为分技术委员会秘书处，这标志着我国在塑料领域的检测技术和国际标准化工作上又迈上了一个新的台阶。经过几代人的努力，我国聚烯烃行业的国际标准化工作取得了巨大的进步，对发挥标准的引领作用，增强我国在塑料领域的国际话语权和影响力起到了积极的推动作用。

在取得成绩的同时，我国塑料领域的国际标准化工作也还存在一些需要进一步提高和完善的地方，主要表现在以下几个方面。

(1) 科研工作与标准化工作要紧密结合

国外发达国家同行非常注意科研工作与标准化的结合，新标准提案的提出大多来自科研过程中的新技术，他们会将这些新技术转化成相应的国际标准，以占领技术高地。在我国，科研工作和标准化经常是相互没有交集，导致标准化不能了解科研工作的新进展，新的科研技术也不能及时转化成为相关标准。

为了更好地将科研工作与标准化工作相结合，标准化组织可以在对应的标准化领域建立专家组。由领域内的科研专家和工程技术专家组成人员构成相对固定的团队，及时通报新的技术进步，将新技术转化为标准提案，同时在标准制定过程中全程参与，保障标准的完善可行。

(2) 标准化工作应细致扎实有试验支撑

参与国际标准化工作的实践证明，进程顺利的标准提案多是前期准备充分，有大量试验数据支撑的提案。通过前期的试验工作，标准起草人应当对提案的技术细节有充分了解和把握，对可能存在的问题有充分的准备，提出的提案具有充分的理论依据和切实可行的执行方案，提案的表述清晰明确，这样在立项时提案容易获得召集人各成员国的支持，便于通过，后续制定周期也相对较短。

(3) 国际标准化工作人员需提高外语水平

从事国际标准化工作的人员要加强英语特别是听说方面的训练。受限于语言环境，我国很多国际标准化工作人员在英语听说方面存在弱项。在标准撰写过程中，有较充裕的时间进行准备，也容易获取外界的帮助，但是会议中讨论相关项目的时候，如果不能听懂专家提问并给出清晰明确的解答，会直接影响与会代表对项目的判断，进而影响到投票过程。这个问题在亚洲国家还是普遍存在的，应在以后的工作中特别注意。

12.4.2 ASTM 标准化

美国材料实验协会（ASTM）是美国最老、最大的非营利性的标准学术团体之一。经过一个世纪的发展，ASTM 现有 33669 个个人和团体会员，下设 2004 个分技术委员会，有超过 10 万个单位参加了 ASTM 标准的制定工作，主要任务是制定材料、产品、系统、服务等领域的特性和性能标准、试验方法和程序标准，促进有关知识的发展和推广。ASTM 面向全世界征集会员和标准提案，由于其标准的专业性和先进性，被多个国家和组织认可和使用。在聚烯烃领域的 ASTM 标准主要集中在两个技术委员会，ASTM D20 塑料技术委员会和 ASTM F17 塑料管道系统技术委员会。

12.4.2.1 ASTM D20 塑料技术委员会

ASTM D20 塑料技术委员会的工作领域涵盖塑料材料样品制备、材料规格以及用于机械、热、光学和分析的测试方法等所有与塑料利用有关的重要方面。该委员会大约有 700 名成员，目前管辖超过 475 个标准，每年 4 月和 11 月召开两次会议讨论相关标准的制修订工作。D20 有 23 个分技术委员会，与聚烯烃相关的如表 12.49 所示。

表 12.49 ASTM D20 塑料技术委员会与聚烯烃相关的各分委会

分委会	标准数	下级分委会
D20.09 试样准备	8	—
D20.10 力学性能	37	D20.10.01 准静态性能
		D20.10.02 冲击和高速性能
		D20.10.15 动态力学性能
		D20.10.18 表面性能
		D20.10.23 残留应力测量
		D20.10.24 破坏和疲劳
		D20.10.25 工程和设计
		D20.10.42 D20 标准附件注意事项
D20.15 热塑性材料	116	D20.15.26 聚烯烃
		D20.15.94 塑料材料的分类
D20.19 薄膜、片材和模塑制品	42	—
D20.24 塑料建筑材料	22	—
D20.30 热性能	29	D20.30.03 燃烧特性
		D20.30.07 基础热性能
		D20.30.08 热处理性能
D20.40 光学性能	5	—
D20.70 分析方法	53	D20.70.01 物理方法
		D20.70.02 色谱法
		D20.70.05 分子参数
		D20.70.08 光谱法
D20.92 术语	3	—
D20.95 可回收塑料	6	D20.95.01 SPI 树脂代码部分

12.4.2.2 ASTM F17 塑料管道系统技术委员会

ASTM F17 塑料管道技术系统委员会的工作内容涵盖了塑料管材、管件和附件的规范，塑料管连接和安装，测试方法，塑料管道系统专用术语、系统和服务以及相关研究的推动。该委员会有 520 名成员，目前管辖超过 180 个标准，每年 4 月和 11 月召开两次会议讨论相关标准的制修订工作。F17 有 18 个分技术委员会，与聚烯烃相关的有 13 个，如表 12.50 所示。

表 12.50 ASTM F17 塑料技术委员会与聚烯烃相关的各分委会

分委会	标准数
F17.10 管件	30
F17.11 复合管	6
F17.20 连接	24

续表

分委会	标准数
F17.26 烯烃基管材	17
F17.40 测试方法	31
F17.60 气	23
F17.61 水	12
F17.62 下水道	22
F17.63DWV	18
F17.65 陆地排水	12
F17.67 非开挖塑料管道技术	25
F17.68 能源管道系统	6
F17.91 编辑和术语	1

12.4.2.3 中国参与 ASTM 标准化工作进展

中国政府和各领域的专家与 ASTM 都保持着良好的合作关系。2004 年 ASTM 在北京与国家标准化管理委员会（SAC）签署谅解备忘录，使得 SAC 与 ASTM 在各自的标准制定上能够互相帮助。国内各领域的技术专家也以个人或团体的名义广泛参与到 ASTM 的标准化活动中，目前活跃的 ASTM 中国注册会员超过 800 名。在聚烯烃领域，包括中国石化、中国石油在内的石化企业和技术专家也积极地参与到聚烯烃领域 ASTM 标准的制定过程中，但是目前仍以参与为主，由我国专家主导制定的标准项目仍然较少。

12.4.3 国家标准

标准与计量、认证认可、检验检测共同构成了国家的质量基础设施。我国政府历来高度重视标准化工作，近七十年来，在经济社会各领域，标准都积极发挥了自身作用。2018 年新修订的《中华人民共和国标准化法》规定，国家标准分为强制性标准、推荐性标准。对保障人身健康和生命财产安全、国家安全、生态环境安全以及满足经济社会管理基本需要的技术要求，应当制定强制性国家标准；对满足基础通用、与强制性国家标准配套、对各有关行业起引领作用等需要的技术要求，可以制定推荐性国家标准。强制性国家标准由国务院批准发布或者授权批准发布；推荐性国家标准由国务院标准化行政主管部门制定。具体来说国家标准是由国家标准化管理委员会领导下的各全国性标准化技术委员会作为技术归口单位来完成国家标准的制修订工作。对于聚烯烃行业来说，其国家标准主要集中在 SAC/TC15 全国塑料标准化技术委员会和 SAC/TC48 全国塑料制品标准化委员会。

12.4.3.1 全国塑料标准化技术委员会（SAC/TC15）

全国塑料标准化技术委员会（SAC/TC15）是国家标准化管理委员会领导下的全国性的塑料标准化工作机构，负责我国塑料领域的标准化技术管理工作和国际标准化组织（ISO）塑料领域标准化的国内对口管理工作，具有技术权威性，负责塑料领域的国家标准和行业标准项目的立项、制定、修订、审查、报批和复审工作，以及组织对已经批准发布的国家标准和行业标准进行宣贯和解读。秘书处设在中蓝晨光成都检测技术有限公司。委员会目前下辖 545 项国家标准，包含 8 个分技术委员会，其中 4 个分技术委员会与聚烯烃直接相关，如表 12.51 所示。

表 12.51 SAC/TC15 全国塑料技术委员会与聚烯烃相关的各分委会

编号	名称	专业领域	秘书处所在单位
TC15/SC1	石化塑料树脂产品	石化塑料及树脂	中国石化北京燕山分公司树脂应用研究所
TC15/SC4	通用方法和产品	塑料及树脂	中蓝晨光成都检测技术有限公司
TC15/SC5	老化方法	老化试验方法	广州合成材料研究院有限公司
TC15/SC10	改性塑料	改性塑料	金发科技股份有限公司

12.4.3.2 全国塑料制品标准化技术委员会（SAC/TC48）

全国塑料制品标准化技术委员会（SAC/TC48）是国家标准化管理委员会领导下的全国性的塑料制品标准化工作机构，负责我国塑料制品领域的标准化技术管理工作和国际标准化组织（ISO）塑料领域标准化的国内对口管理工作，具有技术权威性，负责塑料制品领域的国家标准和行业标准项目的立项、制定、修订、审查、报批和复审工作，以及组织对已经批准发布的国家标准和行业标准进行宣贯和解读。秘书处设在轻工业塑料加工应用研究所。委员会目前下辖 304 项国家标准，包含 3 个分技术委员会，都与聚烯烃直接相关，如表 12.52 所示。

表 12.52 SAC/TC48 全国塑料制品技术委员会与聚烯烃相关的各分委会

编号	名称	专业领域	秘书处所在单位
TC48/SC1	塑料制品	塑料制品	大连塑料研究所有限公司
TC48/SC2	泡沫塑料	泡沫塑料制品	轻工业塑料加工应用研究所
TC48/SC3	塑料管材、管件及阀门	塑料管道产品	轻工业塑料加工应用研究所

12.4.4 行业标准

对没有推荐性国家标准、需要在全国某个行业范围内统一的技术要求，可以制定行业标准。聚烯烃原料和制品的标准由工信部组织制定、发布，其中聚烯烃原料行业委托中国石油和化学工业联合会和中国石化集团公司进行行业统一管理，行业标准标识为 HG/T 和 SH/T；制品标准由中国轻工业联合会统一指导，行业标准标识为 QB/T。行业标准的技术归口单位仍为各技术委员会，需报国标委统一备案。此外，还有少量聚烯烃评价标准分散在商检、包装、食品制品等领域，本书不做详细讨论。

现有的聚烯烃原料领域行业标准，剔除修订、废止等情况，目前现行的行业标准有 37 项，其中产品标准 12 项，方法标准 25 项。产品标准主要有：HG/T 5377—2018《乙烯-醋酸乙烯酯（EVA）胶膜》、SH/T 1801—2016《土工膜用中密度聚乙烯树脂》、SH/T 1823—2019《冷热水输送管道系统用耐热聚乙烯（PE-RT）专用料》、SH/T 1750—2005《冷热水管道系统用无规共聚聚丙烯（PP-R）专用料》，这些标准主要针对不同用途且行业用量大的聚烯烃产品，制定标准便于规范行业的生产、统一质量要求。相对专用料来说，聚烯烃产品的质量和性能评价方法是本行业标准的主要特点。

12.4.5 团体标准

在标准化法构建的政府标准与市场标准协调配套的新型标准体系中，将团体标准定位于由市场主导的标准，与政府主导制定标准不同，社会团体是团体标准的制定主体，也是团体标准化工作的责任主体。团体标准的培育目的是服务创新发展、引领行业进步、开拓国际市场。团体标准能更好发挥市场主体活力，增加标准有效供给，是高质量发展的必然要求。国家支持在重要行业、战略性新兴产业、关键共性技术等领域利用自主创新技术制定团体标准。

目前已在“全国团体标准信息平台”上注册的团体有 3000 余家，开展聚烯烃行业团体标准培育工作的社会团体数量也很多，例如中国石油和化学工业联合会、中国化工学会、中国光伏行业协会、中国工程建设标准化协会等，地方性团体则更多，例如广东省塑料工业协会、广东省产品认证服务协会、浙江省品牌建设联合会等。这些团体制定和发布的团体标准数目也很多，据不完全统计，目前已发布团体标准数目近 100 项。这些团体标准多是产品标准，着重针对某些专用料的开发，或者是制定了高于国家标准、行业标准的产品标准。在国家政策的鼓励下，在市场和消费者的呼吁下，越来越多的团体标准将会出现。当然，目前团体标准的发展还存在一些问题，但是它的灵活性是国家标准和行业标准无法比拟的，团体标准为聚烯烃产品技术进步，产业升级起到了积极的推动作用。

12.5　聚烯烃产品认证

12.5.1　REACH 法规

根据欧盟 REACH 法规实施指南丛书第二卷《中间体、单体、聚合物和用于研发的物质指南》，市场上可能存在极大数量不同类型的聚合物，由于聚合物分子量较高而一般对其关注度较低，所以在 REACH 法规下，这类物质免于注册与评估。然而，聚合物仍受辖于法规中的授权与限制。但同时，法规会要求聚合物的制造商和进口商注册作为聚合物构成的单体或其他物质，因为较聚合物分子本身而言，这些分子的受关注程度一般更高。因此，聚烯烃产品需要注册的物质包括单体和超过 1t/a 的助剂或添加剂（稳定剂和源自制造过程的杂质除外）。

12.5.1.1　注册

聚烯烃产品所含物质需要按照一般物质的注册信息要求进行注册。注册前需要对产品进行物质分解，根据产品实际所含物质情况，明确需要注册的物质数量和种类，并根据企业未来发展需要确定物质注册的吨位范围。

注册卷宗包括技术卷宗和化学品安全报告（≥10t/a 物质）两部分。其中技术卷宗主要包括 11 项信息：①制造商或进口商的身份；②物质特性；③物质制造和用途信息；④物质分类和标记；⑤安全使用指南；⑥按照吨量范围确定提供信息的要求，为满足该要求得到的研究摘要；⑦按照吨量范围确定提供信息的要求，为满足该要求得到的详细研究摘要；⑧如果③、④、⑥、⑦的信息已经提交评估，列出评估指示；⑨大于等于 100t/a 的物质，按规定应做试验的提案；⑩1～10t/a 物质的暴露信息；⑪如果有，提出化学管理局不公开部分信息的要求。化学品安全报告是指产量或进口量大于等于 10t/a 的物质，应进行化学品安全评估，并完成、提交和更新化学品安全报告。其主要内容包括：人类健康危害评估；物理化学危害评估；环境危害评估；持久性、生物累积性和毒性（PBT）评估；高持久性和高生物累积性（vPvB）评估。如果注册物质按照欧盟法规规定属于危险物质，或在前述安全评估中评为 PBT 或 vPvB 物质，还应对所有确定用途进行暴露评估；风险评估；风险控制措施建议。

由于绝大多数企业不具备物质注册所需的大量生物学和毒理学数据，并且该类数据的获得需要在符合 GLP（良好实验室规范）研究并持续多年的试验积累，此外，从避免不必要的动物试验和限制重复其他试验的目的出发，REACH 法规推荐企业在信息共享的基础上采取联合注册的方式开展注册，明确领头注册人和参与联合注册的注册人身份。数据共享和联合提交的信息范围限于技术数据及与物质内在特性相关的特殊信息。目前新注册者需要根据 REACH 法规和各联合体公布的检测标准方法和检测内容，对拟注册物质进行分析检测，根据物质检测数据确定联合体，并联系领头注册人，在获得相关注册数据后，完成物质注册。省去了第一批注册者自发组织物质信息交流论坛（SIEF）、物质同一性确认、组建并参与联合体工作，协商数据分摊标准等一系列前期工作。

12.5.1.2 供应链信息传递

注册完成后，根据 REACH 法规要求，物质信息需要在供应链上进行双向传递，供应链各环节参与者都需要完成各自的义务。首先物质注册信息包括安全数据表（SDS）或化学品安全报告，以及便于物质注册者风险控制的吨位涵盖证明、是否包含 SVHC（高关注度物质）并完成通报、是否包含授权物质并完成授权申请、是否包含限制物质并明确限制用途或用量等信息，上述信息沿着原料供应商、各级制造商、产品出口/欧盟进口商、下游用户方向由上而下伴随产品实际贸易同步进行传递，同时各级下游用户要及时把物质使用情况和暴露场景信息沿逆向向供应链上游传递，便于物质注册者根据下游用户的实际使用情况完善安全数据表或安全报告，提高物质风险管理措施；同时要求下游用户收到上游供应商发来的注册号后 6 个月内向 ECHA（欧洲化学品管理局）报告自身相关信息。一些国际化大公司如中国石油，在完成注册后，基于 REACH 法规要求和风险管理需要开发了一套供应链 REACH-IT 信息管理系统，2010 年上线以来，成功为供应链上下游企业搭建起安全有效、便捷快速的信息传递桥梁，也为有效配合进口国海关等政府部门的监管提供了快速响应，有效规避了法律风险。

12.5.1.3 影响分析

REACH 法规推出的主要目的就是为了加强化学品的安全管理，减少对环境和人的影响，符合全球绿色发展需要。首先，履行 REACH 法规是欧盟境内生产商或进口商必须承担的法律义务。其次，对非欧盟企业而言，如果有产品直接或间接出口欧盟，这些产品必须履行 REACH 法规。

针对聚烯烃产品而言，主要涉及注册、SVHC 通报、供应链信息传递以及后期注册卷宗维护和应对监管等工作。短期看，所需费用和工作量都很大，注册费和数据购买费较多，其中仅数据购买费用大约在几千到几万欧元每种物质，并且在后续注册卷宗维护和供应链信息传递工作中会长期存在，这些都将增加企业负担。但从长远看，通过注册，不仅为加大产品直接和间接出口欧盟创造了有利条件，同时可提高企业的认识，掌握物质毒理性数据，为实现产品全生命周期的安全管理打下基础。也代表着一种软实力有利于提高产品在国内市场的竞争力。此外，从全球化学品安全管理角度看，企业通过 REACH 法规注册，可以为后续有效应对全球其他国家和地区陆续出台的化学品安全管理做好准备，有助于企业树立承担社会责任的新形象，并为解除化工产品在人们心中的偏见提供科学可行的依据。

12.5.2 PE100+ 认证

欧洲 PE100＋协会在 1999 年 2 月 24 日由 Borealis、Elenac 和 Solvay 三家 PE100 级聚乙烯管材混配料生产商发起成立。协会建立的目标是“在 PE100 聚乙烯管材混配料的生产和应用方面，达到最高的质量保证水平”。截至 2019 年底，该协会已有 12 家成员企业，包括 Borealis、Borouge、Ineos、IRPC、Korea Petrochemical、LyondellBasell、Prime Polymer、

SABIC、SCG、Tasnee、上海石化和独山子石化。

为保证 PE100 级聚乙烯管材混配料在燃气、给水等领域应用的质量水平，PE100＋协会提出了许多技术要求，并且定期对 PE 管材混配料的重要性能进行控制性检验，同时发布"认证材料清单"。截至 2019 年底，PE100＋协会的认证材料清单已包含 36 种聚乙烯管材料牌号，如表 12.53 所示，其中包括上海石化 YGH041T 和独山子石化 TUB121N3000B。

为了保证其安全性和可靠性，只有通过定期检测符合要求的 PE100 管材混配料才能纳入"认证材料清单"中。管材混配料首先必须满足 ISO 和 EN 现行标准的基本要求，燃气领域按照标准 EN1555-1 和 ISO 4437-1，给水领域按照标准 EN 12201-1 和 ISO 4427-1。生产企业必须提供管材混配料的符合 ISO 12162 的 10.0MPa、20℃、50 年的长期静液压强度的完整测试报告。长期静液压强度是根据 ISO 9080 测试所确定，并被定为 PE100 级。在 ISO 1043 第 1 部分中对管材标识进行了标准化的规定。每个管材混配料生产厂必须按照 ISO 9000 或 9001 的要求进行产品的生产。

在现行 ISO 标准的基础上，PE100＋协会着眼于将聚乙烯管材混配料的性能要求提高到一个新台阶。聚乙烯管材的性能本质上由三个关键因素决定。基于这三个关键因素，PE100＋协会对管材混配料的静液压强度、耐 SCG 性能和耐 RCP 性能提出额外的要求，如表 12.54 所示。目前 PE100＋协会正在进行 PE100-RC 管材料技术要求的制定工作。

PE100＋协会认证测试程序如图 12.31 所示。成员企业需要每 9～10 个月重复送检一次认证产品，以保证管材产品的安全性和可靠性。认证测试过程由欧洲 Kiwa 实验室组织，分别送到三家不同的独立实验室进行单项测试，最终由 PE100＋协会委员会对外公布结果。测试程序不仅对管材混配料提出了比现行标准更高的要求，也是成员企业自愿进行自我监测的一种手段。

表 12.53　PE100＋协会认证材料清单

原料牌号	生产商	所在地
BorSafe™ HE 3490-LS (黑)	Borealis	瑞典
Borsafe™ HE 3490-LS-H (黑)	Borealis	瑞典
Borsafe™ HE 3492-LS-H (橙)	Borealis	瑞典
Borsafe™ HE 3494-LS-H (蓝)	Borealis	芬兰
BorSafe™ HE 3490-LS (黑)	Borouge	阿联酋
Borsafe™ HE 3490-LS-H (黑)	Borouge	阿联酋
Borsafe™ HE 3492-LS-H (橙)	Borouge	阿联酋
ELTEX® TUB 121 (黑)	Ineos	法国
ELTEX® TUB 124 N2025 (蓝)	Ineos	法国
ELTEX® TUB 125 N2025 (橙)	Ineos	法国
ELTEX® TUB 121 N3000 (黑)	Ineos	比利时
ELTEX® TUB 121 N6000 (黑)	Ineos	比利时
ELTEX® TUB 124 N6000 (蓝)	Ineos	法国
ELTEX® TUB 125 N6000 (橙)	Ineos	法国
Polimaxx P901BK (黑)	IRPC	泰国
P600 BL (黑)	Korea Petrochemical	韩国
Hostalen CRP 100 (黑)	LyondellBasell	德国
Hostalen CRP 100 W (蓝)	LyondellBasell	德国

续表

原料牌号	生产商	所在地
Hostalen CRP 100(橙)	LyondellBasell	德国
Hostalen CRP 100 Resist CR (黑)	LyondellBasell	德国
Hostalen CRP 100 Resist CR (橙)	LyondellBasell	德国
Hostalen CRP 100 Resist CR W(蓝)	LyondellBasell	德国
Hostalen CRP 100(黑)	LyondellBasell	沙特阿拉伯
HI-ZEX® 7700 MBK(黑)	Prime Polymer	日本
EVL-H® SP5505BK(黑)	Prime Polymer	日本
TUB121N3000B(黑)	独山子石化	中国
SABIC® Vestolen A 6060 R(黑)	SABIC	德国
SABIC® Vestolen A 6060 R(蓝)	SABIC	德国
SABIC® Vestolen A RELY 5922R-10000(黑)	SABIC	德国
SABIC® Vestolen A RELY 5924R-10000 (黑)	SABIC	德国
SABIC® P6006 (黑)	SABIC	沙特阿拉伯
SABIC® P6006 AD (黑)	SABIC	沙特阿拉伯
TASNEE 100(黑)	Tasnee	沙特阿拉伯
SCG HDPE H1000PC (黑)	SCG Chemicals & Thai	泰国
SCG HDPE H112PC (黑)	SCG Chemicals & Thai	泰国
YGH041T (黑)	上海石化	中国

表 12.54 PE100＋协会的技术要求

性能	试验参数	EN/ISO 要求	PE100＋要求
静液压强度	20℃,环应力 12.0MPa 下的静液压试验(ISO 1167 / EN 921)	≥100h	≥200h
耐 SCG 性能	20℃,压力 0.92MPa 下的切口管试验(ISO 13479)	≥500h	≥500h
耐 RCP 性能	0℃,小尺寸 S4 试验(ISO 13477)	P_c≥MOP/2.4-13/18	≥10bar

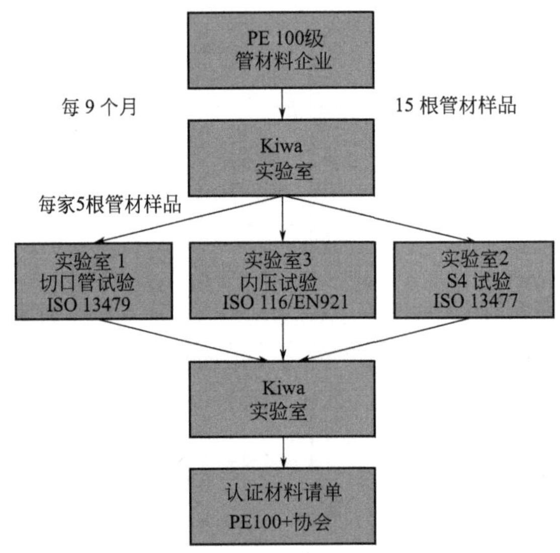

图 12.31 PE100＋协会认证测试程序

12.5.3 G5+ 认证

聚乙烯燃气管道在我国最早应用于 20 世纪 90 年代初，由广州、上海、成都等城市率先试用。现已在全国各地燃气企业全面推广使用，广泛应用于埋地中、低压燃气输配管网。2008 年由五家燃气公司（香港中华煤气、北京燃气、成都燃气、广州燃气和深圳燃气）发起成立燃气企业聚乙烯（PE）输配系统质量控制合作小组（简称 G5＋小组）。G5＋小组旨在针对塑料管道市场中的一些不良状况，以执行国家相关标准为基础，参考国际燃气领先技术水平和国外塑料管道的发展经验，制定对 PE 燃气输配系统质量控制的标准和方法。

G5＋小组的质量管理体系由产品技术质量标准、供应商资格预审导则、产品质量监督管理办法组成，目前已制定管材和管件产品的质量管理体系，包括：

《产品质量技术要求第 1 部分：燃气用埋地聚乙烯管材》（G5＋PE001.1）；

《供应商资格预审导则第 1 部分：燃气用埋地聚乙烯管材》（G5＋PE002.1）；

《产品质量保证管理办法第 1 部分：燃气用埋地聚乙烯管材》（G5＋PE003.1）；

《产品质量技术要求第 2 部分：燃气用埋地聚乙烯管件》（G5＋PE001.2）；

《供应商资格预审导则第 2 部分：燃气用埋地聚乙烯管件》（G5＋PE002.2）；

《产品质量保证管理办法第 2 部分：燃气用埋地聚乙烯管件》（G5＋PE003.2）。

阀门产品的管理体系要求正在制定过程中。

根据 G5＋的管理体系文件，G5＋小组每年更新获得认可的管材混配料牌号（PE80、PE100 和 PE100-RC）清单和管材管件合格供应商清单，并定期对供应商进行实地审查。截至 2019 年底，G5＋小组已认可 PE 管材混配料牌号 27 种，合格供应商 24 家。

参考文献

[1] 周维祥. 塑料测试技术 [M]. 北京：化学工业出版社，1997.

[2] GB/T 1040.1—2018. 塑料拉伸性能的测定 第 1 部分：总则 [S].

[3] GB/T 9341—2008. 塑料弯曲性能的测定 [S].

[4] GB/T 1043.1—2008. 塑料简支梁冲击性能的测定第 1 部分：非仪器化冲击试验 [S].

[5] GB/T 1843—2008. 塑料悬臂梁冲击强度的测定 [S].

[6] GB/T 1041—2008 塑料压缩性能的测定 [S].

[7] ASTM D695－15 Standard test method for compressive properties of rigid plastics [S].

[8] GB/T 3682.1—2018. 塑料热塑性塑料熔体质量流动速率（MFR）和熔体体积流动速率（MVR）的测定第 1 部分：标准方法 [S].

[9] GB/T 1634.1—2019. 塑料负荷变形温度的测定第 1 部分：通用试验方法 [S].

[10] ASTM D648-18. Standard test method for deflection temperature of plastics under flexural load in the edgewise position [S].

[11] ISO 306：2013. Plastics-Thermoplastic materials-Determination of Vicat softening temperature（VST）[S].

[12] GB/T 2410—2008. 透明塑料透光率和雾度的测定 [S].

[13] HG/T 3862—2006. 塑料黄色指数试验方法 [S].

[14] 曹同章. 塑料镜面光泽测试的研究 [J]. 中国塑料，1997（02）：69-74.

[15] GB/T 8807—1988. 塑料表面镜面光泽试验方法 [S].

[16] 温变英，等. 塑料测试技术 [M]. 北京，化学工业出版社，2019，9，181-182.

[17] 王玉璋，焦宗恒，续玉琛，何克明. 表面光泽度测试技术与仪器 [J]. 仪表技术与传感器，1991（05）：13-16.

[18] 庄坤贤. 物体表面光泽的测量 [J]. 光学仪器，1984（01）：38-44.

[19] 查超，周霆，孟涛，刘伟兴. 树脂光泽度的影响研究 [J]. 塑料工业，2020，48（07）：103-107＋116.

[20] ASTM D2457-21 Standard test method for specular gloss of plastic films and solid plastics [S].

[21] BUDDE，W. A reference instrument for 20°，60° and 85° gloss measurements [J]. Metrologia，1980，16 (1)：1-5.
[22] GB/T 31838. 2—2019. 固体绝缘材料介电和电阻特性 第 2 部分：电阻特性（DC 方法）体积电阻和体积电阻率 [S].
[23] GB/T 1408. 1—2016. 绝缘材料电气强度试验方法 第 1 部分：工频下试验 [S].
[24] GB/T 1409—2006. 测量电气绝缘材料在工频、音频、高频（包括米波波长在内）下电容率和介质损耗因数的推荐方法 [S].
[25] GB/T 1033. 1—2008. 塑料非泡沫塑料密度的测定 第 1 部分：浸渍法、液体比重瓶法和滴定法 [S].
[26] ASTM D1505-10. Standard test method for density of plastics by the density gradient technique [S].
[27] 王善勤. 塑料配方设计问答 [M]. 北京：中国轻工业出版社，2003.
[28] 者东梅，邢进，孙文佳，等. 聚乙烯土工膜碳黑含量测试方法研究 [J]. 化学建材，2007 (04)：27-29.
[29] 朱玉俊. 弹性体的力学改性 [M]. 北京：北京科学技术出版社，1992.
[30] 龙新文，者东梅，朱天戈. 聚乙烯土工膜中炭黑分散度研究 [J]. 塑料工业，2012 (5)：74-77.
[31] GB/T 9345. 1—2008. 塑料灰分的测定 第 1 部分：通用方法 [S].
[32] GB/T 2408—2008. 塑料燃烧性能的测定水平法和垂直法 [S].
[33] GB/T 2406. 1—2008. 塑料用氧指数法测定燃烧行为 第 1 部分：导则 [S].
[34] GB/T 38295—2019. 塑料材料中铅、镉、六价铬、汞限量 [S].
[35] GB/T 38291—2019. 塑料材料中铅含量的测定 [S].
[36] GB/T 38290—2019. 塑料材料中镉含量的测定 [S].
[37] GB/T 38292—2019. 塑料材料中汞含量的测定 [S].
[38] GB/T 38287—2019. 塑料材料中六价铬含量的测定 [S].
[39] GB/T 26125—2011. 电子电气产品六种限用物质（铅、汞、镉、六价铬、多溴联苯和多溴二苯醚）的测定[S].
[40] 刘崇华，黄理纳，余奕东. 微波消解电感耦合等离子体发射光谱法测定塑料中铅和镉 [J]. 分析实验室，2005，24 (2)：66-69.
[41] 毛少华，顾卫华，白建峰，等. 消解方式对废电器塑料中重金属测定的影响分析 [J]. 塑料科技，2019，47 (3)：101-105.
[42] 王岩，韦璐，靳春林，等. 塑料原料中有害重金属铅、镉、汞的测定 [J]. 工程塑料应用，2004，32 (9)：50-53.
[43] 李宁涛. 微波消解-电感耦合等离子体-质谱（ICP-MS）测定食品接触材料中有害重金属 [D]. 无锡：江南大学，2009.
[44] 陈明岩，徐立明，马书民，等. 微波消解-氢化物发生原子荧光法测定塑料原料及其制品中的砷、汞 [J]. 化学分析计量，2005，14 (4)：19-21.
[45] GB/T 17219—1998. 生活饮用水输配水设备及防护材料的安全性评价标准 [S].
[46] GB/T 5750. 6—2006. 生活饮用水标准检验方法金属指标 [S].
[47] 王孟烽. 基于 X 射线能谱的物质分辨方法研究 [D]. 南京：东南大学，2018.
[48] 李金凤. 现代 XRF 技术在 RoHS 认证中应用研究 [D]. 成都：成都理工大学，2008.
[49] 张玉霞，王洪涛. 食品接触塑料材料中重金属的现状分析 [J]. 上海塑料，2012，3：18-22.
[50] 彭湘莲. 食品纸塑复合包装材料中重金属的检测及迁移规律研究 [D]. 长沙：中南林业科技大学，2015.
[51] 刘崇华，曾嘉欣，钟志光，等. 电感耦合等离子体原子发射光谱法测定塑料及其制品中铅、汞、铬、镉、钡、砷 [J]. 检验检疫科学，2007，17 (4)：32-35.
[52] 马少波，郑亚兰，吴晓妮，等. 塑料抗氧剂的研究和发展趋势 [J]. 塑料科技，2015，43 (1)：100-103.
[53] 李浩峰. 食品和药品包装材料中抗氧剂的检测方法研究 [D]. 长沙：中南林业科技大学，2013.
[54] 王仰东，刘涛，孙德江，等. 聚烯烃用抗氧剂及光稳定剂的研究进展 [J]. 中国塑料，2008，22 (6)：5-11.
[55] 王笑妍，薛燕波，者东梅，等. 邻苯二甲酸酯类增塑剂概况及法规标准现状 [J]. 中国塑料，2019，33 (6)：95-105.
[56] 曾伟立. 聚丙烯用阻燃剂的研究进展 [J]. 中国塑料，2011，25 (7)：6-10.
[57] 姚强，庞永艳. 国内外有关阻燃剂的法律法规及阻燃剂的发展方向 [J]. 塑料助剂，2014，4：1-10.
[58] 赖晓芳，冯岸红，幸苑娜，等. 固相萃取-气相色谱/质谱联用法测定儿童手推车中 3 种有机磷酸酯阻燃剂 [J]. 色谱，2015，33 (11)：1186-1191.
[59] 陈源，陈烈强，黄华杰. 气相色谱-质谱联用法快速检测溴代物阻燃剂 [J]. 化工环保，2009，29 (1)：89-93.
[60] 夏淼，林海军，叶海平. 总挥发性有机化合物定义定量问题的探讨 [J]. 工程质量，2010，28 (2)：18-20.
[61] 王东哲. 全球挥发性有机化合物定义解析 [J]. 现代涂料与涂装，2015，18 (9)：33-36.
[62] 王超，戚继先. 汽车内饰件 VOC 检测技术研究进展 [J]. 广东化工，2019，46 (22)：76-77.

[63] 康鹏，金滟，蔡涛，等. 聚丙烯树脂中挥发性有机物控制技术的研究进展 [J]. 石油化工，2014，43 (8)：966-970.
[64] German Association of the Automotive Industry Recommendation. Determination of Formaldehyde from Vehicle Interior with Modified Flask Method [S]，VDA 275.
[65] German Association of the Automotive Industry Recommendation. Determination of Emissions of Volatile Organic Compounds of Non-metallic Materials from Vehicle Interior [S]，VDA 277.
[66] German Association of the Automotive Industry Recommendation. Thermodesorption Analysis of Volatile Organic Compounds Emissions for the Characterization of Non-metallic Automobile Interior Materials [S]，VDA 278.
[67] German Association of the Automotive Industry Recommendation. Determination of Organic Substances as Emitted from Automotive Interior Produces Using a $1m^3$ Test Chamber [S]，VDA 276.
[68] HJ/T 400—2007. 车内挥发性有机物和醛酮类物质采样测定方法 [S].
[69] GB/T 27630—2011. 乘用车内空气质量评价指南 [S].
[70] Stevens S S. The psychophysics of sensory function [J]. American Scientist，1960，48：226-253.
[71] GB/T 10221—2012. 感官分析方法术语 [S].
[72] GB/T 13868—2009. 感官分析建立感官分析实验室的一般导则 [S].
[73] GB/T 15549—1995. 感官分析方法学检测和识别气味方面评价员的入门和培训 [S].
[74] GB/T 22366—2008. 感官分析方法学采用三点选配法 (3-AFC) 测定嗅觉、味觉和风味觉察阈值的一般导则 [S].
[75] ASTM E679-19. Standard practice for determination of odor and taste thresholds by a forced-choice ascending concentration series method of limits [S].
[76] ASTM E544-18. Standard practice for referencing suprathreshold odor intensity [S].
[77] EN 13725—2003. Air quality. Determination of odour concentration by dynamic olfactometry [S].
[78] GB/T 24149. 2—2017. 塑料汽车用聚丙烯 (PP) 专用料 第 2 部分：仪表板 [S].
[79] VDA 270 Determination of the odour characteristics. 2016.
[80] PV 3900 Components in passenger compartment. Odour test. 2000.
[81] Hopfer H，Haar N，Stockreiter W，et al. Combining different analytical approaches to identify odor formation mechanisms in polyethylene and polypropylene [J]. Analytical and Bioanalytical Chemistry，2011，402：903-919.
[82] Torri L，Piergiovanni L，Caldiroli E. Odour investigation of granular polyolefins for flexible food packaging using a sensory panel and an electronic nose [J]. Food Additives and Contaminants，2008，25 (4)：490-502.
[83] 杨博锋，汤志旭，高昕. 食品塑料包装材料中单体和添加剂及检测技术 [J]. 食品工业科技，2012，(14)：392-395.
[84] 王笑笑. 氯乙烯生殖毒性研究现状 [J]. 国外医学卫生学分册，2008，35 (3)：147-149.
[85] Rueff J，Teixeira J P，Santos L S，et al. Genetic effects and biotoxicity monitoring of occupational styrene exposure [J]. ClinicaChimicaActa，2008，3 (99)：8-23.
[86] Keri R A，Ho S M，Hunt P A，et al. An evaluation of evidence for the carcinogenic activity of bisphenol A [J]. Reproductive Toxicology，2007，24：240-252.
[87] 潘媛媛，史亚利，王亚，等. 一次性餐盒材料中全氟辛酸和全氟辛烷磺酸沥出性研究 [J]. 环境化学，2009，28 (6)：914-917.
[88] Lau O W，Wong S K. Determination of plasticisers in food by gas chromatography-mass spectrometry with ion-trap mass detection [J]. Journal of Chromatography A，1996，737：338-342.
[89] 陈志锋，潘健伟，储晓刚，等. 塑料食品包装材料中有毒有害化学残留物及分析方法 [J]. 食品与机械，2006，22 (2)：3-7.
[90] 农志荣，覃海元，黄卫萍，等. 食品塑料包装的安全性及其评价与管理 [J]. 食品与安全，2008，(9)：60-61.
[91] 肖海清，王星，王超，等. 超高效液相色谱法测定塑料中的多环芳烃Ⅱ-塑料中 16 种多环芳烃的测定 [J]. 分析试验室，2008，27：225-229.
[92] 黄少婵，杭义萍. 液相色谱-质谱法同时测定塑料制品中的双酚 A 和四溴双酚 A [J]. 色谱，2010，28 (9)：863-866.
[93] 王新豫，凌镇浩. 开放式超声微波协同萃取测定 PVC 塑料中邻苯二甲酸酯类增塑剂研究 [J]. 化学试剂，2009，31 (2)：109-111.
[94] 李小梅，宋欢，林勤保，等. UPLC 研究塑料食品包装材料中的抗氧化剂及其迁移 [J]. 化学研究与应用，2010，22 (8)：980-984.
[95] 李波平，林勤保，宋欢，等. 快速溶剂萃取-高效液相色谱测定塑料中邻苯二甲酸酯类化合物 [J]. 应用化学，2008，25 (1)：63-66.

[96] 陈志锋，刘晓华，孙利. 高效液相色谱法测定复合塑料食品包装中初级芳香胺的迁移量 [J]. 包装工程，2010，31 (3)：48-51.

[97] 边志忠，戴军，陈尚卫，等. 固相萃取-高效液相色谱法测定塑料桶装食用油中的酞酸酯增塑剂 [J]. 食品与发酵工业，2008，34 (5)：152-155.

[98] 王晖，谢畅，符剑刚，等. 采用超临界流体萃取技术从 PVB 塑料中提取增塑剂的研究 [J]. 塑料工业，2009，37 (1)：75-78.

[99] 魏黎明，李菊白，李辰. 固相微萃取-气相色谱法测定塑料食品包装袋中的痕量挥发性有机物 [J]. 分析检测技术与仪器，2003，9 (3)：178-181.

[100] 李润岩，原现瑞，李挥，等. 固相微萃取技术在食品包装材料检测中的应用 [J]. 塑料助剂，2008，(4)：16-18.

[101] 励杭泉，张晨. 聚合物物理学 [M]. 北京：化学工业出版社，2007.

[102] Kinloch A J，Young R J. Fracture behaviour of polymers [M]. Northern Ireland，Universities Press (Belfast)，Ltd，1995：74-104.

[103] 傅政. 高分子材料强度及破坏行为 [M]. 北京：化学工业出版社，2004.

[104] 谢邦互，杨鸣波，冯建民，等. 韧性聚合物材料的基本断裂功和变形行为研究 [J]. 中国塑料，2002 (07)：20-24.

[105] 李忠明，谢邦互，杨鸣波，等. 用基本断裂功表征聚合物的韧性 [J]. 中国塑料，2002 (06)：3-10.

[106] Kumar A P，Depan D，Tomer N S，et al. Nanoscale particles for polymer degradation and stabilization—Trends and future perspectives [J]. Progress in Polymer Science，2009，34：479-515.

[107] Heiner Bromstrup. PE100 管道系统 [M]. 魏若奇，者东梅，等译. 北京：中国石化出版社，2011.

[108] 董孝理. 塑料压力管的力学破坏和对策 [M]. 北京：化学工业出版社，2006.

[109] GB/T 18476—2019. 流体输送用聚烯烃管材耐裂纹扩展的测定慢速裂纹增长的试验方法（切口试验）[S].

[110] GB/T 19279—2003. 聚乙烯管材耐慢速裂纹增长锥体试验方法 [S].

[111] GB/T 32682—2016. 塑料聚乙烯环境应力开裂（ESC）的测定全缺口蠕变试验（FNCT）[S].

[112] ISO 16241—2005. Notch tensile test to measure the resistance to slow crack growth of polyethylene materials for pipe and fitting products (PENT) [S].

[113] ISO 18489：2015. Polyethylene (PE) materials for piping systems—determination of resistance to slow crack growth under cyclic loading—Cracked Round Bar test method [S].

[114] ASTM D2561-12. Standard test method for environmental stress-crack resistance of blow-molded polyethylene containers [S].

[115] SH/T 1801—2016. 土工膜用中密度聚乙烯树脂 [S].

[116] 姜述春，吉周健. 高密度聚乙烯环境应力开裂机理的研究 [J]. 北京化工学院学报（自然科学版），1994 (04)：34-41+70.

[117] ASTM D5397—2019a. Standard test method for evaluation of stress crack resistance of polyolefin geomembranes using notched constant tensile load test [S].

[118] GB/T 17643—2011. 土工合成材料聚乙烯土工膜 [S].

[119] 卢允文，贺金娴，高致远. 聚乙烯的环境应力开裂 [J]. 塑料工业，1981 (02)：24-27+38.

[120] GB/T 17689—2008. 土工合成材料塑料土工格栅 [S].

第13章 聚烯烃产业与市场展望

13.1 中国聚烯烃市场分析

13.2 聚烯烃产品主要生产路径经济性分析

13.3 各行业聚烯烃需求现状及展望

13.4 产品高端化发展进程

13.1 中国聚烯烃市场分析

13.1.1 全球扩能步伐延续，进口货源冲击国内市场

2018 年全球 PE 总产能为 12114 万吨，产量 10214 万吨，需求量 10168 万吨，为全球需求量最大的合成材料类别。2013—2018 年间，全球 PE 经历一波高速扩能潮，这一时期产能年均复合增长率达到 3.8%。2018—2023 年间，全球 PE 产能仍将快速扩张，年均复合增长率甚至会大幅超过 2013—2018 年复合增长率，来到 4.8%。预计到 2023 年全球 PE 产能将来到 14576 万吨，产量及需求约为 12540 万吨，开工率从 2018 年的 87%下降到 85%。预计到 2023—2028 年全球 PE 产能年均复合增长率将回调至 4%上下，到 2028 年预计 PE 开工率将小幅回升至 86%。全球聚乙烯供需平衡图见图 13.1。

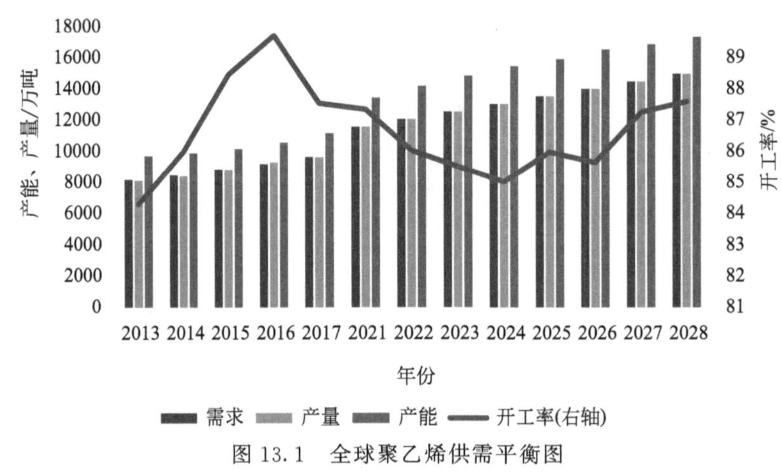

图 13.1 全球聚乙烯供需平衡图

13.1.1.1 北美引领全球聚乙烯扩能步伐

受页岩革命带来的廉价原料优势，北美地区未来五年将引领全球 PE 产能的增长。2018 年北美 PE 产能 2585 万吨，产量 2287 万吨，预计 2018—2023 五年间，北美地区将新增 PE 产能约 800 万吨，届时 PE 产能将增加到 3299 万吨，2028 年这一数值进一步大幅增加到 3783 万吨，2018—2023 年年均复合增长率高达 5%。从需求来看，北美地区 2018 年 PE 需求量为 1738 万吨，预计到 2023 年将增加到 1945 万吨，到 2028 年增加到 2142 万吨，2018—2023 年年均复合增长率为 2.3%，远远不及产能增速，届时北美地区将有大量 PE 产品过剩需出口海外。预计 2023 年北美地区 PE 将大幅过剩 930 万吨，2028 年这一数值将增加到 1248 万吨。北美乙烯供需平衡图见图 13.2。

13.1.1.2 中国为北美聚烯烃最大目标市场

从目标市场看，中国将成为北美地区最大 PE 出口市场。2018 年北美地区总计出口中国 PE 619 万吨，占北美净出口总量的 33%；预计到 2023 年北美地区每年出口中国 PE 量将增加到 426 万吨，占北美净出口总量比例的 46%；到 2028 年中国将进口北美 PE 670 万吨，占北美净出口总量比例的 67%。届时北美地区将有 2/3 PE 产品运往中国，中国国内 PE 市场将承受来自北美产品的巨大冲击。北美乙烯（预计）出口中国情况见图 13.3。

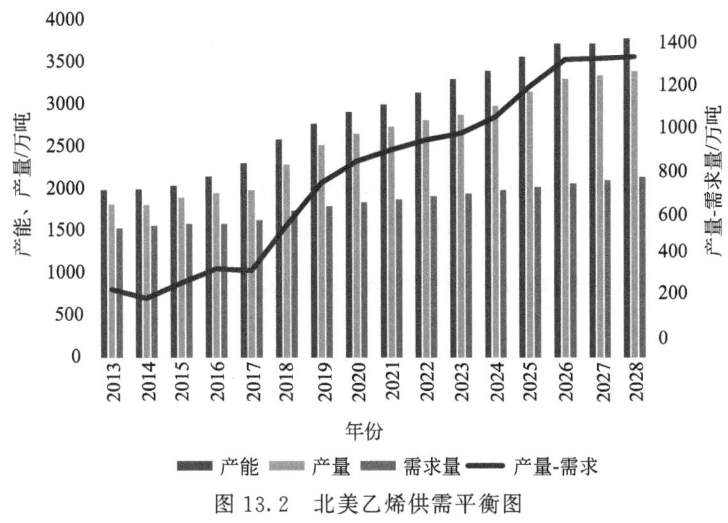

图 13.2　北美乙烯供需平衡图

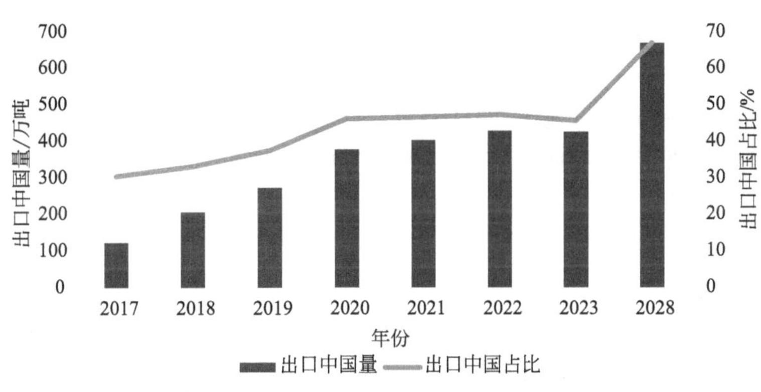

图 13.3　北美乙烯（预计）出口中国情况

13.1.1.3　全球聚丙烯供需聚焦亚洲

2018 年全球聚丙烯产能总计 1.3 亿吨，产量及需求量分别为 1.06 亿吨，开工率 82%，较之前三年的均值 81%提高一个百分点。预计到 2023 年，全球聚丙烯产能将增长到 1.58 亿吨，年均复合增长率达到 4%，届时全球聚丙烯需求量将为 1.32 亿吨，年均复合增长率将高于产能增长率，达到 4.4%，聚丙烯开工率将进一步提升至 84%。

2018—2023 年 5 年间，预计全球聚丙烯产能增长 2800 万吨，需求增长 2600 万吨。其中亚洲地区聚丙烯产能新增 2084 万吨，聚丙烯需求新增 1966 万吨，分别占到全球总产能和总需求新增量的 74.4%及 75.6%，全球未来 5 年间 3/4 的聚丙烯新增供需将来自亚洲。预计到 2023 年，亚洲地区聚丙烯产能将达到 9611 万吨，需求将达到 9082 万吨，供需将基本维持平衡状态。

13.1.2　中国聚烯烃扩能加速，需求增速放缓

2018 年，中国聚乙烯聚丙烯总产能 4275 万吨，产量及需求量分别为 3841 万吨以及 5665 万吨，产能满足率 75.4%，产品自给率为 67.8%，仍有约 1/3 产品供应缺口尚需要进口来满足。分品种看，聚乙烯自给率要低于聚丙烯，2018 年我国聚乙烯产能 1802 万吨，产

量及需求量分别为1640万吨、3020万吨，自给率54.3%；我国聚丙烯产能2473万吨，产量及需求量分别为2201万吨、2903万吨，自给率75.8%。

预计到2025年，我国聚烯烃总产能将达到7898万吨，需求量将达到8090万吨，2018—2025年间，我国聚烯烃扩能步伐加速，但需求增速有所放缓，产能满足率将大幅提升至97.6%。分品种看，预计到2025年，我国聚乙烯产能将达到3463万吨，需求量将为4310万吨，产能满足率从2018年的59.7%大幅提升至80.4%；聚丙烯产能将提升至4433万吨，需求量为3780万吨，产能满足率从2018年的93.5%提升至117%。

13.2 聚烯烃产品主要生产路径经济性分析

我国5类项目吨烯烃成本由低到高依次为：乙烷裂解、丙烷脱氢（PDH）、煤制烯烃（CTO）、石脑油裂解、甲醇制烯烃（MTO）。在我国本土已经工业化的烯烃生产路径中，以专产丙烯的PDH路线成本最低、竞争力最强。

13.2.1 传统石脑油路线

我国烯烃以石脑油裂解法为主。油制烯烃项目75%的成本在于原料，因此对油价敏感。2021年11月15日，国家发改委等五部门联合发布了《高耗能行业重点领域能效标杆水平和基准水平（2021年版）》通知，对煤制烯烃、油制烯烃等领域能效标杆水平和基准水平进行了明确规定：根据烯烃能效标杆水平要求，煤制烯烃每吨2.8吨标准煤，基准水平在3.3吨；油制烯烃每吨0.59吨标准油，基准水平在0.64吨，并于2022年1月1日起执行。

13.2.1.1 油制聚乙烯

油制和煤制聚乙烯的生产利润相近。油制聚乙烯在2018年之前利润尚可，低油价背景带动油制聚烯烃生产企业持续高位盈利。在“低油价”背景下，石脑油制聚乙烯路径最具经济性。2017—2021年，油制聚乙烯生产企业基本处于盈利状态。但受原油价格上涨影响，2018年油制聚乙烯平均生产成本约为7347元/吨，同比增长20.82%；年均利润2289元/吨，同比下跌35%，生产利润不如煤制聚乙烯。

13.2.1.2 油制聚丙烯

油制聚丙烯利润水平属于中间位置，多数时间处于盈利状态，盈利空间相对乐观。尽管油制聚丙烯产能占比不断下降，但仍占据主要地位。近几年油制聚丙烯的新增装置较少，其产能占比正在受到煤化工、丙烷脱氢等企业的挤占，未来几年占比将继续减少。

2020年油制聚丙烯的利润均值为2145.98元/吨，较2019年上涨72.04%，最低值出现在2月份的11.79元/吨，自2013年2月份之后再次出现亏损局面；最高值出现在4月份的4390.73元/吨，是近十年来的盈利最高位，自此之后，2020年的油制聚丙烯利润便持续高位运行。

13.2.2 煤制烯烃

煤制烯烃（CTO）作为新型煤化工领域中技术最为成熟的领域，已经率先实现商业化。我国常规资源处于“富煤、少气、贫油”的局面，烯烃原料供应紧张，催生了我国煤制烯烃产业的兴起。2014年以后，煤制烯烃大量投产，聚烯烃市场竞争格局改变。2016—2018年，国际原油价格低位震荡，油企利润略占上风，但随着原油价格上涨等因素影响，这一形势也将随之发生逆转。煤制烯烃在油价处于30美元/桶时仅有现金流，40美元/桶时处于盈亏平衡状态，相对油制烯烃具备竞争力，50美元/桶及以上时能取得稳定盈利。

煤制烯烃企业主要成本为固定资产及原材料。一套完整的 CTO 项目，前期固定资产建设投入巨大，资金壁垒高。煤制烯烃成本结构中原料占比仅在 25%，特别是在极端油价变动时代，有着极强的抗风险能力。煤制烯烃单位产能投资为 3.2 亿元/万吨，行业内年产能 60 万吨以上项目，建设成本约 190 亿元，CTO 项目建成运行后需消耗大量煤炭。对于自有煤炭资源的煤制企业可有效压缩原材料成本，具备较强的成本优势。我国“三西地区”煤炭资源丰富，具备明显的区域成本优势，发展大规模现代煤化工产业具有更强的对抗低油价能力。随着煤炭行业供给侧结构性改革的深入，去产能任务推进，优质产能陆续释放，煤炭供需趋于平稳，煤价将在合理区间波动，有利于煤制烯烃成本优势的保持及经济性提升。

在烯烃行业未来发展规划中煤制烯烃、甲醇制烯烃路线明显减少，轻质原料路线在逐步蚕食煤制烯烃路线市场份额。丙烷、混合烷烃等轻烃路线以其反应流程简单、产品收率高、占地面积小、投资低等优势获得蓬勃发展。

虽然我国煤炭储存量丰富，现代煤化工可以通过技术改进和规模化生产逐步降低成本而存在一定的竞争优势。但是，高能耗叠加高碳排放量目前还没有较为成熟的工业化解决方法。生产 1 吨烯烃要排放 5.8 吨 CO_2，而乙烷裂解法和石脑油制烯烃的 CO_2 排放量分别为 0.78 吨和 0.93 吨。

在国内双碳政策的执行下，未来高 CO_2 排放量的企业会通过“碳税”模式买入碳排放指标。如果未来现代煤化工不能通过催化剂改进等方式降低 CO_2 排放，那这部分带来的成本压力将使得现代煤化工产业长期的竞争力存疑。

13.2.2.1　煤制聚乙烯

煤制聚乙烯与甲醇制聚乙烯在 2021 年受制于动力煤及甲醇价格的持续走高，其成本端压力较大，使得两种路径的毛利水平跌至近五年的低位，生产企业亏损严重。

以线型低密度聚乙烯（LLDPE）为例，2017—2021 年煤制 LLDPE 盈利水平由盈转亏。2021 年上半年煤制 LLDPE 盈利水平尚可，多数为盈利状态，7 月中下旬开始中国煤矿受生产安全、环保检查严格、市场准入政策加紧等因素影响，中国煤炭供应增量空间难以满足需求增量，使得上游煤炭价格持续上涨，煤制 LLDPE 成本价格涨至近五年的高位，而煤制 LLDPE 价格受粮油价格影响虽有上涨，但价格涨势远不及成本端。10 月中下旬煤制 LLDPE 亏损严重，生产企业毛利跌至近五年低位，10 月下旬开始随着煤炭市场供需矛盾的缓解，市场情绪明显降温，成本端开始高位回落，同时煤制聚烯烃价格受上游成本支撑减弱影响有所回落，因此 10 月下旬后煤制生产企业毛利开始回升，11 月份以后价格端逐步开始高于成本端价格，煤制毛利开始止亏转盈。

13.2.2.2　煤制聚丙烯

煤制聚丙烯利润水平相对较高，尤其是在国际油价处于相对高位的时段，煤制聚丙烯利润空间明显高于其他生产工艺。2018 年，煤制聚丙烯利润整体好于油制聚丙烯。2020 年煤制聚丙烯的利润均值 1793.38 元/吨，较 2019 年同期下跌 33.61%。PDH 制 PP 利润均值 1671.47 元/吨，较 2019 年同期下跌 9.93%。

但是，由于油制聚丙烯成品结构完善，并且多元化，在与煤制聚丙烯的竞争中处于领先地位。同时油制聚丙烯不断加大高端专用料研发生产力度、减少通用料生产比例。尽管部分煤化工企业也在不断研发生产煤制聚丙烯专用料、完善产品结构，但是在竞争中仍缺乏优势。

13.2.3 外购甲醇制烯烃

甲醇制烯烃（MTO）技术是煤制烯烃工艺路线的枢纽技术。甲醇传统下游受环保、产能过剩等因素影响产能增长基本停滞，部分产品面临萎缩风险。因此，甲醇制烯烃未来仍将占据甲醇消费市场的最大份额。

与煤炭产地建设的煤制烯烃项目相比，外购甲醇制烯烃装置省去了煤气化和甲醇合成工段，投资相对较少，劣势在于盈利能力受甲醇价格影响较大。在财务、折旧费用和能耗下降的同时，原料费用大幅上升。

当甲醇价格在1600～4000元/吨范围波动时，我国华东地区甲醇制烯烃成本（不含增值税及运费，基于585元/吨动力煤价，抵扣副产品收益）在5700～11200元/吨之间。假设华东地区市场聚乙烯/聚丙烯均价维持在9600元/吨水平，当原料甲醇市场价格高于3274元/吨时，外购甲醇制烯烃项目将无利可图。

如何解决项目所需原料来源问题，获得低价甲醇资源，成为甲醇制烯烃生产企业最为关心的问题。获得低廉稳定的原料供应，实现高负荷稳定运行，是煤制烯烃/甲醇制烯烃项目成功的关键。高负荷稳定运行，一方面可以降低分摊在单位产品上的财务和折旧成本，另一方面也可以降低单位产品的能耗。对于甲醇制烯烃项目，寻求低价的甲醇资源，根据市场情况及时调整生产战略，和向上游甲醇产业延伸等将是项目抵御风险的良好手段。

13.2.3.1 外购甲醇制聚乙烯

从不同原料成本方面来看，外购甲醇制聚乙烯成本最高，在产品销售价格相差不大的情况下，外购甲醇制聚乙烯是竞争力最弱的产品，这也是国内聚乙烯企业对外购甲醇工艺并不青睐的主要原因。

以LLDPE为例，2017—2021年9月中旬甲醇制LLDPE多为盈利状态，2021年9月中旬后，随着甲醇价格的上涨，成本端涨势明显，甲醇制聚乙烯生产企业亏损严重，其中高低点均出现在2021年。2021年甲醇制LLDPE毛利波动性较大，生产企业逐步向盈转亏过渡。2021年1—9月，甲醇制LLDPE虽多数处于盈利状态，但盈利水平逐步降低，9月份之后甲醇制LLDPE亏损逐步扩大，主要原因还是在于成本端的涨势明显，2021年甲醇价格持续修复上行，尤其是进入2021年9月份，在供需基本面利好提振、成本支撑、产业价值链传导等方面的共同支撑下，甲醇价格创近五年新高，成本端亦跟随甲醇价格上涨达到高位，使得盈利水平不断降低至亏损状态，且亏损状态不断扩大。进入11月甲醇市场情绪转空，生产企业为促进出货不断降价使得甲醇成本端支撑减弱，甲醇制LLDPE生产企业的水平开始陆续回升。

13.2.3.2 外购甲醇制聚丙烯

外购甲醇制聚丙烯利润水平明显偏低，多数时段处于亏损状态，主要原因在于甲醇市场价格持续高位，甲醇制聚丙烯生产成本偏高。2020年外购甲醇制聚丙烯平均盈利水平1699.36元/吨，较2019年上涨94.97%。

13.2.4 乙烷裂解制乙烯

相对于石脑油裂解制乙烯，乙烷为原料裂解制乙烯由于组分轻、副产品少，因此具有投资小、单台裂解炉的产量大、物耗低等优势。乙烷作为原料的双烯（乙烯+丙烯）收率在80%左右，丙烷为原料约为60%，石脑油为原料约为45%。因此乙烷裂解的优点有乙烯收率高、投资成本低和流程简单。

得益于美国低廉的乙烷价格，进口乙烷裂解制乙烯具备很强的成本优势。在不同的油价、甲醇价格背景下相比石脑油裂解和 MTO 均具备绝对的成本优势，在国内发展乙烷裂解是对北美过剩乙烷资源的优化配置。美国页岩气革命后，乙烷价格脱离原油价格的影响，长期有望紧跟天然气走势。随着美国页岩开发，美国乙烷产量提升，且乙烷几乎只有裂解乙烯用途，价格优势明显。因此国内多家企业正在建设或规划建设进口乙烷裂解项目，进口乙烷裂解项目有过热的趋势。

建议行业主管部门加强规划引导，选择具备码头条件、土地条件、环保条件、产业条件、区位条件等方面优势的及资源供应便利或资源富集地区的石化园区开展相关示范项目的论证与建设。

13.2.5　丙烷脱氢制丙烯

在高油价时代，丙烷脱氢的成本优势相比传统油制丙烯工艺更明显一些。但是，丙烷脱氢工艺原料丙烷与原油的价格具有正相关，因此丙烷脱氢与油制丙烯成本变动趋势也基本保持一致。

近几年丙烷脱氢项目普遍处于盈利状态，产能大规模释放，原料成本偏高，竞争力在逐渐转弱，而丙烷脱氢减能增效也将提上日程。丙烷脱氢工艺在原料选择性、转化率及加工成本方面将有一定的改进，同时提升副产氢气的附加值，提高丙烷脱氢装置综合竞争力。

13.2.6　天然气制烯烃

13.2.6.1　天然气经甲醇制乙烯

天然气制甲醇的原料成本大约是煤制甲醇的 2 倍。近年来，我国大量煤制甲醇项目投产，让原本就处于过剩状态的国内甲醇市场竞争更加激烈，导致国内甲醇装置开工率一直不到 50%。2012 年年底，国家发改委宣布将天然气制甲醇项目列为禁止类，天然气制甲醇比例开始急剧下滑。

随着我国天然气价格改革政策的逐步实施，天然气制甲醇装置逐渐失去成本优势，产能、开工率降低甚至退出。由于天然气涨价，国内尤其是西南地区（四川、重庆）一些天然气制甲醇装置因成本压力被迫停车。

总之，天然气经甲醇制乙烯的发展，有赖于天然气价格的合理到位，由于目前我国天然气价格偏高，尚不具备大规模发展的条件。

13.2.6.2　甲烷氧化偶联制乙烯

甲烷氧化偶联制乙烯（OCM）工艺的主要原料是天然气，天然气成本占原料成本的 60%以上（我国为 82%）、占总成本的 45%以上（我国为 78%）。天然气价格是影响工艺经济性的决定性因素。OCM 工艺适合在具有廉价、丰富天然气资源的国家和地区应用。我国天然气价格一直较高，OCM 工艺在我国基本上不具有经济性。

13.3　各行业聚烯烃需求现状及展望

13.3.1　建筑行业

聚烯烃产品在建筑行业中应用较多的为管材料产品，包括给水管专用料、燃气管专用料以及电缆料产品。

塑料管道在 20 世纪 50 年代率先出现在欧洲，随着塑料材料和塑料管道加工技术的不断创新，半个多世纪以来，塑料管道市场得到了迅猛发展。目前被应用于管道生产的塑料产品有 PVC、HDPE/MDPE、LDPE/LLDPE、PP、PE-X、PB、PAP、SP 以及 ABS 等十余种，相应塑料管材有聚氯乙烯管、聚乙烯管、聚丙烯管、聚丁烯管以及金属与塑料材料的复合管。新型塑料管材的出现不断拓展了塑料管道的应用领域，从最早的聚氯乙烯管仅能适用于埋地给排水、电线电缆穿线、农业用灌溉、工业用管等非承压领域，发展到今天已经可以大规模地用于除上述领域以外的家庭室内给水、燃气输送、原油输送等各种承压、清洁食用领域。我国是从 80 年代初期开始聚乙烯承压管的研发和生产，20 世纪末我国开始实施能源结构调整计划，开展南水北调和西气东输等一系列工程，国家政策的调整带动了整个低压承压管行业的发展，随着高分子材料科学技术的飞跃进步，塑料管材开发利用的深化、生产工艺的不断改进，塑料管道淋漓尽致地展示其卓越性能。

低压给水管相对于传统金属管具有良好的化学稳定性和耐腐蚀性，密度小、材质轻、运输和安装灵活、简捷；而且水力性能好，阻力系数小。塑料管材已不再被人们误认为是金属管材的“廉价代用品”，低压给水管消费量得到迅猛发展。2000 年消费量只有 20 万吨，2008 年则达到了 50 万吨左右，2017 年消费量则已经上升至 210 万吨左右，其中国产料 200 万吨，市场份额为 95%，进口料 10 万吨，市场份额为 5%。与此同时，聚乙烯燃气管也得到迅猛发展。2000 年消费量只有 1 万～2 万吨，2008 年则达到了 15 万吨，2010 年消费量达到 25 万吨左右，2016 年消费量则已经上升至 50 万吨左右，其中国产料市场份额约为 12%，进口料市场份额约为 88%。

目前给水塑料管材以 HDPE 管材为主，与其他材料相比，HDPE 具备诸多优点：①易于对口焊接和电熔焊接而形成完整封闭的防渗系统，在沿沟槽敷设时，可减少沟槽开挖土方量和减少配件用量；②重量轻而易于安装处理；③强耐磨性和优异的液压性，在埋地管道中无需外层保护，可适用于地震和矿区土层沉降区，还可用沉入法在江河底敷设；④耐化学腐蚀，抗内、外部及微生物腐蚀，适于输送酸性、碱性物质，输送污水、天然气、煤气等物质；⑤良好的环境适应性和抗冻性。可用于室内和室外给水管道；⑥使用年限长，具有超过几乎 50 年的使用寿命；⑦易回收使用。2018 年我国城镇化率约为 60%，较发达国家仍有 15%的差距，未来随着城镇化率进一步提升，以及建设国际一流城市地下管廊、提高农村自来水普及率等政策利好，HDPE 管材料仍将保持 3%～5%的市场增长率。同时，聚烯烃管材料也在向着高端化发展，如具有更耐慢速裂纹增长的超韧 PE100 管材料及具有塑料黄金之称的聚 1-丁烯管材料等也正逐步进入市场。其因更高的安全性、更长久的使用年限已经在某些苛刻领域有所应用，且将成为未来聚烯烃管材料的重要发展方向。

与给水管料已经基本实现国产化不同，我国燃气管料仍以进口为主，在我国总计约 50 万吨的需求中，八成以上均来自进口。因燃气管料需要承受更大压力，因此对于材料防悬垂性能及耐开裂性能等均有更高要求。随着国家把天然气开发和利用作为 21 世纪初能源结构优化和石油工业产业升级的重点，除了已经实施的“西气东输”工程把新疆、青海、陕西的天然气输送到上海以外，国家还要实施从广东沿海进口天然气、建设南方天然气输送管网、启动从俄罗斯进口天然气供应东北地区建设项目。所以天然气将成为我国未来多数大中城市的主要气源，燃气管材需求空间巨大。预计未来几年燃气管材需求量将保持 10%以上增速。

电线电缆制造业作为国民经济中最大的配套行业，是各产业（包括基础性产业）的基础，其产品广泛应用于电线电缆下游产业，如电力、新能源、交通、通信、汽车以及石油化工等基础性产业，此外塑料行业和有色金属行业可作为其上游产业。由此可见，在整个产业链中，电线电缆产业具有承上启下的作用，同时也是现代经济发展以及人们日常生活中必不可少的产品。线缆产品用材料按其使用部位与功能可分为导电材料、绝缘材料、填充材料、屏蔽材料、护层材料等。目前聚烯烃材料在电线电缆中主要应用于绝缘层、填充料和保护层。国内 6kV 级以上电力电缆已全部采用 PE 交联绝缘料；1kV 以下的低压电缆则以 PVC 绝缘和 PVC 护套为主，通信电缆一般以 HDPE 作绝缘层，以 LLDPE 作护套层；光缆则主要采用 HDPE 和 MDPE 作为护套料。电缆用树脂熔体流动速率（MFR）一般如下：HDPE 为 0.1～0.85g/10min，LDPE 为 0.3～2.0g/10min，LLDPE 为 0.7～2.0g/10min。另外，绝缘料对 PE 树脂的分子量、分子量分布、杂质、聚合残留物等有严格要求，护套材料用 PE 也需综合考虑耐气候、耐化学药品、耐溶剂及其它性能。

13.3.2　汽车行业

汽车产业是我国制造业的典型代表，是体现综合竞争力的标志性产业。中华人民共和国工业和信息化部（工信部）牵头开展了中国《汽车产业中长期规划》2016 至 2025 编制工作，中心思想就是围绕抢抓机遇、积极谋划、协同创新、稳步推进来建设汽车强国，预计 2025 年我国汽车需求将达到 3800 万辆左右，保有量为 3.79 亿辆。

汽车是材料工业高度集成和技术进步的集中体现。通常来说，一辆汽车由 1 万多个零件构成，共涉及十多个大类、4200 多种材料。据 2012 年国际汽车制造商协会（OICA）统计，汽车工业每年都消耗大量的资源，如世界上约 11%的钢铁、25%的铝产品、64%的橡胶、近 50%的石油、10%的铜和铝等有色金属、4%的塑料产品等均被汽车制造业所消耗。

汽车工业的发展拉动了车用化学品的需求，汽车技术的发展与创新，低碳化、信息化和智能化的发展趋势，必将加大聚烯烃等塑料等在汽车轻量化等方面的需求量，从而也对聚烯烃的品种、性能等提出更高要求。

塑料在汽车上的应用已有近 50 年的历史，其对汽车减重、安全、节能、美观、舒服、耐用等功不可没。基于塑料有其他材料所不具备的特性，所以被汽车工业大量采用。特别是随着三次石油危机的爆发及石油资源日益枯竭，对汽车轻质节能要求日益增高，再加上对乘坐舒适安全的要求，发达国家汽车塑料件的用量逐年增加，平均每辆轿车的塑料用量逐步提高：1981 年为 68.4kg，1986 年为 78.2kg，1991 年为 94.4kg，目前已经达到了 130～150kg。这是因为 100kg 塑料可替代汽车上其他材料 200～300kg，从而实现每一百千米节油在 0.5L 以上。

汽车工业的快速发展，带动了石化产品的需求。2017 年中国汽车消费量达到了 2902 万辆，其中乘用车产量达到了 2471 万辆。按照中国汽车发展研究中心的研究结果，2012 年国内汽车塑料用量 174 万吨，其中以聚丙烯为主，聚丙烯用量约为 104 万吨。此外我国单车塑料用量也显著提高，2005 年国内单车塑料用量在 120kg/辆左右，其中聚丙烯用量在 75kg/辆左右，到 2016 年提高到 143kg/辆，其中聚丙烯用量为 87.7kg/辆。

从目前发展情况看，随着节能和环保法规对汽车的要求不断加深，国内汽车的轻量化进程将不断加快。2012 年出台的《节能与新能源汽车产业发展规划》指出：当年生产的乘用车平均燃料消耗量降至 5.0L/10^5m，节能型乘用车燃料消耗量降至 4.5L/10^5m 以下；商用车新车燃料消耗量接近国际先进水平。要达到这一要求，除提高发动机工作效率及传动效率外，降低汽车自重仍是一个很好的选择。因此未来以塑代钢仍是汽车用材料的发展方向。

目前，乘用车内饰件塑料化程度较高，汽车塑料化的重点主要是结构件、功能件和外装件。未来，其它有可能塑料化的零部件有：悬挂装置、发动机舱盖、举升门盖等。目前从车型上来看，欧系、美系、日系和韩系品牌乘用车，在塑料零部件的材料选择上基本相同，只是零部件材料用量上由于车型大小、档次会有不同。自主品牌乘用车在发动机周边塑料的用量上与合资品牌汽车还有一定差距，未来对塑料的需求空间更大。

13.3.3 现代农业

我国是农业大国，农用薄膜是继种子、化肥、农药之后的农业重要生产资料，它的应用为我国农业生产带来了一场革命，对农业增效、农民增收作出了重要贡献。农用薄膜主要是棚膜和地膜、饲草用膜、遮阳网、防虫网、养殖膜等现代农用覆盖材料，我国农膜总产量和覆盖面积均居世界第一。

随着农村经济发展，目前我国农膜市场正呈现加速发展态势，应用范围正在逐步扩大，高档功能膜的推广使用已有所成效。棚膜产品结构将向多层复合发展，性能向高透光、高保温、高强度、长寿命和持续的流滴期、转光期、防尘期等功能化和综合化方向发展；地膜则向保墒、增温、除草等功能发展；不同品种的专用农膜也将有所发展。

从我国农膜基础树脂来看，PE 是农膜生产中应用最多的原料，其中 LLDPE 为应用最多的产品，占到农膜材料的 75%，LDPE 占比也达到 20%，其余的 HDPE 及 EVA 各有 2% 左右的占比。目前国内已拥有农膜生产企业上千家，中档农膜生产能力严重过剩，但是高档农膜在市场份额上仍有一定的空缺。从农膜分类上看，我国主要农膜品种包括普通农膜、PE 农膜、PVC 农膜、EVA 农膜以及 PO 功能膜等，其中高端农膜主要包括高端 EVA 膜、PO 膜等。各产品性能特点如表 13.1 所示。

表 13.1 不同农膜性能对比

名称	性能
PE 农膜	部分有防老化和流滴功能,部分没有特殊性能
PVC 农膜	强度高、保温性好,对气候寒冷、风沙的地区较适用
EVA 农膜	透明度高、保温性好、抗冲击韧性强、透气性及防雾滴性好、无害、低温收缩率低
PO 功能膜	高透明、高保温、功能效果时间长、抗老化能力强、防静电、不粘尘
普通农膜	满足基本使用

PE 膜加工工艺成熟，质量及性能稳定，价格较低，其缺点是透光率低，保温性、无滴性较差，强度不足，一般多用于大、中拱棚早春茬或秋延后茬，日光温室及大茬栽培时很少使用。PVC 膜质量稳定，具有较好的保温性与延展性，但其透光性、抗老化性等比 EVA 膜差。EVA 膜是近年来开发的一种新型日光温室专用塑料薄膜，三层复合，内层无滴、中层保温、外层防尘，其突出优点是分光透光率高，室内光照接近于自然光，特别适合于西瓜、甜瓜、茄子、番茄、西葫芦等喜光作物。近年来 PVC 膜逐步被 EVA 膜所取代。PO 膜是近年来才刚刚兴起的薄膜产品，PO 膜在透明性、拉伸强度、流滴防雾性能、功效持续时间、利润空间等方面均优于 EVA 膜。由于其防雾防流滴助剂涂覆在产品表面，对产品化学性能损伤较少，一般功能性可与 PO 产品寿命同步。近年来 PO 膜成为各有实力企业争相研发的方向，对 EVA 膜构成一定竞争趋势。但由于 EVA 日光膜保温效果优于 PO 膜，PO 膜难以完成对 EVA 膜的全部替代。我国 PO 膜用料 95%还是 PE 类的，以线型 PE 和茂金属 PE 为主，只有 5%是 EVA 类的，在日本 85%是 EVA 类的 PO 膜，只有 15%是 PE 类的 PO 膜，日本 PO 膜市场已铺稳根基，无论从销量上讲，还是从产品功能和稳定性上讲，均占有优

势。目前日本、韩国等地高端农膜占比已达到 20%左右，而我国尚不足 5%。随着农产品价格的提高，大棚种植效益越来越好，农民认识到多花一点钱使用性能更好的高档农膜覆盖大棚能够得到更多的产出，投入产出比高，未来高端农膜发展潜力巨大。

13.3.4　包装行业

塑料包装材料的使用约占包装材料总量的 30%，包装用塑料分为热塑性塑料和热固性塑料，热塑性塑料在加热时可以塑制成型，冷却后固化保持其形状，并可反复塑制。热固性塑料加热时可塑制成一定形状，一旦定型后即成为最终产品，再次加热时也不会软化，温度升高则会引起它的分解破坏，即不能反复塑制。热塑性塑料主要有聚乙烯、聚丙烯（PP）、聚氯乙烯（PVC）、聚苯乙烯（PS）、聚酰胺（PA）、聚对苯二甲酸乙二醇酯（PET）、K-树脂、聚偏二氯乙烯（PVDC）、聚乙烯醇（PVA）、乙烯-乙酸乙烯酯共聚物（EVA）、聚碳酸酯（PC）、聚氨基甲酸酯（PVP）等；热固性塑料主要有酚醛塑料、脲醛塑料（UF）、密胺塑料（ME）等。塑料包装使用的材料以热塑性高聚物为主，少量使用热固性树脂。

PE 是目前产量最大的塑料品种，也是用量最大的塑料包装材料，约占塑料包装材料消耗量的 30%。LDPE 加工性能好，但气密性差，且耐热温度不高，耐化学药品性、耐溶剂性也不及 HDPE，适于制作吹塑瓶、挤压软管等，用于调味品、药品等包装，瓶盖、瓶塞等容器附件，各种包装薄膜、容器和泡沫塑料缓冲材料；HDPE 强度、耐热性好，最高使用温度可达 120℃，透明性、弹性和加工性能较差，阻气性差、光泽度低，印刷前需表面处理，主要用于制作集装箱、托盘，大型桶，瓶用酸奶、洗涤液漂白剂包装，瓶盖、瓶塞等容器附件，以及包装用的压延带和结扎带。LLDPE 抗冲击强度、耐应力开裂性与 HDPE 相近，而透明度、硬度和加工性能则在 HDPE 和 LDPE 之间，伸长率和耐穿刺性是各种聚乙烯中最好的，特别适宜作包装薄膜，其厚度可比 LDPE 减薄 20%。EPE（发泡聚乙烯，俗称珍珠棉）是一种新型环保的包装材料，它由 LDPE 经物理发泡产生的无数的独立气泡构成，具有隔水防潮、防震、隔音、保温、可塑性能佳、韧性强、循环再造、环保、抗撞力强等诸多优点，广泛适用于包装各种形状的货品，如电子、塑胶制品、玩具、五金、手袋、鞋材、家具、电镀产品、钟表产品、灯饰、玻璃制品、陶瓷器皿、工艺美术品、漆器制品等产品，特别是电子产品如电脑、电视、音响、音箱等各类电器的抗静电缓冲包装。

PP 是通用塑料中最轻的一种，其耐热性是通用塑料中最高的，可在 100～120℃长期使用，拉伸强度和硬度均优于聚乙烯，防潮性、抗水性和防止异味透过性较好，可以热封合。广泛用于制作食品、化工产品、化妆品、食品饮料、啤酒等周转箱，螺纹瓶盖或带铰链包装、编织袋以及包装用薄膜、打包带和泡沫塑料缓冲材料等，PP 吹塑瓶则用于洗发液、化妆品等包装。

食品工业是塑料包装最为重要的应用领域，目前大约 50%的食品包装材料为塑料。食品工业具体应用的塑料包装产品形式繁多，起着分装、保鲜、提升产品外观的作用。目前市场上多采用食品级的 PET 和 PP 两种材料用于食品包装，这两种材料无毒环保，外观有透明光泽，密封性也很好，可以延长食品的保质期。未来食品包装将向安全包装和绿色包装方向发展，传统聚烯烃包装与高阻隔性高分子材料（如 EVOH、PVDC 等）组成的复合包装材料将迎来更广阔的空间。此外，茂金属塑料由于具有光泽好、熔体强度高及薄膜稳定性好等优点，适用于食品包装领域，未来茂金属塑料将直接冲击 PP、MKPE、LLKPE、弹性体等包装塑料市场。

商品流通环节包装同样是塑料包装重要应用领域之一。保鲜膜、分装袋、购物袋等塑料包装产品广泛应用于传统零售渠道，如农贸市场、百货、超市等，轻便、结实的属性使其能够用于不同消费者、不同商品的外包装、携带需求。网络零售当中，为了将商品完好、美观地送到消费者手中，网络零售商或者物流服务商对小件、零散商品会使用物流包装袋进行包装。近年来，在技术、商业模式不断进步的推动下，我国网络零售迅速发展，已成为重要的商业形态。高速增长的网络零售，一方面直接推动了快递包装的市场需求，另一方面庞大的资源消耗也促使网络零售商和物流服务商积极推动塑料厂商进行更轻薄、更坚固、更易于生物降解的物流包装袋的开发。

目前电子电器产品使用的外部包装材料一般为木质材料或纸质材料，而内包装材料则有塑料（包括发泡塑料和气泡薄膜）和纸浆膜塑两类。电子产品内包装常用的发泡塑料有 PU（发泡聚氨酯）、EPS（发泡聚苯乙烯）以及 EPE（发泡聚乙烯）等。EPE 包装材料由于实用性、环保性好近年来得到迅速发展，在包装和其它工业用材方面，它比传统的用材性能更好、成本更低、档次更高、效果更佳。随着近年来我国电子工业的崛起，EPE 包装材料生产行业发展迅猛，此外其他行业也开始逐步使用 EPE 材料，因此使用该材料在各行各业中已成为普遍现象。近几年来 EPE 的生产线平均每年以 15％～25％的速度增长。

13.3.5 家电行业

家用电器是在家庭及类似场所中所使用的各种电器。目前家电主要分为大家电和小家电两大类，其中大家电又分为白色家电和黑色家电。白色家电指可以替代人们家务劳动的电器产品，主要包括洗衣机、部分厨房电器和改善生活环境提高物质生活水平的家电，如空调、电冰箱等；黑色家电是指可提供娱乐的产品，如 DVD 播放机、彩电、音响、游戏机、摄像机、照相机、家庭影院、电话、电话应答机等。小家电中既包括厨卫家电，如油烟机、燃气灶等，也包括其他类小家电，如电烤箱、吸尘器、挂烫机等。家电行业是重要的中游行业，上游承载原材料及相应压缩机、电机、面板、集成电路等零部件制造业，下面直接连接终端销售渠道。而其全产业链从原材料开始，包括金属材料、液晶屏以及高分子材料等。家电行业的发展既与上下游产业的发展密切相关，同时也会反过来影响上下游产业的发展。我国家电行业近年来仍然保持较高增速，预计“十四五”期间，我国家电整体需求增速将有所放缓，家电将向着小型化、高端化、智能化等方向发展。小家电发展潜力巨大。从人均国民总收入来看，我国正处于基本生活家电饱和，同时品质生活家电刚刚起步的阶段。居民收入的增长将推动家电消费升级转型，小家电渗透提升和消费升级提升同步存在。相比于西方国家，我国小家电保有量特别是农村小家电保有量仍有较大上升空间。目前我国小家电市场主要产品尚集中在导入期和成长期，市场发展潜力巨大，预计未来五年我国小家电行业年均复合增长率约为 13％。随着生活水平的提高，家电已不仅仅满足于基本生活需求，同样也是个人品位和生活品质的体现，家电消费将趋于高端化。如空调、冰箱等制冷产品消费将从传统定频向变频转化、大尺寸电视占比不断攀升、滚筒洗衣机正逐步取代波轮洗衣机等。

目前聚烯烃产品在家电中应用较多的主要为 PP 复合材料，随着家电行业需求由量向质的转变，传统通用塑料的需求增速也将有所放缓，相反未来聚烯烃专用料以及功能性聚烯烃产品等仍将具备较高需求增速，对材料的强度、美感以及安全性等提出更高的要求。如玻纤增强 PP 材料用于家电结构件、高强耐洗涤材料用于洗衣机、高光泽耐老化食品级 PP 用于小家电、免喷涂 PP 材料用于家电外观件等。此外，随着未来家电智能化程度越来越高，PP 等也将迎来更大市场空间。

13.3.6 新能源行业

聚烯烃在新能源领域中的应用主要包括电动汽车的动力电池和光伏电池领域的光伏胶膜等。此外，聚丙烯薄膜电容器具有寿命长、耐压高、频率响应广、温度特性好等特点，能承受反压、无酸污染并且可长时间存储，在新能源领域广泛应用，包括新能源车、太阳能、风电、充电桩等新型电力设备领域。

为了缓解汽车对资源、能源消耗的压力，电动汽车的开发研究已成为国内外汽车行业发展的新热点。根据《节能与新能源汽车发展规划》，到 2020 年我国新能源汽车销量达到约 200 万辆，另根据《节能与新能源汽车发展路线图》，预计到 2025 年将进一步提升至 500 万辆。因氢燃料电池发展尚不成熟，因此电动汽车将成为这一时期新能源汽车主要车种。动力电池作为电动汽车的核心动力部件，其成本占据电动汽车的相当大部分。聚烯烃在动力电池中的应用主要在动力电池外壳和电池隔膜两个领域。

电动汽车由于续航里程的限制，要求重量轻，而电池的重量占据了电动汽车整车重量的很大部分（15%～20%的车重），为了减轻整车的重量，需要从电池减重入手。一个有效的手段就是将动力电池外壳从金属转为塑料，从而实现轻量化。由于动力电池具有能量高、工作电压高等特点，如果受到外界的冲击或碰撞，很容易发生爆炸，而出现安全隐患。早期，为了保证动力电池的安全性，采用铝合金外壳，通过焊接的方式保证密封性。为了减轻动力电池重量，现在开始采用 PP 加 5%～15%的玻璃纤维材料来制造动力电池外壳。塑料外壳不仅重量轻、结实耐用，而且强度高，能够有效地保护电池，且加工工艺简单，减少成本。因此动力电池外壳的塑料化成了未来的发展趋势。

锂电池隔膜的性能决定了电池的界面结构、内阻，直接影响电池的容量、循环性能及安全性。锂电池隔膜的种类有很多，按照材料的组成分类，主要有聚烯烃微孔膜、聚合物/无机复合膜、无纺布隔膜、凝胶聚合物电解质膜等。聚烯烃微孔膜凭借优异的力学性能和化学稳定性以及相对廉价的优势，在锂电池发展初期就得到广泛应用，已成为锂电池隔膜的主流。聚烯烃隔膜常用的制备工艺有湿法和干法两大类。干法制备技术具有成本低、投资小、成品率高、耐高温、更耐用等诸多优势，因而此前一直为国内隔膜主流生产技术。湿法的优点是所得膜的双向机械强度高、孔径分布较窄、孔隙率高，并且可较好地控制孔径及孔隙率，得到各种微孔形态，膜结构的重复性好，容易连续生产；缺点是制备过程工艺复杂，生产效率有限，需要使用大量溶剂，可能产生污染，需要回收溶剂，增加了制备成本。湿法制备技术生产的隔膜机械强度具有干法隔膜无法媲美的优势，而高机械强度是动力电池对隔膜安全性要求最重要的指标之一。

聚烯烃隔膜有三种常见类型：单层 PE 隔膜；单层 PP 隔膜；PP、PE、PP 三层复合隔膜。PE 层具有较低的闭孔温度；PP 层具有较高的破膜温度，但其耐热性有待提高，机械强度较差。由于 UHMWPE 隔膜具有很强的抗外力穿刺性能，降低了电池的短路率，从而提高了安全性。UHMWPE 隔膜耐热性能好，提高了闭孔温度、破膜温度，延长了使用寿命，提高了安全性；另外，UHMWPE 隔膜具有高温环境下的尺寸稳定性、耐腐蚀性等特性，因而 UHMWPE 隔膜的研发和生产受到世界范围的重视，并对其制备电池用隔膜进行了广泛研究。中国锂电池隔膜行业正处于高速发展阶段。2021 年中国动力电池和储能行业都迎来了爆发式增长，湿法隔膜占比从 71%提高到 74%。未来五年，UHMWPE 隔膜将继续保持快速增长，预计到 2030 年将有一半以上的 UHMWPE 树脂用于生产电池隔膜。

世界前三大隔膜生产商日本 Asahi（旭化成）、美国 Celgard、Tonen（东燃化学）都有自己独立的高分子实验室，并且化学背景非常深厚。国内锂电池厂家所采用的基体材料基本都是通过外购，自身研发实力不强。据了解旭化成与 Celgard 已经自己生产部分聚丙烯、聚乙烯材料。特别是 Tonen（东燃化学）和美孚化工合作后，采用美孚化工研发的高熔点聚乙烯材料后，Tonen 推出熔点高达 170℃的湿法 PE 锂电池隔膜。采用特殊处理的基体材料，可以极大地提高隔膜的性能，从而满足锂电池的特殊用途。生产电池隔膜的主要企业及产品见表 13.2。

表 13.2　生产电池隔膜的主要企业及产品

企业	产品特点	材料
Asahi Kasai	单层	PE
Celgard	单层 多层 PVDF 涂层	PP、PE PP/PE/PP PVDF、PP、PE、PP/PE/PP
Entek	单层	PE
Tonen	单层	PE
Ube Industry	多层	PP/PE/PP

光伏电池封装胶膜是一种热固性、有黏性的胶膜，用于放在玻璃和电池片之间，以及电池片和背板之间，起到黏结和密封的作用。光伏胶膜要求具有高透光性、抗紫外线老化；具有一定弹性，缓冲不同材料之间的热胀冷缩；具有良好的电绝缘性能和化学稳定性，本身不产生有害气体或液体；具有优良的气密性，能阻止外界潮气或有害气体的侵入。市场上光伏胶膜主要有 4 种：透明 EVA 胶膜、白色 EVA 胶膜、POE 胶膜、共挤型 EPE 胶膜。透明 EVA 胶膜因价格优势、加工性能优势是当前市场主流封装材料。白色胶膜 EVA 是在 EVA 树脂中加入一定量的钛白粉等白色填料，以提高二次光线的反射率，主要用于单玻、双玻组件的背面封装。POE 胶膜与 EVA 胶膜相比性能优势明显。POE 胶膜应用虽然晚于 EVA 胶膜，但其体积电阻率、水汽透过率、耐老化性能、电势诱导衰减（PID）性能均优于 EVA。据预测，未来几年，透明 EVA 及白色 EVA 胶膜市场占比将下滑，而 POE 和 EPE 胶膜市场份额将明显提高。POE 具有低水蒸气透过率、高体积电阻率，作为单一材料用于光伏组件的封装材料，可保证光伏组件在高温、高湿环境下安全、长久的使用。根据中国光伏行业协会数据显示，2021 年中国光伏组件产量已经达 182GW，POE 及共挤 EPE 胶膜的市场渗透率在 27%～30%之间，国内光伏胶膜 POE 需求 25 万～30 万吨。未来光伏产业快速发展将成为拉动 POE 需求的主要动力。近年来，光伏市场新增装机量保持高增速，据欧洲光伏业协会预测，2021—2025 年全球光伏新增装机容量预计将超 1000GW。预计未来光伏市场 POE 需求将快速增长。

13.3.7　医疗卫生行业

随着国民经济生活水平的快速提高，人们对医疗健康的关注度逐年提升，医用高分子材料成为研究和应用领域的热点。医用高分子材料与人体存在直接接触，需要具备生物相容性，聚烯烃因其优异的性能被越来越广泛应用于医疗卫生领域。医疗卫生领域应用的聚烯烃产品主要包括 PE、UHMWPE、PP、环烯烃共聚物/环烯烃聚合物（COC/COP）和聚（4-甲基-1-戊烯）（PMP）等。

医疗卫生领域应用的 PE 主要有 LDPE 和 HDPE，LLDPE 和 MDPE 也有医用级别产品，但用量相对较少。其中 LDPE 主要用作和其他塑料共混生产医用包装袋以及静脉注射容器等，也可制成耐高温消毒的医用塑料袋制品。HDPE 主要用作医用硬包装（药瓶、医用瓶盖等），其良好的力学性能还使得其在人工器官（人工肺、人工气管、人工喉、人工肾、人工尿道、人工骨等）、矫形外科修补材料以及一次性医疗用品等领域也有应用，并可以作为填充料改善制品的流动性能。医用 PE 材料国内市场应用主要集中在技术壁垒较低的药包材以及部分一次性医疗器械方面。在药包材的应用中，聚乙烯与其他材料的复合应用较多，其中在药用复合膜/袋的应用中较为广泛，与铝、纸、聚酯、聚酰胺等材料复合使用，所涉及的 PE 材料以 LDPE 薄膜料为主，产品种类繁多。其他的复合应用还包括注射用复合胶塞、药用复合硬片、复合封口垫片、复合软膏管、贴膏剂用膜等。单一使用 PE 材料的应用则以药用包装瓶/盒为主，国内以 HDPE 料居多，国外 LDPE 也大多可以满足硬包装性能需求，但在国内市场较为少见。其他应用还包括滴眼剂瓶、药用包装膜/袋、药用防粘纸、中药丸球壳、安瓿、给药管、粉液双室袋用聚乙烯接口等。

UHMWPE 因生物稳定性、生物相容性以及良好的物理机械性能而在医学领域广泛应用，包括人工关节、组织支架材料和骨科缝合线等。自 1962 年 Charnley 首次将 UHMWPE 应用于人工关节以来，UHMWPE 成功被用作关节替换材料已有超过 50 年的历史，目前在临床中得到了广泛的推广应用，主要用作膝关节衬垫、股关节中髋臼部件等。人工耳支架材料、颅骨支架材料以及神经支架材料中均开始引入 UHMWPE 进行研发。UHMWPE 纤维工业生产已经十分成熟，也是最坚韧的纤维，凭借其出色的力学性能、重量轻等优点，被应用于骨科缝合线，在半月板撕裂伤缝合、肩袖修复术、接骨术中都有应用。在医疗卫生领域，UHMWPE 主要用于制造骨科植入物和医疗设备零件，需求量相对较大。由于 UHMWPE 有高强度重量比、自润滑和抗冲击性等特性，因此发达国家对骨科植入物的需求不断增长。国内医用 UHMWPE 年用量超过 4000t，其中 75%为进口产品，国内供应也主要为外资企业。

PP 具有较高透明度、质轻、安全无毒、不易破损、耐高温、易加工、价廉等特点，使用过程中能避免医源性交叉感染，可经受高压蒸汽灭菌，具有良好的力学性能、化学稳定性及生理特性，生产成本较低，在医疗卫生领域中多用于药物包装、注射器、输液瓶、输液袋、手套、医用无纺布、透明导管等多种一次性医疗产品；还可以用于制备人工肾夹板等高端医疗材料。PP 薄膜经表面活性剂处理，成为亲水性微孔膜，可制作人工肺；纤维用作鼓泡式氧合器的血液消泡过滤网、腹壁修补片、手术缝线等。国际上生产及使用的非 PVC 软袋药物包装膜为聚烯烃多层共挤膜，主要为三层结构 PP/SEBS-SEBS/PP-PP/SEBS 和五层结构 PP/SEBS-黏结层-聚酯-黏结层-PP/SEBS。PP 输液瓶具有安全可靠、无毒、适宜长期储存、制瓶工艺简单、能耗低、重量轻、不易碎、便于长途运输等优点，通常采用高透明无规共聚 PP 原料，要求加工性好，具有一定的拉伸强度、刚性、耐热性、硬度、抗冲击性能，低分子含量少；近年国内塑料输液瓶在生产输液厂家得到应用，已占总市场的 30%～40%。一次性注射器中，外套、芯杆和针座材料采用医用级高透明 PP。一次性防护服主要原料为聚烯烃纤维无纺布。医用口罩一般由无纺布、熔喷布、耳戴材料构成，主体结构为三层无纺布，国内用于无纺布生产的三大纤维分别为 PP、PET 和黏胶纤维。其中 PP 所占比例最高，为 62%。用于生产无纺布的 PP 主要是高熔体流动速率的 PP 纤维材料。口罩产业的重要材料是熔喷布，PP 是生产熔喷布的主要原料。PP 空隙多、结构蓬松、抗褶皱能力好，这些具有独特的毛细结构的超细纤维，可增加单位面积纤维的数量和比表面积，从而使熔喷布具有很好的过滤性、屏蔽性、绝热性和吸油性。PP 还可以用于生命科学实验室一次性塑料耗材，包括细胞培养耗材（如细胞培养皿等）、微生物学实验耗材（如微孔板、涂布器等）、分子生物学实验耗材（如冻存管、PCR 耗材等）、仪器设备专用耗材（如各类化学发光仪专用杯等）、移液处理耗材（如移液吸头、储液瓶等）等。国外医用 PP 树脂优势生产企业较多，产品型号齐全、供应能力有保障、产品技术稳定性和产业成熟度较高，主要生产企业包括北欧化工、大韩化工、利安德巴塞尔、韩国晓星、韩国 LG 等企业。我国医用 PP 材料起步较晚，产品主要以中低端为主，近几年国内企业加大了对医用 PP 产品的开发，产品牌号和生产企业数量都在逐年增加，注重高端医用 PP 的生产，加快国产替代步伐。随着在建项目不断投产，未来我国医用 PP 产能将进一步扩张。

COC/COP 具有高透明、高屏蔽性、低杂质性、不易碎、灭菌适应性（EO、γ 射线、蒸汽灭菌）、优良化学稳定性、耐酸碱、较低的蛋白质吸附性，适合用于疫苗、生物制剂包装的西林瓶、预灌封注射器等医药包装及生物与分析器具等医疗和生物用途。COC/COP 具有很好的透明性与优异的水汽阻隔性能，可以延长药品的保存时间；溶出物和杂质含量极低；优异的生物相容性；密度比玻璃小得多，可以进行蒸汽以及 γ 射线消毒，因此可以作为优良的医药包装材料，用于预灌封注射器、水溶液体系用小瓶以及预先注入药液预填充容器、医药品用泡罩包装等。COC/COP 在可见光和近紫外线区域都有很高的光透过率，对水溶液和极性有机溶剂的耐受性都很强，有良好生物相容性、高流动性能，因而具有良好的微细图案转移能力，用于高性能化验用微量滴定板、临床用检查比色槽及试管、生化反应中分光检测用容器等。我国已经成为世界最大的疫苗生产国，在医药市场规模不断扩大的大背景下，生物制剂市场也在持续增长。未来几年 COP/COC 材料预灌封注射器将逐步取代传统型玻璃安瓿、西林瓶、普通注射器。但由于 COC/COP 产品的技术垄断性，中国尚无工业化生产企业，全部依赖进口。

PMP 耐高温、耐蒸煮、无毒、透明性好，可作为医用注射器、窥镜管、紫外线血液分析池、血液分离槽、三通阀、动物实验笼等，以及部分取代石英玻璃等。PMP 还可用于理化器具，如量筒、器皿烧杯等。PMP 由于优异的气体渗透性成为 ECMO 系统核心部件氧合膜的首选材料，美国 95%以上的 ECMO 中心使用 PMP 中空纤维氧合膜。

受益于经济水平的发展，健康需求不断增加，医疗卫生产业已成为 21 世纪需求热点，医疗需求的快速升级将带动医疗卫生材料行业快速发展。聚烯烃作为重要的医疗卫生高分子材料，有着广阔的发展前景。国外医用聚烯烃产业成熟度高，国内医用材料产业目前尚不成熟，产业规模和产品质量难以满足市场的需求，产品主要应用于一次性医疗器械，如一次性注射器、输液袋等，而国外产品可广泛应用于包装材料、实验室器具、高端医疗器械等领域。

13.3.8 电子电气行业

聚烯烃在电子电气行业中的高端应用主要包括薄膜电容器、手机镜头光学元件、电子封装、5G 基站天线罩、手机内置天线、高频电路板等。

在电子领域中，塑料镜片是主流手机摄像头的重要组成部分。COC/COP 由于具有高热变形温度、高透明性、低双折射率、低介质损耗和介电常数、低吸水性、高尺寸精确性等一系列优良特性，为制备手机镜头光学元件的首选材料。目前华为、三星等主流手机摄像镜头大多采用 COC/COP 材料镜片。受益于 5G 手机摄像头三摄、四摄的加速扩张，以及汽车自动驾驶技术对光学镜头需求的逐渐扩大，国内镜头、镜片数量有望快速增长。COP/COC 被认为是目前三醋酸纤维（TAC）最好的替代材料，拥有比 TAC 更佳的低吸湿性，与

PMMA 相当的光学性能和通过率，比 PC 更优异的耐热性能，适用于柔性屏幕中。在各类屏幕以及高端应用领域，COP 制成的薄膜产品已被广泛采用。随着镜头应用以及手机屏幕的不断拓展，COC/COP 在电子领域市场空间将更为广阔。但 COC/COP 生产难度较大，价格比较昂贵。在电子封装行业，PMP 耐高温阻胶离型膜具有良好的耐温性、填充性和易剥离性，用于 FPC 柔性电路板压合时，可以有效提高 FPC 柔性电路板的合格率。5G 新时代，手机、基站、物联网等硬件载体方面对材料产业提出了更多需求和更高要求。为保证高通信质量，要求 5G 基站天线罩的透波性强、轻量化、耐候、耐热、耐腐蚀且环保，聚烯烃材料如聚丙烯、环烯烃聚合物等材料应用前景广阔。除了天线罩，去金属化的 5G 手机壳、手机内置天线、高频电路板中，都用到聚烯烃材料。PMP 材料因其优异的电气绝缘性，低介电常数及介电损耗，原料成本比聚四氟乙烯（PTFE）低，可用于 5G 通信基站射频端绝缘子，能有效降低绝缘子的成本。

薄膜电容器是以金属箔为电极，以塑料薄膜为介质的电容器。薄膜电容器适用于高压、高频、大电流场景。相对于电解电容，薄膜电容具备耐高压、高频特性好、温度特性好、安全性高、使用寿命长等优点，但相对而言容量较小；相对于陶瓷电容，薄膜电容有耐用（不易碎）的优点，但体积相对较大。薄膜电容器具有高击穿场强、高功率密度、较小的介电损耗、体积小、成本低等优点，常应用于消费类电子、节能灯具、家电、交流电机、电动汽车逆变器、电力、光伏、风电等领域，借其良好的性能和高可靠性广泛应用于电力电子领域。据统计，2020 年电力电容市场中薄膜电容器占比达 50%。薄膜电容器在电力领域的主要用途为电力输配以及电机驱动，分别占 31%与 23%的市场份额，此外，电源（13%）与照明镇流器（13%）也会有较多的电容器，用以平滑输入和输出信号等。聚合物材料因其灵活性、成本效益和可定制的功能特性而成为薄膜电容器的主要介质，包括聚酯薄膜、聚丙烯薄膜、聚苯乙烯薄膜、聚碳酸酯薄膜等。电容器用聚丙烯薄膜凭借其较高的电气强度、优良的自愈特性、超低损耗和低成本逐渐替代了介电常数较高的聚酯、聚碳酸酯薄膜。双向拉伸聚丙烯（BOPP）薄膜是电容器中重要的介质材料，占电容器成本的 70%。按空隙率分类，PP 薄膜分为可蒸镀薄膜（光膜）和油浸薄膜（粗化膜）。光膜为表面光滑、空隙率小于 5%的薄膜，经过金属蒸镀处理，主要应用于各种直流或高储能密度脉冲电容器等。粗化膜为至少一面粗糙、空隙率大于等于 5%的薄膜，常用来制造油浸箔式电容器，用于交流输电系统无功补偿等。近年来，随着国家特高压柔性直流电网的发展、高铁的建设、新能源电动汽车的推广等，对耐热性好、金属化薄膜电容器的需求快速增长。随着电子/电气工业的发展，小型化、高功能化电容器成为未来的发展趋势。而在保留聚丙烯薄膜优点的同时，提升聚丙烯薄膜的介电常数尤为重要。

13.3.9　交通运输行业

交通运输是国民经济的命脉。交通运输行业取得的巨大成就，与新材料的发展和突破是分不开的。新材料是交通运输行业的重要物质基础，能够提高交通运输设备和零件的各方面性能，以满足行业不断发展的需求。进入 21 世纪，交通运输行业所需材料朝着高性能化、高功能化、多功能化、结构功能一体化、复合化、智能化、低成本以及与环境相容化等方向发展。世界各国都在不断提高和完善交通运输水平，其中主要途径之一就是实现交通工具轻量化，增加高分子材料及其复合材料部件的应用。我国交通运输行业正在快速发展，为高分子材料及其复合材料提供了广阔的发展空间和前所未有的机遇。聚烯烃因其具备众多优异特性，在高性能材料应用领域显示出极大优势，在现代化交通运输行业发挥着举足轻重的作用。

轻量化是高速列车的技术关键，从某种意义上事关高速列车研制的成败。大量采用高分子材料及其复合材料可以有效实现高速列车轻量化。另外，随着速度的提高，轮轨冲击的加剧和寿命期营运里程的延长，对走行部和车体材料提出的要求更高。因此，高速列车不仅要大量采用轻量化材料，还需采用比原有材料性能更优异的新材料及更优化的结构，必须具有更高的强度、模量、韧性、耐磨、耐疲劳、耐老化等性能。对于在列车不同部位使用的材料，还有许多特殊的要求。例如，车轮材料除了要有足够的强度、韧性、耐磨性外，还必须具有耐擦伤剥离的性能；随着列车速度和动能的增大，高速列车的制动盘和闸片除了必须满足制动所需的摩擦特性外，还必须有更好的耐温和耐磨性能；高速带来的冲击、振动和噪声的加剧，要求采用更好的减振降噪元件，其中包括黏弹性能、耐疲劳、耐老化性能更优的橡胶元件，以保证乘坐的安全舒适；而有机高分子材料及其复合材料的使用，还必须考虑其阻燃、无污染、耐老化等问题。可见，高速列车轻量化对材料提出了更为严格更为复杂的要求，开辟了一个新材料研究和应用的新领域。聚烯烃材料可用于线路及轨道、车体、转向架、电气部件和机械等部件的轻量化，例如：车头及灯罩部分可以应用乙烯-乙酸乙烯共聚物（EVA）等材料；客舱顶板、墙板、行李架挡板等可以采用以低密度聚乙烯（LDPE）等为内芯的夹芯材料及蜂窝夹芯材料等。随着高速列车向高速化、舒适化、安全化方向的发展，聚烯烃材料也将发挥越来越重要的作用。

超高分子量聚乙烯（UHMWPE）具备多种优良特性，在交通运输领域拥有广泛的应用前景。因其优良的自润滑性、不黏性，可打造装煤、石灰、水泥、矿粉、盐、谷物等粉状物质的拖斗、料仓、滑槽的衬里，使粉状物质不与储运设施发生黏附。在散装车船的自卸漏子上内衬一层高分子聚乙烯板材后，卸货时间大大减小。在国防军需装备方面，由于其耐冲击性能好，比能量吸收大，可以制成直升机、坦克和舰船的装甲防护板、雷达的防护外壳罩、导弹罩等。超高分子量聚乙烯浮标与钢制、玻璃钢、聚脲等材料浮标相比，抗腐蚀性、抗撞击能力更强。国际海事组织要求各国政府推广使用环保、安全、可靠、寿命长的航标。国外发达国家使用低密度聚乙烯塑料浮标已达到90%以上。为延长浮标更换作业周期，减轻浮标现场维护作业难度，提高浮标对渔船的耐碰撞程度，减轻作业人员涂装、更换作业的劳动强度，从而达到节约经费、提升辖区航标效能的目的，应针对陆岛运输水域、水深较浅、渔船较多的水域，大范围使用超高分子量聚乙烯灯浮标，为船舶提供更好的通航保障。钢制航标被逐步淘汰，并由新型超高分子量聚乙烯浮标全面取代将是社会发展进步的大势所趋。

润滑油是飞机、火车等发动机及仪表、设备所用的液体润滑剂。茂金属聚 α-烯烃作为高性能环保节能润滑油的关键新材料，成为交通运输领域的必需品，在飞机、高铁、航母、核动力潜艇等诸多领域被广泛应用。

随着汽车工业的崛起，公路交通量的不断增长及重载汽车的增多，一些沥青路面出现了严重的早期损坏，通常会导致沥青路面永久变形、疲劳和低温开裂，从而降低路面的使用寿命。疲劳和车辙是沥青路面最常见的病害，缩短了路面的使用寿命，增加了养护成本和使用成本。因此，延缓沥青路面的劣化，延长其使用寿命就显得尤为重要。废旧聚烯烃来源丰富，且价格低廉，将回收的废旧聚烯烃作为沥青改性剂，按照一定比例加入基质沥青中，通过热拌混合等方法将改性剂分散在基质沥青中，最终通过固化成型得到的改性沥青既能够有效提高沥青的路用性能，又能变废为宝、减少对环境的污染，极大提升废旧材料在公路建设中的适用性和可行性。基于纳米粉体共混的聚烯烃改性剂，解决了传统的废旧塑料热熔二次造粒材料与沥青改性配伍性差的问题，在部分省份的重载交通路面工程中，实现了半柔性结构中下面层动稳定度每毫米 5 万次以上的抗车辙高性能，有效解决了红绿灯路口车辙难题。废旧聚烯烃改性沥青技术，不仅能够提升沥青路面的性能，同时有助于促进资源循环利用，推动倡导低碳生活与可持续发展理念。

13.4　产品高端化发展进程

13.4.1　聚乙烯产品高端化方向

13.4.1.1　茂金属聚乙烯

（1）产品概述

茂金属催化剂具有活性高[1]、活性中心单一、共聚能力强[2]、氢调敏感性好的特点，制备的产品在分子结构上具有分子量分布窄、共聚单体分布均匀[3,4]的特点。茂金属聚乙烯具有较低的熔点和明显的熔区，并且在光学透明性、力学性能和热封性能[5]等方面明显优于传统聚乙烯，可用于生产重包装袋、食品包装、拉伸薄膜，地暖管、医疗器械、建材、家电等。茂金属聚乙烯的分类见表 13.3。

表 13.3　茂金属聚乙烯的分类

树脂	密度/(g/cm^3)	应用
茂金属中密度聚乙烯	0.926～0.940	管材，滚塑，注塑
茂金属线型低密度聚乙烯	0.915～0.925	拉伸膜，工业包装，购物袋，成型/填充/密封应用，冷冻食品包装
极低密度聚乙烯 塑性体(POP) 弹性体(POE)	<0.915	冷冻包装，热封层，改性料

（2）全球市场概况及主要生产企业

全球茂金属聚乙烯的消费量已超过 500 万吨/年，目前美国的 ExxonMobil、Dow，欧洲的 Borealis，日本的三井油化，韩国的大林、LG 公司，均已推出了茂金属聚乙烯产品，ExxonMobil 公司和 Dow 公司茂金属催化剂的开发与茂金属聚乙烯的生产一直处于世界领先地位。国外茂金属聚乙烯主要生产厂家见表 13.4。

表 13.4　国外茂金属聚乙烯主要生产厂家

生产商	品牌	工艺
ExxonMobil	Exceed/Enable	Unipol
Dow	Elite/Affinity	Dowlex
Total-Petrochemical	Lumicene	Slurry-loop
Chevron-Phillips	Marlex	Slurry-loop
Borealis	Borecene	Borstar
Ineos	Eltex	Innovene
LyondellBasell	Luflexen	Spherilene
Mitsui Chemical	Evolue	Evolue
LG Chemical	Lucene	Solution process
Daelim	XP PE	Gas-phase
SK	Nexelene	Solution process

(3) 国内生产现状

目前国内有大庆石化、独山子石化、齐鲁石化、沈阳蜡化四家单位进行茂金属聚乙烯的生产，年产量约10万吨。

2007年9月，中国石油大庆石化分公司在6万吨/年的LLDPE装置上，引进美国Univation公司技术在国内实现了茂金属聚乙烯产品的首次工业化生产，引进5个牌号，均为HPR系列产品，18H10AX、18H20DX、18H27DX 3个膜料牌号在装置上进行了工业化试生产，后来又自主开发了PERT管材料DQDN-3711。

中国石化齐鲁石化采用自主催化剂在Unipol气相法装置上生产茂金属聚乙烯产品，2011年3月成功生产PERT管材料产品QHM22F，2015年8月生产了易加工PERT管材料QHM32F，目前两个牌号均已实现批量生产，是国内产量最大的茂金属聚乙烯生产单位。

沈阳石蜡化工有限公司于2014年8月22日引进美国Univation公司技术，生产熔体流动速率1.0g/10min、密度0.918g/cm^{3}的膜料产品HPR-1018CA，后又引进Univation公司第三代茂金属技术进行超性能VPR产品的生产。

中国石油独山子石化公司于2015年12月在30万吨/年Unipol气相法聚乙烯装置上引进美国Univation公司技术生产易加工茂金属产品EZP 2010HA，2017年7月生产了高性能茂金属产品HPR 1018HA和HPR 3518CB。国内茂金属聚乙烯生产厂家见表13.5。

表13.5 国内茂金属聚乙烯生产厂家

生产商	主要牌号	工艺	首次生产时间
齐鲁石化	QHM22F,QHM32F	Unipol	2007年
大庆石化	HPR 18H10AX DQDN 3711	Unipol	2007年
独山子石化	EZP 2010HA,HPR 1018HA EZP 2005HH,HPR 3518CB	Unipol	2015年
沈阳蜡化	HPR-1018CA	Unipol	2014年

(4) 国内需求分析

我国茂金属聚乙烯的总需求量超过75万吨/年。国内每年有约10万吨的产量，其余的依赖进口，预计未来几年内年均增长率将在10%以上。其中ExxonMobil和Dow是中国市场最主要的供应商，其余如三井、道达尔、大林等供应商占比较小。

(5) 主要工艺技术、新生产技术发展及产业化情况

1991年美国埃克森（Exxon）公司首次实现了茂金属催化剂用于聚烯烃工业化生产，生产出“Exact”茂金属弹性体。1995年正式推出Exceed系列以1-己烯为共聚单体的茂金属LLDPE产品，主要用于薄膜领域，与Z-N传统催化剂生产的LLDPE树脂相比，Exceed的减薄潜力为15%～20%，拉伸强度提高20%～40%，同时穿刺强度提高60%，光学性能好。随后，又推出了一种新的茂金属聚乙烯（mPE）产品Enable mPE，该产品的特点是分子量分布较宽，但分子组成分布较窄，使得产品具有优异的加工性能、光学性能、力学性能及良好的热封性。适用于一系列软包装薄膜。

Dow公司采用Insite催化剂技术生产的乙烯-辛烯共聚产品Elite树脂，利用限定几何构型技术（CGCT）有控制地在聚合物线型短支链结构中引入长支链（LCB）。高度规整的短支链和有限量的长支链使产品既有优良的物理性能又有良好的加工性能，最终产品具有热封性和刚性、高的拉伸性和抗穿刺性能、冲击强度和易加工性，以及其他许多独一无二的性能。

三井化学公司利用双峰聚合技术制备了茂金属宽分布线型低密度聚乙烯树脂 Evolue，这项技术有效解决了一般茂金属原料成型加工性差的问题。“双峰”聚合技术采用两个相互串联的反应器，因而可以自由设计聚合物的微观结构，有效地控制相对较宽的聚合物分子的分子量分布，以确保产品具有良好的成型加工性，主要用途是吹膜和流延薄膜。

(6) 下游新应用进展

茂金属滚塑料具有较高的冲击强度、良好的加工性和流动性，而且具备良好的力学性能、抗紫外老化性能。非常适合成型大型滚塑柴油箱、军用包装箱等对冲击跌落性要求较高的高端滚塑制品。茂金属产品分子量分布窄，VOC 含量低，有良好的力学性能，可以减重，可以作为理想的瓶盖料产品。茂金属产品兼具良好的力学性能和光学性能、耐穿刺性能，可以作为集束包装膜的原料。茂金属聚乙烯相比辛烯共聚的线型低密度聚乙烯树脂有更好的耐热性、加工性和柔性，可以作为人造草坪的原料。

13.4.1.2　双向拉伸聚乙烯薄膜料（BOPE）

(1) 产品概述

随着高分子薄膜原材料的合成与改性，以及平膜法双向拉伸技术的发展，相继出现了许多性能优异的双向拉伸薄膜，目前主要的平膜法双向拉伸薄膜有 BOPP、BOPET、BOPA。聚乙烯（PE）在薄膜生产领域用量巨大，但生产工艺以吹膜、流延和单向拉伸薄膜为主[6]。2009 年在黄山举办的“创新・安全・环保——双向拉伸聚乙烯（BOPE）复合膜（袋）技术研讨会”在国内正式提出采用平膜法双向拉伸技术制备双向拉伸聚乙烯（BOPE）薄膜材料[7]。与传统的 PE 薄膜相比，BOPE 薄膜具有机械强度高、光学性能好、抗穿刺和抗冲击强度高、拉伸倍率大、产品幅宽大、薄膜厚度均匀性更好、不易出现针孔等缺陷、生产效率高的特点，并且可以通过多层复合拓宽功能。

由于聚乙烯分子结构对称性高、结晶速率快、结晶度高，应用平膜双向拉伸技术生产 BOPE 薄膜的难度很大。由于不同类型聚乙烯密度不同且在拉伸操作过程中的行为表现非常不同，因而 BOPE 薄膜生产的关键是选择开发合适的聚乙烯树脂[8]。

(2) 全球市场概况及主要生产企业

日本三井化学公司最先开发出一种适合平膜双向拉伸的新型聚乙烯产品，其核心技术是使用特定茂金属催化剂生产 mLDPE。结合应用 mLDPE 和分子量双峰分布的 LDPE，三井化学公司首次生产出 BOPE 薄膜，产品具有优良的光学性能、硬度、韧性、高氧屏障性和密封性能，可替代吹塑或流延 CPE 薄膜、BOPA 或 BOPET 薄膜等。三井化学公司的 BOPE 薄膜是在日本和中国同步开发的，日本市场已经从开发阶段进入批量生产。

陶氏化学公司在 2017 年推出一款双向拉伸聚乙烯（TF-BOPE)。TF-BOPE 薄膜雾度比普通 PE 薄膜降低 80%，冲击强度和拉伸弹性模量是普通 PE 薄膜的 2 倍，抗穿刺力和拉伸强度均为其 3 倍。

(3) 国内生产现状

中国石化北京化工研究院也成功开发出了具有优良拉伸成膜性的 BOPE 专用料。该专用料可生产厚度规格 10～60μm 的薄膜产品，以及具有低起封温度和高热封强度的单/双面热封 BOPE 薄膜。与普通吹膜产品相比，BOPE 薄膜的拉伸模量（挺度）可提高 2～5 倍，拉伸强度可提高 2～8 倍，穿刺强度和冲击强度可提高 2～5 倍，薄膜雾度可降低 30%～85%。

目前国内并没有 BOPE 专用的生产线，企业大多以 BOPP 生产线来进行 BOPE 生产，通常都是在 4m、6m 低速窄幅生产线有拉膜成功的应用案例，对于 8m 以上的宽幅高速生产并没有成功应用的案例。国内有广东德冠包装材料有限公司、佛山佛塑科技集团股份有限公司和厦门顺峰包装材料有限公司等在开发并生产 BOPE 薄膜。广东德冠包装材料有限公司和佛山佛塑科技集团股份有限公司在布鲁克纳生产线上产出 BOPE 薄膜。厦门顺峰包装材料有限公司在 BOPVC 生产线生产出多层共挤双向拉伸 BOPE 薄膜产品[9]。

（4）国内需求分析

在 BOPE 推广早期，因为原料挤出量低，成膜性差，下游市场应用不成熟，膜企研发费用大，发展受到一定制约。目前，陶氏、中石化北京化工研究院等都在积极推广开拓 BOPE 在国内的应用市场，国内外市场推广工作进展速度加快。

（5）主要工艺技术、新生产技术发展及产业化情况

欧美在 BOPE 树脂和薄膜上的研究一直在开展。埃克森美孚公司公开了一种光学性质和热封性能良好的双向拉伸聚乙烯薄膜的制备，利用 LDPE 或 LLDPE 作为共挤表面层，制得的薄膜性能优异，可替代吹塑高密度聚乙烯薄膜来使用[10]。埃克森美孚公司公开的欧洲专利 EP0876250 提供了一种以茂金属型聚乙烯为原料制得的双向拉伸薄膜[11]，其具有很好的透明度、冲击强度、耐穿刺性能和收缩性能。3M 公司申请的美国专利[12] 中提出利用半结晶聚合物的混合物制备一种多孔结构可吸墨的双向拉伸薄膜，其组分包括了 HDPE 和 LDPE 以及无机填料，该薄膜可应用在广告和促销展示方面。

近年来，国内一些研究机构和大型石化企业均在加紧 BOPE 专用料和薄膜的研制。冯润财等研究发现[6]，熔体流动速率较小、分子量分布较宽甚至是双峰分布的 LDPE 或 LLDPE 适合于 BOPE 的生产。戴李宗等[13] 研究采用超高分子量 UHMPE 与 LLDPE 通过适当配比共混，制得幅宽 4.2m 的平膜双向拉伸 BOPE 薄膜，产品透明度高，热封性能好。

产业化方面，BOPE 薄膜的工业生产及膜卷产品一般是在现有 BOPP 生产线上实现的，即 BOPE 专用料由挤出机熔融挤出，之后经 T 形模头流延铸片，并经急冷辊和水槽快速冷却定型，以控制其晶体尺寸和结晶度，保证薄膜良好的透明性和厚度均匀性；原料铸片经再次预热后采用先 MD（纵）向拉伸，后 TD（横）向拉伸的平膜法分步双向拉伸工艺加工成型。MD 向拉伸倍率可达 4.5～6 倍，TD 向拉伸倍率可达 7.5～8 倍。由于国内现有 BOPP 薄膜生产线产能过剩，可随时转产，因此为 BOPE 薄膜的产能放大提供了硬件保障。

（6）下游新应用进展

陶氏已与广东德冠薄膜新材料股份有限公司和福建凯达集团有限公司展开合作，实现了创新 TF-BOPE 在液洗领域的商业化生产及应用，也尝试推进 TF-BOPE 材料在米袋、宠物食品包装、重型包装袋等方面的广泛应用。

中石化北京化工研究院则将 BOPE 在农用膜领域进行试验，拟在包装膜、复合膜、医用膜，特别是高强度抗穿刺包装袋、耐低温包装等领域推广应用。此外，他们还完成了 BOPE 薄膜的印刷、复合制袋等相关应用开发，探索开发了 BOPE 复合重包装袋、冷冻食品包装袋、表印包装等新产品。

BOPE 在对现有包装材料性能提升的基础上，可以实现减薄、减重、包装轻量化、利于回收等绿色环保目标；BOPE 将会在国内软包行业中逐渐绽放异彩。

13.4.1.3 多峰分布聚乙烯

（1）产品概述

多峰分布聚乙烯是指分子量微分重量分布函数存在两个或多个极大值，即在分布曲线图上出现两个或多个峰的聚乙烯材料。一般来说，多峰分布聚乙烯分子量分布相比普通聚乙烯更宽，其低分子部分起改善加工性能作用，其高分子量部分起到提高力学性能、熔体强度和耐应力开裂性的作用。多峰聚乙烯的工业生产通常采用多个反应器串联，或复合金属催化剂，或用不同分子量树脂共混来实现。多峰分布聚乙烯主要应用在管材领域，市场化牌号众多，用量大，在中空吹塑、重包装膜及电线电缆等领域也有少量应用。

(2) 全球市场概况及主要生产企业

多峰聚乙烯主要作为 PE100 级管材专用料应用在塑料管道领域。近十年间，塑料管道行业稳定高速发展，世界范围内对多峰聚乙烯的年需求量约为 1400 万吨，其中仅中国对多峰聚乙烯的需求量近 400 万吨，约占世界总消费量 28%。国外多峰聚乙烯的主要生产企业有北欧化工（Borealis)、利安德巴塞尔（LyondellBasell)、道达尔石化（Total Petrochemicals)、沙比克（SABIC)、博禄化工（Borouge Pte.，Ltd.)、英力士（Ineos)、暹罗化工和泰国聚乙烯有限公司（SCG Chemicals & Thai Polyethylene，Ltd)、沙特乙烯和聚乙烯公司（Saudi Ethylene & Polyethylene Co)、普瑞曼聚合物株式会社（Prime Polymer Co.，Ltd)、Univation 公司等。其中，博禄化工的 HE3490LS，道达尔石化的 XSC50、XRT70，利安德巴塞尔的 4731B 以及沙比克的 P6006 是国内市场上相对比较常见的牌号。

(3) 国内生产现状

国内生产多峰聚乙烯的典型厂家主要有 10 家，生产的多峰聚乙烯均为 PE100 级管材专用料，涉及牌号多达 17 个，如表 13.6 所示。其中稳定供应的主要牌号有独山子石化的 TUB121N3000 (B)、吉林石化的 JHMGC100S、四川石化的 HMCRP100N、上海石化的 YGH041 (T) 以及中沙石化的 PN049 等。其中独山子的 TUB121N3000 (B) 产品质量稳定，性能优异，已经入列 PE100＋和 G5＋协会目录，主要应用于燃气领域。目前在建多峰聚乙烯的生产装置六套，投产后产能将超过 200 多万吨。

表 13.6 生产多峰聚乙烯装置产能及牌号

厂家名称	牌号	产能/(万吨/年)
独山子石化	TUB121N3000(B)、TUB121N3000M	30
	UHXP-4808	60
吉林石化	JHMGC100S(LS)、JHMGJ100IM、JHMGC100GW	30
四川石化	HMCRP100N	30
抚顺石化	FHMCRP100N	35
大庆石化	UHXP-4806	22
上海石化	YGH041(T)、YGH041TLS	25
中沙石化	PN049	30
武汉石化	PN049	30
燕山石化	7600M、7600MBL	14
扬子石化	YEM4902T、YEM4902TBK	14

(4) 国内需求分析

在塑料管道领域，多峰聚乙烯的年需求量达到 400 万吨。近几年来管材领域对多峰聚乙烯需求持续稳定上升，但增速趋于平缓，在未来的几年里将保持需大于求的状态。随着在建新装置的投产，未来多峰聚乙烯市场将会出现供不应求到供大于求的转变，竞争将趋于激烈。

(5) 主要工艺技术、新生产技术发展及产业化情况

多峰聚乙烯生产方法主要有熔融共混、反应釜串联、单一反应器使用双金属或混合催化剂法。目前的生产商主要采用串联反应器方法，代表工艺有釜式淤浆工艺、环管淤浆聚合工艺[14] 和气相聚合工艺[15]。釜式淤浆工艺的典型工艺有荷兰利安德巴塞尔（LyondellBasell）的 Hostalen 工艺、Hostalen ACP 三釜串联工艺以及日本三井化学（Mitsui）公司的 CX 工艺。环管淤浆聚合工艺主要有北欧化工（Borealis）的 Borstar 工艺、菲利普（Phillips）的 Phillips 环管工艺、英国英力士（Ineos）公司的 Innovene S 环管工艺和法国道达尔（Total）公司双环管淤浆工艺。气相双反应器代表性工艺主要有 Univation 公司开发的 Unipol Ⅱ 和利安德巴塞尔（LyondellBasell）的 Spherilene 工艺，已成功实现了工业化应用，多用于多峰聚乙烯薄膜的生产。少量装置采用单反应器生产多峰聚乙烯，代表性工艺有 Univation 公司 Unipol 气相法工艺，该工艺采用 Prodigy 复合催化剂在单反应器中实现了多峰聚乙烯的生产[15]。Hostalen ACP 三釜串联工艺是目前相对比较先进的聚合工艺，技术供应商宣称应用该工艺生产 4731B 的分子量为多峰分布，具有长期抗蠕变性能和热稳定性，适用于加工成型热水压力管。

(6) 下游新应用进展

多峰聚乙烯主要作为 PE100 级管材专用料用在燃气、给水、市政供暖领域，在油田领域有少量的应用。其中在给水领域用量最大，年用量超 300 万吨，燃气领域年用量约 50 万吨。市政二次管网和温泉管网是多峰聚乙烯相对较新的应用领域，该原料在此领域的应用在推广阶段，全国每年的年需求量在 2 万～3 万吨左右，但是用量增速较快，每年增幅高达 50%。应用在油田上进行油气集输也是相对比较新的领域，有比较大的拓展空间，但是要在该领域大量推广应用，需要解决高温高压下，材料耐油品腐蚀的问题，仍有大量应用技术研究工作要做。

13.4.1.4 超高分子量聚乙烯

(1) 产品概述

超高分子量聚乙烯（缩写为 UHMWPE）是一种线型结构的、具有优异综合性能的热塑性工程塑料，于 1957 年由美国联合化学公司用齐格勒催化剂首先研制成功。它是一种线型聚合物，分子量通常在 100 万～500 万，结晶度 65%～68%，密度 0.92～0.96g/cm^3，可以代替碳钢、不锈钢、青铜等材料广泛地应用于纺织、采矿、化工、包装、机械、建筑、电气、医疗、体育等领域。

UHMWPE 具有非常优异的耐磨性，居塑料之冠，并超过某些金属。用一般塑料磨损实验法难以测试其耐磨程度，UHMWPE 的耐磨性与分子量成正比，分子量越高，其耐磨性越好。即使在无润滑剂存在时，在黄铜表面滑动也不会引起发热黏着现象。UHMWPE 表面硬度适中，而且不损坏对偶材料。

UHMWPE 的冲击强度在所有塑料中名列前茅，其冲击强度是 ABS 的 5 倍，是聚醛塑料的 7 倍，以至于采用通用的冲击实验方法难以使其断裂破坏。UHMWPE 在常温下的冲击强度比普通高压聚乙烯大 4 倍以上，且随分子量的增大而提高，在分子量为 500 万时达到最大值，然后随分子量的继续升高而逐渐下降。值得指出的是，UHMWPE 在液氮中（−60℃）也能保持优异的冲击强度，这一特性是其它塑料所没有的。此外，它在反复冲击后表面硬度更高。

UHMWPE 有优良的耐化学药品性，除强氧化性酸液外，在一定温度和浓度内能耐各种腐蚀性介质（酸、碱、盐）及有机介质。其在 20℃和 80℃的 80 种有机溶剂中浸渍 30 天，外表无任何反常现象，其它物理性能也几乎没有变化。在碱液中不受腐蚀，可以在 80℃的浓盐酸中应用，在 75%的浓硫酸、20%的硝酸中性能稳定，对海水、液体洗涤剂也很稳定。UHMWPE 具有优异的耐低温性能，脆化温度在－80℃以下，在－269℃低温下，仍具有一定的延展性，而没有脆裂迹象，因而可用于低温部件和管道以及核工业的耐低温部件。

UHMWPE 卫生无毒，且无味、无臭，本身无腐蚀性，加上具有不吸水、密度小、不黏附、抗静电、吸噪声性、生理惰性和生理适应性，完全符合日本卫生协会的要求，并得到美国食品药品监督管理局和美国农业农村部的认可，可直接接触食品和药物，可用在食品包装等领域。

UHMWPE 具有高拉伸强度，因此可通过凝胶纺织法制得超高弹性模量和强度的纤维，其拉伸强度高达 3～15GPa，拉伸弹性模量高达 100～125GPa。纤维强度是迄今已商品化的所有纤维中最高的，比碳纤维大 4 倍，比钢丝大 10 倍。正是由于其高拉伸强度，UHMWPE 产品已用于防弹衣、装甲车保护板等高端领域。

另外，UHMWPE 还具有其它一些优异的性能，如优良的冲击吸收性，冲击吸收值在所有塑料中最高，而且具有优良的消音效果。其表面吸附力非常微弱，制品表面与其它材料不易黏附。其具有优异的电绝缘性能，比 HDPE 更优良的耐环境应力开裂性，比 HDPE 更好的耐疲劳性及耐射线能力。当然，UHMWPE 也有不足之处。UHMWPE 耐热性、刚度和硬度偏低。从耐热性来看，UHMWPE 的熔点（136℃）与普通聚乙烯大体相同，但其分子量大，熔融黏度高，故加工难度大。

(2) 全球市场概况及主要生产企业

目前国外产能约 21.5 万吨/年，主要的生产厂家有德国 TICONA、美国蒙特尔、荷兰 DSM 和日本三井化学等。全球主要 UHMWPE 生产企业见表 13.7。其中德国的 TICONA 产量最多，是领先世界的制造商，在德国奥伯豪森、美国得克萨斯以及中国南京等地都设有生产基地，目前 TICONA 总产能已达到 9 万吨/年。荷兰 DSM、大韩油化和日本三井化学生产规模相对较小。

表 13.7　全球主要 UHMWPE 生产企业

公司名称	产能/(万吨/年)	产品
TICONA	9.00	管材、板材、纤维
Braskem	7.00	管材、板材、纤维
蒙特尔	4.00	管材、板材、纤维
DSM	1.00	纤维
日本三井化学	0.5	管材、板材、纤维

(3) 国内生产现状

近年来国内 UHMWPE 发展很快，目前 UHMWPE 产能已超过 7 万吨/年，主要的生产商有燕山石化公司、九江中科新鑫新材料有限公司、上海联乐化工科技有限公司、河南沃森超高化工科技有限公司、安徽特佳劲精细化工有限责任公司、无锡富坤化工有限公司和齐鲁石化研究院等。国内主要UHMWPE生产企业见表13.8。燕山石化公司由于环保问题，产量较低。九江中科新鑫新材料有限公司是目前国内最大的UHMWPE生产企业，目前总产能达到2万吨/年。为了进一步填补国内UHMWPE市场缺口，众多企业都开展了UHMWPE的研发和试生产，如中国石化扬子石化公司、中国石油辽阳石化公司等，但产量不多。国内市场牌号较为单一。总体来说，国内UHMWPE专用料品种和质量都无法与国际先进水平相比较，产品性能及稳定性亟待提高。

表13.8 国内主要UHMWPE生产企业

公司名称	工艺	产能/(万吨/年)
燕山石化公司	淤浆法	2.0
九江中科新鑫新材料有限公司	淤浆法	2.0
上海联乐化工科技有限公司	淤浆法	1.0
河南沃森超高化工科技有限公司	淤浆法	1.0
安徽特佳劲精细化工有限责任公司	间歇法	0.7
无锡富坤化工有限公司	间歇法	0.4
齐鲁石化研究院	淤浆法	0.3

(4) 国内需求分析

目前我国UHMWPE的表观消费量约为8万吨/年，近年来，年消费增长率超过10%。板材、管材和型材等方面是最大的消费领域，占国内UHMWPE总消费量的60%以上。在纤维和滤材等方面的消费量约占UHMWPE总消费量的30%。UHMWPE绳缆、织物、新能源电池等的快速发展也给UHMWPE的发展带来了积极的推动作用。2014年以后，随着国家对UHMWPE纤维产业的大幅度鼓励，UHMWPE的进口量呈现出明显的上升态势。尤其在高端牌号如锂电池隔膜、人工关节等方面大量依赖进口。

(5) 主要工艺技术、新生产技术发展及产业化情况

从生产技术来看，中科新鑫新材料有限公司（中科院上海有机化学所技术）和河南沃森超高化工科技有限公司（上海化工研究院技术）均凭借其自身的规模效应强势挤入国内UHMWPE市场。其中中科新鑫新材料有限公司UHMWPE规划产能达到6万吨/年，全部建成后将成为国内最大的UHMWPE供应商。中国石化将东方石油化工搬迁到燕山石化后，受环保等因素的影响，产能不稳定，还有进一步搬迁的可能，影响了中国石化在UHMWPE方面的生产能力。国外公司如TICONA也计划扩建南京的UHMWPE生产厂，DSM公司入股山东爱地高分子材料有限公司，开展UHMWPE纤维的生产和应用。未来中外企业在UHMWPE领域的竞争将日益激烈。

从未来的发展趋势来看，由于UHMWPE产品高附加值和良好的发展前景，市场竞争日益激烈。国内南京金陵塑胶化工有限公司、安徽丰达新材料有限公司和平原信达化工有限公司等多家企业均拟建装置开展UHMWPE生产，九江中科新鑫和河南沃森超高化工科技有限公司等公司也计划对现有装置进一步扩能。

(6) 下游新应用进展

由于UHMWPE隔膜具有很强的抗外力穿刺能力和良好的隔热性能，提高了隔膜的闭孔温度和破膜温度，降低了电池的短路概率，提升了电池的安全性能。同时UHMWPE在高温环境下尺寸稳定性高、耐化学腐蚀性强等特点，使其迅速发展成为锂电池隔膜理想的材料之一。近年来 UHMWPE 电池隔膜的研究受到了世界范围的重视，引起了众多科研工作者对其在锂电池隔膜方面应用的广泛研究。随着新能源汽车电池续航能力要求的不断提升，UHMWPE 锂电池隔膜的需求量也迅速增加。同时较高的利润也进一步促进了隔膜厂商对生产技术的研发热情。但是受到国内 UHMWPE 原材料技术水平限制，隔膜企业使用的 UHMWPE 基本依赖进口。目前多家企业已开展锂电池隔膜专用树脂的研发工作并取得了阶段性成果，2018 年 4 月扬子石化公司试生产了 150t 隔膜专用料 YEV-5201T。但是总体来说锂电池隔膜对原材料杂质含量、颗粒形态和产品物理性能要求高，原材料研发周期较长，开发的难度大，门槛高，也是我国电池行业目前急需解决的问题。

13.4.1.5 极低密度聚乙烯

(1) 产品概述

极低密度聚乙烯树脂（缩写为 VLDPE）为第四代聚乙烯，在聚合过程中添加了多于常规量的 α-烯烃共聚单体（如丁烯、己烯、辛烯等），密度范围拓宽至 0.880～0.915g/cm^3。

VLDPE 因具有高柔韧性、较宽的温度使用范围、优异的抗穿刺性、抗撕裂性、耐环境应力开裂、低气味等特性，在薄膜、医用软管、发泡、电线电缆、注塑和吹塑等领域得到广泛应用。

(2) 全球市场概况及主要生产企业

目前，国外各大石化公司都开发出了 VLDPE 成套生产技术，并实现了系列化产品开发，如 ExxonMobil 公司、Dow 化学公司、三井油化等。据不完全统计，2017 年全球的 VLDPE 薄膜消费量 80 多万吨，并且以每年 16%～20%的速度递增，市场前景广阔。表 13.9 列举了世界各大公司生产的 VLDPE 产品的特性、牌号和共聚单体[16,17]。

表 13.9 世界主要 VLDPE 产品的牌号、特性一览

生产商	牌号	级别	熔体流动速率/(g/10min)	密度/(g/cm^3)	共聚单体
Dow	Attane	4003	0.8	0.905	C_8
		4001	1	0.912	C_8
ExxonMobil	Exact	4027	4	0.895	
		4022	6	0.890	
		4023	3.5	0.882	
		4028	10	0.880	
		3022	9	0.905	
UCC	Flexomer	DFDA1137	1	0.905	C_4
		DFDA1138	0.4	0.900	
		DFDA1164	1	0.910	
Enichem	Norsoflex	MW1960	12	0.895	C_3、C_4
		FW1900	0.8	0.900	C_3、C_4
		LW2230	2.8	0.900	C_3、C_4
		FW1600	0.9	0.910	

续表

生产商	牌号	级别	熔体流动速率/(g/10min)	密度/(g/cm^3)	共聚单体
DSM	Stamylex	08-026	2.2	0.911	C_8
		08-076	6.6	0.911	C_8
	Teamex	1000	3	0.902	C_8
三井油化	Tafmer	A-4085	3.6	0.880	C_4
		A-20090	18	0.890	C_4
		P-0480	1.1	0.880	C_3
		P-0680	0.4	0.880	C_3

(3) 国内生产现状

目前，国内对于 VLDPE 的研究还处于起步阶段，只有天津石化开发出了 Z-N 催化剂制备的 VLDPE 产品，但是产量有限，没有真正实现大规模生产。近几年进行 VLDPE 研究的科研院所和院校逐步增多，其中主要有中国石油石油化工研究院、石油化工科学研究院、中科院化学所、北京化工研究院、浙江大学等。

石油化工研究院大庆化工研究中心采用自主研发的茂金属催化剂和 Unipol 工艺生产技术，在 50kg/h 工艺装置上成功开发出了密度范围 0.895～0.912g/cm^3 的 VLDPE 产品[18,19]，并在食品内衬袋、棚膜、软管、聚丙烯增韧等领域进行了产品加工应用，结果表明产品的性能达到了国外同类产品水平。目前，该技术已得到国内各大石化企业的高度关注，于 2020 年实现工业化装置的大规模生产，填补了国内茂金属 VLDPE 产品空白。

(4) 国内需求分析

国内 VLDPE 产品主要依赖进口，以 Dow 化学、ExxonMobil 公司产品为主，在食品包装、冷冻运输等薄膜领域应用最为广泛，年需求量达到 14 万～18 万吨。近几年，随着国内市场对高端产品需求的不断增长，VLDPE 产品在软管、电线电缆及改性剂领域的应用也得到了迅速发展。

(5) 主要工艺技术、新生产技术发展及产业化情况

国外 VLDPE 的生产技术主要包括气相法、溶液法、高压管式法等生产工艺，以气相法工艺生产居多。表 13.10 列出了世界上主要生产 VLDPE 的公司和所使用的工艺类型、生产能力及应用。

表 13.10 世界 VLDPE 主要生产情况

公司名称	工艺类型	生产能力/(kt/a)
Dow	低压溶液法	150
ExxonMobil	高压管式法	15
UCC	气相液化床法	105
Himont	气相法	40～45
DSM	低压溶液法	60
Enichem	高压釜式法	90～100
三菱油化	气相液化床	105

续表

公司名称	工艺类型	生产能力/(kt/a)
三井油化	溶液法	70
Idemisu 石化	低压溶液法	60
Nippon 石化	气相法	57
Sumit 化学	高压釜式法	34

(6) 下游应用情况

VLDPE 产品的发展非常迅速，国外各大化工企业的竞争也相当激烈，在薄膜、电线电缆、注塑、吹塑、挤出等领域应用广泛。对于终端用户来说，VLDPE 的吸引力主要在于材料兼具柔韧性和强度，分子链上增添的短支链使材料产生回弹性、柔软性和持久的挠曲寿命[17]。

三井油化公司和原 UCC 公司开发的 VLDPE 产品在用于挤出、流延薄膜、容器内衬方面，得到了迅速的推广，可替代部分领域的 PVC 和 HDPE。ExxonMobil 公司的 VLDPE 在医用针管和电线电缆方面取代 EPR 已获得成功。Dow 和 DSM 公司用 VLDPE 取代 EVA 用作食品和医用品包装材料方面也取得了成效。意大利 Enichem 也生产类似产品。Himont 公司则采用该公司开发的 Spherilene 工艺生产 VLDPE，在薄膜、软管等领域也得到了应用。

另外，VLDPE 还可与其他树脂并用，改善树脂综合性能。如美国 National Seal 公司设计的一种新型 VLDPE 平板挤出衬里产品（含 60%VLDPE、40%HDPE），充分发挥了 VLDPE 优良的抗穿刺性和较高的拉伸性能。住友化学工业公司开发的一种兼具强度与柔软性的 VLDPE，主要用于聚丙烯及工程塑料的改性或制品表面保护膜等。

13.4.1.6　乙烯基弹性体

(1) 产品概述

POE（聚烯烃弹性体，polyolefin elastomer）是一种具有较高共单体含量的乙烯/高级 α-烯烃无规共聚物，属于新型热塑性弹性体，不需硫化即具有弹性，其分子量和短支链分布窄，共聚单体含量高（10%～30%），具有优异的耐寒性和耐老化性能、良好的力学性能和加工性能，现已成为替代传统橡胶和部分塑料的极具发展前景的新型材料之一，广泛用作聚丙烯等聚烯烃材料的抗冲改性剂，用以制备仪表板、保险杠、连接器和插头、管道、仪器零件、片材、园艺工具和建筑材料，也可直接制成模塑成型产品和挤出成型产品，是一种高性能、高附加值的新型弹性体材料。

POE 是塑料与橡胶的桥梁产品，从本质上来说，就是支化聚乙烯，类似于 EVA、EEA、EBA 等。单纯的聚乙烯链因为结构规整，容易形成结晶，所以形成典型的塑料性能。在聚合时加入 α-烯烃和乙烯共聚，降低了结晶性能，所以使产品具有弹性体的性质。POE 分子链中的树脂相（聚乙烯链）结晶区起到了物理交联点的作用，一定量共聚单体的引入削弱了聚乙烯链结晶区，形成了橡胶相，从而成为具有橡胶弹性的无定形区，使得 POE 成为一种性能优异的热塑性弹性体。

微观结构决定聚合物的宏观性能，与传统聚合方法制备的聚合物相比，POE 具有很窄的分子量分布和短支链结构，因而具有高弹性、高强度、高伸长率等优异的力学性能和优异的耐低温性能。窄的分子量分布使材料在注射和挤出加工过程中不易产生挠曲，因而 POE 材料的加工性能优异。由于 POE 大分子链的饱和结构，分子结构中所含叔碳原子相对较少，因而具有优异的耐热老化和抗紫外线性能。此外有效地控制在聚合物线型短支链支化结构中引入长支链，使材料的透明度提高，同时有效改善了聚合物的加工流变性。已经商品化的POE为透明颗粒状，应用更加方便和广泛。另外，可以通过交联的方式提高POE的耐热性，适合化学、硅烷、辐照、紫外等多种交联方式。

烯烃嵌段共聚物（OBC）是Dow公司以自主开发的链穿梭聚合技术制备的乙烯/1-辛烯多嵌段共聚物。Dow公司随后将其工业化，并将聚烯烃弹性体的牌号命名为Infuse。OBC不仅有高的熔点，也有低的玻璃化转变温度。与POE相比，OBC的结晶速率更高，结晶形态更规则，耐热性也更强，并且在拉伸强度、断裂伸长率和弹性恢复等方面均表现出更优越的性能。不仅具有聚乙烯易加工的特点，又具有烯烃无规共聚物和共混物难以实现的刚性与韧性平衡。OBC在许多性能方面超过传统的TPO弹性体。OBC比传统的TPO有更高的拉伸强度、伸长率和撕裂强度。另外，OBC的邵尔硬度可以在50～90之间进行调节。与广泛应用的苯乙烯类TPE相比，OBC显示出优良的压缩变形及耐老化性能、耐化学性及可加工性，撕裂强度和拉伸强度达到相同或更高水平，是目前市场上广泛应用的聚苯乙烯类弹性体的真正替代品。而且，OBC的产品触感良好，表面光滑，可应用于柔性成型制品、挤出型材、软管、管材、弹性纤维和薄膜、发泡制品、涂层、胶带和熔融黏合剂等领域。

（2）全球市场概况及主要生产企业

POE需求高速增长，国内巨大的市场潜力仍待挖掘。全球POE市场需求在2006～2011年增幅达10.3%，2015年需求量约75万吨，其中北美和欧洲为31.5%和25.3%，日本为10.3%，其他地区32.9%，美国和西欧是POE的主要消费区。

目前全球POE产能已经超过100万吨，生产商主要有美国Dow公司、ExxonMobil公司、日本Mitsui（三井）、韩国LG化学、伊士曼化学公司、Equistar公司、雪佛龙菲利普斯化学公司、巴塞尔公司、道达尔公司等石化企业。其中，40%以上的产能掌握在陶氏化学手中，产能为45.5万吨/年，生产30多种牌号的产品。其次是三井化学和美孚，2014年SK投产了20万吨的POE和POP装置，近年来LG公司也开始开发POE技术并进行小产量生产。

目前OBC的生产核心技术为Dow等国外公司所掌握，Dow公司目前有十多个商业化牌号的Infuse OBC产品，密度范围在866～887g/cm^3，熔体流动速率0.5～15g/10min，邵尔硬度在51～83。

（3）国内外生产现状

目前，国际市场最具代表性的POE产品包括美国Dow公司生产的Engage、Affinity等系列产品，ExxonMobil公司的Exact系列产品，日本三井公司的DF系列产品以及韩国LG化学LC、EOR及EBR系列POE产品。目前，POE生产均采用茂金属催化技术，通过改变茂金属催化剂结构可以准确地调控聚合物的微观结构，从而获得具有不同链结构和用途的POE产品。

国内尚未见相关OBC生产的报道，尚处于起步阶段，国内OBC消费，全部依赖进口。

（4）国内需求分析

中国对POE年需求量在15万～18万吨，仍有较大发展潜力。目前国外汽车保险杠领域的共混改性已大部分采用POE弹性体，而国内仅有20%左右的保险杠材料采用POE弹性体。中国汽车制造、塑料制造的生产体量巨大，但对POE应用率仍然较低，因此未来POE在中国仍有较大的发展潜力。

我国OBC消费仍处于市场培育期，市场需求还有很大的拓展空间，2020年，我国聚烯烃弹性体的需求超过 30 万吨。

(5) 主要工艺技术、新生产技术发展及产业化情况

Dow 公司是 POE 产品的主要技术专利商之一，以采用自制的限定几何构型（CGC）茂金属和溶液聚合工艺组合的 Insite 技术为代表，在乙丙橡胶生产装置上由乙烯和辛烯（丁烯、己烯）直接聚合生产而成。2003 年和 2004 年，Dow 公司采用此项技术成功地工业化生产两类 POE 产品，一类商品名为 Engage（密度 0.865～0.895g/cm^3），包括乙烯-辛烯弹性体 16 个，乙烯-丁烯弹性体 8 个，另一类商品名为 Affinity（密度 0.895～0.915g/cm^3），该类乙烯-辛烯共聚物产品中 1-辛烯质量分数小于 20%，Dow 化学公司称其为塑性体。Dow 化学公司除了生产乙烯-辛烯（乙烯-丁烯，乙烯-己烯）共聚物型 Engage 系列 POE 外，于 2004 年还推出一类丙烯-乙烯共聚物，商品牌号为 Versify，并于 2004 年 9 月在西班牙的 Tarragona 装置上开车成功，该装置的设计能力为 5.2 万吨/年。Versify 产品物理性能涵盖了塑性体和弹性体，是一种多用途的特殊丙烯-乙烯共聚物，产品的结构特点是分子量分布窄，而结晶熔融温度分布宽，导致熔融范围宽，使得聚合物总的结晶度降低，仍保留其高熔点分级。2006 年该公司又开发出乙烯和辛烯嵌段共聚热塑性弹性体 OBC 系列产品。该聚合物由辛烯含量低的“硬段”和辛烯含量高的“软段”交替组成。目前可以提供熔体流动速率为 0.5～15g/10min，硬度为 55～83（邵尔 A），熔点在 120℃左右，T_g 可达－62℃的 Infuse 系列共 10 个牌号的产品，可以替代 POE、SEBS、EVA 等弹性体材料，广泛应用于共混改性、吹塑、流延、注射、发泡等各种领域。

ExxonMobil 公司采用 Exxpol 技术生产出商品名为 Exact 系列 POE 产品，为乙烯与丁烯、己烯或辛烯共聚物，密度为 0.860～0.910g/cm^3。2003 年，ExxonMobil 公司宣布推出一种新型聚烯烃类热塑性弹性体，商品名为 Vistamax，该产品是用 Exxpol 茂金属催化技术和适宜的反应器工艺生产，以丙烯为基础的热塑性弹性体产品，密度 0.855～0.871g/cm^3，主要用于无纺布、薄膜、聚合物改性等领域。

2003 年，日本三井化学公司——三井弹性体新加坡公司 10 万吨/年的乙丙弹性体装置投产，该装置采用茂金属催化技术及独有的溶液法聚合工艺，生产商品名为 Tafmer（密度 0.862～0.905g/cm^3）的塑性体，该公司于 2010 又新建一套 10 万吨/年 Tafmer 聚烯烃弹性体装置，这使得三井油化的 Tafmer 聚烯烃弹性体生产能力达到了 20 万吨/年。

Tafmer 商品包括：Tafmer DF 系列（乙烯-辛烯共聚物和乙烯-丁烯共聚物），主要用于 PP/PE 改性、透明薄膜、电线电缆；丙烯 Tafmer XM 系列，主要用于 PP 改性、透明薄膜、电线电缆。

韩国 LG 公司将独特的茂金属催化剂与溶液法聚合工艺相结合，生产乙烯基弹性体 POE（密度 0.855～0.910g/cm^3），以 Lucene 作为商品名，包括 6 个乙烯-辛烯共聚物牌号（如 LC170、LC670）和 2 个乙烯-丁烯共聚物牌号（分别为 LC175、LC565），已被应用于多个领域，诸如汽车部件、鞋材、线缆、片材和薄膜等。

国内对 POE 的研究仅限于改性、接枝和实验室催化剂合成等方面，尚没有成熟的生产技术。目前，一些科研院所和高校也开发了具有高共聚性能的茂金属催化剂、二亚胺、氮氧配位过渡金属催化剂等，并开展了乙烯与 α-烯烃（1-己烯、1-辛烯、ω-甲苯基 α-烯烃、降冰片烯等）的共聚技术，为 POE 聚合技术的开发奠定了技术研究基础。浙江大学联合北京化工研究院采用国外商品化的 CGC 催化剂和自主开发的桥联双茂金属催化剂，进行了乙烯/1-己烯、乙烯/1-辛烯的高温高压溶液聚合试验，根据小试研究结果，在采用 Aspen 模拟计算的基础上进行了 1000t/a POE 生产技术工艺包的设计。石油化工研究院与华东理工大学合作以富烯为原料合成了系列新型 C_1 桥联的 CGC 茂金属催化剂，并采用此催化剂催化乙烯/1-己烯共聚，开展了间歇法溶液聚合聚烯烃弹性体（POE）的小试及模式技术研究，高压下催化剂活性大于 5.0×10^6 g/(mol·h)，聚合物中 1-己烯含量可达 15.0%～20.0%，为 POE 生产技术开发奠定了坚实的研发基础。中科院化学所孙文华研究员课题组利用 α-二亚胺镍配合物催化乙烯聚合制备高支化度聚乙烯，不需要通过第二类单体的引入即可产生支链结构，不仅提高了材料的均匀性和稳定性，而且降低了聚合成本。

POE 独特的结构及性能使其应用领域不断扩大，在许多方面可替代乙丙橡胶，近年来市场需求量增加迅速，中国已成为 POE 需求增长较快的地区之一，但我国目前尚无成熟的生产技术，全部依赖进口，POE 的应用领域受到严重限制，开发 POE 的生产技术已势在必行。POE 作为高端用途、高附加值、高技术含量的产品，成功开发其生产技术，不仅可以丰富高附加值弹性体及聚烯烃产品种类，同时其作为改性组分，还可进一步带动下游产业发展，为企业创造可观的经济效益。

（6）下游新应用进展

由于 POE 分子链饱和，结构可人为控制，因此 POE 具有与聚烯烃亲和性好、低温韧性突出、性价比高等优点。POE 既可用作橡胶，又可用作热塑性弹性体，还可用作塑料的抗冲击改性剂，在多种塑料的增韧改性中得到了较好的应用。

在全球范围内，POE 已经替代了 70%的 EPDM 用于制造 TPO，也部分替代了 TPV 中的 EPDM，只有在某些要求耐低温冲击性的领域才使用 EPDM。目前，聚合物改性是 POE 全球增长最快的应用领域，并具有更长期的潜力市场。在 PP 和 PE 改性增韧领域，主要用于制造保险杠、挡泥板、方向盘、热板等。其他增长市场包括电线电缆（替代 PVC 和较小程度地替代 EPDM），非汽车应用的 TPO（如屋顶材料和其他工业应用）。经交联后可提高 POE 耐温等级，电线电缆工业领域，POE 用于耐热性、耐环境性要求高的绝缘层和护套。在工业制品领域，POE 主要用作胶管、输送带、胶布和模压制品。此外，POE 还可用于制造医疗器械、家用电器、文体用品、玩具、薄膜、无纺布等。另外，软接触弹性体（soft-touch elastomers）持续地显示其相当大的需求迹象，尽管其需求量可能没有其他目标市场大。预计未来 5 年间高增长率是一些新产品开发（如丙烯基弹性体等）的方向，这些创新产品将为 POE 渗透新的市场提供更多的机会。

13.4.1.7 中密度聚乙烯

（1）产品概述

中密度聚乙烯（MDPE）是指密度在 0.926～0.940g/cm³ 之间，性能介于高密度聚乙烯与低密度聚乙烯二者之间的乙烯与 α-烯烃共聚物。该类树脂既具有高密度聚乙烯的刚性，又具有低密度聚乙烯的柔性，同时兼具优异的耐环境应力开裂性能、焊接性能和长期使用性能，在土木工程防水防渗领域得到了广泛的应用[20]。MDPE 土工膜及膜布复合材料在水库、堤坝等蓄水工程中应用，可使漏水量降低 90%以上；在渠道、灌溉等节水工程中应用，可使流量损失率降低 8%以上，是目前土木工程领域防水防渗的主要发展方向[21]。

滚塑是将聚乙烯粉碎后加入模具加热并使之沿两个互相垂直的轴连续旋转，形成所需形状后冷却成型[22]。相对注塑和吹塑成型工艺，滚塑成型的突出优点表现在设备和模具投资少，适用于中大型及形状复杂的塑料制品的生产，产品几乎无内应力并不易变形。由于滚塑成型专用树脂性能和滚塑设备的不断改进，滚塑工艺得到了迅速发展。

（2）全球市场概况及主要生产企业

中密度聚乙烯土工膜在土木工程领域的应用已有 60 余年的历史，美国在 1930 年就开始使用土工膜对游泳池进行防渗处理，并扩展到海岸防护和渠道防渗。20 世纪 50 年代苏联、意大利等国也相继使用。近十多年来，由于世界范围内水源短缺，土工膜得到迅速发展，并在许多领域得到应用[23]。随着中密度聚乙烯土工膜应用越来越广泛，专用树脂的开发也受到了业界的高度关注，各大石化公司均开发出具有自身特点的专用树脂，如北欧化工的 FB 系列、新加坡化工 TR400 及伊朗石化 MF3713 等。国外中密度聚乙烯土工膜专用料及其生产厂家见表 13.11。

表 13.11 国外中密度聚乙烯土工膜专用料及其生产厂家

生产厂家	树脂牌号	聚合工艺	熔体流动速率/(g/10min)	密度/(g/cm³)
北欧化工	FB2310	Borstar 环管淤浆	0.20	0.931
博禄化工	FB1370	Borstar 环管淤浆	0.12	0.938
新加坡化工	TR400	Phillips 环管淤浆	0.11	0.937
卡塔尔石化	TR131	Phillips 环管淤浆	0.20	0.938
伊朗石化	MF3713	Lupotech G 气相工艺	0.10	0.937

随着滚塑成型工艺的发展，滚塑成型的制品种类不断增多。目前国内常见的聚乙烯滚塑成型制品主要有以下几种：容器类滚塑制品；儿童户外游乐设施，包括组合滑梯系列、转椅、木马等；交通设施用品；滚塑配件。

在滚塑制品加工过程中要求基础树脂具有良好的流动性，保证制品外观光滑、壁厚均匀。同时制品通常置于户外使用，多用于盛装油品及各种液态危险化学品，因此对专用料韧性、耐紫外光老化性能和耐环境应力开裂性能要求比较高[24]。

市售国外滚塑专用料及其生产厂家见表 13.12。

表 13.12 市售国外滚塑专用料及其生产厂家

生产厂家	树脂牌号	熔体流动速率/(g/10min)	密度/(g/cm³)	聚合工艺技术	用途
韩国三星	R901U	5.0	0.935	Innovene 气相工艺	储存容器、儿童游乐设备
	R906U	6.0	0.936	Innovene 气相工艺	儿童游乐设备
韩国现代	UR644	5.0	0.936	Unipol 气相工艺	储存容器、儿童游乐设备
	UR754	4.0	0.938	Unipol 气相工艺	儿童游乐设备

(3) 国内生产现状

我国应用土工膜比较晚，但发展较快，从 20 世纪 80 年代中期至今，已推广应用到水利、水电、交通、环保、建筑等各个领域，为土工膜的应用发展提供了广阔的前景。但因土工膜国产专用料的缺乏，在某种程度上限制了其发展的脚步，目前国内市售的中密度土工膜专用料如表 13.13 所示[25]。

表 13.13 国内中密度聚乙烯土工膜专用料及其生产厂家

生产厂家	树脂牌号	聚合工艺	熔体流动速率/(g/10min)	密度/(g/cm³)
中海壳牌	3721C	Lupotech G 气相工艺	0.21	0.937
大庆石化	DQTG3912	Unipol 气相工艺	0.10	0.937

滚塑行业在我国还刚刚起步，距离世界先进水平还有相当大的差距。作为补缺产品定位的聚乙烯滚塑专用料，有很好的发展空间。国产原材料首先立足于现有市场，推出标准化的、质量稳定的并能长期供应的滚塑专用料，逐步提高国产专用料的市场份额。国内滚塑专用料生产厂家见表 13.14。

表 13.14 国内滚塑专用料生产厂家

生产厂家	树脂牌号	熔体流动速率/(g/10min)	密度/(g/cm^3)	聚合工艺技术	用途
齐鲁石化	DNDB7149U	4.5	0.935	Unipol 气相工艺	储存容器
	mPER335HL	5.0	0.934	Unipol 气相工艺	防爆储油容器
镇海炼化	R546U	5.0	0.934	Unipol 气相工艺	储存容器
	R548U	5.0	0.936	Unipol 气相工艺	储存容器

(4) 国内需求分析

近年来，中密度聚乙烯土工膜专用料的市场需求量在 30 万吨/年左右，基本上以进口料为主，市场缺口较大。随着国家对生态保护的日渐重视以及对基础建设的加大投资，加之国家和各个应用领域主管部门对于准入产品的标准和规范愈加严苛，未来中密度聚乙烯土工膜专用料的需求量将保持 10%～15%的年增长率，市场空间较大。

国内聚乙烯滚塑专用料主要以密度在 0.930～0.940g/cm^3 之间，熔体流动速率在 3～6g/10min 之间的中密度聚乙烯为主。目前，中国市场 70%的市场份额依赖进口，主要来自泰国、韩国等。聚乙烯滚塑专用料的优点是加工窗口比较宽，冲击性能优异，特别适合做儿童户外玩具、水道路设施等制品，但是对一些功能化（如高韧性、高耐温、高刚性、高耐候性等）滚塑制品，现有专用料就很难满足要求，成为产品开发的热点[26]。

(5) 主要工艺技术、新生产技术发展及产业化情况

在 Phillips 环管淤浆工艺装置上，采用铬系催化剂，以 1-己烯为共聚单体，开发出的中密度聚乙烯土工膜专用料，如新加坡化工的 TR400、卡塔尔石化的 TR131 等，其耐环境应力开裂时间均大于 1000h，是目前市场上认可度最高的产品。在 Lupotech G 气相工艺装置上，采用铬系催化剂，以 1-己烯为共聚单体开发出的产品，如伊朗石化的 MF3713、中海壳牌的 3721C，也占据了一定的市场份额。在 Borstar 环管淤浆工艺装置上，针对不同土工制品的性能要求，采用钛系催化剂，以 1-丁烯为共聚单体开发出系列中密度聚乙烯土工膜专用料，如博禄化工的 FB1350、FB1370 等，也逐渐被市场认可。在 Unipol 气相工艺装置上，采用铬系催化剂，以 1-己烯为共聚单体，也实现了此类专用料的开发，如大庆石化的 DQTG3912，产品各项性能均超过国标要求，加工性能优异，受到下游厂家的高度认可。

20 世纪 60 年代，国外开发出很多聚乙烯滚塑专用料，如联碳公司聚乙烯 P-320 和菲利普公司 Marlex Cl-100 等。近年来，国外一些公司在滚塑聚乙烯开发方面取得了很大进展。在美国和欧洲，聚乙烯滚塑专用料主要采用己烯-乙烯共聚、辛烯-乙烯共聚产品（密度 0.945g/cm^3），约占市场份额的 5%，而在国内滚塑聚乙烯还是以乙烯-丁烯共聚为主。

近年来，UCC、ExxonMobil、Dow、Nova、Borealis、SABIC、三星、道达尔、韩国现代、韩国 SK、泰国暹罗等公司都开发出一系列聚乙烯滚塑专用料[27]。ExxonMobil 公司是美国 MDPE 滚塑树脂最大的生产公司之一，大约占聚乙烯滚塑树脂总市场份额的 1/3，拥有系列滚塑树脂牌号，以适应不同层次用户的需求，己烯级共聚牌号有 LL8360、LL8555、LL8455、LL8450、LL8460 等。Dow 的辛烯级聚乙烯有 2429、2629 和 2631。

国内的滚塑加工行业采用的大多为丁烯-乙烯共聚产品，我国主要的聚乙烯滚塑专用料供应商为中国石化齐鲁石化分公司和中国石化镇海炼化分公司。

(6) 下游新应用进展

MDPE 土工膜专用料需求量的急剧增加，得益于土工膜加工工艺水平的提升。土工膜的生产从早期的单层吹塑成型，到多层多机共挤，从单一的薄膜型土工膜，到后来的膜布复合型，性能得到了多方面的改善，应用领域也逐步拓宽。近几年，MDPE 单或双糙面膜也逐步发展起来。糙面膜不仅需要专用料具有优异的耐环境应力开裂性能，还需要具有良好的粗糙度及耐磨性，以适应不同坡度地形使用，符合糙面膜性能要求的专用料屈指可数，市场前景十分看好。

未来的滚塑成型技术将会逐步进入大型高端精密制品加工成型领域，这同时需要学术与工业界对滚塑成型技术开展广泛而深入的研究。滚塑成型技术发展离不开聚乙烯滚塑专用料的升级换代、设备结构的精简、自动化设计及滚塑工艺的优化[28]。通过科学的设计和分析优化，应用高端的聚乙烯滚塑专用料、机电一体化技术及先进的制造技术，完全可以制备出更高质量的滚塑制品。

13.4.2　聚丙烯产品高端化方向

13.4.2.1　高结晶聚丙烯

(1) 产品概述

高结晶聚丙烯（HCPP）具有较高的结晶度、结晶速度、结晶温度、热变形温度、表面耐磨性及光泽度，大大拓展了产品应用范围，使 PP 朝着工程塑料化方向发展。HCPP 均聚物和普通均聚物比较，相同流动性的 HCPP 的耐热性、刚性、韧性和光泽均明显高于普通 PP。

高结晶聚丙烯可以通过改进聚丙烯催化剂和聚合技术，提高聚丙烯的等规度和分子量分布的方法来制备，也可以通过加入成核剂的方法来制备。通过聚合方法得到的高结晶聚丙烯的结晶度可以达到 70%，理论上可提高到 75%，而通过加入成核剂的方法制备的结晶聚丙烯结晶度可以更高，且结晶细化，材料的透明度也同时提高。

(2) 全球市场概况及主要生产企业

1990 年日本 Chisso（窒素）公司首先成功开发生产了 HCPP，工艺路线为浆液法多级反应器串联聚合，技术关键是定向催化剂的改进，产品含有大量五单元组链节，结晶度为 75%。随后，日本的三井油化、三菱油化、三菱化成、三井东压、住友化学等公司也都开始研制开发 HCPP 产品，并已相继有产品问世。

Amoco 公司采用改性的 Z-N 催化剂生产出的 HCPP 系列产品具有极高的五单元组链节含量，热变形温度提高了 10%。Hoechst、赫蒙特、壳牌、菲利普斯等公司都已研制开发出 HCPP 产品。国外 HCPP 主要应用于汽车零部件、家用电器零部件、OPP/CPP 包装薄膜、日用品等领域。除抗冲击强度外，HCPP 其它性能已具备与 ABS 竞争的条件，在一些应用场合 HCPP 可以替代 ABS、PS。

阿托菲纳（Atofina）公司使用新型 Z-N 催化剂制备出吹塑膜用高结晶度均聚 PP，牌号为 3270，弯曲模量为 3858MPa，阻燃性能和硬挺度优于牌号 3276 产品。

Sunoco Polymers 公司开发出一系列具有广泛市场前景的高结晶均聚型 PP。其中 F-350-HC、F-600-HC、F-1000-HC 三种牌号产品，熔体流动速率范围为 35～100g/10min，弯曲模量 2067MPa 以上，主要用于汽车和器械部件的注塑成型；TR-3015-WV、TR-3020-F 和

TR-3020-C 三种牌号产品的熔体流动速率范围为 1～2g/10min，加工性、刚性和抗冲击性能更好，主要用于包装材料和汽车部件的吹塑成型。

Chisso 公司的 K5016、K5028、K5330 等牌号 PP 可以生产高刚性模塑制品，可用于传统 PP 纤维难以满足的领域。

三井油化公司生产的 CJ700、CJ800、CJ900 等牌号高结晶 PP 产品，洛氏硬度达 110，热变形温度（HDT）为 140℃，弯曲模量达 2300MPa 以上，刚性与填充 20％滑石粉的 PP 复合材料相近，可在注塑、片材等很多领域替代 PS 或工程塑料。

UBE 公司开发了高流动、高熔点、高结晶 PP 产品，熔体流动速率达 30g/10min 以上，结晶温度达 117℃以上。

BP 公司将其 Innovene 气相工艺与新型高活性催化剂技术相结合，开发出两种新型高结晶 PP 均聚物，刚性比传统 PP 高 20％。Accpro 9433 牌号 PP 树脂的熔体流动速率为 12g/10min，弯曲模量为 2411MPa，Izod 缺口冲击强度为 213.5J/m；Accpro 9436 牌号 PP 树脂的熔体流动速率为 5g/10min，弯曲模量为 2136MPa，Izod 缺口冲击强度为 320.3J/m。使用新型聚合物制得的 60％木材填充塑料锯材较 HDPE 制得的锯材薄，且抗蠕变性更好，热变形温度（HDT）更高。

(3) 国内生产现状

我国中科院、北京化工研究院等科研单位以及中国石化和中国石油等企业已开展 HCPP 的研究，中国石化公司也成功开发出 HC9012M 高结晶聚丙烯。三井油化已开发生产均聚 HCPP、共聚 HCPP，均聚 HCPP 有 CJ700、CJ800、CJ900 等系列产品。

(4) 国内需求分析及预测

随着汽车工业、高速列车、建筑业、电子电信业的迅速发展，以及聚丙烯产品的高性能化，聚丙烯的产量及需求量大幅提高，成为近 10 年来增长最快的通用塑料，年需求增长高达 8％。聚丙烯的高结晶化是 PP 新产品开发及高性能化的重要途径之一。目前 HCPP 在中国的需求量约 20 万吨，具有非常广阔的市场前景，因此对于我国高结晶度聚丙烯牌号的开发具有较大的意义。

(5) 主要工艺技术、新生产技术发展及产业化情况

目前制备高结晶聚丙烯的催化剂体系主要是传统 Z-N 催化剂和茂金属催化剂两种体系。聚丙烯的生产工艺按聚合类型可分为溶液法、淤浆法、本体法、气相法和本体法-气相法组合工艺五大类。具体工艺主要有 BP 公司的 Innovene 气相法工艺、Chisso 公司的气相法工艺、UCC 公司的 Unipol 工艺、NTH 公司的 Novolen 气相法工艺、Sumitomo（住友）气相法工艺、Basell（巴塞尔）公司的 Spheripol 工艺、三井公司开发的 Hypol 工艺以及 Borealis 公司的 Borstar 工艺等。对于不同的聚合过程关键在于选择相适应的聚合催化剂体系，HCPP 的生产可采用几乎任何商业上已知的聚合过程。

(6) 下游应用情况

聚丙烯是典型的部分结晶型热塑性树脂，其良好的性能价格比决定了它具有很宽的应用范围。HCPP 主要应用于汽车、耐用消费品、薄膜、动力工具和电子电气设施，也可用于家用电器中的空调、炊具、吸尘器等制品。亚洲作为世界汽车、家电等产品的制造中心，预计对 HCPP 的需求量还会有较高幅度的增长，今后会越来越多地使用 HCPP。

13.4.2.2 高光泽抗冲聚丙烯

(1) 产品概述

聚丙烯作为最重要的热塑性树脂之一在家电等领域也有广泛的应用，然而聚丙烯是一种半结晶聚合物，聚合物结晶时，容易出现不均匀的情况，无定形相与结晶相共存下的相界面会对入射可见光产生散射，导致光泽度下降。通过调节链结构及结晶性等因素，可获得高光泽聚丙烯，具有替代 ABS、PC 等价格昂贵的工程塑料的可能，受到越来越多的重视[29]。

目前高光泽聚丙烯技术主要集中在均聚、无规共聚高光泽聚丙烯的开发及助剂配方和加工条件的优化。均聚和无规共聚聚丙烯都属于均相体系，光泽度较高，但冲击性能较差，无法满足对刚韧要求较高的场合。而高光泽材料通常在家居、家电制品领域具有更诱人的市场前景。这些领域应用时，材料的刚韧综合性能同样重要。因而兼具良好的耐冲击性能及较高光泽度的高光泽抗冲聚丙烯是此类牌号开发的方向，高光泽抗冲聚丙烯主要应用于注塑领域，可用作洗衣机、微波炉等家电外壳和汽车内饰部件、玩具等产品的原料，特点是光泽度指标非常优异，能够大大提高产品的美观度[30]。

(2) 全球市场概况及主要生产企业

在全球塑料消费中，家电业仅次于汽车业。电饭煲、电熨斗、电水壶、电吹风、微波炉、吸尘器、挂烫机等小家电外壳的树脂年需求量十分可观。随着社会发展，人们对家电品质的追求也越来越高，对于家电壳体来说，除了具有高的强度外，能吸引人的外观也非常重要，因此兼具良好力学性能及高光泽度的树脂受到了越来越多的重视。

高光泽抗冲共聚聚丙烯近几年才受到关注，主要生产企业为 ExxonMobil 和 SABIC 公司。ExxonMobil 公司开发的一种具有中等抗冲击强度的共聚物树脂，适用于高光泽高刚性的家电部件（牌号名 Advanced PP7123KNE1）。Advanced PP7123KNE1 熔体流动速率为 11g/10min，弯曲模量在 1600MPa，悬臂梁缺口冲击强度为 8.5kJ/m^2，光泽度（60℃）为 89。SABIC 公司生产了一款用于家电注塑成型的低熔指高光泽共聚聚丙烯 PP5701P，但其技术文件中并未列出光泽度指标。

(3) 国内生产现状

国内中国石油大庆炼化、中国石化镇海炼化、中国石化茂名石化均试生产过高光泽抗冲聚丙烯。大庆炼化公司生产的高光泽抗冲中熔共聚注塑料 EP300M 具有良好的抗冲性、高光泽度和耐应力性，主要用于小家电、家用电器、杂品箱、户外清洁用品等[31]。2018 年 9 月，中国石化“十条龙”攻关项目之一——高光泽抗冲聚丙烯在镇海炼化成功试生产，共生产产品 260 吨，但未公布其产品牌号和产品具体的性能信息[32]。2019 年 2 月，茂名石化高光泽聚丙烯树脂新产品 PPB-MG22 在格力集团、美的电器等大型企业试用成功，该产品广泛适用于吸尘器、挂烫机及其它家电外壳，市场前景大好。

(4) 国内需求分析

高光泽抗冲聚丙烯主要应用于注塑领域，可用作洗衣机、微波炉等家电外壳和汽车内饰部件、玩具等产品的原料，特点是光泽度非常优异，以美的为代表的小家电企业所有出口家电的聚丙烯生产用料均依赖进口。

(5) 主要工艺技术、新生产技术发展及产业化情况

国内高光泽抗冲共聚聚丙烯均是在 Spheripol 工艺上生产的，ExxonMobil 的 Advanced PP7123KNE1 具有很好的光泽度，兼顾良好的刚韧平衡性。近两年，国内多家石化企业进行了高光泽抗冲共聚聚丙烯的试产，但是国产料性能与 Advanced PP7123KNE1 性能差距仍很明显。

高光泽抗冲聚丙烯的开发需要在球晶形态控制、橡胶相形态控制（分散相与基体的相容性、分散相的尺寸和分散程度）、高光泽助剂体系、加工应用条件等方面综合突破。

13.4.2.3 高熔体强度聚丙烯

(1) 产品概述

熔体强度是聚合物熔体抵抗下垂或支撑自重的能力，是描述聚合物熔体延展性的重要指标。聚丙烯的熔体强度主要由分子量、分子量分布以及分子链中是否具有长支链结构来决定；引入长支链对提高熔体强度最为有效。通过引入长链支化结构，提高聚丙烯熔体强度，从而开发用于发泡、吸塑等领域的高熔体强度聚丙烯（HMSPP），不仅能拓宽聚丙烯应用领域，而且能提高聚丙烯产品的附加值。

HMSPP 的结构主要有两种：宽分子量分布的线型分子结构和长支链（分子量在缠结分子量 2.5 倍以上）的支化分子结构。长支链型的高熔体强度聚丙烯中的少量长支链结构能够明显提高熔体强度（甚至能达到普通线型聚丙烯的 10 倍）。长支链结构的形状不同对熔体强度的影响也不同，树型（tree-type）对熔体强度的提高要比梳型（comb-type）更有效。其与普通聚丙烯的线性结构有明显区别，加工时显现强烈的应变硬化效应，表现出较高的熔体强度。

(2) 全球市场概况及主要生产企业

HMSPP 树脂方面，釜内聚合技术是研发的热点和发展方向，2016 年上海国际橡塑展上日本 JPC 公司推出了用于 HMSPP 发泡的茂金属釜内聚合产品，紧随其后，美国埃克森美孚也推出了其 HMSPP 树脂牌号。

发泡成型工艺方面，HMSPP 的挤出发泡成型工艺和注塑微发泡工艺是研究的热点和发展方向。国外，日本 JSP 公司的发泡珠粒的釜式发泡生产技术和德国 BERSTORFF 公司的挤出发泡片材和珠粒生产技术已经工业化。

(3) 国内生产现状

国内科研机构和企业也在大力研发发泡材料的工业化生产技术，无锡会通公司的釜压发泡技术和江苏天晟公司的模压发泡生产技术取得较大进展。无锡会通轻质材料股份有限公司是全球研发、生产 EPP 新材的六家企业之一，具备年产 25000 吨釜压发泡聚丙烯珠粒（EPP）的生产能力，产品应用于汽车内外饰、液晶电子包装、运输包装、民用、军用等领域。

(4) 国内需求分析

目前国内市场对于 HMSPP 的需求非常旺盛，据初步估计，每年发泡片材和发泡珠粒的需求量约 40 万吨。国内 HMSPP 专用料大部分依赖进口，代表性牌号有 Borealis 的 Daploy-140。

(5) 主要工艺技术、新生产技术发展及产业化情况

目前 HMSPP 树脂的生产技术主要有两种：后加工改性技术和釜内聚合技术。工业化生产技术主要是后加工改性技术，通过电子辐射或反应挤出形成长链支化结构。例如 Basell 的 Profax-814 和 Borealis 的 Daploy-140 就是后加工改性生产。釜内聚合技术还处于研发阶段，国内外都还没有成熟的工业化生产技术。

国内中国石化北京化工研究院开发了宽分布聚丙烯技术，用拓宽分子量分布的方法代替长链支化来提高熔体强度，在镇海炼化进行试产，产品熔体强度较普通聚丙烯有所提高，但是与进口料还有较大差距，在熔体强度要求较高的挤出发泡领域达不到要求。

HMSPP 发泡材料的成型工艺主要有四种：间歇发泡法（又称釜压发泡法）、模压发泡法、挤出发泡法和注塑微发泡法。

间歇发泡法主要工艺过程：把聚合物料坯置入充满高压气体的压力容器中，在低于聚合物玻璃化转变温度的条件下，气体通过扩散渗透溶解于固态聚合物中，再经释压或升温发泡处理制得发泡材料。间歇成型法生产周期长，生产效率低，不适合发泡材料的工业化生产。

模压发泡法主要工艺过程：将聚合物和发泡剂混合后放入模腔，置于一定温度的模压机中，施加所需的压力，待发泡充分后快速卸压、冷却，即制得发泡片材。模压法设备费用低廉，工艺流程简单，易于操作，但是也存在生产周期长、生产效率低的问题。

挤出发泡法主要工艺过程：将含发泡剂的塑料原料加入挤出机中，经螺杆旋转和机筒外的加热，物料被剪切、熔融、塑化、混合，熔融物料从机头模口挤出时由高压变为常压，使溶于物料内的气体膨胀而完成发泡。这种成型方法最突出的特点是连续化生产，通过更换机头就可以生产不同类型的产品。一般的管材、异型材、板材、膜片等发泡制品都采用挤出发泡成型的方法。国外已经实现了挤出发泡的工业化生产，而国内目前主要采用釜压法和模压法，关于挤出发泡法的研究成果较少。

注塑微发泡法主要工艺过程：首先是将超临界流体（二氧化碳或氮气）溶解到聚合物熔体中，然后通过注射机射入模具型腔，由于温度和压力降低引发分子不稳定从而在制品中形成大量的气泡核，这些气泡核逐渐长大生成微小的孔洞，形成微发泡材料。微发泡成型工艺加快了充模和冷却的速度，同时去掉了保压过程，有效改善了制件的成型周期，提高了生产效率。在生产高质量要求的精密制品上，微发泡注塑成型工艺具有较大的优势。

13.4.2.4 高流动高刚性高抗冲聚丙烯

(1) 产品概述

高流动高刚性高抗冲聚丙烯，指的是具有高流动性、高模量、高抗冲击性的聚丙烯产品，简称“三高”聚丙烯。“三高”聚丙烯是丙烯与乙烯的嵌段共聚物，通常熔体流动速率（MFR）≥20g/10min 时，为高流动共聚聚丙烯。一般其冲击强度≥25kJ/m^2 时，为高抗冲聚丙烯；冲击强度≤10kJ/m^2 时，为低抗冲聚丙烯；介于其间的为中抗冲或中高抗冲聚丙烯。弯曲模量超过 1800MPa 时可称为高模量[33]。

(2) 全球市场概况及主要生产企业

目前，高流动抗冲共聚聚丙烯主要依赖国外进口。主要的生产企业和牌号有：利安德巴塞尔公司的 SG899、EP240T，熔体流动速率 35～50g/10min，冲击强度在 10kJ/m^2 以上；EP500V、EA5076、SC973，熔体流动速率达到 100g/10min 以上，在保证弯曲模量 1200MPa 的情况下，冲击强度仍在 5.0kJ/m^2 以上。北欧化工（Borealis）的 BJ360MO 和 BJ380MO 熔体流动速率分别为 60g/10min、80g/10min；美国 ExxonMobil 公司的 AP03B、7065L1、PP7065P1、PP7075P1，最高熔体流动速率达到 100g/10min；道达尔公司的 PPC10712、PPC12712，熔体流动速率分别为 40g/10min 和 70g/10min；新加坡 TPC 公司的 AZ564G、AX668 熔体流动速率分别为 38g/10min 和 65g/10min；韩国三星的 B1920、B1970 熔体流动速率分别为 60g/10min 和 100g/10min；韩国 SK 公司的 BX3800、BX3820、BX3900 和 BX3920 等，特别是 BX3920 在熔体流动速率为 100g/10min 左右时，弯曲模量高达 1900MPa，冲击强度仍在 5kJ/m^2 以上，是汽车用聚丙烯紧缺的材料。

(3) 国内生产现状

近几年，国内各大石化公司采用不同的生产工艺，已成功开发出熔体流动速率在 20～40g/10min 的近 20 种牌号多种用途抗冲共聚聚丙烯产品，如独山子石化的 K9928、K9928H（熔体流动速率 28～30g/10min）；兰州石化的 EP533N（熔体流动速率 28～32g/10min）；燕化公司的 K7726、K7726H、K7735、K9026、K9930H、K9935（熔体流动速率 25～35g/10min）等；扬子石化公司的 K9927、K7726、K7735（熔体流动速率 25～30g/10min）；中海壳牌的 EP548R（熔体流动速率 28g/10min）；中沙天津的 EP5074（熔体流动速率 26～30g/10min）；茂名石化的 K7726H、PPB-MM35-G（熔体流动速率 25～35g/10min）；中韩石化的 K8740H 和 KH39M 等。最近，各大公司瞄准超高流动抗冲聚丙烯，开发了熔体流动速率在 60g/10min 以上的高端抗冲共聚料，如镇海炼化的 PPB-M60RHC，茂名石化的 PPB-MN60-G，扬子石化的 PPB-MM60-VH、PPB-M100-VH，燕山石化的 K7760H、K7780、K7100 等，其中 K7100 的熔体流动速率可达 100g/10min 以上，打破了国外在超高流动共聚聚丙烯产品上的垄断。

(4) 国内需求分析

我国是家电和汽车的生产与消费大国。消费者对中、高端洗衣机的需求增加，滚筒式洗衣机、全自动波轮式洗衣机等产品市场份额上升，洗衣机内桶专用料市场需求不断增大，国内需求超过 50 万吨/年，并不断上升。另外，我国已成为汽车的生产大国，2018 年生产量达到 2800 万辆，一辆乘用车采用约 60～70kg 的聚丙烯，门板、保险杠、挡泥板等许多重要部件都用高熔体流动速率的抗冲聚丙烯，年需求量超过 30 万吨/年。近年来，物流行业的快速发展，周转箱、周转筐以及可折叠包装箱对高冲击强度和高模量的聚丙烯材料的需求与日俱增，成为又一大应用领域，总需求约 50 万吨/年。同时，一些传统领域如家具、运动器材等也向以塑代钢的方向发展，要求材料具有高模量、高抗冲性能。至 2020 年，“三高”聚丙烯的总需求量突破 300 万吨。

(5) 主要工艺技术、新生产技术发展及产业化情况

“三高”聚丙烯的生产，首先是保证高流动，可通过降解法和氢调法两种途径实现[34-36]。燕山石化的K7726、K9026，茂名石化的K7726，扬子石化的 PPB-M30-V 等都采用降解法生产[34]，由于降解发生在挤出阶段，不涉及催化剂问题，因此，在生产乙烯含量相同的高流动聚丙烯时，牌号间切换比较容易，但其内在质量会由于降解剂的分布不均匀而不稳定，同时，易使产品发黄，产生气味。氢调法与催化剂体系的性质直接相关。LyondellBasell 作为世界著名的聚丙烯生产商和专利转让商，其聚丙烯催化剂技术一直处于世界领先地位，其第五代二醚类内给电子体催化剂具有很高的氢气敏感性，如催化剂 ZN-126、ZN-127 在 Spheripol Ⅱ工艺的反应器中直接生产出熔体流动速率高达 100g/10min 的共聚聚丙烯树脂[36]。中国石化扬子石油化工有限公司通过氢调法开发了一种熔体流动速率高达 100g/10min 的抗冲共聚聚丙烯牌号 PPB-M100-VH（YPJ-3100H）。中韩石化聚烯烃分部 JPP 装置成功生产三个高熔体流动速率、高抗冲新牌号产品，其中 K8740H 和 KH39M 使用国产催化剂生产。不同内给电子体的复配以及选择不同的外给电子体，可以弥补单一给电子体的不足，提高催化剂的氢气敏感性，如 ZN181-2L 混合给电子体催化剂可以提高产品的流动性。

聚丙烯产品的高刚性与产品的结晶性能有直接关系，高立体选择性的催化剂可以保证聚丙烯产品具有高等规度的规则结构，利于产品结晶度的提高，从而提高产品的弯曲模量，即提高产品的刚性可以通过选择立体定向性好的催化剂来实现[37-39]。LyondellBasell 公司的二醚类内给电子体催化剂不仅具有良好的氢气敏感性，同时具有很高的立体选择性，可以生产高结晶的聚丙烯产品。三井化学有 RK 和 RH 聚丙烯催化剂，其中 RH 催化剂的内给电子体为二醚类，类似 LyondellBasell 的二醚类高结晶催化剂。另外，分子量分布对聚合物的强度和刚性也有重要作用。复配内给电子体的催化剂和混合外给电子体可以生产宽分布的聚丙烯产品[39-41]，一是通过生产工艺的调节：如双环管反应器中调整不同氢气的量调整产品分子量分布；中国石化开发的非对称聚合工艺，串联的反应器中加入不同的外给电子体实现宽分布或多组分聚丙烯产品结构和性能。二是在造粒过程中添加成核剂的方法，通过成核剂的异相成核作用，改善聚丙烯的结晶形态从而提高产品的刚性是另一广泛采用的技术手段，在成核剂的诱导作用下，形成致密的微晶体，使产品拉伸强度、洛氏硬度等刚性指标提高[40]。

抗冲击性能取决于共聚聚丙烯树脂中乙丙橡胶相的含量、橡胶相的分子量、橡胶相的分散程度和分散尺寸[40-43]。乙丙橡胶相的含量多，同时乙丙橡胶相的组成均匀，乙烯序列长度及规整度、组分均匀，这些特点对抗冲击性有优势[43]；橡胶相粒子的最佳粒径大小在 0.2～2.0μm，乙丙橡胶的分子量增加，产品的特性黏数提高并使橡胶相粒子在体系中均匀分布，这些都会有利于抗冲击强度的提高[40]。LyondellBasell 公司的 ZN-118 催化剂粒径、孔径、孔容、比表面积均较大，孔径分布窄，有利于乙丙橡胶相均匀分布在聚丙烯基体中[44]；进一步开发的 ZN-118-2L 催化剂在 ZN-118 催化剂的基础上采用复合内给电子体，提高了催化剂的乙丙共聚性能，可以生产高流动、高抗冲的聚合物。

高流动、高刚性、高抗冲聚丙烯的生产最重要的是控制产品的刚韧平衡。由于高流动产品分子量较低，产品的刚性和韧性都会明显下降。在保证高刚性的同时，却不能实现很高的抗冲击强度。“三高”聚丙烯通常均为“两高”，如 BX3900，其熔体流动速率为 50～60g/10min，弯曲模量达到 1600MPa 的情况下，抗冲击强度在 6kJ/m^2；而在保证很高的抗冲击强度的同时，却不能实现很高的刚性，如 K9026，熔体流动速率在 25g/10min，抗冲击强度在 55kJ/m^2 的情况下，弯曲模量只有 900MPa。在实际应用中，通常是以加工成型何种产品为目的，突出某一指标，而保证另一指标不明显降低。如兰州石化的 EP533N，熔体流动速率在 28～32g/10min，抗冲击强度在 8.5kJ/m^2 的情况下，弯曲模量 1200MPa；天津中沙的 EP5040，熔体流动速率在 35～45g/10min，抗冲击强度在 8.0kJ/m^2 情况下，弯曲模量 1050MPa；刚韧指标不会单方面突出。最近，中科院化学所利用 Z-N 催化剂在乙丙共聚阶段引入双烯烃单体 1,9-癸二烯，使乙丙共聚物在聚合的同时实现交联，制备的新型抗冲聚丙烯合金在保持较高韧性的同时显著提升了刚性，有利于实现抗冲聚丙烯合金的刚韧平衡[45]。

高抗冲聚丙烯与其他材料的复合，是实现高流动、高模量、高抗冲“三高”目的的重要途径[33,46-48]。高流动抗冲聚丙烯与碳酸钙、滑石粉、蒙脱土等表面改性的无机填料和弹性体（如：POE、SBS 等）通过熔融共混，实现聚丙烯的“三高”。如：高流动共聚聚丙烯为基体，使用 POE 作为增韧剂，滑石粉作为无机刚性粒子，亚乙基双硬脂酰胺与抗氧剂 1010 为助剂，制备“三高”聚丙烯复合材料，其熔体流动速率为 22.9g/10min、弯曲模量为 1887.7MPa、缺口冲击强度达到 31.2kJ/m^2[33]。另外，引入纳米粒子实现对聚丙烯增刚增韧的改性是一新的技术手段[49,50]。如合肥汇通新材料公司已通过乙烯-α-烯烃特种共聚增韧剂与纳米材料对聚丙烯进行改性，制备出“三高”聚丙烯[33]。

（6）下游应用进展

“三高”聚丙烯具有较好的柔韧性和刚性，具有耐翘曲、可明显缩短成型周期、提高生产效率、降低产品壁厚等特点，广泛用于制作家电制品、汽车零部件、工业零部件、办公用具、家具及玩具等，如洗衣机内桶、汽车门板、保险杠、仪表盘、内饰件、冷冻周转箱等。

13.4.2.5　高洁净聚丙烯

（1）产品概述

高洁净聚丙烯是指聚丙烯及其共聚物中的有机小分子、无机灰分、无规物、低聚物等残留物含量较低，且满足特定使用要求等级的一类聚烯烃产品。低灰分聚丙烯的无机物含量较低，无机灰分主要来自聚合系统中的无机物质，如活性剂、给电子体、主催化剂、添加剂及系统杂质等方面。随着聚丙烯应用范围的进一步拓展，低灰分聚丙烯树脂在医药、电子电器、纺织等行业展现出良好的应用前景，如低灰分聚丙烯可用于制膜、纤维和无纺布，如电容器膜、纺纱用的人造短纤维、纺丝无纺布等。

VOC是挥发性有机化合物（volatile organic compounds）的英文缩写。普通意义上的VOC就是指挥发性有机物，但是环保意义上的定义是指活泼的一类挥发性有机物，即会产生危害的那一类挥发性有机物。低VOC聚丙烯就是指含低挥发性有机化合物的聚丙烯。

近年来随着汽车轻量化的要求，塑料在汽车中的用量逐年增长。特别是聚丙烯（PP）材料，由于其具有密度小、性价比高、耐热性及耐化学腐蚀和耐应力开裂优良、易于成型和回收等特点，而被广泛应用于汽车的各个部位，如仪表台、车门内饰板、杂物箱等。但随着消费者对汽车产品质量要求的不断提高，行业对汽车内饰件产品的气味等级提出了更高的要求。目前，国内车用聚丙烯材料需求量约150万吨，而60%以上依赖进口。聚丙烯在生产制造过程中会残留一些小分子物质，这些小分子物质不断挥发就会逐渐充满整个驾乘空间，使得整个汽车内部产生较为明显的刺激性气味，长时间处于该类物质气氛中，会给人的健康带来一定伤害，会造成车内人员发生头晕、恶心等不良反应。2013年，央视《每周质量报告》针对奔驰、宝马部分车型车内异味问题进行了报道，车内气味问题正式进入我国大众视野。如今气味已成为评判汽车品质的重要指标，国内低气味车用料的需求约50万吨/年。

中国是全球最大的汽车产销大国。但汽车生产厂商因车内气味超标而遭投诉的案例屡见不鲜，汽车厂商对材料的气味要求不断提高。据统计，在小型车新车主要质量问题的投诉类型中，内部异常气味占到25.8%，占乘用车投诉类型的第二位，在紧凑型新车主要质量问题上，内部异常气味占到了26.5%，在乘用车投诉类型中占据第一位。

在纤维料方面，我国聚丙烯无纺布市场容量大于200万吨/年，且年增长率保持在10%以上。医疗用品、妇女卫生用品、成人陪护用品等与人体直接接触卫材领域都对产品气味有很严格的要求。气味已经成为纤维料能否进入高端卫材领域的首要评判标准。高端纤维料气味等级要求小于等于2.5级。随着医用和卫材无纺布材料需求不断增加，国内众多企业先后开发了高熔体流动速率聚丙烯无纺布、地毯、人造草坪、装饰布等，但高端市场仍一直被ExxonMobill等外企垄断。国内高端纤维料需求约80万吨/年，Exxon 3155E5等国外纤维料占据大部分市场，进口比例约50%。进口纤维料较国产纤维料每吨售价高500～1000元。

对于VOC相关标准的制定，德国制定了《热脱附分析非金属汽车内饰材料中的有机挥发物》（汽车VDA278标准），该标准分析程序用于非金属材料（用于机动车辆的内饰件，例如纺织品、地毯、胶黏剂、密封剂、泡沫材料、皮革、塑料件、金属箔片漆或不同的材料组合）的排放量的测定。用该标准进行有机质物质中释放出的物质定性和定量分析。此外，可以测定两个半定量的值，一是估计的挥发性有机化合物（VOC值），二是可能散发的可冷凝物质的部分（雾值），得到单一物质的排放量。中国2011年发布并在2012年3月1日要求强制实施《乘用车内空气质量评价指南》（GB/T 27630—2011），汽车企业要求主要原料气味等级不大于3.0（PV3900标准），低气味材料将越来越受重视。该标准规定了车内空气中苯、甲苯、二甲苯、乙苯、苯乙烯、甲醛、乙醛、丙烯醛的浓度要求。该标准适用于评价乘用车内空气质量及销售的新生产汽车，使用中的车辆也可参照使用。

(2) 全球市场概况及主要生产企业

通信和能源产业的快速发展对低灰分聚丙烯材料提出了迫切需求。AMI咨询公司研究报告表明，全球仅对低灰分聚丙烯电工膜的需求量就达到 600 万吨，而且每年都在以较快的速度增长。目前低灰分聚丙烯树脂的主要生产企业[51] 如下：

奥地利北欧化工（Borealis）公司；

美国 Union Carbide 公司（简称 UCC 公司）；

美国 Himont 公司；

比利时 Total Petrochemicals Research Feluy 公司（简称 Total 公司）；

中国石化北京化工研究院（简称北化院）；

中国石化扬子石油化工股份有限公司（简称扬子石化公司）；

德国 Basell Polyolefin 公司（简称 Basell 公司）等。

低气味聚丙烯主要生产企业有韩国 SK、意大利 Basell、美国 ExxonMobil、沙特 SABIC、新加坡 TPC 等公司。

(3) 国内需求分析及预测

据不完全统计，我国低灰分聚烯烃在介电材料和高端电子包装材料领域占主要应用市场，国内需求超过 50 万吨/年。随着我国经济快速发展以及绿色低碳节能环保理念的深入，电动汽车等新能源产业迅猛发展，带动了电容器膜以及锂电池隔膜等相关行业高速增长。2017 年，我国电力电容器年产量近 57 亿 kV・A，对电工级聚丙烯的需求约 20 万吨/年。目前国内低灰分高纯聚丙烯，90%依赖进口，主要来自北欧化工、大韩油化和新加坡 TPC 等公司产品，目前市场价格约为 15000 元/吨。

国内低气味聚丙烯车用料的需求约 50 万吨/年，且为逐年增长的趋势。国内高端纤维料需求约 80 万吨/年。

(4) 主要工艺技术、新生产技术发展及产业化情况

目前，主要采用聚合＋洗涤后处理的方式获得高纯 PP 树脂，由于洗涤过程需要使用大量的溶剂，而且洗涤后需要进一步干燥处理，导致生产过程复杂、能耗高、成本高。今后，大幅提高 Z-N 催化剂性能，实现在反应器内直接制备高纯聚丙烯树脂是生产低灰分聚丙烯的重要发展方向。

目前低灰分 PP 生产工艺进展情况如下。

美国 UCC 公司公开了一种不用后洗涤脱灰处理制备电容器薄膜 PP 的方法。该方法所用固体催化剂体系包括：①固体催化剂组分，包含镁、钛、卤素和多元羧酸酯；②烃基铝化合物；③含硅化合物。该方法采用气相聚合法，α-烯烃的分压大于 0.7MPa，优选停留时间大于 6.0h。所制 PP 的总灰分质量分数为 0.0017%～0.0042%。由于该方法所用催化剂的活性不高，因而要获得灰分质量分数低于 0.005%的 PP，需要的反应压力很高，而且停留时间长（6.0h 以上），产率很低，因此该方法不具备工业化前景。

美国 Himont 公司公开了一种制备超纯烯烃均聚物或共聚物的方法。该方法采用的固体催化剂组分以活化的氯化镁为载体负载钛化合物，醚类化合物为内给电子体，三异丁基铝为助催化剂。该方法采用液相法聚合，催化剂在聚合区的停留时间一般是 4～8h，在聚合后将 PP 用液态丙烯进行逆流洗涤，进一步减少铝含量。用该方法制备的 PP 中总灰分质量分数低于 0.0015%，其中氯的质量分数低于 0.0005%，铝的质量分数低于 0.0005%。但此法制备的超纯 PP，其等规度较低，不能满足某些高纯 PP 制品的要求；所用催化剂活性较低，约为 25kg/g，因而同样存在停留时间过长、产率较低的问题；而且要求 Al/Ti 摩尔比非常低，这对原料丙烯的质量要求很高，一般生产企业的丙烯质量很难达到上述要求。因此，该方法不具备工业化前景。

Total 公司制备低灰分含量 PP 采用的固体催化剂体系包括：①包含具有至少一个钛-卤素键的钛化合物以及内给电子体的 Z-N 催化剂；②三乙基铝；③任选的外给电子体。该方法采用液相本体法聚合，Al/Ti 摩尔比小于等于 40，在反应器内最多停留 2h，使用外给电子体时，铝与外给电子体的摩尔比最多为 120。该方法使用的催化剂活性可达 47kg/g，PP 中残留铝的质量分数为 0.0013%。但在实际生产中，由于丙烯杂质的影响，Al/Ti 摩尔比很难降到如此低的程度。而且，单纯以二醚为内给电子体的催化剂，当用于单釜工艺时，所制 PP 的分子量分布（M_w/M_n）较窄，因而力学性能和加工性能较差。

中国石化北京化工研究院[52] 采用的催化剂体系包括：①包含镁、钛、卤素和至少两种给电子体化合物（二醇酯类化合物和二醚类化合物）；②烷基铝化合物；③任选的外给电子体化合物。采用液相或气相聚合法，优选的 Al/Ti（摩尔比）为 20～300，在反应器内的停留时间最多为 2h，且对 Al/Ti 摩尔比的限定范围较宽，对丙烯质量的要求相对较低，工业化前景较好。该催化剂具有超高活性，聚合 1.5h 时催化剂活性超过 150kg/g，使用该方法制备的 PP 总灰分质量分数低于 0.003%，等规度高于 98%，且分子量分布（大于 6）较宽。

Dow 公司公开的一种低灰分含量 PP 采用的催化剂体系包括：①包含镁、钛和内给电子体化合物，内给电子体为具有可取代的亚苯基的芳香族二酯；②助催化剂；③任选的外给电子体。该方法可以采用液相或气相聚合法，优选 Al/Ti 摩尔比为 45∶1。使用该方法制备的 PP 中总灰分质量分数低于 0.004%，但是其二甲苯可溶物含量较高，适用范围较窄，且该方法同样要求 Al/Ti 摩尔比非常低，对丙烯的质量要求很高。

扬子石化公司[53] 使用超临界技术制备低灰分含量 PP，其催化剂体系包括：①Z-N 催化剂组分；②有机铝化合物，优选三乙基铝；③外给电子体为硅烷类化合物。该方法采用超临界技术，先进行预聚合，预聚合温度为 15～70℃，时间为 0～40min；聚合温度为 93～120℃，压力为 4.7～8MPa；优选 Al/Ti 摩尔比为 50～200，Si/Ti 摩尔比为 3～15。该技术的主要特征是使用超临界技术，增加了催化剂的活性，因而可使 PP 的灰分含量相应降低，总灰分质量分数可以低于 0.005%。

Basell 公司制备的高纯丙烯聚合物采用的催化剂体系包括：①包含镁、钛以及特定结构的二醇酯类化合物为内给电子体；②有机铝化合物；③外给电子体。该方法采用液相聚合或气相聚合法，优选气相聚合法，有机铝与外给电子体的摩尔比优选（3～100）∶1。使用该方法制备的 PP 中铝的质量分数低于 0.003%。但该方法同样对丙烯质量有非常严格的要求。

聚烯烃材料的气味及 VOC 主要来源于原料单体、催化剂、助剂残留物以及低分子聚合物等，针对上述气味源头，可采取单体纯化、氢调法、使用高活性催化剂及助剂体系以及生产工艺技术控制等手段降低聚合物的气味，低 VOC 聚丙烯一般多为环管工艺生产，气相法工艺生产的聚丙烯产品 VOC 含量及气味等级较高。气相法工艺生产的产品可以通过添加除味剂等手段降低产品 VOC，但会导致产品灰分较高。

聚丙烯气味研究及应用已成为热点。目前主要集中在快速检测 VOC 及其组成，建立相应化合物的含量控制标准，并指导工业生产。人工嗅闻仍是测试气味的主要方法，如欧盟框架法规（EC）No 1935/2004，德国框架法规 LFGB Sec. 30 & 31 及大众、沃尔沃、福特等企业均采用人工嗅闻的方法对气味进行测试。现有分析检测方法，虽然能检测到产品是否有气味，但仍不能确定挥发性有机化合物（VOC）中哪种或几种物质是引发气味的主要原因，无法为消减气味、提高产品品质提供更加有价值的信息。

目前，确定影响聚烯烃气味的关键物质并有效消减是新方向。随着现代仪器分析技术的迅猛发展，挥发性成分与非挥发性基质分离、异味贡献物质与非异味贡献干扰物质分离、仪器的检测限低于异味贡献物质的浓度等问题得以圆满解决，在此基础上，研究人员采用热解析、顶空法、自动吹扫捕集-气相色谱-质谱联用、固相微萃取-质谱联用法等方法，对聚烯烃树脂中 VOC 开展了大量研究工作，但对于 VOC 引发气味的物质仍无法完全确定。

(5) 下游新应用进展

薄膜电容器，又称塑料薄膜电容器，常用介质主要有聚酯（PET）、聚丙烯（PP）、聚苯乙烯（PS）、聚碳酸酯（PC）等，聚丙烯由于其介电损耗低、加工性能好等特点，已被广泛用作电力电容器的介电材料。PP 电工薄膜是一种电性能优异的高频电介质绝缘材料，它对原料灰分的要求非常严格，PP 总灰分质量分数要求低于 0.0030％。

以长安汽车为代表的汽车企业对制件的气味要求降低到 2.5 级，同时汽车改性料企业对相应的原材料气味等级也逐渐要求在 2.5 级以下。下游汽车改性厂通过选择不同基料、增韧剂、除味剂来降低汽车内饰材料的 VOC 含量，效果也较明显[54-56]。

13.4.2.6　茂金属聚丙烯

(1) 产品概述

茂金属聚丙烯（mPP）是使用茂金属催化剂产出的聚丙烯产品，包括茂金属等规聚丙烯[57]、茂金属间规聚丙烯[58-60]、茂金属无规聚丙烯[61]、茂金属立构嵌段聚丙烯[62] 和茂金属共聚聚丙烯。与传统 Z-N 催化剂相比，茂金属催化剂能高度有效地控制聚丙烯立构规整性，可催化丙烯与 α-烯烃或环烯烃共聚，共聚单体插入量能在更大范围内可调，分布也更均匀。mPP 的开发使得聚丙烯产品更加多样化、功能化。mPP 在纺丝/无纺布、注塑、薄膜制品等领域都表现出独特的性能优势，近年来受到广泛关注，新产品、新牌号开发力度不断增强。

mPP 最显著的特点是它的分子量分布（MWD）窄，这是茂金属催化剂单一活性中心的特性造成的，mPP 的 MWD 一般为 2～3，传统 Z-N 催化剂制备的聚丙烯的典型 MWD 范围为 4～8。mPP 的另一个显著特征是其熔点较低，与 Z-N 催化剂相比，茂金属催化剂催化丙烯聚合时易发生丙烯 2,1 插入缺陷，这些缺陷会降低聚丙烯的熔点。mPP 通常含有相对较高的链端不饱和度，这主要是在聚合时发生 β-氢造成的，末端双键的存在使得 mPP 更易于通过反应引入其它官能团而实现聚丙烯功能化，如提高聚丙烯的黏合性、可涂漆性等[63]。

在 mPP 共聚物中，共聚单体的分布更加均匀，可以提高共聚单体（乙烯或其它 α-烯烃）的含量，而不会产生短链嵌段共聚物。高共聚单体含量的 mPP 具有非常高的抗冲击性，被称为茂金属聚丙烯基弹性体，已经被几家聚合物制造商实现商业化。

(2) 全球主要生产企业概况

世界 mPP 的工业化生产开始于 20 世纪 90 年代中期，日本三井石油化工公司、埃克森美孚公司分别建设了 7.5 万吨/年和 10 万吨/年的 mPP 工业化装置，随后，Hoechst、BASF、Fina 等相继建设了工业化装置生产 mPP。目前，世界范围内 mPP 树脂产品生产商主要包括 LyondellBasell、ExxonMobil、Total、JPP、三井石化等企业，总生产能力约 500 万吨/年。

LyondellBasell 公司使用茂金属催化剂生产的聚丙烯树脂商品名为 Metocene™。Metocene™ 树脂可用于包装、非织造布、纤维、医疗器械。与聚酯和聚酰胺纤维相比，Metocene™ 纤维的韧性提高了 30％，且具有突出的皮肤接触特性。LyondellBasell 公司的 Metocene™ 树脂典型牌号有 HM562S、HM2015、HM2089、MF650W、MF650X、

MF650Y 等。

ExxonMobil 公司现有 Achieve™ 和 Vistamaxx™ 两类茂金属聚丙烯树脂产品。Achieve™ 是一种基于 ExxonMobil 公司 Exxpol™茂金属技术的均聚聚丙烯树脂，用于有极高要求的纺黏/熔喷非织造布，以及对透明度、减压、部分翘曲及高纯度有要求的注塑成型用途。典型牌号有 1605、3854、6935G1、6935G2 等。Vistamaxx™ 高性能聚合物是 ExxonMobil 公司采用专有的茂金属催化技术生产的一种半结晶丙烯-乙烯共聚物，是一种新型热塑性弹性体材料，可用作无纺布、薄膜的添加剂，也可以用作热熔胶。典型牌号有 3000、6000、6102、6202、8380、8780 等。

Lumicene™ 是 Total 公司茂金属聚烯烃的商品名，其中牌号 MR 2001 和 MR 2002 为茂金属均聚聚丙烯，主要用来制造非织造布的纤维，可用于个人护理和医疗应用，还可用来做挤塑或吹膜，具有较高的热封强度。牌号 MR10MXO、MR30MC2、MR60MC2 为无规共聚茂金属聚丙烯，具有优异的透明性、光泽度以及低的己烷可溶出物，可制作高质量的食品或医用容器。Finaplas™ 是 Total 公司茂金属间规 PP 的商品名。与等规 PP 相比，间规 PP 的分子结构使其透明度更高，也更加柔软，可与高乙烯含量的无规 PP 共聚体相竞争。典型牌号有 1251、1471、1571 等。

Clariant 公司的 Licocene™ 系列产品是通过茂金属催化聚合得到的低分子量聚烯烃，包括聚乙烯蜡、聚丙烯蜡、乙丙共聚蜡及其改性型号（接枝马来酸酐或硅烷）。低熔点的非结晶 Licocene PP 蜡非常适合作为唯一载体用于颜料和添加剂母粒，同时 Licocene PP 蜡也是适用于高品质聚合物配方的先进分散剂。极性改性的 Licocene 产品是理想的偶联剂和增容剂，适用于木材、玻璃纤维等天然纤维以及矿物增强的聚烯烃。典型牌号有 PP1302、PP1502、PP1602、PP2602、PP6102、PP6502 等。

Tafmer™ 是基于三井化学的专有技术的一种低结晶或无定形的 α-烯烃共聚物，与聚乙烯或聚丙烯相比，Tafmer™ 具有更低的密度、更低的模量和更低的熔点。Tafmer™ XM 系列是由茂金属催化剂聚合的丙烯和 1-丁烯无规共聚物。它具有独特的低熔点和黏性之间的性能平衡。其与 PP 的相容性良好，特别适合用在对透明和低温热密封性能要求高的薄膜上。在电线电缆应用中，其相容性功能可作为聚丙烯的增塑剂，而不牺牲耐划痕和耐磨性。使用低熔点的 XM，可降低 BOPP 的热封强度，通过调节 XM 的添加量得到所需的热封强度。XM 系列典型牌号有 5070、7070、5080、7080 等。Tafmer™ PN 系列，结合弹性体的柔软性和聚丙烯的耐热性，是一种具有可控形貌的丙烯基材料。尽管它具有柔软性，其结晶片段仍具有很高的耐热性。此外，这些结晶片段被精细地分散在无定形基质中，从而确保了优异的透明度。其与 PP 互容，具有提高 PP 的抗冲击性能的能力，这些特性在要求透明性和抗冲击性的应用中具有很大的优势。此外，用其改性的 PP，可改善折叠强度和减少应力发白。这些特征不仅在薄膜中，而且在注塑产品中也得以表现出来。PN 系列典型牌号有 2060、2070、20300、0040、3560 等。

JPP 公司生产 WELNEX™ 和 WINTEC™ 两种茂金属共聚聚丙烯产品。WELNEX™ 是以茂金属为基础的软性反应聚合 PP 弹性体。该产品主要特点有：优异的透明性；产品的柔软度和耐热特性做到较好的平衡；大幅度减少产品的黏性/析出物；非常纯净，含有的催化剂残留物十分少，可用于制作柔韧的成型品。WELNEX™ 具有出色的透明性、耐热性好、黏结性低，可用于薄膜、挤出和注塑，典型牌号有 RFG4VM、RFX4V、RMG02 等。WINTEC™是茂金属无规共聚聚丙烯，主要的特点是宽的产品范围；极少的抽出物和气味；优异的热封性能；相对于使用传统 Z-N 催化剂制造的无规共聚聚丙烯，透明度大大提升，延展性高。可用来制作电子领域、卫生领域和食品领域的洁净包装容器，也可以用于生产高档透明包装膜，典型牌号有 WMG03、WMH02、WFW4M、WMG03UX、WMX02UX 等。

出光公司的 L-MODU™是低分子量、低模量的茂金属聚丙烯产品。L-MODU™ 具有高热稳定性、低熔体黏度、高透明性，与聚丙烯的相容性高，可成为热熔胶、无纺布、树脂改性剂、弹性材料和颜料分散剂等应用的理想选择。典型牌号有 S400、S600、S901 等。

LG 化学的 Lucene 茂金属均聚聚丙烯具有窄分子量分布、高韧性、优良的可纺性、低挥发性有机化合物等特点，适用于无纺布、薄壁注塑、食品药品包装、汽车内饰等。典型牌号有 MH7700、MH1700、MH1850、MH7800、MH7900 等。

(3) 国内生产现状

目前国内茂金属聚丙烯市场主要被国外公司垄断，截至 2018 年 6 月，国内仅有中国石油、中国石化有过工业试产品生产。

2017 年 6 月，中国石油哈尔滨石化使用中国石油石化院自主开发的载体型茂金属聚丙烯催化剂 PMP-01 在其间歇式液相本体聚丙烯装置上成功完成工业试验，生产出高透明茂金属聚丙烯 mPP6006，为国内首次报道茂金属聚丙烯成功工业生产，填补了国内该领域空白[64]。

中国石化燕山石化于 2018 年 3 月首次在工业化连续生产装置上实现茂金属聚丙烯的开发，产出 2 个牌号茂金属聚丙烯产品（MPP1300、MPP1400），是国内工业化连续生产装置上首次实现的茂金属聚丙烯的成功开发[65]。

(4) 国内需求分析

2016 年国内消费的 mPP 约 6 万～7 万吨，全部依靠进口，主要用于高透明聚丙烯制品，特别是微波炉用具及医疗用品、无纺布、超细旦丙纶纤维和食品包装领域的高端产品生产。随着聚丙烯中低端产品市场竞争日益激烈，寻求差异化、高端化发展成为行业共识，mPP 高端牌号产品的市场潜力和发展前景已经引起高度关注。在下游制品行业产品结构升级的推动下，国内 mPP 的需求以年均 20%以上的高速度增长，到 2020 年国内需求量达 15 万吨以上[66]。

纺丝和无纺布是茂金属聚丙烯的主要用途，约占茂金属聚丙烯消费量的 50%。与传统的聚丙烯相比，茂金属聚丙烯树脂在高速纺丝时有更好的加工性，可达到更高的生产效率。茂金属聚丙烯纤维的主要优势有：纤维更细（细旦丝），韧性好，不易断裂，均匀性好，适于高速纺丝。茂金属聚丙烯无纺布可以用于各种医疗卫生以及个人护理用途。

茂金属聚丙烯在注塑制品领域同样具备明显优势：感官性能良好，硬度好，光学性能优异（透明度和光泽度高），冲击性能好，低温性能好。茂金属催化剂非常适于生产高流动性的树脂，如 Basell 的 Metocene MF650Y 的熔体流动速率可以达到 1800g/10min。由于 mPP 树脂的分子量分布很窄，因此可以减少注塑产生的翘曲变形。茂金属聚丙烯树脂的这两个特性使其非常适合于注塑成型薄壁制品。

膜制品领域，茂金属聚丙烯主要用来生产流延膜，茂金属聚丙烯膜的主要优势是透明度、光泽度和硬度高，用于食品包装效果非常好。Total 的 MR2007 生产的 30μm 流延膜光泽度为 89，雾度只有 0.3%。

蜡制品方面，可用某些桥联茂金属催化剂在低聚合温度下制备低分子量、窄分子量分布的茂金属聚丙烯蜡。茂金属聚丙烯蜡和马来酸酐直接反应生成的树脂可用于提高 TPO 的印染能力。茂金属聚丙烯蜡和苯乙烯-丙烯酸树脂、炭黑（或着色剂）及其它成分可制备复印件的墨粉。茂金属聚丙烯蜡可作为着色剂的分散辅助物用于高分子量聚丙烯制品中的着色剂和粉末涂料中的消光剂。茂金属聚丙烯蜡还可以用于PVC、PA等的加工助剂，提高熔体流动性，降低能耗。

在医疗应用中，如注射器或滴定板，材料的硬度、透明度、阻隔性能和纯度是重要参数，质量轻和成本低（即一次性）也很重要。由于这些要求，常规聚丙烯在医疗用品中被广泛使用。然而，mPP具有更多优势：mPP可提供更好的透明度，减少了成核剂的使用；mPP的溶剂可溶物的组分少；mPP制品的翘曲变形率低；高纯度的mPP在灭菌或辐射过程中具有更好的热稳定性，减少发黄。因此，mPP是一种极具应用前景的医用材料。

13.4.2.7 医用聚丙烯

(1) 产品概述

20世纪60年代中期，西方发达国家开始探索使用塑料输液瓶代替玻璃输液瓶，至20世纪70年代，西欧、美国、日本等发达国家和地区逐步采用塑料输液瓶代替玻璃输液瓶。塑料输液瓶具有化学稳定性好、气密性好、无脱落物、质量轻、抗冲击力强、生产过程受污染的概率小等优点。稳定性好且耐高温的聚丙烯（PP）输液瓶极大地改善了药品的封装质量，并延长其储存期，输液包装塑料化是国际公认的发展趋势。国外医用塑料材料的研制及应用非常活跃，发达国家医用塑料材料及制品的市场增长率为10%～15%[67]，我国的年消耗量增长速度在20%[68] 左右。由此可见，我国在应用医用高分子材料的过程中，具有较大的市场潜力。

人们的健康意识不断增强，医疗保险制度逐步完善，对医用产品要求会更高[69]。医用PP树脂是医用材料的重要组成部分，一个国家医用PP制品生产和消费水平，除了与该国人口数量有关外，也反映了该国的经济和技术水平。

(2) 全球市场概况及主要生产企业

全球医用PP树脂（含医用抗菌PP）消费主要集中在输液瓶、药剂瓶、固体药瓶、注射器及卫材等领域[70]。国外的医用PP树脂优势生产企业较多，整体上呈现出产品型号齐全、供应能力有保障、产品技术稳定性和产业成熟度较高等特点。医用PP树脂的供应商主要集中在美国、西欧、日本、新加坡等发达国家和地区，例如TPC、晓星、巴塞尔、埃克森等公司，国外医用PP树脂主要生产公司详见表13.15。

表13.15 国外医用PP树脂主要生产企业

项目	输液瓶	输液袋	安瓿	组合盖	注射器	抗菌卫材
主要生产企业	李长荣、TPC、晓星	科腾	李长荣、利安德巴塞尔、晓星、LG	TPC、李长荣、晓星	晓星、李长荣	埃克森
主要牌号	ST866、W331、R530	聚丙烯/SEBS复合材料	ST612、RP271G、R6200、R530A	W331、ST866、R530	R370Y、ST868M	3155、3155E3

(3) 国内生产现状

2014年12月，中国石油集团公司科技管理部启动“聚烯烃新产品研究开发与工业应用”重大专项，重点推进医用PP树脂等的开发与应用。近五年来，兰州石化开发了医用PP输液瓶、组合盖、注射器等树脂，并制定了RP260等三个树脂企业标准，以及形成医用PP树脂洁净化生产技术、包装和储运规范，保障了医用PP的安全生产。此外，抗菌聚丙烯材料是医用聚丙烯研究的另外一个重要领域，已开发了功能化聚烯烃注射器材料[71]。目前，中国石化已成功开发医用PP注射器树脂，医用PP输液瓶树脂正在开发之中，而医用PP输液袋PP树脂仍处于空白，国内医用PP树脂生产企业详见表13.16。

表 13.16　国内医用 PP 树脂生产企业

项目	输液瓶	组合盖	注射器
主要生产企业	兰州石化	兰州石化	兰州石化、燕山石化、上海石化
主要牌号	RP260	RPE16I	RP340R、K4912、M1600E

(4) 国内需求分析及预测

我国医用 PP 树脂和国外相比，生产率低，产品型号不全，供应无保障。表 13.17 为我国医用 PP 树脂的需求量[72]。

表 13.17　国内医用 PP 树脂的需求量

项目	输液瓶	输液袋	安瓿	组合盖	注射器	抗菌制品
需求量/万吨	10	3	2	1	13	15

(5) 主要工艺技术、新生产技术发展及产业化情况

中国石油兰州石化建立了医用 PP 树脂生产、包装、运输标准与规范，实现了医用 PP 树脂的国产化。开发的系列医用 PP 树脂取得了药包材注册认证，可使国产医用 PP 树脂在药包材领域得到推广应用，结束我国医用 PP 树脂依赖进口的历史，填补了国内空白。同时，兰州石化还建成中国石油首个医用 PP 树脂产业化基地，形成医用 PP 树脂研发平台，研发装备的条件整体达到国内领先水平。

13.4.2.8　丙烯基弹性体

(1) 产品概述

聚丙烯是一种性能优良的热塑性合成树脂，因其具有生产成本低、密度小、无毒、易加工、抗冲击强度高、抗挠曲性以及电绝缘性好等优点，广泛应用于注塑、挤管、吹膜、涂覆、喷丝、改性工程塑料等各种工业和民用塑料制品领域。近年来我国聚丙烯工业发展迅速，生产能力和产量不断增加。这也意味着聚丙烯市场竞争愈加激烈，研发重点也应转向开发具有高附加值的丙烯基材料，丙烯共聚热塑性弹性体就是重要的发展方向之一[73]。

与传统的弹性体材料相比，聚烯烃类弹性体 POE 有诸多优势[74,75]。比如，与三元乙丙橡胶（EPDM）相比，POE 具有熔接线强度极佳、分散性好、等量添加冲击强度高、成型能力好等优点；与丁苯橡胶（SBR）相比，具有耐候性好、透明性高、价格低、质量轻等优点；与乙烯-乙酸乙烯酯共聚物（EVA）、乙烯-甲基丙烯酸共聚物（EMA）和乙烯-丙烯酸乙酯共聚物（EEA）相比，具有质量轻、透明度高、韧性好、挠曲性好等优点；与软聚氯乙烯（PVC）相比，具有无须特殊设备、对设备腐蚀性小、热成型良好、塑性好、质量轻、低温脆性较佳和经济性良好等优点。

(2) 全球市场概况及主要生产企业

ExxonMobil 和 Dow 化学公司分别采用限定几何构型催化剂技术开发的丙烯-乙烯共聚物 Vistamaxx 和 Versify，是新型的热塑性聚烯烃弹性体材料，具有可控的分子结构、优异的力学性能和良好的加工性能，可广泛应用于薄膜和包装材料、聚合物及其纤维改性等领域[76,77]。

2003 年，埃克森美孚化学公司推出了以 Vistamaxx 为商品名的特种弹性体，这种弹性体是结合该公司的 Exxpol 茂金属催化剂技术及溶液聚合法制得的。据报道，该聚合物是以丙烯为主要单体，加入少量的乙烯单体共聚合而制得。传统的乙丙橡胶的组成中乙烯质量分数在 50% 以上，而这种新型的丙烯-乙烯共聚物 Vistamaxx 中丙烯的摩尔分数占 70%以上。此外 Vistamaxx 产品和 EPR 的主要差别还在于 EPR 为非晶型或其中含少量结晶的乙烯链段，而Vistamaxx产品中却含一定量的结晶的等规聚丙烯链段。因此要合成此类聚合物，必须控制好丙烯单元插入时的立构规整度（分子间）以及分子内的组成，这可以通过采用茂金属催化剂来实现。Vistamaxx具有更高的热封性能和黏合特性、内在的弹性和良好的韧性，并能与众多聚烯烃相容，这些将为各种软包装薄膜应用的创新和产品开发带来灵感。其应用领域包括流延聚丙烯薄膜、拉伸套管薄膜、聚丙烯拉丝编织、聚烯烃编织布和非织造布的挤出涂覆和复合、表面保护膜、流延拉伸缠绕膜和弹性卫生用品薄膜。Vistamaxx的良好光学性能和耐化学性还可应用于高透明薄膜领域。

陶氏化学公司最近推出新型乙丙烯基共聚物Versify系列产品[78]。2004年9月在西班牙建立52kt/a的装置开车成功，该产品覆盖塑性体和弹性体。据报道，该类聚合物采用该公司专有的双反应器溶液聚合工艺生产，除使用该公司自行开发的催化剂（几何限定结构）外，还使用该公司和Symyx Technologies公司合作研制成的催化剂（如含吡啶环和氨基的铪系配位化合物）。Versify系列产品包括塑性体牌号和弹性体牌号。塑性体牌号具有优异的热封性、收缩性、光学和弹性模量等性能，适用于软包装。弹性体牌号具有良好的韧性、加工性和弹性模量，目标应用是要求加工流动性好的领域，如注塑和挤出涂覆制品。每种型号各具性能和加工优势，旨在满足特定的市场需求。

(3) 国内生产现状

目前聚烯烃弹性体在国内还没有工业化，尚处于实验室研究阶段，产品全部是从国外进口，市场售价远高于普通聚烯烃产品。随着时间的推移，中国用户已经充分认识到聚烯烃弹性体的优异性能，国内对聚烯烃弹性体的需求也逐渐增长。

(4) 国内需求分析及预测

目前，热塑性弹性体发展迅速，新品种不断涌现，其价格明显高于普通聚丙烯产品，商业地位日益重要。近年来，用共聚的方法制备聚烯烃弹性体材料，在实验室研究、工业生产和产品加工应用等领域都有了很大的发展，弹性体的品种和牌号更富多样性，性能上也有其优点，更能符合用户不同的需求，具有广阔的发展前景。丙烯基弹性体国内消费量10万～20万吨，少于乙烯基弹性体，目前全部进口。对聚烯烃弹性体材料的应用开发将为聚烯烃的产品结构调整和工业化开发提供新思路，可提高国际市场竞争力，为石化产业找到新的利润增长点。

(5) 主要工艺技术、新生产技术发展及产业化情况

丙烯基弹性体的生产主要是由单中心金属催化剂催化丙烯与乙烯共聚合，工业试验大多数采用溶液法聚合工艺[79]。需要解决的关键技术难题在于耐高温催化剂的开发，需要催化剂在高温聚合条件下仍能保持良好的共聚性能，而且等规度不能有明显的衰减。另外，对于溶液聚合工艺而言，高黏度状态下反应器传质、传热也是弹性体合成工艺的关键技术之一。

(6) 下游新应用进展

最近，陶氏化学宣布开发出一种名为Intune的丙烯基烯烃嵌段共聚物[80]，该种共聚物是将聚丙烯和聚乙烯结合到一起的新产品[81]，而且部分产品还含有极性单体。陶氏化学宣称利用Intune丙烯基烯烃嵌段共聚物可以实现材料和配方的多样性选择，便于开发出独特的共混体和多层结构产品，最主要的是提供了一种独特的解决方案，使PP与PE、POE和极性材料相结合的共聚物具有良好的力学、化学和光学性能。

13.4.2.9 多元共聚聚丙烯

(1) 产品概述

多元共聚聚丙烯是除丙烯外，加入两种或两种以上的共聚单体得到聚合物。最为常见的多元共聚聚丙烯是乙烯、丙烯和1-丁烯的三元共聚产品。因普通的Z-N催化剂体系下长链α-烯烃随着分子量的不断增大，聚合能力逐渐减弱，聚合后单体分离难度逐渐增加，所以工业生产中的多元共聚聚丙烯往往指的是乙烯、丙烯和1-丁烯三元无规共聚聚丙烯产品[82]。这类产品多用于生产热封温度低的包装薄膜。聚丙烯包装材料根据加工工艺不同可分为聚丙烯双向拉伸膜（BOPP）、聚丙烯流延膜（CPP）和聚丙烯热收缩膜（POF）。

20世纪80年代聚丙烯薄膜大多为单层薄膜，进入90年代后多层复合膜逐渐成为主流。多层复合膜由内层、中间层和外层组成，每一层材料不同且作用不同。作为热封包装材料使用时，内层为热封层，要求材料具有较低的起始热封温度和较高的热封强度。最初的热封专用料使用乙丙二元无规共聚聚丙烯，但二元共聚产品起始热封温度偏高，热封范围窄，不能满足现代化高速包装生产线。在丙烯和乙烯的基础上，增加1-丁烯，形成乙丙丁多元（三元）共聚，对降低起始热封温度具有明显的效果，起始热封温度降到120℃以下，热封效果更好，更符合现代化的高速包装薄膜热封层的要求。

三元无规共聚聚丙烯是将乙烯、1-丁烯和丙烯加入一个反应器中，三种组分在催化剂的作用下反应生成的无规共聚物[83]。在这种情况下，单体单元在分子链上是无规则分布的。相对于乙丙无规共聚，1-丁烯的加入，进一步破坏了聚丙烯的连续结构，克服聚乙烯长链的形成，共聚单体在主链上不均匀分布。三元无规共聚聚丙烯中，由于其链段有序性被破坏，其熔点和熔融温度降低，在制膜中表现为起始热封温度下降。同时共聚单体的不均匀分布，保证了比较宽的熔程。目前，三元无规共聚聚丙烯起始热封温度能降到120℃以下。

（2）全球市场概况及主要生产企业

三元无规共聚聚丙烯以其独特的性能在包装领域具有广阔的应用市场，属于聚丙烯高端产品，主要作为热封薄膜或多层复合膜中的热封层，应用于食品、文具、化妆品、香烟等优质包装领域。

目前三元无规共聚聚丙烯的工业产品，主要为LyondellBasell公司的Adsyl系列产品（包含约30个牌号）；英力士公司的产品KS309、KS359和KS409和新加坡TPC公司的FS5612等，其中CPP用三元无规共聚聚丙烯中新加坡TPC的进口量占总量的50%以上。表13.18为一些三元无规共聚聚丙烯的牌号和性能。

表13.18　三元无规共聚聚丙烯的牌号和性能

制造商	牌号	熔体流动速率/(g/10min)	熔点/℃	起始热封温度/℃
LyondellBasell	3C37F HP	5.5	137	115
LyondellBasell	5C30F/5C37F	5.5	132	105
Ineos	KS300/309	5.0	126	105
Ineos	KS351	7.3	131	105
Ineos	KS333 N8061	5.0	128	108
Ineos	KS350/357/359	5.0	131	105
TPC	FSS611L	5.5	132	120
TPC	FS6612L	5.0	128	115
TPC	FL7632L	7.0	132	120
TPC	FL7540L	7.0	138	125
Borealis	TD220BF	6.0	132	108
Borealis	TD2103F	6.0	130	103

(3) 国内生产现状

三元共聚的产品生产难度大，对催化剂、助剂及工艺控制等各种条件要求较苛刻，目前，国产料占市场的45%左右，主要是上海石化、燕山石化、兰州石化和独山子石化的产品。国产开发的三元聚丙烯性能正逐渐完善，产品质量也日趋稳定。

按目前的技术发展状况，我国三元共聚产品的国产率将会进一步提高至80%以上，且随着催化技术的进步，更长链的共聚单体如1-己烯、1-辛烯等也将会被采用，三元共聚产品的性能将得到进一步的提升。

(4) 国内需求分析及预测

三元聚丙烯在国内的研究起步较晚，但随着包装产品的质量提升，尤其一些特殊领域对高性能薄膜需求增大，近年来国内市场对三元聚丙烯整体需求呈平稳上升趋势。

目前我国对三元热封料的年需求量约25万吨。国内消费的聚丙烯薄膜中以BOPP薄膜和CPP薄膜为主，价格较普通均聚聚丙烯高约1500～2500元/吨，技术较成熟的生产企业已越来越多地关注三元共聚产品。

(5) 主要工艺技术、新生产技术发展及产业化情况

三元无规共聚聚丙烯的生产过程与均聚聚丙烯差别较大，乙烯和1-丁烯的加入量及加入位置、反应聚合温度、后处理温度和1-丁烯回收等都有特殊要求。国外典型的生产工艺有Spheripol II工艺、Borstar工艺、Hypol工艺、Innovene气相工艺、Novolen气相工艺和Chisso气相工艺等，对三元共聚物的生产工艺仍处于不断探索和完善之中。

三元热封塑料按照其热封温度，被分为以下5个级别：极超低温热封温度（SIT100℃以下）、超低温热封温度（SIT100～108℃）、中低温热封温度（SIT115～118℃）、一般热封温度（SIT120～130℃）、高热封温度（SIT130℃以上）。表13.19根据热封温度等级，列出了三元无规共聚PP热封料排行。

表13.19 三元无规共聚PP热封料排行

热封温度范围	公司	牌号及特性
极超低温热封温度（SIT100℃以下）	Ineos	KS341、KS349、KV349、S399
	LyondellBasell	7453XCP、7384XCP、7BC39F、7410XCP、7462XCP、7385XCP
	Dow	Versify 3200、Versify 3300
	住友	Excellen、SPX78G2
超低温热封温度（SIT100～108℃）	Ineos	KS333、KV309、KV329、KV333、KS300、KS301、KS309、KS350、KS351、KS357、KS359、KS384
	LyondellBasell	5C30F、5C37F、5C39F、5C30F ST、5C37F ST、5C39F ST、5X30F、5X37F、7398XCP、397XCP、7436XCP
	Borealis	TD220BF、TD109CF、TD210BF、TD211BF、TD215BFO、TD218BF
中低温热封温度（SIT115～118℃）	LyondellBasell	3C30F HP、3C37F HP、3C39F HP、3X30F HP、7416XCP
	TPC	FS6612、FS5611
	湖南南韩	SFC·851

续表

热封温度范围	公司	牌号及特性
一般热封温度（SIT120～130℃）	TPC	FL7632L、FL7641L、FL7540L
	湖南南韩	SFC-750、SFC-750R、SFI-740、SITI20～SFII-740P
	三星	FII-740P、1TF400、TF430
	大韩油化	CF3392、CF3230、CF3230H、CF3232、CF3330、CF3340
	韩国乐喜	TN2400、TN3400
	SK	T131N、T141N、T240N
	住友	FL6745E1
	JPP	FX8877、FX4HCM、FX4LM
	日本普瑞曼	F-794NV、F-744NP、F-744NPT
	燕山石化	C5608/C5908
	兰州石化	EPB08F/EPB08FA
	独山子石化	TF1007

(6) 下游新应用进展

三元无规共聚聚丙烯在新型包装上的应用优势逐渐体现，可应用于流延膜（CPP）、热收缩膜（POF）、烟膜（BOPP）、发泡产品（EPP）等[84]。其中，流延膜是国内三元无规共聚聚丙烯料用量最大的应用领域，可广泛应用于食品、医药用品、日用品等包装。热收缩膜是近年来发展起来的包装膜，因透明度高、光泽性好等特点应用于塑料制品、工艺品、化妆品等，需求量有望进一步扩大。烟膜主要用在香烟包装方面，受国家对烟草产量控制的影响，烟膜在国内的用量和产量相对稳定。

生产三元热封聚丙烯专用料时，共聚单体 1-丁烯的含量稳定时间较长，1-丁烯从 0%增加至 6%左右需要约 6～10h，这期间生产过渡产品的销售一直困扰着生产企业。三元热封料的过渡料熔点约 140～150℃且熔程较长，并且 1-丁烯的引入也会提高聚合物的熔体强度，使产品适合在较低温度窗口下的聚丙烯发泡，因此三元共聚的产品在近几年的使用领域拓展到了发泡制品的制造。三元发泡聚丙烯是真正的环境友好型泡沫塑料，因其无毒、无味、密度小、弹性好、耐酸碱等特点，目前每年的需求量也超过了 10 万吨，广泛应用在汽车配件，电子、医疗器械和食品包装行业等，尤其在出口产品的包装上，应环保的要求已成为不可替代的包装物。

13.4.3　聚 1-丁烯产品高端化方向

(1) 产品概述

聚 1-丁烯（1-PB）是指 1-丁烯单体聚合而成的热塑性树脂，其具有良好的耐温性、耐压性、耐蠕变性、持久性、化学稳定性和可塑性，无味、无毒、无臭，是目前世界上最尖端的化学材料之一。以其制成的聚 1-丁烯管道耐蠕变性能优异，可在－20～95℃以下长期使用，100～110℃下短期使用，特别适于饮用水、冷热水管、最经济的暖房及地板辐射用导热管。聚 1-丁烯管道系统是当今世界上最先进的给水系统，已被欧共体、美洲、亚洲的部分国家广泛采用。此外，聚 1-丁烯树脂还可用于薄膜、电缆绝缘包覆层（优秀的电绝缘性、防水渗透性、耐撕裂性和耐磨性）、纤维、共混改性料等。聚 1-丁烯材料及应用见表 13.20。

表 13.20 聚 1-丁烯材料及应用

性能及用途	塑料(*i*-PB)		热塑性弹性体	弹性体
	高强塑料	韧性塑料		
全同含量/%	≥96	95～85	85～50	<50
结晶度/%	>55	55～40	40～10	<10
主要用途	冷热水管及配件、薄膜等	一般塑料制品、聚丙烯增韧材料和薄膜等	防水卷材增韧材料、绝缘材料等	结构饱和和不饱和两种，类似于三元乙丙橡胶制品

(2) 全球市场概况及主要生产企业

全球聚 1-丁烯生产装置约 11 套，分别位于美国、日本、荷兰及中国，总产能约 28.2 万吨/年，详见表 13.21。全球最大的装置位于荷兰，是巴斯夫公司在 2004 年建设的，于 2008 年扩产至 6.7 万吨/年。

表 13.21 全球主要聚 1-丁烯生产企业统计

国家	企业名称	产能/(万吨/年)	投产时间	备注
德国	Huls 化学	0.3	1964	淤浆法工业化
美国	Mobil	不详	1968	小规模装置
	Shell Chemicals	2.7	1977	美国 Shell Chemicals 公司收购了 Witco 公司的
韩国	爱康株式会社	不详	不详	
日本	三井油化公司	2.0	不详	德国 Huls 工艺
荷兰	LyondellBasell 公司	6.7	2004	2008 年扩产
中国	齐化集团	2.0	—	未投产
	天津石化	2.5	—	巴塞尔技术，未投产
	东方宏业	2.0	2015	青岛科技大学技术
	瑞达化工	6.0	2018	未投产
	京博石化	1.0	2017	青岛科技大学技术
	总计	28.2	—	—

(3) 国内生产现状

国内目前仅有两套聚 1-丁烯装置，位于山东潍坊的东方宏业和山东滨州的京博石化，产能分别为 2 万吨/年和 1 万吨/年，年平均开工水平为 60%～70%，由于其下游聚丁烯管材市场表现不佳，2017 年产量约维持在 3 万吨水平。第三套装置位于山东滕州，产能 6 万吨/年，正在建设中，原计划 2017 年投产，现已推后。预期产能投产后，我国聚 1-丁烯总产能有望达到 9 万吨/年。据介绍，东方宏业的聚 1-丁烯产品主要用作管材料。从管材生产企业分布来看，下游主要集中在浙江、广东、上海、福建、河南、河北和山东等地区。

(4) 国内需求分析及预测

目前我国快速发展的乙烯工业以及 DMTO 产业会带来大量的副产资源，如何进行合理利用以进一步提高装置的经济效益，扩展下游产品链是行业面临的重要问题，发展 1-丁烯聚合技术，生产高附加值产品，是解决问题的方法之一。建议应从以下几个方面做好工作：

一是锁定管材区域市场。聚 1-丁烯在国内的主要消费群体为聚丁烯管材。目前，我国聚烯烃管道行业已形成了产业功能聚集区，生产企业主要集中在沿海经济发达区域，规模生产企业主要集中在广东、江苏、浙江、上海、山东。江苏、浙江、上海地区是聚烯烃企业最密集的区域，华北（包括山东）一方面有大量的管材企业，另一方面又是聚丁烯管材的首要需求区域，利于聚 1-丁烯的发展。

二是注重聚 1-丁烯下游延伸。未来聚 1-丁烯管用于地面辐射采暖管道系统的用量将持续增长，我国房屋建设速度增快，对冷水管和热水管需求保持快速增长；对目前已有建筑的节能降耗需求预期，将加大对聚 1-丁烯管的需求空间；对供暖区需求扩大的预期，特别是南方城市冬季地热取暖需求不断增加，有望在供暖水管系统中加大对聚 1-丁烯管的需求。在二次装修应用领域，聚 1-丁烯管材可作为塑料管道市场未来发展的方向。

(5) 主要工艺技术、新生产技术发展及产业化情况

目前，高等规聚 1-丁烯的合成方法有淤浆法、液相本体法（分均相和非均相）、气相法。Pro-Tex 公司于 1963 年开始半商业化的聚 1-丁烯生产，1966 年停止生产。Mobil Oil 公司 1976 年在得克萨斯州建立了聚 1-丁烯的工厂，1972 年 Mobil 将其聚合技术许可转给 Witco 化学公司，1977 年 Witco 化学公司将其在路易斯安那州建立的工厂卖给了 Shell。西德的 Chemishe Werke Huels 公司于 1971～1975 年采用淤浆工艺生产聚 1-丁烯，生产规模为 1.2 万吨/年。随后日本的 Mitsubishi 化学、Basell 等公司也加入聚 1-丁烯的生产行列。日本的 Mitsubishi 化学采用溶液法生产聚 1-丁烯产品，装置产能为 2 万吨/年。2002 年 LyondellBasell 公司采用液相本体法在荷兰的穆尔代克建立年产 4.5 万吨的 *i*-PB 生产装置。2008 年 LyondellBasell 公司将产能扩大至 6.7 万吨/年。2015 年中国山东东方宏业公司采用间歇本体法生产聚 1-丁烯产品，产能 2 万吨/年，2017 年中国山东京博石化也实现了间歇法的聚 1-丁烯生产，产能 1 万吨/年。

(6) 下游应用情况

① 管道。全同含量大于 95%，结晶度处于 50%～60%的聚 1-丁烯具有突出的耐热蠕变性、耐环境应力开裂性、良好的韧性，适合做管材、薄膜，尤其适合制备热水管材。目前市场上常见管材用非金属类材料主要有交联聚乙烯、耐热聚乙烯、无规共聚聚丙烯、高全同聚 1-丁烯等。在这几种材料中，高全同聚 1-丁烯的冲击韧性、耐化学品性能和其他几类材料相当；在弹性、耐蠕变性能、耐热压性能等方面均优于其他材料。

由熔体流动速率为 0.4～0.6g/10min 的 *i*-PB 树脂制造的 1-PB 管材是当今世界上最先进的自来水管、热水和暖气排管。PB 管材具备很多优异的性能：质量轻，柔软性好，施工方便；耐久性好，在没有紫外线照射的情况下，使用寿命不低于 50 年；管道光滑，不结垢，噪声低；耐热性好；连接方式先进；易于维修；可再利用，无毒无害，生产过程节能。正因为如此，*i*-PB 管材可用于常见的各种管材，例如自来水的冷热水管、农业园艺用管、融雪用管、供暖用管、消防自动喷淋用管、工业用管、温泉用管、太阳能住宅温水管等。

② 薄膜。*i*-PB 在薄膜方面也具有良好的表现。熔体流动速率为 1.0g/10min 的 *i*-PB 表现出高强度和低蠕变性，可以做成具有很强力学性能的薄膜。利用 *i*-PB 和 PE 分子结构的不相容性制成的薄膜，既具有易剥开性能又具有强密封性能。用最高浓度为 25%的 *i*-PB 和 PE 混合制成的薄膜，可以很容易热处理密封，无需黏合剂，可以广泛应用于食品包装领域；同时以 *i*-PB 为基础的易剥开膜体系具有优良的抗撕裂强度、耐酸碱性能和橡胶弹性，也可用于包装化学药品和肥料。

③ 热塑性弹性体。热塑性弹性体同时具备了橡胶和热塑性塑料的特性，具有高弹性、

耐老化、耐油性等各项优异性能，并且加工方式广、不需硫化、易成型、可循环利用，成为继橡胶、塑料之后的一种新型节能环保类材料，在世界各地取得了迅猛的发展。全同含量在50%～85%，结晶度在10%～40%的1-PB体现热塑性弹性体的性质。PB-TPE具有良好的韧性和优良的耐热蠕变性，可用塑料方法加工、热塑方法黏结，目前商业应用较少，是一种新型材料。根据其性能，可以应用在防水卷材、耐酸碱胶板和普通工业胶板以及电器绝缘材料等领域。PB-TPE是纯聚烯烃，对热稳定，电绝缘性能优异，体积电阻率可达$10^{16}\Omega\cdot cm$以上，膨胀系数小，良好的弹性和低温柔韧性等，且其具有较好的防水渗透性能和耐撕裂性能。可用于高压电缆树脂、地下采矿的电线电缆。此外，PB-TPE具有良好的耐酸碱性能，同时可满足普通工业胶板力学性能需求，加工方式灵活，可直接注射或挤出成型，无需硫化交联，并可容纳大量填料，因此可以应用在耐酸碱胶板和普通工业胶板领域。

④ 增韧材料。聚丙烯结晶度高，其缺点是脆性和抗冲击能力差，而1-PB与PP结构相似，二者具有相容性，且1-PB具有良好的低温冲击性，是PP的改良剂，通过共混的方式，可增强其柔软性、弹性复原、延展性等。

⑤ 其他应用。由于聚1-丁烯材料耐蠕变性、耐环境应力抗裂性、耐高温性能优异，高流动或超高流动聚1-丁烯产品可用作聚烯烃和热塑性弹性体复合应用中的加工改性剂（内部润滑剂)；同时其可以吸收高负荷的填料，它也是一种优异的颜料分散体，可用于色母料。此外，它具有良好的热熔黏合剂（HMA）内聚强度，更高的剪切黏合失效温度（SAFT)，可与各种非极性树脂和蜡结合使用，可用于热熔黏合剂配方和密封剂化合物的混合组分。应用于地毯背衬（初级和次级背衬)，可提供灵活性、高填料加载能力、可回收性和节能潜力。

参考文献

[1] Kaminsky W. Highly active metallocene catalysts for olefin polymerization [J]. J Chem Soc Dalton Trans，1998（9)：1413-1418.

[2] 陈伟，郭子方. 我国茂金属催化剂及其聚烯烃研究开发进程［J]. 高分子通报，1999，(3)：14-21.

[3] Horton A D. Metallocene catalysis polymers by design [J]. Trends in Polymer Science，1994，2（5)：158-166.

[4] 吕书军，刘国辉，白潇，等. 线性茂金属聚乙烯树脂18X10D的开发及应用［J]. 石油科技论坛，2011，5：63-65.

[5] 向明，张博冲，蔡燎原，等. 茂金属催化剂及其烯烃聚合物研究进展［J]. 塑料工业，2003，31（4)：1-5.

[6] 冯润财，伍杰锋，张广强，等. 双向拉伸聚乙烯薄膜的研制［J]. 塑料工业，2013，41（4)：102-112.

[7] 佚名. 创新·安全·环保——双向拉伸聚乙烯（BOPE）复合膜（袋）技术研讨会在黄山举行［J]. 塑料包装，2009，19（1)：49-50.

[8] 曾碧榕，陈国荣，王荣贵，等. 双向拉伸多层共挤复合薄膜的生产制备和进展［J]. 高分子材料科学与工程，2017，33（5)：184-190.

[9] 伍杰锋，冯润财，张广强，等. BOPE薄膜的生产与应用展望［J]. 化工新型材料，2013，41（7)：182-183.

[10] Su T K，Poirier R V，Corporation M O. Biaxially oriented polyethylene film with improved optics and sealability properties：US 6168826 [P]. 2001-01-02.

[11] Brant P，Brackeen J H，Trudell B C，et al. Biaxially oriented poly-ethylene films：WO 022470 [P]. 1997-06-26.

[12] Sebastian J M，Taylor R D，Boone M R，et al. Biaxially-oriented ink receptive medium：KR 20050016610（A）[P]. 2005-02-21.

[13] 戴李宗，曾碧榕，罗宇峰，等. 三层共挤快速双向拉伸宽幅聚乙烯复合薄膜及其制备方法：CN201610517809.0［P]. 2016-12-07.

[14] 裴小静，孙丛丛，孙丽朋. 高密度聚乙烯淤浆聚合工艺及其国内应用进展［J]. 齐鲁石油化工，2015，43（2)：166-170.

[15] 金栋，吕效平. 世界聚乙烯工业现状及生产工艺研究新进展［J]. 化工科技市场，2006，29（2)，1-5.

[16] 王海瑛. 超低密度聚乙烯技术进展［J]. 石化技术，1998，5（4)：248-251.

[17] 谢侃. 超低密度聚乙烯评述 [J]. 石油化工，1995，24 (10)：744-747.

[18] 葛腾杰，李瑞，王世华，等. 新型茂金属高支化聚乙烯产品的结构及性能研究 [J]. 中国塑料，2017，31 (12)：34-38.

[19] 葛腾杰，国海峰，李瑞，等. 极低密度聚乙烯树脂技术开发与性能研究 [J]. 精细石油化工进展，2015，16 (6)：52-54.

[20] 魏若奇，王欣. 输送丙烷的中密度聚乙烯管材长期使用性能研究 [J]. 高分子材料科学与工程，1996，9 (12)：139-143.

[21] 韩雪冬，原丽娜. 复合土工膜防渗材料在渠道节水工程中的应用研究 [J]. 水利科技，2013，24：192.

[22] Tan S B，Hornsby P R，McAfee M B，et al. Internal Cooling in Rotational Molding——A Review. POLYMER ENGINEERING AND SCIENCE，2011：1683-1692.

[23] 钟向宏. 国内聚乙烯土工膜专用料生产现状及开发建议 [J]. 石油化工技术与经济，2013，3 (29)：20-23.

[24] 刘同云，叶昕，王卉春. 中密度聚乙烯滚塑料生产技术及市场浅析 [J]. 齐鲁石油化工，2004，32 (1)：36-38.

[25] 陈开强，王澜，王锡臣. 土工膜及其应用 [J]. 现代塑料加工应用，2003，2 (15)：53-57.

[26] 陈学连. 功能型滚塑用聚乙烯材料的研究进展 [J]. 中国塑料，2015，29 (12)：8-12.

[27] 陈枫. 聚乙烯滚塑专用料的现状及发展 [J]. 现代塑料加工应用. 2009，21 (1)：60-63.

[28] 秦柳，谢鹏程，焦志伟，等. 大型塑料制品滚塑成型先进制造技术 [J]. 塑料，2013，42 (4)：14-17.

[29] 张晓萌，宋文波，邹发生. 高光泽聚丙烯技术进展 [J]. 石 油 化 工，2018，47 (7)：758-762.

[30] 刘宝玉，肖鹏. 高光泽聚丙烯的研制 [J]. 上海塑料，2007，2 ：20-22.

[31] 郑宁. 大庆炼化开发高性能 PP [J]. 合成材料老化与应用，2016，45 (2)：125.

[32] 佚名. 高光泽抗冲聚丙烯新产品试生产成功 [J]. 塑料工业，2018：160.

[33] 郑智焕，李彦涛，杨丽庭，等. 高流动高模量高抗冲聚丙烯复合材料的制备及性能研究 [J]. 中国塑料，2018，32 (08)：33-39.

[34] 蔡力宏，方伟，田广华，等. 可控流变制备高流动抗冲共聚聚丙烯的研究 [J]. 石油化工应用，2017，36 (11)：133-136.

[35] 吴君峰. 气相氢调法高流动共聚聚丙烯 PPB-M30-VH 的开发 [J]. 化学工程与装备，2015 (03)：23-26.

[36] 张纪贵. 高流动聚丙烯生产技术研究进展 [J]. 化工进展，2010，29 (11)：2039-2042.

[37] 王旭. 高流动高刚性抗冲共聚聚丙烯的工业化开发 [J]. 合成树脂及塑料，2018，35 (05)：54-57.

[38] 胡晓华，臧疆山，李洪，等. 控制高流动高抗冲 PP 树脂的等规指数 [J]. 合成树脂及塑料，2008，25 (05)：63-65.

[39] 周奇龙，谭忠，于金华，等. 高流动高等规指数宽相对分子质量分布聚丙烯的制备 [J]. 合成树脂及塑料，2017，34 (01)：25-30.

[40] 赵唤群，杜建强，蒋洁. 高流动抗冲共聚聚丙烯的结构与性能分析 [J]. 现代塑料加工应用，2017，29 (03)：42-45.

[41] 王云红，罗贤，张宝林，等. 高流动抗冲共聚聚丙烯专用料的结构与性能分析 [J]. 中国塑料，2011，25 (01)：36-41.

[42] 刘小燕，刘强，赵文康，等. 高流动抗冲共聚聚丙烯开发 [J]. 石化技术，2016，23 (03)：5-6.

[43] 王艳芳，娄立娟，俞炜，等. 高流动高抗冲聚丙烯的结晶行为与性能研究 [J]. 中国塑料，2015，29 (08)：59-65.

[44] 杨战军，朱博超，赵旭涛，等. Basell 公司 ZN 118 催化剂的性能测试及模试评价. 石化技术与应用，2011，29 (04)：329-331.

[45] 师建军，秦亚伟，牛慧，等. 橡胶相具有交联结构的新型抗冲聚丙烯合金 [J]. 高分子学报，2013 (04)：576-582.

[46] 刘钰馨，杨芳，庞锦英，等. PP/SBS/滑石粉三元复合材料性能研究 [J]. 塑料科技，2016，44 (01)：31-34.

[47] 祖勇，刘巍，曹明. 高模量高冲击高流动聚丙烯及其制备方法：CN103214742A [P]. 2015-04-09.

[48] 韩琛，汪家宝，陈芳欣，等. 一种高韧性高刚性高流动性聚丙烯及其制备方法：CN102061034A [P]. 2011-05-18.

[49] 卞军，蔺海兰，曾小杰，等. 纳米 SiO_2 与 POE 协同增韧增强 PP 三元复合材料的制备及性能研究 [J]. 弹性体，2014，24 (03)：5-11.

[50] 曹二平，余良竹，杨威，等. 不同接枝率相容剂对 PP/POE/nano-$CaCO_3$ 复合材料性能的影响 [J]. 塑料工业，2016，44 (02)：78-82.

[51] 赵瑾，夏先知，刘月祥. 高纯聚丙烯树脂的研究进展 [J]. 合成树脂及塑料，2014，31 (1)：76.

[52] 赵瑾，夏先知，刘月祥，等. 一种低灰分聚丙烯的制备方法：CN102040690A [P]. 2011-05-04.

[53] 王兴仁，杨爱武，吴新源. 丙烯超临界聚合催化剂体系及聚丙烯组合物的制备方法：中国，101245114A [P]. 2008-08-20.

[54] 闫溥，李荣群，邵之杰，等. 汽车内饰用低 VOC 含量聚丙烯复合材料的制备 [J]. 合成树脂及塑料，2017，34 (4)：17-20.

[55] 庄梦梦，徐耀宗，刘雪峰，等. 车用内饰塑料发展趋势及低 VOC 改进方法 [J]. 绿色科技，2015，9：320-321.

[56] 闫溥，李荣群，邵之杰，等. 高流动低气味聚丙烯汽车内饰材料研究 [J]. 现代塑料加工与应用，2017，29 (2)：39-42.

[57] Brintzinger H H，Fischer D. Development of ansa-metallocene catalysts for isotactic olefin polymerization [J]. Adv. Polym. Sci.，2013，258：29-42.

[58] Ewen J A，Jones R L，Razavi A. Syndiospecific propylene polymerizations with group 4 metallocenes [J]. J. Am. Chem. SOC.，1988，110：6255-6256.

[59] Rosa C D，Auriemma F. Structure and physical properties of syndiotactic polypropylene：a highly crystalline thermoplastic elastomer [J]. Prog. Polym. Sci.，2006，31：45-237.

[60] Razavi A. Syndiotactic polypropylene：discovery，development，and industrialization via bridged metallocene catalysts [J]. Adv. Polym. Sci.，2013，258：43-116.

[61] Resconi L，Jones R L，Rheingold A L，et al. High-molecular-weight atactic polypropylene from metallocene catalysts. 1. $Me_2Si(9\text{-}Flu)_2ZrX_2$ (X=Cl，Me) [J]. Organometallics，1996，15：998-1005.

[62] Gauthierl W L，Collins S. Elastomeric Poly (propylene)：Propagation models and relationship to catalyst structure [J]. Macromolecules，1995，28：3779-3786.

[63] Malpass D B，Band E I. Introduction to industrial polypropylene：properties，catalysts，processes [J]. John Wiley & Sons，Inc. Hoboken，New Jersey，and Scrivener Publishing LLC，Salem，Massachusetts，2012：146.

[64] 王莉，吴伟，袁苑，等. 茂金属均聚聚丙烯 MPP6006 的工业化开发 [J]. 合成树脂及塑料，2018，35 (4)：46-48.

[65] 钱伯章. 燕山石化成功产出茂金属聚丙烯产品 [J]. 合成纤维，2018，47 (5)：54.

[66] 中国石油和化学工业联合会化工新材料专委会. 中国化工新材料产业发展报告 (2016) [R]. 北京：化学工业出版社，2017.

[67] 张承焱. 医用高分子材料应用研究及发展 [J]. 中国医疗器械信息，2005，11 (6)：21.

[68] 杨时巧. 医用高分子材料的研究进展 [J]. 科学技术创新，2018，22 (2)：179.

[69] 姜向新，吴智华，刘志民. 聚烯烃医用塑料应用及加工技术进展 [J]. 塑料工业，2003，31 (10)：9.

[70] 陈汉澄. 聚丙烯粒料在全球医疗市场的应用情况 [J]. 输液论坛，2016，9：6.

[71] 卢晓英，黄强，吴林美，等. 医用聚烯烃材料的开发及应用进展 [J]. 高分子通报，2012，4：28.

[72] 栾世方，朱连超，殷敬华，等. 医疗输注器械用高分子材料的现状及发展趋势 [J]. 化工进展，2010，29 (4)：589.

[73] 吕立新. 反应器聚合方法制备聚烯烃类热塑性弹性体技术进展 [J]. 中国塑料，2006，20 (12)：1-9.

[74] 徐志达. 新型聚烯烃弹性体的性能及其应用进展 [J]. 现代化工，2004，24 (10)：23-27.

[75] 白玉光，关颖，李树丰. 新型弹性体 POE 及其应用技术进展 [J]. 弹性体，2011，21 (2)：85-90.

[76] 钱伯章. 国内外热塑性弹性体市场与产品开发进展 [J]. 化工新型材料，2011，39 (8)：61-81.

[77] 宁英男，邹海潇，董春明，等. 聚烯烃类热塑性弹性体研究进展 [J]. 化工生产与技术，2011，18 (6)：48-57.

[78] 陈金耀. VERSIFY 及 PP/VERSIFY 共混物结构与性能的研究 [D]. 成都：四川大学，2007.

[79] 李伯耿，张明轩，刘伟峰，等. 聚烯烃类弹性体——现状与进展 [J]. 化工进展，2007 (36) 9：3135-3144.

[80] Gerald Ondrey. Chemical Engineering [J]. 2015，12：16-20.

[81] Dow Global Technologies LLC：US 8822599 [P]. 2014.

[82] 文煜峰，韩士敏，胡友良，等. 以丙烯为主体的二元及三元共聚研究——丙烯与乙烯和丁烯-1 的共聚合 [J]. 高分子学报，1996，1：65-69.

[83] 廖子兵. 乙丙丁三元多相共聚聚丙烯合金的研究 [J]. 石油化工，2003，32 (3)：242-246.

[84] 王春雷. 三元共聚聚丙烯产品及在包装中的应用 [J]. 塑料包装，2018，28 (1)：1-8.

第14章 聚烯烃废弃物资源化利用技术

据全球知名咨询公司 IHS Markit 统计，2018 年全球聚乙烯需求量超过 1 亿吨，聚丙烯需求量约为 9000 万吨。我国聚烯烃产销量巨大，其中，聚乙烯被大量用作一次性包装袋（背心袋、垃圾袋、牛奶包装袋、保鲜袋等）、快递包装薄膜、农用地膜等，聚丙烯则被大量用作一次性快餐盒、一次性水杯、湿巾纸（PP 无纺布）、编织袋等。这些聚烯烃制品均具有体积大、单位质量轻、集中回收困难等特点，消费者在使用后的随便遗弃已使各种聚烯烃废弃物成为“白色污染”的主要源头之一。

所谓“白色污染（white pollution）”，是对废塑料污染环境现象的一种形象称谓。主要是指用聚乙烯、聚丙烯、聚苯乙烯等塑料制成的农用地膜、包装袋、饮料瓶、一次性餐具、泡沫塑料等制品使用后被遗弃成为固体废物，由于随意乱丢乱扔而对自然景观和生态环境所造成的视觉污染和化学污染。

近年来，“白色污染”已成为威胁环境安全、人类生存的全球公敌。总部位于英国的艾伦·麦克阿瑟基金会（Ellen MacArthur Foundation）在致力于减少塑料对环境污染方面走在全球前列，据该机构统计显示（图 14.1），全球塑料包装年用量达到 7800 万吨，其中有近 1/3（2500 万吨/年）最终流入了自然生态系统，若算上被填埋的塑料包装废弃物，则留存在自然界的塑料包装废弃物就高达 5600 万吨/年。仅此一项，材料价值损失就高达 800 亿～1200 亿美元/年。

“白色污染”不仅污染陆地、农田，其对江、河、湖、海这些“生命之源”的污染也日益严重。2004 年起，人们在河流、湖泊、海水甚至水生动植物体内均已发现“微塑料（microplastics）”（图 14.2）。所谓“微塑料”，一般指粒径小于 5mm 的微小塑料颗粒或纺织纤维碎屑等。悉尼大学研究人员发现，用洗衣机每洗一件衣服，就可能会冲洗掉 1900 多根纤维，而这些纤维看上去和沿海地带发现的“微塑料”一模一样。这些“微塑料”被贻贝、浮游动物等低端海洋生物食用后，难以消化、难以排泄，并会在上层生物中产生“富集”效应，最终可能随着食物链而进入顶端生物——人类的体内。

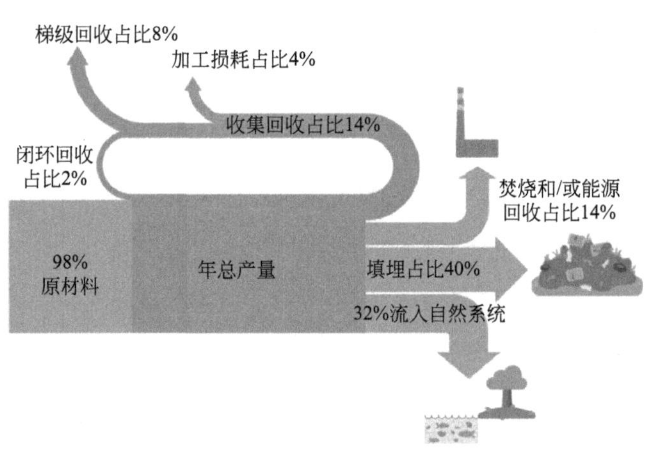

图 14.1　塑料包装废弃物的分布统计

包括塑料加工工业在内的减量化（reduce）、再利用（reuse）、再循环（recycle），即循环经济（circular economy）的“3R 原则”，已引起各国政府的高度重视。所谓“减量化”，即用较少的原料和能源投入来达到既定的生产目的或消费目的，从经济活动的源头注意节约资源和减少污染，如推进产品的小型化与轻量化、尽量采用简约包装等。所谓“再利用”，即要求产品能够以初始的形式被多次反复使用，如用餐时鼓励使用消毒餐具、少用或禁用一次性餐具，出行时鼓励自带洗漱用具、少用或禁用一次性牙具或拖鞋，使用可多次重复利用的共享快递包装盒等。而所谓“再循环”，即产品在完成其使用功能后能重新变成可以利用的资源（即“再生资源”），而尽量不变成需要填埋或焚烧处理的垃圾，如将农用薄膜、编织袋等塑料废弃物经破碎、清洗、挤出造粒等工艺重新变成再生塑料颗粒再次用于某些塑料制品的生产，或将其经高温热解、净化、分离、提纯等工艺重新变成可资利用的汽柴油或化工原料等。

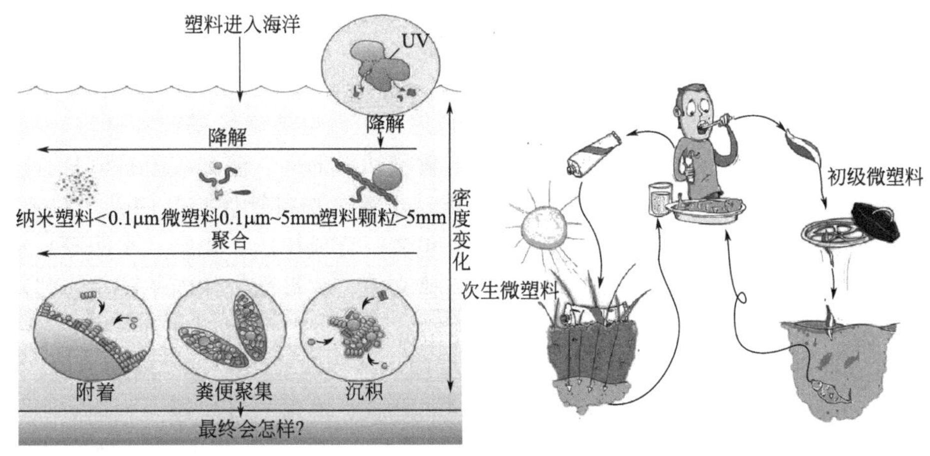

图 14.2 微塑料（microplastics）[1]

本章集中介绍各种聚烯烃塑料废弃物的“再循环”资源化利用技术，并适当兼顾介绍聚苯乙烯、聚氯乙烯等常见塑料品种的回收利用技术。

14.1 聚烯烃的废弃、回收与预处理

聚烯烃在合成、成型加工、流通与消费等每一个环节都会产生废料或废弃制品，其中绝大多数源自消费过程，尤以一次性包装材料、农膜等的废弃量最大。

塑料废弃物回收利用的基本原则是必须实行分类回收。一般而言，只有精确分类的废塑料才能进行简单的物理回收，其回收利用价值也最高。塑料的精确分类必须从源头抓起，要求在塑料制品设计、生产过程中尽量采用单一的或易识别分离的塑料品种，并在废弃回收的前端（如回收网点）做好精细分类。混杂废塑料（即各种品种混合在一起的废塑料）会大大提高废塑料的回收处置难度及处置成本，并大幅降低回收材料的物理性能和使用价值。

回收废塑料在进行物理回收前一般需经过分类、破碎、清洗等预处理工序，这些预处理工序最容易产生噪声、粉尘、废水等对环境的二次污染，因此选用合理的工艺技术及装备尤为重要。

14.1.1 废弃物的主要来源

毫不夸张地说，现代社会中，只要有人的地方，就会有塑料废弃物。聚烯烃废弃物的主要来源如下。

(1) 聚烯烃合成或改性过程中产生的废料

聚烯烃树脂合成过程或改性造粒过程中产生的废料，如聚烯烃合成装置开车调试阶段或变更牌号过程中产生的等外品或废次品；聚烯烃改性造粒过程中因换料、换色等而产生的等外品或废次品。

(2) 聚烯烃塑料制品成型加工过程中产生的废料

① 一次成型聚烯烃塑料制品时产生的废次品及边角料等，如在挤出（管材、板材、电线电缆等）、注塑（汽车保险杠、汽车内饰件、家电部件、手机部件、物流托盘、垃圾桶等）、压延（片材等）、滚塑（塑料桶）等加工过程中产生的废次品、边角料；更换机头滤网时随丝网带出的塑料熔体冷却后形成的废塑料；挤出、注塑等过程中因换料、换色等在清洗螺筒时产生的过渡废料等。

② 二次成型聚烯烃塑料制品时产生的废次品及边角料等，如吹塑（塑料瓶、塑料桶等）、塑料餐盒热成型时产生的废次品及边角料等。

(3) 聚烯烃塑料制品消费后产生的废料

① 大宗工业消费后产生的废塑料，如电力设施用电线电缆绝缘或护套材料，电气插座、开关、继电器、接线盒等的塑料部件；化工用电解槽塑料部件、精馏塔塑料填料、反应器或其他化工设备用塑料部件等；建筑用塑料给（排）水管、塑料管件与阀门、塑料建筑模板、防水片材、发泡聚苯乙烯保温墙体材料等；工业包装（合成树脂、化肥、水泥等）用聚丙烯编织袋、塑料物流托盘等；市政设施用隔离墩、遮光板、垃圾桶、休闲座椅等，塑料材质的户外地板、景观设施等。

② 大宗农业消费后产生的废塑料，如农用棚膜、地膜、农用管道、滴灌设施、育秧盘、瓜果包装箱、瓜果包装用泡沫网、牲畜养殖用塑料地板、渔网、浮球等。

③ 日常生活消费后产生的废塑料，如各种塑料瓶、桶、盆、餐盒及其他容器等；包装袋、购物袋、保鲜膜、垃圾袋等；汽车、家电、电脑、手机等的塑料部件；家具、餐具、刀具、文具、玩具、洁具等的塑料部件等。

值得一提的是，目前形成白色污染的废塑料中，一次性消费塑料制品所占的比重越来越高，如一次性塑料购物袋、一次性饮料瓶、一次性塑料餐具（一次性塑料杯、外卖餐具、桌布等）、一次性食品包装（如塑料饮料瓶、牛奶瓶/袋、黄酒袋、酱油袋、干果塑料包装袋、肉类制品真空包装袋、豆腐包装盒等）、一次性快递塑料包装材料（包括塑料快递袋、塑料编织袋、塑料缓冲内衬材料等）等。这些废塑料大多具有质量轻、体积大、收集困难等特点，且这类以 PE、PP 材料为主的塑料制品又常常与纸张（如快递单标签）、其他材质塑料（如聚酯不干胶带等）或其他物质（如残留食品等）等黏附、混杂在一起，分离、分类、清洗困难重重，回收利用难度大、成本高、价值低，属典型的低值废塑料，常常被随便遗弃进入城市垃圾系统而造成白色污染。因此，自觉减少一次性塑料制品的消费，或自觉在一次性塑料制品消费后进行自我清洗并分类回收应该逐步成为社会新风尚。如：在购买外卖快餐后，应提倡倒净残留食物，并将一次性快餐包装盒简单清洗后再送到再生资源回收网点；收到快递后，应提倡将纸质快递单剥离或局部剪除，再将剩余的塑料包装材料送到再生资源回收网点。这不仅可以大大提高这些材料的回收利用率，更可降低这些一次性塑料包装材料的回收利用难度，这是每一个公民人人可为、人人应尽的环保责任。

14.1.2 废弃物的回收

14.1.2.1 废弃物的回收渠道

任何废塑料的回收均应根据其不同的消费领域、消费特点及消费场所采用不同的、合理的回收措施，聚烯烃也不例外。举例说明如下。

① 大宗集中消费类塑料制品可责成消费者负责回收。如化工厂消费的塑料反应器、塑料管道、塑料容器等应责成化工厂集中回收；电解厂消费的塑料电解槽在废弃后应责成电解厂负责集中回收；废弃农膜应由农户集中收集等。

② 公共场所消费的塑料废弃物可责成场所管理部门负责回收。如机关、学校、医院、军营、商场、写字楼、机场、车站等消费产生的各类废塑料应由相应单位管理部门负责集中回收。

③ 家庭或个人消费的塑料废弃物，应通过宣传教育及必要的强制性法规，逐步提高公民环保意识与环保责任，让每一个公民了解必要的塑料制品消费与回收常识，自觉参与塑料制品的分类回收工作。

必须指出，塑料废弃物的回收与城市垃圾的分类回收既有关联，又有本质差异。如 2019 年 1 月 31 日，上海市十五届人大二次会议表决通过《上海市生活垃圾管理条例》，并于 2019 年 7 月 1 日开始正式实施国内第一个最为严格的城市垃圾分类地方法律。但其分类方案（图 14.3）也只是将居民垃圾分为可回收物、干垃圾、湿垃圾及有害垃圾四大类，这

图 14.3　上海市近期实行的垃圾分类方案

四类中除湿垃圾外都包含有塑料废弃物，如可回收物类中的废塑料、有害垃圾中的废涂料桶（大部分是PP塑料桶）、干垃圾中的尼龙制品与编织袋等，其中至少可回收物与干垃圾中的塑料废弃物大部分是可以回收利用的；另外，即使是可回收物类中的废塑料，在这么严格的生活垃圾分类中也无法做到按塑料材质进行分类回收，这样的垃圾分类仍然会给此类塑料废弃物的预处理加工（分类等）造成极大困难。

图14.4　智能回收柜

另外，目前所谓的“智能回收柜”（图14.4）实际上往往“智能不足”，除了具备类似“大垃圾桶”的收纳功能及计件或计量功能外，也无法实现塑料材质的区分，这对于塑料的分类回收而言并不能发挥多少实际功效。

为此，笔者以为，作为城市垃圾分类回收的配套工程，建立布局合理的前端回收网点仍然是十分必要的。不仅可提高可再生塑料的回收品质，还可在源头上尽量做到“应收尽收”，大大减少城市垃圾产生量与回收量。

14.1.2.2　废弃物回收的基本原则

与其他废塑料一样，聚烯烃废弃物首先必须坚持分类回收的基本原则，这是因为：

① 只有分类回收，才能最大限度地保持材料的原有特性，提高聚烯烃材料的回收利用价值。研究表明，不同类型、不同牌号的聚烯烃材料间往往只具有部分相容性，有些甚至是完全不相容体系，它们之间的混合往往会影响材料的结晶特性及力学性能[1-3]。

② 聚烯烃材料（包括其他废塑料）的分类应尽量做到精细分类。分类越精细，其回收利用价值越高；分类越粗略，其回收利用价值越低。但是，在实际回收工作中，要完全做到彻底的单一品种分类回收是极其困难的，因此，必须根据聚烯烃废弃物的实际情况界定合理的分类精细程度。如：聚乙烯为主的聚烯烃薄膜材料可根据其应用领域的不同，按地膜、棚膜、烟草膜等进行分类回收；聚丙烯为主的一次性餐饮包装制品，可按一次性水杯（又可分为吸塑杯及注塑杯两大类）、酸奶杯、食品打包盒等进行分类回收。

聚烯烃废弃物回收的分类方法可从以下几方面入手考虑。

① 分“用”：首先根据制品的应用领域（即用途）进行分类。

同样外形的塑料制品，其应用领域不同时，所选择的塑料材料往往也会有很大差异。如饮料瓶（矿泉水瓶）一般采用聚酯（PET）材料生产，而农药瓶有些则是采用聚乙烯（PE）或聚氯乙烯（PVC）来生产的。

应用领域不同时，对材料特性的制约也不同，由此也会制约回收物的应用领域。如：饮料包装一般选用无味、无色、无毒的塑料材料，其回收物可用于某些卫生性要求较高的领域，如化妆品包装物等；建筑材料、电线电缆绝缘层等常常是阻燃材料，尤其采用含卤素的阻燃剂时，其回收物不能用作有环保要求的制品的再制造；涂料桶、化工桶、药品包装等，尽管常常是采用性能优异的聚乙烯、聚丙烯、聚苯乙烯等材料生产的，也具有很好的可回收性及回收利用价值，但由于其内容物常常有毒有害，此类包装废弃物一般归为危险废物一类，根据《中华人民共和国固体废物污染环境防治法》《国家危险废物名录》等要求，此类废塑料一般只能按危险废物进行处理（如焚烧处理），而不得按照普通废塑料进行再生加工和回收利用的。

因此，在废塑料回收环节，我们必须首先根据其应用领域进行定性与分类，这也是解决好废塑料来源“可追溯”的关键环节。

② 分“形”：从制品外形入手进行分类。

一般而言，外形相似的塑料制品其成型方法往往是基本相同的，所用材料的某些物理性能往往也具有一定的相似性。如矿泉水瓶大多是采用吹塑法生产的，材料大多是 PET。杯状物大多是采用注塑法（壁厚较大）或吸塑法（壁厚较小）生产的，常用的热塑性塑料（大多是透明的或半透明的）主要是聚丙烯（PP）；若杯状物是彩色不透明的，则可能是热固性材料（如密胺树脂）生产的，区分比较方便。

塑料制品的外形特征至少包括几何形状、透明性、材质的刚性或表面硬度、壁厚、变形（手捏）时的声音等。

③ 分“色”：在分形的基础上再根据制品的颜色进行分类。

一般塑料制品应至少分为透明、白色（或本色）、浅色（淡彩色或彩色透明）、深色（浓彩色或黑色）四档颜色。颜色越浅、分色越单一精细，其回收利用价值越高。

分色可由人工目测完成，也可采用分色机等智能装备完成；可在前端回收网点完成，也可在后端加工企业中完成。

④ 分“质”：按塑料材质（化学成分）进行分类。

由于塑料材料的复杂性及应用普及性，同一外形的塑料制品往往可采用多种塑料材料加工而成，如塑料瓶就可以采用聚乙烯（PE）、聚丙烯（PP）、聚氯乙烯（PVC）、聚酯（PET）等多种不同的塑料进行成型加工而成，有时，这些不同材质的塑料瓶对于有一定专业知识的人员而言也很难从外观、质感、透明性、变形过程中的声音等外部特征来一眼区分。因此，分质往往需要专门的仪器或设备来进行，如光电分选设备、智能机械手等（后文介绍）。

笔者认为，要提高废塑料分类精度同时兼顾分类工作效率，废塑料的分类工作应通过前端网点及后端加工基地的分工协作来完成。前端网点应主要解决分“用”与分“形”，这一方面可解决废塑料来源渠道的“可追溯性”，另一方面也可为加工环节提供来源一致（废料产生的应用领域一致）、外形一致（废料的外观形状基本一致有利于后端加工装备的专门化设计）的废塑料原料；而后端加工企业，则应尽量选用智能装备完成分“色”与分“质”，提高分类精度与生产效率。

需要指出的是，分“色”与分“质”工作有时又必须在前端完成。如 PET 饮料瓶等容器类塑料废弃物，由于其庞大的体积（1 吨矿泉水瓶的体积大约是 $40m^3$），如前端网点不进行打包减容处理，则即使转运至城市周边的加工点（平均运输距离按 50km 测算），其运输成本也是非常可观的，会大大增加废塑料的回收利用成本；但若不经分“色”、分“质”，在前端网点进行打包后再转运，尽管运输成本降低了，又由于打包后的“瓶砖”瓶体变形、相互粘连等问题，会大大增加散包、自动分拣、脱标加工等的加工难度。因此，此类情况下，在前端网点必须同时实现分“用”、分“形”、分“色”、分“质”“四分”，才能有效降低回收成本、降低后端加工难度、提高回收利用的经济效益。

14.1.2.3　废弃物的回收标志

GB/T 16288—2008《塑料制品的标志》规定了塑料制品的标志组成、标志图形和名称、塑料材料的代号等。常见的塑料制品标志图形和名称见表 14.1。

表 14.1 常见的塑料制品标志图形和名称[4,5]

序号	图形	名称	含义
1		可重复使用	成型后制品可以多次重复使用,且性能满足相关规定要求的塑料
2		可回收再生利用	废弃后,允许被回收,并经过一定处理后,可再加工利用的一类塑料
3		不可回收再生利用	废弃后,不允许被回收再加工利用的一类塑料,如与体液接触的医疗废弃物、有毒有害化工原料包装桶等
4		再生塑料	经工厂模塑、挤塑等预先加工后,用边角料或不合格模制品在二次加工厂再加工制备的热塑性塑料
5		回收再加工利用塑料	由非原加工者,用废弃的工业塑料制备的热塑性塑料

根据 GB/T 16288—2008，热塑性塑料材料共有 140 大类，其中常见热塑性塑料的材料名称及其缩略语、代号见表 14.2。

表 14.2 常见热塑性塑料的材料名称、对应的缩略语和代号[4]

代号	材料名称		缩略语
01	聚对苯二甲酸乙二酯	poly(ethylene terephthalate)	PET
02	高密度聚乙烯	polyethylene, high density	HDPE
03	聚氯乙烯	Poly(vinyl chloride)	PVC
04	低密度聚乙烯	polyethylene, low density	LDPE
05	聚丙烯	polypropylene	PP
06	聚苯乙烯	polystyrene	PS
07	丙烯腈-丁二烯塑料	acrylonitrile-butadiene plastic	AB
09	丙烯腈-丁二烯-苯乙烯塑料	acrylonitrile-butadiene-styrene plastic	ABS
43	聚酰胺(尼龙)	polyamide	PA
51	聚丁烯	polybutene	PB
58	聚碳酸酯	polycarbonate	PC
72	线型低密度聚乙烯	polyethylene, linear low density	LLDPE
79	超高分子量聚乙烯	polyethylene, ultra high molecular weight	UHMWPE
89	聚异丁烯	polyisobutylene	PIB
94	聚甲基丙烯酸甲酯	poly(methyl methacrylate)	PMMA
98	聚氧亚甲基;聚甲醛	polyoxymethylene	POM
115	聚乙烯醇	poly(vinyl alcohol)	PVAL
140	乙烯基酯树脂	vinyl ester resin	VE

需要说明的是：目前实际实行的，在某些塑料制品上被经常采用、明确印制出的（如在某些矿泉水瓶底部、瓶盖内侧等位置）塑料制品回收标识往往只有 1～7 号（图 14.5），且 7 代表的是“其他”而非上表中的丙烯腈-丁二烯塑料，代号 8 号以上的塑料目前尚未见有实

际采用的例子。另外，POE、EVA、EPDM 等热塑性塑料改性时常用的弹性体材料目前尚没有回收标志代码；塑料制品常常采用的共混材料、高分子合金材料等也没有明确的回收标志代码。在塑料制品表面尽量明确印制回收标志与代号，可大大便捷废塑料回收过程中的分类分拣，故今后应大力提倡塑料制品生产企业和使用企业广泛采用。

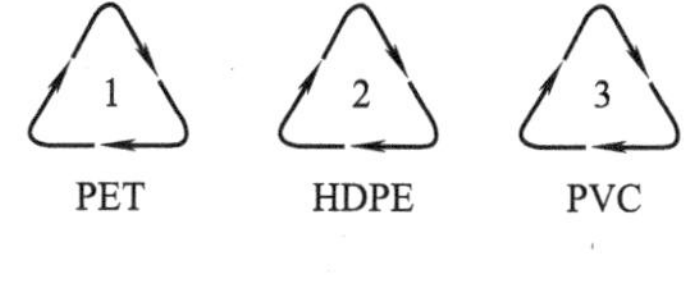

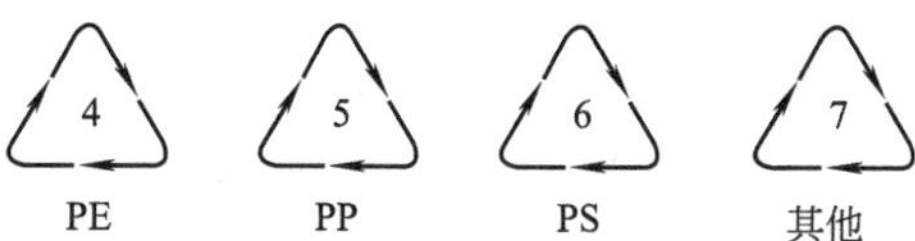

图 14.5　目前实际采用的废旧塑料回收标识

14.1.3　废弃物的鉴别原理与分类方法

14.1.3.1　废弃物的鉴别原理

各种塑料废弃物可根据其物理化学特性差异、化学结构差异等进行鉴别和分类。

(1) 燃烧特性

很多塑料都有独特的燃烧特性（表 14.3），用打火机点燃一小块塑料，根据其燃烧的难易程度、火焰状态、气味、燃烧过程中塑料外观的变化及离火后的燃烧情况等常可用来简易判别一些常见的塑料品种。

表 14.3　常见热塑性塑料的燃烧特性

塑料名称	燃烧难易	火焰状态	气味	塑料变化状态	离火状态
ABS	容易	橙黄色火焰，浓黑烟并伴有絮状碳束漂浮物	特殊苯乙烯单体味，并夹杂橡胶烧焦的气味	软化，烧焦	继续燃烧
聚乙烯(PE)	容易	上端黄色，下端蓝色	石蜡燃烧的气味	熔融滴落	继续燃烧
聚丙烯(PP)	容易	上端黄色，下端蓝色	石蜡燃烧的气味	熔融滴落	继续燃烧
聚苯乙烯(PS)	容易	橙黄色火焰，浓黑烟并伴有絮状碳束漂浮物	特殊苯乙烯单体味	软化，起泡	继续燃烧
聚酯(PET)	容易	橙色火焰，有少量黑色	酸味	软化，起泡	慢慢熄灭
聚氯乙烯(PVC)	难	上端黄色，下端绿色，冒白烟	刺激性酸味	软化	离火即灭
聚酰胺(PA)	慢慢燃烧	蓝色火焰，上端黄色	特殊的羊毛或指甲烧焦的气味	熔融滴落，起泡	慢慢熄灭
聚碳酸酯(PC)	慢慢燃烧	黄色火焰，黑烟并伴有絮状碳束漂浮物	特殊花果臭味	熔融，起泡	慢慢熄灭

(2) 密度

常见热塑性塑料的密度见表 14.4。在废塑料的回收加工中，密度是最常用来分离废塑料的方法之一。人们常常采用水、水溶性金属盐溶液来配制不同密度的溶液（水的密度为 1.00g/cm^3；氯化钠饱和溶液密度为 1.20g/cm^3；而氯化锌饱和溶液密度可达 2.00g/cm^3），用浮选法来分离密度不同的塑料，密度小于溶液密度的材料会浮于溶液表面，而密度大于溶液密度的材料则会沉入溶液底部，从而实现不同密度材料的分离。表 14.4 所列为纯粹塑料的密度，但实际的塑料制品常常采用经填充改性、增强改性、共混改性后的塑料专用料，而塑料中的填料类型和用量（如碳酸钙、滑石粉等）、增强剂（如玻璃纤维、碳纤维等）或共混树脂的类型和用量等均会对基体材料的密度产生很大的影响，如填充 10phr［phr 表示每 100 份（以质量计）树脂中添加的填料或增强剂份数］碳酸钙的聚丙烯的密度会超过 1.00g/cm^3，在水中就不会像纯 PP 一样浮在水面，而是沉底的。另外，在采用密度法浮选材料时，有时即使两种材料的密度差异很大，但由于外形相似，在实际浮选操作中容易夹带而影响浮选精度，如 PET 瓶片（密度 1.35g/cm^3 左右）与 PP 标签纸（密度 0.91g/cm^3 左右）密度差异很大，但在浮选槽中浮选时，由于两者经破碎后都呈薄片状，PP 标签纸很容易夹带在 PET 瓶片中而很难彻底浮选干净。因此，采用密度法分离废塑料时，其精度一般不会很高。

表 14.4　常见热塑性塑料的密度

材料类型	缩写符号	密度/(g/cm^3)
低密度聚乙烯	LDPE	0.915～0.930
线型低密度聚乙烯	LLDPE	0.915～0.940
高密度聚乙烯	HDPE	0.940～0.960
超高分子量聚乙烯	UHMWPE	0.920～0.964
聚丙烯	PP	0.89～0.91
聚氯乙烯	PVC	1.38
聚苯乙烯	PS	1.04～1.09
丙烯腈-丁二烯-苯乙烯树脂	ABS	1.03～1.07
聚对苯二甲酸乙二醇酯	PET	1.28～1.38
聚酰胺(尼龙)	PA	1.02～1.15
聚碳酸酯	PC	1.20
聚甲醛	POM	1.40～1.42
聚四氟乙烯	PTFE	2.10～2.22

(3) 溶解特性

不同的塑料有不同的溶解特性（表 14.5、表 14.6），可作为鉴别塑料品种的重要参考依据。

表 14.5　常见热塑性塑料的溶解特性[6]

聚合物	缩写符号	溶剂	非溶剂
聚乙烯	PE	对二甲苯，三氯苯	丙酮，乙醚
聚丙烯	PP	烃类，乙酸异戊酯	乙酸乙酯，丙醇
聚氯乙烯	PVC	四氢呋喃，环己酮，甲酮，二甲基甲酰胺	甲醇，丙酮，庚烷
聚苯乙烯	PS	苯，甲苯，三氯甲烷，环己酮，乙酸丁酯，二硫化碳	低级醇，乙醚(溶胀)
聚 1-丁烯	PB	癸烷，十氢化萘	低级醇

续表

聚合物	缩写符号	溶剂	非溶剂
聚甲基丙烯酸甲酯	PMMA	三氯甲烷,丙酮,乙酸乙酯,四氢呋喃,甲苯	甲醇,乙醚,石油醚
聚对苯二甲酸乙二醇酯	PET	间甲酚,邻氯酚,硝基苯,三氯乙酸	甲醇,丙酮,脂肪族烃类
聚酰胺	PA	甲酸,浓硫酸,二甲基甲酰胺,间甲酚	甲醇,乙醚,烃类
聚甲醛	POM	γ-丁内酯,二甲基甲酰胺,苯甲醇①	

① 在高温时可溶。

表 14.6 常见塑料薄膜的溶解性（常温）[7]

薄膜类型	水	丙酮	甲苯	乙酸乙酯	二氯乙烷
玻璃纸	Δ	×	×	×	×
乙酸纤维素	×	○	×	Δ~○	Δ
聚乙烯	×	×	×	×	×
聚丙烯	×	×	Δ	×	×
聚氯乙烯	×	Δ	×~Δ	×	
聚偏二氯乙烯	×	×	×	×	×
聚苯乙烯	×	Δ	○	○	○
聚乙烯醇	Δ~○	×	×	×	×
聚酯	×	×	×	×	×
聚酰胺	×	×	×	×	×
聚碳酸酯	×	×~Δ	○	Δ	○

注：×—不溶；Δ—膨润或部分溶解；○—溶解。

(4) 现代光谱分析技术

理论上讲，有许多现代光谱分析技术均可用于塑料材料的鉴别，如 X 射线荧光光谱(XRF)、近红外光谱（NIR)、傅里叶变换红外光谱（FT-IR)、激光诱导等离子体光谱(LIPS)、质谱分析（MS)、紫外光谱（UV)、拉曼光谱（raman spectrum）等，但大多限于实验室研究，目前具有工业应用实例光电分选技术的主要有以下几类。

① X 射线透视：根据塑料的不同原子密度分选。

② 近红外传感器：根据不同塑料的反射光谱分选。

③ 颜色识别传感器：分析材料的可见光、紫外线、红外线和其他范围的光谱，识别颜色进行分选。

④ 电磁传感器：根据塑料的电导率和磁导率分选。

⑤ 可见光谱传感器：对透明的或者不透明的塑料进行光谱识别。

14.1.3.2 废弃物的分类（分拣）方法

(1) 人工分拣

人工分拣是最原始的方法，但常常也是一种非常有效的方法，尤其在前端回收网点，人工分拣仍然是废塑料分类的有效方法。

人工分拣的依据主要是塑料的外观特征、燃烧特性等简单性状特点及对各类塑料制品所用材质的大致了解，更准确的分拣则要以对塑料材质的实验室分析结果为依据，并逐渐积累经验。

人工分拣可用于聚乙烯（PE）、聚丙烯（PP）、聚苯乙烯（PS）、聚氯乙烯（PVC）、聚甲基丙烯酸甲酯（PMMA）、聚对苯二甲酸乙二醇酯（PET）、聚酰胺（PA）、聚碳酸酯（PC）等大部分常见塑料品种的分类分拣。熟练的人工分拣人员一般一天可以分拣数百公斤废塑料，其工作效率也是相当可观的。

（2）密度（重力）分选

密度分选或重力分选是利用材料的密度差或重力差，使材料在不同的环境下（漂浮、振动、气流等）产生位移差而实现的一类分选方法。主要方法如下。

① 振动分选。利用振动床的往复运动，带动床面上的物料产生振动作用，利用物料与床面之间产生的摩擦力及惯性力，形成物料颗粒的不同位移运动，并通过物料颗粒间的位移差达到分离的效果。振动分选在处理密度相差较大的材料分选时效果较好。

② 气流分选（风力分选）。用气流吹动废塑料与其他材料的混合材料，密度大的材料下落距离较近，密度小的材料下落距离较远，从而实现材料的分选。包括风筛分选、螺旋气流分选、气动流化床分选等。

③ 液体分选（密度分选）。利用液体与塑料颗粒的密度差，实现不同种类废塑料的分选。包括分级液流分选、液动流控分选等。影响液体分选精度的因素包括塑料材料的密度差异程度、表面特性及外形尺寸等。

（3）静电分选

静电分离（又名高压电选），是利用物料导电性能的差异，在高压电晕电场与高压静电电场相结合的复合电场中，在电力和机械力的作用下，实现对物料的分离。对导体加强了静电极的吸引力，对非导体加强了斥力。经过挑选、破碎、磨粉后的金属和非金属混合物或其他导体和非导体混合物，从进料漏斗中落到圆筒表面，圆筒旋转带着物料进入高压电极和圆筒接地电极之间的电晕电场中，导电性能良好的颗粒在与接地电极表面接触时，能较快地将导电良好的金属颗粒所带电荷经圆筒电极传走，在旋转圆筒带来的离心力和自身重力的作用下，脱离圆筒电极，落入导体颗粒的接料槽中。导电性能较弱的非金属或非导体颗粒，在与圆筒接触时，很难传走它们所带的电荷。由于异性电荷相互吸引而吸附在圆筒表面，随圆筒转动带至圆筒后面被圆辊毛刷刷下，落入非导体颗粒接料槽中（图 14.6）。

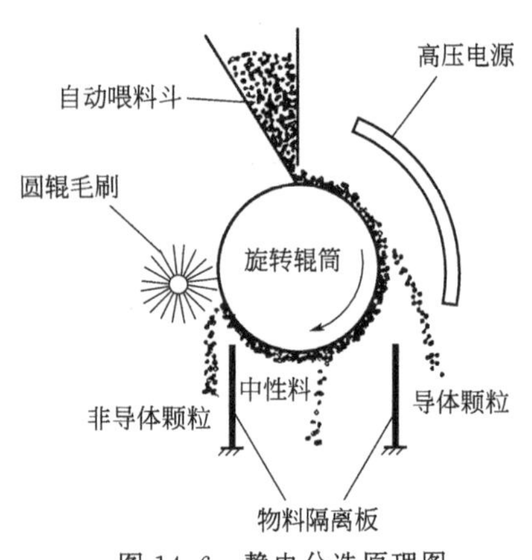

图 14.6　静电分选原理图

在废塑料的分选中，还可以利用各种塑料电导率不同以及电场作用于塑料上的静电性能来进行分选。根据摩擦产生静电的基本原理，当材质不同的塑料相互摩擦时，有的会带正电荷，同时有的会带负电荷（表 14.7）；这样，我们就可以根据电荷“异性相吸”原理，使带不同电荷的塑料颗粒向极性相反的电极偏移，从而实现不同材质塑料的分离（图 14.7）。

表 14.7　塑料的摩擦带电序列

正电	聚甲基丙烯酸甲酯	丙烯腈-丁二烯-苯乙烯树脂	聚苯乙烯	聚丙烯	聚乙烯	聚对苯二甲酸乙二醇酯	聚氯乙烯	聚四氟乙烯	负电
（+）	PMMA	ABS	PS	PP	PE	PET	PVC	PTFE	（−）

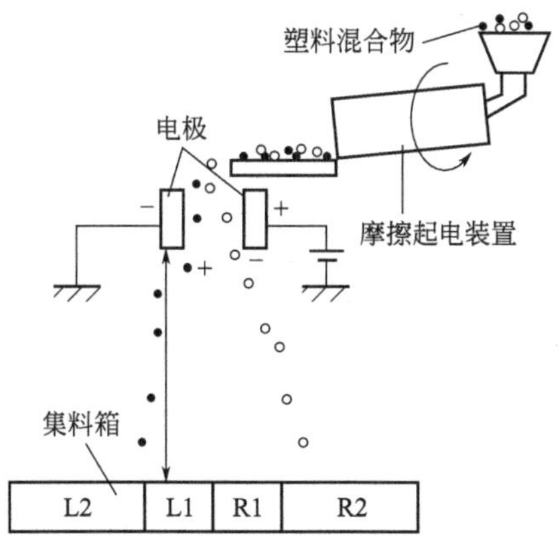

图 14.7　不同塑料间的静电分离原理图

需要说明的是，静电分选只能分选导电性能有明显差异的物料，如金属与塑料、非极性塑料与极性塑料等，对导电性能相近的同类塑料的分选精度较差。另外，因为水分会影响材料的导电性能，故采用静电分离的塑料一般必须是经过干燥的塑料碎片或颗粒；且分选材料的颗粒粒径也不能太大（一般为 0.04～1.00mm），否则可能因静电力不足以克服重力而导致分选精度的降低。

(4) 光谱分选

光谱分选是基于不同塑料在光谱性能上的差异而进行的自动化分选，又分为吸收光谱（如红外、紫外吸收光谱）、发射光谱（如荧光光谱）和散射光谱（如拉曼光谱）等三种主要类型。解析塑料材料红外谱图的三要素是谱峰位置、形状和强度。

基于传感器的分选系统按照其传感器的检测原理，自动分选技术主要分为以下几类：

① 颜色识别传感器：通过分析材料的可见光、红外线、紫外线及其他范围的光谱，识别材料的颜色进行分选判断。

② 近红外传感器：根据不同材料所表现的不同的反射光谱进行分选判断。

③ X 射线透视：根据不同种类材料的不同原子密度，进行分选判断。

④ 可见光谱传感器：对透明、不透明材料进行可见光谱识别与分选判断。

⑤ X 射线荧光技术：根据材料的原子特性进行分选判断。

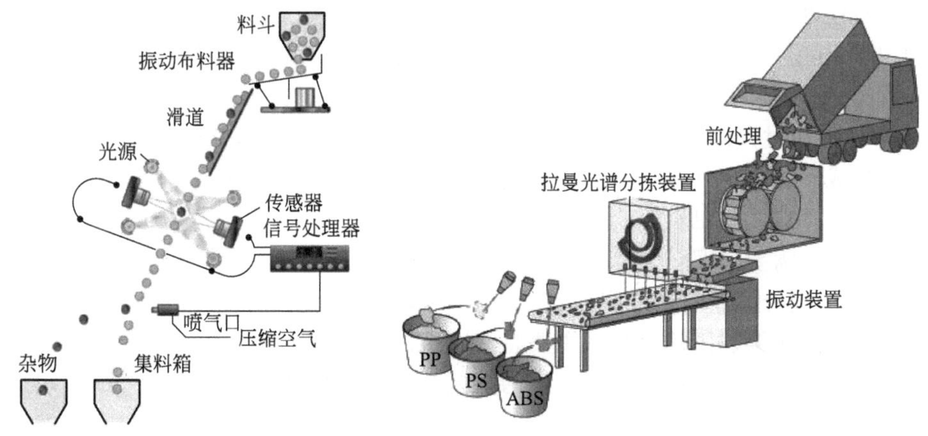

图 14.8　光谱分选工作原理示意图

如图 14.8 所示，当传感器检测到需要去除的杂物时，会指令气嘴喷气吹出杂物，从而达到分选目的。迄今为止，光谱分选是分选精度、分选效率均相对较高的一种现代分选方法，近年来发展应用进展很快。但是，该种分选方法一般适用于分布均匀、无相互交叠的塑料材料的分选，当材料容易产生相互交叠时（如大块状薄片、薄膜、纤维织物等），因吹除时物料的夹带作用会大大降低分选精度。

（5）智能分拣机器人

智能分拣机器人（又称“蜘蛛手”）是近年来才发展起来的智能分拣装备，是一类具有视觉功能的并联机器人，主要由三个部分组成：机器人、输送线及机器人安装框架（图 14.9），具有质量轻、体积小、速度快、定位精、成本低、效率高等特点。可通过示教编程或视觉系统捕捉目标物体，并具有自学功能。由三个并联的伺服轴确定抓具中心（TCP）的空间位置，实现目标物体的快速拾取、分拣、装箱、搬运、加工等操作。

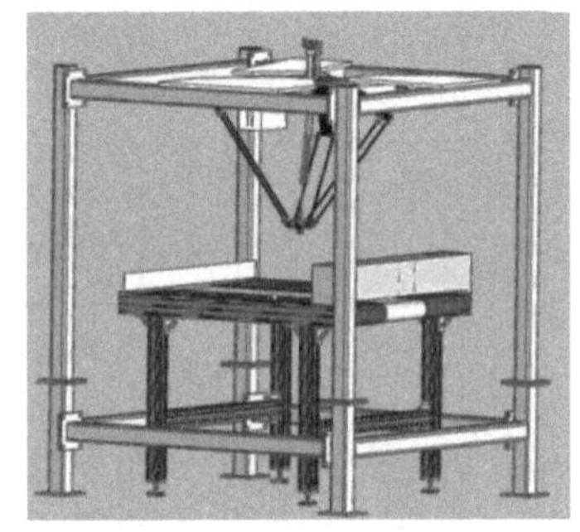

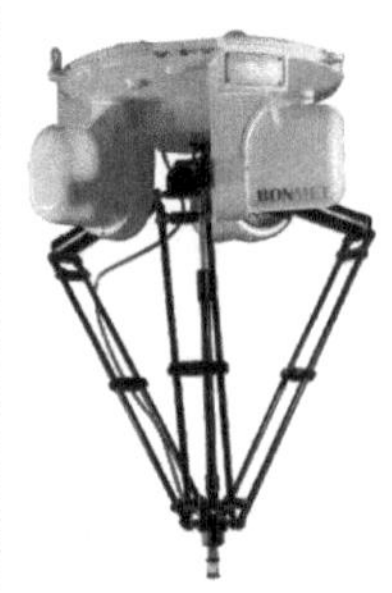

图 14.9　智能分拣机器人（“蜘蛛手”）

14.1.4　废弃物的预处理

所谓废塑料的预处理是指为废塑料挤出造粒或直接利用等物理回收利用所做的准备性操作，一般主要包括分类、破碎、清洗、干燥等工序。

广义的预处理应包括消费者在丢弃塑料制品前自行完成的杂物分离、初步清洗等操作，这是应该大力倡导的。如消费者在消费矿泉水或其他饮料后，自觉倒净瓶内残留液体，将瓶盖及标签与瓶体分离，然后再送至废塑料回收站点；又如，消费外卖餐饮后，倒净塑料餐盒内残留食品，并做简单清洗后再回收；再如，收到快递后，将纸质快递单与塑料包装薄膜分离后再回收等。这些举手之劳，不仅可大大降低废塑料后续的回收加工难度，也会在很大程度上减小废塑料回收加工过程对环境的二次污染，还可以有力促进废塑料回收分类的精度、提高回收利用价值。

14.1.4.1　预处理的主要目的

废塑料预处理的主要目的有两个。

① 除杂。通过分类（分拣）、清洗、干燥等操作，将目标回收物与其他材质塑料、杂物、水分等实现分离，获得材质单一、洁净干燥的塑料回收物。

② 碎片化。通过撕碎、粉碎、磨粉等操作，将体积较大的管状、块状、条状等形状的塑料回收物变成后续加工（包括直接利用、挤出造粒等）可使用的、具有一定尺寸或细度的块状料或粉末（俗称“上机料”）。

另外，有两点需要说明：

① 废塑料的预处理环节是最容易造成二次污染的，最典型的就是水污染，其他还有一些粉尘污染、噪声污染、固体废物（主要是污水沉降池中产生的混杂漂浮物、沉淀物等）等问题。因此，选用先进的环保装备及合理的工艺做到“环保处置”是废塑料预处理过程的关键问题。

② 废塑料预处理的难度、二次污染程度及回收物的品质优劣在很大程度上取决于前端分类的精细程度及回收环节的设计与管控是否合理、到位。举例来说，一个矿泉水瓶，如果

“我”喝完了、喝干净了，“我”再用小刀把瓶盖（PP 或 PE）、标签纸（PP 或 PVC）与瓶体（PET）分离干净（大概只需要耗费最多 3min 时间），再将这些废塑料送至回收网点，回收网点又及时将这些已经分类清晰的废塑料打包装袋，并送至加工企业，则这样的 PET 瓶基本只需要采用清水简单清洗一下即可，不仅加工成本低、预处理过程污染很小，且回收材料的品质、纯度、利用价值也最好。但如果这个矿泉水瓶被“我”“随手”扔进了垃圾桶，随后被环卫工人与其他垃圾一起送至垃圾回收站，最后从垃圾中再被分拣出来，则这个矿泉水瓶至少外表面会被严重沾污（油污、泥沙、臭味等），这样的瓶子往往需要采用热的碱液才能清洗干净。由此可见，两者的处理难度、二次污染程度差异有多大。因此，废塑料回收处置的责任不仅仅局限于塑料制品生产者应尽的回收责任，更应是每一个自觉或不自觉地使用或接受各种塑料制品的消费者应尽的责任，只有提高全社会每一个公民的环保意识，并自觉参与“终结废塑料”行动，我们的天才会更蓝、水才会更绿。

14.1.4.2 预处理的基本方法

聚烯烃废弃物的预处理一般包括回收、分类（分拣）、撕碎（破碎）、清洗、干燥等环节，每一个环节一般都通过恰当的装备来完成，目前此领域装备自动化、智能化、节能化、环保化的趋势强劲，本节主要介绍近年来该领域取得的一些技术进展。

(1) 便携式塑料材质鉴别仪

塑料废弃物往往缺乏明显标志，常人很难依靠外观区分各种塑料材质，而塑料废弃物的有效循环利用又在很大程度上依赖于塑料废弃物的准确分类回收。为此，便携式塑料成分快速鉴别仪（图 14.10）应运而生，这是一种手持式拉曼光谱仪，可在 1s 内快速识别 100 多种塑料材质，包括各种常用塑料、共混塑料等，这给前端回收网点实现塑料废弃物的精细分类回收提供了极大的便利。

图 14.10 Polymax™ 便携式塑料成分快速鉴别仪

(2) 微型打包机

回收网点是回收塑料废弃物的主要场所，但过去由于缺乏必要的技术装备，这些回收网点大多存在脏乱差等问题甚至成为“环保风暴”的关停对象（图 14.11）。为此，采用微型打包机（图 14.12）等先进装备，不仅有利于实现回收塑料的网点袋装化，整洁美化网点工作环境；也有利于在回收前端实现对塑料废弃物的压缩减容（对 PET 瓶的压缩倍率可达 30 倍），大大降低物流成本；更有利于腾出网点空间进行精细分类工作，这是智能回收机目前无法实现的功能，也是对垃圾分类回收体系建设的有益补充。

图 14.11 脏乱差的回收网点

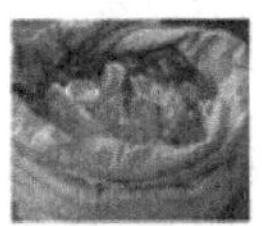

打包前

打包后

图 14.12 微型打包机

(3) 分类（分拣）集成系统

随着废塑料加工利用行业向环保、智能、高效等新的方向的发展需求，装备的大型化、集成化已成发展趋势。塑料废弃物的分类（分拣）是废塑料回收处理的关键环节，也是技术难度最大、传统作业耗工费时最多的环节，尤其随着报废汽车、废旧家电拆解行业的发展，高效的整车破碎、整机破碎（图 14.13）已成行业发展大势，这就需要采用大型、高效的集成分类（分拣）系统（图 14.14）将破碎后混杂在一起的各种金属（有色金属、黑色金属等）、各种品类塑料（工程塑料、通用塑料等）等碎块自动分类（分拣）出来。

图 14.13 整车破碎生产线

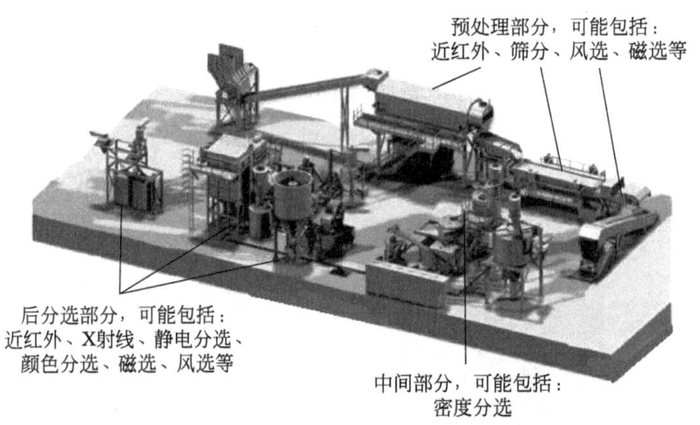

图 14.14 一种废塑料集成分拣系统示意图

(4) 环保耐用的撕碎（破碎）装备

废塑料加工用各类撕碎机、破碎机在我国已有很长的生产历史，制造企业众多、适用范围各异，单价差异明显、质量参差不齐，一般而言，优质的撕碎机（图 14.15）、破碎机

(图 14.16) 应具备下列特征。

① 绿色环保：粉尘少、噪声小、功耗低等。

② 耐用性好：刀具结构合理、材质精良、刀具磨损小、换刀频次低、更换便捷等。

③ 破碎产品质量均一：破碎物料外观均匀性好，粉尘、长粒含量低等。

图 14.15　重型单轴撕碎机

图 14.16　静音破碎机

(5) 无水清洗技术

在工业清洗领域，“无水清洗”指在清洗后能实现零排放和循环利用的一种清洗工艺，这不仅仅是一个概念，已经有大量成功案例。如人们熟知的衣物的“干洗”，就是采用卤代烃类溶剂（四氯乙烯、三氯乙烯、二氯甲烷等）、醇类溶剂、醚类溶剂和碳氢清洗剂等化学清洗剂，在干洗设备（图 14.17）中将衣物清洗干净，而对化学清洗剂又进行回收循环利用（回收利用率可达 99%以上）的一种方法。

图 14.17　衣物干洗机

干洗机一般必须具备洗涤功能、过滤功能、烘干回收功能和洗涤溶剂再生功能，因此，干洗机一般由洗涤系统、过滤系统、烘干回收系统（含烘干回收时的冷却、液水分离等功能）、洗涤剂蒸馏系统等组成。

利用衣服“干洗”原理，研发废塑料干洗装备，不仅可以节省大量清洗用水，更可从根本上改变废塑料清洗的传统模式，大大减少废塑料清洗过程中对环境的二次污染。

近年来，国内厂家已研发了一类塑料薄膜干洗机（图 14.18），可适用于各类回收塑料薄膜、编织袋的脱灰与除尘，但对回收塑料上的油污、顽渍等的去除效果则较差，故这种干洗方式严格意义上讲只是一类采用高速离心方法分离微细杂质、杂物的方法，仍非真正意义上的无水清洗。

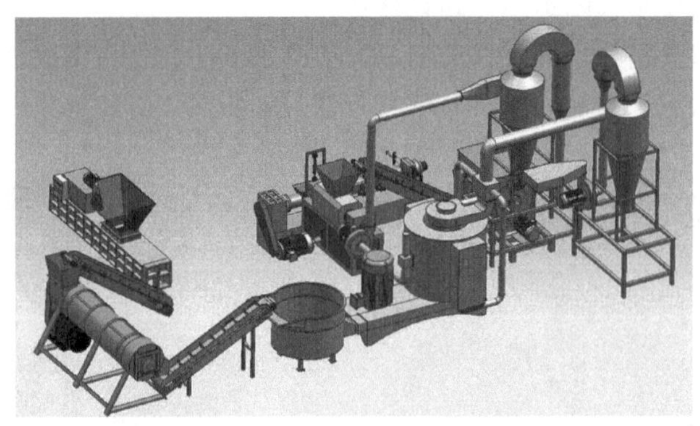

图 14.18　塑料薄膜干洗机组

14.1.4.3　预处理的关键问题

目前，聚烯烃废弃物的预处理在分类回收环节及加工处置环节还存在诸多关键问题，亟待进一步完善。

与聚烯烃废弃物分类回收环节相关的关键问题包括以下几种。

① 聚烯烃塑料制品标志严重缺失，导致聚烯烃等塑料废弃物分类困难。如前文所述，目前仅部分塑料制品采用了1～6号有效的塑料回收标志（图14.5），按GB/T 16288—2008《塑料制品的标志》中规定的其余134类塑料制品标志大多没有被实际采用，而经过填充、共混、阻燃等各种改性加工的塑料品种更是数不胜数，此类制品几乎都没有采用任何明确标志。这不仅极大地增大了塑料废弃物准确识别、精细分类的难度，也在客观上造成再生塑料材料成分复杂多变、性能波动范围大，也给合理界定塑料再生材料应用领域、提高再生塑料附加价值等带来诸多困难。手持式拉曼光谱仪的出现，尽管为塑料废弃物的鉴别提供了极大便利，但与成千上万种塑料材质相比，目前其识别功能仍然是非常有限的。解决塑料识别难的问题只能从制造源头上以法规方式明令塑料制品生产者应负的标识责任。

② 塑料废弃物相关法规制度粗放、缺失，回收行为过度倚重市场机制，回收环节“挑肥拣瘦”，大量一次性塑料包装废弃物（背心袋、快递包装、快餐盒等）等低值、难处理塑料废弃物得不到有效回收利用而被大比例遗弃进入生态系统（图14.1），也是“白色污染”的主要成因。为此，类似《上海市生活垃圾管理条例》这样的更为广泛和严格的法律法规亟须出台，必须想方设法严堵塑料废弃物进入生态环境之路。

③ 回收网点技术手段匮乏、处置装备缺失、人员培训不足，致使在回收网点有限的空间内很难真正实现精细分类，不仅网点现场卫生环境难以保障，也提高了废塑料回收物资储存、转运、后续加工等成本和难度。为此，应尽快研究制定新型回收网点建设规范标准，尽快推广应用回收网点适用的塑料材质快速识别仪（图14.10）、微型打包机（图14.12）等新技术、新装备。

与聚烯烃废弃物加工处置环节相关的关键问题至少包括以下两点。

① 如何尽量减少塑料废弃物加工处置环节的二次污染问题。笔者认为，绝对的“零排放”是不科学、不现实的，过于严苛的环保标准要求只会导致废塑料加工利用行业的整体萎缩，这种“因噎废食”只会导致更为严重的环境污染问题。但是，无序的、小作坊式的、采用简易落后装备、丝毫不顾及环境的废塑料加工利用企业确实必须毫不犹豫加以取缔。必须尽快研究制定废塑料再生加工污染控制标准体系，研发更加环保的废塑料加工处置技术和装

备（如图 14.18 所示的废塑料无水清洗技术等），通过标准管控及技术进步引领行业健康发展。

② 如何在规模化生产中提高再生塑料产品的质量稳定性，如何根据再生塑料产品的性状等级选择合理的再利用途径。废塑料在使用过程中均会产生某些老化，塑料制品的使用环境不同、使用时限不同等又会使各种塑料废弃物的性状产生较大差异，必须通过前端精细分类及加工处置过程中的性能修补、均化处理等技术手段尽量为后端制造提供品质稳定的再生塑料产品。另外，必须尽快研究制定各类再生塑料产品质量标准与分级标准，为再生塑料制品选择合理的再利用途径提供规范和依据。

14.2　聚烯烃的物理回收

所谓物理回收是指回收过程中材料内部发生的主要是物理变化，而分子结构意义上的化学变化则相对较少。物理回收是相对于化学回收而言的，实际上任何材料在使用及回收加工的过程中都会或多或少地发生分子链的断裂、交联或接枝等化学反应，但传统上我们仍将其视为物理过程。物理回收方法一般包括直接利用、造粒利用与改性利用三类。

14.2.1　物理回收的基本方法

14.2.1.1　直接利用法

直接利用法是指经预处理所得的再生塑料破碎料或粉料不经造粒加工或改性加工而直接用于某些塑料制品的生产的利用方法。

许多聚烯烃再生料均可用于直接利用，如聚乙烯小中空制品（洗发水瓶、机油壶等容器）、冰箱拆解聚丙烯内筒等的清洗破碎料可直接再用于某些物流塑料托盘、市政排水管、农用灌溉管道、垃圾桶、周转箱及日用塑料脸盆等塑料制品的生产。但应注意，由于回收塑料或多或少会在使用过程中产生某种程度的老化，因此，除个别要求不高的场合外，一般这些回收塑料均需与新料按一定的比例掺混使用，同时需补充添加部分加工助剂（如抗氧剂、增韧剂、色母料等）并经混合均匀后再用于制品的加工。

需要说明的是，采用回收塑料的制品不能简单视为弄虚作假或偷工减料，只要技术措施得当，采用回收塑料（至少部分采用）的制品完全可以达到相关产品的质量标准，消费者应该改变传统消费理念，接纳、支持采用回收塑料生产的塑料制品，只有这样，才能大力推动我国塑料废弃物的循环利用、减少塑料废弃物对环境的污染。当然，作为生产企业，尤其是塑料废弃物利用企业，必须切实提高技术水平、加强质量管控，为消费者提供放心产品、优质产品。

14.2.1.2　熔融造粒法

熔融造粒法是将聚烯烃类热塑性塑料重新加热到其熔融温度或黏流温度以上，并在高压下迫使熔体通过口模小孔成圆柱状熔体流，最后经冷却、切粒成再生塑料颗粒的利用方法。该方法由于在造粒过程中一般不添加其他改性添加剂，故又俗称简单造粒。

聚烯烃废弃物熔融造粒方法所采用的设备目前主要有各种螺杆挤出机组（图 14.19）及密炼/螺杆挤出机组（图 14.20）两大类。

螺杆挤出机组的具体设备配置可根据加工对象、加工工艺等的技术要求差异而灵活设计，常见的形式主要有单阶螺杆挤出机组（一条生产线只有一台螺杆挤出机）、双阶螺杆挤出机组（一条生产线有两台螺杆挤出机）、三阶螺杆挤出机组（一条生产线有三台螺杆挤出机）等。所用螺杆挤出机可以是单螺杆挤出机、平行同向双螺杆挤出机、锥形异向双螺杆挤出机等，但简单造粒最常用的是各种单螺杆挤出机。通过改变加料方式、螺杆直径、螺杆长径比、螺杆结构等，螺杆挤出机组可适用于各种材质的薄膜碎片、块状物料、含水物料等多种热塑性回收塑料原料的挤出造粒，并达到规定要求的产能。

图 14.19　再生塑料造粒用螺杆挤出机组举例（双阶螺杆式）

图 14.20　再生塑料造粒用密炼/螺杆挤出机组举例（密炼/单螺杆式）

密炼/螺杆挤出机组主要有密炼机、自动上料机、强制喂料机、螺杆挤出机等组成，是由密炼机完成对物料的塑化，由螺杆挤出机完成塑化物料的压实和挤出造粒。与螺杆挤出机组相比，密炼/螺杆挤出机组一般具有对原料外形尺寸要求低、塑化工艺控制灵活、产能大等特点，但目前在废塑料简单造粒领域的应用主要限于电线电缆回收、PVC 护层材料再生造粒等少数场合。

针对再生塑料中常常存在杂质含量多的问题，造粒机组机头部位一般设置有熔体过滤装置，常见的主要是液压或电力驱动的双工位熔体过滤器［图 14.21(a)］，针对杂质含量较高的塑料废弃物，近年来又开发出连续走带式熔体过滤器［图 14.21(b)］及无网自动排渣式熔体过滤器［图 14.21(c)］等高效、使用过程无需停机的新型过滤器。

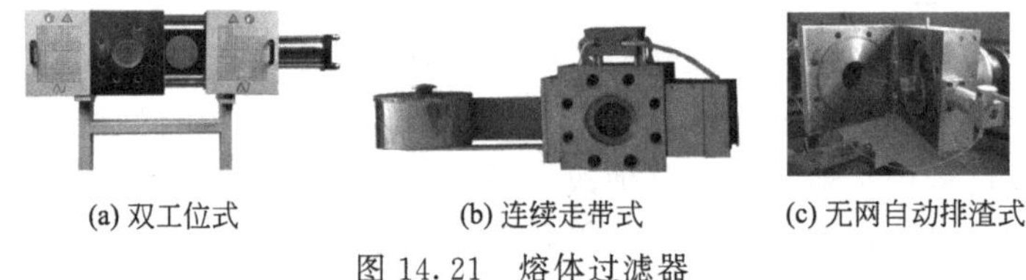

(a) 双工位式　(b) 连续走带式　(c) 无网自动排渣式

图 14.21　熔体过滤器

另外，再生塑料颗粒的外形主要取决于切粒方式，常见的简单造粒切粒方式主要是水冷却拉条切粒［图 14.22(a)］，所得颗粒一般为圆柱状［图 14.23(a)］，有些材质（如 PP）的颗粒还会因冷却而在颗粒中心形成收缩孔；也可采用模面风冷切粒［图 14.22(b)］、模面水环切粒［图 14.22(c)］或水下切粒［图 14.22(d)］等切粒方式，后三种切粒方式所得颗粒较为饱满［图 14.23(b)］，颗粒中心一般也不会产生收缩孔。

(a) 水冷拉条切粒

(b) 模面风冷切粒

(c) 模面水环切粒

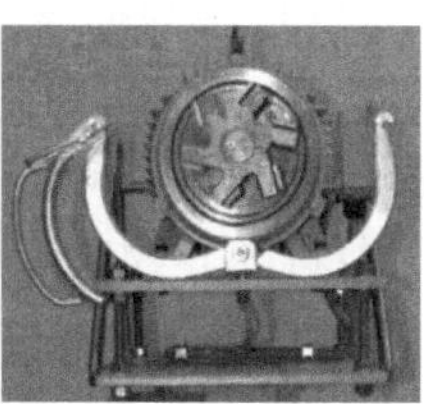

(d) 水下切粒

图 14.22　常见的切粒方式

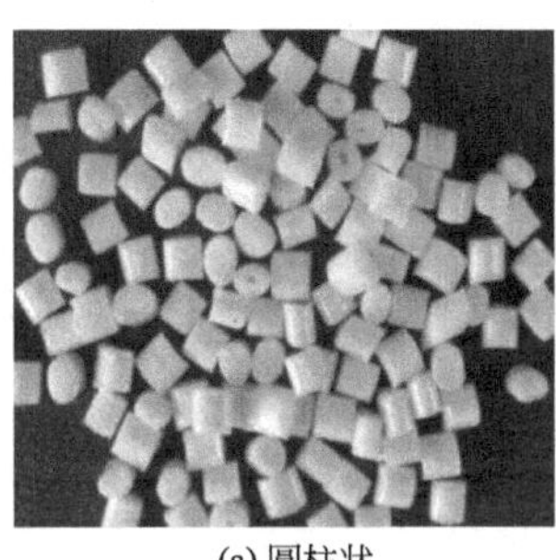

(a) 圆柱状

(b) 类球状

图 14.23　再生塑料颗粒外观

与直接利用法相比，熔融造粒法的优点在于可通过熔体过滤等方式去除塑料废弃物中的部分杂质；也可通过熔融挤出过程中的自然排气或抽真空排除某些挥发性有机化合物(VOC)；另外，还可通过对塑料废弃物原材料在挤出造粒前的批混处理、熔融挤出过程本身及挤出颗粒产品的批混处理等，在很大程度上改善再生塑料颗粒产品的材料性能均一性及外观色泽均一性。因此，熔融造粒法是目前采用最为广泛的一类聚烯烃废弃物物理回收工艺。

14.2.1.3　改性造粒法

为了改善废旧塑料再生料的基本力学性能，或满足某些专用制品对材料的质量要求，可以采取各种改性方法对塑料废弃物进行改性。

改性的目的主要包括：

① 针对塑料废弃物物理性能的老化情况，通过改性进行材料性能修补。如：聚酯(PET) 在加工、使用过程中往往会或多或少产生部分降解现象，导致分子量降低、特性黏数降低，为此，回收 PET 可通过固相缩聚、化学扩链等方式提高其特性黏数，通过这种方法，再生 PET 瓶片料的特性黏数可从 0.60dL/g 提高至 0.70～1.20dL/g 左右，从而满足某些工程应用的性能需求[8-12]。

② 针对某些专用制品对材料的质量要求，通过改性达到材料的质量指标。如：聚丙烯在使用过程中容易老化变脆、冲击强度降低，而通过增韧改性、填充改性等，可改进聚丙烯再生料的韧性、刚性、耐热性等多种物理机械性能，从而达到汽车保险杠专用料、某些家电部件专用料等的性能指标要求。

塑料废弃物改性造粒可采用的方法与新材料的改性基本相同，主要包括填充改性、增强改性、增韧改性、(微) 交联改性[13,14] 等，在此不再赘述。

值得一提的是，与原生料相比，塑料废弃物改性造粒时尤应注意性能指标的稳定性、均一性，这往往是再生塑料改性造粒最为棘手的问题。由于塑料废弃物再生料的性能稳定性、均一性难以控制和把握，在改性过程中应根据每批再生塑料原料的具体性能指标，对改性配方随机做出相应调整，以尽量保证最终改性塑料产品性能的稳定性、均一性。造成再生塑料原料性能稳定性差、均一性差的主要原因有：

① 塑料废弃物在回收时分类不精细，夹带有其他材料的杂物，且夹带的品种、含量等随机波动。

② 回收的塑料废弃物原料即使材质完全一致，其使用时限、使用环境也可能存在明显差异，导致材料的老化程度不一、物理性能有明显差异。

14.2.2 物理回收中的关键技术问题

聚烯烃在使用过程中都会在不同程度上产生某些性能（包括外观色泽、气味、物化性能、力学性能、电性能等）的老化，老化程度主要取决于材料的使用环境与使用时限，一般使用环境越苛刻（高温、紫外光等）、使用时间越长，则材料的老化程度越严重。为此，在聚烯烃物理回收（尤其是改性造粒）过程中，往往需要针对实际情况对材料性能进行必要的修补。

另外，由于回收环节分类不精细、所采用的自动化分类设备分类精度有限、回收材料本身就是不同材料的复合制品等问题，聚烯烃回收料很难是某一种单一的塑料成分，在大部分情况下往往都是以某一种塑料成分为主的几种不同类型塑料的混合物。因此，通过增容改性来提高该类材料的物理机械性能往往是聚烯烃物理回收过程中必须考虑的重大技术问题。

14.2.2.1 回收料的性能修补

聚烯烃材料的性能老化往往是由于材料在使用过程中产生分子链的部分断裂或某些关键添加剂的散逸损失或失效而引起的，为此，要对这些劣化的性能进行修补，首先要明确造成这些性能劣化的主要原因，然后才能对症下药找到合理的解决方法。

如，聚丙烯材料在使用过程中极易产生分子链的断裂而使分子量降低、熔体流动速率增大、材料脆化，对此，可采用（微）交联改性等技术进行性能修补[15,16]。研究发现，以过氧化二异丙苯（DCP）、过氧化二苯甲酰（BPO）等过氧化物作为引发剂，松节油、苯乙烯、二乙烯基苯（DVB）等为交联剂时，当引发剂、交联剂用量适当时，可引发 PP 产生微交联反应，从而改善其拉伸强度、冲击强度、熔体强度等多项性能。

又如，聚氯乙烯电缆护层材料在使用过程中由于热稳定剂的部分失效及增塑剂散逸等问题，废旧 PVC 护层材料常常会出现拉伸强度降低、200℃热稳定时间减小、材料硬度增大等老化现象。笔者研究发现，通过合理的配方设计，添加部分热稳定剂及增塑剂等添加剂后，可使该类废旧 PVC 护层材料重新达到 GB/T 8815—2008《电线电缆用软聚氯乙烯塑料》标准所规定的性能指标。

14.2.2.2 回收料的相容性

一般而言，判断聚合物材料间是否具有（部分）相容性的主要依据包括：

① 溶解度参数相近原则：一般要求 $|\delta_1-\delta_2|<0.5$，且分子量越大，对其差值要求越小，即高分子量的不同组分更不容易相容。此原则只适用于非极性组分之间和非结晶组分之间，而不适用于极性组分之间和结晶组分之间。原因在于 δ 只表示分子之间的色散力，而不表示极性组分之间的偶极力及氢键。

② 极性相近原则：各组分的极性越大，其相容性越好；而非极性组分之间的相容性大

多比较差。即：极性/极性＞非极性/非极性＞极性/非极性。例外：PVC/CR、PVC/CPE 极性相近，但不相容；PS/PPO 极性不同，但相容性好。

③ 结构相近原则：不同组分的结构越接近（含有相同或相近的结构单元），其相容性越好。如：PS/PPO 分子链中都含有芳香基团，故其相容性好。

④ 结晶能力相近原则：配方中不同组分的结晶能力越接近，其相容性越好。结晶能力是指能否结晶、结晶难易和最大结晶度。两种非晶态组分相容性好，如 PVC/NBR、PVC/EVA 及 PS/PPO 等；两种晶态/非晶态、晶态/晶态组分的相容性差，并且只有在混晶时才相容，如 PVC/PCL、PBT/PET 及 PA/PE 等。

⑤ 表面张力相近原则：不同组分之间的表面张力越相近，其相容性越好。表面张力越接近，两相间的浸润、接触及扩散越好，界面的结合力也越好。

⑥ 黏度相近原则：各组分的熔体黏度越接近，其相容性越好。

对再生塑料而言，其相容性问题更为普遍且复杂，原因在于：

① 塑料废弃物回收过程及分类分拣过程中，现有分类技术及装备很难做到 100%的精确分类，往往一种材料中或多或少会混杂有其他成分的聚合物品种。

② 一些塑料制品本身就是不同材料的共混物，甚至可能是回收加工中分离困难的、完全不相容的聚合物材料的复合制品，如 PA/PE 复合包装薄膜、底布与绒毛材质不同的植绒面料等。

③ 即使是同一品种的回收塑料，也可能由于单个制品间的使用时限、使用环境差异较大，导致其老化程度差异较大，材料的分子量、分子结构、熔体黏度等有明显差异而降低了材料间的相容性。

因此，再生塑料的相容改性是塑料回收利用中的一个普遍性技术问题。常用的基本方法主要包括：

① 添加相容剂：包括非反应性共聚物（A-*co*-B）及反应性共聚物。如：王江彦等[17]研究表明，在废弃缓冲空气垫（LDPE/PA6/LLDPE）复合薄膜回收造粒时，添加适量低密度聚乙烯接枝马来酸酐（LDPE-*g*-MAH）相容剂，可明显改善 PA 与 PE 的界面相容性及再生共混材料的力学性能与阻隔性能。

② 采用反应挤出技术形成动态（微）交联。如：在 PVC/PE 共混材料中，添加适当的引发剂及交联剂，可形成部分 PVC-*co*-PE 接枝物或 PVC-*x*-PE 共交联产物，从而实现“就地增容”，改善 PVC/PE 共混材料的相容性及力学性能[18,19]。

14.2.3 物理回收产物的应用

与原生塑料相比，再生塑料一般普遍在以下方面存在缺陷。

① 卫生性：由于塑料加工成制品时所添加的各种加工助剂中含有某些有毒有害成分，或制品在使用过程中已受到内容物、印刷油墨、粘贴标签等的污染，或由于塑料废弃物在回收、分拣、清洗等诸环节中受到了某些污染，回收塑料的卫生性一般低于原生塑料。为此，再生塑料一般不能用于医疗器械、食品包装、儿童玩具、给水管等卫生性要求较高的场合。

② 外观色泽：由于受到材料老化、夹带杂物、添加剂、清洗程度等影响，再生塑料的色彩往往很难做到像原生塑料那样鲜艳，有时还会夹带有黑点或其他异色颗粒，影响制品的外观质量。故再生塑料一般不宜制作透明、浅色、高光泽等对外观色泽要求很高的制品。

③ 气味：由于受到内容物、材料老化、清洗程度等影响，再生塑料常常会带有各种异味，其有机挥发物含量（VOC）一般也会高于原生塑料。因此，再生塑料一般也不宜用于

制作汽车内饰件、家居用品等对气味要求很高的制品。

即便如此，再生塑料的物理机械性能（尤其经改性后）仍可满足许多领域的应用要求，需求市场广阔。如：

a. 工业领域：汽车外饰件（保险杠、灯罩等）、电器部件（插头、插座、开关、继电器部件等）、化工用品（化工容器、化工管道等）等；

b. 农业领域：农用地膜、灌溉管、滴灌管、育秧盘、果蔬周转箱、花盆、渔业养殖浮球、农机具部件、沼气池部件等；

c. 市政领域：市政排水管道、海绵城市蓄水部件、垃圾桶、垃圾袋、木塑复合制品、交通隔离墩、高速公路遮光板、窨井盖、箅子等；

d. 物流包装领域：物流托盘、物流箱、一般工业包装制品（水泥包装、化肥包装等）、快递包装袋（箱）等；

e. 建筑建材：建筑模板、轻体墙部件、户外建材等；

f. 休闲用品：休闲桌椅部件、太阳伞部件等。

需要特别指出的是，塑料废弃物的回收利用是一个系统工程，除前文所述必须在回收环节做到“可追溯”以外，在再生塑料的应用层面更需要“可追溯”。只有强调再生塑料应用层面的“可追溯”，强调再生塑料制品制造商必须为制品的使用安全性负全责，才能保证再生塑料的合理使用、安全使用，才能逐步提高废弃塑料再生利用的技术水平。

14.3 聚烯烃的化学回收

14.3.1 简介

聚乙烯（PE）、聚丙烯（PP）、聚氯乙烯（PVC）、聚苯乙烯（PS）等是废塑料主体。

在 20 世纪 70 年代石油危机时期，学者们开展了废塑料裂解制取燃料的研究，但由于生成油的价格高，该技术被一时中断。2000 年之前，裂解制油技术中较为典型的有德国的 Veba 法、英国的 BP 法、日本的富士回收法等。此外，还有其它一些方法已得到应用，如 BASF 法、Kurata 法、USS 法等。

近年来，由于环境保护的原因，废塑料热裂解制取燃料技术作为一种废物回收技术再度登上历史舞台。

2008 年前后，Agilyx 公司的批量热裂解技术已经商业化。2016 年，该公司首次在泰格德成功运行苯乙烯回收工艺。Agilyx 工厂于 2018 年 4 月投产，成为世界上第一个用于聚苯乙烯的商业规模闭环化学回收工艺装置，每天最高可回收 10 吨[74] 聚苯乙烯废料。

根据最新报道，美国普渡大学 Davidson 化学工程学院的研究团队开发出一种新型化学转化过程，能将聚烯烃废塑料转化为有用的产品，例如清洁能源和聚合物、石脑油燃料或单体。转化过程包括选择性萃取和水热液化[75]。

我国废塑料化学回收技术在 20 世纪 90 年代就开始了研究。北京、南京、武汉、哈尔滨、西安等大中城市也建立了废塑料油化实验工厂等实用性企业。兰州爱德华实业公司开发了“废旧塑料油化成套技术及设备”，它的优点是出油率高达 70%～90%，污染低，产品有市场。北京双新技术交易公司的废旧塑料油化技术更注重产品品质，可以生产 90 号汽油和 0 号柴油，原料可以是农膜、塑料编织袋、食品袋、快餐盒、饮料瓶等，转化率为 70%以上，经济效益较高。

我国主要的废旧塑料热分解油化装置与技术如表 14.8 所示。国内目前最大规模当属深圳绿色环保科技公司，目前该公司已在深圳、兰州等地建成了 17 个生产基地，每年能够处理废旧塑料 25 万吨，生产汽油、柴油 2 万吨[76]。

表 14.8　我国主要废旧塑料热分解油化装置与技术[76]

单位	原料类型	年处理量/(t/a)	产品
北京大康技术发展公司	PE,PP,PS	4500	出油率 70%,汽油 50%,柴油 50%
山西省永济市福利塑化总厂	PE,PP,PS	700	出油率 70%,汽油、柴油、煤油
北京市石景山垃圾堆肥厂	PE,PP,PS	1500	出油率 50%,汽油、柴油各占 50%
北京邦凯豪化工有限公司	PE,PP,PS	不详	汽油、柴油、液化气
北京市丰台三路农工商公司	PE,PP,PS	不详	出油率 70%,汽油、柴油、低分子烃
北京丽坤化工厂	PE,PP,PS	4500	汽油、柴油
西安石油学院,西安兴隆化工厂	PE,PP,PS	2000	出油率 70%,汽油、柴油
中科院山西煤炭化学研究所	PE,PP,PS	不详	出油率 70%,汽油 80%,柴油 20%
湖北汉江化工厂	PSF	50	产率 70%,苯乙烯单体 70%,有机溶剂 30%
河北轻工业学院	PSF	300	苯乙烯单体、有机溶剂
浙江省绍兴市塑料厂	PS		苯乙烯单体
山东省胶州市力达钢丝厂	PS	1000	产率 70%,苯乙烯单体 70%,混合苯
河南省开封市科技开发中心与化工试验厂	PS	100	产率 60%,苯乙烯单体
北京邦美科技发展公司	PE,PP,PS	3000	柴油、汽油
四川省蓬安县长风燃化设备厂	PE,PP,PS	3000	燃料油
沈阳富源新型燃料厂	PE,PP,PS	100	汽油、柴油
成都市龙泉驿废弃塑料炼油厂	PE,PP,PS	不详	汽油、柴油
巴陵石油化工公司	PE,PP,PS	不详	产率 70%,其中汽油、柴油各 50%,另有 15%的液化气和 10%的炭黑
佳木斯市群力塑料再生厂	PE,PP,PS	800(kg/d)	300(kg/d),汽油、柴油

福海蓝天环保科技有限公司发明了废塑料柔性油化技术，目前这一技术正式落地河北沧州，首条工业生产线已通过环评，建成后将可日处理废塑料 300 吨[77]。

济南恒誉环保科技股份有限公司自主研发的环保型连续化废塑料热裂解技术装备实现了对废塑料资源化、无害化处理，以其优异的安全环保、节能高效的性能，以及长时期连续稳定的运行，荣膺国家科技进步奖，装备出口至德国、匈牙利、巴西、爱沙尼亚、泰国、印度、马来西亚、伊拉克等世界多个国家与地区[78]。

总体来看，国内外废塑料油化技术尚处于起步阶段，由于二次污染、产品质量和经济成本高等问题尚未解决，目前距大规模应用阶段尚有很大距离。国外废塑料油化技术虽有保证产品质量的前处理系统，以及避免二次污染的废气、废水和废渣处理系统，但成本较高，难以商业化推广应用。

14.3.2　研究进展概况

14.3.2.1　聚烯烃化学回收的基本途径

废塑料化学回收按照处理方法可划分为，热裂解（包括高温裂解和催化裂解）、气化、加氢裂解等。采用的方法不同，目的产物也有很大差异。热裂解通常以生产液体燃料为主。

加氢裂解可同时生产燃料和化学品。气化则以生产能量为主。这里需要说明的是，即便是相同的工艺方法，操作条件、原料、催化剂及反应设备差异也会造成产品的巨大差异。

图 14.24 提供了国外主要研究机构废塑料加工工艺和主要产物[79]。由此可见，由于在生产车用燃料及化学品方面的可行性，采用热裂解技术较多，加氢可以作为后续产品精制手段。气化在本节不作为讨论重点。

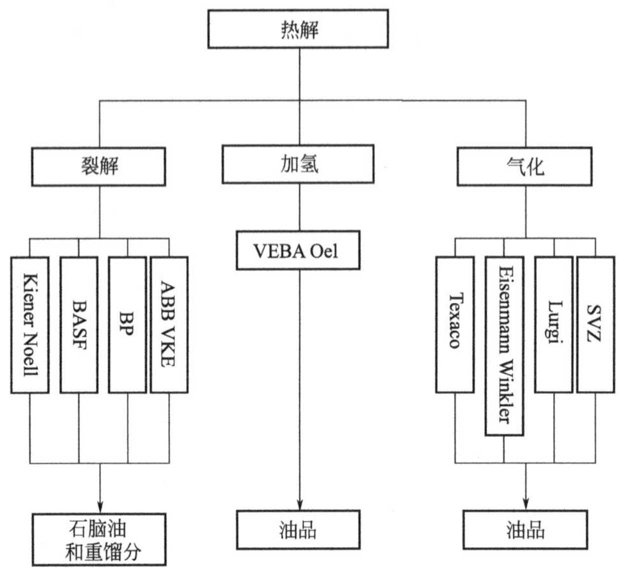

图 14.24　各种热裂解设计及参考技术[79]

热裂解是将废塑料在高温绝氧条件下裂解为气体，经冷凝处理后得到可燃气、油和固态炭的过程。按照有无催化剂分为高温热裂解和催化热裂解两大类（图 14.25）。不同废塑料制油技术的主要步骤大致相同，包括预处理、热裂解、分馏等步骤，都是以热裂解为核心步骤，在热裂解过程中加入催化剂形成催化热裂解法，而在氢气的气氛下进行热裂解的过程称为加氢裂解。

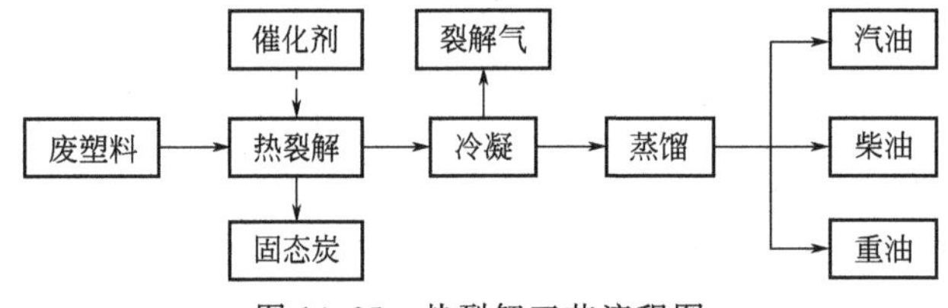

图 14.25　热裂解工艺流程图

14.3.2.2　热裂解机理

通常认为塑料热裂解的机理可以用自由基理论解释[80]。塑料热裂解的反应过程分为：热引发反应；链断裂反应；链终止反应。其中，热引发反应可分为随机断裂反应和链条末端断裂反应两种。随后发生链断裂反应，在此过程中有单体产生。

催化裂解法是将催化剂和塑料垃圾混合后置于热解反应器中加热裂解炼制液体油，使用的催化剂通常为固体酸类催化剂，这类催化剂在反应过程中易于形成 H^+，因此热裂解反应机理可用碳正离子理论来解释[81]。塑料垃圾在高温加热的条件下发生裂解，产生长碳链的烯烃，然后烯烃从催化剂表面获取 H^+ 而形成碳正离子，碳正离子先在 β 位断裂成伯、仲碳离子，然后异构化形成更加稳定的叔碳正离子，最后，稳定的叔碳正离子将 H^+ 还给催化剂，本身变成烯烃。催化剂是塑料垃圾催化裂解炼油的关键技术，不同的催化剂对工艺要求不同，这往往是限制塑料垃圾催化裂解法炼油技术发展的重要因素。

14.3.3　反应工艺及反应器

过去的热裂解方法较为简单，通常采用釜式反应器，属于非连续式加工流程，其特点是“一锅熬”，多用于实验室研究。后来又衍生出“管式反应器”“旋转式”等多种形态。随着研究的深入后来出现了更多的工艺方法，按照加热模式，可分为固定床、流化床、锥形喷流床、微波辅助、临界水及炼厂催化裂化等热裂解方法。

14.3.3.1　流化床

流化床进行废塑料裂解的工作原理是，从反应器的底部向上通过高温的气体或流体时可使固体层的废塑料颗粒处于悬浮状态，当达到特定的温度时废塑料自发热裂解，见图 14.26[82]。

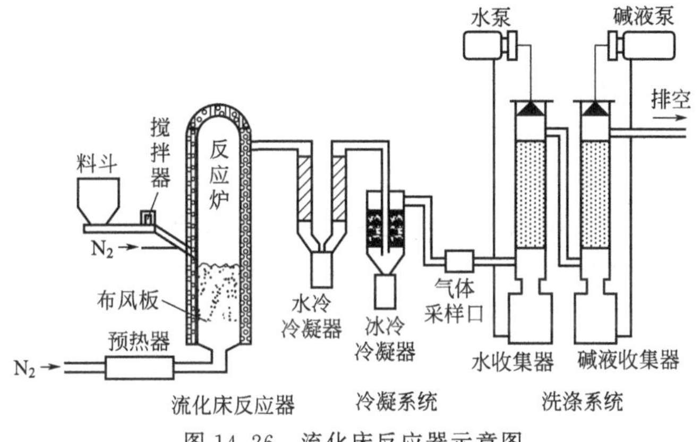

图 14.26　流化床反应器示意图

流化床反应器在固定床反应器的基础上进行了改进，两者具有一定的相似性，流化床克服了固定床的缺点，它具有如下优势：

① 相比于固定床的只能一次性加料，流化床可以实现连续进料；

② 在反应容器内的悬浮颗粒可以与内部的气流或液体进行充分混合，受热均匀，提高热能的利用效率；

③ 降低了反应容器内废塑料裂解产物的二次反应，提高了裂解产物的质量。

但是流化床也有不足之处：

① 在反应容器内部，流体通过固体层时悬浮的颗粒之间会发生剧烈的扰动，导致物料裂解不完全，降低裂解效率；

② 存在反混现象，裂解的效率较低；

③ 床层内部的流体运动没有规律，无法设计统一的结构，导致无法工业化推广[82]。

Hall 等[83] 采用沙子类型的流化床裂解聚苯乙烯塑料（HIPS)。HIPS 通过流化床裂解后，产油率达到 92%。

在流化床研究领域，BP 取得重要进展。经过一系列中试后（1994—1998 年)，在苏格兰建立一套年加工能力为 25000 吨的工厂。塑料经过加工，85%（质量分数）为液态烃[84]，其余 15%为气体（室温)。这些气体含有大量的单体（乙烯和丙烯）和其它烃类，其中 15%为甲烷。产生的固体通常为 0.2kg/kg（固体原料)，流程见图 14.27[84]。

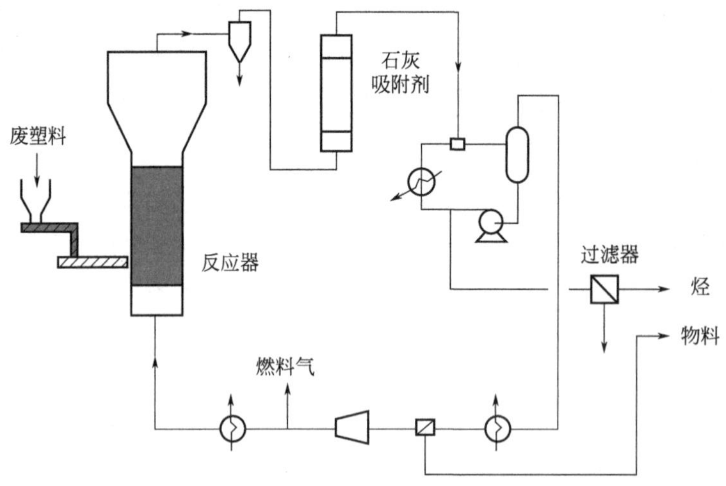

图 14.27 BP 聚烯烃裂化工艺

14.3.3.2 锥形喷流床（CSBR）

锥形喷流床（CSBR）反应器具备较好的混合能力，可处理大颗粒分布以及各种密度的原料。有些研究人员采用 CSBR 对塑料进行了催化裂化试验。

Olazar 等研究发现，CSBR 比鼓泡流化床磨损少，并且隔离区较小。在处理黏性固体时，传热效率高，非流化态情况少。然而，该反应器在运行过程中遇到了各种技术挑战，如催化剂的加料、催化剂的夹带和产品（固液）的收集等，不太有利。此外，由于其复杂的设计，需要使用许多泵，操作成本提高，这非常不利。

Elordi 等[85] 以 HY 沸石为催化剂，于 500℃下，在 CSBR 上对 HDPE 热裂解，得到了 68.7%的汽油馏分（$C_5 \sim C_{10}$），工艺流程见图 14.28[85]。汽油辛烷值 RON 96.5，接近标准汽油质量。

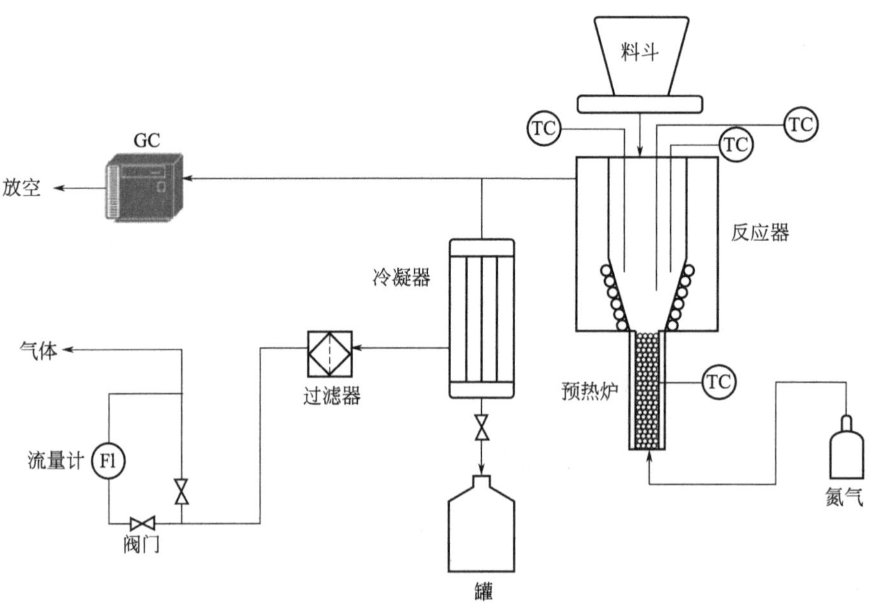

图 14.28 以分子筛为催化剂，CSBR 热解 HDPE 流程

Arabiourrutia 等[86] 用 CSBR 研究了 HDPE、LDPE 和 PP 在 450～600℃下热解油收率并进行了分析。他们认为，CSBR 可灵活地处理流化床反应器中难以处理的黏性固体。喷流床设计特别适用于低温热解制油。文献作者发现，随着温度的升高，蜡油收率降低。在较高的温度下，更多的蜡油被分解成液体或气体产品。HDPE 和 LDPE 的蜡油产率在 80%左右，PP 在低温下蜡油产率较高，约为 92%。

14.3.3.3　临界水热裂解

考虑到普通热裂解工艺在高温过程容易形成焦炭，为此研究人员想到了利用惰性溶剂溶解塑料来减缓焦炭的生成。由于有机溶剂存在同样问题，而水作为惰性介质具有良好的传质与传热效果，尤其是在临界或超临界状态下，因此，水成为惰性溶剂研究目标。

通常用于裂解重油的亚临界水（SW）和超临界水体系（SCW）用于塑料回收过程中，超临界水既是溶剂又是催化剂[87]。聚合物裂解形成的小分子很容易分散在 SCW 中，因此，缩合形成焦炭的倾向降低。在废塑料热裂解过程中，使用 SCW 也会产生少量 NO_x、SO_x 及颗粒排放。

Tan 等所做的研究[88] 揭示，延长反应时间，液体产物品质提高，但生焦率也相应增加。进一步的数据比较揭示，在反应后期似乎焦炭的形成受到了抑制。

Moriya 等[89] 选择聚乙烯在超临界水中的热裂化来研究聚合物降解。相比在惰性气体中的单独裂化，在超临界水中热裂化得到的油品收率更高，生焦量更低。

Su 等[90] 证实了聚乙烯在超临界水介质中的热裂解具有轻质油收率高、反应时间短和抑制结焦的优点。超临界水中聚乙烯不仅可以快速降解，而且油收率高达 90%以上。

14.3.3.4　微波辅助热裂解

近年来，微波技术的发展提供了一种新的热裂解回收技术。在此过程中，一种高微波吸收材料（如微粒碳）与废塑料混合。微波吸收剂必须吸收足够的热能，达到热裂解所需的温度[91]。

微波辐射比传统的热解法具有若干优点，例如加热速度快、生产效率高并且能降低生产成本。与常规方法不同，微波能量通过与电磁场的分子相互作用直接提供给材料，因此不会浪费时间来加热周围区域[92]。

Undri 等对微波加热进行了探索[93]。在聚烯烃废料（HDPE 和 PP）的热裂解过程中，使用两种类型的微波吸收剂：碳和轮胎。微波功率范围为 1.2～6.0 kW。结果表明，HDPE 的液体收率最高，为 83.9%，PP 为 74.7%。

使用轮胎作为微波吸收剂，固体残碳高达 33%。而碳作为微波吸收剂时，固体残碳仅为 0.4%（质量分数）。碳材料是一种很好的微波吸收剂，具有很高的吸收和转化微波能量的能力。因此，在微波诱导裂解过程中，为了最大限度地提高液体收率，需要重点研究微波功率和吸收剂类型。

尽管微波加热有优点，但也有很大的限制，所处理废物原料的介电常数缺乏足够数据，妨碍了这项技术工业化研究。微波加热效率严重依赖于材料的介电常数。通常塑料具有较低的介电常数，因此存在巨大挑战。

14.3.3.5　炼厂催化裂化

将塑料及它们的衍生产品经过降解并转化成适合炼厂装置加工的原料，那么塑料高价值利用的可行性就会提高。其主要优势是利用了现有装置，并且与后续产品处理工艺共享。塑料回收与炼厂整合参见图 14.29[94]。

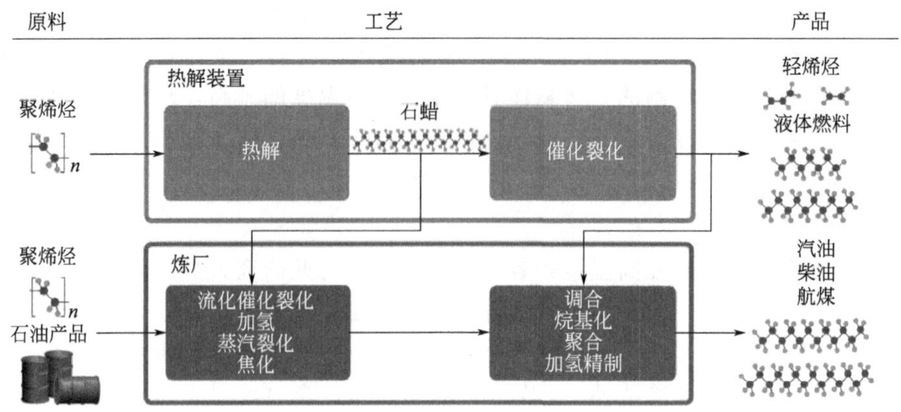

图 14.29　废塑料回收与炼厂整合方案

废塑料在炼厂加工的两个主要方案：一是在 FCC（催化裂化）或加氢裂化装置进行裂化；二是塑料热解油在 FCC 进行裂化。在第一个方案中，塑料溶解在常规进料中，就像减压瓦斯油（VGO）、轻循环油（LCO）一样送入 FCC 装置或加氢裂化装置。其溶解性严重依赖于温度以及原料与聚合物两者之间化学性质的近似性。由于无需预先热解过程，这种方法具有成本优势。

由于 FCC 工艺是基于烧焦回收热量和裂化反应吸热所需的热量之间的热平衡，FCC 装置中混合进料应当仔细斟酌。因此，混合进料可行性强烈依赖于生焦倾向。另外，由于废塑料中存在添加剂和杂质，需要考虑 FCC 催化剂和加氢裂化催化剂中毒的可能性。

Marcilla 等[95] 注意到，当塑料含量的比例超过 5%～10%时，混合物黏度高，流动性较差。实际上，因为 FCC 装置的巨大处理能力以及原料中塑料较低的含量，所以这不会成为严重问题。

Ng[96] 对塑料溶解在 VGO 中的裂化进行了开创性的研究。实验在固定床反应器中进行，两种 HDPE 混合比例分别为 5%和 10%。塑料混合进料工艺转化率和气体产率提高。同时，二次产物（LCO 和 HCO）的产率降低，生焦率提高。

Arandes 等[97] 考察了不同塑料与 LCO 共同进料在 FCC 提升管装置上的运行效果。以商业 FCC 平衡剂为催化剂，试验在类似工业 FCC 反应器条件下进行，温度 500～550℃。接触时间 1～8s，剂油比 4～8。PE 共进料导致汽油收率提高，生焦率降低，与 LCO 相比，PE 反应活性更高，催化剂失活率低，转化率更高。

Puente 等[98] 在 CREC 提升管模拟反应器上，用催化裂化平衡催化剂研究了 LDPE（2%溶解在甲苯中）裂解，反应温度 500℃。有趣的是，塑料的热裂解产物主要为汽油馏分，但观察到大量的气体形成，轻烯烃含量较高。

这些作者得出结论，塑料共进料不会影响 FCC 装置运行。此外，还观察到了某些积极因素，例如丙烯和汽油收率增加，高温时转化率提高。

14.3.4　催化剂

催化剂会加速化学反应，但在过程结束后自身不会发生变化。催化剂被广泛应用于工业和研究领域，实现优化产品分布并提高产品选择性。因此，对于利用催化裂解获取有巨大需求的汽车燃料（柴油和汽油）和 C_2～C_4 烯烃，石油化工行业更感兴趣。

使用催化剂，反应活化能降低，反应速度加快，因此，催化剂降低了反应温度，这点非常重要，因为热解过程需要大量热能（高吸热），从而妨碍了它的工业应用。使用催化剂利于节约能源，因为热是工业中最昂贵的成本之一。

按照接触方式，催化剂可分两种类型：均相催化剂和非均相催化剂。用于聚烯烃热解的均相催化剂大多是经典的路易斯酸，如 $AlCl_3$。但最常用的催化剂类型是非均相的，因为液体产物混合物可以很容易地与固体催化剂分离。因此，非均相催化剂更加经济，因为催化剂价格昂贵，需要回收利用。

非均相催化剂可分为纳米晶体沸石、常规固体酸催化剂、介孔催化剂、碳负载金属催化剂和碱性氧化物。纳米晶体沸石的一些例子是 HZSM-5、HUSY、Hb 和 HMOR，它们在塑料热解研究中得到了广泛的应用。此外，硅-铝、MCM-41 和硅沸石等催化剂也受到了广泛的关注。

塑料热裂解广泛应用的催化剂有三种，即沸石、催化裂化（FCC）催化剂和硅铝催化剂。

14.3.4.1　沸石催化剂

沸石被描述为具有开放孔和离子交换能力的结晶硅酸铝分子筛。这种结构是由氧原子连接形成的四面体。不同的类型取决于 SiO_2/Al_2O_3 的比例。SiO_2/Al_2O_3 的比值决定了沸石的活性，对热裂解最终产物产生影响。

Artetxe 等[99] 证明 HZSM-5 沸石的 SiO_2/Al_2O_3 之比对 HDPE 热解产物收率有很大影响。SiO_2/Al_2O_3 低，说明沸石具有较高的酸性。高酸性催化剂（$SiO_2/Al_2O_3=30$）相比低酸性催化剂（$SiO_2/Al_2O_3=280$），在裂化蜡油时活性较高，低碳烯烃收率高，$C_{12}\sim C_{20}$ 重馏分收率低。SiO_2/Al_2O_3 由 280 降至 30，低碳烯烃产率由 35.5%提高到 58.0%，$C_{12}\sim C_{20}$产率由 28.0%下降到 5.3%。

此外，沸石中 SiO_2/Al_2O_3 降低也会提高轻烷烃和芳烃的收率。除 HZSM-5 外，在塑料催化裂解中广泛应用的沸石催化剂还有 HUSY 和 HMOR。

Garfoth 等[100] 考察了不同沸石催化剂（HZSM-5、HUSY 和 HMOR）对 HDPE 热解的效率，聚合物与催化剂之比为 40%。在研究中发现，HZSM-5 比 HUSY 和 HMOR 具有更高的催化活性，HZSM-5 产生的残渣很少，只有 4.53%左右，而 HUSY 和 HMOR 分别为 7.07%和 8.93%。这表明 HZSM-5 转化率最大。就产品选择性而言，不同的沸石可能有不同的产品倾向。

Marcilla 等[101] 在间歇反应器中研究了 HDPE 和 LDPE 在 550℃、10%聚合物/催化剂比例下的 HZSM-5 和 HUSY 性能。与 HZSM-5 催化剂（HDPE=17.3%，LDPE=18.3%）相比，HUSY 催化剂（HDPE＝41.0%，LDPE＝61.6%）液态油收率更高，与此相反，HZSM-5 催化剂（HDPE=72.6%，LDPE=70.7%）气体产物收率更高。这说明不同的催化剂具有不同的产物选择性。

针对 PP 热裂解，采用 HZSM-5 和 HUSY 分子筛，Lin 和 Yen[102] 报道了同样的产物选择性倾向。

在温度 450℃，催化剂/聚合物为 20%的条件下，Seo 等[103] 研究了 HZSM-5 对 HDPE 的热裂解效果。他们观察到，HZSM-5 产生的液体产率很低，约为 35%，而气体产率较高，为 63.5%。

Hernández 等[104]在与 SEO 研究相同的催化剂/聚合物的条件下，在 500℃下，进行

HDPE 热裂解，得到了 4.4%液体产率和 86.1%气体产率。

Lin 和 Yen 采用 HZSM-5 和 HUSY 沸石催化剂，催化剂与聚合物的比例为 40%，在 360℃下热解 PP，液体产率很低，分别为 2.31%和 3.75%。

由此可得出结论，在塑料热裂解过程中使用沸石催化剂，挥发性烃的产量增加。由于催化剂失活率极低，再生效率较高，循环时间较长，故建议采用 HZSM-5。

14.3.4.2 FCC 催化剂

FCC（催化裂化）催化剂是由沸石晶体和非沸石酸性基质，即二氧化硅-氧化铝与黏结剂制成。FCC 催化剂具有较高的产品选择性和热稳定性，在炼油工业中通常用于将原油中重油馏分热裂解成更轻质、更理想的汽油和液化石油气。

使用过的 FCC 催化剂通常被称为“废 FCC 催化剂”，通常可以从炼油厂的 FCC 装置得到。虽然废催化剂有不同程度的污染物，但仍有价值，可在热解过程中重新使用。

Kyong 等研究了 FCC 废催化剂对高密度聚乙烯（HDPE）、低密度聚乙烯（LDPE）、聚丙烯（PP）和聚苯乙烯（PS）在 400℃搅拌反应釜中的热裂解作用。在 200g 反应物中加入 20g 催化剂，升温速率为 7℃/min。结果表明，所有塑料的产油率均在 80%以上，PS 产量最高（液体产率约为 90%）。液体产率按类型排列顺序为：PS＞PP＞PE（HDPE、LDPE）。气体产率与液体产率顺序相反：PE＞PP＞PS。这表明 PS 较少裂解成气体，因为 PS 含有苯环，结构更稳定。结果表明，废 FCC 催化剂仍具有较高的催化活性，所有塑料样品的液体产率均在 80%以上。此外，由于它是一种“重复使用”的催化剂，因此更经济。

Kyong 等[105] 进一步研究了废 FCC 催化剂对 HDPE 热裂解及无催化剂的热裂解对比。两次试验参数相同，但这一次温度较高，为 430℃。实验结果表明，使用该催化剂后，液体油产率略有提高，从 75.5%升至 79.7%，气体产率由 20.0%下降到 19.4%。催化剂存在下，固体残渣从 4.5%急剧下降到 0.9%。此外，催化剂还降低了 HDPE 热裂解的反应温度，初始液体形成温度在 350℃左右。非催化裂解过程中，在 430℃时，初始液体在 30min 后才形成。这表明，FCC 废催化剂在热裂解过程中的使用，提高了产品转化率的同时，也提高了反应速度。

此外，为了最大限度地提高热解产物转化率，还需要考虑聚合物与催化剂的比例限制。Abbas-Abadi 等[106] 研究了 HDPE 与 FCC 催化剂的不同配比。在 450℃恒温下，采用半间歇搅拌反应器，配比在 10%～60%范围内变动。结果表明，液体油产率较高时的催化剂与聚合物的最佳质量配比为 20%。得到的液体产物高达 91.2%，气体和焦炭分别为 4.1%和 4.7%。

当催化剂/聚合物比提高至 20%以上时，可产生更多的焦炭和气体，从而使液体产率降至最低。这表明催化剂/聚合物比例提高反而不利于产品转化，特别是液体油产率降低，催化剂生焦量增加。

Kyong 等研究了 FCC 催化剂对不同类型塑料的催化效果。反应温度 400℃、催化剂/聚合物比为 10%，HDPE、LDPE、PP 和 PS 的液体产率在 80%～90%。结果表明，对于大多数类型塑料，催化裂化能最大限度地提高热解油的产率。

Abbas-Abadi 等在 450℃、催化剂/聚合物比为 10%的条件下，PP 裂化制得的液体油产率也很高，约为 92.3%。

综上所述，FCC 催化剂应用于塑料热解，获得了最大的液体油产率，令人鼓舞。此外，“废 FCC 催化剂”的使用在经济上更有优势。但是，要避免焦炭和气体产物大量生成，催化剂/聚合物的比例不能超过 20%。

14.3.4.3 硅铝催化剂

二氧化硅-氧化铝催化剂属于无定形酸催化剂，有氢离子 Bronsted 酸位和电子受体 Lewis 酸中心。Sakata 等研究了催化剂酸度［SA-1（$SiO_2/Al_2O_3=4.99$）、SA-2（$SiO_2/Al_2O_3=0.27$）、ZSM-5］对 HDPE 热解产物分布的影响。实验温度 430℃，在半间歇反应器中进行，催化剂用量为 1g，HDPE 用量为 10g。用 NH_3 程序升温脱附法（TPD）测定了催化剂的酸度，其顺序为 SA-1＞ZSM-5＞SA-2。结果表明，酸度较低的 SA-2 催化剂可产生较高的液体油（74.3%），其次为 SA-1（67.8%）和 ZSM-5（49.8%）。ZSM-5 具有较强的酸度，气体产物比其它两种酸催化剂多，但产液率极低。

Uddin 等[107] 研究了 SA-2 在相同温度和催化剂/聚合物比例条件下，对 HDPE 和 LDPE 的影响。所得结果与 Sakata 等的结果相差不大。采用 SA-2 催化剂时，HDPE 和 LDPE 的液体产率分别为 77.4%和 80.2%。由于 HDPE 具有线型结构，HDPE 的强度比 LDPE 强，因此所获得的液体产率较低。

除了研究 HDPE 和 LDPE 之外，Sakata 等[108] 在 380℃考察了二氧化硅-氧化铝催化剂对 PP 裂解的影响，但这一次采用了不同的催化剂接触方式：液相法和气相法。对于液相法，催化剂与 PP 颗粒混合，送进反应釜中。对于气相，催化剂放在离反应器底部 10cm 处的不锈钢网上。研究发现，在硅铝催化剂上，由于蜡油分解成轻烃，液相法的产率较高（68.8%）。另一方面，由于碳氢化合物在硅铝催化剂上进一步分解为气体产物，发现在气相模式中气体产率较高（35%）。因此，影响塑料热解最终产物分布的催化方式也是一个值得关注的重要因素。

最后，FCC 催化剂是液态油产率最优的塑料热解催化剂。高密度聚乙烯（HDPE）和聚丙烯（PP）在 FCC 催化剂作用下裂化油产率可达 85%～87%。而高密度聚乙烯（HDPE）和聚丙烯（PP）在二氧化硅-氧化铝作用下裂化油产率最高可达 90%以上。这表明这两种催化剂的液体产率相当，但 FCC 催化剂性能更佳。此外，“废 FCC 催化剂”也可以代替新鲜的 FCC 催化剂，更经济。

14.3.5 原料

14.3.5.1 高密度聚乙烯（HDPE）

高密度聚乙烯特征为长链低支化高结晶度聚合物，因而强度高。由于高强度特性，在奶瓶、洗涤剂包装瓶、食用油包装桶、玩具等生产中得到了广泛的应用。

Ahmad 等[109] 用微型钢桶反应器对 HDPE 进行了热裂解研究。升温速率为 5～10℃/min，热解温度在 300～400℃之间，以氮气为流化介质。实验结果表明，350℃总转化率最高，液体为主要产物，产率为 80.88%，在 300℃时固体残渣产率很高（33.05%）。

Kumar 和 Singh[110] 在较高的温度范围（400～550℃），采用半间歇反应器对 HDPE 进行了热裂解研究。结果表明，在 550℃下，液体产率最高（79.08%），气体产率为 24.75%，而在 500～550℃温度下，石蜡烃在组分中占主导地位。热裂解得到的深褐色油无明显残渣，沸点为 82～352℃。这表明，汽油、煤油和柴油等不同组分的混合物与常规燃料性质相似。此外，高密度聚乙烯热裂解油中的硫含量很低（0.019%），更环保。

14.3.5.2 低密度聚乙烯（LDPE）

与 HDPE 相比，LDPE 支化度高，导致分子间作用力较弱，拉伸强度和硬度较低。但

LDPE 比 HDPE 具有更好的延展性，因为侧支链导致结晶度低，易于成型，具有优良的耐水性能，因此广泛应用于塑料袋、包装纸、垃圾袋等。

Bagri 和 Williams[111] 在固定床反应器中，升温速率为 10℃/min，研究了 LDPE 的热裂解行为。实验持续时间为 20min，以氮气为流化气体。结果表明，液体产率可达 95%，焦炭和气体产率较低。

Uddin 等[107] 采用间歇反应器，430℃制得的液体产率在 75.6%左右。

Aguado 等[112] 在 450℃，使用相同类型的反应器时得到了与 Uddin 等近似的产率，质量分数为 74.7%。然而，当提高反应器压力时，即使在较低的温度下，也能提高液体油的产率。

Onwudili 等[113] 证明了这一点，他们采用常压间歇反应器（0.8～4.3MPa），在 425℃下进行 LDPE 热解。实验得到了 89.5%的液体油、10%的气体和 0.5%的焦炭。这说明压力对热解产物的组成有一定的影响。

14.3.5.3 聚丙烯（PP）

聚丙烯是一种线型饱和直链烃聚合物，具有良好的化学稳定性和耐热性。与 HDPE 不同，PP 在低于 160℃的温度下不熔化。与 HDPE 相比，其密度较低，但具有更大的硬度和刚度，因此在塑料工业中更受青睐。

Ahmad 等[109] 用微型钢反应器，在 250～400℃范围内对聚丙烯进行热解，结果表明，在 300℃左右，液体油产率达到了 69.82%最高水平，总转化率为 98.66%。温度升高到 400℃，产品总转化率降低到 94.3%，固体残渣从 1.34%提高到 5.7%。这表明，在较高的温度下，焦炭的形成开始占主导地位。

Sakata 等[108] 研究了 PP 在 380℃高温下的热解。他们发现，液体产率更高，达 80.1%，气体以及固体残渣产率分别为 6.6%和 13.3%。

Fakhrhoseini 和 Dastanian 在 500℃下进行 PP 热裂解，可获得较高的液体产率，约为 82.12%。如果温度超过 500℃，液体产率就会降低。这一观点经 Demirbas[114] 得到了验证，他在间歇反应器中进行了 740℃的 PP 热解，得到了 48.8%的液体产率、49.6%的气体和 1.6%的焦炭。

14.3.5.4 聚苯乙烯（PS）

Onwudili 等[113] 研究了 PS 在 300～500℃，间歇高压釜中的热裂解过程。加热速率为 10℃/min，实验压力为 0.31～1.6MPa。实验结果表明，在 425℃的最佳温度下，PS 热裂解制得的液体油产率在 97.0%左右，气体产率仅为 2.5%。

液态油高产率也被 Liu 等[115] 研究所支持。两者差异是 PS 的热裂解采用流化床反应器，反应温度 450～700℃。在 600℃时，得到最高的液体油产率 98.7%。但在较低温度（450℃左右，约 97.6%）下，液体油产率也相当高，只有 1.1%的差异。

在节能优先的情况下，倾向于选择较低的温度，可以降低能源成本。基于 Demirbas[114] 所做的研究，在间歇反应器中，PS 热解温度为 581℃时，液体油的质量分数降低到 89.5 %。因此，为了获得最多的液体油，不推荐在 500℃以上对 PS 热裂解。

14.3.5.5 混合塑料

Donaj 等[116] 研究了聚烯烃混合塑料热裂解潜力。混合塑料为 75% LDPE、30% HDPE 和 24%PP。实验在鼓泡流化床反应器中进行，温度分别为 650℃和 730℃。结果表明，在较低温度 650℃下，所得的液体油产率较高约 48%。在 730℃下，热解油产率 44%。

这意味着温度越高，产生的烃类液体或气体就越轻。因此，需要注意的是，随着温度的进一步提高，产品的分布发生了巨大的变化。

与单一的塑料热解相比，混合塑料的热解油产率低于 50%。但两者品质没有太大差异，非常适合于炼油厂的进一步加工。

14.3.6　工艺参数

14.3.6.1　反应温度

聚合物链的裂解反应受温度控制，温度是热裂解过程中最重要的操作参数之一。分子之间被范德华力吸引在一起，防止了分子逃逸。当系统温度升高时，系统内分子的振动会加大，分子往往会从物体表面蒸发。当聚合物链上诱导产生的范德华力超过 C—C 键键能，就会发生这种情况，从而导致碳链的断裂。

利用热重分析仪可以测量塑料的热分解行为。该分析仪生成两种图形，即热重分析（TG）曲线和热重微分分析（DTG）曲线。TG 曲线测量物质的重量随温度和时间的变化。另一方面，DTG 曲线给出了在此过程中发生的分解步骤的信息，该信息由峰数表示。

在 Cepeliogullar 和 Putun[117] 进行的 PET 热解研究中，他们观察到，当温度在 200～400℃时，PET 400℃开始明显分解，重量变化很小。该物质的最大失重温度为 427.7℃。温度在 470℃以上时则无明显变化。因此，作者得出的结论是，PET 的热降解发生在 350～520℃的温度范围内。

至于 HDPE，据 Chin 等[118] 的研究报道，经不同升温速率（10～50℃/min）的热重分析（TG），热降解始于 378～404℃，在 517～539℃范围内基本完成。较高的加热速率加速了失重，从而提高了反应速率。

据 Marcilla 等开展的另一项热裂解机理研究中，他们发现 HDPE 的最大分解速率发生在 467℃。在进行热解实验时，确保 LDPE 热裂解获得最多液体，温度是重要的考虑因素。Marcilla 等[119] 观察到少量液体油在 360～385℃开始形成，469～494℃产液量最大。Onwudili 等[113] 观察到 LDPE 转化成油始于 410℃。在低于 410℃的温度下形成的棕色蜡质原料表明，并未全部转化成油。他们得出结论，温度为 425℃时，LDPE 液体产率最大。

据 Marcilla 等[120] 所做的另外一项研究，他们认为获得最多液态油的最佳温度为 550℃。进一步将温度提高到 600℃只会降低液体油产率。因此，简单讲 LDPE 的热分解发生在 360～550℃的温度范围内。

与 HDPE 相比，PP 具有较低的热分解温度。根据 Jung 等[121] 在流化床反应器中所做的温度对 HDPE 和 PP 热裂解影响研究，根据热重微分分析（DTG）曲线，发现 HDPE 和 PP 的显著分解发生在 400～500℃范围内。但是，与 HDPE 相比，PP 在低于 400℃的温度下开始失重。

Marcilla 等[122] 发现 PP 最大分解速率温度为 447℃，HDPE 的分解速率温度为 467℃。从理论上讲，PP 的分解速度比 HDPE 快，因为 PP 链中一半的碳是叔碳，因此在分解过程中容易形成叔碳离子。在所有塑料中，PS 热解温度最低。

Onwudili 等[113] 研究了 PS 在间歇反应器中的热解过程。从他们的研究中发现，在 300℃时似乎没有发生任何反应。然而，他们发现在 350℃下，PS 完全降解成高黏性的深色油。在 425℃时，液体油产率最大。将温度提高到 581℃，液体油产量降低，气体产量增加。因此，PS 的热降解温度大约在 350～500℃之间。

研究结果证明，温度对反应速率的影响最大，对所有塑料原料的液体、气体和焦炭组成有较大的影响。所需操作温度与产品选择密切相关。如果选择气态或焦炭产品，则建议温度高于500℃。如果首选是液体，建议在300～500℃范围内，这一条件适用于所有塑料。

14.3.6.2 压力与反应时间

Murata等[123] 研究了压力对HDPE热解产物的影响。在连续搅拌罐式高温反应器中，他们发现当压力从0.1MPa上升到0.8MPa时，在410℃下，气体产物从6%大幅增加到13%，而在440℃时仅从4%增加到6%。这说明在较高的温度下，压力对气态产物有很大的影响。压力对液体产物的碳数分布也有影响，当压力较高时，向低分子量方向移动，从而影响产物的碳数分布。此外，压力对双键形成也有显著影响。

Murata等报道，随着压力的增大，双键形成降低，说明压力直接影响聚合物中C—C键的断裂速率。他们还发现，在较低的温度下，压力对反应时间有更大的影响。但当温度升高到430℃以上时，压力对反应时间的影响不明显。

反应时间可以定义为粒子在反应器中走过的平均时间，它可能影响产品的分布。较长的反应时间增加了一次产物的转化率，分子量较轻的烃类和不凝气等热稳定性较好的产物更多。

在某一温度之下，反应时间对产品的分布有影响，超过这一温度，反应时间对产品的分布失去作用。

Mastral等[124] 研究了反应时间和温度对在流化床反应器中HDPE热裂解产物分布的影响。结果表明，在较长的反应时间（2.57s）下，当温度不超过685℃时，液体产率较高。超过685℃时，反应时间对液体和气体产率的影响较小。因此，压力和反应时间都是温度依赖性因素，可能对低温下塑料热裂解产物的分布有潜在的影响。较高的压力提高了气体产率，影响了液体和气体产物分布，但仅在高温下才明显。

根据文献综述，多数研究人员在常压下进行塑料热裂解研究，注意力更多放在了温度上。反应时间并没有引起重视，主要原因是在高温下，其影响不那么明显。此外，从经济角度看，在整个系统中还需要增加压缩机、压力变送器等设备，从而增加在考虑压力因素的情况下的运行成本。但应注意的是，这两个因素应根据产品分布选择加以考虑，特别是在温度低于450℃的情况下。

14.3.7 化学回收的前景与挑战

聚合物热裂解研究正在走向商业化。许多国家和地区，包括印度、中国台湾、马来西亚、日本等的众多公司目前采用或正在考虑采用热裂解技术处理废塑料的商业计划。此外，有许多公司为世界各地的客户提供热裂解技术专家服务。由于优势明显（高价值燃料和化学品），聚合物热裂解纳入许多国家未来的垃圾管理计划是高度可能的。

由于塑料热裂解产生的液体产品能生产燃料，因此，回收工业采用热裂解工艺前景广阔。但仍然有许多问题需要解决，主要问题是液体燃料品质，常常受到催化剂制约。为了得到合适的能替代矿燃料的液体产品，尤其是汽油、柴油，需要寻找较低酸性的催化剂，提高转化率。同时还有许多其它因素，包括废塑料分离、杂质含量以及反应器类型都会对热解效果以及随之而来的产品收率和分布产生影响。因此，所有这些影响因素必须搞清楚并加以精确控制。废塑料回收采用先进的热裂解技术的另一项挑战是开发标准工艺和产品。进一步讲，虽然聚合物热解在实验室获得了满意的产品收率和产物，一旦进行工业放大，要想得到预期效果，对工业开发者还是一项挑战。如果这些挑战得到解决，矿物燃料部分被廉价地替代，目前突出的废塑料环境污染问题得以缓解，同时也降低了原油进口依赖，这无疑将是一大成就。

尽管微波辅助热裂解是另外一个选项，尤其是在处理混合塑料方面具有优势，相对来说，这是一种新概念，其可行性需要进行更多研究。另外一个问题是，在催化裂化之前废塑料在相容性溶剂中的溶解问题，需要进一步研究。进一步的分析将有助于降低投资和操作成本，并因此提升工艺的经济可行性。作为常规燃料替代品，提高热裂解工艺液体产品质量需要进一步研究[84]。

14.4 聚烯烃的能量回收

14.4.1 能量回收的基本方法

聚烯烃废弃物的能量回收利用技术就是回收其所蕴含的能量的技术。简而言之，就是通过一定的技术手段将聚烯烃废弃物转化为热能或电能的方法。表 14.9 为几种典型塑料及燃料的燃烧热。从表中可以看出，PE、PP 的燃烧热与燃油基本相同；PS 与 ABS 的燃烧热低于石油而高于煤；PVC 的燃烧热虽然较低，但也高于木材及纸张。因此，聚烯烃废弃物在能量回收方面具有极大的潜力，可在一定程度上代替石油和煤等化石能源，这部分热量必须加以充分利用。

表 14.9 几种塑料与常规燃料的热值比较（干基）

名称	燃烧热/(MJ/kg)	参考文献	名称	燃烧热/(MJ/kg)	参考文献
PE	43	[20]	汽油	46	[20]
PP	44.7	[21]	石油	41.9	[22]
PS	38.6	[23]	煤	30	[20,22]
PVC	20.1～25.8	[24,25]	纸	14.7	[26]
ABS	35.2	[25]	燃油	43	[20]
甲烷	53	[20]	木材	17.6～20.7	[27,28]

按照现有的技术，废旧聚烯烃的能量回收方法基本分为以下几种：直接焚烧技术、垃圾固体燃料技术、高炉喷吹技术。

14.4.1.1 直接焚烧技术

对于没有进行分类收集和分选的混合废旧聚烯烃，进行焚烧回收热能是最为实用的方法之一。在聚烯烃焚烧技术运用的过程中，主要采用了热力技术形式对塑料进行分解、无害化以及减量化处理，同时生成蒸气或电力。其基本的工艺流程如图 14.30 所示。废旧聚烯烃由焚烧炉入口加入焚烧炉进行焚烧，产生的高温热气通过换热器制备蒸汽或直接用于发电，降温后的烟气经进一步降温、除尘、脱硝等处理后由烟囱排出。

废旧聚烯烃直接焚烧技术存在的关键问题有两点，其一在于焚烧炉的设计，由于废旧聚烯烃，特别是混合废旧聚烯烃的组成差异较大，对焚烧炉的适应性的设计有一定的要求，如果废旧塑料焚烧不稳定，极易产生成分复杂的废气和大量毒性极强的污染物，如多环芳烃、二噁英、呋喃、酸性化合物、一氧化碳等，部分废旧聚烯烃在焚烧后还会残留重金属，对环境产生二次污染；其二在于燃烧废气的处理，随着环保政策越来越严格，燃烧废气要求必须达到无公害，所以必须与焚烧炉配套有高效的尾气处理工艺，否则燃烧过程产生的污染物极易造成环境污染。

目前，国外垃圾分类处理比较先进，其废旧聚烯烃分拣比较干净，因此欧洲和日本主要采取直接焚烧法处理废旧聚烯烃。

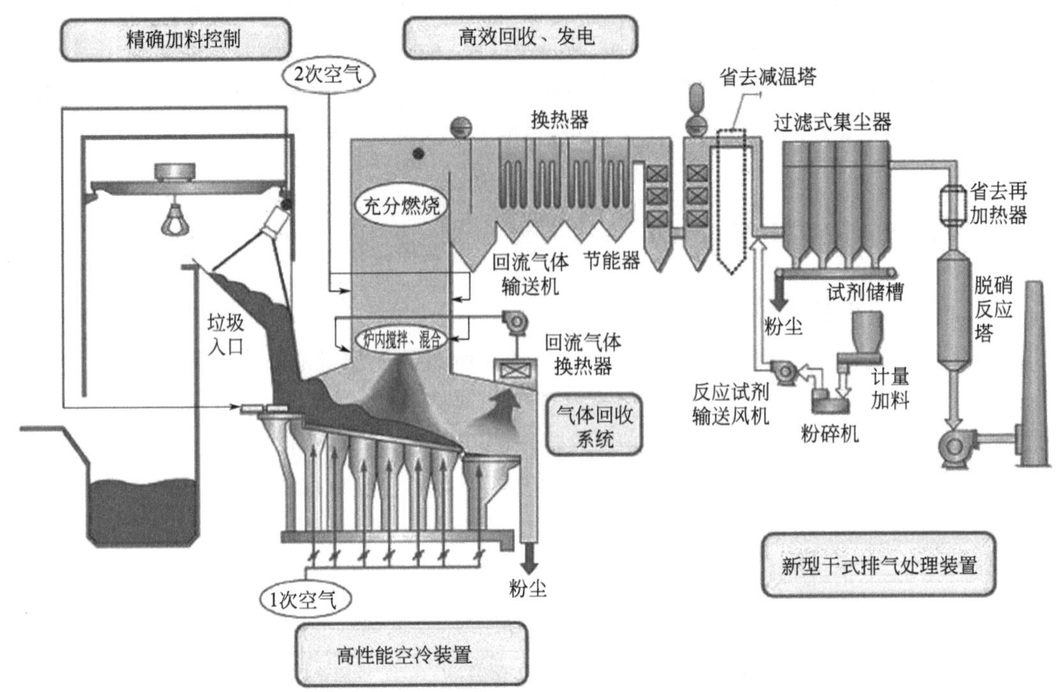

图 14.30　废旧聚烯烃直接焚烧技术工艺流程图

1996 年，日本 Planning 公司出售了一种没有烟囱但可以完全燃烧废塑料的小型专用焚烧炉，其直径为 60cm，高 120cm，驱动电机仅 200W 的鼓风机[29]。该焚烧炉内温度高达 1000～1200 ℃，可使焚烧物完全燃烧。废塑料燃烧时不产生烟气和臭味，焚烧炉进料口呈常开状态，焚烧物可不间断地安全投入。该焚烧炉价格相对低廉，其内壁用高耐酸性可浇铸成型的衬里材料制成，寿命长达 8～10 年，日处理能力为 25～30kg。

韩国 SGT 有限公司于 2014 年开发了一种废塑料固体燃料焚烧炉（CN106662325A）[30]。该炉体分为两个燃烧部，废塑料由上部加入燃烧炉第一燃烧部，进行一次燃烧，生成的燃烧气体通过气体导引部输送往第二燃烧部，再与鼓入空气进行充分燃烧。该燃烧炉不使用额外辅助燃料，而是利用废塑料燃烧过程中生成的燃烧气体实现持续燃烧，从而降低燃烧成本。

因国内的垃圾分拣技术不够成熟，目前国内还没有专用的废旧聚烯烃焚烧炉，废旧聚烯烃多与其它垃圾混烧。

中国垃圾焚烧发电技术已经进入了快速发展阶段，垃圾焚烧发电装机规模、发电量均居世界第一位。据统计，2017 年全国垃圾焚烧投产产能增速达 27%，垃圾发电量已超过 35TW·h[31]。截至 2018 年上半年，全国已投运垃圾焚烧项目合计 37.8 万吨/年。垃圾焚烧发电各省网上电量排行榜显示，浙江、江苏、广东位列前三。垃圾焚烧项目中所用的焚烧炉主要有机械炉排炉、流化床焚烧炉和回转式焚烧炉。其中，欧洲国家有 90%的焚烧厂采用机械炉排炉，日本大型城市的垃圾焚烧厂也采用机械炉排炉[32]。

(1) 机械炉排炉

机械炉排炉示意图如图 14.31 所示。炉排分为干燥段、燃烧段和燃尽段（后燃烧段）。燃料通过进料斗加入倾斜向下的炉排，炉排通过推拉杆带动做交错运动，从而将垃圾向下方推动。在整个焚烧工艺流程运行中，通过一次风机在垃圾储坑的上部将垃圾发酵堆积所产生的臭气引出，然后经过蒸汽（空气）预热器的加热处理，将其作为助燃空气送入焚烧炉之中，保证垃圾在较短的时间内得到干燥处理。在燃烧阶段，为了加强氧气气流的干扰，增强助燃的空气量，实现垃圾的一次性燃烧，需要在燃烧炉的上方通入二次风。生成的高温燃烧气则通过锅炉的受热面产生蒸汽，用于供热或发电。降温后的燃烧气被引入烟气处理装置处理后外排。

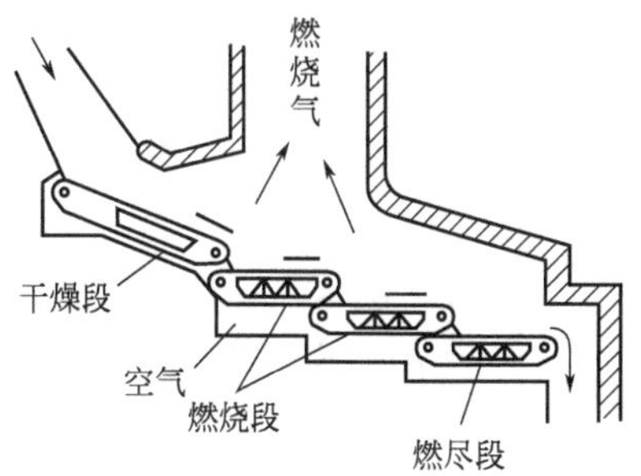

图 14.31　机械炉排炉示意图

机械炉排炉在使用过程中不需要额外添加其它辅助性燃料，原料适应性广且不需预处理，处理量大，炉排上的垃圾燃烧稳定且燃烧完全，灼减率低，技术相对成熟，年运行时间可达 8000h。但该炉的投资、运行以及日常维修费用较高，且炉排片易磨损[33]。

机械炉排炉发展较早，技术比较成熟，国内外开发了多种炉型。根据其设计结构及运行方式，主要分为逆推式和顺推式两类。国内外有多家供应商。国外的炉排供应商主要有：丹麦 Volund（广州李坑垃圾焚烧发电厂）、德国 Martin、法国 Alstom、吉宝西格斯（深圳南山垃圾焚烧发电厂）、日本三菱重工（杭州绿能环保发电厂）、日本日立造船厂（成都市洛带垃圾焚烧发电厂）、日本 JFE 钢铁公司（青岛垃圾焚烧发电厂）、日本荏原制作所（呼和浩特垃圾焚烧处理厂）、日本田熊株式会社（天津双港垃圾焚烧发电厂）等。国内主要炉排炉厂商主要有：杭州新世纪能源环保工程股份有限公司（温州临江垃圾发电厂）、三峰卡万塔环境产业有限公司（重庆同兴垃圾焚烧厂）、中国光大国际有限公司（北仑垃圾焚烧发电厂）、绿色动力环保集团股份有限公司等。

（2）流化床焚烧炉

流化床焚烧炉是目前国内运用比较广泛的一种垃圾焚烧炉，主要形式有鼓泡流化床（BFB）、循环流化床（CFB）和内循环流化床（ICFB）等。其燃烧机理与常规火电站所用的流化床燃煤锅炉类似，如图 14.32 所示。该焚烧炉需要配套垃圾破碎装置，将垃圾破碎为一定的粒度后投入焚烧炉，通过炉底通入的流化气（空气）吹动高温的床料（载热体）将垃圾点燃并快速燃烧。燃烧生成的小颗粒被分离器捕捉后循环回流化床焚烧炉进一步燃烧完全，高温烟道气则经热交换生成蒸汽或发电等。换热后的低温烟道气经进一步除尘、脱硫、脱硝后排至烟囱[34]。

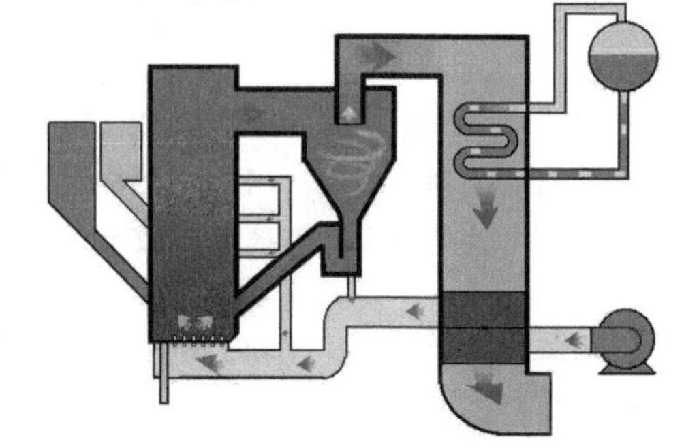
图 14.32　流化床焚烧炉原理图

因流化床焚烧炉所用垃圾粒度小，床料与垃圾混合均匀，燃烧反应迅速；原料适应性广，可以处理高水分垃圾，也可以与生物质、煤等燃料共燃烧；与机械炉排炉相比，流化床焚烧炉内没有活动的部件，结构简单，故障率低，适应性较广，适用于大型垃圾处理厂[35]。流化床焚烧炉一般采用空气作为流化气，因此对进炉的垃圾粒度有一定要求，一般不宜超过 50mm，大颗粒垃圾易落入炉底，从而造成不完全燃烧；焚烧炉内垃圾及床料的流化需要大量的空气，导致耗电量和飞灰量均较大，同时对下游的烟气净化系统造成较大负荷；此外，流化床焚烧炉在运行及操作过程中需要较高的专业技术，因此在日常运行和维护过程中需要专业的技术人员。

国外流化床焚烧炉技术代表公司主要有英国 Kraerner Enviro Power AB 公司（美国北

卡罗来纳州 Fayetteville 废料回收垃圾发电厂）、美国 Foster Wheeler Power Corporation（伊利诺伊州 Robbins 废物综合焚烧处理厂）、美国 Babcock & Wilcox Power Corporation、日本的石川岛播磨、三井造船、栗本、荏原制作所（哈尔滨、大连、太原垃圾焚烧厂）、日本制钢、神户制钢公司等。

国内流化床焚烧技术应用于垃圾焚烧方面的研究始于 20 世纪 80 年代，主要技术代表公司及科研院所包括浙江大学、中科院工程热物理研究所、无锡华光锅炉股份有限公司、北京中科通用能源环保有限公司、杭州锦江集团、南通万达锅炉有限公司。

(3) 回转式焚烧炉

回转式焚烧炉也称回转窑、旋转窑、回转炉，是一种旋转锅炉。回转窑是在钢板卷制的钢桶中内置耐火衬里，钢桶略微倾斜放置，炉体的空气入口设置于前部或后部，其结构简图如图 14.33 所示，其直径约 4～6m，长 10～20m。焚烧物由焚烧炉的上部连续供给，炉体通过缓慢旋转使焚烧物不断旋转并向炉体尾部移动。焚烧物在移动过程中逐步完成干燥、燃烧、排渣。一般情况下，回转窑燃烧炉设有二次燃烧室，使因未完全燃烧生成的有害气体在较高温度及氧化条件下完全燃烧。部分回转窑还设置有前推门或后推门，前推门有助于焚烧物干燥；后推门可辅助焚烧物燃烧[36]。

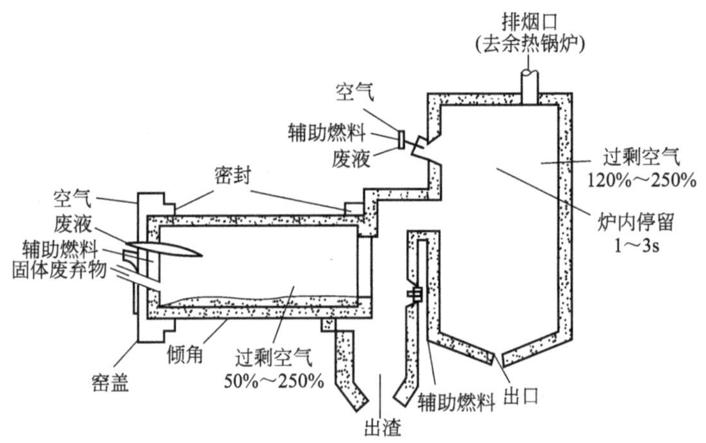

图 14.33　回转式焚烧炉结构简图

回转窑焚烧炉具有停留时间长、隔热好等优点，因为炉体的回转作用使炉内的垃圾层得以充分翻动，利于燃烧。回转窑焚烧炉对焚烧物的适应性强，使其成为所有废弃物的理想焚烧系统，尤其是对于含玻璃或硅较高的废弃物表现突出。但此装置燃烧不易控制，当焚烧物热值较低时难以燃烧，需要额外添加燃油、煤等与废弃物混烧。因此，回转式焚烧炉多用于焚烧热值较高的工业废弃物，很少用于焚烧生活垃圾。国内仅不足 6%的垃圾处理厂采用回转窑焚烧炉技术。

国外的专利厂商主要有：日本 Nittetu Chemical Engineering Ltd.、丹麦 F. L. 史密斯公司、美国燃烧公司、Marblehead Lime Company、Atlas Environmental Services，Inc.、Industrial Waste Management，Inc. 等。

国内具有回转窑焚烧炉生产技术的厂家主要有：北京机电研究所、重庆中天环保集团有限公司、沈阳环境科学研究院、北京中晟泰科环境科技发展责任有限公司、清华同方股份有限公司、北京北锅恒轮能源设备制造有限公司、常熟中型机械制造有限公司、东宇环境设备有限公司等。

14.4.1.2　垃圾固体燃料技术（RDF）

垃圾固体燃料技术也称垃圾衍生燃料技术（refuse derived fuel，RDF），是通过对难以再生利用的聚烯烃废弃物等可燃垃圾进行破碎、分选，并与生石灰为主的添加剂混合、干燥、加压、固化成直径为 20～50mm 的颗粒燃料的技术。其基本的工艺流程简图如图 14.34 所示。该技术可以使可燃垃圾体积减小，且无臭，质量稳定，其发热量相当于重油，发电效率高，NO_x 和 SO_x 等的排放量很少。对于不宜直接燃烧的含氯聚烯烃废弃物可与其它各种可燃垃圾如废纸、木屑、果壳等混配制成固体燃料，替代煤用作锅炉和工业窑炉的燃料，不仅能使含氯组分得到稀释，而且便于储存运输。

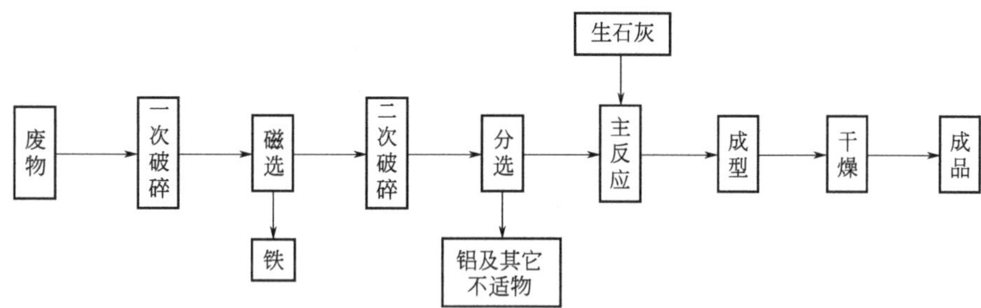

图 14.34　RDF 制备工艺流程简图

美国 ASTM 根据城市生活垃圾衍生燃料的加工形状、程度、用途等将 RDF 分为以下几类，如表 14.10 所示[37]。通常美国的 RDF 一般默认为 RDF-2 和 RDF-3；在瑞士、日本等国家的 RDF 一般是指 RDF-5，其形状为 ϕ(10～20)mm×(20～80)mm 的圆柱状，热值约为 14.6～21MJ/kg。

RDF 的性质具有强烈的地域性特点，随着当地人们生活习惯、经济发展水平的不同而不同。RDF 的物质组成一般为：纸张 68.1%、塑料胶片 15.1%、硬塑料 2.1%、非铁类金属 0.18%、玻璃 0.11%、木材及橡胶 4.1%、其它 10.1%[38]。

表 14.10　ASTM 的 RDF 分类

分类	性状	备注
RDF-1	仅仅是将普通城市生活垃圾中的大件垃圾除去而得到的可燃固体废物	—
RDF-2	将城市生活垃圾中金属和玻璃去除，粗碎通过 152mm 的筛后得到的可燃固体废物	Coarse（粗）RDF C-RDF
RDF-3	将城市生活垃圾中金属和玻璃去除，粗碎通过 50mm 的筛后得到的可燃固体废物	Fluff（绒状）RDF F-RDF
RDF-4	将城市生活垃圾中金属和玻璃去除，粗碎通过 1.83mm 的筛后得到的可燃固体废物	Powder（粉）RDF P-RDF
RDF-5	从城市生活垃圾中分拣出金属和玻璃等不可燃物、粉碎、干燥、加工成型后得到的可燃固体废物	Densitied（细密）RDF D-RDF
RDF-6	将城市生活垃圾加工成液体燃料	Liquid Fuel
RDF-7	将城市生活垃圾加工成气体燃料	Gaseous Fuel

RDF 具有以下优点：

① 防腐性较好，其含水量一般低于15%，且多以钙化合物为添加剂，具有良好的防腐性能；

② RDF-5 热值可达 14.6～25MJ/kg，热值较高，且形状均一，有利于稳定燃烧和提高燃烧效率；

③ 钙系添加物可以使 RDF 在燃烧过程中同时脱氯，抑制氯化物的产生，同时也能减少烟气、二噁英等的排放量，且生成的 $CaCl_2$ 有益于排灰固化处理，环保性能佳；

④ 由于 RDF 生产不受场地和规模的限制，且其密度较原料高，利于运输，适合分散制造、集中处理，运营成本较低；

⑤ 其热值与低阶煤类似，且燃烧后生成的灰分可直接作为烧制水泥的原料，可形成一套完整的利用链；

⑥ RDF 生产装置中无高温部件，使用寿命较长，开停车及日常维修维护较方便[37]。

RDF 具有如下缺点：首先是整套设备成本较高；与石油及天然气等相比，提取相对困难，运输成本相对较高；RDF 燃烧后会存在明显的物质残留，炉型不同，残留量也相差较大，有必要配套专用焚烧炉；生成的残渣必须进行处理，以防二次污染，无形中推高了处理成本。

目前 RDF 技术主要应用于以下几个方面：

① 中小公共场所，主要是指游泳池、体育馆、医院、公共浴池、福利院等；

② 干燥工程，指在特定的锅炉中进行燃烧，给干燥工艺及脱臭工艺等提供热源；

③ 地区供热工程，在供热基础工程比较完备的地区设置 RDF 燃烧锅炉，投资相对较低，在供热基础工程不完备的地区则总成本相对较高，采用 RDF 供热不经济；

④ 发电工程，在火力发电厂与煤混烧，可以替代部分煤的使用，比较具有经济性；也可以在原料丰富的地区之间建立应用 RDF 燃烧锅炉的小型发电工程；

⑤ 作为制备焦炭的原料，将 RDF 作为原料进行热解，所得的固体残留物为优质的焦炭，可以应用在高炉炼铁工艺中。

将生活垃圾、聚烯烃废弃物等制备成 RDF，是发达国家比较成熟的垃圾处理技术，早在 20 世纪 80～90 年代就有应用，其中欧洲和美国偏重发展 RDF-2 和 RDF-3 技术；日本偏重发展 RDF-5 技术。国外的技术代表及专利商主要有荷兰 ROFIRE、瑞士卡特热公司、美国 SPSA、美国 SSI 破碎系统工程公司、日本荏原、日本野木町枥木县再循环研究中心、日本电源开发公司、日本川崎重工、日本三菱重工、日本日立造船厂、日本再生管理公司、日本 NKK 等。

国内的 RDF 技术发展较晚，考虑到国内回收垃圾的有机成分含量低、垃圾成分波动大、水分含量高等特点，更适于发展 RDF-3 技术，其中具有代表性的研究机构及研究院有四川雷鸣生物环保工程有限公司、中科院广州能源所、深圳市兖能环保科技有限公司等。

14.4.1.3 高炉喷吹技术

高炉喷吹废旧聚烯烃技术是利用废旧聚烯烃良好的燃烧性能，将其经分选、粉碎并进行球团化处理，制成粒径适宜的颗粒，取代部分煤粉从风口喷入高炉，用作炼铁高炉的还原剂和燃料，以减少焦炭的消耗，进而获得很好的经济和社会效益。高炉喷吹废旧聚烯烃工艺流程简图如图 14.35 所示，废塑料收集分选为不含氯塑料和含氯塑料，不含氯塑料经造粒后即可成为废塑料喷吹系统原料；含氯的硬质塑料需首先经过脱氯，然后直接作为废塑料喷吹系统原料。回收废塑料经过原料制备系统制备成合适粒度的原料后即可喷入高炉炼铁[39]。

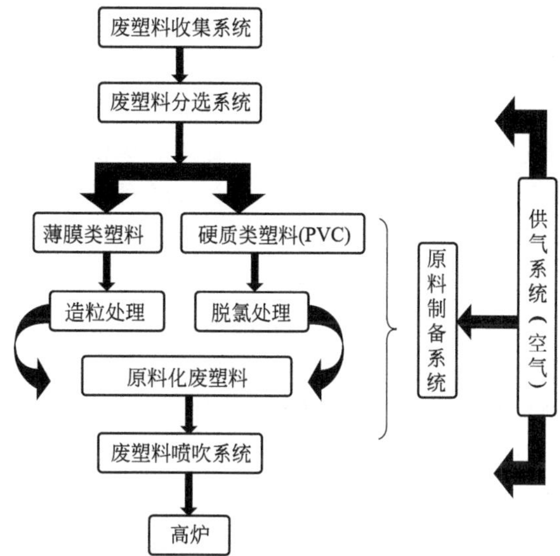

图 14.35　高炉喷吹废旧聚烯烃工艺流程简图

高炉喷吹废塑料技术与其它技术相比具有以下优点[40]：

① 环保方面。高炉喷吹废塑料技术虽然在使用中也会产生二噁英、NO_x 和 SO_x 等有毒有害气体，但其排放量仅为直接焚烧技术的 0.1%～1%，对环境的影响较少。

② 回收利用方面。废塑料在焚烧炉中焚烧用作供热及供电时，其能量利用率约为 30%～40%，而在高炉喷吹中，废旧塑料的能量利用率高达 80%，其中 60%是以化学能的形式还原铁矿石。

③ 经济效益方面。废旧塑料可用于以高炉为基础的现行钢铁制造设施，因此无设备改造费用；作为预处理，废旧塑料只需加工到能将其进料投到高炉中即可；国外高炉喷吹废塑料实践证明，其处理费用仅为焚烧或再生利用的 30%～60%，因此生产成本低，经济效益好。

高炉喷吹废塑料技术也存在如下几个问题[41]：

① 废塑料来源问题。虽然国内废塑料总量较大，但其分布分散、种类繁多且混杂在一起，使得回收工作复杂、涉及面广、难度较大，且我国目前还未形成垃圾分离回收体系，以目前的回收量来讲，无法满足国内大型炼钢企业的连续用料。

② 废塑料造粒问题。废旧塑料需要加工成一定粒度的块状才能喷入高炉中。研究表明，聚乙烯、聚丙烯、聚苯乙烯等不含氯废塑料更适于高炉喷吹技术，但废料收集成本较高；含氯塑料需首先进行脱氯处理，否则会损坏设备。

③ 投资成本问题[42]。根据国外厂家的投资情况，德国 Bremen 钢铁公司喷吹系统设备改造投资 1500 万马克，开发费用为 3000 万马克，建成了一套 7 万吨/年的废塑料喷吹系统。日本的 NKK 投资了 15 亿日元（约合 9000 万人民币）建成了一套 3 万吨/年的废塑料喷吹生产线[43]。可见虽然日常的生产成本较低，但设备的初期投资较大。

国外对高炉喷吹废塑料的研究较早，目前已经有工业化应用。具有代表性的高炉喷吹技术供应商及专利商有德国不莱梅钢铁公司、德国克虏伯·赫施钢铁公司、蒂森钢铁公司、克虏伯·曼内斯曼冶金公司、日本 NKK、神户制钢、川崎制铁、新日铁、住友金属等。国内的鞍钢、宝钢、首钢等也相继开展了相关的研究。

14.4.2 能量回收过程存在的主要问题

14.4.2.1 能量回收过程对环境的潜在影响

上文分析可知，无论采取何种方式、何种工艺对聚烯烃废弃物进行能量回收，其主要步骤依次为：原料收集、预处理、焚烧、取热、尾气处理、废渣处理几个过程。理论上来讲，上述过程均会对环境产生潜在的影响。分析上述各个步骤对环境的潜在影响有助于对污染物排放进行针对性的控制，从而最大限度地降低能量回收过程对环境的影响问题。

哈尔滨工业大学的伍跃辉博士[44]对聚烯烃废弃物资源化技术对环境的潜在影响进行了系统的研究，系统地构建了聚烯烃废弃物资源化技术评价体系，并对聚乙烯、聚丙烯、聚苯乙烯、聚氯乙烯四种典型废塑料的几种资源化利用技术的全生命周期进行评价。在能量回收方面，主要研究了废塑料垃圾衍生燃料（RDF）焚烧发电资源化技术，研究表明该技术的“锅炉焚烧”环节占总环境影响潜值的99.6%，是需要进行污染控制的重点环节，其对环境的影响类型主要为“全球变暖”和“酸化”。废聚氯乙烯“高温焚烧”过程中，对环境的影响类型主要为固体废物，其环境影响负荷占总环境影响负荷的99.8%，污染控制的重点环节是焚烧单元。

北京化工大学的李千婷[45]也对废塑料资源化产品的环境安全性进行了评价，研究表明，温度对重金属的溶出有绝对的影响，高温能够促进重金属物质的大量溶出；有机有害物的溶出量随着温度的升高呈现先增加后降低的趋势。可见在废塑料的资源化利用过程中，处理温度会对环境造成明显的潜在影响。具体到能量回收过程中，焚烧过程对环境的潜在影响较大，需要有针对性地进行研究和处理。

14.4.2.2 燃烧废物的产生及控制

大多聚烯烃废弃物会因焚烧不稳定而产生颗粒物，成分复杂且毒性极强的有机污染物，如多环芳烃、二噁英、呋喃等，酸性气以及重金属等。因此，废旧塑料焚烧的关键技术是燃烧和排烟处理。研究人员也需要对典型燃烧废气的产生过程有一定的了解。

(1) 颗粒物

与其它固体燃料的燃烧过程相同，聚烯烃废弃物在燃烧过程中，经过高温热解、氧化，其与燃烧产物的体积和粒度均不断减小，其中的不可燃物大部分以炉渣的形式外排，部分质量较轻的物质与焚烧过程产生的高温气体一并从锅炉出口外排，形成带有颗粒物的烟道气[46]。

目前固体燃料焚烧产生的颗粒物主要由静电除尘器和布袋除尘器去除。一般CFB锅炉采用静电除尘器除尘即可达到排放标准。布袋除尘器在烟气处理系统中起到双重作用：一是将烟气与颗粒物分离，由于颗粒物易吸附二噁英、重金属等污染物，因此可以同时吸附部分有机污染物；二是吸附部分未被脱除的酸性气，滤袋上未反应完全的活性炭、碱性物等形成的粉尘层可以与酸性气发生化学反应，从而进一步提高整个系统脱除酸性气的效率[47]。

(2) 有机污染物

废旧塑料燃烧过程中的有机污染物主要为多环芳烃（PAHs）、二噁英（PCDDs）、呋喃（PCDFs）等。

① 多环芳烃。以苯并[a]芘为代表的PAHs较早地被确认具有“三致”作用。2～3环的PAHs具有较强的急性毒性，但一般无强致癌作用；高环数的PAHs无明显的急性毒性，但对多种生物均具有“三致”作用。

聚烯烃的燃烧反应一般要经历聚合物的高温裂解和裂解产物的燃烧反应。虽然塑料的种类不同，但其高温裂解产物均为小分子碳氢化合物中间体[48]。这些小分子碳氢化合物中间体在后续的燃烧过程中无法完全燃烧时，极易成环并聚合为 PAHs[49]。其反应机理一般认为是自由基过程[50]。部分小分子单体生成 PAHs 过程如图 14.36 和图 14.37 所示。

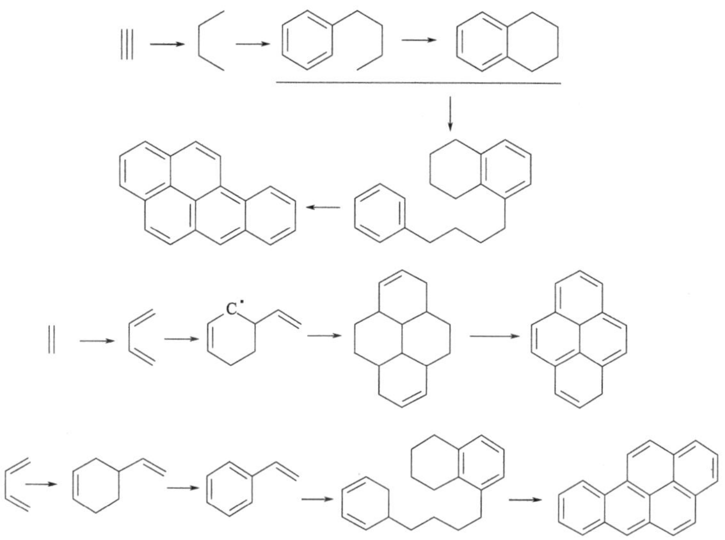

图 14.36　燃烧过程中小分子单体形成多环芳烃的反应过程（1）

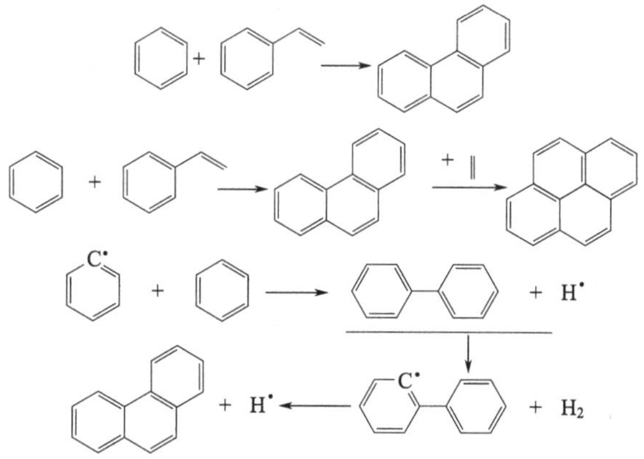

图 14.37　燃烧过程中小分子单体形成多环芳烃的反应过程（2）

有研究表明，升高炉温，延长二次燃烧区停留时间，可以减少 PE 燃烧过程中 PAHs 的产率[51]；PS 在 950 ℃燃烧时的 PAHs 产量大幅降低，且生成的 PAHs 极易被固体颗粒物吸附[52]；碱金属及碱土金属的氯化物可以抑制 PS 燃烧过程中烟灰的生成量[53]；对 PVC 而言，900 ℃燃烧时生成的 PAHs 最少；继续升高温度，PAHs 生成量反而增加[54]。

② 二噁英。又称二氧杂芑，通常指具有相似结构和理化特性的一组多氯取代的平面芳烃类化合物，属于氯代含氧三环芳烃类化合物，包括 75 种多氯代二苯并-对-二噁英（PCDD）和 135 种多氯代二苯并呋喃（PCDF）。其结构式如图 14.38 所示。其中 2,3,7,8 这些取代位上有氯取代的四氯二苯并二噁英毒性较强，以 2,3,7,8-TeCDD 的毒性为最，

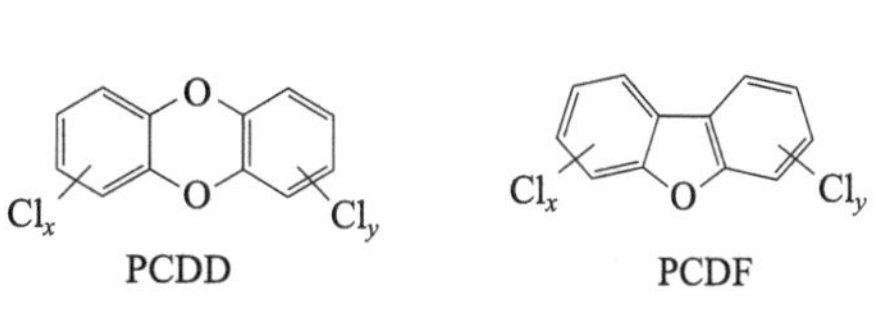

PCDD　PCDF

图 14.38　典型二噁英的化学结构图

相当于氰化钾的1000倍，被称为“地球上毒性最强的毒物”[55]。二噁英的物理化学性质均十分稳定，容易附着于泥土中，难被微生物降解，具有脂溶性，易进入生物链。2001年5月23日，联合国环境规划署正式将二噁英列入《关于持久性有机污染物的斯德哥尔摩公约》，并于2004年生效[56]。

电子固体废物、医疗废物、含氯城市垃圾、生活垃圾以及污水厂污泥等固体废物的焚烧是环境中二噁英的主要来源[57]。李雁等[58] 统计了部分文献中表述的固体废物燃烧排放的二噁英在不同环境介质中的污染状况。如表14.11所示。

表14.11 部分国家和地区垃圾焚烧炉周边环境中二噁英浓度

国家/地区	检测对象	毒性当量	参考文献
中国杭州	大气	0.059～3.03 pg I-TEQ/m^3	[59]
韩国富川	大气	0.22～1.16 pg I-TEQ/m^3	[60]
中国台湾	烟道气	0.0042～7.9 pg I-TEQ/m^3	[61]
韩国	烟道气	0.073～5.6 pg I-TEQ/m^3	[62]
意大利	土壤	0.7～1.5、1.1～1.4、0.08～1.2 pg I-TEQ/g	[63]
西班牙	土壤	0.63～24.2、0.08～8.4 ng I-TEQ/g	[64]
智利	水体	124、942 ng/kg	[58]
德国	水体	1500、25～100 pg WHO-TEQ/g	[65]

研究人员对二噁英的产生机理进行了深入的研究，目前主流的二噁英生成机理主要包括二噁英从头合成机理、前驱物生成二噁英机理和高温气相生成机理。

二噁英的从头合成机理是指在低温条件下（200～400℃），C、H、O、Cl等元素通过基元反应生成二噁英的过程，被认为是垃圾焚烧炉尾部低温区生成二噁英的主要途径[66]，如图14.39（a）所示[67]。Huang等[68] 将其描述为两段：首先是燃料在燃烧过程中经不完全燃烧形成碳颗粒，其次是未燃烧的碳颗粒在焚烧炉低温区发生氧化。

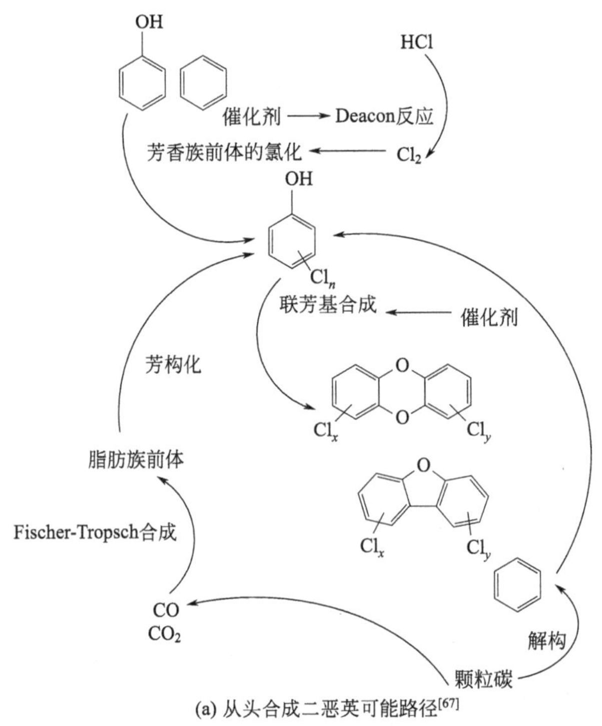

(a) 从头合成二恶英可能路径[67]

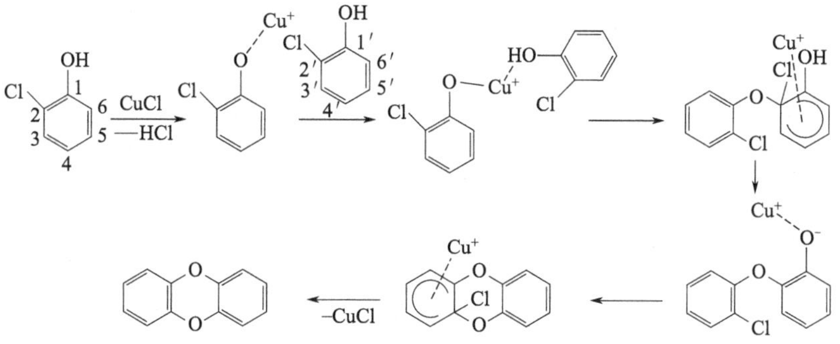

(b) 前驱物生成二噁英可能路径[69]

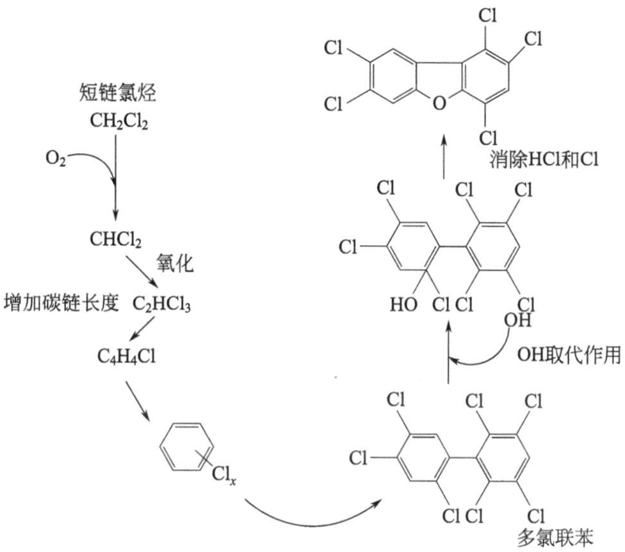

(c) 高温气相生成二噁英可能路径[67]

图 14.39　二噁英生成机理

二噁英的前驱物生成机理是指在 300～600 ℃的温度范围内，二噁英的前体，如氯酚、氯苯、多氯联苯等在过渡金属飞灰表面被催化氧化为二噁英。有研究者通过理论计算获得了2-氯苯酚在 CuCl 催化作用下生成二噁英的机理，认为 Cu^+ 首先破坏 2-氯苯酚上的羟基，同时消除一个 HCl；之后 Cu^+ 插入到另一个 2-氯苯酚的 C—Cl 键中形成氧桥键；之后 Cu^+ 与 Cl^- 结合形成 CuCl 并脱除，同时形成二噁英[69]。其可能的反应路径如图 14.39(b) 所示。

二噁英的高温气相生成机理是指在气相条件下，结构简单的氯代烃类通过缩合、环化作用生成氯苯；氯苯再通过聚合反应生成多氯联苯；多氯联苯在 500～800℃范围内燃烧时，通过羟基取代和脱氯反应可以生成 PCDF，PCDF 通过进一步加氢反应可以生成 PCDD[70]。其可能的反应路径如图 14.39(c) 所示。

根据反应机理分析，在垃圾焚烧炉中生成二噁英起主导作用的是从头合成机理和前体生成机理，只有在前体充足且温度较高的气相中才会有高温气相机理参与反应。前两种合成机理均属于低温异相催化合成反应，所需条件为 200～400℃，飞灰作为催化物。对于前体合成机理，二噁英的合成量主要受前体的生成量的制约，燃烧充分时，前驱物生成量可大大减少，从而降低二噁英的生成量。基于此，聚烯烃废弃物在能量利用过程中可以采用以下几种方式来控制二噁英的生成量：

① 源头控制。对废旧塑料进行分类回收，从源头上杜绝燃烧过程中 Cl 和过渡金属的

引入。

② 燃烧过程控制。燃烧过程中保证通入充足的氧气，并增强氧气与聚烯烃废弃物的湍流度，降低聚烯烃废弃物不充分燃烧的概率，进而降低二噁英前驱物的产量；延长燃烧时间，聚烯烃废弃物在炉内的停留时间宜超过 2s，使其在焚烧炉内尽可能燃烧分解为小分子；提高焚烧炉内温度，炉内温度以 850～950℃为宜；燃烧过程加入碱性剂（如 Ca 剂等）；与其它燃料（如煤、天然气等）混烧。

③ 后燃烧段控制。增设高效换热装置，使烟气温度迅速降低至 200℃以下，避开二噁英生成温度区间；燃烧区和后燃烧区之间加设高温过滤装置，捕集燃烧过程中生成的含有过渡金属的飞灰，减少催化剂进入后燃烧区；设计新型烟道气净化系统，减少飞灰在二噁英易生成温度区间内的停留时间；喷入无机净化物和碱性剂等，减少 Cl_2、HCl 的生成；后燃烧段添加催化剂毒物，破坏飞灰表面的活性部位。

④ 烟道气净化控制。除尘塔和带有活性炭吸附剂的布袋除尘器组合脱除烟道气中的二噁英，目前技术经优化后可使二噁英浓度达到排放标准。

⑤ 飞灰控制。垃圾焚烧炉飞灰作为危险废物，需经进一步化学热解或加氢热解，完全破坏其结构后再行处置。

(3) 酸性气

聚烯烃废弃物能量回收过程中生成的酸性气主要包括 SO_x、NO_x 及卤化氢气体，均来自相应垃圾组分的燃烧过程。其中 SO_x 主要来自含硫化合物焚烧，主要为 SO_2。NO_x 主要包括 NO、NO_2、N_2O_3 等，来自聚烯烃废弃物中含氮化合物的转换以及空气中 N_2 的高温氧化生成。卤代烃主要为 HF、HCl、HBr，其中 HF 和 HBr 主要由含氟及含溴塑料燃烧过程分解生成。HCl 一部分来自废旧聚烯烃中的有机氯化物，如 PVC、橡胶等，曹枫等[71]对 PVC 废旧塑料脱氯进行了实验研究，得出最佳脱氯温度为 320～340℃。产物主要为 HCl。一部分来自因分拣不干净而夹带的无机氯化物在高温下与 SO_2 等反应而生成。

各类酸性气中，HCl 的生成量最多，危害最大。其在常温下为无色有刺激性气味的气体，溶于水形成盐酸。HCl 能腐蚀人体皮肤和黏膜，严重者可出现肺水肿以至死亡；HCl 会导致叶子褪绿，进而出现坏死现象。酸性气还可以腐蚀焚烧炉内壁以及配套的换热器、锅炉等。

目前垃圾焚烧厂对酸性气的脱除主要采取酸碱中和原理，所用的碱性吸附剂一般为 $Ca(OH)_2$，主要反应式如下：

$$SO_2+Ca(OH)_2+1/2O_2 \longrightarrow CaSO_4+H_2O$$

$$SO_3+Ca(OH)_2 \longrightarrow CaSO_4+H_2O$$

$$2HCl+Ca(OH)_2 \longrightarrow CaCl_2+2H_2O$$

$$2HF+Ca(OH)_2 \longrightarrow CaF_2+2H_2O$$

酸性气的脱除办法主要有以下几种[47]。

① 干式洗气法。该法是用压缩空气将石灰粉或者 $Ca(OH)_2$ 直接喷入烟道或烟道系统的某一个反应器中，使其与酸性气充分接触，进而发生酸碱中和以脱除酸性气。该方法投资低，操作、维护、运行费用低，水电消耗低，但碱性剂消耗量大且脱除效率低。

② 湿式洗气法。该法是在烟道中增加一个填料吸收塔，塔内烟气和碱性溶液对流操作，碱性剂与酸性气在填料表面不断接触并发生中和反应，从而脱除酸性气。该方法的优点是脱除率高，且对高挥发性重金属具有一定的脱除能力，但也具有设备投资高、水电消耗大、生

成含盐废水需要处理等缺点。

③ 半干式洗气法。该方法是在烟道中增设一个喷雾干燥塔，利用雾化器将 $Ca(OH)_2$ 从塔顶或塔底或切向喷入塔内，烟气与石灰浆雾滴并流或对流并充分混合发生中和反应。由于雾滴直径小，比表面积较大，烟气与石灰浆雾滴接触充分，反应速度快。同时水分可以在干燥塔内挥发，因而不产生废水。该方法集合了干法和湿法的优点，碱性剂和水消耗低，脱除效率高，同时避免产生废水。但该法也存在制浆系统复杂，设备投资高，干燥塔内易黏结，喷嘴能耗高等缺点。

④ 循环半干法。该法是在半干式洗气法的基础上发展而来的可脱除多种有毒烟气的方法。其原理是利用干碱性剂［$Ca(OH)_2$ 或 CaO］吸收烟气中的酸性气。该工艺取消了制浆系统，实行碱性剂的消化及循环增湿一体化设计，解决了单独消化时的漏风、堵管等问题，消化过程中生成的水蒸气进入反应塔，增加了反应塔的相对湿度，有利于中和反应的发生。该工艺的反应灰多次循环利用，提高了碱性剂的效率。整套装置的结构紧凑，占用空间小，设备投资和运行成本低，无废水产生，最终产物适用于气力输送，酸性气的脱除率高。

(4) 重金属

聚烯烃废弃物焚烧过程中产生的重金属主要是由于原料分拣不充分导致原料中掺杂有金属氧化物和盐类的其它垃圾所致，如涂料、电池、油墨、灯管等。这部分垃圾焚烧过程中可以释放出重金属，其中一部分以气相的形式存在于烟气中，如 Hg；一部分以固相的形式存在于烟道气中。由于不同重金属的沸点差异较大，其在不同垃圾中的含量也千差万别，因此其在烟道气的气固相分配比例上差异也较大[72]。

一般根据重金属的特性来选择不同的脱除方法，如烟道气中的 Hg，一般采用在烟道中喷入活性炭来吸附，吸附了部分重金属的活性炭及其它重金属一并在下游的布袋除尘器中脱除，其脱除方法与固体颗粒物的脱除方法相同。

14.4.3　能量回收过程的技术经济分析

依据原国家计委和建设部颁布的《建设项目经济评价方法与参数》[73]（第三版）中的原则和相关规定，结合现行财税制度、行业特点，参照国内小型热电厂投资、收费标准，以年处理量 30 万吨的规模，对聚烯烃废弃物的能量回收过程进行技术经济分析。

14.4.3.1　生产规模和计算期

废塑料处理量约 900 吨/天，年运转时间 330 天，合计约 30 万吨/年。工程占地面积约 $25000m^2$，建筑面积约 $18000m^2$，全厂包括聚烯烃废弃物分拣上料系统、塑料焚烧炉、汽轮发电机系统、三废处理系统和辅助工程。采用三机四炉模式，即三套发电机，四台焚烧炉（三开一备）。整个工程投资约 39126 万元。

工程建设期约 2 年，生产期 30 年，合计计算期为 32 年。

14.4.3.2　生产成本

(1) 可变成本

外购原料费：主要包括聚烯烃废弃物、消石灰、螯合剂、水泥、氨水、碱液、滤袋等，全年合计约 93800 万元。

燃料动力费：聚烯烃废弃物发热量较高，无需外购燃料。动力费包括生产用水和自来水费，合计约 50 万元。

营业费：20 万元。

废液处理费：100 万元。

合计可变成本约 93970 万元。

(2) 固定成本

折旧费：设备费按平均折旧年限 10 年计算，建筑物及建筑期内其它费用按 30 年计算，其它资产按 10 年摊销。合计每年折旧费约 2745 万元。

维修费：维修费按照固定资产的 1%计算，约 347 万元。

人工费：按照工厂工人 80 人计算，人均工资及福利费用为 4 万/人，合计人工费为 320 万元。

固废处理费：涉及飞灰和炉渣的处理费用，合计约 100 万元。

其它：包括项目运行期间的办公费、差旅交通费等在内的其它费用，约 100 万元。

合计固定成本约 3612 万元/年。

(3) 经营成本

经营成本指项目总成本扣除固定资产折旧费、无形及其它资产摊销费、财务支出后的总费用，约 1500 万元/年。

(4) 总成本

总成本合计约 99082 万元/年。

14.4.3.3 财务评价

(1) 总收入

工程总收入为主营业务收入与财政补贴之和。工程投产后向国家电网输出电力，获取一定的经济收入。聚烯烃废弃物以含水量 5%，发热量为 42.1MJ/kg，发电效率 40%计算，该工程每年发电 1333273320kW·h。以 0.65 元/(kW·h) 的价格入网，可获得年收入 86663.2 万元。

依据目前国家对垃圾焚烧发电项目的财政补贴政策，按照 0.25 元/(kW·h) 的补贴标准，每年可获得国家财政补贴 33331.8 万元收入。

合计总收入约 119995 万元。

(2) 税金估算

增值税：根据财政部、国家税务总局《关于部分资源综合利用及其他产品增值税政策问题的通知》【财税［2001］198 号】第一条规定，用焚烧源自城市生活垃圾中的聚烯烃废弃物发电的项目适用于增值税即征即退的政策。

企业所得税：目前企业所得税税率为 25%，根据国家规定执行“三免三减半”政策。以 30 年运行周期计算，平均每年缴纳企业所得税为 18415.9 万元。

(3) 利润估算

按照上述估算，可得到该项目的利润为 2497.1 万元/年。

14.4.3.4 财务费用效益评价

废旧塑料的能量化利用主要用于体现环境效益和社会效益，其本身的经济效益较低，需要通过征收废旧塑料处理费或财政补贴的形式维持正常运营和盈利。对于本项目，上网电价按 0.65 元/(kW·h)，给予 0.25 元/(kW·h) 的财政补贴，有一定的税费减免前提下，具有一定的盈利能力。

参考文献

[1] 姚雪容，任敏巧，郑萃，等. 不同类型聚乙烯共混物的相容性、结晶动力学和热力学行为 [C] // 2015 年全国高分子学术论文报告会论文摘要集——主题 M 高分子工业. 2015.

[2] 王蕊，杨其，黄亚江，等. 不同分子量的高密度聚乙烯与茂金属线型低密度聚乙烯的相容性 [J]. 高分子学报，2010 (9)：1108-1115.

[3] 刘义，张红，邵月君，等. PP/LLDEP 共混体系性能及相容性研究 [J]. 石油化工应用，2006 (5)：10-13.

[4] GB/T 16288—2008. 塑料制品的标志 [S].

[5] GB/T 2035—2008. 塑料术语及其定义 [S].

[6] D. 布朗. 塑料简易鉴别法 [M]. 北京：中国轻工业出版社，1985.

[7] 刘寿华，边柿立. 废旧塑料回收与再生入门 [M]. 杭州：浙江科学技术出版社，2002.

[8] 韩怀芬. 废旧聚酯瓶的固相缩聚增粘 [J]. 塑料工业，1994 (3)：8-10.

[9] 王夏琴，李文彬. PET 固相聚合反应机理及动力学模型 [J]. 东华大学学报（自然科学版），2002，28 (4)：128-132.

[10] 朱志学，刘莉. 聚对苯二甲酸乙二醇酯和聚对苯二甲酸丁二醇酯化学扩链反应 [J]. 合成化学，1997，5 (4)：349-356.

[11] 张素文，王益龙，滕福成，等. 扩链剂对反应挤出回收 PET 瓶分子量的影响 [J]. 高分子材料科学与工程，2008，24 (2)：119-123.

[12] 魏刚，刘峰，闫光红，等. 回收 PET 的扩链增粘改性研究 [J]. 西华大学学报（自然科学版），2008，27 (6)：64-66，76.

[13] 于守武，肖淑娟，赵晋津. 高分子材料改性——原理与技术 [M]. 北京：知识产权出版社，2015.

[14] 赵明. 废旧塑料回收利用技术与配方实例 [M]. 北京：印刷工业出版社，2014.

[15] 梁玉蓉，谭英杰. 聚丙烯交联改性的研究 [J]. 沈阳化工学院学报，2002，16 (1)：18-21.

[16] 王益龙，杨威，王宁. 反应挤出微交联聚丙烯的熔体和力学性能研究 [J]. 塑料科技，2018，46 (4)：58-62.

[17] 王江彦，张蕾. 废弃 LDPE/PA6/LLDPE 复合膜回收再生的研究 [J]. 包装工程，2013，34 (23)：18-22.

[18] 马国维. 不相容聚合物聚氯乙烯/聚乙烯共混中相分散-交联协同作用机理的研究 [D]. 杭州：浙江大学，2003.

[19] 宋谋道，张邦华，周庆业，等. PVC/PE 交联共混体系的动态力学研究 [J]. 高等学校化学学报，1996，17 (2)：311-314.

[20] Panda A K，Singh R K，Mishra D K. Thermolysis of waste plastics to liquid fuel：A suitable method for plastic waste management and manufacture of value added products－A world prospective [J]. Renewable and Sustainable Energy Reviews，2010，14 (1)：233-248.

[21] Xiao R，Jin B，Zhou H，et al. Air gasification of polypropylene plastic waste in fluidized bed gasifier [J]. Energy Conversion and Management，2007，48 (3)：778-786.

[22] 吴建卿. 石油、天然气的热值 [M]. 北京；石油知识杂志社，2015.

[23] 杨光辉，杨森，孙玉泉，等. 几类典型外墙保温材料燃烧热值探析 [A] //中国阻燃学会. 2012 年中国阻燃学术年会论文集 [C]. 2012：6.

[24] Zevenhoven R，Axelsen E P，Hupa M. Pyrolysis of waste-derived fuel mixtures containing PVC [J]. Fuel，2002，81 (4)：507-510.

[25] Liu G，Liao Y，Ma X. Thermal behavior of vehicle plastic blends contained acrylonitrile-butadiene-styrene (ABS) in pyrolysis using TG-FTIR [J]. Waste Management，2017，61：315-326.

[26] Demirbas A. Physical properties of briquettes from waste paper and wheat straw mixtures [J]. Energy Conversion and Management，1999，40 (4)：437-445.

[27] 林益明，林鹏，王通. 几种红树植物木材热值和灰分含量的研究 [J]. 应用生态学报，2000 (2)：181-184.

[28] Telmo C，Lousada J，Moreira N. Proximate analysis，backwards stepwise regression between gross calorific value，ultimate and chemical analysis of wood [J]. Bioresource Technology，2010，101 (11)：3808-3815.

[29] QHH. 废塑料专用焚烧炉 [J]. 现代塑料加工应用，1996 (6)：53.

[30] 惠启达. 废塑料固体燃料焚烧炉：CN106662325A [P/OL]. 2017-05-10.

[31] 张燕. 我国垃圾焚烧现状及焚烧炉型的技术比较 [J]. 中国资源综合利用，2015，33 (01)：33-35.

[32] 舟丹. 2018 年我国垃圾焚烧发电项目将达到 240 个 [J]. 中外能源，2018，23 (07)：59.

[33] 屈建龙. 垃圾焚烧现状及焚烧炉型的技术比较 [J]. 科技创新与应用，2017 (04)：122.

[34] 张薇薇，赵杰飞. 流化床垃圾焚烧锅炉的现状与前景 [J]. 工业锅炉，2018 (02)：1-7.

[35] 栗润喆，孙琦. 城市生活垃圾焚烧炉型简介 [J]. 锅炉制造，2018 (05)：33-34.

[36] 周璐璐. 我国垃圾焚烧发电现状与焚烧炉的选择 [J]. 中外企业家，2018 (04)：216.

[37] 雷建国，周斌. 新型垃圾衍生燃料制备工艺 [J]. 中国环保产业，2010 (01)：42 47.

[38] Cozzani V，Petarca L，Tognotti L. Devolatilization and pyrolysis of refuse derived fuels：characterization and kinetic modelling by a thermogravimetric and calorimetric approach [J]. Fuel，1995，74 (6)：903-912.

[39] 孙刘恒. 高炉喷吹废塑料与喷吹煤粉比较分析 [M]. 中国金属学会冶金技术经济学会第 11 届学术年会论文集. 2011：208-210.

[40] 郭兴忠，杨绍利，张丙怀，等. 高炉喷吹废塑料技术 [J]. 现代塑料加工应用，2000 (05)：45-7.

[41] 李博知，王钦. 废塑料应用于高炉喷吹的技术现状及展望 [J]. 天津冶金，2002 (05)：14-16.

[42] 赖微. 高炉喷吹废塑料技术 [J]. 工业安全与环保，2005 (05)：45-46.

[43] 张春雷，王尤清，柳阳武. 鞍钢高炉喷吹废塑料可行性研究 [J]. 包头钢铁学院学报，2001 (04)：368-371.

[44] 伍跃辉. 废塑料资源化技术评估与潜在环境影响的研究 [D]. 哈尔滨：哈尔滨工业大学，2013.

[45] 李千婷. 废塑料资源化产品的环境安全性评价 [D]. 北京：北京化工大学，2010.

[46] 傅立珩. 生活垃圾焚烧烟气污染物的控制与处理工艺 [J]. 环境卫生工程，2005 (02)：55-58.

[47] 李风斌，钟史明. 垃圾焚烧发电污染物的控制 [J]. 沈阳工程学院学报 (自然科学版)，2007 (04)：319-322.

[48] Badger G M，Buttery R G，Kimber R W L，et al. The formation of aromatic hydrocarbons at high temperatures. Part I. Introduction [J]. Journal of the Chemical Society (Resumed)，1958：2449-2452.

[49] Pasternak M，Zinn B T，Browner R F. The role of polycyclic aromatic hydrocarbons (PAH) in the formation of smoke particulates during the combustion of polymeric materials [J]. Symposium (International) on Combustion，1981，18 (1)：91-99.

[50] Frenklach M. Production of polycyclic aromatic hydrocarbons in chlorine containing environments [J]. Combustion Science and Technology，1990，74 (1-6)：283-296.

[51] Wheatley L，Levendis Y A，Vouros P. Exploratory study on the combustion and PAH emissions of selected municipal waste plastics [J]. Environmental Science & Technology，1993，27 (13)：2885-2895.

[52] Hawley-Fedder R A，Parsons M L，Karasek F W . Products obtained during combustion of polymers under simulated incinerator conditions ：Ⅱ. Polystyrene [J]. Journal of Chromatography A，1984，315 (DEC)：201-210.

[53] Chung S L，Lai N L. Suppression of Soot by metal additives during the combustion of polystyrene [J]. Journal of the Air & Waste Management Association，1992，42 (8)：1082-1088.

[54] Hawley-Fedder R A，Parsons M L，Karasek F W. Products obtained during combustion of polymers under simulated incinerator conditions ：Ⅲ. polyvinyl chloride [J]. Journal of Chromatography A，1984，315 (DEC)：211-221.

[55] Domingo J L，Granero S，Schuhmacher M. Congener profiles of PCDD/Fs in soil and vegetation samples collected near to a municipal waste incinerator [J]. Chemosphere，2001，43 (4)：517-524.

[56] Xu W，Wang X，Cai Z. Analytical chemistry of the persistent organic pollutants identified in the stockholm convention：a review [J]. Analytica Chimica Acta，2013，790：1-13.

[57] Mukherjee A，Debnath B，Ghosh S K. A review on technologies of removal of dioxins and furans from incinerator flue gas [J]. Procedia Environmental Sciences，2016，35：528-540.

[58] 李雁，郭昌胜，侯嵩，等. 固体废物焚烧过程中二噁英的排放和生成机理研究进展 [J]. 环境化学，2019 (04)：1-13.

[59] 陈彤. 城市生活垃圾焚烧过程中二噁英的形成机理及控制技术研究 [D]. 杭州：浙江大学，2006.

[60] Oh J E，Choi S D，Lee S J，et al. Influence of a municipal solid waste incinerator on ambient air and soil PCDD/Fs levels [J]. Chemosphere，2006，64 (4)：579-587.

[61] Cheng P S，Hsu M S，Ma E，et al. Levels of PCDD/FS in ambient air and soil in the vicinity of a municipal solid waste incinerator in Hsinchu [J]. Chemosphere，2003，52 (9)：1389-1396.

[62] Lee S J，Choi S D，Jin G Z，et al. Assessment of PCDD/F risk after implementation of emission reduction at a MSWI [J]. Chemosphere，2007，68 (5)：856-863.

[63] Caserini S，Cernuschi S，Giugliano M，et al. Air and soil dioxin levels at three sites in Italy in proximity to MSW incineration plants [J]. Chemosphere，2004，54 (9)：1279-1287.

[64] Schuhmacher M，Agramunt M C，Rodriguez-Larena M C，et al. Baseline levels of PCDD/Fs in soil and herbage

samples collected in the vicinity of a new hazardous waste incinerator in Catalonia, Spain [J]. Chemosphere, 2002, 46 (9): 1343-1350.

[65] Götz R, Bergemann M, Stachel B, et al. Dioxin in the river Elbe [J]. Chemosphere, 2017, 183: 229-241.

[66] Stieglitz L, Vogg H. On formation conditions of PCDD/PCDF in fly ash from municipal waste incinerators [J]. Chemosphere, 1987, 16 (8): 1917-1922.

[67] 罗阿群，刘少光，林文松，等. 二噁英生成机理及减排方法研究进展 [J]. 化工进展，2016，35 (3)：910-916.

[68] Huang H, Buekens A. On the mechanisms of dioxin formation in combustion processes [J]. Chemosphere, 1995, 31 (9): 4099-4117.

[69] Fernandez Pulido Y, Suarez E, Lopez R, et al. The role of CuCl on the mechanism of dibenzo-p-dioxin formation from poly-chlorophenol precursors: A computational study [J]. Chemosphere, 2016, 145 (FEB.): 77-82.

[70] Mckay G. Dioxin characterisation, formation and minimisation during municipal solid waste (MSW) incineration [J]. Chemical Engineering Journal, 2002, 86 (3): 343-368.

[71] 曹枫，郭艳玲，龙世刚. PVC 废塑料热解脱氯最佳温度研究 [J]. 冶金能源，2002，(01)：22-24.

[72] 张云，牟志才. 垃圾焚烧发电厂烟气污染物的生成与控制 [A] //中国动力工程学会. 加快我国火电厂烟气脱硫产业化发展研讨会论文集 [C]，2006.

[73] 国家发展改革建设部. 建设项目经济评价方法与参数 [M]. 第三版. 北京：中国计划出版社，2006.

[74] 佚名. 塑料制油工艺回收利用聚苯乙烯 [J]. 石油石化绿色碳，2018，3 (04)：70.

[75] 佚名. 新技术能将 90%以上的聚烯烃塑料回收转化 [J]. 塑料科技，2019.

[76] 黄璐. 我国废弃塑料再生循环利用产业发展现状分析 [J]. 塑料制造，2015，(12)，58-63.

[77] 佚名. 废弃塑料能源化利用获得突破 [J]. 橡塑技术与装备，2018，44 (14)：62.

[78] 佚名. 全球塑料垃圾达 49 亿吨热解处理技术成突破口 [J]. 塑料科技，2018，46 (08)：23.

[79] Mastellone M L. Thermal treatments of plastic wastes by means of fluidizedbed reactors [D]. Italy: Department of Chemical Engineering, Second University of Naples, 1999.

[80] 李向辉. 废塑料热解机理及低温热解研究 [J]. 再生资源与循环经济，2011，4 (06)：37-41.

[81] 魏跃，周华兰，刘博洋，等. 混合塑料热裂解和催化裂解的工艺研究 [J]. 石化技术与应用，2018，36 (05)：295-299.

[82] 戴风雪. 螺旋式废塑料连续裂解技术及装置的研究 [D]. 青岛：青岛科技大学，2018.

[83] Hall W J, Williams P T. Pyrolysis of brominated feedstock plastic in a fluidied bed reactor [J]. Journal of Analytical and Applied Pyrolysis, 2006, 77: 75-82.

[84] Al-Salem S M, Lettieri P, Baeyens J . Recycling and recovery routes of plastic solid waste (PSW): a review [J]. Waste Management, 2009, 29 (10): 2625-2643.

[85] Elordi G, Olazar M, Aguado R, et al. Catalytic pyrolysis of high density polyethylene in a conical spouted bed reactor [J]. Journal of Analytical and Applied Pyrolysis, 2007, 79: 450-455.

[86] Arabiourrutia M, Elordi G, Lopez G, et al. Characterization of the waxes obtained by the pyrolysis of polyolefin plastics in a conical spouted bed reactor [J]. Journal of Analytical and Applied Pyrolysis, 2012, 94: 230-237.

[87] Wong S L, Ngadi N, Abdullah T A T, et al. Current state and future prospects of plastic wasteas source of fuel: a review [J]. Renewable and sustainable energy reviews, 2015, 50: 1167-1180.

[88] Tan X C, Zhu C C, Liu Q K, et al. Co-pyrolysisof heavy oil and low density polyethylene in the presence of supercritical water: the suppression of coke formation [J]. Fuel Process Technol, 2014, 118: 49-54.

[89] Moriya T, Enomoto H. Characterstics of polyethylene cracking in supercritical water to thermal cracking [J]. Polymer Degradation and stability. 1999, 65: 373-386.

[90] Su X, Zhao Y, Zhang R, et al. Investigation an degradation of polyethylene to oils in supercritical water [J]. Fuel Technology, 2004, 85 (8-10): 1249-1258.

[91] Lam S S, Chase H A. A review on waste to energy processes using microwave pyrolysis [J]. Energies, 2012, 5: 4209-4232.

[92] Fernandez Y, Arenillas A, Menandez J A. Microwave heating applied to pyrolysis [C] // Advances in induction and microwave heating of mineral and organic materials. Spain: InTech, 2011.

[93] Undri A, Rosi L, Frediani M, et al. Efficient disposal of waste polyolefins through microwave assisted pyrolysis [J]. Fuel, 2014, 116: 662-671.

[94] Lopez G, Artetxe M, Amutio M, et al. Thermochemical routes for the valorization of waste polyolefinic plastics to produce fuels and chemicals, a review [J]. Renewable and Sustainable Energy Reviews, 2017, 73: 346-368.

[95] Marcilla A, Ma D, ángela N. García. Degradation of LDPE/VGO mixtures to fuels using a FCC equilibrium catalyst in a sand fluidized bed reactor [J]. Applied Catalysis A General, 2008, 341 (1-2): 181-191.

[96] Ng S H. Conversion of polyethylene blended with VGO to transportation fuels by catalytic cracking [J]. Energy Fuels, 1995, 9: 216-224.

[97] Arandes J M, Abajo I, Lopez-Valerio D, et al. Transformation of several plastic wastes into fuels by catalytic cracking [J]. Industrial & Engineering Chemistry Research, 1997, 36: 4523-4529.

[98] De La Puente G, Klocker C, Sedran U. Conversion of waste plastics into fuels: recycling polyethylene in FCC [J]. Applied Catalysis B Environmental, 2002, 36: 279-285.

[99] Artetxe M, Lopez G, Amutio M, et al. Cracking of high density polyethylene pyrolysis waxes on HZSM-5 catalysts of different acidity [J]. Industrial & Engineering Chemistry Research, 2013, 52: 10637-10645.

[100] Garfoth A A, Lin Y H, Sharratt P N, et al. Production of hydrocarbons by catalytic degradation of high density polyethylene in a laboratory fluidizedbed reactor [J]. Appl Catal A Gen, 1998, 169: 331-342.

[101] Marcilla A, Beltran M I, Navarro I. Thermal and catalytic pyrolysis of polyethylene over HZSM-5 and HUSY zeolites in a batch reactor under dynamic conditions [J]. Appl Catal B Environ, 2008, 86: 78-86.

[102] Lin Y H, Yen H Y. Fluidised bed pyrolysis of polypropylene over cracking catalysts for producing hydrocarbons [J]. Polym Degrad Stab, 2005, 89: 101-108.

[103] Seo Y H, Lee K H, Shin D H. Investigation of catalytic degradation of highdensity polyethylene by hydrocarbon group type analysis [J]. J Anal Appl Pyrol, 2003, 70: 383-398.

[104] Hernández MdR, Gómez A, GarcíaÁN, et al. Effect of the temperature in the nature and extension of the primary and secondary reactions in the thermal and HZSM-5 catalytic pyrolysis of HDPE [J]. Appl Catal A Gen, 2007, 317: 183-194.

[105] Kyong H L, Nam S N, Dae H S, et al. Comparison of plastic types for catalytic degradation of waste plastics into liquid product with spent FCC catalyst [J]. Polym Degrad Stab, 2002, 78: 539-544.

[106] Abbas-Abadi M S, Haghighi M N, Yeganeh H, et al. Evaluation of pyrolysis process parameters on polypropylene degradation products [J]. J Anal Appl Pyrol, 2014, 109: 272-277.

[107] Uddin M A, Koizumi K, Murata K, et al. Thermal and catalytic degradation of structurally different types of polyethylene into fuel oil [J]. Polym Degrad Stab, 1996, 56: 37-44.

[108] Sakata Y, Uddin M A, Muto A. Degradation of polyethylene and polypropylene into fuel oil by using solid acid and non-solid acid catalysts [J]. J Anal Appl Pyrol, 1999, 51: 135-155.

[109] Ahmad I, Khan M I, Khan H, et al. Pyrolysis study of polypropylene and polyethylene into premium oil products [J]. Int J Green Energy, 2014, 12: 663-671.

[110] Kumar S, Singh R K. Recovery of hydrocarbon liquid from waste high density polyethylene by thermal pyrolysis [J]. Braz J Chem Eng, 2011, 28: 659-667.

[111] Bagri R, Williams P T. Catalytic pyrolysis of polyethylene [J]. J Anal Appl Pyrol, 2001, 63: 29-41.

[112] Aguado J, Serrano D P, San Miguel G, et al. Feedstock recycling of polyethylene in a two-step thermo-catalytic reaction system [J]. J Anal Appl Pyrol, 2007, 79: 415-423.

[113] Onwudili J A, Insura N, Williams P T. Composition of products from the pyrolysis of polyethylene and polystyrene in a closed batch reactor: effects of temperature and residence time [J]. J Anal Appl Pyrol, 2009, 86: 293-303.

[114] Demirbas A. Pyrolysis of municipal plastic wastes for recovery of gasolinerangehydrocarbons [J]. J Anal Appl Pyrol, 2004, 72: 97-102.

[115] Liu Y, Qian J, Wang J. Pyrolysis of polystyrene waste in a fluidized-bed reactor to obtain styrene monomer and gasoline fraction [J]. Fuel Process Technol, 1999, 63: 45-55.

[116] Donaj PJ, Kaminsky W, Buzeto F, Yang W. Pyrolysis of polyolefins for increasing the yield of monomers' recovery [J]. Waste Manage, 2012, 32: 840-846.

[117] Cepeliogullar O, Putun A E. Utilization of two different types of plastic wastes from daily and industrial life [C]// Ozdemir C, Sahinkaya S, Kalipci E, et al. ICOEST Cappadocia 2013. Turkey: ICOEST Cappadocia, 2013.

[118] Chin B L F, Yusup S, Shoaibi A, et al. Kinetic studies of co-pyrolysis of rubber seed shell with high density

polyethylene [J]. Energy Convers Manage, 2014, 87: 746-753.

[119] Marcilla A, Beltrán M I, Navarro R. Evolution of products during the degradation of polyethylene in a batch reactor [J]. J Anal Appl Pyrol, 2009, 86: 14-21.

[120] Marcilla A, Beltrán M I, Navarro R. Thermal and catalytic pyrolysis of polyethylene over HZSM5 and HUSY zeolites in a batch reactor under dynamic conditions [J]. Appl Catal B Environ, 2009, 86: 78-86.

[121] Jung S H, Cho M H, Kang B S, et al. Pyrolysis of a fraction of waste polypropylene and polyethylene for the recovery of BTX aromatics using a fluidized bed reactor [J]. Fuel Process Technol, 2010, 91: 277-284.

[122] Marcilla A, García-Quesada J C, Sánchez S, et al. Study of the catalytic pyrolysis behaviour of polyethylene-polypropylene mixtures [J]. J Anal Appl Pyrol, 2005, 74: 387-392.

[123] Murata K, Sato K, Sakata Y. Effect of pressure on thermal degradation of polyethylene [J]. J Anal Appl Pyrol, 2004, 71: 569-589.

[124] Mastral F J, Esperanza E, Berrueco C, et al. Fluidized bed thermal degradation products of HDPE in an inert atmosphere and in air- nitrogen mixtures [J]. J Anal Appl Pyrol, 2003, 70: 1-17.

附　　录

聚烯烃产品应用分类、供应商、典型牌号及典型技术指标

附表 1　高压低密度聚乙烯产品
附表 2　低压高密度聚乙烯产品
附表 3　低压线型低密度聚乙烯产品
附表 4-1　茂金属聚乙烯产品（按应用）
附表 4-2　茂金属聚乙烯产品（按供应商）
附表 5　超高分子量聚乙烯产品
附表 6-1　EVA 产品（按应用）
附表 6-2　EVA 产品（按供应商）
附表 7　EAA 产品
附表 8　EMAA 产品
附表 9　EMA 产品
附表 10　EEA 产品
附表 11　EBA 产品
附表 12　EVM 产品
附表 13　常规聚丙烯产品
附表 14　茂金属聚丙烯产品
附表 15　聚 1-丁烯产品
附表 16　聚烯烃弹性体产品

附表 1　高压低密度聚乙烯产品

序号	牌号	生产商	隶属工艺	典型技术指标		用途推荐
				熔体流动速率/(g/10min)	密度/(g/cm^3)	
1. 通用膜料						
1	LD224C	中石化燕山	ExxonMobil 管式	4.0	0.922	流延膜
2	LD226F	中石化燕山	ExxonMobil 管式	4.0	0.922	共挤膜料，食品包装
3	PE-M-22D020 (LD100AC)	中石化燕山	ExxonMobil 管式	2.0	0.922	农膜、发泡等
4	PE-M-22D060 (LD605)	中石化燕山	ExxonMobil 管式	6.0	0.922	轻包装膜、挤出发泡
5	LD165	中天合创	ExxonMobil 管式	0.3	0.922	重包装膜、农膜
6	LD100PC	中天合创	ExxonMobil 管式	2.0	0.923	薄膜
7	S030	中石化上海	三菱油化管式	0.3	0.920	重包装膜
8	N150	中石化上海	三菱油化管式	1.5	0.919	农膜
9	Q210	中石化上海	三菱油化管式	2.0	0.921	轻包装膜
10	N210	中石化上海	三菱油化管式	2.1	0.921	农膜
11	N220	中石化上海	三菱油化管式	2.2	0.922	农膜
12	Q281	中石化上海	三菱油化管式	2.8	0.924	轻包装膜
13	Q400	中石化上海	三菱油化管式	4.0	0.923	轻包装膜
14	18D	中石油大庆	德国伊姆豪逊	1.5	0.920	棚膜
15	18D0	中石油大庆	德国伊姆豪逊	1.5	0.920	淋膜、发泡
16	F1803FX (2100TN00)	中石化齐鲁	荷兰(DSM)管式工艺	0.3	0.920	重包装膜、棚膜、热收缩包装膜等
17	F1806PX	中石化齐鲁	荷兰(DSM)管式工艺	0.8	0.919	农膜
18	F182PC (2102TN26)	中石化齐鲁	荷兰(DSM)管式工艺	2.4	0.920	轻包装膜、农地膜等
19	F182PX (2102TN00)	中石化齐鲁	荷兰(DSM)管式工艺	2.4	0.920	轻包装膜、发泡片材
20	F182PT (QLT04)	中石化齐鲁	荷兰(DSM)管式工艺	3.0	0.920	农膜和包装膜
21	951-050	中石化茂名	Quantum 管式	2.2	0.920	包装膜、农膜
22	2426F	中石油大庆 中石油兰州	Basell 管式	0.8	0.923	卫生用膜
23	2426H	中石化扬巴 中石油大庆 中石化茂名 中石油兰州	Basell 管式	2.0	0.924	收缩薄膜、层压膜、购物袋、深冷包装膜、EPE 和模压发泡
24	2420D	中石化扬巴 中石油大庆	Basell 管式	0.3	0.924	膜料

续表

序号	牌号	生产商	隶属工艺	典型技术指标		用途推荐
				熔体流动速率/(g/10min)	密度/(g/cm³)	
25	2426K	中石化扬巴 中石油大庆 中石化茂名 中石油兰州	Basell 管式	4.0	0.925	收缩膜、层压膜
26	2520D	中石化茂名	Basell 管式	0.3	0.924	重包装膜
27	1810D	中石油兰州	Basell 管式	0.3	0.920	热收缩膜
28	2420H	中石油兰州	Basell 管式	2.0	0.922	膜料
29	2420F	中石油兰州	Basell 管式	0.8	0.923	膜料
30	2320D	中石油兰州	Basell 管式	0.3	0.922	透明包装膜
31	LD20G	中石油兰州	Basell 管式	2.1	0.920	发泡料、包装膜
2. 电缆料						
32	LD200GH	中石化燕山	ExxonMobil 管式	2.2	0.922	XLPE 基料
33	PE J232A (LD100BW)	中石化燕山	ExxonMobil 管式	2.1	0.922	XLPE 基料
34	J182A	中石化上海	三菱油化管式	2.0	0.918	绝缘类电线电缆料
35	J182B	中石化上海	三菱油化管式	2.1	0.920	绝缘类电线电缆料
36	2220H	中石化扬巴	Basell 管式	2.0	0.920	注塑、电缆料
37	2220HSC	中石化扬巴	Basell 管式	2.0	0.920	超高压电缆料基料
38	2260H	中石化茂名	Basell 管式	1.9	0.920	35kV 低压电缆料
39	2210H	中石油兰州	Basell 管式	2.0	0.920	低压电缆料
40	2240H	中石油兰州	Basell 管式	2.1	0.920	中压电缆料
41	CL2122P	中石油兰州	Basell 管式	2.1	0.920	电缆料
42	CL2120P	中石油兰州	Basell 管式	2.1	0.920	电缆料
43	2420HH	中石油兰州	Basell 管式	2.0	0.920	微晶电子保护膜料
3. 涂覆料						
44	LD252K	中石化中天合创	ExxonMobil 釜式	4.0	0.923	高速涂覆包装
45	LD251	中石化中天合创	ExxonMobil 釜式	8.0	0.916	涂覆包装
46	807-000	中石化茂名	Quantum 管式	6.0	0.920	淋膜、涂覆
47	1C7A	中石化燕山	住友化学釜式	7.0	0.918	涂覆包装
48	H188	中石化燕山	住友化学釜式	7.5	0.919	高速涂覆包装
49	LF2700	中石化上海	三菱油化管式	27	0.923	涂覆
4. 注塑料						
50	2026H	中石化扬巴	巴塞尔管式	1.9	0.921	导爆管专用料
51	2420H	中石化扬巴	巴塞尔管式	2.0	0.923	注塑、收缩薄膜、层压膜、购物袋、EPE 发泡
52	PE-M-18D022 (1I2A-1)	中石化燕山	ExxonMobil 管式	2.0	0.919	导爆管专用料

续表

序号	牌号	生产商	隶属工艺	典型技术指标		用途推荐
				熔体流动速率/(g/10min)	密度/(g/cm^3)	
53	PE M1840	中石化燕山	ExxonMobil 管式	40.0	0.922	色母粒、工程与民用热塑性聚乙烯涂料
54	M182(QLM21)	中石化齐鲁	荷兰(DSM)管式工艺	2.2	0.919	民用导爆管
55	PE 1850A	中石化茂名	Quantum 管式	50.0	0.921	塑料花及色母专用料
5. 超纤料						
56	1150A	中石化燕山	住友化学釜式	50.0	0.917	超纤、粉末涂覆
57	1I60A	中石化燕山	住友化学釜式	55.0	0.917	超纤、粉末涂覆
58	LD5200	中石化中天合创	ExxonMobil 釜式	52.0	0.913	超纤、粉末涂覆
59	LF5600	中石化上海	三菱油化管式	45	0.919	超纤
6. 医用材料						
60	3020D	中石油兰州	Basell 管式	0.3	0.928	医用输液管专用料
61	LD26D	中石油兰州	Basell 管式	0.3	0.928	医用专用料
62	LD26F	中石油兰州	Basell 管式	0.8	0.928	医用薄膜专用料
63	Q281D	中石化上海	三菱油化管式	2.8	0.925	药品包装膜
7. 发泡料						
64	Q182E	中石化齐鲁	荷兰(DSM)管式工艺	2.0	0.919	隔音棉等发泡制品
65	LD605	中石化中天合创 中石化燕山	ExxonMobil 管式	6.5	0.923	发泡
66	LD608	中石化燕山	ExxonMobil 管式	6	0.922	包装膜,食品袋、内衬袋等,加工发泡制品;还适用于小型注塑制品及作为母粒载体使用
67	PE M187	中石化燕山	ExxonMobil 管式	7.5	0.922	发泡、水果网套、注塑瓶盖
8. 超高压电缆料						
68	YJ-35	中石化燕山	后吸收法工艺	—	—	中压 XLPE 电缆料
69	YJ-110	中石化燕山	后吸收法工艺	—	—	高压 XLPE 电缆料

附表 2 低压高密度聚乙烯产品

序号	牌号	生产商	隶属工艺	典型技术指标		单体类型	用途推荐
				熔体流动速率/(g/10min)	密度/(g/cm^3)		
1. 通用膜料							
1	TR144	中石化茂名	Chevron Phillips 单环管	0.19	0.945	己烯	购物袋、包装袋、垃圾袋、内衬袋
2	TR400N	中石化茂名	Chevron Phillips 单环管	12(HLMI)	0.939	己烯	土工膜

续表

序号	牌号	生产商	隶属工艺	典型技术指标		单体类型	用途推荐
				熔体流动速率/(g/10min)	密度/(g/cm^3)		
3	7000F	中石化扬子	三井油化淤浆法	0.22	0.951	丁烯	产品袋、购物袋等
4	JHM9455F	中石油吉林	Hosten 低压淤浆法	0.28	0.956	丁烯	高密度薄膜，购物袋、手提袋、包装膜等
5	JHF7750M	中石油吉林	Hosten 低压淤浆法	2.5	0.956	丁烯	高拉伸强度的单丝
6	HM9455F1	中石油四川	Hosten 低压淤浆法	0.2	0.956	丁烯	包装膜、塑料袋
7	DGDB6096	中石油兰州	Univation 气相法	1.0	0.947	己烯	高强度膜料
8	DGDB6097	中石油兰州	Univation 气相法	10.0	0.950	己烯	高强度膜料
9	DGDX6095	中石油兰州	Univation 气相法	11.0	0.951	己烯	高强度膜料
10	DGDX-6095H	中石油独山子	Univation 气相法	12.0	0.952	丁烯	HD 膜料
11	F5012P (DGDA6098)	中石化齐鲁	Univation 气相法	11.0	0.950	丁烯	背心袋、购物袋、食品袋、垃圾袋、包装袋等
12	HD5301AA	中石化赛科	Innovene G 气相法	0.1	0.953	己烯	购物袋、手提袋、杂物袋等各种高强度膜制品
13	J47-15	中韩石化	Innovene S 双环管	15(HLMI)	0.947	己烯	通用膜包装
2. 中空吹塑							
14	HD5401AA	中石化赛科	Innovene G 气相法	0.1	0.954	己烯	适合于1～60L、盛装活性较高化学品的容器和非耐压管
15	HD5502FA	中石化赛科	Innovene G 气相法	0.25	0.955	己烯	吹制大到5L、盛装如食品、油和普通化学品的容器
16	HF4760	中石油四川	Hosten 低压淤浆法	0.2	0.955	丁烯	中空容器
17	5300B	中石油大庆	三井油化於浆法	0.35	0.951	丁烯	优良的冲击强度，适于要求冲击强度高的大容器和渔业浮子
18	5200B	中石化燕山	三井油化於浆法	0.35	0.960	丁烯	小型容器包装
19	PE B505	中石化扬子	三井油化淤浆法	5.0	0.955	丁烯	浮箱料
20	HHM5502LW	中石化茂名	Chevron Phillips 单环管	0.35	0.955	己烯	小型容器包装
21	TR571M(N)	中石化茂名	Chevron Phillips 单环管	2.7(HLMI)	0.953	己烯	200L 大桶包装

续表

序号	牌号	生产商	隶属工艺	典型技术指标		单体类型	用途推荐
				熔体流动速率/(g/10min)	密度/(g/cm^3)		
22	HXB5005N	中石化茂名	Chevron Phillips 单环管	5.4(HLMI)	0.949	己烯	油电混合车用燃油箱专用料
23	HXB4505N	中石化茂名	Chevron Phillips 单环管	6.0(HLMI)	0.945	己烯	汽车油箱专用料
24	TR580M	中石化茂名	Chevron Phillips 单环管	6.3(HLMI)	0.945	己烯	IBC 吨桶包装
25	HXM50100N	中石化茂名	Chevron Phillips 单环管	9.0(HLMI)	0.954	己烯	中型容器包装
26	HD5502XA	中沙石化 中石油独山子	Innovene S 双环管	0.2	0.952	己烯	小型容器包装
27	HD5502TA	中沙石化	Innovene S 双环管	0.3	0.958	己烯	小型容器包装
28	HD5502W	中韩石化	Innovene S 双环管	0.2	0.954	己烯	小中空容器包装
29	HD5502T	中韩石化	Innovene S 双环管	0.3	0.957	己烯	小中空容器包装
30	HDB590C	中韩石化	Innovene S 双环管	4.5(HLMI)	0.945	己烯	耐低温 IBC 桶、大中空容器包装
31	HDB590	中韩石化	Innovene S 双环管	6(HLMI)	0.945	己烯	IBC 桶、大中空容器包装
32	HDB5010	中韩石化	Innovene S 双环管	10(HLMI)	0.946	己烯	中中空容器包装
33	HDB5015	中韩石化	Innovene S 双环管	15(HLMI)	0.950	己烯	中中空、小中空容器包装
34	HD5503GA	中石油独山子	Innovene S 双环管	0.3	0.958	己烯	吹塑
35	B502 (DMD1158P)	中石化齐鲁	Univation 气相法	1.9	0.950	丁烯	制作 200L 中空容器
36	B502D (DMD1158 粉料)	中石化齐鲁	Univation 气相法	2.0	0.952	丁烯	制作 200L 中空容器
37	B502H (DMD1158PS)	中石化齐鲁	Univation 气相法	2.6	0.952	丁烯	制作 200L 中空容器
38	B445L	中石化齐鲁	Univation 气相法	6.0	0.945	丁烯	IBC 桶
39	B505 (QHB08P)	中石化齐鲁	Univation 气相法	5.0	0.950	丁烯	中空容器
40	B448H	中石化齐鲁	Univation 气相法	7.5	0.945	己烯	光伏筒
41	B448 (DMD6147)	中石化齐鲁	Univation 气相法	10.0	0.948	丁烯	10～100L 中空容器
3.管材料							
42	PE-EAH-50D001 (6100M)	中石化燕山	三井油化淤浆法	0.14	0.952	丁烯	供水、灌溉及化学管材等领域
43	7500IM	中石化燕山	三井油化淤浆法	0.4	0.949	丁烯	管件
44	8100M	中石化燕山	三井油化淤浆法	0.11	0.949	丁烯	过氧化物交联管材

续表

序号	牌号	生产商	隶属工艺	典型技术指标		单体类型	用途推荐
				熔体流动速率/(g/10min)	密度/(g/cm³)		
45	2300XM	中石化燕山	三井油化淤浆法	5.5	0.949	丁烯	硅烷交联管材、生活用冷热水管道系统、地板采暖系统
46	PE P5003D-S (7600M)	中石化燕山	三井油化淤浆法	0.23	0.949	丁烯	PE-100 管材(本色)
47	YEM-4902T (P5003D-S)	中石化扬子	三井油化淤浆法	0.2	0.949	丁烯	PE112 管道料
48	PE-G 505	中石化扬子	三井油化淤浆法	0.5	0.950	丁烯	硅烷交联聚乙烯管道料
49	YEM-4803T	中石化扬子	三井油化淤浆法	0.3	0.948	丁烯	PE80 管道料(本色)
50	YGH041TIM	中石化上海	北欧双峰	0.5	0.960	己烯	PE-100 管件料(黑色)
51	YGH041T	中石化上海	北欧双峰	0.28	0.960	丁烯	PE-100 管材(黑色)
52	P5003D-B	中石化上海	北欧双峰	0.27	0.950	丁烯	PE-100 管材(本色)
53	YGH041TLS	中石化上海	北欧双峰	0.2	0.959	丁烯	PE-100 管材(黑色)
54	YGH041RC	中石化上海	北欧双峰	0.25	0.949	己烯	PE-100RC 管材(本色)
55	YGH041TRC	中石化上海	北欧双峰	0.28	0.959	己烯	PE-100RC 管材(黑色)
56	YGH041TLS	中石化上海	北欧双峰	0.2	0.959	丁烯	PE-100 管材(黑色)
57	PE P4406C	中石化茂名	Chevron Phillips 单环管	5(5.0kg)	0.944	己烯	PE-80 管材
58	PN044	中韩石化	Ineos 双环管	8(HLMI)	0.944	己烯	PE-80 管材(本色)
59	PRC100	中韩石化	Ineos 双环管	0.23(5.0kg)	0.948	己烯	PE-100 管材(本色)(尤其适用非开挖施工管材)
60	PN049-030-122	中韩石化	Ineos 双环管	0.23(5.0kg)	0.950	己烯	PE-100 管材(本色)
61	K44-08-122	中沙石化	Ineos 双环管	8.75(HLMI)	0.944	己烯	PE-80 管材(本色)
62	PN049-030-122	中沙石化	Ineos 双环管	0.275	0.949	己烯	PE-100 管材(本色)
63	PN049-030-122LS	中沙石化	Ineos 双环管	0.195	0.949	己烯	PE-100LS 管材(本色)

续表

序号	牌号	生产商	隶属工艺	典型技术指标		单体类型	用途推荐
				熔体流动速率/(g/10min)	密度/(g/cm³)		
64	PN049-030-122RC	中沙石化	Ineos 双环管	0.3	0.949	己烯	PE-100RC 管材(本色)
65	PN049-030-122RT Ⅱ	中沙石化	Ineos 双环管	0.65	0.949	己烯	PERT-Ⅱ型管材
66	JHMGC100SLS	中石油吉林	Hosten 低压淤浆法	0.21	0.949	丁烯	PE100 级,大口径管材(本色)
67	JHMGC100S	中石油吉林恒力	Hosten 低压淤浆法	0.23	0.948	丁烯	PE100 级,压力水管道(本色)
68	JHMGC100GW	中石油吉林	Hosten 低压淤浆法	0.23	0.948	丁烯	PE100 级,油田管(本色)
69	FHMCRP100N	中石油抚顺	Hosten 低压淤浆法	0.22	0.949	丁烯	PE-100 管材(本色)
70	HMCRP100N	中石油四川	Hosten 低压淤浆法	0.2	0.950	丁烯	PE-100 管材(本色)给、排水管
71	TUB121N3000	中石油四川	Univation 气相法	0.3	0.949	己烯	PE-100 管材(本色)
72	TUB121N3000B	中石油四川	Univation 气相法	0.3	0.959	己烯	PE-100 管材(黑色)
73	TUB121N3000M	中石油四川	Univation 气相法	0.4	0.951	己烯	PE-100 管材(本色)
74	UHXP-4808	中石油四川	Univation 气相法	6.0	0.950	己烯	PE-100 管材(本色)
75	P4406C (DGDB2480)	中石化齐鲁	Univation 气相法	0.5	0.945	丁烯	水管、大直径管道(本色)
4. 氯化聚乙烯							
76	8100CP	中石化燕山	三井油化淤浆法	0.07	0.949	丁烯	氯化聚乙烯(粉)
77	6800CP	中石化燕山	三井油化淤浆法	0.45	0.953	丁烯	氯化聚乙烯(粉)
78	QL505P	中石油大庆	三井油化淤浆法	0.45	0.951	丙烯	氯化聚乙烯(粉)
79	QL565P	中石油大庆	三井油化淤浆法	0.45	0.951	丙烯	氯化聚乙烯(粉)
80	YEC-5505T	中石化扬子	三井油化淤浆法	0.5	0.955	丁烯	氯化 A 型(粉)
81	YEC-5305T	中石化扬子	三井油化淤浆法	0.5	0.954	丁烯	氯化 A 型(粉)
82	YEC-5008T	中石化扬子	三井油化淤浆法	0.8	0.952	丁烯	氯化 A 型(粉)
83	YEC-5610T	中石化扬子	三井油化淤浆法	1.0	0.956	丁烯	氯化 A 型(粉)
84	YEC-5407T	中石化扬子	三井油化淤浆法	0.7	0.954	丁烯	氯化 B 型(粉)
85	YEC-5410T	中石化扬子	三井油化淤浆法	1.0	0.954	丁烯	氯化 B 型(粉)
86	YEC-5415TL	中石化扬子	三井油化淤浆法	1.5	0.955	丁烯	氯化 B 型(粉)
87	YEC-5515TH	中石化扬子	三井油化淤浆法	1.5	0.955	丁烯	氯化 B 型(粉)

续表

序号	牌号	生产商	隶属工艺	典型技术指标		单体类型	用途推荐
				熔体流动速率/(g/10min)	密度/(g/cm^3)		
88	YEC-5515TL	中石化扬子	三井油化淤浆法	1.5	0.955	丁烯	氯化B型(粉)
89	YEC-5706	中石化扬子	三井油化淤浆法	0.6	0.957	丁烯	氯化C型(粉)
5.单丝料							
90	HF7750S	中石油四川	Hosten低压淤浆法	1.0	0.948	丙烯	单丝
91	HF7750M	中石油四川	Hosten低压淤浆法	1.0	0.948	丁烯	单丝
92	L501(5000S)	中石化燕山 中石化扬子	三井油化淤浆法	1.0	0.951	丁烯	绳、单丝等挤出牵引制品
93	5000S	中石油大庆	三井油化淤浆法	9.0	0.951	丙烯	绳索、网用单丝和布纱包装延伸条带
94	5000SC	中石油大庆	三井油化淤浆法	9.0	0.951	丙烯	绳索、网用单丝和布纱包装延伸条带
95	L501-6(5000SH)	中石化齐鲁	Univation气相法	1.0	0.951	己烯	制作网、绳缆及小中空容器
96	DGDA6094	福建联合	Univation气相法	1.0	0.950	丁烯	渔网、养殖网箱、蚊帐、遮阳网
6.纤维料							
97	PE M5720	中石化茂名	Univation气相法	20.0	0.955	丁烯	ES纤维专用料
98	2911FS	中石油抚顺	溶液法	20.0	0.960		ES纤维专用料
99	FL8020	福建联合	Univation气相法	19.0	0.954	丁烯	ES纤维专用料
7.注塑料							
100	3400J	中石化燕山	三井油化淤浆法	2.1	0.954	丁烯	瓶盖料
101	PE H5720D	中石化扬子	三井油化淤浆法	20.0	0.957	丁烯	高融浸润带粉料
102	FHP5050	中石油抚顺	Hosten低压淤浆法	3.2	0.953	丁烯	饮料或水瓶盖
103	FHP5050R	中石油抚顺	Hosten低压淤浆法	3.2	0.953	丁烯	热灌装瓶盖
104	HC7260	中石油四川	Hosten低压淤浆法	6.0	0.955	丁烯	塑料容器
105	JHC7260	中石油四川	Hosten低压淤浆法	23.0	0.958	1-丁烯	注塑容器
106	FHC7260	中石油四川	Hosten低压淤浆法	23.0	0.957	丁烯	注塑料，用于结构件、日用品、周转箱等
107	DMDB-8916	中石化茂名	Univation气相法	17.0	0.952	丁烯	注塑塑料桶
108	DMDA-8920	中石油兰州 中石化福建联合	Univation气相法	17～23	0.954	丁烯	饮料瓶盖、玩具、注件等

续表

序号	牌号	生产商	隶属工艺	典型技术指标		单体类型	用途推荐
				熔体流动速率/(g/10min)	密度/(g/cm³)		
109	DMDA-8008	中石油独山子 中石油兰州 中石化福建联合	Univation 气相法	7.0	0.955		饮料瓶盖、玩具、注件、托盘等
110	DMDA-8910	中石油兰州	Univation 气相法	10.0	0.954	丁烯	薄壁注塑
111	DMDA6200	中石油兰州	Univation 气相法	31.00	0.953	已烯	注塑
112	2911	中石油抚顺	溶液法	20.0	0.960	无	容器、周转箱、安全帽、鱼箱、日用品等
113	T60-800	中韩石化 中沙石化	Innovene S 双环管	8.5	0.961	已烯	垃圾箱、板条箱等注塑制品
8.电缆料							
114	J4406(QHJ01)	中石化齐鲁	Univation 气相法	0.5	0.945	丁烯	通信电缆
115	J4406-6(QHJ02)	中石化齐鲁	Univation 气相法	0.7	0.945	已烯	高速挤出通信绝缘电缆
116	PE-L G234X	中石化扬子	三井油化淤浆法	3.5	0.923	丁烯	硅烷交联电缆料
9.其它							
117	1800FA	中石化燕山	三井油化淤浆法	18.0	0.958	丁烯	热熔胶、黏合衬
118	6903B	中石化燕山	三井油化淤浆法	0.4	0.953	丁烯	石头纸
119	0055F	中石化燕山	三井油化淤浆法	55.0	0.958	丁烯	热熔胶

附表 3 低压线型低密度聚乙烯产品

序号	牌号	生产商	隶属工艺	典型技术指标		单体类型	用途推荐
				熔体流动速率/(g/10min)	密度/(g/cm³)		
1.通用膜料							
1	EGF-34	中石化中天合创 中韩石化	Sinopec T 气相法	0.8	0.920	丁烯	棚膜,通用包装膜料
2	DFDA 7047TQ	中石油吉林	Univation 气相法	0.8	0.919	丁烯	高透明棚膜
3	MLPE-0209	中石化茂名	Univation 气相法	0.9	0.920	丁烯	重包装膜
4	DFDC-9088	中石化中原	Univation 气相法	1.0	0.919	丁烯	农膜
5	DFDA7047	中石油吉林 中石油兰州 中石油四川 中石油独山子	Univation 气相法	1.0	0.920	丁烯	棚膜,通用包装膜料
6	PE-L F181P	中石化赛科	Innovene G 气相法	1.0	0.918	丁烯	非开口滑爽通用包装膜料
7	920NT	中沙石化	Sinopec T 气相法	1.0	0.920	丁烯	地膜

续表

序号	牌号	生产商	隶属工艺	典型技术指标		单体类型	用途推荐
				熔体流动速率/(g/10min)	密度/(g/cm^3)		
8	EZP2010HA	中石油独山子石化	Univation 气相法	1.0	0.920	丁烯	通用包装
9	DFDA7042	中石化中原 中石化齐鲁 中石化茂名 中石油吉林 中安联合 中石化广州 中石化镇海 中石油兰州 中石油四川 中石油独山子 中石油抚顺 福建联合	Univation 气相法、Sinopec T 气相法	2.0	0.920	丁烯	通用包装
10	DFDA7042H	中石油吉林石化 中石油兰州	Univation 气相法	2.0	0.921	丁烯	高开口膜
11	DFDA7042HH	中石油兰州	Univation 气相法	2.0	0.918	丁烯	高开口薄膜料
12	DFDA 7042N	中石油吉林石化 中石油抚顺 中石油四川 中石油兰州	Univation 气相法	2.0	0.919	丁烯	不开口膜
13	DFDA7042 粉料	中石油吉林石化	Univation 气相法	2.0	0.920	丁烯	色母料
14	DFDC7050H	中石化镇海	Univation 气相法	2.0	0.921	丁烯	包装、地膜
15	EGF-35B	中石化中天合创 中韩石化	Sinopec T 气相法	2.0	0.918	丁烯	LLDPE 棚膜、农膜
16	EGF-35K	中韩石化	Sinopec T 气相法	2.0	0.920	丁烯	通用膜包装
17	F218W	中石油抚顺石化烯烃厂	Univation 气相法	2.0	0.920	丁烯	通用包装
18	PE-L F182P	中石化赛科	Innovene G 气相法	2.0	0.919	丁烯	非开口滑爽通用包装
19	PE-L F182PC	中石化赛科	Innovene G 气相法	2.0	0.921	丁烯	开口爽滑通用包装
20	DFDA2001	中石化广州	Univation 气相法	2.0	0.920	丁烯	包装薄膜
21	DFDA2001T	中石化广州	Univation 气相法	2.0	0.920	丁烯	包装薄膜
22	DFDC-7050	中石化中原 中石油抚顺 福建联合	Univation 气相法	2.0	0.923	丁烯	地膜
23	222WT	中沙石化	Sinopec T 气相法	2.0	0.922	丁烯	农膜
24	218NT	中沙石化	Sinopec T 气相法	2.0	0.922	丁烯	通用包装
25	DFDA9020	中石化天津	Univation 气相法	2.0	0.920	丁烯	通用包装、地膜
26	FL1820	福建联合	Univation 气相法	2.0	0.922	丁烯	通用包装
2. 功能膜料							
27	F201-6	中石化天津	Univation 气相法	1.0	0.920	己烯+丁烯	PO 膜料、高强膜料

续表

序号	牌号	生产商	隶属工艺	典型技术指标		单体类型	用途推荐
				熔体流动速率/(g/10min)	密度/(g/cm³)		
28	DFDA6010	中石化天津	Univation 气相法	1.0	0.919	己烯	POF 膜料
29	F1815	中石化天津	Univation 气相法	1.5	0.918	丁烯+己烯	重包基料
30	DFDA9085	中石化天津	Univation 气相法	0.8	0.922	丁烯	棚膜料
31	EGF-34GL	中石化中天合创	Sinopec T 气相法	0.8	0.920	丁烯	LLDPE 耐候棚膜
32	HPR18H10AX	中石油大庆	Univation 气相法	1.0	0.920	己烯	重包装袋
33	HPR18H10AX 粉	中石油大庆	Univation 气相法	1.0	0.920	己烯	重包装袋
34	HPR18H20DX 粉	中石油大庆	Univation 气相法	2.0	0.918	己烯	重包装袋
35	HPR18H27DX 粉	中石油大庆	Univation 气相法	2.7	0.918	己烯	重包装袋
36	DFDA7045	中石油兰州	Univation 气相法	1.5	0.918	丁烯	衣用包装袋专用料
37	PE-L F232PC	中石化中原	Univation 气相法	2.0	0.923	丁烯	包装膜
38	320NT	中沙石化	Sinopec T 气相法	2.8	0.920	丁烯	拉伸缠绕膜
39	518NT	中沙石化	Sinopec T 气相法	0.8	0.920	丁烯	重包基料
40	C2820T	中沙石化	Sinopec T 气相法	2.8	0.920	丁烯	CPE
3. 注塑料							
41	DMDA8008	中石油四川	Univation 气相法	7.5	0.957	丁烯	箱、桶、盘
42	M235	中石化镇海	Univation 气相法	5.0	0.924	丁烯	电线电缆包覆
43	M238	中石化镇海	Univation 气相法	10.0	0.924	丁烯	电线电缆包覆
44	M2312	中石化镇海	Univation 气相法	14.0	0.924	丁烯	电线电缆包覆
45	M2320	中石化镇海	Univation 气相法	20.0	0.924	丁烯	电线电缆包覆
46	DNDA-2020	中石化广州	Univation 气相法	19.0	0.920	丁烯	保鲜盒盖、瓶盖
47	PE-L M2320	中石化广州	Univation 气相法	20.0	0.924	丁烯	家用器皿
48	PE-L X2320	中石化广州	Univation 气相法	20.0	0.924	丁烯	色母粒基料
49	DNDA-8320	中石油大庆	Univation 气相法	20.0	0.920	丁烯	家用器皿、玩具、容器
50	DNDA-8320 粉	中石油大庆	Univation 气相法	21.0	0.920	丁烯	家用器皿、玩具、容器
51	PE-L M2720A	中石化茂名	Univation 气相法	20.0	0.926	丁烯	注塑制品
52	YLJ-2520	扬子石化	Univation 气相法	20.0	0.925	丁烯	注塑改性
53	YLJ-2650	扬子石化	Univation 气相法	50.0	0.926	丁烯	色母粒基料
54	M200024T	中石化天津	Univation 气相法	20.0	0.924	丁烯	色母粒基料
55	TJZS-2650F	中石化天津	Univation 气相法	50.0	0.926	丁烯	色母粒基料
56	8070G	中石油兰州	Univation 气相法	0.9	0.935	丁烯	注塑
4. 流延膜料							
57	LL-ZF2223C	中石化镇海	Univation 气相法	2.0	0.921	丁烯	包装

续表

序号	牌号	生产商	隶属工艺	典型技术指标		单体类型	用途推荐
				熔体流动速率/(g/10min)	密度/(g/cm³)		
58	LL-ZF4523	中石化镇海	Univation 气相法	2.8	0.921	丁烯	包装
59	LL-ZF4527C	中石化镇海	Univation 气相法	3.5	0.927	丁烯	包装
60	LL-ZF4527D	中石化镇海	Univation 气相法	3.5	0.928	丁烯	包装
61	LL-ZF4533H	中石化镇海	Univation 气相法	4.0	0.930	丁烯	包装
62	PE-L F234PB	中石化茂名	Univation 气相法	4.2	0.923	丁烯	包装
5. 滚塑料							
63	DNDC7148	中石油四川	Univation 气相法	4.0	0.935	己烯	皮划艇，不规则大中空容器
64	R334L (DNDB7149U)	中石化齐鲁	Univation 气相法	4.5	0.934	丁烯	大型游乐设施
65	R334LD (DNDB7149UD)	中石化齐鲁	Univation 气相法	4.5	0.934	丁烯	大型游乐设施
66	R444L	中石化齐鲁	Univation 气相法	4.5	0.942	丁烯	容器
67	R444L-6	中石化齐鲁	Univation 气相法	4.5	0.945	己烯	容器
68	R384L	中石化齐鲁	Univation 气相法	4.5	0.938	丁烯	游乐设施
69	R445L	中石化齐鲁	Univation 气相法	4.7	0.945	丁烯	容器
70	R335L (DNDB7151U)	中石化齐鲁	Univation 气相法	5.5	0.934	丁烯	大型游乐设施
71	R335LD (DNDB7151UD)	中石化齐鲁	Univation 气相法	5.5	0.934	丁烯	大型游乐设施
72	R337L	中石化齐鲁	Univation 气相法	7.0	0.935	丁烯	灯饰
73	PE R384	中石化广州	Univation 气相法	4.5	0.930	丁烯	玩具、室外用品
74	R446U	中石化镇海	Univation 气相法	4.2	0.933	丁烯	容器、储罐
75	R546U	中石化镇海	Univation 气相法	5.0	0.936	丁烯	容器、储罐
76	R548U	中石化镇海	Univation 气相法	5.0	0.937	丁烯	容器、储罐
77	R646U	中石化镇海	Univation 气相法	5.6	0.935	丁烯	容器、储罐
78	R646	中石化镇海	Univation 气相法	5.6	0.935	丁烯	容器、储罐
79	R646UQJ	中石化镇海	Univation 气相法	6.0	0.935	丁烯	容器、储罐
80	FL8060	福建联合	Univation 气相法	4.5	0.934	丁烯	户外玩具、发光家具、水马、储水罐、化粪池、保温箱等
6. 单丝料							
81	PE-L T272	中石化茂名	Univation 气相法	2.3	0.928	丁烯	人造草专用料
82	DGDA6094	中石油四川	Univation 气相法	1.0	0.948	丁烯	单丝、包装盒，小中空
7. 极低密度料							
83	TJVL1210	中石化天津	Univation 气相法	1.0	0.912	丁烯+己烯	增韧剂、拉伸套管膜料

续表

序号	牌号	生产商	隶属工艺	典型技术指标		单体类型	用途推荐
				熔体流动速率/(g/10min)	密度/(g/cm³)		
84	TJVL0505	中石化天津	Univation 气相法	0.6	0.907	丁烯＋己烯	增韧剂、拉伸套管膜料

附表 4-1 茂金属聚乙烯产品（按应用）

序号	牌号	生产商	隶属工艺	典型技术指标		单体类型	用途推荐
				熔体流动速率/(g/10min)	密度/(g/cm³)		
1. 滚塑料							
1	mPE R444L	中石化齐鲁	Univation 气相法	4.5	0.942	己烯	柴油箱、军用包装箱、游艇、储罐等高端滚塑领域
2	mPE R332HL	中石化齐鲁	Univation 气相法	5.5	0.936	己烯	柴油箱、军用包装箱、游艇、储罐等高端滚塑领域
3	mPE R335HL	中石化齐鲁	Univation 气相法	3.0	0.936	己烯	柴油箱、军用包装箱、游艇、储罐等高端滚塑领域
4	1020	LyondellBasell	Univation 气相法	20.0	0.940	丁烯	滚塑成型制品
5	ICORENE® 1761 Black 9001	LyondellBasell	Univation 气相法	6.0	0.935	己烯	滚塑成型、罐(粉)
6	ICORENE® 1761 Black 9005	LyondellBasell	Univation 气相法	6.0	0.935	己烯	滚塑成型、罐(粉)
7	ICORENE® 1761 V2 White 1801	LyondellBasell	Univation 气相法	5.0	1.000	己烯	滚塑成型、罐(粉)，添加阻燃配方
8	ICORENE® 1761 V2 White 1802	LyondellBasell	Univation 气相法	5.0	1.000	己烯	滚塑成型、罐(粉)，添加阻燃配方
9	ICORENE® 1761（本色）	LyondellBasell	Univation 气相法	6.0	0.935	己烯	滚塑成型、罐(粉)
10	1000-05	Total	ADL 双环管淤浆法	5.0	0.955	己烯	粉状，滚塑加工
11	6551	Total	ADL 双环管淤浆法	5.5	0.955	己烯	粉状，滚塑加工。冰箱、体育器材、水上用品
12	7531	Total	ADL 双环管淤浆法	3.0	0.955	己烯	粉状，滚塑加工。冰箱、体育器材、水上用品
13	M 3670	Total	ADL 双环管淤浆法	3.5	0.955	己烯	粉状。滚塑加工。冰箱、体育器材、水上用品
14	M 3671	Total	ADL 双环管淤浆法	3.5	0.941	己烯	粉状。滚塑加工。冰箱、体育器材、水上用品

续表

序号	牌号	生产商	隶属工艺	典型技术指标		单体类型	用途推荐
				熔体流动速率/(g/10min)	密度/(g/cm^3)		
15	M2731UV	Total	ADL 双环管淤浆法	3.5	0.927	己烯	粉状。滚塑加工。冰箱、体育器材、水上用品
16	M4741UV	Total	ADL 双环管淤浆法	3.8	0.947	己烯	粉状/粒，滚塑加工
17	FOAM 155	Total	ADL 双环管淤浆法	3.8	0.947	己烯	粉状，滚塑加工
18	FOAM 235	Total	ADL 双环管淤浆法	3.8	0.940	己烯	粉状，滚塑加工
19	LH 3750M	Daelim Industrial	气相法/单环管淤浆法	5.0	0.937	己烯	罐、桶
2. 高强膜料							
20	mPE F2703S	中石化齐鲁	Univation 气相法	0.2	0.927	己烯	收缩包装膜、重包装膜及农膜等
21	mPE F3306S	中石化齐鲁	Univation 气相法	0.5	0.935	己烯	收缩包装膜、重包装膜及农膜等
22	mPE F181ZR	中石化齐鲁、扬子、茂名	Univation 气相法	0.9	0.920	己烯	收缩包装膜、重包装膜及农膜等
23	Exceed^{TM} 1018 系列	ExxonMobil	Exxpol 气相法	1.0	0.918	己烯	农膜、食品包装、多层膜、外包装膜、重包装膜等
24	Exceed^{TM} 3518CB	ExxonMobil	Exxpol 气相法	3.5	0.918	己烯	集装袋、流延拉伸膜、阻隔食品包装、尿不湿背层、密封袋等
25	Exceed^{TM} 2018MA	ExxonMobil	Exxpol 气相法	2.0	0.918	己烯	外包装膜、冷冻膜、面包袋、食品包装、多层包装膜、层压膜、重包装膜、自立袋、垃圾袋等
26	Exceed^{TM} 2018MB	ExxonMobil	Exxpol 气相法	2.0	0.918	己烯	外包装膜、冷冻膜、面包袋、食品包装、多层包装膜、层压膜、重包装膜、自立袋、垃圾袋等（含开口爽滑剂）
27	Exceed^{TM} 3527PA	ExxonMobil	Exxpol 气相法	3.5	0.927	己烯	人工草坪、尿不湿背层、个人防护用品、卫生用品包装膜、流延拉伸膜、外缠绕膜
28	Enable^{TM} 2010ME	ExxonMobil	Exxpol 气相法	1.0	0.920	己烯	农膜、食品包装、多层膜、外包装膜、重包装膜等（含开口爽滑剂）

续表

序号	牌号	生产商	隶属工艺	典型技术指标		单体类型	用途推荐
				熔体流动速率/(g/10min)	密度/(g/cm³)		
29	Enable™ 2010MA	ExxonMobil	Exxpol 气相法	1.0	0.920	己烯	农膜、食品包装、多层膜、外包装膜、重包装膜等
30	Enable™ 2005ME	ExxonMobil	Exxpol 气相法	0.5	0.920	己烯	农膜、食品包装、收缩膜、重包装袋、密封包装膜等(含开口爽滑剂)
31	Enable™ 2005MC	ExxonMobil	Exxpol 气相法	0.5	0.920	己烯	农膜、食品包装、收缩膜、重包装袋、密封包装膜等
32	Enable™ 2005PA	ExxonMobil	Exxpol 气相法	0.5	0.920	己烯	农膜、食品包装、收缩膜、重包装袋、密封包装膜等
33	Alkamax® ML 1810PS	Qenos Pty Ltd	气相法	1.0	0.918	己烯	吹膜、挤出薄膜
34	Daelim Poly® EP2001	Daelim Industrial	气相法/单环管淤浆法	1.0	0.920	己烯	农膜、层压膜、拉伸膜、普通膜
35	VL0001	Daelim Industrial	气相法/单环管淤浆法	1.0	0.900	己烯	塑封膜、农膜、装箱液袋膜、拉伸罩膜
36	VL1201EN	Daelim Industrial	气相法/单环管淤浆法	1.0	0.912	己烯	塑封膜、农膜、装箱液袋膜、拉伸罩膜
37	Eltex® PF6130AA	Ineos Olefins & Polymers Europe	气相法	3.5	0.918	己烯	流延膜、普通膜、纤维丝
38	Eltex® PF6220AA	Ineos Olefins & Polymers Europe	气相法	2.1	0.919	己烯	食品包装、普通膜、收缩膜
39	M1835HN	Hanwha Chemical	ADL 双环管淤浆法	3.5	0.916	己烯	吹膜、流延膜、收缩膜、卫生用膜
40	Lucene™ SE0327B	LG Chem Ltd.	气相法	0.3	0.930	己烯	农膜、吹膜、通用膜、工业应用
41	Marlex® D139	Chevron Phillips	单环管淤浆法	1.0	0.918	己烯	吹膜、包装膜
42	Marlex® D143	Chevron Phillips	单环管淤浆法	1.4	0.916	己烯	吹膜、包装膜、重包装膜
43	SUPEER™ 8118	SABIC	Nexlene 溶液法	1.1	0.918	辛烯	吹膜、柔性包装
44	Smart™ 121	SK Global Chemical	Nexlene 溶液法	1.0	0.912	辛烯	食品包装、通用包装
45	Starflex GM1210BA	LyondellBasell	溶液法	1.0	0.912	己烯	普通膜、一般应用
46	SUMIKATHENE® E FV203	Sumitomo Chemical	溶液法	2.0	0.913	己烯	吹膜、普通膜、包装膜

续表

序号	牌号	生产商	隶属工艺	典型技术指标		单体类型	用途推荐
				熔体流动速率/(g/10min)	密度/(g/cm^3)		
47	SUMIKATHENE® E FV205	Sumitomo Chemical	溶液法	2.2	0.921	己烯	吹膜、普通膜、包装膜
48	SUMIKATHENE® E FV401	Sumitomo Chemical	溶液法	3.8	0.903	己烯	流延膜、通用膜、拉伸膜
49	M3509	Total、中石化湛江	ADL 双环管淤浆法	0.9	0.935	己烯	吹塑、家用液体包装
50	mPEM2009 EP	Total、中石化湛江	ADL 双环管淤浆法	0.9	0.920	己烯	薄膜制品
51	M2310EP	Total、中石化湛江	ADL 双环管淤浆法	0.9	0.923	己烯	包装袋,拉伸膜、低温冷冻膜等
52	M3410EP	Total、中石化湛江	ADL 双环管淤浆法	0.9	0.934	己烯	包装袋,拉伸膜、低温冷冻膜等
53	M1018EP	Total、中石化湛江	ADL 双环管淤浆法	1.0	0.917	己烯	包装袋,拉伸膜、低温冷冻膜等
54	M2704EP	Total、中石化湛江	ADL 双环管淤浆法	0.4	0.927	己烯	农膜、工业收缩膜、工业包装
55	M2710EP	Total、中石化湛江	ADL 双环管淤浆法	0.9	0.927	己烯	包装袋,拉伸膜、低温冷冻膜等
56	8112	SABIC	Nexlene 溶液法	1.1	0.912	辛烯	吹膜,工业制品应用
57	D139	CPChem	ADL 双环管淤浆法	1.0	0.918	己烯	吹膜,通用包装应用
58	181S	SK Global Chemical	Nexlene 溶液法	1.0	0.919	辛烯	吹膜(含开口爽滑剂)
59	XP9100S	Daelim Industrial	气相法/单环管淤浆法	0.8	0.927	己烯	重包装膜
60	XP9200 系列	Daelim Industrial	气相法/单环管淤浆法	1.5	0.918	己烯	农膜、层压膜、普通薄膜
61	XP3200H	Daelim Industrial	气相法/单环管淤浆法	1.2	0.924	己烯	农膜、层压膜、普通薄膜
62	XP3300	Daelim Industrial	气相法/单环管淤浆法	2.0	0.921	己烯	农膜、层压膜、普通薄膜
63	XP3300N	Daelim Industrial	气相法/单环管淤浆法	2.0	0.921	己烯	农膜、层压膜、普通薄膜
64	XP3300EN	Daelim Industrial	气相法/单环管淤浆法	2.0	0.920	己烯	农膜、层压膜、普通薄膜
65	XP5400	Daelim Industrial	气相法/单环管淤浆法	4.0	0.914	己烯	拉伸缠绕膜
66	XP9400	Daelim Industrial	气相法/单环管淤浆法	3.7	0.915	己烯	拉伸缠绕膜

续表

序号	牌号	生产商	隶属工艺	典型技术指标		单体类型	用途推荐
				熔体流动速率/(g/10min)	密度/(g/cm³)		
67	XP9400S	Daelim Industrial	气相法/单环管淤浆法	3.7	0.917	己烯	拉伸缠绕膜
68	VL 0001	Daelim Industrial	气相法/单环管淤浆法	1.0	0.900	己烯	塑封膜、农膜、装箱液袋膜、拉伸罩膜
69	VL 1201EN	Daelim Industrial	气相法/单环管淤浆法	1.0	0.912	己烯	塑封膜、农膜、装箱液袋膜、拉伸罩膜
70	VL 0005	Daelim Industrial	气相法/单环管淤浆法	5.0	0.900	己烯	塑封膜、自粘保护膜
3. PERT 管材料							
71	mPE P382R (QHM22F)	中石化齐鲁	Univation 气相法	1.6	0.937	丁烯	PERT-I 地暖管
72	mPE P382RA (QHM32F)	中石化齐鲁	Univation 气相法	1.8	0.937	己烯	PERT-II 地暖管(易加工型)
73	mPE P3806RA	中石化扬子	Univation 气相法	0.6	0.935	己烯	PERT-I 地暖管(易加工型)
74	DQDN3711	中石油大庆	Univation 气相法	0.85	0.937	丁烯+己烯	PERT-I 地热管
75	DQDN3712	中石油大庆	Univation 气相法	0.75	0.937	丁烯+己烯	PERT-II 型地热管
76	SP980	LG	单环管淤浆法	0.6	0.938	己烯	PERT-I 型地热管
77	M4040PIPE	Total、中石化湛江	ADL 双环管淤浆法	4.0	0.940	己烯	PERT-II 型地热管
78	SUPEER™ P8200RT	SABIC	Nexlene 溶液法	0.5	0.941	辛烯	PERT-II 管材
4. 透气膜材料							
79	Poly® XP9500	Daelim Industrial	气相法/单环管淤浆法	3.7	0.919	己烯	透气膜
80	Poly® XP9500M	Daelim Industrial	气相法/单环管淤浆法	3.7	0.927	己烯	透气膜
81	Poly® XP9500S	Daelim Industrial	气相法/单环管淤浆法	3.7	0.935	己烯	透气膜
82	XP9600	Daelim Industrial	气相法/单环管淤浆法	3.7	0.941	己烯	透气膜
83	M2735	Total、中石化湛江	ADL 双环管淤浆法	3.5	0.927	己烯	卫生膜料、拉伸缠绕膜
84	M3427	Total、中石化湛江	ADL 双环管淤浆法	3.1	0.934	己烯	卫生膜料、拉伸缠绕膜
85	M4707	Total、中石化湛江	ADL 双环管淤浆法	0.7	0.947	己烯	卫生膜、重包堆码、汽车包装膜

续表

序号	牌号	生产商	隶属工艺	典型技术指标		单体类型	用途推荐
				熔体流动速率/(g/10min)	密度/(g/cm³)		
86	M5510EP	Total、中石化湛江	ADL 双环管淤浆法	1.2	0.955	己烯	卫生膜、重包堆码、汽车包装膜
87	M6040	Total、中石化湛江	ADL 双环管淤浆法	4.0	0.960	己烯	卫生膜、重包堆码、汽车包装膜
5. 注塑瓶盖料							
88	M6091	Total、中石化湛江	ADL 双环管淤浆法	8.5	0.960	己烯	瓶盖料
89	M5220M	Total、中石化湛江	ADL 双环管淤浆法	2.0	0.952	己烯	瓶盖料
90	Exceed™ 0019IM	ExxonMobil	Exxpol 气相法	19.0	0.918	己烯	保护盖、密封、厨房用品、盖、家用制品
6. 电缆护套							
91	Exceed™ 3518CBWire & Cable	ExxonMobil	Exxpol 气相法	3.5	0.918	己烯	通信电缆、高压、中、低压电缆外套、无卤阻燃配方共混
92	Enable™ 2010PA	ExxonMobil	Exxpol 气相法	1.0	0.920	己烯	高中低压电缆外套、通信电缆、无卤阻燃共混、低压硅烷交联电缆绝缘料
93	Enable™ 3505MC Wire & Cable	ExxonMobil	Exxpol 气相法	0.5	0.935	己烯	高中低压电缆外套、通信电缆
94	Enable™ 2010CB Wire & Cable	ExxonMobil	Exxpol 气相法	0.5	0.92	己烯	高中低压电缆外套、通信电缆、无卤阻燃共混、低压硅烷交联电缆绝缘料
95	Enable™ 2010PA Wire & Cable	ExxonMobil	Exxpol 气相法	0.5	0.92	己烯	高中低压电缆外套、通信电缆、无卤阻燃共混、低压硅烷交联电缆绝缘料
96	Enable™ 3505MC Wire & Cable	ExxonMobil	Exxpol 气相法	0.5	0.935	己烯	高中低压电缆外套、通信电缆
97	Enable™ 4002MC Wire & Cable	ExxonMobil	Exxpol 气相法	0.5	0.94	己烯	高中低压电缆外套、通信电缆
98	Enable™ 4009MC Wire & Cable	ExxonMobil	Exxpol 气相法	0.5	0.94	己烯	高中低压电缆外套、通信电缆

附表 4-2 茂金属聚乙烯产品（按供应商）

序号	牌号	生产商	典型技术指标		单体类型	用途推荐
			熔体流动速率/(g/10min)	密度/(g/cm³)		
1	Alkamax® ML 1810PS	Qenos Pty Ltd	1.0	0.918	己烯	吹膜、挤出薄膜

续表

序号	牌号	生产商	典型技术指标		单体类型	用途推荐
			熔体流动速率/(g/10min)	密度/(g/cm³)		
2	Alkamax® ML1710SC	Qenos Pty Ltd	1.0	0.917	己烯	吹膜、挤出薄膜
3	Alkamax® ML1810PN	Qenos Pty Ltd	1.0	0.918	己烯	吹膜、挤出薄膜、层压膜
4	Alkamax® ML2610PN	Qenos Pty Ltd	1.0	0.926	己烯	吹膜、挤出薄膜、层压膜
5	Daelim Poly® EP2001	Daelim Industrial	1.0	0.920	己烯	农膜、层压膜、拉伸膜、普通膜
6	Daelim Poly® EP2001EN	Daelim Industrial	1.0	0.919	己烯	农膜、层压膜、拉伸膜、普通膜
7	Daelim Poly® EP2501	Daelim Industrial	0.8	0.925	己烯	普通膜、重包装袋
8	Daelim Poly® VL0005	Daelim Industrial	5.0	0.900	己烯	塑封膜、自粘保护膜、塑料改性
9	VL0001	Daelim Industrial	1.0	0.900	己烯	塑封膜、农膜、装箱液袋膜、拉伸罩膜
10	VL1201EN	Daelim Industrial	1.0	0.912	己烯	塑封膜、农膜、装箱液袋膜、拉伸罩膜
11	Poly® XP3200	Daelim Industrial	1.2	0.921	己烯	农膜、层压膜、重包装袋、普通膜
12	Poly® XP3200H	Daelim Industrial	1.2	0.924	己烯	农膜、层压膜、重包装袋、普通膜
13	Poly® XP3200N	Daelim Industrial	1.2	0.921	己烯	农膜、层压膜、重包装袋、普通膜
14	Poly® XP3200UV	Daelim Industrial	1.2	0.921	己烯	农膜、层压膜、重包装袋、普通膜
15	Poly® XP3300	Daelim Industrial	2.0	0.921	己烯	农膜、普通膜
16	Poly® XP3300EN	Daelim Industrial	2.0	0.920	己烯	农膜、普通膜
17	Poly® XP3300N	Daelim Industrial	2.0	0.921	己烯	农膜、普通膜
18	Poly® XP5300	Daelim Industrial	2.0	0.915	己烯	层压膜、高强膜、农膜
19	Poly® XP5300EN	Daelim Industrial	2.0	0.914	己烯	层压膜、高强膜、农膜
20	Poly® XP5400	Daelim Industrial	4.0	0.914	己烯	拉伸缠绕膜、普通膜
21	Poly® XP9100	Daelim Industrial	0.8	0.925	己烯	普通膜、重包装袋、收缩膜
22	Poly® XP9100S	Daelim Industrial	0.8	0.927	己烯	普通膜、重包装袋、收缩膜
23	Poly® XP9200	Daelim Industrial	1.5	0.918	己烯	农膜、层压膜、重包装袋、普通膜
24	Poly® XP9200E	Daelim Industrial	1.0	0.918	己烯	农膜、层压膜、重包装袋、普通膜
25	Poly® XP9200EN	Daelim Industrial	1.0	0.917	己烯	农膜、层压膜、重包装袋、普通膜

续表

序号	牌号	生产商	典型技术指标		单体类型	用途推荐
			熔体流动速率/(g/10min)	密度/(g/cm³)		
26	Poly® XP9200N	Daelim Industrial	1.5	0.918	己烯	农膜、层压膜、重包装袋、普通膜
27	Poly® XP9400	Daelim Industrial	3.7	0.915	己烯	普通膜、食品包装、拉伸膜
28	Poly® XP9400S	Daelim Industrial	3.7	0.917	己烯	普通膜、食品包装、拉伸膜
29	Poly® XP9500	Daelim Industrial	3.7	0.919	己烯	透气膜
30	Poly® XP9500M	Daelim Industrial	3.7	0.927	己烯	透气膜
31	Poly® XP9500S	Daelim Industrial	3.7	0.935	己烯	透气膜
32	XP9600	Daelim Industrial	3.7	0.941	己烯	透气膜
33	LH3750M	Daelim Industrial	5.0	0.937	己烯	罐、桶
34	Eltex® PF1315AA	Ineos Olefins & Polymers Europe	15.0	0.914	己烯	涂层、共混改性
35	Eltex® PF1315AZ	Ineos Olefins & Polymers Europe	15.0	0.914	己烯	涂层、共混改性
36	Eltex® PF1320AA	Ineos Olefins & Polymers Europe	20.0	0.913	己烯	涂层、共混改性
37	Eltex® PF1320AZ	Ineos Olefins & Polymers Europe	20.0	0.913	己烯	涂层、共混改性
38	Eltex® PF6012AA	Ineos Olefins & Polymers Europe	1.3	0.912	己烯	食品包装、层压膜、多层膜、共混、普通膜
39	Eltex® PF6012KJ	Ineos Olefins & Polymers Europe	1.3	0.913	己烯	食品包装、层压膜、普通膜
40	Eltex® PF6112AA	Ineos Olefins & Polymers Europe	1.3	0.916	己烯	食品包装、层压膜、多层膜、共混、普通膜
41	Eltex® PF6130AA	Ineos Olefins & Polymers Europe	3.5	0.918	己烯	流延膜、普通膜、纤维丝
42	Eltex® PF6130LA	Ineos Olefins & Polymers Europe	3.5	0.918	己烯	流延膜、普通膜
43	Eltex® PF6212AA	Ineos Olefins & Polymers Europe	1.3	0.919	己烯	食品包装、普通膜
44	Eltex® PF6212AE	Ineos Olefins & Polymers Europe	1.3	0.919	己烯	食品包装、普通膜
45	Eltex® PF6212KE	Ineos Olefins & Polymers Europe	1.3	0.920	己烯	食品包装、普通膜
46	Eltex® PF6212KJ	Ineos Olefins & Polymers Europe	1.3	0.927	己烯	食品包装、普通膜、收缩膜

续表

序号	牌号	生产商	典型技术指标		单体类型	用途推荐
			熔体流动速率/(g/10min)	密度/(g/cm^3)		
47	Eltex® PF6212LA	Ineos Olefins & Polymers Europe	1.3	0.919	己烯	食品包装、层压膜、普通膜
48	Eltex® PF6212LJ	Ineos Olefins & Polymers Europe	1.3	0.919	己烯	食品包装、层压膜、普通膜
49	Eltex® PF6220AA	Ineos Olefins & Polymers Europe	2.1	0.919	己烯	食品包装、普通膜、收缩膜
50	Eltex® PF6220AE	Ineos Olefins & Polymers Europe	2.1	0.919	己烯	食品包装、普通膜
51	Eltex® PF6220KJ	Ineos Olefins & Polymers Europe	2.1	0.920	己烯	食品包装、普通膜、收缩膜
52	Eltex® PF6612AA	Ineos Olefins & Polymers Europe	1.3	0.926	己烯	食品包装、普通膜、收缩膜
53	Eltex® PF6612KE	Ineos Olefins & Polymers Europe	1.3	0.927	己烯	食品包装、普通膜、收缩膜
54	Eltex® PF6612KJ	Ineos Olefins & Polymers Europe	1.3	0.927	己烯	食品包装、普通膜、收缩膜
55	Eltex® PF6812AA	Ineos Olefins & Polymers Europe	1.3	0.932	己烯	吹膜、食品包装、普通膜、卫生用膜、土工膜
56	Eltex® PF6912AA	Ineos Olefins & Polymers Europe	1.2	0.936	己烯	吹膜、食品包装、普通膜、卫生用膜、土工膜
57	M1810HA	Hanwha Chemical	1.0	0.920	己烯	普通膜、层压膜
58	M1810HC	Hanwha Chemical	1.0	0.920	己烯	普通膜、层压膜
59	M181OHN	Hanwha Chemical	1.0	0.920	己烯	普通膜、层压膜
60	M1835HN	Hanwha Chemical	3.5	0.916	己烯	吹膜、流延膜、收缩膜、卫生用膜
61	M2010EA	Hanwha Chemical	1.0	0.920	己烯	农膜、吹膜、通用膜
62	M2535HN	Hanwha Chemical	3.5	0.925	己烯	流延膜、卫生用膜
63	M2703EN	Hanwha Chemical	0.3	0.929	己烯	流延膜、重包装袋、收缩膜
64	M2710HN	Hanwha Chemical	1.0	0.928	己烯	重包装袋、收缩膜
65	M3505EB	Hanwha Chemical	0.5	0.935	己烯	重包装袋、收缩膜、层压膜
66	M3505EN	Hanwha Chemical	0.5	0.935	己烯	重包装袋、收缩膜、层压膜
67	Lucene™ SE0327B	LG Chem Ltd.	0.3	0.930	己烯	农膜、吹膜、通用膜、工业应用
68	Lucene™ SE0327N	LG Chem Ltd.	0.3	0.930	己烯	吹膜、通用膜

续表

序号	牌号	生产商	典型技术指标		单体类型	用途推荐
			熔体流动速率/(g/10min)	密度/(g/cm³)		
69	Lucene™ SE1020A	LG Chem Ltd.	1.3	0.918	己烯	农膜、吹膜、通用膜、工业应用
70	Lucene™ SE1020L	LG Chem Ltd.	1.1	0.918	己烯	吹膜、通用膜、工业应用
71	Lucene™ SE1020N	LG Chem Ltd.	1.0	0.921	己烯	吹膜、通用膜、流延膜、层压膜、工业应用
72	Lucene™ SP310	LG Chem Ltd.	1.0	0.918	己烯	通用膜、层压膜、工业应用
73	Lucene™ SP311	LG Chem Ltd.	1.0	0.918	己烯	农膜、吹膜、通用膜、工业应用
74	Lucene™ SP312	LG Chem Ltd.	1.0	0.918	己烯	通用膜、层压膜、工业应用
75	SP980	LG Chem Ltd.	0.6	0.938	己烯	PERT-I 型地热管
76	Marlex® D139	Chevron Phillips Chemical	1.0	0.918	己烯	吹膜、包装膜
77	Marlex® D139DK	Chevron Phillips Chemical	1.0	0.918	己烯	吹膜、包装膜(添加抗粘联剂)
78	Marlex® D139FK	Chevron Phillips Chemical	1.0	0.918	己烯	吹膜、包装膜(添加抗粘联剂)
79	Marlex® D143	Chevron Phillips Chemical	1.4	0.916	己烯	吹膜、包装膜、重包装膜
80	Marlex® D143FK	Chevron Phillips Chemical	1.4	0.916	己烯	吹膜、包装膜、重包装膜
81	Marlex® D163	Chevron Phillips Chemical	0.9	0.914	己烯	吹膜、包装膜、重包装膜
82	Marlex® D170DK	Chevron Phillips Chemical	0.9	0.923	己烯	吹膜、包装膜、重包装膜
83	Marlex® D173	Chevron Phillips Chemical	3.5	0.918	己烯	流延膜、拉伸膜
84	Marlex® D174	Chevron Phillips Chemical	4.5	0.918	己烯	流延膜、拉伸膜
85	MARPOL® LL6R 804UV	Chevron Phillips Chemical	4.0	0.940	己烯	滚塑成型,添加抗紫外剂
86	MARPOL® mLLF 801-B	Chevron Phillips Chemical	1.0	0.918	己烯	袋、普通膜、多层膜、吹膜、工业应用、包装膜
87	MARPOL® mLLF 801-CSB	Chevron Phillips Chemical	1.3	0.917	己烯	袋、食品包装、包装膜、通用薄膜
88	MARPOL® mLLF 801-SB	Chevron Phillips Chemical	1.0	0.918	己烯	袋、普通膜、多层膜、吹膜、工业应用、包装膜
89	MARPOL® mLLF 804	Chevron Phillips Chemical	3.5	0.918	己烯	流延膜
90	PRIMALENE WPP611M	Southern Polymer	1.4	0.916	己烯	热封层、重包装、透明包装

续表

序号	牌号	生产商	典型技术指标		单体类型	用途推荐
			熔体流动速率/(g/10min)	密度/(g/cm^3)		
91	PRIMALENE WPP691M-08	Southern Polymer	1.0	0.914	己烯	热封层、重包装、透明包装
92	PRIMALENE WPP692M	Southern Polymer	1.0	0.918	己烯	热封层、重包装、透明包装
93	PRIMALENE WPP692MB	Southern Polymer	1.0	0.918	己烯	农膜、食品包装、多层膜、重包装膜、吹膜
94	PRIMALENE WPP692MD	Southern Polymer	1.0	0.918	己烯	农膜、食品包装、多层膜、重包装膜、吹膜
95	PRIMALENE WPP694M	Southern Polymer	0.9	0.933	己烯	透明外包装、烘焙食品包装、自立袋
96	SUPEER™ 7118LE	SABIC	1.0	0.920	己烯	通用膜、吹膜
97	SUPEER™ 7118NE	SABIC	1.0	0.918	己烯	通用膜、吹膜
98	SUPEER™ 7318BE	SABIC	3.0	0.918	己烯	柔性包装、非特定食品包装
99	SUPEER™ 8112	SABIC	1.1	0.912	辛烯	吹膜、工业应用
100	SUPEER™ 8112L	SABIC	1.1	0.912	辛烯	吹膜、柔性包装(含开口爽滑剂)
101	SUPEER™ 8115	SABIC	1.1	0.915	辛烯	吹膜、柔性包装
102	SUPEER™ 8115L	SABIC	1.1	0.915	辛烯	吹膜、柔性包装(含开口爽滑剂)
103	SUPEER™ 8118	SABIC	1.1	0.918	辛烯	吹膜、柔性包装
104	SUPEER™ 8118L	SABIC	1.1	0.918	辛烯	吹膜、柔性包装(含开口爽滑剂)
105	SUPEER™ 8315	SABIC	3.0	0.915	辛烯	流延膜,柔性包装,透明包装
106	SUPEER™ P8200RT	SABIC	0.5	0.941	辛烯	PERT-II 管材
107	SUPEER™ VM001	SABIC	1.0	0.918	己烯	工业应用,吹膜
108	SUPEER™ VM002	SABIC	3.0	0.918	己烯	柔性包装、非特定食品包装
109	SUPEER™ VM003	SABIC	1.0	0.920	己烯	工业应用,吹膜
110	Smart™ 121	SK Global Chemical	1.0	0.912	辛烯	食品包装、通用包装
111	Smart™ 121S	SK Global Chemical	1.0	0.912	辛烯	食品包装、通用包装(含开口爽滑剂)
112	Smart™ 124	SK Global Chemical	3.5	0.912	辛烯	流延膜、一般应用
113	Smart™ 151	SK Global Chemical	1.0	0.915	辛烯	普通膜、一般应用
114	Smart™ 151S	SK Global Chemical	1.0	0.916	辛烯	通用包装(含开口爽滑剂)

续表

序号	牌号	生产商	典型技术指标		单体类型	用途推荐
			熔体流动速率/(g/10min)	密度/(g/cm³)		
115	Smart™ 153	SK Global Chemical	3.0	0.915	辛烯	流延膜
116	Smart™ 154	SK Global Chemical	3.5	0.915	辛烯	流延膜
117	Smart™ 181	SK Global Chemical	1.0	0.918	辛烯	普通吹膜
118	Smart™ 181S	SK Global Chemical	1.0	0.918	辛烯	普通吹膜(含开口爽滑剂)
119	Smart™ 183	SK Global Chemical	3.0	0.918	辛烯	普通膜、一般应用
120	Smart™ 184	SK Global Chemical	3.5	0.918	辛烯	普通膜、一般应用
121	Starflex GM1210BA	LyondellBasell	1.0	0.912	己烯	普通膜、一般应用
122	Starflex GM1210BE	LyondellBasell	1.0	0.915	己烯	普通膜、一般应用(含开口爽滑剂)
123	Starflex GM1510BA	LyondellBasell	1.0	0.915	己烯	普通膜、一般应用
124	Starflex GM1810BA	LyondellBasell	1.0	0.918	己烯	普通膜、一般应用
125	Starflex GM1810BB	LyondellBasell	1.0	0.921	己烯	普通膜、一般应用(含开口爽滑剂)
126	Starflex GM1810BE	LyondellBasell	1.0	0.921	己烯	普通膜、一般应用(含开口爽滑剂)
127	Starflex GM1835CAX01	LyondellBasell	3.5	0.918	己烯	普通膜、一般应用
128	ICORENE® 1761 Black 9001	LyondellBasell	6.0	0.935	己烯	滚塑成型、罐(粉)
129	ICORENE® 1761 Black 9005	LyondellBasell	6.0	0.935	己烯	滚塑成型、罐(粉)
130	ICORENE® 1761 V2 White 1801	LyondellBasell	5.0	1.000	己烯	滚塑成型、罐(粉),添加阻燃配方
131	ICORENE® 1761 V2 White 1802	LyondellBasell	5.0	1.000	己烯	滚塑成型、罐(粉),添加阻燃配方
132	ICORENE® 1761 (本色)	LyondellBasell	6.0	0.935	己烯	滚塑成型、罐(粉)
133	SUMIKATHENE® E FV101	Sumitomo Chemical	1.5	0.923	己烯	吹膜、重包装袋、普通膜、包装膜
134	SUMIKATHENE® E FV102	Sumitomo Chemical	0.8	0.926	己烯	吹膜、重包装袋、普通膜、包装膜
135	SUMIKATHENE® E FV103	Sumitomo Chemical	1.2	0.903	己烯	吹膜、普通膜、包装膜
136	SUMIKATHENE® E FV104	Sumitomo Chemical	1.0	0.915	己烯	吹膜、普通膜、包装膜
137	SUMIKATHENE® E FV201	Sumitomo Chemical	2.3	0.916	己烯	吹膜、普通膜、包装膜

续表

序号	牌号	生产商	典型技术指标		单体类型	用途推荐
			熔体流动速率/(g/10min)	密度/(g/cm^3)		
138	SUMIKATHENE® E FV202	Sumitomo Chemical	1.9	0.925	己烯	吹膜、普通膜、包装膜
139	SUMIKATHENE® E FV203	Sumitomo Chemical	2.0	0.913	己烯	吹膜、普通膜、包装膜
140	SUMIKATHENE® E FV205	Sumitomo Chemical	2.2	0.921	己烯	吹膜、普通膜、包装膜
141	SUMIKATHENE® E FV401	Sumitomo Chemical	3.8	0.903	己烯	流延膜、通用膜、拉伸膜
142	SUMIKATHENE® E FV402	Sumitomo Chemical	3.8	0.913	己烯	流延膜、通用膜、拉伸膜
143	SUMIKATHENE® E FV405	Sumitomo Chemical	3.8	0.923	己烯	流延膜、通用膜
144	SUMIKATHENE® E FV407	Sumitomo Chemical	3.2	0.930	己烯	流延膜、通用膜
145	SUMIKATHENE® E FV408	Sumitomo Chemical	3.8	0.918	己烯	流延膜、通用膜
146	Enable™ 2005 Series	ExxonMobil	0.5	0.92	己烯	农膜、食品包装、收缩膜、重包装袋、密封包装膜等(含开口爽滑剂)
147	Enable™ 2005CB	ExxonMobil	0.5	0.92	己烯	农膜、食品包装、收缩膜、重包装袋、密封包装膜等
148	Enable™ 2010 Series Blown	ExxonMobil	0.5	0.92	己烯	农膜、食品包装、多层膜、外包装膜、重包装膜等
149	Enable™ 2010CB Cast	ExxonMobil	0.5	0.92	己烯	农膜、食品包装、多层膜、外包装膜、重包装膜等(含开口爽滑剂)
150	Enable™ 2010CB Wire & Cable	ExxonMobil	0.5	0.92	己烯	高中低压电缆外套、通讯电缆、无卤阻燃共混、低压硅烷交联电缆绝缘料
151	Enable™ 2010PA Wire & Cable	ExxonMobil	0.5	0.92	己烯	高中低压电缆外套、通讯电缆、无卤阻燃共混、低压硅烷交联电缆绝缘料
152	Enable™ 2203MC	ExxonMobil	0.5	0.922	己烯	农膜、重包装袋、收缩膜、吹膜、多层包装膜
153	Enable™ 2305 Series	ExxonMobil	0.5	0.923	己烯	吹膜、重包装袋、收缩膜、吹膜、多层包装膜、自立袋、层压膜
154	Enable™ 2703MC	ExxonMobil	0.5	0.927	己烯	吹膜、重包装袋、收缩膜、吹膜、多层包装膜、自立袋、层压膜

续表

序号	牌号	生产商	典型技术指标		单体类型	用途推荐
			熔体流动速率/(g/10min)	密度/(g/cm³)		
155	Enable™ 2705MC	ExxonMobil	0.5	0.927	己烯	吹膜、重包装袋、收缩膜、吹膜、多层包装膜、自立袋、层压膜
156	Enable™ 3505MC Blown	ExxonMobil	0.5	0.935	己烯	食品包装、层压膜、自立袋、多层包装膜、收缩膜、重包装袋、填充和密封包装
157	Enable™ 3505MC Wire & Cable	ExxonMobil	0.5	0.935	己烯	高中低压电缆外套、通信电缆
158	Enable™ 4002MC Blown	ExxonMobil	0.5	0.94	己烯	对称收缩膜、层压膜、压缩包装、多层包装膜
159	Enable™ 4002MC Wire & Cable	ExxonMobil	0.5	0.94	己烯	高中低压电缆外套、通信电缆
160	Enable™ 4009MC Blown	ExxonMobil	0.5	0.94	己烯	面包袋、卫生包装膜、层压膜、纤维、压缩包装、软管
161	Enable™ 4009MC Wire & Cable	ExxonMobil	0.5	0.94	己烯	高中低压电缆外套、通信电缆
162	Exceed™ XP 6026 Series	ExxonMobil	0.5	0.916	己烯	食品包装膜、层压膜、重包装袋、收缩膜、土工膜、大棚膜、结构内层
163	Exceed™ XP 6056ML	ExxonMobil	0.5	0.916	己烯	食品包装膜、层压膜、重包装袋、收缩膜、土工膜、大棚膜、结构内层
164	Exceed™ XP 8318ML	ExxonMobil	0.5	0.918	己烯	农膜、吹塑饲料膜、柔性包装膜
165	Exceed™ XP 8358 Series	ExxonMobil	0.5	0.918	己烯	农膜、吹塑饲料膜、柔性包装膜(含开口爽滑剂)
166	Exceed™ XP 8656MK	ExxonMobil	0.5	0.916	己烯	农膜、吹塑饲料膜、柔性包装膜(含开口爽滑剂)
167	Exceed™ XP 8656ML	ExxonMobil	0.5	0.916	己烯	农膜、吹塑饲料膜、柔性包装膜
168	Exceed™ XP 8784 Series	ExxonMobil	0.5	0.914	己烯	阻隔膜、层压堆码、液体包装、冷冻包装、小包装袋
169	Exceed™ 0015XC	ExxonMobil	15.0	0.918	己烯	建筑结构、食品包装、共混载体、工业涂层、挤出涂层、注射成型、共挤出涂层、液体包装、电线电缆共混
170	Exceed™ 0019IM	ExxonMobil	19.0	0.918	己烯	保护盖、密封、厨房用品、盖、家用制品

续表

序号	牌号	生产商	典型技术指标		单体类型	用途推荐
			熔体流动速率/(g/10min)	密度/(g/cm^3)		
171	Exceed™ 0019XC	ExxonMobil	19.0	0.918	己烯	建筑结构、食品包装、共混载体、工业涂层、挤出涂层、注射成型、共挤出涂层、液体包装、电线电缆共混
172	Exceed™ 1012HJ	ExxonMobil	1.0	0.912	己烯	填充和密封包装、层压膜、冷冻膜、自立袋、重包装袋、冰袋
173	Exceed™ 1012MA	ExxonMobil	1.0	0.912	己烯	填充和密封包装、层压膜、冷冻膜、自立袋、重包装袋、冰袋
174	Exceed™ 1012MJ	ExxonMobil	1.0	0.912	己烯	填充和密封包装、层压膜、冷冻膜、自立袋、重包装袋、冰袋(含开口剂)
175	Exceed™ 1012MK	ExxonMobil	1.0	0.912	己烯	填充和密封包装、层压膜、冷冻膜、自立袋、重包装袋、冰袋(含开口爽滑剂)
176	Exceed™ 1015MA	ExxonMobil	1.0	0.915	己烯	填充和密封包装、层压膜、冷冻膜、自立袋、重包装袋、冰袋
177	Exceed™ 1018 Series	ExxonMobil	1.0	0.918	己烯	农膜、食品包装、多层膜、外包装膜、重包装膜等(含开口爽滑剂)
178	Exceed™ 1018MA	ExxonMobil	1.0	0.918	己烯	农膜、食品包装、多层膜、外包装膜、重包装膜等(含开口爽滑剂)
179	Exceed™ 1023MJ	ExxonMobil	1.0	0.923	己烯	阻隔食品包装、填充及密封包装、垃圾袋、自立袋、重包装袋
180	Exceed™ 1518MA	ExxonMobil	1.5	0.918	己烯	阻隔食品包装、填充及密封包装、垃圾袋、自立袋、重包装袋
181	Exceed™ 1518MM	ExxonMobil	1.5	0.918	己烯	填充和密封包装、层压膜、冷冻膜、自立袋、重包装袋、冰袋(含开口剂)
182	Exceed™ 2012 Series	ExxonMobil	2.0	0.912	己烯	阻隔食品包装、填充及密封包装、垃圾袋、自立袋、重包装袋
183	Exceed™ 2718CB	ExxonMobil	2.7	0.918	己烯	阻隔食品包装、填充及密封包装、垃圾袋、自立袋、流延膜
184	Exceed™ 3518CB Cast	ExxonMobil	3.5	0.918	己烯	集装袋、流延拉伸膜、尿不湿背层、阻隔食品包、密封袋等
185	Exceed™ 3518CB Wire & Cable	ExxonMobil	3.5	0.918	己烯	高中低压电缆外套、通信电缆、无卤阻燃配方共混

续表

序号	牌号	生产商	典型技术指标		单体类型	用途推荐
			熔体流动速率/(g/10min)	密度/(g/cm^3)		
186	Exceed™ 3518PA Cast	ExxonMobil	3.5	0.918	己烯	流延膜、尿不湿背层、食品包装、卫生用品包装、阻隔食品包装
187	Exceed™ 3518PA Wire & Cable	ExxonMobil	3.5	0.918	己烯	高中低压电缆外套、通讯电缆、无卤阻燃共混
188	Exceed™ 3527PA	ExxonMobil	3.5	0.927	己烯	人工草坪、尿不湿背层、个人防护用品、卫生用品包装、流延拉伸膜、外层缠绕膜
189	Exceed™ 3812CB Cast	ExxonMobil	3.8	0.912	己烯	流延膜、填充及密封包装、食品包装、卫生用品包装、挤出涂层
190	Exceed™ 3812CB Wire & Cable	ExxonMobil	3.8	0.912	己烯	高中低压电缆外套、通讯电缆、无卤阻燃共混
191	Exceed™ 3812PA Cast	ExxonMobil	3.8	0.912	己烯	流延膜、填充及密封包装、食品包装、卫生用品包装、挤出涂层
192	Exceed™ 3812PA Wire & Cable	ExxonMobil	3.8	0.912	己烯	高中低压电缆外套、通讯电缆、无卤阻燃共混
193	Exceed™ 4518CB Cast	ExxonMobil	4.5	0.918	己烯	流延膜、尿不湿背层、食品包装、卫生用品包装
194	Exceed™ 4518CB Wire & Cable	ExxonMobil	4.5	0.918	己烯	高中低压电缆外套、通讯电缆、无卤阻燃共混
195	Exceed™ 4518PA Cast	ExxonMobil	4.5	0.918	己烯	人工草坪、尿不湿背层、卫生用品包装、流延拉伸膜、阻隔食品包装
196	Exceed™ 4518PA Wire & Cable	ExxonMobil	4.5	0.918	己烯	高中低压电缆外套、通讯电缆、无卤阻燃共混
197	DQDN3711	中石油大庆	0.85	0.937	丁烯+己烯	PERT-I 地热管
198	DQDN3712	中石油大庆	0.75	0.937	丁烯+己烯	PERT-II 型地热管
199	Lumicene® M 1810 EP	Total	1.0	0.917	己烯	袋、吹膜、食品包装、拉伸膜、层压膜
200	Lumicene® M 1811 PCE	Total	1.0	0.918	己烯	袋、吹膜、食品包装、拉伸膜、层压膜(含开口爽滑剂)
201	Lumicene® M 1835 (Cast Film)	Total	3.5	0.918	己烯	流延膜、食品包装、拉伸膜、多层膜

续表

序号	牌号	生产商	典型技术指标		单体类型	用途推荐
			熔体流动速率/(g/10min)	密度/(g/cm³)		
202	Lumicene® M 2711 PCE	Total	1.2	0.927	己烯	袋、吹膜、食品包装、拉伸膜、层压膜(含开口爽滑剂)
203	Lumicene® Supertough 20ST20	Total	1.8	0.920	己烯	流延膜、多层膜
204	Lumicene® Supertough 22ST05	Total	0.5	0.921	己烯	吹膜、普通膜(含开口爽滑剂)
205	TPSeal® M2731UV	Total	3.5	0.927	己烯	粉状。滚塑加工。冰箱、体育器材、水上用品
206	M6091	Total、中石化湛江	8.5	0.960	己烯	瓶盖料
207	M5220M	Total、中石化湛江	2.0	0.952	己烯	瓶盖料
208	M3509	Total、中石化湛江	0.9	0.935	己烯	吹塑、家用液体包装
209	mPEM2009 EP	Total、中石化湛江	0.9	0.920	己烯	薄膜制品
210	M2310EP	Total、中石化湛江	0.9	0.923	己烯	包装袋,拉伸膜、低温冷冻膜等
211	M3410EP	Total、中石化湛江	0.9	0.934	己烯	包装袋,拉伸膜、低温冷冻膜等
212	M1018EP	Total、中石化湛江	1.0	0.917	己烯	包装袋,拉伸膜、低温冷冻膜等
213	M2704EP	Total、中石化湛江	0.4	0.927	己烯	农膜、工业收缩膜、工业包装
214	M2710EP	Total、中石化湛江	0.9	0.927	己烯	包装袋,拉伸膜、低温冷冻膜等
215	M2735	Total、中石化湛江	3.5	0.927	己烯	卫生膜料、拉伸缠绕膜
216	M3427	Total、中石化湛江	3.1	0.934	己烯	卫生膜料、拉伸缠绕膜
217	M4040PIPE	Total、中石化湛江	4.0	0.940	己烯	PERT-II 型地热管
218	M4707	Total、中石化湛江	0.7	0.947	己烯	卫生膜、重包堆码、汽车包装膜
219	M5510EP	Total、中石化湛江	1.2	0.955	己烯	卫生膜、重包堆码、汽车包装膜
220	M6040	Total、中石化湛江	4.0	0.960	己烯	卫生膜、重包堆码、汽车包装膜
221	mPE F2703S	中石化齐鲁	0.2	0.927	己烯	收缩包装膜、重包装膜及农膜等
222	mPE F3306S	中石化齐鲁	0.5	0.935	己烯	收缩包装膜、重包装膜及农膜等
223	mPE F181ZR	中石化齐鲁、扬子、茂名	0.9	0.920	己烯	收缩包装膜、重包装膜及农膜等
224	mPE R444L	中石化齐鲁	4.5	0.942	己烯	滚塑料

续表

序号	牌号	生产商	典型技术指标		单体类型	用途推荐
			熔体流动速率/(g/10min)	密度/(g/cm³)		
225	mPE R332HL	中石化齐鲁	5.5	0.936	己烯	滚塑料
226	mPE R335HL	中石化齐鲁	3.0	0.936	己烯	滚塑料
227	mPE P382R(QHM22F)	中石化齐鲁	1.6	0.937	丁烯	PERT-I 地暖管
228	mPE P382RA (QHM32F)	中石化齐鲁	1.8	0.937	己烯	PERT-II 地暖管(易加工型)
229	mPE P3806RA	中石化扬子	0.6	0.935	己烯	PERT-I 地暖管(易加工型)

附表 5 超高分子量聚乙烯产品

序号	牌号	供应商	典型技术指标						
			外观/应用	分子量/万	密度/(g/cm³)	力学性能			热性能
						冲击强度 简支梁/(kJ/m²)	拉伸强度/MPa	伸长率/%	热变形温度(1.8MPa，未退火)/℃
1	Avalon 37	Greene，Tweed & Co.	低温应用、密封件				41.1	300.0	
2	BAAF UHMWPE 3000 NC	BAAF	粉	300～400	0.930～0.940	>100	35.0	300.0	>80
3	BAAF UHMWPE 4000 NC	BAAF	粉	400	0.935～0.940	>70	30.0	200.0	>80
4	BAAF UHMWPE M-0	BAAF	颗粒	50～100	0.93	70.0	25.0	350.0	80.0
5	BAAF UHMWPE M-1	BAAF	颗粒	100～200	0.935～0.940	110.0	33.0	400.0	80.0
6	BAAF UHMWPE M-2	BAAF	颗粒	200～300	0.935～0.940	130.0	34.0	350.0	80.0
7	GUR® 2122	Celanese	粉	420	0.930	170.0	39.0	400.0	41.0
8	GUR® 2126	Celanese	粉	420	0.930	140.0	39.0	400.0	41.0
9	GUR® 4012	Celanese	粉	170	0.940	190.0	42.0	550.0	41.0
10	GUR® 4020-3	Celanese	粉	540	0.930				38.0
11	GUR® 4022	Celanese	粉	530	0.930	160.0	44.0	410.0	41.0
12	GUR® 4032	Celanese	粉	570	0.930	130.0	37.0	340.0	41.0
13	GUR® 4050-3	Celanese	粉	730	0.930	180.0	38.0		38.0
14	GUR® 4056-3	Celanese	粉	730	0.930	180.0	42.0		41.0
15	GUR® 4112	Celanese	粉	170	0.940	190.0			
16	GUR® 4113	Celanese	粉	370	0.930	190.0	37.0	430.0	

续表

序号	牌号	供应商	典型技术指标						
			外观/应用	分子量/万	密度/(g/cm³)	力学性能			热性能
						冲击强度 简支梁/(kJ/m²)	拉伸强度/MPa	伸长率/%	热变形温度(1.8MPa,未退火)/℃
17	GUR® 4120	Celanese	粉	470	0.930	240.0	41.0	450.0	38.0
18	GUR® 4122	Celanese	粉	500	0.930	160.0	44.0	410.0	41.0
19	GUR® 4130	Celanese	粉	670	0.930	210.0			38.0
20	GUR® 4150	Celanese	粉	870	0.930	180.0	40.0	400.0	38.0
21	GUR® 4150-3	Celanese	粉	810	0.930	180.0			38.0
22	GUR® 4152	Celanese	粉	760	0.930	120.0	36.0	300.0	38.0
23	GUR® 4170	Celanese	粉	1020	0.920	170.0	40.0	360.0	38.0
24	GUR® 4523	Celanese	粉	670	0.930	160.0	38.0	410.0	
25	GUR® 4550	Celanese	粉	870	0.930	180.0	43.0	420.0	
26	GUR® 5113	Celanese	颗粒	370	0.930	190.0	37.0	430.0	
27	GUR® 5129	Celanese	颗粒	340	0.940	140.0	34.0	420.0	
28	GUR® 5523	Celanese	颗粒	670	0.930	160.0	38.0	410.0	
29	GUR® X 195	Celanese	粉	760	0.930	120.0	36.0	300.0	41.0
30	GUR® X 201	Celanese	粉	670	0.930	160.0	36.0	370.0	
31	GUR® X 204	Celanese	粉	870	0.930	140.0	33.0	280.0	38.0
32	GUR® X 205	Celanese	粉	560	0.930	160.0	35.0	390.0	
33	GUR® X 214	Celanese	粉	450	0.930	160.0			
34	GUR® X 217	Celanese	粉	550	0.930	160.0	33.0	360.0	
35	HIDEN® U030	YUHWA Korea Petrochemical	粉,压缩模塑	300	0.930		16.7	300.0	79.0
36	HIDEN® U050 F	YUHWA Korea Petrochemical	粉,纤维	500	0.930		16.7	300.0	79.0
37	HIDEN® U050	YUHWA Korea Petrochemical	粉,压缩模塑	500	0.930		16.7	300.0	79.0
38	HIDEN® U070	YUHWA Korea Petrochemical	粉,压缩模塑	700	0.930		16.7	300.0	79.0
39	HIDEN® U090	YUHWA Korea Petrochemical	粉,压缩模塑	900	0.930		16.7	300.0	79.0
40	HIDEN® VH035	YUHWA Korea Petrochemical	颗粒,电池盒	60	0.950				

续表

序号	牌号	供应商	典型技术指标						
			外观/应用	分子量/万	密度/(g/cm³)	力学性能			热性能
						冲击强度 简支梁/(kJ/m²)	拉伸强度/MPa	伸长率/%	热变形温度(1.8MPa，未退火)/℃
41	HIDEN® VH150U	YUHWA Korea Petrochemical	颗粒，电池盒	150	0.930				
42	Lupolen UHM 5000	LyondellBasell	工业应用、建筑应用、型材	500	0.931	190.0	20.0	12.0	45.0
43	MIPELON™ PM-200	Mitsui Chemicals	粉，过滤器、共混	180	0.940		44.0	350.0	
44	MIPELON™ XM-220	Mitsui Chemicals	粉，滤材、共混	200	0.940		44.0	350.0	
45	MIPELON™ XM-221U	Mitsui Chemicals	粉，滤材、共混	200	0.940		44.0	350.0	
46	MIPELON™ XM-330	Mitsui Chemicals	粉状	180	0.940		44.0	350.0	
47	Plaslube® PE 4000 AS	Techmer Polymer Modifiers	注射成型		0.969		32.4	80.0	54.4
48	Plaslube® PE 4000 GF10	Techmer Polymer Modifiers	注射成型		0.978		24.8	15.0	54.4
49	Plaslube® PE 4000 LE	Techmer Polymer Modifiers	注射成型		0.941		32.4	80.0	54.4
50	Plaslube® PE 4000	Techmer Polymer Modifiers	注射成型		0.941		32.4	80.0	54.4
51	Plaslube® PE 5900	Techmer Polymer Modifiers	颗粒，注射成型		0.968		25.5	30.0	54.4
52	Plaslube® PE 5902	Techmer Polymer Modifiers	颗粒，注射成型		0.968		25.5	30.0	54.4
53	UTEC 3040	Braskem	过滤器，片材	300	0.925	190.0	30.0	400.0	48.0
54	UTEC 4040	Braskem	过滤器，片材	400	0.925	>130	30.0	400.0	48.0
55	UTEC 5540	Braskem	棒材、片材	600	0.925	>90	30.0	400.0	48.0
56	UTEC 6540	Braskem	棒材、片材	800	0.925	>100	30.0	350.0	48.0
57	Lennite Gur1050	Westlake Plastics	棒材、片材		0.934	150	22.7	390.0	
58	Lennite Gur1020	Westlake Plastics	棒材、片材		0.936	280	22.9	430.0	
59	Devlon UHMWPE	Devol Engineering Polymers	颗粒，防潮性制件		0.940	无断裂		450.0	95.0
60	LAMIGAMID 700	Schwartz Technical Plastic	衬里，颗粒		0.950	无断裂	39.0	450.0	

续表

序号	牌号	供应商	典型技术指标						
			外观/应用	分子量/万	密度/(g/cm³)	力学性能			热性能
						冲击强度 简支梁/(kJ/m²)	拉伸强度/MPa	伸长率/%	热变形温度(1.8MPa,未退火)/℃
61	UHMWPE MⅠ	中石化燕山	粉,管材	150	0.955				
62	UHMWPE MⅡ	中石化燕山	粉,板材	250	0.955				
63	UHMWPE MⅢ	中石化燕山	粉,纤维	350	0.955				
64	YEV-5201T	中石化扬子	粉,锂电池膜	<100	0.952				
65	YEV-4500	中石化扬子	粉,锂电池膜	<100	0.945				

附表 6-1 EVA 产品(按应用)

序号	牌号	生产商	隶属工艺	典型技术指标	
				熔体流动速率/(g/10min)	VA 含量/%
1.发泡、鞋材料					
1	V5110J	中石化扬巴	巴塞尔,管式法	2.7	18.5
2	EVA18J3	中石化燕山	埃克森,管式法	3.0	18.0
3	EVA18-3	中石化燕山东方	意大利埃尼化学,釜式法	3.0	18.0
4	UL00428	联泓新材	埃克森,釜式法	4.0	27.5
5	E265F	韩华道达尔	三菱油化,管式法	6.0	26.0
6	7470M	台塑	意大利埃尼化学,釜式法	4.0	26.0
7	ES28005	LG 化学	埃克森,釜式法	5.0	28.0
8	H2181	TPC(新加坡)	住友化学,ICI 釜式法	2.0	18.0
9	V322	宇部	住友化学,ICI 釜式法	3.0	22.0
10	UE630	台聚	巴塞尔,釜式法	1.5	16.0
11	V26061	亚聚	巴塞尔,釜式法	5.5	26.0
12	LD727.22	埃克森美孚	埃克森,管式法	3.8	18.0
13	VS430	乐天	埃克森,釜式法	2.5	19.0
14	1820	塞拉尼斯	杜邦,釜式法	3.0	18.0
15	EB508AA	西湖化学	埃克森,管式法	0.7	18.0
2.膜料					
16	EVA18F3X	中石化燕山	埃克森,管式法	3.0	18.0
17	EVA14-0.7	中石化燕山	意大利埃尼化学,釜式法	0.7	14.0
18	EVA14-2	中石化燕山	意大利埃尼化学,釜式法	2.0	14.0

续表

序号	牌号	生产商	隶属工艺	典型技术指标	
				熔体流动速率/(g/10min)	VA 含量/%
19	FL00014	埃克森美孚	埃克森,釜式法	0.3	14.0
20	E180L	韩华道达尔	三菱油化,管式法	2.0	18.0
21	1609	塞拉尼斯	杜邦,釜式法	8.4	16.3
22	7140F	台塑	意大利埃尼化学,釜式法	0.7	14.0
23	UE624000	巴塞尔	巴塞尔,管式法	2.1	18.0
3.电缆料					
24	V6110M	中石化扬巴	巴塞尔管式法	6.0	26.5
25	ES28005	LG 化学	埃克森,釜式法	5.0	28.0
26	7470K	台塑	意大利埃尼化学,釜式法	5.5	26.0
27	E180F	韩华道达尔	三菱油化,管式法	2.0	18.0
28	KA-31	TPC(新加坡)	埃克森,釜式法	7.0	28.0
29	UL00218CC3	埃克森美孚	埃克森,管式法	1.7	18.0
30	04-28	阿科玛	住友,ICI 釜式法	4.0	27.0
31	EVA28J6	中石化燕山	埃克森,管式法	6.0	28.0
4.热熔胶料					
32	2842A	塞拉尼斯	杜邦,釜式法	400.0	28.0
33	EA28400	LG 化学	埃克森,釜式法	400.0	28.0
34	4310	杜邦	杜邦,釜式法	500.0	25.0
35	UE649-04	台聚	巴塞尔,釜式法	400.0	19.0
36	7A60H	台塑	意大利埃尼化学,釜式法	150.0	28.0
37	VA910	乐天	埃克森,釜式法	400.0	28.0
38	UL7510	埃克森美孚	埃克森,釜式法	500.0	18.7
5.涂覆料					
39	VF024N00	TPC(新加坡)	住友,ICI 釜式法	28.0	28.0
40	E182L	韩华道达尔	三菱油化,管式法	15.0	18.0
41	HM2528	Braskem	埃克森,釜式法	25.0	28.0
42	1820	Marco Polo	杜邦,釜式法	23.0	18.5
43	1941	塞拉尼斯	杜邦,釜式法	30.0	19.0
44	3200-2	杜邦	杜邦,釜式法	32.0	22.5
45	633	日本东曹	埃克森,管式法	20.0	20.0
46	UL00528	联泓新材	埃克森,釜式法	25.0	27.5
47	SV1055	泰国 TPI	伊姆豪森,管式法	20.0	28.0
6.光伏膜料					
48	3325A	塞拉尼斯	杜邦,釜式法	43.0	33.0

续表

序号	牌号	生产商	隶属工艺	典型技术指标	
				熔体流动速率/(g/10min)	VA 含量/%
49	7870H	台塑	巴塞尔，釜式法	15.0	28.0
50	UE2828	台聚	匡腾，釜式法	25.0	28.0
51	VF024N00	TPC(新加坡)	住友，ICI 釜式法	28.0	28.0
52	UESP3330	中石化湛江、中石化扬子	巴塞尔，釜式法	43.0	33.0
53	UE2825	中石化湛江、中石化扬子	巴塞尔，釜式法	25.0	28.0
54	V28280	亚聚	巴塞尔，釜式法	28.0	28.0
55	33-45 PV	Arkema	住友，ICI 釜式法	45.0	33.0
56	SV1055	泰国 TPI	伊姆豪森，管式法	20.0	28.0
57	VL 730	乐天	埃克森，釜式法	15.0	18.0
58	7110P	中石化扬巴	巴塞尔，管式法	10.0	28.0
7. 注塑料					
59	MV1055	泰国 TPI	埃克森，釜式法	8.0	28.0
60	LD 726.07	埃克森美孚	埃克森，管式法	14.0	18.0
61	4260	杜邦	杜邦，釜式法	6.0	28.0
62	V319	宇部	住友，釜式法	15.0	19.0
63	625	东曹	埃克森，管式法	14.0	15.0

附表 6-2　EVA 产品（按供应商）

序号	产品	生产商	主要用途	典型技术指标		
				熔体流动速率/(g/10min)	VA 含量/%	密度/(g/cm^3)
1	Escorene™ Ultra FL 00112	ExxonMobil Chemical	共挤膜、冷冻膜	0.5	12.0	0.934
2	Escorene™ Ultra FL00014	ExxonMobil Chemical	内衬袋、吹膜、保护膜、食品包装	0.3	14.0	0.938
3	Escorene™ Ultra FL00018	ExxonMobil Chemical	共挤膜、收缩膜、重包装、拉伸膜	0.4	17.5	0.940
4	Escorene™ Ultra FL 00119	ExxonMobil Chemical	农膜、共挤膜、高频封装	0.7	19.0	0.942
5	Escorene™ Ultra FL 00206	ExxonMobil Chemical	共挤膜、注塑、填充封装、贴合包装	2.5	6.5	0.926
6	Escorene™ Ultra FL 00209	ExxonMobil Chemical	注塑、共混改性、食品包装、层压板、封闭包装	2.1	9.4	0.931
7	Escorene™ Ultra FL 00212	ExxonMobil Chemical	流延膜、共混改性、注塑、共挤膜、冷冻膜、拉伸膜	2.5	12.0	0.934

续表

序号	产品	生产商	主要用途	典型技术指标		
				熔体流动速率/(g/10min)	VA含量/%	密度/(g/cm^3)
8	Escorene™ Ultra FL 00218	ExxonMobil Chemical	农膜、共挤膜、软管、吹膜、挤出涂层、流延膜、层压板	1.7	18.0	0.940
9	Escorene™ Ultra FL 00226CC	ExxonMobil Chemical	农膜、高频封装、表面保护膜、食品阻隔包装、柔性包装、拉伸膜	2.0	26.0	0.950
10	Escorene™ Ultra FL 00328	ExxonMobil Chemical	共挤膜、共混改性、板材挤出、织物涂层	3.0	27.0	0.951
11	Escorene™ Ultra FL 00623	ExxonMobil Chemical	OPP黏合层、层压板、表面保护膜、柔性包装、工业包装、注塑等	5.5	23.0	0.947
12	Escorene™ Ultra FL 00714	ExxonMobil Chemical	黏合层压、文件保护膜、工业包装、挤出涂层等	7.5	14.0	0.935
13	Escorene™ Ultra FL 00728CC	ExxonMobil Chemical	黏合层压、文件保护膜、工业包装、挤出涂层等	7.0	27.5	0.951
14	Escorene™ Ultra FL 00909	ExxonMobil Chemical	黏合层压、文件保护膜、工业包装、挤出涂层等	9.0	9.4	0.929
15	Escorene™ Ultra FL 01418	ExxonMobil Chemical	黏合层压、文件保护膜、工业包装、挤出涂层等	14.0	18.0	0.938
16	Escorene™ Ultra FL 02020	ExxonMobil Chemical	黏合层压、文件保护膜、工业包装、挤出涂层等	20.0	20.0	0.940
17	Escorene™ Ultra LD 705 MJ Blown	ExxonMobil Chemical	共混改性、冷冻膜、液体包装、鲜肉袋、热封层	0.4	12.8	0.935
18	Escorene™ Ultra LD 705 MJ Molding	ExxonMobil Chemical	黏合剂、共混改性、柔性软管、管状挤出、黏度改性剂	0.4	12.8	0.935
19	Escorene™ Ultra LD 706.15 Cast	ExxonMobil Chemical	热封层、肉类包装	8.5	14.9	0.935
20	Escorene™ Ultra LD 706.15 Molding	ExxonMobil Chemical	密封盖及内衬、共混改性、功能母料基础树脂	8.5	14.9	0.935
21	Escorene™ Ultra LD 708 Series	ExxonMobil Chemical	密封盖及内衬、共混改性、功能母料基础树脂	5.2	14.9	0.935
22	Escorene™ Ultra LD 713.93 Blown	ExxonMobil Chemical	热封层、肉类包装	3.5	14.4	0.934
23	Escorene™ Ultra LD 713.93 Cast	ExxonMobil Chemical	热封层、肉类包装	3.5	14.4	0.934
24	Escorene™ Ultra LD 713.93 Molding	ExxonMobil Chemical	共混改性、柔性软管、管状挤出	3.5	14.4	0.934
25	Escorene™ Ultra LD 720 Series	ExxonMobil Chemical	热封层、注塑成型、发泡鞋材	1.6	18.5	0.947

续表

序号	产品	生产商	主要用途	典型技术指标		
				熔体流动速率/(g/10min)	VA含量/%	密度/(g/cm³)
26	Escorene™ Ultra LD 721. IK	ExxonMobil Chemical	热封层、拉伸膜	2.5	18.5	0.942
27	Escorene™ Ultra LD 723. 28 Cast	ExxonMobil Chemical	热封层、挤出涂层	23.0	18.5	0.941
28	Escorene™ Ultra LD 723. 28 Molding	ExxonMobil Chemical	共混改性、注射成型	23.0	18.5	0.941
29	Escorene™ Ultra LD 726. 07	ExxonMobil Chemical	共混改性、注射成型	14.0	18.0	0.939
30	Escorene™ Ultra LD 727. 22	ExxonMobil Chemical	共混改性、模塑共混	3.8	18.0	0.940
31	Escorene™ Ultra LD 728 Series	ExxonMobil Chemical	发泡、鞋材、注塑成型	2.0	18.2	0.943
32	Escorene™ Ultra LD 730 Series Blown	ExxonMobil Chemical	热封层、收缩膜、拉伸膜	0.7	17.2	0.940
33	Escorene™ Ultra LD 730 Series Molding	ExxonMobil Chemical	发泡	0.7	17.2	0.940
34	Escorene™ Ultra LD 755 Series	ExxonMobil Chemical	共混改性、热熔胶、功能母料基础树脂	25.0	27.6	0.952
35	Escorene™ Ultra LD 761. 36	ExxonMobil Chemical	共混改性、热熔胶、功能母料基础树脂	5.7	26.7	0.953
36	Escorene™ Ultra LD 768. MJ Blown	ExxonMobil Chemical	共混改性、高频封装、弹性膜	2.3	26.2	0.952
37	Escorene™ Ultra UL 00218CC3	ExxonMobil Chemical	共混改性、热熔胶、电线电缆共混、注射成型	1.7	18.0	0.940
38	Escorene™ Ultra UL 00514	ExxonMobil Chemical	共混改性、注射成型、发泡、电线电缆共混改性	5.0	14.0	0.935
39	Escorene™ Ultra UL 00728	ExxonMobil Chemical	共混改性、注射成型、挤出黏合、电线电缆共混改性	7.0	28.0	0.951
40	Escorene™ Ultra UL 00728EL	ExxonMobil Chemical	共混改性、注射成型、挤出黏合、电线电缆共混改性、无卤阻燃剂共混	7.0	27.5	0.951
41	Escorene™ Ultra UL 02133EN2	ExxonMobil Chemical	热熔胶、电线电缆共混改性	21.0	33.0	0.957
42	Escorene™ Ultra UL 02528CC	ExxonMobil Chemical	热熔胶、电线电缆共混改性	25.0	27.5	0.951
43	Escorene™ Ultra UL 04028CC	ExxonMobil Chemical	热熔胶、电线电缆共混改性	41.0	27.5	0.950
44	Escorene™ Ultra UL 04331EL	ExxonMobil Chemical	封装膜、热熔胶、光伏膜	43.0	31.4	0.953

续表

序号	产 品	生产商	主要用途	典型技术指标		
				熔体流动速率/(g/10min)	VA 含量/%	密度/(g/cm³)
45	Escorene™ Ultra UL 04533EH2	ExxonMobil Chemical	共混改性、热熔胶、电线电缆共混	45.0	33.0	0.956
46	Escorene™ Ultra UL 05540EH2	ExxonMobil Chemical	共混改性、热熔胶、电线电缆共混、墨水改性剂	60.0	39.0	0.966
47	Escorene™ Ultra UL 12530CC	ExxonMobil Chemical	热熔胶	125.0	30.0	0.949
48	Escorene™ Ultra UL 15019CC	ExxonMobil Chemical	热熔胶	150.0	19.0	0.939
49	Escorene™ Ultra UL 15028CC	ExxonMobil Chemical	热熔胶	145.0	27.5	0.948
50	Escorene™ Ultra UL 15028EM1	ExxonMobil Chemical	热熔胶	145.0	27.5	0.948
51	Escorene™ Ultra AD 0433EH2	ExxonMobil Chemical	热熔胶	400.0	33.0	0.954
52	Escorene™ Ultra UL 40028CC	ExxonMobil Chemical	热熔胶、电线电缆共混改性	400.0	28.0	0.948
53	Escorene™ Ultra UL 40028EM1	ExxonMobil Chemical	热熔胶、电线电缆共混改性	400.0	28.0	0.948
54	Escorene™ Ultra UL 53019CC	ExxonMobil Chemical	热熔胶、电线电缆共混改性	530.0	19.0	0.937
55	Escorene™ Ultra UL 7510	ExxonMobil Chemical	热熔胶、电线电缆共混改性	500.0	18.7	0.933
56	Escorene™ Ultra UL 7520	ExxonMobil Chemical	黏合剂和密封剂、工业密封剂、热熔胶、蜡混合物	135.0	18.5	0.936
57	Escorene™ Ultra UL 7720	ExxonMobil Chemical	黏合剂和密封剂、工业密封剂、热熔胶、蜡混合物	150.0	27.6	0.945
58	Escorene™ Ultra UL 7741	ExxonMobil Chemical	黏合剂和密封剂、工业密封剂、热熔胶、蜡混合物	43.0	26.7	0.946
59	Escorene™ Ultra UL 7760	ExxonMobil Chemical	黏合剂和密封剂、工业密封剂、热熔胶、蜡混合物、粘接黏合剂	5.7	26.7	0.951
60	Escorene™ Ultra UL 7840E	ExxonMobil Chemical	黏合剂和密封剂、工业密封剂、热熔胶	43.0	31.4	0.954
61	Escorene™ Ultra UL 7710 Series	ExxonMobil Chemical	黏合剂和密封剂、工业密封剂、热熔胶、蜡混合物	420.0	26.7	0.942
62	Escorene™ Ultra UL 7711 Series	ExxonMobil Chemical	黏合剂和密封剂、工业密封剂、热熔胶、蜡混合物	400.0	26.7	0.941
63	Escorene™ Ultra UL 7765	ExxonMobil Chemical	黏合剂和密封剂、工业密封剂、热熔胶、蜡混合物、粘接黏合剂	2.3	26.2	0.950

续表

序号	产品	生产商	主要用途	典型技术指标		
				熔体流动速率/(g/10min)	VA含量/%	密度/(g/cm³)
64	Sipchem EVA 2009	Sipchem	肉类包装、生肉包装袋	2.0	9.0	0.930
65	Sipchem EVA 2018	Sipchem	发泡、鞋材、注射成型、薄膜和共混改性	2.0	18.2	0.935
66	Sipchem EVA 2518	Sipchem	发泡、鞋材、注射成型、挤出和共混改性	2.5	18.2	0.935
67	Sipchem EVA 0818 CO	Sipchem	农膜、薄膜、共混	0.8	18.0	0.940
68	Sipchem EVA 2005	Sipchem	农膜、薄膜、发泡、包装袋	2.0	4.5	0.928
69	Sipchem EVA 3514 (film)	Sipchem	食品包装	3.5	14.4	0.933
70	Sipchem EVA 3514	Sipchem	共混改性、柔性连接、模塑型材挤出、管状挤出	3.5	14.4	0.933
71	Sipchem EVA 3522 (film)	Sipchem	薄膜、流延膜、拉伸膜、缠绕膜	3.5	22.0	0.944
72	Sipchem EVA 3522	Sipchem	共混改性、发泡、模塑型材挤出	3.5	22.0	0.944
73	VA600	Lotte Chemical	热熔胶	6.0	28.0	0.950
74	VA800	Lotte Chemical	热熔胶	20.0	28.0	0.950
75	VA810	Lotte Chemical	热熔胶	45.0	33.0	0.957
76	VA900	Lotte Chemical	热熔胶	150.0	28.0	0.950
77	VA910	Lotte Chemical	热熔胶	400.0	28.0	0.950
78	VA920	Lotte Chemical	热熔胶	150.0	19.0	0.940
79	VA930	Lotte Chemical	热熔胶	400.0	19.0	0.940
80	VC590	Lotte Chemical	半导体共混基础树脂	4.0	28.0	0.952
81	VC640	Lotte Chemical	半导体共混基础树脂	6.0	15.0	0.935
82	VC710	Lotte Chemical	半导体共混基础树脂	20.0	33.0	0.958
83	VE700	Lotte Chemical	热熔胶、电阳能电池密封剂	15.0	28.0	0.950
84	VE800	Lotte Chemical	热熔胶、电阳能电池密封剂	25.0	28.0	0.950
85	VE810	Lotte Chemical	热熔胶、电阳能电池密封剂	45.0	33.0	0.957
86	VS410	Lotte Chemical	发泡鞋材	4.0	26.0	0.950
87	VS420	Lotte Chemical	发泡鞋材	2.0	21.5	0.945
88	VS430	Lotte Chemical	发泡鞋材	2.5	19.0	0.935
89	VS440	Lotte Chemical	发泡鞋材、发泡座椅	2.2	15.0	0.935
90	VL730	Lotte Chemical	塑封膜，热压膜	15.0	18.0	

续表

序号	产 品	生产商	主要用途	典型技术指标		
				熔体流动速率/(g/10min)	VA含量/%	密度/(g/cm^3)
91	VL830	Lotte Chemical	塑封膜，热压膜	20.0	18.0	
92	H2181	TPC,The Polyolefin Company (Singapore) (Sumitomo Chemical)	发泡类	2.0	18.0	0.940
93	H2020	TPC,The Polyolefin Company (Singapore) (Sumitomo Chemical)	发泡类	1.5	15.0	0.930
94	K3212	TPC,The Polyolefin Company (Singapore) (Sumitomo Chemical)	发泡类	3.0	21.0	0.940
95	KA-40	TPC,The Polyolefin Company (Singapore) (Sumitomo Chemical)	光伏膜	20.0	28.0	0.950
96	VF02400	TPC,The Polyolefin Company (Singapore) (Sumitomo Chemical)	光伏膜	28.0	28.0	0.950
97	KA-31	TPC,The Polyolefin Company (Singapore) (Sumitomo Chemical)	热熔胶、电线电缆	7.0	28.0	0.945
98	KA-10	TPC,The Polyolefin Company (Singapore) (Sumitomo Chemical)	热熔胶	20.0	28.0	0.945
99	Ateva 1081	Celanese EVA Performance Polymers	薄膜	1.1	9.0	0.933
100	Ateva 1081G	Celanese EVA Performance Polymers	医疗包装	1.1	9.0	0.933
101	Ateva 1070	Celanese EVA Performance Polymers	发泡、食品包装、软管	2.8	9.0	0.931
102	Ateva 1075A	Celanese EVA Performance Polymers	共混改性	8.0	9.0	0.930
103	Ateva 1221	Celanese EVA Performance Polymers	共混改性	0.8	12.0	0.932
104	Ateva 1231	Celanese EVA Performance Polymers	发泡	3.0	12.0	0.932
105	Ateva 1241	Celanese EVA Performance Polymers	包装材料	10.0	12.0	0.932
106	Ateva 1615	Celanese EVA Performance Polymers	涂覆	15.0	16.0	0.937
107	Ateva 1641	Celanese EVA Performance Polymers	涂覆	28.0	16.0	0.937

续表

序号	产品	生产商	主要用途	典型技术指标		
				熔体流动速率/(g/10min)	VA含量/%	密度/(g/cm^3)
108	Ateva 1608	Celanese EVA Performance Polymers	共混改性，软管	8.4	16.3	0.938
109	Ateva 1609	Celanese EVA Performance Polymers	柔性包装	8.4	16.3	0.938
110	Ateva 1807A	Celanese EVA Performance Polymers	柔性包装	0.7	18.0	0.940
111	Ateva 1807EG	Celanese EVA Performance Polymers	医疗包装	0.7	18.0	0.940
112	Ateva 1811	Celanese EVA Performance Polymers	柔性包装	1.6	18.0	0.937
113	Ateva 1813	Celanese EVA Performance Polymers	发泡	1.6	18.0	0.937
114	Ateva 1820	Celanese EVA Performance Polymers	热熔胶、汽车部件、共混改性、发泡	3.0	18.0	0.938
115	Ateva 1821A	Celanese EVA Performance Polymers	共混改性、柔性包装、发泡	3.0	18.0	0.938
116	Ateva 1850A	Celanese EVA Performance Polymers	热熔胶	150.0	18.0	0.945
117	Ateva 1880A	Celanese EVA Performance Polymers	热熔胶	500.0	18.0	0.930
118	Ateva 1941	Celanese EVA Performance Polymers	涂覆	30.0	19.0	0.938
119	Ateva 1943MS	Celanese EVA Performance Polymers	涂覆、柔性包装	30.0	19.0	0.940
120	Ateva 2005A	Celanese EVA Performance Polymers	汽车部件、工混改性	6.0	20.0	0.945
121	Ateva 2020	Celanese EVA Performance Polymers	涂覆	20.0	20.0	0.940
122	Ateva 2030	Celanese EVA Performance Polymers	共混改性	15.0	20.0	0.941
123	Ateva 2604A	Celanese EVA Performance Polymers	热熔胶	4.5	25.0	0.949
124	Ateva 2803G	Celanese EVA Performance Polymers	医疗包装	3.0	28.0	0.952
125	Ateva 2810A	Celanese EVA Performance Polymers	热熔胶	6.0	28.0	0.949
126	Ateva 2820A	Celanese EVA Performance Polymers	热熔胶、汽车部件、共混改性	25.0	28.0	0.948
127	Ateva 2820AG	Celanese EVA Performance Polymers	医疗制品及包装	25.0	28.0	0.948

续表

序号	产 品	生产商	主要用途	典型技术指标		
				熔体流动速率/(g/10min)	VA含量/%	密度/(g/cm^3)
128	Ateva 2821A	Celanese EVA Performance Polymers	涂覆	25.0	28.0	0.949
129	Ateva 2825A	Celanese EVA Performance Polymers	热熔胶	43.0	28.0	0.949
130	Ateva 2830A	Celanese EVA Performance Polymers	热熔胶	150.0	28.0	0.945
131	Ateva 2842A	Celanese EVA Performance Polymers	热熔胶	400.0	28.0	0.941
132	Ateva 2842AC	Celanese EVA Performance Polymers	热熔胶	400.0	28.0	0.941
133	Ateva 2850A	Celanese EVA Performance Polymers	热熔胶	850.0	28.0	0.940
134	Ateva 2861A	Celanese EVA Performance Polymers	涂覆	6.0	28.0	0.949
135	Ateva 3325A	Celanese EVA Performance Polymers	光伏膜	43.0	33.0	0.952
136	Ateva 3325AC	Celanese EVA Performance Polymers	热熔胶	43.0	33.0	0.952
137	Ateva 4030AC	Celanese EVA Performance Polymers	热熔胶	55.0	40.0	0.962
138	Ateva 9030	Celanese EVA Performance Polymers	太阳能板	43.0	33.0	0.952
139	Braskem EVA 3019 PE	Braskem	黏合剂、玩具、膜	2.5	19.0	0.940
140	Braskem EVA CN8092	Braskem	流延膜、共混改性	8.5	15.5	0.937
141	Braskem EVA HM 2528	Braskem	涂覆、黏合剂	25.0	28.0	0.950
142	Braskem EVA HM728F	Braskem	吹膜、流延膜	6.0	28.0	0.951
143	Braskem EVA PN2021	Braskem	软管、鞋材、玩具	2.1	19.0	0.940
144	Braskem EVA TN2005	Braskem	吹膜、农膜、食品包装	0.5	13.5	0.935
145	Braskem EVA TN2006	Braskem	膜、食品包装、片材	0.7	18.0	0.940
146	Braskem EVA TN2020	Braskem	吹膜、农膜、食品包装、收缩膜	2.0	8.5	0.931
147	Braskem EVA VA4018R	Braskem	运动器材、玩具、鞋材	4.0	18.0	0.930
148	ELEVATE^{TM} DA532	Westlake Chemical	膜、包装、层压板	8.0	12.0	0.932
149	ELEVATE^{TM} DA539AA	Westlake Chemical	膜、包装、层压板	30.0	18.0	0.935
150	ELEVATE^{TM} DR282AA	Westlake Chemical	黏合剂、密封胶	45.0	28.0	0.947
151	ELEVATE^{TM} DR283AA	Westlake Chemical	黏合剂、共混改性	150.0	28.0	0.947
152	ELEVATE^{TM} DR284AA	Westlake Chemical	黏合剂、共混改性	400.0	28.0	0.943

续表

序号	产品	生产商	主要用途	典型技术指标		
				熔体流动速率/(g/10min)	VA含量/%	密度/(g/cm^3)
153	ELEVATE™ DR285AA	Westlake Chemical	黏合剂、共混改性	850.0	28.0	0.943
154	ELEVATE™ EB502	Westlake Chemical	食品包装、重包装袋、塑料改性、发泡、薄膜	0.6	12.5	0.934
155	ELEVATE™ EB508AA	Westlake Chemical	食品包装、重包装袋	0.7	18.0	0.940
156	ELEVATE™ EB561	Westlake Chemical	食品包装、重包装袋	0.6	6.5	0.929
157	ELEVATE™ EB591	Westlake Chemical	膜、发泡、重包装袋、软管	2.0	9.0	0.931
158	ELEVATE™ EF437	Westlake Chemical	膜、袋、共混改性、包装	2.0	2.5	0.925
159	ELEVATE™ EF439	Westlake Chemical	包装	1.4	4.0	0.927
160	ELEVATE™ EF528	Westlake Chemical	黏合剂、发泡、电线电缆、流延膜	2.5	18.5	0.940
161	ELEVATE™ EF532AA	Westlake Chemical	流延膜、层压板	8.0	12.0	0.933
162	ELEVATE™ EF545	Westlake Chemical	包装、拉伸缠绕膜	0.6	4.0	0.931
163	ELEVATE™ EF546AA	Westlake Chemical	发泡、包装膜	2.0	6.0	0.927
164	ELEVATE™ EF561	Westlake Chemical	食品包装、重包装袋	0.6	6.5	0.929
165	ELEVATE™ EF563	Westlake Chemical	袋、包装	1.1	6.5	0.932
166	ELEVATE™ EF598	Westlake Chemical	流延膜、层压板、涂覆、共混改性	8.0	9.0	0.930
167	ELEVATE™ EM280AA	Westlake Chemical	黏合剂、层压板、共混改性、涂覆、密封剂、膜	6.0	28.0	0.948
168	ELEVATE™ EM518	Westlake Chemical	共混改性、发泡	2.5	18.5	0.940
169	ELEVATE™ EM530AA	Westlake Chemical	黏合剂、共混改性	150.0	18.0	0.930
170	Evatane® 18-150	Arkema	黏合剂、油/气应用、沥青改性、电线电缆应用	150.0	18.0	0.940
171	Evatane® 18-500	Arkema	黏合剂、沥青改性	500.0	18.0	0.940
172	Evatane® 20-20	Arkema	黏合剂、沥青改性、油/气应用	20.0	20.0	0.950
173	Evatane® 24-03	Arkema	沥青改性、吹膜、流延膜、母粒	3.0	24.0	0.940
174	Evatane® 28-03	Arkema	吹膜、发泡、油/气应用、流延膜、母粒	3.0	28.0	0.950
175	Evatane® 28-05	Arkema	吹膜、发泡、黏合剂、流延膜、母粒	5.0	28.0	0.950
176	Evatane® 28-150	Arkema	黏合剂、油/气应用	150.0	28.0	0.950
177	Evatane® 28-25	Arkema	薄膜、母粒	25.0	28.0	0.950
178	Evatane® 28-25PV	Arkema	薄膜、太阳能板	25.0	28.0	0.960
179	Evatane® 28-40	Arkema	黏合剂、母粒	40.0	28.0	0.950

续表

序号	产 品	生产商	主要用途	典型技术指标		
				熔体流动速率/(g/10min)	VA 含量/%	密度/(g/cm^3)
180	Evatane® 28-420	Arkema	黏合剂	420.0	28.0	0.950
181	Evatane® 28-800	Arkema	黏合剂、母粒、电线电缆应用	800.0	28.0	0.950
182	Evatane® 33-25	Arkema	黏合剂、电线电缆应用	25.0	33.0	0.960
183	Evatane® 33-400	Arkema	黏合剂	400.0	33.0	0.960
184	Evatane® 33-45 PV	Arkema	薄膜、太阳能板	45.0	33.0	0.960
185	Evatane® 33-45	Arkema	黏合剂、沥青改性、电线电缆应用	45.0	33.0	0.960
186	Evatane® 40-55	Arkema	黏合剂、发泡、打印墨水	55.0	40.0	0.960
187	Evatane® 42-60	Arkema	黏合剂	60.0	42.0	0.960
188	Elvax® 3120	DuPont Packaging & Industrial Polymers	包装、薄膜	1.2	7.5	0.930
189	Elvax® 3124	DuPont Packaging & Industrial Polymers	流延薄膜、涂层应用、包装应用	7.0	9.0	0.930
190	Elvax® 3128-1	DuPont Packaging & Industrial Polymers	包装、薄膜	2.0	9.3	0.930
191	Elvax® 3129-1	DuPont Packaging & Industrial Polymers	吹膜	0.4	10.0	0.930
192	Elvax® 3130	DuPont Packaging & Industrial Polymers	包装应用、薄膜	2.5	12.0	0.930
193	Elvax® 3134SBZ	DuPont Packaging & Industrial Polymers	流延膜、涂层应用、包装	8.0	12.0	0.930
194	Elvax® 3135SB、3135X、3135XZ	DuPont Packaging & Industrial Polymers	流延膜、涂层应用、包装	0.4	12.0	0.930
195	Elvax® 3150、3150A	DuPont Packaging & Industrial Polymers	流延膜、涂层应用、包装	2.5	15.0	0.940
196	Elvax® 3155	DuPont Packaging & Industrial Polymers	流延膜、涂层应用、包装	25.0	15.5	0.940
197	Elvax® 3165、3165A、3165LG、3165SB、3165VLGA	DuPont Packaging & Industrial Polymers	流延膜、涂层应用、包装	0.7	18.0	0.940
198	Elvax® 3169Z	DuPont Packaging & Industrial Polymers	流延膜、涂层应用、包装	1.5	18.0	0.950
199	Elvax® 3170、3170A、3170SHB	DuPont Packaging & Industrial Polymers	流延膜、涂层应用、包装	2.5	18.0	0.940
200	Elvax® 3172Z	DuPont Packaging & Industrial Polymers	流延膜、涂层应用、包装	2.5	18.0	0.940

续表

序号	产 品	生产商	主要用途	典型技术指标		
				熔体流动速率/(g/10min)	VA含量/%	密度/(g/cm^3)
201	Elvax® 3174、3174SHB	DuPont Packaging & Industrial Polymers	流延膜、涂层应用、包装薄膜、护罩、医疗护理用品、黏合剂、外壳、层压板	8.0	18.0	0.940
202	Elvax® 3175、3175LGA	DuPont Packaging & Industrial Polymers	吹膜、流延膜	6.0	28.0	0.950
203	Elvax® 3176、3176BFZ、3176CW-3、3176SB	DuPont Packaging & Industrial Polymers	吹膜、流延膜、涂层应用	30.0	18.0	0.940
204	Elvax® 3185	DuPont Packaging & Industrial Polymers	吹膜、流延膜	43.0	32.0	0.960
205	Elvax® 3190	DuPont Packaging & Industrial Polymers	吹膜、流延膜	2.0	25.0	0.950
206	Elvax® 3180	DuPont Packaging & Industrial Polymers	吹膜、流延膜	25.0	28.0	0.950
207	Elvax® 3182-2	DuPont Packaging & Industrial Polymers	吹膜、流延膜	3.0	28.0	0.950
208	Elvax® 3200-2	DuPont Packaging & Industrial Polymers	薄膜、涂层应用	32.0	22.5	0.940
209	Elvax® 770	DuPont Packaging & Industrial Polymers	电线护套、密封剂、黏合剂、共混改性	0.8	9.5	0.930
210	Elvax® 760、760A、760Q	DuPont Packaging & Industrial Polymers	电线护套、密封剂、黏合剂、共混改性	2.0	9.3	0.930
211	Elvax® 750	DuPont Packaging & Industrial Polymers	电线护套、密封剂、黏合剂、共混改性	7.0	9.0	0.930
212	Elvax® 670	DuPont Packaging & Industrial Polymers	电线护套、密封剂、黏合剂、共混改性	0.4	12.0	0.933
213	Elvax® 660、660A	DuPont Packaging & Industrial Polymers	电线护套、密封剂、黏合剂、共混改性	2.5	12.0	0.933
214	Elvax® 560	DuPont Packaging & Industrial Polymers	电线护套、密封剂、黏合剂、共混改性	2.5	15.0	0.935
215	Elvax® 550、550A	DuPont Packaging & Industrial Polymers	电线护套、密封剂、黏合剂、共混改性	8.0	15.0	0.935
216	Elvax® 470、470A	DuPont Packaging & Industrial Polymers	电线护套、密封剂、黏合剂、共混改性	0.7	18.0	0.941
217	Elvax® 460、460A	DuPont Packaging & Industrial Polymers	电线护套、密封剂、黏合剂、共混改性	2.5	18.0	0.941
218	Elvax® 450、450A	DuPont Packaging & Industrial Polymers	电线护套、密封剂、黏合剂、共混改性	8.0	18.0	0.941
219	Elvax® 440	DuPont Packaging & Industrial Polymers	电线护套、密封剂、黏合剂、共混改性	30.0	18.0	0.927
220	Elvax® 210W	DuPont Packaging & Industrial Polymers	电线护套、密封剂、黏合剂、共混改性	400.0	18.0	0.951

续表

序号	产 品	生产商	主要用途	典型技术指标		
				熔体流动速率/(g/10min)	VA 含量/%	密度/(g/cm³)
221	Elvax® 410	DuPont Packaging & Industrial Polymers	电线护套、密封剂、黏合剂、共混改性	500.0	18.0	0.934
222	Elvax® 420、420A	DuPont Packaging & Industrial Polymers	电线护套、密封剂、黏合剂、共混改性	150.0	28.0	0.951
223	Elvax® 360、360A	DuPont Packaging & Industrial Polymers	电线护套、密封剂、黏合剂、共混改性	2.0	25.0	0.948
224	Elvax® 350	DuPont Packaging & Industrial Polymers	电线护套、密封剂、黏合剂、共混改性	19.0	25.0	0.948
225	Elvax® 265、265A	DuPont Packaging & Industrial Polymers	电线护套、密封剂、黏合剂、共混改性	3.0	28.0	0.951
226	Elvax® 260、260A	DuPont Packaging & Industrial Polymers	电线护套、密封剂、黏合剂、共混改性	6.0	28.0	0.955
227	Elvax® 250、250A	DuPont Packaging & Industrial Polymers	电线护套、密封剂、黏合剂、共混改性	25.0	28.0	0.950
228	Elvax® 240、240W	DuPont Packaging & Industrial Polymers	电线护套、密封剂、黏合剂、共混改性	43.0	28.0	0.951
229	Elvax® 220W	DuPont Packaging & Industrial Polymers	电线护套、密封剂、黏合剂、共混改性	150.0	28.0	0.951
230	Elvax® 150、150W	DuPont Packaging & Industrial Polymers	电线护套、密封剂、黏合剂、共混改性	43.0	32.0	0.957
231	Elvax® 4260	DuPont Packaging & Industrial Polymers	(含甲基丙烯酸三元共聚物)电线护套、密封剂、黏合剂、共混改性	6.0	28(1)	0.955
232	Elvax® 4310	DuPont Packaging & Industrial Polymers	(含甲基丙烯酸三元共聚物)电线护套、密封剂、黏合剂、共混改性	500.0	25.0 (1.0)	0.945
233	Elvax® 4320	DuPont Packaging & Industrial Polymers	(含甲基丙烯酸三元共聚物)电线护套、密封剂、黏合剂、共混改性	150.0	25.0 (1.0)	0.947
234	Elvax® 4355	DuPont Packaging & Industrial Polymers	(含甲基丙烯酸三元共聚物)电线护套、密封剂、黏合剂、共混改性	6.0	25.0 (1.0)	0.952
235	Elvax® 40L-03	DuPont Packaging & Industrial Polymers	电线护套、密封剂、黏合剂、共混改性	3.0	40.0	0.967
236	Elvax® 40-W	DuPont Packaging & Industrial Polymers	电线护套、密封剂、黏合剂、共混改性	52.0	40.0	0.965
237	MARPOL© EVA 602	Marco Polo International	发泡、袋、包装、膜、层压板	2.0	5.5	0.925
238	MARPOL© EVA 802	Marco Polo International	生肉包装袋、肉类包装膜	2.0	8.7	0.930

续表

序号	产品	生产商	主要用途	典型技术指标		
				熔体流动速率/(g/10min)	VA含量/%	密度/(g/cm^3)
239	MARPOL© EVA 6055	Marco Polo International	袋、食品包装袋、薄膜、重包装袋	0.6	6.5	0.929
240	MARPOL© EVA 1301	Marco Polo International	袋、薄膜、拉伸缠绕膜、共混改性、包装膜	0.5	13.5	0.935
241	MARPOL© EVA 1707	Marco Polo International	薄膜、收缩膜、拉伸膜	0.7	17.2	0.939
242	MARPOL© EVA 1802	Marco Polo International	薄膜、收缩膜、拉伸膜	2.0	18.0	0.939
243	MARPOL© EVA 1803	Marco Polo International	薄膜、收缩膜、拉伸膜	3.5	18.0	0.939
244	MARPOL© EVA 1804	Marco Polo International	薄膜、收缩膜、拉伸膜	4.5	18.0	0.939
245	MARPOL© EVA 1820	Marco Polo International	挤出涂层	23.0	18.5	0.939
246	MARPOL© EVA 2806	Marco Polo International	黏合剂、涂层应用	6.0	28.0	0.949
247	MARPOL© EVA 2825	Marco Polo International	共混改性	25.0	27.6	0.952
248	MARPOL© EVA 28150	Marco Polo International	黏合剂、密封件	150.0	27.6	0.946
249	MARPOL© EVA 28420	Marco Polo International	黏合剂、密封件	420.0	27.6	0.941
250	MARPOL© EVA 28800	Marco Polo International	黏合剂、密封件	800.0	27.6	0.953
251	MARPOL© EVA 3243	Marco Polo International	黏合剂、密封剂	43.0	31.5	0.954
252	TAISOX7130F	Formosa Plastics Group	温室膜、农业膜、医药用途	0.9	9	0.93
253	TAISOX7140F	Formosa Plastics Group		0.7	14	0.934
254	TAISOX7350F	Formosa Plastics Group	发泡鞋材、医药用途、吸震材料、PEVA胶布	1.8	18	0.938
255	TAISOX7240M	Formosa Plastics Group	发泡鞋材、交联发泡板	1.5	15	0.935
256	TAISOX7310M	Formosa Plastics Group		2.5	6	0.928
257	TAISOX7320M	Formosa Plastics Group		4	9	0.93
258	TAISOX7340M	Formosa Plastics Group		2.5	14	0.934
259	TAISOX7350M	Formosa Plastics Group	发泡鞋材、吸震材料、PEVA胶布	2.5	18	0.938
260	TAISOX7360M	Formosa Plastics Group	发泡、鞋材、吸震材料板材、保护膜	2	21	0.941
261	TAISOX7440M	Formosa Plastics Group	发泡	4	14	0.934

续表

序号	产品	生产商	主要用途	典型技术指标		
				熔体流动速率/(g/10min)	VA含量/%	密度/(g/cm^3)
262	TAISOX7470M	Formosa Plastics Group	发泡、鞋材、吸震材料、混掺色母料	4	26	0.948
263	TAISOX7620M	Formosa Plastics Group	涂层应用、发泡、层压板	9	9	0.93
264	TAISOX7660M	Formosa Plastics Group	涂层应用、发泡、层压板	20	20	0.94
265	TAISOX7920M	Formosa Plastics Group	粉末涂布、涂层应用、无纺应用	80	8	0.93
266	TAISOX7470K	Formosa Plastics Group	电线电缆、交联发泡板、吸震材料、混掺色母料	5.5	26	0.948
267	TAISOX7870H	Formosa Plastics Group	太阳能封装膜	15	28	0.945
268	TAISOX7760H	Formosa Plastics Group	热熔胶	25	28	0.945
269	TAISOX7A50H	Formosa Plastics Group	热熔胶	150	19	0.934
270	TAISOX7B50H	Formosa Plastics Group	热熔胶	400	19	0.933
271	TAISOX7A60H	Formosa Plastics Group	热熔胶	150	28	0.938
272	TAISOX7B60H	Formosa Plastics Group	热熔胶	400	28	0.942
273	E060A	Hanwha Total Petrochemical Co., Ltd. Samsung Total	农膜、吹膜	0.8	6.0	0.926
274	E090A	Hanwha Total Petrochemical Co., Ltd. Samsung Total	农膜、吹膜	0.8	9.0	0.928
275	E120A	Hanwha Total Petrochemical Co., Ltd. Samsung Total	农膜、吹膜	1.0	12.0	0.936
276	E140A	Hanwha Total Petrochemical Co., Ltd. Samsung Total	薄膜、多层膜、包装膜	4.5	14.0	0.936
277	E153F	Hanwha Total Petrochemical Co., Ltd. Samsung Total	发泡、鞋材	1.6	15.0	0.938
278	E155L	Hanwha Total Petrochemical Co., Ltd. Samsung Total	涂层应用	11.0	15.0	0.938
279	E156W	Hanwha Total Petrochemical Co., Ltd. Samsung Total	共混改性、半导体屏蔽、电线电缆应用	6.0	15.0	0.936
280	E180F	Hanwha Total Petrochemical Co., Ltd. Samsung Total	发泡、鞋材	2.0	18.0	0.940

续表

序号	产品	生产商	主要用途	典型技术指标		
				熔体流动速率/(g/10min)	VA含量/%	密度/(g/cm^3)
281	E180L	Hanwha Total Petrochemical Co.，Ltd. Samsung Total	吹膜、流延膜、共混改性、板材	2.0	18.0	0.940
282	E181F	Hanwha Total Petrochemical Co.，Ltd. Samsung Total	发泡、鞋材	2.5	18.0	0.940
283	E181L	Hanwha Total Petrochemical Co.，Ltd. Samsung Total	涂层应用	25.0	18.0	0.940
284	E182L	Hanwha Total Petrochemical Co.，Ltd. Samsung Total	涂层应用	15.0	18.0	0.940
285	E183L	Hanwha Total Petrochemical Co.，Ltd. Samsung Total	涂层应用	32.0	18.0	0.940
286	E210F	Hanwha Total Petrochemical Co.，Ltd. Samsung Total	发泡、鞋材	2.5	21.0	0.943
287	E220F	Hanwha Total Petrochemical Co.，Ltd. Samsung Total	发泡、鞋材	3.0	22.0	0.944
288	E265F	Hanwha Total Petrochemical Co.，Ltd. Samsung Total	发泡、鞋材	6.0	26.0	0.947
289	E280PV	Hanwha Total Petrochemical Co.，Ltd. Samsung Total	板材、封装膜	15.0	28.0	0.948
290	E282PV	Hanwha Total Petrochemical Co.，Ltd. Samsung Total	板材、封装膜	25.0	28.0	0.948
291	E283F	Hanwha Total Petrochemical Co.，Ltd. Samsung Total	共混改性、鞋材、发泡、电线电缆应用	3.0	28.0	0.949
292	EVA 1003 VN 4	Total	吹膜、食品包装、薄膜、拉伸膜	0.4	13.5	0.935
293	EVA 1005 VN 2	Total	吹膜、食品包装、薄膜、拉伸膜、农膜	0.5	5.5	0.925
294	EVA 1005 VN 35	Total	吹膜、薄膜	0.5	12.0	0.935
295	EVA 1005 VN 4	Total	吹膜、薄膜、拉伸膜	0.8	14.0	0.935
296	EVA 1005 VN 5	Total	吹膜、薄膜、拉伸膜	0.8	14.0	0.935
297	EVA 1010 VN 3	Total	吹膜	1.5	9.0	0.929

续表

序号	产 品	生产商	主要用途	典型技术指标		
				熔体流动速率/(g/10min)	VA 含量/%	密度/(g/cm^3)
298	EVA 1020 VN 3	Total	吹膜、食品包装、薄膜、拉伸膜、收缩膜	3.0	9.0	0.929
299	EVA 1020 VN 5	Total	袋、吹膜、薄膜	2.0	17.5	0.940
300	EVA 1040 VN 4	Total	吹膜、食品包装、薄膜、拉伸膜	4.5	14.0	0.935
301	LG EVA EA19150	LG Chem Ltd.	热熔胶	150	19	0.94
302	LG EVA EA19400	LG Chem Ltd.	热熔胶	400	19	0.939
303	LG EVA EA28025	LG Chem Ltd.	热熔胶	25	28	0.951
304	LG EVA EA28025A	LG Chem Ltd.	热熔胶	25	28	0.951
305	LG EVA EA28150	LG Chem Ltd.	热熔胶	150	28	0.946
306	LG EVA EA28400	LG Chem Ltd.	热熔胶	400	28	0.945
307	LG EVA EA33045	LG Chem Ltd.	热熔胶	45	33	0.96
308	LG EVA EA33400	LG Chem Ltd.	热熔胶	400	33	0.955
309	LG EVA EA40055	LG Chem Ltd.	热熔胶	55	40	0.967
310	LG EVA EC15006	LG Chem Ltd.	电线电缆应用	6	15	0.936
311	LG EVA EC28003	LG Chem Ltd.	发泡共混	3	28	0.951
312	LG EVA EC28005	LG Chem Ltd.	电线电缆应用、发泡共混	5	28	0.951
313	LG EVA EC28007	LG Chem Ltd.	电线电缆应用	6.5	28	0.951
314	LG EVA EC33018	LG Chem Ltd.	电线电缆应用	18	33	0.96
315	LG EVA EL18025	LG Chem Ltd.	挤出涂层	25	18	0.939
316	LG EVA EP28015	LG Chem Ltd.	黏合剂	18	28	0.95
317	LG EVA EP28025	LG Chem Ltd.	黏合剂、板材	25	28	0.951
318	LG EVA ES18002	LG Chem Ltd.	发泡	2.5	18	0.939
319	LG EVA ES28005	LG Chem Ltd.	发泡、鞋材	5	28	0.951
320	V106	UBE Industries LTD	薄膜	0.4	6	920
321	V206	UBE Industries LTD	重包装膜	2	6	920
322	V210	UBE Industries LTD	拉伸膜	4	10	930
323	V115	UBE Industries LTD	发泡、板材	0.8	15	940
324	V215	UBE Industries LTD	拉伸膜	2	15	940
325	V315	UBE Industries LTD	拉伸膜	17	15	940
326	V319	UBE Industries LTD	注射成型、改性	15	19	940
327	V218	UBE Industries LTD	注射成型、改性	2.5	18	940
328	V221	UBE Industries LTD	发泡	2.5	21	940

续表

序号	产品	生产商	主要用途	典型技术指标		
				熔体流动速率/(g/10min)	VA含量/%	密度/(g/cm³)
329	V322	UBE Industries LTD	发泡、板材	3	22	940
330	VF105T	UBE Industries LTD	农膜	1	5.5	920
331	VF120T	UBE Industries LTD	农膜	1	20	940
332	VF215C	UBE Industries LTD	拉伸膜、缠绕膜、农膜	2.3	15	940
333	VZ732	UBE Industries LTD	透明板材、发泡	6	26	949
334	Polene EVA MV1030	TPI Polene Public Company Limited	袋、盖子	8	9	0.928
335	Polene EVA MV1055	TPI Polene Public Company Limited	黏合剂、鞋材、密封剂、食品包装、板材、母料	8	28	0.953
336	Polene EVA N 8036	TPI Polene Public Company Limited	鞋材、板材	1.7	15	0.937
337	Polene EVA N 8038	TPI Polene Public Company Limited	鞋材、板材、食品包装	2.3	18	0.941
338	Polene EVA N 8045	TPI Polene Public Company Limited	鞋材、板材、玩具	2.5	22	0.947
339	Polene EVA SV1055	TPI Polene Public Company Limited	黏合剂	20	28	0.952
340	Microthene® F FE53200	LyondellBasell	粉状,特殊应用	8.0		0.926
341	Microthene® G MU76000	LyondellBasell	粉状,特殊应用	32.0	18.0	0.941
342	Microthene® G MU76300	LyondellBasell	粉状,特殊应用	10.0	9.0	0.927
343	Microthene® MU763000	LyondellBasell	玩具	11.0	9.0	0.927
344	Petrothene® NA340013	LyondellBasell	吹膜、薄膜、包装、流延膜、食品包装膜	1.0	4.0	0.927
345	Petrothene® NA420013	LyondellBasell	吹膜、薄膜、包装、流延膜、食品包装膜、密封剂、层压板	2.5	2.5	0.923
346	Petrothene® NA442051	LyondellBasell	吹膜、薄膜、包装、流延膜、食品包装膜、密封剂、层压板	1.5	5.0	0.927
347	Petrothene® NA443023	LyondellBasell	吹膜、包装袋、流延膜、层压板、薄膜、流延膜	1.2	4.5	0.927
348	Petrothene® NA480145	LyondellBasell	农膜、薄膜、食品包装膜、密封剂、吹膜、拉伸膜	0.3	4.5	0.923
349	Petrothene® NA490177	LyondellBasell	农膜、薄膜、食品包装膜、密封剂、吹膜、拉伸膜	0.3	4.5	0.923
350	Petrothene® NA350136	LyondellBasell	吹膜、薄膜、包装膜	1.2	6.6	0.926
351	Petrothene® NA362005	LyondellBasell	袋子、薄膜、硬包装、吹膜、电线电缆应用	0.5	6.6	0.926

续表

序号	产 品	生产商	主要用途	典型技术指标		
				熔体流动速率/(g/10min)	VA 含量/%	密度/(g/cm³)
352	Petrothene® NA420000、420127	LyondellBasell	薄膜、包装膜	2.5	2.5	0.924
353	Ultrathene® UE624000	LyondellBasell	吹膜	2.1	18.0	0.93
354	Ultrathene® UE635000	LyondellBasell	食品包装、包装	10.0	9.0	0.93
355	Ultrathene® UE637000	LyondellBasell	薄膜、层压板	3.2	9.0	0.93
356	Ultrathene® UE650028	LyondellBasell	薄膜、层压板	3.0	12.0	0.931
357	Ultrathene® UE672006	LyondellBasell	薄膜、层压板	0.5	13.5	0.93
358	Ultrathene® UE662157	LyondellBasell	涂层应用、层压板、包装膜	32.0	18.0	0.923
359	Ultrathene® UE685009	LyondellBasell	涂层应用、层压板、包装膜	26.0	15.0	0.923
360	Ultrathene® UE662009	LyondellBasell	涂层应用、层压板、包装膜	32.0	18.0	0.923
361	Petrothene® YR92866	LyondellBasell	电线电缆应用	0.5	2.5	0.948
362	Plexar® PX1007	LyondellBasell	工业制品应用、包装膜	3.1		0.931
363	Plexar® PX1164	LyondellBasell	黏合剂、工业品应用、黏合层、薄膜、包状膜	3.8		0.928
364	Plexar® PX1224X01	LyondellBasell	工业制品应用、包装膜、黏合层	7.0	23.0	0.923
365	ICORENE® N1003	LyondellBasell	黏合剂、母料	1.7	18.0	0.94
366	ICORENE® N1004	LyondellBasell	黏合剂、母料	3.0	9.0	0.929
367	ICORENE® N1006	LyondellBasell	黏合剂、母料	7.0	27.5	0.952
368	ICORENE® N1007	LyondellBasell	黏合剂、母料	7.5	14.0	0.934
369	ICORENE® N1008	LyondellBasell	黏合剂、母料	9.0	9.0	0.929
370	ICORENE® N1009	LyondellBasell	黏合剂、母料	20.0	20.0	0.94
371	ICORENE® N1012	LyondellBasell	黏合剂、母料	25.0	27.5	0.951
372	ICORENE® N1014	LyondellBasell	黏合剂、母料	45.0	33.0	0.956
373	ICORENE® N1015	LyondellBasell	黏合剂、母料	150.0	19.0	0.941
374	ICORENE® N1016	LyondellBasell	黏合剂、母料	150.0	28.0	0.948
375	ICORENE® N1018	LyondellBasell	母料	400.0	28.0	0.949
376	Melthene®-H 900B (Black)	TOSOH Corporation	改性产品。黑粒。涂层应用			1.07
377	Melthene®-H 900W (White)	TOSOH Corporation	改性产品。白粒。涂层应用			1.1
378	Melthene®-H H6051	TOSOH Corporation	电线电缆应用			0.97

续表

序号	产 品	生产商	主要用途	典型技术指标		
				熔体流动速率/(g/10min)	VA 含量/%	密度/(g/cm³)
379	Melthene®-H H6410M	TOSOH Corporation	电线电缆应用			0.95
380	Melthene®-H K502C	TOSOH Corporation	纺织品应用			0.96
381	Melthene®-H S102C	TOSOH Corporation	纺织品应用			0.96
382	Melthene®-M M5001	TOSOH Corporation	包装、密封设施、纺织用品			0.96
383	Melthene®-M M5002D	TOSOH Corporation	包装、密封设施、纺织用品			0.94
384	Melthene®-M M5311	TOSOH Corporation	包装、密封设施、纺织用品			0.94
385	Melthene®-M M5321	TOSOH Corporation	包装、密封设施、纺织用品			0.95
386	Nipoflex® 625	TOSOH Corporation	注射成型及热熔胶	14.0	15.0	0.935
387	Nipoflex® 630	TOSOH Corporation	挤塑和吹塑级。用于充气薄膜、板、片、异型材、中空成型制品、鞋底、电线电缆外皮	1.5	15.0	0.936
388	Nipoflex® 631	TOSOH Corporation	挤塑和吹塑级。用于充气薄膜、板、片、异型材、中空成型制品、鞋底、电线电缆外皮	1.5	20.0	0.941
389	Nipoflex® 633	TOSOH Corporation	用于注塑成型、挤塑涂层、热熔胶	20.0	20.0	0.939
390	Nipoflex® 634	TOSOH Corporation	用于充气薄膜、板片和异型挤塑、中空成型和泡沫制品、热熔黏合及塑料改性	4.0	26.0	0.949
391	Nipoflex® 680	TOSOH Corporation	热熔胶	160.0	20.0	0.936
392	Nipoflex® 681	TOSOH Corporation	热熔胶	350.0	20.0	0.936
393	Nipoflex® 710	TOSOH Corporation	注射成型、热熔胶	18.0	28.0	0.948
394	Nipoflex® 720	TOSOH Corporation	热熔胶	150.0	28.0	0.947
395	Nipoflex® 722	TOSOH Corporation	热熔胶	400.0	28.0	0.944
396	Nipoflex® 750	TOSOH Corporation	用于特殊高黏合制品、热熔胶及塑料改性等	30.0	32.0	0.953
397	Nipoflex® 760	TOSOH Corporation	用于覆膜胶、涂料及油墨等	70.0	42.0	0.953
398	E-V101	Asia Polymer Corporation	发泡、运动器材 、鞋材、流延膜	1.8	18.0	0.941
399	E-V102	Asia Polymer Corporation	发泡、运动器材、鞋材、流延膜	1.5	14.0	0.937

续表

序号	产品	生产商	主要用途	典型技术指标		
				熔体流动速率/(g/10min)	VA含量/%	密度/(g/cm³)
400	E-V103	Asia Polymer Corporation	发泡、运动器材、鞋材、流延膜	1.5	21.0	0.944
401	E-V302	Asia Polymer Corporation	注射成型、发泡、鞋材、流延膜	3.0	8.0	0.930
402	E-V303	Asia Polymer Corporation	注射成型、发泡、鞋材、流延膜	3.0	18.0	0.940
403	E-V18161	Asia Polymer Corporation	挤压涂覆	16.0	18.0	0.938
404	E-V18251	Asia Polymer Corporation	挤压涂覆(高速)	25.0	18.0	
405	E-V26031	Asia Polymer Corporation	注射成型、运动器材、电线电缆、鞋材	3.0	26.0	0.950
406	E-V26061	Asia Polymer Corporation	注射成型、运动器材、电线电缆、鞋材	6.0	26.0	0.949
407	E-V28280	Asia Polymer Corporation	光伏膜、热熔胶	28.0	28.0	0.951
408	E-V33121	Asia Polymer Corporation	高弹鞋材发泡	12.0	33.0	0.959
409	E-V33301	Asia Polymer Corporation	太阳能光伏膜、热熔胶	30.0	33.0	0.955
410	V5110J	中石化扬巴	发泡鞋材	2.7	18.5	
411	V6110M	中石化扬巴	电线电缆应用	6.0	26.5	
412	V6110MC	中石化扬巴	电线电缆应用	6.0	26.5	
413	V6110MGA	中石化扬巴	电线电缆应用	6.0	26.5	
414	7110P	中石化扬巴	光伏膜料	10.0	28.0	
415	7110S	中石化扬巴	光伏膜料	15.0	28.0	
416	EVA18J3	中石化燕山	发泡鞋材	3.0	18.0	
417	EVA18F3X	中石化燕山	发泡鞋材	3.0	18.0	
418	EVA18-3	中石化燕山	发泡鞋材	3.0	18.0	
419	EVA14-0.7	中石化燕山	护卡膜、片材、农膜、包装膜	0.7	14.0	
420	EVA14-2	中石化燕山	护卡膜、片材、农膜、包装膜	2.0	14.0	
421	EVA5-2	中石化燕山	护卡膜、片材、农膜、包装膜	2.0	5.0	
422	EVA28J3	中石化燕山	电缆屏蔽料	6.0	28.0	
423	EVA C28A15	中石化燕山	护卡膜料	15.0	28.0	

续表

序号	产品	生产商	主要用途	典型技术指标		
				熔体流动速率/(g/10min)	VA含量/%	密度/(g/cm^3)
424	EVA 18F20	中石化燕山	护卡膜料	20.0	18.0	
425	EVA 19F16	中石化燕山	预涂膜料	15.0	19.0	
426	EVA 19F17W	中石化燕山	预涂膜料	17.0	18.5	
427	EVA 14F1	中石化燕山	农膜专用料	0.8	14.0	
428	EVA 9F1	中石化燕山	农膜专用料	1.0	8.5	
429	EVA C28V25	中石化燕山	光伏膜料	25.0	28.0	
430	UL00428	联泓新材	发泡鞋材	4.0	27.5	
431	UL00218	联泓新材	发泡鞋材	2.5	18.5	
432	FL02628	联泓新材	发泡鞋材	5.5	27.5	
433	UL00528	联泓新材	热熔胶	25.0	27.5	
434	FL02528	联泓新材	热熔胶	25.0	27.5	
435	V5120J	盛虹斯尔邦	发泡、电线电缆应用	2.7	18.0	0.950
436	V6020M	盛虹斯尔邦	发泡、电线电缆应用	5.5	26.0	0.950
437	V6020MF	盛虹斯尔邦	发泡、电线电缆应用	6.0	28.0	0.950
438	V6220K	盛虹斯尔邦	发泡、电线电缆应用	3.5	26.0	0.950
439	UE3320	盛虹斯尔邦	发泡鞋材、电线电缆共混	20.0	33.0	0.950
440	UE0628	盛虹斯尔邦	发泡、电线电缆应用	6.0	28.0	0.955
441	UF0628	盛虹斯尔邦	发泡、电线电缆应用	6.0	28.0	0.955
442	UE2825	盛虹斯尔邦	光伏膜、热熔胶	25.0	28.0	0.955
443	V2825	盛虹斯尔邦	光伏膜、热熔胶	25.0	28.0	0.955
444	UE631	盛虹斯尔邦	发泡、电线电缆应用	2.7	19.0	0.950
445	UE639	盛虹斯尔邦	热熔胶	150.0	28.0	0.950
446	EY902	盛虹斯尔邦	热熔胶、发泡鞋材、配制油墨	55.0	40.0	0.955
447	UESP 3330	中石化湛江、中石化扬子	光伏封装膜料	43.0	33.0	0.950
448	UESP 2820	中石化湛江、中石化扬子	光伏封装膜料	20.0	28.0	0.948
449	UE2825	中石化湛江、中石化扬子	光伏封装膜料	25.0	28.0	0.948
450	EY 902	中石化湛江、中石化扬子	热熔胶	55.0	40.0	0.955
451	UESP 654	中石化湛江、中石化扬子	热熔胶、注射成型	43.0	35.0	0.950
452	UE 639	中石化湛江、中石化扬子	热熔胶	150.0	28.0	0.950
453	UE 612	中石化湛江、中石化扬子	热熔胶、共混改性	150.0	18.0	0.940
454	UE 652	中石化湛江、中石化扬子	挤出涂层	30.0	19.0	0.950
455	UE 660	中石化湛江、中石化扬子	挤出涂层	30.0	15.0	0.950
456	UE 631	中石化湛江、中石化扬子	发泡鞋材	2.5	19.0	0.940
457	UE 659	中石化湛江、中石化扬子	发泡鞋材	3.0	22.0	0.940

续表

序号	产 品	生产商	主要用途	典型技术指标		
				熔体流动速率/(g/10min)	VA含量/%	密度/(g/cm³)
458	UE 630	中石化湛江、中石化扬子	大棚膜、电线电缆应用	1.8	17.0	0.940
459	UE 637	中石化湛江、中石化扬子	电线电缆应用、便携袋、玩具	3.2	9.0	0.940
460	UE2828	台湾聚合化学品有限公司	太阳能电池封装膜	25	28	0.948
461	UE3312	台湾聚合化学品有限公司	电线电缆、发泡鞋材	12	33	0.955
462	UE4055	台湾聚合化学品有限公司	配制油墨、热熔胶、鞋材发泡	55	40	0.966
463	UE508	台湾聚合化学品有限公司	粉末压烫贴合(使用于不织布热熔胶)	85	8	0.925
464	UE612-04	台湾聚合化学品有限公司	热熔胶	150	19	0.937
465	UE629	台湾聚合化学品有限公司	发泡鞋材	2.5	18	0.939
466	UE630	台湾聚合化学品有限公司	发泡鞋材	1.5	16	0.937
467	UE632	台湾聚合化学品有限公司	发泡鞋材	2.2	22	0.942
468	UE633	台湾聚合化学品有限公司	注射成型、热熔胶	20	19	0.938
469	UE634-04	台湾聚合化学品有限公司	电线电缆、热熔胶、发泡鞋材	6	28	0.948
470	UE638-04	台湾聚合化学品有限公司	注射成型、热熔胶	18	28	0.948
471	UE639-04	台湾聚合化学品有限公司	热熔胶	150	28	0.945
472	UE647-04	台湾聚合化学品有限公司	热熔胶	800	28	0.940
473	UE649-04	台湾聚合化学品有限公司	热熔胶	400	19	0.934
474	UE653-04	台湾聚合化学品有限公司	热熔胶	400	28	0.942
475	UE654-04	台湾聚合化学品有限公司	一般掺和应用、电线电缆掺和树脂、热熔胶	30	33	0.955
476	UE659	台湾聚合化学品有限公司	热熔胶、发泡	2	25	0.947

附表 7 EAA 产品

序号	牌号	供应商	推荐用途	典型技术指标									
				熔体流动速率(190℃,2.16kg)/(g/10min)	密度/(g/cm³)	丙烯酸含量/%	维卡软化点/℃	硬度(邵尔A)	断裂伸长率/%	拉伸模量/MPa	拉伸屈服强度/MPa	光泽度(45°)	雾度/%
1	E-FLEX® 13265	Mando Advanced Materials Co., Ltd.	体育用品，消费品应用领域，高尔夫球表面涂层	15.0～20.0	0.950								
2	Escor™ 5000	ExxonMobil Chemical	挤出涂覆、共挤涂覆、挤出复合、电缆护套、层压管、化妆品包装、食品包装、卫生包装、液体包装。不宜用于医疗用品	8.2	0.930	6.0							
3	Escor™ 5020	ExxonMobil Chemical	挤出涂覆、共挤涂覆。可良好黏合于极性基材、铝箔、金属膜、纸张、钢铁和玻璃表面	8.3	0.933	7.5							
4	Escor™ 5050	ExxonMobil Chemical	挤出涂覆、共挤涂覆。可良好黏合于极性基材、铝箔、金属膜、纸张、钢铁和玻璃表面	8.4	0.936	9.0							
5	Escor™ 5080	ExxonMobil Chemical	黏合剂，色母料，热封层，粉末涂料	30.0	0.937	10.0	71.0						
6	Escor™ 5100	ExxonMobil Chemical	挤出涂覆、共挤涂覆、挤出复合、电缆护套、金属化薄膜、含铝包装	8.5	0.940	11.0							
7	Escor™ 5110	ExxonMobil Chemical	挤出涂覆、共挤涂覆、挤出复合、电缆护套、金属化薄膜、含铝包装	14.0	0.939	11.0							
8	Escor™ 5200	ExxonMobil Chemical	黏合剂	38.0	0.945	15.0	59.0						
9	Escor™ 6000	ExxonMobil Chemical	挤出涂覆、共挤涂覆、挤出复合、电缆护套、层压管、化妆品包装、食品包装、卫生包装、液体包装。不宜用于医疗用品	8.2	0.932	6.0							
10	Lucalen A 2910 M	LyondellBasell	保护涂料、管线涂料、建筑应用、工业应用、建筑材料、涂层应用	7.0	0.927	4.0	72.0			84.0	6.0		

续表

序号	牌号	供应商	推荐用途	典型技术指标									
				熔体流动速率(190℃,2.16kg)/(g/10min)	密度/(g/cm^3)	丙烯酸含量/%	维卡软化点/℃	硬度(邵尔A)	断裂伸长率/%	拉伸模量/MPa	拉伸屈服强度/MPa	光泽度(45°)	雾度/%
11	Lucalen A 3110 M Q 244	LyondellBasell	保护涂料和管道系统。粉状	7.0	0.928	4.0	65.0			74.0	5.0		
12	Lucalen A 3110 M	LyondellBasell	保护涂料、管道系统、管线涂料。粉状	7.0	0.928	4.0	65.0			74.0	5.0		
13	Surlyn® 8150	DuPont Packaging & Industrial	片材	4.5	0.970		53.0		320.0				1.3
14	Surlyn® PC-2200	DuPont Packaging & Industrial	可食品接触包装。适于注射成型	12.0	0.970		51.0						
15	Surlyn® 1702	DuPont Packaging & Industrial	吹膜、流延薄膜、薄膜、片材、涂层应用	14.0	0.950		65.0						
16	Surlyn® 1702-1	DuPont Packaging & Industrial	涂层应用、流延薄膜、片材、吹膜	14.0	0.950		65.0						
17	Bynel® 2002	DuPont Packaging & Industrial	改性树脂。黏合剂	10.0	0.930		60.0						
18	Bynel® 21E533	DuPont Packaging & Industrial	涂层应用、流延薄膜、黏合剂。改性材料	7.7	0.940		50.0						
19	Bynel® 2022	DuPont Packaging & Industrial	涂层应用、层压板、黏合剂	35.0	0.930		58.0						
20	Nucrel® 31001	DuPont Packaging & Industrial	黏合剂、密封剂、包装。适用于吹膜	1.3	0.940	9.5	79.0						
21	Nucrel® 3990	DuPont Packaging & Industrial	涂层应用、层压板、纸张涂料、铝箔涂料	10.0	0.940	9.5	79.0						
22	Nucrel® 30907	DuPont Packaging & Industrial	涂层应用、层压板、医用包装、药品包装、铝箔涂料	7.0	0.940	9.5	77.0						
23	Nucrel® 30707	DuPont Packaging & Industrial	医用包装、药品包装、密封剂	7.0	0.930	7.0	84.0						

续表

序号	牌号	供应商	推荐用途	典型技术指标									
				熔体流动速率(190℃,2.16kg)/(g/10min)	密度/(g/cm³)	丙烯酸含量/%	维卡软化点/℃	硬度(邵尔A)	断裂伸长率/%	拉伸模量/MPa	拉伸屈服强度/MPa	光泽度(45°)	雾度/%
24	Nucrel® 3990L	DuPont Packaging & Industrial	层压板、涂料、箔片、医用包装、涂层应用、药品包装	10.0	0.940	9.5	79.0						
25	Nucrel® 30705	DuPont Packaging & Industrial	黏合剂、密封剂、包装	5.5	0.930	6.2	85.0						
26	PRIMACOR™ 1321	SK Global Chemical	多层膜、食品包装	2.6	0.935	6.5	89.0		640.0			76.0	3.7
27	PRIMACOR™ 1410	SK Global Chemical	单层或共层挤出吹塑膜	1.5	0.938	9.7	81.0		640.0			65.0	5.8
28	PRIMACOR™ 1430	SK Global Chemical	吹塑和铸膜挤出黏合层	5.0	0.930	9.7	76.0		420.0			74.0	4.0
29	PRIMACOR™ 3002	SK Global Chemical	食品包装、柔性包装和液体包装	9.8	0.936	8.0	82.0		570.0	110.0	7.0		
30	PRIMACOR™ 3003	SK Global Chemical	食品包装、柔性包装和液体包装	7.8	0.935	6.5	90.0		590.0	130.0	7.5		
31	PRIMACOR™ 3004	SK Global Chemical	挤出涂层和层压	8.5	0.938	9.7	81.0		600.0				
32	PRIMACOR™ 3150	SK Global Chemical	挤出涂覆和层压黏结剂	11.0	0.924	3.0	89.0		590.0		9.0		
33	PRIMACOR™ 3330	SK Global Chemical	柔性包装层压和塑料管层压	5.8	0.932	6.5	85.0		520.0		8.0		
34	PRIMACOR™ 3340	SK Global Chemical	柔性包装层压和液体包装层压	9.0	0.932	6.5	84.0		630.0		8.0		
35	PRIMACOR™ 3440	SK Global Chemical	柔性包装层压和液体包装层压	11.0	0.938	9.7	81.0		600.0		8.0		
36	PRIMACOR™ 3460	SK Global Chemical	薄纸涂覆、金属基片层压	20.0	0.938	9.7	72.0		580.0		7.0		
37	PRIMACOR™ 3540	SK Global Chemical	挤出涂层、黏合剂	7.0	0.936	8.5	29.0						
38	PRIMACOR™ 5980I	SK Global Chemical	胶黏剂、层压、铝箔挤出、热封、非织造布、纸涂覆	300.0	0.958	20.5	42.0		390.0	33.1			
39	PRIMACOR™ 698	SK Global Chemical	中酸性黏合剂	7.5	0.927	3.0	96.0		490.0		13.5		

附表 8 EMAA 产品

序号	牌号	供应商	推荐用途	典型技术指标										
				熔体流动速率(190℃,2.16kg)/(g/10min)	密度/(g/cm^3)	甲基丙烯酸含量/%	维卡软化点/℃	硬度(邵尔 D)	拉伸屈服强度/MPa	拉伸断裂强度/MPa	拉伸应变/%	断裂伸长率/%	拉伸模量/MPa	雾度(6350μm)/%
1	Conpol™ 10AF	DuPont Packaging & Industrial Polymers	薄膜、共混和涂层应用	23.0	0.950									
2	Conpol™ 13B	DuPont Packaging & Industrial Polymers	薄膜、共混和涂层应用	7.5	1.010									
3	Conpol™ 20B	DuPont Packaging & Industrial Polymers	薄膜、共混和涂层应用	6.5	1.040									
4	Conpol™ 20S1	DuPont Packaging & Industrial Polymers	薄膜、共混和涂层应用	60.0	0.930									
5	Conpol™ 20S2	DuPont Packaging & Industrial Polymers	薄膜、共混和涂层应用	55.0	0.940									
6	Conpol™ 4R11S1	DuPont Packaging & Industrial Polymers	薄膜、共混和涂层应用	36.0	0.930									
7	Conpol™ 5B10S1	DuPont Packaging & Industrial Polymers	薄膜、共混和涂层应用	25.0	0.960									
8	Nucrel® 0403	DuPont Packaging & Industrial Polymers	吹塑薄膜、共挤出成型和流延薄膜	3.0	0.930	4.0	95.0							
9	Nucrel® 0407HS	DuPont Packaging & Industrial Polymers	层压板、涂层应用、黏合剂、密封剂、包装	7.5	0.930	4.0	90.0							
10	Nucrel® 0411HS	DuPont Packaging & Industrial Polymers	包装、密封剂、黏合剂	11.0	0.930	4.0	90.0							
11	Nucrel® 0609HSA	DuPont Packaging & Industrial Polymers	包装、密封剂、黏合剂	9.0	0.930	6.5	88.0							

续表

序号	牌号	供应商	推荐用途	典型技术指标											
				熔体流动速率(190℃,2.16kg)/(g/10min)	密度/(g/cm^3)	甲基丙烯酸含量/%	维卡软化点/℃	硬度(邵尔D)	拉伸屈服强度/MPa	拉伸断裂强度/MPa	拉伸应变/%	断裂伸长率/%	拉伸模量/MPa	雾度(6350μm)/%
12	Nucrel® 0902HC	DuPont Packaging & Industrial Polymers	包装、密封剂、黏合剂	1.5	0.930	9.0	81.0							
13	Nucrel® 0903	DuPont Packaging & Industrial Polymers	包装、密封剂、黏合剂	2.5	0.930	9.0	81.0							
14	Nucrel® 0903HC	DuPont Packaging & Industrial Polymers	薄膜、食品包装、衬里、医用包装	2.5	0.930	9.0	81.0							
15	Nucrel® 0908HS	DuPont Packaging & Industrial Polymers	挤出涂层、共挤涂层和流延膜	8.0	0.930	9.2	80.0							
16	Nucrel® 0910	DuPont Packaging & Industrial Polymers	挤出涂层、共挤涂层	10.0	0.930	8.7	81.0							
17	Nucrel® 0910HS	DuPont Packaging & Industrial Polymers	挤出涂层、共挤涂层、挤出层压	10.0	0.930	8.7	86.0							
18	Nucrel® 1202HC	DuPont Packaging & Industrial Polymers	挤出涂层、共挤涂层和流延膜	1.5	0.930	11.5	75.0							
19	Nucrel® 925	DuPont Packaging & Industrial Polymers	电镀、喷涂	25.0	0.940	15.0	67.0							
20	Nucrel® 960	DuPont Packaging & Industrial Polymers	电镀、喷涂	60.0	0.940	15.0	62.0							
21	Nucrel® 599	DuPont Packaging & Industrial Polymers	电镀、喷涂	450.0	0.930	10.0	65.0							
22	Nucrel® 699	DuPont Packaging & Industrial Polymers	电镀、喷涂	95.0	0.940	11.0	65.0							

续表

序号	牌号	供应商	推荐用途	典型技术指标										
				熔体流动速率(190℃,2.16kg)/(g/10min)	密度/(g/cm³)	甲基丙烯酸含量/%	维卡软化点/℃	硬度(邵尔D)	拉伸屈服强度/MPa	拉伸断裂强度/MPa	拉伸应变/%	断裂伸长率/%	拉伸模量/MPa	雾度(6350μm)/%
23	Surlyn® 7940	DuPont Packaging & Industrial Polymers	三元共聚物,吹塑、片材、挤出和注射成型	2.6	0.940		63.0	68.0	15.2	26.2		290.0	420.0	
24	Surlyn® 8020	DuPont Packaging & Industrial Polymers	三元共聚物,吹塑、片材、挤出和注射成型	1.0	0.950		61.0	56.0				530.0		19.0
25	Surlyn® 8320	DuPont Packaging & Industrial Polymers	三元共聚物。吹塑、片材、挤出和注射成型	1.0	0.950		47.0	36.0	3.1	18.6		560.0	30.2	26.6
26	Surlyn® 8528	DuPont Packaging & Industrial Polymers	三元共聚物,吹塑、片材、挤出和注射成型	1.3	0.940		73.0	60.0				450.0	220.0	6.0
27	Surlyn® 8660	DuPont Packaging & Industrial Polymers	三元共聚物,发泡、泡沫处理、片材、挤出和注射成型	10.0	0.950		71.0	62.0	15.0	23.0		470.0	230.0	11.0
28	Surlyn® 8920	DuPont Packaging & Industrial Polymers	三元共聚物,吹塑、片材、挤出和注射成型	0.9	0.950		58.0	66.0	15.2	37.2		350.0	380.0	4.0
29	Surlyn® 8940	DuPont Packaging & Industrial Polymers	三元共聚物,吹塑、片材、挤出和注射成型	2.8	0.950		63.0	65.0		33.0		470.0	350.0	5.0
30	Surlyn® 9020	DuPont Packaging & Industrial Polymers	三元共聚物,吹塑、片材、挤出和注射成型	1.0	0.960		57.0	55.0		26.0		510.0	100.0	7.0
31	Surlyn® 9120	DuPont Packaging & Industrial Polymers	三元共聚物,吹塑、片材、挤出和注射成型	1.3	0.970		60.0	66.0		36.5		350.0	428.0	2.5
32	Surlyn® 9150	DuPont Packaging & Industrial Polymers	三元共聚物,吹塑、片材、挤出和注射成型	4.5	0.970		57.0	63.0	15.9	28.3		340.0	359.0	3.2
33	Surlyn® 9320	DuPont Packaging & Industrial Polymers	三元共聚物,吹塑、片材、挤出和注射成型	0.8	0.960		48.0	40.0	3.5	15.9		530.0	29.6	12.3

续表

序号	牌号	供应商	推荐用途	典型技术指标										
				熔体流动速率(190℃,2.16kg)/(g/10min)	密度/(g/cm³)	甲基丙烯酸含量/%	维卡软化点/℃	硬度(邵尔D)	拉伸屈服强度/MPa	拉伸断裂强度/MPa	拉伸应变/%	断裂伸长率/%	拉伸模量/MPa	雾度(6350μm)/%
34	Surlyn® 9520	DuPont Packaging & Industrial Polymers	三元共聚物,吹塑、片材、挤出和注射成型	1.1	0.950		74.0	60.0		25.5		410.0	260.0	26.0
35	Surlyn® 9650	DuPont Packaging & Industrial Polymers	三元共聚物,吹塑、片材、挤出和注射成型	5.0	0.950		71.0	63.0	12.4	22.1		410.0	220.0	27.0
36	Surlyn® 9720	DuPont Packaging & Industrial Polymers	三元共聚物,吹塑、片材、挤出、电线电缆	1.0	0.960		71.0	61.0	11.7	10.3		440.0	250.0	12.0
37	Surlyn® 9721	DuPont Packaging & Industrial Polymers	三元共聚物,吹塑、片材	1.0	0.960		71.0	61.0	11.7	10.3		440.0	250.0	12.0
38	Surlyn® 9910	DuPont Packaging & Industrial Polymers	三元共聚物,吹塑、片材	0.7	0.970		62.0	64.0	13.8	24.8		290.0	330.0	6.0
39	Surlyn® 9950	DuPont Packaging & Industrial Polymers	三元共聚物,吹塑、片材	5.0	0.960		79.0	62.0	12.4	28.3		490.0	250.0	18.0
40	Surlyn® PC-2000	DuPont Packaging & Industrial Polymers	三元共聚物,注射成型	4.5	0.970		53.0							
41	INEOS EMAA M21N430	INEOS Olefins & Polymers Europe	食品包装、涂料、箔片、工业应用、涂层应用	7.5		1.2	90.0	48.0	9.0	10.5	500.0			
42	INEOS EMAA M21N430B	INEOS Olefins & Polymers Europe	食品包装、涂料、箔片、工业应用、涂层应用	7.5		1.2	90.0	48.0	9.0	10.5	500.0			
43	INEOS EMAA M24N430	INEOS Olefins & Polymers Europe	食品包装、涂料、箔片、工业应用、涂层应用	7.5		3.7	90.0							
44	INEOS EMAA M24N430B	INEOS Olefins & Polymers Europe	食品包装、涂料、箔片、工业应用、涂层应用	7.5		3.7	90.0							
45	INEOS EMAA M28N430	INEOS Olefins & Polymers Europe	食品包装、涂料、箔片、工业应用、涂层应用	8.0		8.3								

附表 9 EMA 产品

序号	牌号	供应商	推荐用途	典型技术指标									
				熔体流动速率(190℃,2.16kg)/(g/10min)	密度/(g/cm³)	丙烯酸甲酯含量/%	维卡软化点/℃	硬度(邵尔A)	断裂伸长率/%	拉伸模量/MPa	拉伸屈服强度/MPa	光泽度(45°)	雾度/%
1	EMAC® SP2202	Westlake Chemical	薄膜、管件和黏结剂。适合薄膜挤出	0.4	0.943	21.5	53.0	40.0	820.0				
2	EMAC® SP2205	Westlake Chemical	化妆品、家用制品、医疗用品包装。适合薄膜挤出	2.0	0.942	20.0	55.0	40.0	810.0				
3	EMAC® SP2207	Westlake Chemical	薄膜包装、管件、涂层和黏结剂。适合挤出涂层	6.0	0.941	20.0	51.0	39.0	600.0				
4	EMAC® SP2220	Westlake Chemical	薄膜包装、管件、涂层和黏结剂。适合挤出涂层和薄膜挤出	20.0	0.941	20.0	47.0	36.0	680.0				
5	EMAC® SP2255	Westlake Chemical	薄膜包装、管件、涂层和黏结剂。适合薄膜挤出	2.1	0.942	17.0	60.0	37.0	730.0			15.0	53.0
6	EMAC® SP2260	Westlake Chemical	吹膜、流延薄膜、管件、涂层和黏结剂。适合薄膜挤出、吹塑薄膜和流延薄膜	2.1	0.944	24.0	50.0	37.0	840.0				
7	EMAC® SP2268	Westlake Chemical	薄膜包装、管件、涂层和黏结剂。适合薄膜挤出	10.0	0.945	24.0	43.0	34.0	820.0				
8	EMAC® SP2403	Westlake Chemical	薄膜包装、管件、医疗护理用品。适合薄膜挤出	6.5	0.945	24.0	44.0	34.0	670.0				
9	EMAC® SP2404	Westlake Chemical	吹膜、流延薄膜和黏结剂。适合薄膜挤出、吹塑薄膜和共挤出成型	2.5	0.941	18.5	60.0	39.0	740.0				
10	EMAC® SP2409	Westlake Chemical	挤出涂层和黏结剂。适合挤出涂层	8.0	0.941	20.0	51.1	39.0	600.0				
11	EMAC+® SP1330	Westlake Chemical	薄膜和黏结剂。适合薄膜挤出	2.0	0.948	20.0	49.0	37.0	870.0				

续表

序号	牌号	供应商	推荐用途	典型技术指标									
				熔体流动速率(190℃,2.16kg)/(g/10min)	密度/(g/cm³)	丙烯酸甲酯含量/%	维卡软化点/℃	硬度(邵尔A)	断裂伸长率/%	拉伸模量/MPa	拉伸屈服强度/MPa	光泽度(45°)	雾度/%
12	EMAC+® SP1358	Westlake Chemical	薄膜和黏结剂。适合薄膜挤出	2.4	0.940	21.5	45.0	32.0	810.0			≤3.0	15.0
13	TYMAX® GT7001	Westlake Chemical	共混改性、多层薄膜、流延薄膜、涂层和黏结剂。适合挤出涂层和流延薄膜	6.0	0.942	20.0							
14	TYMAX® GT7058	Westlake Chemical	多层薄膜和黏结剂。适合吹塑薄膜	2.7	0.943	24.0							
15	TYMAX® GT7501	Westlake Chemical	共混改性、多层薄膜、流延薄膜、涂层和黏结剂。适合挤出涂层和流延薄膜	6.0	0.942	20.0	43.0						
16	Lotryl® 18MA02	Arkema	共混、涂层。适合复合挤出、共挤出和挤出涂层	2.0～3.0	0.940	17.0～20.0	53.0		700.0	50.0			
17	Lotryl® 20MA08	Arkema	共混、涂层。适合复合挤出、共挤出、吹塑薄膜和挤出涂层	7.0～9.0	0.940	19.0～21.0	46.0	83.0	800.0	20.0			
18	Lotryl® 24MA005	Arkema	共混、电线电缆、薄膜。适合吹塑薄膜和复合挤出	0.40～0.60	0.940	23.0～26.0	45.0	84.0	750.0	18.0			
19	Lotryl® 24MA02	Arkema	共混、电缆护套、薄膜。适合吹塑薄膜、复合挤出和流延薄膜	1.0～3.0	0.950	23.0～26.0	<40	79.0	800.0	20.0			
20	Lotryl® 29MA03	Arkema	塑料改性、电线电缆和薄膜	2.0～3.5	0.950	27.0～31.0	<40	75.0	900.0	10.0			
21	Lotryl® BESTPEEL 2012	Arkema	层压板、盖子、密封件和薄膜。适合吹塑、共挤出、流延薄膜和涂层	11.0	0.948	20.0	42.0	84.0	700.0	25.0			10.0

续表

序号	牌号	供应商	推荐用途	典型技术指标									
				熔体流动速率(190℃,2.16kg)/(g/10min)	密度/(g/cm^3)	丙烯酸甲酯含量/%	维卡软化点/℃	硬度(邵尔A)	断裂伸长率/%	拉伸模量/MPa	拉伸屈服强度/MPa	光泽度(45°)	雾度/%
22	Lotryl® BESTPEEL 2407	Arkema	层压板、片材、盖子、密封件和薄膜。适合吹塑、共挤出、流延薄膜和涂层	6.0～8.0	0.940	23.0～25.0	40.0	79.0	750.0	10.0			
23	Elvaloy® AC 1105S	DuPont Packaging & Industrial Polymers	共混改性,食品卫生级。适合挤出成型	1.1	0.920	4.3	85.0						
24	Elvaloy® AC 1125	DuPont Packaging & Industrial Polymers	共混改性,食品卫生级。适合吹塑和共挤出成型	0.5	0.944	25.0	48.0						
25	Elvaloy® AC 1126	DuPont Packaging & Industrial Polymers	共混改性,食品卫生级。适合吹塑和共挤出成型	0.6	0.944	25.0	45.0	78.0	860.0	19.0	14.0		
26	Elvaloy® AC 12024	DuPont Packaging & Industrial Polymers	适合挤出	20.0	0.944	24.0							
27	Elvaloy® AC 12024S	DuPont Packaging & Industrial Polymers	适合挤出	20.0	0.944	24.0							
28	Elvaloy® AC 1209	DuPont Packaging & Industrial Polymers	共混改性,食品卫生级。适合挤出成型	2.0	0.927	9.0	70.0						
29	Elvaloy® AC 1218	DuPont Packaging & Industrial Polymers	共混改性,食品卫生级。适合挤出成型	2.0	0.940	18.0	60.0						
30	Elvaloy® AC 1224	DuPont Packaging & Industrial Polymers	共混改性,食品卫生级。适合共挤出成型	2.0	0.944	24.0	48.0						
31	Elvaloy® AC 1330	DuPont Packaging & Industrial Polymers	共混改性,食品卫生级。适合挤出成型	3.0	0.950	30.0							
32	Elvaloy® AC 15024S	DuPont Packaging & Industrial Polymers	共混改性,食品卫生级。适合挤出成型	50.0	0.944	24.0							

续表

序号	牌号	供应商	推荐用途	典型技术指标									
				熔体流动速率(190℃,2.16kg)/(g/10min)	密度/(g/cm³)	丙烯酸甲酯含量/%	维卡软化点/℃	硬度(邵尔A)	断裂伸长率/%	拉伸模量/MPa	拉伸屈服强度/MPa	光泽度(45°)	雾度/%
33	Elvaloy® AC 1609	DuPont Packaging & Industrial Polymers	良好热封。适合共挤出和注射成型	6.0	0.930	9.0	70.0						
34	Elvaloy® AC 1820	DuPont Packaging & Industrial Polymers	适合共挤出成型和挤出涂层	8.0	0.942	20.0	54.0						
35	Elvaloy® AC 1913	DuPont Packaging & Industrial Polymers	适合共挤出成型和挤出涂层	9.0	0.930	13.0	60.0						
36	MARPOL® EMA 2-20	Marco Polo International, Inc.	板材、食品医疗包装、包装瓶和盖子。食品卫生级	2.0		20.0	122.0	35.0					
37	Optema™ TC 110 Blown	ExxonMobil Chemical	一次性手套、医用布帘和装饰薄膜。适合吹塑	2.0	0.943	21.5	51.0		640.0	34.0	22.0	37.0	14.0
38	Optema™ TC 110 Cast	ExxonMobil Chemical	一次性手套、医用布帘和装饰薄膜。适合吹塑和流延	2.0	0.943	21.5	51.0		780.0	45.0	17.0	32.0	19.0
39	Optema™ TC 110 Molding	ExxonMobil Chemical	发泡、注塑、共混改性和增容剂。适合注射成型	2.0	0.943	21.5	51.0	80.0	600.0	39.0			
40	Optema™ TC 114 Blown	ExxonMobil Chemical	一次性手套、医用布帘和装饰薄膜。适合吹塑	3.2	0.947	18.0	57.0		670.0	45.0	20.0	43.0	19.0
41	Optema™ TC 114 Cast	ExxonMobil Chemical	一次性手套、医用布帘和装饰薄膜。适合吹塑和流延	3.2	0.947	18.0	57.0		770.0		17.0	43.0	19.0
42	Optema™ TC 120 ExCo	ExxonMobil Chemical	黏合剂、共挤涂覆、无纺布涂覆、食品包装。适合复合共挤涂覆	6.0	0.943	21.5	49.0						
43	Optema™ TC 120 Molding	ExxonMobil Chemical	共混改性、消声泡沫、热熔胶、增容剂。适合共混改性添加	6.0	0.943	21.5	49.0	84.0	500.0	35.0			

续表

序号	牌号	供应商	推荐用途	典型技术指标									
				熔体流动速率(190℃,2.16kg)/(g/10min)	密度/(g/cm³)	丙烯酸甲酯含量/%	维卡软化点/℃	硬度(邵尔 A)	断裂伸长率/%	拉伸模量/MPa	拉伸屈服强度/MPa	光泽度(45°)	雾度/%
44	Optema™ TC 220 ExCo	ExxonMobil Chemical	共挤涂覆、挤出复合、食品包装、高要求热封材料。适合共挤涂覆	5.0	0.944	24.0	45.0						
45	Optema™ TC 220 Molding	ExxonMobil Chemical	低温密封材料、增韧剂和增容剂。适合共混改性添加	5.0	0.944	24.0	45.0	82.0	600.0	27.0			
46	Polyram 1005034	Polyram Plastic Industries Ltd.	低温密封材料、增韧剂和增容剂	3.0	0.950	30.0							

附表 10　EEA 产品

序号	牌号	供应商	推荐用途	典型技术指标					
				熔体流动速率(190℃,2.16kg)/(g/10min)	密度/(g/cm³)	丙烯酸乙酯含量/%	维卡软化点/℃	负载热变形温度(0.45MPa,未退火)/℃	硬度(邵尔 A)
1	AMPLIFY™ EA 100	Dow Chemical	黏合剂,食品卫生级,适合吹塑成型、挤出涂层和注射成型	1.3	0.930	15.0	67.2	32.8	87.0
2	AMPLIFY™ EA 101	Dow Chemical	黏合剂,食品卫生级,适合吹塑成型、挤出涂层	6.0	0.931	18.5	57.2	31.1	86.0
3	AMPLIFY™ EA 102	Dow Chemical	黏合剂,食品卫生级,适合吹塑成型、挤出涂层和注射成型	6.0	0.931	18.5	56.1	32.2	86.0
4	AMPLIFY™ EA 103	Dow Chemical	黏合剂,食品卫生级,适合吹塑成型、挤出涂层和注射成型	21.0	0.930	19.5	48.9	31.1	82.0
5	Elvaloy® AC 2116	DuPont Packaging & Industrial Polymers	黏合剂,食品卫生级,适合型材挤出	1.0	0.930	16.0	60.0		

续表

序号	牌号	供应商	推荐用途	典型技术指标					
				熔体流动速率(190℃,2.16kg)/(g/10min)	密度/(g/cm³)	丙烯酸乙酯含量/%	维卡软化点/℃	负载热变形温度(0.45MPa,未退火)/℃	硬度(邵尔 A)
6	Elvaloy® AC 2615	DuPont Packaging & Industrial Polymers	黏合剂,食品卫生级,适合挤出涂层和注射成型	6.0	0.930	15.0	58.0		
7	Elvaloy® AC 2618	DuPont Packaging & Industrial Polymers	黏合剂,食品卫生级,适合挤出型材	6.0	0.930	18.0	56.0		
8	Elvaloy® AC 2715	DuPont Packaging & Industrial Polymers	黏合剂,食品卫生级,适合挤出涂层和注射成型	7.0	0.930	15.0	58.0		

附表 11　EBA 产品

序号	牌号	供应商	推荐用途	典型技术指标			
				熔体流动速率(190℃,2.16kg)/(g/10min)	密度/(g/cm³)	丙烯酸丁酯含量/%	维卡软化点/℃
1	EBAC+® SP1903	Westlake Chemical	挤出薄膜	0.5	0.940	18.0	55.0
2	EBANTIX® E1240	REPSOL	型材、注塑、共混改性、发泡、片材。可用于食品卫生制品包装	4.0	0.925	12.0	73.0
3	EBANTIX® E1303	REPSOL	挤出薄膜、吹塑、拉伸缠绕。可用于食品卫生制品包装	0.3	0.925	13.0	
4	EBANTIX® E1704	REPSOL	挤出薄膜、吹塑成型。可用于食品卫生制品包装	0.4	0.925	17.0	
5	EBANTIX® E1715	REPSOL	挤出、注塑和发泡。可用于食品卫生制品包装	1.5	0.926	17.0	
6	EBANTIX® E1770	REPSOL	发泡、型材、共混改性、片材。可用于食品卫生制品包装	7.0	0.924	17.0	

续表

序号	牌号	供应商	推荐用途	典型技术指标			
				熔体流动速率(190℃,2.16kg)/(g/10min)	密度/(g/cm^3)	丙烯酸丁酯含量/%	维卡软化点/℃
7	EBANTIX® E20020	REPSOL	注塑、共混改性。可用于食品卫生制品包装	20.0	0.925	20.0	52.0
8	EBANTIX® E27150	REPSOL	黏合剂、地毯背衬、包装膜。可用于食品卫生制品包装	150.0	0.925	27.0	
9	EBANTIX® E303	REPSOL	挤出、吹塑。可用于食品卫生制品包装	0.3	0.923	3.0	
10	EBANTIX® E33150	REPSOL	黏合剂、地毯背衬、包装膜。可用于食品卫生制品包装	150.0	0.924	33.0	
11	EBANTIX® E803C	REPSOL	共混改性。可用于食品卫生制品包装	0.3	0.924	8.0	
12	Elvaloy® AC 3135	DuPont Packaging & Industrial Polymers	润滑剂	1.5	0.930	35.0	
13	Elvaloy® AC 34035	DuPont Packaging & Industrial Polymers	润滑剂	40.0	0.930	35.0	
14	INEOS EBA B26E730	INEOS Olefins & Polymers Europe	吹膜,重包装袋	0.6	0.925	11.0	
15	INEOS EBA B30G730	INEOS Olefins & Polymers Europe	吹塑薄膜	1.0	0.926	17.0	
16	INEOS Wire & Cable B24D230	INEOS Olefins & Polymers Europe	电线电缆、共混改性	0.4	0.924	8.0	
17	INEOS Wire & Cable B24D760	INEOS Olefins & Polymers Europe	收缩膜、重包装膜、饲料膜	0.3	0.924	3.0	
18	INEOS Wire & Cable B28N230	INEOS Olefins & Polymers Europe	电线电缆、共混改性、阻燃产品	8.0	0.924	15.0	

续表

序号	牌号	供应商	推荐用途	典型技术指标			
				熔体流动速率(190℃,2.16kg)/(g/10min)	密度/(g/cm³)	丙烯酸丁酯含量/%	维卡软化点/℃
19	Lotryl® 17BA04	Arkema	电线电缆、共混改性、阻燃产品、发泡、黏合剂	3.5～4.5	0.930	16.0～19.0	60.0
20	Lotryl® 28BA175	Arkema	塑料改性、黏合剂	150～200	0.930	26.0～30.0	40.0
21	Lotryl® 30BA02	Arkema	塑料改性、黏合剂、吹膜、流延膜	1.5～2.5	0.930	28.0～32.0	41.0
22	Lotryl® 35BA320	Arkema	塑料改性、黏合剂	260～350	0.930	33.0～37.0	<40
23	Lotryl® 35BA40	Arkema	塑料改性、黏合剂、吹膜、流延膜	35～40	0.930	33.0～37.0	<40
24	Lucalen A2540D	LyondellBasell Industries	塑料改性、管线涂层、收缩膜、吹膜、流延膜、食品包装	0.3	0.93	6.5	85.0
25	Lucofin® 1400HN Powder	Lucobit AG	塑料改性、管线涂层、沥青改性、涂层应用	1.4	0.924	16.0	70.0
26	Lucofin® 1400HN	Lucobit AG	建筑、密封剂、食品包装、电缆护套、塑料改性	1.4	0.924	16.0	70.0
27	Lucofin® 1400MN Powder	Lucobit AG	塑料改性、涂层、沥青改性、涂层应用	7.0	0.924	17.0	60.0
28	Lucofin® 1400MN	Lucobit AG	电线电缆、共混改性、农业应用、发泡、黏合剂、型材、食品包装	7.0	0.924	17.0	60.0
29	Lucofin® 1400SL	Lucobit AG	片材、吹塑成型、注射成型、共混改性、农业应用、型材	1.4	0.924	16.0	70.0
30	Lucofin® 1492M HG	Lucobit AG	塑料改性	7.0	0.924	17.0	
31	Lucofin® 1492M	Lucobit AG	塑料改性	7.0	0.924	17.0	
32	Lucolast® 7010	Lucobit AG	沥青改性	0.5	0.924	16.0	
33	Lucolast® 7010AC	Lucobit AG	沥青改性	0.5	0.924	16.0	

附表 12 EVM 产品

1. Levapren 系列

序号	牌号	供应商	典型技术指标		
			VA 含量（质量分数）/%	门尼黏度/[ML(1+4)100℃]	密度/(g/cm³)
1	Levapren 400	阿朗新科 ARLANXO	40.0	20.0	0.98
2	Levapren 450	阿朗新科 ARLANXO	45.0	20.0	0.99
3	Levapren 500	阿朗新科 ARLANXO	50.0	27.0	1.00
4	Levapren 600	阿朗新科 ARLANXO	60.0	27.0	1.04
5	Levapren 650VP	阿朗新科 ARLANXO	65.0	27.0	1.07
6	Levapren 700	阿朗新科 ARLANXO	70.0	27.0	1.07
7	Levapren 800	阿朗新科 ARLANXO	80.0	27.0	1.11
8	Levapren 900	阿朗新科 ARLANXO	90.0	38.0	1.15
试制品，预交联					
9	Levapren 500 XL VP	阿朗新科 ARLANXO	50.0	55.0	1.00
10	Levapren 600 XL VP	阿朗新科 ARLANXO	60.0	55.0	1.04
11	Levapren 700 XL VP	阿朗新科 ARLANXO	70.0	60.0	1.07
12	Levapren 800 XL VP	阿朗新科 ARLANXO	80.0	55.0	1.11
13	Levapren 500 PXL VP	阿朗新科 ARLANXO	50.0	60.0	1.00
14	Levapren 600 PXL VP	阿朗新科 ARLANXO	60.0	60.0	1.04
15	Levapren 700 PXL VP 70 60 1.07	阿朗新科 ARLANXO	70.0	60.0	1.07
16	Levapren 800 PXL VP	阿朗新科 ARLANXO	80.0	60.0	1.11
17	Levapren NPG VP	阿朗新科 ARLANXO	60.0	20.0	1.04

2. Levamelt 和 Baymod 系列

序号	牌号	供应商	VA 含量（质量分数）/%	熔体流动速率(190℃,2.16kg)/(g/10min)	密度/(g/cm³)
1	Levamelt 400	阿朗新科 ARLANXO	40.0	3.0	0.98
2	Levamelt 450	阿朗新科 ARLANXO	45.0	3.0	0.99
3	Levamelt 452	阿朗新科 ARLANXO	45.0	10.0	0.99
4	Levamelt 456	阿朗新科 ARLANXO	45.0	25.0	0.99
5	Levamelt 500	阿朗新科 ARLANXO	50.0	2.8	1.00
6	Levamelt 600	阿朗新科 ARLANXCO	60.0	2.8	1.04
7	Levamelt 650 VP①	阿朗新科 ARLANXO	65.0	4.0	1.05
8	Levamelt 686	阿朗新科 ARLANXO	68.0	25.0	1.06
9	Levamelt 700	阿朗新科 ARLANXO	70.0	4.0	1.07
10	Levamelt 800	阿朗新科 ARLANXO	80.00	4.0	1.11
11	Levamelt 900	阿朗新科 ARLANXO	90.00	4.0	1.15
12	Baymod L2450②	阿朗新科 ARLANXO	45.00	3.0	0.99
13	Baymod L2450 P3	阿朗新科 ARLANXO	45.00	3.0	0.99
14	Baymod L6515②	阿朗新科 ARLANXO	65.00	4.0	1.05

① VP= 试制品。

② 原胶。

注：此产品牌号表取自阿朗新科产品手册。

附表 13　常规聚丙烯产品

序号	牌号	供应商	隶属工艺	典型技术指标 熔体流动速率/(g/10min)	类型	加工应用推荐
1.注塑型材用料						
1	PPH-EH01	中韩石化	Spheripol 工艺	1.0	均聚	土工格栅料
2	PPH-HM03	中韩石化	ST 双环管工艺	3.5	均聚	塑料杯等包装用高刚聚丙烯
3	PPH-SF30S	中韩石化	ST 双环管工艺	11.0	均聚	通用注塑
4	PPH-SV30G	中韩石化	ST 双环管工艺	16.0	均聚	通用注塑
5	PPH-XD-045	中石油辽河	SPG	4.5	均聚	通用注塑
6	PPH-M06	中石化镇海	ST 双环管工艺	6.0	均聚	玩具制品、家用电器
7	C30S	中石化镇海	ST 双环管工艺	6.0	均聚	玩具制品、容器、家用电器
8	PPH-M60T	中石化镇海	ST 双环管工艺	60.0	均聚	一次性快餐盒
9	HC9006D	中石化湛江	Spheripol 工艺	6.0	均聚	小家电制品
10	HC9012D	中石化湛江	Spheripol 工艺	12.0	均聚	小家电制品
11	HC9016H	中石化湛江	Spheripol 工艺	25.0	均聚	小家电制品
12	HC9016D	中石化湛江	Spheripol 工艺	16.0	均聚	小家电制品
13	HI65G	中石油四川	Unipol 气相法	6.0	均聚	通用注塑
14	HI75G	中石油四川	Unipol 气相法	7.0	均聚	通用注塑
15	HI85G	中石油四川	Unipol 气相法	10.0	均聚	通用注塑
16	PPH-M10-G (K1008)	中石化燕山	Innovene 气相法	9.0	均聚	通用注塑
17	PPH-MH18-G (K1118)	中石化燕山	Innovene 气相法	18.0	均聚	通用注塑
18	PPH-M12	中石化天津	Spheripol 工艺	10.0	均聚	通用注塑
19	PP6012	中石化天津	Spheripol 工艺	12.0	均聚	高刚性注塑
20	F30G	中石油大连	Spheripol 工艺	11.0	均聚	日用制品、家具、周转箱等
21	PPH-Y11-H (S700)	中石化扬子	Hypol 工艺	11.0	均聚	通用注塑
22	LH7714-12	中化泉州	Unipol 气相法	12.0	均聚	日用品
23	H7120	中化泉州	Unipol 气相法	12.0	均聚	日用品
24	PPH-MM12-S	中石化茂名	ST 双环管工艺	12.0	均聚	高刚聚丙烯注塑专用料
25	PPH-MM20-S	中石化茂名	ST 双环管工艺	20.0	均聚	高刚聚丙烯注塑专用料
26	M1200HS	中石化上海	Spheripol 工艺	13.0	均聚	小家电
27	CJS700	中石化广州	Hypol 工艺	13.0	均聚	家具用品、厨房用具
28	CJS700H	中石化广州	Hypol 工艺	13.0	均聚	家具用品、厨房用具
29	PPH-Y14	中石化济南	Spheripol 工艺	14.0	均聚	单丝、人造纤维、注塑制品

续表

序号	牌号	供应商	隶属工艺	典型技术指标	类型	加工应用推荐
				熔体流动速率/(g/10min)		
30	HP500P	中石油大庆	Spherizone	16.0	均聚	生产薄壁制品和家用品等
31	H8020	中石油兰州	Spheripol 工艺	18.0	均聚	耐热、家电
32	T38FY	中石油兰州	Spheripol 工艺	27.0	均聚	薄壁注塑
33	H9008	中石油兰州	Spheripol 工艺	40.0	均聚	薄壁注塑
34	H9018	中石油兰州	Spheripol 工艺	55.0	均聚	薄壁注塑
35	H9018H	中石油兰州	Spheripol 工艺	60.0	均聚	薄壁注塑
36	H9068	中石油兰州	Spheripol 工艺	90.0	均聚	薄壁注塑
37	HPP1850	抚顺石化	Spheripol 工艺	55.0	均聚	薄壁注塑
38	HPP1860	抚顺石化	Spheripol 工艺	65.0	均聚	薄壁注塑
39	PPH140	鸿基石化	SPG	12.0	均聚	拉丝、注塑
40	PPH650	鸿基石化	SPG	70.0	均聚	薄壁注塑
41	PPH-M600X	联泓新材料	Unipol 工艺	63.0	均聚	薄壁注塑
42	S980	中石化广州	Hypol 工艺	55.0	均聚	快餐盒、盒盖
43	S980T	中石化广州	Hypol 工艺	60.0	均聚	快餐盒、盒盖
44	S990	中石化广州	Hypol 工艺	90.0	均聚	快餐盒、盒盖
45	MM60	中石化石家庄	ST 双环管工艺	60.0	均聚	薄壁注塑
46	PPH-MN60	中石化北海	ST 双环管工艺	65.0	均聚	高融薄壁注塑
47	PPH-MN15	中石化洛阳	ST 双环管工艺	15.0	均聚	汽车、家电、GMT 改性、食品包装、餐具、吸管等
48	PPH-M18	中石化洛阳	ST 双环管工艺	18.0	均聚	通用注塑
49	PPH-MN60	中石化洛阳	ST 双环管工艺	60.0	均聚	食品包装盒、家电、汽车、电动车等
50	PPH-MN90B	中石化洛阳	ST 双环管工艺	90.0	均聚	食品包装盒、家电、汽车、电动车、GMT 改性等
51	PPH-MN150	中石化洛阳	ST 双环管工艺	150.0	均聚	汽车
52	PPH-M17	中石化镇海 中石化湛江 中石化长岭	Spheripol(ST)工艺	17.0	均聚	玩具制品、包装容器
53	V30G	中石油大庆 中石油兰州 中石油大连 中石化石家庄 中石化荆门	Spheripol 工艺	18.0	均聚	通用注塑,家用品等
54	1148TC	福建联合	Novolen 气相工艺	60.0	均聚	薄壁注塑
55	RPE02B	中石油兰州	Spheripol 工艺	2.0	乙丙无规共聚	通用注塑

续表

序号	牌号	供应商	隶属工艺	典型技术指标 熔体流动速率/(g/10min)	类型	加工应用推荐
56	RPE02M	中石油兰州	Spheripol 工艺	2.0	乙丙无规共聚	通用注塑
57	RPE02F	中石油兰州	Spheripol 工艺	2.0	乙丙无规共聚	通用注塑
58	EP2C30FA	中石油兰州	Spheripol 工艺	6.0	乙丙无规共聚	通用注塑
59	EP2C30FB	中石油兰州	Spheripol 工艺	6.0	乙丙无规共聚	通用注塑
60	RPB10I	中石油兰州	Spheripol 工艺	12.0	乙丙无规共聚	热灌装食品包装料
61	T10F	中石油兰州	Spheripol 工艺	13.0	乙丙无规共聚	注塑料
62	RPE16I	中石油兰州	Spheripol 工艺	16.0	乙丙无规共聚	通用注塑
63	RPE16T	中石油兰州	Spheripol 工艺	16.0	乙丙无规共聚	通用注塑
64	RPE28I	中石油兰州	Spheripol 工艺	26.0	乙丙无规共聚	通用注塑
65	Z30SG-Ⅰ	中石油兰州	Spheripol 工艺	25.0	乙丙无规共聚	通用注塑
66	Z30SG-Ⅱ	中石油兰州	Spheripol 工艺	25.0	乙丙无规共聚	通用注塑
67	GM60E	中石化上海	Spheripol 工艺	1.6	乙丙无规共聚	输液瓶
68	M250E	中石化上海	Spheripol 工艺	2.5	乙丙无规共聚	透明制品
69	M800EC	中石化上海	Spheripol 工艺	4.5	乙丙无规共聚	笔芯专用料
70	M800E	中石化上海	Spheripol 工艺	8.0	乙丙无规共聚	透明制品
71	PPB-MH02	中石化中原	Spheripol 工艺	2.0	乙丙无规共聚	通用注塑
72	PPB-M02G	中石化中原	Spheripol 工艺	2.0	乙丙无规共聚	蓄电池壳用料
73	HM03E	中韩石化	ST 双环管工艺	3.5	乙丙无规共聚	塑料杯等包装用高刚聚丙烯
74	PH-05	中韩石化	ST 双环管工艺	5.0	乙丙无规共聚	塑料杯等包装用热成型聚丙烯
75	M080N	中韩石化	ST 双环管工艺	8.0	乙丙无规共聚	透明注塑料
76	M150N	中韩石化	ST 双环管工艺	16.0	乙丙无规共聚	透明注塑料
77	RI71Z	中石油四川	Unipol 气相法	11.0	乙丙无规共聚	透明注塑料
78	K4912	中石油独山子	Innovene 气相法	12.0	乙丙无规共聚	高透明成型
79	PPR-MT16-G (K4912)	中石化燕山	Innovene 气相法	16.0	乙丙无规共聚	透明注塑料
80	K4826	中石油独山子	Innovene 气相法	24.0	乙丙无规共聚	薄壁透明容器
81	HT9025NX	中石化茂名	ST 双环管工艺	25.0	乙丙无规共聚	透明家居制品
82	PPR-MT40-S	中石化茂名	ST 双环管工艺	38.0	乙丙无规共聚	透明家居制品
83	PPR-M55	中石化茂名	ST 双环管工艺	60.0	乙丙无规共聚	透明家居制品
84	M60ET	中石化镇海	ST 双环管工艺	60.0	乙丙无规共聚	快餐盒、杯子
85	PPR-MT35	中石化中原	Spheripol 工艺	35.0	乙丙无规共聚	整理箱等日用品注塑
86	PPR-MT45	中石化中原	Spheripol 工艺	45.0	乙丙无规共聚	整理箱等日用品注塑

续表

序号	牌号	供应商	隶属工艺	典型技术指标	类型	加工应用推荐
				熔体流动速率/(g/10min)		
87	PPR-MT75	中石化中原	Spheripol 工艺	75.0	乙丙无规共聚	奶茶杯专用料
88	HPP1860E	中石油抚顺	Spheripol 工艺	65.0	乙丙无规共聚	薄壁注塑
89	PPR-M600	联泓新材料	Uniopl 工艺	63.0	乙丙无规共聚	薄壁注塑
90	PPR-M700	联泓新材料	Uniopl 工艺	65.0	乙丙无规共聚	通用注塑
91	M850B	中石化上海	Spheripol 工艺	8.5	丙丁无规共聚	透明制品
92	M1500B	中石化上海	Spheripol 工艺	15.0	丙丁无规共聚	透明制品
93	M1600BHT	中石化上海	Spheripol 工艺	16.0	丙丁无规共聚	高透明制品
94	PPD-MT45-S	中石化茂名	Spheripol 工艺	40.0	丙丁无规共聚	奶茶杯专用料
95	PPD-MT60	中石化茂名	Spheripol 工艺	60.0	丙丁无规共聚	奶茶杯专用料
96	PPR-MT20b-B	中石化石家庄	Spheripol 工艺	20.0	丙丁无规共聚	透明家用制品
97	PPR-M17	中石化长岭	Spheripol 工艺	17.0	丙丁无规共聚	通用注塑
98	PPR-MT20-S	中石化长岭	Spheripol 工艺	20.0	丙丁无规共聚	透明家用制品
99	EPB08T	中石油兰州	Spheripol 工艺	8.0	乙丙丁无规共聚	通用注塑
100	RPB08T	中石油兰州	Spheripol 工艺	8.0	乙丙丁无规共聚	通用注塑
101	RPB08I	中石油兰州	Spheripol 工艺	8.0	乙丙丁无规共聚	通用注塑
102	NS06	中韩石化	Horizone 气相法	0.7	乙丙抗冲共聚	超软质。防水卷材专用料
103	K8009	中韩石化	Horizone 气相法	8.5	乙丙抗冲共聚	家用等抗冲注塑料
104	K8009J	中韩石化	Horizone 气相法	8.5	乙丙抗冲共聚	蓄电池专用料
105	K7715	中韩石化	Horizone 气相法	15.0	乙丙抗冲共聚	家用等抗冲注塑料
106	K7227H	中韩石化	Horizone 气相法	29.0	乙丙抗冲共聚	家用等抗冲注塑料
107	K7227N	中韩石化	Horizone 气相法	29.0	乙丙抗冲共聚	家用等抗冲注塑料
108	K7720	中韩石化	Horizone 气相法	20.0	乙丙抗冲共聚	家用等抗冲注塑料
109	NBC03HRA	中韩石化	Horizone 气相法	32.0	乙丙抗冲共聚	汽车材料基料
110	K9232	中韩石化	Horizone 气相法	32.0	乙丙抗冲共聚	汽车材料基料
111	KH39M	中韩石化	Horizone 气相法	60.0	乙丙抗冲共聚	汽车材料基料
112	KH75M	中韩石化	Horizone 气相法	75.0	乙丙抗冲共聚	汽车材料基料
113	CI28F	中石油四川	Unipol 气相法	1.4	乙丙抗冲共聚	通用注塑，托盘垃圾箱、垃圾桶
114	CI36D	中石油四川	Unipol 气相法	2.5	乙丙抗冲共聚	通用注塑，托盘垃圾箱、垃圾桶
115	CI73H	中石油四川	Unipol 气相法	11.0	乙丙抗冲共聚	电池盒
116	CI93M	中石油四川	Unipol 气相法	30.0	乙丙抗冲共聚	汽车部件
117	EP300H	中沙石化	Spherizone	2.0	乙丙抗冲共聚	通用注塑

续表

序号	牌号	供应商	隶属工艺	典型技术指标	类型	加工应用推荐
				熔体流动速率/(g/10min)		
118	EP5010C	中沙石化	Spherizone	10.0	乙丙抗冲共聚	通用注塑
119	EP548RQ	中沙石化	Spherizone	30.0	乙丙抗冲共聚	白色家电汽车材料基料
120	EP548G	中沙石化	Spherizone	30.0	乙丙抗冲共聚	高光白色家电汽车材料基料
121	EP5074X	中沙石化	Spherizone	30.0	乙丙抗冲共聚	三高白色家电汽车材料基料
122	EP5075X	中沙石化	Spherizone	60.0	乙丙抗冲共聚	三高白色家电汽车材料基料
123	EP5076X	中沙石化	Spherizone	100.0	乙丙抗冲共聚	三高白色家电汽车材料基料
124	EP200K	中沙石化	Spherizone	3.5	乙丙抗冲共聚	通用注塑
125	PPB-MW02-G (K8303)	中石化燕山	Innovene 气相法	2.2	乙丙抗冲共聚	通用注塑
126	PPB-M06-G (K6606)	中石化燕山	Innovene 气相法	6.0	乙丙抗冲共聚	瓶盖料
127	PPB-M26-G (K9026)	中石化燕山	Innovene 气相法	26.0	乙丙抗冲共聚	汽车料
128	PPB-MN30-G (K7726H)	中石化燕山	Innovene 气相法	26.0	乙丙抗冲共聚	汽车料
129	PPB-MN35-G (K9829H)	中石化燕山	Innovene 气相法	30.0	乙丙抗冲共聚	汽车料
130	PPB-MN40-G (K7735H)	中石化燕山	Innovene 气相法	40.0	乙丙抗冲共聚	汽车料
131	PPB-MN60-G (K7760H)	中石化燕山	Innovene 气相法	60.0	乙丙抗冲共聚	汽车料
132	PPB-MN80-G (K7780)	中石化燕山	Innovene 气相法	80.0	乙丙抗冲共聚	汽车料
133	PPB-MM100-G (K6100)	中石化燕山	Innovene 气相法	100.0	乙丙抗冲共聚	汽车料
134	PPB-MN100-G (K7100)	中石化燕山	Innovene 气相法	100.0	乙丙抗冲共聚	汽车料
135	PPB-M02 (J340)	中石化扬子	Hypol 工艺	2.0	乙丙抗冲共聚	通用注塑
136	PPB-M02-G (K8003)	中石化扬子	Innovene 气相法	2.2	乙丙抗冲共聚	通用注塑
137	PPB-M10-GH	中石化扬子	Innovene 气相法	10.0	乙丙抗冲共聚	洗衣机内筒基料
138	PPB-M15-GH	中石化扬子	Innovene 气相法	15.0	乙丙抗冲共聚	汽车内饰基料

续表

序号	牌号	供应商	隶属工艺	典型技术指标	类型	加工应用推荐
				熔体流动速率/(g/10min)		
139	PPB-M30-G (YPJ-630)	中石化扬子	Innovene 气相法	30.0	乙丙抗冲共聚	汽车内饰基料
140	PPB-MN30-GH	中石化扬子	Innovene 气相法	30.0	乙丙抗冲共聚	汽车内饰基料
141	PPB-MN60-GH	中石化扬子	Innovene 气相法	60.0	乙丙抗冲共聚	汽车材料基料
142	PPB-M100-GH (YPJ-3100H)	中石化扬子	Innovene 气相法	100.0	乙丙抗冲共聚	汽车内饰基料
143	PPB-M03 (EPS30RA)	中石化齐鲁	Spheripol 工艺	2.5	乙丙抗冲共聚	板条箱、阁栏、托盘
144	PPB-MJ09 (QP73NKJ)	中石化齐鲁	Spheripol 工艺	9.0	乙丙抗冲共聚	洗衣机部件
145	PPB-M10 (SP179)	中石化齐鲁	Spheripol 工艺	10.0	乙丙抗冲共聚	洗衣机部件
146	PPB-MP10 (SP179P)	中石化齐鲁	Spheripol 工艺	10.0	乙丙抗冲共聚	汽车部件
147	PPB-MT20 (QCT20N)	中石化齐鲁	Spheripol 工艺	20.0	乙丙抗冲共聚	透明用品
148	K8203	中石化广州	Horizone 气相法	2.6	乙丙抗冲共聚	汽车材料基料
149	K8009	中石化广州	Horizone 气相法	10.0	乙丙抗冲共聚	工业部件、电池盒
150	K8209	中石化广州	Horizone 气相法	10.0	乙丙抗冲共聚	蓄电池壳用料
151	PPB-M15-S	中石化广州	Horizone 气相法	15.0	乙丙抗冲共聚	家电制品、日杂用品
152	K9015	中石化广州	Horizone 气相法	16.0	乙丙抗冲共聚	汽车材料基料
153	K7116	中石化广州	Horizone 气相法	20.0	乙丙抗冲共聚	汽车零配件、家电制品
154	K8228	中石化广州	Horizone 气相法	29.0	乙丙抗冲共聚	汽车内外饰品、家电部件
155	K7227	中石化广州	Horizone 气相法	30.0	乙丙抗冲共聚	汽车内外饰品、家电部件
156	NBC03HRA	中石化广州	Horizone 气相法	32.0	乙丙抗冲共聚	汽车材料基料
157	J842	中石化广州	Hypol 工艺	36.0	乙丙抗冲共聚	洗衣机内外件、汽车仪表板
158	J860	中石化广州	Hypol 工艺	60.0	乙丙抗冲共聚	汽车材料基料
159	PP6203	中石化天津	Spheripol 工艺	3.5	乙丙抗冲共聚	中小型注塑
160	M700R	中石化上海	Spheripol 工艺	7.0	乙丙抗冲共聚	中小型注塑
161	M2600R	中石化上海	Spheripol 工艺	26.0	乙丙抗冲共聚	中小型注塑
162	M3000RH	中石化上海	Spheripol 工艺	30.0	乙丙抗冲共聚	中小型注塑
163	EPB08FA	中石油兰州	Spheripol 工艺	8.0	乙丙抗冲共聚	热封层专用料
164	EPC30R	中石油兰州	Spheripol 工艺	10.0	乙丙抗冲共聚	抗冲注塑
165	EP548N(抗冲)	中石油兰州	Spheripol 工艺	12.0	乙丙抗冲共聚	家电专用料

续表

序号	牌号	供应商	隶属工艺	典型技术指标	类型	加工应用推荐
				熔体流动速率/(g/10min)		
166	EP533N	中石油兰州	Spheripol 工艺	33.0	乙丙抗冲共聚	汽车内饰件
167	EP21A	中石油兰州	Spheripol 工艺	22.0	乙丙抗冲共聚	通用注塑
168	EP531N	中石油兰州	Spheripol 工艺	22.0	乙丙抗冲共聚	汽车内饰件
169	EP508N	中石油兰州	Spheripol 工艺	33.0	乙丙抗冲共聚	车用料
170	EP50M	中石油兰州	Spheripol 工艺	33.0	乙丙抗冲共聚	注塑料
171	EP408N	中石油兰州	Spheripol 工艺	51.0	乙丙抗冲共聚	汽车内饰件
172	K9928H	中石油独山子	Innovene 气相法	30.0	乙丙抗冲共聚	洗衣机
173	PPB-MN09-G	中石化茂名	Innovene 气相法	9.0	乙丙抗冲共聚	透明抗冲。注塑加工
174	PPB-MN10-S	中石化茂名	Spheripol 工艺	10.0	乙丙抗冲共聚	蓄电池壳用料
175	PPB-MT16	中石化茂名	Spheripol 工艺	16.0	乙丙抗冲共聚	透明抗冲。医用注射器专用料
176	K9017H	中石化茂名	Innovene 气相法	17.0	乙丙抗冲共聚	车用改性专用料
177	PPB-MG22	中石化茂名	Spheripol 工艺	20.0	乙丙抗冲共聚	高光泽。家电外壳专用料
178	PPB-MN24	中石化茂名	Spheripol 工艺	22.0	乙丙抗冲共聚	低收缩。可用于 3D 打印
179	PPB-MT25-S	中石化茂名	Spheripol 工艺	25.0	乙丙抗冲共聚	透明抗冲。注塑加工
180	HHP4	中石化茂名	Spheripol 工艺	28.0	乙丙抗冲共聚	汽车保险杠专用料
181	K9026	中石化茂名	Innovene 气相法	28.0	乙丙抗冲共聚	车用改性专用料
182	K9930H	中石化茂名	Innovene 气相法	28.0	乙丙抗冲共聚	车用改性专用料
183	K7726H	中石化茂名	Innovene 气相法	30.0	乙丙抗冲共聚	车用改性专用料
184	M10RG	中石化镇海	ST 双环管工艺	10.0	乙丙抗冲共聚	高光泽
185	A28R	中石化镇海	ST 双环管工艺	28.0	乙丙抗冲共聚	洗衣机、汽车改性专用料
186	M30RHC	中石化镇海	ST 双环管工艺	30.0	乙丙抗冲共聚	洗衣机内外件、电器
187	PPB-M30	中石化镇海	ST 双环管工艺	30.0	乙丙抗冲共聚	洗衣机内外件、电器
188	M50RHC	中石化镇海	ST 双环管工艺	50.0	乙丙抗冲共聚	高端汽车内外饰件
189	M60RHC	中石化镇海	ST 双环管工艺	60.0	乙丙抗冲共聚	小家电、大型薄壁制品
190	K7926	中石化赛科	Innovene 气相法	26.0	乙丙抗冲共聚	汽车材料基料
191	FC1030	中石油抚顺	Unipol 气相法	30.0	乙丙抗冲共聚	洗衣机内胆
192	FC709M	中石油抚顺	Unipol 气相法	10.0	乙丙抗冲共聚	玩具、塑料桶等
193	RP344R-K	北方华锦	Spheripol 工艺	17.0	乙丙抗冲共聚	家用电器、盖、帽、管、瓶
194	K7726H-RC	北方华锦	Spheripol 工艺	26.5	乙丙抗冲共聚	日常用品、整理箱、汽车配件、洗衣机内筒
195	EPS30R	中石油大庆 中石化天津 中石油独山子	Spheripol 工艺 (ST 工艺)	1.5	乙丙抗冲共聚	中空板材、片材、板条箱、涂料桶

续表

序号	牌号	供应商	隶属工艺	典型技术指标	类型	加工应用推荐
				熔体流动速率/(g/10min)		
196	PPB-M02D	中石化茂名 中石化齐鲁	Spheripol 工艺 (ST 工艺)	1.5	乙丙抗冲共聚	通用注塑
197	PPB-M02	中石化镇海 中石化上海 中安联合	Spheripol 工艺 (ST 工艺)	1.8	乙丙抗冲共聚	厨具、玩具、汽车部件
198	SP179	中石油兰州 中石化齐鲁 北方华锦	Spheripol 工艺 (ST 工艺)	8.0	乙丙抗冲共聚	高抗冲注塑
199	PPB-M09	中石化镇海 中石化茂名	Spheripol 工艺 (ST 工艺)	9.0	乙丙抗冲共聚	家用电器、包装用品
200	K8003	中韩石化 中石化赛科 中天合创 中石化广州 中石化燕山 中石油独山子	Innovene、Horizone 气相工艺	3.0	乙丙抗冲共聚	蓄电池、家用、周转箱等抗冲注塑料
201	2110H	福建联合	Novolen 气相工艺	2.5	乙丙抗冲共聚	周转箱、塑料托盘、蓄电池外壳
2. 流延膜用料						
202	FC801	中石化上海	Spheripol 工艺	8.0	均聚	流延包装
203	FC801MX	中石化上海	Spheripol 工艺	8.0	均聚	流延包装
204	F800E	中石化上海	Spheripol 工艺	8.0	乙丙无规共聚	流延包装
205	F800EDF	中石化上海	Spheripol 工艺	8.0	乙丙无规共聚	流延包装
206	F780R	中石化上海	Spheripol 工艺	7.0	乙丙抗冲共聚	流延包装
207	PPH-PF08	中韩石化	ST 双环管工艺	8.0	均聚	包装流延膜
208	PPH-FCP80	中韩石化	ST 双环管工艺	8.0	均聚	包装流延膜
209	FCP80	中韩石化	ST 双环管工艺	8.0	乙丙无规共聚	包装流延膜
210	FCP80BS	中韩石化	ST 双环管工艺	8.0	乙丙无规共聚	包装流延膜
211	PF-08	中韩石化	ST 双环管工艺	8.0	乙丙无规共聚	包装流延膜
212	PPH-F08	中石化海南 中石化中原	ST 双环管工艺	8.0	均聚	流延包装
213	PPH-F09	中石化荆门	Spheripol 工艺	9.0	均聚	流延包装
214	PPH-FH08	中石化青岛	ST 双环管工艺	8.0	均聚	流延镀铝膜
215	CP35F	中石油大庆	Spheripol 工艺	8.0	均聚	镀铝流延膜
216	RP210M	中石油大庆	Spherizone	8.0	乙丙无规共聚	日用品包装膜
217	PPR-F08-S	中石化茂名	Spheripol 工艺	8.0	乙丙无规共聚	流延包装热封层
218	PPR-F08M-S	中石化茂名	Spheripol 工艺	8.0	乙丙无规共聚	流延包装电晕层
219	F4908	中石化茂名	Innovene 气相法	8.0	乙丙丁三元无规共聚	流延膜

续表

序号	牌号	供应商	隶属工艺	典型技术指标 熔体流动速率/(g/10min)	类型	加工应用推荐
220	F4608	中石化茂名	Innovene 气相法	8.0	乙丙丁三元无规共聚	镀铝膜热封层
221	F4708	中石化茂名	Innovene 气相法	7.5	乙丙丁三元无规共聚	镀铝膜电晕层
222	PPR-CT08-G (C5608)	中石化燕山	Innovene 气相法	8.0	乙丙丁三元无规共聚	流延膜热封层
223	PPR-CB08-G (C5908)	中石化燕山	Innovene 气相法	8.0	乙丙丁三元无规共聚	流延膜热封层
224	C5908M	中石化燕山	Innovene 气相法	8.0	乙丙丁三元无规共聚	流延膜热封层
225	C5608M	中石化燕山	Innovene 气相法	8.0	乙丙丁三元无规共聚	流延膜热封层
226	EPB08F	中石油兰州	Spheripol 工艺	8.0	乙丙丁三元无规共聚	热封层专用料
3. 吹塑材料						
227	H1200N	中化泉州	Unipol 气相法	20.0	均聚	吹塑
228	PPB-MT02	中石化茂名	Spheripol 工艺	1.5	乙丙嵌段抗冲共聚	挤吹透明瓶
229	BT02	中石化天津	Spheripol 工艺	1.5	乙丙无规共聚	吹塑,饮料包装瓶
230	PPR-B03-G (B4902)	中石化燕山	Innovene 气相法	2.5	乙丙无规共聚	医用输液瓶
231	PPR-B03-G (B4908)	中石化燕山	Innovene 气相法	9.0	乙丙无规共聚	医用输液瓶
232	GM750E	中石化上海石化	Spheripol 工艺	7.5	乙丙无规共聚	输液瓶
233	PPR-B10	中石化中原	Spheripol 工艺	10.0	乙丙无规共聚	热灌装饮料瓶
4. 高熔体强度聚丙烯						
234	HMS20Z	中石化镇海	ST 双环管工艺	2.2	均聚	高端薄膜专用料
235	E02ES	中石化镇海	ST 双环管工艺	1.8	乙丙无规共聚	片材、板材
236	BOORS	中石化镇海	ST 双环管工艺	0.6	乙丙嵌段抗冲共聚	大中空桶、医疗床、汽车后备厢盖板
237	E07ES	中石化镇海	ST 双环管工艺	7.0	乙丙无规共聚	包装、热成型材料、建材
5. 板材料						
238	PPH-EHX00-G (T1001J)	中石化燕山	Innovene 气相法	0.3	均聚	压滤板材
239	PPH-EH00-G (B1101)	中石化燕山	Innovene 气相法	0.3	均聚	压滤板材
240	PPH2101	中石化燕山	Innovene 气相法	0.3	乙丙无规共聚	聚丙烯板材

续表

序号	牌号	供应商	隶属工艺	典型技术指标 熔体流动速率/(g/10min)	类型	加工应用推荐
6.纤维料						
241	F30S	中石油大庆	Spheripol 工艺	12.0	均聚	人造纤维、丙纶丝、BCF和 CF 复丝
242	HP561S	中石油大庆	Spheripol 工艺	35.0	均聚	纺粘无纺布
243	PPH-Y22	中石化洛阳	ST 双环管工艺	22.0	均聚	人造纤维、丙纶丝、BCF和 CF 复丝
244	PPH-Y35X	中石化洛阳	ST 双环管工艺	36.0	均聚	纺粘无纺布(无塑化剂型)
245	PPH-Y24	中石化石家庄	ST 双环管工艺	24.0	均聚	人造纤维、丙纶丝、BCF和 CF 复丝
246	PPH-Y37	中石化石家庄	ST 双环管工艺	37.0	均聚	纺粘无纺布(无塑化剂型)
247	1101SC	福建联合	Novolen 气相工艺	35.0	均聚	纺粘无纺布
248	CS820	中石化广州	Hypol 工艺	24.0	均聚	人造纤维、丙纶丝、BCF和 CF 复丝
249	S960	中石化广州	Hypol 工艺	41.0	均聚	纺粘无纺布
250	H5380R	中化泉州	Unipol 气相法	38.0	均聚	纺粘无纺布
251	H5250R	中化泉州	Unipol 气相法	25.0	均聚	人造纤维、丙纶丝、BCF和 CF 复丝
252	HFZ25	中石油抚顺	Spheripol 工艺	24.5	均聚	人造纤维、丙纶丝、BCF和 CF 复丝
253	HF40R	中石油抚顺	Spheripol 工艺	35.0	无规	纺粘无纺布
254	PPH225	鸿基石化	SPG	25.0	均聚	人造纤维、丙纶丝、BCF和 CF 复丝
255	Y2600T	中石化上海	Spheripol 工艺	26.0	均聚	纺粘无纺布
256	S2040	中石化赛科	Innovene 气相法	36.0	均聚	纺粘无纺布
257	H39S-3	中石油大连	Spheripol 工艺	37.0	均聚	纺粘无纺布
258	H30S	中石油大连	Spheripol 工艺	35.0	均聚	纺粘无纺布
259	H30S-2	中石油大连	Spheripol 工艺	35.0	均聚	纺粘无纺布
260	H39S-2	中石油大连	Spheripol 工艺	45.0	均聚	纺粘无纺布
261	F38Q	中石化青岛	ST 双环管工艺	38.0	均聚	纺粘无纺布
262	PPH-Y38QH	中石化青岛	ST 双环管工艺	38.0	均聚	纺粘无纺布(无塑化剂型)
263	PPH-Y45S	中石化北海	ST 双环管工艺	38.0	均聚	纺粘无纺布
264	S040	中石油独山子	Innovene 气相法	38.0	均聚	纺粘无纺布
265	HT40S	中石油呼和浩特	Spheripol 工艺	38.0	均聚	纺粘无纺布
266	S900	中石油兰州	Spheripol 工艺	38.0	均聚	纺粘无纺布

续表

序号	牌号	供应商	隶属工艺	典型技术指标 熔体流动速率/(g/10min)	类型	加工应用推荐
267	HS98G	中石油四川	Unipol气相法	38.0	均聚	纺粘无纺布
268	N40V	中石化镇海	ST双环管工艺	40.0	均聚	纺粘无纺布
269	N40Q	中石化镇海	ST双环管工艺	40.0	均聚	纺粘无纺布
270	N40H	中石化镇海	ST双环管工艺	40.0	均聚	纺粘无纺布
271	PPH-Y40X	中石化济南	Spheripol工艺	40.0	均聚	纺粘无纺布(无塑化剂型)
272	NX40S	中石油宁夏	Spheripol工艺	45.0	均聚	纺粘无纺布
273	NX60S	中石油宁夏	Spheripol工艺	60.0	均聚	纺粘无纺布
274	SZ30S	中韩石化 中石油兰州 中石油西太 中石油抚顺 中石化北海	ST双环管工艺	25.0	均聚	人造纤维、丙纶丝、BCF和CF复丝
275	PPH-Y26	中石化镇海 中石化长岭 中石化济南 中石化荆门	ST双环管工艺	25.0	均聚	人造纤维、丙纶丝、BCF和CF复丝
276	PPH-Y35	中石化济南 中石化洛阳	Spheripol(ST)工艺	35.0	均聚	纺粘无纺布
277	PPH-Y40	中石化镇海 中石化长岭 中石化济南 中石化荆门	ST双环管工艺	40.0	均聚	纺粘无纺布
7. 发泡材料						
278	PPR-EHX02-G (F1002W)	中石化燕山	Innovene气相法	1.0	乙丙无规共聚	宽分布发泡
279	E680E	中石化上海	Spheripol工艺	8.0	丙丁无规共聚	珠粒发泡专用料
280	E800E	中石化上海	Spheripol工艺	8.0	丙丁无规共聚	珠粒发泡专用料
281	E800B	中石化上海	Spheripol工艺	8.0	丙丁无规共聚	珠粒发泡专用料
8. BOPP用料						
282	PPH-FL03	中石化青岛	ST双环管工艺	2.8	均聚	BOPP镭射膜、金属化
283	PPH-FA03	中石化青岛	ST双环管工艺	2.8	均聚	BOPP消光膜、亮光膜
284	PPH-F03Q	中石化青岛	ST双环管工艺	2.8	均聚	高速、超薄、高挺度BOPP
285	PPH-FC03	中石化中原	ST双环管工艺	3.0	均聚	低灰分。电容器膜
286	PPH-FA03	中石化中原	ST双环管工艺	3.0	均聚	低灰分。锂电池隔膜
287	F280S	中石化中天合创	ST双环管工艺	3.0	均聚	高速BOPP
288	F300M	中石化茂名	ST双环管工艺	3.0	均聚	烟膜专用料
289	PPH-F03G	中石化北海 中石化长岭	ST双环管工艺	3.0	均聚	高速BOPP

续表

序号	牌号	供应商	隶属工艺	典型技术指标	类型	加工应用推荐
				熔体流动速率/(g/10min)		
290	T38F	中石油大庆 中石油兰州	Spheripol 工艺	3.0	均聚	高速 BOPP
291	T38FY	中石油大庆	Spheripol 工艺	3.0	均聚	预涂膜专用
292	L5D98	中石油抚顺	Unipol 气相工艺	3.0	均聚	包装膜,保鲜膜
293	T28FE	中石油兰州	Spheripol 工艺	3.1	均聚	BOPP 专用料
294	L5D98/L5D98V	中石油四川	Unipol 气相法	3.0	均聚	膜料
295	HF42B	中石油四川	Unipol 气相法	3.0	均聚	高清高挺膜
296	L5D98	中化泉州	Unipol 气相法	3.0	均聚	BOPP 膜
297	T36F	中石油大连	Spheripol 工艺	3.2	均聚	BOPP
298	F280T	中石化上海	Spheripol 工艺	7.5	均聚	烟膜
299	PPR-FT03-S	中石化茂名	ST 双环管工艺	3.0	丙丁无规共聚	高速 BOPP
300	T38FE	中石油大庆	Spheripol 工艺	3.0	乙丙无规共聚	高速 BOPP
301	PPR-F06-G (F5606)	中石化燕山	Innovene 气相法	6.0	乙丙丁无规共聚	POF 膜热封层
302	PPR-F06-G (F5006)	中石化燕山	Innovene 气相法	6.0	乙丙丁无规共聚	烟膜
303	PPR-FX06-G (F5005B)	中石化燕山	Innovene 气相法	6.0	乙丙丁无规共聚	烟膜、镭射膜
304	PPH-F03D	中石化长岭 中石化荆门 中石化九江 中韩石化 中石化青岛	Spheripol(ST) 工艺	2.8	均聚	BOPP 平膜
305	1104K	福建联合	Novolen 气相 工艺	3.0	均聚	BOPP 平膜
9.管材料						
306	PPR-EH00-S (PPR-4220)	中石化燕山	Hypol 工艺	0.3	乙丙无规共聚	PPR 管材料
307	PPR-EHH00-G (PPR4400)	中石化燕山	Innovene 气相法	0.3	乙丙无规共聚	PPR 管材料
308	PPH2101M	中石化燕山	Innovene 气相法	0.3	乙丙无规共聚	改性管材料
309	PPB-EHM00-G (k6101)	中石化燕山	Innovene 气相法	0.3	乙丙抗冲共聚	化工管道
310	PPB-EH00-G (B8101)	中石化燕山	Innovene 气相法	0.4	乙丙抗冲共聚	PPB 管材料
311	PPR-EH00 (QPR01)	中石化齐鲁	Spheripol 工艺	0.3	乙丙无规共聚	给水系统管材

续表

序号	牌号	供应商	隶属工艺	典型技术指标	类型	加工应用推荐
				熔体流动速率/(g/10min)		
312	QPB08	中石化齐鲁	Spheripol 工艺	0.4	乙丙抗冲共聚	防腐管材、板材
313	PPR-P00	中石化中原	Spheripol 工艺	0.3	乙丙无规共聚	冷热水管料
314	PA14D-2	大庆炼化公司	Spherizone 工艺	0.3	乙丙无规共聚	热水管
315	PPR-E00-G (YPR-4502)	中石化扬子	Innovene 气相法	0.3	乙丙无规共聚	PPR 管材料
316	PPB-M00D (C180)	中石化扬子	Hypol 工艺	0.3	乙丙无规共聚	PPB 管材料
317	PPB-E00-G (YPM-2203T	中石化扬子	Innovene 气相法	0.4	乙丙无规共聚	PPB 管材料
318	PPB-EN00-S	中石化扬子	Innovene 气相法	0.4	乙丙无规共聚	结构壁管材
319	YPR-503 (PPR-M00)	中石化扬子	Hypol 工艺	0.4	乙丙无规共聚	PPR 管材料
320	H2483	中石油大庆	Spherizone	0.3	乙丙抗冲共聚	埋地结构壁管
321	PPR4220	中石化广州	Hypol 工艺	0.3	乙丙无规共聚	管材料、地板取暖
322	PPB1801	中石化广州	Hypol 工艺	0.4	乙丙抗冲共聚	冷水管材、防腐涂层包覆
323	PPB1600	中石化广州	Hypol 工艺	0.5	乙丙抗冲共聚	埋地排污管
324	DY-ZK0640P	中石油独山子	Spheripol 工艺	0.4	乙丙抗冲共聚	冷水管
325	ppb240	北方华锦	Spheripol 工艺	0.4	乙丙抗冲共聚	管材专用料
326	PA14D	中石油兰州 中石油大庆	Spheripol 工艺	0.4	乙丙无规共聚	PPR 管材料
327	T4401	中石化茂名 中石化油独山子	Innovene 气相法	0.3	乙丙无规共聚	PPR 管材料
10. 热成型用料						
328	PPH-CM01	中石化天津	Spheripol 工艺	0.6	均聚	吸塑热成型
329	PPR-ET02	中石化天津	Spheripol 工艺	1.5	乙丙无规共聚	高透明吹塑热成型
330	T5015	中石化天津	Spheripol 工艺	3.0	乙丙无规共聚	透明吹塑热成型
331	T5015M	中石化天津	Spheripol 工艺	3.0	乙丙无规共聚	超透明吹塑热成型
11. 涂覆料						
332	SLPP-200A	中石化长岭	Spheripol 工艺	34.0	均聚	涂覆
333	CPP0830	中石油抚顺	Spheripol 工艺	8.0	乙丙无规共聚	涂覆
12. 医疗专用料						
334	GA260R	中韩石化	ST 双环管工艺	16.0	乙丙无规共聚	耐辐照医用聚丙烯专用料
335	RP260	中石油兰州	Spheripol 工艺	10.0	乙丙无规共聚	注射器专用料

续表

序号	牌号	供应商	隶属工艺	典型技术指标 熔体流动速率/(g/10min)	类型	加工应用推荐
336	RP342N	中石油兰州	Spheripol 工艺	10.0	乙丙无规共聚	医用无规透明聚丙烯
337	RP340R	中石油兰州	Spheripol 工艺	22.0	乙丙无规共聚	透明无规共聚聚丙烯
338	GM1600E	中石化上海	Spheripol 工艺	16.0	乙丙无规共聚	注射器
339	GM1600EH	中石化上海	Spheripol 工艺	16.0	乙丙无规共聚	注射器
340	PPR080	鸿基石化	SPG	9.0	乙丙无规共聚	注塑、医用透明料
341	PPR260	鸿基石化	SPG	25.0	乙丙无规共聚	注塑、医用透明料
342	PPR-MT25-G (K4925)	中石化燕山	Innovene 气相法	25.0	乙丙无规共聚	注塑、医用瓶盖改性
343	M26ET	中石化镇海	ST 双环管工艺	25.0	乙丙无规共聚	透明容器、医用注射器
344	M35ET	中石化镇海	ST 双环管工艺	35.0	乙丙无规共聚	透明性高的医疗制品
345	PPR-MT20	中石化中原	Spheripol 工艺	20.0	乙丙无规共聚	一次性注射器
346	K4912M	中石化赛科	Innovene 气相法	12.0	乙丙无规共聚	医用器械
347	GM250E	中石化上海	Spheripol 工艺	2.5	乙丙无规共聚	医用。多层共挤输液袋膜
348	PPR-BX06-G (F5806Y)	中石化燕山	Innovene 气相法	6.0	乙丙丁 无规共聚	医用。输液袋接口
349	PPR-BBX06-G (F5606Y)	中石化燕山	Innovene 气相法	6.0	乙丙丁 无规共聚	医用。输液袋
13. 单丝用料						
350	PPH045	鸿基石化	SPG	3.0	均聚	纺织袋、扁丝、窄带、编织袋
351	PPH-T03-H	中石化广州	Hypol 工艺	2.4	均聚	纺织袋、扁丝、窄带、编织袋
352	T30S	中石化中天合创 中石油大庆 中石油兰州 中石油西太	Spheripol 工艺	3.0	均聚	纺织袋、扁丝、窄带、编织袋
353	S1003	中石化中天合创 中石化赛科	Innovene 气相法	3.0	均聚	纺织袋、扁丝、窄带、编织袋
354	ST30	中韩石化 中安联合	ST 双环管工艺	3.0	均聚	纺织袋、扁丝、窄带、编织袋
355	PPH-T03	中石化北海炼化 中石化湛江 中石化镇海 中石化天津 中韩石化	Spheripol(ST) 工艺	3.0	均聚	纺织袋、扁丝、窄带、编织袋
356	1080K	福建联合	Novolen 气相工艺	3.4	均聚	纺织袋、扁丝、窄带、编织袋

附表 14 茂金属聚丙烯产品

序号	牌号	供应商	隶属工艺	类型	典型技术指标					加工应用推荐
					熔体流动速率/(g/10min)	弯曲模量/MPa	光泽度	洛氏硬度	雾度(1mm)/%	
1. 薄膜类										
1	WFX6	三菱化学	釜式气相法	均聚	2.0	700.0	90.0	70.0	25.0	双向拉伸
2	WFW5T	三菱化学	釜式气相法	均聚	3.5	1350.0	90.0	95.0	20.0	双向拉伸
2. 流延膜类										
3	WFX4M	三菱化学	釜式气相法	均聚	7.0	750.0	90.0	75.0	15.0	流延膜
4	WXK1233	三菱化学	釜式气相法	均聚	7.0	750.0	90.0	75.0	15.0	流延膜
5	WFX4TA	三菱化学	釜式气相法	均聚	7.0	750.0	90.0	75.0	15.0	流延膜
6	WFW4M	三菱化学	釜式气相法	均聚	7.0	1000.0	90.0	90.0	25.0	流延膜
7	HM2089	LyondellBasell	环管法	均聚	9.0	1450.0				消耗品应用、食品包装、柔性包装
3. 注塑材料										
8	WMG3B	三菱化学	釜式气相法	均聚	10.0	1150.0	90.0	90.0	4.0	高透明注塑制品
9	WMH02	三菱化学	釜式气相法	均聚	20.0	1550.0	90.0	100.0	35.0	透明注塑制品
10	WMX03	三菱化学	釜式气相法	均聚	25.0	750.0	90.0	70.0	10.0	透明注塑制品
11	WSX03	三菱化学	釜式气相法	均聚	25.0	800.0	90.0	80.0	40.0	透明注塑制品、无纺布
12	WMX02UX	三菱化学	釜式气相法	均聚	25.0	900.0	120.0	80.0	2.0	透明注塑制品
13	WMG03	三菱化学	釜式气相法	均聚	30.0	1250.0	90.0	95.0	50.0	透明注塑制品、无纺布
14	WMG03UX	三菱化学	釜式气相法	均聚	30.0	1450.0	110.0	95.0	3.0	透明注塑制品
15	Achieve™ Advanced PP1605	Exxon Chemical	Exxpol 气相法	均聚	32.0	1350.0				注射成型。汽车制件、工业应用、医疗包装、医卫用品
16	Metocene HM2015	LyondellBasell	环管法	均聚	140.0	1650.0			60(40mil)	家用制品包装、薄壁容器、食品包装容器
17	MB1002	中石化	三井釜式淤浆	均聚	1.5	1300.0		100.0		吹塑、注塑、热成型等工艺;应用于要求纯净材料的行业如医疗、食品行业,如医药瓶、一次性杯子等

续表

序号	牌号	供应商	隶属工艺	类型	典型技术指标					加工应用推荐
					熔体流动速率/(g/10min)	弯曲模量/MPa	光泽度	洛氏硬度	雾度(1mm)/%	
18	MP4025	中石化	三井釜式淤浆	无规	25.0	1100.0		95.0		注射成型:应用于要求纯净材料的行业如电子产业、医疗、食品行业,如电子零件的周转容器、包装材料、医疗用分析器具等
19	MR4025	中石化	三井釜式淤浆	无规	25.0	1350.0		103.0	13.0	注射成型,主要用于对透明性有较高要求并需进行辐照灭菌的医用消耗品
20	MU4016	中石化	三井釜式淤浆	无规	16.0	1300.0		98.0	5.0	注射成型、吹塑成型,用于食品容器、医用容器、化妆品包装等领域
4. 纤维材料										
21	Achieve™ AdvancedPP6035G1	Exxon Chemical	Exxpol 气相法	均聚	500.0					熔喷无纺布、过滤材料、工业制品、个人护理
22	Achieve™ AdvancedPP6945G1	Exxon Chemical	Exxpol 气相法	均聚	925.0					熔喷无纺布、个人护理、过滤材料
23	Achieve™ AdvancedPP6936G2	Exxon Chemical	Exxpol 气相法	均聚	1550.0					熔喷无纺布、个人护理、过滤材料
24	Metocene MF650W	LyondellBasell	环管法	均聚	500.0					窄分布、熔喷无纺布、过滤材料
25	Metocene MF650X	LyondellBasell	环管法	均聚	1200.0					窄分布、熔喷无纺布、过滤材料
26	Metocene MF650Y	LyondellBasell	环管法	均聚	1800.0					窄分布、熔喷无纺布、过滤材料
27	Metocene HM562S	LyondellBasell	环管法	均聚	30.0					纺粘无纺布用料、建筑材料、农用制品应用
28	mJ1H12	中石化	三井釜式淤浆	均聚	1200.0					窄分布、熔喷无纺布、过滤材料
29	mJ1H15	中石化	三井釜式淤浆	均聚	1500.0					窄分布、熔喷无纺布、过滤材料
30	mJ1H19	中石化	三井釜式淤浆	均聚	1900.0					窄分布、熔喷无纺布、过滤材料

附表 15 聚 1-丁烯产品

序号	牌号	供应商	类型	典型技术指标				
				密度 /(g/cm^3)	熔体流动速率(190℃,2.16kg) /(g/10min)	弯曲模量 /MPa	断裂伸长率 /%	拉伸断裂强度 /MPa
1. 管材用聚 1-丁烯								
1	Akoalit PB 4267 GREY	LyondellBasell	均聚	0.925	0.6	450	225	30
2	Akoalit PB 4268 white	LyondellBasell	均聚	0.925	0.6	450	225	30
3	Akoafloor PB 4235-1 ivory	LyondellBasell	均聚	0.930	0.6	450	225	30
4	Akoalit PB 4237 grey	LyondellBasell	均聚	0.938	0.4	450	200	30
5	Akoalit PB 4238 white	LyondellBasell	均聚	0.938	0.4	450	200	30
6	Akoalit PB DKG 300	LyondellBasell	均聚	1.315	2.0	5200	4.5	72
7	*Akoa floor* PB R 509	LyondellBasell	无规	0.925	0.7	370	322	35
8	P5250N	日本三井	均聚	0.919	0.5	410	300	37
9	P5050N	日本三井	均聚	0.920	0.5			
10	HY-EC042	山东宏业	均聚	0.917	0.6	590		
11	HY-ET042	山东宏业	均聚		0.6	>500		
12	HY-EH042	山东宏业	均聚		0.6	>500		
13	PBH-E00	中石化	均聚		0.6			
14	PBH-E01	中石化	均聚		1.2	≥360		
15	PBH-E02	中石化	均聚		1.5	≥360		
16	PBH-E05	中石化	均聚		5.0	≥360		
17	PBR-E01	中石化	无规		1.2	≥215		
18	3050	韩国	均聚		0.6	450		
2. 薄膜用聚 1-丁烯								
19	Toppyl PB 0110M	LyondellBasell	均聚	0.914	0.4	450	300	35
20	Toppyl PB 8220M	LyondellBasell	无规	0.901	7.5	140	300	32

续表

序号	牌号	供应商	类型	典型技术指标				
				密度/(g/cm^3)	熔体流动速率(190℃,2.16kg)/(g/10min)	弯曲模量/MPa	断裂伸长率/%	拉伸断裂强度/MPa
21	Toppyl PB 8340M	LyondellBasell	无规	0.911	4.0	270	300	30
22	Toppyl PB 8640M	LyondellBasell	无规	0.906	1.0	250	300	30
23	Akoalit PB R539 natural	LyondellBasell	无规	0.920	0.7	370	320	35
24	Koattro DP 8310M	LyondellBasell	无规	0.897	3.5	120	300	25
25	PBH-F02	中石化	均聚		1.5	≥360		
26	PBH-F04	中石化	均聚		4.0	≥360		
27	PBR-F03	中石化	无规		2.5	≥215		
28	PBR-F04	中石化	无规		4.0	≥215		
29	PBR-F06	中石化	无规		6.0	≥215		
30	M1600SAA	日本三井	均聚	0.91	1.0		200	38
3.热熔胶及共混改性用聚 1-丁烯								
31	Koattro KT MR05	LyondellBasell	无规	0.870	1.5	10	800	12
32	Koattro PB 0300M	LyondellBasell	均聚	0.915	4.0	450	300	35
33	Koattro PB0801M	LyondellBasell	均聚	0.940	200.0	410	300	30
34	Koattro PB M 0600M	LyondellBasell	无规	0.890	600.0	100		
35	Koattro PB M 1100M	LyondellBasell	无规	0.890	1100.0	100		
36	Koattro PB M 1200M	LyondellBasell	无规	0.908	1200.0	340		
37	Koattro PB M 1500M	LyondellBasell	无规	0.890	1500.0	100		
38	Koattro PB M 8510M	LyondellBasell	无规	0.897	45.0	120	300	
39	Koattro PB M 8911M	LyondellBasell	无规	0.895	200.0	100		
40	Purell KT MR07	LyondellBasell	均聚	0.800	1.3			

附表 16 聚烯烃弹性体产品

1. 改性用聚烯烃弹性体

序号	牌号	供应商	类型	典型技术指标					
				密度/(g/cm^3)	熔体流动速率(190℃,2.16kg)/(g/10min)	硬度(邵尔 A)	熔融温度/℃	玻璃化转变温度/℃	弯曲模量/MPa
1	Engage 7270	Dow	POE	0.880	0.8	80	64	−44	22.5
2	Engage 7277	Dow	POE	0.880	0.8	80	64	−44	22.5
3	Engage 7367	Dow	POE	0.874	0.8	65	51	−42	14.1
4	Engage 7447	Dow	POE	0.865	5.0	64	35	−53	7.8
5	Engage 7457	Dow	POE	0.862	3.6	50	40	−56	4.1
6	Engage 7467	Dow	POE	0.862	1.2	52	34	−58	4.1
7	Engage 8180	Dow	POE	0.863	0.5	63	47	−55	8.5
8	Engage 8130	Dow	POE	0.864	13.0	63	56	−55	7.8
9	Engage 8137	Dow	POE	0.864	13.0	63	56	−55	7.8
10	Engage 8187PA	Dow	POE	0.863	0.5	63	47	−55	8.5
11	Engage 8200	Dow	POE	0.870	5.0	66	59	−53	10.8
12	Engage 8207	Dow	POE	0.870	5.0	66	59	−53	10.8
13	Engage 8400	Dow	POE	0.870	30.0	72	60	−54	12.1
14	Engage 8401	Dow	POE	0.870	30.0	84	80	−47	30.7
15	Engage 8402	Dow	POE	0.902	30.0	88	96	−36	72.6
16	Engage 8407	Dow	POE	0.870	30.0	72	60	−54	12.1
17	Engage 8411	Dow	POE	0.880	18.0	80	76	−50	19.5
18	Engage 8440	Dow	POE	0.897	1.6	86	93	−33	54.2
19	Engage 8450	Dow	POE	0.902	3.0	90	97	−32	76.3

续表

序号	牌号	供应商	类型	典型技术指标					
				密度/(g/cm^3)	熔体流动速率(190℃,2.16kg)/(g/10min)	硬度(邵尔 A)	熔融温度/℃	玻璃化转变温度/℃	弯曲模量/MPa
20	Engage 8480	Dow	POE	0.902	1.0	89	99	−31	83.1
21	Engage 8540	Dow	POE	0.908	1.0	90	104	−32	114.0
22	Engage 8842	Dow	POE	0.857	1.0	54	38	−58	4.5
23	Engage 11527	Dow	POE	0.866	15.0	55	118	−62	
24	Engage 11547	Dow	POE	0.866	5.0	60	118	−62	
25	Engage XLT 8677	Dow	POE	0.870	0.5	51	119	−62	6.6
26	Engage 58705	Dow	POE	0.868	0.5	71	55	−52	15.2
27	Affinity PF 1788	Dow	POP	0.862	3.6		40		
28	Affinity SQ 1503UE	Dow	POP	0.900	6.0	92	97		70
29	INFUS 9000	Dow	OBC	0.877	0.5	71	120	−62	
30	INFUS 9007	Dow	OBC	0.866	0.5	64	119	−62	
31	INFUS 9010	Dow	OBC	0.877	0.5	77	122	−62	
32	INFUS 9100	Dow	OBC	0.877	1.0	75	120		19.1
33	INFUS 9107	Dow	OBC	0.866	1.0	60	121		
34	INFUS 9500	Dow	OBC	0.877	5.0	69	122		
35	INFUS 9507	Dow	OBC	0.866	5.0	60	119		
36	INFUS 9530	Dow	OBC	0.887	5.0	83	119		
37	INFUS 9807	Dow	OBC	0.866	15.0	55	118		
38	INFUS 9817	Dow	OBC	0.877	15.0	71	120		
39	INFUS 9900	Dow	OBC	0.880	30.0	78	122		
40	INFUS D9348.15	Dow	OBC	0.864	5.7				
41	INFUS 10510	Dow	OBC	0.890	44.0				
42	Vistamaxx 6502	Exxon	POE	0.865	21.0	71		−28	

续表

序号	牌号	供应商	类型	典型技术指标					
				密度/(g/cm^3)	熔体流动速率(190℃,2.16kg)/(g/10min)	硬度(邵尔 A)	熔融温度/℃	玻璃化转变温度/℃	弯曲模量/MPa
43	Exact 9061	Exxon	POE	0.863	0.5	60	37	−58	8.0
44	Exact 9371	Exxon	POE	0.872	4.5	71	55	−49	15.6
45	Tafmer DF605	Mitsui	POE	0.861	0.5	58	50	−70	
46	Tafmer DF610	Mitsui	POE	0.862	1.2	57	50	−70	
47	Tafmer DF640	Mitsui	POE	0.864	3.6	56	50	−70	
48	Tafmer DF7350	Mitsui	POE	0.870	35.0	70	55	−70	
49	Solumer 851	SK	POE	0.857	1.0	55	38	−59	
50	Solumer 8730	SK	POE	0.868	30.0	66	62		
51	Solumer 8613	SK	POE	0.863	13.0	63	42		
52	Queo 6800LA	Borealis	POE	0.868	0.5	74	47	−90	8.0
53	Queo 7007LA	Borealis	POE	0.870	6.6	71	48	−90	8.0
54	Queo 8230	Borealis	POE	0.883	30.0	83	76	−90	22.0

2. 薄膜用聚烯烃弹性体

序号	牌号	供应商	类型	推荐应用	典型技术指标				
					密度/(g/cm^3)	熔体流动速率(190℃,2.16kg)/(g/10min)	硬度(邵尔 A)	熔融温度/℃	维卡软化点/℃
1	Affinity VP 8770G1	Dow	POE	吹膜	0.885	1.0	84	82	57
2	Affinity PF 1140G	Dow	POP	吹膜	0.897	1.6		96	77
3	Affinity PF 1146G	Dow	POP	自立膜袋	0.899	1.0		95	78
4	Affinity PF 1162G	Dow	POP	热封层	0.900	1.0		95	76
5	Affinity PF 1766	Dow	POP	拉伸覆盖膜	0.862	1.2	52	34	
6	Affinity PF 7266	Dow	POP	流延膜改善	0.885	2.5		76	48

续表

序号	牌号	供应商	类型	推荐应用	典型技术指标				
					密度/(g/cm³)	熔体流动速率(190℃,2.16kg)/(g/10min)	硬度(邵尔 A)	熔融温度/℃	维卡软化点/℃
7	Affinity PL 1280G	Dow	POP	高速 FSS 膜袋	0.900	6.0		96	81
8	Affinity PL 1840G	Dow	POP	吹膜	0.909	1.0		106	95
9	Affinity PL 1845G	Dow	POP	BOPP 热封层	0.910	3.5		103	95
10	Affinity PL 1850G	Dow	POP	多层和液体包装膜	0.902	3.0		98	85
11	Affinity PL 1880GR	Dow	POP	高速 FFS 膜袋	0.900	1.0		99	86
12	Affinity PL 1880G	Dow	POP	高速 FFS 膜袋	0.902	1.0		99	86
13	Affinity PL 1881GR	Dow	POP	高速 FFS 膜袋	0.902	1.0		100	86
14	Affinity PL 1881G	Dow	POP	高速 FFS 膜袋	0.904	1.0		100	86
15	Affinity PL 1888G	Dow	POP	低热封温度	0.904	1.0		98	85
16	Affinity PT 1450G1	Dow	POP	涂覆	0.902	7.5		98	79
17	Affinity PT 1450G1P	Dow	POP	低热封温度	0.902	8.5			
18	Affinity PT 1451G1	Dow	POP	低热封温度	0.902	7.5		98	79
19	Affinity EG 8100G	Dow	POP	共挤薄膜	0.870	1.0		55	46
20	Affinity SL 8110G	Dow	POP	拉伸缠绕膜表层	0.875	1.0			56
21	Affinity EG 8200G	Dow	POP	单层流延	0.870	5.0		63	45
22	Affinity HT1285G	Dow	POP	吹膜、流延膜	0.900	6.0		96	81
23	Affinity KC 8852G	Dow	POP	自粘、光学膜	0.875	3.0		96	81
24	Engage PV 8669	Dow	POE	光伏膜	0.873	14.0	68	76	40
25	Engage PV 8661	Dow	POE	光伏膜	0.88	18.0	81	76	45
26	Engage PV 8660	Dow	POE	光伏膜	0.872	4.8	66	72	37
27	Engage PV 8658	Dow	POE	光伏膜	0.902	30.0	88	96	72
28	Engage HM 7280	Dow	POE	弹性膜	0.884	0.5	84	116	60
29	Engage HM 7289	Dow	POE	弹性膜	0.891	0.5	88	99	53

续表

序号	牌号	供应商	类型	推荐应用	典型技术指标				
					密度/(g/cm^3)	熔体流动速率(190℃,2.16kg)/(g/10min)	硬度(邵尔 A)	熔融温度/℃	维卡软化点/℃
30	Versify 2000	Dow	POP	吹膜	0.888	2.0	95	107	94
31	Versify 2200	Dow	POP	吹膜	0.876	2.0	92	82	
32	Versify 2300	Dow	POE	冷套膜	0.867	2.0	88	66	43
33	Versify 3000	Dow	POP	热封层	0.891	8.0	96	108	105
34	Versify 3010	Dow	POP	BOPE、BOPP、吹膜	0.891	8.0	90	120	107
35	Versify 3200	Dow	POE	流延膜	0.876	8.0	94	85	59
36	Versify 3300	Dow	POE	弹性膜	0.867	8.0	85	62	42
37	Vistamaxx 6102FL	Exxon	POE	吹膜、流延膜	0.862	3.0	67		54
38	Vistamaxx 3980FL	Exxon	POP	热封层	0.879	8.0	34		77
39	Vistamaxx 3588FL	Exxon	POP	热封层	0.889	8.0	50		103
40	Exact 4160	Exxon	POP	热封层	0.895	1.1			
41	Exact 4151	Exxon	POP	热封层	0.895	2.2			
42	Exact 4056	Exxon	POE	热封层	0.883	2.2			
43	Exact 4049	Exxon	POE	热封层	0.873	4.5			
44	Tafmer A-1085S	Mitsui	POP	热封层	0.885	1.2	87	66	
45	Tafmer A-4085S	Mitsui	POP	热封层	0.885	3.6	86	66	
46	Tafmer A-4070S	Mitsui	POP	热封层	0.870	3.6	73	55	
47	Supreme 021	SK	POP	吹膜	0.902	1.0			
48	Supreme 024	SK	POP	流延膜	0.902	3.5			
49	Supreme 0210	SK	POP	涂覆	0.902	10.0			
50	Queo 6800LA	Borealis	POE	热封层	0.868	0.8		47	
51	Queo 7001LA	Borealis	POE	热封层	0.870	1.0		56	
52	Queo 8203	Borealis	POE	热封层	0.883	3.0		74	
53	Queo 0201	Borealis	POE	热封层	0.902	1.1		97	

续表

3. 热熔胶用聚烯烃弹性体

序号	牌号	供应商	类型	典型技术指标					
				密度(g/cm^3)	熔体流动速率(190℃,2.16kg)/(g/10min)	硬度(邵尔 A)	熔融温度/℃	玻璃化转变温度/℃	布氏黏度/mPa·s
1	Affinity GA 1950	Dow	POP	0.874	500		70	−56	17000
2	Affinity GA 1000R	Dow	POE	0.878	660		68	−72	13000
3	Affinity GA 1875	Dow	POP	0.870	1250		70	−57	6700
4	Affinity GA 1900	Dow	POP	0.870	1000		68	−56	8200
5	Affinity GA 1900K	Dow	POP	0.870	1000		68	−58	8200
6	Affinity GA 1950	Dow	POP	0.874			70	−56	17000
7	INFUS 9807	Dow	OBC	0.866	15	55	118		
8	INFUS 9817	Dow	OBC	0.877	15	71	120		
9	Vistamaxx 8380	Exxon	POE	0.864			100	−31	7570
10	Vistamaxx 8780	Exxon	POE	0.864			96	−32	3980
11	Vistamaxx 8880	Exxon	POE	0.879			97	−22	1200

4. 电线电缆用聚烯烃弹性体

序号	牌号	供应商	类型	典型技术指标					
				密度(g/cm^3)	熔体流动速率(190℃,2.16kg)/(g/10min)	硬度(邵尔 A)	熔融温度/℃	玻璃化转变温度/℃	断裂伸长率/%
1	Engage 8003	Dow	POE	0.885	1.0	84	77	−46	640
2	Engage 8100	Dow	POE	0.870	1.0	73	60	−52	600

续表

序号	牌号	供应商	类型	典型技术指标					
				密度(g/cm^3)	熔体流动速率(190℃,2.16kg)/(g/10min)	硬度(邵尔 A)	熔融温度/℃	玻璃化转变温度/℃	断裂伸长率/%
3	Engage 8107	Dow	POE	0.870	1.0	73	60	−52	810
4	Engage 8150	Dow	POE	0.868	0.5	70	55	−52	810
5	Engage 8157	Dow	POE	0.868	0.5	70	55	−52	810
6	Engage 8440	Dow	POE	0.897	1.6	86	93	−33	590
7	Engage 8450	Dow	POE	0.902	3.0	90	97	−32	750
8	Engage 8452	Dow	POE	0.875	3.0	74	66	−51	950
9	Engage 8457	Dow	POE	0.875	3.0	74	66	−48	950
10	Engage 7447 EL	Dow	POE	0.865	5.0	64	35	−53	550
11	Engage 58710	Dow	POE	0.870	1.0	73	60	−52	810
12	Engage 58750	Dow	POE	0.870	5.0	66	59	−53	1100
13	Engage HM 7387	Dow	POE	0.870	0.5	66	50	−52	810
14	Engage 7387EL	Dow	POE	0.870	0.5	74	51	−52	500
15	Engage HM 7487	Dow	POE	0.860	0.5	58	37	−57	600
16	Tafmer DF605	Mitsui	POE	0.861	0.5	58	50	−70	1000
17	Tafmer DF610	Mitsui	POE	0.862	1.2	57	50	−70	1000
18	Tafmer MA8510	Mitsui	POE	0.885	2.4	85		−70	1000
19	Tafmer MH7010	Mitsui	POE	0.870	0.9	70		−70	1000
20	Solumer 881	SK	POP	0.880	1.0	79	68	−49	800
21	Solumer 883	SK	POP	0.880	3.0	78	68	−49	900
22	Solumer 871	SK	POP	0.868	1.0	72	62	−52	850
23	Queo 6800LA	Borealis	POE	0.868	0.5	74	47	−90	400
24	Queo 7001LA	Borealis	POE	0.870	1.0	74	56	−90	400
25	Queo 7007LA	Borealis	POE	0.870	6.6	71	48	−90	400

续表

5. 柔性纤维用聚烯烃弹性体

序号	牌号	供应商	类型	典型技术指标					
				密度/(g/cm³)	熔体流动速率(190℃,2.16kg)/(g/10min)	弯曲模量/MPa	熔融温度/℃	维卡软化点/℃	断裂伸长率/%
1	Vistamaxx 7020BF	Exxon	POE	0.863	20.0	13.8		46.5	800
2	Vistamaxx 7050FL	Exxon	POE	0.863	48.0				
3	Versify 4200	Dow	POP	0.876	25.0	112	84	61	850
4	Versify 4301	Dow	POE	0.868	25.0	36	84	51	39

6. 发泡鞋材用聚烯烃弹性体

序号	牌号	供应商	类型	典型技术指标				
				密度/(g/cm³)	熔体流动速率(190℃,2.16kg)/(g/10min)	硬度(邵尔 A)	熔融温度/℃	维卡软化点/℃
1	INFUS 9077	Dow	OBC	0.869	0.5	51	118	
2	Solumer 875	SK	POE	0.868	5.0	66	61	
3	Solumer 891	SK	POP	0.885	1.0	81	74	
4	Queo 7007LA	Borealis	POE	0.870	6.6	71	48	35
5	Queo 8203	Borealis	POE	0.883	3.0	85	74	50
6	Queo 8210	Borealis	POE	0.883	10.0	84	75	45

索　引

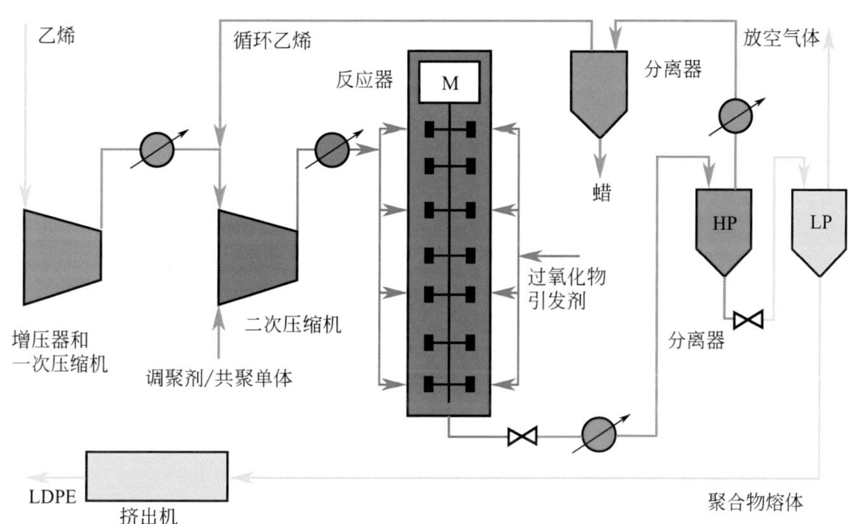

图 6.8 LDPE 工艺简图

其中蓝色表示非常高的压力（140～200MPa），绿色表示中等压力（4～25MPa），黄色表示低压[15]

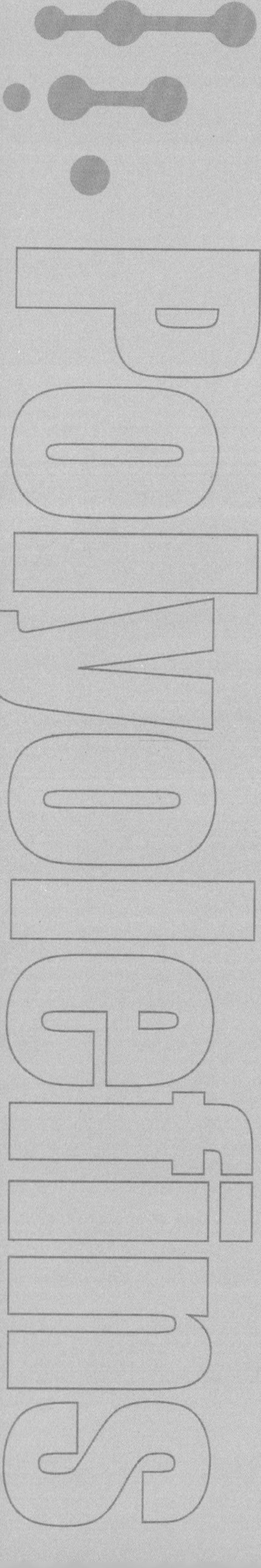
Polyolefins